# 作者简介
# About the authors

**许仰曾，教授，博导，享受国务院特殊津贴专家**

中国液压气动密封件工业协会专家委员会顾问，上海液压气动密封行业协会专家委员会委员，液压气动数智化产业论坛创始人，上海豪高机电科技有限公司创建人。曾任上海交通大学、上海理工大学、上海工程技术大学、兰州理工大学、燕山大学兼职教授、博士/硕士研究生导师，中国机械工程学会流体传动与控制分会液压专委会副主任/高级顾问，中国液压气动密封件工业协会专家委员会委员，Vickers、Eaton、Danfoss等（中国）公司CTO、高级顾问。

**斯蒂芬·哈克，博士、教授（Prof. Dr. Steffen Haack）**

于德国爱尔福特大学获机械工程博士学位。

德国博世力士乐股份有限公司执行总裁，德国机械设备制造业联合会流体动力协会董事会主席，德国德累斯顿工业大学、浙江大学、燕山大学客座教授。

**王兆强，博士**

于浙江大学获机械电子工程博士学位。

上海工程技术大学机械与汽车工程学院机械电子工程系教授。

研究方向：流体传动及控制、工业自动化及运动控制、车辆自动驾驶及远程控制、电力检修机器人、特种车辆电液伺服及比例控制。

**许益民，教授**

武汉科技大学机械电子工程系教授，长期从事机电液计算机技术的教学与科研工作。参与和主持了多项科研课题，发表了多篇科研论文，出版专著《电液比例控制系统分析与设计》，完成了多个大型进口设备的国产化和升级改造工程，在电液控制工程、电磁理论与应用、计算机辅助测试及其软件开发等方面的研究成果显著。

**单建峰，博士（Dr. Jianfeng Shan）**

于德国亚琛工业大学获机械工程博士学位。

曾任中国矿业大学（北京）机械工程及液压传动与控制副教授。曾在国际著名轴承公司任机械设备故障诊断技术高级技术顾问、服务经理。

现任德国博世力士乐股份有限公司工业液压亚太区区域管理和销售协调总负责人。

# 《现代液压气动手册》总览

国际合作创新重点项目
Key Project of International Cooperation & Innovation

# 现代液压气动手册

# Handbook of Modern Hydraulics and Pneumatics

## 第2卷

主　编　许仰曾　[德]斯蒂芬·哈克（Steffen Haack）
副主编　王兆强　许益民　[德]单建峰（Jianfeng Shan）

机械工业出版社
CHINA MACHINE PRESS

《现代液压气动手册》分 3 卷、12 篇、58 章。本卷是第 2 卷，主要内容包括：第 5 篇液压 4.0 生态技术与产品（第 19 章数智液压生态技术，第 20 章传感器技术及其在液压气动中的应用，第 21 章液压系统微型计算机控制技术，第 22 章 3D 打印在液压工业中的应用，第 23 章液压节能生态元件及系统，第 24 章液压元件 CAT 试验技术）；第 6 篇液压元件新型分类方法及新型产品（第 25 章 3D 微型液压球形泵与电液泵，第 26 章运动控制型液压元件，第 27 章新能源液压系统及元件，第 28 章静液压行走系统及元件，第 29 章微流控元件，第 30 章博世力士乐互联数智液压技术与产品）；第 7 篇水液压传动与控制（第 31 章水液压技术，第 32 章水液压控制阀，第 33 章水液压动力元件，第 34 章水液压执行元件，第 35 章水液压技术应用）。

本书适合液压气动领域的工程技术人员使用，也可供高等院校相关专业师生、行业管理人员、企业家及投资人参考。

本手册还开发了相关数字资源，包括可实现计算的公式、可查询的表格、视频资源等，读者可通过扫描二维码进行使用，这大大提升了本手册的实用价值。

本书适合液压气动工程技术人员使用，也可供相关专业师生、行业管理人员和企业家及投资人参考。

北京市版权局著作权合同登记　图字：01-2023-4240 号。

**图书在版编目（CIP）数据**

现代液压气动手册．第 2 卷 / 许仰曾，（德）斯蒂芬・哈克（Steffen Haack）主编．—北京：机械工业出版社，2024.1
ISBN 978-7-111-74756-7

Ⅰ．①现…　Ⅱ．①许…②斯…　Ⅲ．①液压系统－手册②气压系统－手册　Ⅳ．① TH137-62 ② TH138-62

中国国家版本馆 CIP 数据核字（2024）第 016988 号

机械工业出版社（北京市百万庄大街 22 号　邮政编码 100037）
策划编辑：雷云辉　　责任编辑：雷云辉　王春雨
责任校对：樊钟英　贾海霞　李　杉　张　薇　　封面设计：鞠　杨
责任印制：邓　博
北京盛通印刷股份有限公司印刷
2024 年 4 月第 1 版第 1 次印刷
169mm × 239mm ・ 84 印张 ・ 2 插页 ・ 1734 千字
标准书号：ISBN 978-7-111-74756-7
定价：465.00 元

电话服务　　网络服务
客服电话：010-88361066　机 工 官 网：www.cmpbook.com
010-88379833　机 工 官 博：weibo.com/cmp1952
010-68326294　金 书 网：www.golden-book.com
**封底无防伪标均为盗版**　机工教育服务网：www.cmpedu.com

# 序

工业 4.0 是信息技术（Information Technology，IT）与操作技术（Operational Technology，OT）的深度融合，旨在实现工业领域机器和流程的联网。工业 4.0 是一个广泛而复杂的体系，涉及众多领域，包括机械、电子、信息技术、自动化、生产、仓储物流、企业管理等，同时又与多样性的应用技术有直接关联，如感知技术、控制技术、机器人、人工智能、云计算等。

工业 4.0 用于智能制造及智能工厂，本质目标是提高生产率，改善质量，降低成本，优化价值链资源，合理化库存和降低对劳动力的依赖。它有助于提高透明度，以适应市场动态变化以及产品生命周期缩短的趋势。流体动力领域正面临着技术转型和来自机电驱动竞争的严峻挑战，需要对其技术本身进行升级，如互联、数据管理和能源效率。

在德国机械设备制造业联合会（VDMA）的推动下，德国组成了一些工业 4.0 联盟，包括国际著名的流体动力元部件制造商在内的许多龙头企业参加了这些联盟。以“工业 4.0 参考架构模型（RAMI4.0）”为指导性框架，VDMA 流体动力“数字化”工作组系统性地推动流体动力技术通信标准化工作，使用案例包括产品从设计 / 工程、调试到生产和服务的整个生命周期的数字化。主要的流体动力公司研发并推出了一系列具有互联、识别和通用通信能力的产品和技术。这些最先进的产品和技术现已积极应用于不同的工业领域。这些产品和技术的新特性也为流体动力技术提供了新的创造力。

互联数字流体动力技术时代已经开始！它将为机器制造商及最终用户带来更多好处。

希望本手册能够帮助读者了解流体动力最新的产品和技术，并提供一些指导和启发。

斯蒂芬 · 哈克教授
德国美因河畔洛尔

# Foreword

Industry 4.0 is the deep integration of information technology (IT) and operational technology (OT), to realize the networking of machines and processes in the industry. Industry 4.0 is a broad and complex system involving many fields such as mechanics, electronics, information technology, automation, production, warehousing and logistics, enterprise management, etc. At the same time diverse application technologies are directly related, such as perception technology, control technology, robotics, artificial intelligence and cloud computing.

Industry 4.0 applies to smart manufacturing and smart factories. The essential goal is to increase productivity, improve quality, reduce costs, optimize value chain resources, rationalize inventory and dependence on working labor. It helps to increase transparency in order to adapt to changing market dynamics and the trend towards shorter product life cycles. Fluid Power Technology is facing severe challenges of technological transformation and competition from electromechanical drives. This requires a technical upgrade of the Fluid Power Technology itself, e. g. regarding connectivity, data management and energy efficiency.

Under the impetus of Mechanical Engineering Industry Association (VDMA), Germany found a couple of Industry 4.0 alliances. Many leading companies, including internationally renowned manufacturers of fluid power components are participating in these alliances. With the "Industry4.0 Reference Architecture Model (RAMI4.0 ) " as a guiding framework, the VDMA Fluid Power Working Group "Digitalization" systematically works on the standardization for communication of fluid power technology. The use cases include digitalization of the entire lifecycle of products, from design/engineering over commissioning towards to production and service. All major fluid power companies develop and launch a series of products and technologies with connectivity, identification and common communication capabilities. Such state-of-the-art products and technologies are now actively applied in different industrial fields. These products also add new technical features and provide new creative power for fluid power technology.

The era of connected and digital fluid power technology has begun! It will bring more benefits to machine manufacturers as well as end users.

I hope that the handbook will help readers to understand state-of-the-art products and technology of fluid power and provide some guidance and inspiration.

Prof. Dr. Steffen Haack
Lohr am Main, Germany

# 前　言

液压气动技术在自动化、数字化、智能化中占有非常重要的地位，尤其在当今工业 4.0 的时代，液压气动技术的作用更加突出。为此组织了国内外专家、学者和企业家 60 余人，历时五年，编撰了本手册。

根据《中国制造 2025》的指导精神，本手册力求反映工业 4.0 时代液压气动行业技术与产品的新趋势、新发展、新思维、新成果，以使本手册体现下列五个特点：

1）发展是要素（前景）——前瞻性（未来视野）、前沿性（热点思路）、前行性（结合中国实际发展途径）。

2）产品是核心（产业）——产业（发展模式）、产品［数字芯片与智能软件（简称数芯智软）换代］、生产（智能制造）。

3）思变是根本（变革）——变思维（更换液压八大传统思维）、变向 4.0 产品（即液压 4.0“数芯智软”产品）、变手册作用（即创新工具书）。

4）创新是内容（创新）——产品创新（技术产品双结合）、技术全新（数字互联智能）、应用新方向（供创新发展与适合大众查阅）。

5）实在是风格（实际）——技术实用（供工程技术人员采纳）、行业发展实际（供企业家寻求方向）、产业投资实况（供行业投资者了解实情）。

为此，通过本手册的阐述，可以归纳出行业“弃仿兴创”与产品“更新换代”的八大要点：

第一要改变传统纯液压技术思维，建立液气元件的换代新形态是使机电液软“融合”，即机械、电气、芯片、软件融合液压。

第二要改变传统液压性能提高仅靠液压硬件的思路，建立发展液压性能要靠软件编程的认识，即通过液压元件软件定义元件功能与性能。

第三要改变传统液压系统集中式管路连接形态，建立液压分布式系统总线连接形态，即电静液压作动器（EHA）。

第四要改变传统液压故障诊断依靠经验或仪器的观念，建立依靠互联网闭环技术的液压元件健康管理体系，即液压数字孪生工业软件。

第五要改变传统液压技术标准仅限于液压元件的做法，建立具有液压生态（芯片/互联/软件）技术在内的标准，即液压具有生态技术的元件标准体系。

第六要改变传统液压企业的孤岛生产模式，建立云地合一、产用合一全生命周期管理的互联智能模式，即“云化”下的液压智能制造企业。

第七要改变传统液压创业自身循环发展的生态，建立创新企业总部，依靠市场整合框架发展经济，即建立总部企业经济平台模式。

第八要改变传统液压回路碎片化分类体系，建立性能参数控制回路分类体系，即液压性能参数控制回路分类法。

本手册首次提出我国在液压“根技术”上的贡献：液压球形工艺制造、2D 液压数字伺服阀与 3D 微型液压球形泵，特别是“2D 液压数字伺服阀”与“3D 微型液压球形泵”。同时也比较全面地展示了当今液压气动领域的跨国企业，如博世力士乐（Bosch Rexroth）、丹佛斯（Danfoss）、费斯托（FESTO）、SUN、BarDyne、SMC 等的技术与产品，阐述了这些企业已经达到的技术高度与产品高度。对我国江苏恒立液压股份有限公司等企业的技术和产品进行了介绍。

本手册不再过多列出通过各企业网站可以方便获得的产品样本性内容，而主要展现出“数智液压气动技术的产品化”与“液压气动数智产品的市场化”，并且给出了这些技术与产品所展现的优势与应用价值。因此本手册可为产业人员在以下方面的需求提供参考：

1）为产品开发、系统应用、生产制造、检测维护等工程技术人员提供新方向、新技术、新产品与新应用。

2）为液压气动行业与有关主机行业的工程技术设计人员、管理技术人员、企业研发人员与企业产品技术服务人员提供具体创新的涉足领域。

3）为产业企业家、行业投资者提供企业未来布局与定位，驱动企业发展；也可以供行业政策制定者了解实际情况。

4）为液压气动专业与主机应用方面的本科生、研究生的就业与研究提供市场需求与方向。

5）可供液压技术相关行业（工程机械、冶金、塑料机械、船舶、军工、航空航天、医疗器械、机床等）的系统设计者、选用者、装置使用者与系统维修者了解产品应用的发展阶段，并为今后选用产品提供方向。

本手册共有 12 篇：液压技术基础，现代液压系统设计方法与应用，数字与数智一体化液压控制元件，液压建模、仿真与数字孪生，液压 4.0 生态技术与产品，液压元件新型分类方法及新型产品，水液压传动与控制，现代气动技术，现代气动元件，液压气动技术标准，液压工业 4.0 发展与展望，以及液压工业智能制造。

本手册的顺利出版得益于全体作者的精诚合作与辛勤付出，在此对参与本手册编写工作的全体作者表示衷心感谢！此外，上海工程技术大学的研究生赵佳伟、韩博、马思群、张娇、陆阳钧、侯现昭、高伟、孙令涛、董壮壮等参与了液压元件与系统以及气动元件与系统相关章节前期的资料收编整理工作，在此一并致谢。

本手册的内容难免会有“偏颇”与“挂一漏万”的局限，还望广大读者与专家批评指正。

主编　许仰曾

上海万源城

# 数字化手册配套资源说明

本手册是机械工业出版社“数字化手册项目”中的一种。机械工业出版社（以下简称机工社）建社以来，立足工程科技，积累了丰富的手册类工具书资源，历经几十年的传承和迭代，机工社的手册类工具书形成了专业、权威、系统、实用等突出特色，受到广大专业读者的一致好评。

随着移动互联技术的发展，制造业企业正在或即将进行数字化转型，而数字化转型将在技术、管理、商业层面，以及挖掘新价值层面发挥出不可估量的作用，帮助企业应对未来的竞争和挑战。企业数字化转型带来的工作方式变化，给专业读者阅读和获取知识的方式带来了翻天覆地的变化，特别是手册类工具书使用方式的变化。为此，机工社与时俱进，针对本手册开发了数字化配套资源，期望在以下五个方面提升读者阅读体验。

1. 丰富资源：为读者提供更丰富、全面的学习资料。

2. 使用方便：查询资源快速准确。

3. 效率提高：对于常用的工程计算，提供合适的计算工具以帮助读者提高工作效率。

4. 直观学习：提供相关视频供读者参考。

5. 持续增值：作者将对内容持续更新，不断提升数字资源使用价值。

本手册属于“纸数复合类”富媒体产品，手册内容通过“纸质书 + 移动互联网”呈现给读者。为了便于读者使用，本手册提供一个二维码，作为数字化配套资源的入口，供广大读者使用。

**请扫描下方二维码使用数字资源**

本手册实现了以下四大数字资源功能。

1. 电子表格：读者可全表及部分检索查询。

2. 电子公式：读者可输入参数直接进行计算。

3. 视频资源：有关液压行业发展的重要知识，读者可直接观看。

4. 相关资料：作者精选书中配套资料，扩展纸质手册篇幅，读者可以直接阅读。

未来，本手册的数字化资源会不断更新，读者只需扫码即可查看更新的资源。

数字化手册的制作是一项创新性工作，为了向读者提供更加优质、便捷的服务，后期机工社还会持续生产数字化手册产品，期待收到各位读者中肯、专业的完善意见。

# 目　录

## 第6篇 液压元件新型分类方法及新型产品

# 第7篇 水液压传动与控制

# 第5篇
# 液压4.0生态技术与产品

主　编　**许仰曾**

---

## 第19章　数智液压生态技术

作　　者　解志利
主　　审　许仰曾

## 第20章　传感器技术及其在液压气动中的应用

作　　者　李玉河　魏列江　孙军和　鲁光涛
主　　审　许益民

## 第21章　液压系统微型计算机控制技术

作　　者　魏列江　李玉河　操晓辉　许灵杰
主　　审　许益民　刘华富

## 第22章　3D打印在液压工业中的应用

作　　者　许仰曾
主　　审　林　广　李春光

## 第23章　液压节能生态元件及系统

作　　者　林添良
主　　审　许仰曾

## 第24章　液压元件CAT试验技术

作　　者　王起新
主　　审　许益民

# 第 19 章　数智液压生态技术

工业生态技术（ecotechnology）是指在工业产品所用技术的生存环境中，产品与技术环境构成的统一整体。在这个统一整体中，产品与关联的技术环境之间相互影响、相互制约，并在一定时期内处于相对稳定的动态依存状态。例如，数字产品的生存环境就一定是指微处理器的硬件产品与软件技术，它们彼此依存。

在传统的概念里，生态技术也就是“配套技术”。但实际上“配套技术”只是描述了主体技术与配套技术之间的依附性。而“生态技术”是描述当代技术社会发展的生态化趋势，要求技术观做出新转变。在学科交叉背景下，生态学为技术哲学研究提供了新的思路与方法。技术生态是对技术体系内部或外部各层次与各要素之间，在共同演化过程中所形成的联动关系的一种形容与描述方式。技术生态的判定标准有两条：①至少由两种功能不同的技术构成，且技术之间要具有互补关系；②技术之间能够产生协同效应。技术生态的基本结构分为由技术间互动构成的内部生态，以及技术与环境互动构成的外部生态。在一定意义上说，技术生态论是一门“关系”哲学，它强调社会与技术之间、不同技术体系之间的依存性、共生性与和谐性，追求发展过程的科学性、协调性与可持续性。

液压元件技术的发展与其功能始终与生态技术的发展密不可分。图 19-1 所示为液压元件在各个发展阶段的生态技术变化。

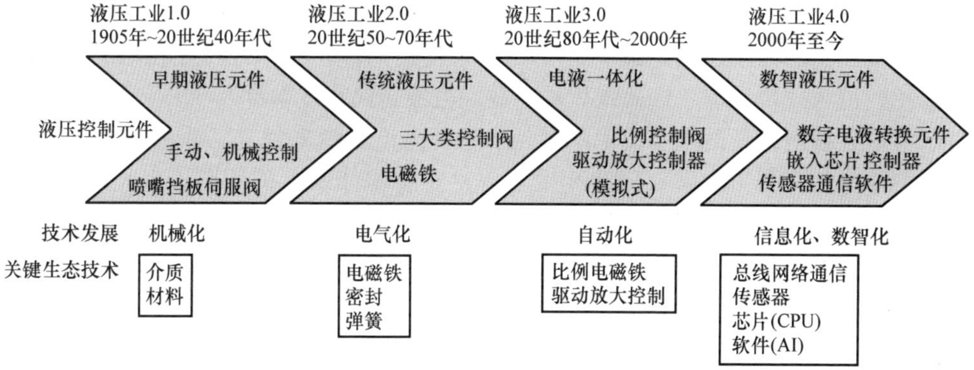


图 19-1　液压元件在各个发展阶段的生态技术变化

在液压元件发展初期，弹簧、密封、电磁铁等是制约液压元件提高压力等级的瓶颈之一；在电液一体化阶段，比例电磁铁、模拟电路放大器等就是产品质量好坏的制约因素；在数字液压阶段，数字电液转换元件及其数控驱动放大器就起了决定性作用；下一步的数智液压元件的制约技术更广泛，绝大部分与液压工业4.0有关的高科技有联系。

液压工业4.0的液压元件就是实现“数智液压元件”，即具有智能性的液压元件。数智液压元件必须具备两个控制功能，一是可以根据外界负载变化按系统要求编程设置进行“自主控制”，还有一个更高的要求，就是根据产品全生命周期管理的方案进行“自主健康管理”。在数智液压的总体理念下，液压元件本身的功能已经只剩下了“执行”功能，而所有的液压元件原有的控制功能将从根本上赋予微处理器及其软件，依靠传感器的感知完成数字执行、网络通信与智能控制过程。由此可知，液压工业4.0下的液压元件所具有的控制机制，就是软件编程为主的控制决策机制。这与液压工业2.0控制机制是依靠液压力与机械弹簧力的平衡、液压工业3.0控制机制一部分要借助IT的通信机制相比已经发生了根本的变化。在液压工业4.0下，液压元件的控制机制就要在液压工业2.0与液压工业3.0的基础上，完全依靠计算机芯片运算机制为主，这就是数智液压的控制机制。图19-1说明了液压元件在各个发展阶段的生态技术变化的过程。由图19-1可见，液压工业4.0下液压元件的生态技术已经完全与过去不一样。这个生态技术就是以微处理器为核心的电子化器件组成的控制单元，以软件编程所形成的功能为核心的软件控制单元。这些是液压工业3.0从未有过的。因此对于液压元件技术与产品必须要建立一个全新的生态技术体系。

## 19.1 数智液压元件生态技术体系

图19-2所示为数智液压元件生态技术与产品标准体系。数智液压元件生态技术分为基础共性技术、元件级生态技术、底层级生态技术、应用层生态技术，目前关注的液压生态技术还只是集中在与数智液压元件直接相关的生态技术上，如嵌入式芯片、嵌入式传感器、嵌入式软件与数字电液转换元件本身。

液压发展所涉及的生态技术深度越来越深、广度越来越宽、社会性越来越强，已经不像过去只介于一隅，因此产生了“生态技术体系”的问题。由此可以尽快整合资源与达成共识，以促进数智液压元件的发展。

这里所谈的“数智液压元件生态技术体系”与国家工业和信息化部《产业关键共性技术发展指南（2017年）》的思路相同，是从液压制造业创新发展的具体角度出发，推进供给侧结构性改革，发挥产业技术研发应用对创新驱动的引领和支撑作用，增强关键环节和重点领域的创新能力，实现中国液压行业由大变强，中国制造向中国创造转变所设计的发展体系。

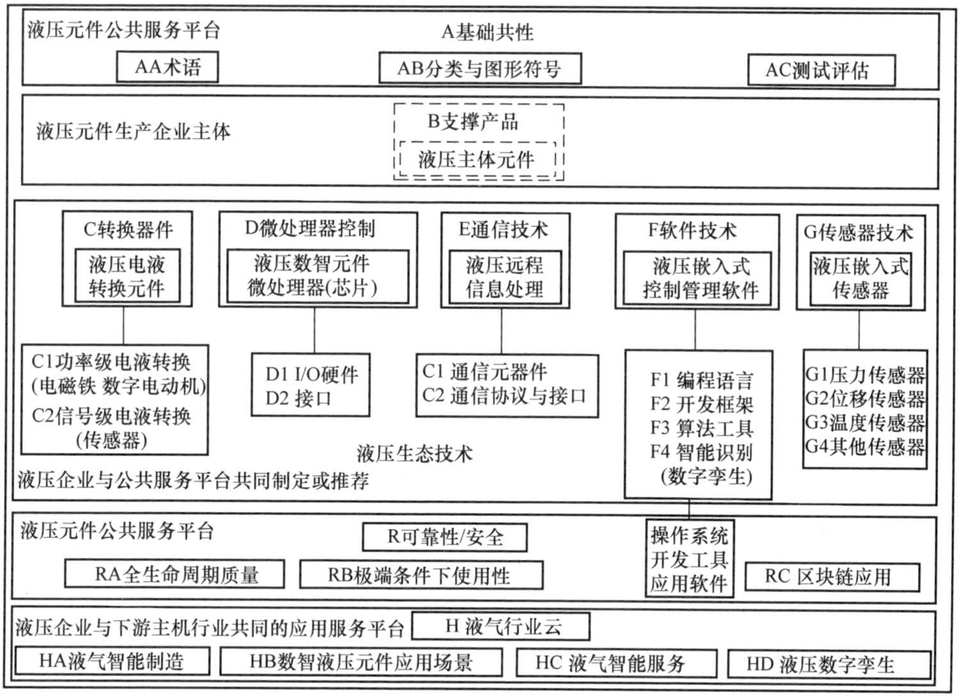


图 19-2　数智液压元件生态技术与产品标准体系

## 19.1.1　数智液压元件生态技术标准体系内容

### 1. 体系架构

今后数智液压元件的创新活动会产生许多的技术与产品，但同时也会带来所采用的生态技术的无序，为了更有序地促进发展，以“标准化”的形式来规范所采用的生态技术的有序化。

由图 19-2 可知，数智液压元件生态技术与产品标准体系共有五个部分：基础共性、液压主体元件、液压生态技术平台、可靠性、液气行业云，具体包括以下内容。

1）基础共性标准，包括术语、分类与图形符号、测试评估三大类，位于数智液压元件生态技术与产品标准体系结构的最上端，支撑标准体系结构中的其他部分。

2）液压主体元件技术与产品标准是整个生态技术与产品的主体支撑。

3）电液转换元件是数智液压元件生态环境的基础，所有的生态技术与产品都以此为基础。

4）微处理器控制是数智液压的核心，通用技术标准主要围绕其实施的功能所需要的外部硬件条件。

5）通信技术为数智液压元件的应用提供技术支撑。

6）软件技术是数智液压元件的关键。

7）传感器技术是用于数智元件具有感知功能的部分，是智能性的首要基础。

8）液气行业云是数智液压元件发挥作用所依赖的整个生态大环境，它取决于物联网及其技术。

9）可靠性与安全位于数智液压元件生态技术与产品标准体系结构的最下端。它贯穿于整个体系，为数智液压元件的生产与应用提供安全保障与基础。

**2. 体系内容**

（1）基础共性标准与建设（A 部分） 基础共性标准（A 部分）主要针对数智液压元件生态技术与产品基础进行规范，包括术语、分类与图形符号、测试评估标准等部分。

1）术语标准：用于统一数智液压元件生态技术与产品相关概念、技术、应用行业场景，为其他各部分标准的制定和企业数智液压元件生态技术与产品研究提供支撑，包括数智液压元件生态技术与产品术语相关定义、范畴、实例等标准。

术语标准的建设重点是结合数智液压元件生态技术与产品发展现状，开展数智液压元件生态技术与产品术语标准制订、修订工作。

2）分类与图形符号：规范数智液压元件生态技术与产品相关技术的分类与图形符号，为开展数智液压元件生态技术与产品相关标准研制工作提供定位和方向建议。

分类与图形符号是建设重点，是为指明数智液压元件生态技术与产品相关技术、应用及价值链的逻辑关系、相互作用、发展方向，制定数智液压元件生态技术与产品参考架构等标准奠定基础。

3）测试评估标准：围绕数智液压元件生态技术与产品发展的成熟度、行业发展水平、企业能力等方面提取测试及评估的共性需求，包括与数智液压元件生态技术与产品相关的服务能力成熟度评估、人工智能通用性测试指南、评估原则及等级要求、企业能力框架及测评要求等标准。

测试评估标准的建设重点是开展与数智液压元件生态技术与产品相关的检测服务能力，并给出评估、技术或产品等级等标准研制。对于图 19-2 中的“AC 测试评估”项，是要明确元件功能与性能测试的范围，从而对测试项目作出统一的评价标准。

以上的每一部分意味需要有一个通用规则，需要统一术语、元件分类及其图形符号，以及措施评估。统一术语是当前发展产品的需要，什么是数字液压？什么是数字元件？是不是与微处理器集成一体的元件才是数字元件？什么是互联液压元件？是不是元件具有微处理器通信功能就是互联元件？什么是智能元件？是不是液压元件具备自主控制、自主健康管理功能就是智能元件？

数字液压需要怎样的图形符号？怎样便于辨识产品的性质？需要提供给用户哪

些数字/数智液压元件的功能与性能？以图 19-3 为例，到底采用哪一种表达方式？

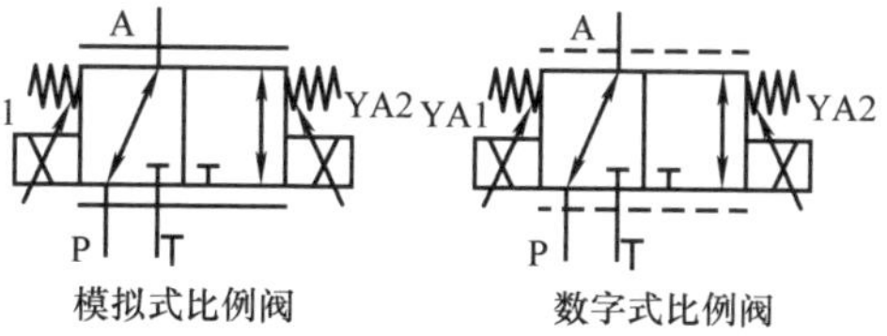


图 19-3　数字液压阀与模拟液压阀图形符号的区分

对于数字/数智液压元件而言，除去液压本身的功能与性能外，其通信功能、软件功能、数字孪生功能需不需要进行测试与印证，怎样测试与印证？测试与印证的条件要求是什么？图 19-4 所示为数字元件可能进行的测试与印证的范围或建议。

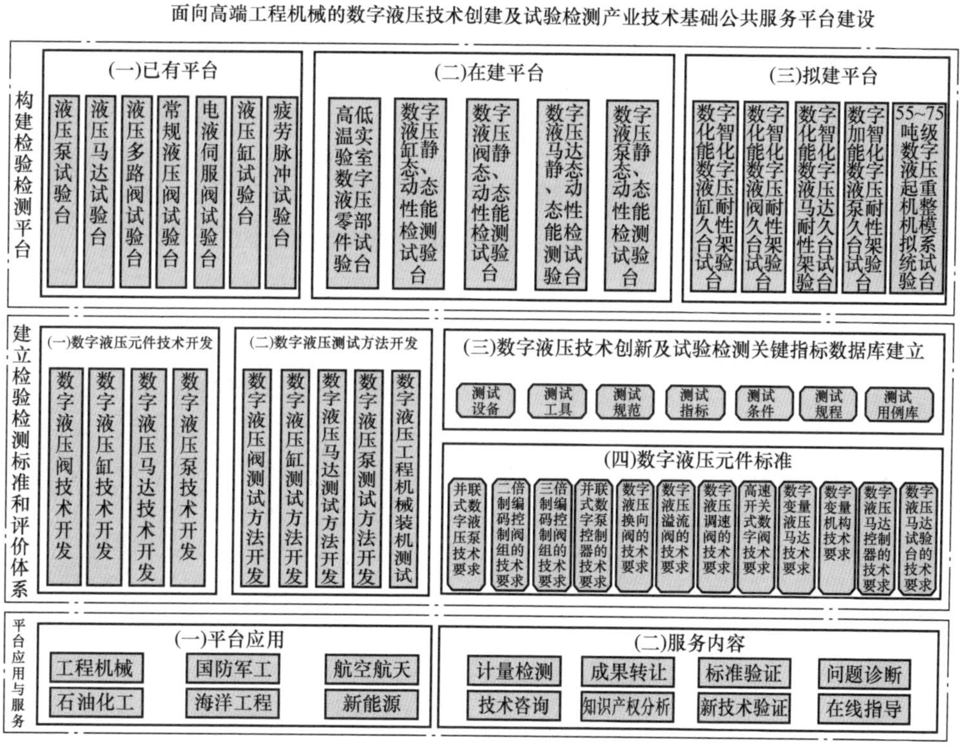


图 19-4　数字液压测试评估服务平台

（2）液压主体元件标准（B 部分）　支撑性液压产品标准（B 部分）主要针对液压元件本体。此部分可以较大程度上继承现阶段传统的液压元件技术与标准。随着液压智能元件的产生，会产生一些颠覆性的产品概念与形态，但是还处于概念性研发阶段，因此暂不纳入，不作为本标准体系的编制内容（图 19-2 中用虚线框住）。

液压生态技术的确定来自液压智能元件的五大组成部分：传感、运算、软件、通信、驱动控制。由于要集成在一个元件体上，因此都需要是嵌入式形态。在这五个方面与液压元件联系密切的部分需要加以规范，见表19-1。

**表19-1 液压生态技术需要规范的领域**

| 生态技术领域 | 元件功能 | 液压规范 | 说明 |
|---|---|---|---|
| 传感 | 传感器输入 | 传感器使用条件，数据模态与处理 | 压力、位移、温度等参数 |
| 运算 | 运算驱动 | 芯片硬件参数，I/O接口 | 运算速度与存储容量 |
| 软件 | 芯片编程 | 语言，开发框架，算法工具，智能识别 | 操作系统，智能性 |
| 通信 | 对内外通信 | 对内总线，对外以太网 | 协议，网关 |
| 驱动控制 | 电液转换元件 | 数字型、模拟型，功率型、先导型 | 驱动放大 |

从图19-5与图19-6可以看出，数智液压元件的发展已经远远超出传统液压的各种概念。这些输入与输出的硬件与软件是一般传统液压中不存在的。对于现在传统液压系统的调试，就是下载调试软件，根据数据记录可以进行故障诊断，也可以进行参数设置，所有的操作需要是在现场进行。而对数智液压而言，就可以进行远程服务，有更完善的数据监测与诊断，一切的基础是云平台。因此对这些生态技术需要加以推广，建立标准体系的过程就是规范发展新液压智能元件的过程。

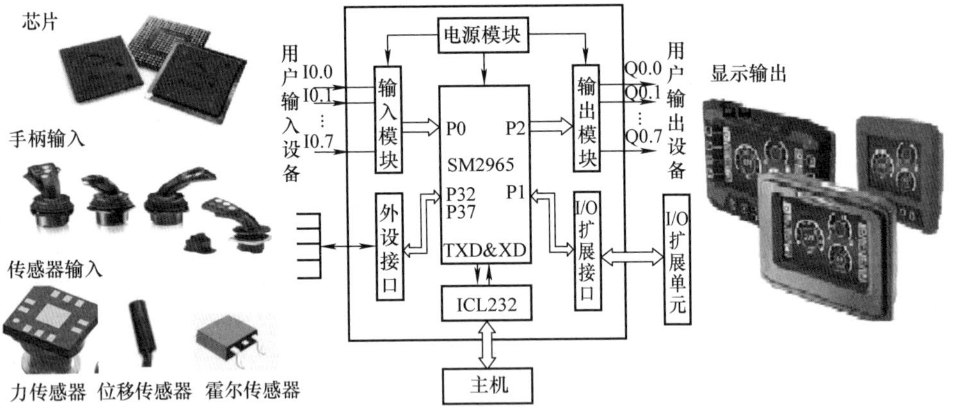


图19-5 微处理控制器的输入与输出

（3）电液转换元器件标准（C部分） 数智液压元件的数智功能主要依赖电液转换元器件，功率级电液转换依赖电磁铁与数字电动机；信号级电液转换依赖传感器。

随着数智液压元件一体化的发展，电磁铁、数字电动机、传感器逐渐从通用化走向液压定制化，更贴近液压元件功能与性能的要求，对提高液压元件的功重比、性价比，起到更接近市场需求的效果，因此需要开展电液转换元器件的标准制定。

智能传感器与新型MEMS传感器相关标准的制定预判，为人工智能的液压元

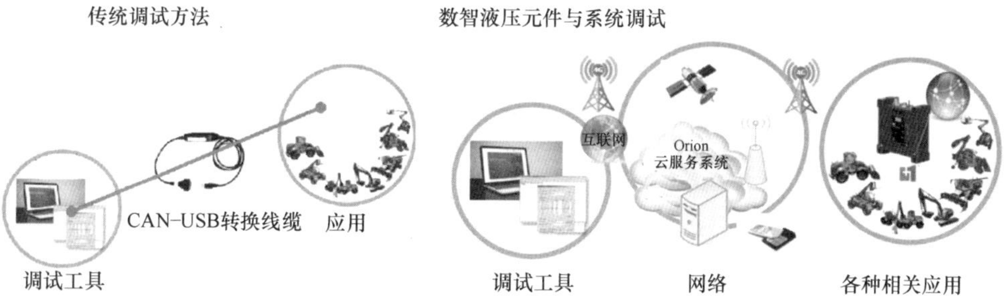


图 19-6　物联网通信的元件与系统调试

件发展提供标准支撑，包括传感器接口、性能评定、试验方法等标准。

（4）微处理器控制技术标准（D 部分）

1）数智液压元件芯片定制化标准。规范智能计算芯片、新型感知芯片及相关底层接口等，包括指令集和虚拟指令集、芯片性能、功耗测试要求、数据交换格式、芯片操作系统的设计及检测等标准。重点开展智能芯片架构和设计、芯片性能、功耗测试要求、数据交换格式、芯片操作系统的设计及检测等标准研制。

2）数据存储及传输设备标准。重点开展 DAS 存储设备、网络存储及传输设备、存储备份系统相关标准研制。

3）开发框架标准，包括数智元件框架和应用系统之间的开发接口、控制数学模型表达和压缩等标准。重点开展模型数字孪生应用开发接口，以及模型表达与压缩等标准研制。

（5）通信技术标准（E 部分）　数智液压元件涉及与物联网关联的标准，包括 C1 通信元器件与 C2 通信协议与接口的标准，为数智元件各类感知信息的采集、交互和互联互通提供支撑。重点在元件感知标准、设备感知标准及与此有关的接口和互操作等网络接口、感知与执行一体化模型标准、多模态和态势感知标准等。

通信分为有线通信与无线通信，因此在以上标准中也涉及有关网址或频谱资源管理、与芯片通信模块、工业网关等规范等。

（6）嵌入式软件技术标准（F 部分）　嵌入式软件技术是数智液压元件智液一体化的关键，因为在数智化元件中，软件能够定义硬件功能，这是有颠覆性概念的新发展。

液压控制与数字孪生的编程语言工具需要标准化（F1），对开发的框架需要标准化（F2），算法工具是核心（F3），智能识别是智能控制（智能识别）（F4）的难点。重点开展自适应或自组织的模式识别系统的特点、模型、技术要求和评价等标准的研制。芯片中的软硬件优化编译器、控制与健康管理的算子库、计算性能评测标准研制。

语言标准应该对于开源或闭源给予规范（F1）。

芯片内部程序的编译器标准属于软件技术的一部分（F2），这部分是提供数智液压元件需要提供的工具或者采用 PC。

（7）液气行业云（H部分） 液气智能制造（HA），是抓取数智元件生产过程的基本生产数据与性能数据的抓取标准。数智液压元件应用场景（HB）的通信的实施标准。液气智能服务（HC），是关于液压智能元件在智能生产后进行全自动营销与跟踪服务的标准。液压数字孪生（HD）的过程标准，包括云计算与云处理。其中具有共性的有：

1）数据管理标准。涉及数据存储、处理、分析等大数据相关支撑技术要素，包括大数据系统产品、数据共享开放、数据管理机制、数据治理等标准。重点开展面向数智液压元件算法和应用的数据服务接口、数据管理能力成熟度评估、数据开放共享要求、开放程度评估以及敏感行业数据治理等标准研制。

2）云计算标准。规范数智液压元件的云计算平台、资源及服务，为数智液压元件信息的存储、运算、共享提供支撑，包括虚拟和物理资源池化、调度，智能运算平台架构，智能运算资源定义和接口、应用服务部署等标准。

3）边缘计算标准。规范数智液压元件应用涉及的端计算设备、网络、数据与应用。包括数据传输接口协议、智能数据存储、端端协同、端云协同等标准。重点开展云/边人工智能数据传输接口协议和规范。

4）虚拟现实/增强现实标准。为使用者提供视觉、触觉、听觉等多感官信息一致性体验的通用技术要求。便于指导现场的维修与装配性服务。重点开展内容制作、3D环境理解、3D交互理解等标准研制。

5）数据存储及传输设备标准。用于规范数据存储、传输设备相关技术、数据接口等。

6）智能商务领域。主要规范应用场景复杂的商务智能化领域，包括对服务模型的分类和管理，商务数据的智能分析，以及相应推荐引擎系统架构的设计要求。亟须制定推荐引擎系统架构、服务管理模型、商务数据识别技术、精准营销模型等方面的标准。

（8）可靠性/安全（R部分）

1）安全保护标准。包括元器件基础安全，数据、算法和模型安全，技术和系统安全，安全管理和服务，安全测试评估，产品和应用安全六个部分。

2）元器件基础安全包括数智液压元件概念和术语、安全参考架构、基本安全要求等。

3）数智液压元件数据、算法和模型安全标准是针对数智液压元件数据、算法和模型中的突出安全风险提出的，包括数据安全、隐私保护、算法模型可信赖等。

4）数智液压元件技术和系统安全标准用于指导数智液压元件平台的安全建设，主要包括开源框架安全标准、安全工程标准、元件安全标准、安全技术标准。

数智液压元件安全测试评估标准主要从数智液压元件的算法、数据、技术和系统、应用等方面分析安全测试评估要点，提出数智液压元件算法模型、系统和服务平台安全、数据安全、应用风险、测试评估指标等基础性测评标准。

数智液压元件产品和应用安全标准主要是为保障数智液压元件技术、服务和产品在具体应用场景下的安全。

在数智液压元件中，液压元件已经不再是孤立存在于液压系统中的一个元件，而是“万物互联”的一部分，可以直接接收外来的数据信息，也可以对外进行数据交流通信，这就产生了数据安全的问题。在物联网中，数字孪生已经是未来的核心技术，这也关系到元件本身的全周期生命管理的水平。所以，安全可靠性与云服务平台的重要性凸显出来，这需要采用网络有关的技术（如区块链等）进行保证，如图 19-7所示。

图 19-7　数智液压数据安全（区块链）与智能服务（远程）

## 19.1.2　数智液压元件生态技术标准体系的建立

### 1. 建立我国数智液压元件生态技术标准体系

2020 年，国家标准化管理委员会、中央网信办、国家发展改革委、科技部、工业和信息化部联合印发《国家新一代人工智能标准体系建设指南》，作为一种顶层设计与宏观指导，促进新成果与产业深度融合及协调配套。液压行业也开始制订数智液压元件生态技术标准体系，为产业标准发展与市场应用之间搭建桥梁。在全国数字液压技术生态标准体系研讨会上，开发数字比例多路阀的企业提议开发下列标准：①高速开关阀产品的技术标准；②高速开关阀驱动电路的技术标准；③液压元件数字芯片应用的技术标准；④数字元件编程平台的应用标准；⑤数字液压元件软件开发标准；⑥传感器应用到液压数字元件的标准。

由此可见，在迈向数智液压时代时，需要构建数智液压技术与产品标准化生态体系，形成可创新发展的标准应用新生态体系；通过此举，打造一个标准化应用服务生态系统；开展数智液压规范性研究；形成一个创新体系下通过此标准体系的一种共享经济新模式。

**2. 跨国公司建立的数智液压元件生态技术标准体系**

丹佛斯（Danfoss）公司在很早之前就开始建立自己的数智液压元件生态技术标准体系，整个标准体系的名称是“PLUS+1”（见图19-8）。这个体系开始建立于20世纪，已经延续了40年，并在21世纪初形成了将此体系推向数智液压产品的全系列计划。

图19-8　CCS智能互联与控制全球产品线结构

在丹佛斯智能互联与控制的标准平台上，包括了控制器、电控手柄、显示器、远程解决方案与软件服务解决方案。对每一部分产品与技术都有完整的方案。

## 19.2　液压元件控制机制生态技术

### 19.2.1　液压智能元件的电控单元

液压智能元件的电控单元（Electronic Control Unit，ECU）是整个液压智能元件的“计算机与控制中心”，由大规模集成电路组成。它利用内部存储的软件程序和数据（各种函数、算法程序、数据、表格）与硬件（各种信号采集处理电路、微控制器、功率输出电路、通信电路），处理从传感器输入的诸多信号，并以这些信号为基础，结合内部软件的其他信息，制定各种控制命令并送到各种执行器，从而实现对整个智能元件系统的控制。电控单元型号与类型取决于液压元件的制造厂商，是今后各液压企业生产液压智能数字元件知识产权的保护核心。整个电控单元的结构原理图如图 19-9 所示。液压电控单元的基本概念介绍如下。

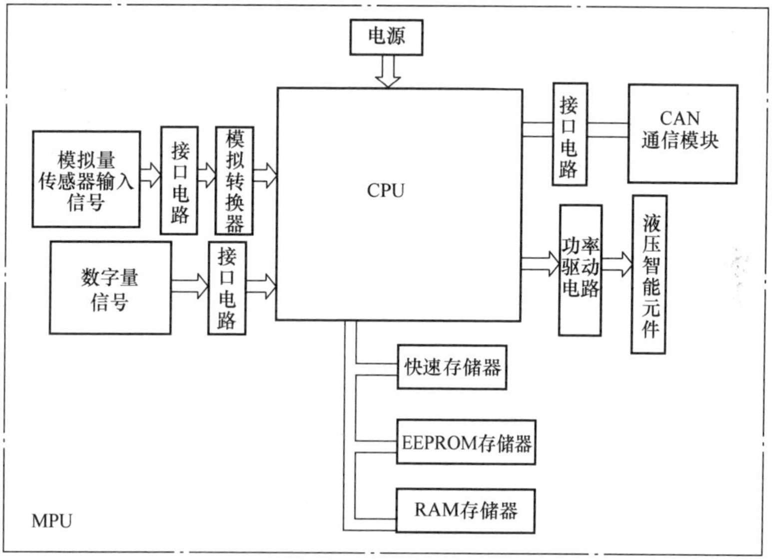


图 19-9　典型液压智能元件的电控单元结构原理图

**1. 电控单元**

ECU 类似于普通的计算机，由中央处理器（CPU）、存储器（ROM、RAM）、输入/输出接口（I/O）、模数转换器（A/D）以及整形、驱动等大规模集成电路组成。

ECU 的工作电压一般为 6.5 ~ 16V（内部关键处有稳压装置），工作电流为 0.015 ~0.1A，工作温度为 -40 ~ 80℃，能承受 1000Hz 以下的振动，因此 ECU 损坏的概率非常小。在 ECU 中，CPU 是核心部分，它具有运算与控制的功能，液压元件在工作时，它采集自身传感器的信号进行运算，并将运算的结果转变为控制信号，控制被控对象的工作。CPU 还实行对存储器（ROM/FLASH/EEPROM、RAM）、输入/输出接口（I/O）和其他外部电路的控制；ROM 中存放的程序是以经过精确计算和大量试验取得的数据为基础编写出来的，在液压智能元件工作时，这个固有程序不断地与采集的各传感器的信号进行比较和计算。根据比较和计算的结果对液压元件的设定功能、要求的性能标准、产生的健康数据记录等多项参数进行控制。

ECU一般都具备故障自诊断和保护功能，当系统产生故障时，它还能在RAM中自动记录故障代码并采用保护措施，从上述ROM中存在的固有程序中读取替代程序来维持元件的工作。同时这些故障信息会显示在原有的位置上并保持不灭，可以让使用者及时发现问题并处理。

正常情况下，RAM也会不停地记录元件中工作的数据，使之成为ECU的学习程序，为适应主机工作提供最佳的控制状态，这个程序也叫自适应程序。

ECU可以用于液压元件，也可以用于液压系统的方方面面。随着液压系统电子化、自动化水平的提高，ECU将会日益增多，线路会日益复杂。为了简化电路和降低成本，液压系统的多个ECU之间的信息传递就要采用一种多路复用通信网络技术，将整个系统的ECU形成一个网络系统，也就是CAN数据总线。

**2. 中央处理器、微处理器与单片系统的关系**

中央处理器（Central Processing Unit，CPU）是计算机的“大脑”，起到运算数据的作用。而CPU的指令调用、数据传输、各个设备的工作状态控制都需要通过微处理器转接控制才能完成。CPU发展出三个分支，一个是数字信号处理器（Digital Signal Processing/Processor，DSP）、微控制器（Micro Control Unit，MCU）即单片机和微处理器（Micro Processor Unit，MPU）。图19-10所示为这些处理器的基本形态。

a)　　b)　　c)

图19-10　处理器

a）CPU　b）MCU　c）MPU

MCU集成了片上外围器件，又称单片微型计算机（Single Chip Microcomputer），简称“单片机”，是指随着大规模集成电路的出现及其发展，将计算机的CPU、RAM、ROM、定时数器和多种I/O接口集成在一片芯片上，形成芯片级的计算机，为不同的应用场合做不同组合控制。

MPU不带外围器件（如存储器阵列），是高度集成的通用结构的处理器，是去除了集成外设的MCU。

DSP的运算能力强，擅长很多的重复数据运算，而MCU则适合不同信息源的多种数据的处理诊断和运算，侧重于控制，速度并不如DSP。

当今微处理器（MPU）和微控制器（MCU）形成了各具特色的两个分支。它们互相区别，但又互相融合、互相促进。与微处理器（MPU）以运算性能和速度为特征的飞速发展不同，微控制器（MCU）则是以其控制功能的不断完善为发展标志的。

系统级芯片即单片系统（System on a Chip，SoC），其构成可以是系统级芯片控制逻辑模块、CPU 内核模块、DSP 模块、嵌入的存储器模块、和外部进行通信的接口模块、含有 ADC /DAC 的模拟前端模块、电源提供和功耗管理模块。对于一个无线 SoC 还有射频前端模块、用户定义逻辑（它可以由 FPGA 或 ASIC 实现）及微电子机械模块，更重要的是一个 SoC 芯片内嵌有基本软件（RDOS 或 COS 以及其他应用软件）模块或可载入的用户软件等。简单概括，SoC = CPU + 运算模块 + 控制模块 + 寄存模块 + 前端模拟 A/D 模块 + 射频模块。

SoC 关键技术主要包括总线架构技术、IP 核可复用技术、软硬件协同设计技术、SoC 验证技术、可测性设计技术、低功耗设计技术、超深亚微米电路实现技术等，其中嵌入式软件移植、开发研究，是一门跨学科的新兴研究领域。SoC 技术是一种高度集成化、固件化的系统集成技术。使用 SoC 技术设计系统的核心思想，就是要把整个应用电子系统全部集成在一个芯片中。在使用 SoC 技术设计应用系统时，除了那些无法集成的外部电路或机械部分以外，其他所有的系统电路应全部集成在一起。因此它是由多个具有特定功能的集成电路组合在一个芯片上形成的系统或产品，其中包含完整的硬件系统及其承载的嵌入式软件。SoC 通常是按使用者需求定制的，或是面向特定用途的标准产品。因此，今后液压智能元件与系统开发产品的形态对于液压智能元件可以是 MPU；对于一个比较复杂的智能元件或系统可以是 SoC。

**3. 液压智能元件电控单元的主要功能**

如图 19-9 所示，此电控单元包括了电源转换、信号输入与调制、中央处理器及其输出控制、驱动放大电路、通信技术等部分。它要完成下列各项任务：

1）处理输入信息，将所输入的传感器等信息转换为微控制器所能接受的电平信号。

2）处理输出信息，将微控制器输出的执行命令转换成驱动液压智能元件的电平信号。

3）存储数据信息，存储各种程序、测试数据等，供微控制器在合适的时刻使用和测试数据的本地保存。

4）逻辑控制单元产生控制逻辑与算法，实现自诊断、自学习功能。

5）总线数据交互，实现控制单元和外界数据通信。

6）产生各种参考电压，通常需要 5V、3.3V、9V、12V 等。经过 DC－DC、滤波模块，提供微处理器和周围元器件的供电。

在处理信息方面，特别在输入、输出级中，可以采用硬件方式或软件方式来实现某一功能。一般来说，硬件处理的速度较快，可以改善系统的响应速度和性能，但会使系统的结构复杂。软件处理的速度较慢，系统的响应速度较低，但可以减少元件的数量，因此控制结构中如何设计硬件和软件系统的配置是十分重要的，应按控制系统的要求进行选择并合理安排。

总的说，此控制结构可以分成三个部分。

1）输入级：A/D、整形、滤波、放大。

2）微型计算机：包括CPU、总线、存储器、I/O口。

3）输出级：输出功率驱动放大、通信模块。

**4. 液压智能元件的微处理器**

（1）选择微处理器的基本要求　电控单元中的微控制器是电控单元的核心。在液压智能元件中采用MPU承担整个电控单元的信号采集与处理、数据运算与分析、控制策略的实现、控制指令的产生、数据的通信与交换等功能。因此，它需要采用功能强大、运算速度高、能进行实时控制的微型计算机；在满足系统功能的前提下，应考虑其性价比；由于其工作环境恶劣（强振动、高温、粉尘、泥土、油污、电磁辐射等），要求有更高的可靠性与耐久性。其基本功能如下：

1）实时处理能力。计算机控制系统需要实时性，主要是指在时间上能跟得上过程所提出的任务。为了达到实时控制的目的，计算机应从硬件上满足实时响应的运算速度要求，即在下一个任务尚未提出要求之前，计算机应在规定的时间内完成所有信息的采集、处理及指令输出工作。计算机的实时响应主要由计算机的时钟频率决定。为了保证一定的实时响应速度，应要求计算机的时钟有足够高的时钟频率。

2）比较完善的中断系统。计算机控制系统除了要有实时的响应速度外，还必须能够及时处理系统中发生的各种紧急情况。系统运行时往往需要修改某些参数；改变某个工作程序或指出某规定时间间隔内的任务，在输入输出异常、出现故障或紧急情况时，应报警和处理等。处理这些问题一般都采用中断控制方式。当系统出现紧急情况需要处理时，可以向主机发出中断请求，计算机可以根据预先的安排，暂停原来的工作而去执行相应的中断服务程序，待中断处理完毕，计算机再返回原程序来工作。此外，在计算机控制系统中还有主机与外部设备交换信息、多机连接、与其他计算机通信等问题，这些也都需要用中断方式解决，因此实时控制计算机应具有比较完善的中断功能。

3）对指令系统的要求。计算机控制系统要求主机有较丰富的指令系统，其指令种类的多少及功能的强弱，不仅影响到编程的繁简，更影响解决复杂问题的能力。一般来说，指令越丰富，寻址范围越广，方式越多，编写程序就越简便，功能越强。

4）对内存的要求。为了及时地进行控制，常常要求将常用算法及数据存放在计算机的内存中，因此应根据具体要求估算计算机的内存容量。当内存容量不足以存放程序和数据时，应扩充内存，或配置适当的外存储器，系统程序和应用程序可以保存在其内，需要时再调入计算机内存。除了要求有一定的容量外，还要求对内存有一定的保护功能，为了使控制稳定，不出事故，内存中的控制程序及数据在控制过程中不应被任何偶然的错误所改变和破坏，因此应对内存的某些单元加以保护。

（2）对微处理器位数的选择　微处理器芯片的位数指的是一个机器周期时钟脉冲能处理的字长，有 4 位、8 位、16 位、32 位乃至 64 位。目前 32 位成为趋势，其优缺点如下：

1）更多的内存：32 位架构意味着直接访问 4GB 的内存空间而不需要采取特殊的技术，如内存分页。

2）更强的处理能力：新架构主要受益于更快的时钟和每个时钟周期增加的计算能力。平均来说，这意味通过 32 位架构可以处理更多的吞吐量以实现 90 ~ 100MIPS（百万条指令每秒）；而 8 位架构最大只能达到大约 25 ~ 30MIPS。

3）更高的能耗效率：32 位架构往往利用新的电路结构和制造工艺，因此，它们必须在较低工作电压下来减少晶体管漏电流。如此换来的是能耗效率处理能力的提高。

4）成本稍增：32 位架构与 8 位相比，通常在功能相似的地方（如内存数量和外围组件）成本高。但单件成本差别不明显，只有批量生产时才会看到显著差距。

5）封装增大：8 位架构可以应用在一些很小的封装；有些仅有 6 引脚。但微小的封装使得外部设备没有很多 I/O 可以进行处理。

6）易于开发：制造商倾向将新的和更高级的功能方便地添加到他们的 32 位架构。更高级的功能可以导致不同的时钟速度，需要调整更多的配置寄存器来设置等。但 8 位系统相对而言往往是简单和容易的代码。如果使用者的应用程序不需要高级特性，实际上可以坚持使用一个 8 位架构。8 位和 32 位架构往往利用 C 语言编译器，而 8 位平台上可以使用汇编语言。

随着成本下降和处理复杂性需求的能力提升，“连接所有”将由 32 位平台来实现而不是 8 位平台，未来属于 32 位平台。

（3）主副双微控制器　每个液压智能元件都有自己的 MPU 的电控单元。但是当液压系统中同时存在两个或两个以上的液压智能元件时，为了同时完成对这些智能元件的运行管理，往往选择双微控制器组成此组合的智能元件的电控单元，其中一个微控制器为主控制器，负责元件组的运行管理，对元件组的运行方式及状态进行监控，其工作方式一般是扩展模式，选用专用芯片扩展内存和输入输出接口；另一个微控制器是副控制器，完成具体的本地智能元件的控制，其工作模式为单片模式。主副控制器之间为高速数据传输通道，由主微控制器计算得到的流量分配模式或性能参数调节要求产生后，由高速通道传输给副微控制器，副微控制器实施具体的流量过程控制。图 19-11 所示为液压智能数字比例多路阀的 ECU 主副双微控制器框架概念图，采用了多个微控制器。

随着微控制器技术的不断发展，控制功能的不断增加，目前某些单个微控制器

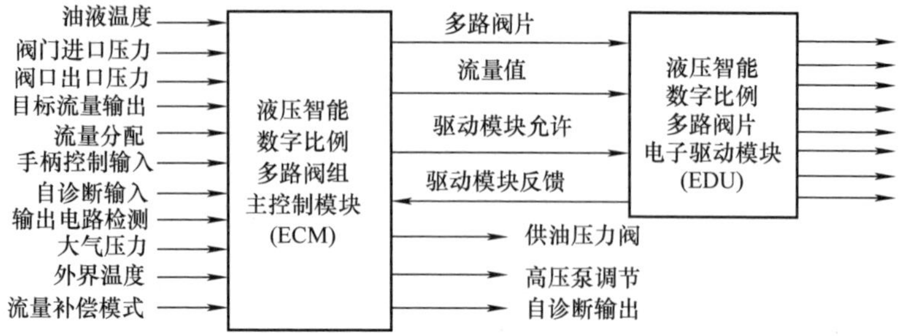


图19-11 液压智能数字比例多路阀ECU主副双微控制器框架概念图

就可完成各种不同的功能。

（4）开源芯片 开源芯片是近期正在发展的新潮流，这是一个形成开放指令的生态系统，对于软硬件的发展都将有很大影响。目前中国的“BAT”［百度（Baidu）、阿里巴巴（Alibaba）、腾讯（Tencent）］三大互联网公司及美国的GE、AE、F等公司是基于开源平台的开源服务商。目前CPU领域有两个架构，即Intel架构与ARM架构，前者在PC与服务器领域居于垄断地位，后者在移动与嵌入式等领域居于垄断地位，因此使用成本是中小企业与创新团队的较大负担。

开源（Open Source）称为开放源代码，即软件的源代码公开，可被使用者查看。它的RISC－V是免费开放的指令集架构，可以不存在知识产权的风险，软硬件环境工具也比较齐全，不受商业公司控制。开源软件有自己的知识产权，他们存在一个授权协议（license），在协议之外的情况都是需要收费的。而任何发现开源系统漏洞的人都能帮助修复该漏洞，这对开源系统的安全性也是有好处的。闭源就是指关闭源代码，开源是相对于闭源而言的。

开源操作系统（open source operating system）就是公开源代码的操作系统软件，可以遵循开源协议（GNU）进行使用、编译和再发布。在遵守GNU的前提下，任何人都可以免费使用，随意控制软件的运行方式。在国际开源操作系统中最著名的一种为“Linux操作系统”，是自由软件和开放源代码发展中最著名的例子。开源操作系统最大的特点就是开放源代码和自由定制，但也会因为使用者的技术水平等关系出现很多不可预知的情况及维护问题，并且由于多数硬件和软件厂商并不支持开源软件，所以在驱动和软件源方面有很大困难，这就要求使用者在选择系统时需要注意根据自己的实际情况来选择，这也是目前个人使用开源操作系统较为困难的最主要原因。

在网站需要完善、改版的时候，使用开源商城系统只需要在原程序上进行修改即可实现。对于自主拥有技术团队的企业可以节约时间。开源可以使程序员在代码基础上进行二次开发，表现出个性化的新功能。但是开源系统的社会风险在于碎片化与伪开源。

这个技术有助于液压智能元件的硬软件开发与使用环境，是值得采用的技术方向。需要开源开发的读者，可以参与“开源中国”平台，该平台是目前国内最大的开源技术社区。它具有开源软件库、代码分享、资讯、协作翻译、码云、众包、招聘等几大模块内容，为 IT 开发者提供了开源技术的公共平台。其中的大型综合性云开发平台——码云，可以提供团队协作、源码托管、代码质量分析、代码评审、测试、代码演示平台等功能。

## 19.2.2　液压智能元件的现场总线通信技术

液压行业的主机系统在实施自动化与智能化的过程中，已经采用各种现场总线通信技术。在工程机械液压领域普遍采用 CAN 总线技术，例如目前在工程机械行业应用的数字液压比例多路阀中采用的就是 CAN 总线进行通信。

**1. 主流现场总线技术**

现场总线（FieldBus）网络是当今自动化领域的热点技术之一，被誉为自动化领域的计算机局域网。主要解决工业现场的智能化控制器、执行机构等现场设备间的数字通信，以及这些现场控制设备和高级控制系统之间的信息传递问题。它的出现标志着自动化控制技术又一个新时代的开始。现场总线是连接控制现场的仪表与控制室内的控制装置的数字化、串行、多站通信的网络。其关键标志是能支持双向、多节点、总线式的全数字化通信，使自控系统朝着智能化、数字化、信息化、网络化、分散化的方向进一步迈进，形成新型的网络通信的全分布式控制系统——现场总线控制系统（Fieldbus Control System，FCS）。然而，现场总线大约有 40 余种，还没有形成统一的标准，10 多种主流系统占有 80% 市场份额。其中 Profibus、CANBus、CC－Link 等多种标准并行存在，并且都有自己的生存空间。支持现场总线的仪表种类还比较少，可供选择的余地小，价格又偏高，用量也较小。

现场工业数据总线由于现场总线简单、可靠、经济实用等一系列突出的优点，成为自动化领域中底层数据的通信网络，是全数字、双向、多站的通信系统。现场总线设备的工作环境处于过程设备的底层，作为工厂设备级基础通信网络，要求具有协议简单、容错能力强、安全性好、成本低的特点，还要具有一定的时间确定性和较高的实时性、网络负载稳定、多数为短帧传送、满足信息频繁交换要求等特点。因此，现场总线系统从网络结构到通信技术，都具有不同上层高速数据通信网的特色。现场总线就是以数字通信替代了传统 0～5V 或 4～20mA 的电流模拟信号及普通开关量信号的传输。

主流现场总线包括下列五种：

1）基金会现场总线（Foundation Fieldbus，FF）。该总线在过程自动化领域得到了广泛的应用，具有良好的发展前景。致力于开发出国际上统一的现场总线协议。它以 ISO/OSI 开放系统互连模型为基础，取其物理层、数据链路层、应用层为 FF 通信模型的相应层次，并在应用层上增加了用户层。基金会现场总线分低速（H1）和高速（H2）两种通信速率。H1 的传输速率为 31.25kbit/s，通信距离可达

1900m（可加中继器延长），可支持总线供电，支持本质安全防爆环境。H2 的传输速率为 1Mbit/s 和 25Mbit/s 两种，其通信距离分别为 750m 和 500m。物理传输介质可支持双绞线、光缆和无线发射，协议符合 IEC1158 -2 标准。其物理媒介的传输信号采用曼彻斯特编码，每位发送数据的中心位置或是正跳变，或是负跳变。正跳变代表“0”，负跳变代表“1”，从而使串行数据位流中具有足够的定位信息，以保持发送双方的时间同步。接收方既可根据跳变的极性来判断数据的“1”“0”状态，也可根据数据的中心位置精确定位。现在具有可完成物理层和部分数据链路层协议的专用芯片。

2）LonWorks 是又一具有强劲实力的现场总线技术，采用 ISO/OSI 模型的全部 7 层通信协议，采用面向对象的设计方法，通过网络变量把网络通信设计简化为参数设置。支持双绞线、同轴电缆、光缆和红外线等多种通信介质，通信速率从 300bit/s 至 1. 5Mbit/s 不等，直接通信距离可达 2700m（78kbit/s），被誉为通用控制网络。LonWorks 技术采用的 LonTalk 协议被封装到神经元（Neuron）芯片中，并得以实现。LonWorks 技术的不断推广促成了神经元芯片的低成本（每片价格约 5 ~9 美元），而芯片的低成本又促进了 LonWorks 技术的推广应用，形成了良好循环。为了支持 LonWorks 与其他协议和网络之间的互联与互操作，目前正在开发各种网关，以便将 LonWorks 与以太网、FF、ModBus、DeviceNet、ProfiBus、Serplex 等互联为系统，如图 19-12 所示。

图 19-12 LonWorks 现场总线

另外，在开发智能通信接口、智能传感器方面，LonWorks 神经元芯片也具有独特的优势。LonWorks 已经建立了一套从协议开发、芯片设计、芯片制造、控制模块开发制造、OEM 控制产品、最终控制产品、分销、系统集成等一系列完整的开发、制造、推广、应用体系结构，吸引了数万家企业参与到这项工作中来，这对于一种技术的推广、应用有很大的促进作用。LonWorks 技术已经被美国暖通工程师协会（ASHRAE）、美国电子消费品制造商协会（CTA）采纳为该行业的有关标准。

3）控制器局域网（Controller Area Network，CAN）最早由德国博世（BOSCH）公司推出，它广泛用于离散控制领域，其总线规范已被国际标准化组织制定为国际标准。

CAN 协议也是建立在国际标准化组织的开放系统互连模型基础上，分为物理层和数据链路层。其模型结构只有三层，只取 OSI 底层的物理层、数据链路层和顶上层的应用层。CAN 的信号传输介质为双绞线，采用短帧结构，传输时间短，具有自动关闭功能，具有较强的抗干扰能力。CAN 支持多主工作方式，并采用了非破坏性总线仲裁技术，通过设置优先级来避免冲突，通信距离最远可达 10km（5kbit/s），通信速率最高可达 1Mbit/s（40m），网络节点数实际可达 110 个。已有多家公司开发了符合 CAN 协议的通信芯片。还有应用在 PC 上的 CAN 总线接口卡，具有接口简单、编程方便、开发系统价格便宜等优点。

4）ProfiBus 是作为德国国家标准（DIN 19245）和欧洲标准（EN 50170）的现场总线。ISO/OSI 模型也是它的参考模型。它采用了 OSI 模型的物理层、数据链路层，由这两部分形成了其标准第一部分的子集。PorfiBus 支持主 - 从系统、纯主站系统、多主多从混合系统等几种传输方式。主站具有对总线的控制权，可主动发送信息。对多主站系统来说，主站之间采用令牌方式传递信息，得到令牌的站点可在一个事先规定的时间内拥有总线控制权，共事先规定好令牌在各主站中循环一周的最长时间。按 Profibus 的通信规范，令牌在主站之间按地址编号顺序，沿上行方向进行传递。主站在得到控制权时，可以按主—从方式，向从站发送或索取信息，实现点对点通信。主站可采取对所有站点广播（不要求应答）或有选择地向一组站点广播。

Profibus 的传输速率为 96 ~ 12kbit/s 最大传输距离在 12kbit/s 时为 1000m，15Mbit/s 时为 400m，可用中继器延长至 10km。其传输介质可以是双绞线，也可以是光缆，最多可挂接 127 个站点。

5）可寻址远程传感器高速通道（Highway Addressable Remote Transduer，HART）是一项开放通信协议，其特点是可以在现有模拟信号传输线上实现数字通信，属于模拟系统向数字系统转变过程中工业过程控制的过渡性产品，因而在当前的过渡时期具有较强的市场竞争能力，得到了较好的发展。HART 通信模型由三层组成：物理层、数据链路层和应用层。物理层采用频移键控（Frequency - shift Keying，FSK）技术在 4 ~ 20mA 模拟信号上迭加一个频率信号，频率信号采用 Bell 202国际标准；数据传输速率为 1200bit/s，逻辑“0”的信号频率为 2200Hz，逻辑“1”的信号传输频率为 1200Hz。数据链路层用于按 HART 通信协议规则建立 HART 信息格式。其信息构成包括开头码、显示终端与现场设备地址、字节数、现场设备状态与通信状态、数据、奇偶校验等。

现场总线技术的发展应体现为两个方面：一个是低速现场总线领域的继续发展和完善，寻求统一的现场总线国际标准；另一个是高速现场总线技术的发展。

目前现场总线产品主要是低速总线产品，应用于运行速率较低的领域，对网络的性能要求不是很高。

高速现场总线主要应用于控制网内的互联，连接控制计算机、PLC 等智能程度较高、处理速度快的设备，以及实现低速现场总线网桥间的连接，它是充分实现系统的全分散控制结构所必需的。这一领域的技术开发还比较薄弱。因此，高速现场总线的设计、开发将是竞争十分激烈的领域，这也将是现场总线技术实现统一的重要机会。而选择什么样的网络技术作为高速现场总线的整体框架将是其首要内容。

今后十年内，FF（基金会现场总线）将成为主流发展趋势，LonWorks 将成为有力的竞争对手，HART 作为过渡性产品也能有一定的市场。这三种技术是从这一领域的工业需求出发，其用户层的各种功能是专业连续过程设计的，而且充分考虑到连续工业的使用环境，如支持总线供电，可满足本质安全防爆要求等。在离散制造加工领域，由于行业应用的特点和历史原因，与主流技术会有一些差别，其中 ProfiBus 和 CAN 在这一领域具有较强的竞争力，已经在这一领域形成了自己的优势。

工业以太网与现场总线技术按协议分类的世界市场占有率如图 19-13 所示。

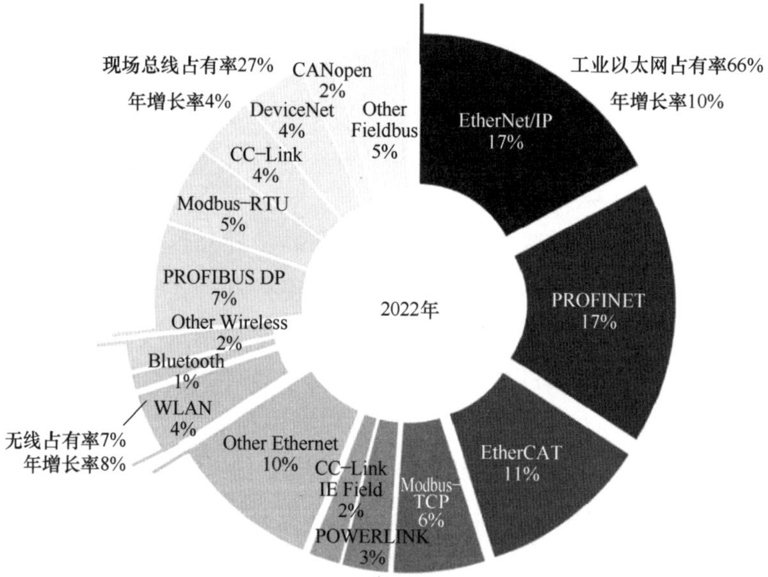


图 19-13　工业以太网与现场总线技术按协议分类的世界市场占有率

今后工业控制网络发展以太网现场总线技术（Industrial Ethernet），用于离散制造控制系统的有 Modbus - IDA、EtherNet/IP、PROFINET 以及用于过程控制系统的 Foundation Fieldbus HSE。可是就目前而言，以太网还不能够真正解决实时性和确定性问题，大部分现场层仍然会首选现场总线技术。以太网技术不断渗透的现状还会维持一段时间。用户可以根据技术要求和实际情况来选择所需的解决方案，目前总线状态可以参考表 19-2 提供的信息。

表 19-2 总线的选择

| 总线类型 | 技术特点 | 主要应用场合 | 价格 | 支持公司 |
|---|---|---|---|---|
| FF | 功能强大，实时性好，总线供电；但协议复杂，实际应用少 | 流程控制 | 较贵 | 霍尼韦尔、罗斯蒙特、ABB、福克斯波罗、横河、山武等 |
| WorldFIP | 有较强的抗干扰能力，实时性好，稳定性好 | 工业过程控制 | 一般 | 阿尔斯通（Alstom） |
| Profibus - PA | 总线供电，实际应用较多，但支持的传输介质较少，传输方式单一 | 过程自动化 | 较贵 | 西门子 |
| Profibus - DP/FMS | 速度较快，组态配置灵活 | 车间级通信、工业、楼宇自动化 | 一般 | 西门子 |
| INTERBUS | 开放性好，与 PLC 的兼容性好，协议芯片内核由国外厂商垄断 | 过程控制 | 较便宜 | 独立的网络供应商支持 |
| P - NET | 系统简单，便宜，再开发简易，扩展性好，但响应较慢，支持厂商少 | 农业、养殖业食品加工业 | 便宜 | PROCES - DATA A/S |
| Swiftnet | 安全性好，速度快 | 航空 | 较贵 | 波音 |
| CAN | 采用短帧，抗干扰能力强，速度较慢，协议芯片内核由国外厂商垄断 | 汽车检测、运动控制 | 较便宜 | 飞利浦、西门子、霍尼韦尔等 |
| LonWorks | 支持 OSI 七层协议，实际应用较多，开发平台完善，协议芯片内核由国外厂商垄断 | 楼宇自动化、工业、能源 | 较便宜 | 埃施朗（Echelon） |

**2. CAN 现场总线技术基本概念与特点**

CAN 已经形成国际标准（ISO 11898），是国际上应用最广泛的、最有前途的现场总线之一。其典型的应用协议有：SAE J1939/ISO 11783、CANopen、CANaerospace、DeviceNet、NMEA2000 等。在北美和西欧地区，CAN 总线协议已经成为汽车计算机控制系统和嵌入式工业控制局域网的标准总线，并且拥有以 CAN 为底层协议专为大型货车和重工机械车辆设计的 J1939 协议。图 19-14 所示为 CAN 现场总线的连接框架。

由于 CAN 现场总线被越来越多的不同领域采用和推广，导致各种应用领域通信报文的标准化需求。目前技术规范定义了标准的和扩展的两种 CAN 报文格式，能提供 11 位地址（CANOpen）与 29 位地址（CAN J1939），这为高速通信控制器局部网 CAN 国际标准（ISO 11898）的标准化、规范化推广铺平了道路。

图 19-15 所示为汽车用 CB311 CAN 总线的结构，CAN 总线由 CAN 控制器、

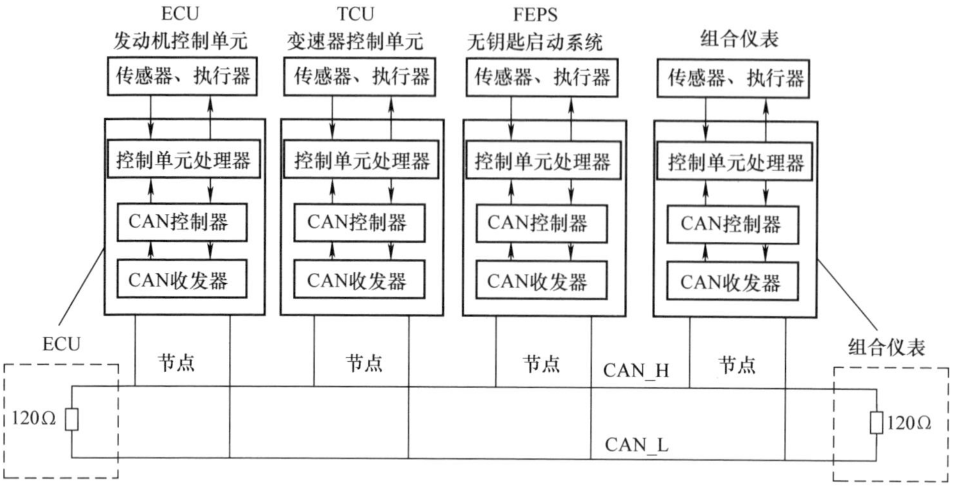


图 19-14　CAN 现场总线结构（汽车 CB311）

CAN 收发器、数据传输线、数据传输终端等组成。汽车 CB311 系统的发动机控制单元（ECU）、变速器控制单元（TCU）、无钥匙进入和无钥匙启动系统（FEPS）、组合仪表四个电控单元通过 CAN 总线连接，CAN 控制器、CAN 收发器均集成在电控单元中。

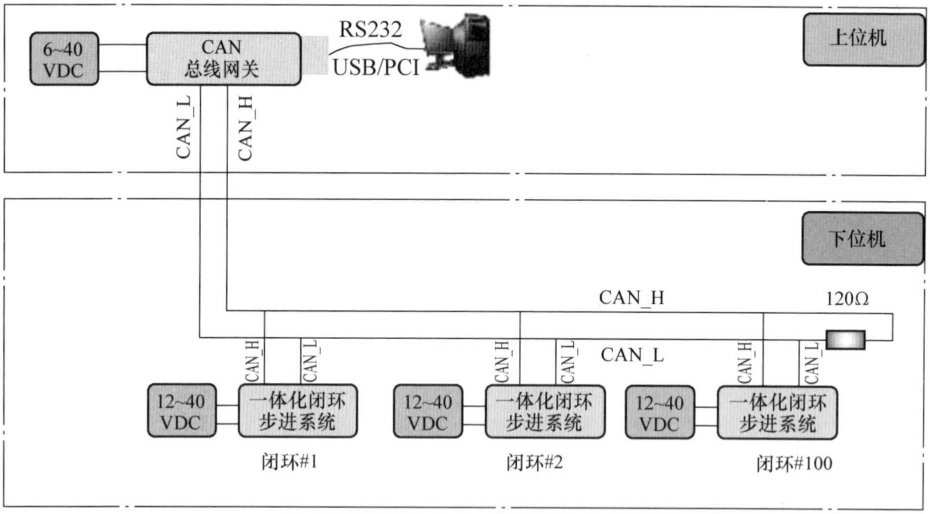


图 19-15　汽车用 CB311 CAN 总线的结构

CAN 控制器集成在电控单元内部，接收由控制单元微处理器传来的数据。CAN 控制器对这些数据进行处理并将其传递给 CAN 收发器；同样 CAN 控制器也接收 CAN 收发器传来的数据，处理后传递给控制单元微处理器。

CAN 收发器也集成在电控单元内部，同时兼具接收、发送和转化数据信号的功能。它将 CAN 控制器发送来的电平信号数据转化为电压信号，并通过数据传输线以广播方式发送出去。同时，它接收数据传输线发送来的电压信号，并将电压信号转化为电平信号数据后发送到 CAN 控制器。

数据传输线非常简单，为了减少干扰，CAN 总线的数据传输线采用双绞线（也可以是同轴电缆或光导纤维），其绞距为 20mm，截面积为 0.5m，称这两根线为 CAN_高线（CAN_H）和 CAN_低线（CAN_L），通信速率最高可达 1Mbit/s，如图 19-15 所示。两根线上传输的数据相同，电压值互成镜像，这样，两根线的电压差保持一个常值，所产生的电磁场效应也会由于极性相反而互相抵消。通过该方法，数据传输线可免受外界辐射的干扰；同时，向外辐射时，实际上保持中性（即无辐射），并且内部集成了错误探测和管理模块。

数据传输终端是一个电阻器，阻止数据在传输终了被反射回来破坏数据，一般数据传输终端为 120Ω 的电阻。CB311 的数据传输终端为两个 120Ω 的电阻，分别集成在 ECU 和组合仪表中。

CAN 总线的数据通信具有突出的可靠性、实时性和灵活性。

由图 19-14 可知，网络各节点之间的数据通信实时性强。CAN 总线通信接口中集成了 CAN 协议的物理层和数据链路层功能，可完成对通信数据的成帧处理，包括位填充、数据块编码、循环冗余检验（CRC）、优先级判别等工作。

CAN 网络内的节点个数在理论上不受限制。CAN 协议的一个最大特点是废除了传统的站地址编码，而代之以对通信数据块进行编码。采用这种方法的优点是可使网络内的节点个数在理论上不受限制，数据块的标识符可由 11 位或 29 位二进制数组成，因此可以定义 2 个或 2 个以上不同的数据块，这种按数据块编码的方式，还可使不同的节点同时接收到相同的数据，这一点在分布式控制系统中非常有用。数据段长度最多为 8 个字节，可满足通常工业领域中控制命令、工作状态及测试数据的一般要求。同时，8 个字节不会占用总线时间过长，从而保证了通信的实时性。CAN 协议采用 CRC 并可提供相应的错误处理功能，保证了数据通信的可靠性。基于卓越的特性、极高的可靠性和独特的设计，CAN 总线特别适合工业过程监控设备的互联，因此，越来越受到工业界的重视，并已成为最有前途的现场总线之一。

CAN 可在各节点之间实现自由通信。CAN 总线采用了多主竞争式总线结构，具有多主站运行和分散仲裁的串行总线以及广播通信的特点。CAN 总线上任意节点可在任意时刻主动地向网络上的其他节点发送信息而不分主次，因此可在各节点之间实现自由通信。CAN 总线协议已被国际标准化组织认证，技术比较成熟，控制的芯片已经商品化，性价比高，特别适用于分布式测控系统之间的数据通信。CAN 总线插卡可以任意插在 PC/AT/XT 及其兼容机上，方便地构成分布式监控系统。

CAN总线传输距离和速率高。因为在CAN总线中：①数据通信没有主从之分，任意一个节点可以向任何其他（一个或多个）节点发起数据通信，靠各个节点信息优先级先后顺序来决定通信次序，高优先级节点信息在134μs通信；②多个节点同时发起通信时，优先级低的避让优先级高的，不会对通信线路造成拥塞；③通信距离最远可达10km（速率低于5kbit/s），速率可达到1Mbit/s（通信距离小于40m）；④CAN总线传输介质可以是双绞线，同轴电缆。CAN总线适用于大数据量短距离通信或者长距离小数据量通信，实时性要求比较高，多主多从或者各个节点平等的现场中使用。

CAN控制器工作于多种方式。网络中的各节点都可根据总线访问优先权（取决于报文标识符）采用无损结构的逐位仲裁的方式竞争向总线发送数据，且CAN协议废除了站地址编码，而代之以对通信数据进行编码，这可使不同的节点同时接收到相同的数据，这些特点使得CAN总线构成的网络各节点之间的数据通信实时性强，并且容易构成冗余结构，提高系统的可靠性和系统的灵活性。而在过去RS-485（现场总线鼻祖）构成主从式结构系统中，通信方式以主站轮询的方式进行，造成系统的实时性、可靠性较差。

CAN总线避免了总线“死锁”状态。由图19-15可知，CAN总线通过CAN收发器接口芯片的两个输出端（CAN_H和CAN_L）与物理总线相连，而CAN_H端的状态只能是高电平或悬浮状态，CAN_L端只能是低电平或悬浮状态。这就保证不会出现在其他现场总线（如RS-485）协议中的现象，即当系统有错误，出现多节点同时向总线发送数据时，导致总线呈现短路，从而损坏某些节点的现象。而且CAN节点在错误严重的情况下具有自动关闭输出功能，以使总线上其他节点的操作不受影响，从而保证不会在网络中因个别节点出现问题，使得总线处于“死锁”状态。而且，CAN总线具有的完善的通信协议可由CAN控制器芯片及其接口芯片来实现，从而大大降低系统开发难度，缩短了开发周期。

CAN总线报文方式可靠灵活。CAN总线以广播的方式从一个节点向另一个节点发送数据，当一个节点发送数据时，该节点的CPU把将要发送的数据和标识符发送给本节点的CAN芯片，并使其进入准备状态；一旦该CAN芯片收到总线分配，就变为发送报文状态，该CAN芯片将要发送的数据组成规定的报文格式发出。此时，网络中其他的节点都处于接收状态，所有节点都要先对其进行接收，通过检测来判断该报文是否是发给自己的。由于CAN总线是面向内容的编址方案，因此容易构建控制系统对其灵活地进行配置，使其可以在不修改软硬件的情况下向CAN总线中加入新节点。

总而言之，CAN总线的特点可以概括为：

1）多主机方式工作：网络上任意节点可在任意时刻向其他节点发送数据，通信方式灵活。

2）网络上每个节点都有不同的优先级，可以满足实时性的要求。

3）采用非破坏性仲裁总线结构，当两个节点同时向网络上传送信息时，优先级高节点的优先传送。

4）传送方式有点对点、点对多点、点对全局广播三种。

5）通信距离可达 6km；通信速率可达 1Mbit/s；节点数可达 110 个。

6）采用的是短帧结构，每帧有 8 个有效字节。

7）具有可靠的检错机制，使得数据的出错率极低。

8）当发送的信息遭到破坏后，可自动重发。

9）节点在严重错误时，会自动切断与总线的联系，以免影响总线上的其他操作。

**3. CAN 现场总线技术**

（1）位仲裁是 CAN 总线核心 要对数据进行实时处理，就必须将数据快速传送，这就要求数据的物理传输通路有较高的速度。在几个站同时需要发送数据时，要求快速地进行总线分配。实时处理通过网络交换的紧急数据有较大的不同。一个快速变化的物理量（如挖掘机负载的变化）会比相对变化较慢的物理量（如液压系统温度）更频繁地传送数据，并要求更短的延时。

CAN 总线以报文为单位进行数据传送，报文的优先级结合在 11 位标识符中，具有最低二进制数的标识符有最高的优先级。这种优先级一旦在系统设计时被确立就不能再被更改。总线读取中的冲突可通过位仲裁解决。例如，标识符 0111111、0100100、0100111 发生位仲裁时，0100100 报文将会被跟踪，而其余报文会被丢弃。具体过程为：当几个站同时发送报文时，站 1 的报文标识符为 0111111，站 2 的报文标识符为 0100110，站 3 的报文标识符为 0100111，所有标识符都有相同的两位“01”，直到第三位进行比较时，站 1 的报文被丢弃，因为它的第三位为高，而其他两个站的报文第三位为低。站 2 和站 3 报文的四、五、六位相同，直到第七位时，站 3 的报文才被丢弃。注意，总线中的信号持续跟踪最后获得总线读取权的站的报文。在此例中，站 2 的报文被跟踪。这种非破坏性位仲裁方法的优点在于，在网络最终确定哪一个站的报文被传送以前，报文的起始部分已经在网络上传送了。所有未获得总线读取权的站都成为具有最高优先权报文的接收站，并且不会在总线再次空闲前发送报文。

CAN 具有较高效率的原因是总线仅仅被那些请求总线悬而未决的站利用，这些请求是根据报文在整个系统中的重要性按顺序处理的。这种方法在网络负载较重时有很多优点，因为总线读取的优先级已被按顺序放在每个报文中了，这可以保证在实时系统中较低的个体隐伏时间。

对于主站的可靠性，由于 CAN 协议执行非集中化总线控制，所有主要通信，包括总线读取（许可）控制，在系统中分几次完成。这是实现通信系统具有较高可靠性的唯一方法。

（2）CAN 总线位仲裁分配方案比之其他通信方案优越 总线分配方法有两种：

按时间表分配和按需要分配。在第一种方法中，不管每个节点是否申请总线，都对每个节点按最大期间分配。由此，总线可被分配给每个站并且是唯一的站，而不论其是立即进行总线存取或在一特定时间进行总线存取。这将保证在总线存取时有明确的总线分配。在第二种方法中，总线按传送数据的基本要求分配给一个站，总线系统按站希望的传送分配（如 Ethernet CSMA/CD）。因此，当多个站同时请求总线存取时，总线将终止所有站的请求，这时将不会有任何一个站获得总线分配。为了分配总线，多于一个总线存取是必要的。

CAN 实现总线分配的方法，可保证当不同的站申请总线存取时，明确地进行总线分配。这种位仲裁的方法可以解决当两个站同时发送数据时产生的碰撞问题。不同于 Ethernet 网络的消息仲裁，CAN 的非破坏性解决总线存取冲突的方法，确保在不传送有用消息时总线不被占用。甚至当总线在重负载情况下，以消息内容为优先的总线存取也被证明是一种有效的系统。虽然总线的传输能力不足，所有未解决的传输请求都按重要性顺序来处理。在 CSMA/CD 这样的网络中，如 Ethernet，系统往往由于过载而崩溃，而这种情况在 CAN 总线中不会发生。

（3）CAN 的报文格式特点　在总线中传送的报文，每帧由七部分组成。CAN 协议支持两种报文格式，其唯一的不同是标识符（ID）长度不同，标准格式为 11 位，扩展格式为 29 位。

在标准格式中，报文的起始位称为帧起始（SOF），然后是由 11 位标识符和远程发送请求位（RTR）组成的仲裁场。RTR 位标明是数据帧还是请求帧，在请求帧中没有数据字节。

控制场包括标识符扩展位（IDE），指出是标准格式还是扩展格式。它还包括一个保留位（ro），为将来扩展使用。它的最后四个位用来指明数据场中数据的长度（DLC）。数据场范围为 0 ~ 8 个字节，其后有一个检测数据错误的循环冗余检验（CRC）。

应答场（ACK）包括应答位和应答分隔符。发送站发送的这两位均为隐性电平（逻辑“1”），这时正确接收报文的接收站发送主控电平（逻辑“0”）覆盖它。用这种方法，发送站可以保证网络中至少有一个站能正确接收到报文。

报文的尾部由帧结束标出。在相邻的两条报文间有一很短的间隔位，如果这时没有站进行总线存取，总线将处于空闲状态。

（4）CAN 数据帧的组成

1）远程帧，由六个场组成：帧起始、仲裁场、控制场、CRC 场、应答场和帧结束。远程帧不存在数据场。远程帧的 RTR 位必须是隐位。DLC 的数据值是独立的，它可以是 0 ~ 8 中的任何数值，为对应数据帧的数据长度。

2）错误帧，由两个不同场组成，第一个场由来自各站的错误标志叠加得到，第二个场是错误界定符。

错误标志具有两种形式：活动错误标志（Active error flag），由 6 个连续的显位组成；认可错误标志（Passive error flag），由 6 个连续的隐位组成。

错误界定符包括 8 个隐位。

3）超载帧，包括两个位场：超载标志和超载界定符。

发送超载帧的超载条件：要求延迟下一个数据帧或远程帧；在间歇场检测到显位。

超载标志由 6 个显位组成，超载界定符由 8 个隐位组成。

（5）数据错误检测　不同于其他总线，CAN 协议不能使用应答信息。事实上，它可以将发生的任何错误用信号发出。CAN 协议可使用五种检查错误的方法，其中前三种为基于报文内容检查。

1）循环冗余检验：在一帧报文中加入冗余检查位可保证报文正确。接收站通过 CRC 可判断报文是否有错。

2）帧检查：这种方法通过位场检查帧的格式和大小来确定报文的正确性，用于检查格式上的错误。

3）应答错误：如前所述，被接收到的帧由接收站通过明确的应答来确认。如果发送站未收到应答，那么表明接收站发现帧中有错误，也就是说，应答场已损坏或网络中的报文无站接收。CAN 协议也可通过位检查的方法探测错误。

4）总线检测；有时，CAN 中的一个节点可监测自己发出的信号。因此，发送报文的站可以观测总线电平并探测发送位和接收位的差异。

5）位填充：一帧报文中的每一位都由不归零码表示，可保证位编码的最大效率。然而，如果在一帧报文中有太多相同电平的位，就有可能失去同步。为保证同步，同步沿用位填充产生。在五个连续相等位后，发送站自动插入一个与之互补的补码位；接收时，这个填充位被自动丢掉。例如，五个连续的低电平位后，CAN 自动插入一个高电平位。CAN 通过这种编码规则检查错误，如果在一帧报文中有 6 个相同位，CAN 就知道发生了错误。

如果至少有一个站通过以上方法探测到一个或多个错误，它将发送出错标志终止当前的发送。这可以阻止其他站接收错误的报文，并保证网络上报文的一致性。当大量发送数据被终止后，发送站会自动地重新发送数据。作为规则，在探测到错误后 23 个位周期内重新开始发送。在特殊场合，系统的恢复时间为 31 个位周期。

但这种方法存在一个问题，即一个发生错误的站将导致所有数据被终止，其中也包括正确的数据。因此，如果不采取自监测措施，总线系统应采用模块化设计。为此，CAN 协议提供一种将偶然错误从永久错误和局部站失败中区别出来的办法。这种方法可以通过对出错站统计评估来确定一个站本身的错误并进入一种不会对其他站产生不良影响的运行方法来实现，即站可以通过关闭自己来阻止正常数据因被错误地当成不正确的数据而被终止。

（6）硬同步和重同步　硬同步只有在总线空闲状态条件下隐形位到显性位的跳变沿发生时才进行，表明报文传输开始。在硬同步之后，位时间计数器随同步段重新开始计数。硬同步强行将已发生的跳变沿置于重新开始的位时间同步段内。根据同步规则，如果某一位时间内已有一个硬同步出现，该位时间内将不会发生再同步。重同步/再同步可能导致相位缓冲段1被延长或相位缓冲段2被缩短。这两个相位缓冲段的延长时间或缩短时间上限由再同步跳转宽度（SJW）给定。

**4. CAN现场总线的应用**

（1）现场总线控制系统的组成 现场总线控制系统由测量系统、控制系统、管理系统三个部分组成，而通信部分的硬、软件是它最有特色的部分。

1）现场总线控制系统。它的软件是系统的重要组成部分，控制系统的软件有组态软件、维护软件、仿真软件、设备软件和监控软件等。首先选择开发组态软件、控制操作人机接口（MMI）软件。通过组态软件，完成功能块之间的连接，选定功能块参数，进行网络组态。在网络运行过程中对系统实时采集数据，进行数据处理、计算。优化控制及逻辑控制报警、监视、显示、报表等。

2）现场总线的测量系统。其特点为多变量高性能的测量，使测量仪表具有计算能力等更多功能，由于采用数字信号，具有高分辨力，准确性高、抗干扰、抗畸变能力强，同时还具有仪表设备的状态信息，可以对处理过程进行调整。

3）设备管理系统。可以提供设备自身及过程的诊断信息、管理信息、设备运行状态信息（包括智能仪表）、厂商提供的设备制造信息。例如，费希尔-罗斯蒙特（Fisher-Rosemoune）公司推出的AMS管理系统，它安装在主计算机内，由它完成管理功能，可以构成一个现场设备的综合管理系统信息库，在此基础上实现设备的可靠性分析以及预测性维护。将被动的管理模式改变为可预测性的管理维护模式，AMS软件是以现场服务器为平台的T型结构，在现场服务器上支撑模块化，功能丰富的应用软件为使用者提供一个图形化界面。

（2）总线系统计算机服务模式 客户机/服务器模式是较为流行的网络计算机服务模式。服务器表示数据源（提供者），应用客户机则表示数据使用者，它从数据源获取数据，并进一步进行处理。客户机运行在PC或工作站上。服务器运行在小型机或大型机上，它使用双方的智能、资源、数据来完成任务。

（3）数据库 它能有组织地动态存储大量有关数据与应用程序，实现数据的充分共享、交叉访问，具有高度独立性。工业设备在运行过程中参数连续变化，数据量大，操作与控制的实时性要求很高。因此就形成了一个可以互访操作的分布关系及实时性的数据库系统。市面上供选用的成熟数据库，如关系数据库中的Oracle、sybase、Informix、SQLServer；实时数据库中的Infoplus、PI、ONSPEC等。

（4）网络系统的硬件与软件 网络系统硬件有系统管理主机、服务器、网关、协议变换器、集线器、用户计算机及底层智能化仪表等。网络系统软件有网络操作软件（如NetWarc、LAN Mangger、Vines）和服务器操作软件（如Lenix、OS/2、Window NT、应用软件数据库、通信协议、网络管理协议等）。

**5. CAN 总线高低速的应用场景**

图 19-16 所示为现场总线的应用场景。CAN 与 PROFIBUS 主要用于离散制造加工领域，同时也用于工程机械车辆之中。J1939 协议就是专为大型货车和重工机械车辆设计的底层协议。工程车辆作为现场级，而应用的液压系统的各个液压元部件就相当于设备级。

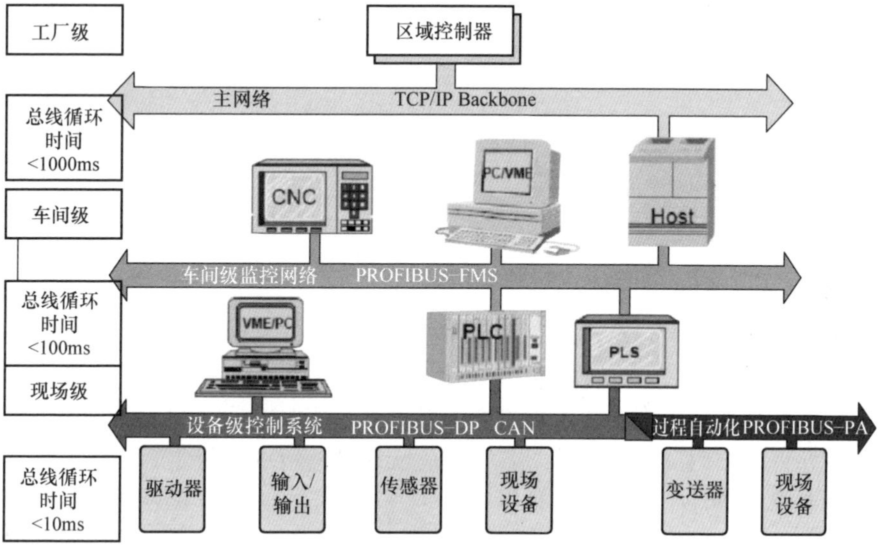


图 19-16　现场总线的应用场景

CAN 系统又分为高速和低速，高速 CAN 系统采用硬线，是动力型，传输速率为 500kbit/s，控制 ECU、ABS 等；低速 CAN 是舒适型，传输速率为 125kbit/s，主要控制仪表、防盗等，如图 19-17 所示。

**6. 液压智能数字比例阀组的主控制器与子控制器**

目前提供的液压数字比例多路阀中由于各元件组成阀组提供使用，因此在某些情况下阀组自带主控制器，也具有收发器的功能。

对于车辆 CAN 总线节点 ECU 的硬件设计：车辆 CAN 总线研发的核心技术就是对带有 CAN 接口的 ECU 进行设计，其中 ECU 的 CAN 总线模块由 CAN 控制器和 CAN 收发器构成。CAN 控制器执行完整的 CAN 协议，完成通信功能，包括信息缓冲和接收滤波。CAN 控制器与物理总线之间需要 CAN 收发器作为接口，它实现 CAN 控制器与总线之间逻辑电平信号的转换。

**7. 现场总线的故障原因**

在 CAN 总线系统中由各子控制系统连接起来就构成一个实时控制系统。指令发出后，必须保证在一定时间内得到响应，否则，就有可能发生重大事故。这在汽车 CAN 总线使用时，就要求汽车上的 CAN 通信网络有较高的波特率设置。另外，

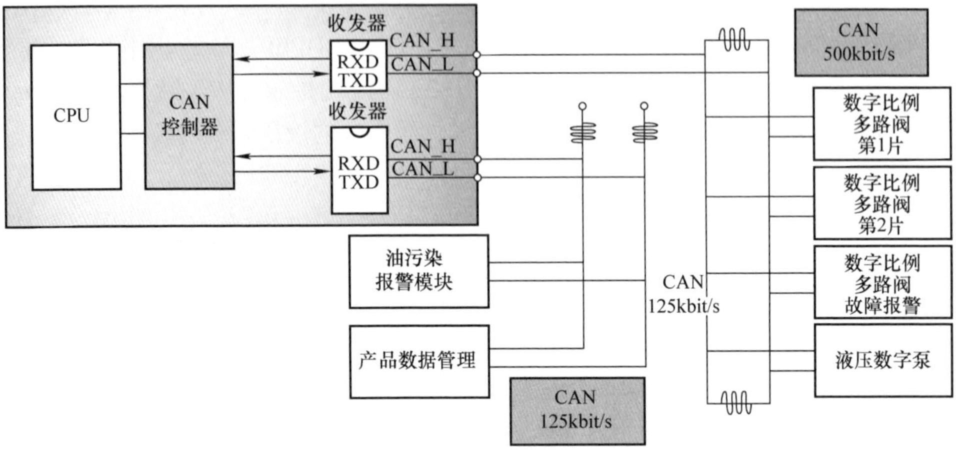


图 19-17 CAN 总线的应用节点速度的分置

汽车在实际运行过程中，众多节点之间需要进行大量的实时数据交换。若整个汽车的所有节点都挂在同一 CAN 网络上，众多节点 CAN 总线进行通信，信息管理配置稍有不当，就很容易出现总线负荷过大，导致系统实时响应速度下降。这在实时系统中是不允许的，因此在对汽车上各节点的实时性进行了分析之后，根据各节点对实时性的要求，设计了高、中、低速三个速率不同的 CAN 通信网络，将实时性要求严格的节点组成高速 CAN 通信网络，将其他实时性要求相对较低的节点组成中速 CAN 通信网络，将剩下实时性要求不是很严格的节点组成低速 CAN 通信网络，并架设网关将这三个速率不同的通信网络连接起来，实现全部节点之间的数据共享。系统中包含 CAN 控制器、信息收发器、两个数据传输终端及两条数据传输总线，除了数据总线外，其他各元件都置于各控制单元的内部。分析 CAN 总线系统产生故障的原因一般有以下三种。

1）汽车电源系统引起的故障：汽车电控模块的工作电压一般在 10.5～15.0V，如果汽车电源系统提供的工作电压不正常，就会使得某些电控模块出现短暂的不正常工作，这会引起整个汽车 CAN 总线系统出现通信不畅。

2）汽车 CAN 总线系统的链路故障：当出现通信线路的短路、断路或线路物理性质变化引起通信信号衰减或失真时，都会导致多个电控单元工作不正常，使 CAN 总线系统无法工作。

3）汽车 CAN 总线系统的节点故障：节点是汽车 CAN 总线系统中的电控模块，因此节点故障就是电控模块的故障。它包括软件故障，即传输协议或软件程序有缺陷或冲突，从而使汽车 CAN 总线系统通信出现混乱或无法工作，这种故障一般会成批出现；硬件故障一般是电控模块芯片或集成电路故障，造成汽车 CAN 总线系统无法正常工作。

**8. 现场总线在使用中需要注意的问题**

1）通信距离。现场总线的通信距离一般有一定的要求，如对于 CAN 总线的通信距离最远可达 10km（5kbit/s），通信速率最高可达 1Mbit/s（40m）。通信距离有两层含义，第一层是两个节点之间不通过中继器能够实现的距离，一般来说，距离和通信速率成反比；另一层是整个网络最远的两个节点之间的距离。往往在厂家的介绍材料中对于此类的描述不够清楚，在实际使用中，必须考虑整个网络的范围，电磁波信号在电缆中传递是需要时间的，特别在一些高速的现场总线中，如果增大距离，就必须对一些通信参数进行修改。

2）线缆选择。现场的环境决定现场总线的通信速度和通信介质。一般而言，现场总线采用电信号传递数据，在传输的过程中不可避免地受到周围电磁环境的影响。大多数现场总线采用屏蔽双绞线。必须注意的是，不同种类现场总线要求的屏蔽双绞线可能是不同的。现场总线的开发者一般规定一种特制的线缆，在正确使用这种线缆的条件下才能实现规定的速率和传输距离。在电磁条件极度恶劣的条件下，光缆是合理的选择，否则局部的干扰可能影响整个现场总线网络的工作。

3）隔离。一般来说，现场总线的电信号与设备内部是电气隔离的。现场总线电缆分布在车间的各个角落或车辆的各个部位，一旦发生高电压串入，会造成整个网段所有设备的总线收发器损坏。如果不加以隔离，高电压信号会继续将设备内部其他电路损坏，导致严重的后果。

4）屏蔽。现场总线采用的屏蔽电缆的外层必须在一点良好接地，如果高频干扰严重，可以采用多点电容接地，不允许多点直接接地，避免产生地回路电流。

5）连接器。现场总线一般没有对连接器做严格的规定，但是如果处理不当，会影响整个系统的通信。例如，现场总线一般采用总线型菊花链连接方式，在连接每一个设备时，必须注意如何在现有通信不受影响的条件下，实现设备插入和摘除，这对连接器就有一定的要求。

6）终端匹配。现场总线信号和所有电磁波信号一样具有反射现象，在总线每一个网段的两个终端，都应该采用电阻匹配，第一个作用是可以吸收放射，第二个作用是在总线的两端实现正确的电平，保证通信。因此，现场总线技术是控制、计算机、通信技术的交叉与集成，它的出现和快速发展体现了控制领域对降低成本、提高可靠性、增强可维护性和提高数据采集的智能化的要求。

**9. CAN 总线测试工具与错误处理**

CAN 总线多用于工业控制和汽车领域，在开发测试阶段，需要对其拓扑结构、节点功能、网路整合等进行开发测试，需要虚拟、半虚拟、全实物仿真测试平台，同时必须测试各节点是否符合 ISO 11898 中规定的错误响应机制等，因此 CAN 总线的开发需要专业的开发测试工具，并且在生产阶段也需要一批简单易用的生产线测试工具。

在 CAN 总线中存在五种错误类型，它们互相并不排斥，下面简单介绍一下它们的区别、产生的原因及处理方法。

1）位错误：向总线送出一位的某个节点同时也在监视总线，当监视到总线位的电平和送出的电平不同时，则在该位时刻检测到一个位错误。但是在仲裁区的填充位流期间或应答间隙送出隐性位而检测到显性位时，不认为是错误位。送出认可错误标注的发送器，在检测到显性位时也不认为是错误位。

2）填充错误：在使用位填充方法进行编码的报文中，出现了第六个连续相同的位电平时，将检测出一个填充错误。

3）CRC 错误：CRC 序列是由发送器 CRC 计算的结果组成的。接收器以和发送器相同的方法计算 CRC。如果计算的结果和接收到的 CRC 序列不同，则检测出一个 CRC 错误。

4）形式错误：当固定形式的位区中出现一个或多个非法位时，则检测到一个形式错误。

5）应答错误：在应答间隙，发送器未检测到显性位时，则由它检测出一个应答错误。

检测到出错条件的节点通过发送错误标志进行标定。当任何节点检测出位错误、填充错误、形式错误或应答错误时，由该节点在下一位开始发送出错误标志。当检测到 CRC 错误时，出错标志在应答界定符后面那一位开始发送，除非其他出错条件的错误标志已经开始发送。

在 CAN 总线中，任何一个单元可能处于下列三种故障状态之一：错误激活状态（ErrorActive）、错误认可状态（Error Passitive）和总线关闭状态（Bus off）。

错误激活单元可以照常参与总线通信，并且当检测到错误时，送出一个活动错误标志。错误认可节点可参与总线通信，但是不允许送出活动错误标志。当其检测到错误时，只能送出认可错误标志，并且发送后仍为错误认可状态，直到下一次发送初始化。总线关闭状态不允许单元对总线有任何影响。

为了界定故障，在每个总线单元中都设有两个计数：发送出错计数和接收出错计数。这些计数按照下列规则进行。

1）接收器检查出错误时，接收器错误计数器加“1”，除非所有检测错误是发送活动错误标志或超载标志期间的位错误。

2）接收器在送出错误标志后的第一位检查出显性位时，错误计数器加“8”。

3）发送器送出一个错误标志时，发送器错误计数器加“8”。有两种情况例外，其一是如果发送器为错误认可状态，由于未检测到显性位应答或检测到应答错误，并且在送出其认可错误标志时，未检测到显性位；另外一种情况是如果仲裁器件产生填充错误，发送器送出一个隐性位错误标志，而检测到的是显性位。除以上两种情况外，发送器错误计数器计数不改变。

4）发送器送出一个活动错误标志或超载标志时，检测到位错误，则发送器错误计数器加“8”。

5）在送出活动错误标志、认可错误标志或超载错误标志后，任何节点都最多允许连续 7 个显性位。在检测到第 11 个连续显性位后，或紧随认可错误标志检测到第 8 个连续的显性位，以及附加的 8 个连续显性位的每个序列后，每个发送器的发送错误计数都加“8”，并且每个接收器的接收错误计数也加“8”。

6）报文成功发送后，发送错误计数减“1”，除非计数值已经为“0”。如果接收错误计数处于 1 ~ 197 之间，则其值减“1”；如果接收错误计数为“0”，则仍保持为“0”；如果大于 127，则将其值记为 119 ~ 127 之间的某个数值。

7）当发送错误计数大于或等于 128，或接收错误计数大于或等于 128 时，节点进入错误认可状态，节点送出一个活动错误标志。当发送错误计数器大于或等于 256 时，节点进入总线关闭状态。

8）当发送错误计数和接收错误计数均小于或等于 127 时，错误认可节点再次变为错误激活节点。

9）在检测到总线上 11 个连续的隐性位发送 128 次后，总线关闭节点将变为两个错误计数器均为“0”的错误激活节点。

10）当错误计数器数值大于 96 时，说明总线被严重干扰。

如果系统启动期间仅有一个节点挂在总线上，此节点发出报文后，将得不到应答，检查出错误并重复该报文，此时该节点可以变为错误认可节点，但不会因此关闭总线。

### 19.2.3　软件语言与编程

液压元件的数字化开启了液压元件与微处理器开始结合的契机，网络化开启了液压元件对内对外彼此通信的功能，智能化开启了液压技术中液压元件的功能通过软件设置的方法实现的先河。所有这一切都与计算机软件语言为基础的编程密不可分。目前“液压可编程元件”已经进入了市场阶段。这样对于过去只熟悉硬件技术的传统液压传动与控制的行业，现在需要开始与计算机软件密切“握手”。软件首先是使用软件语言及其编程的问题。

**1. 控制软件编程国际标准 IEC 61131 –3**（等同 GB/T 15969.1 ~ 15969.4）

液压元件功能与控制的可编程属于控制软件类，因此需要采用 IEC 61131 – 3 这一控制软件编程国际标准。IEC 61131 – 3 用于规范可编程逻辑控制器（PLC）、DCS、IPC、CNC 和 SCADA 的编程系统的标准，应用 IEC 61131 – 3 已经成为工业控制领域的趋势。在 PLC 方面，编辑软件只需要符合 IEC 61131 – 3 国际标准规范，便可借由符合各项标准的语言架构，建立任何人皆可了解的程序。IEC 61131 – 3 标准的语法提出一套可跨不同目标平台的可编程控制器实现机制。标准中透过模组化的规划与设计，将控制动作分为逻辑运算与硬件动作两个部分，逻辑部分以共同的描述格式来统一 IEC 61131 – 3 中所定义的各语法并加以实现，硬件动作则针对各硬件设计专属的固件函式库，使得控制逻辑可以在各目标平台上使用硬件资源，这样的设计使不同的控制芯片皆可执行以IEC 61131－3语法所设计的控制动作，而设计人员只需要学会IEC 61131－3语法，便可使用所支援的控制芯片进行可编程控制器设计。此外，由于所设计的程式码可以在不同的目标平台间重复使用，因此，透过自行建立的函式库及利用重复使用的特性，更可缩短自动化流程的开发时程。

IEC 61131－3有以下五种标准化编程语言：

1）语句指令表（Instruction List Diagram，ILD），属于文本语言。

2）梯形图（Ladder Diagram，LD），属于图形化语言。

3）功能块图（Function Block Diagram，FBD），属于图形化语言。

4）结构化文本语言（Structured Text Language，STL），属于文本语言。

5）顺序功能流程图（Sequential Function Chart，SFC），属于图形化语言。

采用IEC 61131－3提升了软件开发的效率。在程序组织单元（Program Organization Units，POU）或工作表（worksheets）中的程式设计可使用结构化的设计方法，如图19-18所示。

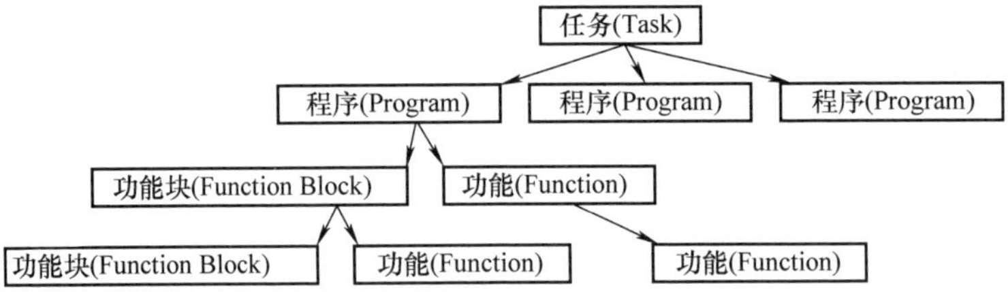


图19-18　IEC 61131－3 PLC标准软件模型（POU）

透过功能及流程的区分建立程式。IEC 61131－3支持自顶而下（top－down）和自底而上（bottom－up）程序开发方法。自顶而下时即开发者可先进行总体设计，将控制应用划分若干个部分，定义应用变量，然后编写各个部分的程序。自底而上时开发者也可以先从底部开始编程，例如先导出函数和功能块，再按照控制要求编制程序。IEC 61131－3所规范的编程系统独立于任一个具体的目标系统，它可以最大限度地在不同的PLC目标系统中运行。这样就创造了一种具有良好开放性的氛围，奠定了PLC编程开放性的基础。

**2. 结构化文本语言编程举例**

本实例描述的是用功能块控制箱体中的流体。箱体可以通过注入阀与排空阀控制箱体中的液体被注满或排空。箱体质量可以用一个称重单元（传感器）进行感知。功能块通过比较输入值“Full Weight”与“Empty Weight”来确定箱体中的液体是满还是空的状态。该功能块提供了一个“Command”的输入，该输入有四种状态：给箱体加水、保持不变、启动与清空箱体，如图19-19所示。

实现该功能块算法的结构化文本语言程序如图19-20所示。

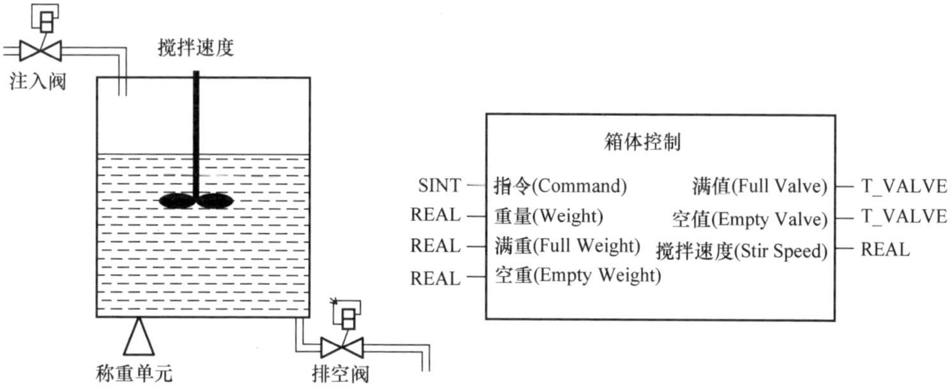


图 19-19 用结构化文本语言程序编功能块

```
TYPE_T_STATE:(FULL,NOT_FULL,EMPTIED);            (*箱体状态*)
END_TYPE;
TYPE_T_VALVE:(OPEN,SHUT);                        (*阀门状态*)
END_TYPE;
FUNCTION_BLOCK TankControl;                      (*功能块*)
VAR_IN                                           (*输入状态变量*)
Command:SINT;
Weight:REAL;
FullWeight:REAL;
EmptyWeight:REAL;
END_VAR
VAR_OUT                                          (*输出状态变量*)
FillValve:T_VALVE:=SHUT;
EmptyValve:T_VALVE:=SHUT;
StirSpeed:REAL:=0.0;
END_VAR
VAR                                              (*过程变量*)
Stat:=T_STATE:=EMPTYIED;
END_VAR
```

图 19-20 控制箱体液体的结构化文本语言程序

### 3. 语句指令表编程举例

语句指令表是一种低级语言，与汇编语言很相似。

用语句指令表编写的两点之间距离的图形，如图 19-21 所示。

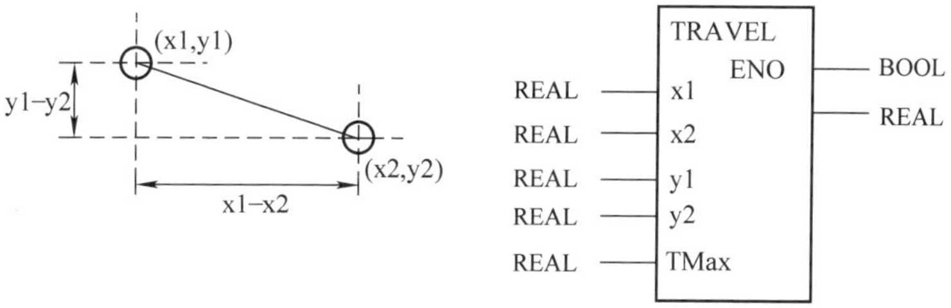


图 19-21 用语句指令表编写两点之间距离的图形

此函数为 TRAVEL ( )，程序如图 19-22所示。

```
用指令表编写的该功能的函数TRAVEL () 如下：
FUNCTION TRAVEL: REAL
VAR_INPUT                (*点X, Y坐标*)
X1, X2, Y1, Y2: RE       (*最大移动距离*)
TMax: REAL
END_VAR
VAR                      (*中间值*)
Temp: REAL;
END_VAR
LD Y1                    (*计算 Y2-Y1*)
SUB Y2                   (*将Y2-Y1值 存入Temp *)
ST Temp                  (*计算 (Y2-Y1)的平方 *)
MUL Temp
ADD X1                   (*计算(X1-X2)*)
SUB X2                   (*将(X1-X2)值 存入Temp*)
ST Temp                  (*计算(X1-X2)的平方 *)
MUL Temp                 (*将两平方值相加*)
ADD TEMP                 (*调平方根函数*)
CAL SQRT                 (*设定计算结果*)
ST TRAVEL                (*比TMax 大吗？ *)
GT TMax                  (*是，转到ERR 执行*)
JMPC ERR                 (*设定ENO *)
S ENO
ERR:                     (*错误返回， ENO 不输出*)
RET
```

图 19-22　用语句指令表描述两点之间距离程序

语句指令表包括四类操作符：一般操作符、比较操作符、跳转操作符和调用操作符。

一般操作符是指在程序中经常会用到的操作符：①装入指令 LD N 等；②逻辑指令 AND N（与指令）、OR N（或指令）、XOR N（异或指令）等；③算术指令 ADD（加指令）、SUB（减指令）、MUL（乘指令）、DIV（除指令）、MOD（取模指令）等。

比较操作符：GT（大于）、GE（大于或等于）、EQ（等于）、NE（不等于）、LE（小于或等于）、LT（小于）等。

跳转操作符：JMP C，N 等。

调用操作符：CALL C，N 等。

**4. 功能块图编程举例**

功能块图是一种图形化的控制编程语言，它通过调用函数和功能块来实现编程，如图 19-23 所示。

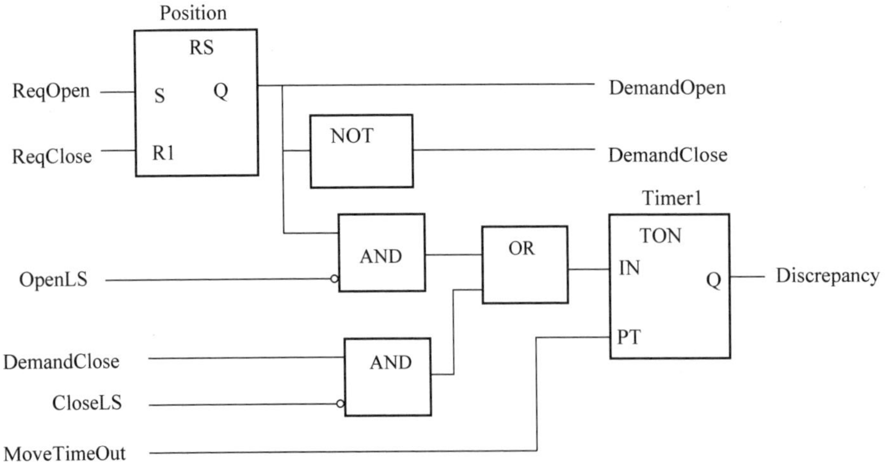


图 19-23　功能块图的程序表达

**5. 梯形图编程举例**

梯形图是三种图形化编程语言的一种，是使用最多的 PLC 编程语言。来源于当初的继电器逻辑原理图。现在梯形图编程功能强大，在 DCS 系统中也得到广泛使用。梯形图指令如图 19-24a 所示，而梯形图编程举例如图 19-24b 所示。图形简洁明了，对于电气工程技术专业人员非常熟悉。

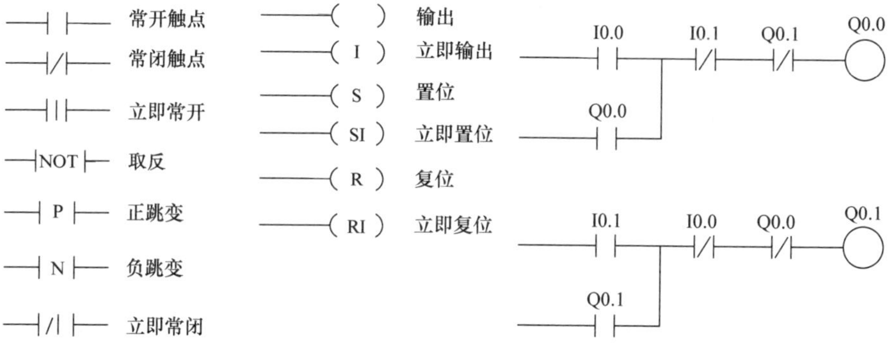


a)　　　　b)

图 19-24　梯形图编程

a）梯形图指令　b）梯形图编程举例

**6. 顺序功能流程图编程举例**

对于顺序控制系统最合适的编程语言是顺序功能流程图。一般而言，用这类语言（如 S7 – Graph 语言也属此类）时，先按照工艺要求编程一个功能块 FB1，并自动生成 FB1 的背景数据块 DB1。在编程软件的组织块 OB1 中调用 FB1 与 DB1，完成程序的组织。将程序下载到 PLC 中，再用相关编程软件的调试手段调试与运行程序，如图 19-25 所示。

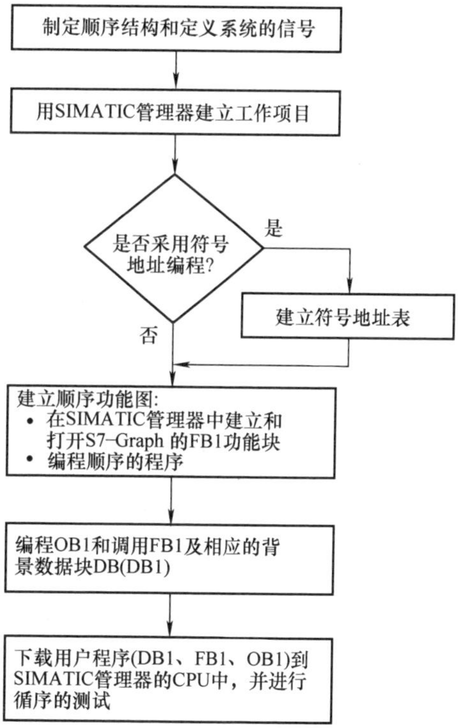


图 19-25　顺序控制系统编程与调试工作流程

顺序功能流程图是一种较新的编程方法，它将一个完整的控制过程分为若干阶段，各阶段具有不同的动作，阶段间有一定的转换条件，转换条件满足就实现阶段转移，上一阶段动作结束，下一阶段动作开始。它提供了一种组织程序的图形方法。在顺序功能图中可以用别的语言嵌套编程，步、路径和转换是顺序功能流程图的三种主要元素。顺序功能流程图主要用来描述开关量顺序控制系统，根据它可以很容易地画出顺序控制梯形图程序。顺序功能流程图主要由步、有向连线、转换、转换条件和动作（或命令）组成。

图19-26所示为顺序功能流程图图形化语言编程的五个基本要素。

1）步：顺序控制设计法将系统的一个工作周期划分成若干顺序相连的阶段，这些阶段称为步，并且用编程元件（s）代表各步。

2）初始步：系统的初始状态相对应的“步”称为初始步，初始状态一般是系统等待起动命令的相对静止的状态。初始步用双线方框表示，每一个顺序功能流程图至少应有一个初始步。

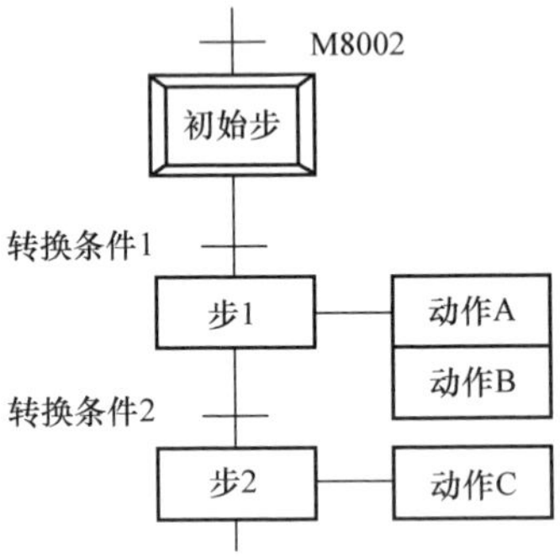

图19-26　SFC的五个基本要素

3）转换、转换条件：在两步之间的垂直短线为转换，其线上的横线为编程元件触点，它表示从上一步转到下一步条件，横线表示某元件的动合触点或动断触点。其触点接通PLC才可执行下一步。

4）动作或命令与步对应的动作或命令可以将一个控制系统划分为被控系统和施控系统。在数控车床系统中，数控装置是施控系统，车床是被控系统。对于被控系统，在某一步中要完成某些“动作”；对于施控系统，在某一步中则要向被控系统发出某些“命令”。

5）活动步：当系统正处于某一步所在的阶段时，称该步处于活动状态，即“活动步”。步处于活动状态时，相应的动作被执行；处于不活动状态时，相应的非存储型的动作被停止执行。

现在以多工位组合机床液压回转工作台采用动力头加工某轮毂工件的12个安装孔为例。动力头上装有36把刀具，共有四个工位，如图19-27a所示。泵电动机、冷却泵电动机以及液压电磁阀的通、断控制，液压回转工作台需要实现的自动工作循环过程如图19-27b所示，各阶段PLC所对应的顺序控制状态表如图19-27c所示。被加工工件在回转台上回转一周后，可完成该类机床的全部加工工序。对液压系统的油路实施控制，可以实现工位的转换；而液压系统的循环动作过程，则是依靠电气控制来实现的。

设第四工位已装卸完毕，工作台处于原位，限位开关$X_{01}$闭合；按下启动按钮$X_{10}$，电磁阀$Y_1$通电，回转工作台抬起，$X_{01}$复位；工作台抬起到位时，限位开关$X_{02}$闭合，电磁阀$Y_2$通电，工作台以一定速度回转；接近定位点时，限位开关$X_{03}$闭合，电磁阀$Y_3$通电，工作台改为低速回转；到达定位点，限位开关$X_{04}$闭合，电磁阀$Y_4$通电，工作台开始夹紧动作；夹紧到位，限位开关$X_{05}$闭合（此时可接通动力头控制回路），待相应工序的加工任务完成后，电磁阀$Y_5$通电，离合器脱

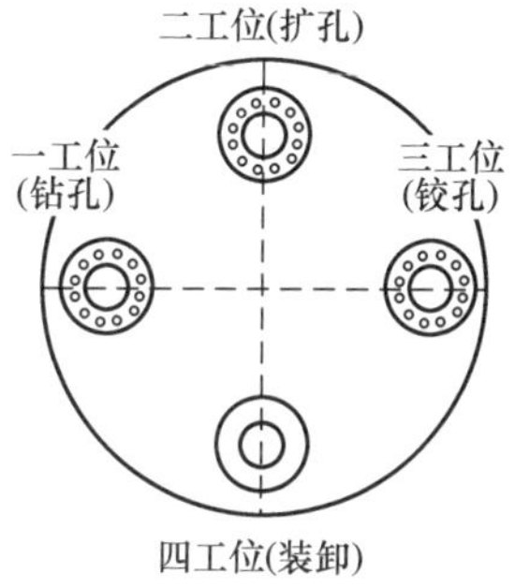


a)

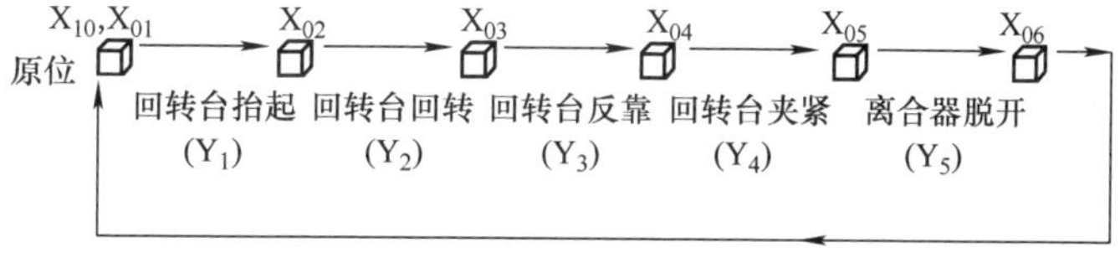


b)

| 步序 | | 转换条件 | 输出信号状态 | | | | | |
|---|---|---|---|---|---|---|---|---|
| | | | $Y_1$ | $Y_2$ | $Y_3$ | $Y_4$ | $Y_5$ | $Y_6$ |
| 1 | 初始 | $X_{10}$ | 0 | 0 | 0 | 0 | 0 | 0 |
| 2 | 回转台抬起 | $X_{02}$ | 1 | 0 | 0 | 0 | 0 | 0 |
| 3 | 回转台回转 | $X_{03}$ | 0 | 1 | 0 | 0 | 0 | 0 |
| 4 | 回转台反靠 | $X_{04}$ | 0 | 0 | 1 | 0 | 0 | 0 |
| 5 | 回转台夹紧 | $X_{05}$ | 0 | 0 | 0 | 1 | 0 | 0 |
| 6 | 离合器脱开 | $X_{06}$ | 0 | 0 | 0 | 0 | 1 | 0 |
| 7 | 回转液压缸返回 | $X_{01}$ | 0 | 0 | 0 | 0 | 0 | 1 |

c)

图 19-27　液气自动钻床顺序控制设置图

a）液压回转工作台加工四个工位示意图（加工零件是 12 个孔的法兰盘）

b）液压回转工作台动作过程示意图　c）液压回转工作台顺序控制状态表

开；限位开关 $X_{06}$ 闭合时，电磁阀 $Y_6$ 通电，回转液压缸返回，直至限位开关 $X_{01}$ 闭合，工作台复位。

在三菱 FX2N 系列 PLC 中，它是以转换为中心，利用 SET/RST（置位/复位）指令编制顺序控制程序时，通常使某一转换前级步所对应的辅助继电器（M）的动合触点与转换所对应的触点或电路相串联，作为后续步对应的辅助继电器置位或前级步对应的辅助继电器复位的基本条件。

根据工艺流程和顺序控制状态表，采用 SET/RST 指令设计的 SFC 及其对应的梯形图程序如图 19-28 所示。一个完整的加工工艺被分为顺序相连的六个阶段，分别用辅助继电器 $M_{201}$ ~ $M_{206}$ 表示；转换条件满足时，可由当前步进入下一步；初始化脉冲 M8002（脉宽为一个扫描周期）用于触发初始步 $M_{200}$。PLC 在执行该控制程序时，语句共计 42 条。在软件管理器中 FB1 功能块程序图编程过程可以看到像图 19-28 中编程的结果。

在软件自动生成 FB1 与背景数据块 DB1 后在软件管理器 OB1 内的编程界面如图 19-29 所示。编程到此基本完成，后续就可以进行调试应用了。

**7. CODESYS 工业控制软件编程工具**

CODESYS（Controlled Development System）提供了 PLC 的完整开发环境，是一种功能强大的 PLC 软件开发编程工具，应用领域涉及工厂自动化、汽车自动化、嵌

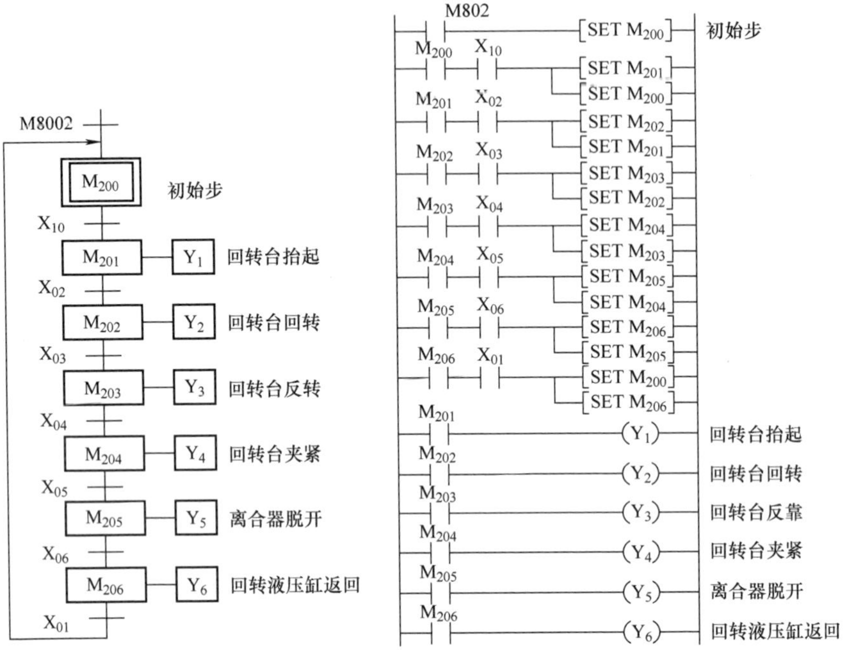


图 19-28 液压回转工作台顺序控制程序

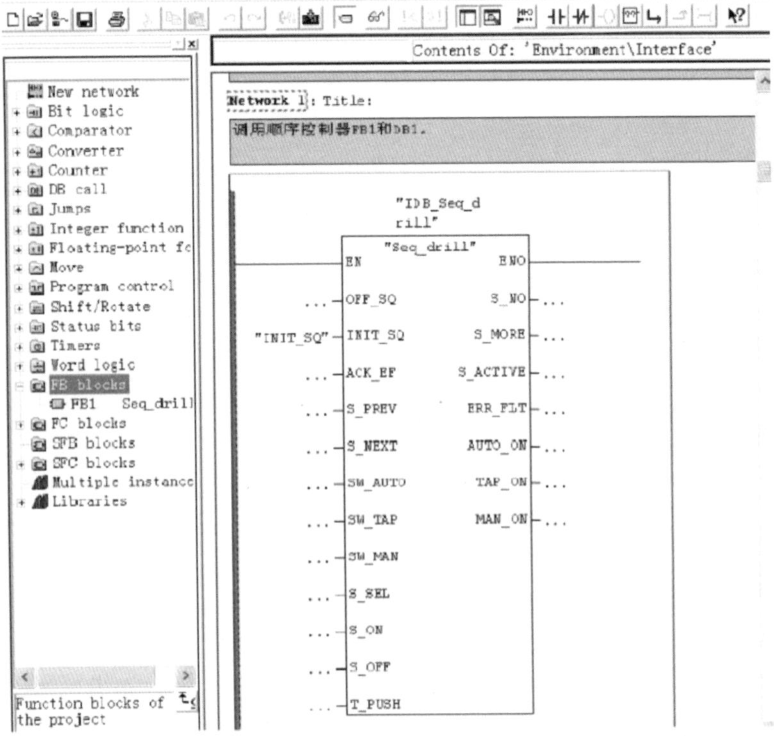


图 19-29 软件组织块 OB1 调用 FB1 功能块与数据块 DB1 后形成的编程

入式自动化、过程自动化等。

CODESYS 软件商是德国 Smart software solution GmbH。全球有近 400 家的控制系统生产制造商是 CODESYS 的用户。许多国际著名 PLC 厂家都是使用 CODESYS 平台开发自己的编程软件的，例如 ABB、巴赫曼（Bachmann）、易福门（IFM）、科控（KEBA）、日立（HITACHI）、三菱自动化 MITSUBISHI、欧姆龙（OMRON）、研华科技等。也有不少运动控制厂家［如施耐德电气（Scheider Electric），固高科技（GoogolTech）在使用 CODESYS 平台开发自己的编程软件。在液压行业内，力士乐的 RC 系列控制器、伊顿的 Pro－FX 工业控制器与编程软件也是以 CODESYS 为平台的。

CODESYS 许可证是免费的。图 19-30 所示为 CODESYS 的软件架构。

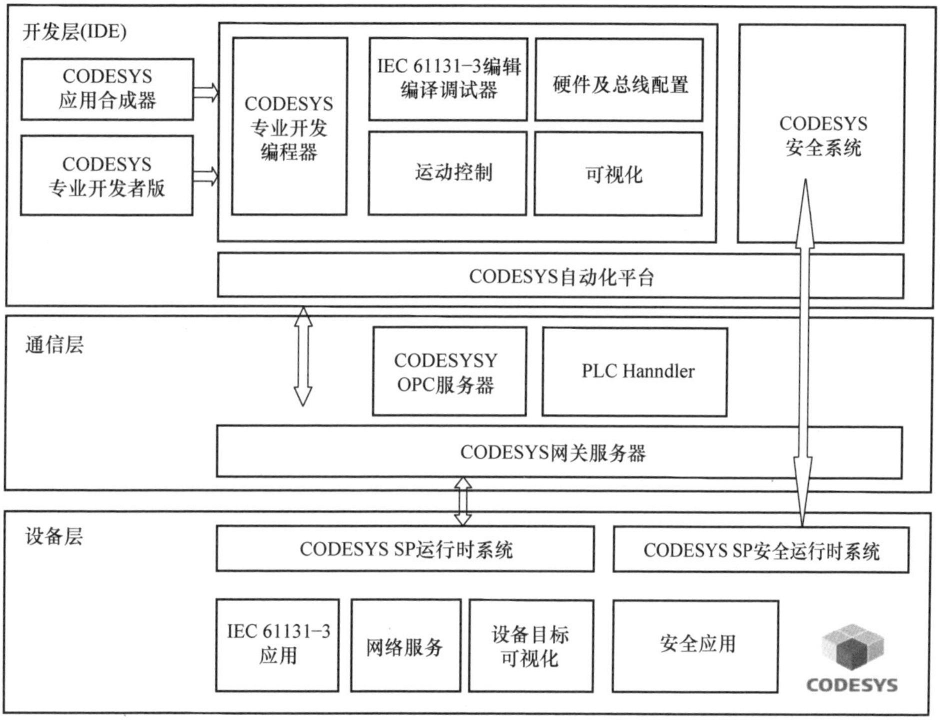


图 19-30　CODESYS 软件架构

（1）开发层　具有完善的在线编程和离线编程功能。提供编译器及其配件组件、可视化界面编程组件、可选的运动控制模块等功能。

1）IEC 61131－3 编辑器。CODESYS 提供了所有 IEC 61131－3 中定义的五种编程语言：STL、SFC、FBD、LD 和 ILD，此外还支持连续功能图（CFC）的编程语言。

2）编译器。负责将 CODESYS 中的应用程序转换为机器代码，并且优化可编程控制器的性能。当编程人员输入了错误的应用程序代码时，立刻会接收到编译器发出的语法错误警告及错误信息，让编程人员可以迅速做出相应纠正。编程人员可以不必改变编程方式，即可以使用不同的基于 CODESYS 编程的硬件装置（系统）进行工程开发。

3）硬件/现场总线配置器。针对不同制造商的硬件设备及不同现场总线协议，该部分负责在 CODESYS 中对相应参数进行设定。

4）可视化界面编程。直接在 CODESYS 中即可实现可视化编程（人机界面），系统已经集成了可视化编辑器。

5）运动控制模块。运动控制功能已经集成在 CODESYS 中，形成了 SoftMotion（CNC）软件包，可将逻辑控制（SoftPLC）和运动控制（SoftMotion 、SoftMotion CNC、HMI）合一，实现从单轴运动到复杂的多轴轨迹插补的编程和控制。基于 PLCopen 的工具包可以实现单轴、多轴运动，电子凸轮传动，电子齿轮传动，复杂多轴 CNC 控制等。

（2）通信层 应用开发层和硬件设备层之间的通信是由 CODESYS 中的网关服务器来实现的，CODESYS 网关服务器中安装了 OPC 服务器。

1）CODESYS 网关服务器。作用在应用开发层和硬件设备层之间，可以使用 TCP/IP 协议或通过 CAN 等总线实现远程访问，是 CODESYS 开发工具包不可分割的一部分。

2）CODESYS OPC 服务器。对基于 CODESYS 进行编程的控制器，无须考虑所使用的硬件 CPU，已经集成并实现了 OPC V2.0 规范的多客户端功能，且能同时访问多个控制器。

（3）设备层 在使用基于 IEC 61131－3 标准的编程开发工具 CODESYS 对一个硬件设备进行操作前，硬件供应商必须要在设备层预先安装 CODESYS 的实时核（CODESYS Runtime）。同时，也可以通过使用 CODESYS 的可选组件：如 CODESYS 目标可视化编程模块或网络可视化编程模块来实现功能上的扩展。

（4）CODESYS 软件架构中各层关系 CODESYS 代码执行机制是编译执行，编程人员在开发层编写完成的 IEC 程序通过集成的编译器编译为二进制代码，再通过以太网或串口下载至设备层中，最终该应用程序中的文件已经被转为二进制代码存放在目标设备中，根据用户设定的执行方式循环执行对应程序。

（5）CODESYS 软件的特点 CODESYS 可以分为两个部分，一部分是运行在各类硬件中的 RTE（Runtime Environment），另一部分是运行在 PC 上的 IDE。因此 CODESYS 的使用者既包括生产 PLC、运动控制器的硬件厂商，也包括最终使用 PLC、运动控制器的使用者。

不同的现场总线可以直接用于编程系统 CODESYS，该工具集成了最常见系统的配置器。它不仅支持 CANopen、Profibus、EtherCAT、SERCOS、DeviceNet、Profi-Net、Modbus、Ethernet 等多种现场总线，而且可根据使用者的具体需求将不同自动化厂商提供的产品和系统进行组合配置后统一编程，从而真正实现了控制系统的开放性和可重构性。

CODESYS SP 软件包（the SoftPLC Runtime System）可以将任何嵌入式系统或 PC 变成基于 IEC 61131 –3 国际标准的、功能强大的可编程控制器。其中 CODESYS Soft Motion 软件包可将逻辑控制（SoftPLC）和运动控制（SoftMotion 、SoftMotion CNC、HMI）合一，完美地实现从单轴运动到复杂的多轴轨迹插补的编程和控制。除了支持 PLC 编程，还支持总线接口、驱动设备（特别是伺服，数控）、显示设备、IO 设备等的编程。

它支持 IEC 61131 –3 标准中 ILD、STL、FBD 、LD、CFC、SFC 六种 PLC 编程语言，使用者可以在同一项目中选择不同的语言编辑子程序与功能模块等。在编程时，CODESYS 为强大的 IEC 语言提供了一个简单的方法，系统的编辑器和调试器的功能是建立在高级编程语言的基础上（如 Visual C ++）。最新的版本是 CODESYS V3。V3 在软件架构上有了很大的改善，朝安全软件的方向发展。

支持 HMI 编辑，支持编辑显示器界面（Visualization）。集成编辑器可帮助使用者直接在编程系统 CODESYS 中创建复杂的可视化蒙版，并根据应用程序变量进行动画制作。为了简化程序，可以使用集成的可视化元素。可选的工具包令使用者能够创建自己的可视化元素。在编程系统的在线操作过程中，创建的掩模用于应用程序测试和调试。与可选可视化客户端结合使用，面罩也可用于操作机器或工厂，例如带有集成显示器的控制器，Web 浏览器或 Windows 或 Linux 下的便携式运行时间。

达到风险分析后所需的安全完整性级别（SIL），所有系统组件都必须符合此安全级别。CODESYS 中的预认证软件组件使设备制造商能够轻松地将其控制器完成 SIL2 或 SIL3 认证。因此，CODESYS 安全系统由编程系统和运行系统中的组件组成，而项目规划完全集成在 IEC 61131 –3 编程环境中。

**8. MATLAB/Simulink**

MATLAB 是 20 世纪 80 年代中期美国 MathWorks 公司推出的数值计算软件，主要包括 MATLAB 和 Simulink 两大部分，是用于数值计算、数字信号处理、系统辨识、自动控制、时序分析与建模、优化设计、动态仿真、算法开发、数据可视化以及数据分析的高级技术计算语言和交互式环境。它将数值分析、矩阵计算、图形处理、数值分析、编程技术、科学数据可视化以及非线性动态系统的建模和仿真等诸多功能集成在一个易于使用的视窗环境中，为科学研究与工程设计中的工程计算、控制设计、信号处理与通信、图像处理、信号检测、金融建模设计与分析等领域提供了一种全面的解决方案，代表了当今国际科学计算软件的先进水平，软件成熟，应用广泛。

Simulink 是 MATLAB 的重要组成部分。它提供一个动态系统建模、仿真和综合分析的集成环境，广泛应用在控制理论和信号处理的复杂仿真和设计，输出直观的图形界面。此外，它还可以用于离散、连续和混合的系统仿真。

MATLAB 开发环境由数百个内部函数的主包和三十几种文件工具包组成，使用方便。工具包又可以分为功能性工具包和学科工具包。功能性工具包用来扩充 MATLAB 的符号计算、可视化建模仿真、文字处理及实时控制等功能。学科工具包专业性很强，包括控制工具包、信号处理工具包、通信工具包等。MATLAB 针对许多专业领域都开发了功能强大的模块集和工具箱（Toolbox），包括数据采集、数据库接口、概率统计、样条拟合、优化算法、偏微分方程求解、神经网络、小波分析、信号处理、图像处理、系统辨识、控制系统设计、LMI 控制、鲁棒控制、模型预测、模糊逻辑、金融分析、地图工具、非线性控制设计、实时快速原型及半物理仿真、嵌入式系统开发、定点仿真、DSP 与通信、电力系统仿真等。

图 19-31 所示为 MATLAB 家族产品的构成。MATLAB 是产品家族的基础，提供基本的数学算法，诸如矩阵运算、数值分析算法，MATLAB 集成了 2D 与 3D 的图形功能，以完成相应数值可视化工作。软件采用交互式高级编程语言——M 语言，用来编写脚本或者函数文件，实现使用者自己的算法。

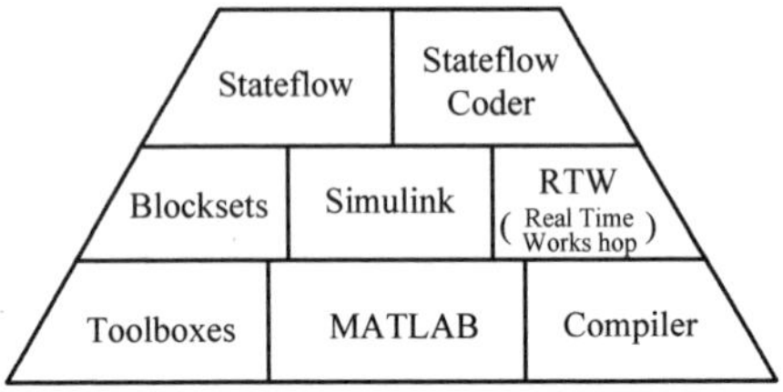


图 19-31　MATLAB 家族产品构成

MATLAB Compiler 是一种编译工具，可用 M 语言编写的函数文件生成为函数库、可执行文件、COM 组件等，从而扩展 MATLAB 功能，并可以与其他语言（如 C/C ++ 语言）混合使用，提高程序运行效率。也可用 M 语言开发专业工具箱函数供开发人员使用。

Simulink 是基于 MATLAB 的框图设计环境，用来对各种动态系统进行建模、分析和仿真，可以对连续、离散、条件执行、事件驱动、单速率、多速率和混合系统建模，用鼠标拖动的方式建立系统框图式模型。

Stateflow 是一个交互式设计工具，它基于有限状态机（Finite – State Machine，FSM）的理论，可以用来对复杂的事件驱动系统进行建模与仿真。

图 19-31 中的 RTW 与 Stateflow Coder 是自动化代码生成工具，可以直接将 Simulink 的模型框图和 Stateflow 的状态图转换成程序代码，此代码简洁、可靠、易读。整个代码的生成、编译与目标下载过程均自动完成，使用者仅仅需要在几个按钮上点击鼠标即可。MathWorks 公司针对不同的实时或非实时操作系统平台，开发了相应的目标选项，配合不同的硬软件系统，可以完成快速控制原型（Rapid Control Prototype）开发、硬件在回路的实时仿真（Hardware – in – Loop）、产品代码生成等工作。

另外，MATLAB 开放性的可扩充体系允许使用者开发自定义的嵌入式系统目标，如图 19-32 所示。

利用实时工作间嵌入式编码器（Real – Time Workshop Embedded Coder）能够

直接将 Simulink 的模型变成效率优化的产品代码。代码不仅可以是浮点的，还可以是定点的。因此 MATLAB 能够成为诸多领域的开发软件。

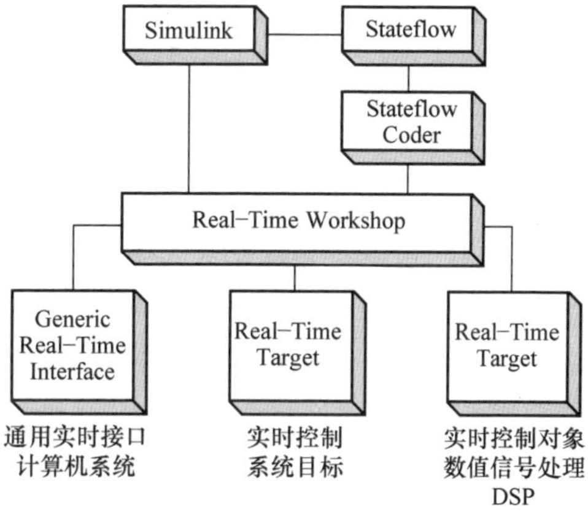


图 19-32　使用者开发自定义嵌入式系统目标

MATLAB 结合第三方软硬件产品组成了在不同领域内的完整解决方案，实现了从算法开发到实时仿真再到代码生成与最终产品实现的完整过程。因此，MATLAB 的典型应用包括控制系统的应用与开发，快速控制原型与硬件在回路仿真的统一平台；信号处理系统的设计与开发，全系统仿真与快速原型验证；通信系统设计与开发；机电一体化设计与开发，可以全系统的联合仿真等。

MathWorks 公司近期公告 MATLAB 现在可通过图形处理编码器（GPU Coder）实现与 NVIDIA TensorRT（一款人工智能推理软件）集成。这有助于使用者在 MATLAB 中开发新的人工智能和深度学习模型，且可确保性能和效率满足数据中心、嵌入式应用和汽车应用不断增长的需求。MATLAB 提供了一个完整的工作流程来快速训练、验证和部署深度学习模型。使用者可以使用 GPU 资源，而无须额外编程操作，因此可以专注于应用本身而不是性能调优。NVIDIA TensorRT 与 GPU Coder 的全新集成使得可以在 MATLAB 中开发深度学习模型，然后以高吞吐量、低延迟的方式部署在 NVIDIA GPU 上运行。内部基准测试显示，MATLAB 生成的 CUDA 代码与 TensorRT 结合，在部署 Alexnet 模型进行深度学习推理时，性能比 TensorFlow 高 5 倍；在部署 VGG－16 模型进行深度学习推理时，性能比 TensorFlow 高 1.25 倍。这是因为不断发展的图像、语音、传感器和物联网（IoT）技术，使 MATLAB 以更好的性能和效率研究人工智能解决方案。现在 MATLAB 训练深度学习模型 NVIDIA GPU 可以将实时推理部署到云端、数据中心、嵌入式边界设备等各种环境中。

### 19.2.4　液压智能元件中的人工智能

工业 4.0 时代的特征就是物联网与人工智能（Artificial Intelligent，AI）。工业制造又称为“工业智造”。但是“人工智能”仍然是当今人类探索的领域，所以它不仅是计算机学科的一个分支，更是 21 世纪三大尖端技术（基因工程、纳米科学、人工智能）之一。简而言之，人工智能的定义就是研究如何使计算机去做过去只有人才能做的智能工作。这反映了人工智能学科的基本思想和基本内容。

过去的人工智能是以知识为基础的人工智能，因此需要建立无穷的规则，这条路难行，因此新一代的人工智能主要是大数据基础上的人工智能，表现在深度学习、跨界融合、人机协同、群智开放和自主智能五个方面。当前人工智能发展的状况呈现下列特点：①从人工知识表达到大数据驱动的知识学习技术；②从分类型处理的多媒体（界面与环境）数据转向跨媒体的认知、学习、推理；③从追求智能机器到高水平的人机、脑机相互协同和融合；④从聚焦个体智能到基于互联网和大数据的群体智能，它可以把很多人的智能集聚融合起来变成群体智能；⑤从拟人化的机器人转向更加广阔的智能自主系统，如智能工厂、智能无人机系统等。

5G是第一个为传感器、机器人、自动驾驶汽车和其他设备提供服务的网络，这些设备将不间断地相互提供海量数据，让工厂、建筑工地乃至整个城市更少在时时刻刻的人工干预下运行。这个网络还将让虚拟现实和人工智能工具得到更广泛的应用。

由此可见人工智能距离人类的实用越来越近了。但是现在从认知到实践都还有很多困惑，甚至还有这样的疑问：深度学习是未来人工智能的发展方向吗？

从目前尚未达到思考推理智能程度的弱人工智能的角度来看，人工智能的本质就是对人的思维的信息过程的模拟。对于人的思维模拟可以从两条道路进行：一是结构模拟，仿照人脑的结构机制，制造出“类人脑”的机器；二是功能模拟，暂时撇开人脑的内部结构，而从其功能过程进行模拟。现代电子计算机的产生便是对人脑思维功能的模拟，是对人脑思维的信息过程的模拟。与仿制人脑结构机制的距离还比较长，要知道人脑含有数亿个神经元，在“计算”某些问题时比目前的计算机快，但是生物系统的时间常数在1～100ms，传输频率不超过100Hz，而超大规模集成电路（VLSI）硅器件的时间常数小于10ns，传输频率超过30MHz，单个神经元要比电子元件慢数百万倍，然而生物系统处理速度仍然比电子系统处理速度快数倍，因此生物系统组织构架方式与思维机制绝非寻常。人工神经网络是模仿生物系统的处理方式、组织结构和系统功能的简化系统，要达到与生物一样的程度，还是一个长期的、艰难的积累过程。

**1. 人工智能的具体途径**

人工智能在计算机上实现时有两种不同的方式。一种是“工程学方法”，即采用传统的编程技术，使系统呈现智能的效果。另一种是“模拟法”，它不仅要看效果，还要求实现方法也和人类或生物机体所用的方法相同或类似。遗传算法（Generic Algorithm，GA）和人工神经网络（Artificial Neural Network，ANN）均属后一类型。遗传算法模拟人类或生物的遗传-进化机制，需要人工详细规定程序逻辑，人工编程就非常烦琐，容易出错，适合解决比较简单的问题。人工神经网络则是模拟人类或动物大脑中神经细胞的活动方式。编程者设计的智能控制系统（一个模块）能够学习吸取教训，能渐渐地适应环境，应付各种复杂情况。这种方法入门虽难，但解决复杂问题更容易。在发展过程中，美国也首创了模糊逻辑，它可以在不确定的条件下做出决策。

中国电子学会发布的《新一代人工智能领域十大最具成长性技术展望（2018—2019年）》（见表19-3）展示了人工智能应用与发展的途径。其中云端人工智能、深度强化学习、神经形态计算与元学习方面值得从事液压控制领域的工程技术人员给予关注以至采纳。

**表 19-3　新一代人工智能领域十大最具成长性技术展望**（2018—2019 年）

| 序号 | 名称 | 图解说明 | 内涵 |
|---|---|---|---|
| 1 | 对抗性神经网络 | 对抗性神经网络中产生数据与判别数据持续进行<br>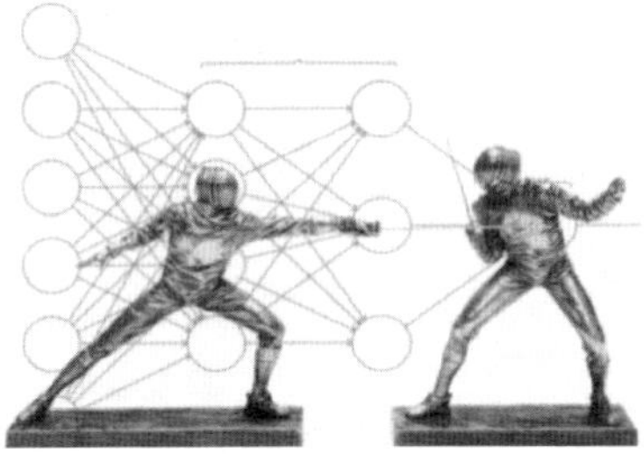 | 由一个不断产生数据的神经网络模块与一个持续判别所产生数据是否真实的神经网络模块组成的神经网络架构，创造出近似真实的原创图像、声音和文本数据的技术。该技术有望大幅提升机器翻译、人脸识别、信息检索的精度和准确性，随着三维模型数据序列能力的提升，未来将在自动驾驶、安防监控等领域产生可观的应用价值 |
| 2 | 胶囊网络 | 胶囊网络算法可以从不同角度识别同一物体<br> | 在深度神经网络中构建多层神经元模块，用以发现并存储物体详细空间位置和姿态等信息的技术。该技术能使机器在样本数据较少的情形下，快速识别不同情境下的同一对象，在人脸识别、图像识别、字符识别等领域具有广阔的应用前景 |
| 3 | 云端人工智能 | 推出人工智能服务的主要云计算公司 | 将云计算运作模式与人工智能深度融合，在云端集中使用和共享机器学习工具的技术。该技术将庞大的人工智能运行成本转移到云平台，能够有效降低终端设备使用人工智能技术的门槛，有利于扩大用户群体，未来将广泛应用于医疗、制造、能源、教育等多个行业和领域 |
| 4 | 深度强化学习 | 深度强化学习具有良好的结构特点<br>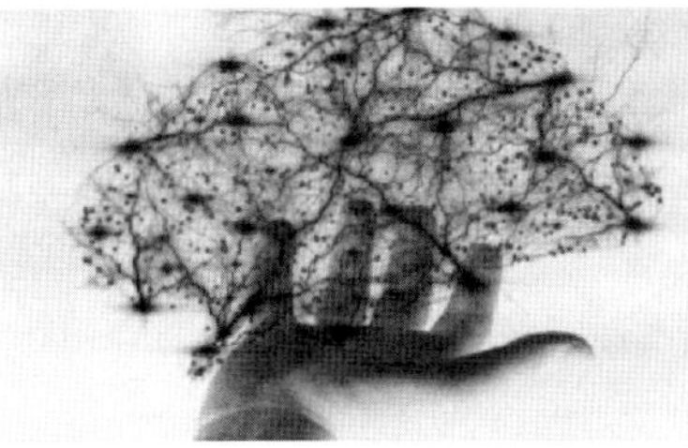 | 将深度神经网络和具有决策能力的强化学习相结合，通过端到端学习的方式实现感知、决策或感知决策一体化的技术。该技术具有无须先验知识、网络结构复杂性降低、硬件资源需求少等特点，能够显著提升机器智能适应复杂环境的效率和健壮性，将在智能制造、智能医疗、智能教育、智能驾驶等领域具有广阔发展前景 |

（续）

| 序号 | 名称 | 图解说明 | 内涵 |
|---|---|---|---|
| 5 | 智能脑机交互 | 智能脑机交互使人类沟通交流高效化<br>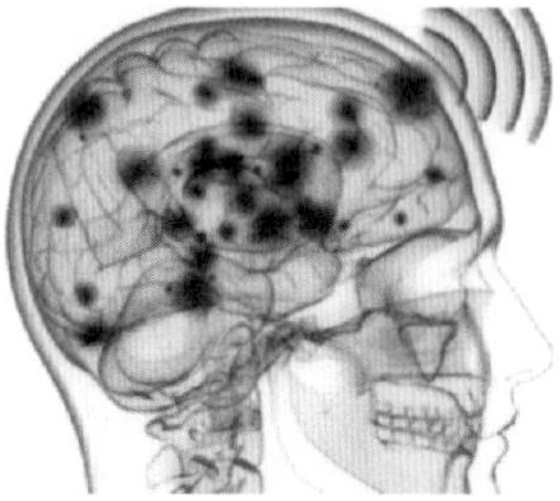 | 通过在人脑神经与具有高生物相容性的外部设备间建立直接连接通路，实现神经系统和外部设备间信息交互与功能整合的技术。该技术采用人工智能控制的脑机接口对人类大脑的工作状态进行准确分析，达到促进脑机智能融合的效果，使人类沟通交流的方式更为多元和高效，未来将广泛应用于临床康复、自动驾驶、航空航天等多个领域 |
| 6 | 对话式人工智能平台 | 对话式人工智能平台结构<br>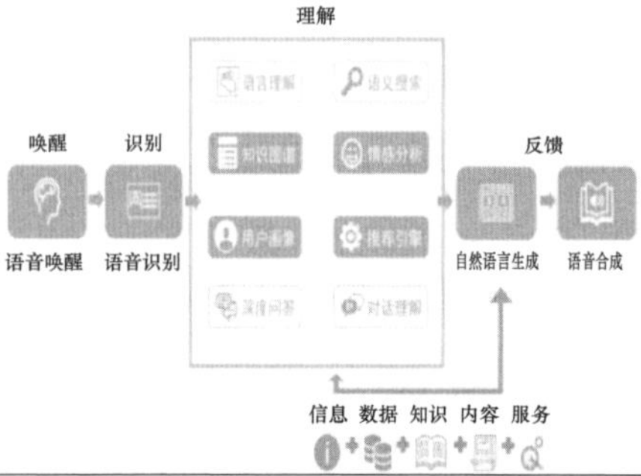<br> | 融合语音识别、语义理解、自然语言处理、语音合成等多种解决方案，为开发者提供具备识别、理解及反馈能力的开放式平台的技术。该技术能够实现机器与人在对话服务场景中的自然交互，未来有望在智能可穿戴设备、智能家居、智能车载等多个领域得到大规模应用 |
| 7 | 情感智能 | 情感智能技术将模拟人的情绪<br>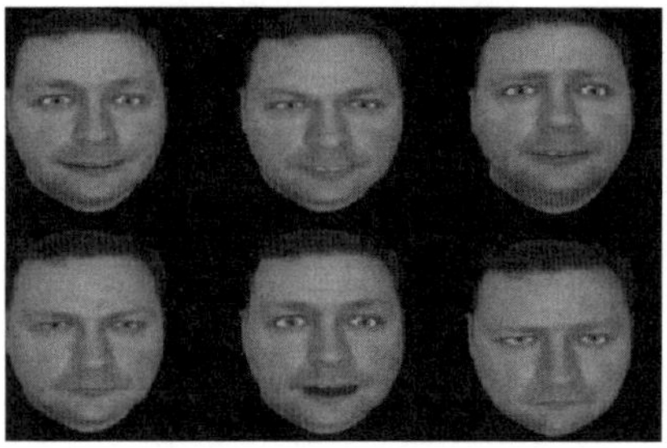 | 利用人工智能手段模拟表情、语气、情感等类人化情绪响应，以打造具有情绪属性的虚拟形象的技术。该技术可赋予机器设备对人类情感更准确的识别、理解和引导能力，为使用者带来更具效率和人性化的交互体验，未来将在智能机器人、智能虚拟助手等领域得到更为频繁和深入的应用 |
| 8 | 神经形态计算 | 神经形态计算的结构<br>（自旋 - CMOS 混合神经网络）<br>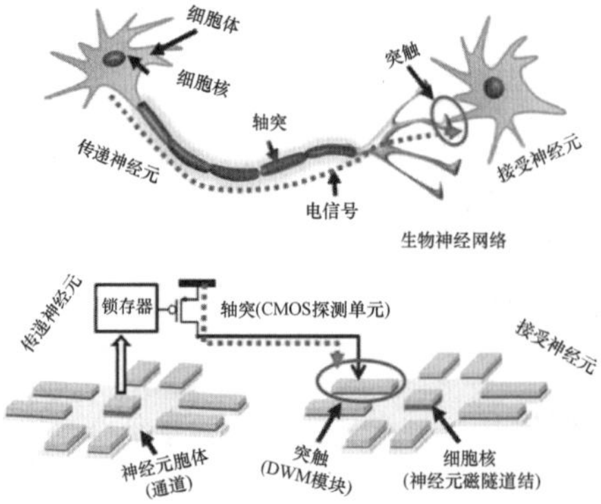<br> | 仿真生物大脑神经系统，在芯片上模拟生物神经元、突触的功能及其网络组织方式，赋予机器感知和学习能力的技术。该技术的目标在于使机器具备类似生物大脑的低功耗、高效率、高容错等特性，将在智能驾驶、智能安防、智能搜索等领域具有广阔应用前景 |

（续）

| 序号 | 名称 | 图解说明 | 内涵 |
| --- | --- | --- | --- |
| 9 | 元学习 | 元学习实现快速自主学习<br>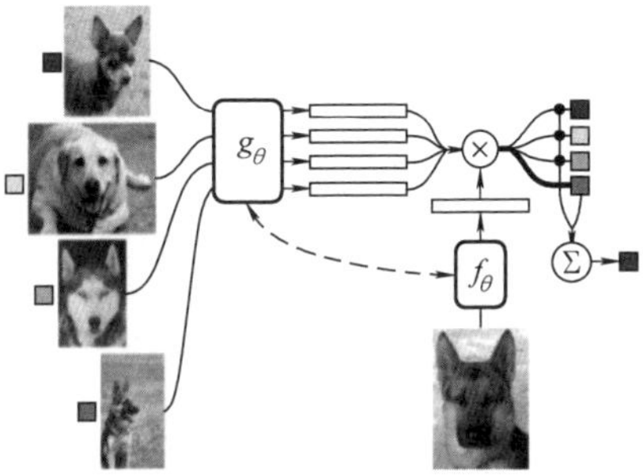 | 将神经网络与人类注意机制相结合，构建通用算法模型使机器智能具备快速自主学习能力的技术。该技术能够使机器智能真正实现自主编程，显著提升现有算法模型的效率与准确性，未来的进一步应用将成为促使人工智能从专用阶段迈向通用阶段的关键 |
| 10 | 量子神经网络 | 量子神经网络结构示意图<br>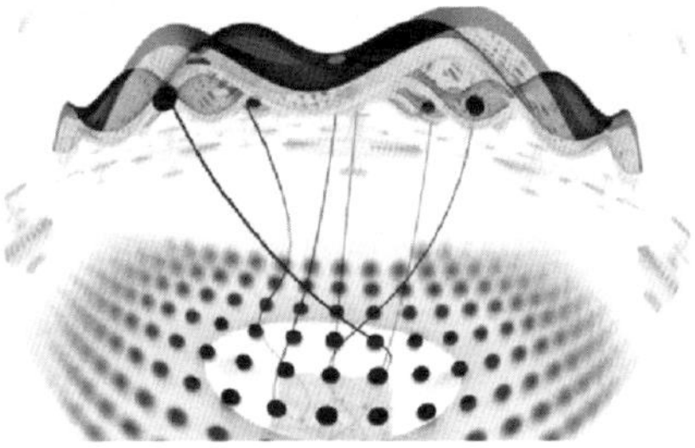 | 采用量子器件搭建神经网络，优化神经网络结构和性能的技术。该技术充分利用了量子计算超高速、超并行、指数级容量的特点，有效缩短了神经网络的训练时间，未来将在人脸识别、图像识别、字符识别等领域具有重要应用价值和广阔前景 |

人工智能在发展，其中的问题与困难也极其严峻。深度学习是机器进行自我教育的一种方式；深度学习是人工智能的主宰。它已经成为帮助机器感知和识别周围世界的主要方式。多年来，深度学习看上去越来越好，不可阻挡地让机器拥有像人一样流畅、灵活的智力。

在深度学习推广数年后，人工智能发生了迄今为止的最后一次重要转变，即强化学习的兴起。机器学习算法可以分为三种：有监督的学习、无监督的学习及强化学习。

有监督的学习最适合解决有参照背景的问题。例如物品分类，或是基于面积、位置和公交便利程度判断住宅价格。所以，它是最常用的也是最实用的机器学习算法。

标记数据集并不容易，所以也有无监督的学习。提供给无监督学习的数据集没有特定的期望结果，或是正确答案。机器需要自己提取特征和规律来理解数据。

无监督学习的应用场景，包括银行通过账户异常行为判断虚假交易，电商通过已经加入到购物车的产品，推荐相关的其他产品等。

过去几年里，强化学习在研究领域的出现频率迅速提高。强化学习同样也采用未经标记的数据，但与无监督学习不同的是，强化学习还模拟了训练动物的过程，对进行学习的机器提供“奖惩机制”，在执行最优解时提供反馈。

与深度学习一样，强化学习也是通过里程碑式的突破，才引起了研究者的注意。2015 年，DeepMind 的 AlphaGo 在强化学习训练下，成长为可以击败代表人类最高水平的围棋棋手，让埋没数十年的强化学习再次走到大众视线中。

从过去二十多年的经验来看，人工智能领域并没有出现什么明显的新技术。各种技术在研究界的地位起起落落，但热门的种种技术，许多都起源于同一时间，即 20 世纪 50 年代左右。

以神经网络为例，它在 20 世纪 60 年代统治 AI 界，20 世纪 80 年代也有些存在感，而在 2012 年卷土重来之前，这一概念濒临灭绝。

**2. 液压智能技术属于“机器学习”**

人工智能涉及的范围极其广泛。液压技术作为一种传动与控制技术，对人工智能的应用更多会集中于“机器学习”方面，以及与其有关联的专家系统、智能控制、机器人学等。从这个角度而言，液压元件的智能化就是将过去需要液电一体化工程技术人员所做的工作交给计算机来承担，此类元件的根本特征就是“自主性”。由此液压智能元件的关键词是“自主”“学习”与“诊断”，或者说是“自学习”“自诊断”。

液压智能技术中“机器学习”的“深度学习”是今后发展的重点。图 19-33 所示为机器学习与深度学习之间的关系。

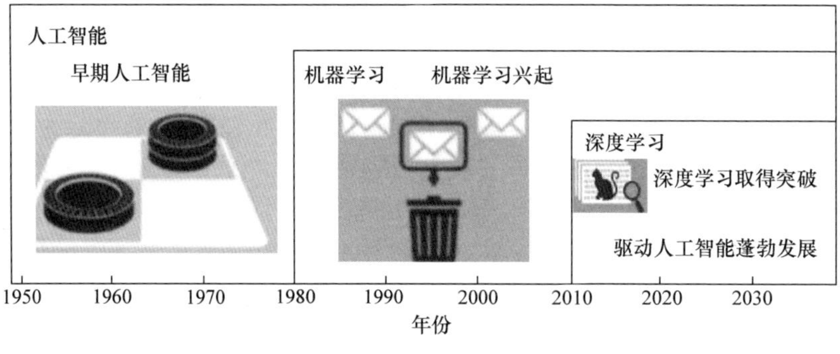


图 19-33　机器学习与深度学习之间的关系

机器学习是一种实现人工智能的方法，机器学习最基本的做法，是使用算法来解析数据、从中学习，然后对真实世界中的事件做出决策和预测。与传统的为解决特定任务、硬编码的软件程序不同，机器学习是用大量的数据来“训练”，通过各种算法从数据中学习如何完成任务。

而深度学习是利用深度神经网络来解决特征表达的一种学习过程，属于机器学习的一种分支，用特征来学习，也就是模拟人脑进行抽象，基于数据学习出很好的特征。深度神经网络为包含多个隐含层的神经网络结构，为了提高深层神经网络的训练效果，人们对神经元的连接方法和激活函数等方面做出相应的调整。普通神经网络由于训练代价较高，一般只有 3 ~ 4 层，而深度神经网络由于采用了特殊的训练方法与措施，可以达到 8 ~ 10 层。深度神经网络能够捕捉到数据中的深层联系，从而能够得到更精准的模型，而这些联系不容易被普通的机器学习方法所发觉。深度学习摧枯拉朽般地实现了各种任务，使得似乎所有的机器辅助功能都变为可能，使诸如无人驾驶汽车、预防性医疗保健等都近在眼前或者即将实现。

图 19-34 所示为深度学习与数据量的关系，从深度学习的发展来看，其控制性能与大数据之间的联系产生的效果比较明显，在当下的大数据时代，无疑是人工智能借助了互联网大数据的优势，相互促进。因此现在流行“大数据是生产力”的说法在这里也得到了印证。

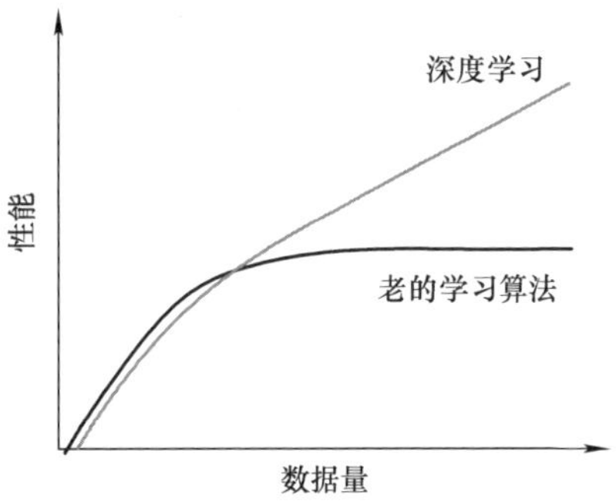

图 19-34　深度学习与数据量的关系

### 3. 液压智能元件的智能性的探讨

液压行业是一个基础件行业，是一个生产液压基础元件的行业。液压智能元件是一个发展的方向，同时基于市场的需求，并且智能元件功能对其本身与采用它的主机之间也有不可分割的联系。

在前面也分析过液压智能元件的构成与功能体现。如果将从工厂制造出来的液压智能元件作为一个液压智能元件“人”来观察，它的出生具有自己的身份证“二维码”，这个身份证在它从生产线测试合格后就即可授予，有效期是它的全部使用工作期间即全生命周期。它可以具备“自主感知”的意识与“自主控制”的能力。同时它可以“自主学习”成长，也可以“自主诊断”已经产生的故障。还要具备“自主交流”能力，通过云层与生产厂商进行运行监测与管理，去完成交给它的“已定职责”。

到目前为止还没有产生真正意义上的液压智能元件，什么是未来的液压智能元件也正是需要学界讨论的。

在目前的液压元件中，智能性的因素在增加。液压智能元件的必要组成：自主感知（通过传感器，感知工况）；自主控制（通过芯片，做出控制决策）；自主交流（通过总线，传输数据，沟通信息）；然后通过驱动放大去执行动作，完成“职责”。这些主要是从硬件来判断元件是否具有智能性的前提。然而一个元件的智能性主要体现在软件方面，并且由此软件所产生的功能方面体现出来。自主学习与自主诊断问题是人工智能的核心，目前在液压工程技术的面前提出这类问题可能都难有解决方案，还处于探索阶段。

这里可以进一步来讨论液压智能元件的智能性问题。

图 19-35 所示为液压智能元件的组成原理，其中，传感器感知与 MPU 芯片运算功能是智能技术的必要因素。但是作为智能元件的关键是软件中的参数设置与调

整功能、功能编程设置及故障诊断三大方面。

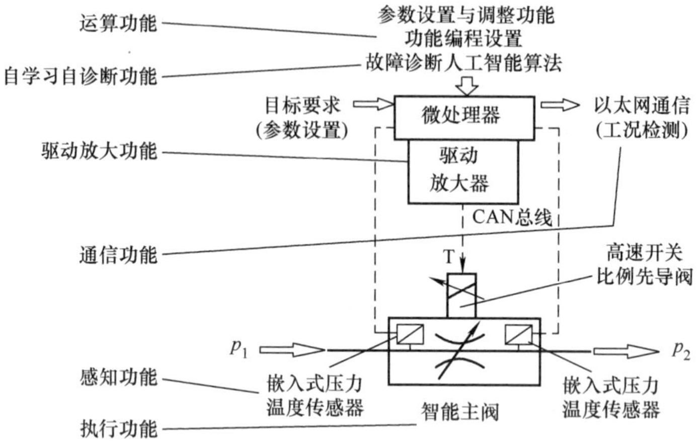


图 19-35　液压智能元件的组成原理

液压智能技术属于人工智能技术中的“机器学习”。“机器学习”的定义：“机器学习最基本的做法是使用算法来解析数据、从中学习，然后对真实世界中的事件做出决策和预测。与传统的为解决特定任务、硬编码的软件程序不同，机器学习是用大量的数据来“训练”，通过各种算法从数据中学习如何完成任务。”根据这个定义来看，本书论及的液压智能元件是使用了这样的算法，并根据传感器的感知实现液压系统中承担的功能。因此可以认为液压智能技术属于“机器学习”。但是这种过程中，智能控制往往存在的“训练”或者“学习”还很弱或者基本不存在的情况。因此可以说在这种情况下的液压智能元件的智能性不是很充分。而功能编程设置在这种情况下也不需要智能性的介入。

可以设想，今后的液压智能元件如果出现非线性自动校正、自校零、自校准、自补偿、自检验、噪声抑制等功能需求时，会因采用诸如人工智能、专家系统、神经网络等算法使产品性能提升，同时控制逻辑和功能也变得越来越复杂，元件嵌入式系统越来越倾向于使用完整的操作系统，这就使得元件嵌入式操作系统发展可以用局部来完成一部分目前只有系统做的任务，而让系统的实时性与对外操作更强。

而液压元件的故障诊断一直是液压元件质量控制的最薄弱环节，目前基本是依靠系统的参数来判断，而且缺乏简单可靠的方法。因此采用许氏建模法（第1卷第18章介绍）可以很快获得它的一些常规系数如流量系数、泄漏系数等，将元件作为一个原始白箱，仍然采用逆运算比较。由于逆运算可能存在静不定问题，这时采用在模型基础上的人工智能，以知识为基础的专家系统加以判断，这个思路简单实用。

因此理想的液压智能元件是嵌入式传感器、嵌入式微处理器和智能理论（人工智能技术、神经网络技术、模糊技术）相结合的产品。它兼有检测、判断、网络、通信、执行和信息处理等功能，具有思维、判断和信息处理功能，能对测量值进行修正、误差补偿，可提高控制精度；具有知识性对多个元件参数进行综合处理；根据需要可进行自诊断和自校准，提高数据的可靠性；对测量数据进行存取使用方便；有数据通信接口，能与微型计算机直接通信，实现远程控制；可在网络上传送数据实现全球监测与调整控制，并实施对元件的健康管理与故障诊断；可实现无线传输；控制部分主要由嵌入式微处理器和软件组成，成本低。

智能控制模块是一个智能程序，它具有相关领域的大量专家知识，它可以模拟人类专家解决问题的思维过程，且解决问题的能力不低于人类领域的专家。该系统能进行有效的推理，具有一定的获得知识的能力，但是总的功能在某些方面远超人类专家的能力。具有灵活性、透明性、交互性，有一定的复杂性和难度。智能控制模块通常由知识库（专家知识、经验值）、推理机、知识获取程序、综合数据库（原始数据及各种常用数据及各种参数）四部分组成，并存放在嵌入式微处理器中。利用知识库中的知识进行思维、判断、推理后做出最终判断，并对液压智能元件的各种参数进行修改调整。

其中涉及的智能控制理论主要是模糊控制、神经网络与滑模变结构控制。模糊控制是一种以模糊集合论、模糊语言变量和模糊逻辑推理为数学基础的控制方法。由于该方法不需要依靠准确的数学模型，因此在复杂系统的控制中可以得到较好应用。在模糊控制中，知识的表述、模糊规则以及合成推理均是基于操作者经验或专家知识的。作为模糊控制的核心，模糊控制器主要通过计算机系统实现，因此它具有计算机控制的特点，对于被控对象所受扰动具有出色的抑制能力。神经网络是根据大量神经元按照某种拓扑结构学习和调整的控制方法，具有并行计算、分布存储、结构可变、高容错性、自我组织、自学习等特点。虽然该方法不善于表达显式知识，但对于非线性函数却具有很强的逼近能力，适用于对任意复杂对象，特别是单输入多输出以及多输入多输出系统的控制。同时，神经网络还可以与传统 PID 控制组合使用，发挥其自学习的特点，在线对 PID 参数进行整定，以实现更好的控制效果。滑模变结构控制作为一种新型控制方法，同样能够在系统准确模型未知的情况下实现良好控制。在工作时，该方法只需要获得系统参数及外界干扰的大致变化范围，具有解耦、降阶控制的能力，使系统同时具备良好的动态和静态特性。该控制方法的主要缺陷在于系统状态轨迹将不可避免地在滑模开关线两侧来回穿越，导致控制过程出现抖振现象。

在机器学习中主要是由数据和特征决定，而模型和算法充分利用数据和特征，最大限度地从原始数据中提取特征以供算法和模型使用。或者说将收集到的数据转化为算法需要的数据形式，将原始数据转换为更好地代表预测模型的潜在问题的特征的过程，从而提高对未知数据的模型准确性。利用这一概念将性能的调整与故障诊断结合起来，也许是一条新发展思路。

现在液压元件已经出现了“可编程”性，“可编程”的液压元件至少是液压工业4.0元件或系统的雏形，或者至少是“具有互联功能”的液压新型元件，一般都有一定的智能因素，例如设置了传感器、所带芯片具有通信功能，还能根据感知的工况调整输出。今后液压元件的故障诊断仍然是个难点，其研发的迫切性与价值正在提高。

### 19.2.5 多轴运动控制器在智能元件中的应用

轴控制器是指专门用于轴运动控制的（位置移动控制、旋转控制等），它的名称是相对PLC逻辑控制（现在的PLC也配备专门的模块可以用于轴控制）而言的。多轴运动控制器技术的出现有助于液压智能元件拓展其应用，完成几个液压智能元件协同复杂动作下所产生的每个运动执行器的解耦后的动作。它对控制器来讲有更高的运算速度要求。在这里所谓的运动控制（Motion Control）定义为在复杂条件下将预定的控制方案、规划指令转变成期望的机械运动，实现机械运动精确的位置控制、速度控制、加速度控制、转矩或力的控制，详见30.8节。

从基本结构上看，一个典型的现代运动控制系统的硬件主要由上位机、运动控制器、功率驱动装置、液压阀、电动机执行机构和传感器反馈检测装置等部分组成，如图19-36所示。其中的运动控制器是指以中央逻辑控制单元为核心、以传感器为信号敏感元件、以电动机或动力装置和执行单元为控制对象的一种控制装置。

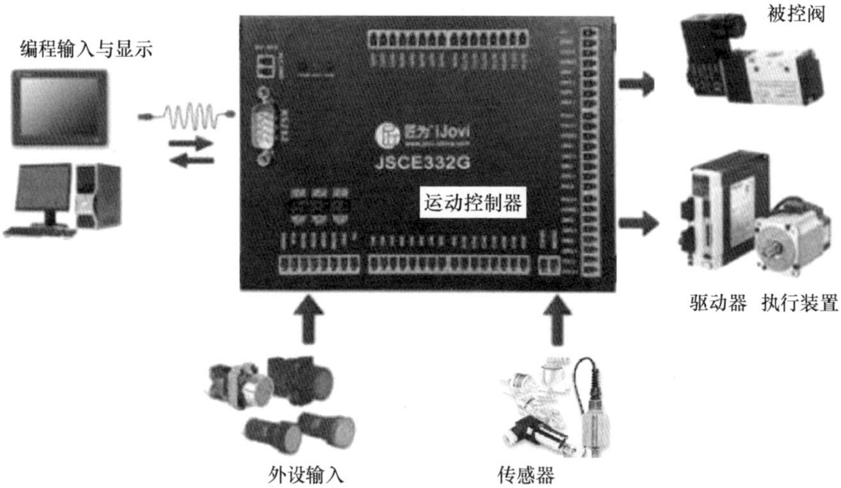


图19-36 运动控制系统的硬件组成

运动控制器可以分为三类：一是以单片机或微处理器作为核心，低速控制轨迹要求不高的轮廓；二是以专用芯片作为核心处理器的运动控制器，满足单轴点位控制要求；三是基于PC总线的以DSP和FPGA作为核心处理器的开放式运动控制器，这类运动控制器以DSP芯片作为运动控制器的核心处理器，以PC作为信息处理平台，运动控制器以插卡形式嵌入PC，即“PC+运动控制器”的模式。这样将

PC的信息处理能力和开放式的特点与运动控制器的运动轨迹控制能力有机结合在一起，具有信息处理能力强、开放程度高、运动轨迹控制准确、通用性好的特点。这类控制器充分利用了DSP的高速数据处理能力和FPGA的超强逻辑处理能力，便于设计出功能完善、性能优越的运动控制器。这类运动控制器通常都能提供板上的多轴协调运动控制和复杂的运动轨迹规划、实时地插补运算、误差补偿、伺服滤波算法，能够实现闭环控制。由于采用FPGA技术来进行硬件设计，方便运动控制器供应商根据使用者的特殊工艺要求和技术要求进行个性化的定制，形成独特的产品。

一个运动控制器用以生成轨迹点（期望输出）和闭合位置的反馈环。许多控制器也可以在内部闭合一个速度环。一个驱动器或放大器用来将运动控制器的控制信号转换为更高功率的电流或电压信号。更为先进的智能化驱动可以自身闭合位置环和速度环，以获得更精确的控制。一个执行器（如液压泵、液压缸、线性执行机构或电动机）用以输出运动。一个反馈传感器（如光电编码器、LVDT、角位移传感器或霍尔效应设备等）用以反馈执行器的位置到位置控制器，以实现位置控制环的闭合。这些都符合液压比例多路阀的应用环境，因此在液压比例多路阀元件的系统中，采用运动控制器也充分利用这个原理，如图19-37所示。

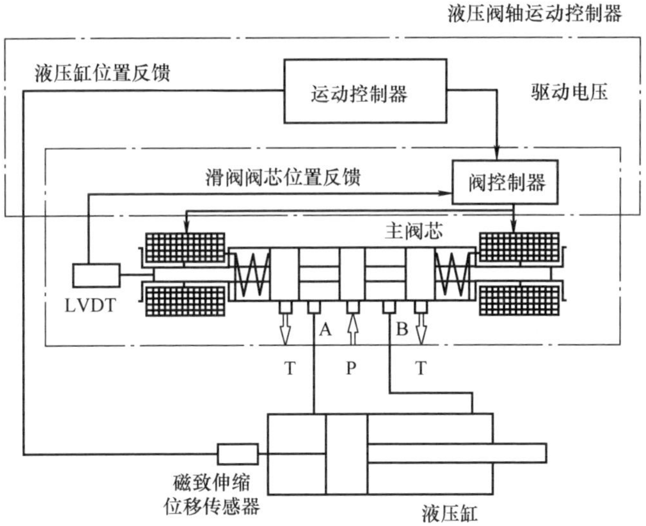


图19-37　液压阀轴运动控制器

运动控制器的优点如下：

1）硬件组成简单，把运动控制器插入PC总线，连接信号线即可组成系统。

2）可以使用PC中已经具有的丰富软件进行开发。

3）运动控制软件的代码通用性和可移植性较好。

4）可以进行开发工作的工程人员较多，不需要太多培训工作就可以进行开发。

5）机械制造定牌生产（OEM）厂商应用运动控制器产品将成为未来的赢利增长点，为很多中小型的公司提供了市场机会，如风力变桨距液压控制系统、抽油机与液压比例多路阀阀组等。

运动控制器的缺点如下：

① 采用板卡结构的运动控制器在多数环境较差的工业现场（振动、粉尘、油污严重）不适宜长期工作。

② PC 资源浪费，使用者实际上仅使用少部分 PC 资源，还带来维护上的麻烦。

③ 整体可靠性难以保证，由于 PC 选择可以是工业控制计算机，也可以是商用机。系统集成后，可靠性差异很大，无法由运动控制器保证。

④ 难以突出行业特点。

液压元件应用轴运动控制器的关注度在于执行器反馈面。而对于液压系统应用的关注点更多在于通信方面。图 19-38 所示为用于液压主机的智能控制液压泵，详见 30.5 节。它完全满足液压工业 4.0 要求，可以配备分散智能，也可以通过开放式通信接口与更高层级的控制系统或主系统进行通信，满足液压系统自动适应速度、力的变化，实时自主控制运动要求，并以模块方式无缝集成到机器概念内，详见 30.8.2 小节。它们都是基于 IndraMotion 的工程平台，不仅简化了所有驱动技术下 PLC 与运动系统的处理方式，而且可以将液压、电气和混合轴在同一软件工具进行调试。从工程、调试到诊断，IndraWorks 操作软件能够缩短从概念到完整解决方案的实现时间。

图 19-38　智能控制液压泵（博世力士乐）

这类控制器具有适应液压阀特点等特性，通过 IndraWorks 操作软件的透明架构，简化了参数设置过程。利用参数设置向导为使用者提供支持，向导会弹出提示框，让使用者输入需要的所有系统数据，并提供参数设置建议。

## 19.3　增量式步进电动机与伺服电动机的比较与选择

在 1978 年的汉诺威工业博览会上就出现了 MAC 永磁交流伺服电动机驱动系统。随着微处理器、新型数字信号处理器（DSP）的应用，数字控制系统的控制部分可由软件完成。20 世纪 90 年代后，全数字正弦波控制的永磁交流伺服电动机驱动系统在传动领域中的地位进一步上升，其运行稳定、可控性好、响应快速、灵敏度高，尤其是具有机械特性和调节特性的非线性度指标控制严格（两指标分别为 10% ~15% 和 15% ~25%）等特点，被越来越多地用在液压数字元件之中。生产厂商情况如图 19-39 所示。

增量式液压数字元件主要采用步进电动机或全数字式交流伺服电动机作为先导级电液转换装置。虽然两者在控制方式上相似（脉冲和方向信号），但使用性能和应用场合存在着较大的差异。现就二者的使用性能与选择进行阐述。值得液压元件制造厂商注意的是，步进电动机与伺服电动机都是选择市场上现成通用的产品，而从现在经验看，液压行业需要能够生产适合液压元件需求的步进电动机与伺服电动机，与液压元件集成融合，这样才会产生更高性价比的液压数字元件。

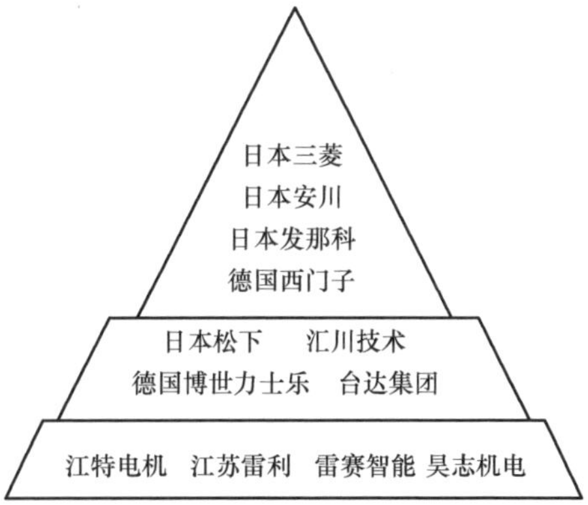


图 19-39　伺服电动机厂商情况
（前瞻产业研究所提供，2021 年）

### 19.3.1　步进电动机结构特点

步进电动机是一种特殊的无刷直流电动机，电磁线圈布置在电动机的外部，电动机的中心有一个铁心或磁心附在轴上。通过对线圈电压进行排序，可以以相对较低的成本实现精确的旋转控制。它的结构如图 19-40 所示。从结构图可见，步进电动机没有编码器反馈元件，因此它的控制通常是开环的，所以系统不知道电动机是否失速或与控制器失去同步。

步进电动机有以下三种形式：

1）反应式步进电动机，定转子均由硅钢片叠成，转子铁心上无绕组，定子上有控制绕组；步距角小，起动与运行频率较高，步距角精度较低，无自锁力矩（对液压系统是致命缺点）。

2）永磁步进电动机，永磁式转子，径向磁化极性，步距角大，起动与运行频率低，可保持转矩，消耗功率比反应式小，但须供正、负脉冲电流。

3）混合式步进电动机，永磁式转子，轴向磁化极性，步距角精度高，有保持转矩，输入电流小，兼有反应式和永磁式的优点。

步进电动机优点：稳定，可以克服摩擦和惯性负载；不需要反馈，电动机兼具位置传感器功能，因此可以在开环情况下有较高位置精度；与其他运动控制系统相比价格相对低；标准化的框架尺寸和性能；即插即用，易于设置和使用；系统中出现零件损坏，电动机立即停转；寿命长，轴承是唯一的磨损部件；出色的低速转矩，可以在不带减速机构的情况下驱动许多负载；极好的重复性，准确返回同一位置；超载安全，电动机不会因机械过载而损坏。

步进电动机也存在明显的缺点：效率低，不管负载多少，电动机都消耗大量的

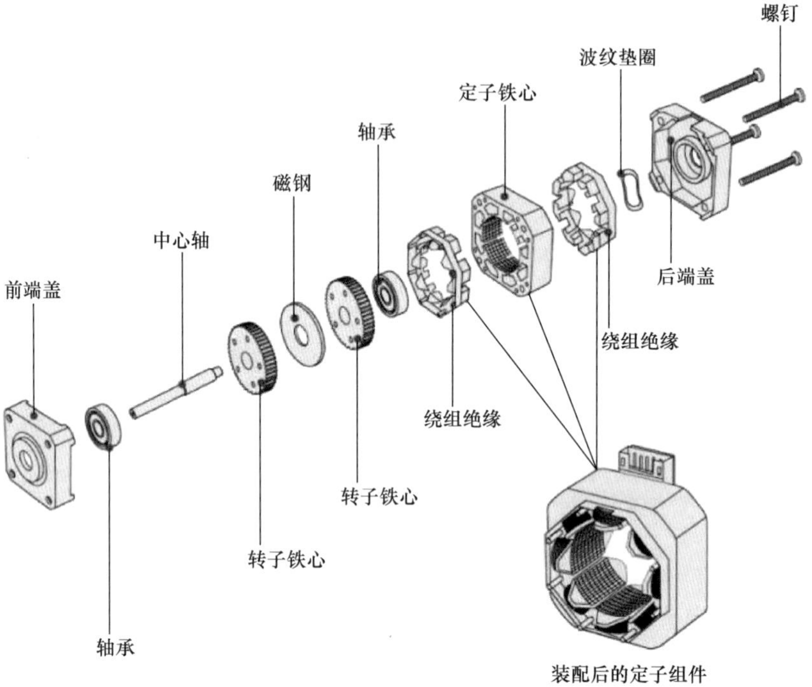


图 19-40　步进电动机结构原理图

功率；转矩随转速迅速下降（转矩与转速成反比）；精度低，满载时为 1∶200，轻载时为 1∶2000；容易共振，需要微步才能平稳移动；没有反馈输出遗漏的步骤（即失步）；低转矩惯性比，不能很快地加速负载；在高性能配置中，电动机发热严重；电动机在瞬间过载后不会“起动”；在中高速时，可以听到电动机发出很大的噪声；功重比较低。

## 19.3.2　伺服电动机的结构特点

伺服电动机是控制机械元件运转的电动机，是一种变速装置。伺服电动机的功能是精确地将电信号转换成转轴的角位移或角速度，可非常准确地控制速度或位置精度，将电压信号转化为转矩和转速以驱动控制对象。伺服电动机转子转速受输入信号控制，并能快速反应，在自动控制系统中，用作执行元件，且具有机电时间常数小、线性度高、始动电压低等特性，具有高速性能好、抗过载能力强、低速运行平稳、发热和噪声低的特点。它带有进行位置反馈的编码传感器、具有专用模块的控制器，经常被用来在闭环控制系统中使用。伺服电动机结构原理如图 19-41 所示。伺服电动机在自动化设备的组成中占有重要地位。

伺服电动机分为直流和交流伺服电动机两大类，其主要特点是，当信号电压为零时无自转现象，转速随着转矩的增加而匀速下降。

直流伺服电动机，它包括定子、转子铁心、电动机转轴、伺服电动机绕组换向

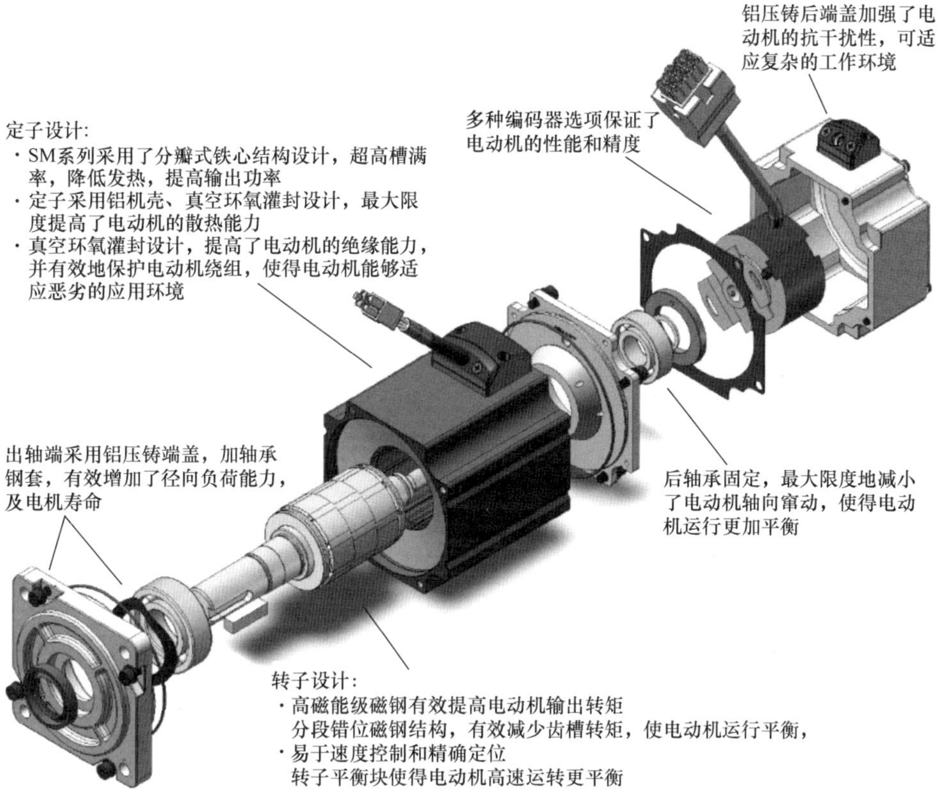


图 19-41　伺服电动机结构原理

器、伺服电动机绕组、测速电动机绕组、测速电动机换向器，所述的转子铁心由硅钢冲片叠压固定在电动机转轴上构成。

交流伺服电动机的结构主要可分为两部分，即定子部分和转子部分。其中定子的结构与旋转变压器的定子基本相同，在定子铁心中也安放着空间互成 90°电角度的两相绕组。其中一组为励磁绕组，另一组为控制绕组，交流伺服电动机是一种两相交流电动机。

## 19. 3. 3　步进电动机与伺服电动机性能的差异与选用

### 1. 步进电动机与伺服电动机性能的差异

（1）控制精度不同　两相混合式步进电动机步距角一般为 1. 8°、0. 9°，五相或更高性能的混合式步进电动机步距角更小。与步进电动机搭配的步进驱动器最小步距角可达到 0. 014°。

交流伺服电动机的控制精度由电动机轴后端的旋转编码器保证。以 M2 交流伺服电动机为例，带 17 位编码器的驱动器的脉冲当量为 0. 0027466°，是步距角为 1. 8°的步进电动机的脉冲当量的 1/655。

（2）低频特性不同　步进电动机存在着固有的共振点，在低速时易出现低频振动（爬行）现象，振动频率与负载情况和驱动器性能有关，对于机器的正常运转非常不利，一般采用阻尼技术来克服低频振动现象。也可以调整控制算法，从而达到抑制共振的目的。

交流伺服电动机具有共振抑制功能，高速与低速运转都非常平稳，也可检测出电动机机械的共振点，并加以调整。

（3）矩频特性不同　步进电动机的输出力矩随转速升高而下降，甚至会急剧下降，所以其最高工作转速一般在300～600r/min。

交流伺服电动机在其额定转速（2000～3000r/min）以内为恒力矩输出，在额定转速以上为恒功率输出。相同尺寸下的伺服电动机与步进电动机的速度－转矩特性比较如图19-42所示。

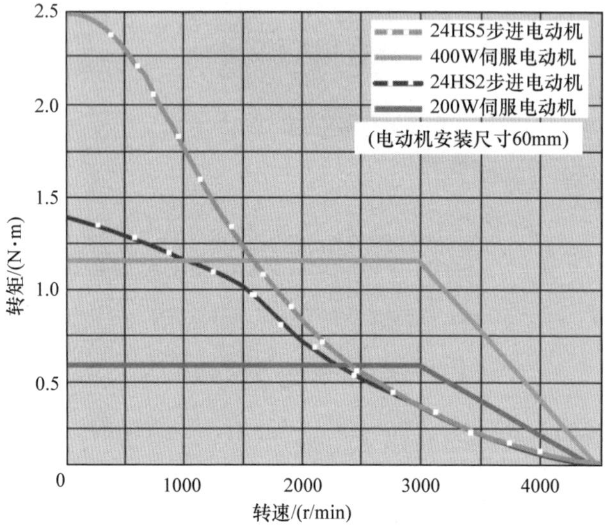


图19-42　伺服电动机与步进电动机的速度－转矩特性比较

（4）过载能力不同　步进电动机一般不具有过载能力，在选型时为了克服这种惯性力矩，往往需要选取较大转矩的电动机，而机器在正常工作期间又不需要那么大的转矩，便出现了力矩浪费的现象，这也是容易导致频响更低的重要原因。

交流伺服电动机具有较强的速度过载和转矩过载能力，其最大转矩为额定转矩的2～3倍，可用于克服惯性负载在起动瞬间的惯性力矩。

（5）运行性能不同　步进电动机为开环控制，起动频率过高或负载过大易出现失步或堵转现象，停止时转速过高易出现过冲现象，所以为保证其控制精度，应处理好升、降速问题。

交流伺服驱动系统为闭环控制，驱动器可直接对电动机编码器反馈信号进行采样，内部构成位置环和速度环，一般不会出现步进电动机的失步或过冲的现象，控制性能更为可靠。

（6）速度响应性能不同 步进电动机从静止加速到工作转速（一般为几百转/分）需要200～400ms。交流伺服驱动系统的加速性能较好，以400W交流伺服电动机为例，从静止加速到其额定转速3000r/min仅需几毫秒，可用于要求快速起停的场合。

综上所述，交流伺服电动机在许多性能方面都优于步进电动机。但在一些要求不高的场合，也经常用步进电动机来做执行电动机。所以，在控制系统的设计过程中要综合考虑控制要求、成本等多方面的因素，选用适当的控制电动机。

**2. 步进电动机与伺服电动机的选用要素**

步进电动机与伺服电动机选用时的考虑要素：

1）伺服电动机精度略高于步进电动机，但要注意步进的分辨力已远高于机械要求的精度。伺服电动机在高分辨力、低速度时会反复对位置，以至于出现微抖动，造成诸如雕刻机上圆弧上的锯齿、低速机器人抖动等瑕疵。而特殊处理过的步进电动机可以解决这一问题。

2）在一些分度控制的应用中，步进电动机转到角度停止，锁定力矩较大。而伺服电动机则是在受外力位置丢失以后再找回位置，这个过程可能造成加工误差。

3）伺服驱动器调试复杂。

4）伺服成本较高。

伺服系统响应能力强、高速性能好的优点突出，但成本高。现在步进电动机成本低，控制精度突出，通过细分驱动、添加闭环控制等方式，同样可以达到很高的控制精度；同时对步进电动机增强高适应性电流调节和控制信号的反馈，与伺服电动机的控制方式相同，通过编码器信号检测转子位置，在电动机绕组中产生对应的正弦波电流，磁场的矢量控制确保了定子的磁场方向总是垂直于转子磁场，而磁场强度则精确地对应于所要求的转矩，此时在额定转速的20%～50%时，步进伺服电动机所获得的持续转矩理论上是伺服电动机的2～3倍，步进伺服会成为理想的经济型方案。

另外，安装伺服编码器需要大量额外的连线，增加了安装时间及维护复杂度。如果使用较低成本的闭环步进电动机能够实现性能目标，以取代更昂贵的伺服电动机，将在市场竞争中获得优势。闭环步进电动机改变了很多运动控制应用中的性能-成本比，尤其适合多轴应用、负载变化的定位任务。

## 19.3.4 直流伺服电动机与交流伺服电动机的异同

**1. 直流伺服电动机与交流伺服电动机结构上的异同**

交流同步伺服驱动电动机有两大类：一类称为无刷直流电动机（BLDCM），它要求将方波电流直入定子绕组；另一类称为三相永磁同步电动机（PMSM），它要求输入定子绕组的电源仍然是三相正弦波形。二者仅就电动机结构而言相差不大。

这里明确一点，无刷直流电动机的所谓“直流变频”，实质上是通过逆变器进行的交流变频，从电动机理论上讲，无刷直流电动机与交流永磁同步伺服电动机相似，应该归类为交流永磁同步伺服电动机，但习惯上被归类为直流电动机，因为从其控制和驱动电源以及控制对象的角度看，称之为“无刷直流电动机”是说得过去的。逆变器输出电压按照有刷直流电动机 PWM 的方法进行控制即可。

无刷直流电动机（BLDCM），将有刷直流电动机的定子和转子颠倒一下，并采用永磁转子，因省去机械换向器和电刷而得名。BLDCM 定子每相感应电动势为梯形波，为了产生恒定的电磁转矩，要求功率逆变器向 BLDCM 定子输入三相对称方波电流。而三相永磁同步电动机 SPWM、PM、SM 定子每相感应电动势为近似正弦波，需要向 SPWM、PM、SM 定子输入三相对称正弦波电流。

二者控制原理相似，给定指令信号加到 AC 伺服系统的输入端，电动机轴上位置反馈信号与给定位置相比较，根据比较结果控制伺服电动机运动，直至达到所要求的位置为止。三相永磁同步电动机 PM、SM 和 BLDCM 的伺服系统构成的基本思路是一致的。

直流伺服电动机与交流伺服电动机的区别主要在于：

1）概念上的区别。无刷直流电动机指的是“无刷直流电动机系统”，它强调的是电动机和控制器的一体化，相互的依存度非常高，相互不能独立地存在并独立工作，考核的也是它们整体的技术性能。而交流永磁同步电动机指的是一台电动机，强调的是电动机本身就是一台独立的设备，它可以离开控制器或变频器而独立存在和独立工作。

2）从设计角度上看。“无刷直流电动机系统”设计时主要考虑将普通的机械换向变为电子换向后，如何还能保持机械换向电动机的优点，考核的重点也是系统的直流电动机特性，如调速特性等；而交流永磁同步电动机设计主要着重电动机本身的性能，特别是交流电动机的性能，如电压的波形、电动机的功率因数、效率与功角特性等。

3）从应用角度看。方波无刷直流电动机具有控制简单、成本低、检测装置简单、系统实现相对容易等优点。但电磁脉动在高速运转时产生噪声，在中低速时又使得电动机速度控制特性恶化，驱动力矩不够平稳，限制了其在高精度、高性能要求的伺服驱动场合下的应用（尤其是在低速直接驱动场合）。而 PM、SM 伺服系统要求定子输入三相正弦波电流，可以获得更好的平稳性，具有更优越的低速伺服性能，因而广泛用于数控机床，工业机器人等与液压有关的高性能高精度的伺服驱动系统中。

4）从反电势波形看。无刷直流电动机多为 120°方波电流，采用 PWM 控制；而交流永磁同步电动机反电势波形多为正弦波，采用 SPWM、SVPWM 控制。从原理上讲，三相无刷直流电动机可以使用三相正弦交流电，但运行性能很差。

5）从控制角度看。无刷直流电动机系统基本不用什么算法，只是依据转子位置考虑给哪个绕组通电流即可，而交流永磁同步电动机如果需要变频调速则需要一定的算法，需要考虑电枢电流的无功和有功等。

6）无刷直流电动机的位置传感器：低分辨力，霍尔元件，电磁式及光电式；永磁同步电动机的位置传感器：高分辨力，1/256、1/1024 旋转变压器，光码盘。

**2. 直流伺服电动机与交流伺服电动机在应用方面的优缺点**

直流伺服电动机分为有刷电动机和无刷电动机。有刷电动机成本低、结构简单、起动转矩大、调速范围宽、控制容易，需要维护，但维护方便（换碳刷），会产生电磁干扰，对环境有要求。因此它可以用于对成本敏感的普通工业和民用场合。无刷电动机体积小、质量轻、出力大、响应快、速度高、惯量小、转动平滑、力矩稳定。

直流伺服电动机容易实现智能化，其电子换相方式灵活，可以方波换相或正弦波换相。电动机免维护，不存在碳刷损耗的情况，效率很高，运行温度低、噪声小，电磁辐射很小，寿命长，可用于各种环境。

直流伺服电动机也存在缺点：反馈回路需要“调整”以使其稳定；零件损坏后电动机失速，需要安全电路；编码器带来一定复杂性；电刷磨损将使用寿命限制在 2000h，同时需要定期更换，因此现在交流伺服同步无刷电动机得到发展；峰值扭矩限制在 1% 的工作循环内；电动机可能因持续过载而损坏；电动机选择有门槛，特别是编码器与伺服驱动器；电源电流平均为峰值转矩的 10 倍；电动机在较高速度下产生峰值功率，通常需要传动装置；电动机冷却不良，通风电动机容易受到污染。

交流伺服电动机的速度控制特性良好，在整个速度区内可实现平滑控制，几乎无振荡，效率高（90% 以上），发热少，高速控制，高精确度位置控制（取决于编码器精度）。额定运行区域内，可实现恒力矩，惯量低，噪声低，无电刷磨损，免维护（适用于无尘、易爆环境）。交流伺服电动机也是无刷电动机，分为同步和异步电动机，目前运动控制中一般都用同步电动机，其功率范围大，功率可以做到很大，惯量大，最高转速低，转速随功率增大而匀速下降，适用于低速平稳运行场合。

交流伺服电动机的缺点是控制较复杂，驱动器参数需要现场调整 PID 参数确定，而且需要更多的连线来支持其运行工作。

**3. 直流伺服电动机与交流伺服电动机应用领域的对比**

直流伺服电动机应用在各类数字控制系统中的执行机构驱动，以及需要精确控制恒定转速或需要精确控制转速变化曲线的动力驱动。由于直流伺服电动机既具有交流电动机的结构简单、运行可靠、维护方便等一系列优点，又具有直流电动机的运行效率高、无励磁损耗以及调速性能好的特点，故在当今国民经济的各个领域（如医疗器械、仪表仪器、化工、轻纺以及家用电器等方面）的应用日益普及。

凡是对位置、速度和力矩的控制精度要求比较高的场合，都可以采用交流伺服电动机驱动，如机床、印刷设备、包装设备、纺织设备、激光加工设备、机器人、电子、制药、金融机具、自动化生产线等。因为伺服多用在定位、速度控制场合，所以伺服电动机控制归于运动控制。

## 19.3.5　新型动圈式直线力马达

动圈式直线力马达具有控制精度高、响应速度快、信号处理灵活、出力大(是同尺寸动铁式的2.5倍)、结构紧凑、质量轻、恒速运行性能好的特性。在液压伺服阀领域也曾采用过动圈式伺服阀，但是从性能各方面比较仍然是喷嘴挡板式伺服阀占据优势。单线圈式动圈直线力马达传统结构线圈组件的质量比较大、磁性材料存在涡流问题，使电磁力减小，固有阻抗降低了响应时间，频宽一般为30~70Hz，影响了阀的固有频率和动态性能，导致其性能较差，只用于控制精度要求不高的场合。

近些年来，伊顿/丹佛斯CMA多路比例阀的成功开发再次引起了对超高速电液转换开关元件的关注。开发大输出电磁力和高响应的动圈式直线力马达，是电液转换元件的发展趋势之一。

通过海尔贝克（Halbach）阵列这种将径向与切向阵列结合在一起的永磁体排列方式，增强气隙磁通密度，改善磁力线分布状态，提高电磁力，减小线圈组件体积及质量，是提高动圈式直线力马达静动态性能的有效措施。针对其载流线圈采用新型线圈分割再串、并联变换组合的方式，通过改变电阻和时间常数提高线圈两端的加载响应时间，采用脉宽调制的控制方式对其线圈电流的大小及方向进行控制，不仅可以实现控制的稳定无扰动，而且能够实现大电磁力输出和高频响应特性。

这里所指的海尔贝克阵列永磁体是一种新的永磁结构，将不同充磁方向的永磁体按照一定规律排列，能够在磁体的一侧汇聚磁力线，而在另一侧削弱磁力线，从而获得比较理想的单边磁场。

磁性材料的选择与技术磁化是提高动圈式力马达性能的有效途径。使用钕铁硼代替铝镍钴可以实现体积的第一次减小；从沿磁铁轴向磁化到沿通电线圈的磁力线方向对永久磁铁进行充磁，可以将磁力提高40%并且可以将其体积又减为原来的70%。永磁体体积的减小使阀的体积也减小，由此提高了阀的频率响应。

**1. 海尔贝克阵列动圈式永磁直线力马达结构原理**

动圈式永磁直线力马达主要由永久磁铁、线圈、推力线圈骨架和衔铁等组成，常规结构如图19-43a所示。线圈安装在推力线圈骨架上，线圈骨架与液压元件的阀芯相连。由图19-43b所示的控制原理可见，当输入电压信号$u_i$后，经放大器放大为$u_c$并加载到线圈形成载流$i$，载流线圈连同推力线圈架在恒定磁场中，受电磁力$F_c$作用而产生位移$x$，并带动阀芯一起运动。线圈组件由位移传感器检测位置误差，然后转换成电压信号，补偿到输入信号，作为纠偏电压$u_e$，经放大处理后，驱动线圈组件，以保证其保持在所需要的正确位置。线圈组件在磁场中所受电磁力的大小和方向取决于线圈中控制电流 $i$ 的大小和方向。由线圈电流励磁，磁回路中涡流的影响减小。此外，系统由闭环控制，也提高了动圈式永磁直线力马达的控制精度。

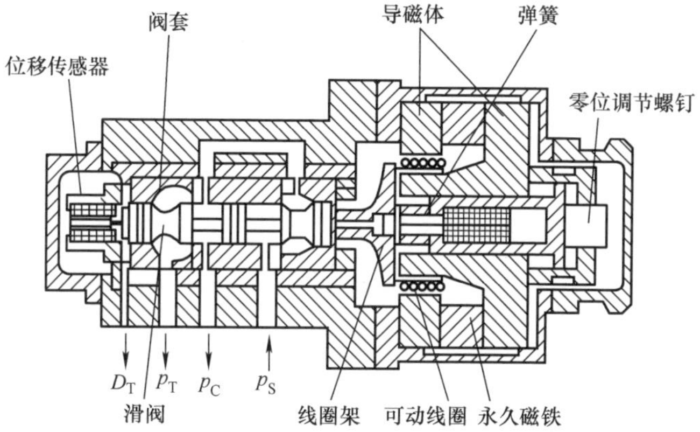


a)

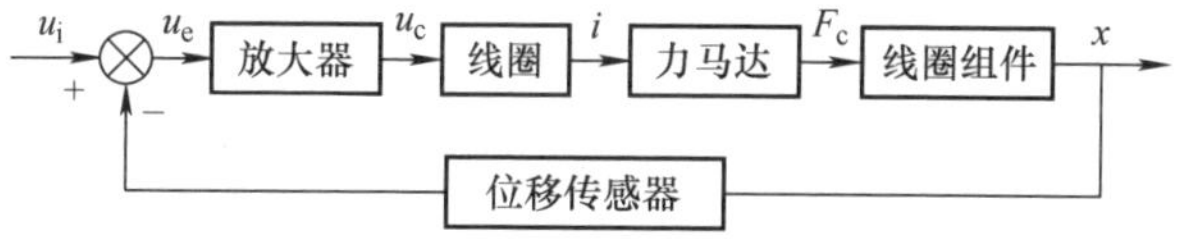


b)

图 19-43　动圈式永磁直线力马达液压阀结构原理与控制原理

**2. 工作原理与性能参数**

信号电压 $u_i$ 为输入量，以线圈组件位移 $x_c$ 为输出量的力马达特性数学模型由三个主要方程描述如下。

（1）电特性方程（线圈回路方程）　输入是 $u_i$，输出是电流 $i$ 的直线力马达线圈端的电压动态方程为

$$u_c = K_u u_i = (R_c + R_p)i + L\frac{di}{dt} + K_e\frac{dx_c}{dt} \tag{19-1}$$

$$K_e = B_g \pi D_c N_c \tag{19-2}$$

式中　$u_c$——线圈端电压（V）；

$K_u$——放大器增益；

$u_i$——信号电压（V）；

$R_c$——线圈电阻（Ω）；

$R_p$——放大器内阻（Ω）；

$L$——线圈电感（H）；

$K_e$——线圈速度感应反电动势常数；

$x_c$——线圈组件位移（m）；

$B_g$——工作气隙磁感应强度（T）；

$D_c$——线圈平均直径（m）；

$N_c$——线圈匝数。

（2）磁力特性方程　输入是电流 $i$，输出是电磁力 $F$ 的线圈所受的电磁力 $F$ 可表示为

$$F = B\pi DNi = K_i i \tag{19-3}$$

$$K_i = B\pi DN \tag{19-4}$$

式中　$F$——线圈所受的电磁力（N）；

$B$——工作气隙中的磁感应强度（T）；

$D$——线圈的平均直径（m）；

$N$——线圈的匝数；

$K_i$——电磁力系数（N/A）；

$i$——通入线圈的电流（A）。

由式（19-4）可知，线圈所受电磁力与气隙中的磁感应强度成正比，$F$ 值随着气隙磁感应强度的提高而提高。

（3）机械特性运动方程　输入是电磁力 $F_{cd}$，输出位移 $x_c$ 的线圈组件的动态方程为

$$F_{cd} = m_c \frac{d^2 x_c}{dt^2} + B_c \frac{dx_c}{dt} + K_c x_c \tag{19-5}$$

式中　$m_c$——线圈组件的质量（kg）；

$B_c$——线圈组件的黏性阻尼系数（N·s/m）；

$K_c$——线圈组件弹性阻尼系数（N/m）。

将式（19-1）、（19-3）、（19-5）联立方程组通过 MATLAB 软件进行仿真，方程中的系数值按表 19-4 列出的两组不同的力马达设计值代入，即可得到表中的结果。

力马达 1 作为对比基础，力马达 2 选择新的磁性材料与磁路磁化技术，以提高动圈式力马达性能。力马达 2 使用钕铁硼永磁体剩磁 $B$ 为 1.1T，矫顽力 $H=826$kA/m，永磁体内径、外径、宽分别为 44mm、56mm、27mm，线圈的内径、外径、宽度分别为 37.4mm、40.6mm、27mm，线圈分别通入 600 和 1200 安匝数的电流，在新型线圈分 3 段布置，各通入 200 及 400 安匝数的电流，其中中间线圈的电流方向与两端线圈的电流方向相反，将通电线圈沿轴向移动 0μm、50μm、100μm、150μm、200μm、250μm、300μm、350μm、400μm、450μm、500μm，计算各个位置通电线圈的安培力。仿真与试验的结果见表 19-4。

从表 19-4 中看到，在静态曲线中力马达 1 的情况是：当线圈匝数为 3000、电流为 400mA 时，电磁力随着位移的变化产生一定幅度的波动；与力马达 2 比较之下，力马达 1 有更稳定的性能表现，它的电磁力明显高 2.5 倍，线性度也更好（未显示该曲线）。

**表 19-4 两组力马达仿真与试验的比较**

| 力马达设计参数值 | 力马达 1 | 力马达 2 | 两个力马达静态动态性能比较 | 两个力马达频率响应比较 |
|---|---|---|---|---|
| 气隙磁感应强度 $B_g$/T | 1.25 | 3.12 | 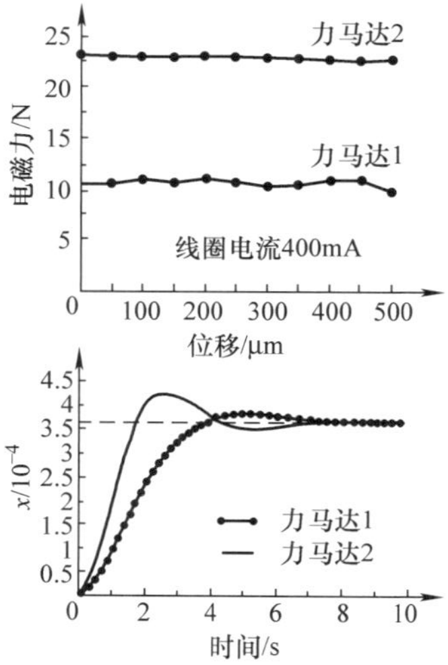 | 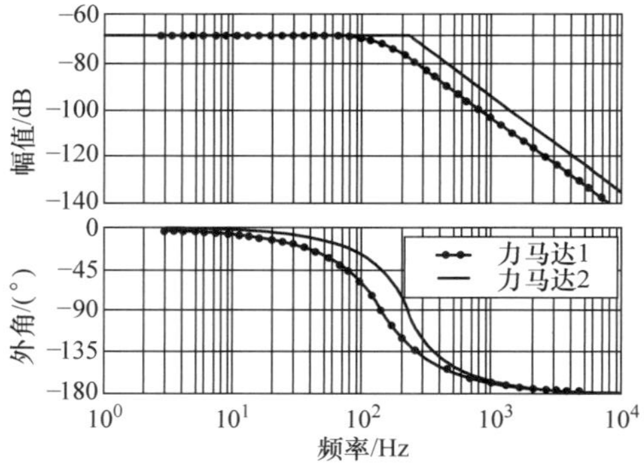 |
| 线圈平均直径 $D_c$/m | $3.9\times10^{-2}$ | $1.56\times10^{-2}$ | | |
| 线圈匝数 $N_c$ | $2.62\times10^{2}$ | $2.62\times10^{2}$ | | |
| 放大器增益 $K_u$ | $1.3\times10^{2}$ | $1.3\times10^{2}$ | | |
| 动圈电阻 $R_c$/Ω | 5 | 5 | | |
| 放大器内阻 $R_p$/Ω | $3\times10^{2}$ | $3\times10^{2}$ | | |
| 线圈电感 $L$/H | $3\times10^{-2}$ | $3\times10^{-2}$ | | |
| 线圈最大位移 $x_{cm}$/m | $\pm5\times10^{-4}$ | $\pm5\times10^{-4}$ | | |
| 黏性阻尼系数 $B_c$/(N·s/m) | $7.13\times10^{1}$ | $2.85\times10^{1}$ | | |
| 弹性阻尼系数 $K_c$/(N/m) | $4\times10^{4}$ | $4\times10^{4}$ | | |
| 传感器灵敏度 $K_f$/(V/m) | $4\times10^{2}$ | $4\times10^{2}$ | | |
| 直线力马达电流－力增益 $K_i$/(N/A) | 71.3 | 71.3 | | |
| 线圈速度感应反电动势常数 $K_F$ | 71.3 | 71.3 | | |
| 阀芯组件质量 $m_p$/kg | $6.36\times10^{-2}$ | $2.54\times10^{-2}$ | | |

两个力马达在相同电磁力的情况下进行比较：力马达2的线圈组件质量降低为原来的40%。试验表明，力马达2的动态响应时间为6ms，比力马达1的响应时间（7ms）短；频率宽带达到277Hz，比力马达1的频率宽带（138Hz）大了约2倍。由此可见，新型直线力马达采用海尔贝克阵列磁环，在直线力马达中的线圈分三段布置，具有气隙磁通密度大、漏磁少、电磁力大、线性度好的特性。二者在获得相同电磁力的情况下，可以使动圈组件质量降低为原来的40%。

## 19.4 丹佛斯工程机械数智液压生态产品与技术平台PLUS +1

丹佛斯公司在20世纪末开始研发的PVG高速开关比例多路阀应用成功是该公司长期发展数智化行走液压的结果，现在正推向市场的DDP数字液压泵也具有先进的理念与工程实践意义。但是，丹佛斯在数字液压元件方面的进展并不是孤立的产品开发，而是在公司内部一直打造数智液压的生态技术环境。从丹佛斯近年来在Bauma展上展示的伺服电动机技术可以看到又一轮产品创新的前奏。

丹佛斯的"PLUS +1"就是为数字液压元件进入市场创立的生态技术环境，是PVG进入液压工程机械市场并成为第一个开发与应用成功的生态技术保证之一，如图19-44所示。此外，液压产品的生态技术还与通信技术、人工智能技术等密切相连。这些是过去液压工业1.0到液压工业3.0的产品发展中很难触及的领域，而该公司已经为之努力了40年。

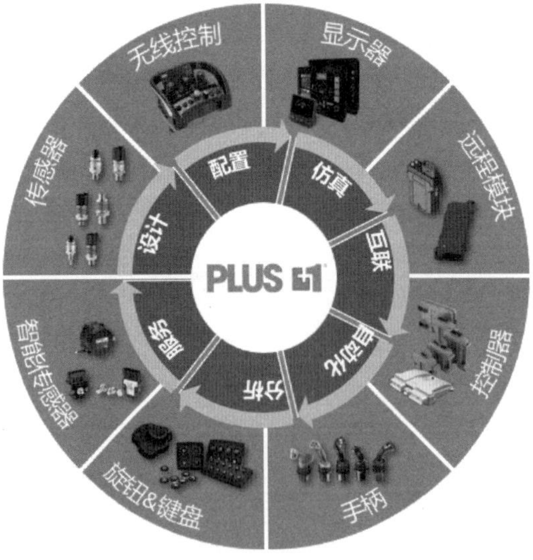


图19-44 丹佛斯提出的"PLUS +1"产品与技术生态平台

数智液压元件的生态环境就是数字环境、互联环境与人工智能软件环境。数字环境是因为计算机技术的存在，需要所有的设备和产品与计算机相融合；互联环境是因为互联网与总线的存在，需要万物互联（设备与设备、设备与产品、设备与人、产品与人）；至于智能性则是所有设备与产品可以自主控制与自主健康管理。正如本章开始所述，这些生态构成了液压生态技术体系。

PLUS +1 产品与技术生态平台包括五大部分：①控制器；②人机界面；③远程信息处理；④软件；⑤远程信息处理解决方案。这五大部分组成了该公司在行走机械方面的生态产品与生态技术体系，比较充分地勾画出了除主体元件以外，数智液压元件在市场营销与工程应用中所需要的“配套”产品、技术与服务，即生态产品、生态技术与生态服务。这个体系如图 19-45 所示。

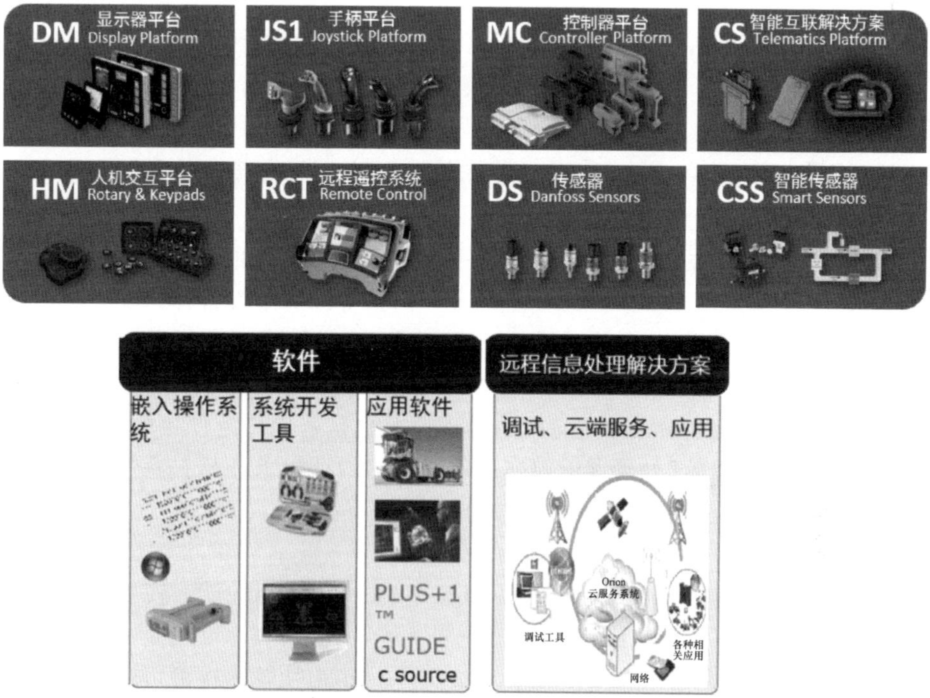


图 19-45　丹佛斯的液压生态产品与技术体系构成

这个体系代表了未来液压产业必须面对的配套产品与配套技术。

## 19.4.1　PLUS +1 硬件平台

PLUS +1 硬件平台包括控制器与显示器。

智能互联与液压控制的基本要求是能够让控制器与液压元件之间进行自由的控制和实现外部传感器数据的采集；能够对采集的数据进行整理、分析、挖掘和处理；能够对机群设备组进行访问控制；更好的实现人机交互。随着物联网、大数据和电子技术的飞速发展，行走液压设备上的控制器功能要求越来越高，性能越来越卓越，成本越来越低，以可编程控制器作为智能设备的核心控制元件逐渐成为必选项之一。丹佛斯 PLUS +1 目前是基于 ARM -32 位芯片开发的控制器系列。在此以 PLUS +1 标准控制器作为核心元件来实现智能互联与液压控制的基本设计基础。

**1. MC 控制器**

PLUS +1 MC 标准控制器是由丹佛斯公司在 2013 年推出的第二代控制器产品。2019 年 PLUS +1 推出了多达 104 针脚的 XL 系列控制器，针对行走液压智能控制应用。PLUS +1 标准控制器采用了集成高性能的 ARM Cortex - M3 处理器，采用铁电存储器，12 位数模转换器，2 组 CAN2.0 B 通信端口和一个 5V（100 ~ 500mA）供电端口，用于外部传感器供电使用。同时 PLUS +1 标准控制器自带 2 个 LED 灯，可用于故障报警闪烁和设备正常运行的状态指示；另外，为了使用者对 PLUS +1 硬件和软件有更深入的了解，丹佛斯公司官网提供完整的软件下载链接（软件提供 90 天免费的许可证，需要使用者在线申请注册），包括工具软件、开发程序模板、用户编程库文件、子系统应用程序、软件编程手册和相关软件开发参考设计；同时 PLUS +1 GUIDE 软件开发平台支持 IEC 61131 -3 PLC 编程语言，满足对多种语言的开发需求。

PLUS +1 控制器外壳的封装采用了工程塑料，无须额外的散热处理；其外部接插件全部采用德驰（Deustsch）连接器，IP67 防护等级满足设备在目前非常恶劣的情况下的正常使用。PLUS +1 控制器 MC 通用系列与定制产品如图 19-46 所示。

MC 标准控制器采用 ARM Cortex - M3 高性能低功耗处理器。M 系列处理器通常应用于低功耗嵌入式领域相关应用的处理器，也是目前广泛使用的主流处理器。高性能 ARM Cortex - M3 处理器能够实现以最小的内存需求和相关特性满足控制器的需求。ARM Cortex - M3 处理器结构如图 19-47 所示。

PLUS +1 控制器采用 ARM 处理器的特点：

1）时钟频率高达 120MHz 的 32 位 ARM Cortex - M3 高性能、模块化的安全内核，非易失性铁电存储器，12 位数模转换器。

2）多功能输入端口（DI/AI/Rheo/FreqIN）模拟电压输入检测可达 36VDC，多功能输出端口（DO/PWM/PWM_Volt/PWM_CC）PWM 频率可配置（30Hz ~ 4000Hz 开环 PWM 和闭环电流 PWM）。PWM_Volt 电压输出类型为开环 PWM 频率 4000Hz，9 ~ 36VDC 供电带内部检测。

3）2 个 CAN2.0B 通信端口，提供外部传感器 +5V 供电，电流范围为 100 ~ 500mA，可编程的多功能 I/O 端口。

4）防护等级为 IP67，适应极端环境，经严格验证的冲击/振动/电磁兼容性，工程塑料的外壳铸件，无须散热元件，满足客户定制化需求。

5）兼容 PLUS +1 平台，GUIDE 图形化编程开发，具有 12 针、24 针、38 针、50 针、88 针、90 针输入与输出，并有扩展模块，MC018 大电流控制器的最大稳定总输出达 120A，具有 4 * 25A 最大单针脚输出与 20kHz 的静音控制，MC018 具有独立供电的智能逻辑诊断模块、软件可配置的熔断器与 PLUS +1 GUIDE 通用编程

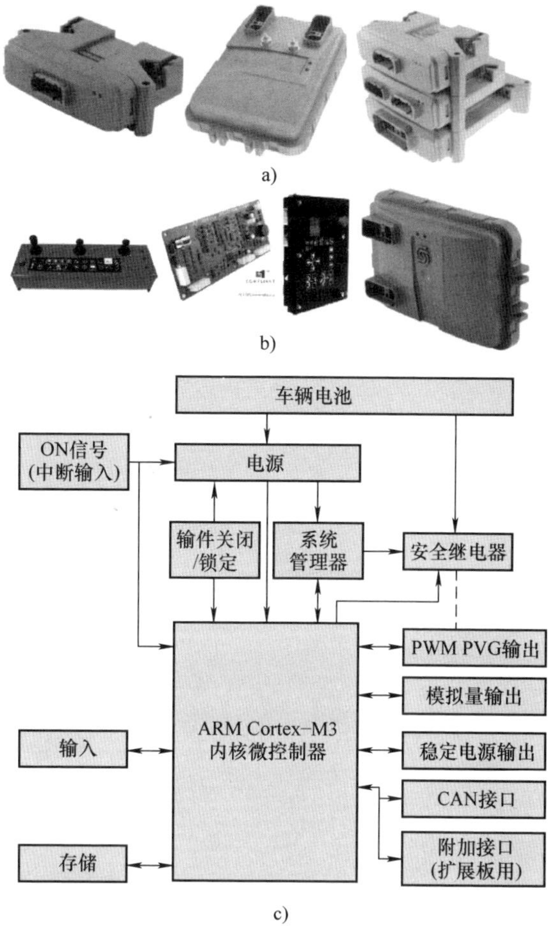


图 19-46　PLUS +1 控制器组成部分

a）PLUS +1 控制器家族（之一）MC 通用型控制器　b）PLUS +1 控制器家族（之二）客户定制控制器　c）PLUS +1 控制器组成模块

平台。

**2. DM 显示器**

PLUS +1 DM 系列显示器是丹佛斯在 2018 年推出的新二代高性能 DM 系列显示器，如图 19-48 所示。

该系列显示器符合当前操作人员对多种功能的需求，是对宽屏、大屏和薄屏等众多特性集为一体而开发的显示器，如图 19-49 所示。

该系列显示器具有高亮度、光学黏合、防眩目、防反射和宽可视角度范围等特性，同时针对强光下的可见性进行了优化。在升级的同时也保留初代显示器具有的高可靠性、坚固、高防护等级、现代外观设计与为恶劣的工作环境提供最佳选择的

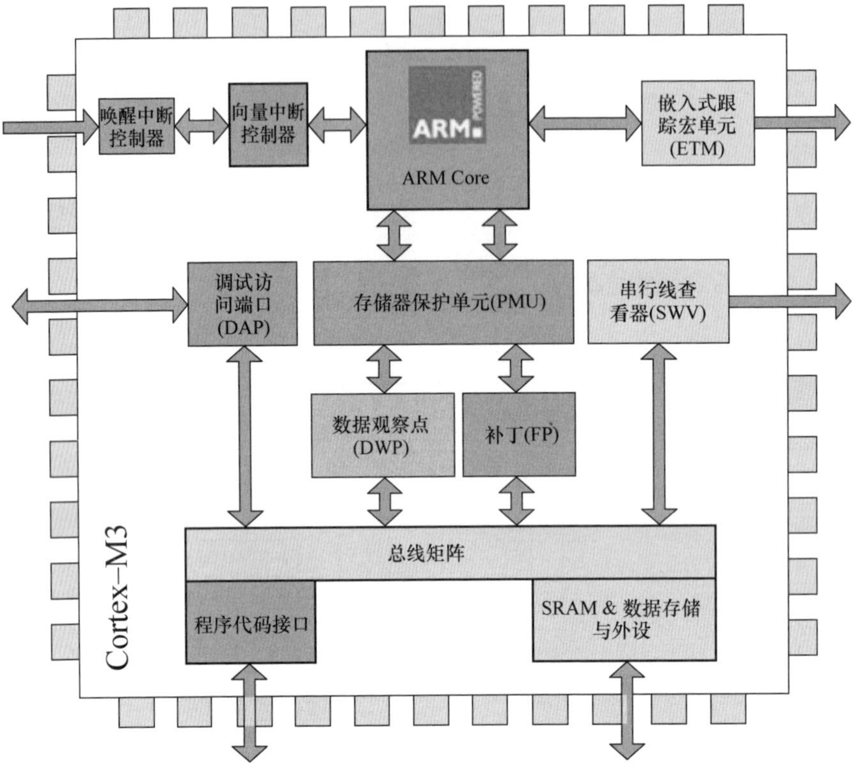


图 19-47　ARM Cortex - M3 处理器结构

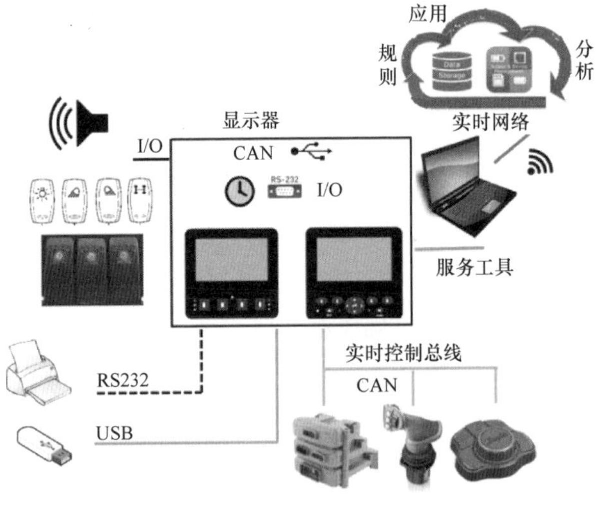


图 19-48　PLUS +1 DM 系列显示器功能示意图

特点。目前 DM 系列显示器为 DM4.3 英寸、带按键操作、小尺寸屏幕，该屏幕可

图 19-49 PLUS +1 DM 系列显示器

选自带发动机信息处理中心（Engine Information Center，EIC）程序。主要针对 J1939 通信的发动机，通过 CAN 总连接到发动机上，可以直接读取发动的相关参数，随机查看发动机的故障信息和代码。除了 4.3 英寸小屏以外，PLUS +1 同样提供了 10.1 英寸（带按键操作和触摸功能）和 12.1 英寸（全触摸屏）系列大屏，来满足使用者对大屏多性能的追求。DM 系列大屏显示器主芯片组采用双核 1.2GHz、I. MX6 和 4GB 闪存的结构，以主芯片组多功能的优势，该芯片提供常用的娱乐和通信等相关特性；DM 系列大屏还可以支持 GPU 等相关的应用。防护等级达到 IP66 和 IP67，机器设备可在恶劣的操作环境中使用，即使操作人员戴上手套也可以操作 DM 触摸屏。

DM 系列大屏支持 PDF 文件查看器和多媒体视频播放器；PDF 文件直接通过按键和触摸进行操作。视频文件播放的同时，可将该系列大屏的音频线连接到外置扬声器和车载音响系统进行操作。Wi－Fi 和蓝牙的无线连接为 DM 系列大屏提供通远程服务的能力。

PLUS +1 DM 系列大屏显示器采用 I. MX6 的处理器，具有下列功能：

1）4 个 CAN2.0B 端口，RS232 和 USB2.0 高速口，以太网，蓝牙，Wi－Fi，全球导航卫星系统（GNSS）（可选）。

2）4 个摄像头（可同时两个进行选择），音频输出，支持外部传感器供电，触摸屏支持带按键操作，操作按键带背光，光信号（2 个 RGB 的 LED）。

3）开关量输入，屏幕自动休眠功能，双核 1.2GHz 的 I. MX6 处理器（4GB 闪存），如图 19-50 所示。

4）多媒体播放器和文件浏览器（PDF，JPG，MP3，MP4）。

5）PLUS +1 GUIDE 软件开发平台，实时时钟，防护等级为 IP66 和 IP67，CE 认证，E1，E－Mark 和 RoHS 认证。

6）支持无线广播显示，FCC 认证，开机启动时间短（约 5s），集成加速度计自动调节屏幕方向，32MB 数据日志存储。

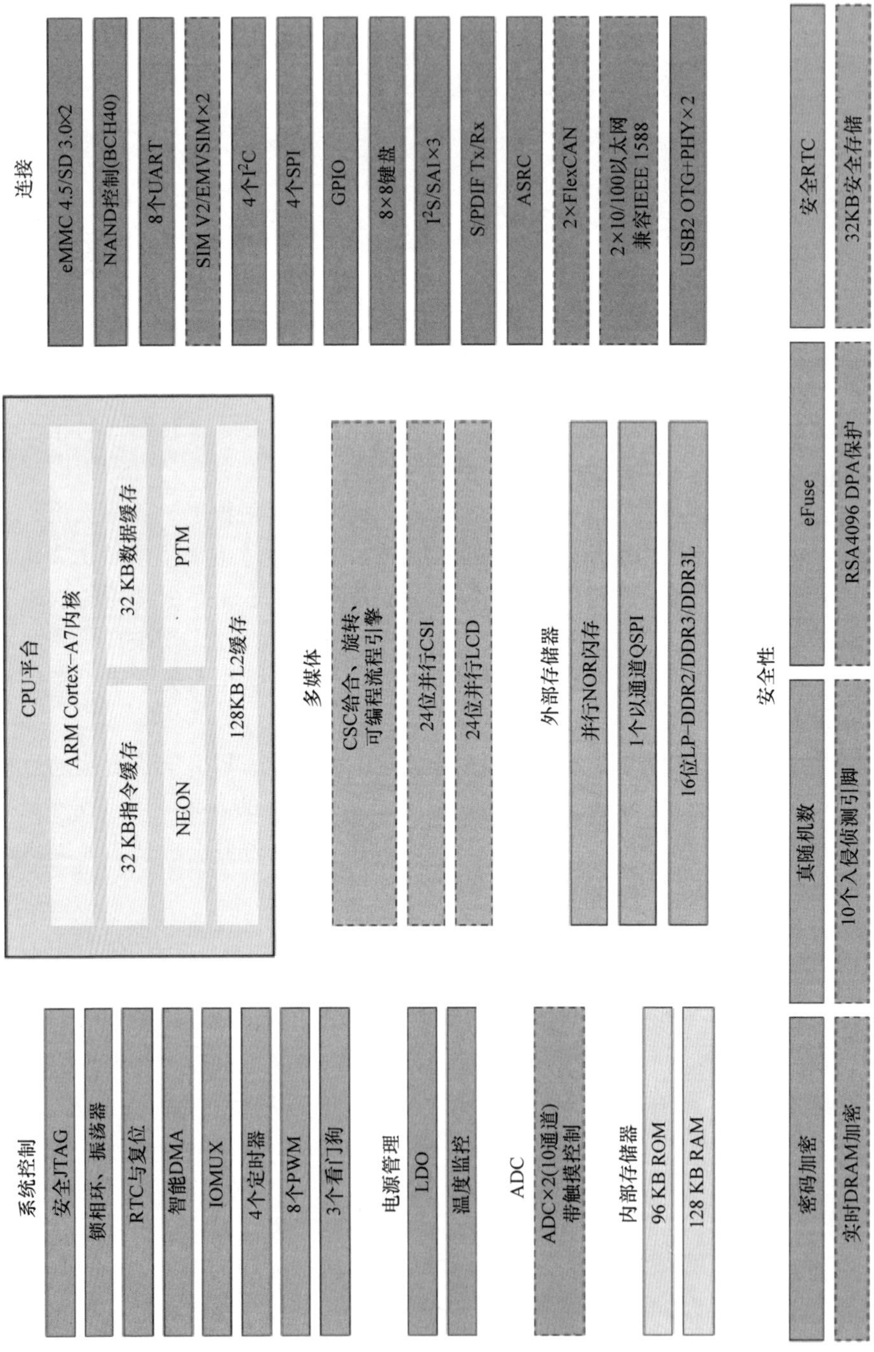


图 19-50　I. MX6 处理器芯片构架和功能

## 19.4.2　PLUS +1 软件 GUIDE 开发环境

PLUS +1 软件开发环境由 GUIDE 和 Service Tool 两部分组成。PLUS +1 GUIDE 软件平台（图形化用户集成开发环境）主要用于工程源代码的设计、开发、维护。PLUS +1 Service Tool 软件平台（程序代码下载和用户在线调试环境）主要用于工程源代码编译后文件的下载、在线调试及故障检测。本节以 GUIDE 和 Service Tool 为软件开发环境。

**1. PLUS +1 软件下载/安装**

图形化用户开发环境（Graphical User Integrated Development Environment, GUIDE）是一款支持大部分的丹佛斯动力系统控制部门的微控制系列和相关嵌入式产品开发的图形化用户集成开发环境，兼容 IEC 61131－3 PLC 编程语言，通过 GUIDE 平台进行程序代码的开发、维护、编译，生成下载文件用于程序的更新。表 19-5 列出了 PLUS +1 GUIDE 和 PLUS +1 ServiceTool 软件对安装计算机的最基本要求［至少用笔记本计算机，不推荐网本（netbook）、平板计算机等］。

**表 19-5　PLUS +1 软件运行对计算机的参数要求**

| 参数 | Service Tool（最低） | PLUS +1 GUIDE/Service Tool（推荐） |
|---|---|---|
| CPU | 3.0GHz，64 位（x64），4 核，2012 或更高 | |
| OS | 64 位 Windows 7 或 10（建议操作系统更新及时） | |
| UAC | 本地管理员权限进行安装 | |
| RAM | 1GB | 3GB |
| HD | >1GB 空间，HDD | >2GB 空间，SSD |
| 分辨率 | 1024×768 | 1920×1080 |

（1）PLUS +1 GUIDE 软件的下载和安装　登录丹佛斯官网（https://www.danfoss.com/en/products/software/dps/plus1－software/plus1－guide/# tab－documents），下载文件过程如图 19-51 所示。

PLUS +1 GUIDE 软件的下载和安装流程包括打开申请页面（见图 19-51a），单击“PLUS +1GUIDEDownload”选项；GUIDE 安装软件是压缩文件，包括 GUIDE 软件和 Service Tool（服务工具）两个安装文件，下载解压后使用。继之可申请 90 天免费试用版密钥许可（License），免费体验 GUIDE 和 Service Tool 中的所有功能。新用户首先需要通过运行 GUIDE 或 Service Tool 软件，从软件界面的“Tools”工具栏单击“License Manager...”（密钥管理）进行申请，如图 19-51b 所示。单击“License Manager...”进入 License 申请对话框；单击“Get Trial/Express”即可进行申请相应的 License。填写相关注册信息后，单击“Web mail or off line registration”（网络邮箱或离线注册）。通常情况下，由于大部分用户的邮箱并没有设定默认直接打开。推荐使用离线的方式复制已注册过的信息，通过新建邮件的方式发送到 PLUS +1 License 服务器。之后即可得到“Trial/Express License”，网络邮箱或离线注册界面如图 19-51c 所示。

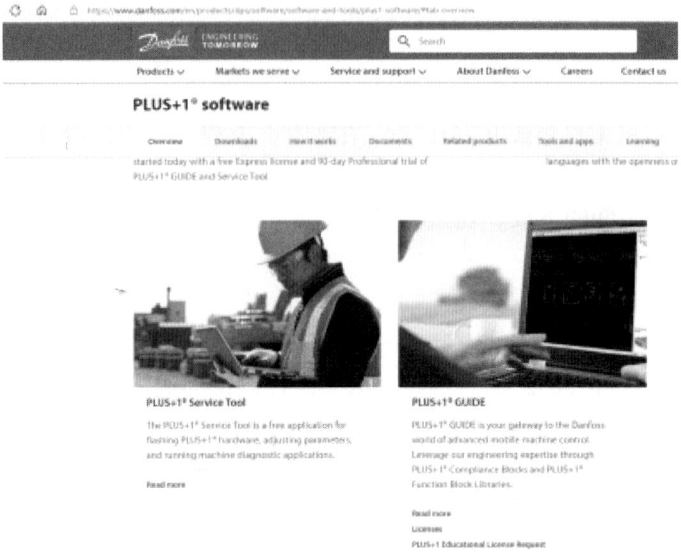


a)

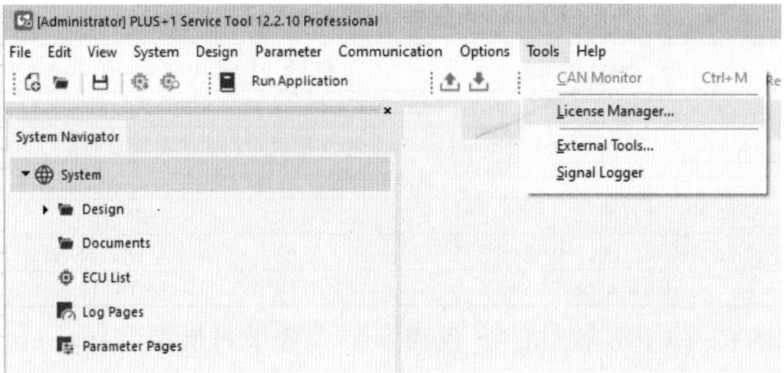


b)

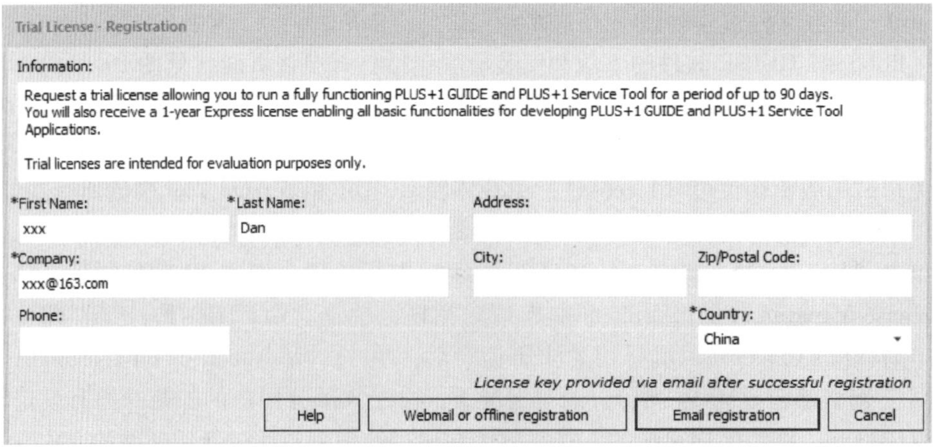


c)

图 19-51　PLUS+1 GUIDE 软件的下载和安装流程

a）打开申请页面　b）下载 Service Tool 服务工具安装包　c）网络邮箱或离线注册

单击“ Web mail or off line registration”（网络邮箱或离线注册），即可得到本地计算机注册信息和 PLUS +1 License 服务器邮箱地址。把注册生成的信息（见图 19-52中方框内信息）通过计算机复制后，打开邮箱并新建一个新的激活邮件，将生成信息粘贴到新激活邮件后，直接发送到 PLUS +1 License 邮箱（PLUS +1 license - AutoActivation@ Danfoss. com）。片刻后，PLUS +1 服务器将发送一个新的 License 到注册邮箱中，如图 19-52 所示。

图 19-52 注册信息生成页面

当注册邮箱收到来自 PLUS +1 服务器的试用版密钥（Trail License）后，通过运行 GUIDE 软件的“License Manager...”命令开启 License 添加任务。这种方式同样适合 PLUS +1 添加专业版（Professional）、更新到最新状态（Renewal）、更换到另一台计算机（Rehost）、高级功能（Add - On）等相关的 License。添加完成后即可在 GUIDE 中使用 Trial/Express 的相关功能，并进行相关程序的开发设计。

（2）软件开发和常用逻辑命令 PLUS +1 GUIDE 程序逻辑结构如图 19-53 所示。

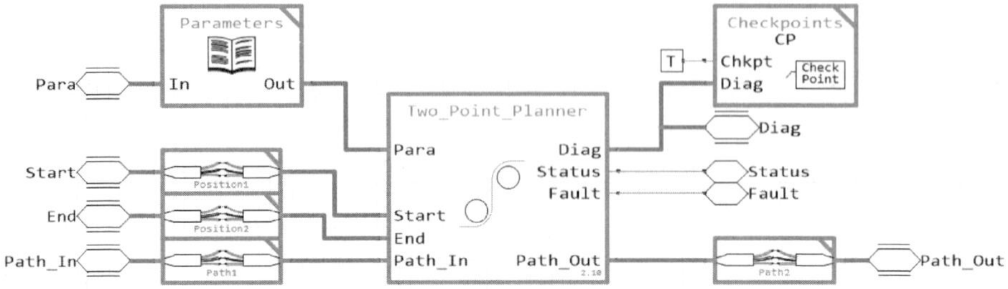


图 19-53　PLUS +1 GUIDE 程序逻辑结构

V 模型在 GUIDE 编程中的应用如图 19-54a 所示，整个过程是在图 19-54b 所示的环境中进行。

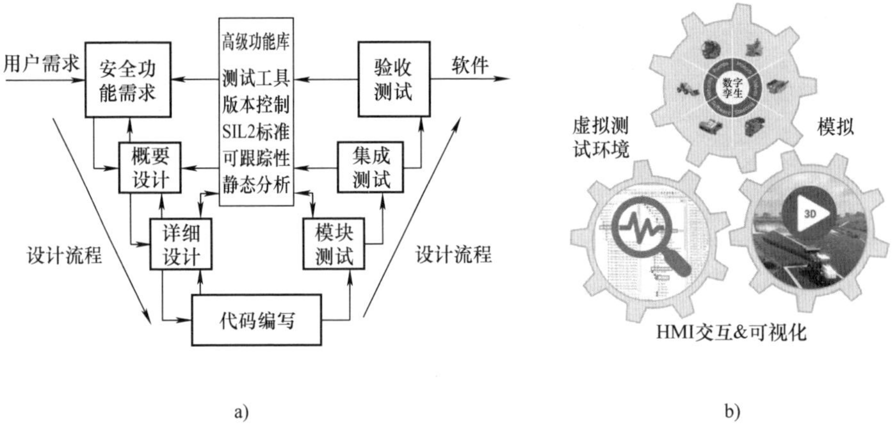


图 19-54　在 GUIDE 编程中应用的 V 模型及其编程环境
a）在 GUIDE 编程中应用的 V 模型　b）编程环境

**2. GUIDE 程序开发环境**

（1）PLUS +1 图形化代码　GUIDE 是丹佛斯公司专门针对 PLUS +1 硬件应用而开发的一种软件平台，如图 19-55 所示。通过图形化操作可以让开发者在较短的时间内对 PLUS +1 硬件进行开发与测试应用。该图形化软件提供广泛的控制组件，丰富的功能库文件，多种应用的子系统应用和符合多种国际安全标准的开发规范。GUIDE 软件平台以其简单、快捷、安全等多种特性满足各种不同的开发者应用。

每一种软件操作平台都有数据类型的表示方式，数据类型都有一个范围或特定的函数，表 19-6 列出了数据的类型和范围。

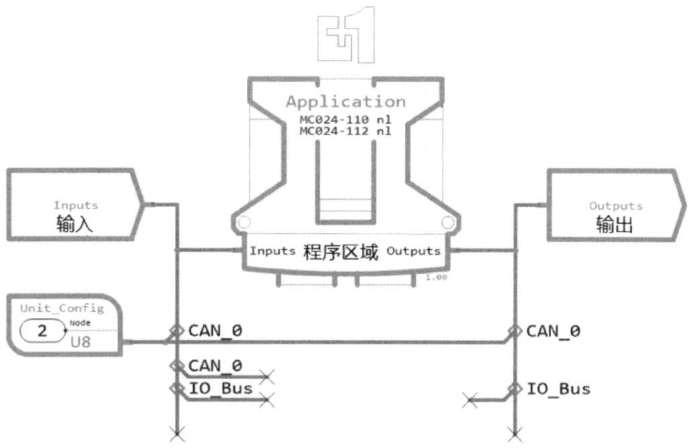


图 19-55　GUIDE 程序模板

**表 19-6　GUIDE 软件中使用的数据类型**

| 数据类型 | 描述 | 范围 |
|---|---|---|
| BOOL | 真或假 | 真或假 |
| U8 | 无符号 8 位 | 0 ～ +255 |
| S8 | 有符号 8 位 | -128 ～ +127 |
| U16 | 无符号 16 位 | 0 ～ + 65535 |
| S16 | 有符号 16 位 | -32768 ～ +32767 |
| U32 | 无符号 32 位 | 0 ～ + 4294967295 |
| S32 | 有符号 32 位 | -2147483648 ~ +2147483647 |
| F32 | 浮点 | -1038. 53 ~ +1038. 53 |
| F64 | 浮点，双精度型数据 | -10308. 25 ~ +10308. 25 |
| U64 | 无符号 64 位 | 0 ～ +18 446 744 073 709 551 615 |
| S64 | 有符号 64 位 | -9 223 372 036 854 775 808 ～<br>+9 223 372 036 854 775 807 |
| Color | 颜色变量，系统定义 | 见系统定义 |
| FONT | 字体使用，系统定义 | 见系统定义 |
| LANG | 多语言设置 | 见系统定义 |
| NULL | 未连接，无操作 | 见系统定义 |
| OBN | 对象名称 | 见系统定义 |
| FORT | 硬件端口，需要硬件端口匹配 | 见系统定义 |
| PXO | 像素对象，指向外部图形的指针 | 见系统定义 |
| T | 时间基准 | 见系统定义 |

（续）

| 数据类型 | 描述 | 范围 |
|---|---|---|
| TL | 文本标识，字符串文本指针 | 见系统定义 |
| STRING | 一个 UTF－8 编码的字符串。可以写为 String［x］，其中“x”是一个数（1～65535），否则，字符串的最大长度就是项目设定 | 每一个字符串都可以是 1～65535 的代码单元。每一个字符串都有最大值的指定长度 |

程序数据计算时常有数据溢出的现象发生，通常数据溢出发生在使用多级数据运算的数据结果数字太大或太小时，溢出数据与想要的计算结果不一致。

（2）PLUS＋1 GUIDE 程序下面的程序执行时间说明　通过度量程序执行时间可以对程序的运行效率加以评估，一般调用程序的有关函数。

程序执行时间，持续输出时间和单元分辨力（变量）设置在最小和最大输出的持续时间之内。

最小持续输出时间＝输出持续时间－时间单位（时间单位可设置）

最大持续输出时间＝输出持续时间＋执行时间（执行时间单位为 ms）

通过简单运算可以得到下面的相关公式。

输出持续时间＝时间单位×时间单位

处理时间 ＝输入发生变化后产生输出变化的时间

通过实例进行关于时间的计算说明，见表 19-7。

**表 19-7　GUIDE 时间计算单位**

| 例一：时间单位为 100ms，时间单位×5 得到输出持续时间，执行处理时间为 15ms | |
|---|---|
| 最小持续输出时间＝输出持续时间－时间单位 | ＝（100ms×5）－100ms＝400ms |
| 最大持续输出时间＝输出持续时间＋执行时间 | ＝（100ms×5）＋15ms＝515ms |
| 例二：时间单位为 10ms，时间单位×25 得到输出持续时间，执行处理时间为 15ms | |
| 最小持续输出时间＝输出持续时间－时间单位 | ＝（10ms×25）－10ms＝240ms |
| 最大持续输出时间＝输出持续时间＋执行时间 | ＝（10ms×25）＋15ms＝265ms |

（3）程序执行顺序说明　GUIDE 程序代码执行顺序，以其图形化结构原理来设计程序执行的顺序。程序执行依照程序页面图形放置的位置进行扫描；程序代码从上到下，从左到右依次执行操作运行。图 19-56 所示为 GUIDE 程序代码执行顺序。

下面以两个实例来讲解 GUIDE 程序执行说明。

例一：正确执行的顺序结构，如图 19-57 所示。

代码的执行顺序依次为“Process_1”“Process_2”“Process_3”，直到单个扫描周期结束。

例二：程序代码放置区域不同导致程序执行顺序不同，如图 19-58 所示。

编译扫描从这里开始

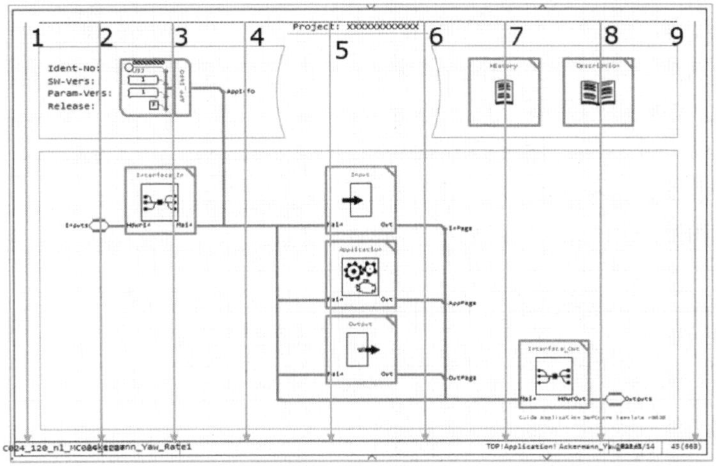


编译扫描从这里结束

图 19-56　GUIDE 程序代码执行顺序

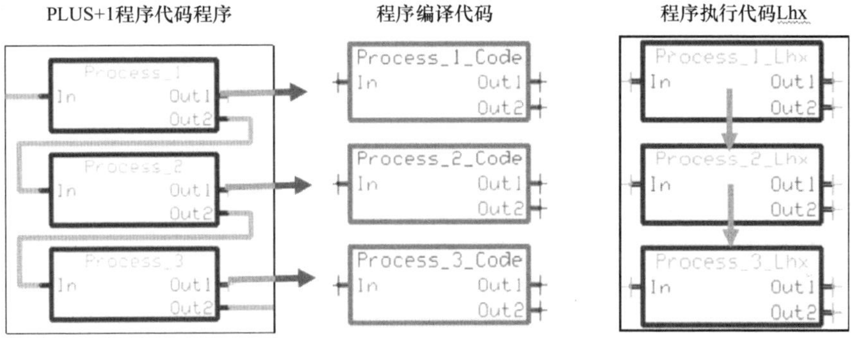


图 19-57　正确执行的顺序结构

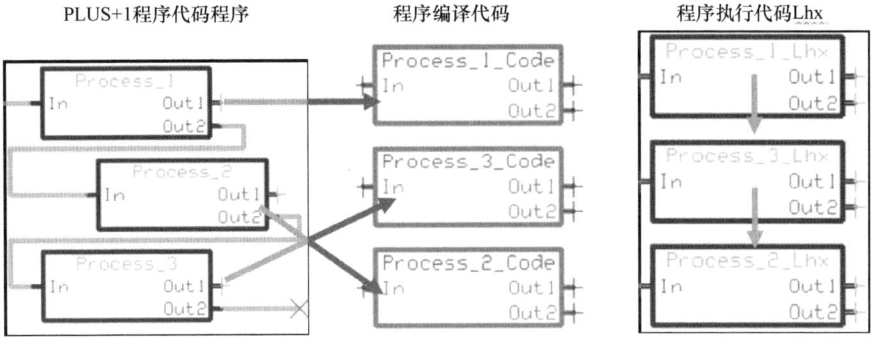


图 19-58　程序代码放置区域不同导致程序执行顺序不同

由例二得知，程序的执行顺序为“Process_1”→“Process_3”→“Process_2”，直到单个扫描周期结束。

由上面的两个实例可以清楚地得到GUIDE程序代码在运行执行过程中的顺序过程，可以解释在开发程序时由于程序代码放置的位置不同，而导致程序逻辑和运算结果发生偏差的情况。对于部分逻辑功能和使用相关命令处理时，请严格按照程序的扫描执行顺序进行，下面列举了需要关注的几个命令和逻辑部分：Compare（比较运算），Logical（逻辑功能），Data Conversion（数据类型切换），Transition，Time（时间函数），Manage（循环函数），Access（访问授权），Display（显示功能），Application Log（应用日志），Page（页面设计），如图19-59所示。

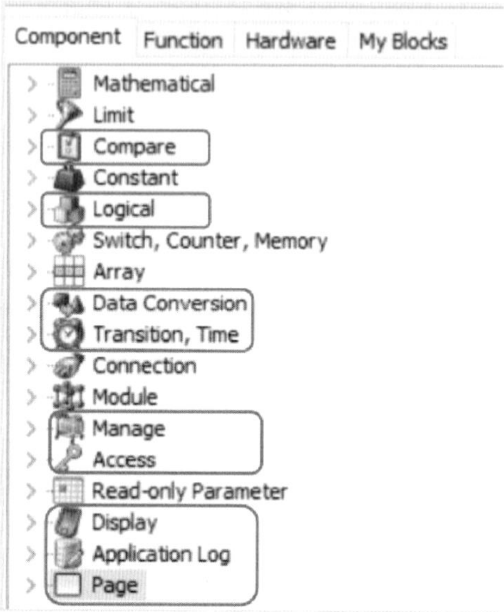


图19-59　GUIDE程序组件结构

**3. IEC 61131－3 PLC语言**

IEC 61131－3是由国际电工委员会（IEC）于1993年12月所制定IEC 61131标准的第3部分，用于规范可编程逻辑控制器（PLC）、DCS、IPC、CNC和SCADA的编程系统的标准（最新版为2013年的3.0版），应用IEC 61131－3标准已经成为工业控制领域的趋势。在PLC方面，编辑软件只需符合IEC 61131－3国际标准规范，便可借由符合各项标准的语言架构建立任何人皆可了解的程序。

PLUS＋1 GUIDE支持IEC 61131－3标准的以下PLC编程语言：①结构文本（Structured Text）；②功能块图（Function Block Diagram）；③梯形图（Ladder Diagram）；④顺序功能图（Sequential Function Chart）；⑤指令表（Instruction List）。

程序组织单元（Program Organization Units，POU）可以在GUIDE中使用IEC 61131－3的任何一种语言进行开发。GUIDE中的POU开发与任何标准的PLC编程语言（ST，FBD，LD，SFC，IL）通过标准的PLCopenXML文件格式进行导入应用和复用，GUIDE软件平台除了支持IEC 61131－3的语言平台之外，还可以支持用C代码进行POU开发。

**4. 关于GUIDE和PLC中的数据类型**

PLUS＋1 GUIDE实现了IEC 61131－3中定义的所有数据类型。如果从GUIDE代码中调用POU，则需要开发人员输入和输出变量的数据，并配置对应GUIDE中的数据类型，见表19-8。

表 19-8　GUIDE 和 IEC 61131 -3 数据类型对比

| PLUS +1 GUIDE 数据类型 | IEC61131 数据类型 |
|---|---|
| BOOL | BOOL |
| U8 | USINT, BYTE |
| S8 | SINT |
| U16 | UINT, WORD |
| S16 | INT |
| U32 | UDINT, DWORD |
| S32 | DINT |
| U64 | ULINT, LWORD |
| S64 | LINT |
| F32 | REAL |
| F64 | LREAL |
| ARRAY [n] Type | ARRAY [0..n-1] OF type |
| COLOR | COLOR |

**5. 如何创建一个新的 PLC 文件和 POU**

POU 程序存储遵循 IEC 61131 -3 标准文件格式的 PLCopenXML 的 PLC 单元文件中。一个 PLC 单元包含多个 POU。添加一个新的 PLC 单元在 GUIDE 中运行，其流程如下。

在“Project Manager”（项目管理）菜单中右击“ExampleApp”选项，并在弹出的快捷菜单中选择添加“Add New PLC Unit...”如图 19-60 所示。

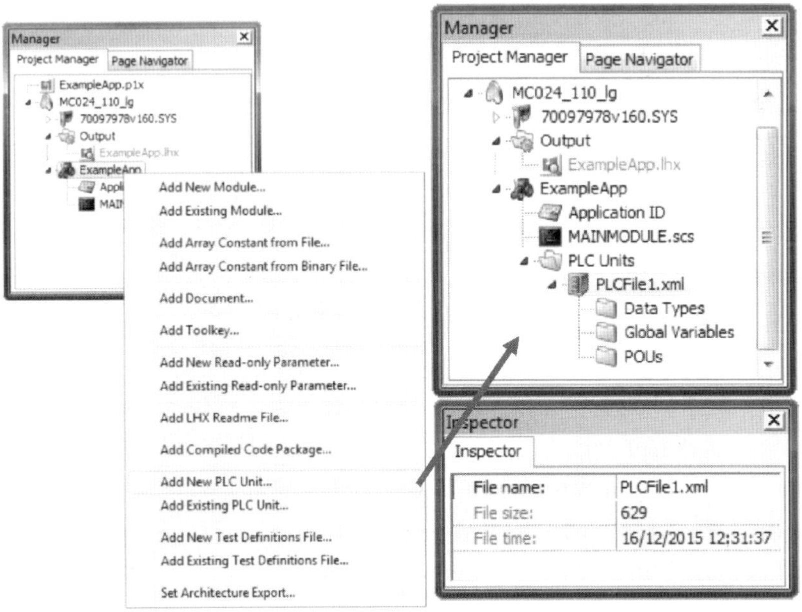


图 19-60　GUIDE POU 程序创建“PLC Units”文件夹

这个新的“PLC Units”文件夹包含新的 PLC 单元文件，将添加到这个项目管理中。

1）编辑名称：在“Inspector”对话框中编辑 PLC 单元文件名。

2）在“PLC Units”中，右击“POUs”子文件夹，在弹出的快捷菜单中选择“Add POU...”命令，添加选择一个新的 POU。

此时，创建新的 POU 单元的“Create New POU”对话框弹出，在该对话框中可以对 POU 进行命名的编辑（见图 19-61）。在这个对话框中，可以重新定义 POU 的名字，选择“POU Category”（函数/函数块），选择 POU 的语言（ST，FBD，LD）。

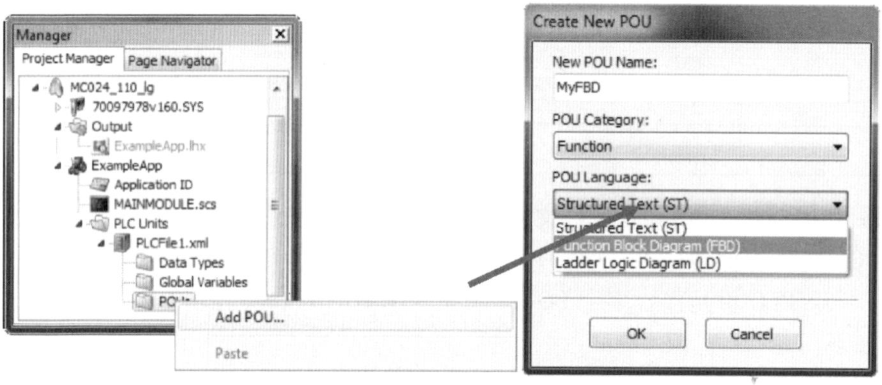


图 19-61　GUIDE POU 程序添加 ST 语言

3）在程序“Project Manager”中双击新建的 POU，即可打开 PLC 编辑。GUIDE POU 程序 ST 语言添加完成的界面如图 19-62 所示。

**6. 如何将 POU 程序代码进行导入**

开发者在相关品牌的 PLC 中开发的 POU 程序符合 PLCopenXML 格式的文件，都可以导入 GUIDE 程序中运行，如图 19-63 所示。

这些导入文件可以来自之前开发的 GUIDE 项目或其他可以导出代码格式为 PLCOpenXML 的工具。

PLCopenXML 文件导入的基本操作：

1）在“Project Manager”菜单中右击“Application”选项，在

图 19-62　GUIDE POU 程序 ST 语言添加完成的界面

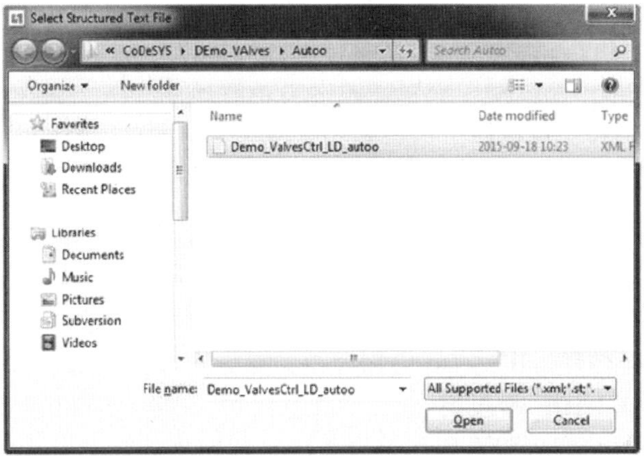


图 19-63 ST 程序代码导入 GUIDE POU 中

弹出的快捷菜单中选择“Add Existing PLC Unit...”命令。

2）选择需要导入的 PLCopenXML 格式的文件。

**7. GUIDE 中进行 ST 语言的编辑开发**

GUIDE 中 ST 语言的开发界面如图 19-64 所示。

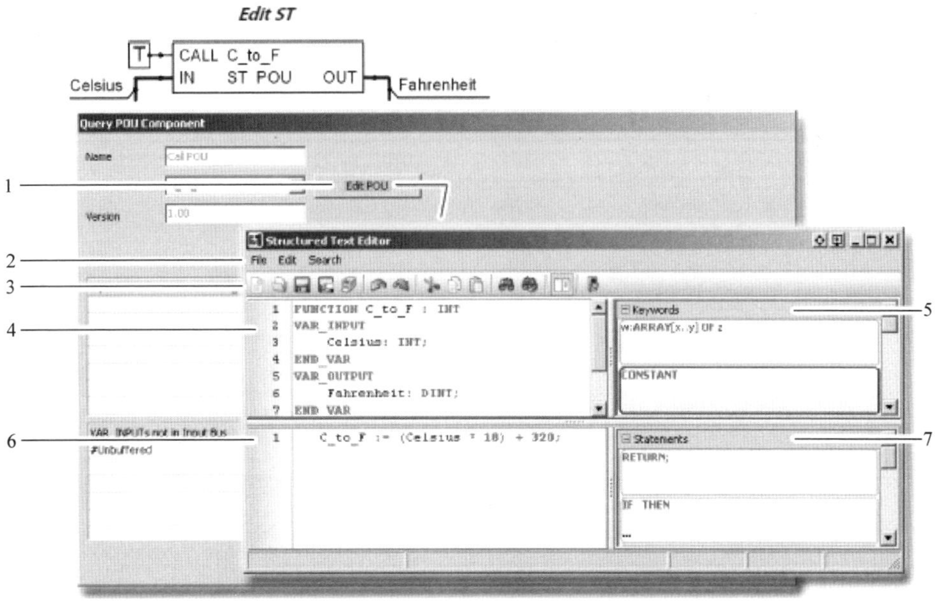


图 19-64 GUIDE 中 ST 语言开发界面

结合图 19-64，ST 语言开发界面各序号含义如下：

1——打开或编辑 POU 程序按钮。

2——ST 程序语言编辑菜单栏，基本命令和编辑的菜单栏。

3——ST 程序语言编辑工具栏，基本命令、编辑工具栏和搜索。

4——程序变量申明区域，通常情况下为功能块的输入、输出和中间变量的定义区域，为功能函数运行提供了信号类别。

5——功能函数/块的关键字可以应用到“功能接口”上的说明。常用的功能运算在这个功能区域，如数据运算（Add，Sub，DIV，Array 等）。

6——主函数和功率逻辑运算的区域。具体的计算在这个窗口里进行。

7——在“代码功能块”这个功能窗口中进行功能函数操作。常用的功能函数有 Case 语句、For 循环、IF…else 语句等相关操作。

**8. C 代码在 GUIDE 中应用**

PLUS+1 GUIDE 软件平台中还可以支持 C 代码文件和 C 代码的 POU 文件。通常情况下，C 代码的 POU 文件是我们常用的 POU，除了 POU 的实现部分是用 C 代码编写的以外。而 C 代码文件通常以“. H”和“. C”为后缀结尾。

在 GUIDE 中使用 C 代码或 C 代码的 POU 文件，通常需要关注以下相关联的问题：请不要使用 C 代码生成器去创建 C 代码 POU 或 C 代码文件在 GUIDE 中复用。在这之前 C 代码生成器创建的 C 代码经常会出现不同版本的错误，C 代码在不同的生成器中会有部分信息将会发生改变。

PLUS+1 GUIDE 将检查生成的头文件不包括从 C 代码 POU 或 C 代码文件编译之前的代码。不同类型数据直接调用的方法见表 19-9。

**表 19-9　GUIDE 中不同类型数据调用表**

| 调用模块 | 调用 | 调用可能性 |
|---|---|---|
| Graphical GUIDE code module | Graphical GUIDE code module | 允许 |
| Graphical GUIDE code module | Standard POU（ST/FBD/LD/SFC/IL） | 允许 |
| Graphical GUIDE code module | C code POU | 允许 |
| Graphical GUIDE code module | C code File | 未设置 |
| Standard POU（ST/FBD/LD/SFC/IL） | Graphical GUIDE code module | 未设置 |
| Standard POU（ST/FBD/LD/SFC/IL） | Standard POU（ST/FBD/LD/SFC/IL） | 允许 |
| Standard POU（ST/FBD/LD/SFC/IL） | C code POU | 允许 |
| Standard POU（ST/FBD/LD/SFC/IL） | C code File | 未设置 |
| C code POU | Graphical GUIDE code module | 不允许 |
| C code POU | Standard POU（ST/FBD/LD/SFC/IL） | 不推荐 |
| C code POU | C code POU | 不推荐 |
| C code POU | C code File | 允许 |

（续）

| 调用模块 | 调用 | 调用可能性 |
|---|---|---|
| C code File | Graphical GUIDE code module | 不允许 |
| C code File | Standard POU（ST/FBD/LD/SFC/IL） | 不推荐 |
| C code File | C code POU | 不推荐 |
| C code File | C code File | 允许 |

**9. 硬件描述说明文件（HWD）支持**

GUIDE 中运行的 C 代码适用于任何支持 PLC 代码的 HWD。通常可以理解为任何 HWD 都可以支持下列任何 CCP 类型：①CCP_TI_v525；②CCP_TI_v649；③CCP_SGL_2010Q1202；④CCP_ARM_THUMB_v410；⑤CCP_ARM_v410。

通常最简单的方式是去查看组件树目录中是否有 POU 组件调用的链接，如图 19-65所示。

C 代码在 GUIDE 中的编译结果如图 19-66所示。

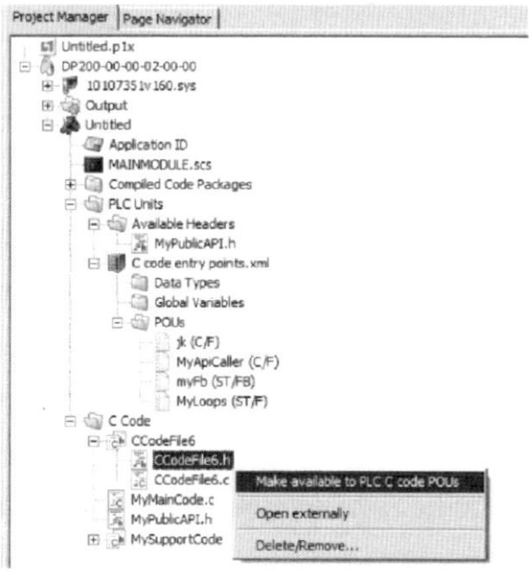

图 19-65 C 代码在 GUIDE 中的应用

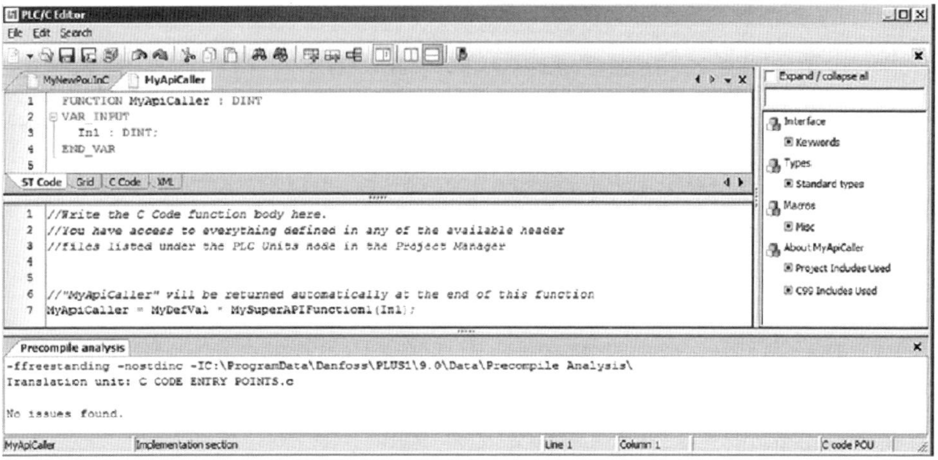

图 19-66 C 代码在 GUIDE 中的编译结果

PLUS +1 通常推荐使用 C99 标准头文件 <Stdin. h> 定义的数据类型去查看一些常用的 C 数据类型与 GUIDE 和 IEC 61131 的数据类型映射关系，见表 19-10。F32 和 F64 类型只能在 GUIDE 的代码开发中使用。

表19-10　GUIDE和IEC 61131的数据类型

| GUIDE 数据类型 | IEC 61131 数据类型 | C 数据类型 |
|---|---|---|
| BOOL | BOOL | Depends on CHAR_BIT, either uint8_t or uint16_t |
| U8 | USINT, BYTE | Depends on CHAR_BIT, either uint8_t or uint16_t |
| S8 | SINT | Depends on CHAR_BIT, either uint8_t or uint16_t |
| U16 | UINT, WORD | Uint32_t |
| S16 | INT | Int16_t |
| U32 | UDINT, DWORD | Uint32_t |
| S32 | DINT | Int32_t |
| U64 | ULINT, LWORD | Uint64_t |
| S64 | LINT | Int64_t |
| F32 | REAL | Float |
| F64 | LREAL | Double |
| Array [n] Type | ARRAY [0…n-1] of Type | TYPE [1] |

**10. 程序开发小技巧**

（1）自动完成功能　C代码和ST代码的自动完成功能通过组合按键〈Ctrl+Space〉触发，然后根据光标左侧的字符显示进行补全。

对于ST代码，除了支持自动补全的功能外，还提供了关于补全项的其他信息，如该输入时是否表示函数和变量等提示。

对于图形化的PLC代码，图形化代码并不像文本代码具有自动完成功能，但在大部分情况下，图形化PLC元素的查询对话框将提供下拉列表框，其中包含当前范围的相关选择提示。

（2）参数提示　对于C代码和ST代码，系统都可以看到描述函数调用所需参数的提示，只需要将光标放置在函数调用的括号之间即可激活此功能。

（3）跳转定义　在ST语言编程代码中，只要长按鼠标左键即可跳转到函数或函数块的定义，同时按下〈Ctrl〉键，然后单击函数名称进行显示。

（4）错误提示　在程序开发中通常会遇到编译不能通过的情况，此时开发者需要很快找到错误的定义和发生错误的地方，并进行及时的修正。

错误：当程序代码语句不正确或语法有错误时的提示。

警告：当程序开发者代码语句不安全或不符合标准时的说明。

提示：提示开发者尽可能使代码更安全/更快执行。

搜索提示：错误搜索功能提示，可以对搜索项的位置进行准确的定位查找。

这四种功能提示在PLUS+1代码和IEC611-3代码之中通用，如结构文本、功能块和梯形图。

错误信息实例在程序中的说明如图19-67所示。

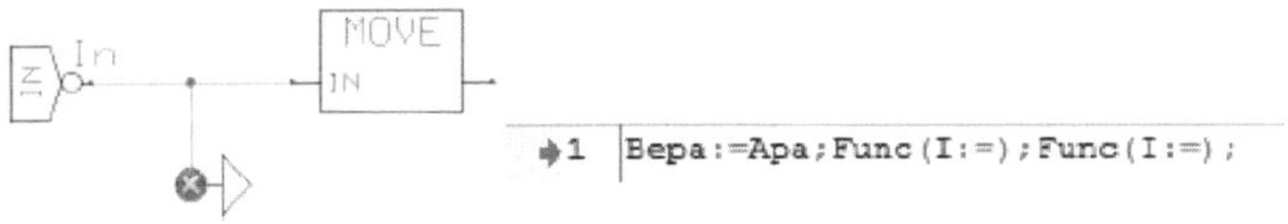


图 19-67　错误信息实例在程序中的说明

警告信息代码在程序中的说明如图 19-68 所示。

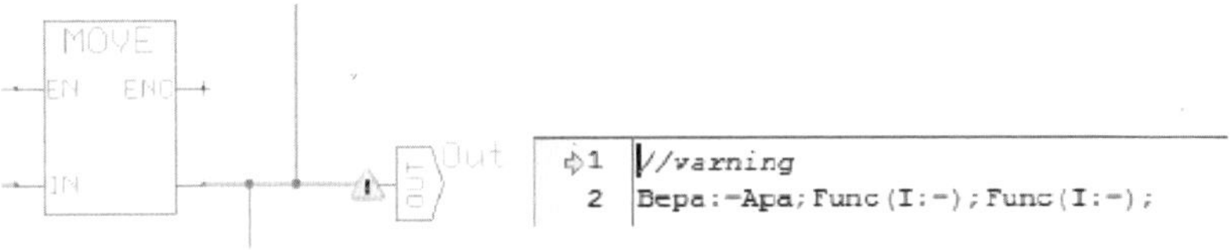


图 19-68　警告信息代码在程序中的说明

提示信息代码在程序中的说明如图 19-69 所示。

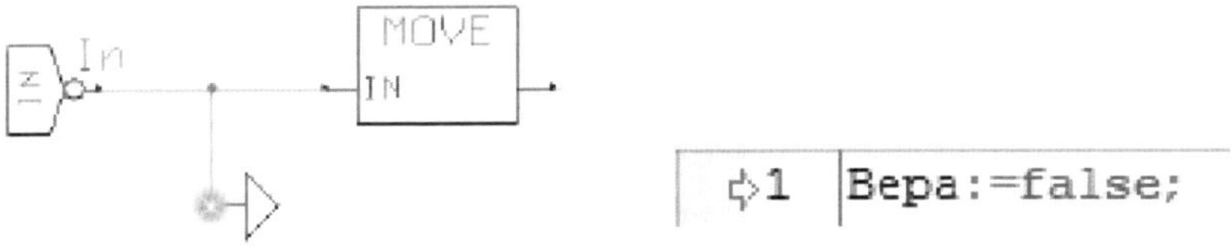


图 19-69　提示信息代码在程序中的说明

搜索信息功能在程序中的说明如图 19-70 所示。

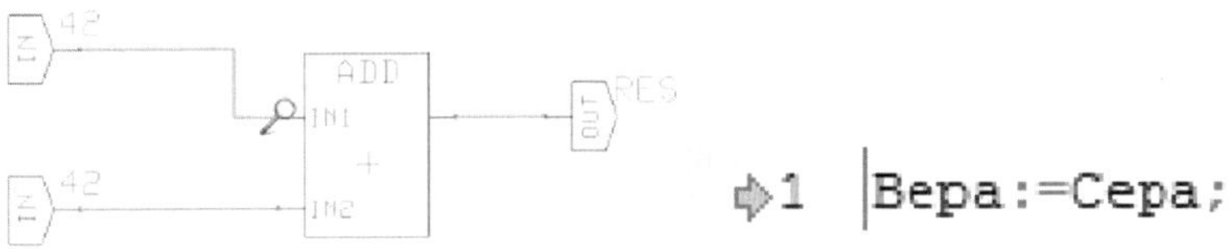


图 19-70　搜索信息功能在程序中的说明

（5）物料号和产品序列号下载的限制　在一些情况下，程序开发者需要通过绑定物料号和产品序列号对软件和硬件进行保护。通常使用在程序下载的过程中。

物料号：代码编译后，生成 LHX 应用程序文件只能下载到 PLUS + 1 硬件单元相匹配的物料号中。

系列号：代码编译后，生成 LHX 应用程序文件只能下载到 PLUS + 1 硬件单元相匹配的序列号中。

每个硬件都有独一无二的序列号和相同的物料号，如图 19-71 与图 19-72 所示。

通过下列相关步骤，即可根据硬件物料号和序列号进行绑定 LHX 应用程序文

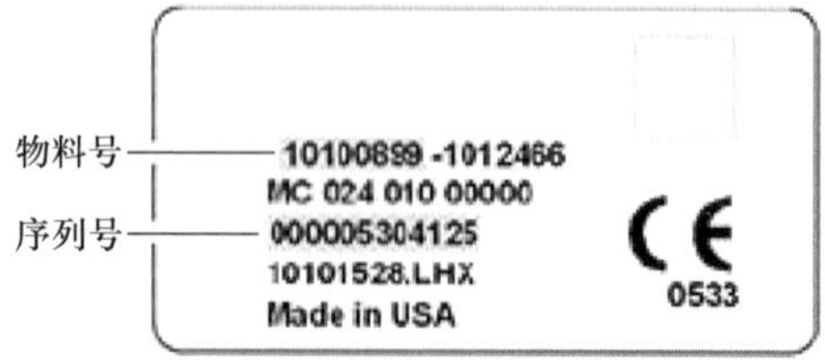


图 19-71　PLUS +1 硬件单元的物料号和序列号的查看

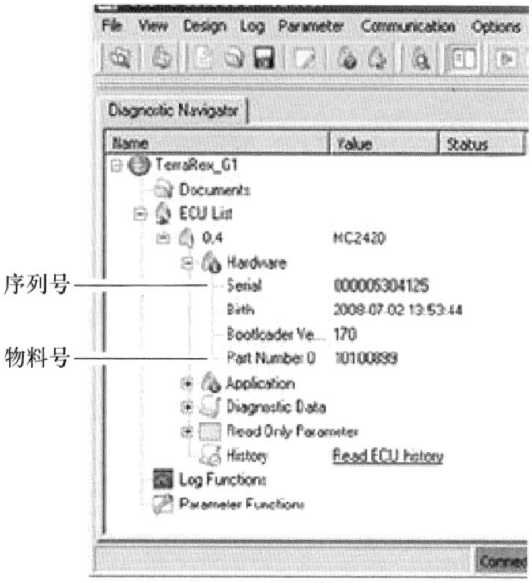


图 19-72　PLUS +1 Service Tool 中查看硬件的物料号和序列号

件的下载保护。

1）打开程序代码文件，得到图 19-73 所示的程序文件。

2）鼠标单击项目名称，在下面“Inspector”列表对话框中有指示的地方输入产品的物料号或序列号，如图 19-74 所示。

3）当编译更新后的 LHX 程序下载文件必须可以正常下载到控制单元中，硬件产品的物料号和软件输入编译后的物料号保持一致，硬件产品的序列号和软件输入编译后的序列号保持一致。

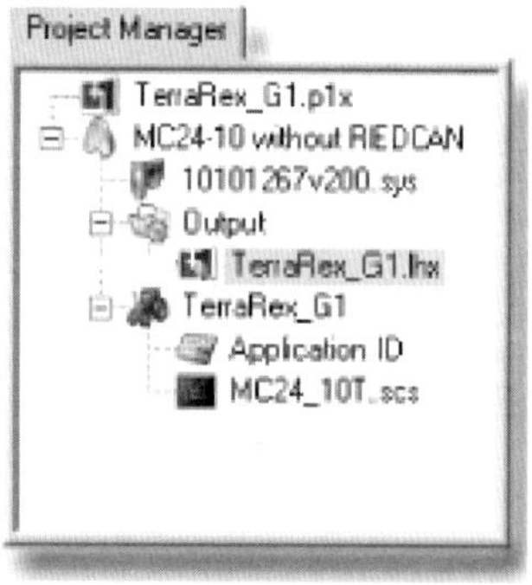


图 19-73　PLUS +1 程序文件

如果更新编译后生成新的 LHX 程序下载文件在下载过程中失败，则说明硬件产品的相关序号和软件里的序号不一致，同时显示错误信息进行说明，物料号信息错误或者是序列号信息错误。

## 19.4.3　PLUS +1 软件 Service Tool 下载与调试

PLSU +1 Service Tool 是一款支持丹佛斯 PLUS +1 硬件程序下载和软件调试的平台。Service Tool 软件和丹佛斯 CG150（Gateway）相结合，在安装最新版 Service

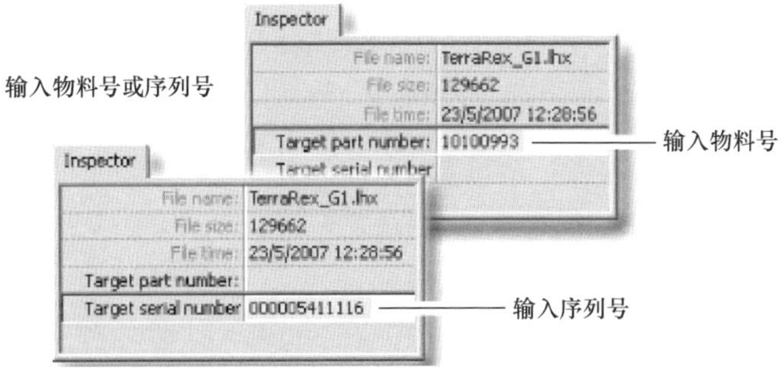


图 19-74　程序中输入软件序列号和物料号

Tool 的过程中，系统会自动安装 CG150 的驱动，CG150－2 有线下载与 CS10 无线下载工具如图 19-75 所示。通过 Service Tool 和 CG150，PLUS＋1 硬件连接将更简单、快捷、可靠。CG150（USB/CAN）端口与计算机和控制单元之间进行连接。代码下载应用程序通过 CAN Gateway（CG150）总线协议下载到相关 PLUS＋1 硬件单元之中。

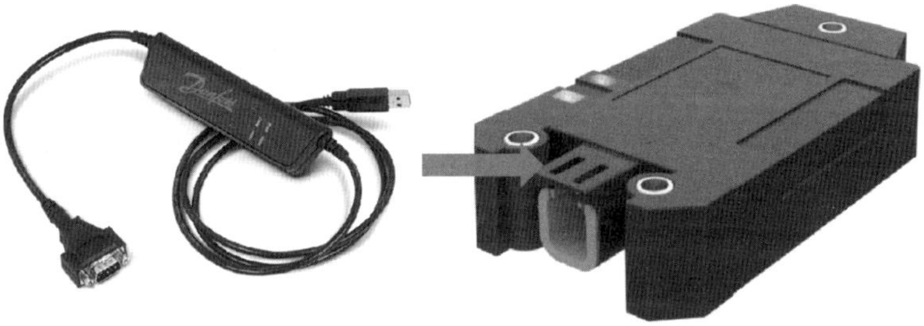

图 19-75　CG150－2 有线下载与 CS10 无线下载工具

PLUS＋1 Service Tool 为程序下载和在线监控数据提供了极大的方便。PLUS＋1 程序开发人员可以使用 Service Tool 来构建功能模块和定义数据监控的页面显示。

### 1. CG150 和 PLUS＋1 硬件的连接

运行 PLUS＋1 Service Tool 软件，选择菜单命令"Communication"→"Gateway"→"CG150"→"CG150－2#0（Channel 0）"，如图 19-76 所示。

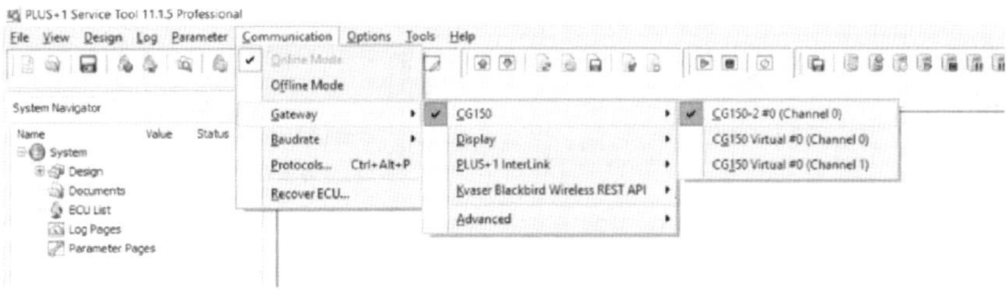


图 19-76　Service Tool CG150 选择

### 2. 查看 CG150 通信的波特率

选择菜单命令 "Communication" → "Baudrate" → "250k (Default)", 通常情况下, CAN 总线的默认波特率为 "250k"。"250k" 需要和通信单元的波特率一致, 如图 19-77 所示。

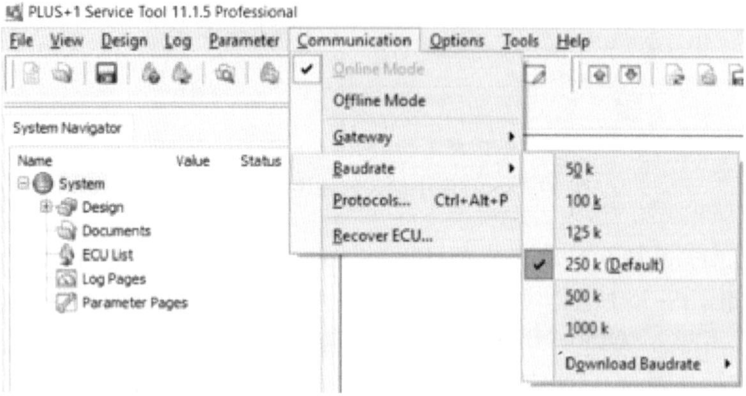


图 19-77 Service Tool 通信波特率设定

数据设定正常和 CG150 驱动自动安装成功后, 即可实现计算机和 PLUS +1 控制单元的连接。通过 Service Tool 还可访问加密和受保护的相关数据, 如图 19-78 所示。

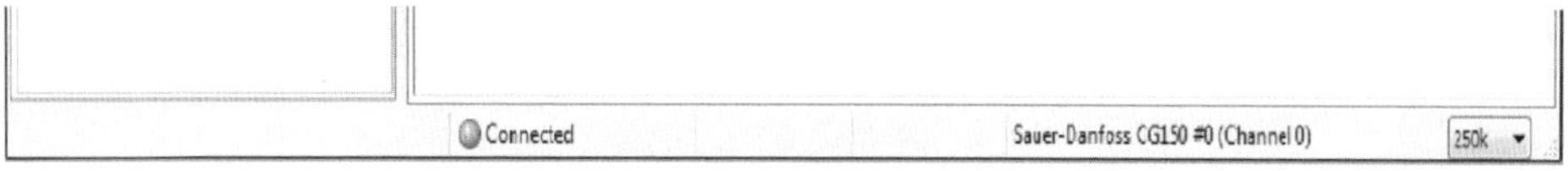


图 19-78 Service Tool 成功连接状态

## 19.4.4 PLUS +1 软件代码与点灯小程序

PLUS +1 GUIDE 程序设计: 使用 PLUS +1 GUIDE 软件平台创建一个应用程序, 这个应用程序为 MC024 -120 控制器点亮绿色的 LED 灯, 使其亮 400ms, 灭 600ms, 如图 19-79 所示。

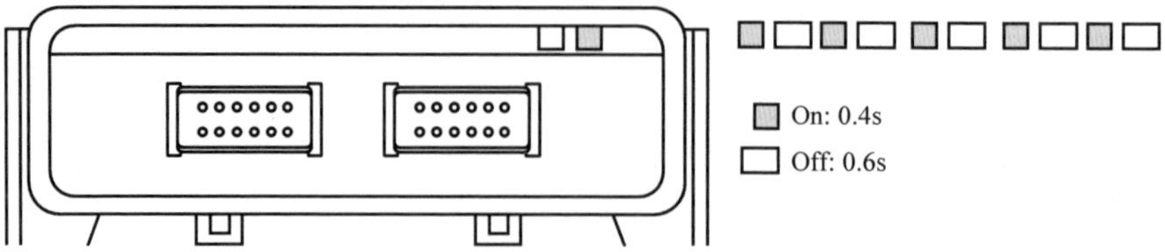


图 19-79 PLUS +1 软件点亮控制器 LED 灯

### 1. 启动 PLUS +1 GUIDE 软件并创建一个新的 PLUS +1 项目文件夹

创建一个新的 PLUS +1 项目文件夹的步骤：

1）启动 PLUS +1 GUIDE 软件。

2）在 PLUS +1 GUIDE 窗口中，单击“New Project”（新建项目）按钮显示“Create New Project”（创建新项目）对话框。

3）在“Create New Project”对话框中，为该项目命名一个项目名称。

4）单击“Browse...”按钮，以显示“Browse for Folder”（浏览文件夹）文本框（文件夹路径名称必须为英文）。

5）单击“Make New Folder”（浏览项目文件夹）按钮创建一个项目目标文件夹，如图 19-80 所示。

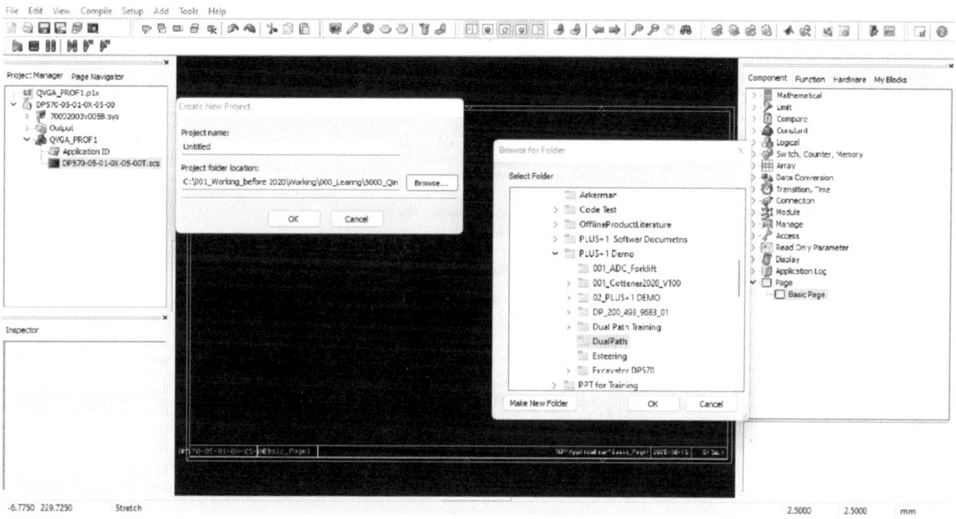


图 19-80　PLUS +1 软件编程硬件和模板选择

### 2. 让 PLUS +1 GUIDE 窗口准备好选择硬件文件

选择硬件文件方法（见图 19-81）：

1）在“View”（视图）菜单中，单击“Default Layout”（默认布局）命令显示“Manager”（管理器）、“Selector”（选择器）和“Compiler Messages”（编译器消息）选项卡。

2）单击“Project Manager”（项目管理器）显示此选项卡。

3）单击关闭“Inspector”（属性管理）选项卡。

4）单击关闭“Compiler Messages”选项卡。

5）单击显示“Hardware”（硬件）选项卡。

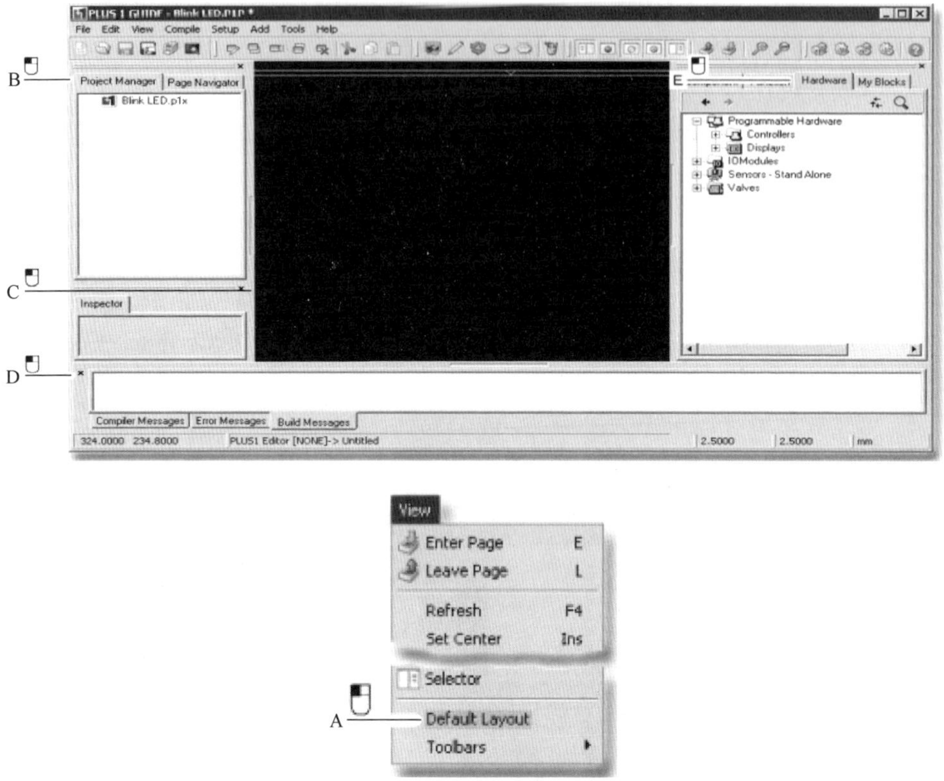


图 19-81　PLUS +1 程序开发页面

**3. 单击 MC024 –120 硬件描述文件和模板文件并将它们拖至“Project Manager”**（项目管理器）**选项卡**

1）在“Hardware”（硬件）选项卡中，完全展开“Programmable Hardware”（可编程硬件）文件树，查看此树中的所有控制器。

2）单击 MC024 –120 控制器的硬件描述文件并将其从“Hardware”（硬件）选项卡拖至“Project Manager”（项目管理器）选项卡。

3）单击 MC024 –120 控制器的模板文件并将其从“Hardware”选项卡拖至“Project Manager”选项卡。

4）在“Replace Main Module”（替换主模块）窗口，单击“OK”（确定）重命名模块 MC024_12T. SCS MC024 –120 控制器模板程序开发区现在显示为 MC024 –120 控制器创建应用程序的模板。此模板具有预定义的输入、输出和内存位置，它们与 MC024 –010 控制器上的硬件相匹配。此模板的不同版本可能略有不同。如图 19-82所示。

**4. 进入该模板的“Application”**（应用程序）**，选择构建一个振荡器所需的组件**

构建一个振荡器的方法（见图 19-83）：

1）单击工具栏中的“Enter Page”（进入页）按钮。

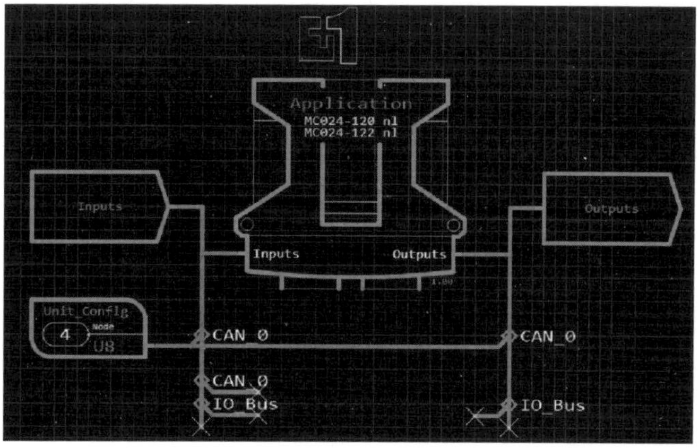


图 19-82　PLUS+1 MC 控制器模板文件加载完成

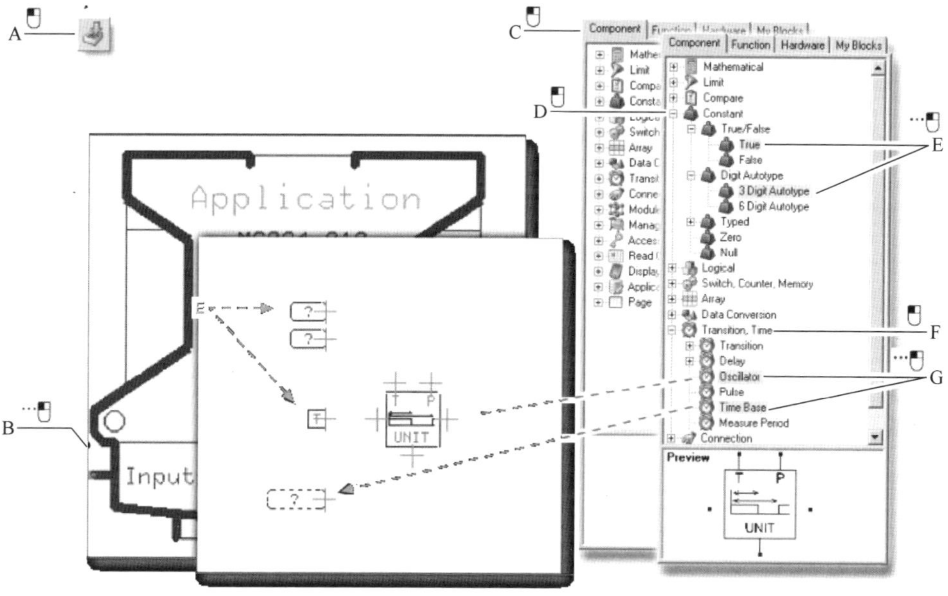


图 19-83　PLUS+1 软件编程页面与组件选择

2）在“Application”的一个端口处进行拖动，或者在其页边界内部进行单击，进入其中。

3）单击显示“Component”（组件）选项卡。“Component”选项卡按照功能以逻辑方式组织组件。

4）单击查看所有“Constant”（常量）组件。

5）将“True”“3 Digit Autotype”组件拖至“Application”界面。

6）将“Transition，Time”（变换和时间）“Oscillator”（振荡器）、“Time Base”（时间单位）组件拖至“Application”界面。

**5. 将放入“Application”界面的这些组件用线连接在一起**

组件连接的方法（见图 19-84）：

1）单击工具栏中的“Route Wire/Bus”（连接单线/总线）按钮。

2）单击从最上面的“3 Digit Auto type”（自动定义类型的 3 位数）常量开始一个单线。

3）单击将该单线连接“Oscillator”（振荡器）组件上的“P”针脚。在该单线两端都会出现一个很小的星号“ * ”形状，表示两个组件之间的连接成功。

4）连接其他组件，使其与图 19-84 所示连接相同。

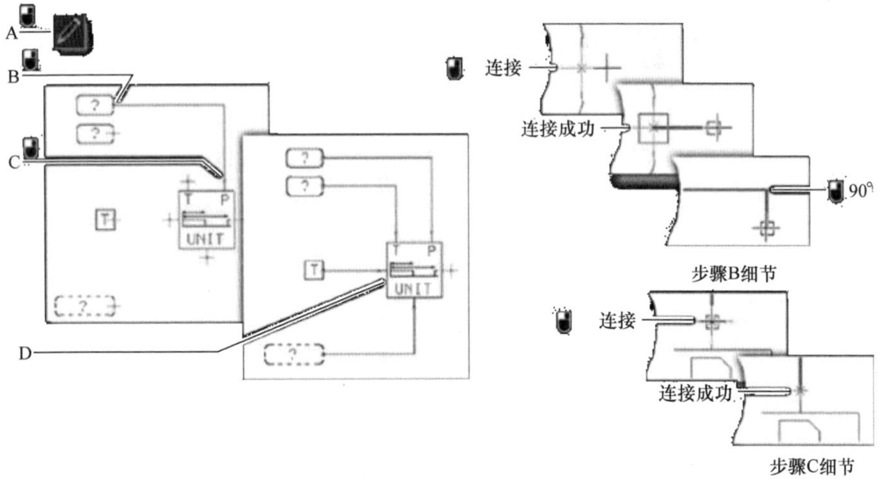


图 19-84　PLUS + 1 振荡器元件连接

**6. 使用“Edit Value”**（编辑值）**对话框输入“3 Digit Autotype”**（自动定义类型的 3 位数）**和“Time Base”**（时间基准）**的常量值**

具体操作步骤如下（见图 19-85）：

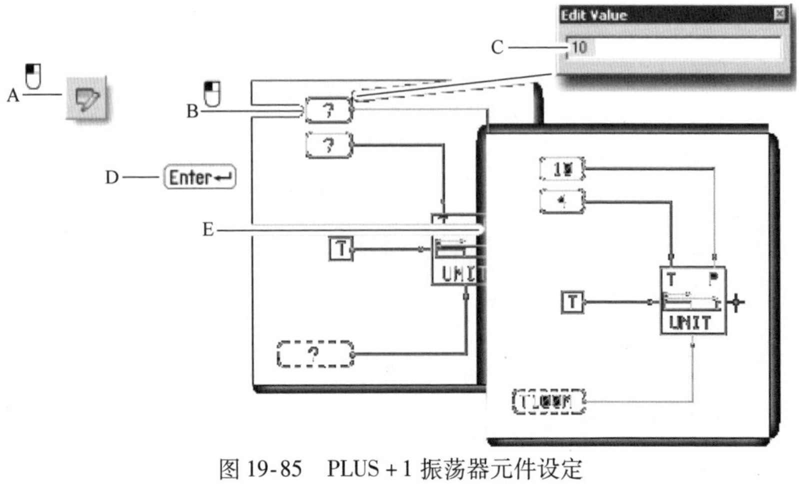


图 19-85　PLUS + 1 振荡器元件设定

1）单击工具栏中的“Query/Change”（查询/更改）按钮。

2）单击最上面常量中的“?”显示“Edit Value”对话框。

3）在所显示的“Edit Value”对话框中，键入值“10”。

4）按〈Enter〉键会为此常量赋予值“10”。

5）将图 19-85 中所示值赋给其他常量。

**7. 将“Oscillator”（振荡器）组件的输出连接“Outputs”（输出）总线**

具体操作步骤如下（见图 19-86）：

1）单击工具栏中的“Route Wire/Bus”（连接单线/总线）按钮。

2）将“Oscillator”输出连接“Outputs”总线。单击“Oscillator”输出针脚开始该单线。在该单线即将到达“Outputs”总线之前，单击对该单线进行弯角，使其以 45° 角进入“Outputs”总线。以 45° 角将该单线连接到总线会使得该单线不会隐藏自身名称。单线连接至“Outputs”总线上时，将显示“Connect To Bus”（连接至总线）对话框。

3）在“Connect To Bus”对话框将“Oscillator”输出信号命名为“Green_LED”。

4）单击“OK”（确定）按钮后，“Connect To Bus”对话框关闭。

一个绿色单线承载一个信号。从一个信号源引出单线，将获取一个绿色信号单线。

红色总线承载多个信号，通常位于应用程序的多个页之间。从总线上（绘图）引出一根线，将获取一个红色多信号总线。

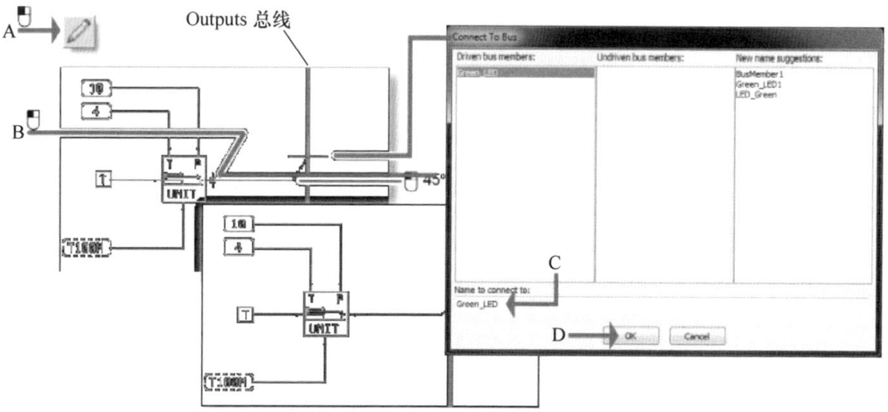


图 19-86 PLUS +1 振荡器元件输出与 LED 控制

**8. 振荡器的产生与输出**

具体操作步骤如下（见图 19-87）：

1）对“Oscillator”组件上的“Unit”（单位）端口输入应用的值“T100M”，

即设置一个100ms的时间基准。

2）对“Oscillator”组件上的“T”（时间）端口输入数值“4”，即设置一个400ms的时间［4×100ms（时间基准）=400ms］。

3）对“Oscillator”组件上的“P”（周期）端口输入数值“10”，即设置一个1000ms的周期（10×100ms（时间基准）=1000ms）。

4）“True”值将启用“Oscillator”组件输出。

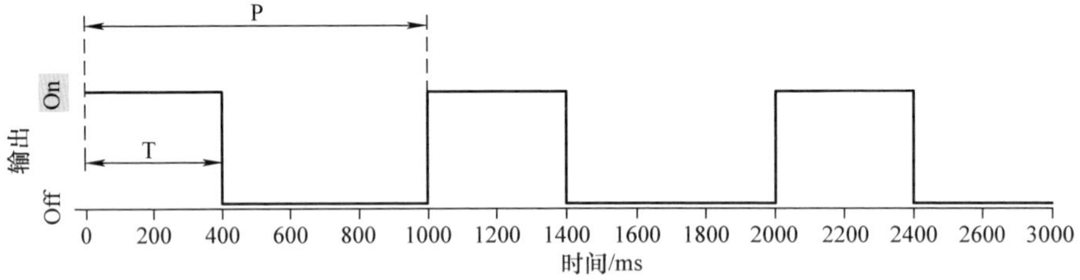


图19-87　PLUS+1振荡器原理与应用

**9. 返回至OS程序页面**

程序多级页面查看方法如图19-88所示。

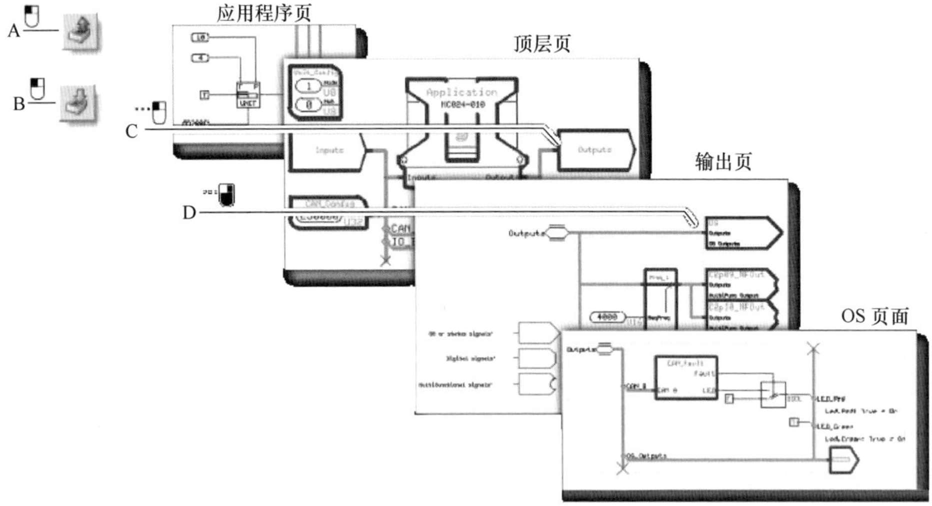


图19-88　PLUS+1程序多级页面查看

1）在工具栏，单击“Leave Page”（离开页）按钮离开“Application”（应用程序）页，返回“Top Level”（顶层）页。

2）在工具栏，单击“Enter page”（进入页）按钮。

3）在“Outputs”（输出）页的一个端口处进行拖动，或者在其页边界内部进行单击，进入其中。

4）在 OS 页的一个端口处进行拖动，或者在其页边界内部进行单击，进入其中。

“Page Navigator”（页面导航）选项卡可用于直接转至 OS 页，如图 19-89 所示。

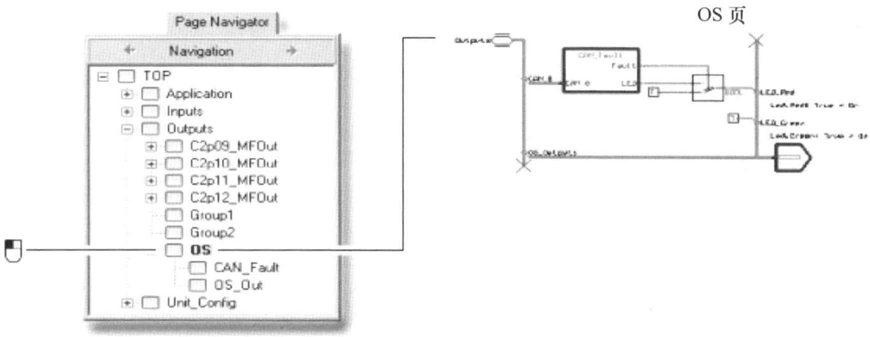


图 19-89　PLUS+1 OS 页面与输出控制设定

**10. 删除连接至 LED_Green 的常量“True”**

具体操作步骤如下（见图 19-90）：

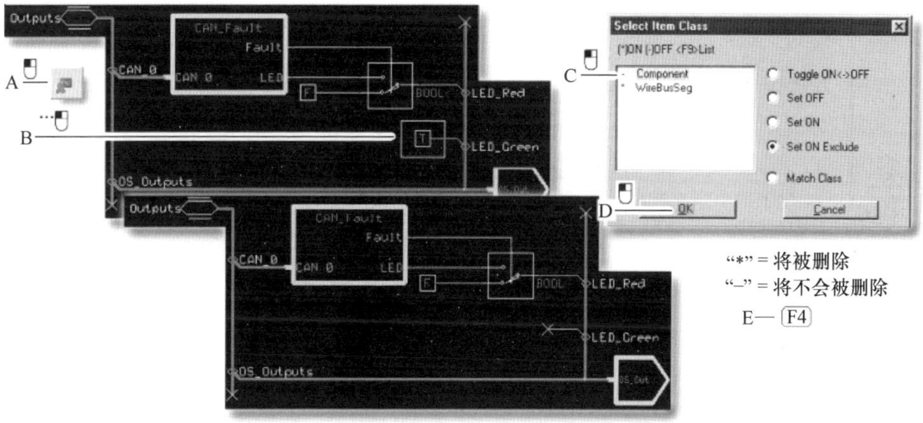


图 19-90　PLUS+1 OS 输出页面端口检查

1）单击工具栏中的“Delete”（删除）按钮。

2）单击拖动选择“T”组件。松开鼠标将显示“Select Item Class”（选择项目类别）对话框。

3）单击“Select Item Class”对话框中的“Toggle ON↔OFF”（切换开关）单选按钮，然后：

4）在“Component”（组件）旁边放置一个星号（＊）删除该“True”组件。

5）在“WireBusSeg”旁边放置一个横线（－）不删除该单线。

6）单击“OK”按钮删除“True”组件。

7）按〈F4〉键刷新绘图区视图。

**11. 将“Green_LED”信号连接至“LED_green”端口**

“Outputs”总线承载“Green_LED”信号。“Application”（应用程序）页面里的“Oscillator”组件将该信号放在总线上（见图19-91）。

1）单击工具栏中的“Route Wire/Bus”（连接单线/总线）按钮。

2）将“LED_Green”线段连接至“Outputs”总线：单击该单线一端的“×”，将此单线拉至“Outputs”总线，单击对该单线进行弯角，使其以45°角进入“Outputs”总线，单击“Outputs”总线。这样将显示“Connect To Bus”对话框，其中列出了此总线承载的所有信号。

3）在“Connect To Bus”对话框中单击“OK”按钮将此信号连接至“LED_Green”端口。

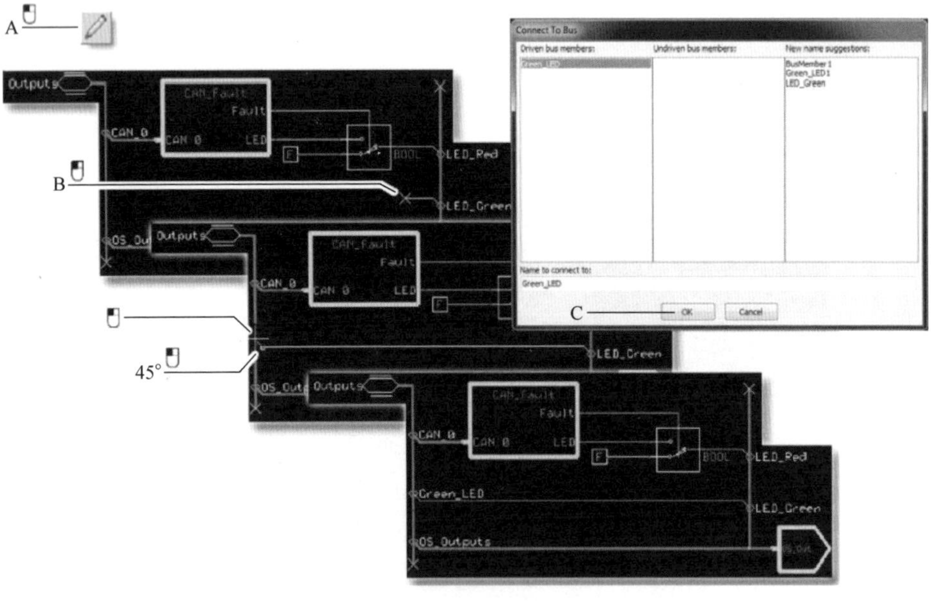


图19-91 PLUS+1 OS输出页面端口设定

**12. 将该应用程序编译为可以下载的LHX格式文件**

具体操作步骤如下（见图19-92）：

1）单击工具栏中的“Compile All”（编译全部）按钮开始编译过程，打开PLUS+1 GUIDE窗口底部的“Compile”（编译）选项卡，将显示“Build Messages”（生成消息）选项卡。此选项卡显示编译器进度消息。在编译过程中显示“Compile Progress”（编译进度）窗口，表明编译过程成功或失败。

2）单击“Close”按钮关闭“Compile Progress”窗口。

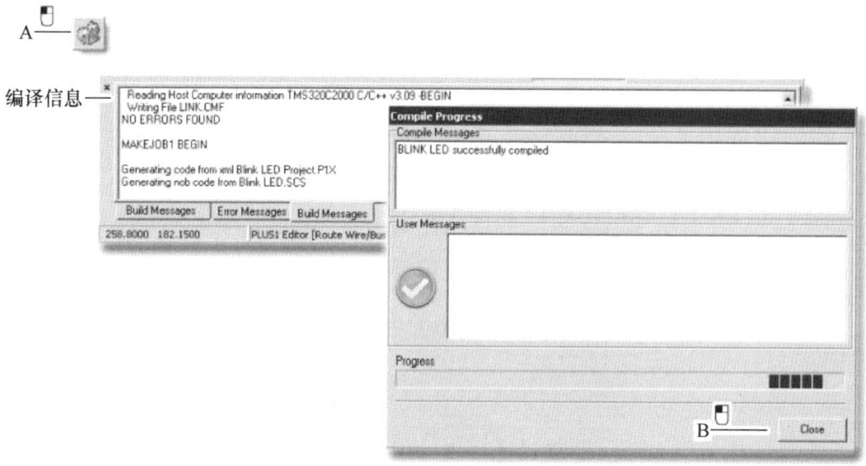


图19-92 PLUS+1程序成功编译信息

**13. 将项目文件压缩为P1P格式文件并退出PLUS+1 GUIDE**

1）单击“File”（文件）菜单中的“Exit”（退出）命令。

2）单击“Compressed Format”（压缩格式）对话框中的“Yes”按钮将项目文件压缩为PLUS+1 Packed（P1P）格式文件。

此时，如果具有下载此应用程序所需的硬件和连线，即可下载程序，如图19-93所示。

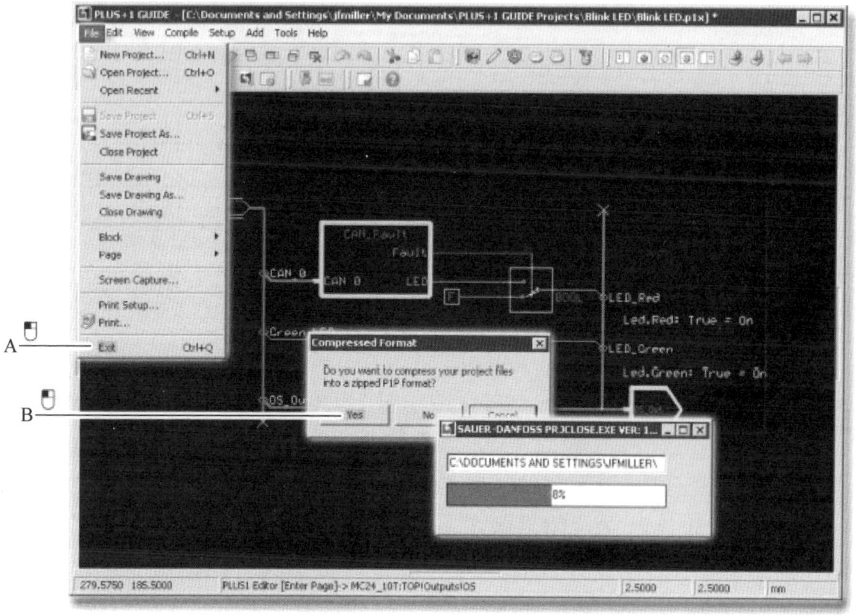


图19-93 PLUS+1 P1P程序的压缩与保存

**14. 下载应用程序**

PLUS +1 GUIDE 软件还包括了一个 PLUS +1 Service Tool 程序。使用此程序可以实现以下功能：

1）将应用程序下载至 PLUS +1 可编程硬件。

2）将参数（数值）下载至 PLUS +1 可编程控制器硬件。

3）记录 PLUS +1 可编程硬件的性能数据。

下载网关与控制器和计算机的连接方式如图 19-94 所示。

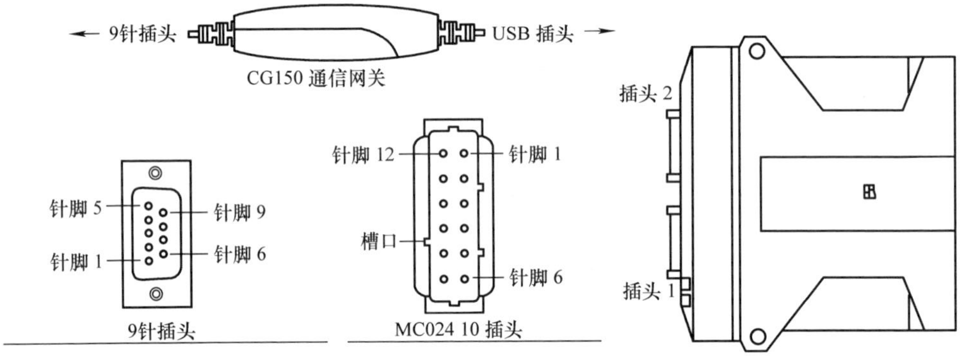


图 19-94　下载网关与控制器和计算机的连接方式

表 19-11 列出了 CG150 -2 通信网关与 MC024 -120 控制器通信连接信息。

**表 19-11　CG150 -2 通信网关与 MC024 -120 控制器通信连接信息**

| 功能 | CG150 -2 通信器 | MC024 -120 控制器 |
|---|---|---|
| CAN（+） | 针脚 7 | 针脚 3 |
| CAN（-） | 针脚 2 | 针脚 4 |
| CAN 屏蔽/接地 | 针脚 3 | 针脚 5 |
| 控制器电源电压（+） | — | 针脚 2 |
| 控制器电源接地（-） | — | 针脚 1 |

## 19.4.5　PLUS +1 Service Tool 诊断文件设计

Service Tool 是一个诊断文件。它有两个文件版本，一个是“Service Tool 简易页面”，页面具有可读/可写设计与简易版数据；另一个是“Service Tool 高级页面”，页面具有可读/可写设计与高级版数据。

**1. Service Tool 诊断文件简易版本**

（1）使用可视图形化设计页面显示信息和相关参数页面信息　从“Log Pages”（记录页面）中选择“New Basic LogPage”（新建简易版记录页面）。弹出菜单提示可选择“简易版”和“高级功能版”。下面的操作将选择“简易版”的操作功能，通常情况下，“简易版”可满足大部分的数据记录和检测功能。下面以 MC 12 针控制器为设计模板，设计常使用的数据页面显示如图 19-95 所示。

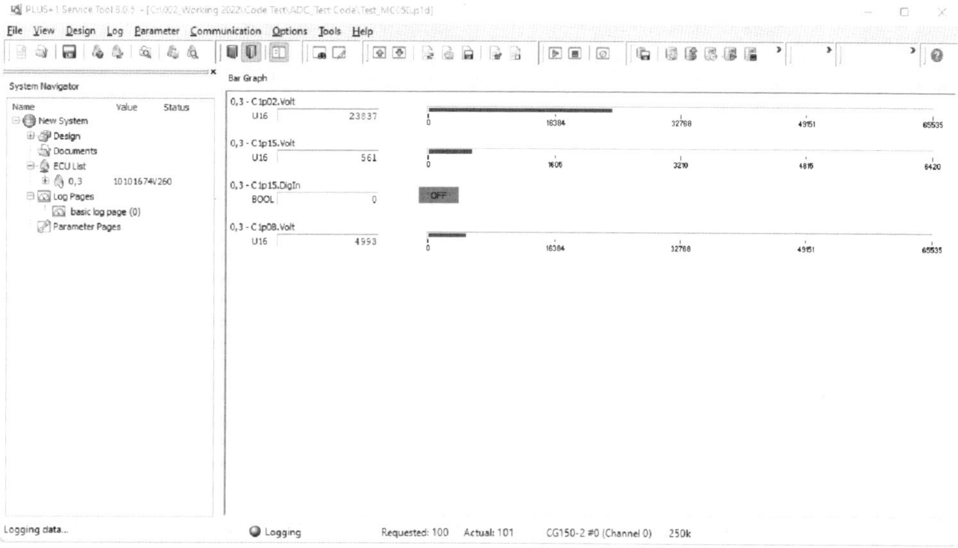


图 19-95　Service Tool 页面设计（简易版）

其页面设计主要功能如图 19-96 以及表 19-12 所示。

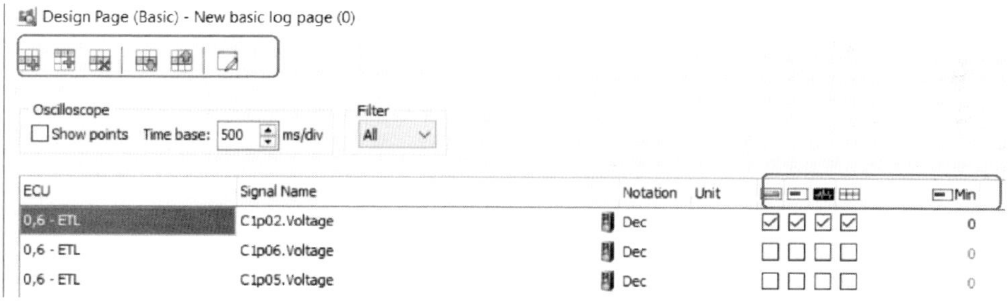


图 19-96　Service Tool 页面设计功能实现（简易版）

**表 19-12　页面设计（简易版）功能菜单描述**

| 图标 | 名称 | 说明 |
|---|---|---|
|  | Add Signal Button | 在信号列表底部添加新的信号名称 |
|  | Add Signal Row at Active Position | 在信号列表中插入新的信号名称 |
|  | Delete Signal Row | 删除当前信号名称行 |

（续）

| 图标 | 名称 | 说明 |
|---|---|---|
|  | Move Down Signal Row | 移动当前信号名称到下一行 |
|  | Move Up Signal Row | 移动当前信号名称到上一行 |
|  | Open Design Window | 打开数据记录和修改参数工具 |
|  | Oscilloscope Show Points<br>Oscilloscope MSec/Div | 示波器中选择点设定，设定时间范围 |
| Min | Minimum Bar graph Value | 设定最小条形数值 |
| Count/div | Maximum Bar graph Value | 设定最大条形数值 |
| Min count | Oscilloscope Count/Div | 设定示波器最大计数单元 |
| Min count | Oscilloscope Minimum Count | 设定示波器最小计数单元 |

简易版数据记录设计可通过 4 个页面完成，包括实时数据、实时数据和横向柱状图、示波器、文本格式等，如图 19-97 与表 19-13 所示。

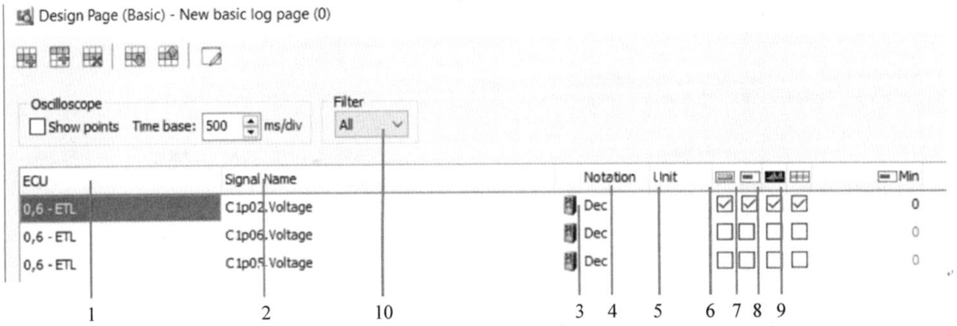


图 19-97　Service Tool 功能说明

**表 19-13　页面设计（简易版）功能菜单描述**

| 序号 | 名称 | 说明 |
|---|---|---|
| 1 | Electronic Control Unit | 信息页面中使用网络中的节点信息 |
| 2 | Signal Name | 选择需要监控的信号名称 |
| 3 | Signal Confirmation | 选择有效信号，显示绿色圆圈标识 |
| 4 | Notation Selector | 可选择（2/10/16）进制数 |

（续）

| 序号 | 名称 | 说明 |
|---|---|---|
| 5 | Unit Selector | 选择输入信号的单位名称 |
| 6 | Graphical Display | 自定义图形数值显示日志和参数 |
| 7 | Bar graph Display | 条形图数值格式显示日志文件 |
| 8 | Oscilloscope Display | 示波器数值显示 |
| 9 | Numerical List Display | 文本数值显示 |
| 10 | Filter | 信号过滤选择（全部/系统/用户定义） |

（2）实时数据和横向柱状图显示　实时数据和横向柱状图显示及记录数据，为使用者提供了在线实时检测精准数值和状态图显示数据的范围区间；每一个简易版数据页面目前最多只能选择 10 条数据名称，如图 19-98 所示。

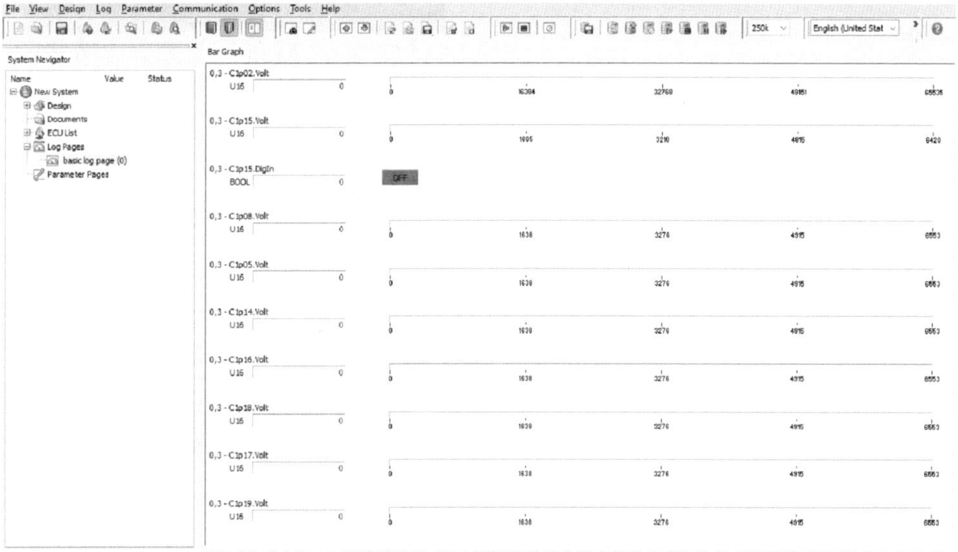


图 19-98　Service Tool 简易版页面的数据和横向柱状图显示

（3）数据示波器显示　数据波形图显示，开发者需要选择测量的数据信号名称，通过示波器径向实时查看数据波形和监控状态。每一个简易版数据波形页面目前最多只能选择 10 条数据波形进行显示，如图 19-99 所示。

（4）数据文本格式显示　数据文本格式显示将在时间记录中显示和记录当前数据值。开发者可以通过日志存储的方式保存为 CSV 格式文件，方便后期数据的跟踪和诊断说明。简易版数据文本显示页面目前最多只能选择 10 条数据文本进行显示，如图 19-100 所示。

**2. Service Tool 诊断文件高级版本**

（1）使用可视图形化设计页面显示信息和相关参数页面信息　从“LogPages”

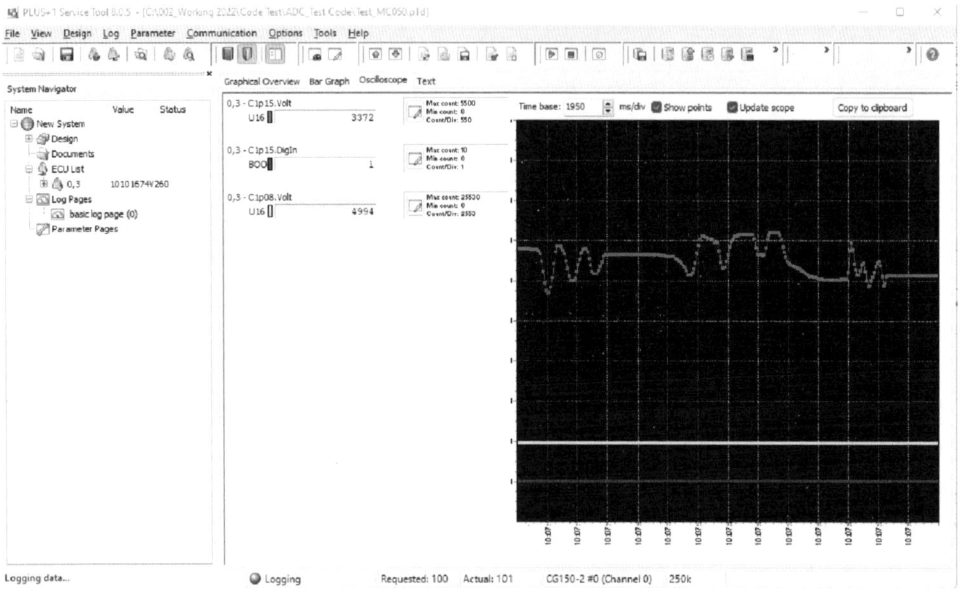

图 19-99　Service Tool 数据波形图显示

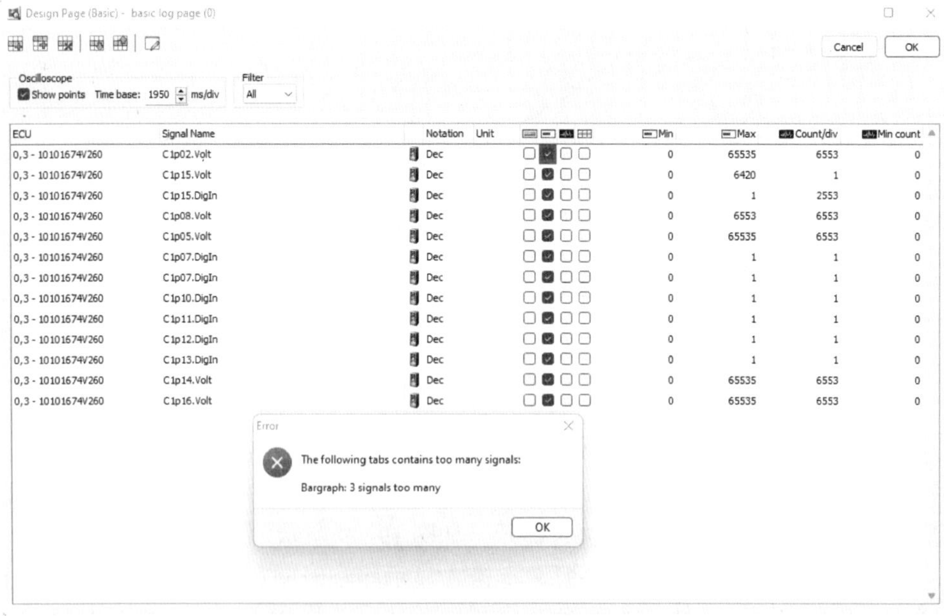

图 19-100　Service Tool 数据文本记录显示

中选择“New Basic Log Page”。弹出菜单提示可选“Checkpoints”（检测点）的应用。

（2）检测点的创建和使用 检测点是 PLUS +1 GUIDE 代码程序开发中的一个连接组件。当开发者核查程序中的算法过程与结果和逻辑判断时，需要在开发程序中添加检测点组件，并写入开发程序代码中，重新编译生成下载文件，由 Service Tool 软件和 CG150 工具进行下载更新到相关 ECU 中。检测点由 Service Tool 与 CG150 工具在线监控，也可以通过 Service Tool 对检测的数据进行保存。

检测点在系统中分为两种：普通的检测点与高级功能的检测点。如果添加一个普通的检测点到 PLUS +1 GUIDE 程序中，其流程如下。

1）启动并运行一个 PLSU +1 GUIDE 应用程序。

① 在 PLUS +1 Service Tool 工具菜单中，单击进入页面。

② 在 PLUS +1 GUIDE 程序页面中，选择需要添加检测点的程序页面，如图 19-101所示。

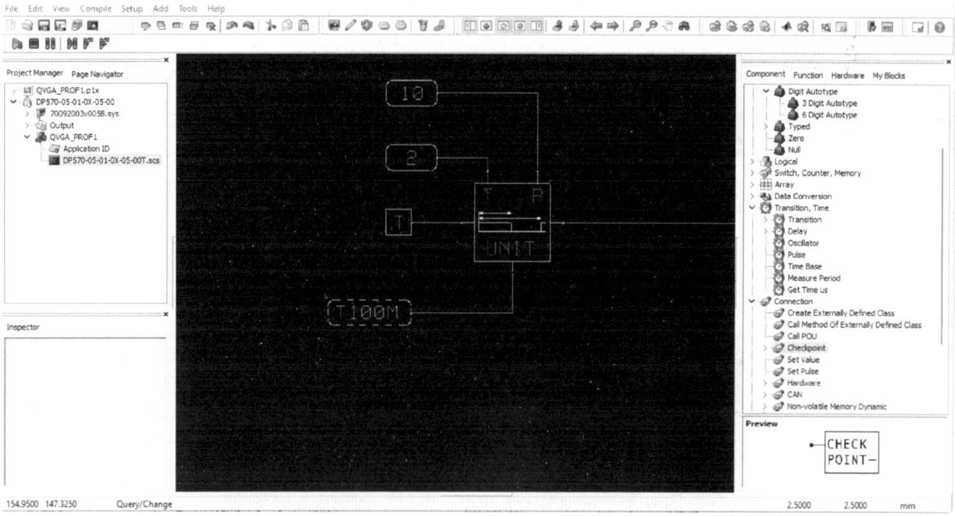


图 19-101 GUIDE 中添加监测点

2）插入和连接系统检测点 。

① 单击显示页面的组件列表，系统组件是开发者编写程序时经常使用的部分。每个组件提供一个简单的功能函数。普通和高级的信号检测点是系统组件的一部分，如图 19-102 所示。

② 单系统组件菜单下打开“Connection”列表，普通的信号检测点将显示在菜单中。

③ 选择和单击“Checkpoint”命令，即可将检测点添加到应用程序之中，如图 19-103所示。

④ 将鼠标放入应用程序区域，将可以看到检测点的组件图片在程序之中。

⑤ 利用鼠标的移动方式，把检测点拖到所需要检测的信号位置附近。

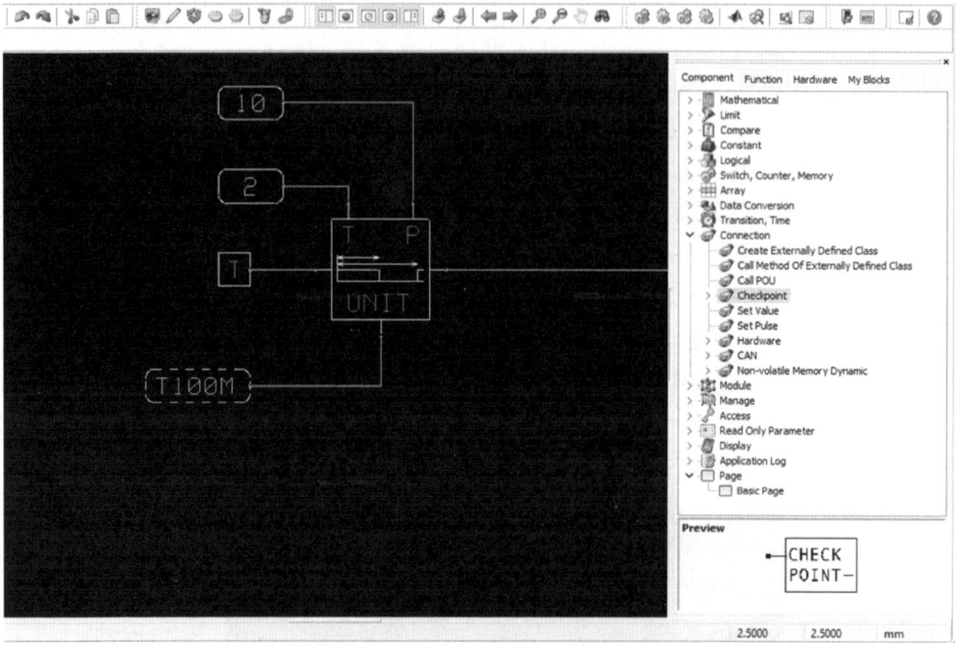


图 19-102　检查点组件

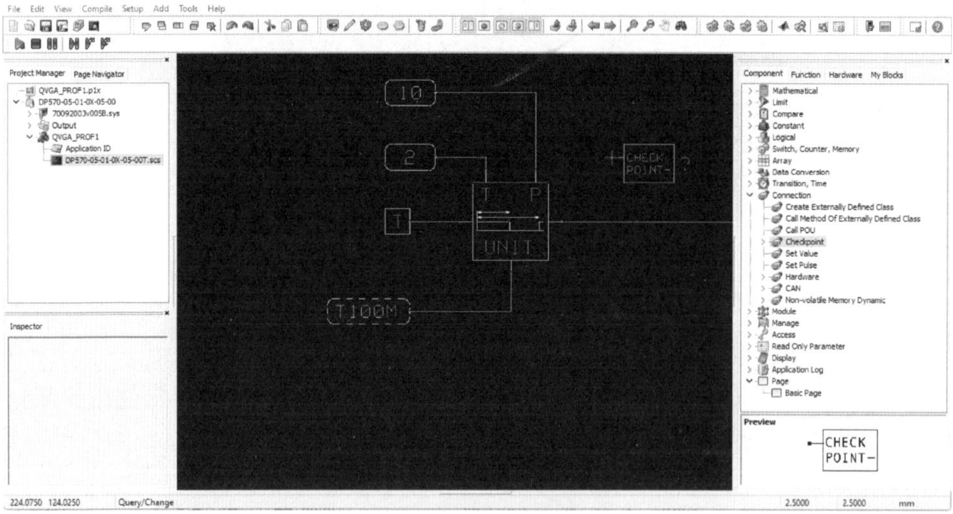


图 19-103　检查点组件添加

⑥ 按〈ESC〉键，取消对监测点组件命名的操作。

3）把“Checkpoint”检测点连接到程序检测处。

① 单击工具栏中“Route Wire/Bus”或使用键盘〈K〉键，对信号子线和总线进行区分。

② 连接组件“Checkpoint”检测点到现有测量的程序之中，如图 19-104 所示。

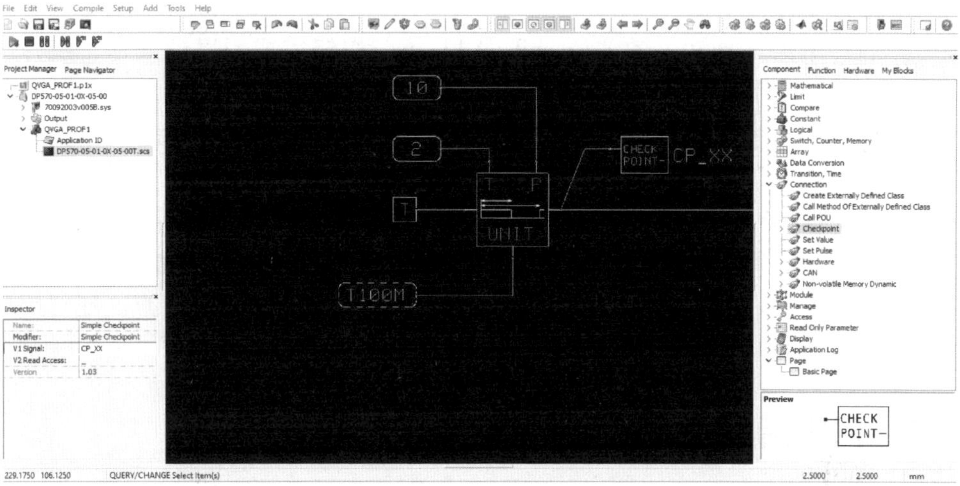

图 19-104　检查点组件添加与关联

4）定义“Checkpoint”检测点的名称。

① 单击工具栏中“Query/Change”或者使用键盘〈Q〉键进行名称修改，如图 19-105 所示。

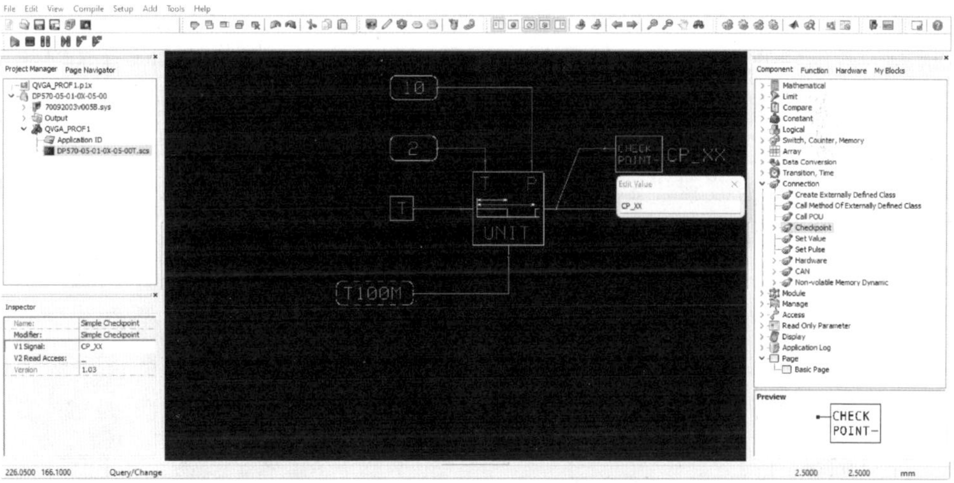

图 19-105　检查点组件添加名称

② 单击“Checkpoint”检测点旁边的“?”，在弹出对话框中输入检测点名称即可。

③ 输入需要的名称到检测点后，通过键盘〈Enter〉键保存这个检测点名称。

④“Checkpoint”检测点在程序中已完成，之后通过编译和下载即可在 Service

Tool 使用检测和日志记录功能。

5）重新编译程序。

① 通过单击工具栏上的"Compile All"功能按钮完成程序的编译，编译时 PLUS +1 GUIDE 将自动保存和编译当前的应用程序。

② 当编译结束后出现一条报警/错误信息时，信息将提示编译错误发生的描述。

③ 如果编译成功，系统将重新生成新的下载文件（LHX 文件名），通过 Service Tool 工具下载到相关 ECU 单元。每次有新的检测点需要添加到程序之中，都必须重新编译并下载到相关 ECU 单元，这样才可以使用更新后的监测点。建议每次下载时尽可能添加足够多的检测点。

## 19.5　丹佛斯工程机械云服务平台

### 19.5.1　云服务平台概念

云服务平台也称云计算平台。云计算（Cloud computing）是分布式计算的一种，也被称为网格计算。通常以应用需求为目的，通过互联网将大量必要的硬件和软件按规则组合，把巨大的数据分解成无数个小的应用程序，以多部服务器的系统进行处理和分析后，将计算结果并返回给使用者。云计算技术在极短的时间内可以完成对大数据的处理，从而提供强大的网络服务。因此云计算在早期被认为是简单的分布式计算，进行任务分发、并行计算、运行结果合并而已。但是随着大数据的大范围应用及技术的快速更新，使得互联网的技术架构也随之发生改变，由之前的"服务器客户端"过渡到"云服务平台客户端"的应用，云平台的计算已经从计算技术演变为全新模式的新互联网服务方式，如图 19-106 所示。

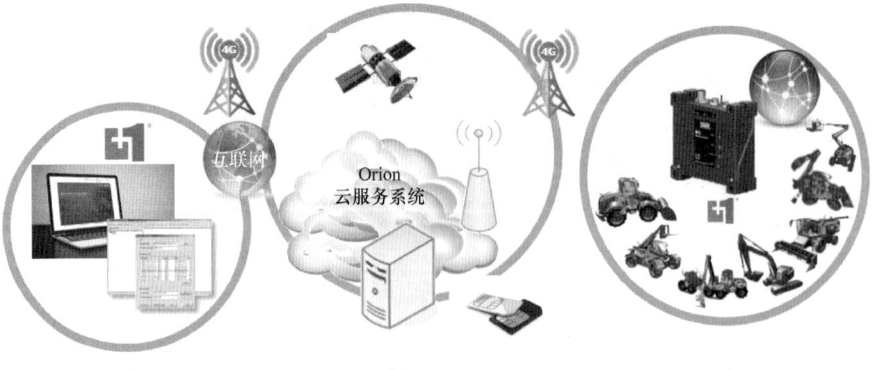


a)　　b)　　c)

图 19-106　云服务平台

a）远程调试服务　b）网络云服务　c）各种互联相关应用

云计算目前是分布式计算、并行计算、效用计算、网络存储、虚拟化、负载均衡、内容分发网络等传统计算机和网络技术发展融合的产物。云计算与传统的计算机 C/S 处理方式不一致，云计算以网络为重要核心，不仅向使用者传递信息数据，而且提供更多的增值服务，通常情况下将云计算机称为云服务。

云计算通常为使用者提供可用的、便捷的、按需的网络进行访问，通过网络配置和授权进入计算资源的云端。云端包括服务器、数据存储、软件服务、数据服务等，供使用者对数据和信息进行交互。同时“云”存储也摆脱了对传统硬盘的依赖，使用者可以通过向“云”服务端申请存储的空间大小和服务，通过账户即可上传和下载所需要的数据。同样还可以通过“云”服务在线办公，只要有互联网连接，就可以让全世界的同事进行同步办公。

云服务的主要特点如下：

1）任何时间和空间的限制，可以通过虚拟平台对相关应用终端进行操作和处理。

2）超强的运算能力，服务器和云计算同步执行，迅速提高计算能力。可实现应用扩展的动态化及虚拟化。

3）各种操作应用和程序软件，方便使用者对数据的快速查找和配置访问。

4）超强的兼容能力，兼容不同厂商和使用者的硬件访问，提高系统的运算能力。

5）单一的服务器出现故障后，可通过虚拟化技术在分布位置不同的物理服务器上进行恢复或扩展到新的服务器进行运算处理。

6）存储空间大，集中对“云”端的管理，减少不必要的资源浪费。

7）通过软件应用，简单、便捷地对现有的数据进行扩展或添加。

### 19.5.2　云服务在移动液压中的应用

阿里云 IoT 是阿里巴巴集团专门用于物联网服务的平台，阿里云于 2009 年创立，是全球领先的云计算及人工智能科技公司。阿里云主要致力于在线公共服务方面的业务，提供安全、可靠的计算和数据处理能力，让计算和人工智能更好地为人类服务。同时为中国制造企业提供端到端的物联网解决方案。

目前阿里云和徐工集团联合开发移动液压云服务平台——“徐工工业云（XCMG - Cloud)”，提供云端服务等基础产品的接入及技术赋能、行走液压行业解决方案合作与实施、软硬件销售、营销推广、需求对接等快速商业变现通道，全方位对接物联网产业无限商机。物联网平台提供安全可靠的设备连接通信能力，支持设备数据采集上传到云端，设备操作数据和技术数据通过云端下发到可接收的设备端。此外，也提供方便快捷的设备维修和管理能力，支持物模型定义、数据结构化存储和远程调试、监控、运维。

**1. 徐工工业云平台**

徐工工业云平台为设备提供安全可靠的连接通信能力，向下可连接海量设备，支撑设备数据采集上传到云端；向上提供云端 API 接口，服务端通过调用云端 API 将指令下发至设备端，实现远程控制。物联网平台也提供了其他增值能力，如设备管理、规则引擎、数据分析、边缘计算等，为各类物联网场景和行业开发者赋能，如图 19-107 所示。

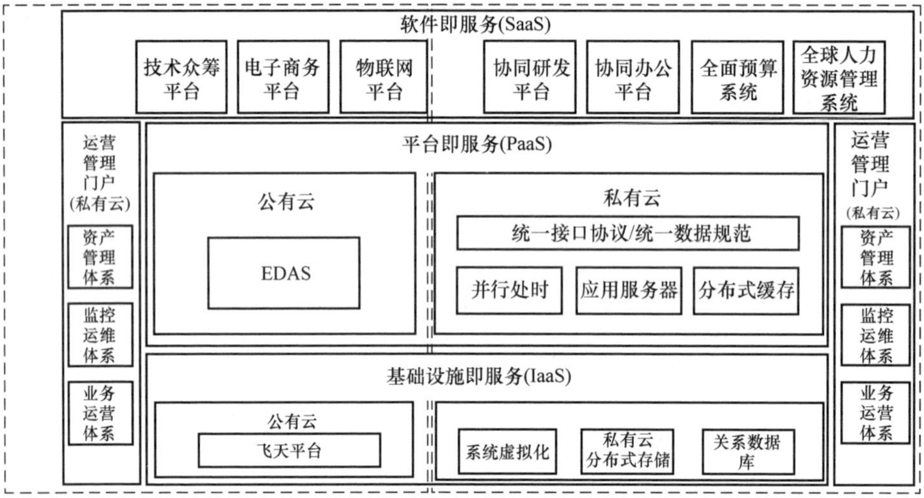


图 19-107 徐工工业云平台

**2. 三一重工“根云”平台**

自 2009 年开始，互联网巨头腾讯也推出了云平台——腾讯云。同样具备云计算的各种相关业务条件。2017 年，腾讯云与三一重工合作“根云”平台，如图 19-108所示。腾讯云主要提供底层云计算基础架构能力，如 IaaS、PaaS 层的大数据存储和运算能力，可快速提升机器运行效率，并将物联网技术与工业生产力相结合，具有很强的广泛适用性。三一重工与腾讯云进行合作，三一重工不仅能高效地完成设备分析、预测和运营支持，还实现从设计、制造，到提供租赁和维护服务，再到大数据分析服务等一系列商业模式上的创新。而且对部分施工单位开展大型设备租赁服务，进而带动租赁服务业，甚至带来了供应链金融服务。

在腾讯云的技术支持下，三一重工“根云”已经在全球范围内接入超过 23 万台工程机械的数据，总共积累一千多亿条工程机械工业大数据。这让机器故障维修 2h 内可以抵达现场，24h 内完成维修，同时易损件备件呆滞库存低于同行业 40% 以上，每年直接为下游经销商降低备件库存超过 3 亿元。

**3. 丹佛斯动力系统 PLUS +1 支持云平台**

早在 2014 年之前，丹佛斯动力系统 PLUS +1 的 Telematics 系列产品就已经支持远程大数据的处理，包括增强通信能力、远程服务、集群管理、效率管理、保护

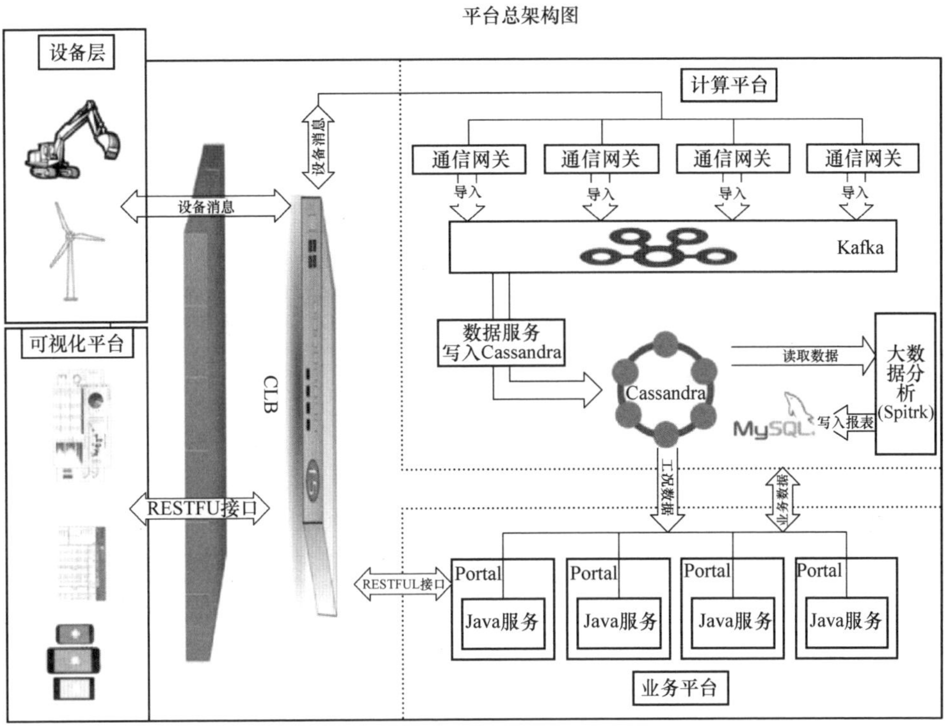


图 19-108　三一重工“根云”平台

操作人员安全、防盗防拆等（见图 19-109）。WS103 无线传输模块支持蓝牙和 Wi－Fi/热点进行上传/下载数据，WS403/WS503 无线模块可通过客户安装 SIM 卡

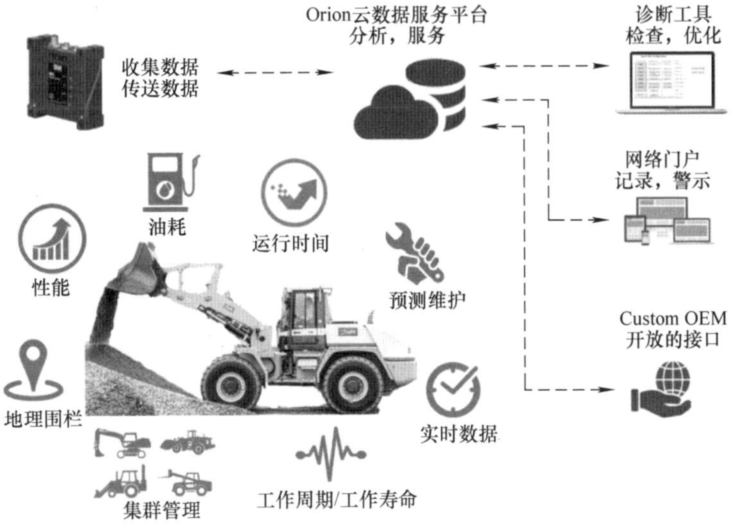


图 19-109　PLUS＋1 Telematics 系列产品：远程信息处理解决方案结构

进行远距离的传输数据，此模块还能够远程访问 PLUS＋1 控制系统而无须通信网关，如图 19-110 所示。

该模块安装在客户机器设备的 CAN 通信网络中，可永久性安装在机器设备上或用于危险设备临时诊断和调试参数的应用。同时此设备的驱动应用程序也嵌入 PLUS＋1 Service Tool 中，终端客户还可以根据自己的喜好进行订阅机器的关键运行数据，如图 19-111 所示。

该模块可支持全球无线移动通信系统（GSM，UMTS，HSPA）和全球定位系统（GPS，GLONASS，GALILEO，北斗）满足任何使用者对数据传输的需求。

Telematics WS103模块　　Telematics WS503模块

图 19-110　第一代 Telematics 无线模块

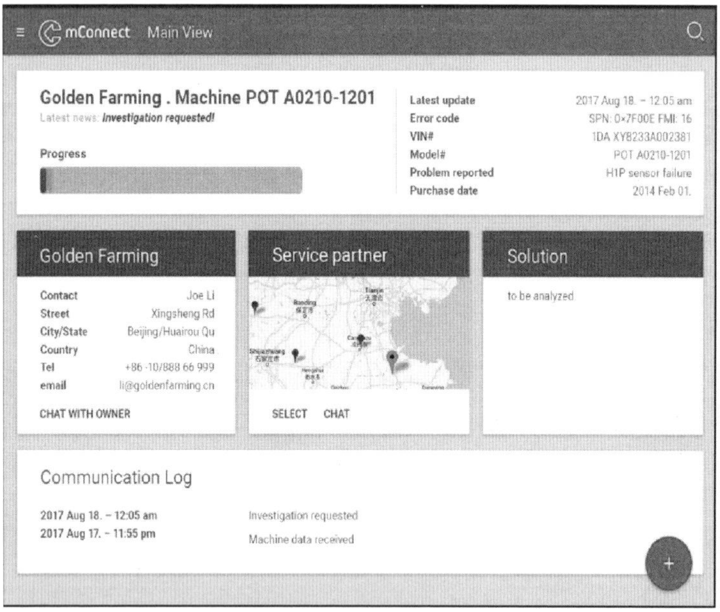


图 19-111　PLUS＋1 第一代 Telematics Web 数据平台

在软件和平台方面，PLUS＋1 具有以下特点：①支持使用者通过系统设置进行设备配置信息的修改，从而满足各种系统的应用需求，远程更新固件信息及配置设备参数。②Telematics 模块解决方案满足使用者实时访问车辆数据，具有全面功能特性的 Web 门户网站的解决方案（设备数据报告/分析、位置跟踪、地理围栏和路线优化等）。③在 GSM 通信数据过程中，由于信号网络通常随无线服务一起提供。因此，GSM 网络覆盖状况可能会受到基站故障的制约，或在某些特定区域不可用。

在无线通信时，Telematics 模块能够自动识别当前可用的无线网络服务运营商及其网络漫游的合作伙伴。

2018 年，丹佛斯 PLUS +1 推出新一代无线远程数据传输模块产品 Belt 系列。Belt 系列无线传输模块保持之前 Telematics 产品的所有优点进行开发设计，满足客户对通信连接和数据传输的更高需求。CS100 无线网关帮助设备业主和设备操作人员实现操作数据监测和位置数据跟踪记录，如图 19-112 所示。

图 19-112　PLUS +1 新一代 CS 系列无线模块

CS100 具有高可靠性，安装自由方便，是当前移动设备远程数据监测最佳的解决方案之一。CS100 无线网关包括 LTE Cat M1 和 M2 蜂窝通信，GNSS 定位跟踪，2 个多功能 I/O 端口，电源管理端口和 2 路 CAN 通信端口。CS100 通信配置和管理通过 PLUS +1 Service Tool 进行。PLUS +1 Service Tool 连接到云平台，CS100 可以远程更新设备数据和检测运行状态、性能、定位，并且还可以把设备数据定期上传到 PLUS +1 云服务平台。

在硬件方面，CS100 安装简单、添加、移除方便，具备 LET Cat M1 和 2G 蜂窝模块。PLUS +1 云服务平台配置设备运行和位置日志记录，移动端无线固件升级（FOTA）。GNSS 天线内置，出厂内置 SIM 卡，2 路 CAN 通信支持 CAN2.0A/B，C14 电源系统管理包括低功耗模式和循环唤醒模式功能。安装方式灵活，出厂预置安全认证。内部铁电存储器支持日志运行、CAN 数据、GNSS 位置跟踪、内部参数等存储。

新一代 PLUS +1 CS100 无线模块采用内置 SIM 卡的结构，为适应全球范围内数据的正常采集，其内置全球最大的移动通信网络——沃达丰（Vodafone），沃达丰是一家跨国性的移动电话营办商，也是世界上最大的移动通信网络公司之一。如图 19-113所示，CS 系列产品可以和云服务平台连接。

**4. CS100 远程无线模块的硬件特性**

（1）数据记录　CS100 支持设备操作期间进行数据记录。在数据记录模式下，CS100 硬件模块根据配置来记录指定的 CAN 报文，GNSS 位置数据和内部逻辑数据，并将这些数据发送至 PLUS +1 云端。同时 CS100 设备内置有掉电保存芯片，允许设备在蜂窝网络终端或无信号时存储记录的操作数据。当蜂窝网络连接恢复

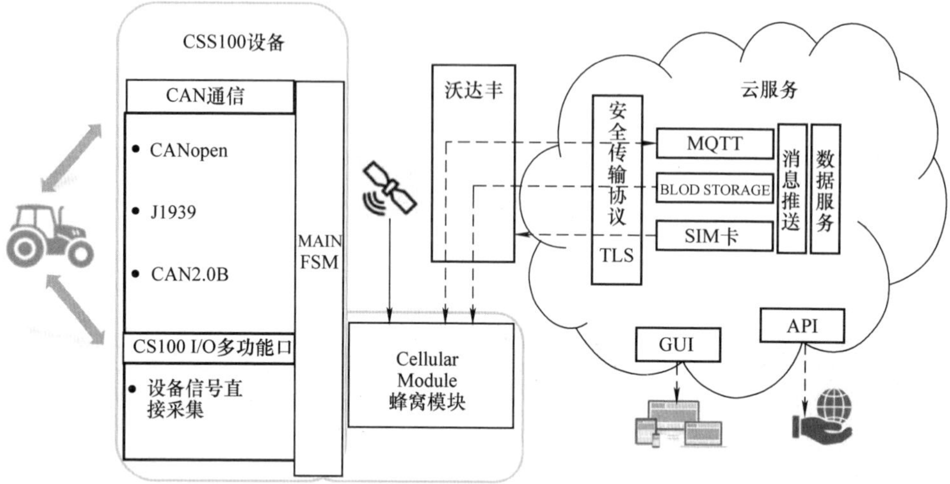


图19-113　CS系列产品和云端工作状态

后，记录的数据将自动发送至PLUS +1云端。

（2）GNSS　全球导航卫星系统 能够使这些设备无障碍地使用全球定位系统（GPS）来实时确定位置信息。位置信息通过蜂窝连接传输到云端或使用通过CAN-bus总线设备连接进行读取信息。CS100还包括一个用于确定位置数据的GNSS接收器，该接收器可以识别出来自GPS、GLONASS和北斗相关的卫星信号，实现多个导航系统数据的接收，为精确定位提供了更高的准确性。

（3）无线解决方案　CS100接口的CAN数据通过LET Cat M1和2G进行通信传输。在LET Cat M1/ GSM基础上，这些服务可以通过更高的数据传输速率与Web服务器进行连接。通信同样是基于TCP/IP协议，并以安全传输层协议（TLS）为基础。

（4）SIM卡　此设备出厂内置SIM卡，无法进行二次更换，因为外壳不支持拆卸。这样更好地保证了该设备能够在恶劣的环境下进行工作并确保最大的传输速率（-38~55℃）。

（5）多功能输入/输出端口　此设备保留两个多功能输入/输出端口。例如，使用者可以使用输入针脚信号从设备主机上读取和记录状态信息，通过输出端口可直接控制相关功能的开启和关闭状态。使用者还可以通过CANbus或移动无线网络去读取输入/输出端口数据信息。

（6）CAN通信口　此设备有两路CANBus通信口。CAN通信满足CAN2.0A和CAN2.0B通信协议，同时符合ISO 11898-2规定的物理层，参照ISO 11898-2的标准，最高传输速率可达1Mbit/s。CAN通信需要在此设备外接电源的情况下才能正常使用，目前不支持CAN-FD数据通信。

（7）硬件配置　此设备可通过PLUS +1云端进行远程配置，监控设备状态、使用性能和位置信息。位置信息和机器数据定期传输并存储到PLUS +1云端。

（8）CS100 固件更新　使用者可通过 PLUS +1 云端连接将固件更新加载到 CS100 上。固件的更新可能会将保存的配置重置为默认。固件更新完成后，通过 PLUS +1 云端将配置加载到设备上应用。

（9）PLUS +1 连接端口的安全性　CS100 与 PLUS +1 云端采用安全加密的 TLS 进行连接。

（10）CS100 硬件和外部接口　CS100 8 针接插件的产品信息和针脚分布信息如图 19-114 与表 19-14 所示。

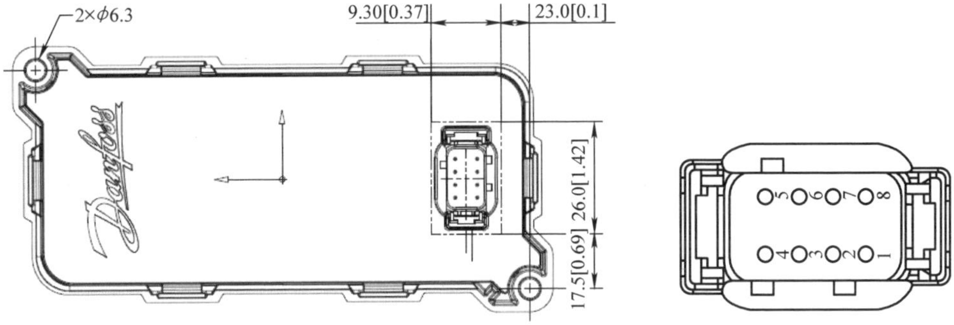


图 19-114　CS100 产品信息

**表 19-14　CS 100 针脚信息**

| 针脚 | 功能 | 颜色 | 描述 |
|---|---|---|---|
| 1 | 接地 | 黑 | 电源 |
| 2 | DC 9 ~36V | 红 | 电源 |
| 3 | CAN 1 high | 黄 | CAN 总线 1 |
| 4 | CAN 1 low | 绿 | CAN 总线 1 |
| 5 | MFIO1/CL15 | 褐色 | 多 IO 接口/启动 |
| 6 | MFIO2 | 橘色 | 多 IO 接口 |
| 7 | CAN 2 high | 黄/白 | CAN 总线 2 |
| 8 | CAN 2 low | 绿/白 | CAN 总线 2 |

### 5. CS500 远程无线模块的硬件特性

（1）CS500 产品功能描述　CS500 产品功能信息如图 19-115 所示。

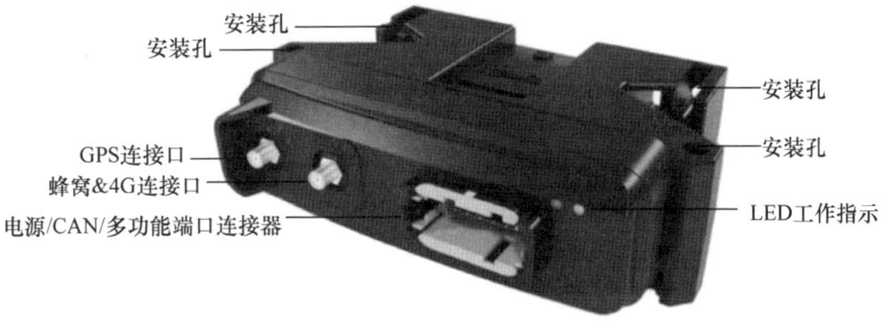


图 19-115　CS500 产品功能信息

(2) CS500 硬件和外部接口与针脚定义　CS500 硬件和外部接口与针脚定义如图 19-116 和表 19-15 所示。

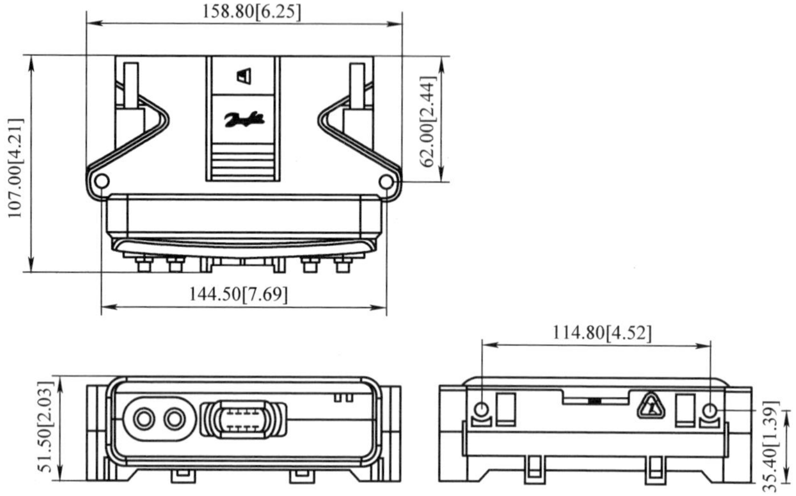


图 19-116　CS500 产品信息

**表 19-15　CS500 针脚信息**

| 针脚 | 功能 | 描述 |
|---|---|---|
| 1 | Ground | 电源 |
| 2 | DC 9 ~ 36V | 电源 |
| 3 | CAN 1 High | CAN 总线 1 |
| 4 | CAN 1 Low | CAN 总线 1 |
| 5 | DIGIN1/CL15 | 多 IO 接口/启动 |
| 6 | DIGIN2 | DIN/传感器电源 |
| 7 | CAN2 High | CAN 总线 2 |
| 8 | CAN2 Low | CAN 总线 2 |
| 9 | MFIO1 | 多功能输入/输出 |
| 10 | MFIO2 | 多功能输入/输出 |
| 11 | MFIN1 | 多功能输入 |
| 12 | MFIN2 | 多功能输入 |

## 19.5.3　云服务平台数据交互

### 1. PLUS +1 云平台操作

PLUS +1 云端服务是由 CS 远程通信系列产品基于互联网相关服务增加到设备间的数据交互、服务、网络和存储的能力。

### 2. 定制用户操作界面

定制用户操作界面，满足使用者个性化需求的同时为其高效的操作提供了方便。使用者可以根据自己的喜好需求来添加定制属于自己的操作界面信息，对于企业的核心数据和非核心数据将会有更好的保护和使用。对于使用者本身来讲，业务中不需要的数据可以直接过滤，或只保留此功能，这样可以更加精准地访问自己所需的数据和信息，大大提高了日常工作效率，满足了个性化需求，如图 19-117 所示。

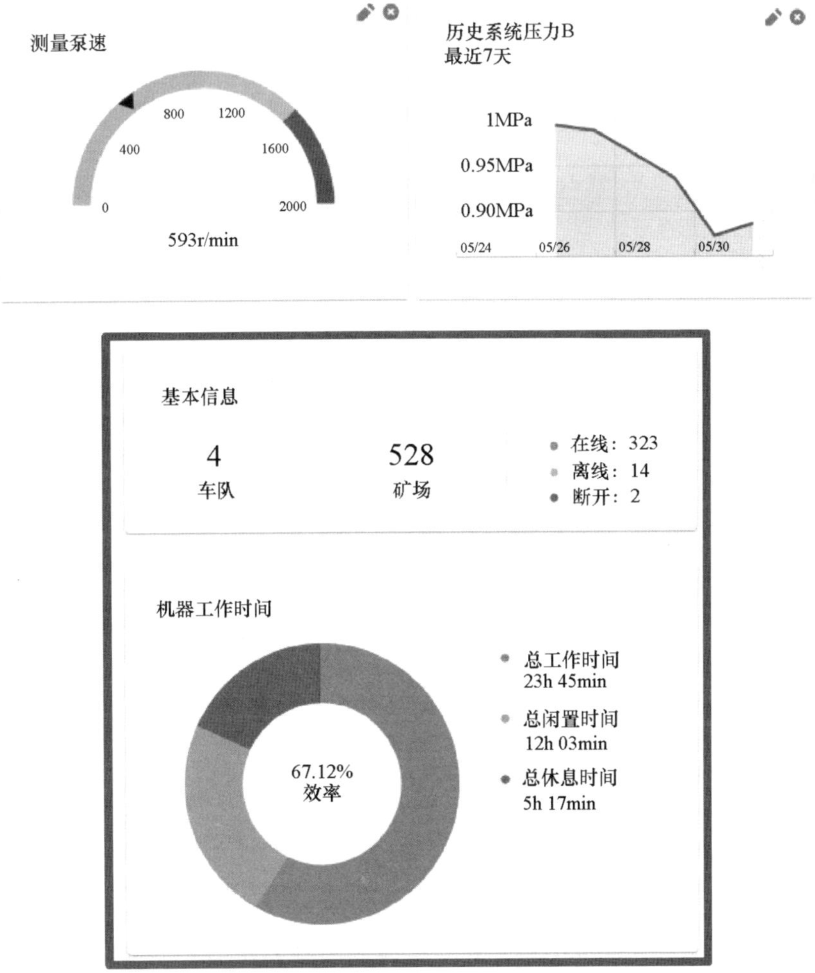


图 19-117　远程访问信息

### 3. 移动端设备访问

对于移动端设备的访问，只要有网络信号，无论使用者处于任何地方、任何时间，都能满足该数据的访问，从而提高了远程访问系统数据的方便性、灵活性，以及数据交互的安全性等。随着互联网硬件和软件技术的不断发展，各种移动端设备性能的提升，移动端设备的访问将会逐渐增长。

**4. 登录的安全性**

广义的数据不仅包括客户的业务数据，还包括客户的应用程序和客户的整个业务系统。因此数据的安全问题包括数据丢失、泄漏、篡改等。从传统的 IT 架构中，数据是离客户很“近”的，数据离客户越“近”，则数据越安全。而云计算架构下数据常常存储在离客户很“远”的数据中心中，需要对数据采用多种有效的保护措施，如数据加密存储、加密传输以确保数据的安全性。

安全的登录方式将是客户判断该系统的安全性能之一。随着云计算、云存储的不断发展，云端的安全登录在互联网和移动端连接应用更加广泛，其中最重要的是客户数据安全性的问题，如图 19-118 所示。

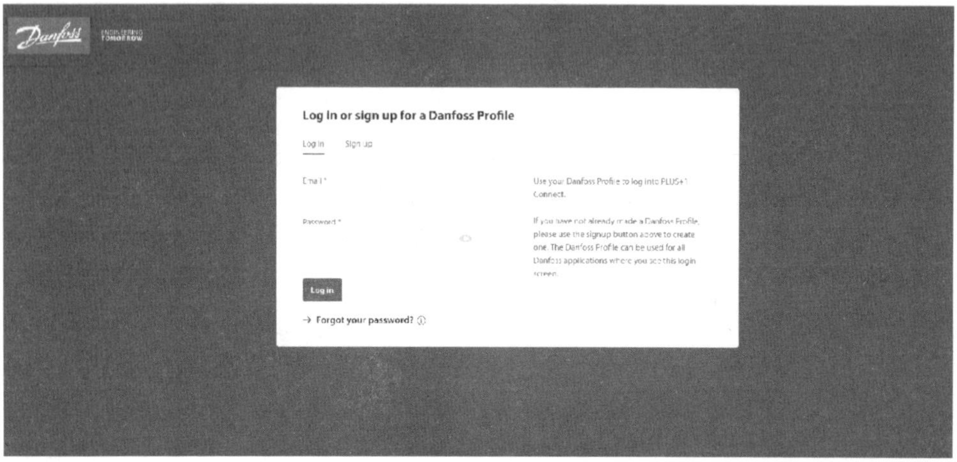


图 19-118　PLUS +1 远程登录

云服务平台是互联网实施与生态构建的一个完整的载体。云服务平台建设是面向现代企业生产的数字化、网络化、智能化的需求。利用网络大数据进行分析，从而更好地服务整个生产体系。

**5. 页面配置功能**

登录系统之后通过“Configurations”选项卡允许激活设备，并分配给设备名称。之后，可以命名设备资产名，并根据所购买的 CS10 或 CS500 设备进行配置，如图 19-119所示。

**6. 模块功能创建**

当配置功能创建成功后，“模块”功能允许创建一个模型来配置从设备接收的信号。可以允许用户定义或编辑信号的类型、数量和频率。模型创建完成后，可以保存模块类型并将其应用于特定设备名称或整个管理组，如图 19-120 所示。

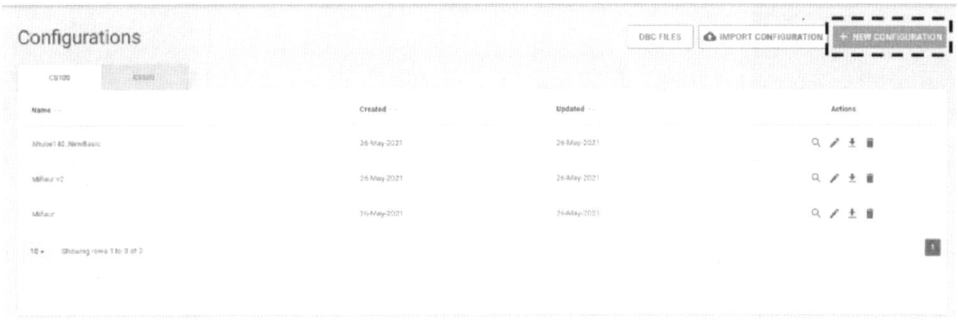

图 19-119　“Configurations”选项卡配置新设备

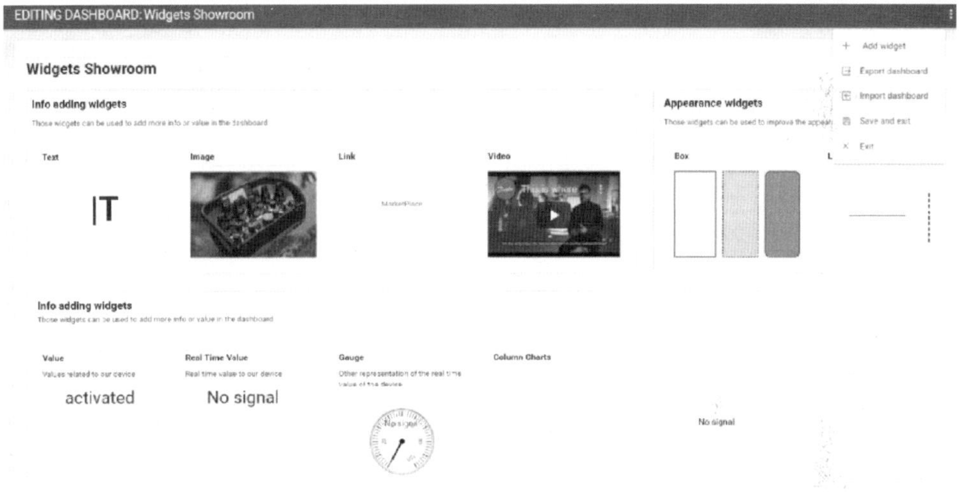

图 19-120　PLUS+1 模块功能创建

**7. 用户管理组配置**

用户管理组配置功能允许管理员在其组内创建其他使用账户，并分配适当的操作角色和管理权限。操作角色和权限也可以在组的属性里进行编辑，并将其分配给各个用户，如图 19-121 所示。

**8. 历史事件查询**

当使用者需要查找设备的过去工作状态事件，可通过历史事件查询表进行查找或搜索。下列历史事件可通过发生时间进行筛选及观看设备的各种状态，如图 19-122所示。

**9. 用户操作功能界面配置**

用户操作功能界面配置还可以创建定制的基于小部件的仪表显示功能，并以图形化的方式显示相关数据，包括当前和多种数据功能启用。常规的功能将包括计数显示、表格、曲线功能、条形图、小时工具和地图小部件，如图 19-123 所示。

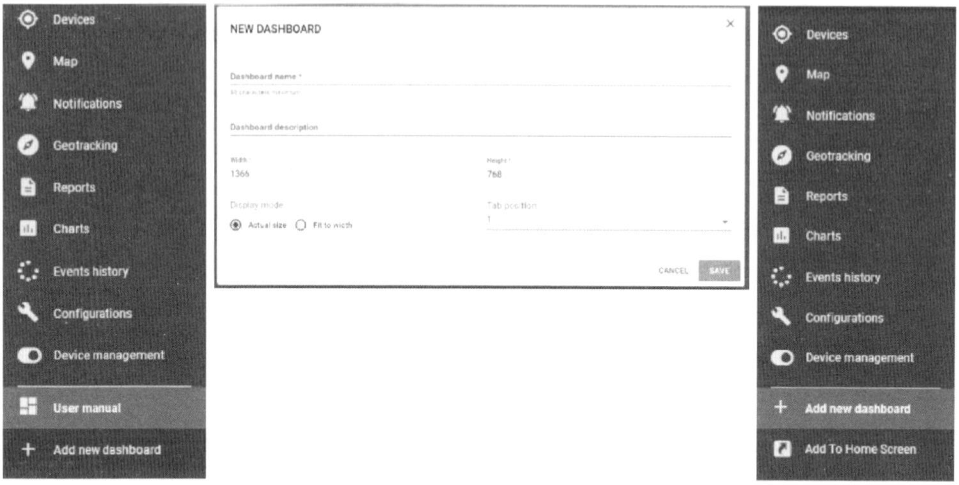


图 19-121　PLUS+1 用户管理组配置

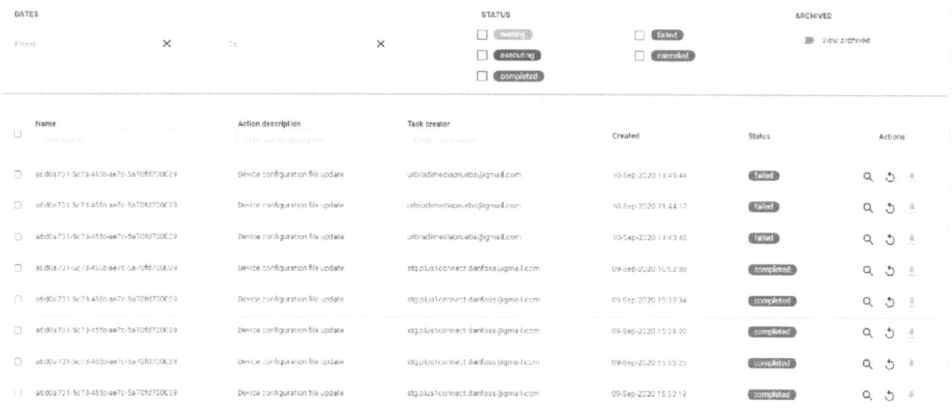


图 19-122　PLUS+1 历史事件查询

**10. 地理围栏设置**

使用者选择地理围栏功能设置时，“地理围栏”选项列表下显示可搜索的已完成地理围栏列表，允许使用者进行创建和编辑。地理围栏可以围绕一个点或自定义形状创建一个环形。使用者可以定义设备资产离开或进入时，必要的通知设备使用者或群组用户。

**11. 系统消息/报告事件配置**

在消息选项中，使用者可以进行指定的数据发送，除了指定数据外，使用者同样可以定义是否接收全部数据和接收部分关键数据。当前的信息通知将通过云端和邮件发送给用户。后期将添加到 PLUS+1 系统进行 SMS 信息的发送。

报告主要显示历史数据，使用者可以选择信号类别、时间范围、数据信息的汇

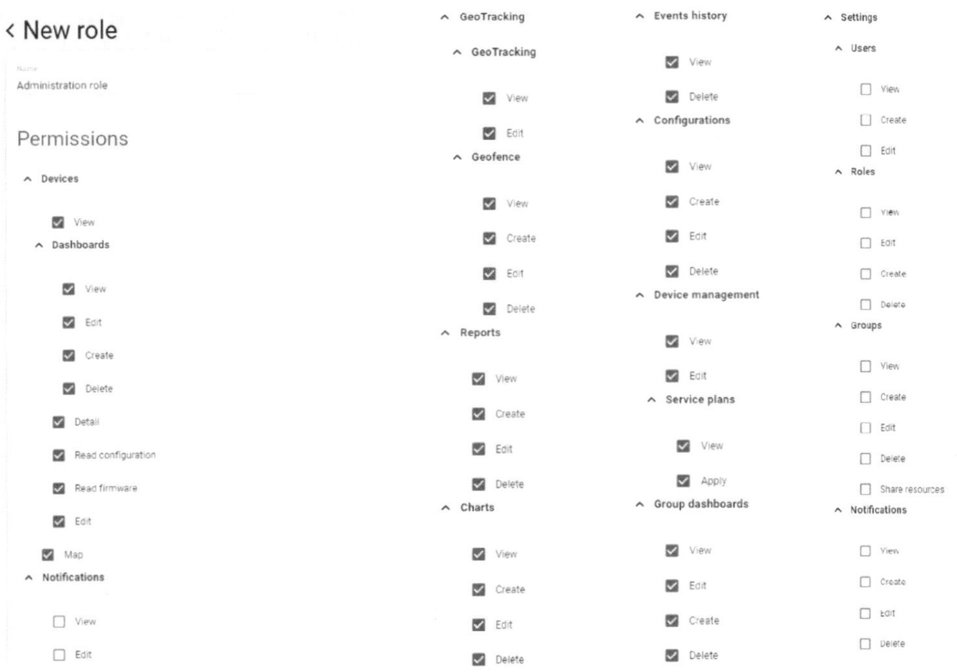


图 19-123　PLUS + 1 用户操作功能界面配置

总，以及数据显示的类别。

通过报告创建功能，创建一个新时间表，可按照设定的规律自动生成报告，如图 19-124 所示。

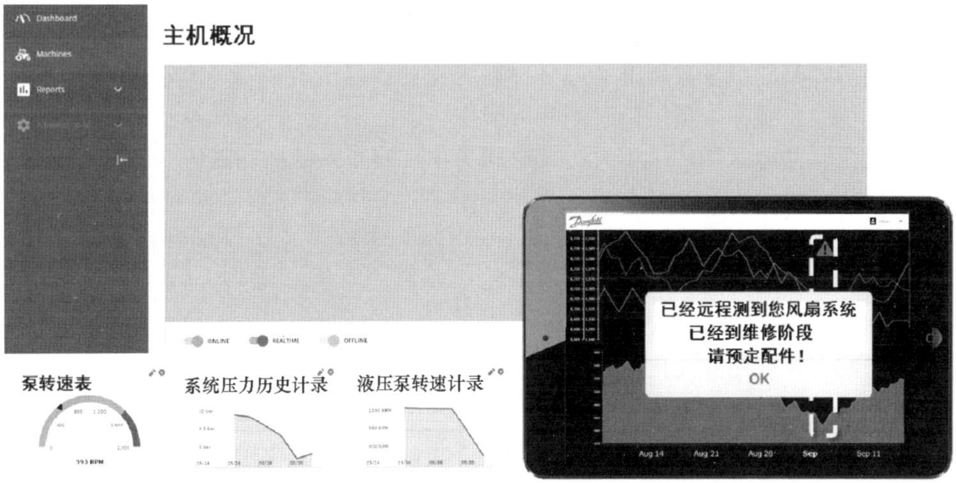


图 19-124　PLUS + 1 系统消息/报告事件

### 19.5.4 PLUS+1在液压物联网生态系统中的技术发展预测

尽管前面阐述了PLUS+1在液压物联网生态系统中的联系与功能，但是随着创新驱动，物联网发展更为迅速。因此可以预期在智能液压方面，物联网对液压生态技术影响可以分为三阶段：系统互联（当前状态），系统自适应阶段（第一阶段），智能传感器技术（第二阶段），机器自学习和预防性维护阶段（第三阶段），如图19-125所示。

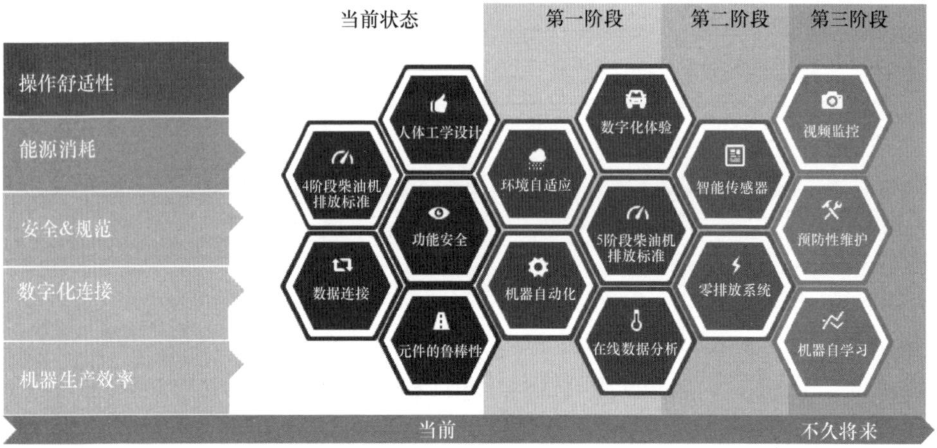


图19-125 液压物联网发展

**1. 当前系统互联状态**

在新技术不断创新的前提下，当前的智能电液控制系统需要不断完善和更新，包括控制系统柴油机排放标准的提升，系统上的操控元件符合人体工程学的设计，最大限度地减少操作人员的长时间疲劳操作。系统操作元件还必须具备鲁棒性，来满足系统在非常恶劣的环境下进行长时间工作。同时系统的功能安全也是大家关注的对象。从当前的元件和液压系统的结构来讲，智能液压物联网目前处在初期阶段，主要借助全球定位系统（GPS）和互联网来实现液压系统的智能化识别、跟踪、监控和设备的功能性安全。使设备操作人员，设备服务人员和OEM厂商之间实现远程、动态、全天候交互。

物联网将在智能液压健康技术的发展中不断寻求出路，产品信息化将是信息技术移植到产品中来提高产品中信息技术含量的过程；提高强健的系统元件和安全可靠的数据连接等，都是增强产品的特性和功能，最大限度地提高产品附加值，以应用物联网技术来进一步提高产品的智能化水平。从当前机器设备行业来看，主要采用M2M、GPS和传感技术来实现大量设备组在线监控、故障诊断、软件更新和后台大数据分析，从而为传统的设备系统进入下一个阶段做准备。

## 2. 系统自适应阶段

自适应控制系统能够修正目前系统的特性来适应被控对象和控制周围存在干扰而带来的其他不稳定因素。

这种自适应控制方法可以做到：在系统运行过程中，不断采集控制过程信息，确定被控对象的当前实际工作状态，优化性能准则，产生自适应控制规律，从而实时地调整控制器结构或参数，使系统始终自动地工作在最优或次最优的运行状态。系统自适应阶段通常包括：环境的自适应，数字化的用户体验，用户设备系统在线数据分析，以及满足 N 代柴油机的排放标准。

## 3. 智能传感器技术

相比普通的传感器，智能传感器技术中的智能传感器（Intelligent sensor）主要是本身具备信息处理的功能，每一个智能传感器具有微处理芯片，传感器本身具备信号采集、处理和信息交换的能力，如图 19-126 所示。智能传感器是传统传感器集成化与微处理芯片相结合的产品。智能传感器与智能系统进行融合，智能传感器能够将检测到的各种数据存储起来，并按微处理芯片的指令对这些数据进行技术处理，通过处理将会创造出新的数据信息。智能传感器不但可以与应用系统进行数据交互，还可以与应用系统上的其他智能传感器进行信息交流，从而实现自我决定数据的发送和异常数据的处理，为应用系统的数据分析和计算提供了更多的支持。

图 19-126　智能传感器技术

智能传感器的优点：通过软件技术实现高精度的数据采集，传感器具有可编程的功能，自诊断的功能，具备数据存储及信息处理功能。

（1）高精度的数据采集　智能传感器的信号处理功能，通过软件不仅可以修正各种确定性的系统误差和外部集成电路组成软件加硬件的补偿方式，还可以适当地补偿环境误差，降低周围的干扰，从而提高传感器测量的精度。

（2）可编程的功能　通过微处理芯片编程能够对该传感器进行零点标定、信号自校正，以及自动补偿相关数据来弥补传感器在测量时的不足之处。

（3）自诊断的功能　由于传感器内部和外部结构因素的影响，传感器在某些情况下性能会发生下降和失效，通常称为软故障和硬故障。智能传感器依据自带微处理芯片利用补偿后的数据，通过内部数据和相关算法进行精准的检测和定位故障进行诊断。

（4）数据存储及信息处理功能　智能传感器可以存储大量的数据信息，供使用者随时查询，这些信息可包括传感器的历史故障信息、生产日期和传感器出厂测试数据等。除此之外，智能传感器还具有过程数据处理的能力，智能传感器不但能放大信号，还能使信号数字化，利用软件实现信号的调节。通常情况下，传感器不能输出线性信号，而过程数据处理可以通过处理和查表的方式将输出的非线性信号线性化。

**4. 机器自学习和预防性维护**

机器学习（Machine Learning）是当前计算机科学领域中的一部分，即使用现有的数据预测或响应未来的数据，如图19-127所示。机器学习主要与模式识别、计算统计、人工智能等相关领域有着密切的关联。机器学习可以使用机器系统（计算机和软件部分）从已知的数据中挖掘数据的意义，从而给机器赋予学习环境的能力。

图19-127　机器学习

机器学习模型通常是与传感测量相结合，将测量的数据转化为将来可操作的参数过程，设备/机器从操作环境中获取数据信息后，测量的数据分为两个部分，一个是对设备产生即时响应的操作，另一个为输入进行学习的功能。

机器学习的要素通常包括数据、模型和机器学习方法。

（1）数据　数据是机器学习的基础，数据通常来自网络上的经验和设备上传感器所采集的数据，应用于操作系统对其进行学习，使用这些参数来识别数据和系统应用等相关。数据采集包括传感器的输入、视频输入和雷达等。数据是机器学习之前必须具备的基础。

（2）模型　模型是一个数学框架，通过前期大量的测量数据和应用经验，通过数学模型进行推导的数据结果。

（3）机器学习方法　机器学习的方法通常包括监督学习、无监督学习、半监督学习和在线学习。监督学习是指在特定的操作过程中数据被应用到当前的系统，无监督学习通常是在不需要先前采取大量的数据进行应用，而是根据系统自己搜集的数据进行聚类，在测量收集的数据中发现隐藏的未知特性。半监督的学习方法介于监督学习和无监督学习之间，常适用于少量的输入数据被应用，而大多数数据都没被标记的情况。在线学习是指系统在不断地更新数据，通过“迭代学习”来完成系统控制。

## 19.6　国产液压系统的分布式智能控制器介绍

面对工程机械行业智能化的需求，长沙赛搏机器智能有限公司（简称：赛搏机器智能）推出MIC7000系列分布式智能控制器产品。赛搏机器智能发布了新一代智能控制器、管控合一的工业遥控器、显控结合的工业显示屏，实现人、机、厂（设备厂）、商（租赁）、单（作业订单管理）即时通的剪叉式举高设备电控系统，输出特性可定制的系列化电控手柄，实现远程维护赛搏工业云。

**1. 适应智能时代需要**

工程机械的控制器最初使用 PLC，对工程机械的环境适应性较差，防护等级需要提高，工程机械的运动控制功能需要加强。但是在工程机械进入无人驾驶的时代，网络化的需求、远程通信的需求及群控等需求在增加，分布式智能控制器就是为适应这种需求而产生的，如图 19-128 所示。

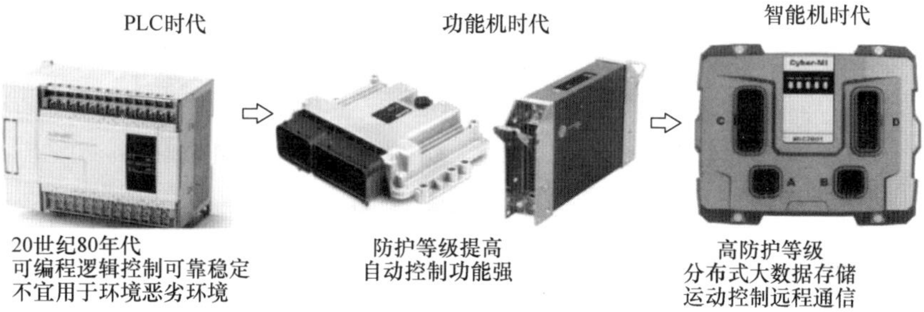


图 19-128　MIC7000 系列分布式智能控制器的功能与发展

**2. 分布式、高可靠性**

图 19-129 所示为分布式控制器，其优点是通过以太网可以将不同控制器整合以符合工程机械群控施工等方面的需求。

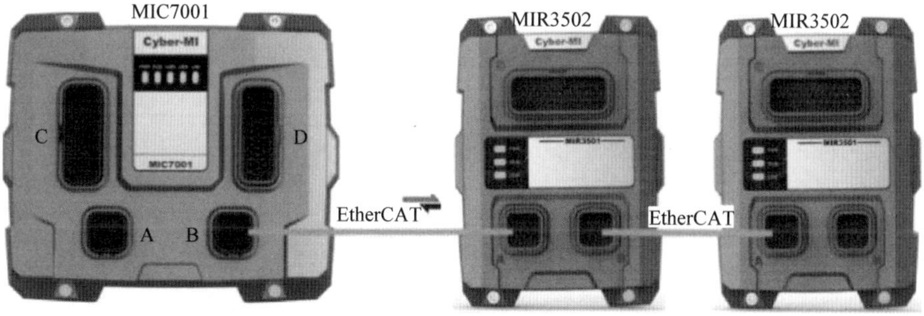


图 19-129　分布式控制器

在这种情况下，运动控制与远程通信都是十分必要的。高可靠性的分布式控制器可通过灵活组合满足各类型工程机械主机的不同需求，具有数据采集与大容量存储，具备数据采集、存储、传输和分析处理能力。

如果采用无线传输，传输距离 >2km（开阔地），在工地传输距离在 150m，响应延迟 50ms，优于有线传输且能自动回避无线干扰。电池更是可以超长续航 90h，视线使用军工减反技术即夜间柔和可视阳光，全数字手柄可以实现零漂移、零死区、零磨损，实现精准操控。

**3. 强大的数据采集、实时分析处理能力**

该控制器可以提供数据采集、存储、传输和分析处理的完整服务。远程通信与监控可基于远程数据传输实时监控，避免主机设备失联。其中该控制器最大的功能特点就是能够实现机器智能数据交互，提供更高清的显示及更精准的触控，如图19-130所示。

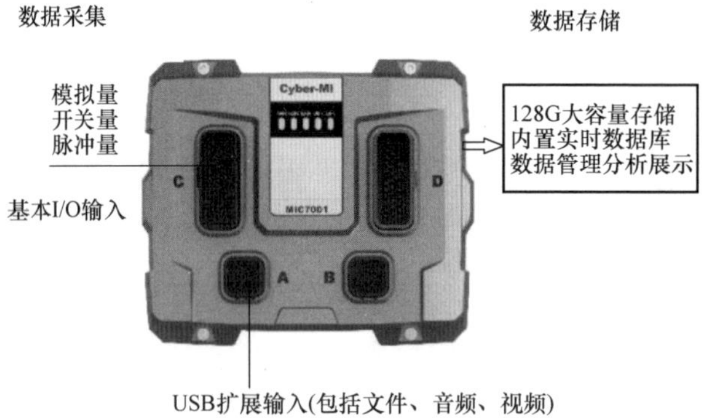


图19-130　智能数据交互

**4. 实现电液混合运动的一体化控制**

剪刀叉车是由液压驱动的底盘+伺服电动机驱动的执行机构组成，可以利用此智能控制器进行电液混合多轴联合运动控制（见图19-131）。

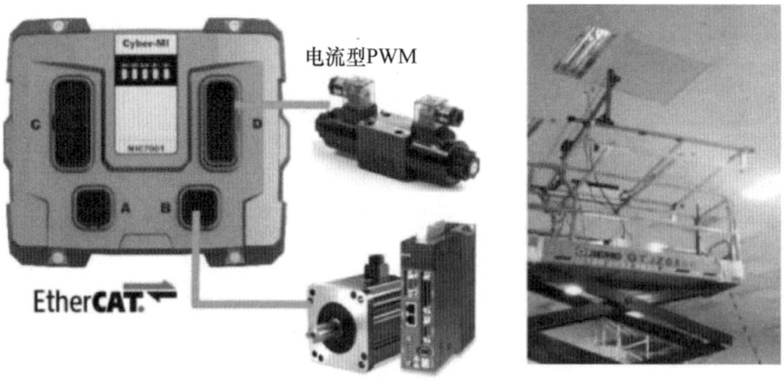


图19-131　电液混合运动一体化控制

**5. 实时视频监测**

该控制器基于可视化功率智能匹配技术，在国内某厂家的中型挖掘机上实现节能15%，如图19-132所示。

**6. 通过云端维护监测**

该控制器内置人机界面，随时Wi－Fi连接的人机界面更方便客户及售后人员监控系统运行状态。主机客户通过维护App和云建立业务并进行云维护监测。控

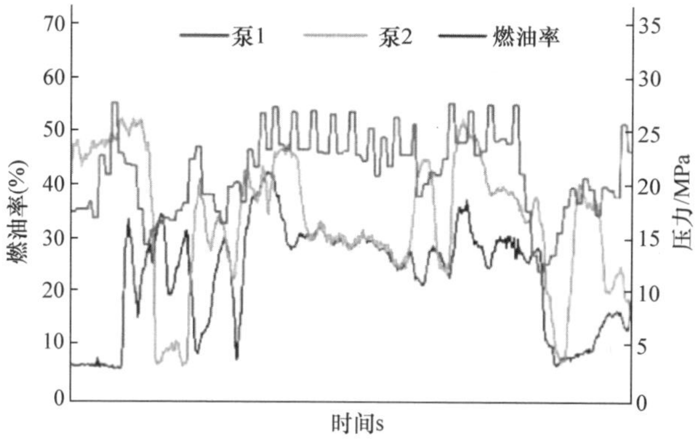


图 19-132 智能控制器实时视频监测

制器内置 GPRS 通信，实现开放式互联互通，定制 App 快速、低成本地帮助使用者进行维护监测，如图 19-133 所示。

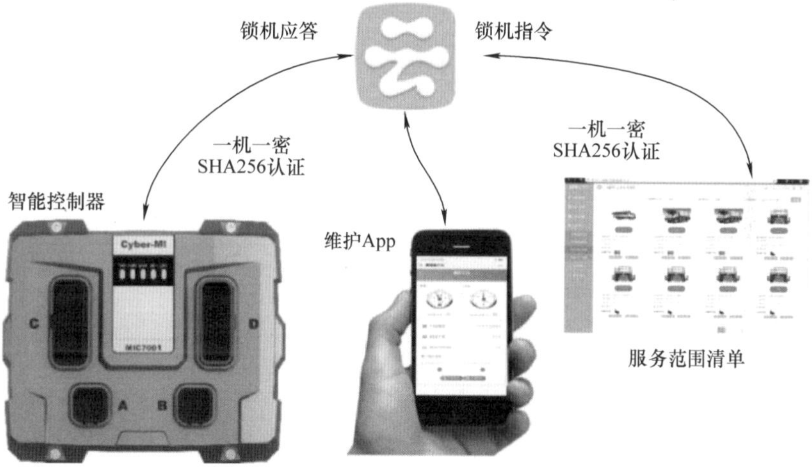


图 19-133 通过云端维护

**7. 助力厂商研发人员快速研发完善新产品**

开发、调试、维护均可通过无线或远程进行，摆脱束缚，提升效率，降低差旅成本，如图 19-134 所示。

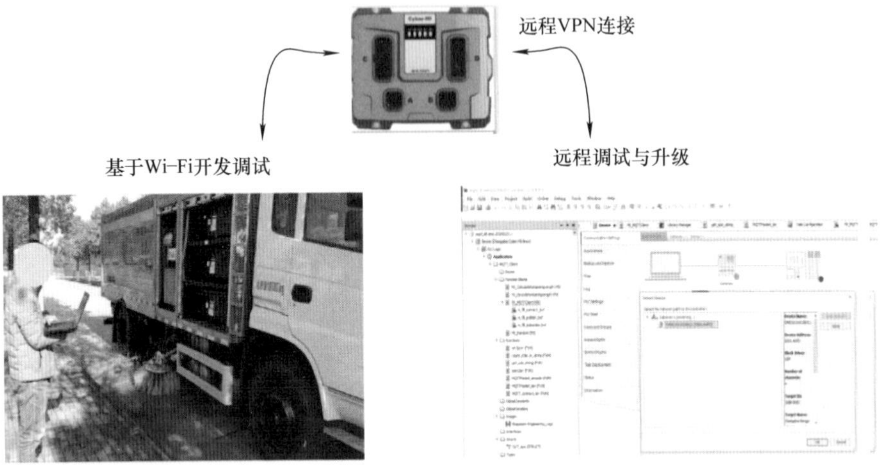


图 19-134　开发、调试、维护的远程通信界面

# 第20章　传感器技术及其在液压气动中的应用

传感器是现代测量与自动控制的首要环节，是信息采集系统的首要部件，更是智能化元件与系统的首要条件。如果没有传感器对原始信息进行精确、可靠的捕获和转换，一切现代测量、自动控制与人工智能都是不可能实现的。在工业4.0时代，传感器技术与通信技术、计算机技术一起，共同构成了现代信息产业的三大支柱。液压气动4.0技术中的数智元件的发展为传感器在液压气动行业中的应用开辟了新的途径，这一应用中的传感器需要按液压气动元件的要求具有“嵌入式”的特色。与此同时，传感器的发展也为液压气动数智化提供了新的思路与途径。

传感器正处于由传统型传感器向新型传感器发展的关键阶段，新型传感器具有向微型化、多功能化、数字化、智能化、系统化和网络化发展的总趋势。第一代传感器是结构型传感器，它利用结构参量变化来感受和转化信号；第二代传感器是20世纪70年代发展起来的固体型传感器，这种传感器由半导体、电介质、磁性材料等固体元件构成，是利用材料的某些特性制成的，如利用热电效应、霍尔效应、光敏效应，分别制成热电偶传感器、霍尔传感器、光敏传感器；第三代传感器是目前刚刚发展起来的智能型传感器，是微型计算机技术与检测技术相结合的产物，该传感器具有人工智能，与网络技术有机结合，可以自动校准、自动补偿、自动诊断、数据处理、远距离双向通信、信息存储记忆发布共享、网络控制器对节点的控制操作、数字信号输出通过网络与用户异地交换信息、故障诊断、软件升级与形成无线传感器网络等功能。

传统传感器是由敏感元件和转换元件组成，能感受规定的被测量并按照一定的规律转换成可用信号的器件或装置，如图20-1a所示。在自动控制系统中，为了对被控对象的位移、速度、加速度或力等参数进行控制，需要用相应的传感器对这些物理量进行检测，并将检测到的信息转换为电信号或其他所需信号形式的输出，以满足信息的传输、处理、存储、显示、记录和反馈控制等要求。而智能传感器的工作原理如图20-1b所示，它是传感器与微处理器结合并赋予人工智能的功能，又兼有信息检测与信息处理功能的传感器。从另一个角度说，液压气动数智元件与智能传感器相仿，是正在发展与形成的具有数字化、总线化、网络化、智能化功能的元件，而智能传感器是其组成部分之一。因此数智化发展下的传感器技术具有两个发展领域，一是自身的数智化发展领域，二是作为感知元件成为其他技术数智化的组成部分。

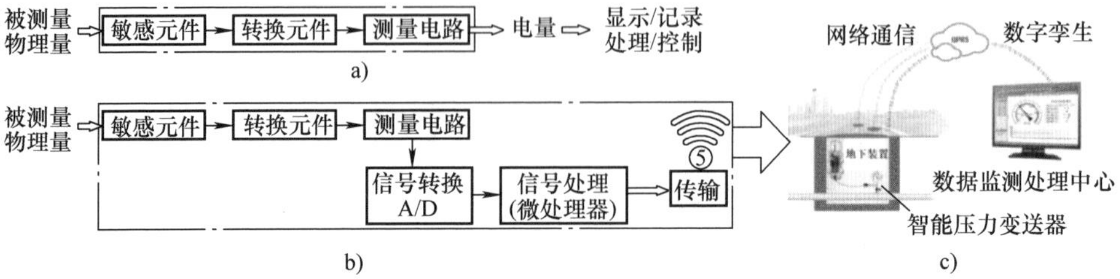


图20-1　传感器的组成与智能传感器的应用发展

a）传统传感器　b）智能传感器　c）智能传感器网络化应用场景

随着科技的发展和应用需求的提高，液压传感器的技术与应用也在不断进步，也向微型化［微机电系统（Micro Electro－Mechanical System，MEMS）］、集成化、联网化（各种设备通过网络互联）、智能化（自适应自诊断）、小型化（占用空间少）、系列化和标准化方面的发展，先进的压力传感器在液压系统的运行控制、状态监测、故障诊断与元件数智化中正在得到日益广泛的应用。

传感器作为物联网技术最重要的数据采集入口，将迎来广阔的发展空间。传感器可以成为网络中的智能节点，可以由多个传感器组成网络通信，实现数据的实时发布与共享，以及网络控制器对节点的控制操作，实现用户之间的异地信息交换，完成传感器的故障诊断、维修、软件升级等工作，在MEMS、自组织网络技术、低功耗射频技术的共同促进下，实现无线传感器网络化。

全球范围内工业传感器的主要生产厂商包括：霍尼韦尔（Honeywell）、安费诺（Amphenol）、英飞凌（Infineon）、意法半导体（STMicroelectronics）、松下（Panasonic）、西门子（Siemens）、博世力士乐、泰科电子（TE Connectivity）、艾默生（Emerson）、森萨塔（Sensata）、恩智浦（NXP）、威卡（WIKA）、盛思锐（Sensirion）、First Sensor、欧姆龙（OMRON）、大陆集团（Continental）、凯乐（Keller）、捷迈（Gems）、OMEGA Engineering、横河电机（Yokogawa Electric）、AB Elektronik、雅斯科（Ashcroft）、西特（Setra Systems）、基恩士（KEYENCE）、湖南菲尔斯特传感器有限公司（Hunan Firstrate Sensor）等。我国的传感器中小企业颇多，发展比较迅猛。也有个别液压元件制造厂商生产液压传感器，如贺德克（HYDAC）、阿托斯（ATOS）等。全世界有60种以上技术的压力传感器和至少300家企业生产压力传感器，相关产品在技术、性能、成本方面差异极大。

在市场方面，液压传感器已经成为比较常见的压力传感器，在液压气动系统、液压机、工程机械、各类试验系统、水利水电、石油管道、智能建筑、电力、船舶、油井等行业中有十分广泛的应用。液压传感器基于液压系统对于压力传感器的特殊要求设计而成，适用于强振动、大冲击力的使用工况。液压传感器设计中包含抗电磁干扰措施，以提高其在和电动机联泵一体、变频设备等强电磁干扰的工况下工作的稳定性。

## 20.1　传感器技术在液压气动技术中的应用与新发展

### 20.1.1　传感器技术在液压气动技术发展中的促进作用

传感器技术在液压气动技术向工业 4.0 发展的过程中已经起到不可或缺的作用，并会成为数智液压气动元件的一个组成部分。

**1. 传感器技术发展三个阶段对液压气动技术发展的促进**

在液压气动技术 2.0 逻辑控制的时代所用的是结构型传感器，主要作用是参数检测，如压力表、液位计、流量计、转速计、转矩仪、温度计等，以显示读表为主。液压气动技术 3.0 比例伺服控制的时代所用的是固体型传感器，传感器的数据处理已经开始采用微处理器，传感器不仅可以数字记录与显示，也进入检测及反馈控制的范围。这一时期代表性的应用是采用激光传感器的油液污染颗粒计数器，以及产生了液压比例阀线性可变差动变压器（Linear Variable Differential Transformer，LVDT）反馈技术的应用，提高了液压元件控制的静动态性能。现在正在发展的智能型传感器会应用在今后数智液压气动技术 4.0 时代，传感器产生的检测数据不仅用于显示、控制、反馈，还可以通过数字总线或网络传输、参与微处理器的数据输入与运算，将在检测、控制、感知、质量控制、故障诊断和维护、节能环保等方面起到更全面的作用。

总体而言，传感器在液压气动技术中的作用可以表述为以下三大方面。

（1）对液压气动系统检测与安全保护作用　对液压气动系统运行中的各种性能参数进行监测调试与状态监测，保证系统的安全正常运行；当液压气动系统中的压力超过设定的安全范围时，传感器可以触发警报或关闭系统，以防止设备损坏或危险事故的发生。

在液压气动元件的测试、调试、型式试验或出厂试验中，传感器是通过检测液压气动元件或应用液压气动系统的性能参数对元件或系统进行质量判断。

（2）对液压气动控制元件或系统中的控制与反馈作用　传感器集成于液压控制系统，作为检测与反馈环节，是电子控制系统的一部分，形成了控制闭环，提高了液压系统或元件的静动态性能；通过监测和反馈液压参数，传感器可以与控制器或 PLC 配合工作，实现自动调节和控制液压系统的运行，提高生产效率和精度。

在负载传感控制回路为代表的容积节流调速回路中，液压节流元件此时就是压差传感器（或称为可调节的流量计），典型的应用就是负载传感多路阀。

（3）数智液压气动元件或系统中的参数感知作用　液压气动数智元件是正在发展与形成的具有数字化、总线化、网络化、智能化功能的元件，传感器是其组成部分之一。对于由元件组成的数智系统的感知要求也完全一样。传感器是使液压气动元件的控制功能由微处理器处理的感知单元，是智能化液压气动元件不可或缺的组成部分。

**2. 传感器对数智液压气动技术发展的促进作用**

传感器技术目前发展很快，因此作为数智液压气动元件与系统的应用要及时采用与更新，这样才能有助于数智液压气动元件的发展。

（1）采用 MEMS 为代表的各种新型微型传感器　随着液压气动元件的数智化，更应该关注嵌入式传感器，包括 MEMS 类的传感器、将调理电路与敏感元件集成在同一芯片上或将多个相同或不同的敏感元件集成在同一芯片上实现多参数测量的传感器。甚至在传感器的调理方面可以与液压气动数智元件合二而一。

微机电系统是轮廓尺寸在毫米量级、元件尺寸在微米量级、可运动的微型机电装置，它借助集成电路的制造技术来制造机械装置。执行机构是微型的齿轮、电动机、泵、阀、悬臂梁、光学镜片。微机电系统使用的传感器已经发展为一个新的传感器领域，这类微型集成传感器大多采用嵌入式结构，已经在力、压力、加速度、化学传感器中获得成功应用，因此数智液压气动传感器应该是特别关注的方向。

（2）充分利用新型传感器的新特性　新型传感器大多孕育在新材料之中，从半导体材料和新工艺中发展出来的半导体传感器，从压电半导体材料中发展出来的压电集成传感器，从高分子压电薄膜中发展出来的机器人触觉传感器等。它们检测范围更宽，灵敏度与精度更高，响应速度更快，互换性更好；在应用上要结合液压气动元件的需求，充分利用传感器的可靠性，适应更复杂、更严苛的工作和环境条件，并延长其使用寿命。

（3）提高集成化和微型化水平　数智元件的集成要求需要传感器嵌入式功能，还要实现敏感元件、电路、执行机构、信息处理功能一体化。实现传感器的智能化，具有数据采集、处理和通信能力，能够实现远程监测、故障诊断和自动控制等功能。

（4）具有对传感器远程监测与维护功能　智能液压传感器不仅用于监测所在元件信息的检测、传输与信息管理，而且同时还需要将自身健康状态实时数据传输到监控中心或云平台，实现对传感器自身的远程监测和维护。通过传感器监测关键参数并实时分析数据，可以提前预警故障并进行及时的维护，提高包括传感器在内的系统的可靠性和运行效率。

（5）对液压气动元件的故障诊断与预测维护　智能液压传感器可以通过内置的智能算法和故障诊断模型，对液压系统进行故障诊断和预测维护。它们能够分析传感器数据，检测异常行为并识别潜在故障，提供及时的警报和建议，帮助减少系统停机时间和维修成本。

（6）参与自适应控制与优化　智能液压传感器可以与自动化系统集成，实现自适应控制和优化。通过采集和分析液压参数，传感器可以根据实时需求调整液压系统的工作状态和参数，实现能效优化和精确控制，提高生产效率和产品质量。

（7）提供数据共享与大数据分析　智能传感器可以将液压数据共享到云平台或工业物联网中心，为大数据分析和决策提供基础。通过对大量液压数据的分析和挖掘，可以发现潜在的优化和改进机会，提高生产过程的可持续性和效益。在分享时采用区块链技术，注意数据的不可篡改性。

（8）参与节能与环保　智能传感器可以监测和优化液压系统的能耗，帮助实现节能与环保目标。通过实时监测液压参数，传感器可以识别能耗高的操作模式或设备，并提供相应的优化建议，减少能源的浪费和排放。

（9）提供系统与元件安全性与可靠性信息　智能传感器能够监测关键液压参数，如压力、油液温度和液位等，以确保液压系统的安全性和可靠性。它们能够提供实时的报警和反馈，帮助预防潜在的故障和事故，并提供数据支持进行安全评估和改进措施，达到预测性维护与设备寿命管理的目的。智能传感器可以通过实时监测和分析液压数据，识别设备的运行状况和寿命状况，实现预测性维护和设备寿命管理。通过提前发现设备的健康状况和潜在故障，可以进行适时的维护和更换，延长设备的使用寿命和可靠性。

（10）是自动化生产与智能工厂正常运行的“前哨”　智能传感器与其他智能化设备和液压系统的集成，可以实现自动化生产和智能工厂的目标。通过实时的数据采集和反馈，液压系统可以自动调节和优化，提高生产效率、品质和一致性，实现生产过程的高度自动化和智能化。

### 20.1.2　液压气动技术中常用的传感器种类

#### 1. 液压控制系统状态方程是设置传感器的理论依据

从液压控制系统的数学模型可知，液压系统的状态变量是系统状态监测的必测参数。

（1）液压控制系统中的压力与位移是需要监测的首要性能参数　图 20-2 所示为液压控制系统状态监测下性能参数的选取。图 20-2a 所示为液压调速系统的工作原理图，图 20-2b 所示为液压调速系统数学模型，由图可知液压系统的压力与速度（或位移）是最关键的两个掌握系统运行的关键参数。

在图 20-2 中的符号有元件编号 S，连接点编号 N，系统输入变量 $F$（负载），每个节点上的状态变量 $p$，执行机构上的状态变量是输出速度 $v$ 或输出位移 $x$。除此而外是系统元件具有的各种性能常数，包括流量常数 $G$、活塞面积 $A$、黏性阻尼 $B$ 与油液弹性模量 $\beta_e$（与温度有关）等。这个液压系统监测的是所有元件连接点的压力 $p$ 与执行器的速度 $v$（或位移 $x$）/转速 $n$ 等。从系统状态监控而言，所有节点的压力 $p$ 与执行器的运动速度 $v$ 是二个关键状态变量，也就是检测量或控制量。如果只是一般的液压系统，至少需要监测输出执行机构的速度状态变量 $v$，以及系统动力源的压力状态变量 $p_1$。

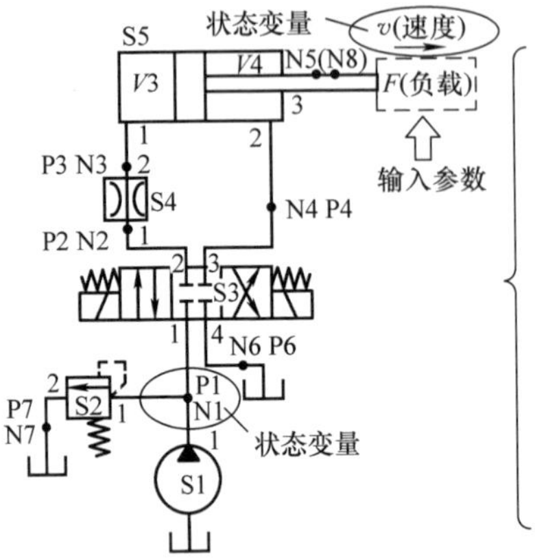


a)

$$\begin{cases} \text{N1:} & q_0-G_1p_1-\frac{V_1}{\beta_e}\dot{p}_1-G_2\sqrt{p_1-p_2}-G_3\sqrt{p_1-p_2}=0 \\ \text{N2:} & G_3\sqrt{p_1-p_2}-G_4\sqrt{p_2-p_3}=0 \\ \text{N3:} & G_4\sqrt{p_2-p_3}-Av-\frac{V_3+xA_1}{\beta_e}\dot{p}_3=0 \\ \text{N4:} & A_2v-\frac{V_4-xA_2}{\beta_e}\dot{p}_4-G_4\sqrt{p_4-p_6}=0 \\ \text{N5:} & p_3A_1-p_4A_2-M\dot{v}-Bv-F=0 \\ \text{N6:} & p_6=0 \\ \text{N7:} & p_7=0 \\ \text{N8:} & v-\dot{x}=0 \end{cases}$$

b)

图 20-2　液压控制系统状态监测下性能参数的选取

a）液压调速系统工作原理图　b）液压调速系统数学模型

由于液压系统的性能受温度的影响，在数学模型中受温度影响的常数有黏性阻尼 $B$ 与油液弹性模量 $\beta_e$，因此温度也是需要监测的参数之一。

（2）故障判断需要监测元件或系统的外部环境性能参数　液压元件与系统在运行过程中是否正常，传统上往往采用监测液压元件与系统的外部环境性能参数，最常被采用的参数有元件与系统中的环境温度、局部温度、振动、噪声、油液清洁度、液位等。

（3）数智液压元件需要监测或控制的性能参数与以上二项一致　这时这些传感器的参数都是数智液压元件中的感知量，是进入微处理器后按模型与算法规则进行运算及作出判断的依据。

由于液压元件今后的发展与电子、电气、电动机融合，在进行控制时可能会进一步融合，因此电的参数值会进入液压系统与元件的检测范围。这时电压、电流、电阻等参数值的传感器检测会是液压控制或健康管理的一部分。

因此可以说，对液压元件与系统而言，需要监测的内部性能参数是压力、速度、位移、转速、温度，需要监测的外部性能参数是温度、振动、噪声与油液清洁度。本章主要关注内部性能参数的监测与控制，因此在这种情况下液压元件或系统中常用的传感器包括温度传感器、压力传感器、转速和角度传感器、位置传感器等。在液压元件性能测试时，由于不带有执行机构，因此需要流量传感器或压差传感器等。

对于传感器本身的性能指标而言，有很多要求，其中最关键的是测量精度与可靠性。首要的是测量精度，当测量精度较差时，由传感器检测带来的误差最终将导致整个控制系统失灵或故障。另一个要求是可靠性，在稳定性、抗振动和抗冲击性方面有更为苛刻的要求，在不同的工业应用场合也有不同的个性化要求，如温度、湿度等。对于数智液压所需传感器，除测量精度与可靠性外，还增加了实时通信、功耗和尺寸等参数的严格限制，嵌入式传感器需要具有较小体积，最好实现微型化。

**2. 液压常用的各种传感器**

（1）温度传感器 主要检测液压元件与液压系统的油液温度或环境温度。实际应用的温度传感器主要有线绕电阻式、热敏电阻式和热电偶式。线绕电阻式温度传感器精度较高，但响应特性较差；热敏电阻式温度传感器灵敏度高，响应特性较好，但线性差，适用温度较低；热电偶式温度传感器精度高，测温范围宽，但需要考虑放大器和冷端处理问题。

（2）压力传感器 压力是液压检测与控制中最重要的性能参数。在一般系统中，主要检测液压系统的液压泵出口压力及应用时关注的连接点压力。在数智液压元件中，进行智能控制或健康管理时，检测的压力点取用是值得研究的问题之一。概括而言，包括液压系统或元件在运行时的进油压力、真空度、大气压力、泵输出压力、蓄能器压力、元件出口背压等。对于非移动性液压（工业液压）与移动性液压（工程机械液压）所选用的传感器在要求上会有所不同。车用与非车用压力传感器目前已有若干种类型，应用较多的有电容式、压敏电阻式、膜盒传动的可变电感式（LVDT）、表面弹性波式（SAW）。电容式具有输入能量高、动态响应好、环境适应性好等特点；压敏电阻式受温度影响大，需另设温度补偿电路，但适用于大批量生产；可变电感式有较大输出，易于数字输出，但抗振性较差；表面弹性波式具有体积小、质量轻、功耗低、可靠性强、灵敏度和分辨率高、数字量输出等特点，是一种较为理想的压力传感器。

（3）转速、角度传感器 主要用于检测液压泵转速、旋转执行机构转速等。在今后电液融合的趋势下，对于步进电动机或伺服电动机的转速或旋转角度需要检测。这方面的传感器种类很多，主要有发电机式、磁阻式、霍尔效应式、光学式、振动式、编码器等。

（4）位移传感器 位移是液压检测与控制中最常用、最重要的另一个性能参数。因此位移传感器主要用于液压执行器的位移检测与反馈，或者用于具有阀芯位移反馈的液压比例元件或伺服元件中。常见的有 LVDT 位移传感器、压电式非接触式位移传感器与磁致伸缩位移传感器等。

（5）流量传感器 主要在元件性能测试时应用最多，用以测定元件的性能在不同流量下的性能曲线等。常见的流量传感器有齿轮式、涡轮转子式等。

随着液压技术的应用范围不断扩大，以及工业 4.0 时代的应用发展，液压用传感器的应用范围将会急剧扩大。例如，液压工业机器人、智能穿戴及医疗设备等领域的应用，触觉传感器、视觉传感器、力觉传感器、接近传感器、超声波传感器、听觉传感器及安全传感器等都有可能进入应用的范围。

### 3. 不同种类传感器在各行业的使用统计

根据传感器行业的统计情况，不同种类传感器在各行业的使用统计见表20-1。液压与气动行业作为基础件行业，被广泛应用于各种主机行业中，其中最具有代表性的是以航天航空、工程机械等行业。由表20-1中可见，压力传感器、位置传感器与温度传感器的使用最为普遍。这个结果与本节的液压系统数学模型所得到的结论是一致的。

表20-1 不同种类传感器在各行业的使用统计

| 传感器类型 | 航空航天及防卫 | 家用电器 | 自动化与控制 | 汽车 | 消费电子 | 工业 | 工业和商业运输 | 智能楼宇 | 医疗 | 石油与天然气 | 测试测量 |
|---|---|---|---|---|---|---|---|---|---|---|---|
| 汽车传感器 | | | | • | | | • | | | | |
| 流量传感器 | | • | | • | | • | • | • | • | | |
| 液体特性传感器 | • | | | • | | • | • | | | | |
| 力传感器 | • | • | • | | • | • | • | | • | | • |
| 湿度传感器 | • | • | | • | • | • | • | • | • | | • |
| 液位传感器 | • | • | | | | • | • | • | • | | |
| 压电薄膜传感器 | • | | | | • | • | | | • | | |
| 位置传感器 | • | • | • | • | • | • | • | • | • | • | • |
| 压力传感器 | • | • | • | • | • | • | • | • | • | • | • |
| 速率和惯性传感器 | • | | | | | • | | | | | • |
| 扫描阀 | | | | | | | | | | | • |
| 温度传感器 | • | • | • | • | • | • | • | • | • | • | • |
| 转矩传感器 | | | • | | | • | | | | | • |
| 超声波传感器 | | | | | | • | | | • | | • |
| 加速度传感器 | | | • | | | • | | | | | • |
| 液位传感器 | | | • | | | • | | | | | • |

## 20.2 传感器基本特性与性能参数

在对液气系统或元件进行性能参数检测时，必须根据测量对象与测量环境确定传感器的类型。首先要考虑采用何种原理的传感器，这需要在分析多方面的因素之后才能确定，影响确定传感器的因素有检测的目的与要求、量程的大小、被测量移动范围对传感器体积的要求、测量方式为接触式还是非接触式、信号的引出方法、有线或非接触测量等。在确定传感器时，可以进行具体的比较决定选用传感器的类型，然后再考虑传感器的具体性能参数。传感器的性能参数及其说明见表20-2。

传感器基本特性包括静态特性与动态特性。表征传感器静态特性的主要参数有精度、线性度、滞环、重复精度、温度漂移、分辨率、波纹度、灵敏度、分辨力等。动态特性是指在某些标准信号输入后该传感器输出值的响应时间特性。

如果需要进一步理解传感器的基本特性，可参考本手册　第 1 卷 9.3 节的内容，它们既有联系，又有区别，但其中阶跃响应和频率响应的定义同样适用本节的传感器。

**表 20-2　传感器的性能参数及其说明**

| 序号 | 性能参数 | 特性及说明 |
|---|---|---|
| 1 | 量程 | 在允许误差限内，可以测量参数的额定值或范围值，按传感器种类决定 |
| 2 | 激励电压 | 指传感器的工作电压，一般为 5 ~ 12V DC<br>传感器的输出信号一般都是以 mV 为单位的电压信号，其数据信号的输出大小和供给传感器的电源工作电压的大小有重要的联系，大多数传感器的输出都是1 ~ 2mV/V |
| 3 | 线性度 | 线性度 $e_L$ 是非线性值与理想中线性值偏差的百分比，可见右图。非线性度误差 = 量程 × 非线性 $e_L$。如量程为 100kg，非线性 $e_L$ 为 0.05% F.S.，非线性误差即为 100kg × 0.05% = 0.05kg。因此非线性度影响测量精度。随着数智传感器的发展，数字传感器具有一定的线性化纠正能力<br>图中　$\Delta Y_{max}$——校准曲线与拟合直线间在 $y$ 方向的最大差值<br>$Y_{F\cdot S}$——满量程输出量<br>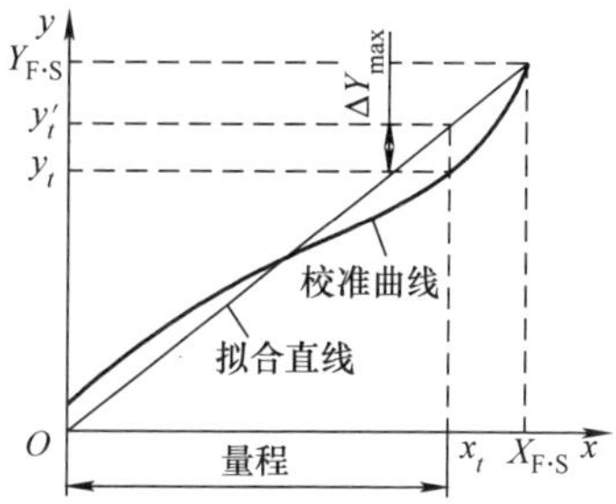<br>$e_L = \frac{\Delta Y_{max}}{Y_{F\cdot S}} \times 100\%$ |
| 4 | 灵敏度 | 灵敏度 $e_s$ 是输出 - 输入特性曲线的斜率，可见右图。灵敏度是输出信号系数，单位为mV/V，传感器的满量程输出 = 工作电压 × 灵敏度。如果工作电压为 5V DC，灵敏度为 2mV/V，满量程输出即为 5V × 2mV/V = 10mV。提高灵敏度，可得到较高的测量精度。但灵敏度越高，量程比越窄，稳定性也往往越差，被测量无关的外界噪声也容易混入，也会被传感器的放大单元放大，影响测量精度<br>图中　$x$——输入参数<br>$y$——输出参数<br>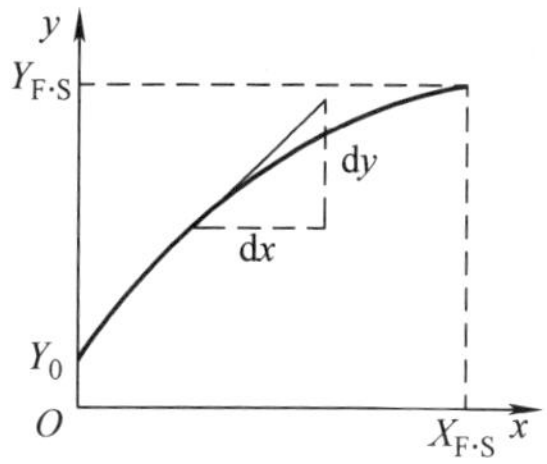<br>$e_s = \frac{dy}{dx}$ |

（续）

| 序号 | 性能参数 | 特性及说明 |
| --- | --- | --- |
| 5 | 敏度温度漂移 | 敏度温度漂移是指环境温度的变化引起的传感器灵敏度的变化。一般以温度每变化10℃引起灵敏度的变化量额定输出的百分数来表示，单位为%F. S. /10℃ |
| 6 | 分辨力与分辨率 | 传感器在规定测量范围内可能检测出的被测量的最小变化量（如右图中的 $X_{0max}$）称为分辨力 $E_D$（也称为阈值）。将分辨力除以仪表的满刻度量程称为分辨率 $e_D$。当传感器（如电位器式传感器）输入量连续变化时，输出量只做阶梯变化，则分辨力就是输出量的每个“阶梯”所代表的输入量的大小。对于数字式仪表，分辨力就是仪表指示值的最后一位数字所代表的值<br>式中　$X_{0max}$——分辨力<br>$X_{F\cdot S}$——满量程输入量<br>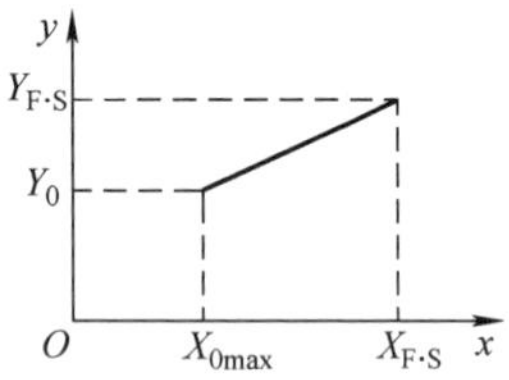<br>$E_D = X_{0max}$<br>$e_D = \frac{X_{0max}}{X_{F\cdot S}} \times 100\%$ |
| 7 | 滞环（迟滞） | 传感器对于同一大小的输入信号，传感器的正反向行程输出信号大小不相等，这个差值称为滞环差值。滞环 $e_H$ 通常用这个差值的最大值与满量程的百分比表示，如右图所示<br>式中　$\Delta Y_{max}$——正反向行程输出在 y 方向的最大差值<br>$Y_{F\cdot S}$——满量程输出量<br>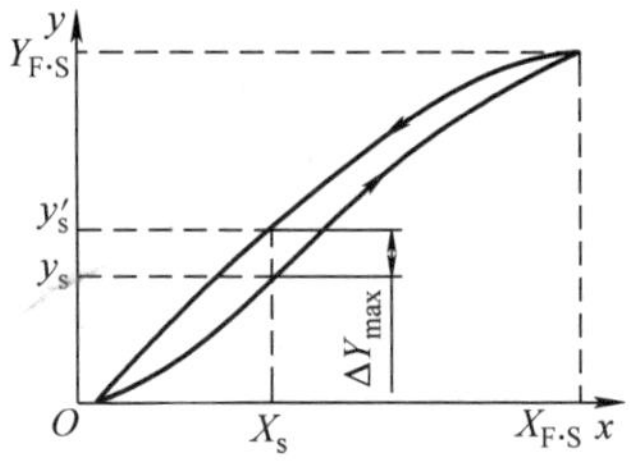<br>$e_H = \frac{\Delta Y_{max}}{Y_{F\cdot S}} \times 100\%$ |
| 8 | 重复精度 | 对同一被测量进行多次连续测量所得结果之间的符合程度。重复精度是指在相同的环境条件下，对传感器反复加载到额定载荷并卸载，加载过程中同一负载点上输出值的最大差值与额定输出的百分比。该参数反映传感器产生相同输出的能力。重复精度 $e_R$ 就用这个差值的最大值与满量程的百分比表示，如右图所示<br>式中　$\Delta Y_{imax}$——输入信号增大和减小2个方向上最大输出偏差的最大值（$i=1,\ 2$）<br>$Y_{F\cdot S}$——满量程输出量<br>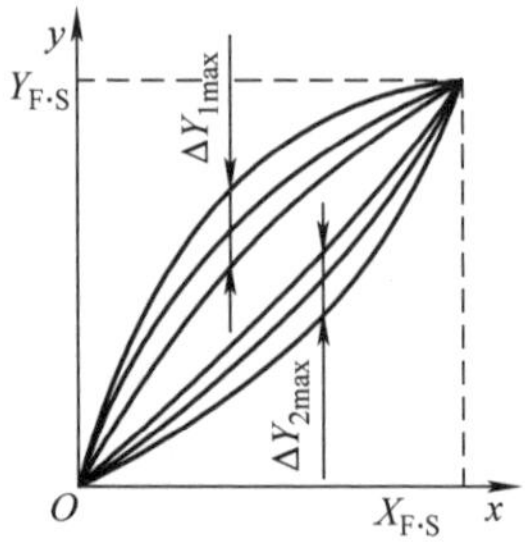<br>$e_R = \frac{\Delta Y_{imax}}{Y_{F\cdot S}} \times 100\%$ |

（续）

| 序号 | 性能参数 | 特性及说明 |
|---|---|---|
| 9 | 精度 | 被测量的测量结果与真值间的一致程度，是传感器最重要性能指标之一<br>线性度、灵敏度、分辨力和滞环都是反映传感器精度的指标。工程应用中，把线性度、灵敏度、分辨力和滞环的数值加在一起求得的和，作为传感器精度的指标。传感器的精度越高，成本就越高，应该按满足使用要求来选取合适的精度，不必选得过高。如果测量目的是定性分析，选用重复精度高的传感器即可，精度只要满足定性要求即可 |
| 10 | 频率响应特性 | 根据被测物理参数的频响范围确定符合频率响应要求的传感器，最好比频响范围高一个数量级，在允许频率范围内才不易失真，避免传感器的响应延迟，确保控制系统的控制性能。但是传感器的频率响应越高，成本也会越高，而且液压机构的频响比传感器低很多（除特殊情况外），因此传感器的频率特性一般不会有问题 |
| 11 | 稳定性（蠕变性） | 蠕变是指在载荷不变，其他测试条件也保持不变的情况下，传感器输出随时间的变化量对额定输出的百分比，时间一般取 30min<br>传感器稳定性一般取决于使用环境，另外也需要在应用中具备超过试用期后的标定能力 |
| 12 | 漂移 | 漂移是指在外界干扰（如温度、时间等）下，与输入量无关的传感器输出量所发生变化量的大小 |
| 13 | 零位 | 使输出的绝对值为最小或为零的状态，如平衡状态 |
| 14 | 零点温度漂移（温漂） | 上述线性度、灵敏度、滞环和重复精度均未考虑温度变化可能引起的输出变化（偏差）。实际上，温度是传感器领域中不能忽视的干扰因素<br>传感器的温度漂移指在输入量不变的情况下，传感器输出量可能随着温度变化的现象，漂移用规定工作温度范围内指定温度变化范围的额定输出信号的百分数表示<br>零点温度影响是指环境温度的变化对传感器零点的影响。一般用温度每变化 10℃时引起的零平衡变化量与额定输出的百分比来表示，单位为%F. S. /10℃ |
| 15 | 温度补偿范围 | 温度补偿范围是指在此温度范围内，传感器的额定输出和零点平衡均经过严密补偿，从而不会超出规定的范围 |
| 16 | 时间漂移（时漂） | 反映传感器的工作稳定性或存储周期，常用长期稳定性或有效期作为性能参数提供给用户，但具体表现为零点漂移和灵敏度漂移超差 |
| 17 | 允许最大工作速度 | 由于机械或电气的原因，许多传感器（如电位器或数字传感器等）都只能在有限的工作速度范围内正常工作。选型时必须核对最大工作速度，确保它与设备要求的工作速度相适应，也要注意理解最高工作速度与传感器动态特性的关系 |
| 18 | 超载 | 安全超载是指在此载荷内不会对传感器造成破坏性损坏，但不能长期超载极限超载是指传感器负载的极限值 |
| 19 | 通信方式与智能程度 | 随着工业 4.0 时代的到来，对传感器的检测数据可以进行信号转换与信号处理，然后可以通过网络等方式传输出去，进行网控与网联 |

除上述性能参数外，还有一些性能参数如下。

1）最大激励：在室内条件下，能够施加到传感器上的激励电压或电流的最大值。

2）输入阻抗：在输出端短路时，传感器输入端测得的阻抗。

3）输出信号：由传感器产生的与外加被测量呈函数关系的电量。

4）输出阻抗：在输入端短路时，传感器输出端测得的阻抗。

5）固有频率：在无阻力时，传感器的自由（不加外力）振荡频率。

6）迟滞：输出信号变化相对于输入信号变化的时间延迟。

7）灵敏度漂移：由于灵敏度的变化而引起的校准曲线斜率的变化。

8）热灵敏度漂移：由于灵敏度的变化而引起的灵敏度漂移。

9）热零点漂移：由于周围温度变化而引起的零点漂移。

10）绝缘电阻：如无其他规定，指在室温条件下施加规定的直流电压时，从传感器规定绝缘部分之间测得的电阻值。

对于应用于各种工业自动控制环境的液压传感器，其典型产品的功能参数与性能参数见表20-3。液压传感器是众多传感器的其中一种，由表20-3可知，检测液压压力的传感器及其典型的功能与性能。

**表20-3　液压传感器典型产品的功能参数与性能参数**

| 功能参数 | 指标要求 | 性能参数 | 指标要求 |
|---|---|---|---|
| 量程 | -0.1～0MPa | 精度等级 | 0.1%F.S.、0.5%F.S.（可选） |
| | 1～1000MPa | 稳定性能 | ±0.05%F.S./年；±0.1%F.S./年 |
| 测量介质 | 液体或气体 | 过载能力 | 150%F.S. |
| 敏感膜片 | 不锈钢316L | 零点温度系数 | ±0.01%F.S./℃ |
| 供电电压 | DC 24V（DC 9～36V） | 满度温度系数 | ±0.02%F.S./℃ |
| 介质温度 | -20～85℃（常温） | 零点温漂移 | ≤±0.05%F.S.℃ |
| | 150℃（高温） | 量程温度漂移 | ≤±0.05%F.S.℃ |
| 环境温度 | -20～85℃ | 补偿温度 | 0～70℃ |
| 存储温度 | -40～85℃ | 安全过载 | 150%F.S. |
| 安装方式 | 标准螺纹引压测量方式 | 极限过载 | 200%F.S. |
| 产品结构材料 | 全不锈钢结构 | 响应时间 | 5ms（上升到90%F.S.） |
| 密封圈 | 氟橡胶 | 负载电阻 | 最大800Ω（电流输出型） |
| 防护等级 | IP68 | | 大于5kΩ（电压输出型） |
| 测量精度 | 0.1级 | 绝缘电阻 | 大于2000MΩ（100V DC） |
| 输出信号（二线制） | RS485、4～20mA输出可选 | 长期稳定性能 | 0.1%F.S./年 |
| 输出信号（三线制） | 0～5V、1～5V、0～10V | 振动影响 | 在机械振动频率20～1000Hz内，输出变化小于0.1%F.S. |
| 连接电缆 | 聚氨酯专用电缆 | | |
| 应用场合 | 工业过程现场测量和控制 | | |

# 20.3　液压气动系统用压力传感器的原理与应用

## 20.3.1　原理分类与应用特点

### 1. 原理分类

根据结构原理与工作原理的不同，常用压力传感器可以分为以下五类：应变式、压阻式、电容式、压电式、振频式压力传感器。此外还有光电式、光纤式、超声式压力传感器等。适用于液压与气动的压力传感器的原理分类见表 20-4。

**表 20-4　压力传感器的原理分类**

| 序号 | 类型 | 结构原理 | 工作原理 |
|---|---|---|---|
| 1 | 应变式 | 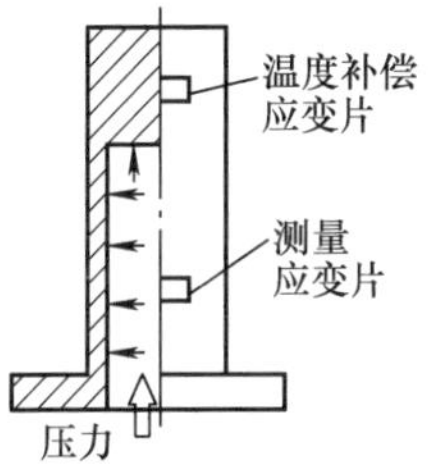<br>a) 应变管式<br>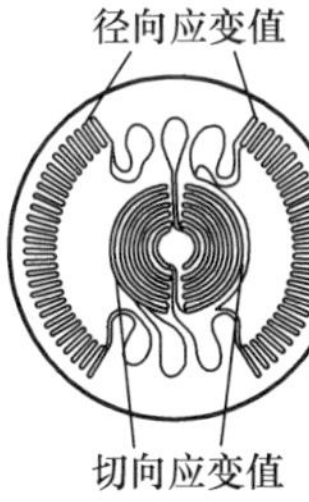<br>b) 膜片式 | 利用弹性敏感元件和应变片，将被测压力施加其上，发生机械变形从而引发电阻值变化，测出施加在电阻两端的电压变化，转换成对应所测压力值，即通过测量各种导体或半导体弹性元件的应变来间接测量压力。应用最多的是粘贴式应变片中，金属电阻应变片吸附在基体材料上形成应变栅，其电阻随机械形变而产生阻值变化的"电阻应变效应"。再以金属丝应变电阻为例，当金属丝受外力作用时，其长度和截面积都会发生变化，其电阻值也会发生改变。由于应变片的体积小、规格多，因此设计灵活以适应各种应用场合。敏感材料有应变片、金属丝贴片、陶瓷膜片、涂于不锈钢或陶瓷膜片的扩散硅、钛合金膜片上的硅－蓝宝石等。按弹性敏感元件结构的不同，应变式压力传感器大致可分为应变管式、膜片式、应变梁式和组合式 4 种 |
| 2 | 压阻式 | 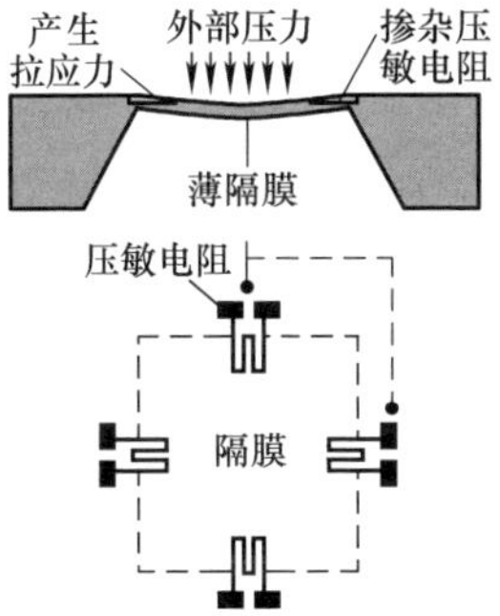 | 利用单晶硅材料的压阻效应和集成电路技术制成的压阻式压力传感器，直接通过硅膜片感受被测压力，单晶硅材料在受到力的作用后，电阻率发生变化，通过惠斯通电桥测量电路就可得到正比于压力变化的电信号输出。通过非线性校正环路的补偿，即产生了与输入电压成线性对应关系的标准输出信号（4～20mA）。该压阻式压力传感器的电流信号性能受温度影响较大，要另设温度补偿电路，但适用于大批量生产。由于硅半导体材料中的压阻效应远大于金属，采用温度补偿措施后的零点漂移、灵敏度、线性度、稳定性等技术指标可以保持较高水平，并提高了测量精度 |

（续）

<table>
<tr><th>序号</th><th>类型</th><th>结构原理</th><th>工作原理</th></tr>
<tr><td>3</td><td>电容式</td><td>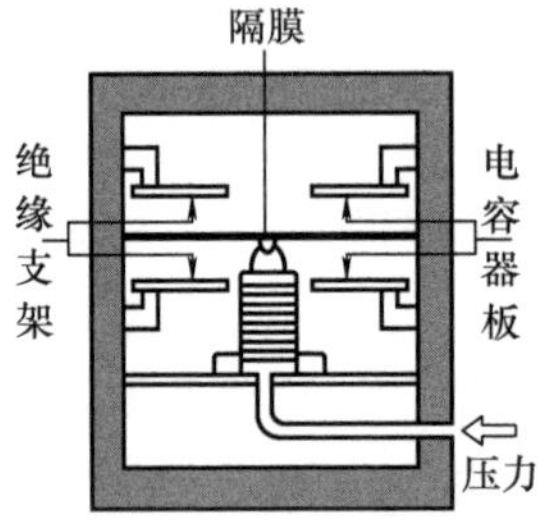
</td><td>采用圆形金属薄膜或镀金属薄膜作为电容器的一个电极，当薄膜感受压力而变形时，薄膜与固定电极之间形成的电容量发生变化，其灵敏度大致与薄膜的面积和压力成正比，而与薄膜的张力和薄膜到固定电极的距离成反比。通过测量电路即可输出与电压呈一定关系的电信号。电容式压力传感器将电容作为敏感元件，属于极距变化型电容式传感器，可分为单电容式压力传感器和差动电容式压力传感器</td></tr>
<tr><td>4</td><td>压电式</td><td>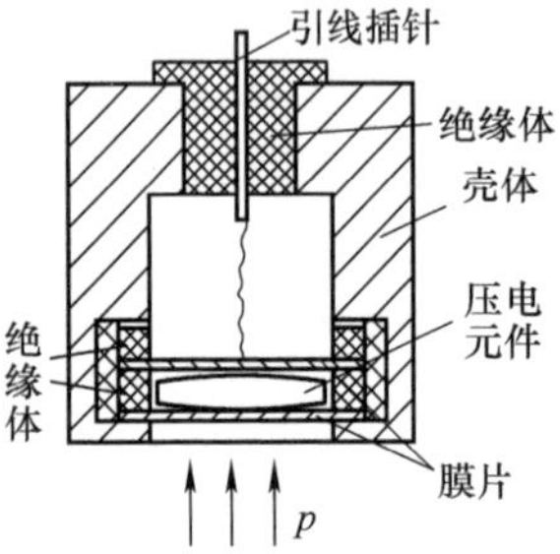
</td><td>压电式压力传感器是一种基于压电效应的传感器，其敏感元件由压电材料（如压电单晶、压电陶瓷与有机压电薄膜）制成。压电式传感器用于测量力和能转换为电的非电物理量。优点是频带宽、灵敏度高、信噪比高、结构简单、运行稳定和质量较轻等。缺点是某些压电材料需要采取防潮措施，并且输出直流响应差，要采用高输入阻抗电路或电荷放大器来解决这个问题</td></tr>
<tr><td>5</td><td>振弦式</td><td>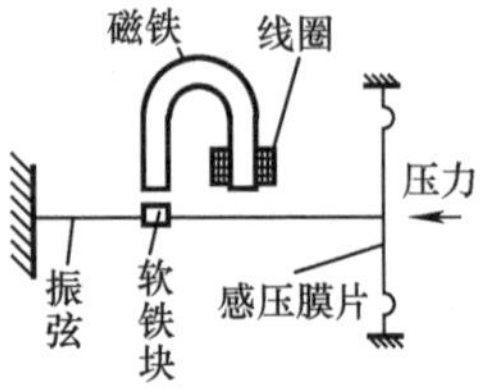

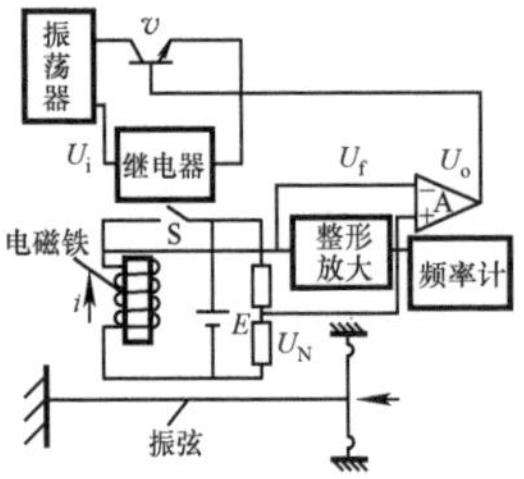
</td><td>敏感元件采用拉紧的钢弦，其固有频率与拉紧力的大小有关。弦的长度是固定的，弦的振动频率变化量可用来测算拉力的大小，即输入力信号，输出频率信号。这种频率测量具有相当高的准确度，而且频率信号在传输过程中可以忽略电缆的电阻、电感、电容等因素的影响，因此具有较强的抗干扰能力，零点漂移小、温度特性好、结构简单、分辨率高、性能稳定，便于数据传输、处理和存储，容易实现仪表数字化，所以振弦式压力传感器也可以作为传感技术发展的方向之一。振弦式压力传感器可以选择电流输出型和频率输出型，当频率变化后经过转换器可以转换为 4～20mA 的电流信号</td></tr>
</table>

（续）

| 序号 | 类型 | 结构原理 | 工作原理 |
| --- | --- | --- | --- |
| 6 | 电感式 | 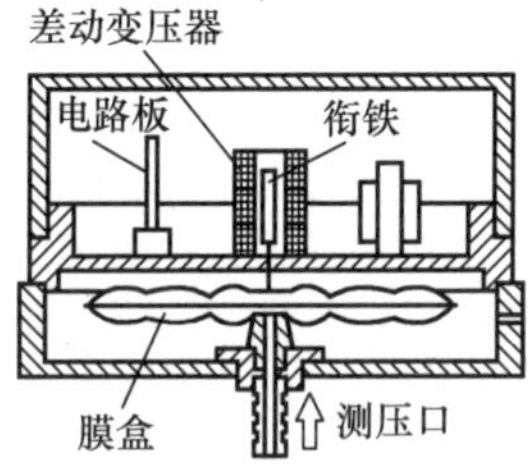<br>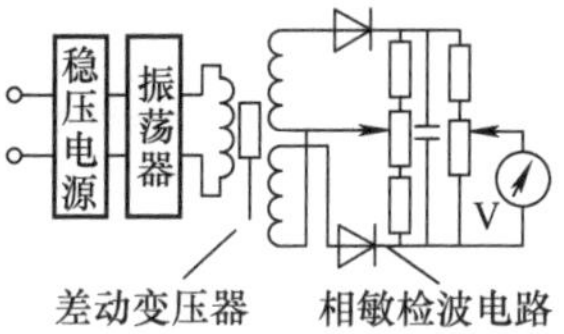 | 利用电磁原理的传感器统称，主要包括电感式压力传感器、霍尔电感式压力传感器、电涡流电感式压力传感器等。工作原理是由于磁性材料和磁导率不同，当压力作用于膜片时，气隙大小发生改变，气隙的改变影响线圈电感的变化，处理电路可以把这个电感的变化转化成相应的信号输出（如左图），从而达到测量压力的目的。该种压力传感器按磁路变化可以分为变磁阻式和变磁导式<br>变磁阻式压力传感器主要部件是铁心与膜片。它们与气隙形成了一个磁路。当有压力作用时，气隙大小改变，即磁阻发生了变化。如果在铁心线圈上施加一定的电压，电流会随着气隙的变化而变化，从而测出压力<br>在磁通密度高的场合，铁磁材料的磁导率不稳定，这种情况下可以采用变磁导式压力传感器。变磁导式压力传感器用一个可移动的磁性元件代替铁心，压力的变化导致磁性元件的移动，从而导致磁导率发生改变，由此得出压力值 |
| | 霍尔电感式 | 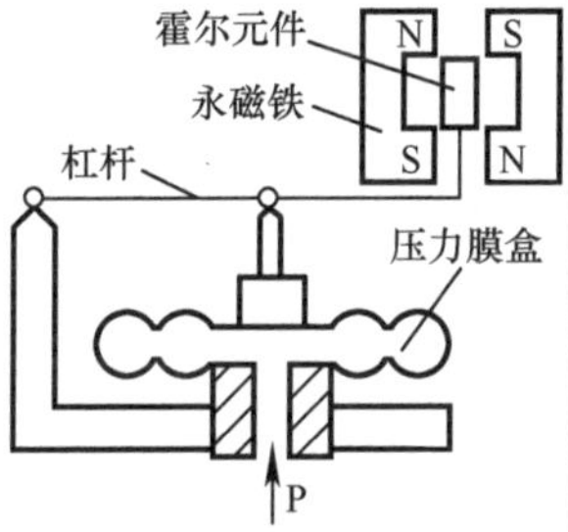<br>工作原理<br>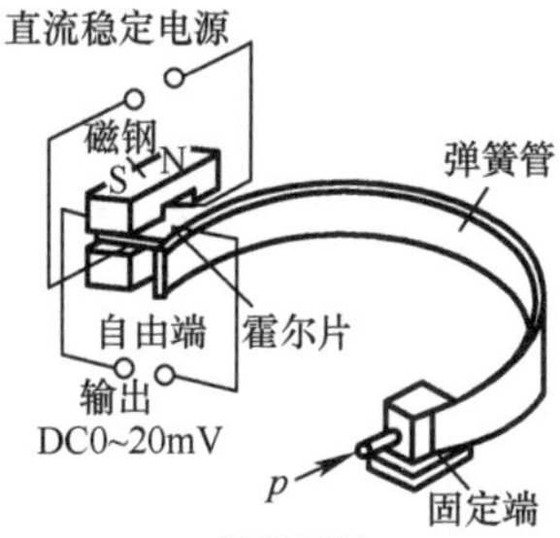<br>结构原理 | 基于某些半导体材料的霍尔效应制成的。霍尔效应是指当固体导体放置在一个磁场内，且有电流通过时，导体内的载流子受到洛伦兹力而偏向一边，继而产生电压（霍尔电压）的现象。电压所引致的电场力会平衡洛伦兹力。通过霍尔电压的极性，可证实导体内部的电流是由带有负电荷的粒子（自由电子）运动造成的<br>当磁场为一交变磁场时，霍尔电动势也为同频率的交变电动势，建立霍尔电动势的时间极短，故其响应频率高。理想霍尔元件的材料要求要有较高的电阻率及载流子迁移率，以便获得较大的霍尔电动势。常用霍尔元件的材料大都是半导体，包括 N 型硅（Si）、锑化铟（InSb）、砷化铟（InAs）、锗（Ge）、砷化镓（GaAs）及多层半导体质结构材料，N 型硅的霍尔系数、温度稳定性和线性度均较好，砷化镓温漂小 |

**2. 应用特点**

不同工作原理的压力传感器有不同的特性，因此有不同的应用特点。表 20-5 列出了各种压力传感器的应用特点，便于使用者在了解传感器特性的基础上进行选择。

表20-5　各种压力传感器的应用特点

| 序号 | 类型 | 工作原理 |
| --- | --- | --- |
| 1 | 应变式  | 粘贴式应变片应用最多，由于应变片的结构简单、制造方便、适用性强、体积小、规格多，因此设计灵活，适用于各种应用场合。此外，还能灵活制定弹力敏感元件的形式以满足各种使用场景。主要不足是输出信号小、线性范围窄、动态响应较差<br>膜片式压力传感器的最新产品是将弹性敏感元件和应变片的作用集单晶硅膜片于一身，即采用集成电路工艺在单晶硅膜片上扩散制作电阻条，并采用周边固定结构制成的固态压力传感器。测量较小压力时，可采用固定梁、等强度梁与悬梁的结构。这种结构还有其他形式，例如可采用悬梁与膜片或波纹管构成 |
| 2 | 压阻式  | 由于硅半导体材料中的压阻效应远大于金属，采用温度补偿措施后的零点漂移、灵敏度、线性度、稳定性等技术指标可以保持较高水平，并提高了测量精度<br>利用硅的压阻效应和微电子技术制成的压阻式压力传感器，具有灵敏度高、动态响应好、精度高等性能特点。它易于批量生产，能够方便地实现微型化、集成化和智能化。因而它成为受到人们普遍重视并重点开发的具有代表性的新型传感器<br>陶瓷压力传感器：耐腐蚀的陶瓷压力传感器没有液体的传递，压力直接作用在陶瓷膜片的前表面，使膜片产生微小的形变，厚膜电阻印制在陶瓷膜片的背面，连接成一个惠斯通电桥（闭桥），由于压敏电阻的压阻效应，使电桥产生一个与压力成正比、与激励电压也成正比的高度线性电压信号，标准的信号根据压力量程的不同标定为2.0/3.0/3.3mV/V等，可以和应变式压力传感器相兼容。通过激光标定，传感器具有很高的温度稳定性和时间稳定性，传感器自带温度补偿0～70℃，并可以和绝大多数介质直接接触<br>陶瓷是一种公认的高弹性、耐腐蚀、抗磨损、抗冲击和振动的材料。陶瓷的热稳定特性及它的厚膜电阻可以使它的工作温度范围达－40～135℃，而且具有测量的高精度、高稳定性。电气绝缘程度＞2kV，输出信号强，长期稳定性好。特性优异、价格低的陶瓷压力传感器将是压力传感器的发展方向，在欧美地区有全面替代其他类型压力传感器的趋势，在我国也有越来越多的用户使用陶瓷压力传感器替代扩散硅压力传感器 |
| 3 | 电容式 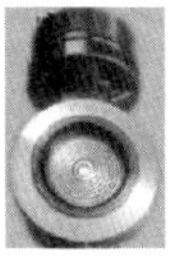 | 将流体压力的变化转化电容的变化，并由相关测量电路将电容的变化转化为电流或电压输出。电容式压力传感器主要用于监测负压、液体压力、气压，测量范围为20～100kPa，主要表现为输入能量高、动态响应特性好、环境适应能力好<br>电容式差压变送器是早期产品，它具有构造简单、小型轻量、精度高（可达0.25%）、互换性强等优点，广泛应用于工业生产中。该变送器具有如下特点：变送器感压腔室内充灌了温度系数小、稳定性高的硅油作为密封液，感压膜片采用张紧式结构，具有良好的线性度，动态响应时间一般为0.2～15s |

（续）

| 序号 | 类型 | 工作原理 |
|---|---|---|
| 4 | 压电式  | 具有结构简单、体积小、质量轻、使用寿命长等优异的特点。优点是频带宽、灵敏度高、信噪比高、结构简单、运行稳定和质量较轻等。缺点是某些压电材料要采取防潮措施，并且输出直流响应差，要采用高输入阻抗电路或电荷放大器来解决这个问题。压电传感器主要应用在运动参数（加速度、速度）、流体压力和力参数等的测量中，例如，用它来测量枪炮子弹在膛中击发一瞬间的膛压变化和炮口的冲击波压力。它既可以用来测量大的压力，也可以用来测量微小的压力<br>此效应产生的电压经过放大就可以转换成力或压力值，而且这里所产生的电压没有明显的力和压力变化所引起的时间迟滞，特别适合进行动态过程测量，频率范围为 10Hz ~ 200kHz，即适用于对压力波动和压力峰值的检测，因为经过外力作用后的电荷，只有在回路具有无限大的输入阻抗时才得到保存，这就决定了压电传感器只能够测量动态过程的应力，不适用于静态测量 |
| 5 | 振弦式  | 这种频率测量具有相当高的准确度，而且频率信号在传输过程中可以忽略电缆的电阻、电感、电容等因素的影响，因此具有较强的抗干扰能力，零点漂移小、温度特性好、结构简单、分辨率高、性能稳定，便于数据传输、处理和存储，容易实现仪表数字化，所以振弦式压力传感器也可以作为传感技术发展的方向之一。振弦式压力传感器可以选择电流输出型和频率输出型，当频率变化后经过转换器可以转换为 4 ~ 20mA 的电流信号 |
| 6 | 电感式  | 电感式压力传感器的优点在于灵敏度高、测量范围大；缺点就是不能应用于高频动态环境。霍尔电感式压力传感器中 N 型硅的霍尔系数、温度稳定性和线性度均较好，砷化镓温漂小。电涡流电感式压力传感器中电涡流特性使电涡流检测具有零频率响应等特性，因此电涡流电感式压力传感器可用于静态力的检测 |

## 20.3.2　液压气动系统用压力传感器的选择

### 1. 传感器的选用原则

传感器的选用与各种环境条件与使用情况有关，表 20-6 列出了压力传感器选用的影响因素。

**表 20-6　压力传感器选用的影响因素**

| 序号 | 总体要求 | 技术指标 | 使用环境 | 维修与成本 |
|---|---|---|---|---|
| 1 | 测量的目的 | 传感器量程 | 现场使用条件 | 服务与维修 |
| 2 | 被测量的选择 | 精度 | 使用环境（温湿度、振动等） | 零配件储备 |
| 3 | 被测物体产生的负载效应 | 稳定度 | 信号传输距离 | 保修时间 |
| 4 | 测量允许的时间 | 输出幅值 | 现场提供的功率容量 | 成本 |

（续）

| 序号 | 总体要求 | 技术指标 | 使用环境 | 维修与成本 |
|---|---|---|---|---|
| 5 | 被测信号幅值与频宽 | 响应特性 | 超标准输入信号的保护 | 交货期 |
| 6 | 数智化 | 模拟量或数字量 | 校正周期 | 校正周期 |
| 7 | 其他 | 控制总线 | 电磁环境或网络环境 | 品牌 |

根据影响力与国内使用情况，压力传感器可以参考的品牌有：霍尼韦尔、西克（SICK）、中国电科、中航电测、横河（YOKOGAWA）、博世（Bosch）、麦克传感（MicroSensor）、天水华天、意法半导体、盾安环境等。有关液压企业也有生产压力传感器的，如阿托斯、威卡、贺德克等。

**2. 传感器技术指标的影响因数**

选择传感器时的技术指标是一个技术指标体系，由各方面的要求决定，其影响因素见表20-7。

**表20-7　传感器技术指标的影响因素**

| 技术指标要求 | | 技术指标的体现 |
|---|---|---|
| 基本参数 | 量程指标 | 量程范围、过载能力、满量程输出等 |
| | 灵敏度指标 | 灵敏度、分辨力、分辨率等 |
| | 精度指标 | 精度、线性度、迟滞、重复性、稳定性等 |
| | 动态指标 | 固有频率、阻尼比、时间常数、频率特性、稳定时间等 |
| 环境参数 | 温度指标 | 工作温度范围、温度漂移、温度系数、热滞后、温度误差等 |
| | 抗冲击振动 | 允许各向抗冲击振动频率、振幅与加速度、冲击振动引入误差等 |
| | 其他环境指标 | 抗潮湿、抗介质腐蚀、抗电磁场干扰等 |
| 可靠性指标 | | 工作寿命、平均无故障时间、疲劳性能、绝缘电阻、耐压、抗飞弧等 |
| 其他使用指标 | 供电方式 | 直交流、频率、波形、功率、各项分布参数值、电源范围与稳定度等 |
| | 外形指标 | 外形尺寸、质量、壳体材料、结构特征等 |
| | 安装方式 | 安装布置、电线电缆布线、安放位置等 |
| 网络化指标 | 总线指标 | 总线选择、传输要求等 |
| | 网络方式 | 网络通信、云服务等 |

**3. 压力传感器选择时的几个关注点**

（1）根据主机要求决定传感器种类——来自试验机方面的争论　力传感器与压力传感器都可以用于液压缸下置式万能试验机。

力传感器安装在试验机的工作活塞和台板之间，输出的电信号反映的是作用在传感器上的力值，也可以转换为本试验机施加于试件上的力值。但是试验机运动中框架与升降丝杠间的摩擦力是非线性力，会影响检测的精度，好在这个力相对于被测力而言很小，在量程不是很小的情况下可以在精度允许范围内忽略。力传感器在微型计算机上显示的试样受力精度是认可的。

而压力传感器安装在液压缸上。由于缸活塞面积是常数，因此也可以获知试验机的力值。但是，这时这个力值除了受到试验机运动中框架与升降丝杠间的摩擦力影响外，还受到活塞与液压缸壁间的摩擦力的影响，此力的大小与液压缸活塞的制造工艺、配合精度、密封方式相关。所以，对于试验机而言，使用压力传感器的测力系统要在一定的误差范围内，才能将压力转化为显示给用户的力值。这里的一个前提条件是要想使压力传感器测力系统表现得和力传感器测力系统一样好，必须使活塞与液压缸壁间的摩擦力足够小。后者只要采取无密封圈的间隙密封精密液压缸就可以，这时的液压缸摩擦力足够小，而且附加的好处是寿命也更长。因此应用证明，试验机的力值是可以用压力传感器完成测量的。

试验机上使用压力传感器，与使用力传感器相比有几个明显的优点：一是材料试验机做金属材料试验时，试棒断裂瞬间受力由几百千牛骤降为零会带来强烈的冲击。这个冲击在试验机全部刚性连接下传递给力传感器，容易给力传感器带来损害以至损坏。而对于压力传感器，由于有油液缓冲，使用寿命会高于力传感器。二是力传感器安装对中精度要求很高，维修更换难度也大；压力传感器只需要更换接头即可，省事省时。三是压力传感器成本低廉，力传感器的成本则要增加10倍左右。

目前在试验机中采用哪种传感器仍未有定论，对小中吨位试验机与大吨位试验机分别采用哪种传感器仍然存在不同意见，需要决策者综合考虑并决定。

（2）静动态指标的选择概念　通常在液压、气动伺服/比例这类运动控制系统中，为了不影响控制系统的静动态特性，有三个选择概念非常重要。但需要指出这是选择判断的概念，不是必须遵守的规定。

1）作为静态指标中传感器元件的精度，选择时应该超过控制系统本身要求的精度，传感器的分辨力至少应该比所需系统精度高10倍。例如，一个位移控制系统必须达到0.1mm的精度，则传感器的分辨力应超过0.01mm。

2）作为动态指标中传感器元件的频率响应，选择时也必须超过所控制系统的频率响应，在工程应用中，传感器的固有频率比所控制系统要求的响应时间要至少高10倍。例如，一个控制系统必须达到的频响为100Hz左右，则传感器固有频率应超过1000Hz。

3）作为安全指标，在系统中都会产生较大的压力峰值，部分品牌的压力传感器；其爆破压力均为额定工作压力的10倍，可以为系统的安全运行保驾护航。

（3）量程　压力传感器的量程一般用Pa或MPa表示，最小的有几Pa，最大的有1000MPa。可根据需要来选。选择时最大量程要比所需量程多30%余量，防止过冲损坏，如果是差压传感器，除量程外还要考虑静压应大于工作压力。

（4）精度　选择压力传感器时，精度是用户必须考虑的因素。要注意精度是线性度、迟滞和重复性误差以及热漂移影响的综合效应。静态精度指在特定的温度下能够达到的精度，可分为超高精度（0.01%～0.1%F.S.）、高精度（0.1%～

1% F. S.）、普通精度（1% ~2% F. S.）、低精度（2% ~10% F. S.）四个档次。全温度范围精度是指压力传感器在整个使用范围内都应该达到的精度，同样分以上四档。注意，选择的静态精度如果是0.1% ~1% F. S.，全温度范围的精度并不一定能够达到这个高精度，也许会降低到普通精度甚至低精度。

对于用户来说，精度越高越好，但是成本高昂、制作周期长。在实际选择压力传感器时，根据实际应用场合和要求，选择合理的精度即可。

（5）输出信号类型　压力传感器通常有三种类型的电输出信号：毫伏（mV）、电压输出、4 ~20mA。采用毫伏输出的通常是最经济的压力传感器，其输出标称约为30mV。实际输出与压力传感器的输入电源或激励成正比。如果激励发生波动，输出也会改变。由于这种对激励电平的依赖性，建议将稳压电源用于毫伏传感器。由于输出信号很弱，传感器不应置于电噪声环境中。传感器与二次仪表之间也应保持相对较短的距离。电压输出的传感器带有积分信号调节功能，使其能够产生比毫伏传感器更高的输出。输出通常为0 ~5V DC或0 ~10V DC。其传感器的输出通常不是激励电源的直接函数，只要稳压电源落在指定的电源范围内就可以了。与毫伏传感器相比，电压输出的传感器受电噪声的影响较小，可以在工业环境中使用。4 ~20mA输出又叫压力变送器。由于4 ~20mA信号受电噪声和电阻影响最小，因此，当需要长距离传输信号时，最好使用这种传感器。在连线长度300m以上的应用中，只能选用这类输出的传感器，如图20-3所示。

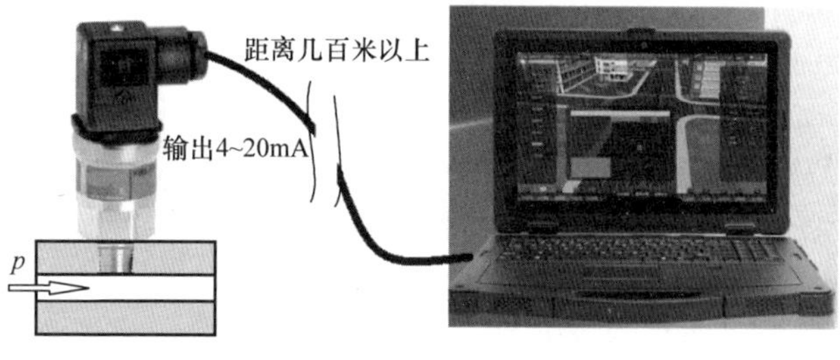

图20-3　电流输出信号选择

（6）长期稳定性　压力传感器的初始性能是很重要的，但更重要的是在两年或三年时间内的性能。所以，还需要关注长期稳定性指标。液压设备应该选择一个在所有条件下都被证明是可靠的压力传感器。对于移动液压设备，由于其使用工况经常受到振动和冲击，还需要关注振动、抗冲击、电磁干扰等指标。

（7）连接螺纹　液压压力传感器的安装方式可分为法兰安装、螺纹安装、卡箍安装等。选择安装方式时，应根据实际需要进行选择。量程、信号、连接是工程施工时选择压力传感器的三大要素，特别是螺纹连接尽管结构简单，但一旦选定则无法改动。常见螺纹有NPT、PT、G、M等，在选型、加工、安装、密封等方面都必须避免错误。

（8）电磁兼容性　液压系统中常常会用到一些高功率的装置，这就意味着一些电子元器件很容易受到电磁辐射和静电放电的干扰，如果没有相应的措施，就很可能会损坏系统。例如，在移动空中工作平台中，电磁辐射很可能会干扰压力传感器的信号，导致系统压力不稳，工作平台的运动不稳定，也就无法保证工作人员的施工安全。在这种情况下，指定具有严格电磁兼容性（EMC）标准的传感器，包括至少 150V +/m 的增强辐射免疫（EMI）评级和增强的静电放电（ESD）额定值 ±8kV（接触）或 ±15kV（空气），将有助于确保传感器不受电磁辐射的干扰。

（9）网络与总线环境　随着网络化、无人化、电动化的发展，控制系统越来越多地采用这些技术，相应的传感器也需要与此配合，或具有相应功能。

（10）品牌选择　根据预算与应用特点，选择适合的品牌。

## 20.3.3 液压传感器与气压传感器

目前市场上将适合用于液压系统或用于液体或气体为工作介质的系统（如石化管道系统）的压力传感器称为液压传感器与气压传感器（见图 20-4）。气压传感器和液压传感器是用于测量气体和液体压力的传感器。两种传感器各有应用领域，它们广泛应用于工业、航空、汽车、医疗和环境等领域的压力参数测量、控制、监测、检测等。

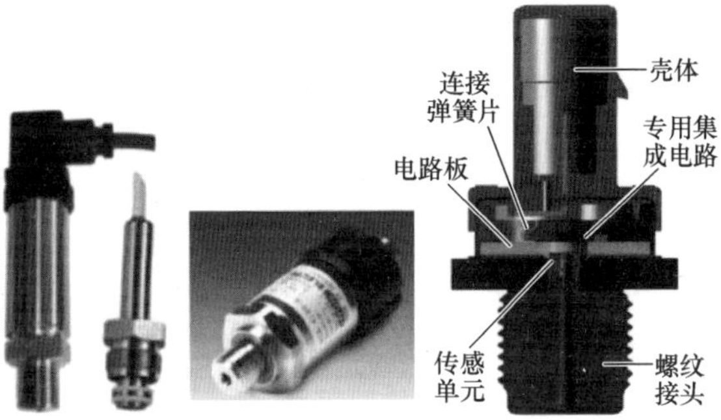


a)

b)

图 20-4　液压传感器和气压传感器产品

a）液压传感器　b）气压传感器

气压传感器与液压传感器主要是测量流体压力的传感器。

气压传感器的工作原理是将气体压力转换为电信号输出。气体在压力传感器内部压缩，导致压电、电容、电阻或热敏材料发生变化，进而产生电信号。这个信号可以通过放大器和滤波器进行处理和解读，得到精确的压力测量结果。

液压传感器是把带隔离的硅压阻式压力敏感膜片元件封装于不锈钢壳体内制作而成的。压力直接作用在传感器的膜片上，使膜片产生与介质压力成正比的微位移，使传感器的电阻发生变化，用全动态电桥电子线路检测并放大输出信号，从而转换输出一个对应于这个压力的标准信号。该电桥采用恒流源供电，以减小环境温度的影响。当压力改变时，桥臂阻值发生变化引起输出电压变化，经过差分归一化放大器放大转换后，再变换成相应的电流信号，该电流经非线性矫正环路补偿后，即产生与输入压力信号呈近似线性关系的 4～20mA 的直流标准输出信号。图 20-5 所示为液压传感器工作原理与电气连接示意图。

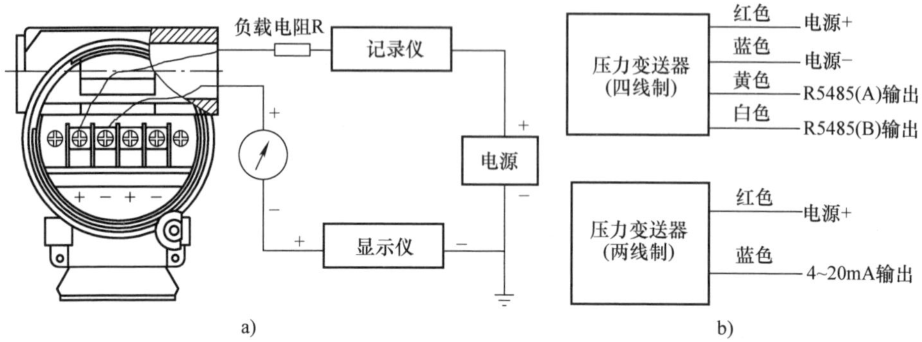


图 20-5　液压传感器工作原理与电气连接示意图
a）工作原理　b）电气连接示意图

## 20.4　液压缸与气缸用位移传感器原理与应用

位移传感器是液压气动系统与元件中应用最多的传感器之一。内置式液压缸磁致伸缩位移检测传感器安装示意图如图 20-6 所示，主要用于液压缸运动位移检测与反馈控制，也用于液压阀阀芯的运动位移检测与反馈控制。位移传感器又称为线性传感器，从工作原理而言，它分为电位器式、电感式、电容式、光电式、超声波式、霍尔式、电涡流式等，如图 20-7 所示。

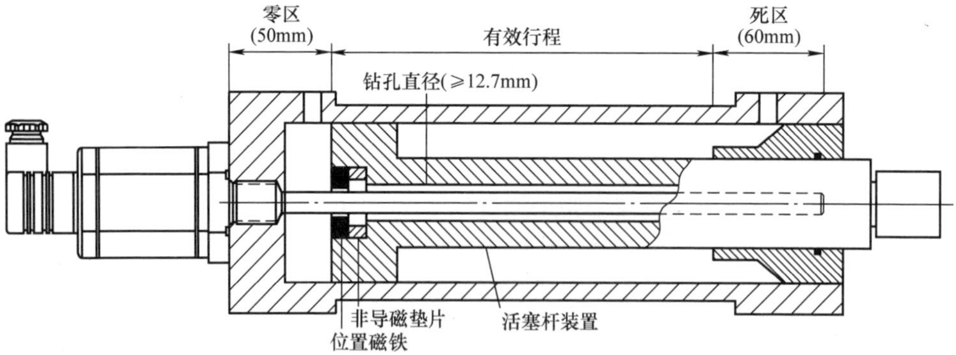


图 20-6　内置式液压缸磁致伸缩位移检测传感器安装示意图

### 20.4.1　液压缸与气缸用位移传感器原理

液压缸运动位移检测与反馈控制的位移传感器有以下三种处置方法。

(1) 内置式液压缸/气缸位移传感器　精度高，结构复杂，加工制造难度较高，成本高。用于内置式液压缸的位移传感器主要有四种：磁致伸缩线性位移传感器（Magnetostrictive Linear Displacement Transducer，MLDT），电位位移传感器（Potentiometer Displacement Sensor，PODS）、线性可变电感式位移传感器（LVIT）与线性可变差动变压器式位移传感器（LVDT）等。这是目前应用的主流类别，特别是 LVDT 应用最多。

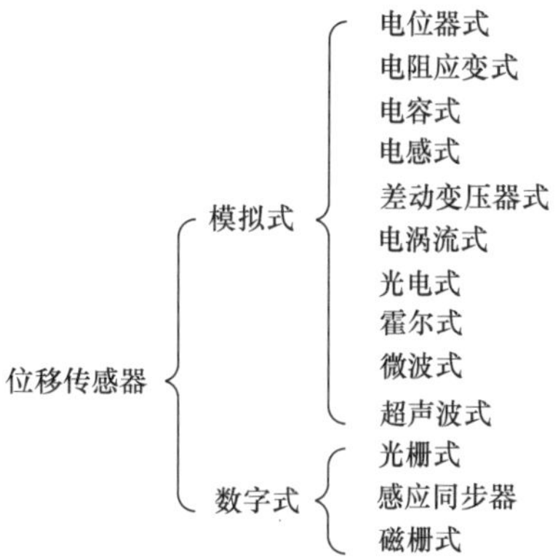


图 20-7　位移传感器的类型

(2) 外置式液压缸/气缸位移传感器　独立于液压缸之外，结构简单，可靠性较差，易于受损害。外置式液压缸位移传感器主要有电位位移传感器、光栅等。这在检测缸位移的早期应用中比较多。

(3) 自置式液压缸/气缸位移传感器　除了作为执行机构之外，可以让液压缸/气缸的活塞杆也成为新型位移传感器的一部分。国外公司很早就有这类产品，但未普及，近年随着分布式液压系统的发展正有新的需求。

液压缸/气缸用位移传感器结构原理与工作原理见表 20-8。

**表 20-8　液压缸/气缸用位移传感器结构原理与工作原理**

| 序号 | 类型 | 结构原理 | 工作原理 |
|---|---|---|---|
| 1 | 内置或外置线性可变差动变压器 | 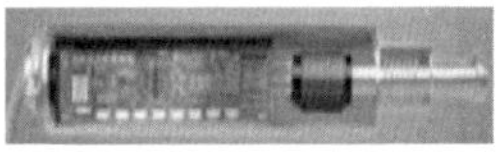<br>LVDT<br>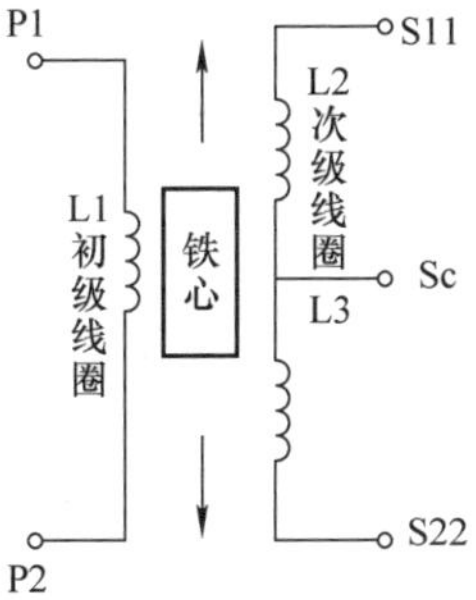<br><br>LVDT 结构原理<br>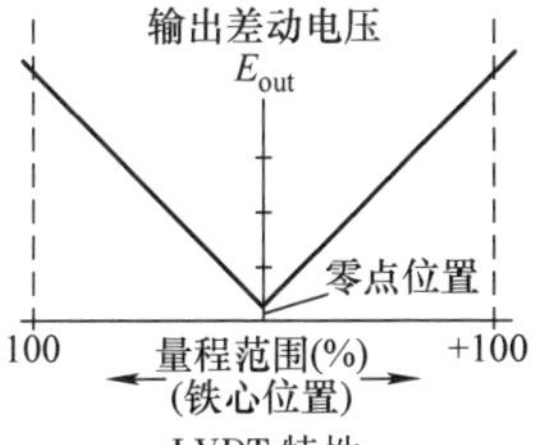<br><br>LVDT 特性 | 线性可变差动变压器（LVDT）是铁心可动变压器。由一个初级线圈、两个次级线圈、铁心等部件组成。当初级线圈 L1 供给交变电压时，铁心在中间上下移动时改变了磁场分布，次级两个线圈输出电压之差与铁心移动呈线性关系。这样就将铁心的位移量变成了电压信号输出。由于两个次级线圈的电压极性相反，输出电压就成为差动电压，并为线性关系<br>LVDT 位移传感器特点：无摩擦测量；无限的机械寿命；无限的分辨率（设备可读精度是限制）；零位重复性高且稳定（可作为零位指示器）；径向运动不敏感（可以与波登管耦合作为压力传感器）；输入/输出隔离（将此变压器原理应用于信号线与电源线隔离回路）；耐用耐冲击（铁心与线圈间可以加入液体防冲击等）；耐恶劣工作环境（外壳不锈钢可耐腐蚀、核辐射、强磁场、高温高压、水下、耐振动达 2kHz、耐加速度达 20$g$、耐冲击达 150$g$/11ms 等）。良好动态特性适用于高速在线检测，进行自动测量与自动控制 |

（续）

| 序号 | 类型 | 结构原理 | 工作原理 |
|---|---|---|---|
| 2 | 内置磁致伸缩线性位移传感器 | <br>磁致伸缩线性位移传感器产品<br>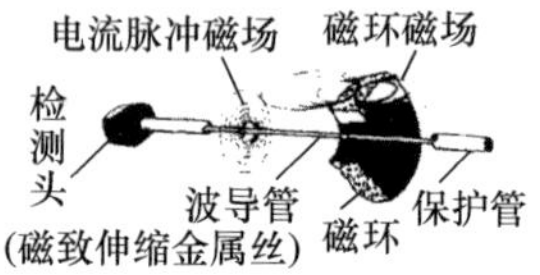<br><br>磁致伸缩线性位移传感器结构原理 | 磁致伸缩线性位移传感器（MLDT）是利用磁致伸缩效应的非接触式传感器。磁致伸缩是镍、铁氧体或铁系非晶体金属等强磁体中随其磁场强度引起磁畴变动及金属变形的现象。该传感器利用在金属中传播的机械弹性波，把位移变换成其传播时间，检测被测物绝对位移。如左下图示，磁致伸缩金属丝位于行程机械弹性波波导管中，在它轴向配置非接触移动的磁体，为金属丝提供轴向磁场。在磁致伸缩金属丝上按一定方向附加电流脉冲时又产生周向磁场。轴向和周向磁场矢量合成倾斜磁场。一旦在磁致伸缩金属中的磁场变化，则金属随其变形，变形的产生会形成弹性波，在金属中向两端传播<br>短电流脉冲被施加到导线（探针）上并到达磁体的位置时，会引起微小的扭曲，并以波的形式向下传播。传感器测量发送每个脉冲和接收扭转波所花费的时间比例，计算出传感器磁体的距离，结果准确、快速精度高。但磁致伸缩传感器对冲击和振动敏感<br>此传感器的优点：精度高（最高达0.002% F.S.，比传统位移传感器1% F.S. 高500倍）、量程大（达几米）、传输距离远、非接触式测量可靠性高寿命长、适应恶劣环境、安装简便、与计算机及网络有良好的相容性，便于系统自动化工作（提供标准输出信号后便于微型计算机处理与联网工作，提高整个测量系统的自动化程度）<br>其典型性能如下：线性度为0.05% F.S.，分辨力为0.06mm（50MHz时钟脉冲时），重复精度为0.01～0.02mm，温度特性为0.005mm/℃与+0.00054% F.S./℃。其中重复精度问题由磁致伸缩现象的滞后引起 |
| 3 | 内置线性可变电感式传感器 | <br>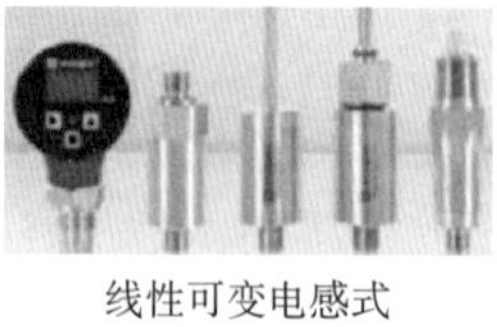<br>线性可变电感式位移传感器 | 线性可变电感式位移传感器（LVIT）是利用线圈电感器（探头）使金属的感应面产生一个交变磁场，即探头施加谐振频率来工作。此感应器在导电可移动元件的表面可以形成涡流，当金属物体接近此感应面越近时，金属中产生涡流而吸取的振荡器能量越多，使振荡器输出幅度线性衰减，通过对此频率的测量，可以确定探头相对于液压缸的位置<br>性能特点：测量范围较大；线性度误差为±（0.15～0.25）%；分辨率为0.025% F.S.；更新速率为300Hz；工作温度为-20～85℃；温度系数为0.015% F.S./℃；振动20～2000Hz时加速度为4.2$g$ p-p（峰-峰）；冲击为1000$g$/11ms；终端IEC IP67；相对湿度为95%等 |

（续）

| 序号 | 类型 | 结构原理 | 工作原理 |
|---|---|---|---|
| 3 | 内置线性可变电感式传感器 | 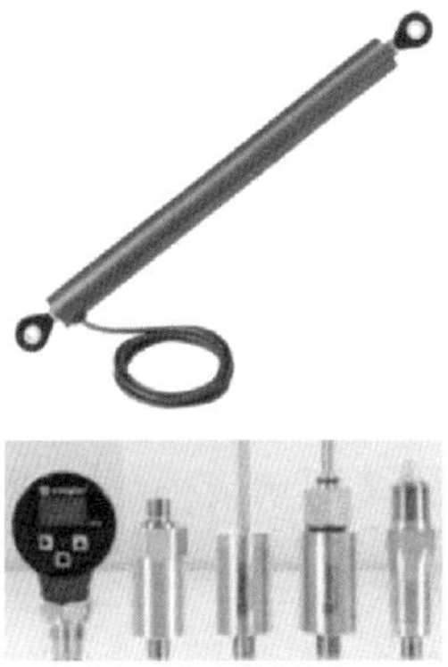<br>线性可变电感式位移传感器 | LVIT 具有出色的重复性、良好的分辨率和线性度。应用特点是精确度可与磁致伸缩线性位移传感器相媲美，但对冲击和振动的耐受性更好，并兼有磁致伸缩线性位移传感器的高性能与外部端口安装灵活性的优点；另外，具有电子技术和封装设计灵活性，可以用于远程现场校准；用于液压缸更耐用并兼有嵌入式电阻电位计价格的优势。用于气缸、重载或工程机械液压、海底（3000m）液压缸等案例较多<br>在 LVIT 产品中可以具有 ASG 专有的 SenSet 现场可编程缩放功能，可以在安装后根据实际情况调整满行程输出功能<br>液压阀位置反馈也可采用短距离 LVIT，其简单的感应式探头插入主阀芯末端的盲孔中，通常比 LVDT 更容易安装 |
| 4 | 内置或外置可编程线性霍尔位移传感器 | <br>霍尔位移传感器<br>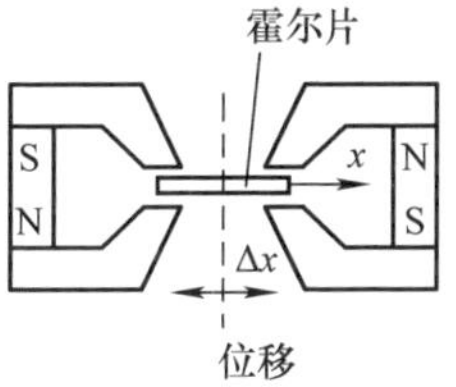<br>工作原理<br>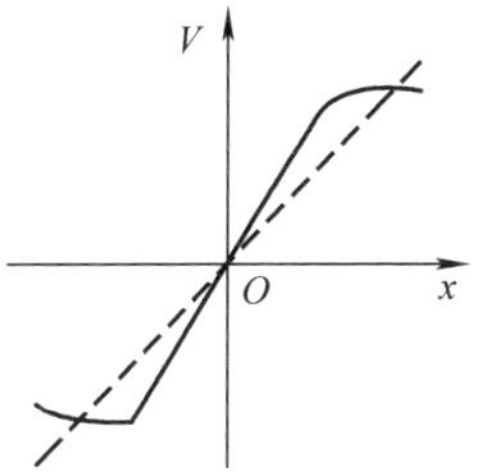<br>特性曲线 | 可编程线性霍尔位移传感器主要由两个半环形磁钢组成的梯度磁场和位于磁场中心的锗材料半导体霍尔片（敏感元件）装置为核心，加上测量电路（电桥、差动放大器等）及显示部分组成。如左图所示，由两个结构相同的直流磁路系统共同形成一个沿 $x$ 轴的梯度磁场。霍尔片置于两个磁场中，当霍尔片通以恒定电流时，在其垂直于磁场和电流的方向上就有霍尔电势输出。霍尔片在梯度磁场中移动时，输出的霍尔电势 $V$ 取决于其在磁场中的位移量 $x$。测得霍尔电势的大小便可获知霍尔片的静位移。一般可用来测量较短位移，其特点是惯性小，响应速度快<br>液压缸霍尔位移传感器与带有磁性金属的测量杆被安装在液压缸内部，随着液压缸的运动而移动，并和包含霍尔元件和磁敏元件的电子元件传感器探头组成。传感器探头被安装在液压缸外部，与磁性测量杆相对应。将位移检测装置嵌入整个液压缸内部，可以更好地检测液压缸的位移。可以根据量程范围使用多颗可编程线性霍尔元件同时采集位移量，当采用多个可编程线性霍尔元件时，可以避免可编程线性霍尔元件之间的差异，也可以避免因为外部条件和误差而导致的非一致性<br>霍尔位移传感器的优点在于可检测多种物理量（位置、速度、运动方向）；检测非接触，有无限寿命；高重复性；几乎免维护；耐振动、灰尘和水影响；可用于高速测量，例如大于 100kHz，这是电容式和电感式传感器难以达到的；低成本；体积小，可用于表面贴装。缺点是测量距离受限；易受外部磁场影响；高温会影响导体电阻，进而影响载流子的迁移率和霍尔位移传感器的灵敏度 |

（续）

| 序号 | 类型 | 结构原理 | 工作原理 |
| --- | --- | --- | --- |
| 5 | 内置或外置线性电阻位移传感器 | 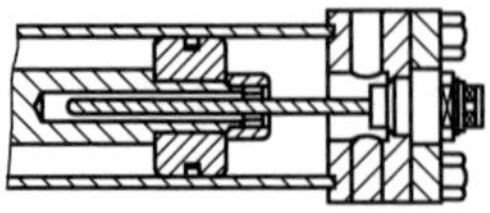<br>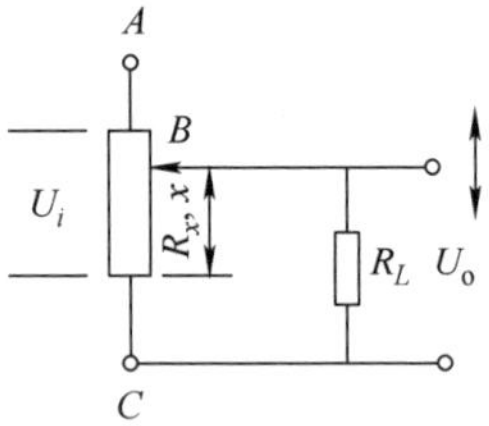 | 线性电阻位移传感器由一个电阻片和一个活动电极组成（左上图），工作原理见左下图。当液压缸活塞移动时，活动电极也会随之移动，从而改变电阻片的电阻值。这个电阻值的变化会被转换成电信号输出，从而实现对液压缸位移的测量。具有精度高、响应速度快、可靠性好、成本低等优点，但准确性较低，由于具有滑动触点，运动部件易磨损，增加维护成本。选择此类传感器时，成本是驱动因素，精度要求不高 |
| 6 | 外置拉线位移传感器 | 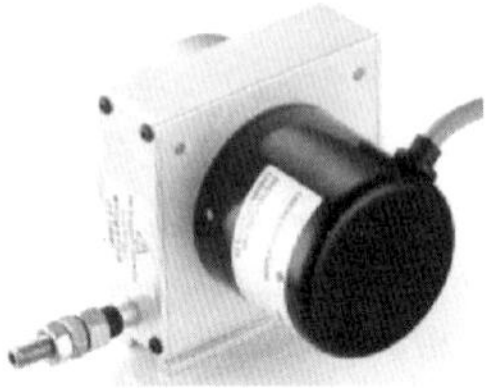 | 拉线位移传感器/编码器（又名拉绳位移传感器），结合了角度位移传感器和直线位移传感器的优点，结构紧凑、行程长（0.2～20m）、空间尺寸小、成本低、精度高、抗振、安装简便、适应恶劣环境。可以替代光栅尺。拉线位移传感器分为钢丝绳自卷弹簧机械部分和安装BEN编码器电子部分，将钢丝绳的直线位移转换成旋转量 |
| 7 | 内置电容式位移传感器 | <br>微米级电容式位移传感器<br>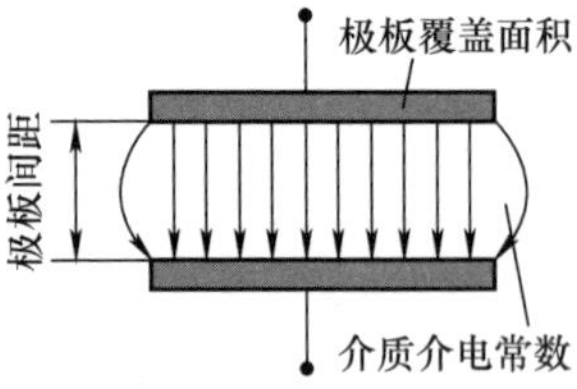<br>工作原理 | 电容式位移传感器是将两个电极放置在液压缸内部，两电极间距随活塞的位移而改变。工作原理是利用电容器的电容值与电极间距离成反比的关系。当物体发生位移时，电容器的电极间距离也会发生变化，从而导致电容值变化，再通过电路转化为电信号输出，并根据一定的算法将其转化为液压缸的位移数值。量程可以从很小（传感器20μm）到很长（长到液压缸的位移）。由于是内置式，具有直接测量、准确性高、稳定性好等优点。但也存在对外负载能力差、易受干扰、对内“寄生电容”相对较大、易降低灵敏度、不够稳定、安装难度大、维护成本高等缺点<br>液压缸用内置式位移传感器的优点是可以直接测量活塞的位移，而不需要通过其他方式进行计算。这样可以提高测量的准确性和精度。其次，传感器头的安装位置也会影响测量的准确性和精度，需要进行精确的安装和校准<br>电容式固有频率很高，动态响应时间短，动态范围均比较小，量程从十分之几毫米左右，能在几兆赫兹的频率下工作，特别适用于动态高速变化的参数测量。精度可达到0.1μm，分辨力为0.025μm |

（续）

| 序号 | 类型 | 结构原理 | 工作原理 |
|---|---|---|---|
| 8 | 自置类磁栅自置式位移传感器 | 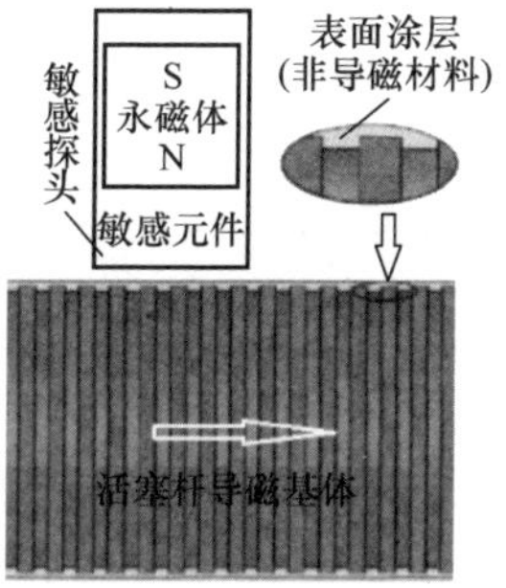<br>结构<br>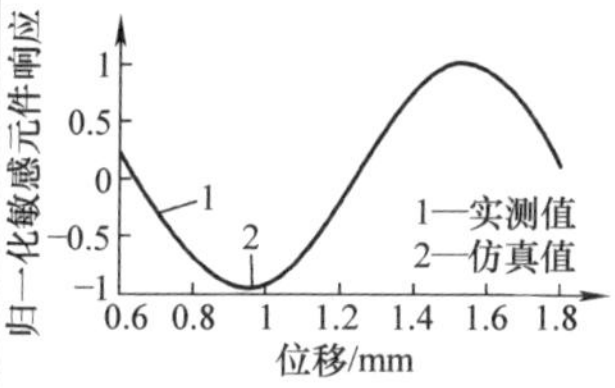<br>工作原理 | 液压缸用自置类磁栅位移传感器结构如左上图所示，由敏感探头和活塞杆基体组成。探头包括永磁体、敏感元件及信号处理电路三部分。永磁体用于激励磁场，敏感元件用于测量被调制后的磁场。活塞杆导磁基体表面须经加工，使其表面呈凹凸相间结构。为确保活塞杆工作时不产生液体泄漏，活塞杆表面采用非导磁材料进行填充。工作时，探头固定而活塞杆运动，在探头永磁体作用下具有固定磁场，通过活塞杆标尺结构对敏感头周围的磁场进行周期调制，使敏感头产生周期响应。导磁基体的凹凸槽会对永磁体磁场产生周期调制，从而使敏感元件获得周期响应信号。然后通过对周期响应信号的处理，即可实现位移测量<br>此时，活塞杆兼有位移标尺和作动双重功能，适用于液压缸长距离位移测量，其具有高集成、高可靠、易维护等优点，适合在 EHA 类执行器中使用，具有很好的应用前景。通过传感器信号的处理技术，可使测量精度进一步提高，是一种集成度高、维修方便、精度满足要求的新型液压缸位移传感 |
| 9 | 内置磁尺式 | 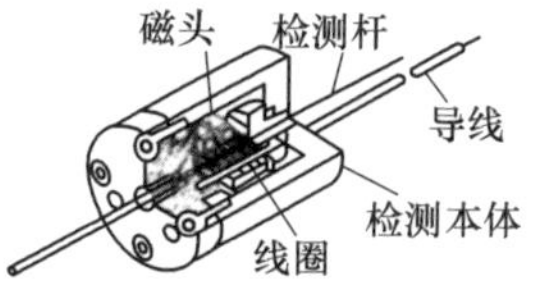<br>结构原理 | 磁尺式位移传感器主要由多隙磁头、检测杆（尺杆）、导线、检测本体、线圈组成。尺杆上录制了标准节距（一般为 200μm）的交变磁场，尺杆相对磁头移动时，感应线圈输出电脉冲，使位移转换为电信号输出。此传感器精度、迟滞和温度系数等指标很优异 |

## 20.4.2　液压缸与气缸用位移传感器的选择

### 1. 非接触式位移传感器的优点

在位移传感器中非接触式的优势不言而喻，因此现代位移传感器几乎都是非接触式。除早期应用、成本因素、对精度要求低的一些情况而应用接触式位移传感器外，非接触式位移传感器是实际应用中的主体。例如电感式位移传感器具有无滑动触点，工作时不受灰尘等非金属因素的影响，并且功耗低、寿命长，可使用在各种恶劣条件下等。

### 2. 选择适合应用工况的非接触式位移传感器

各种传感器有其自身特点，应根据实际应用工况进行选择。

（1）线性电阻位移传感器　位移传感器的最简单类型是直线电位器。通常，它包括一个架设在外壳内部的碳质或导电塑料条或轨道。电源电压施加在轨道的两端，一个滑臂靠操作杆沿轨道运动。电位器具有良好的线性，而在电位器中使用导电轨道意味着分辨率实际上是无限大的。滑臂与轨道之间的机械接触可能造成磨损和有限的期望寿命，以及较低的频率范围（一般 <5Hz）。

（2）线性可变差动变压器式位移传感器（LVDT）　线性可变差动变压器式位移传感器（LVDT）的优点：①结构简单，工作可靠，线性度和重复性好；②能实现非接触式测量，并且使用寿命长；③最高精度可达 0.05%，绝对误差为 1μm，灵敏度高；④分辨率高，一般为 0.1μm，最高可达 0.0001μm；⑤时间常数小，频带宽，可达数百赫兹。因此在液压气动元件与系统（电液伺服/比例阀的阀芯位移检测）中得到广泛应用，其性能的好坏在很大程度上影响了整个液压缸或液压阀的控制精度。目前广泛使用的三段式 LVDT 结构与等效电路如图 20-8 所示。

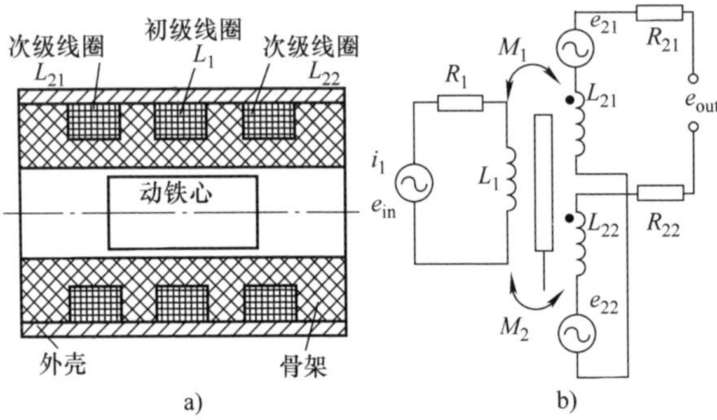


图 20-8　三段式 LVDT 结构与等效电路

a）三段式 LVDT 结构　b）LVDT 等效电路

三段式螺管结构的 LVDT 主要由一个初级线圈、两个次级线圈、线圈骨架、铁心和外壳组成。线圈常由高强度漆包线密绕而成，导线直径由电源频率和电压的高低决定，电源频率范围为 50Hz～20kHz，电压通常在 ±15V（有效值）范围内。线圈骨架一般为圆柱形，由绝缘材料制成。骨架材料需要抗潮湿，高频损耗小，温度线胀系数小。要求较低的可用胶木棒，要求高的一般用聚四氟乙烯环、环氧玻璃纤维等材料，同时骨架的尺寸和形状要很好的对称。动铁心通常选用磁导率高、饱和磁感应强度大的材料，如坡莫合金、铁氧体等，而铁氧体可用于制作高频工作的铁心，但其尺寸精度受到限制，因此高精度 LVDT 铁心通常用高镍坡莫合金。

使用高频交流电源为初级线圈供电，在铁心中产生变化磁场。该磁场本身又通过变压器作用在两个次级线圈中感生出电压。如果两个次级线圈反向串联，这样次级线圈的输出为差动输出，则当铁心居中时每个线圈中的感生电压抵消而产生的净输出为零。随着铁心偏离中心运动，一个次级线圈中的感生电压将升高而另一个将降低。这将产生净输出电压，其大小与位移量成比例。该输出可以送入一个相敏整流器（解调器），它产生一个与位移成比例的直流信号，而信号极性取决于位移方向。交流电源可用一个被称为振荡器的装置，由一个直流电压产生。通常振荡器和解调器可装于 LVDT 外壳内。LVDT 提供一种牢固的非接触装置，避免了可能的机械磨损问题，并提供较高的频率范围。采用差动式结构除了可以改善非线性、提高灵敏度外，对电源电压、频率的波动及温度变化等外界影响也有补偿作用。

某型号 LVDT 的性能参数见表 20-9。

**表 20-9　某型号 LVDT 性能参数**

| | |
|---|---|
| 供电电压 | 直流 9～28V |
| 输出信号 | 0～5V DC，0～10V DC<br>4～20mA<br>数字输出 RS485 RTU（或 ASCII） |
| 频率响应（－3dB） | 50Hz（电流输出）<br>250Hz（最大） |
| 线性误差（满量程输出） | ±0.25% F. S. |
| 重复误差 | <0.01% F. S. |
| 使用温度 | －25～85℃（最大－55～150℃） |
| 零点温度系数 | ≤0.025%/℃ |
| 灵敏度温度系数 | ≤0.03%/℃（额定） |
| 耐振极限 | 10g/2kHz |
| 抗冲击能力 | 150g/11ms |

（3）磁致伸缩线性位移传感器　磁致伸缩线性位移传感器非常适合安装在现有缸体中，工作原理及其在液压缸中的应用如图 20-9 所示。传感器由电子室产生起始电流脉冲经波导丝传输，产生了一沿波导丝方向前进的旋转磁场，当这个磁场与磁环中的永久磁场相遇时，产生磁致伸缩效应。由于磁致伸缩的作用，波导管内

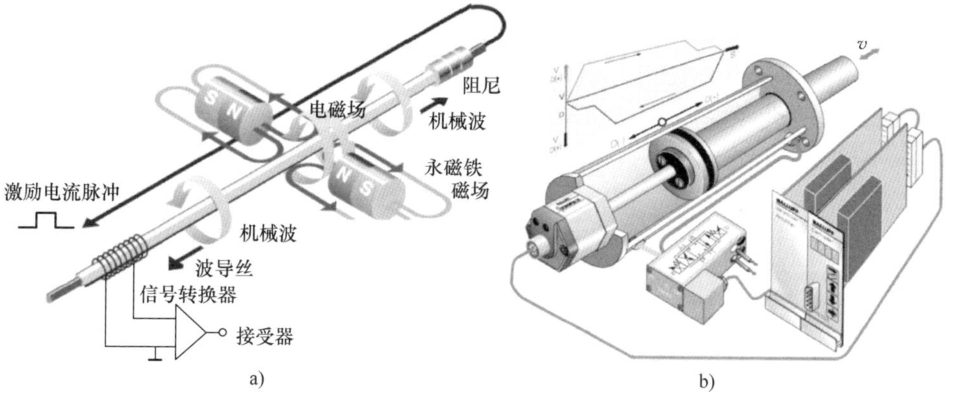


图 20-9　磁致伸缩线性位移传感器工作原理及其在液压缸中的应用
a）磁致伸缩线性位移传感器工作原理　b）安装在液压缸中的磁致伸缩位移传感器

会产生一个应变机械波脉冲信号，这个应变机械波脉冲信号以固定的声音速度传输，并很快被电子室检测到，通过电子电路计算出两个脉冲之间的时间差，即可精确测出被测的位移。输出信号是绝对位置输出，无须再次放大处理，所以不存在信号漂移或变值的情况，不需要定期重标和维护；正是因为它的输出信号为绝对值，所以即使电源中断再重新接通，也不会对数据接收构成问题，更无须重新归回零位。由于这个应变机械波脉冲信号在波导丝内的传输时间和活动磁环与电子室之间的距离成正比，通过测量时间，就可以精确地确定此距离或者速度。

磁致伸缩线性位移传感器主要用于内部非接触式测量，安装方便。其使用寿命长、性价比高，并具有多种输出方式可供选择，防浪涌、防射频干扰，无须定期标定和维护，精度高、稳定性高、可靠性高，具有输入电源反向保护功能，结构精巧、环境适应性强，还可以隔离防爆，可在较恶劣环境下使用。因此与其他传感器相比有明显的优势，被广泛应用于各行业，不但可以测量运动物体的直线位移，而且还可同时给出运动物体的速度模拟信号。目前已经成为优选液压位移传感器之一。

（4）拉线位移传感器　拉线位移传感器又称拉绳传感器、拉绳电子尺、拉绳编码器。拉线位移传感器是直线位移传感器在结构上的精巧构成，充分结合了角度传感器和直线位移传感器的优点，是一款安装尺寸小、结构紧凑、测量行程大、精度高的传感器，行程从几百毫米至几十米不等。

拉线位移传感器的信号输出方式分为数字信号输出和模拟信号输出，数字输出型可以选择增量旋转编码器等，输出信号为方波 ABZ 信号或格雷码信号，行程最大可以达到 15m，线性精度为 0.01%，分辨力甚至可以达到 0.001mm/脉冲。模拟输出型可以选择电位器、霍尔编码器等内置式拉线传感器等。

（5）滚珠丝杠式位移传感器　滚珠螺母固定于缸杆上，随着缸杆的伸缩，丝杠做相应的旋转运动，丝杠连接编码器，编码器将旋转运动换算成直线运动。目前数字液压缸多采用这种位移测量方法。

（6）电容式位移传感器　根据电容器参数变化的特性，电容式位移传感器可分为极距变化型、面积变化型和介质变化型三种，其中极距变化型和面积变化型应用较广。极距变化型电容式传感器灵敏度 $K$ 与极距平方成反比，极距越小，灵敏度越高。一般通过减小初始极距来提高灵敏度。

电容式位移传感器属于非接触式，除无摩擦、无磨损和无惰性的特点外，还具有信噪比大、灵敏度高、零漂小、频响宽、非线性小、精度稳定性好、抗电磁干扰能力强和使用操作方便等优点。量程可以小到 20μm。在微小位移测量时可以达到分辨率 $<0.1$nm、零磁滞、线性度最高达 0.02% F.S.、频带可调（50～5000Hz）、灵敏度为 5～125μm/V。缺点是精度和稳定性易受环境（如温度、湿度、电磁干扰等）影响；为了获得足够大的信号输出，需要较高的驱动电压；另外，传感器需要洁净和干燥的环境，否则传感器探头和被测物体之间的物质介电常数的变化会影

响测量结果。

实际应用中，进口品牌的传感器有独特的磁屏蔽环设计，从而实现既可以测量绝缘体，也可以对金属组成的传感器达到近乎完美的线性测量；当测量平板间电容时，带有一个接地屏蔽环，可以有效减少侧面磁场和边界效应，可避免从电极侧面散发磁力线造成致命误差；为避免漏电流或寄生电流流过探头到控制器的电路，从而影响测量准确性，故探头到控制器之间的电缆需要特殊的双屏蔽电缆；与此同时，此双屏蔽电缆在环境温度改变下，会导致被测物体的导电性变化，但对测量结果没有影响，甚至可以使传感器在波动的温度环境下使用；作为平板电容传感器，可安装在不同机械结构上；电容式传感器和控制器在更换探头时无须重新校准；电容传感器探头到控制器之间的电缆长度标准值为 1m，但应尽可能缩短为宜。

对于动态响应好的电容式位移传感器，由于其带电极板间的静电引力很小（约 $10^{-5}$N），需要的作用能量极小，又由于它的可动部分可以做得很小很薄，即质量很轻，因此其固有频率很高，动态响应时间短，能在几兆赫兹的频率下工作，特别适合动态测量。又由于其介质损耗小，可以用较高频率供电，因此系统工作频率高，适合测量高速变化的参数。

电容式位移传感器一般用于需要很高精度的应用环境，故可以用于测量振动、振荡、膨胀、位移、挠度和形变等。此传感器有超强的温度稳定性，在剧烈的温度波动情况下，电容式位移传感器是理想的选择。

**3. 液压缸用位移传感器的合理选择**

对于在液压系统中使用的位移传感器，常考虑的因素有以下几点：①良好的线性度；②非接触式测量；③高灵敏度、高精度；④抗干扰能力强；⑤重复度好；⑥耐高压。

线性可变差动变压器式位移传感器（LVDT）在液压中应用为多，以此为例说明如何进行参数选择。

（1）位移量程　根据传感器的标准量程，选择时应该按实际需要的量程并有 1/3 的余量。

（2）输出信号　传感器的常规输出信号有 4 ~ 20mA、0 ~ 5V、0 ~ 10V、RS - 485 数字式等。一般要求远距离传输（ > 20m）时最好采用电流输出或数字输出；如果是多个传感器同时使用且距离远，采用 RS - 485 数字式输出较好。

（3）线性误差　位移测量时的误差用相对值表示，换算的绝对值要在要求范围内。例如，量程为 5mm 的 LVDT，线性误差为 0.25%，实际位移测量误差值是 $5\text{mm} \times 0.25\% = 12.5\mu\text{m}$，此值必须小于应用要求值。

（4）分辨力　分辨力是指传感器能够测量的最小变化大小。对于 LVDT，最小分辨力最高可达 0.01μm，磁尺位移传感器最高分辨力达 1μm，数字输出的位移传感器的分辨力为 16Bit（位）。

（5）传感器工作环境　不同产品对环境要求各异，例如要求耐高低温、耐压、防尘、防水、防油以及抗电磁波辐射等，需要进行核查。有些传感器对环境比较敏感，如光栅传感器的工作环境一定要无尘，且不能有振动，传感器需要经常擦拭干净，否则会影响检测，而 LVDT 或磁尺位移传感器可适应恶劣的工作环境。

（6）测头的连接方式　有分体式和回弹式两种选择，如果在被测件上便于打孔固定的话，应选择分体式 LVDT，如果被测件上只能接触表面测量，那需要选择回弹式 LVDT。

（7）动态响应　传感器动态指标需要关注，当检测是动态或准静态时，要注意传感器的响应频率。LVDT 的动态频率最高可达 300Hz。对于回弹式 LVDT，动态响应不高于 10Hz。

（8）安装方式　传感器的机械尺寸、固定方式需要核查，也可以定制以适应具体使用环境或安装夹具要求。

### 20.4.3　磁致伸缩位移（速度）传感器在微型计算机控制系统中的应用

为了获得电液伺服机构在特定负载下的频率特性，需要测量活塞杆位移随时间的变化曲线。该系统中液压缸的有效行程为 120mm，测量精度要求为 3%，输出电流信号为 4 ~ 20mA，选用巴鲁夫（BALLUFF）的磁致伸缩位移传感器，型号为 BTL7 – E501 – M0150 – B8，如图 20-10 所示。该传感器量程比为 150mm，可同时输出位移和速度信号，其输出方式有模拟信号和数字信号两种：模拟信号为电流 4 ~20mA，最大负载电阻为 600Ω，电压为 0 ~ 10V DC、0 ~ 5V DC 或 1 ~ 5V DC，最低负载大于 5kΩ；数字信号通过 RS – 485 通信传输。

为了固定传感器和磁环，一般应在非导磁材料中进行安装，如果使用导磁材料，必须使用合适的手段保护传感器，防止其受到干扰。例如，采用非导磁材料制成的隔离环，与强大的外部磁场保持足够的距离等。

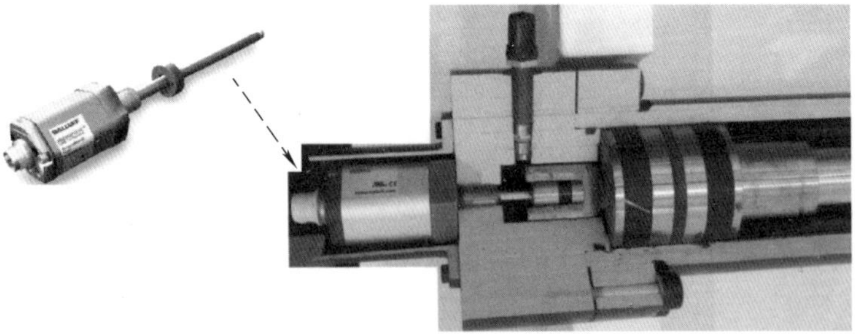

a)　　　　b)

图 20-10　安装在液压缸中的磁致伸缩位移（速度）传感器

a）磁致伸缩位移传感器　b）磁致伸缩位移传感器在液压缸中的安装结构

磁致伸缩位移（速度）传感器有以下优点：①传感器直接安装在液压缸内部活塞杆上，操作非常方便；②传感器通过内部非接触的方式精确地检测活动磁环的绝对位移，从而测量被检测产品的实际位移值，具有高精度、高可靠性和长距离测量等特点，已被广泛应用于液压控制系统的动态测试系统中；③由于作为确定位移的活动磁环和敏感元件并无直接接触，因此传感器可应用在极恶劣的工业环境中，不易受油渍、溶液、尘埃或其他污染的影响；④传感器采用了高科技材料和先进的电子处理技术，因而能应用在高温、高压和高振荡的环境中；⑤传感器输出信号为绝对位移值，即使电源中断、重接，数据也不会丢失，更无须重新归零；⑥由于敏感元件是非接触的，就算不断重复检测，也不会对传感器造成任何磨损，可以大大提高检测的可靠性和使用寿命。

该传感器在应用时需要与控制器相连，这时需要采用通信盒，连接接线如图 20-11所示。可以使用 USB 电缆将通信盒连接至 PC 机。通过配套的控制器和上位机软件进行相关配置，可以设置零点、范围、极性、输出信号形式等。最重要的功能包括：①在线显示磁环的当前位移；②用来设置功能和曲线的图形支持；③显示已连接位移传感器的相关信息；④可选择用于显示的数字格式和单位；⑤可以重置为出厂设置；⑥可以锁定校准装置；⑦在无须连接传感器的条件下进入演示模式。

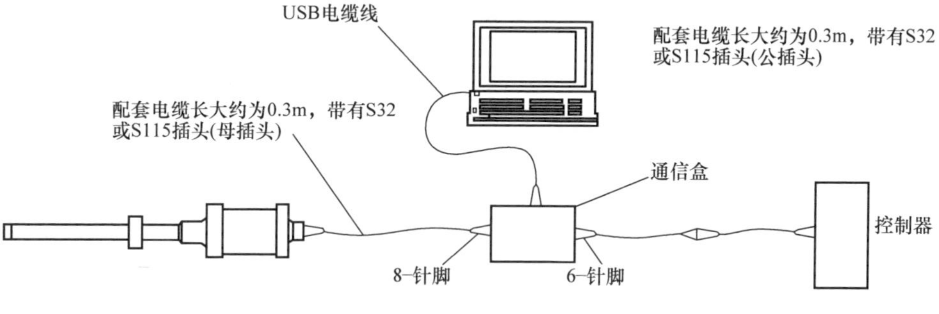


图 20-11　传感器与控制器连接接线

## 20.5　角位移传感器

随着数智化技术的发展，在液压系统或液压主机中角位移传感器的应用也在增加。角位移传感器种类很多，常见的有微动同步式、旋转变压器式与数字式角编码器。角位移传感器往往可以由线位移传感器在结构上进行改动而成。例如线性可变差动变压器式位移传感器（LVDT）和旋转可变差动变压器式角位移传感器（Rotary Variable Differential Transformer，RVDT）作为机械直线/角度位移量测量元件，被广泛应用于航空、电子、机械、纺织、船舶、冶金等行业中各种液压缸、机械臂、载荷/位移杆等设备需要形成位置反馈的系统及位置处，诸如发动机进油活门位置、喷口叶片位置/喉道面积、主气机导向筒活塞杆位移、载荷杆位移等方面，与控制器共同构成测量、反馈及控制系统。

RVDT在结构上与LVDT有所差异，工作原理一致，均是采用差动变压器结构原理，即把机械部件的旋转/直线位移量传递到转轴/移动杆，带动铁心做旋转/直线运动，通过电磁感应改变线圈中的感应电压/电感量，输出与旋转角度/直线位移量成比例的电压/电流信号。由于采用非接触式结构，具有无触点、无噪声、灵敏度高、重复性高、可靠性高、无限分辨率、理论无限寿命、高频响应特性好等性能特点。而由于其环境适用性强，被广泛用于水、油、气、粉尘、高低温、振动冲击等恶劣使用环境条件下的自动化测量和监控系统。

## 20.5.1 微动同步式与旋转变压器式角位移传感器

微动同步式与旋转变压器式角位移传感器的结构原理与工作原理见表20-10。

**表20-10　微动同步式与旋转变压器式角位移传感器的结构原理与工作原理**

<table>
<tr><th>序号</th><th>类型</th><th>结构原理</th><th>工作原理</th></tr>
<tr><td>1</td><td>微动同步式</td><td>
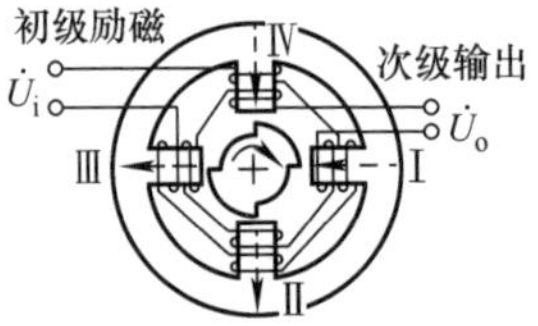

结构原理
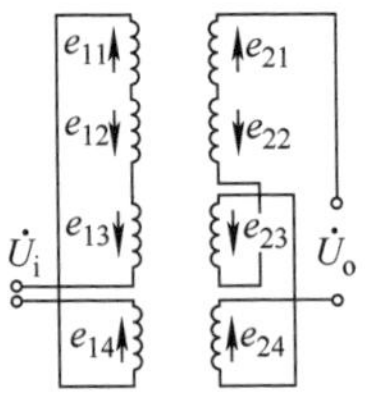

接线原理
</td><td>微动同步式角位移传感器可检测角度或力矩。作为角位移测量是根据电磁感应（变压器）原理，转动衔铁改变磁阻的变磁阻式（或称变压器式）旋转变压器（或称角度传感器）。如左上图所示，由具有四极的定子和具有两极的转子组成。定子的各极有两个绕组，将各极中的一个绕组串联，组成励磁回路；将各极中的另一个绕组串联，组成次级感应回路<br>接线原理可见左下图。按左上图所示，转子转到对称于定子位置时，定子与转子之间的四个气隙完全相同，各极磁通相等，使Ⅰ、Ⅲ极上的感应电压与Ⅱ、Ⅳ极上的感应电压相等，总输出电压为零。若转子偏离零位一个角度，则四极气隙不再相同，其中一对磁极磁通量减小，另一对磁极磁通量增加。此时，次级就产生一个正比于转子角位移的电压输出。它的输出电压正比于转子轴偏离零位的角位移且线性度较高，与其他角度传感器相比，它有一些显著的特点：线性度好，无接触反力矩，附加力矩小，工作可靠。但工作角度小，一般为±10°或±12°<br>目前，国内外微动同步器产品的励磁电流都不大于400mA，频率不高于1000Hz，最常用的值为100Hz和400Hz<br>微动同步器的灵敏度为0.2～5V/1°，测量范围约为±（5°～40°），线性度优于0.1%</td></tr>
</table>

（续）

| 序号 | 类型 | 结构原理 | 工作原理 |
| --- | --- | --- | --- |
| 2 | 旋转变压器式 | 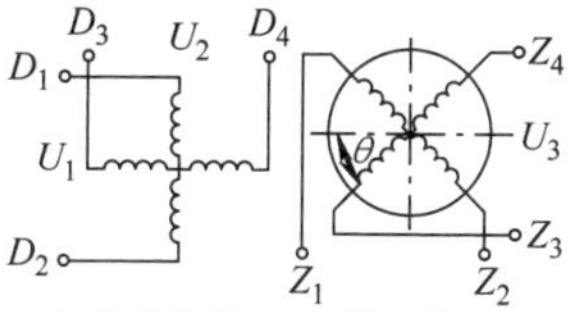<br>a) 定子绕组　b) 转子绕组<br>绕组结构<br>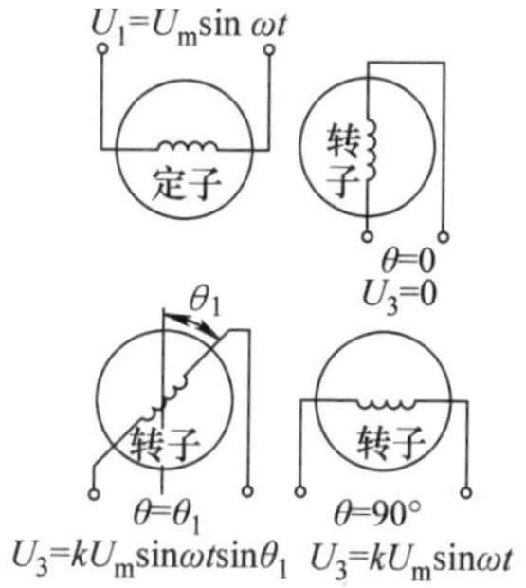<br>互感工作原理 | 基于电磁感应原理，将机械转角变换成与该转角呈某一函数关系的电信号。旋转变压器式角位移传感器由定子绕组（为原边）及转子绕组（为副边）组成。交流励磁电压接到定子绕组上，感应电动势由转子绕组输出，如左上图所示<br>根据互感工作原理（左下图），设加在定子绕组的励磁电压为 $U_1=U_m\sin\omega t$，由于旋转变压器在结构上保证了定子和转子间气隙内的磁通分布呈正弦规律，所以转子绕组产生的感应电势为 $U_3=kU_m\sin\omega t\ \sin\theta_1$（式中 $k$ 是变压比，$U_m$ 为励磁电压幅值，$\omega$ 为励磁电压频率，$\theta_1$ 为转子转角），故转子输出电压大小取决于定子和转子两相绕组轴线的空间相互位置。两者垂直时 $\theta=0$，$U_3=0$；两者平行时 $\theta=90°$，$U_3$ 为最大值。所以，感应电压的相位角就等于转子的机械转角 $\theta$，因此只要检测出转子输出电压的相位角，就知道了转子的转角 |

旋转变压器是一种精密的角度、位移和速度测量装置，适用于所有使用旋转编码器的场合，特别是高温、严寒、高速、高振动等旋转编码器无法正常工作的场合。旋转变压器是一种输出电压随转子转角变化的信号元件。当励磁绕组以一定频率的交流电压励磁时，输出绕组的电压幅值与转子转角成正弦函数关系，或保持某一种比例关系。旋转变压器实际上是一种特制的两相旋转电动机，由定子和转子两部分组成，在定子和转子上有两套在空间上完全正交的绕组，当转子旋转时，定、转子绕组间的相对位移随之变化，使输出电压与转子转角呈一定的函数关系。在不同的自动控制系统中，旋转变压器有多种类型和用途，在伺服控制系统中主要用作角度传感器。

## 20.5.2　数字式角位移编码器

### 1. 数字式角位移编码器的工作原理

角位移编码器（encoder）在结构上由可旋转码盘和信号检测装置组成（见图 20-12），是将角位移信号或数据进行编制、转换为可用以通信、传输和存储的信号形式的设备。编码器的分类可以按结构型式、编码方式、检测方式与光路形式等分类方法进行，如图 20-13 所示。在这里，主要阐述光电式角位移编码器的工作原理与选用。

增量式编码器是将位移转换成周期性的电信号，再把此电信号转变成计数脉

a)　　　　b)

图 20-12　数字式角位移编码器及其信号检测装置

a）不同外形与安装结构的角位移编码器　b）编码器信号检测装置

冲，用脉冲的个数表示位移的大小。绝对式编码器的每一个位置对应一个确定的数字码，因此它的示值只与测量的起始和终止位置有关，而与测量的中间过程无关。

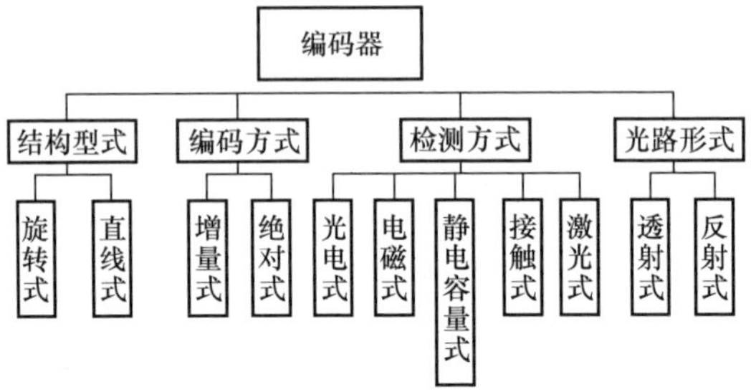


图 20-13　编码器分类

增量式光电编码器与绝对式光电编码器的结构原理与工作原理见表 20-11。

**表 20-11　增量式光电编码器与绝对式光电编码器的结构原理与工作原理**

| 序号 | 类型 | 结构原理 | 工作原理 |
| --- | --- | --- | --- |
| 1 | 增量式光电编码器 | 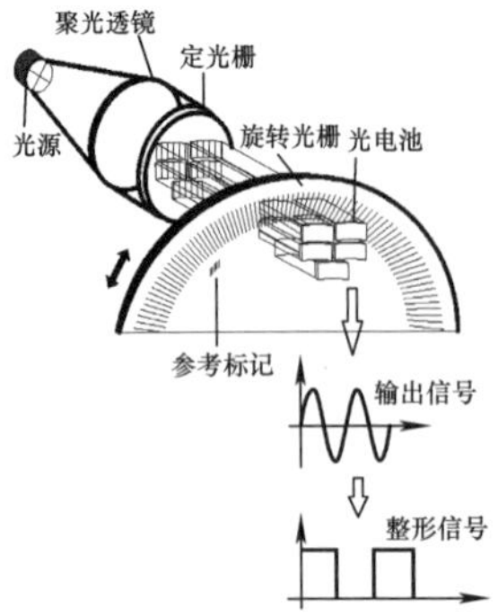<br>结构原理 | 每产生一个输出脉冲信号就对应于一个增量位移。它能够产生与位移增量等值的脉冲信号，是一种对连续位移量离散化或增量化以及位移变化（速度）的传感方法。它是相对于某个基准点的相对位移增量，不能够直接检测出轴的绝对位移信息。增量式光电编码器输出 $A$、$B$ 两相互差 90° 电度角的脉冲信号（即所谓的两组正交输出信号），从而可方便地判断出旋转方向。同时还有用作参考零位的 $Z$ 相标志（指示）脉冲信号，码盘每旋转一周，只发出一个标志信号。标志脉冲通常用来指示机械位移或对积累量清零 |

（续）

<table>
<tr><th>序号</th><th>类型</th><th>结构原理</th><th>工作原理</th></tr>
<tr><td>1</td><td>增量式光电编码器</td><td><br>增量式光电码盘<br>（1024 位）</td><td>增量式光电编码器由光源、码盘（旋转光栅）、检测光栅（定光栅）、光电检测器件和转换电路组成。码盘上刻有节距相等的辐射状透光缝隙，相邻 2 个透光缝隙之间代表一个增量周期；检测光栅上刻有 A、B 两组与码盘相对应的透光缝隙，用以通过或阻挡光源和光电检测器件之间的光线。它们的节距和码盘上的节距相等，并且两组透光缝隙错开 1/4 节距，使得检测器件输出的信号在相位上相差 90°的电度角<br>当码盘随着被测转轴转动时，检测光栅不动，光线透过码盘和检测光栅上的透光缝隙照射到光电检测器件上，光电检测器件就输出相位差 90°电度角的近似于正弦波的电信号，电信号经过转换电路的信号处理，可以得到被测轴的转角或转速信息</td></tr>
<tr><td>2</td><td>绝对式光电编码器</td><td>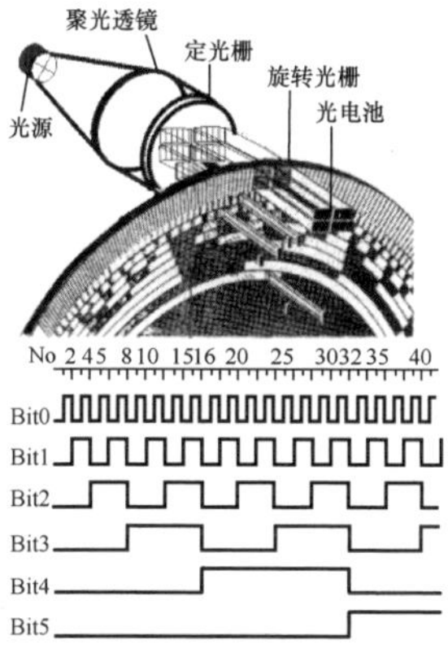<br><br>结构原理<br><br>光电码盘（12 码道）</td><td>绝对式光电编码器基本原理及组成部件与增量式光电编码器基本相同，也是由光源、码盘、检测光栅、光电检测器件和转换电路组成。与增量式光电编码器不同的是，绝对式光电编码器用不同的数码来分别指示每个不同的增量位移，它是一种直接输出数字量的传感器。在它的圆形码盘上沿径向有若干同心码道，每条上有透光和不透光的扇形区相间组成，相邻码道的扇区数目是双倍关系，码盘上的码道数就是它的二进制数码的位数，在光电码盘的一侧是光源，另一侧对应每一码道有一光敏元件；当光电码盘处于不同位移时，各光敏元件根据受光照与否转换出相应的电平信号，形成二进制数。这种编码器的特点是不需要计数器，在转轴的任意位移都可读出一个固定的与位移相对应的数字码。显然，码道越多，分辨率就越高，对于一个具有 $N$ 位二进制分辨率的编码器，其码盘必须有 $N$ 条码道。绝对式光电编码器工作原理如左下图所示（光电 4 码道）</td></tr>
</table>

（续）

| 序号 | 类型 | 结构原理 | 工作原理 |
|---|---|---|---|
| 2 | 绝对式光电编码器 | 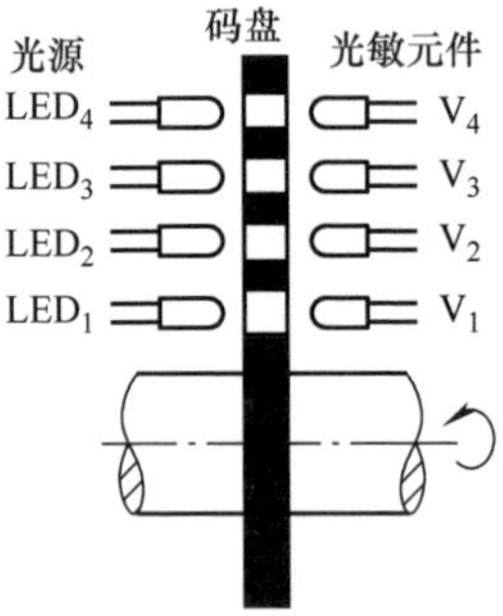<br>4码道读码装置工作原理 | 绝对式光电编码器光电码盘上有许多道由里至外的刻线码道，每道刻线依次以2线、4线、8线、16线……编排。这样，在编码器的每一个位移，通过$n$个光栅读取每道刻线的通、暗，获得一组从$2^0$～$2^{n-1}$变化的唯一的二进制编码（格雷码），这就称为$n$位绝对式光电编码器。这样的编码器是由码盘的机械位移决定的，每个位移的编码是唯一且绝对的，所以称为绝对式光电编码器，它可以直接读出角度坐标的绝对值，无须记忆，无须找参考点，而且不用一直计数，什么时候需要知道位移，什么时候就可以去读取它的位移，没有累积误差；它不受停电、干扰的影响。这样，编码的抗干扰性、数据的可靠性大大提高了。编码器精度取决于位数；其最高运转速度比增量式光电编码器高 |

**2. 数字式角位移光电编码器的优缺点与选用**

增量式光电编码器结构简单、易于实现；机械平均寿命长，可达到几万小时以上；分辨率高；抗干扰能力较强，信号传输距离较长，可靠性较高。其缺点是无法直接读出转动轴的绝对位移。

在增量式光电编码器的使用过程中，对于其技术规格通常会提出不同的要求，其中最关键的就是它的分辨率、精度、输出信号的稳定性、响应频率、信号输出形式。在选用时也要注意机械连接与电气接口。

（1）分辨率　光电编码器的分辨率以编码器轴转动一周所产生的输出信号的基本周期数来表示，即脉冲/转（PPR），其最高可以达到几万脉冲/转。码盘上透光缝隙的数目就等于编码器的分辨率，码盘上刻的缝隙越多，编码器的分辨率越高。在工业电气传动中，根据不同的应用对象，通常可选择分辨率在500～6000脉冲/转的增量式光电编码器。交流伺服电动机控制系统中通常选用分辨率为2500脉冲/转的编码器。此外，对光电转换信号进行逻辑处理，可以得到2倍频或4倍频的脉冲信号，从而进一步提高分辨率。

（2）精度　增量式光电编码器的精度与分辨率完全无关，这是两个不同的概念。精度是一种度量在所选定的分辨率范围内，确定任一脉冲相对另一脉冲位移的能力。精度通常用角度、角分或角秒来表示。编码器的精度与码盘透光缝隙的加工质量、码盘的机械旋转情况的制造精度因素有关，也与安装技术有关。

（3）输出信号的稳定性　光电编码器输出信号的稳定性是指在实际运行条件下，保持规定精度的能力。影响编码器输出信号稳定性的主要因素是温度对电子器件造成的漂移、外界加于编码器的变形力以及光源特性的变化。由于受到温度和电源变化的影响，编码器的电子电路不能保持规定的输出特性，在设计和使用中都要给予充分考虑。

（4）响应频率　光电编码器输出的响应频率取决于光电检测器件、电子处理线路的响应速度。当编码器高速旋转时，如果其分辨率很高，那么编码器输出的信号频率将会很高。如果光电检测器件和电子线路元器件的工作速度与之不能相适应，就有可能使输出波形严重畸变，甚至产生丢失信号数据的现象。

（5）光电编码器电子开关频率　在增量式光电编码器的选型中，还有个重要的问题就是开关频率问题。增量式光电编码器码盘是由很多光栅刻线组成，刻线的密度决定了这个增量式光电编码器的分辨率，而编码器读取并输出这个刻线的频率称为电子开关频率，由于受光学器件与电子放大器件的限制，对于每个增量式光电编码器，这个频率是有上限的。

在接收设备端，由于受电子器件的限制，也有一个频率上限问题，这就是人们经常提到的普通计数模块与高速计数模块问题，可计算出接收设备所需要的电子开关频率，正确选型，以确保信号读取的准确。特别需要说明的是，并不是接收设备的电子开关频率越高越好，频率越高，接收设备对信号的频宽限制就越小，抗干扰问题就越严重。

（6）信号输出形式　在大多数情况下，直接从光电编码器的光电检测器件获取的信号电平较低，波形也不规则，还不能适应控制、信号处理和远距离传输的要求。所以，必须将此信号放大、整形，经过处理的输出信号一般近似于正弦波或矩形波。矩形波输出信号容易进行数字处理，因此这种输出信号在定位控制中得到广泛的应用；而采用正弦波输出信号时基本消除了定位停止时的振荡现象，并且容易通过电子内插方法，以较低的成本得到较高的分辨率。

（7）机械安装尺寸　包括定位止口、轴径、安装孔位；电缆出线方式；安装空间体积；工作环境防护等级是否满足要求。

（8）电气接口　光电编码器输出方式常见有推拉输出（F 型 HTL 格式），电压输出（E），集电极开路（C，常见 C 为 NPN 型管输出，C2 为 PNP 型管输出），长线驱动器输出。其输出方式应与其控制系统的接口电路相匹配。

增量式光电编码器有个明显缺点：即当发生电源故障时丢失轴位置；或者编码器不动时，依靠计数设备的内部记忆来记住位移，但不能有任何的移动；或者通电工作时，在编码器输出脉冲过程中可能有干扰丢失脉冲，或者计数设备记忆的零点产生偏移。这些错误无法感知，只有产生错误结果才能知道。实际上，由于工业控制中使用的设备越来越多，干扰信号也越来越多，且越来越复杂，对于增量信号，更多的是干扰信号对于脉冲的多记与漏记无法判断，造成累积误差。

对此解决的方法是增加外部修正点，编码器每次经过参考点，将参考位移修正，写入计数设备。在经过参考点以前，是不能保证位移准确性的。为此，在伺服控制中就有每次操作先找参考点、开机找零等方法。这样的方法对有些伺服控制项目比较麻烦，甚至不允许开机找零（开机后就要知道准确位移），有些是连续工作而不允许经常去找零的。为了解决这样的问题，就提出了绝对式光电编码器。绝对式光电编码器由机械位置决定每个位置的唯一性，无须记忆，无须找参考点，而且不用一直计数，什么时候需要知道位置，什么时候就去读取它的位置。这样，编码器的抗干扰特性、数据的可靠性大大提高了。另外绝对式编码器的分辨力取决于它所能分辨的最小角度，而这与码盘上的码道数 $n$ 有关，最小能分辨的角度是 $360°/2^n$。这样一来，绝对式光电编码器在定位方面或者分辨率方面明显优于增量式编码器，已经越来越多地应用于工业控制定位中。绝对式编码器因其高精度，输出位数较多，如仍用并行输出，其每一位输出信号必须确保连接良好，对于较复杂工况还要隔离，连接电缆芯数多，由此带来诸多不便并降低可靠性，因此，绝对式光电编码器是多位数输出型，一般均选用串行输出或总线型输出，德国生产的绝对式编码器串行输出最常用的是同步串行输出（SSI）。

旋转单圈绝对式光电编码器在转动中测量光码盘各道刻线，以获取唯一的编码，当转动超过360°时，编码又回到原点，这样就不符合绝对编码唯一的原则，这样的编码器只能用于旋转范围360°以内的测量，称为单圈绝对式光电编码器。如果要测量旋转超过360°范围，就要用到多圈绝对式编码器。编码器生产厂家运用钟表齿轮机械的原理，当中心码盘旋转时，通过齿轮传动带动另一组码盘（或多组齿轮，多组码盘），在单圈编码的基础上再增加圈数的编码，以扩大编码器的测量范围，这样的绝对式编码器就称为多圈绝对式编码器，它同样是由机械位置确定编码，每个位置编码唯一不重复，而无须记忆。

多圈绝对式光电编码器的另一个优点是由于测量范围大，实际使用中往往量程较宽裕，这样在安装时没必要找零点，将某一中间位置作为起始点即可，从而大大简化了安装调试难度。多圈绝对式编码器在长度定位方面的优势明显，已经越来越多地应用于工业控制定位中，但是价格肯定会高于单圈绝对式编码器。

在实际应用中，通过比较发现，增量式编码器结构简单，成本低；但其移距是由测量信号计数读出的，基点特别重要，每次开机或因故停机后，都要重回参考点；并且排除故障后不能再找到事故前的正确位置，而且由于干扰易产生计数误差。这种增量式编码器多用于精度要求不是很高的应用场景中。而绝对式光电编码器的结构复杂，成本高；但其坐标值直接从码盘中读出，不会有累积误差；编码器本身具有机械式存储功能（需要外加电池），即使因停电或其他原因造成坐标值清除，通电后，仍可找到原绝对坐标位置。这种编码器多用于精度和速度要求较高的应用场景中。

安装时应保证编码器轴与用户输出轴的同轴度 $<0.20$mm，与轴线的偏角

<1.5°；安装时严禁敲击和摔打碰撞，以免损坏轴系和码盘。

## 20.5.3　编码器在角度控制与检测中的实际应用

为获得微型计算机控制系统中负载的摆角，系统采用 OMRON E6F－AG5C 型光电编码器，该编码器为绝对式光电编码器，允许承受径向 120N、轴向 50N 的力，具有 IP65f 等级防滴、防油结构，PNP 集电极开路输出，格雷码并行输出分辨率为 1024 脉冲/转（10 线）。图 20-14 所示为安装在现场的光电编码器与 PLC 控制接线。图 20-15 所示为编码器在工程机械剪叉升降台上的应用。

a)

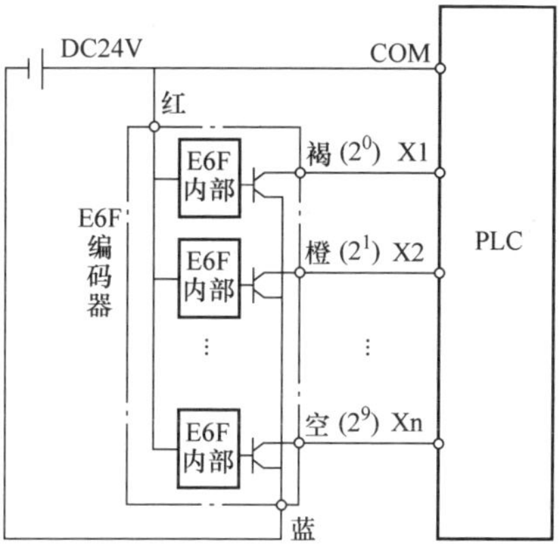


b)

图 20-14　安装在现场的光电编码器与 PLC 控制接线

a）安装在现场的光电编码器　b）光电编码器与 PLC 的接线

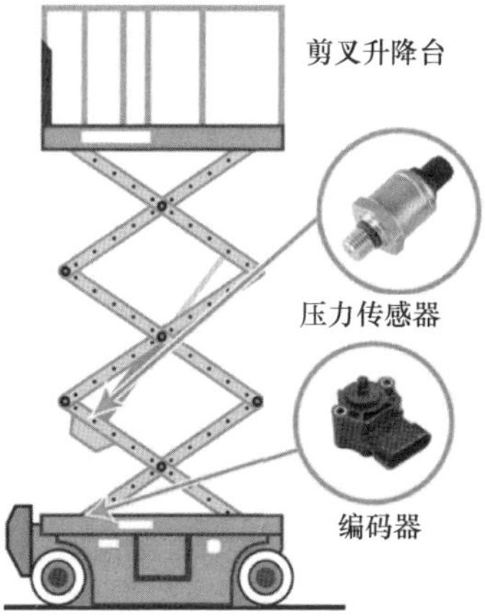


图 20-15　编码器的应用

# 20.6 接近开关

接近开关可以应用在液压缸、气缸或液压气动控制阀的运动位移定位与自动换向控制中，也可以与各种脉冲发生器一起控制旋转机械的转速和转数。在液压气动应用中，国内外此类产品与专利也不鲜见（见图20-16），此时液压缸的缸筒与活塞需要隔磁材料，然后具有永久磁铁的活塞移动到接近开关时，发出电信号，对液压缸的行程和位置进行开关量控制。

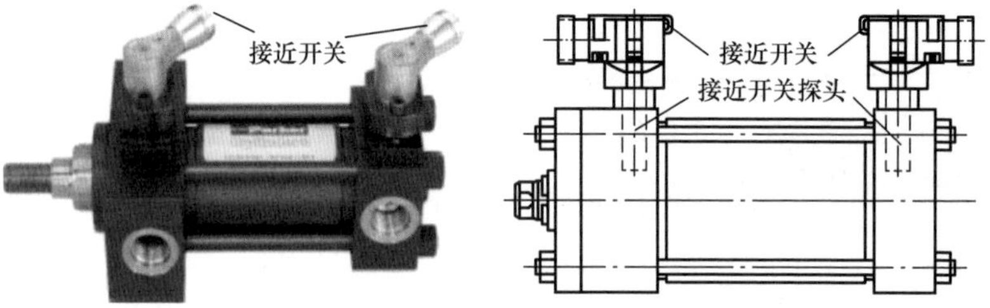


a) b)

图20-16 具有接近开关的液压缸产品与装置

a）具有接近开关行程控制液压缸 b）接近开关探头安装位置示意图

接近开关是一种新型集成化接近开关，是理想的电子开关量传感器。它除了具有体积小、频率响应快、电压范围宽、抗干扰能力强、耐腐蚀、耐振动等特点外，还有使用过程中无摩擦、不会增加各被感应元件的力矩等优点。

## 20.6.1 接近开关的工作原理与分类

接近开关是一种无接触式的物体运动检测装置，又称无触点行程开关，是理想的电子位移开关量传感器。当被检测物体接近其工作面并达到一定距离（几毫米至几十毫米）时，接近开关都会自动发出物体接近信号，能直接驱动中间继电器。接近开关应用广泛，可以用于限位、高速计数、测速、确定金属物体的存在和位移、测量物位和液位以及其他各种用途。接近开关具有使用寿命长、工作可靠、重复定位精度高、操作频率高、无机械磨损、无火花、无噪声、抗振能力强、安装调整方便、耐磨、耐腐蚀等特点，性能超越机械式行程开关。

接近开关具有如下优点：①非接触检测，不影响被测物的运行工况；②不产生机械磨损和疲劳损伤，工作寿命长；③响应快，一般响应时间可达几毫秒或几十毫秒；④采用全密封结构，防潮、防尘性能较好，工作可靠性强；⑤无触点、无火花、无噪声，所以适用于要求防爆的场合；⑥易于与计算机或PLC等通过接口连接；⑦体积小，安装和调整方便。接近开关的缺点是触点容量较小，输出短路时易烧毁。

接近开关的结构原理与工作原理见表 20-12。

**表 20-12　接近开关的结构原理与工作原理**

| 序号 | 类型 | 结构原理 | 工作原理 |
| --- | --- | --- | --- |
| 1 | 电感式 | 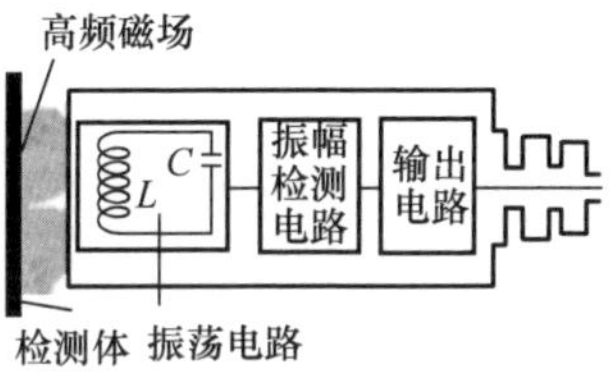<br>电感式结构原理 | 又称涡流式或高频振荡式。它是利用导电物体在接近这个能产生电磁场的接近开关时，使物体内部产生涡流。这个涡流反作用到接近开关，使开关内部电路参数发生变化，由此识别出有无导电物体移近，进而控制开关的通或断。这种接近开关所能检测的物体必须是导电体。它的抗干扰性能好，开关频率高 |
| 2 | 电容式 | 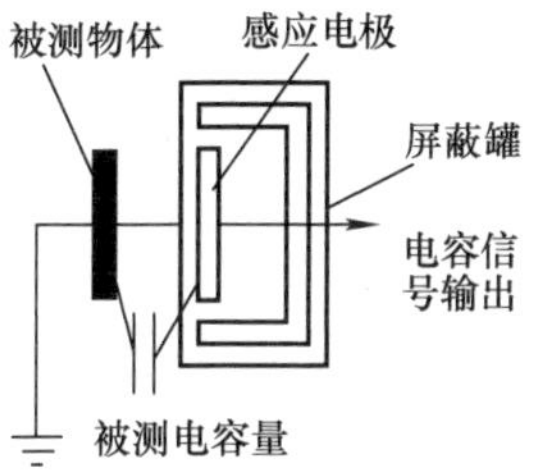<br>电容式结构原理 | 被测物体是构成电容器的一个极板，而另一个极板是接近开关的外壳。这个外壳在测量过程中接地。当被测物体移向接近开关时，不论它是否为导体，由于它们的接近使电容的介电常数发生变化，随之之间的电容量发生变化。将此电容量通过相应的测量电路处理，最后以开关量输出，即控制开关的接通或断开。其用以检测各种导电或不导电的液体或固体，如金属、塑胶、液体、木材、粉状物体等 |
| 3 | 霍尔式 | <br>霍尔式接近开关 | 霍尔元件是一种磁敏元件。利用霍尔元件做成的接近开关，叫作霍尔式接近开关。当磁性物件靠近霍尔式接近开关时，开关检测面上的霍尔元件因产生霍尔效应而使开关内部电路状态发生变化，由此识别附近有磁性物体存在，进而控制开关的通或断。这种接近开关的检测对象必须是磁性物体 |
| 4 | 光电式 | 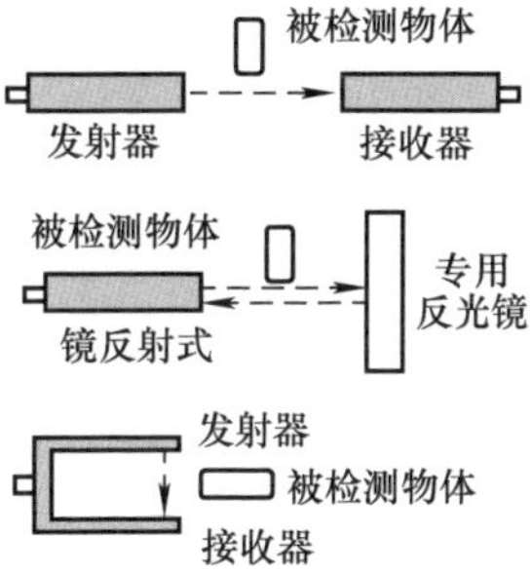<br>各种光电工作示意图开关 | 利用光电效应做成的接近开关叫光电开关。利用被检测物体对光束的遮挡或反射，由同步回路选通电路，从而检测是否有物体存在。该类接近开关将输入电流在发射器上转换为光信号射出，接收器再根据接收到的光线强弱或有无，从而对目标物体是否存在进行探测。工作示意图如左图所示。其用于检测所有不透光物质。多数光电开关选用的是波长接近可见光的红外线光波型，虽然其检出距离容易设定，不过缺点很多，如感测距离短、检出精度不一、需考虑感测物体背景、需调整检测感度、两个光电接近装置过近时容易产生干涉误动作等 |

（续）

| 序号 | 类型 | 结构原理 | 工作原理 |
|---|---|---|---|
| 5 | 热释电式 | 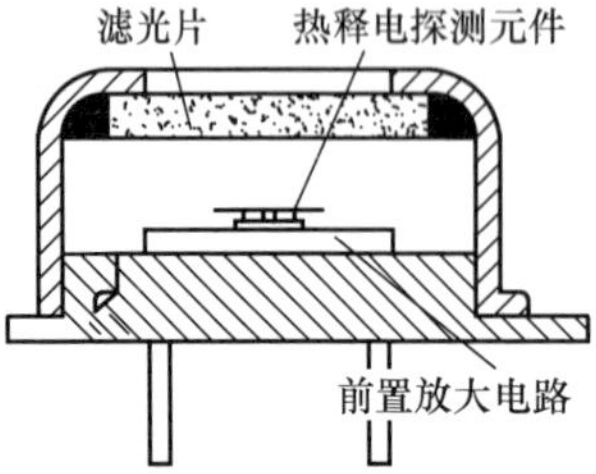 | 利用能感知温度变化的元件做成的接近开关叫热释电式接近开关。这种接近开关是将热释电探测元件安装在开关的检测面上，当有与环境温度不同的物体接近时，热释电器件的输出便会发生变化，由此便可检测出有物体接近 |
| 6 | 超声波 | 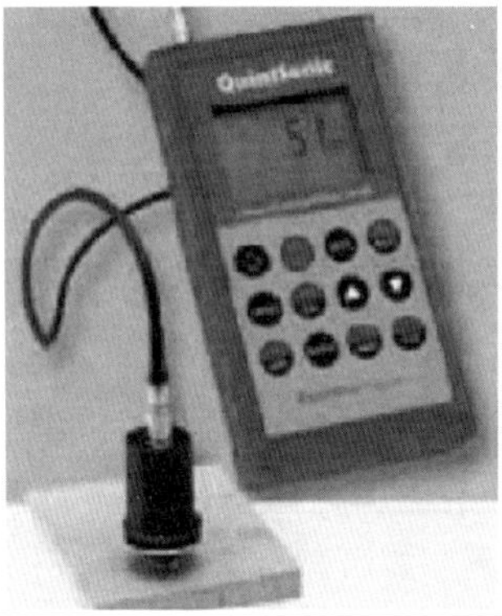 | 当观察者或系统与波源的距离发生改变时，接近开关接收到的波频率会发生偏移，这种现象称为多普勒效应。声呐和雷达就是利用这种效应的原理制成的。利用多普勒效应可制成超声波接近开关、微波接近开关等。当有物体移近时，接近开关接收到的反射信号会产生多普勒频移，由此可以识别出有无物体接近。用于检测不透超声波的物质 |

## 20.6.2　接近开关的选择与应用

### 1. 接近开关的检测特征

根据需要检测的被测物体距离要求与材料特性，选择相应接近开关。各种接近开关的检测特性见表20-13。

表20-13　各种接近开关的检测特性

| 传感器类型 | | 检测距离 | 被检测体 | 检测方式 | 相对可靠性 |
|---|---|---|---|---|---|
| 电感式接近开关 | | 1～80mm | 金属 | 电感振荡 | ★★★★ |
| 电容式接近开关 | | 2～20mm | 导电与不导电的液体与固体 | 电容效应 | ★★★ |
| 霍尔式接近开关 | | 约10mm | 导磁体 | 霍尔效应 | ★★★★★ |
| 光电开关 | 漫反射 | ≤2m | 不透光物体 | 反射接收一体化 | ★★★★ |
| | 镜反射 | ≤8m | 任何物体 | 配反射板遮挡有效 | ★★★★ |
| | 对射式 | ≤50m | 任何物体 | 发射接收分体遮挡光轴 | ★★★★★ |
| | 光纤式 | 50mm | 精密检测 | 光纤引出 | ★★★★★ |

接近开关的动作距离与被检测体的材质等影响因素有一定关系，在相同厚度与感应面积的情况下，其动作距离之间的关系为：铁>不锈钢>黄铜>铝>铜。另外

接近开关的动作距离与被检测体的厚度和面积大小有一定关系（在被检测体材质相同时）。

根据表 20-10 可以了解到材料对接近开关类型选择的影响如下。

1）当被检测体为金属材料时，应选用高频振荡型接近开关，该类型接近开关对铁镍、45 钢类被检测体的检测最灵敏。对铝、黄铜和不锈钢类被检测体，其检测灵敏度较低。

2）当被检测体为非金属材料时，如木材、纸张、塑料、玻璃和水等，应选用非导体型电容式接近开关。

3）金属体和非金属要进行远距离检测和控制时，应选用光电接近开关或超声波接近开关。

4）当被检测体为金属，并且检测灵敏度要求不高时，可选用价格低廉的磁性接近开关或霍尔式接近开关。

**2. 接近开关主要技术性能指标与检测验证**

选择接近开关主要技术指标可以从以下几方面进行：

（1）额定动作距离　额定动作距离是指在规定的条件下所测定到的接近开关的动作距离。

（2）工作距离　接近开关在实际使用中被设定的安装距离。在此距离内，接近开关不应受环境变化、电源波动等外界干扰而产生误动作。

（3）动作滞差　动作滞差指动作距离与复位距离之差的绝对值。动作滞差越大，对外界干扰及被检测体的抖动等的抗干扰能力就越强。

（4）重复定位精度　重复定位精度是指连续操作之间的有效感应距离的差值精确度。其数值的离散性大小一般为动作距离的 1% ~5%。离散性越小，重复定位精度越高。在传感器受电压和温度变化期间的读取数。具体测量方式是，在 8h 的时间内，温度变化为 10 ~30℃，电压变化为 $U_n \pm 5\% U_n$，所测量的感应距离差值。一般以额定感应距离（$S_n$）的百分数表示。

（5）动作频率　动作频率指每秒连续不断地进入接近开关的动作距离后又离开的被检测体个数或次数。当接近开关的动作频率太低而被检测体又运动得太快时，接近开关就来不及响应物体的运动状态，有可能造成漏检。非接触检测不影响被测物的运行工况。

（6）最大输出电流　最大输出电流也是接近开关的主要性能指标之一，应结合实际工况选择。

**3. 接近开关的接线与布线问题**

接近开关有二线、三线之分，三线制的有 PNP、NPN 两种接法，分别对应相应的 PLC 输入点。接近开关的接线方法如图 20-17 所示。

二线制接近开关安装简单，接线方便，应用比较广泛，但却有残余电压和漏电流大的缺点；两线制接近开关受工作条件的限制，导通时开关本身产生一定压降，截止时又有一定的剩余电流流过，选用时应予以考虑。三线制接近开关虽多了一根线，但不受剩余电流之类不利因素的困扰，工作更为可靠。

直流三线制接近开关的输出型有PNP和NPN两种，PNP型输出接近开关多应用于以PLC或计算机发出控制指令的场合，NPN型输出接近开关多用于控制直流继电器，在实际应用中要根据控制电路的特性合理选择其输出形式。

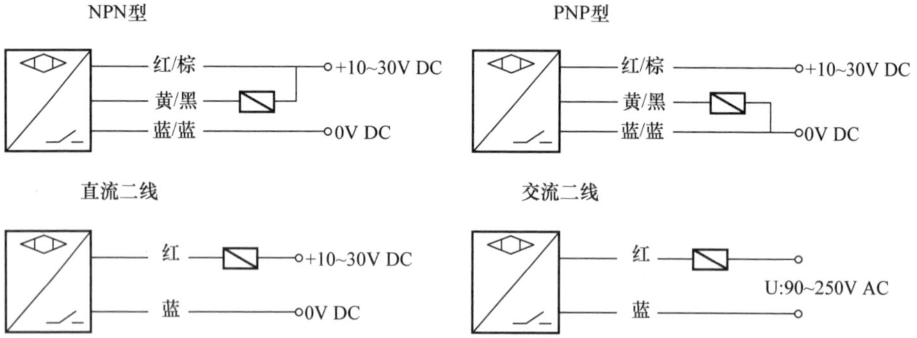


图20-17 接近开关的接线方法

1）电力线、动力线应尽量远离接近开关引线，无法避免时应将电金属管套在外部并接地，以防开关损坏或误动作。

2）严禁通电接线，并应按接线输出回路原理图接线。

3）最好不要用两个接近开关的输出线控制同一个继电器的同一个线圈，否则将无法辨认动作的来源，有时甚至产生误动作。

**4. 频率响应**

由图20-18可见，$\Delta t$是接近开关的响应时间。接近开关的响应频率是指在1s的时间间隔内，允许接近开关动作的循环次数。不同的接近开关响应频率有很大的差异，即使是同一种接近开关，若所使用的工作电压类型不同，则响应频率也会有所区别。例如，JS30型电容式接近开关直流（10~30V）二线/三线输出形式的响应频率为30Hz，而交流（90~250V）二线输出类型的响应频率只能到达10Hz；LB系列的电感式接近开关直流（10~30V）三线输出形式的响应频率就可达到1000Hz。可见，选择接近开关时应充分考虑接近开关的响应频率大小，尤其是当检测移动速度较快的物体时，如果所用接近开关的响应频率过低，就可能会检测不到物体的存在。

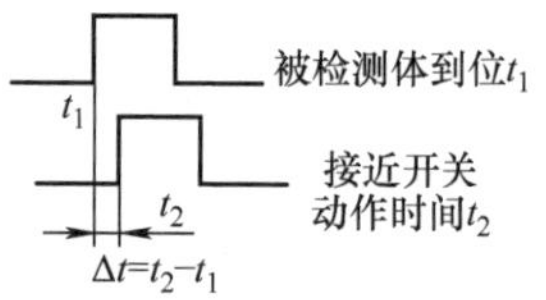


图20-18 接近开关的响应时间

**5. 接近开关的位置设计与安装**

1）在金属上安装接近开关时应预留一定空间，以避免该开关受到被检测体之外的其他金属干扰而产生误动作。与感应面平行的金属应在距离感应面3倍的检测距离之外；在接近开关轴线方向四周的金属应在以接近开关轴线为圆心，以3倍的接近开关直径为直径的圆柱体以外。

2）在同时安装两个或两个以上接近开关时，为防止任意二者间相互干扰，开关对置时应使两感应面在轴线方向的距离大于 5 倍的检测距离；并列安装时外圆柱面之间的距离应大于 3 倍接近开关直径的长度，若开关直径大小不等，应按较大接近开关的直径计算。

**6. 使用过程中的注意事项**

1）被检测体不应接触接近开关，以免因摩擦及碰撞而损伤接近开关。

2）用手拉拽接近开关引线会损坏接近开关，安装时最好在引线距开关 10cm 处用线卡固定牢固。

3）不应用脚踏接近开关，安装时最好设置保护罩壳。

4）开关使用距离应设定在额定距离的 2/3 以内，以免受温度和电压影响，温度和电压的高低都将影响接近开关的灵敏度。

**7. 成本考虑**

从表 20-10 中可见，霍尔式接近开关是性价比较高的接近开关选择，但是其只对导磁材料有效。一般而言，采用光电开关的价格要高于其他接近开关。

## 20.7　温度传感器

温度是在所有控制系统（包括液压气动系统与元件）的使用中具有极其重要影响的参数，它对液压气动介质性能、系统控制、元件工作、运行监测与故障诊断都有不可分割的作用。在工业 4.0 时代的液压气动元件数智化中，会对传感器的原理、尺寸、性能、功能与传输方法提出新的要求。测量温度的传感器能够将温度信号转化为电信号，从而进一步将温度信号或数据进行编制、转换，从而对相关信号进行控制、通信、传输和存储。温度传感器及其显示装置如图 20-19 所示。

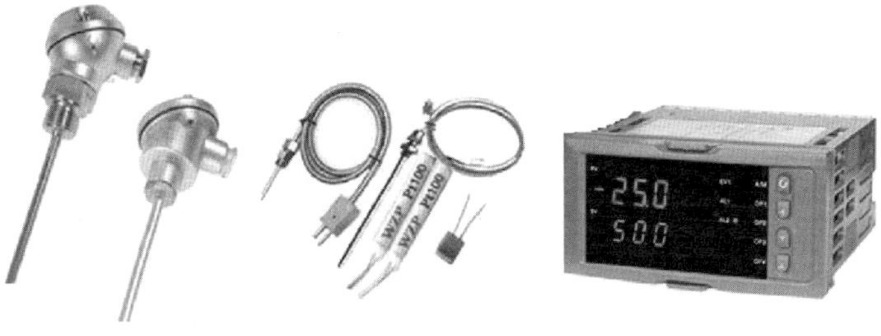


图 20-19　温度传感器及其显示装置

### 20.7.1　温度传感器的原理与分类

温度传感器按测量方式可分为接触式和非接触式两大类；按照传感器材料及电

子元件特性分为热敏电阻、热电偶、电阻温度检测器（铂电阻 RTD）和基于半导体的集成电路（IC）温度传感器四类。温度传感器的结构原理与工作原理见表 20-14。

**表 20-14　温度传感器的结构原理与工作原理**

| 序号 | 类型 | 结构原理 | 工作原理 |
| --- | --- | --- | --- |
| 一、接触式温度传感器<br>接触式温度传感器需要与被测介质保持热接触，使两者进行充分的热交换而达到同一温度。这一类传感器主要有电阻式、热电偶、PN 结温度传感器等 | | | |
| 1 | 热电阻与热敏电阻 | <br>热电阻敏感元件<br>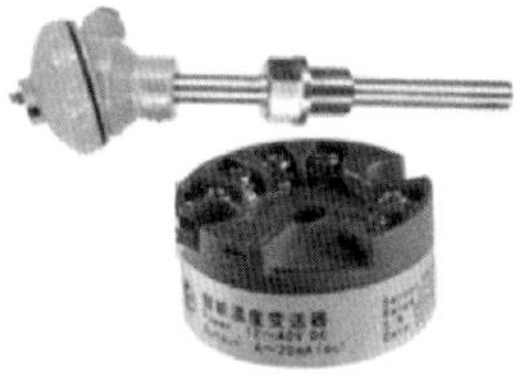<br>热电阻产品<br>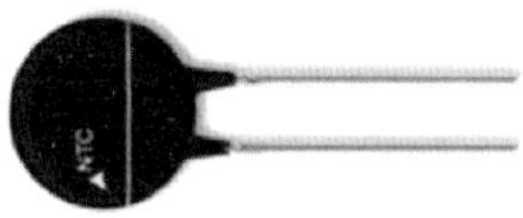<br>热敏电阻敏感元件<br>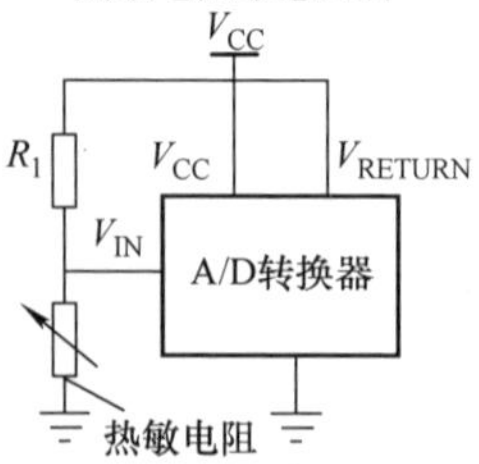<br><br>NTC 热敏电阻使用电路 | 热电阻（导体与半导体）与热敏电阻（半导体）效应是指在一定温度范围内，电阻值随温度变化而变化的现象<br>热电阻可以测量 -200～500℃的低温物体，被测物体温度的升高 1℃时，热电阻的电阻值增加 0.4%～0.6%<br>半导体热敏电阻热阻值更灵敏，PTC 热敏电阻为正温度系数材料（电阻值随温度升高而升高），以钛酸钡掺和稀土元素烧结而成的半导体陶瓷元件为主；NTC 热敏电阻为负温度系数材料（电阻值随温度升高而降低），主要由 Mn、Co、Ni、Fe 等金属氧化物烧结而成；CTR 热敏电阻也是负温度系数材料，主要由 V、Ge、W、P 等元素的氧化物在弱还原气氛中形成烧结体。常见的铂电阻、铜电阻、镍电阻等半导体材料，大多数为负温度系数。热敏电阻通常也可由陶瓷材料制成，覆盖特定玻璃表面的锰、镍或钴的氧化物。与其他类型相比，它们的特殊优势是准确性高、可重复性高和对温度变化的响应快速。这些热敏电阻体积非常小，在温度变化时阻值改变大、响应快。以一种常用热敏电阻为例，其在 25℃时的阻值为 5kΩ，电阻变化值达 200Ω/℃。热敏电阻比热电阻温度系数可以高 10 倍以上，动态响应也更快<br>热敏电阻温度传感器性能灵敏但线性度极差，为此需要热敏电阻和固定值电阻形成一个分压器，其输出由 A/D 转换器进行数字化（见左图使用电路）才能获得正确测量值。它非常适合快速和灵敏温度测量的电流控制应用。大多数热敏电阻有两线配置，需要使用电流源，热敏电阻在两条线上测量的是绝对温度，有较好的精度，它比热电偶价格高，可测温度范围小于热电偶。但是使用时须注意大电流时会造成自热误差，导致永久性的损坏<br>玻璃封装热敏电阻的工作范围为 -50～250℃。目前已经可以实现 -200～1300℃的温度测量。但常温器件适用于 -55～315℃、低温器件适用于 -273～55℃的测量 |

（续）

| 序号 | 类型 | 结构原理 | 工作原理 |
|---|---|---|---|
| 一、接触式温度传感器<br>接触式温度传感器需要与被测介质保持热接触，使两者进行充分的热交换而达到同一温度。这一类传感器主要有电阻式、热电偶、PN 结温度传感器等 | | | |
| 2 | 热电偶 | 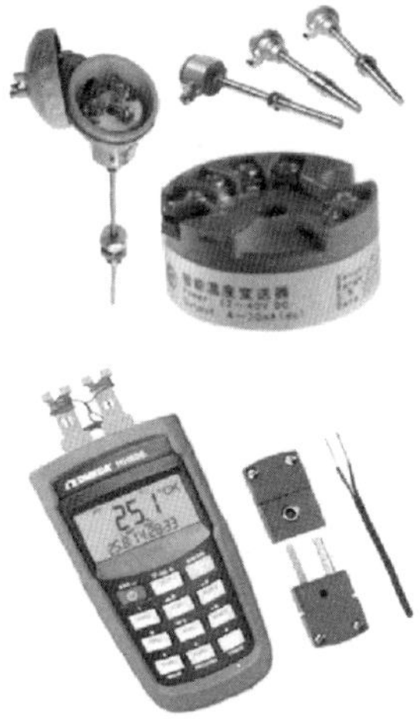<br>热电偶产品<br>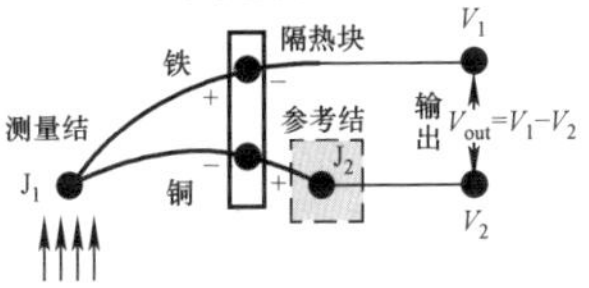<br><br>热电偶工作状态<br>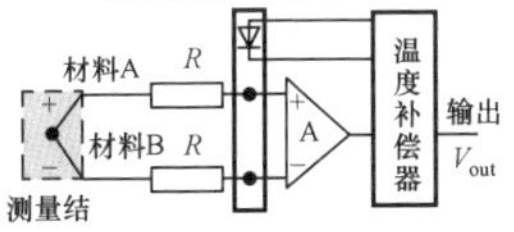<br><br>热电偶工作原理 | 热电偶由在一端连接的两条不同种金属线（金属 A 和金属 B）构成，在末端焊接在一起。当热电偶一端受热时，热电偶电路中就会产生温差电动势与接触电动势。可用测量的电势差来计算温度。再测出不加热部位的环境温度，就可以准确知道加热点的温度。由于热电偶温度传感器的灵敏度与材料的粗细无关，制成的细微测温元件有极高的响应速度，可以测量温度快速变化的过程<br>热电偶是最简单、最常用的温度传感器，优点是工作简单、实用、最常用、结实、价廉。其无须供电，具有温宽范围大、响应快和适应各种大气环境的特点<br>不过，电压和温度为非线性关系，两种物质之间会出现产生电压差的现象（塞贝克效应），因此需要为参考温度（$T_{REF}$）进行第二次测量，并利用测试设备软件或硬件在仪器内部处理电压 - 温度变换，以最终获得热电偶温度。所以热电偶不适合高精度的测量和应用<br>热电偶的缺点使测量温度也有挑战性，它们的输出电压小，需要精确放大，对长导线上外部噪声的敏感性以及对热电偶线与信号电路的铜迹线相遇的冷端需要进行补偿，避免产生另一个塞贝克效应<br>根据不同材料组成的热电偶，其测热范围为 -250 ~ 1820℃，敏感度为 10 ~ 68μV/℃ |
| 3 | 电阻温度探测器 | 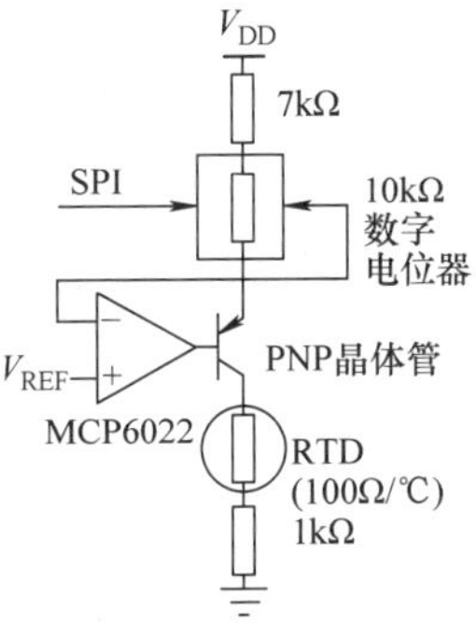<br><br>电阻温度探测器电路 | 电阻温度探测器（RTD）实际上是一根特殊的导线，它利用金属电阻随温度变化而变化的特性，铂是其中最常见和测量温度最准确的材料，或者采用镍和铜制成。RTD 元件可以是一根导线，也可以是一层薄膜，采用电镀或溅射的方法涂敷在陶瓷类材料基底上。左图中所示电路是恒流源<br>铂 RTD 也称为 PRTD，在 0℃时具有 100Ω 和 1000Ω 电阻，分别表示为 PT100 和 PT1000。PRTD 对温度变化提供近乎线性的响应，稳定性好、准确性高、响应重复性强、温度范围宽，经常用于精密温度检测<br>但是 RTD 元件有较高的热惯性，因此动态响应比热电偶慢。所以 RTD 的信号调理电路很重要，需要激励电流流过 RTD，并根据此电流算出电阻<br>配置包括二线、三线和四线选项。当引线长度足够短以至于电阻不会显著影响测量精度时，二线选项很有用。三线制增加了一个承载激励电流的 RTD 探头。这提供了一种消除导线电阻的方法。四线是最准确的，因为单独的力和感测引线消除了线电阻的影响 |

（续）

| 序号 | 类型 | 结构原理 | 工作原理 |
|---|---|---|---|
| 一、接触式温度传感器<br>接触式温度传感器需要与被测介质保持热接触，使两者进行充分的热交换而达到同一温度。这一类传感器主要有电阻式、热电偶、PN 结温度传感器等 | | | |
| 4 | 基于半导体的温度传感器 | 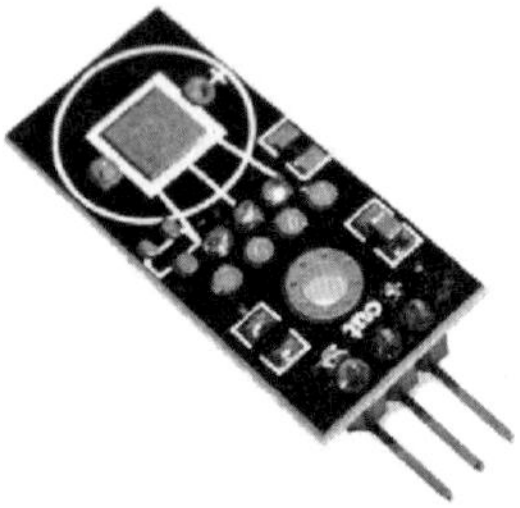<br>模拟温度传感器<br><br>数字温度传感器 | 最简单的半导体温度传感器就是一个 PN 结，例如二极管或晶体管基极 - 发射极之间的 PN 结。如果一个恒定电流流过正向偏置的硅 PN 结，正向压降在温度每变化 1℃时会降低 1.8mV。很多集成电路利用半导体的这一特性来测量温度。21 世纪以来相继开发了半导体热电偶传感器、PN 结温度传感器和集成温度传感器（也称固体热传感器）。基于半导体的温度传感器通常集成到集成电路中。这些传感器使用两个相同的二极管，它们具有温度敏感的电压与电流特性，用于监测温度的变化。它们提供高度的线性响应，但在基本传感器类型中精度最低、温度范围最窄（-70～150℃），在此之内的响应速度也最慢<br>模拟温度传感器有电压输出型与电流输出型等。电流输出型供电电压是 3～30V，输出电流 223μA（-50℃）～423μA（150℃），灵敏度为 1μA/℃。当在电路中串接采样电阻 R 时，R 两端的电压可作为输出电压。注意 R 的阻值不能取太大，以保证两端电压不低于 3V。输出电流信号的传输距离可达到 1km 以上。适用于多点温度测量和远距离温度测量的控制<br>数字温度传感器采用 PTAT 结构，输出为占空比，这种半导体结构具有精确的与温度相关的良好输出特性。PTAT 的输出通过占空比比较器调制成数字信号。输出数字信号与微处理器兼容，通过处理器的高频采样可计算出输出电压方波信号的占空比，即可得到温度。该款温度传感器的分辨率优于 0.005℃。测量温度范围为 -45～130℃，故被广泛用于高精度场合。若是采用数字式接口的温度传感器，则可通过单线和微处理器进行温度数据的传送，输出的方波信号具有正比于绝对温度的周期，利用微处理器内部的计数器测出周期后即可计算出温度<br>基于半导体的温度传感器有两种不同的类型：本地温度传感器和远程数字温度传感器。本地温度传感器是通过使用晶体管的物理特性测量其自身芯片温度的集成电路。远程数字温度传感器测量外部的晶体管的温度<br>本地温度传感器可以使用模拟或数字输出。模拟输出可以是电压或电流，而数字输出可以采用多种格式，如 IC、SMBus、1 - Wire 和串行外设接口（SPI）。本地温度传感器感应印制电路板上的温度或其周围的环境温度。远程数字温度传感器通过使用晶体管的物理特性像本地温度传感器一样工作。不同之处在于晶体管远离传感器芯片。一些微处理器和现场可编程门阵列（FPGA）包括一个双极感应晶体管，用于测量目标集成电路的管芯温度 |

（续）

<table>
<tr><th>序号</th><th>类型</th><th>结构原理</th><th>工作原理</th></tr>
<tr><td colspan="4">二、非接触式温度传感器<br>非接触式温度传感器的敏感元件无须与被测介质接触，而是通过被测介质的热辐射或对流传到温度传感器，以达到测温的目的。常见的非接触式温度传感器有红外线温度传感器和激光温度传感器</td></tr>
<tr><td>1</td><td>红外线<br>温度传感器</td><td>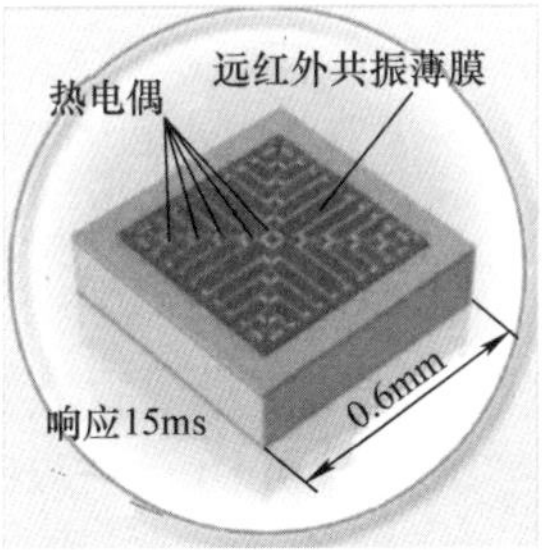<br><br>敏感元件<br><br><br>产品<br>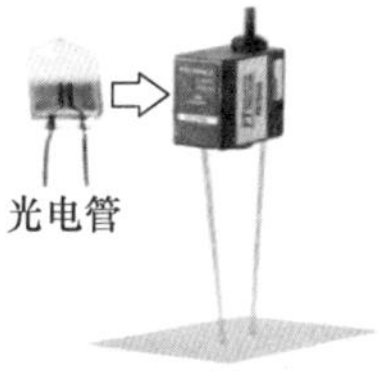<br><br>应用<br>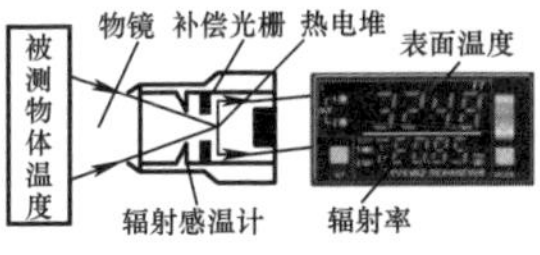<br><br>检测结果</td><td>非接触式测温仪表基于黑体（无反射光的物体）辐射的基本定律，称为辐射测温传感器。辐射测温法包括亮度温度法（见光学高温计）、辐射温度法（见辐射高温计）和比色温度法（见比色温度计）。这些温度测量后与黑体（吸收全部辐射并不反射光的物体）比较与修正，所测温度才是真实温度。至于气体和液体介质真实温度的辐射测量，则可以用插入耐热材料管至一定深度以形成黑体空腔的方法。通过计算求出与介质达到热平衡后的圆筒空腔的有效发射系数。在自动测量和控制中就可以用此值对所测腔底温度（即介质温度）进行修正而得到介质的真实温度。红外线温度传感器也是利用红外线热辐射效应（波长为 0.75～100μm），使探测器件接收辐射能后引起温度升高，进而测得温度<br>非接触式测温方法的主要特点是可以测量运动状态物质的温度（如慢速行驶的火车的轴承温度，旋转着的水泥回转窑的温度）、热容量小的物体（如集成电路中的温度分布）或温度变化迅速（瞬变）的对象表面温度，也可用于测量温度场的温度分布。测量上限不受感温元件耐温程度的限制，因而对最高可测温度原则上没有限制。对于 1800℃ 以上的高温，主要采用非接触式测温方法。随着红外技术的发展，辐射测温逐渐由可见光向红外线扩展，700℃ 以下直至常温都已采用，且分辨率很高</td></tr>
</table>

## 20.7.2　温度传感器的选择

### 1. 明确选择温度传感器的总体要求

明确温度传感器的使用目的与关键性能指标；测温范围和精度要求；被测温度的传输、记录、报警、检测距离等要求；温度检测尺寸与外形的要求；被测温度的动态采集时间要求；环境对传感器的要求以及传感器对环境的要求；安装与维护要求；成本要求等。

**2. 根据响应性和准确度选择传感器种类**

温度传感器响应较快，可以达到毫秒级别，例如半导体温度传感器的响应时间可以达到10ms以下，热敏电阻的响应时间一般为几十毫秒。热电偶的响应较慢，一般在秒级别，例如铜-铜镍热电偶的响应时间为1~2s。

响应性和准确度从高到低分别为负温度系数（NTC）热敏电阻、电阻温度检测器（RTD）、热电偶，最后是基于半导体的传感器。

**3. 决定测量范围**

根据被测物体的温度范围选择合适的温度传感器，例如PT100适用于-200~850℃的温度范围，NTC热敏电阻适用于-50~150℃的温度范围。

**4. 确定精度要求**

根据测量精度要求选择合适的温度传感器。温度传感器的精度较高，可以达到0.1℃或者更高。半导体温度传感器的精度可以达到0.1℃（PT100），而热敏电阻的精度可以达到0.01℃，NTC热敏电阻的精度一般为1~2℃。

热电偶的精度相对较低，一般为1℃左右，但是在高温环境下仍然是一种比较可靠的温度测量装置。

**5. 明确环境条件**

根据使用环境条件选择合适的温度传感器，例如需要耐高温、耐腐蚀、耐振动、防水防尘等特性的温度传感器。

**6. 考虑安装、使用、尺寸、数据记录传输等要求**

选择温度传感器时应考虑安装条件、尺寸大小、安装位置、电缆线路、周围电磁干扰、现场校准等要求。要知道安装位置不当会引入较大温度测量误差；热电偶的安装应尽可能避开强磁场和强电场，所以不应把热电偶和动力电缆装在同一根导管内，以避免引入干扰造成误差；热电偶不能安装在被测介质很少流动的区域内，当用热电偶测量管内气体温度时，必须使热电偶逆着流速方向安装，而且充分与气体接触；保护热电偶绝缘的保护管和拉线板污垢或盐渣过多致使热电偶极间与被测体绝缘不良，引起更大误差。

要了解热惰性引入的误差，这种热电偶的热惰性使仪表的指示值落后于被测温度的变化，在进行快速测量时这种影响尤为突出。应尽可能采用热电极较细、保护管直径较小的热电偶。测温环境许可时，尽可能将保护管取去。由于存在测量滞后与测量数值衰减，温度数据的幅值与波动会产生失真，为此应当选择时间常数小的热电偶。要减小时间常数、增加传热系数、尽量减小热端的尺寸，采用导热性能好的材料，采用管壁薄、内径小的保护套管。在较精密的温度测量中，使用无保护套管的裸丝热电偶易损，应及时校正及更换。另外保护管上易集尘导致热阻增加，阻碍热的传导，这时温度也易失真。

**7. 价格和性价比**

根据实际需求选择价格和性价比合适的温度传感器。

# 20.8　液压气动元件型式试验用其他参数检测传感器

在液压气动元件型式试验中，需要对元件进行更多的参数检测，包括力、力矩、转速、流量等。

## 20.8.1　力传感器

较常用的力传感器（见图 20-20）主要有电阻应变式力传感器、压磁式力传感器、压电式力传感器、电容式力传感器和微应变式传感器等。其结构原理与工作原理见表 20-15。

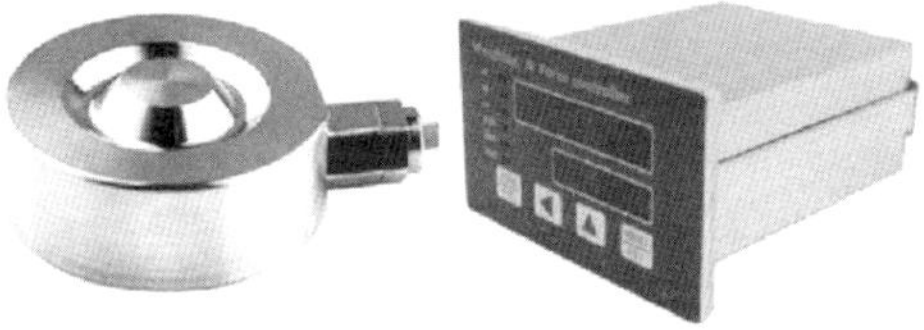

图 20-20　力传感器与显示装置

**表 20-15　力传感器的结构原理与工作原理**

| 序号 | 类型 | 结构原理 | 工作原理 |
|---|---|---|---|
| 1 | 电阻应变式 | 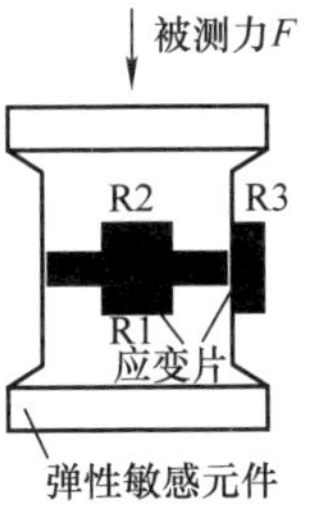柱式力传感器工作原理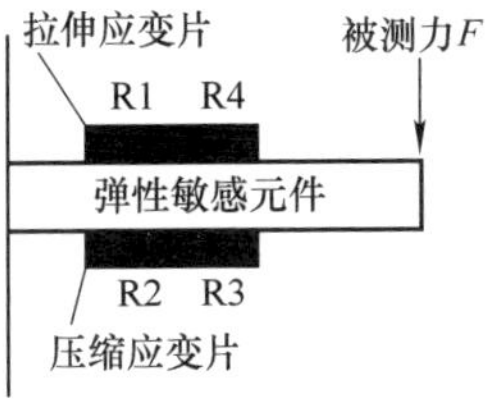悬臂梁式力传感器工作原理 | 电阻应变式力传感器由弹性敏感元件（即机械转换元件）将力转换成与其成正比的应变或直线位移（中间机械量），再用应变片及相应的测量电路或位移传感器将这些中间机械量转换成电量输出<br>这种传感器的测力范围为 $10^{-3}$ ~ $10^{3}$ N，非线性度在 0.05% 以内，温度零漂为 0.003%（额定载荷）/℃，灵敏度变化为 0.0015%（额定载荷）/℃，配合二次仪表后的精度可高达±0.1%。适用于静态和动态力的测量<br>典型的电阻应变式力传感器主要有柱式力传感器、环式力传感器、悬臂梁式力传感器、轮辐式力传感器。柱式力传感器结构简单、紧凑，能承受很大负载，可以用于拉力和压力测量或称重系统。环式力传感器稳定性好，应力分布变化大，可以选择有利的部位粘贴应变片，以得到较高的灵敏度。悬臂梁式力传感器灵敏度较高，适用于小载荷测量。轮辐式力传感器是一种大负载传感器，应变片粘贴在轮辐侧面，它多用作大规格的荷重传感器 |

（续）

| 序号 | 类型 | 结构原理 | 工作原理 |
|---|---|---|---|
| 2 | 压磁式 | 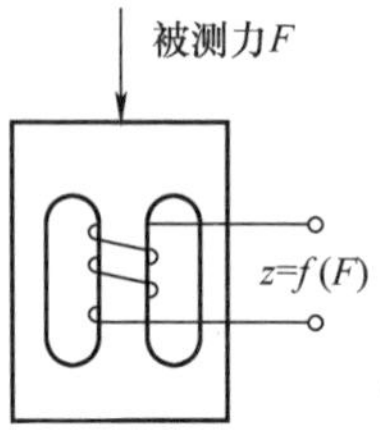<br>阻流圈式<br>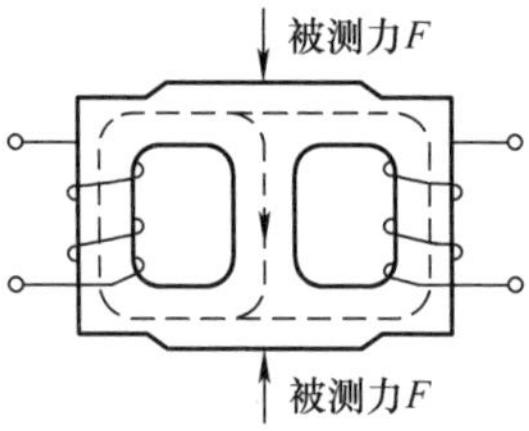<br>变压器式<br>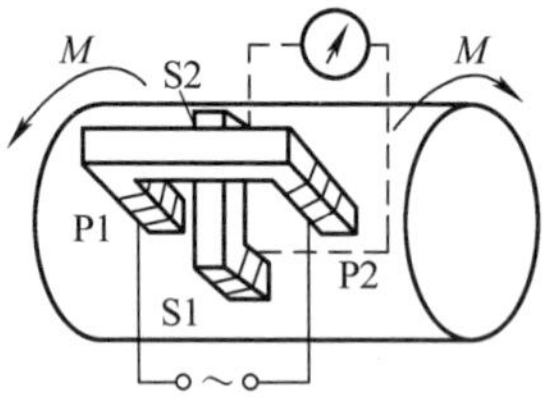<br>桥式 | 压磁式力传感器利用外力作用下，铁磁性材料内部由于机械应力产生磁导率变化的压磁效应来工作。纯镍、坡莫合金等铁磁性材料是具有良好压磁特性的压磁材料<br>如左图所示，在压磁材料制成的铁心上绕有一个线圈，那么这种铁心在被测力作用下的磁导率变化使得它的磁阻发生变化，随之导致绕在铁心上的线圈自感变化，通过测量电路将这种自感的变化转换成与被测力成正比的电压输出（阻流圈式）。如果铁心上绕有两个线圈，并对其中一个线圈施加恒定电压和恒定频率的交流电（即按变压器原理工作），那么被测力引起的铁心磁导率的变化将改变两线圈间的互感，从而使次级线圈上的感应电动势发生变化（变压器式）<br>也可以利用敏感元件中两个相互垂直方向上的磁导率变化来工作（桥式），即传感器的初级绕组与次级绕组相互垂直地安装在层叠的压磁材料铁心中。初级绕组以交流电压供电。在没有力作用的情况下，传感器初级绕组的磁力线呈对称分布，而且不与次级绕组相交链，这时次级绕组的感生电动势为零。在施加力之后，磁力线沿磁导率增大的方向受拉伸，沿磁导率减小的方向受压缩，并与次级绕组相交链。于是，在次级绕组上感应出电动势，此电动势与施加到传感器上的力成比例。压磁式力传感器的主要优点是具有高的机械输入阻抗和低的电输出阻抗，前者意味着它有很高的机械刚度，后者使得它的输出电压受负载电阻变化的影响较小。但这种传感器存在压磁误差、线性误差、老化、温度误差，故准确度不高，其总的测量误差一般为额定值的2%～5% |

（续）

| 序号 | 类型 | 结构原理 | 工作原理 |
|---|---|---|---|
| 3 | 压电式 | 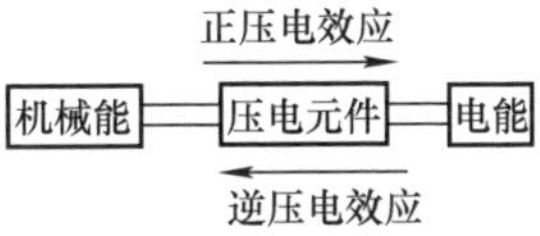<br><br>压电效应<br>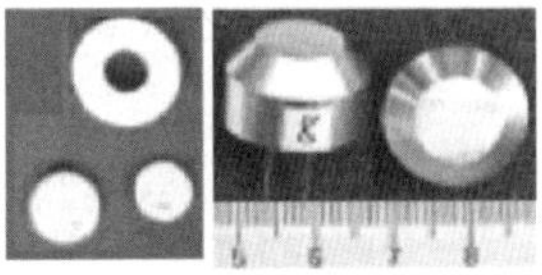<br>压电陶瓷与传感器<br>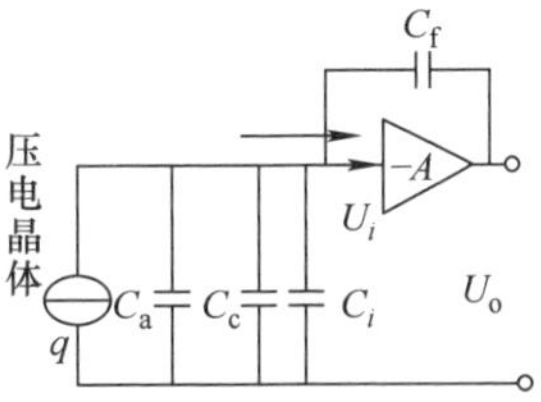<br><br>电荷放大器线路 | 属于发电型传感器，利用某些晶体电介质材料受到外力产生机械应变以后，由于内部极化在其表面出现电荷。具有压电效应的晶体称为压电晶体，常见有石英、铌酸锂、锆钛酸铝等。此类传感器的频响宽、灵敏度高、信噪比大、结构简单可靠、质量轻，但不适合静态参数的测量<br>对于测量确定方向上的力的单向压电式力传感器，石英晶体片一般选用厚度伸缩型，此时电荷出现在力作用表面上，石英晶体在 $x$ 和 $y$ 轴上的弹性模量 $E=80\text{GPa}$，如晶体片厚度 1mm 时的刚度相当于一个实心钢块，故其有很大的机械输入阻抗。在某些测量中，当被测力的方向未知时，可以采用三向压电式力传感器来确定被测力的三个垂直分量，从而确定被测力的大小和方向。在测量压电效应产生的电荷时，必须使电荷漏失并减至最低，并且要使引线的分布电容对测量电路的输入电压的影响减至最小 |

力传感器的选用与所有传感器的选用有相似之处。一看测量对象和测量环境，考虑选择哪一种力传感器时，先要明确测量的工作，明确采用哪一种原理的力传感器，只有多方面分析以后才能确定。具体要分析被测量物体的特点以及力传感器的使用条件。有以下几个因素需要考虑：量程的大小；被测位置对传感器体积的要求；测量方式是接触式还是非接触式；信号的输出方法。二看传感器的灵敏度，在传感器的线性范围内，其灵敏度越高越好，这样有利于信号处理。三看传感器的频率响应特性，频率响应越高，可测信号频率范围就越宽，适合动态测量。四看传感器的线性范围，线性范围越宽，其量程就越大，就能保证一定的测量精度。客观地讲，线性是相对的，对测量精度要求低时，非线性误差也可以要求低些。五看传感器的稳定性，使用了一段时间之后，性能要尽量稳定不变，但是稳定性的影响因素除传感器本身外，还与使用环境有关，因此要具备较强的环境适应性。六是对于压电材料要注意转换性能，具有较大的压电常数，力学性能方面要保证机械强度高、刚度大，电性能要有高电阻率和大介电常数，环境适应性要求温度和湿度稳定性要好，要求具有较高的居里点，从而获得较宽的工作温度范围。时间稳定性应用要求压电性能不随时间变化。

各类力传感器的应用优缺点见表20-16。

表20-16 各类力传感器的应用优缺点

| 序号 | 原理类型 | 应用优点 | 应用缺点 |
|---|---|---|---|
| 1 | 应变式力传感器 | 精度高、稳定性好、灵敏度高、响应速度快、线性度好 | 较为昂贵、安装复杂、易受温度变化和环境因素影响、易产生横向载荷干扰 |
| 2 | 电容式力传感器 | 精度高、响应速度快、干扰小、自重轻、易于安装 | 受温度变化影响较大、线性度差、安装环境和条件要求较高 |
| 3 | 电阻应变式力传感器 | 响应速度快、精度高、质量轻、可靠性好、线性度好 | 易受横向载荷干扰、易受温度变化和环境因素影响、易受振动干扰影响 |
| 4 | 压电式力传感器 | 线性度好、精度高、体积小、响应速度快、不受温度影响 | 易产生小信号，需要前置放大器进行放大、对环境质量要求高、易受冲击和振动影响 |

## 20.8.2 转矩传感器

### 1. 转矩传感器的工作原理与性能

在液压泵的测试中，转矩是最重要的测量参数（见图20-21）。转矩传感器的工作原理主要是基于应变片的电桥原理。在转矩传感器中，应变片被粘贴在弹性轴上，以测量弹性轴的应变。当弹性轴受到扭转时，应变片会感应到应变并产生电阻变化。这些电阻变化将被连接到电桥中，电桥会产生一个与转矩成比例的电压信号。该电压信号可以被进一步处理和记录，以便对转矩进行测量和控制。除了基于应变片的电桥原理，还有其他类型的转矩传感器，如光纤转矩传感器和磁转矩传感器。

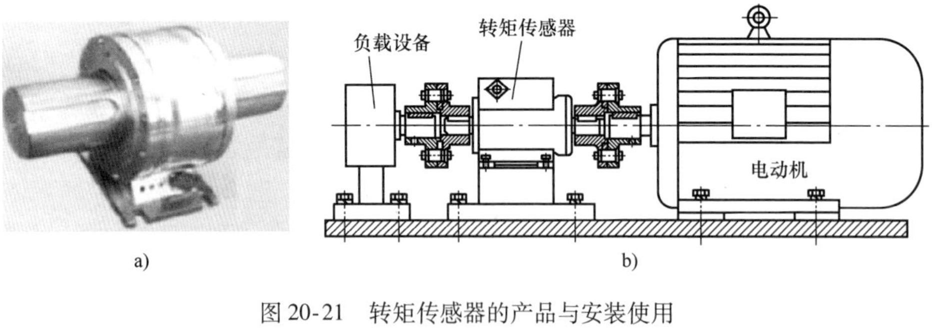


a) b)

图20-21 转矩传感器的产品与安装使用
a）转矩传感器产品 b）转矩传感器安装使用结构图

转矩传感器常用于测量转矩和旋转速度。它的组成结构包括以下部分：

（1）敏感元件 敏感元件是实现转矩测量的核心部分。它通常由一种具有弹性的材料制成，如金属薄片或薄壁钢管。敏感元件具有两个相互垂直的应变片，它们可以将转矩转换为电信号。

（2）转换元件　转换元件的作用是将敏感元件输出的电信号转换为更方便处理的信号形式。例如，可以将电信号转换为电压或电流信号。转换元件通常由电子器件组成，如放大器、滤波器或 A/D 转换器。

（3）信号处理电路　信号处理电路可以进一步处理转换元件输出的信号。例如，可以通过数字信号处理技术对信号进行滤波、放大或校正，以提高测量精度和稳定性。

（4）接口电路　接口电路是连接转矩传感器和其他设备的部分。例如，可以通过接口电路将转矩传感器连接到计算机、PLC 或其他控制系统中。接口电路通常由数字或模拟接口组成，如串口、USB 或 CAN 总线。

（5）外壳　外壳是保护转矩传感器免受外部环境影响的部分。它通常由金属或塑料材料制成，可以防止水、尘土和其他污染物进入传感器内部。

转矩传感器分为静态与动态转矩传感器，前者只适合应用于静态、非连续旋转的转矩力值测量。对于转速过快或旋转超过 360°范围的转矩测量，只能选择动态转矩传感器。

在此在介绍扭转角相位差式转矩传感器与应变片式转矩传感器，表 20-17 列出了相关转矩传感器的结构原理与工作原理。

**表 20-17　转矩传感器结构原理与工作原理**

| 序号 | 类型 | 结构原理 | 工作原理 |
|---|---|---|---|
| 1 | 相位差式转矩传感器 | 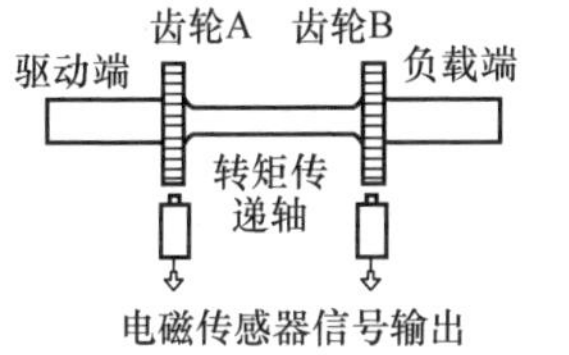<br><br>工作原理<br>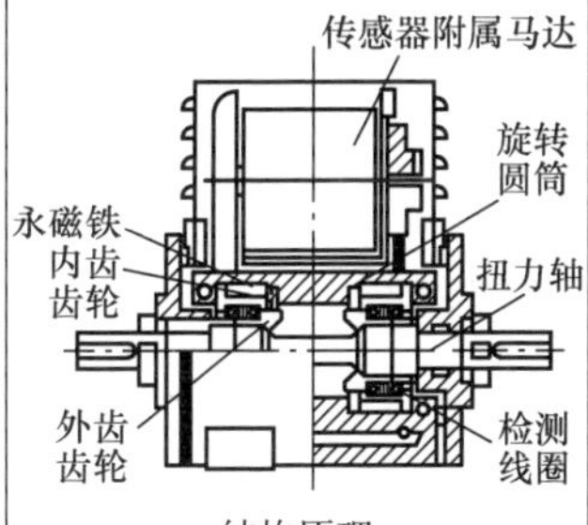<br><br>结构原理 | 该传感器是在弹性轴的两端安装两组齿数、形状及安装角度完全相同的齿轮，在齿轮的外侧各安装着一只接近（磁或光）传感器。当弹性轴旋转时，这两组传感器就可以测量出两组脉冲波，比较这两组脉冲波的前后沿相位差就可以计算出弹性轴所承受的转矩量<br>该方法具有高精度、高重复性的特点，实现了转矩信号的非接触传递，检测信号为数字信号；缺点是体积较大，不易安装，低转速时由于脉冲波的前后沿较缓不易比较，因此低速性能不理想 |
| 2 | 应变片式转矩传感器 | 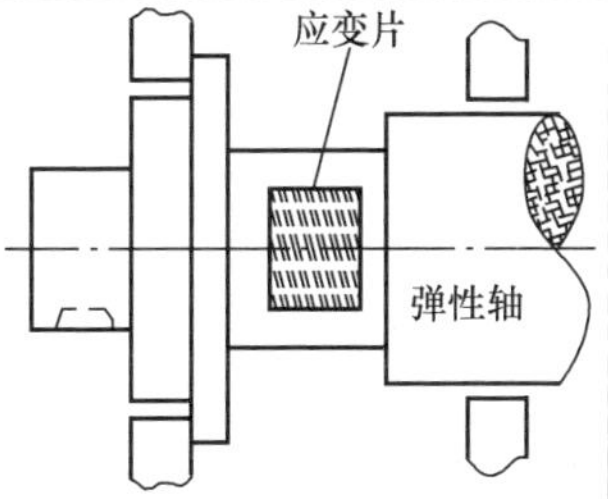<br><br>工作原理 | 应变片式转矩传感器采用应变电测技术。在弹性轴上用应变胶粘贴应变计组成测量电桥，如左图所示。当弹性轴受转矩产生微小变形后引起电桥电阻值变化，应变电桥电阻的变化转变为电信号的变化，从而实现转矩测量。传感器由弹性轴、测量电桥、仪器用放大器、接口电路组成。弹性轴是敏感元件，在 45°和 135°的方向上产生最大压应力和拉应力，这时弹性轴所承受的主应力和切应力相等。它具有精度高、频响快、可靠性好、寿命长等优点 |

动态转矩传感器性能指标（举例）如下。

无轴承高转速型转矩传感器：量程为0～几千N·m，最高转速可达30000r/min，标准型综合精度为0.1% F.S.，非线性为0.02% F.S.，温度参数零点为0.02% F.S./℃，输出为0.01%F.S./℃，工作温度为0～60℃，过载保护为200%额定转矩值。

**2. 转矩传感器的工业应用**

（1）枕轨用液压螺栓转矩扳手　液压传动的螺栓扳手普遍通过检测液压系统的工作压力来推算转矩的间接测量方式来控制扳手转矩。由于实际系统的工作压力会随负载变化而变化，以及在液压传动过程中会造成工作压力损失，因此系统工作压力并非反映真实的转矩大小。在采用转矩传感器直接测量转矩，并通过闭式液压传动的电液比例阀控制马达和变量泵控系统来实现转矩的精确控制与系统的节能控制。通过转矩传感器直接检测负载转矩大小，并由测量控制系统对两路转矩信号实时采集、控制、显示，实现了对转矩精确测量和精确控制。重复性误差在1.5% F.S.以内，显示与实际转矩的最大误差在2N·m以内，系统转矩加载平稳。图20-22所示为枕轨用液压螺栓转矩扳手工作原理图。

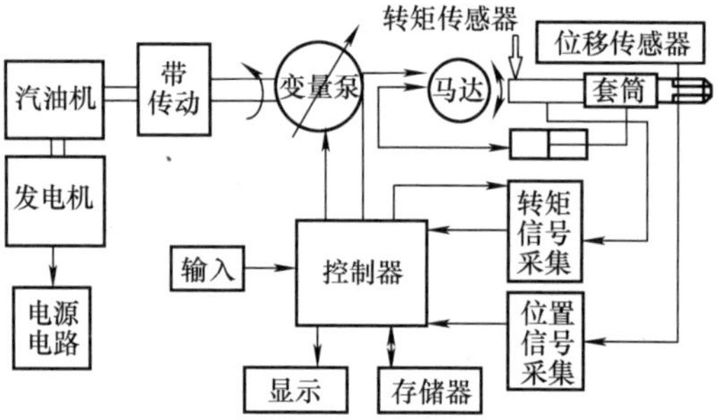


图20-22　枕轨用液压螺栓转矩扳手工作原理图

（2）转矩传感器用于电动助力转向系统（Electric Power Steering，EPS）电动助力转向系统（见图20-23）是直接依靠电动机提供辅助转矩的动力转向系统，与传统的液压助力转向系统（Hydraulic Power Steering，HPS）相比有很多优点：仅在需要转向时才起动电动机产生助力，能减少发动机燃油消耗；能在各种行驶工况下提供最佳助力，通过传动装置的作用减小由路面不平所引起的电动机输出转矩对助力系统的扰动，改善汽车的转向特性，提高汽车的主动安全性；没有液压回路，调整和检测更容易；装配自动化程度更高，且可通过设置不同的程序，与不同车型快速匹配，缩短生产和开发周期；不存在漏油问题，减小对环境的污染。因此电动助力转向系统是未来动力转向系统的一个发展趋势。电动助力转向系统主要由转矩传感器、车速传感器、电动机、减速机构和电子控制单元（ECU）等组成。通过传感器探测驾驶人在转向操作时转向盘产生的转矩或转角的大小和方向，并将所需信息转化成数字信号输入电子控制单元，再由电子控制单元对这些信号进行运算后得到一个与行驶工况相适应的力矩，最后发出指令驱动电动机工作，电动机的输出转矩通过传动装置的作用而助力。因此转矩传感器是电动助力转向系统中最重要的器件之一。转矩传感器的种类有很多，主要有电位计式转矩传感器、金属电阻应变片的转矩传感器、非接触式转矩传感器等，随着技术的进步，未来将会有精度更高、成本更低的传感器产生。

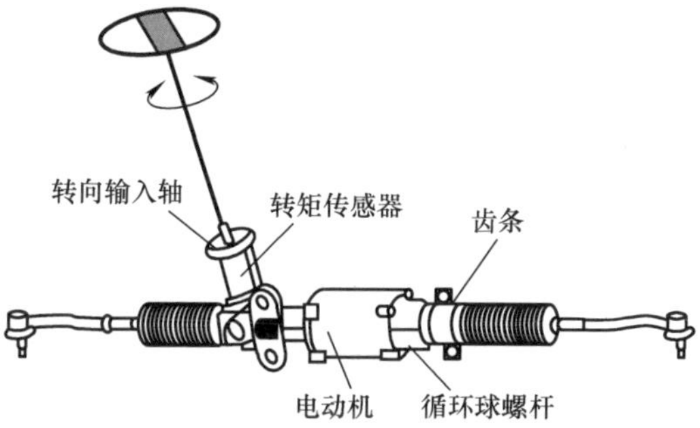


图 20-23　电动助力转向系统

## 20.8.3　转速传感器

由于液压技术的多电化，电动机与液压元件的融合，转速传感器在液压系统中的应用重要性不断增加，发展也很快。

转速传感器是将旋转物体的转速转换为电量输出的传感器。按信号形式的不同，转速传感器可分为模拟式和数字式两种。模拟式转速传感器有交流测速发电机与直流测速发电机，它们的输出信号值是转速的线性函数。数字式转速传感器的输出信号频率与转速成正比，或其信号相邻峰值时间间隔与转速成反比。

一般来说，模拟式转速传感器与被测转轴之间采用机械连接。模拟式转速传感器的分类如图 20-24 所示。交流测速发电机分为同步测速发电机和异步测速发电机。同步测速发电机的输出频率和电压幅值均随转速的变化而变化，因此一般用作指示式转速计，很少用于控制系统的转速测量；异步测速发电机的输出电压频率与励磁电压频率相同而与转速无关，其输出电压与转速成正比，因此在控制系统中得到广泛应用。

测速发电机在自动控制系统和计算装置中可以作为测速元件、校正元件、解算元件和角加速度信号元件。测速发电机耦合在电动机轴上作为转速负反馈元件，其输出电压作为转速反馈信号发送回放大器的输入端。调节转速给定电压，系统可达到所要求的转速。在直流伺服电动机的轴上耦合一台直流测速发电机，测速发电机也作为转速反馈元件，但其作用却不同于转速自动调节系统，该系统中转速反馈是用于位置的微分反馈的校正，起速度阻尼作用。测速发电机作为控制系统中的解算元件，既可用作积分元件，也可用作微分元件。

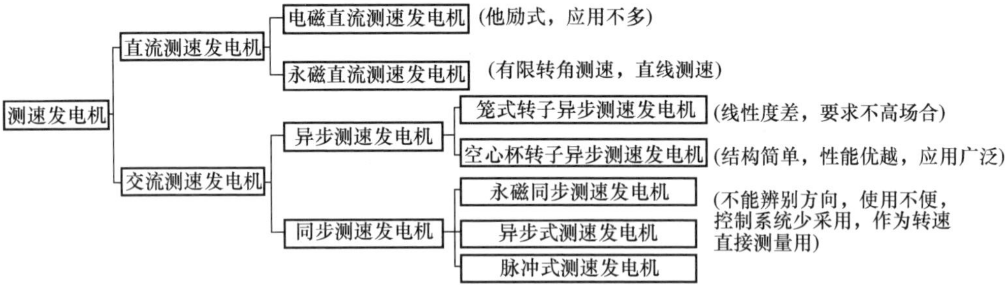


图 20-24　模拟式转速传感器的分类

而数字式转速传感器多为非接触式的。由于数字式转速测量系统具有一系列优点，因此近年来得到广泛的应用。根据工作原理，数字式转速传感器可以分为光电式、电容式、磁电式、磁阻式和电涡流式等类。

磁电式传感器利用磁场产生的电流来测量转速，例如航振 HZ－860 磁电转速传感器，可通过非接触式测量方式测量各种导磁材料，如齿轮、叶轮、带孔圆盘等的转速和线速度。

电容式传感器则通过电容的变化来测量转速。其中，面积变化型传感器由固定金属板和可动金属板构成，当转轴旋转时，可动金属板的位置会影响电容的大小，而电容大小的周期变化速率即为转速。介质变化型传感器则是在电容器的两个固定电极板之间嵌入一块高介电常数的可动板，随着转动轴的旋转，其介电常数将发生周期性变化，从而引起电容量的周期性变化，其速率等于转动轴的转速。

变磁阻式传感器也可制成转速传感器。电感式传感器利用磁通变化而产生感应电势来测量转速，其中开磁路式和闭磁路式两种结构不同。闭磁路式转速传感器由外齿轮、内齿轮、线圈和永久磁铁构成，当转轴连接到被测轴上一起转动时，由于内、外齿轮的相对运动，产生磁阻变化，在线圈中产生交流感应电势。通过测量电势大小，就可以得到相应的转速值。

转速传感器的结构原理与工作原理见表 20-18。

**表 20-18　转速传感器的结构原理与工作原理**

| 序号 | 类型 | | 结构原理 | 工作原理 |
|---|---|---|---|---|
| 1 | 模拟式转速传感器 | 交流测速发电机 | 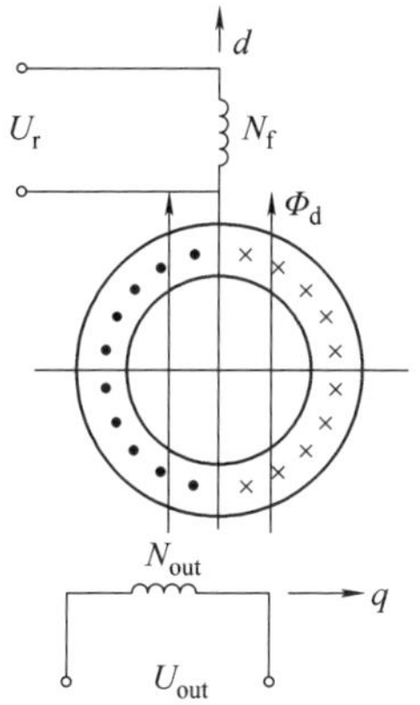<br>a) 转子不动时($n$=0)<br>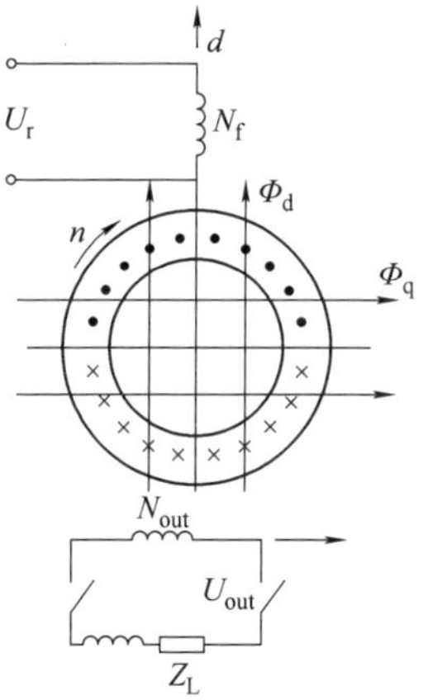<br>b) 转子旋转时($n \neq 0$)<br>空心杯转子异步测速发电机 | 当用交流电源励磁时，交流输出电压的幅度与转子的转速成正比。交流测速发电机用直流励磁时，直流输出电压与转子的角加速度成正比，可做角加速度计使用<br>空心杯转子异步测速发电机的精度较高，转子转动惯量也小，性能稳定。空心杯转子异步测速发电机主要由内定子、外定子及在它们之间的气隙中转动的杯形转子所组成。励磁绕组、输出绕组嵌在定子上，彼此在空间相差 90°电角度，由非磁性材料制成。左图为空心杯转子异步测速发电机的原理图，图中 $N_f$ 为励磁绕组，$N_{out}$ 为输出绕组。当转子不转时，励磁后由杯形转子电流产生的磁场与输出绕组轴线垂直，输出绕组不感应电动势；当转子转动时，由杯形转子产生的磁场与输出绕组轴线重合，在输出绕组中感应的电动势大小正比于杯形转子的转速，而频率和励磁电压频率相同，与转速无关。反转时输出电压相位也相反。杯形转子是传递信号的关键，其质量好坏对性能有很大影响。由于它的技术性能比其他类型交流测速发电机优越，结构不是很复杂，同时噪声低，无干扰且体积小，是目前应用最广泛的一种交流测速发电机<br>主要优点是不需要电刷和换向器，构造简单，维护方便，运行可靠；无滑动接触，输出特性稳定，精度高；摩擦力矩小，惯量小；不产生干扰无线电的火花；正、反转输出电压对称。主要缺点是存在相位误差和剩余电压；输出斜率小；输出特性随负载性质改变（电阻性、电感性、电容性） |
| 2 | | 直流测速发电机 | 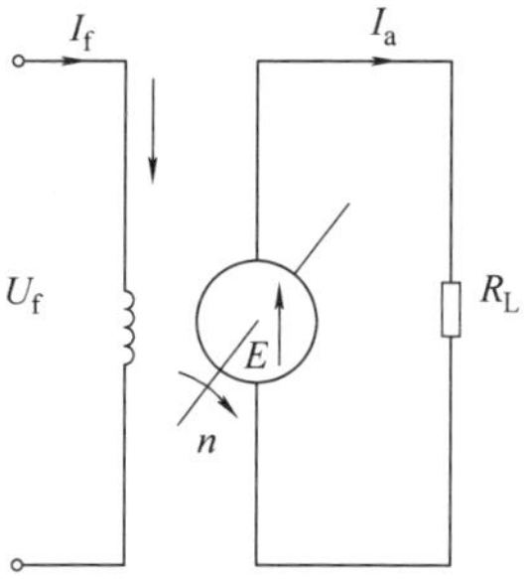<br>结构原理 | 直流测速发电机也是模拟式转速传感器，其基本特性是输出电动势 $E$ 与转速 $n$ 保持线性关系。$E = Kn$，$K$ 为常数，它取决于电磁设计。直流测速发电机按励磁方式可分为电磁式和永磁式，按电枢结构不同可分为普通有槽电枢、无槽电枢、空心电枢和圆盘式印制绕组电枢等。直流测速发电机的基本工作原理与一般直流发电机相同，其结构原理如左图所示<br>当改变旋转方向时，输出电动势极性相应改变。检测出直流测速发电机的输出电动势和极性，就能获得其转速和旋转方向 |

（续）

| 序号 | 类型 | | 结构原理 | 工作原理 |
|---|---|---|---|---|
| 1 | 数字式转速传感器 | 光电式转速传感器 | 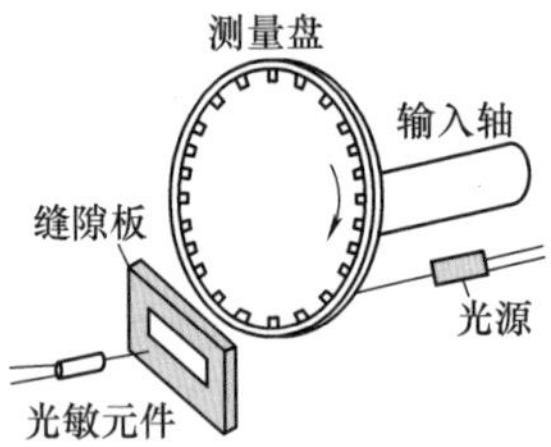<br>投射式结构原理<br>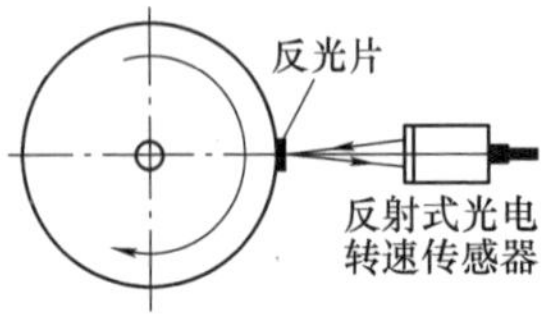<br>反射式结构原理 | 光电式转速传感器是一种角位移传感器，由装在被测轴上的带缝隙测量盘、光源、光敏元件和指示缝隙板组成。具有非接触、高精度、高分辨率、高可靠性和响应快等优点，在检测和控制领域得到了广泛的应用。其分为投射式和反射式两类<br>投射式光电转速传感器设有读数盘和测量盘，两者之间存在间隔相同的缝隙。在测量物体转速时，测量盘会随着被测物体转动，光线则随测量盘转动不断经过各条缝隙，并透过缝隙投射到光敏元件上。其光敏元件在接收光线并感知其明暗变化后，即输出电流脉冲信号。通过一段时间内对脉冲信号的计数和计算，就可以获得被测量对象的转速状态<br>反射式光电转速传感器是通过在被测量转轴上设定反射记号，而后获得光线反射信号来完成物体转速测量的。传感器的光源会对被测转轴发出光线，光线透过透镜和半透膜入射到被测转轴上，而当被测转轴转动时，反射记号对光线的反射率就会发生变化。反射式光电转速传感器内装有光敏元件，反射率增大时，反射光线会通过透镜投射到光敏元件上，反射式光电转速传感器即可发出一个脉冲信号；而当反射率变小时，光线变弱，光敏元件无法感应，即不会发出脉冲信号 |
| 2 | | 电容式转速传感器 | 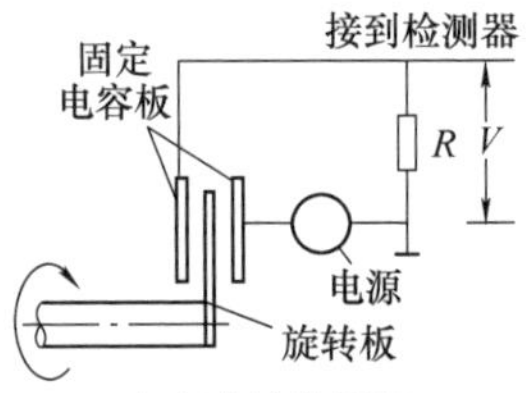<br>电容式结构原理 | 电容式转速传感器是电参数型数字式转速传感器。它主要是由预变换元件（旋转板或介电齿盘）和变换元件（固定电容板）两部分组成。工作时，齿盘随被测轴转动，周期性地改变电容器导电极板之间的相对面积或介电常数，使电容量发生周期性变化。即传感器利用电容变换原理将被测轴的机械转速量变换成电路元件的电容参数量。因为齿盘每转过一个齿，导电极板之间的电容器就要变化一个周期，所以传感器输出的电容参数信号的频率与被测转速成正比。这种电容参数信号经传感器电路处理后就成为表征被测转速的脉冲电量信号，可作为转速数字显示仪测量的输入信号 |
| 3 | | 磁电式转速传感器 | 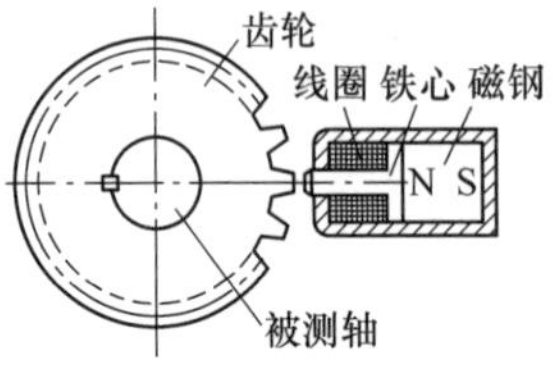<br>磁电式结构原理 | 它是基于电磁感应原理，利用磁路中磁阻变化引起磁通变化，从而在线圈中产生感应电动势的原理工作的。如左图所示，当被测轴上齿轮转动时，铁心和齿轮的齿之间的间隙发生周期性变化，使得磁路中磁阻也产生相应变化，从而引起通过线圈的磁通发生变化，感应线圈中就产生交变感应电动势。再由电路转换为电压或电流的变化量输出，实现非电量到电量的转换。因此磁电式传感器不能测量低转速，测量范围为50～5000r/min；运行过程无须供电，无机械动作，无须润滑，维护成本较低；有很强的抗干扰性，能够在烟雾、油气、水汽等环境中工作；输出的信号强，量程比广，各种工作部件及表面有缝隙的转动体都可测量，其结构紧凑、体积小巧、安装使用方便，可以和各种二次仪表搭配使用 |

（续）

| 序号 | 类型 | | 结构原理 | 工作原理 |
|---|---|---|---|---|
| 4 | 数字式转速传感器 | 电涡流式转速传感器 | 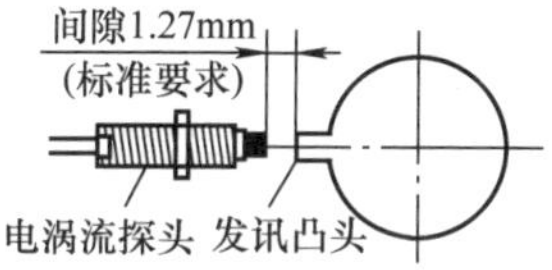<br><br>电涡流式结构原理<br>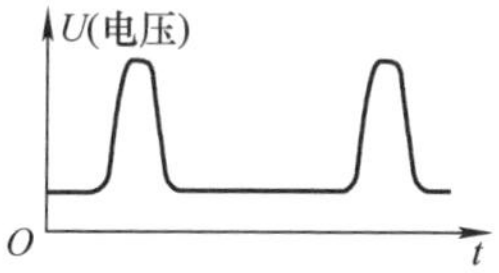<br><br>电涡流感应电动势 | 基于电涡流探头的电涡流效应，即当接通电涡流传感器电源时，一个高频电流信号传送到探头的头部并产生交变磁场（左上图）。此交变磁场 $H_1$ 的范围内如没有金属导体材料接近，则磁场的能量释放无反应；反之，如果有金属导体材料靠近探头头部，则交变磁场 $H_1$ 将在该导体的表面产生方向相反的电涡流交变磁场 $H_2$。由于 $H_2$ 的反作用，就会改变探头头部线圈高频电流的幅度和相位，即改变了线圈的有效阻抗。这种变化既与电涡流效应有关，又与此金属导体静磁学（诸如电导率、磁导率等）参数有关，在控制好这些参数恒定不变的条件下，探头线圈的有效阻抗就成为距离（如图中所示间隙）的单值函数<br>在转速测量实际应用中，被测体通常是凹槽或凸键，线圈密封在探头中，线圈阻抗的变化通过封装在前置器中的电子线路处理，转换成电压或电流输出（左下图）。电涡流式转速传感器工作可靠，信号强，容易实现转速测量，价格适中，受环境因素（如温度、水、油污、各种粉尘等）的影响较小，基于以上优点，电涡流式转速传感器在转速信号的采集中应用广泛 |
| 5 | | 霍尔式转速传感器 | 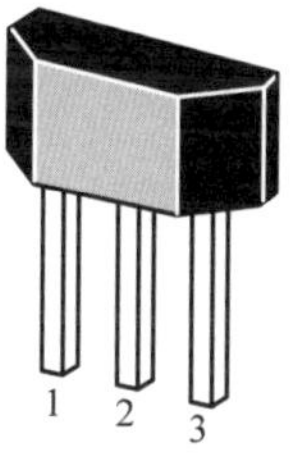<br><br>霍尔元件<br>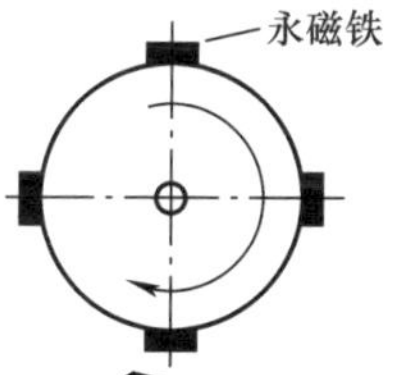<br><br>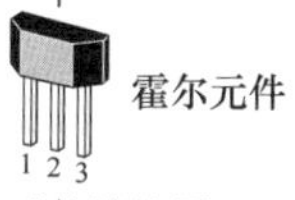<br><br>霍尔元件结构原理 | 霍尔式转速传感器的主要工作原理是霍尔效应，也就是当转动的金属部件通过霍尔传感器的磁场时会引起电势的变化，通过对电势的测量就可以得到被测量对象的转速值。霍尔式转速传感器的主要组成部分是传感头和齿圈，而传感头又是由霍尔元件（左上图）、永磁铁和电子电路组成的。霍尔效应是指当电流通过一个导体时，如果将该导体放置在一个磁场中，那么在该导体的两侧将会产生一定的电势差。因此将一块永磁铁固定在转轴转盘边沿，在转盘下方安装一个霍尔元件，当具有永磁铁的转盘旋转时，受永磁铁所产生的磁场影响，霍尔元件输出相应电压脉冲信号，其频率和转速成正比，由此便可获知被测转速<br>霍尔式转速传感器的局限性在于只适用于金属和半导体等导体材料，对于绝缘体和液体等非导体材料无法适用。其次，霍尔效应的精度受到材料的特性和温度的影响，需要进行修正和校准 |

## 20.8.4　流量传感器

在液压技术中流量与压力是两个最重要的性能参数，也是液压泵或液压系统的两个独立变量。其中压力是必须测量的自变量，随负载的需求而变化；而流量取决于泵源，一般并不去独立测量。只有泄漏量是反映液压元件或系统是否正常的一个因素，但是由于数值过小，难以测量。作为液压元件与系统中控制流量的液压阀或阀组，可以通过自身作为节流流量传感器而无须再添加任何外加的流量传感器。因此可以说，液压负载传感技术本身就是说明液压流量阀既是控制阀也是流量传感器。液压元件自身流量传感器作为液压负载传感阀已经用于检测、控制、调节液压系统中的流量。不过一般并不将液压负载传感阀作为流量传感器的一部分，往往将此类阀的压差信号直接取用在自身系统的控制中而已。

目前所说的流量传感器是可以将流量参数检测出来，并通过电路系统将流量参数成比例地转换为标准模拟输出信号，以供进一步处理。

根据测量原理，分别有力学原理、热学原理、声学原理、电学原理、光学原理、原子物理学原理的流量传感器。按照目前最流行、最广泛的分类法，流量传感器分为容积式流量计、差压式流量计、浮子流量计、涡轮流量计、电磁流量计、流体振荡流量计中的涡街流量计、质量流量计和插入式流量计、探针式流量计。以下分别阐述液压、气动元件和系统中常用流量计的原理、特点、应用概况（见表 20-19）。

**表 20-19　流量传感器的结构原理与工作原理**

| 序号 | 类型 | 结构原理 | 工作原理 |
|---|---|---|---|
| 1 | 差压式流量计 | 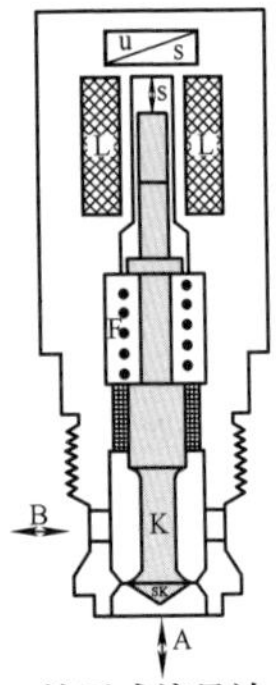<br>差压式流量计<br>结构原理<br><br>差压式流量计<br>产品(派克) | 利用流体通过管道产生压差的原理来检测流量的传感器。差压式流量计的检测件按其作用原理可分为节流式、水力阻力式、离心式、动压头式、动压头增益式及射流式几大类。由一次装置（检测件）和二次装置（差压转换和流量显示仪表）组成。常见有孔板流量计、文丘里流量计、均速管流量计等<br>左图所示是派克公司差压式流量计的产品与结构原理，它利用流量通过时产生的阀芯位移进行测量，并通过电路系统将流量信号转换为输出信号。适用于流量激变的场合，可双向测量。其响应时间 ≤2ms，黏度范围广，结构紧凑，耐压能力高达 42MPa，量程比为 −60 ~ 60L/min 或 −150 ~ 150L/min，利用弹簧或活塞测量，精度为 ±2%，输出信号为 0 ~ 20mA<br>差压式流量计在封闭管道的流量测量应用范围特别广泛，对流体状态无限制，如单相、混相、洁净、脏污、黏性流等均可；对工作状态如常压、高压、真空、常温、高温、低温等也无限制；管径不限（从几毫米到几米）；流动条件不限（亚音速、音速、脉动流等）。它在各工业部门的用量约占流量计全部用量的 1/4 ~ 1/3 |

（续）

| 序号 | 类型 | 结构原理 | 工作原理 |
|---|---|---|---|
| 2 | 浮子流量计 | 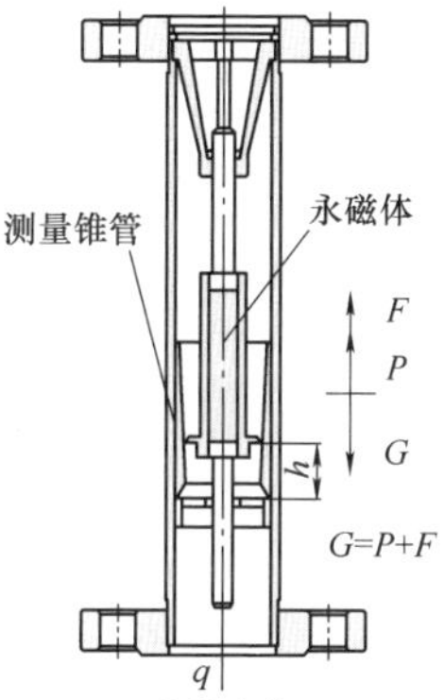<br>浮子流量计结构原理<br>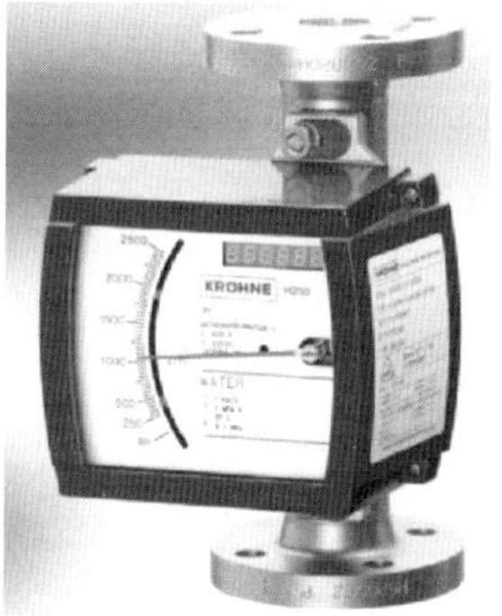<br>典型产品外形 | 利用通流时浮子变面积的原理，如左上图所示。主要由两大部分组成（见左下图）：传感器和指示器。传感器主要由连接法兰、测量锥管、浮子和上下导向器组成；指示器主要由壳体、磁传动系统、刻度盘和电远传系统组成<br>其原理是当流体自下而上通过测量锥管时，浮子受到流体的作用力，沿测量锥管向上移动。当流体的流量增大或减少时，浮子的位移量增大或减少。流体流量决定了浮子在测量锥管中的位置，也决定了浮子和测量锥管之间环形面积的大小。此时浮子在浮子重力 $G$、浮力 $F$ 与浮子受到流体的作用力 $P$ 的作用下达到平衡。根据浮子内部镶嵌永磁体，可以传递出浮子的位置并转换成流量值。最终显示在指示器刻度盘上或输出相应的标准电流信号（4~20mA）<br>由于仪表的测量机构采用磁传递和磁电信号处理器，为保证仪表的正常使用和性能，该流量计 500mm 范围内不允许有铁磁性物质、强磁场和较强的电磁场存在。如被测量是气体流量，也应避免直接向大气中排放气体，以防造成数据失真甚至浮子流量计的损坏，应在仪表的出口处安装节流阀<br>浮子流量计结构简单，使用方便，缺点是耐压力低，适用于小管径和低流速，是应用范围仅次于差压式流量计的一类流量计，特别在小、微流量测量方面有举足轻重的地位 |
| 3 | 容积式流量计 | 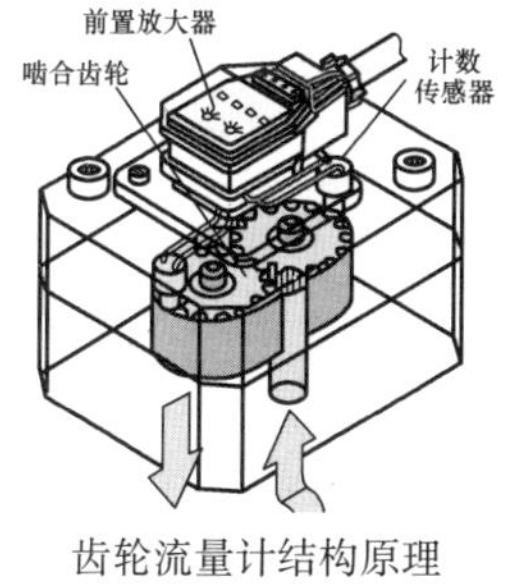<br>齿轮流量计结构原理<br>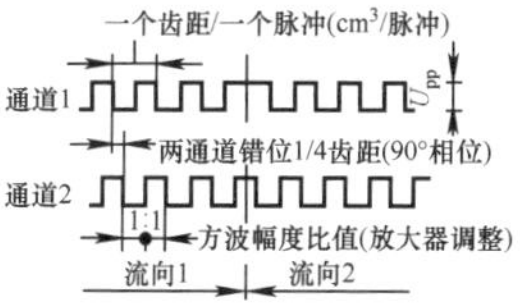<br>齿轮流量计输出的<br>2 组脉冲信号 | 利用容积式液压泵定排量特点，根据转动量来测量流体体积总量。在流量仪表中容积式流量计是精度最高的一类。液压系统常用齿轮流量计、椭圆齿轮流量计<br>齿轮流量计采用非接触式计数传感器（接近开关）检测齿轮泵转动的齿数，从而根据齿轮泵排量获知流量大小。这种流量计精度高，适用各种流体介质与高压小流量精密测量，精度可达 ±0.3%，如伺服阀/比例阀泄漏流量的测量；不受流体黏度的影响，不受管道条件影响，量程宽、噪声低，耐压能力高达 40MPa，读数可累计或实时，操作简便。利用输出脉冲相位判断流向。该非接触式传感器由 2 个磁电阻组成，位于相差 1/4 齿距的圆周上，产生的 2 组脉冲信号如左下图所示。此信号频率与流量成正比；反向流动时，它们的相位差改变超前/滞后关系，以此判断流动方向。使用时不适合高、低温场合<br>德国克拉克（KRACHT）的 VC 系列、德国威仕（VSE）的 VS 系列和 VHM 系列、派克的 SCVF 系列流量计是国际知名品牌，国内也不乏优秀的制造厂商 |

（续）

| 序号 | 类型 | 结构原理 | 工作原理 |
| --- | --- | --- | --- |
| 4 | 涡轮流量计 | 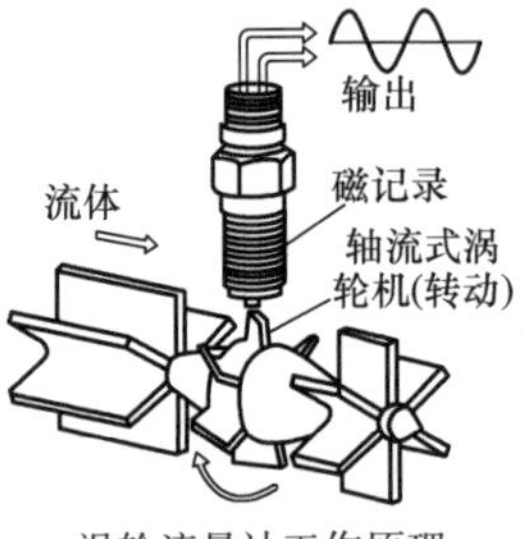<br><br>涡轮流量计工作原理<br>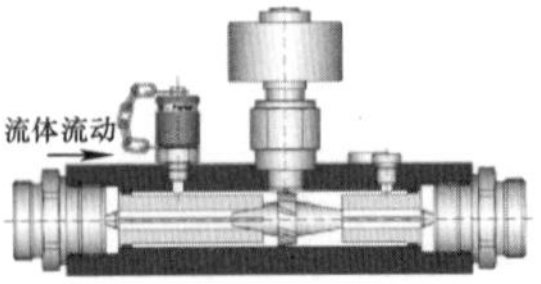<br><br>涡轮流量计结构原理<br><br>涡轮流量计产品外形 | 工作原理如左上图所示。被测液压油流经涡轮机，驱动涡轮机叶轮旋转，其产生的频率经过电子装置处理后输出，并对阻流效应的影响进行一定的补偿。由于该传感器的流动阻力非常低，因此液压压力损失也非常低。如果对涡轮机叶片进行特殊设计，该传感器可以双向测量<br>优点：①高精度，精度仅次于齿轮流量计；②重复性好；③零点漂移小，抗干扰能力强；④量程比宽；⑤结构紧凑<br>缺点：①不能长期保持校准特性；②流体物理性能对流量特性有较大影响<br>涡轮流量计结构原理如左中图所示，产品外形如左下图所示。流量测量时压力损失小，响应时间≤50ms，量程比广，流动阻力低，可测流量高达800L/min，耐压能力高达42MPa，精度为±1%，输出电流信号为4～20mA的标准信号<br>在液压测试时，容积式流量计由于转动惯量较大，适合测量流量静态值，而涡轮流量计转动惯量很小，因此更多用于液压元件与液压系统的动态测量 |
| 5 | 质量流量计 | <br>科氏力质量流量计产品 | 科氏力质量流量计（又称科里奥利质量流量计）是一种测量精度较高的质量流量仪表。原理依据牛顿第二定律，当流体在振动管中流动时，将产生与质量流量成正比的科里奥利力。当没有流体流过时，振动管不产生扭曲，振动管两侧电磁信号检测器检测到的信号是同相位的；当有流体经过时，振动管在力矩作用下产生扭曲，两检测器间将存在相位差。变送器测量左右检测信号之间的滞后时间，这个时间差乘以流量标定系数就可确定质量流量。同时，质量流量计还可以测量流过液体的密度及温度，实现多参数的输出<br>科氏力质量流量计具有较高的测量精度（达0.1%～0.2%），耐受低温介质，振动幅度比较小、无可活动部件、运行可靠稳定、操作方便简单、维修率低、维护方便，可直接测量介质的质量流量和流体的实时密度。具有一体化温度、压力补偿，直接输出质量流量，仪表内设自检程序，具备多种输出，可远传各种数据，可选用多种防腐及耐高低温材质，具有可选小信号切除、非线性修正、滤波时间可供选择等优点。但是流体介质中含有气体时，会显著影响科氏力质量流量计的测量值，导致测量结果不准确，因此不能用于气液二相流体的测量<br>科氏力质量流量计在我国的应用起步较晚，近年已有几家制造厂商自行开发、组建合资企业或引用国外技术生产 |

# 20.9 液压气动故障诊断用振动与噪声传感器

随着工业 4.0 无人化时代的到来，以故障诊断为核心的全生命周期健康管理技术已经成为机械设备不可或缺的一部分，其中的数字孪生已经成为最首要的发展理念。数字孪生的首要关键就是需要各种传感器。作为故障诊断的“黑箱”理论，主要是从系统或元件的外部性能参数来估计与判断系统或元件内部的健康状态。而外部参数往往是振动、噪声与温度等，这需要系统或元件配备相应的传感器来完成对这些参数的感知与检测。本节重点阐述振动传感器与噪声传感器在故障诊断中的应用。

## 20.9.1 振动传感器及其测量参数的确定

### 1. 振动对设备运行的影响

振动往往是设备或元件运行不正常的先兆，可能伴随严重损害的后果，因此振动是故障诊断中最应关注的参数。振动分为稳定振动、冲击振动与无规则振动。对建筑物而言，允许的振动在 3～10dB；对机械设备而言，振动可能会产生无法运行的后果，允许的振动幅值达到纳米级。

故障诊断大多采用基于数据的信号处理法。通过传感器采集设备的振动信号，然后进行处理分析。图 20-25 所示为液压齿轮装置振动增大的故障时域波形图与频域图，时域波形可以通过振动传感器采集或者形成频谱进行分析，可以通过典型的故障模型分析出相应的故障源。

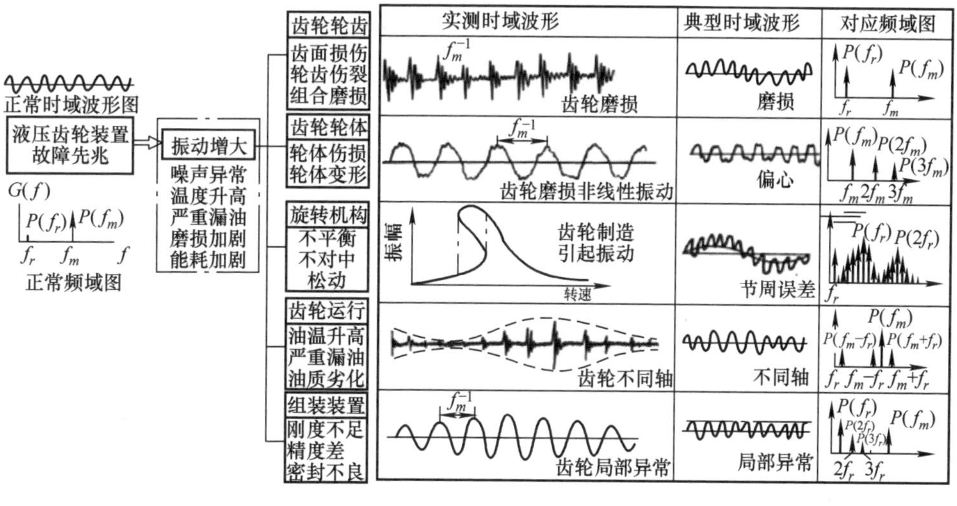


图 20-25 液压齿轮装置振动增大的故障时域波形图与频域图

**2. 振动传感器测量参数的确定**

振动传感器可以分为三大类：振动位移传感器（以 mm 为单位），振动速度传感器（以 mV/mm/s 为单位）与振动加速度传感器（以 $g$ 为单位）。根据被测设备的振动频率选择以上各种传感器，为此需要借助各种检测传感器得到设备振动的运行行为并加以分析判断。在测振方面选择何种类型传感器，取决于被测对象振动的频率范围，图 20-26 所示为各种传感器对振动频率的敏感性，其中显示了速度、位移与恒定加速度与振动敏感度之间的关系。工业机械的大多数振动都包含低于 1000Hz 的频率，但感兴趣的信号分量通常存在于更高的频率中。例如，如果已知旋转轴的运行速度，则感兴趣的最高频率可能是运行速度与支撑轴的轴承谐波的乘积。用户应确定应用的高频要求，并选择具有适当频率范围的传感器，同时还要满足灵敏度和幅度范围的要求。较低频率范围的传感器往往具有较低的电子噪声，从而会增加传感器的动态范围，与高频测量相比，可能具有重要的应用。

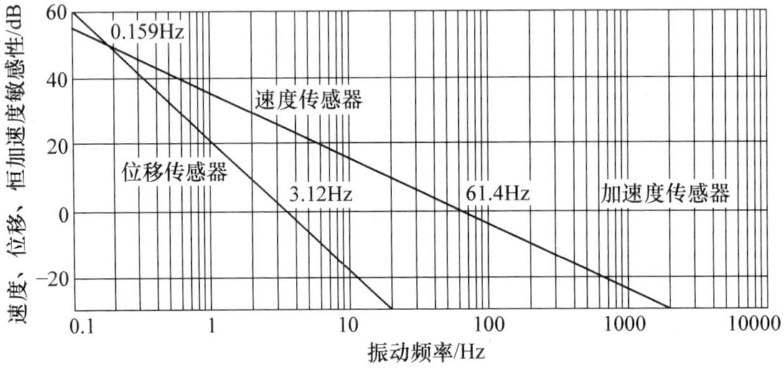


图 20-26　各种传感器对振动频率的敏感性

在涉及位移、速度或加速度的传感器在测振的选择上，除所关注的频率范围外，传感器输出信号电平强弱即灵敏度，这点可以从图 20-27 中看出。

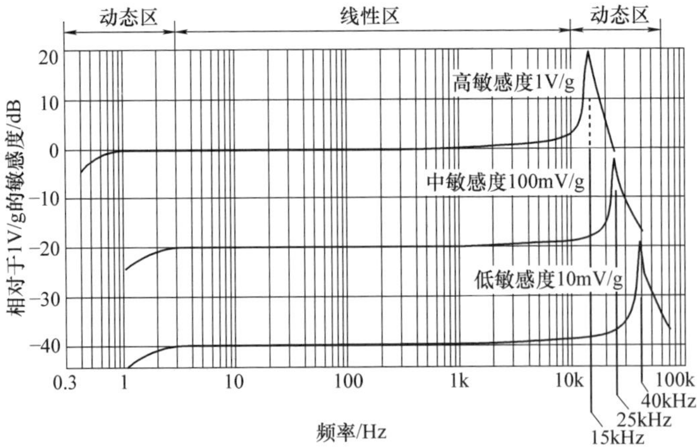


图 20-27　典型的灵敏度与频率响应曲线关系

## 20.9.2　常用振动加速度（振动位移）传感器

常用振动加速度（振动位移）传感器的种类也非常多，这里介绍较新的种类（见表 20-20）。

**表 20-20　常用振动加速度（振动位移）传感器的结构原理与工作原理**

| 序号 | 类型 | 结构原理 | 工作原理 |
|---|---|---|---|
| 1 | 压电加速度传感器 | 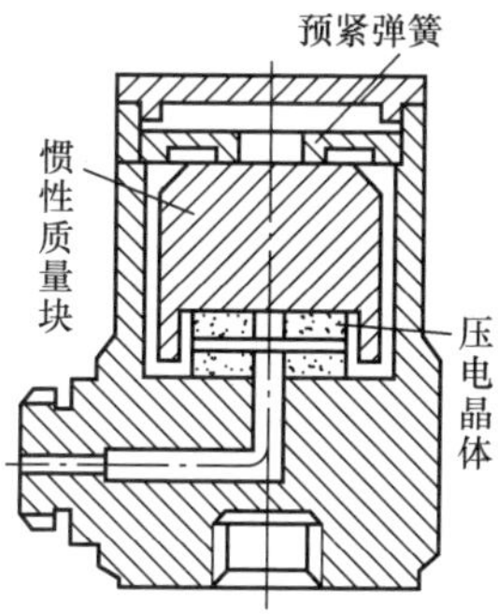<br>结构原理 | 压电加速度传感器是利用某种电介质的压电特性，即对其施力变形后，在其表面产生符号相反的电荷，如果撤去外力，电介质又恢复不带电状态，如左图所示。具有压电效应的材料有石英晶体、压电陶瓷等<br>传感器的核心是压电晶体片、惯性质量块与预紧弹簧组成一个振动系统。压电晶体片所呈现的电荷量和加速度传感器所承受的加速度成正比。电荷灵敏度是输出电压与加速度之比，为 0.1～500pC/（$m\cdot s^{-2}$）。一般而言，其固有频率在30kHz 左右，故测量上限频率约为 10kHz，轻小型会高很多<br>国外著名品牌为丹麦 B&K，美国 PCB 率先开发内置电路压电（ICP）后迅速发展。国内知名厂商有江苏联能、北京测振等 |
| 2 | 电涡流振动位移传感器 | 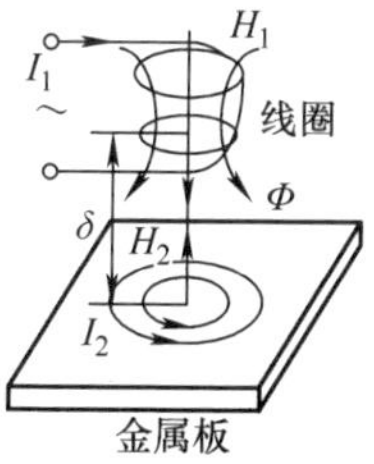<br>电涡流现象<br>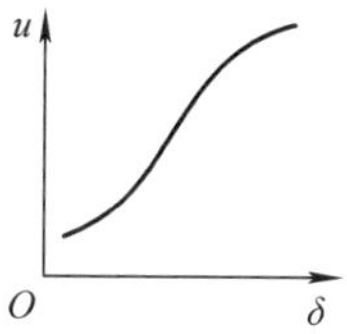<br>电涡流输出特性<br>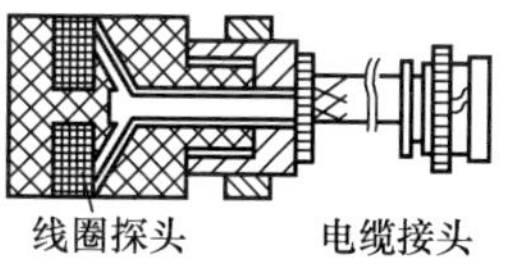<br>电涡流结构原理 | 块状金属置于交变磁场中或在磁场中做切割磁力线的运动时，导体内会产生涡旋状闭合感应电流现象，称为电涡流效应。其工作原理见左上图，线圈通以交变电流 $I_1$，空间产生交变磁场 $H_1$，金属板感应涡电流 $I_2$，产生新的交变磁场 $H_2$，$H_2$ 反作用于线圈使其等效阻抗 $Z_1$ 改变。由于 $Z_1$ 改变完全取决于被测金属板的涡流效应，也只与线圈与金属板距离 $\delta$ 有关（保持其他不变），通过检测回路建立电路输出 $u$ 与 $\delta$ 的关系，如左中图所示。它具有灵敏度高、频响范围宽、量程大、抗干扰能力强、不受介质影响、结构简单以及非接触测量等优势，被广泛应用各种旋转机械轴振动中<br>通常厂商给出的频率范围是按一定测量精度确定的，有 5%、10% 和 3dB<br>电涡流振动位移传感器由本特利（Bently）公司研发，至今处于领先地位。国内知名厂商有广州精信、上海瑞视、北京测振等 |

## 20.9.3　微机电系统加速度传感器

微机电系统（MEMS）加速度传感器正替代以往的机电式加速度传感器。MEMS 传感器就是把一颗 MEMS 芯片和一颗专用集成电路芯片（ASIC 芯片）封装在一块后形成的器件（见图 20-28）。如果半导体微制造被视为第一次微制造革命，MEMS 则是第二次革命。这是因为集成电路的设计是为了利用硅的电学特性，而 MEMS 则利用硅的机械特性，或者说利用硅的电学和机械特性。

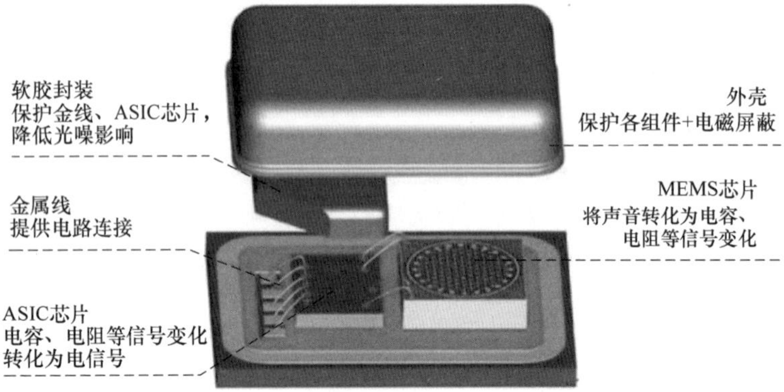


图 20-28　MEMS 传感器典型产品构造示意图

MEMS 是在微电子技术基础上发展起来的多学科交叉的前沿研究领域，经过四十多年的发展，已成为世界瞩目的重大科技领域之一。它涉及电子、机械、材料、物理学、化学、生物学、医学等多种学科与技术，具有广阔的应用前景。MEMS 传感器是采用微电子和微机械加工技术制造出来的新型传感器。与传统的传感器相比，它具有体积小、质量轻、成本低、功耗低、可靠性高、适合批量生产、易于集成和实现智能化的特点。同时，在微米量级的特征尺寸使得它可以完成某些传统机械传感器所不能实现的功能。

MEMS 加速度传感器是 MEMS 原理的成功应用之一（见图 20-29）。它是基于牛顿的经典力学定律，通常由悬挂系统和检测质量组成，通过微硅质量块的偏移实现对加速度的检测，主要用于汽车安全气囊系统、防滑系统、汽车导航系统和防盗系统等，除电容式、压阻式外，MEMS 加速度传感器还有压电式、隧道电流型、谐振式和热电偶式等形式。其中，电容式 MEMS 加速度传感器具有灵敏度高、受温度影响极小等特点，是 MEMS 加速度传感器中的主流产品。

MEMS 加速度传感器利用加速度来感测运动和振动，如体感检测、游戏控制、手柄振动和摇晃、姿态识别等。

MEMS 加速度传感器的原理非常易于理解，那就是最基础的牛顿第二定律。力是产生加速度的原因，加速度的大小与外力成正比，与物体质量成反比：$F = ma$。

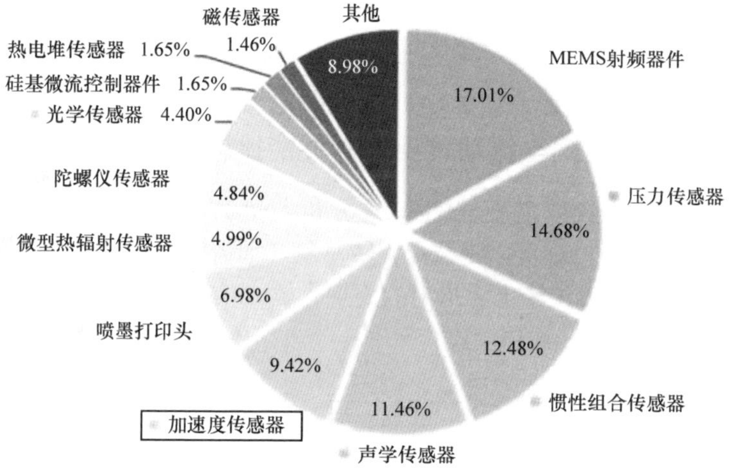


图 20-29　MEMS 加速度计的应用占比

所以 MEMS 加速度传感器本质上也是一种压力传感器，要计算加速度，本质上也是计算由于状态的改变而产生的惯性力，常见的加速度传感器包括压阻式、电容式、压电式、谐振式等。其中，电容式硅微加速度传感器由于精度较高、技术成熟且环境适应性强，是目前技术最成熟、应用最广泛的 MEMS 加速度传感器。随着 MEMS 加工能力提升和 ASIC 电路检测能力提高，电容式 MEMS 加速度传感器的精度也在不断提升。

MEMS 电容式加速度传感器是基于电容原理的极距变化型的电容传感器，其中一个电极是固定的，另一变化电极是弹性膜片。弹性膜片在外力（气压、液体压力等）作用下发生位移，使电容量发生变化。这种传感器可以测量气流（或液流）的振动速度（或加速度），还可以进一步测出压力。

图 20-30 所示为 3 轴 MEMS 电容式加速度传感器的外部尺寸与内部结构，

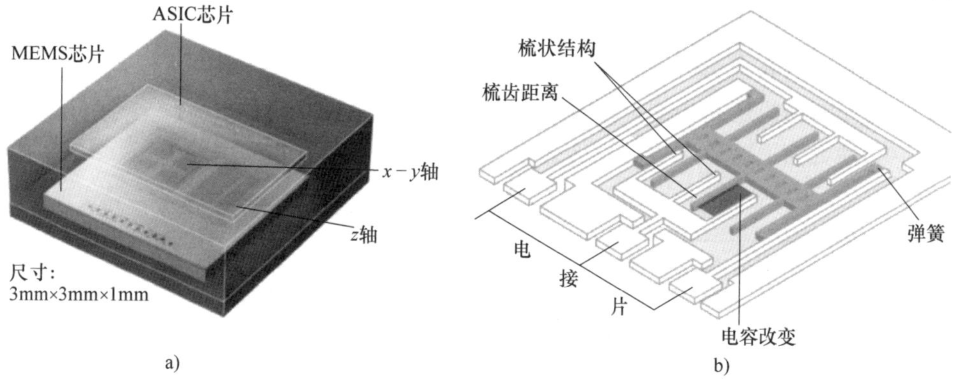


图 20-30　3 轴 MEMS 电容式加速度传感器外部尺寸与内部结构

a）MEMS 加速度传感器芯片　b）MEMS 电容式加速度传感器内部结构示意图

ASIC 芯片位于 MEMS 芯片上方，MEMS 芯片里，$z$ 轴与 $x-y$ 轴从结构上是分开设计的。当物体产生加速度时，带动梳状结构产生位移，使梳状结构间电容改变，从而测量出加速度值。

## 20.9.4　振动信号处理与振动传感器的性能比较

传感器所采集的数据需要经过信号分析与处理，信号分析与处理环节如图 20-31所示。其中，时标可以将被测旋转对象（如齿轮轴）的整转定为脉冲周期 $T$，乘以一定的传动比后，转化为指定的周期，输入信号即可依周期分段采样再选平均，然后再经平滑化后输出。

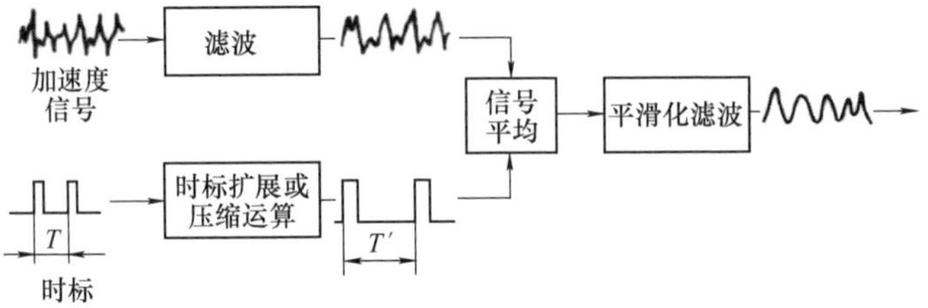


图 20-31　信号分析与处理环节

加速度传感器测试系统的信号框图如图 20-32 所示。对于信号分析与处理设备，由计算机硬件和基于其上的信号分析与处理软件组成。因此对于故障诊断，首先是确定诊断对象，选定测量参数（位移、速度或加速度），选择监测点，监测点必须是设备核心部位的关键点以及是产生故障的易损点，最后确定测量周期，诸如是定期、随机还是长期，以确定的判断标准为准进行监测。

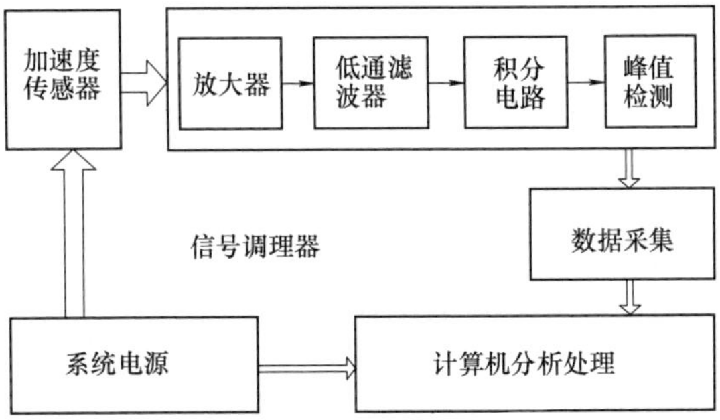


图 20-32　加速度传感器测试系统的信号框图

不同种类加速度传感器的性能比较见表 20-21。

**表 20-21　不同种类加速度传感器的性能比较**

| 对比项目 | 接触式加速度振动传感器 | 非接触式涡流振动传感器 | 图像视觉振动功能测量仪 | 激光测振仪 |
|---|---|---|---|---|
| 附加质量 | 差 | 优 | 优 | 优 |
| 抗电磁干扰 | 差 | 差 | 差 | 优 |
| 被测物温度 | 差 | 中 | 优 | 优 |
| 被测物材质 | 差 | 差 | 优 | 优 |

（续）

| 对比项目 | 接触式加速度振动传感器 | 非接触式涡流振动传感器 | 图像视觉振动功能测量仪 | 激光测振仪 |
|---|---|---|---|---|
| 工作距离 | 差 | 差 | 优 | 优 |
| 频率范围 | 中 | 中 | 差 | 优 |
| 精度 | 中 | 差 | 中 | 优 |

## 20.9.5　基于噪声分析的机械故障诊断方法

机械运转时会产生振动，同时也产生噪声。检测噪声的专用仪器就是声级计。

机械噪声按声源的不同可分为三类：气体振动产生的空气动力性噪声（如空气压缩机）、固体振动产生的机械性噪声（如齿轮泵）、电磁振动产生的电磁性噪声（如变压器）。液压气动相关设备的噪声分贝值（dB）：叶片泵约60dB、空气压缩机为75～85dB、挖掘机为78～96dB、打桩机为93～112dB、飞机发动机为107～140dB。控制噪声的基本途径首先是控制噪声源，其次是控制噪声传播和噪声接收。

噪声传感器一般只能是非接触式的，因此具有非接触性监测状态信号的特点，从而解决了振动诊断的不足。但是噪声诊断也有它的局限性，其局限性表现在声信号的监测环境容易受到干扰，要想获得独立的机械设备信号必须采取一定的措施，这很大程度上限制了噪声诊断方法的推广和发展。

声发射法是目前相对比较成熟的噪声诊断方法。声发射法通过设备运行中部件释放的弹性波能量来实现故障的识别和采集。这是一种有效检测部件故障的方法，用于机械加工中金属材料状态及轴承滚子等表面状态检测。利用神经网络和小波分析相关实验，获得了某些设备故障的特定阈值。根据设备发出的噪声信号进行在线声源检测与故障诊断是很有价值的，功率谱密度分析与相干函数分析是声源检测与故障诊断中较经典的两种信号分析方法。

功率谱密度函数不仅能够反映信号的频率结构，而且也能表示出各频率成分所占的比例和数值。根据机械设备不同零部件产生噪声的机理和特征，结合功率谱分布结构，就可以判别出机械的各主要噪声源及其频率和能量情况，从而为噪声控制提供科学依据。机械发生故障时，噪声的频率特性和能量分布会出现不同程度的变化，据此在不停机、不解体的情况下，就可以推知设备的故障部位、故障原因及其严重程度。

将小波技术应用于声源检测与故障诊断，具体的途径概括起来有以下三种：第一，从泛函分析的角度来看，小波分析也就是把信号分解“投影”到由小波函数构成的函数基空间上，在“投影”过程中，与小波函数相似的信号将取得较大的投影值。如果选择小波分析的母函数与间歇性的故障信号相似，则在小波变换结果上对应于故障发生位置就会有一个极大值出现，因此就可以检测出噪声信号中突变发生的位置和性质，进而进行检测与诊断。第二，利用小波的多分辨率分析特性，比较正常信号与故障信号在各分解层上的能量变化情况，以此分析出故障特征频率的范围，再结合具体设备的结构和参数，进而推知可能的故障原因和程度。第三，根据具体设备情况和先验知识，首先分析所有可能出现噪声异常的故障原因及故障特征频率，并利用小波包方法对采集到的噪声信号进行逐层分解；然后保留故障特征频率所在的频段（将其他频段置零）进行重构；最后对重构而成的信号进行谱分析，观察谱图中是否存在某故障特征频率及其倍频成分，以此来确定具体的故障原因。

但在实际应用中，由于不相干噪声和环境噪声的影响，需要的待测信号往往被淹没在这些混合噪声中，信号的信噪比较低。当前盲源分离技术作为数字信号处理领域的新兴技术，能利用观测信号恢复或提取的各个独立机械信号，噪声分析运用了盲源分离技术进行机械故障诊断，试验表明，需要的故障信号可以从混合信号中分离出来，成功实现机械主机部件的故障诊断。

### 20.9.6　噪声采集与分析的传声器与声级计

噪声的主要参数：声压、声功率、声强。声压（dB）是指声波在传播时，空气中的各个质点会随着振动产生压力波，并引发压力增量。声功率是声源在1s内辐射出来的总的声能。声强是1s内通过垂直于传播方向上单位面积的声波能量。这些检测采用传声器、声级计与声功率计，以及相关分析与显示仪器等。

**1. 传声器**

传声器是通过膜片等结构感受声压变化并将其变化转换为膜片振动，从而转化为电能，实现声压的测量。目前有三类传声器，即压强式、压差式和组合式。压强式利用膜片感受声压；压差式利用膜片振动测量膜片左右的压差；压强与压差组合可感受声压和压差大小。各类传声器的结构简图如图20-33所示。

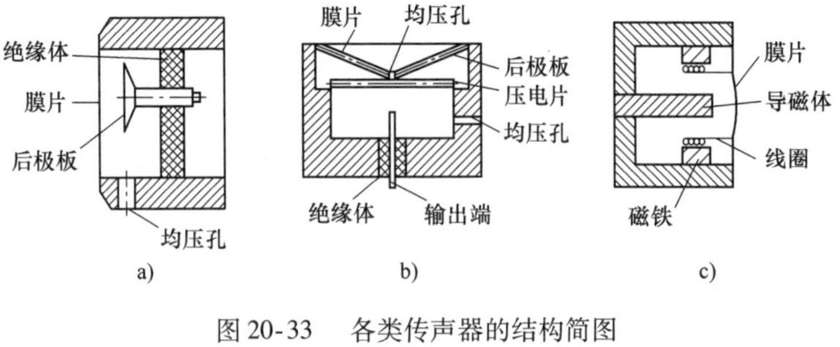


图20-33　各类传声器的结构简图
a）压强式传声器　b）压差式传声器　c）组合式传声器

其中电容式传声器是以电容器为基础，利用两边电压和负荷稳定的状态来输出变电压的特征值，这一过程取决于膜片声压的大小。电容式传声器属于控制能量型的传感器，具有环境适应能力强，外部结构紧凑，输出特征稳定等优点。另一种压电式传声器是一种通过压电效应实现声信号到电信号转变的传感器，其结构简单小巧而电容量大，且性能相对稳定，是一种常用的传声器。

**2. 声级计**

声级计是噪声测量中最基本的仪器。声级计一般由电容式传声器、前置放大器、衰减器、放大器、计权网络以及有效值指示表头等组成。它进行频谱分析，测量信号声级，以及记下声信号的时间特征、振动特征。首先利用传声器将要测量的声信号转变为电压信号方式，然后通过信号减弱、信号放大和计权网络将声能信号用分贝表显示出来（见图 20-34）。声级计的工作原理：利用传声器将声音转换成电信号，再由前置放大器变换阻抗，使传声器与衰减器匹配。放大器将输出信号加到计权网络，对信号进行频率计权（或外接滤波器），然后再经衰减器及放大器将信号放大到一定的幅值，传送到有效值检波器（或外按电平记录仪），在指示表头上给出噪声声级的数值。

声级计可广泛用于各种机器、车辆、船舶、电器等工业噪声测量和环境噪声测量。

a)

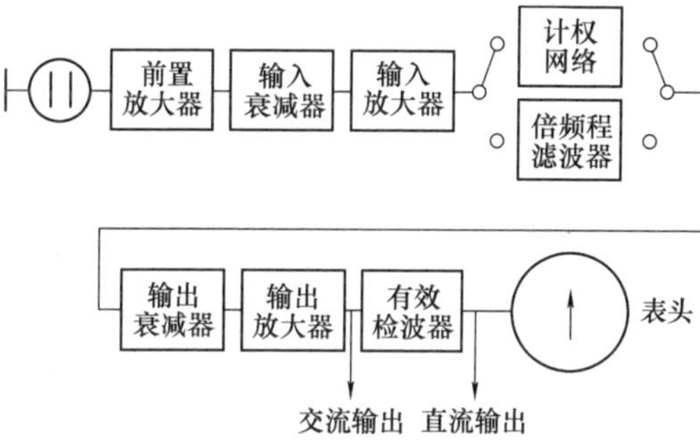


b)

图 20-34　声级计

a）声级计外形　b）声级计信号处理装置

声级计按照精度，分为 1 级声级计和 2 级声级计，1 级和 2 级声级计的技术指标有相同的设计目标，主要是最大允许误差、工作温度范围和频率范围不同，2 级声级计要求的最大允差大于 1 级。2 级声级计的工作温度范围为 0 ~ 40 ℃，1 级声级计为 - 10 ~ 50℃。2 级声级计的频率范围一般为 20Hz ~ 8kHz，1 级声级计的频率范围为 10Hz ~ 20kHz。

**3. 故障的噪声识别方法**

通常将噪声信号的特征值取极值作为故障诊断的参考量。要识别故障的性质、发生的部位以及严重程度，还需要提取噪声信号进行频谱分析。一般通过对噪声进行相对标准、绝对标准、类比标准三个方面的判定。绝对标准用于测量噪声信号的特殊量，相对标准用来测量正常运行时的特征值，类比标准用来比较同类机械在同等工况下的特征值。

### 20.9.7 基于排气噪声的柴油机气阀故障诊断

工业设备与工程机械液压系统的振动、噪声产生的原因具有多样性、复杂性和隐蔽性，当系统出现振动故障引起噪声时，必须清楚振动、噪声产生的原因，才能对故障进行有效的诊断和排除。针对工程机械液压系统的噪声故障，从工程机械液压系统或液压元件产生噪声的原因入手进行分析，通过浇油法、探听法、观察法、手摸法、仪器精密诊断法以及拆卸检查等方法，进一步确定故障部位，实现工程机械液压系统噪声故障诊断与排除，并且可以通过设置噪声监测的方法加以预防，如图20-35所示。

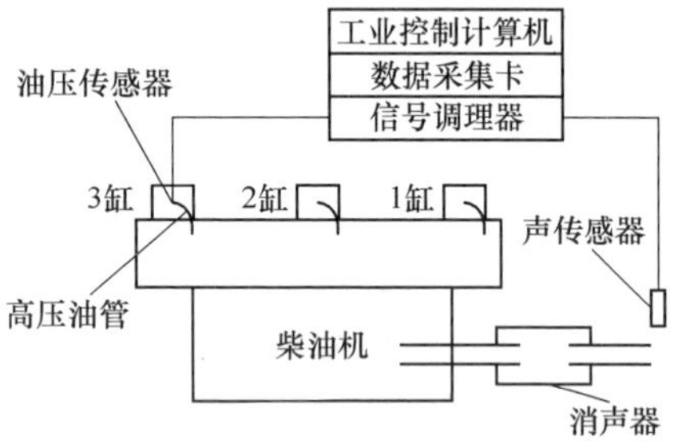


图20-35 基于排气噪声的柴油机气阀故障诊断简图

## 20.10 数智液压气动元件对嵌入式传感器的要求与应用

### 20.10.1 数智液压气动元件与系统中传感器的作用与要求

#### 1. 电子负荷传感液压多路阀CMA初级智能性功能剖析

伊顿/丹佛斯推出的基于负载口独立控制技术的多路阀CMA（44MPa，90/200L/min）（见图20-36）。这是液压产品史上第一款具有初级智能性的元件，它采

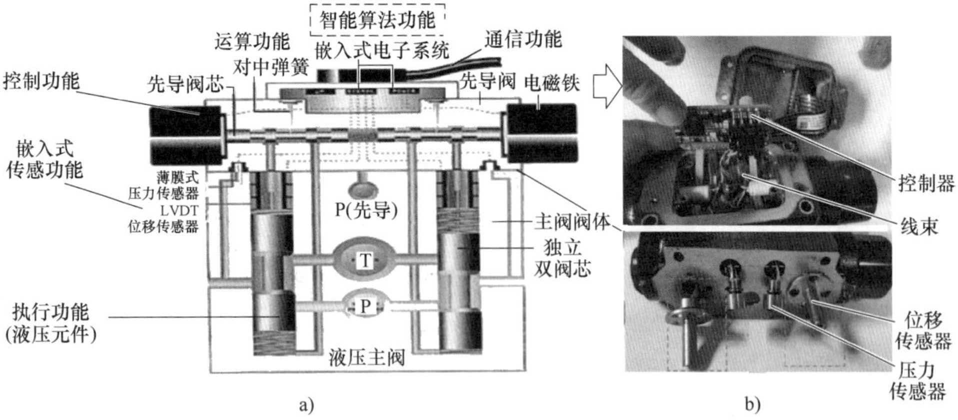


图20-36 具有初级智能功能的多路阀CMA

a）CMA结构原理图 b）CMA控制器与传感器实物

用了微处理器标志着它具有数字性，采用了总线标志着它具有网络性，采用编程技术以软件定义了抗饱和功能标志着它具有智能性。在国内大型工程机械设备的应用中证实，该阀有助于主机控制性能在精度与稳定性方面的提升。

这款多路阀数智化产品具有六大功能块：嵌入式传感功能块、电液转换先导控制元件、通信功能块、微处理器运算功能块、嵌入式软件算法功能块、液压主阀执行功能块（见图 20-37），核心是嵌入式传感功能块。在这个数智多路阀中具有两个薄膜式压力传感器、两个 LVDT 位移传感器。嵌入式或微型集成在元件内的传感器已经成为今后数智液压元件的一个组成部分。元件工作过程：首先由压力传感器感知元件的进出口压力性能情况，由 LVDT 感知主阀芯的开口情况，然后将传感器接收的信号传送到微处理器，以微处理器为核心的控制器按软件算法给出阀芯的开口运动指令，通过控制器内的驱动放大器输入电液转换先导液压元件，最后由阀的主阀芯运动达到要求的开口位置。由此可见传感器是实现数智控制的首要条件。

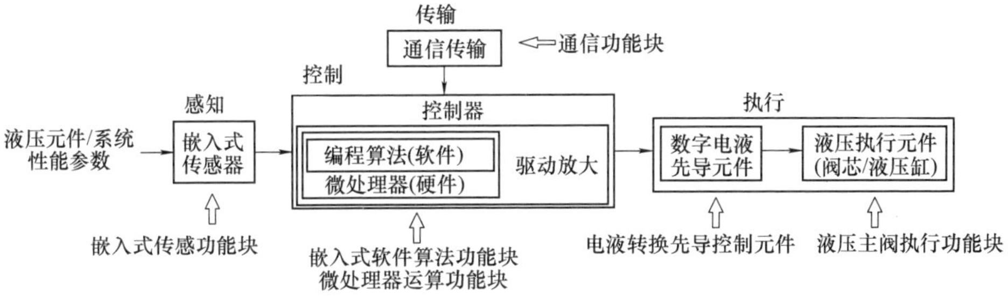


图 20-37　数智液压元件功能块工作原理图

**2. 数智液压系统功能剖析**

数智液压系统传感器的作用如图 20-38 所示。

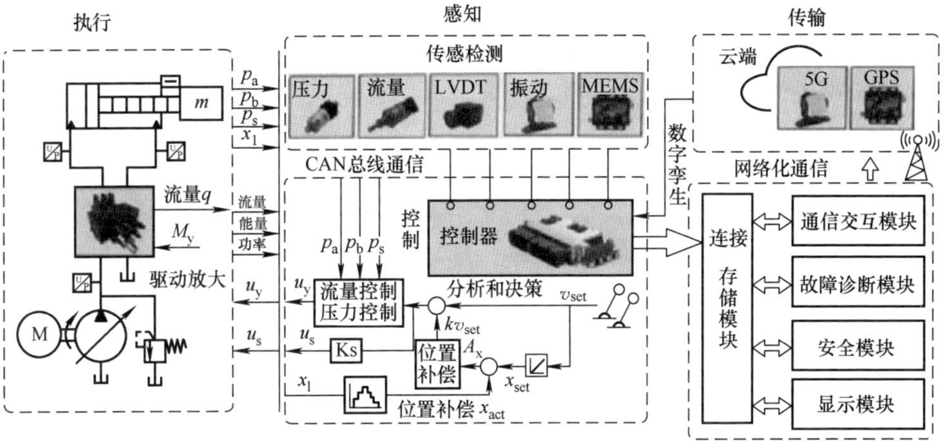


图 20-38　数智液压系统传感器的作用

对于数智液压工程机械主机系统而言，也至少有六大功能块：传感器功能块（传感检测）、微处理器为核的控制功能块（控制器）、嵌入式软件算法功能块（控制器中的分析与决策）、通信传输功能块（云传输与总线通信）、驱动放大功能块（驱动放大部分）、数智液压系统功能块（执行部分）。这六个功能块的相互联系可参考图 20-38。

从数智液压系统的功能块可见，数智液压系统的首先关键是具有所需要性能参数的传感器。首先必须通过传感器感知系统运动条件下的负载变化状况，然后才可能实施数字控制、网络传输、智能决策等一系列数智元件所具有的功能。因此从液压气动的角度来看，工业 2.0 时传感器的作用主要是显示与检测；工业 3.0 时，已经发展到参与控制并形成闭环控制的关键元件；到了工业 4.0 时，传感器的作用不仅仅是显示、检测、闭环反馈，而且还发展到接受感知，进行实时数字控制，以及可以从外部传输发布这些感知的信号。

## 20.10.2　数智液压气动元件与系统对传感器的“传知”要求

对于传统传感器而言，传感器就是“传递感受”的器件，故有“传感”之称。当发展到工业 4.0 时代，数智液压气动元件与系统对传感器的要求就从“传感器”到“传知器”。这些“感”与“知”的要求表现在以下方面。

**1. 对传感器智能化、微型化、多功能、低功耗、高精度、互联化、低成本的要求全面提升**

图 20-39 所示为智能工程机械对传感器发展的要求，反映了工程机械制造方对工程机械智能化提出的目标要求，其中无一不是以传感器的功能、性能、传输、信号处理、数据发送、大数据处理等有关。因此对传感器智能化、微型化、多功能、低功耗、高精度、互联化、低成本的要求全面提升是必然趋势。传感器低成本、高性价比是推广应用的基本条件之一；微型化是集成的需要；多功能是对工业场景应用的综合与简化手段；低功耗才能确保实现万物互联下感知终端节能降耗的目标；高精度是因为传感器已经进入工业控制，只有保证感知数据的精准度，才能得到运动控制的精度；互联化为工业互联网时代传感器的发展提供了新的技术支撑点，为确保工业互联网的数据安全可靠，目前越来越多的工业场景对传感设备数据安全可靠性提出了高要求。传感器的高可靠性是工业互联网时代传感器发展面临的一大挑战，特别是近期频发的网络安全问题给传感器的安全特性提出了新要求。

由此可见，在智能化时代，包括液压气动技术在内的工业设备的传感器技术必须有极大的提升与发展，第一是精度，第二是实时性，第三是传感器本身也具有智能性，第四是传感器可以承载一定的故障监测功能，第五是传感器的互联化。除功能、性能外，在抗干扰、极端环境、外形尺寸、功能结合、传输速度、数据存储、运算能力、稳定性等各方面都有挑战。

随着低成本传感器的大量接入，海量的数据不加处理直接发送到云端，将会对

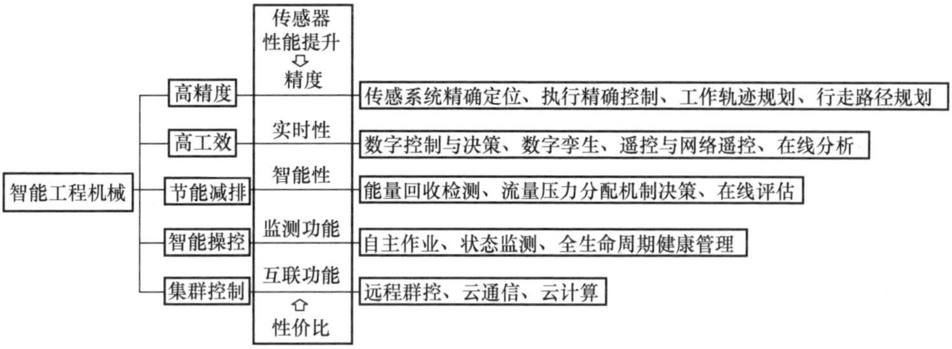


图 20-39　智能工程机械对传感器发展的要求

云端造成灾难性的后果。因此，传统的传感器正在加速升级为智能终端，经过边缘侧的优化与处理，将可靠可信的数据上传到云端。而今后对传感器的要求已经从传感器本身的“传感”发展到数字化、网络化与智能化综合要求的“传知”。

**2. 微型化传感器与数字化的 MEMS 传感器**

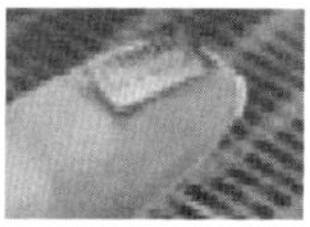

图 20-40　MEMS 传感器

传统传感器一般体积较大，尺寸以 cm 计，与被测物体是分离放置的。而对于数智液压气动元件而言，MEMS 传感器体积极小，尺寸以 mm 计，与被测物体是集成嵌入的，如图 20-40 所示。MEMS 传感器体积虽然小，但是功能强大，不仅包括信号与数据传输，甚至包括软件编程、数据处理，因此传统的传感器称为“传感”，这种传感器称为“传知”。

由于数智化液压元件的集成度非常高，需要将传感器集成在液压元件之内，因此数智化液压元件的传感器需要“嵌入式”，即将传感器与液压元件集成一体。

在工业 4.0 的数智化时代，MEMS 传感器在液压气动行业中将要进一步发展与应用。与传统的传感器相比，它具有体积小、质量轻、成本低、功耗低、可靠性高、适合批量化生产、易于集成和实现智能化的特点。同时，微米量级的特征尺寸使得它可以完成某些传统机械传感器所不能实现的功能。微机械压力传感器是最早开始研制的微机械产品，也是微机械技术中最成熟、最早开始产业化的产品。压阻式压力传感器的精度可达 0.01% ~0.05%，年稳定性达 0.1%/F.S.，温度误差为 0.0002%，耐压可达几百兆帕，过压保护范围可达传感器量程的 20 倍以上，并能进行大范围的全温补偿。现阶段微机械压力传感器还在以下几个方面发展：其一，将敏感元件与信号处理、校准、补偿、微控制器等进行单片集成，研制智能化的压力传感器；其二，进一步提高压力传感器的灵敏度，实现低量程的微压传感器；其三，提高工作温度，研制高低温压力传感器；其四，开发谐振式压力传感器。除此之外，硅微加速度传感器是继微机械压力传感器之后第二个进入市场的微机械传感器，另外还有大量各种类型的 MEMS 传感器在不断被研发及应用推广。

**3. 传感器局域网与互联网化**

在数智时代，传感器提供了最基础的数据支撑。一方面，工业互联网需要依靠传感器去实施工业过程的智能监测，提高生产过程检测、实时参数采集、生产设备监控、材料消耗监测的能力和水平，使得生产或直接运行过程的智能监控、智能控制、智能诊断、智能决策、智能维护水平不断提高。另一方面，传感器也需要互联网在传感技术的基础上，将互联、智能等功能融合进来。这是利用传感器的装置与设备更加有效地实现设备智能化的途径，而且简单有效、价格低廉。

传感器是工业互联网数据的采集入口，是工业互联网的基础和关键部件。工业互联网平台为传感器采集的数据提供了数据清洗、存储、交换以及价值挖掘的平台，促进数据在更大范围、更宽领域、更深层次应用。如果说数智装置的控制过程是“状态感知－实时分析－自主决策－精准执行－健康管理－数字孪生”的话，那么传感器就提供了数据最前端即最初始的来源，为系统提供了数据支撑。

不同阶段的工业互联网发展对传感器的要求也不尽相同。目前传感器主要被企业用于工业互联网基础的数据收集与分析，随着工业互联网发展阶段的不断深入，下一步会对传感器的精度、灵敏度、稳定性、可靠性和相关技术提出更高要求。

**4. 智能传感器**

智能传感器要求功能集成化与信号处理融合化。智能传感器由传感元件、信号调理电路、控制器（或处理器）组成，具有数据采集、转换、分析甚至决策功能。

智能传感器最主要的特征：指令和数据双向通信、全数字传输、本地数字处理、自测试、用户定义算法和补偿算法，输出数字信号，便于后续计算处理。智能传感器的功能包括信号感知、信号处理、数据验证和解释、信号传输和转换等，主要的组成元件包括 A/D 和 D/A 转换器、收发器、微控制器、放大器等。

智能传感器的特点是精度高、分辨率高、可靠性高、自适应性强、性价比高。智能传感器通过数字处理获得高信噪比，保证了高精度；通过数据融合、神经网络技术，保证在多参数状态下具有对特定参数的测量分辨能力；通过自动补偿来消除工作条件与环境变化引起的系统特性漂移，同时优化传输速度，让系统工作在最优的低功耗状态，以提高其可靠性；通过软件进行数学处理，使智能传感器具有判断、分析和处理的功能，系统的自适应性高；可采用能大规模生产的基于硅材料微细加工、CMOS 电路集成技术与 MEMS 工艺，性价比高。智能化不仅可提升传感器的精度，降低功耗和体积，而且可以实现组网，从而扩大传感器的应用范围，使其发展更加迅速。

CMOS 技术是主流的集成电路技术，不仅可用于制作微处理器等数字集成电路，还可制作传感器、数据转换器、用于通信目的的高集成度收发器等，具有可集成制造和低成本的优势。CMOS 计算元件能与不同的传感元件集成。而 MEMS 和技术容易实现低成本大批量生产，能在同一衬底或同一封装中集成传感器元件与偏置、调理电路，甚至超大规模电路，使器件具有多种检测功能和数据智能化处理功能。例如，利用霍尔效应检测磁场、利用塞贝克效应检测温度、利用压阻效应检测应力、利用光电效应检测光的智能器件。今后可以基于 MEMS 与 CMOS 的不同结合方式衍生出各种新集成技术平台。

值得关注的传感器前沿领域是新集成技术基于碳纳米管（CNT）或纳米线等纳米尺度结构和纳米材料，可以实现更高性能的新集成技术和器件。今后要发展新原理、新材料、新结构的智能传感器，如量子传感、MEMS 生物芯片、纳机电系统（NEMS）、新型集成传感微系统、3D 和单芯片异质异构集成技术等传感新技术。

对于液压气动在内的数智化需求，同一台设备或元件使用的传感器数量会剧增，缓解的办法之一是将传感器的功能集成。例如，压力传感器可以与温度传感器融合形成温压传感器，从而减少安装空间、维修成本、数据处理量等。也可以将传感器敏感元件、信号调理器、数据处理集成电路集成，今后甚至将总线与网络融合进来，形成高度集成与信号处理融合化的“传知器”。图 20-41 所示为集成型真空压力传感器。

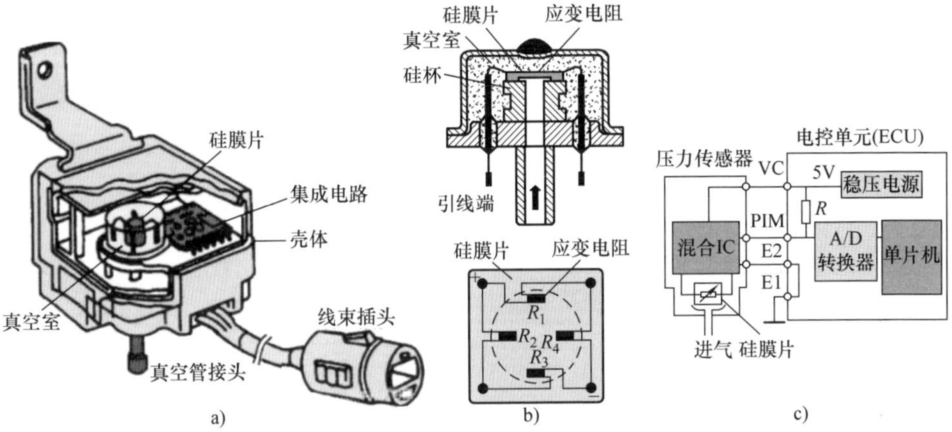


图 20-41　集成型真空压力传感器

a）真空压力传感器结构原理图　b）敏感元件工作原理图　c）信号处理工作原理图

在图 20-41 展示的集成型真空压力传感器将进气管内绝对压力（真空度）转换成电压信号，与发动机转速信号一起输送到电控单元（ECU），电控单元根据进气管内绝对压力和发动机转速信号计算出空气流量，作为确定喷油器基本喷油量和点火时间的依据。该压阻效应式真空压力传感器的结构如图 20-41a 所示，主要由硅膜片、真空室、集成电路、真空管接头、线束插头和壳体组成。硅膜片的长和宽约为 3mm、厚度约为 16μm，在硅膜片的中央部位采用腐蚀方法制作有一个直径为 2mm、厚度约为 5μm 的薄膜片。在薄膜片表面上，采用集成电路加工技术与台面扩散技术（扩散硼）制作 4 只阻值相等的梳状应变电阻，又称为固态压阻器件或固态电阻，并利用低阻扩散层（P 型扩散层）将 4 只电阻连接成惠斯通电桥电路，然后再与传感器内部的信号放大电路和温度补偿电路等混合集成电路连接。压阻效应式真空压力传感器的工作原理：硅膜片一面连通真空室，另一面导入进气管压力。发动机工作时，进气压力作用在硅膜片上产生应力变形，使应变电阻的电阻率变化，从而引起阻值变化，惠斯通电桥上的电阻值平衡就被打破，当电桥输入端输入一定的电压或电流时，在电桥的输出端就可得到变化的信号电压或信号电流。根据信号电压或信号电流的大小，就可计算出进气管压力的高低。当传感器结构和输入的电源电压 $U_{cc}$一定时，输出电压 $U_0$ 与作用在圆形硅膜片上的压力成正比，即压力越高，则输出电压越高。这种传感器将敏感元件、信号调理器、数据处理集成电路集成，形成新的传感器集成发展。

## 20.10.3 嵌入式溅射薄膜压力传感器

液压智能元件需要嵌入式传感器来提高集成度。二者都是数智化催生的新领域。溅射薄膜压力传感器是近年来应用于液压多路阀 CMA 后引起关注的新型压力传感器。图 20-42 所示为其外形、内部结构、敏感电阻薄膜结构及应变电阻的惠斯通电桥。

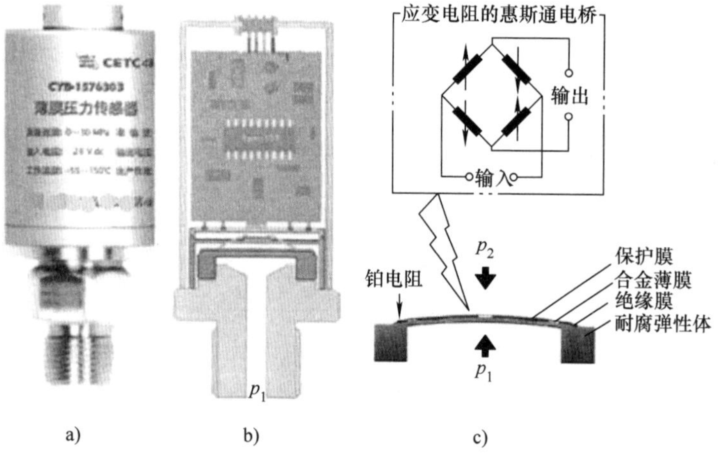


图 20-42 溅射薄膜压力传感器与测感原理
a）传感器外形 b）传感器内部结构 c）薄膜结构

如图 20-42 所示，在应变电阻（铂电阻）和耐腐弹性体之间采用具有绝缘介质的薄膜，起到隔离作用。金属弹性体上的典型薄膜结构分为四层，其中最底层是绝缘膜，上层依次为淀积电阻膜，以及为确保惠斯通电桥桥臂电阻稳定可靠的引线电极金膜和钝化保护膜。在此保护膜图上方展示了该应变电阻组成的惠斯通电桥，此电桥当被测介质压力（$p_1$）作用于弹性不锈钢膜片一侧时，弹性膜片受到压力作用产生变形，位于另一面的惠斯通电桥桥臂电阻薄膜的几何尺寸发生相应的变形，阻值随之相应改变，电桥因阻值改变而产生与压力呈线性比例关系的输出信号，将此信号经放大调节等处理，再传输给处理电路（通常是 A/D 转换和 CPU）。

离子束溅射薄膜压力传感器的溅射薄膜压力敏感元件一般有两种形式，一种是直接在绝缘基底（如蓝宝石基底）上，先制作合金薄膜，再用光化学等方法生成应变图形和电极，从而制成薄膜压力敏感元件；另一种是在金属弹性体上先制作一层绝缘介质层，再在其上制作金属薄膜，然后通过光刻、刻蚀的一系列工艺形成应变图形和电极，一般制作好的敏感元件表面还需要覆盖一层保护层。

溅射薄膜压力传感器的突出特点是受温度影响小。在温度变化 100℃时，零点漂移仅为 0.5%，其温度性能远远优于其他类型的压力传感器。另外，它的耐高温性也非常优越，可以直接测量 −20 ~ 420℃的工作介质温度，比市面上一般的压力传感器适用温度范围更宽。

由于溅射工艺使惠斯通电桥与弹性不锈钢膜片间形成很好的匹配并成为一体，而不存在任何胶黏剂，所以溅射薄膜传感器比粘贴式传感器显示出更高的长期稳定性与可靠性，其稳定性可优于 0.1% F. S. /年。

由于溅射薄膜压力传感器采用独特的电阻成膜技术，所以可以制作出高精度的敏感电阻，其精度、灵敏度更优于一般常用的压阻式压力传感器、电感式压力传感器等，精度可达 ±0.15%。

压力敏感元件材料为 17 −4PH 特种弹性不锈钢，与其焊接一体的压力接头材料为 316 不锈钢或 12Cr18Ni9Ti 不锈钢，可直接与一般的腐蚀性介质接触，因此溅射薄膜传感器输出信号大、工作寿命长、功耗低、无迟滞、重复性好，耐受频繁压力冲击、振动与 5 倍以上的压力过载，可用于腐蚀性介质的压力测量与控制，应用范围很广，包括高端工业现场和军事装备。

此溅射薄膜压力芯体还可以单独提供，可以作为液压智能元件的嵌入式压力传感器，其直径可以在 7 ~ 12mm 范围内选择，基本符合液压智能元件的要求，而且国内可以提供产品（如长沙钛合等）。

图 20-43 所示为溅射薄膜压力芯体及其尺寸，压力芯体外径为 8mm，这样的尺寸就可以将压力传感器置于液压元件的阀芯内。这种溅射薄膜压力传感器的量程为 5 ~ 120MPa，使用温度为 −65 ~ 200℃，输出灵敏度为 5mV/V，准确度为 0.05 ~ 0.2F. S.。

作为液压智能元件的传感器要求尺寸更小，目前市场选择余地很少。今后技术的发展还需要这些传感器的微型化和低功耗。实际应用中还希望有组合传感器，如压力传感器、位移传感器与温度传感器组合，将更多种传感器集成组合起来是智能化发展的新要求。

这种嵌入式溅射薄膜压力传感器在国内外的生产厂商颇多，已经用于伊顿（丹佛斯）推出的 CMA 液压比例多路阀产品，详见本手册第 1 卷第 11 章。

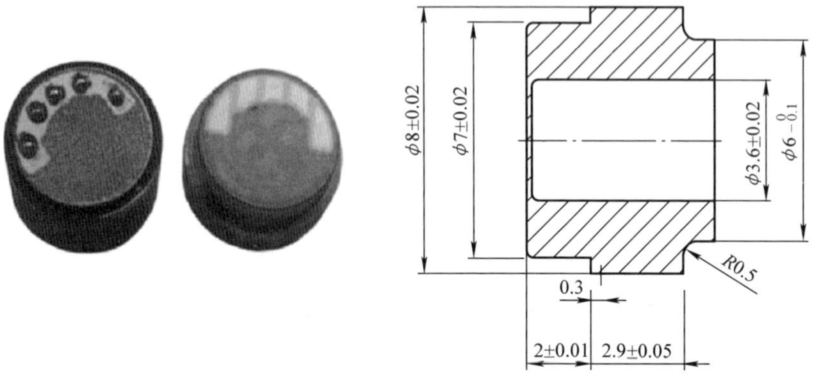


图20-43　溅射薄膜压力芯体及其尺寸

## 20.10.4　汽车变速器用MEMS液压压力传感器

大众汽车直接换挡变速器（DSG）的电子控制单元中利用液压传感器1（G193）和液压传感器2（G194）信号来分别识别作用于离合器K1和离合器K2的液压油压力。其中，G193监测离合器K1压力，G194监测离合器K2压力。

从图20-44中可以看到液压压力传感器由一对层状结构的导电极板组成。上面的极板固定在陶瓷膜片上，作用在极板上的压力改变时，膜片会随着弯曲；下面的极板与陶瓷基板刚性连接在一起，基板不会随压力的改变而变形。只要有压力变化，导电极板之间的距离就会发生改变，由此随压力的变化就会产生可靠的信号。传感器把监测到的K1和K2压力反馈给控制单元。控制单元不断地修正离合器的工作压力，使离合器的调节压力更加精确，当出现故障时控制单元则会记录故障代码并启动安全保护控制模式。由于传感器与控制单元集成为一体，因此传感器出现故障时在维修中须一起更换。无论是G193还是G194，从其整体结构上看都属于3线应变片式传感器，通过压力的变化来反映其应变量，即产生电信号的变化，控制单元通过测量信号的变化计算出压力值，最终实现其闭环控制功能。当其出现故障时电控系统会记录相应的故障代码，但由于这种传感器与控制单元间采用集成控制，因此在维修中需要更换控制单元总成。

## 20.10.5　液压缸陶瓷活塞杆位移传感器

陶瓷活塞杆位移传感器及其实物如图20-45所示，包括缸筒、活塞杆、探测头。活塞杆金属杆体上刻有宽窄相等、深度相等、间距相等或者不等的环形槽，环形槽和环形槽之间的无槽处间隔排列，紧密组合形成绝对编码位置信息，所述探测头安装固定在缸筒和活塞杆的连接处并与活塞杆间隔设置，探测头内设置磁电阻传感器阵列模块。磁电阻传感器阵列模块设置为在活塞杆移动过程中，通过探测活塞杆上沟槽间隔排列以获取绝对编码位置信息。

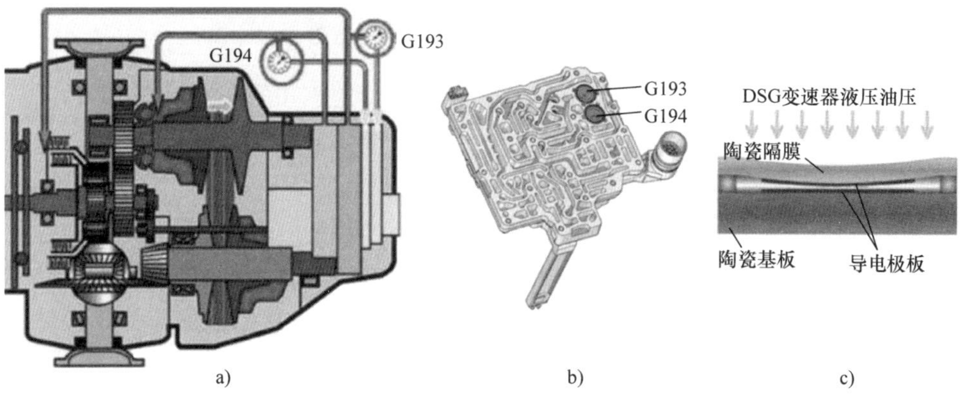


图 20-44　汽车变速器用液压压力传感器

a）汽车无极变速器　b）变速器控制单元的液压压力传感器　c）陶瓷隔膜敏感元件

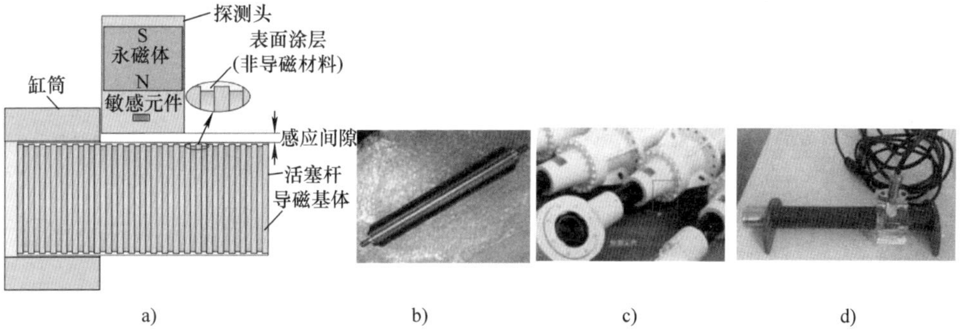


图 20-45　陶瓷活塞杆位移传感器及其实物

a）陶瓷活塞杆位移传感器　b）陶瓷活塞杆　c）陶瓷活塞杆液压缸　d）陶瓷活塞杆传感探头

这种陶瓷活塞杆位移传感器可以实现绝对位置测量，量程范围可以从几十毫米到几十米。该类传感器可以具有位置记忆功能，所以不怕突发性断电；编码距离超长，适用于各种量程的液压缸行程测量；测量无接触，永不磨损。可广泛应用于水利水电、工业机械、交通运输、绿色环保、军工装备等需要用到液压缸的领域。该类型位移传感器具有极小的体积，方便与电静液作动器（EHA）高度集成；可以在传感器响应信号方面添加自评价技术，方便实现 EHA 结构的自适应设计；采用专用信号处理技术，可以有效提升位移测量精度，目前测量精度为 1mm，具备提高到目标精度 0.05mm 的技术。如果采用专用绝对编码技术，可以实现 EHA 的便捷位移测量。

此类传感器自从 20 世纪就已经形成产品，但是推广受到技术与成本的限制，21 世纪以来，特别是 EHA 等新型液压集成元件的产生，将会极大地推动这类特别适合液压缸采用的嵌入式位移传感器的发展。

### 20.10.6　嵌入电磁线圈的无位移敏感元件的位移传感器

液压控制阀中的位移测量无论从反馈的角度还是感知的角度都非常需要传感器。目前的位移传感器的体积都比较大，要嵌入阀内的话，在结构上比较难以处理，对阀的体积与外形也有影响。因此未来的发展会更多采用霍尔位移传感器，以及采用无位移传感器的位置检测装置，如图20-46所示。

图20-46a所示的霍尔位移传感器可以通过磁场的变化实时检测衔铁或阀芯的位置；图20-46b所示为采用电磁铁本身的线圈受阀芯位移的感应作为检测装置，利用线圈自我检测来确定衔铁或阀芯位置，这种装置可以做成电路板集成于阀体中。

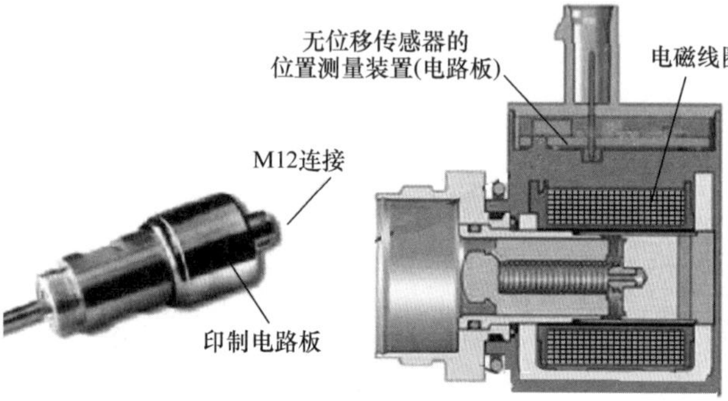


a)　　b)

图20-46　未来的液压阀位置检测装置

a）霍尔位移传感器　b）无位移传感器的位置测量装置

### 20.10.7　用于工程机械智能液压阀的新型MEMS温压传感器

新型MEMS温压传感器用于工程机械智能液压阀（兰州理工大学），图20-47所示为此新型MEMS温压传感器的外形结构、芯片整体结构与传感器变送电路。它的特点是可以同时传感压力与温度两个性能参数，形成了集成度提升的新型传感器。此传感器采用与形成MEMS相同的工艺，尺寸小，最小直径尺寸已经达到8mm（一般最小为12mm），抗冲击，抗振动，灵敏度高，用于液压智能阀的阀口压力温度检测。

集成微传感器可感知智能液压阀内参数，除新型MEMS温压传感器外，传感器还包括测量阀芯位移的LVDT传感器、测量阀口压差的压差传感器等。压差传感器需要承受高静压、低差压与敏感头的结构设计等挑战。工程机械智能液压阀用集成微传感器参数见表20-22。

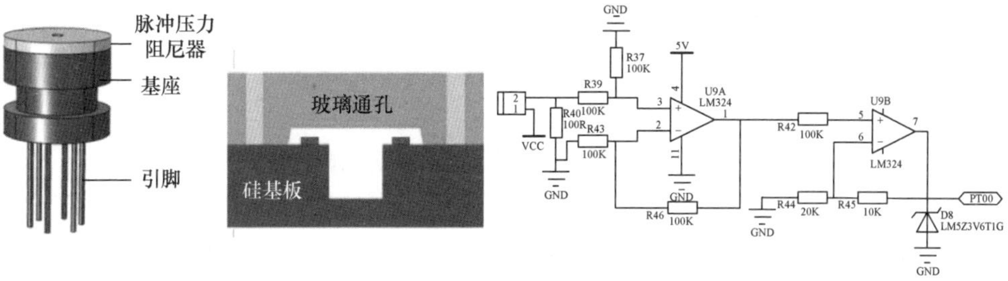


a)　　b)　　c)

图 20-47　新型 MEMS 温压传感器（西安交通大学）

a）传感器外形结构　b）芯片整体结构　c）温压传感器变送电路

**表 20-22　工程机械智能液压阀用集成微传感器参数**

| 参数名称 | 温压传感器 | | 差压传感器 | 阀芯位移传感器 |
|---|---|---|---|---|
| | 温度/℃ | 压力/MPa | | |
| 测量范围 | -40～125 | 0～40 | 0～3MPa（在-40～125℃条件下） | 0～15mm（35MPa） |
| 测量误差 | ±0.5%F.S. | | ±1%F.S. | ±0.5%F.S. |
| 非线性度 | ±0.3%F.S. | | ±0.5%F.S. | ±0.2%F.S. |
| 分辨力/mm | — | | — | 0.005 |
| 重复性 | — | | — | ±0.15%F.S. |
| 过载能力 | 1.5F.S. | | — | — |

# 第21章　液压系统微型计算机控制技术

本章讲述采用微型计算机作为控制器实现液压传动系统、电液比例/伺服系统控制的过程，包括微型计算机控制的构成方法、工作过程、控制算法以及涉及的元器件。这里所说的微型计算机是广义的以微处理器为核心的微型计算机，如PLC、工业控制计算机（IPC）、各种嵌入式计算机等通用数字计算机，以及专为控制液压阀开发的专用数字控制器。这些不同种类的微型计算机在现代液压系统中已获得广泛应用。

将数字计算机用作控制器，使工程师如虎添翼。计算机控制系统追求更高柔性和自主性所采用的最优控制、自适应控制、人工智能控制等一系列现代控制方法都依赖微型计算机为核心的数字控制器来实现。

液压系统是工业现场生产过程的一个动力传动环节，液压系统控制属于运动控制，也可以看作过程控制的一部分，用于实现过程控制中执行机构的控制动作，所以液压系统的微型计算机控制也必然符合整个生产现场计算机控制的发展趋势。

需要强调指出的是，计算机控制常给人几乎无所不能的错觉，认为它可以极大地提高系统的响应、精度和智能化程度等。其实计算机也仅仅是一个数字控制器，控制系统的品质不仅仅决定于控制器，而更大程度上依赖于过程本身。正如Zieler与Nichols在1943年的论文中就指出的：对于容易控制的过程，一个较差的控制器也可能获得较好的性能；而对于一个难控的、复杂的过程，再精准的控制器也可能无法提供令人满意的性能。当然，对于这类过程，先进的控制器能够提供优于老式控制器的结果，但控制方法所能产生的效果是非常有限的，不可能达到完美。

采用计算机的控制系统确实使操作者方便操作和使用机器了，但是计算机控制系统的设计并不容易，与模拟控制系统的设计相比反而在许多方面更加困难和复杂。学习本章不可避免地涉及电气控制系统和计算机控制系统的基础知识，因此，限于篇幅，要求读者应具备常用低压电气控制和计算机软硬件方面的基础知识，能够阅读电气控制回路原理图。

# 21.1　计算机控制系统的结构、组成与分类

## 21.1.1　电液轴

**1. 轴的概念**

广义地讲，将运动控制系统中执行元件上每个独立受控机械参数（位置、速度或力）称为一个“轴”。例如，一个伺服电动机转速的控制，或者一个液压缸活塞杆位置的控制，均可称为一个“轴”。由于运动控制一般多是闭环系统，且各运动参数需要相互协调联动，所以轴的个数也是系统中相互协调工作的闭环系统的个数。数控机床行业常说的“几轴联动”即是指这个概念。

**2. 微型计算机控制的电液轴**

液压控制可以通过某种调节动作完成，主要的问题在于调节所需传递动力的大小、快慢和通断。而调节可以通过人工或其他机械量调节手动阀的通断或开度大小，从而调节动力传递的通断或快慢；也可以通过电信号控制电动阀（如电磁方向阀、电液比例阀或电液伺服阀等）实现，甚至可以将被控量反馈至控制装置部分构成闭环控制的电液轴，如图 21-1 所示。

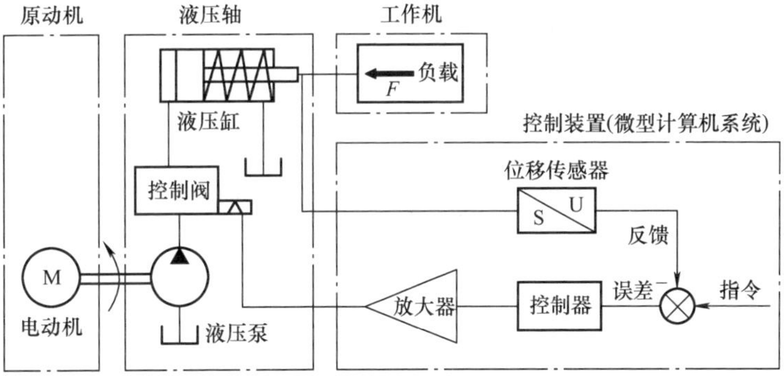


图 21-1　微型计算机控制的电液轴

由于控制装置部分的核心往往是微型计算机，故可称之为微型计算机控制的电液轴。

对于液压传动来说，进入液压执行机构（液压缸或液压马达）的流量 $q$ 是通过调节液压阀（通断或开度大小）、液压泵（排量或转速）或液压马达（排量）实现的，而采用微型计算机完成对阀的控制，或对液压泵或液压马达变量机构的控制，或对原动机转速的控制是最有效的。例如，原动机是三相交流异步电动机时，可以用微型计算机（如 PLC）控制的变频调速实现调速；液压阀可以是开关型电磁阀、电液比例阀、电液伺服阀或高速开关阀（脉冲阀）等，其调节装置可以用

微型计算机实现；变量液压泵或变量液压马达的排量调节也是通过对其控制阀的调节实现的。

液压系统的控制属于运动控制（Motion Control）。这种控制完成对机械运动部件的位置、速度和力（力矩）等的实时控制管理，使其按照预期的运动轨迹和规定的运动参数进行运动。实时（On time）是指工业控制计算机系统应该具有的能够在限定时间内对被控对象的微小变动做出及时反应的特性，即及时采集、及时处理、及时输出。

实时必然要求在线（On－line），在线是指计算机作为控制器完成信号采集和运算，并且计算机直接将结果输出给被控对象（执行机构）。在线方式是生产过程和计算机直接相连，并受计算机控制的方式；和在线相对应的概念是离线（Off－line），是指信号采集（反馈）和/或输出不是由计算机直接完成而是由人工完成。离线方式是计算机计算控制量，但生产过程（的输入和/或输出）不与计算机相连，并不受计算机直接控制，而是靠人进行联系并做相应操作的方式。

## 21.1.2 计算机控制系统的组成

### 1. 连续控制系统的结构

连续控制系统是我们在自动控制原理中研究最多的系统，连续控制系统中的信号均为时间的连续函数，连续控制系统的典型结构如图21-2所示。它是由广义被控对象（包括执行机构和被控对象）、检测元件、比较元件和控制器（校正元件）构成的负反馈控制系统。

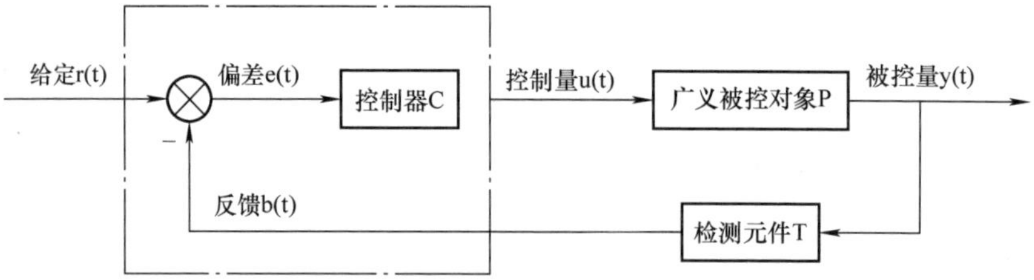


图21-2 连续控制系统的典型结构

控制器C（Controller）是根据误差信号产生控制信号的“元件”，是控制系统的核心，其灵魂就是算法（尤其是控制算法）。控制器产生控制信号的方法就是控制算法。图21-2所示的控制器C在自动控制原理中称为串联校正环节，工业现场通常称为控制器或调节器，比如滞后－超前校正环节，工业现场常称为PID控制器。

当控制器（包含比较元件）的功能是由大脑完成时，则为人工控制，人的大脑是迄今为止最高级和最智能的控制器；由模拟电路（或机械、液压和气动机构）完成时，则为模拟控制系统（模拟控制器）；由计算机（硬件和软件）完成时，则为计算机控制系统（数字控制器）。

广义被控对象 P（Plant），将执行机构和被控对象合起来称作广义被控对象。例如，在液压控制系统中，液压阀控制液压缸驱动负载可以合起来看作广义被控对象。

检测元件 T（Transducer）是检测被控制物理量的反馈传感器。例如，在液压系统中主要为位置、速度和力（压力）传感器，以及定位（或定压）控制时的开关型传感器（接近开关、行程开关或压力继电器等）。

模拟控制器与数字控制器的比较：

1）模拟控制系统（模拟控制器）控制工程师比较熟悉；就简单算法，模拟控制器速度比较快；控制器参数调节不灵活，调节范围有限；元件精度影响控制器精度，元器件参数易受老化和环境温度影响，易发生飘移；实现复杂控制算法困难。

2）计算机控制系统（数字控制器）控制器算法由软件实现，参数调节灵活，范围几乎不受限制；精度只受字长限制，元件参数飘移不影响控制器精度；可实现复杂算法；输入输出的计算与逻辑判断能力强，而且可在线重构回路，并具备自适应控制性能；响应速度较慢，由于计算时延 A/D、D/A 通道时间及程序运行时间等会引入相位滞后，计算机控制系统较模拟控制系统响应慢，如果操作系统不是实时操作系统则更慢。但在多回路、复杂控制时，由于计算机强大的数据处理和逻辑判断能力，计算机控制系统中断响应优先级可排序，综合响应能力好。

**2. 计算机控制系统的结构**

计算机控制系统的结构与连续控制系统十分相似，只是控制器由数字计算机（通常是微型计算机）实现。工业现场多为模拟信号（时间的连续函数），而数字计算机只能处理离散的数字信号，为了信号的匹配，在输入输出两侧分别设有模数（A/D）转换器和数模（D/A）转换器，如图 21-3 所示。可见计算机控制系统是离散系统和连续系统的混合系统，称为采样控制系统。

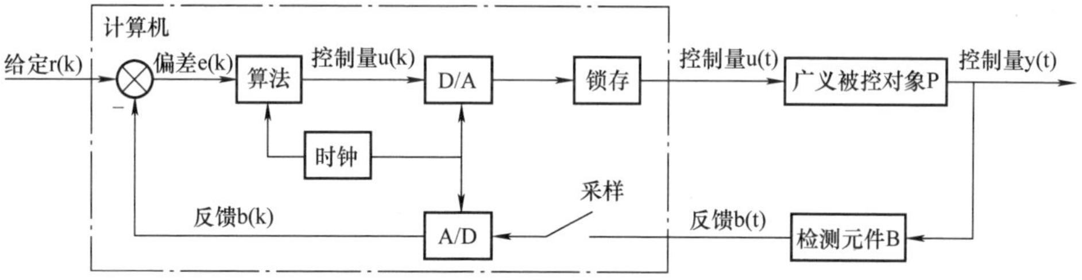


图 21-3 计算机控制系统的典型结构

**3. 计算机控制系统的组成**

由于计算机控制系统的用途或目的不同，它们的规模、结构和功能等可以有很大的差别，但是它们都有两个共同的基本组成部分，即硬件和软件。硬件是指计算机本身及其外围设备。软件是指管理计算机的程序以及控制应用程序。下面对计算机控制系统的各部分功能进行介绍。

（1）硬件组成　计算机控制系统的硬件主要是由主机、通用外部设备、人机交互设备、过程输入输出设备（接口电路、测量变送器、功率驱动）及广义被控对象等组成，如图21-4所示。

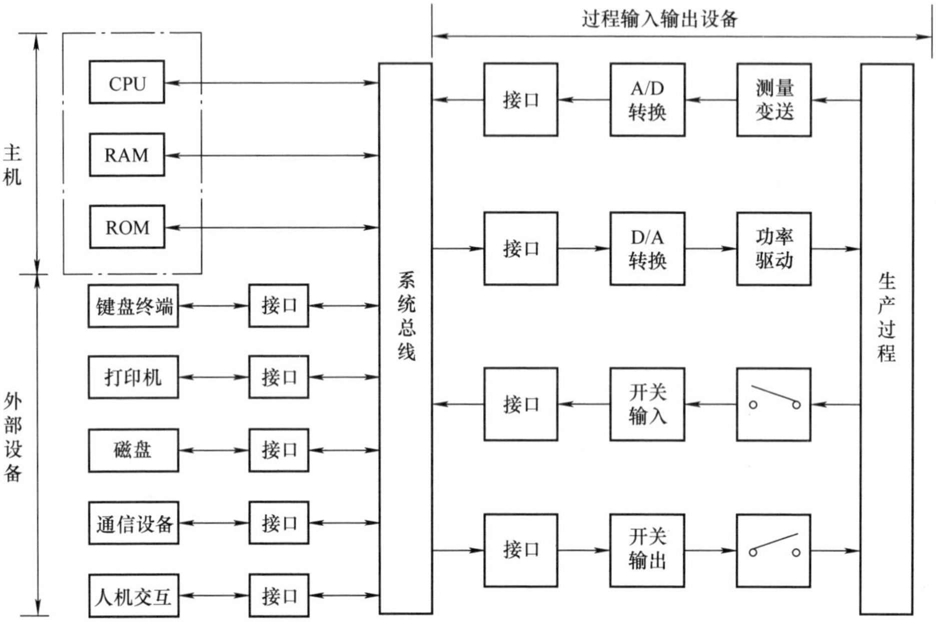


图21-4　计算机控制系统的硬件组成框图

1）主机。它是整个控制系统的核心，由中央处理器（CPU）和内部存储器（RAM、ROM）等组成，如PLC、工业控制计算机、各种嵌入式计算机等通用数字控制器，以及专为控制液压阀开发的专用数字控制器。通过接口可向生产过程发送各种控制命令，同时对被控对象各个参数进行巡回检测、数据处理以及控制计算、报警处理、逻辑判断等。

对控制用主机的要求有如下几点：

① 可靠性高，即故障少，修复快。

② 实时性好，即控制过程应及时采集（反馈被控量）、及时处理（依据偏差计算控制量）、及时输出、及时处理紧急事故和修改操作条件，有完善的中断系统，响应能够根据优先级。

③ 适应性强，能够适应工业现场各种恶劣的环境，如振动、噪声、粉尘、腐蚀性气体、高温和强电磁辐射等恶劣的条件。

④ 有比较完善的过程通道设备，如模拟量输入输出通道（AI/O通道）、数字量输入输出通道（DI/O通道）、高速计数通道等。接口与过程输入输出通道是用来传递计算机与被控对象之间信息的，是联结二者的桥梁和纽带。

⑤ 配备有完善的软件系统。

2）外部设备。外部设备是为了扩大主机的功能而设置的，这些外部设备就像计算机的眼、耳、鼻、舌、四肢一样，大大地扩充了主机的功能。按功能可分为三类：

① 输入设备，如键盘终端、作用开关、卡片读入机等，用来输入程序、数据和操作命令。

② 输出设备，如打印机、绘图机、LED 数码管及 CRT 显示器，专用的操作显示板或操作显示台等，它们以字符、曲线、表格和图形等形式来反映生产过程工况和控制信息。

③ 外存储器，如磁盘、磁带等，它们用来存放程序和数据，具有输入和输出两种功能，作为内存储器的后备存储设备。

3）广义被控对象。广义被控对象是指执行机构与被控制的机器、设备或生产过程。广义被控对象的特性可以用传递函数来表征。液压控制系统作为一种大负载、高响应的运动控制，其广义被控对象往往是由液压阀控制液压缸（或液压马达）以及由其驱动的某种负载组成，称为阀控缸加负载对象或阀控马达加负载对象，其典型传递函数一般为固有频率较高的二阶振荡环节。

4）测量变送器。测量变送器的任务是检查测量被控量和生产过程中的其他相关参数，把被检测参数的非电量转换成电量，如安装在液压缸内的位移传感器可以测量液压缸活塞杆的位移，安装在液压马达轴上的光电编码器可以测量液压马达的转速等。一般这些信号需要转换成标准电平（工业上常用的标准电平有：4～20mA，0～20mA，0～10V，0～5V，±10V，±5V 等）后再通过模数转换器送入计算机，或转换成数字信号后通过某种通信协议送入计算机。计算机控制系统的精度直接受检测元件精度的影响。

5）功率驱动。一般由计算机输出的信号为小功率的电流或电压信号，不足以驱动外部执行机构，所以需要将该信号进行功率放大。液压控制系统常用的功率驱动器件为与电液伺服阀配合使用的伺服放大器，或与电液比例阀配合使用的比例放大器，以及驱动开关型电磁阀时需要的光电耦合器件等。

6）接口电路。接口电路的功能是负责实现 CPU 通过系统总线将模数转换器、数模转换器以及其他 I/O 设备联系在一起，它是微型计算机与外部设备交换信息的桥梁。所有外部设备都通过各自的接口电路连接到微型计算机的系统总线上，分为并行通信和串行通信。

（2）软件组成　上述硬件部分只能构成裸机，只为计算机控制系统提供物质基础或躯干。它没有思维和知识。只有给裸机提供了软件，才能把人的思维和知识用于控制生产过程。软件是完成各功能的计算机程序的总和，如操作、监控、管理、控制、计算和自诊断等。因此，软件是计算机系统的神经中枢，整个系统的动作都是在软件指挥下协调工作的。软件的优劣，不仅影响硬件功能的发挥，而且也影响计算机对生产过程的控制品质和管理水平。软件通常分为系统软件和应用软件。

1）系统软件是由计算机设计者提供的，专门用来使用和管理计算机本身的程序。它们一般不需要用户来设计，用户只需要了解它们的大致原理和使用方法即可。系统软件包含：

① 操作系统——磁盘操作系统程序、管理程序等。

② 诊断系统——调节程序、诊断程序等。

③ 开发系统——程序设计语言、语言处理程序、服务程序、模拟系统、数据管理系统。程序设计语言包括汇编语言、算法语言，如VB、VC、ALGOL、FORTRAN、TURBO C等；语言处理程序包括汇编语言、解释程序、编译程序；服务程序包括编辑程序、装配程序；模拟系统包括系统模拟、仿真、移植软件；数据管理系统。

④ 信息处理——资料检索、文字翻译、企业管理。

2）应用软件包括以下方面：

① 过程程序监视——巡回检测程序、数据处理程序、过程分析程序、上下限检查及报警程序、工艺操作台服务程序、数字滤波及标度变换程序。

② 过程控制计算——过程控制监视、过程控制计算、信息管理程序。

过程控制计算包括控制算法程序、事故处理程序、信息管理程序；控制算法程序包括PID算法、大林算法、史密斯预估算法、多变量解耦算法、最优控制、复杂规律控制、智能控制；信息管理程序包括文件管理，输出、打印、显示，信息生成调度。

③ 公共服务程序包括基本运算程序、函数运算程序、数码转换程序、格式编辑程序。

### 21.1.3 计算机控制系统的分类

计算机控制系统的分类方法很多，可以按照系统的功能、控制规律或控制方式等分类。按照系统的功能和发展进程分类，计算机控制系统可以分为：数据采集系统、操作指导系统、直接数字控制系统、监督计算机控制系统、计算机分散控制系统、现场总线控制系统。

下面根据计算机控制系统的工作特点分别进行介绍。

**1. 数据采集系统**

数据采集系统（Data Acquisition System，DAS）指单纯用于过程参数采集与处理而不做输出控制的系统，严格来说不算计算机控制系统，如图21-5所示。这种系统通常应用于计算机控制的初级阶段，利用计算机对生产过程的各种参数进行巡回检测、处理、分析、记录、显示以及参数的越限报警，供生产指挥人员参考、分析生产过程进展趋势。

**2. 操作指导系统**

操作指导系统（Operational Information System，OIS）是在数据采集系统的基础上发展而来，如图21-6所示。

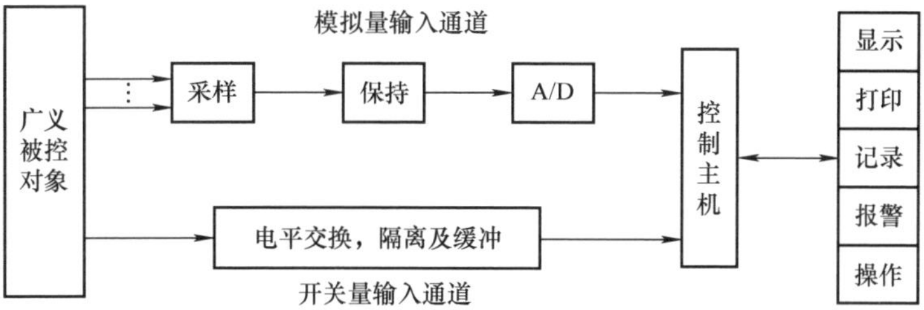


图 21-5　数据采集系统

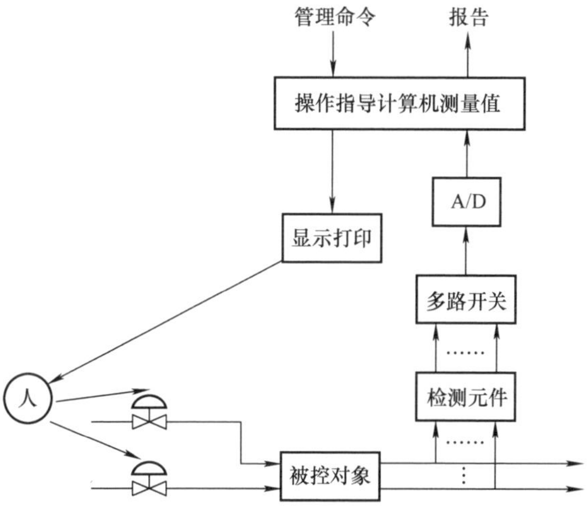


图 21-6　操作指导系统

在这种系统中，计算机不仅能够采集和处理现场的过程参数，而且能够按照预先建立的数学模型对现场测得的大量过程参数进行计算，向操作人员提供一些参考性数据，如控制器的整定参数，被调量的设定值等。操作人员根据计算机分析处理的结果对生产过程进行管理和控制。可见，这是一种由人参与的闭环结构，计算机的输出并不直接用来控制生产对象，而只是作为操作人员指导生产过程的参考，控制生产过程的各种命令还得由操作人员给出，由人最终完成闭环的控制。由于人的参与，避免了计算机出错时对执行机构的误操作，提高了安全性。因此，这种控制系统特别适合控制规律尚不清楚的生产过程，或用于试验新的数学模型和调试新的控制程序等。因为人的响应速度远不及计算机快，对于类似液压控制系统这样快速的运动控制过程，这种方式显然是不适合的。

**3. 直接数字控制系统**

直接数字控制系统（Direct Digital Control System，DDCS）是用计算机对多个被控参数进行巡回检测，并与设定值进行比较，再按 PID 规律或直接数字控制方法进行控制运算，然后将计算机输出的控制量转换成执行机构的控制信号，直接去控制广义被控对象，使被控参数稳定在给定值上，其系统原理如图21-7所示，显然这种系统是计算机作为控制器参与了数据采集、控制算法的数据处理和数据输出的整个控制过程，属于计算机在线闭环控制。

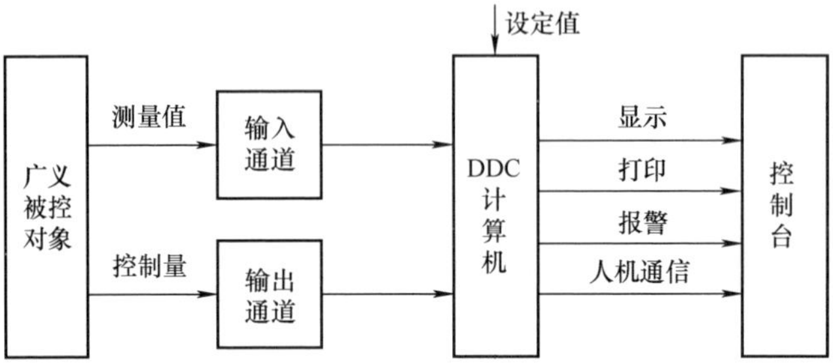


图21-7　直接数字控制系统原理

直接数字控制系统的优点是速度快、灵活性大、可靠性高。因为计算机计算能力强，往往“同时”控制多个控制回路，各个控制回路可以定时“分享”计算机的各种资源。它可以实现各种比较复杂的控制规律，如串联控制、前馈控制、自动选择控制以及大滞后控制等。正因为如此，DDCS得到广泛的应用。

**4. 监督计算机控制系统**

监督计算机控制系统（Supervisory Computer Control System，SCCS）是计算机根据被控对象本身的特性，依据当前采集来的系统各状态参数，由预先设定的程序计算出最佳设定值并发送给模拟调节器或者DDC计算机，最后由模拟控制器或DDC计算机控制生产过程，从而使生产过程处于最优工作状态。控制算法是在模拟控制器或DDC计算机中完成的，所以控制器是由它们充当的，操作指导计算机（SCC计算机）只做设定值的给定。因此SCCS是操作指导系统和DDCS的综合与发展。就其结构来讲，SCCS有两种：

（1）SCC+模拟控制器控制系统　图21-8所示为电液伺服阀控制液压缸位置的控制系统，采用由模拟电路构成的伺服控制器实现控制算法，所以伺服控制器为模拟控制器，通常其给定值可由电位器给定，但是如果需要根据现场情况随时改变设定值，如伺服系统控制的负载是一个化工过程的阀门，则需要根据现场温度、压力、流量等生产条件随时设定阀门开度以满足生产需求，这时通过电位器由人工给定是不能实现的，可以采用由SCC计算机通过D/A通道给定设定值。SCC计算机的任务是收集检测信号及管理命令，进行计算后，输出设定值到模拟控制器并在模拟控制器中与检测值进行比较，其偏差值经模拟控制器计算后输出到执行机构，从而控制生产过程。这样，系统就可以根据生产工况的变化，不断地改变设定值，实现最佳控制的目的。因此，这种系统特别适合老企业的技术改造，既用上了原有的模拟控制器，又实现了最佳设定值控制。

（2）SCC+DDC系统　将图21-8中的模拟控制器换为DDC计算机，则可实现

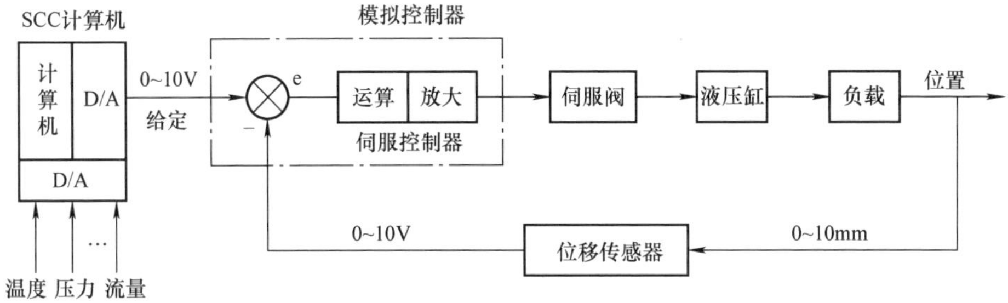


图 21-8　SCC + 模拟控制器控制系统

如图 21-9 所示的 SCC + DDC 两级控制系统的结构。SCC 计算机仍然担当管理和最佳设定值给定的工作，而现场控制的任务由 DDC 计算机完成，DDC 计算机担当数字控制器的角色。通常称 SCC 计算机为上位机，DDC 计算机为下位机。

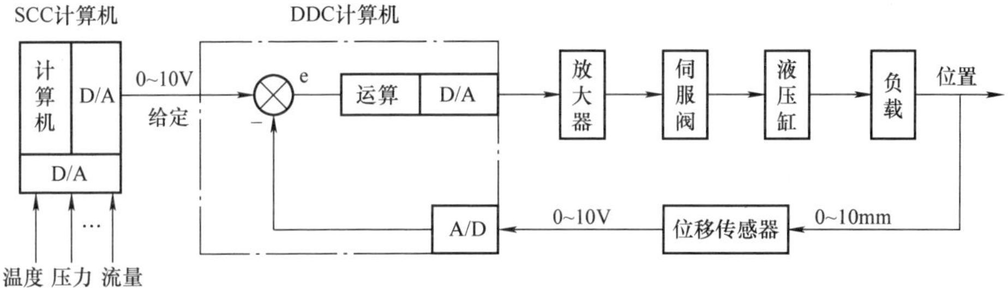


图 21-9　SCC + DDC 系统

SCCS 具有可靠性高的优点。当系统中模拟控制器或 DDC 控制器出了故障时，可用 SCCS 代替进行调节。

**5. 计算机分散控制系统**

计算机分散控制系统（Distributed Control System，DCS）就是企业经营管理和生产过程控制分别由多级计算机进行控制，级与级之间的联系由通信实现。上一级高性能计算机进行集中管理，而将控制功能分散到现场的各个功能相对单一的 DDC 计算机上，这样相对于将所有功能集中在一台大型计算机中的集中管理系统，分散控制系统将控制失败的风险降低了。这种系统用于大型企业的生产与经营管理，除了完成生产过程控制的任务外，还能完成生产调度、生产计划、材料消耗、成本核算、检修和维护等企业管理任务。这种系统每一级都有自己的功能，各级之间基本上是独立的，但级与级之间或同级的计算机之间又有一定的联系，相互之间实现通信，如图 21-10 所示。

计算机分散控制系统一般由以下三级系统构成。

（1）管理信息系统（MIS）级　管理信息系统级根据企业的规模及范围的大小又可分为公司管理级、工厂管理级和车间管理级等。

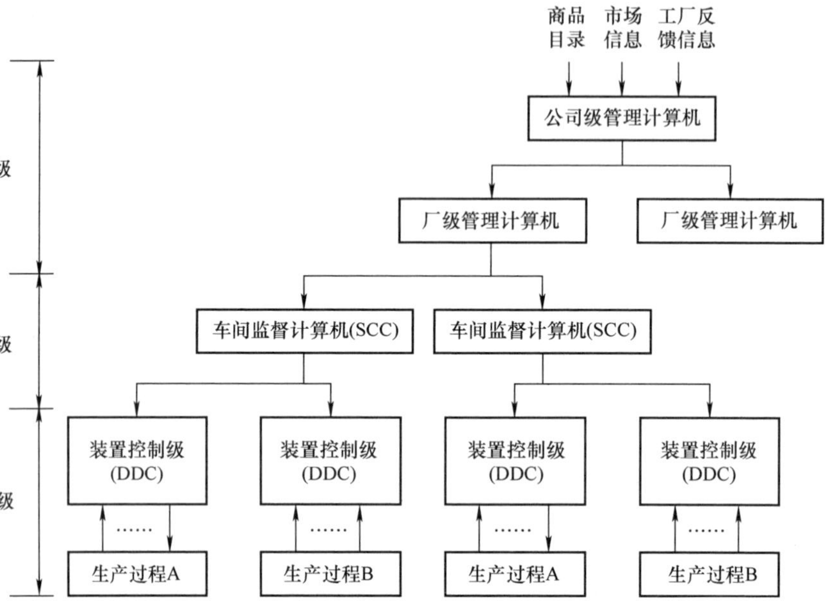


图21-10　计算机分散控制系统

1）公司管理级的任务：制定长期发展规划，综合生产的计划、管理、销售、订货，了解与分析本部门经营的动向和财务收支及预算，对全企业进行总决策，向下级下达任务，实现总调度。

2）工厂管理级的任务：管理全厂的生产计划、人员调配、各车间的协调、经济技术指标等，并根据公司下达的任务和本厂情况，向车间下达生产任务。

3）车间管理级的任务：根据厂级下达的任务，对具体作业进行管理，协调车间内各工段之间的关系。

MIS级管理机大都是大中型计算机，一般要求数据处理和科学计算能力强，内存和外存容量大。

（2）监督计算机控制系统（SCC）级　监督计算机控制系统级，一般作为车间级或厂级，它根据生产工艺信息，按照某种目标进行最优控制和自适应控制，自动调整下一级DDC计算机的设定值。

（3）直接数字控制系统（DDC）级　直接数字控制系统级对生产工艺流程或生产设备进行巡回检测和直接控制。DDC级一般选用PLC、回路控制器、智能仪表等微型计算机或智能化控制装置。

计算机分散控制系统的优点是可靠性高，速度快，系统软硬件均模块化，价格低，开发、维护简便。

**6. 现场总线控制系统**

现场总线控制系统（Field bus Control System，FCS）是顺应智能现场仪表发展起来的一种开放型数字通信技术，其发展的初衷是用数字通信代替一对一的 I/O 连接方式，把数字通信网络延伸到工业过程现场。根据国际电工委员会（IEC）和美国仪表协会（ISA）的定义，现场总线是连接智能现场设备和自动化系统的数字式、双向传输、多分支结构的通信网络，它的关键标志是支持双向、多节点、总线式的全数字通信。

随着现场总线技术与智能仪表管控一体化（仪表调校、控制组态、诊断、报警、记录）的发展，这种开放型的工厂底层控制网络构造了新一代的网络集成式全分布计算机控制系统，即现场总线控制系统。作为新一代控制系统，采用了基于开放式、标准化的通信技术，突破了 DCS 采用专用通信网络的局限；同时还进一步变革了 DCS 中“集散”系统结构，形成了全分布式系统架构，把控制功能彻底下放到现场。

现场总线可采用多种介质（多种有线和无线方式）传送数字信号。在两根导线上可挂接多至几十个自控设备，能节省大量线缆、槽架、连接件，减少系统设计、安装、维护的工作量。现场总线为控制信息进入公用数据网络创造了条件，沟通了现场控制设备之间及其与更高控制管理层网络之间的联系，便于实现管控一体化，是控制网络与数据网络的结合，便于实现信号的远程传送与异地远程自动控制。目前在液压系统中用得较多的现场总线是德国博世设计的控制器局域网现场总线 CAN（Controller Area Network），最初主要用于汽车电子监控系统，现在已经在各个领域得到了应用，特别是在工程机械领域也获得了广泛应用。

图 21-11a 所示为传统的 DCS 中电液比例位置控制系统和电液伺服速度控制系统的示意图，图中位移传感器、比例放大器、速度传感器、伺服放大器均为模拟式，与 DCS 计算机之间为 4～20mA 模拟信号交流，而图 21-11b 所示为 FCS 示意图，位移传感器、比例放大器、速度传感器、伺服放大器均为数字式，与 FCS 计算机之间为总线通信。

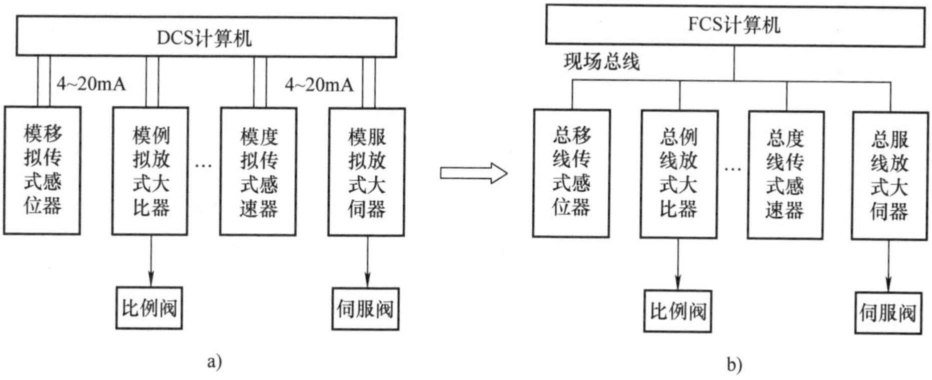


图 21-11　传统的 DCS 和 FCS 比较示例

a）DCS 中的模拟信号传输　b）FCS 中的总线数字信号传输

## 21.2 通用数字控制器

近年来，数字控制器以其控制功能强大、操作方便灵活、性价比高等特点在液压系统的微型计算机控制中迅速推广应用。

数字控制器一般可分为通用数字控制器和专用数字控制器。

从理论上说，任何一台数字计算机都可以作为适用于某些场合的通用数字控制器使用，如基于PC总线的IPC、PLC或各种嵌入式控制器（如NI的CompactRIO）等，它们都是以通用微处理器（CPU）、单片式微控制器（MCU）或数字信号处理器（DSP）等为核心的微型计算机。通用数字控制器的特点是通用性强、软硬件标准化程度高、组合灵活，系统设计者根据任务选取所需的标准机箱、模板和模块，自行组合，构成控制器。但设计人员需要对被控对象的特性相当熟悉才能够合理选用硬件，设计出足够有效的控制软件来。另外，为数控系统（Numerical Control System）设计的某些控制器也可以用于液压系统的控制，也可以看作较通用的数字控制器。

专用数字控制器也是以CPU、MCU或DSP等为核心的微型计算机，但其专为某些控制任务设计开发，结构可以做得更加简单、紧凑，功能相对专一。例如，专为某类电液伺服阀设计的专用数字伺服控制器，其硬件已经足够细致地考虑了所控制的伺服阀的特性，其软件也是专为该伺服阀的特定应用场合优化设计的，所以使用起来相对简单有效。这类控制器在满足基本功能的前提下，往往还增设一定数量的可自由编程的功能块（如运算、逻辑、输入/输出等功能块），由现场工程师根据现场要求自行组态。现在电液伺服/比例系统和元件中用的数字控制器绝大多数都是这类专用控制器。

无论是通用数字控制器还是专用数字控制器，其输入总是与反馈传感器相连，其输出与功率驱动部件相连，如微型计算机控制的电液伺服系统中，液压缸/马达或伺服/比例阀芯的位置经位移传感器接入数字控制器，而数字控制器的输出与伺服放大器相连。反馈传感器和功率驱动部件如果是数字的，则可以构成全数字控制系统；如果是模拟的，则为采样控制系统。

一般认为数字控制器要比模拟控制器好。然而，如果它们只简单地仿效模拟控制器的功能，由于采样和计算等时延会引入相位滞后，以及受微分增益和分辨力的限制，采用数字控制器的效果实际上不会更好。然而数字控制器的优点在于，算法的选择范围比较宽，其输入输出的计算与逻辑判断能力强，而且可在线重构回路，并具备自适应控制性能。

限于篇幅，在通用数字控制器部分主要介绍液压系统大量使用的PLC的内容，简要介绍IPC、MathWorks基于RTW体系框架的xPC目标和NI的嵌入式控制器CompactRIO。

### 21.2.1　PLC

早期的液压继电器控制系统因为手工接线工作量大、工作柔性差、可靠性差、控制不方便、响应速度慢等原因，已经作为过时的技术而被淘汰。PLC 是以微电子技术为基础发展起来的新一代工业控制设备，是计算机技术与继电器逻辑控制概念有机结合的产物，其应用领域涉及开关逻辑控制、运动控制、闭环过程控制、通信联网等场合，也已经普遍采用在液压电控系统中。PLC 能较好地满足液压控制系统的要求，其运行可靠，通用性、灵活性和抗干扰能力强，能很方便实现多种复杂的自动工作循环，使用简单，编程方便，还可实现可视化控制，有利于提高生产效率，延长设备使用寿命。

1985 年，IEC 对 PLC 做出如下定义：可编程控制器是一种数字运算操作电子系统，专为工业环境下应用而设计。它采用了可编程序的存储器，用来在其内部存储执行逻辑运算、顺序控制、定时、计数和算术运算等操作的指令，并通过数字的、模拟的输入和输出，控制各种类型的机械或生产过程。可编程控制器及其有关的外围设备，都应按易于与工业控制系统形成一个整体、易于扩充其功能的原则设计。

PLC 是一种面向特殊应用设计的计算机，它与普通计算机有许多相同点，也存在以下差异：

1）PLC 专为复杂的工业应用环境（如剧烈环境温度变化、振动、潮湿等）而设计，不会受到工业环境中普遍存在的电磁噪声干扰。

2）计算机的输入设备为软驱或光驱，输出设备为打印机，而 PLC 的输入信号来自于按钮、限位开关、温度开关、压力开关和变送器等控制设备，其输出的对象是接触器、电磁阀、定位阀、指示灯等终端设备。

3）与计算机将程序存放在磁盘中不同，PLC 的用户程序存储在由电池供电的 RAM 或 EPROM 中，而将系统程序存储在 ROM 中。

4）PLC 主要采用梯形图语言编程方式。

**1. PLC 的分类**

PLC 产品种类繁多，其规格和性能也各不相同。对 PLC 的分类，通常根据其结构形式的不同、功能的差异和 I/O 点数的多少等进行大致分类。

（1）按结构形式分类　根据 PLC 的结构形式，可将 PLC 分为整体式和模块式两类。

1）整体式 PLC：将电源、CPU、I/O 接口等部件都集中安装在一个机箱内，具有结构紧凑、体积小、价格低的特点。微小型 PLC 一般采用整体式结构。整体式 PLC 由不同 I/O 点数的基本单元（又称主机）和扩展单元组成。基本单元内有 CPU、I/O 接口、与 I/O 扩展单元相连的扩展口，以及与编程器或 EPROM 写入器相连的接口等。扩展单元内只有 I/O 和电源等，没有 CPU。基本单元和扩展单元之间一般用扁平电缆连接。整体式 PLC 一般还可配备特殊功能单元，如模拟量单元、位置控制单元等，使其功能得以扩展。图 21-12 所示为整体式 PLC。

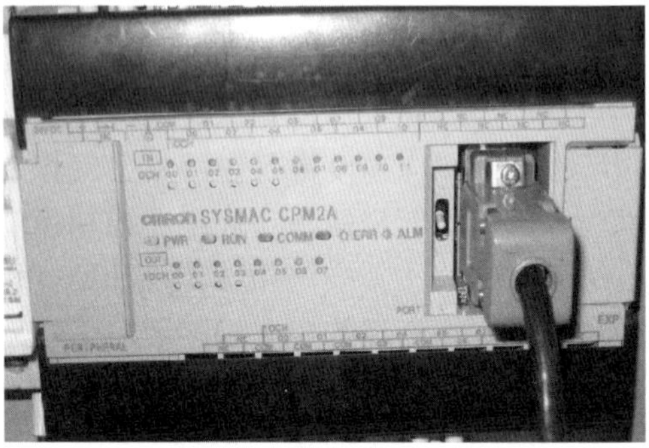


图 21-12 整体式 PLC

2）模块式 PLC：将 PLC 各组成部分分别制成若干个单独的模块，如 CPU 模块、I/O 模块、电源模块（有的含在 CPU 模块中）以及各种功能模块。模块式 PLC 由框架或基板和各种模块组成。模块安装在框架或基板的插座上。这种模块式 PLC 的特点是配置灵活，可根据需要选配不同规模的系统，而且装配方便，便于扩展和维修。大、中型 PLC 一般采模块式结构。还有一些 PLC 将整体式和模块式的特点结合起来，构成所谓的叠装式 PLC。叠装式 PLC 的 CPU、电源、I/O 接口等也是各自独立的模块，但它们之间靠电缆连接，并且各模块可以一层层地叠装。这样，不但系统可以灵活配置，还可做得体积小巧。图 21-13 所示为模块式 PLC。

图 21-13 模块式 PLC

（2）按功能分类 根据 PLC 所具有的功能不同，可将 PLC 分为低档、中档、高档三类。

1）低档 PLC 具有逻辑运算、定时、计数、移位以及自诊断、监控等基本功能，还可有少量模拟量输入/输出、算术运算、数据传送和比较、通信等功能。主要用于逻辑控制、顺序控制或少量模拟量控制的单机控制系统。

2）中档 PLC 除具有低档 PLC 的功能外，还具有较强的模拟量输入/输出、算术运算、数据传送和比较、数制转换、远程 I/O、子程序、通信联网等功能。有些还可增设中断控制、PID 控制等功能，适用于复杂控制系统。

3）高档 PLC 除具有中档 PLC 的功能外，还增加了带符号算术运算、矩阵运算、位逻辑运算、平方根运算及其他特殊功能函数的运算、制表及表格传送功能等。高档 PLC 具有更强的通信联网功能，可用于大规模过程控制或构成分布式网络控制系统，实现工厂自动化。

（3）按 I/O 点数分类 按 I/O 点数和内存容量分类，PLC 可大致分为超小型机、小型机、中型机、大型机四类。

1）超小型机。超小型机的 I/O 点数在 64 以内，内存容量在 256～1000B。

2）小型机。小型机的I/O点数在64～256，内存容量在1～3.6KB，其特点是体积小、结构紧凑，整个硬件融为一体，除了开关量I/O以外，还可以连接模拟量I/O以及其他各种特殊功能模块。它能执行包括逻辑运算、计时、计数、算术运算、数据处理和传送、通信联网以及各种应用指令。典型产品如日本立石公司（欧姆龙）的CP系列，德国西门子公司的S21－200，C20、C40，日本三菱电气公司的F、F1、F2，美国通用电气公司的GE－I型等。

3）中型机。中型机的I/O点数在256～2048，内存容量在3.6～13KB。I/O的处理方式除了采用一般PLC通用的扫描处理方式外，还能采用直接处理方式，即在扫描用户程序的过程中，直接读取输入，刷新输出。它能联接各种特殊功能模块，通信联网功能更强，指令系统更丰富，内存容量更大，扫描速度更快。典型产品如日本立石公司（欧姆龙）的C－500，德国西门子公司 的S21－300，美国通用电气公司的GE－Ⅲ型等。

4）大型机。大型机的I/O点数在2048以上，内存容量在13KB以上，大型PLC的软、硬件功能极强。具有极强的自诊断功能。通信联网功能强，有各种通信联网的模块，可以构成三级通信网，实现工厂生产管理自动化。典型产品如日本立石公司（欧姆龙）的C－2000，德国西门子公司的S21－400，美国通用电气公司的GE－Ⅳ型等。

**2. PLC的编程语言**

IEC 1131－3为PLC制定了五种标准的编程语言，包括图形化编程语言和文本化编程语言。图形化编程语言包括梯形图（Ladder Diagram，LD）、功能块图（Function Block Diagram，FBD）和顺序功能图（Sequential Function Chart，SFC）。文本化编程语言包括指令表（Instruction List，IL）和结构化文本（Structured Text，ST）。本章只介绍梯形图。

梯形图是PLC首先采用的编程语言，也是PLC最普遍采用的编程语言。梯形图编程语言是从继电器控制系统原理图演变而来的，与继电器控制系统梯形图的基本思想是一致的，只是在使用符号和表达方式上有一定区别。PLC的设计初衷是为工厂车间电气技术人员而使用的，为了符合继电器控制电路的思维习惯，作为首先在PLC中使用的编程语言，梯形图保留了继电器电路图的风格和习惯，成为广大电气技术人员最容易接受和使用的语言。梯形图程序设计语言的特点是：①与基于继电器的电气原理图相对应，具有直观性和对应性；②与原有继电器逻辑控制技术相一致，电气技术人员易于掌握和学习；③与原有的继电器逻辑控制技术的不同点是，梯形图中的能流（Power Flow）不是实际意义的电流，内部的继电器也不是实际存在的继电器，因此，应用时需要与原有继电器逻辑控制技术的有关概念区别对待；④与指令表程序设计语言有一一对应关系，便于相互转换和程序检查。

（1）梯形图的构成要素　如图21-14所示，一个梯形图是由左边一条垂直向下的线以及若干条与之相交并向右延伸的分支线组成。在左边的这条线称为左母线

（有的也有右母线）；分支线称指令行或回路。沿指令行设置各种条件，它们连向右边的其他指令。这些条件的逻辑组合决定右边的指令何时、怎样执行。梯形图程序由左右母线、连接线、接点、输出线圈、应用指令等组成。

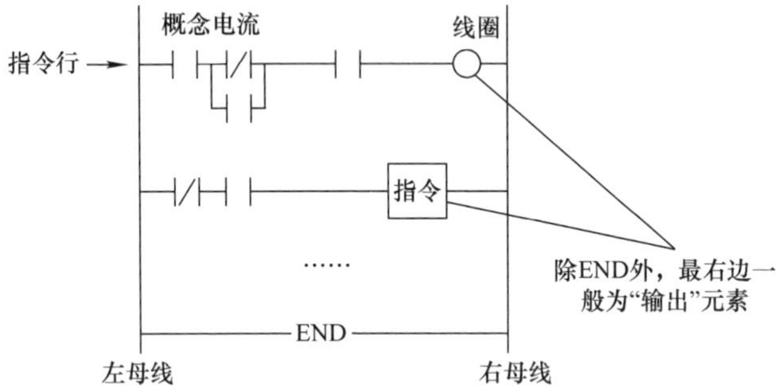


图21-14　梯形图程序的构成

（2）执行条件　如图21-15所示，在梯形图编程中，一个指令前面ON和OFF条件的逻辑组合确定了指令执行的组合条件，即指令在此条件下执行。无论这个条件是ON还是OFF都叫作该指令的执行条件。除了LOAD（载入）指令外所有指令都有执行条件。

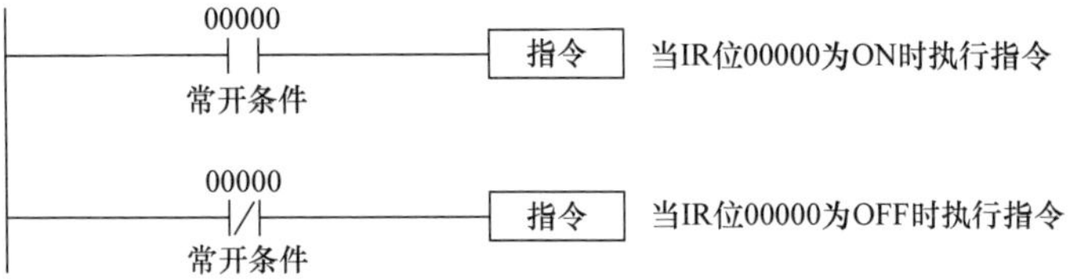


图21-15　执行条件

（3）操作数　操作数提供了指令执行的对象和数据，可以是在IR、SR、HR、AR、LR或TC区域内的任何位。也就是说在梯形图中的条件可由I/O位、标志位、工作位、定时器/计数器等来决定。载入和输出指令也能使用TR区域的位，但只能用在一些特殊用途中。

（4）助记符　所谓助记符是指用指令语言记述梯形图的一系列程序，是用英文缩写字母来表示，与汇编语言相似，可以提供与梯形图完全一样的信息。梯形图不能直接通过手持编程器输入到PLC中，当需要用手持编程器输入程序时，可以将梯形图转换为助记符形式（助记符形式也可以转换为梯形图）。另外，当处理通信、数学运算等应用时，指令表更容易处理。不管使用何种编程设备，程序总是以助记符形式存储在内存里，所以理解助记符非常重要。

采用助记符编程时，每一条语句一般由程序地址、指令助记符和操作数三部分组成，如图21-16所示。

| 地址 | 指令 | 操作数 |
|---|---|---|
| 00000 | LD | 0.01 |
| 00001 | AND | 10.00 |
| 00002 | OUT | 100.00 |
| 00003 | END | |

图 21-16　助记符编程示例

程序地址指 PLC 的程序存储器的地址，指令助记符就是要执行的操作指令，操作数是指令执行的对象和数据。

**3. PLC 的硬件组成**

PLC 的硬件主要由 CPU、存储器、输入单元、输出单元、通信接口、扩展接口以及电源等部分组成。其中，CPU 是 PLC 的核心，输入单元和输出单元是现场输入/输出设备与 CPU 之间的接口电路，通信接口用于与编程器、上位计算机等外围设备连接。对于整体式 PLC，所有部件都安装在同一机壳内，其组成框图如图 21-17所示。

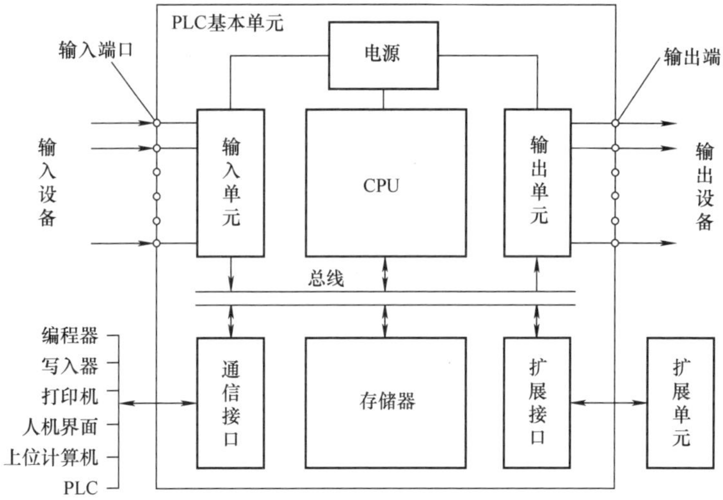


图 21-17　整体式 PLC 硬件组成框图

对于模块式 PLC，各部件独立封装成模块，各模块通过总线连接，安装在机架或导轨上，其组成框图如图 21-18 所示。无论是哪种结构类型的 PLC，都可根据用户需要进行配置与组合。

（1）CPU　同一般的微型计算机一样，CPU 是 PLC 的核心。PLC 中所配置的 CPU 随机型不同而不同，常用有三类：通用微处理器（如 Z80、8086、80286 等）、单片微处理器（如 8031、8096 等）和位片式微处理器（如 AMD29W 等）。小型 PLC 大多采用 8 位通用微处理器和单片微处理器；中型 PLC 大多采用 16 位通用微处理器或单片微处理器；大型 PLC 大多采用高速位片式微处理器。

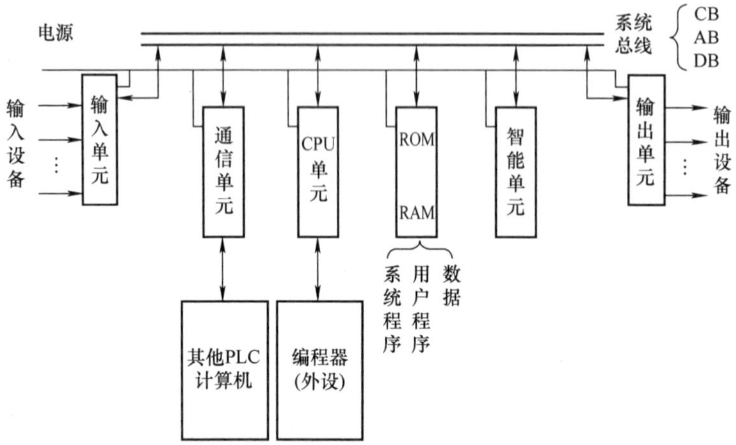


图 21-18 模块式 PLC 硬件组成框图

目前，小型 PLC 为单 CPU 系统，而中、大型 PLC 则大多为双 CPU 系统，甚至有些 PLC 中多达 8 个 CPU。对于双 CPU 系统，其中一个为字处理器，一般采用 8 位或 16 位处理器；另一个为位处理器，采用由各厂家设计制造的专用芯片。字处理器为主处理器，用于执行编程器接口功能，监视内部定时器，监视扫描时间，处理字节指令以及对系统总线和位处理器进行控制等。位处理器为从处理器，主要用于处理位操作指令和实现 PLC 编程语言向机器语言的转换。位处理器的采用提高了 PLC 的速度，使 PLC 更好地满足实时控制要求。

（2）存储器　存储器主要有两种：一种是可读/写操作的随机存储器 RAM，另一种是只读存储器 ROM、PROM 、EPROM 和 E2PROM。在 PLC 中，存储器主要用于存放系统程序、用户程序及工作数据等。

PLC 的系统程序又称为监控程序，是由 PLC 的制造厂家编写的，和 PLC 的硬件组成有关，完成系统诊断、命令解释、功能子程序调用管理、逻辑运算、通信及各种参数设定等功能，提供 PLC 运行的平台。系统程序关系到 PLC 的性能，而且在 PLC 使用过程中不会变动，所以是由制造厂家直接固化在只读存储器 ROM、PROM 或 EPROM 中，用户不能访问和修改。

用户程序是由用户根据对象生产工艺的控制要求而编制的应用程序。为了便于读出、检查和修改，用户程序一般存于 CMOS 静态 RAM 中，用锂电池作为后备电源，以保证掉电时不会丢失信息。为了防止干扰对 RAM 中程序的破坏，当用户程序运行正常，不需要改变时，可将其固化在只读存储器 EPROM 中。现在也有许多 PLC 直接采用 E2PROM 作为用户存储器，必要时可以在计算机上或专用设备上擦除已有信息，重新进行编程。

（3）输入/输出单元　输入/输出单元通常也称为 I/O 单元，是 PLC 与工业生产现场之间的连接部件。PLC 通过输入接口可以检测被控对象的各种数据，以这些数据作为 PLC 对被控制对象进行控制的依据；同时 PLC 又通过输出接口将处理结果送给被控制对象，以实现控制目的。例如，液压系统中将现场检测来的压力继电器的状态、行程开关或接近开关的状态、电动机运行状态、滤油器报警状态、油箱液位状态以及操作指令按钮状态等信号输入 PLC，通过输出单元控制电磁方向阀换向，或控制电磁溢流阀卸荷等。

PLC 的 I/O 接口所能接收的输入信号个数和输出信号个数称为 PLC 输入/输出（I/O）点数。I/O 点数是选择 PLC 的重要依据之一。当系统的 I/O 点数不够时，可通过 PLC 的 I/O 扩展接口对系统进行扩展。

（4）通信及编程接口　PLC 配有各种通信接口，这些通信接口一般都带有通信处理器。PLC 通过这些通信接口可与监视器、打印机、其他 PLC、计算机等设备实现通信，通常采用 RS－485、RS－232 或 USB 串行总线或工业以太网等通信协议实现。

PLC 与打印机连接，可将过程信息、系统参数等输出打印；与监视器连接，可将控制过程图像显示出来；与其他 PLC 连接，可组成多机系统或连成网络，实现更大规模控制；与计算机连接，可组成多级分布式控制系统，实现控制与管理相结合；与个人计算机或者专用编程器（PC/PG）连接，实现编程及在线监控；与网络设备（如调制解调器）连接，实现远程通信等。

（5）智能接口模块　智能接口模块是一种独立的计算机系统，它有自己的 CPU、系统程序、存储器以及与 PLC 系统总线相连的接口。它作为 PLC 系统的一个模块，通过总线与 PLC 相连，进行数据交换，并在 PLC 的协调管理下独立地进行工作。

PLC 的智能接口模块种类很多，如高速计数模块、闭环控制模块、运动控制模块、中断控制模块等。

（6）电源　PLC 配有开关电源，以供内部电路使用。与普通电源相比，PLC 电源的稳定性好、抗干扰能力强。对电网提供的电源稳定度要求不高，一般允许电源电压在其额定值 ±15% 的范围内波动。许多 PLC 还向外提供直流 24V 稳压电源，用于对外部传感器供电。

（7）其他外部设备　除了以上所述的部件和设备外，PLC 还有许多外部设备，如 EPROM 写入器、外存储器、人机接口装置等。

EPROM 写入器是用来将用户程序固化到 EPROM 存储器中的一种 PLC 外部设备。

PLC 内部的半导体存储器称为内存储器。有时可用外部的磁带、磁盘和用半导体存储器制成的存储盒等来存储 PLC 的用户程序，这些存储器件称为外存储器。外存储器一般是通过编程器或其他智能模块提供的接口，实现与内存储器之间相互传送用户程序。

人机接口装置是用来实现操作人员与 PLC 控制系统的对话。

**4. PLC 输入/输出接口电路**

由于外部输入设备和输出设备所需的信号电平是多种多样的，而 PLC 内部 CPU 处理的信息只能是标准电平，所以 I/O 接口要实现电平转换。I/O 接口一般都具有光电隔离和滤波功能，以提高 PLC 的抗干扰能力。另外，I/O 接口上通常还有状态指示，工作状况直观，便于维护。

PLC 提供了多种操作电平和驱动能力的 I/O 接口，有各种各样功能的 I/O 接口供用户选用。I/O 接口的主要类型有数字量（开关量）输入、数字量（开关量）输出、模拟量输入、模拟量输出。

（1）开关量输入接口　常用的开关量输入接口均带有光电隔离电路，按其使用的电源不同有三种类型：直流输入接口、交流输入接口和交/直流输入接口。外部器件都要通过 PLC 输入端子与 PLC 连接，都要形成闭合有源回路，所以必须提供电源。根据外部输入器件提供的触点类型不同，开关量输入接口的接线有以下三种：

1）无源触点输入。有的 PLC（如三菱公司的 FX2N 系列）在其输入接口的内部提供 24V 直流电源，外部输入器件只需要将 PLC 输入端的 COM 端与相应的输入端子接通就可以形成闭合的有源回路，如图 21-19 所示。

将只起通断作用而不提供电源的触点称为无源触点［又称干接点（Dry Contact）］，为自身不带电的空接点，具有闭合和断开的两种状态，两个接点之间没有极性，可以互换，如压力继电器触点、滤油器报警触点、按钮或继电器的触点等。

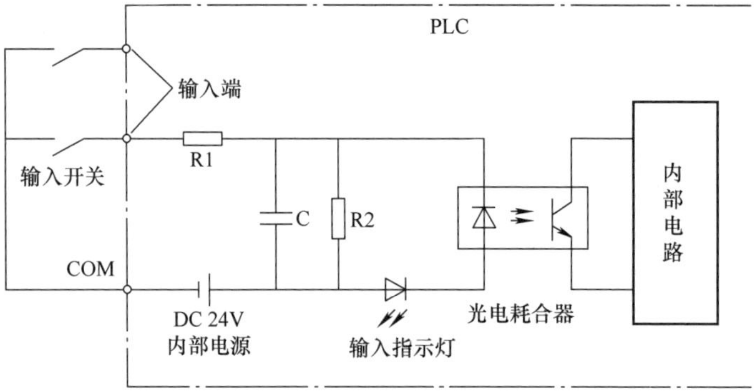


图 21-19　无源触点输入接口

2）有源触点输入。如果 PLC 输入接口内部不提供电源，则输入器件就必须提供电源。图 21-20a 所示为直流输入接口电路，图 21-20b 所示为交流输入接口电路，图 21-20c 所示为交/直流输入接口电路，可以接入触点加直流或交流电源构成的有源触点。

一般直流输入电压为 24V（DC），交流输入模块输入信号 100 ~ 240V（AC）。交流输入模块较直流输入模块的抗干扰能力更强，输入距离更远，但是价格较贵，应用少，可以用中间继电器将交流输入接点转换为直流输入接点，如图 21-21所示。

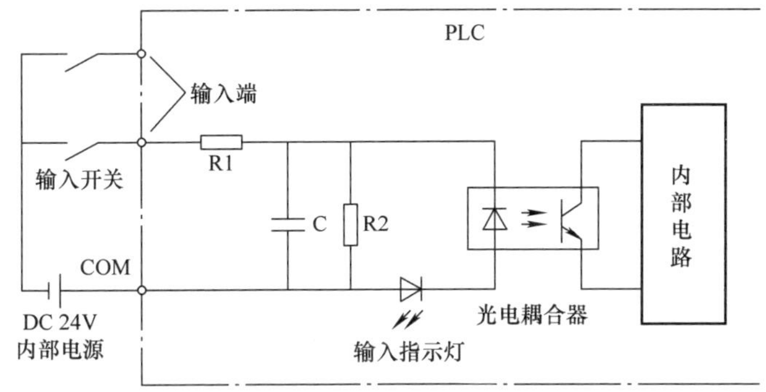


a)

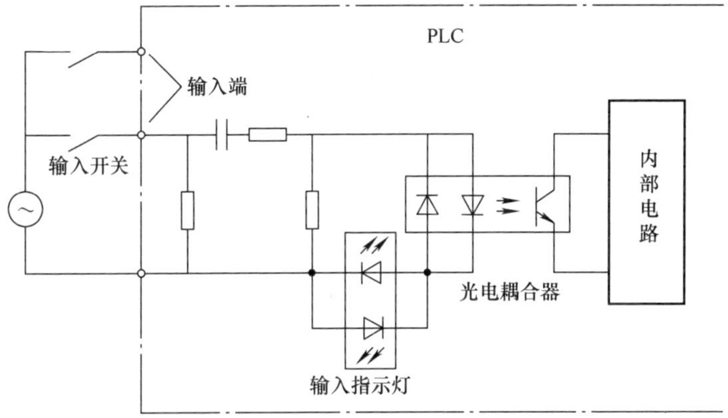


b)

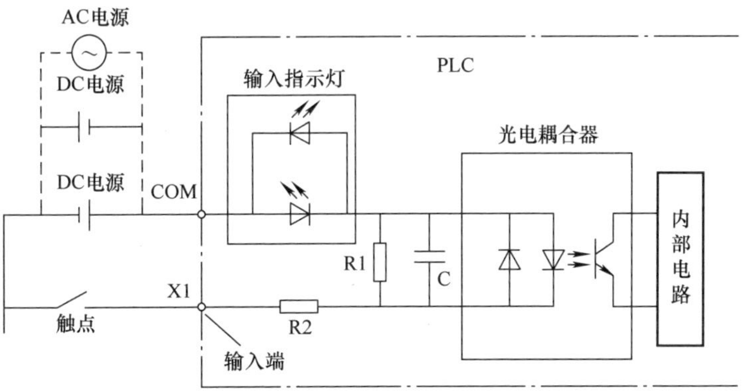


c)

图 21-20　有源接点输入

a）直流输入　b）交流输入　c）交/直流输入

无源触点与电源（一般为直流 24V）一起构成有源触点（又称湿接点，Wet Contact），两个接点之间有极性，不能反接。除无源触点与电源一起构成的有源触点外，常见的有源触点还有各种 NPN 或 PNP 型输出的传感器输出信号等。

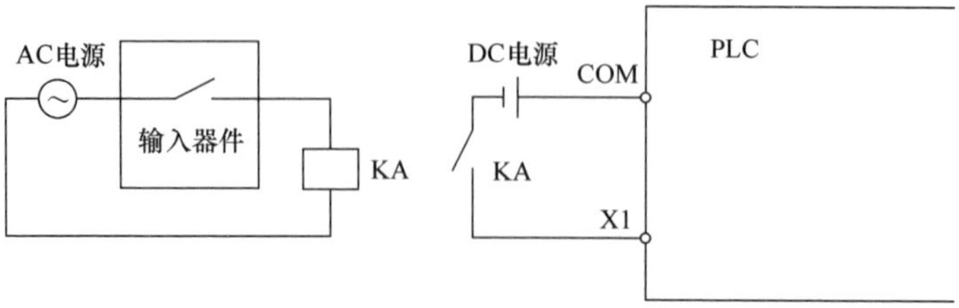


图 21-21　用中间继电器将交流输入接点转换为直流输入接点

3）开关型传感器接入 PLC。在液压系统中通常会用到许多接近开关、行程开关等开关型传感器，这些传感器有的对外只提供一个普通的继电器接点，更多的则是 NPN（或 PNP）型晶体管输出的形式，这些传感器接入 PLC 的情况如图 21-22 所示，可以按上述方法分析信号输入回路的通断情况。

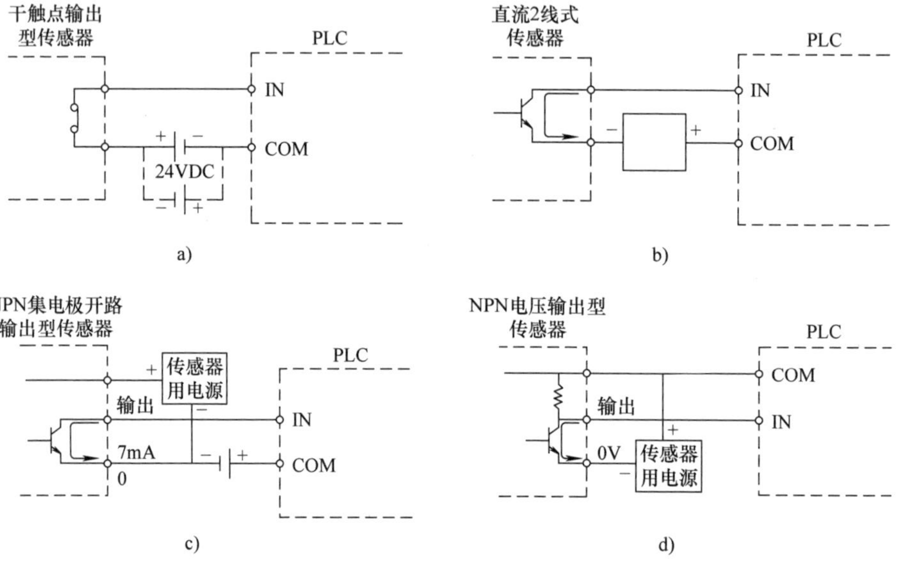


图 21-22　开关型传感器接入 PLC
a）干触点输出型传感器接入 PLC　b）直流 2 线式传感器接入 PLC
c）NPN 集电极开路型传感器接入 PLC　d）NPN 电压输出型传感器接入 PLC

（2）模拟量输入接口　模拟量输入接口将外部工业生产过程变化的模拟信号（如位移、速度、压力、流量、温度）转换成 PLC 能处理的数字信号。

当有模拟量信号输入 PLC 时，输入通道通过模数转换器将其转换为数字信号。对于模块式 PLC，往往是在机架上安装合适的模拟输入卡来实现信号转换。因此没必要为每一路模拟量信号设置模拟量卡，通常是多路复用的，可以通过电气开关按序选择每一路输入，获得 4、8 或者 16 路模拟量输入。

图 21-23a 所示为模数转换器（ADC）的功能，通过 8 路独立的线路，单独的

模拟量输入信号引起输出信号的开、关。然后这 8 路信号构成了与模拟输入信号电平相对应的数字信号。对于一个 8 位转换器，可以有 $2^8$（=256）个不同的数字值：从 0000 0000 到 1111 1111，即 0～255。数字信号输出阶梯上升，如图 21-23b 所示，模拟电压信号产生的数字输出信号都被量化为电平。

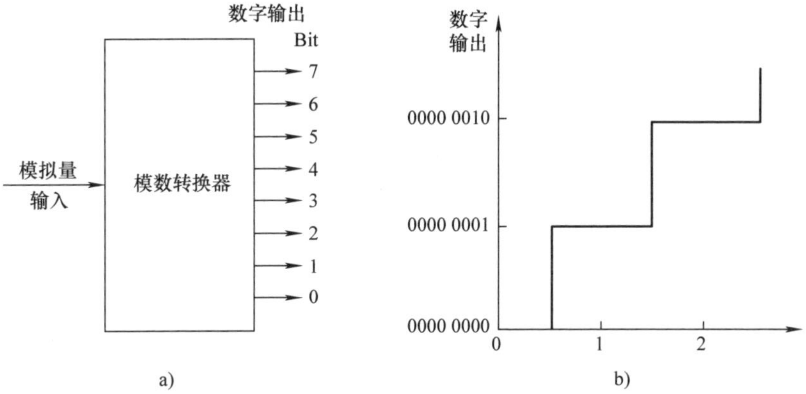


图 21-23　模数转换器的功能

a）模数转换器　b）模拟量输入和数字量输出的图形说明

这种方法可以将最小的模拟电压变化转化为 1 位的数字量输出变化。对于一个 8 位的模数转换器，假定模拟量输入信号变化范围是 0～10V，则 1 位数字量变化将引起 10/255V（大约 0.04V）的模拟量输入变化。这意味着在输入端 0.03V 的变化不会产生数字量输出。因此，模数转换器输出端的位数决定了其分辨率。假定使用一个 10 位的模数转换器，那么将有 $2^{10}$（=1024）个不同的数字值，对于 0～10V 的模拟量输入信号，1 位数字量变化将引起 10/1023V（大约 0.01V）的模拟量输入变化。假定使用一个 12 位的模数转换器，那么将有 $2^{12}$（=4096）个不同的数字值，对于 0～10V 的模拟量输入信号，1 位数字量变化将引起 10/4096V（大约 2.4mV）的模拟量输入变化。一般来说，一个 $n$ 位模数转换器的分辨率为 $1/(2n-1)$，有时接近 $2^{-n}$。

为了表述这个观点，现考虑一个热电偶传感器和 PLC，热电偶每摄氏度有 0.5mV 的输出。假定热电偶和 PLC 的一个模拟输入相连，该模拟输入范围为 0～10V 的直流输入，使用一个 10 位的模数转换器，用 PLC 采样温度的精度是多少？$2^{10}$ 为模数转换器分辨率，则在 0～10V 范围有 $2^{10}$（=1024）位，那么 1 位数字量变化将引起 10/1023V 大约 0.01V 的模拟量输入变化，也就是 10mV，因此 PLC 从热电偶识别的输入精度为 ±5mV 或 ±10℃。

通常模拟量处理模块有 0～5V、0～10V、±10V、4～20mA、0～20mA 等各种类型，可连接各种外部传感器。模拟量输入模块将模拟量输入的采样信号转换成 $n$ 位的二进制数，加上输入通道号及其他信息一起送到系统的内部总线上。很多可编程序控制器的模拟量输入模块为智能型模板，即模块本身带 CPU 和存储器 ROM

(或 RAM)，图 21-24 所示为日本 OMRON 的 C200H－AD001 模块内部结构框图。

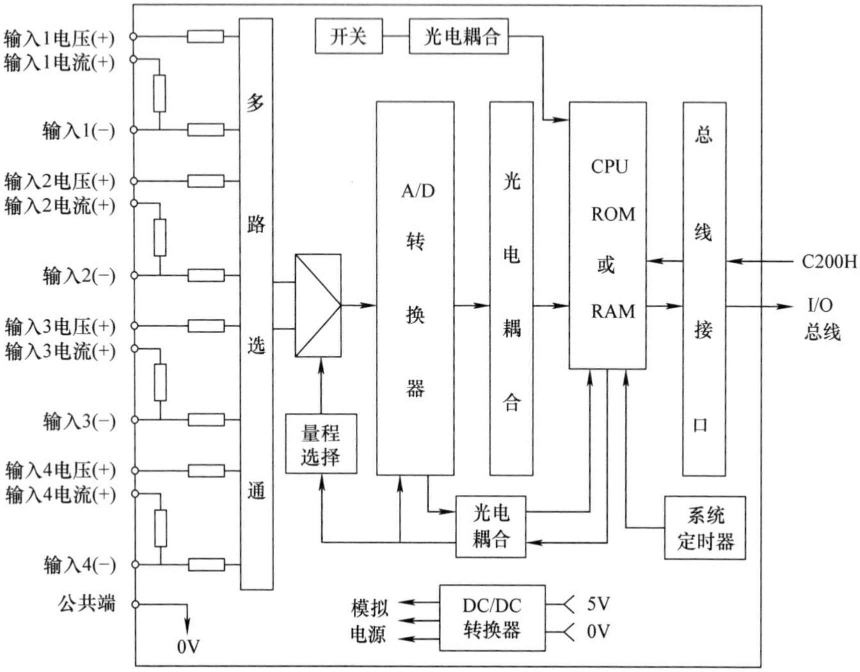


图 21-24 C200H－AD001 模块内部结构框图

由图 21-24 可见，模块内有多路选通、放大、A/D 转换、光电耦合等功能模块，模块内的 CPU 根据 PLC 的命令和有关控制参数控制 A/D 转换，并将转换结果通过总线接口与 PLC 进行数据传送。这种智能型模拟量输入模块不仅完成模数转换功能，还具有二进制与十进制换算、取平均值、峰值保持和提取等数据处理功能。

(3) 开关量输出接口 常用的开关量输出接口按输出开关器件不同有三种类型：继电器输出（见图 21-25a）、晶体管输出（见图 21-25b）和双向晶闸管输出(见图 21-25c)。

继电器输出接口可驱动交流或直流负载，但其响应时间长（约 10ms），动作频率低，可用于驱动非频繁动作的交流（100～240V AC）负载或直流（5～30V DC）负载，驱动电流可达2A/点［DC 24V（阻性负载）］，驱动电压可达80V AC（感性负载）或驱动功率可达 100W（灯负载），可以直接驱动开关型液压电磁阀的直流或交流电磁铁（电磁铁并联续流二极管或浪涌保护器）。

晶体管输出接口的响应速度快（小于 0.2ms），动作频率高，但驱动电流一般为0.5A/点或0.8A/4 点（DC 24V，阻性负载），驱动功率可达 12W（DC 24V，感性负载）或 1.5W（DC 24V，灯负载），只能驱动直流（5～30V DC）负载，可以通过驱动继电器来驱动电磁阀，或直接驱动带有电子开关的电磁阀，如油研公司

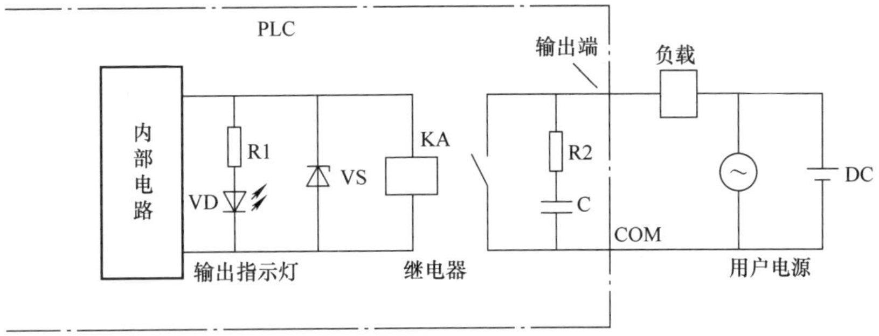


a)

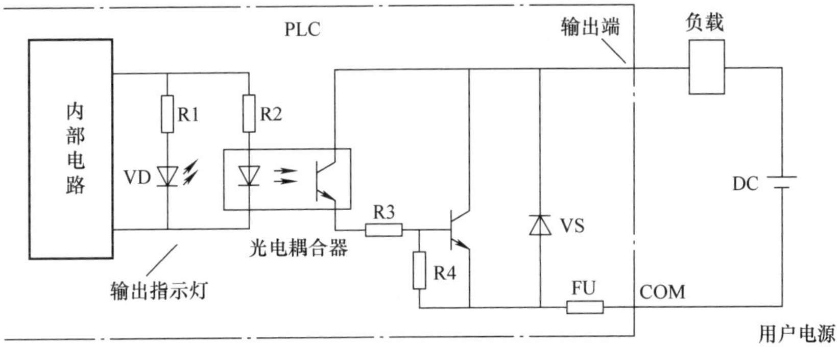


b)

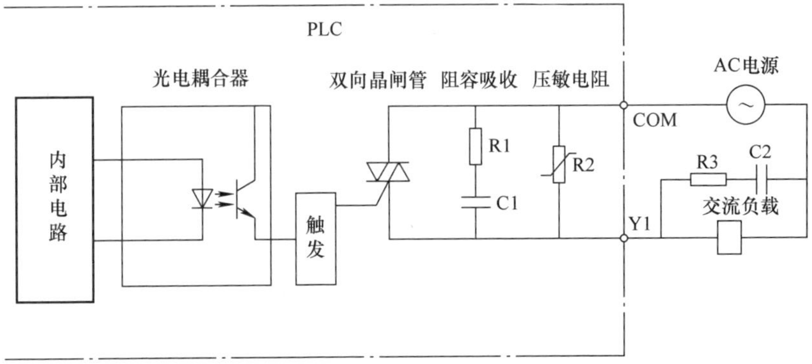


c)

图 21-25　开关量输出接口
a）继电器输出　b）晶体管输出　c）双向晶闸管输出

T－DSG－01 或 T－DSG－01 型带电子开关的电磁换向阀。

双向晶闸管输出响应速度和动作频率也较继电器输出高（约 1ms），寿命长，驱动能力为 0.2～0.5A/点，但只用于驱动交流负载（约 85～240V），可以通过驱动继电器来驱动电磁阀。

（4）模拟量输出接口　输出通道需要模拟量输出时，可以用数模转换器

（DAC）提供。转换器的输入是数字信号，每一位都沿着平行线的位序列。图 21-26a 所示为转换器的基本功能。当数字量输入发生变化时，模拟量输出则以阶梯方式变化。例如，对于一个 8 位的 D/A 转换器，其输出是由 $2^8$（=256）个模拟量阶梯电压值所组成。假定输出范围设定为直流电压 0～10V，数字量最低位变化则产生 10/255V（大约 0.04V）的变化，即图 21-26b 中每个台阶表示 0.04V。

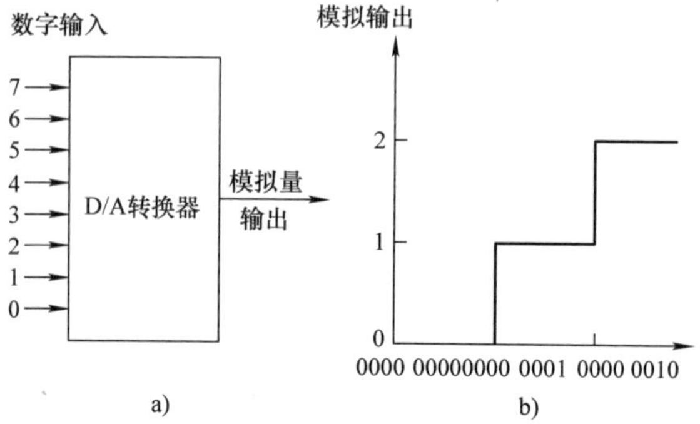


图 21-26　模拟量输出原理
a）数模转换功能　b）数模转换

模拟量输出接口模块将 PLC 内部的数字信号转换成外部生产过程所需的模拟信号，有 0～5V、0～10V、±10V、4～20mA、0～20mA 等各种类型，可用于比例放大器、伺服放大器的给定等。PLC 的模拟量输出模块也多为智能模块，块内带 CPU。图 21-27 所示为日本 OMRON 模拟量输出模块 C200H－DA001 的内部结构框图。块内除 CPU 外，还有与 PLC 联系的总线接口，光电耦合器、存储器、D/A 转换器、功率放大器等功能模块。这种智能模拟量输出模块除了有二路电压输出和电流输出外，还有上、下限限幅及报警功能，可以通过块内开关设置和参数设定来实现这些功能。

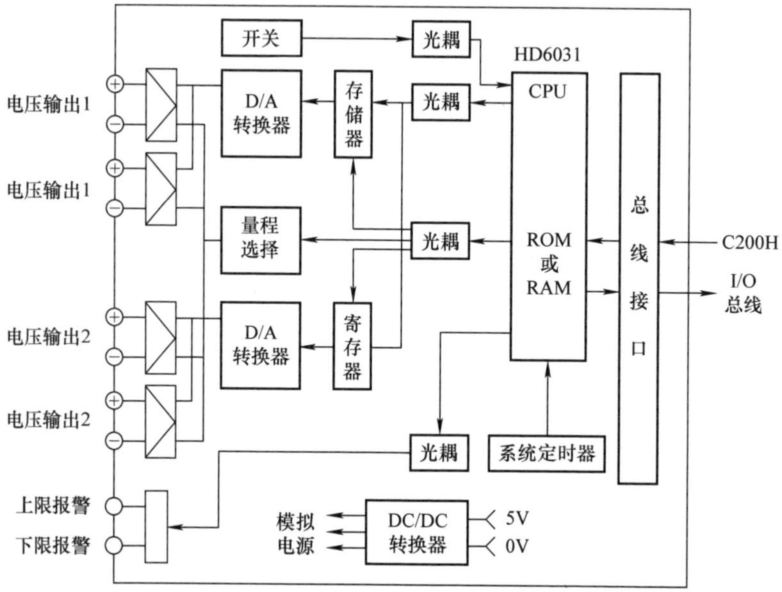


图 21-27　C200H－DA001 内部结构框图

(5) PLC 与感性设备的连接　当输入信号源为感性元件或输出驱动的负载为感性负载时，因感性元件的储能作用，当输入端或输出端电路断开时，电路中的感性负载会产生高于电源电压数倍甚至几十倍的反电势，电路闭合时会因触点抖动而产生电弧，这会对系统产生干扰，对 PLC 的输入、输出端及内部电源造成冲击。一般当感性输入或输出电路开闭频度超过每分钟 5 次时，应该在 PLC 的输入、输出端和电源模块端设置吸收电路。

对于直流电路应两端并联续流二极管，其额定电流为 1A 的，额定电压应大于电源电压的 10 倍，峰值反向耐压为负载电压的 3 倍以上，如图 21-28 所示。

图 21-28　PLC 的输入端或输出端为直流的吸收电路

如图 21-29 所示，对于交流电路应采用阻容吸收电路以抑止电路断开时产生的电弧对 PLC 的影响。电阻可以取 50Ω 左右，电容可以取 0.1μF 左右，电容的耐压值通常为电源电压的 100 倍左右。二极管和电阻、电容元件尽可能靠近负载。

图 21-29　PLC 的输入端或输出端为交流的吸收电路

**5. PLC 的工作原理**

以上只是介绍了 PLC 的产生背景、组成和输入输出接口，但其内部是怎么工作？从已经介绍的 PLC 产生的背景知识可知，PLC 的基本作用是要将工业现场的各种输入读入其内部，然后根据其内部的程序实现这些输入之间的逻辑关系，将逻辑结果输出到工业现场的输出设备上。

在 PLC 存储器内开辟了 I/O 映像存储区，用于存放 I/O 信号的状态，分别称为输入映像寄存器和输出映像寄存器。此外，PLC 的其他编程元件也有相对应的映像存储器，称为元件映像寄存器。I/O 映像区的大小由 PLC 的系统程序确定，对于系统的每一个输入点总有一个输入映像区的某一位与之相对应，对于系统的每一个输出点也都有输出映像区的某一位与之相对应，且系统的输入输出点的编址号与 I/O 映像区的映像寄存器地址号也对应。

PLC 工作时，将采集到的输入信号状态存放在输入映像区对应的位上，运算结果存放到输出映像区对应的位上，PLC 在执行用户程序时所需的输入继电器的等效触点的状态、输出继电器的等效触点的状态或等效线圈的状态等，均从 I/O 映像区取得，而不直接与外部设备发生关系。

I/O 映像区的建立使 PLC 工作时只和内存有关地址单元内所存的状态数据发生关系，而系统输出也只是给内存某一地址单元设定一个状态数据。这样不仅加快了程序执行速度，而且使控制系统与外界隔开，提高了系统的抗干扰能力。

（1）PLC 的等效电路　首先进行举例说明，图 21-30 所示为两个接触器 KM1 和 KM2 分别控制两个电动机 M1 和 M2 的主电路，为简化起见，图中只画出了刀开关 QS 和断路器 QF。设 M1 为补油泵电动机，M2 为主泵电动机。工作要求是当按下起动按钮时，补油泵电动机先起动，10s 后主泵电动机自动起动；当按下停止按钮时，两个电动机同时停止。图 21-31 所示为用继电器控制实现该工作要求的控制回路。从图中可以看出，当按下起动按钮 SB1 时，接触器 KM1 线圈得电，其动合主触点（见图 21-30 主电路中）闭合，补油泵电动机 M1 起动；同时 KM1 的辅助动合触点（见图 21-31 控制电路中）闭合将 KM1 线圈自锁；同时时间继电器线圈 KT 得电，其延时闭合动合触点 KT 在 10s 后闭合，接触器 KM2 线圈得电，则主电路中 KM2 的动合主触点闭合，主泵电动机 M2 起动。至此完成了两个电动机的先后起动工作。当按下停止按钮 SB2 时，KM1 和 KT 线圈同时失电，则 KM1 的动合辅助触点和动合主触点断开，补油泵电动机 M1 停止，同时时间继电器延时闭合的动合触点 KT 立即断开（注意：KT 线圈失电时其延时闭合的动合触点是立即断开而不是延时断开的），则接触器 KM2 线圈失电，主电路中 KM2 的主触点断开，主泵电动机也停止。至此完成了两个电动机同时停止的工作。

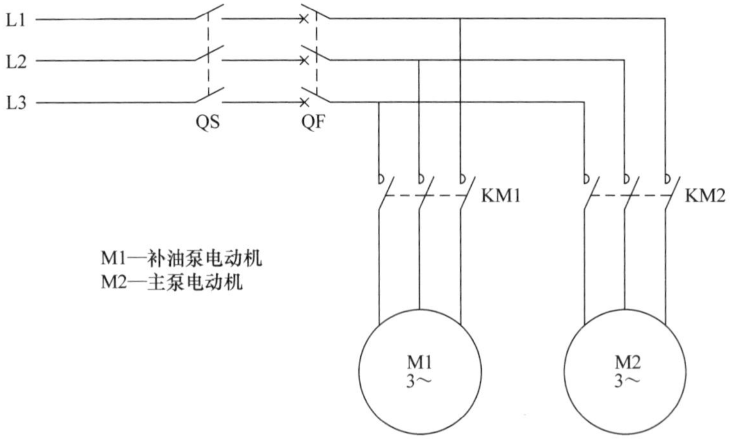


图 21-30　继电器控制电机主电路

从上述叙述可以看到，控制电路接收的外部输入信号是起动按钮 SB1 和停止按钮 SB2，而控制电路给外部输出的信号控制 KM1 线圈和 KM2 线圈。控制电路中 KM1 的辅助触点、时间继电器 KT 的线圈和 KT 的触点是为了实现自锁逻辑和先后

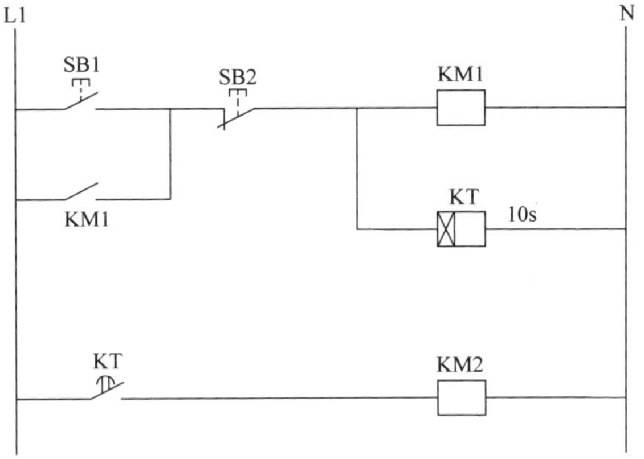


图 21-31　继电器控制电动机的控制回路

时序关系的，并不与外部设备直接联系。下边就会立即看到，控制电路中这些实现内部逻辑关系的元件在 PLC 控制时是用程序实现的（软逻辑）。

将图 21-31 的继电器控制电路用 PLC 实现，如上所述，PLC 的输入信号应该来自 SB1 和 SB2，输出信号应该控制 KM1 和 KM2 的线圈，PLC 内部应该是实现延时和自锁逻辑的程序，如图 21-32 所示，来自 SB1 和 SB2 的输入信号分别接到 PLC 的输入端子 X1 和 X2，PLC 的输出信号分别接到输出端子 Y1 和 Y2 上。

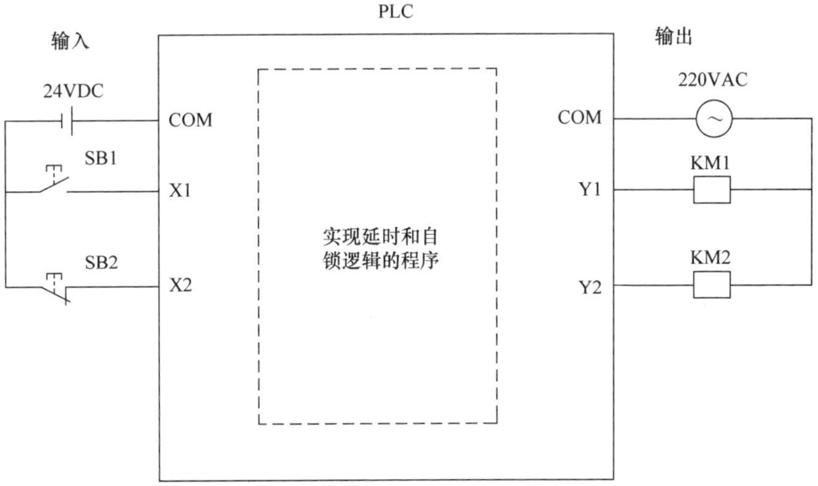


图 21-32　PLC 实现控制电路

PLC 中的程序要对输入到 X1 和 X2 端子的信号逻辑（按下或没有按下）进行逻辑组合，所以必须要将这些信号及时地读入 PLC 中，这可以由输入接口电路完成。同样，PLC 应该及时将逻辑运算的结果输出到输出端子 Y1 和 Y2 上，控制接触器线圈 KM1 和 KM2，这可以由输出接口电路完成。

PLC中的程序是怎么工作的呢？PLC是一种工业控制计算机，其工作原理也与计算机相同，但在应用时，可不必用计算机的概念对其做深入了解，为了便于继电器控制系统设计人员理解，将普通计算机程序中的变量在PLC程序中看作由普通的继电器、定时器、计数器、移位寄存器等元件（软元件）组合而成的，从而把PLC等效成输入、输出和内部控制电路三部分，常用的PLC梯形图程序中最简单的变量（软元件）为动合触点、动断触点和线圈，其符号如图21-33所示，与继电器控制系统中的概念类似，PLC程序中其动合触点在其对应的“线圈”为“得电”状态时就闭合导通，反之则“断开”。动断触点在其对应的“线圈”为“得电”状态时就断开，反之则“导通”。

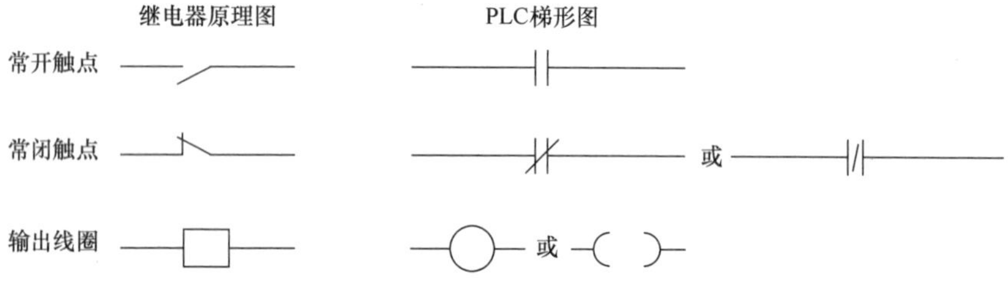


图21-33　PLC梯形图程序中的动合、动断触点和线圈符号

实现图21-31的PLC内部梯形图的等效工作电路如图21-34所示。

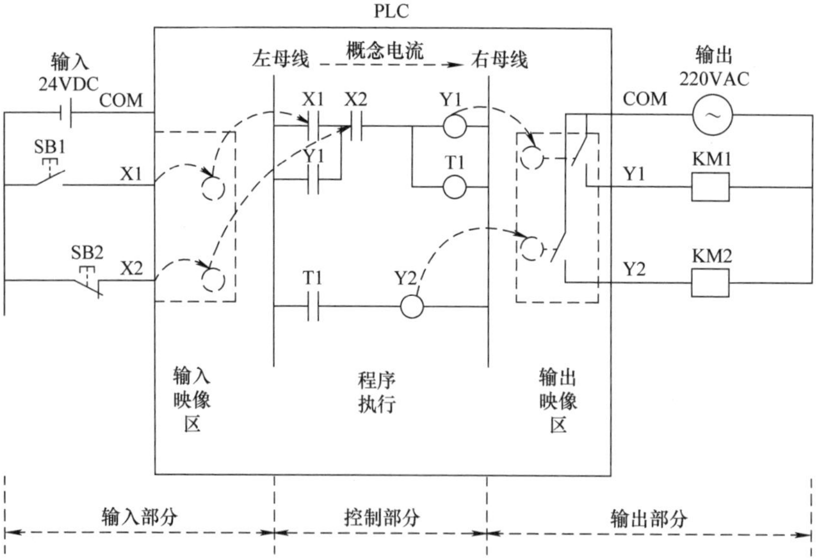


图21-34　等效工作电路

图21-34中PLC中间部分为梯形图程序，左边的竖线称为左母线，右边的竖线称为右母线，中间为触点、线圈等软元件构成的程序。设想左母线为继电器控制系统中的火线，右母线为零线，在左母线和右母线之间导通时有概念电流流过。

PLC 在运行时，先将输入端子 X1 和 X2 的逻辑状态（即是否与 COM 闭合构成回路，当闭合时，逻辑为 1，断开时逻辑为 0）读入相对应的输入映像寄存器中（图中用输入映像区中的虚线圆圈表示），当 PLC 执行梯形图程序时，该寄存器的逻辑状态将决定其对应的触点状态。例如，当按下 SB1 时，X1 端子与 COM 端闭合形成回路，其对应的寄存器逻辑为 1，则梯形图中 X1 的动合触点就闭合导通，动断触点断开。所以可以认为 X1 对应的寄存器就是输入端子 X1 对应的继电器线圈（虚拟的），这样理解起来与继电器控制系统就一致了。当程序执行的结果使得输出线圈 Y1 逻辑为 1，则 PLC 就会将 Y1 的逻辑状态写入其所对应的输出映像寄存器（图中用输出映像区中的虚线圆圈表示），当 PLC 输出结果时，该寄存器的逻辑状态将决定输出端子是否有输出（即输出端子是否与对应 COM 闭合构成回路）。例如，当程序执行的结果使得 Y1 线圈逻辑为 1（可称为“得电”）时，则 Y1 端子就会与其对应的 COM 端闭合形成回路，使得外部所接的 KM1 线圈得电。Y1 线圈可称为输出端子 Y1 所对应的输出继电器线圈。

图 21-34 中 PLC 控制的过程可以这样描述：当按下 SB1 时，梯形图程序中动合触点 X1 导通，而由于 SB2 本身不按下时已经闭合，所以梯形图程序中 X2 也导通，这样线圈 Y1 得电，则输出端子 Y1 有输出，外接的接触器线圈 KM1 得电，补油泵电动机 M1 起动；与此同时，时间继电器（PLC 内部软元件，可以设定延时时间）T1 线圈得电开始计时，当计时达到 10s 时，梯形图中的 T1 动合触点闭合，Y2 线圈得电，则对应的输出端子 Y2 有输出，即 KM2 线圈得电，主泵电动机起动。梯形图中动合触点 Y1 也起到对线圈 Y1 的自锁作用。停止过程请读者自己分析。

从上述梯形图的执行过程可以看出，PLC 控制的过程与继电器控制的过程非常相似，梯形图程序本身也与继电器控制图非常相似。所以梯形图的设计与继电器控制回路的设计方法基本一致。

综上所述，PLC 输入、控制和输出三部分的功能可以描述如下：

① 输入部分。该部分接收操作指令（如起动按钮、停止按钮等）和被控对象的各种状态信息（如行程开关、接近开关等）。PLC 的每一个输入点对应一个内部输入继电器，当输入点与输入 COM 端接通时，输入继电器线圈通电，它的动合触点闭合、动断触点断开；当输入点与输入 COM 断开时，输入继电器线圈断电，它的动合触点断开、动断触点闭合。

② 控制部分。这一部分是用户编制的控制程序，通常用梯形图表示，如图 21-34所示的等效工作电路。控制程序放在 PLC 的用户程序存储器中。系统运行时，PLC 依次读取用户存储器中的程序语句，对它的内容进行解释并执行，又将输出的结果送到 PLC 的输出端子，以控制外部负载的工作。

③ 输出部分。该部分根据程序执行的结果直接驱动负载。在 PLC 内部有多个输出继电器，每个输出继电器对应一个物理触点，当程序执行的结果使输出继电器线圈通电时，对应的硬输出触点闭合，控制外部负载的动作。例如，图 21-34 所示

的等效工作电路中的输出触点 Y1、Y2，分别连接接触器 KM1、KM2 的线圈，控制两个线圈通电或断电。

总之，在使用 PLC 时，可以把输入端等效为一个继电器线圈，其相应的继电器触点（动合和动断）可在内部电路中使用；而输出端则等效为内部输出继电器的一个动合触点，以驱动外部设备。

（2）PLC 的工作过程

1）PLC 的工作方式。与微型计算机通常采用的等待命令的工作方式（如常见的键盘扫描方式）不同，PLC 采用循环扫描的工作方式。亦即，如果无跳转指令，则 CPU 从第一条指令开始，逐条顺序执行用户程序，直至遇到结束符后又返回第一条指令，如此周而复始地不断循环，每一个循环称为一个扫描周期。扫描周期的长短主要取决于以下因素：①CPU 执行指令的速度；②执行每步指令占用的时间；③程序中指令条数的多少。

一个循环扫描周期主要可分为三个阶段。

① 输入刷新阶段：在输入刷新阶段，PLC 用扫描方式把所有输入端的外部输入信号的通/断（ON/OFF）状态一次写入输入映像寄存器（或称输入状态寄存器）中，此时，输入映像寄存器被刷新。接着进入程序执行阶段，在程序执行阶段或输出阶段，输入映像寄存器与外界隔离，即使外部输入信号的状态发生了变化，输入映像寄存器的内容也不会随之改变。而输入信号变化了的状态，只能在下一个扫描周期的输入采样阶段才被读入。换句话说，在输入采样阶段采样结束之后，无论输入信号如何变化，输入映像寄存器的内容都保持不变，直到下一个扫描周期的输入采样阶段才重新写入输入端的新内容。

② 程序执行阶段：在程序执行阶段，PLC 逐条解释和执行程序。若是梯形图程序，则按先左后右、先上后下的顺序，逐句扫描，执行程序。若遇到程序跳转指令，则根据跳转条件是否满足来决定程序的跳转与否。若用户程序涉及输入输出状态时，PLC 从输入映像寄存器中读出上一阶段采入的对应输入端子状态，从输出映像寄存器读出对应映像寄存器的当前状态。根据用户程序进行逻辑运算，运算结果再存入有关元件映像寄存器中。对每个器件而言，元件映像寄存器中所寄存的内容会随着程序执行过程而变化。

③ 输出刷新阶段：程序执行完毕后将输出映像寄存器，即元件映像寄存器中 Y 寄存器的状态，在输出处理阶段转存到输出锁存器，通过隔离电路，驱动功率放大电路，使输出端子向外界输出控制信号，驱动外部负载。这种对输入、输出状态的集中处理过程称为批处理，这是 PLC 工作的重要特点。实际上，输出刷新阶段除了执行程序和 I/O 刷新外，还要进行各种错误检测（自诊断功能）并与编程工具通信。这些操作统称为“监视服务”。一般在输入扫描过程之后进行。

2）PLC 对输入/输出的处理规则如下。

① 输入映像寄存器中的数据，是将输入刷新（输入采样）阶段扫描到的输入

信号的状态集中后写入的，在本扫描周期中，将不再随外部输入信号变化而变化，如图 21-35 所示。

② 输出映像寄存器的状态，由用户程序中输出指令的执行结果来决定。

③ 输出锁存器中的数据在输出刷新阶段从输出映像寄存器中集中写入。

④ 输出端子的输出状态，是由输出锁存器中的数据确定的。

⑤ 执行用户程序时所需的输入、输出状态，从输入映像寄存器和输出映像寄存器中读出。

⑥ PLC 的扫描周期及滞后响应：

一个扫描周期 = 输入采样时间 + 用户程序执行时间 + 输出刷新时间

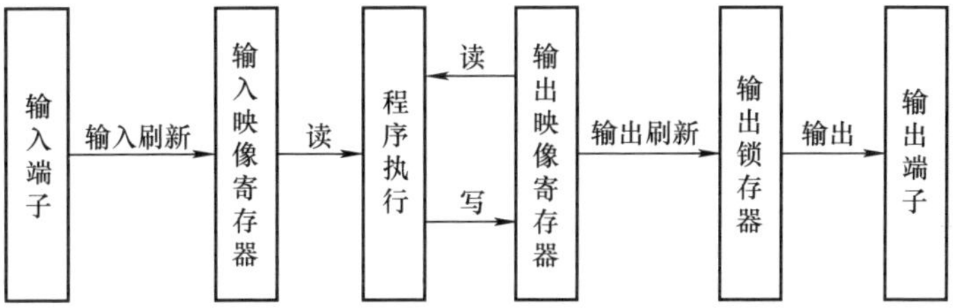


图 21-35　PLC 对输入/输出的处理规则

从 PLC 输入端有一个输入信号发生变化到 PLC 的输出端对该输入变化做出反应，该过程所需的时间称为响应时间或滞后时间。响应滞后影响了控制的实时性，但对于一般的工业控制是无妨的。如需快速响应，可选用快速响应模块、高速计数模块，或采用中断处理功能来缩短滞后时间。

影响响应时间的因素如下。

① 输入滤波器的时间常数（输入延迟）：PLC 输入滤波器是个积分环节，故输入滤波器的输出电压相对现场实际输入元件的变化信号有一个时间延迟，导致实际输入信号在进入输入映像寄存器前就有一个滞后时间。如果输入导线很长，由于分布参数的影响，也会产生一个“隐形”滤波器效果。在实时性要求很高的情况下，可考虑用快速响应输入模块。

② 输出继电器的机械滞后（输出延迟）：PLC 数字量输出常采用继电器触点的形式输出，由于继电器机械动作需要时间，导致继电器的实际动作相对线圈的输入电压产生滞后效果，如采用双向可控硅或晶体管的输出方式，可减少滞后时间。继电器输出型电路滞后时间约 10ms，双向可控硅型输出电路在负载接通时的滞后时间约 1ms，晶体管型输出电路的滞后时间约 0.1ms。

在一个扫描周期刚结束时就收到了有关输入信号的变化状态，则下一个扫描周期一开始这个变化信号就可以被采样到，从而使输入更新，这时响应时间最短。最短响应时间 = 输入延迟时间 + 一个扫描周期 + 输出延迟时间，如图 21-36 所示。

如果在一个扫描周期刚开始时收到一个输入信号的变化状态，由于存在输入延

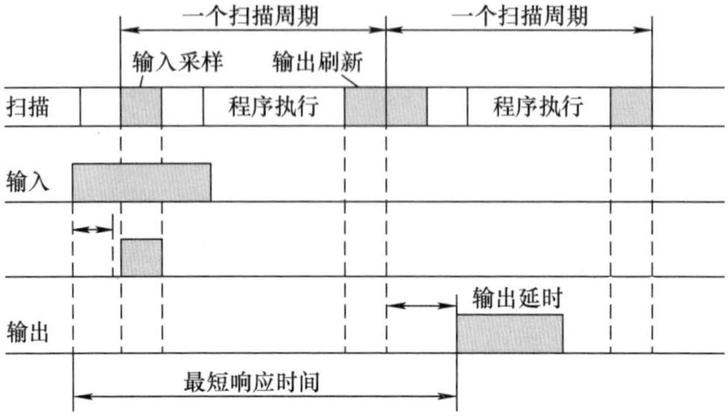


图21-36　PLC的最短响应时间示意图

迟，则在当前扫描周期内这个输入信号对输出不会起作用，要到下一个扫描周期快结束时的输出刷新阶段，输出才会做出反应，这个响应时间最长。最长响应时间 = 输入延迟时间 + 两个扫描周期 + 输出延迟时间，如图21-37所示。

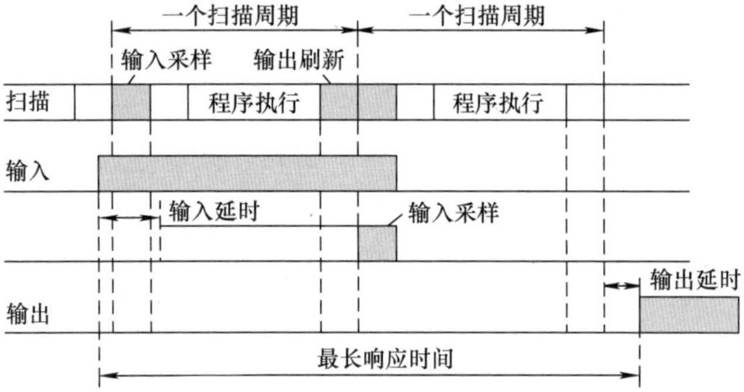


图21-37　PLC的最长响应时间示意图

3）循环扫描的特点。PLC采用循环扫描的工作方式，在PLC中用户程序按先后顺序存放，CPU从第一条指令开始执行程序，直到遇到结束符后又返回第一条，如此周而复始地不断循环。其循环扫描的工作方式具有以下特点：

① 对于输入刷新阶段，由于在程序执行阶段和输出刷新阶段中，输入映像寄存器与外界隔离，所示其内容保持不变，直至下一个扫描周期的输入刷新阶段才被重新读入的输入信号刷新。可见，PLC在执行程序和处理数据时，不直接使用现场当时的输入信号，而使用本次采样时输入到映像区中的数据。一般来说，输入信号的时间宽度要大于一个扫描周期，否则可能造成信号的丢失。

② 对于程序执行阶段，一般来说，PLC按从左至右、从上到下的步骤逐个执行程序。程序执行过程中，当指令中涉及输入、输出状态时，PLC就从输入映像寄存器中“读入”对应输入端子的状态，从输出映像寄存器中“读入”对应元件（“软继电器”）的当前状态。然后进行相应的运算，将运算结果再存入输出映像寄存器中。对输出映像寄存器来说，每一个元件（“软继电器”）的状态会随着程序

执行过程而变化。

③ 对于输出刷新阶段，PLC 将输出映像寄存器中的输出变量送入输出锁存器，然后由锁存器通过输出模块产生本周期的控制输出。如果内部输出继电器的状态为“1”，则输出继电器触点闭合，经过输出端子驱动外部负载。全部输出设备的状态至少要保持一个扫描周期。

④ 继电器控制系统的硬件逻辑采用的是并行运行的方式，即如果一个继电器的线圈通电或者放电，该继电器的所有触点（不论是动合还是动断，也不论其处于继电器线路的哪个位置）都会立即同时动作；因为继电器控制系统中各类触点的动作时间一般超过 100ms，因此只要 PLC 运行整个用户程序的时间（扫描周期）小于 100ms，其运行结果与继电器控制系统就没有差别。

**6. PLC 应用实例**

（1）实例 1　将三相异步电动机使用Y－△换接起动继电器控制电路（见图 21-38）转换为采用 PLC 控制的电路。选取欧姆龙 CP1H－XA40DR－A 型 PLC 作为控制器。为更好地理解该实例，建议初学者查询欧姆龙 CP1H－XA40DR－A 的产品资料。

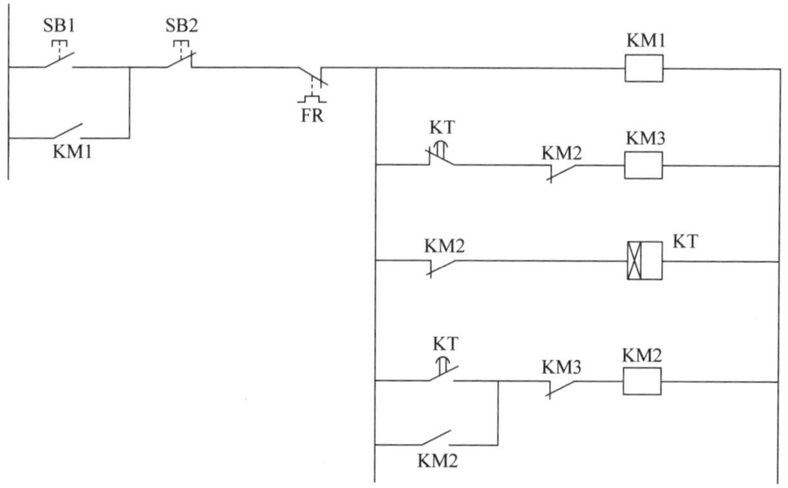


图 21-38　Y－△换接起动继电器控制电路原理图

首先针对控制电路中的输入输出点进行 PLC 的 I/O 分配，见表 21-1。

**表 21-1　I/O 分配表**

| 输入点 | | | 输出点 | | |
|---|---|---|---|---|---|
| 符号 | 地址 | 注释 | 符号 | 地址 | 注释 |
| SB1 | 0.00 | 起动按钮 | KM1 | 100.00 | 接通三相电并自锁 |
| SB2 | 0.01 | 停止按钮 | KM2 | 100.02 | △起动 |
| FR | 0.02 | 过载保护 | KM3 | 100.01 | Y 起动 |

由于Y－△减压起动的继电器控制电路在实际中应用成熟，其PLC的梯形图与继电器控制原理图十分相似，可以直接将继电器控制电路原理图转换为梯形图。根据表21-1对CP1H－XA40DR－A型PLC进行外部硬件接线，并采用梯形图编程软件CX－Programmer进行图形化编程，PLC的I/O硬件接线图如图21-39所示，控制梯形图程序如图21-40所示。特别注意，在继电器控制电路中的停止按钮SB2在其所对应梯形图中的触点为何是常开的，图21-40中的输出继电器KM3（Y）和KM2（△）的动断触点实现互锁，以防止Y－△换接时发生相间短路。

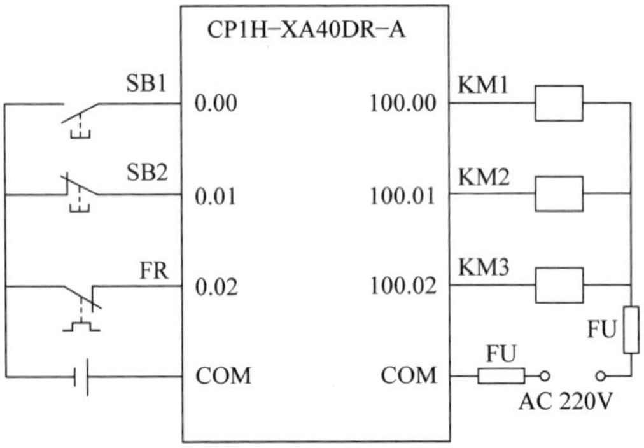


图21-39　Y－△起动PLC的I/O硬件接线图

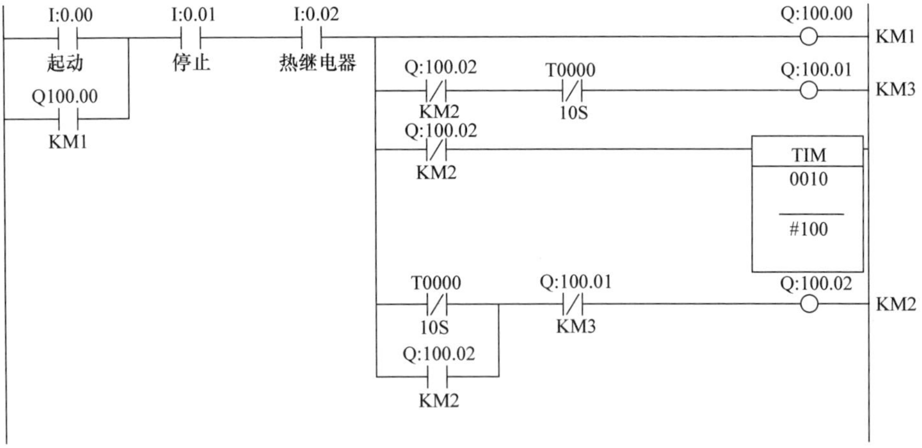


图21-40　利用软件编程所得Y－△起动控制梯形图程序

根据液压传动系统的特点，其工作过程很多是按预定的逻辑关系实现，运动状态的改变靠转换信号。信号主要来源于按钮（起动、停止）开关、行程限位开关、压力控制开关以及温度、压力等参数变化。这些输入的信号可通过PLC逻辑运算转化为控制液压方向阀电磁铁线圈的输出信号。

（2）实例2　液压垃圾破碎机PLC电控系统设计。

1）液压垃圾破碎机的结构及功能简介。本液压垃圾破碎机包括五大部件（进料斗、排料门、破碎台、出料斗、移动支架）和两大系统（液压动力系统、电控系统）。生活垃圾经进料斗进入破碎台，通过两把破碎刀轴以正反转切削、挤压和撕拉等方式，将大块以及坚固的垃圾分解成需要的适当尺寸，经出料斗输出到输送带，再转运到目的地。当设备检测到不可破碎物料时，系统自动停机，将不可破碎物料经排料门排出。设备外形如图21-41所示。

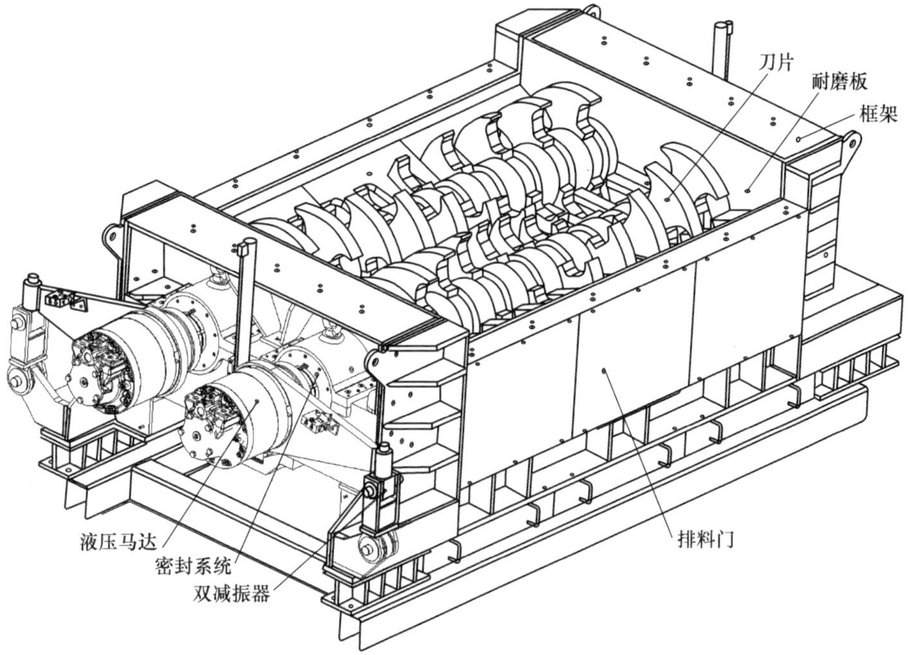


图21-41　设备外形

2）液压垃圾破碎机的液压系统构成与原理。液压垃圾破碎机的液压系统由一个电动机带动两个变量柱塞泵分别控制两个低速大转矩马达作为动力输出，驱动各自的刀轴（见图21-41），从而进行物料破碎。另有一个辅助齿轮泵用于破碎机的排料门升降等其余动作机构的动力输出。

液压垃圾破碎机的液压系统原理如图21-42所示。表21-2为液压垃圾破碎机系统动作逻辑控制表。图21-42中两个变量柱塞泵6的后端分别有一组双向电控比例阀（DT3～DT6），通过电控系统进行自动调节。根据负载变化情况自动输出合适的控制电流至电控比例阀，从而使破碎机刀轴Ⅰ、刀轴Ⅱ的转速及转向根据工况的变化自动调节，达到工况的工作需要及系统的自动功率匹配。

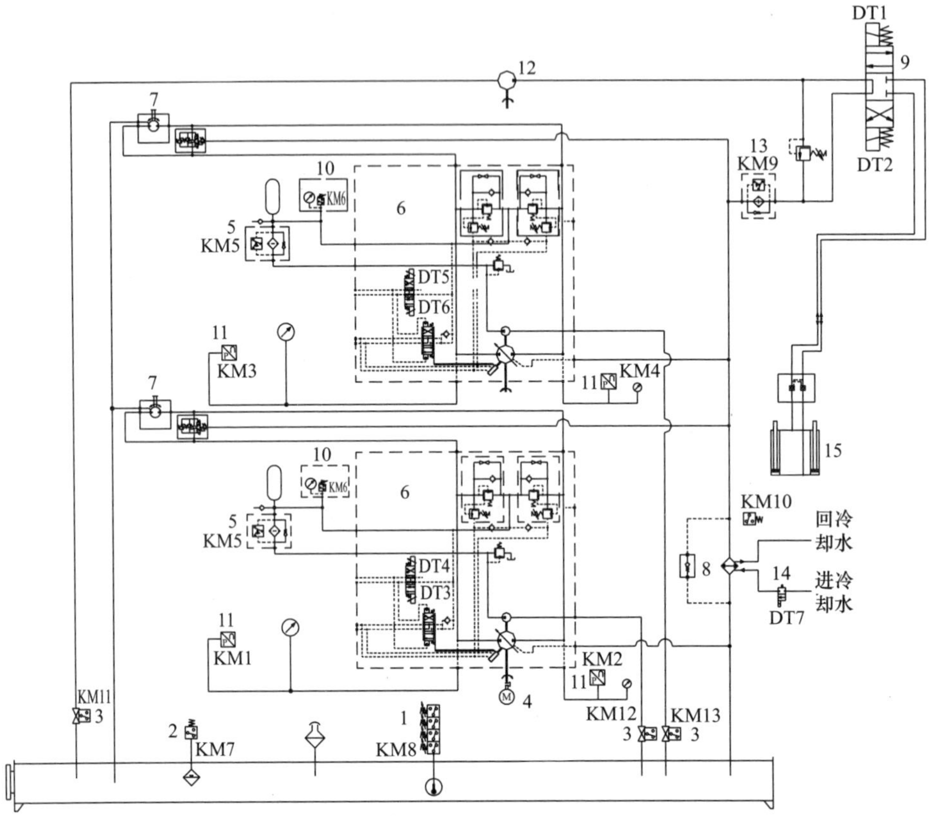


图21-42　液压垃圾破碎机的液压系统原理

1—温度传感器　2—液位传感器　3—吸油球阀　4—电动机　5—滤油器　6—变量柱塞泵　7—马达　8—散热器　9—电磁阀　10—压力继电器　11—压力传感器　12—齿轮泵　13—滤油器　14—电磁阀　15—排料液压缸

**表21-2　液压垃圾破碎机系统动作逻辑控制表**

| 动作 | DT1 | DT2 | DT3 | DT4 | DT5 | DT6 | DT7 |
|---|---|---|---|---|---|---|---|
| 刀轴Ⅰ正转 | | | + | | | | |
| 刀轴Ⅰ反转 | | | | + | | | |
| 刀轴Ⅱ正转 | | | | | + | | |
| 刀轴Ⅱ反转 | | | | | | + | |
| 排料门打开 | + | | | | | | |
| 排料门关闭 | | + | | | | | |
| 液压油冷却 | | | | | | | + |

3）液压垃圾破碎机的PLC电控系统设计。

① 电控系统控制要求如下。

a）液压泵站的电动机起停及电动机过流、系统负荷过载保护控制。

b）破碎起停及自动正反转控制：根据液压元件的特性以及设备的功能要求，建立恒功率数学控制模型，并按下面时间控制刀轴的正反转。刀轴Ⅰ按正转时间 $t_2$，反转时间 $t_3$，刀轴Ⅱ按正转时间 $t_4$，反转时间 $t_5$ 的时间间隔，各自正反转破碎，$t_2 \sim t_5$ 所有时间都可以通过触摸屏设置修改，以适应不同机型破碎不同物料的需求。

c）排料门开关及液压冷却启停控制。

d）设备故障状态保护：系统压力超高限、系统压力超低限保护；两个刀轴的 4 个轴承温度检测及过热保护；排料斗打开保护；液压油温检测及过热保护；液压油位低位保护；3 个吸油球阀任一未打开保护。

e）设备的运行模式包括手动和自动控制两个模式。手动模式下，设备可以单独执行任何动作，便于设备的试运行检测和检修。自动模式下，设备可以一键启动破碎刀轴，让两个破碎刀轴自动运转破碎物料。

f）兼备现场和远程操作功能。

② 液压垃圾破碎机电控系统框图设计。根据整机的电控要求，设计如图 21-43 所示的电控系统框图，整套电控系统包含 PLC 控制组件、压力检测元件、温度检测元件、位置检测元件、现场操作台、远程组态操控工业控制计算机、多网口交换机、液压站阀组。

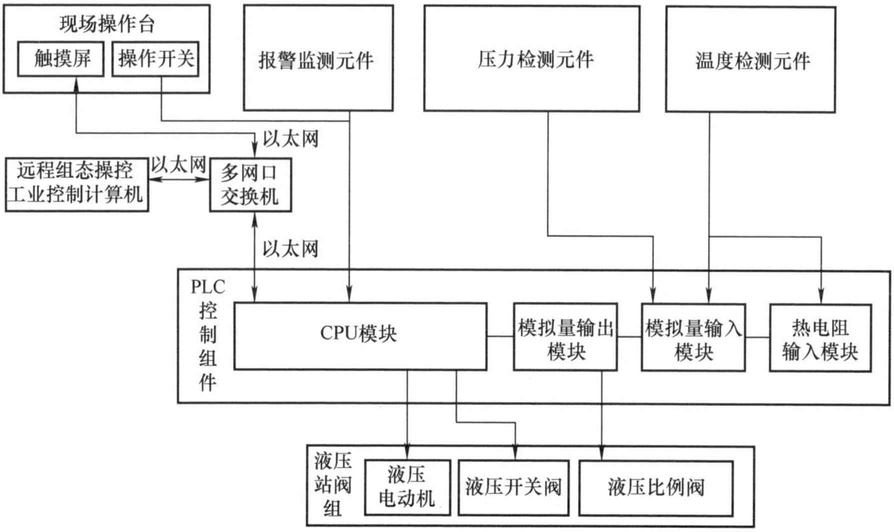


图 21-43 电控系统框图

PLC 控制组件内的 CPU 模块用于程序运算、开关量输入信号的采集、开关量输出信号的输出、与现场触摸屏及远程组态操控工业控制计算机的数据交互控制；PLC 控制组件内的模拟量输出模块用于模拟量控制信号的输出，以控制液压站电控比例阀开度大小；PLC 控制组件内的模拟量输入模块及热电阻输入模块，用于各压力、温度信号的采集；多网口交换机作为网络透明传输介质，实现现场触摸屏与CPU模块、远程组态操控工业控制计算机与CPU模块通过以太网方式互联进行数据交互，从而实现兼备现场和远程操作功能。

③ 液压垃圾破碎机PLC电控系统输入输出点统计。

a）开关量输入点统计：开关量输入共计20个点，包括液压电动机起动、液压电动机停止、破碎启动、破碎停止、紧急停止、手动模式、自动模式、电动机热继电器触点、排料门打开位置、液位低位、吸油球阀（KM11、KM12、KM13）开位置、刀轴Ⅰ正反转手动控制、刀轴Ⅱ正反转手动控制、排料门开关控制信号等。

b）模拟量输入点统计：模拟量输入共计9个点，包括刀轴轴承1~4温度、刀轴Ⅰ正转压力、刀轴Ⅰ反转压力、刀轴Ⅱ正转压力、刀轴Ⅱ反转压力、液压油温度信号。

c）开关量输出点统计：开关量输出共计6个点，包括电动机主、星形、三角形交流接触器控制，排料门开关电磁阀控制，液压油冷却控制。

d）模拟量输出点统计：模拟量输出共计4个点，包括刀轴Ⅰ正转、刀轴Ⅰ反转、刀轴Ⅱ正转、刀轴Ⅱ反转控制电流。

④ PLC组件选型。根据以上输入输出点的控制需求统计，综合比较各品牌PLC的功能及性价比，选定西门子S21－200 SMART系列产品为本机的PLC组件，具体产品型号按输入输出点要求进行选型，最终选型如下。

a）CPU模块：西门子CPU ST40，6ES7 288－1ST40－0AA0。

b）模拟量输出模块：西门子EM AQ04，6ES7 288－3AQ04－0AA0。

c）模拟量输入模块：西门子EM AE08，6ES7 288－3AE08－0AA0，西门子EM AR02，6ES7 288－3AR02－0AA0。

⑤ 液压垃圾破碎机电控系统PLC原理图设计。按照西门子CPU模块、模拟量输出模块、模拟量输入模块的元件端子接线要求，进行电控系统的PLC原理图绘制，如图21-44和图21-45所示。

其中，CPU ST40的DI端子接入本控制系统的各开关量输入信号，如电动机起停按钮开关信号、电动机主接触器动合触点信号、电动机三角形接触器动合触点信号、电动机热继电器动断触点信号、急停开关信号、破碎启停开关信号、手动/自动控制模式选择开关信号、排料门开光电开关信号、液压油液位低报警开关信号、3个吸油球阀开传感器信号、刀轴Ⅰ手动正反转开关信号、刀轴Ⅱ手动正反转开关信号、排料门开关信号。CPU ST40的DQ端子连接本控制系统的各开关量电气负载控制信号，如电动机主交流接触器控制、电动机三角形交流接触器控制、电动机星形交流接触器控制、排料门开关电磁阀控制、液压冷却开关阀控制。EM AQ04模拟量输出模块，输出四路0~20mA控制信号，分别连接本控制系统的模拟量电气负载控制电路：刀轴Ⅰ正反转比例阀控制、刀轴Ⅱ正反转比例阀控制。EM AE08模拟量输入模块，八路模拟量输入端口分别连接泵1正反转、泵2正反转压力传感器、4 个刀轴轴承测温传感器。EM AR02 热电阻模块，其中的一路接入液压油温传感器。

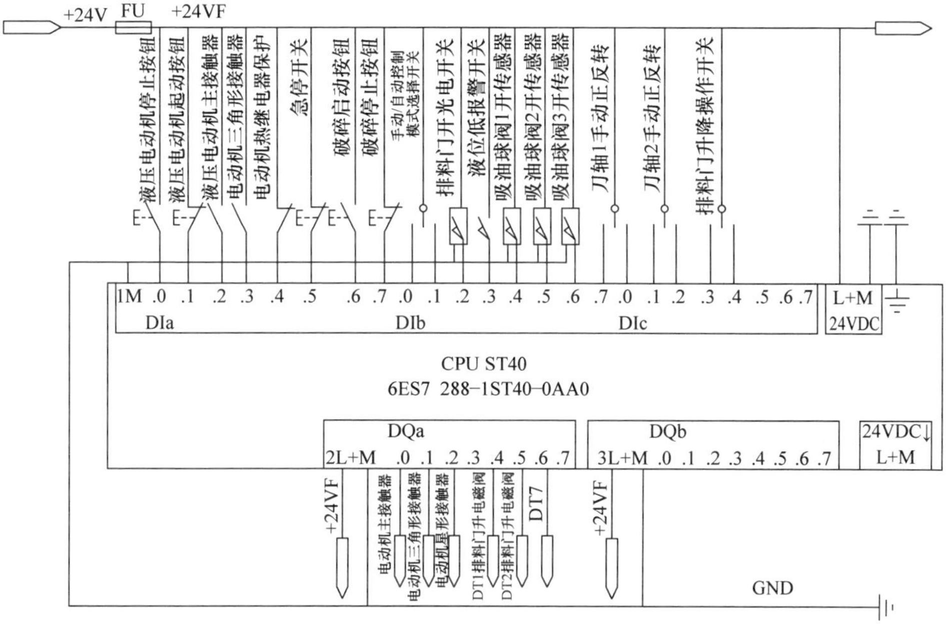


图 21-44 电控系统 PLC 原理图一

⑥ PLC 控制流程图绘制及 PLC 编程。本机的控制要求包含电动机起停控制、破碎启停及刀轴自动正反转时序控制、保护控制等功能的实现。分别对各功能要求进行综合考虑分析，绘制出各功能块的 PLC 控制流程图，以便确定正确的 PLC 编程思路，并进行 PLC 编程。

a）液压电动机起停 PLC 控制流程图及其 PLC 编程。由于本机液压系统的电动机为大功率电动机，因此采用星 - 三角起动控制方式，按下电动机起动按钮后，接通主交流接触器线圈、星形交流接触器线圈，进行电动机的星形接法起动，等待约 10s 的延时时间到达后，星形接触器线圈断电，再等待约 300ms 延时（为防止电弧短路）后，接通三角形交流接触器线圈，电动机切换至三角形接法正式运行。在电动机起动及运行期间，PLC 内部程序实时检测各外部故障判断信号、电动机停止按钮信号的输入状态，以进行是否存在故障的状态判断或有停止电动机的指令发出判断，一旦出现故障判断条件满足或接收到电动机停止指令，则电动机立即停止运行。液压电动机起停 PLC 控制流程如图 21-46 所示。

PLC 程序如图 21-47 所示。

b）刀轴正反转 PLC 控制流程图及其 PLC 编程。刀轴正反转的时序要求如下，根据液压元件的特性以及设备的功能要求，建立恒功率数学控制模型，并按以下时

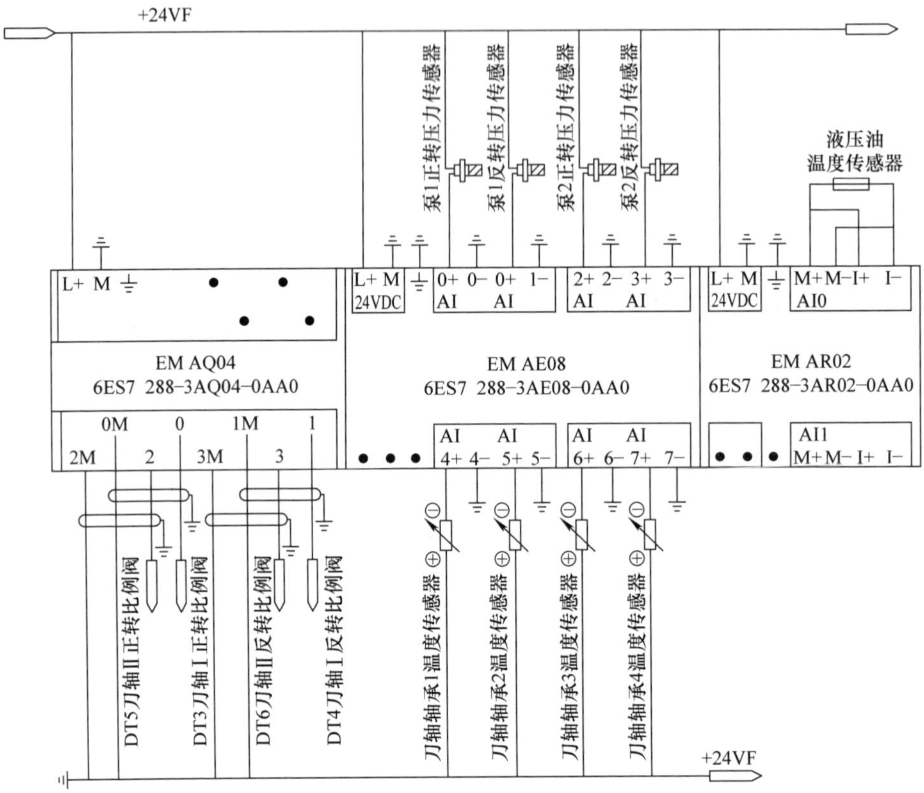


图 21-45 电控系统 PLC 原理图二

间控制刀轴的正反转：刀轴Ⅰ按正转时间 $t_2$，反转时间 $t_3$，刀轴Ⅱ按正转时间 $t_4$，反转时间 $t_5$ 的时间间隔，各自正反转破碎，$t_2 \sim t_5$ 所有时间都可以通过触摸屏设置修改，以适应不同机型破碎不同物料的需求。以下 PLC 控制流程里，为更直观理解，$t_2 \sim t_5$ 均以具体时长为例说明。

在刀轴正反转时序控制过程中，一旦检测到某个刀轴的压力超过设定值，则判断刀轴切割受阻，PLC 程序自动令此刀轴执行反向切割。

刀轴正反向比例阀的控制电流，由建立的恒功率数学控制模型，通过运算指令写入程序，实现相应的功率匹配自动运算，从而计算出具体的模拟量输出值，给模拟量输出通道 AQ0 ~ AQ4 赋值，实现正反向控制电流输出。刀轴正反转 PLC 控制流程如图 21-48 所示。

刀轴正反转 PLC 控制程序如图 21-49 所示。

如图 21-49 所示，M3_0 代表刀轴Ⅰ正转状态，M4_0 代表刀轴Ⅰ反转状态，M5_0 代表刀轴Ⅱ正转状态，M6_0 代表刀轴Ⅱ反转状态，PLC 内部运算会根据这四种状态值，进行 AQ0 ~ AQ4 这四个模拟量通道输出的模拟量值的不同赋值。例如，M4_0 为“1”值，则 AQ1（刀轴 1 反转控制电流）赋值“0”，AQ0 则通过程序内

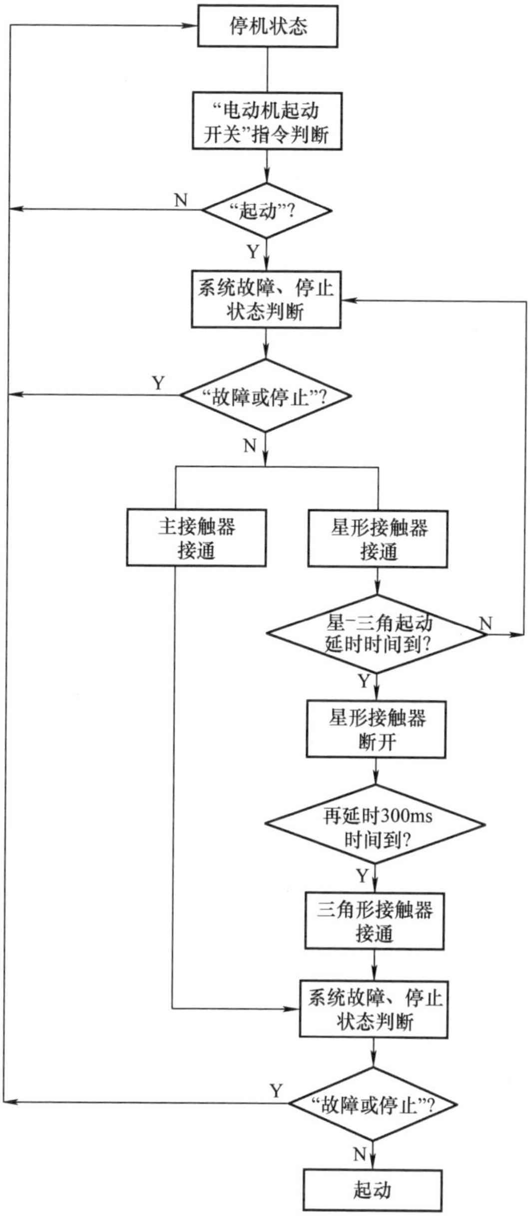


图 21-46 液压电动机起停 PLC 控制流程

部功率匹配运算出来的数值赋予 AQ0（刀轴 1 正转控制电流）通道模拟量输出。

该液压垃圾破碎机在控制系统中还设置了油温传感器及主刀轴轴承温度传感器和多个压力传感器、转速传感器、位置传感器等，在实际使用中，通过各个传感器的反馈自行判断该套破碎程序是否适合目前的物料。当发现温度升高超过允许值时，通过切换程序自动减小破碎能力，当发现温度升高远小于允许值时，程序自动转换为高效模式。当系统压力较长时间持续达到系统设定压力时，系统将自行减小

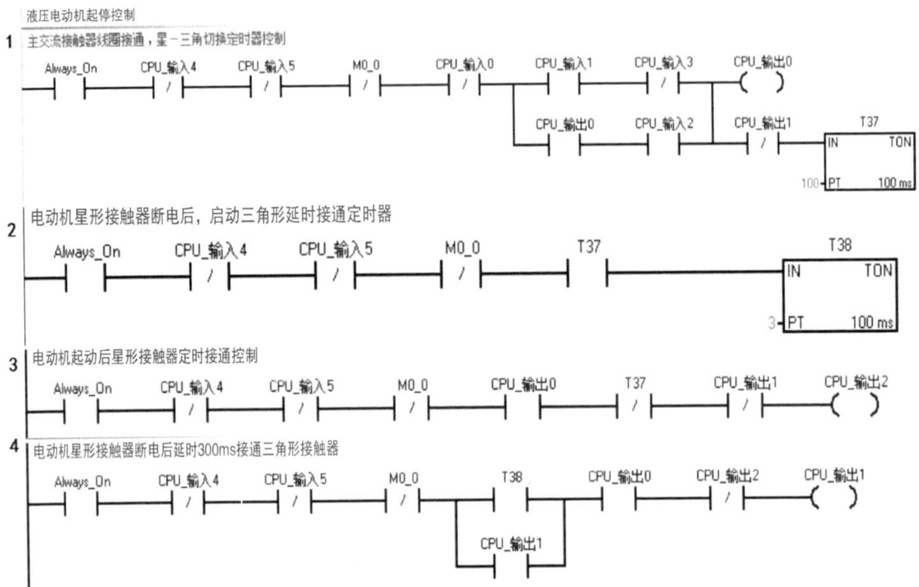


| 符号 | 地址 | 注解 |
|---|---|---|
| Always_On | SM0.0 | 始终接通 |
| CPU_输出0 | Q0.0 | 电动机主交流接触器控制 |
| CPU_输出1 | Q0.1 | 电动机三角形接触器控制 |
| CPU_输入0 | I0.0 | 电动机停止按钮 |
| CPU_输入1 | I0.1 | 电动机起动按钮 |
| CPU_输入2 | I0.2 | 电动机主接触器触点 |
| CPU_输入3 | I0.3 | 电动机三角形接触器触点 |
| CPU_输入4 | I0.4 | 电动机热保护触点 |
| CPU_输入5 | I0.5 | 急停开关 |
| M0_0 | M0.0 | 故障状态判断 |
| CPU_输出2 | Q0.2 | 电动机星形接触器控制 |

图 21-47　液压电动机起停 PLC 程序

泵的排量，降低马达刀轴的运转速度，以减少高速冲击给设备带来的损害。通过一系列功能的切换，在保障设备安全运转的同时，使设备运行始终达到其允许的最高效率。由于系统对物料的监控和设备性能的反馈是同步进行的，液压垃圾破碎机可以通过二者的对比，找出更合适的应用参数，从而使设备性能得到极大优化，实现了良好人机互动，操作人员可以在监控室一键启动破碎机，并且能随时查看物料破碎情况、调整整机的运行参数，储存运行压力曲线，接收故障报警，避免操控人员受到现场粉尘、毒气的危害。生活垃圾种类繁多、体积庞大，直接在焚烧炉中燃烧容易结块、堵渣，需要大量人力清理，同时还增加尾气排放控制难度和成本，垃圾破碎机对这些问题进行了改善，因此在垃圾发电厂得到了广泛应用。

### 21.2.2　IPC

IPC 是一种采用 PC 总线，与 PC 软硬件兼容，可用于工业现场的工业控制计算机，可以作为一个工业控制器在工业环境中可靠运行。目前，IPC 已被广泛应用于

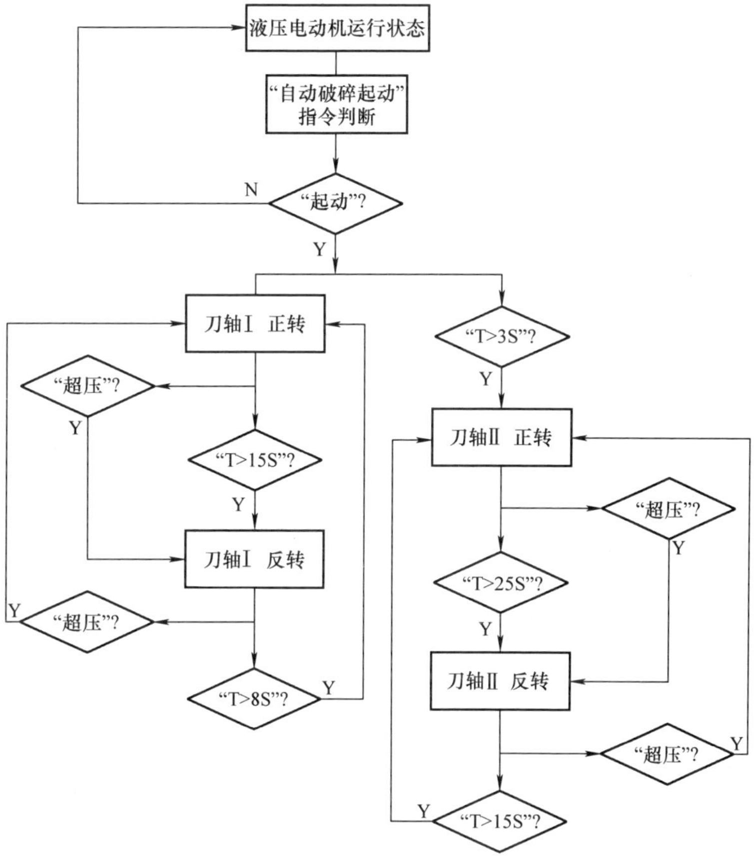


图 21-48 刀轴正反转 PLC 控制流程

通信、医疗、环保、路桥收费、工业控制现场等工业生产中的方方面面。IPC 应用于液压系统时，可以作为系统的主控计算机，也可以作为 SCC 计算机为 DDC 计算机给定信号，完成数据采集和分析等工作。为保证在某些恶劣的工业环境条件下可靠运行，并实现各种工业控制要求，IPC 具有以下技术特点：

① 采用符合“EIA”标准的全钢化工业机箱，增强了抗电磁干扰能力。

② 采用总线结构和模块化设计。CPU 及各功能模块皆使用插板式结构，并带有压杆软锁定，提高了抗冲击、抗振动能力，更适合工业现场恶劣环境。

③ 机箱内装有双风扇，正压对流排风，并装有滤尘网用以防尘。

④ 配备高度可靠的工业电源，并有过压、过流保护。

⑤ 电源及键盘均带有电子锁开关，可防止非法开关和非法键盘输入。

⑥ 具有自诊断功能。

⑦ 设有“看门狗”定时器，在因故障死机时，无须人的干预即可自动复位。

⑧ 开放性与兼容性好，可直接运行 PC 的各种应用软件。

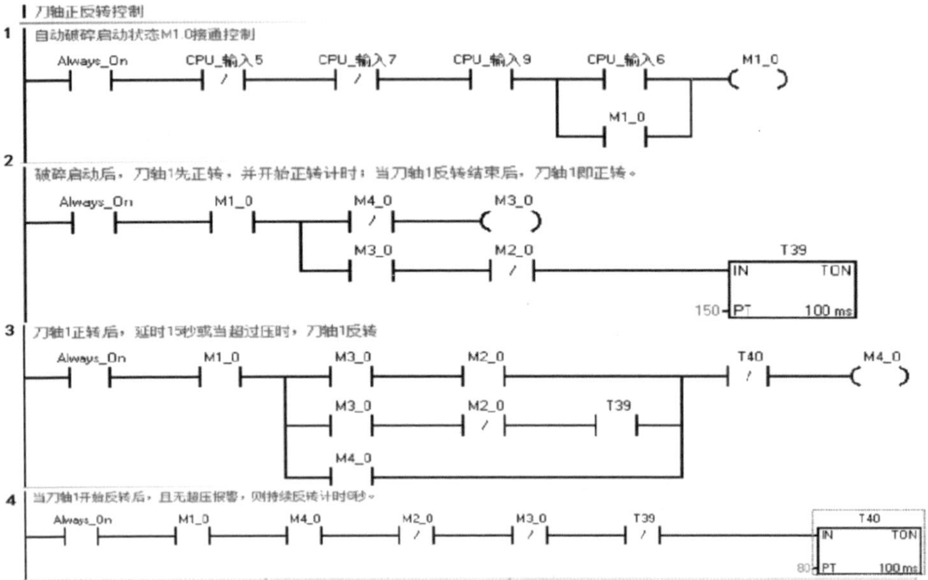


| 符号 | 地址 | 注释 |
|---|---|---|
| M0_0 | M0.0 | 故障状态判断 |
| M1_0 | M1.0 | 破碎启动状态 |
| M2_0 | M2.0 | 超压状态 |
| M3_0 | M3.0 | 刀轴1正转状态 |
| M4_0 | M4.0 | 刀轴1反转状态 |
| M5_0 | M5.0 | 刀轴2正转状态 |
| M6_0 | M6.0 | 刀轴2反转状态 |

图 21-49　刀轴正反转 PLC 控制程序

⑨ 可配置实时操作系统，便于多任务调度和运行。

⑩ 可采用无源母板（底板），可根据需要选配 I/O 模板，便于系统升级。

图 21-50 所示为研华（ADVANTECH）IPC－610H 工业控制计算机。

图 21-50　研华 IPC－610H 工业控制计算机机箱和 PCA－6113P7XE 底板

**1. IPC 的硬件组成**

典型的 IPC 由加固型工业机箱、工业电源、底板、母板、显示板、硬盘驱动器、光驱、各类 I/O 接口模块、显示器、键盘、鼠标、打印机等组成。其硬件组成如图 21-51 所示。

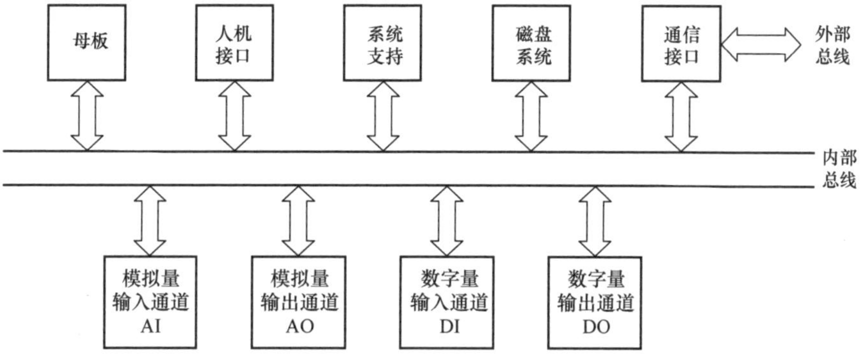


图 21-51　IPC 的硬件组成

（1）母板　母板也叫 CPU 卡，与普通 PC 主板功能相似，是 IPC 的核心，由 CPU、RAM、ROM 和 I/O 接口等部件组成，其卡式结构便于底板连接和扩展，如图 21-52 所示。母板的作用是将采集到的实时信息按照预定程序进行必要的数值计算、逻辑判断、数据处理，及时选择控制策略并将结果输出到工业应用过程当中。

图 21-52　研华 PCA－6007VE 母板

（2）系统总线　系统总线可分为内部总线和外部总线两个部分。内部总线是 IPC 内部各组成部分之间进行信息传送的公共通道，是一组信号线的集合。IPC 采用 PC 总线作为内部总线，IPC 常用的内部总线为 ISA 总线和 PCI 总线，底板上有 ISA 总线和 PCI 总线插槽，供这两类模板插入。外部总线是 IPC 与其他计算机及智能设备进行信息传递的公共通道，常用外部总线有 RS－232C、RS－485 和 IEEE－488 通信总线。

（3）人机接口　人与计算机之间建立联系、交换信息的输入/输出设备的接口，这些设备包括键盘、显示器、打印机、鼠标以及专用操作显示台等。

（4）通信接口　通信接口就是 CPU 和标准通信子系统之间的接口。它是 IPC 与其他计算机和智能设备进行信息传送的通道。通常分为串行通信接口和并行通信接口两种，即串口和并口。串行通信接口用于低速外部设备与 IPC 的连接，传送信息的方式是一位一位地依次进行，常用的串行通信接口包括 IEEE－488、RS－232C 和 RS－485 接口。RS－232C 串口连接器有 D 型 9 针插座和 D 型 25 针插座两种。并行接口多用于连接高速外部设备，传送信息的方式是按字节进行，即 8 个二进制位同时进行。

（5）输入/输出通道　输入/输出通道是 IPC 与生产过程之间进行信号传递和变换的连接通道。包括模拟量输入通道（AI）、模拟量输出通道（AO）、数字量（开关量）输入通道（DI）、数字量（开关量）输出通道（DO）。

（6）系统支持　系统支持功能主要包括：①监控定时器，又称“看门狗（Watchdog）”；②电源掉电监测；③后备存储器；④实时日历时钟。

（7）磁盘系统　软盘、硬盘和各种闪存等。

**2. IPC 的软件组成**

（1）系统软件　系统软件用来管理 IPC 的资源，并向用户提供服务，包括实时多任务操作系统、引导程序、调度执行程序等，如英特尔（Intel）的 iRMX86 实时多任务操作系统。

（2）工具软件　工具软件是技术人员从事软件开发工作的辅助软件，包括汇编语言、高级语言、编译程序、编辑程序、调试程序、诊断程序等。

（3）应用软件　应用软件是系统设计人员针对某个生产过程而编制的控制和管理程序，通常包括过程输入输出程序、过程控制程序、人机接口程序、打印显示程序和公共子程序等。

**3. IPC 系统总线**

IPC 系统由多个不同功能大规模集成电路芯片为核心的插件板与主机板共同构成。构成系统的各类插件板之间的互联和通信通过系统总线来完成。这里的系统总线不是指 CPU 内部的地址总线、数据总线和控制总线，而是指系统插件板交换信息的板级总线。这种系统总线就是一种标准化的总线电路，它提供通用的电平信号来实现各种电路信号的传递。实际上，总线标准就是一种接口信号的标准和协议。

（1）内部总线　内部总线是指 IPC 内部各功能模块间进行通信的总线，也称为系统总线，它是构成 IPC 系统内部信息的枢纽。IPC 采用内部总线母板结构，母板上各插槽的引脚连接在一起组成系统的多功能模板插入接口插槽，由内部总线完成系统内各模板之间的信息传送，从而构成完整的计算机系统。

目前工控领域应用较多的内部总线有 STD 总线、Compact PCI 总线、ISA 总线和 PCI 总线。下面介绍用于 IPC 内部总线的 ISA 总线和 PCI 总线。

1）ISA 总线。IBM PC 总线是针对 Intel 8088 微处理器而专门设计的，其第一个标准是 PC/XT 总线，它定义了 8 位数据线、20 位地址线和若干条控制线，共 62 引脚。为了和 Intel 80286 16 位机兼容，对 XT 总线在电气和机械特性上做了较大的扩充，在原来 62 引脚的基础上又增加了一个 36 引脚插座而形成 AT 总线。AT 总线将数据总线扩展为 16 位，地址总线扩展到 24 位，将中断扩充到 15 个并提供了中断共享功能，同时 DMA 通道也扩充到 8 个。AT 总线也称 ISA 总线标准。

1989 年，COMPAQ 公司联合 HP、AST 等 9 家计算机公司，在 ISA 总线基础上，推出了适应 32 位微处理器的系统总线标准 EISA。图 21-53 所示为研华 ISA 总线 PCL 818HG 多功能卡及配套端子板。

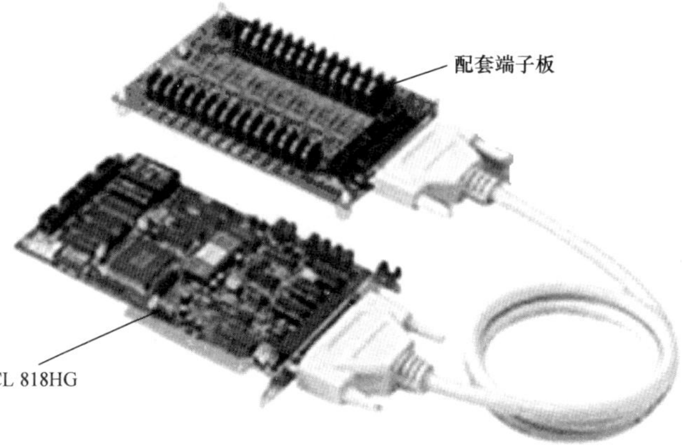


图 21-53　研华 ISA 总线 PCL 818HG 多功能卡及配套端子板

2）PCI 总线是介于 CPU 芯片级总线与系统总线之间的一级总线。外设通过 PCI 总线与 CPU 的数据传输率得以大大提高，支持 64 位数据传送、多总线主控模块和线性触发读写，采用并发工作方式。图 21-54 所示为研华 PCI 总线 PCI－1712 多功能卡及配套端子板。

PCI 总线的主要特点如下：

PCI 总线时钟频率为 33MHz，与 CPU 时钟无关；总线带宽为 32 位，可扩充到 64 位。

PCI 传输率高，最大传输率为 133MB/s（266MB/s），有效提高了硬盘、网络界面卡的性能；充分发挥影像、图形及各种高速外围设备的性能。

PCI 采用数据线和地址线复用结构，减少了总线引脚数，节省了线路空间，降低了设计成本。

（2）外部总线　外部总线是指用于计算机与计算机之间或计算机与其他智能外部设备之间的通信线路。常用的外部总线有 IEEE－488 并行总线、RS－232C 串行总线和 RS－485 通信总线。

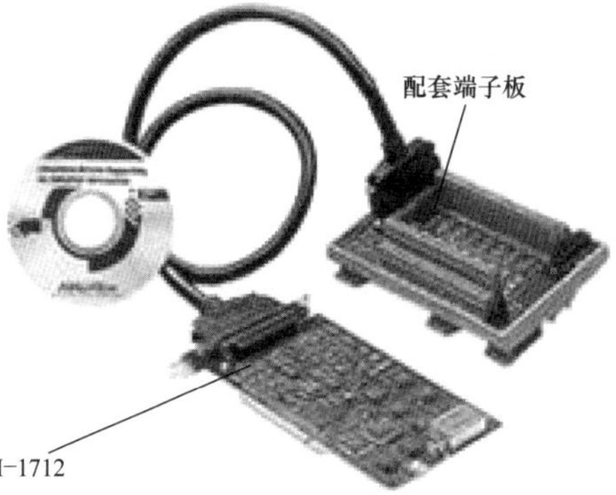


图 21-54　研华 PCI 总线 PCI－1712 多功能卡及配套端子板

**4. IPC 输入/输出（I/O）板卡**

对于一个工业控制系统，除了 IPC 主机外，还应配备各种用途的输入/输出（I/O）接口部件，即 I/O 板卡。其基本功能是连接计算机与工业生产控制对象，并进行必要的信息传递和信息变换。

基于 PC 总线的板卡种类很多，按照板卡处理信号的不同可以分为模拟量输入板卡（A/D 卡）、模拟量输出板卡（D/A 卡）、开关量输入板卡、开关量输出板卡、脉冲量输入板卡、多功能板卡等。其中多功能板卡可以集成多个功能，如研华公司的 PCI－1712 多功能卡就是将数字量输入/输出、模拟量输入/输出等功能集成在同一张卡上。

输入/输出板卡根据总线的不同，可分为 PXI/CPCI 板卡和 PCI 板卡。

还有其他一些专用 I/O 板卡，如智能接口卡、虚拟存储板（电子盘）、信号调理板、专用（接线）端子板等。

工业控制需要处理和控制的信号主要有模拟量信号和数字量信号（开关量信号）两类，下边简要介绍这两类板卡的性能指标。

（1）模拟量输入/输出板卡

1）模拟量输入板卡的主要指标如下。

① 输入信号量程：即所能转换的电压（电流）范围。具有 0～200mV，0～5V，0～10V，±2.5V，±5V，±10V，0～10mA，4～20mA 等多种范围。

② 分辨率：定义为基准电压与 $2^{n-1}$ 的比值，其中 $n$ 为 D/A 转换的位数。有 8 位、10 位、12 位、16 位之分。分辨率越高，转换时对输入模拟信号的变化就越灵敏。

③ 精度：指 A/D 转换器实际输出电压值与理论值之间的误差。有绝对精度和相对精度两种表示法。通常采用数字量的最低有效位作为度量精度的单位，如 ±1/2LSB。

④ 输入信号类型：电压或电流型；单端输入或差分输入。

⑤ 输入通道数：单端/差分通道数，与扩充板连接后可扩充通道数。

⑥ 转换速率：30000 采样点/s、50000 采样点/s 或更高。

⑦ 可编程增益：1～1000 增益系数编程选择。

⑧ 支持软件：可支持多种应用软件并带有多种语言的接口及驱动程序。

2）模拟量输出板卡的主要指标如下。

① 分辨率：与 A/D 转换器定义相同。

② 稳定时间：又称转换速率，是指 D/A 转换器中代码有满度值的变化时，输出达到稳定（一般稳定到与 ±1/2 最低位值相当的模拟量范围内）所需的时间，一般为几毫微秒到几十毫微秒。

③ 输出电平：不同型号的 D/A 转换器件的输出电平相差较大，一般为 5～10V，也有一些高压输出型为 24～30V。电流输出型为 4～20mA，有的高达 3A 级。

④ 输入编码：如二进制 BCD 码、双极性时的符号数值码、补码、偏移二进制码等。

⑤ 编程接口和支持软件：与 A/D 转换器相同。

（2）数字量输入/输出板卡　在工业控制现场，除随时间而连续变化的模拟量外，两态开关信号可视为数字量（开关量）信号。对于这种数字量（开关量）信号的输入/输出控制可由输入/输出板卡实现。数字量输入/输出板卡分为非隔离型和隔离型两种，隔离型一般采用光电隔离，少数采用磁电隔离方法，其目的在于从电路上把干扰源和易受干扰的部分隔离开来，使测控装置与现场仅保持信号联系，而不直接发生电的联系，这样能有效地抑制系统噪声，消除接地回路的干扰。另外，隔离可避免误接入的强电信号对计算机系统的损坏。

数字量输入（DI）板卡将被控对象的数字信号或开关状态信号输送给计算机，或把双值逻辑的开关量变换为计算机可接收的数字量。数字量输出（DO）板卡把计算机输出的数字信号传送给开关型的执行机构，控制它们的通、断或指示灯的发光、熄灭等。

数字量通道板卡从输入/输出功能上可分为单纯的数字量输入板卡、数字量输出板卡和数字量双向通道（DI/DO）板卡。

（3）多功能数据采集卡 PCI－1712 介绍　PCI－1712 是研华的一款典型的高性能多功能数据采集卡，符合 PCI Rev 2.2 规范，是一款即插即用板卡，无须设置基地址和中断，在工业控制系统中得到了广泛的应用，具有一定的代表性，以下对其性能和使用方法做简要介绍。

1）PCI－1712 主要性能指标。图 21-54 所示为 PCI－1712 及与之配套的接线端子板的实物照片。该卡具有如下特性：

① 具有 1MHz 采样速率的 12 位 A/D 转换器，A/D 通道具有 16 路单端或 8 路差分模拟量输入。

② 具有板上 FIFO 缓存，可以为 A/D 缓存采样点（12 位数字量）1K，为 D/A 缓存输出点（12 位数字量）32K。

③ 具有连续波形输出功能的 2 路 12 位 D/A 输出通道，每个通道模拟输出可达到 500kS/s（S 指输出点），可以输出连续波形，也可以将循环波形数据下载到板上 FIFO 缓存以便连续输出。

具有 16 路数字量输入通道和 3 路 10MHz、16 位可编程多功能定时/计数通道。定时/计数器可用于 A/D 转换的定时触发，也可用作事件计数、脉冲产生、频率产生、频率测量和脉冲宽度测量等。

2）PCI－1712 模拟量输入简介。

① PCI－1712 模拟量输入增益、范围和极性。PCI－1712 具有 16 路单端或 8 路差分模拟量输入。每个模拟量输入通道均提供可编程增益，可以接收各种模拟量信号，提供通道/增益/单端、差分输入/单极性、双极性输入的自动扫描电路，该电路可在

采样时控制多路开关切换，每个模拟输入通道的增益值、单端或差分输入方式、单极性或双极性输入方式被存储在板上 SRAM 中，允许使用者用不同的增益多通道高速采样。表 21-3 列出了 PCI－1712 模拟量输入增益、范围和极性。

**表 21-3 PCI－1712 模拟量输入增益、范围和极性**

| 增益 | 单极性模拟输入范围 | 双极性模拟输入范围 |
|---|---|---|
| 0.5 | 无 | ±10V |
| 1 | 0～10V | ±5V |
| 2 | 0～5V | ±2.5V |
| 4 | 0～2.5V | ±1.25V |
| 8 | 0～1.25V | ±0.625V |

② PCI－1712 模拟量输入触发源。为满足数据采集同步的要求，PCI－1712 提供了各种数据采集触发源。触发源是模拟量输入开始启动采集的信号，可以是软件触发、模拟阈值触发，也可以是外部数字触发。触发源可以是数字信号也可以是模拟信号。模拟信号触发源来自专用的输入端子，可以将任何模拟信号输入通道设置为模拟信号触发源，触发电平可以设定为 0V 至 A/D 满量程电压（A/D FSR）之间的任何值。当用数字信号作为触发信号时，可以利用软件中断、外部或内部时钟协同 A/D 和 D/A 转换器步调。

软件触发：程序执行到启动数据采集的瞬间即触发。

模拟阈值触发：设定某个特定电压（阈值）作为采集的触发点，当模拟输入量高于或低于该电压时触发，触发的模拟信号可以由外部设备提供，也可以由采集卡本身提供。该触发信号接入 PCI－1712 配套接线端子板（PCLD－8712）的 ANA_TRG 引脚。

外部数字触发：外部 TTL 电平的上升沿或下降沿可以作为模拟量采集的触发点，将该触发电平接入 PCI－1712 配套接线端子板的 AI_TRG 引脚实现外部数字触发。

③ PCI－1712 的模拟量输入触发模式。依据相对于触发事件同步时机的不同，PCI－1712 的模拟量输入触发模式有单值、协同、零延迟触发、正延迟触发、负延迟触发和全触发共六种，通过硬件和软件共同实现。下面分别介绍这几种模拟量输入触发模式。

a）单值（Single Value）模式是最简单的触发模式，软件发一次触发命令，A/D 转换器转换一个数据，用户可通过检查 A/D 的 FIFO 缓存状态（A/D_F/E on Read BASE＋8）确认接收数据是否准备好。

b）协同（Pacer）模式用于需要精确控制每个通道在一次扫描中转换时间间隔的场合，A/D 转换时钟来自 A/D 计数器或外部 AI_CLK 引脚信号，当接收到第一个时钟信号时 A/D 转换开始，如果时钟信号持续发送，转换将一直进行不会停止，转换数据存入 A/D 的 FIFO 缓存。但值得注意的是，对于高速采集，必须使用 DMA 传输以防数据丢失。

c）零延迟触发（Post - Trigger）模式基于事件触发获取数据。当使用者下达开始采集的命令后，板卡会启动 DMA 并等待触发事件，检测到触发事件就立即开始采样；当设定的零延迟触发采样点数达到或下达了停止命令时，采样停止，如图 21-55 所示。该触发模式工作在 DMA 数据传输模式启动状态下，使用时需要设置以下参数：设定为 Post - Trigger 模式，设定 A/D 采样时钟源和采样频率，设定触发源和边沿类型，设定采样点数 $N$。

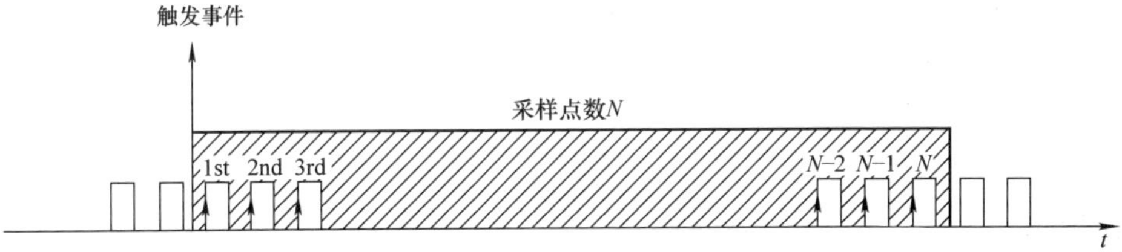


图 21-55　零延迟触发模式

d）正延迟触发（Delay - Trigger）模式。在正延迟触发模式中，采样在触发事件发生后延迟一个预先设定的点数后开始进行，延迟的数据点数可在 DMA 计数器中设定，范围为 2 ~65535。检测到触发事件后，延迟设定的 $M$ 个点后才开始采样，当设定的采样点数 $N$ 达到或下达了停止命令时，采样停止，如图 21-56 所示。该触发模式工作在 DMA 数据传输模式启动状态下，使用时需要设置以下参数：设定为 Delay - Trigger 采样模式，设定 A/D 采样时钟源和采样频率，设定触发源和边沿类型，设定采样点数 $N$，设定延迟点数 $M$。

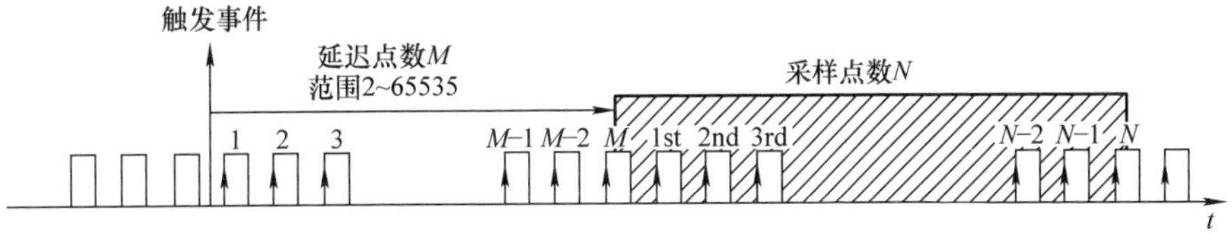


图 21-56　正延迟触发模式

e）负延迟触发（Pre - Trigger）模式。当需要触发事件发生前的数据时可以使用负延迟触发模式。在该模式中，数据采集在下达开始命令后立即启动，以 DMA 传输方式持续将数据存至 FIFO 缓存，一旦触发事件发生后，数据采样会在 2 个数据点后停止，并将触发之前的采样数据上传，如图 21-57 所示。使用时需要设置以下参数：设定为在 Pre - Trigger 模式，设定 A/D 采样时钟源和采样频率，设定触发源和边沿类型，设定需要的总采样点数为 $N$，设定实际总采样点数为 $N+2$。

f）全触发（About - Trigger）模式。在全触发模式中，可以同时获取触发事件前后的数据，相当于包含了一个负延迟触发和一个零延迟触发。该模式可指定 $N-M$

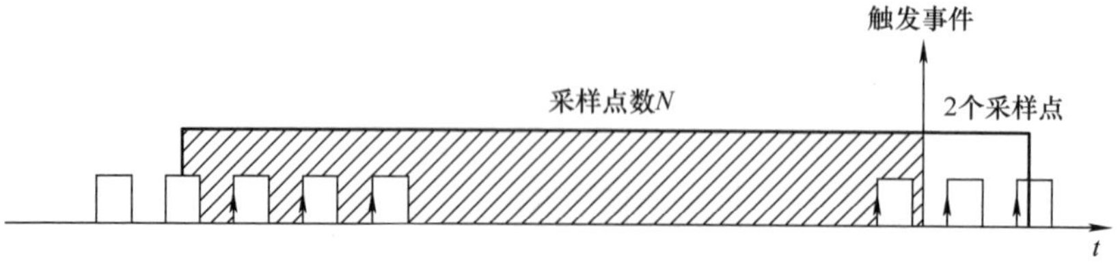


图 21-57　负延迟触发模式

（触发前）+$M$（触发后）的数据，用以观察在触发前后信号变换的情况。预先设定的点数最小值为 2，最大值取决于主 IPC 的内存。在全触发模式中，须先指明可分配的内存和触发事件发生后要抓取采样的数据点数。当接收到第一个时钟信号时即开始采样。检测到触发事件发生后，采集将继续进行，直到指定的采样点数达到为止。当 PCI－1712 检测到全触发事件，它将保持当前采样的点，将总的采样点数保存至 FIFO 中，如图 21-58 所示。使用时需要设置以下参数：设定为 About－Trigger 采样模式，设定 A/D 采样时钟源和采样频率，设定触发源和边沿类型，设定总采样点数 $N$，设定触发前采样点数 $M$。

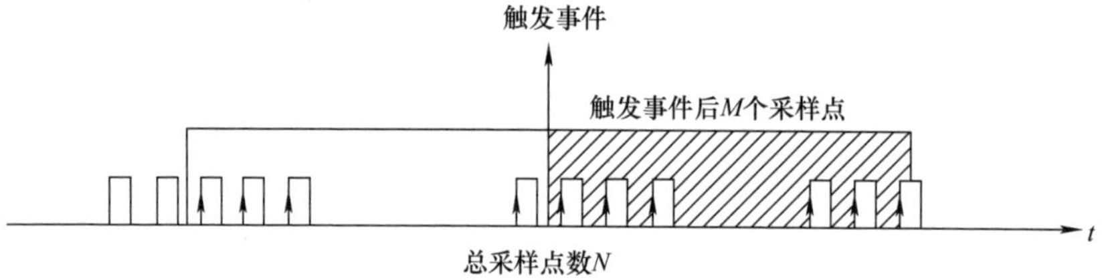


图 21-58　全触发模式

④ PCI－1712 模拟量输入方式分为单端输入和差分输入。

a）单端输入时，每个信号只接入一个模拟量输入通道。该输入方式适合浮地信号，并在 PCI－1712 板卡上提供一个公共参考地（AIGND）。图 21-59 所示为单端输入信号接入 PCI－1712 的接线图。

b）差分输入信号占用两个模拟量输入通道，测量的信号为两个通道的电压差。当 PCI－1712 所有的模拟量输入通道设置均为差分方式时，只有 8 路模拟量可以输入。当信号源为对地参考信号时差分输入可以有效避免信号源和计算机系统的对地信号之间电压（共模电压 Vcm）不同造成的干扰。图 21-60 所示为差分输入信号接入 PCI－1712 的接线图。

3）PCI－1712 模拟量输出简介。

① PCI－1712 模拟量输出范围。PCI－1712 模拟量输出不同满量程值对应的输出电压范围见表 21-4。

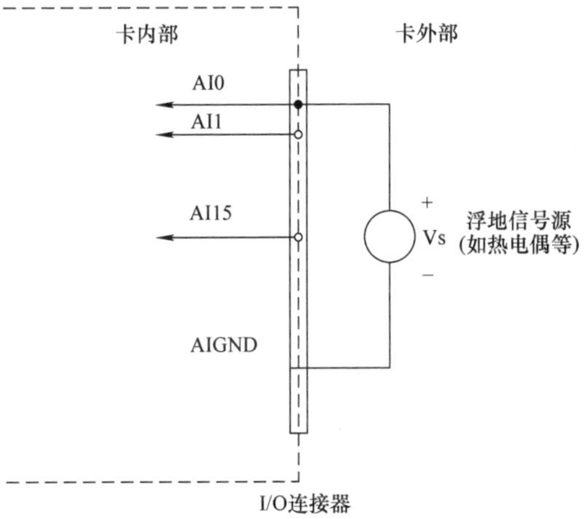


图 21-59　单端输入信号接入 PCI－1712 的接线图

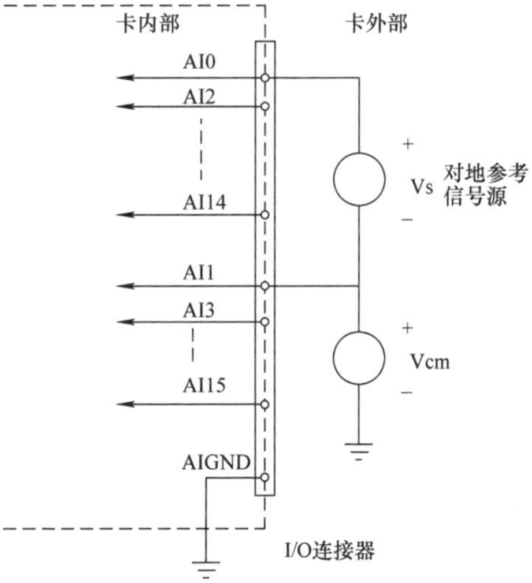


图 21-60　差分输入信号接入 PCI－1712 接线图

**表 21-4　PCI－1712 模拟量输出不同满量程值对应的输出电压范围**

| 电源 | 单极输出 | | 双极输出 | |
|---|---|---|---|---|
| | 范围 | FS | 范围 | FS |
| 内部 | 0～5V | 5 | ±5V | 10 |
| | 0～10V | 10 | ±10V | 20 |
| 外部 | 0～*x*V | *x* | ±*x*V | 2*x* |

② PCI－1712 模拟量输出接线。PCI－1712 具有 2 路 12 位模拟量输出通道，引脚为 AO0_OUT 和 AO1_OUT。当利用板卡内部提供的 5V 或者 10V 电源设置模拟量输出范围时，可以产生 0～5V 或 0～10V 的单极 D/A 输出和－5～5V 或 －10～10V 的双极 D/A 输出。也可以通过 AO0_REF 和 AO1_REF 引脚将外部电压设为参考电压来设置 D/A 输出范围。例如，当外部参考电压为＋7V 时，将产生 0～7V 的 D/A 单极输出或 －7～7V 的双极输出。图 21-61 所示为 PCI－1712 模拟量输出接线图。

（4）其他板卡

1）定时器/计数器板卡。工业监控系统中常需要进行工件数量计数，测定脉冲序列间隔，产生 PWM 信号等工作，这些工作通常需要精确计时或计数，IPC 系统专门提供定时器/计数器板卡完成这些工作。

2）信号调理板卡。信号调理是指将现场输入信号经过隔离放大，成为 IPC 能够接收的标准信号电平，以及将计算机输出信号经过放大、隔离转换为工业现场所需的信号电平的处理过程。

在工业控制中，由传感器输出的电信号不一定满足 A/D 转换和数字量输入的要

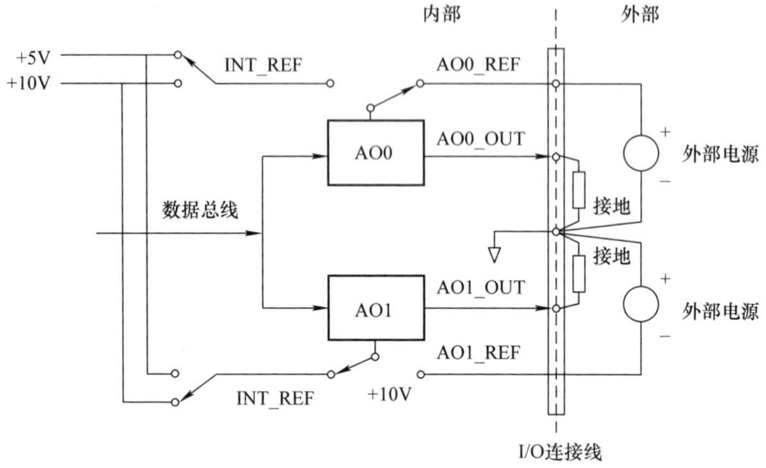


图21-61 PCI－1712模拟量输出接线图

求，数据采集系统的输入通道中应采取措施对现场信号进行放大、滤波、线性化、隔离和保护等措施，使输入信号能够满足数据采集要求，控制系统的输出通道也存在同样问题。

3）通信板卡。通信板卡是为实现PC之间以及PC与其他设备间的数据通信而设计的外围板卡，有智能型和非智能型两种，通信方式采用RS－232或RS－485方式或两者兼而有之，以串行方式进行通信，波特率为75～56000bps，通道数4～16可供选择。

4）远程I/O模块。在工业现场，安装了各种类型的传感器，如压力、温度、流量、液位等模拟量传感器，以及滤油器报警、球阀开关、电动机起停、压力继电器等开关量传感器。受现场环境的限制，传感器信号（如压力传感器输出的电压信号或者电流信号）由于不能远距离传送或是因为传感器布线太多，一般会选用分布式或者远程的采集卡（模块）在现场把信号转换成数字量，然后通过各种远程通信技术（如RS－485、CAN总线、以太网及各种无线网络等）把数据传送到计算机或者其他控制器中进行处理。这样的系统称为分布式监控系统。

远程I/O模块可放置在生产现场，将现场的信号转换成数字信号，经远程通信线路传送给计算机。因各模块均采用隔离技术，可方便与通信网络相连，大大减少了现场接线的成本。目前的远程I/O模块多采用RS－485总线，并正在向现场总线方向发展。如研华基于RS－485总线的ADMA－4000系列远程数据采集模块，基于工业以太网的ADAM－6000系列远程数据采集模块系列等。

**5. IPC应用实例**

（1）IPC＋I/O板卡构成测控系统　IPC测控系统构建过程十分简单，无须对计算机硬件有深入了解即可快速构成一个测控系统，特别适合没有过多计算机知识背景的机械类等专业人员开发系统。由于 IPC 和各种 I/O 板卡均有非常成熟的商业化产品，每一种板卡均提供了完善的板卡驱动软件，使用 I/O 板卡难度并不大。

1）IPC + I/O 板卡测控系统硬件构建。构建一个 IPC 测控系统可以根据系统对精度、快速性等指标的要求，选用合适的 I/O 板卡插入 IPC 中，像“搭积木”一样快速构建出测控系统，如图 21-62 所示。

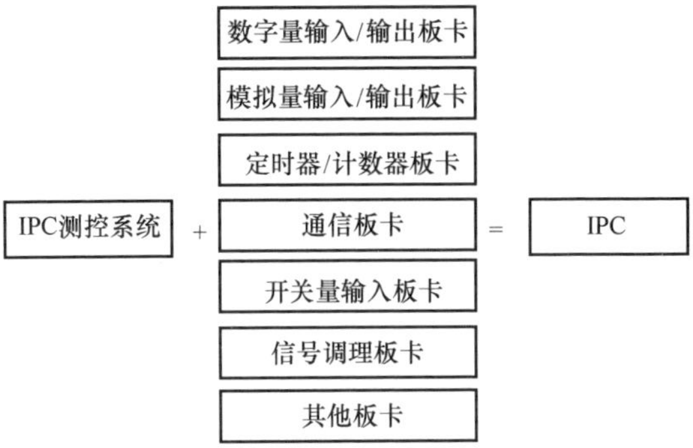


图 21-62　IPC + I/O 板卡测控系统硬件构建

2）信号接入板卡的方法如下。

① 差分测试系统（DIFF）。可避免接地回路干扰和因环境引起的共模干扰。当输入信号具备以下条件时，应使用差分测试系统：低电平信号（如小于 1V）；信号电缆比较长或没有屏蔽，环境噪声较大；输入信号要求有自己单独的参考点。

② 单端测试系统。尽管差分测试系统是一种比较理想的选择，但是单端测试系统可以使用两倍的测试通道。单端测试系统的所有信号都参考一个公共参考点（仪器放大器的负极）。当输入信号符合以下条件时可以使用单端测试系统：高电平信号（通常大于 1V）；距离比较短（通常小于 5m）或电缆的屏蔽性能较好，环境无噪声；所有信号可以共享一个公共参考点。

单端测试系统又可分为参考单端（RSE）测试系统和非参考单端（NRSE）测试系统。

参考单端：浮地差分输入。如果一个浮地信号以差分的方式接入板卡，信号源就有可能超过程控增益放大器（PGIA）的共模信号输入范围，程控增益放大器将饱和而不能正确读出输入电压。此时应该在浮地信号的两端与 AIGND 端之间接入偏置电阻。

非参考单端：接地单端输入。接地信号以单端方式接入板卡，与参考单端测试系统不同的是，所有输入信号都已经接地，因此信号参考点不需要再接地，可避免接地回路干扰。

需要注意的是，信号源可以根据接地情况的不同分为接地信号（参考地信号）和浮地信号。接地信号是指信号电压的零电位参考点是系统地（如大地或建筑物的地），即信号是一端接地的电压信号。常见接地信号有信号发生器、有电源供电设备、不带隔离的仪器（往往用插座接电）的输出等，还有液压系统中没有设置信号隔离器（参考地信号）的传感器（变送器）的信号输出。浮地信号是指不与任何地连接的电压信号。常见的浮地信号有电池、热电偶、变压器和带隔离的信号处理装置的输出等，如液压系统中各种具有隔离输出功能或设置了信号隔离器的传感器（变送器）的信号输出。

一般来说，接地信号的测量可以用差分或非参考单端方式；浮地信号的测量，可以用上述三种测量方式。此外，在用差分和非参考单端方式时，为避免叠加在输入端的共模电压（仪器放大器输入端相对于仪器放大器接地端之间的电压）超出允许范围，需要在测量端与测量地之间连接偏置电阻。

3）IPC 测控系统软件开发。IPC 测控系统软件分为板卡的驱动软件和应用软件，前者由板卡供应商提供，用户只需安装即可。后者为针对系统开发的应用程序，需要设计者利用 C 语言等开发语言编写程序。一般 IPC 板卡供应商提供了基于 C 语言、VB、VC 和 LabVIEW 等常用开发语言的示例程序，开发者只需做一些适合自己的修改就可以应用。另外，有些板卡供应商还提供了开发好的板卡操作和读写控件（*.ocx 文件）供可视化编程，或提供动态链接库程序（*.dll 文件，可认为是打包了的板卡操作和读写软件包），开发者只需调用这些控件或动态链接库，设置入口参数，即可操作或读写相应的板卡。

（2）IPC + 远程 I/O 模块构成测控系统　IPC 与远程 I/O 模块可以非常快捷地构成分布式监控系统，现以研华生产的 ADMA－4000/5000 系列远程 I/O 模块为例介绍其基本形式。

ADMA 系列模块是内有微处理器的智能化产品，它将远程传感器的信号数字化后以 ASCII 格式传送至上位计算机（如 IPC），通信协议为 RS－485。ADMA 系列模块提供了信号调理、隔离、模拟量输入/输出（A/D 和 D/A 转换）、数字量输入/输出和数字通信等功能。通信距离为 1200m（超过 1200m 或模块数超过 32 个时，可以加中继器进行扩展，一共可以加 8 个中继器，达到 256 个模块）。波特率 1200bit/s ~ 115.2kbit/s，具有自动数据流量控制的功能。图 21-63 所示为 IPC 和 ADMA－4000 系列模块构成的分布式监控系统示意图。

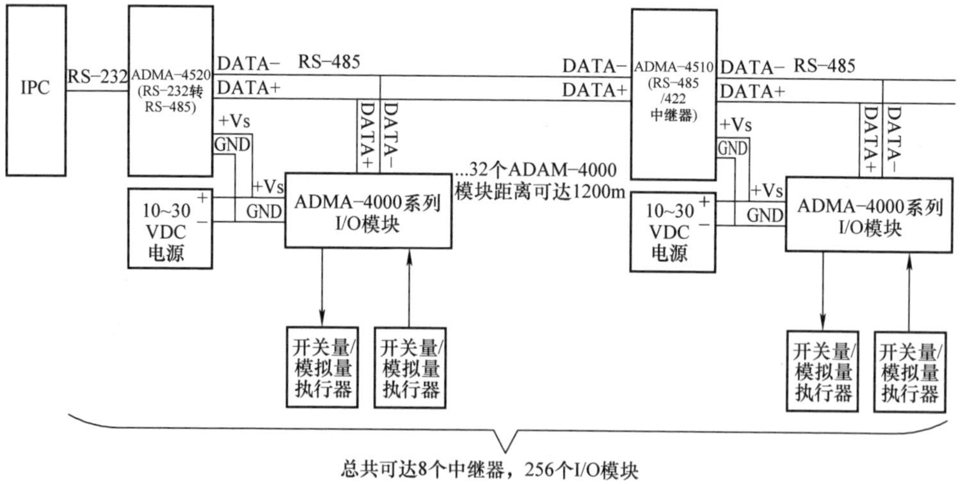


图 21-63　IPC 和 ADMA－4000 系列模块构成的分布式监控系统示意图

## 21.2.3　基于 RTW 体系框架的 xPC 目标

xPC 目标是 Math Works 提供的一个基于 RTW 体系框架的附加产品，可将计算机或 PC 兼容机转变为一个实时系统，而且支持许多类型的 I/O 设备板卡（包括 ISA 和 PCI 两种类型的板卡），用来实现控制系统或 DSP 系统的快速原型化、硬件在回路中的测试和配备实时系统的功能，是一种用于产品原型开发、测试和配置实时系统的 PC 解决途径。

xPC 目标采用了宿主机 - 目标机的技术途径，即“双机”模式，如图 21-64 所示。宿主机和目标机可以是不同类型的计算机。其中，宿主机用于运行 Simulink，而目标机则用于执行所生成的代码。xPC 目标提供了一个运行在目标机上高度缩减型的实时操作内核，该实时操作内核采用了 32 位保护模式。xPC 目标通过以太网连接或者串口线连接以实现宿主机和目标机之间的通信。

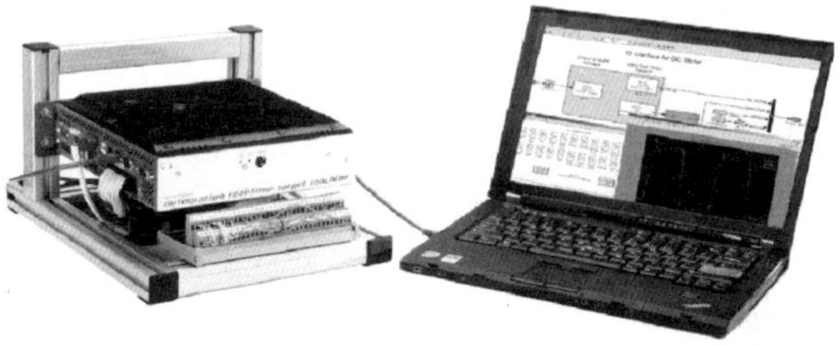

图 21-64　xPC 目标“双机”模式

在 xPC 目标环境下，用户可以选择将安装了 MATLAB、Simulink 或 Stateflow 软件的 PC 作为宿主机，用 Simulink 模块和 Stateflow 来创建模型并非实时地进行仿真。然后用 RTW、Stateflow 代码生成器和 C 编译器来生成可执行代码并将其在第二个 PC 兼容机上实时地运行。图 21-65 所示为 xPC 目标快速原型化环境。

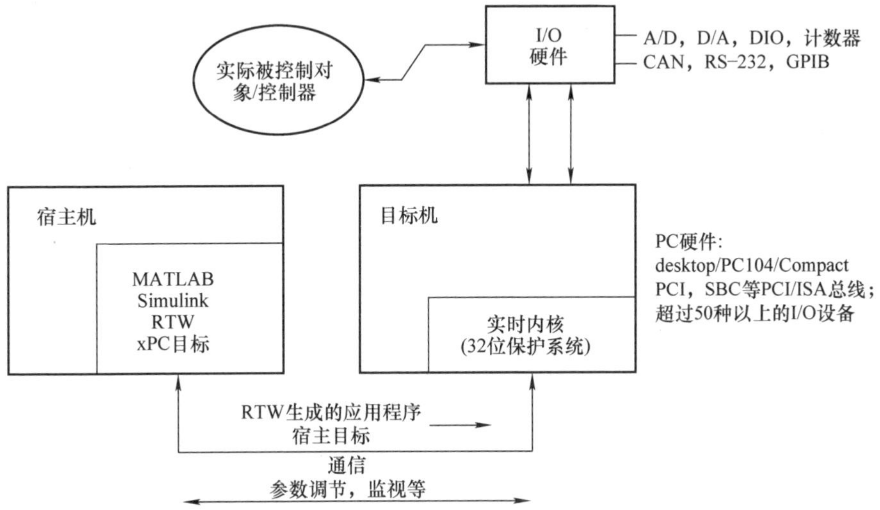


图 21-65　xPC 目标快速原型化环境

xPC目标的特点：①可将任何286/486/奔腾或AMD K5、K6的PC作为实时目标机，同时还支持包括工业PC、PC104、PC104+、CompactPCI等在内的PC兼容机（或单板机）。并在此目标机上实时运行Simulink和RTW生成的应用程序。②具有丰富的I/O设备驱动模块库，支持包括CAN总线在内的40余种标准板。③宿主机和目标机通过RS-232或TCP/IP协议进行通信（可直接连接或通过局域网、Internet进行连接）。④MATLAB应用程序界面（API）采用服务器/客户机模式，提供了几十个函数用于宿主机对目标机的控制。⑤可在程序运行时从宿主机上动态调整参数。⑥在宿主机和目标机上都可进行交互式的数据可视化和信号跟踪。⑦支持Watcom 10.6以上或Microsoft Visual C/C++5.0以上版本的开发工具。⑧利用xPC目标的嵌入式模块，可以使目标机系统工作于单机运行模式中。

**1. xPC目标的软件环境特征**

xPC目标软件环境具有许多特征，有助于用户对实时系统快速原型化、测试和配置功能的实现。

（1）实时内核　xPC目标不需要在目标机上安装DOS、Windows、Linux或任何一种操作系统，用户只需要用特殊的启动盘启动目标机。该启动盘内包含了高度优化的xPC目标的实时内核。

BIOS是xPC目标实时内核所需的唯一软件。启动过程在载入BIOS后，BIOS将自动搜索目标启动盘，以寻找启动映像文件，文件包括一个16位部分和一个32位部分。首先运行16位部分，准备描述符列表并将CPU切换到保护模式下的其他准备工作；然后运行32位部分，为运行实时内核设置目标机环境，然后开始执行实时内核。调入实时内核后，目标机将不再调用BIOS或DOS函数功能。所有CPU主板上的资源都是完全通过I/O地址进行访问的。

（2）实时应用程序　xPC目标实时应用程序（即目标应用程序）是RTW、Stateflow代码生成器从Simulink/Stateflow模型生成的，可在无任何操作系统的标准PC上实时运行。其特点如下。

1）32位的内存管理模式。目标应用程序被编译为具有平面存储模式的Windows NT应用程序，提供了完全的32位能力，无须在16位内存段与DOS扩展器之间进行切换，因而执行效率高，且不依赖于DOS或任何一种微软公司的操作系统。

2）较快的任务执行时间。xPC目标应用程序可高速并实时地执行。对于较小的Simulink模型，其采样时间可达到10μs（100MHz）。通常，目标应用程序执行的速度取决于模型大小、复杂程度和目标机上的硬件。

（3）信号采集和分析　xPC目标的信号采集过程是通过实时内核来完成的。实时应用程序的信号数据存储在目标机的RAM中，可用来进行分析。

1）信号监视模式，不包含时间信息的信号采集过程。用户可获得当前一个或多个信号值。该信号并不是在实时任务中获得的，而是后台任务中获得的，采集信号的过程不会增加实时应用程序的计算负担。

2）信号记录模式，实时运行过程中获取信号数据的过程。所采集的样本具有时间标记信息。当程序运行到终点或用户手动结束程序运行后，宿主机就会发出从目标机上传数据的请求，然后用户就可将信号可视化或将数据存储于硬盘上。

3）信号跟踪模式，实时运行过程中获取信号并可视化的过程。所采集的样本具有时间标记信息。可以使用户采集信号数据并在目标机上进行可视化，或将信号数据上传到宿主机上并进行可视化，与数字示波器很相似。

（4）目标应用程序参数调节功能　在目标应用程序运行前或运行中有很多 Simulink 模块的参数是可以改变的。例如，Sine Wave 模块的可变参数包括振幅和频率。对于 xPC 目标可以采用如下两种方式对模块参数进行调节。

1）交互方式。xPC 目标支持在目标应用程序实时运行过程中对参数进行交互式的调整，对参数的改变将立即反映到信号输出中。

2）脚本和批处理过程。xPC 目标提供了可在目标程序运行时或运行间改变参数的命令。用户可通过编写脚本程序来改变参数并对信号输出进行监视来获得参数的最佳值。

**2. xPC 目标的硬件环境**

xPC 目标所需的硬件环境包括宿主机、目标机、目标机上的 I/O 板和宿主机与目标机之间的串口或网络连接设备。

（1）宿主机　任何一台安装了 Windows 的 PC 都可作为 xPC 目标的宿主机。宿主机可以是任何一种台式 PC 或笔记本计算机。

（2）目标机　目标机由 xPC 目标所创建的特制目标启动盘启动。目标机可以是个人 PC 或工业 PC 的任一种。

（3）宿主机与目标机的通信连接　xPC 目标支持两种宿主机和目标机的连接和通信方式，即串口通信和网络通信。

1）串口通信连接。宿主机和目标机通过 RS－232 端口的串行电缆进行通信连接，如图 21-66 所示。若采用直接连接方式（即不通过调制解调器进行连接），串口电缆可以长达 5m，传输速率可在 1200～115200bit/s 变化。

图 21-66　串口通信连接

2）网络通信连接。宿主机和目标机通过局域网、因特网或直接用交叉线型的以太网电缆进行连接，如图 21-67 所示。在使用网络连接时，目标机可使用 xPC 提供的以太网卡或任何 xPC 目标支持的网卡。数据传输速率限制在 10Mbit/s 以下。

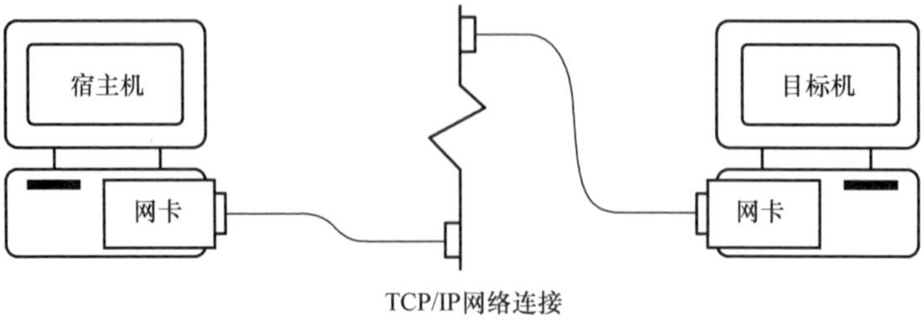


图 21-67 网络通信连接

### 3. xPC 目标输入/输出设备驱动程序支持

xPC 目标支持多种类型的 I/O 设备板，所支持的 I/O 板列表中包括 ISA、PCI、PC104 和 CompactPCI 硬件，这些设备驱动程序通过 Simulink 模块进行描述。用户可通过 Simulink 模块及其参数对话框实现对设备驱动程序的访问。

I/O 板模块库——xPC 目标提供的 Simulink 模块，用户可像使用其他任何标准的 Simulink 模块的方法一样，通过鼠标拖动将 I/O 设备驱动模块连接到模型中。

输入/输出支持——xPC 目标提供的 I/O 设备驱动模块库支持多达 40 种标准设备板卡。xPC 目标支持的 I/O 功能见表 21-5。

表 21-5 xPC 目标支持的 I/O 功能

| I/O 功能 | 概 述 |
|---|---|
| 模拟输入（A/D）和模拟输出（D/A） | 用于连接目标应用程序和外部传感器及执行机构 |
| 数字输入（DI）和数字输出（DO） | 用于开关转换器和开关设备接口，以及并行通信 |
| RS-232 支持 | 用于 COM 1 和 COM 2 端口串口的通信 |
| CAN 设备总线支持 | 支持 Softing GmbH 提供的 CAN-AC2，CAN-AC2-PCI 和 CAN-AC2-104 板。xPC 目标提供的 CAN 设备驱动程序可让用户通过 CAN 现场总线（fieldbus）网络进行连接，实现实时应用程序与远程传感器及执行机构之间的通信。该设备驱动程序与 CAN 2.0A 及 2.0B 相兼容，并使用了动态对象模式 |
| GPID 支持 | 专用的 RS-232 设备驱动程序支持 National nstruments 的 GPID 控制模块的通信 |
| 计数器 | 脉冲和频率的代码调制应用程序 |
| 看门狗（watchdog） | 对中断或者内存区域进行监视，具有重启计算机的能力 |
| 递增编码器（Incremental Coder） | 用于将物理运动变换为数字信息，确定位置、旋转方向和速率 |
| 共享存储器 | 用于多进程的应用程序 |

如果没有采用 xPC 目标提供的 I/O 设备，则需自己编写设备驱动程序，这时可参考 xpcblocks 文件夹下的各种设备驱动程序模块的源代码来编写程序，并存为 filename.c，然后在 MATLAB 命令窗口输入命令“mex filename.c”，MATLAB 自动调用编译器生成 mex 动态连接库文件 filename.dll，并将其设置到 MATLAB 的搜索路径中，最后将文件封装成一个 S-function 模块，进行参数设置即可。

#### 4. 基于 xPC 目标的半实物仿真实现过程

xPC 目标方案的整个开发过程：首先在宿主机用 Simulink 建立模型，进行仿真前的参数配置，然后用 RTW 和一个 VC 编译器将模型编译为一个可执行文件并下载到目标机。目标机通过 U 盘启动 xPC 目标实时内核，运行从宿主机下载的 RTW 生成的目标应用程序，通过 I/O 通道与外部实物进行数据交换，最终实现半实物的实时仿真测试。在 xPC 目标环境下，可以从 MATLAB 中使用命令行或 xPC 目标的图形交互界面对程序的执行进行控制。在程序执行期间，可以交互地在线调整模型参数，信号绘图功能可以动态地观察信号波形，实现数据可视化和信号跟踪。如果目标机有监视器则可以使用 xPC 目标的目标管理器功能在目标机上直接观察信号和目标机的各种状态信息。

以直接用交叉线型的以太网电缆连接宿主机和目标机为例，主要步骤如下：

（1）系统软、硬件及相关程序安装

1）宿主机安装 MATLAB、Simulink、Real - Time Workshop、xPC 目标软件及 Microsoft Visual C/C + +5.0 以上版本的开发工具，如 Microsoft Visual C/C + +21 -0，并且应用 MATLAB 的 M 语言编写研华 PCI - 1712 板卡的驱动程序并安装。

2）研华工业控制计算机作为目标机，该目标机硬盘具有格式为 FAT32 的分区，安装 MaxDOS 7 工具箱软件，插入研华 PCI - 1712 板卡并安装相应驱动程序。

（2）网络通信及其环境属性设置　宿主机打开 xPC 目标环境设置对话框进行以下设置。

1）Select C compiler：Visual C。

2）Compiler Park：选择正确的编译器所安装的路径。

3）Host target communication：TCP/IP。

4）Target PC IP address：目标机的 IP 地址，如可设为 191. 168. 0. 1。

5）TCP/IP target port：该设置的默认值是 22222，必要时可设为大于 20000 的数字。

6）LAN subnet mask address：局域网的子网掩码地址，如将子网掩码地址设为 255. 255. 0. 0。

7）TCP/IP target driver：Auto。

8）TCP/IP target bus：PCI。

（3）创建目标机启动文件　在宿主机上插入 U 盘，打开“xPC Target Explorer”对话框，点击展开“TargetPC1”的下拉列表选择“Configuration”：右框中选择“DOS Loader”选项卡，选择创建目标机启动文件的路径，单击“Create DOS Loader”按钮。将出现“Creating xPC Target boot disk”对话框，该过程将持续 1 ~2min。在 U 盘上生成实时内核文件（checksum dat *. rtb 和 xpcboot. com）和一个批处理文件(autoexec. bat)，将 U 盘上的目标机启动文件拷入目标机硬盘具有格式为 FAT32 的分区中。

（4）创建 Simulink 模型　在 Simulink 中使用简单的拖拽模块的操作来建立

Simulink 模型图，然后输入模块参数和设置采用速率。如果模型包含连续时间系统，还需要设置积分算法。

（5）生成可执行的目标应用程序　在创建 Simulink 模型中，选择菜单命令“Tools”→“Real - Time Workshop”→“Build Model”或者直接按〈Ctrl + B〉下载目标机应用程序；打开“xPC Target Explorer”对话框：单击左框中“TargetPC1”，再单击工具栏中的“Connect to Target”按钮。右框中显示“Loaded App”“Mode”“Logging”“Stop Time”“Sample Time”“Average TET”“Execution Time”“Target Name”“Connected”。其中“Connected：Yes”表示目标机连接成功。

（6）执行实时目标应用程序。

### 21.2.4 基于嵌入式控制器 CompactRIO 的数字控制器

**1. LabVIEW 与 FPGA**

以 NI 的嵌入式控制器 CompactRIO 为核心，配置适当的 I/O 模块构成硬件平台，使用高效的 LabVIEW 图形化编程工具进行算法开发，是形成数字控制系统的一种方式。随着电液控制技术的发展，LabVIEW 与其相关仪器可以很好地满足系统的快速性和高精度的要求，。

LabVIEW 是虚拟仪器领域中最具代表性的图形化编程开发平台，是目前国际上首推并应用最广的数据采集和控制开发环境之一。与传统程序语言不同，LabVIEW 采用强大的图形化语言（G 语言）编程，面向测试工程师而非专业程序员，编程非常方便，人机交互界面直观友好，具有强大的数据可视化分析和仪器控制能力等特点。在 LabVIEW 开发环境下，用户可以创建 32 位的编译程序，从而为常规的数据采集、测试、测量等任务提供更快的运行速度。LabVIEW 是真正的编译器，用户可以创建独立的可执行文件，能够脱离开发环境而单独运行。LabVIEW 以及以 LabVIEW 为开发环境的 NI 数据采集和控制仪器，由于其编程简单，人机界面友好，开发周期短，数据采集方面的高性能等一系列优点，在各行各业中得到广泛的应用。

NI CompactRIO 为核心的系统提供了两种控制方式：扫描模式和 FPGA 模式。

FPGA 全称为现场可编程门阵列，可以看作一种万能芯片，可以通过软件改变它的硬件功能。在 FPGA 未上电之前，其内部是空白的，上电之后，通过读取内部存在的存储内容，FPGA 会自动配置，形成需要的功能芯片。LabVIEW FPGA 是以 LabVIEW 作为基本的开发环境，采用熟知的图形化编程方式来编写 FPGA 程序。结合 NI 的 FPGA 板卡，可以像编写常规的 LabVIEW 程序一样编写 FPGA 程序，不需要更多的计算机硬件方面的专业知识。不过，FPGA 工具包是有局限性的，它目前只能用于 NI 特定的硬件。

以上两种模式各有优缺点，用户可以根据系统控制的快速性和精度的不同要求，选择合适的模式对系统进行控制和数据采集。

**2. 以 NI CompactRIO 为核心构建电液高频振动试验台微型计算机控制系统**

现以 NI CompactRIO 为核心构建电液高频振动试验台微型计算机控制系统为例

说明 CompactRIO 的工作原理，如图 21-68 所示。该试验台包含液压泵站中的温度、压力、流量传感器和阀控缸测试系统中的位移、速度、压力等传感器。

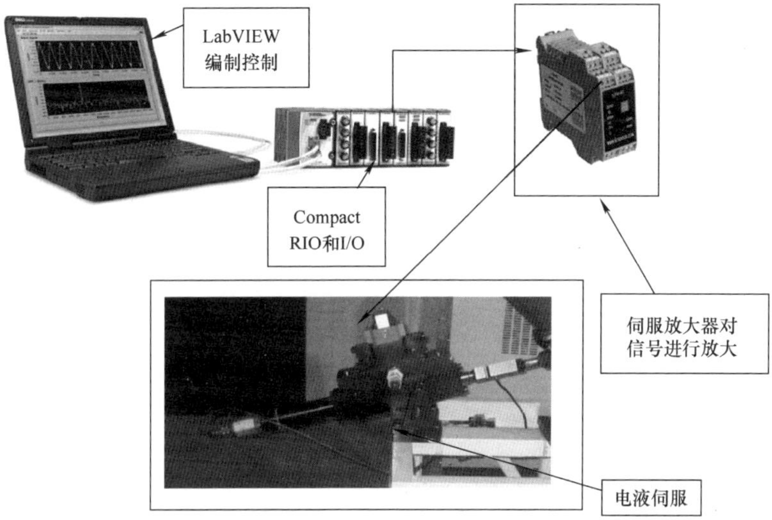


图 21-68　NI CompactRIO 为核心构建电液伺服微型计算机控制系统

（1）电液高频振动试验台硬件　该试验测试系统主要由三大部分构成：装有 LabVIEW 开发软件的研华 IPC 一台；载有 D/A（NI 9265 或 NI 9263）、A/D 数据采集卡（NI 9265）的 CompactRIO－9075 机箱部分（带有 FPGA 模块）；包括电液位置控制的高频伺服系统试验台。

在扫描模式下，IPC 作为 CompactRIO 机箱的上位机，携带有数据采集卡的 CompactRIO 机箱作为下位机。上位机主要负载控制和监视下位机的运行，下位机主要负责数据的发送和采集。

在 FPGA 模式下，IPC 作为前期的程序编译和下载工具，运行过程中作为系统监视器存在。CompactRIO 机箱作为 FPGA 的上位机存在。CompactRIO 机箱携带的 FPGA 模块作为 CompactRIO 机箱的下位机，可以直接调用插在 CompactRIO 机箱中的数据采集卡。

（2）CompactRIO 扫描模式系统构成　在 LabVIEW 扫描模式下，上位机由 IPC 担任，主要负责向下位机发送指令，接收下位机返回的信号，并对返回的信号进行相应的运算，实现对系统的控制。下位机由 CompactRIO 机箱担任，其主要任务一方面是通过 D/A 数据采集卡（NI 9265）接收上位机发送的数字指令并转化为模拟信号，为电液伺服阀提供控制信号。另一方面，通过 A/D 数据采集卡采集由位移传感器返回的位移模拟量信号，并转化为数字信号发送给上位机。上下位机通过交叉网线连接，通过这种模式，上位机发送数字指令，由下位机转换为模拟指令控制伺服阀动作，从而控制液压缸运动；由位移传感器返回液压缸位移模拟量信号给下位机，下位机把模拟量转换为数字量并通过交叉网线返回给上网机，这样就形成一个完整的位置闭环，实现了对位置系统的控制。

（3）LabVIEW FPGA 模式系统构成　在 LabVIEW 数据采集 FPGA 模式下，上位机由 CompactRIO 机箱（主板控制器）担任，负责向下位机发送指令，接收下位机返回的信号，并对返回的信号进行运算，并把运算结果传送给监视器（IPC）显示。下位机由 FPGA 模块和 A/D、D/A 数据采集卡担任，主要任务是接收来自上位机的信号并由 D/A 数据采集卡输送给液压伺服系统，并采集输送给上位机进行运算处理。IPC 在 FPGA 模式下主要负责监控系统的运行状况，在准备阶段起调试、编译、下载的作用。具体过程为：①在 IPC 上面编写上下位机中运行的程序（主控 VI 和 FPGA VI），在 IPC 中编译并通过交叉网线上传到 CompactRIO 机箱（上位机）中。②在 CompactRIO 机箱中，系统会自动生成和软件相对应的 FPGA 电路，并在 CompactRIO 机箱中生成主控 VI 程序，FPGA 下存在相应的 FPGA 程序。③IPC 在系统运行过程中作为上下位机的监控器存在，监控上下位机的运行状况，并显示上位机处理数据的结果。④IPC 操控 CompactRIO 机箱为 FPGA 发送运行指令，FPGA 通过调用 D/A 数据采集卡，把数字信号转化为模拟信号发送给伺服阀，控制伺服缸动作，通过调用 A/D 数据采集卡采集来自位移传感器的模拟量信号并转化为数字信号交由上位机 CompactRIO 机箱处理。⑤CompactRIO 机箱对数据进行处理，并通过 IPC 显示这一过程。

LabVIEW FPGA 模块开发流程：在 FPGA 项目开始之前首先要创建好上下位机运行的程序，即主控 VI 和 FPGA VI，以备后续调用；也可以在创建新项目，添加终端后在终端上新建并编写相应的上下位机运行程序；上位机主控 VI 主要负责给下位机 FPGA VI 变量赋值和查看下位机的变量，并对数据进行简单的处理。LabVIEW FPGA 模块创建项目如图 21-69所示。

| | | | |
|---|---|---|---|
| FPGA PID | 2012/8/13 9:42 | LabVIEW Instru... | 68 KB |
| FPGA PID（主控VI） | 2012/8/13 21:34 | LabVIEW Instru... | 27 KB |
| PID FPGA项目.aliases | 2012/8/13 21:34 | ALIASES 文件 | 1 KB |
| PID FPGA项目.lvlps | 2012/8/13 21:34 | LVLPS 文件 | 1 KB |
| PID FPGA项目 | 2012/8/13 21:34 | LabVIEW Project | 43 KB |

图 21-69　LabVIEW FPGA 模块创建项目

具体流程如下：

1）创建新项目。

2）在项目浏览器里面添加 CompactRIO 目标机，如图 21-70 所示，在新创建的项目中为项目添加 RT 终端，即 CompactRIO 机箱。

3）添加 FPGA 程序，把事先编辑好的 FPGA VI 添加到 FPGA。添加完成后可以对 FPGA 进行修改，FPGA 可以调用位于 FPGA 下的输入/输出板卡的端口，如图 21-71所示。

4）编辑 FPGA 代码。编辑 FPGA 代码的方法如图 21-72 所示。

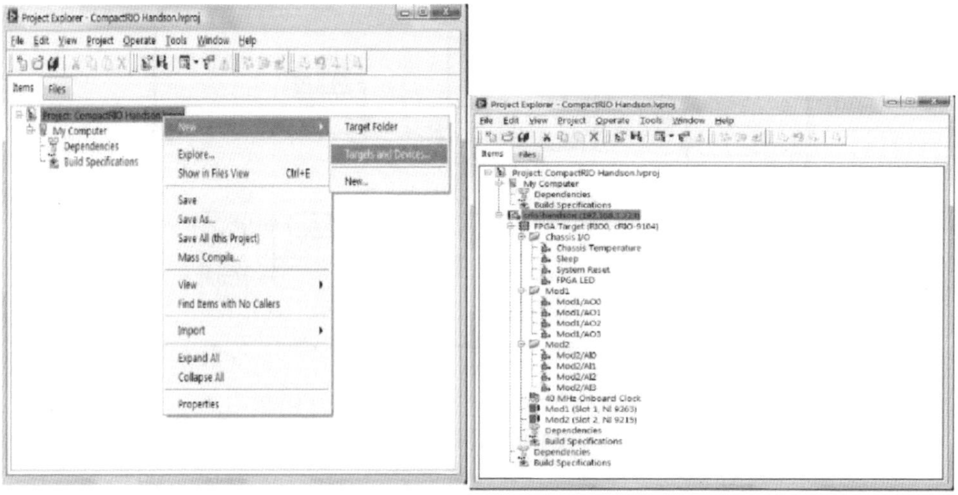


图 21-70　添加 RT 终端

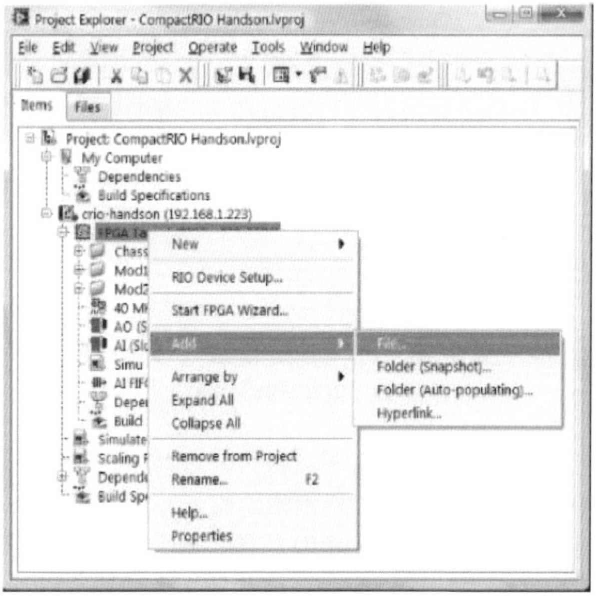


图 21-71　添加 FPGA 程序

5）编译下载 FPGA 代码。在确认代码无误后，就可以对代码进行编译并下载，如图 21-73 所示。

6）运行 host 程序。最后，在 CompactRIO 终端下添加主控 VI，通过主控 VI 可以对下位机的 FPGA VI 进行控制。

（4）两种模式下的阀控缸给定位移阶跃响应程序　由上位机（PC）发送阶跃响应指令信号，指令信号由 PC 传输至 CompactRIO 机箱，并通过调用 I/O 模块

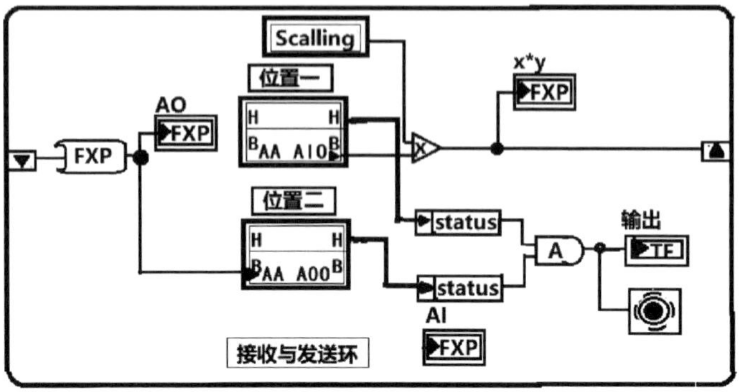


图 21-72　编辑 FPGA 代码

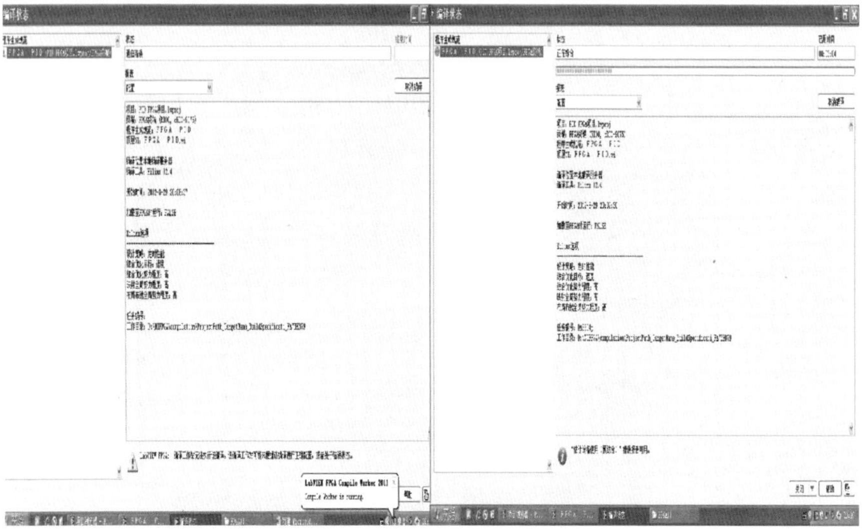

图 21-73　编译下载 FPGA 代码

(D/A 数据采集卡 NI 9263) 将数字信号转换为0 ~ 10V 电压的模拟信号，电压信号经伺服放大器驱动伺服缸动作，由位移传感器监测并输出 4 ~ 20mA 的位移电流信号，此模拟电流信号在此进入 CompactRIO 机箱，由 I/O 模块（A/D 数据采集卡 NI 9265）将其转化为数字信号并通过交叉网线传输至上位机。上位机对发出的信号和采集回来的实际位移信号做数据处理，完成图像的生成和偏差信号的再次发送，这样就构成了一个阀控缸伺服系统的阶跃响应试验，也可以在上位机程序中添加 PID 控制等复杂算法。图 21-74 所示为 LabVIEW 环境下给定位移阶跃响应程序(阶跃响应 VI)。

(5) CompactRIO 扫描模式下的阶跃响应曲线　CompactRIO 扫描模式最大的好处在于无须对 FPGA 编程的情况下直接在 LabVIEW Real - Time 及主机应用程序中访问 I/O 模块。在进行系统软件开发的过程中，CompactRIO 扫描模式自动监测 I/O

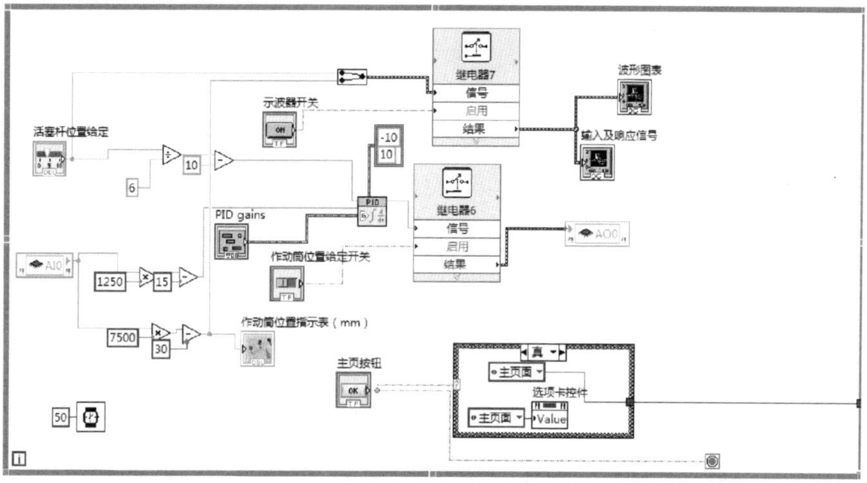


图 21-74　LabVIEW 环境下给定位移阶跃响应程序（阶跃响应 VI）

模块，将其加入 LabVIEW 项目。可以将 I/O 变量拖拽到 LabVIEW Real - Time 及主机 VI 程序框图中，并立即读写经比例变换、校准后的 I/O 数据，无须 FPGA 编程或编译。在 LabVIEW 实时系统下，通过在程序框图中拖拽 I/O 变量直接访问 I/O 模块，如图 21-75 所示。

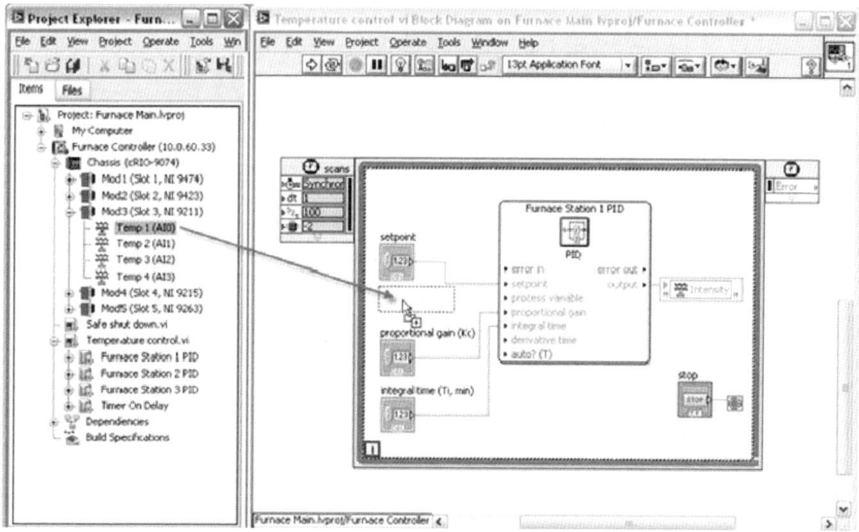


图 21-75　CompactRIO 扫描模式

在某些应用中，需要高达 1kHz 的同步更新率来更新 I/O，CompactRIO 扫描模式就是专为这些应用所设计的。通过特定的数字化功能，可以在扫描模式下将现有的 8 通道数字 I/O 模块设计成高级的 PWM、计数器、正交编码器模块等。通过系统管理器中的 I/O 强置及测试面板功能，可在扫描模式下实现初始化设置、系统性能监测及高级的故障排除等功能。对于更高性能要求的应用，如接近1MHz的模拟传输、高于1kHz的高速PID控制回路、自定义硬件分析及信号处理或不支持扫描模式的I/O模块等，可采用LabVIEW FPGA模块的扫描模式。还可以通过LabVIEW FPGA模块从实时控制器上卸载处理。图21-76所示为扫描模式下系统位移阶跃响应试验前面板和曲线。

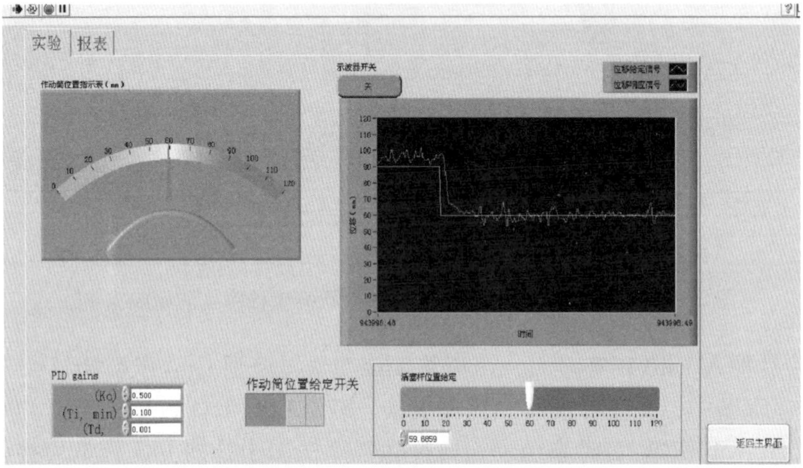

图21-76 扫描模式下系统位移阶跃响应试验前面板和曲线

（6）LabVIEW FPGA模式下的阶跃响应曲线 与模块通信方式不同，在LabVIEW FPGA模式下，通过LabVIEW Real-Time中的FPGA接口VI来访问I/O模块。LabVIEW FPGA模式最大的优点在于其传输速度比扫描模式高出许多，但在开发初期需要对程序进行编译下载等准备工作。图21-77所示为LabVIEW FPGA模式下系统位移阶跃响应试验前面板和图像。

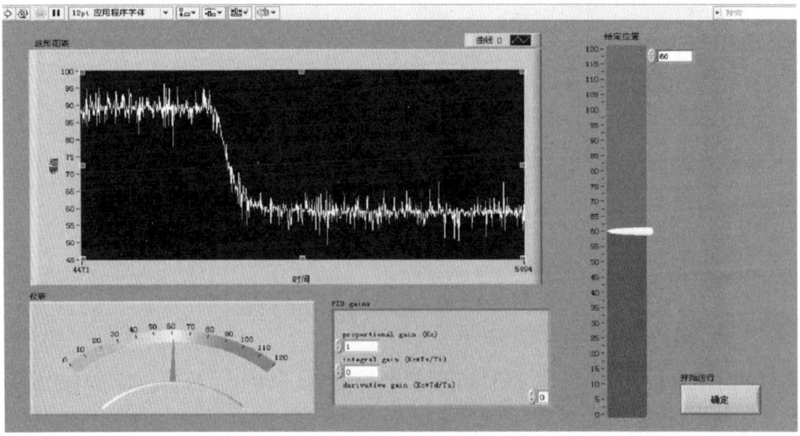

图21-77 LabVIEW FPGA模式下系统位移阶跃响应试验前面板和图像

## 21.3　液压系统和元件专用数字控制器

液压系统和元件中的专用控制器是专为控制某类液压阀或系统而设计的电子控制和/或驱动装置，其原理是根据指令信号及反馈信号，采用适当的控制算法计算出控制信号，然后经功率驱动部分输出电流或电压信号驱动伺服阀、比例阀等控制阀，调整、接通或切断液流的方向，从而控制由原动机传递到执行机构的动力。设计专用控制器是为了满足各类液压系统和元件闭环/开环回路的控制需求，特别是位置、速度或压力/力的闭环控制。与 PLC 等通用控制器不同，专用控制器专用于某类液压阀或系统的控制，其控制算法和具体参数专门针对液压系统和液压元件的特点做了优化设计，考虑了其中某些特殊功能和需求，如颤振信号发生器、斜坡函数发生器、零偏调整、增益调整、死区补偿等，且液压阀的专用数字控制器内部已经包含了功率放大电路，可以直接驱动液压控制阀。液压系统和元件专用模拟控制器仍然大量应用于工业现场中，其功率放大电路等硬件部分，以及其中的许多概念和方法，可以直接被数字控制器借鉴并使用，读者学习本章之前应先学习液压系统和元件的模拟控制器。

专用控制器有如下分类方法。

1）按照控制器处理的信号类型是模拟信号还是数字信号，液压系统和元件中的专用控制器可分为模拟控制器和数字控制器。

模拟控制器由模拟电路构成，处理模拟信号，按照功率级工作原理的不同又可分为以下两种基本形式。一类为模拟输出控制器，属于连续电压控制式，功放管工作在线性放大区，因而功耗较大，发热较大，其放大器输出给电－机械转换器的功率电流为模拟电流。另一类为开关（PWM）输出式，功放管工作在饱和区或截止区，因此只有两种工况：要么完全导通，电源电压完全加在电－机械转换器上，功放管的电流为最大，但压降最小（几乎为零）；要么完全截止，电源电压完全加在功放管上，但通过电流最小（几乎为零）。这样在低通滤波的效应下，当 PWM 信号的脉宽频率一定时，最终施加到电－机械转换器上的电流是由 PWM 的占空比决定的一个平均电流，其获得的电磁力也是一个与平均电流成正比的、叠加有小幅值高频谐波分量的力（这可以将 PWM 信号进行傅里叶变换后进行分析）。另外由于电－机械转换器（比例电磁铁、力矩马达等）为感性元件，因此当施加 PWM 电压信号时，产生的电流不可能是完全的 PWM 形式，虽有所畸变，但电磁铁的输出电磁力基本是稳定的。与第一类模拟控制器相比，PWM 放大器的优点是其功放管的功耗小、发热小，便于提高其驱动功率。

对于数字形式的专用控制器，其核心为嵌入式微型计算机系统，其中运行的控制算法程序可以通过上位机软件编程后以通信的方式（RS－232、以太网等）下载，而上位机的编程可以是传统的代码编程方式，也可以是类似 PLC 的梯形图、功能图编程，或者类似 MATLAB 中 Simulink 的图形化编程方式，甚至可以是以液压基本元件构成的控制框图编程方式。图 21-78 所示为 PLC 与专用数字控制器控制液压阀的示意图。

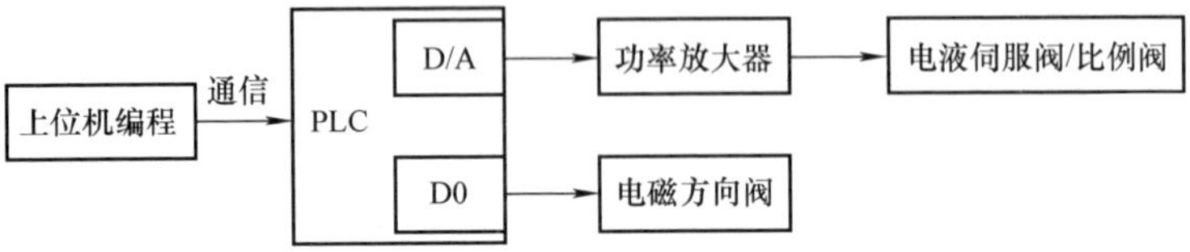


a)

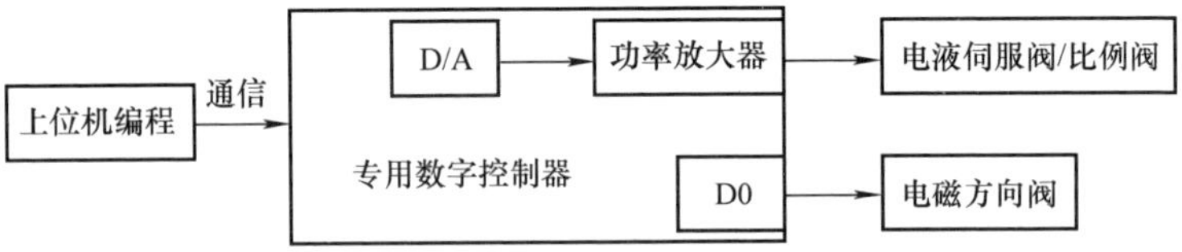


b)

图 21-78　PLC 与专用数字控制器控制液压阀示意图

a）PLC 控制液压阀　b）专用数字控制器控制液压阀

2）按照反馈到控制器的被控量类型是阀参数还是系统被控量参数，分为阀控制器和电液轴控制器。液压系统中有时将只控制阀本身（而非系统）的阀芯位移、压力、流量等参数的控制器称为阀控制器，而将用于控制系统被控量（液压执行机构的位置、速度和力）的控制器称为电液轴控制器。前者为阀本身的、小闭环控制器；后者为系统被控量的、大闭环控制器，可以采用通用运动控制器加放大器的结构。

3）按照控制器的安置方式是集成在阀中还是独立安置于阀外，可分为内置式控制器和外置式控制器。无论是阀控制器还是电液轴控制器，均可以集成在阀中，也可以独立设置在阀外，依此可分为内置式控制器和外置式控制器。阀控制器一般是专为阀设计的，可以是独立于阀的外置式板卡形式，也可以是集成在阀中的内置形式。将内置阀控制器的阀称为数字控制阀（Digital Control Valves，DCV，注意不是数字阀）。同样，电液轴控制器也可以有内置和外置之分，并且将内置轴控制器的阀称为轴控制阀（Axis Control Valves，ACV）。另外，电液轴控制器可以是专为液压系统设计的，如穆格的 MSC，博世力士乐的 HNC100；也可以采用数控系统中的通用运动控制器或 PLC 等通用数字控制器。

4）按照控制器用于开环系统还是闭环系统，可分为开环控制器和闭环控制器。如果电液控制器只作为开环系统的增益调节和信号功率放大之用，只有给定信号和输出功率电流的接口，没有反馈信号的接口，可称为开环控制器，其主要功能是信号放大和调理。反之，如果控制器用于闭环控制，除了给定信号的接口外，还具有反馈信号（阀参数或系统参数）接口，控制器可以完成给定信号与反馈信号的比较、控制算法、对信号进行功率放大，输出功率电流信号驱动电液比例阀或电液伺服阀，这样的控制器可称为闭环控制器。

5）按照控制器控制的阀类型是电液比例阀或电液伺服阀，可分为比例控制器和伺服控制器。进一步地，比例控制器还可以有以下分类方法：

① 按照控制电磁铁的数量分为单路和双路比例控制器。单路比例控制器控制单个比例电磁铁，如比例流量阀、压力阀、单电磁铁比例方向阀等。双路比例控制器用来控制双电磁铁驱动工作的比例方向阀等。双路比例控制器工作时，始终只能有一个电磁铁通电，这是双电磁铁驱动比例方向阀的工作要求。因此，它与下述的双通道比例控制器是不同的。

② 按照比例控制器的通道数分为单通道、双通道和多通道比例控制器。单通道比例控制器，就是上述的单路比例控制器，只能控制一个比例电磁铁。对于某些比例阀，如比例压力流量复合阀，多路比例阀等，需要两个或两个以上的比例电磁铁同时工作，这时就需要配置相应数量的单通道比例控制器。为减少比例控制器的数量，增加集中控制功能，将两个或者两个以上的比例控制器集中在一个标准的控制板上就构成了双通道或多通道比例控制器。因此，双通道或多通道比例控制器能同时单独控制两个或两个以上的比例阀。当然，双通道或者多通道比例控制器并不是两个或多个单通道比例控制器的简单组合，而是在结构上进行了有机调整组合而成的，如公用电源等。

③ 按照比例控制器带电反馈和不带电反馈分为带电反馈比例控制器和不带电反馈比例控制器。带电反馈比例控制器用来控制电反馈比例阀，也可以作为某些闭环系统的控制器。不带电反馈比例控制器用来控制不带电反馈的比例阀，不能作为闭环控制系统的控制器。两者在电路结构上的最大区别是，前者设置有测量放大电路、反馈比较调节器，但不一定有颤振信号发生器；后者没有测量电路、反馈单元和调节器，但一般有颤振信号发生器。

④ 按照比例控制器所控制的电磁铁类型分为单向和双向比例控制器。单向比例控制器就是通常所说的比例控制器，用来控制普通的比例电磁铁。双向比例控制器用来控制双向比例电磁铁。单向和双向这两种比例电磁铁的不同（双向比例电磁铁常制成主、副两对线圈）决定了与之相适应的比例控制器需要采用的功率放大级线路。

⑤ 按照比例电磁铁控制线圈上需要恒定的信号类型不同分为恒压式和恒流式比例控制器。与恒压式相比，恒流式能抑制负载阻抗热特性的影响，且有较优的动态特性，因而比例控制器大多采用恒流式结构。

与比例控制器相比，伺服控制器也具有信号处理、放大和功率驱动的基本功能，但是因为伺服阀一般都是闭环控制的，所以伺服控制器中一般都带有反馈信号输入接口，且均设有 PID 或 PI 调节器。电液伺服阀多使用力马达或力矩马达作为电 - 机械转换元件，其驱动电流较小，通常最大一般不超过 ±300mA，而典型的比例电磁铁的驱动电流至少需要800mA，因而伺服控制器的功耗较小，在比例控制器中广泛采用的PWM开关式功率级在伺服控制器中较少采用。另外伺服系统的频响和精度要求更高，所以对伺服控制器的动静态特性要求也更高。

由于液压系统的强非线性和现场工作环境的复杂性，不能期望完全由控制器的调节解决所有问题，因为虽然每个元件的性能很好，但连接成闭环的控制系统后可能会出现自激振荡、振荡、过度超调、颤动、迟滞、低分辨率、过强信号状态及零漂等不良现象，这些现象大多数与控制器的参数调节不当、各种非线性因素和干扰有关。负载的类型，液压管道的长度，伺服阀和执行机构之间管道的尺寸，回路增益、间隙、摩擦、位置反馈传感器，或其他因素都可能导致闭环控制系统有时不能实现。对使用者来说，应该首先关注控制器的外部接线和调整而不是陷入内部电路分析之中。

## 21.3.1　系统级液压专用数字控制器

顾名思义，这类控制器专门用于闭环液压系统的控制，代表产品主要有：穆格（MOOG）的MSC数字控制器，博世力士乐的MLC数字控制器（HNC100和MAC8的升级产品），台达（Delta）的RMC75/150/200系列液压伺服控制器，工程机械结合整车测控驱动一体化的需要还开发有不同机型的系统级液压专用数字控制器。

本节以MSC数字控制器为例讲解系统级液压专用数字控制器。

穆格的MSC数字控制器是先进的可编程多轴数字控制器，其核心为基于PowerPC的处理器，内存为2MB随机存储器（RAM）和21.5MB闪存（FLASH EEPROM），可实现对液压执行机构的位置、速度和力参数的快速精确控制，同时该控制器也适用于伺服电动机控制。控制器的参数调节和结构可以通过上位机软件自由定义，控制器运行的循环时间（周期）最小为400μs，硬件功能可通过穆格专为该控制器设计的MACS（MOOG轴控制软件进行参数化配置，无须跳线或开关。控制器集成了类似PLC的开关量逻辑控制功能，提供Ethernet、USB、CAN总线、TIA/EIA232，PROFIBUS－DP和EtherCAT等众多通信接口，并具有模拟和数字形式的传感器信号输入接口，包括并行或串行编码器数据接口等。MSC数字控制器接口及指示灯功能如图21-79所示。

（1）MSC数字控制器的编程方式　MSC数字控制器中的应用程序可在上位机中以图形化编程方式完成，然后编译后下载到MSC数字控制器中，在基于IEC 61131－3规范的MACS开发环境下进行上位机编程，符合IEC 61131－3的五种标准编程语言规范：功能块（FBD）、指令表（IL）、顺序功能图（SFC）、结构化文本（ST）及梯形图（LD），可实现程序编辑、调试、仿真、参数化、可视化及图形化编程功能。MSC图形化编程及下载过程如图21-80所示。

（2）MSC数字控制器特征

1）DIN导轨安装，无须其他工具，接线端子易于接线。

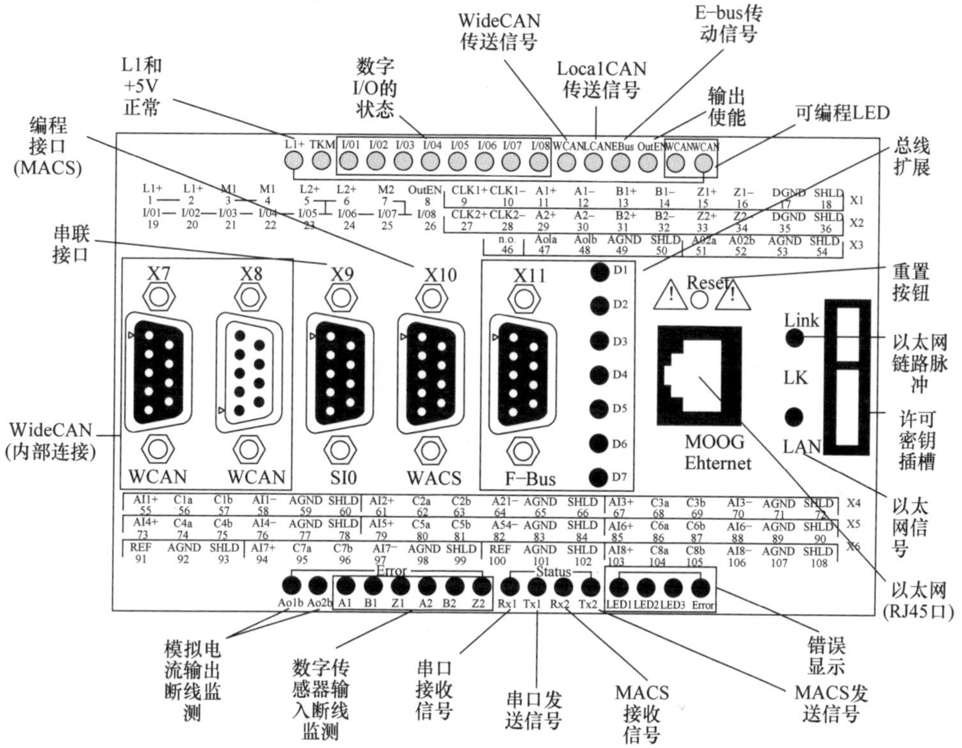


图 21-79　MSC 数字控制器接口及指示灯功能

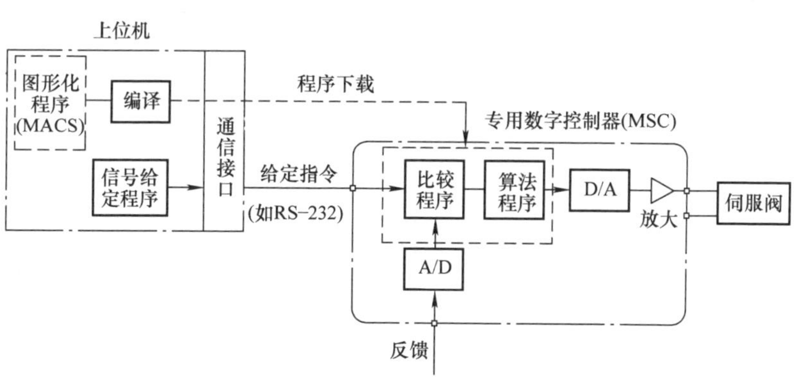


图 21-80　MSC 图形化编程及下载过程

2）对于模拟和数字输出提供短路保护，对模拟输入与输出提供 ±40V 的过电压保护。

3）没有易损耗部件，没有跳线，没有电池或可充电电池，直接用 24V DC 开关电源供电。

4）LED 指示灯显示控制器的状态和错误报警。

5）可对所有数字传感器输入和模拟电流输出的接线错误进行监控。

6）可扩展数字/模拟输入/输出模块，本地模块之间的扩展通过总线（E - bus）连接，远程模块的扩展通过 CAN 总线。

图 21-81 所示为 MSC 数字控制器实物及在系统中的接线情况，该数字控制器中接入了传感器（模拟量输入：4～20mA）、伺服阀（模拟量输出：±20mA）、电源（DC 24V）及与上位机 MACS 开发环境的通信（以太网网线）。图中下部的密钥是为了限制功能和授权用户使用相关软件。

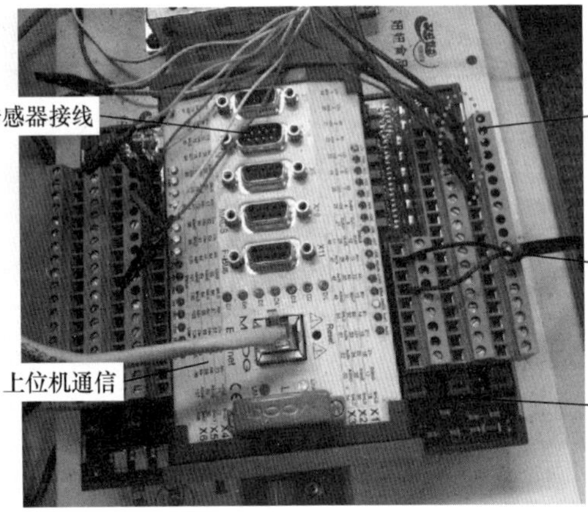


图 21-81　MSC 实物图及接线

（3）MSC 数字控制器为核心的运动控制系统

1）M3000 数字运动控制系统。M3000 是穆格以 MSC 为核心的数字运动控制系统，功能模块一般有 MSC 数字控制器（MSC 和 MSC Ⅱ）、轴控制软件 MACS、模拟量输入/输出模块（Analog Module QAIO 2/2 或 Analog Module QAIO 16/4）、开关量输入/输出模块（Digital Module QDIO 16/16）、扩展模块（Extension Module QEBUS - CAN 或 Digital Extension Module RDIO 16/16）、操作面板（Operator Panel RDISP 22）以及显示面板（Dialog Controller Display）。图 21-82 所示为 M3000 数字运动控制系统中各功能块之间的接口情况。

可以看出，上位机 MACS 开发环境开发的程序通过以太网下载到 MSC 数字控制器，通过 E - bus 总线，MSC 在本地可扩展 7 个 M3000 模块，包括模拟量输入/输出模块和开关量输入/输出模块等，但不包括 CAN 总线模块 QEBUS - CAN。显示面板与 MSC 通过以太网连接通信，操作面板与 MSC 通过 CANopen 通信，操作面板与上位机通过 RS - 232 通信。通过 CAN 总线模块 QEBUS - CAN，MSC 可以与其他 MSC 或 CAN 总线模块构成分布式控制系统。

2）M3000 的本地扩展。多达 7 个附加的 M3000 模块可被连接到 MSC 的扩展

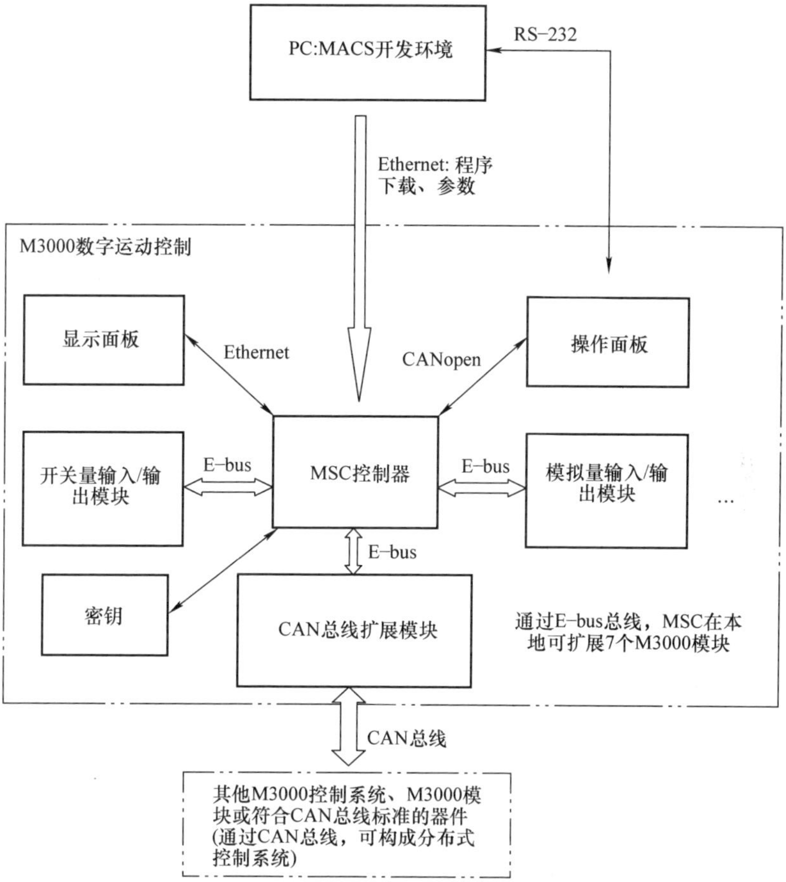


图 21-82　M3000 数字运动控制系统中各功能块之间的接口情况

总线（E－bus）。M3000 模块可以通过 DIN 导轨组合安装在一起，如图 21-83 所示，E－bus 可通过背板总线进行简单可靠的通信，根据需要添加数字/模拟量输入/输出模块。

3）M3000 按分布式工作方式扩展。通过 CAN 总线，扩展模块可被连接到每一个分散的 MSC 数字控制器，附加的 M3000 模块可通过 CAN 总线独立工作，M3000 的远程模块（如显示、数字输入/输出等）也可通过 CAN 总线连接。更多具有 CAN 或者 CANopen 接口的元件可作为总线网络的一个节点工作，如具有 CAN 总线接口的马达控制器、数字控制阀或数字控制泵等，如图 21-84 所示。

4）MSC 中的传感器接口。MSC 除了具有模拟量和数字量接口外，还专门设置了与增量式编码器接口和同步串行接口（SSI）共 2 个传感器接口，可在 MACS 软件中分别配置为增量编码器接口和 SSI，SSI 信号遵循 TIA/EIA－422（以前的 RS－

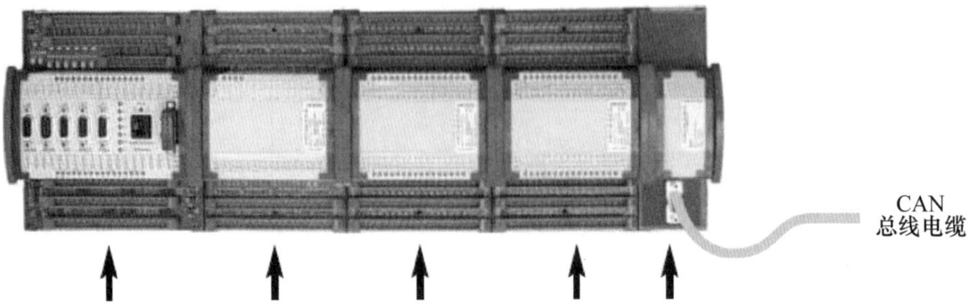


图 21-83 M3000 模块通过 E-bus 连接扩展

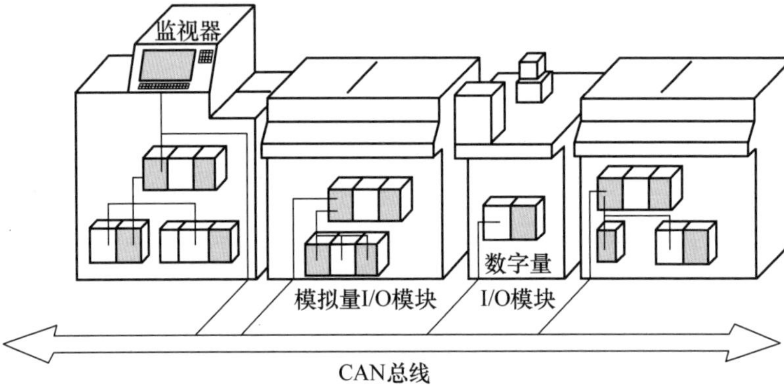


图 21-84 M3000 中模块通过 CAN 总线构成分布式控制系统

422）标准，线路错误可由输入监控。MACS 软件的配置如下：①增量式编码器多元码，最大脉冲频率 8MHz；②SSI 传感器主/从数据格式，格雷码或二进制编码，数据为 8～32 位，传输频率为 78kHz～5MHz。图 21-85 所示为 MSC 与传感器的接口。

5）M3000 中的数字输入/输出模块和模拟输入/输出模块的性能指标。表 21-6 列出了数字输入/输出模块性能指标，表 21-7 列出了模拟输入/输出模块性能指标。数字量输出有 8 路，通过 MACS 软件可单独配置为输入或者输出。模拟量输入有 8 路，共 16 位，通过 MACS 软件单独配置为 ±10V、±10mA 或者 4～20mA；模拟量输出有 2 路，每一路为 ±10V，16 位。可通过 MACS 软件单独配置模拟量输出为 ±10mA、±50mA 或者 4～20mA。其中，±10mA 或 ±50mA 可直接驱动电液伺服阀力矩马达线圈。

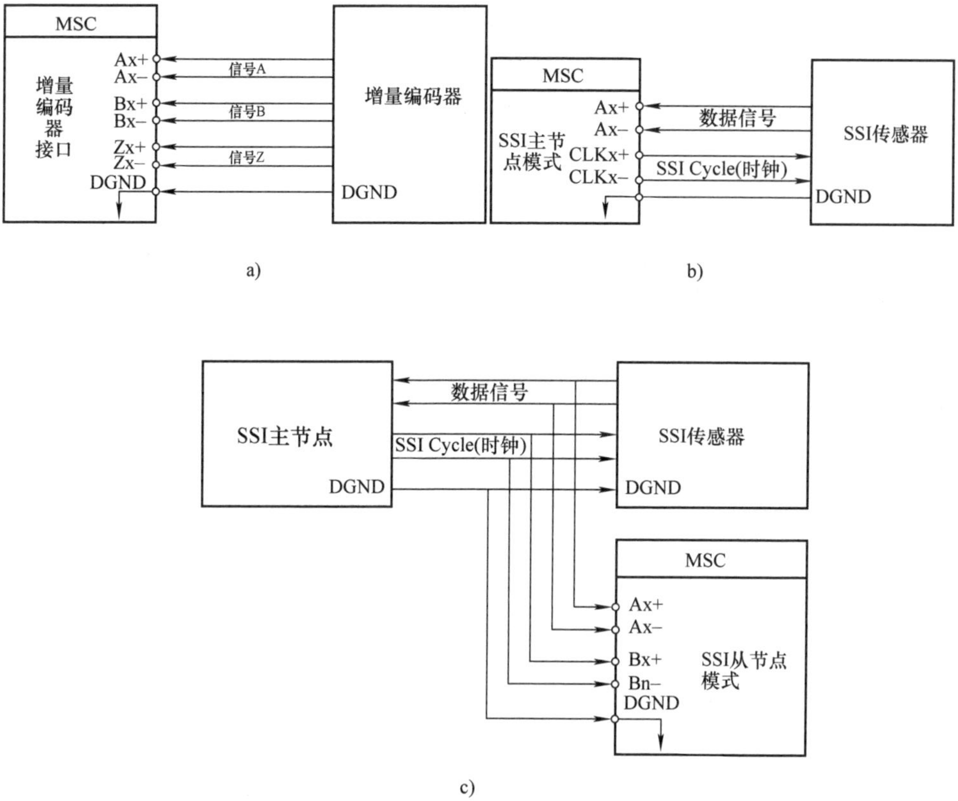


图 21-85　MSC 与传感器的接口
a）MSC 与增量式编码器接口　b）MSC 与 SSI 输出型传感器接口
c）MSC 作为 SSI 的从节点与 SSI 输出型传感器接口

**表 21-6　数字输入/输出模块性能指标**

| 项　目 | 指　标 |
|---|---|
| 数字量输入/输出电平 | 24V DC（18 ~ 36V DC） |
| 数字量输入/输出电流 | 空载 0.3A，所有的数字输出工作时为 4A |
| 8 路数字输入与 8 路数字输出 | 通过 MACS 软件可单独配置为输入或者输出。输入：type1（电流消耗）依据 IEC 61131 -2；输出：最大 0.5A 持续短路保护，热过载保护 |
| “看门狗”输出：“输出使能”信号 | 模拟和数字输出操作，若出错，“看门狗”输出将呈现高阻态状态 |

**表 21-7　模拟输入/输出模块性能指标**

| 项　目 | 指　标 |
|---|---|
| 模拟 I/O 的标准电压 | 通过内部 DC/DC 转换 |
| 8 路模拟输入 | 16 位；通过 MACS 软件单独配置为 ±10V、±10mA 或者 4 ~ 20mA；过压保护最高为 ±36V |
| 2 路模拟输出 | 16 位；每一路 ±10V，另外可通过 MACS 软件单独配置为 ±10mA、±50mA或者 4 ~ 20mA；过压保护最高为 ±36V；短路保护 |

6）MSC 中密钥的使用。每个 MSC 必须有一个密钥授权才可使用，密钥有各种等级，其中存储了 MSC 所需要的各种信息，根据使用的密钥不同，可相应地使用 MACS 软件包含的不同函数。灰色密钥等级最低，其次为绿色，最高为红色密钥。灰色密钥支持应用程序中与 License 有关的功能、CodeSys 运算符及标准 IEC 61131 函数库、MSC 硬件库、MOOG 控制函数库、RS－232 及 CAN 总线功能块、支持 OPC 及 DDE 通信方式、通过 Ethernet 与 MACS 软件通信等功能。绿色密钥除具有灰色密钥的所有功能外，还具有依照 PLCopen 的运动控制库函数、MOOG 运动控制功能块、传递函数库（Z 函数）、CANopen 和 TCP/IP 库函数，还可选择 PROFIBUS－DP 作为从节点。红色密钥除以上功能外，还提供可实现复杂控制结构的函数库，可以根据用户具体要求设计。

（4）MOOG 轴控制软件 MACS　MOOG 轴控制软件 MACS 基于 IEC 61131 标准，为使用者提供了一个先进的伺服控制任务开发环境。MACS 包含编程、测试和优化、调试工具、集成文档、可视化界面及参数配置等工具。

1）MACS 特点：①MOOG 功能块提供丰富的函数库；②柔性控制器架构，任务周期最小可为 400μs；③兼容 IEC 61131 规范下的所有五种编程语言，为控制任务提供最大灵活性；④在一个应用程序中同时实现控制、监管和 PLC 任务的处理；⑤为设备控制及过程控制提供开放的、标准的通信接口；⑥基于 PLCopen 标准的运动控制功能块；⑦可导入西门子 S5/S7 系列 PLC 的程序。

2）接口：①上位机接口层支持 OPC 服务器和 DDE 接口；②设备层支持 CAN、CANopen、Ethernet TCP/IP、PROFIBUS－DP、TIA/EIA－232 和 EtherCAT。

3）编程语言：①所有的 IEC 61131 编程语言和连续功能图（CFC）；②所有编程语言的全范围函数功能，为用户编程时提供了最大的灵活度；③模块间可以相互调用而不考虑创建模块时所使用的编程语言。

4）函数库：MACS 基于 CoDeSys，即目前最流行的 IEC 61131 编程系统，已经由穆格在控制技术和运动控制领域进行了扩展应用。在这种方式下，即使是很复杂的自动控制工程也可以被简化。函数库具有以下特点。

① 调节控制功能：I、D、PID 标准控制器函数，扩展 PID 控制器函数；高通滤波和低通滤波；连续和离散传递函数；死区等非线性，双增益，查表法；一阶和二阶传递函数控制图模拟，函数发生器，信号延迟，计数计时器等。

② PLCopen 函数模块：用于单轴或多轴的“运动控制功能块”有绝对和相对定位、速度函数、寻参、电子凸轮和电子齿轮。

③ Ethernet，CAN 和 TIA/EIA－232 通信：初始化函数，数据传输和接收函数。

④ 硬件相关函数：模拟输入/输出和位置传感器的信号调理函数；硬件状态测量函数；循环时间相关函数，系统检测（温度，“看门狗”，断线）相关函数。

### 21.3.2　元件级液压专用数字控制器

元件级液压专用数字控制器与控制阀配套提供，“依附”于某类液压控制阀，因此，一般不会以独立的产品形态出现。这类专用数字控制器的核心为嵌入式微处理器，控制程序由上位机编译后以通信的方式下载至控制器中。

图 21-86 所示为控制伺服阀和比例阀的元件级液压专用数字控制器原理框图。

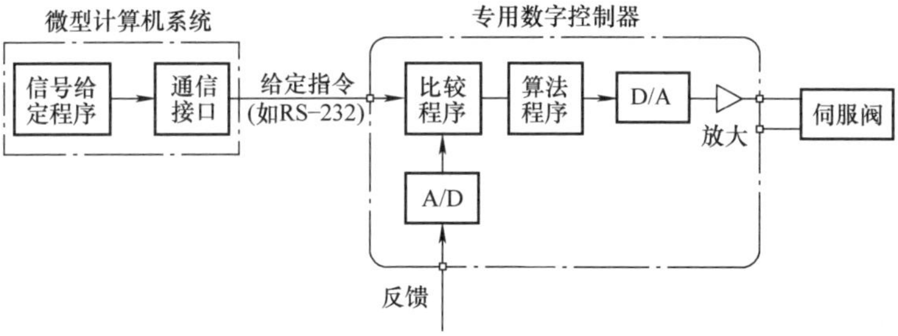


图 21-86　专用数字控制器原理框图

关于元件级液压专用数字控制器，详见第 9 ~ 12 章。

### 21.3.3　轴控级液压专用数字控制器

轴控数字比例放大器除了控制比例阀自身，还能控制受比例阀控制的执行机构，例如，可以解决液压缸负载不对称问题、阀控非线性问题、负载干扰引起的稳态误差补偿问题，从而提高控制精度，并可记录多通道的数据，使编程提高闭环系统的性能得以实现。图 21-87 所示的轴控数字控制器进一步表达了这一功能。

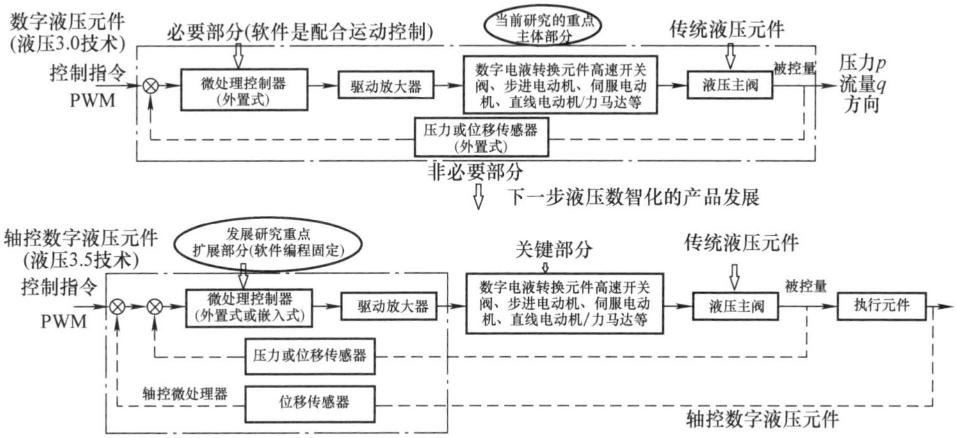


图 21-87　数字液压元件到轴控数字液压元件

多个带有通信接口的单个轴控级液压专用数字控制器组合在一起，也可实现单台多轴控制器的功能，这为液压系统实现智能功能奠定了硬件基础。

关于轴控级液压专用数字控制器，详见第10章、第13章的相关内容。

## 21.4　典型液压系统的微型计算机控制方式

液压传动具有高的功率质量比、快速的起动和停止特性、反向运动的平稳性等优点。在大功率和高响应的场合，液压控制系统具有独特的优势，可以实现大型负载的快速精确定位，特别是与电子系统、计算机技术组合构成的电液微型计算机控制系统，既具有液压传动的强健“肌肉”、电子系统灵活的“神经系统”，又具有计算机这样智能化的“大脑”，因而在现代工业场合获得了广泛应用。

在微型计算机控制的液压系统中，液压控制阀和/或液压泵（特别是电子泵）以及传感器与电子系统、计算机系统相结合，负责控制液压执行元件的一系列动作，满足不同应用场合的实际需求。要特别注意采用微型计算机控制时计算机与液压控制阀和/或液压泵（特别是电子泵）以及传感器的电气接口。

还要注意，在微型计算机控制的液压系统中，微型计算机输出的电信号经放大后，通过液压控制阀的电－机械转换装置驱动液压控制阀从而控制执行元件动作。在此过程中，电磁控制阀的电－机械转换装置起桥梁作用，负责将电信号转换为驱动阀芯运动的力或力矩。因此，电－机械转换装置性能的好坏对液压控制阀的特性有着十分重要的影响。液压阀（泵）的稳态控制精度、动态响应性能、抗干扰能力和工作可靠性，很大程度上取决于其电－机械转换装置的性能。学习和设计液压系统微型计算机控制系统时，必须注意电－机械转换装置的工作原理和基本特性，特别是它们对来自计算机的信号的要求，详见第8～10章及第12章的内容。

近些年来，各行各业对于高响应、高精度、高功率质量比和大功率的液压控制系统需求不断扩大，促使液压控制技术迅速发展，特别是反馈控制技术、微型计算机控制技术、电子技术与液压系统相结合的技术等在液压控制中的应用越来越成熟和日趋完善。随着工业领域对于液压系统需求的不断提高，液压控制系统自动化水平也变得越来越高和复杂化，但无论一个液压控制系统多么复杂，都可以将其看作一些基本的控制系统组合和改进而成。

虽然对于整个液压控制可以按其控制作用的不同划分为不同的液压回路（如压力控制回路、方向控制回路、速度控制回路等），也可以按被控对象的不同将其划分为位置、速度、力等控制系统，但这种划分方式对于液压系统只是控制和应用角度的简单把握，不足以体现液压系统控制的本质属性。本节从控制角度和工业实际应用的角度，结合开、闭环控制理论，介绍液压系统微型计算机控制的几种典型方式，对于设计和理解微型计算机控制和液压系统相结合的系统有很好的作用。

### 21.4.1　液压系统开环和闭环控制

液压控制系统根据被控量的类型可分成三种：位置控制（线位移或角位移）、速度控制（线速度或角速度）、力或力矩控制。根据系统被控量是否需要负反馈纠偏，又可将液压控制系统分为开环控制系统和闭环控制系统。

简单的液压控制系统中常采用开环控制，如采用开关型的电磁方向阀的通断油路来定位液压执行元件的位置和负载的位置，或由普通节流阀控制一个液压缸（或液压马达）时，调整节流阀的设定值可以改变液压缸的速度（或马达的转速），如图 21-88 所示。开环控制时，系统对指令信号做出响应从而改变输出，但系统不能针对可能出现的外部变化或扰动进行自我纠正，如仅用普通节流阀控制液压执行元件的速度时，负载或系统压力、油液黏度、泄漏等因素会影响液压缸速度（马达转速），这些因素的影响在开环控制中是不能纠正的。但有许多开环系统是以闭环的方式在工作，只不过其反馈和纠偏是由人工（操作者）实现的，即人工闭环控制。闭环控制系统能够检测系统的输出，并自动纠正输入与输出之间的偏差，这种自动纠正偏差的过程在微型计算机控制系统中就由微型计算机来实现，而不再依赖操作人员的能力、经验和反应快慢。本节主要介绍由微型计算机实现的液压控制系统。

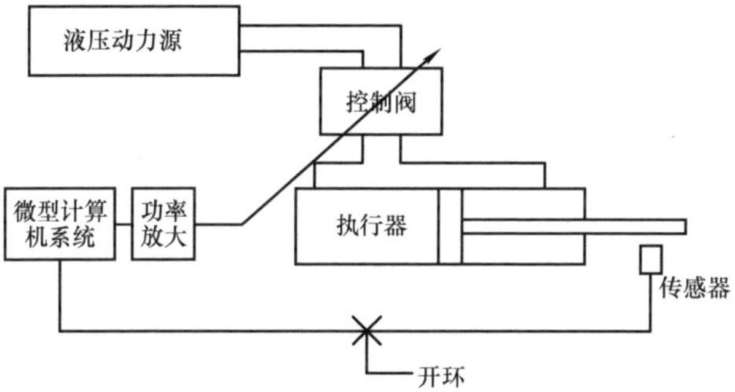


图 21-88　液压控制系统

一个液压控制系统根据其需求可能涉及以上几种类型的组合，例如轧钢线的助卷辊踏步控制系统，三辊式卷取机典型结构如图 21-89 所示，三个助卷辊绕卷筒按空间 120°均匀分布，每个助卷辊都配备一套完整阀控缸电液伺服控制系统。在带钢未到达时，计算机控制助卷辊排好辊缝，根据检测到的带钢速度和带钢头部位置给出指令信号控制液压缸活塞杆位置，属于位置控制；当带钢头部通过 1 号助卷辊时该辊转为压力控制压紧钢板，当带钢头部到达 2、3 号助卷辊时也以同样方式压紧钢板；第二圈带钢头部将到达 1 号辊时，计算机给出位置信号控制液压缸回缩一个辊缝以上距离，让开层差部位后立刻转为压力控制压紧钢板，2、3 号助卷辊采用同样动作。故轧钢线的助卷辊踏步控制系统采用一系列的位置控制与力控制的切换和交替运行。

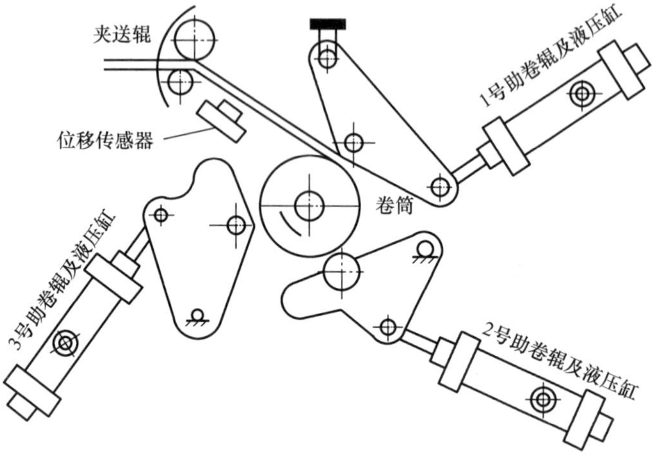


图 21-89　三辊式卷取机典型结构

为了控制执行器，需要一个液压阀，它通常驱动执行器的前进、后退和停止。如使用滑阀，则这将基本上是一个（如对于位置控制、速度控制和力（力矩）控制这三种不同类型的）开、闭环控制系统，可有许多不同的实现方法，视用途和要求而定。随着现代运动控制系统所要求的柔性和精度的提高，其复杂性和成本也将提高。位置控制是三类控制中最典型的，其功能在于把负载移动到某个位置或一系列位置，这可以由液压阀控制直线运动的液压缸或旋转运动的液压马达实现。

下面以位置控制系统为例讲述液压系统微型计算机控制的常用方式。

## 21.4.2　开关电磁阀定位系统的微型计算机控制

开关电磁阀可以是电磁方向阀或电液方向阀，是利用电磁铁通电吸合时产生的力来操纵滑阀阀芯移动，从而导致流入液压执行机构的液流被导通或切断，并控制液流的流动方向。通常开关电磁阀本身并不提供对执行元件的速度控制，但可以借助 PLC 和按钮开关、行程开关、限位开关等形成系统运行的控制逻辑，从而对其进行控制。以 PLC 为核心构成的开关电磁阀定位系统操纵方便，自动化程度高，在液压系统中应用非常广泛。

**1. 开关电磁阀**

开关电磁阀种类非常多，图 21-90 所示为一种常见的三位四通双电磁铁弹簧对中式方向阀的原理图。当两侧电磁铁都断电时，阀芯在两侧复位弹簧的作用下处于中间位置，四个油口全部封闭。当左侧电磁铁 1YA 通电时，右侧弹簧被压缩，阀芯右移，使 P 口通 A 口，B 口通 T 口。当电磁铁断电时，阀芯在右侧弹簧作用下复位，回到中间位置；反之，当右侧电磁铁通电时，阀芯左移，使 P 口通 B 口，A 口通 T 口。当电磁铁断电时，阀芯在左侧弹簧作用下复位，重新回到中间位置。

由于阀用电磁铁的推力有限，所以直接用电磁铁推动的方向阀其允许通过的流量较小，其通径不大于 10mm。对于不同的滑阀机能，允许通过的流量也有所不同。

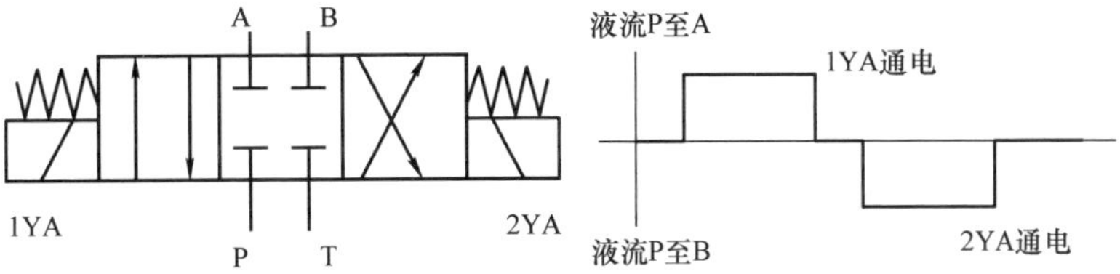


图 21-90　三位四通双电磁铁弹簧对中式方向阀的原理图

电磁铁不工作时，两端弹簧使阀保持在原始中间位置，此时 P 口、A 口、B 口、T 口均不相通。当电磁铁 1YA 通电时，阀芯右移，油路切换，P 口通 A 口，B 口通 T 口。当电磁铁断电后，右端弹簧将阀芯推回到原始中间位置。

**2. 开关电磁阀的 PLC 控制**

不管是直流还是交流阀用电磁铁，继电器输出型 PLC 输出触点的容量一般都可以满足其功率要求，故可以由 PLC 的开关量输出直接驱动。由于电磁铁为感性负载，具有储能作用，当控制触点断开时，电路中的感性负载会产生电弧，产生高于电源电压数倍甚至数十倍的反电势，PLC 输出信号由“OFF”变为“ON”或由“ON”变为“OFF”时都会有电量的突变（如某型电磁方向阀交流电磁铁，额定电压 AC 220V，保持电流 8mA，而启动电流达 180mA），这可能产生干扰，在设计时应采取相应的保护措施，以保护 PLC 的输出触点，可采用的措施通常如下。

对于直流电磁铁，应在线圈两端并联续流二极管，如图 21-91 所示。续流二极管应尽可能靠近直流电磁铁，续流二极管峰值反向耐电压取电磁铁电压的 3 倍以上，平均整流电流为 1A。

对于交流电磁铁，应在线圈两端并联 RC 吸收电路，如图 21-92 所示。根据负载容量，电容可取 0.1 ~ 0.47μF，电阻可取 50 ~ 120Ω，且 R、C 元件尽可能靠近交流电磁铁。

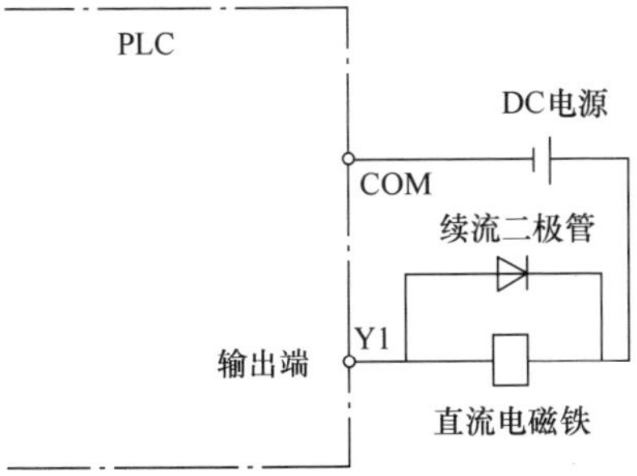


图 21-91　继电器输出型 PLC 驱动直流电磁铁

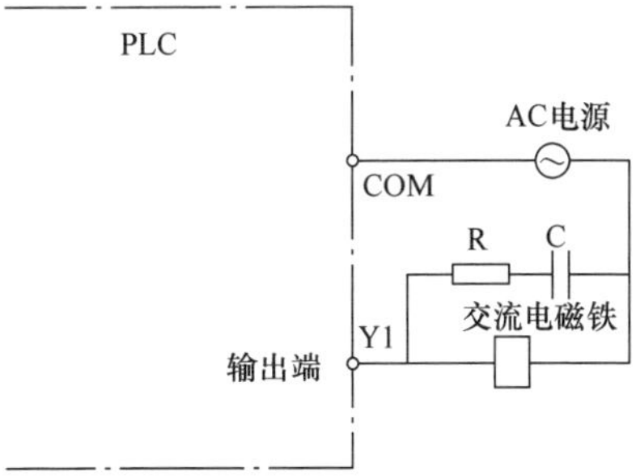


图 21-92　继电器输出型 PLC 驱动交流电磁铁

PLC的输出触点容量有限，特别是晶体管输出型和双向晶闸管输出型PLC驱动能力更低，很多情况下PLC往往不能直接驱动电磁阀，可先让PLC驱动中间继电器，再通过中间继电器的触点驱动电磁阀，如图21-93所示。

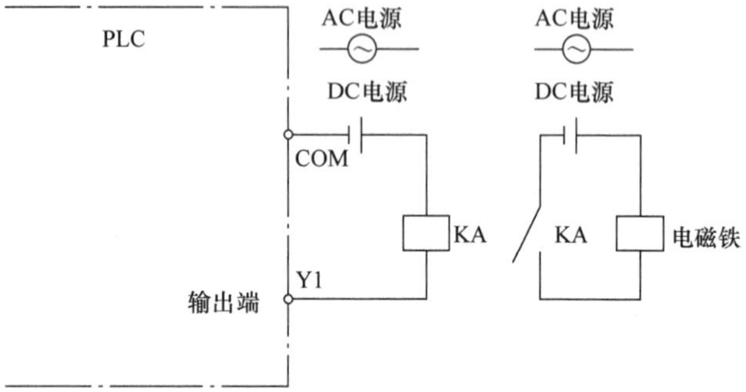


图21-93 PLC通过中间继电器间接驱动电磁铁

### 3. 开关电磁阀定位控制

（1）PLC控制的开关电磁阀定位系统 图21-94所示的系统为一种简单的开关电磁阀控制的液压缸定位系统。与适当的开关逻辑配合，使得开关电磁阀控制的液压缸可以从其静止位置运动到由行程开关确定的另一位置。在这种简单的情况下，PLC接收到行程开关发来的信号，发出切换指令使电磁阀换向，将使液压缸停在所需位置上。这种系统的优点是简单、成本低，在很多使用场合所达到的定位精度尚能令人满意。

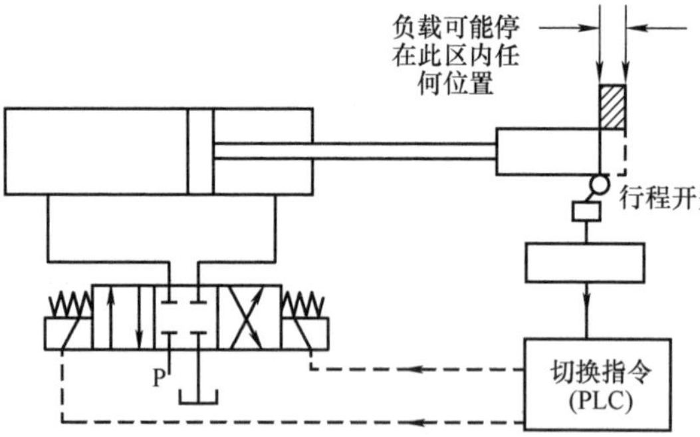


图21-94 PLC控制的开关电磁阀定位系统

（2）开关电磁阀定位系统定位精度的影响因素 影响开关电磁阀定位系统定位精度的因素很多。图21-94所示的PLC控制的开关电磁阀定位系统中，当负载触发行程开关时，行程开关发送停止运动的指令信号给PLC，PLC接收到指令信号控制开关电磁阀动作，从而控制液压缸停止。但液压缸不可能立即停止运动，在此过程中受到诸多因素影响，从而造成一定时延，最终造成液压缸定位误差。从负载触发行程开关到液压缸完全停止将受到以下因素的影响：①电磁阀的响应时间；②缸的速度、负载质量；③缸及配套管路中的困油体积；④油液的压缩性；⑤作用在负载上的机械摩擦的大小；⑥液压元件中的内泄漏；⑦行程开关或接近开关的动作时间；⑧PLC 的 I/O 响应时间。

通常电磁方向阀的换向时间不能人为调节，而电液方向阀具有可调节的换向时间。开关电磁阀对定位过程的影响主要取决于其电磁铁推动阀芯从全开到关闭的整个过程，不同形式和功率的电磁铁会造成其换向时间的不同。此外，开关电磁阀的换向时间还受阀芯所受液动力、液压力、摩擦力和弹簧力等因素的影响，其变化范围受工作条件影响较大，属于系统的“软量”。根据阀的规格不同，开关电磁阀典型的响应时间为20～100ms 不等。由于开关电磁阀的响应期间是油路从全开到切断的过渡过程，也是进入执行机构的油液从最大到最小的变化过程，所以对定位精度的影响最大。

在定位过程中，定位信号作用在开关电磁阀上时，除受到开关电磁阀响应时间的影响外，还受到油液弹性模量的影响。由于油液温度、系统压力、油液含气量等因素随着现场条件变化而变化，使得油液弹性模量在系统的运行过程中难以确定，它对系统的定位精度等的影响也很难预测，因此油液的弹性模量也可以看作“软量”。

对于开关电磁阀控制具有惯性负载的液压执行机构的定位系统，负载从静止位置运动到由行程开关确定的某个位置，负载接触到行程开关时，行程开关动作，给出停止运动的信号，信号经过继电器和可编程控制器等器件，最后作用在开关电磁阀上使其动作，油路被切断，负载停止运动。在定位系统中，负载的速度和质量在设计时可以计算，可以看作“硬量”；行程开关的操作时间和可编程控制器的 I/O 响应时间一般都为固定值，可以较好地预测并看作纯延迟，也可以看作“硬量”，可定义由这些“硬量”造成的时间延迟为“硬量延迟”。上述“硬量”一旦调定通常变化很小，对定位系统的影响可以通过将定位开关提前，或在 PLC 内设计相应的算法进行补偿。

（3）采用 PLC 时开关电磁阀定位系统获得的柔性　显然这种控制的定位精度和重复性是有限的，由于上述因素的影响，当负载达到所需位置时，开关电磁阀并不能立刻关闭，液压缸活塞杆进一步伸出或缩回，负载的最终停止位置不是一个确定的位置，而是一个取决于上述诸因素的范围。在大惯量或高速度系统中，负载的突然制动将引起系统压力尖峰和冲击，对系统长期性能不利。另外，如果不采用 PLC 控制，则系统还缺乏柔性。如果必须改变执行器的停止位置，则须实际改变行程开关或接近开关的位置。如果需要几个不同的停止位置，则每个位置都需要一个行程开关再加上与其配套的继电器切换逻辑。而采用 PLC 实现的切换逻辑显然可以在程序中预置提前量或滞后时间来实现上述要求。

这种控制形式的液压系统有时称为起停式闭环系统，是以开关信号的形式提供反馈信号。另一个起停式闭环系统实例是在蓄能器系统中使用压力继电器使泵卸载。压力继电器给泵卸载阀提供开关信号以控制系统压力。为了防止泵不停地加载和卸载，在压力继电器的动作中引进一定量的死区，这在采用 PLC 作为控制器的系统中是容易实现的。当然这限制了系统保持压力的精度。在某一时刻，系统压力可能是最高压力 $p_{max}$ 与最低压力 $p_{min}$ 之间的任一值。

（4）带阀芯控制的电液方向阀　电液方向阀是由一个电磁阀作为先导阀控制一个大流量的液动方向阀换向，通常当方向阀的通径大于 16mm 时采用电液方向阀，图 21-95 所示为一种电液方向阀的结构示意图和外形照片。

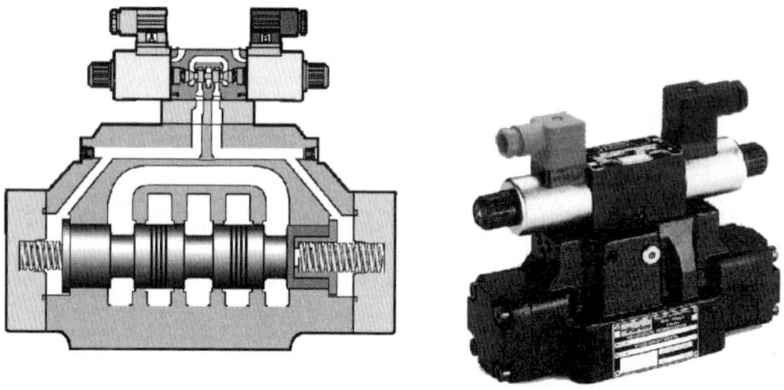

图 21-95　电液方向阀的结构示意图和外形照片

对换向性能有较高要求的电液方向阀，可在电液方向阀的先导阀与主阀之间的控制油路上设置可调节的单向节流阀（亦称阻尼器），来调节主阀芯的运动速度，以减小换向冲击和噪声。这样，通过限制阀芯/油口的开度使阀具有一定限度的流量控制功能，可以提供一定限度的对执行器加速度和减速度的控制。不过，这种流量控制不带有针对温度变化和压力变化的补偿，并且须手动调整（直动式电磁阀可以配装一个节流阀来减慢阀芯的运动速度，这种阀的用途与普通的开关阀基本上相同）。如图 21-96 所示，采用这种阀进行定位控制时，负载的制动距离（即负载的最终位置范围）是可调的，具有了一定的可控性，在一定程度上能够满足系统的定位要求，但毕竟仍然是开环控制，往往依靠人工调节阻尼器在现场试凑，并且受环境因素和运行条件的影响依然不能有效消除。

**4. 带电子开关型电磁方向阀的控制**

某些电磁阀内置了小电流即可驱动的继电器，如日本油研公司的 T－DSG－01 型带电子开关的电磁方向阀，其内置的继电器的操纵电流只需要约 10mA（DC 20～65V，典型可选 DC 24V），所以不仅可以用继电器输出型 PLC 直接驱动，也可以用晶体管输出型 PLC 直接驱动，并且与常规的电磁方向阀相比，带电子开关的电磁方向阀的电源部分与控制部分是独立的，多个带电子开关的电磁方向阀的电源可以互相跨接，只需两根电源线，方便了用户的接线和控制过程。图 21-97 所示为常规型电磁方向阀的接线，图 21-98 所示为带电子开关型电磁方向阀的接线。

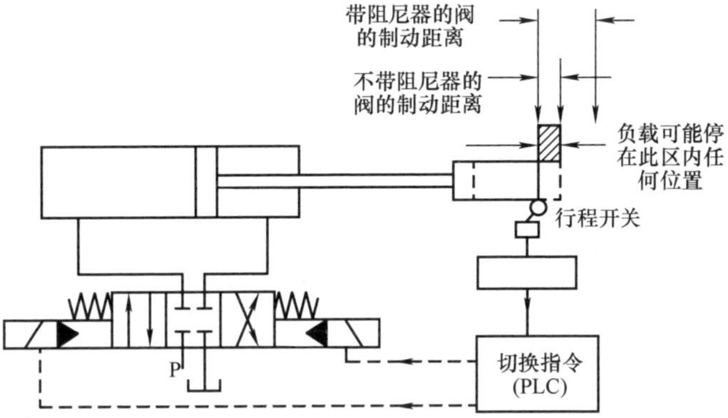


图 21-96　带有阻尼器的电液方向阀开环定位系统

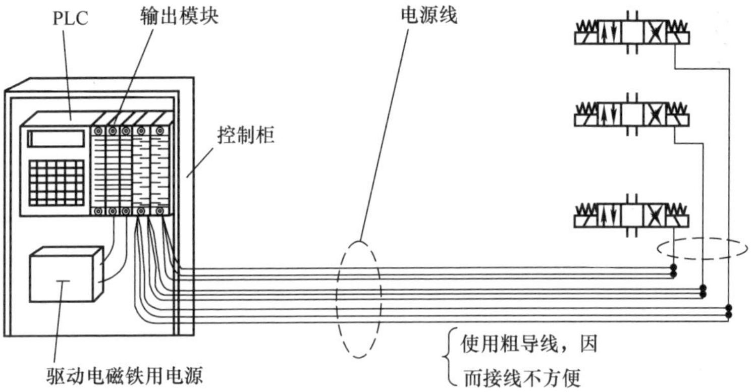


图 21-97　PLC 控制常规型电磁方向阀时的接线情况

由图 21-97 可见，对于常规型电磁方向阀，PLC 控制时输出单元操作电磁方向阀需要较大的输出触点容量（每路约 2A，需继电器输出型 PLC）。因 PLC 输出单元 COM 端的总容量有限，一般不能使用输出模块的所有触点，而且对每个电磁方向阀，双电磁铁型最少需要三根电源线（粗线），显然，使用的阀越多，电源线也越多，这样增大了错接的可能性。接错电源线可能会导致价格较贵的 PLC 及其输出单元的损坏。这样控制上总价较高，而且需要较大的安装空间。

由图 21-98 可见，对于带电子开关型电磁方向阀，由于其开关控制的信号线和电源线是分开的，多个电磁方向阀控制时，电源线只需要两根，阀与阀之间的电源线可以跨接，节省了电源线。控制信号需要很小的电流即可，PLC 控制时输出单元可使用小容量输出触点（如晶体管输出型 PLC），不存在输出触点容量不够的问题，这样液压系统中的指示灯、空气开关等其他电器装置能与电磁方向阀共用触点，因而输出单元的空间可减小。而且信号线可使用与电源线相比较细的导线，因而接线容易。由于阀的控制信号与电源供给是独立的，可以设计一个稳定电源的保

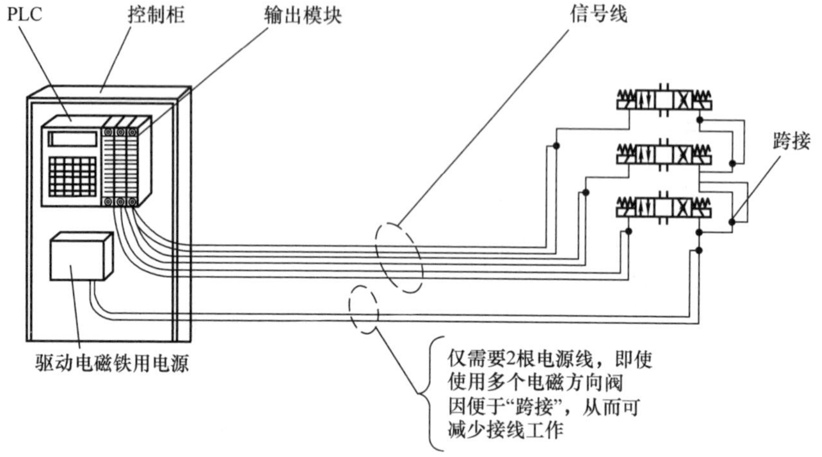


图 21-98　PLC 控制带电子开关型电磁方向阀时的接线情况

护电路，因而防止 PLC 因接线错误而造成的严重后果。

**5. PLC 控制的开关阀系统实现液压执行机构速度控制**

如图 21-99 所示：PLC 控制电磁方向阀 1、2、3 换向，可以控制进入液压缸 6 的油液分别经过调速阀 4 和 5，液压缸获得由调速阀 4 和 5 分别调定的速度 $v_1$ 和 $v_2$，实现了液压缸速度的分级切换控制。行程开关 7 和按钮 8 的信号可以分别接入 PLC，通知 PLC 液压缸达到终点和起停等信息。

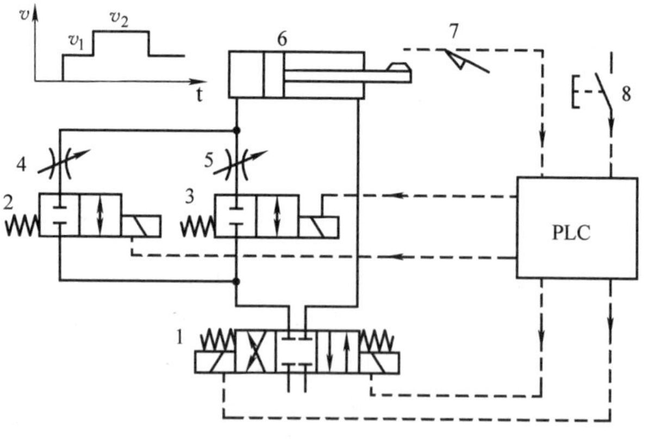


图 21-99　PLC + 电磁方向阀 + 调速阀实现液压缸速度的分级切换控制

1、2、3—电磁方向阀　4、5—调速阀　6—液压缸　7—行程开关　8—按钮

### 21.4.3　电液比例系统的微型计算机控制

**1. 开环比例阀和闭环比例阀**

用于闭环用途的典型比例阀与伺服阀之间的区别正变得越来越难以界定。比较

明显的区别是驱动阀芯的方法：比例阀是由功率较大的比例电磁铁来驱动的，而伺服阀则由功率较小的力矩马达来驱动。对于比例阀来说，依据其性能和用途，可以分为适合开环控制的开环比例阀和适合闭环控制的闭环比例阀。

**2. 开环比例阀控制**

比例阀在发展初期主要用于开环控制，在其阀芯中位具有正遮盖量，在控制上存在死区，其内部也没有检测阀芯位移的传感器，阀芯上的液动力、摩擦力等干扰量不能得到补偿和校正，可达到的重复精度和滞环为 3% ~6%，故不适合用于闭环控制。开环比例阀的控制比较简单，由 PLC 输出指令信号给电液比例控制器即可，如图 21-100 所示。

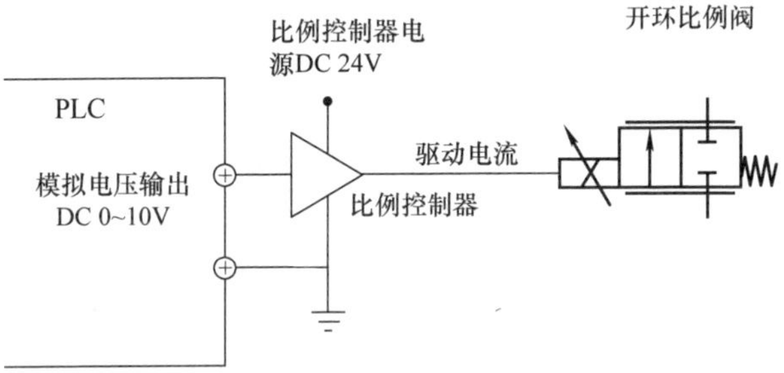


图 21-100　开环比例阀的控制

**3. 闭环比例阀控制**

比例阀相比伺服阀有更好的抗污染能力和可靠性，且便于维修。当系统对可靠性、抗污染、可维修性和坚固的设计提出较高的要求时，高性能闭环比例阀在某些用途中可以替代伺服阀。闭环比例阀响应时间一般约为 12 ~37ms，滞环约为 1%。较快的阀响应有时可能意味着可以实现较快的系统响应，视液压执行机构及负载的特性而定。这使得这种阀可以用于要求较低的闭环位置控制用途，在成本和可维修性上比伺服阀有更明显的优势。

闭环比例阀采用一个带有阀芯位置传感器（LVDT）的行程控制型比例电磁铁。为了实现阀芯台肩与阀口的高精度配合，阀体配装了上面加工出阀口的阀套。阀芯在阀套中滑动并由单比例电磁铁定位。LVDT 向阀控制器提供阀芯位置反馈信号，形成阀芯位置的闭环控制，使阀芯定位十分精确。弹簧偏置的阀芯提供在电磁铁断电时的“故障自动保护工况”：故障断电时弹簧将把阀芯推到限位极限位置以提供一个可靠的断电工况。

闭环比例阀的控制需要配套使用具有阀芯位置反馈输入的比例控制器，比例控制器的输入可以由电位器给定，也可以由 PLC 模拟量输出给定。如图 21-101 所示，显然阀芯位置闭环的控制算法是在比例控制器中实现的，PLC 作为上位机为比例控制器给定信号。如果比例控制器是数字的，则相当于是 SCC + DDC 的计算机监督控制系统，PLC 为 SCC 计算机，数字比例控制器为 DDC 计算机。如果比例控制器是模拟的，则相当于是 SCC + 模拟控制器的计算机监督控制系统。

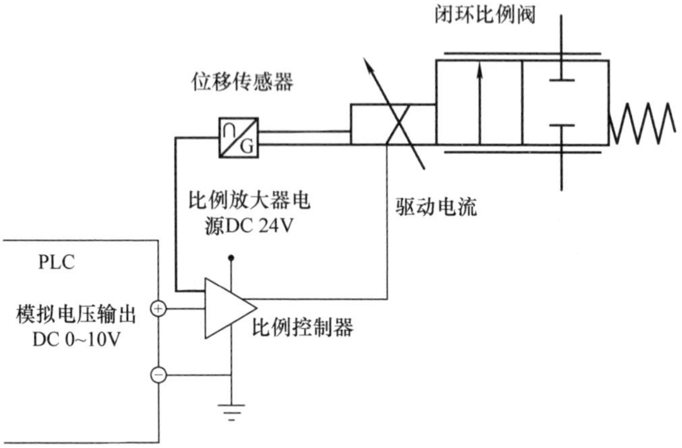


图 21-101　闭环比例阀的控制

**4. 微型计算机（PLC）+ 比例控制器 + 比例阀构成的开环系统**

可以由 PLC 控制模拟或数字比例控制器来驱动比例方向阀实现执行机构的无级调速。用 PLC 产生一个模拟电压信号（或数字形式的信号）曲线作为模拟或数字比例控制器的给定信号，控制电液比例方向阀的比例电磁铁驱动电流，则可以获得被控执行机构要求的速度控制曲线，如图 21-102 所示。图中液压缸达到终点位置的信号可以由一个行程开关接入 PLC，由 PLC 给出比例方向阀的换向信号。一般情况下控制精度要求不高时可以用开环比例阀，控制精度要求较高时也可以用闭环比例阀，但不管是哪种情况，被控量速度都没有反馈回来，都属于开环控制系统。

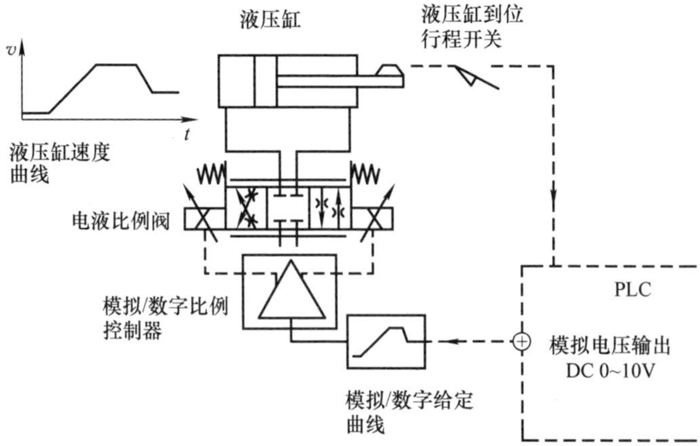


图 21-102　PLC + 比例控制器 + 比例阀实现执行机构的无级调速（开环）

**5. 微型计算机（DDC）+比例控制器+闭环比例阀构成的闭环系统**

如果需要较高的控制精度，则需要将系统的被控量（如位移）反馈至控制器微型计算机中，构成闭环控制系统，其中微型计算机作为数字控制器（DDC），为直接数字控制系统。电液比例闭环控制系统常采用闭环比例阀。如图 21-103 所示为采用闭环比例阀，比例控制器作为阀芯位置闭环控制器（阀控制器），微型计算机作为系统闭环控制（液压缸位置闭环）的数字控制器（轴控制器），用位置检测光栅反馈执行机构位置，从而实现的执行机构位置控制系统。

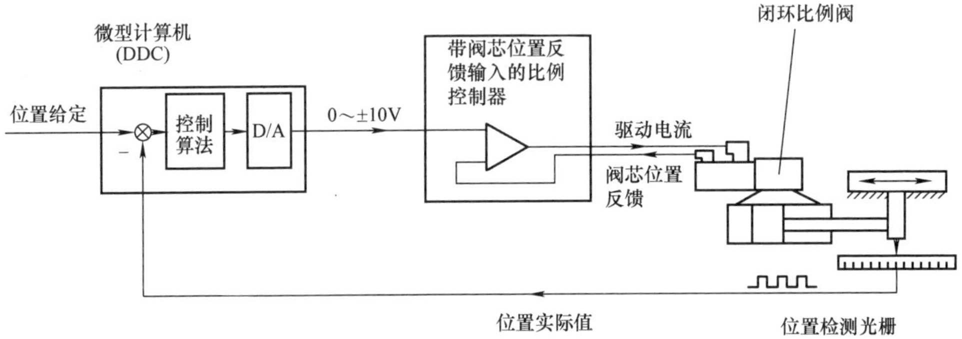


图 21-103　微型计算机控制的电液比例位置闭环系统

在这种系统中，微型计算机作为控制算法的执行者，充当闭环系统的数字控制器，由其软硬件决定的计算往往成为控制能否及时响应的关键。其中比例控制器为阀控制器，同时完成功率驱动，可以是模拟的，也可以是数字的，如果是数字比例控制器，则微型计算机给定的信号可以是模拟的信号，也可以是通过通信的方式（如 RS-232）给定的数字信号。

## 21.4.4　电液伺服系统的微型计算机控制

在工业用途中使用几种不同类型的伺服阀，最常见的是喷嘴挡板式电液伺服阀，通常使用喷嘴挡板式先导级的两级或三级阀。先导级靠与喷嘴挡板组件相结合的一个力矩马达来操作，根据通过力矩马达线圈的电流方向使主阀芯在零位的某一侧定位。主阀芯在具有精密匹配阀口的阀套中滑动，使阀芯台肩和阀口可以精密匹配并获得一个正遮盖、负遮盖或零遮盖的阀中位机能。相比比例阀，伺服阀提供很快的响应时间（通常短于 10ms 的阶跃响应）、良好的线性度（输入信号与流量之间）及很小的滞环。

尽管在实际控制元件上差异很大，但伺服系统的微型计算机控制在系统结构上与比例系统是非常相似的，将比例控制系统中的比例控制器换为伺服控制器，基本上就可以了。伺服阀的阀芯位置都是闭环控制的，有力反馈和电反馈之分，与闭环比例阀相似，电反馈伺服阀的阀芯位置也是用位移传感器检测的，一般在阀内置的放大器中形成阀芯位置闭环控制。由于伺服系统的响应和控制精度往往要求更高，对作为控制器的微型计算机的响应特性和分辨力提出了更高的要求。下边对常见的电液伺服系统微型计算机控制的方式做一简单介绍。

**1. 微型计算机（SCC）+模拟伺服控制器方式**

如图21-104所示，微型计算机系统给模拟伺服控制器给定信号，从执行元件检测来的反馈信号仍然进入模拟伺服控制器，与给定信号比较产生偏差，由模拟控制器中的模拟电路完成偏差信号的PID控制运算，经功率放大和电压-电流转换后驱动伺服阀。所以该方式为SCC+模拟控制器的监督计算机控制类型，微型计算机作为SCC计算机，控制算法在模拟伺服控制器中完成。这样控制的好处是充分利用了模拟伺服控制器的功能，微型计算机系统只设定指令信号，适合原有模拟伺服控制系统的改造升级。

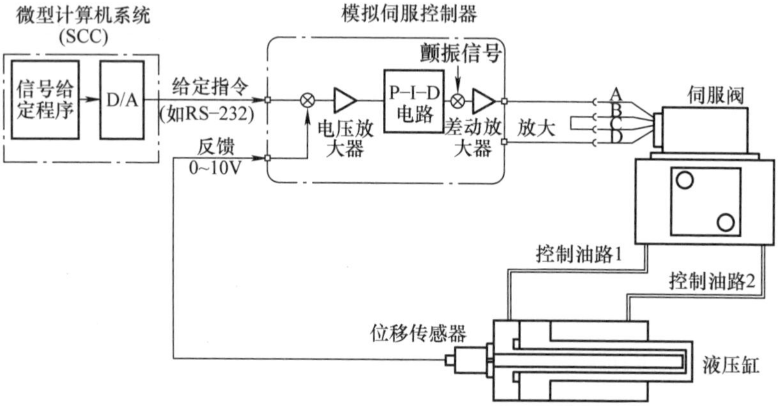


图21-104　微型计算机+模拟伺服控制器+电液伺服阀

图21-105所示为用PLC作为SCC计算机，用两个MOOG G122-202A1模拟控制器分别控制两个液压轴（伺服阀+液压缸）的两轴电液伺服微型计算机控制系统。

**2. 微型计算机（DDC）+模拟伺服放大器方式**

如图21-106所示，从执行元件检测来的反馈信号经A/D转换后进入微型计算机系统，与给定信号比较产生偏差，由算法程序依据偏差进行控制算法运算，经D/A输出指令信号（信号电压0~10V）给模拟伺服放大器，经功率放大和电压-电流转换后驱动伺服阀。所以该方式微型计算机系统为DDC计算机，模拟伺服放大器只做信号放大和驱动的任务。需要注意的是，该模拟伺服放大器的输入信号是大的电压信号（一般为0~10V），所以其放大倍数与图21-27中的模拟量输出模块中的放大器的放大倍数相比要小得多，因为后者是对偏差信号进行放大，而偏差信号是非常小的（一般为几毫伏至几十毫伏级别）。另外，在这种系统中，微型计算机作为数字控制器，其计算时延（A/D、D/A通道时间及控制算法程序运行时间）

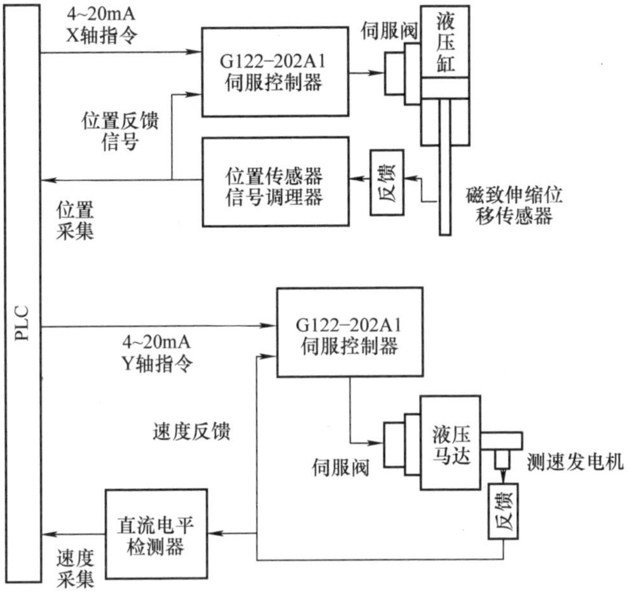


图 21-105　PLC 作为 SCC + 两个模拟控制器的两轴电液伺服微型计算机控制系统

必须足够小，其操作系统也应该是实时操作系统，以满足系统实时性要求。

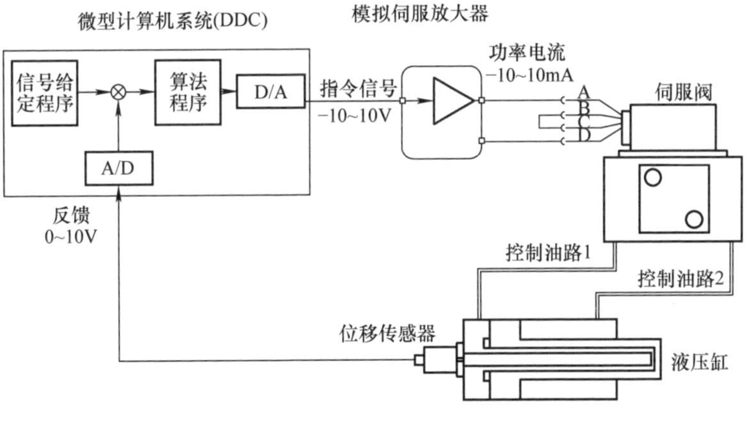


图 21-106　微型计算机（DDC）+ 模拟伺服放大器方式

**3. 微型计算机（SCC）+ 专用数字伺服控制器（DDC）方式**

如图 21-107 所示，专用数字伺服控制器作为系统的数字控制器（DDC 计算机），微型计算机系统（SCC 计算机）通过通信接口向专用数字伺服控制器发送指令信号，构成 SCC + DDC 方式的监督计算机控制系统。

随着微电子技术和计算机技术的发展，数字伺服控制器功能越来越强大，速度越来越快，数字控制器的编程直接在上位机（SCC 计算机）上以图形化编程方式

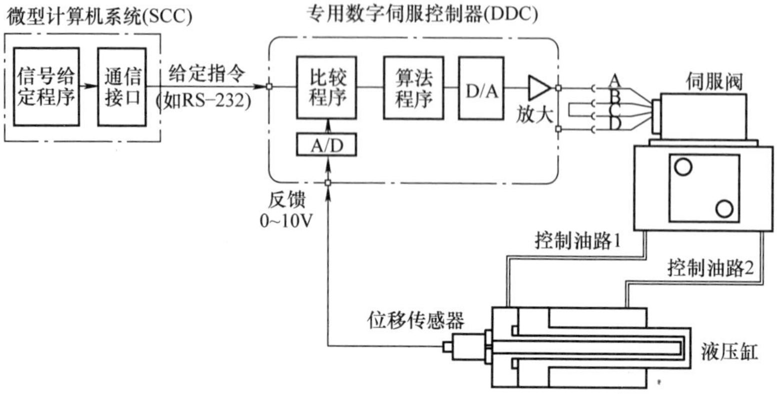


图 21-107 微型计算机 + 专用数字伺服控制器

（如 MOOG 轴控制软件 MACS）完成，然后编译后下载到伺服控制器中（如穆格的 M3000 数字控制器)，如图 21-108 中虚线流程所示。这样控制算法的编制和更改非常容易，可以构成高度柔性的多轴控制系统。

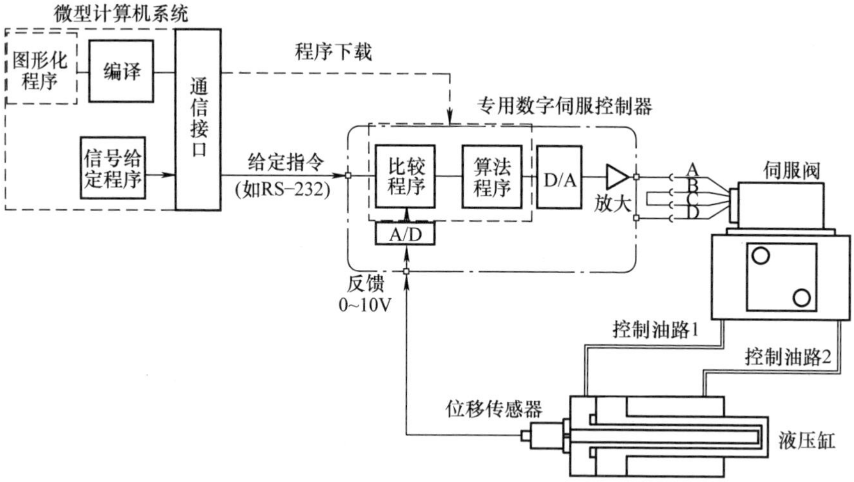


图 21-108 微型计算机图形化编程下载到数字伺服控制器

## 21.4.5 数字控制阀的微型计算机控制

将微处理器内置于伺服阀或比例阀中，形成集成数字电子系统的伺服阀或比例阀，称为数字控制阀（ Digital Control Valves，DCV)，如数字控制伺服阀，其液压部分是个常规的喷嘴挡板式伺服阀，而力矩马达的电流由集成于阀内的微处理器（而不是由模拟放大器）控制，该内置的数字控制器包括反馈信号调节器、阀芯闭环控制器和一个用于伺服阀力矩马达的输出驱动器。图 21-109 所示为穆格的一种内置了微处理器为核心的数字控制器的伺服阀。

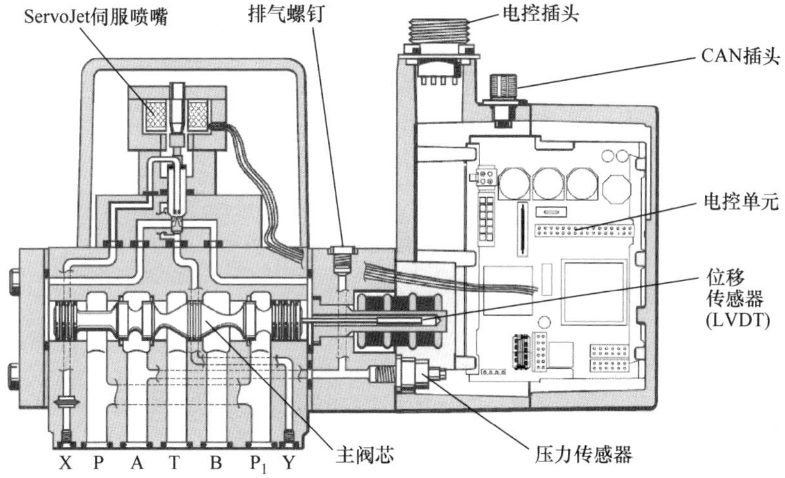


图 21-109　内置数字控制器的伺服阀（DCV）

如图 21-110 所示，PLC 将指令信号送到阀中数字控制器的信号接口，通过给每个阀设置它自己的地址码，可由 PLC 的每个输出端控制多达 16 个阀。数字控制伺服阀通常由 PLC 或运动控制器完成闭环控制算法，即系统的被控量反馈至作为系统控制器的 PLC 或运动控制器，而阀内的控制器完成阀芯的闭环控制（小闭环）和功率放大等功能。数字控制阀通常都支持模拟和现场总线接口，可实现流量、压力、位置或者力控制闭环，尤其是流量和压力的控制。数字控制阀尤其适用于集中式控制，由 PLC 实现控制闭环，多用于流量（$q$）、压力（$p$）、流量压力（$pq$）控制应用。

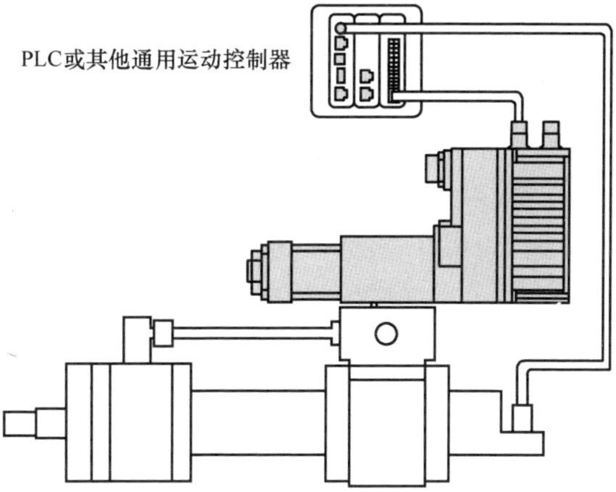


图 21-110　数字控制阀：系统被控量闭环在 PLC 中实现

### 21.4.6　轴控制阀的微型计算机控制

轴控制阀（Axis Control Valves，ACV）指系统的被控量可在阀内控制器中实现的电液伺服/比例阀，即系统被控量直接反馈至阀内置的数字控制器中构成闭环，阀中设置的软件是考虑了负载质量之类的控制参数及阀特性的伺服控制算法，PLC或运动控制器只给出指令信号，如图21-111所示。

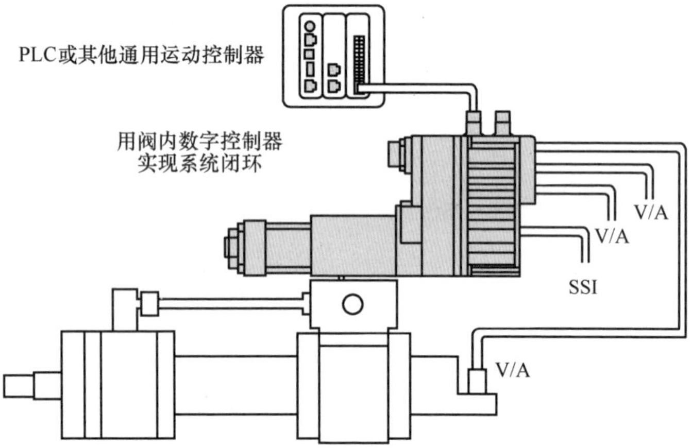


图21-111　轴控制阀：在阀内置数字控制器中实现系统闭环

附加的控制软件也可以包含在PLC或运动控制器中，提供诸如分散控制、远程诊断以及设备优化等高级功能。而轴控制阀完成位置控制、力控制、速度控制和多轴平行位置控制。轴控制阀最适用于分散式控制，阀内实现控制闭环，PLC作为SCC计算机，阀内数字控制器作为DDC计算机，实现位置、速度、压差、力以及加速度等的SCC+DDC形式的监督计算机控制系统。

DCV和ACV的共同特点和优点：依靠高性能的软、硬件设计，较传统的伺服阀改善了动态性能。从基本的流量控制系统到先进的轴控制系统，都可进行多回路DCV和ACV控制。DCV和ACV可以支持模拟量信号和现场总线信号（可以是CANopen，EtherCAT以及PROFIBUS-DP等）。数字控制阀使得系统调试、参数设置和维护更加方便（可设有专门的阀配置软件，以便使用者配置阀的各种参数），是构成完整自动化系统的一部分，通过现场总线或者阀配置软件可以对阀参数进行访问、调节、监控和存储。关键参数在出厂时已经预置，以保证用户设备实现快速优化。

虽然数字控制阀在出厂时已经进行了参数预置，但用户仍然可以按需调整，也可在软件中进行故障诊断以缩短停机检修时间。利用阀配置软件可以对多个阀的参数进行快速准确的设置，同时可以保存和恢复初始设置，节省时间并且限制了不必要的参数变化。配置软件可以对阀的状态信息进行显示，实现阀信息、实际阀状态信息的快速化图表显示以及简便的性能监控。

DCV 和 ACV 可实现比传统技术更高动态响应和更快闭环回路的高性能闭环控制，先进的集中控制或者分散控制系统中的性能优化。另外现场总线方式通信的阀易于集成到自动化系统中，诊断、远程服务和监控使得系统可靠性得到改善，故障发生获得监控和预警，现场总线控制使得布线更少，编程更加容易。

## 21.4.7　数字比例变量泵微型计算机控制

变量泵或马达的控制本质上都是通过变量阀进行，只不过被控量是泵或马达的斜盘倾角或定子偏心等参数，所以相应的阀配上变量泵或马达即可构成各种形式的数字控制泵或马达。图 21-112 所示为使用伊顿的专用数字控制器 ER9.3－10 控制一个电液比例变量泵的示意图，控制器通过控制电液比例阀从而控制变量泵斜盘倾角的大小，最终控制变量泵的排量和输出流量。

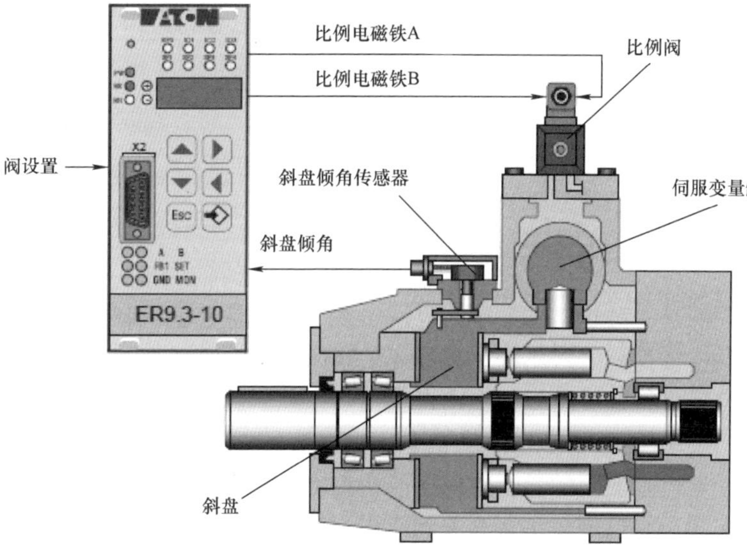


图 21-112　专用数字控制器控制电液比例变量泵

同样，如果将数字控制器和变量阀集成到变量泵、马达中，即可获得数字控制泵（Digital Control Pumps，DCP）或数字控制马达（Digital Control Motors，DCM）。

## 21.4.8　现场总线的电液元件微型计算机控制

随着计算机控制技术和数字化液压元件的不断发展，现代液压系统的微型计算机控制采用 CAN 等现场总线将各元件联系起来，使得整个系统成为一个基于现场总线的分布式控制系统，如图 21-113 所示。采用 CAN 等现场总线的网络传输，使信号传输和控制线路大大简化，系统可靠性大大提高。

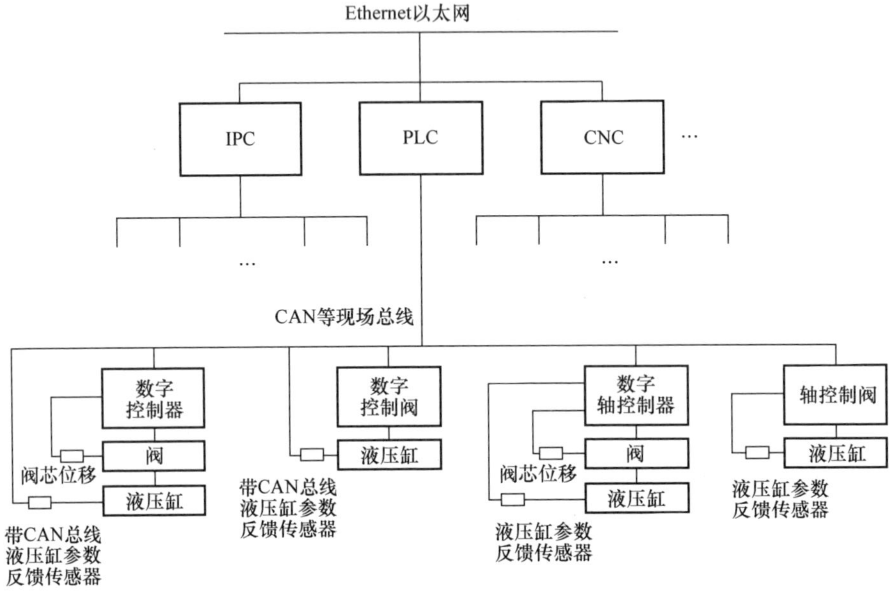


图 21-113　基于现场总线的分布式控制系统

## 21.4.9　高速开关阀系统的微型计算机控制

高速开关阀是一种新型的数字式电液转换控制元件，就控制方式而言，与伺服阀、比例阀的连续控制方式不同，高速开关阀采用脉冲流量控制方式，直接根据一系列脉冲电信号进行开关动作，在出口输出一系列的脉冲流。脉冲流的形成和调节方法有多种，其中脉宽调制（PWM）是用得最多的一种方法，它是在工作频率一定的情况下，通过改变阀的导通时间来改变占空比，从而控制其通过阀的平均流量的一种控制方式。将这种数字式开关阀应用于液压控制系统中，可组成由计算机直接控制的液压数字控制系统，利用计算机输出的脉冲数和频率来控制液压系统的平均压力和平均流量，不需要 A/D、D/A 转换，可直接与计算机接口连接，简化了系统结构，降低了成本，是计算机应用于液压系统的最佳方式之一。

**1. PWM 高速开关阀的结构及工作原理**

（1）高速开关阀结构　图 21-114 所示为 HSV3000 高速开关电磁阀结构图，该高速开关阀属于球阀式开关阀，与其他的滑阀式、锥阀式相比，球阀式具有容易密封、行程短、动作灵敏、动态特性好等优点。表 21-8 列出了该高速开关阀的性能参数，从中可以大致了解各类高速开关阀的一些基本性能，如高速开关阀最高切换频率约为 200Hz 左右，通流量不高，调制率的调节范围，额定电压，额定电流等。

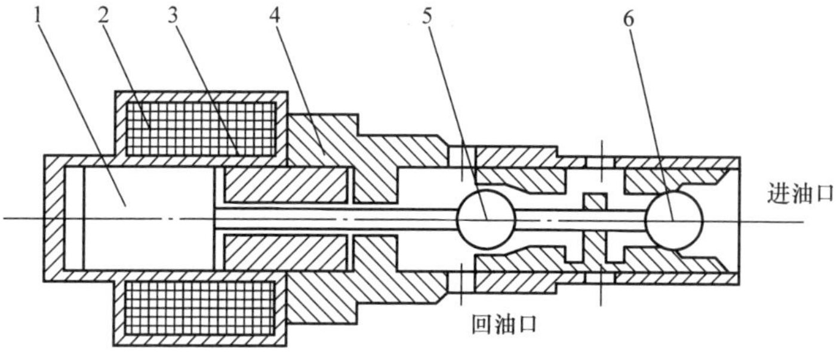


图 21-114　HSV3000 高速开关电磁阀结构图

1—衔铁　2—线圈　3—极靴　4—阀体　5—回油球阀　6—供油球阀

**表 21-8　高速开关阀性能参数**

| 指标 | 性能参数 |
|---|---|
| 额定电压/V | 12 |
| 额定电流/A | 2.6 |
| 额定压力/MPa | 10（20） |
| 额定流量/(L/min) | 2~9 |
| 内泄漏/(L/min) | 0 |
| 调制率（%） | 20~90 |
| 最高切换频率/Hz | 200 |
| 最大功率/W | 10~50 |
| 额定功率/W | 3~15 |
| 开启时间/ms | 21.5 |
| 关闭时间/ms | 2.5 |
| 重复精度/ms | 0.05 |
| 工作温度/℃ | -40~135 |
| 工作寿命/次 | $10^9$ |

当高速开关阀线圈通电时，衔铁 1 受到线圈 2 电磁吸力的作用，通过顶杆推动回油球阀 5 和供油球阀 6 向右运动，克服进油口油液压力直到回油球阀 5 紧贴在阀座上，此时，进油口打开，同时回油球阀 5 将回油口关闭，控制口接通进油口，高速开关阀开启；当高速开关阀线圈失电时，铁芯受到的电磁力消失，进油球阀 6 在进油口内外压差的作用下，向左运动，使得进油口关闭，同时，通过顶杆推动回油球阀 5 向左运动，打开回油口，控制口接通回油口回油，高速开关阀关闭。和普通电磁开关阀不同的是，高速开关阀是在调制后的脉冲信号的驱动下工作，输出带有波动性质的脉冲流量，进而控制其他液压执行元件。

（2）PWM 高速开关阀工作原理　想想用水龙头接一盆自来水的过程，通常是将水龙头开启一个固定开度来控制接满一盆水的时间。其实也可以这样控制，不断快速地在水龙头全开和全关之间进行切换，只要全开和全关水龙头的时间分配恰当，接满一盆水的时间也是能够控制的。例如，1s 开关 1 次，全开 0.5s，全关 0.5s，则接满一盆水的时间大概与水龙头开启一半时所用时间相等（假设水龙头全开时水的流量是开启一半时流量的 2 倍）。显然，这种快速全开 - 全关的控制同样控制了水龙头平均流量。

PWM 高速开关阀的工作原理与上述方法相同，计算机根据控制要求发出相应的脉冲信号，再经过脉宽调制器和功率放大器，将脉冲信号调制和放大后发送给 PWM 高速开关阀，通过控制高速开关电磁铁所产生的吸力，使得阀芯高速正反向运动，从而实现液流在阀口处的通断功能，并以开启时间的长短来控制流量。

PWM 原理如图 21-115 所示，根据系统需要，计算机产生某一频率的载波信号，当输入控制信号时，计算机将该信号与载波信号进行比较，如果在某时刻控制信号的值大于载波信号的值，则使阀开启，否则就使阀关闭。根据载波信号与控制信号的比较关系输出不同占空比的 PWM 信号，将其进行功率放大后控制阀的开启和关闭，使得高速开关阀在一个调制周期内输出的平均流量 $\bar{q}$ 与信号的占空比成正比。高速开关阀采用脉宽调制原理来控制其平均流量，由于脉冲周期 $T$ 非常小，常为 0.01 ~0.15s，因此，这一时间内阀的输出流量可用平均流量表示，即

$$\bar{q} = C_{\mathrm{d}} A\tau\,(2\Delta p/\rho)^{\frac{1}{2}} \tag{21-1}$$

式中　$C_{\mathrm{d}}$——流量系数；

$A$——阀口的全开口面积；

$\tau$——占空比，阀开启时间 $T_{\mathrm{on}}$ 与脉冲周期 $T$ 之比；

$\Delta p$——阀口的压差；

$\rho$——油液密度。

式（21-1）表明，高速开关阀的平均流量 $\bar{q}$ 与时间 $T_{\mathrm{on}}$ 和脉冲周期 $T$ 之比的脉宽占空比 $\tau$ 成正比。占空比越大，通过高速开关阀进入液压缸的平均流量越大，液压缸的运动速度越快。由于 PWM 信号可直接由计算机输出，高速开关阀能够直接以数字的方式进行控制，不必经 D/A 转换，计算机可以根据控制要求发出 PWM 信号，控制电 - 机械转换元件，从而驱动高速开关阀全开或全关，以控制液压缸液流的大小和流向，获得了与比例阀或伺服阀的连续控制相似的效果。

（3）PWM 高速开关阀系统特点　液压位置控制系统采用高速开关阀实现 PWM 控制有以下几个突出的优点：

1）改善了阀控动力机构的非线性因素，使高速开关阀的输出增益基本维持常数。

2）可通过改变开关阀的参数，进而方便地改变系统性能。例如，增大调制波频率，可使高速开关阀反应加快，但超调增加；减小调制波幅值，可使得增益增

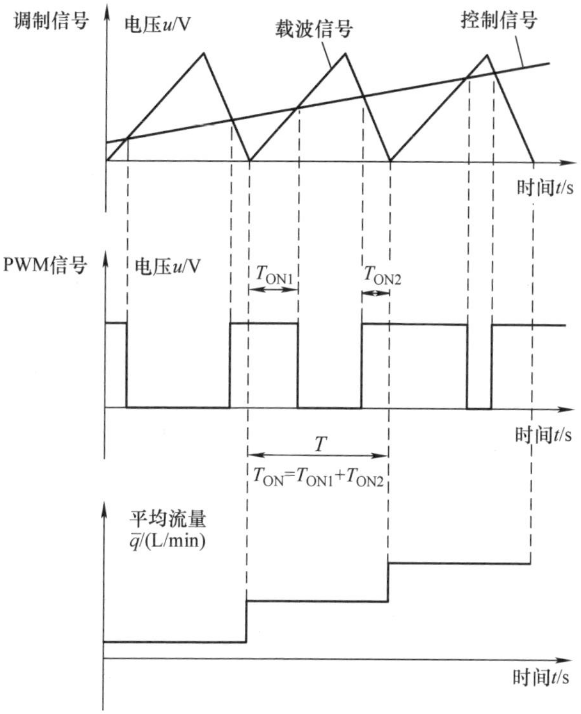


图 21-115　PWM 原理

大，而特性的线性区变窄，因此调制波幅值可作为调整 PWM 增益的手段。

3）抗干扰能力强，特别是由于温度变化时对幅值影响大而对脉宽影响小，因而采用 PWM 控制可使高速开关阀对温度变化不敏感。

4）油液无须像伺服阀那样严格过滤，不易被污染，提高了可靠性。

**2. 高速开关阀电液控制系统**

高速开关阀的液压 PWM 控制系统一般有四种回路形式，即半桥控制回路、全桥控制回路、大流量比例控制回路和流量方向控制回路。

高速开关阀有二位二通和二位三通两种，可由 2 个二通阀或 1 个三通阀组成半桥回路，4 个二通阀或 2 个三通阀组成全桥回路。

（1）半桥控制回路　图 21-116a 所示为半桥控制回路原理，由两个可变节流元件或节流工作边控制液压执行元件而组成的半桥阻尼控制回路。高速开关阀的工作情况是通过其开口时间（或开度）来调节其通过流量，实际上也可视为节流阀的一种类型。因此，节流阀的基本组合方式及其所控制的压力、流量关系在 PWM 工作方式下的开关阀可以等效取代，图 21-116b 所示为 2 个二位二通高速开关阀构成的半桥回路，图 21-116c 所示为 1 个二位三通高速开关阀构成的半桥回路。

（2）全桥控制回路　可由四个等效可变节流元件来控制液压执行元件而组成

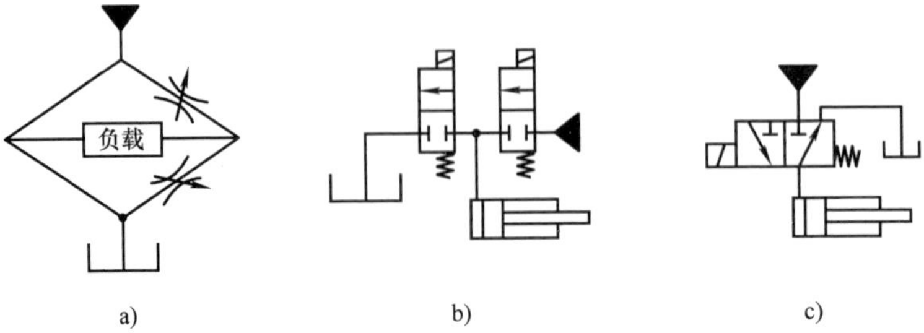


图 21-116　半桥 PWM 控制回路

全桥阻尼控制回路，图 21-117a 中的等效节流元件可用处于 PWM 工作方式的高速开关阀组取代，从而构成全桥控制回路，如图 21-117b、c 所示。

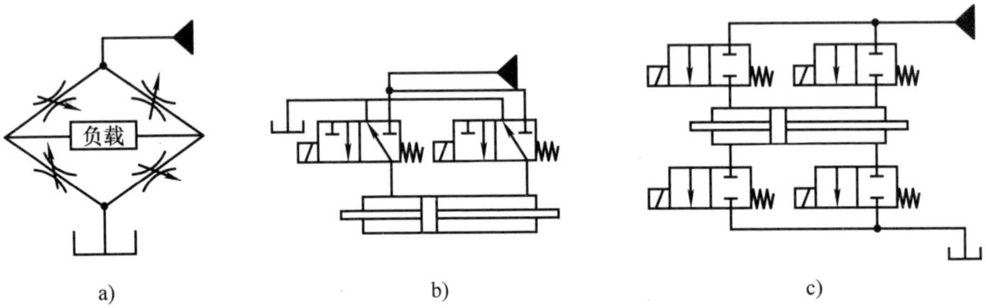


图 21-117　全桥 PWM 控制回路

**3. 高速开关阀作为先导级的电液比例控制系统**

由于高速开关阀具有靠污染能力强、价格便宜、结构简单等诸多优点，引起了人们的广泛关注。但是，由于高速开关阀工作频率极高，很大程度上决定了它的流量偏小，在一些大流量、大功率的工况下不足以直接驱动大功率的液压系统。因此需要使用一定的方法使其能够很好地应用于大流量、大功率的液压系统中。采用高速开关阀先导控制的方法既可以避免其输出流量偏小的缺点，同时又能保留其优点，是一种有前途的、可行的改进手段。下面介绍高速开关阀作为先导级的电液比例控制系统。

（1）高速开关阀为先导级构成的电液比例阀　用高速开关阀进行液压控制是计算机液压控制系统的方案之一，它能用批量生产的标准化及价格低廉的控制元件，构成具有广泛用途的电液控制系统。理想的高速开关阀是以低电耗、高速度（小于 $10^{-3}$s）控制高压液体。利用这种阀所产生的微小液体脉冲就能控制液体流量和压力，从而控制液压缸的力、速度和位置等。由于这种阀只起开关作用，故可以通过控制阀门开启的时间来控制平均流量的大小，如图 21-118所示。

高速开关阀作为先导阀控制的液压系统原理如图 21-119 所示，控制过程中，高速开关阀的控制口与进油口及回油口交替相通，通过输入不同占空比的 PWM 信

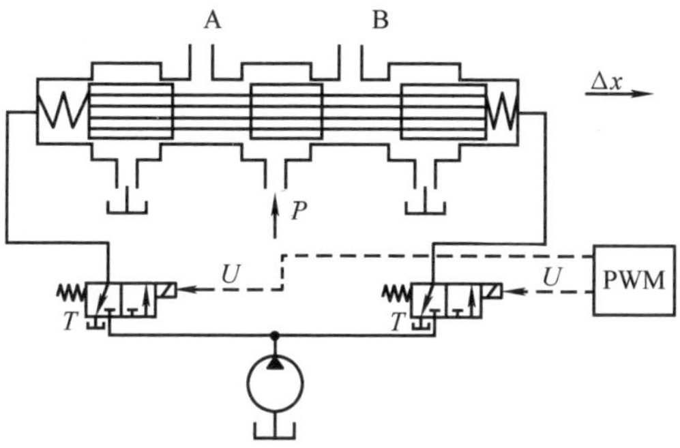


图 21-118　高速开关阀液压全桥先导式电液比例阀

号，使得高速开关阀打开和关闭时间所占比例发生变化，当输入 PWM 信号的占空比增大时，液控方向阀控制腔压力升高，PWM 信号的占空比小时，则液控方向阀控制腔的压力降低。通过这样的方式，使高速开关阀能接受单片机输入的 PWM 信号，控制液控方向阀的控制腔压力大小，进而控制液控方向阀的输出流量，驱动执行元件动作。

（2）高速开关阀液压全桥为先导阀的微型计算机控制系统　图 21-119 所示为以高速开关阀液压全桥为先导阀的微型计算机控制系统原理。

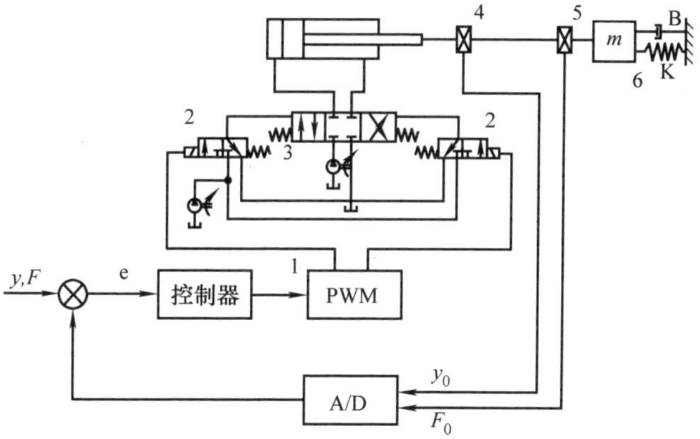


图 21-119　高速开关阀液压全桥为先导阀的微型计算机控制系统原理
1—PWM 信号发生器　2、3—高速开关阀　4—位移传感器　5—力传感器　6—外负载

上位机发出位移或力信号经控制器运算后给出控制信号，控制信号经脉宽调制器与调制信号进行对比运算发出相应的 PWM 信号给高速开关阀。以高速开关阀液压桥路为先导阀，以滑阀为主阀构成的脉宽调制比例阀在 PWM 信号的控制下驱动液压缸进行动作。位移传感器和力传感器采集液压缸位移和与外负载的相互作用力，位移和力信号以模拟量的形式由传感器传输至 A/D 转换器，A/D 转换器将位移或力的模拟信号传输至上位机与控制信号产生偏差信号，由此构成以高速开关阀

液压全桥为先导阀的脉宽调制比例液压微型计算机闭环控制。

**4. 高速开关阀在车辆转向系统中的应用**

丹佛斯（Danfoss）以高速开关阀全桥作为先导阀来控制主阀，在车辆转向系统中获得了广泛的应用。现以丹佛斯的电控液压转向阀（EHPS）为例，简述高速开关阀在车辆转向系统中的应用实例。

丹佛斯的电控液压转向阀是一个集成阀，它由电液控制模块（PVE）、优先阀（OLS320）、主阀组成。其中电液控制模块是将电子元件、传感器和驱动器集成为一个独立单元，然后直接和比例阀的阀体相连。图21-120所示为EHPS的内部结构示意图。

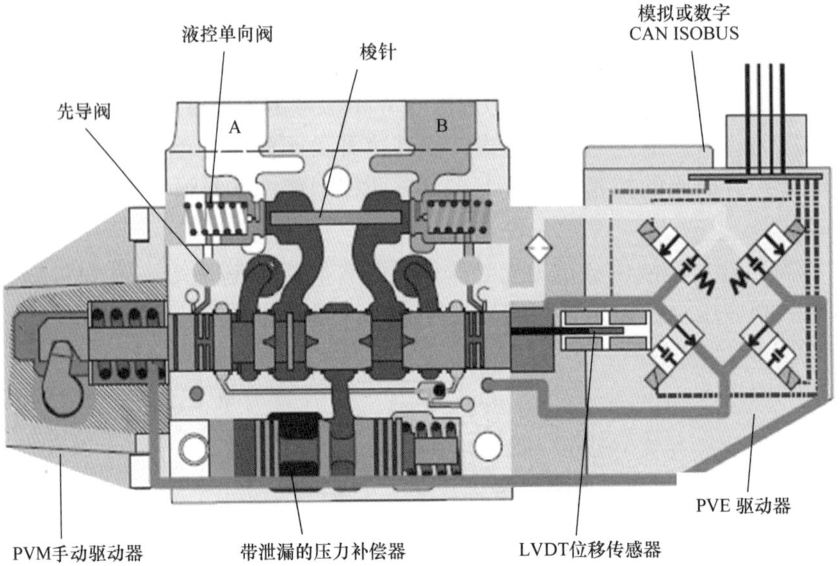


图21-120　EHPS的内部结构示意图

PVE中包含了电子控制单元、由4个二通阀组成的高速开关阀全桥路回路、内置位移传感器等部分。其中电子控制单元的作用是通过CAN总线接收控制器的指令信号，并且将接收到的信号转换成PWM信号。高速开关阀桥路的作用是控制主阀芯的移动和方向。内置的位移传感器则是检测主阀芯的位移，把检测信号传给电子控制单元形成闭环控制。电子控制单元主要作用是根据主控制器发来的指令控制信号产生PWM信号，以此来控制高速开关阀桥路的开关。

PVE驱动器和其内部电气元件组成一个闭环控制，集成式反馈传感器通过检测阀芯的运动产生反馈信号。根据反馈信号和输入信号对比所得的偏差，通过一个电磁阀桥来控制主阀芯的运动方向、速度和位置。集成式电子元件可以补偿阀芯压力、内部泄漏、油液黏度变化、先导压力等所带来的影响。这样可以保证系统的低迟滞和高精度。同时这些电子元件也为系统提供了内置的安全装置，如故障监控装置、方向指示灯和LED显示灯。图21-121所示为PVE工作原理方框图。

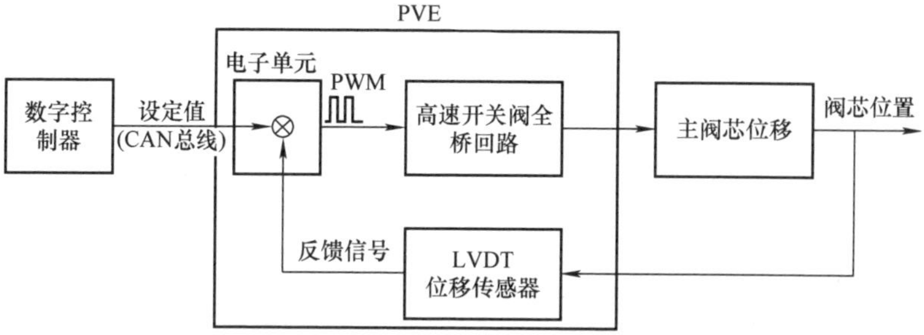


图 21-121 PVE 工作原理方框图

电控系统根据设定信号和反馈信号之间的偏差来控制电磁阀，进而改变先导压力，驱动主阀芯到正确的位置。一旦主阀芯到达所需位置，调制停止，阀芯位置被锁定。图 21-122 所示为转向系统主阀的 PWM 控制示意图。

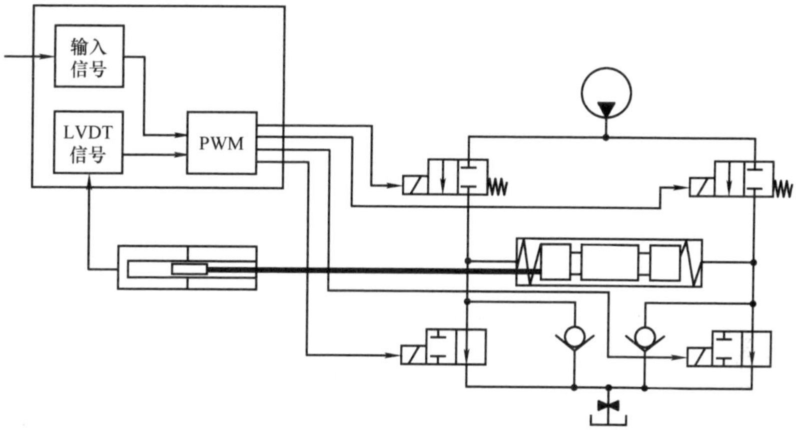


图 21-122 转向系统主阀的 PWM 控制示意图

## 21.5 微型计算机控制的基本算法

### 21.5.1 控制算法概述

控制系统的核心是控制器，控制算法是控制器的核心和灵魂。简单地说，控制算法就是如何利用系统的被控量、给定量、干扰量或其他状态变量计算出控制量的方法。数字控制器中的控制算法是由程序实现的。基本的控制算法在数字控制器中可以开发出相对独立的软件包，如许多控制制造商以“模块”的形式提供直接可用的标准化算法，它们可以像硬件那样具有一定技术规范，并且可以进行“组态”，即按照功能和要求搭配组合。除核心的控制算法外，数字控制器的软件还包括各种典型的功能块：输入输出量程变换与转化（标度变换）、求平方根、乘除运算、求和、迟延、曲线显示、信号选择、逻辑判断、定时器、颤振信号发生器和斜坡信号发生器等，以及其他通用的计算模块。控制算法与被控过程的特性密切相关，由于被控对象千变万化，控制要求千差万别，不可能有一种万能的控制算法适用于所有控制系统。但的确有一种比较“通用”的控制算法，它可以比较好的适应工程上大多数的控制要求，这就是本节要介绍的PID控制算法。

## 21.5.2　模拟PID控制器

### 1. PID控制器的概念

PID算法就是利用偏差的比例（Proportion）、积分（Integration）和微分（Differentiation）产生控制量的算法。能够实现PID算法的控制器就是PID控制器。利用模拟的电阻、电容和运算放大器等元件实现比例（放大）、微分和积分电路是很容易的，由模拟电路构成的PID控制器可以称为模拟PID控制器。显然，由机械、气动和液压机构也是可以构成PID控制器的，只是难度较大，通用性和灵活性差。而由程序实现比例、微分和积分这三种运算是非常容易的，所以由数字计算机通过软件实现的PID控制器可以称为数字PID控制器。

### 2. PID控制器结构

图21-123所示为PID控制器结构，其中$K_p$称为P控制器，对偏差$e(t)$进行比例放大、$\frac{1}{T_i}\int e(t)\mathrm{d}t$为I控制器，$T_d\frac{\mathrm{d}e(t)}{\mathrm{d}t}$为D控制器，$T_i$称为积分时间常数，$T_d$称为微分时间常数。

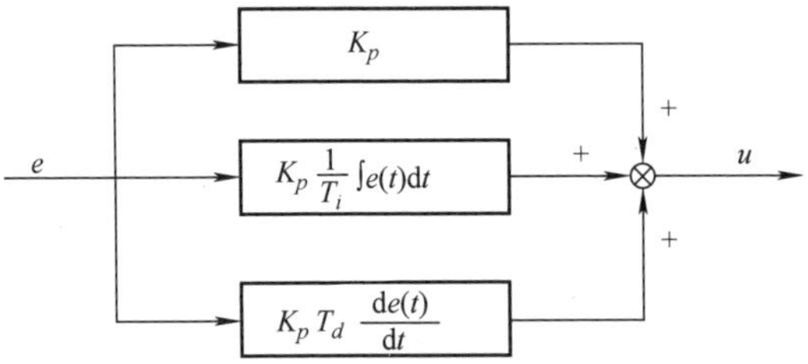


图21-123　PID控制器结构

### 3. PID模拟表达式

由图21-123可知，PID控制器在时域内的模拟表达式为

$$u(t)=K_p\left[e(t)+\frac{1}{T_i}\int e(t)\mathrm{d}t+T_d\frac{\mathrm{d}e(t)}{\mathrm{d}t}\right] \tag{21-2}$$

式中　$K_p$——比例系数；

$T_i$——积分时间常数；

$T_d$——微分时间常数。

### 4. 为什么要用PID控制器

① 使用上：PID控制器技术成熟、应用广泛、实现简单、理解容易、控制效

果好。由于 PID 控制器结构简单，无论用模拟电路实现还是数字计算机实现都相对容易，所以获得了广泛应用。据统计，在现有工业控制系统中，大约有 90% 的控制器采用 PID 控制算法或其改进算法。

② 理论上：可以证明，对于存在纯延迟的线性一阶或二阶对象，PID 控制算法是一种非常有效的控制算法。工业实际中大多数控制对象可以近似为具有延迟的线性一阶或二阶对象，这也是 PID 控制器能够获得广泛应用的原因。

**5. P、I、D 的控制作用**

P、I、D 控制可以是独立的控制器，单独作用于系统，也可以联合使用。一般来说，系统的开环增益总是要调节的，即比例控制总是存在的，所以就有 P 控制、PI 控制、PD 控制和 PID 控制四种形式。由于线性系统满足叠加原理，所以各控制作用的效果也可以叠加，掌握三种控制的单独作用效果是有必要的。下边分别介绍 P、I、D 三种控制作用。

(1) P 控制　P 控制的传递函数为常数 $K_p$，图 21-124 所示为其传递函数方块图，即控制器输出 $u(t)=K_pe(t)$，可见 P 控制是将偏差在幅值上直接放大 $K_p$ 倍产生控制作用，是一种非常简单的算法，但是往往也是非常有效的算法。无论哪种实际的机构，P 控制器实质上是具有增益可调功能的放大器。

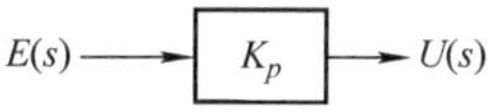


图 21-124　P 控制器传递函数方块图

为了了解 P 控制器的作用，我们采用 P 控制器来控制一个惯性对象，图 21-125所示为控制方块图。

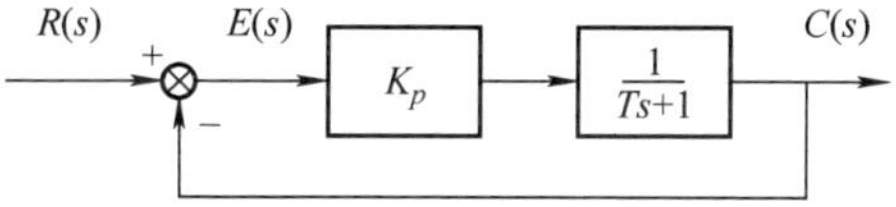


图 21-125　P 控制器控制惯性对象

根据自动控制理论，该系统的误差传递函数为

$$\varphi_e(s)=\frac{E(s)}{R(s)}=\frac{1}{1+\dfrac{K_p}{Ts+1}} \tag{21-3}$$

则系统对单位阶跃输入的稳态误差由终值定理计算为

$$\lim_{t\to\infty}e(t)=e_{ss}=\lim_{s\to0}sE(s)=\lim_{s\to0}\left(\frac{1}{s}\frac{s}{1+\dfrac{K_p}{Ts+1}}\right)=\frac{1}{1+K_p} \tag{21-4}$$

可见，由于 P 控制器本身不能为系统提供积分环节，当系统广义被控对象没

有积分环节时，整个系统开环传递函数为0型系统，系统对单位阶跃输入的稳态误差总是存在的，并且为一个定值，该值的大小显然与开环增益（大约）成反比关系。该误差为系统误差，是控制系统工作的必要条件。

总体上来讲，P控制器将偏差乘以放大倍数后作为控制量，没有相移，误差一旦产生，控制器立即有控制作用。但是P控制器在控制不包含积分环节的被控对象时，存在恒值稳态误差（静差）。

（2）I控制　在I控制器中，由于控制量是误差的积分获得的，一个很小的正误差通常会导致控制信号增加，负误差将导致控制信号减小，无论这个误差多么小。所以I控制器的主要功能是确保系统在稳态下输出量与设定值一致。图21-126所示为I控制器的传递函数方块图。

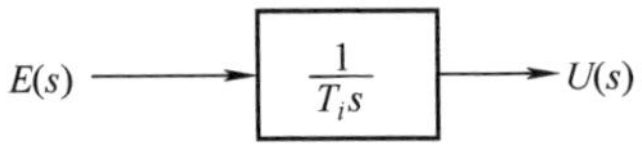

图21-126　I控制器的传递函数方块图

I控制器的模拟表达式为

$$u(t) = \frac{1}{T_i}\int e(t)\,\mathrm{d}t \tag{21-5}$$

如果$e(t)$的值加倍，则$u(t)$的值也加倍。当误差信号$e(t)$为0时，$u(t)$的值保持不变。

同样的，用I控制器控制一个惯性对象，如图21-127所示，则系统误差传递函数为

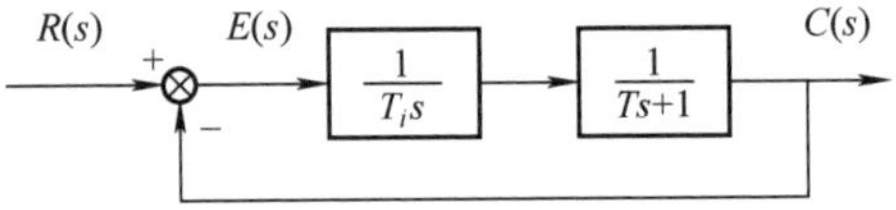

图21-127　I控制器控制惯性对象

$$\varphi_e(s) = \frac{E(s)}{R(s)} = \frac{1}{1 + \dfrac{\dfrac{1}{T_i s}}{Ts + 1}} \tag{21-6}$$

稳态误差为

$$\lim_{t\to\infty} e(t) = e_{ss} = 0 \tag{21-7}$$

可见，I控制具有如下特点。

1）优点：对偏差进行记忆并累加作为控制量，主要用于偏差很小，比例控制产生的控制量不足以推动系统运动时，消除稳态误差，提高控制精度。显然，I控制器控制0型对象，最终开环传递函数为I型（零阶无差系统）。

2）缺点：纯积分提供90°相位滞后，使调节作用变慢，甚至使系统不稳定。

（3）D控制　D控制器是利用偏差的导数产生控制量，其主要作用是提高闭

环系统的稳定性。其传递函数方块图如图 21-128 所示。

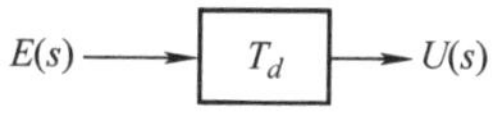


图 21-128 D 控制器的传递函数方块图

D 控制器的模拟表达式为

$$u(t) = T_d \frac{\mathrm{d}e(t)}{\mathrm{d}t} \tag{21-8}$$

D 控制器的输出与误差信号的变化速率成正比，即利用误差的变化趋势产生控制量，具有预测作用，当然，D 控制作用绝对不能预测任何还没有发生的作用，微分作用只是在瞬态过程才是有效的，所以这种控制作用绝对不能单独使用，必须与 P 控制器构成 PD 控制或与 P、I 控制器构成 PID 控制器时才可使用。

可见，D 控制具有如下特点。

1）优点：D 控制能敏感预测出偏差变化的趋势，可加快系统响应，克服惯性滞后，减少系统超调量。

2）缺点：D 控制对静态偏差毫无抑制作用，对干扰，特别是高频干扰相当敏感，它放大了噪声信号，并可能在执行机构中引起饱和现象，所以在存在高频测量噪声的系统中，D 控制器往往引起严重问题，这限制了 D 控制器的使用。

### 21.5.3 数字 PID 控制器——PID 算法的计算机实现

由于计算机控制是一种采样控制，它只能根据采样时刻的偏差值计算控制量，所以模拟 PID 算法中的积分项 $\frac{1}{T_i}\int e(t)\mathrm{d}t$ 和微分项 $T_d\frac{\mathrm{d}e(t)}{\mathrm{d}t}$ 不能准确计算，只能离散化后数值逼近。所以接下来对积分项和微分项进行离散化，以便计算机能够实现。

**1. 积分的离散化**（见图 21-129）

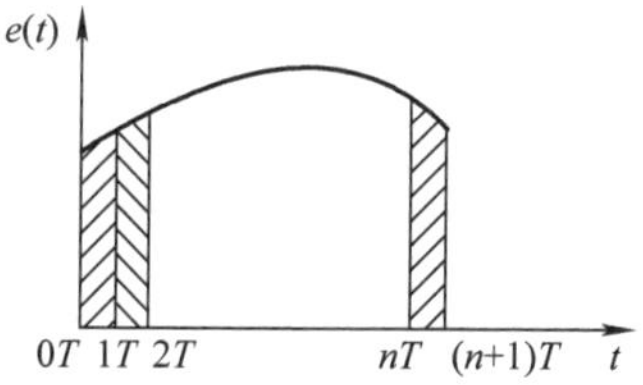


图 21-129 积分离散化

根据积分的定义，积分是关于求被积函数曲线下所包围面积的极限问题。这里可以简单地利用积分的定义，即积分 = 分割、求和、取极限的过程，近似求得函数曲线下所包围的面积，即获得了函数积分。如图 21-129 所示，被积函数为误差函数 $e(t)$，采样周期为 $T$，则第 $n$ 次采样周期时，曲线下所包围的面积约等于每个采样周期之间的小矩形的面积之和，即

$$\int_0^{nt} e(t)\mathrm{d}t \approx e(0T)T + e(1T)T + \cdots + e(nT)T = T\sum_{K=0}^{n} E(kT) = T\sum_{k=0}^{n} e(k) \tag{21-9}$$

令 $e(k) = e_k$，则第 $n$ 次采样积分部分产生控制量为

$$\frac{1}{T_i}\int_0^{nt} e(t)\mathrm{d}t = \frac{T}{T_i}\sum_{k=0}^{n} e(k) = \frac{1}{T_i}\sum_{k=1}^{n} e_k \tag{21-10}$$

**2. 微分的离散化**（见图21-130）

根据微分的定义，微分是关于求函数曲线上某点处的切线斜率的极限问题。这里也可以简单的利用微分的定义进行离散化微分项。图21-130所示为误差 $e(t)$ 的曲线，求第 $n$ 次采样周期时的误差的微分，就是求 $nT$ 时刻 $e(t)$ 曲线的切线的斜率，当采样周期 $T$ 很小时，$nT$ 与 $(n+1)T$ 之间的割线近似为切线，所以

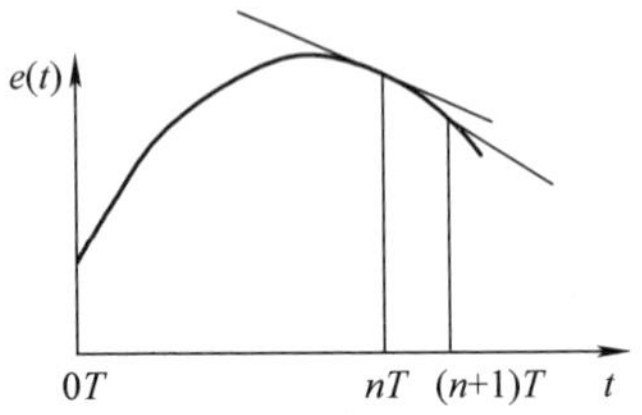


图21-130　微分离散化

$$\left.\frac{\mathrm{d}e(t)}{\mathrm{d}t}\right|_{t=nt} \approx \frac{e(n+1)T - e(nT)}{T} = \frac{e_{n+1} - e_n}{T} \tag{21-11}$$

故第 $n$ 次采样微分部分产生控制量为

$$T_d \frac{\mathrm{d}e(t)}{\mathrm{d}t} = \frac{T_d}{T}(e_{n+1} - e_n) \tag{21-12}$$

由式（21-2）、式（21-10）和式（21-12），获得PID离散形式为

$$u_n = K_p\left[e_n + \frac{T}{T_i}\sum_{i=0}^{n} e_i + \frac{T_d}{T}(e_{n+1} - e_n)\right] \tag{21-13}$$

需要注意的是，微分也可以向前差分成 $\frac{T_d}{T}(e_n - e_{n-1})$，所以式（21-13）可以写为

$$u_n = K_p\left[e_n + \frac{T}{T_i}\sum_{i=0}^{n} e_i + \frac{T_d}{T}(e_n - e_{n-1})\right] \tag{21-14}$$

式中　$u_n$——$nT$ 时刻PID控制器输出；

$e_i$——$T_i$ 时刻偏差；

$T$——采样周期。

**3. 数字PID控制算法的两种形式**

上述对PID控制算法的介绍中，没有考虑执行机构初始工作点需要的控制量，在实际中执行机构总是工作在一个初始位置，该初始位置可以由控制器输出的一个值来保持，也可以由执行机构本身保持。对于这两种不同的情况，PID控制算法有位置式算式和增量式算式两种形式，下边分别进行简单介绍。

（1）位置式算式　当执行机构需要的是绝对控制量时，采用位置式算式，即

$$u_n = K_p\left[e_n + \frac{T}{T_i}\sum_{i=0}^{n} e_i + \frac{T_d}{T}(e_n - e_{n-1})\right] + M \tag{21-15}$$

其中 $M$ 称为初始阀位。由式（21-15）可见，与之前的叙述相比，位置式算式中多了初始阀位 $M$，该项表示执行机构的初始工作点，控制就是在该工作点上发生的。

（2）增量式算式　当执行机构需要的是控制量的增量时，可采用增量式算式，

由位置算法求出

$$u(k)=K_p\left\{e(k)+\frac{T_s}{T_i}\sum_{i=0}^{k}e(i)+\frac{T_d}{T_s}[e(k)-e(k-1)]\right\}+u_0 \tag{21-16}$$

$$u(k-1)=K_p\left\{e(k-1)+\frac{T_s}{T_i}\sum_{i=0}^{k-1}e(i)+\frac{T_d}{T_s}[e(k-1)-e(k-2)]\right\}+u_0 \tag{21-17}$$

两式相减，得出控制量的增量式算式为

$$\begin{aligned}\Delta u(k)&=u(k)-u(k-1)\\&=K_p\left\{e(k)-e(k-1)+\frac{T_s}{T_i}e(k)+\frac{T_d}{T_s}[e(k)-2e(k-1)+e(k-2)]\right\}\end{aligned} \tag{21-18}$$

式（21-18）称为增量式PID算法。可见，数字增量式PID算法只要存储最近的三个误差采样值$e(k)$、$e(k-1)$、$e(k-2)$即可，相比位置式算式，增量式算式的计算机编程实现更容易。

增量式PID算法具有以下优点。

1）因计算机输出增量，故误动作小，必要时可用逻辑判断的方法去掉误动作（如对输出增量限幅）。

2）增量式易于实现手动/自动的“无扰切换”。

控制系统在调试和改变工况运行时，常常需要从手动切换到自动，如一个系统的初始工作点从原来的$M_1$变化为$M_2$，则可以先在手动状态下将执行机构调整到$M_2$，然后切换到自动状态（由计算机控制）。在进行手动与自动两种功能互相切换时，在切换的瞬间应当保持控制器的输出不变，这样使执行器的位置在切换过程中不致突变，不会对生产过程引起附加的扰动，这称为“无扰切换”。这需要由手动到自动切换时，必须能够实现自动跟踪，即在由手动到自动切换时刻，控制器的输出等于手动时的阀位值，然后在采样周期内进行自动控制，所以系统要能采样手动时执行机构的位值。

对于需要控制器输出绝对量的执行机构，如果采用式（21-14），即没有初始阀位，则在切换后的第1个控制周期内，由于控制器尚没有完成依据当前的偏差计算出控制量的工作，所以控制器输出为0，执行机构就会突然“回缩”至0信号所对应的位置；等到第1个控制周期内控制量被计算出来，由于此时误差很大，计算出的控制量也很大，则又会使得执行机构突然“伸出”很大量，这样造成切换时的冲击和振荡，系统不能正常工作。所以手动调节完成后，位置式PID算式的输出量必须先将执行机构的输出位置设为手动调定的初始阀位，也即在切换后的第1个控制周期内，控制器必须给出控制量$M_2$，以保证执行机构保持在$M_2$工作点上，才能保证实现“无扰切换”，这就需要采用式（21-15）。而控制器是怎么得到执行机构的工作点（初始阀位）$M_2$的呢？须专门设置一个阀位传感器将初始阀位反馈至控制器，这样就增加了成本和结构复杂性。

由于增量式PID算式用于执行机构本身具有保存历史位置功能的系统中，手动调节结束后，执行机构自己就保持在了调定位置，控制器输出不需要初始阀位，只需要增量，所以手动/自动切换不会产生冲击，自然实现了“无扰切换”。

3）增量式因为用于执行机构本身具有寄存位置作用的系统中，在计算机发生故障时，执行机构可保持在原位，所以更加安全。

4）增量式不会产生积分饱和。由于位置式PID算式中有积分累加项，当偏差产生跃变时（如系统刚启动的几个周期内偏差都很大），位置式PID算式的输出将急剧增大或减小，很可能超过执行机构的上（下）限，实际过程中，控制变量因受执行机构的约束而限制在有限范围内（$u_{min} \leqslant u \leqslant u_{max}$），其变化量也有一定范围（$|\dot{u}| \leqslant \dot{u}_{max}$）；一旦控制量超出上述范围，则实际执行机构的控制量不再是计算值（而是$u_{min}$或$u_{max}$），执行机构只能工作在上（或下）限的极限位置上，即系统输出超出正常运行范围而进入了饱和区。此时即使出现反向偏差，由于大的积分积累值，控制量$u$并不能立即反向，而需要相当一段时间脱离饱和区，进入饱和区越深则退出饱和时间越长。此段时间内，执行机构仍停留在极限位置而不能随着偏差的反向立即做出相应的改变，这时系统就像失去控制一样，造成系统超调、过渡过程变长和振荡加强等控制性能的恶化。这种现象称为积分饱和现象或积分失控现象。增量式PID算式中不存在位置式PID算式中的积分累加项，所以不会发生积分饱和。

实际使用中，消除积分饱和的方法有很多种，这里不再赘述。

### 21.5.4　PID算法在液压控制系统中的应用

一般为了获得一个无差系统（一阶无静差）系统，应该使得系统的开环传递函数为I型的，即含有1个积分环节。由于广义被控对象本身是根据工作过程决定的，所以系统中可配置和调节的只有控制器部分。如果被控对象本身不含有积分环节，则只能是在控制器部分加入积分环节，使得系统开环传递函数为I型系统。

对于液压控制系统，主要有位置控制、速度控制和力/压力控制三类，分别称为位置环、速度环和力环。下边以伺服阀控制液压缸（或液压马达）为广义被控对象，简要介绍PID控制算法在这三类控制系统中的应用。

**1. 阀控缸/马达的位置环**（Position Loop）

图21-131所示为典型的伺服阀控制液压缸的位置环示意图。

对于图21-131所示的负载可以忽略不计的阀控缸位置环，控制阀+液压缸=液压积分环节，所以控制器仅采用P控制器就可以使得整个系统成为I型系统，对于阶跃输入无静差。由于液压控制系统具有很高的位置刚性（因液压缸的内泄漏很小），所以液压积分器足够好，甚至不用I控制器就可获得足够高的精度。而I控制器的调节常伴随着振荡和超调，所以I控制器在位置环中不经常用。为增加系

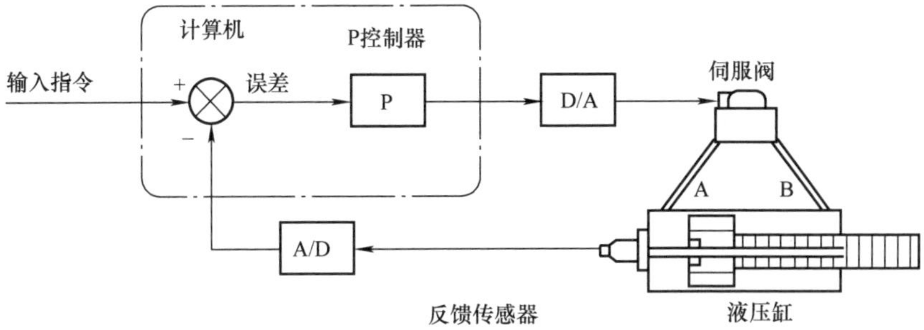


图 21-131　典型阀控缸位置环示意图

统的稳定性，提高响应速度，可以采用 PD 控制器。

关于控制阀 + 液压缸的位置控制 = 液压积分环节这一事实，可以简单证明如下：

阀控缸的位置系统中，输入为电液伺服阀的输入电流 $i(t)$，输出为液压缸活塞杆的位置 $s(t)$，设比例系数为 $k_q$，则在电液伺服阀的零开度附近的微小范围内，给定电流 $i(t)$ 与其阀口开度 $a(t)$ 成正比，通过阀口的流量 $q(t)$ 与阀口开度 $a(t)$ 成正比，所以流量 $q(t)$ 与给定电流 $i(t)$ 成正比，即

$$q(t)=k_q i(t) \tag{21-19}$$

而由流量公式可知

$$q(t)=A\frac{\mathrm{d}s(t)}{\mathrm{d}t}=k_q i(t) \tag{21-20}$$

所以输入电流 $i(t)$ 到输出液压缸活塞杆的位置 $s(t)$ 的传递函数为

$$\frac{S(s)}{I(s)}=\frac{k_q}{As}=\frac{k_q}{A}\frac{1}{s} \tag{21-21}$$

即输出与输入为积分关系。

**2. 阀控缸/马达的速度环**（Velocity Loop）

图 21-132 所示为伺服阀控制的液压马达的速度环。对于忽略负载的阀控缸/马达的速度环，输入为电液伺服阀的输入电流 $i(t)$，输出为液压缸活塞杆的速度 $\mathrm{d}s(t)/\mathrm{d}t$，由式（21-20）可知 $i(t)$ 与 $\mathrm{d}s(t)/\mathrm{d}t$ 为比例关系，所以速度环的“控制阀 + 液压缸/马达” = 液压比例环节。在这样的速度环中，如果控制器仅采用 P 控制器，将使系统的开环传递函数为 0 型，对于阶跃输入有静差，所以控制器应采用 PI 控制器，使得系统的开环传函为 I 型系统。D 控制器在必要时可以加入，构成 PID 控制器。

值得注意的是，系统的速度也可以通过位置环来控制：位置环的给定信号为斜坡信号时，相当于给定了系统的速度。并且用位置环控制速度时，负载干扰引起的稳态速度误差为零，而速度环却有稳态速度误差。所以在实际过程应用中，有相当多的系统是用位置环控制速度或同时控制速度和位置的。

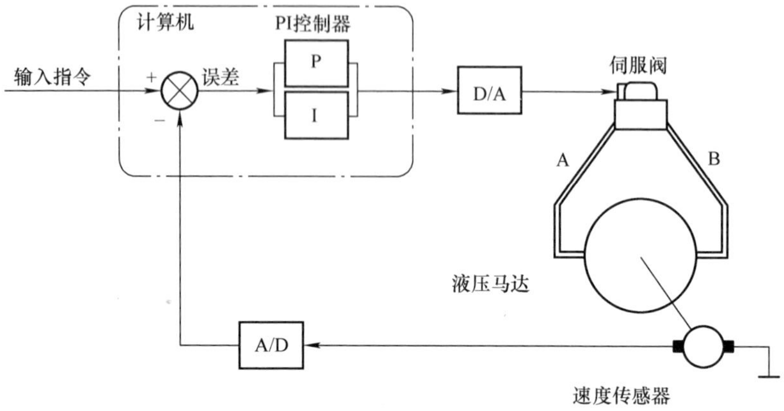


图 21-132　典型的阀控马达速度环

**3. 阀控缸/马达的力/压力环**（Force/Pressure Loop）

图 21-133 所示为伺服阀控制液压缸的力环。力环的反馈传感器是载荷传感器或压力传感器，可以采用压力控制的电液伺服阀或流量控制的电液伺服阀。力环的传递函数比较复杂，当负载刚度比系统液压刚度小很多时，如果液压缸容积严格密封，阀的零位泄漏为零，则压力达到希望值后控制阀关闭，压力应该保持恒定值，这样可以认为只要有阀口开度，通过阀口的流量经时间的积累就会产生压力，所以理论上可以认为力环的“控制阀 + 液压缸/液压马达”的传递函数是积分环节。但实际上，由于泄漏总是存在的，所以要保持一定的负载力就要求伺服阀有一定的开度，因此力环的“控制阀 + 液压缸/液压马达”并不能形成真正的液压积分环节，系统实际是个有差系统，必须有 I 控制器的补偿，才可使得系统开环传递函数为 I 型系统。所以力控制系统常采用 PI 控制器进行控制。同样的，必要时可以加入 D 控制器，构成 PID 控制器。

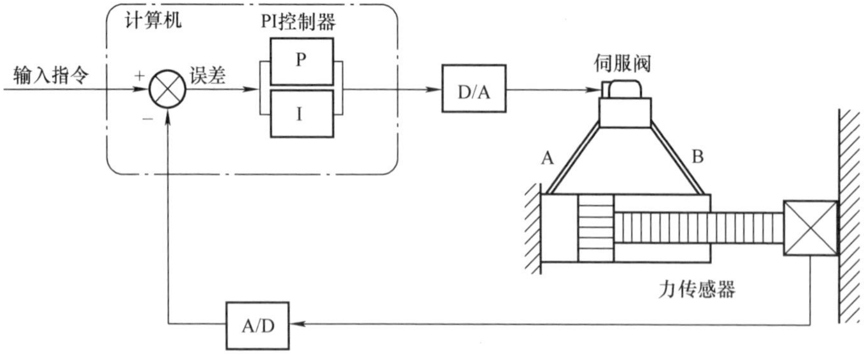


图 21-133　伺服阀控制液压缸的力环

PID 算法的具体应用详见 3.6.6 节。

# 第 22 章　3D 打印在液压工业中的应用

## 22.1　3D 打印技术发展概况

3D 打印技术又称为“快速成型技术”（Rapid Prototyping，RP）或者“增材制造技术”（传统机械加工技术称为“减材制造技术”）。它先利用计算机辅助设计软件，构建出零部件或物体的数字模型文件，然后让计算机按该文件控制打印机，将可粘合（融合）的粉末状材料以“逐点累积成面，逐面累积成体”的方式打印出零部件或物体，从而实现了生产数字化。

3D 打印技术的核心思想最早起源于美国。早在 1892 年，J. E. Blanther 在其专利中曾建议用分层制造法构成三维地形图。1902 年，Carlo Baese 的专利提出了用光敏聚合物制造塑料件的原理。1904 年，Perera 提出了在硬纸板上切割轮廓线，然后将这些硬纸板粘结成三维地形图的方法。20 世纪 50 年代之后，出现了上百个有关 3D 打印的专利。

3D 打印技术到 20 世纪 80 年代末开始出现商品化的设备，图 22-1 所示为“激光选区熔化（SLM）”金属增材制造技术打印机的外形以及其他类型的打印机与喷头。由于 3D 打印技术采用分层制造的原理，被制造零件的各层截面数据的来源是非常重要的。基于成熟的三维 CAD 软件，能够随意地获取被制造零件的任意截面的数据，从而提供了数据保障。3D 打印材料的性能与其打印成型工艺相适应，还能满足“分层制造，层层叠加”的制造原理。

3D 打印技术常在模具制造、工业设计、汽车、航空航天以及其他很多领域（包括液压气动领域）都有所应用，开始阶段被用于制造模型，之后逐渐用于产品的直接制造，并且目前已经广泛应用这种技术打印各种工业零部件，甚至是装备、建筑以及其他装置，首款 3D 打印超级跑车“刀锋（Blade）”如图 22-2 所示。

美国国家航空航天局（NASA）官网 2015 年 4 月 21 日报道，利用增材制造技术制造首个全尺寸铜合金火箭发动机零件以节约成本；2015 年 6 月 22 日报道，俄罗斯技术集团公司以 3D 打印技术制造出一架无人机样机，质量为 3.8kg，飞行时速可达 90～100km/h，续航时间为 1～1.5h，该公司用两个半月实现了从概念到原

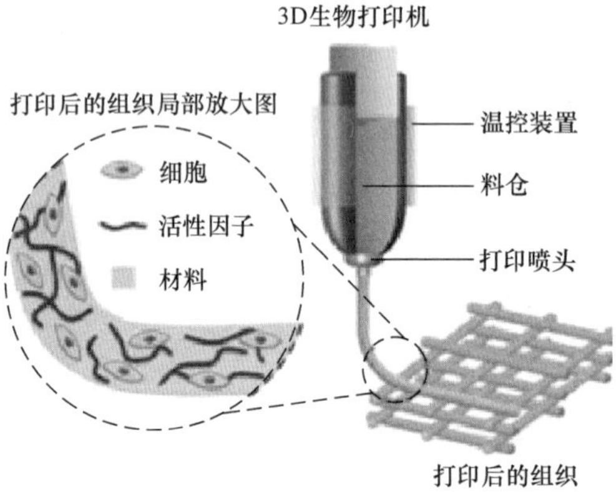


图 22-1　“激光选区熔化（SLM）”金属增材制造技术打印机的外形以及其他类型的打印机与喷头

型机的飞跃，实际生产耗时仅为 31h，制造成本不到 20 万卢布（约合 3700 美元）。

2015 年 5 月，英国推出全世界首款 3D 打印笔记本电脑“Pi－Top”（见图 22-3），它允许任何人在自己的客厅里打印自己的设备，价格仅为传统产品的一半。

图 22-2　首款 3D 打印超级跑车“刀锋（Blade）”（2015）

图 22-3　3D 打印笔记本电脑“Pi－Top”

目前 3D 打印机需要有标准和标准的制定机构，否则会出现过多的格式和标准，当有了统一的标准后，3D 打印行业将会迎来开放的设计、配置和软件，在统一的标准下将产生更多有用、高效、开放的创新。

目前国内商业化运营的 3D 打印实验室以及公司或工厂发展很快，也开始在行业内建立质量规范。

3D 打印的另一发展方向是 4D 打印。本质上就是利用智能复合材料所进行的 3D 打印——先用 3D 打印机打印出由智能复合材料构成的简单形状的物体，之后在外界激励下该物体将按预先设定的路径完成形态的改变，自我进行大小调整或形状、功能的变化，而且这种变化是事先在材料中用编程方式设计好的，是可预见和可控制的，在时间条件下（第 4 个“D”）实现自我组装或制造。例如，2013 年 2 月美国麻省理工学院展示的一根 4D 打印细绳，当被放到水中时，自动扭曲为英文字母组合“MIT”（麻省理工学院的英文缩写）的形状。其秘密在于这条细绳是由两种材料打印而成的。第一种是遇水发生膨胀或弯曲的亲水性智能材料，它作为细绳的芯材，遇水时能产生张力或扭曲力；而第二种是硬质的有机材料，它作为细绳的表材，包裹住芯材后能形成阻止扭曲或变形发生的阻力——表材越厚的部位阻力越大。打印时，只要按所需的形状为这两种材料“编程”打印顺序，并沿细绳的不同部位对表材“编程”不同的打印厚度，就能使打印出的细绳在浸水后通过亲水性智能材料带动硬质材料，让细绳的不同部位因表材厚度不同而产生不同的变形，最终以特定的角度弯曲成预先设计的形状。

2016 年 4 月 19 日，中国科学院重庆绿色智能技术研究院 3D 打印技术研究中心对外宣布国内首台空间在轨 3D 打印机研制成功。这台 3D 打印机可打印最大零部件尺寸达 200mm × 130mm，它可以帮助宇航员在失重环境下自制所需的零件，如图 22-4 所示。

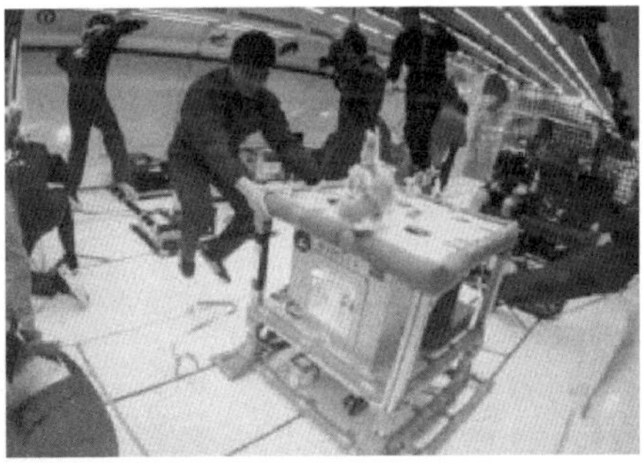

图 22-4　我国研发的空间在轨 3D 打印机

上海交通大学开发了具有自主知识产权的铸造模样计算机辅助快速制造系统，为汽车行业制造了多种模具，如图 22-5 所示。北京隆源自动成型系统有限公司也为企业制造了多种精密铸模。笔者于 2017 年第九届流体传动与控制国际学术会议期间，看到了浙江大学流体传动与控制国家重点实验室的激光选区熔化（SLM）成型的 3D 打印机，以及该机生产的复杂液压阀阀体等液压元件或零件。

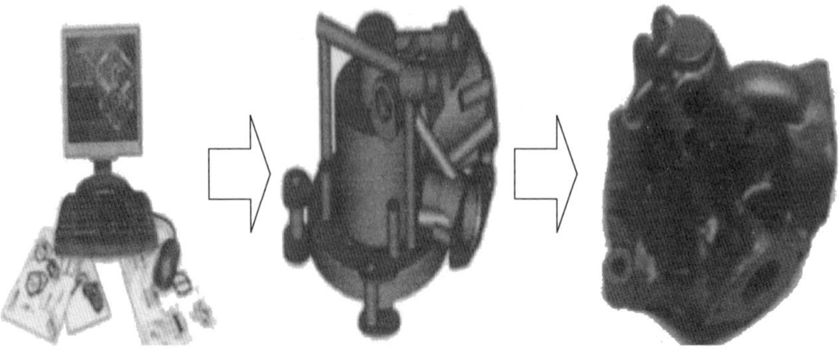

图 22-5 3D 打印与铸造技术结合快速铸造部件

# 22.2 3D 打印技术原理与特点

## 22.2.1 3D 打印机的基本原理

3D 打印机与普通打印机的工作原理基本相同，只是打印材料不同，普通打印机的打印材料是墨水和纸张，而 3D 打印机内装有金属、陶瓷、塑料、砂等不同的“打印材料”，通过 3D 打印喷头打印。3D 打印机与计算机连接后，通过计算机 CAD 数字模型文件为基础，运用粉末状金属或塑料等可粘合材料，通过逐层打印叠加成型来“造型”（见图 22-6）。

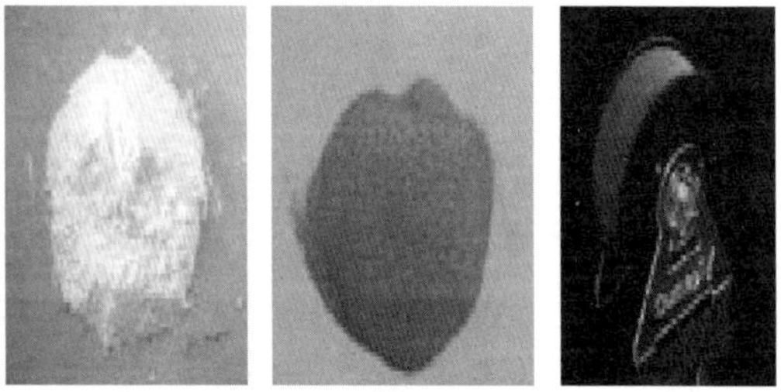

a) b) c)

图 22-6 常用的 3D 打印材料

3D 打印机的具体工作原理：3D 打印工艺一般采用粉末等材料成型（见图 22-6），材料通过烧结、固化或通过喷头用黏结剂（如硅胶）将零件的截面“印刷”在材料上面，当上一层粘接完成后，成型缸下降一个距离（等于层厚，为 0.013～0.1mm），供粉缸上升一个高度，推出若干粉末，并被铺粉辊均匀铺平在成型缸上。喷头在计算机的控制下，按下一建造截面的成型数据有选择地烧结、固化或喷射黏结剂建造层面。如此周而复始地送粉、铺粉和黏结剂，最终使三维物件成型。

增材制造根据材料及成型方法的不同可分为多种类型，以金属粉末为加工材料的增材制造可以分为电子束选区熔化（EBSM）、激光选区熔化（SLM）、金属激光熔融沉积（LDMD）和电子束熔丝沉积成型（EBF）。其中激光选区熔化可以成型出结构复杂、性能优异、表面质量良好的金属部件，可以制造任意形状、结构复杂的零件，特别适用于传统加工方法无法直接成型的内部中空结构零件。激光选区熔化金属增材制造技术是利用激光逐层熔化金属粉末累加成型，也就是利用几百至上千瓦能量的激光，聚焦在直径小于 100μm 的光斑上，以每秒几十至上百毫米的速度快速移动并烧结，经历反复的加热冷却循环。这种方法在复杂零部件和轻量化结构成型上优势明显。在该 3D 打印装备工作时，设备的激光及控制系统、基板升降系统、自动铺粉系统、氩气保护系统及水冷系统同步启动。激光器产生的高能激光根据软件规划好的扫描路径逐层熔化金属粉体，并按照“铺粉→激光烧结→平台下降→再铺粉”的步骤循环工作，完成复杂零件的整体成型，如图 22-7 所示。

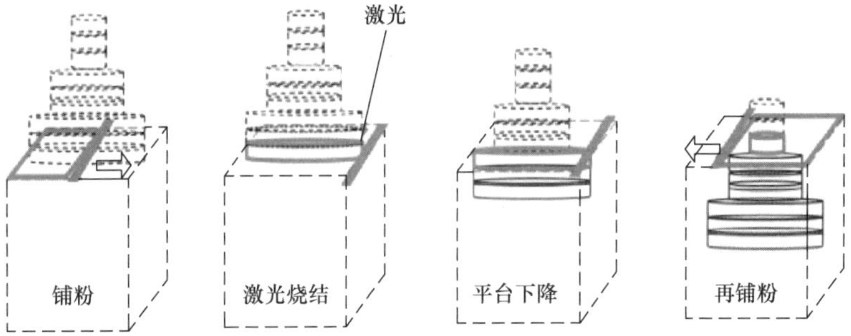

图 22-7　激光成型打印设备及工作原理

采用 3D 打印的材料金相组织图与传统制造的同种材料金相组织图是不一样的（见图 22－8），根据图 22-8 中的对比可见前者更细密、更规则，因此材料的性能表现也会有所差别。

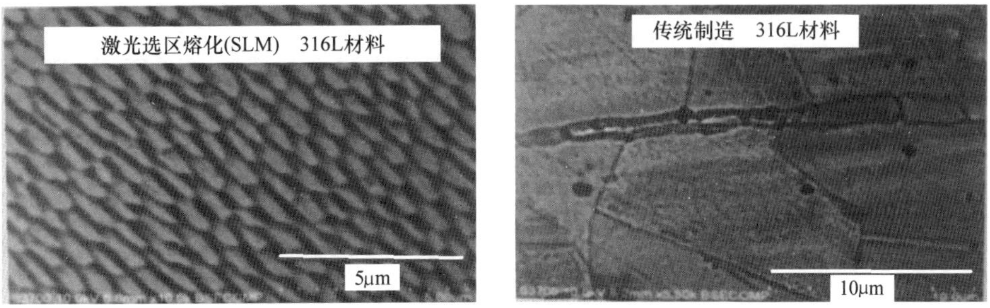

图 22-8　采用 3D 打印与传统制造的 316L 材料金相组织图对比

由此可见，3D 打印综合了数字建模技术、机电控制技术、信息技术、材料科学与化学科学等诸多前沿技术，具有很高的科技含量。

## 22.2.2 材料是3D打印技术的核心

打印材料直接决定了其三维打印的成型工艺、设备结构、成型件的性能等。由于材料在物理形态、化学性能等方面存在差别，才形成了今天 3D 打印材料的众多品种和 3D 打印的不同成型方法。

在几十年的发展中，新材料是 3D 打印技术的重要推动力。全世界从事 3D 打印技术开发的企业和大学都在积极研发用途更为广泛、打印成型更为简便的新材料。

目前，3D 打印涉及的成型材料（见表 22-1）主要有四大类：

1）高分子材料，如液态光敏树脂材料、塑料（ABS、尼龙、PLA 等）丝料或粉料或片材等。

2）无机材料，如石蜡、石膏粉末、陶瓷粉末、砂等。

3）金属材料，如合金金属粉末、金属薄板料等。

4）生物医学材料、复合材料等。

**表 22-1 各种 3D 打印的方式及其可用的材料**

| 类型 | 累积技术 | 基本材料 |
|---|---|---|
| 挤压 | 熔融沉积式（FDM） | 热塑性塑料，共晶系统金属，可食用材料 |
| 线 | 电子束熔丝沉积成型（EBF） | 几乎任何合金 |
| | 熔丝制造（FFF） | 聚乳酸（PLA），ABS 树脂 |
| 粒状 | 直接金属激光烧结（DMLS） | 几乎任何合金 |
| | 电子束选区熔化（EBSM） | 钛合金 |
| | 激光选区熔化（SLM） | 钛合金，钴铬合金，不锈钢，铝，金属粉末，陶瓷粉末 |
| | 选择性热烧结（SHS） | 热塑性粉末 |
| | 选择性激光烧结（SLS） | 热塑性塑料、金属粉末、陶瓷粉末 |
| 粉末层喷 3D 打印 | 石膏 3D 打印（PP） | 石膏 |
| 层压 | 分层实体制造（LOM） | 纸、金属膜、塑料薄膜 |
| 光聚合 | 立体平版印刷（SLA） | 光硬化树脂 |
| | 数字光处理（DLP） | 光硬化树脂，液态树脂 |

3D 打印机通过读取 CAD 文件中的横截面信息，用液体状、粉状或片状的材料将这些截面逐层打印出来，再将各层截面以各种方式粘合起来，从而制造出一个实体。这种切片处理技术的特点在于其几乎可以造出任何形状的物品。

3D 打印机打印出的截面厚度与激光打印机的分辨力相近，一般为 16～100μm。因此打印一个零件可能需要数小时，与传统机械加工方法制造需要数天时间相比要快很多。当然，实际打印的具体时间是由打印机的性能以及模型的尺寸和复杂程度而定的。传统的制造技术（如注塑法）可以以较低的成本大量制造聚合物产品，而 3D 打印技术则可以以更快、更有弹性以及更低成本的办法生产数量相对较少的产品。一个桌面尺寸的 3D 打印机就可以满足设计者或概念开发小组制造模型的需要。

3D 打印成型件的四个应用目标是概念型零件、测试型零件、模具型零件和功能型零件。应用目标不同，对成型材料的要求也不尽相同。

1）概念型零件对材料成型精度和物理化学特性要求不高，主要要求成型速度快。

2）测试型零件对于成型后的强度、刚度、耐温性、耐蚀性等有一定要求，以满足测试要求。如果用于装配测试，则要求成型件有一定的精度。

3）模具型零件要求材料适应具体模具制造要求，如强度、硬度等。

4）功能型零件要求材料具有一定的力学和化学性能，使打印成型件具有一定的服役特性，从而满足正常的工程使用要求。

## 22.2.3　3D 打印的优点与限制因素

### 1. 3D 打印的优点

1）材料的利用率高，通过摒弃生产线而降低了成本。

2）能做到较高的精度，可以制造出采用传统方法无法制造的、非常复杂的制件。

3）不需要传统的刀具、夹具、机床或任何模具，能直接把计算机中任何形状的三维 CAD 图形生成实物产品。

4）它可以自动、快速、直接和比较精确地将计算机中的三维设计转化为实物模型，甚至直接制造零件或模具，从而有效缩短产品研发周期。

5）3D 打印无须集中的、固定的制造车间，具有分布式生产的特点。

6）3D 打印能在数小时内成型零件，它让设计人员和开发人员实现了从平面图到实体的飞跃。

7）3D 打印可以直接打印出组装好的产品，因此，它大大降低了组装成本，甚至可以挑战大规模生产方式。

### 2. 3D 打印技术的限制因素

1）存在成本高、工时长的软肋。由于用于增材制造的材料研发难度大、使用量不大等原因，导致 3D 打印制造成本较高，而制造效率不高，制造精度尚不能令人满意。因此 3D 打印技术在我国主要应用于新产品研发，而不是取代传统制造业。3D 打印的确更适合一些小规模制造，尤其是高端的定制化产品，如汽车零部件制造。3D 打印生产方式的亮点还在“个性化、定制化”。

2）在规模化生产方面尚不具备优势。目前完全打印一辆汽车要耗时数月，所以成本会远远高于大规模生产汽车时所用的单台成本。因此，对于大量刚性需求的产品来说，仍然采用规模经济优势的大规模生产。在未来制造业的发展中，“减材制造法”仍是主流。尚不具备取代传统制造业的条件，在大批量、规模化制造等方面，高效、低成本的传统减材制造法更胜一筹。但是3D打印技术具有分布式生产的优点。

3）打印材料受到限制。3D打印技术的局限和瓶颈主要体现在材料上。目前，打印材料主要是塑料、树脂、石膏、陶瓷、砂和金属等，能用于3D打印的材料非常有限，无法支持日常生活中所接触到的各种各样的材料，更无法涉及诸如昂贵和稀缺的胚胎干细胞等生物材料。因此开发新材料的需求仍然存在，3D打印新材料会被不断开发。这种需求包含两个层面，一是不仅需要对已经得到应用的材料、工艺、结构、特性关系进行深入研究，以明确其优点和限制；二是需要开发新的测试工艺和方法，以扩展可用材料的范围。

4）精度和质量问题。由于3D打印技术固有的成型原理及发展还不完善，其打印成型零件的精度（包括尺寸精度、形状精度和表面粗糙度）、物理性能（如强度、刚度、疲劳性能等）及化学性能等大多不能满足工程实际的使用要求，不能作为功能性零件，只能做原型件使用，故其应用范围将大打折扣。而且，由于3D打印采用“分层制造，层层叠加”的增材制造工艺，层与层之间的结合再紧密，也无法和传统模具整体浇铸而成的零件相媲美，而零件材料的微观组织和结构决定了零件的使用性能。

5）污染环境的问题。粉末烧结过程会带来一些环境污染。

6）机器的限制。3D打印技术在重建物体的几何形状和机能上已经达到了一定的水平，几乎任何静态的形状都可以被打印出来，但是运动的物体和它们的清晰度就难以实现了。这个困难对于制造商来说也许是可以解决的，但是3D打印技术想要进入普通家庭，每个人都能随意打印想要的东西，那么机器的限制就必须得到解决才行。

7）知识产权的忧虑。3D打印技术容易涉及这一问题，如何制定3D打印的法律法规用来保护知识产权，也是目前面临的问题之一。

8）道德的挑战。3D打印若应用于私人枪械、生物器官和活体组织等，在不久的将来会遇到极大的道德挑战。

9）大众使用的价格问题。3D打印技术花费高昂，如何普及到大众仍然是个挑战。

## 22.3 3D打印技术应用在液压行业的优势

3D打印目前已经在工业领域有很多应用，包括液压行业。液压零件的3D打印将会成为一个不可忽视的3D打印应用增长领域，液压行业应该高度重视3D打印的应用。

液压元件制造采用 3D 打印有显著优势，3D 打印技术具有的优点无疑是传统制造工艺难以实现的，并将会对传统的制造工艺带来强劲的冲击，甚至产生颠覆性的变化。至今，3D 打印技术尚无法完全替代传统制造工艺。从产业高度看，传统制造技术和 3D 打印技术是互补的。通过 3D 打印技术能够直接制造传统生产方式不能生产制造的个性化、复杂、高难度产品；即使是传统方式能够生产制造的产品，但是由于投入成本太高，周期太长等因素，通过 3D 打印技术可以实现快捷、方便、缩短周期、降低成本的目的。3D 打印能够解决传统技术所不能解决的技术难题，对传统制造业的转型升级和结构性调整将起到积极的作用。3D 打印技术作为传统生产方式的一次重大变革，是对传统生产方式有益的补充。

当前 3D 打印在国内的液压领域已经开始采用，其在液压行业的应用优势体现在以下方面。

1）液压技术的发展越来越注重个性化，采用 3D 打印可以缩短研发周期。从液压螺纹插装阀的发展可见，它的品种规格已经大大超过了液压板式阀的品种规格。这说明液压控制阀的个性化设计与加工正在进入一个新的阶段，即不断开发复合性能的阶段。螺纹插装阀品种的发展提供了这种技术与加工的可能，用户也越来越注重将控制阀的性能集成。也就是说，个性化的设计要求与加工制造的需求在发展，采用 3D 打印是一个不错的选择，因为它的优势就是“个性化、定制化”。从而解决了传统制造在单件小批量方面存在周期长、成本高、柔性差与质量不稳定的问题，同时加速研发的进度。

如果制造的液压件是用于设计验证的原型，那么，金属 3D 打印技术则更具灵活性，它的价值在于可以短时间内同时打印出不同型号的设计原型，加快液压元件研发速度，初期投入明显减少。

一般而言，用 CNC 机床加工金属棒料的制造周期为 30 ~60 天；如果是对液压铸造件进行加工，那么从铸造到完成加工的周期为 6 个月甚至更长；用金属 3D 打印技术制造复杂液压件的周期可以缩短至几天之内，如果打印件需要进行机械加工，则周期需要增加 1 ~2 周。

目前不少液压企业通过金属 3D 打印制造更好的液压零件。例如，穆格公司在金属 3D 打印液压零件领域具有超过 16 年的探索经验，派克汉尼汾于 2017 年在其总部附近开设了“先进制造学习和开发中心”，工程师可以在该中心探索增材制造/3D 打印的应用。

2）液压元件外形或内部流道复杂，适合采用 3D 打印（见图 22-9），可以缩短加工周期，改善产品内部流道性能。

3）液压阀块流道的加工制造适合采用 3D 打印以减少压力损失。有些液压阀块的孔道非常复杂，交叉与错开不容差错，由于是钻铣打孔，孔道只能直来直去，必须加工工艺孔作为过渡，不仅增加加工量，还使液流的压力损失增大。结合 3D

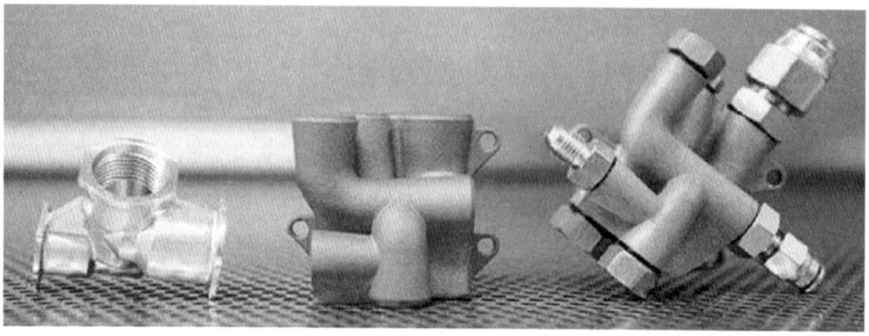

图 22-9 复杂的液压元件外形采用3D 打印制造

打印技术的工艺要求，重新设计阀块的流道路径和结构，甚至可以打破块状结构束缚，将流道抽离成薄壁管道，以实现阀块的流动特性优化和轻量化设计。这样，同样体积条件下通流直径的增加有利于减少管路损失，形成理想的流道与光滑的流道表面，提高液压系统效率。尤其对于液压插装阀集成阀块而言，内部流道流场的分析研究显示，阀块内部的直角转向结构和工艺孔容腔是液压油能量损失的主要来源。采用3D 打印后可以消除工艺孔、采用圆弧转折减少局部压力损失，从而使阀块重量轻、内阻小。结合计算流体动力学软件，仿真流道的流动状态，建立结构参数优化模型，设计合理的打印工艺参数和支撑结构，尽可能避免直角转向结构和工艺孔容腔，完成阀块的制造。如果将不同加工工艺造成的管路损失进行对比，3D 打印元件对降低流动损失会有比较明显的效果。实验证明，3D 打印的螺纹插装阀阀块改善了阀块的压力损失（见图 22-10）。

打印元件或零件可以轻量化，减轻整体质量，因为设计上认为多余的材料可以省去，而不会受传统的工艺条件的限制。图 22-11 所示为宾夕法尼亚大学的 Timothy Simpson 教授通过3D 打印完成的液压零件，这个液压零件质量减轻了40%。

4）元件质量减轻，这有利于液压系统功重比提高，在目前 EHA 重点关注功重比的情况下，这个效果会更突出。例如，阀芯加工采用3D 打印零件可以实现中空结构，以减轻元件质量，提高频响，改变阀口形状有利于改善阀的性能，如图 22-12所示。

5）采用 SLM 成形的元件材料微观结构有利于边界润滑特性，抗气蚀特性也有所优化（见图 22-13）。在初始阶段，SLM 材料的气蚀损失速度比较快，由图 22-13可见，其失去的质量比传统材料在同样条件下失去的要大。这是由于 SLM 成型件孔隙内含有未熔融的金属颗粒，在初始气蚀条件下它们首先脱离导致材料重量损失很大。继之，由于 SLM 成型件的细晶结构强度均高于传统制造件，因此抗气蚀性能提高并优于传统材料，如果工况稳定下来，SLM 成型件的抗气蚀损失是传统材料的1/20。同时也可以看到，SLM 的熔融速率对抗气蚀性能是有影响的，熔融速率有一个优化值，过快与过慢都会影响抗空蚀效果。

6）SLM 成型件边界润滑特性比传统材料要好一些，磨损量会降低（见图 22-

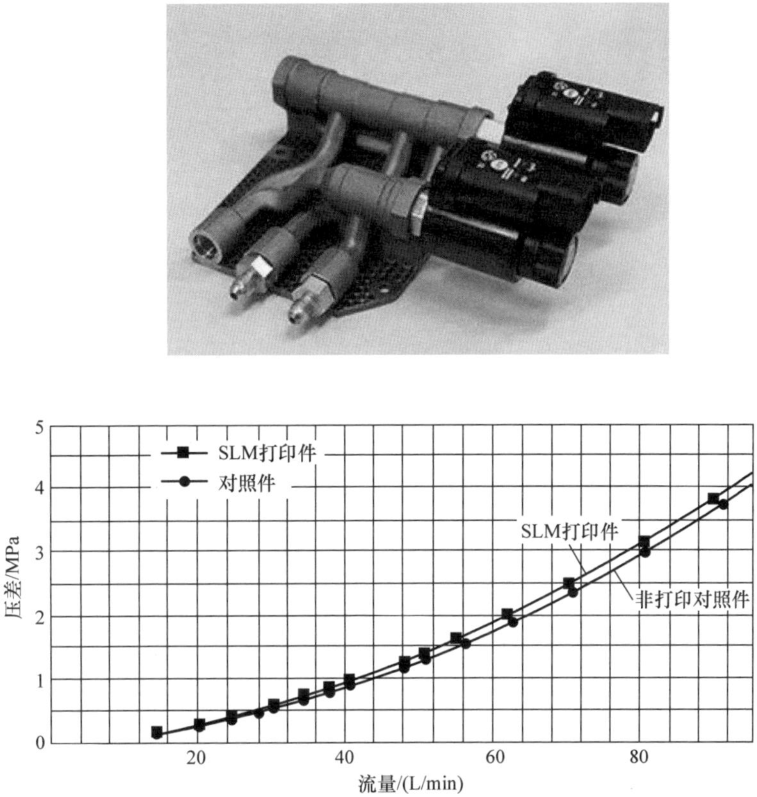


图 22-10　3D 打印的螺纹插装阀阀块与传统方法加工的阀块压力损失比较

图 22-11　3D 打印容易实现零件质量减轻

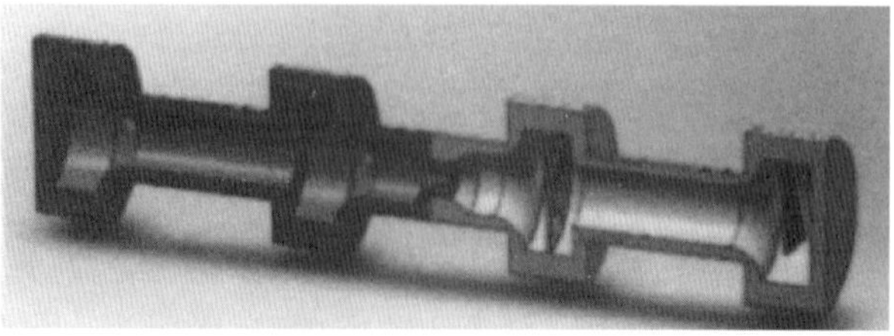

图 22-12　采用 3D 打印生产的中空阀芯

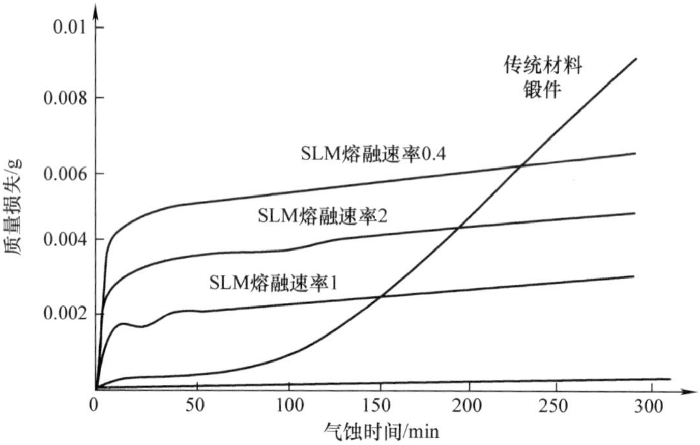


图 22-13　气蚀下 SLM 材料与传统材料质量损失对比

14)，但摩擦因数差别不大（见图 22-15）。

从 SLM 成型的元件材料微观结构可见，SLM 成型件的表面有利于生成表面油膜，因此磨损量会降低。在边界润滑区，法向压力均由摩擦副表面粗糙峰接触所承担，摩擦副材料本身对其摩擦磨损行为及特性影响较大。SLM 材料磨损量小说明有较高的耐磨性，不仅与表面油膜有关，也与本身微观结构形成的耐磨性有关。浙江大学在这方面有所研究。

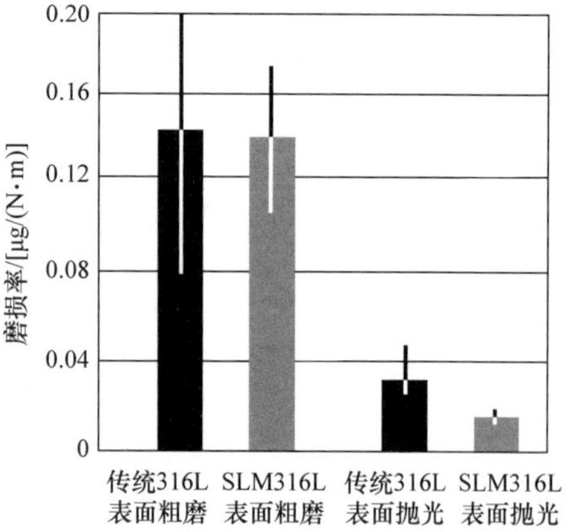


图 22-14　传统材料与 SLM 材料磨损率比较

7）更容易采用特殊材料如不锈钢、铝、钛等制造液压零件。液压零部件的制造材料必须具有足够的强度和耐蚀性，这样才能安全应对液压系统的高压和不同工作介质。传统液压技术中最常用的材料是碳素结构钢，不锈钢和铝。金属 3D 打印设备可加工的材料包括不锈钢（AISI 304～316L）、铝、钛（Ti6Al4V）、铬镍铁合金（625 或 718）、马氏体钢等。这非

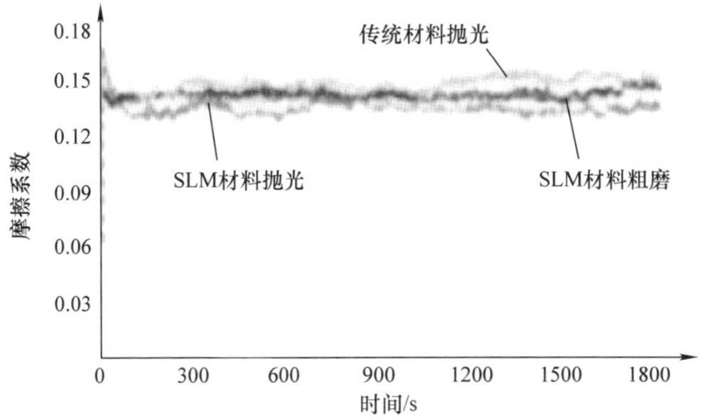


图 22-15　传统材料与 SLM 材料摩擦因数比较

常有利于特种钢的应用。

8）3D 打印必须与机械加工、热处理以及检测技术结合制造出合格的液压零件。金属 3D 打印在液压零件方面的应用还需要与机械加工以及热处理等后处理工艺相结合才能真正达到零件的性能要求。在 3D 打印时对于锻造的液压零件须注意致密度与后续热处理的几何变形。如何将 3D 打印技术与热处理技术结合起来，这对于液压零件的制造非常重要。今后还会研制 3D 打印元件的仪器设备，用来检测元件材料性能与内外部尺寸。

## 22.4　国内外液压行业采用 3D 打印的应用实例

**1. 意大利 Aidro Hydraulics 3D 打印不锈钢液压阀块**

意大利 Aidro Hydraulics 是 1982 年成立的一家液压阀元件制造商，生产包括比例阀在内的三大类传统液压阀。该公司于 2017 年正式推出了金属 3D 打印的液压产品，其中包括 3D 打印的液压阀阀体，其成功开发的首个 3D 打印液压阀块的制造材料是不锈钢，如图 22-16 所示。

Aidro Hydraulics 在设计 3D 打印液压阀块时进行了创新，液压阀块的内部管路经过了设计优化，使内部管路中的液流得到改善，大大简化了阀块的钻削加工，同时可以将流道设计成弧形弯道以减少流道阻尼造成的压力损失。整个阀块的体积也比传统设计的阀块更小，潜在的液体泄漏问题也得以避免。在商业化方面，Aidro Hydraulics 使用金属 3D 打印技术为一些有特殊需求的用户定制化生产小批量的液压阀块，作为其现有液压零部件生产能力的一种补充。目前可以通过 3D 打印设备小批量生产不锈钢（AISI 304 ~316L）、铝、钛，以及部分新材料的阀块。

3D 打印液压零部件外形更符合流体流动的要求，压力损失减少效率提高。

Aidro Hydraulics 同时也选择金属 3D 打印来加工内含光滑圆角的方向阀阀芯，

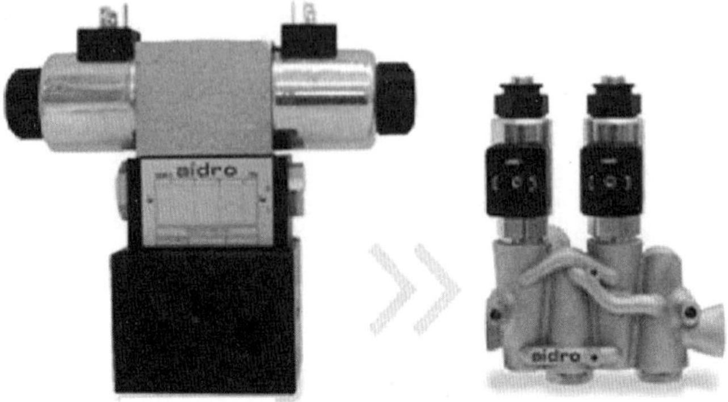


图 22-16　意大利 Aidro Hydraulics 3D 打印液压阀块与传统液压阀块的比较

这可以大大减少介质经过阀芯产生的压力损失，如图 22-17 所示。3D 打印技术实现了液压元件外形与内部流道更高的设计自由度。

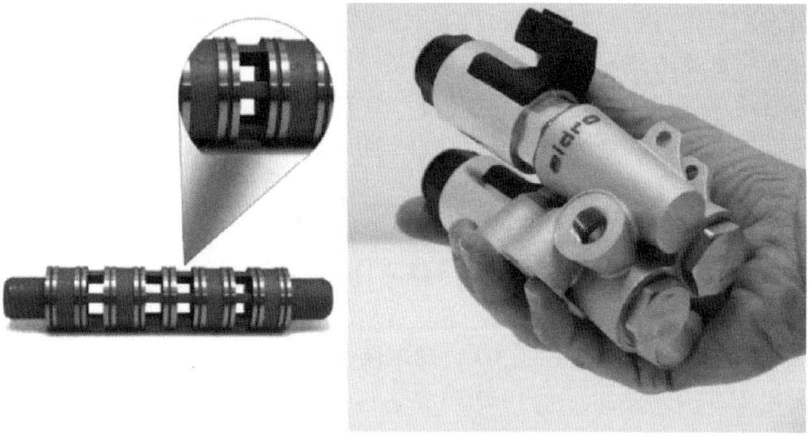

图 22-17　意大利 Aidro Hydraulics 用 3D 打印生产的液压元件阀芯与外形

Aidro Hydraulics 将传统的方向阀用金属 3D 打印的方式实现后，在体积缩小一半的同时，质量减小了 75%，实现了方向阀的轻量化设计。

**2. 穆格生产的液压阀块**

穆格在金属 3D 打印液压零件领域有超过 15 年的探索经验，其增材制造中心已用金属 3D 打印技术生产了 6000 多个液压零件。

图 22-18 所示为该公司利用 3D 打印技术的范例，它优化了液压促动器内部的结构，使得原来需要五个组件组装而成的零件被改进为一个 3D 打印的一体化零件，并且在零件内部包含了液流通道。它的下一步目标是实现 3D 打印的精益生产，使增材制造的效益得到提升。

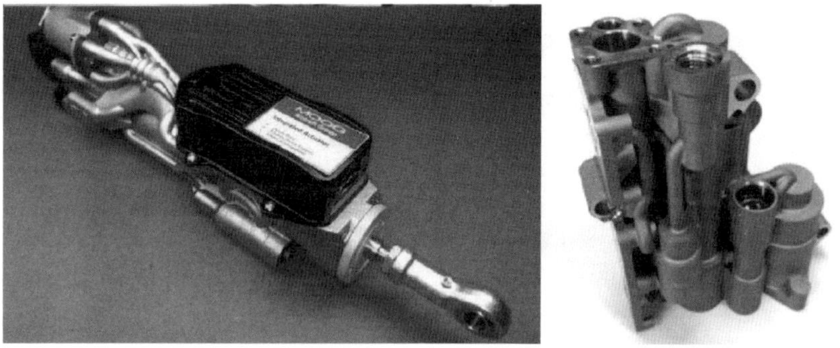

图 22-18　穆格生产的液压阀块与系统集成

**3. Domin Fluid Power 打印直接驱动伺服液压阀**

Domin Fluid Power 也是 3D 打印液压领域的积极探索者，它将需求比较“稳定”的新型流体动力产品采用 3D 打印制造。同时，该公司对液压老产品零部件进行了重新设计与制造，包括直接驱动液压伺服阀。Domin Fluid Power 重新设计与制造了 3D 打印直接驱动伺服液压阀，经历了上千小时的设计、分析、测试和评估，使 3D 打印阀体在质量、体积上都得以降低，由于液压阀体压力损失的减小，阀体效率得以提升，如图 22-19 所示。

图 22-19　Domin Fluid Power 打印的双液压阀与控制模块

**4. 空客量产 3D 打印飞机液压零件**

在 3D 打印液压零件实现量产方面，尽管空客相关零件的制造过程充满曲折，但是在 2017 年 3 月 30 日，空客装载了首个 3D 打印液压件的 A380 飞机终于试飞成功，这让空客看到了通过 3D 打印提高液压零件性能的机会，其中包括与飞机安全直接有关的扰流板液压件关键零件。图 22-20 所示为空客实现 3D 打印的飞机液压零件（2017 年）。

空客项目组在七年的研发过程中，德国开姆尼茨工业大学和利勃海尔集团在德国政府基金的支持下展开航空液压元件增材制造项目，一直针对金属 3D 打印这一增材制造技术而进行扰流板液压件的优化设计。3D 打印的材料是钛合金 Ti64，3D 打印液压件的明显优势是轻量化，其质量相比原来液压件减轻 35%。在性能方面，

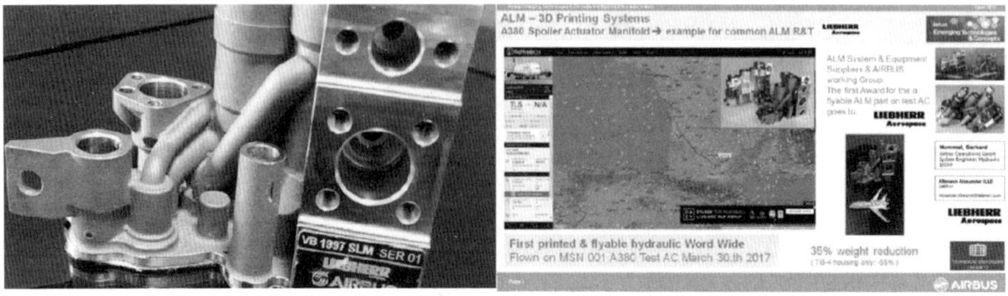


图 22-20　空客实现 3D 打印的飞机液压零件

3D 打印的液压件使液压系统的效率得以优化，产生更少的热量，降低噪声，同时对液压动力的要求更少。而液压系统效率的提升，将为飞行带来附加效益，如减少空气阻力以及优化飞机的燃油效率。空客与利勃海尔的最终目标是实现量产。

**5. 浙江大学采用激光选区熔化（SLM）技术打印液压阀块**

浙江大学采用激光选区熔化 3D 打印机打印液压阀块，这种方法在复杂零部件和轻量化结构成型上优势明显，材料微观结构特殊、细晶均匀、有孔隙裂纹与残余应力，随着时间推移，空蚀率与传统材料相比先高后低，优于传统材料。另外此法消除工艺孔、采用圆弧转折减少局部压力损失，从而使阀块轻、内阻小。

与传统制造阀块相比，3D 打印时去除不必要的工艺孔孔道，在剩余流道转弯处用圆弧结构过渡，并确定流道壁厚和支撑结构重新建模。成形过程工艺参数：激光功率 200W，曝光时间 80μs，点距 60μm，间距 110μm，层厚 50μm，以及 Stripe 扫描策略，材料选用 316L 不锈钢粉末。图 22-21 所示为具备同样功能的传统液压阀块与 3D 打印液压阀块的比较。该设计从原阀块的结构出发，图 22-21 中的两个阀块可以实现完全互换。在保证阀块强度的基本条件下，减重 57%。

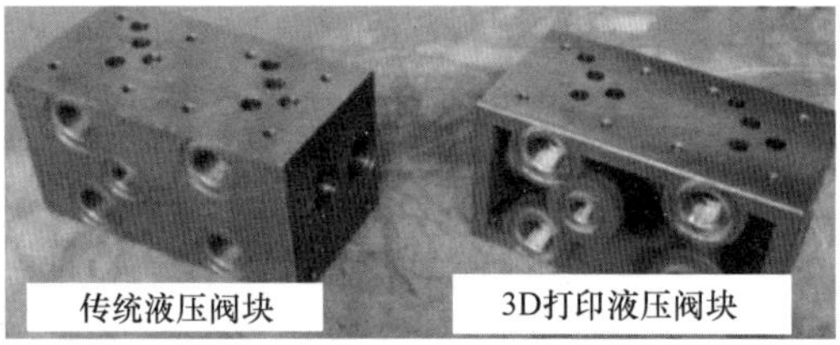


图 22-21　传统液压阀块与 3D 打印液压阀块的比较

**6. 宾夕法尼亚大学与 Imperial 机床工具公司研发通过计算机断层扫描系统等设备来完成零件内部的检测**

宾夕法尼亚大学的 Timothy Simpson 教授所完成的这个液压零件质量减轻了 40%。

不过金属 3D 打印在液压零件方面的应用还需要与机械加工以及热处理等后处理工艺相结合才能真正达到零件的性能要求。图 22-22 所示为宾夕法尼亚大学的

Timothy Simpson 教授曾制造的一个带复杂内腔结构的液压零件，这个零件是用 Inconel 718 合金制造而成的，零件进口必须承受 70MPa 的压力，其螺纹需要进行精密磨削。

图 22-22　带复杂内腔结构的液压零件

为了确保内部结构的正确性，宾夕法尼亚大学和 Imperial 机床工具公司通过计算机断层扫描系统和其他先进的设备来完成零件内部的检测。这为 3D 打印的零部件检测提出了新的解决途径。

**7. 派克汉尼汾“先进制造学习和开发中心”**

2017 年，派克汉尼汾在其总部附近开设了“先进制造学习和开发中心”，工程师可以在该中心探索增材制造/3D 打印、协同机器人技术等新兴技术。

通过这个中心，派克在全球范围内的分公司和运营团队都将能够获得最新的打印材料、3D 打印设备和软件，全球范围内的派克工程师可以更好地满足用户需求。

**8. 博世力士乐用于快速原型制造**

博世力士乐采用两台 ExOne 的增材制造系统，一台使用呋喃树脂，另一台使用酚醛树脂作为黏结剂，进行快速原型制造（见图 22-23）。复杂沙模几何尺寸和形状设计的精确度高，速度快，交付期短，增强了博世力士乐的研发实力。

图 22-23　博世力士乐快速原型制造

**9. Material Solution 3D 打印阀块**

2016 年，西门子以 2700 万英镑收购隆德大学的 Material Solution 实验室并将其切换到工厂生产状态，进行金属 3D 打印工艺的产业化。图 22-24 所示的阀块是采用 ALSi10Mg 材料打印出来的阀块，生产过程只需要 77h。

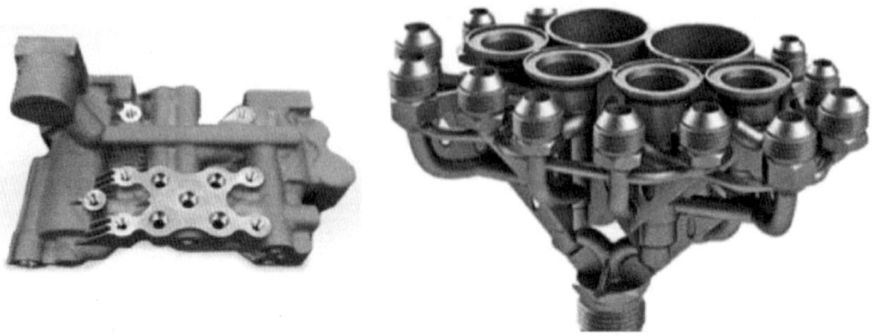

图 22-24 Material Solution 3D 打印的燃气轮机用阀块

## 22.5 3D 打印在液压领域应用的下一个目标——量产

实现3D 打印液压件量产的路或许还很长，但是目前的实践已经积累了一些经验。意大利 Aidro Hydraulic 迈出了应用 3D 打印生产液压零件的一步。总体而言，过去的传统制造技术适合大规模生产，对于小批量的复杂液压件，3D 打印技术则更经济。但是 3D 打印的生产进入量产，是一种愿望也是一种目标，需要不断地改进与经验积累。

空客 3D 打印扰流板液压件的最终目标是实现量产。参与项目的成员德国利勃海尔是空客的一级供应商，其在 1997 年就生产了 3D 打印元件，如图 22-25 所示。该公司于2016 年年底向空客交付了 3D 打印液压件。利勃海尔的专家曾表示，他们对于航空 3D 打印液压件还有更多的设计思路。未来，它们将建立一个增材制造工厂量产这些液压件。

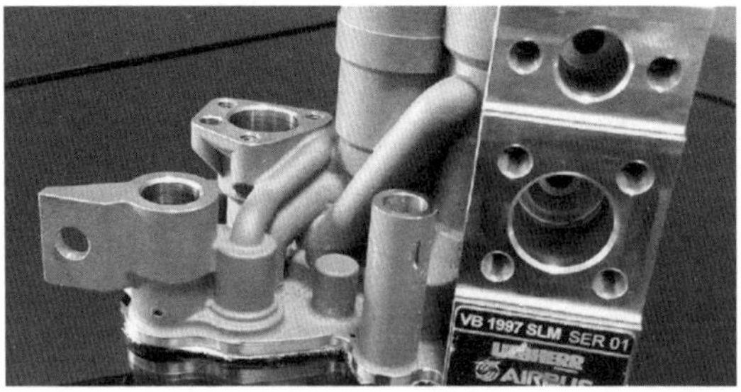


图 22-25 1997 年利勃海尔用 SLM 3D 打印生产的元件

3D 打印液压件的研发和测试过程是漫长的，通常为了保证飞行安全，即使是由传统制造方式制造的液压件也需要经过 1200 万个测试周期，3D 打印液压件同样需要经历这样一段测试周期之后才能进行飞行测试。

相比于传统方式加工的液压集成块，基于 3D 打印的阀块在结构设计上具有巨大的优势。但是其可靠性暂时还没有评估标准，浙江大学、燕山大学等高校也在围绕液压件 3D 打印进行研究，特别是 EHA 的发展需求。在液压阀块、管道、阀体等各方面展开研究，包括在交变载荷和冲击下的疲劳特性。通过实验揭示激光成型材料疲劳裂纹的产生与生长机理，提出流道安全壁厚的设计原则等。未来还将进一步探究阀块与方向阀的一体化设计制造方法，实现液压集成控制单元的整体轻量化。

3D 打印已经进入了液压制造行业，宁波赛克思液压科技股份有限公司已经添置了相应设施。江苏徐工工程机械研究院有限公司申请了“液压阀 3D 打印方法以及液压阀”的发明专利（申请号 202110259750.0）。这将是长期以来我国企业在打破关键液压零件依赖进口方面做出的又一努力，这是探索 3D 打印技术与液压零件制造技术的结合在生产领域迈出的有意义的一步。

总体来说，我国不少关键的液压零件制造水平落后于国际水平，对于成熟的液压产品，尤其是航空航天和国防军工领域，如何通过 3D 打印技术制造出结构复杂且要求严苛的军标液压产品，我国目前仍未完全掌握 3D 打印技术，国内企业还缺乏整套的解决方案。

## 22.6 液压元件 3D 打印工艺发展、增材制造仿真软件与设备厂商

### 22.6.1 液压元件 3D 打印工艺

目前 3D 打印技术还存在以下问题：通过 SLM 技术成型具有薄层多孔结构、尖角结构、复杂异型曲面等特点的液压阀零件时，易存在较多的悬面、悬臂结构；而且，由于 SLM 工艺是急速加热、急速冷却的过程，层层打印会产生大量的热量，打印阀体易发生翘曲变形，从而对阀体的精度产生影响，严重时甚至导致零件开裂无法使用。

为提升液压阀 3D 打印的质量，针对液压阀 3D 打印的工艺流程如图 22-26 所示（属于发明专利）。

根据液压元件 3D 打印工艺流程，首先绘制液压阀阀体的三维模型，采用仿真确定阀体三维模型的温度集中位置和变形位置，然后判断所述液压阀的每处打印位置是否需要添加支撑部。如果需要添加支撑部，则按照该处阀体结构与支撑部结构的对应关系进行添加。

在具体实施中，必须注意最小角度打印规则，即阀体结构与支撑部结构每处所对应的边缘局部曲面法向方向与打印方向的夹角都要计算该处是否大于预设角度，据此判断是否需要添加支撑部。如果夹角大于预设角度，那么就为该处添加实体支撑部，如果夹角小于或等于预设角度，就不为该处添加支撑部。表 22-2 列出了阀体结构与支撑部形状的对应关系。

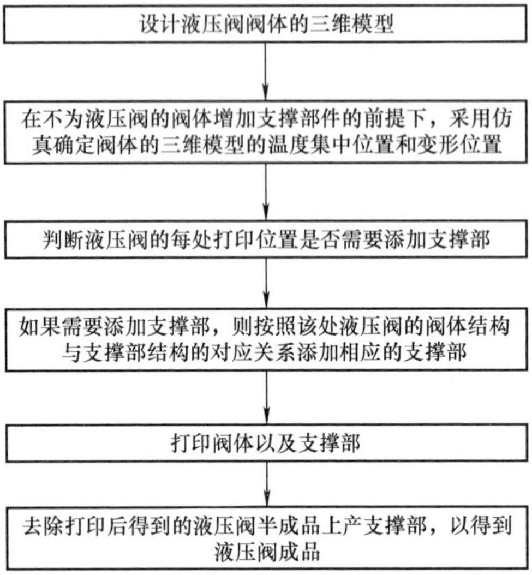


图22-26　液压阀3D制造工艺流程

**表22-2　阀体结构与支撑部形状的对应关系**

| 阀体结构 | 支撑部形状 |
|---|---|
| 边缘大于预设角度 $\theta$ | 网络块状支撑部 |
| 边缘小于以及等于预设角度 $\theta$ | 不设置支撑部 |
| 内部油道 | 不设置支撑部 |
| 油道的端部 | 片状断续支撑部 |
| 悬空油道的下方是空的 | 实体支撑部（锥形） |
| 悬空油道的下方有其他结构 | 条状支撑部 |
| 变形位置 | 实体支撑部（朝外部延伸的，圆柱形） |
| 温度集中位置 | 条状支撑部 |

总之，在打印过程中，对于液压元件温度集中位置和变形位置，应有针对性地设置该处结构相对应的支撑部，可以使得液压阀体在打印过程中不易变形；在打印完成之后，支撑部也可以去除。也可以运用多种支撑嵌套使用的方法，不仅能有效地起到打印支撑作用，保证零件表面打印质量，同时还可以控制打印过程中的零件变形，降低打印开裂的风险，而且有效实现打印过程中阀体积累热量的散发，降低粘粉的可能性，进一步提高下表面的成型质量，提高金属3D打印液压阀的成功率。采用3D打印方法得到的液压阀没有传统工艺孔，也没有90°直角交叉孔，阀体液流效率得到显著提升，整体性能得到质的改变。

## 22.6.2　增材制造仿真软件

建模和仿真软件是具有挑战性的，除了必须考虑材料的特性外，也要考虑加工参数设置对加工结果的影响，以及增材制造设备细节上的工艺差异，还要反映特定制造商的特性。从质量和认证的角度看，仿真软件需要配合不同的设备，基于物理可量化的机器参数建立数据档案。其他诸如粉末后处理变异影响增材制造结果的性能等因素也需要考虑进来。目前市场上的增材制造仿真软件见表 22-3。

表 22-3　增材制造仿真软件

| 序号 | 软件公司 | 软件名称 | 软件功能模块 |
|---|---|---|---|
| 1 | 3DSIM | exaSIM | 金属打印仿真优化软件 |
| 2 | Altair | SolidThinking Inspire | 拓扑优化、仿真 |
| 3 | ANSYS | SpaceClaim | 分析、修复、编辑、切片等 |
| 4 | Autodesk | Meshmixer、Netfabb | 编辑、创成式设计建模 |
| 5 | Netfabb Standard | Premium、Ultimate | 数据准备、切片、晶格、拓扑优化 |
| 6 | Shapeshifter |  | 建模 |
| 7 | Fusion | ForgeCAD | 建模平台 |
| 8 | Dassault 3DEXPERIENCE | SolidWorks | CATIACAD 建模平台 |
| 9 | Materialise Magics | 3 - matic、Streamics、3 - stage | 数据准备、切片编辑、打印管理等 |
| 10 | Siemens | NX、Solid Edge | 建模、创成式设计 |
| 11 | PTC | Frustum | 拓扑优化、仿真 |
| 12 | ParaMatters | CogniCAD | 拓扑优化、仿真 |
| 13 | nTopology | nTopology | 拓扑优化、仿真 |
| 14 | ANSYS | 3DSIM | 增材仿真软件 |
| 15 | MSC Software |  | 增材仿真软件 |
| 16 | Additive Works | Amphyon | 增材仿真软件 |

## 22.6.3　3D 增材制造设备厂商名录

为便于液压企业查找 3D 增材制造设备厂商，将目前具备服务能力的 3D 增材制造设备厂商列于表 22-4 中。

表 22-4　3D 增材制造设备厂商名录

| 序号 | 3D 制造方法 | 国家 | 设备厂商 |
|---|---|---|---|
| 1 | 粉末床熔化（PBF） | 中国 | 铂力特、易加三维、华曙高科、杭州德迪、珠海西通、智熔系统、中科煜宸、鑫精合、汉邦科技、广东信达雅、大族激光、隆源、永年激光、恒通、华科三维、武汉滨湖、中瑞科技、恒利 |
|  |  | 日本 | Aspect、Ricoh、Sodick、Matsuura |
|  |  | 韩国 | Sentrol |
|  |  | 德国 | Concept Laser、EOS、OR Laser、Realizer、德马吉森精机（DMG MORI）、SLM Solutions、通快（Trumpf） |
|  |  | 美国 | 3D Systems、GE |

（续）

| 序号 | 3D 制造方法 | 国家 | 设备厂商 |
|---|---|---|---|
| 2 | 直接能量沉积（DED） | 中国 | 铂力特、隆源、永年激光、武汉天昱、智熔系统、中科煜宸、鑫精合 |
| | | 韩国 | InssTek |
| | | 德国 | 通快（Trumpf） |
| | | 美国 | Optomec、RPMI、Sciaky |
| 3 | 光固化工艺（VAT） | 中国 | 易加三维、恒通、华科三维、联泰科技、武汉滨湖、杭州德迪、中瑞科技、珠海西通、大族激光 |
| | | 日本 | CMET、D－MEC |
| | | 韩国 | Carima |
| | | 德国 | EnvisionTEC、Nanoscribe、Rapid Shape |
| | | 美国 | 3D Systems、Carbon、Fromlabs |
| 4 | 选择性激光烧结（SLS） | 中国 | 华曙高科、华科三维、盈普光电、武汉滨湖、杭州德迪、中瑞科技、恒利 |
| | | 德国 | EOS |
| 5 | 材料挤出工艺（ME） | 中国 | 太尔时代、先临三维、闪铸科技 |
| | | 韩国 | Rokit |
| | | 德国 | Arburg、EnvisionTEC、Geman RepRap、Apium（Indmatec） |
| | | 美国 | Desktop Metal、Markforged |
| 6 | 分层实体制造（LOM） | 中国 | 武汉滨湖 |
| | | 德国 | EnvisionTEC |
| | | 美国 | Fabrisonic |
| 7 | 生物打印 | 中国 | 先临三维 |
| 8 | 黏结剂喷射（BJ） | 中国 | 恒利、大族激光 |
| | | 韩国 | Sentrol |
| | | 德国 | Voxeljet |
| | | 美国 | 3D Systems、Desktop Metal、Exone，Viridis 3D |
| 9 | 高速激光烧结（HSS） | 德国 | Voxeljet |
| 10 | 材料喷射（MJ） | 美国 | 3D Systems、Optomec |
| 11 | 多射流融化（MJF） | 美国 | 惠普（HP） |
| 12 | 直接书写（DW） | 美国 | Voxel8 |

# 第 23 章　液压节能生态元件及系统

液压传动与电气传动、机械传动相比，最大的不足便是能效低。液压传动根据传动链的基本形式可分为工业液压和移动液压。工业液压一般选用电动机作为原动机，且多基于定频调速并结合阀控实现负载流量匹配。而移动液压原动机则以内燃机为主，工作过程也多以定速驱动液压泵为主，结合多路阀实现流量匹配。工业液压以电动机为动力源，能效较高且零排放。而移动液压以内燃机为原动机，存在能效低、排放高的不足。但是，不管是工业液压抑或是移动液压，其原动机与负载的特性匹配均是利用定转速液压泵 - 液压阀实现流量压力匹配，存在大量的节流损耗和溢流损耗，整体效率低下。液压阀调控机理是依靠液压阻尼调节，通过消耗压差的方法来达到液压控制相应参数的目的，造成能量损耗无可避免，整体效率普遍低下。所以，提高液压传动效率的途径就是避免采用阻尼调节。由此便产生了泵控技术、二次调节技术等方法。近年来，由于伺服电动机及驱动器的飞速发展，新能源技术的飞速推进，为工业液压和移动液压的节能提效创造了新契机。为适应行业发展、顺应全球绿色低碳发展趋势，助力双碳目标，提高液压元件与系统效率，在液压技术领域，就要进一步充分利用伺服电动机高能效、高频响及优越的调速特性，将其与液压传动有机结合。另外，液压传动中存在大量的负值负载工况，该工况目前多是以平衡阀的方式通过可变阻尼孔耗散负值负载工况下的动能和势能，克服负值负载带来的易失控问题，而采用伺服电动机、蓄能器的能量回收方式是解决负值负载能量损耗的有效途径，一直是液压技术节能须进一步解决的难点。本章将围绕双碳背景下的液压技术电动化趋势及新型液压传动系统节能减排技术，阐述所涉及的储能装置、伺服电动机泵、电液节能系统。

## 23.1　储能元件的类型和特性分析

储能元件是液压节能系统的核心，储能元件的选择主要由液压驱动型装备回收能量的形式决定，当然由于能量回收技术主要是基于动力系统开展，因此在选择储能元件时还需要考虑动力储能要求。一般储能单元主要包括机械式储能单元、电储能单元和液压储能单元。

## 23.1.1　机械式储能单元

**1. 机械配重**

机械配重式能量回收方法把可回收能量转化成配重的重力势能，当系统需要时，配重可以通过下放的形式释放重力势能。机械配重式能量回收系统结构较为简单，可以储存较多能量，但当蓄能总量需求较高时，设备会比较庞大，不适合在移动机械上应用。此外，在加、减速阶段其能量转化性能较差，甚至会对系统的正常运行造成负面影响。目前采用机械配重式的能量回收方法主要应用于液压电梯等往复运动的系统中。图 23-1 所示为一种柱塞缸带机械配重的液压电梯结构简图，由于机械配重结构抵消了液压电梯的一些优点（如井道结构不受力、井道面积小等），增加了井道结构的复杂性，增加了建筑成本，因此一直没有得到广泛应用。

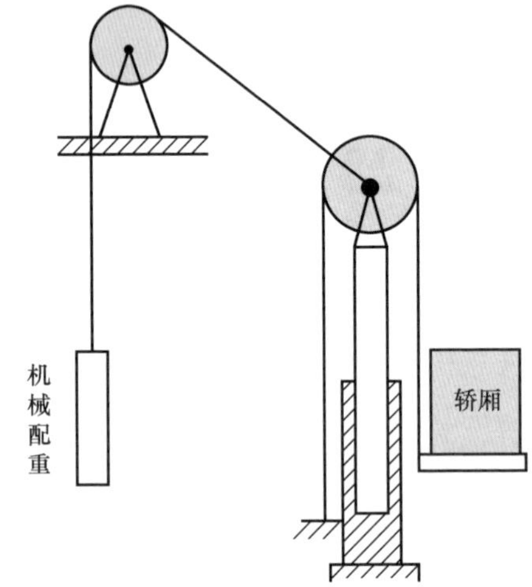

图 23-1　柱塞缸带机械配重的液压电梯结构简图

**2. 飞轮**

飞轮是机械式储能单元的主要形式，其储能原理是利用高速旋转的飞轮来存储能量，通常适用于具有高速旋转结构的装置上。

图 23-2 所示为飞轮式能量回收系统示意图，机械臂下放时，液控单向阀逆向打开，动臂液压缸的无杆腔的压力油通过液控单向阀后，驱动泵/马达 1（此时工作在马达模式）来实现飞轮加速上升储能的过程。但由于飞轮的储能能力较差，常规转速下能量密度较低，质量和体积大，且飞轮的能量储存效率与飞轮中间怠速时间的大小成正比。因此单独采用在飞轮储能装置的能量回收系统中，提高飞轮的储能能量密度和能量的保存效率是主要的研究问题，适用于执行机构连续上升和下降的场合。目前主要用于改善柴油机、汽轮机的工作状态。

和传统飞轮式能量回收系统相比，飞轮电动/发电机能量回收系统通过电动/发电机系统实现飞轮储能与外界交换能量。当飞轮储存能量时，电动/发电机工作在电动机模式，驱动飞轮加速；当飞轮释放能量时，飞轮储能作为发电机运行，飞轮减速。飞轮储能一般应用在系统调峰和增加系统稳定性方面。20 世纪 90 年代以来，由于在两个方面取得了突破，飞轮储能技术迎来了新的希望。一是超导磁悬浮技术研究进展很快，配合真空技术，把电动机的摩擦损耗和风损耗降到了最低限度。二是高强度的碳素纤维合成材料的出现，大大增加了动能储量。但目前一般飞

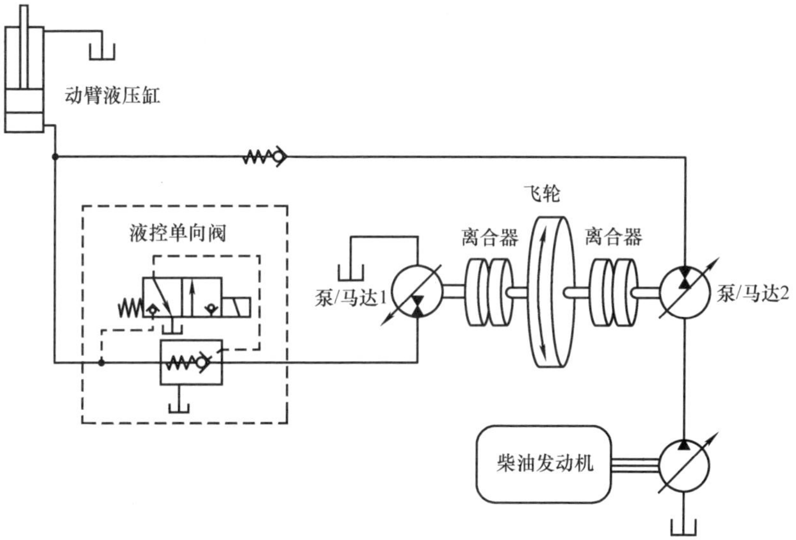


图 23-2　飞轮式能量回收系统示意图

轮储能系统要包括飞轮本体、电动/发电机、磁性轴承、电力转换器和低温系统等，可见系统的组成和控制相当复杂，造价也很高。

## 23.1.2　电储能单元

电储能单元是油电混合/纯电动移动工程机械/车辆的动力源，是能量的储存装置，也是目前制约移动机械发展的最关键因素。要与传统燃油移动机械竞争，关键是突破电储能单元的难题。因此，开发出能量密度高、功率密度大、循环使用寿命长、均匀性一致、高低温环境适应性强、安全性好、成本低以及绿色环保的电储能单元对未来移动机械的发展至关重要。

**1. 电储能单元的分类和工作原理**

按发电原理不同，电储能单元可以分为化学电池、超级电容和生物电池三大类。到目前为止已经实用化的动力蓄电池有属于化学电池范畴的传统铅酸电池、镍镉电池、镍氢电池、燃料电池和锂离子电池等，属于物理反应范畴的主要是超级电容器。此外，诸如酶电池、微生物电池、生物太阳电池等生物电池的研发已进入重要发展阶段。电池的性能指标有容量、电压、能量、内阻、功率、自放电率、输出效率和使用寿命等，根据电池种类不同，其性能指标也有所不同。

近年来随着纯电动汽车的发展，电池本身的技术也有显著的提升。许多新型电池相继出现在人们的视野中。如水溶液可充的锂电池（水锂电池）、锂硫电池、可充电流体电池、金属空气电池等，新型电池只是为将来的电动汽车发展提供了美好的前景，由于技术条件不成熟或成本等原因，目前还不能大面积地推向市场，不能广泛地运用到电动汽车行业。下面介绍几种常用的典型动力电池和超级电容。

（1）铅酸电池　铅酸电池是应用历史最长、成本最低、最成熟的蓄电池。1859 年，法国人普兰特（Plante）发明了铅酸电池。现在路上行驶的近 95% 的两轮电动车都在使用它提供动力。工程机械上发动机的启动电池也几乎都是铅酸电池，它已实现大量生产，但其能量密度较低（一般只有 30～60W·h/kg 和 60～75W·h/L），所占的质量和体积太大，且自放电率高、循环寿命低，不适合现代的新能源系统使用。随着铅酸电池技术的发展，尤其是第三代阀控式密封铅酸电池的成功研制，其能量密度提高到 60W·h/kg，功率密度达到 500W/kg，循环寿命大于 900 次，极大提高了现代新能源系统的使用适应性。

铅酸电池未来仍需要突破以下三个方向：一是提高循环寿命的次数，进而延长使用寿命；二是注意废电池的二次污染，严格控制铅酸电池的生产和使用后的回收处理，采取一些有效的新回收技术应当工程化和产业化；三是提高能量密度、功率密度以及其他电池性能。这样才能在前景广阔的新能源系统中充分发挥作用。

（2）镍氢电池　镍氢电池是 20 世纪 80 年代由 Stanford Ovshinsky 发明的，是世界各国竞相发展的一种高科技产品，具有高能量密度、长寿命和无污染等优点。与铅酸电池相对，镍氢电池的能量密度提高了 3 倍左右，功率密度提高了 10 倍左右。但是镍氢电池的荷电状态（SOC）实际的利用范围很小，以至于镍氢电池储存的大部分能量并没有被实际使用。近年来，虽然镍氢电池在技术上取得了较大的突破，但是仍然存在不少的因素制约其实际应用，如高温性能、储存性能、循环寿命、电池组管理系统、热管理系统和价格等方面的因素。

（3）锂离子电池　1990 年，日本索尼首先推出了新型含有液态电解质的高能蓄电锂离子电池，液态锂离子电池已经成为目前最为成熟、使用最广泛的锂离子电池。2010 年，丰田就曾推出过续航里程可超过 1000km 的固态电池。2018 年 1 月，一项用陶瓷材料取代了当今电池中的液态电解质的固态电池技术，能使电动汽车的行驶里程增加到约 804km 以上。

液态锂离子电池的类型很多，其区别主要体现在正负极材料上，通常根据特色的正极材料或负极材料对锂离子电池进行命名。目前常用的正极材料有钴酸锂（$LiCoO_2$，LCO）、锰酸锂（$LiMn_2O_4$，LMO）、磷酸铁锂（$LiFePO_4$，LFP）、镍钴锰酸锂（$LiNixCoyMn_1$-x-$yO_2$，NCM）和镍钴铝酸锂（$LiNixCoyAl_1$-x-$yO_2$，NCA）。大多数锂离子电池采用石墨负极材料，也有电池采用钛酸锂材料（$Li_4Ti_5O_{12}$，LTO）。不同材料的锂离子电池在能量密度、循环寿命、温度特性和热安全性上有较大差距，各种液态锂离子电池的性能比较参见表 23-1。

各种电池的能量密度如图 23-3 所示，2019 年我国前 3 名锂电池装机容量厂家名单见表 23-2。

**表 23-1　各种液态锂离子电池的性能比较**

| 电池类型 | 工作电压 /V | 能量密度 /(W·h/kg) | 循环寿命 /次 | 低温特性 | 高温特性 | 热失控温度 /℃ |
|---|---|---|---|---|---|---|
| 锰酸钾 | 3.7 | 130～160 | 600～1000 | 较好 | 一般 | 265 |
| 磷酸铁锂 | 3.2 | 100～130 | 4000 | 较差 | 好 | 310 |
| 镍钴锰 | 3.7 | 150～180 | 1500 | 较好 | 较好 | 210 |
| 镍钴铝 | 3.7 | 170～200 | 1500 | 较好 | 较好 | 160 |
| 钛酸锂 | 2.3 | 80～100 | 10000 | 好 | 好 | 210 |

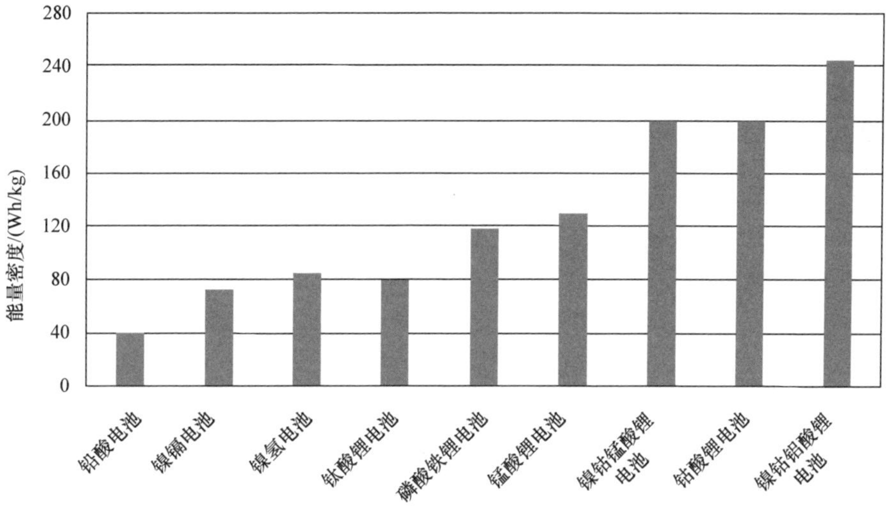


图 23-3　各种电池的能量密度

**表 23-2　2019 年我国前 3 名锂电池装机容量厂家**　(单位：MW·h)

| 序号 | 厂商 | 方形 | 软包电池 | 圆柱形 | 合计 | 占比 |
|---|---|---|---|---|---|---|
| 1 | 宁德时代（CATL） | 22882.17 | 351.97 |  | 23234.14 | 11.21% |
| 2 | 比亚迪（BYD） | 11462.58 |  |  | 11462.58 | 20.33% |
| 3 | 国轩高科（GXHT） | 2261.50 |  | 737.05 | 2998.54 | 5.32% |

固态电池的原理与液态锂电池相同，只不过其电解质为固态。与液态电解质固有的可燃性不同，固态电解质具有不可燃、不泄漏、易封装以及工作温度范围宽等优点。因此，相对于液态电池，固态电池具有较高的安全性能。此外，固态电池有望大幅提升电池的能量密度（>400W·h/kg）。由于液态电解质与高能量密度电极材料如硅、金属锂等发生持续的副反应，目前液态电池采用石墨作为负极，电池能量密度难以突破 300W·h/kg。固态电解质具有较宽的电化学稳定窗口，可与高电压、高能量密度电极材料配合使用，为实现高安全性和高能量密度的电池带来了

曙光。

然而，固态锂电池仍存在界面阻抗高、循环寿命短、倍率性能差等问题。固态电池正负电极之间的离子交换取决于固态电解质与电极表面的固－固接触。而固态电解质/电极的界面接触普遍较差，形成很大的界面阻抗，限制了电池能量密度的进一步提高。此外，电化学循环将导致界面接触进一步恶化。因此，固态电池的循环次数和倍率性能仍远低于液态电池。目前，固态电池的发展主要有两种技术路线：以硅作为负极材料或以金属锂为负极。对于硅基固态电池，需要解决硅负极充放电过程中体积变化引起的电池结构破坏问题。对于固态锂金属电池，需要解决电化学循环过程中负极界面孔洞的形成、锂枝晶的生长等问题。

与其他蓄电池相比，锂离子电池具有能量密度高、电压高、充放电寿命长、无污染、无记忆效应、快速充电、自放电率低、工作温度范围宽和安全可靠等优点，是目前为止较为理想的动力电源。与镍氢电池相比，锂离子电池的优势在于实现了电池的小型化和轻量化，因为目前使用的锂离子电池每个单元的电压均为3.6V，是单元电压1.2V的镍氢电池的3倍。此外锂离子电池正极和负极的活性物质容易以较薄的厚度涂布在极板上，由此可以降低内阻。锂离子电池的功率密度为3550～4000W/kg，是原来的镍氢电池的3倍以上，因此能够大大减小电池的质量和体积。《中国制造2025》中规定，2020年电池能量密度达到300W·h/kg，2025年能量密度达到400W·h/kg，2030年能量密度达到500W·h/kg。

锂离子电池的大量应用仍然存在多种性能的限制，包括锂离子电池的安全性、循环寿命、成本、工作温度和材料供应、电池管理系统中的一些不成熟技术（如均衡充电技术）等。

（4）燃料电池　燃料电池是一种化学电池，它直接把物质发生化学反应时释放的能量变换为电能，工作时需要连续地向其供给活性物质——燃料和氧化剂。燃料电池一般包括碱性燃料电池（Alkaline Fuel Cell，AFC）、磷酸燃料电池（Phosphoric Acid Fuel Cell，PAFC）、熔融碳酸盐燃料电池（Molten Carbonate Fuel Cell，MCFC）、质子交换膜燃料电池（Proton Exchange Membrane Fuel Cell，PEMFC）、固态氧化物燃料电池（Solid Oxide Fuel Cell，SOFC）和直接甲醇燃料电池（Direct Methanol Fuel Cell，DMFC）等，其分类及特性见表23-3。额定工作条件下，一节单电池工作电压仅为0.7V左右，为了满足一定应用背景的功率需求，燃料电池通常由数百个单电池串联形成燃料电池堆或模块。因此，与其他化学电源一样，燃料电池的均一性非常重要。

**表23-3　燃料电池分类及特性**

| 简称 | 燃料电池类型 | 电解质 | 工作温度/℃ | 电化学效率（%） | 燃料、氧化剂 | 功率输出 |
|---|---|---|---|---|---|---|
| AFC | 碱性燃料电池 | 氢氧化钾溶液 | 室温～90 | 60～70 | 氢气、氧气 | 0.3～5kW |

（续）

| 简称 | 燃料电池类型 | 电解质 | 工作温度/℃ | 电化学效率（%） | 燃料、氧化剂 | 功率输出 |
|---|---|---|---|---|---|---|
| PEMFC | 质子交换膜燃料电池 | 质子交换膜 | 室温～80 | 40～60 | 氢气、氧气（或空气） | 1kW |
| PAFC | 磷酸燃料电池 | 磷酸 | 160～220 | 55 | 天然气、沼气、过氧化氢、空气 | 200kW |
| MCFC | 熔融碳酸盐燃料电池 | 碱金属碳酸盐熔融混合物 | 620～660 | 65 | 天然气、沼气、煤气、过氧化氢、空气 | 2～10MW |
| SOFC | 固体氧化物燃料电池 | 氧离子导电陶瓷 | 800～1000 | 60～65 | 天然气、沼气、煤气、过氧化氢、空气 | 100kW |

国际先进水平的燃料电池的功率密度已经达到 650W/kg。燃料电池的能量密度极高，接近于汽油和柴油的能量密度，几乎零污染，是未来动力能源的发展方向。图 23-4 所示为燃料电池工作原理示意图，燃料电池需要贵金属铂作为催化剂，且在持续使用的过程中储存和运输氢的条件非常严格，目前还没有低成本制氢技术，燃料电池的制作成本十分昂贵，暂时无法产业化使用。

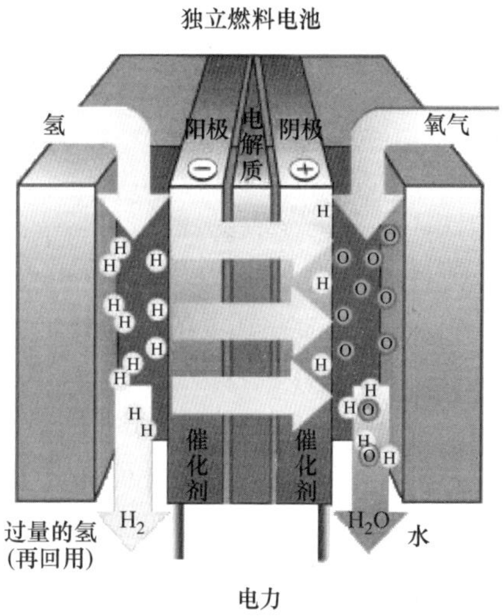


图 23-4　燃料电池工作原理示意图

1）氢燃料电池的特点。由于氢气和氧气在催化剂作用下的电化学反应是放热反应，且反应产物只有水，所以燃料电池既可以供电，也可以供热，其主要特点有以下几个：

① 能量转化率高，目前在燃料电池的设计、材料、工艺等不断优化提高下，各类燃料电池的电效率可达 40%～60%，若采用热电联供系统，其综合效率可高达 85% 以上。

② 无环境污染，由于燃料电池的反应产物只有水，从根本上避免了二氧化碳、硫氧化物、氮氧化物等有害物质的排放。

③ 低噪声，由于燃料电池采用电化学发电原理，除供氢、供氧、冷却系统等

部件外，其电堆发电没有活动部件，因此工作时噪声低、安静。

④ 可靠性高，与普通电池、锂电池相比，燃料电池可实现低温环境下正常工作，可作为各种应急电源、便携式电源使用。

⑤ 氢燃料来源广泛，既可以通过煤、石油等化石燃料制取氢气，也可以利用风电、太阳能、潮汐能等可再生能源电解水制取氢气。

2）具体应用如下所示：

① 便携式电源。氢燃料电池作为便携式电源，与锂电池相比，质量轻、续航时间长。

② 小型氢燃料电池无人机。与传统的燃油动力无人机相比，氢燃料电池作为能源，具有无污染、低噪声等优势，更加适用于无人机完成各种复杂环境下的任务。

③ 小型氢燃料电池热电联供系统。小型氢燃料电池热电联供系统是一种既可以发电，也可以供热的能源装置，是一种新型分布式能源技术，即使是在较小输出功率的情况下，系统的综合能源利用效率也可以超过90%，其一般输出功率不大于5kW。

④ 氢燃料电池自行车、摩托车。PEMFC是一种高效、环保的新型能源动力系统，特别适合作为自行车、摩托车的动力来源。

（5）石墨烯电池　近年来，利用锂离子在石墨烯表面和电极之间可以快速大量穿梭运动的特性，新开发出了一种可以将充电时间从数小时缩短到不到一分钟的新型储能设备——石墨烯表面锂离子交换电池。这种新型储能设备集中了锂电池和超级电容的优点，同时兼具高功率密度和高能量密度的特性：功率密度达到100kW/kg，比商业锂电池高100倍，比超级电容高10倍，功率密度高，能量转移率就高，从而大大缩短充电时间；其能量密度达到160W·h/kg，与商业锂离子电池相当，比传统超级电容高30倍，能量密度越大，储存的能量就越多，保证了电动机械的续航时间。由此看出，石墨烯电池具有良好的储能性质，具有良好的应用前景，但石墨烯的研究尚待深入，需要进一步系统研发，解决其中的一些科学问题和工艺问题，这样才能成为市场潜力巨大的电极材料。

（6）钠硫电池　钠硫电池是美国福特（Ford）于1967年首先发明公布的，至今仅有50年左右的历史。电池通常是由正极、负极、电解质、隔膜和外壳等几部分组成。一般常规二次电池如铅酸电池、镍镉电池等都是由固体电极和液体电解质构成，而钠硫电池则与之相反，它是由熔融液态电极和固体电解质组成的，构成其负极的活性物质是熔融金属钠，正极的活性物质是硫和多硫化钠熔盐，由于硫是绝缘体，所以硫一般是填充在导电的多孔的炭或石墨毡里，固体电解质兼隔膜是一种专门传导钠离子（被称为$Al_2O_3$）的陶瓷材料，外壳则一般采用不锈钢等金属材料。

钠硫电池具有许多特色之处：一个是能量密度（即电池单位质量或单位体积所

具有的有效电能量）高。其理论能量密度为760W·h/kg，实际已大于1000W·h/kg，是铅酸电池的3~4倍。如日本东京电力公司（TEPCO）和NGK合作开发钠硫电池作为储能电池，其应用目标瞄准电站负荷调平（即起削峰平谷作用，将夜晚多余的电存储在电池里，到白天用电高峰时再从电池中释放出来）、UPS应急电源及瞬间补偿电源等，并于2002年开始进入商品化实施阶段，已建成世界上最大规模（8MW）的储能钠硫电池装置，截至2005年10月统计，年产钠硫电池的电池量已超过100MW，同时开始向其他国家或地区输出。

另一个特色是可实现大电流、高功率放电。其放电电流密度一般可达200~300mA/cm$^2$，并瞬时间可放出其3倍的固有能量；再一个是充放电效率高。由于采用固体电解质，所以没有通常采用液体电解质二次电池的那种自放电及副反应，充放电电流效率几乎达到100%。

当然，事物总是一分为二的，钠硫电池也有不足之处，其工作温度在300~350℃，所以，电池工作时需要一定的加热保温。但采用高性能的真空绝热保温技术，可有效地解决这一问题。

钠硫电池作为新型化学电源家族中的一个新成员出现后，已在世界上许多国家受到极大的重视和发展。由于钠硫电池具有高能电池的一系列诱人特点，所以一开始不少国家就纷纷致力于发展其作为电动汽车用的动力电池，也曾取得了不少令人鼓舞的成果，但随着时间的推移表明，钠硫电池在移动场合下（如电动汽车）使用条件比较苛刻，无论从使用可提供的空间、电池本身的安全等方面均有一定的局限性。所以在20世纪80年代末和90年代初开始，国外重点发展钠硫电池作为固定场合下（如电站储能）应用，并越来越显示其优越性。

钠硫电池已经成功用于削峰填谷、应急电源、风力发电等可再生能源的稳定输出以及提高电力质量等方面。钠硫电池是各种先进二次电池中最为成熟和最具潜力的一种，目前在国外已经有上百座钠硫电池储能电站在运行。

（7）超级电容　1957年，美国人Becker发表了关于超级电容的专利。超级电容是一种具有超强储电能力、可提供强大二次脉冲功率的物理二次电源，它是介于蓄电池和传统静电电容之间的一种新型储能装置。超级电容器的面积是基于多孔炭材料，该材料的多孔结构允许其面积达到2000m$^2$/g，通过一些措施可实现更大的表面积。超级电容电荷分离开的距离是由被吸引到带电电极的电解质离子尺寸决定的。与传统电容薄膜材料相比，该距离所能实现的距离更小。

电化学电容根据储能机理的不同可以分为双电层电容和法拉第准电容两类，下面分别介绍。

1）双电层电容。在电极/溶液界面通过电子或离子的定向排列造成电荷的对峙而产生的。对一个电极/溶液体系，会在电子导电的电极和离子导电的电解质溶液界面上形成双电层。当在两个电极上施加电场后，溶液中的阴、阳离子分别向正、负电极迁移，在电极表面形成双电层；撤销电场后，电极上的正负电荷与溶液中的相反电荷离子相吸引而使双电层稳定，在正负极间产生相对稳定的电位差。这时对某一电极而言，会在一定距离内（分散层）产生与电极上的电荷等量的异性离子电荷，使其保持电中性；当将两极与外电路连通时，电极上的电荷迁移而在外电路中产生电流，溶液中的离子迁移到溶液中呈电中性，这便是双电层电容的充放电原理。

2）法拉第准电容。其理论模型是由 Conway 首先提出，是在电极表面和近表面或体相中的二维或准二维空间上，电活性物质进行欠电位沉积，发生高度可逆的化学吸脱附和氧化还原反应，产生与电极充电电位有关的电容。对于法拉第准电容，其存储电荷的过程不仅包括双电层上的存储，而且包括电解液离子与电极活性物质发生的氧化还原反应。当电解液中的离子（如 $H^+$、$OH^-$、$K^+$ 或 $Li^+$）在外加电场的作用下由溶液中扩散到电极/溶液界面时，会通过界面上的氧化还原反应而进入电极表面活性氧化物的体相中，从而使得大量的电荷被存储在电极中。放电时，这些进入氧化物中的离子又会通过以上氧化还原反应的逆反应重新返回电解液中，同时所存储的电荷通过外电路而释放出来，这就是法拉第准电容的充放电机理。

不论是双电层电容还是法拉第准电容，都是一种电化学元件，但在其储能的过程并不发生化学反应，这种储能过程是可逆的，因此超级电容器可以反复充放电数十万次。

3）超级电容的特点如下：

① 超级电容在其额定电压范围内可以被充电至任意电位，且可以完全放出。而电池则受自身化学反应限制工作在较窄的电压范围，如果过放可能造成永久性破坏。

② 超级电容的 SOC 与电压构成简单的函数，而电池的 SOC 则包括多样复杂的换算。

③ 超级电容与其体积相当的传统电容相比可以存储更多的能量，电池与其体积相当的超级电容相比可以存储更多的能量，一般双电层电容器的容量很容易超过1F。在一些功率决定能量存储器件尺寸的应用中，超级电容是一种更好的途径。

④ 超级电容可以反复传输能量脉冲而无任何不利影响，相反如果电池反复传输高功率脉冲其寿命将大打折扣。

⑤ 充电 10～600s 可达到其额定容量的95%以上，而蓄电池在如此短的时间内充满电将是极危险的或是几乎不可能的。

⑥ 超级电容可以反复循环数十万次，而电池寿命仅几百次循环。

⑦ 超级电容可以提供很高的放电电流，一般蓄电池通常不能有如此高的放电电流。

⑧ 此外还具有工作温度范围宽，充放电控制线路简单以及绿色环保等优点。

虽然超级电容具有上述诸多优点，但是其自身也存在以下缺点：一是超级电容的线性放电特性使它无法完全放电；二是能量密度相对其他化学能源低很多；三是超级电容单体电压低，需要多个电容串联才能提升整体电压等级；四是高自放电率，它的自放电速率比化学电源高。

4）应用。超级电容的低阻抗对于当今许多高功率应用是必不可少的，在瞬时功率脉冲应用，重要存储、记忆系统的短时间功率场合具有重要应用。

① 快速充电应用，几秒钟充电，几分钟放电，如电动工具、电动玩具。

② 在 UPS 系统中，超级电容提供瞬时功率输出，作为发动机或其他不间断系统的备用电源的补充。

③ 应用于能量充足、功率匮乏的能源，如太阳能。

④ 当公共汽车从一种动力源切换到另一动力源时的功率支持。

⑤ 小电流、长时间持续放电，如计算机存储器后备电源。

因此，鉴于超级电容器极具爆发力却又持久力不足的特性，决定了其适合在工况负载剧烈波动的车辆中作为辅助能源存在，而不能作为车载唯一能源使用。

**2. 电储能单元的选型与参数匹配**

以电动挖掘机为例，动力锂电池作为电动挖掘机整机能量的来源，其参数匹配不仅决定了整机工作的时长，也决定了整机的动力性能和节能性能。

在对动力电池选型时，以整机的平均消耗功率为依据进行展开。主电动机驱动系统平均功率的计算以典型负载平均功率为依据。以某型号的挖掘机为例，由典型负载压力曲线和原机型发动机的常设转速，可得到在测试时间内消耗能量－时间曲线，如图 23-5 所示。由图看出，在典型负载下，某型号挖掘机在挖掘工况下的平均消耗功率大约为 20kW。

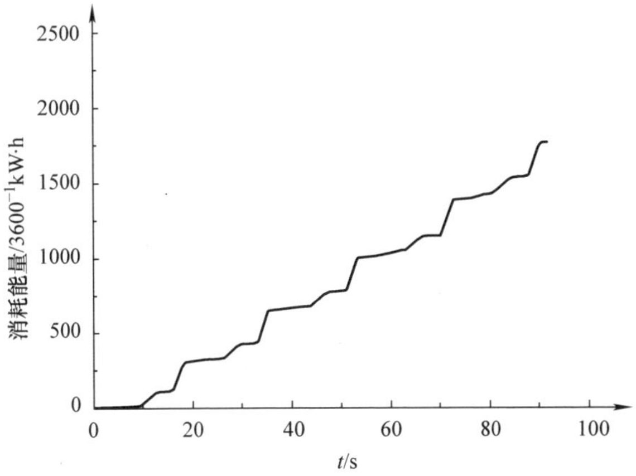


图 23-5 挖掘机在测试时间内消耗能量－时间曲线

某型号的电驱动工程机械各耗能系统的平均功率见表 23-4。由此表可得整机的平均功率为24.22kW，由于三元锂电池的放电效率高达99.8%，可忽略电池的自身损耗，即电动机平均放电功率大约为25kW。

表23-4　电驱动工程机械各耗能系统的平均功率

| 耗能系统 | 平均功率/kW |
|---|---|
| 主电动机驱动系统 | 20 |
| 辅驱电动机驱动系统 | 1.2 |
| 空调等附件 | 1.5 |
| 冷却系统 | 0.72 |
| 整机控制电源 | 0.8 |

（1）电池能量　动力电池的容量选择主要根据整机的续航能力确定，假设续航时长要求在4 h左右。为使电池不经常发生深度放电，假定电池SOC工作范围为10%～100%，即剩余电量低于10%时尽量不放电。由此可得，电池的标称能量需求大约为120kW·h。

（2）电压等级　根据电动机控制器的额定工作电压和工作电压范围，可选择电池的电压等级。其中，电池标称电压应稍大于电动机控制器额定工作电压，电池工作电压范围选择依据为：电池最大电压要略低于电动机控制器最大电压，电池最低电压要略高于电动机控制器最低电压。

（3）电池容量　根据电池的总能量和电池的总电压，可求得电池的容量为

$$C \geqslant \frac{1000W}{U_{B标}} \tag{23-1}$$

式中　$C$——动力锂电池容量（A·h）；

$W$——动力锂电池能量（kW·h）；

$U_{B标}$——动力锂电池的标称电压（V）。

（4）最大持续放电电流　考虑到电动挖掘机的动力性，电池的最大持续放电电流应该满足

$$I_{B标} \geqslant \frac{U_{MC}I_{MC}}{U_{B标}} \tag{23-2}$$

式中　$I_{B标}$——动力锂电池的最大持续放电电流（A）；

$U_{MC}$——电机控制器额定工作电压（V）；

$I_{MC}$——电机控制器额定电流（A）。

（5）最大脉冲放电电流　考虑到电动机驱动系统的超额定功率工况，电池的最大脉冲放电电流应该满足

$$I_{脉} \geqslant I_{M峰} \tag{23-3}$$

式中　$I_{脉}$——动力锂电池的最大脉冲放电电流（A）；

$I_{M峰}$——电动机控制器峰值电流（A）。

综上所述，可确定动力锂电池的匹配参数，见表23-5。

表 23-5　动力锂电池匹配参数表

| 标称能量 | 标称容量 | 最大持续放电电流 | 最大脉冲放电电流 | 工作电压范围 |
|---|---|---|---|---|
| 120kW · h | 170.4A · h | 204A | 300A | 380 ~ 638V |

## 23.1.3　液压储能单元

液压式能量回收系统的储能单元一般为液压蓄能器。根据能量平衡的原理，液压蓄能器在回收能量时通过各种方式使密闭容器中的液压油成为具有一定液压能的压力油，在液压系统需要时又将能量释放出来，已达到补充和稳定液压系统流量和压力的目的，是液压系统中常用的液压辅助元件之一。

液压油是近似不可压缩液体，其弹性模量基本在 2000 MPa，因此利用液压油是无法蓄积压力能的，必须依靠其他介质来转换、储存压力能。例如，利用气体（氮气）的可压缩性研制的皮囊式充气蓄能器就是一种蓄积液压油的装置。皮囊式蓄能器由油液部分和带有气密封件的气体部分组成，位于皮囊周围的油液与油液回路接通。当压力升高时油液进入蓄能器，气体被压缩，系统管路压力不再上升；当管路压力下降时压缩空气膨胀，将油液压入回路，从而减缓管路压力的下降。

液压蓄能器的类型和性能比较见表 23-6，液压蓄能器主要有弹簧式、重锤式和充气式三类。常用的是充气式，它利用气体的压缩和膨胀来储存、释放压力能。充气式以活塞式、气囊式和非隔离式三种最为常见。考虑到动态响应、额定容量、最大压力以及工作温度范围等性能参数，目前应用于能量回收领域的主要为活塞式和气囊式两种。

表 23-6　液压蓄能器的类型和性能比较

<table>
<tr><th colspan="4" rowspan="2">类型</th><th colspan="6">性能</th></tr>
<tr><th>响应</th><th>噪声</th><th>容量限制</th><th>最大压力/MPa</th><th>漏气</th><th>温度范围/℃</th></tr>
<tr><td rowspan="7">充气式</td><td rowspan="6">隔离式</td><td rowspan="4">可挠性</td><td>气囊式</td><td>良好</td><td>无</td><td>有（480L 左右）</td><td>35</td><td>无</td><td>-10 ~ 120</td></tr>
<tr><td>隔膜式</td><td>良好</td><td>无</td><td>有（0.95 ~ 11.4L）</td><td>7</td><td>无</td><td>-10 ~ 120</td></tr>
<tr><td>直通气囊式</td><td>好</td><td>无</td><td>有</td><td>21</td><td>无</td><td>-10 ~ 70</td></tr>
<tr><td>金属波纹管式</td><td>不太好</td><td>无</td><td>有</td><td>21</td><td>无</td><td>-10 ~ 70</td></tr>
<tr><td rowspan="2">非可挠性</td><td>活塞式</td><td>不太好</td><td>有</td><td>可做成较大容量</td><td>21</td><td>小量</td><td>-50 ~ 120</td></tr>
<tr><td>差动活塞式</td><td>不太好</td><td>有</td><td>可做成较大容量</td><td>45</td><td>无</td><td>-50 ~ 120</td></tr>
<tr><td colspan="3">非隔离式</td><td>良好</td><td>无</td><td>可做成大容量</td><td>5</td><td>有</td><td>无特别限制</td></tr>
<tr><td colspan="4">重锤式</td><td>不好</td><td>有</td><td>可做成较大容量</td><td>45</td><td>—</td><td>-50 ~ 120</td></tr>
<tr><td colspan="4">弹簧式</td><td>良好</td><td>有</td><td>有</td><td>12</td><td>—</td><td>-50 ~ 120</td></tr>
</table>

（1）气囊式蓄能器　如图 23-6 所示，气囊式蓄能器通过改变气囊内的预充氮气的体积，从而使蓄能器储油腔内的液压油成为具有一定液压能的压力油。这种蓄能器虽然气囊及壳体制造较困难，但具有效率高、密封性好、结构紧凑、灵敏度高、质量轻、动作惯性小、易维护等优点，是目前液压系统中应用最广泛的一种蓄能器，适用于储能和吸收压力冲击，工作压力可达 32MPa。目前，限制气囊式蓄能器在工程机械中应用的主要难点是耐高温且可保证寿命的气囊。

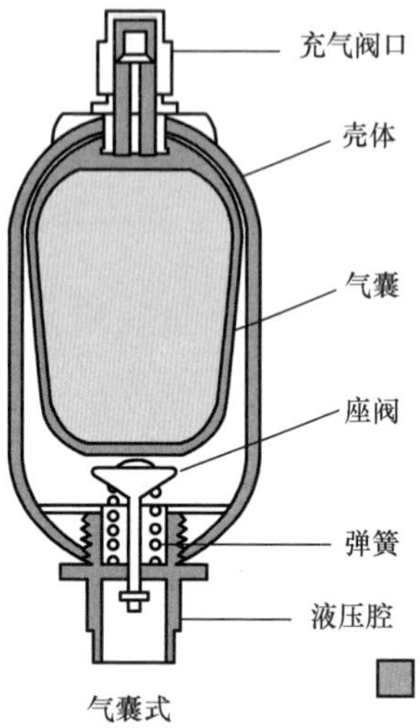


图 23-6　气囊式液压蓄能器的结构示意图

图 23-7 所示为液压蓄能器液压油体积变化量和压力、储能的关系，某液压蓄能器的额定体积为 50L，液压蓄能器的直径为 230mm，长度为 1930mm，质量为 120kg。该液压蓄能器的最高工作压力设定在 33MPa，充气压力为 13MPa，理论上液压蓄能器充满油后液压油的体积为 24L，可储存的能量为 495kJ。

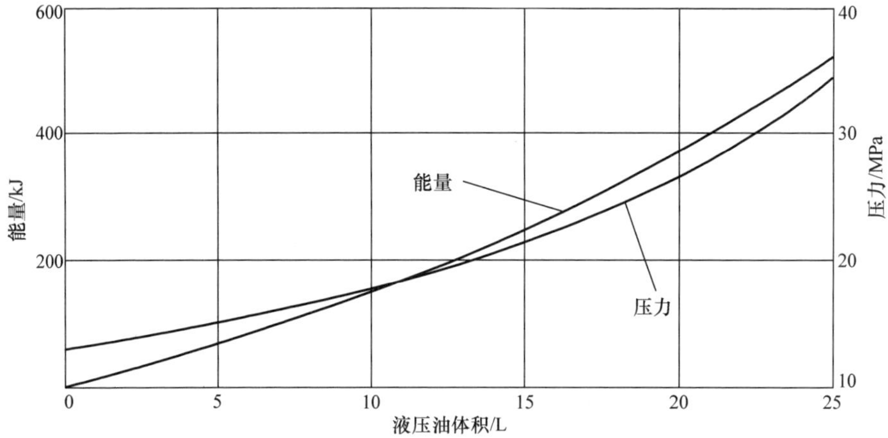


图 23-7　液压蓄能器液压油体积变化量和压力、储能的关系

（2）活塞式蓄能器　如图 23-8 所示，活塞式蓄能器原理与皮囊式蓄能器类似，缸筒内的活塞将气体与油液隔开，气体经充气阀进入上腔，活塞的凹部面向充气阀，以增加气室的容积。具有油气隔离、工作可靠、寿命长、尺寸小、供油流量大、使用温度范围宽等优点，适用于大流量的蓄能器液压系统。但由于活塞惯性和密封件的摩擦力影响，其反应不灵敏，缸体加工和活塞密封性能要求较高、活塞运动惯性大、磨损泄漏大、效率低，故其主要适用于压力低于 21MPa 的系统储能，不太适合吸收压力脉动和冲击。

（3）隔膜式蓄能器　隔膜式蓄能器的工作原理与前面两种类似，只是储气腔与储油腔通过隔膜隔开。这种蓄能器容量大、惯性小、反应灵敏、占地小、没有摩擦损失；但气体易混入油液内，影响液压系统运行的平稳性，因此必须经常灌注新气，附属设备多，一次投资大。此类蓄能器适用于需要大流量中、低压回路的蓄能。

（4）重锤式蓄能器　重锤式蓄能器依靠重物的重力势能与液压能的相互转化来实现蓄能作用。这种蓄能器结构简单，压力稳定，但体积较大，运动惯性大，反应不灵敏，密封处易漏油且有摩擦损失，目前仅用在大型固定设备中，如在轧钢设备中用作轧辊平衡等。

（5）弹簧式蓄能器　弹簧式蓄能器通过改变弹簧的压缩量来使储油腔的液压油变成具有一定液压能的压力油。这种蓄能器结构简单、容量小、反应较灵敏；但不宜用于高压和循环频率较高的场合，仅供小容量及低压（小于 12MPa）系统实现蓄能及缓冲使用。

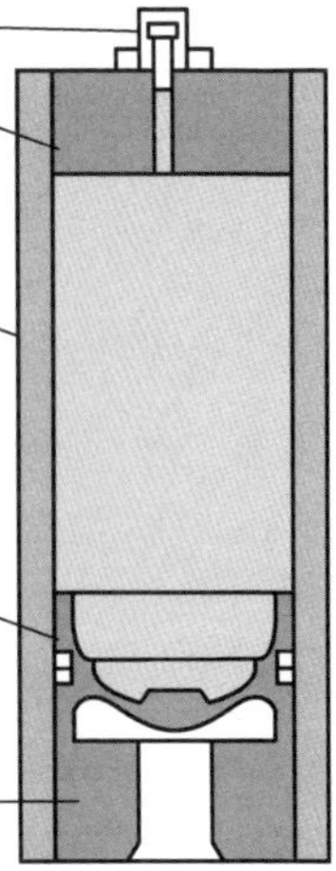

图 23-8　活塞式蓄能器的结构示意图

## 23.1.4　典型储能单元特性分析

不同储能单元的性能有较明显的差距，以目前较常用的铅酸电池、镍氢电池、锂离子电池、超级电容和液压蓄能器为例，在能量密度、循环寿命和快速充电能力等方面进行比较（见图 23-9、表 23-7）。

1）在能量密度方面，铅酸电池的能量密度在 50W · h/kg 左右；镍氢电池在 60 ~ 110W · h/kg，目前巴斯夫（BASF）已经研发出并开始投产能量密度为140W · h/kg 的镍氢电池；而常见的动力锂离子电池的能量密度可达到 100 ~ 250W · h/kg，目前最高达到 460W · h/kg；而超级电容的能量密度较低，大约为 10W · h/kg；液压蓄能器的能量密度最低，只有 2W · h/kg；对于纯电驱动移动机械来说，能量密度最为重要，关系到每次充满电后的工作时间。

2）从功率密度角度来看，液压蓄能器优于其他能量存储方式（铅酸电池为 200W/kg，镍氢电池为 250 ~ 1200W/kg，锂电池为 3550 ~ 4000W/kg，超级电容为 500 ~ 5000W/kg）。只有高功率密度系统才能在短时间跟上制动时的能量转换和储存要求。对于混合动力移动机械来说，功率密度更为重要，关系到整车的爆发力。

3）在循环寿命方面，铅酸电池的循环寿命约为 300 ~ 800 次，镍氢电池约为 150 ~ 500 次；而锂离子电池单体的循环寿命一般大于 800 次，较好的电池可达到 2000 次，而采用钛酸锂负极材料的锂离子电池寿命可达 10000 次以上；液压蓄能器大约为 10 万次，而超级电容最长，可以达到 100 万次。

4）就电储能单元而言，锂离子电池在能量密度、循环寿命、充电速度、价格等方面都具有综合的优势。价格方面超级电容最高，其次为锂离子电池，但随着锂离子电池技术进步和产业规模提升，其成本有望进一步降低。

5）液压蓄能器功率密度高，能够快速存储、释放能量，适用于作业工况多变的场合，如频繁启动、制动的行走设备；但由于其能量密度低、安装空间大，在实际应用中受到一定限制，尤其对于如工程机械等安装空间狭小的场合，需要在系统设计时充分考虑空间布置。

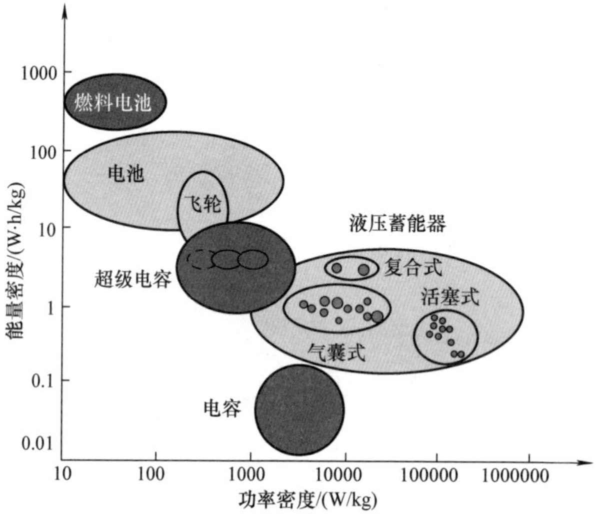


图 23-9　不同储能元件能量密度和功率密度对比

表 23-7　不同储能单元的性能参数对比

| 项目 | 铅酸电池 | 飞轮 | 超级电容 | 液压蓄能器 | 镍氢电池 | 锂电池 |
|---|---|---|---|---|---|---|
| 功率密度/(W/kg) | 90～500 | 5000 | 500～5000 | 2000～19000 | 250～1200 | 3550～4000 |
| 单位质量能量密度/(W·h/kg) | 30～60 | 5～150 | 10～30 | 2 | 60～140 | 100～460 |
| 单位体积能量密度/(W·h/L) | 60～75 | 20～80 | 35 | 5～17 | 140～180 | 250～500 |
| 循环寿命/次 | 300～800 | 20000 | 1000000 | 100000 | 150～500 | 2000～10000 |
| 效率（%） | 80 | 96 | 95 | 90 | 90 | 95 |

# 23.2　能量转换单元工作原理

## 23.2.1　电动机

### 1. 电动机的分类

电动机有不同的分类方法，目前主要按工作电源、机构和工作原理、用途等分类。

（1）按工作电源分类　如图 23-10 所示，按工作电源分类电动机可划分为直流电动机、交流电动机。

1）直流电动机划分为有刷直流电动机、无刷直流电动机。

① 有刷直流电动机划分为永磁直流电动机、电磁直流电动机。

② 永磁直流电动机划分为稀土永磁直流电动机、铁氧体永磁直流电动机、铝镍钴永磁直流电动机。

③ 电磁直流电动机划分为串励直流电动机、并励直流电动机、他励直流电动机、复励直流电动机。

2）交流电动机划分为单相电动机、三相电动机和多相电动机。

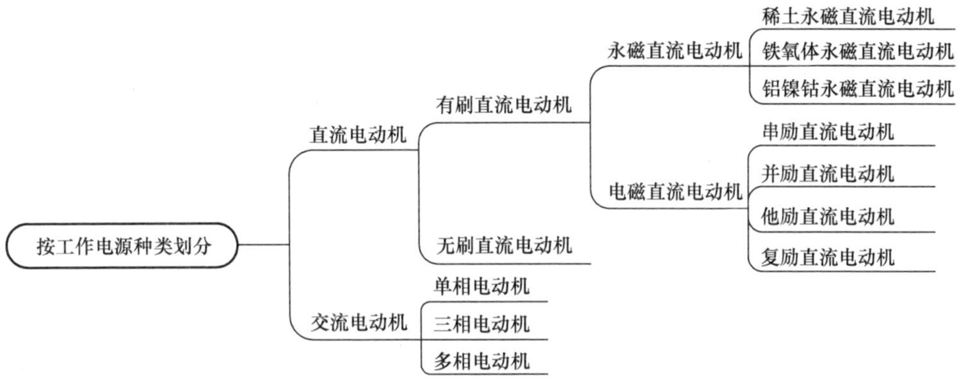


图 23-10　电动机按工作电源分类

（2）按结构和工作原理分类　如图 23-11 所示，按结构和工作原理划分为直流电动机、异步电动机和同步电动机。

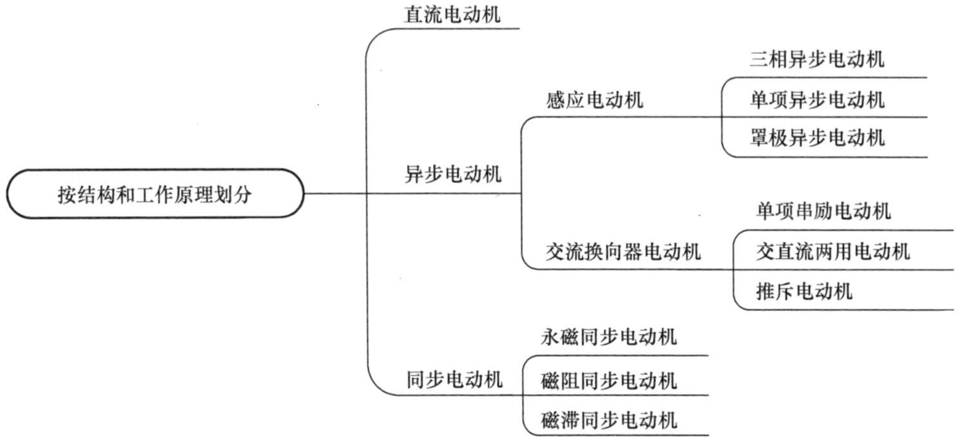


图 23-11　电动机按结构和工作原理分类

1）异步电动机划分为感应电动机和交流换向器电动机。

① 感应电动机可分为单项异步电动机、三相异步电动机和罩极异步电动机。

② 交流换向器电动机划分为单项串励电动机、交直流两用电动机和推斥电动机。

2）同步电动机划分为永磁同步电动机、磁阻同步电动机和磁滞同步电动机。

（3）按用途分类　如图 23-12 所示，按用途划分为驱动电动机和控制用电动机。

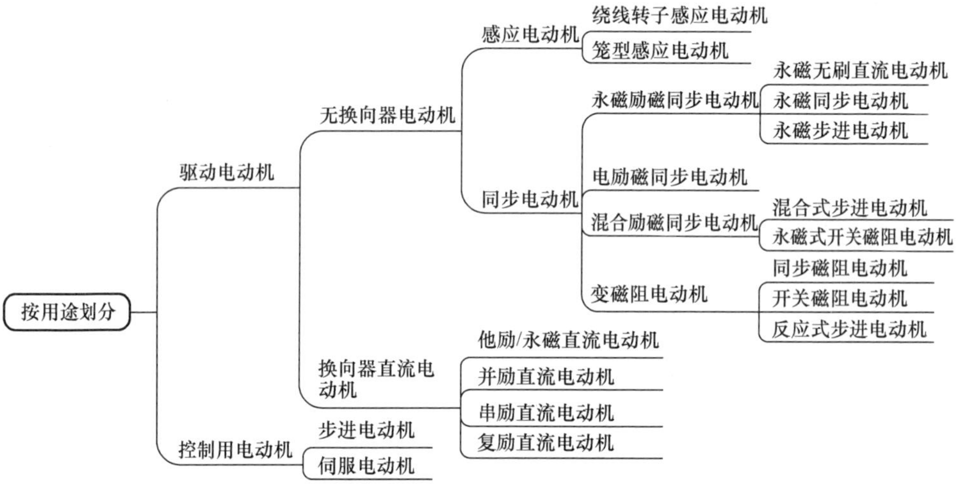


图 23-12　电动机按用途分类

1）驱动电动机可划分为无换向器电动机和换向器直流电动机。

① 无换向器电动机划分为感应电动机和同步电动机。

② 感应电动机划分为绕线转子感应电动机和笼型感应电动机。

③ 同步电动机划分为永磁励磁同步电动机、电励磁同步电动机、混合励磁同步电动机和变磁阻电动机。

④ 永磁励磁同步电动机划分为永磁无刷直流电动机、永磁同步电动机和永磁步进电动机。

⑤ 混合励磁同步电动机划分为混合式步进电动机和永磁式开关磁阻电动机。

⑥ 变磁阻电动机划分为同步磁阻电动机、开关磁阻电动机和反应式步进电动机。

⑦ 换向器直流电动机划分为他励/永磁直流电动机、并励直流电动机、串励直流电动机和复励直流电动机。

2）控制用电动机可分为步进电动机和伺服电动机。

**2. 液压系统对电动机的需求特性分析**

目前在液压系统中所使用的电动机种类主要有感应电动机、永磁同步电动机和开关磁阻电动机等。液压系统用电动机的主要特性比较见表 23-8。

**表 23-8　液压系统用电动机主要特性比较**

| 电动机特性 | 感应电动机 | 永磁同步电动机 | 开关磁阻电动机 |
|---|---|---|---|
| 效率（%） | 85 ~92 | 90 ~95 | 85 ~93 |
| 功率密度 | 中 | 高 | 高 |
| 转矩纹波、噪声特性 | 好 | 好 | 一般 |
| 控制性 | 复杂 | 好 | 好 |
| 调速范围 | 宽 | 宽 | 宽 |

由表 23-8 可以看出，感应电动机具有成本较低，控制技术较为成熟等优点，但其效率、功率密度较低；永磁同步电动机具有结构简单、功率密度高、转矩纹波小、调速范围宽的特点，且是目前各种类型电动机中效率最高的。目前，在新能源工程机械/车辆中使用比较普遍的电动机种类为异步电动机和永磁同步电动机。永磁同步电动机因具有诸多优势，其市场占有率正不断提高。开关磁阻电动机存在结构和控制相对简单，调速范围较宽的优点，但其转矩纹波和噪声较高。

**3. 典型电动机介绍**

（1）异步电动机

1）工作原理。异步电动机也称为“感应电动机”，其工作过程是电枢绕组输入交流电流来产生旋转磁场。旋转磁场切割转子导体或绕组产生感应电流，通过感应电流产生感应磁场与电枢绕组中的磁场相互作用进而驱动转子旋转。由于异步电动机在工作过程中无法通过绕组电励磁或永磁体励磁产生激励磁场，因此，异步电动机工作过程中定转子磁场永远无法同步，因此而得名“异步电动机”。

异步电动机根据转子结构的不同，可分为笼型和绕组式。笼型异步电动机结构简单，制造方便，经济耐用。而绕线转子结构复杂，价格昂贵，但其可在工业应用中使用，转子绕线电路可以通过使用附加电阻来改善起动和调速性能。

异步电动机的旋转磁场转速为

$$n_1 = \frac{60f}{p} \tag{23-4}$$

式中　$n_1$——定子磁场转速（r/min）；

$f$——电动机供电三相电频率（Hz）；

$p$——电动机极对数。

当异步电动机接入三相交流电时，定子绕组将产生一个旋转磁场。定子磁场切割转子绕组，在转子绕组中产生感应电动势和感应电流，转子绕组产生电磁力使转子与定子磁场同方向旋转。由于异步电动机依靠定子磁场与转子的转速差产生转子感应电动势，因此转子转速总是略小于定子旋转磁场，定子与转子的转差率为

$$s = \frac{(n_1 - n)}{n_1} \times 100\% \tag{23-5}$$

式中 $s$——转差率（%）；

$n$——转子转速（r/min）。

由式（23-4）和式（23-5）可以得到转子转速的表达式为

$$n = n_1(1-s) = \frac{60f}{p}(1-s) \tag{23-6}$$

由式（23-6）可以看出改变异步电动机转速的方式有以下三种：

① 改变电动机供电三相电频率，即为变频调速。

② 改变定子极对数。

③ 改变转差率。

其中，改变极对数的调速方式属于有极调速。而改变转差率的调速方法主要包括调压调速、转子回路串电阻调速等，大多要通过耗能来实现，且为开环控制，其控制特性较为有限。该类型系统电动机多为恒速运行或通过手动旋钮改变电动机转速，对电动机的转速频响及能效要求较低。

近年来随着电力电子技术的发展，变频调速的应用越来越广泛，变频调速已成为交流调速的主要方式，也将使液压系统在未来运用越来越广。

2）基本控制原理。电动机的运动控制，从根本上讲，是对电动机电磁转矩的控制。交流电动机，电动机的电磁转矩是由相互耦合的定、转子电流及其共同产生的气隙磁场相互作用产生的，气隙磁场是一个随时间和空间交变的旋转磁场，且与转子磁势不存在垂直的关系，电动机的电磁转矩控制不仅存在很强的耦合性，还具有非线性，再加上描述和控制一个交流量需要三个物理参数：幅值、相位和频率，所以，交流异步电动机的理论分析和运动控制较直流电动机要复杂得多。目前，异步电动机的电磁转矩控制方式主要有矢量控制和直接转矩控制。

① 矢量控制基本原理。矢量控制原理的核心是交流电动机转矩的解耦控制，它在交流电动机空间矢量模型的基础上，将电动机定子电流的瞬时值分解成相互之间没有耦合的两个电流分量，并将这两个电流分量同电动机的动态电磁转矩直接联系起来，从而实现了电动机转矩的解耦控制。图23-13所示为异步电动机的空间矢量图，图中，$sD-sQ$ 为定子静止两相坐标系；$Oxy$ 为以任意角速度 $\boldsymbol{\omega}_g$ 旋转的两相坐标系：$\boldsymbol{i}_{sg}$ 为 $Oxy$ 坐标系上的定子电流空间矢量；$\boldsymbol{u}_{sg}$ 为 $Oxy$ 坐标系上的定子电压空间矢量；$\boldsymbol{i}_{sx}$ 和 $\boldsymbol{i}_{sy}$ 是定子电流空间矢量 $\boldsymbol{i}_{sg}$ 在 $Oxy$ 坐标系上的 $x$ 轴分量和 $y$ 轴分量。

如果让 $Oxy$ 坐标系以电动机同步角速度 $\omega_s$ 进行旋转，即令 $\boldsymbol{\omega}_g=\boldsymbol{\omega}_s$，并使 $x$ 轴和异步电动机的磁链空间矢量 $\boldsymbol{\Psi}_g$ 重合，则定子电流空间矢量 $\boldsymbol{i}_{sg}$ 的 $x$ 轴分量 $\boldsymbol{i}_{sx}$ 和电动机的磁场方向相同，称为激磁电流分量；定予电流空间矢量 $\boldsymbol{i}_{sg}$ 的 $y$ 轴分量 $\boldsymbol{i}_{sy}$ 和电动机的磁场方向垂直，称为转矩电流分量，通过 $\boldsymbol{i}_{sx}$ 和 $\boldsymbol{i}_{sy}$ 的分别控制，异步电动机就能像他励直流电动机一样实现励磁和转矩的分别控制，这就是矢量控制的基本原理。

按照图23-13对异步电机定子电流空间矢量进行的分解，异步电机可以拥有类

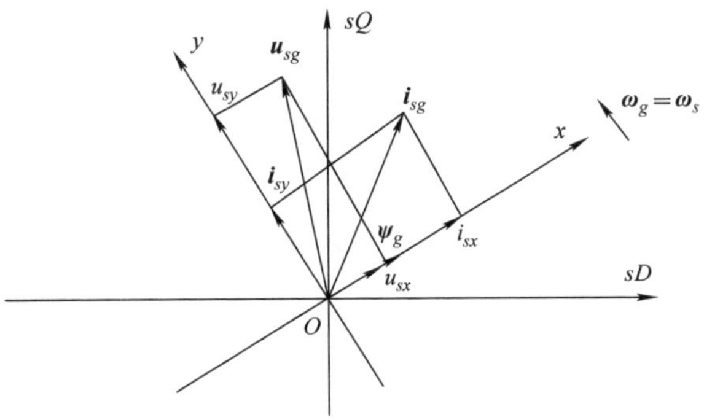


图 23-13　异步电动机空间矢量图

似于他励直流电动机的瞬时电磁转矩表达式，即

$$T_e = k|\boldsymbol{\Psi}_g||\boldsymbol{i}_{sy}| \tag{23-7}$$

式中　$k$——与电动机结构有关的常数。

虽然在选定的坐标系内，矢量控制的电动机转矩公式与直流电动机转矩公式表达形式一致，但它的控制目标与直流电动机的控制目标是完全不一样的，直流电动机控制的目标是一个标量，而矢量控制的目标是交流电动机大小和方向都可变的空间矢量，且最终控制对象是产生这些空间矢量三相电源的幅值、相位和频率，因此，矢量控制的可控变量丰富了，但控制难度增加，图 23-14 所示为异步电动机矢量控制原理图。

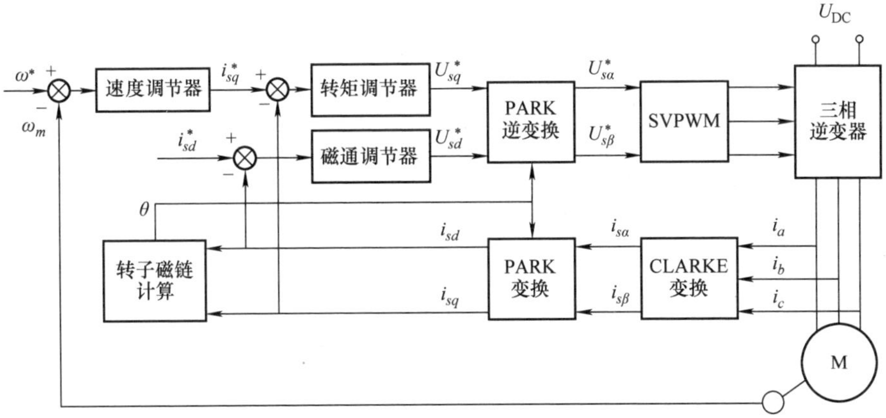


图 23-14　异步电动机矢量控制原理图

② 直接转矩控制。异步电动机工作过程中磁链 $\boldsymbol{\Psi}_s$ 和电压 $u_s$ 及电流 $i_s$ 的关系满足

$$\boldsymbol{\Psi}_s = \int(u_s - i_sR_s)\,\mathrm{d}t \tag{23-8}$$

若忽略定子电阻 $R_s$ 的影响，则在一个控制周期内，如果空间电压矢量不变的话，$u_s$就可以看作常数，积分的结果可表示为

$$\Psi_s = \int(u_s - i_sR_s)\mathrm{d}t \approx u_s\Delta t + \Psi_{s0} \tag{23-9}$$

式（23-9）中 $\Psi_{s0}$是磁链初始值，可以发现，空间电压矢量 $u_s$可以很容易地改变定子磁链的方向和大小，进而对电动机的转矩进行控制。

直接转矩控制中电磁转矩控制的精髓就是通过改变电压分量来调整电动机磁链幅值和方向，进而快速对电动机的电磁转矩进行控制，图 23-15 所示为异步电动机直接转矩控制原理图。

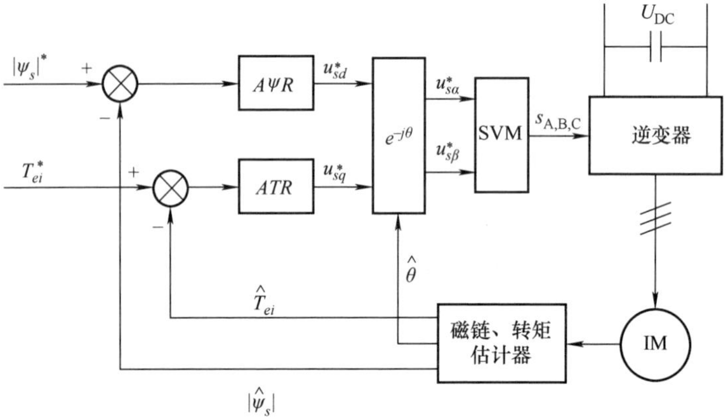


图 23-15　异步电动机直接转矩控制原理图

异步电动机目前在工程机械领域已得到了应用，但由于异步电动机不能自发产生激发磁场。因此，在工作过程中需要绕组中的感应电流来激励。造成异步电动机的整体效率低于同步电动机。而且功率密度相对较小。产生相同的目标转矩需要更高的电源容量。此外，由于转子导体或绕组的感应电流，转子上会出现铜损耗和铁损耗，导致转子严重发热，冷却要求更高。

（2）永磁同步电动机　永磁同步电动机作为一种典型电动机机种，因具有结构简单、功率密度高、噪声小以及效率高等优点，已经广泛应用于各个工业领域。永磁同步电动机的工作机制与传统电励磁同步电动机类似，所不同的是永磁同步电动机中建立机电能量转换所必需的磁场是通过永磁体来产生。因此，相较于传统电励磁同步电动机，永磁同步电动机不需要励磁绕组和励磁电源，转子部分取消了集电环和电刷装置，成为无刷电动机，结构更为简单，运行更为可靠，效率更高。

永磁同步电动机根据机电能转换方向的不同可分为永磁同步电动机和永磁同步发电机，而永磁同步电动机和永磁同步发电机在结构上是可逆的，即理论上永磁同步电动机既可作为电动机又可作为发电机使用。但是，由于永磁同步电动机和永磁同步发电机工作模式不同，因此，针对其参数结构的设计侧重点将略有不同，控制

的方式也需要根据实际情况进行控制。

1）永磁同步电动机的工作原理。在永磁同步电动机的绕组中通入交变电流，电动机的绕组将产生一个旋转的电磁场，该电磁场的转向和速度取决于绕组中各相电流的相位角和交变电流的交变频率。根据法拉第电磁感应定律，旋转的电磁场将带动永磁体所产生的磁场旋转并使二者重合，因此，通过在永磁同步电动机的绕组中通入交变电流将在安装永磁体的转子上产生一个使二者磁场重合的，方向与电磁场旋转方向相同的转矩，带动永磁同步电动机转子旋转，进而拖动负载。永磁同步电动机的转子旋转方向和转速取决于绕组中各相电流的相位角和交变电流的交变频率，永磁同步电动机的转矩取决于负载。

永磁同步发电机发电需有原动机拖动实现。工作过程中，原动机拖动永磁同步发电机的转子旋转，而永磁同步发电机转子上安装有永磁体。由于永磁体所产生的磁场在原动机的拖动下旋转，将与永磁同步发电机的绕组发生相对的剪切运动。根据法拉第电磁感应定律，绕组中的导线与永磁体的磁场发生相对剪切运动，将在导线上产生感应电动势，当永磁同步发电机的绕组闭合且与外部相关电动机控制器相连时将形成闭合回路，进而产生电流发电向外部设备提供电能，同时由于电流的产生，将在永磁同步发电机的转子上产生一个阻碍转子旋转的转矩。原动机的转速决定了永磁同步发电机的交变电流频率，所产生的转矩决定永磁同步发电机的相电流。

目前，永磁同步电动机不论是作为电动机还是发电机都在工业中得到了广泛的认可和应用，并逐步替代异步电动机，具有相当广阔的市场前景。而永磁同步电动机同时运行于电动和发电两种工作模式的工业场合还相对较少，其中，一个比较典型的应用背景便是新能源工程机械/车辆，在新能源工程机械/车辆动力系统、势能能量回收系统、回转驱动系统均有一定的应用。

2）永磁同步电动机的分类。永磁同步电动机按照永磁体安装位置的不同，电动机的转子可以分为表贴式（见图23-16a）和内置式［包括内嵌式（见图23-16b）和内埋式］，而内埋式又可根据永磁体磁化方向和转子旋转方向的相互关系，分为径向式（见图23-16c）、切向式（见图23-16d）和混合式（见图23-16e）。表贴式和内嵌式两种转子结构的永磁体一般呈瓦片状，安装于转子铁心的表面，为电动机绕组提供径向磁通，其转子一般采用较小直径以降低电动机的转动惯量；内埋式转子结构的永磁体通常为条形结构，安装于转子内部，机械强度较高。由于内置式转子结构磁路具有不对称性，可产生磁阻转矩，有利于提高电动机的功率密度和过载能力，便于实现弱磁控制。

表贴式永磁同步电动机近似相当于隐极式电动机，具有结构简单、转动惯量小、制造方便等优点，被广泛应用于工业中。除此之外，该结构的电动机易于优化设计，可方便地将气隙磁场设计成近似正弦分布，从而提高电动机的运行性能；内嵌式永磁同步电动机具有一定的凸极性，可以利用转子磁路非对称性所产生的磁阻转矩，以提高电动机的过载能力和功率密度，该结构电动机较表贴式电动机动态性能有所改善，但是漏磁系数和制造成本较高；内埋式永磁同步电动机凸极率较高，转子磁路可产生较大的磁阻转矩了，电动机具有良好的动、静态特性，它的永磁体安装于转子内部，可以有效避免永磁体发生失磁，缺点是漏磁系数较大。其中切向式永磁同步电动机漏磁最小，径向式永磁同步电动机凸极率最高，混合式永磁同步电动机综合了以上二者的特点，但制造更为复杂。

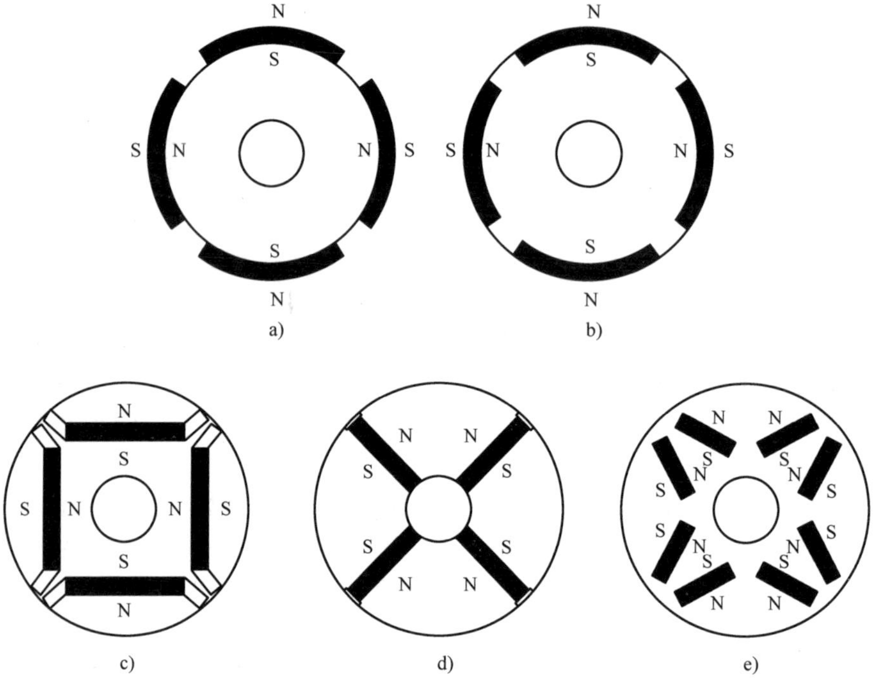


图 23-16 常见的永磁同步电动机转子结构形式

a）表贴式 b）内嵌式 c）径向式 d）切向式 e）混合式

永磁同步电动机也可以根据永磁材料进行分类。可分为稀土永磁同步电动机和无稀土永磁同步电动机。稀土永磁材料具有高剩磁密度、高矫顽力和高磁能积的特点，可以有效提高永磁同步电机的功率/转矩密度和性能。然而，稀土永磁材料也容易受到工作温度的影响，并且容易发生不可逆退磁。发生不可逆退磁将直接降低永磁电动机的输出功率。此外，稀土永磁材料容易被氧化，从而降低了永磁同步电动机的可靠性。目前，钐钴（SmCo5）和钕铁硼（NdFB）是用于永磁同步电动机的主要稀土永磁材料。同时，钕铁硼又可分为烧结钕铁硼和黏结钕铁硼。表 23-9 列出了三种永磁材料的特性。其中，钐钴具有高温稳定性，降低了退磁风险。铁含量低，不易氧化，但成本高。它主要用于航空航天等领域。与钐钴相比，钕铁硼对温度更敏感，容易发生不可逆退磁。此外，钕铁硼含铁量高，容易腐蚀。目前，新能源工程机械/重型车辆中的电动机大多使用钕铁硼永磁同步电动机。

表 23-9　三种永磁材料特性

| 永磁材料 | 最高工作温度/℃ | 抗氧化腐蚀 | 成本 |
|---|---|---|---|
| SmCo5 | 250 ~ 350 | 优 | 高 |
| NdFB（烧结） | 100 ~ 180 | 一般 | 中等 |
| NdFB（黏结） | 80 ~ 150 | 良好 | 中等 |

稀土永磁材料对提高电动机的性能和功率/转矩密度有显著的作用，但成本高，稀土资源有限。此外，它容易发生不可逆退磁。因此，许多基于稀土的永磁同步电动机已被研究并应用于新能源车辆。铁氧体是一种典型的无稀土励磁材料，广泛应用于永磁同步电动机。铁氧体具有成本低、耐高温、稳定性高等优点。但铁氧体的铁磁性比钕铁硼差。因此，为了满足永磁同步电动机气隙磁密度的要求，经常使用大量的铁氧体进行励磁。

此外，永磁同步电动机通过跟其他电动机结构组合也可分为混合励磁同步电动机、双凸极永磁电动机、永磁磁通开关电动机、轴向磁通永磁电动机、无稀土同步磁阻电动机、永磁辅助同步磁阻电动机、横向磁通电动机等。

尽管目前国内外针对新能源车辆牵引电动机开展了大量的研究，但目前在新能源系统中应用最为广泛的电动机类型仍然以常规的永磁同步电动机为主。

3）永磁同步电动机的控制。与异步电动机类似，当前永磁同步电动机的控制方式多以变频调速控制为主。同时，永磁同步电动机的控制也可分为矢量控制和直接转矩控制等多种方法。

① 矢量控制。永磁同步电动机矢量控制按照定位磁场的不同，其坐标框架有三种：定子三相静止坐标系、定子两相静止坐标系和转子两相旋转坐标系。其中，采用转子两相旋转坐标系的磁场定向控制方式使得交流电动机的控制完全解耦，其定子绕组电流矢量可被分解为与永磁体磁通对应的励磁电流和转矩电流。

电动机绕组电流在定子三相静止坐标系与转子两相旋转坐标系的转换关系可表示为

$$\begin{pmatrix} i_d \\ i_q \end{pmatrix} = \frac{2}{3}\begin{pmatrix} \cos(\theta_e) & \cos(\theta_e - 120°) & \cos(\theta_e + 120°) \\ -\sin(\theta_e) & -\sin(\theta_e - 120°) & -\sin(\theta_e + 120°) \end{pmatrix}\begin{pmatrix} i_a \\ i_b \\ i_c \end{pmatrix} \tag{23-10}$$

式中　$\theta_e$——永磁同步电动机转子的电角度。

在采用转子磁场定向下，定子绕组的交、直轴电压方程分别表示为

$$\begin{cases} u_d = R_a i_d + L_d \dfrac{\mathrm{d}i_d}{\mathrm{d}t} - w_e L_q i_q \\ u_q = w_e L_d i_d + R_a i_q + L_q \dfrac{\mathrm{d}i_q}{\mathrm{d}t} + w_e \Psi_{pm} \end{cases} \tag{23-11}$$

式中 $u_d$——电压控制矢量的直轴分量；

$u_q$——电压控制矢量的交轴分量。

永磁同步电动机在稳态时的基本矢量图如图23-17所示，转矩方程式可表示为

$$T=\frac{3}{2}p\left[\psi_{pm}i_s\cos\beta-\frac{1}{2}(L_d-L_q)i_s^2\sin2\beta\right] \tag{23-12}$$

转矩方程式中，根据转矩产生原因的不同，电动机转矩可以分为电磁转矩和磁阻转矩。根据永磁同步电动机不同的转子结构，若电动机转子结构采用表贴式，则呈隐极式电动机特性，此时电机 $d$ 轴和 $q$ 轴的电感相同，电动机输出的转矩仅为电磁转矩，而磁阻转矩为0。若电动机转子结构采用内置式或内埋式，则电动机 $d$ 轴和 $q$ 轴的电感不同，此时电动机凸极式或逆凸极式电动机特性，通过电流相位的控制，可提升电动机的磁阻转矩。

永磁同步电动机矢量控制的控制对象是定子电流矢量 $i_s$ 的幅值和相位角，即是 $Odq$ 坐标系中的定子电流分量 $i_d$ 和 $i_q$。动力电动机驱动系统在不超出系统元件承载能力的情况下，为了最大限度地发挥永磁同步电动机的性能，应根据电动机使用目的采取最优的电流矢量控制方法，对定子电流直轴、交轴分量进行分配。

永磁同步电动机矢量控制根据电机使用目的的不同，主要有以下几种：$i_d=0$ 控制、最大转矩控制、弱磁控制、最大输出功率控制、最大效率控制等。

其中，最大转矩控制旨在最大限度地利用电动机凸极性所造成的磁阻转矩，提高电动机单位定子电流的输出转矩能力和电动机的驱动能力；或者在电动机输出转矩相同的情况下，减小电动机定子电流和铜损，提高电动机驱动系统的运行效率。新能源系统对电动机的功率密度要求较高，因此，最大转矩控制也是最适合新能源系统电动机的控制，本节以该控制方法进行介绍。

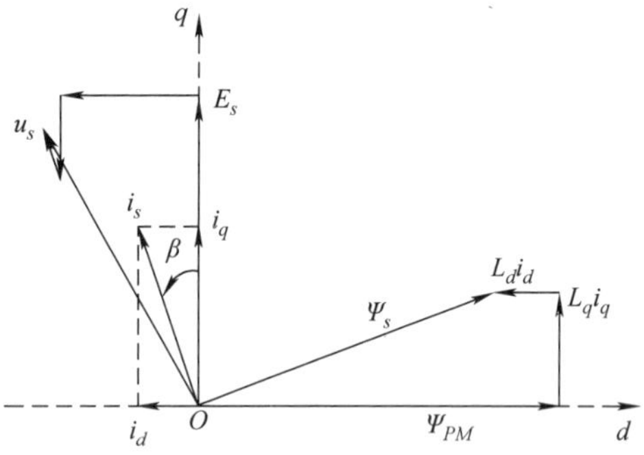

图23-17 永磁同步电动机在稳态时的基本矢量图

根据图23-17可获得电动机直轴、交轴电流分量为

$$\begin{cases}i_d=-i_s\sin\beta\\ i_q=i_s\cos\beta\end{cases} \tag{23-13}$$

根据式（23-12），对于求电动机最大转矩问题可以转化为如下数学求极值问题：电动机转矩对转矩角求一阶偏导数，并令其为零，获得最大转矩控制的实现条件，具体计算过程如下所示。

通过

$$\frac{\partial T}{\partial\beta}=0 \tag{23-14}$$

可获得

$$\sin\beta = \frac{\Psi_{pm} - \sqrt{\Psi_{pm} + 8(L_d - L_q)^2 i_s^2}}{4(L_d - L_q)i_s} \tag{23-15}$$

将式（23-15）代入式（23-13）中，可以求出与最大转矩控制所需要的电流相位角对应的 $d$、$q$ 轴电流分量约束条件为

$$i_d = \frac{\Psi_{pm}}{2(L_q - L_d)} - \sqrt{\frac{\Psi_{pm}^2}{4(L_q - L_d)^2} + i_q^2} \tag{23-16}$$

式（23-16）在 $Odq$ 坐标系中为一开口朝右的抛物线，如图 23-18 所示。电动机在不超出系统元件承载能力的情况下，电动机可输出最大转矩的 $d$、$q$ 轴电流分量可按照图中轨迹进行分配。

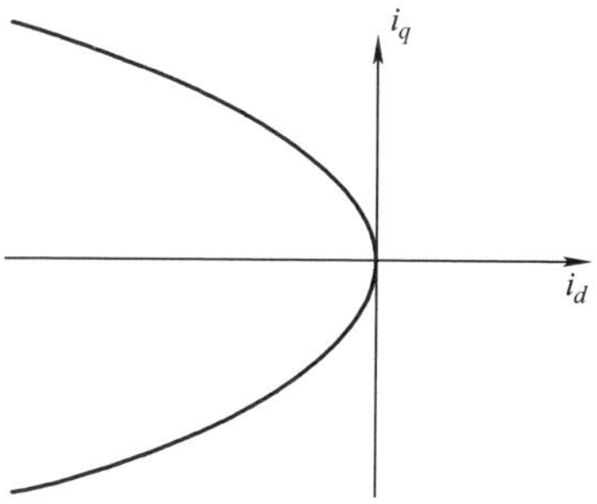

图 23-18　最大转矩电流分配轨迹

永磁同步电动机的矢量控制原理与异步电动机的矢量控制十分类似，其原理图如图 23-19 所示。矢量控制是通过交流电动机的磁场定向，将定子电流解耦为励磁电流和转矩电流两个部分，通过分别对励磁电流和转矩电流控制，实现电动机的控制，该控制方法可以实现对电动机转矩的瞬时控制，且控制简单，是目前应用较广的控制方法。

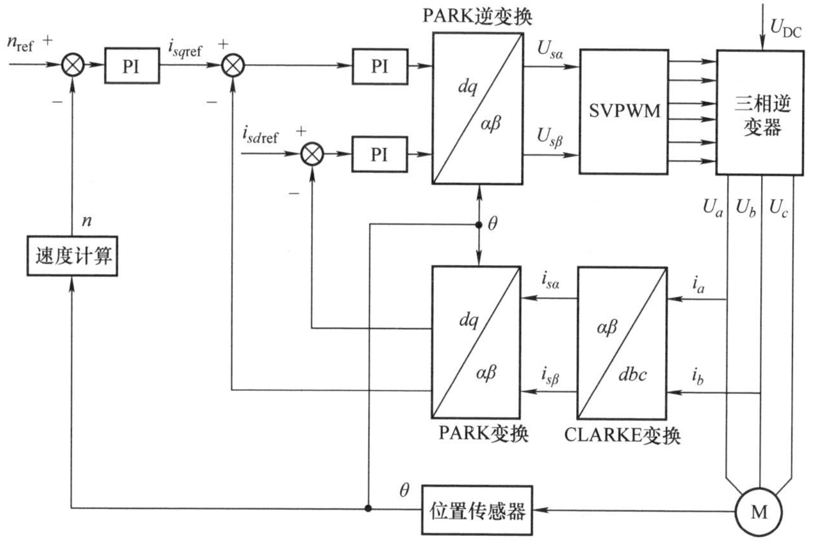

图 23-19　永磁同步电动机的矢量控制原理图

② 直接转矩控制。直接转矩控制是以电动机定子磁链幅值和电磁转矩作为控

制器的输入，从而实现对电动机的控制。这种方法直接对电动机的转矩进行控制，提高了转矩的动态响应能力。

永磁同步电动机在定子参考坐标系中的转矩可表达为

$$T = \frac{3}{2}p\frac{\boldsymbol{\Psi}_s \boldsymbol{\Psi}_{pm}}{L_s} = \frac{3}{2}p\frac{\Psi_s \Psi_{pm}}{L_s}\sin\alpha \tag{23-17}$$

从式（23-17）可看出，电磁转矩的大小主要取决于电动机定、转子的磁链幅值以及二者之间的夹角，即由二者磁链矢量决定。而转子磁链矢量在实时控制过程中，由于控制的时间周期远小于转子的机械时间常数，可认为转子磁链矢量是不变的。因此，电磁转矩的大小可通过改变定子磁链矢量来实现。

电动机定子电压矢量和定子磁链矢量的关系可表示为

$$\boldsymbol{u}_s = R_a\boldsymbol{i}_s + \frac{\mathrm{d}\boldsymbol{\Psi}_s}{\mathrm{d}t} \tag{23-18}$$

如果忽略电动机定子电阻的影响，可得到定子电压矢量和定子磁链矢量的关系为

$$\boldsymbol{u}_s = \frac{\mathrm{d}\boldsymbol{\Psi}_s}{\mathrm{d}t} \tag{23-19}$$

从以上分析可以看出，对电动机转矩的控制只需要对电动机的电压矢量进行控制即可，也就是通过控制电压源逆变器的开关状态，产生合适的定子电压矢量，实现对电动机磁链矢量的控制，从而对电动机转矩进行控制。

将式（23-19）写成如下表达式。

$$\Delta\boldsymbol{\Psi}_s = \boldsymbol{u}_s\Delta t_{\mathrm{dt}} \tag{23-20}$$

式（23-20）表明定子磁链矢量的增量为定子电压矢量与时间增量的乘积，定子磁链矢量增量的方向与所施加的定子电压矢量的方向一致，其变化率等于定子电压矢量的幅值。

根据电动机控制目的的不同，直接转矩控制方式也各有不同，如定子磁链幅值恒定控制、最大转矩控制、功率因素最小控制等，这些控制方式主要区别在于磁链矢量的给定方式不同。本文以定子磁链幅值恒定控制为例介绍直接转矩控制。

直接转矩控制系统中，定子磁链幅值的给定值是固定的，通常等于转子磁链幅值，即等于永磁体磁链幅值。这种控制最大的优点是限制了定子磁链幅值的大小，使得永磁同步电动机对逆变器直流母线电压幅值的要求尽可能低，从而可以很方便地进行弱磁控制。

直接转矩控制系统中定子磁链幅值输入值等于永磁体磁链幅值，即

$$\Psi_s^* = \Psi_{pm} \tag{23-21}$$

式中 $\Psi_s^*$ ——定子磁链幅值目标控制值。

图23-20所示为定子磁链幅值恒定的直接转矩控制在 $Odq$ 坐标系中的控制轨迹曲线。从图中可以看出，定子磁链的控制轨迹是以 $O$ 为圆心，以永磁体磁链幅值

为半径的圆环。而考虑到电动机最大允许电流的影响，将电流约束在图中表示为一个以 $A$ 为圆心，以 $L_s i_{smax}$ 为半径的圆环，称为定子电流磁链极限圆。为了保证电动机工作电流不超出最大允许电流，定子磁链幅值须落在定子电流磁链极限圆内。图中 $B$ 点是定子磁链控制轨迹与电流磁链极限圆环的交点。显而易见，电动机的定子磁链幅值可控制区间是弧$\overparen{AB}$。通过计算 $B$ 点的负载角，即可求得在该控制策略下电动机可输出的最大转矩。

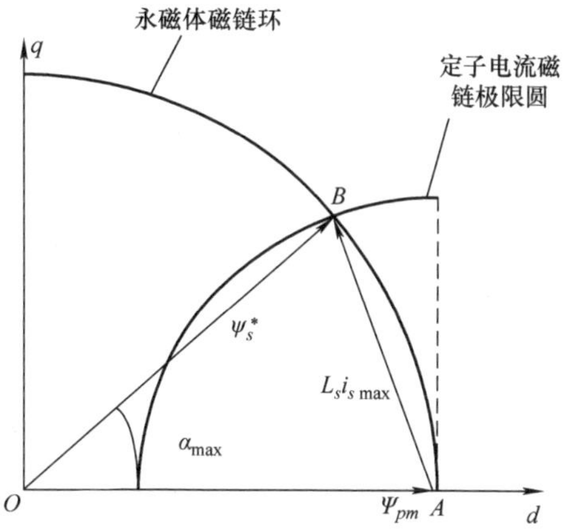


图 23-20　定子磁链幅值恒定控制轨迹曲线

根据圆周角定理，定子磁链幅值恒定的直接转矩控制最大负载角可通过式（23-22）计算求得。

$$\alpha_{\max} = 2\arcsin\left(\frac{L_s i_{smax}}{2\Psi_{pm}}\right) \tag{23-22}$$

此时，电动机可输出的最大转矩为

$$T_{\max} = \frac{3}{2} p \Psi_{pm}^2 \frac{\sin\alpha_{\max}}{L_s} \tag{23-23}$$

根据式（23-23）可以发现，若电动机采用该控制策略，其最大可输出的转矩主要取决于电动机电感、电动机最大允许电流以及电动机永磁体磁链幅值。而对于一台设计好的永磁同步电动机，其参数均是确定且已知的。在采用定子磁链幅值恒定控制策略下的最大转矩角以及最大可输出转矩可通过式（23-22）和式（23-23）获得。因此，只要将电动机的输出转矩限制在最大可输出转矩范围内，便可实现对电动机电流的限制。

永磁同步电动机的直接转矩控制原理图如图 23-21 所示。直接转矩控制是通过改变空间电压矢量的方式，控制定子磁链矢量以迅速改变负载角，从而实现对电动机转矩的控制。相较于矢量控制，该控制方法不需要对电动机定子电流进行解耦，具有对电动机参数依赖性小、结构简单、转矩动态响应快的特点。但直接转矩控制存在转速脉动高的不足。目前，在对动态特性要求较高的新能源工程机械/重型车辆系统中，采用直接转矩控制对动力电动机进行控制是十分可行的。

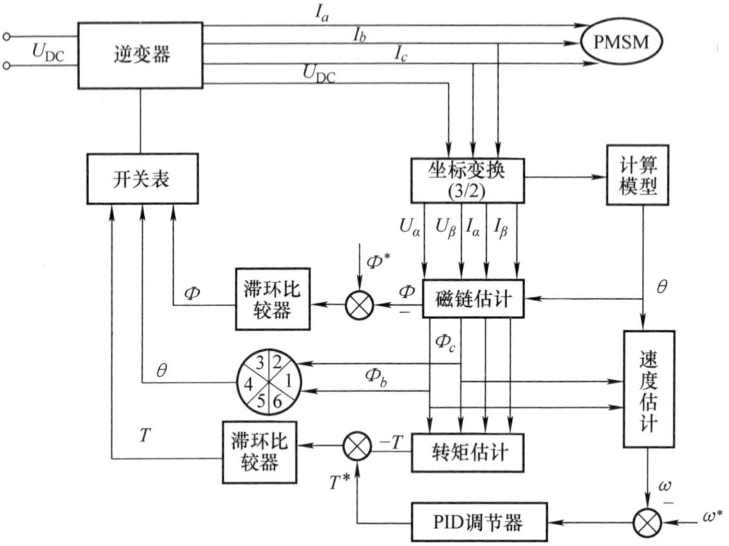


图 23-21　永磁同步电动机直接转矩控制原理图

4）永磁同步电动机的外特性。图 23-22 所示为某永磁同步电动机的满载速度控制曲线。可以发现，通过控制永磁同步电动机的控制器参数，可动态调整电动机的速度响应，其满载下的电动机速度最快响应时间约为 200ms，远高于发动机的速度响应时间（300～1500ms）。

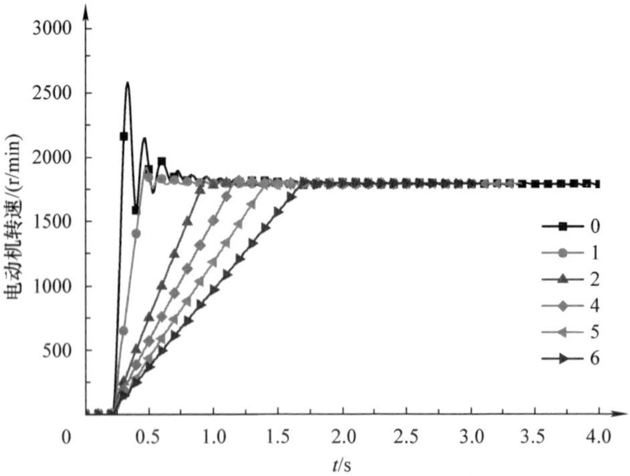


图 23-22　某永磁同步电动机的满载速度控制曲线

图 23-23 所示为某永磁同步电动机的外特性曲线，可以发现该永磁同步电动机

的额定转矩约为 200N · m，额定转速即基速约为 1800r/min。额定工况时，当电动机转速高于 1800r/min 时，电动机进入恒功率区。此外，相比于传统发动机，永磁同步电动机具有较强的过载能力，一般永磁同步电动机受电动机的冷却能力、电动机控制器参数的限制，其可实现额定转矩 2 ~ 3 倍的过载。但在过载工况下，电动机将快速发热，且由于电动机和电动机控制器负荷能力的限制，其一般过载时间较为有限。根据电动机的冷却性能与电动机、电动机控制参数设计的裕度，永磁同步电动机一般可实现 10 ~ 120s 的过载时间。由图 23-23 可见，该电动机可实现较额定转矩 3 倍的过载，峰值转矩可达到 600N · m。但受限于电动机的冷却要求和电动机控制器的硬件要求，当电动机转速达到 1000r/min 时，电动机的转速开始下降。基于电动机的过载特性，在进行新能源工程机械/重型车辆的动力系统参数匹配时，可充分利用电动机的短时过载能力，在保证电动机有效散热和电动机、电动机控制器参数满足设计裕度的情况下，降低动力系统的电动机额定装机功率，可在降低电动机成本的同时，提高动力系统的能效。

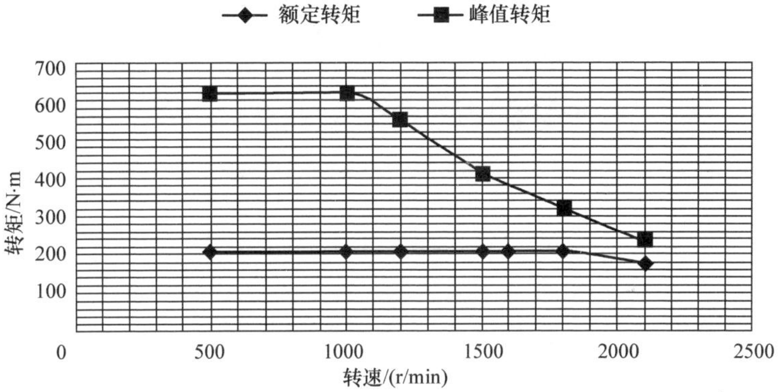


图 23-23　某永磁同步电动机外特性曲线

图 23-24 所示为某永磁同步电动机的效率分布云图。可以发现该电动机的最高效率为 96%，同时，该电动机 80% 以上的工作点效率均高于 90%。相比于发动机，其能量利用率有非常明显的提升。

（3）开关磁阻电动机（Switched Reluctance Motor，SRM）

1）开关磁阻电动机工作原理。开关磁阻电动机的运行遵循磁阻最小原理，磁通总要沿着磁阻最小路径闭合（有一定形状的铁心在移动到最小磁阻位置时，必定使自己的轴线与磁场的轴线重合），这与普通电动机的定转子磁场相互作用的原理不同。

以 8/6 极四相开关磁阻电动机来说明其工作过程，具体如下：图 23-25 所示为四相开关磁阻电动机结构示意图，当定子的 $D$ 极励磁时，所产生的磁场力会使转子极轴线 $33'$ 与定子极轴线 $DD'$ 重合。以图 23-25 所示定、转子所处的相对位置为初始位置，依次给 $A \to B \to C \to D \to A$ 绕组通电，转子会逆着励磁方向顺时针连续旋

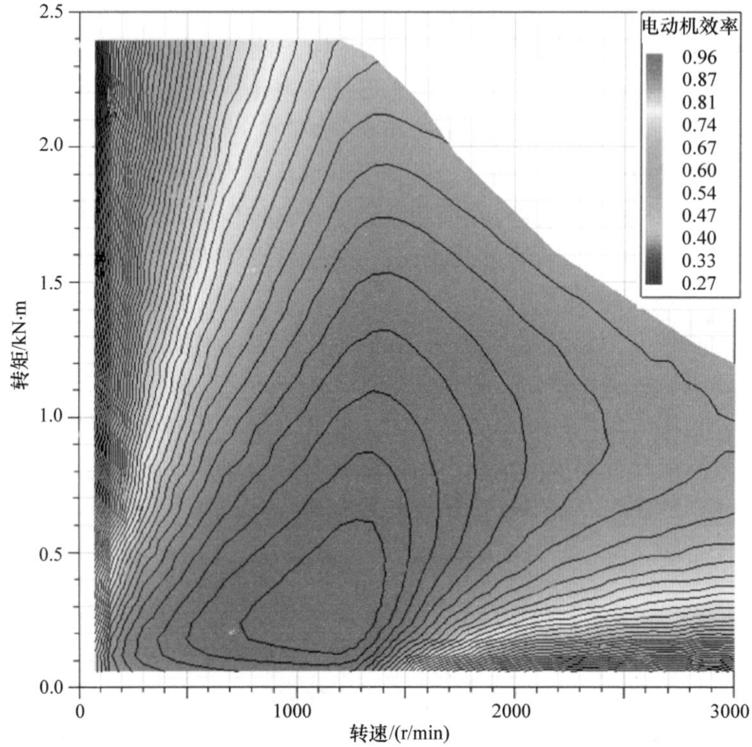


图 23-24　某永磁同步电动机效率分布云图

转。反之，以 $A \to D \to C \to B \to A$ 顺序给绕组通电，转子会逆时针连续旋转。

2）开关磁阻电动机的优点如下所示：

① 开关磁阻电动机拥有比同级异步电动机更为优秀的效率（尤其是在低速和低负载下），在较宽转速和功率范围都有着较高的效率。

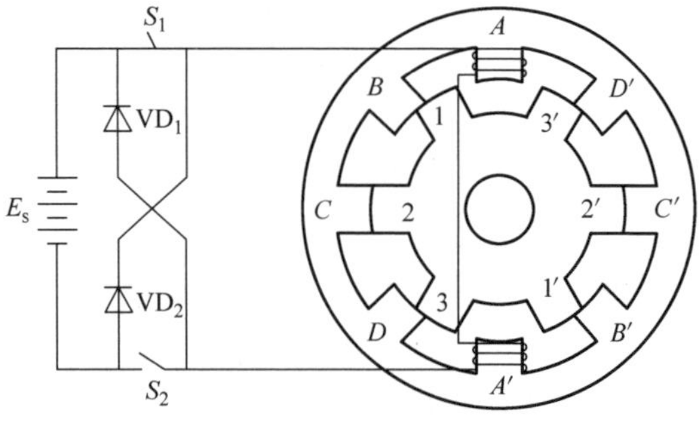


图 23-25　四相开关磁阻电动机结构示意图

② 开关磁阻电动机可以四象限运行，具有较强的再生制动能力。

③ 由于转子只由转子铁心和硅钢片组成，具有很强的鲁棒性，同时，转矩的方向与电流方向无关，最大限度简化功率故障，可靠性高。

④ 开关磁阻电动机的转速范围可以达到很高，而且不需要加装任何特殊机械装置。

⑤ 起动性能优越，30% 的额定电流即可提供 150% 额定转矩的起动转矩。同

时，开关磁阻电动机的输出转矩也比同级别异步电动机高。

⑥ 开关磁阻电动机拥有比较高的功率密度比，在功率等级上也已经达到 50W ~5MW 的功率范围。

⑦ 由于开关磁阻电动机的结构简单，生产成本相对于其他电动机较低，维护成本低。

⑧ 开关磁阻电动机的定转子没有永磁体，绕组集中在定子上，使得电动机本体的散热简单，合适在高温场景工作。定转子为硅钢片叠置而成，机械强度高，可以长期承受强冲击和强振动。

⑨ 可频繁起停和正反转切换。

⑩ 开关磁阻电动机的控制参数多，控制更加灵活。

开关磁阻电动机的缺点如下所示：

① 开关磁阻电动机的转矩脉动大，而由转矩导致的噪声和振动也很突出，这些是目前限制开关磁阻电动机广泛应用的主要原因。

② 开关磁阻电动机的接线多，相数越多接线就越多。

③ 电动机的运行需要位置反馈信号，而位置检测元件使得电动机更加复杂，增加连线的电动机的故障率。

④ 开关磁阻电动机运行需要控制器，增加了成本，不像笼型异步电动机可直接接入电网稳定运行。

⑤ 由于电动机绕组的最大电感较大，而换流常在最大电感区域附近发生，功率开关管在大电感下关断，无疑将影响功率变换器和驱动系统运行的可靠性，这一点在大功率电动机中尤为突出。

3）开关磁阻电动机的控制。从 20 世纪 80 年代以来，开关磁阻电动机得到了迅猛的发展，但由于本身特殊的双凸极结构和非线性的电磁关系，在实际应用中仍有大量问题亟待解决，如电动机的本体设计和损耗计算、电磁特性建模研究、转矩脉动的抑制、新型功率变换器的拓扑结构设计和 SRM 无传感器技术等。

对于开关磁阻电动机高性能控制，目前开关磁阻电动机的控制算法可以分为下面几大类：

① 传统控制策略，包括电流斩波（Current Chopping Control，CCC）、角度位置控制（Angle Position Control，APC）及电压 PWM 控制。

② 转矩分配函数控制（Torque Sharing Function，TSF），是将期望转矩通过函数计算分配给各相绕组，使得各相的合成转矩能够与期望值相等，从而减小电动机换相造成的转矩波动。目前，各国专家学者针对 TSF 的研究主要通过选取不同分配函数模型或者结合其他优化算法来完成对 SRM 转矩脉动的抑制。

③ 直接转矩控制（Direct Torque Control，DTC）。直接转矩控制的思想是根据定子磁链和输出转矩来制定开关表，通过查表控制不对称桥上、下开关管的导通和关断。目前，各国专家学者对 DTC 的研究主要通过扇区优化和结合其他控制策略

进行算法优化。

直接瞬时转矩控制（Direct Instantaneous Torque Control，DITC）是根据转子的实时位置，对单相导通区和两相同时导通的重叠区域分别制定不同的滞环控制规则，通过滞环控制规则直接选取开关矢量输出到功率变换器。目前直接瞬时转矩控制的研究主要集中在对滞环控制规则的优化和结合其他控制算法进行。

④ 智能控制策略。智能控制策略包含很多先进控制算法，像模糊控制、神经网络控制、滑膜控制及差分、遗传控制等，可以实现参数在线学习和优化，从而降低转矩脉动。

目前，已经有相当多的控制算法应用在SRM的驱动系统中，但在实际工程中常使用的是电流斩波和角度控制，更多的算法仍然处于实验室阶段，离实际应用仍有较大距离。限制算法应用于实际工程的主要原因是算法使用的现代控制理论仍未从根本上解决SRM非线性多变性耦合给电动机调速控制带来的难题，要将算法发展到实际应用尚需专家学者们更深入的探索和研究。特别是在负载变化剧烈频繁，并且模型参数变化下的算法研究成果较少，离实际应用尚有差距。在未来，SRM的高性能控制算法的研究主要集中在设计出算法简单直观、转矩脉动抑制效果好、鲁棒性强以及能够方便考虑多个性能指标的新型转矩控制策略。

对于开关磁阻电动机无位置传感器技术，传统开关磁阻电动机的位置传感器增加电动机的接线、成本、电动机的体积和故障率，同时，由于位置传感器分辨力的限制，位置传感器检测的转速不超过60000r/min，这对超高速电动机的精确控制产生了影响。

目前，学者们提出的SRM的无位置传感器技术都是基于SRM内部的磁场状态为关于位置$\theta$的函数，通过求导通相和非导通相的电压方程即可得到电感、磁链、反电动势包含转子位置信息的参数。在过去的30年，学者们分别提出了电流波形检测法、电流梯度法、调制解调法、脉冲注入法、电感法、磁链/电流法、附加元件法、观测器法、电感模型法、模糊控制和神经网络智能控制算法等多种无位置算法，对这些算法进行深入的研究。

但目前，SRM的无位置传感器技术仍然存在诸多难点等待解决，未来的研究如下：

① 全速范围的无位置传感器技术。从目前的国内外研究可知，目前SRM的无位置传感器技术主要针对特定转速和特定情况下进行研究，针对全速范围的无传感器技术的研究较少，由于SRM在整个速度范围内有着不同的动态性能，导致单一无传感器技术难以适用于整个速度范围。

② SRM位置信号的容错控制。提高SRM驱动系统的控制精度和可靠性，精确位置信息的获取是首先需要解决的问题。在需要可靠性要求极高的场合，位置信号无法获取将会导致严重的后果。因此，采用无位置传感器技术对SRM位置信号的冗余控制会大大提高驱动系统的可靠性，研究具有容错能力的无位置传感器技术就

十分有必要。

③ 无位置传感器技术与电动机控制策略结合。目前，为了保证开关磁阻电动机的可靠运行，调速系统可使用多种控制策略组合控制，结合无位置传感器技术，在全速范围内就有多种方案实现 SRM 的全速范围无传感器的控制。在这些方案中，如何扩展适用于高速运行的位置估计方法的速度适用范围，研究不同速度范围内的无位置传感器技术与电动机的控制策略的组合，是实现系统无位置传感器运行的关键问题。

4）开关磁阻电动机的设计包括以下内容。

① 开关磁阻电动机本体设计。开展高性能、低成本的开关磁阻电动机设计对推动开关磁阻电动机的高端应用极具价值。但目前开关磁阻电动机的设计理论尚未完善，由于开关磁阻电动机的相电流的非正弦和磁路的非线性，使得精确分析其性能存在困难。目前常采用二维有限元法对电动机内部的饱和磁场进行分析，但其存在两方面的局限性：一是对以路基础的设计方法研究还不够透彻，有限元分析常用场方案进行设计，但场的方案比较抽象，没有路的方法能以清晰的物理概念体现设计变量与结果的联系。二是场的方法设计精度有待提高，应计及端部效应开展 SRM 三维场的研究。

目前，常用的开关磁阻电动机优化设计方法主要可以分为两类：一类是几何参数优化方法。采用数值分析计算对电动机的定转子的气隙、极弧系数、齿形等进行优化，减小电动机的转矩脉动、提高电动机的效率。另一类是柔性计算方法，采用人工智能方法对电动机参数进行优化。

② 开关磁阻电动机的损耗理论研究。开关磁阻电动机的损耗主要包括铜耗、铁心损耗、机械损耗和杂散损耗。现在影响损耗计算精度的原因主要是电动机铁心的不同部分的磁通各不相同，同时存在局部高饱和现象，导致开关磁阻电动机的铁损计算和测量具有很大的难度。目前面临的主要问题是如何建立准确且实用的损耗计算模型和分析测量手段，加强铁心损耗的理论研究。SRM 磁场特性的非线性导致相绕组供电电压和电流波形较为复杂，一般为单向脉动的非正弦波；定转子各部分铁心中的磁通密度变化规律也不相同，因此对定转子铁心损耗的计算与测量颇为困难，面临的重要问题是如何建立准确、实用的铁心损耗计算模型和分析测试手段。

③ 开关磁阻电动机的功率变换器设计。开关磁阻电动机的传统功率变换器存在着转换效率低、换向时间长、电动机的输出转矩脉动大等缺点，各国专家学者通过设计和研发新型的功率变换器，弥补传统功率变换器存在的缺点。目前，各国的专家学者主要针对电动机绕组电流的优化、减小绕组电流开通时的上升和关断续流时间、提高功率电路的效率等方面进行研究。但目前仍未找到一种通用的功率变换电路，研究的主要成果对特定系统做出特定优化。

纵观国内外相关研究，SRM 新型功率变换器研究主要围绕以下几点：

a）在传统功率变换器结构的基础上引入新型功率变换器件，或采用公共开关器件减少器件数量，从而降低成本以及减少开关损耗。

b）针对不同的应用场合，设计新型最优功率变换器，达到节约安装空间，提升输出平均转矩和效率以及降低输出转矩脉动的目的。

c）将功率变换器与先进控制方式相结合使之具备多重功能，以提高功率变换器的智能性和实用性，如在新能源汽车中集成对 SOC 的充电模式。

d）缩短了励磁时间以及续流时间，降低换向期间提供电源纹波的电容要求，减少输入端的电源纹波。

## 23.2.2　旋转型液电能量转化单元

### 1. 工作原理

电动/发电－泵/马达系统结构紧凑，通过电动机和泵/马达自身特点，可以实现系统机械能与电能、液压能的相互转换。电动机/发电机能够实现运动部件机械能与电能互换，在电动机状态下，电动机将电能转换成机械能，驱动系统运动，在发电机状态下，系统运动的机械能转换成电能，并储存在相应储能元件中。泵/马达也是一种能量转换装置，可以实现机械能与液压能的相互转换。在泵工况下，系统运动的机械能转换成输入系统液压回路的液压能；在马达工况下，它将液压回路中的液压能转换成机械能，使部件克服负载及阻力而产生运动。

以电动机转速为纵轴坐标，以电磁转矩为横轴坐标建立直角坐标系，能够用来描述电动机的四种运行状态，包含正向电动、回馈发电制动、反接制动以及反向转动，如图23-26所示。

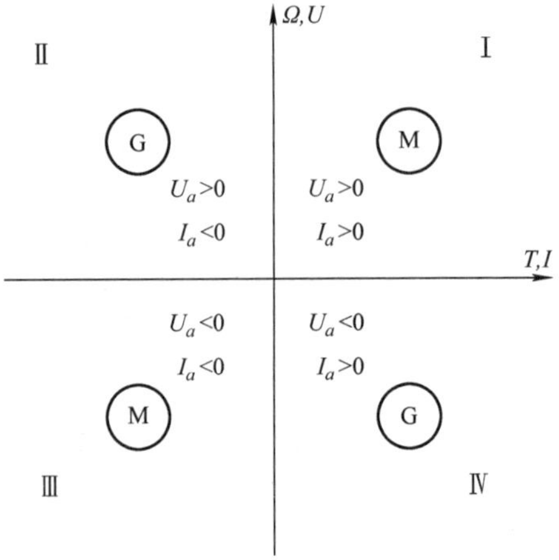

图23-26　四个象限 $T-\Omega$ 平面和 $I-U$ 平面

第一象限。电动机产生正向的转矩，按照参考方向旋转。此时，$T_{em}>0$，$\Omega_m>0$。电枢电压和电流都为正值，$U_a\approx E_a$，$E_a\sim\Omega_m$，$I_a\sim T_{em}>0$。电源发出的功率为正，$P_i=U_aI_a>0$。电动机工作在电动机状态。

第二象限。电动机产生负向转矩，转子转速为正向运动。此时，$T_{em}<0$，$\Omega_m>0$。电枢电压为正值，电枢电流为负值。电源发出的功率为负值，因为电压和电流符号相反。电动机工作在发电机状态。在这里，电磁转矩起到了阻碍运动和制动的目的。

第三象限。电动机产生负向转矩，转子转速为反向运动，与参考方向相反。此时，$T_{em}<0$，$\Omega_m<0$。电枢电压和电流都是负向的，$U_a\approx E_a$，$E_a\sim\Omega_m<0$，$I_a\sim$

$T_{em}<0$。电源发出的功率为正，$P_i=U_aI_a>0$。机电能量转换中的功率为正值，$P_{em}=T_{em}\Omega_m=E_aI_a>0$，电动机工作在电机状态。

第四象限。电动机产生正向转矩，转子旋转方向与参考方向相反。此时，$T_{em}>0$，$\Omega_m<0$。电枢电流为正值，而电压为负值。由于电压和电流的参考方向不同，电源发出的功率为负值。机电能量转换过程中的功率也为负值，这是因为转矩的方向与旋转的方向相反。电动机工作在发电机模式，电动机起到制动的作用。

电动机具有单象限和四象限两种模式。在单象限模式下，电动机只能处在一种状态下，满足电动机的电动运转状态，而且能量只能单向流动，只能进行正向电动或者反向电动，不能从电动运行状态进入到再生发电状态。在四象限模式下，能够从电动状态进入第二象限运行，也能从电动状态进入第四象限运行，实现电动机与发电机的相互转换。

泵/马达二次元件是一种特殊的液压元件，其斜盘倾角可工作在正负角度区间，改变二次元件斜盘的倾角和方向（过零点）可以改变二次元件的排量和转向，因此二次元件可以在转速－转矩坐标平面上的四个象限内工作。在系统中既可作为液压马达工作，也可作为液压泵工作，从而实现能量的回收与再利用。二次元件的四象限工作原理图如图 23-27 所示。

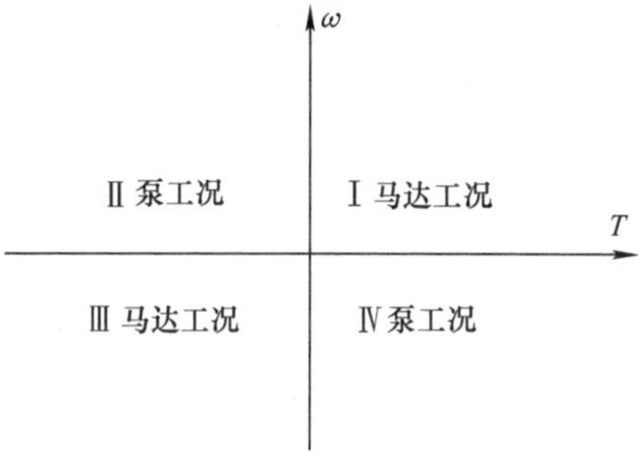


图 23-27　二次元件四象限工作原理图

以工程机械回转运动为例，阐述泵/马达二次元件的四象限工作特性：

当二次元件工作于第一象限时，加速回转，处于液压马达工况。取液压马达在第一象限工作时的流量 $q_2$ 为正，此时流量从恒压网络流入液压马达中。并定义液压马达工况时的排量 $V_2$ 也为正，其液压马达输出转矩 $M_2$ 也为正，角速度 $\omega_2$ 为正。由 $P=p_0q_2$ 可得，功率 $P$ 为正，这是二次元件输出功率。在第一象限中，$q_2>0$，$V_2>0$，$M_2>0$，$\omega_2>0$，$P>0$。流量 $q_2$ 与角速度 $\omega_2$ 的函数关系可表示为 $q_2=V_2\omega_2$。

当二次元件工作于第二象限时，减速回转，处于液压泵工况。此时，二次元件流量 $q_2$ 的方向将由“液压泵”流向恒压网络，所以方向取负，并定义为液压泵工作时的排量 $V_2$ 为负，其转矩 $M_2$ 也为负，即液压泵输入转矩为负值。角速度 $\omega_2$ 的方向与第一象限保持一致，为正向旋转。但应注意，此时为输入功率，所以取功率为负值。在该象限中，$q_2<0$，$V_2<0$，$M_2<0$，$\omega_2>0$，$P<0$。流量 $q_2$ 与角速度 $\omega_2$ 的函数关系可表示为 $q_2=V_2\omega_2$。

当二次元件工作于第三象限时，反向加速回转，处于液压马达工况。这时二次元件的斜盘将越过零点达到另一侧，流量 $q_2$ 仍然由恒压网络流入液压马达，方向取正。根据定义，液压马达的排量 $V_2$ 为负，其液压马达输出转矩 $M_2$ 也为负，角速度 $\omega_2$ 为负。由 $P=p_0q_2$ 可得，功率 $P$ 为正值，此时为液压马达输出功率。在该象限中，$q_2>0$，$V_2<0$，$M_2<0$，$\omega_2<0$，$P>0$，流量 $q_2$ 与角速度 $\omega_2$ 的函数关系可表示为 $q_2=V_2\omega_2$。

当二次元件工作于第四象限时，反向减速回转，处于液压泵工况。这时二次元件流量 $q_2$ 由二次元件流向恒压网络，方向取负；这时二次元件的排量 $V_2$ 为正，其液压泵输入转矩 $M_2$ 也为正，角速度 $\omega_2$ 的方向为负，但这时表示为输入功率，功率为负值。在该象限中，$q_2<0$，$V_2>0$，$M_2>0$，$\omega_2<0$，$P<0$。流量 $q_2$ 与角速度 $\omega_2$ 的函数关系可表示为 $q_2=V_2\omega_2$。

**2. 优缺点**

从电动机驱动角度分析，能量转换效率可达80%～90%。电能作为一种绿色能源，在工作过程中不会存在排放问题，能够更好地响应国家对于节能环保的号召；控制灵活，电动机工作时更为平稳，低速工况下有更大的转矩，操控性能有较大的提升，只要给出电信号指令，就可以立即改变系统的输出功率、控制系统的工作状态，应答性良好；电动机运行噪声低；安装空间小，能量密度高，但一般电动机功率密度低，控制方式复杂，能量转换次数多、传递链长，回收利用率低。从液压驱动角度分析，具有输出力/力矩大、过载能力强、能量转换路径短、控制简单、功率密度大、成本低，但是液压传动能量效率低、控制不够精细，安装所占体积较大，能量回收和再利用过程受其自身压力影响，回收和释放能量不彻底。

电动/发电－泵/马达系统作为一种电液复合驱动与再生系统，结合了电气和液压的优点，降低了电动机的装机功率和蓄能器的容积，节省安装空间，能够发挥电动机驱动和液压驱动在精度、能量效率和功率密度的特点，获得高功率密度和近零转速大转矩输出，可以实现能量复合式回收和再生一体化，减少能量转换环节，节能效果显著，但是系统较为复杂。经试验发现，在一个工作循环后，存在蓄能器油液体积不足、压力较低，无法继续进行动作的问题。通过采用变量马达和增加蓄能器容积可以有效降低补油频次，提高工作效率。

**3. 关键技术**

（1）变转速动力协调控制　采用电动机代替发动机后，电动机在速度控制的静动态性能方面得到了大幅提高，远高于发动机的转速响应时间。此外，电动机过载能力强，其峰值功率一般为其额定功率的2倍以上。与发动机相比，电动机高效区间也相应增加。充分利用电动机良好的调速特性、过载能力和高效特性，与传统的液压控制技术相结合是工程机械采用纯电驱动系统后最为重要的关键技术。传统的液压控制技术大都采用发动机、液压泵、多路阀、多执行器的构型，以泵供油、阀配流的方式完成工作。引入电驱动系统后，液压泵的供油控制方式不再局限于恒速变排量控制，而可拓宽为定排量变转速控制、排量自适应－变转速控制及变排量－变转速控制，大大增强了液压动力源的供油匹配能力以及控制灵活性，可通过变速控制柔性实现和集成各种功能，以优化系统能耗和操控性能，包括基于变转速控制的负载敏感控制、基于双变系统的负载敏感控制、基于变转速的正流量控制、变恒功率控制、变压差控制、自动怠速控制等。此外，结合电驱液压动力源的增强特性，针对多路阀配流系统进行优化，可进一步提高液压驱动系统的效率。

（2）运动稳定性　在电动汽车中，工况较为平稳，主要包括起动、加速、匀速、制动、上下坡等工况，在大多数平稳行驶的过程中，负载稳定通过一定的控制策略可以使电动机比较稳定地运行在理想区域，而不需要时刻跟随负载的变化而变化；在结构上，电动汽车制动系统分前轮制动和后轮制动，而电动机制动只是其中之一，另一项为机械制动，而回转系统驱动和制动都是由电动机来完成。

但是工程机械与电动汽车有所不同，在工程机械中的工况要复杂得多，其施工过程频繁重复同样动作，动力源的输出功率波动剧烈并具有一定周期性。加减速过程快且频繁，对操作性要求高；在工作过程中，负载时刻都在变化，电动机需要随负载的变化而不断地调整以匹配负载，对其各主要部件有更高的动态响应和脉冲过载能力要求。以挖掘机为例，挖掘机的上车回转驱动电动机经常需要工作在低速大转矩工况，如挖掘机侧壁掘削，为保证挖掘机掘削的垂直性，回转电动机必须在近零转速时仍然提供一个较大转矩，对电动机的驱动器、冷却系统等的要求较为苛刻，同时也会消耗大量的电能。

（3）双动力源协调和再生效率优化　电动汽车领域大都为机械传动，电动机驱动器的输入信号主要为加速信号、制动信号等，无须与液压系统相结合，与负载的动力匹配也主要通过机械结构的变速箱来优化。而工程机械的负载波动剧烈，循环周期短，控制对象除了电动机外，还有液压系统及各部件状态量（压力、SOC等）的检测，如何根据液压系统及整机状态量反馈动态控制电动机，进而使得整机的效率和操作性能最佳，是一个较大的挑战。

考虑到能量转换环节最小原则，以及能量再利用的综合能效，提高能量效率，以液压蓄能器压力和电池压力平衡为目标，划分不同工作模式及工作区域，确定电动机驱动与液压驱动的主辅协调驱动顺序以及相应输出比例。分析不同工况下电液复合驱动系统参数的变化规律，以能效最优为目标，优化能量流管理策略。另外在不同工作模式切换过程中，如果没有实现双动力源的转矩协调控制，就会带来动力源输出转矩波动过大的问题，进而影响工程机械运动以及操作的平稳性。所以，电液双动力源协调控制算法的研究成为一项重要工作。

**4. 未来发展**

在追求碳中和的今天，人们越来越重视节能减排，环保观念深入人心。电动/发电－泵/马达系统作为一种新型电液复合驱动与再生系统，具有较高的节能前景，对发展智能化、绿色、低碳、低噪声运行装备极具研究前景和应用价值。随着该领域研究的不断深入，未来将会取得更多的技术突破。

（1）驱动电动机研究　电动机驱动回转系统的节能性研究表明，根据系统运行工况设计宽高效区的驱动电动机，对进一步降低运动能耗具有积极的意义。此外，电动机在低速区特别是零速附近的转矩控制和速度控制研究，对系统操作性的提高有很大帮助。

（2）性价比　国内外研究机构已经验证了电动/发电－泵/马达系统在挖掘机和叉车的可行性，实现了部分能量的回收和再利用，取得了一定的节能效果。还应该继续研究提高系统的节能效果，降低成本，工程机械运动不同工况下的平稳性以及操作的顺畅感。

（3）能量管理与控制策略　如何进行能量分配，需要采用合理的控制策略，才能在保证良好的系统控制特性、提高系统能效的前提下，使各动力源能够同时进行协调动作，从而进一步改善系统起动特性，提高起动响应速度，并改善整机运行的动态特性。四象限运行执行器的高精度、高效控制历来是液压控制系统的难点，其系统的匹配特性直接决定了系统的好坏。此外，由于泵/马达排量在零位附近存在死区，因此如何保证泵/马达系统优良的转矩控制特性，这方面值得深入研究。

（4）复合工况　目前研究多集中在单动作工况，未考虑工程机械的复合作业的情况，在工程机械实际作业中均为多执行器复合动作，动作多样、工况复杂，在不同工况下的运行特性和能耗特性尚未展开研究。因此，在后续研究中需要对挖掘机各执行器复合运动时系统的运行及能耗特性进行研究。

（5）能量效率　液压泵/马达的能量转换效率较低，是节能研究的主要限制因素之一。如何减少各元件进行能量转换过程中的能量损失，提高能量传递效率是将来工作中重要的考虑因素。

**5. 主要应用**

工程机械一般具有大量的负值负载，能量回收是改善工程机械能效的关键途径。负值负载根据运动驱动类型分为液压缸驱动重物势能、卷扬驱动重物势能、转台制动动能和行走制动动能等四类。传统工程机械由于不具备储能单元，各种负值负载通常以热能的形式消耗在节流口处，降低系统能效的同时还将导致系统发热而影响可靠性。由于混合动力或电动化的动力系统已经具备能量储存单元，这为负值负载的能量回收奠定了基础。从以下四个方面讲述基于电动/发电－泵/马达系统在工程机械驱动与能量再生的应用。

（1）工程机械行走系统　装载机作为工程机械的一个重要机种，是一种循环工作车辆。装载机在铲土运输和卸土作业过程中，需要频繁地起动、加速、制动和换向。在循环作业的工况下，具有制动频率高、速度转换快的特点，装载机起动和加速过程需要动力驱动，发动机需要输出较大的转矩和功率，油耗较大；当装载机加速完成后，需要立刻制动，此时装载机的动能将由制动器消耗，大量的机械能转化为热量，能量浪费很大。这种频繁的起动、加速、制动、换向的工作过程，不但导致油耗增加、发热量大、摩擦片磨损严重，也导致发动机经常处于低效区工作，发出很大的噪声，增加了机器对环境的污染和维修维护费用。装载机作业工况行驶速度低，克服风阻消耗的能量很小，可忽略不计；发动机能量损耗、克服路阻消耗的能量和液压执行机构消耗的能量较多。发动机的能量损耗主要由装机功率过大以及正常工况下发动机常处于小负载、高油耗区域造成，同时也与发动机制造技术密切相关。

目前，行走制动能量回收方式主要有液压回收和电气式回收两种方案。采用液压蓄能器作为能量回收单元，如图 23-28 所示。制动时，二次元件 2 处于泵工况，为装载机提供制动力矩的同时，向高压蓄能器 6 储存能量；当车辆加速时，控制二次元件 6 处于马达工况，协助发动机共同驱动装载机行走。采用蓄电池作为能量回收单元，如图 23-29 所示。制动时，制动 ECU 对当前工况下的需求制动力进行分析，对前、后轴制动力的分配以及机电制动力参与比例提出要求。接着，制动 ECU 根据分配的结果对电动机系统发出指令，电动机将可用的再生制动力矩反馈给制动 ECU。制动 ECU 将电动机可用再生制动力矩与当前工况下的需求制动力矩相比较，给压力控制单元发出指令，通过调整机械制动器制动力，实现制动功能。

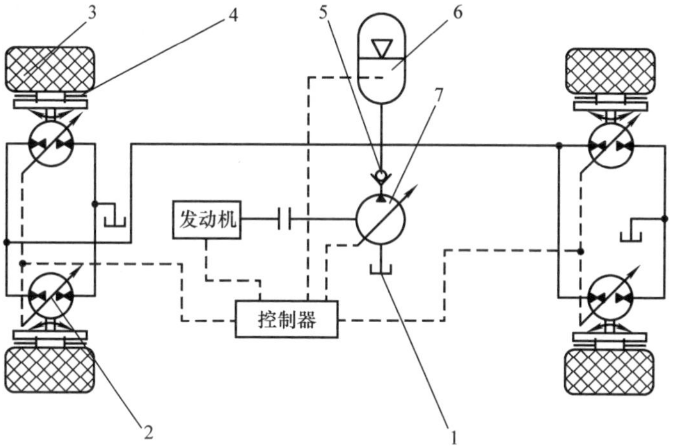


图 23-28　行走制动能量液压回收方案示意图

1—油箱　2—二次元件　3—轮胎　4—制动器　5—单向阀　6—高压蓄能器　7—变量泵

行走系统作为一种旋转运动，能够通过电动/发电－泵/马达系统实现驱动与再生。在行驶过程中电动机作为主驱动，控制行驶速度，泵/马达－蓄能器回收制动动能，还能实现在起动时液压马达辅助电动机驱动行驶，降低电动机输出功率，实现“削峰填谷”。

（2）工程机械回转系统　工程机械回转运动约占整个运行周期的 45% ~60%，回转能耗约占挖掘机总能耗的 25% ~40%，尤其是上部车体需要频繁的起停，在制动过程中，通常采用溢流阀的节流作用产生制动力矩，以实现上车回转制动，这样的制动方式不仅造成了较大的能量浪费，而且会使液压油液温度升高，进一步降低液压元件的使用寿命与稳定性。据统计，回转系统发热量占工程机械液压系统总发热量的 30% ~40%。因此，针对工程机械上部车体回转制动能量的回收再利用技术进行研究，对提高工程机械整体能量利用率，减小系统发热和降低排放具有十

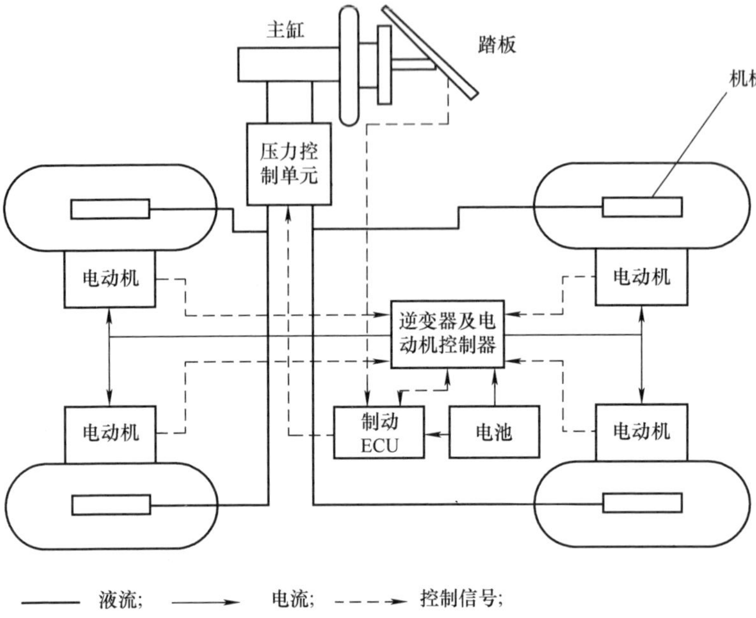


图 23-29　行走制动能量电气回收方案示意图

分重大的意义。

目前，回转制动能量回收方式主要由液压回收和电气式回收两种方案。这两种方案具有良好的回转制动能量回收效果。但采用液压蓄能器作为能量回收单元时，受液压蓄能器非线性压力特性影响，再利用过程中，只能驱动比蓄能器压力低的负载；电气式回收方案中，采用液压马达 - 电动/发电机成本高、安装空间大，能量传递链长，转换环节多，能量回收利用效率低，且液压马达 - 发电机组的响应相对慢，且会影响到工程机械回转系统的稳定性。

国内研究者对基于电动/发电 - 泵/马达回转系统的驱动与再生进行了研究，如图 23-30 所示。在回转过程中电动机作为主驱动，控制上车回转系统的回转速度，泵/马达 - 蓄能器回收上车回转系统制动动能，从而实现在起动时液压马达辅助电动机驱动回转系统。此外，研究结果表明，在一定范围内，回转角度越小，回转平台转动惯量越大，蓄能器最高工作压力越低，节能效果越好；而蓄能器预充压力对所提系统的节能效果影响并不明显。最终，对所提系统节能效果的影响程度从大到小的排序为回转角度、回转平台转动惯量、蓄能器的最高工作压力、蓄能器的预充压力。

(3) 工程机械卷扬系统

卷扬系统是起重机、旋挖钻机等工程装备中重要的工作装置，用于完成重物的提升、下放等。与其他负值负载相比，卷扬驱动可回收能量较多，可以将几吨至上百吨的货物在较大的垂直距离进行提升和下降，重物势能大，持续时间较长；控制

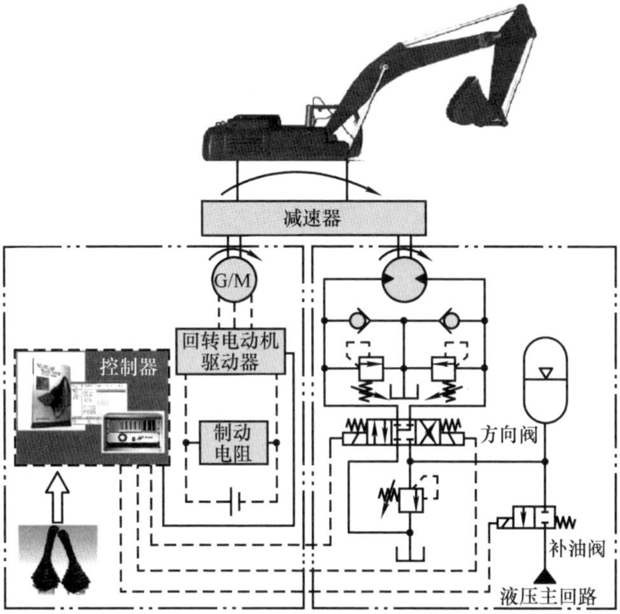


图 23-30　回转系统电气–液压式复合式回收系统原理图

复杂，卷扬液压马达是一个强非线性系统，绳索具有一定的柔弹性，且绳索只能受拉而不能受压，必须时刻保证绳索上的张力为正，方可保证对牵引物的有效控制；全工作范围重物下放速度平稳且不能二次下滑，起升卷扬要求吊装起停无冲击，运行平稳，且在停止或起动时主钩不能自动下滑。重载时，卷扬驱动为大转矩低转速，轻载或空载时，卷扬驱动为小转矩高转速；微调功能，利用吊装对各大型部件进行安装定位、连接固定时，常需要频繁地进行微调，并保证微调时的平稳性、精准性。

采用液压马达驱动时，具有提升、下放平稳及功率密度高等优点，但也存在能耗高的不足。阀控马达系统的控制特性好，但存在节流损失和溢流损失；泵控马达系统的能效高，但动态响应慢、可靠性差；同时大量的负值负载消耗在平衡阀；液压蓄能器难以回收大量的势能，液压蓄能器的能量密度较低，针对卷扬下放过程所存在的大量势能，安装空间有限的工程机械配置的液压蓄能器难以储存全部可回收能量；由于液压马达工作液压腔建压的滞后性、驱动马达的泄漏以及工作油液的可压缩性，导致难以从根本上解决二次下滑现象；控制精度有限，液驱系统为强非线性系统，开环控制难以获得良好的工作特性，闭环控制须依赖复杂的非线性控制算法且降低了可靠性。

采用电动机驱动时，在控制特性、运动精度和效率上具有明显优势，但也存在以下不足：近零转速大转矩时可控性低且能耗高。卷扬吊装常工作在近零转速附近，且要求较大的转矩输出，而电动机在这种工况下的转矩可控性较差且能耗高，导致电动机发热严重；功率密度低，驱动能力有限，工程机械的装机空间有限，导致电动机的体积和功率不可能做得很大，限制了电动机的驱动能力；势能回收转换环节多。现有的卷扬重物势能电气式回收主要在原液驱卷扬的基础上增加一套单独的液压马达－发电机，需要在机械能、液压能、电能之间多次转换，降低了能量回收效率。

电动/发电－泵/马达作为一种新型电动机－液压复合驱动系统，发挥电储能单元可储存大量重物势能的特点和电动机良好的控制特性，利用蓄能器－液压泵/马达获得高功率密度和近零转速大转矩输出，并实现能量复合式回收和再生一体化，减少能量转换环节。

（4）工程机械举升系统　叉车是物料搬运的首选工具，鉴于叉车的工作特点，在叉车叉架举升重物时，需要举升液压缸向其提供驱动力，即液压缸提供能量，将液压能转化为重力势能；而在叉架提着重物下降时，将其势能释放出来。这种势能相对于频繁工作的叉车来说是非常可观的，若不能有效利用，不仅造成能量的浪费，还将导致液压油温度的升高，影响系统工作性能，因此，在其液压系统中设计储能装置是十分必要的。把货物下降过程中释放出的势能储存起来，并在下一个工作周期重新加以利用，提高能量的利用效率，减少油液温度的升高，同时达到使系统运行平稳、工作可靠和安全的目的。

国外研究人员对基于电动/发电－泵/马达的电动叉车的势能回收进行了大量研究，如图23-31所示。在进行能量回收时，液压缸无杆腔的液压油驱动液压泵/液压马达1（此时作为液压马达使用）工作，液压马达1的转矩输出分两路，一路驱动发电机发电，电能经变频器给蓄电池组充电，一路驱动液压泵/液压马达2（此时作为液压泵使用）工作，液压泵2输出高压液压油给液压蓄能器充液，实现叉车门架下降势能回收。但该系统经过较多的能量转换环节，效率较低。电动/发电－泵/马达在电动叉车的应用验证了其在液电能量双向可逆变换的可行性，但其可回收的能量和卷扬驱动重物势能相比较少。此外，还通过与传统电动叉车进行比较，探讨了引入能量回收后对系统效率的提高程度，并对各个能量转换环节进行了建模分析；研究了电动机的类型、功率等级等对回收效率的影响并进行了试验验证。

**6. 选型及参数匹配**

（1）电动机选型　电动机是电液复合驱动与再生系统的关键零部件，不仅需要满足运行要求，还要适应在各种行驶工况下的环境变化。并需要尽可能为操作人员提供舒适性，这就对驱动电动机运行的平稳性要求较高，同时也需要具备低速大转矩及相对较宽的恒功率特性。目前常用的电动机有直流电动机、交流感应电动机、步进电动机、开关磁阻电动机、永磁同步电动机等。一般选取永磁同步电动机为驱动电动机，转矩特性与功率特性如图23-32所示。永磁同步电机还具有以下特性：

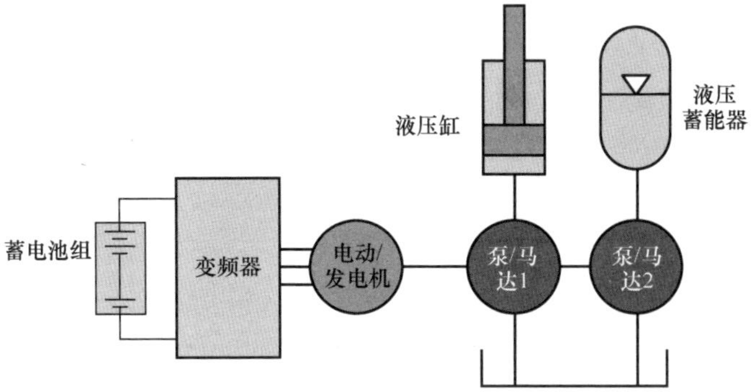


图 23-31 叉车电气-液压式复合式回收系统原理图

1）电动机转矩脉动小，转速平稳，动态响应快，过载能力强，当永磁同步电动机的负载转矩发生变化时，仅需电动机的功角适当变化，而转速维持在原来的同步转速不变，转动部分的转动惯量对电动机转矩的快速响应影响不大。

2）高功率因数，高效率。永磁同步电动机不需要无功励磁电流，所以能够得到比异步电动机高很多的功率因数。

3）体积小，质量轻。永磁同步电动机的功率密度高，与同容量的其他电动机相比，体积和质量都有较大减少。

4）可靠性高。省去滑环和电刷，提高了电动机的可靠性。

（2）电动机的参数选择与计算

1）电动机转速范围确定。当电动机与泵/马达同轴相连时，须考虑泵/马达及内部轴承对转速的承受能力，电动机转速不高于泵/马达所允许的最高工作转速。依据不同应用场合下的转矩要求，结合图 23-32，确定电动机额定转速。

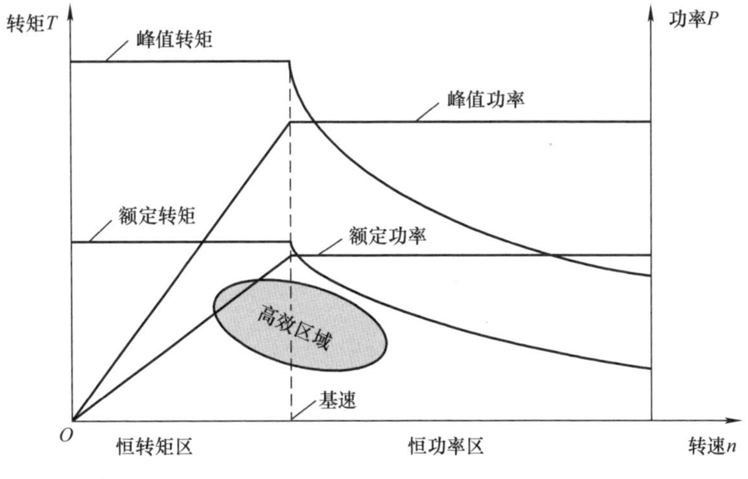


图 23-32 永磁同步电动机转矩特性与功率特性

2）电动机功率范围确定。在电液复合系统中，仅需输出负载所需的平均功率，多余的或不足的部分由泵/马达来吸收或补充，这样由于泵/马达的“削峰填谷”作用，使驱动电动机能工作在稳定高效区。

3）电动机输出转矩范围确定。根据电动机的转速范围以及电动机的额定功率，利用式（23-24）可以得到电动机输出转矩范围。

$$T = 9550\frac{P}{n} \tag{23-24}$$

式中　$P$——电机输出功率（kW）；

$n$——电机转速（r/min）。

（3）泵/马达选型　系统起停瞬时功率较大，液压系统输出/输入功率既要保证系统正常运行，还要最大限度回收制动动能，并储存到液压蓄能器中。液压系统作为机电液耦合器集成装置的重要组成部分，作为能量转换的重要一环，对整体系统的运行平稳性和传输效率起着不可替代的作用。

一般选用轴向柱塞泵，其技术相对成熟，应用相对广泛且具有合适的工作压力。轴向柱塞泵是一种易于实现变量的、可以作为液压泵和液压马达的液压元件，它体积小，寿命长，在高压下仍然能保持很高的容积效率和稳定性。

（4）泵/马达的参数选择与计算

1）泵/马达转速范围确定。当电动机与泵/马达同轴相连时，泵/马达转速和电动机保持一致；当电动机与泵/马达并联时，则结合动力耦合箱传动比确定转速范围。

2）泵/马达功率范围确定。在电液复合驱动与再生系统中，泵/马达起“削峰填谷”的辅助动力源作用。多余的或不足的部分功率由泵/马达来吸收或补充，即为泵/马达功率范围。

3）泵/马达输出转矩范围确定。根据泵/马达的转速范围以及泵/马达的额定功率，利用式（23-25）可以得到泵/马达输出转矩范围。

$$T = 9550\frac{P}{n} \tag{23-25}$$

式中　$P$——泵/马达输出功率（kW）；

$n$——泵/马达转速（r/min）。

### 23.2.3　直线型液电能量转化单元EHA

EHA（即电动静液作动器）是一种新型伺服作动器，由于其集成度高、功重比大、可靠性高、效率高、安装维护性好等优点，可以替代传统集中油源阀控液压作动系统，现在被广泛应用于飞机、舰艇、机器人等移动平台的重载场合。本手册第1卷第16章全面阐述了EHA的技术与产品，在本章重点阐述EHA的节能基本原理与作用。

**1. 典型 EHA**

目前，EHA 多是采用闭式泵控系统控制液压缸或液压马达，其工作原理是通过定转速/变转速电动机调速，直接驱动定量/变量泵，控制泵的转速和转向，从而控制系统泵输出的压力和流量，最终达到控制作动筒位移输出的目的。目前，在飞机使用的 EHA 中（飞机用 EHA 原理图见图 23-33），EHA 以容积调速的方式来完成对作动筒的控制。EHA 通过电子控制器和驱动电路控制永磁无刷直流电动机旋转，电动机的主轴和柱塞泵的主轴通过调速机构连在一起，柱塞泵的传动轴转动时，泵中的柱塞在弹簧的作用下伸出和收缩，完成柱塞泵的吸油和排油动作，液压油进入液压管路后在作动筒部位将液压能转换为机械能，以容积调速的方式完成对功率输出装置的位置控制。为完成作动筒的伸出和收缩运动，要求柱塞泵双向都可以旋转，此功能要靠电动机的正反转来完成。电动机采用 PWM 调速方式来调节主轴转速，柱塞泵一般采用传动轴旋转排量一定的定量泵，这样可以通过功率驱动电路来控制电动机的主轴转速，继而控制液压管路中液压油的输送速度，最后完成对作动杆运动速度的控制。

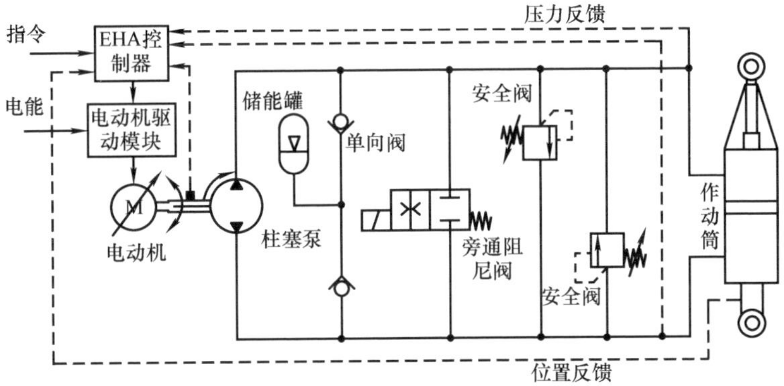


图 23-33　飞机用 EHA 原理图

EHA 结构分为机械、电子电路和液压元件三个部分。机械部分包括无刷直流电动机、作动筒等；电子电路部分包括数字控制器、功率驱动电路等；液压元件部分包括双向定量柱塞泵、单向阀、过滤器、安全阀、储能罐、液压管路和液压油等。

（1）EHA 工作原理　目前 EHA 有以下三种典型工作原理。

1）变转速定排量工作。变速电动机 + 定量泵：变转速定排量的电静液作动器（见图 23-34）通常是由转速可调的伺服电动机、定量泵、液压缸及液压辅件等构成，通过调节伺服电动机的转速达到调节系统流量的目的，实现系统位移、速度的调节。这种 EHA 配置方案由于其结构简单、效率高的特点，在目前的容积控制液压系统中使用最为广泛。但是由于定排量变转速的 EHA 最大频率宽度较低，它不适用高频响的应用场合如军事、重型机械等用途。另一方面，定排量变转速 EHA

电动机在输出恒定的情况下仍然消耗能量，会导致系统的刚度较低。

2）定转速变排量工作。恒速电动机 + 变量泵：由转速恒定的电动机、变量泵、液压缸及液压辅件等组成（见图 23-35）。驱动电动机为变量泵提供恒定转速，由伺服阀和变量液压缸组成的变量机构来改变液压泵的斜盘倾角，实现排量调节，最终使系统流量满足负载的要求。相比于变转速定排量工作的 EHA 结构，变排量定转速 EHA 更适合用于大功率场合，其系统性能高且响应速度更快。但采用这种方式，即使在空载或小负载运行时，电动机依然保持很高的转速，造成大量能量浪费，效率不高，此外变排量机构相对复杂，还会带来额外的可靠性隐患。

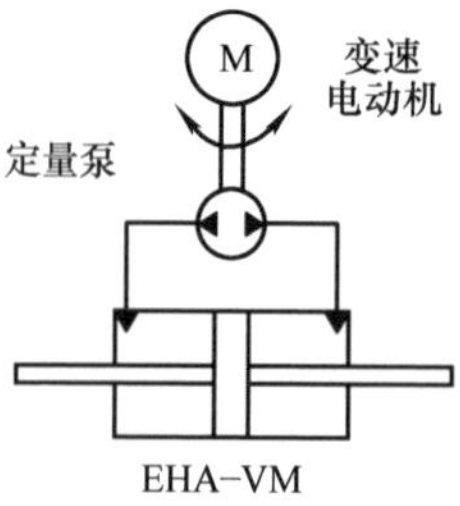


图 23-34　变转速定排量 EHA

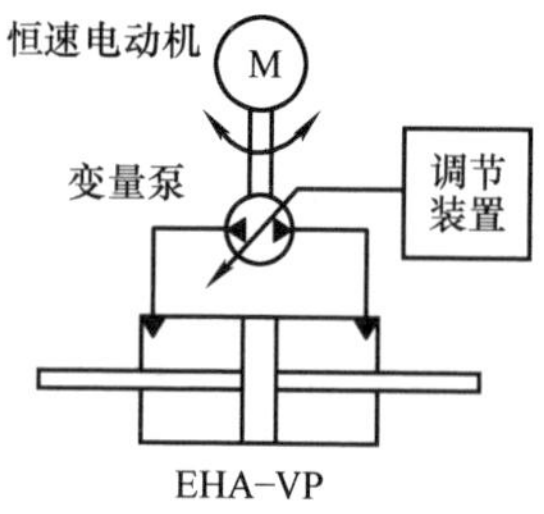


图 23-35　定转速变排量 EHA

3）变转速变排量工作。变速电动机 + 变量泵：由转速可调节的伺服电动机及变量泵等构成（见图 23-36）。在变转速变排量模式下，泵的排量和电动机的转速可以同时调节，因此，它可以结合其他两种 EHA 的优点。同时，由于该系统的控制比其他两种系统多一个自由度，可以通过双变量控制实现系统动态响应和能量损失的优化，可以改变电动机转速及变量泵的排量控制 EHA 的流量，以达到控制系统位移、速度以及力输出的目的。这种方案可以提高系统的性能，但控制难度大且结构较为复杂。

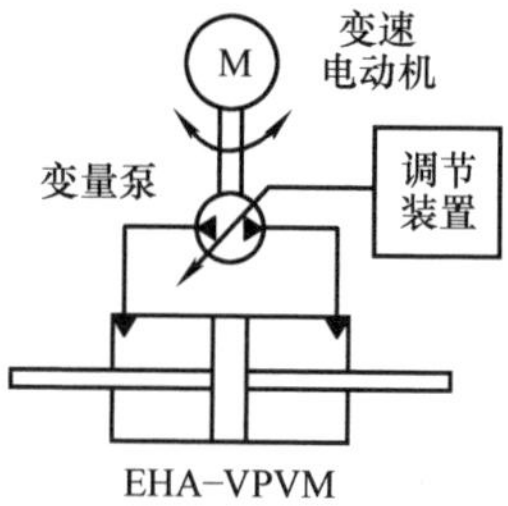


图 23-36　变转速变排量 EHA

（2）EHA 的分类　闭式泵控系统因为末端执行机构的结构形式不同，分为闭式泵控对称缸系统和闭式泵控非对称缸系统两大类。其中闭式泵控对称缸系统由于液压缸的两工作容腔的作用面积相同，不存在流量不对称问题，现在国内外对于对称缸的建模理论相对成熟，也是目前高精度应用场合如航天用作动器最常使用的执行机构形式。对于非对称液压缸，由于两腔的作用面积不同，在两个运动方向上，有杆腔和无杆腔的流量存在流量不平衡问题需要解决。但是由于其在节能和结构紧凑方面的独特优势，闭式泵控系统的控制方法和建模方式现在得到国内外研究学者越来越多的关注。

闭式泵控对称缸系统和闭式泵控非对称缸系统的唯一区别就在于液压缸的两个

工作容腔的作用面积是否相同，是否需要考虑流量补偿问题。下面以典型泵控非对称缸系统组成为例进行介绍，如图 23-37 所示。

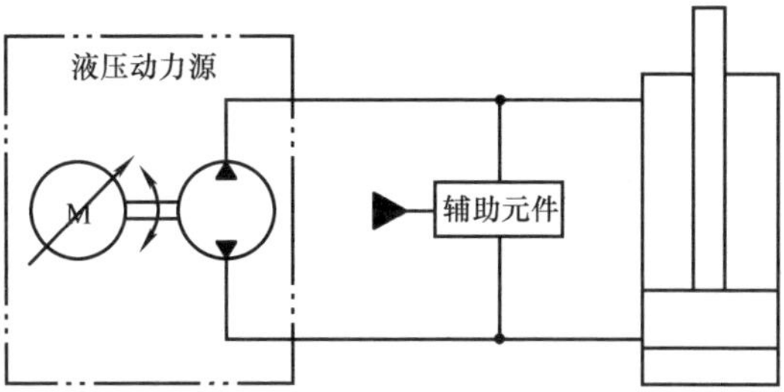


图 23-37　典型泵控非对称缸系统组成

1）非对称缸。具有安装空间小、输出力大的优点，超过 80% 的液压线性执行器中采用的是非对称缸。但由于差动缸两腔有效面积的差异会导致进出口流量不相等的问题，而一般液压泵的进出口流量要求相同，所以一直以来对泵控非对称缸系统研究中如何平衡不对称流量始终是首要问题。

2）辅助元件。包括平衡流量元件和安全阀等，平衡流量元件有多种类型，如液压变压器、液控单向阀、梭阀等。安全阀限制系统最高压力，一般为溢流阀。根据性能需要还可以添加辅助元件，如液压锁、平衡阀等。

3）液压油源。补充或吸收差动缸进出口的差异流量、泄漏流量等。形式有闭式带压油箱或蓄能器，或由补油泵、溢流阀、蓄能器、过滤器等组成的小型供油系统，当液压泵为变量泵时，同时作为驱动变排量装置的油源。

4）液压动力源。由原动机（内燃机、电动机等）和液压泵（定量泵或变量泵等）组成，为系统提供压力油。

闭式泵控非对称缸系统可以从回路类型、平衡流量方式和液压动力源类型三个层面进行分类。

1）回路类型。根据执行器出口与液压泵进口的连接情况，回路类型分为开式回路和闭式回路。开式回路液压泵进口与执行器出口都与油箱连通，闭式回路液压泵进口直接与执行器出口相连。闭式回路至少需要一个能够四象限工作的泵，可以方便地回收能量。

2）平衡流量方式。平衡差动缸进出口的不对称流量具有多种方法，大致分为三种：一是采用多泵，使用双泵直接为差动缸的两腔提供所需流量，多为一个原动机驱动双联泵或两个原动机分别驱动两个泵的形式，两个泵的排量或转速之比等于差动缸两腔有效面积比，具有多种不同的回路连接形式，这种方式既起到流量平衡的作用，又起到液压动力源的作用；二是采用辅助阀，辅助阀根据差动缸两腔压力信号控制油源，从而控制油源与差动缸两腔的通断，吸收或补充多余流量，这种方法多用于闭式单泵系统；三是通过改变泵的配流结构，此特殊类泵称为非对称泵或三端口泵，三个进出口流量与缸两腔有效面积比有关，必须专门加工制造，应用和研究较少，但此种方式极大简化了回路，具有良好的发展前景。

3）液压动力源。根据改变输出流量的方式不同，可以分为定转速变排量、变转速定排量、变转速变排量三种组合形式。

（3）EHA 的四象限工况　图 23-38 所示为变转速定排量单泵控非对称缸系统原理图，系统采用电动机驱动双向定量泵/马达，双向定量泵/马达的 2 个油口直接与非对称缸的两腔相连，通过改变电动机的转速与方向来实现对非对称缸速度和方向的控制。由于非对称缸有杆腔和无杆腔面积不同会造成不对称流量，为平衡此不对称流量以及液压泵和液压马达的泄漏，增加了流量补偿单元和大流量的液控单向阀。

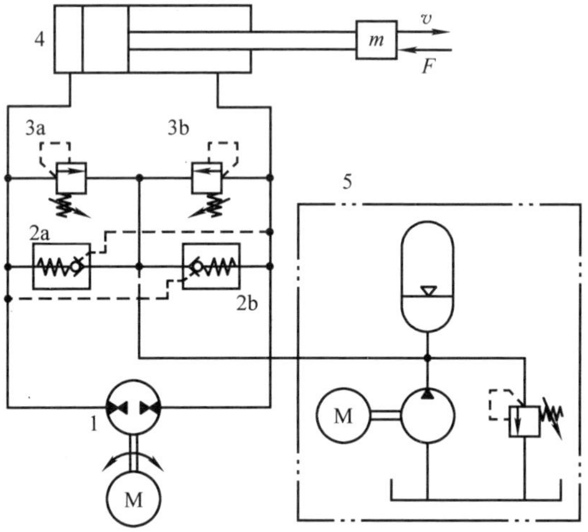


图 23-38　变转速定排量单泵控非对称缸系统原理图

1—双向定量泵/马达　2—液控单向阀　3—溢流阀　4—非对称缸　5—流量补偿单元

如图 23-39 所示，将液压缸伸出的方向作为正方向，将阻碍液压缸伸出的力方向作为正方向，根据系统做功或者能量回收可以将系统工作分为四个工况，即四象限。

1）第一象限：液压缸伸出，力的方向与液压缸伸出方向相反，液压缸无杆腔为高压腔，液控单向阀 2b 打开，由于无杆腔面积比有杆腔面积大，所需流量多，所以流量补偿单元通过 2b 向有杆腔回路补油来平衡此不对称流量。

2）第二象限：负载力方向与液压缸伸出方向相同，液压缸有杆腔为高压腔，液控单向阀 2a 打开，流量补偿单元通过 2a 向无杆腔补油，并且在负载力的作用下定量泵/马达带动电动机转动，电动机处于发电状态。

3）第三象限：液压缸缩回，负载力的方向与液压缸缩回方向相反，液压缸有杆腔为高压腔，液控单向阀 2a 打开，由于无杆腔与有杆腔面积差导致无杆腔排出

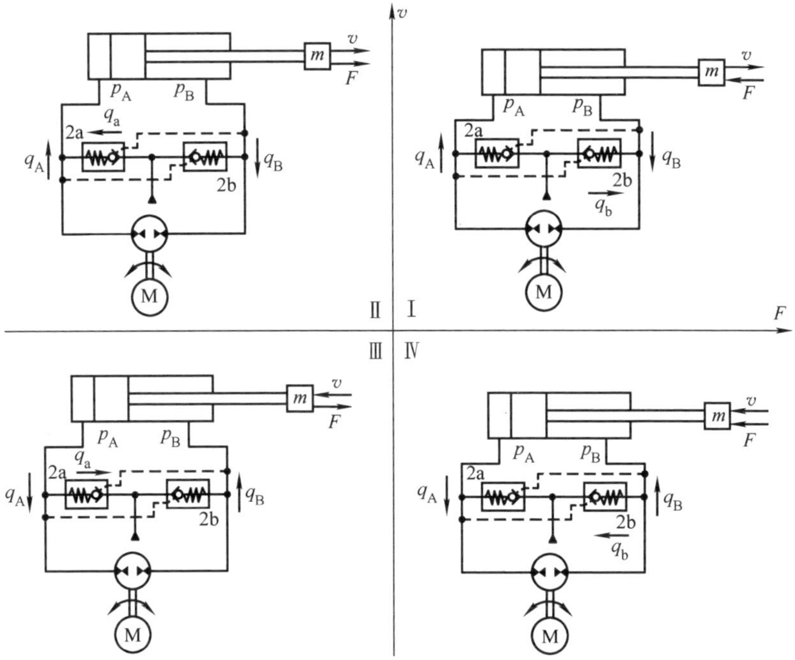


图 23-39 变转速定排量单泵控非对称缸系统四象限运行工况

流量较多，通过 2a 向流量补偿单元排油。

4）第四象限：负载力方向与液压缸缩回方向相同，无杆腔为高压腔，液控单向阀 2b 打开，无杆腔多余流量通过液控单向阀 2b 排进补油单元，且在负载力的作用下定量泵/马达带动电动机转动，电动机处于发电状态。

（4）EHA 的关键技术 国外从 20 世纪 60 年代就开始了 EHA 的相关研究，主要包括：美国的穆格、派克、洛克希德・马丁、TRW、MPC、美国空军研究所等；欧洲的 Goodrich、Liebherr、Lucas、Smith、德国汉堡 – 哈尔堡工业大学、法国图卢兹大学、英国谢菲尔德大学、瑞典林雪平大学、瑞典皇家理工学院（KTH）等，以及加拿大、日本等国家的研究机构。其中穆格、派克、Goodrich 和 Liebherr 等公司已形成 EHA 和 EMA 系列产品。同时穆格为联合攻击战斗机 F35 提供了起落架用 EMA，派克提供了主飞控舵面所有 EHA，包括襟副翼、水平尾舵和方向舵等。与采用传统集中液压能源功率管传的方案相比，使用电液作动器装置的 F35 战斗机的飞控系统整体减重达 40%，大约减轻 320kg，项目的寿命期成本可降低 2% ~3%，表现出了非常优良的减负增载特性。国内对于 EHA 的研究起步较晚，对于电液作动技术的研究以科研单位和高校为主，中国航天科技集团有限公司第一研究院第十八研究所、北京航空航天大学、浙江大学、哈尔滨工业大学等在理论研究、试验样机方向取得了很多成果，但目前仍然存在许多需要解决的问题和需要攻破的关键技术。

集成电动静液作动系统是一种必须按照安装位置进行非标设计的集成一体化产品，涉及机电一体化集成设计技术、加工制造技术、软件编程技术、流场温度场磁场耦合分析技术、电磁兼容技术、实验技术等多行业技术，如果想要设计出满足控制需要和硬件要求的 EHA，需要攻破多项关键技术。

1）电液泵技术。将电动机与液压泵共转子、共支撑和共壳体进行高度集成，具有结构紧凑、效率高、无外泄漏和低噪声的优点，能够大大降低同等功率的电动机液压泵的体积质量，符合液压传动发展趋势，将其作为局部液压能源和 EHA 核心部件，对飞机液压系统的多电化具有革命性发展，具有巨大的应用前景和研究价值。电液泵可有多种可能的集成形式、集成结构、变量方式。

2）检测作动集成技术。液压缸位移传感器与作动杆集成可以有效减小传感器体积，提高检测传感的可靠性，且安装维护简便，具有很多优势。

3）热平衡解决技术。由于 EHA 高度集成，没有中央油箱，其散热问题成了制约 EHA 广泛应用的主要问题。EHA 密闭狭小的腔体内，柱塞泵与电动机质量、尺寸小，但要求转速极高、功率极大，一般所采用的 270V 高压无刷直流电动机要求输出转速达 10000r/min，额定功率要求 10kW 以上。在如此高速的电动机带动下，柱塞泵内部旋转部件高速转动，各柱塞副摩擦加剧，同时 EHA 内压强高达 20MPa 以上，泵内旋转组件产生搅动损失，油液泄漏产生泄漏生热。综上，EHA 内部存在多个热源，液压系统解决热量堆积的普遍方法是添加油箱或散热冷却装置。但是在飞机上，这势必增加飞机质量与体积，所以热量堆积成为目前制约 EHA 发展、应用的关键因素。

4）液控单向阀技术。非对称缸具有安装空间小、输出力大的优点，液压线性执行器中超过 80% 采用的是差动缸。但是由于差动缸两腔有效面积的差异，造成进出口流量不相等，而一般液压泵的进出口流量要求相同，因此自从对泵控差动缸系统研究以来，平衡不对称流量始终是首要问题。而目前解决非对称缸流量补偿问题最有效的装置就是在液压系统中使用液控单向阀装置，让蓄能器通过液控单向阀和回路压力控制始终与低压侧保持连通状态，完成储油与补油过程。液控单向阀已经成为研究非对称缸 EHA 绕不开的一个门槛。

（5）EHA 的优缺点　EHA 是一种新型的电液传动系统，不同于传统的阀控液压系统，EHA 舍弃了庞大繁杂的中央油源系统，去掉了复杂的管路和机械结构，采用容积控制技术，使电动机直接控制泵的转动，从而控制流量来实现执行机构的控制。因此 EHA 系统具有体积极小（EHA 体积小，可以在有限的空间内随控布局）、效率高（EHA 功率密度大，是机电作动器的 10～30 倍，节约能源）、集成度高（EHA 的电机和泵可以做成一体，泵的泄露油液可直接对电动机润滑、冷却，相比 EMA 能够更好地解决系统发热问题）、功率密度大、噪音低、易于维护等优点。

但是在 EHA 向高压和高速方向发展中，伴随而来的是 EHA 的散热问题。电动机发热、摩擦副摩擦生热、柱塞泵内高速搅拌生热、容积损失等使得 EHA 内部能量损失增大。在 EHA 工作过程中，存在能量的传递和转换，功率损失的发生就不可避免，而功率损失往往会以热量的形式表现出来。在 EHA 整体结构中，不存在大型的液压油箱，液压系统结构简单，液压油循环回路短，散热面积小，导致发热后传递到液压油中的热量很难通过液压油和液压管路散发出去。又因为 EHA 的体积小，使得系统产生的热量通过 EHA 外壳只能散发出去一部分，剩余部分会存留在 EHA 非常小的密闭空腔内，可能造成 EHA 整体和液压油温度上升。内部温度过高，EHA 可能失去原有功能，严重时更可能导致失效产生安全问题，这是制约 EHA 发展与应用的重要因素。

（6）EHA 的发展现状和主要应用　由于 EHA 不需要庞大的中央油源和复杂管路就能独立工作，所以在需要使用到液压驱动的场合都能使用，如航空航天、航海、电力、核工业、机器人、工程车辆、制造工业和工程行业等领域具有广泛的应用前景。采用这项技术后，可进一步提高作动系统的安全性（如战斗机将减少被轻武器攻击的面积、特殊场合的作动器具有防爆性能等）、可维修性（如可实现紧急更换，无须伺服阀和复杂的配管等），减少系统的辅助设备（如无须集中泵站和管路、也无须针对它们的测试设备等），增强产品的性能（如实现随控布局减少质量和体积，在航空航天中，这些特点都是至关重要的）等。因此，一体化功率电传作动器的研发和制造具有十分重要的意义。目前，EHA 的设计和制作不断呈现高度集成化、轻量化、智能化的趋势，将不断发展以替代传统的液压回路。

1）EHA 在航空航天中的应用。EHA 一开始被研发的目的就是应用于航空航天领域。20 世纪中叶，各国开始大力发展航空技术，美国人在吸取多起坠机事故的教训后，最先认识到改善飞机作动系统的重要意义。20 世纪 70 年代，采用功率电传的 EHA 首次问世，功率电传作动器这一概念被正式明确地提出。

1988 年末，奔德士（Bendix）设计研制了 EHA 用于 F/A－18 的副翼作动，并开展了地面试验。1991 年，美国的 EHA 研制趋于完备，派克实现了 EHA 在 C－130 运输机的空中试飞。1994—1997 年期间，美国实现了在 F/A－18 战斗攻击机 EHA 副翼作动的飞行试验（见图 23-40）。1999 年，美国洛克希德·马丁在F－16战斗机上将原有的主飞行控制系统的液压作动器完全替换为 EHA，并进行了地面试验与飞行验证试验（见图 23-41）。这一系列的试验验证了 EHA 舵面操纵的有效性、可靠性、易维护性，且根据测算，现代飞机舵面操纵均采用 EHA 后，客机可节省 5%～9% 的燃油，减少 40% 左右的地面

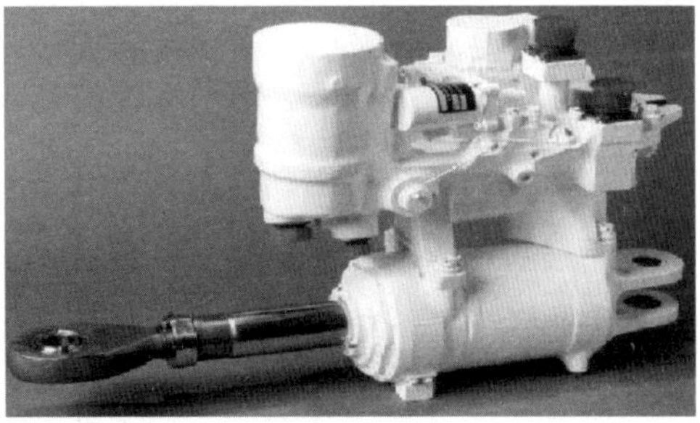

图 23-40　用于 F/A－18 样机的 EHA

设施，战斗机可减少272～454kg的起飞质量，减少14%的轻武器易攻击面积。进入21世纪以来，更多的国家与机构加入到EHA的研究开发工作中，美国USAF、德莱顿飞行研究中心，美国通用电气、穆格等公司，英国卢卡斯航空公司、谢菲尔德大学、瑞典林雪平大学、德国汉堡－哈尔堡工业大学等都展开了对EHA的研究。

图23-41　地面试验与飞行验证试验照片

《中国制造2025》重点领域技术路线图明确提出EHA是未来我国航空航天领域伺服作动系统的关键技术与发展方向（见图23-42）。超高速轴向柱塞泵（转速大于10000r/min）是EHA系统中设计难度最大的液压元件，面临着依赖进口和国外封锁禁运的局面，造成我国高端机电装备“空心化”并威胁国防安全。目前部分高校围绕极端工况下柱塞泵复杂动力学行为与失效机理这一科学问题，针对EHA柱塞泵高速化面临的关键摩擦副失效、核心旋转组件失稳、柱塞腔内油液空化三大技术挑战展开研究，研究成果将为超高速EHA柱塞泵的研制提供理论基础与技术支撑，对保障航空航天设备安全运行具有重要意义。

2）EHA在航海中的应用。潜艇隐蔽性好、突袭能力强，是现代海军的主战武器装备和重要威慑力量，战略地位显著。操纵性和隐身性是潜艇的两个重要战术性能，直接影响到潜艇的机动能力和综合作战能力，因而保证潜艇良好的操纵性和隐身性具有重要意义。潜艇的机动控制，尤其是水下航行时的机动控制，主要通过车舵配合来完成，即在给定的螺旋桨转速下，利用升降舵和方向舵来实现潜艇空间姿态的调整和运动控制，因此，舵机是潜艇灵活机动与安全航行的基本保障，是潜艇极为重要的装置设备，其性能直接关系到潜艇的操纵性和安全性。目前潜艇舵机液压系统多采用系统集中式独立液压源或者中央液压源供油，使得连接管路遍布全艇，油源工作及操舵过程中产生的机械振动和流体冲击也会沿管路传播造成危害并产生噪声，严重影响潜艇的隐蔽性。同时舵机系统零部件较多，布置分散，故障率较高，维护困难；高压油液远距离传输，能量耗损大，系统工作效率低，油源功率体积大，管路分布广，占用较大空间，这些问题都对潜艇及艇员的正常工作产生极

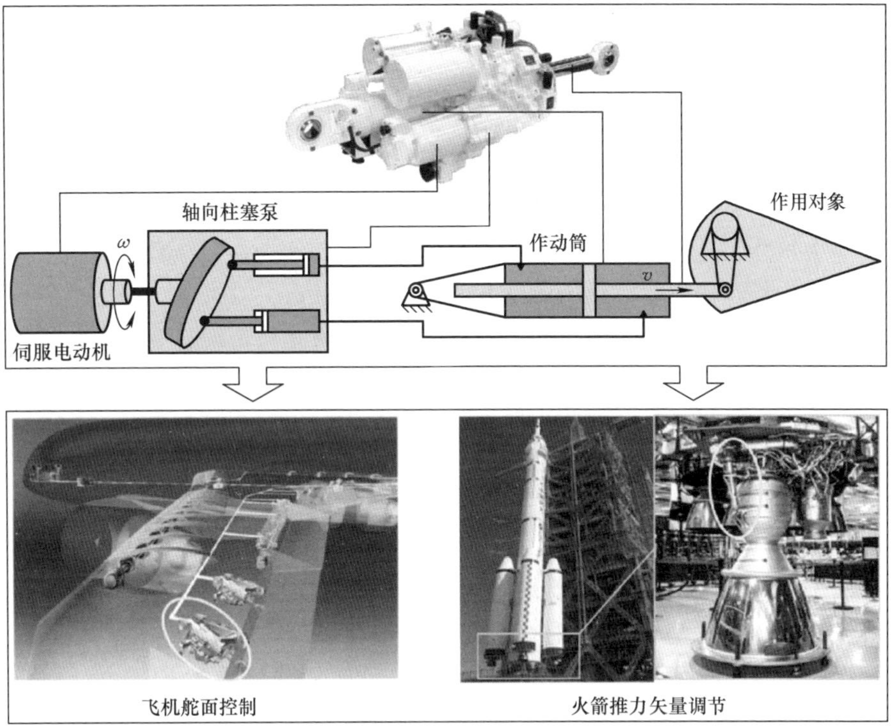


图 23-42　EHA 对飞机舵面控制和火箭推力调节

大影响。如果使用一体化电液作动器来驱动舵机，就能取消液压管路，抑制机械振动和液压冲击的传播，减少系统的节流和溢流作用，在降低噪声的同时还能提高能量利用率。

日本于 1998 年就已经提出对潜艇进行改造，作动系统使用日本第一电气公司生产的直驱式 EHA（见图 23-43）。改造后的舵机系统不仅工作可靠，便于维护，且在满足原有操舵性能指标的基础上，体积质量和耗能均只有原来的 1/10，操舵噪声下降 10 dB，改进成果显著。

图 23-43　日本第一电气公司生产的直驱式 EHA

2001 年，美英两国正式启动全电船研究计划。作为其中的一个重要分支，集成一体化 EHA/EMA 操舵系统分别由美国得克萨斯大学奥斯丁分校和英国国防部未来事物组负责。两者均将 EHA/EMA 作为集成一体化舵机的首选方案，并试图将该方案推广至所有舰载作动系统，以减少作动系统占用的体积和质量，提高工作效率和重构能力，缩减人员编制，减少运行和维护费用。

3）EHA在工程机械中的应用。工程机械对于国家经济发展与建设具有重要意义，房地产开发、煤矿开发、交通物流、油气开发、港口升级改造、水利水电建设、国防事业等方方面面都对工程机械不断提出更高的技术标准，挖掘机产业飞速发展。伴随着国家节能减排的要求，电驱挖掘机应用越来越广泛，对于挖掘机效率的要求越来越高，传统挖掘机由于节流损失和污染问题正在逐渐减少应用，且由于电驱挖掘机能量利用率高，便于实现智能化控制等优点，未来电动挖掘机的应用会越来越广泛。而提高电驱挖掘机能量利用率的关键就是将传统挖掘机中使用的发动机、变量泵、多路阀、执行器驱动机械臂的液压系统替换成新型的电驱动泵控挖掘机系统，减少挖掘机工作时的节流损失和溢流损失，提高能量利用率。若能够将航天飞机中使用的EHA简化改装到挖掘机的动臂和斗杆上，则能更进一步提高挖掘机的能量利用效率。且EHA集成度高，所占空间小，即装即用，潜力巨大，非常适合应用于工程机械中，能提高工程机械的整体效能。

目前国内外对于将EHA应用于工程机械的研究还比较少，只有沃尔沃建筑设备公司研发的一台全电动紧凑型挖掘机原型机（见图23-44），该挖掘机摒弃了传统挖掘机的中央液压系统，使用全电力驱动，动臂使用EHA驱动，斗杆和铲斗使用电动缸系统驱动。与传统同类产品相比，该概念机可实现零排放，效率提高10倍，噪声水平降低10倍并降低了总拥有成本，因其对建筑行业进步的贡献而受到认可，它被认为是世界上第一台全电动紧凑型挖掘机原型机。

图23-44　沃尔沃全电动紧凑型挖掘机原型机

**2. 电液复合驱动缸**

电液复合驱动缸是一种新型机电液一体化的驱动装置，它将液压驱动的高功率密度特性与电动机驱动的高精度运动控制特性相结合，突破传统驱动装置的局限性，解决了控制精度和输出功率不可同时兼顾的矛盾，改善了系统的能效利用。

（1）工作原理　图 23-45 所示为电液复合驱动缸的结构原理与工作原理。电液复合驱动缸系统主要由动力单元、传动单元以及执行单元三大部分组成。动力单元包含电动机驱动单元以及液压驱动单元，其中液压驱动单元包含电磁方向阀、溢流阀、油箱、液压泵、电动机。当电液复合驱动缸系统工作时，伺服电动机通过传动装置将转速与转矩转化为直线运动传递给液压缸的活塞杆并带动负载，同时，液压驱动单元提供压力和流量进入液压缸，与电动机驱动单元共同驱动负载进行运动，液压驱动单元提供的最高压力由溢流阀设定。

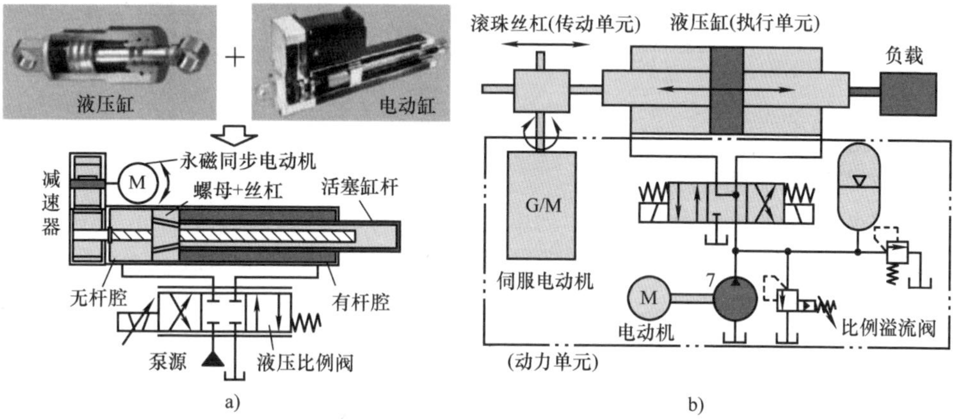


图 23-45　电液复合驱动缸的结构原理与工作原理

a）电液复合驱动缸结构原理　b）电液复合驱动缸工作原理

图 23-46 所示为电液复合驱动缸系统的四象限工作原理。当电液复合驱动缸处于第一象限和第三象限，即负载力 $F$ 和负载运动速度 $v$ 方向相反时，电液复合驱动缸承受正值负载，伺服电动机处于电动状态，电磁方向阀根据电动机转速状态调整工位，实现液压驱动力与电动机驱动力方向一致；当电液复合驱动缸处于第二象限和第四象限，即负载力 $F$ 和负载运动速度 $v$ 方向相同时，电液复合驱动缸承受负值负载，伺服电动机处于发电状态。

（2）电液复合驱动缸系统解耦　由电液复合驱动缸的工作原理可知，电液复合驱动缸动力驱动单元包括电动机驱动和液压驱动。电液复合驱动缸可以采取多种控制方式，其中以位置控制、速度控制、力控制作为典型控制方法。在电液复合驱动缸的实际工作过程中，电动机驱动系统和液压驱动系统若分别采用典型控制方法，两个驱动单元之间的输出力和运动状态存在相互耦合、互为干扰，会产生较大的内力，导致系统输出状态不稳定，内部能耗损失严重。因此，为解决电液复合驱动缸系统因耦合而产生的负面影响，需要对系统进行解耦分析。

为更好地对电液复合驱动缸进行解耦，本节将采取位置闭环控制的电动机驱动单元和液压驱动单元作为分析对象，建立电液复合驱动缸的数学模型，研究两个驱

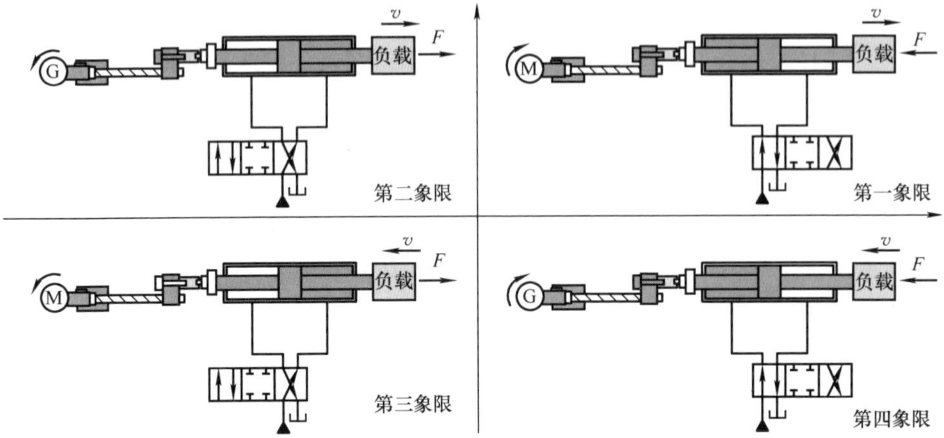


图 23-46　电液复合驱动缸系统四象限工作原理

动单元之间的作用机理。

由于液压驱动单元和电动机驱动单元之间频响相差倍数较大，当电液复合驱动缸的负载工况发生变化时，电动机驱动单元响应较快，对于大负载阶跃突变容易达到峰值转矩，即进入过载状态，因此，电动机驱动单元的伺服电动机一般选取永磁同步电动机，以兼顾电动机驱动单元对于过载能力以及调速特性的需求；位置闭环的液压驱动系统采用阀控系统，减少液压系统的响应时间，以缩减两个驱动单元之间频响的差异性，同时，利用比例环节作为位置环对系统输出位移进行控制，为保证液压驱动单元与液压驱动单元之间速度相同，需要对位置环输出值进行限幅。

为了降低电液复合驱动缸两个动力单元之间耦合的影响，一般的解决方法是采用电动机驱动单元作为主动控制，即电动机驱动单元直接采用位置闭环控制，提供转速和转矩驱动控制电液复合驱动缸系统的输出速度以及位置，充分发挥伺服电动机的高精度运动控制特性；液压系统被动控制，即液压驱动单元直接采用开环控制液压系统的输出力，为电液复合驱动缸提供克服负载的大部分推力，充分发挥液压驱动系统大功率输出特性。图 23-47a 所示为电液复合驱动缸整体控制策略，将电液复合驱动缸进行解耦后，系统的运动状态只受电动机驱动单元的影响，输出力仍处于耦合状态。这个解耦控制策略是让电动机电驱动部分仅仅起到运动控制功能而不用去克服负载，所以仅需要小功率；而液压缸是克服外负载。这样的话，其实就是从结构上把运动控制和动力传输的耦合给解开了（见图 23-47b）。解耦的结果就是电气传动只完成运动控制，液压传动完成动力控制，各自发挥各自的优势。

根据电液复合驱动缸系统整体控制方案，需要对液压驱动单元的数学模型进行优化。在电液复合驱动缸系统中，液压驱动单元作为被动控制，其主要任务是提供驱动负载力，削弱电动机驱动单元的负载干扰。因此，液压驱动单元仅需采用开环力控制。

图 23-48 所示为电液复合驱动缸解耦后的速度与位置响应曲线，表明其可以达

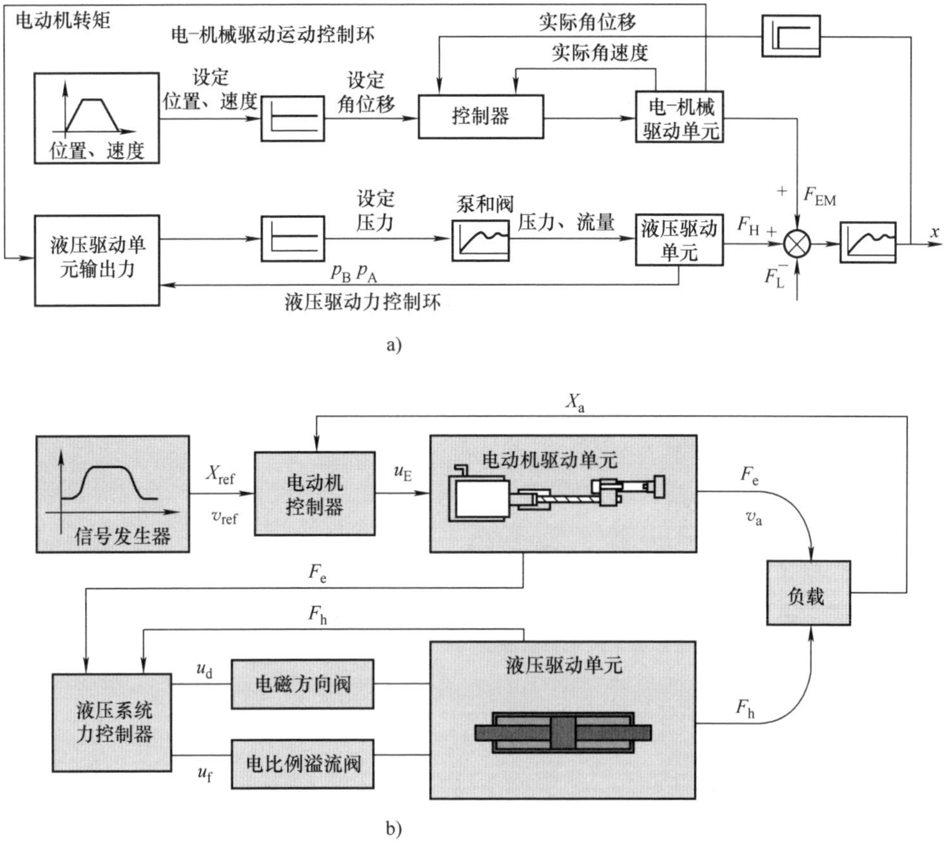


图 23-47　电液复合驱动缸系统整体控制方案

a）电液复合驱动缸解耦控制策略　b）电液复合驱动缸解耦控制实施原理图

到或者实现电传动和液压传动相同的功能。这种速度和位置控制在液压系统里面是很难实现的，而电液复合驱动缸可以很方便地实现。

电液复合驱动缸在加载的情况下，其动态性能与纯液压系统液压缸的位移与力输出响应是一样的。图 23-49a 所示为在阶跃加载的情况下，缸的位移输出明显有加载前后的动态超调；但是在图 23-49b 中的曲线可见，压力很快响应并将负载平衡，执行器很快就恢复到原有的定位位置，定位误差只有 ±0.1mm，如果具有进一步补偿措施，控制精度还可以进一步提高。从输出力的关系也可以看出，液压系统的输出力是电 - 机械传动输出力的 5 倍以上，这也实现了用液压系统的高输出力强度来代替电动机传动，提高整个装置功重比的目标。

与此同时，也对驱动缸进行了如图 23-49c 所示的周期性加载，测试结果如图 23-49d 所示。在系统原始状态下，电动机缸承载力保证运动控制与输出，在负载加载后，系统的液压缸承接了主要的负载变化，这时电 - 机械稳态输出力为 9.8kN，液压稳态输出力为 43.5kN，充分表明在接受周期外负载输入时，液压缸承

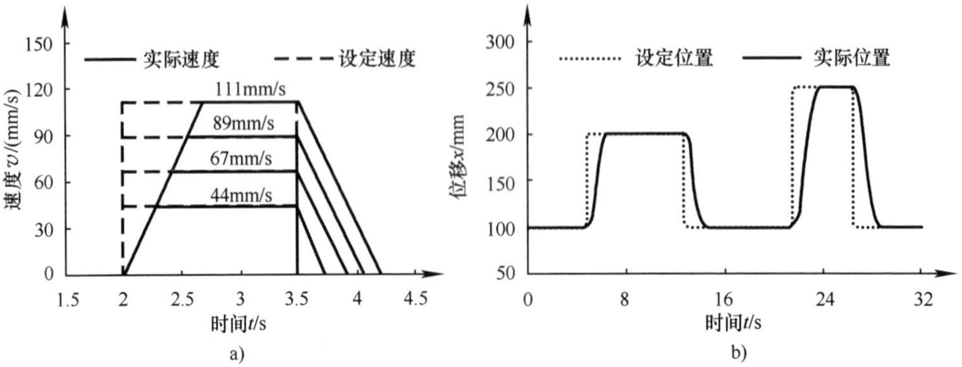


图 23-48　电液复合驱动缸解耦后的速度与位置响应曲线

a）速度阶跃响应特性　b）位置阶跃响应特性

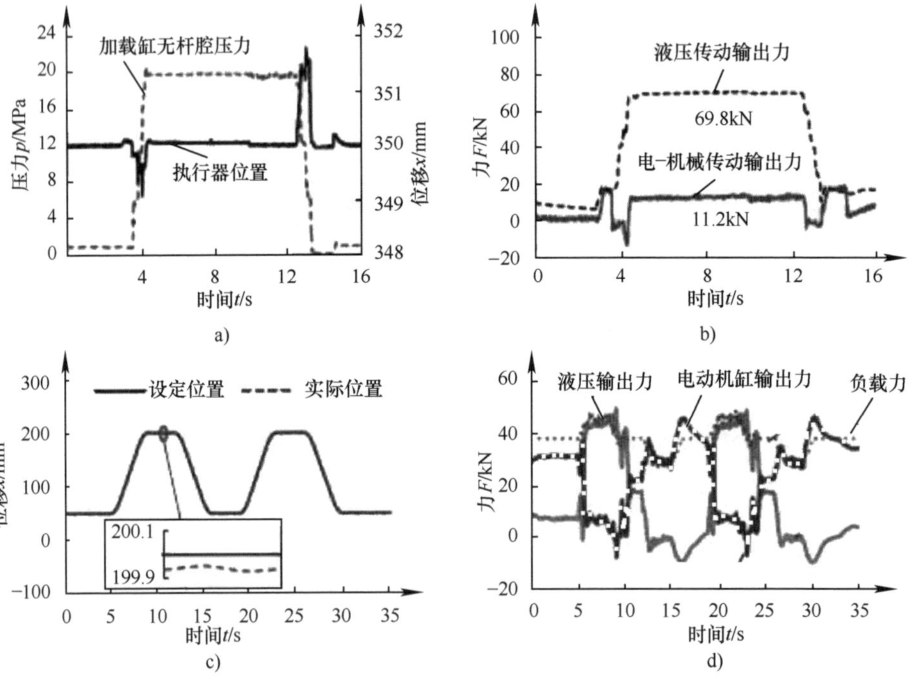


图 23-49　不同加载形式下的力输出特性

a）位移过程中的阶跃负载加载　b）电动机与液压单元输出力响应曲线

c）对于电液复合驱动缸周期性加载　d）电动机与液压单元输出力的响应曲线

载了主要输入力，实现了解耦的要求。综上所述，电液复合驱动缸系统特点在于通过伺服电动机良好的控制特性实现负载的高精度运动控制，结合液压驱动系统的承载辅助，保证与电动机驱动单元重量基本相等的条件下，即可实现高功率密度输出。

（3）最优驱动力分配的确定　电液复合驱动缸系统与传统驱动系统所面临的

负载工况基本相同，但由于电液复合驱动缸由两个驱动单元组成，在不同的工况下，若两个驱动单元的驱动力保持恒定不变，系统则无法处于最优的运行状态，甚至出现无法工作的状态。

当负载很小时，若液压动力单元提供的压力能过大，则伺服电动机的实际转矩很小，甚至可能出现负转矩的情况，使得伺服电动机无法正常工作，能量损耗严重。当负载很大时，若液压动力单元提供的压力能过小，伺服电动机可能会出现过载的情况。无论是低转矩还是过载状态，都会使得伺服电动机无法发挥最佳性能，造成系统效率低下。因此，需要根据电液复合驱动缸系统的特性制定合适的驱动力分配方法，以发挥两驱动单元的最大特性。

1）电液复合驱动缸系统能效利用最优分析。以系统最优能效利用为目标，设定电动机驱动力为 $F_e$，液压驱动力为 $F_h$，电动机驱动效率为 $\eta_e$，液压驱动效率为 $\eta_h$，负载运行速度为 $v$，则电液复合驱动缸系统的能效利用率为

$$\eta = \frac{F_L v}{F_e \frac{v}{\eta_e} + F_h \frac{v}{\eta_h}} \tag{23-26}$$

设定约束条件

$$\begin{aligned} 0 &< F_e < F_{emax} \\ 0 &< F_h < F_{hmax} \\ 0 &< F_L < F_{Lmax} \\ F_L &= F_e + F_L \end{aligned} \tag{23-27}$$

式中　$F_{emax}$——电动机最大驱动力；

$F_{hmax}$——液压系统最大驱动力；

$F_{Lmax}$——最大负载力。

一般情况下电动机驱动效率远大于液压系统的驱动效率，通过对式（23-26）简单分析可以得知，电动机驱动系统分配率占比越高，电液复合驱动缸系统能效利用率越高。

2）电液复合驱动缸系统控制精度分析。图 23-50 所示为电液复合驱动缸系统的运动传递路线。电液复合驱动缸的运动控制主要取决于电动机驱动单元，在电液复合驱动缸系统运动传递路线中，伺服电动机控制负载运动主要经过的环节有滚珠丝杠环节和液压缸，但由于液压缸与负载相连，可以视作等同负载。

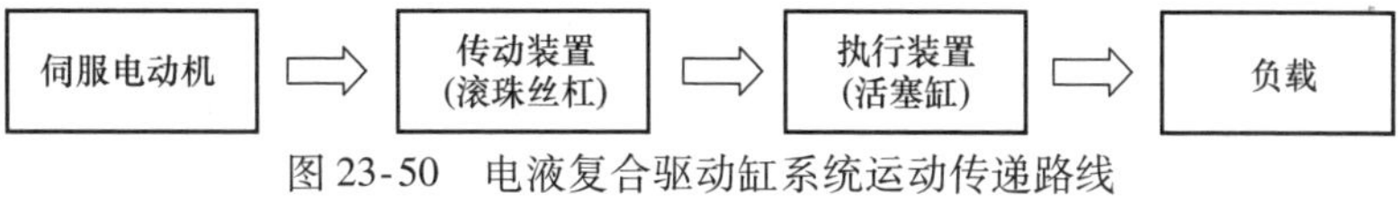


图 23-50　电液复合驱动缸系统运动传递路线

因此，电液复合驱动缸系统的控制精度主要取决于伺服电动机良好的运动控制以及滚珠丝杠的运动状态，而从机械传动角度作为分析控制精度的出发点，伺服电动机的控制特性主要取决于其控制策略与机械传动相关性较小，滚珠丝杠本身即存

在反向间隙、螺距间隙以及形变误差，其中形变误差与电动机驱动单元所承受的负载力关系为

$$\Delta = KF_L \tag{23-28}$$

式中 $K$——滚珠丝杆形变系数；

$F_L$——负载力。

注：原本滚珠丝杠受力分析应当包含丝杠、安装轴承等一系列受力分析所造成误差，为了简化分析，本节直接将其所有误差之合等效于刚度系数。

滚珠丝杆所造成的精度误差关系为

$$\Delta = KF_L + \Delta_{反向间隙} + \Delta_{螺距间隙} \tag{23-29}$$

通过对式（23-29）简单分析可知，在电液复合驱动缸系统中，滚珠丝杠所造成的总体误差不仅与本身存在的反向间隙、螺距间隙相关，还与其所承受的外负载力存在正比例关系。

3）最优驱动力分配方案。综合电液复合驱动缸系统能效利用以及控制精度分析可知：在电液复合驱动缸系统中，电动机驱动单元所提供驱动力越大，整个系统的能效利用率越高，但是随着电动机驱动力所承受的负载越大，导致系统控制精度有所下降。因此，电液复合驱动缸系统驱动力最优分配一般会划分成两部分，即轻负载工况和重负载工况，划分界限则是根据实际应用中精度的需求。

当电液复合驱动缸的外部负载完全由电动机驱动单元承受时，若该负载工况造成的控制精度误差仍满足实际需求，则为轻负载工况；若电动机驱动单元所承受的负载工况造成系统误差精度不满足实际需求，则为重负载工况，此时，电动机驱动单元仍承担最大能承受的轻负载，剩余负载则由液压驱动单元进行驱动。

（4）主要参数 根据前文所述，电液复合驱动缸动力单元包括电动机驱动单元以及液压驱动单元。电动机驱动单元将电能转化为机械能，通过传动装置和执行装置带动负载进行运动，同时，液压驱动系统将液压能通过执行装置转化为机械能，与电动机驱动单元共同驱动负载进行运动。

设定电液复合驱动缸系统最大负载驱动力为 $F_{max}$，负载运动的最大速度 $v_{max}$，则系统所需驱动功率为

$$P_{max} = F_{max}v_{max} \tag{23-30}$$

若液压驱动单元最高压力为 $P_{max}$，液压缸有效面积为 $A$，则液压驱动单元最大驱动力功率为

$$P_{hmax} = p_{max}Av_{max} \tag{23-31}$$

因此，电动机驱动功率 $P_e$ 为

$$P_{emax} = P_{max} - P_{hmax} \tag{23-32}$$

设定滚珠丝杠导程为 $L$，则电动机所需转速为

$$n \geqslant \frac{v_{max}}{L} \tag{23-33}$$

（5）电液复合驱动缸的类型　电液复合驱动缸按结构形式，可以分为直联式、折返式两类；按系统所使用的液压驱动单元类型可以分为阀控式电液复合驱动缸、泵控式电液复合驱动缸。电液复合驱动缸的输入为电能和液压能，输出为机械能。

1）直联式电液复合驱动缸。图 23-51 所示为直联式电液复合驱动缸。直联式电液复合驱动缸通过滚珠丝杠直接将伺服电动机与双杆活塞缸直接相连，减少了中间环节的间隙和惯量，提高了系统的操纵性和控制精度，虽然电液复合驱动缸系统的平台工作范围约为活塞杆有效行程的 3 倍，但是由于滚珠丝杠与伺服电动机之间不存在减速器进行转矩放大，直联式电液复合驱动缸系统的驱动力受限于伺服电动机，且其占地面积大。因此，直联式电液复合驱动缸一般适用于小型机械场合。

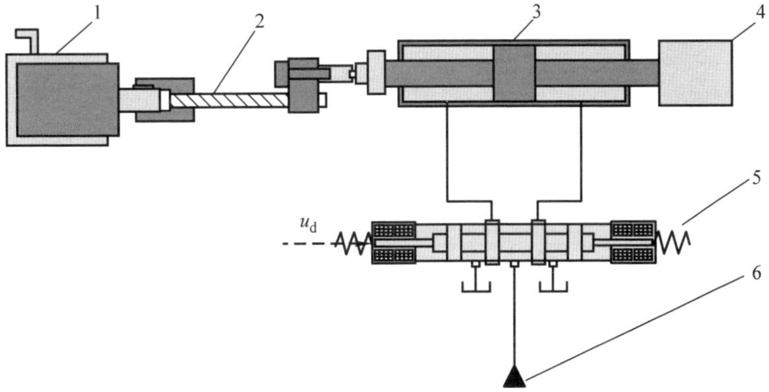


图 23-51　直联式电液复合驱动缸

1—伺服电动机　2—滚珠丝杠　3—液压缸　4—负载　5—电磁方向阀　6—液压动力源

2）折返式电液复合驱动缸。图 23-52 所示为折返式电液复合驱动缸。折返式电液复合驱动缸系统运行时，伺服电动机 2 通过减速器 1 将转速以及转矩传递至集成化液压缸 3 内的滚珠丝杠，滚珠丝杠通过与丝杠螺母相对转动将旋转运动转化为直线运动；同时，液压动力源 6 通过电磁方向阀 5 将压力与流量传递给集成化液压缸 3，由于丝杠螺母与液压缸活塞一体化，丝杠螺母不仅受到滚珠丝杠的驱动，同时还受到液压驱动单元的压力，以此达到共同驱动效果。该折返式电液复合驱动缸最大的特点在于采用高度集成化的液压缸，将滚珠丝杠、丝杠螺母以及活塞缸进行高度集成，整体结构紧凑，且伺服电动机的转矩经过减速器会进行放大，折返式电液复合驱动缸需求的伺服电动机体积较小，整体占地面积较小，非常适用于低速重载工况的大型机械场合。

3）阀控式电液复合驱动缸。图 23-53 所示为阀控式电液复合驱动缸。阀控系统在控制精度以及响应速度方面与电动机驱动的单元差异性较小，但由于系统一般采用定排量、定转速驱动，且出口压力恒定，溢流损失以及节流损失严重。因此，采用阀控系统的电液复合驱动缸存在能量利用率低的问题。

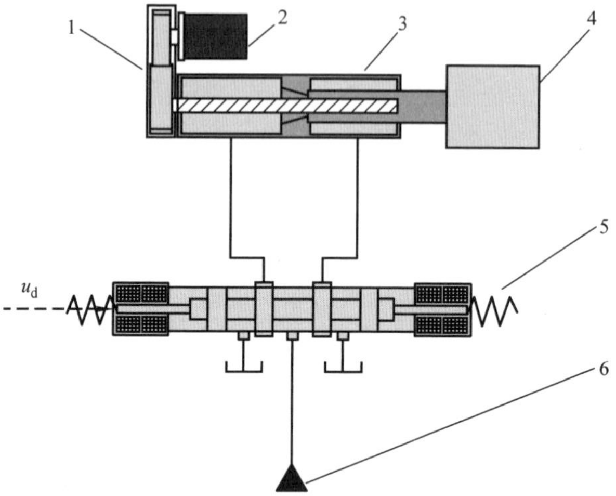


图 23-52　折返式电液复合驱动缸

1—减速器　2—伺服电动机　3—集成化液压缸　4—负载　5—电磁方向阀　6—液压动力源

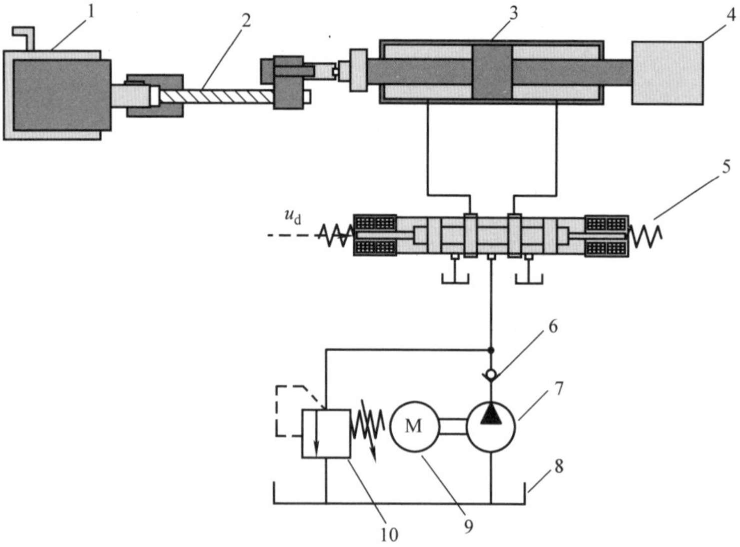


图 23-53　阀控式电液复合驱动缸

1—伺服电动机　2—滚珠丝杠　3—液压缸　4—负载　5—电磁方向阀

6—单向阀　7—液压泵　8—油箱　9—电动机　10—溢流阀

为解决阀控式电液复合驱动缸能量利用率低下的问题，目前主要在液压回路引进电液比例控制技术以及蓄能器作为动力源。

图 23-54 所示为引进电液比例控制技术后的电液复合驱动缸系统原理图。当电液复合驱动缸工作时，伺服电动机 1 按照控制系统的信号输出相应转速，通过滚珠丝杠 2 将旋转运动转化为直线运动，从而驱动液压缸 3 的活塞杆带动负载 4 运动；

电动机 9 驱动液压泵 7 为系统提供压力，其压力由电比例溢流阀根据系统实际需求进行实时调整。相较于传统阀控系统压力以及流量恒定不变，引进电液比例技术后的阀控式电液复合驱动缸系统的压力随负载变化而变化，减少了液压驱动单元的输出功率，故能量利用率获得一定的提升。

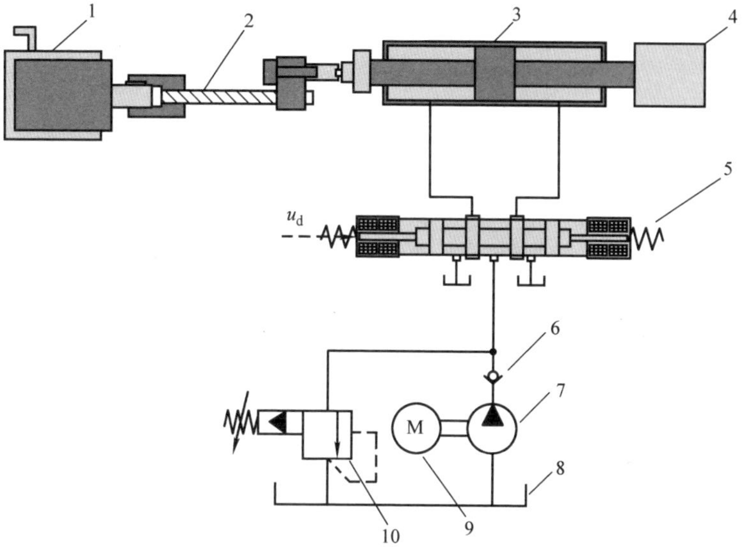


图 23-54　引进电液比例阀技术的阀控式电液复合驱动缸系统原理图

1—伺服电动机　2—滚珠丝杠　3—液压缸　4—负载　5—电磁方向阀　6—单向阀　7—液压泵　8—油箱　9—电动机　10—电比例溢流阀

图 23-55 所示为以蓄能器为动力源的电液复合驱动缸系统原理图。整个电液复合驱动缸系统主要划分为四个部分，即动力单元、储能单元、传动单元以及执行单元。储能单元的主要工作原理：当液压驱动单元向电液复合驱动缸系统提供液压动力时，为了调定系统压力，电比例溢流阀 11 必定会产生溢流损耗。为了减少溢流损耗，可以将液压动力单元提供的能量进行储存，当电液复合驱动缸系统工作时再释放。液压驱动单元中电动机泵无须一直工作，只需要在存储的能量低于某一程度时为其补给能量，故可以大大减少溢流损耗，提升系统工作效率。采用液压蓄能器 6 对电液复合驱动缸系统的液压动力进行存储和释放，溢流阀 7 限制蓄能器最高充油压力，从而保护液压蓄能器，延长使用寿命。在电液复合驱动缸系统中，液压蓄能器充油为主动过程，液压蓄能器中的油液小于或等于电比例溢流阀 11 的调定压力，随着液压缸的运动，液压蓄能器内油液释放，压力逐渐降低。

4）泵控式电液复合驱动缸。图 23-56 所示为泵控式电液复合驱动缸。泵控式液压驱动单元相较于阀控式的最大优点在于其能够根据系统需求实时调整系统的排量，控制液压驱动系统的输出压力以及流量，实现高效的能效利用率。但其响应速度较慢，与电动机驱动单元之间频响差距较大，当电液复合驱动缸外部负载工况变

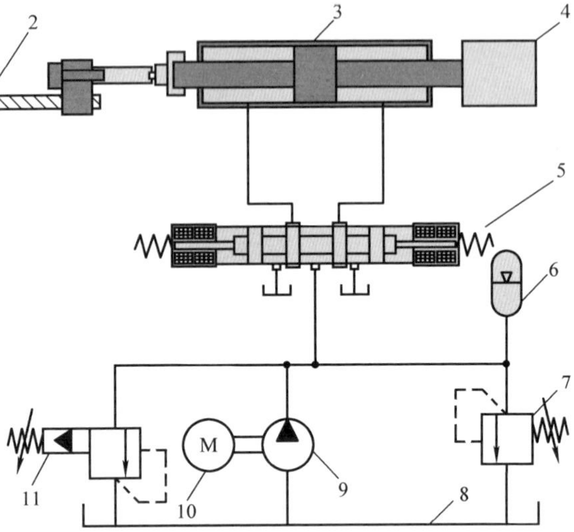


图23-55　引进储能单元的阀控式电液复合驱动缸系统原理

1—伺服电动机　2—滚珠丝杠　3—液压缸　4—负载　5—电磁方向阀　6—液压蓄能器　7—溢流阀　8—油箱　9—液压泵　10—电动机　11—电比例溢流阀

化时，液压驱动单元调整速度缓慢，导致电动机驱动单元处于峰值转矩输出（即过载状态）时间较长。

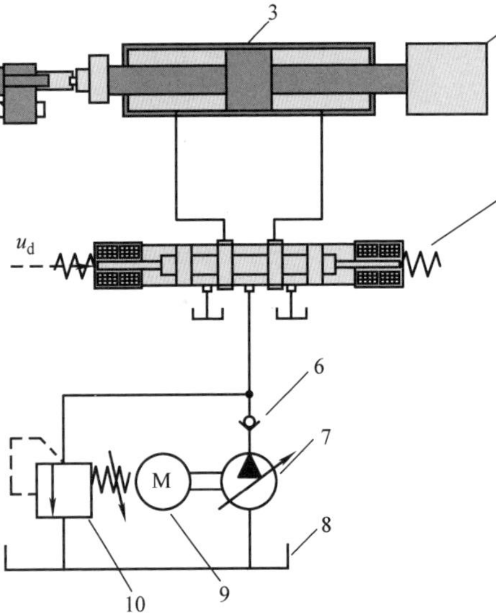


图23-56　泵控式电液复合驱动缸

1—伺服电动机　2—滚珠丝杠　3—液压缸　4—负载　5—电磁方向阀　6—单向阀　7—变量泵　8—油箱　9—电动机　10—安全阀

除了以上的划分方式之外，根据所采用的液压缸类型，电液复合驱动缸还可以划分为对称式电液复合驱动缸以及非对称式电液复合驱动缸。

本节内所阐述的电液复合驱动缸系统基本上都是采用对称式电液复合驱动缸（除图23-52所示的折返式电液复合驱动缸）。对称式电液复合驱动缸优势在于不存在进出口流量不对称问题，消除了系统进行换向时需要进行的补油过程，抑制液压系统换向过程中的速度突变，但是对称式电液复合驱动缸是双出杆结构，导致其所占空间较大，容易使安装位置受限。

正如图23-52所示的折返式电液复合驱动缸系统所采用的非对称液压缸，非对称电液复合驱动缸通常存在进出口流量不相等问题，容易造成换向速度冲击，一般需要另设一条补油回路，液压系统结构较为复杂。

（6）未来发展及研究方向　电液复合驱动缸虽然解决了传统驱动缸运动控制精度和功率密度不可兼得的矛盾，但是相较于目前成熟的电动机驱动系统以及液压驱动系统，电液复合驱动缸系统起步时间较晚，研究时间较短，在控制精度、能效利用等诸多方面还有很大的提升空间。

1）提高系统精度。随着高端装备制造对于驱动装置的控制精度需求不断提升，传统的液压驱动和电动机驱动通过采用不同的控制策略提升系统的控制精度，但限于自身特性的影响，其在未来可能会被逐渐淘汰，而电液复合驱动缸的控制精度虽然目前能够适用于大部分工程机械领域，但对于精密制造领域仍有所不足。根据系统控制精度分析可知，电液复合驱动缸系统控制精度的提升和速度响应的改善主要取决于伺服电动机的控制特性以及传动装置传动精度与传动效率。

2）改善系统能效。电液复合驱动缸系统的动力单元包括电动机驱动单元和液压驱动单元。电动机驱动单元基本上采用的是机械传动方式进行能量传递，整体能量利用率较高；液压驱动单元由于存在管道压力损失、溢流损失、节流损失等多种能量损耗，故整体能量利用率较低。

① 设定伺服电动机效率为

$$\eta_1 = \frac{2\pi nT}{60\sqrt{3}UI\cos\varphi} \tag{23-34}$$

式中　$n$——伺服电动机输出转速（r/min）；

$T$——伺服电动机输出转矩（N·m）；

$U$——伺服电动机输入线电压（V）；

$I$——伺服电动机输入线电流（A）；

$\cos\varphi$——伺服电动机的功率因数。

② 设定滚珠丝杠效率为

$$\eta_2 = \frac{60F_0 v}{2\pi nT} \tag{23-35}$$

式中　$F_0$——滚珠丝杠的输出力（N）；

$v$——滚珠丝杠的直线速度（m/s）。

③ 设定液压缸机械效率及容积效率为

$$\text{机械效率}\quad \eta_{3\mathrm{m}} = \frac{F_{\mathrm{L}}}{F_0 + p_1 A}$$
$$\text{容积效率}\quad \eta_{3V} = \frac{60vA}{q} \tag{23-36}$$

式中　$F_{\mathrm{L}}$——系统的负载（N）；

$p_1$——液压缸进油腔的压力（MPa）；

$A$——液压缸有效作用面积（$\mathrm{m}^2$）；

$q$——流入液压缸的流量（L/min）。

将式（23-34）~式（23-36）进行整合，电液复合驱动缸系统的总效率为

$$\eta = \frac{F_{\mathrm{L}} v}{\dfrac{p_1 q}{60} + \sqrt{3} U I \cos\varphi} \tag{23-37}$$

由电液复合驱动缸系统的总效率公式分析可知，提升电液复合驱动缸系统能效利用的关键在于改善液压驱动单元的能效利用。

3）集成化。电液复合驱动缸系统主要可以划分为动力单元、传动单元和执行单元等多个单元组成，系统结构较为复杂。本节所述电液复合驱动缸系统所采用的执行装置均为滚珠丝杠，滚珠丝杠虽然传动精度以及传动效率较高，但是对于大行程需求，滚珠丝杠需要通过增大直径来提高承受动载荷和静载荷的能力，确保电液复合驱动缸能够安全稳定运行，导致在实际工程应用中往往需要花费更高的经济与时间成本进行安装调试。

当前电液复合驱动缸集成化技术针对折返式已经采取将液压缸活塞杆与滚珠丝杠一体化的方案，如图 23-52 所示，将传动装置与执行装置高度集成化，对于直联式电液复合缸具有重要的借鉴意义。同时，诸如齿轮齿条传动、凸轮、曲柄连杆等机械传统方式均适用于将旋转运动转化为直线运动，不同传动装置与执行装置之间的高度集成化会成为一体化电液复合驱动缸的主要研究点之一。

4）轻量化。电液复合驱动缸实际负载工况复杂且多变，面对重载工况往往需要采取更高功率的电动机保证系统安全稳定运行，但由于伺服电动机受导磁材料的磁饱和性能影响，功率越大，其体积越大，不仅导致电液复合驱动缸整体质量上升，功率密度下降，且在实际应用场合中容易受安装空间、经济成本等限制。

**3. 机电作动器**（EMA）

机电作动器也称为电动缸，采用机电传动方式，减速方式为电动机、减速器、滚珠丝杠，具有高度集成、节能性好、安装方便、维修费用低、系统刚度高等优点。现发展迅速，但主要应用范围还是在飞机等高端大型设备。随着工程机械领域的不断发展，对节能和控制需求的提高，机电作动器也逐渐在挖掘机、装载机等工程机械上进行探索应用。机电作动器原理如图 23-57 所示。电动缸在实际应用中存

在的主要问题有：①系统刚度高，会造成吸收冲击能力很低；②高效工作范围有限，面对工程机械复杂多变的工况，不能保证一直在高效区域工作，脱离高效区域后效率会下降很快；③成本高，机电作动器的使用几乎都是根据实际需求进行定制。

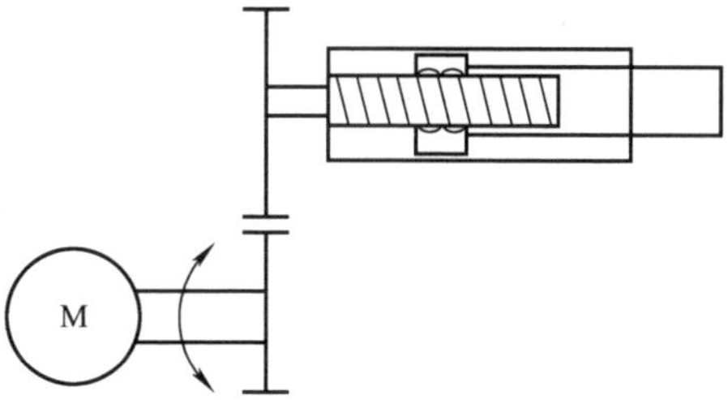

图 23-57　机电作动器原理

## 23.3　电液节能系统

### 23.3.1　负流量与正流量系统

液压挖掘机采用负流量和正流量系统的多路阀都是开式的六通型多路阀，这里简述其工作原理。

如图 23-58 所示，多路阀入口压力油经一条专用的直通油道，即中立位置回油道（$P \to P_1 \to C \to T$）。该回油道由每联方向阀的两个腔（E，F）组成，当各联阀均在中间位置时，每联方向阀的这两个腔都是连通的，从而使整个中立位置回油道通畅，液压泵来的油液直接经此油道回油箱。当多路阀任何一联方向阀换向时，都会把此油道切断，液压泵来的油液就从该联阀经已接通的工作油口进入所控制的执行元件。

方向阀阀杆的移动过程中，中立位置回油道是逐渐减小最后被切断的，从此阀口回油箱的流量是逐渐减小，并一直减小到零；而进入执行元件的流量，则从零逐渐增加并一直增大到泵的供油量。

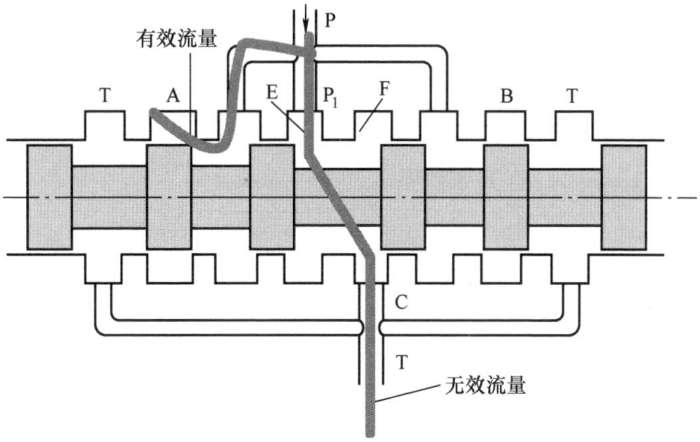

图 23-58　六通型多路阀的结构原理图

因此，采用六通型多路阀的液压挖掘机的液压泵输出油液被分成两部分：一部分用来驱动液压缸或液压马达工作，属于有效流量；另一部分通过多路阀的中位回到油箱，属于无效流量，要提高系统工作效率，就需要减小无效流量，让无效流量占总输入流量的比例越小越好。

**1. 负流量系统**

(1) 工作原理分析 在挖掘机等工程机械领域，为了减少六通多路阀中产生的旁路回油损失，目前广泛应用于中型液压挖掘机的是负流量系统。如图 23-59 所示，在多路阀的最后一联和油箱之间设置流量检测装置，主控阀中有一条中心油道 $P_1$—C，当主控阀各阀芯处于中位时（手柄无操作时）或者阀芯微动时（手柄微操作时），液压泵的液压油通过多路阀中心油道 $P_1$—C 到达主控阀底部的流量检测装置，经过底部流量检测装置的节流口的增压产生方向流。当回路中所有方向阀阀芯处于中位，泵的全部流量卸荷时，通过节流口的流量 $q$ 达到最大值，负流量控制压力 $\Delta p$ 也最大。负流量控制压力 $\Delta p=\Delta p_{max}$（$\Delta p_{max}$由与 NR1 或 NR2 并联的溢流阀调定）。由 $F_R$ 或 $F_L$ 取出的信号控制泵的排量与旁路回油流量呈负线性关系，从而降低旁路回油功率损失。当多路方向阀任意一联处于最大开度时，液压泵输出流量几乎全部进入相应的执行元件，通过节流口的回油量很小（接近于 0），负流量控制压力 $\Delta p$ 最小，几乎为零，此时主泵的排量自动增加到最大以满足作业速度的需要。当多路方向阀的开度在中位和最大开度之间微动时，变量泵的控制压力 $\Delta p$ 在 $\Delta p_{min}\sim\Delta p_{max}$之间，而液压泵的排量也在最小和最大排量之间变化，且 $p_i$越大，液压泵的排量越小，即液压泵的控制压力与液压泵的排量成反比。

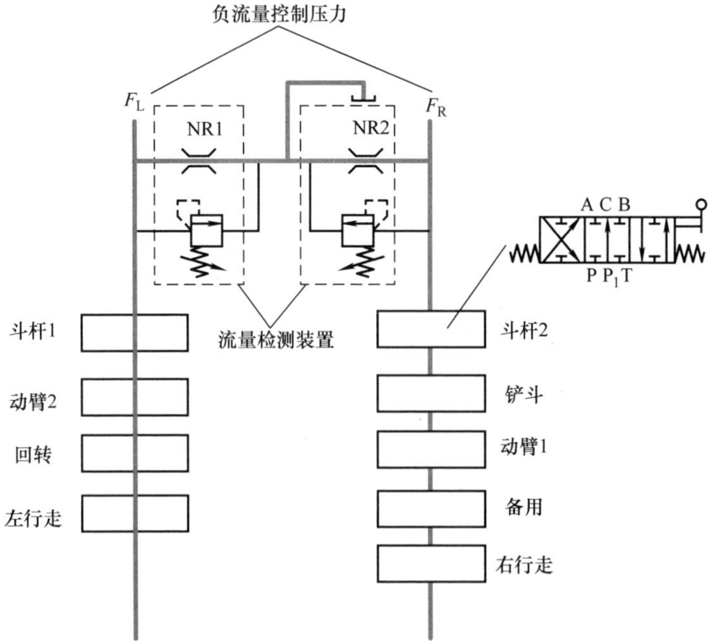


图 23-59 负流量系统多路阀原理图

具体操作过程：手柄行程越大，对应的二次先导压力也会越大，由二次先导压力控制的主阀芯的开度也会越大，与之对应，主阀芯的开度越大，主油路分向执行元件的油越多，执行元件的速度就会越快，通过中位流经流量检测装置的油越少，负流量控制压力就会越小；反之如果手柄行程越小，对应的二次先导压力也会越小，由二次先导压力控制的主阀芯的开度也会越小，与之对应，主阀芯的开度越小，主油路分向执行元件的油越少，执行元件的速度就会越慢，通过中位流经流量检测装置的油就越多，负流量控制压力就会越大。图 23-60 所示为负流量系统多路阀－液压泵原理图，液压泵根据负流量控制压力的大小对其排量进行控制。负流量控制压力越大，液压泵的排量控制的伺服活塞的大腔的压力降低，排量小，反之，负流量控制压力越小，液压泵的排量控制的伺服活塞的大腔的压力升高，排量增大，这就是负流量系统输出特性（见图 23-61）。

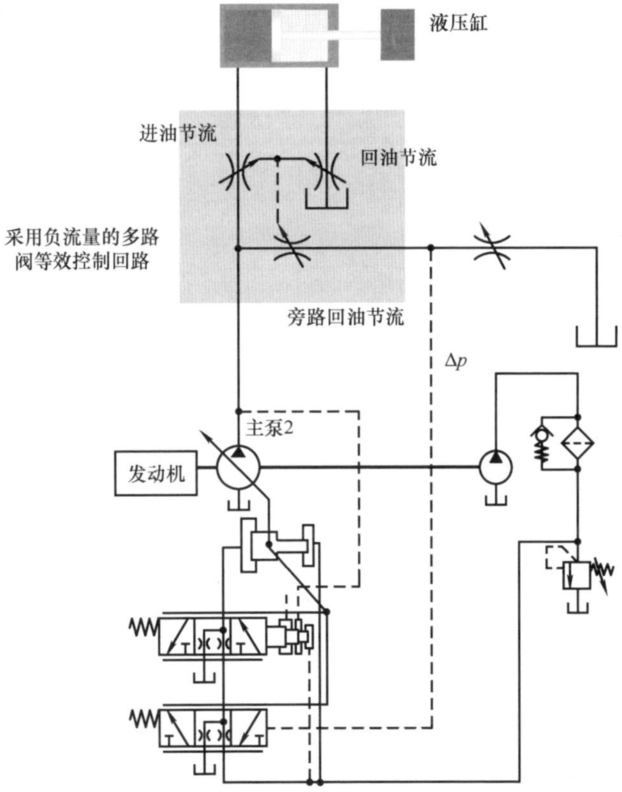


图 23-60　负流量系统多路阀－液压泵原理图

（2）节能特性分析　负流量系统本质上是一个恒流量控制，通过在多路阀旁路回油通道上设置流量检测单元，最终达到控制旁路回油流量为一个较小的恒定值，最终转换成旁路回油节流口处的恒压控制。负流量系统的关键难点是旁路回油压力如何设定。旁路回油设定压力高，则泵的输出压力也高，系统可以迅速建立起克服负载所需要的压力，系统的调速性能较好，驾驶员操作时无滞后感，但旁路损耗功率增大，尤其是当驱动轻负载时，旁路回油设定压力过高并无实际意义。反之，旁路回油设定压力低时，系统调速性能会变差，但更为节能。当前，旁路回油设定压力一般设定在 3～5MPa。下面分析负流量系统能耗不高的主要原因：

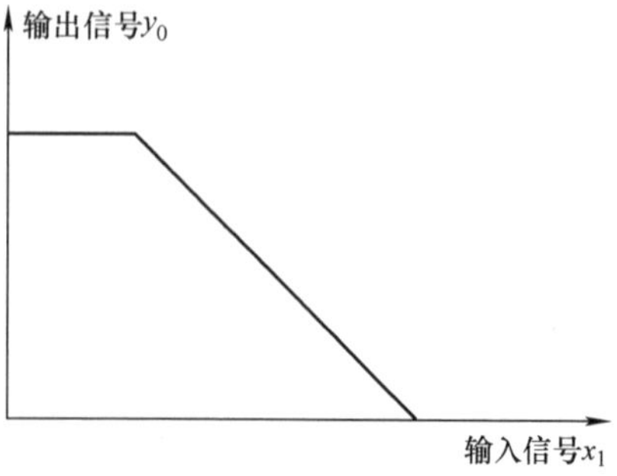

图 23-61　负流量系统输出特性

1）液压挖掘机不工作时能量消耗。以川崎中型挖掘机用负流量系统为例，即使操作手柄处于中位，一个变量泵的流量仍然有 20～30L/min 的流量通过多路阀中位进入油箱，双泵系统则大约有 60L/min 左右的流量损耗，按当前的旁路回油设定压力 5MPa 为例，即使挖掘机不工作，其旁路损耗功率也有 5kW。如果把负流量的中位流量（30L/min）调小，又会造成执行器工作时的响应速度变慢。

2）挖掘机实际作业工况能量消耗。驱动轻负载移动时，一般速度较快，系统压力较小，大部分液压泵的流量进入油缸或液压马达的驱动腔，而通过多路阀中路进入油箱的流量较少，负流量控制压力较小，液压泵的排量也较大；但当负载增加到很大，执行器的速度较小时，一般情况下先导操作压力也较小，多路阀并没有越过调速区域，驱动负载的液压缸或马达的驱动腔的流量较小，通过多路阀中位进入油箱的流量会增大，然后液压泵排量逐渐减小，当旁路流量到达近 30L/min 之后，液压泵的排量也基本降到最小，负载动作降到非常慢，系统压力也基本维持在 30MPa，可以计算出这种工况时的旁路节流损耗大约为 30kW（双泵）。

（3）操控性分析

1）调速特性不好。六通型多路阀的比例调节区域是指多路阀的旁路回路 $P_1$—C 逐渐关闭，而 P—A 或 P—B 逐渐打开的过程，此时驾驶员会感觉负载速度随着先导手柄压力的行程变化而变化；一旦旁路回路 $P_1$—C 关闭，不管操作手柄的行程如何变化，泵的流量全部进入负载或者在超载时通过安全阀回油箱，负载的速度不受手柄控制；但实际上，多路阀的旁路回路 $P_1$—C 关闭的阀芯位移很小，相当于阀口打开的初始阶段，同时还受到负载压力和泵流量的影响。

如图 23-60 所示，负流量系统的调速是采用旁路回油节流和进油节流的组合，通过阀芯节流，控制液压缸或液压马达的流量，由于是靠旁路回油节流建立的压力克服负载压力，因此调速特性受负载压力和液压泵流量的影响。负流量系统的调速特性如图 23-62 所示，在轻负载时，克服负载所需要的压力较小，多路阀工作时，旁路节流从全开逐渐过渡到关闭，由于靠旁路回油节流建立的压力不大，因此多路阀的阀芯并不需要越过一个很大的行程，故多路阀调速行程大，死区小，多路阀比例可调行程大，操纵性能好；随着负载压力升高，需要旁路回油节流建立的压力较大，多路阀需要越过一个较大的行程，甚至越过了整个比例调节区域（旁路节流口完全关闭）后才能建立起克服负载所需要的压力，因此，阀杆调速的死区（空行程）增大，有效的调速范围行程减小，调速特性曲线（流量随行程变化）变陡，导致阀杆行程稍有变化就会引起流量很大变化，阀的调速性能变差。

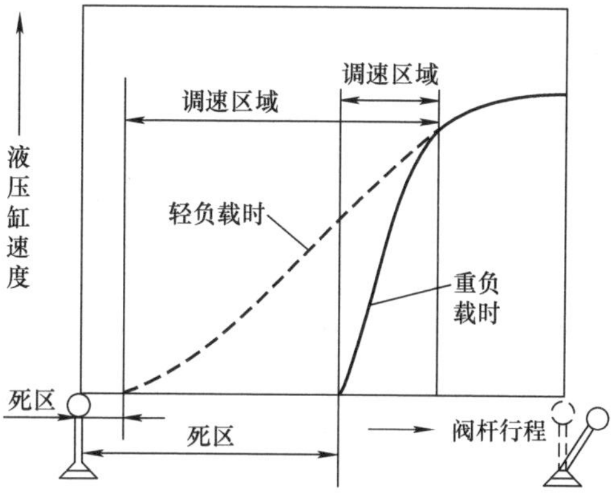

图 23-62 负流量系统的调速特性

2）流量波动较大。开中心油路操纵性能的另一缺点是流量波动大，挖掘机在工作过程中，其负载压力是不断变化的，加之液压泵的流量也在不断变化，速度调整操纵不稳定，阀杆操纵行程不变，但随负载变化和泵流量变化，则液压缸速度会产生变化，因此开式油路的调速性能不稳定。

由于工程机械大多为多执行器系统，当一个液压泵驱动多个执行器同时动作时，因液压油是向负载轻的执行器流动，需要对负载轻的执行器控制阀杆进行节流，特别是像挖掘机这类机械，各执行器的负载时刻在变化，但又要合理地分配流量，以便相互配合实现所要求的复合动作，这是很难控制的。

要满足液压挖掘机各种作业工况要求，同时实现理想的复合动作，是很困难的。以双泵合流问题为例，挖掘机实际工作中，动臂、斗杆、铲斗都要求能合流，但有时却不要求合流，但对开中心油路来说，要实现合流与不合流的状态切换是很困难的。对于各种作业工况复合动作问题，如掘削装载工况，平整地面工况，沟槽侧边掘削工况等，如何向各执行器供油，向哪个执行器优先供油，如何按操作人员的愿望实现理想的配油关系也是很困难的。还有作业装置同时动作时行走直线性等问题。对于开中心油路，仅靠操纵多路阀阀杆来实现挖掘机作业动作要求是不行的。为此设计师在开中心系统的设计上充分研究，采用了不少通断型二位二通阀和插装阀来改变供油，在油路上通过设置节流孔和节流阀来实现优先供油关系。但是可以这样说，即使采用了这些措施，开中心油路仍然是不理想的，仍不能满足挖掘机工作要求和理想的作业动作要求。

3）对负载实际所需流量的敏感性不强。负流量的第三个缺点是对流量需求的变化不够敏感。首先负流量的压力信号是要在多余流量产生以后通过节流阀口产生，即流量不匹配的结果已经产生，只有当液压泵和液压阀的流量供需之间出现不匹配时，对流量才有纠正作用，这在本质上是一种事后补偿机制；其次液压压力传递需要一定的延时，同时液压泵的排量响应需要一定的时间，因此执行机构的速度并不能及时跟随液压阀开度的变化，使得操作人员感觉到系统的操控性较差。

4）液压泵变量机构磨损快。为了得到较高的流量精度，反馈环节需要持续不断地对液压泵的变量机构进行微调，这在客观上加剧了液压泵变量机构的磨损，使得液压泵的寿命大大降低。

（4）负流量系统的典型应用　负流量系统起源于日本，20世纪80年代出现在挖掘机上，90年代广泛用于中型挖掘机。它结构简单，有一定节能效果，日本大量的中型挖掘机采用此系统。

日本川崎制造的K3V系列负流量控制泵（见图23-63）及KMX系列主阀所组成的系统是典型的负流量系统，已得到广泛的应用。该系统采用的就是小孔节流的流量检测方法，结构简单，易于实现。

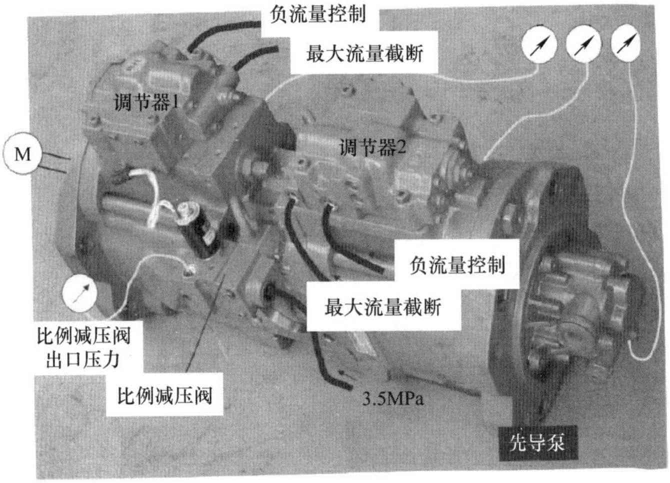


图23-63　日本川崎K3V系列负流量控制泵

另外一种流量检测装置是用射流元件进行流量检测。典型代表为日本小松（KOMATSU）制造，用于PC200－5、PC300－5、PC400－5型挖掘机上的节能系统——中心开式负荷传感系统（OLSS），所谓“中心开式”是指主阀处于中位时阀芯是开放的，回油道由此通过。在主阀回油道上装有射流传感器，它与系统中的负流量控制阀（NC阀）共同控制主泵变量机构（伺服缸）。回油量越大，射流传感器输出的传感压差也越大，NC阀输出的控制压力就越小，主泵流量就越小。这与负流量系统总效果是一致的，不同的是主泵控制压力与主泵流量$q$成正比，而非负流量控制关系。博世力士乐作为液压元件制造的龙头企业并不看好负流量系统，因此并没有推出关于负流量系统的多路阀和液压泵。

**2. 正流量系统**

（1）工作原理 如图 23-64 所示，正流量系统和负流量系统类似，主要区别在于直接采用手柄的先导压力控制主泵排量，这样手柄的先导压力同时并联控制系统流量的供给元件和需求元件，克服了负流量系统中间环节过多、响应时间过长的问题。如果合理配置主阀对先导压力的响应时间和主泵对先导压力的响应时间，从理论上可以实现主泵流量供给对主阀流量需求的无延时响应，实现了系统流量的“所得即所需”。

正流量系统一般分成液控型和电控型，液控型是通过多个梭阀把先导操作压力的最大压力引入变量泵的控制油路，具有一定的传递延时；电控型正流量系统通过压力传感器检测最大先导操作手柄压力，该压力信号作为变量泵控制器的输入信号，根据一定的算法，通过控制电比例减压阀来控制液压泵的排量或电动机控制器来控制电动机转速。

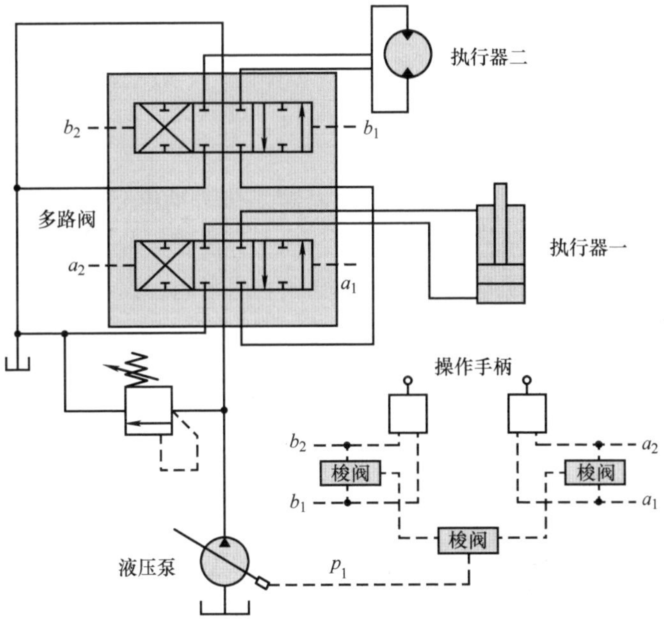


图 23-64 液控型正流量系统的工作原理

正流量系统必须对输入到主泵控制器的先导信号进行选择，最常见的方式是通过增加梭阀阀组，将操作手柄输出的先导信号进行选择，一般选取最大的信号作为主泵的排量控制信号。由于增加了梭阀阀组，相应的正流量系统也提高了复杂程度和制作成本。另外一种方式是利用压力传感器将先导压力信号转换成电信号，微处理器将所有的电信号相加，再通过正比例调节减压阀来控制液压泵的排量或通过电动机控制器来控制电动机转速。

随着电传动技术的快速发展，工程机械动力系统和液压系统电控化已经成为行业发展趋势。在基于变转速控制的电动挖掘机正流量系统中（见图23-65），通过改变电动机转速来改变液压泵的输出流量，实现泵输出流量与进入执行器流量之间的匹配，降低系统的流量损失，从而实现液压系统节能。系统的工作原理和结构特性如下。

1）工作原理：在挖掘机工作时，电控手柄产生电压差信号，传输给控制器，控制器对手柄压差信号进行分析处理，然后分别输出控制信号给先导阀和变频器，通过控制先导压力大小对多路阀的阀口开度进行控制，从而控制进入执行器的流量。通过对变频器输出控制信号，对动力电动机进行速度控制，改变液压泵的输出流量。通过对液压泵输出流量和进入执行器流量之间的匹配，减少液压系统在运行过程中的流量损失，提高系统的节能性。

2）使用永磁同步电动机变转速控制方式带动内啮合齿轮泵供油，发挥了动力电动机调速性能好和定量泵调速范围宽的优势，通过容积调速的方式实现系统流量的控制，降低了挖掘机运行时由于流量不匹配造成的能量损耗。定量泵的效率高，可以提高系统的效率。动力电动机功率密度高，过载能力强，能够满足挖掘机负载多变的工况。

3）使用电控手柄对正流量系统进行控制，在手柄电信号的发送和采集过程中，没有梭阀阀组对液压信号的选择过程，减少了控制信号在液压压力信号和电信号之间的转换，提高了液压系统的控制精度和响应时间，弥补了传统液控正流量系统控制方式响应速度慢、控制精度低的不足。

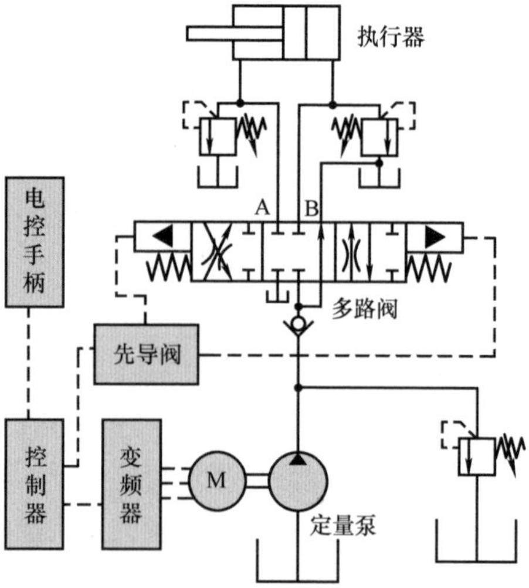


图23-65　基于变转速控制的电动挖掘机正流量系统原理图

（2）操控性分析

1）优点：在正流量系统中，由于泵的控制信号采集于二次先导压力，此压力信号同时发送至液压泵和主控制阀，故两者的动作可以同步进行。这就是“与负流量相比正流量操作敏感性好”的主要原因。

2）不足之处主要体现在比例调速特性差、正流量系统稳定性差、负载所需流量难以精确估计、流量波动大。

① 比例调速特性差。由于六通型多路阀的中位直接接油箱，位于调速区内的阀芯难以形成克服负载的系统压力，直到阀芯基本越过调速区后液压油才开始进入工作液压缸，因此该系统会造成液压缸速度突然加快。在重载时，正流量系统的调速特性比负流量系统更差，正流量系统的比例调速特性如图23-66所示。

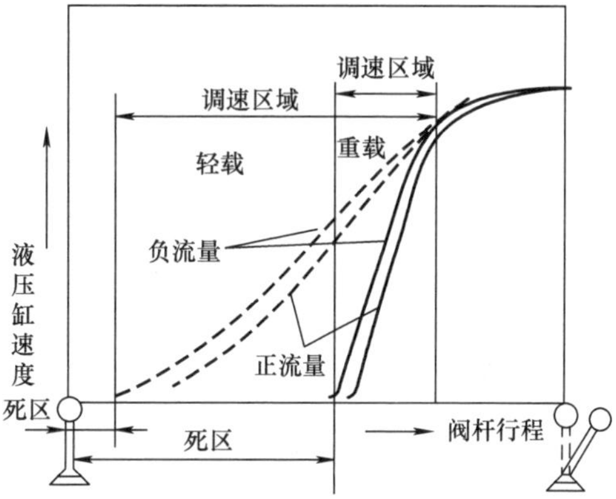


图23-66 正流量系统的比例调速特性

② 与负流量相比，正流量系统稳定性更差。正流量系统一般采用较多的梭阀选出最高的控制压力，系统较为复杂，同时多个梭阀会造成控制压力信号的传递滞后，可能会对系统的稳定性带来不利的影响。

③ 负载所需流量难以精确估计。挖掘机是一个速度控制系统，一般认为先导操作手柄的行程越大，先导控制压力越大，所希望的执行器的速度也越大，因此所需要的流量也越大，但如果正流量泵的控制压力是来源于梭阀所选择的最大压力，那么存在以下问题：

a）这个最大压力来源于哪个执行器的先导操作手柄，对于液压泵来说并不知道，是否多个操作手柄都是输出最大压力也不知道。例如，当动臂上升的先导控制压力最大时，而其他先导操作压力为零时，动臂按某个速度上升，此时只要其他操作手柄离开中位，其实此时负载的所需要的流量增大了，但液压泵的排量并未增大，因此动臂上升的速度下降了。在判断负载所需要的流量大小方面，正流量系统甚至不如负流量系统，只是正流量系统比负流量系统更为迅速。

b）以液压挖掘机为例，先导操作手柄包括动臂、斗杆、铲斗、回转、左行走和右行走。那么只要其中一个先导操作手柄输出最大压力，液压泵就输出最大流量。那么当控制压力变化时，液压泵排量的变化规律如何设定？实际上，一般期望不同执行器排量和控制压力的变化规律是不同的，这点可以通过多路阀控制不同执行器的每联比例方向阀的控制压力–通流面积的特性关系就可以看出来。因此，正流量的液压泵的排量变化特性难以同时满足不同执行器的需求。

c）挖掘机执行器输出力大，所需要的流量很小。先导操作压力的大小并不是表征负载所需要的流量大小，而是输出力的大小。当进行强力挖掘时，铲斗碰到较重负载时，往往铲斗的操作手柄输出压力很大，以产生一个较大挖掘力，但此时所需要的流量几乎为零；挖掘机在侧壁掘削时，为了保证挖掘的垂直性，一般会通过操作回转先导手柄使得转台产生一个对侧壁的反向作用力，防止侧壁掘削过程的铲斗反推。因此，完全通过先导操作压力信号来预估流量大小本身也存在问题的。

④ 流量波动大。正流量和负流量系统都没有采用节流阀口的定压差控制，都是采用中心开式六通型多路阀，都只能实现较小行程的微调特性，也同样存在分流和合流问题。

（3）节能特性分析　正流量系统的先导控制信号由于可以独立于主方向阀单独存在，其控制信号可以是液压系统的压力信号，也可以是电控的电流信号，甚至可以是气动控制信号。正是由于该信号的完全独立性，泵的摆角就可以做到最小并趋近于零，输出流量仅仅可以维持系统再次启动工作即可（一般控制在2L/min以内）。由于没有此旁路流量检测装置，旁路回油压力一般在0.6～3.0MPa，减小了一个不必要的功率损失。而在负流量控制的液压系统中负压信号的压力大约是5MPa，此压力只用于产生负压信号；从而使正流量控制的挖掘机在完成同样工作量的情况下比负流量控制的挖掘机省油。相对负流量系统，正流量系统机型可以节油12%左右，提高大约9%的作业效率。

但实际上正流量系统也存在不节能的工况：比如当手柄行程最大时，液压泵工作在最大排量，如果此时负载较大，速度较慢时，系统压力高，可执行机构只需要一点流量。这样大部分油液将经过开中心阀溢流进入油箱。这个时候需要驾驶员待克服负载的压力建立以后降低先导操作手柄的行程，进而降低液压泵的排量。这也是同一机型不同驾驶员操作时节能效果不一样的典型例子。

（4）正流量系统的典型应用　正流量系统主要见于博世力士乐，它需要较大的梭阀阀组予以支持，目前它的用量在减少。博世力士乐制造的A8VSO系列主泵及M8和M9系列主阀所组成的系统是正流量系统，也有较强的功能。该系统需配梭阀阀组，比负流量系统复杂一些。该类系统只能根据先导压力最大的一路阀开度控制液压泵的排量，其他各阀的开度无论大小都不参与控制过程，在各阀同时操作时不能进行流量的叠加。川崎K3V112DTP系列主液压泵和川崎KMX15RA系列主阀也可以组成正流量挖掘机液压系统。

为了改善正流量系统中液压泵的控制性能，博世力士乐7M9－25主阀预留了液压泵的电控功能。每个主阀的先导压力利用压力传感器转换成电信号，微处理器将所有的电信号相加，并通过正比例调节减压阀来控制液压泵的排量，即使所有的执行元件同时动作，也能使液压泵的排量调节到满足系统的要求。

## 23.3.2　负载敏感系统

### 1. 工作原理

（1）传统负载敏感系统　正、负流量系统能使泵的排量根据检测到的信号自动调节，使泵流量随负载的变化而变化，实现按需供给。但这两种系统中的流量不仅与节流阀的开口面积有关，而且受负载变化的影响，负载调速区域小，流量调整行程小，并且存在负载漂移现象，即操纵杆位置不变，随负载改变，执行器速度发生变化，微调和精细作业困难，调速性能较差。

工程机械的液压系统属多执行器复合动作系统，为了提高系统的操控性，当前小型液压挖掘机一般采用了负载敏感系统。负载敏感系统的类型也包括定量泵负载敏感系统（见图23-67）和变量泵负载敏感系统（见图23-68）以及多变量泵负载敏感系统（中型挖掘机应用）等。其基本原理是利用负载变化引起的压力变化调节泵的输出压力，使泵的压力始终比负载压力高出一定的压差（约为2.0MPa），而输出流量适应系统的工作需求。负载敏感系统中采用执行元件的速度与负载压力和液压泵流量无关，只与操纵阀杆行程有关，获得了较好的操作性。

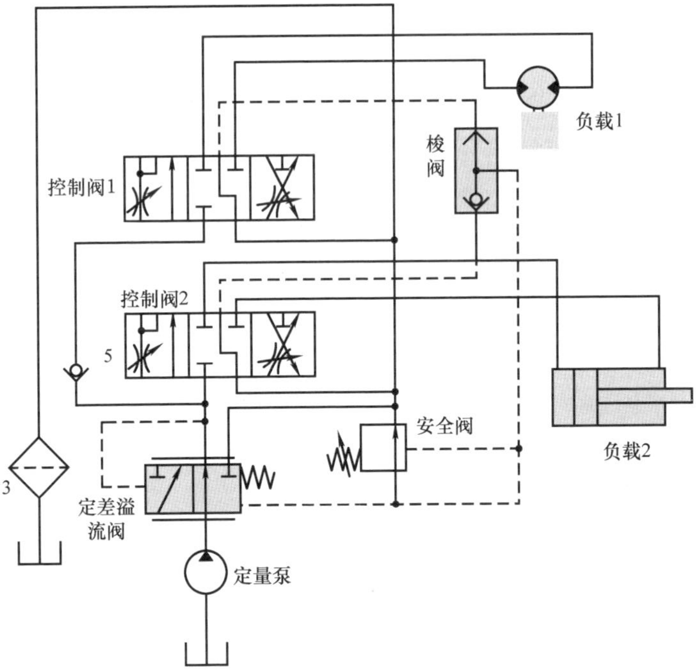


图23-67　定量泵负载敏感系统

以变量泵负载敏感系统为例，负载敏感方式为液压－机械控制，通过阀组和压力检测管网选择出最高的负载压力，用选出的压力控制变量泵斜盘的摆角，为了使

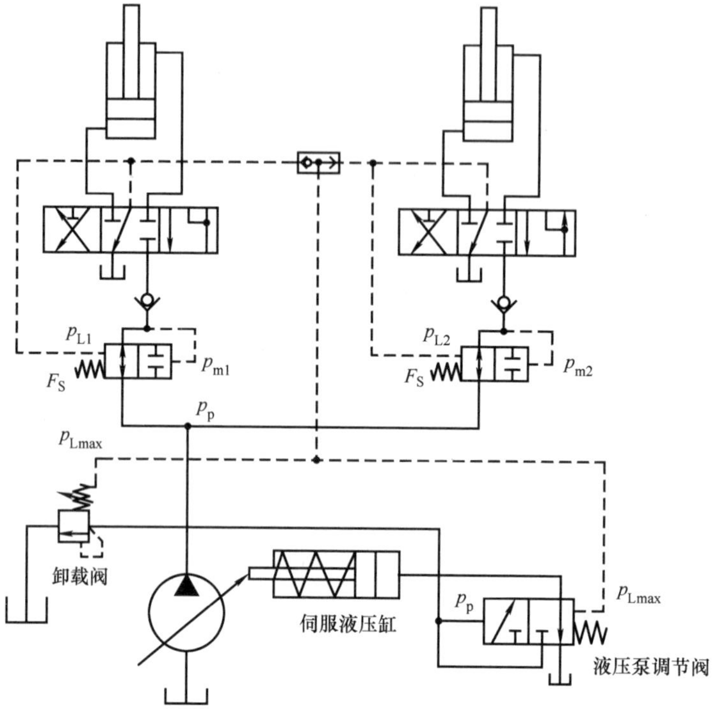


图 23-68　变量泵负载敏感系统

各个液压执行器的动作不受负载压力变化的影响，在每一个控制阀的进口都装有压差补偿器以保证控制阀的压差稳定，这也是为什么采用负载敏感系统的挖掘机比负流量/正流量的挖掘机的可操作性更好，具有动作可预知性且与负载无关的原因。

由于流量分配性压力补偿阀的出现，使得单泵多执行机构的负载敏感控制更为实用。因此，采用这种负载敏感控制挖掘机普遍采用单泵供油方式，从而省掉复杂的合流控制功能，使液压系统变得更简单，可靠性更高。

（2）抗流量饱和负载敏感系统　传统的负载敏感系统实现了系统的负载适应控制，但当多个执行器同时动作时，泵的流量可能会出现饱和，实际上一般工程机械中泵的输出流量不会按几个执行器最大流量之和设计，因此泵的流量饱和现象在工程机械中经常发生。对于液压挖掘机等工程机械，常见的发生流量饱和的工况如下：

1）当以最高速度同时驱动几个执行器，使每个操作阀的操作量都为最大时，泵的输出流量就会不足。

2）在以最大操作量对高负载进行复合操作时，更加剧了泵输出流量的不足。

3）如果作业机在进行一些比较精细的作业（如挖掘机对地面整平等）时，一般原动机都处于低转速工况。

当泵的流量不足时，首先泵的输出压力会下降，不能达到比任意时刻的最大负载压力高出压差补偿阀的某个压差，使得最高负载的执行器的前后压差较小，进入最高负载的执行器的流量减少，速度降低，这样就不能实现多执行器的同步操作要求。

压力补偿器也是采用定差减压阀，设置在多路阀的出口，因此多路阀中各节流阀口的进油口和泵的出油口相连，因此节流阀口的进口压力均等于泵的出油口压力；负载最大压力引入到压力补偿器的弹簧腔，通过压力补偿器使得节流阀口的出油口压力均比负载最大压力大某个压差值，同时最大压力引入到负载敏感泵，使液压泵仅比负载最大压力高某个压差以实现节能，因此各节流阀口压差相等。当泵的流量出现饱和时，所有执行器的节流阀口的前后压差都减小，相互之间的比例关系保持不变，且互不干扰，从而仍然可以保证各个执行器可以同步工作，如图 23-69 所示。

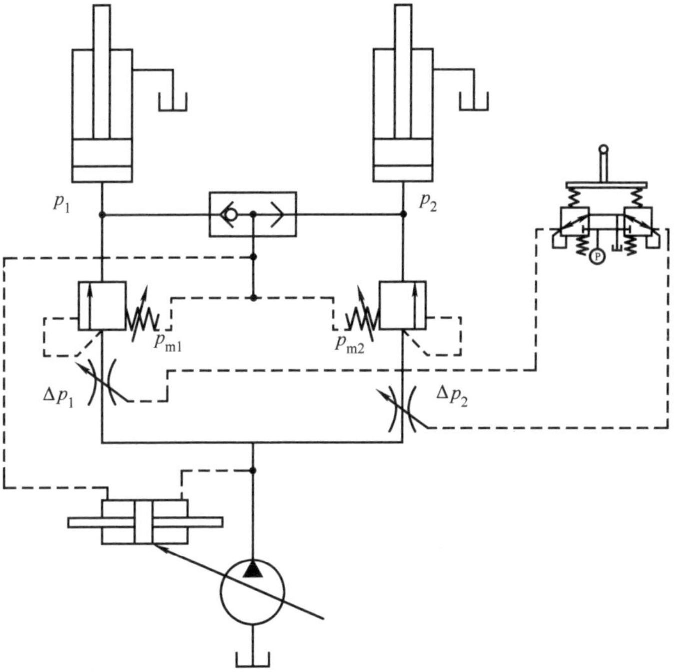


图 23-69 抗流量饱和负载敏感系统

德国林德（Linde）生产的 LSC（负载敏感同步控制）系统也是一种负载敏感系统，是林德在 1988 年登记的专利，基本原理是采用先节流后减压的二通调速阀原理，较好地解决了抗流量饱和问题。LSC 系统一般由一个带负载敏感功能的 HPR 液压泵和一组带负载敏感功能的 VW 阀组成。图 23-70 所示为林德 LSC 系统原理图。

博世力士乐进一步发展了被称为负载独立流量分配（LUDV）的抗流量饱和负载敏感控制原理，也是一种阀后补偿的负载敏感系统。博世力士乐在 1991 年申请

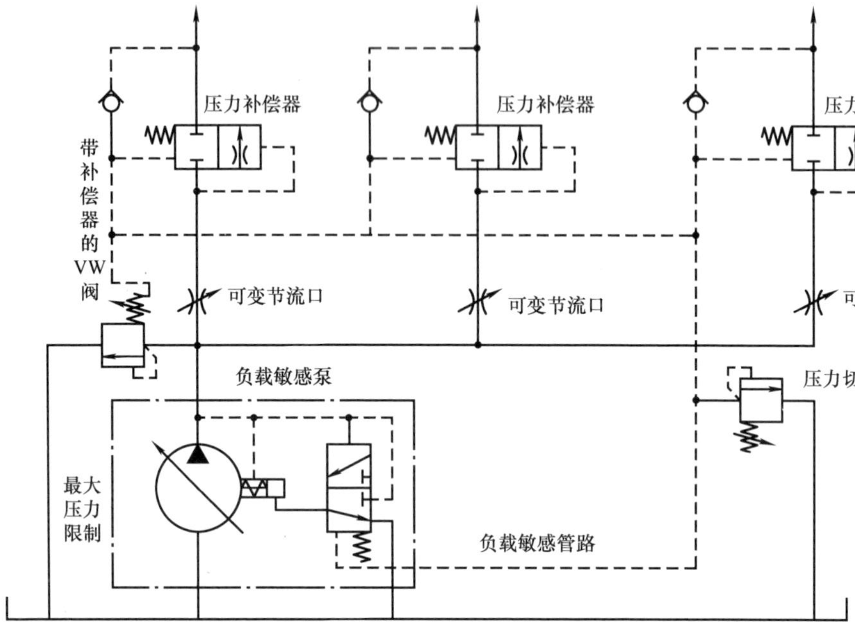


图 23-70 林德 LSC 系统的原理图

了用于单执行器的专利，在 2003 年申请了双执行器的专利。目前，博世力士乐的主阀 SX14 和液压泵 A11V09 的组合就是典型的 LUDV 系统。M7 －22 型液控多路阀（20t 挖掘机用）也是采用 LUDV 原理，在需求流量大于动力源所能提供的最大流量时，所有执行器运动速度按相同的比例减小，保证速度的相对稳定性。

此外，日本小松的 PC －7 系列的挖掘机采用的是闭式中心负载敏感系统（CLSS），该系统由两个主泵、操作阀和执行元件等构成，其主液压泵的负载敏感（LS）阀起到感知负载，对输出流量进行控制的作用。

（3）电动化负载敏感系统　随着电动化工程机械的发展，传统液压系统也得到了相应改进。以小型电动挖掘机搭载负载敏感系统为例，与传统动力系统不同，电动挖掘机的电动机转速调节范围广，响应快，稳定性高，使得整机液压系统流量匹配方式能够实现电动机变转速调节，搭配负载敏感系统，可以得到更好的流量匹配控制方式，如华侨大学林添良团队提出的一种基于压差分级的排量自适应变转速控制系统，如图 23-71 所示。

该系统搭载抗流量饱和负载敏感系统，采用阀后补偿形式，避免流量饱和情况对整车操作性能的影响。LS 阀通过泵出口压力与最大负载压力之间的压差，控制变量泵排量。该系统通过对 LS 阀压差（泵出口压力与最大负载压力之差）进行分级，分别对应溢流压差、变排量压差及变转速压差。当执行器未开始动作时，处于小流量阶段，负载压力为零，变量泵处于最小排量状态，电动机处于低转速状态，LS 阀压差为最大值，该值为溢流压差设定值，溢流阀处于溢流状态；当执行器开

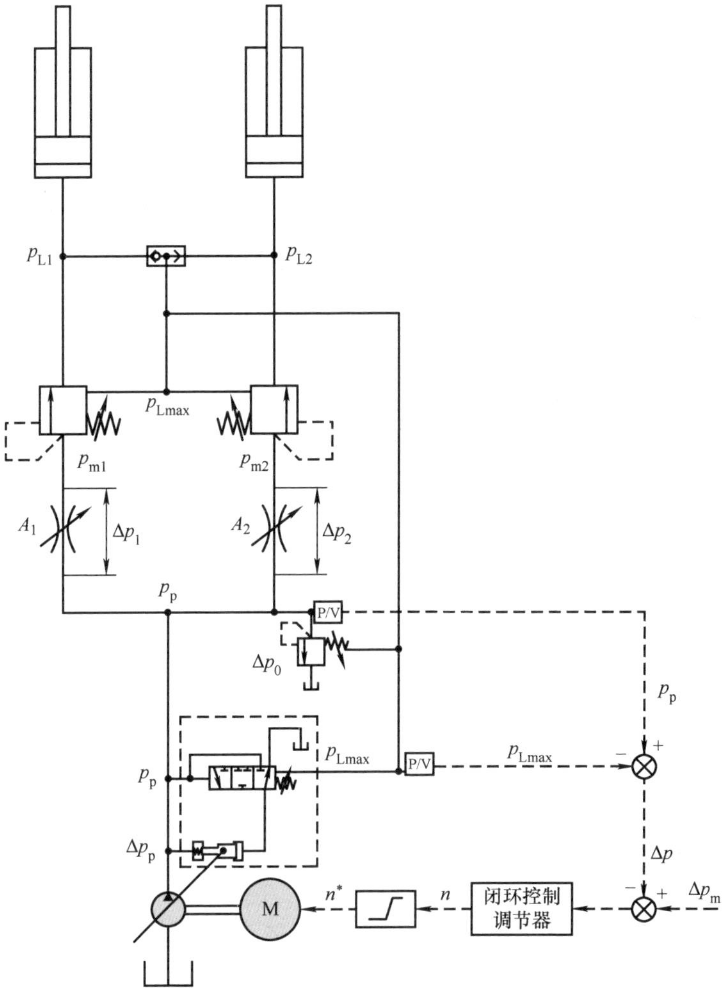


图 23-71　基于压差分级控制的排量自适应变转速控制系统原理图

始动作时，流量增大，LS 阀压差开始减小，直到溢流阀关闭，LS 阀压差达到变排量压差，此时 LS 阀阀芯由于压差而产生偏移，控制液压泵排量，进入变排量阶段；当系统流量继续增大，LS 阀压差继续减小，泵排量已到达最大排量位置，直至 LS 阀压差抵达变转速压差，控制器将控制电动机增加转速，以满足液压系统流量需要，系统进入变转速阶段。

分析基于分级压差控制的排量自适应变转速控制系统可知，该系统通过对负载敏感压差进行分级，从而达到溢流阶段、变排量阶段、变转速阶段三种工作状态的细分。通过负载敏感压差，以反馈压力信号作为信号输入，让排量以及转速自动适应整个液压系统的流量需求，能够极大提高液压系统的能量利用效率，避免大量溢流损耗。

**2. 节能特性分析**

（1）采用负载敏感技术的系统的节能原理　采用负载敏感后，对于定量泵负载敏感系统可以实现液压泵出口压力始终只比负载最大压力高某个压差，实现了按需供给；变量泵负载敏感技术更是同时实现了压力和流量都是和负载相适应，因此液压泵的功率是根据负载的需求提供的，液压系统中并没有多余的功率消耗。这就是负载敏感技术的节能原理。

结合电动化工程机械后，由于增加了电动机转速可调这一变量，使得整车液压系统存在低转速溢流阶段、变排量阶段、变转速阶段三种工作状态。这使得负载敏感系统能够在不同阶段根据实际工况实现更加合理的流量匹配，达到节能减排的目的。

（2）采用负载敏感技术的系统的能耗分析

1）空流损失。空流损失是指挖掘机在非工作状态下液压系统自身内部消耗的功率。理论上负载敏感系统无空载损失，不过由于主泵内部润滑等需要，不可能做到空载时无输出流量，因此实际上负载敏感系统仍然有部分空流损失。从空流损失方面评价，负流量系统损耗最高，正流量和负载敏感系统损耗相对较低。由于电动机运行特性，电动化负载敏感系统能够使液压系统在低转速下进行怠速运行，在空流损耗方面具有更加节能的特点。

2）操作手柄全开时的能量损失。这时对于单执行机构，相比正负流量其功率损失约多 1.3MPa。对于复合动作，相比正负流量其功率损失约多 1.0MPa。在这种操作工况下，负载敏感系统的能量会多浪费一些。

3）操作手柄非全开时的能量损失。正负流量同为旁路节流调速，当负载很大时，其旁路节流损失将很大。这种情况最突出在精细模式。试想如果负载压力高达 30.0MPa，这时负载又需要慢速工作，此时对负流量在旁路将有近 30L/min 的旁路节流流量，这将是很大的能量损耗。而负载敏感系统只表现为主泵至主阀 2.0MPa 左右的控制压力损失。因而在操作手柄非全开时负载敏感系统节能效果更好一些。

主要原因如下：

首先，虽然负载敏感系统采用闭中心的多路阀，不存在中位损失，但负载敏感原理控制量是压差，可称为压力匹配型的负载敏感技术。这种技术的缺陷是存在较大的压差损失，最低也在 2.0MPa 左右。

其次，在单泵多执行器系统中，主管道仍然有附加节流损失。尽管单一执行器的效率很接近闭式容积传动系统，但是，在多个变化较大的执行器并联的工况下，由于只能与最大负载相适应，效率将大大下降。以液压挖掘机为例，由于挖掘机工作中各个执行器驱动的负载相差很大，而负载敏感只能和最高负载相匹配，所以仍然存在很大的能耗，尤其是在轻负载的执行器控制阀口上。研究表明，消耗在控制阀上的能耗超过 30%。这也是为什么在中大型液压挖掘机中应用负载敏感技术时，一般采用多泵负载敏感技术。

### 3. 操控特性分析

（1）可操作性更好　为了使各个液压执行器的动作不受负载压力变化的影响，负载敏感系统在每一个进入液压缸或马达驱动腔的流量的控制阀的进口都装有压差补偿器以保证控制阀的前后压差稳定，这样控制阀的流量取决于阀口开度，与负载大小无关，即在不同负载时，只要手柄的行程一致，执行器的速度基本相同，因此，负载敏感系统的优点在于能完全按驾驶者的意愿分配流量，因而其操纵协调性能高于正负流量系统。

（2）执行器的速度响应较正负流量差　泵出口压力和最大负载压力的差值一般设定为2.0MPa，从节能角度出发，是否可以降低压差，其实这个参数不仅会影响整机的节能效果，也会影响执行器速度的动态响应。采用正流量或负流量的六通型多路阀为开中心系统，开中心中位时液压泵始终有部分流量，一旦需要工作驱动负载时，液压泵就不用经过起动阶段，响应会比采用负载敏感技术的闭中心系统更快。由于负载敏感系统空载时没有液压油通过主阀，因而其响应时间均慢于正负流量系统，但如此可使操作柔和，微动性能比较好。因此，理想的负载敏感压差控制方案应该是一种变压差控制方案。当执行器开始工作时，扩大压差以提高执行器的动态响应，待执行器启动后，降低压差以降低能量损耗。

（3）液压-机械压力检测管道的时间常数影响其稳定性　当压力检测管路较长时，管路的时间常数对系统动特性有负面影响的相移，负载补偿存在液压执行元件压力建立阶段，引起负载压力检测信号的延迟，导致系统动态过程产生振荡，甚至不稳定。因此，功率适应泵和负载敏感阀需要经过仔细的动态设计，只能配套使用，从而导致元件的互换性比较差。也就是说，倘若选用某家公司的功率适应泵，而采用另外一家公司的负载敏感阀，尽管规格相配，元件合格，组成的系统却可能失效。

为了简化先导控制管路、消耗先导控制管网引起的滞后，国外进一步发展了用电子比例阀代替液控减压阀的负载敏感技术。采用电液负载补偿可以克服该缺点，其主要特点是，去除机液负载补偿阀，通过检测液压控制阀两端的压差及阀芯位移，计算出通过该阀的流量，实现内部流量闭环控制；传统的负载敏感油路通过梭阀切换最高联负载，通过液压管路传递系统压力，当管路比较长时，系统将出现不稳定现象，而且所传递的压力为执行器一端的压力，对另一端的压力一般不加检测，如果还按原先的控制方式，将出现一些异常工况，电液负载敏感方法是通过在执行器两端安放压力传感器，比较最高联的压力，最终控制执行系统压力，由于电信号的传递几乎没有延时，响应性能大大改善。

（4）流量波动较正负流量更小，但存在初始阶跃冲击　负载补偿阀一般采用定差减压阀，如图23-72所示，负载补偿阀在初始工作状态时主阀口处于全开状态，一方面负载补偿阀自身为一个典型的质量 - 弹簧 - 阻尼系统，阀芯从全开位置移动到目标位移需要一个动态响应过程，另一方面阀芯从全开到目标位置时，阀芯的弹簧腔将会被进一步压缩，类似一个泵效应，弹簧腔的液压油会被挤压出来，进一步增大了出油口的液压油流量，使得系统会产生一个猛冲的过程，存在补偿特性较差的缺点，其流量特性如图 23-73 所示。

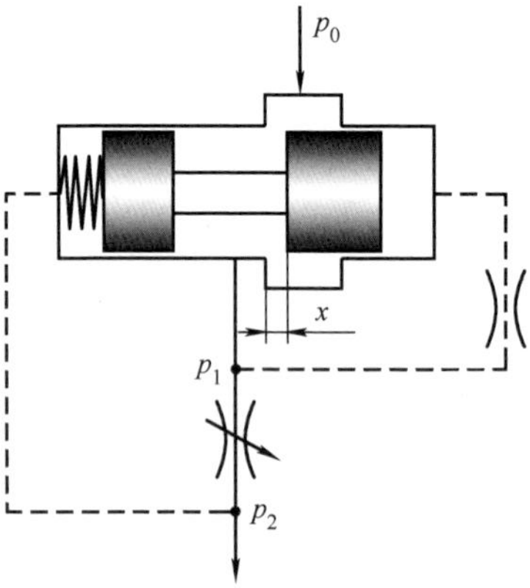


图 23-72　基于液控定差减压阀的负载补偿阀工作原理

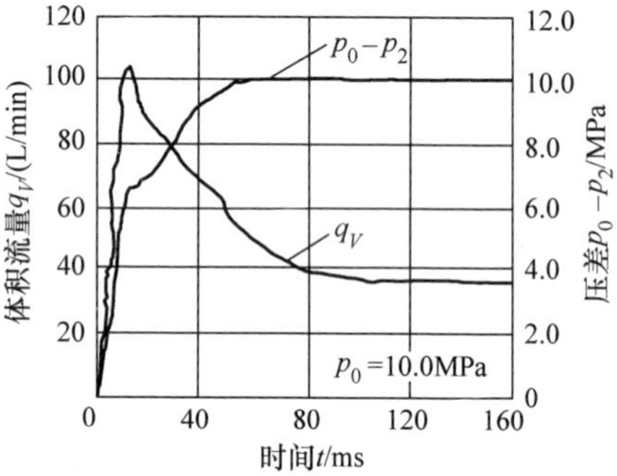


图 23-73　基于液控定差减压阀的负载补偿阀流量特性

**4. 主要研究进展**

负载敏感系统发展于 20 世纪 80 年代的欧洲，越来越广泛地运用于中小型挖掘机上，节能效果显著。它在各执行机构同时工作时，流量供给只取决于操纵手柄的开度，而与负载大小无关，这克服了中心开式阀的这一缺点，使得作业可控性很强。博世力士乐的 LUDV 系统、林德的 LSC 系统、日本小松的 CLSS（见图 23-74）以及日立建机的负载敏感系统都属于这一类。

早在 20 世纪六七十年代该系统就被提出，但直到 1988 年才在欧洲真正用于液压挖掘机。进入 20 世纪 90 年代后，日本也开始在这方面加以研究，并推出了一系列相应的挖掘机产品，如小松的 PC200 - 6、日立建机的 EX200 - 2 等。目前，商业化的负载敏感系统的类型见表 23-10，典型的小吨位单泵负载敏感系统一般采用博世力士乐的 A10V + LUDV 阀成套使用，采用阀后补偿的多路阀，具有了抗流量饱和的功能。该系统一般采用闭式中心控制系统，避免了旁路节流损耗，但仍然不能解决负值负载导致的出口节流损耗以及联动节流损耗。此外，该系统在多执行器同时工作时，如果执行器的负载差别较大，系统的能耗损失仍然很大。工程机械的复合动作较多，如何解决多执行器同时运行时低负载执行器的能量消耗问题，是负载敏感系统的难点之一。

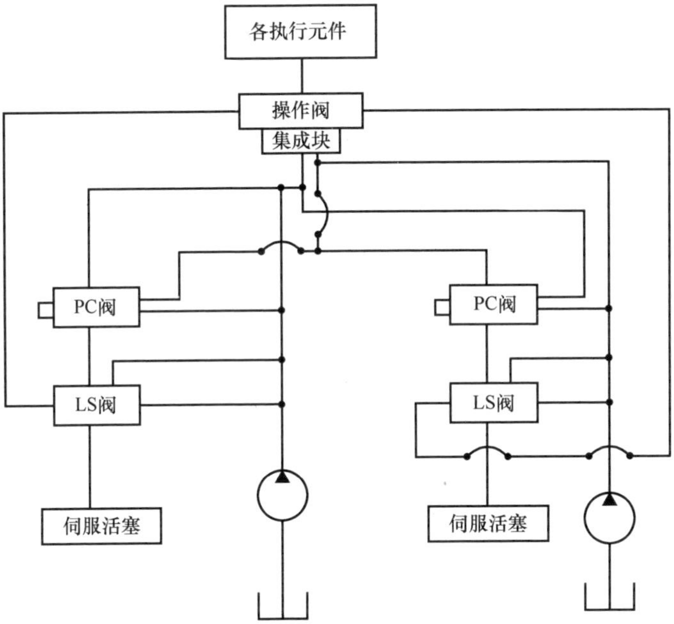


图 23-74　日本小松 CLSS

**表 23-10　各类型的负载敏感系统**

| 名称 | 液压泵 | 压差补偿方式 | 泵流量饱和问题 |
|---|---|---|---|
| 定量泵负载敏感系统 | 定量泵 | 阀前 | 有 |
| 变量泵负载敏感系统 | 恒压差变量泵 | 阀前 | 有 |
| 小松开式中心负载敏感系统（OLSS） | 恒压差变量泵 | 阀前 | 有 |
| 小松闭式中心负载敏感系统（CLSS） | 恒压差变量泵 | 阀后 | 无 |
| 力士乐负载敏感系统（LUDV） | 恒压差变量泵 | 阀后 | 无 |
| 林德负载敏感系统（LSC） | 恒压差变量泵 | 阀后 | 无 |
| 布赫抗流量饱和负载敏感系统（AVR） | 恒压差变量泵 | 阀前 | 无 |
| 东芝出口节流控制 | 负流量泵 | 执行器出口节流后 | 无 |

由于挖掘机工作中各个执行器驱动的负载相差很大，而负载敏感和负流量控制只能和最高负载相匹配，所以仍然存在很大的能耗，研究表明，消耗在控制阀上的能量超过 30%，所以，降低液压系统的能耗一直是该领域的重点研究课题。代表性的工作有，在液压负载敏感控制基础上，20 世纪 90 年代初，德国研究者提出电液负载敏感控制原理，用压力传感器取代复杂的压力检测管网，通过阀口流量计算公式控制阀的流量，省掉了压差补偿器，简化了系统的机械结构、降低了能耗。日本学者对应用高速开关阀控制压力电闭环比例泵组成的电液负载敏感系统进行了研究，并提出用比例压力阀改变压差补偿器的补偿压差，实现抗流量饱和的流量分配

控制。

传统的负载敏感原理控制量是压差，可称为压力匹配型的负载敏感技术。这种技术的缺陷是存在较大的压差损失，最低也在2.0MPa左右；系统的稳定性较差，容易引发振动。为此德国亚琛工业大学的Zaehe博士进一步提出无须压力传感器、按流量计算负载压差和按总流量控制多执行器的原理，德国布伦瑞克工业大学Harms教授提出根据比例阀的流量设定值或阀芯位置确定负载所需流量，对泵的流量进行控制的流量匹配控制原理，因这几种方法需要检测液压泵的转速和摆角，不便在移动设备中应用，当时并未引起足够重视。直到2001年，德累斯顿工业大学液压研究所的Helduser教授，进一步提出用位移传感器检测比例流量阀压差补偿器开度、泵出口旁通压差补偿器开度，不需要检测泵转速的流量匹配控制原理，这一技术才引起人们的关注，研究课题获得了德国科学基金会（DFG）的连续资助，取得了降低能耗10%以上的效果，成为电液技术新的研究热点，德累斯顿工业大学液压研究所进一步发展了双回路的流量匹配负载敏感技术，显著降低了节流损失，国内浙江大学也对该项技术做了深入的研究。

华侨大学林添良团队在电动化负载敏感系统基础之上，通过对挖掘机液压系统进行流量预估，并利用最大负载反馈结合变恒功率泵，提出了一种电动挖掘机变转速变排量协同流量匹配与变恒功率控制方法。该控制方法通过先导手柄压力反馈，对执行器流量进行预估，结合负载敏感系统排量变化原理，将液压系统流量匹配过程细分为系统最小流量溢流阶段、泵变排量阶段、电动机变转速阶段、系统最大流量阶段以及恒功率阶段。

当执行器没有动作时，受LS阀控制，变量活塞左端油室接通泵出口油路，压力油进入油室，推动变量活塞右移，从而使变量泵保持在最小排量处运行，电动机保持怠速，系统处于最小流量溢流阶段。

当执行器开始缓慢动作时，负载压力反馈至LS阀左端，负载敏感压差减小，使LS阀的阀芯右移，变量活塞左端油室回油箱，促使变量活塞左移，变量泵排量增加，逐渐增加至最大排量位置。电动机转速保持在最低转速，系统处于变排量流量控制阶段。

当执行器流量需求进一步提高时，变量泵处于最大排量运行状态，电动机通过提高转速满足系统流量需求。直至电动机达到最大转速，进入流量饱和状态。通过标定执行器最大流量、监测液压手柄输入先导压力信号，确定系统预估流量，根据泵排量计算出电动机目标转速，电动机控制器实时调节电动机跟随目标转速运行，从而满足系统流量需求，系统处于变转速流量控制阶段。

随着负载增加，当泵出口压力达到恒功率阀起调压力时，变量泵恒功率阀开始工作，保证液压系统随负载增加而减小泵排量，系统进入恒功率运行状态，液压泵排量自适应负载变化。

负载敏感系统实现电动化后，通过最大负载反馈判断当前运行工况，并调节比例减压阀改变变恒功率泵起调压力，实现液压泵恒功率点随负载自适应变化的功能，实现更优的功率匹配效果。其原理如图 23-75 所示。

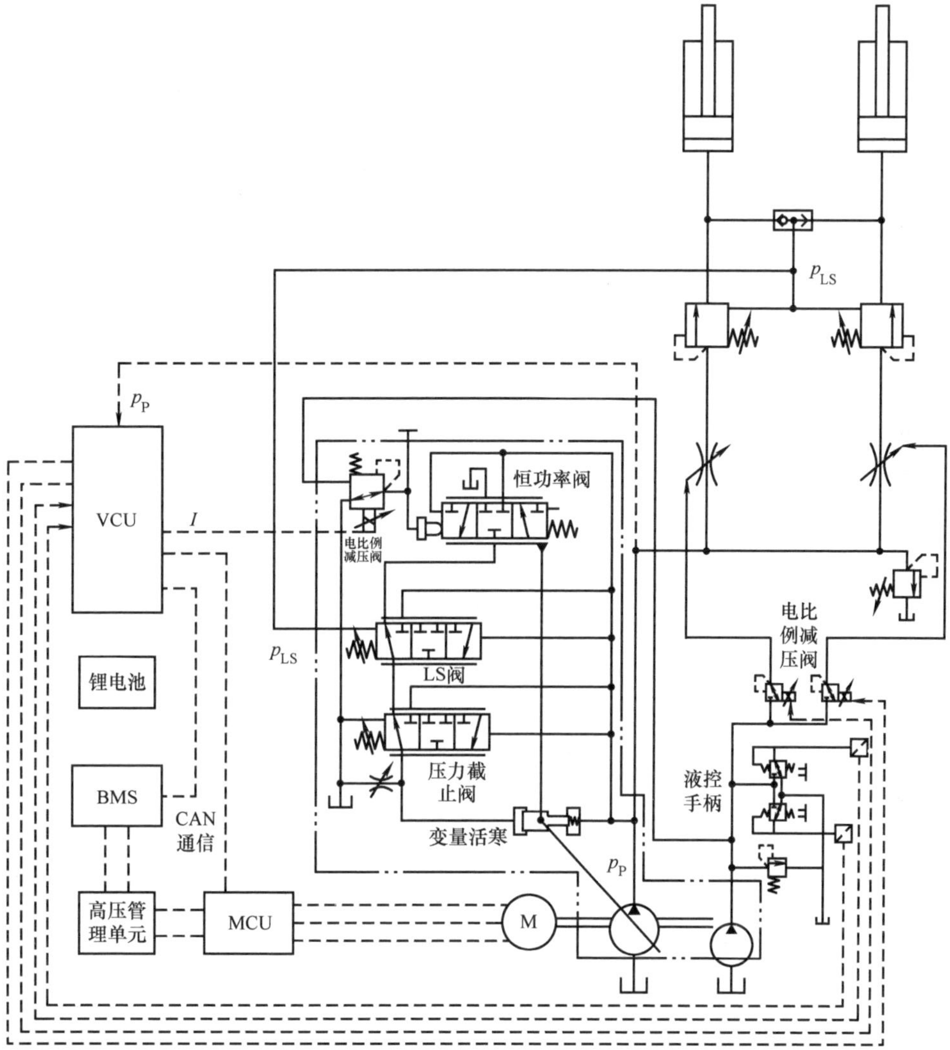


图 23-75 电动挖掘机变转速变排量协同流量匹配与变恒功率控制方法原理

## 23.3.3 容积调速型液压系统

目前的电液控制技术在本质上仍是采用节流控制或容积节流控制，故存在大量的节流损耗。为了解决上述问题，最佳途径是采用泵控，根据液压泵的流量调整方式分为变排量定转速、变转速定排量和变排量变转速三种。泵控系统中通过液压泵的流量来控制执行器的速度，采用容积控制取代节流控制，消除了节流损耗。下面章节描述的二次调节、液压变压器等本质上也是泵控。

**1. 变排量定转速控制**

变排量定转速控制原理如图23-76所示，特点如下：

1）电动机的转速基本恒定，按目前液压泵的转速工作范围，电动机的转速一般设定在1500r/min，发动机驱动型工程机械的液压泵的转速在1800r/min左右。由于液压泵的转速基本恒定，一般通过调整变量液压泵的排量来控制流量和压力，因此需要有一套比较复杂的变排量控制机构（见图23-77），对液压油的介质要求较高。

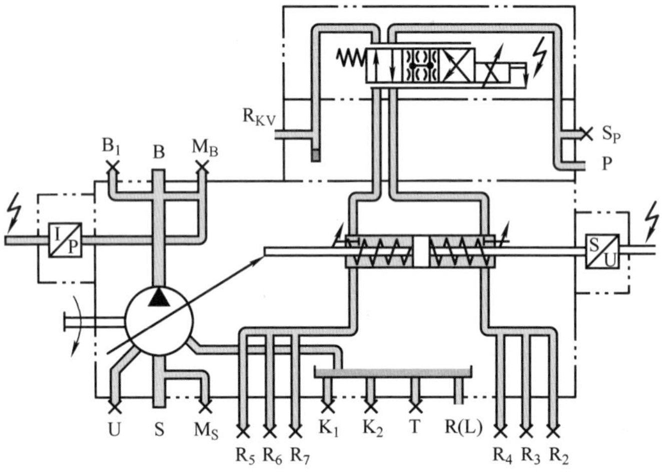


图23-76　某变量液压泵的变排量定转速控制原理

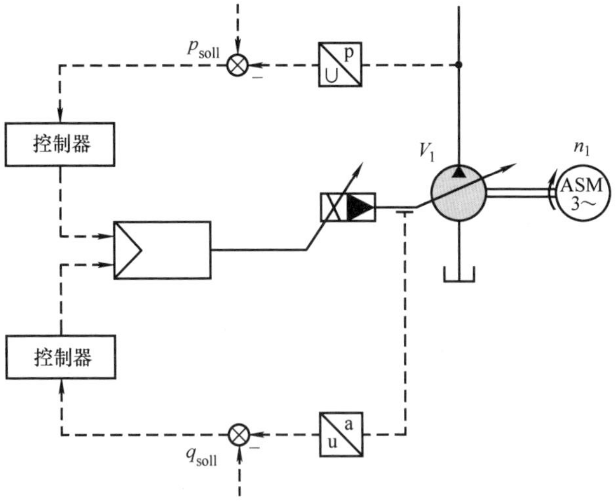


图23-77　变排量定转速系统

2）虽然通过改变液压泵的排量可以调节流量，进而调节执行器的速度，但液压泵变排量的动态响应难以匹配节流调速。由于调节液压泵的斜盘倾角需要推动斜盘、柱塞、滑靴等一系列的质量元件和摩擦副，惯性较大，其排量的响应时间较长。液压泵或液压马达的排量变化的响应时间约为 50～500ms。例如，A11VO130 液压泵的排量响应时间约为 300～500ms。由于改变液压阀的开度只需要通过电磁铁推动阀芯移动，而阀芯的质量远远小于液压泵的运动质量，所以，阀控方式的响应速度很快，一般取决于电磁铁的响应频率。目前，一般阀的响应时间大约为 5～50ms。

3）电动机转速固定，因而液压泵输出小流量时液压泵仍做高速运转，摩擦副的磨损加剧，噪声加大；电动机效率随负载而变化，在轻载时效率很低。因此，在部分负载和无负载情况下的效率大大低于满负载情况下的效率。一般情况下，当负载功率小于其额定功率10%时，其效率低于50%。

4）在相同的电动机功率下，相比于其他两种控制方法所具有的额定工作空间更小，同负载下实现的调速范围更小。

5）变量泵比定量泵的噪声大，此外，因小流量时液压泵仍做高速运转，摩擦副的磨损加剧，噪声加大。

此控制方法应用在泵控系统上时，只是用电动机替换内燃机，不能发挥电动机良好的调速特性，若想要提高系统的响应时间只能从泵的变排量机构上着手，成本较高。现阶段较为成熟的电控技术和先进控制方法并不能很好地发挥优势。博世力士乐推出的 SYDFE 系列数字电控泵对变排量机构实现了很大限度的电气化控制，但是也避免不了一系列质量元件和摩擦带来的问题。

**2. 变转速定排量控制**

20 世纪 60 年代以来，随着电力电子技术和控制理论的高速发展，交流变频调速技术取得了突破性的进展。变频调速以其优异的调速和起制动性能，高效率、高功率因数和节能效果，广泛的适用范围及其他许多优点而被国内外公认为最有发展前途的调速方式，是当今节能、改善工艺流程以提高产品质量和改善环境，推动技术进步的一种主要手段。近年来，高电压、大电流的 SCR、GTO、IGBT、IGCT 等器件的生产以及并联、串联技术的发展应用，使大电压、大功率变频器产品的生产及应用成为现实。同时矢量控制、磁通控制、转矩控制、模糊控制等新的控制理论为高性能的变频器提供了理论基础。未来将朝着更高水平，更高速度的控制方向，结合清洁电能的变流器，使交流变频技术朝着更加节能、绿色和高效的方向发展。

使用变转速定排量泵调速方案（见图 23-78），具有以下优点：

1）节能的突破。和变排量类似，变转速方案也是容积调速代替了传统的节流调速，大大降低了液压系统的节流损耗，节能效果取决于不同的工况。但与变排量定转速不同，具有更好的节能效果。该方案无负载时电动机可以停机工作没有损耗，部分负载情况下效率能得到提高，同时也可以实现制动能的回收。

2）减噪。不管电动机还是液压泵在低速时的噪声都明显降低。

3）可充分利用变频器的控制算法，结合液压参数（压力、流量）、电气参数

（电流、电压）和机械参数（转速）容易实现液压泵的各种变量特性，如恒压、恒流、正流量、负流量等，以及结合先进的控制方法实现更加精确的位置、速度控制。

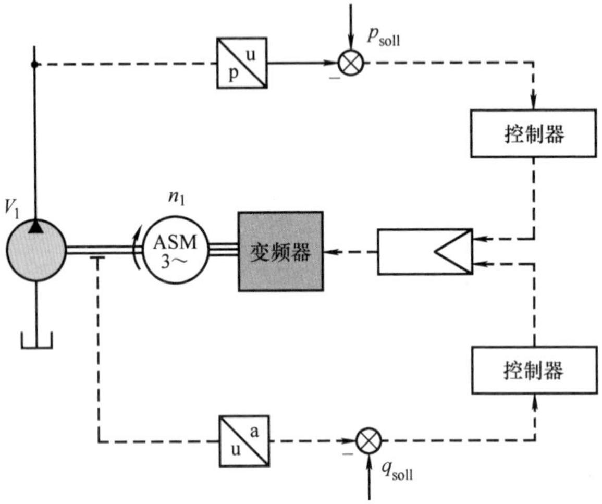


图 23-78　变转速定排量泵调速方案工作原理

从目前国内外的研究看，变转速定排量调速方案也存在以下不足：

1）动态响应慢。电动机的转矩响应时间即电流响应时间，而电流响应时间由电动机时间常数决定，电动机时间常数为电感与电阻之比。电感一般在 0.1mH 级到 10mH 级，电阻一般大小为 0.01Ω 级到 0.1Ω 级，电动机的电磁转矩的建立时间大约为 10～100ms。电动机转速的响应时间一般指起动时间，根据电动机的不同控制方式，起动时间会有不同，变频起动一般时间较长，矢量控制会快些，直接转矩控制会更快些。但具体的时间由于转动惯量不同、电动机本身的起动转矩不同、是否带载情况不同，差别比较大。根据结构不同，功率不同，使用场合不同，所设计的电机结构差别较大，转动惯量也差很多，大概数量级在 0.001kg · $m^2$。

当前，普通的工业用异步电动机驱动定量泵时，尤其是负载较大时，转速从零增加到额定转速所需要的时间甚至超过了 1s，采用该类型的电动机来闭环控制液压泵出口压力都较难。目前采用动态响应较好的永磁同步电动机（伺服电动机），转速的加速时间也基本要在 500ms 以上，即使可以用来控制液压泵出口压力，但也难以适应负载流量随机快速变化的工况。

2）低速特性差、调速精度不易保证。低转速的控制特性较差一直是电动机难以解决的关键技术难题。目前，柱塞泵的最低转速已经达到了每分钟几十转，但常规的工业用电动机要保证良好的转速控制特性时其最低转速最好在 200r/min 以上。

3）由于电动机的低速大转矩输出时效率较低，因此当液压泵工作在高压小流量工况时，为了保证液压泵的出口压力，电动机不能停机工作，只能工作在一个较低转速状态下，由于转矩又等于压力乘以液压泵的排量，导致电动机的输出转矩较大。

因此，许多学者通过液压系统设计、压力补偿以及先进控制策略等方法来改善变频液压调速系统的控制性能。博世力士乐在2009亚洲国际动力传动与控制技术展览会上展出的变速泵驱动器，据称可节能50%，降低60%的入口液压油发热量，降低噪声15dB，在成型加工技术中实现降低设备运行成本的长期目标。国内外学者也提出一系列基于模糊PID和自适应控制的控制方法，提高了系统的性能。

**3. 变转速变排量控制**

变转速变排量泵调速方案的工作原理如图23-79所示，主要是分别针对两种控制方案的不足之处展开。此外，通过变转速和变排量的复合控制可以显著提高动态响应。

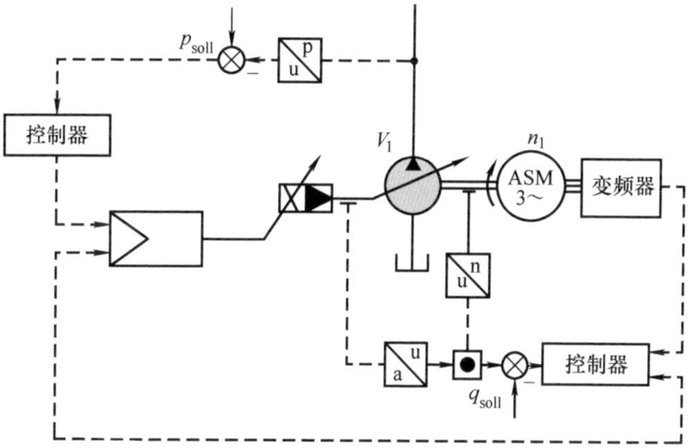


图23-79　变转速变排量泵调速方案工作原理

1）通过调整变量泵的排量来控制压力。例如，当需要保压时，液压泵的出口流量很小，电动机还是以对其最有利的转速旋转，通过减小变量泵的排量提供小流量保压，避免了电动机在低转速大转矩下的能耗。

2）流量控制。从转速大于某个转速阈值（根据电动机的速度控制特性，一般电动机转速在200r/min以下时的控制特性较差）开始，调整电动机的转速来调节液压泵的流量，当转速小于200r/min时，通过改变变量泵的排量来调节流量。

3）系统具有更广的调速范围，但是变量增多，提高了对控制方法的要求。

4）当无负载时，因电动机不旋转，所以没有损耗，部分负载时效率能得到提高。

5）该调速方案的噪声低。

**4. 容积调速的应用分析**

电液控制技术中，仍然较多地采用阀控系统，虽然有很快的响应速度，但节流损失高并且有很大的发热量，能量效率低。而泵控系统可以避免大部分的节流损失，同时也降低了系统发热，是一种在原理上理想的电液控制技术，泵控系统可以改变液压泵的排量或转速，使得输出流量与压力同负载要求匹配。

泵控系统可以提高液压系统的效率，但是长期受到液压泵变排量响应或电动机变转速响应的制约，泵控系统达不到所需的技术要求。随着液压泵响应能力的提高，交流变频调速在电动机上成熟使用，泵控技术才逐渐被研究、应用。从20世纪80年代末开始，针对对称缸的泵控系统被设计，对称缸泵控系统的工业应用也紧随其后。20世纪末，针对差动缸的泵控技术也被提出，并且在21世纪初得到了工业应用。

泵控系统可分成开式泵控和闭式泵控。其中闭式泵控分成闭式泵控马达、闭式泵控双出杆缸和闭式泵控差动缸。其中泵控双出杆由于两腔面积对称，可以参考泵控马达。

（1）泵控差动缸　由于安装空间和输出力，电液技术中80%以上采用差动液压缸作为执行器，差动缸两个运动方向的流量不相等，成为实现直接泵控必须解决的首要问题。差动缸是现在应用最多的线性液压执行器，但差动缸运动时的吸油排油量不等为直接泵控带来了额外的问题，尤其是泵控变排量技术。对于目前常用控制方法，一个有望达到较高性能的差动缸泵控系统应具备以下两点基本要求：

1）可以解决吸油排油量不等的问题。

2）静态时可以使液压缸两腔有一定的预紧压，动态时可改变两腔压差使缸加速减速。

以变转速定排量控制为例分析泵控差动缸的动态特性。

泵的流量方程为

$$q_p(s) = D_p n(s) - C_{tp} p_1(s) \tag{23-38}$$

式中　$q_p$——泵的输出流量（$m^3/s$）；

$D_p$——泵的排量（$m^3/rad$）；

$n$——电动机转速（rad/s）；

$C_{tp}$——泵的总泄漏系数［$m^5/(N \cdot s)$］；

$p_1$——高压腔压力（$N/m^2$）。

高压腔连续方程为

$$q_p(s) - C_{tc} p_1(s) = A_1 \dot{x}(s) + \left(\frac{V_0}{\beta_e}\right) s p_1(s) \tag{23-39}$$

式中　$C_{tc}$——差动缸泄漏系数［$m^5/(N \cdot s)$］；

$A_1$——无杆腔面积（$m^2$）；

$x$——差动杠位移（m）；

$V_0$——高压腔容积（$m^3$）；

$\beta_e$——液体有效容积弹性模数（$N/m^2$）。

差动缸平衡方程为

$$p_1(s)A_1 - F_L(s) = m\ddot{x}(s) + B_p\dot{x}(s) \tag{23-40}$$

式中　$F_L$——负载力（N）；

$m$——负载、差动缸活塞及油液总质量（kg）；

$B_p$——黏性阻尼系数（N·s/m）。

可以得到系统的方框图如图 23-80 所示。

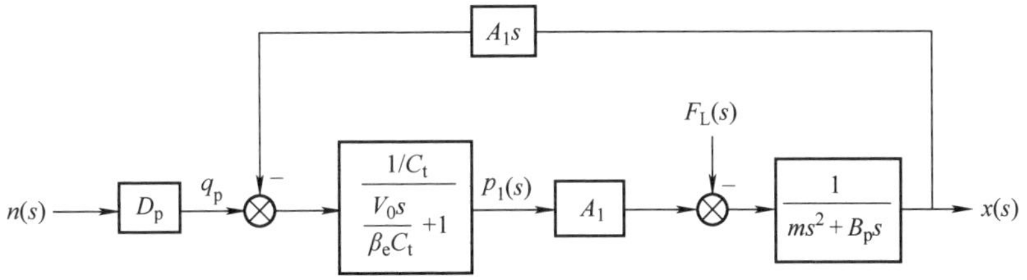


图 23-80　泵控差动缸系统的方框图

注：方框图中 $C_t = C_{tc} + C_{tm}$。

得到系统传递函数为

$$\frac{n(s)D_pA_1 - F_L(s)\left(\frac{V_0 s}{\beta_e} + C_t\right)}{\frac{V_0}{\beta_e}ms^3 + \left(C_t m + \frac{V_0}{\beta_e}B_p\right)s^2 + (B_pC_t + A_1{}^2)s} = x(s) \tag{23-41}$$

在式（23-41）中，忽略高压腔容积 $V_0$ 变化，管道之间压力损失及系统各非线性因素影响，低压腔压力近似为 0，电动机为理想模型，输出转速无延时，实际中电动机是存在响应延时的。泵控差动缸为速度控制系统，式（23-41）为系统输入转速和缸输出位移关系，转换成转速和速度关系时，能够将传递函数变换成二阶系统函数，简化分析。无论开式还是闭式泵控差动缸都能用上述基本原理进行分析。

1）开式系统。图 23-81 所示为开式直接泵控系统，液压系统中的开关阀进行换向操作，也能够实现保压，系统的主要调速功能通过电动机实现，工作中有效地减少了阀控系统的节流损失。开式系统中液压缸的两腔吸油排油不同不会对系统性能有影响，理论上来说具有很好的节能性，也能通过电动机/发电机 - 泵/马达进行能量回收。系统中不可避免地使用了阀，相较于使用管路连接还是会有压力损失，并且在进行换向操作时，液压缸的高压腔和低压腔快速互换，压力冲击会很大。工作时，回路液阻很小，系统非线性和离散程度比较高，需要复杂的控制方法才能达到良好的控制效果。液压油箱会占据一部分空间，系统布局不如闭式系统节省空间。

图 23-82 所示为基于双变转速双向泵的差动缸泵控原理图，液压系统有杆腔和无杆腔分别由两台转速可自由控制的液压泵与电动机组合相连接，可以自由控制的

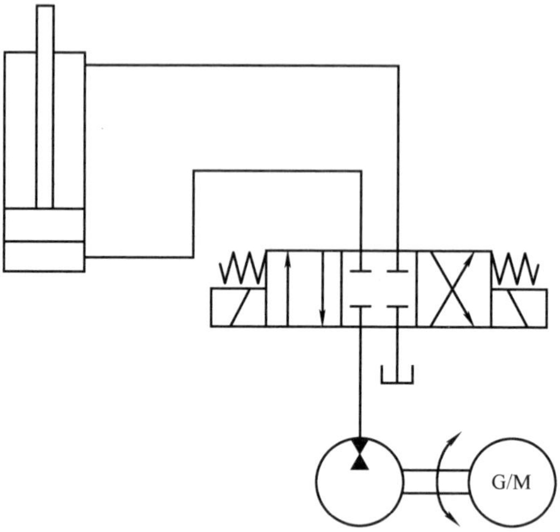


图 23-81　开式直接泵控系统

两个转速能让系统有能力适应不同面积比差动缸的不对称流量以及不同工作状态下的泄漏。系统工作时，可以由一台泵控制对应腔的压力，另一台泵控制活塞杆的位置，活塞杆的前进与后退都可以得到很好的控制，总体控制方案类似采用泵控技术代替节流调速的负载口独立调节系统。该系统可以达到比较好的性能，但是双电动机会造成成本增加。对于特定要求的系统可以用蓄能器替换一台液压泵。

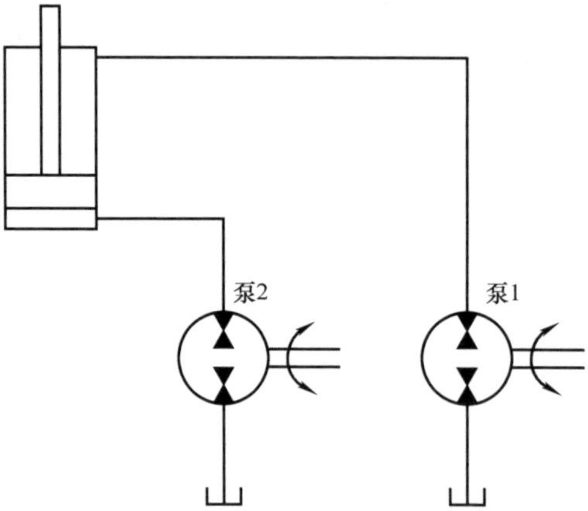


图 23-82　基于双变转速双向泵的差动缸泵控原理图

图 23-83 所示为基于变转速双向泵和液压蓄能器的差动缸泵控原理图，差动缸的无杆腔与液压泵连接，有杆腔与液压蓄能器连接。该系统在选好蓄能器时也可以获得良好的系统性能。当活塞杆前进时，泵为无杆腔提供流量，有杆腔的油液部分进入液压蓄能器，并存储了一部分能量；当活塞杆收回时，泵在油液的推动下反转，系统通过电动机的制动来控制活塞杆运动速度。

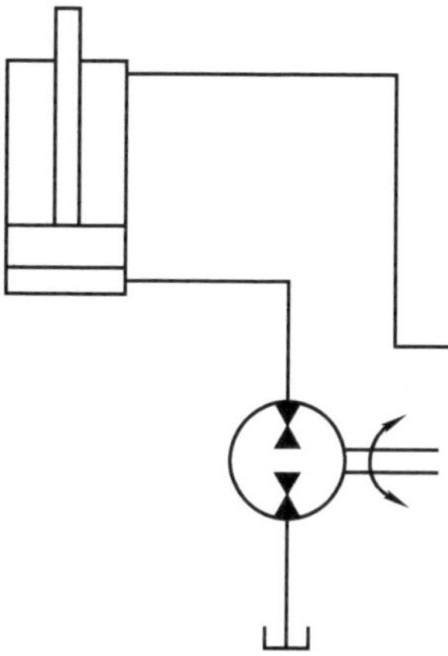

图 23-83　基于变转速双向泵和液压蓄能器的差动缸泵控原理图

太原理工大学的权龙教授对变量泵 + 液压蓄能器的系统回路原理进行了研究，并对该系统在注塑机中的应用进行了研究。图 23-84 所示为基于变转速单向泵和液压蓄能器的差动缸泵控原理图，在该系统中，活塞杆前进时系统工作与上一系统相同，而在活塞杆收回时，无杆腔的油液流出速度由与泵并联的液压阀控制，泵和电动机不参与工作。这样也节省了电动机制动时消耗的能量，同时也可以将泵更换为只能单向工作的泵。

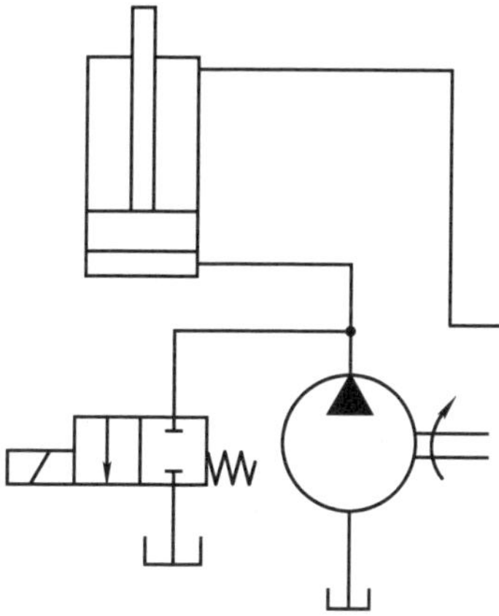

图 23-84　基于变转速单向泵和液压蓄能器的差动缸泵控原理图

2）闭式系统。由于工程机械驱动液压缸为非对称液压缸，采用闭式驱动存在液压缸两腔油量不匹配的问题，为了解决这个问题，常规的技术是采用液压蓄能器及液控单向阀对闭式泵低压侧补油的差动缸回路原理，并将该项技术应用于 Bobcat435 型液压挖掘机上。在传统的闭式系统（见图 23-85）中，采用主泵来调节动臂的运动速度，能够使液压系统的输入功率与外负载所需功率匹配，无节流损失和溢流损失。动臂上升时，无杆腔压力大于有杆腔压力，液控单向阀反向打开，液压蓄能器和补油泵的油补充到有杆腔，补偿由于面积差造成的流量差。动臂下降时，闭式泵出油口一部分油进入有杆腔，一部分通过液控单向阀对液压蓄能器充油，这样就实现了能量回收。这种闭式回路具有系统装机功率低、效率高和用油量少等特点，并且以液压蓄能器为储能元件的能量回收方式具有高功率密度、高效率和性能可靠等技术优势。该方案的主要特点如下：

① 无阀控制，液压缸可双向输出力。

② 非对称液压缸两腔的流量差通过液压蓄能器补偿。

③ 液压蓄能器与低压侧连接，限制了液压蓄能器的工作压力范围较小，液压蓄能器的额定体积较大。

④ 液压蓄能器的工作压力为液压缸回油腔的一个背压，造成进油侧的压力升高。

⑤ 适用于平行移动缸，对于挖掘机动臂负负载具有局限性，能量回收。

此外，美国普渡大学的 Monika 教授、德国利勃海尔、韩国斗山集团、国内太原理工大学等也进行了大量的研究。

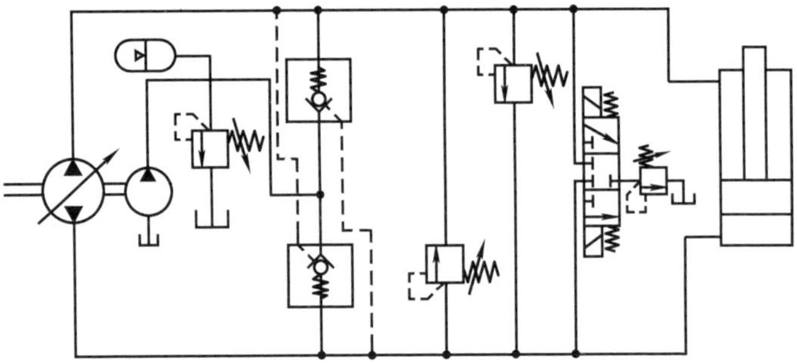

图 23-85 传统闭式系统（非对称液压缸）

1994 年，德国亚琛工业大学液压研究所的 Lodewyks 博士提出了双泵补偿差动缸不对称流量的回路原理。博世力士乐的 Feuser 教授采用各腔压力单独控制预压紧原理，对双泵系统回路的特性进行了研究。图 23-86 所示为基于双泵的闭式泵控差动缸系统，由单个变频电动机驱动两台液压泵。差动缸前进时，液压泵 1 和液压泵 2 向无杆腔提供流量，有杆腔排出的流量进入液压泵 2；差动缸后退时液压泵 2 单独向有杆腔提供流量，无杆腔排出的流量进入液压泵 1 和液压泵

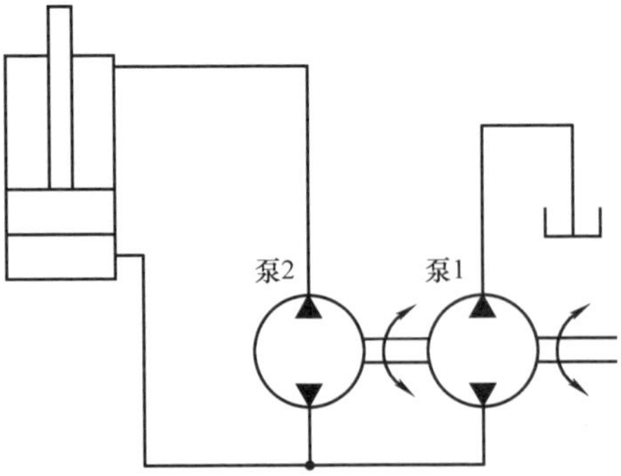


图 23-86 基于双泵的闭式泵控差动缸系统

2。通过选择两台液压泵排量可以补偿不同差动缸产生的不对称流量。为消除泄漏带来的影响以及减小气蚀，还需要增加附加装置。系统中的泵可以是定量泵也可以是变量泵。

阿尔托大学的 Tatiana A. Minav 博士对双泵系统进行了研究，图 23-87 所示为双泵双液压蓄能器的闭式泵控差动缸系统，液压泵/马达 3、4 排量不同和液压蓄能器 1 流量补偿是解决流量不平衡问题的关键，液压蓄能器 2 的作用是补偿实际工作中泵排量误差造成的流量不平衡。在带负载上升的工况中，排量较大的液压泵/马达 3 驱动液压缸，流量由液压蓄能器 1 进行补偿，带负载下降时，液压泵/马达 3 为马达工况，电动机为发电工况，多余流量由液压蓄能器 1 进行回收。

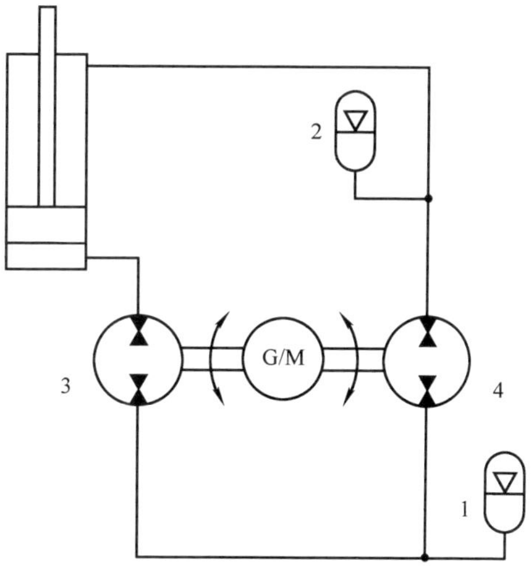

图 23-87 双泵双液压蓄能器的闭式泵控差动缸系统
1、2—液压蓄能器 3、4—液压泵/马达

在现有技术中，采用液压蓄能器进行补油，因传统的用于非对称液压缸的闭式系统中，液压蓄能器都是与低压侧连接，工作压力范围小，体积较大。针对以上不足之处，本书编者曾经提出了一种液压蓄能器与高压侧连接的动臂泵控系统（见图 23-88），扩大了液压蓄能器的工作压力范围，进而减小了液压蓄能器体积，且利用闭式泵控系统的优点，可实现无节流损耗控制。以某 20t 液压挖掘机为例，动臂液压缸的技术参数为：数量 2 个，无杆腔直径为 120mm，活塞杆杆径为 85mm，行程约为 1200mm，对闭式系统进行参数匹配，配置中选用气囊惯性小、反应灵敏、成本低的气囊式液压蓄能器。不同闭式系统的关键元件参数对比见表 23-11，从参数匹配的结果中看，新型闭式系统液压蓄能器的工作压力范围是 7.5 ~ 24.5MPa，相对于原来的 1 ~ 3MPa，范围有了明显的增加，体积从 15L 降到了 8L。该方案相对于传统的闭式系统，功率等级降低了 45% 以上；相对于传统的节流控制系统，降低燃油消耗 50% 以上。

该方案的主要特点如下：

① 电动/发电机的正转和反转实现动臂的上升和下降。

② 动臂的速度主要通过调节电动/发电机的转速来实现，可实现无节流损耗。

③ 液压蓄能器与差动缸的高压腔连接，扩大了液压蓄能器的工作压力范围，减小了安装体积。

④ 液压蓄能器的压力变化通过小排量闭式泵进行转矩耦合，解决了动臂下放速度与液压蓄能器压力相关的问题。

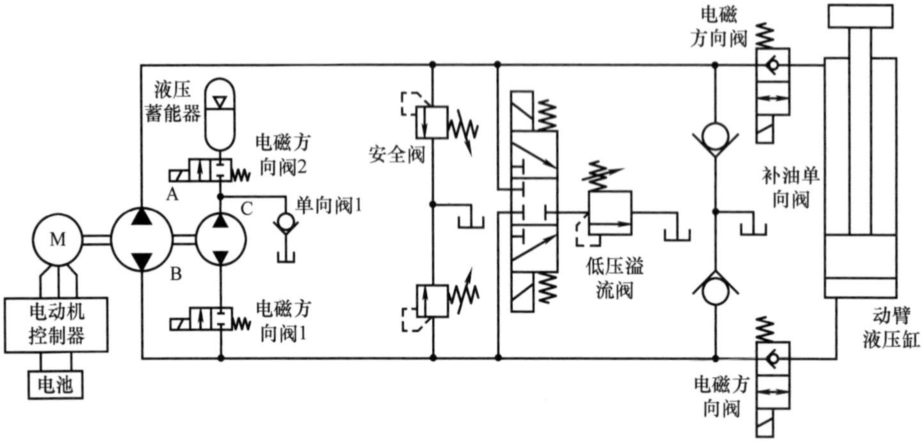


图 23-88 基于电动机调速的闭式系统

**表 23-11 不同闭式系统的关键元件参数对比**

| 参数 | 传统闭式系统 | 新型闭式系统 |
|---|---|---|
| 大排量闭式泵/(mL/r) | 150 | 100 |
| 辅助泵排量/(mL/r) | 18 | 48 |
| 液压蓄能器体积/L | 15 | 8 |
| 液压蓄能器最低工作压力/MPa | 1.0 | 7.5 |
| 液压蓄能器最高工作压力/MPa | 3.0 | 24.5 |

（2）泵控马达 泵控马达主要分为变量泵－定量马达、定量泵－变量马达和变量泵－变量马达，以变量泵－定量马达为例分析系统动态特性。

泵的流量方程为

$$q_p(s) = K_{dp} n_p \phi_p(s) - C_{tp} p_1(s) \tag{23-42}$$

式中 $q_p$——泵的输出流量（$m^3/s$）；

$K_{dp}$——泵排量梯度（$m^3/rad^2$）；

$n_p$——泵转速（rad/s）；

$\phi_p$——泵的偏角（rad）；

$C_{tp}$——泵的总泄漏系数［$m^5/(N \cdot s)$］；

$p_1$——高压腔压力（$N/m^2$）。

高压腔连续方程为

$$q_p(s) - C_{tm} p_1(s) = D_m s\theta_m(s) + \left(\frac{V_0}{\beta_e}\right) s p_1(s) \tag{23-43}$$

式中 $C_{tm}$——马达总泄漏系数［$m^5/(N \cdot s)$］；

$D_m$——马达排量（$m^3/rad$）；

$\theta_m$——马达轴转角（rad）；

$V_0$——高压腔容积（$m^3$）；

$\beta_e$——液体有效容积弹性模数（$N/m^2$）。

马达轴力矩平衡方程为

$$p_1(s)D_m - T_L(s) = J_t\ddot{\theta}(s) + B_m\dot{\theta}(s) \tag{23-44}$$

式中 $T_L$——负载力矩（N·m）；

$J_t$——负载、差动缸活塞及油液总转动惯量（$N \cdot m \cdot s^2/rad$）；

$B_m$——黏性阻尼系数（N·s/m）。

可以得到变量泵－定量马达系统方框图如图 23-89 所示。

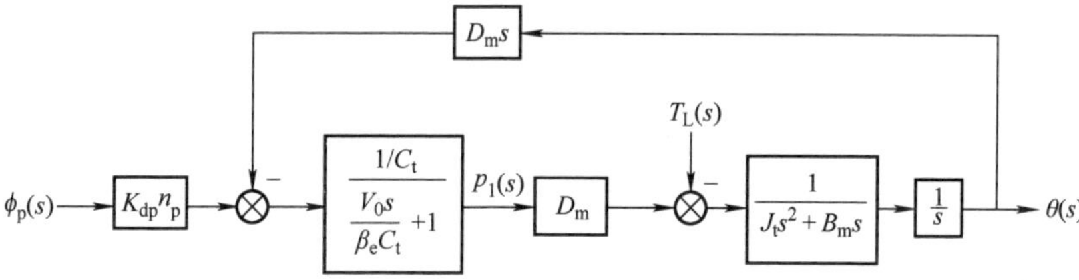


图 23-89 变量泵－定量马达系统框图

注：方框图中 $C_t = C_{tp} + C_{tm}$。

得到系统传递函数为

$$\frac{\left(\frac{K_{dp}n_p}{D_m}\right)\phi_p(s) - \left(\frac{C_t}{D_m^2}\right)\left(1 + \frac{s}{\omega_1}\right)T_L(s)}{s\left(\frac{s^2}{\omega_h^2} + \frac{2\xi_h}{\omega_h}s + 1\right)} = \theta_m(s) \tag{23-45}$$

$$\omega_1 = \frac{\beta_e C_t}{V_0}$$

式中 $\omega_h$——液压谐振频率（rad/s），$\omega_h = \sqrt{\beta_e D_m^2/(V_0 J_t)}$；

$\xi_h$——阻尼系数，$\xi_h = \left(C_t\sqrt{\frac{\beta_e J_t}{V_0}} + B_m\sqrt{\frac{V_0}{\beta_e J_t}}\right)\frac{1}{2D_m}$。

传递函数建立过程中，忽略管道之间的压力损失及系统各非线性因素影响，低压腔压力近似为 0，电动机转速 $n_p$ 恒定。可知，系统输入量泵偏角 $\phi_p$ 和马达输出转角 $\theta_m$ 关系，泵控马达是转速控制系统，将传递函数转换成 $\phi_p$ 和 $\dot{\theta}_m$ 关系的同时，也将传递函数转化为二阶系统函数，简化分析。

变量泵－定量马达和变量泵－变量马达分析原理与定量泵－变量马达基本相同，变量泵－定量马达多了一个 $K_T$ 环节并联，变量泵－变量马达是二者的结合，其方框图如图 23-90 所示。

图 23-90 中，$K_T = K_{dm}p_{10}$ 为马达力矩系数，单位为 N·m/rad；$K_{dm}$ 为变量马达排量梯度，单位为 $m^3/rad^2$；$\phi_m$ 为变量马达偏角，单位为 rad；$p_{10}$ 为高压腔压力初始值，单位为 $N/m^2$；$D_{m0}$ 为马达排量初始值，单位为 $m^3/rad$；$\phi_p$ 输入为定值时，

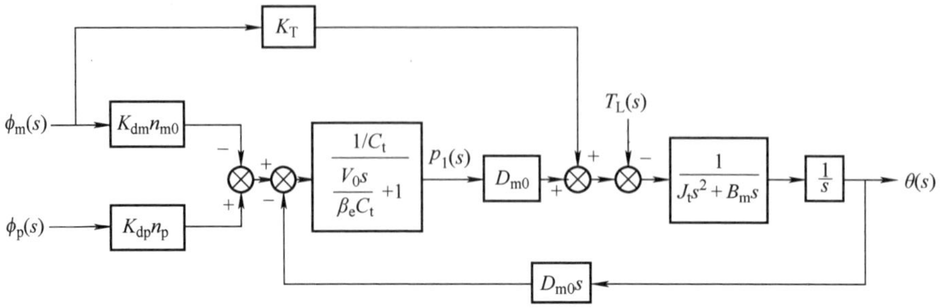


图 23-90　变量泵－变量马达系统方框图

图 23-90 就转化成了定量泵－变量马达系统方框图。

变频调速电动机应用，能够使用变速电动机－定量泵方案代替变量泵，那么其驱动定量马达的方框图如图 23-91 所示。

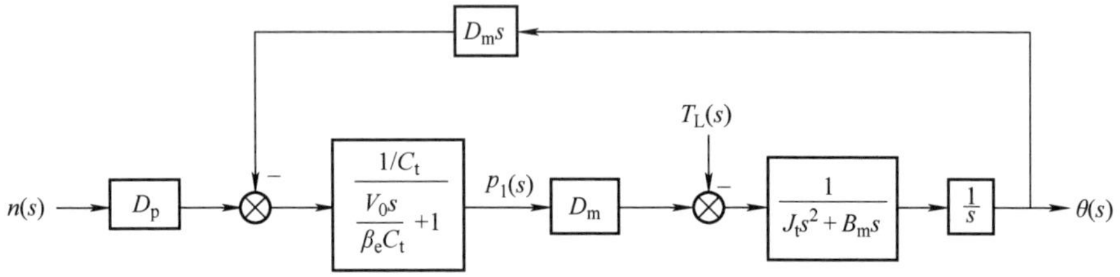


图 23-91　变速电动机－定量泵驱动定量马达的方框图

上述控制是泵控马达最基本的原理，其他的控制方式都是在此基础上形成的。

1）泵变速调速＋阀控调速。图 23-92 所示为变转速泵和阀控的复合调速系统原理图。该系统有两个控制对象，变转速液压泵和比例阀。

当液压马达实际速度小于目标速度时，即液压马达需要加速时，增加液压泵的转速，比例阀保持最大开度；当液压马达实际速度大于目标速度时，即液压马达需要减速时，减小液压泵的转速，比例阀开度减小，通过节流的方法减速；当液压马达实际速度等于目标速度时，保持液压泵的转速不变，系统此时为阀控系统，通过控制比例阀达到马达的精细调速。

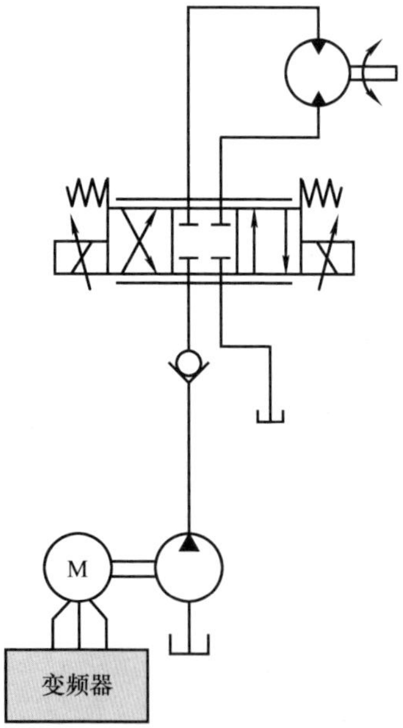


图 23-92　变转速泵和阀控的复合调速系统原理图

在这一复合调速系统中，进行大幅的速度改变时，主要发挥作用的是变转速泵的调速方式，而在进行小幅的调速时，则采用精确性和动态特性较好的比例阀调速的方法；在该系统中，泵采用单向工作的即可，比例阀在负责精细调速的同时，也控制着马达旋转的方向。

2）变量泵 + 补油泵的闭式系统。图 23-93 所示为闭式泵控马达原理图及压路机照片，液压马达的出油口与液压泵的吸油口相连，改变液压泵（闭式泵）的排量以及液压泵转速来控制液压马达。补油泵（图中未画）可以保证系统最低压力，并且在排量改变补油时保证容积式传动的响应。冲洗换油阀保证闭式系统中液压油的温度不会太高。该系统只有补油泵从油箱里吸取少量的油，可以为系统配备一个体积不大的油箱，适用于行走式机械。目前一般的压路机系统基本采用该方案。

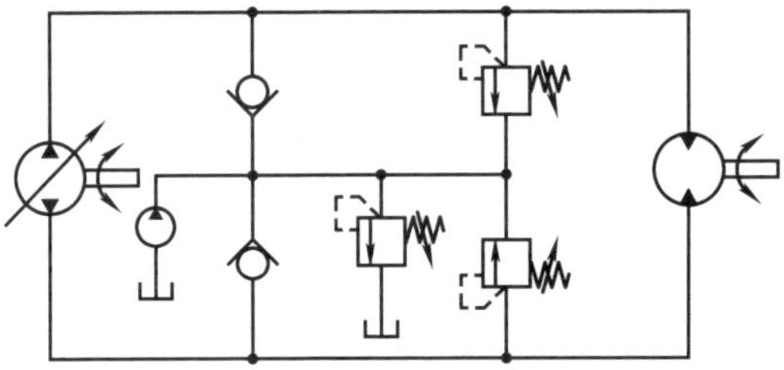

图 23-93　闭式泵控马达原理图及压路机照片

虽然采用泵控可以达到节能的目的，但由于液压泵只能控制向执行元件提供的液压油流量，所以对速度控制比较粗糙，在精细操作时无法满足操作精度要求。因此泵控方案应与阀控方案相配合，即采用泵控 + 阀控的控制方案。

**5. 泵控在工程机械的应用**

就目前而言，泵控技术往往应用于大功率的场合，毕竟大功率的机械装备对速度的响应要求不多。例如，液压挖掘机的回转速度随吨位的增加逐渐下降。随着工程机械的节能要求越来越高，提升阀控系统的节能成本越来越大，泵控系统因其良好的节能效果，今后会有更加广泛的应用。

泵控技术在小型工程机械应用的研究中，较为典型的代表是美国普渡大学

Monika 教授课题组。该课题组对泵控技术在挖掘机上的应用做了大量的研究，并开发了一款排量控制的液压挖掘机，其系统原理图及照片分别如图 23-94 和图 23-95所示，其中的核心部分为直接泵控系统，通过改变泵的排量控制液压缸的速度，改变泵斜盘摆角方向来改变液压缸的运行方向，完全消除了节流损失。在保持相同工作效率的前提下，较同规格机型的发动机装机功率降低 50%，较现有负载敏感系统节约燃油 50% 左右。研发的样机获得 2013 年美国国家自然科学基金会颁发的大众机械师突破奖，并被认为是应用科学领域取得的对未来社会发展产生重大影响的创新成果和突破。但是，该系统中的每个执行器都对应一个缸/马达，使系统成本过高，所以考虑令部分执行机构共享同一个泵源，因此该课题组专门研究了系统切换时的控制问题。

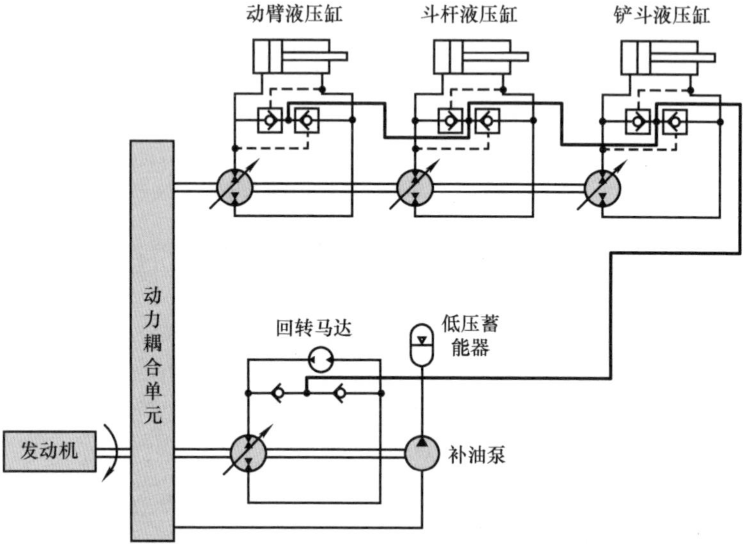


图 23-94　普渡大学泵控挖掘机原理图

图 23-95　普渡大学泵控挖掘机照片

## 23.3.4　基于二次调节技术的节能技术

### 1. 工作原理

二次调节系统的工作原理如图 23-96 所示，液压泵出口和液压蓄能器相连，液压泵出口近似为恒压系统，因此二次调节系统为压力耦联系统，通过改变二次元件的排量来适应外负载转矩的变化，一般通过调节可逆式轴向柱塞元件（二次元件）的斜盘摆角来适应外负载的转速、转角、转矩或功率的变化，调节功能通过二次元件自身闭环反馈控制来实现，不改变系统的工作压力。对比本书第 1 卷第 2 章，其实可以发现二次调节技术是一种典型的串联式液压混合动力系统。

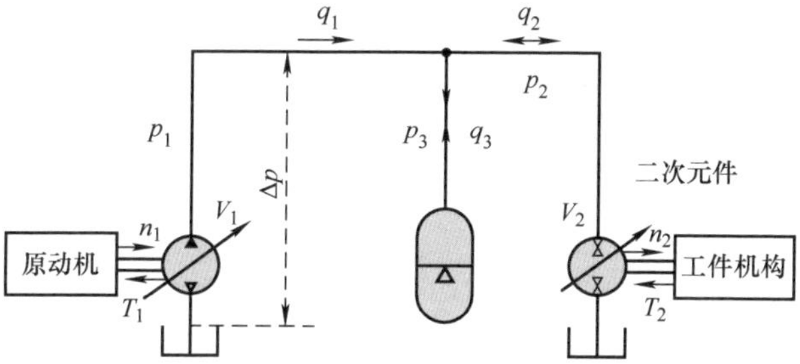


图 23-96　二次调节系统的工作原理

二次调节液压系统的能量转换过程如图 23-97 所示，类似于电力传动系统，它们都是在恒压网络中传递能量。它以改变能量的形式或不改变能量的形式来存储能量，这部分能量可由液压蓄能器储存。液压蓄能器储存液压能的功能，一方面可以满足间歇性大功率的需要，由此来提高系统的工作效率；另一方面，油源采用恒压源加液压蓄能器，可以防止系统出现压力峰值，减少压力波动；由于能源管路中没有节流元件，理论上二次元件可以无损失地从恒压网络中获得能量，从而提高系统效率。

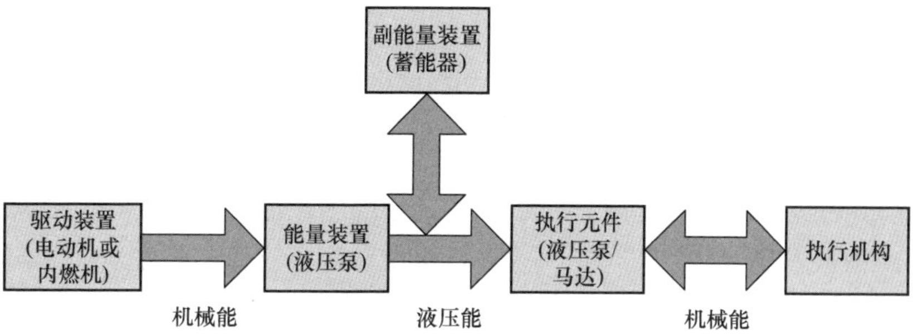


图 23-97　二次调节液压系统的能量转换过程

当并联多个负载时，压力耦联系统中各工作装置并联于恒压网络，二次元件之间相互不受影响。需要将液压系统中的回转液压马达用二次元件代替，可以彻底解决阀控系统中控制阀的节流损失，同时利用液压蓄能器的作用来调节负载对液压系统网络的影响，给液压系统的节能改进提供了新的思路。

**2. 控制方式**

二次调节系统提供了新的控制规律和控制系统结构，即使控制参数（位置、转速、转矩、功率）不同，但最终执行元件都是相同的，并且都是通过控制变量控制伺服液压缸，从而控制二次元件的斜盘摆角。因此，可以通过对不同参数的检测和反馈来实现多种控制功能，如位置控制、转速控制、恒转矩控制和恒功率控制等。

（1）转速控制　二次调节静液传动转速控制是二次调节静液传动系统中最常用同时也是最基本的调节方式，其他各种调节方式都是在此基础上发展起来的。二次调节转速控制系统的工作原理如图23-98所示，二次调节转速控制系统中，经转速传感器测量得到的实际转速与设定转速相比较得到的差值经控制器、电液伺服阀和执行液压缸调节二次元件的斜盘倾角，使输出转矩适当变化，最终控制二次元件稳定于期望转速。二次调节系统中的二次元件一般选用可逆式变量马达/泵，当液压元件从“驱动”过渡到“制动”工况时，它就由马达过渡到泵工况了。这就是说，液压元件既可以输出功率也可以吸收功率，因此实际控制中应注意由外部参量的变化判断二次元件在不同时刻的确切工作状态。

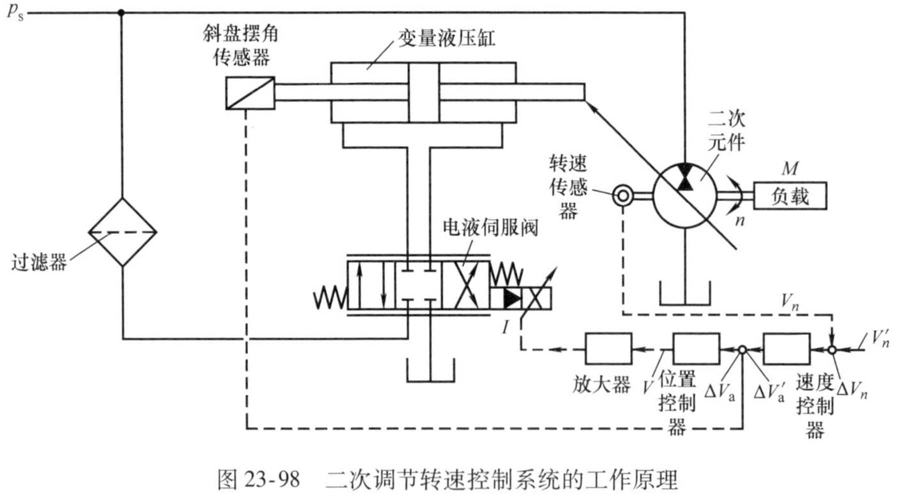


图23-98　二次调节转速控制系统的工作原理

（2）恒转矩控制　二次调节转矩控制系统的工作原理如图23-99所示，在恒压网络中，控制二次元件液压泵/马达的斜盘倾角为一定值，则相应的输出转矩也为一定值，这时可采用位移传感器或转矩传感器。位移传感器检测变量缸的位移，如果使它为一定值，根据转矩和变量之间的相互关系，则可使输出转矩也为一定值。但是由于黏性摩擦转矩的影响，对应关系为理论输出转矩，而不能精确地控制实际输出转矩。采用转矩传感器则能实现较精确的转矩控制，但转速传感器不易安装。在转矩控制调节系统中，也应实行转速检测监控，防止超速。对于像液压绞车、卷扬机之类的传统液压传动装置，需要有恒定的牵引力，如果采用二次调节静液传动系统，即为恒转矩控制。

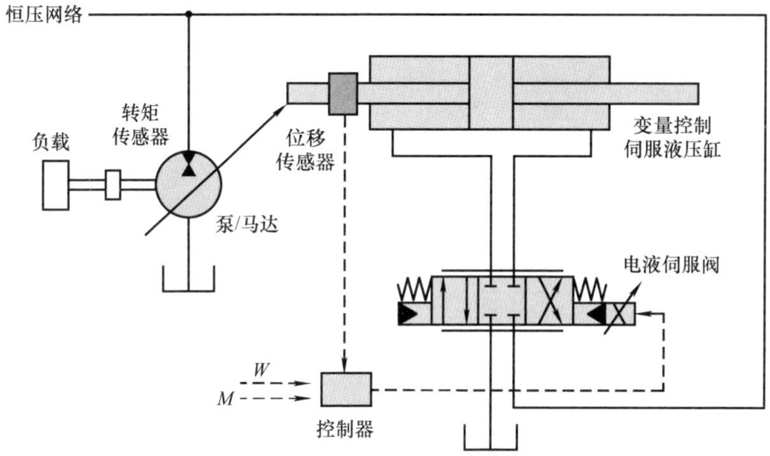


图 23-99　二次调节转矩控制系统的工作原理

（3）恒功率控制　恒功率调节是指二次元件液压泵/马达通过自身的闭环反馈来实现输入功率的恒定。在二次调节系统中，系统工作压力恒定，因此必须保证输入流量为恒值。在二次调节静液传动系统功率控制时，可以有控制压力、二次元件排量和二次元件转速的乘积为一定值，以及控制转矩和转速的乘积为一定值这两种实现功率控制的途径，即通过检测二次元件的输入流量并反馈到控制器，与实际给定值比较，用这个差值来控制二次元件的排量，使输出功率与期望值相符，二次调节静液传动转速测功率控制系统的工作原理如图 23-100 所示。或是通过检测二次元件的转速与变量控制缸的位移（排量），然后，用两者的乘积（流量）与实际给定值进行比较，用来调节二次元件的排量。

（4）位置控制　在二次调节控制系统中加入一条二次元件输出轴的转角反馈回路，即构成二次调节电液位置控制系统（见图 23-101）。在这个控制系统中包含变量控制液压缸的位移反馈，此时它作为系统的辅助控制变量。

由于静摩擦转矩的影响和转动惯量的存在，惯性力的起点和大小不好确定，因此，用电液模拟控制和机液控制难以实现位置控制，必须选择恰当的控制策略。采用数字控制技术和模糊控制策略可较好地解决该问题。传感器可采用电位计或光电码盘。其中光电码盘的结构简单，测量精度高，输出量为数字量，易于计算机处理，抗干扰能力强。在转角设定值较小时，可以不限制二次元件的最大转速，超速的可能性小，系统只经历一个简单的加速和减速转动的过程，在达到设定转角时，速度为零；但在大转角时，系统有两个控制对象，这时必须限制最大转速，以免超速。这种控制方案可用于矿井提升机、载人电梯和其他传动系统中。

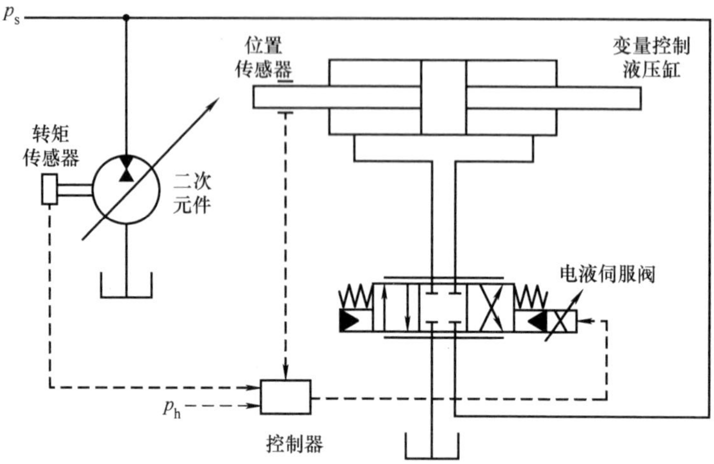


图 23-100 二次调节静液传动转速测功率控制系统的工作原理

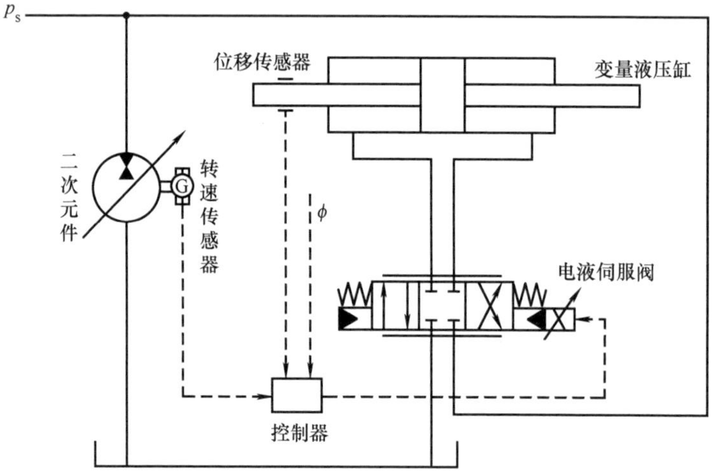


图 23-101 二次调节电液位置控制系统原理

**3. 二次调节系统特性分析**

当存在多个负载时，流量耦合系统的一次元件出口压力满足最大负载所需压力，这会使其他负载回路上形成节流损失。二次调节系统是压力耦联系统，当负载变化时，通过改变二次元件的排量，来匹配负载的变化。并联多个负载时，二次元件之间相互不受影响。两种系统的主要区别如下：

1）流量耦联系统如果驱动多个负载，必须按所有负载同时工作时所需要的最大功率之和设计安装泵站，因此系统功率损耗较大；二次调节静液传动系统可在开式回路中驱动多个互不相关的负载，并且只需按负载的平均功率之和设计安装泵站，这种回路的功率损耗小，同时泵站也较小，负载之间的压力互不影响。

2）在流量耦联系统中，可通过控制液压泵或液压马达的排量来控制液压执行器的转速；仅通过控制二次元件的排量来控制液压执行器的转速，并且执行器（液压马达/泵，即二次元件）在开式回路中就能实现在四个象限内工作。

3）在流量耦联系统中，压力的高低由外负载决定，所以系统的液压和机械时间常数对系统的动态性能影响较大，有时甚至起决定性的作用；在二次调节静液传动系统中，系统压力为恒定值，所以系统的液压时间常数对系统的动态性能影响很小。

4）在流量控制系统中，多余的流量一般通过溢流阀回油箱，造成能量的浪费，很难实现能量回收；在二次调节静液传动系统中，通过二次元件流量的反向流动可以进行能量回收，被回收的能量可用来驱动其他负载或由液压蓄能器贮存起来。二次静液调节的研究经历了液压直接转速控制、液压先导调速控制、机液调速控制、电液转速控制、电液转角控制、电液转矩控制等不同对象的控制以及 PID 控制，通过与神经网络控制等先进控制算法的结合，可以获得较好的动态特性。

**4. 优势分析**

由于二次调节技术为能量回收和重新利用提供了可能性，因此它的应用前景非常广阔，特别是在能源日益紧缺的今天无疑具有巨大的实际应用价值。国外对二次调节的理论研究及应用日趋成熟，而国内还处于理论研究阶段，实际应用还很少。因此国内的学者应该进一步深入研究二次调节静液传动技术，拓展二次调节的应用领域，提高能量的利用率，实现可持续发展。此项技术的特点如下：

（1）节能　二次调节系统是压力耦联系统，采用排量控制的方式，具有功率匹配的特点，系统中的压力基本保持不变，二次元件直接与恒压油源相连，因此在系统中没有原理性节流损失，从而提高了系统效率。

（2）能量回收　液压蓄能器的加入，不但抑制了压力限制元件发热所引起的功率损耗，而且还通过回收、释放液压能有效提高了系统的工作效率。

（3）单泵多执行器节能　对多执行器可以共用一个动力源，这样既节省费用又节约了能源。

（4）控制方法的研究　对系统的位置、转速、转矩和功率进行复合控制的研究，可以更好地改进控制特性。

（5）二次调节技术主要针对旋转运动负载，而对直线运动负载，一般需要结合比例方向阀才能工作。图 23-102 所示为二次调节技术在多执行器的应用原理在恒压网络开式回路上可以连接多个互不相关的负载，在驱动负载的二次元件上直接来控制其转角、转速、转矩或功率。

**5. 二次调节技术的发展**

早在 1977 年，德国汉堡国防工业大学的 Nikolaus 教授即提出了二次静液调节技术的概念。国内自 20 世纪 80 年代末开始二次调节技术的研究。二次静液调节的应用也十分的广泛，先后应用于码头集装箱转运车、海上浮油及化学清污船只、近

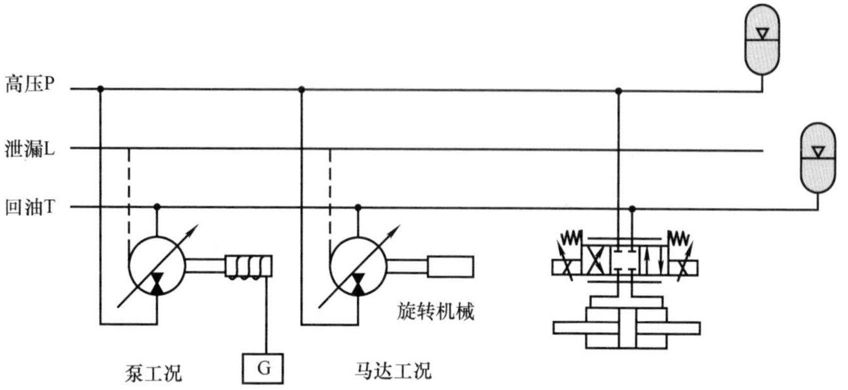


图 23-102　二次调节技术在多执行器的应用原理

海起重机、油田抽油机、精轧机组的液压系统以及城市公交车辆等大型设备及车辆上。近年来，德国汉堡国防工业大学与博世力士乐合作进行了二次调节技术的实用性研究，并将其应用到多种机械设备的液压系统中，有效地降低了系统装机功率，获得了显著的节能效果。

市内公交车经常进行频繁的停车和启动，在这个过程中会浪费大量的能量。为此，博世力士乐把二次调节技术应用于公共汽车的驱动装置（见图 23-103）。当制动时，二次元件 2 工作于泵工况，在负载的拖动下，制动能量被储存到蓄能器中；而当汽车启动或者加速时，二次元件工作于马达工况，液压蓄能器 3 中储存的制动能量释放出来，与恒压变量泵（一次元件 1）一起驱动马达，从而降低了液压泵的输入功率。实践证明，发动机的装机功率从 180kW 降低到 30kW，液压蓄能器提供了启动或加速过程中所需要的 150kW 的功率，可以使汽车在 20s 内加速到最大速度，大大降低了发动机的能量需求。

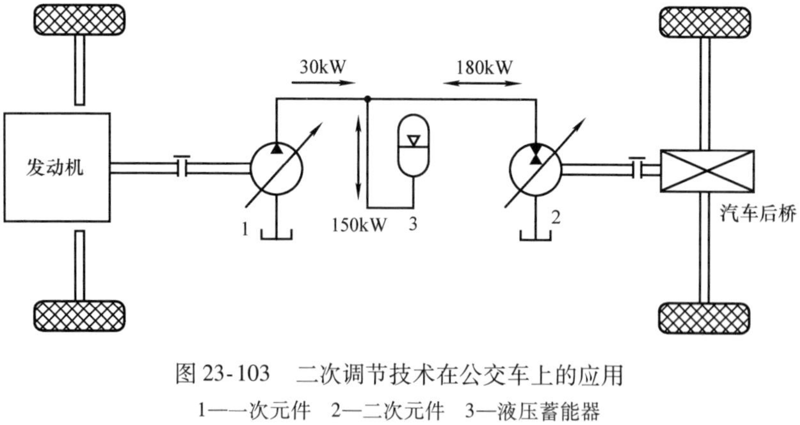


图 23-103　二次调节技术在公交车上的应用

1—一次元件　2—二次元件　3—液压蓄能器

哈尔滨工业大学的姜继海教授等人对二次调节技术应用于挖掘机做了研究，提出了将液压混合动力系统以并联方式植入挖掘机中，并联在发动机一侧的液压泵/马达根据整机的负载情况，吸收和补偿发动机的输出功率与负载功率的差值，从而可保证发动机工作于最佳燃油工作区域，利用回转驱动的液压泵/马达储存回转制动过程中的动能。然而该系统也有缺点：系统需要给每个执行器配置一个液压变压器，液压变压器数量较多，且规格不同，导致系统成本大幅度增加，安装困难，同时液压变压器本身还不够成熟。

孙辉等人提出了一种新型二次调节静液传动车辆的配置方式，提高了整车的传动效率和对复杂路面的适应性，在确保车辆安全制动的同时，高效地回收车辆的制动动能，根据驱动和制动系统的特点设计了转矩控制方式和转速控制方式并进行了仿真和试验研究，结果表明转矩控制方式更适合于驱动和制动系统。陈华志等人根据客车四工况循环要求，设计了客车制动能量回收液压传动系统，并对主要参数进行了优化。结果表明，改进后系统的节油率达到了 28%，且大大降低了车辆起步工况时的负载，显著改善了起步工况时的尾气排放。

东北大学的赵中奇等人分析了二次调节系统的转速控制系统的原理，研究发现二次调节系统的二次元件具有能量回收峰值点，因此在系统进行能量回收时，将二次元件的排量调整到峰值点，可以达到最佳的能量回收效果。

一般的二次调节系统的二次元件是液压泵/马达系统，能够非常方便地对能量进行回收再利用，但是对于执行机构常见的液压缸却不适用，必须接入价格昂贵且技术尚不成熟的液压变压器，系统复杂，可靠性差。为此，刘海昌等人提出一种利用飞轮储存能量的二次调节流量耦合系统，该系统将负载下降时产生的势能和动能储存为飞轮的动能，在负载上升时再释放出来加以利用（见图 23-104），拓展了二次调节系统的应用。

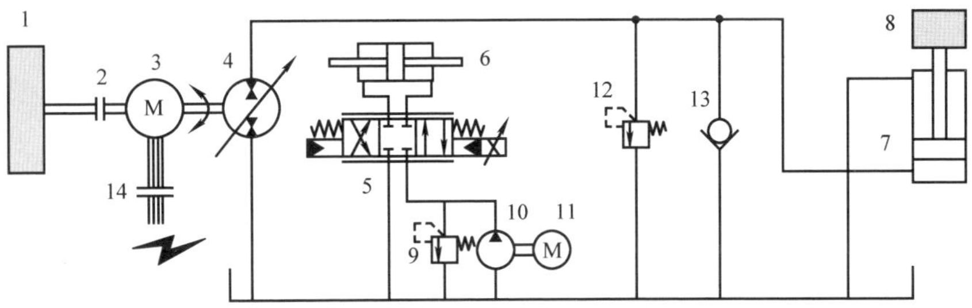


图 23-104 飞轮储能型二次调节流量耦合系统示意图

1—飞轮 2—电磁离合器 3—双轴电动机 4—液压泵/马达 5—电液伺服阀 6—变量液压缸 7—液压缸 8—负载 9—溢流阀 10—控制液压泵 11—电动机 12—安全阀 13—单向阀 14—交流接触器

到目前为止，我国对二次调节技术的研究处于相当成熟的阶段，接下来是将所研究的内容转化为实际应用成果的阶段。但存在一个巨大问题是二次元件的开发跟不上二次调节技术的发展，这严重阻碍了该项技术在我国的推广。二次元件作为二次调节系统的关键部件，其性能的优劣决定了整个系统的性能好坏。在提高元件的性能和使用寿命的前提下，如何降低成本是一个有待解决的问题。目前，用于二次调节系统的二次元件主要是博世力士乐 A4V 系列和 A10V 系列的二次调节专用泵/马达。我国贵州力源液压股份有限公司也研制出了 A4V 系列的二次调节元件，我国在二次元件的研发上还有很长的路要走。

为了使二次调节静液传动系统能够实现能量回收，所需要的二次元件必须是可逆的静液传动元件。因此，对这类静液传动元件可称为“液压马达/泵”。但是为了使许多不具备双向无级变量能力的液压马达和往复运动的液压缸也能在二次调节系统的恒压网络中运行，目前出现了一种液压变压器，它类似于电力变压器用来匹配用户对系统压力和流量的不同需求，从而实现液压系统的功率匹配。

## 23.3.5　分布式独立电液控制系统

工程机械现主要采用集中式电液控制，使用一个主动力源，通过液压回路控制各个执行器，存在的主要问题有：①每个执行器的负载压力不同，造成较大的能量损失；②多执行器同时动作时还会有流量分配问题；③随着压力－流量等级提高，在阀处产生的能量损失会越来越大。分布式独立电液控制系统在商用客机和先进战斗机中使用较多，相较于集中式，上述问题迎刃而解，将各个执行器的动力源分开，各负载压力对应各泵出口压力，也不会存在流量分配问题，虽然在阀的使用上还会有能量损失，但比集中式压力－流量等级会小很多，相应的能量损失也会小，也可以采用泵控方式来避免阀的能量损失。除此之外，当采用分布式系统时，各个子系统能够进行独立控制，在控制精度上会比集中式提高不少，控制方式也能够简化。

随着对直接泵控系统的研究深入，分布式独立电液控制系统也逐渐应用在工程机械上。福建工程学院张树忠教授采用双泵直驱差动缸方案，原理如图23-105所示。以 JCB 微型挖掘机为试验样机，斗杆、动臂和铲斗差动杠尺寸（活塞杆直径/缸筒直径/缸筒长度）分别为 30mm/60mm/325mm、30mm/50mm/400mm 和 30mm/50mm/290mm，液压蓄能器容积为 0.7L，预充压力为 0.1MPa。二位开关阀的主要作用是保持压力，通过泵/马达排量的差异选择及单向阀和蓄能器组成补油回路，实现差动缸的流量平衡。试验表明，样机的能量效率可以达到71%，同样采用负

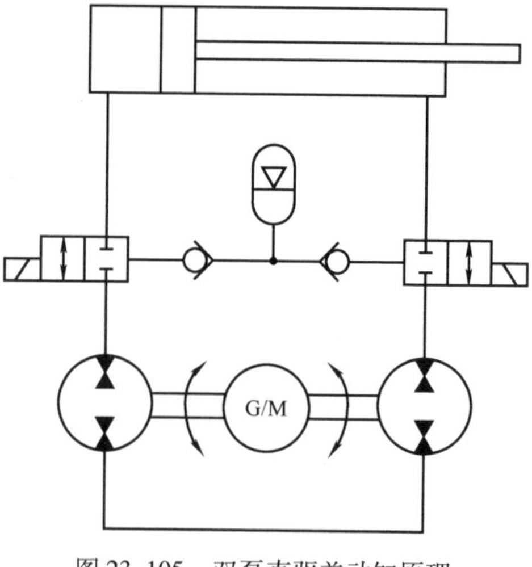

图23-105　双泵直驱差动缸原理

载敏感系统的样机效率仅为 20%，在施加流量匹配前馈加 PID 控制器的情况下，达到了良好的控制效果。

普渡大学 Maha 流体动力研究中心研发的混合动力分布式履带装载机，其系统原理如图 23-106 所示。泵控系统采用液控单向阀加液压蓄能器补油方式，泵/马达使用可逆齿轮泵，与泵进出口并联的节流阀能够减小系统压力冲击，但也会在一定程度上减小系统刚度，电液驱动集成单元功率为 16kW，最大流量为 45L/min，最高工作压力为 21MPa。主控单元通过总线将控制信号输送到电压控制单元（VCU），将直流电转换为三相交流电，调节电动机转矩，实现对泵/马达的控制。具有集成化程度高，系统最佳能量利用率达 75%，能够进行电动机单独驱动等特点。

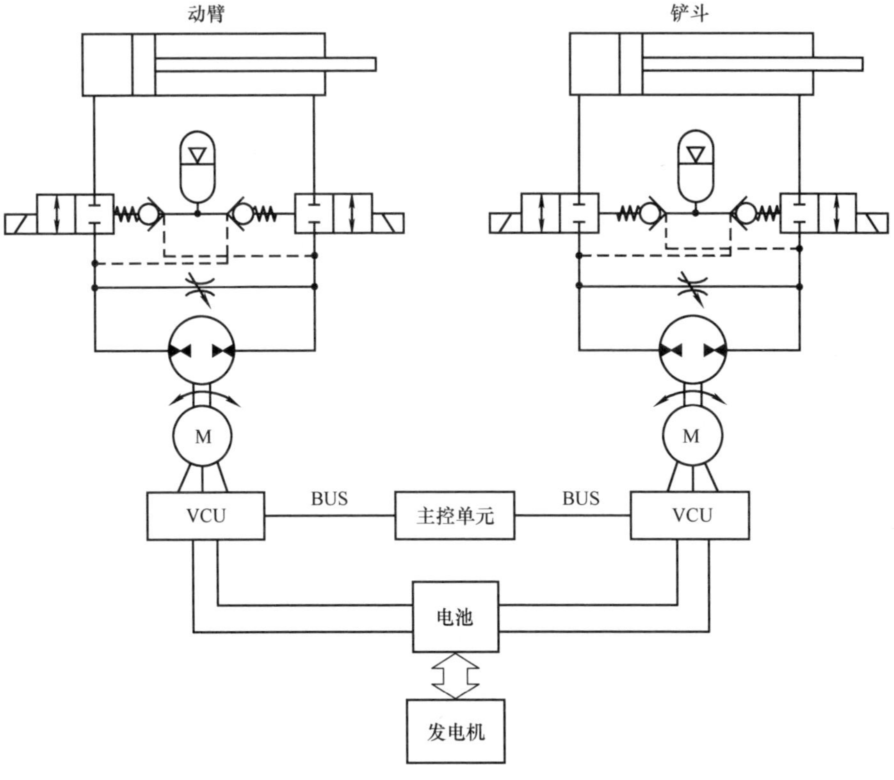


图 23-106　混合动力分布式履带装载机系统原理

以上简单介绍的两种分布式独立电液控制系统是具有代表性的应用，但使用对象仅是微型工程机械，其成本较高，并且还处于研究探索阶段，没有形成量产，中型及大型机械上的应用还需要积累经验，不断试验。当前阶段，从分布式系统在工程机械上表现出来的各方面性能来看，还是具有很大的潜力，分布式系统能量利用效率良好，控制性能可以通过设计控制器达到较高水平。同时电液控制系统的高度电气化设计也为智能化控制打造出良好的基础，在工程机械未来的发展中不仅需要具有良好的节能性和操控性，还需要实现智能化控制。

# 第 24 章　液压元件 CAT 试验技术

当今产品测试技术已经远远超出了解行业产品与技术发展水平的作用，而是一种获得行业产品性能与质量大数据的手段，以及获取产品更新的需求与竞争力的依据。

液压元件计算机辅助测试（Computer Aided Test，CAT）是液压元件测试中的数据采集、传输与处理的技术。它将计算机技术与液压测试技术结合起来，利用计算机系统强大的控制、数据分析、处理与存储能力。液压元件 CAT 试验系统集成了计算机软硬件、自动控制、传感检测、信号分析处理、液压和可靠性等多项技术，是一套复杂的机电液计算机数据采集设备，也是行业或企业获取产品大数据的最重要的原始途径。可以预见，过去的产品测试或质量管理中心，未来都可以以产品“数据管理中心”来取代。过去元件测试的目的是判断产品是否符合设计的性能与质量要求。今后更重要的是建设数据管理、分析与创新中心，为企业创新、改进传统产品提供可靠数据依据。这个转换需要测试硬件功能的发展、软件功能的开拓，更重要的是企业要改进或改变自身创新的模式，要改变对 CAT 试验技术的认知。

计算机辅助测试技术极大地提高了测试的自动化、智能化水平，提高了测试的精度、效率和可靠性，也提高了测试数据的处理、记录和存储能力。CAT 应用在液压元件和系统测试领域，大大简化了测试系统的硬件结构，增加了测试系统的结构柔性和通用性。它与网络技术、数字控制技术和各种优化算法相结合，实现了测控诊断一体化、远程监控等功能。

液压测试装置过去主要是考核产品达标与检验质量的手段，提供符合国际/国家标准的液压系统、液压元件性能测试报告，现在是创新与发展液压产品与技术不可或缺的装备，是研究液压系统及液压元件的保障，它可用来验证理论分析或仿真成果，提升关键液压部件的研发能力。在走向液压强国、推广应用智能制造技术与数字液压技术过程中，液压试验装置将为我国液压产品走出国门、实现实验室认可提供重要支撑。

在工业 4.0 发展的今天，CAT 正从数据采集技术本身进一步演化为“数字制造”“数字孪生”以及“务联网（服务互联网）”的一部分。具有数据真实性的

“区块链”也成为这种技术不可或缺的一部分。

## 24.1 液压元件 CAT 技术概述

### 24.1.1 液压试验技术发展及其展望

综观我国液压元件 CAT 的发展，应该从行业地位、技术发展与平台作用三个方面来看。

**1. CAT 技术在我国液压行业的地位**

我国液压行业中的专业化检测企业很少，不少是液压元件企业或液压系统集成企业兼营。在一些企业看来，液压 CAT 只是“附属”在产品上的。国家所建的液压检测单位一直很不景气。以最近年度估计，行业每年在检测测试方面所达到的销售额也就在十亿级左右，占目前行业总销售额的 1% ~3%。因此液压 CAT 的发展所受的重视程度不高，国内这方面的研究虽然不算少，也有好的项目成果，但整体并不活跃，较多局限在院校，以项目为导向，难以固化为产品并形成技术优势，往往生命周期不长，更新迭代慢。

当下液压行业已经成为强基工程之一，产品发展已经从“仿”向“创”转变，产品与技术创新比过去更加活跃且更受重视，特别是数字液压的发展所提出的测试要求已经远远超出传统液压元件测试的范围，因此我国的 CAT 技术面临新的发展机遇。

**2. CAT 技术在液压行业中的发展**

液压元件 CAT 技术在国际上出现比较早，大约在 20 世纪七八十年代将液压测试与计算机数据获取联系起来，如日本制钢所、美国 SunStrand、法国机械工业研究中心（CETIM）等；相关技术在我国出现稍迟，在 20 世纪 80 年代后期，具有代表性的有北京机械工业自动化研究所的液压阀、液压泵、液压缸、液压马达试验台计算机辅助测试系统；上海交通大学和昆山液压件厂为武汉钢铁公司研制的新国际 B 级精度液压阀试验台的 CAT 系统；华中理工大学液压泵和马达特性测试系统、液压缸试验台 CAT 系统及电液伺服阀 CAT 系统；北京理工大学的液压泵、液压马达、液压泵 - 液压马达传动系统工作特性的计算机辅助试验系统，广州机床研究所液压泵性能和噪声计算机实时监测系统等。

就技术层面而言，液压元件 CAT 技术发展的过程就是在液压元件测试中的数据采集、传输与处理技术的发展过程，计算机数据采集技术发展的四个阶段也体现在液压元件 CAT 技术发展的过程中。

1）单片机阶段：由常规二次仪器 + 单片机 + 汇编语言组成。

2）PC 阶段：常规二次仪表 + 专用接口 + PC + 高级或汇编语言 + 输出设备。

3）微处理器阶段：传感器 + 通用接口 + 微处理器系统 + 高级语言。

4）测试工业控制计算机专业化阶段：具有计算机控制功能的微型计算机工业控制系统+测试试验数据处理功能软件。就液压元件CAT与液压试验装置的结合过程而言，可以看到，液压试验2.0技术着重获取液压元件试验的性能参数，设备简单，以人工读取测试数据为主要手段。到液压试验3.0时代，测试设备与电控以及CAT的技术密切结合，也是机电液计算机一体化在液压测试装备上的发展。在液压试验4.0时代，液压元件CAT技术将主导液压测试，与通信技术密切结合，与半实物仿真相结合，在虚拟仪器方面进一步发展，加上与云技术结合，CAT就不再是一个纯数据采集的技术，而成为直接面向用户服务的技术，并与仿真技术、数字孪生以及区块链技术共生共长。

今后液压元件CAT技术的发展有三个大的方向：

1）液压元件CAT数据采集技术与测试系统的控制进一步融合为一体，这正在进行且不断完善。

2）液压元件CAT技术本身与网络信息化融合为一体，即内部总线化与外部以太网化，液压测试从“孤岛”形成一个行业性的产品“数据平台”。

3）液压元件CAT与CAD、CAM融合为一体，成为数字集成制造的一部分，通过数字孪生技术建成一个优化系统，让数据“自我”改进产品的性能，成为全生命周期管理的一个重要环节。

**3. 液压元件CAT平台的发展**

液压元件CAT至今主要是作为液压元件测试的数据采集与处理平台，作为考核产品达到国家/国际标准与检验质量的手段，这个基础功能是不会改变的。但是液压元件CAT还需要从一个孤立的测试平台向互联网服务的大数据共享平台的方向发展。

我国在由“仿”向“创”转变的过程中，行业将通过行业云建设去建立CAT服务体系，从而形成公共服务平台，由单一产品达标测试认证，发展为通过云技术到行业产品标准认证、提供产品测试数据通过第三方向用户认证。将全国产品的质量管理、标准化推广、产品质量的第三方认证、产品全生命周期管理形成一个服务平台，提高行业的总体互联网服务水平，这样才能使CAT技术为产品走出国门、运行在世界各地不同场景提供服务，在融入国际市场时，通过云平台第三方可以在世界各地查证测试数据，并由互联网区块链技术保证这些数据的安全。

目前我国正通过工信部的项目建设数字液压高端产品检测标准公共服务平台，一定会对这一发展起到非常积极的促进作用。

综合以上所述，液压CAT测试技术正在以下方面发展完善。

1）完成包括数字电动机、数字电液转换装置等数字液压元件产品的离线和在线测试，且测试不再局限于液压系统的流量、压力、温度等基本参数，还需要对数字液压元件的电流、电压、转速、转矩等试验条件进行在线实时监测，以及对元件各种环境工况的测试，包括极端工况下的性能测试。

2）提高试验设备的智能化程度，促进试验设备智能化、试验装置小型化、功能多样化。虚拟技术的应用除了可以提高试验设备分析处理能力，还可以进一步提高试验系统智能化程度。

3）网络技术进入现代测试技术领域，测试仪器已经具备网络传输数据的能力。大型试验系统正在从集中控制方式朝着成本低、智能化的高性能网络方向发展。由于大型试验系统及远程测试技术中各测试点分布范围较广，试验设备之间需要有更强的数据传输能力，有力促进了试验设备和网络测控技术的发展，推动液压试验系统的远程测试、远程故障诊断功能的发展。

4）测试数据更安全可信，更便于数据共享与交易。区块链技术已可以应用于液压试验，从而使数据库更安全，不需要行政机构的授信，形成一个透明可靠的统一信息平台，解决了数据的信任和安全问题。其中的智能合约技术使数据不可篡改，自动执行一些预先定义好的规则和条款，起到了第三方检测评价的作用。

5）参与半实物仿真。

6）进行虚拟试验。虚拟试验为降低实物可靠性试验的成本和周期提供了一种前期解决方案，以使仿真过程获得控制装置的真实数据。

7）面向对象的编程语言 LabVIEW 大大促进了 CAT 技术的发展，将液压测试技术推向了一个新的高度。

8）虚拟仪器技术实现了部分硬件的软件化，增加了测试系统的灵活程度，打破了传统测试装备在信号发生、数据分析显示、存储等方面的限制。

**4. 我国液压元件 CAT 技术发展的重中之重**

液压元件 CAT 技术是 CAT 技术的其中一个部分，随计算机数据采集、传输与处理技术的发展而发展。液压元件 CAT 的核心与关键任务是需要创建液压元件各种测试条件下的数学模型与数据处理算法，然后汇聚起来后形成液压元件 CAT 测试数据处理功能软件。我国液压元件 CAT 发展的现状是我们曾经开发的成果是可贵的，但是最后都是“零碎”的，整个行业的 CAT 水平依然提升不起来。北京理工大学曾经有一个非常好的液压泵与伺服阀测试软件，用于冶金行业，液压泵的测试模型建立非常好，简单易行而且测试效果好，但是二十多年来推广非常有限。

因此，只有将液压仿真、半实物仿真、虚拟仪器、数据辨识技术（大数据处理）等碎片化的开发成果由液压元件 CAT 数据处理软件包以商业形式固化，才能使我国液压元件 CAT 技术不至于处于临渊羡鱼的境地。

## 24.1.2 液压元件 CAT 系统

液压元件 CAT 系统分为两大部分：计算机数据采集系统与液压专业性 CAT 信息处理系统，如图 24-1 所示。

计算机数据采集技术具有成熟的技术与产品，可以直接采购或移植。而对于液压元件 CAT 部分而言，是与被测液压元件相关的硬件与软件部分，尤其是数据采

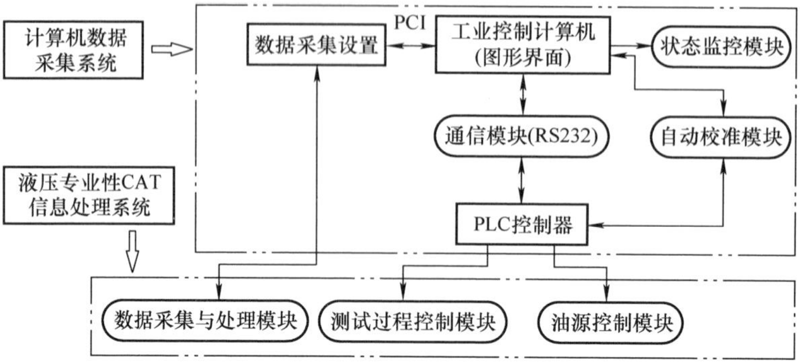


图 24-1　液压元件 CAT 系统组成框图

集与处理模块是液压元件 CAT 的核心，关键是软件，液压元件测试系统软件功能如图 24-2 所示。

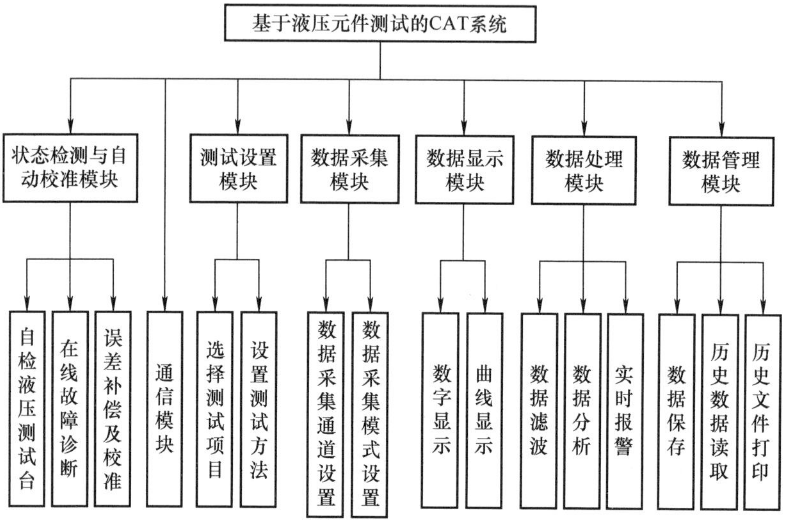


图 24-2　液压元件测试系统软件功能

液压元件 CAT 软件的生命力在于测试所用的液压数学模型与算法，如液压泵或马达利用相似律法、最小二乘法、移动最小二乘法及三角网法进行液压泵和液压马达特性曲线的绘制，甚至仅测试有限点数（数据）就能够生成该液压元件具有说服力的完整静动态特性或曲线。因此液压专业性 CAT 信息处理系统的核心是软件。

概括起来说，液压元件 CAT 系统的作用体现在：①验证液压元件设计要求与制造质量；②为研发新的液压元件提供支持；③检验维修后液压元件的性能；④对在用液压元件进行故障诊断；⑤检验新购液压元件的性能；⑥配合液压系统调试；⑦实时监测液压系统状态；⑧促进液压课程教学。

### 24.1.3 液压试验分类

液压试验有不同的分类方法。

**1. 根据试验的要求分类**

（1）科学研究试验　针对特定研究目的，对液压系统、液压元件或其中的部件进行的试验，含可靠性试验。

（2）型式试验　为新产品的鉴定和定型、依据拟定的项目和方法进行完整测试项目的性能试验。

（3）出厂试验　已定型批量生产的产品，为考核其性能是否合格，在出厂前完成的试验。

（4）维修试验　提供判断维修件质量的技术手段。

（5）教学试验：液压课程配套的试验。

**2. 根据试验作用分类**

（1）功能性试验　测试被试件能否完成指定的功能，如阀的压差 - 流量特性试验、密封性（泄漏量）试验、泵马达的效率（能耗、温升）试验、换向阀的工作范围试验、液压元件的瞬态响应性能试验、噪声试验、手动元件的操作性能试验等。

（2）可靠性试验

1）耐压性试验：静态试验压力为许用压力的 125%、150%，甚至 200% 或更高，目的在于了解被试件在瞬间超过许用压力条件（如压力冲击）的情况下还能否坚持长期工作。

2）耐久性试验：在接近实际使用工况（如满载）的条件下，让被试件长时间运行，期间检查其性能的变化情况。为了缩短试验时间，可采取超载、超速、冲击等强化试验条件。

3）密封件与特殊油品的相容性试验：把密封件浸在液压油中，在给定条件下（如加热一段时间）检查密封件是否膨胀、变脆。

4）环境适应性试验：①高低温试验；②防护等级（IP）试验；③耐腐蚀（盐雾）试验；④耐污染试验；⑤防爆环境试验；⑥耐高压试验；⑦负压乃至高度真空试验；⑧振动、冲击试验等。

**3. 根据试验规模分类**

（1）液压零部件试验　对液压元件中的关键零部件（如弹簧、柱塞泵中的柱塞等）进行试验。

（2）液压元件试验　在标准规定或实际应用的工况下对液压元件的功能和性能进行试验。

（3）液压系统试验　液压系统在主机环境下的试验，考察液压元件和系统的性能指标是否达到主机要求，收集系统运行数据。

**4. 根据试验方法分类**

根据试验方法分类可分为实物试验、半实物仿真试验、虚拟试验。

**5. 根据试验对象分类**

按试验对象分类的结果通常又称为液压试验台，一般可分为液压泵试验台、液压阀试验台、液压缸试验台、液压马达试验台和液压综合试验台（可完成多种液压元件测试）。

工程上，用户根据产品名称命名试验台，并冠以试验台的功能。如数字伺服阀开发试验台、电液比例控制泵维修试验台等。

## 24.2 液压元件 CAT 数据采集系统分析与设计

### 24.2.1 液压元件 CAT 数据采集系统的组成

液压元件 CAT 数据采集系统是复杂的机电液计算机耦合系统，因此，液压元件 CAT 试验台基本上是由产品设计或/和制造单位提出要求，由协作单位完成设计制造并成套供货。涉及产品保密要求或特殊情况下，用户会独立开发 CAT 系统。

液压元件 CAT 数据采集系统硬件构成框图与信号流向如图 24-3 所示。

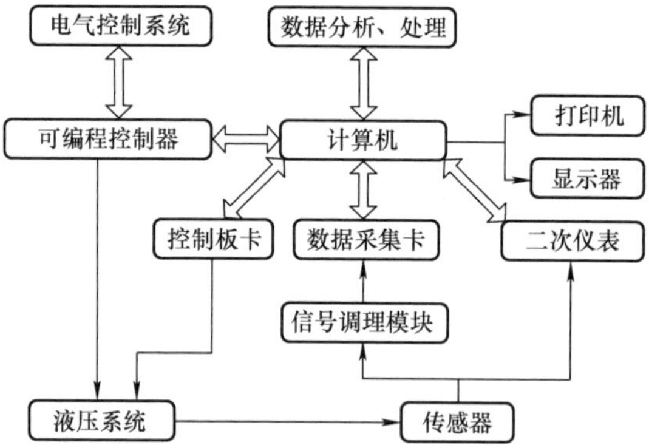


图 24-3　液压元件 CAT 数据采集系统硬件构成框图与信号流向

图 24-3 中传感器检测出液压系统中的流量、压力、转速、转矩、温度等信号，由计算机进行采集和处理。在试验过程中，测试系统根据操作人员的操作指令、测试系统中传感器反馈的信号和设计的测试流程对整个测试过程进行控制，保证测试过程按照测试要求进行。

按功能划分，液压元件 CAT 系统可分成：①测试对象；②动力装置；③检测装置；④控制装置；⑤计算机与信号源；⑥数据记录和分析装置；⑦测试与控制软件；⑧加载与节能装置；⑨安全防护装置。

## 24.2.2 液压元件 CAT 数据采集系统设计流程

**1. 明确试验目的和测试项目**

开展液压元件 CAT 系统设计首先要明确试验目的和测试项目。在拟定测试项目的时候，如果有国际、国家、行业和企业标准，既要作为依据，又不能作为教条，要根据产品质量考核的需要创造性地执行标准，甚至测试对象抽检的方法和数量、操作人员配置也要明确下来。新产品的试验目的要有长远眼光，要按照产品今后走出国门、融入国际市场的标准建造试验台，使测试数据达到国际上实验室认可的标准和要求。

**2. 拟定 CAT 试验系统总体方案**

根据试验对象及其测试项目的需要，制定测试工艺、试验报告的内容与格式，决定测试精度和测试效率，决定试验系统的每一个参数是采用手动调节还是电信号调节或计算机自动调节、试验条件及其控制方法，决定试验项目之间的切换方法、试验系统是否回收能量以及如何回收能量，决定油液污染度等级、测试过程和数据记录与管理的方式，测试过程是否需要重现。

**3. 展开 CAT 试验系统液压回路、强电控制回路、传感器信号与调理回路、计算机系统原理设计和施工设计**

尽管通用的液压元件试验回路在国际、国家、行业或企业标准中可以找到，但那是指导性的，还不能直接用来生产制造，还要根据具体的需要设计详细的试验用液压系统原理图。特别是当试验台上的负载用节流阀或溢流阀来模拟时，它们只能模拟稳态负载压力，不能模拟负载的惯量。因此，它们不能反映系统的瞬态响应特性。各类传感器在试验系统中的布置也很重要。试验系统元件的选型甚至会影响到设计的成败。

**4. 试验环境或条件设计**

当对试验环境或条件有特殊要求时，这方面的投入甚至会超过试验台本身的投入，如失重环境、深海、超低温、高温、高湿度或其他极限条件等。

**5. 测试软件编程与调试**

软件设计与调试也会影响测试精度。采用虚拟仪器，简化软件设计。

**6. 提交竣工资料，培训合格操作人员**

完成上述设计流程后，最终需要提交竣工资料，培训合格的操作人员。

## 24.2.3 测试对象分析与设计

测试对象由用户需要决定，测试系统的其他组成部分都是根据测试对象的需要展开设计的。

大部分用户希望建造的试验台能适应多种测试对象的需要，包括考虑今后产品的升级换代。维修试验台更是希望能做所有液压元件的测试。这些无疑增加了设计的难度，也要求液压系统能按模块组合和方便切换调节参数的方式迅速满足测试需要。

测试对象确定之后，CAT 系统设计和测试人员都应对其功能、技术参数、工作环境、工况特点、测试条件、安装尺寸和输入输出接口等进行全面分析和了解。这是设计和试验过程开始前的重要准备工作。在此基础上，还要分析试验条件是否满足测试对象的要求。必要时，应设计合理的试验条件。随着电液控制产品日益增多和复杂程度不断提高，CAT 系统的信号、接口、动力源、加载装置等应按通用化和模块化的要求来设计。这样一来，试验人员就能根据测试对象的要求快速设计出合理的测试条件。

对于出厂试验，试验台的测试效率直接关系到产品生产周期与成本。为了保证测试进程与生产同步，设计出厂试验台时，不仅要考虑完整测试一台产品需要的时间，还要考虑同时安装在试验台上的产品数量和这些产品的装拆方式及时间，为满足生产需要，甚至要求多个试验台同时工作。

### 24.2.4 动力装置分析与设计

动力装置为 CAT 系统提供液压能源。该装置把电能转换成液压能，其核心部件是液压泵。动力装置的设计要掌握以下原则：

1）液压泵提供的最大压力、最大流量和总功率应满足被测试对象对压力、流量和功率的要求。

2）动力装置的压力和流量调节要考虑通用性，适应被测试对象种类多、参数变化范围大、恒压源和恒流源可方便切换的要求。因此，测试系统的动力源往往不能采用单一变量方式。

3）动力装置应符合节能要求。测试对象的压力和流量随着测试对象和测试过程的变化而变化，而动力源是按最大流量和最大压力配置的，难免有过剩压力和流量。因此，液压泵应采用合理的变量方式（压力调节、流量调节或功率调节），使动力源输出的压力、流量、功率与测试对象和测试过程的要求相适应。

### 24.2.5 检测装置分析与设计

检测装置的作用是把测试过程中的参数从测试系统中提取出来，并转换成所需要的信号形式，传递到分析、记录装置中。测试系统的测试精度和可靠性在相当大的程度上取决于检测装置。

设计检测装置需要掌握好以下原则：

1）根据被测试参数（位移、压力、流量、温度、电流、电压、转矩、转速等）选择对应的传感器，且传感器的量程要与测试参数的最大变化范围相匹配。必要时，可采用不同量程的传感器组合使用。测试过程中，按需要选取量程适当的传感器，以提高分辨力和测试精度。

2）传感器在系统中的布置应保证能测量真实的信号，而不是伪信号。这方面，试验标准提出了明确规定。

3）传感器输出的信号应便于识别、传送、转换、处理，且在此过程中不受负载效应、滤波和系统固有频率的影响而产生失真。

4）传感器的测量精度要与测试要求相适应。国家标准对测试的精度等级提出了明确规定，设计测试方案时必须参考。虽然不能采用精度低的传感器，但盲目追求精度过高的传感器不仅毫无必要，还会增加投资和测试成本。

## 24.2.6 控制装置分析与设计

采用 CAT 技术，可以共用一个计算机硬件系统和测试软件，实现真正意义上的测控一体化和测试过程完全自动化，大大提高了测试系统的装备水平。液压元件 CAT 包括给定信号（激励信号）和加载信号连续变化的过程，也要求控制装置完成动力装置、加载装置、信号发生和数据记录过程的自动控制。设计测试系统的控制装置要考虑以下原则：

1）控制装置的可靠性要高，以避免因控制失误造成损坏测试对象和测试系统的后果。

2）确保数据采集过程中，激励信号和加载信号的同时对应关系，即采集到的给定信号和测试对象的输出信号应是同时采集和记录的，二者的采集和记录时刻不应存在时间差。实际的控制装置要做到这一点是困难的，但通过改进控制装置，应使这一偏差达到最小。否则，测试结果的可靠性就要大打折扣。

3）测试效率足够高，操作方便，数据观测直观。控制对象包括试验参数控制、试验过程控制、试验条件控制。

**1. 试验参数控制**

液压元件 CAT 试验系统需要控制的参数包括从测试对象获得的数据（测量参量）和试验平台的被控参量。要完成对这些参数的控制，首先需要明确这些参数需要达到的精度，而保证精度是一个复杂的系统工程，是液压元件 CAT 试验系统设计成败的关键因素。

（1）测量参量的控制　通常，液压元件 CAT 测量参量包括压力、流量、液压介质温度、环境温度、转矩、转速、位移、速度、加速度、电压、电流等。

为了保证从测试对象获得的数据准确、可靠，必须按液压元件测试国家标准的要求配置精度匹配的传感器。为此，国家标准对精度等级按照不同的检测要求进行划分（见表 24-1）。A 级适用于国家计量管理和权威部门，B 级适用于型式试验，C 级适用于出厂试验和维修试验。考虑到还有其他环节存在误差，所以用作测量参量的传感器精度必须高于国家标准划分的准确度等级。

表24-1 试验系统允许误差

| 测量参量 | 测量准确度等级 | | |
|---|---|---|---|
| | A | B | C |
| 压力（压力表 $p\leqslant0.2$MPa)/kPa | ±1.5 | ±3.0 | ±5.0 |
| 压力（压力表 $p>0.2$MPa)（%） | ±0.5 | ±1.5 | ±2.5 |
| 流量（%） | ±0.5 | ±1.5 | ±2.5 |
| 温度/℃ | ±0.5 | ±1.0 | ±2.0 |

注：型式检验不得低于B级测量准确度，出厂检验不得低于C级测量准确度。

精度用误差（绝对误差和相对误差）的大小来反映。误差按其性质可以分为随机误差、系统误差和粗大误差。随机误差受到偶然因素（如电磁扰动、温度波动、振动等）的影响。系统误差是在重复进行测试时，其值基本保持恒定或者保持某一规律变化的误差，通常由测试设备、测试原理或测试环境产生，设计和操作试验系统时可以避免或者减小。试验系统的这些误差最终构成了试验系统的总误差。其中，随机误差可以通过重复测试，计算平均误差来剔除不准确的值。系统误差只能减小，而难以从根本上消除。粗大误差是超过规定条件预期的误差，属于异常值，直接剔除即可。

另外，选用压力传感器时，还要注意测试过程中瞬态压力的变化过程时间。例如，当瞬态试验中压力飞升速率非常快时，压力传感器的响应必须比压力飞升时间快10倍以上。

选用流量传感器时，还要注意分辨力。例如，在多路阀液压试验系统中，需要对模拟负载流量、前后泵流量、系统回油流量以及被试元件泄漏量进行测试，而前后泵流量传感器及模拟负载流量传感器均为大流量，并且流量传感器均需要承受高压，为此，选择VSE的齿轮流量计VS10，量程为500L/min，精度0.3%R满足大流量的精度要求。但是，多路阀的泄漏量不大于4L/min，最小流量只有几毫升，如果仍然采用量程为500L/min的流量传感器来测量泄漏量，分辨力肯定达不到精度要求。因此设计时采用双流量计并联的方案，为了防止误操作时两个流量计前的截止阀均未打开，在其并联回路上又并联一个溢流阀，如图24-4所示。

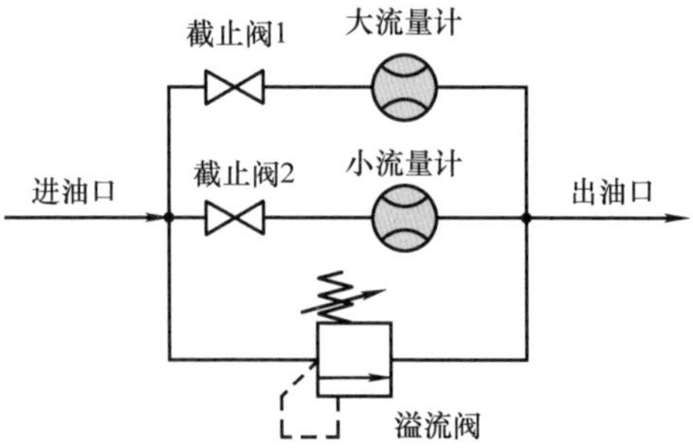

图24-4 回油流量计设计方案

在多路阀试验系统中，当油液正常回油时，关闭截止阀2，打开截止阀1，油液通过大流量计。当进行泄漏量试验时，关闭截止阀1，打开截止阀2，油液通过小流量计。此方案在满足量程要求的同时又保证了流量测试的精度。

试验系统中的VS10齿轮流量计和HYDAC的EVS3106-A-0600-000涡轮流量计均可以满足B级精度要求，试验系统中流量传感器参数见表24-2。

**表 24-2　试验系统中流量传感器参数**

| 序号 | 测试对象 | 传感器型号 | 量程/(L/min) | 精度 |
|---|---|---|---|---|
| 1 | 前泵流量 | VS10 | 1.5～525 | 0.3%R |
| 2 | 后泵流量 | VS10 | 1.5～525 | 0.3%R |
| 3 | 模拟负载流量 | VS10 | 1.5～525 | 0.3%R |
| 4 | 回油流量 | EVS3116－A－0600－000 | 40～600 | ≤2% |
| 5 | 泄漏流量 | VS0.04 | 0.004～4 | 0.3%R |

注：R—示值相对误差。

（2）被控参量的控制　这是试验平台硬件参数需要达到的精度和量程，如泵出口压力、流量、测试对象入口压力、流量范围、油温也必须控制在合理范围，被控参量平均显示值允许变化范围见表 24-3。

**表 24-3　被控参量平均显示值允许变化范围**

| 被控参量 | 测量准确度等级 | | |
|---|---|---|---|
| | A | B | C |
| 压力（压力表 $p \leqslant 0.2$MPa)/kPa | ±2.0 | ±6.0 | ±10.0 |
| 压力（压力表 $p > 0.2$MPa)（%） | ±0.5 | ±1.5 | ±2.5 |
| 流量（%） | ±0.5 | ±1.5 | ±2.5 |
| 温度/℃ | ±1.0 | ±2.0 | ±4.0 |

注：型式检验不得低于 B 级测量准确度，出厂检验不得低于 C 级测量准确度。

当液压试验平台采用开环系统控制方案，其被控参量不能满足要求时，就需要采用闭环控制方案。对此，在具体的液压元件测试标准中均有提及，有经验的设计工程师善于从被控参量的准确度等级中把握液压元件 CAT 硬件和软件系统的设计。

被控参量的精度除了与传感器的精度有关外，还与控制系统的结构有关，但最终也要保证被控参量的准确度达到国家标准的要求。

当然，为了保证测试的精度，除了在液压元件 CAT 试验系统设计阶段做好上述工作外，在液压元件 CAT 试验系统施工和操作使用过程中，注意以下环节也是必不可少的。

（3）注意传感器受工作环境的影响　传感器的工作原理存在差异，其不同工作环境下受到的影响是不同的。例如，如果在同一个试验系统中同时采用齿轮流量计（为保证精度安装在高压油路上）和涡轮流量计（为降低成本安装在低压的回油路上），从工作原理看，涡轮流量计是通过叶轮旋转产生电磁信号来计量流量，齿轮流量计依靠与齿槽排量对应的脉冲信号来计量流量，因此在试验系统采用变频电动机产生的强磁场对这两种传感器的影响完全不同，涡轮流量计必须有很好的抗干扰措施才能够保证系统的测试精度。

（4）注重传感器标定工作　即使传感器出厂时经过标定，但由于测试现场温度、湿度、存储与使用时间，以及其他环境因素的变化，传感器的标定结果会出现变化，导致测量误差的产生。因此现场进行误差校准是不可缺少的工作。在标定完成后，依据标定结果对传感器的测量系数进行补偿或矫正，才能保证采集数据的可靠性。

（5）保持测试信号传输的可靠性和稳定性　液压元件CAT试验系统中，传感器信号传输环节如图24-5a所示，图24-5b从传感器误差、信号传输误差、信号调理误差、数据采集误差和数据处理误差五个方面分析了测试误差来源。其中，在传感器的主要性能指标中，静态误差（含灵敏度、回程误差、线性度、重复性等）反映传感器的误差，而量程、频响等指标不作为误差分析的依据。为提高试验系统的精度，应在分析每个环节的误差之后，采取措施减小主要误差。

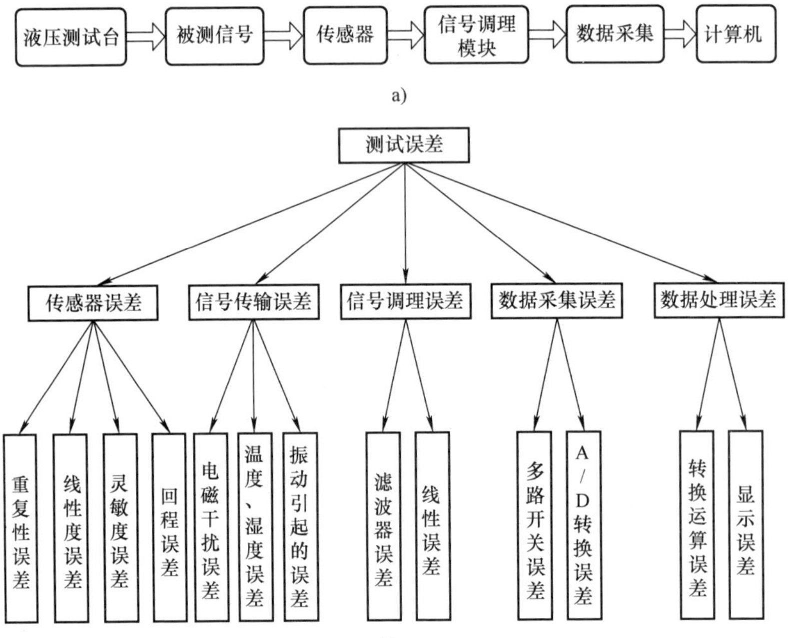


图24-5　传感器信号传输误差

a）传感器信号传输环节　b）测试误差来源

（6）抑制干扰　干扰来自两个方面：①试验系统本身的干扰，如测控系统中如果使用了变频器，其中的电子器件将交流电变成直流电，经整流又转化为频率可变的交流电，在变频器工作过程中产生大量的干扰谐波；②现场存在的外部电磁干扰。

干扰的基本要素为干扰源、传播路径和干扰对象，图24-6所示为变频器干扰的传导方式及干扰对象（含系统中传感器、显示设备）。

应从隔离、屏蔽、滤波和接地四个方面降低变频器产生的电磁干扰的方法。

1）隔离措施。如在布置试验台设备时就考虑变频干扰对试验系统的影响，应

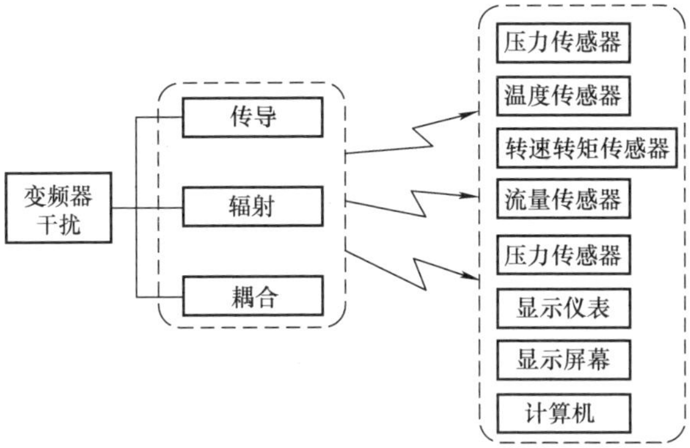


图 24-6　变频器干扰的传导方式及干扰对象

将变频设备与测试设备分别安装在不同的房间内，保证计算机、传感器等易受干扰的设备远离干扰源，削弱干扰对试验系统的影响，如图 24-7 所示。

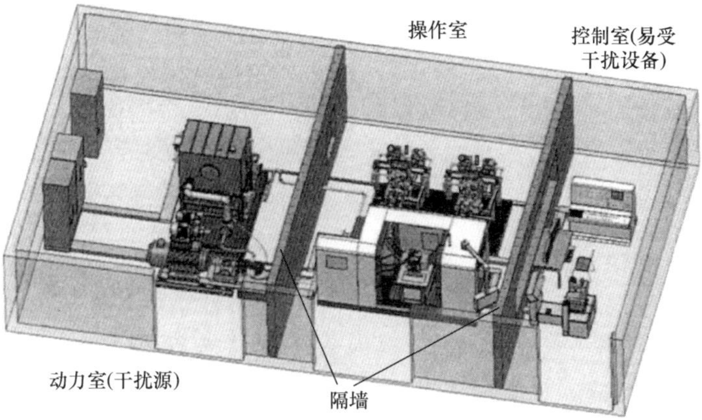


图 24-7　隔离削弱干扰

此外，变频器还会导致电网中供电波形的畸变，因此需要将传感器等设备的供电电源与变频器的电源隔离，避免影响传感器的测试精度。可以使用开关电源作为传感器的独立电源，开关电源内的滤波器可以有效保护传感器的电源免受干扰噪声的污染。

2）屏蔽措施。屏蔽可以减少变频器内部的电磁波向外传输，减少干扰电波对外的影响。屏蔽的主要措施是将变频器或传感器放入金属外壳中，并将金属外壳有效接地。试验系统转矩转速传感器屏蔽保护如图 24-8 所示。

此外，变频器如果作为干扰源，变频电动机的电源线会产生非常强烈的干扰信号，因此在试验系统中应尽量避免信号传输线与变频电动机电源线平行布置，还要将变频电动机的电源线及接地线进行屏蔽和接地。信号传输线也要使用屏蔽保护线，并将屏蔽线有效接地。

图 24-8 试验系统转矩转速传感器屏蔽保护

3）滤波措施。滤波是降低干扰的有效措施，主要包括对电子设备电源的滤波和对测试信号的滤波。如果变频器对现场电源产生扰动噪声，为阻止干扰进入测试设备，应在传感器、仪表与电源之间安装电源滤波器。另外，滤波可以有效减少测试信号中的噪声成分。滤波主要分为软件滤波和硬件滤波。硬件滤波对元器件的要求较高，而且有时会导致振荡。软件滤波可以方便地在采集信号的程序中实现，但是提高滤波频率会使计算量变大，计算机的性能要求也相应提高。图 24-9 所示为某试验系统滤波前后流量曲线对比，从中可以看到滤波的效果。

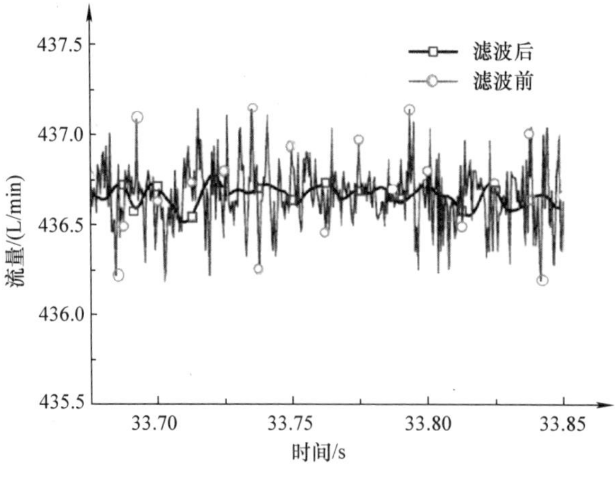


图 24-9 某试验系统流量滤波前后流量曲线对比

4）接地措施。正确接地是试验系统抑制电磁噪声和干扰的一种有效措施，接地措施主要分为保护接地和屏蔽接地。国家安全标准中规定任何高压机电设备及电子设备外壳均需要接地，这样既可以避免设备金属外壳带电危及人身安全，也有利于提高测试精度。图 24-10 所示为试验系统保护与抗干扰接地示意图。

在试验系统中，传输信号依靠屏蔽线缆进行传输。屏蔽线不同的接地方法对干扰抑制的效果不同，接地点远离传感器端时抑制干扰的能力最佳。变频器与变频电动机都应有效单独接地，如果变频器接触不良导致地线产生微弱电流时，将严重影响试验系统传感器的测试精度。此外，在多传感器系统中，将多传感器分别接地是最佳方案，但有时不可避免地采用多传感器共同接地，各传感器的对地电流会相互影响，产生涡合干扰。应采用图24-11所示的接地方式，将最容易受影响的传感器放在前面，抗干扰能力最强的传感器放在最后。

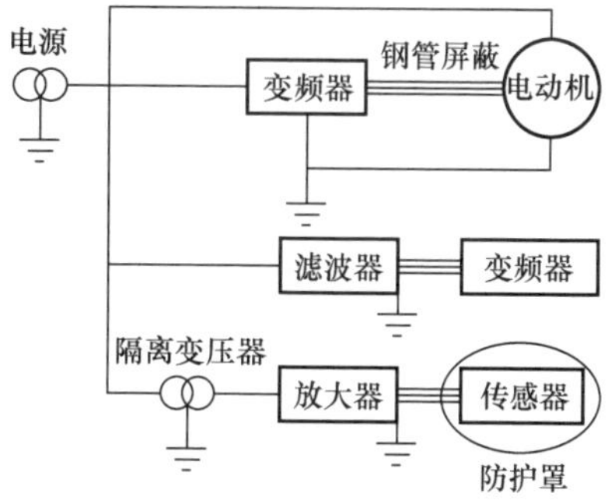


图24-10　试验系统保护与抗干扰接地示意图

(7) 提高数据采集及处理精度　数据采集及处理是试验系统数据加工的最后一个环节，其过程如图24-12所示。

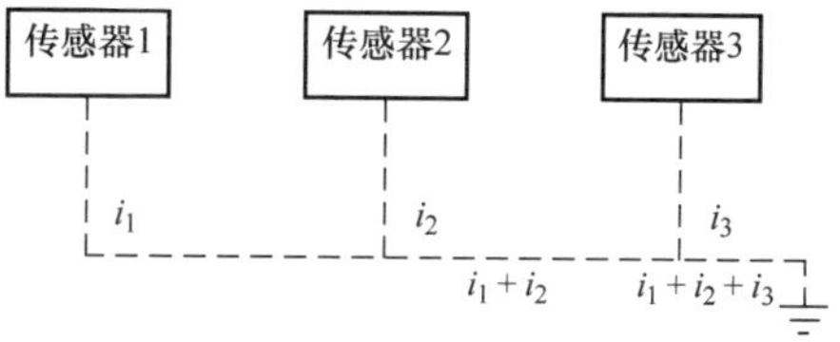


图24-11　多传感器共同接地方式

可以看到，在数据采集过程中，多路模拟开关，采样/保持单元以及A/D转换器等会影响数据采集的精度。其中多路模拟开关的作用是切换数据采集的通道，通道数量多会占用更多数据转换时间。A/D转换器的位数和采样频率对数据采集系统的精度有着至关重要的影响。数据保存到计算机时，由于计算机的数据存储长度有限，所以，数据截断也导致数据精度的降低。但是这部分误差与前面所述的误差相比非常小，基本可以忽略。在计算机或者二次仪表显示数据的时候，显示的位数也是有限的，也会存在同样的问题。

在试验系统的软件中为每个数据采集通道设置的采样频率越高，在单位时间内系统能够采集到的数据就越多，但对计算机的性能要求也越高。

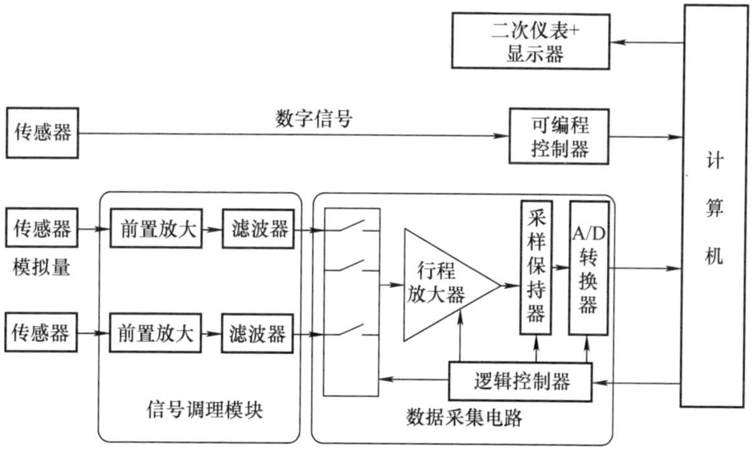


图24-12　数据采集过程

在软件中设置的最高采样频率不是可以无限提高的，它受到数据采集电路最高采样频率、通道数量、计算机资源分配给数据采集通道的有效工作时间的限制，选择数据采集电路最高采样频率的依据是找出测试对象要求的最快响应速度、测试数据精度、测试效率和采样定理。

1）采样定理。采样得到的脉冲序列为

$$x^*(t) = \sum_{n=0}^{\infty} x(nT)\delta(t-nT) \tag{24-1}$$

为从采样得到的脉冲序列中完全（无失真）复现出采样前的连续信号，必须使

$$f_c \geqslant f_{max} \tag{24-2}$$

式中　$T$——采样周期，与采样频率互为倒数；

$x(nT)$——采样时刻 $t=nT$ 的函数值，亦称脉冲强度；

$\delta(t-nT)$——发生在 $t=nT$ 时刻的具有单位强度的理想脉冲；

$f_c$——采样频率，$f_c=\frac{1}{T}$；

$f_{max}$——被采样的连续信号 $x(t)$ 频谱中的最高频率。

式（24-2）就是采样定理，也称香农（Shannon）定理。

2）采样周期对测试系统性能的影响体现在以下方面：

① 系统稳定性。采样与保持器的延迟会影响系统的稳定性，因而有一个使系统保持稳定的最大采样周期 $T_{max}$，这是由数据采集卡的性能保证的。

② 系统抑制干扰能力。由于系统的采样存在一定的时间间隔，使系统易丢失采样间隔之间的信息。显然，采样周期越大，系统对外干扰的抑制能力也越差。

③ 数据输出的平滑度（粗糙度）。计算机输出的指令信号通过零阶保持器加到被控对象，因而，它是一组阶梯信号，而被控对象的输出是一组彼此相连的阶跃响应，如图24-13所示。控制信号阶梯的大小与采样周期成正比，当采样周期较大时，信号阶梯较大，将使输出响应不光滑。

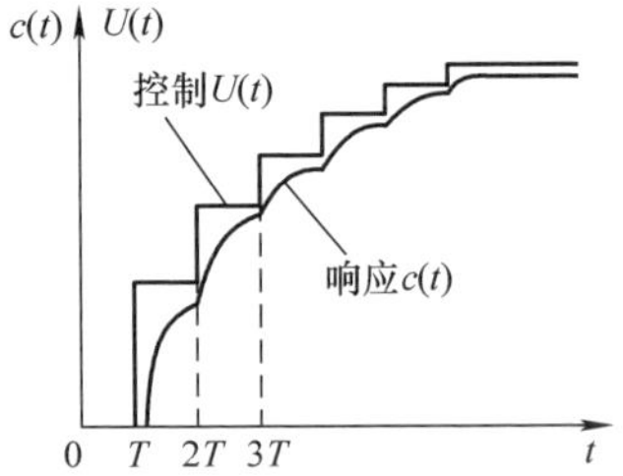

图24-13　计算机控制系统的输入和输出信号

④ 测试精度。当连续信号被离散成数字量时，将产生误差。一般情况下，采样周期增大，误差将增加。为减少离散化产生的误差，应选择较小的采样周期。在液压元件静态特性测试过程中，信号低频变化，计算机硬件系统的工作频率不难满足测试要求。但在液压元件动态特性测试过程中，正弦信号或阶跃信号是高频信号，采样频率的确定是极为重要的问题。

3）采样频率的经验值。在液压元件CAT测试过程中，需要发出一个往返的测试信号，这个测试信号周期中的采样点数（采样频率与之成正比）不能只满足于

“获得的脉冲序列包含连续信号的全部信息”这一采用定理的基本要求，还应保证经采样获得的脉冲序列经复现后，其信号是足够光滑的，即采样结果要为试验结果的分析提供可靠准确的数据。理论上，采样点数 $z$ 值越大，曲线越光滑，数据越准确。但 $z$ 值还受到计算机数据采集系统采样频率 $f_c$ 的限制。$z$ 值的大小是设计 CAT 系统数据采集板频率的重要依据。

设计测试软件时，可按以下步骤确定采样频率：

① 根据测试对象的频宽，取频率特性测试中正弦信号的最高频率为

$$f_{smax} \geqslant f_b \tag{24-3}$$

式中 $f_{smax}$——测试频率特性的正弦信号最高频率；

$f_b$——被测试元件频率特性曲线中幅频宽和相频宽的最大值。

② 确定单个周期的采样点数 $z$。这由测试结果允许的误差决定。在工业领域，一个信号周期中的采样点数至少应达到 $z=100$。采样点数 $z$ 太少，会使测试结果产生过大的数据分析误差；$z$ 选得太大，会增加计算机的运算负担。在数据采集板的采样频率一定的情况，$z$ 还会限制动态测试过程中最高信号频率的上限。

③ 确定每个采样点上的采样次数 $n$。$n$ 越大，采用平均滤波算法得到的波形越光滑，采样数据也越准确。根据经验，$n \geqslant 10$。

④ 单通道的采样频率理论上为 $f_c = nzf_{smax}$，但考虑到计算机数据采集系统完成数据转换、运算、传输、存储等操作还需要时间，故要求

$$f_c \geqslant 2nzf_{smax} \tag{24-4}$$

这是测试软件动态测试时必须注意的问题。

以比例阀/伺服阀频率特性测试为例。如果被测伺服阀的频宽 $f_b = 120\text{Hz}$，取 $z=100$，$n=10$，则数据采集板的最低采样频率为 $f_c \geqslant 2 \times 10 \times 100 \times 10 \times 120\text{Hz} = 2.4\text{MHz}$。

这还只是一个采样通道占用的采样频率。当有多个采样通道同时工作时，所有同时工作的采用通道占用的采样频率之和的 2 倍不能超过数据采集卡的采样频率。

比例阀/伺服阀阶跃特性测试的最低采样频率依此类推。

**2. 试验过程控制**

试验过程是由测试对象的某个具体性能指标的测试工艺决定的，测试对象也分开环控制和闭环控制 2 种情况。当测试对象本身构成一个闭环控制系统（如带电反馈的比例阀、带位移传感器的伺服液压缸等）时，要求 CAT 系统不仅测试它的输入输出关系，还要把闭环系统内部重要节点的参数与输入输出的关系检测并表达出来。

按试验过程的自动化程度划分，有手动、半自动、全自动 3 种测试操作方式。其中，半自动、全自动测试操作方式对试验过程的控制要求高，试验台还需要配置电 - 机械转换接口。仅有手动功能的试验台只具备调节功能，不具备控制功能。

有些测试过程是静态的，有些测试过程是动态的。

静态测试过程包括2种情况：①把试验台的状态调节好并保持稳定，再缓慢调节测试对象的输入（如控制特性）或保持输入为恒定值（如空载特性），然后读取指定位置的数据并将数据整理成要求的格式；②把测试对象的状态调节好并保持稳定，再缓慢调节试验台的输入（如负载特性）或保持输入为恒定值（如耐压特性），然后读取指定位置的数据并将数据整理成要求的格式。

动态测试过程包括2种情况：①把试验台的状态调节好并保持稳定，再给测试对象输入激励信号，然后读取指定位置的数据并将数据整理成要求的格式，如伯德图、阶跃响应曲线。这当中涉及激励信号的控制问题，包括激励信号的波形、幅值、频率的控制。②把测试对象的状态调节好并保持稳定，再给试验台的控制系统输入激励信号，然后读取指定位置的数据并将数据整理成要求的格式。这当中也涉及激励信号的控制问题。

通常，试验台的状态调节既要解决试验设备的控制问题（包括试验台开环系统控制和闭环系统控制），也要计算机提供合理的信号。而测试对象的状态调节只要计算机提供合理的信号，而且这些信号能够按要求递增或递减即可。

试验过程的控制还包括切换同一个测试对象的不同测试项目的方式。对于小批量测试，手动切换测试项目即可。但对于大批量产品的测试，在设计液压元件CAT系统的时候，就要设计测试项目的切换顺序和自动切换装置，甚至要求设计测试对象的自动安装和拆卸装置，以保证自动化生产线的生产效率。

试验过程的控制还包括正常测试过程的启动和结束，也包括测试过程出现不正常现象时的停止和暂停。停止就是完全退出测试过程，暂停就是故障排除后接着从暂停的地方继续测试。对于具备完全自动测试功能的试验台，停止和暂停的控制是极其重要的。

**3. 试验条件控制**

地面上的液压试验设备在测试过程中，试验条件需要满足国家标准的要求。这些条件主要包括油温、环境温度、振动和噪声强度。为了使试验条件满足国家标准的要求，设计液压元件CAT系统时，需要对这些条件进行控制。

（1）试验系统油温的控制　试验系统的油温主要影响测试数据的可比性，对油液寿命、油液黏度、液压元件的润滑性能的影响倒是次要的。因此，要根据国家标准对油温的要求设计温度控制系统。总的来说，温度控制系统包括冷却和加热系统。

1）冷却控制方法。根据冷却系统采用的冷却介质划分，有风冷、水冷、冷冻机内冷媒等冷却方式。风冷成本低，维护简单，但制冷能力受环境温度影响大，同等冷却功率所占空间最大。水冷体积小，但供水需要达到流量和温度要求。冷冻机的冷却效果最明显，设备占用空间最小，投入成本也最大。

根据冷却系统采用的冷却方式划分，有自然冷却、强制冷却方式。根据强制冷却采用的控制方式划分，有开关控制、开环控制、闭环控制冷却方式。开关控制就是温控系统采用开关元件来控制加热和冷却装置的接通与断开。当油温低于设定的最低温度时，加热器投入工作，冷却器不工作；当油温达到设定的温度范围时，加热器和冷却器不工作；当油温高于设定的最高温度时，加热器停止工作，冷却器投入工作。当采用闭环控制冷却方式时，需要注意大容积的油箱温度控制是大惯性、大时滞、严重非线性的时变系统。

根据冷却装置在液压系统中的安装部位划分，有独立回路冷却、回油路冷却、闭式系统补油回路冷却 3 种方式。

不同冷却方式的冷却能力和能耗不同，冷却效果和投入也不同。

2）加热控制方法。根据加热手段划分，有溢流加热、电加热及蒸汽加热 3 种方式。

溢流加热是溢流阀或节流阀对油液做功产生热量来加热油液，但这需要油温首先达到一定的温度范围，保证液压油的黏度符合泵的吸油条件。因此，要根据当地的气候条件，决定是否在油箱中安装一个电加热器对油液进行预加热，但电加热要注意避免局部油液过热的问题。蒸汽加热是让油液流经换热管，让热蒸汽与油液进行热交换实现对油液的加热。

在油箱容积合理的条件下，选用合理的加热与冷却方式及加热与冷却功率，才能保证油液温度维持在要求的范围内。

（2）减小振动与噪声　振动与噪声主要是对测试精度及其可靠性、试验设备的安全造成危害。在液压元件 CAT 试验台设计、制造、操作使用和维护阶段，都要通过分析产生振动与噪声的来源，找出其产生的主要原因，有针对性地克服或减小振动与噪声。

1）振动与噪声的来源。液压试验系统与其他液压系统一样，振动和噪声分为机械振动噪声和流体振动噪声。

机械振动噪声包括：①电动机、液压泵和液压马达等高速回转体的转动部分不平衡引起的振动；②电动机的冷却风扇噪声；③电动机通电后的电磁噪声；④电动机和液压泵不同轴引起的振动和噪声；⑤安装在油箱上的电动泵组的振动引起油箱共鸣而产生更大噪声；⑥泵中轴承形成的噪声。

流体振动噪声包括：①液压泵在吸油和压油循环中，周期性的压力和流量变化引起液压振动；②溢流阀阀芯产生的高频啸叫；③油中气泡溃灭，产生爆炸性噪声；④在管路内流动的液体因突然关闭阀门在管内形成的液压冲击振动和噪声；⑤液压油在油箱中的涡流噪声；⑥液压泵吸油困难，产生气穴噪声。

此外，元件和管道的连接松动也会引起振动和噪声。

随着液压元件向高压、大流量和大功率方向发展，由液压动力源产生的流量压力脉动和由此诱发的管道振动和噪声问题更加不能忽视。

2）减小振动与噪声的方法。设计时，选用低噪声的液压泵、液压阀、电机。液压泵－电动机组的基座下设置防振橡胶垫或减振弹簧。系统的固有频率为泵轴转动频率的1/4~1/2。在泵的进、出口处安装一段软管，吸收部分高频振动，阻止振动传至油箱引起共鸣，提高油箱刚度。防止其他设备的振动与噪声的影响，如在试验台区域的地基周围，特别是动力源周围挖出一定宽度和深度的“防振沟”，沟内填充疏松物质，防止振动通过地基传播。

施工时，正确安装管道，消除管路振动，如管道弯曲半径不宜过小，支撑应牢固可靠，管道和支撑之间采用弹性管夹。应采用散热好的隔声罩。

## 24.2.7 计算机与信号源分析与设计

### 1. 信号源分析与设计

信号源提供测试对象和加载装置在进行静态测试和动态测试过程中所需要的正确信号。在CAT技术出现以前，信号源只能依靠信号发生装置获得，有些信号发生装置极其昂贵，而且使用和保存条件要求很高。CAT技术应用在液压测试领域之后，信号源的获得变得相当简单，只需要在测试软件中调用信号发生的软件模块即可。对信号源的配置或设计应遵循以下原则。

1）信号源应能产生三角波、正弦波、方波、恒幅信号和白噪声等标准信号。这些信号因测试项目不同，可根据测试对象和加载装置的需要组合搭配使用。

2）各种信号的幅值应能按需要方便地进行组合、叠加和调整。

3）信号频率调整方便，控制精确高。

一般情况下，进行静态控制特性测试时，采用超低频的三角波或正弦波信号，信号频率低于0.01Hz且基本保持频率恒定即可，以免测试对象、加载装置、记录系统的动态特性影响测试结果的可靠性。

进行频率特性测试时，采用最大幅值恒定的正弦波信号，信号的频率要能从低频到高频连续变化，其中，最高频率根据测试对象的频宽决定，通常要达到测试对象频宽值的3~5倍以上。

进行给定信号阶跃响应特性试验时，要求采用阶跃信号或低频方波信号，阶跃信号的最大和最小幅值应能根据需要方便地进行调整。

### 2. 计算机分析与设计

为了保证信号源的质量，应认真选择液压元件测试系统的计算机。

测试用的计算机首先应在中断系统、存储容量、输入输出通道等方面满足要求。另外，还要兼顾操作系统、字节长度、运算速度、指令系统、人机对话能力。可作为测试用的计算机包括单片机、可编程控制器（PLC）和微型计算机系统等。

1）单片机具有体积小、价格低、功能灵活、易于应用等优点，适用于小规模实时测控系统和智能仪表。

2）PLC是一种集CPU系统、I/O通道、I/O功率驱动及出线端子、电源系统和软件支持于一体的通用控制装置，特别适合时间顺序控制系统，代替继电器控制装置，很容易满足液压试验系统中开关量的控制。

3）计算机及其兼容机。目前，64 位个人计算机（计算机及其兼容机）普及率高，具有通用性好、图像及汉字处理功能强、性能价格比高等优点。

4）总线模板式工业控制计算机。总线模板式工业控制计算机具有总线底板加功能模板的硬件系统结构。将计算机硬件系统的整体功能划分为若干个小功能块，如 CPU 基本系统、显示打印模板、各种 I/O 通道处理模板等。在此基础上设计出各种相对独立的单个功能模块，其引线均依据所选用的工业标准总线设计。设计 CAT 系统时，可根据需要，方便地选用不同的模板插入总线底板，即可组成所需要的工业控制计算机。总线模板式工业控制计算机适用于环境恶劣、可靠性要求高的工业实时控制系统和测试系统。当测试系统的规模较大，数据管理和任务管理较复杂时，为了不至于在长时间的测试过程中占用计算机，可考虑采用上、下位机的结构。下位机负载控制和测试，上位机负载管理和发送测试指令。

**3. 计算机接口形式**

1）选用功能接口板。功能接口板是可以现成买到的计算机模拟量和数字量的多路输入输出接口，它们通常做成一块印制电路板。采用功能接口板，可节省系统设计时间，硬件设计的工作量少，可靠性高。

2）选用通用接口芯片。在设计接口电路时，可采用通用的大规模集成电路或编程并行接口芯片进行设计，这样可简化接口的设计、安装和调试工作。

3）用集成电路自行设计接口电路。对微型和小型计算机测控系统，可采用中小规模集成电路扩充接口，如用锁存器和译码器组成数字量接口等。

接口形式确定之后，可进行采样通道和输出通道的分配，在网络测试方式下，还要确定合适的通信方式。

## 24.2.8 数据记录和分析装置的分析与设计

在 CAT 技术出现以前，液压元件测试需要的数据记录和分析装置采用标准设备，如 $X-Y$ 记录仪、光线示波器、频率特性分析仪等，价格不菲。

CAT 技术催生的虚拟仪器已经可以完全取代传统的数据分析与记录装置。借助虚拟仪器技术，液压元件 CAT 系统既可以把计算机作为信号源，让计算机产生幅值和频率都精确可控的各类信号，也可以把计算机作为数据记录和处理、分析装置，实现数据存储、运算并输出测试的最终结果——打印试验报告。计算机既可以参与各种控制过程，简化测试系统的硬件结构，还可以淡化控制装置、信号源、数据记录和处理分析装置之间的差别。

## 24.2.9 测试与控制软件的分析与设计

一个好的测试与控制软件要能配合硬件系统，自动完成一个完整测试过程的控制，以及数据采集、性能分析、记录、存储，直至打印试验报告。软件编写水平同样体现 CAT 系统的设计水平。

计算机运算速度必须与被测试和控制对象的实际运行速度相适应，即对被测控对象的微小变动及时做出反应。同时，还应有灵活的输入输出设备和较完备的中断系统。这些一般由软件和硬件两方面来共同保证。

**1. 对软件设计的要求**

(1) 实时性　微型计算机机测控系统应能对被测控对象传来的信息及时处理，并根据一定的规律输出相应的信号。这对快速动态过程的控制十分重要。设计人员可在现有微型计算机资源的基础上采取诸如多占内存、减少执行时间、使用汇编语言编程及利用中断方式的方法来实现快速控制。

(2) 可靠性　测试程序在执行过程中不能出现结果溢出、内存单元占用过多、死循环等隐藏的错误。在一些重要场合，可设计一个诊断程序对系统进行检查，一旦发现错误及时处理。

**2. 编程语言的选择原则及常用编程语言**

选择编程语言主要遵循以下原则：①能实现软件的功能要求，这是最基本的原则；②硬件必须支持所选用的编程语言，否则编制的程序不能执行；③选择软件设计人员熟悉的编程语言，这样可以提高编程效率、减少设计和调试时间；④充分利用已有的软件资源，以减少开发时间；⑤充分利用各种编程语言的优点，选择最佳的编程语言环境，如混合语言编程技术。

常用编程语言有以下几种：

(1) 汇编语言　汇编语言的特点是代码紧凑，执行效率高，可用最小内存获得最快执行速度，直接控制硬件方便，特别适用于与数据采集、数据块传送、中断处理及实时控制等直接有关的应用场合。但通常其可移植性差，程序的可读性低，所支持的库函数少，编程、调试及维护较麻烦。

(2) 扩展型 BASIC 语言　该语言简单易懂，人机交互功能强，使用灵活、方便，比较适合一般的数值计算和事务处理。改进的 BASIC 语言还可以直接进行输入输出操作，故它也可用于控制软件的编程。但是，它在数值允许范围、变量个数、速度等方面都有所限制。

(3) C 语言　C 语言具有许多类似于汇编程序设计技术的功能，如位操作、输入输出操作、中断处理等，同时它又具有高级语言所有的特点。C 语言属于结构化语言，适合大型程序的模块化设计。

(4) PL/M 语言　PL/M 语言由 Intel 公司设计，主要用于开发该公司生产的微处理器系列、单片机系列的系统软件和应用软件。PL/M 语言可读性好，程序设计速度和运行速度快，可方便地对单片机的所有硬件功能进行操作，支持中断管理和服务，并在需要时可与汇编语言、C 语言连接组成一个完整程序。

(5) 混合语言编程　充分利用高级语言和汇编语言的特点，取长补短，用多种编程语言设计测试软件。例如，用汇编语言编制执行速度要求高的程序，完成中断处理、数据采集、输入输出等功能，用 C 语言编制数学模型处理、复杂的数学运算、图形绘制等程序，然后把两种语言编写的程序连接在一起，形成完整的测控软件。

（6）基于图形化编程的语言 LabVIEW　这是美国国家仪器有限公司开发的基于图形化的编程语言，具有高效、灵活、强大的编程能力及可视化编程环境，在该平台上开发的虚拟仪器技术已经非常成熟，目前是液压元件测试优选的编程语言。

**3. 测试程序设计方法**

目前常用的测试程序设计方法有以下几种。

（1）模块化程序设计方法　模块化程序设计方法是把整个程序分成若干子程序和模块，各个模块在设计调试成功后再连接在一起，成为一个完整程序。模块通常按功能来划分，划分时应注意每个模块担负的功能应比较单一，改变一个模块时不至于影响其他模块。模块应具有通用性，对于事先已知可能存在变动的部分应单独成块，便于以后修改调用。

（2）自顶向下的程序设计方法　自顶向下的程序设计方法是从最高层开始，采取逐步分解、逐步求精的方法向下进行程序设计。首先编写最高层模块，遇到尚未确定的下一层子模块，则用该子模块实际运行时可能产生的结果来暂时代替该子模块。当最高层模块经测试查明是逻辑正确时，再将相同过程运用到下层子模块，直到所有程序都被相应模块代替，即可对整个程序进行测试。

（3）结构化程序设计方法　结构化程序限定每个模块都是单入口和单出口结构，且规定程序的结构类型为顺序结构、分支结构或循环结构中的一种，这样使程序易于用框图来描述，清晰可读，便于查错修改。

一个完整的测试程序需要综合上述方法。

**4. 测试软件设计的主要内容**

1）人机交互界面设计。人机交互界面实现计算机与用户交流，在该界面上的功能需要合理分区。通常测试界面包括数据显示区、试验操作控件区（项目选择与过程控制按钮）、信号选择与设置区、信息提示区（如报警与测试帮助）、参数设置区（选择测试通道、设置信号幅值和频率范围等）等部分。其中，数据显示区用来实时显示系统的各个运行参数和绘制测试获得的曲线；试验操作控件区的按钮用于项目选择与过程控制，是对系统状态进行操作的窗口，测试人员可用鼠标对电动机、阀、加热、冷却、压力等进行手动控制，也可以通过启动、停止、暂停按钮控制试验进程；报警区域用于监测系统的运行参数，一旦发现异常，马上启动声光报警系统，同时屏幕上显示提示语言。

由于显示器尺寸有限，必要时还要对人机交互界面进行分级，以实现全自动测试的复杂功能，并在测试结束后完成试验数据的自动保存、打印、查询等。图 24-14 所示为比例溢流阀测试界面实例。

2）测试功能模块设计。每一个测试项目对应一个功能模块。

3）软件流程设计。

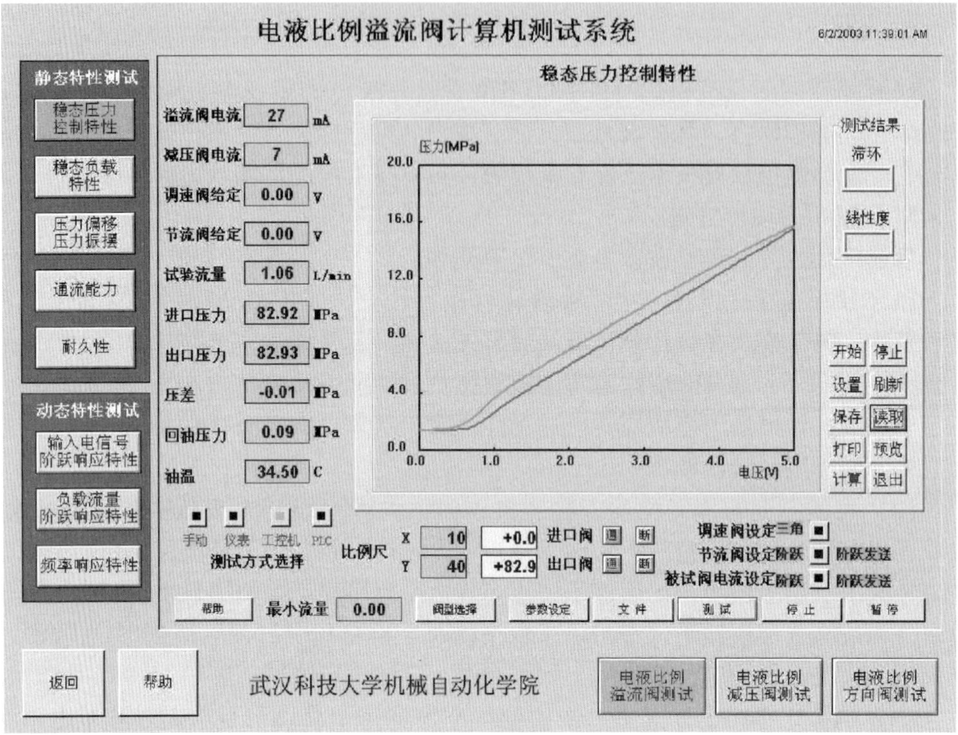


图24-14　比例溢流阀测试界面实例

4）数据结构设计。

5）通信模块设计（如果有）。

6）接口程序（含仿真接口）设计。软件设计的其中一项重要工作就是为每个数据采集通道选择合适的采样频率，这也是液压元件CAT试验系统计算机硬件设计的重要内容，详见24.2.6节相关内容。

## 24.2.10　加载与节能装置的分析与设计

加载装置的作用是在实验室环境下，模拟出被测试对象在实际应用中的工况。由于测试对象在实际应用中的工况具有多样性和复杂性，故要完全复现测试对象的实际工作过程是困难的，只能在现场完成，而且没有必要，因为液压元件测试的结果强调的是数据的可比性。只要在相同的试验条件下获得的数据，就可以与参考数据做对比，就可以用来判断液压元件的性能。

**1. 加载装置的设计原则**

1）加载装置不能影响测试对象的性能，特别要注意加载装置的动态响应能力不能影响测试对象的响应速度，还要保证足够的控制精度和分辨力，加载过程的可控性要好，否则，就会影响测试结果，负载模拟就会变得毫无意义，甚至产生误导作用。

2）加载装置通常是一种耗能元件，应尽可能采取节能措施，特别是进行长时间和大功率液压元件试验的时候，需要采用功率回收装置，或尽量缩短加载装置工作的时间。这个问题如果处理不好，能耗就会成为测试的主要成本。

3）加载装置可采用电信号调节，与测试过程协同工作。

4）加载装置中应考虑有安全保护措施，因为加载过程往往伴随着危险因素。

**2. 加载装置的分类**

按加载的手段分类，有液压加载、机械加载、电动机加载 3 种方式。

按加载的自动化程度分类，有手动加载、自动加载 2 种方式。手动加载获得的性能指标非常有限，通常用于简单的维修试验和教学试验。

机械加载和电动机加载方式在本章的实例中介绍，此处先介绍液压自动加载方式。液压加载装置容易实现，加载装置简单，可控性好，这是液压加载的明显优势。通常，国家试验标准规定了具体的液压加载形式，如采用压力阀完成压力加载，采用流量控制阀完成流量加载（调节），采用节流阀完成压力和流量的复合加载。而采用比例和伺服技术设计的加载装置，既适用于比例元件和系统的测试，也适用于其他液压测试设备，是调节方便和精度较高的加载手段。

**3. 比例压力加载装置**

比例压力加载装置用于模拟系统压力（连续变化或阶跃变化）。构成比例压力加载装置的元件有比例溢流阀和比例节流阀。根据它们与测试对象的相对位置关系，可分为串联和并联 2 种结构。

（1）并联型压力加载装置　这种加载装置的加载元件与测试对象的进口并联，如图 24-15 所示。

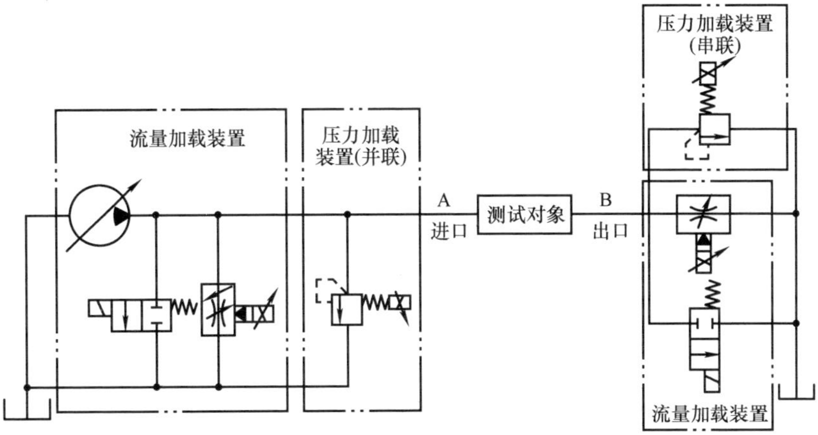


图 24-15　加载装置与测试对象的位置关系

各种液压测试系统都可以使用这种加载装置形成并联接点 A 处的压力。在图 24-15中，并联一个比例节流阀虽然可以产生 A 点的压力，但它所产生的压力受流量变化的影响，测试系统一般采用比例溢流阀作为并联型压力加载装置。

（2）串联型压力加载装置　这种加载装置的加载元件与测试对象的出口串联，如图24-15所示。

各种液压测试系统均可使用这种加载装置产生串联接点B处的压力。在测试系统中，出口比例溢流阀一般与比例节流阀并联，共同作为串联压力加载装置。

**4. 比例流量加载装置**

液压元件的动态特性通常都包含“负载流量阶跃响应”这一测试项目，因此，需要用到阶跃流量加载装置。比例流量加载装置可以形成连续变化或阶跃变化的流量信号，连续变化的流量信号可由精度高、响应快的比例流量阀/比例方向阀/伺服阀或比例泵的流量控制功能产生，阶跃变化的大流量信号由快速动作的插装式方向阀产生。

如图24-15所示，作为流量加载装置的比例流量阀，安装在测试对象入口时，与测试对象和液压泵并联，液压泵工作在定量泵工况。设计这种并联型流量加载装置，非常关键的一点，就是选择分辨力高和响应快的比例流量阀，否则，输入信号在小范围内调整时，比例流量阀要么没有流量输出，要么突然输出一个过大的流量，无法进行精细的流量调节。在测试对象需要很小的流量变化量时尤为明显。

受液流连续流动的条件限制，严格意义上的阶跃流量无法获得，工程上只能追求尽可能高的流量阶跃信号品质。原因一，理想的流量阶跃信号要求 $\mathrm{d}q_V/\mathrm{d}t$ 为无穷大，显然，在流体弹性模量 $E$ 和控制容腔体积 $V$ 有限的情况下，这种理想的流量阶跃信号根本无法获得；原因二，流量阶跃信号的品质与 $V$ 和 $E$ 相关，当系统结构和介质一定时，$V$ 和 $E$ 就是确定的数值，故要提高流量阶跃信号品质的关键是提高压力上升速率 $\mathrm{d}p/\mathrm{d}t$。这一点相当重要，因为压力飞升速率可由压力传感器方便地测得，而测定阶跃流量的流量传感器至今仍无法获得。因此，工程上都是采用压力飞升速率的大小来描述流量阶跃信号的品质。

为便于技术交流，促进经济发展，国际标准将压力飞升速率划分为三个等级，见表24-4。

**表24-4　压力飞升速率等级**

| 等　级 | 压力飞升速率/(MPa/s) |
|---|---|
| A级 | 3000～4000 |
| B级 | 600～800 |
| C级 | 120～160 |

图24-15中的进口流量阶跃加载装置采用图24-16所示的原理，其设计要点如下：①减小控制容腔 $V_c$ 的体积，包括减小管道的长度和直径；②降低工作介质中的含气量，以增大 $E$；③增大控制泵4的供油流量，提高泵的容积效率，这样做的目的是增大进入控制容腔中的有效流量 $q_c$。按照以上原则设计流量阶跃加载装置，

既可满足测试对象时域动态特性的测试要求，又不受测试系统具体结构的限制。

**5. 恒压差加载装置**

流量和方向控制阀类（比例方向阀、普通方向阀、比例节流阀、普通节流阀）的额定流量是在阀的进、出口压差保持恒定的条件下定义的，其控制特性的测试还要求调整该恒定的压差值。因此，恒压差加载装置的设计是液压试验系统设计的一项重要内容。利用比例压力阀或伺服阀，可以使恒压差加载装置获得良好的性能。

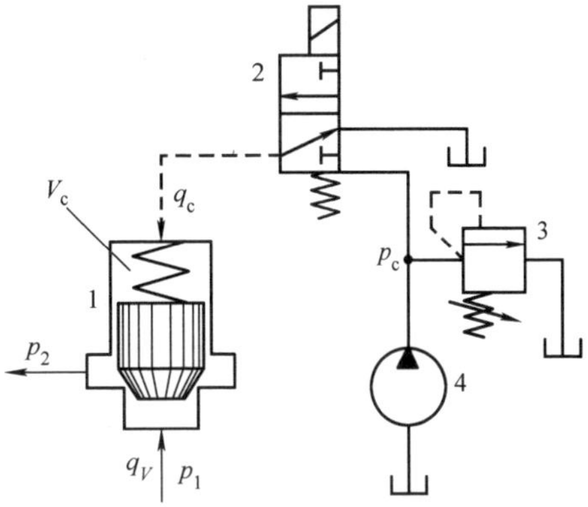


图 24-16　流量阶跃加载装置的结构

1—插装阀　2—电磁阀　3—安全阀　4—控制泵

图 24-17 所示为恒压差加载装置的两种可行方案。

方案 1 如图 24-17a 所示，在试验回油路上串联一个比例溢流阀或伺服阀，利用被试阀进口压力 $p_1$ 和出口压力 $p_2$ 之差构成压力闭环。当流量变化引起 $p_1$ 波动时，通过反馈，使 $p_2$ 跟踪 $p_1$，保持阀压降恒定。图中回油路补油泵的作用是给比例溢流阀补油，以保证测试对象输出小流量时，比例溢流阀也能正常工作。

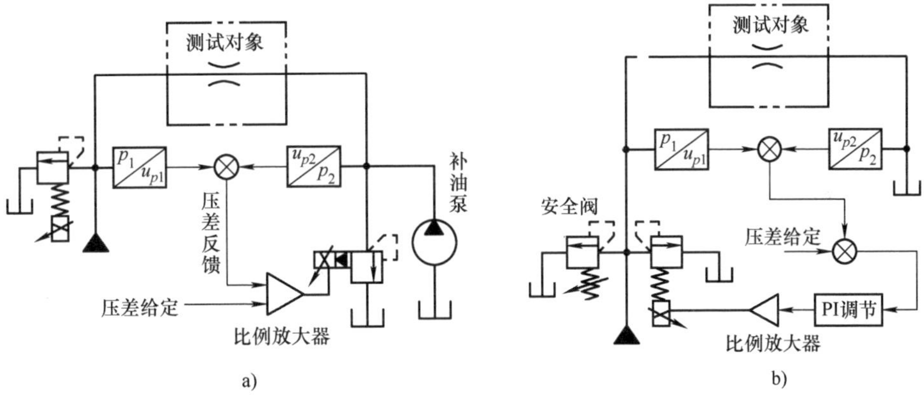


图 24-17　采用闭环控制的恒压差加载装置

a）方案 1　b）方案 2

方案 2 如图 24-17b 所示，在试验进油路上并联一个比例溢流阀或伺服阀，控制被试阀的进口压力。利用进出口压差形成反馈，保证进出口压差恒定。该方案有以下特点：①不影响在回油路安装流量计检测被试阀的流量；②没有改变被试阀试验工况；③闭环控制精度容易保证。采用图 24-17 所示的闭环压差控制方案时，必须注意：①测试信号频率要尽量低（远离比例溢流阀中弹簧 - 阀芯质量系统的自激振荡频率）；②当溢流阀在小流量范围工作时，其输出压力不稳定，采用闭环控制的恒压差加载装置会失控，因此，要选用伺服阀。

一些资料还介绍采用定差减压阀构成的恒压差加载装置，这种方案并不可取，原因有二：①定差减压阀的压差控制精度不高，且其压差还与通过该阀的流量有关；②定差减压阀的压差值不可调，不满足测试系统中连续调整压差值的要求。

## 24.2.11 安全防护装置的分析与设计

为了使试验系统更安全，在设计阶段就应找出导致不安全的原因，在液压系统、电气系统、软件系统中采取针对性措施（包括安全管理措施），才可以最大限度地提高液压试验系统的安全性和可靠性。液压试验系统的安全防护结构如图24-18所示。

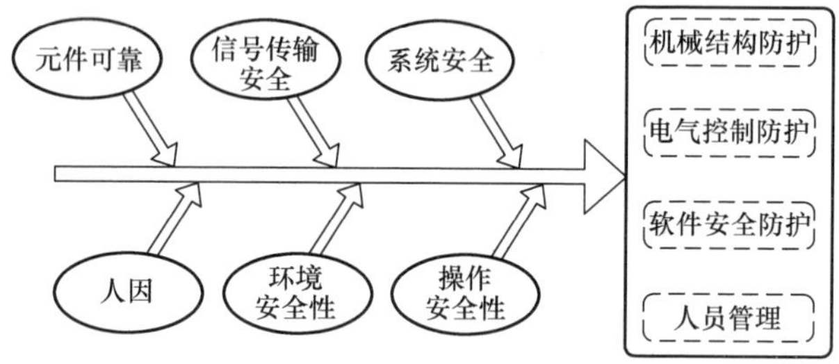


图24-18 液压试验系统的安全防护结构

### 1. 机械结构的安全设计

机械结构作为试验台的重要组成部分，结构的可靠性严重影响液压试验系统的安全性能。尤其在机械结构受力比较复杂，冲击力较大时，更加需要对关键机械部件进行校核计算。例如，当选用螺栓作为连接方式时，需要校核并选择合适强度等级的螺栓。

试验系统选用的元件寿命及可靠性也影响到整个系统的安全性。

此外，试验系统将测试对象放置在防护罩内，可大大提高试验系统的安全性。

试验台结构包括开放式液压试验系统和封闭式液压试验系统。两者的主要区别在于液压试验平台是否在一个封闭空间内。开放式液压试验系统的操作空间相对较大，进行管路连接和试验元件更换较方便，但与封闭式液压试验系统相比，系统的安全等级较低。

高压大流量液压试验系统对试验人员的安全保护更加不能忽视。所以采用机械方式将危险源隔离开是保护人身安全的最后一道屏障。

### 2. 液压系统的安全

液压系统应满足的安全要求包括：①系统中必须有过压保护；②冲击力不致影响设备的正常工作和引起危险；③设计时应考虑失压、失控（如意外断电等）导致液压元件产生失控引起的危险；④液压管道的强度必须能承受系统内产生的最大压力峰值；⑤橡胶软管爆破压力不小于4倍最大工作压力。

### 3. 电气与测控系统的安全

在液压试验系统中，电气控制系统安全在系统可靠性中起着至关重要的作用。由于事故发生的偶然性，在系统设计时，除了需要在电气控制系统中设计必要的断路器、熔断器等安全保护元件，还需要设计一系列安全保护策略来保障整套系统的安全。

可通过软件和硬件两种监测方式保证系统安全，即程序通过试验系统的状态监控屏来实现参数的监测和虚拟显示，在电控操作平台上设计二次仪表及蜂鸣器，实时监测试验系统运行状态，及时发现故障。

（1）关键状态监测　在液压试验系统运行过程中，意外发生的时刻不可预知。绝大多数情况下事故总是在不可控、不可知的情况下发生。所以，监测关键状态才能避免故障引发的安全事故。

1）油温的监测：通过温度传感器对系统中的油温进行监测，由智能化温度控制器实时显示，并结合加热冷却装置进行温度的控制。

2）液位的监测：油箱中油液的深度通过液位检测装置进行监测，并将其输出与PLC的输入端相连，并通过蜂鸣器进行报警提示，防止系统中油液不足引起的故障。

3）过滤器的监测：系统中过滤器在使用较长时间以后，可能会出现堵塞，使系统的压力损失增大，造成能量的损耗甚至引发系统故障，因此需要定期更换滤芯。通过对过滤器两端压差的监测，结合蜂鸣器进行报警提示，从而及时了解过滤器滤芯的状态，保证系统工作正常。

4）主泵压力的监测：当主泵出口压力高于设定压力值时，会发出报警信号，以防止系统压力超过元件的压力承受范围。

5）主电动机转速与转矩的监测：实时监测主电动机的转速和转矩。例如，当电动机转速超过2300r/min时，系统报警；当电动机转速超过2500r/min时，报警并立刻卸荷停机。

6）高压截止阀的监测：通过手动截止阀上的限位开关实时监测手动截止阀的开关状态，提供油路状态与安全互锁判断，防止发生误操作。

7）系统电压与电流监测：用于电气系统状态安全监测。

8）电动机起停状态：各电动机运行状态的监测。

9）电磁阀状态：用于监测试验系统中各关键电磁阀的运行状态。

10）报警蜂鸣器状态：当对应报警蜂鸣器响起时，方便查找故障位置和原因。

（2）串联并联联锁保护　试验系统的操作有严格的逻辑关系要求，例如，当液压泵出口油路未联通时，不允许起动电动机。通常串联并联设计可以在硬件和软件两个方面进行。

1）硬件信号互锁。

① 急停装置：当发生危险状况来不及通过试验系统开关来终止设备运行，不能通过一个总开关关闭试验系统的所有运动部件，或在操作台位置不能观察到整个试验系统的每个位置时，需要在多个位置设置急停按钮装置。在紧急情况发生时，按下任意一个急停按钮立即断开供电回路。绝大多数情况下，急停按钮直接作用于试验系统总电源的控制器件。

② 双按钮起动设计：在试验系统设计中，为防止操作人员误操作引发安全事

故，主电动机及变频器应采用双按钮起动。在起动时，只有两个按钮同时按下，才可以实现相应元件的起动。在停机时，只需要按下一个停止按钮即可，降低了事故发生的可能性。

2）软件信号互锁。

① 顺序联锁控制：在试验装备中，某些部件的运动或起动需要按照规定顺序依次进行，因此，在依次动作的部件之间，可采取顺序步进联锁控制的方式。在 PLC 控制系统中，将前一个运动部件的常开触点串联在后一个运动部件的起动线路中，这样前一个部件起动后才可以起动后一个运动部件，通过程序严格限制各运动部件按照限定的顺序起动，提高了试验系统的可靠性。

在试验系统中，如果泵吸油管路上的蝶阀未开启，起动电动机会损坏泵。在管路拆卸过程中，回油箱的蝶阀如果因疏忽未开启，会使管路因高压爆裂。为此，要在泵进油口和油箱出油口蝶阀上安装位置开关以监测蝶阀的开关状态，只有相应蝶阀均处于开启状态时，各电动机才可以正常起动。

此外，在一些液压试验系统中，主变频电动机由变频器控制，在起动变频电动机时，需要先起动变频器，即变频器和变频电动机的起动也存在先后关系。因此，在设计控制软件时，控制程序必须保证变频器和变频电动机的起动顺序。

② 不能同时起动的联锁控制：如果出现两个元件不可以同时起动，也可以通过控制程序限制两个部件同时起动。

③ 系统空载起动控制：如果电动机在未完全起动时电流过大，就必须在空载工况下起动液压泵。此时如果在程序中设定液压泵从起动到运行稳定的时间内，液压泵出口电磁溢流阀处于卸荷状态，可以保护好电动机，防止电动机过流损坏。

（3）故障报警策略　为了能够及时处理故障可能引发的安全问题，在液压试验系统中检测压力、温度、液位、油温等报警装置来实时监控系统的运行状态，发生故障时报警，并且在显示屏幕上提示报警原因，维护人员需要把故障解决后才可解除报警状态。

软件系统需要将试验系统的故障分成不同的安全等级。检测到故障后，系统自动识别该故障隶属的安全等级并选择处理办法。因为某些运行参数短时间异常并不会影响试验系统的正常运行，因此将试验系统的异常状态划分为若干安全等级，见表 24-5。

**表 24-5　液压试验系统安全等级与策略**

| 安全等级 | 测试系统处理方法 | 对应系统异常指标 |
|---|---|---|
| 1 | 报警 | 压力过高、转速过高、高压截止阀位置不对、电磁阀误操作等 |
| 2 | 紧急卸荷 | 压力过高、转速超高、主泵转矩过大等 |
| 3 | 报警 5min 后卸荷 | 油箱液位过高或过低 |
| 4 | 报警 5min 后停机 | 过滤器堵塞 |
| 5 | 紧急停机 | 电压或电流异常 |

# 24.3　液压元件 CAT 试验系统实例

工程实际中，用户通常要求把不同测试对象的试验台综合在同一个测试系统中，所以，在阅读液压元件 CAT 试验台实例的时候，需要把各个独立液压元件试验的国家标准综合在一起。

## 24.3.1　挖掘机液压泵 - 马达试验台

液压泵、马达种类繁多，但是描述它们性能的指标基本相同，所以，可以设计成通用试验台。现以挖掘机液压泵和马达试验台为例，介绍这类液压试验台的组成和工作原理。该试验台也可以做除比例控制泵和马达以外的其他泵和马达试验。

**1. 泵 - 马达试验台的要求**

该试验台能完成泵和马达出厂试验、开发试验、基于电液控制的变量泵调节机构试验，是一个综合试验台。必须能完成工程机械的泵和马达试验，包括液压泵前泵出厂试验液、液压泵后泵出厂试验、闭式泵出厂试验、行走马达出厂试验和旋转马达出厂试验。

系统中变频器、比例阀、电磁阀要能被操作台和触摸屏远程控制，消除变频器对系统的干扰。

当进行大功率、长时间的液压泵和液压马达寿命试验、超载试验时，采用功率回收技术实现节能，即将原动机发出的功率传给负载，然后再经过传动装置将能量传回动力源循环使用。

有机械补偿回收和液压补偿回收两种功率回收方案。变频器采用无级转速设定，实现各种转速要求，测定泵的变速特性，同时也可以应用在功率回收系统中，并使系统电容调速、节流调速、复合调速成为可能，变频调速可以实现电动机的无级调速，最终实现液压泵的容积调速。这些只要在人机界面上改变电动机的输入频率就可以实现。

**2. 泵 - 马达试验台的组成**

液压泵 - 马达试验台的组成如图 24-19 所示。计算机上采用 LabVIEW 编程语言搭建人机接口。在运行监测界面上设定设备运转需要的各种参数，显示当前被测液压泵及马达的各项测试参数。PLC 具有强大的通信能力，模块扩展性强，能够提供高性价比的小型自动化解决方案。变频器具有先进的开环矢量控制功能。PLC 和变频器采用 RS485 通信，为变频器组网控制提供了方便，不需要在各个变频器上设置不同的通信频率。

**3. 泵 - 马达试验台的技术方案**

（1）开式泵试验系统　开式泵试验原理如图 24-20 所示。

将被试泵安装在图中被试泵的位置，连接好油路，通过变频器设定变频电动机

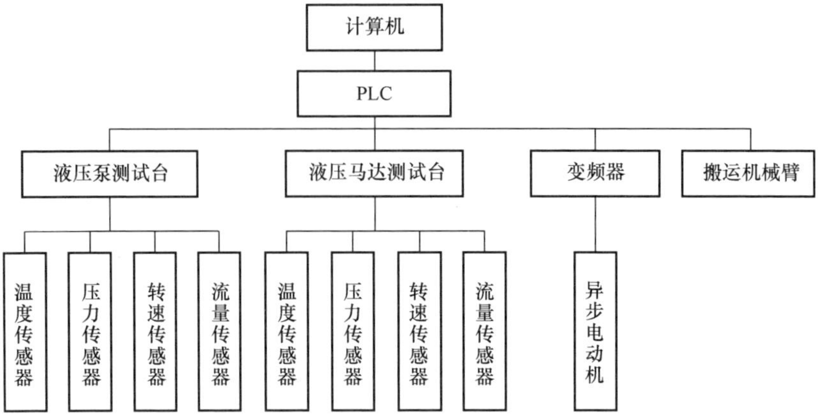


图 24-19　液压泵－马达试验台的组成

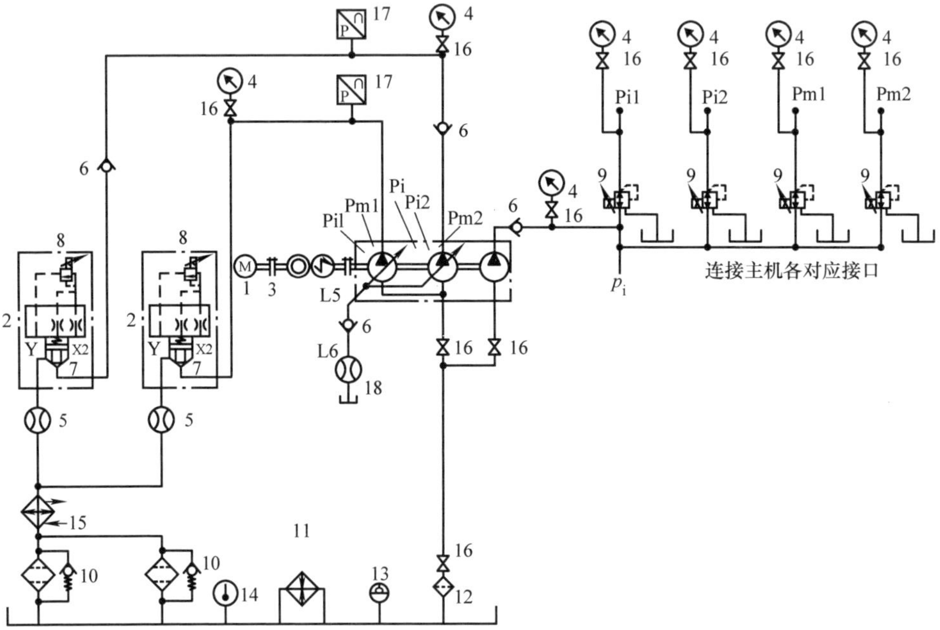


图 24-20　开式泵试验原理

1—变频电动机　2—盖板　3—联轴器　4—压力表　5、18—流量计　6—单向阀
7—插装阀阀芯　8—先导比例溢流阀　9—先导比例减压阀　10—回油过滤器　11—加热器
12—吸油过滤器　13—液位计　14—液温计　15—冷却器　16—截止阀　17—压力传感器

注：Pi1、Pi2、Pm1、Pm2 是四个先导控制压力，与主泵上对应的 Pi1、Pi2、Pm1、Pm2 相连，分别控制被测川崎系列双联主泵（如 K3V113DT）前后泵的变量机构（又称提升器）达到改变变量的作用，测量先导压力与主泵排量关系曲线。

1 的转速，压力大小通过先导比例溢流阀 8 调节，油液经过流量计 5 和冷却器 15 和回油过滤器 10 回油箱，通过流量计的读数可以知道泵的流量，通过压力传感器

17 可以采集到被试泵的出口压力，通过转矩仪可以采集电动机的转速和转矩。

（2）闭式泵试验系统　根据闭式泵国家标准的测试要求，闭式泵试验原理如图 24-21 所示。

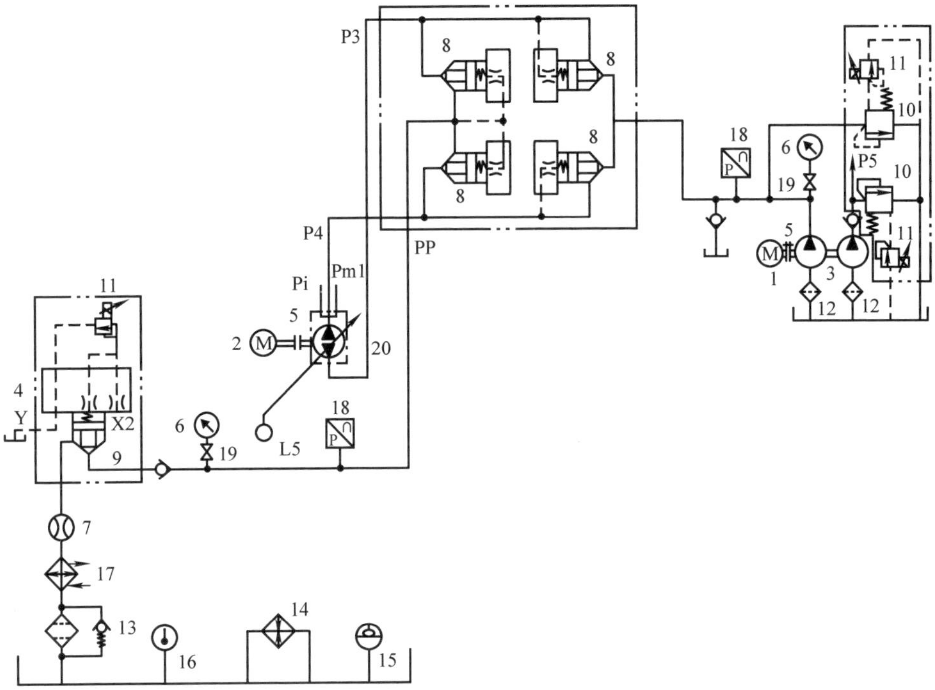


图 24-21　闭式泵试验原理

1、2—电动机　3—双联泵　4—盖板　5—联轴器　6—背接式压力表　7—流量计　8—插装单向阀　9—插装溢流阀　10—先导式溢流阀　11—先导比例溢流阀　12—吸油过滤器　13—回油过滤器　14—加热器　15—液位计　16—液温传感器　17—冷却器　18—压力传感器　19—截止阀　20—闭式泵

起动电动机 2，通过联轴器带动闭式泵 20，最终油液通过插装单向阀 8、插装溢流阀 9、流量计 7、冷却器 17 和回油过滤器 13 回到油箱。系统压力通过先导比例溢流阀 11 调节，该参数可以在触摸屏设定或者通过电位器来调节，流量计 7 测量流量大小。双联泵 3 为闭式系统补油，当吸油能力不足时，补油泵为系统提供液压油，其中补油泵的输出压力可以通过先导比例溢流阀 11 调节。P5 是备用油口，当被试泵组没有独立的外控泵时，P5 就可提供一个外控压力，P5 的压力由先导式溢流阀 10 调节。

（3）马达试验系统　根据国家标准对马达试验的要求，马达试验系统原理如图 24-22 所示。

三联泵为液压系统提供动力源，由插装阀 10 组成的阀组、方向阀 12 联合控制被试马达 15 的转向，测量被试马达的转速和转矩以及功率，被试马达 15 的进油和

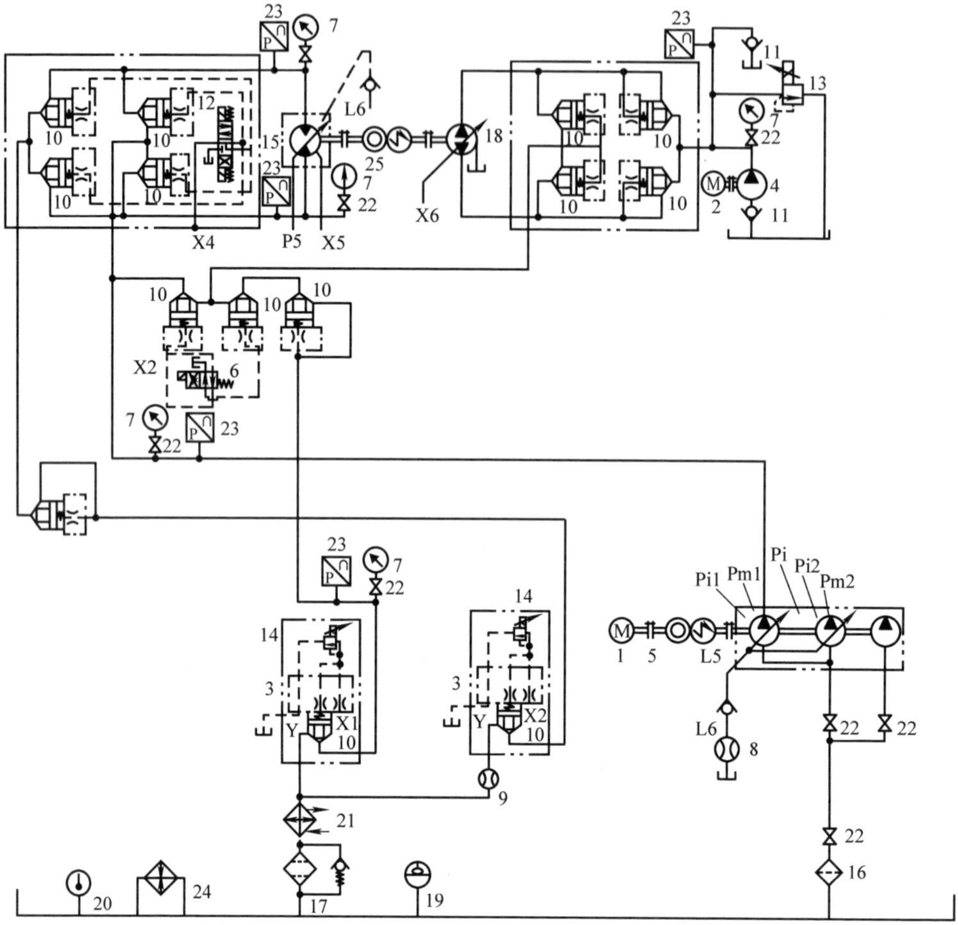


图 24-22　马达试验系统原理

1—变频电动机　2—电动机　3—盖板　4—补油泵　5—联轴器　6—二位四通电磁方向阀
7—背压式压力表　8—泄漏流量计　9—主流量计　10—插装阀　11—单向阀
12—三位四通方向阀（中位机能为 P 型）　13、14—比例溢流阀　15—被试马达
16—吸油过滤器　17—回油过滤器　18—加载泵　19—液位计　20—液温计
21—冷却器　22—手动蝶阀　23—压力传感器　24—加热器　25—转矩转速采集仪
Y、X1、X2—控油油口

注：Pi1、Pi2、Pm1、Pm2 是四个先导控制压力，与主泵上对应的 Pi1、Pi2、Pm1、Pm2 相连，可参考图 24-20。

出油口处都安装有压力传感器测量进出口的压力，马达进油口的压力通过比例溢流阀 14 加载，返回油箱的油液由主流量计 9 测量，方向阀 6 实现功率回收，控制马达回油口的流量是直接回油箱还是再次进入系统，当需要实现功率回收时，马达的回油口就需要堵塞，通过回油口的比例溢流阀 14 堵死回油。加载泵 18 实现加载功能，插装阀 10 组成一个桥路，实现被试马达正反方向加载而不受换向的影响，补油泵 4 为加载泵 18 补油，加载压力由比例溢流阀 13 来设定和控制。

**4. 泵-马达试验台测试系统**

（1）测试系统组成 所有数据都通过数据采集卡（在计算机PCI插槽中）传输到工业控制计算机上，转矩转速采集仪把采集到的数据通过RS232/485接口传输到工业控制计算机COM接口，测试系统主要由转矩转速采集仪、数据采集卡、各类传感器、比例放大板、工业控制计算机、抗干扰电路及外围设备组成，测试系统的硬件框图如图24-23所示。

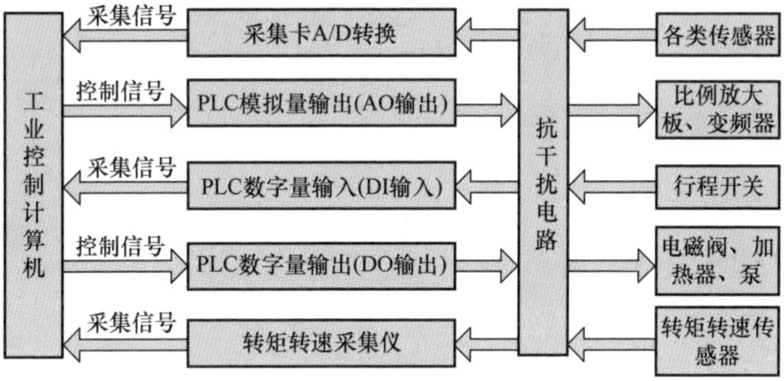


图24-23 测试系统的硬件框图

采集卡只采集模拟量信号，PLC采集数字量信号。模拟量输出使用PLC模拟量输出模块，数字量输出使用PLC数字量输出模块。

（2）传感器 为了提高传感器采集的信号在传输过程中的抗干扰能力，试验台的压力、流量、温度传感器都选择二线制的电流型传感器，供电电源为DC24V，输出电流为4~20mA。转矩转速采集仪采用高速数字信号处理器（DSP）和大规模可编程逻辑芯片（CPLD）构成简洁高效的数据采集和处理系统，提高了系统的可靠性和抗干扰能力，支持RS232/485或者CAN通信方式，可以和工业控制计算机快速通信。

（3）比例放大器 比例放大器配合比例压力阀使用，其输入信号通过人机界面或电位器输入控制信号。

（4）数据采集卡 液压泵-马达综合试验台共有21个模拟量输入，数据采集卡结合测试需要和性价比综合考虑，支持即插即用。测试系统按抗干扰要求采取的必要措施包括：①布线时严格按照强弱电分离原则，把强电统一放在变频器柜，弱电放在弱电操作柜，强电和弱电分槽布线，弱电盒的信号线也分开布置。传感器的电源和继电器的电源各自使用独立电源。②多重屏蔽，即变频器柜要接地，变频器到电动机的电缆线采用屏蔽电动机电缆，电缆屏蔽层必须连接到变频器外壳和电动机外壳。弱电操作柜也要采取屏蔽措施减少外界电磁干扰。传感器信号线也全部采用屏蔽线，并且屏蔽层要接地。③滤波器主要安装在传感器电源的输入端。

**5. 触摸式人机界面**

触摸式人机界面在触摸屏上实现，用来输入压力、电动机转速、电动机正反转、设备动作顺序，还用来监控手动阀的状态信号、液位高度、液温以及采集项目，被监控的信号如果超过了设定值就报警。

由于被测泵及其测试项目很多，人机界面需要分级为：①主界面；②开式泵前泵排量效率超载（冲击）测试界面按钮；③开式泵前泵变量特性测试界面；④开式泵后泵排量效率超载（冲击）测试界面；⑤开式泵后泵变量特性测试界面；⑥闭式泵前泵排量效率超载（冲击）测试界面；⑦闭式泵变量特性测试界面；⑧马达空跑效率超载（冲击）试验测试界面；⑨马达变量特性测试界面；⑩手动测试界面；⑪系统参数设定界面；⑫报警信息查询界面。主界面如图 24-24 所示，包含一个测试液压系统原理图。

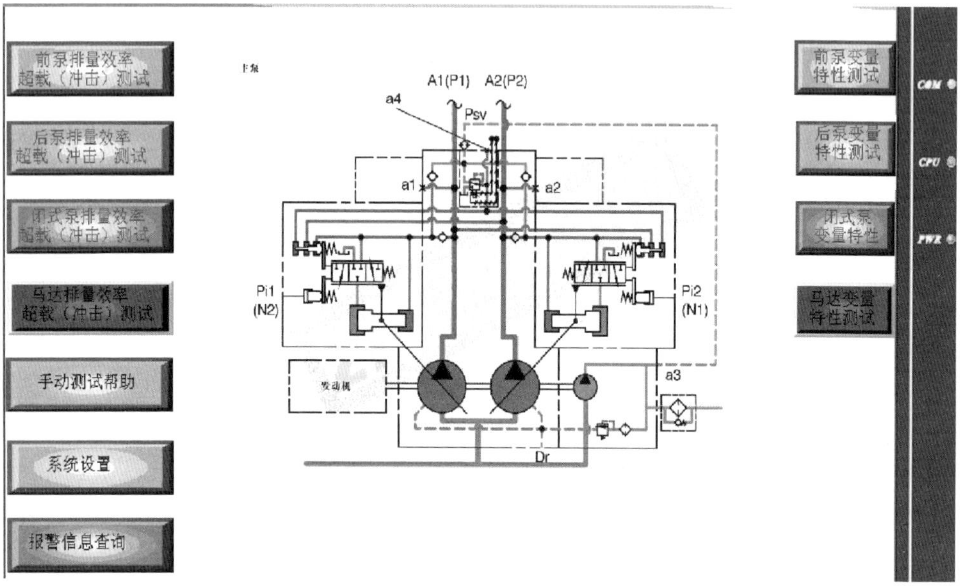


图 24-24　泵 - 马达综合试验台主界面

**6. 测试软件**

1）选择 LabVIEW 作为软件开发平台，选用研华 PCI－1711L 数据采集卡。

2）测试软件包括用户登录、选择测试项目、参数设置、数据采集、与 PLC 通信、与转矩仪通信、信号处理和分析、数据和波形显示、数据和波形保存及打印等功能，据此可以把软件划分为参数设置模块、用户登录模块、数据采集模块、PLC 通信模块、显示模块、数据保存和处理模块，功能模块结构如图 24-25 所示。

3）测试软件的操作流程图如图 24-26 所示。具体的实现过程：打开测试系统软件，进入系统登录界面，输入用户名和密码，若用户名和密码正确则进入采集系统，否则退出采集系统。进入该系统后用户对系统参数进行设定，参数设定包括转矩仪通信参数设定、传感器标定系数设定、更改用户名和密码，转矩仪通信参数设定包括串口和波特率，传感器系数标定就是对应的传感器量程；参数设定好后进行

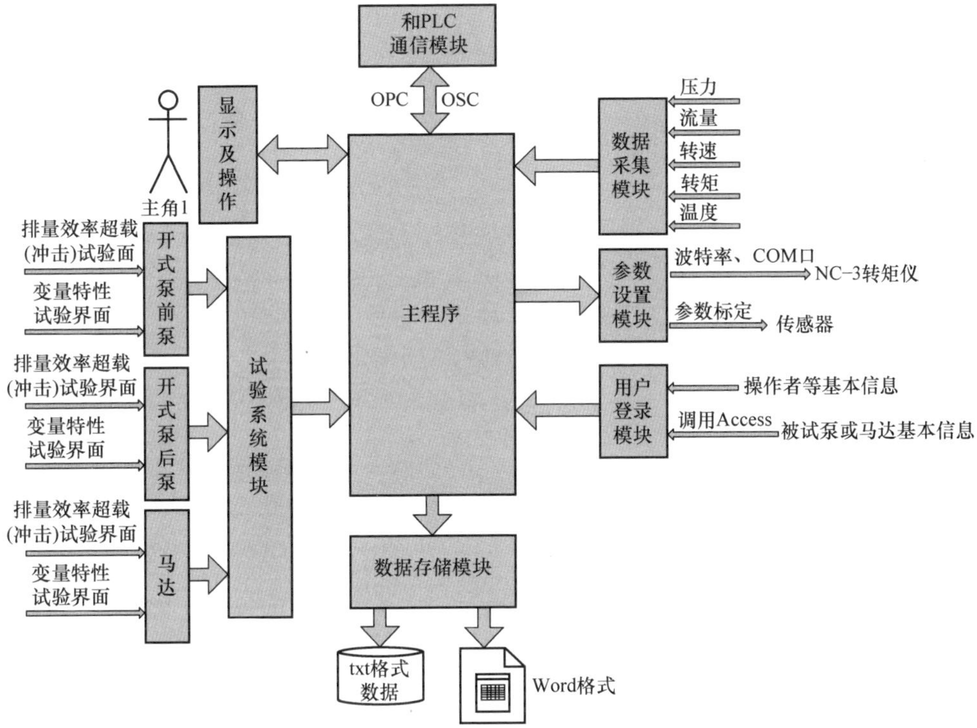


图 24-25　功能模块结构

试验登录，试验登录包括用户基本信息、试验概况、环境参数、被测设备选择、备注信息；用户登录后选择试验项目，然后开始测试，测试过程采集的数据自动保存为 txt 格式的文档，试验完成后用户可以自愿选择是否保存试验报告。

4）主程序模块包括数据显示及工具操作，主程序模块分为主界面和各独立试验分支界面，主界面显示所有的采集参数，工具栏自定义能实现参数设置、用户登录、采集、和 PLC 通信、和转矩仪通信、信号处理和分析、数据和波形显示、数据和波形保存及打印基本功能。

本系统是连续工作并且需要多任务同时执行的，在数据采集的同时要进行数据处理、数据显示、数据存储等，并且要接受来自键盘和鼠标的输入，所以，系统需要多任务进程。

多任务是指一个程序可以同时执行多个流程的能力。现代的处理器芯片采用分时处理成为了主流。芯片在执行分时处理时把系统程序划分为很小的时间片段，每个时间片段执行不同的程序。

在 Windows 系统环境下多任务分为多线程和多进程。多进程是指 Windows 系统允许在内存或一个程序中同时存在多个子程序，并且在内存中可以允许存在多个副本。进程有自己的内存、文件句柄或者其他系统资源的运行程序，单个进程可以包含独立的执行路径，叫作线程。在 Windows 操作系统下，每个线程被分配不同的

CPU 时间片，在某个时刻，CPU 只执行一个时间片内的线程，多个时间片中的相应线程在 CPU 内轮流执行，由于每个时间片的时间很短，所以对用户来说，各个线程在计算机中仿佛是并行处理的。

如果程序只存在一个主线程，所有的处理函数都放在主线程中，则当程序需要停止时，会出现程序响应很慢，甚至停不下来的情况。这是因为系统开始工作后 CPU 的占用率很高，而窗口发出的停止消息优先级较低，而使得消息被挂起，得不到执行。因此程序设计时应把数据采集放在一个单独的线程中。当程序启动时，主线程开始工作，随后启动工作线程。当程序需要停止时，通过给主线程发送消息以改变状态参数，从而使数据处理过程停止。

为了保证系统采集的精度和速率，利用多线程技术实现数据采集和数据处理，数据采集和与 PLC 通信一直在主程序中运行，数据存储和处理、用户登录、参数设置线程由用户在主程序中调用，主程序模块组成框图如图 24-27 所示。

完成上述功能的采集主界面如图 24-28 所示。

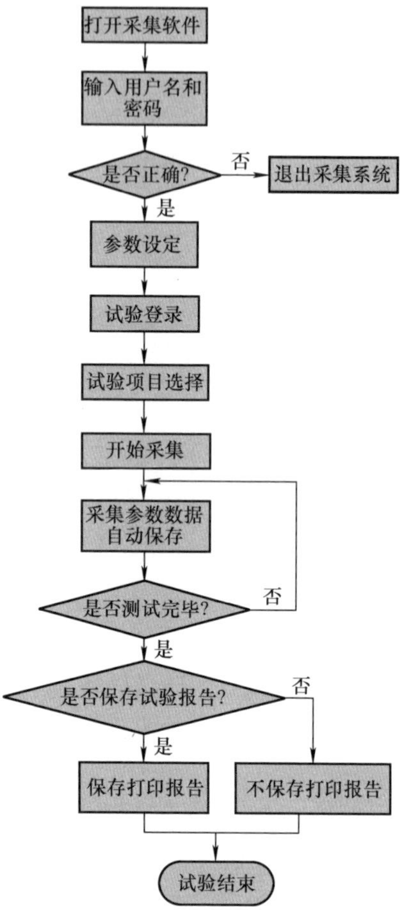


图 24-26　测试软件的操作流程图

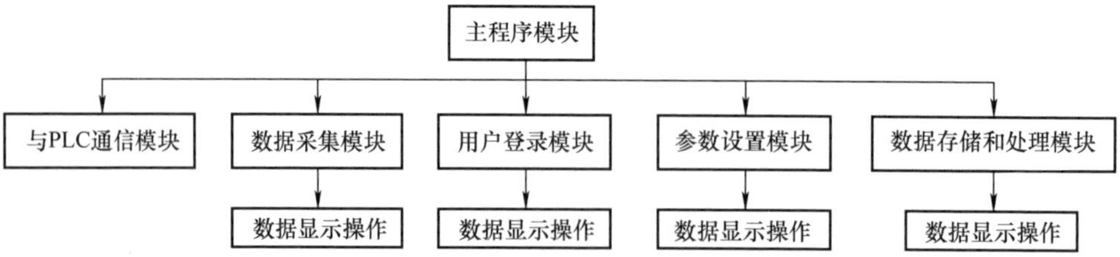


图 24-27　主程序模块组成框图

自动程序流程图如图 24-29 所示。

**7. Access 数据库**

数据库技术已经广泛应用在数据管理和数据共享。Microsoft Access 是在 Windows 环境下非常流行的桌面型数据库管理系统，它作为 Microsoft Office 组件之一，

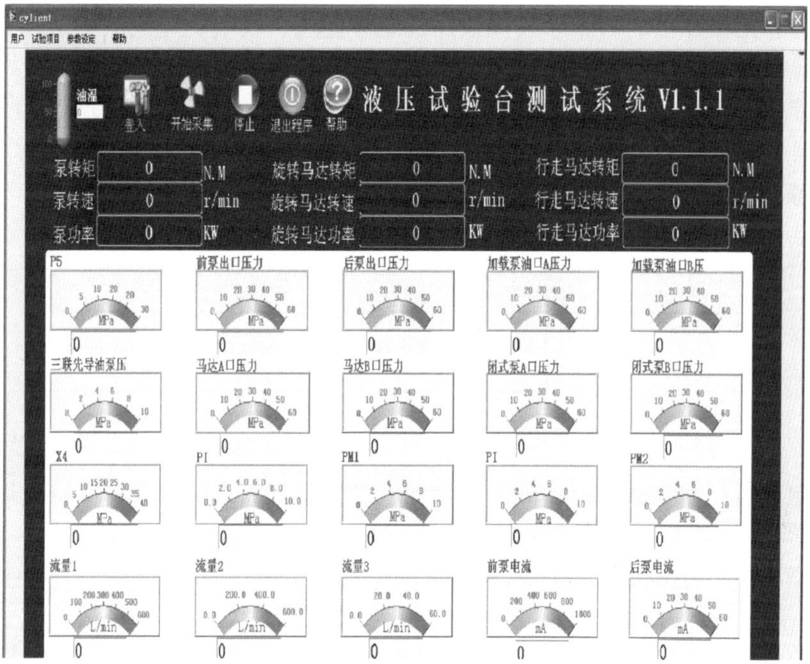


图 24-28　采集主界面

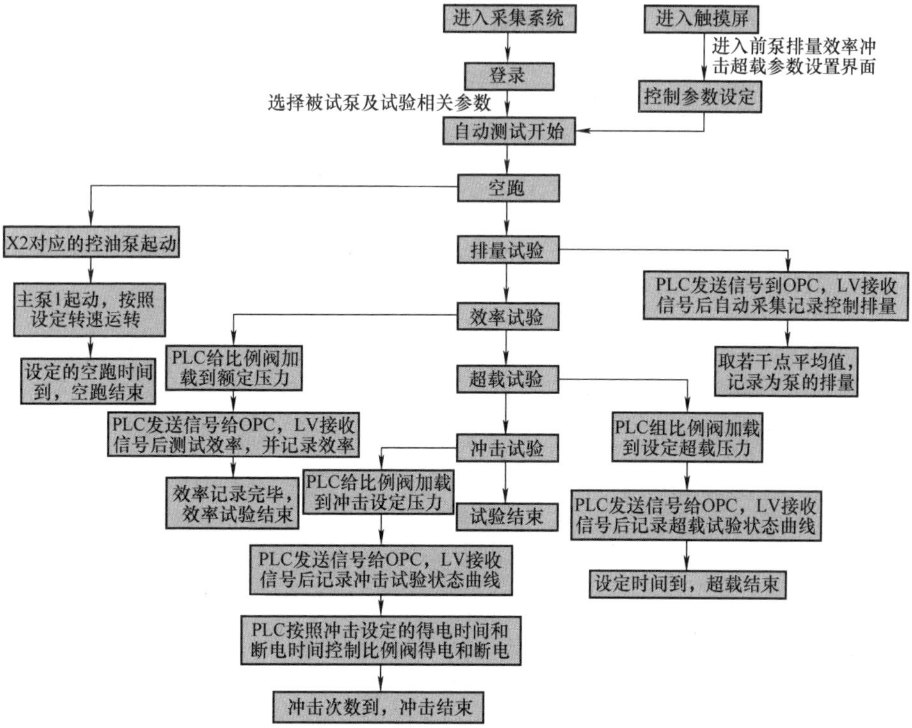


图 24-29　自动程序流程图

是一个功能比较齐全的数据库管理软件，能够管理、收集、查找、显示及打印商业活动或者个人信息。Access 能处理多种类、大信息量的数据，微软已经做好了普通数据库管理的初始工作，安装和使用都非常方便，并且支持 SQL 语言，所以本试验台项目采用 Access 的 UDL 连接数据库。

**8. 泵 - 马达试验系统的应用**

被试泵型号为川崎 K5V140DTP - 1K9R - YTOK - HV，这是一个恒功率泵，测试流程如图 24-30 所示。

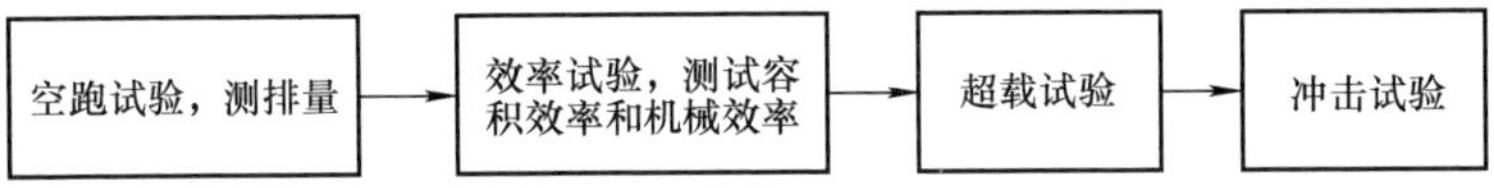


图 24-30　被试泵试验流程

空跑试验：在空载工况下起动，泵和电动机达到额定转速并排净空气后，连续平稳运转 2min 以上，开始测试泵的排量。

效率试验：当泵的压力和转速达到泵的额定压力和额定转速时测泵的容积效率和总效率。转速和压力稳定后取 5 个点分别求出泵的容积效率和总效率（求平均值）。

超载试验：在额定转速、125% 额定压力的工况下连续运转。试验时被试泵进油口油温为 30 ~60℃。

冲击试验：在额定转速、额定压力下，冲击频率为 10 ~30 次/min。

（1）开式泵前泵排量效率超载冲击试验　从转矩和压力曲线可以看出，刚起步时压力和转矩基本为 0，加压后压力和转矩以一定的斜率上升，达到设定值后压力和转矩开始平稳，保压时间结束后进入超载加压阶段（呈水平状态），超载时间结束后压力降到额定压力，随后的锯齿波形是冲击试验，如图 24-31 所示。

（2）开式泵前泵变量特性试验　通过电流信号调变量机构，变量特性曲线如图 24-32 所示。通过调整电流信号大小改变二次压力和流量大小。

电流在 200mA 左右有一个拐点，这是泵上的变量控制阀的特性。

（3）开式泵后泵压力 - 流量、转矩试验　测试的压力 - 流量、转矩曲线如图 24-33所示。转速稳定时，压力慢慢增大，当压力达到泵的拐点时，流量降低。

（4）开式泵后泵变量特性试验　后泵变量特性曲线如图 24-34 所示。

（5）马达试验测试　被测马达的型号为 M5 ×130CHB - 10A - 41C/295，额定压力为 32.4MPa，峰值压力为 39.2MPa，排量为 130mL/r，最高转速为 1850r/min。被测马达的总效率、转矩、转速随时间变化的性能曲线如图 24-35 所示。

马达压力 - 转矩曲线如图 24-36 所示。

### 24.3.2　电液比例阀试验台

本节按液压阀的油口数量介绍电液比例阀试验台，实际上可完成比例压力阀、比例流量阀、比例方向阀、伺服阀的测试，当然也可以完成普通的压力阀、流量

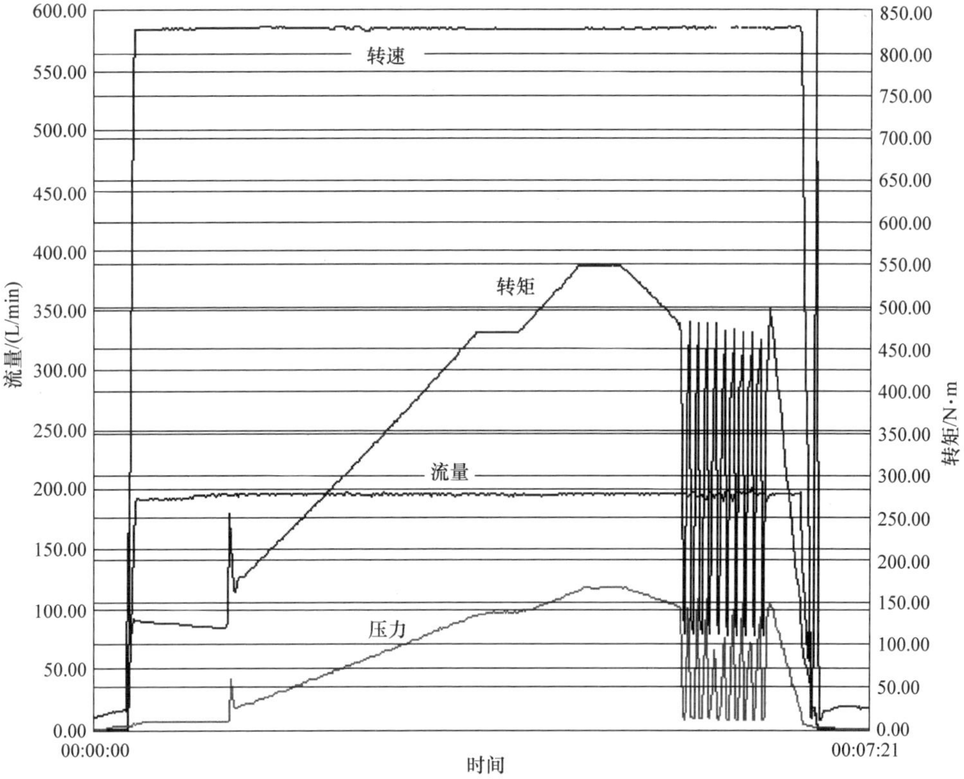


图 24-31　前泵的效率超载冲击试验测试曲线

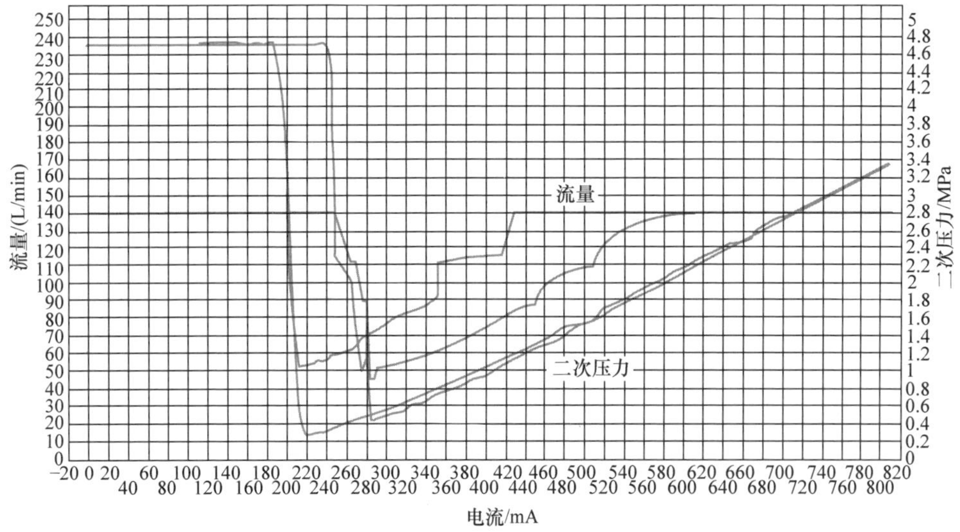


图 24-32　前泵变量特性曲线

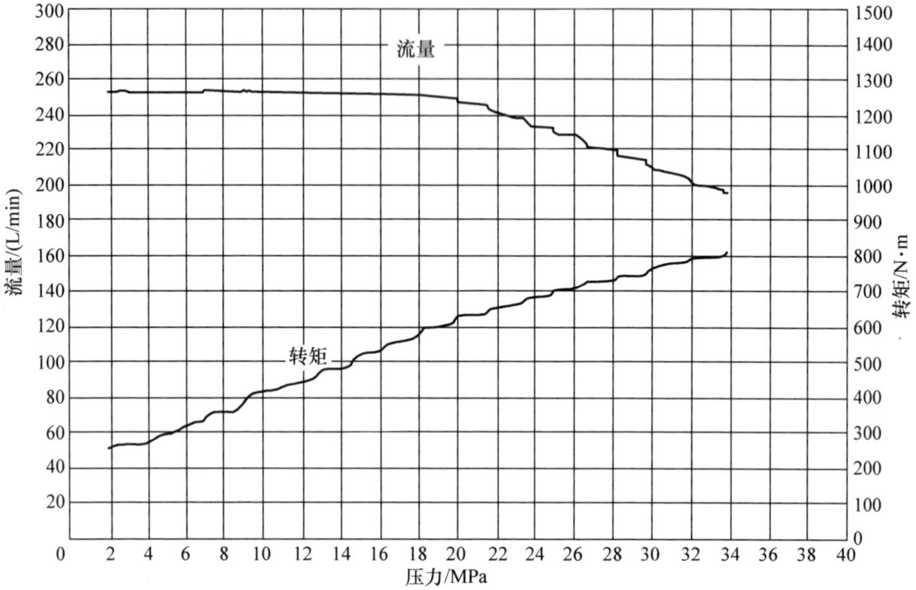


图 24-33　压力 - 流量、转矩曲线

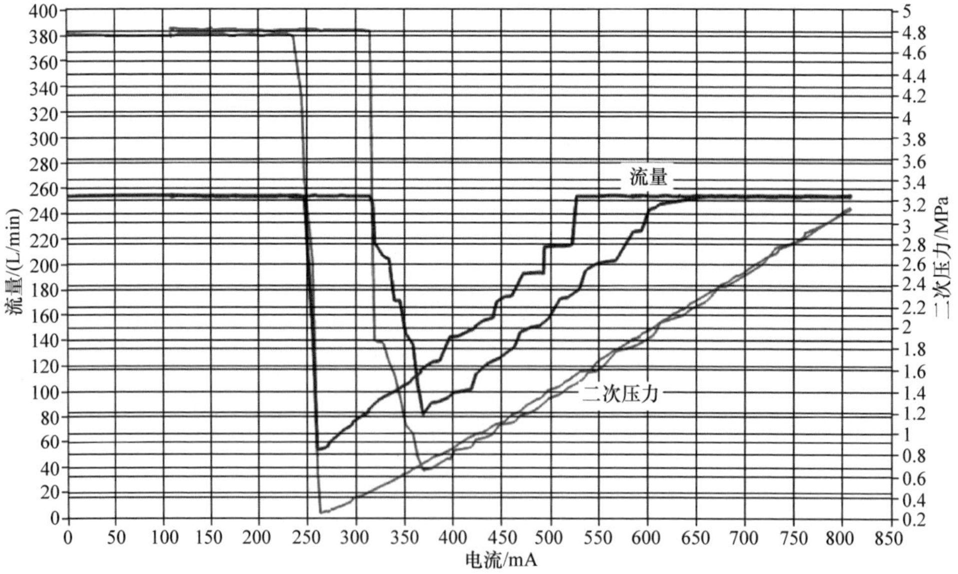


图 24-34　后泵变量特性曲线

阀、方向阀的测试。这里参考国际标准给出的测试回路和试验方法均在工程实践中大量应用，在实际设计电液比例阀试验台时需要将各种测试回路综合在一起。

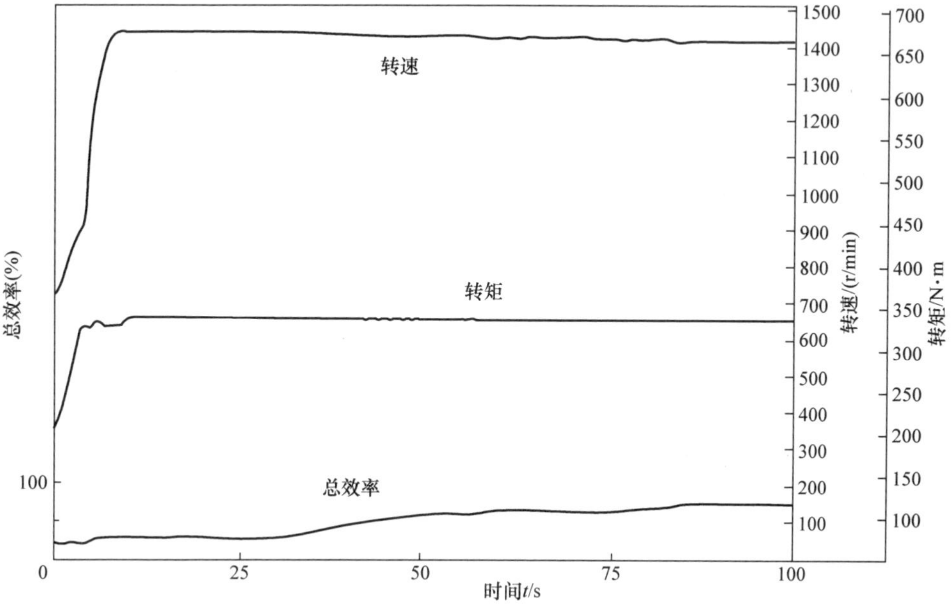


图 24-35　马达性能曲线

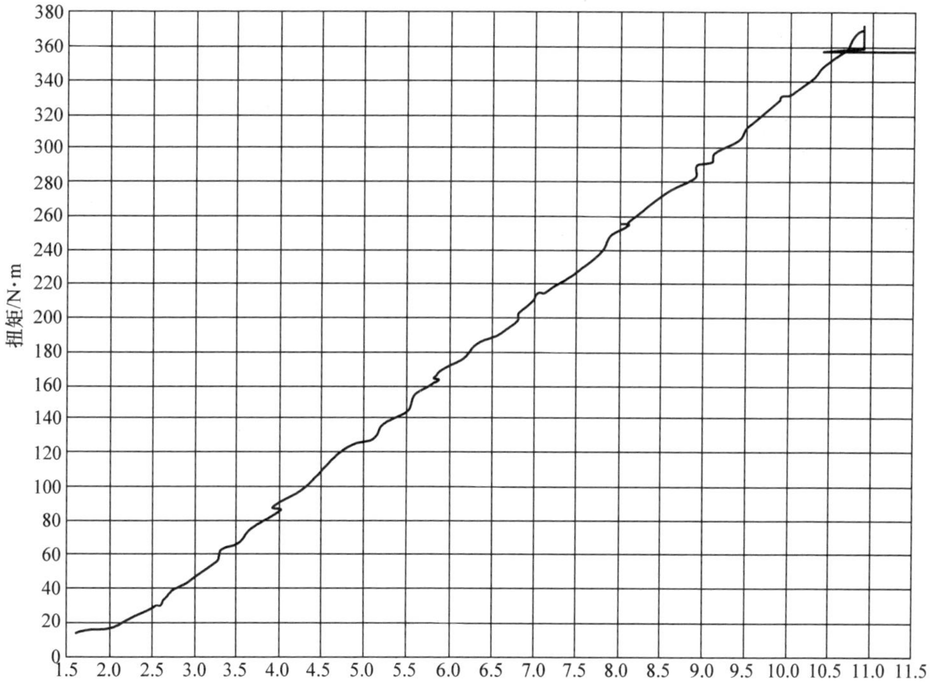


图 24-36　马达压力 - 转矩曲线

### 1. 二通阀试验回路

二通阀的试验油路适用于所有 2 个阀口的液压阀的测试，包括比例压力阀、比例流量阀、普通压力阀和普通流量阀的测试。当采用这种油路时，要注意将动力源设计成兼有恒压源和恒流源的功能，且这两种功能可按需要方便地进行切换，以分别适应溢流阀和减压阀、流量阀对动力源的需要。

（1）二通阀试验油路及其功能　二通阀液压试验回路如图 24-37 所示。当图 24-37 中蓄能器进口截止阀打开，表示采用蓄能器构成恒压源。关闭图 24-37 中蓄能器进口截止阀，使溢流阀 2 处于安全阀工况，可得到恒流源。

该油路可完成比例溢流阀、比例减压阀、二通和三通比例流量阀的稳态和动态特性全部项目的测试。

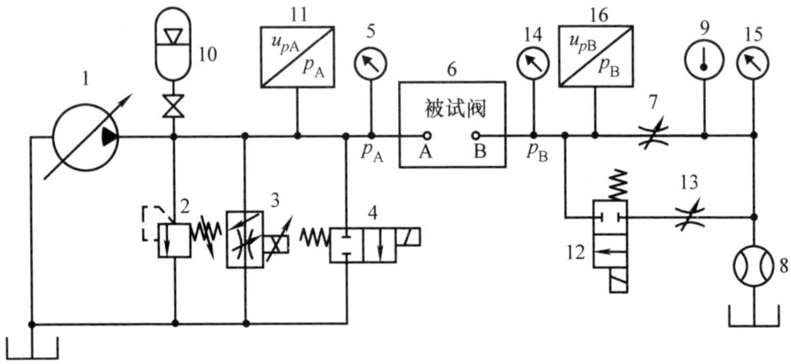


图 24-37　二通阀液压试验回路

1—液压泵　2—溢流阀　3—调速阀　4、12—快速切换阀　5、14、15—压力计　6—被试阀　7、13—节流阀　8—流量计　9—温度计　10—蓄能器　11、16—压力传感器

（2）比例压力阀试验方法　比例压力阀稳态特性试验项目包括：稳态压力控制特性试验、稳态负载（等压力）特性试验、通流能力试验、压力偏移和压力振摆试验、耐压试验、耐久性试验。

比例压力阀动态特性试验项目包括：输入电信号阶跃响应特性试验、负载流量阶跃响应特性试验、频率响应特性试验。

1）稳态压力控制特性［压力 - 电信号（$p-i$）］试验。

① 电液比例溢流阀：将溢流阀 2 的压力调高，作为安全阀用。关闭快速切换阀 4，调节调速阀 3，使试验流量通过被试溢流阀。通过信号发生器以小于或等于 0.05Hz 的频率，在小于起始电信号 $i_a$ 和额定电信号 $i_N$ 之间输入变化的电信号，同时测量相应的压力值。记录一个完整周期的 $p-i$ 曲线，即为稳态压力控制特性曲线，如图 24-38 所示。

② 电液比例减压阀：调节液压泵 1 的流量为被试阀额定流量的 1.25 倍。调节溢流阀 2 为额定压力。关闭调速阀 3 和快速切换阀 4、12。给被试阀 6 输入额定电信号，

调节加载节流阀 7 使通过被试阀的流量为试验流量。通过信号发生器使输入电信号以小于或等于 0.05Hz 的频率在小于起始电信号 $i_a$ 和额定电信号 $i_N$ 之间变化，同时测量相应的压力值。记录一个完整周期的 $p-i$ 曲线，即为稳态压力控制特性曲线，如图 24-38 所示。由图 24-38 可求得滞环 $H_1$、线性度 $L_1$、重复精度 $R_1$、相对调压偏差率 $\overline{\Delta p_q}$ 等指标。

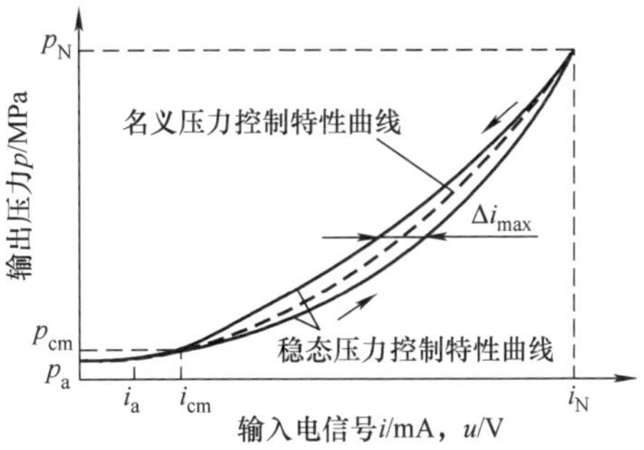


图 24-38　比例压力阀稳态压力控制特性曲线

2）稳态负载（等压力）特性［压力-流量（$p-q_V$）特性］试验。

① 电液比例溢流阀：将溢流阀 2 的压力调高，作为安全阀用。关闭快速切换阀 4。在一组给定输入电信号（30% $i_N$、70% $i_N$、100% $i_N$，即给定压力）下，通过调节调速阀 3 来改变通过被试阀的流量，使其在起始试验流量和试验流量之间变化，连续扫描一周所得到的 $p-q_V$ 曲线，即为稳态负载（等压力）特性曲线，如图 24-39 所示。

② 电液比例减压阀：调节液压泵 1 的流量为被试阀试验流量的 1.25 倍。关闭调速阀 3 和快速切换阀 4、12。关闭加载节流阀 7，调节溢流阀 2 为额定压力。在一组给定输入电信号（30% $i_N$、70% $i_N$、100% $i_N$，即给定压力）下，通过调节阀 7 来改变通过被试阀的流量，使其在起始试验流量和额定流量之间变化，连续扫描一周所得到的 $p-q_V$ 曲线，即为稳态负载（等压力）特性曲线，如图 24-39 所示。

3）通流能力试验。调节溢流阀 2 为被试阀额定压力，关闭快速切换阀 4，使被试阀输入信号为零（试验电液比例减压阀时为额定电信号），并使阀 7、13 开度为最大。逐步调节调速阀 3，使通过被试阀 6 的流量从试验流量的 10% 增至额定流量，并使流量尽可能大。同时测定被试阀 6 前、后压差，绘出阀通流能力特性曲线，如图 24-40 所示。

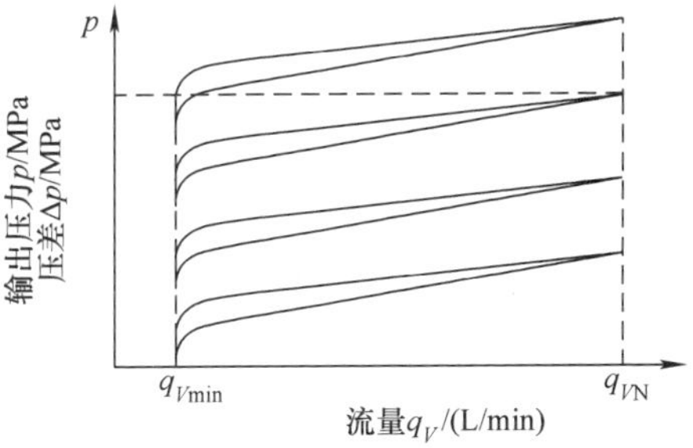


图 24-39　稳态负载（等压力）特性曲线

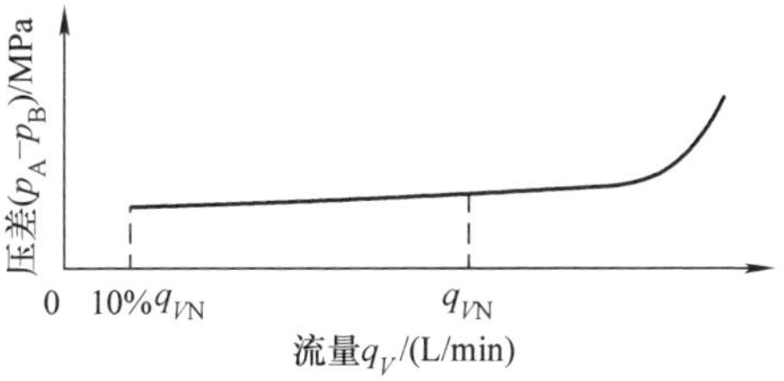


图 24-40　通流能力特性曲线

4）压力偏移和压力振摆试验。将溢流阀2的压力调高，作为安全阀用。关闭快速切换阀4，调节调速阀3，使试验流量通过被试阀。给被试阀6输入额定电信号，在3min内观察压力偏移和压力振摆值。

5）耐压试验。被试阀各油口应进行耐压试验（设计中限定使用压力的油口除外）。耐压试验压力为额定压力的1.5倍。耐压试验时缓慢增压至耐压试验压力后，保压5min，不得出现外渗漏现象。若耐压试验不合格，不再进行其他项目试验。

6）耐久性试验。

① 电液比例溢流阀：调节液压泵1的流量为额定流量的90%，将溢流阀2的压力调高，作为安全阀用。关闭快速切换阀4，完全打开阀7、13。调定输入电信号的直流分量为$0.5(I_N-i_a)+i_a$，将峰值为$\pm0.4(i_N-I_a)$的正弦交流分量叠加于直流分量上。以2Hz的频率持续试验至规定次数。试验完毕再进行稳态压力控制特性、稳态负载（等压力）特性试验。

② 电液比例减压阀：调节液压泵1的流量为额定流量的1.25倍，调节溢流阀2的压力为额定压力。关闭调速阀3和快速切换阀4、12。调定输入电信号，使被试阀输出压力为90%额定压力，调节节流阀7，使试验流量通过被试阀。调节输入电信号的直流分量为$0.5(i_N-i_a)+i_a$，将峰值为$\pm0.4(i_N-i_a)$的正弦交流分量叠加于直流分量上。以2Hz的频率持续试验至规定次数。试验完毕再进行稳态压力控制特性、稳态负载（等压力）特性试验。

7）输入电信号阶跃响应特性试验。

① 电液比例溢流阀：调节液压泵1的流量为被试阀的额定流量。将溢流阀2的压力调高，作安全阀用。关闭调速阀3和快速切速阀4。调定输入电信号使被试阀输出压力为75%额定压力。阶跃输入电信号至调定值，直至输出压力达到稳定，然后再阶跃断开输入电信号，同时记录阶跃信号和输出压力，即可得到输入电信号阶跃响应特性曲线，如图24-41所示。

② 电液比例减压阀：调节液压泵1的流量为被试阀额定流量的1.25倍。调节溢流阀2为额定压力。关闭调速阀3和快速切换阀4、12。调定输入电信号使被试阀输出压力为75%额定压力。调节加载节流阀7，使通过被试阀的流量为试验流量。阶跃输入电信号至调定值，直至输出压力达到稳定；然后再断开阶跃输入电信号，同时记录阶跃信号和输出压力，即可得到输入电信号阶跃响应特性曲线，如图24-41所示。

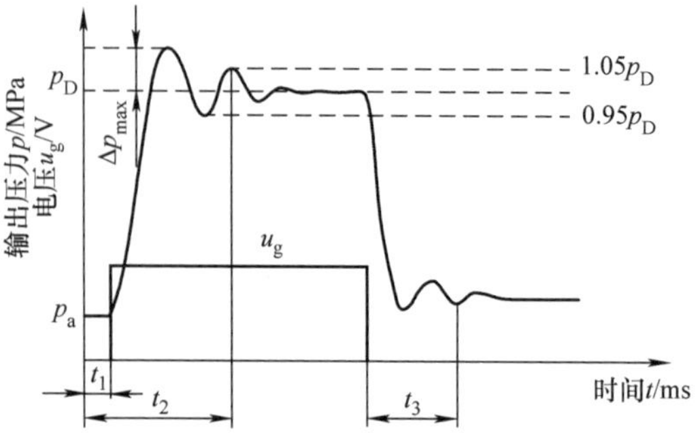


图24-41　输入电信号阶跃响应特性曲线

从图 24-41 中可求得：

$t_1$——延迟时间，即从输入电信号开始至输出压力发生变化的时间。

$t_2$——调整时间，即从输入电信号开始至输出压力进入给定误差范围（$p_D \pm 0.05p_D$），并不再超出此范围的时间。

$t_3$——卸载时间，即从断开阶跃电信号开始至输出压力为卸荷压力的时间。

$\Delta p_{max}$——瞬时压力超调量。

8）负载流量阶跃响应特性试验。

① 电液比例溢流阀：调节液压泵 1 的流量为额定流量，将溢流阀 2 的压力调高，作为安全阀用。关闭调速阀 3，调定输入电信号使被试阀输出压力为 75% 额定压力。完全打开阀 7、13。通过快速切换阀 4 的快速切换实现负载流量阶跃，同时记录流量和输出压力，即可得到负载流量阶跃响应特性曲线，如图 24-42 所示。

② 电液比例减压阀：调节液压泵 1 的流量为被试阀额定流量的 1.25 倍，调节溢流阀 2 为额定压力。关闭调速阀 3 和快速切换阀 4、12。调定输入电信号使被试阀输出压力为 75% 额定压力。调节阀 7 使 10% 的额定流量通过被试阀；然后开启阀 12，调节阀 13，使试验流量通过被试阀。通过快速切换阀 12 的快速切换实现负载流量阶跃，同时记录流量和输出压力，即可得到负载流量阶跃响应特性曲线，如图 24-42所示。

从图 24-42 可求得：

$t_1$——延迟时间，即从负载流量变化开始至输出压力发生变化的时间。

$t_2$——调整时间，即从负载流量变化开始至输出压力进入给定误差范围（$p_D \pm 0.05p_D$），并不再超出此范围的时间。

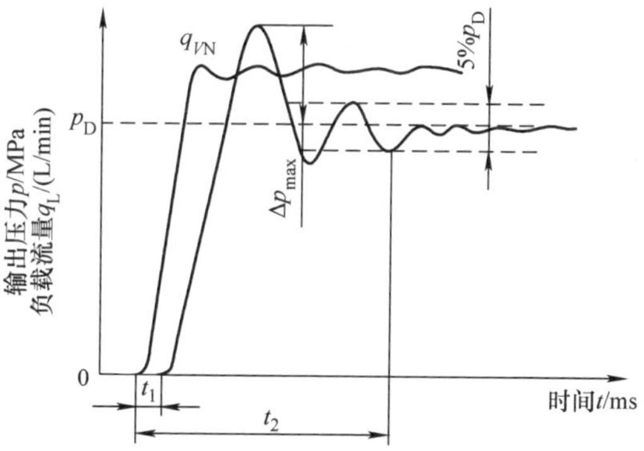


图 24-42　负载流量阶跃响应特性曲线

9）频率响应特性试验。

① 电液比例溢流阀：将溢流阀 2 的压力调高，作安全阀用。调节液压泵 1 使试验流量通过被试阀，关闭调速阀 3 和快速切换阀 4。调节输入电信号的直流分量为 $0.5(i_N - i_a) + i_a$，将峰值为 $\pm 0.25(i_N - i_a)$ 的正弦电信号分量叠加于直流分量上。改变正弦电信号的频率，从小于或等于 0.2Hz 开始逐渐增加，记录测得的幅值比和相位移。在半对数坐标纸上绘制频率响应特性曲线，如图 24-43 所示。

② 电液比例减压阀：调节液压泵 1 的流量为被试阀额定流量的 1.25 倍。调节溢流阀 2 为额定压力，关闭调速阀 3 和快速切换阀 4、12。调定输入电信号使被试阀输出压力为 75% 额定压力，调节节流阀 7，使通过被试阀的流量为试验流量。调节输

入电信号的直流分量为 $0.5(i_N - i_a) + i_a$，将峰值为 $\pm 0.25(i_N - i_a)$ 的正弦电信号分量叠加于直流分量上。改变正弦电信号的频率，从小于或等于0.2Hz开始逐渐增加，记录测得的幅值比和相位移。在半对数坐标纸上绘制频率响应特性曲线，如图24-43所示。

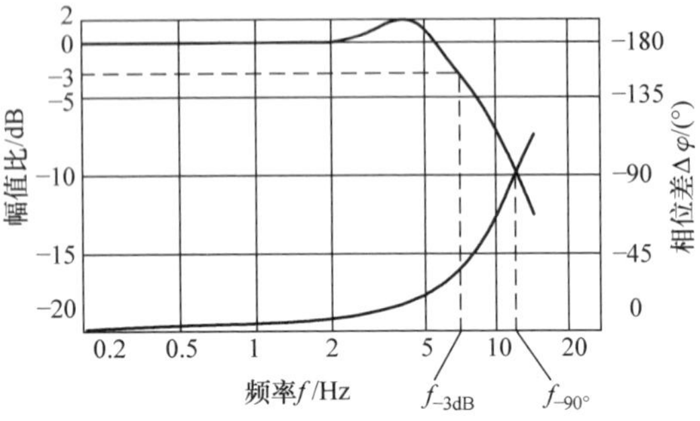


图24-43 频率响应特性曲线

由图24-43可求得：

$f_{-3dB}$——幅频宽，即幅值比衰减到-3dB时所对应的频率。

$f_{-90°}$——相频宽，即压力信号对输入电信号相位滞后90°时所对应的频率。

**2. 四通比例阀试验回路及比例方向阀静态特性试验方法**

四通比例阀试验油路适用于比例方向阀、普通方向阀和电液伺服阀的试验。这种按测试对象油口数量拟定试验油路的方法，扩大了试验油路的适用范围，也提高了测试装置的通用性。

一些技术文献直接把电液伺服阀空载特性试验油路作为电液比例方向阀的试验油路，这样做会带来2个问题：①测不出比例方向阀在恒压差下的加载特性；②伺服阀的中位机能是单一的E型机能（见图24-44a），而比例方向阀的中位机能要复杂得多，如图24-44b、c所示。当比例方向阀的中位机能不是E型，或比例方向阀的阀口面积比不同，或比例方向阀工作在图24-44b、c中的右位时，无论是普通方向阀试验油路还是伺服阀试验油路，都不可能将试验过程进行下去。也就是说，伺服阀的空载试验油路不适用于比例方向阀的测试。

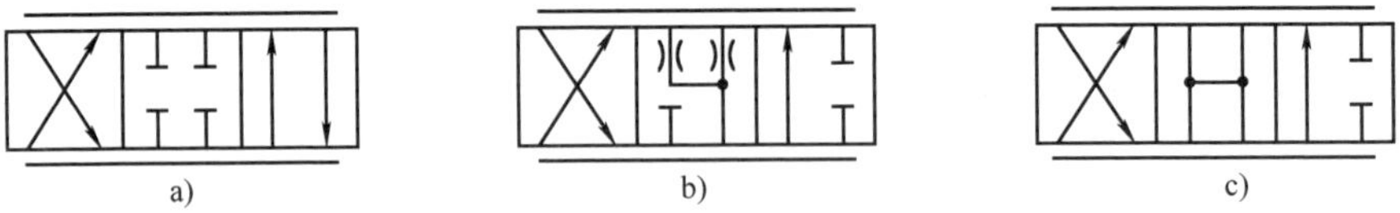

图24-44 比例方向阀和伺服阀中位机能的比较

a）伺服阀和比例阀的E型中位机能 b）比例方向阀的特殊机能 c）比例方向阀的特殊机能

对于如图24-44b、c所示的比例方向阀，必须按P→A、B→T或P→B、A→T的油口配置方式，对不同组合形式的油口分别进行测试，才能获得被测试阀的技术数据。

我国参考国际标准制定了比例方向阀测试国家标准，其测试要点如下。

（1）四通阀静态特性试验回路及其功能 四通阀静态特性试验回路如图24-45所示。

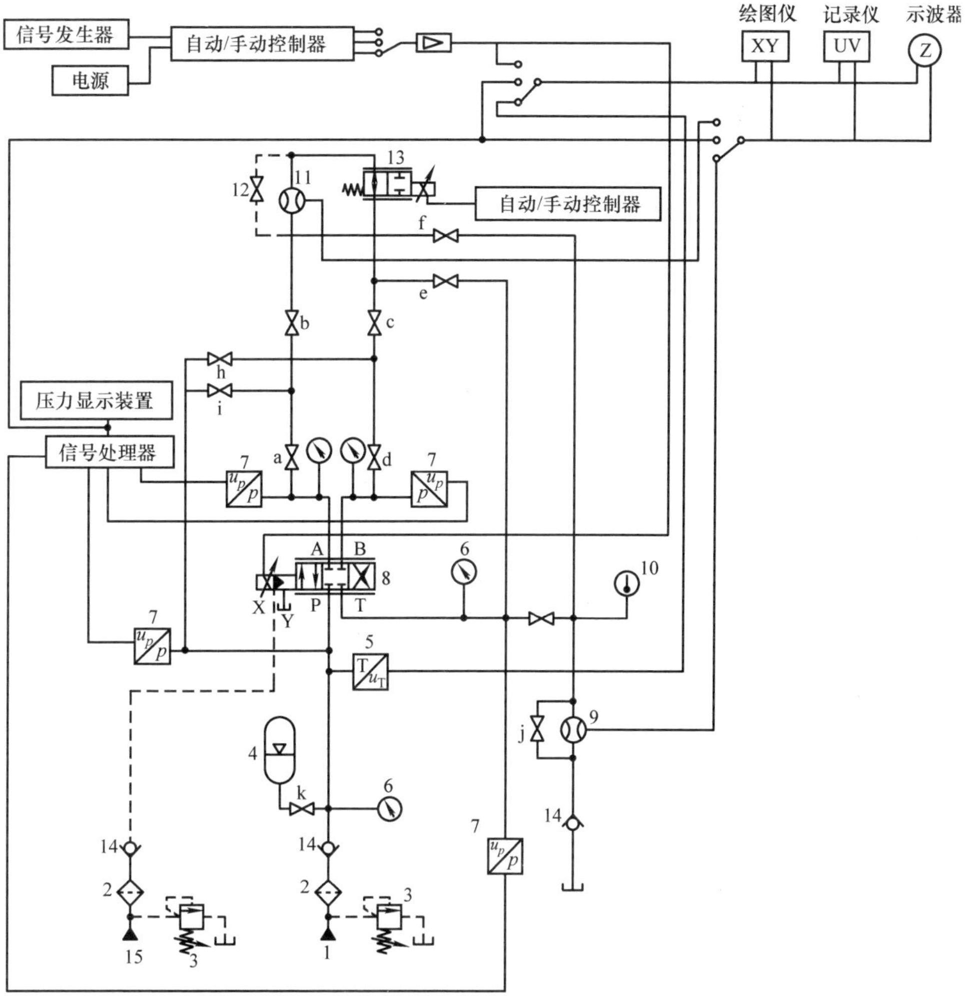


图 24-45 四通阀静态特性试验回路

1—液压动力源 2—过滤器 3—溢流阀 4—蓄能器 5—温度传感器 6—压力表 7—压力传感器或压差传感器 8—被试阀 9—泄漏流量传感器 10—温度传感器 11—流量传感器 12—备用旁通阀 13—加载阀 14—单向阀 15—液压先导控制油源 a ~ k—截止阀

(2) 比例方向阀静态特性试验方法 比例方向阀静态特性试验需要绘制以下曲线：①流量与输入信号特性曲线；②压力与输入信号特性曲线；③流量与阀压降特性曲线；④流量与负载压差特性曲线；⑤流量与温度特性曲线。

在进行下列试验时，比例放大器应包括在试验系统中。

1）在恒定阀压降下控制特性试验方法。本项试验要求被试阀压降保持恒定。为此，应在图 24-45 中加入图 24-17 所示的恒压差加载装置。测试开始前，打开截止阀 a、b、c、d、g 和 j，关闭其他阀，按需要设定阀的总压降，如 1MPa、7MPa

或最高供油压力的1/3。

试验按以下步骤进行：

① 建立适当的坐标系，以 $X$ 轴记录输入信号，以 $Y$ 轴记录输出流量。

② 循环输入信号数次。

③ 调节信号发生器，使其产生一个振幅为 ± 最大输入信号的三角波。

④ 使输入信号以连续周期变化，保证阀芯以一定的速度自如运动（确保在该速度下流量传感器、输出信号和记录仪的动态影响可以忽略不计）。当使用 $X-Y$ 绘图仪或记录仪时，要自动控制阀的压降，而且要保证在整个信号循环周期内阀压降的变化控制在5%以内。

⑤ 在持续施加连续变化信号的同时，记录一个完整的信号周期内的流量－输入信号关系曲线，如图24-46所示。

由图24-46可求得下列指标：额定信号下的输出流量、流量增益、线性度、滞环、死区特性（即阀口遮盖状态）、对称度、极性、功率域（或功率极限）。

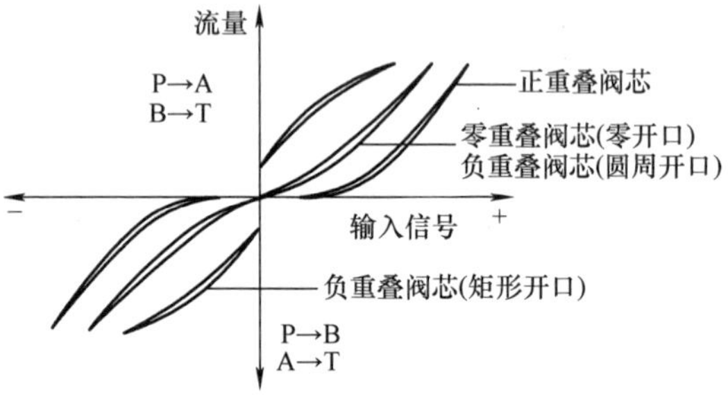

图24-46 恒定阀压降下的输出流量－输入信号曲线

2）阀口流量特性试验。本试验的目的是确定主阀口的特性。为此，由图24-45所示试验回路设定以下4种工况：

① 供油口P至控制油口A的流动。打开截止阀a、b、e、g、j，并关闭其他截止阀。

② 控制油口A至回油口T的流动。打开截止阀a、e、f、i、j，并关闭其他截止阀。

③ 供油口P至控制油口B的流动。打开截止阀c、d、f、g、j，并关闭其他截止阀。

④ 控制油口B至回油口T的流动。打开截止阀d、e、f、h、j，并关闭其他截止阀。

上述其中一种工况设定好后，再按需要设定阀的总压降，如1MPa、7MPa或最高供油压力的1/3，然后从零到额定信号缓慢增加输入信号，得到通过一个阀口的流量与输入信号的特性曲线，如图24-47所示。

3）输出流量与负载压差试验。本试验确定输出流量随负载压差变化的特性。打开截止阀a、b、c、d、g 、j和加载阀13，并关闭其他截止阀。调整阀的供油压力达到最大供油压力，如有必要可对回油压力进行补偿。确保试验过程中设定的供油压力保持恒定。供油压力降低表示液压系统供油流量不足。

试验按下列步骤进行：

① 在最大正负范围内循环输入信号数次。

② 设置 $X-Y$ 记录仪，在 $Y$ 轴上记录输出流量，在 $X$ 轴上记录负载压降。

③ 设定输入信号为正向额定值的 25%。

④ 缓慢关闭加载阀 13，得到输出流量与负载压差（阀压降）对正向额定输入信号的连续曲线，如图 24-48 所示。

⑤ 在额定输入信号的 100%、75%、50%范围内重复上述步骤。

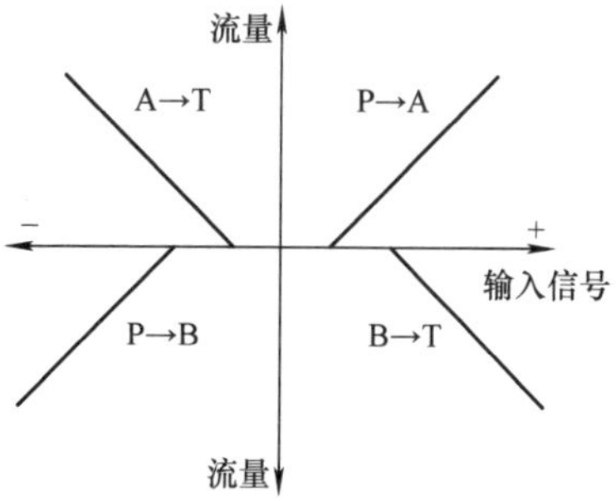

图 24-47　阀口流量 − 输入信号特性曲线

⑥ 在负向输入信号下重复步骤③~⑤，可得到如图 24-48 所示的输出流量 − 负载压差曲线。

对于内部带有压力补偿的方向阀，进行上述试验可确定负载补偿装置的有效性，测试结果如图 24-49 所示。

4）输出流量 − 阀压降特性试验。进行本试验可测定输出流量随阀压降变化的特性。打开截止阀 a、b、c、d、g、j 和加载阀 13，关闭其他截止阀。调整阀的供油压力达到最大供油压力，如有必要可对回油压力进行补偿。确保试验过程中设定的供油压力保持恒定，供油压力降低表示液压系统供油流量不足。

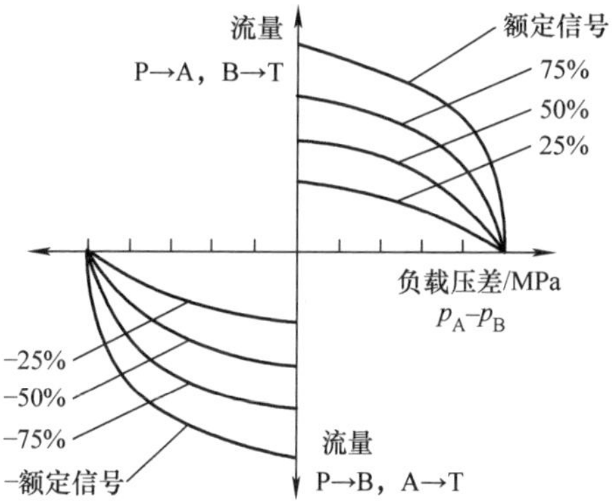

图 24-48　不带内部压力补偿的方向阀输出流量 − 负载压差曲线

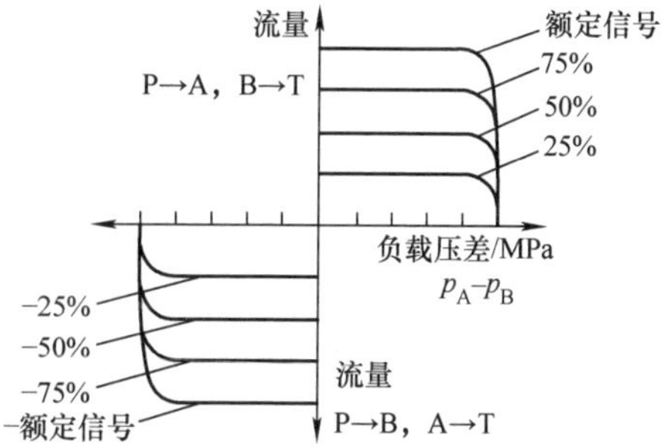

图 24-49　内部带有压力补偿的方向阀输出流量 − 负载压差曲线

试验按以下步骤进行：

① 在最大正负信号范围内循环输入信号数次。

② 设置 $X-Y$ 记录仪，在 $Y$ 轴上记录输出流量，在 $X$ 轴上记录阀压降。

③ 设定输入信号为正向额定值的 100%。

④ 先关闭加载阀 13，然后缓慢打开加载阀 13，同时记录输入信号和输出流量。

⑤ 在额定输入信号的75%，50%，25%范围内重复步骤③和④。

⑥ 在负向输入信号下重复步骤③~⑤，得到输出流量与阀压降对正向额定输入信号的连续曲线（见图24-50）。

对于内部带有压力补偿的方向阀，进行上述试验可以确定负载补偿装置的有效性，测试结果如图24-51所示。

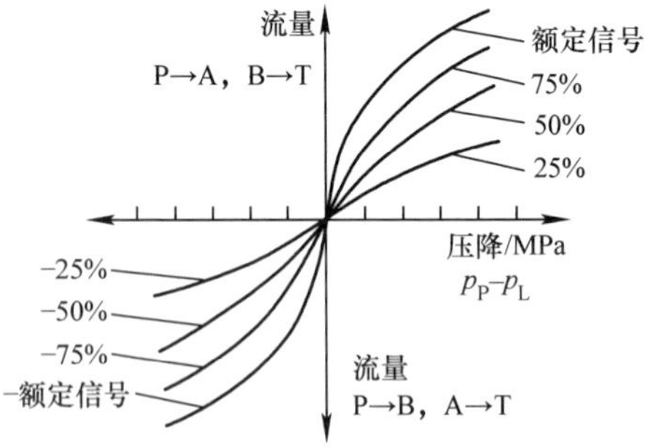


图24-50　不带内部压力补偿的方向阀输出流量-阀压降曲线

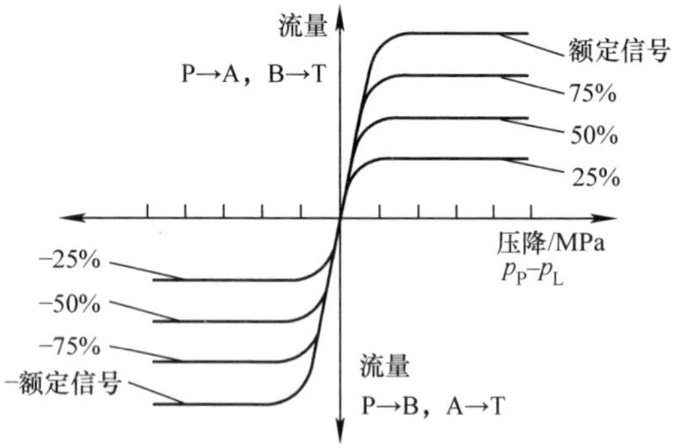


图24-51　带内部压力补偿的方向阀输出流量-阀压降曲线

5）压力与输入信号特性试验。本试验的目的是确定控制油口A和B的压力增益。为此，打开截止阀g和j，关闭其他截止阀，调整供油压力到被试阀的最大供油压力。

试验按以下步骤进行：

① 选定输入信号，使两个控制油口能达到有效供油压力。

② 建立适当的坐标系，以$X$轴记录输入信号，以$Y$轴记录压力。

③ 缓慢改变输入信号，同时记录下关闭的油口A和B的压力。

④ 在一对坐标系中得到油口A和B的负载压力-输入信号曲线，如图24-52所示。

由上述步骤还可得到负载压差-输入信号曲线，如图24-53所示。

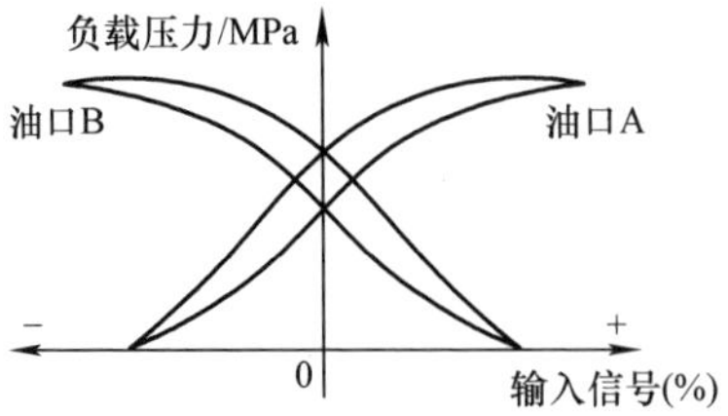


图24-52　封闭油口负载压力-输入信号曲线

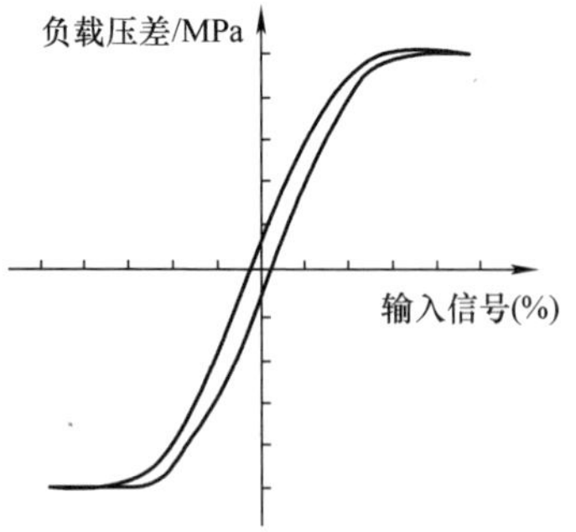


图24-53　负载压差-输入信号曲线

6）内泄漏试验。打开截止阀g，关闭其他截止阀。调整阀的供油压力至高于回油压力的规定值，建立合适的先导压力。

按以下步骤测定阀的内泄漏：

① 在测试内泄漏之前，在阀的整个输入信号范围内快速运行几次输入信号。

② 在最大正负输入信号范围内，记录油口T和Y的泄漏量，内泄漏特性曲线如图24-54所示。

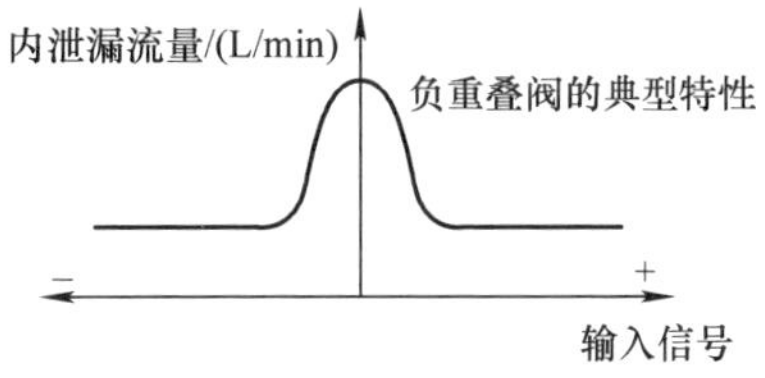


图24-54　内泄漏特性曲线

7）极限功率特性试验。阀压降较高时，阀芯上的液动力会限制通过阀的流量。本试验可确定这种影响。

打开截止阀a、b、c、d、g、j，关闭截止阀e、f、h、i。调整供油压力，使阀压降为额定压力的10%。

试验按以下步骤进行：

① 调整输入信号至正向值的95%，再叠加一个低频的小正弦信号（幅值为±5%，频率为0.2～0.4Hz）。

② 缓慢增加阀的供油压力，得到输出流量与阀压降的连续曲线。当方向阀输出的正弦运动突然中断或流量突然下降时，停止增加供油压力，在图上标记出该点。

③ 采用其他输入信号幅值（如75%，50%和25%）重复本试验。

④ 连接所有标记点，得到极限功率曲线，如图24-55所示。

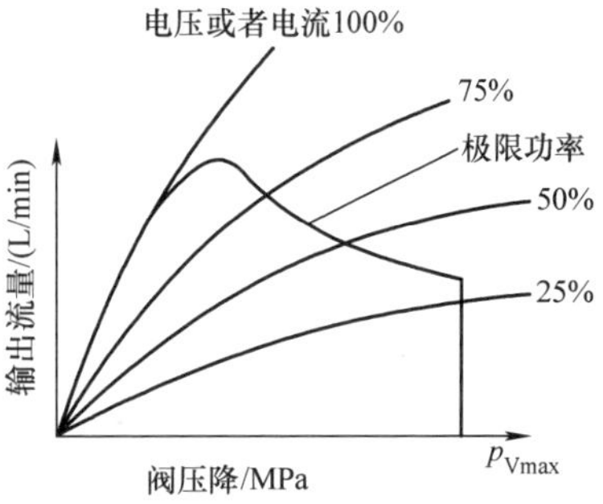


图24-55　极限功率曲线

同理，在负向输入信号下重复步骤①～⑤，可得到负向的极限功率曲线。

**3. 四通比例阀试验回路及比例方向阀动态特性试验方法**

（1）四通比例阀动态特性液压试验回路　四通比例阀动态特性液压试验回路如图24-56所示。

设计该系统时，要使油口A和B到动态计量缸的管路尽可能短，蓄能器尽可能靠近阀的P口。

可用下列方法之一测得阀的输出信号：

① 采用低摩擦（压降不超过0.3MPa）、低惯性的动态计量缸（包括困油容积效应在内的频宽至少大于最高试验频率的3倍）驱动速度传感器。当这个方法无法实现时，可选用方法②或方法③。

② 在装有内置式阀芯位置传感器而没有装内置式压力补偿流量控制器的阀内，用阀芯位置信号作为输出信号。

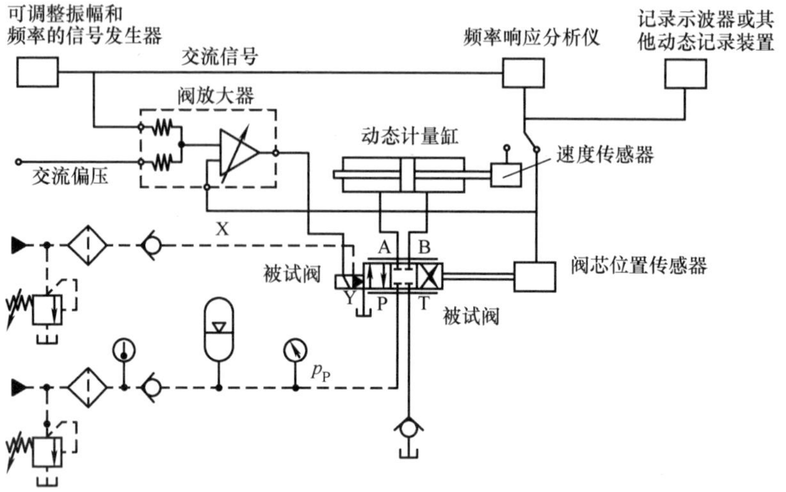


图 24-56　四通比例阀动态特性液压试验回路

③ 如果阀不带内置式阀芯位置传感器，也没有内置式压力补偿流量控制器，则有必要安装外置式阀芯位置传感器，以及合适的测量放大器。只要附加的传感器不会影响阀的频率响应，则可用此信号作为阀的输出信号。

如果采用动态计量缸测量阀的输出流量，可增加低增益位置反馈回路来纠正计量缸的漂移，以避免测试过程中发生撞缸现象。

方法①、②、③不会得出相同的结果。因此，试验报告的数据应注明所使用的试验方法。

（2）频率响应试验　输入起始频率为 5Hz 或相位滞后 90°时对应频率的 5% 作为输入信号（两者取小值），然后在衰减到 15dB 以上的频宽范围内绘制出幅值比和相位滞后曲线，如图 24-57 所示。

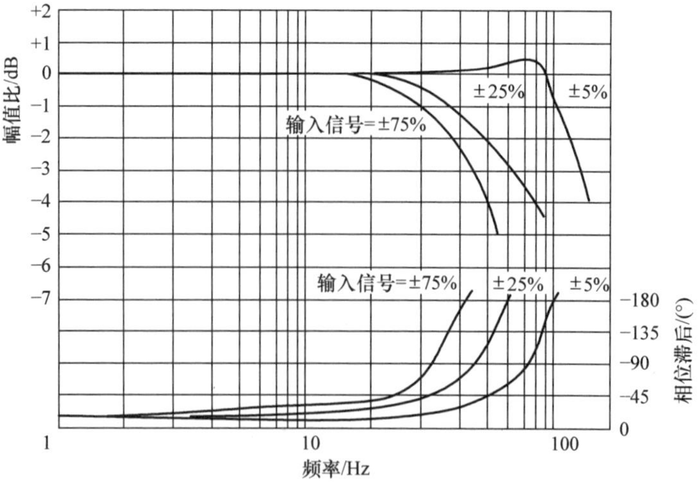


图 24-57　频率响应曲线

以下列正弦输入信号试验阀，试验周期内保持正弦输入信号的幅值不变：

① 输入对称的输入信号，使通过油口 A 和 B 的输出流量在零位附近交变，其振幅足以形成大约为最大稳态输出流量的 ±5% 的峰值输出流量。对于正遮盖阀，使用起作用的死区消除器进行这项试验。

② 对于不带死区消除器的正遮盖阀，输入偏置输入信号，通过调整直流偏置信号和输入信号使输出流量保持一个方向。这样，阀芯的整个循环总是在中位的一边进行，且须用一个满足频带宽度的流量传感器代替计量缸。

（3）阶跃响应试验

1）对阶跃输入信号的瞬态响应。触发阶跃函数发生器，产生阶跃输入信号作用在测试对象上，记录输入和输出的关系曲线（见图 24-58）。阶跃输入信号的幅值可按需要设置为额定输入信号的 5%、10%、25%、50%、75%。

2）对负载阶跃变化的响应。本测试项目适用于带负载压力补偿器的阀。在阶跃压力信号振幅为额定压力的 50% 的情况下（必要时，可在其他阶跃压力信号振幅条件下），记录流量对 0 ~ 50% 的最大负载压力和 50% ~ 100% 的最大负载压力阶跃变化的响应（见图 24-59）。

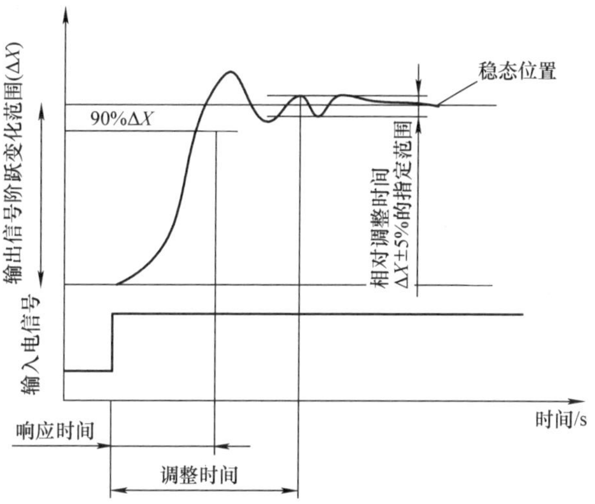


图 24-58　阶跃输入信号瞬态响应

图 24-59 所示回路仅适用于具有对称阀口的比例方向阀动态特性的测试。当比例方向阀的中位机能不是 E 型，或阀口具有非对称结构（见图 24-44b、c），或两个阀口的面积比不相同，或比例方向阀为三通结构时，不能采用图 24-56 所示的动态特性液压试验回路，这时应按单个阀口的频率特性进行测试，如图 24-60 所示。这时，流量测量装置不能采用直线移动结构，应为旋转式或节流孔板式，否则就会出现撞缸现象。

当比例放大器输入正向信号时，如果比例电磁铁 a 得电，则应打开截止阀 2、3，输入的正弦信号为在某一恒定正幅值信号的基础上叠加一个正弦信号，如图 24-61所示。

当比例放大器输入负向信号时，如果比例电磁铁 b 得电，则应打开截止阀 1、4，输入的正弦信号为在某一恒定负幅值信号的基础上叠加一个正弦信号，如图 24-61所示。

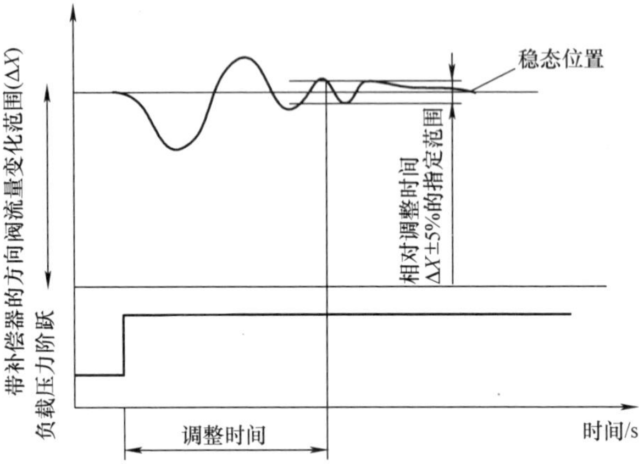


图 24-59　负载压力阶跃瞬态响应

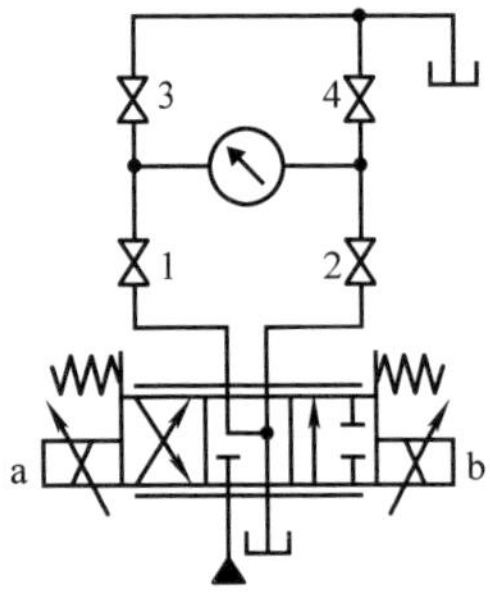


图 24-60　特殊中位机能比例方向阀动态特性试验回路

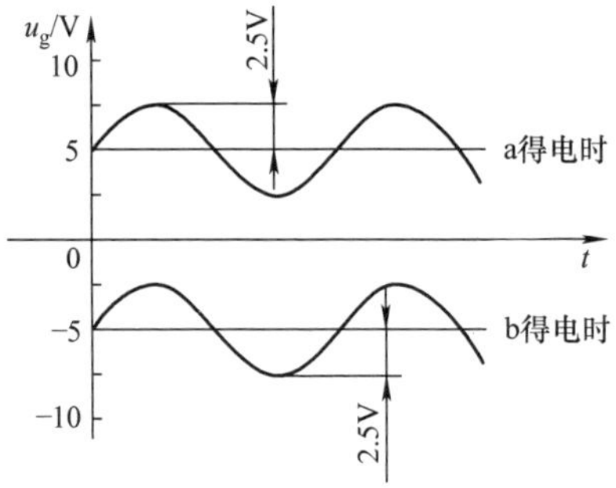


图 24-61　正弦与恒幅值信号的叠加

按照上述方法得到的流量信号不是关于零流量对称的，如图 24-62 所示。

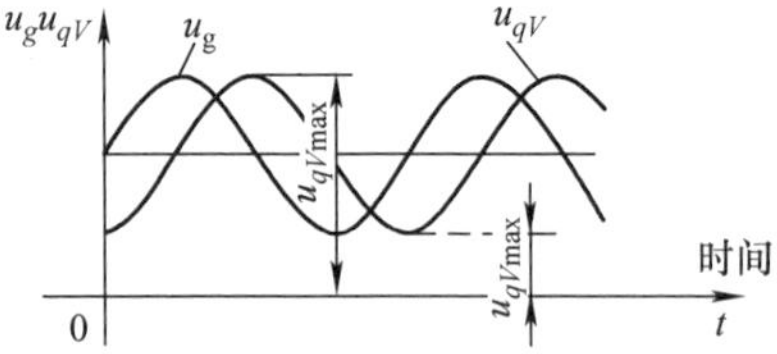


图 24-62　非对称流量正弦信号的处理

进行频率特性分析时，只要按式（24-5）和式（24-6）进行信号分析，就可得到非对称阀口比例方向阀的频率特性。

$$u_{g}=U_{g}\sin\omega t=\frac{u_{gmax}-u_{gmin}}{2}\sin\omega t \qquad (24\text{-}5)$$

$$u_{qV}=U_{qV}\sin(\omega t+\varphi)=\frac{u_{qVmax}-u_{qVmin}}{2}\sin(\omega t+\varphi) \qquad (24\text{-}6)$$

这种方法对采用单向信号（0～10V）的比例压力阀和比例流量阀的频率特性分析同样适用。

## 24.3.3 工程机械液压多路阀试验台

### 1. 多路方向阀——测试对象

多路方向阀是将两个以上的方向阀组合在一起，用以操纵工程机械多个执行元件的运动，同时它还根据要求，把安全阀、过载阀、补油阀、分流阀、制动阀、单向阀等集成在一起，所以它结构紧凑，对外连接的管路简单，因此在要求操纵多个执行元件运动的行走机械中广泛应用。

按照安装阀体结构划分，多路方向阀有整体式和分片式（组合式）两种；按照油路连接方式划分，可分为并联、串联、串并联及复合油路；按照卸载方式划分，有中位卸载和安全阀卸载两种方式。

图 24-63 所示为某种车辆使用的两联多路阀外形及主要连接口与附件，图 24-64 所示为其液压回路。

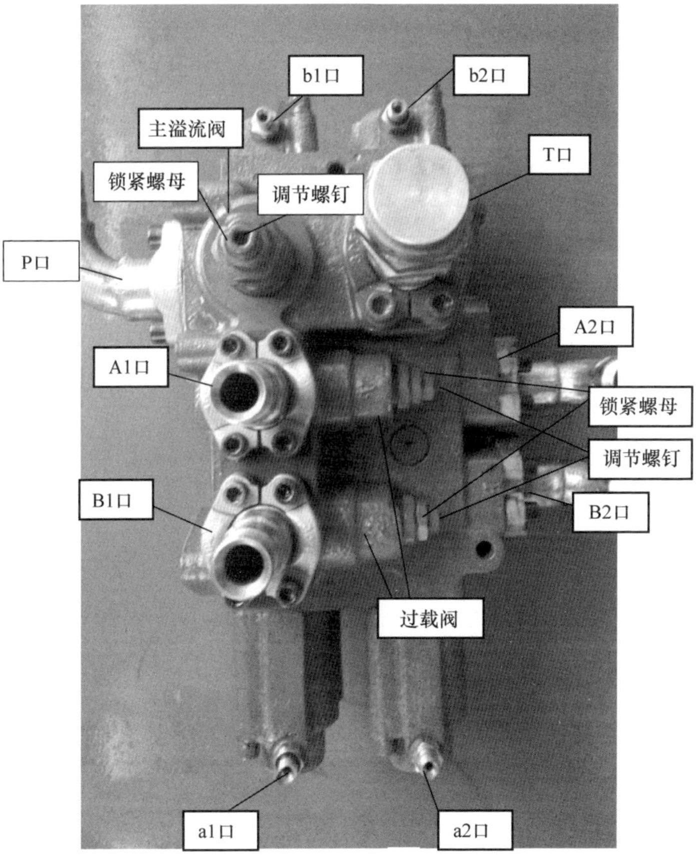


图 24-63 两联多路阀外形及主要连接口与附件

### 2. 试验台要求的功能

可按国家颁布的试验标准中的型式试验的要求进行多种规格系列的多路阀检

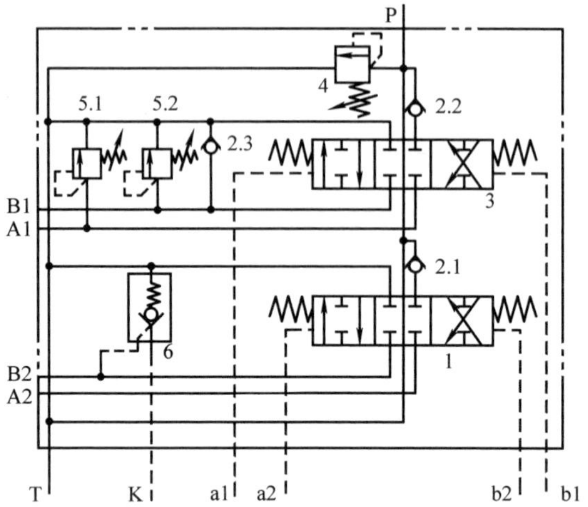


图24-64　两联多路阀油路

1—动臂方向阀　2—单向阀　3—铲斗方向阀　4—安全阀　5—过载补油阀　6—液控单向阀

测，满足工程机械多路阀的研究开发测试要求和出厂试验要求。

可完成多路阀出厂性能试验项目包括：内泄漏、压力损失、安全阀性能、补油阀开启压力、过载阀与补油阀泄漏量、流量特性、阀芯响应特性、阀杆位移、阀杆先导压力、微动特性、背压、稳态试验、瞬态试验和动作复合测试。

试验台的性能参数如下：

1）系统最大工作压力为42MPa。

2）流量计最大测试值为600L/min。

3）总驱动功率不小于120kW（30kW+30kW+30kW+辅助系统），主电动机变频调速。

4）动力站主油箱容积为2000L。

5）试验台采用46#抗磨液压油。

6）液压系统油温自动控制在（50±2)℃。

7）输入电压为三相交流380V，电流为500A，控制电路电压为DC 24V。

8）工作液清洁度等级按NAS8设计，油液过滤精度最小5μm。

9）试验台测试仪器精度A级（压力±0.3%，流量±0.5%，温度±2.0℃）。

**3. 试验台主要设备**

（1）主泵站　主泵站液压系统原理如图24-65所示。

因为多路阀有很多种，有的结构很复杂，特别是挖掘机的多路阀，有的有两个P口。为了测试复杂多路阀，采用两个高压加载泵（1、2）提供液压油，电动机功率分别为30kW，泵排量为28mL/r，提供测试时的高压油源，可分开供油（适用于有两个进油口的多路阀），也可合流供油（提供高压大流量）。

有的多路阀大流量测试不需要高压，因此设置一个低压大流量泵3。大流量电动机泵组的电动机功率为30kW，泵排量为160mL/r。

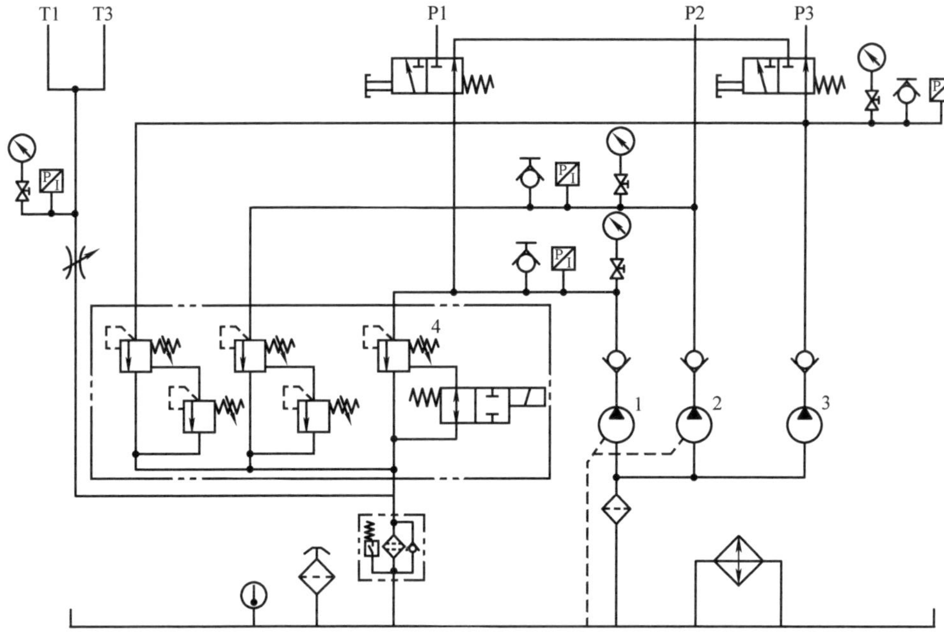


图 24-65　主泵站液压系统原理

1、2—高压加载泵　3—低压大流量泵　4—电磁溢流阀

三台泵的出口处都装有管式单向阀，预防三台泵同时工作时可能出现的相互干扰。采用远程调压阀调节主安全阀的开启压力。电磁溢流阀 4 可获得多路阀进口压力上升/下降的阶跃信号。

(2) 先导控制单元　先导控制油路如图 24-66 所示，提供先导控制油的电动机功率为 2. 2kW，额定转速为 1450r/min，泵流量为 12L/min。

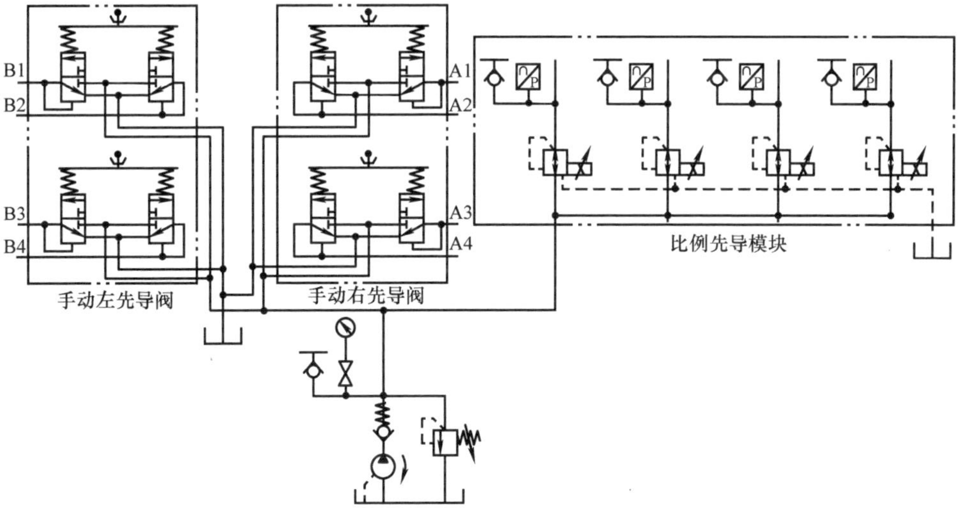


图 24-66　先导控制油路

先导手柄用来模拟装载机操作手柄。操作手柄输出的先导油压力快速上升，用于某些需要快速升压的测试项目。

比例减压阀输出的先导油压力增加缓慢，可以测试先导油缓慢上升的多路阀性能。

（3）负载模拟装置　多路阀工作油口的负载模拟，用一个由插装式单向阀（1～4）组成的液压桥路来实现，如图24-67所示。桥路安装一个比例溢流阀5加载，实现工况模拟。比例溢流阀5出口的流量计测量流过每一联的实际流量。

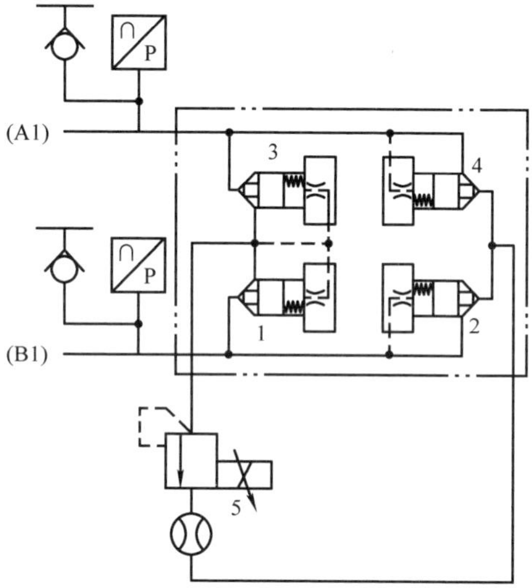


图24-67　负载模拟油路

1～4—插装式单向阀　5—比例溢流阀

当油从A1进入时，经过单向阀3，然后到比例溢流阀5，阀5溢流出来的油从单向阀2到B1口；当油从B1口进入，经过单向阀1，然后到阀5后，再从单向阀4到A1口。

（4）过滤温控系统及喷淋防锈系统　过滤温控系统及喷淋防锈系统如图24-68所示。

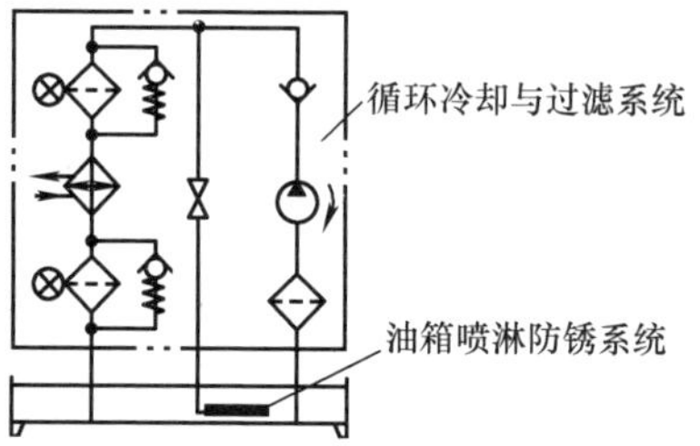


图24-68　过滤温控系统及喷淋防锈系统

温控系统可由安装在主油箱内的温度传感器通过PLC程序实现自动冷却/加热，试验台的温控系统可分为自动和手动两种模式。

液压站主油箱内的喷淋系统具备油箱内部的防锈功能，喷淋是引用循环泵的油液对油箱内表面喷洒油雾状的油液，喷淋油压为循环泵开启时管路过滤器的背压。每天喷淋1min可起到有效的防锈作用。喷淋时，先打开控制喷淋的球阀，然后打开循环泵即可。

（5）试验台电气与计算机控制系统　试验台电气与计算机控制系统构成框图如图24-69所示，该系统具有手动调整/自动测试功能，可实现高压保护、回油堵塞保护、电动机超载保护、液位保护、流量计保护等。当出现报警时，系统进行相应保护，并在CAT界面中显示报警内容，提示操作人员处理方法。

CAT系统能完成压力、流量、泄漏量、油温、液位等参数的自动采集，根据测试项目进行数据处理、存储、备份，由计算机自动生成、保存、打印试验报告。

测试系统预留了与生产管理系统的接口，待生产管理系统建设完成后，可以将

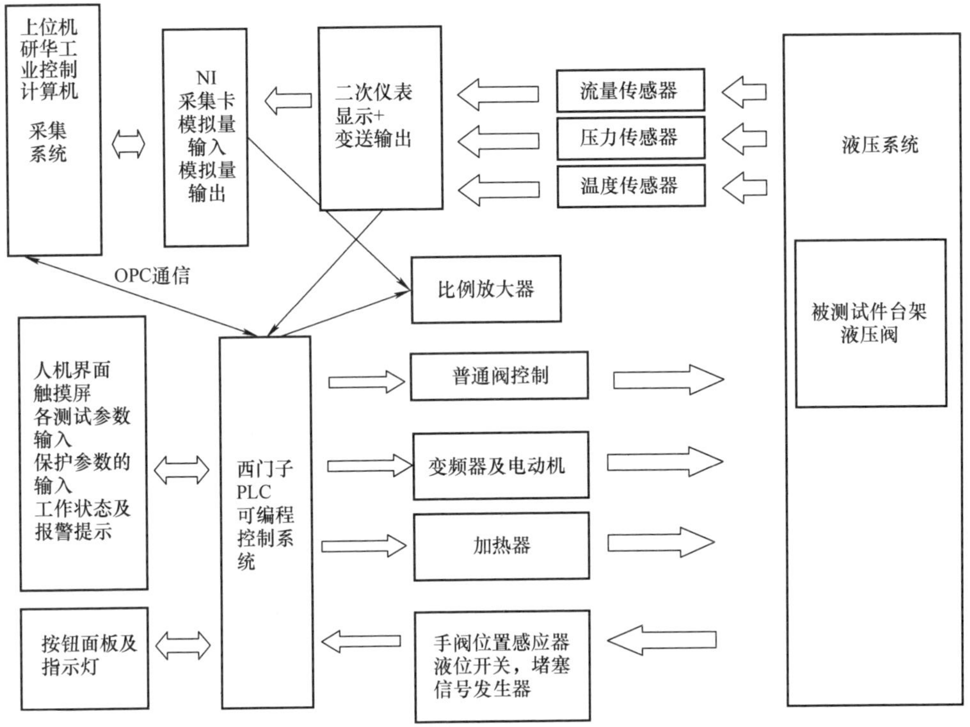


图 24-69　电气与计算机控制系统构成框图

试验数据与结果上传并接收生产管理系统下传的试验计划与安排；测试系统具备数据库管理、报表组态功能，可自动生成试验元件编号。

**4. 多路阀阀口压力损失测试——多路阀测试实例**

多路阀 P 口接试验台 P2 口，多路阀 T 口接试验台 A1 口，试验台 B1 口接试验台 T 口；开启大流量合流球阀；旋紧操作台的“P3 压力调节”和“P2 压力调节”手柄。单击“进入测试界面”按钮，进入主操作界面（见图 24-70）。

主操作界面包括：①数据显示区，用于观察系统数据；②报警窗口区；③当前测试样品的型号与编号；④测试曲线显示区；⑤辅助泵起动控件区；⑥主泵起动与压力调节区；⑦测试过程控制区。

单击主操作界面⑦中“测试开始”按钮，选择“压力损失”，进入如图 24-71 所示的多路阀阀口压差曲线界面。

单击“开始采集”，再单击拨动“总开关”，然后单击“显示图选择”框，选择“压差流量”，即可看到对应的压差流量曲线（见图 24-72）。

**5. 试验台架**

多路阀试验台架外观如图 24-73 所示，液压多路阀安装支架具有两个方向自由度，可以适应不同尺寸、不同高度的液压多路阀的安装，便于测试前后的调整。

图 24-70　主操作界面

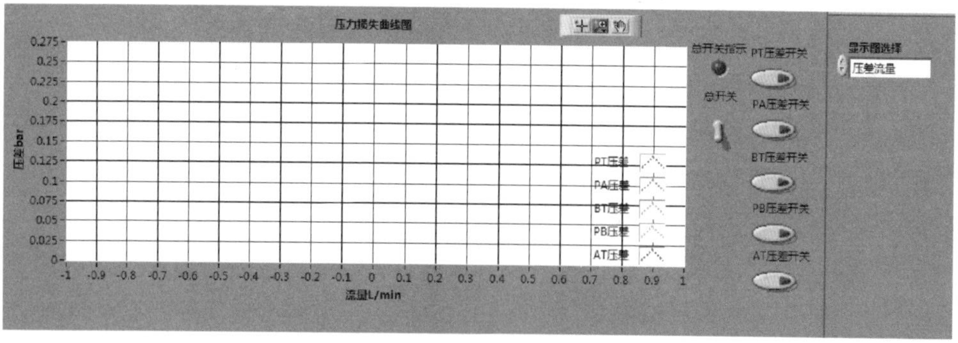


图 24-71　多路阀阀口压差曲线界面

## 24.3.4　伺服液压缸试验台

伺服液压缸的结构型式各式各样，与普通液压缸相比，伺服液压缸的启动摩擦力直接影响闭环控制系统的精度，要求的数值很小，所以测试精度和分辨力要求高，这无疑增加了测试难度；另外，高频响伺服液压缸要求动态特性好，所以测试项目更多。

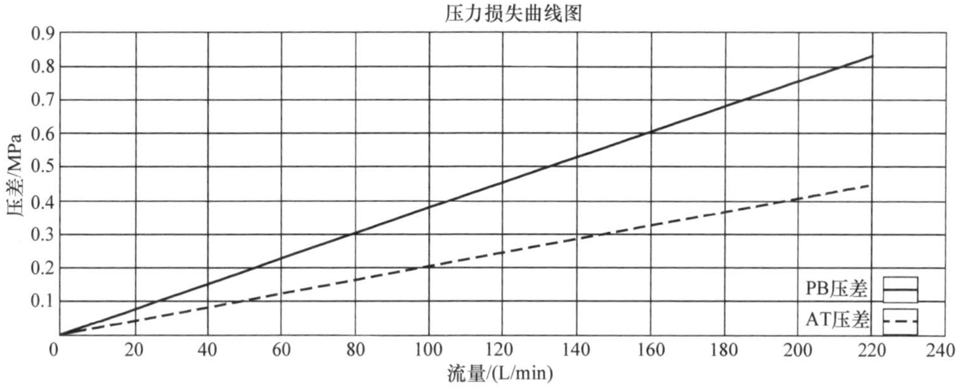


图 24-72　多路阀阀口压力损失曲线

图 24-73　多路阀试验台架外观

**1. 伺服液压缸型式试验要求**

伺服液压缸型式试验要求包括：①试运行；②行程检查；③耐压试验；④泄漏特性；⑤启动压力特性（静摩擦力特性）试验；⑥动摩擦力试验；⑦缓冲试验；⑧阶跃响应特性试验；⑨频率响应特性试验；⑩负载效率试验；⑪高温试验；⑫耐久性试验。

出厂试验不要求负载效率试验、高温试验、耐久性试验。

**2. 伺服液压缸试验条件**

（1）测量准确度　测量准确度按照 JB/T 7033—2007 中 4.1 的规定，型式试验采用 B 级，出厂试验采用 C 级。测量系统的允许系统误差应符合表 24-6 的规定。

表24-6　测量系统允许系统误差

| 测量参量 | | 测量系统的允许误差 | |
|---|---|---|---|
| | | B级 | C级 |
| 压力/kPa | $p<0.2$MPa表压时 | ±3.0 | ±5.0 |
| | $p\geq0.2$MPa表压时 | ±1.0 | ±1.5 |
| 温度/℃ | | ±1.0 | ±2.0 |
| 力（%） | | ±1.0 | ±1.5 |
| 速度（%） | | ±0.5 | ±1.0 |
| 时间/ms | | ±1.0 | ±2.0 |
| 位移（%） | | ±0.5 | 1.0 |
| 流量（%） | | ±1.5 | ±2.5 |

（2）试验用液压油液

1）运动黏度：试验用液压油液在40℃时的运动黏度应为29～74$mm^2/s$。

2）温度：除特殊规定外，型式试验应在（50±2）℃下进行，出厂试验应在（50±4）℃下进行。出厂试验可降低温度要求，在15～45℃的范围内进行，但检测指标应根据温度变化进行相应调整，保证在（50±4）℃时能达到产品标准规定的性能指标。

3）污染度：对于伺服液压缸试验，试验用液压油的固体颗粒污染度不应高于GB/T 14039—2002规定的—/17/14；对于比例控制液压缸试验，试验用液压油的固体颗粒污染度不应高于GB/T 14039—2002规定的—/18/15。

4）相容性：试验用液压油应与被试液压缸的密封件及其他与液压油接触的零件材料相容。

5）稳态工况：试验中，被控参量平均显示值允许变化范围（见表24-7）内变化时为稳态工况，应在稳态工况下测量并记录各个参量。

表24-7　被控参量平均显示值允许变化范围

| 被控参量 | | 平均显示值允许变化范围 | |
|---|---|---|---|
| | | B级 | C级 |
| 压力/kPa | $p<0.2$MPa表压时 | ±3.0 | ±5.0 |
| | $p\geq0.2$MPa表压时 | ±1.5 | ±2.5 |
| 温度/℃ | | ±2.0 | ±4.0 |
| 力（%） | | ±1.5 | ±2.5 |
| 速度（%） | | ±1.5 | ±2.5 |
| 位移（%） | | ±1.5 | ±2.5 |

### 3. 伺服液压缸试验回路

伺服液压缸试验装置应有可靠措施，保证人员及设备的安全。

1）伺服液压缸静态试验液压原理图如图 24-74 所示。

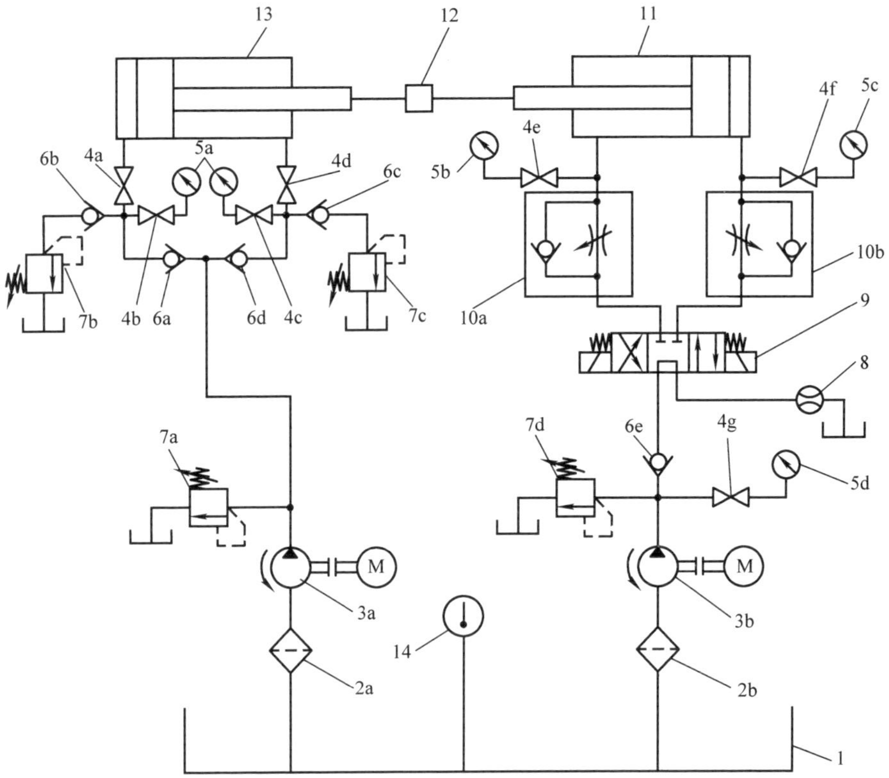


图 24-74　伺服液压缸静态试验液压原理图

1—油箱　2—过滤器　3—液压泵　4—截止阀　5—压力表　6—单向阀　7—溢流阀　8—流量计　9—电磁（液）换向阀　10—单向节流阀　11—被试液压缸　12—力传感器　13—加载缸　14—温度计

此外，液压源还应有温度调节和控制功能，液压油液污染度等级应满足伺服阀要求。CAT 系统应具备对被试液压缸的速度、位移、输出力等参数进行实时采样的功能。

2）伺服液压缸动态试验液压原理图如图 24-75 和图 24-76 所示。

试验用伺服阀响应频率应不低于被试液压缸最高试验频率的 5 倍，其额定流量应满足被试液压缸最大运动速度的要求。伺服阀与被试液压缸之间的管路应尽量短，尽量采用硬管，管径在满足最大瞬时流量的前提下应尽量小。可调振幅和频率的信号发生器应能输出正弦波信号，该信号可在 0.1Hz 到试验要求的最高频率之间进行扫频，还应能输出正向阶跃和负向阶跃信号。

**4. 伺服液压缸试验方法**

应根据伺服液压缸产品的实际需要制定试验条件和方法，这里给出的是通用条件和参数。

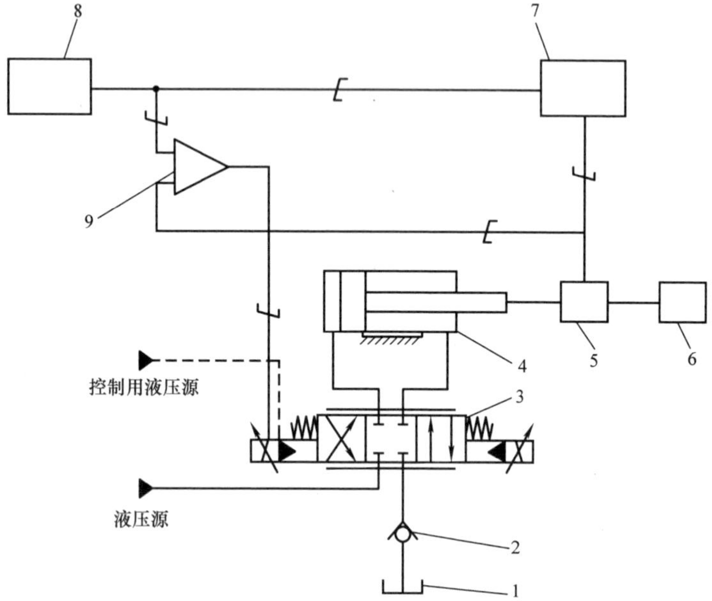


图24-75　活塞式伺服缸动态试验液压系统原理图

1—油箱　2—单向阀　3—比例/伺服阀　4—被试比例/伺服控制液压缸　5—位移传感器　6—加载装置　7—自动记录分析仪器　8—可调振幅和频率的信号发生器　9—比例/伺服放大器

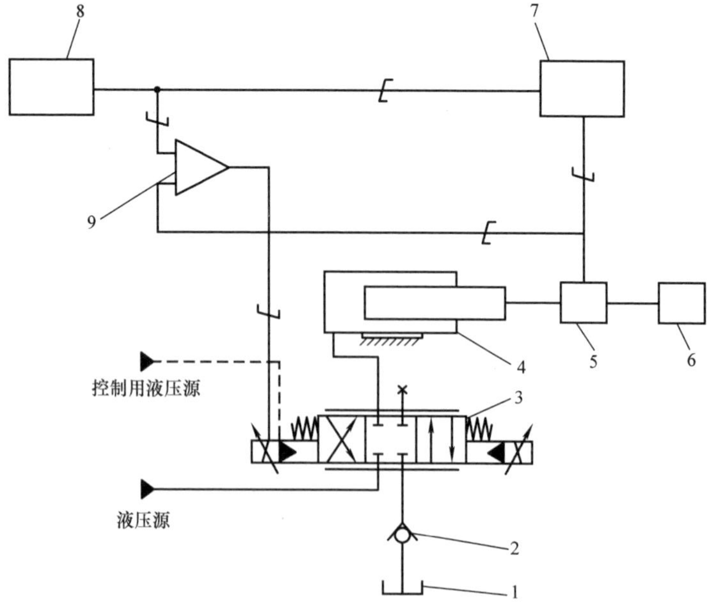


图24-76　柱塞式伺服缸动态试验液压系统原理图

1—油箱　2—单向阀　3—比例/伺服阀　4—被试比例/伺服控制液压缸　5—位移传感器　6—加载装置　7—自动记录分析仪器　8—可调振幅和频率的信号发生器　9—比例/伺服放大器

（1）试运行　应按照 GB/T 15622—2005 的 6.1 进行试运行试验。

（2）行程检验　应按照 GB/T 15622—2005 的 6.9 进行行程检验。

（3）耐压试验　使被试液压缸活塞分别停留在行程的两端（单作用液压缸处于行程的极限位置），分别向工作腔施加 1.5 倍额定压力，型式试验应保压 10min，出厂试验应保压 5min。观察被试液压缸有无泄漏和损坏。

（4）泄漏试验　应按照 GB/T 15622—2005 的 6.5 分别进行内泄漏、外泄漏及低压下的爬行和泄漏试验。

（5）启动压力特性试验　试运行后，在无负载工况下，调整溢流阀（或使用低压气动回路从极低的压力开始调节），使被试液压缸一腔压力逐渐升高，至液压缸启动时，记录测试过程中的压力变化，其中的最大压力值即为最低启动压力。对于双作用液压缸，此试验正、反方向都应进行。

（6）动摩擦力试验　在带负载工况下，使被试液压缸一腔压力逐渐升高，至液压缸启动并保持匀速运动时，记录被试液压缸进、出口压力（对于柱塞缸，只记录进口压力）。对于双作用液压缸，此试验正、反方向都应进行。动摩擦力的计算公式为

$$f=(p_1A_1-p_2A_2)-F$$

式中　$f$——动摩擦力（N）；

$p_1$——进口压力（MPa）；

$p_2$——出口压力（MPa）；

$A_1$——进口腔活塞有效面积（$mm^2$）；

$A_2$——出口腔活塞有效面积（$mm^2$）；

$F$——负载力（N）。

（7）缓冲试验　当被试液压缸有缓冲装置时，应按照 GB/T 15622—2005 的 6.6 进行缓冲试验。

（8）阶跃响应特性试验　调整油源压力到试验压力，试验压力范围可选定为被试液压缸额定压力的 10%～100%。在液压缸的行程范围内，距离两端极限行程位置 30% 缸行程的中间区域任意位置选取测试点，调整信号发生器的幅值和起始时刻，使其输出阶跃信号，根据工作行程给定阶跃幅值（幅值范围可选定为被试液压缸工作行程的 5%～100%）。绘制阶跃响应特性曲线，根据曲线确定被试液压缸的阶跃响应时间。

对于双作用液压缸，此试验正、反方向都应进行。

对于两腔面积不一致的双作用液压缸，应控制正、反方向阶跃信号的幅值，避免撞缸。

（9）频率响应特性试验　调整油源压力到试验压力，试验压力范围可选定为

被试液压缸额定压力的10%～100%。在液压缸的行程范围内，距离两端极限行程位置30%缸行程的中间区域任意位置选取测试点，调整信号发生器的振幅和频率，使其输出正弦信号，根据工作行程给定幅值（幅值范围可选定为被试液压缸工作行程的5%～100%），频率由0.1Hz逐步增加到被试液压缸响应幅值衰减到－3dB或相位滞后90°对应的频率，绘制频率响应特性曲线，根据曲线确定被试液压缸的幅频宽及相频宽两项指标，取两项指标中的较低值。

对于两腔面积不一致的双作用液压缸，应采取措施（如位移闭环控制），确保正、反方向位移相等。

（10）负载效率试验　应按照GB/T 15622—2005的6.7进行负载效率试验。

（11）高温试验　应按照GB/T 15622—2005的6.8进行高温试验。

（12）耐久性试验　在设计的额定工况下，使被试液压缸在指定的工作行程，以设计要求的最高速度连续运行，速度误差为±10%，一次连续运行8h以上。在试验期间，被试液压缸的零件均不得进行调整，记录累积运行的行程。

**5. 伺服液压缸试验台实例——钢厂AGC液压缸出厂试验台**

大直径伺服液压缸在冶金行业中广泛使用，简称AGC液压缸，其性能好坏直接影响大型工业连续生产线的运行可靠性。为了降低生产设备的故障率、节约维护成本，很有必要对伺服缸进行离线检测。但是，由于AGC液压缸加载吨位大，所以加载装置的投入也很大。

（1）AGC液压缸测试系统要求　满足全行程、耐压与内外泄漏、启动压力特性、动摩擦力特性、阶跃响应特性、频率响应特性测试项目要求，还能对钢厂单作用AGC柱塞缸进行测试。

（2）试验液压系统工作原理　试验液压系统工作原理如图24-77a所示。二级电液伺服阀14构成力伺服控制系统、三级电液伺服阀7构成位置伺服控制系统。测试系统的结构框图如图24-77b所示。

（3）主要项目测试方法　一般分为摩擦力测试方法和动态测试方法。

1）摩擦力测试方法：测试摩擦力时用到被试伺服液压缸5、摩擦力测试液压缸13、二级电液伺服阀14、三级电液伺服阀7、压力变送器15、位移传感器（行程为4～10mm）、截止阀16、17等元件，加载缸放在试验机架底部不工作，相当于一个大垫块。

将被试伺服液压缸5放置于动态加载缸4上，并将被试伺服液压缸5的压油口与单独泄油口相接。其测试方法是由摩擦力测试缸向被试伺服液压缸加载，使被试伺服液压缸向下或向上运动，由位移传感器检测位移，由两个压力变送器测出摩擦力测试缸的负载压差，然后由计算机进行计算处理，获得精确的被试伺服液压缸的静摩擦力及动摩擦力，或者由传感器12测出。

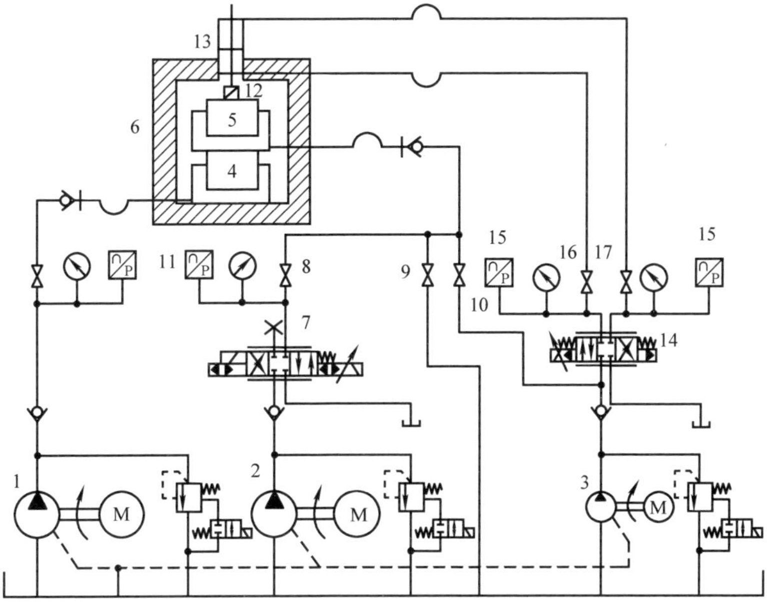


a)

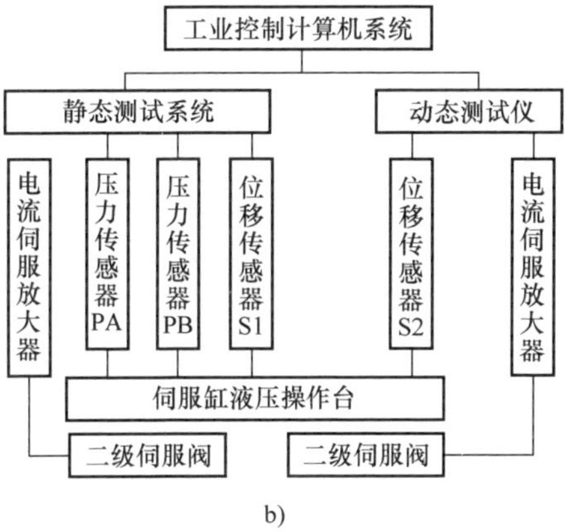


b)

图 24-77 伺服液压缸测试系统

a）液压系统工作原理 b）测试系统结构框图

1、2、3—泵组 4—动态加载缸 5—被试伺服液压缸 6—安装机架 7—三级电液伺服阀

8、9、10、16、17—截止阀 11、12—传感器 13—摩擦力测试液压缸 14—二级电液伺服阀 15—压力变送器

这种采用一小伺服液压缸作为加载缸，对被试伺服液压缸进行缓慢加载（能上拉或下压）的摩擦力测试方法与普通液压缸的启动摩擦力测试方法相比，从测试精度上来说要高得多。其次在加载过程中，采用了力闭环伺服控制系统，它由力传感器、前置放大器、电液伺服阀等元件构成，实现对被试柱塞液压缸精确的力给定，保证摩擦力测试的顺利完成。

2）动态测试方法：动态测试的工作过程如下，动态加载缸 4 的工作腔由泵组

1通恒压油，提供被试伺服液压缸柱塞回程力；被试伺服液压缸5放置于动态加载缸上，其柱塞顶在安装机架6横梁上，被试伺服液压缸的压力油由泵组2提供，并由三级电液伺服阀7、位移变送器、压力传感器11等元件构成的位置伺服系统控制被试伺服液压缸的动作。试验时，由CAT软件产生0.01～20Hz扫频正弦信号，信号幅值可根据被试缸的不同而输入不同的值，其变化范围为0.01～0.10V，幅值的上限设置为0.17V是为了防止信号幅值超过系统“速度限”而产生畸变的正弦波响应。此扫频正弦信号通过伺服放大器驱动三级电液伺服阀，从而使被试伺服液压缸做相应运动。由CAT测试系统采集被试伺服液压缸柱塞的位移信号，对数据进行分析，即可得到被试伺服液压缸的频率特性。

在测试过程中，因伺服液压缸活塞升起时可能出现歪斜，为消除因歪斜而产生的检测误差，在伺服液压缸的两侧对称安装两个位移传感器，取位移信号的平均值进行控制。同时，用位移传感器的信号作为反馈信号，构成低增益的位置伺服系统，保证伺服液压缸的活塞杆或柱塞处于中位附近，以免撞缸。

该测试系统模拟轧机的实际工况，可满足冶金行业大型伺服液压缸维修试验要求。采用摩擦力测试缸和压力传感器，改变了传统的摩擦力测试方法，提高了摩擦力测试精度。

## 24.3.5　飞机液压试验加载系统

**1. 概述**

飞机附件液压系统包括液压能源系统和流量负载系统，作为飞机的重要能量传递系统，其工作状态对飞机的安全起着至关重要的作用。液压能源系统提供液压系统的液压能源，流量负载系统为液压功能子系统提供实际飞行过程中所需的流量。在发动机的地面台架试车过程中，为了检验发动机的功率分出能力和考核机载液压泵工作时对发动机状态和相关部件强度的影响，需要考核液压系统的性能参数。由于液压能源系统由试车台架的工艺设备提供，其工作特性一般不做考核，因此流量负载系统成为飞机附件液压系统的主要考核对象。

某发动机地面试车台液压加载系统以西门子S7－300系列PLC为核心，采用模块化设计理念，根据不同型号发动机机载液压泵的加载需求分开设计。

流量负载系统的性能参数主要包括加载流量与加载压力，由于在发动机的地面试车中，通常选用的是恒压式变量柱塞泵，其流量特性曲线如图24-78所示。因此加载流量成为发动机地面试车中液压加载系统的主要考核参数。

**2. 液压系统**

某发动机试验台的液压加载系统采用节流嘴加电磁阀联合控制的方式来实现飞机附加加载系统的流量调节。通过节流嘴控制流量时，其进出口的流量特性为$q=C_dA\sqrt{\frac{\Delta p}{\rho}}$。其中，$C_d$为流量系数，$A$为节流嘴截面积，$\Delta p$为节流嘴进出口压差，$\rho$

为流体密度。由流量特性公式可知：通过节流嘴的流体介质和节流嘴进出口压差一定的情况下，通过节流嘴的流量只与节流嘴截面积有关。因此选用节流嘴进行液压加载调节流量时，需要通过多个节流嘴的联合动作以满足各种流量需求。但现实情况中，节流嘴的个数通常是一定的，而所需满足的飞机附件加载需求却是多样化的。因此为了满足多型号发动机的试车需求，需要根据实际情况综合设计以满足不同型号发动机的飞机附件加载需求。

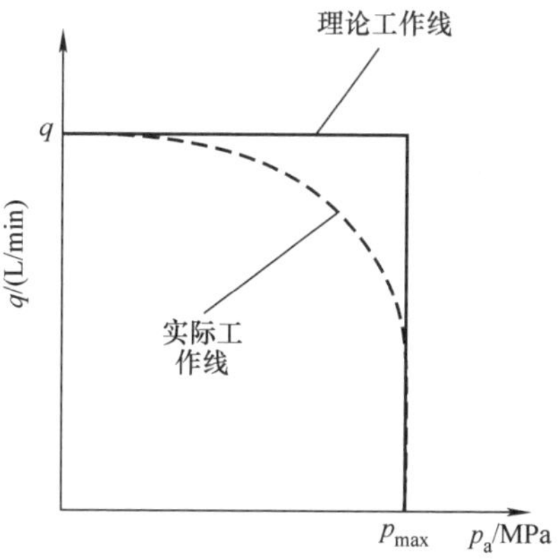

图 24-78　恒压式变量柱塞泵流量特性曲线

**3. 液压加载系统工作原理**

为了满足多型号发动机的试车需求，根据该试验台现有的液压加载系统，有以下几种方案可以选择：①增加液压站的现有设备，通过在硬件上增加管路、节流嘴、电磁阀等实现；②在现有的控制线路上进行优化设计，通过改进电磁阀的控制线路满足试车需求；③采用更加优化的控制方式，从控制逻辑上解决，将满足固定需求的液压加载系统拓展为满足多型号的液压加载系统。对比上述方案，方案一改动量大，成本较高且耗费时间与精力；方案二在理论上可行，但在实际使用中往往会由于硬件线路的复杂性，使故障率大大提高，增加维护的时间与成本；方案三修改控制逻辑，具有较好的逻辑性与维护性，且很好地保证延续性。因此为实现多型号液压加载系统，选用方案三作为执行方案。

考虑到控制系统的安全性、稳定性以及应用技术的成熟性，试验台飞机附件液压加载系统采用了西门子 S7－300 系列 PLC 作为现场控制器，搭建了以工业现场总线 PROFIBUS－DP 为基础的分布式控制系统，采用 WinCC V6. 2 组态软件完成上位机实时监控与处理，通过 VB. NET 编写通信程序实现对上位机数据的读取及与远程计算机的数据交互。

在满足多型号发动机的加载需求上，液压加载系统根据不同型号发动机的加载图谱对控制系统建立了模块化的运行程序，根据试车型号调用不同的程序模块满足加载需求。试车过程中，通过 PLC 的信号模块对各个节流嘴对应的电磁阀和液压泵进行控制，并实时采集液压加载系统的压力、流量、故障报警指示灯等参数，在上位机中以数字或画面的形式进行动态显示，操纵员根据当前状态做出判断。液压加载系统总体架构如图 24-79 所示。

**4. 控制系统硬件**

飞机液压加载系统硬件主要包括：分布式 PLC 控制系统、液压加载控制系统、传感器、变送器、上位机等。分布式 PLC 控制系统主要包括中央处理器、分布式子站、通信模块、接口模块、数字量输入输出模块、模拟量输入输出模块等；液压

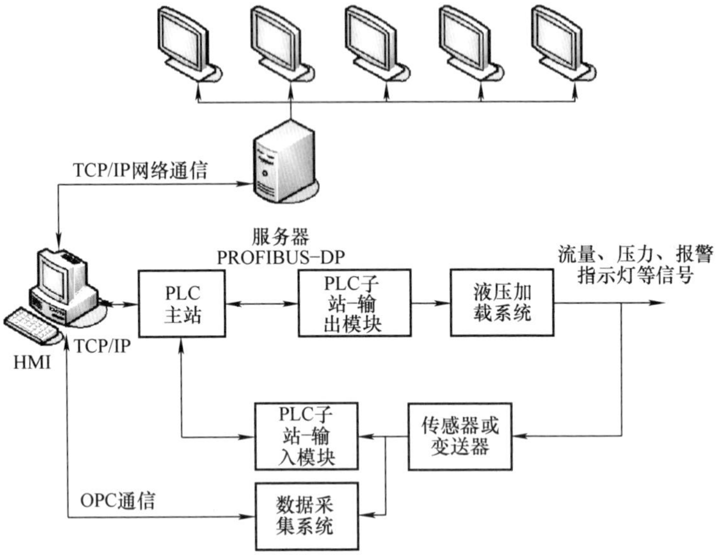


图 24-79 液压加载系统总体架构

加载控制系统主要包括电动机、增压泵、液压泵、电磁阀、节流嘴等；测量传感器主要对液压加载系统的工作参数（温度、压力、流量等）进行监测，并将采集到的信号转换为标准量程的电信号（4 ~20mA 或 0 ~ 10V），便于控制系统对数据进行处理；上位机作为整个控制系统的核心，主要用来将 PLC 工作站或数据采集系统采集的信号通过 HMI 进行实时显示并将操作员发出的指令传输给 PLC 工作站。

（1）PLC 控制系统 PLC 控制系统是以 S7 –300 系列的 CPU315 –2DP 为核心搭建基于 PROFIBUS – DP 工业现场总线的分布式控制系统，子站采用 ET 200M 接口模块的 IM 153 与 CPU 相连，由主站根据硬件地址对子站进行轮流查询。选择了晶体管输出型数字量输出模块，通过外加中间继电器对直流负载或交流负载进行控制。采用信号模块采集现场模拟量信号。为了实现主站与人机界面的快速通信，PLC 控制系统采用了 CP343 –1 通信处理器模块，通过 TCP/IP 网络实现信息交互。

（2）液压加载控制系统 液压加载控制系统主要用于满足不同型号发动机地面试车时的加载要求。为了实现对液压加载流量的调节，在机载液压泵的进口处安装单向阀、电磁阀、节流嘴等流量调节设备，在试车中只需根据加载需求控制相应的电磁阀。为了实时监控液压加载控制系统的工作参数，在加载管路上安装了压力、流量、温度等传感器或变送器。

**5. 控制系统软件**

（1）下位机软件 下位机软件的设计是以满足多型号发动机不同的加载需求为原则，以模块化的程序为主。根据多型号发动机的加载需求，可将程序块分为液压加载系统控制程序块、A 型号加载程序块、B 型号加载程序块、C 型号加载程序块等。A、B、C 型号加载程序块需要根据液压加载图谱通过中间变量和定时器建立标准化的程序块，然后根据具体的加载流量和时间要求予以区分。液压加载系统控制程序主要通过具体的输入输出变量与来自加载子程序的中间变量建立，主要目的是将控制要求具体化。如某型号发动机的液压加载图谱如图 24-80 所示，为了满足其他型号发动机的液压加载需求，只需将图谱中的流量 $q$ 与时间 $t$ 进行修改，模块化的程序建立以后，再将程序中的中间变量传递给液压加载控制系统的控制程序块，从而实现控制需求。

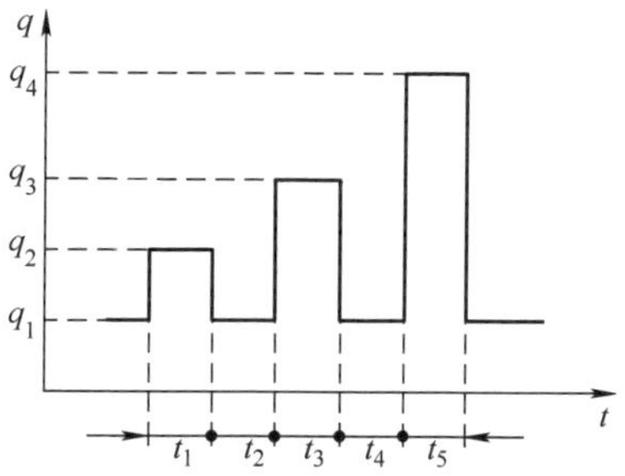

图 24-80 某型号发动机的液压加载图谱

加载系统所有的程序块都包含在系统组织块 OB1 中，通过主循环流程轮流执行。为了避免由于 PLC 突然断电或人员异常操作造成的安全事故，在组织块 OB100 中加入初始化处理程序块。为了使 PLC 在工作中对出现的中断、故障、数据溢出等情况进行处理及响应，在程序中加入了组织块 OB35、OB82、OB83 等模块。

液压加载系统的下位机软件工作流程如图 24-81 所示。

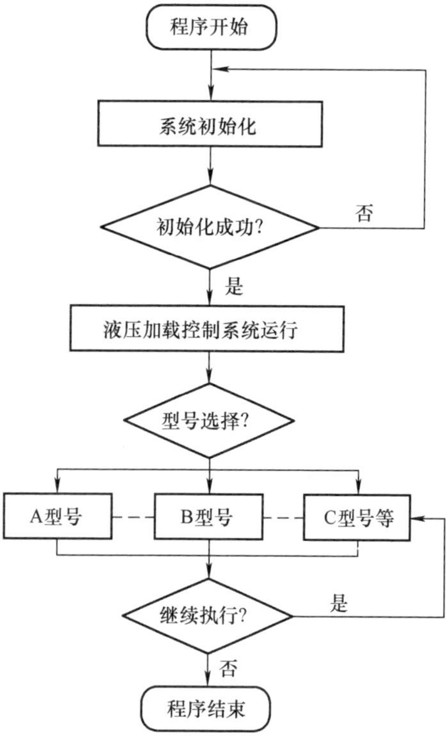

图 24-81 下位机软件工作流程

(2) 上位机软件 上位机监控系统采用 WinCC V6.2 组态软件开发，它集成了丰富的图形文件库，可以用直观的动画效果实时显示液压加载控制系统的工作状态。液压加载上位机监控系统主要分为以下几个功能：液压加载控制系统工作状态实时显示、系统报警记录功能、参数趋势记录功能、报表系统。图 24-82 所示为液压加载控制系统的监控画面。

在上位机监控画面中，液压加载控制系统实时地显示阀门、电动机、泵的工作状态，当阀门或电动机正常工作时显示为绿色，关闭状态时显示为红色。当需单对某个型号机载液压泵进行考核时，需要单击对应的按钮，然后将弹出窗口，根据对应的窗口选择相应的图谱按钮即可实现加载功能。为了方便操作员对当前的按钮状

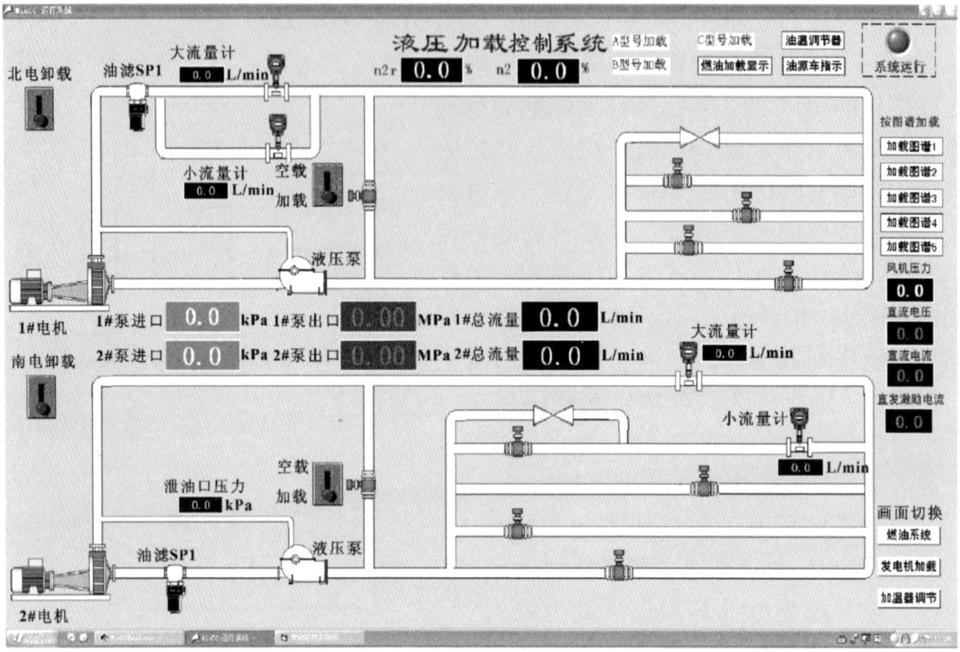


图 24-82　液压加载控制系统的监控画面

态进行判断，当点击相应的按钮时，按钮将改变颜色，给操作员直观提示。

上位机监控画面为了实时地接收来自数据采集系统的监控数据（温度、压力、流量等信号），需要建立与数据采集服务器之间的网络通信。控制系统采用了国际标准的 OPC 接口与数据采集系统之间进行通信。上位机作为 OPC Server 与自行开发的 OPC Client 进行数据交互，并通过 TCP/IP 发送至远程数据采集服务器端。服务器端将数据进行显示与存储，为设计人员进行分析提供有效依据。

**6. 试验结果与分析**

多型号液压加载系统设计调试完成后，对图谱进行对比分析。试验任务书要求的理论加载图谱与实际加载图谱分别如图 24-83、图 24-84 所示。对这两个图谱进行对比分析可以看出：飞机液压加载系统按照预定加载图谱完成加载，阀门运行准确可靠，图谱中每个阶梯对应的时间调节精确，误差为 0.1s，流量调节准确，可达 5L/min，满足发动机台架试验要求。当发动机型号改变时，只需要单击相应的按钮即可满足对应的机载液压泵加载需求。

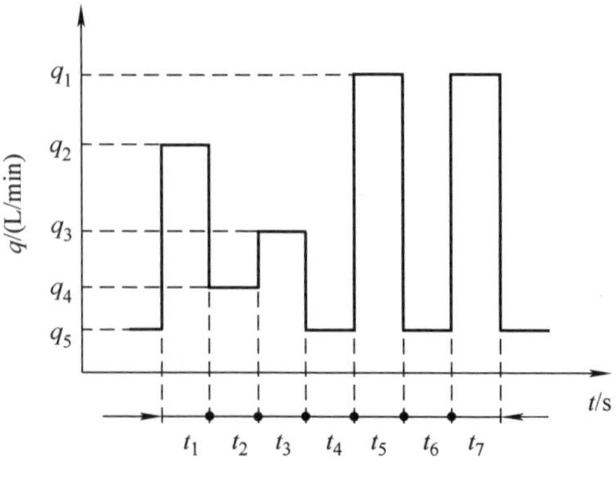


图 24-83　某型号发动机理论加载图谱

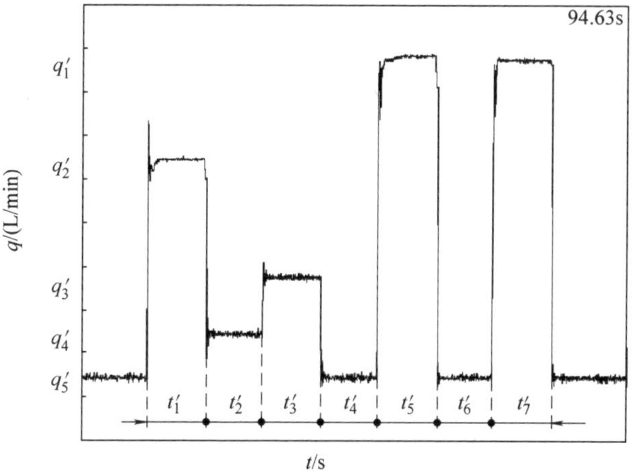


图 24-84　某型号发动机实际加载图谱

## 24.3.6　工程机械动力总成液压加载试验台

工程机械，特别是挖掘机，是典型的机、电、液一体化综合系统。挖掘机工况恶劣，载荷波动大，多关节运动对协调性要求高，整机性能的优劣主要体现在工作效率、操作的协调性、油耗的高低、可靠性及寿命等方面。而其液压动力系统集成匹配性能的优劣直接决定了油耗、效率、协调性等整车性能。目前，国内外对液压挖掘机节能技术的研究主要集中在改进动力和传动系统及优化动力匹配等问题上，以达到高效节能及减小环境污染的目的。

随着试验台架、仿真技术、自动化测试技术、传感技术的发展，建立通用的动力系统匹配试验台，辅以仿真手段，模拟工作环境和各种挖掘机工况，建立标准试验体系，降低人为因素的影响，提升测试的效率，使得工程机械研发效率的迅速提升成为可能。

液压加载系统是一种常用的加载系统，广泛应用于各种试验装置，它是用加载系统模拟被加载系统的动力负载，所以液压加载系统通常称为负载模拟器。工程机械动力总成试验台（以下简称：试验台）针对动力液压系统的匹配性能进行测试优化。本试验台以车载动力、液压系统为测试对象，以直线液压加载、回转液压加载系统为加载执行部件，通过模拟操作人员的输入或典型动作批次输入，模拟挖掘机、推土机、装载机等工程机械的各种典型工况，对车载液压系统的工作过程进行全面的监控，从而对车载液压、动力系统性能及其匹配进行全面的评估。

**1. 试验台系统工作原理**

本试验台主要包括数据采集与监控系统、测试对象、加载执行机构、加载油源、散热过滤等子系统。所有子系统协调完成对被测系统的加载控制、数据监控、数据存储、系统安全管理、用户操作等功能。系统总体架构如图 24-85所示。

进行系统测试时，中央监控与数据采集系统一方面对测试对象、加载执行机构、加载油源等部分进行数据采集，并将采集数据供给控制系统，用于控制指令输出；另一方面，控制系统根据现场数据解算控制指令并发送至伺服控制器。伺服控制器根据控制指令，对加载执行器（直线作动器、回转作动器）进行实时闭环反馈控制，从而实现对测试对象的加载。液压加载油源为加载执行机构提供液压油源，散热过滤系统为液压加载系统、测试对象提供散热冷却。整个试验过程中，人机监控软件实时显示测试数据，并将所有数据存储在本地服务器中。安全报警系统进行全程监控，提供多级报警，从而保证系统安全。试验结束后，系统后分析与处理软件进行数据的后分析，并导入试验数据结果至用户现有的服务器系统中。

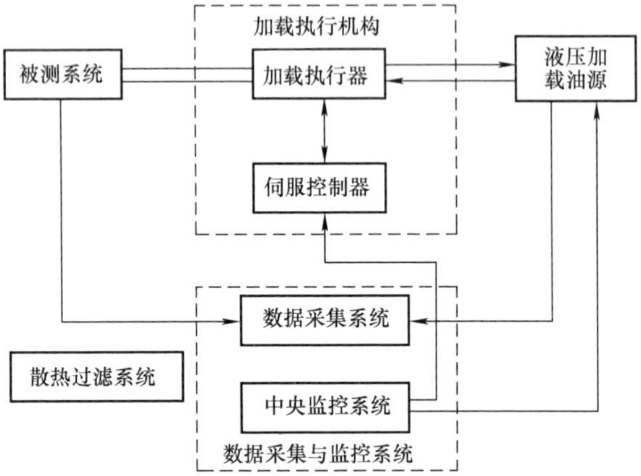


图24-85　试验台系统总体架构

**2. 液压加载系统工作原理**

液压加载系统对挖掘机的执行机构（包括挖掘机的动臂液压缸、斗杆液压缸、铲斗液压缸、回转马达）进行实时加载，同时向控制系统反馈位移、力、力矩信号，并根据控制系统发出的指令调节伺服阀，从而实时改变输出力/力矩的大小，对被测挖掘机液压系统的执行机构按照载荷谱进行加载。本系统的核心部分为液压加载系统，该功能模块包括伺服阀、作动器、蓄能器、安全阀、反馈装置等。伺服液压缸和马达分别作为直线和扭转作动器。

（1）直线作动器加载　系统采用液压缸对顶的结构，对挖掘机液压缸进行加载。两液压缸之间连接力传感器，直线作动器内置位移传感器，反馈力、位移、速度信号。反馈装置利用时间或位移信息，在线力、转矩被控信息进行双闭环反馈控制，实现试验台的加载功能。直线加载系统原理如图24-86所示。

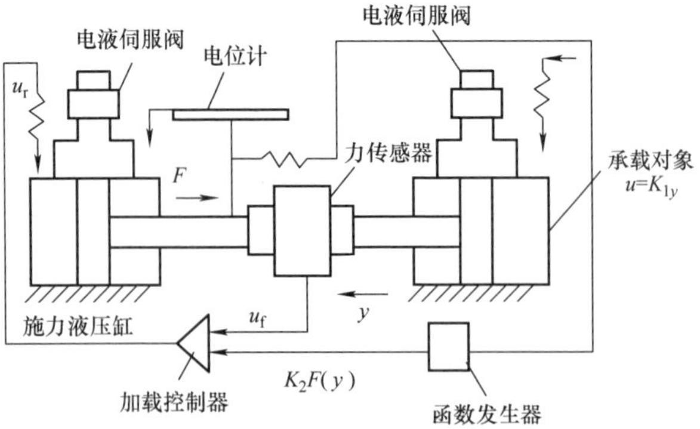


图24-86　直线加载系统原理

在图24-86中，$y$表示被测液压缸的位移；$K_1$为位移传感器系数；$K_2$为伺服放大器放大系数；$F(y)$ 为行程域的载荷力函数；$u_f$为力传感器系数；$u_r$为加载系统伺服阀输入信号。

主动加载工况下，由高压恒压油源和蓄能器站提供 35MPa 的油源，通过伺服阀调节直线作动器进出油液的压差，对被测液压缸进行加载，使载荷的方向与被测系统液压缸的运动方向相同，监控液压缸的作用力，使加载液压缸的压力根据载荷谱随被测液压缸的位移进行加载。

同理，被动加载工况下，通过伺服阀调节直线作动器进出油液的压差，对被测液压缸进行加载，使载荷的方向与被测液压缸的运动方向相反。监控液压缸的作用力，使加载执行机构的压力根据载荷谱随液压缸位移进行加载。

（2）扭转作动器加载　扭转作动器的加载工作原理与直线作动器相同。采用测试马达与被测马达对顶结构，中间连接转矩传感器，将转矩、角度等信号反馈至主控制器，进行双闭环反馈控制，实现马达的加载功能。马达加载示意如图 24-87 所示。

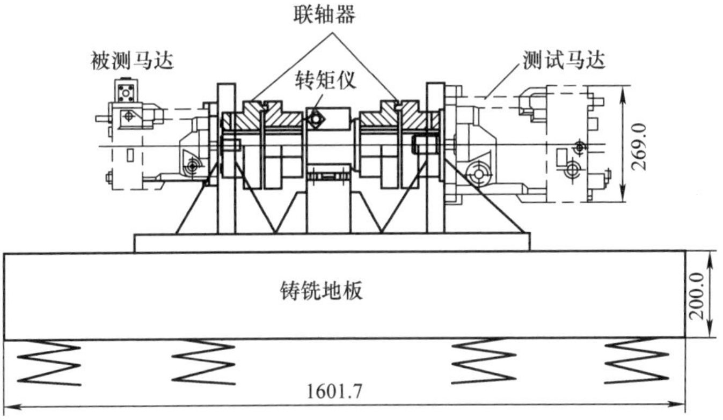


图 24-87　马达加载示意

（3）单动作及多动作协调加载　在测试系统中，根据功能模块划分，将挖掘机的执行元件（动臂液压缸、斗杆液压缸、铲斗液压缸、回转马达）分为 4 个独立的测试模块，每个模块包括伺服阀、作动器、蓄能器、安全阀、反馈控制等，由一个总的泵站提供油源。每个模块可实现对执行元件根据输入信号进行单独模拟加载，满足挖掘机常见的单动作测试需求，也可通过穆格的伺服控制系统，同时加载多个执行元件，而加载需求根据挖掘机实际工况需求，定义不同姿态下的载荷，实现多动作协调加载。

**3. 加载系统的精度及动态响应性能保证措施**

加载系统的精度及动态响应性能主要取决于伺服阀、作动器、传感器、控制系统等。

（1）伺服阀选型　直线作动器的最大流量为 1745L/min。鉴于挖掘机的起调压力为18MPa左右，主泵流量最大，液压缸速度最快。当压力达到系统溢流压力时，主泵流量仅为最大流量的一半左右，伺服阀在最大压力下，流量为800L/min左右，故选用792系列三级伺服阀。21～36t挖掘机回转马达的测试马达最大流量为434L/min，载荷较稳定，故选用穆格伺服阀D664。推土机行走马达及45t挖掘机回转马达的测试马达最大流量为949.2L/min，选用穆格三级伺服阀D665。

（2）伺服控制系统　根据技术要求，采用穆格成熟的多通道协调加载控制系统。本方案中配置一套机柜，共6路伺服控制通道，可实现一个或多个通道同时加载。当复合加载时，各通道加载的动态性能、稳态性能、精度互不影响。

（3）液压加载测控　本子系统预装成熟的测控软件，软件在配置后，接收中央监控系统的实时指令，对液压加载系统进行实时控制，具有完备的测试、监控、安全监视的功能。

（4）系统压力稳定性　系统供油压力的稳定性是保证测试精度的重要因素。系统采用恒压变量油源。

## 24.4　液压系统半实物仿真技术及应用

### 24.4.1　半实物仿真技术

半实物仿真是指在仿真试验系统的仿真回路中接入所研究系统的部分实物的仿真。半实物仿真只是我国仿真界对这一类系统仿真方法和应用的一种统称，其准确的英文名称为Hardware In the Loop Simulation，简称为HILS，即回路中含有硬件的仿真。

半实物仿真有时也称为硬件在回路仿真，即在仿真过程中，包含实际硬件装置的运行情况。半实物仿真基本原理是利用数据采集控制模块将实时运算的数学模型和实际运行的实物模型构成一个整体，模拟实际系统的运行情况。在仿真过程中，实时运算的数学模型产生实物模型运行所需的控制参数，并通过数据采集控制模块实现对实物模型运行过程的控制；同时数据采集控制模块获得实物模型运行参数，并传递给实时运算的数学模型进行处理计算。

在液压半实物仿真系统中，数学模型可以由MATLAB/Simulink、Stateflow及SimMechanics等工具在普通计算机上建立，数学模型的运算通过实时仿真计算机完成，实物模型的运行则在液压试验台上完成，而试验台的测控系统与实时仿真计算机的采集控制系统进行通信，构成数据采集控制模块。

半实物仿真与数字仿真都是系统研发类工作的重要工具，具有加快研发速度、缩短研发周期、提高研发质量和节省研发费用等优点。但数字仿真与半实物仿真的方法相比，半实物仿真具有更高的真实度和可信度。在许多工业控制研发过程中，难以建立系统的数学模型或者建立的数学模型不准确而无法使用。而半实物仿真由于同时具有数字计算机仿真和实物仿真的优点，可建立起数学模型的系统用数字计算机进行仿真，不可建模的系统用实物代替，从而解决了单个仿真系统无法适用于系统开发的问题。

半实物仿真具有以下特点：

1）对于很难建立准确数学模型的系统，在半实物仿真中直接让实物参与进来，从而可以避免难以建立模型的困扰。

2）在半实物仿真中，可以利用实物的参与不断修正系统的数学模型，直至得到与实物模型一致的数学模型，方便对系统的仿真研究。

3）利用半实物仿真可以直接有效地检测系统设备的功能和性能，便于评估系统开发的水平和质量，是提高系统开发设计的重要手段。

在实际控制过程中，半实物仿真通常有：①控制器是实物，而被控对象用数学模型，即在做半实物仿真时，用计算机建立起被控对象的模型，而将控制器原型放置在回路中，构建半实物仿真系统；②混合型半实物仿真，大型系统的研发是由许多小的系统组合而成，往往需要许多计算机仿真系统和实物仿真的参与，无论是被控对象还是控制器的设计，都可能成为计算机仿真和实物的一部分。实际上系统既可能全是计算机仿真，也可能全是实物仿真，而两个系统的相互连接却需要用到半实物仿真接口技术。

液压系统半实物仿真为模拟液压系统实际工作状态提供了条件。利用不同的仿真模型和实物模型，可以对液压系统的动作响应、控制规律、油路状态等进行深入研究，为系统设计和优化提供参考。

以下是液压系统半实物仿真技术的应用实例。

## 24.4.2　数字液压减摇鳍半实物仿真

减摇鳍作为船舶主要的减摇装置，在多种船舶中已得到广泛应用，它对船舶航行的安全性、舒适性等起着重要作用。为了更好、更快、更经济地开发减摇鳍控制系统，采用半实物仿真技术对减摇鳍系统进行研究具有很多的优点，能加快减摇鳍系统的开发速度，节省人力、物力和时间，更真实地仿真实际减摇鳍装置在船舶减摇运动中的情况等。

### 1. 技术方案

我国减摇鳍通常采用传统伺服液压系统，液压元件主要是电液伺服阀，其在船舶上的应用存在油液清洁度要求高、PID 参数调节困难、控制信号易受干扰、系统不稳定等较为严重的问题，致使不少舰船的减摇鳍使用效果都不太好，经常处于故障状态。数字液压减摇鳍具有集成度高、控制简单、控制精度高、稳定性好、抗污染能力强等优点。

数字液压系统在硬件上保证了闭环，从控制的角度来看近似于开环控制，这些特点有效地提高了减摇鳍系统的可靠性。

半实物仿真是将实际模型放在仿真系统中进行仿真试验。数字液压减摇鳍半实物仿真系统是由仿真计算机、PLC 与驱动器、数字液压随动机构三部分组成，其中仿真计算机完成海浪与船舶横摇仿真、减摇控制算法及人机交互界面设计。系统结构与数据流如图 24-88 所示。海浪与船舶横摇运动仿真系统采用 Simulink 编程，分别产生遭遇波倾角信号和横摇角信号（包括减摇前、后横摇角）。控制算法（控制器）及人机交互界面采用虚拟仪器软件 LabVIEW 编程实现，在线调节控制参数，生成鳍角控制信号并进行真实鳍角、减摇前后横摇角等的实时监视和数据存储。PLC 对鳍角控制信号进行处理，转化为数字液压随动机构能执行的脉冲信号，同时采集随动机构中的码盘反馈脉冲，转化为实际减摇鳍的鳍角角度。数字液压随动机构采用实物样机，该机构与实船安装设备基本一致。

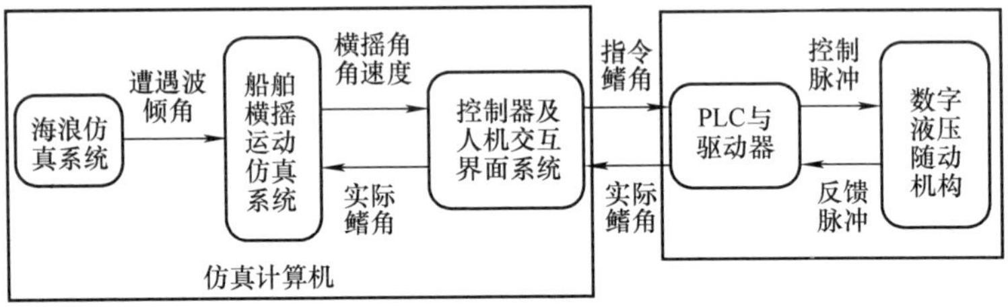


图 24-88 数字液压减摇鳍半实物仿真系统结构及数据流

**2. 减摇控制器及人机交互界面**

以虚拟仪器软件 LabVIEW 为平台，进行控制器及人机界面的设计，具有编程简单、接口丰富、便于在线调整参数的优点。

（1）减摇控制器 目前绝大多数减摇控制器为 PID 控制，在 LabVIEW 中设计 PID 控制器非常简单，LabVIEW 提供了专门的 PID 控件，通过该控件，可以轻松在线进行 PID 参数的设置，其中期望值为 SP，输入值为 PV，偏差值 $e=\mathrm{SP}-\mathrm{PV}$，比例系数为 $K_\mathrm{p}$，积分参数为 $T_\mathrm{i}$，微分系数为 $T_\mathrm{d}$，PID 控制算法为

$$u(t) = K_\mathrm{p}\left(e + \frac{1}{T_\mathrm{i}}\int_0^t e\mathrm{d}t + T_\mathrm{d}\frac{\mathrm{d}e}{\mathrm{d}t}\right)$$

（2）人机交互界面 采用 LabVIEW 设计人机交互界面具有编程简单、界面美观的特点。系统界面主要包括：减摇前、后横摇角对比显示；减摇鳍鳍角显示；PID 控制参数输入；横摇角速度、角加速度、仿真波浪扰动力矩和减摇鳍扰动力矩显示；数据存储等部分。

（3）LabVIEW 与 Simulink 通信 本系统通过 NI 的界面仿真工具包 Simulation Interface Tookit（SIT）与 MATLAB/Simulink 进行通信。利用这一工具包，可以将 LabVIEW 和 Simulink 联系起来，在 LabVIEW 环境下控制 Simulink 仿真模型运行和参数设置与查看。

SIT 服务器结构如图 24-89 所示，SIT 服务器是通过 TCP/IP 协议进行 LabVIEW

与 MATLAB 之间通信的。减摇鳍半实物仿真系统中的数据交换包括：船舶横摇运动仿真模型从人机交互界面输入航速、鳍攻角和遭遇波倾角等参数；而仿真模型输出减摇前/后横摇角度、角速度、角加速度、波浪扰动力矩、减摇鳍扰动力矩等参数至人机交互界面。

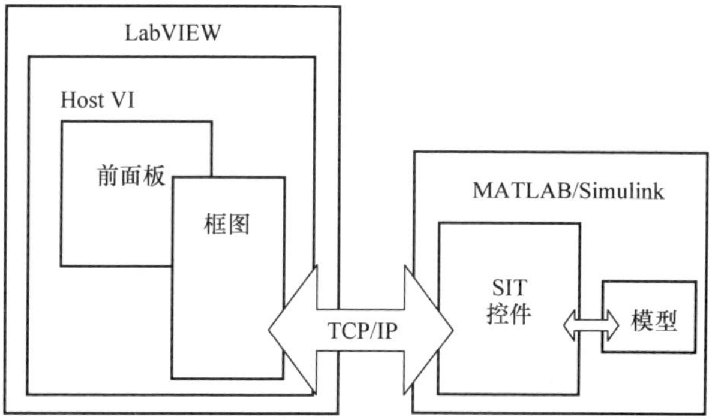


图 24-89　SIT 服务器结构

该方法实现简单，在 Simulink 仿真模型中，只需要加入 NI Signal Probe 即可；在 LabVIEW 中，通过菜单命令“Tools”→“SIT Connection Manage”：选择 Simulink 仿真模型（“Current Model”命令），配置 LabVIEW 中输入输出与仿真模型中参数之间的对应关系（“Current Mappings”命令），即可实现 LabVIEW 对仿真模型参数的实时控制与显示。

**3. PLC 控制器**

PLC 控制器采用松下 FP－SIGMA 系列可编程控制器，它将减摇控制器输出的鳍角指令信号转化为脉冲信号，从而控制步进电动机带动数字液压缸运动，同时进行减摇鳍鳍角零位检测和减摇鳍实际攻角码盘信号采集，PLC 程序结构如图 24-90所示。

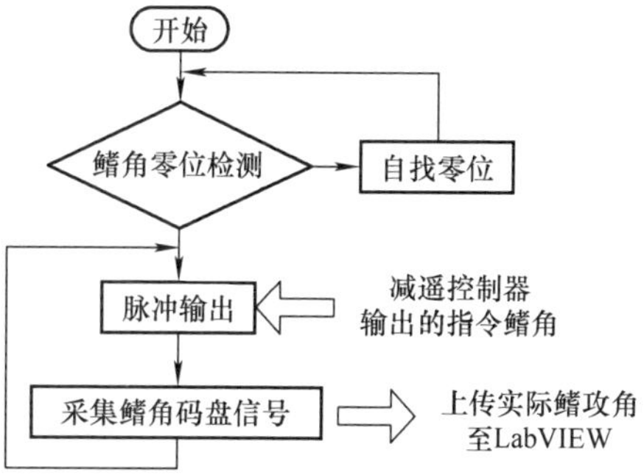


图 24-90　PLC 程序结构

PLC 控制器与上位机 LabVIEW 采用松下 MEWTOCOL 通信协议，通过 LabVIEW Instrument I/O 实现通信。经过试验，该通信方式响应快、编程简单、实时性强。

**4. 数字液压随动机构**

减摇鳍随动机构采用数字液压系统，原理如图 24-91 所示。工作时，PLC 根据鳍角指令控制数字液压阀使液压缸运动，液压缸驱动减摇鳍转动，反馈同步带实时将鳍攻角通过丝杆螺母转化为滑阀阀芯直线位移，它与步进电动机的作用方向相反，使阀口开度减小直至关闭，编码器实时地将实际鳍攻角上传至 PLC 控制器进行监测，这样达到控制减摇鳍攻角的目的。

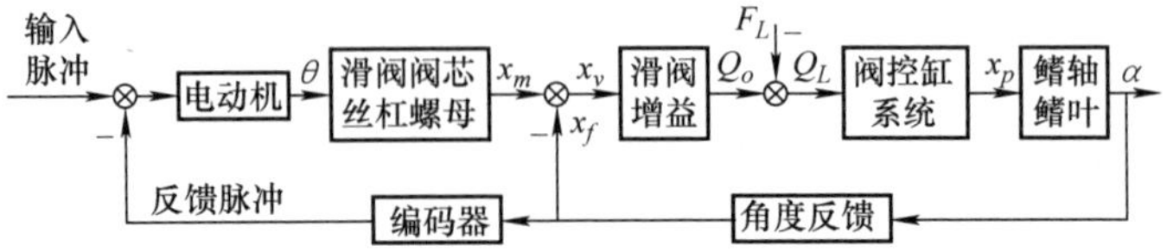


图 24-91　减摇鳍数字液压随动机构原理

### 5. 试验调试结果及分析

以该半实物仿真系统仿真模拟实际减摇鳍工作，并进行 PID 调节，能得到较理想的试验结果，试验曲线如图 24-92 和图 24-93 所示。

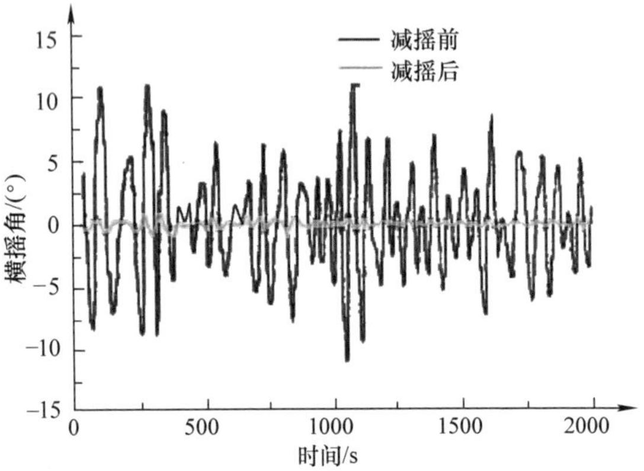


图 24-92　减摇前、后横摇角比较

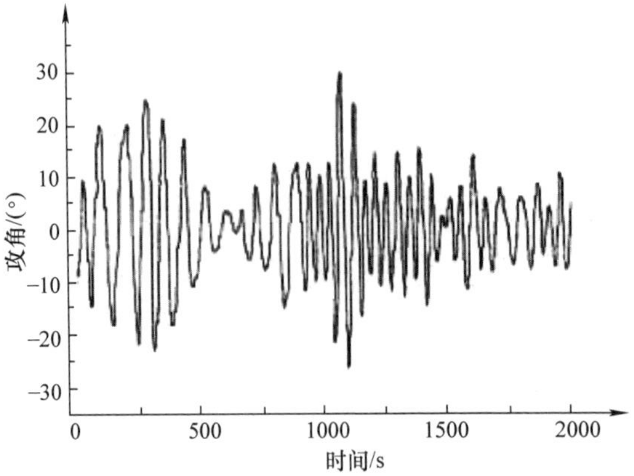


图 24-93　减摇鳍实际攻角曲线

试验结果显示，该减摇鳍半实物仿真系统能有效地进行减摇鳍控制的仿真，并能通过调节 PID 参数，得到较理想的减摇效果。同时，对于实船减摇鳍控制系统，只需将此处的船舶横摇运动模型以实际采集的横摇角度、角速度信号代替，即可直接应用于实船减摇鳍的调试、控制及数据采集。

### 24.4.3　发射车液压系统半实物仿真

建立半实物仿真模型，利用数字模型模拟液压系统的环境参数、控制规律及简单回路，利用实物模型模拟难以建立数学模型的液压元件，可较好地实现液压系统的仿真分析。在此针对某型导弹发射车快速调平、起竖系统的研制需要，结合液压仿真技术和自动化测试技术，建立液压系统半实物仿真平台。

**1. 某型导弹发射车布局结构**

某型导弹发射车仿真平台布局结构如图 24-94 所示。

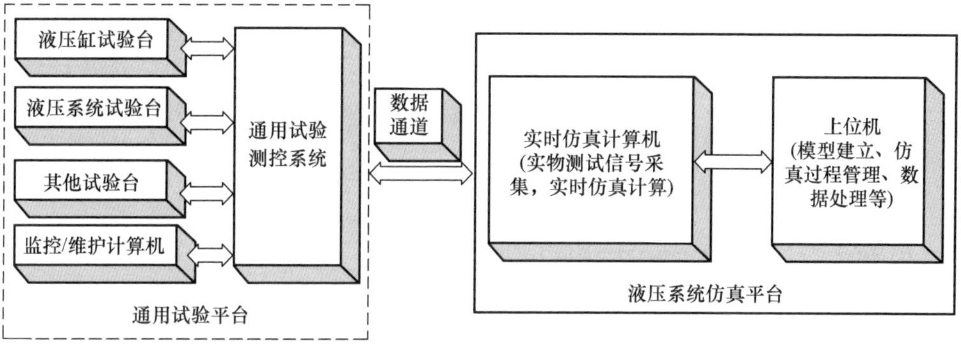


图 24-94　液压系统半实物仿真平台布局结构

上位机采用高性能微型计算机，主要实现模型建立、仿真过程管理和数据处理等功能；实时仿真计算机采用 DSpace，完成实物模型测试信号的采集和实时仿真计算功能；数据通道由高性能串口总线组成，在实时仿真计算中实现通用试验测控系统与实时仿真计算机之间的数据传输。

通用试验测控系统、监控/维护计算机、液压缸试验台、液压系统试验台和其他试验台按液压试验标准建设。在仿真试验过程中，液压系统试验台和液压缸试验台上安装仿真系统中的一些主要实物模型部分，如调平回路、车腿液压缸、起竖回路、起竖控制系统和起竖液压缸等。通用试验测控系统在仿真过程中控制各测试设备完成试验、测试工作，实现试验过程自动化，同时与实时仿真计算机实现数据传输。

**2. 仿真模型**

仿真模型包括数学模型和实物模型。

（1）数学模型

1）液压回路模型。液压回路由液压元件和管路组成，液压元件通常具有多个油口并与管路相连，通过管路相连的多个元件之间构成液压容腔。因此，在数字仿真中，可以采用节点法建立液压系统的数学模型，即把液压管路的汇交节点定义为节点，对每个节点建立流量平衡方程，以表达节点压力和进出该节点流量之间的关系而得到一组方程。设 $\sum q_i$ 是进出容腔流量总和，则容腔压力为

$$p_i = \frac{1}{C}\int \sum q_i \mathrm{d}t = \frac{E_0}{V_i}\int \sum q_i \mathrm{d}t$$

式中 $E_0$——有效体积弹性模量；

$V_i$——容腔的油液体积。

在建立了各个容腔的压力－流量方程后，再分别建立各个液压元件的特性方程，以确定各个油口的流量计算公式 $q_i = f\ (\Delta p\ a_1,\ a_2 \cdots)$，$\Delta p$ 为进出液压元件油口压力差，$\Delta p$ 后的自变量为影响元件流量的其他因素。

2）控制器模型。控制器模型采用 S－ateflow 工具建立，Stateflow 基于有限状态机理论，能够快速建立和仿真复杂事件驱动系统的逻辑行为。依据起竖过程控制规律，建立控制器模型如图 24-95 所示。

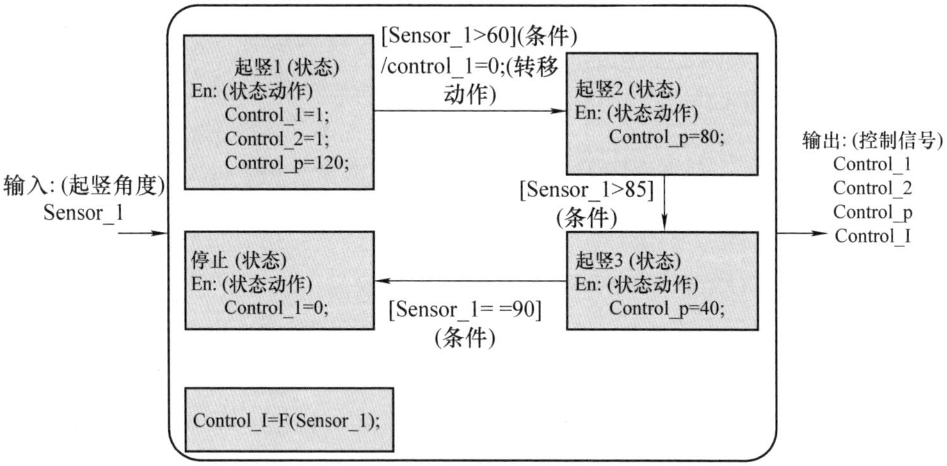


图 24-95 控制器模型

3）载荷计算。为模拟发射装置起竖过程液压缸所受到的载荷，考虑以车体、发射箱和液压缸构成的多体动力系统，其拓扑结构如图 24-96 所示。动力学仿真模型采用 SimMechanics 建立。

（2）实物模型

1）试验台及测控系统。为保证实物模型运行，建立液压缸试验台、液压系统

试验台（液压组合试验台）等试验台，保证实物液压缸及液压组合的供油、动作及信号采集。为了实现试验过程的自动化，同时又能够保证测试系统的可靠性，采用嵌入式测控计算机作为每个试验台的测控核心。嵌入式测控系统的结构如图 24-97所示。

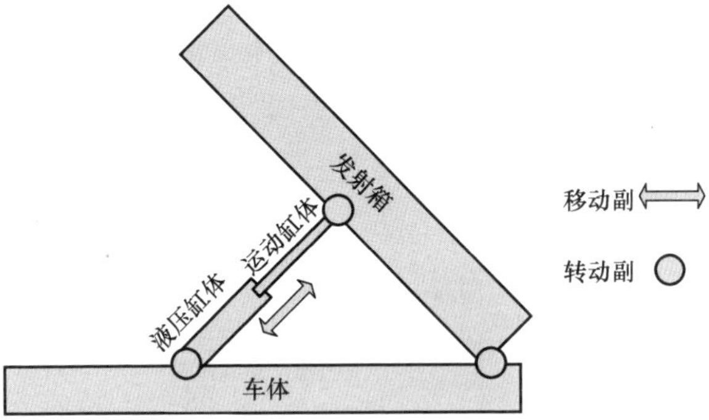


图 24-96　动力学系统拓扑结构

2）实物模型。实物模型采用实际液压系统中的元件，本系统中主要包括实物液压缸和部分液压系统的组合。

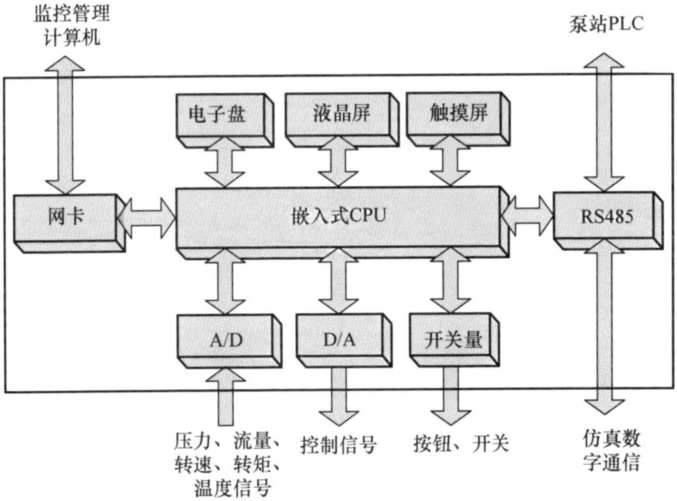


图 24-97　嵌入式测控系统结构

**3. 半实物仿真过程控制**

为实现数学模型与实物模型在仿真过程中的信息交互，定义指令、数据和状态三种信息形式，通过 RS485 串口的通信模块实现信息传递。指令主要包括准备、启动、中断、停止等控制指令，实现对仿真过程的控制；数据主要指仿真过程中数学模型和实物模型进行交互的流量、压力、载荷等仿真数据；状态包括准备就绪、等待、故障等对指令信号的回复。在仿真控制过程中，通过指令和状态实现应答通信，保证指令的有效传输和响应；在仿真过程中，数据交互非应答通信，以提高数据传输速率，保证数学模型计算和通信过程的实时性。半实物仿真过程控制结构

（实时仿真计算机端）如图24-98所示，测控平台端半实物仿真过程控制结构与实时仿真计算机端类似，只是数学模型由实物模型替代。同时由于实物模型本身运行在自然时间下，而工作状态也由接收到的指令控制，因此系统控制器不需要输出仿真计算时序和工作状态控制，仿真机工作状态相应改为测试台工作状态。

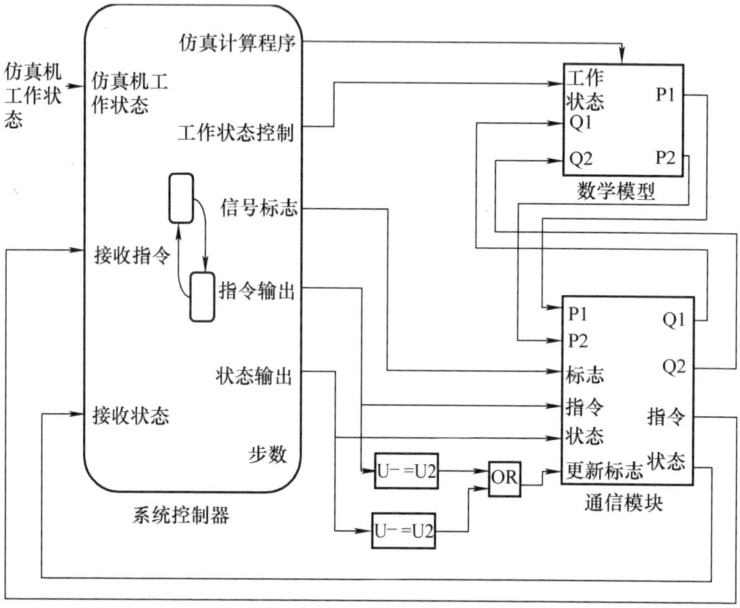


图24-98 半实物仿真过程控制结构（实时仿真计算机端）

半实物仿真控制器仿真机端由 Stateflow 状态机实现，编译后下载到实时仿真计算机中，在实现对数学模型实时计算控制的同时，通过通信模块实现与实物测试平台的信息交互。测试平台端仿真控制器由C语言编程实现，在进行测试过程控制的同时，通过通信模块实现与实时仿真计算机的信息交互。

**4. 应用分析**

为检验液压系统半实物仿真平台的运行情况，并分析某导弹发射车起竖过程中的多级液压缸的压力变化情况，针对某型导弹发射车起竖系统，以多级液压缸为实物模型，并建立上述完整的液压起竖系统数学模型和发射车起竖过程动力学响应模型，进行半实物仿真试验。试验结果如图24-99～图24-102所示。

图24-99和图24-100中的曲线由实时仿真计算机计算生成，图24-101和图24-102中的曲线由试验台测控系统通过试验采集获得。图24-101中$q_1$为进油口流量，$q_2$为出油口流量；图24-102中$p_1$为液压缸无杆腔压力，$p_2$为多级液压缸内腔压力，$p_3$为液压缸有杆腔压力。受多级液压缸换级缓冲过程影响，图中流量和压力在整个行程中产生多次突变。

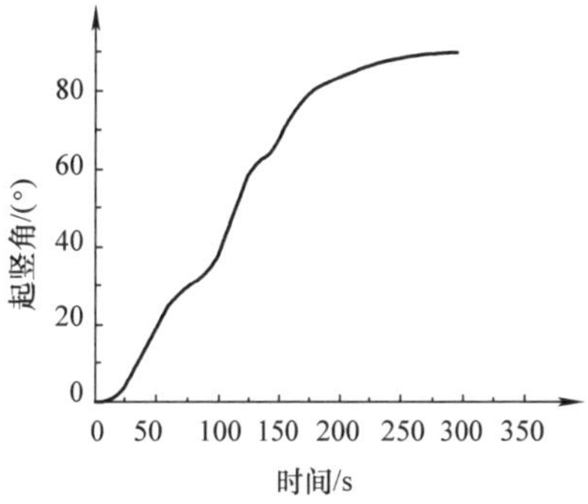


图 24-99　时间 - 起竖角曲线

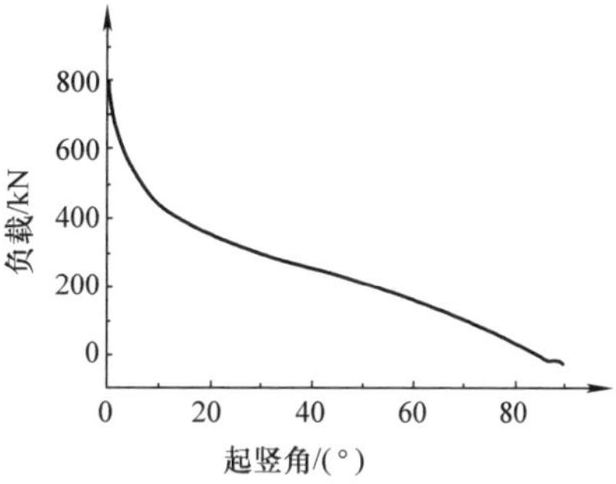


图 24-100　起竖角 - 负载曲线

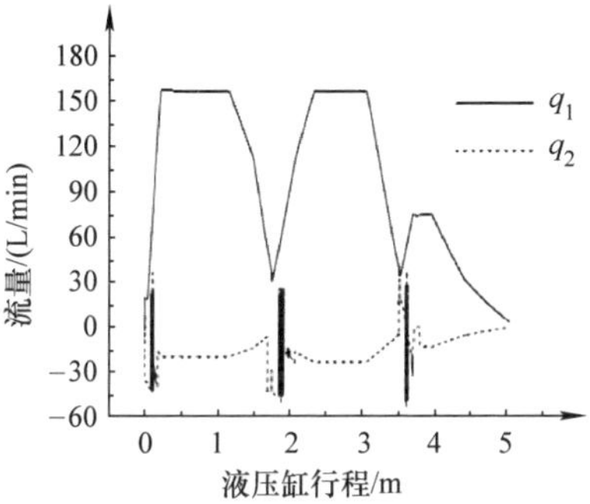


图 24-101　液压缸行程 - 流量曲线

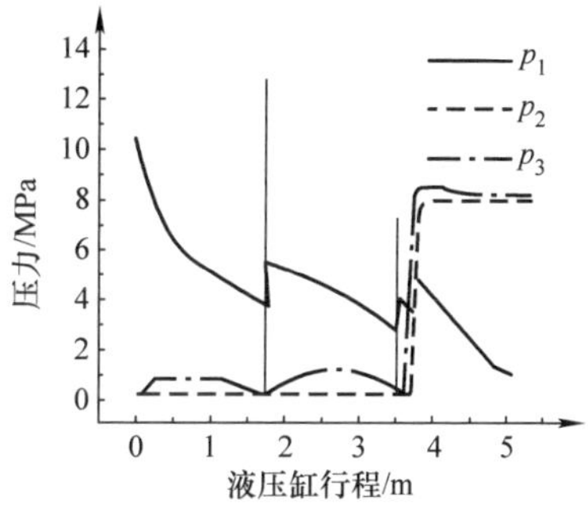


图 24-102　液压缸行程 - 压力曲线

试验过程不仅通过试验台测试获得了模拟起竖过程中多级液压缸内压力、流量等参数的变化情况，同时也通过数学模型获得了液压系统中各个元件参数的变化情况及系统动力学变化情况，为进一步针对多级液压缸进行优化改进提供了依据。

## 24.5　基于虚拟样机的液压元件虚拟试验技术及应用

### 24.5.1　基于虚拟样机的虚拟试验技术

随着计算机及仿真工具的快速发展，基于虚拟样机的设计分析和试验技术也得到了广泛应用。利用多领域建模工具，可以保证虚拟样机的各种物理特性接近物理样机，这样，在产品设计阶段，即产品投入制造的前期，通过对虚拟样机的仿真分析，就可以评估物理样机的总体功能、性能、可靠性、寿命，达到提前改进设计、缩短产品开发周期、降低开发成本的目的。当然，液压元件的虚拟试验并不能完全代替实物试验，提供给用户的数据最终必须是从实物试验中获得的数据。但毫无疑问，液压元件的虚拟试验，特别是虚拟寿命试验大大降低了产品开发和试验成本与周期。

虚拟寿命试验的关键技术包括以下内容。

（1）多领域建模（多学科模型） 多领域建模是将机械、控制、电子、液压、气动等不同学科领域的模型“组装”成一个更大的仿真模型。多领域统一建模方法可以突破传统学科之间的数据交换障碍，已经被广泛应用于多学科设计优化、虚拟试验和验证等。

目前多领域建模主要有3种方法。

1）基于接口的多领域建模与仿真的技术。在已有的各领域商用仿真软件中构建各自的学科领域模型，然后利用各个不同学科领域商用仿真软件之间的接口，实现多领域建模。

2）基于高层体系结构建立统一模型。基本思想是使用面向对象的方法，设计开发和实现系统不同层次的对象模型，得到仿真部件和系统高层次的互操作性与可用性。

3）基于统一建模语言的多领域建模方法。具有数据封装、继承和层次化等特征，可以轻易实现模型的重用，减少错误的发生。由于采用相同的模型描述形式，基于统一建模语言的方法能够实现不同领域子系统模型之间的无缝集成。

（2）虚拟样机中的数据管理和流程控制模型 数据管理包括模型交互数据、结果调用、显示、后处理等。

基于多个学科领域的统一模型进行仿真分析时，需要多学科模型按照规定的流程运行。为实现联合仿真的目的，需要通过软件间的接口进行子系统间的数据交换。

虚拟样机结果数据的统一管理，包括以下几个部分：各种逐句的输入输出管理；数据的备份和恢复；模型数据文件的导入导出；数据文件的检索与浏览；数据安全机制等。

总之，虚拟寿命试验有助于摆脱对物理样机的依赖。基于虚拟样机的多领域建模仿真可以多次重复开展实物样机无法进行的虚拟寿命试验，降低了研发成本，缩短了研发周期；通过多种工况下的仿真分析，虚拟寿命试验能够方便地分析液压泵在不同工况下的寿命。对于开展加速寿命试验，针对不同类型产品编制加速寿命试验载荷谱，虚拟样机技术可以提供有效的技术支持；虚拟寿命试验涉及多学科领域，可以为产品寿命预计和性能分析提供支持，但受限于模型的精确度，仍存在一定的局限。例如，有限元方法是用理想化的离散图形逼近真实连续域，会影响结果的精度；多个软件间的数据传递有格式差异，如液压泵虚拟试验中Amesim传递离散数据到ADAMS中，须拟合离散数据，拟合函数的定义会直接影响仿真结果；此外，基于虚拟样机开展寿命试验需要统一的数据和流程管理平台，多学科领域统一模型在运行过程中需要传递大量数据信息，并且要求能够对模拟流程进行精确控制。

### 24.5.2　基于虚拟样机的液压泵寿命试验方法实例

本节介绍与液压泵虚拟样机相关的建模技术、仿真分析方法、疲劳寿命分析流程、基于虚拟样机的疲劳寿命试验过程中的数据和流程管理等。然后通过具体案例，说明虚拟寿命试验结果在开展液压泵加速寿命试验的应用方式。

以正在设计或已经设计好的液压柱塞泵为研究对象，建立涉及多个学科领域的虚拟样机，模型涉及 UG、Amesim、ADAMS、ANSYS 和 nCode 多种软件，采用基于接口的多领域建模与仿真技术。

整个液压泵寿命试验虚拟样机中涉及以下三个接口：

1）液压学科模型（Amesim）/运动学动力学模型（ADAMS）接口，传递系统动力学模型与液压模型发生联系的相关状态变量与参数（*.data 文件）。

2）运动学动力学模型（ADAMS）与有限元分析模型（ANSYS）之间的双向接口，ANSYS 向 ADAMS 传递模态中性文件（*.mnf 文件），ADAMS 向 ANSYS 传递载荷文件（*.lod 文件）。

3）有限元分析模型（ANSYS）和疲劳分析工具（nCode）传递应力应变分析的计算结果（*.rst 文件）。

液压泵到达寿命的主要失效模式有磨损、疲劳和老化。由于基于虚拟样机的疲劳寿命分析技术相对成熟，此例以液压泵虚拟疲劳寿命试验为例，综述虚拟寿命试验方法和相关关键技术。疲劳涉及柱塞泵所有的运动部件和壳体。在液压泵相关部件中，和疲劳相关的主要故障模式包括壳体开裂，调压弹簧折断，斜盘、主轴、缸体等结构件的开裂，轴承损坏和断裂等。结构件疲劳属于典型的失效模式，基于 SN 曲线方法和累积疲劳损伤模型分析可知，柱塞泵结构件疲劳失效模式的敏感应力主要有转速（交变应力频率）、输出压力和排量（交变应力幅值）、柱塞个数（压力脉动频率）、流量切换频率（流量切换机构的疲劳特性相关）等。

**1. 液压泵虚拟寿命试验方案与实施**

液压泵虚拟寿命试验的整体实施方案如图 24-103 所示。进行柱塞泵的虚拟疲劳寿命试验分为以下三个阶段。

（1）建模阶段　在建模工作开展之前，需要先明确液压泵的结构参数和工况参数，这是整个建模工作的基础。

液压泵虚拟样机须涵盖以下几个领域模型：

1）基于结构参数建立的三维 CAD 模型。主要描述液压泵的装配结构、外形尺寸、材料质量。目前常用的三维造型软件有 SolidWorks，CATIA，UG，Pro/ENGINEER 等，本例使用 UG 建立三维模型。

2）运动学/动力学模型。基于三维 CAD 模型建立，在确定工况条件后，描述液压泵运动组件的运动学、动力学特征，常用 ADAMS 软件实现。

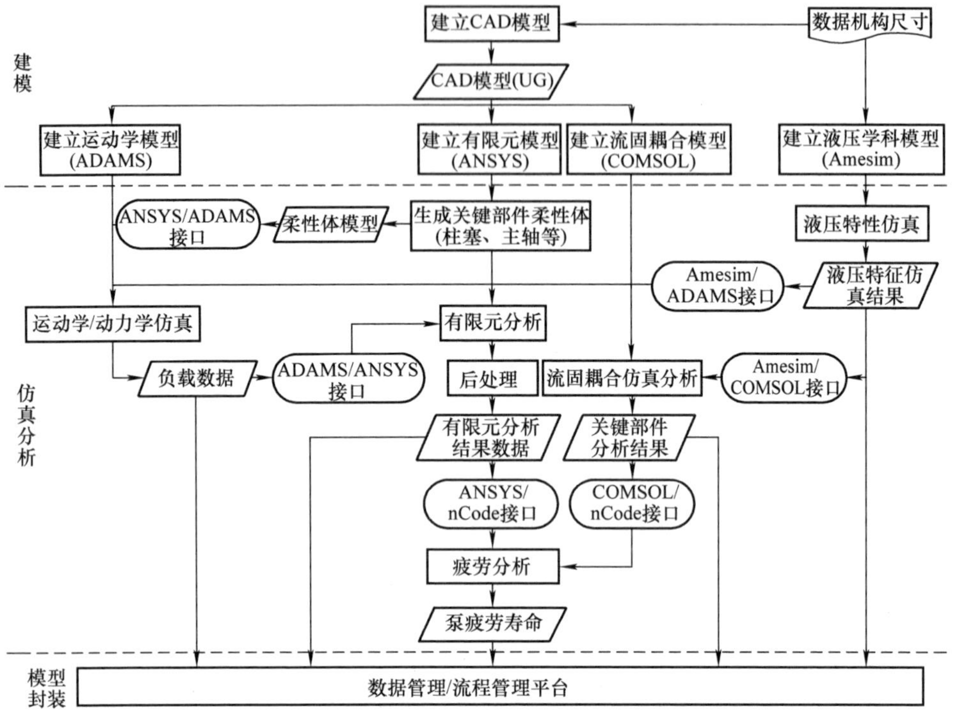


图 24-103　液压泵虚拟寿命试验的整体实施方案

3）有限元分析模型。以三维 CAD 模型为基础，在明确工况参数及部件的受力特性之后，可以描述结构件微元的受力和变形特性。通常使用的有限元分析软件有 ANSYS、NASTRAN、FEPG 等，本例使用 ANSYS 建立有限元分析模型。

4）流固耦合模型。液压泵存在典型的流体 - 固体耦合现象，机械部件运动会引起流场特性变化，反之，流场压力分布也与结构件的受力特性密切相关。此处使用 COMSOL 建立流固耦合模型。

5）液压学科模型。根据液压泵的结构和工况参数建立，主要用来描述液压柱塞泵的压力、流量等液压特性。常用的软件有 Amesim、HyPneu、EASYS，此例使用 Amesim 建立液压学科模型。

（2）仿真分析阶段　基于建模阶段的多个模型，完成液压柱塞泵的多领域联合仿真，结果用于疲劳分析和性能分析。其中，液压学科模型仿真分析，除输出液压特性之外，还输出斜盘运动特性、柱塞受力特性，通过 Amesim/ADAMS 软件接口，这些运动/受力特性数据可作为运动学/动力学分析的输入。流固耦合模型分析结构件的受力特性，可以用于疲劳分析。基于有限元分析模型，可以生成关键部件特性，与运动学/动力学模型联合仿真，得到关键部件的微元受力特性。

（3）模型封装阶段　多领域仿真涉及多种软件间的交互，由此带来了复杂的数据和流程管理问题。流程管理包括调用流程、修改流程、驱动仿真流程等。

建立在各软件的数据管理基础上，将各部分整合，完成整个仿真流程的协同数据管理。基于虚拟样机的液压柱塞泵疲劳分析多领域联合仿真数据模型，以各仿真软件为基础，将数据分为上层、中层和下层，如图 24-104 所示。流程管理包括定义、运行、监控和管理工作流，工作流程逻辑确定了模型运行环境（软件）的执行顺序。

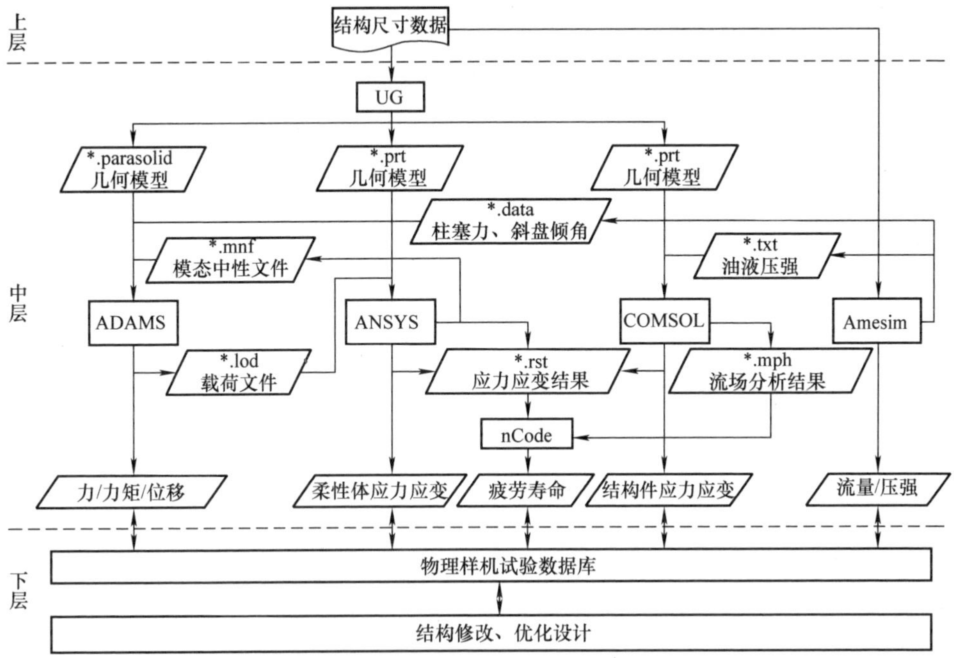


图 24-104　液压柱塞泵疲劳分析多领域联合仿真数据模型

图 24-105 所示为液压柱塞泵虚拟疲劳分析的工作流程，将整个项目分解为以下任务：系统设计、液压建模、几何建模、流固耦合建模、多体动力学建模、有限元建模、协同仿真、疲劳分析。对每个任务分配人员定义起止时间；为保证总体工作的顺利进行，需要严格监控单个任务的进程和先后顺序。

液压泵虚拟寿命试验中涉及的方法如下。

（1）寿命分析方法　疲劳寿命的分析方法有许多种，任何一种分析方法都包含材料疲劳性能、循环荷载下结构响应和疲劳累积损伤法则三部分，如图 24-106 所示。

工程实践中常用的疲劳寿命分析方法包括名义应力法、局部应力应变法、应力场强法，见表 24-8。

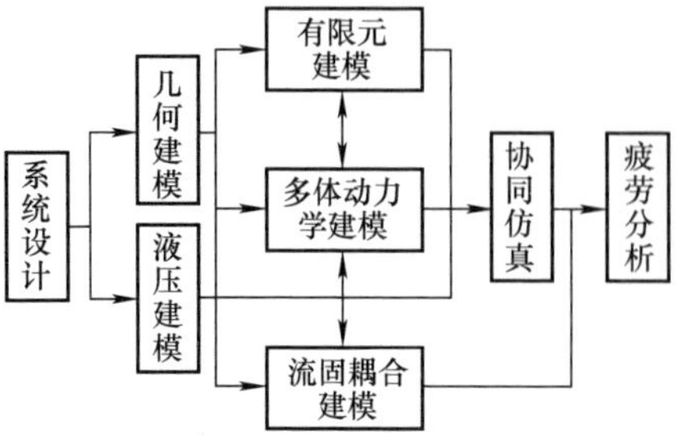


图24-105　虚拟疲劳分析的工作流程

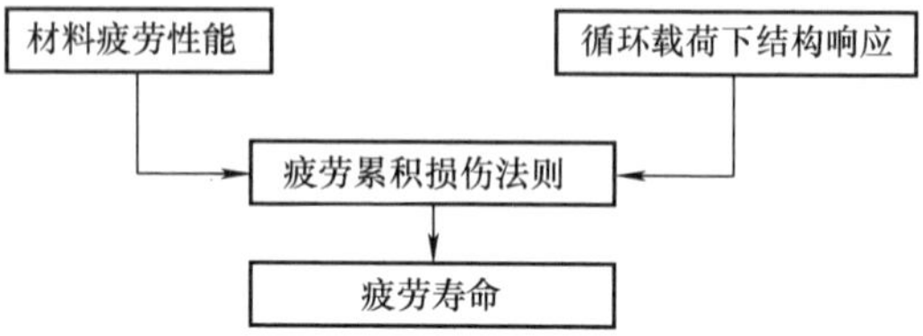


图24-106　疲劳寿命分析基本方法

**表24-8　常用的疲劳寿命分析方法**

| 方法 | 步骤 |
| --- | --- |
| 名义应力法 | 1）确定结构中的危险部位<br>2）分析确定结构的载荷谱和应力谱<br>3）建立结构的SN曲线<br>4）疲劳强度校核<br>5）选择疲劳损伤累积理论估算结构的疲劳寿命<br>常用于低应力、高频疲劳寿命预测 |
| 局部应力应变法 | 1）将载荷-时间历程转化为名义应力-时间历程<br>2）循环计数，得到局部应力-时间历程（可用修正Neuber公式、载荷-应变标定曲线等方法）<br>3）利用应力/应变曲线，确定局部应力/应变响应<br>4）按照疲劳损伤累积理论估算疲劳寿命<br>常用于高应力、低频疲劳寿命预测 |
| 应力场强法 | 1）确定缺口损伤场半径<br>2）计算局部应力应变场强谱<br>3）对局部应力应变场强进行循环计数<br>4）选择疲劳损伤累积理论估算疲劳寿命 |

基于虚拟样机的航空液压泵疲劳寿命分析，采取的是表24-8中的名义应力法。步骤如下：①选取液压泵中的关键部件建立有限元模型；②根据动力学仿真结果，结合ANSYS计算应力应变结果；③利用雨流计数法确定部件SN曲线；用等效应力法进行疲劳强度校核；④选择Miner线性损伤累积法则估算疲劳寿命。

（2）多学科模型的校核、验证和确认方法　多领域模型可用于估计物理模型的真实性能。不过，虚拟样机的准确性和正确性，是建模与仿真过程中必须解决的问题。通常认为建模仿真和模型的校核、验证和确认（VV&A）行为的关系如图24-107所示。

校核（Verification）解决模型是否准确的问题。在把求解的问题转化成模型描述，或把流程图形式的模型转化成可执行计算机程序的过程中，其精度的评估就是模型校核问题。

验证（Validation）解决模型是否正确的问题。即建立与对象相对应的正确模型，证实研究对象模型经过转换后所得到的应该是一个有效的模型。常用的模型校核方法包括静态检测、动态测试、参考基准校核等。常用的模型验证方法包括主观确认法、动态关联法、频谱分析法。为了检验液压柱塞泵虚拟样机的准确性、正确性，须将各领域模型仿真得到的液压泵各部件受力、力矩、速度、角速度等数据，与理论结果进行对比，实现对液压泵虚拟样机机械、液压等关键参数的综合评估。确保虚拟样机校核、验证结果满足工程实际要求，为柱塞泵疲劳分析提供条件。

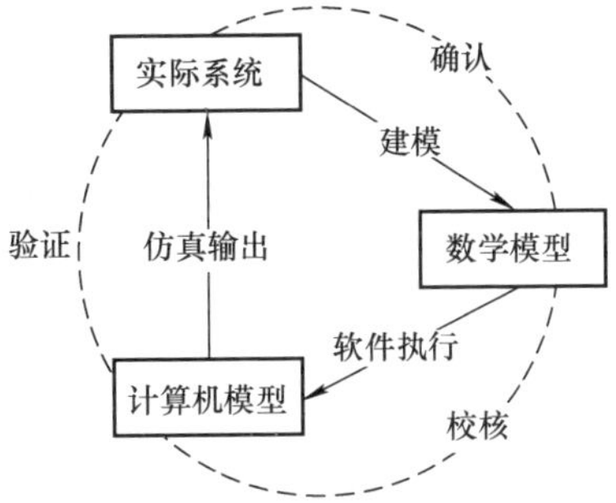

图 24-107　建模仿真和 VV&A 行为的关系

**2. 液压泵虚拟寿命试验结果分析**

某型号液压泵基于虚拟样机进行仿真和疲劳寿命分析的结果如图 24-108 所示。

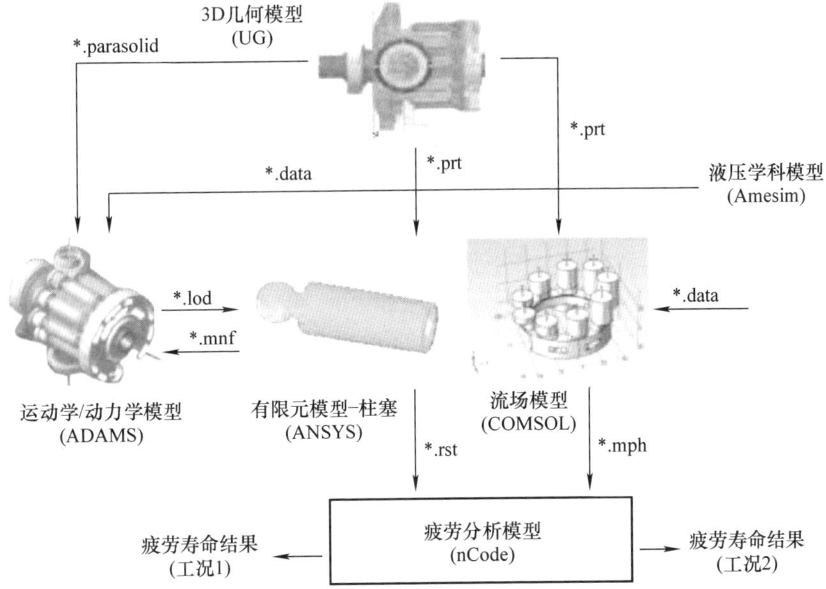

图 24-108　液压泵疲劳寿命分析案例

显然，液压泵的虚拟样机包括几何模型（UG）、运动学/动力学模型（ADAMS）、有限元模型（ANSYS）、流场模型（COMSOL）、液压学科模型（Amesim）。按照虚拟试验方案（见图 24-103），虚拟样机数据模型（见图 24-104），虚拟疲劳分析工作流程（见图 24-105），结合疲劳寿命的专业分析软件（nCode），最终输出该恒压变量柱塞泵在2种流量工况下（斜盘倾角分别为15°和12°）的疲劳寿命数据。

## 24.6　虚拟仪器技术在液压元件CAT中的应用

液压元件CAT中的测控仪器，经历了如下发展历程：模拟式仪器（使用模拟信号的仪器）→数字化仪器，即测试信号经过数字化处理→智能仪器，即具有微处理器的仪器→虚拟仪器，即全部可编程的仪器。

### 24.6.1　虚拟仪器的概念和特点

虚拟仪器只是功能意义上的仪器，而非物理意义上的仪器。它打破了由厂家定义、功能单一、用户无法改变其功能的传统仪器模式，开创了仪器仪表技术的新时代，如图24-109所示。

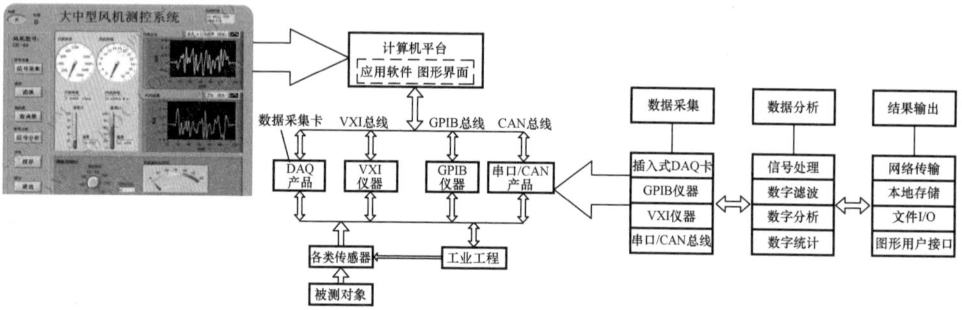


a)　　　b)　　　c)

图24-109　虚拟仪器

a）虚拟仪器显示　b）虚拟仪器组成原理　c）虚拟仪器内部功能原理图

与传统仪器相比，虚拟仪器的特点如下：

1）“软件就是仪器”是虚拟仪器的最突出特点。虚拟仪器的大部分功能，如数据存储、谱分析、PID调节、小波分析、非线性校正、波形显示、绘图输出等，均由软件实现。硬件主要起到连接外界信号的媒介作用，软件才是虚拟仪器的核心。

2）技术开发更新周期短，性能价格比高。

3）便于实现生产过程自动化，用于液压元件CAT系统可以增加灵活性。

### 24.6.2　虚拟仪器的硬件结构

虚拟仪器的硬件主要有以下类型：插入式数据采集卡（DAQ）、GPIB仪器、RS－232、VXI仪器等。其中插入式数据采集卡是其中最常用的结构。它包含A/D、

D/A、数字 I/O、计时器、计数器等，其功能是采集现场的模拟量、数字量等信号及输出控制信号。而 VXI 总线系统是一种更开放的、适用于多供货商的 32 位高速模块化仪器总线。它具有多处理结构、高效的数据传送性能和共享存储器等特点，同时还能实时地对多个已获得的数据通道进行操作，实现多参数高精度测量。1997 年，NI 又推出了新一代仪器总线标准 PXI。PXI 是 PCI 在仪器领域的扩展，与 VXI 相比，PXI 具有更高的性能价格比、更低的开发周期。

### 24.6.3 虚拟仪器的软件

虚拟仪器的关键是软件，它肩负着数据分析、处理等关键任务，直接关系着虚拟仪器是否能够成功运行。传统编程语言（如 C、BASIC 等）的编程效率非常低。可视化编程语言（如 VC、VB、Delphi 等）的编程效率大大提高。但对于一个非专业计算机软件编程的工程技术人员来说，编制一个虚拟仪器的软件应用程序，仍是一件任务量相当繁重的工作。NI 的 LabVIEW 的推出，是虚拟仪器软件编程史上的革命。LabVIEW 具有如下特点：

1）图形化的编程环境。LabVIEW 把复杂、烦琐、费时的软件编程，简化为连接图标的方式。

2）功能强大的函数库。LabVIEW 提供了大量的函数可供用户直接调用，如数据采集卡的控制子程序、大量的仪器驱动程序、高级数据分析库、DDE 和 TCP/IP 网络库函数等。

3）灵活方便的调试手段。LabVIEW 能够在编程时自动提示语法错误，在调试时可设置断点，通过变量窗口来观察程序运行中数据的流向和变化。

4）支持多种系统平台和开放的开发平台。LabVIEW 支持多种系统平台，诸如 Windows、Power Mac、HP、SUN SPARC。它还提供了 DLL 接口和 CIN 接口，使用户在 LabVIEW 平台上可以调用其他软件平台编译的模块。

为了可靠、高效、高品质地完成液压元件 CAT 系统的开发，推荐使用 LabVIEW。

## 参 考 文 献

[1] 万良. 位移传感器频率特性测试方法研究 [D]. 武汉：武汉科技大学，2014.

[2] 魏列江. 液压系统微机控制 [M]. 北京：电子工业出版社，2014.

[3] DAVID D WALDEN. INCOSE system engineering handbook – a guide for system life cycle processes and activities [M]. 4th ed. Hoboken：John Wiley & Sons, Inc., 2015.

[4] NASA Headquarters. NASA system engineering handbook [M]. NASA/SP2007 – 6105. Washington：National Aeronautics and Space Administration, 2007.

[5] RICHARD C DROF, ROBERT H BISHOP. 现代控制系统 [M]. 12 版. 谢红卫，孙志强，宫二玲，等译. 北京：电子工业出版社，2015.

[6] 金玉珍. 基于分布式网络的仿真软件的研究 [D]. 杭州：浙江大学，2005.

[7] 韩建海，张河新．气动比例/伺服控制技术及应用［J］．机床与液压，2001（1）：3－6，40.

[8] 江苏徐工工程机械研究院有限公司．液压阀3D打印方法以及液压阀：202110259750.0［P］．2021－06－29.

[9] 陈陆曦，付永领．类磁栅液压缸位移高精度测量技术研究［J］．机床与液压，2017，45（5）：51－57.

[10] 马连宏，杨智灵，冯波，等．扭矩传感器在枕轨用液压螺栓扭矩扳手测控中的应用研究［J］．现代测量与实验室管理，2011，19（6）：12－13，22.

[11] 温仲元．设备监测和诊断系统的传感器选择［J］．中国设备工程，2012（8）：5－6.

[12] 周立荣．大众DSG传感器解析［J］．汽车维修与保养，2014（8）：58－59.

# 第6篇
# 液压元件新型分类方法及新型产品

主　编　王兆强

---

第25章　3D微型液压球形泵与电液泵

作　　者　王陆一　付永领　朱德明

主　　审　付永领　许仰曾

第26章　运动控制型液压元件

作　　者　许仰曾　王兆强　黄人豪　刘昕辉　闻德生
　　　　　楼申琦　胡　敏　骆　赢　安高成　刘斌山

主　　审　许仰曾　王兆强

第27章　新能源液压系统及元件

作　　者　王兆强　刘斌山

主　　审　许仰曾

第28章　静液压行走系统及元件

作　　者　王兆强　刘斌山

主　　审　许仰曾

第29章　微流控元件

作　　者　王兆强

主　　审　许仰曾

第30章　博世力士乐互联数智液压技术与产品

作　　者　［德］Steffen Haack　［德］单建峰（Jianfeng Shan）　许益民

主　　审　［德］Steffen Haack　［德］单建峰（Jianfeng Shan）

# 第25章　3D微型液压球形泵与电液泵

在世界液压气动技术与产品发展创造史上中国人是缺席的。我国当代液压技术与产品的发展靠引进靠仿制，在改革开放的机遇下，我国发展为世界上液压元件产值的第一大国。但是“仿”的依赖也容易丢失“创”的自信，特别是思维上的依赖性，“仰视进口”液压元件而“忽视自创”液压元件就是表现之一。我们应该推崇中国人自己的技术与产品的创新。阮健教授开拓了具有“根技术”特征的“2D液压数字伺服阀”，除此之外，另一个具有液压“根技术”特征的是“球形动力机械理论及知识产权体系”，而创造这一“根技术”的是中国学者王陆一。在经历30多年理论研究及工程实践后，王陆一发明了一种全新的“变容积机构理论体系”——球形变容积机构。原创的球形动力机械理论为新型制冷压缩机、气体压缩机、真空机、液压泵等流体元件提供了全新的原理与解决方案。

截至2023年8月，该技术与产品已有中国专利58项，其中发明专利29项（授权15项），实用新型专利29项（授权29项）。在美国、欧洲、日本、印度和巴西等国家和地区也申请了国际发明专利27项，其中有15项已生效。王陆一于2003年开始申请题为《一种用于压缩机的变容式机构》的发明专利，并于2005年获得发明专利授权（专利号：ZL03114505.1）。2003年的原理验证样机证明原理是成立的，2006年王陆一设计出了具有多级压缩功能的压缩机和膨胀压缩机，并获得发明专利《能实现多级压缩的球形压缩机和膨胀压缩机》（申请号：200610104569.8）和实用新型专利《二氧化碳球形膨胀压缩机》（申请号：200620079799.9）。

目前建立的深圳市中安动力科技有限公司，已经具备了部分产品产业化的能力，验证了这一颠覆性理论带来的独特优势。其应用前景十分广阔，依据这一理论及技术体系可以：

1）支撑超微型制冷压缩机、超微型水与油液液压泵工程实现。

2）支撑机器人驱动动力系统超微型电液化，创立我国主导的机器人驱动技术体系，并实现技术超越。

3）支撑冰箱空调等的制冷压缩机节能减排，一改我国制冷行业规模虽大但没有重大原理性原创技术的局面。

4）支撑航空、航天、航海用泵及压缩机轻量化和高可靠性。

由此预测可能支撑上千亿以至上万亿的产业升级和技术超越，这一预测的基础是依据现有的实际项目。

## 25.1 球形变容积机构

微型球形压缩机（泵）是基于球形变容积理论而发明的一种新型容积式超微型压缩机与超微型液压泵，具有零件少、运行稳定、变工况性能好等优点。至今国内外关于球形压缩机的几何理论与动力学理论等详细推导尚无公开报道。本章将变容积机构理论体系所发展的球形变容积机构称为球形压缩机（泵），压缩机是此发明最初的应用领域，而液压球形泵是发展过程中所开拓的又一应用领域。

### 25.1.1 球形压缩机（泵）结构及工作原理

**1. 球形压缩机结构**

球形压缩机主要部件如图 25-1a 所示，机芯组件由活塞轴、活塞、销轴（铰链）、转盘和转盘轴构成，如图 25-1b 所示。

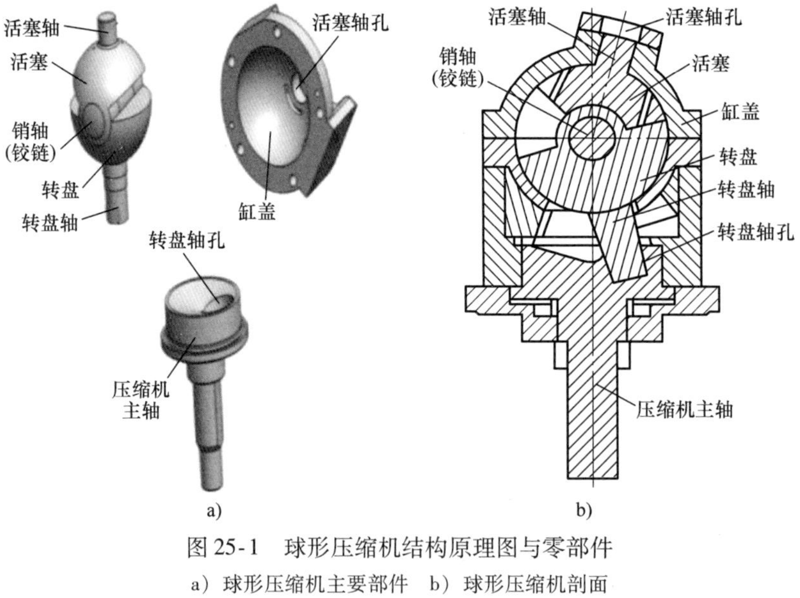


图 25-1 球形压缩机结构原理图与零部件

a）球形压缩机主要部件 b）球形压缩机剖面

球形压缩机的压缩腔（又称容积腔或基元容积）由缸盖、活塞与转盘围成，活塞顶面、转盘侧面与工作腔内壁面具有相同的球心并形成配合动密封。活塞轴与竖直方向的偏角为 $\alpha$，缸盖上设有活塞轴孔，活塞轴可在此孔内绕自身轴线旋转。转盘底面伸出转盘轴，斜插在主轴上的凹槽内。缸盖上设有吸气和排气孔口，工作时电动机带动压缩机主轴旋转，在主轴与活塞轴孔的作用与限制下，转盘与活塞做旋转运动，在旋转的同时，转盘与活塞以铰链为支点做相对摆动，使容积腔大小随主轴转角变化，从而实现气体的吸入、压缩和排出。

**2. 球形压缩机工作过程**

根据图 25-1 介绍球形压缩机工作过程如下。主轴转动时驱动活塞、转盘运动（图 25-1 中主轴的转向从缸盖看，主轴做顺时针转动）；活塞的运动是绕自身轴线的唯一的定轴转动，转盘的运动是由两种运动合成的复合运动：一是绕中心销轴轴线的摆动；二是绕其轴线的锥形滑转运动，是指轴线与主轴轴线重合的、以球心为顶点、锥角为 $2\alpha$、轴线始终通过球心并在锥体表面周向移动（即转盘的轴线扫过上述锥体的锥面），移动的周期与主轴旋转的周期同步。以上空间机构的运动都是旋转性质的运动，故没有高频振动运动件，这种空间运动的合成结果为：活塞和转盘有一周期性的相对摆动，摆动的周期为主轴旋转周期的一倍，摆动的幅度为 $4\alpha$；利用这种相对摆动作为容积变化的基本运动要素，利用活塞的旋转以及活塞体球形表面上的吸排气孔与缸盖球形内表面配气槽的配合，作为所有进排气口打开、关闭的基本要素。

**3. 特征角分析**

活塞偏角 $\alpha$ 不仅影响压缩腔的容积，而且影响机芯内主要运动件的相对运动，称为球形泵的特征角，如图 25-2 所示。图 25-2 所示为初始状态时的压缩机活塞正视图，图中的虚线是活塞轴的中心线，图 25-2 中 $\alpha_1$ 为转盘与水平方向夹角，$\alpha_2$ 为活塞扇形半角，$\alpha = \alpha_1 = \alpha_4$，$\alpha_2 = \pi/2 - 2\alpha$，$2\alpha_2$ 即活塞切角（反映扇形活塞大小）为 $\pi - 4\alpha$，可得 $\alpha_3 = \pi - \alpha_1 - 2\alpha_2 + \alpha_4 = 4\alpha$，即工作腔最大张角为 $4\alpha$，在运动过程中转盘与活塞的相对摆动量最大为 $4\alpha$。在其他尺寸参数不变的情况下，增大活塞偏角，工作腔最大张角随之增大，压缩机的排量也相应增加。

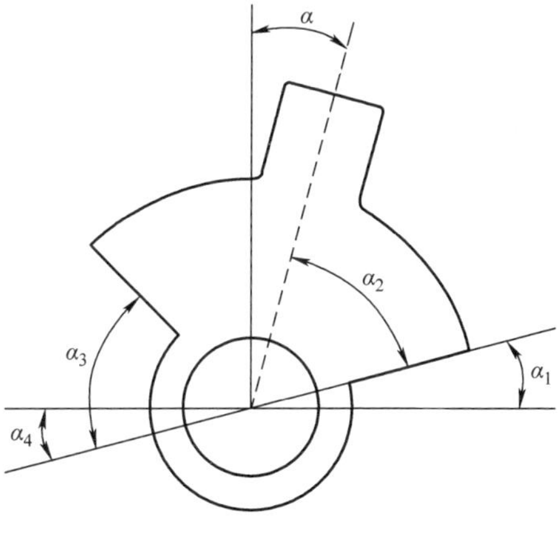

图 25-2　特征角示意

**4. 活塞运动分析**

运动学分析是研究压缩机几何关系的重要方法，球形压缩机活塞的运动规律见式（25-1）~式（25-3）。

$$\phi = \arctan\frac{1-\cos\theta}{\sin\theta\cos\alpha} \tag{25-1}$$

$$\omega_\phi = \frac{\cos\alpha}{\cos^2\alpha(1+\cos\theta)+(1-\cos\theta)}\omega_\theta \tag{25-2}$$

$$a_\phi = \frac{-\cos\alpha\sin\theta\sin^2\alpha}{[\cos^2\alpha(1+\cos\theta)+(1-\cos\theta)]^2}\omega_\theta^2 \tag{25-3}$$

式中　$\phi$——活塞转角（rad）；

$\theta$——主轴转角（rad）；

$\alpha$——活塞偏角（rad）；

$\omega_\phi$——活塞角速度（rad/s）；

$\omega_\theta$——主轴角速度（rad/s）；

$a_\phi$——活塞角加速度（$rad/s^2$）。

由式（25-1）~式（25-3）得到不同活塞偏角下的活塞运动情况，如图 25-3 所示，主轴每旋转 180°，活塞都会旋转 90°，活塞角速度$\omega_\phi$总是在$\omega_\theta/2$处上下波动，且不同活塞偏角会对运动过程中的参数变化产生不同的影响。活塞偏角越大，在活塞运动过程中，$\omega_\phi$偏离$\omega_\theta/2$的程度就越大，其角速度、角加速度的波动幅度也会变大。选取主轴转速为 3500r/min（见图 25-3b、c），$\alpha=5°$时，活塞角速度、角加速度的变化幅度约为 1.4rad/s 和 $511rad/s^2$；$\alpha=25°$时，活塞角速度、角加速度的变化幅度约为 36.1rad/s 和 $13330rad/s^2$。基于压缩机运行稳定性和吸气量等多方面考虑，一般 $\alpha$ 的取值范围为 10°~20°。

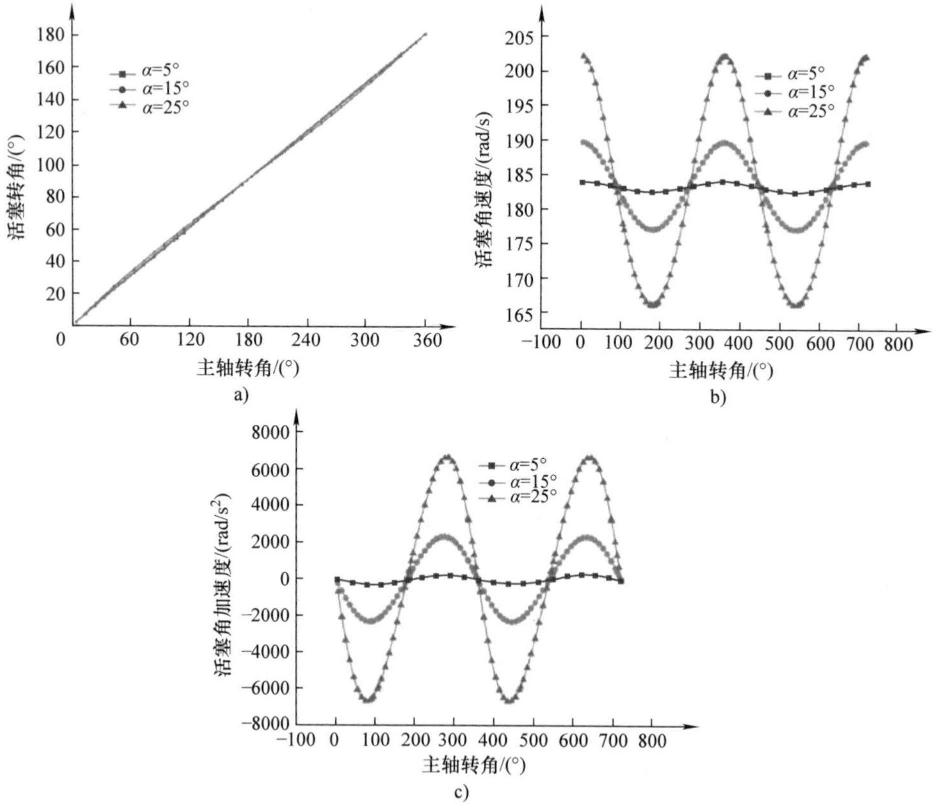


图 25-3　活塞运动中的性能参数变化

a）活塞转角变化　b）活塞角速度变化　c）活塞角加速度变化

**5. 工作腔张角分析**

根据主轴转角、转盘偏角、活塞转角 3 个参数，可推导出工作腔（容积腔）张角，进而求得工作腔容积的变化规律。

图 25-1 所示的转盘轴斜插在主轴上，活塞通过销轴与转盘连接，三者的运动相互联系，但也可以单独表示。如图 25-4 所示，活塞绕自身轴线的转动，$O$ 点是活塞、转盘球面的球心，$OX'Y'Z'$坐标系是 $OXYZ$ 坐标系沿 $Y$ 轴旋转 $\alpha$ 后得到的，$OZ'$方向与活塞轴方向一致，$OZ'$也是活塞转动的轴线，$OY$（$OY'$）方向是初始位置（$\theta=0°$）时销轴的方向，$OZ$ 方向与输入轴线重合，方向一致。当压缩机工作时，主轴绕 $OZ$ 轴线连续旋转，活塞绕 $OZ'$为轴线旋转，销轴绕 $OZ'$轴旋转，是一个在 $X'OY'$ 平面内的平面运动，活塞、销轴的运动都可以在 $OX'Y'Z'$坐标系中表示出来。

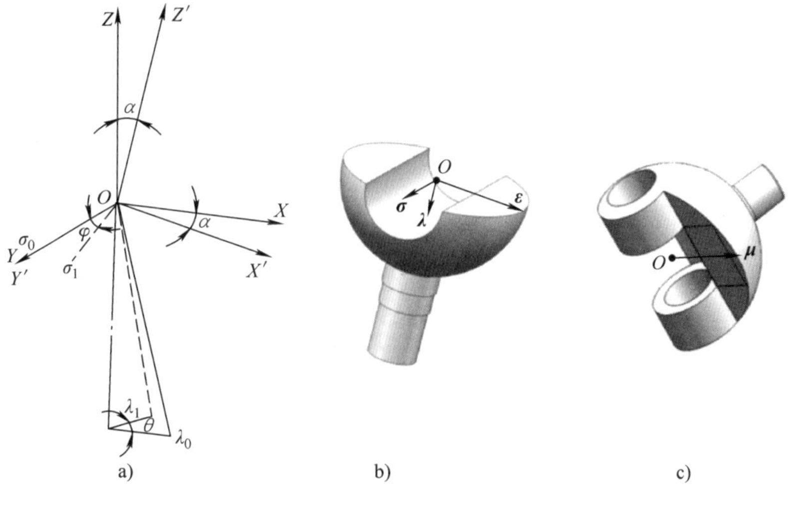


图 25-4　压缩机及其部件向量

a）压缩机运动向量　b）转盘、销轴向量　c）活塞向量

向量$\boldsymbol{\mu}$ 是从 $O$ 点指向活塞壁面边线中点的向量，其可以代表活塞壁面的实时位置，$\boldsymbol{\varepsilon}$ 是从 $O$ 点指向转盘壁面边线中点的向量，可代表转盘工作腔壁面的位置，$\boldsymbol{\sigma}$、$\boldsymbol{\lambda}$ 代表销轴、转盘轴位置的向量。

在初始位置时，在 $OX'Y'Z'$坐标系中，代表闭合腔（张角为零）活塞壁面位置的单位向量为

$$\boldsymbol{\mu}_0 = (\cos^2\alpha,\ 0,\ \sin^2\alpha) \tag{25-4}$$

当活塞运动时，壁面中心线向量可表示为

$$\boldsymbol{\mu}_1 = (\cos^2\alpha\cos\phi,\ \cos^2\alpha\sin\phi,\ \sin^2\alpha) \tag{25-5}$$

该向量在 $OXYZ$ 坐标系中的表示为

$$(x_\mu, y_\mu, z_\mu) = (\cos^2\alpha\cos\phi, \cos^2\alpha\sin\phi, \sin^2\alpha)R_y \tag{25-6}$$

其中$\boldsymbol{R}_y$为坐标转换矩阵，其表达式为

$$\boldsymbol{R}_y=\begin{pmatrix}\cos\alpha & 0 & -\sin\alpha\\ 0 & 1 & 0\\ \sin\alpha & 0 & \cos\alpha\end{pmatrix}$$

活塞壁面中心线向量在 $OXYZ$ 坐标系下可表示为

$$\boldsymbol{\mu}_2=(\cos^2\alpha\cos\alpha\cos\phi+\sin^2\alpha\sin\alpha,\ \sin\phi\cos^2\alpha,\ \sin^2\alpha\cos\alpha-\cos^2\alpha\cos\phi\sin\alpha) \tag{25-7}$$

由装配关系可知，销轴与活塞的运动完全一致，可通过相同的方法得到销轴在 $OXYZ$ 坐标系下的位置向量为

$$\boldsymbol{\sigma}=(-\sin\phi\cos\alpha,\ \cos\phi,\ \sin\alpha\sin\phi) \tag{25-8}$$

转盘运动可以在 $OXYZ$ 坐标系中直接表示，在 $OXYZ$ 坐标系中，转盘轴方向始终与垂直方向保持夹角 $\alpha$，其运动轨迹为以活塞球心为顶点的锥面，在初始位置（$\theta=0°$）时，代表转盘轴的向量可表示为

$$\boldsymbol{\lambda}_0=(\sin\alpha,\ -\cos\alpha) \tag{25-9}$$

在转盘运动过程中，转盘轴的位置向量为

$$\boldsymbol{\lambda}_0=(\sin\alpha\cos\theta,\ \sin\alpha\sin\theta,\ -\cos\alpha) \tag{25-10}$$

基于转盘轴和销轴的位置，利用空间向量积原理，可计算出转盘壁面的位置向量为

$$\boldsymbol{\varepsilon}=(\cos\alpha\cos\phi+\sin^2\alpha\sin\phi\sin\theta,\ \cos^2\alpha\sin\phi-\sin^2\alpha\cos\theta\sin\phi,\ \sin\alpha\cos\alpha\sin\phi\sin\theta+\sin\alpha\cos\theta\cos\phi) \tag{25-11}$$

$\boldsymbol{\varepsilon}$ 即代表转盘壁面实时位置的向量。已知活塞壁面位置向量$\boldsymbol{\mu}_2$与转盘壁面位置向量 $\boldsymbol{\varepsilon}$，两向量之间的夹角可以通过夹角公式求得，即

$$\beta=\arccos\left(\frac{\mu_2 g\varepsilon}{|\mu_2||\varepsilon|}\right) \tag{25-12}$$

进一步得到工作腔张角（代表容积）随主轴转角、活塞偏角的变化关系，如图 25-5 所示。

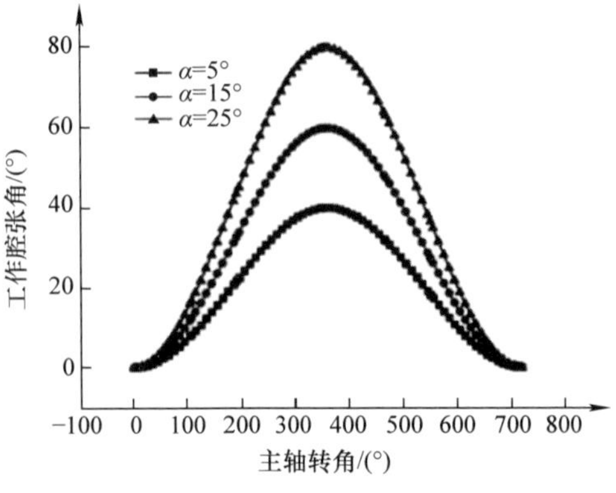


图 25-5 不同活塞偏角下工作腔张角随主轴转角的变化关系

## 25.1.2 球形压缩机几何模型

### 1. 工作容积计算

工作容积是指压缩机转动一圈过程中吸入的气体容积，与压缩机的结构、尺寸等相关，球形压缩机的工作容积，只与球形活塞半径 $R$、铰链横截面半径 $r$（见图 25-6）以及活塞偏角 $\alpha$ 有关。该型压缩机的工作容积为

$$V_0 = \frac{\alpha}{90}\left[2\pi l(R^2 - r^2) - \frac{2}{3}\pi l^3\right] \tag{25-13}$$

其中 $l = \sqrt{R^2 - r^2}$。

### 2. 压缩腔容积与张角的关系

该模型工作腔结构比较规范，工作腔容积与夹角成正比，可以直接按式（25-14）通过夹角计算出体积。

$$V = K\beta \tag{25-14}$$

式中 $V$——工作腔容积（$mm^3$）；

$K$——转换系数［$mm^3/(°)$］；

$\beta$——工作腔张角（°）。

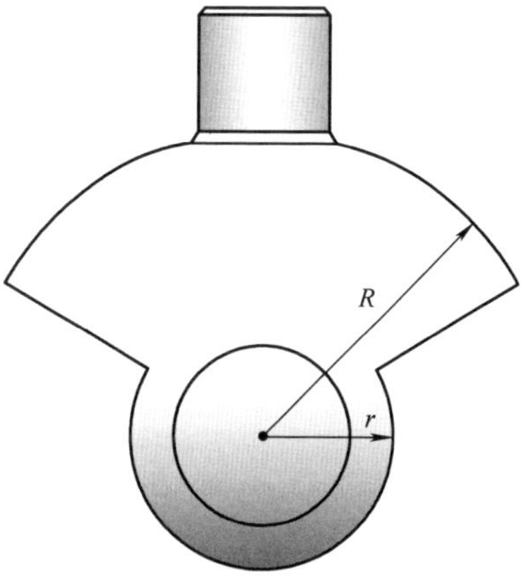


图 25-6 $R$，$r$ 示意图

$K$ 代表工作腔内每单位角度内的容积，表征了工作腔容纳工质气体的能力，大小与压缩机结构有关，当压缩机结构及尺寸确定时，$K$ 也确定。$K$ 与工作腔所在球的半径 $R$ 正相关，与铰链横截面半径 $r$ 负相关。在设计球形压缩机时，应当从满足结构强度、最大吸气量等多个角度考虑 $R$ 与 $r$ 的取值，再通过 $K$ 值和工作腔张角得到工作容积的大小。

$$K = \frac{\pi}{270}(R^2 - r^2)^{\frac{3}{2}} \tag{25-15}$$

定义无量纲结构系数 $I = K/K_0$，其中$K_0$为 $\alpha = 15°$、工作腔最大容积为 $1cm^3$ 时的球形压缩机的转换系数，在数值上，$K_0 = \frac{50}{3}mm^3/(°)$。$I$ 表征了压缩机吸气腔截面的相对大小，针对微型球形压缩机，$I$ 取值为 1 左右。

对于式（25-14）中的 $\beta$ 值，可以整合表达为

$$\beta = \arccos\left\{\frac{\cos\theta\sin^2\alpha(1-\cos\phi) + \cos\phi\cos\theta + \sin\theta\cos\alpha\sin\phi}{[\sin^2\alpha(1-\cos\phi) + \cos\phi]^2 + \cos^2\alpha\sin^2\phi + \cos^2\alpha\sin^2\alpha(1-\cos\phi)^2}\right\} \tag{25-16}$$

### 3. $\alpha$ 变化对容积的影响

由式（25-1）可知，活塞转角 $\phi$ 与主轴转角 $\theta$ 是近似 1/2 的关系，$\alpha$ 的变化会

对活塞以及转盘的运动过程产生影响。当 $\alpha$ 增大时，活塞角速度、角加速度（绝对值）的峰值、平均值以及变化幅度都将变大。$\alpha$ 过大会导致转盘与活塞的相对摆动过大、密封面的宽度下降，活塞和转盘的转速变化加剧，不利于压缩机的稳定运行及变频控制。当 $\alpha$ 较小时，活塞与转盘的运动会更稳定，但工作腔的最大容积变小，压缩机理论排气量减少。此外，$\alpha$ 值还与排气口设置及内容积比大小相关，过大或过小的 $\alpha$ 值都会影响压缩机的结构设计和特征参数（压力、排量等）。

**4. 泄漏线长度计算**

球形压缩机的泄漏主要发生在活塞、转盘边线处，工作腔张角变化也会造成泄漏线的变化，根据几何计算，单个工作腔中，活塞及转盘边线泄漏线长度为

$$L_1 = 2R\left(\pi - 2\arcsin\frac{r}{R}\right) \tag{25-17}$$

工作腔张角变化造成的泄漏线长度为

$$L_2 = 4r\beta \tag{25-18}$$

另外，活塞镶块的存在也会产生泄漏线，泄漏线长度与活塞镶块的尺寸有关。活塞镶块在单个工作腔中产生的泄漏线长度为

$$L_3 = 2(d + h) \tag{25-19}$$

式中　$d$——镶块在活塞面上的宽度（mm）；

　　$h$——镶块在活塞面上的高度（mm）。

压缩机泄漏线总长度 $L = 2(L_1 + L_2 + L_3)$。

以上通过空间向量表述并推导工作腔扇形夹角的变化趋势，根据几何关系可以准确求得不同结构参数下工作腔（压缩腔）的最大容积，分析了关键结构参数活塞偏角 $\alpha$ 对压缩机几何设计计算的影响，列出了泄漏线计算公式。

## 25.1.3　球形压缩机性能分析与优缺点

**1. 球形压缩机性能分析**

主轴转角与活塞运动参数之间的关系曲线如图 25-7 所示。

由图 25-7 可以得到下列分析结果：

1）在球形压缩机中，活塞和转盘各绕其自身轴线的转动角速度是不均匀的，这也是引起球形压缩机振动的唯一要素。但从动力特性分析可以看出，当 $\alpha$ 角小于 20°时，这种不匀速引起的活塞角加速度和转盘角加速度的值也非常小，所以只要通过优化设计，选取合适的 $\alpha$ 角，就能使球形压缩机的振动非常小，实现很好的运转平顺性。

2）工作容积 $V=f(\theta)$ 的变化趋势，在开始进气或排气结束时非常缓慢，这一特点有利于利用缸内余隙容积，使开设在球形缸内表面上的进排气口在圆周方向隔开足够的距离，防止高低压腔间窜气。

3）$V=f(\theta)$ 的周期为 $4\pi$，这一特点有利于进排气获得较长的时间，从而减少

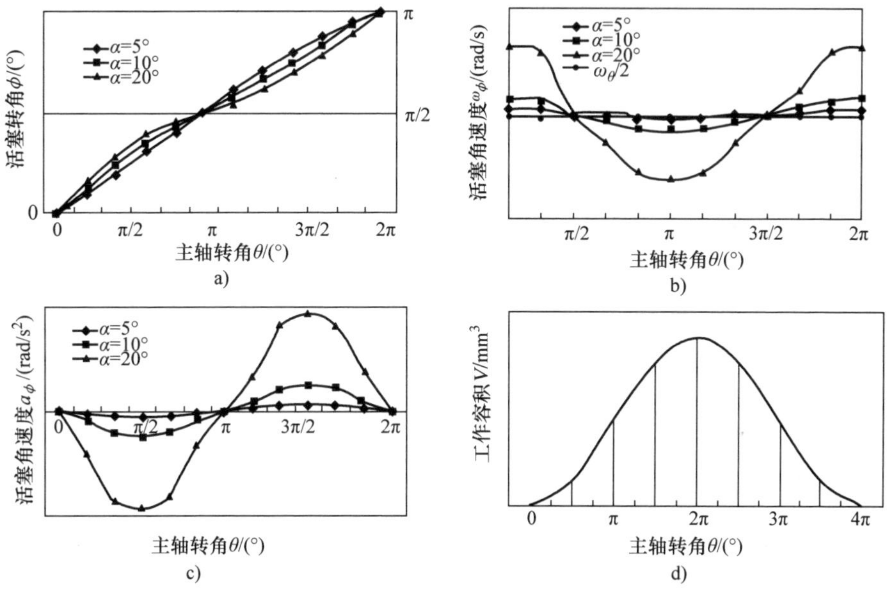


图 25-7 主轴转角与活塞运动参数之间的关系曲线

a) $\phi=f(\theta)$ b) $\omega_\phi=f(\theta)$ c) $\alpha_\phi=f(\theta)$ d) $V=f(\theta)$

流动损失，有利于气道设计。

4）由结构分析可知，当球形缸内径一定时，$\alpha$ 角增大有利于工作容积 $V$ 的增加，$V$ 正比于 $4\alpha$，但过大的 $\alpha$ 角将会导致密封面的宽度下降，活塞、转盘的转速不匀性增加，因此应用时要根据不同的使用条件要求做全面的优化。

5）由图 25-7b 的$\omega_\phi=f(\theta)$曲线可知，在 $\alpha$ 角小于 20°时，活塞和转盘绕其自身轴线的平均转速等于$\omega_\theta/2$，并且波动不大。因此活塞和转盘外表面与球形缸内表面的摩擦速度大致正比于$\omega_\theta/2$，这一特性对高速变频特别有利。

6）由于转盘在运动中有一位置使其轴线与活塞的轴线重合，而这一位置是机构运动传递死点，所以可以在主轴上的合适位置设置停车限位装置（磁力或偏心凸轮式都可以）使压缩机在停机时不停在此位置，也可以在电动机的转子和定子上设置此类装置。

7）可以方便布置润滑，只要不破坏密封、不形成泄漏通道即可。

8）活塞与活塞铰链支撑组合完毕后装进球形缸，紧固螺钉的螺帽与活塞铰链支撑上的螺帽过孔以及球形缸内表面之间形成了空隙容积，这一空隙容积的存在会积存工质和润滑油。所以必须在组合完成后还未装进球形缸前设置专门的工艺，用合适的材料填充这一空隙容积，也可以加工专用的堵块填充。同时要求压缩机工作时这些填充物和堵块不能与球形缸内表面产生大的摩擦功耗。

9）转盘和主轴均有相对于主轴轴线的质量偏心，这种偏心引起的不平衡完全可以采取在主轴外端或在电动机转子上加平衡块的方式实现完全平衡。

**2. 球形压缩机（泵）的特点**

目前可以开发出微型和超微型的液压泵及气体压缩机、真空泵，这些产品具备下列优点。

1）密封可靠：任何需要防介质泄漏的动密封处，都能设计成具有相当宽度的面配合动密封，使其达到可靠的密封效果，并成为良好的润滑面，减少介质泄漏。

2）无进排气阀（活塞泵）：各级压缩、膨胀过程均不需要设置进排气阀，减少能耗并减低噪声，成本低，可靠性高。

3）两相流动好，抗液击力强：由于每个工作室都是绕活塞轴线做旋转运动，其机构的结构形式有利于通过对气道位置及局部结构的设计，使缸内液体在旋转离心力的作用下顺利排出，避免液击，改善两相流动。

4）结构紧凑、零件少：在实现多级压缩膨胀时仍然只有三个运动件，空间占用小。

5）运转平稳，高速变频性能好：由于无气阀、零件受力润滑好、无往复运动件和能引起高振动的运动件，运转平稳，高速变频性能好。

6）能耗低：由于无气阀、密封可靠、运动件少，零件受力润滑好等特点，故效率高、能耗低。

7）制造成本低：由于零件基本为球面、圆柱面、平面，并且数量少，所以易于制造而且制造成本低。

与所有变容积机构相比，球形压缩机（泵）也受到其结构特点的限制，存在有效使用范围，这些限制因素主要是：活塞和转盘表面与球形缸内表面的相对运动速度不宜过高，这一速度过高将导致机械效率下降，因此结构尺寸不宜过大；活塞和转盘不匀速转动引起的振动不宜过高，尽管这一振动在 $\alpha$ 角不大时的值很小，但如果活塞与转盘的结构尺寸过大，就会使零件的转动惯量增大，从而导致振动增大。因此球形压缩机在小型制冷压缩机以及液压泵领域有很好的特性，但不宜用于大型领域。

## 25.2　超微液压球形泵与超微球形压缩机

### 25.2.1　与传统容积式动力机械的比较

第一次工业革命以来，传统容积式动力机械原理（见图25-8）的发明都是产生于西方国家，广泛应用于各种动力机械主机，推进了人类工业文明史的发展。我国较晚进入工业化和现代科学阶段，缺乏在动力机械原理方面的创新发明，因此产业“根技术”只能跟随西方国家，处于产业链和技术体系的低端。

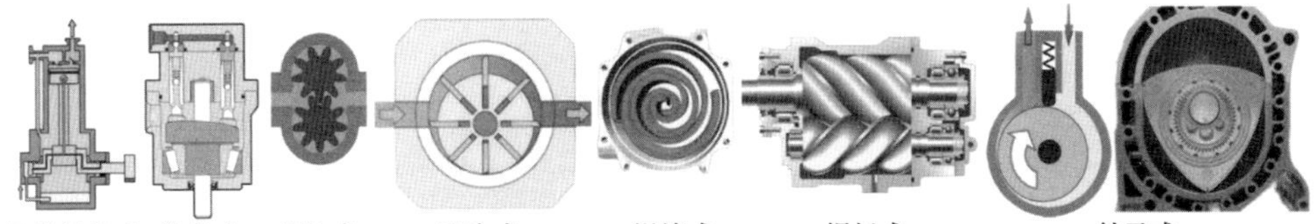


图 25-8 容积式动力机械原理

分析上述的容积式动力机械原理，可以发现这些封闭容积的形成主要在一维或二维空间，而这里提出的球形变容积机构是一个三维空间的封闭容积，这说明该构想的变容空间维度更高，难度更大。

现有的容积式动力机械行业常见的容积式动力机械原理包括往复活塞式、柱塞式、转子式、齿轮式（内外啮合）、叶（滑）片式、螺杆式（单、双、多螺杆式）、涡旋式、转子式等。对于往复活塞式和柱塞式而言，优点是面密封结构，密封可靠，工质泄漏少，能建立高压力；缺点是机构复杂，零件多，往复惯性力引起的振动噪声大等，无法用于许多轻量化、微型化、高可靠性场合。齿轮式、涡旋式、转子式、螺杆式、叶片式等容积式动力机械的优点是结构简单、零件少；缺点是都具有线密封结构缺陷，密封差，不易建立高压力，不易实现轻型化、微型化。

现有容积式动力机械在大功率、大流量方面的发展已经达到一定程度，但是在轻型化、微型化方面缺乏进展，可是在机器人、便携式移动装备、国防军工武器装备等方面，要求体积尽可能小、质量尽可能轻。全球对节能减排要求越来越高，目前的容积式动力机械由于基本原理的制约，性能的提升遇到瓶颈，需要更优秀的新型原理引导容积式动力机械实现突破。现在球形变容积机构具有以下三大优点。

1）密封可靠：任何需要防止工作介质泄漏的动密封处，都能设计成具有相当宽度的面配合动密封，避免了线密封结构，使其达到可靠的密封效果，在微型和超微型结构时能实现设计功能。

2）无进排气（液）阀（活塞泵）：不需要设置进排气（液）阀，减少能耗，降低噪声，可靠性高。

3）结构紧凑、零件少：只有三个运动件，实现两个工作腔交替容积变化，可靠性高。

这是目前最易实现超微型化、超轻量化的容积式动力机械原理。

## 25.2.2 液压球形泵与球形制冷压缩机的产品特性

### 1. 产品的结构与流量特性

图 25-9 所示为 A 型、B 型球形泵的 2 种机构运动原理。

球形泵具有 2 种结构形式，其机构运动原理示意如图 25-9 所示，转盘与活塞

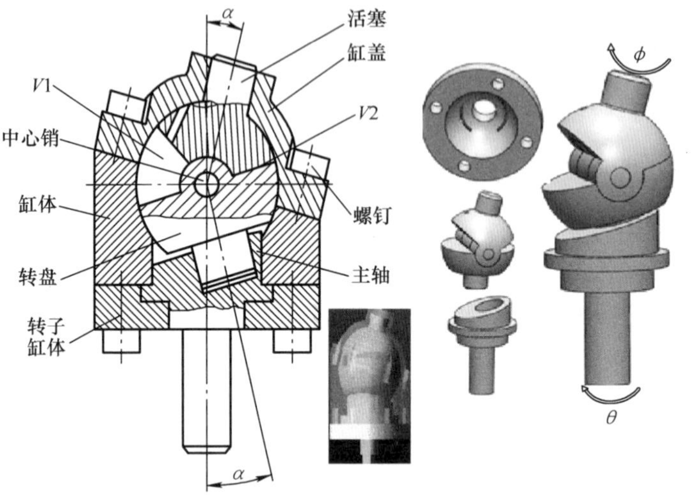


a)

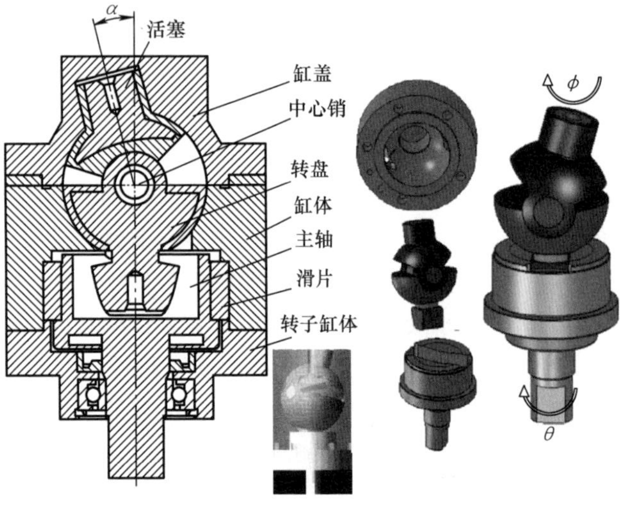


b)

图 25-9　球形泵的 2 种机构运动原理

a）A 型机构运动原理示意图　b）B 型机构运动原理示意图

的相对机构位置的变化，可以造成封闭容腔容积的变化，从而吸入或排出工作介质，B 型机构形式的流量输出的脉动是 A 型机构形式的 2 倍，因此 B 型机构形式的平均脉动幅值会降低 50%，如图 25-10 所示。

**2. 产品的类型、品种与规格**

开发的微型球形油泵和微型球形水泵的系列化产品如图 25-11 所示，验证了该

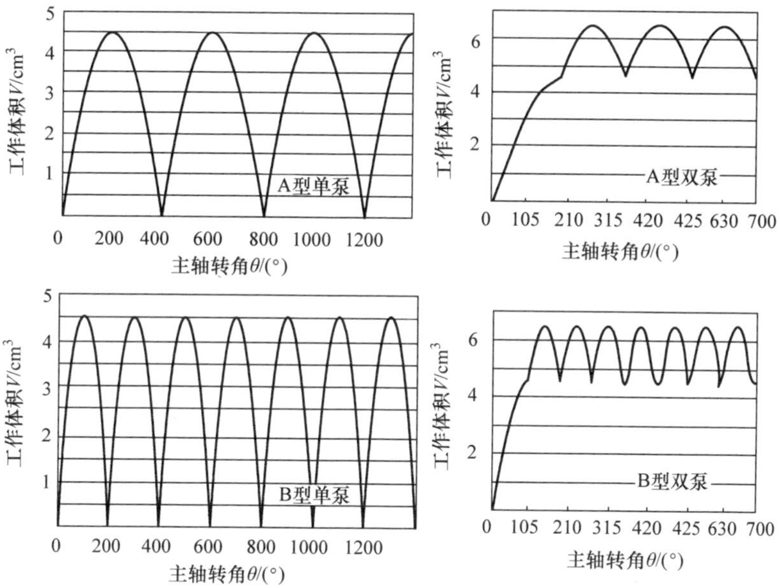


图 25-10　球形泵 2 种结构型式的工作体积变化曲线［$V=f(\theta)$］

技术的独特优点，也完成了球形冰箱制冷变频压缩机的工程研发。因此生产的产品可以归类为微型液压泵、微型水泵与微型压缩机。

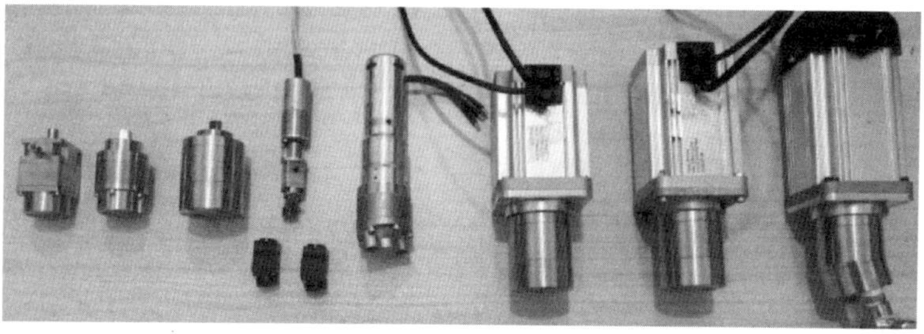

图 25-11　现有球形泵系列化产品

（1）微型液压泵　微型液压泵及其性能参数如图 25-12 所示。

性能参数

| | |
|---|---|
| 排量规格/mL | 0.03 |
| 额定压力/MPa | 10 |
| 额定转速/(r/min) | 3000 |
| 质量/kg | 0.055 |

图 25-12　微型液压泵及其性能参数

(2) 微型水泵　微型水泵如图 25-13 所示。

a)　　b)　　c)

图 25-13　微型水泵
a) $\phi30$ 直水泵　b) $\phi30$ 斜水泵　c) 直水泵与斜水泵对比

目前已经研制出高压微型球形水泵，经过测试，其容积效率高、体积小、压力高，高压微型球形水泵产品性能指标见表 25-1。该高压微型球形水泵填补了我国在该流量压力范围型谱的空白，基于该高压微型球形水泵研发出海水淡化用球形泵、便携式高压细水雾灭火用球形泵及配套的液压系统，并开始了产业化应用。

现已研发生产转子直径 20/25/30/35/40mm 规格系列的高性能水泵（见表 25-1），其性能曲线如图 25-14 所示。

**表 25-1　高压微型球形水泵产品性能指标**

| 参数 | 单位 | Z2W20045S | Z2W25092S | Z2W30163S | Z2W35236S | Z2W40400S |
|---|---|---|---|---|---|---|
| 排量 | mL/r | 0.45 | 0.92 | 1.63 | 2.36 | 4.00 |
| 额定转速 | r/min | 3000 | 3000 | 3000 | 3000 | 3000 |
| 最高转速 | r/min | 8000 | 8000 | 6000 | 5000 | 4000 |
| 额定流量 | L/min | 1.0 | 2.0 | 3.5 | 5.0 | 8.5 |
| 最大流量 | L/min | 3.5 | 7.2 | 9.0 | 11.6 | 15.0 |
| 额定压力 | MPa | 5 | 5 | 5 | 5 | 5 |
| 最高压力 | MPa | 8 | 8 | 8 | 11 | 12 |

该类微型球形水泵产品之所以称为高性能泵，是因为其与国内外产品进行过测试比较，进行测试比较的有另外三家公司生产的产品，其比较结果见表 25-2。

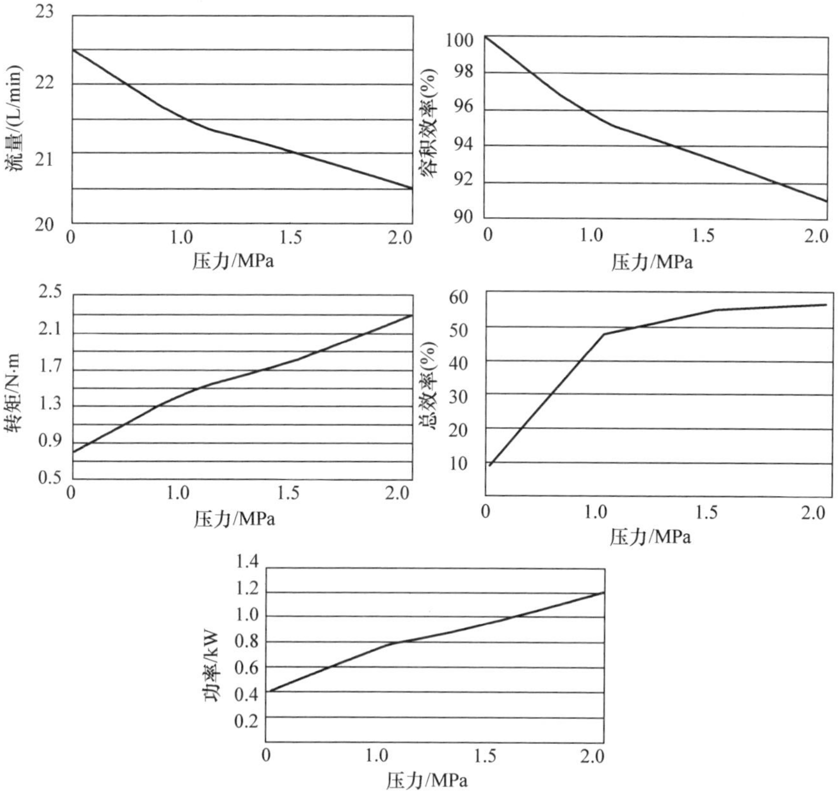


图 25-14 微型球形水泵（Z2W40450S）性能曲线

**表 25-2 微型球形水泵与市场现有微型水泵的性能比较**

| 微型球形水泵性能对比 |  | 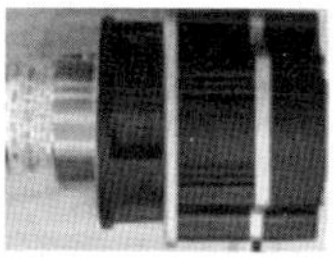 |  |  |
|---|---|---|---|---|
| 产地 | 意大利 | 南京 | 上海 | 无锡 |
| 品牌 | Fluid – O – Tech | 欧瑞克 | 索富 | 中安动力（球形泵） |
| 标称压力/MPa | 2.0 | 2.0 | 1.5 | / |
| 实测压力/MPa | 1.35 | 0.7 | 1.3 | 3 |
| 排量/(L/min) | 0.9 | 1.2 | 0.87 | 1.5 |
| 转速/(r/min) | 5000 | 5000 | 3000 | 3000 |

（续）

| | | |
|---|---|---|
| 压力－流量曲线 | 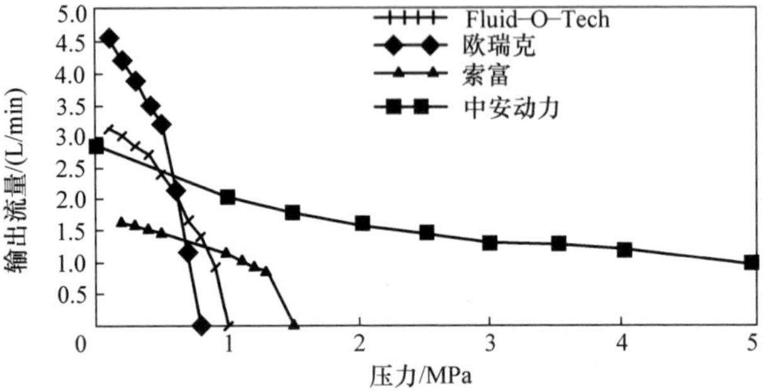 | 对比结果为中安动力的球形泵性能居首：实测压力最高，性价比最高，同等压力下流量最大，实测压力与额定压力差最小 |

（3）制冷压缩机　制冷压缩机如图 25-15 所示。

球形动力机械可以开发具有高性价比的宽幅变频冰箱压缩机，改变现有技术无法开发出真正的宽幅变频冰箱压缩机的现状，提升冰箱的能耗效率和使用品质。

图 25-15　制冷压缩机

图 25-16 所示为多级球形压缩机相关零部件的图样，可以了解球形压缩机的工作腔与流道。图 25-16a、b 中，V1 和 V2 为一级压缩，V3 和 V4 为二级压缩，V5 和 V6 为膨胀级。

图 25-16c ~ g 进一步细化了结构。缸体和缸盖相连形成一个球形内腔，活塞具有球形顶面，从球形顶面中央伸出一活塞轴，活塞下部有一活塞销座；缸盖上设有与活塞轴相配的轴孔，活塞可绕活塞轴在轴孔中自由转动，活塞球形顶面与缸盖的球形内腔具有相同的球心并形成配合动密封；转盘的下端面中心伸出一转盘轴，转盘上部和下端面之间的外周面为转盘球面，转盘球面与缸体和缸盖的球形内腔具有相同的球心并紧贴球形内腔形成配合动密封；在转盘上部与活塞销座相对应有一转盘销座；中心销插入活塞销座和转盘销座，主轴支架与缸体相连，为主轴的旋转提供支撑，主轴的一端为偏心曲柄，偏心曲柄位于缸体内与转盘轴相连，另一端与动力机构相连，为压缩机变容提供动力；上述活塞轴和转盘轴及主轴的轴线都通过球形内腔的球心，并且活塞轴和转盘轴的轴线与主轴的轴线形成相同的夹角 α。

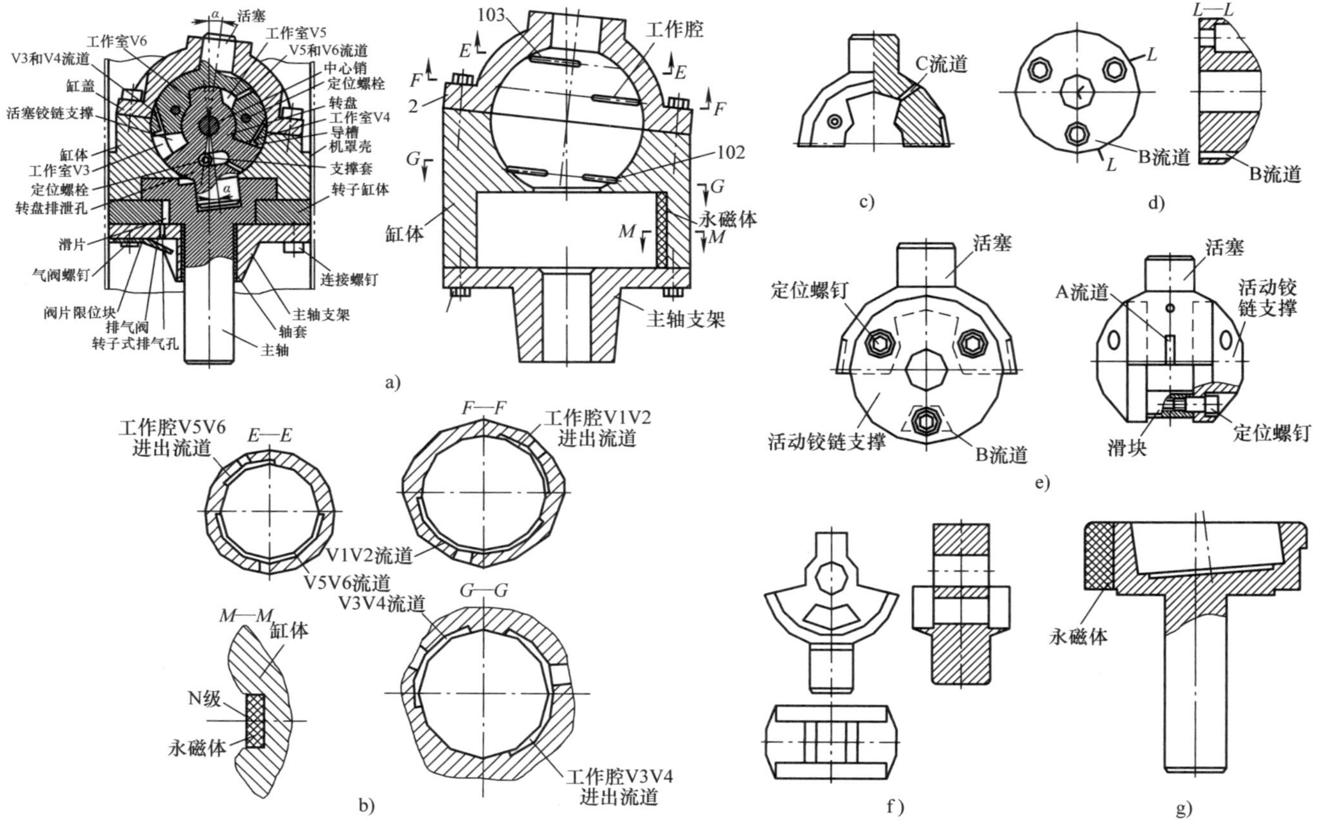


图 25-16　多级球形压缩机相关零部件的图样

a）装配图　b）剖视图　c）活塞主视图　d）活塞铰链支撑主视图 + 左视图　e）活塞与活塞铰链支撑组合主视图 + 左视图

f）转盘主视图 + 左视图 + 俯视图　g）主轴主视图

## 25.3　微型液压球形泵与微型球形制冷压缩机的工程应用

微型液压球形泵与微型制冷压缩机的工程应用十分广泛，现实中的许多应用都存在减小体积、提高功重比的要求。目前还只是按工程实际需求，有针对性地逐渐扩大应用领域，可分为下列应用门类（见图25-17）。

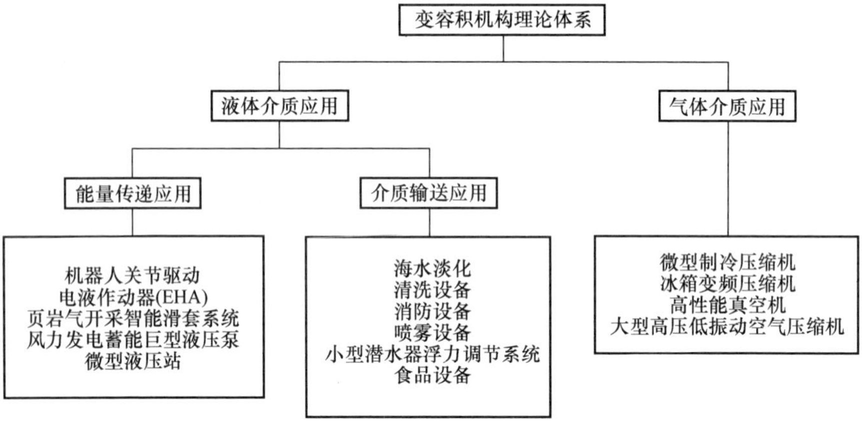


图25-17　变容积机构理论体系的应用领域分类

### 25.3.1　液压球形泵在机器人关节驱动中的应用

**1. 面对机器人手指的挑战**

半个多世纪以来持续研发投入的仿人型机器人多指灵巧手，从仿生结构、驱动、传动、感知、复合/智能材料、建模与控制等方面取得众多进展，如图25-18所示。

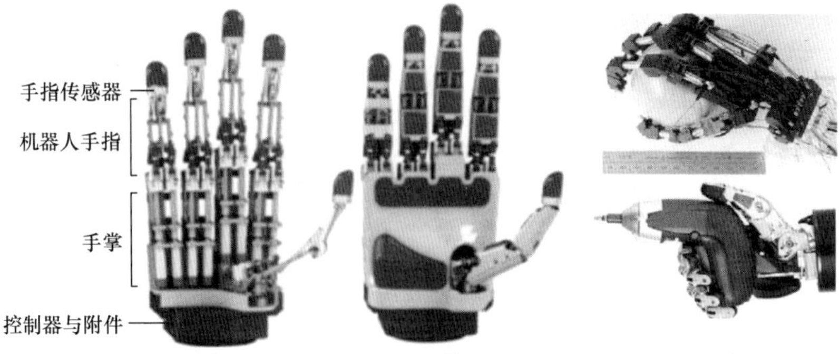


a)　b)　c)

图25-18　电动机直接驱动、肌腱驱动及连杆驱动机构的机器人手指（ILDA）
a）机器人手指组成　b）机器人手指外形　c）机器人手指操作

由于机器人多指灵巧手的本体复杂性，在部分功能复现、灵巧操作功能复现和人手功能的增强三个层次上进行了多种方案的研制。涉及深度仿生、柔性感知技术、操作过程规划与控制策略、成本控制四个方面的挑战。目前研制的机器人手指结构中较多采用电动机驱动控制方式包括电动机减速机，每个手指都靠手指末端拉力进行运动，只需要一个拉力手指运动，结构紧凑、便于控制、动作灵活；材料采用塑料纤维，量轻价廉；采用嵌入式的控制方式响应速度快。至今为止，没有发现液压驱动与控制的痕迹。

从具体案例来看，知名的约翰·霍普金斯应用物理实验室开发的 MPL v2.0 机器人手具有高灵巧度，是具有 22 个自由度的主动式结构，设计紧凑，集成了执行器和电子设备，可实现接近人类水平的自然运动和触觉反馈。然而，手的大小和性能高度依赖于电动机，尤其是手指部分，使用高端规格的电动机或驱动力传输部件会增加成本，由于电动机的质量，手指处的惯性很高，因此需要复杂的控制机构，如果没有制动器技术的创新，很难实现紧凑、轻便和高性能。基于肌腱驱动机构的手与人手驱动机构最为相似，但这类机器人手的致动器和电气部件相当大；连杆驱动机构类机器人手具有接头的双向控制、鲁棒性以及易于制造和维护等优点，却难实现多自由度运动并提供较大的工作空间。因此超微型液压球形泵是一个可以作为尝试与发展的技术，液压机器人手指将具有推力大、速度快与承受冲击载荷能力强的特点。

**2. 可用于机器人手指的超微型球形泵电液作动器（EHA）**

图 25-19 所示为超微型球形泵所组成的电液作动器，可以采用球形泵正反转实现推拉杆伸缩，省去方向阀，大幅简化系统结构，电液作动器可以整体放置在一个封闭的弹性胶囊中，消除油液泄漏隐患，超微型球形泵电液作动器可以实现分布式布置。

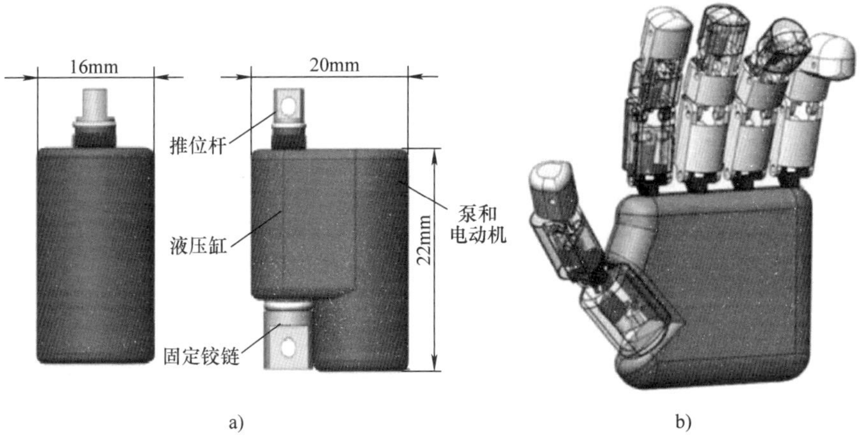


图 25-19　电液作动器驱动机器人手指

a）超微型球形泵电液作动器　b）电液作动器驱动的机器人手指

球形泵形成的电液作动器将成为机器人手指新的驱动方式，而且体积大小与分布式架构完全符合机器人手指的需求。图25-20所示为机器人手掌心电液作动器，机器人灵巧手手指驱动：超微型一体化电液作动器的尺寸符合替代人类手掌心的实际尺寸。与现有电动机减速器超微型作动器相比，用于机器人手掌心的超微型球形泵电液作动器的优势是速度是其2~4倍，推力是其2~4倍，体积是其60%~70%，耐受冲击载荷的能力是电动机减速器所不具备的。

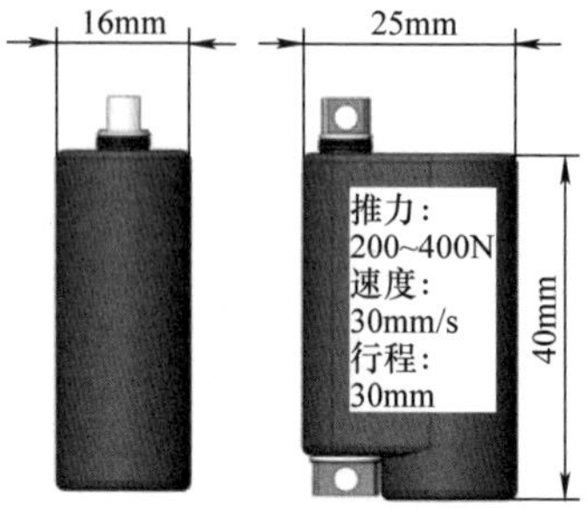

图25-20 机器人手掌心电液作动器

**3. 基于液压球形泵的机器人柔性关节驱动器**

基于液压球形泵的专利技术，设计和开发全新一代机器人柔性关节驱动器，如图25-21与图25-22所示。

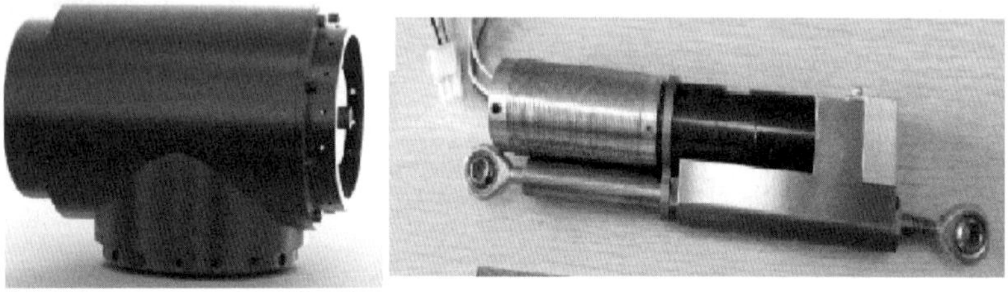
图25-21 液压球形泵机器人柔性关节驱动器与EHA

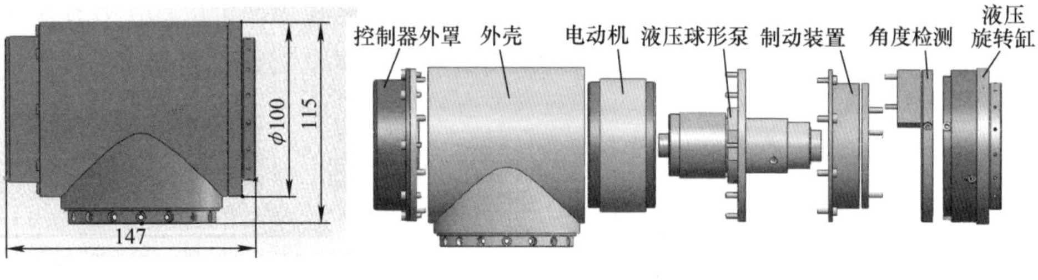

图25-22 液压球形泵机器人柔性关节驱动器

机器人柔性关节驱动器可以解决相关行业的应用痛点，因为目前采用电动机减速器不能耐受冲击载荷，举升力矩小。而球形泵电液作动器和机器人关节柔性驱动器特点是具有体积小、振动小的特点，该EHA可以将电动机、泵、作动缸集成在一起，其泵源具有正反转功能，使机器人的液压驱动（作动）系统可以采用分布式液压源方案，省掉了繁杂的高压油管和电磁液压方向阀，可大幅降低系统的质量、体积和功耗，大幅简化控制系统。

**4. 球形动力机械在虚拟现实（VR）技术中的应用**（元宇宙关键装备）

实现虚拟世界与人体感知交互必须借助于VR装备，如VR手套（见图25-23）。

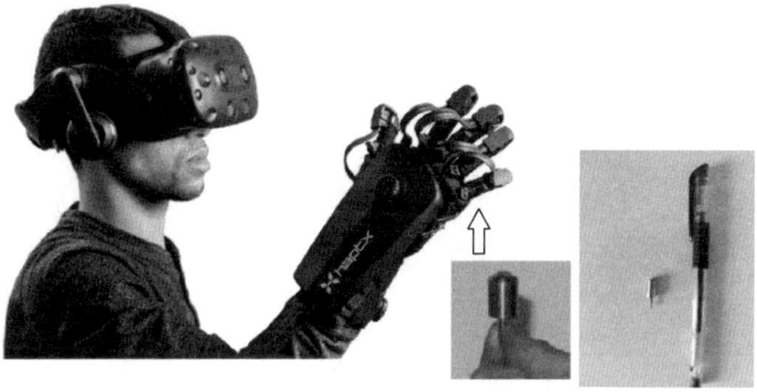

图 25-23 用于元宇宙的 VR 手套

VR 手套若要提供阻力、碰撞力、作用力、握力感知模拟，必须借助于真空泵、气体压缩机、液压泵等。目前的技术体系下，所有的真空泵、压缩机、液压泵都有体积大、质量大的缺陷，致使 VR 装备太过庞大、控制系统复杂，已经成为阻碍其大规模产业化的瓶颈，是该行业的技术痛点。球形真空泵、气体压缩机、液压泵可以实现超微型化及高可靠性。微型球形泵排量可达 0.002r/mL，设计转速为 10000～20000r/min，设计压力为 10MPa，可大幅提升 VR 装备的可靠性，简化控制系统，减少体积，减轻质量，为其未来大规模产业化提供技术支撑。

## 25.3.2 液压球形泵的应用前景

表 25-3 列出了液压球形泵的应用前景。

表 25-3 液压球形泵的应用前景

| 应用领域 | 应用场景 | 微型液压球形泵装置 | 应用原因与应用优势 |
|---|---|---|---|
| 飞机作动器 |  |  | 双头球形泵作为飞机作动器用泵，是分布式系统的核心部件。可靠性强于传统泵，压力高、转速高、体积小、重量轻 |
| 水下潜水器 |  | 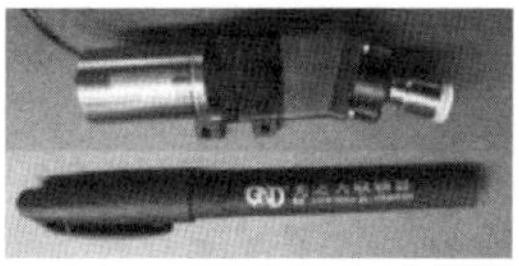 | 全球体积最小、重量最轻的海水服力调节泵。降低潜水器的工作噪声，提高隐蔽能力<br>微型浮力调节用球形泵压力 0.2～1MPa，流量 200～500mL/min |

（续）

| 应用领域 | 应用场景 | 微型液压球形泵装置 | 应用原因与应用优势 |
|---|---|---|---|
| 页岩气开采智能滑套系统 | 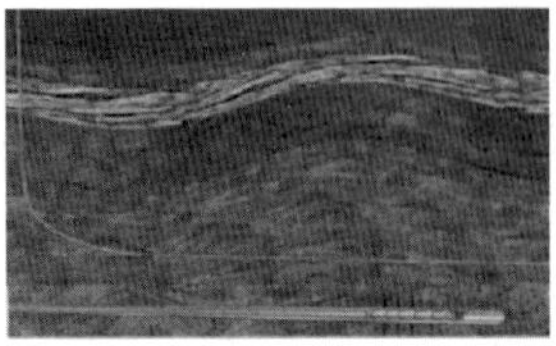 | <br>（球形泵见图25-24） | 机械滑套能打开不能关闭，故需要2个微型泵分别负责开和关，须电缆及油管通入地下。球形泵双向转动无须阀，可靠性高，泵外径≤16mm，启闭不受限制。可智能开采以省成本，提高开采效率 |
| 导弹舵机电液作动器 | 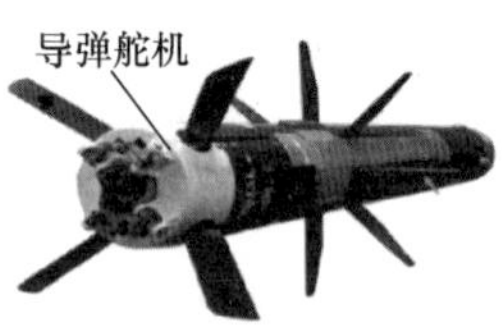<br> |  | 球形泵可以成为导弹舵中的核心部件，零件少，无脆弱零件，是支撑飞控系统升级换代和提升装备性能的一种新型泵。可以作为支撑飞控液压系统所需的各种形式泵源 |
| 分布式舵机作动器 | 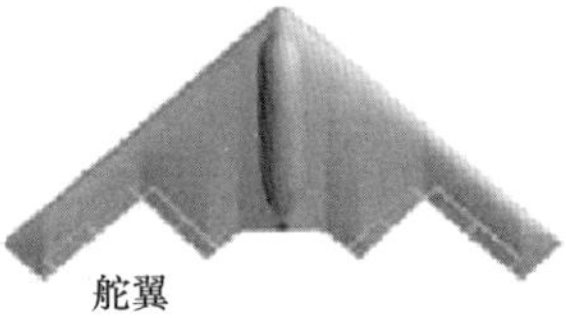<br> | 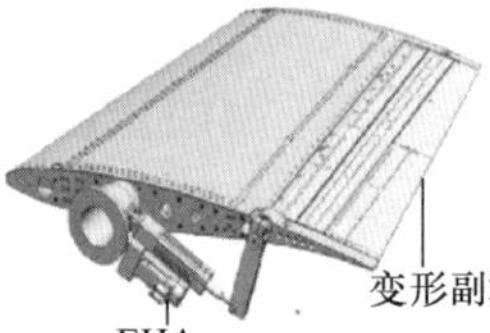<br> | 将独立作动单元用于飞机，取消高压油路，减少自重，提高生存能力。球形泵体积小、重量轻、零件少、可靠性高，这些特点正是这种装备所寻求的 |
| 植保无人机农药喷洒 |  | 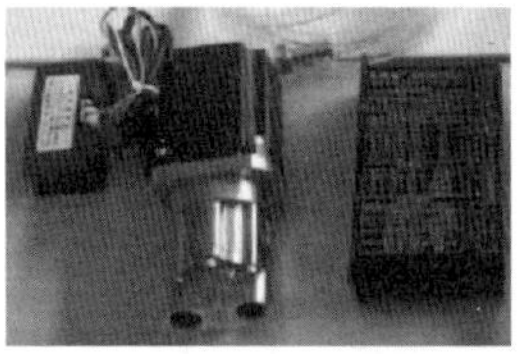 | 已在大疆植保无人机农药喷洒中使用，用量达10万台以上，克服了原柱塞泵抗污染可靠性差、流量调节范围窄的痛点，已经成为不可替代的优势产品 |

图25-24　页岩气开采智能滑套系统微型液压球形泵

## 25.3.3 液压球形泵在水介质领域的工程应用

表 25-4 列出了液压球形泵在水介质领域的工程应用实例。

**表 25-4 液压球形泵在水介质领域的工程应用实例**

| 应用领域 | 汽车机舱高压细水雾灭火 | 高压便携式洗车设备 | 高压厨具清洗设备 |
|---|---|---|---|
| 应用场景 | 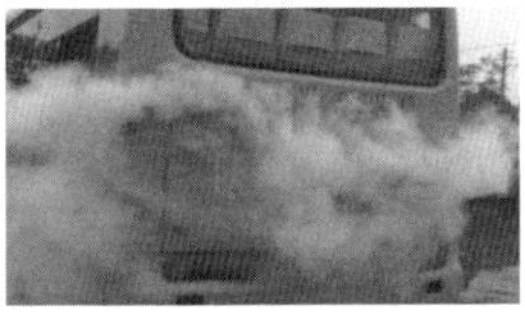 |  | 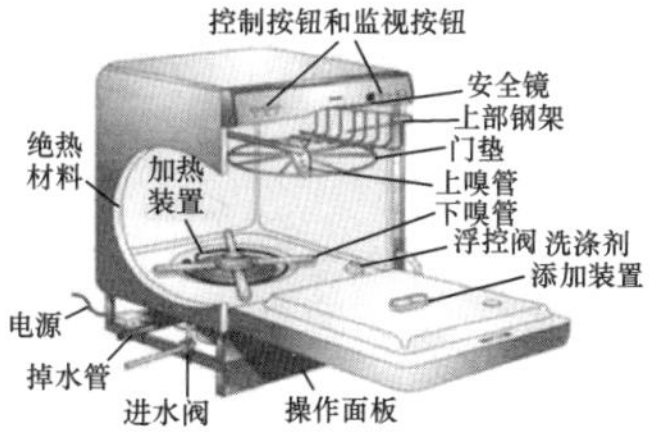 |
| 微型液压球形泵装置工作压力 | 3～8MPa | 5～10MPa | 3～4MPa |
| 应用原因 | 双头球形泵作为灭火取水用泵 | 降低潜水器的工作噪声，提高隐蔽能力 | 高温高压小流量，解决“洗不干净”难题，省水环保 |
| 应用优势 | 压力高、转速高、体积小、质量轻、取用方便 | 高压小流量，省水、省电，方便使用者自主洗车 | 高压小流量，省水、省电，方便使用者进行厨具高压冲洗 |

## 25.3.4 微型球形制冷压缩机

**1. 微型球形制冷压缩机解决大规模集成电路 CPU 的发热问题**

随着计算机运算速度和集成度的提高，大规模集成电路 CPU 发展迅速，其散热问题已成为世界难题。而微型压缩机制冷系统是有效的解决方案，并能够应用于多种电子、激光、红外、雷达设备上。

体积小、质量轻、工作平稳、效率高的微型制冷压缩机，与国内外采用的传统压缩机相比，有明显的优点。当用于微型机时，传统机型（如三角转子式、滚动活塞式、涡旋式、单螺杆式、滑片式等）的密封性差、泄漏量大、效率低，只是因为它们的机构都具有线密封的特征，密封薄弱。而微型球形压缩机采用的是一种三维容积的压缩新原理，解决了这一问题，不仅整机尺寸小型化，其微型压缩机的泄漏量小、效率高、便于携带，对单兵设备有重大意义，在相同的电池容量下可延长使用时间。

**2. 微型球形制冷压缩机解决家用空调、冰箱与新能源汽车空调领域的问题**

节能减排已是全人类发展的共识，碳中和是国际社会为了控制全球变暖而达成的战略合作。传统家用空调全球年产量超过 1 亿台，每台压缩机所用传统冷媒可产生约 2 吨当量的温室气体排放，是全球温室气体排放的重要来源。每年新增 2～3

亿吨的温室气体排放。全球制冷科学界的共识是，若采用二氧化碳作为冷媒，则能彻底消除这一排放来源。因为二氧化碳可以从现有工业生产环节中收集，不会加重环境负担，且成本低廉。

现在的困境是，全球范围内二十多年的研究表明，依靠现有的压缩机技术及原理，开发不出高效率的家用空调二氧化碳膨胀压缩机（制冷压缩机/热泵）。目前采用的传统压缩机为往复活塞式、滚动转子式、涡旋式、摆动转子式等，这些机型适用于不同的应用领域。但现有压缩机都难以适应利用自然工质（二氧化碳）必须跨临界的多级或单级压缩的要求，即使往复活塞式可行，也面临结构复杂性增加等问题。因此，制冷领域中跨临界循环应用开发成为世界性难题之一，需要通过技术进步来满足应用要求的不断变化。

依据球形动力机械原理，理论上可以设计出效率高、结构紧凑、可靠性高、成本适中的二氧化碳球形膨胀压缩机，有望解决这一重大世界难题，详见表 25-5。球形压缩机正好可以适应这种工况，因为它能够具有多级压缩和膨胀功能。球形压缩机能在单缸内实现多级压缩、膨胀的特点，能很好的应用于二氧化碳跨临界循环工况。无论是单级压缩带膨胀、二级压缩带膨胀或是多级压缩带多级膨胀的工况下，球形压缩机都具有极大的竞争力。球形压缩机密封性好、无气阀、零件少、振动小、两相流动好、高速变频性能好的优势能为二氧化碳跨临界循环提供结构紧凑、工作平稳的高效一体化的膨胀压缩机，组合式 $CO_2$ 球形膨胀压缩机图 25-16 中左上图所示。

**表 25-5　微型球形制冷压缩机在制冷领域的工程应用**

| 应用领域 | 冰箱变频压缩机 | 微型球形制冷压缩机 |
|---|---|---|
| 应用场景 |  | 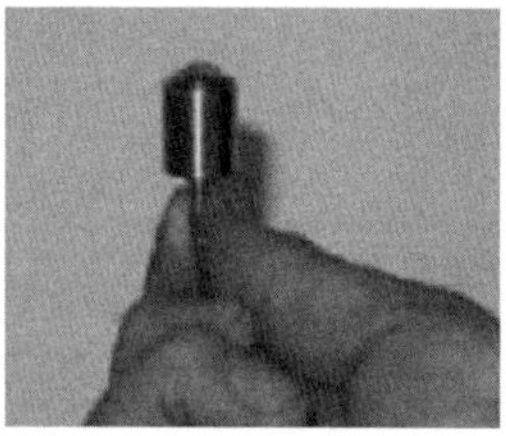 |
| 球形压缩机工作压力 | 3～8MPa | 5～10MPa |
| 应用原因 | 传统压缩机无法开发出真正的宽幅变频压缩机 | 比任何现有微型制冷压缩机的振动及体积都小，有绝对的优势 |
| 应用优势 | 开发具有高性价比的宽幅变频冰箱压缩机，提升冰箱的能耗效率和使用品质 | 重点开发用于电子冷却系统、高压电器柜除湿系统、便携式医药储运及另售配送盒、便携式高档化妆品及红酒储运及另售配送盒、人体空调服（帽）、便携式创伤空调绷带及支护架、高档精密机床刀具冷却系统等 |

## 25.3.5 微型球形液压泵与微型球形制冷压缩机的工程应用

### 1. 便携海水淡化装备

便携海水淡化装备如图 25-25 所示。

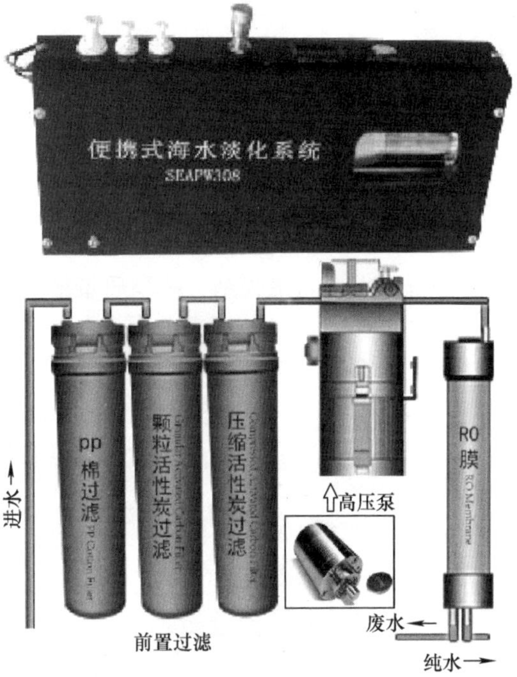


图 25-25 便携海水淡化装备

该便携海水淡化装备性能指标详见表 25-6。

表 25-6 便携海水淡化装备性能指标

| 型号 | 最大处水量/(L/h) | 最大产水量/(L/h) | 脱盐率(%) | 最大功率/W | 机身尺寸/mm(长×宽×高) | 外箱尺寸/mm(长×宽×高) | 净重/kg |
|---|---|---|---|---|---|---|---|
| SEAPW308 | 120 | 20 | 99.4 | 500 | 420×248×85 | 473×378×174 | 11 |

该装置采用无刷直流电动机驱动，智能变频，自动调节转速与压力，节能环保。由于采用微型球形泵，可以自吸进水，无须进水泵，能够设计出全球体积最小、质量最轻的便携式海水淡化设备，降低系统成本，实现系统微型集成、便携机动。球形泵优势在于压力高（6~8MPa），自吸能力强，可省掉供水泵。

### 2. 便携式高压细水雾灭火装备

便携式高压细水雾灭火装备如图 25-26 所示，采用全球质量最轻、体积最小的便携式高压细水雾灭火装备动力单元。该灭火动力单元的工作压力可达 3.5~12MPa，流量可达 10~20L/min。将原来的背负式消防装备的喷射距离增大近一倍，

a)　　b)　　c)

图 25-26　便携式高压细水雾灭火装备

a）球形泵　b）背负式消防装备　c）背负式消防装备喷射远一倍效果

装备性能大幅提升。目前是世界上动力最强劲、体积质量最小的背负式消防设备。

**3. 用于膨化机**

用于膨化机的球形膨化泵如图 25-27 所示。

a)　　b)

图 25-27　球形膨化泵用于膨化机（冰淇淋机）

a）球形膨化泵实物图　b）用于膨化机

球形膨化泵经用户使用证明，其膨化率高，性能稳定，便于清洗，系统的体积和质量大幅减小，解决了现有膨化泵易堵塞、膨化率不稳定的行业痛点。

**4. 大型低振动空气压缩机**

大型低振动空气压缩机如图 25-28 所示。

图 25-28　大型低振动空气压缩机

该设备属于气体介质领域，利用球形动力机构原理可设计大型低振动高压空气压缩机，通过模拟仿真显示出的优势是可实现低速、高压力（30～40MPa）。特点：振动噪声小，可靠性高，效率高，在军事上可用于对噪声比较敏感的装备（如潜艇、舰艇等）。

# 25.4　电液泵

电动机和液压泵的集成，目前主要有三种结构形式：一是电动机与液压泵轴向排列，两者通过联轴器连接，功率通过联轴器来传递，这种结构形式的集成称为电动机－液压泵组或电动泵；二是电动机和液压泵仍为轴向排列，两者法兰连接，整体封装后放入同一壳体，称之为屏蔽式电动机泵；三是电动机和液压泵合二为一，取消联轴器或者法兰连接，转子高度融合在一起，称之为电液泵。

## 25.4.1　电液泵概念

由电动机驱动的传统泵源结构如图 25-29a 所示，大多是由“电动机＋联轴器＋液压泵”三段式结构组成，由于各自相对独立的组合，存在体积大、质量大、效率低、噪声振动大和泄漏等缺点。

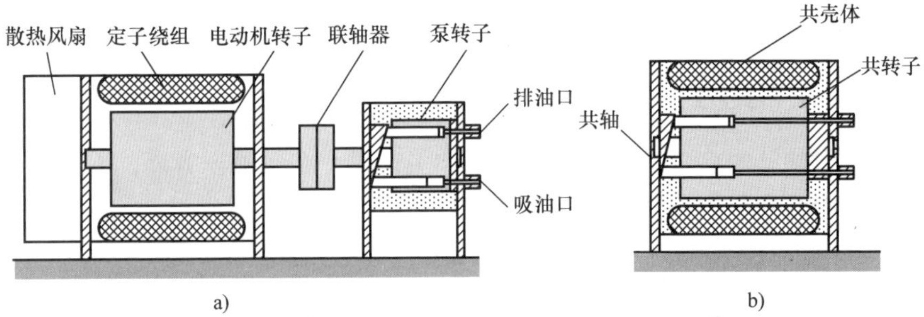


图 25-29　泵源结构图

a）传统泵源　b）电液泵

泵源作为液压系统的“心脏”，为了适应新形势下的要求，正朝着体积小、质量轻、效率高、噪声低和无泄漏等方向发展。随着机电液一体化技术的发展，不同学科、不同领域之间相互交叉、结合与融合，电液泵也应运而生。

电液泵结构原理如图 25-29b 所示，它是一种将电动机、液压泵、阀和液压辅件等高度集成的新型液压动力单元，能够大幅减小体积和质量，杜绝了外泄漏，降低了振动和噪声且具有较高的可靠性。

电液泵将电动机的转子和泵的转子合二为一，共转子并共壳体，省去了电动机和泵的机械连接，降低噪声和振动的同时，节约了材料，占用空间也明显减小，使之具有以下明显优势特性：

1）结构紧凑，体积小，质量轻，功率密度大，较传统泵源体积可减小 40%～50%。

2）无外伸轴，进而从根本上杜绝了动密封造成的泄漏。

3）浸油式电动机改善了散热，降低了噪声与振动，噪声较传统泵源可降低

10~15dB，同时取消了电动机散热风扇，从而提高了效率。

4）取消了液压泵支架等零部件，降低了系统复杂度，提高了可靠性，进一步降低噪声和振动。

5）可将多种电动机（异步、永磁同步、无刷直流、开关磁阻电动机等）与多种液压泵（柱塞式、齿轮式、叶片式等）进行组合，变转速与变排量（轴向柱塞式）进行各种组合，并可集成相应传感器，结合先进的电子技术和控制技术，实现复杂的控制功能和很高的控制性能，方便实现智能泵源系统。

6）用户应用简便。用设计加工制造的复杂性换取了使用维护的极大方便；电液泵与外部连接的接口包括电气、液压和机械接口，与传统泵源相比，其电气和液压接口基本一致，但机械接口设计得非常简单，无须三段式结构的复杂对中或机械校准。

7）运行稳定。共转子去掉了不同心带来的各种弊端，浸油式结构使转动副具有油膜，利于润滑和散热，运行更加稳定，故障率明显降低。

8）可靠性更高，寿命更长，寿命期内可以免维护。

9）成本更低，效益更大。

## 25.4.2　电液泵的发展

目前，国外已经有较为成熟的电液泵相关产品，我国液压方面的专家团队也开展了关于电液泵的研制开发工作。

美国威格士（Vickers）在1992年申请了一种内嵌电动机驱动式液压泵的专利，结构原理如图25-30所示。该电液泵将两个柱塞泵的泵芯部分（包括泵缸体、

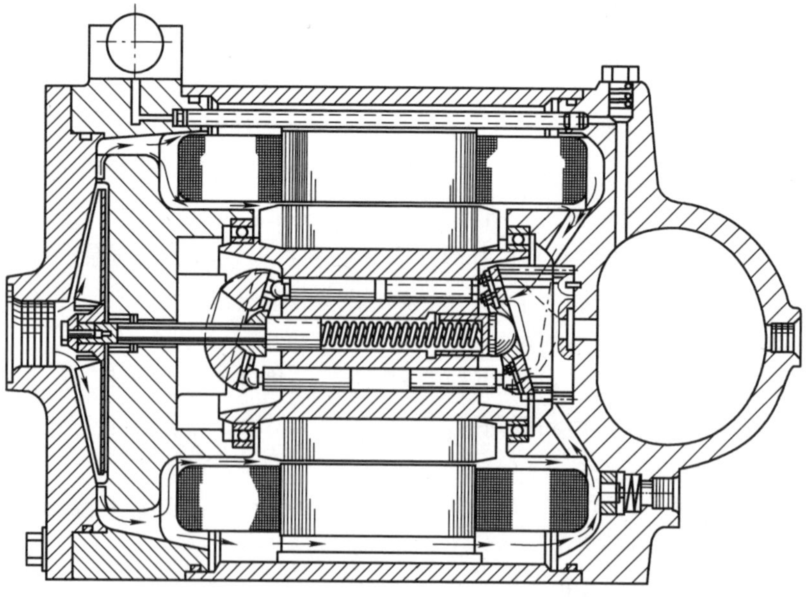

图25-30　美国威格士内嵌电动机驱动式液压泵结构原理

柱塞组件和弹簧等）分别放置于电动机转子两侧，通过电动机转子直接驱动柱塞泵缸体，以带动柱塞泵工作。

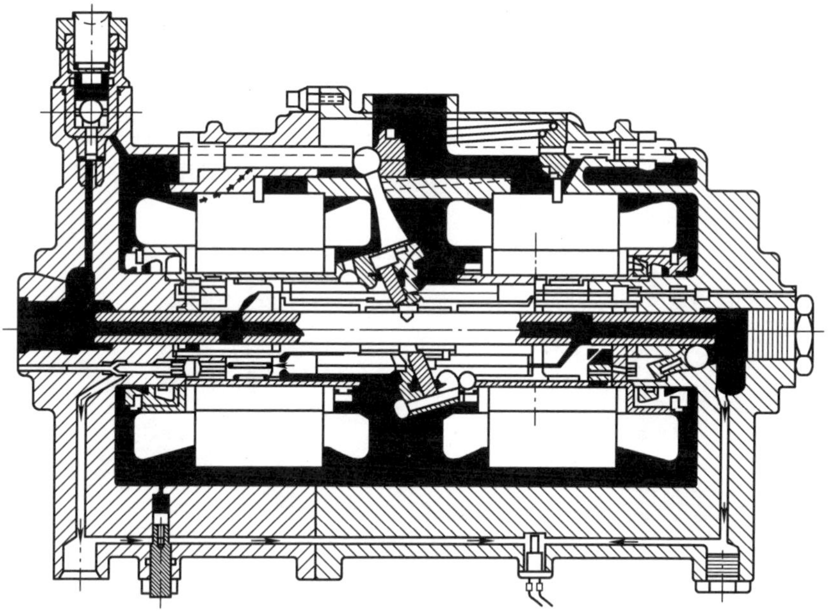

图 25-31　电动机柱塞泵结构原理

威格士设计的另外一种液压电动机柱塞泵，结构原理如图 25-31 所示。将两台电动机与两台轴向柱塞泵集成于一个壳体内，在减小体积和质量的基础上，有效减小了电液泵的出口压力脉动。

日本大金（DAIKIN）于 20 世纪 90 年代开发了 RP 系列转子泵，结构原理如图 25-32所示。该电液泵将变量柱塞泵的柱塞集成在电动机转子内部，与大金同等

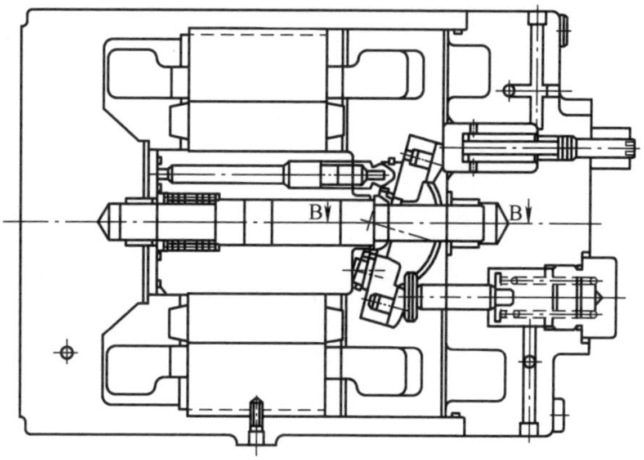


图 25-32　日本大金 RP 系列转子泵结构原理

功率的传统电液动力单元相比，噪声降低了 10～15dB，整体长度缩短了近 40%，输出油液压力脉动降低了 50%。RP 系列产品的最大工作压力有 14MPa 和 21MPa 两种，功率可达 0.75～5.5kW。

德国福伊特（VOITH）于 2004 年开发的产品 EPAI，其结构原理如图 25-33 所示。该电液泵将内啮合齿轮泵和鼠笼式异步电动机高度集成，另外可以在轴向增加一个内啮合齿轮泵以增大整体的输出流量。与传统泵源相比，同等功率等级下体积缩减了 50%，噪声仅为原有的 6.25%。该系列产品有 17.5MPa 和 33MPa 两种工作压力，功率为 3～11kW。

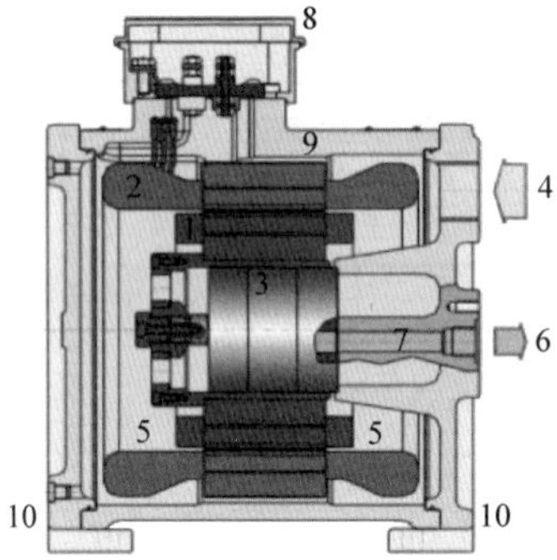


a)

b)

图 25-33　德国福伊特的 EPAI 结构原理

a）结构图　b）实物图

1—转子　2—定子　3—内啮合齿轮泵　4—吸油口　5—吸油腔　6—压油口

7—压油腔　8—端子盒　9—壳体　10—端盖

与油昇（YEOSHE）于 2006 年研制开发出了电液复合泵浦，结构原理如图 25-34所示。该电液泵将柱塞泵内嵌于电动机转子中，电动机定转子和柱塞泵全部浸泡于油液中，并且电动机转子和柱塞泵缸体直接在油液内旋转。

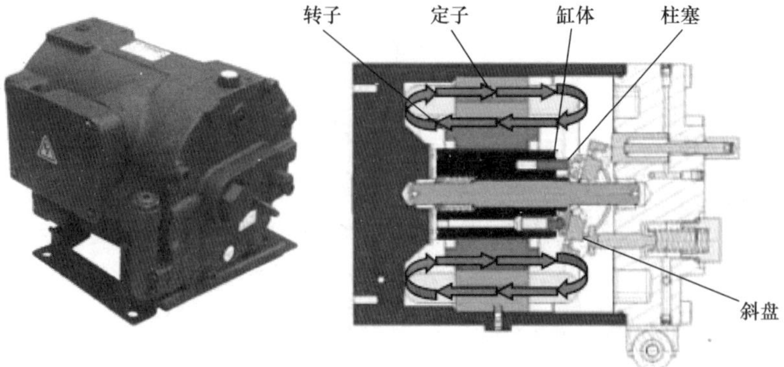


图 25-34　电液复合泵浦结构原理

兰州理工大学冀宏研究团队于 2006 年提出液压泵、充液离心泵和电动机一体化集成的构想，并在国家自然科学基金的资助下，研制了两代浸油式电液泵样机，为避免浸油黏性损耗，进一步提出了气隙非浸油式电液泵新结构，发明的空心轴离心泵设置在液压主泵吸油口前端，为其增压充液，确保电液泵充分吸油；空心轴离心泵两侧设置旋转动密封，阻止油液进入电动机定、转子之间的气隙中，形成气隙非浸油式结构，避免油液黏性摩擦损耗。2019 年底研制成功的气隙非浸油式电液泵（转速为 1500r/min，压力为 21MPa，排量为 19mL/r），如图 25-35 所示，相比同规格的传统泵源，轴向长度可减小 40%，噪声降低 10dB 以上。该电液泵结构基本定型，可推出系列产品。

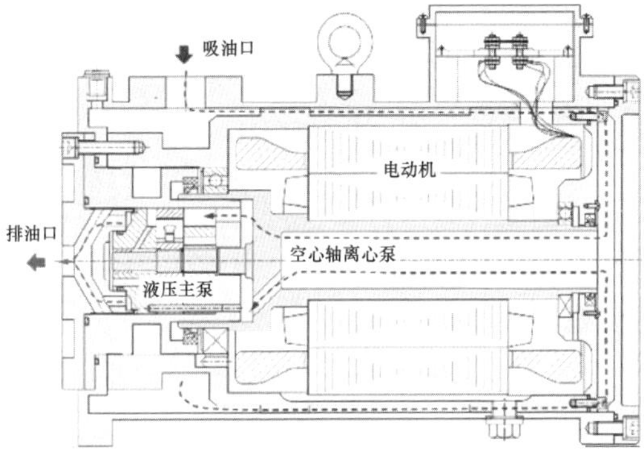

图 25-35　兰州理工大学的气隙非浸油式电液泵

燕山大学高殿荣研究团队研制了一台电液泵样机，其结构原理和试验样机如图 25-36所示。该电液泵将永磁同步电动机的转子与轴向柱塞泵的缸体高度集成，并在电液泵壳体的内壁上设计了大量细小的流道，通过油液在壳体内部循环以带走永磁同步电动机定子的热量。

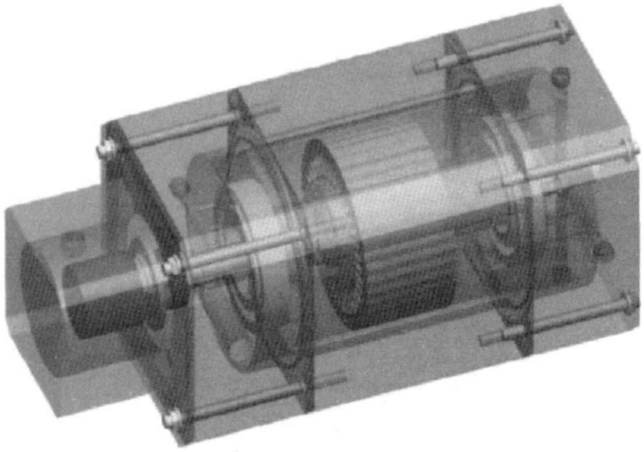

a)

b)

图 25-36　燕山大学的新型电动机轴向柱塞泵

a）结构原理　b）试验样机

北京航空航天大学研制了一款基于无刷直流电动机与内啮合齿轮泵高度融合的电液泵，其结构原理和试验样机如图 25-37 所示，将内啮合齿轮泵嵌于无刷直流电机内部，通过法兰盘连接电机转子与内啮合齿轮泵的传动轴。

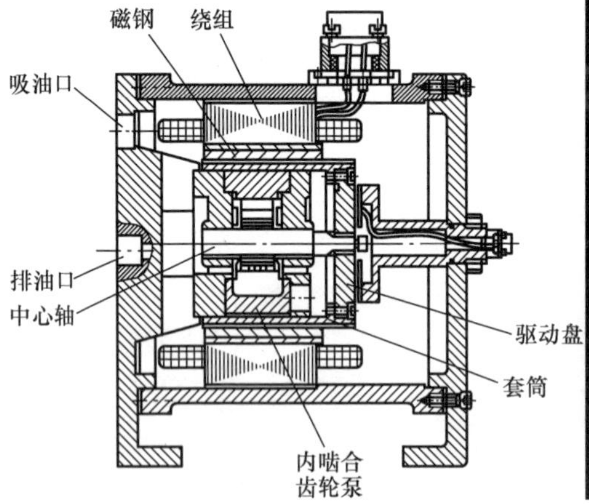


a)

b)

图 25-37　无刷直流电动机 - 内啮合齿轮电液泵

a）结构原理　b）试验样机

北京航空航天大学研制开发了一款基于无刷直流电动机与轴向柱塞泵高度融合的电液泵，其结构原理和试验样机如图 25-38 所示。该电液泵将轴向柱塞泵缸体与电动机转子进行固定连接，无外伸轴，杜绝了外泄漏；可以实现正反双向运转，短期内零部件的温升都在可接受范围内，噪声较同等功率的传统液压动力单元降低了 10 ~ 15dB。

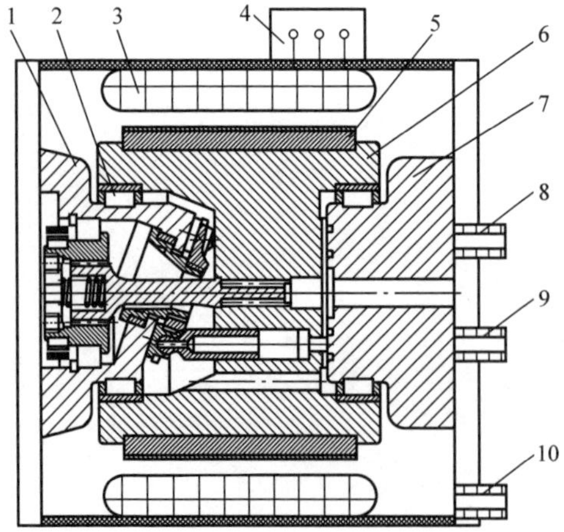

图 25-38　无刷直流电动机 - 轴向柱塞电液泵

1—斜盘组件　2—滚针轴承　3—电枢绕组　4—接线座　5—磁钢　6—转子　7—配流盘组件　8—出油口　9—进油口　10—回油口

### 25.4.3　电液泵集成设计

由于电动机和液压泵的类型众多，其结构原理和应用场合各不相同，需要对其功率匹配、驱动方式、支承方式和流量调节方式等进行集成设计。

**1. 功率匹配设计**

电液泵将电动机的输出功率直接传递给液压泵，液压泵转换成液压能对液压负载做功。一个典型的电液泵工作系统包括电源（直流或交流）、控制器（也包括变频或逆变等模块、控制计算机及其控制软件）、电液泵、液压负载（如液压缸等负载及其控制回路）四部分，如图 25-39 所示。

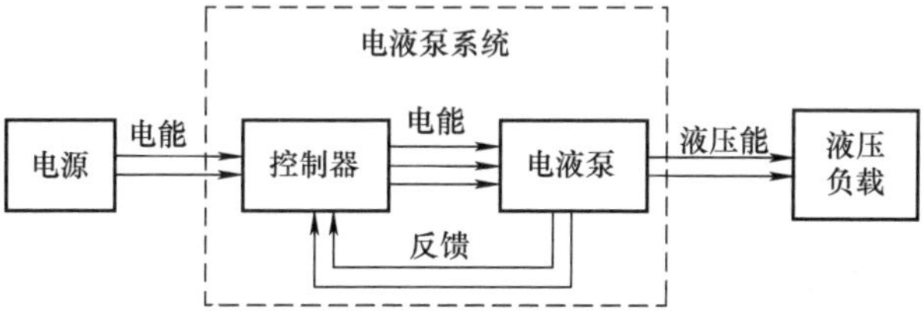


图 25-39　电液泵工作系统简图

电液泵内部的能量转化过程如图 25-40 所示，电压为 $U$ 的电源输出电流 $I$，即输入给电液泵的电功率$P_{e_in}$，在电动机的电磁作用过程中产生电磁损耗$P_{e_loss}$，最终在定转子间输出电磁转矩$T_e$；电磁转矩$T_e$驱动转子以角速度 $\omega$ 进行旋转，并带动其他相关机构往复运动，此过程中各机械机构产生机械摩擦损耗$P_{m_loss}$，最终将输出负载转矩$T_1$提供给液压负载$p_1$，同时角速度 $\omega$ 产生吸油流量$q_0$；吸油流量$q_0$在经过泄漏、压缩等容积损耗$P_{h_loss}$后最终输出流量$q_1$。

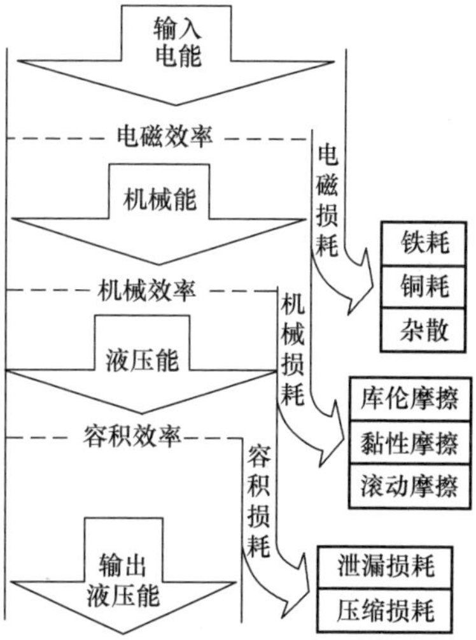


图 25-40　电液泵内部能量转化过程

电液泵的基本公式如下。

输入电功率为

$$P_{e\_in} = UI \tag{25-20}$$

电能有用功率为

$$P_{e\_out} = P_{e\_in} - P_{e\_loss} = \omega T_e \tag{25-21}$$

机械能有用功率为

$$P_{m\_out} = P_{e\_out} - P_{m\_loss} = \omega T_1 = q_0 p_1 \tag{25-22}$$

液压能有用功率为

$$P_{h\_out}=P_{m\_out}-P_{h\_loss}=q_1p_1 \tag{25-23}$$

电磁效率为

$$\eta_e=\frac{P_{e\_out}}{P_{e\_in}} \tag{25-24}$$

机械效率为

$$\eta_m=\frac{P_{m\_out}}{P_{e\_out}}=\frac{T_1}{T_e} \tag{25-25}$$

容积效率为

$$\eta_V=\frac{q_1}{q_0}=\frac{P_{h\_out}}{P_{m\_out}} \tag{25-26}$$

吸油流量$q_0$与转子旋转角速度 $\omega$ 的关系为

$$q_0=\frac{\omega}{2\pi}q_T \tag{25-27}$$

式中 $q_T$——电液泵的排量。

综上，电液泵的总效率为

$$\eta=\eta_e\eta_m\eta_V=\frac{P_{h\_out}}{P_{e\_in}} \tag{25-28}$$

因此在设计电液泵的功率分配时，一般可采用倒推法，即由液压负载压力和流量需求反推主轴的转速与转矩，进一步反推电动机部分定转子的电磁转矩，最终确定电动机部分的功率。

**2. 驱动方式设计**

传统泵源的驱动方式如图25-41所示，其力矩传递方式为电动机→联轴器（钟形罩）→液压泵。电液泵取消了联轴器，将液压泵内嵌于电动机转子内部，因其集成结构的变化，将改变传统的力矩传递方式，根据不同类型的液压泵与电动机的匹配，主要有电动机直驱式和法兰驱动式。

a)

b)

图25-41 传统泵源的驱动方式

a）联轴器连接 b）钟形罩连接

（1）电动机直驱式 电动机直驱式是通过电动机转子直接驱动液压泵的旋转件，代替原有的传动轴驱动。传统轴向柱塞泵构成的动力单元的力矩传动方式为：

电动机→联轴器→泵中心轴→缸体→柱塞。基于直轴式轴向柱塞泵的电液泵采用电动机直驱式设计后，其力矩传递方式为电动机转子→泵缸体→柱塞（见图 25-42a），其中电动机转子与缸体进行了集成化设计。除此之外，基于直轴式轴向柱塞泵的电液泵，其驱动方式还可以为电动机转子→斜盘→柱塞→缸体（见图 25-42b），其中转子与斜盘连接。在简化驱动方式的同时，还减小了集成后电机转子的转动惯量，更加有利于伺服控制。

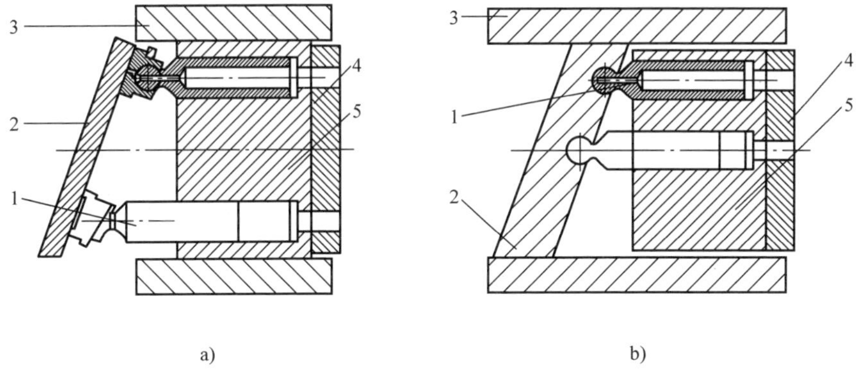


图 25-42　轴向柱塞泵电动机直驱结构

a）缸体与转子连接　b）斜盘与转子连接

1—柱塞　2—斜盘　3—电动机转子　4—配流盘　5—缸体

（2）法兰驱动式　电液泵的法兰驱动式结构如图 25-43 所示，将现有的液压泵整体放置于电动机转子内部，通过法兰和套筒驱动液压泵，其驱动方式由传统液压动力单元的驱动方式（电动机→联轴器→液压泵）变为电动机转子→法兰→液压泵。

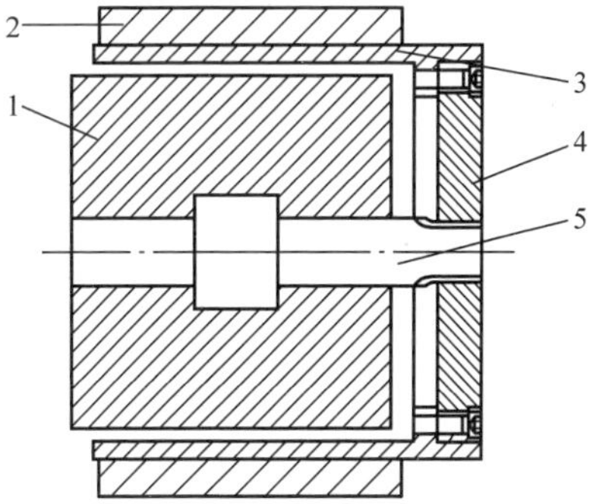


图 25-43　法兰驱动式结构

1—液压泵　2—电动机转子　3—套筒

4—法兰　5—中心轴

**3. 支承方式设计**

电液泵将液压泵内嵌于电动机转子内部，其旋转零部件较多，如电动机转子、柱塞泵的缸体、齿轮泵的齿轮和叶片泵的叶片等，而且在其内部各零部件之间存在力矩的传递，因此需要对集成后的支承方式进行重新设计。根据旋转体支承位置的不同可以将支承方式分为传动轴支承和端盖内壁支承。

（1）传动轴支承　传动轴支承是通过传动轴实现电动机转子的支承，其结构原理如图 25-44 所示，将液压泵固定连接在电液泵的内壁上，通过液压泵传动轴末端连接的法兰来支承整个电动机的转子。

（2）端盖内壁支承　端盖内壁支承是取消传动电动机内部的传动轴，通过端盖内壁对电动机转子进行支承。轴向柱塞泵与电动机集成的端盖内壁支承结构如图25-45所示，共用转子通过斜盘和配流盘与端盖集成的内壁上滚针轴承支承，中心轴和电机转子对缸体进行支承，中心轴通过与缸体的连接花键和端盖上的深沟球轴承支承。

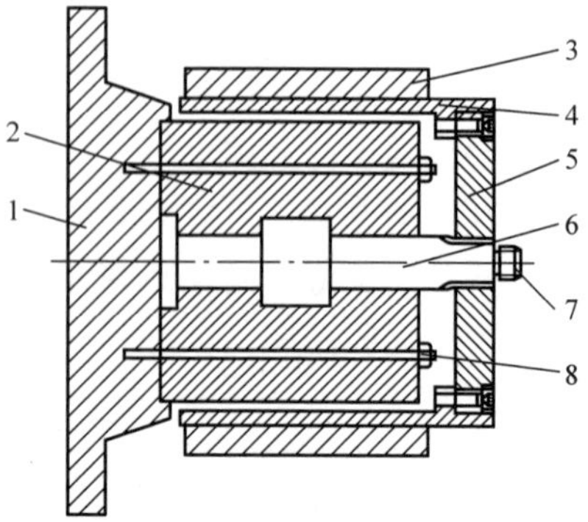


图25-44 传动轴支承结构原理

1—电动机端盖 2—液压泵 3—电动机转子 4—套筒 5—法兰 6—中心轴 7—限位螺栓 8—固定螺栓

**4. 流量调节方式设计**

根据应用场合与需求的不同，可以通过调速电动机和定速电动机与定量泵和变量泵进行集成，从而实现电液泵的流量调节。

（1）定量泵+定速电动机 在应用中不够灵活，同时在设计时泵和电动机的参数匹配难度较大，增加了设计的难度。定速电动机一般都采用交流异步电动机，具有成本低廉的优势。

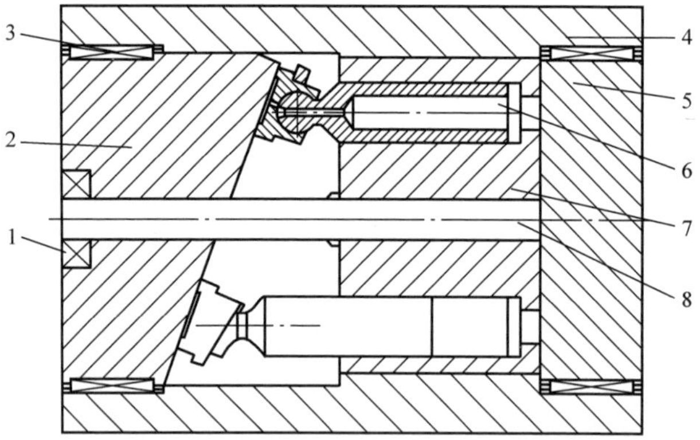


图25-45 电动机直驱式端盖内壁支承结构

1—中心轴轴承 2—斜盘 3—转子轴承 4—电动机转子 5—配流盘 6—柱塞 7—缸体 8—中心轴

（2）定量泵+调速电动机 在实现预期性能的同时，由于没有液压泵排量调节机构，具有结构简单、质量轻和能量损耗低的优势，工程可行性较高。

（3）变量泵+定速电动机 即使运行在空载或小负载状态下，由于不能调速，电动机依然保持较高的额定转速，造成大量能量浪费，效率低下，同时还产生噪声。而且变排量机构的结构比较复杂，质量较大。

（4）变转速+变排量 基于变量泵技术和变转速技术的电液泵产品可融入先进的电子技术和控制技术，实现复杂的控制功能和很高的控制性能，不但可以提高系统动态响应，还能使电动机功率与系统要求完全匹配，并提高系统刚度。

为得到较高的性价比，中小功率系统可采用调速性能更好的永磁同步电动机与定量液压泵组合，即变转速 + 定排量；大功率系统可采用价格相对便宜的交流异步电动机与变量液压泵组合，结合变频调速，实现变转速 + 变排量的复合控制。

**5. 辅件集成**

电液泵除了将液压泵和电动机进行高度集成外，为了提高其集成度，进一步减小空间体积，还需要将液压系统中的阀、油箱和传感器等系统辅件进行集成设计。

油箱集成，一方面为了进一步减小电液泵的空间体积，另一方面为了提高其散热效果，除了将电动机与液压泵集成外还可以将其放置于油箱内部，并设计合理的流道。

对于一个液压系统，液压回路中都设计有多个阀（安全阀、溢流阀和单向阀等)，在不影响电液泵正常功能的前提下可以将其端盖设计为阀块，并将系统所需的阀以插装阀的形式安装于端盖上。

传感器的集成，如转子位置传感器、温度传感器、压力传感器和液位传感器等，可以实现电液泵的智能化。

**6. 集成设计示例**

图 25-46 所示为一种永磁伺服轴向柱塞式电液泵，将斜盘式轴向柱塞泵与永磁同步电动机进行高度融合设计，集成了转子位置传感器。

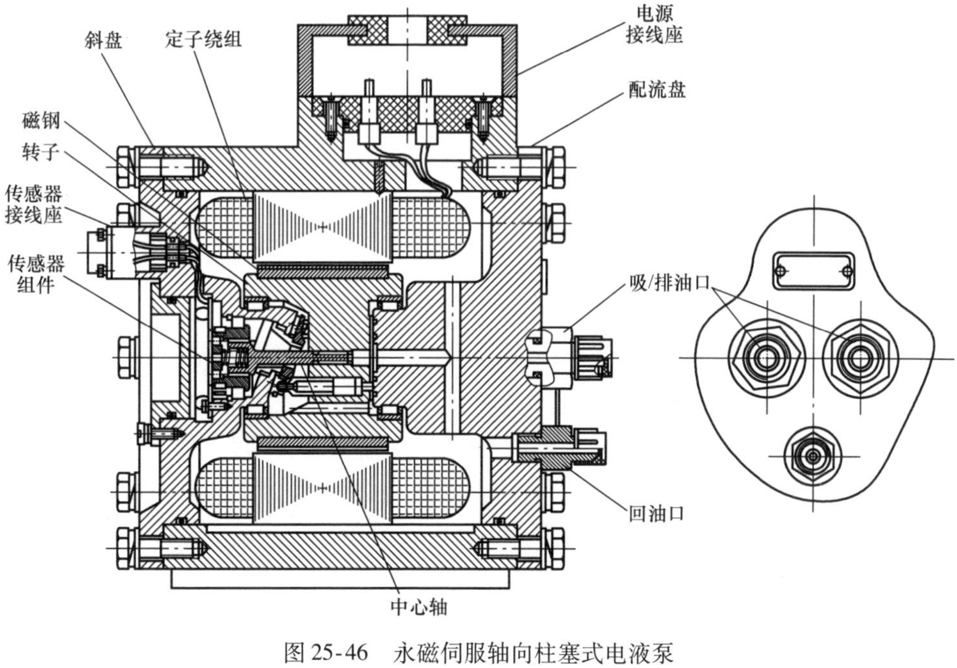


图 25-46　永磁伺服轴向柱塞式电液泵

该种电液泵的转子外侧安装有永磁磁钢，转子结构比较简单。电磁转矩的传递过程为磁钢→转子→柱塞滑靴组和中心轴。

具体集成方案与相关参数详见表25-7。

表25-7　永磁伺服轴向柱塞式电液泵集成方案与相关参数

| 项目 | 内容 |
|---|---|
| 液压泵型式 | 斜盘式轴向柱塞泵 |
| 电动机型式 | 永磁同步电动机 |
| 集成结构 | 液压泵位于电动机的内部中部，电动机与泵的转子二合一 |
| 变量方式 | 定排量+变转速 |
| 集成传感器 | 转子位置传感器 |
| 额定输入功率 | 20kW |
| 额定电压 | DC 270V |
| 额定转速 | ±10000r/min |
| 额定压力 | 28MPa |
| 排量 | 5mL/r |
| 工作介质 | 10号航空液压油 |

## 25.4.4　电液泵应用

电液泵具有高效节能、低成本、低噪声、环境友好等优点，是液压系统泵源发展的一个方向。我国是液压泵使用大国，在航空航天、船舶、舰船、潜艇、特种车辆、冶金、机床、工程机械、矿山设备等领域有极大的市场需求。

**1. 航空航天**

随着多电飞机和功率电传技术的发展，中央集中式液压系统也朝着分布式液压系统方向发展。泵源也朝着高压化、集成化、局部化和智能化方向发展。

2006年，空客研制的A380在飞机起落架转弯系统中将局部液压系统作为备份使用。图25-47所示为A380起落架备份的电液泵。

图25-47　A380起落架备份的电液泵

北京航空航天大学研制了为飞机起落架收放和前轮转弯提供液压能源的电液泵，除了满足高功重比外，还实现了泵源零外泄漏，并能对其自身健康状态进行自检，实时监控系统温度和压力。图 25-48 所示为起落架电液泵样机，集成方案与相关参数详见表 25-8。

图 25-48　起落架电液泵样机

表 25-8　起落架电液泵集成方案与相关参数

| 项目 | 内容 |
| --- | --- |
| 液压泵型式 | 斜盘式轴向柱塞泵 |
| 电动机型式 | 直流无刷电动机 |
| 变量方式 | 定排量 + 变转速 |
| 集成传感器 | 温度传感器、压力传感器和液位传感器 |
| 额定输入功率 | 10kW |
| 额定电压 | DC 270V |
| 额定转速 | 13000r/min |
| 额定压力 | 28MPa |
| 排量 | 1mL/r |
| 工作介质 | 10 号航空液压油 |

电液泵整体尺寸（长 × 宽 × 高）为 350mm × 300mm × 250mm；总质量为 19.75kg，根据其设计功率为 10kW，功重比达到了 0.5kW/kg。

**2. 液压机**

北京航空航天大学研制了适用于液压机的电液泵，该电液泵将三项异步电动机与轴向柱塞泵高度融合，其结构原理和试验样机如图 25-49 所示。

该电液泵将轴向柱塞泵全部放置于三项异步电动机转子内部，由三相异步电动机转子直接驱动轴向柱塞泵的缸体来实现泵的吸/排功能；轴向柱塞泵的配流盘与斜盘分别与电动机端盖集成；进出油口位于端盖两侧，通过系统回油对电动机定转子进行冷却。

该电液泵集成方案与相关参数见表 25-9，通过试验证明其具有较好的散热效

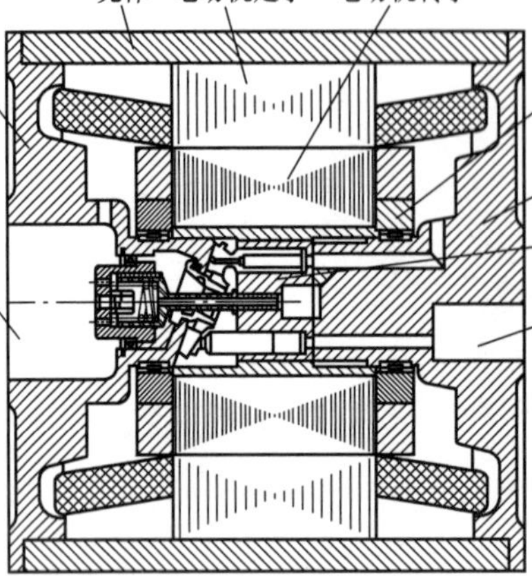


a)

b)

图 25-49 三相异步电动机 - 轴向柱塞泵电液泵

a）结构原理 b）试验样机

果，室温下长时间运行，电动机定子温度都在 40℃以内。与同等功率的传统液压动力单元相比，空间体积缩小 30%，效率提高 2%。

表 25-9 三相异步电机 - 柱塞泵电液泵集成方案

| 项目 | 内容 |
|---|---|
| 液压泵型式 | 斜盘式轴向柱塞泵 |
| 电动机型式 | 三项异步电动机 |
| 变量方式 | 定排量 + 定转速 |
| 集成传感器 | 温度传感器 |
| 额定输入功率 | 17kW |
| 额定电压 | DC 380V |
| 额定转速 | 1500r/min |
| 额定压力 | 28MPa |
| 排量 | 25mL/r |
| 工作介质 | 64 号抗磨液压油 |

# 第 26 章　运动控制型液压元件

## 26.1　运动控制型液压泵产品与其发展

### 26.1.1　工业 4.0 下液压泵的发展趋势与应用

若以 1905 年首次推出轴向柱塞泵为开端，以油液为介质的液压泵已有百余年历史。在这百余年之中，液压泵主要型式（齿轮泵、叶片泵及柱塞泵）几乎没有明显变化。这些泵种中仍以其各自的性能特点占据着不同的应用领域，但在具体应用方面的市场占有率会有较大变化。

随着工业技术的发展，特别是自工业 4.0 的时代进入数字化、网络化、智能化之后，液压泵面临深刻的变化，主要表现在新型结构变化、性能要求高压与高速化以及最为突出的数智变量机理的变化。这些变化发展以图 26-1、图 26-2 与表 26-1 来表达。

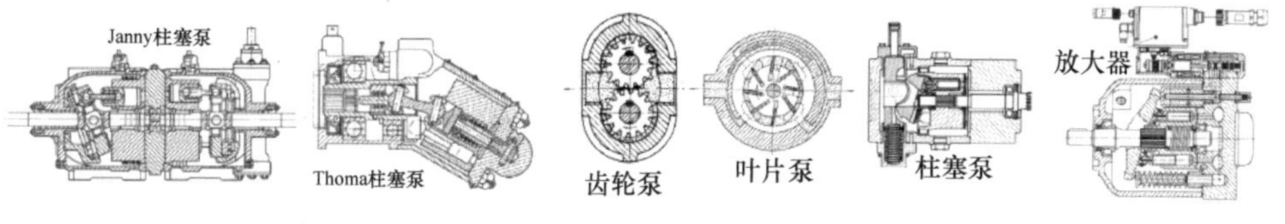


图 26-1　液压泵传统产品的现状

a）早期油介质液压泵（1905 年）　b）传统三大类泵型（液压 2.0 产品）

c）电子变量柱塞泵（液压 3.0 产品）

因此液压泵的分类可以从结构、变量与数智性三个方面进行，如图 26-3 所示。

### 26.1.2　液压泵的主要参数及计算公式

液压泵和液压马达的主要性能参数及计算公式见表 26-2。

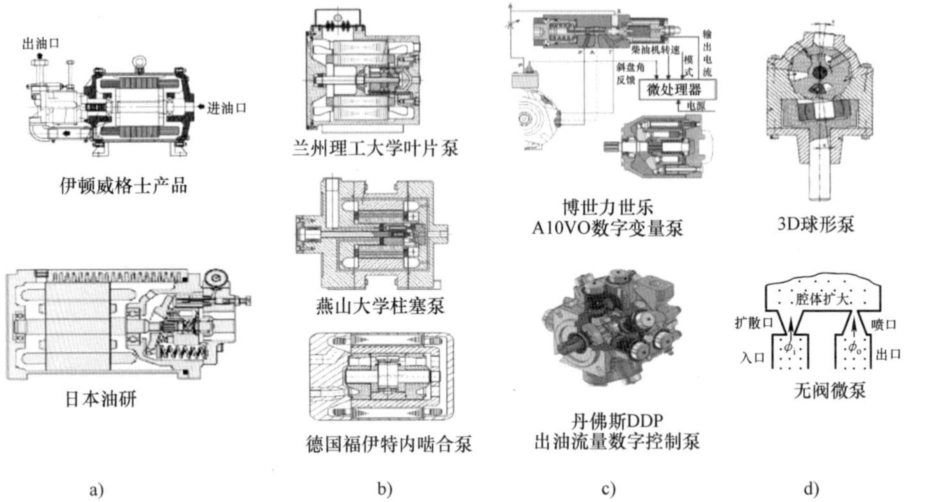


图 26-2　下一代液压泵产品与新型液压泵

a）早期直驱泵（液压 3.0 产品）　b）在发展的电液泵（液压 3.5 产品）

c）数智泵（液压 4.0 雏形）　d）新型泵（新工作原理）

**表 26-1　液压泵的应用与发展情况**

| 类别 | 品种 | 类型 | 应用特点 | 应用劣势 | 应用领域 |
|---|---|---|---|---|---|
| 传统泵（液压 2.0 产品） | 齿轮泵 | 外啮合 | 结构简单、体积小、污染不敏感、允许转速高 | 效率低、不变量、噪声大 | 农业机械、工程机械 |
| | | 内啮合 | 结构紧凑，自吸性好，噪声低，适合向高速发展，已达压 35MPa，转速可达 3000r/min | 加工要求高，价格高 | 应用于 EHA 与电液泵 |
| | 叶片泵 | 双作用 | 噪声低，插装式泵芯易维修，成本比柱塞泵低 | 不能变量，不及内啮合泵 | 塑机、机床等 |
| | | 单作用 | 可变量 | 压力低，流量小，基本已被淘汰 | |
| | 柱塞泵 | 轴向斜盘 | 主流泵种，压力高排量大，寿命长，变量丰富，通轴易组合 | 高端产品，价格高，自吸性差，易污染 | 工程与运输车轮、冶金机械 |
| | | 轴向斜轴 | 压力高，排量大，变量丰富，允许转速高 | 不通轴，无法用在闭式系统，不易安装与维修 | 用于马达 |
| | | 径向 | 压力最高，排量最大，变量丰富，可以通轴 | 外径大，允许转速偏低，轴配油 | 压力机 |
| 电子比例泵（液压 3.0 产品） | 柱塞泵 | 轴向斜盘 | 模拟与数字控制器，可实现流量和压力的闭环控制，总线数据接口 | 控制精度和响应比电液伺服低一个数量级 | 闭环比例系统 |

（续）

| 类别 | 品种 | 类型 | 应用特点 | 应用劣势 | 应用领域 |
|---|---|---|---|---|---|
| 直驱泵（液压 3.5 产品） | 伺服电动机柱塞泵集成 | 轴向斜盘 | 集成高效率，低噪声，高精度、高频响及较好的灵活性 | 缺乏大批量成熟系列产品 | 替代现有传统电动机、联轴器、液压泵结构 |
| 电液泵（液压 3.5 产品） | 伺服电动机与泵融合 | 齿轮泵、叶片泵、柱塞泵 | 直驱泵的发展，进一步集成融合，高效低噪声，高精度，高频响，灵活性好 | 在产业化进程中 | 替代现有液压变量泵 |
| 数智变量泵（液压 4.0 雏形） | 矩阵组合式 | 齿轮泵、叶片泵、柱塞泵 | 提高效率最简单的办法，与微处理器控制结合 | 市场缺乏针对性控制器，未形成产品系列 | 工程机械 |
| | 数智先导阀式 | 轴向柱塞泵 | 嵌入式数字控制，节能可实现流量和压力的闭环控制，总线数据接口 | 项目应用，缺乏批量系列 | 高端液压变量泵产品 |
| | 进出油数控式 | 径向柱塞泵 | 嵌入式数字控制，节能可实现流量和压力的闭环控制，总线数据接口 | 新产品，推广过程中，价格高昂 | 高端液压变量泵产品 |
| 微型泵（新型泵） | 3D 球形泵 | 3D 球形泵 | 微型，高压高转速，可用于液压机械手指 | 应用领域在扩展过程中 | 替代传统液压泵，用于 EHA |
| | MEMS | 微纳米级泵 | 机械式与非机械式微纳米级泵阀控制 | 全新领域，处于发展过程中 | 微型传感器、微型作动器、微生物化学分析与微流体输送 |

- 液压泵（开式回路）
  - 定量泵（液压2.0）
    - 齿轮泵
      - 外啮合齿轮泵
      - 内啮合齿轮泵
        - 楔块垫隙式
        - 内啮合齿轮泵
        - 摆线内啮合齿轮泵
          - 渐开线内啮合齿轮泵
          - 直齿及其共轭齿廓内啮合齿轮泵
    - 螺杆泵
    - 定量叶片泵
    - 定量径向柱塞泵
    - 定量轴向柱塞泵
      - 定量斜轴式轴向柱塞泵
      - 定量斜盘式轴向柱塞泵
  - 变量泵
    - 结构功能变量泵（液压2.0）
      - 变量叶片泵
      - 变量径向柱塞泵
      - 变量轴向柱塞泵
        - 变量斜轴式轴向柱塞泵
        - 变量斜盘式轴向柱塞泵
    - 电子比例变量轴向柱塞泵（液压3.0）
  - 互联数字智能变量泵（液压4.0雏形）
    - 数智式比例变量轴向柱塞泵
    - 数字矩阵组合式定量泵
    - 进出油数字阀控制变量泵
  - 直驱泵（液压3.5）
    - 伺服电动机直驱液压泵
    - 电液泵
  - 新型泵
    - 3D球形泵
    - MEMS泵

图 26-3　液压泵的分类

**表 26-2 液压泵和液压马达的主要性能参数及计算公式**

<table>
<tr><th colspan="2">参数名称</th><th>单位</th><th>液压泵</th><th>液压马达</th></tr>
<tr><td rowspan="3">排量、流量</td><td>排量 $Q_0$</td><td>$m^3/r$</td><td colspan="2">每转一转，由其密封腔内几何尺寸变化计算而得的排出液体的体积</td></tr>
<tr><td>理论流量 $q_0$</td><td rowspan="2">$m^3/s$</td><td>泵单位时间内由密封腔内几何尺寸变化计算而得的排出液体的体积<br>$q_0=Q_0n/60$</td><td>在单位时间内为形成指定转速，液压马达封闭腔容积变化所需要的流量<br>$q_0=Q_0n/60$</td></tr>
<tr><td>实际流量 $q$</td><td>泵工作时出口处流量<br>$q=Q_0n\eta_V/60$</td><td>马达进口处流量<br>$q=Q_0n/60\eta_V$</td></tr>
<tr><td rowspan="3">压力</td><td>额定压力</td><td rowspan="3">Pa</td><td colspan="2">在正常工作条件下，按试验标准规定能连续运转的最高压力</td></tr>
<tr><td>最高压力 $p_{max}$</td><td colspan="2">按试验标准规定允许短暂运行的最高压力</td></tr>
<tr><td>工作压力 $p$</td><td colspan="2">泵工作时的压力</td></tr>
<tr><td rowspan="3">转速</td><td>额定转速 $n$</td><td rowspan="3">r/min</td><td colspan="2">在额定压力下，能连续长时间正常运转的最高转速</td></tr>
<tr><td>最高转速</td><td colspan="2">在额定压力下，超过额定转速而允许短暂运行的最大转速</td></tr>
<tr><td>最低转速</td><td>正常运转所允许的最低转速</td><td>正常运转所允许的最低转速（马达不出现爬行现象）</td></tr>
<tr><td rowspan="3">功率</td><td>输入功率 $P_t$</td><td rowspan="3">W</td><td>驱动泵轴的机械功率<br>$P_t=pq/\eta$</td><td>马达入口处输出的液压功率<br>$P_t=pq$</td></tr>
<tr><td>输出功率 $P_0$</td><td>泵输出的液压功率，其值为泵实际输出的实际流量和压力的乘积<br>$P_0=pq$</td><td>马达输出轴上输出的机械功率<br>$P_0=pq\eta$</td></tr>
<tr><td>机械功率 $P$</td><td colspan="2">$P=\pi Tn/30$<br>式中 $T$——压力为 $p$ 时泵的输入转矩或马达的输出转矩（N・m）</td></tr>
<tr><td rowspan="2">转矩</td><td>理论转矩</td><td rowspan="2">N・m</td><td>—</td><td>液体压力作用下液压马达转子形成的转矩</td></tr>
<tr><td>实际转矩</td><td>液压泵输入转矩 $T_t$<br>$T_t=pQ_0/2\pi\eta_m$</td><td>液压马达轴输出的转矩 $T_0$<br>$T_0=pQ_0\eta_m/2\pi$</td></tr>
<tr><td rowspan="3">效率</td><td>容积效率 $\eta_V$</td><td></td><td>泵的实际输出流量与理论流量的比值<br>$\eta_V=q/q_0$</td><td>马达的理论流量与实际流量的比值<br>$\eta_V=q_0/q$</td></tr>
<tr><td>机械效率 $\eta_m$</td><td></td><td>泵理论转矩由压力作用于转子产生的液压转矩与泵轴上实际输出转矩之比<br>$\eta_m=pT_0/2\pi T_t$</td><td>马达的实际转矩与理论转矩之比值<br>$\eta_m=2\pi T_0/pQ_0$</td></tr>
<tr><td>总效率 $\eta$</td><td></td><td>泵的输出功率与输入功率之比<br>$\eta=\eta_V\eta_m$</td><td>马达输出的机械功率与输入的液压功率之比 $\eta=\eta_V\eta_m$</td></tr>
</table>

（续）

| 参数名称 | | 单位 | 液压泵 | 液压马达 |
| --- | --- | --- | --- | --- |
| 单位换算式 | $Q_0$ | mL/r | $q=Q_0 n\eta_V\times10^{-3}$<br>$P_t=pq/60\eta$ | $q=Q_0 n\times10^{-3}/\eta_V$<br>$T_0=pQ_0\eta_m/2\pi$ |
| | $n$ | r/min | | |
| | $q$ | L/min | | |
| | $p$ | MPa | | |
| | $P_t$ | kW | | |
| | $T_0$ | N·m | | |

## 26.1.3　液压泵变量方式的发展

近代液压泵的发展在变量形式方面很突出，主要为了使液压泵与应用主机的工况需求尽可能吻合，从而得到尽可能好的节能效果与自动控制方面的稳定性或跟踪性（频响与线性），因此变量的结构形式与工作原理有很大的发展。主要的变量控制有恒压变量、恒流量变量、恒功率变量、负载敏感变量等，如图 26-4 所示。从图 26-4可见，在定量泵工况下，按系统需要的压力与流量（工况功率）与液压泵产

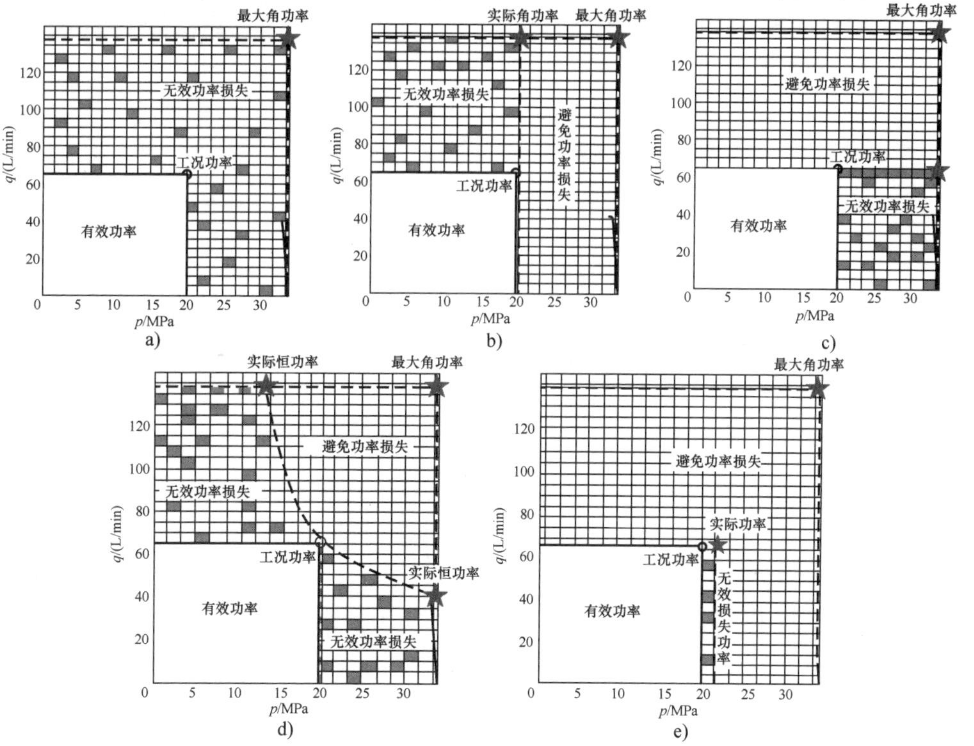


图 26-4　变量泵恒压、恒流量、恒功率与负载敏感控制节能效果图

a）定量泵工况状态下功率损失　b）变量泵恒压控制工况　c）变量泵恒流量控制工况

d）变量泵恒功率控制工况　e）变量泵负载敏感控制工况

生的压力与流量（最大角功率）相比，多余的压力与流量通过系统的节流阀与溢流阀损失殆尽，如图 26-4a 所表达的那样，功率损失的占比大。当采用恒压泵后，压力将与工况要求的一致，而损失的是多余的流量（见图 26-4b），避免了由压力损失所产生的功率损失；恒流量与恒功率的情况与恒压是一致的，如图 26-4c、d 所示。图 26-4e 采用负载敏感变量，从该图可见负载敏感泵的功率损失可以达到最小。

图 26-5 比较全面地汇总了传统液压轴向柱塞泵的各种变量种类，这些种类因公司情况而异，可以根据应用工况的需求产生与此不同的变量方式。其实所有的变量差异是由于对控制参数取用不同而产生的。

在传统液压时代（液压技术 2.0）到机电一体化时代（液压技术 3.0），液压泵的变量控制方式发展很多，包括恒功率控制、恒压控制、手动及伺服控制、液压控制以及其他的特殊控制方式。各种控制方式的原理及特性曲线分别见表 26-3 ~ 表 26-5，在这里列出了有关派克等的实际变量控制产品种类，以及该控制所对应的液压控制回路原理图。液压马达的变量控制与液压泵的变量控制方式基本相同。

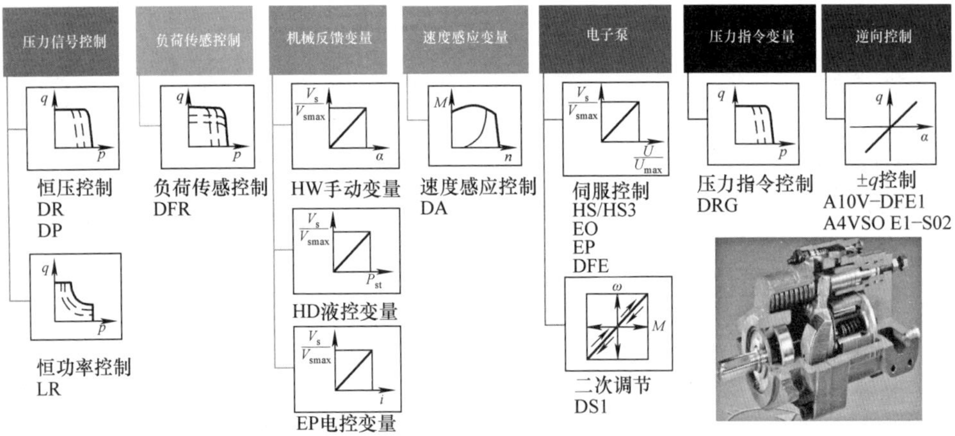


图 26-5　传统液压轴向柱塞泵的变量种类

上述变量功能具有液压变量技术 2.0 的特征，也就是以液压本身所具有的压力与流量参数来控制泵变量机构，从而产生各种需要的控制特性，从以上阐述可见，液压泵的变量机构品种繁多、结构复杂。

液压变量技术随着电液一体化（液压技术 3.0）的进展，进入电子比例变量阶段，这时变量已经由比例阀根据不同的工况参数，通过传感器与模拟式电子放大器进行相应的变量控制（见表 26-4）。日本油研的电 - 液比例压力和流量控制变量泵出现较早，该泵是靠两个单作用的柱塞驱动斜盘，在斜盘的转轴上装有位移传感器检测泵的流量，并有压力传感器检测系统压力。它们的反馈信号都输入至比例

表 26-3　恒压、恒功率与负载敏感变量控制

<table>
<tr><th>特性曲线</th><th colspan="4">控制回路</th></tr>
<tr><td colspan="5">恒压控制：当系统压力达到压力控制阀调定的压力时，泵出口与变量控制活塞的大面积端相通，产生一个控制力去克服变量复位弹簧力，从而使斜盘摆角减小，控制泵的排量使之满足系统要求</td></tr>
<tr><td>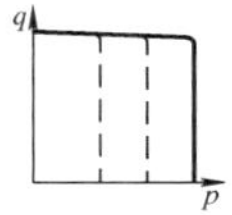<br>恒压控制</td><td>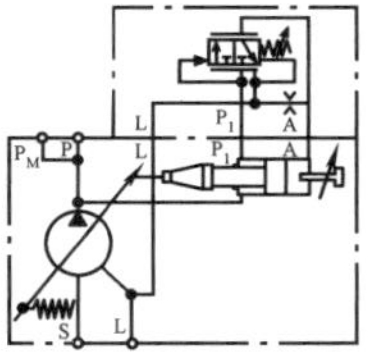<br>直控型</td><td>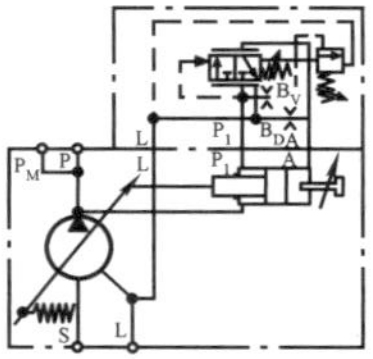<br>标准型</td><td>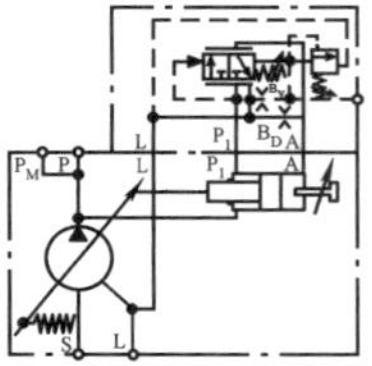<br>遥控型</td><td>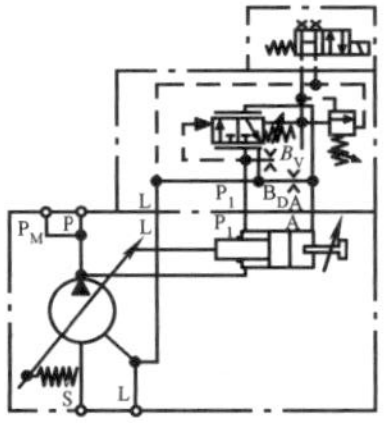<br>带卸荷阀型</td></tr>
<tr><td colspan="5">恒功率控制：恒功率变量的机构形式多样。本恒功率变量由遥控型压力补偿控制器（或负载敏感变量控制器）与一个先导压力控制阀组成。该先导压力阀集成安装在泵体上，由一个凸轮套机构进行调节，凸轮套外轮廓曲线符合排量变化，与设定的功率相匹配。大排量时工作压力低，小排量时工作压力高，全由凸轮套直径按泵的恒功率规律设计给定。凸轮套更换方面，控制器顶端有一偏置弹簧预紧力，可以在一定范围内改变恒功率设定值，以满足控制工况要求</td></tr>
<tr><td>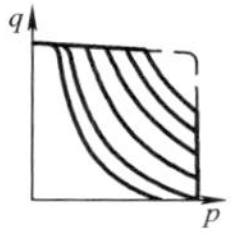<br>恒功率控制</td><td>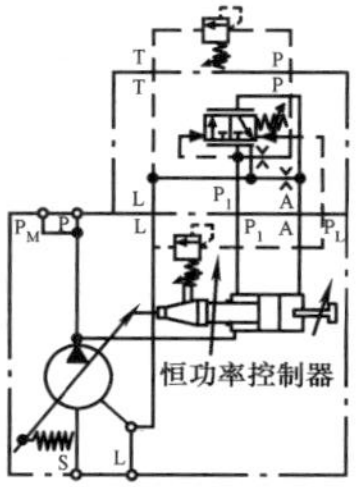<br>液压 - 机械式</td><td>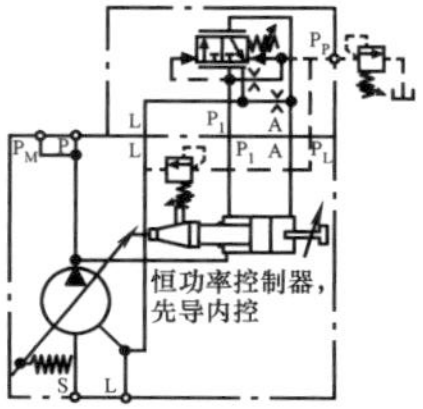<br>遥控型液压 - 机械式</td><td>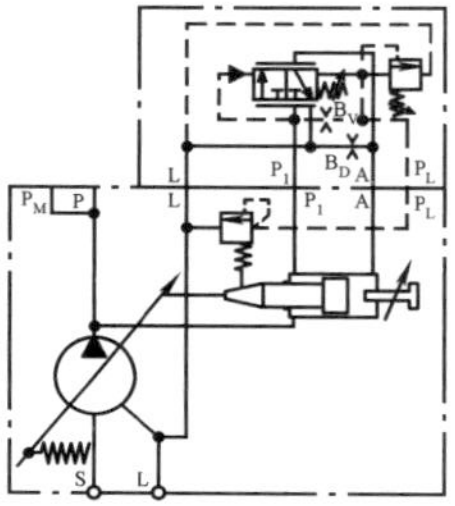<br>恒功率先导阀型</td><td>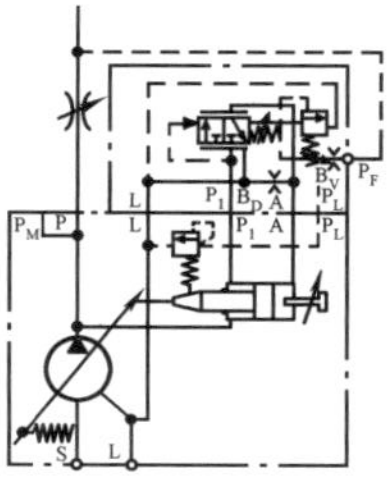<br>负载敏感型</td></tr>
</table>

（续）

| 特性曲线 | 控制回路 | | | |
|---|---|---|---|---|
| 负载敏感控制：变量控制器的先导控制压力取自液压系统负载压力点，并在压力点所在节流阀的下游。液压泵补偿控制器压差为 1MPa。当泵输出流量流经该节流阀时产生的压降达到 1MPa 时，负载传感控制器开始动作，相应地减少泵的排量，直至泵的流量输出在此节流阀上的压降回到 1MPa。如果系统压力超过内置先导阀设定值，先导阀开启，造成在先导节流口 $B_V$ 上的压降增高，此时，泵的压力补偿变量功能生效，使系统压力保持在设定值上，不致升高 | | | | |
| 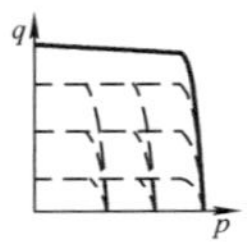 负载敏感控制 | 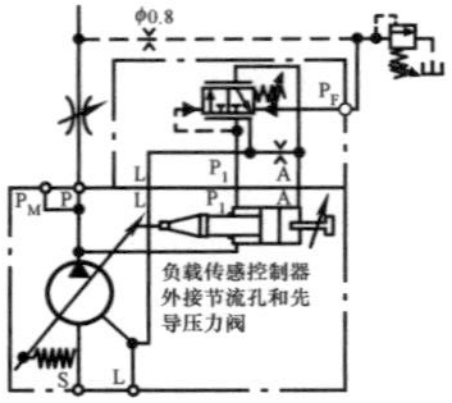 外接型 | 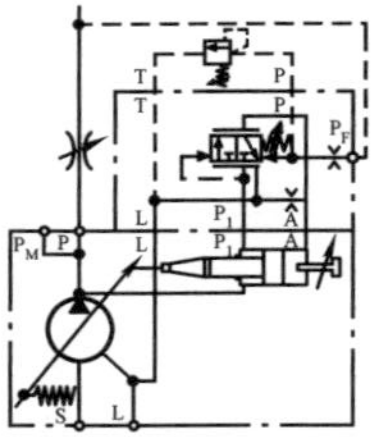 内接型 | 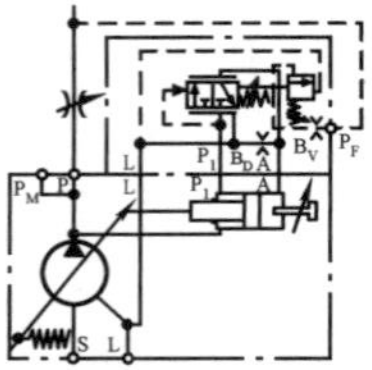 通用型 | 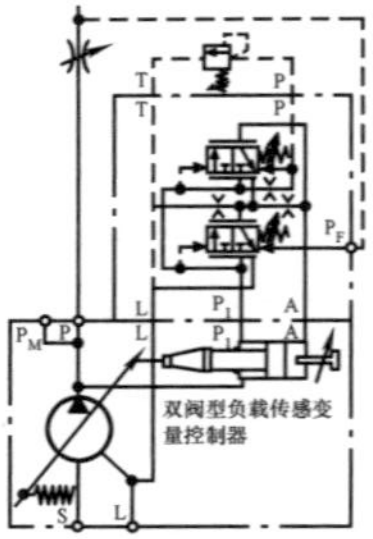 双阀型（精度提高） |

放大器，与设定的流量和压力信号相比较，放大器的输出信号控制比例阀，从而改变泵的最大输出流量和压力。当泵的输出压力达到恒压阀调整压力时，泵在最大恒压特性下工作；当比例放大器的输出信号接近于零，即泵的空载输出压力通过单向阀使泵的斜盘倾角接近于零时，泵在最小恒定特性下工作，所以泵的变量特性与负荷传感泵的特性相似，但泵的流量和压力均可以预先设定。

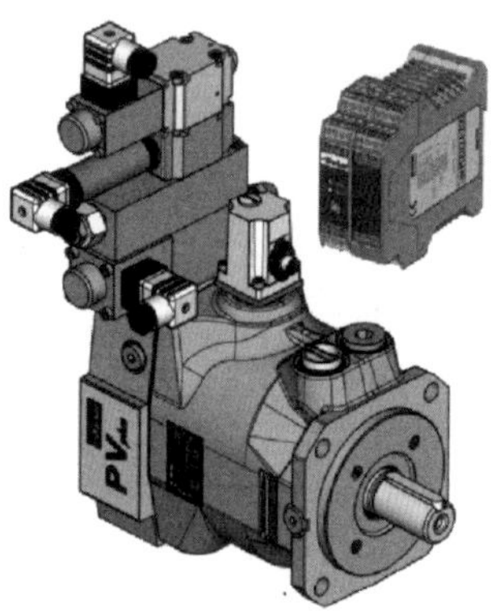


图 26-6　电子变量泵与电子控制器

也可以说将传统液压变量使用的各种变量控制阀或控制阀的先导阀改为比例控制阀，则变量控制的柱塞泵就成为电子变量泵（见图 26-6）。这些电子变量泵的控制形式如图 26-7a 与表 26-4 所示。

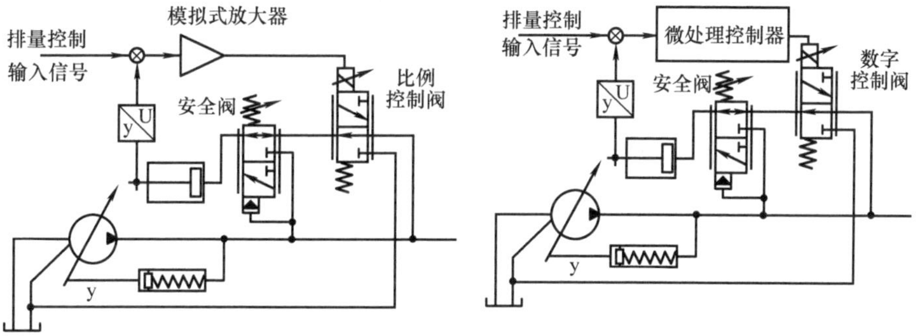


a)　　b)

图 26-7　电子变量泵与数字变量泵的控制原理区别

a）电子变量泵　b）数字变量泵

**表 26-4　电子比例变量控制**

| 控制名称 | 比例排量控制 | 负载敏感比例控制 | 电子比例控制 |
|---|---|---|---|
| 特性曲线 | 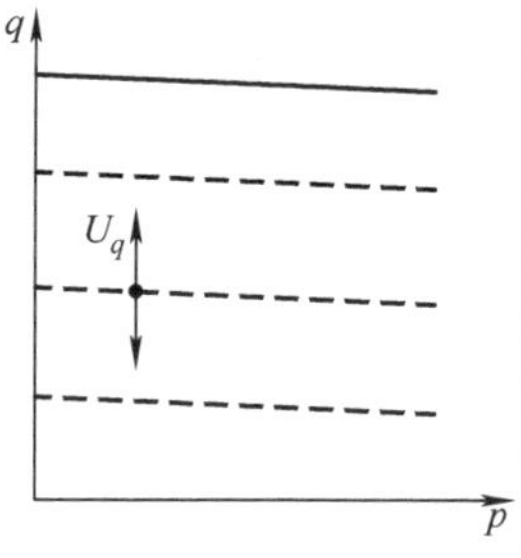 | 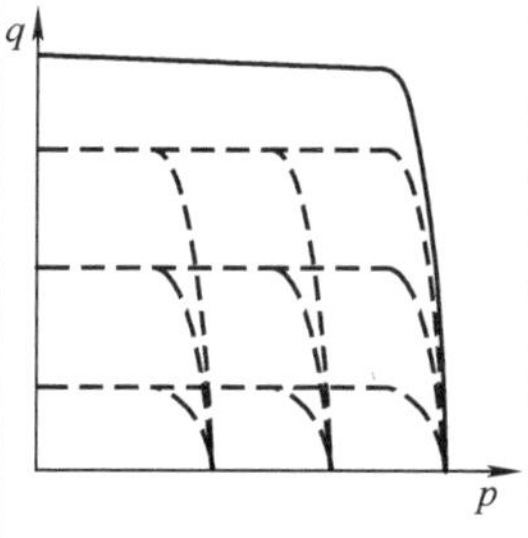 | 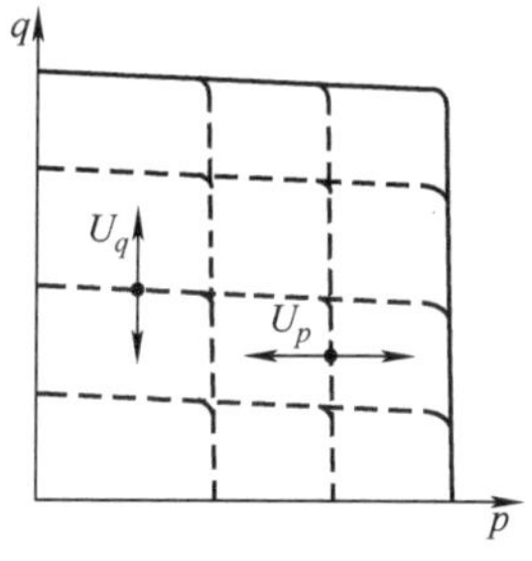 |

（续）

| 控制名称 | 比例排量控制 | 负载敏感比例控制 | 电子比例控制 |
| --- | --- | --- | --- |
| 回路图 | 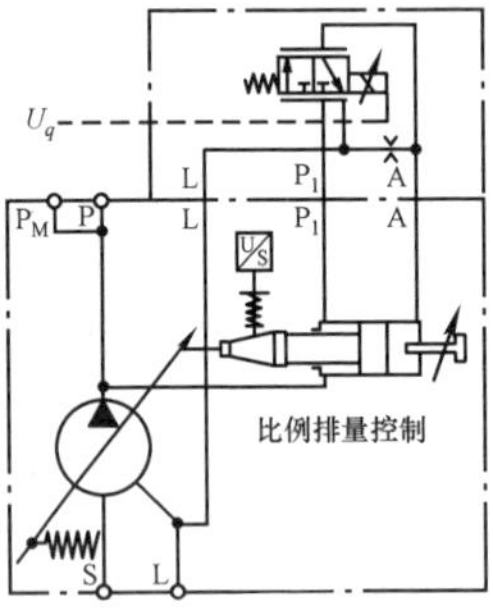 | 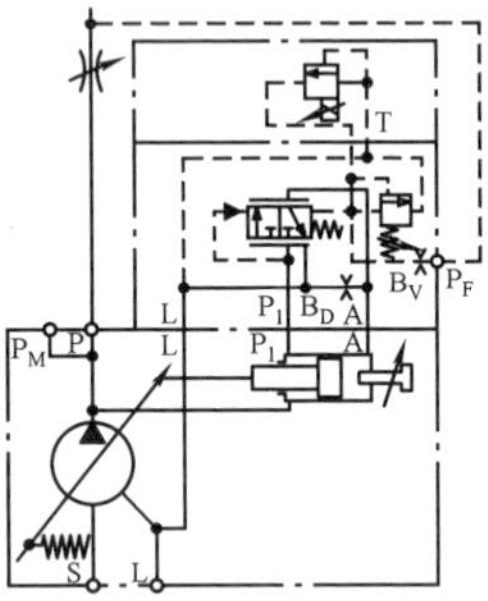 | 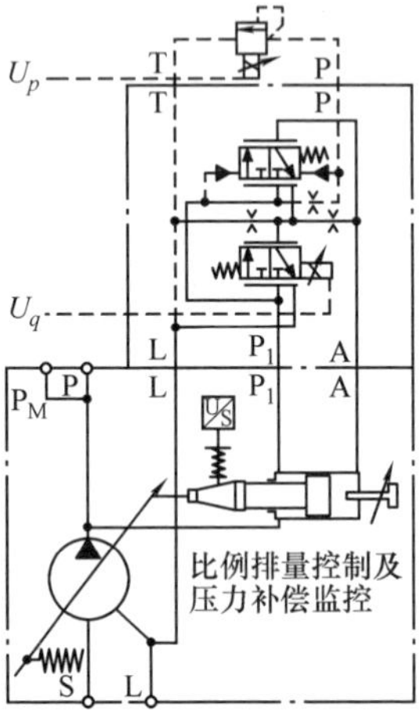 |
| 功能说明 | 泵的流量输出与电信号 $U_q$ 正比，排量由 LVDT 检测反馈，直至反馈信号与输入信号误差为零为止 | 具有比例先导压力阀，通过电气输入信号可以调节泵的压力在 2 ~ 32MPa 之间变化，形成负载敏感控制功能 | 附加压力补偿控制阀，可为比例排量控制增加压力补偿功能。如果压力补偿阀顶部配置阀安装面可以安装比例压力先导阀，实现电液 $p/q$ 控制 |

电子变量泵、数字变量泵的出现很早，博世力士乐 A4VSOHS3 在 1981 年日本油空业展览会上就有展出；我国 1990 年济南铸锻机械研究所也曾研制过“多功能比例控制器”，但未实现产业化，也未投放市场。数字控制变量泵的出现也在 20 世纪，日本制钢所也展出过机电遥控变量泵系统，它采用高频响的比例阀对泵的变量机构进行位置闭环控制，此比例变量泵包含中央处理器、压力传感器、比例溢流阀、变量活塞行程检测装置，通过将压力、流量、电动机功率三种信号反馈给 CPU，泵的输出可实现比例、恒压、恒功率三种控制形式。这种变量泵的出现意味着用高频响的比例变量泵与 IT 技术相结合将可能取代现有各种型式的变量泵，只要改变软件的程序，就可能实现不同的变量型式，即变量型式软件化，使柱塞泵的设计、生产更加简化、高度通用化。

变频电动机驱动的柱塞泵电动机一直处于与液压传动竞争的状态，并且在某些领域已经取代了液压传动。随着变频调速技术的发展，变频调速器价格大幅度降低，而且当采用变频调速器控制电动机时，可以省去电动机的起动装置。这使得用变频调速器实现交流电动机的无级调速，从而使泵的无极变量调节成为可能。普通的变量泵是通过改变泵的排量来实现输出流量的改变，而变频电动机驱动的柱塞泵是通过转速的变化来实现泵输出流量的变化。从直驱液压泵到电液融合泵（简称：电液泵），融合度越来越高，这不仅提高了功重比和动态性能，减小了泵体积，还可以将电动机的数智控制技术迅速转移到液压元件数智化的发展中来，提高液压元件的数智化发展水平与速度。液压泵数字变量控制见表 26-5；直驱泵、电液泵数字变量控制见表 26-6。

**表 26-5　液压泵数字变量控制**

| 控制名称 | 数字阀控制变量 | 进油口流量数字阀控制变量（数字排量泵） |
| --- | --- | --- |
| 特性曲线 | 变量特性可以编程决定（由软件决定变量特性，可以实现恒压、恒流量、恒功率等各种变量功能） | 变量特性可以编程决定（变量时间 30ms） |
| 符号表示 | 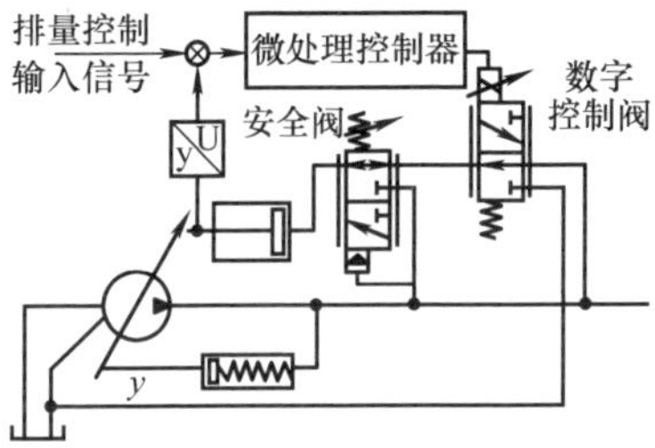 | 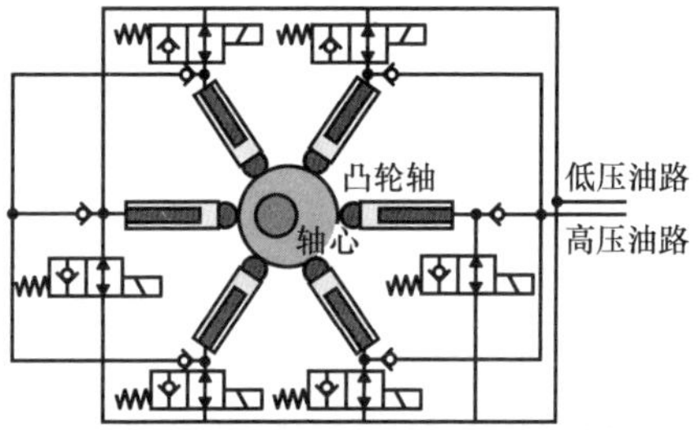(所有数字开关阀处于通电状态——卸荷状态) |
| 变量原理或特性 | 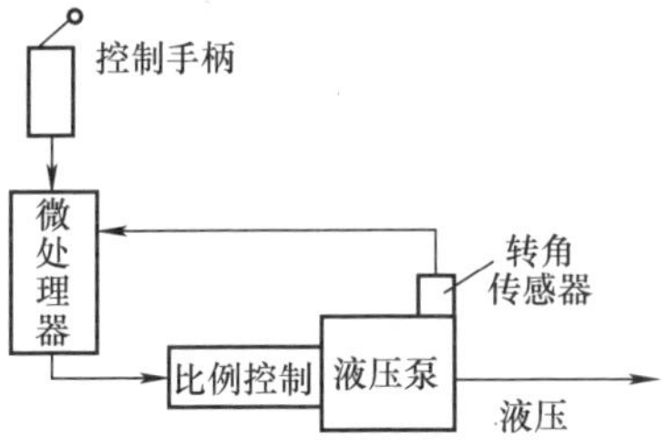 | 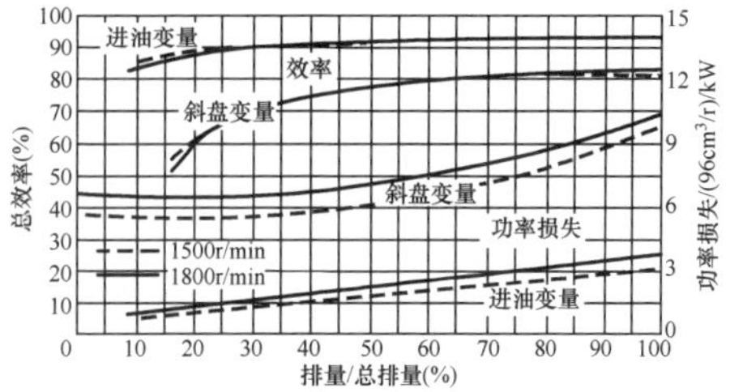 |

**表 26-6　直驱泵、电液泵数字变量控制**

| 控制名称 | 直驱泵 | 电液泵 |
| --- | --- | --- |
| 特性曲线 | 通过改变电动机转速改变泵的输出流量，可以达到高的位置精度与高的频响，采用伺服电动机控制器完成泵的输出控制，可以与总线网络通信 | |
| 符号表示（建议性） | 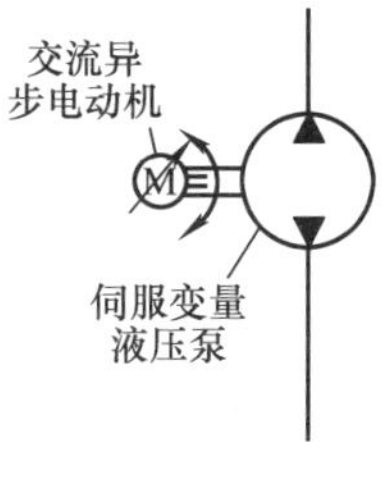 | 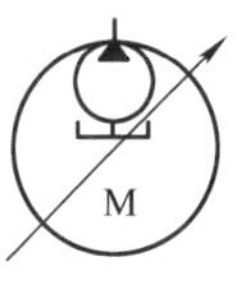 |

（续）

| 控制名称 | 直驱泵 | 电液泵 |
|---|---|---|
| 变量原理或特性 | 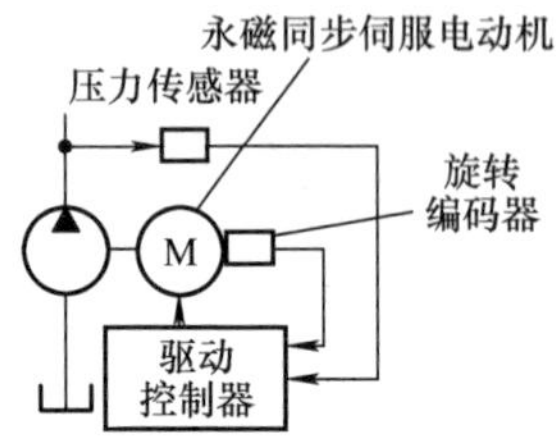 | 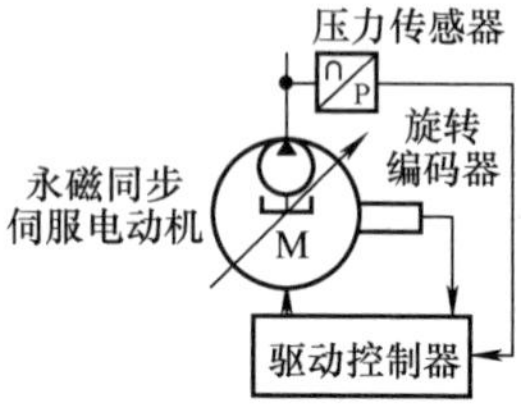 |

随着数字技术的发展，模拟式比例阀将由液压数字阀替代，或者模拟放大器将由数字控制放大器所替代，一切都是以微处理器控制为主的变量控制特性。而且变量结构也从单一的柱塞泵斜盘角度、斜轴角度或泵的偏心调节的工作原理，发展到采用泵的进出口流量变量、驱动泵的电动机转速变量，结构原理与工作原理已经全然一新。而且随着工业4.0多电化时代的轴控技术与电静液作动器（EHA）的兴起，液压泵变量面临着变化很大的机遇与需求。其中之一就是变量的方式将会发生更多更大的变化，液压泵的变量控制已经从一个象限的变量发展到两个象限（正反向变量）、四个象限变量（消耗能量与吸收能量）的方向发展。因此，今后直驱泵、电液泵的变量将会有新的重大发展，特别是与伺服电动机控制方向相结合的产品，今后有更大的需求，需要更深入的技术发展与更多的新产品。

## 26.1.4　液压泵市场产品的技术性能及应用范围

液压泵的技术参数和应用范围见表26-7。

**表26-7　各种液压泵的技术参数和应用范围**

| 技术参数 | 齿轮泵 | | | 叶片泵 | | 柱塞泵 | | | | |
|---|---|---|---|---|---|---|---|---|---|---|
| | 内啮合 | | 外啮合 | 单作用 | 双作用 | 轴向 | | | 径式轴配流 | 卧式轴配流 |
| | 楔块式 | 摆线转子式 | | | | 直轴端面配流 | 斜轴端面配流 | 阀配流 | | |
| 压力范围/MPa | ≤30 | 1.6～16 | ≤25 | ≤6.3 | 6.3～32 | ≤40 | ≤40 | ≤70 | 10～120 | ≤40 |
| 排量范围/(mL/r) | 0.8～300 | 2.5～150 | 0.3～650 | 1.0～320 | 0.5～480 | 0.2～560 | 0.2～3600 | ≤420 | 20～720 | 1～250 |
| 转速范围/(r/min) | 300～4000 | 1000～4500 | 300～7000 | 500～2000 | 500～4000 | 600～6000 | 600～6000 | ≤1800 | 700～1800 | 200～2200 |

（续）

| 技术参数 | 齿轮泵 | | | 叶片泵 | | 柱塞泵 | | | | |
|---|---|---|---|---|---|---|---|---|---|---|
| | 内啮合 | | 外啮合 | 单作用 | 双作用 | 轴向 | | | 径式轴配流 | 卧式轴配流 |
| | 楔块式 | 摆线转子式 | | | | 直轴端面配流 | 斜轴端面配流 | 阀配流 | | |
| 最大功率/kW | 350 | 120 | 120 | 30 | 320 | 730 | 2660 | 750 | 250 | 260 |
| 容积效率(%) | ≤96 | 80~90 | 70~95 | 58~92 | 80~94 | 88~93 | 88~93 | 90~95 | 80~90 | 90~95 |
| 总效率(%) | ≤90 | 65~80 | 63~87 | 54~31 | 65~82 | 81~88 | 81~88 | 83~88 | 81~83 | 83~88 |
| 功重比/(kW/kg) | 大 | 中 | 中 | 小 | 中 | 大 | 中~大 | 大 | 小 | 中 |
| 最高自吸真空度/kPa(mmHg) | — | — | 56.7(425) | 33.3(250) | 33.3(250) | 16.7(125) | 16.7(125) | 16.7(125) | 16.7(125) | — |
| 变量能力 | 不能 | | | 能 | | 好 | | | | |
| 历时变化 | 齿轮磨损后效率下降 | | | 即便叶片磨损效率下降较小 | | 配流盘、滑靴或分流阀磨损时效率下降较大 | | | | |
| 流量脉动（%） | 1~3 | ≤3 | 11~27 | — | — | 1~5 | 1~5 | <14 | <2 | ≤14 |
| 噪声 | 小 | 小 | 中 | 中 | 中 | 大 | 大 | 大 | 中 | 中 |
| 污染敏感度 | 中 | 中 | 大 | 中 | 中 | 大 | 中~大 | 小 | 中 | 小 |
| 价格 | 较低 | 低 | 最低 | 中 | 中低 | 高 | 高 | 高 | 高 | 高 |
| 应用范围 | 机床、工程机械、农业机械、航空、船舶、一般机械 | | | 机床、注塑机、液压机、起重运输机械、工程机械、飞机 | | 工程机械、锻压机械、运输机械、矿山机械、冶金机械、船舶、飞机等 | | | | |

## 26.1.5　液压外啮合齿轮泵产品及其发展

液压齿轮泵的分类及特点见表 26-8。

**表 26-8　液压齿轮泵分类及特点**

| 分类 | 结构形式 | 特点 |
|---|---|---|
| 齿轮啮合形式 | 外啮合 | 结构简单、噪声大 |
| | 内啮合 | 噪声低、加工复杂 |
| 齿形曲线 | 渐开线<br>圆弧齿形<br>摆线齿形<br>直线及其共轭齿廓 | 加工方便、成本低<br>传动强度大<br>结构紧凑<br>传动平稳、低噪声、加工复杂 |

（续）

| 分类 | 结构形式 | 特点 |
|---|---|---|
| 齿轮形式 | 直齿 | 加工容易 |
| | 斜齿 | 重合度大（很少采用） |
| | 人字齿 | 受力均匀（很少采用） |
| 啮合齿轮的个数 | 二齿轮式 | 流量小 |
| | 多齿轮式 | 流量大（很少采用） |
| 串、并联形式 | 单级 | 通用 |
| | 多级 | 提高压力 |
| | 并联、多级 | 多油源 |

## 1. 液压外啮合齿轮泵产品结构性能

液压外啮合齿轮泵的工作原理与结构特点见表26-9。

**表26-9　液压外啮合齿轮泵的工作原理与结构特点**

| 内容 | 外形与结构图形 | 工作原理与结构特点 |
|---|---|---|
| 液压外啮合齿轮泵 |  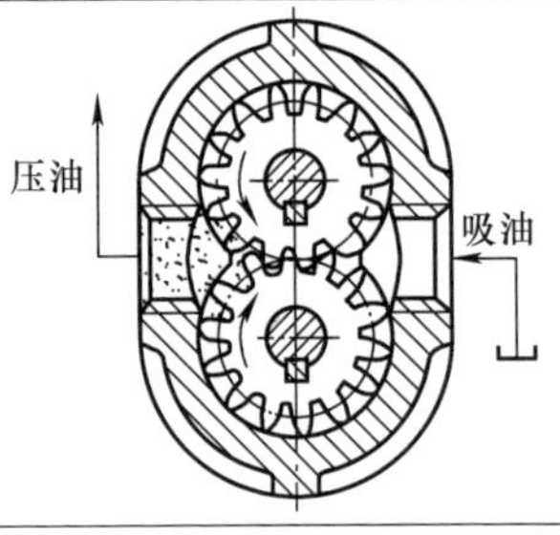 | 在吸油区和排油区附近由两个齿轮的齿廓、壳体和侧盖板等形成两个密封的容积。齿轮转动时在吸油区附近的封闭容积变大，在排油区附近的封闭容积变小。由于齿轮的齿顶和壳体内孔表面间，以及齿轮端面和盖板间的间隙很小，而且啮合齿的齿面接触紧密、起密封作用并把两腔隔开。因此，齿轮传动时泵便连续地、周期性地排油 |
| 中高压化轴向间隙自动补偿结构特点 | 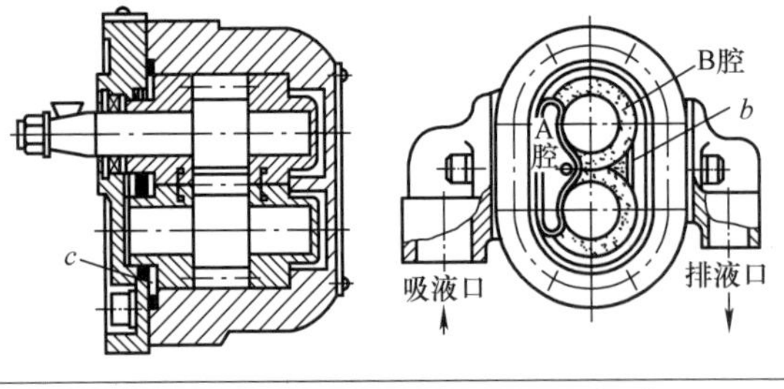 | 浮动轴套型结构（轴向间隙自动补偿），在B腔的“8”字形面积上作用着由c处引入的压力油。用以使浮动轴套与齿轮端面按一定的压紧系数压紧，从而使其间形成适当的油膜。浮动轴套中有DU材料轴承，在泵起动或空载时油压还未建立时，O形密封圈的弹性可以使浮动轴套与齿轮间产生必要的预紧力，有助于提高容积效率与机械效率 |
| | 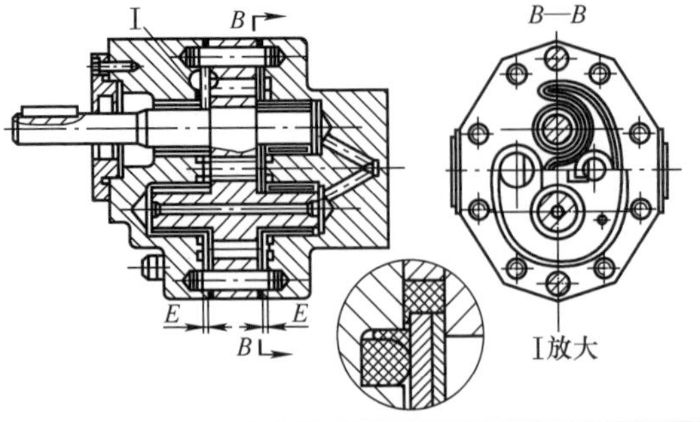 | 弹性侧板式结构（轴向间隙自动补偿）是以弹性侧板来代替浮动轴套而已。高压油引入弹性侧板的背部，由于高压油使弹性侧板变形，限制了侧板与齿轮端面间的间隙，起到轴向间隙补偿作用 |

（续）

| 内容 | 外形与结构图形 | 工作原理与结构特点 |
|---|---|---|
| 高压化轴向间隙补偿与径向力平衡结构 | 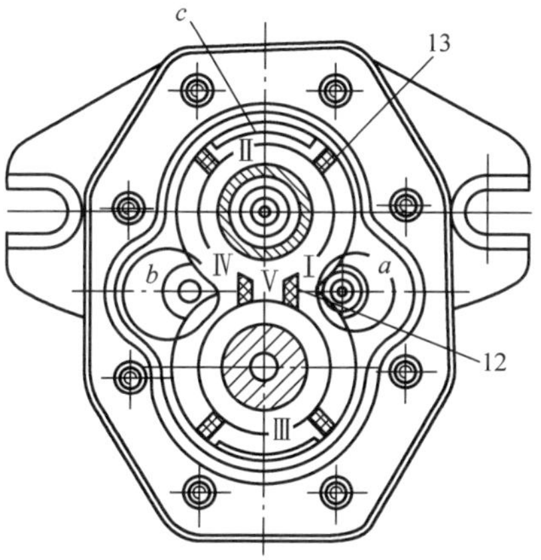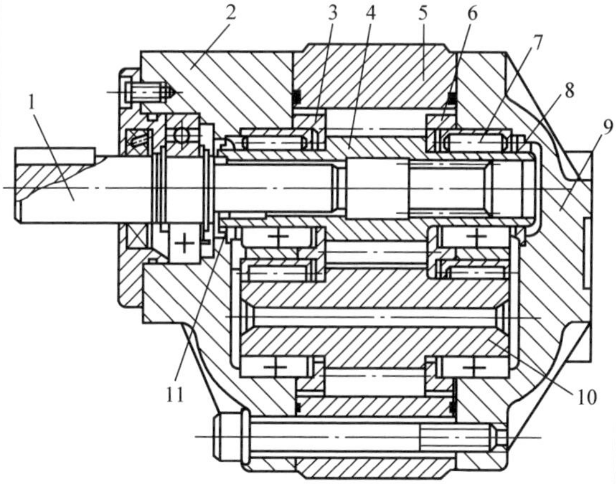1—转动轴 2—前盖 3、6—浮动侧板 4—主动齿轮<br>5—壳体 7—轴承 8、11—密封环<br>9—后盖 10—从动齿轮 12、13—密封条 | 在“8”字形浮动侧板 3 和 6 的背面，由密封条 13（共 4 根）和 12（共 2 根）将侧板分成Ⅰ、Ⅱ、Ⅲ、Ⅳ、Ⅴ五个区域。在区域Ⅰ内，作用着由孔 $a$ 引入的高压油；在区域Ⅱ和Ⅲ内，作用着从弧形通道 $c$ 引入的过渡区齿间油液的压力；在区域Ⅳ内，则作用着由孔 $b$ 引入的吸油腔油液压力；区域Ⅴ是防止高低压串通的密封区。由于推开力小于压紧力，于是在背面液压力作用下，将浮动侧板压回齿轮端面。用密封条分割各个区域的目的，是使作用在侧板背面液压力的分布和齿轮吸、排液腔及过渡区油液作用在侧板内侧的液压力分布相对应，使浮动侧板的压紧力和推开力的作用线趋于重合，以防止浮动侧板歪斜，保持磨损均匀，减少泄漏，提高容积效率，还设置了二次密封结构，即在主动齿轮轴颈两端各放置一个密封环（8 和 11）<br>由于密封环和轴颈间间隙的节流作用，相当于继浮动侧板之后的第二道密封，从而使轴向泄漏进一步减少。在解决径向力平衡方面，通过对称于齿轮中心线的弧形通道 $c$，使它所沟通范围内的液压径向力一致，使一部分径向力得以平衡。本结构是三片式壳体结构，采用滚针轴承外圈和浮动侧板定位，取消了长定位销，简化了工艺，装配方便。它的吸排油口布置成轴向形式，使吸液腔液体的离心力不致影响泵的自吸性能，可以使泵在高转速时避免产生气穴现象，大大改善了工作性能 |

**2. 提高外啮合齿轮泵工作压力与转速的措施**

（1）减少端面间隙泄漏　在液压泵中，运动件间的密封是靠微小间隙实现的，这些微小间隙从运动学上形成摩擦副，摩擦副也是泄漏的途径。齿轮泵工作压油腔的压力油可通过三条途径泄漏到吸油腔中：一是通过齿轮啮合线处的间隙——齿侧间隙，二是通过泵体定子环内孔和齿顶间的径向间隙——齿顶间隙，三是通过齿轮两端面和侧板间的间隙——端面间隙。在这三类间隙中，端面间隙的泄漏量最大。为了提高齿轮泵的压力和容积效率，实现齿轮泵的高压化，需要从结构上采取措施，对端面间隙进行自动补偿，补偿方式包括浮动轴套和弹性侧板。

浮动轴套式和弹性侧板的原理都是引入压力油使轴套或侧板紧贴在齿轮端面上，压力愈高，间隙愈小，可自动补偿端面磨损和减小间隙。齿轮泵的浮动轴套是浮动安装的，轴套外侧的空腔与泵的压油腔相通，当泵工作时，浮动轴套受油压的作用而压向齿轮端面，将齿轮两侧面压紧，从而补偿了端面间隙。弹性侧板是将高液压引入侧板之后，当工作压力升高后侧板自动减小与齿轮端面的间隙，从而补偿了端面间隙。

对于齿顶间隙与齿侧间隙，可以有许多技术措施进行补偿，但是固化在产品中的技术并不多见。

（2）减少困油带来的齿轮泵噪声、振动等问题　齿轮泵要平稳地工作，齿轮啮合时的重叠系数必须大于1，即至少有一对以上的轮齿同时啮合，因此，在工作过程中，就有一局部油液困在两对轮齿啮合时所形成的封闭油腔之内，如图26-8所示。这个密封容积的大小随齿轮转动而变化。由图26-8a到图26-8b，密封容积逐渐减小；由图26-8b到图26-8c，密封容积逐渐增大；由图26-8c到图26-8d，密封容积又会减小，如此产生了密封容积的周期性变化。受困油液受到挤压而产生瞬间高压，假设密封容腔的受困油液无油道与排油口相通，油液将从缝隙中被挤出，导致油液发热，轴承等零件也受到附加冲击载荷的作用；假设密封容积增大时无油液的补充，那么又会造成局部真空，使溶于油液中的气体分离出来，产生气穴，这就是齿轮泵的困油现象。

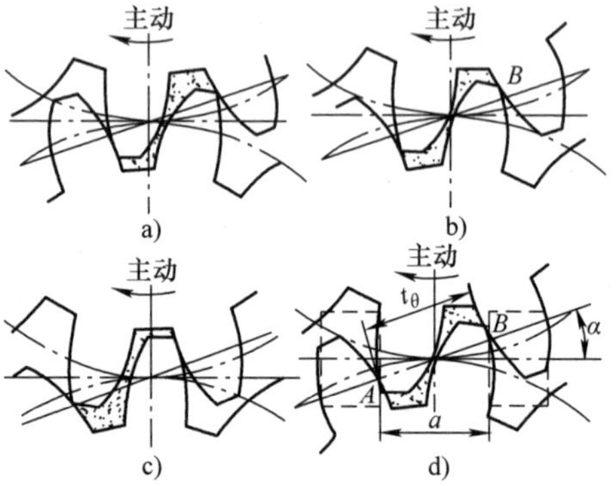

图26-8　齿轮泵的困油现象及消除措施

困油现象使齿轮泵产生强烈的噪声，并引起振动和气蚀，同时降低泵的容积效率，影响工作的平稳性和使用寿命。消除困油的方法，通常是在两端盖板上加工卸荷槽（见图26-8d）中的虚线方框。当封闭容积减小时，通过右边的卸荷槽与压油腔相通，而封闭容积增大时，通过左边的卸荷槽与吸油腔相通，两卸荷槽的间距必须确保在任何时候都不使吸、排油腔相通。

（3）减少径向不平衡力　由于齿轮泵的排油区与进油区的压差很大，所以齿轮轴受到的液压径向力是不平衡的。此力会使齿轮轴变形，对齿轮泵的使用寿命（轴弯曲、轴承偏载、定子偏磨）产生重大影响。减少至消除该径向力的办法是扩大齿顶间隙中的高压区（或进油压力区），保留靠近吸油腔（或压油腔）的一个或两个齿用于密封，从而使压油腔（或吸油腔）中的压力平衡对称区域中的径向力，从而减小了作用在轴承上的径向力。此方法可以平衡大部分径向力，也会增加泵的工作压力，但会减小齿轮泵的径向间隙密封长度，并增加泄漏到间隙中的泄漏量。因此，在高压齿轮泵的工况下，必须在提高容积效率的同时，考虑液压径向力的平衡。

（4）精密加工齿轮　齿轮的精密加工会极大地提高齿轮泵的寿命，也有助于提高齿轮泵的工作压力。

（5）提高齿轮泵的转速　齿轮泵是首个实现转速超过 10000～20000r/min 的泵种，今后在高速泵领域也是一个有发展潜力的泵种。齿轮泵价格便宜、结实可靠，其摩擦副的高速特性好，非常适合快速的起停和变化；另外，转速的提升使泵的排量可以减小，材料的 $pv$ 值可以合理利用，加上它结构简单，所以在航空内燃发动机的燃油系统中，齿轮泵用的很多，基本都在高转速运行。当然它主要用于输送而非控制。

**3. 外啮合齿轮泵产品介绍**

（1）外啮合单级齿轮泵　CB 系列外啮合单级齿轮泵技术参数见表 26-10。

**表 26-10　外啮合单级齿轮泵技术参数**

| 型号 | 排量/(mL/r) | 压力/MPa | | 转速/(r/min) | | 容积效率(%) | 生产厂家 |
|---|---|---|---|---|---|---|---|
| | | 额定 | 最高 | 额定 | 最高 | | |
| CBJ35 | 16～50 | 20 | 25 | 2500 | 3000 | | ③ |
| CBJ26 | 6.3～25 | 16 | 20 | 3000 | 3500 | | ③ |
| CBJ30－F | 4～20 | 20 | 25 | 2500 | 3500 | | ③ |
| CBJ40－F | 10～32 | 20 | 25 | 2500 | 3000 | | ③ |
| CBJ50－E | 25～63 | 16 | 20 | 2000 | 2500 | | ③ |
| CB－J | 63～100 | 16 | 25 | 2300 | 2500 | | ③ |
| CB－P7 | 63～200 | 21 | 25 | 2200 | — | | ③ |
| CBKEC | 23～52 | 20 | 25 | 2500 | 3000 | ≥92 | ⑥ |
| CBHC | 11～20 | 20 | 25 | 2000 | 3000 | ≥90 | ⑥ |
| CBGTB | 50～80 | 23 | 28 | 2000 | 3000 | ≥92 | ⑥ |
| CBY | 10.18～201.02 | 16 | 25 | 2000 | 3000 | ≥90 | ① |
| CBE3 | 4～25 | 20 | 25 | 2000 | 2500 | | ② |
| CBQ | 1.1～5.8 | 20 | 25 | 3000 | 3500 | | ② |
| P7600 | 100～200 | | 25 | | 2500 | | ④ |
| CBP | 40～125 | | 25 | | 2500 | | ④ |
| CBTX | 50～100 | 21 | 25 | 2000 | 2500 | ≥92 | ④ |
| CBFX | 50～100 | | 25 | | 2500 | | ④ |

（续）

| 型号 | 排量/(mL/r) | 压力/MPa | | 转速/(r/min) | | 容积效率(%) | 生产厂家 |
|---|---|---|---|---|---|---|---|
| | | 额定 | 最高 | 额定 | 最高 | | |
| KYB | 50～140 | | 25 | | 2500 | | ④ |
| CBT | 10～32 | 20 | 25 | 2500 | 3000 | ≥93 | ④ |
| CBFZ | 23～36 | 20 | 25 | 2500 | 3000 | ≥92 | ④ |
| CB-B | 2.5～125 | 2.5 | | 1450 | | 70～95 | ④ |
| CBK | 0.5～8 | 20 | 25 | 2500 | 3500 | ≥90 | ⑤ |
| CBN | 20～80 | 16 | 20 | 2000 | | ≥92 | ⑤ |
| CBY | 2～8 | 21 | 25 | 3000 | 3500 | | ⑤ |
| CB-E | 1～4.2 | 16 | 20 | 2000 | 3000 | ≥90 | ⑤ |
| YBC | 4～40 | 16 | 20 | 1500 | 2000 | | ⑤ |

注：①—四川长江液压件有限责任公司；②—栖霞市银云活塞液压件有限公司；③—太重集团榆次液压工业有限公司（简称：榆次）；④—阜新品胜液压有限公司；⑤—淮安淮液液压机械有限公司。

（2）外啮合多联齿轮泵　在外啮合多联齿轮泵中，双联齿轮泵产量最大。我国生产的外啮合双联齿轮泵技术参数见表26-11。

**表26-11　外啮合双联齿轮泵技术参数**

| 型号 | 排量/(mL/r) | 压力/MPa | | 转速/(r/min) | | 生产厂家 |
|---|---|---|---|---|---|---|
| | | 额定 | 最高 | 额定 | 最高 | |
| CBK1 | 4.25～32 | 25 | 28 | 3000 | 3500 | ① |
| CBKP | 40/32～100/100 | 20 | 25 | 2000 | 2500 | ② |
| CBTLZTA | 08/06～40/10 | 25 | 28 | 2000 | 2500 | ② |
| CBV2/2 | 32/32～100/100 | 20 | 25 | 2000 | 2500 | ② |
| CBKL | 32/25～40/32 | 25 | 28 | 2000 | 2500 | ② |
| CBWL-E3 | 10/06～20/20 | 16 | 20 | 2500 | 3000 | ② |
| CBQT | 25/25～63/10 | 20 | 25 | 2500 | 3000 | ② |
| CBQL | 20/20～63/20 | 20 | 25 | 2500 | 3000 | ② |
| CBNL | 32/10～63/20 | 20 | 25 | 2000 | 2500 | ② |
| CBG2 | 40/40～80/80 | 20 | 25 | 2000 | 2500 | ② |
| CBTX | 50～100 | | 25 | | | ③ |
| P5100 | 50～100 | | 25 | | 2500 | ③ |

注：①—四川长江液压件有限责任公司；②—合肥长源液压股份有限公司（简称：长源液压）；③—阜新品胜液压有限公司。

（3）国外产品介绍　表26-12中汇集了国外齿轮泵的主要生产厂家所生产产

品的技术参数。

**表 26-12　国外齿轮泵技术参数**

| 公司名称 | 产品型号 | 排量/(mL/r) | 额定压力/MPa | 转速/(r/min) | 备注 |
|---|---|---|---|---|---|
| 德国艾可勒(Eckerle) | EIPH2 | 3.8~22 | 33 | 4000 | 单级泵 |
| | EIPH3 | 14.6~50.3 | 33 | 3000 | |
| | EIPH6 | 40.8~249 | 33 | 2000 | |
| | EIPS2 | 5.4~25.2 | 25 | 3000 | |
| | EIPS3 | 20~50.3 | 25 | 3000 | |
| | EIPC3 | 20~64.4 | 25 | 3000 | |
| | EIPC6 | 20~64.4 | 25 | 2500 | |
| 日本岛津制作所 | YP | 0.8~16 | 21 | 4000 | 单级泵 |
| | SGP | 19~52 | 25 | 3000 | |
| | SP | 7~100 | 21 | 2500 | |
| | $YPD_1$ | 0.8/0.8~3.5/7 | 21 | 4000 | 双联泵 |
| | $YPD_2$ | 5/5~8/16 | 21 | 4000 | |
| | $SYD_1$ | 7/0.8~32/7 | 21 | 4000 | |
| | $SYD_2$ | 7/5~32/16 | 21 | 4000 | |
| | $SYD_3$ | 19/0.8~63/7 | 21 | 3000 | |
| | $SYD_4$ | 19/5~63/16 | 21 | 3000 | |
| 博世力士乐 | AZPB | 1~7.1 | 22 | 750~6000 | 单级泵 |
| | AZPF | 4~14 | 25 | 500~4000 | |
| | AZPN | 20~32 | 23 | 400~3000 | |
| | AZPG | 22.5~36 | 25 | 500~3000 | |
| | AZPS | 4~14 | 25 | 500~4000 | |
| | AZPT | 20~36 | 25 | 500~3000 | |
| | AZPU | 22.5~56 | 25 | 500~3000 | |
| | AZPJ | 12~22.5 | 25 | 500~3500 | |
| 伊顿 | 26000 | 6.6~30.6 | 19~21 | 3000~3600 | 单级泵 |
| | 25500 | 21.3~55.2 | 19~24.8 | 2250~3500 | |
| 布赫(Bucher) | AP | 0.25~75 | 19~30 | 500~7000 | 单级泵 |
| | CBKA | 0.66~8 | 10~28 | 1500~4000 | |
| | CBK | 0.63~8.08 | 10~28 | 1500~4000 | |
| | CBK | 低压 2.17~6.03<br>高压 0.89~2.17 | 21 | 1800 | 双联泵 |

## 26.1.6　液压内啮合齿轮泵产品及其发展

**1. 液压内啮合齿轮泵产品结构性能**（表26-13）

内啮合齿轮泵由于其体积小、质量轻、结构简单紧凑、齿轮同向啮合旋转磨损轻微、输出流量脉动小等显著优点，较外啮合齿轮泵发展更为迅速。特别是EHA在液压应用中的发展，世界各国对内啮合齿轮泵开发更加重视，出现了众多高效、高性能的新型内啮合齿轮泵。内啮合齿轮泵与外啮合齿轮泵相比，具有流量压力脉动小、噪声低和寿命长等特点。与叶片泵和柱塞泵相比，无论是外啮合还是内啮合齿轮泵，其结构简单、制造成本低、对油液清洁度要求低，应用最广泛。但是内啮合齿轮泵的额定压力不及柱塞泵高，外啮合齿轮泵通过轴向和径向间隙补偿技术可达到30MPa等级，但早期的内啮合齿轮泵由于缺少径向补偿功能而只有25MPa等级。经过近年的研发，内啮合齿轮泵产品的峰值压力已可达到40MPa。内啮合齿轮泵的结构特点与工作原理见表26-13。

**表26-13　内啮合齿轮泵的结构特点与工作原理**

| 内容 | 结构特点 | 工作原理 |
|---|---|---|
| 渐开线齿形 | 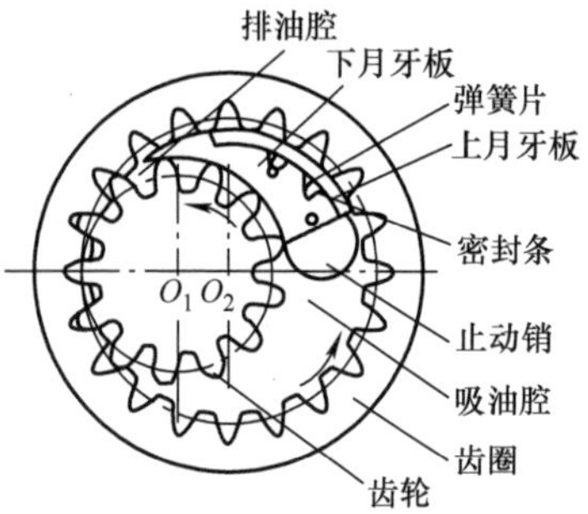 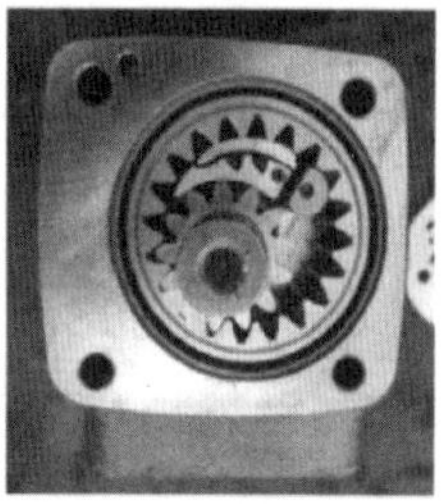<br>生产厂家：宁波华液机器制造有限公司（简称：宁波华液）、海特克动力股份有限公司（简称：海特克）、合肥长源液压股份有限公司（简称：长源液压）、榆次液压集团有限公司（简称：榆次液压）、艾可勒、博世力士乐、福伊特 | 分离式月牙板为上下两部分，用来贴紧内外齿轮齿顶形成密封，进行径向补偿减少泄漏。两月牙板间插入弹簧片，保证紧贴齿顶形成密封，弹簧片上支撑密封条以防止上下月牙板之间的间隙泄漏，将吸油腔和压油腔隔开。上下月牙板通过止动销定位在其轴向两侧的浮动侧板上。内啮合齿轮副前后端面与前后浮动侧板接触，浮动侧板受力压紧在齿轮副端面上实现了齿轮泵内部压力容腔的轴向密封；浮动侧板上沿内外齿轮的齿根加工油槽使其前后轴向端面所受液压力平衡 |
| 直线共轭齿形 | 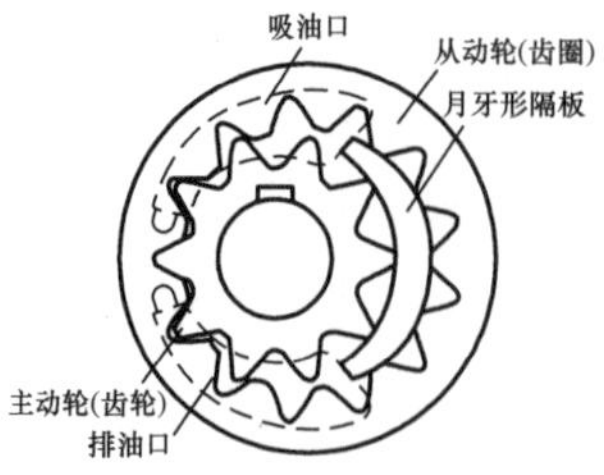 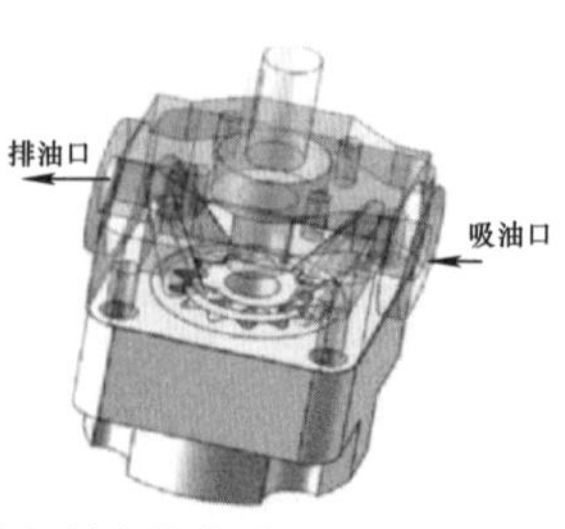<br>生产厂家：布赫、住友、上海航发机械有限公司 | 主要由齿轮、齿圈以及月牙板三部分组成。工作时，内部齿轮与电动机轴相连，带动齿圈旋转；月牙板用于隔绝吸、排油腔。在吸油口，齿轮和齿圈脱开，吸油区的容腔体积增大形成真空，完成吸油；吸入的油液通过齿轮、齿圈与月牙板形成的密闭过渡腔将油液运输至出油口；在出油口齿轮和齿圈互相啮合，压缩高压油进入排油口排油。其中齿轮为主动轮，齿圈为从动轮，月牙板固定在泵体上。直线共轭内啮合齿轮泵分为单向和双向两种。其流量与压力脉动更小些 |

（续）

| 内容 | 结构特点 | 工作原理 |
|---|---|---|
| 摆线转子内啮合齿轮泵 | 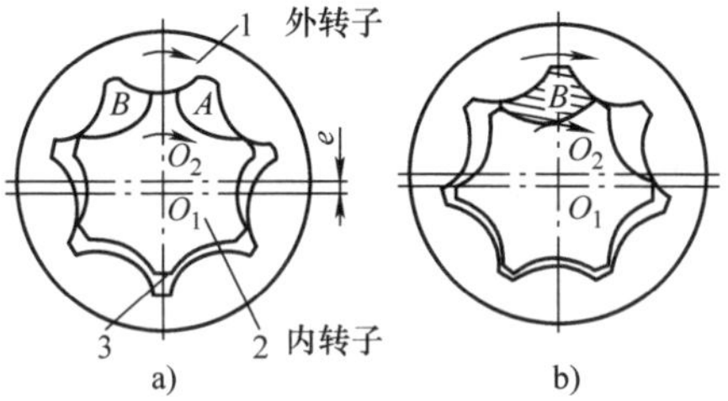<br>工作原理图<br>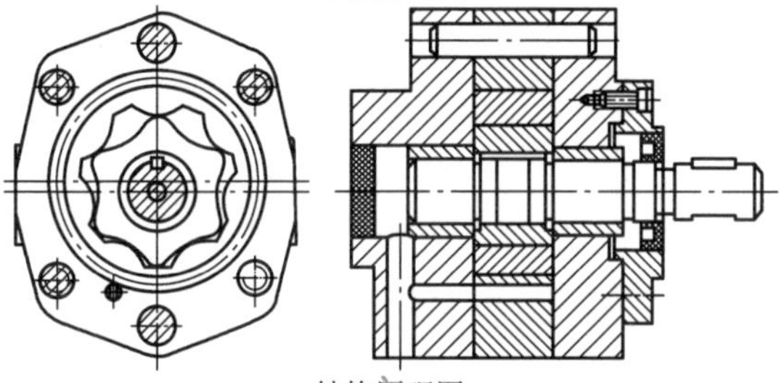<br>结构原理图 | 摆线齿轮泵（转子泵）的外转子 1 和内转子 2 之间有偏心距 $e$，在其啮合过程中由内外转子和两侧的配流盘形成几个独立的封闭容腔，例如腔 $A$ 和腔 $B$（见图 a）。内转子绕中心 $O_1$ 顺时针方向转动时，带动外转子绕 $O_2$ 中心同向旋转。此时容腔 $B$ 逐渐增大形成真空，与其相通的配流盘槽进油，形成吸油过程；当内外转子转至图 b 位置时，$B$ 容腔为最大，而容腔 $A$ 随转子转动逐渐缩小，同时与配流盘的出油口相通，因而产生排油过程。当 $A$ 腔转至图 a 中 3 处时，封闭容积最小，压油过程结束，继而又是吸油过程。这样，内外转子异速同向绕各自中心 $O_1$、$O_2$ 转动，发生相对运动，使内外转子所围成的容腔不断发生容积变化，形成吸、排油作用<br>单一转向摆线转子内啮合齿轮泵的典型结构如左图所示，它由前盖、壳体、后盖、内外转子、轴承、传动轴等主要零件组成，采用间隙密封结构，压力为 2.5MPa |

**2. 内啮合齿轮泵产品介绍**

1）国产内啮合齿轮泵的技术参数见表 26-14。

**表 26-14　国产内啮合齿轮泵的技术参数**

| 系列号 | 排量/（mL/r） | 压力/MPa | | 转速/（r/min） | | 容积效率（%） | 生产厂家 |
|---|---|---|---|---|---|---|---|
| | | 额定 | 最大 | 额定 | 最大 | | |
| NB（直齿） | | | 32 | | | 87 | 上海航发 |
| IGP | | | 33 | | 3000 | | 宁波华液 |
| HG、CS | | | 31.5 | | 3000 | | 海特克 |
| NCB | 32～56 | 25 | 30 | 2000 | 3000 | | 榆次液压 |
| NBX | 7.5 | 1.6 | 3 | 1500 | 2000 | ≥90 | 长源液压 |
| NBL | 11.6 | 3.5 | 5 | 2200 | 3600 | ≥95 | 长源液压 |

注：有关内内啮合齿轮泵的更多产品信息参见本手册 EHA 相关章节。

海特克的 HG 系列具有固定排量的间隙补偿内啮合齿轮泵尤其适用于伺服变频

驱动的节能系统，包括应用于EHA。HG系列采用轴向和径向压力补偿设计，即使在低转速和低黏度下仍保持较高的容积效率。采用高强度铸铁和内部独特的消音设计，使噪声更低。具有极低的流量和压力脉动，在低速状况仍可保持稳定的流量和压力输出。最高使用压力可达35MPa，最高转速可达3000r/min。对油液污染不敏感，使用寿命长，广泛适用于工业液压主机（如塑机、鞋机、压铸机械）及叉车行业的液压系统。

海特克HG系列内啮合齿轮泵的技术参数见表26-15。

**表26-15 海特克HG系列内啮合齿轮泵的技术参数**

| 系列号 | 规格 | 排量/(mL/r) | 工作压力/MPa | | 转速范围/(r/min) | |
|---|---|---|---|---|---|---|
| | | | 额定 | 最高 | 最高 | 最低 |
| HG0 | 8 | 8.2 | 31.5 | 35 | 3000 | 600 |
| | 10 | 10.2 | 31.5 | 35 | 3000 | 600 |
| | 13 | 13.3 | 31.5 | 35 | 3000 | 600 |
| | 16 | 16.0 | 31.5 | 35 | 3000 | 600 |
| | 20 | 20 | 25 | 30 | 3000 | 600 |
| | 25 | 25 | 25 | 30 | 3000 | 600 |
| HG1 | 25 | 25.3 | 31.5 | 35 | 3000 | 200 |
| | 32 | 32.7 | 31.5 | 35 | 3000 | 200 |
| | 40 | 40.1 | 31.5 | 35 | 3000 | 200 |
| | 50 | 50.7 | 31.5 | 35 | 3000 | 200 |
| | 63 | 63.7 | 25 | 30 | 3000 | 200 |
| HG2 | 63 | 64.7 | 31.5 | 35 | 3000 | 200 |
| | 80 | 81.4 | 31.5 | 35 | 3000 | 200 |
| | 100 | 100.2 | 31.5 | 35 | 3000 | 200 |
| | 125 | 125.3 | 31.5 | 35 | 3000 | 200 |
| | 145 | 145.2 | 25 | 28 | 3000 | 200 |
| | 160 | 162.8 | 21 | 26 | 3000 | 200 |

2）国外生产内啮合齿轮泵的技术参数见表26-16与表26-17。

布赫的QXEH系列内啮合齿轮泵是专为高动态带反转功能的伺服驱动系统而开发的新一代产品，利用主动齿轮轴技术，单级泵压力可高达28MPa，也可以组合成双联泵，特别适合对功率密度、能效和设备产能要求很高的工业液压领域，即使在高动态循环载荷工况下，也可以提供最大的运行稳定性并保持极低的流量脉动与压力脉动水平，因此噪声低（<75dB），可用于几乎所有流体介质，可用于定转速和变转速驱动。

QXEHX系列内啮合齿轮泵是QXEH系列的升级版本，采用优化的流体动力学润滑油膜技术措施后，泵的转速范围已扩大到最高 6000r/min。QXEHX 系列的各项性能已超出 QXEH 系列内啮齿轮泵，提升了功率密度和运行稳定性，结构尺寸更紧凑，使用寿命更长。

QXP 系列内啮合齿轮泵可以实现低转速配合高/低黏度的运行工况。在改进了齿圈的流体动压和流体静压支承后，QXP 齿轮泵特别适合变转速和具有精确计量要求的应用场景。同时，通过增大密封面积，QXP 齿轮泵可以提供很高的效率，其最高工作压力为 25MPa，最大排量可达 500mL/r，适用于多元醇和异氰酸酯等流体，附加滑动轴承润滑结构，以达到最大的运行可靠性，具体技术参数见表 26-16。

**表 26-16　布赫内啮合齿轮泵技术参数**

| 规格 | 最大压力/MPa | | 排量/(mL/r) | 最大转速/(r/min) |
|---|---|---|---|---|
| | 连续 | 间歇 | | |
| QXEH32 | 25 | 28 | 10 ~ 15.6 | 3800 ~ 4600 |
| QXEH42 | 25 | 28 | 20.4 ~ 32.4 | 3400 ~ 4000 |
| QXEH52 | 25 | 28 | 39.3 ~ 63.7 | 2800 ~ 3200 |
| QXEH62 | 25 | 28 | 80.2 ~ 160.5 | 2300 ~ 2700 |
| QXEH82 | 25 | 28 | 160 ~ 250 | 1900 |
| QXEHX32 - 010 | 25 | 28 | 10 | 6050 |
| QXEHX32 - 012 | 25 | 28 | 12 | 5600 |
| QXEHX32 - 016 | 25 | 28 | 16 | 4850 |
| QXEHX32 - 020 | 21 | 25 | 20 | 4500 |
| QXEHX42 - 020 | 25 | 28 | 20 | 4600 |
| QXEHX42 - 025 | 25 | 28 | 25 | 4250 |
| QXEHX42 - 032 | 25 | 28 | 32 | 3900 |
| QXEHX42 - 040 | 21 | 25 | 40 | 3500 |
| QXEHX52 - 040 | 25 | 28 | 40 | 3600 |
| QXEHX52 - 050 | 25 | 28 | 50 | 3400 |
| QXEHX52 - 063 | 25 | 28 | 63 | 3250 |
| QXEHX52 - 080 | 21 | 25 | 80 | 2950 |
| QXEHX62 - 080 | 25 | 28 | 80 | 3000 |
| QXEHX62 - 100 | 25 | 28 | 100 | 2800 |
| QXEHX62 - 125 | 25 | 28 | 125 | 2600 |
| QXEHX62 - 160 | 21 | 25 | 160 | 2400 |
| QXP2 | 25 | | 3 ~ 16 | 1800 |
| QXP3 | 25 | | 10 ~ 32 | 1800 |
| QXP4 | 25 | | 20 ~ 63 | 1800 |
| QXP5 | 25 | | 40 ~ 125 | 1500 |
| QXP6 | 25 | | 80 ~ 250 | 1500 |
| QXP8 | 25 | | 250 ~ 500 | 1500 |

博世力士乐的 PGM、PGP、PGF、PGH 系列内啮合齿轮泵具有极佳的吸油特性，适合较大的黏度和速度范围，噪声低、脉动流量低，因采用滑动轴承和密封间

隙补偿，使用寿命长，低黏度情况下也可实现高效率，其品种齐全，具体技术参数见表26-17。

表26-17 博世力士乐内啮合齿轮泵技术参数

| 项目 | | PGM | PGP | PGF | PGH |
|---|---|---|---|---|---|
| 规格 | | 25 ~ 125 | 6.3 ~ 32.0 | 1.7 ~ 40.0 | 5 ~ 250 |
| 输入转速/(r/min) | 最小 | 200 | 600 | 500 ~ 600 | 600 ~ 200 |
| | 最大 | 3000 | 1800 | 4500 ~ 2500 | 3000 |
| 入口压力/MPa | | 0.08 ~ 0.20 | 0.08 ~ 0.20 | 0.06 ~ 0.30 | 0.08 ~ 0.20 |
| 出口压力/MPa | 连续 | 17.5 | 25.0 | 18.0 ~ 21.0 | 13.5 ~ 31.5 |
| | 间歇 | 21.0 | 31.5 | 21.0 ~ 25.0 | 17.5 ~ 35.0 |
| 流量/(L/min) | | 36.3 ~ 179.8 | 9.4 ~ 47.1 | 2.4 ~ 58.7 | 7.5 ~ 359.6 |
| 最低要求驱动功率/kW | | 1.1 ~ 4.0 | 0.75 | 0.75 ~ 1.50 | 0.55 ~ 7.50 |

### 3. 内啮合齿轮泵工作性能的提高与发展

（1）内啮合齿轮泵产品的静音低黏度高压化　内啮合齿轮泵高压化，主要以提高单泵的输出压力为主，发展优化渐开线内啮合齿轮泵的补偿结构，使单级压力提升至35MPa。通过配合间隙和关键工艺的优化，使直线共轭内啮合齿轮泵的单机压力最高可达到25MPa，经过两级增压也可达到35MPa。内啮合齿轮泵产品的另一大特点是低噪声，属于静音高压的泵种。

渐开线内啮合齿轮泵的补偿结构使其可适应较大范围的黏度，目前成熟产品主要适用于10 ~ 300mm/s$^2$。经试验，直线共轭内啮合齿轮泵可用于输出为3.4MPa下的0.8 ~ 10mm/s$^2$ 的低黏度流体。

对内部机械运转产生的噪声，可通过提高齿轮生产和装配的精度、保证啮合正确、减少机械振动等措施进行限制；对油液冲击产生的噪声，主要通过减少压力脉动、流量脉动、困油卸荷措施以及空穴和空蚀等措施进行限制。为了继续向高压大排量方向发展，采用复合齿轮泵提高齿轮泵的排量是一个很好的发展方向。

（2）变排量内啮合齿轮泵构想　目前内啮合马达转速可达10000r/min，所以齿轮泵/马达应该是未来变转速液压非常重要的一个选择。

（3）开发无月牙板的内啮合齿轮泵　福伊特在1994年提出了通过齿根孔径向进、排油方案的专利，显著提高了泵的自吸和排油能力。艾可勒在1995年提出了径向补偿的技术的专利。福伊特和艾可勒在2000年左右提出了无月牙板内啮合齿轮泵结构，如图26-9所示，其目的可能是为了便于双向转动。图26-9a所示为福伊特专利，在压力油作用下，通过内齿轮齿顶配置的小柱塞，压向外齿轮齿顶，以实现具有自补偿功能的径向间隙密封。图26-9b所示为艾可勒专利，采用弹簧圈迫使内齿轮齿圈产生弹性变形，实现径向间隙密封，但在高压区该弹簧圈要产生足够大的力以抵消液压力，由于该机构复杂，所以至今该专利尚未实施进入产品阶段。

（4）与EHA的发展需求结合　EHA的集成度高、功重比大、可靠性高、效率

图 26-9 无月牙板内啮合齿轮泵结构（专利）
a）福伊特专利（2000 年） b）艾可勒专利（2001 年）

高、安装维护性好，正在作为分布式液压系统被推广，由于高度集成，并且采用伺服电动机等由控制器控制的电液一体化装置，因此在元件性能、数字化、总线化、智能化方面都有明显的发展而与传统液压完全不同。

EHA 是电、液、软件三者高度集成的新型装置，以采用伺服电动机为主，其转速范围很宽，所以要求液压泵的转速高值与转速范围方面要有极大提高，这也是 EHA 的核心技术之一。在传统液压技术（液压 2.0 技术）作为动力源的液压泵，转速几乎是固定而不调速的，对电动机而言，采用的液压泵转速是 1500r/min 或 3000r/min，在内燃机中液压泵转速要求在 600（怠速）~2200r/min（最高转速），现有的商用泵最低转速基本为 500~600r/min，低转速下液压泵效率很低甚至无法工作。

在液压泵中，齿轮泵特别是内啮合齿轮泵的转速特性比较符合 EHA 的使用要求，转速范围宽，低速性能良好，制造成本低，应用可靠。双向内啮合齿轮泵（见图 26-10）可以双向四象限工作，非常适合高性能低噪声的 EHA 电静液作动器。

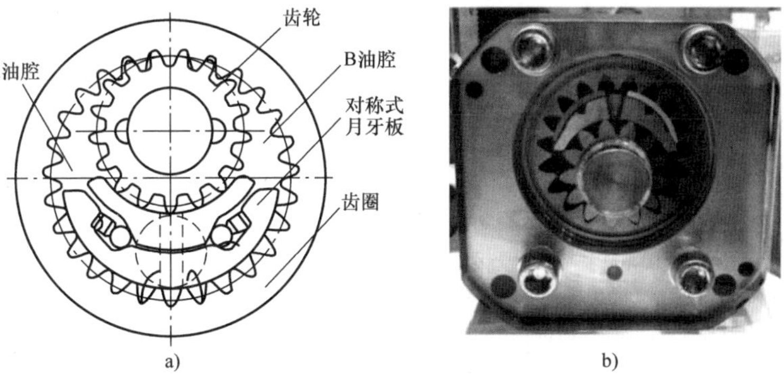


图 26-10 用于汽车等移动场合的艾可勒双向内啮合齿轮泵
a）双向渐开线内啮合齿轮泵结构（早期专利） b）双向内啮合齿轮泵产品（艾可勒）

（5）渐开线齿形与直齿齿形的优化发展 直齿内啮合齿轮泵是间隙固定式结构设计，由于齿形不具备可分性，必须依靠加工精度保证啮合点的对应关系，并实现高压下齿轮副之间的密封与润滑，加工难度较大。但该泵可成为目前唯一一款实现四象限运行的内啮合齿轮泵。直齿与渐开线齿形的性能差别主要表现在输出流量脉动特性与困油容积变化特性上（见图26-11）。相比而言，直线共轭内啮合齿轮泵困油容积更小，且逐渐增大，困油区局部压力逐渐降低，液压径向力会产生促进齿轮啮合的力，因此其传动更平稳，输出流量波动也更小。

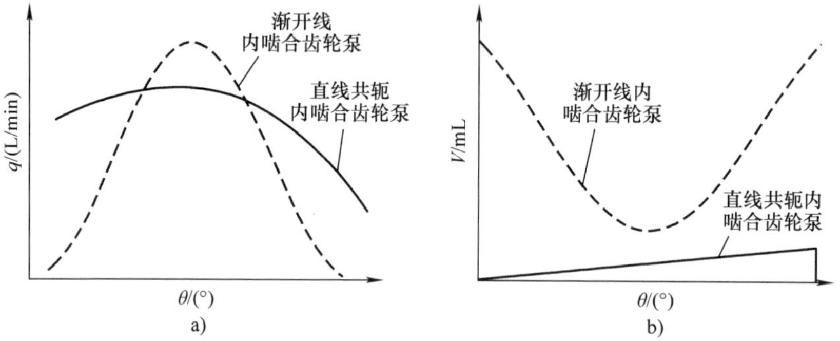


图26-11　不同齿形内啮合齿轮泵的性能对比

a）不同齿形的流量脉动对比　b）不同齿形困油容积的对比

齿形是内啮合齿轮泵设计的基础。优化齿形设计能够有效降低流量脉动，提升整体性能。近来为优化渐开线齿轮的设计体系开展工业设计软件研发。直线共轭内啮合齿轮副不是标准齿形，因此尚未统一定义分度圆、变位等概念，应参考渐开线内啮合齿轮泵的定义和设计方法制定标准，基于基本设计参数建立直齿内啮合齿轮泵的流量脉动待性和卸荷槽设计方法，采用解析法建立数学模型优化齿形参数，建立完备的设计体系。

如果对关键设计方法掌握得不好，就很难像进口产品那样针对不同应用场合开发不同类型的产品，国产企业基本不掌握这种方法，因此至多是开发通用系列产品，导致产品的针对性不强。此外，对于进出油口、月牙、卸荷槽、密封间隙等关键结构的细节性结构，国内的研究也不多，无法指导厂商开展定量设计，过去主要依靠逆向工程，但这也限制了高端内啮合齿轮泵元件的开发。

（6）摩擦副的密封与润滑特性的优化　内啮合齿轮泵中包含三组摩擦副，包括轴与轴套摩擦副、齿轮齿圈端面与壳体摩擦副、齿轮副之间的摩擦副。其中齿轮副之间的摩擦副互相耦合，且在内啮合齿轮泵的运动过程中动态变化，是影响内啮合齿轮泵可靠性的关键摩擦副。

除基础的研发非常重要之外，摩擦副的基础材料更为要紧。渐开线内啮合齿轮泵在材料耐磨性差、动密封设计不优的情形下仍能通过补偿结构实现较好的性能。但是要提高可靠性，尤其是提升直线共轭内啮合齿轮泵可靠性的难度较大，必须开展基础材料的特性研究。国产某型内啮合齿轮泵和进口内啮合齿轮泵泵体材料金相组织如图26-12所示，可发现进口材料石墨等级达到1级，石墨圆度达到6级，铁素体含量也更低。定性来看，由于球化级别高，材料润滑性能好，铁素体含量高，材料的导热性更好，因此使摩擦副的耐热、抗磨、减摩性能更好。此外，关键材料的特性研究也是支撑低黏度和水液压内啮合齿轮泵研发的基础。

加工工艺是实现设计落地，提升产品可靠性的关键步骤。尤其是直线共轭内啮合齿轮泵，必须依赖加工工艺保证良好的配合间隙和密封润滑，国产泵已经生产 30 余年，质量仍有不稳定现象，说明加工工艺的保证与提高是至关重要的。

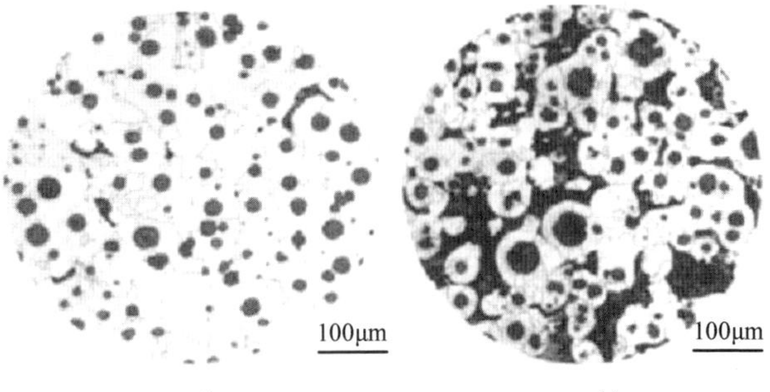


图 26-12 国产某型内啮合齿轮泵齿轮和进口内啮合齿轮泵泵体材料金相组织

a）某国产泵体 b）某进口泵体

（7）产品故障诊断与可靠性提高 可靠性是限制国产元件高端化发展的关键点。国外在这方面做得比较好，但是产品开发与研究也不是很完善，例如，进口元件对内啮合齿轮泵的故障诊断方法和寿命下降规律仍不完善，无法给出产品实际运行工况下泵的具体寿命指标；艾可勒技术手册中指出其产品预期寿命不低于 10 万次压力冲击，但未对运行转速、油温、清洁度等其他条件给予说明。根据国内对直线共轭内啮合齿轮泵和进口产品的超速超压冲击试验比较，国外产品可承受高达 78.7 万次冲击，而国产泵仅能承受 9.2 万次冲击。

国内在开展可靠性检测方面仍然需要摆脱逆向工程思维。例如，布赫技术手册指出，实验室环境下其内啮齿轮泵预期寿命不低于 10000h 的要求，国内液压厂商很少针对元件开展这方面的可靠性检测，仅仅做出厂性能试验，后期通过用户使用反馈产品的可靠性。这种情况需要改变，只有对疲劳、磨损、老化 3 种典型失效形式进行分析，通过加速寿命试验来检验泵质量稳定性和可靠性，才是有效的液压泵可靠性验证的手段。

目前液压泵故障诊断和可靠性方面的研究主要集中在学术研究上，研究对象也大多针对柱塞泵。有幸的是，国内已经开始以直线共轭内啮合齿轮泵为对象，开展了产品加速寿命试验及其寿命状态的评估检测研究相关工作。

（8）内啮合齿轮电液泵是实现内啮合齿轮数智泵的途径 2003 年，德国福伊特推出了一种内啮合齿轮电液泵，把内啮合齿轮泵集成在电动机转子中，电动机和内啮合齿轮泵成为一个整体，其结构如图 26-13 所示。该系统具有节能、体积小、质量轻、无污染、易控制和安装方便等特点，适合用于 EHA。该泵的转子轴承安装在泵壳上，通过油流导热冷却。这种泵的传动效率高、噪声低、节省空间。与传统的传动装置相比，内置型的内啮合齿轮泵噪声水平可减少 12dB，泵单元的尺寸基本上相当于带自通风装置的电动机，结构空间缩小近 50%。

有关电液泵的阐述可在第25章中进一步了解。

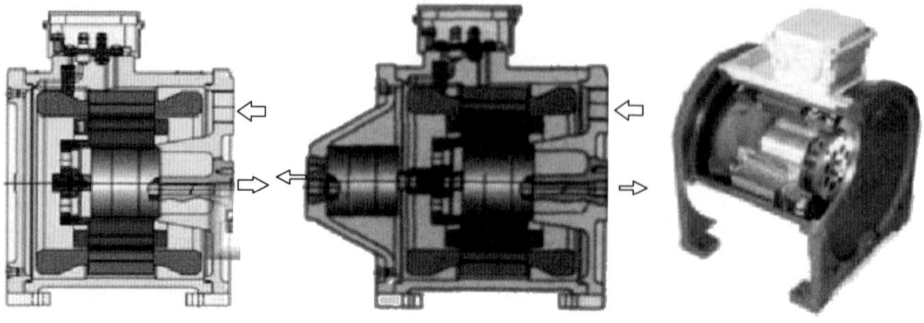

a)　　b)　　c)

图26-13　福伊特内啮合齿轮电液泵结构

a）内啮合齿轮电液泵　b）双输出内啮合齿轮电液泵　c）电液泵实物

（9）发展新型同步三并联结构的内啮合齿轮泵　目前对内啮合齿轮泵的创新大都以降低噪声和提高工作压力为基础，没有从根本上解决径向力不平衡及流量脉动等齿轮泵固有的问题，因此同步三并联内啮合齿轮泵由此产生，它使齿轮泵的径向力不平衡问题得以解决，同时又保留了齿轮泵的优点（见图26-14）。但是这泵的结构比较复杂，密封块的封油区间角较小，高低压油腔数量多，对于密封性的要求较高，齿轮泵的加工困难，并未在工业工程领域得到应用和推广。为了简化出一种只保留中心的主动齿轮以及与其相互啮合的三个从动齿轮的三级并联齿轮泵，取消了内齿圈，使其结构大为简化，加工制造容易，更便于工程应用。

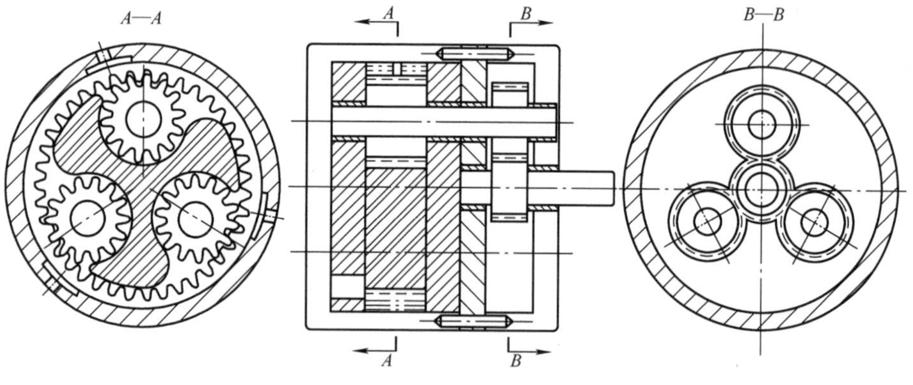


图26-14　同步三并联内啮合齿轮泵内部结构图

## 26.1.7　液压叶片泵产品及其发展

### 1. 叶片泵分类及特点

定量叶片泵目前分高、中、低三档压力，低压≤6.3MPa；中压为10～16MPa；高压为20～31.5MPa。叶片泵具有压力脉动小、噪声小等优点，适用于一般机床设备、工程机械、液压机、注塑机等。

叶片泵的分类见表26-18。

**表26-18 叶片泵分类**

| 分类形式 | 种类 |
|---|---|
| 结构 | 单叶片式、双叶片式、子母叶片式、弹簧叶片式 |
| 压力 | 低压（6.3MPa）、中压（16MPa）、高压（20MPa） |
| 流量调节 | 单作用（变量）叶片泵、双所用（定量）叶片泵 |

与齿轮泵、柱塞泵相比较，叶片泵有下列优点：

1）流量均匀，压力脉动小。

2）噪声较低，适用于要求噪声低的主机，如注塑机。

3）结构紧凑、轮廓尺寸较小而排量较大。

4）与齿轮泵相比，可以实现变量。单作用叶片泵有多种变量型式。

5）与柱塞泵相比，有较好的自吸能力。

6）寿命较长。双作用叶片泵和凸轮转子叶片泵由于轴承受力很小，泵的寿命很长，如$YB_1$型中压叶片泵的寿命可达10000h。单作用叶片泵由于轴承受较大的不平衡力，寿命较短。

7）性价比相对高。

叶片泵的缺点如下：

1）抗污染能力比齿轮泵差，对油液清洁度要求较高，应用时应注意油液清洁度。

2）转速不能太高，一般均在2000r/min以下工作。

**2. 液压叶片泵产品结构性能**

液压叶片泵的结构特点与工作原理见表26-19。

**表26-19 液压叶片泵的结构特点与工作原理**

| 内容 | 结构特点 | 工作原理 |
|---|---|---|
| 低压单作用式 | 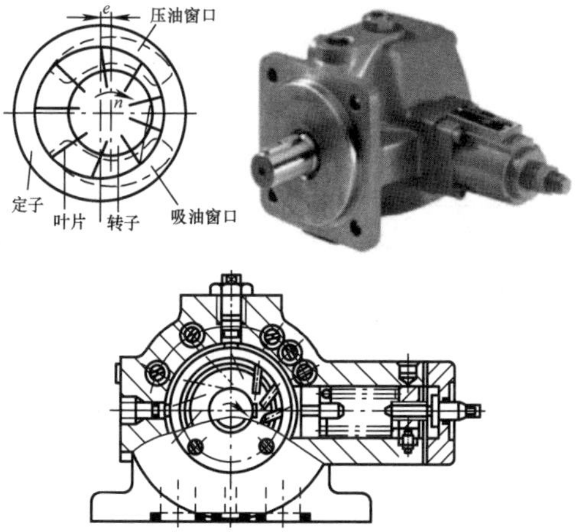  | 转子外圆和定子内圆的中心保持一个偏心距$e$。在配流盘上开有虚线所示的吸油窗口和压油窗口。当转子如图转动时，以相邻叶片、定子、转子及配流盘所组成的下部密封容积增大，油液通过吸油窗口吸入；而上部所组成的密封容积减小，油液由压油窗口压送到压油管中去。偏心距$e$的大小决定了泵的排量。转子受较大不平衡径向液压力，故轴承承受较大负载，寿命较短，不宜用于高压（<10MPa），属于淘汰产品 |

（续）

| 内容 | 结构特点 | 工作原理 |
| --- | --- | --- |
| 中压双作用式 | 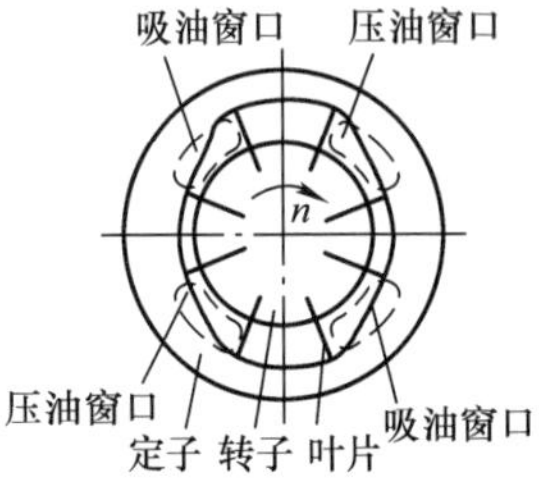<br><br>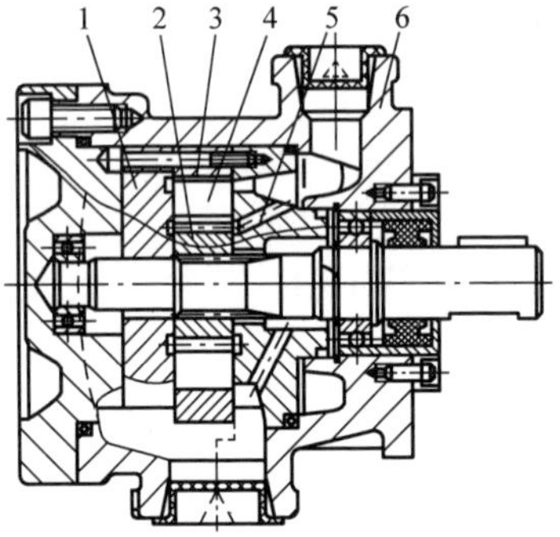<br>YB－D 型中高压叶片泵结构图<br>1—左配流盘 2—转子 3—定子 4—叶片<br>5—右配流盘 6—壳体 | 泵有两个吸油窗口和两个压油窗口。转子旋转一周，泵吸、压油各两次。由于转子承受的径向液压力是平衡的，轴承受的力很小，故寿命长，适用于中高压系统（＜16MPa）。由于减薄了叶片厚度并提高了转子强度，因此耐压较高，定子过渡曲线为高次曲线，泵的噪声大大降低 |
| 高压子母叶片泵 | <br>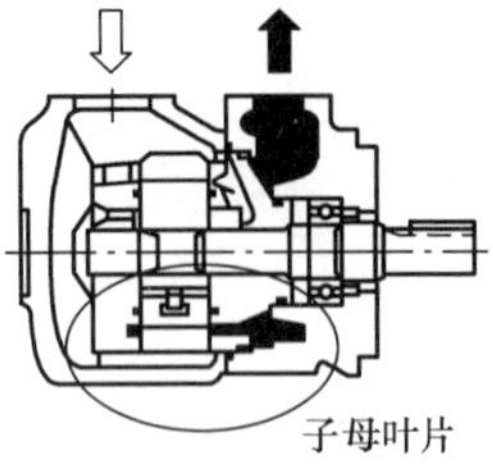 | 伊顿高压子母叶片泵采用行业首创的子母内插装式设计，在压力能力和噪声水平方面处于世界领先地位，其处理的压力比类似设计的叶片泵更高。它们独特的子母叶片结构令使用压力达到 30MPa 以上，允许冷起动。具有较长的使用寿命、出色的容积效率和出色的可维护性 |

（续）

| 内容 | 结构特点 | 工作原理 |
|---|---|---|
| 高压柱销叶片泵 | 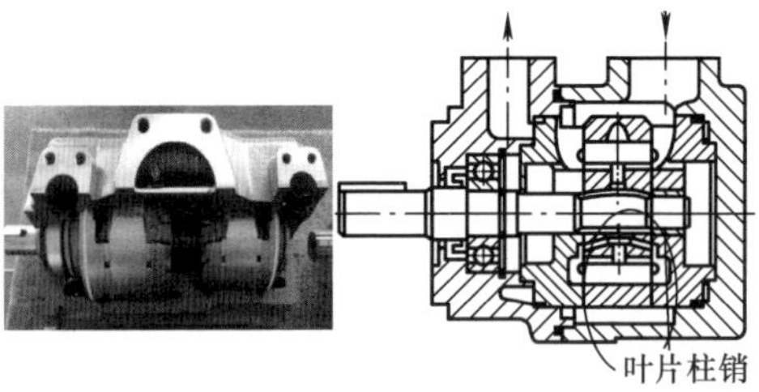  | 高压柱销叶片泵内腔采用插装式结构，位于转子柱销孔内往复运动的柱销是被转子两侧面各3个小孔引进柱销孔底部的油压所顶出，该两侧小孔与配流盘侧面的排油沟槽相接通，从而利用柱销顶力与叶片作用于定子内曲面的顶力抵消。是目前世界上具有最高压力（32MPa）、最高转速（3600r/min）、最低噪声[63dB（A）（$n$=1500r/min）]和排量范围最广（5.8～268mL/r）的高压叶片泵产品 |

**3. 液压叶片泵产品介绍**

（1）定量叶片泵技术参数　表26-20列出了定量叶片泵技术参数。

**表 26-20　定量叶片泵技术参数**

| 系列号 | 公称排量/(mL/r) | 额定压力/MPa | 转速/(r/min) | 生产厂家 |
|---|---|---|---|---|
| YB－E | 10～125 | 16 | 600～1800 | ① |
| V系列 | 7.5～237 | 14～17.5 | 1800 | ①② |
| $YB_1$ | 2.5～100 | 6.3 | 1000～1500 | ① |
| YBZ0 | 16～22 | 10～15 | — | ② |
| YBZ1 | 10～22 | 10～19 | — | ② |
| YBZ2 | 6～28 | 7.5～15 | — | ② |
| YBZ5 | 10～14 | 9～13 | — | ② |
| YBZ4 | 10 | 8.4 | — | ② |
| YBZ7 | 10 | 8～10 | — | ② |

注：①—阜新品胜液压有限公司，②—太重集团榆次液压工业有限公司。

（2）变量叶片泵　变量叶片泵具有压力补偿装置及最大流量调节装置，可随系统负载的变化自动改变输出流量，并保持系统压力恒定，可以降低油液发热及电动机功率的消耗。

变量叶片泵技术参数见表26-21。

**表 26-21　变量叶片泵技术参数**

| 系列号 | 排量/(mL/r) | 额定压力/MPa | 转速/(r/min) | 生产厂家 |
|---|---|---|---|---|
| VQ | 7～237 | 14～21 | 600～2700 | 榆次液压 |
| PFE | 5～224 | 21 | 600～3000 | |
| T6 | 10.8～269 | 24.5～28 | 600～2800 | |

（3）国外叶片泵产品技术参数　表26-22列出了国外叶片泵技术参数。

表26-22　国外叶片泵技术参数

| 公司名称 | 产品系列号 | 排量/(mL/r) | 压力/MPa | 转速/(r/min) |
|---|---|---|---|---|
| 派克 | T7AS | 5.8~24.9 | 14~30 | 600~3600 |
| | T7ASW | 26~40 | 14~30 | 600~3600 |
| | T7B、T7BS | 5.8~50 | 14~32 | 600~3600 |
| | T6C | 10.8~100 | 14~27.5 | 600~2800 |
| | T7D、T7DS | 44~137.5 | 21~30 | 1800~3000 |
| | T7E、T7ES | 132.5~268.7 | 14~24 | 600~2200 |
| | T7CS | 58.3~79.3 | 17.5~26 | 1500~2500 |
| 伊顿 | V系列 | 7~193 | 20.7~22.8 | 1800 |
| | VQ | 8~194 | 17.2~22.8 | 2200~2700 |
| | V10 | 3.3~22.8 | 17.2~19 | 4800 |
| | V20 | 19.5~42.4 | 17.2~19 | 3000 |
| | VMQ | 10~215 | 26.2~31 | 1800 |
| | PV2R | 6~237 | 21 | 600~1800 |
| | PV2R4A | 138~193 | 17.2 | 600~1800 |
| | PV2R24A | 41~65 | 21 | 600~1800 |
| | PV2R34A | 76~116 | 21 | 600~1800 |
| | 50T | 6.8~36 | 7 | 600~2000 |
| | 150T | 47.7~115.6 | 7 | 600~1500 |
| 博世力士乐 | PV7-C/D/N/W | 14~118 | 2~16 | 900~1800 |
| | PV7-A | 10~25 | 7~10 | 900~1800 |
| | PVV | 18~193.4 | 14~21 | 600~1800 |
| | PVQ | 18~193.4 | 14~21 | 600~2700 |
| | PVH | 15.9~79.3 | 24~29 | 600~3600 |

**4. 提高液压叶片泵工作压力措施**

随着技术发展，双作用叶片泵的最高工作压力已达成30MPa。由于双作用叶片泵转子上的径向力根本上是平衡的，叶片泵采用浮动配流盘对端面间隙进行补偿后，泵在高压下也能保持较高的容积效率。

叶片泵为保证叶片顶部与定子内表面紧密接触，所有叶片底部都与高压腔相连通。当叶片在低压腔时，叶片底部受高压油作用，而顶部受低压油作用，这一压力差使叶片以很大的力压向定子内表面，在叶片和定子之间产生强烈的摩擦和磨损，使泵的寿命降低。所以对高压双作用式叶片泵来说，叶片泵工作压力提高的主要限制条件是叶片和定子内外表的磨损。为了解决定子和叶片的磨损，要采取措施减小在吸油区叶片对定子内表面的压紧力，目前采取的主要结构形式见表 26-23。

**表 26-23　叶片泵提高工作压力的结构形式**

| 结构形式 | 结构原理图 | 工作原理 |
| --- | --- | --- |
| 双叶片结构 | 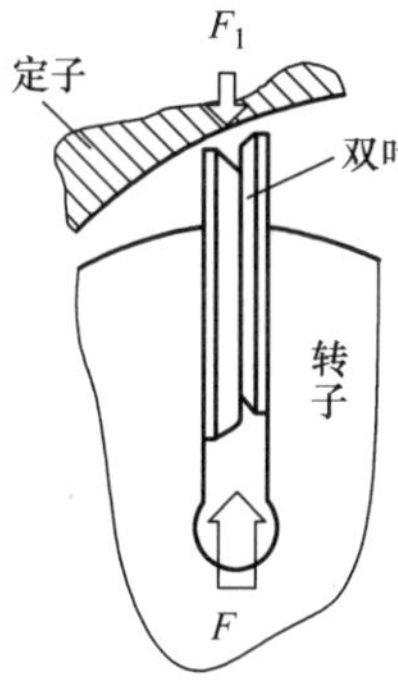 | 在转子槽中装有两个叶片，它们之间可以相对自由滑动，在叶片顶端和两侧面倒角，双叶片之间构成 V 形通道，使叶片底部的压力油经过通道进入叶片顶部，使叶片底部和顶部的压力相等。适当选择叶片顶部棱边的宽度，即可保证叶片顶部有一定的作用力压向定子，同时又不至于产生过大的作用力而引起定子的过度磨损 |
| 阶梯式结构 | 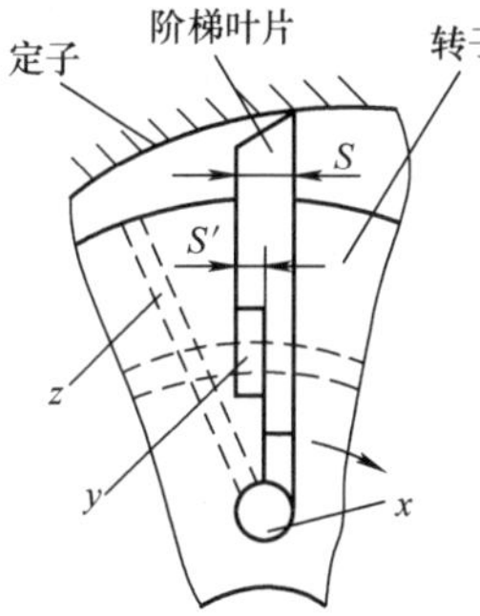 | 叶片加工为阶梯形式，转子上的叶片槽亦具有相应的形状。它们之间的中间油腔经配流盘上的槽与压力油相通，转子上的压力平衡油道把叶片头部的压力油引入叶片底部，与母子叶片结构相似，在压力油引入中间油腔之前，设置节流阻尼，使叶片向内缩进时，此腔保持足够的压力，保证叶片紧贴定子内外表。这种结构由于叶片及槽的形状较为复杂，加工工艺性较差，应用较少 |
| 子母叶片结构（威格士结构） | 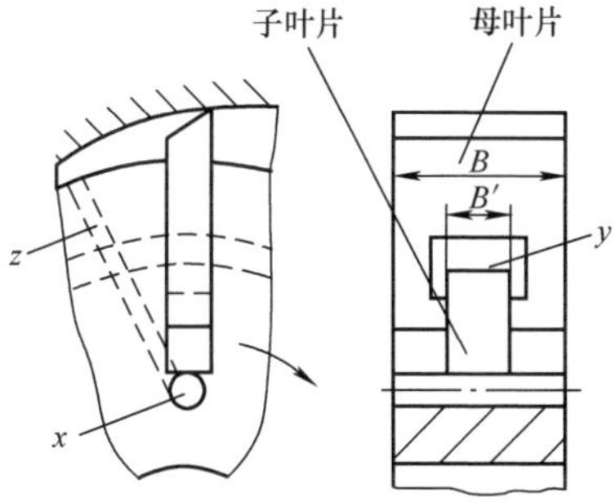 | 叶片由母叶片和子叶片组成，母叶片和子叶片能相对滑动，母叶片底部 $x$ 腔经油孔（虚线所示）始终与所在油腔相连通，子叶片和母叶片之间的 $y$ 腔通过配流盘的环形 K 槽总是接通压力油。当叶片在吸油区工作时，母叶片回底部 $x$ 腔不受高压油作用，它只在 $y$ 腔高压油的作用下而压向定子，这就相当于减少了叶片底部承受压力油作用的面积，使该作用力较小，并可以保证叶片与定子接触良好。这种方法可用于额定压力达 21MPa 的高压叶片泵上 |

（续）

| 结构形式 | 结构原理图 | 工作原理 |
|---|---|---|
| 柱销式结构（丹尼逊结构） | 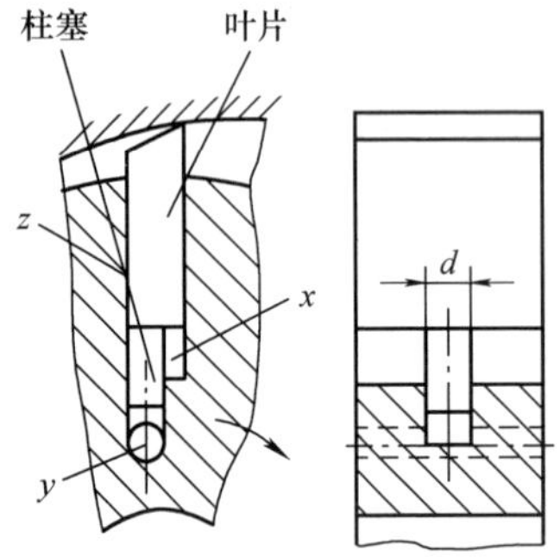 | 柱销式叶片泵与美国威格士子母叶片泵的设计原理一样，设法在“叶片”底部采用直径5mm的圆柱销来顶叶片，圆柱销底部直接和液压泵出口的压力接通，而叶片底部的其他部位则没有压力，阿托斯（ATOS）的圆柱销设计直接将面积缩小到了1/10，让出了更大的空间将叶片的厚度增加到了4.5mm，而液压泵的额定压力可以轻松达到21～26MPa。圆柱销的设计提高了液压泵压力，但也增加了转子的加工难度，在转子上加工12个小圆孔就成了技术瓶颈，小圆孔的精度直接影响了液压泵的噪声与寿命 |

**5. 叶片式电液泵**

本手册有关章节已经阐述，请参考有关部分。

## 26.1.8 液压柱塞泵现有市场产品与性能参数

**1. 液压柱塞泵分类**

柱塞泵的分类及特点见表26-24。

**表26-24 柱塞泵的分类及特点**

| 分类 | 结构形式 | 特点 |
|---|---|---|
| 斜盘式轴向柱塞泵（马达） | 斜盘推动柱塞产生往复运动；柱塞轴线和主轴平行；传动轴中心线与缸体中心线重合 | 无级变量，具有可逆性（可用作泵，也可用作马达），压力高，噪声低（相对于斜轴式），效率高，对油液污染度要求较高 |
| 斜轴式轴向柱塞泵（马达） | 传动轴线与缸体轴线相交一个夹角 | 可变量，转速高，自吸性能比斜盘式好，体积大 |
| 径向柱塞泵 | 柱塞相对于传动轴径向布置 | 流量大，工作压力高，轴向尺寸小，径向尺寸大，可变量 |

**2. 柱塞泵产品工作原理与结构特点**

柱塞泵的工作原理与结构特点见表26-25。

**3. 柱塞泵产品介绍**

（1）斜盘式轴向柱塞泵（马达） 斜盘式轴向柱塞泵是柱塞泵产品中产量最大的一类，目前我国生产的此类泵有CY14－1B型，ZB（ZM）型以及引进美国威格士的PVB型。斜盘式轴向柱塞泵技术参数见表26-26。

表 26-25　液压柱塞泵的工作原理与结构特点

| 内容 | 结构特点 | 工作原理 |
| --- | --- | --- |
| 非通轴型斜盘式轴向柱塞泵 | 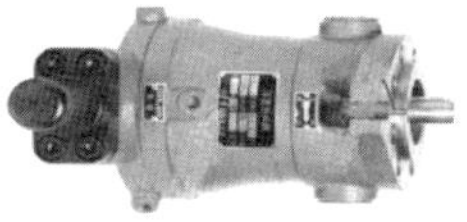<br>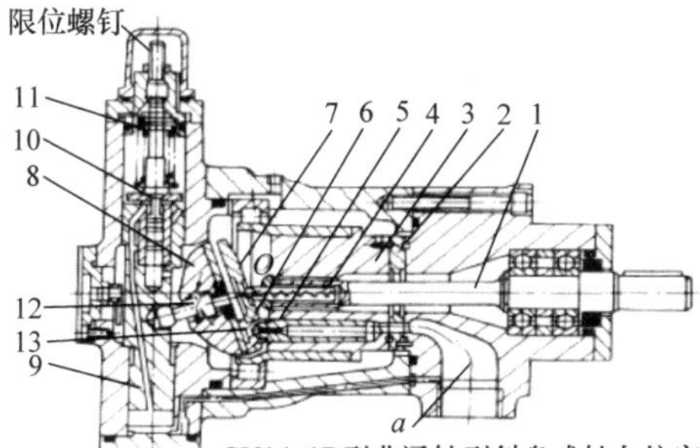<br><br>CY14-1B型非通轴型斜盘式轴向柱塞泵<br>1—传动轴　2—配流盘　3—缸体　4—弹簧<br>5—柱塞　6—滑靴　7—回程盘　8—斜盘<br>9—变量活塞　10—伺服活塞　11—控制杆<br>12—销轴　13—止推板 | 斜盘式轴向柱塞泵的 7 ~ 9 个柱塞安装在转子中，当转子由轴带动旋转时，转子中的活塞依靠斜盘斜面产生往复运动，从而改变缸体柱塞腔内的容积增加与减少，产生油液的吸入和排出，进而进行工作<br>左图为 CY14 - 1B 型非通轴型斜盘式轴向柱塞泵。工作时传动轴 1 带动缸体 3 转动，弹簧 4 把缸体 3 压向配流盘 2，以保证它们之间的初始密封，同时，通过回程盘 7 将滑靴 6 压向止推板 13。当缸体转动时，滑靴在止推板上滑动，柱塞在缸孔内往复运动，液流经过铸造通道 *a* 进入配流盘和缸孔，然后通过配流盘上另一通道排出。调节控制杆 11 可带动变量斜盘 8 绕 *O* 点转动，改变斜盘倾角的大小，从而实现泵的变量 |
| 通轴型斜盘式轴向柱塞泵 | <br>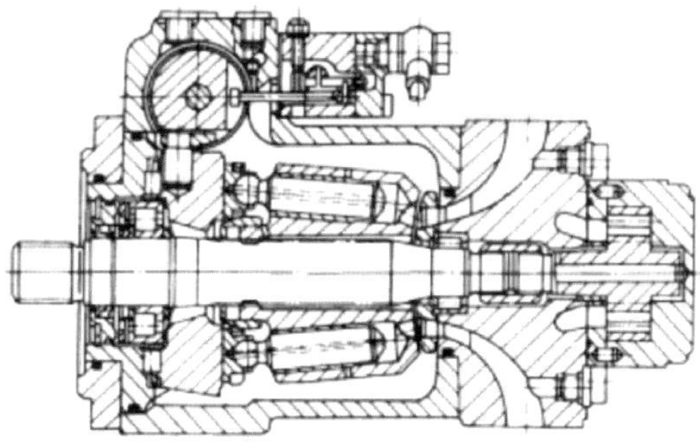 | A4V 型通轴型斜盘式轴向柱塞泵是斜盘柱塞式，球面配流，采用蝶形弹簧压紧缸体并使柱塞回程。变量斜盘支撑在两个只有半圈的滚子轴承上，变量缸垂直于泵传动轴布置，结构较紧凑，有多种变量方式 |

（续）

| 内容 | 结构特点 | 工作原理 |
| --- | --- | --- |
| 斜轴式轴向柱塞泵 | <br>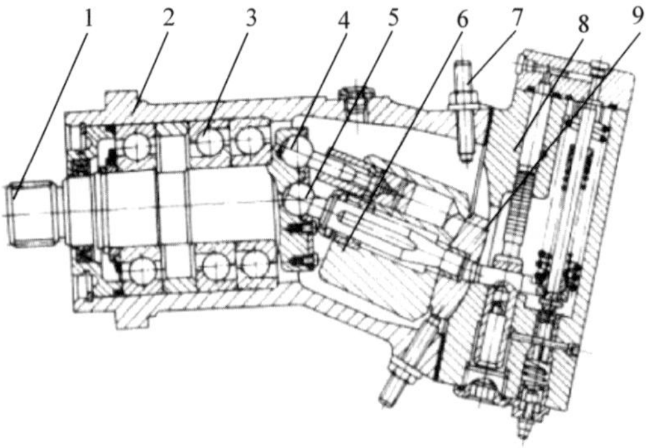<br><br>1—主轴　2—泵壳　3—轴承　4—带连杆柱塞<br>5—中心轴　6—缸体　7—限位螺钉<br>8—变量机构　9—配流盘 | 斜轴式轴向柱塞泵的传动轴线与缸体的轴线相交一个夹角。柱塞通过连杆与主轴盘铰接，并由连杆的强制作用使柱塞产生往复运动，从而使柱塞腔的密封容积变化而输出有压流量。左图为德国博世力士乐 A7VO 型斜轴式柱塞泵结构图。该泵采用了重载长寿命轴承、并且具有多种变量方式，已广泛应用于行走式机械及工业领域。目前，我国的上海液压泵厂，北京华德液压工业集团有限责任公司引进并生产此泵 |
| 径向柱塞泵 | 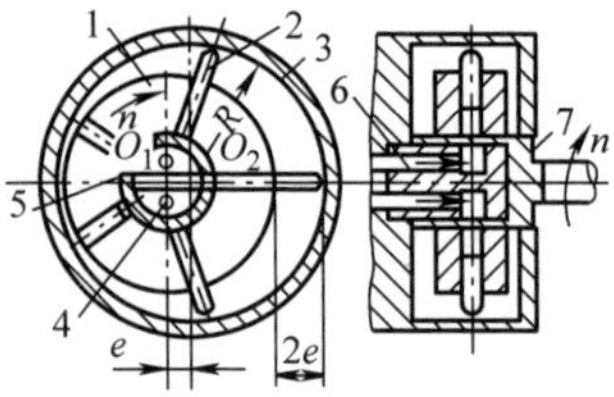<br><br><br>工作原理图<br>1—转子　2—柱塞　3—外壳　4、5—油孔<br>6—配油轴　7—传动轴<br>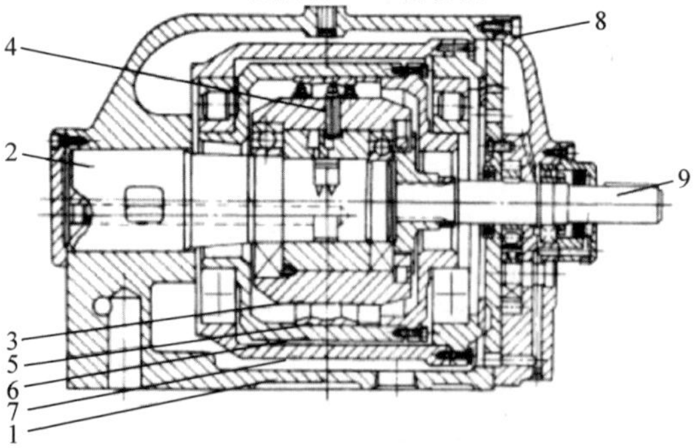<br><br>JT13 型径向柱塞泵结构原理图<br>1—泵体　2—配油轴　3—转子　4—柱塞　5—定子<br>6—鼓轮　7—滑座　8—泵盖　9—传动轴 | 径向柱塞泵利用偏心轮中的柱塞，在旋转时径向柱塞在偏心轮中产生位移，改变了柱塞密封容腔的大小以进行吸油与排油。将柱塞装在转子中采用配油轴配流，或者柱塞装在定子中采用阀式配流。调节定子和转子间的偏心距可以调节排量，改变偏心方向即改变了输油方向，因此径向柱塞泵可以做成单向或双向变量的变量泵<br>JT13 型径向柱塞泵由高压柱塞泵、低压辅助齿轮补油泵、安全阀和变量操纵机构、推动缸、吸入阀等部件组成。泵体 1 内压配有配油轴 2，轴内有吸油与压油孔道。转子 3 由滚动轴承支承在配油轴上，柱塞 4 可以在转子径向分布的柱塞孔内往复运动<br>转子旋转时，柱塞外伸压向定子 5 内圆锥面上。定子固定在能自由旋转的鼓轮 6 内。滑座 7 上下平行导轨面与泵体内导轨面滑配，可以左右平行移动，并带动固定在其上的鼓轮、定子移动，产生偏心距 $e$。柱塞 4 顶端与定子内圆锥面接触点不通过柱塞旋转中心，由于摩擦力的作用，柱塞绕其自身轴线旋转，同时定子即被摩擦力带动旋转，从而减少摩擦副的相对速度，达到减小机械磨损，延长摩擦副零件寿命的作用 |

**表 26-26　斜盘式轴向柱塞泵技术参数**

| 基本型号 | 排量/(mL/r) | 压力/MPa | | 转速/(r/min) | | 变量型式 | 生产厂家 |
|---|---|---|---|---|---|---|---|
| | | 额定 | 最高 | 额定 | 最高 | | |
| 2.5 * CY14 - 1B | 3.49 | 31.5 | 40 | 3000 | — | 手动变量<br>恒功率变量<br>手动伺服变量<br>恒压变量<br>液控变量<br>电动变量<br>阀控恒功率变量<br>电液比例变量 | 启东高压油泵有限公司 |
| 10 * CY14 - 1B | 10.5 | 31.5 | 46 | 1500 | 3000 | | |
| 25 * CY14 - 1B | 26.6 | 31.5 | 40 | 1500 | 3000 | | |
| 40 * CY14 - 1B | 40.0 | 25 | 31.5 | 1500 | 3000 | | |
| 63 * CY14 - 1B | 66.0 | 31.5 | 40 | 1500 | 2000 | | |
| 80 * CY14 - 1B | 84.9 | 25 | 31.5 | 1500 | 2000 | | |
| 160 * CY14 - 1B | 164.7 | 31.5 | 40 | 1000 | 1500 | | |
| 250 * CY14 - 1B | 254 | 31.5 | 40 | 1000 | 1500 | | |
| JG10 | 12.6 | 31.5 | — | — | 1500 | | |
| JG25 | 23.9 | 31.5 | — | — | 1500 | | |
| JG63 | 66.7 | 31.5 | — | — | 1500 | | |
| JG80 | 85.18 | 31.5 | — | — | 1500 | | |
| JG100 | 100 | 31.5 | — | — | 1500 | | |
| JG125 | 126 | 31.5 | — | — | 1500 | | |
| JG160 | 164.5 | 31.5 | — | — | 1500 | | |
| QG 系列 | 25 ~ 320 | 31.5 | — | — | 1500 | | |
| XB01XO | 40 ~ 400 | 35 | — | 1320 ~ 2600 | — | 压力控制、流量控制、功率控制 | 太重集团榆次液压工业有限公司 |
| XB01VG | 71 ~ 125 | — | — | 2850 ~ 3300 | — | | |
| XB03VO | 95 ~ 260 | — | — | 1800 ~ 2350 | — | | |
| XB01FO | 71 ~ 500 | 35 | | 1320 ~ 2200 | | | |
| HP4VG | 60 ~ 175.4 | 40 ~ 45 | 45 ~ 50 | 2650 ~ 3600 | 2800 ~ 3900 | 恒压控制<br>液控变量 | 江苏恒立液压股份有限公司（简称：恒立液压） |
| HP5V | 28 ~ 104.3 | 25 ~ 35 | 28 ~ 40 | 2200 ~ 3000 | 2600 ~ 3600 | | |
| HP3V | 80 ~ 140 | 32 ~ 35 | 35 ~ 40 | — | 2500 ~ 3000 | | |
| HP3V75S | 75 | 35 | 40 | | 3000 | | |
| HP3G | 28 ~ 46 | 34.5 | 38 | 3000 ~ 3400 | 4000 | | |

（2）斜轴式轴向柱塞泵（马达）　斜轴式轴向柱塞泵产品以 Z * B 型以及德国博世力士乐的 A2F、A7V、A2V 等轴向柱塞泵为代表，技术参数见表 26-27。

（3）径向柱塞泵　径向柱塞泵产品见表 26-28。

表 26-27 斜轴式轴向柱塞泵（马达）技术参数

<table>
<tr><th rowspan="2">基本型号</th><th rowspan="2">排量范围/(mL/r)</th><th colspan="2">压力/MPa</th><th colspan="2">转速/(r/min)</th><th rowspan="2">变量型式</th><th rowspan="2">生产厂家</th></tr>
<tr><th>额定</th><th>最高</th><th>额定</th><th>最高</th></tr>
<tr><td>A2F</td><td>45~160</td><td>35</td><td>40</td><td>—</td><td>—</td><td>定量</td><td rowspan="2">启东高压油泵有限公司</td></tr>
<tr><td>A7V</td><td>20~160</td><td>35</td><td>40</td><td></td><td>4750</td><td>恒功率恒压</td></tr>
<tr><td>A2F</td><td>9.4~500</td><td>35</td><td>40</td><td>—</td><td>5000</td><td>定量泵（马达）</td><td rowspan="5">北京华德液压工业集团有限公司</td></tr>
<tr><td>A6V</td><td>28.1~500</td><td>35</td><td>40</td><td>—</td><td>4750</td><td rowspan="4">手动变量<br>液控变量<br>高压自动变量<br>恒功率变量<br>恒压变量<br>液压控制变量<br>手动变量</td></tr>
<tr><td>A7V</td><td>20~500</td><td>35</td><td>40</td><td>—</td><td>4750</td></tr>
<tr><td>A8V</td><td>28.1~160</td><td>35</td><td>40</td><td>—</td><td>3000</td></tr>
<tr><td>A4VSO</td><td>40~500</td><td>35</td><td>40</td><td>—</td><td>2600</td></tr>
</table>

表 26-28 径向柱塞泵技术参数

| 型号 | 排量/(mL/r) | 压力/MPa | | 转速/(r/min) | | 生产厂家 |
|---|---|---|---|---|---|---|
| | | 额定 | 最高 | 额定 | 最高 | |
| R型 | 1.59~64.18 | 70 | | | 2000 | 哈威（HAWE） |
| RG型 | 4.58~64.18 | 70 | | | 2000 | |
| RKP | 19~250 | 28 | 35 | | | 穆格（MOOG） |

## 26.1.9 下一代液压柱塞泵性能指标与硬软件功能发展的领域

液压柱塞泵是液压技术提高功重比的首选元件，是液压泵中的“皇冠”。柱塞泵具有超高压、超大流量与超大功率的潜力，通过提高液压工作压力来提高液压技术“功重比”优势，柱塞泵是不二的泵种选择。在汽车燃油喷射中，超高压(230MPa）的压力就是由径向柱塞泵产生的。随着工业技术的发展，对液压柱塞泵的要求越来越高、越来越全面，在满足工程性、可靠性、效能、温控、动态性能与故障容错的要求之外，最核心的是液压泵向高速、宽速、高压、长寿命方向发展。作为液压柱塞泵产品的三大指标：实现额定压力35MPa下转速在万转以上，总效率在90%以上，并且做到小型化插装式设计。作为液压柱塞泵需要满足的三大功能：与网络总线通信功能，可回收能量功能，具有高效大功率伺服控制器电路功能。在这个基础上实现非对称排量的高速液压泵，使非对称液压缸实现以直线运动为主的静液压传动系统。

除以上的综合要求之外，在不同应用领域也有不同的性能要求。例如，在航空柱塞泵方面，期望工作在高压（35MPa以上）、宽温域（-55~135℃）、高转速(10000r/min以上)、低脉动、高振动（30*g*以上）的复杂工况，要求更高的功率密度（功重比）与更高的可靠性（寿命达到 60000～90000h）。液压柱塞泵目前应用的最大功率可以达到 500kW。

由液压柱塞泵的各种应用要求可见，今后液压柱塞泵的发展已经超出对纯液压技术的范畴，必须与电动机技术结合，形成以液压柱塞泵为核心的电动机、电控为一体的融合体。今后发展的热点有下列几点。

**1. 液压柱塞泵的高压化提高“功重比”**

液压传动技术应对电传动技术发展形成的威胁与挑战，出路就是提高液压件的功重比，特别是提高使用压力。液压技术自产生以来，高压化的发展从未间断过，今天仍然需要继续并加大发展力度。液压泵（马达）是高压化的核心元件，不仅促使液压装置体积的减小、液压介质用量下降，而且动态性能会进一步提高，这对移动性机械（如工程机械主机等）而言更为迫切需要。从各国企业液压泵的最高使用压力统计中，可以明显看到液压压力提高的进程与未来可能的程度，如图 26-15a所示；航空用液压泵的压力提高进程也是同样的情况，如图 26-15b所示。

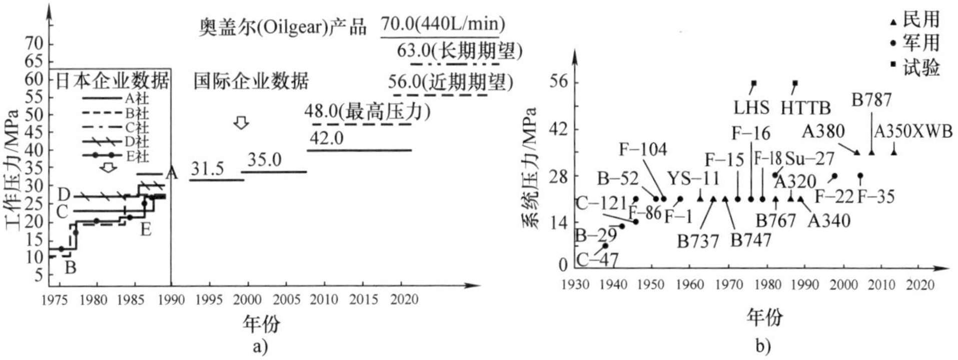


图 26-15　液压泵高压化的发展史

a）工业用液压泵高压化发展史　b）航空用液压泵高压化发展史

液压泵提高工作压力受到两种条件的制约：一是制造的可能性，包括材料性能、材料的工艺处理、加工设备与精度、装配精度的提高，还有密封及管路材料的性能限制；二是成本的限制，这与市场的接受度有关。因此液压泵的最高工作压力随机械加工整体水平的发展而发展，二者是相一致的。与此同时，也与液压附件的耐压力提高的水平相一致，所以这将是一个渐进的过程。

当前液压技术工作压力普遍高限在 31.5～35MPa，但是工程机械用液压柱塞泵产品的工作压力已经提高到 42MPa（峰值压力可以达到 48MPa）。当然，在实际使用中正常工作压力可选择为泵额定压力的 70%～80%，因为需要考虑系统“尖峰压力”的存在，以保证泵具有足够的寿命。对液压柱塞泵工作压力可预见的近期目标是 56MPa（排量为 250mL/r），长期期望值是 63MPa。这个目标实际上在市场层面已经实现，只是作为应用而言还没有被普遍接受。目前液压柱塞泵市场上已经出现最高压力 70MPa（流量达 440L/min）的产品［如奥盖尔（Oilgear）］。

图 26-16 所示为液压泵压力与系统各部分质量的关系，从中可以看出压力提高以后，液压介质、管路质量下降是最明显的，执行机构与液压元件的质量也有下降。但是随着液压分布式系统的发展管路与液压元件的质量占比将会明显下降，加上 3D 打印的增材加工工艺，从图 26-16 中可以预见在压力等级不变的情况下，以上各参数都会有更加明显的下降。

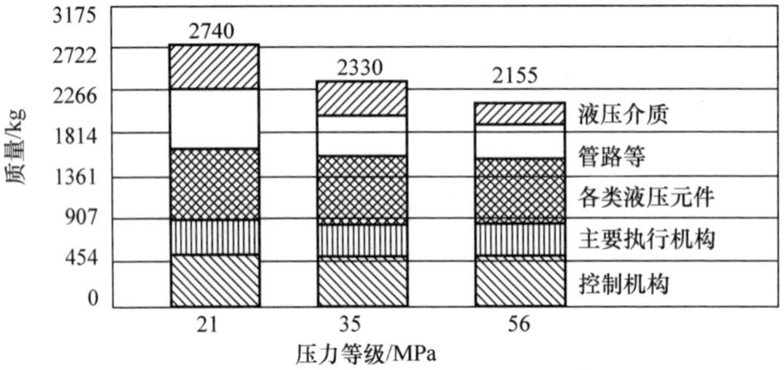


图 26-16　液压泵压力与系统各部分质量的关系

博世力士乐液压泵阀产品的功重比发展见表 26-29，根据功重比的发展可知，在液压元件工业应用的初期增加十分明显，但是近年来提高的速度在减缓。从液压泵的情况看，功重比在一个品种上的变化不是很明显。不过，随着电液泵、EHA 的发展，未来将会重新有更好的发展势头。

**表 26-29　博世力士乐液压泵阀产品的功重比发展**

| 品种 | 电磁方向阀 | | | | | 液压泵 | | | | |
|---|---|---|---|---|---|---|---|---|---|---|
| | | | | | | 轴向柱塞泵 A4V | | | 弯轴 | 齿轮 |
| 年份 | 1959 | 1965 | 1975 | 1995 | 2020 | 1992 | 2020 | 2020 | 2020 | 2020 |
| 流量 $q$/(L/min) | 300 | | | | 150 | 500 | 675 | 750 | 38 | 150 |
| 工作压力 $p$/MPa | 31.5 | 31.5 | 35 | 35 | 42 | 40 | 63 | 35 | 40 | 25 |
| 液压功率 $P$/kW | 158 | 158 | 175 | 175 | 105 | 333 | 708 | 438 | 26 | 62.5 |
| 总质量/kg | 120 | 42 | 19 | 12 | 5.5 | 160 | 570 | 220 | 5.4 | 6.3 |
| 功重比/(kW/kg) | 1.3 | 4 | 7 | 12 | 19 | 2.08 | 1.24 | 1.98 | 4.8 | 10 |

在现有柱塞泵中，功重比最高可达 10kW/kg，属于多年来不被重视的斜轴泵，用于法国某航空公司 EHA 制动单元，转速为 20000r/min 左右。

**2. 液压柱塞泵的高速化与宽速化**

目前国内外双碳政策与节能法规等加快了内燃机时代向电动机时代过渡的步

伐。今后工程机械主机领域的电动化将加速发展，其中变转速、高转速的液压技术会成为主流。特别是工程机械等移动液压机器将采用更多的紧凑型液压传动产品（如 EHA），非常有利于液压泵的高速化。另一方面，对于工业液压而言，因为一直是采用电动机带动液压泵，更有利于液压泵的高速化，更有利于加快工业液压更新换代的进程。

从另一个角度看，电动机调速技术的发展，也使液压泵的高速化有了实现的载体与可能性。高转速的要求不仅仅来自液压泵，更来自电动机本身，这是因为电动机要提高功重比，高转速是必然措施之一，为此也带动了液压泵的高转速，成为电动机与液压技术共同发展的结合点。在移动机械上，如果电动机要想跟液压马达竞争的话，电动机转速要达到 20000～30000r/min。所以转速 20000r/min 以上的液压泵应该是随伺服电动机发展，并且是未来液压泵最大的一个技术发展趋势和变化。表 26-30 列出了航空液压柱塞泵在发动机驱动与电机驱动情况下其转速提高和排量减小的发展过程，由此可以看到液压电动化带来的优点以及液压泵排量减小的显著效果。

**表 26-30　航空液压柱塞泵不同驱动下转速提高与排量减小的发展过程**

| 公司 | 飞机型号 | 年份 | 转速/(r/min) | | 排量/(mL/r) | |
|---|---|---|---|---|---|---|
| | | | EDP | EMP | EDP | EMP |
| 波音 | 707－120/320/420 | 1958 | 3750 | 5000 | 26.2 | 2.63 |
| | 727－100/200/737－100/200 | 1964 | 3750 | 3200/4500 | 26.2 | 6.72/2.62 |
| | 747－100/200/300 | 1970 | 3750 | 8000 | 39.3 | 7.87 |
| | 757－200/300/767－200/300/400 | 1983 | 3750 | 6000 | 39.3 | 9.18 |
| | 747－400 | 1989 | 3750 | 6000/8000 | 39.3 | 7.87/9.18 |
| | 777－200/300 | 1995 | 3900 | 8000 | 49.12 | 6.23 |
| | 787 Dreamliner | 2011 | 5085 | 5085 | 19.66 | 19.66 |
| 空客 | A300B/A300－600 | 1974 | 3750 | 7200/7500 | 39.3 | 4.15/0.85 |
| | A310－200/300 | 1983 | 3750 | 7200/7500 | 39.3 | 4.15/0.85 |
| | A318/A319/A320/A321 | 1988 | 3720 | 7600 | 39.3 | 4.3 |
| | A330－200/300/A340－200/300 | 1993 | 3720 | 7600 | 49.2 | 4.3 |
| | A340－500/600 | 2002 | 4980 | 7600 | 49.2 | 4.3 |
| | A380－800 | 2007 | 3775 | 8000/8000/12000 | 47 | 5.73/1.0/1.0 |

注：EDP—发动机驱动，EMP—电动机驱动。

为了提高液压柱塞泵的转速，减小旋转惯量，一些创新产品开始将驱动柱塞往复运动的转子体由配流盘或斜盘的旋转来替代。目前存在配流盘旋转的柱塞泵（配流盘柱塞泵），世界上仅一两家生产厂商可以生产此类柱塞泵。由于缸体不动，所以此产品有三大突出优点：一是很容易采用阀配流，这样配流阀就可以采用智能化调整，理论上泵的性能可显著提升；二是转速容易达到20000r/min，低速特性也较好，而且效率高；三是可以做成超高压泵。我国浙江大学对旋转斜盘特种泵等超高速泵有过三代样机研究，在超高速泵方面达到16000r/min（35MPa），用于给排水等领域。它的设计特殊，为了适应高速，滑靴结构独特，滑靴本身有公转及自转，但它没有相对于斜盘的相对转速，它卡在斜盘上，斜盘质量也比较大，所以它的旋转很稳定，这种泵的效率非常高。

我国也有研究达十年以上的斜盘式柱塞泵，专利达到70项，如图26-17所示。这项发明专利的结构特点是配流滑盘与斜盘合一，滑盘的静压支承面支承在斜盘上并紧密配合，吸排油结构通过斜盘完成。初步试验表明，转速可以明显提高。

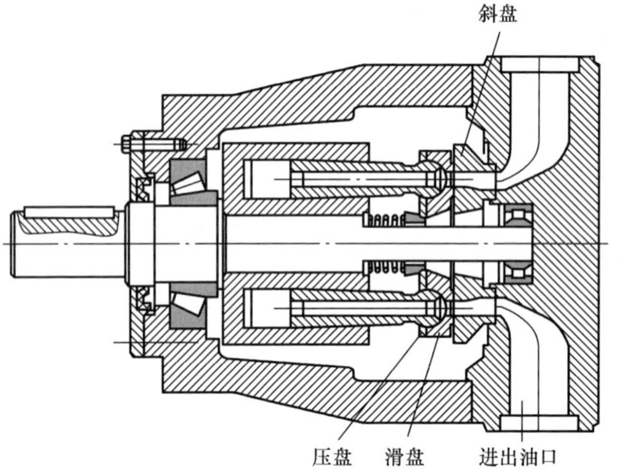


图26-17 含配流滑盘副的通轴型斜盘式柱塞泵（发明专利，钟彪）

液压柱塞泵既要高转速值也要宽转速范围。柱塞泵既可以作为泵工况，也可以作为马达工况在四个象限工作，因此不仅需要高转速也需要低转速，即使液压柱塞泵的转速提升至10000～20000r/min，最低转速在正常使用条件下期望不高于50r/min。因此对转速的要求不仅仅是“高”也要“宽”。

**3. 液压泵变量原理的发展——四象限工作能力**

液压传动效率低的主要原因是系统阀控阻尼损失，但是更大一部分是液压柱塞泵动力源能量供需不匹配，因此采用变量控制是提高液压动力源能量供需平衡的手段之一。为此，液压泵的变量将是液压泵数智化的关注重点之一，是工业4.0时代液压泵性能提高的主攻方向之一。如果液压泵向直驱泵或电液泵方向发展，变量的方式就转移到电动机的变速，因此液压泵的变量节能形式也会产生技术方面的扩展。目前EHA的产生就有利于液压泵的变量向四象限发展。

未来的液压泵应该具有四个象限的工作能力，如图26-18所示。

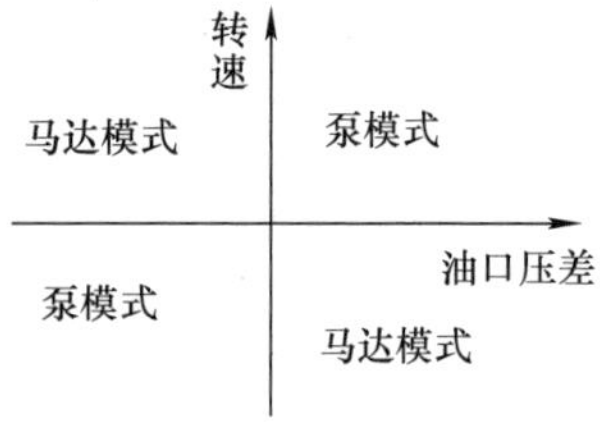


图26-18 液压泵的四象限工作模式

当液压泵工作在一、三象限时，处于泵模式，即输出高压动力油，液压系统对外界做正功；当泵工作在二、四象限时，处于马达模式，引入高压动力油，消耗外界功，主轴对外输出功。当然这种泵一般处于闭式回路，可以具备油液的正反流动。在泵工况时消耗能量，在马达工况时可以储存能量。

变量的智能化使液压柱塞泵的变量从结构上极大简化，品种极大趋向单一，节能效果会达到极致。目前液压泵变量的复杂性来自被控参数的直接取用（液压 2.0 技术），然后通过液压控制阀的控制产生变量。对于变量数智化，被控参数取值于内嵌式传感器，而控制阀及其回路就趋于单一。

**4. 液压柱塞泵的结构原理、性能的基础研究**

对液压柱塞泵应用的期望值之高给液压泵产品带来了极大挑战，针对高压、高转速、宽转速范围、低脉动、低噪声等要求，除去进行结构方面的变革，避免旋转部件的侧向力、减少吸空噪声、减少脉动噪声、避免摩擦与泄漏的恶化、限制局部发热变形等措施之外，就是要进行微观的摩擦磨损研究，对柱塞泵的摩擦副要深入研究，对油膜的形成、润滑、传热、能量损失等进行研究。

（1）解决柱塞泵内部的力平衡问题　在柱塞泵三大摩擦副当中都存在力平衡的问题。迄今为止，斜盘与滑靴之间有力平衡设计，配流盘也有力平衡设计。而在公开的教材上几乎很少提及柱塞与柱塞孔之间的力平衡设计，这是因为柱塞与柱塞孔所存在的较大侧向力，有二者之间的油膜动态效应在平衡，所以柱塞孔损坏的概率仍然较低。

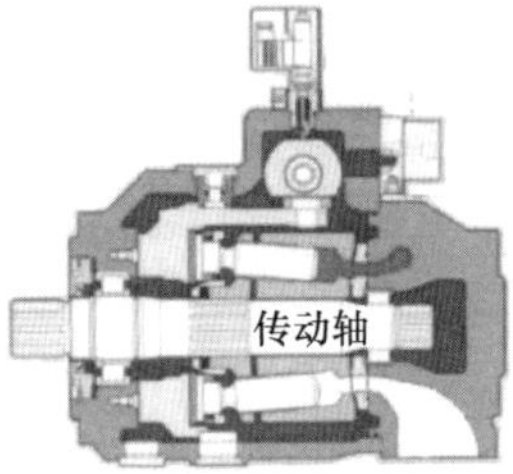


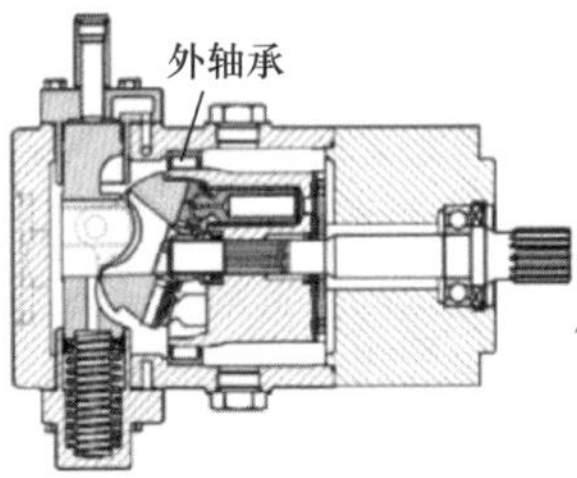


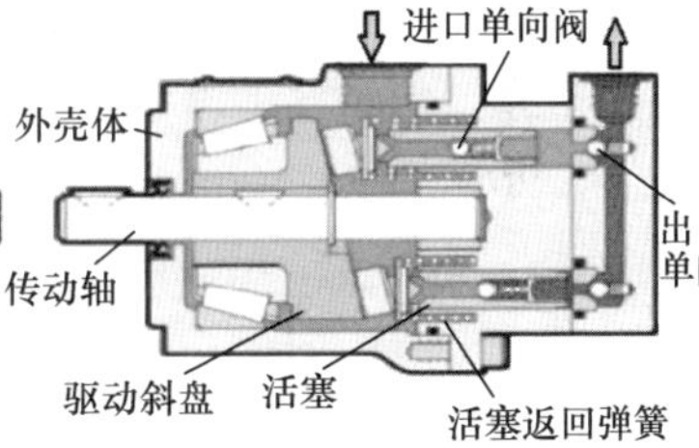


图 26-19　柱塞泵解决柱塞侧向力问题的结构措施

a）柱塞侧向力由传动轴承担（通轴泵）　b）柱塞侧向力由外轴承承担（非通轴泵）

c）柱塞侧向力由斜盘承担

为了消除柱塞侧向力，主要在柱塞泵结构上采取措施。目前有 3 种典型结构如图 26-19 所示，在图 26-19a 中，柱塞侧向力通过转子传递到驱动轴承担；图 26-19b所示是典型 CY 非通轴泵，通过外轴承来承担侧向力；图 26-19c 所示丹尼逊的转斜盘柱塞泵，侧向力由斜盘承担。十多年前，意大利的科研人员提出了一种消除了侧向力的浮杯柱塞泵发明专利，如图 26-20 所示。通过消除柱塞与柱塞孔的侧向力，能够提升柱塞泵的性能，如布赫的浮杯泵，采用了较多柱塞数，泵的工作压力达到45MPa，转速为2~3600r/min，并实现低噪声，这个转速范围与传统的柱塞泵转速范围相比大大地拓宽了。博世力士乐的伺服电动机驱动在300r/min以上是变转速的，300r/min以下是变排量的。由此可见，消除侧向力对柱塞泵的性能提高是效果显著的。

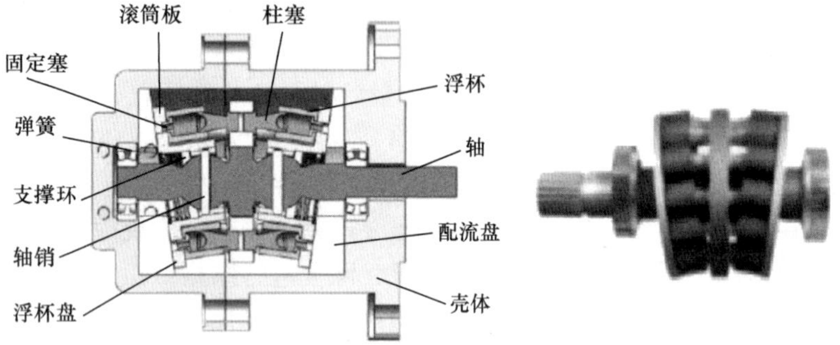


图26-20 消除柱塞侧向力的浮杯柱塞泵（意大利发明专利）

a）浮杯柱塞泵结构原理图 b）浮杯柱塞泵泵芯三维图

（2）油膜成形与厚度问题 作为柱塞泵柱塞与柱塞孔之间形成的油膜（见图26-21），可以按边界膜、热楔油膜、挤压油膜、静压支承油膜、动压支承油膜、弹性流体动力油膜等角度与理论进行研究与工程应用。柱塞泵的油膜具有密封作用、润滑作用与承载作用，这都会影响泵的效率，油膜特别薄的时候泄漏会小，容积效率会高；油膜润滑会提高机械效率，但是油膜剪切应力大时，能量损失也是比较大的。另外，油膜还关系到发热、磨损与材料pv值问题，因此，柱塞泵若需要进一步深入发展的话，会面临对油膜理解与利用的实际问题。

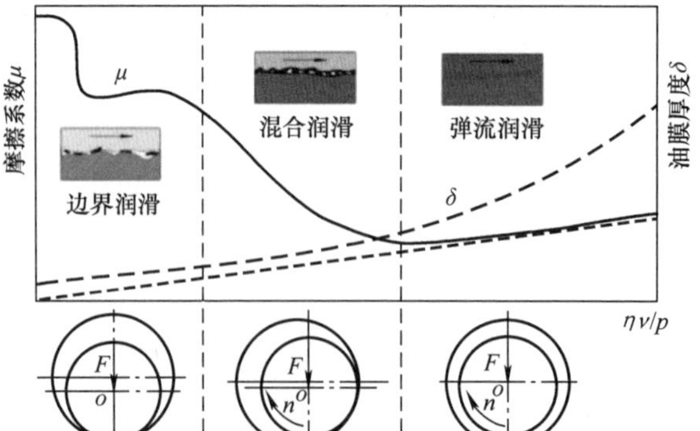


图26-21 油膜成形与厚度（斯特里贝克曲线）

柱塞泵三个摩擦副基本都处于一个动态的受力工况，这需要靠油膜的动态效应去平衡，主要的动态效应是挤压、动压与热弹流。摩擦副设计中希望要保证油膜能够稳定地存在，根据工况对油膜及其动态特性进行优化匹配。对于泵的可靠性，更值得关注的是泵的起停阶段，在起停阶段泵的转速或者马达转速比较低，油膜在低速下就没有高速时的动态效应可以利用，从而对泵或马达性能而言会有较大的影响。

改善油膜承载性能有两个方向，一是对油膜形成的液态性能加以改善，另一个就是对形成油膜的边界固态条件加以改善。通过改变油膜边界条件去适应力变形或与边界条件的相互作用来改善油膜的承载、润滑与密封作用，是目前提高油膜性能的另一条解决方案。因此目前对于柱塞油膜的固态改进有 2 种微观性措施，一是表面成型技术，即改变柱塞表面形状，有效控制油膜特性，从而改进柱塞泵的工作特性，如图 26-22 所示；二是采用表面微刻技术（一般为 0.1 微米到几微米），通过改变表面微观结构提高油膜承载力、降低摩擦磨损、存储润滑油并改变润滑状态，如图 26-23 所示。

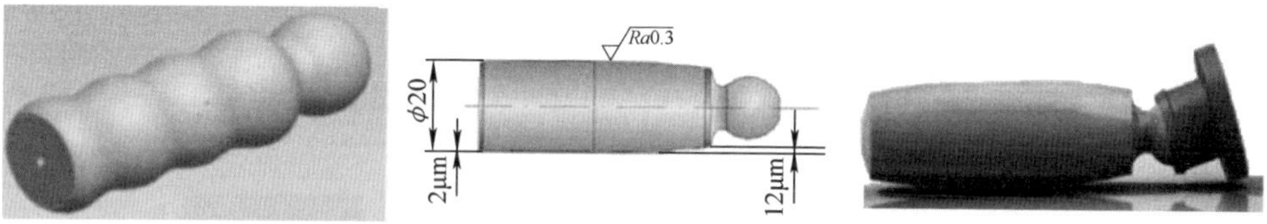


a)　　b)

图 26-22　柱塞的非直线外形改进结构

a）波浪形柱塞结构外形　b）鼓形柱塞结构尺寸与外形

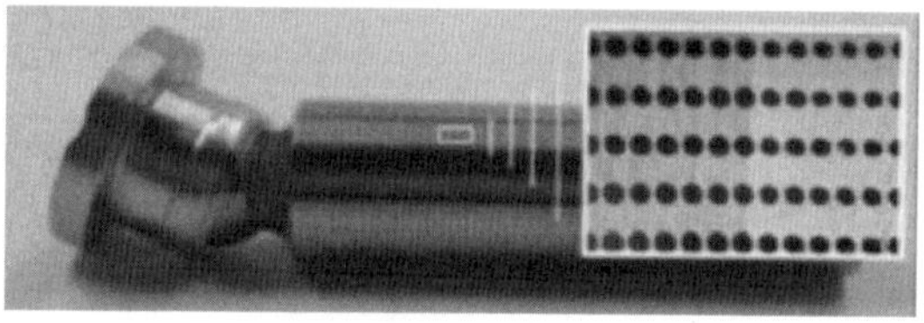

图 26-23　柱塞泵柱塞表面改进的微观结构

图 26-23 所示的柱塞表面微观结构的改进工艺方法属于微纳米技术，这些技术包括熟知的热喷涂、爆炸喷涂与激光刻蚀等，如图 26-24 与图 26-25 所示。其中爆炸喷涂具有爆炸喷涂具有基材表面温度低、涂层硬度高等优点。

（3）微观织构配流盘对摩擦特性的影响（上海工程技术大学）

1）微观织构减磨机理。对微观织构改善摩擦润滑过程中的摩擦性能的普遍认识可以概括为以下三个原因：

① 微观织构凹坑起到收容磨屑的功能。由于两个摩擦界面表面并非绝对光滑，存在相互交错的粗糙峰，两界面在相对运动过程中，粗糙峰的凸起很容易就会从基体材料上脱落，从而形成磨屑留在摩擦副间隙，若这些磨屑不能及时清理，随着相对运动的继续，这些磨屑将会在摩擦表面产生耕犁作用，这将会导致更多的磨屑产

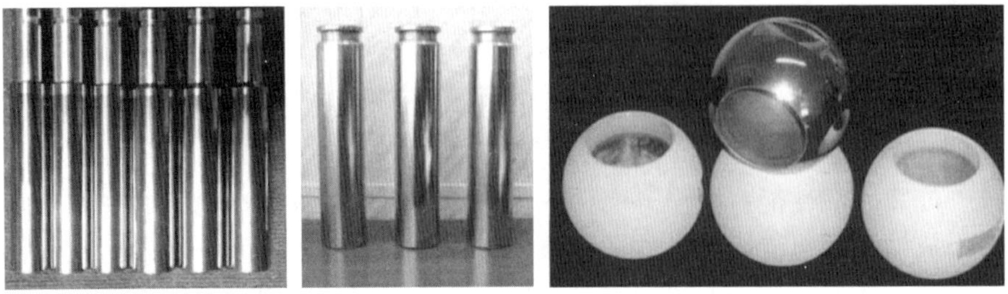

a)　　b)

图 26-24　爆炸喷涂用于液压柱塞形与球形零件

a）柱塞泵柱塞与活塞缸杆（兰州理工大学）　b）球阀（武汉优科表面工程有限公司）

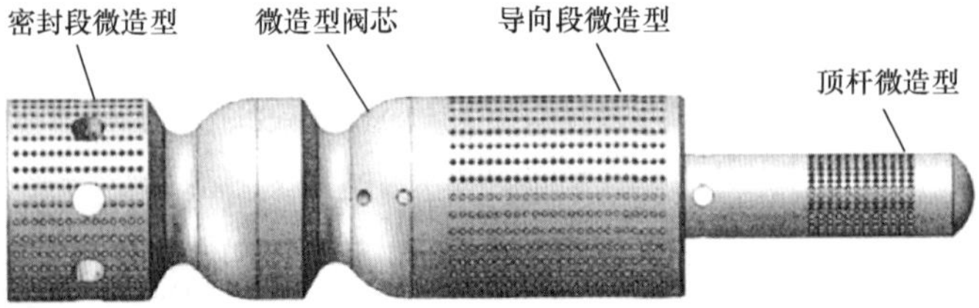


图 26-25　微造型液压阀芯（安徽理工大学）

生。磨屑的堆积将加剧材料的摩擦和磨损，缩短其使用寿命，同时还会导致摩擦显著，严重时将导致咬死、烧盘。收容磨屑机理如图 26-26 所示，将微观织构凹坑加工到摩擦材料表面就可以收容这些磨屑，避免上述情况的发生，从而达到提高摩擦效率、降低磨损的目的。

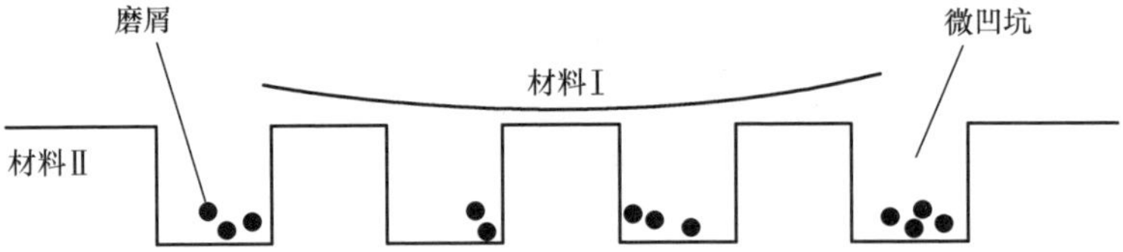


图 26-26　收容磨屑机理

② 微观织构起到“二次润滑”的作用。当柱塞泵处于低速重载的工作环境中时，由于两个滑动表面的相对速度比较低，在两个表面之间难以形成流体润滑油膜，从而使得接触面积增大，接触表面处在边界摩擦状态下，导致摩擦效率的降低。此时的微观织构边界在重载荷的作用下会发生表面挤压变形，存储在微观凹坑中的润滑油作为油源参与二次供给，向摩擦接触表面提供润滑油，达到改善摩擦副润滑状况、提高摩擦效率的作用，这种减摩的工作机理被称为“二次润滑”，如图 26-27 所示。

③ 流体动压润滑机理。对微观织构的动压润滑解释是，当润滑界面发生相对运动时，在微凹坑的边缘即形成了一个客观上的收敛隙，达到了减小油膜厚度的目的，使得动压效应出现，如图 26-28 所示，形成了一个压力峰值，增强了油膜的推

开力，防止缸体与配流盘接触，达到了减小摩擦、提高效率的目的。

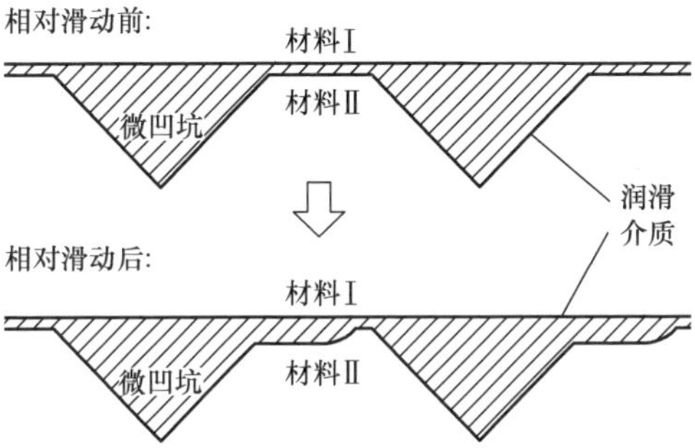


图 26-27 “二次润滑”机理

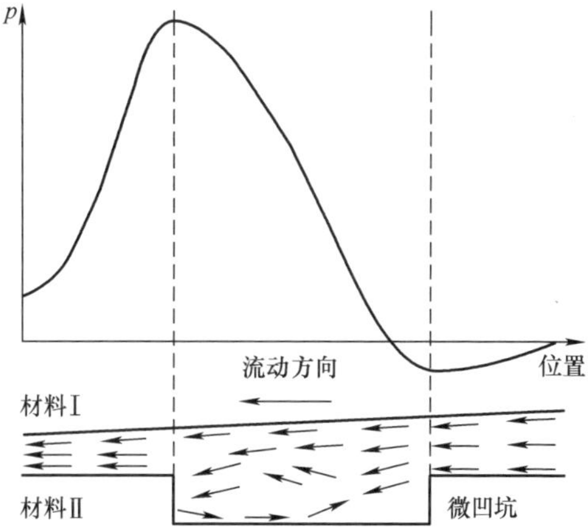


图 26-28 动压润滑机理

2）微观织构配流盘对摩擦特性的影响。表达摩擦特性的参量计算主要是根据油膜的压力和厚度值而来，由于微观织构表面的配流副的油膜厚度和压力分布均异于光滑配流盘时的分布，所以它们的摩擦特性参量必定会发生变化，对比织构表面和光滑表面润滑时的参量变化趋势，微观织构确实能够真正起到改善润滑效果、降低摩擦、提高摩擦效率的作用，具体如下：

① 不同缸体转速下的对比。图 26-29 所示为不同缸体转速 $\omega$ 下，光滑表面配流副与微观织构配流副对于摩擦特性参量的影响对比，其中图 26-29a 所示为转速对油膜承载能力 $F$ 的影响；图 26-29b 所示为对摩擦力$F_f$的影响；图 26-29c 所示为对摩擦力矩 $T_t$的影响；图 26-29d 所示为对摩擦系数 $\mu$ 的影响。通过图 26-29 可以看出，织构表面的配流副能有效提高油膜的承载力，进而提高油膜刚度，改善润滑环境，减少泵/马达工作过程中的摩擦磨损；对于摩擦力、摩擦力矩，是否存在织构表面对于结果并无明显的变化；对于摩擦系数，当缸体转速从 400r/min 提升到 1200r/min 时，织构表面配流副的摩擦系数始终小于光滑表面配流副，摩擦效率从开始的 1.7% 提升到最后的 5.3%，且随着转速的增加，效率提升得越来越多。可以预见的是，微观织构表面不仅在低速工作状态下能提高摩擦效率，在中速甚至高速工作状态下也能发挥出作用，且效果更加理想。

总的来看，微观织构在各种工作速度下均能不同程度地降低工作损耗，提高摩擦效率。

② 不同倾斜角度下的对比。图 26-30 所示为不同倾斜角度 $\varphi$ 下，光滑表面配流副与微观织构配流副对于摩擦特性参量的影响对比，其中图 26-30a 所示为倾斜角度对油膜承载能力 $F$ 的影响；图 26-30b 所示为对摩擦力 $F_f$ 的影响；图 26-30c 所示为对摩擦力矩 $T_t$ 的影响；图 26-30d 所示为对摩擦系数 $\mu$ 的影响。通过

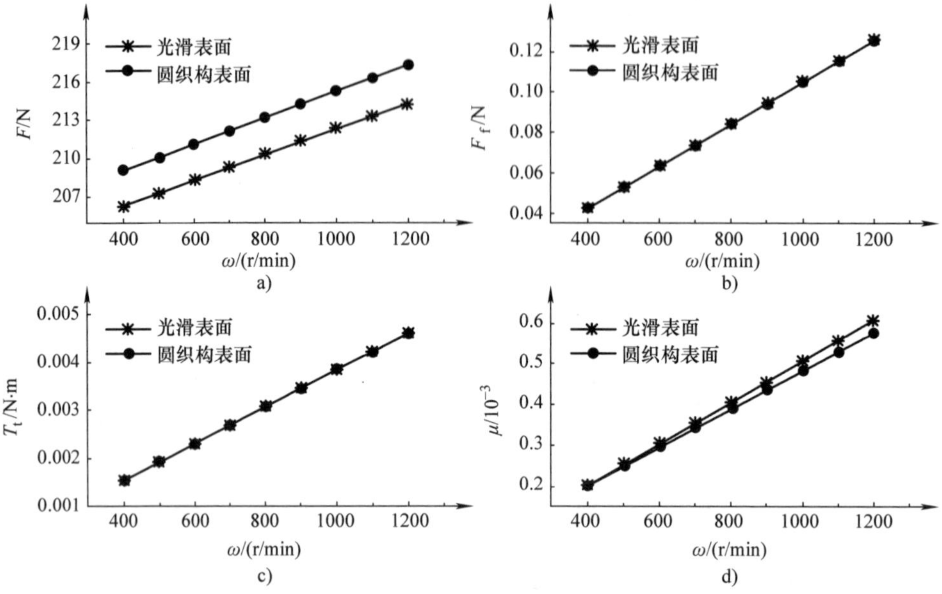


图 26-29　不同缸体转速下光滑表面与微观织构配流副对于摩擦特性参量的影响对比

图 26-30可以看出，织构表面的配流副能显著提高油膜的承载力，这将会使得油膜刚度也提高，改善油膜的润滑环境；对于摩擦力、摩擦力矩，是否存在织构表面对于结果并无明显的变化；对于摩擦系数，当倾斜角度从0.002°提升到0.010°的过程中，织构表面配流副的润滑效果优于光滑表面配流副，效率整体提高了4.5%左右。

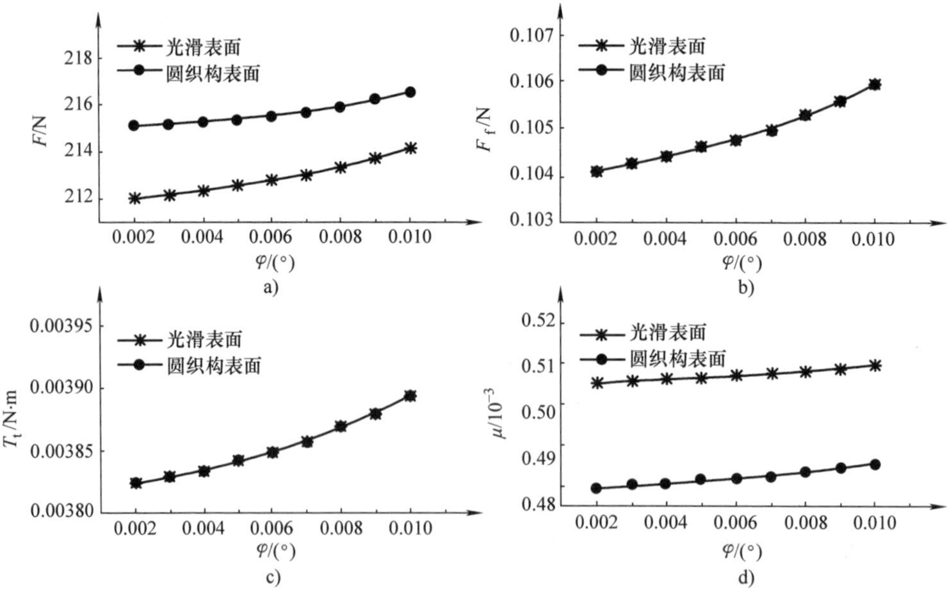


图 26-30　不同倾斜角度下光滑表面与微观织构配流副对于摩擦特性参量的影响对比

在所选择的所有工况条件下，微观织构表面比光滑表面的配流副更有效率，但是提升的效率并不会随着倾斜角度的变化而产生剧烈的变化。

③ 不同润滑油黏度下的对比。

图 26-31 所示为不同润滑油黏度 $\eta$ 下，光滑表面配流副与微观织构配流副对于摩擦特性参量的影响对比，其中图 26-31a 所示为润滑油黏度对油膜承载能力 $F$ 的影响；图 26-31b 所示为对摩擦力 $F_f$ 的影响；图 26-31c 所示为对摩擦力矩 $T_t$ 的影响；图 26-31d 所示为对摩擦系数 $\mu$ 的影响。分析图 26-31 可以发现，当润滑油黏度越来越大时，织构表面配流副油膜承载力也越来越大；是否存在织构表面对于摩擦力、摩擦力矩而言，结果并无明显的变化；最后分析对摩擦系数的影响，当润滑油黏度从 0.0165Pa · s 提升到 0.0765Pa · s，织构表面配流副的摩擦效率越来越高，摩擦效率从开始的 1.9% 提高到最后的 8.8%，所以在实际生产工作过程中，若需要用到高黏度的润滑剂，那么微观织构表面能体现出更高的优势。

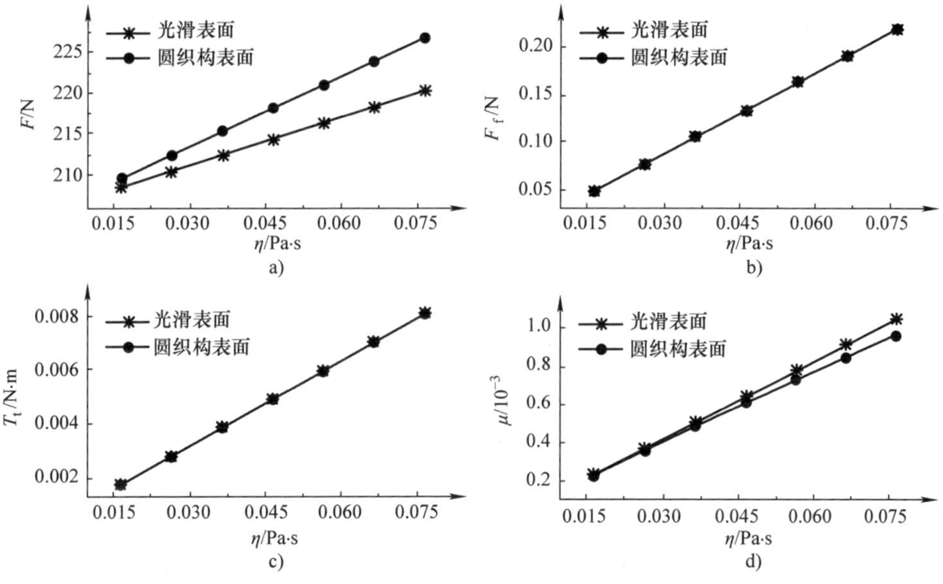


图 26-31　不同润滑油黏度下光滑表面与微观织构配流副对于摩擦特性参量的影响对比

④ 不同初始油膜厚度下的对比。

图 26-32 所示为不同初始油膜厚度 $h_0$ 下，光滑表面配流副与微观织构配流副对于摩擦特性参量的影响对比，其中图 26-32a 所示为初始油膜厚度对油膜承载能力 $F$ 的影响；图 26-32b 所示为对摩擦力 $F_f$ 的影响；图 26-32c 所示为对摩擦力矩 $T_t$ 的影响；图 26-32d 所示为对摩擦系数 $\mu$ 的影响。通过图 26-32 可以看出，织构表面的配流副能大幅度提高油膜的推开力，避免配流盘与缸体接触，减少磨损，改善润滑环境；对于摩擦力、摩擦力矩，是否存在织构表面对于结果并无明显的变化；对于摩擦系数，在初始油膜厚度从 17.5μm 增加到 47.5μm 的过程中，微观织

构配流副的摩擦系数一直低于光滑表面配流副，但是随着膜厚的增加，织构的减摩提效能力也在下降，摩擦系数降低量从最初的 0.0001512 减小到 0.0000046，摩擦效率提高量从开始的 17.2% 到最后的 1.3%，初始膜厚越小，效率提升得越高，所以，在合理的范围内应当尽量减小初始油膜厚度，这样能提高微观织构配流副的摩擦效率。

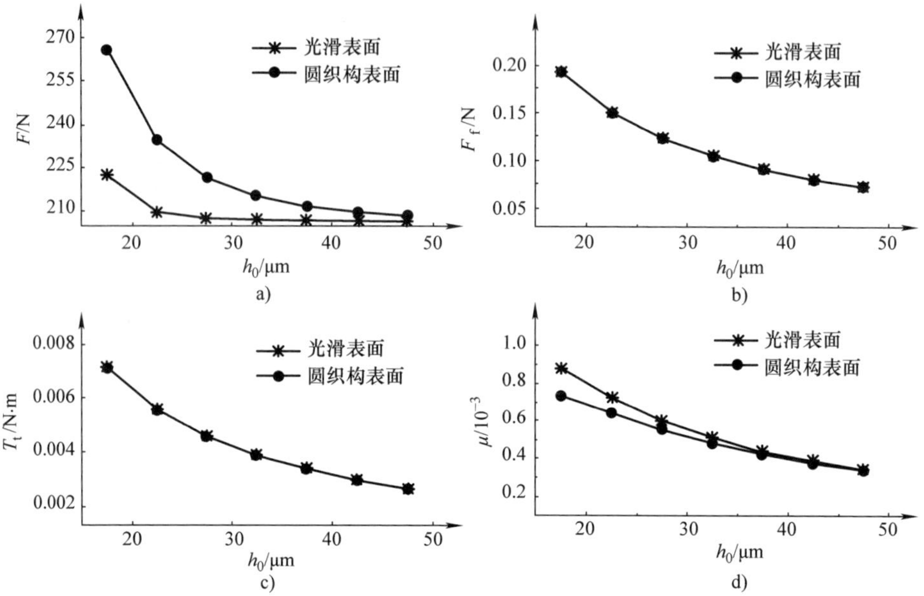


图 26-32　不同初始油膜厚度下光滑配流副与微观织构配流副对于摩擦特性参量的影响对比

（4）噪声问题　液压泵是液压系统中主要的噪声源，噪声由排量引起的流量脉动、进排油时压力突变引起的冲击、吸油引起的气穴噪声等所造成。目前较多利用 CFD 流体动力仿真分析软件加以研究，此软件是流体力学、热力学、数值分析与计算机技术综合化的工业软件，它是通过计算机数值计算和图形显示，对包含流体流动和热传导等相关物理现象进行分析。简而言之，CFD 是将实际流动空间离散化，划分成离散节点，建立离散方程，求收敛解。尽管工程性流动问题的控制方程一般是非线性的，具有边界条件复杂、计算域复杂和变量多的特点，很难求解，而 CFD 方法可以找到满足工程需要的数值解，可视化程度还很高，对解决流动问题具有很明显的优势。目前已经用来解决液压中像噪声一类的工程流体问题，十分有利于低噪声的结构优化和分析，已经开展低噪声、高性能轴向柱塞泵配流特性等各方面的研究，以促进产品性能的提高。

图 26-33 所示为具有进一步减噪效果的新型滤波体槽配流盘。

**5. 液压柱塞泵仿真工业软件的发展与应用**

现代液压技术中不可缺少的一项是“仿真工业软件”。过去一般认为液压仿真软件是一种现成工具，这是因为我国错过了工业软件发展的最佳时期，工业软件在世界上已经发展得比较成熟，诸如知名的液压应用软件 Amesim、MATLAB 等。这种认知阻碍了我国各行业包括液气行业工业软件的发展，迄今在仿真上大家仍然是利用现成软件，或者利用算法自己编程，后者是一种软件应用碎片化的状态。针对液压柱塞泵的仿真工业软件还较为鲜见，我国液压技术发展中几乎少见工业软件这方面的研究，即使有部分研究也缺乏形成工业软件的发展，缺乏这方面发展的动力。目前从液压柱塞泵的发展看，需要一种这方面的工业软件。

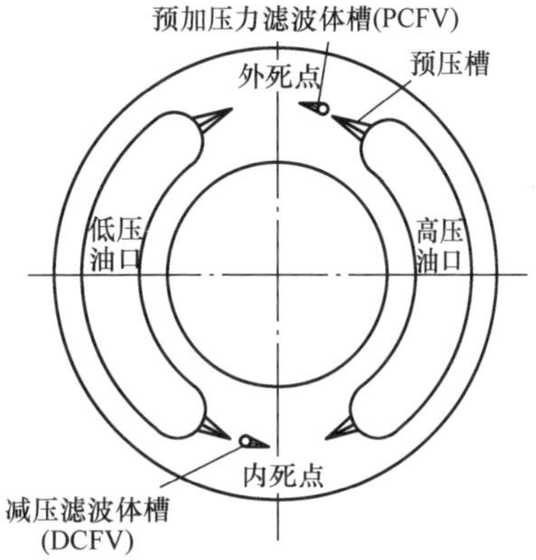


图 26-33　具有进一步减噪效果的新型滤波体槽配流盘

在“仿制”时需要解决的是如何制造，无须验证。但是在创新设计更高性能柱塞泵时，任何改动都面临试验与验证，将需要大量的投资与人力物力，这时仿真工业软件的需求就非常突出了，仿真软件不仅可以对设计的方案进行前期的比较与筛选，还可以节省各种方案的大量试验与验证。这种局部性软件目前较多是孤立性的研究，研究成果难以固化，今后可以附着在通用软件（如国产 MWorks 等）之上，不断丰富通用软件的应用性，也加强像柱塞泵仿真这样的特殊需求。

柱塞泵具有流体－热－结构耦合结构，主要由柱塞副、滑靴副、配流副的性能来产生能量转换，转换中有效率问题以及寿命问题。但现在对柱塞副运动学、动力学与流体动力学、材料学、热力学间的相互作用规律不明晰，因此应该结合柱塞副的结构、运动和受力情况，建立柱塞副的运动和受力模型，并进行运动学的仿真，建立柱塞副流固耦合油膜特性模型并进行了数值求解（见图 26-34）。现以径向柱塞泵中控制柱塞的密封特性为例，它用于柴油发动机的高压共轨技术喷油器中，对于提高柴油机的动力性、燃油经济性及排放性极为关键。可以运用计算流体力学和热流固耦合的方法对此柱塞运动进行油膜泄漏仿真及结构形变仿真研究，通过对共轨喷油器控制柱塞的间隙油膜进行了几何建模、网格划分及后处理，研究油膜厚度、油膜密封面长度、燃油压力、柱塞速度以及燃油黏度等参数对于油膜出口端燃油泄漏状况的影响。为此基于 ANSYS Workbench 的热流固耦合方法，研究控制柱塞在同心和偏心情况下的结构变形情况，可以发现偏心对于控制柱塞最大结构变形量的影响比较大，因此需要避免柱塞持续处于偏心的状况，而热加载对于控制柱塞的结构变形的影响较小，但是幅度应该控制在 15% 以内。以此为据，运用单向流固耦合的方法对控制柱塞的结构进行了结构优化设计及方案优选。在此优化方案包括环形槽、中心孔、阶梯形槽等几种模型，经过方案对比，优选出效果最显著的组合优化方案。

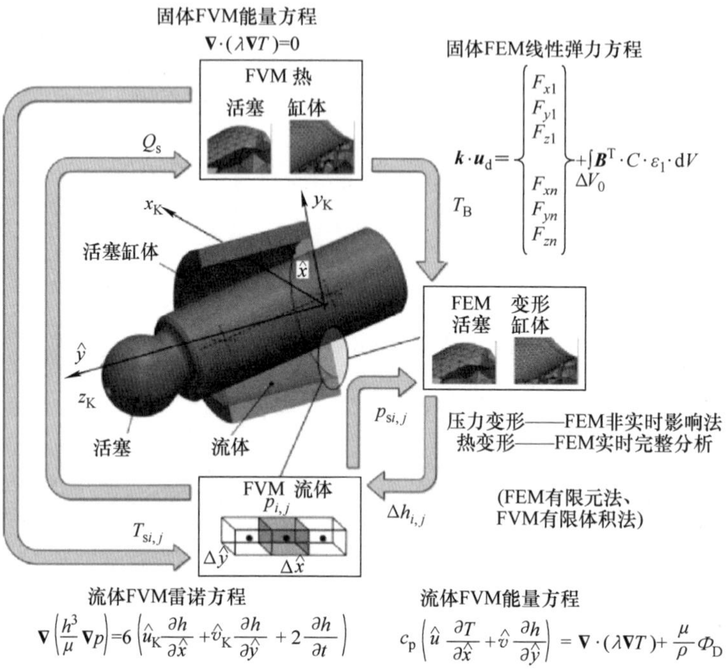


$$\boldsymbol{k}\cdot\boldsymbol{u}_{\mathrm{d}}=\begin{Bmatrix}F_{x1}\\F_{y1}\\F_{z1}\\\vdots\\F_{xn}\\F_{yn}\\F_{zn}\end{Bmatrix}+\int_{\Delta V_0}\boldsymbol{B}^{\mathrm{T}}\cdot C\cdot\varepsilon_1\cdot \mathrm{d}V$$

$$\nabla\left(\frac{h^3}{\mu}\nabla p\right)=6\left(\hat{u}_{\mathrm{K}}\frac{\partial h}{\partial\hat{x}}+\hat{v}_{\mathrm{K}}\frac{\partial h}{\partial\hat{y}}+2\frac{\partial h}{\partial t}\right)$$

$$c_{\mathrm{p}}\left(\hat{u}\frac{\partial T}{\partial\hat{x}}+\hat{v}\frac{\partial h}{\partial\hat{y}}\right)=\nabla\cdot(\lambda\nabla T)+\frac{\mu}{\rho}\Phi_{\mathrm{D}}$$

图26-34　柱塞泵活塞与缸体耦合数学模型

**6. 液压泵智能诊断及数字孪生健康管理系统**

液压泵检测诊断与健康管理是液压系统故障诊断与健康管理的重要组成部分。液压泵检测诊断发展是远程化、高精度化、复合化、网络化与数字孪生化。

据统计，在所有工程机械的故障中，液压泵的故障比重约占30%～40%，并产生严重后果，诸如液压系统失效、控制对象失去控制等。柱塞泵的常见故障及原因包括：①振动、噪声和压力波动大，主要原因有空气进入系统、变量机构故障及滑靴与球头配合松动；②泵体发热和油温升高，主要原因有内泄漏加剧、泵体内部摩擦严重及油箱散热不良；③斜盘和滑靴接触面磨损或烧坏，主要原因有油液不清洁，含有杂质污物、小孔堵塞造成摩擦加剧，以及零件的加工误差；④缸体与配流盘的磨损或烧坏，主要原因有油液含杂质污物进入贴合面，配流盘在应力作用下发生形变，加工和安装误差，以及严重困油。

液压泵检测诊断方法可以归结为四大类：基于人经验的主观诊断方法（传统方法）、基于模型处理技术的诊断方法、基于信号处理技术的大数据诊断方法及基于人工智能的诊断方法。主观诊断方法是根据人的感官感受、逻辑分析、系统简单参数及经验进行故障诊断，主要包括鱼刺图法、方框图法及参数测量比较等方法。这类方法要求故障诊断人员具备较高的专业知识和丰富的实践经验。随着计算机技术、信号处理技术和人工智能理论的发展，基于模型和信号处理技术，以及人工智能诊断方法已经成为目前主流的诊断方法。基于模型和信号处理技术的诊断方法主要包括状态估计、参数估计及时频域分析等方法。智能诊断方法是在信号处理与建模的基础上，通过对故障信息进行有效的获取、传递和处理，利用多种智能方法模拟专家思维，以灵活的诊断策略对监控对象的运行状态进行判断。目前液压泵的智能诊断中主要采用专家系统、神经网络、模糊推理、粗糙集理论、支持向量机与数字孪生等智能算法。在本手册中也对最新发展的数字孪生方法进行了详细阐述。

液压泵检测诊断的一般步骤包括检测方法与特征信号的选取、传感器的布设、信号的采集与传输、信号的分析与处理，以及故障诊断策略五大方面。液压泵健康管理与故障诊断流程如图 26-35 所示。

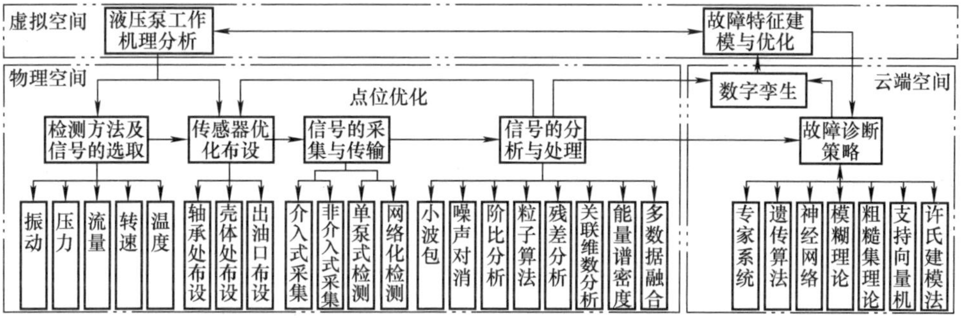


图 26-35　液压泵健康管理与故障诊断流程

在诊断过程中，为了克服单一信号下故障诊断准确率低的缺点，通常采用多种检测信号相结合的方式进行检测，如同时采集液压泵壳体振动信号和出口压力信号，综合对泵的流量脉动、效率、振动和温度进行分析，充分利用故障信号具有冗余性和不完备性的特点，提高故障诊断的效率和准确率。

液压泵故障信号微弱，受背景噪声干扰强烈，因此需要对传感器布设点位进行优化。特别是振动信号传递与采集点位，约有 60% ~70% 的机械故障会通过振动反映出来，因此基于振动信号的检测是液压泵故障诊断的常用方法。

液压泵故障振动信号具有非线性、时变性和微弱性等特点，使得故障特征信号淹没在噪声信号之中，在信号处理阶段要对液压泵故障特征进行有效提取，提高信噪比。常用的信号处理方法包括小波包、阶比分析、粒子滤波、残差分析以及多数据融合等。液压泵在不同的故障模式下，将导致不同频段振动信号频谱能量的变化，对于不同发展阶段的同一故障，其频谱能量的变化幅度也不同。

由于液压泵早期的故障信号微弱，健康状况的监测与特征提取比较难，因此也寻求从“黑箱检测”转向以模型为基础的“灰箱检测”，比较容易实现数字 - 数据之间的对比，但是这一方法的性能参数听取也同样面临信号噪声干扰的问题，需要进一步解决。随着检测诊断要求的不断提高，以及液压泵故障本身具有模糊性强的特点，运用多种检测诊断方法相结合的方式，有效克服单一方法下存在的诊断效率低、准确率不高的缺点。为此故障预测与健康管理（PHM）系统技术是一个值得发展的方向，如图26-36所示。这一技术与数字孪生技术融合将会形成一个完整的液压元件全生命周期管理的技术体系。

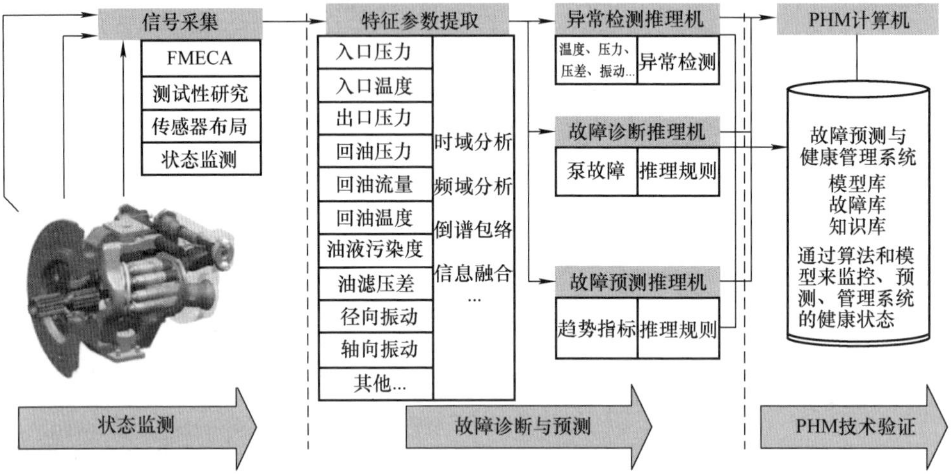


图26-36 故障预测与健康管理（PHM）系统技术

液压泵的全生命周期健康管理是液压数字孪生技术的一部分，也是核心部分。

数字孪生技术由两部分组成：一是将虚拟液压系统（或元件）中所存在的“数字”（0与1），通过加工制作转换成物理世界的液压系统（或元件）；二是物理液压系统（或元件）在运转后产生了大量的“数据”，通过数字孪生技术，使“数字”与“数据”这两个数字孪生“双胞胎”可以相互比较，用“数字”来判断“数据”的正确性，或者用“数据”去校正“数字”的正确性，在“数字”与“数据”之间产生了闭环性控制。在液压柱塞泵的健康管理中泄漏与摩擦系数都是一个衡量系统内在健康的重要指标，而工作温度、油液黏度、振动、噪声、进口真空度等是衡量系统外部健康的重要指标，通过对这两个方面指标的辨识，从而达到数字孪生技术产生健康管理的目的。因此一些内部与外部的性能指标都可以是数字孪生可以采用的数字或数值。例如，液压柱塞泵壳体的泄漏使壳体的内部压力超过0.2～1MPa后会造成早期破坏（轴封破坏等以至无法运行），这会是监视液压泵寿命的一个重要指标；柱塞泵和马达的工作油温范围为－25～80℃，工作介质的最低黏度为10mm$^2$/s、最高黏度为100mm$^2$/s等数值都是物理系统提供的“数据”，用来验算是否符合虚拟液压系统当初的实际范围。

目前由于液压元件健康管理技术仍然处于研究发展阶段，因此目前规定的使用寿命，通常是指大修周期内泵在额定条件下运转时间的总和。通常车辆用泵和马达大修周期为2000h以上，室内泵的使用大修周期为5000h以上。今后要通过液压数字孪生技术打破这一规定，目的是产品全生命周期的健康预测都在监管之中，避免真正的故障产生。在当前数字孪生技术尚未达到应用层面的情况下，主要措施就是加大监管的力度。考虑到今后液压电动机泵的发展，在液压泵的监管方面将会使伺服电动机的监管与融入电动机的液压泵尽量合在一起，这里以用于 EHA 的电液泵的监控参数为例。

① 电压监控器：主要用于监控控制器的一次侧和二次侧电压，包括控制器 28V 输入电压，15V、-15V、3.3V、7V 的 1.8kHz 交流激磁电压，7V 的 10kHz 交流激磁电压等。

② 母线电压监控：主要监测控制器直流母线电压是否故障。

③ 作动器指令表决监控：监控各个通道的指令是否一致。

④ 指令电流比较监控：当两个液压系统均正常工作时，在作动器力均衡控制策略的作用下，两个电动机的输出转矩基本相当，该监控器用于监控作动器各自通道的电流指令是否故障。

⑤ 旋转变压器监控：用于监控电机测速链路内是否发生故障。

⑥ 绝缘栅双极晶体管（IGBT）基极驱动电路监控：用于监控 IGBT 基极驱动电路是否存在欠压等故障。

⑦ 电动机相电流监控：用于监控电动机电流传感器是否发生故障。

⑧ 电动机温度监控：检测电动机工作温度。

⑨ 油液温度监控：监控作动器油液温度，油液温度过低，作动器的黏滞阻尼过大，会影响作动器正常工作。

⑩ 在线电流监控：用于监控电动机的电流环是否处在闭环状态，电动机是否可控。

⑪ SOV 电流模型监控：监控 SOV 的工作状态是否正常。

⑫ 作动器速度转换模型监控：主要用于监控电动机、泵、液压油、作动筒之间的传递关系是否正常，该监控器在压力传感器正常工作的情况下，也能监控作动器的过载问题。

⑬ 电动机泵模型监控：主要监控电动机和液压泵的状态是否正常，当电动机或柱塞泵存在较为严重的机械卡阻情况，该监控器将报故障。

⑭ 压力传感器监控：监控压力传感器是否正常工作。

⑮ 蓄能器液位监控：监控蓄能器的液位，当蓄能器内的液位过低或者过高时，该监控器报故障。

**7. 柱塞泵的进口增压叶轮**

由于要提高柱塞泵的转速，需要提高泵的进口压力，为此将涡轮增压作为液压泵的进油前置级作为解决方案（见图 26-37）。在电液泵里更是被广为采纳，除去将电动机与液压泵融合为一体的特点外，在入口增加孔板离心泵来增加进口压力。

**8. 柱塞泵热管理、脉动衰减等性能提高**

随着液压柱塞泵功重比的提高，产生热量的散发也带来相应的问题，会引起油液温度上升。有关公司的液压柱塞泵样本中，柱塞泵表面发热温度可以允许达到

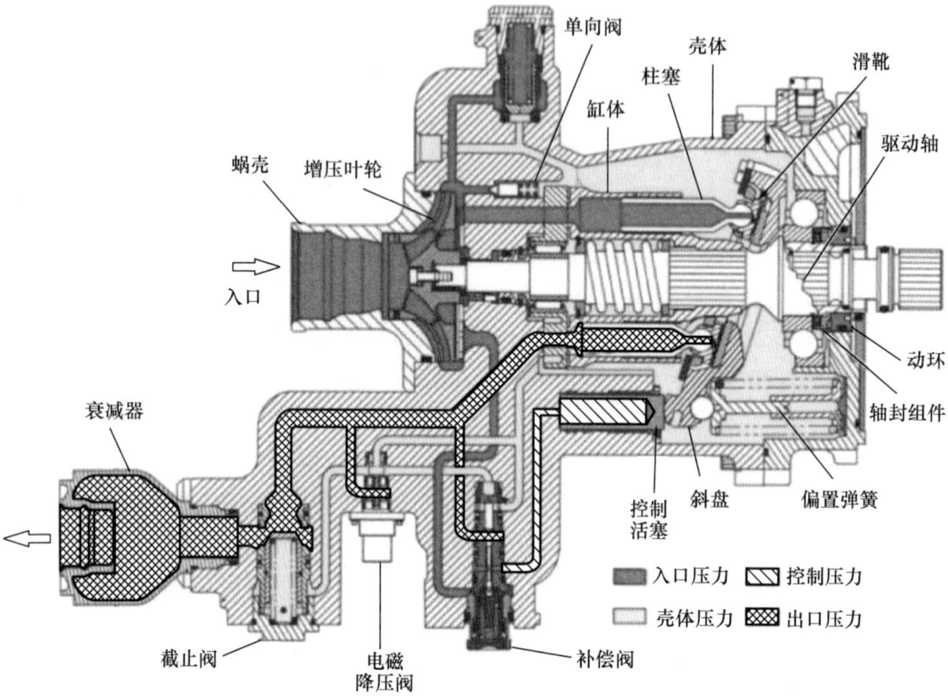


图 26-37　民用航空液压柱塞泵涡轮增压结构示意图（伊顿/丹佛斯）

109℃。这将导致泵内各运动零部件磨损加剧，最终导致泵无法正常工作，寿命缩短。目前解决液压柱塞泵发热问题的主要途径有：增加回油量带走热量；优化液压柱塞泵摩擦副结构尺寸、材料、表面粗糙度等；改善泵的工作环境。派克航空柱塞泵中配备了内齿轮抽油泵，通过强制液压柱塞泵壳体腔内油液流动来降低内部油液的温度，这种方式直接针对作为泵内局部温度最高点的壳体回油腔油液，热控制效果显著。须对内置抽油泵与液压柱塞泵的压力、流量匹配性等进行深入研究，防止抽油泵对柱塞泵壳体腔油液吸空及液压柱塞泵壳体压力超高等。

液压泵源的高压化使得压力脉动问题变得突出。在液压柱塞泵中柱塞数的有限性与配流盘配油的过渡性是产生流量脉动与压力脉动的主要因素，这两个因素叠加会使压力脉动达到系统压力的 5% ~10% 。输出油液的不连续性和流体可压缩性，使油液在管路及负载阻抗作用下沿管路传播，产生噪声和管路振动，严重时将造成管路疲劳破坏，影响系统工作性能，导致重大事故，因此对泵源压力脉动抑制技术进行研究非常重要。

图 26-38 所示为九柱塞液压柱塞泵的压力波动曲线。由图 26-38 分析可知，柱塞泵在运行中，配流盘的死区是造成压力波动的主要原因之一，配流盘的泄压孔也会影响曲线下降的时间。从曲线上看到，若某个柱塞的压力波动曲线的峰值变化形状每一次都变化不大的话，说明活塞与活塞孔的配合精度符合要求。

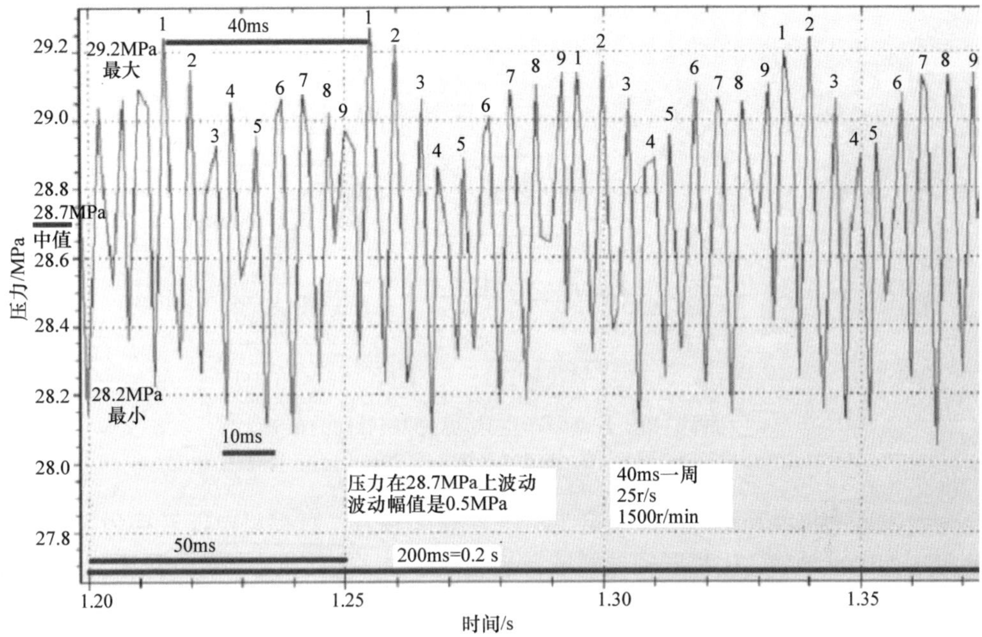


图 26-38　九柱塞液压柱塞泵的压力波动曲线

降低液压柱塞泵压力脉动的主要途径有：优化配流盘设计，优化预压缩角，优化减振槽、减振孔等设计（见图 26-39a）；采用较多的柱塞结构，如增加柱塞数，采用双列、多列柱塞结构（见图 26-39b）；控制阀芯与变量随动活塞之间设置补偿器；液压柱塞泵出口通道上集成脉动衰减器（见图 26-40）等。从单一措施来讲，在液压柱塞泵出口通道上集成脉动衰减器对泵的压力脉动抑制效果最为明显，目前国外在大部分航空发动机驱动泵采用此办法，衰减效果与容腔体积成正比。根据 A380 在发动机驱动的液压柱塞泵上，通过采用 11 个柱塞数，同时采用集成衰减器等综合措施，将系统压力脉动可以降低至额定压力的 ±1%，说明成效明显。

a)

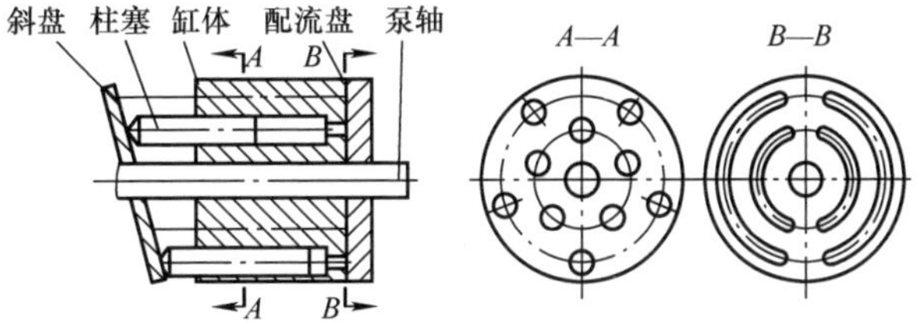


b)

图 26-39　减少液压柱塞泵脉动措施的措施

a）优化预压缩角、减振槽、减振孔　b）增加柱塞数

## 9. 柱塞泵电液泵

传统液压泵与电动机中间由联轴器连接，为三段串联式连接，历时百年以上。

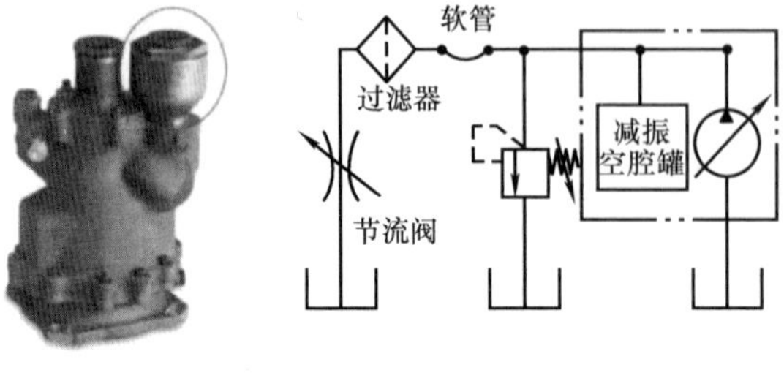


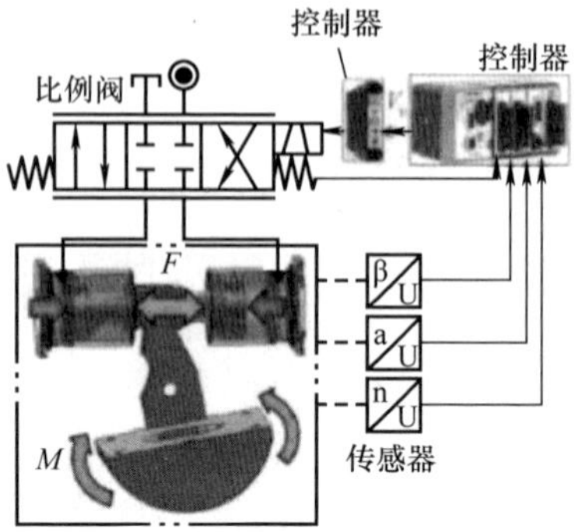


a)　　b)　　c)

图 26-40　柱塞泵产生脉动后抑制脉动的措施

a）集成脉动衰减器　b）脉动减振罐　c）斜盘主动振动控制技术

下一步发展为将电动机和液压泵合二为一的高度融合，直接将电能转换为液压能，减少了伸出轴轴封，去掉联轴器和泵支架等零部件，电动机去掉冷却风扇，采用油冷等措施，从而大幅度提高系统效率，具有噪声低、振动小、散热好等优点。齿轮泵、叶片泵都可以是电液泵中液压泵的主体，但是柱塞泵是性能期望值最高的电液泵主体，用以替代现有的电动机和液压泵的组合装置，是未来液压动力源的发展方向。

对于电液泵而言，由于伺服电动机结构上的特点，如何将液压泵结构嵌入电动机转子内部是液压电动机泵面临的一大难题。特别是普通伺服电动机转子中心空间有限，若强行将液压泵挤入转子铁芯内部，会导致电动机转子冲片轭部磁密度增加，电动机效率和功率因数降低。因此，如何合理地设计电动机和液压泵的结构，使得液压泵能够合理地嵌入电动机转子内部，以适应液压电动机泵的结构特点，是液压电动机泵亟待解决的问题。随着永磁同步电动机等特种电动机的出现，不仅从结构上使得电动机转子中心空间大大增加，液压泵结构能够合理地嵌入电动机转子内部，同时永磁同步电动机还具有过载倍数大、响应迅速、运行平稳和结构紧凑等优点。

传统液压元件的任何性能改进主要集中在元件的结构与改变泵性能的变量控制上。在数智化时代，对于任何液压元件的改进，控制器成为嵌入在内不可分割的一部分，特别是其中的嵌入式软件更是今后任何数智液压元件的核心，其中自动控制策略非常关键，随着工业生产对设备的响应速度、控制精度和自动化程度的要求提高，对数智液压元件控制性能的要求也越来越高。这些控制策略需要在嵌入式软件中达到执行速度快、内存要求少、编程短小且应用效果合格的要求，因此各种控制策略不仅仅是能否满足控制要求，还需要嵌入液压元件程序包中。这些控制策略（如经典 PID 控制、神经网络控制、非线性控制、模糊控制等）需要发展到控制器内的程序之中，并且形成产品型数智液压泵控制器中可以打包取用的控制器算法软件。

一般而言，PID 控制是最早发展起来的控制策略之一，它将系统误差的比例（P）、积分（I）和微分（D）通过线性组合构成控制量，对被控对象进行控制。由于它具有算法简单、鲁棒性好和可靠性高等优点，往往是控制器中最常用的控制策略，被广泛应用于工业过程控制。自适应控制策略是在系统工作过程中，系统本身能不断地检测系统参数或运行指标，根据参数或运行指标的变化，改变控制参数或控制作用，使系统运行于最优或接近最优工作状态。它的出现改变了控制系统只能在事先确定的参数状态下工作的局限性，使被控对象能自动适应工作环境及自身参数在一定范围内的变化。模糊控制是以模糊集合论、模糊语言变量及模糊逻辑推理为基础的计算机智能控制。模糊控制的最大特征是，它能将操作者或专家的控制经验和知识表示成语言变量描述的控制规则，然后用这些规则去控制系统。因此，模糊控制特别适合数学模型未知的、复杂的非线性系统的控制，具有较好的鲁棒性及较好的控制性能。从信息的观点来看，模糊控制是一类规则型的专家系统；从控制技术的观点来看，它是一类非线性控制器，对液压控制技术中的非线性、时变性及滞后等问题特别适用。神经网络控制主要是为了解决复杂的非线性、不确定性、时变系统的控制问题。人工神经网络是由许多个神经元组成的并行分布式的信息处理网络结构，它是在现有的对人脑思维过程研究和掌握的基础上，用数学方法对其进行简化、抽象和模拟，来反映人脑的功能和基本特性，因此具有较高的智能，具有很强的自适应性和学习能力、非线性映射能力、鲁棒性和容错能力，是人工智能算法中常提及的控制策略。到目前为止，液压控制策略的发展是在提高液压元件性能的前提下，通过控制方法的优化组合，改变系统的控制效果。

当电液泵进入液压产品的视野以后，电液泵也将电动机的研究内容带入液压领域。当今后要提高液压技术的功重比时，也将包括电动机技术的功重比在内。达到高功重比电动机需要加强以下五个方面的技术环节：

1）高性能材料。要寻求更高磁能积的硬磁材料以及更低损耗的软磁材料应用研究，以提高电动机整体性能，降低损耗，提升效率和功重比。

2）要基于 Halbach 电磁架构下构建电动机理论和数学模型。这种构型不是现有商业化设计软件可以解决的，需要从最基本的麦克斯韦电磁场理论出发，推导出新型电磁结构下性能的解析计算方法。

3）电磁性能与损耗的仿真计算，必须要构建正确的立体场仿真模型而不是现有的平面模型。在此模型下，进行电动机电磁场的模拟仿真，验证解析计算的正确性，同时进一步指导电动机结构的优化设计。

4）暂态流体、电磁场、热场综合分析技术研究。通过分析影响机械功率输出的敏感因素，并进行优化分析，完成全数学电磁、热、流体综合建模。

5）电动机磁、热、液、机械结构一体化电动机设计。高功率密度电动机内部电磁场能量密度很高，电动机漏磁、齿槽效应、磁滞涡流效应、饱和效应、温升问题等尤其突出，而且随着中频逆变电源的采用，逆变器输出谐波分量的存在使得电动机内部电磁场分布更加复杂，这些因素都影响着液压电动机泵的性能品质。因此必须关注热产生机理，在此基础上重点研究其分析方法，最终指导液压电动机泵的结构设计。另外对机械功能输出影响因素进行分析，论证电感电阻等电气指标、磁密分布的电磁指标、磁结构尺寸指标等，避免出现大功率电动机机械特性偏软的现象，最终达到高性能、小体积、小质量的目标。

电液泵在解决本身的结构与性能问题后，更重要的关键技术之一是要解决高效大功率驱动电路的工程实现 。目前，大功率电动机的功率驱动级拓扑结构基本都采用三相逆变桥，可用于该拓扑结构的功率元件大概有两大类：驱动芯片 + 逆变桥、智能功率模块（IPM）。前者硬件拓扑结构略为复杂，硬件开销大，而且布局布线对信号质量及驱动性能有较大影响；后者集成度高、可靠性高，但温度范围为 -25 ~85℃，工程化应用受限制。且两类拓扑架构的元器件都需要借助国外元器件厂商，国内暂无厂家能提供满足要求的元器件。

为实现宽温度范围下的高压大功率驱动电路设计，须重点突破以下内容。

（1）高性能驱动电路拓扑结构设计　电液泵在全工况、大负载作用情况下，须实现正向电动、正向制动、反向电动和反向制动 4 个状态。在制动状态下，大功率电动机为发电状态，会产生液压泵升电压，叠加在直流母线上，会对直流母线侧的元器件造成高压损坏的威胁，同时有可能污染电网。将泵升能量快速有效地通过泄放通道泄放掉，是提升驱动电路性能的关键，应在电路拓扑结构设计中重点考虑。

（2）高可靠大功率驱动逆变技术　逆变技术就是将直流电转变为交流电，逆变电路分为无源逆变和有源逆变两类。将直流电转变为交流电，直接向非电源负载供电的逆变电路称为无源逆变电路；将直流电转变为交流电，向交流电源反馈能量的逆变电路称为有源逆变电路。无源逆变电路和有源逆变电路的根本区别在于其进行 D/A 转换的目的不同，无源逆变电路的变换目的是给负载提供交流电源，有源逆变电路的变换目的是将直流电源的能量反馈至交流电源。而为了给大功率电动机供电，应重点突破基于无源逆变电路的高可靠大功率驱动逆变技术。

（3）大功率控制器热设计技术研究　控制器在驱动大功率作动器工作时，自身的热损耗也比较严重，将引起控制器内部温度上升。由于高温对大多数电子元器件会产生严重的影响，会导致电子元器件失效，进而引起整个设备的失效。过应力（即电、热或机械应力）容易使元器件过早失效。因此，须基于热分析、热计算手段，实现控制器元器件选用，完成机上冷板传导散热、箱体散热、导热板传热等散热方案设计。

**10. 液压柱塞泵的智能制造**

与伺服阀、比例阀等类似，液压柱塞泵是当前“卡脖子”的高端液压元件产品，在生产、设计、改进产品的性能与质量方面属于液压行业的制高点之一。这给液压泵的密封、耐压、耐磨等特性以及精密加工制造提出了很大挑战。

液压柱塞泵的性能、可靠性、质量与寿命等是产品质量的重要指标。因此在液压行业中，液压柱塞泵的生产不仅要提高目前的生产工艺、生态基础（如材料）、生态技术（如热处理、表面镀层等），更要尽快以工业 4.0 下智能制造的进步与发展来保证液压泵与液压马达的批量质量，加深对液压柱塞泵的基础研究，首先实现液压柱塞泵的智能制造，从根本上解决“卡脖子”的问题。关于智能制造部分在本手册的第 12 篇有阐述，供进一步参考。

**11. 智能化与节能化**

液压泵的数智化与节能化是高度相关的，二者密不可分，因为智能泵源可实现泵与负载的最佳匹配，有效提高泵的使用效率，减小无效功率的产生，减少系统发热，从而提高泵的寿命。在液压泵源高压化和大功率情况下，减少以至避免系统效率降低导致的系统温度急剧升高及降低系统工作可靠性的风险。

目前采用微处理器作为控制器，加入各种传感器（压力传感器、温度传感器、位移传感器等）提供控制液压泵必需的反馈信号，通过采用软件控制变量。这种液压柱塞泵智能化的研究与发展已经开始在各种液压应用中采用，军用飞机上更为多见。数智变量柱塞泵的工作原理如图 26-41 所示，在这里采用产生连续的调节压力（无级）和调节流量（无级）以满足液压系统在不同工作状态的需要。在这种变量中，可以将排量保持不变，只通过调节电动机的转速来改变泵输出的压力和流量。

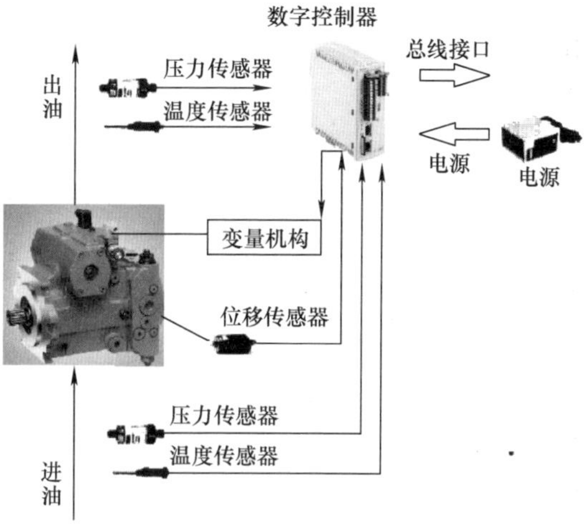

图 26-41　数智变量柱塞泵工作原理

在液压泵的数字化中，正在由恒压柱塞泵源逐渐转向采用负载敏感控制的智能泵，按需要使用动力，实现泵和负载的最佳匹配，以提高泵的使用效率，减少发热并延长泵的寿命。今后，液压变量不仅仅是排量调节，在液压泵自身实现变压力与变流量，也可以通过转速调节控制电动机的转速，从而改变液压泵的输出压力和输出流量，或者两者综合控制实现复杂的控制功能和很高的控制性能，提高系统的动态响应。

## 26.2　液压数字变量泵

液压数字变量泵是液压技术发展的必然，在 20 世纪就开始了研发工作。1985 年，美国威斯康星大学机械系统流体动力实验室研制出一种基于 PWM 控制的脉宽调制式液压泵，它是由两个二位二通的电磁方向阀控制变量活塞，通过电磁方向阀开和关的时间长短来控制泵的流量。同时上海交通大学研制了一种“二进制直接控制变量泵”，它采用并行控制方式，其变量活塞是一个四级液压缸，每一级液压缸用一个二位三通电磁方向阀控制，通过对这四个电磁方向阀的开关控制可实现 $2^4-1$ 级流量的控制，该泵工作稳定，但机构庞大复杂，分辨力也较低。另外，我国的长沙机床厂以轴配流径向柱塞泵为基础，用同步电动机等组成的数控伺服变量机构代替由手动调整螺钉等组成的手动伺服变量机构，由电信号直接控制液压泵偏心，从而控制泵的输出流量。1987 年，日本高谷技术公司研制了由脉冲马达、RCV 旋转阀和标准变量泵组合而成的数字泵，此数字泵的关键元件是 RCV 旋转式数字方向流量控制阀。这种泵扩大了液压技术的自动化程度，对计算机直接控制变量泵进行了研究。那些年来，华东交通大学机械系将研制的电液数字变量泵应用于液压熨平机，取得了良好的效果。重庆大学与重庆液压件厂联合开发了步进电动机控制的智能型数字泵，并投入生产。另外，上海科曼电气公司研制了一种以 CY 轴向柱塞泵为基体的数字变量泵（DCY-IE-63），将它与液压马达组成的液压调速系统应用于油墨低速搅拌机上，取代电动机减速驱动系统，获得了较好的使用效果。山东省煤炭科学研究所与北京华德液压泵厂联合开发了 A7V78NC 型斜轴式数字泵，它是将 A7V78NC 泵与微型计算机技术有机结合而形成的机电一体化泵，既适应了工业自动化的需要，又给斜轴泵赋予了新的控制功能，该技术已于 1997 年 6 月通过鉴定。我国在 20 世纪研发的这类产品往往处于样机阶段，起步虽不晚，但是报奖即终止。不过 21 世纪以来，随着工业 3.0 电液一体化的发展与工业 4.0 嵌入式数字技术的发展，新一轮的发展正在酝酿中。

### 26.2.1　液压数字变量泵的分类与市场现状

#### 1. 液压数字变量泵的分类

液压数字变量泵通常由变量泵和微型计算机控制器两大最主要的部分组成，“数字”二字是因泵的变量机构接收微型计算机发送的数字信号而得名。它具有抗介质污染强、滞环误差小、重复精度高、调节灵活、节能、便于与液压设备主机组成机电液一体化系统、发送液压泵运行数据进行通信（互联控制、健康管理）、智能性地与运行工况协调（节能、智能）等特点，成为当今液压泵发展的主要趋势之一。

液压数字变量泵反映了液压泵的二大功能：泵提供液压动力与能量；数字变量针对所提供的能量，数字变量可以得到计算机的控制。计算机控制今后主要的表现形式是嵌入式微处理器、以状态变量为依据的传感器设置、按照工况需求所配置的相应软件编程、数据的信息化处理（总线或网络）等。根据变量机构执行元件的不同，可归结为六大基本原理：本质性多输出数字泵、基于组合控制的数字泵，基于高速开关阀控制的数字泵，基于数控比例阀控制的数字泵、步进电动机或伺服电动机先导控制的数字泵和基于伺服电动机控制器控制的数字泵。液压数字变量泵的变量种类如图 26-42 所示。

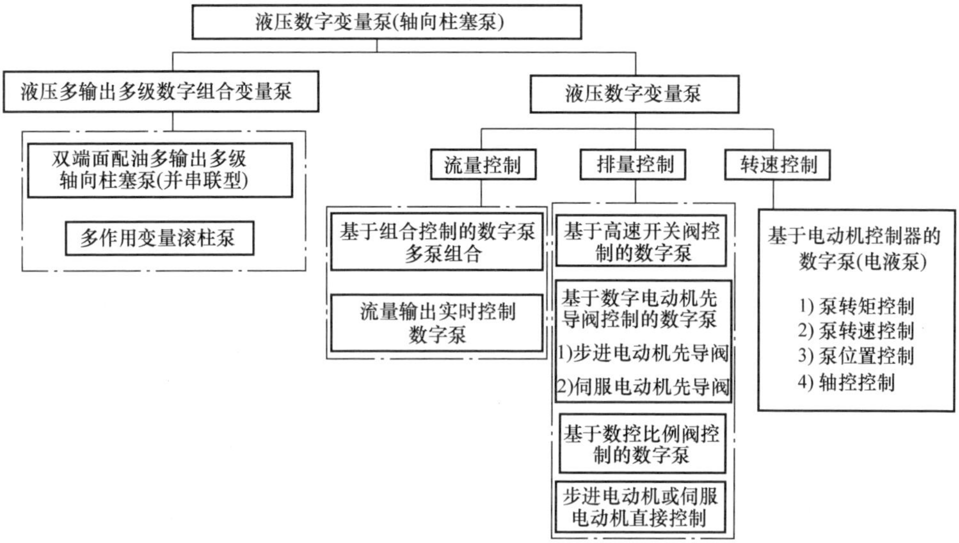


图 26-42　液压数字变量泵的变量种类

图 26-42 所示为液压数字变量泵的变量种类，图 26-43 与图 26-44 所示分别为液压数字变量泵排量控制方框图与液压数字变量泵流量控制方框图。在此分类中，除基于排量控制的液压柱塞泵变量是液压技术中传统的概念以外，其余都是在液压数字变量泵的创新发展中逐渐建立的。而且今后还会继续有所演化。

**2. 液压轴向柱塞数字变量泵的发展**

以传统液压变量泵（液压技术 2.0）的概念而言，就是对液压柱塞泵斜盘角度进行控制，进而产生柱塞泵排量变化或调节。从而产生以控制不同性能参数为目标的各种变量机构，并以此命名，诸如恒压变量泵、恒功率变量泵、负载敏感泵等。这些变量的工作原理与相应结构原理，都已经在 26.1 节全面阐述。因此液压柱塞泵的变量种类很多，各公司都因为应用场景的变化派生出具有各自特色的变量方式，取得更好的变量控制效果，并具有更高的效率。

随着电液一体化下比例阀与比例伺服阀的发展（液压技术 3.0），液压柱塞泵变量的概念随着电子泵的产生在发生变化。这种电子控制排量的变量泵所需要的性能参数已经开始由比例阀提供相应的电信号取代，用以替代传统变量以手动设置的性能参数。电子泵的变量控制可以是开环控制也可以是闭环控制。在闭环控制时，相应性能参数由传感器提供，这将是基于控制的反馈信号对液压柱塞泵排量进行控制。在这种情况下，液压柱塞泵变量的种类将极大减少，因为所有的控制阀本身构成是几乎不变的，控制信号的给定也是不变的，改变的只是不同性能参数传感器所反馈的信号，根据模拟式驱动放大器给出相应的电流来控制比例阀，然后控制斜盘角度。因此在液压技术 3.0 中，主要的变量原理仍然是排量控制。对于控制斜盘的

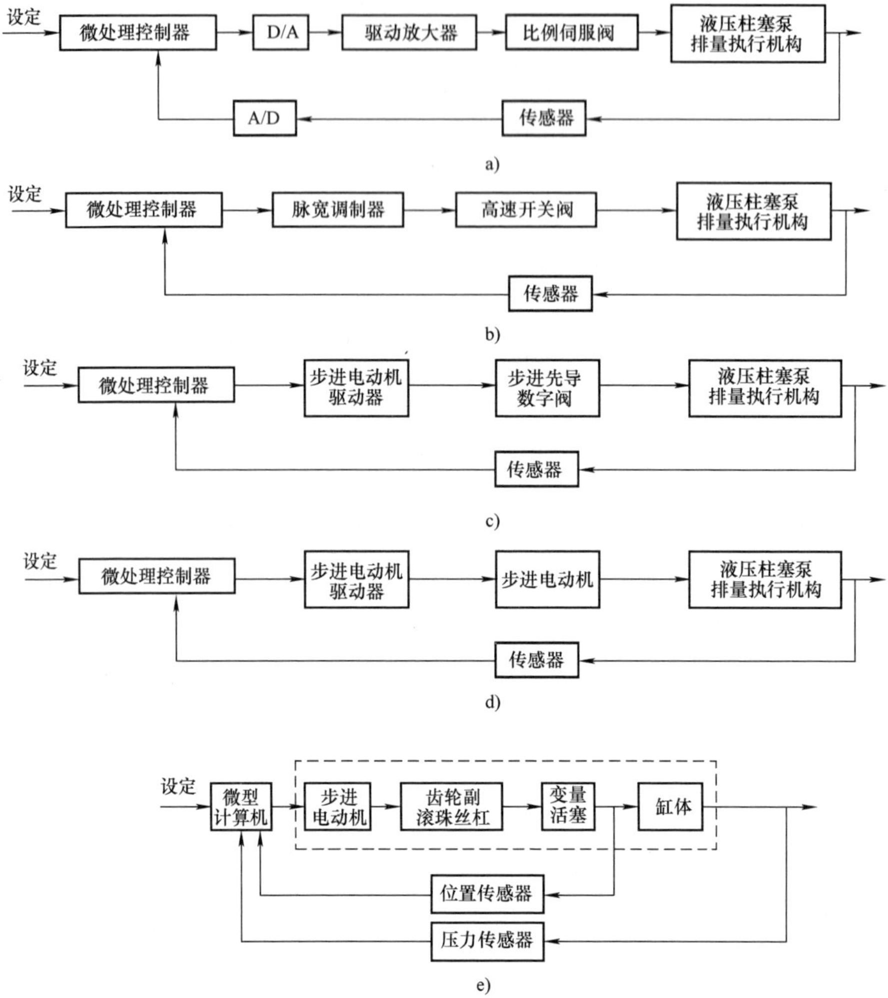


图 26-43　液压数字变量泵排量控制方框图

a）基于数控比例先导阀控制数字泵　b）基于高速开关阀控制的数字泵

c）基于数字电动机先导阀控制的数字泵　d）步进电动机直接控制变量的数字泵

e）具有步进电动机阀控内反馈变量的数字泵

变量泵，尽管其控制的基本原理长期使用而被接受，但是弊端是频响低，位置不易控制，一般是采用开环控制，所以控制的精度也不高。所以液压技术 2.0 与液压技术 3.0 的变量控制主要是以节能为目的，一般不参与到执行机构的实时运动控制中来。液压轴向柱塞泵变量技术在各个工业发展阶段的特征如图 26-45 所示。

随着工业技术的发展，计算机控制微处理器已经非常成熟，互联网都进入了 5G 时代。液压泵是在无人化液压应用场景中首当其冲的液压元件，对液压柱塞泵变量的要求已经不再局限于节能，其中包括有数据的通信去参与云环境下的数字孪生，从而实施液压元件的全周期生命管理，设法参与执行机构的运动实时控制。不

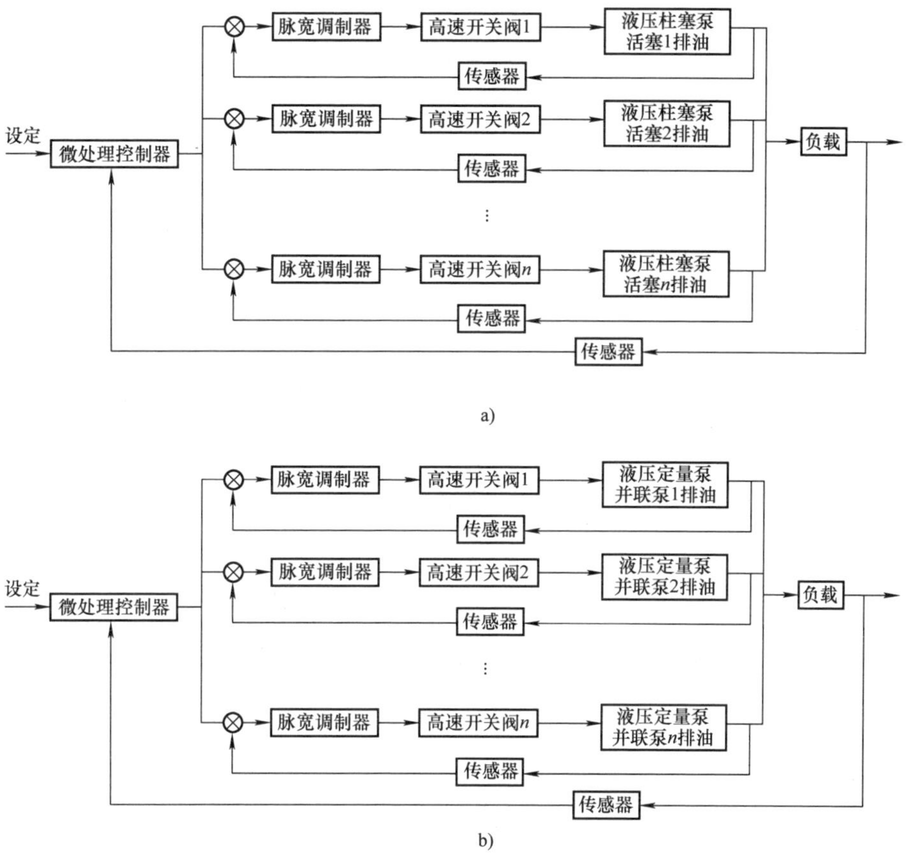


图 26-44　液压数字变量泵流量控制方框图

a）流量变量输出实时控制数字泵　b）多泵并联组合变量数字泵

仅是工业发展对液压元件的要求提高到新高度，另一方面，工业发展也提供液压柱塞泵的变量控制新手段。例如，液压分布式系统概念的出现、电静液作动器开始进入市场、电液泵商业化都为变量的新概念、新原理带来了新的动力，甚至具有颠覆性理念的变量方式也出现在产品层面，诸如直接排量控制的液压柱塞泵的出现、伺服电动机的转速变量液压柱塞泵控制器的融入等。

### 26.2.2　数字阀实时控制排量/流量输出的变量泵（丹佛斯 DDP）

丹佛斯的数字排量泵是液压技术领域里程碑式的进步。这是面向数字化时代的数字液压技术，是如何运用数字技术解决问题的典范，使整个行业将迈入极富创造性的阶段。

数字排量泵是一种全新的液压泵变量形式，在径向柱塞泵中，利用嵌入式计算机控制的超高速电磁阀，实时开启和关闭每一个柱塞腔，使得液压泵具有超强的可

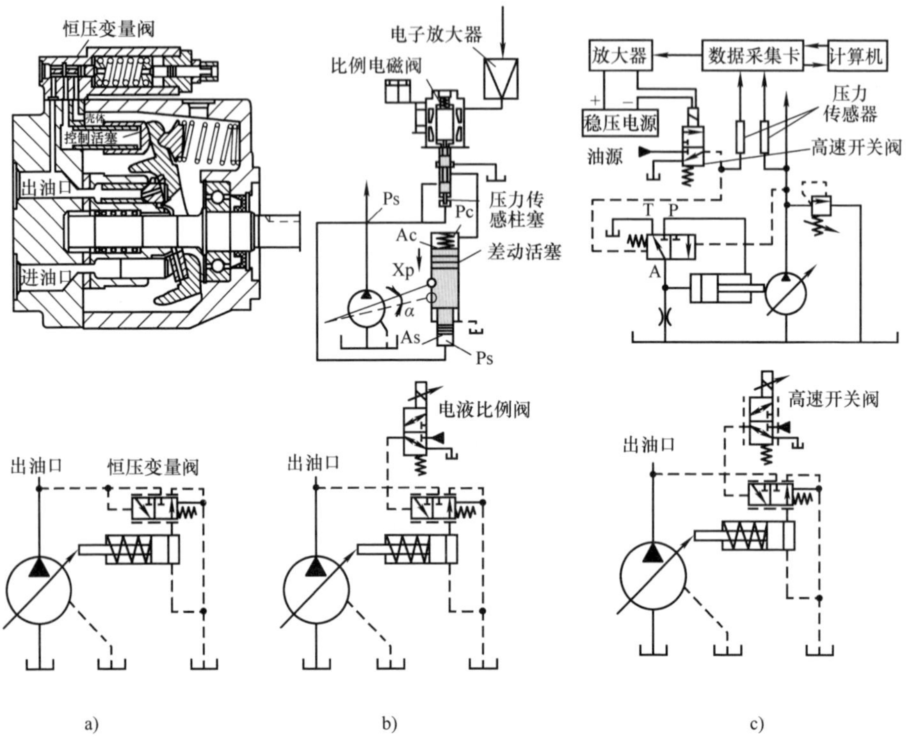


图 26-45　液压轴向柱塞泵变量技术在各个工业发展阶段的特征

a）传统变量方式（手动设置，液压技术2.0）　b）电子变量泵（集成式电子放大器设置，液压技术3.0）

c）数字变量泵（嵌入式计算机设置，液压技术4.0）

控性和极高的工作效率，从而实现节能降耗，提高生产效率并获得更快的响应时间。图26-46所示为丹佛斯DDP096系列数字排量泵外形图与结构原理图，其性能参数见表26-31。

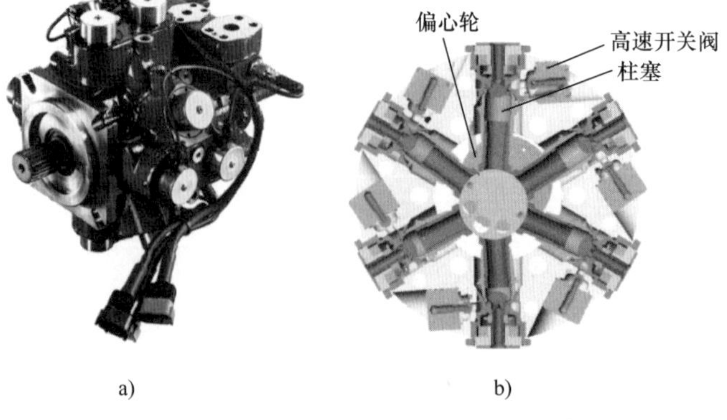


图 26-46　丹佛斯DDP096系列数字排量泵外形图与结构原理图

a）DDP096系列外形图　b）结构原理图

**表 26-31　丹佛斯 DDP096 系列数字排量泵性能参数**

| 项目 | | 参数 | 备注 |
|---|---|---|---|
| 最大排量/(mL/r) | | 96 | — |
| 输出压力/MPa | 峰值 | 45 | — |
| | 最大连续 | 42 | |
| | 最小连续 | 2 | |
| | 最小间歇 | 0.1 | |
| 转速/(r/min) | | 1450～1850 | — |
| 流量/(L/min) | | 250 | 最大转速时 |
| 转矩/N·m | | 600 | 全排量，1500r/min，$\Delta p$=40MPa |

丹佛斯 DDP096 系列数字排量泵（见图 26-46）获得德国农业协会“2022 农业技术系统与元件大奖杯（Agritechnica Systems & Components Trophy 2022）”大奖，在此次奖项中从 20 个提名中脱颖而出，是三个获奖产品之一 。该奖项评审标准包括产品的实际意义、营利性及生产过程利好性、环保性及能源优化性、工作性能及安全性，旨在激励零部件提供商的创新精神，彰显创新在农业科技中的重要性。与传统泵相比，该技术的响应速率更快，总效率大大提高，全排量平均效率可达 90%，小排量下也有极高的效率。此外，柱塞缸组排列在端盖板上可以单独控制，成为紧凑型的多功能泵。一个泵体可有三个单独的可控多输出。

丹佛斯 DDP 系列数字排量泵是数字阀实时控制排量/流量输出的变量泵。它形式上调节的是排量，实际调节的是实时流量。从传统液压技术 2.0 以来的变量概念来看，属于一种颠覆性的技术发展，是一种完全新型的变量泵。这个泵变量的工作原理尽管简单，但是之所以能够实现，是由于解决了高速开关阀的快速响应性，也正由于这个快速响应性的要求，使这种变量的形式选择在要求速度相对低的径向柱塞泵上，而不是速度要求更高的轴向柱塞泵上。因此这一技术中的大流量高速开关阀响应可以进一步提高，这样才有可能在轴向柱塞泵上实现。

（1）数字排量泵基本工作原理　图 26-47a 所示为径向柱塞泵单个柱塞变量的工作原理，柱塞头在外力（凸轮环）作用下可以在柱塞缸体内以速度 $v$ 左右运动。当柱塞头在外力作用下向左运动时，柱塞缸处于缸体容积加大的过程，产生真空，从而产生吸油的过程。当柱塞头在外力作用下向右运动时，柱塞缸处于缸体容积减小的过程，产生高压，从而产生排油的过程。当压力油路上设置了单向阀时，就可以防止高压油在柱塞缸产生真空时倒灌，起到高压与低压隔离的作用。在进油路又设置了二位二通高速开关阀，此阀在柱塞缸产生真空吸油时，电磁铁不得电，保持柱塞缸与油箱通畅，油液从油箱进入柱塞缸；在柱塞缸向外输出高压油时，二位二通高速开关阀的电磁铁继续不得电，保证油液进入负载油路，起到高压油与油箱隔离的作用。

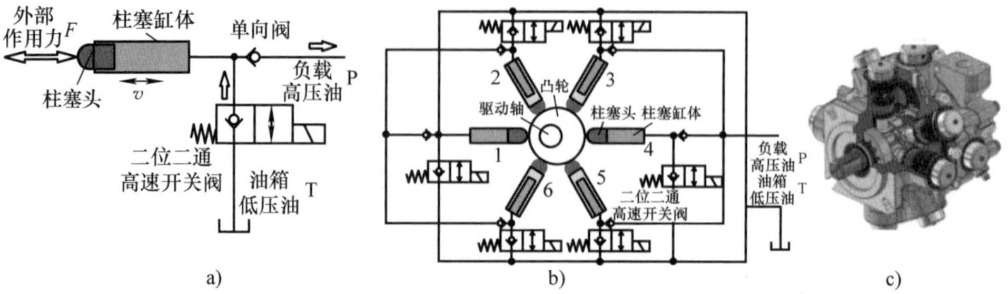


图 26-47　数字阀直接控制排量/流量调节数字径向柱塞泵（DDP）

柱塞缸的一个行程所产生的油液量就是这个柱塞缸的排量。如果二位二通阀按照上述过程得电及断电，这时柱塞缸产生的是最大排量。如果在产生高压油的行程中让二位二通阀提前打开，这时柱塞缸就不再产生高压油，而是在极低压力下（需要克服回油阻力产生的压力，一般这个压力极小）回油。这是一种新的排量调节的概念，是最直接的排量调节，产生的能量消耗最少，也是效率最高的排量调节方法。

图 26-47b、c 所示分别为此泵的工作原理图与立体剖面图。根据工作原理图可知，当凸轮旋转时，泵内有的柱塞头（如柱塞 4 ~ 6）在外力带动下，以贴近凸轮方向向内运动。这时就造成缸体内空腔容积加大，产生真空，从而产生吸油的过程，此时高速开关阀处于不得电状态，依靠此高速开关阀内的单向阀功能，允许泵由油箱吸油，而高压油负载端在单向阀阻止下被关闭。与此同时，也有的柱塞头（如柱塞 1 ~ 3）在旋转轴带动下，在柱塞缸体内以远离凸轮方向向外运动，缸体内容积减小，产生高压油，在工作压力下排油，打开单向阀进入压力油路；当高速开关阀依然处于不得电状态，由于高速开关阀的单向阀存在，排油油液不能回到油箱而进入工作油路。这个过程就是柱塞泵正常的工作过程。

如果二位二通高速开关阀在柱塞排油过程的任意位置打开，这时柱塞缸原先产生的高压油就会通过高速开关阀回到油箱。这时排油的流量变成零流量。这个液压泵变量的概念对于熟悉液压的人来说非常简单，但是超出传统思维，与发动机燃油喷射排量控制办法有异曲同工之妙。将现有的柱塞泵看成是由多个柱塞缸组成的液压泵，对每个柱塞缸都采用这个方法调节就形成了数字阀直接控制排量的数字泵。无论是泵还是马达，都可以用这个方法来调节流量。这个调节的方式与内燃机燃油喷射的调节办法是类似的，但是在液压泵/马达中需要控制的流量大，是一个挑战。这个方法的研究已经有了十年以上，现在进入产品化市场推广阶段。

这种采用数字式排量控制的数字泵，通过使用嵌入式计算机控制的高速开关阀，实时开闭多个柱塞腔，克服传统采用斜盘式泵通过斜盘进行变量的限制，可以大大简化结构与加工难度，减少一些摩擦副（如配流盘与斜盘等）。至于这时的二位二通高速开关阀是否是 PWM 控制属于可以选择的技术问题。但是无论如何，这时数字阀的响应要求非常快。如果按通常具有 7 个柱塞的轴向柱塞泵来说，在通常 1450r/min 的转速下，每个柱塞的吸排油周期为 41. 39ms，采用这种数字排量调节的办法比内燃机燃油喷射控制对数字阀的要求要低一些，但是要求的数字阀流量要大很多，因此仍然是一个不小的挑战。所以这个泵首先是采用转速不会很高的径向柱塞泵（转速在 1800r/min 以下）。这个方法用于产品的实施需要满足三个条件：①流量足够大与时间响应足够高的二位二通高速开关阀；②需要电控与传感器达到要求；③需要相应的传感器，能够及时将工况反映到微处理器上，然后可以按需要进行排量调节与控制。再深入研究下去就是智能控制的问题了。

这个直接排量调节方法用于柱塞式空气压缩机的排量控制也有明显的节能效果。推出这个产品具有概念颠覆的意义。实际上我国镇江液压件厂也在前些年与上海交通大学合作开展过类似试验试制，但没有坚持下来，除去主观因素外，与我国液压行业在电控与产品融合上的技术积累有限有关。

（2）液压数字排量泵（DDP）产品　径向柱塞数字排量泵（DDP），由苏格兰的 Artemis Intelligent Power Ltd.（AIP）开发，数字阀直接控制径向柱塞排量调节，其柱塞由凸轮环驱动，每个柱塞腔可以单独按流量需求打开和关闭，因此每个柱塞腔都是单独的泵源。实质上，它是一个多阶流量系统，每阶都对应一种输出流量。一般配置使用 12 个柱塞，分为 3 组，每组 4 个。而相关制造厂家已经建造过一个带有 68 个柱塞的单元，应用于风力涡轮机。

DDP 和数字式排量泵马达（DDPM）的实现完全依靠计算机控制技术。每个柱塞腔都有自己的控制系统：高速开关阀、单向阀和柱塞位置传感器。当配置为 DDPM 时，每个柱塞腔都有两个电磁阀，该装置可用作泵或马达。

为了充分利用计算机控制技术，必须根据柱塞位置传感器的信号和工作现场的反馈来调整电磁阀的开闭时序。这些电磁阀可以在短至 30ms 内打开或关闭，以限制在负载需要时通过每个柱塞腔的流量。

在轴旋转的情况下，如果负载不需要流量，则所有柱塞腔都与外部压力管路隔离，从而产生的损失也最小。从待机状态开始，可以在 30ms 内实现全流量输出，并与工作压力无关。此外，与变速电动机 + 轴向柱塞泵的方案相比，DDP 可以使用感应电动机和软启动器驱动，从而降低了初始成本。

当没有电磁阀通电时，在凸轮完全旋转期间，低压回路仍然可联通柱塞腔。柱塞简单地将油液循环并返回到低压回路，因为它有效地从回路中隔离出来，所以需要非常少的能量。在失电情况下，DDP 便会进入无流量的低压状态。当电磁阀通电时，柱塞从低压回路吸油，然后排入高压回路。

电磁阀通电也可以设定不同的时序，使得仅一部分流量被送到高压回路。以六活塞泵为例，如果流量需求为 63L/min，则需要 3. 5 活塞的排量。这可以通过激活三个电磁阀以使三个活塞投入使用，而另一个电磁阀在活塞达到半冲程时关闭通向低压侧的路径。这将导致活塞的一半位移进入高压回路。另一种方法是在所有电磁阀激活的状态下旋转1044转后，然后在断电的状态下旋转756转来提供每分钟的平均流量。如果这种方法引起不需要的压力脉动，则可以通过对六个电磁阀中的每一个进行定时来实现相同的流量，从而通过在冲程的58%处将它们打开来使柱塞每个循环仅移位5.8mm。DDP可以模拟无级变量泵，而不会保持恒定的压力。无论泵出口处的压力如何，各个柱塞都可以处于入口压力状态。

此外，每个柱塞的输出可以隔离，因此泵可以为多个回路提供流量。该示例中，可以从一个单独的DDP形成六个单独的功能，每个DDP具有高达18L/min的变化流量。

数字泵与斜盘泵在效率与功率损失方面的比较如图26-48所示。

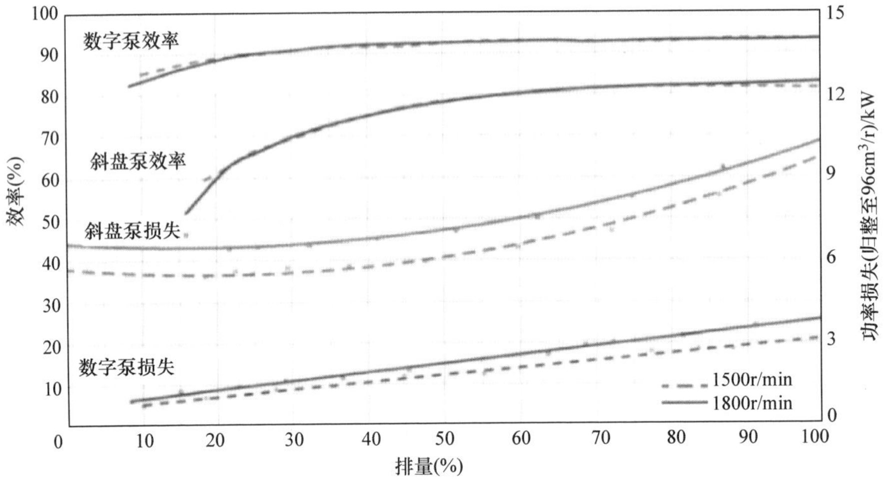


图26-48　数字泵与斜盘泵在效率与功率损失方面的比较

（3）DDP的市场应用与推广　2009年，苏格兰的AIP在英国碳基金会的支持下，成功地开发出了1.5MW液压型风力发电机组。该机组的最大特色就是采用了特殊的“数字定量液压泵－数字变量液压马达”传动形式，其中，采用数字阀代替传统的阀配流定量液压泵和变量液压马达中的机械阀，实现了液压泵和液压马达的数字配流，如图26-49所示。

此产品使用数字化液压传动装置替代机械变速箱，实现了可观的节能效果：能耗通常低于传统轴向柱塞泵的三分之一。此外，响应时间更短，并消除高频噪声。例如，当应用于挖掘机时，已经证明该技术节省燃料高达20%，并且生产率提高了近30%。采用数字控制排量技术的泵，使得液压传动装置替代移动设备中的机械变速箱变得切实可行。

基于世界上最大的海上浮动风力涡轮机的关键技术，数字变量技术在2015年荣获英国最负盛名的技术创新奖。由英国皇家工程学院颁发，麦克罗伯特奖（MacRobert Award）认可AIP的前沿研发和在最大兆瓦级海上风力涡轮机变速器上

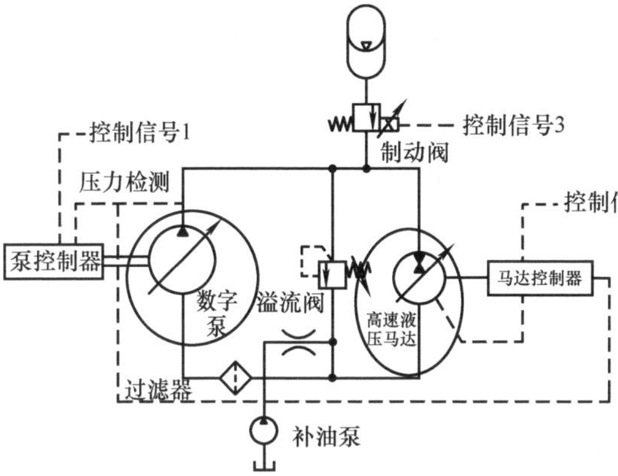


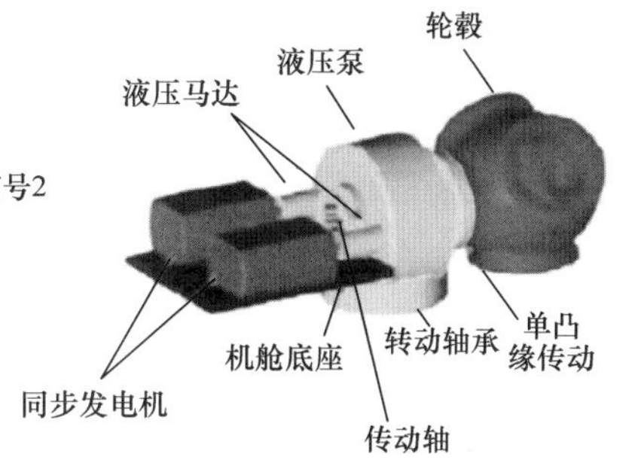


图 26-49 “数字定量液压泵－数字变量液压马达”传动形式

的示范应用。

AIP 宣布，下一步将在非公路液压设备上进行革命，带来前所未有的数字控制水平和效率。这种液压传动领域内最先进的技术现在已经推广到了工业领域，并正在迅速进入非公路市场。通过对标准的挖掘装载动作周期的前后比较，节能性和操控性将作为这种非公路设备的关键评估因素。这些因素表达如下：

1）具有数字排量泵的越野车将拥有更小的发动机，运行成本更低，能耗不到一半，无论这些能源来自化石燃料、氢气、沼气还是电池。这是一项自给自足的技术，并将对环境产生非常积极的影响。

2）数字泵的节能和控制优势非常显著，可以实现诊断和集成通信，进入智能的互联时代（“工业 4.0”），数字变量技术创造了数字时代的液压泵。它的嵌入式控制器不断监测柱塞的性能，并可以自动报告系统状态的变化。所有的数据可以远程访问，实现监测和诊断。

3）数字泵将机械能转化为液压能的峰值效率在 93% ~97%，这和传统的高质量弯轴型泵是相似的。不同的是，数字泵通过使用电磁阀控制柱塞腔的通断。每个柱塞都有一个单向阀保护，当单向阀未开启时，可以防止系统压力反作用在旋转组件上。在零流量的保压状态下，整个旋转组件和负载压力是隔离的，所以，在待机状态下的损失约为传统相同排量液压泵的 10%。

4）结合专用的控制器和泵自身的数字控制特性，数字泵可以响应用户的各种指令。单向阀控制是完全独立于轴的转速和负载压力，这样可以让主机厂商根据自己的需求来优化控制。产品成功与否的关键在于其操控性和操作人员的感受。数字泵可通过定制的操作策略以适应特定市场的要求，包括对经济性的优先选择。

5）数字泵具备准确控制发动机负载的能力，以防止掉速和熄火。从长远来看，数字泵技术提供了一种实现混合动力功能的路径，将回转和其他动作的能量回收并储存于蓄能器中。

6）一个典型的数字泵包含12个柱塞，每个柱塞腔都可以被视为一个在主控制器控制下的独立泵。这12个独立柱塞腔的内部控制逻辑为，其中3个或者4个柱塞腔可同时联通，实现单独供油。这种供油模式可以用来直接控制独立负载，每个独立供油组可工作在独立的压力流量条件下。这种特征可实现对作动器的直接控制而无须外部的控制阀，从而消除了外部阀上的损失。在非公路领域，这可实现单一泵来独立为多负载供能的功能。在成熟的应用中，数字泵与发动机控制器协同工作，以优化在负载变化过程中的瞬态响应，以尽量减少排放，避免熄火。

7）数字排量泵技术，旨在大幅降低挖掘机的油耗。借助数字排量泵，可以节省25%～30%的挖掘机燃油消耗，将来这一数字甚至可以达到50%。这将在全球范围内产生影响，因为通过消除挖掘机的废热，可以减少4000万吨的二氧化碳排放量（相当于460万户家庭一年的能耗排放）。

8）依托数字排量泵的技术，工程师用数字泵取代传统泵。该技术增加了泵与发动机之间的智能与数字化匹配控制，泵内部各柱塞只在有需要时才工作，从而减少整个系统的损耗。

9）将标准挖掘机的泵替换成数字排量泵，以大幅节省燃油、提高生产率，甚至可以为打造卓越的新型挖掘机系统、能量回收或实现优越的控制铺平道路。数字排量技术是未来挖掘机系统发展的推动力。

10）通过这项技术，液压系统增加了全新的工具箱，从而实现更高的效率和生产率。通过消除废热，该技术甚至有助于降低发动机及其他系统组件的成本。

2018年10月，丹佛斯收购了AIP的大部分股份后，将投资1100万英镑建造新的工厂，新工厂将为非公路车辆（如挖掘机和轮式装载机）生产这种利用AIP的数字排量技术，估计它们将减少一半以上的工程车辆排放，其第一个目标是将AIP的技术作为35亿美元非公路车辆液压机械市场的关键组成部分，并认为这是一项提高效率、降低成本并快速收回成本的技术。在非公路车辆市场，数字排量的影响可能很大。在非公路移动机械的污染排放中，目前占所有氮氧化物排放量的10%，占所有PM10排放量的11%。根据保守估计，该技术预计将在商业运营的前十年内在全球范围内减少1000万吨二氧化碳排放量。

目前，丹佛斯基于数字排量技术，正在我国挖掘机数字化方面做出努力。

### 26.2.3　基于数字高速开关阀变量的轴向柱塞泵

**1. 国内首款智能可编程液压数字泵**（浙江大学）

2019年，国内液压市场推出如图26-50所示的智能可编程液压数字泵，该泵采用高速开关阀作为数字比例阀，具备一定智能，故称为智能可编程液压数字泵。此泵由杭州智源液压科技有限公司与中航力源液压股份有限公司（简称：中航力源）合作研制。

智能可编程液压泵采用比例阀、高速开关阀作为电子控制阀，用于控制泵的变量斜盘。结合嵌入式控制器和电反馈闭环控制策略，完成轴向柱塞泵结构和控制的升级，引领液压元件以至液压设备的高集成化、高自动化与智能化的发展趋势。

图 26-50　国内首款智能可编程液压数字泵（浙江大学）

此控制系统可以覆盖中航力源生产的各类柱塞泵，诸如 Z4V、L10VO、L2F 与 L7F 等产品系列。泵的技术参数：额定压力为 28MPa，排量规格为 71/100/125mL/r，工作模式包括压力控制模式、流量控制模式与功率控制模式。

这是国内液压行业第一款智能化的液压元件产品，由于具有原创性，也代表我国液压行业脱离了“拷贝”的时代，且进入了液压智能时代。与此同时，成都阀智宝数字液压设备有限公司在借鉴的基础上，开发了具有原创性的电子控制模块，并用于比例多路阀。因此，2019 年对于我国的液压行业来说是一个智能数字液压元件的标志性年份，我国有了自己原创开发生产的产品，并且是推向市场来检验的液压智能数字元件。

**2. 高速开关阀用于数字配流式双向径向高压高速柱塞泵**（四川航天烽火伺服控制技术有限公司）

图 26-51 与图 26-52 所示为高速开关阀用于数字配流式双向径向高压高速柱塞泵的试验台与相关产品，本项目重点解决了高压、高转速、低惯量双向数字式径向柱塞泵的关键技术，实现该泵在 EHA 上的应用；解决无刷直流电动机 - 泵 - 缸的集成控制关键技术，实现 EHA 高速、高定位精度的复合调节控制；解决大流量高

图 26-51　数字配流式双向径向高压高速柱塞泵试验台

图 26-52　柱塞、缸体一体式高速开关阀产品

速开关阀与泵的协调配流关键技术，实现大流量高速开关阀在主动式阀配流高压径向柱塞泵上的应用。

### 26.2.4　基于数控电液比例阀的数字变量泵（数控电子泵）

RKP－D系列数字控制式径向柱塞泵是一款带有现场总线接口的电液控制径向柱塞泵，如图26-53所示。对于要求高动态性和高可靠性的机器应用，如注塑机和金属成型机，它是一种灵活且先进的解决方案。

图26-53　RKP－D系列数字控制式径向柱塞泵

数字控制式径向柱塞泵配备了数字式集成电子元件的伺服比例先导阀，适用于流量和压力调节、参数调整和诊断。该型泵具有高性能、灵活的微处理器控制系统设计，可以对各种压力和流量控制系统实施理想的变量解决方案。

数字控制式径向柱塞泵的优势和特性如下：

1）闭环控制：带有数字式集成电子元件的新型先导阀提供了更高的动态性，并对基础泵功能（流量和压力调节）进行更精确的控制。

2）模拟或数字控制：能够作为一个CANopen装置或作为一个传统的模拟装置运行，确保与多种PLC架构的兼容性。

3）运行中调整：在“运行中”修改压力控制器的参数能够优化具有多个液压缸（作动器）的机器序列过程的性能，这是传统泵操作几乎不可能实现的过程。

4）优化的多泵系统：引入新的主－从模式后，可以在同一液压油容量下轻松组合多级伺服泵，同时能提供更好的压力控制。

5）先进的故障排除技术：在运行过程中全面访问所有内部参数有助于减少停机时间，并使用户能够通过人机界面（HMI）或便携式计算机接口诊断出常见故障。

6）节约空间和装配时间：由于“数字控制泵”设计已包括了集成电子元件，所以在电气柜内不占用任何装配空间。

RKP－D系列数字控制式径向柱塞泵的性能参数见表26-32。

**表26-32　RKP－D系列数字控制式径向柱塞泵的性能参数**

| 排量/(mL/min) | | 19 | 32 | 45 | 63 | 80 | 100 | 140 | 250 |
|---|---|---|---|---|---|---|---|---|---|
| 环境温度/℃ | | －15～60 | | | | | | | |
| 最大转速/(r/min) | 入口压力为0.10MPa时 | 2900 | 2850 | 2200 | 2700 | 2250 | 1850 | 2100 | 1850 |
| | 入口压力为0.08MPa时 | 2750 | 2750 | 2100 | 2550 | 2150 | 1800 | 1900 | 1800 |
| 最大压力/MPa | 中压系列 | 28 | | | | | | | — |

## 26.2.5 基于多泵并联组合式数字变量泵（吉林大学）

采用多个普通液压泵（柱塞泵、齿轮泵或叶片泵均可，本例采用齿轮泵）并联组合产生不同的流量组合，是一个形成液压泵数字变量的方式，可以称为多泵并联组合式数字变量泵，其中的每个泵作为一个变量单元，也可以理解为排量变量单元。这种是流量单元组合而产生的变量，不属于上述排量变化的变量也不属于转速变化的变量形式，归类于流量变量一类。这种变量方式性能参数主要关键点在于控制器与控制器内的控制策略。除作为产品在结构形式上会有一定的集成外，本质上与普通液压泵并无区别。由于控制器集成或者嵌入这种集成的泵组中，并成为这种并联组合液压泵组成的一部分，所以这种泵可以作为流量组合变量的数字泵或数智泵，在应用上与工况结合，达到节能、低成本、灵活、定制化等目的，对液压系统的数字化革新升级具有重要的价值。

在多泵并联组合式数字变量泵的变量过程中，仍然以流量变化对每个泵的变量单元进行分析。在这里排量的定义是借助定量泵排量的概念，实际上是指单位时间输出的液体体积（流量）。

**1. 多泵并联组合式变量方案**

多泵并联组合式数字变量泵是由排量按照一定编码规律组合的定量液压泵组成，结构原理如图 26-54 所示。通过控制阀逻辑拓扑关系实现排量的不同组合，实现数字变量输出，兼顾了定量泵与变量泵的优势，弥补了二者的不足。但多泵并联式数字泵仍存在控制难题，由于控制阀存在加工误差、非线性死区以及电气元件性能差异等，导致数字泵状态切换以及变量步长具有不确定性，其动静态特性很难保持一致。同时数字泵的切换频率与控制性能间的非确定性关系也增加了数字变量的控制难度。因此，如何快速准确地实现多泵协同控制，同时达到良好的控制性能是并联组合式数字变量泵产品的目标。但是要实现这个目标，需要具有良好的变量控制性能，这比想象中要困难。

多泵并联组合式数字变量泵可以看成是一个阵列泵源，各自的输出流量互不关联，可以看成是并行工作的流量无关联的离散泵源系统，由各普通液压泵和高速开关控制阀组组成。在形成数字变量泵时需要采用编码信号通过控制阀逻辑拓扑关系来实现排量的组合控制，实现数字变量输出，具有成本较低、容错性强以及扩展性强等优势，在很多应用领域可代替传统变量，具有相应的市场应用前景。

对于 $n$ 位泵并联数字变量泵系统（见图 26-54），每个泵的出口并联单向阀和高速开关阀。开关阀失电时，对应的泵单元经过单向阀接入系统，处于工作状态；开关阀得电时，对应的泵单元经过开关阀卸荷。通过控制开关阀得失电的不同组合状态，实现液压泵的组合变量输出。一般而言，这里采用的开关阀应该是高速开关阀，具有较高的响应速度，有利于控制系统按要求的控制性能实现。

## 2. 变量单元编码方式决定变量组合状态

多泵并联组合式数字变量泵的流量控制由所具有的变量单元编码方式实现，编码方式决定了数字变量泵的变量规律、变量精度与变量范围。编码方法有等比数列编码（二进制编码）、等差数列编码（脉冲数编码）、斐波那契数列编码（黄金分割编码）及混合编码等。

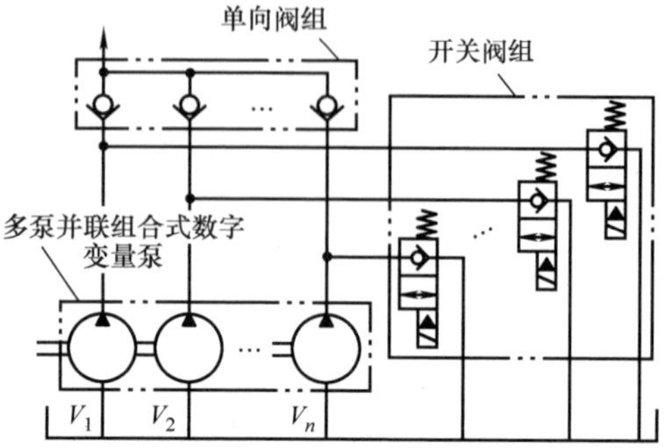


图 26-54　多泵并联组合式数字变量泵结构原理

当采用二进制编码来处理数字泵变量单元的变量形态时，可以使流量拟合精度保持为最小变量单元不变，流量输出线性度较高，此时排量的变量级数为 $2^n$（其中 $n$ 是数字泵的排量变量单元数）。由此可见，通过扩展最高位排量变量单元数，一定程度上缓解了变量精度与变量范围之间的矛盾，但对输出流量的线性度会弱化。

当数字泵变量单元排量按等差数列编码排列时，公差为 0 的等差数列编码为脉冲数编码。当数字泵变量单元排量按脉冲数编码排列时，则每个泵单元的排量完全相同。与二进制编码相比，在拟合分辨力相同的情况下，为了达到同等的最大输出排量，脉冲数编码方式需要更多的控制单元协同工作。由于每个控制单元完全相同，所以按脉冲数编码排列的系统具有元件易于大规模加工、容错性更高的优势。

斐波那契数列，又称黄金分割数列，是一种性能介于二进制编码与脉冲数编码之间的编码形式，变化规律为［1，1，2，3，5，8，…］，从第三位数值开始，数列为第 $n-1$ 和 $n-2$ 之和，所以序列中多数数值具有至少两种组合形式，具有一定的冗余容错性。

典型的混合编码是结合二进制编码与脉冲数编码，实现扩展性、变量精度与冗余性的优化平衡。例如，排量组合序列为［5　5　10　20　40］，但由于输出排量不是唯一对应，一定限度上增加了控制难度。

若排量步长定为 1mL/r 的不同编码组合下排量梯级范围对比见表 26-33。在拟合分辨力相同的情况下，二进制编码具有最大的梯级范围，扩展能力最强，斐波那契数列编码次之，脉冲数编码最小。

**表 26-33　不同编码组合下排量梯级范围对比**（排量步长为 1mL/r）

| 位数 | 3 | 4 | 5 |
|---|---|---|---|
| 二进制编码 | 0～7 | 0～15 | 0～31 |
| 斐波那契数列编码 | 0～4 | 0～7 | 0～12 |
| 脉冲数编码 | 0～3 | 0～4 | 0～5 |

控制单元在不同编码方式下组合方式的数量一定程度上体现了该编码方式的冗余性，即变量单元的相互替代性。表 26-34 列出了不同编码方式下，四位数字泵单元对相同输出值的组合方式数目对比情况。可以看出，脉冲数编码冗余性最好，斐波那契数列次之，二进制编码冗余性最差。冗余性与梯级范围是相互矛盾的，冗余性差的问题可通过控制方法部分弥补。

**表 26-34　不同编码方式对相同输出值的组合方式数目对比**（四位）

| 组合方式的数目 | 0 | 1 | 2 | 3 | 4 | 5 | 6 | 7 | 8 | 9 | 10 | 11 | 12 | 13 | 14 | 15 |
|---|---|---|---|---|---|---|---|---|---|---|---|---|---|---|---|---|
| 二进制编码 | 1 | 1 | 1 | 1 | 1 | 1 | 1 | 1 | 1 | 1 | 1 | 1 | 1 | 1 | 1 | 1 |
| 斐波那契数列编码 | 1 | 2 | 2 | 3 | 3 | 2 | 2 | 1 | 0 | 0 | 0 | 0 | 0 | 0 | 0 | 0 |
| 脉冲数编码 | 1 | 4 | 6 | 4 | 1 | 0 | 0 | 0 | 0 | 0 | 0 | 0 | 0 | 0 | 0 | 0 |

综合考虑安装空间、控制唯一性、排量线性度及较大的输出流量范围，选用级数为 4 的二进制编码，排量分别为 5mL/r、10mL/r、20mL/r、40mL/r。采用编码方式实现 4 泵变量单元的排量组合控制与控制方框图如图 26-55 所示。

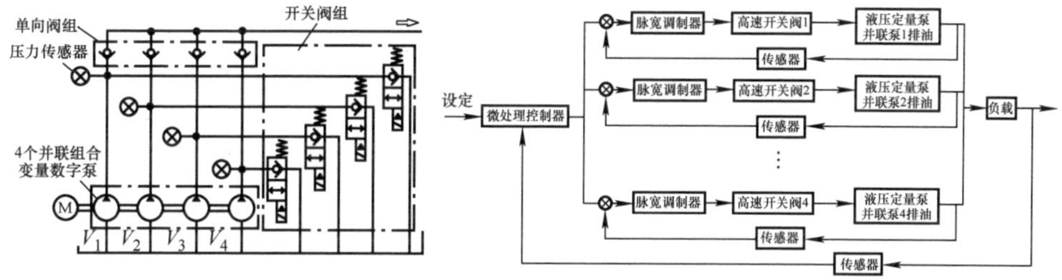


图 26-55　采用编码方式实现 4 泵变量单元的排量组合控制与控制方框图

系统流量输出特性由变量单元组成元件的特性决定，数字泵排量及其控制矩阵的组合形式可以表示为

$$V=\begin{pmatrix}0&1&0&1&0&1&0&1&0&1&0&1&0&1&0&1\\0&0&1&1&0&0&1&1&0&0&1&1&0&0&1&1\\0&0&0&0&1&1&1&1&0&0&0&0&1&1&1&1\\0&0&0&0&0&0&0&0&1&1&1&1&1&1&1&1\end{pmatrix}^T\begin{pmatrix}V_1\\V_2\\V_3\\V_4\end{pmatrix}$$

共可实现 $2^4$ 种排量组合，排量范围为 0 ~ 75mL/r。稳态时，考虑泵的泄漏和油液压缩的影响，数字泵变量系统的输入流量可表示为

$$\begin{aligned}q_{\mathrm{p}}&=a_i\sum_{i=1}^{4}q_{\mathrm{p}\_i}=a_i\sum_{i=1}^{3}n_{\mathrm{p}}V_i\eta_i\\&=a_i\sum_{i=1}^{4}\left(n_{\mathrm{p}}V_i-k_{V\_i}p_{\mathrm{p}\_i}-\frac{V_{\mathrm{sp}\_i}}{\beta_e}\cdot\frac{\mathrm{d}p_{\mathrm{p}\_i}}{\mathrm{d}t}\right)\end{aligned}$$

式中　$V_i$——变量单元定排量；

$n_{\mathrm{p}}$——数字泵转速；

$\eta_i$——泵单元容积效率；
$k_{V\_i}$——第 $i$ 级泵的泄漏系数；
$p_{p\_i}$——第 $i$ 级泵的出口压力；
$q_{p\_i}$——第 $i$ 级泵输出流量；
$V_{sp\_i}$——第 $i$ 级泵压油腔的容积；
$\beta_e$——液压油体积弹性模量。

力矩平衡方程为

$$T_{pi} = \frac{\Delta p_{Di} V_i}{2\pi} + T_f$$

式中　$T_{pi}$——数字泵的输出转矩；
$\Delta p_{Di}$——数字泵进出口压差；
$T_f$——附加转矩。

**3. 基于最佳拟合分辨力的开环控制方法**（排量增加过程）

多泵并联组合式数字变量泵的变量系统根据控制目标不同分为速度控制和力控制，归结为各个变量单元定排量的组合控制。力和转矩控制属于具有加速度要求的控制，动态性更强，对变量切换效果要求更高。在控制中的难点是变量单元状态变化方向相反时，会产生较为明显的变量冲击现象，影响系统的动态特性及元件寿命。根据试验结果，这一方法用于排量组合的上升过程比较合适。

变量控制方法可以采用基于最佳拟合分辨力的开环控制方法，流程如 26-56a 所示。所测系统的工作压力为参变量，根据目标转矩的变化计算数字泵的目标排量，无须遍历中间排量，经排量拟合模块根据控制算法对排量控制信号进行离散化处理，转换为电磁阀矩阵的离散控制信号。拟合分辨力即排量拟合修正系数，决定了排量拟合的均值误差。为了达到最佳拟合效果，选取 $\Delta V = V_{min}/2$，数字泵实际输出排量在目标排量上下均布阶梯变化，组合排量的输出目标值如图 26-56b 所示。考虑到轴系损失、压力损失和油温等因素将导致附加转矩的产生，需要进行标定补偿，标定后的新值作为数字泵变量系统的指令输入。

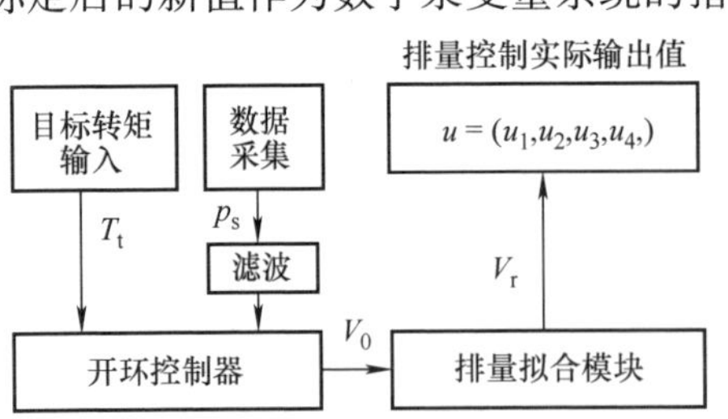


a)

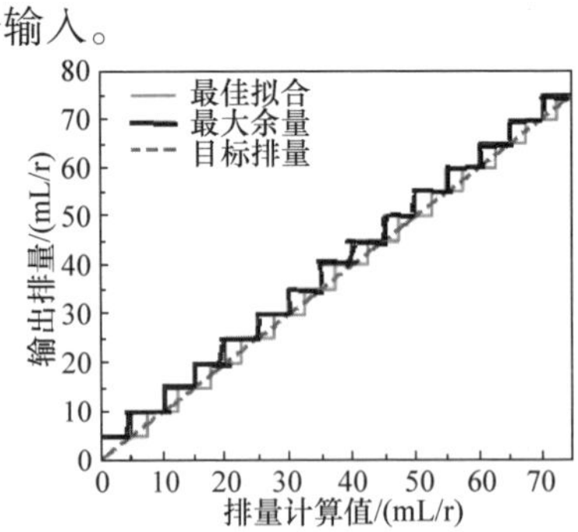


b)

图 26-56　基于最佳拟合分辨力的开环控制方法

a）最佳拟合分辨力的开环控制流程　b）数字泵组合排量输出目标值

基于 Amesim – MATLAB/Simulink 平台搭建仿真模型（见图 26-57），并对比试验数据修正模型。可见转矩输出值按预期在一定阈值内围绕目标转矩附近上下变化，产生一定的变量梯级（阶跃）效果，但总体具有一定线性度和对称度。变化误差除几处明显冲击点外都远小于目标值，进一步验证了数字泵变量的可行性，如图 26-58 所示。

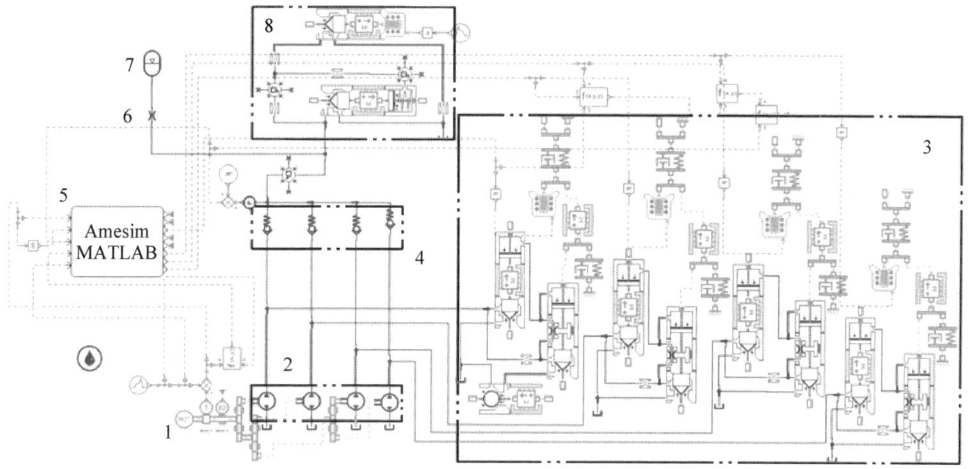


图 26-57　多泵并联组合式数字变量泵变量系统仿真模型

1—电动机　2—数字泵　3—开关阀组　4—单向阀组　5—接口

6—截止阀　7—蓄能器　8—溢流阀

由图 26-58 可知由于信号干扰、压力波动等因素，可能使数字泵排量在某一切换点反复振荡切换，导致数字泵排量切换与压力波动耦合叠加，不符合控制要求。此对元件寿命及系统平稳性均有不利影响，不能允许，在某些情况下变量冲击幅度比正常情况高 77.46%。

通过试验获知，本例中多泵并联组合变量的变量单元尽管排量有所差距（5mL/r、10mL/r、20mL/r、40mL/r），但是各泵的动态性能参数比较接近，建压与泄压时都会延滞 20ms，升压或泄压至 50% 需要 30ms、完全建压或泄压需要 130ms（个别泵有所差异）。图 26-58 中展现了开环恒转矩输出特性试验曲线与仿真曲线变化趋势高度吻合，验证了控制方法的正确性，能够很好地跟随目标转矩，转矩按预期在一定阈值内在目标转矩附近上下变化，总体趋势具有很理想的线性度和对称度，变化误差除几处冲击点外远小于目标值。但排量切换时引起的压力波动导致输出排量工作点恰好在排量切换点附近抖动，造成输出排量的频繁切换、抗干扰性差的问题。试验证明，排量切换和压力波动的耦合作用会对系统的控制品质产生不利影响。

**4. 基于扩展态数相平面分区的变阈值滞环控制方法**（排量减少过程）

为了解决多泵并联组合式变量中数字泵频繁往复切换的问题，提出了基于偏差

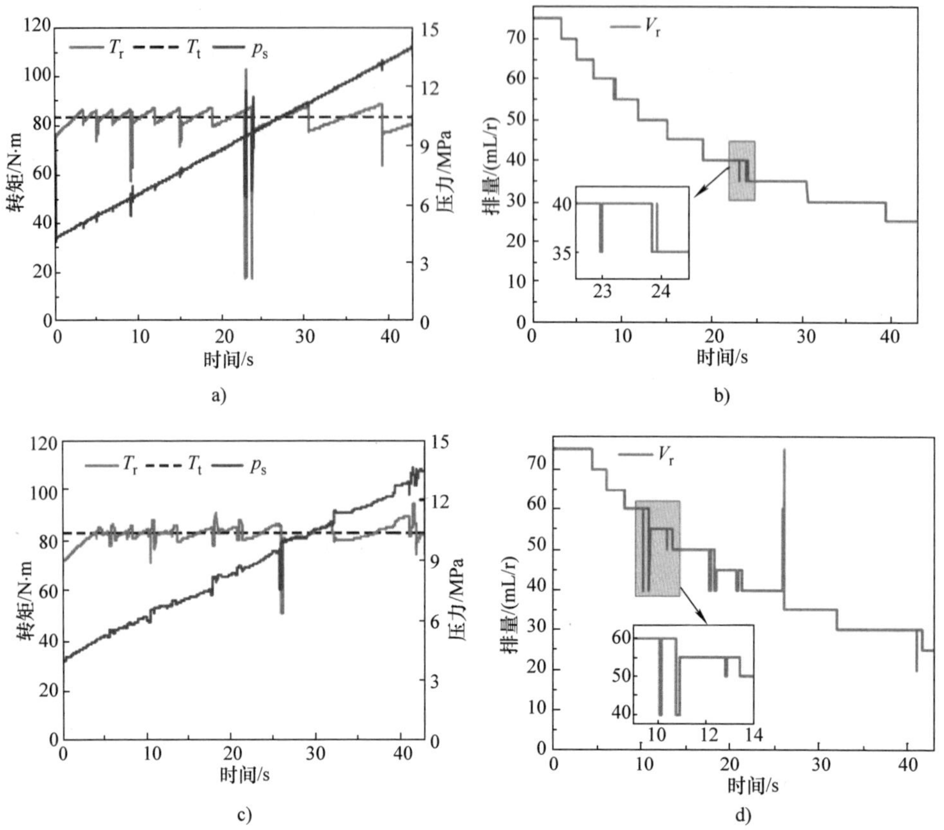


图 26-58　跟踪恒转矩目标的开环变量控制效果（仿真与试验对比）

a）转矩及压力变化曲线（仿真）　b）变量单元组合后的排量变化（仿真）

c）转矩及压力变化曲线（试验）　d）变量单元组合后的排量变化（试验）

控制的相平面分区变阈值滞环控制方法。这种相平面分区控制是一种基于泛布尔代数的多值逻辑控制器，按照控制需求将相平面划分为若干控制区域，根据系统输入输出的偏差及其变化趋势，不断调整控制参数，使系统的输出很好地跟踪系统输入，是一个离散、分段式的非线性比例放大器，具有结构简单、控制规则清晰、参数整定简单、鲁棒性强等优点，可以有效克服系统非线性的影响，兼顾稳定性与响应快速性，适合这种多泵并联组合式变量的工况。这种变量控制策略如图 26-59 所示。

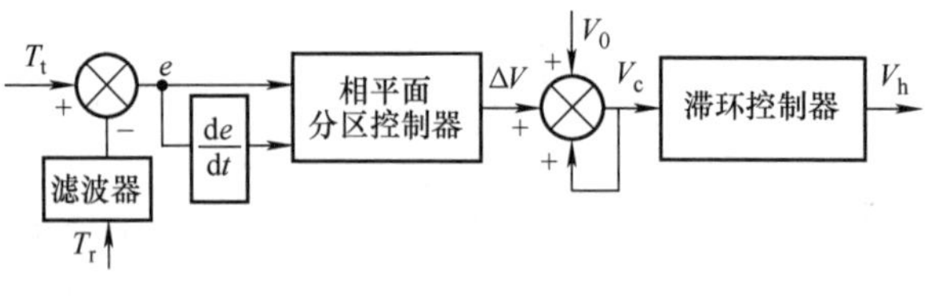


图 26-59　基于扩展态数相平面分区的变阈值滞环控制策略

本控制策略是计算数字泵输出转矩与目标转矩的偏差 $e$，并选取 $e(t)$ 和偏差变化率 $ec(t)$ 作为状态变量，通过相平面分区控制输出数字泵排量变化值，与上一时刻排量值做运算，输出数字泵排量的计算值。相平面分区控制规则见表 26-35，其中，$T_1$ ~ $T_6$ 为六个门限值，根据泵单元排量划分。为了防止数字泵在排量切换点上下抖动造成频繁切换，引入变阈值滞环控制，数字泵排量的计算值经过变阈值滞环控制后输出最终排量。

**表 26-35　相平面分区控制规则**

| $\Delta V$ | $ec \leqslant -ec_0$ | $-ec_0 < ec < ec_0$ | $ec \geqslant ec_0$ |
|---|---|---|---|
| $-T_7 \leqslant e < -T_6$ | $k_6 + k_0$ | $k_6$ | 0 |
| $-T_6 \leqslant e < -T_5$ | $k_5 + k_0$ | $k_5$ | 0 |
| $-T_5 \leqslant e < -T_4$ | $k_4 + k_0$ | $k_4$ | 0 |
| $-T_4 \leqslant e < -T_3$ | $k_3 + k_0$ | $k_3$ | 0 |
| $-T_3 \leqslant e < -T_2$ | $k_2 + k_0$ | $k_2$ | 0 |
| $-T_2 \leqslant e < -T_1$ | $k_1 + k_0$ | $k_1$ | 0 |
| $-T_1 \leqslant e < T_1$ | $k_0$ | 0 | $-k_0$ |
| $T_1 \leqslant e < T_2$ | 0 | $-k_1$ | $-k_1 - k_0$ |
| $T_2 \leqslant e < T_3$ | 0 | $-k_2$ | $-k_2 - k_0$ |
| $T_3 \leqslant e < T_4$ | 0 | $-k_3$ | $-k_3 - k_0$ |
| $T_4 \leqslant e < T_5$ | 0 | $-k_4$ | $-k_4 - k_0$ |
| $T_5 \leqslant e < T_6$ | 0 | $-k_5$ | $-k_5 - k_0$ |
| $T_6 \leqslant e < T_7$ | 0 | $-k_6$ | $-k_6 - k_0$ |

图 26-60 及式（26-1）描述了滞环控制器的控制规则。当数字泵排量的计算值处于上升过程时（深色线），按设定的最佳拟合分辨力及排量区间输出对应排量；处于下降过程时（浅色线），设定一定的变化阈值避免数字泵频繁切换，阈值大小随着泵单元动作状态及数目变化。

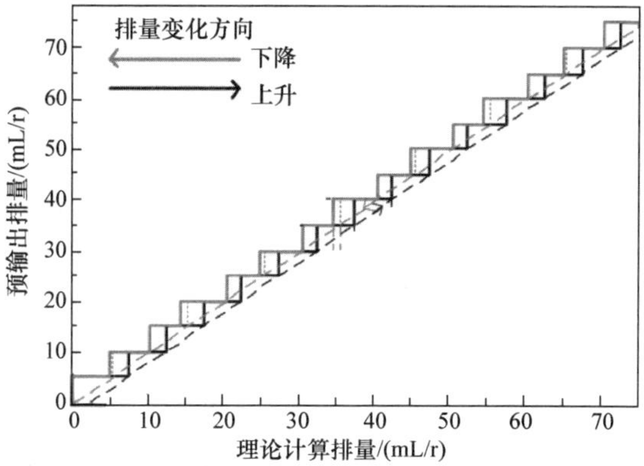


图 26-60　滞环预输出排量与理论计算排量关系图

为防止区间内排量计算值变化方向不同，导致排量匹配规则不同造成排量抖动，结合排量变化方向设置输出排量判断。

$$V_h = \begin{cases} \max(V(V_c), V_{h\_last}) & \Delta V_c > 0 \\ V_{h\_last} & \Delta V_c = 0 \& V_{h\_last} \neq 0 \\ V(V_c)_{\Delta V_c > 0} & \Delta V_c = 0 \& V_{h\_last} = 0 \\ \min(V(V_c), V_{h\_last}) & \Delta V_c < 0 \end{cases} \tag{26-1}$$

式中　$V_c$——排量计算值；

$V_h$——滞环输出排量；

$V(V_c)$——预输出排量值；

$V_{h\_last}$——上一时刻滞环输出排量值。

同时程序中还设置限幅与抗饱和算法，当系统输出达到上限或下限值，且仍与目标值存在偏差时，计算值将不断累加，导致超出正常范围进入饱和区；当系统出现反向偏差时，首先要退出饱和区，而无法对反向偏差快速响应。因此，为了解决该问题，引入抗饱和算法，当计算当前时刻的 $V_c(k)$ 时，先判断上一时刻的输出值 $V_c(k-1)$ 是否已经超出了限制范围，若 $V_c(k) > V_c(k)_{max}$，则只累加负偏差；若 $V_c(k) < V_c(k)_{min}$，则只累加正偏差；在中间范围正常累加，从而避免了长时间停留在饱和区。

根据表 26-35 的控制规则，基于 Stateflow 状态机与 MATLAB FUNCTION 函数搭建控制器，设定与图 26-58 相同的仿真工况，仿真结果如图 26-61 所示。

对图 26-61 所示的恒转矩控制特性仿真结果，初始压力为 4MPa，为满足目标转矩数字泵排量按最大排量输出，当压力继续增加时，数字泵排量逐渐降低以匹配目标排量。转矩输出值按预期在一定阈值内围绕目标转矩附近上下变化，数字泵排量在目标排量上下阶跃性阶梯变化，但总体趋势具有很理想的线性度和对称度。变化误差除几处明显冲击点外都远小于目标值，实现了多泵并联组合式数字变量泵的变量要求。

对比图 26-58 开环恒转矩输出特性试验曲线与图 26-61 基于相平面分区的变阈值滞环控制策略下的恒转矩输出特性试验曲线，从数字泵单元的控制信号可以看出，基于相平面分区的变阈值滞环控制策略消除了开环控制中排量在部分切换点频繁切换的问题，系统平顺性明显优于开环控制。但当系统中数字泵变量单元存在多个不同变化状态时，输出转矩及压力仍存在明显下降冲击，排量由 40mL/r 下降为 35mL/r 时冲击最大，转矩冲击达 34.22%，压力冲击达 20.67%，排量由 60mL/r 降为 55mL/r 时次之。

**5. 抑制多泵并联组合变量中形成冲击的双模式控制构型与时序优化补偿控制**

基于相平面分区的变阈值滞环控制实现了良好的跟随效果，解决了开环控制策略下数字泵频繁切换的问题，具有理想的线性度和对称度，验证了控制策略的可行

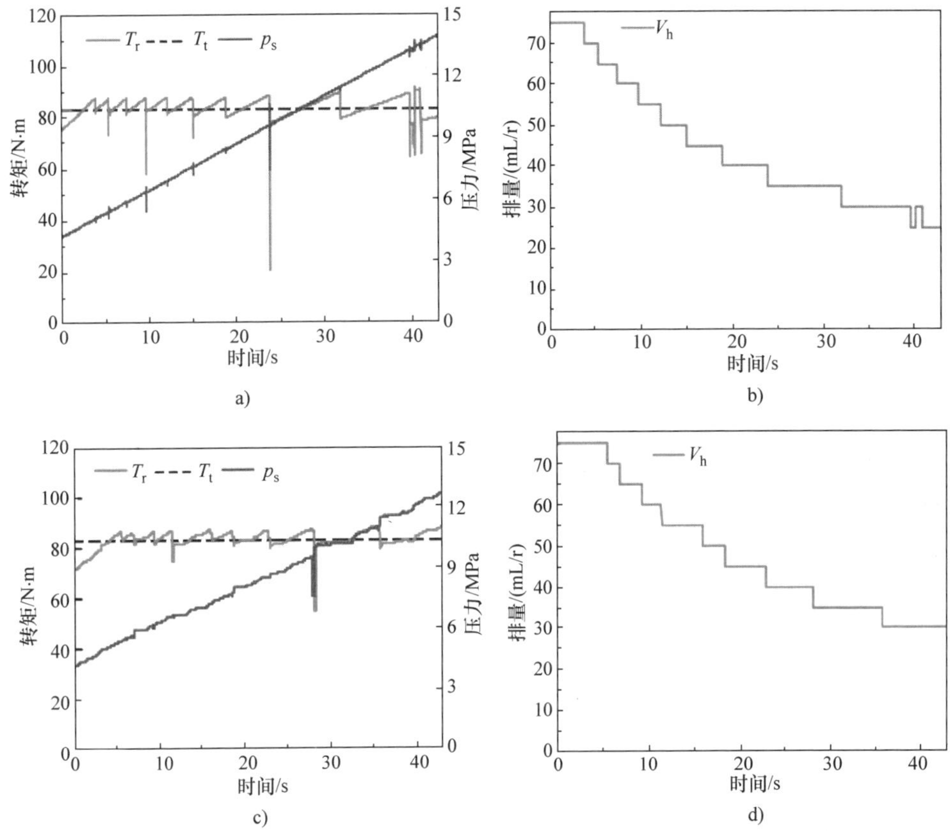


图 26-61　跟踪恒转矩目标的相平面分区变量控制效果（仿真与试验对比）

a）转矩及压力变化曲线（仿真）　b）变量单元组合后的排量变化（仿真）

c）转矩及压力变化曲线（试验）　d）变量单元组合后的排量变化（试验）

性。但当多个数字泵单元存在不同变化状态时会存在变量冲击，特别当变量过程中存在多个数字泵单元状态变化方向相反时，阶跃式变化的瞬间会造成较为明显的变量冲击、振动及噪声，对系统的控制特性产生不良影响。因此，需要在分析冲击产生机理基础上，合理匹配控制参数，采取相应措施提升系统控制性能至关重要。

变量冲击是恶化系统控制性能的原因，液压冲击的根本原因是油液流道运动状态改变产生管路中的水锤效应。主要表现在：①阀口骤然关闭，由于液压油惯性产生“水锤现象”，即油液运动状态改变的同时伴随着管路中能量的转化，动能向液压能的转化导致局部压力骤然升高；②液压元件溢流阀建压滞后造成新的水锤效应，导致液压冲击产生；③负载运动状态突然改变，管路中能量的转化造成又一个水锤效应。为此从三个方向缓解变量冲击，一是通过减小变量分辨力降低变量冲击幅值，即减少液流流速变化幅值；二是调节过渡时间，使数字泵排量切换时的流量变化平滑，也是减缓液流流速变化速率；三是通过添加阻尼或蓄能器等元件吸收水锤压力峰值。

为此采用双模式的控制构型，利用控制阀组改变数字泵控制单元的工作模式，使部分控制单元在变量过程中工作于马达状态，使机械能与液压能在各单元间进行内部分配和转化：处于马达工况的控制单元产生驱动力矩驱动同轴泵单元，处于泵工况的控制单元消耗扭矩，将机械能转化为液压能向负载端输出。相对于常规单模式系统的“开－关”两态，双模式系统排量运算规则出现了“正－零－负”三态，增加了排量的组合逻辑方式，可以用相同位数的控制单元实现更小的变量梯级，即更高的变量控制精度；或利用更少位数的变量控制单元实现相同的排量变化范围。基于双模式的控制构型对改善变量冲击，简化数字元件及其控制阀组具有积极作用。

$n$级基于双模式并联变量单元的数字泵变量系统液压原理与工作状态示意如图26-62所示，与单模式系统相比，在每个并联变量单元增加一个出油口回到变量单元进油口的卸荷阀，从而可以使变量单元工作在泵状态、空转状态与马达状态（见图26-62b、c、d）。

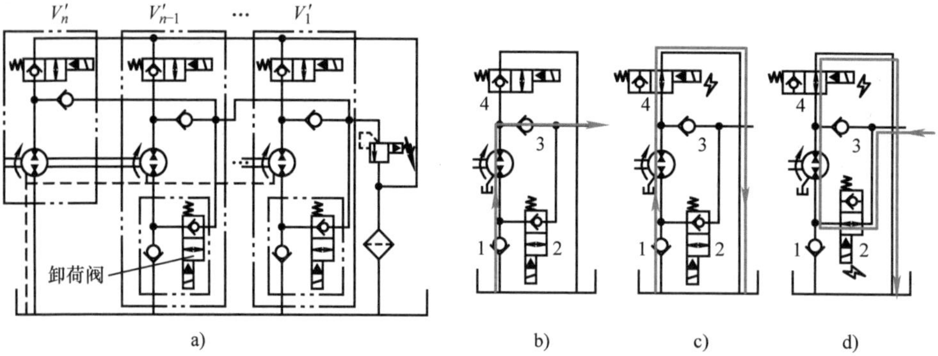


图26-62 $n$级基于双模式并联变量单元的数字泵变量系统液压原理与工作状态示意
a）双模式变量单元组合数字泵液压原理图 b）泵状态 c）空转状态 d）马达状态

双模式控制具有一定的控制效果，平均拟合分辨力更高，平均变量误差更小，冲击幅值平均优化了29.43%，但瞬时冲击仍然存在，未得到根本的抑制，这是电磁阀响应滞后、变量单元建压卸压时间不对称引起的。为此引入基于NSGA－Ⅱ算法辨识最优延时时间的时序补偿控制策略，此时序补偿控制是针对试验中控制单元动作方向相反时，由于控制单元建压卸压时间不对称导致的瞬时失压或超压问题，通过调节控制单元工作时间点改善该问题，如图26-63所示。在变量单元变量过程中，无论断电还是通电都存在时间延迟，利用时序补偿控制策略可以减缓控制器感受到的压力冲击，并取得一定效果。

在以上基础上再添加阻尼或安装蓄能器等元件吸收压力波动，使变量冲击进一步弱化。

蓄能器在液压系统中起到“削峰填谷”的作用，可以缓冲不规则压力冲击，保证液压能传递的平稳性，但吸收压力冲击的同时将导致系统刚性下降，并延长系统的调整时间。因此有必要通过研究寻找吸收压力冲击与保持系统刚性的平衡点，同时保证系统的快速性与稳定性。

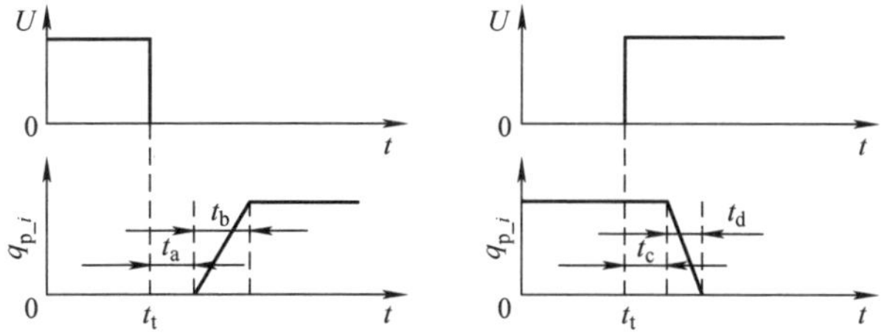


图 26-63　最优延时时间的时序补偿控制策略

采用以上三个措施，使液压多泵并联变量单元角度与控制器控制的角度减少液压冲击，采用双模式变量与时序优化补偿后恒转矩控制与排量输出效果如图 26-64 所示。

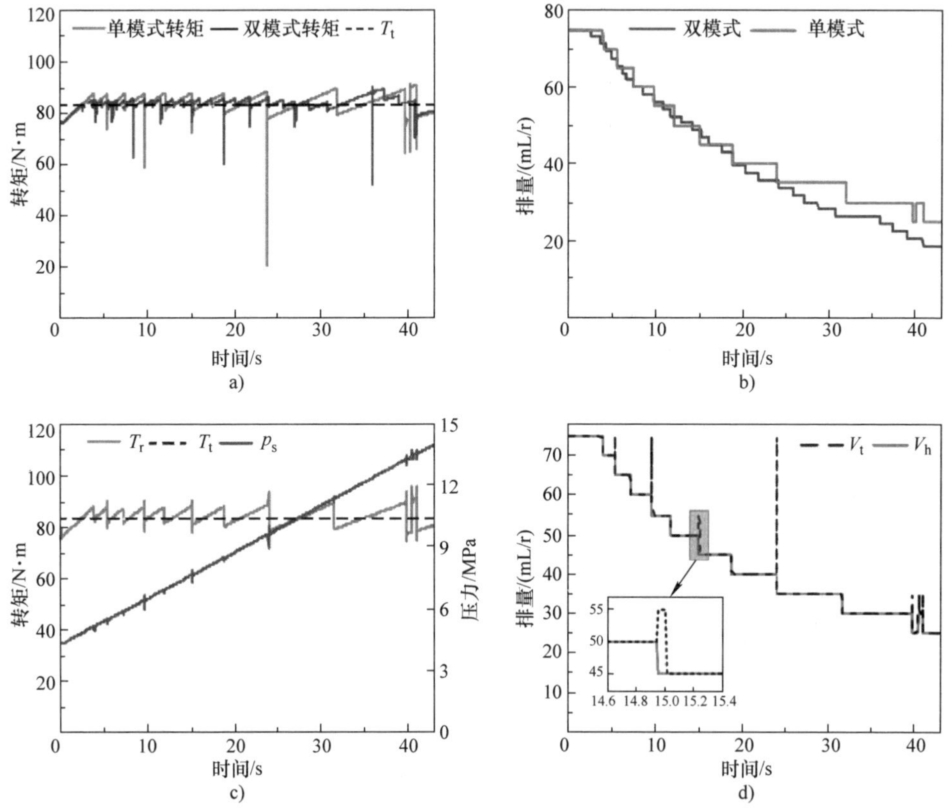


图 26-64　采用双模式变量与时序优化补偿后恒转矩控制与排量输出效果

a）双模式变量控制下恒转矩控制曲线　b）双模式变量控制下排量输出曲线

c）时序优化补偿后恒转矩输出曲线　d）时序优化补偿控制下排量输出曲线

根据图 26-64 中的试验结果，可以看到双模式变量与时序控制策略下的变量结果，如压力恒定、转矩恒定、排量输出等各特性曲线。与恒转矩效果类似，在时序控制下，转矩变量冲击及压力变量冲击得到了明显抑制，转矩冲击幅值及压力冲击幅值分别由原来的 48.18% 和 21.28% 降为 2.1% 和 2.8%。由于时序控制策略已经将变量冲击控制在微小范围内，所以加入蓄能器后效果不明显，但肯定会进一步加强冲击的抑制，并起到性能的保障作用。

**6. 多泵并联组合式变量在装载机液压转向系统中的应用及其控制策略**

将多泵并联组合式数字变量泵应用于装载机液压转向系统，以解决该液压转向系统中平衡定量系统溢流损失大、变量系统节流损失大的问题。采用合适的控制方法，使系统在复杂环境下可以根据负载工况和目标状态快速准确地实现变量控制。首创以基于模型识别与代价函数的排量前馈控制策略，实现能耗、压力波动及开关阀良性切换频次多因素之间的平衡控制。并基于偏差控制，提出基于扩展态数的模糊相平面分区的反馈控制策略，提高控制策略的适用性。

这是我国工程机械行业首次成功采用具有多泵并联组合式数字变量泵的装载机液压转向系统（见图26-65）。与传统的定量泵液压转向系统以及负载敏感泵液压

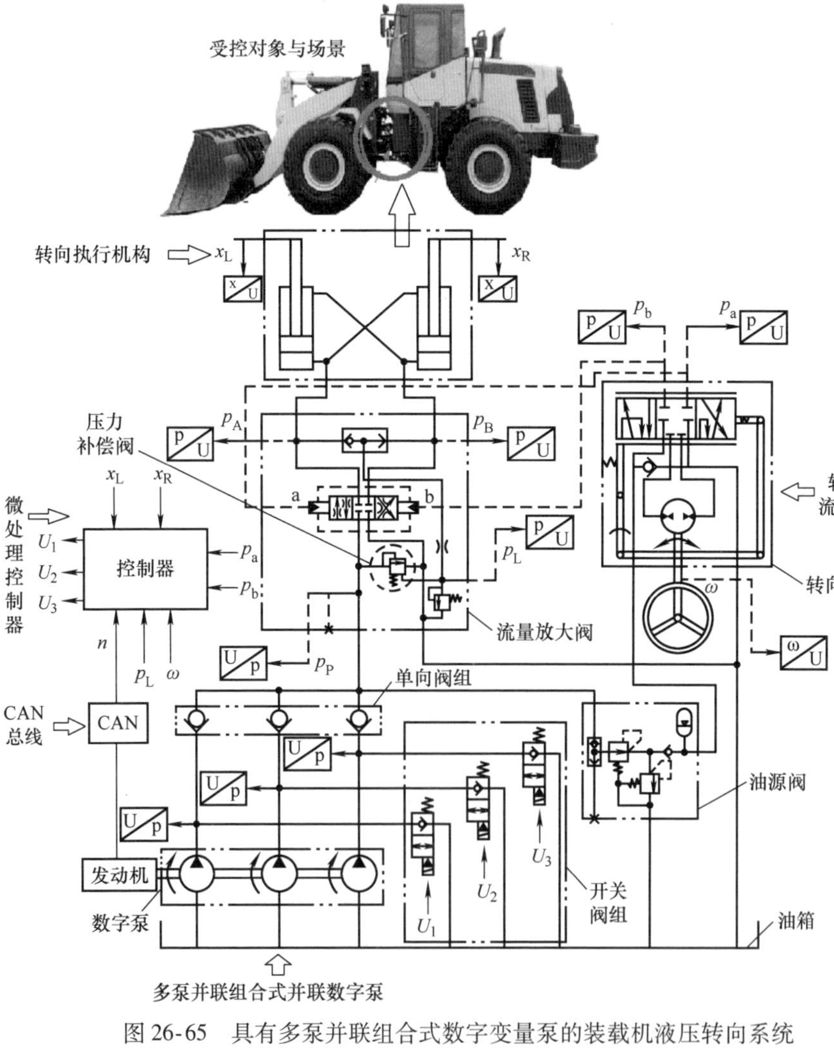


图26-65 具有多泵并联组合式数字变量泵的装载机液压转向系统

转向系统相比，此系统可以实现完全相同的功能，只是在能耗上有差别。根据分析与试验证明，多泵并联组合式数字变量泵系统的溢流损耗相比定量系统大大降低，节流损失与定量系统持平；与负载敏感泵系统相比，数字泵系统的溢流损失稍大，但节流损失远小，所以数字泵系统和负载敏感泵系统的节能性需要结合实际工况具体分析，如高压小流量工况时，负载敏感泵系统的优势更大，低压大流量转向工况时，数字泵系统的优势明显。图 26-66 所示为这三类液压系统的能耗分布对比图。此外，多泵并联组合式数字变量泵液压转向系统还具有断电转向的功能，极大地提高了安全性。

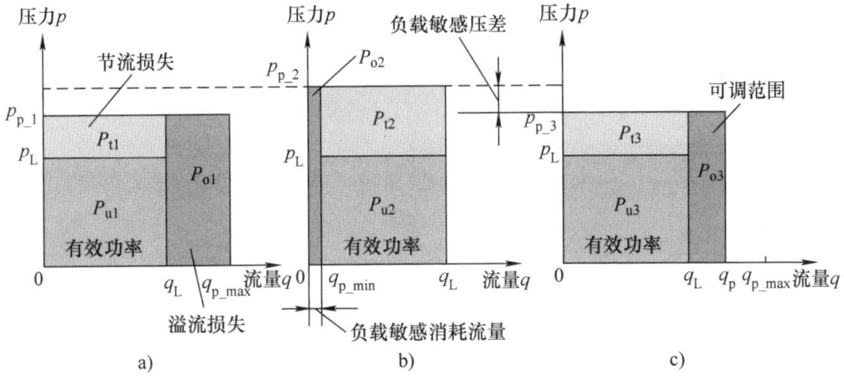


图 26-66　定量泵、负载敏感泵与多泵并联组合式变量系统能耗分布对比图
a）定量泵系统　b）负载敏感泵系统　c）多泵并联组合式变量系统

通过试验验证与仿真模拟，多泵并联组合式数字变量泵液压转向系统在不影响系统稳定性与灵敏性的情况下，节能效果显著，包括转向过程中效率的显著提升、待机损耗及溢流时损失的降低，模拟加载工况下效率平均提升 25%，溢流损失平均降低 59%，验证了控制策略的有效性。采用基于偏差控制的扩展态数相平面分区的流量匹配与反馈控制策略，通过模糊控制器对相平面分区的控制参数进行整定优化，利用变阈值滞环与时序控制实现流量平顺匹配控制，针对系统对反向偏差无法快速响应问题所提出的限幅与抗饱和控制均成功有效。因此多泵并联组合式数字变量泵液压转向系统作为产品具有良好的操纵性、稳定性，以及更高的安全性与节能性，如图 26-67 所示。

## 26.2.6　基于单一多输出流量组合数字变量泵

并联组合式数字变量泵还有一种是单泵多输出的变量方式。我国自主提出的双端面配油轴向液压泵就可以做到并联输出与串联输出。并且在同一个液压泵结构上做到输出油口分置等新型液压泵的试验，是一种本质性的流量组合变量方式。尽管市场上尚未应用，只有样机试验，但值得关注，这种形态可以是多泵并联组合式数字变量泵的发展，称为单一多输出流量组合数字变量泵。单一多输出流量组合数字

图 26-67 实际运行的具有多泵并联组合式数字变量泵的装载机液压转向系统

变量泵也可以成为单泵多输出的非变量泵，提供不同回路的应用，体积小巧与成本低会是此类泵的优势。

单泵多输出流量组合变量泵在结构形态上与多泵并联组合式变量数字泵完全不同，但是在控制器与控制策略上有类似的工作状态与问题，可以借鉴。

**1. 径向多输出柱塞泵**

对于径向柱塞泵，可以通过沿轴向布置多列柱塞来实现多输出（见图 26-68）。每一列（每一圈）可以为 $M$ 个，沿轴向可以布置 $N$ 列柱塞，则整个泵的柱塞数量

为 $M \times N$ 个，柱塞不旋转，只做往复运动，则可以实现 $M$ 个输出，每个输出由 $N$ 个柱塞组成。

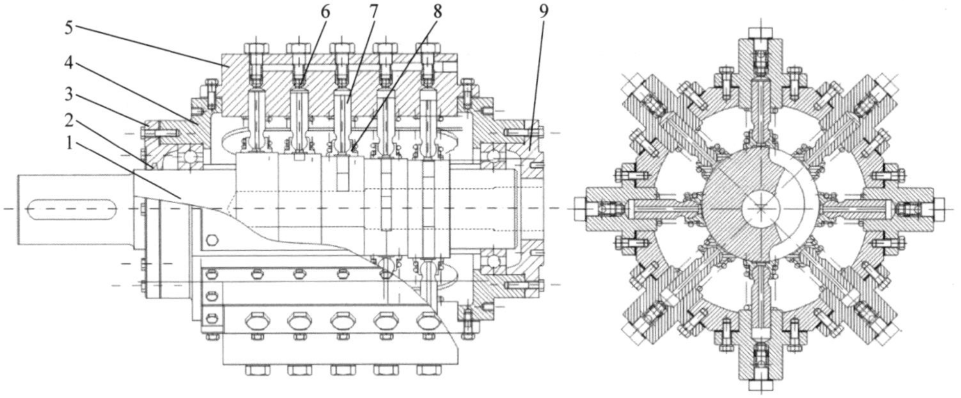


图 26-68　新型径向柱塞泵结构原理（燕山大学）

1—配油轴　2—油封　3—左端盖　4—泵体　5—柱塞座　6—单向阀　7—柱塞　8—滑靴　9—右端盖

该新型径向柱塞泵可以实现壳体进油、多输出、联合配流方式，实现高压大流量与力平衡。

**2. 双端面配油定、变量多输出柱塞数字变量泵**

双端面配油定、变量多输出柱塞变量数字泵在结构上由前泵和后泵两个部分组成，其中前泵部分为双端面配油径向柱塞泵结构，后泵部分为斜轴式轴向柱塞变量泵结构。在径向柱塞泵（前泵）结构中，泵壳上沿着周向均匀分布多排径向柱塞组，其中径向柱塞组由固定的径向缸体 8 和缸体上沿着轴向均匀排布的多个径向柱塞 11 及单向阀 9 组成，柱塞组和单向阀为一一对应的关系，结构原理如图 26-69 所示。

在斜轴式变量泵（后泵）结构中，传动轴 5 与轴向缸体 23 的轴线有一个倾角，连杆 14 两端为球头结构，一端铰接于轴向柱塞 15 上，另一端与传动轴 5 形成球铰，它既是连接件又是传动件，利用连杆的锥体部分与轴向柱塞的内壁形成接触，从而带动缸体旋转，而配流盘 22 固定不动，中心轴 25 起支撑缸体的作用，通过泵尾部的变量机构调节配流盘的倾角，从而改变泵的输出流量。根据实际工作需要，配置合适的变量机构就可以对泵实现压力控制、流量控制、功率控制，满足不同工况的变量需求。

**3. 双端面配油轴向柱塞泵的多级串并联数字变量**

双端面配油轴向柱塞泵的结构有利于解决滑靴的承载能力问题及配流盘与缸体这对摩擦副的承载问题，为轴向柱塞液压泵实现高压、高速、大流量化带来有利因素。与此同时，双端面配油轴向柱塞泵由于消除了泄漏油管，因此可以和齿轮泵、叶片泵一样，在第二级、第三级或更多级泵的容腔内形成高压，既可以实现柱塞泵

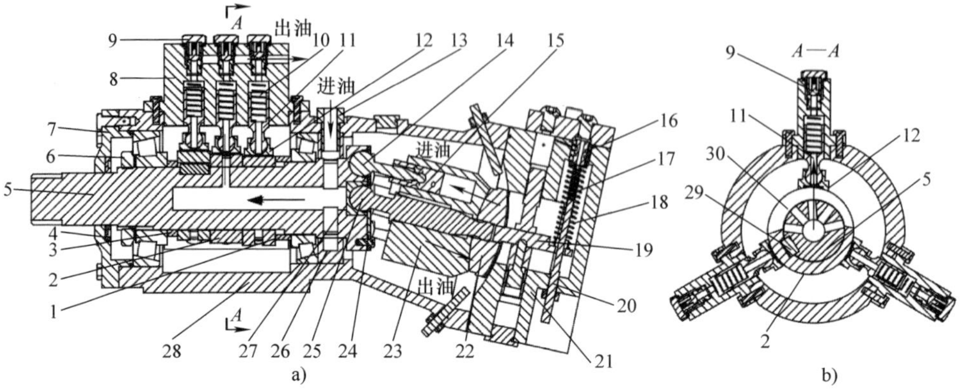


图26-69　双端面配油定、变量多输出柱塞变量数字泵的结构原理（燕山大学）

a）侧剖视图　b）正剖视图

1—定位套筒1　2—偏心凸轮　3—定位套筒2　4—油封　5—传动轴　6—圆螺母　7—端盖　8—径向缸体　9—单向阀　10—复位弹簧　11—径向柱塞　12—滑靴　13—进油套筒　14—连杆　15—轴向柱塞　16—控制阀　17—小弹簧　18—大弹簧　19—拔销　20—导杆　21—变量机构壳体　22—配流盘　23—轴向缸体　24—衬板　25—中心轴　26—配流环　27—中心轴定位块　28—泵壳　29—平键　30—配流槽

的串联，也可以实现柱塞泵的并联，串联条件下可以形成增压，并联条件下可以形成多泵并联组合。

图26-70所示为全流量双端面配油轴向柱塞泵采用双级自动串并联的结构图。它可以实现柱塞泵压力为32MPa以下时的大流量并联，在32MPa以上时可自动串联实现超高压，也可实现并联变量型高压大流量输出。

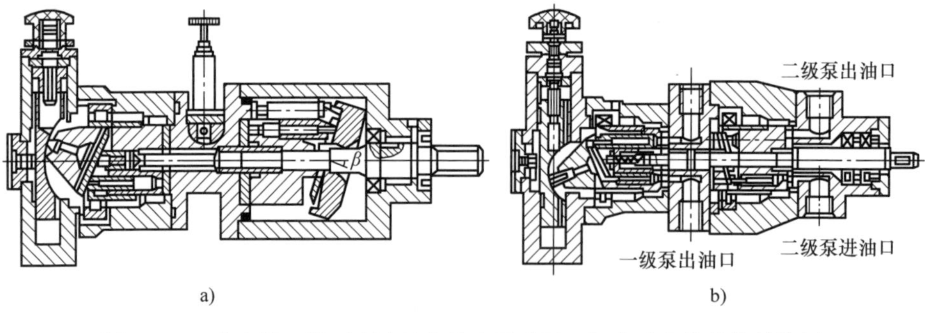


图26-70　全流量双端面配油轴向柱塞泵采用双级自动串并联的结构图

a）双端面配油轴向柱塞泵的串联增压　b）双端面配油轴向柱塞泵的并联变量（可以不带变量头变量）

## 26.2.7　基于数字电动机先导阀控制的CY数字变量泵

CY泵是我国20世纪60年代早期自主开发的轴向柱塞泵，至今仍然在液压泵的市场上占有一席之地。全国的年产量达数万台，设备上的保有量达几十万台以上，是我国开式油路液压系统使用的主力柱塞泵产品之一，广泛应用于各行各业。CY 型轴向柱塞泵之所以几十年来经久不衰，是因为性价比较高，其间也有过数次大的改进。作为非通轴泵种，尽管在技术发展上不及通轴泵，但是在非通轴应用的领域保持一定的市场份额，作为一种中端产品还有存在的价值。我国有广阔的液压应用领域与创新空间，CY 泵结合数字芯片方向阀（宁波乐途液压有限公司），使 CY 泵在工业 4.0 时代开发出新的应用价值，在技术上也进入数字变量，而且继续凭借性价比的优势保持一定的中低端市场地位。以一种数智液压普及化的方式走中国特色的 CY 泵产业发展的道路，来推动数智液压产业的发展（见图 26-71）。

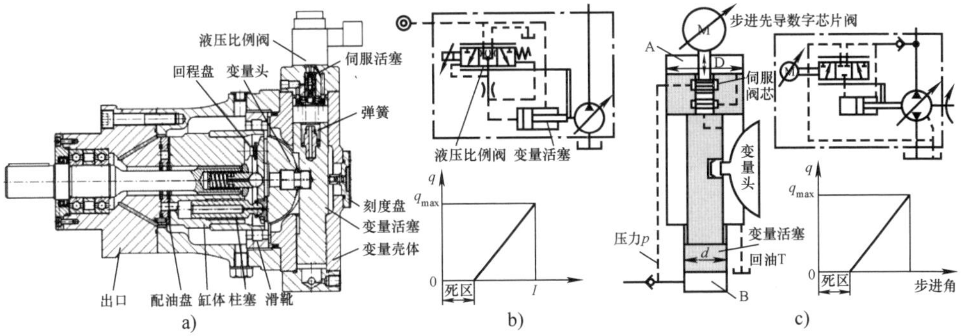


图 26-71　基于数字电动机先导阀控制的变量泵与电子泵比较
（启东高压油泵有限公司 - 宁波卓悦液压有限责任公司试验产品）
a）CY 泵比例阀控制变量泵　b）CY 泵比例变量工作原理图
c）CY 泵步进数字芯片阀控制变量泵及其工作原理

新发展的 CY 数字变量泵，是基于数字步进电动机先导芯片阀去置换现在已经有的 CY 电液比例阀。宁波乐途液压有限公司研发的步进数字芯片方向阀可以用来置换传统的电液比例阀，并达到这一要求。这时采用步进电动机数字芯片方向阀替代原有的电液比例阀，是靠外控油压或者内控油压来控制泵变量机构，并利用输入电脉冲数成比例地改变泵的流量。这种控制方式重复精度高、稳定性好，能够实现总线通信或以太网通信，可以遥控、自控、无级调速、跟踪反馈同步和计算机控制，适用于工业 4.0 下的计算机数字化、网络化的要求，并具备今后向智能化方向发展的可能性。所以该泵依然可以用于无人化、多电化下的应用场景。

步进电动机接受计算机芯片控制，当接收输入脉冲信号产生旋转时，通过丝杠推动伺服阀芯下移，使 P—A 联通，由于变量活塞是差动活塞，所以差动活塞产生向下移动。当步进电动机停止脉冲输入后，步进电动机停止旋转，阀芯停止移动，变量活塞的下移则直至关闭通道 P—A，使活塞停止下移。

如果步进电动机接受相反方向的脉冲信号而使阀芯向上移动，则 A—T 相通产生卸荷，使差动活塞向上移动直至关闭通道 A—T，随后活塞停止上移。

因此基于数字电动机先导阀控制的 CY 泵，它的变量活塞会随步进电动机的正反向旋转而上下移动，步进电动机停转后变量活塞停止不动。从而控制了变量活塞所带动的斜盘角度，使柱塞泵变量。

## 26.2.8　液压数字泵的数字、互联与智能特点

图 26-72 比较全面地诠释了液压数字泵的全部三大功能。当前对于液压数字泵概念里只是对液压泵实现泵的变量功能，实际上数字泵特别是电液泵的变量控制器功能已经超出了泵的控制本身，具备控制、通信、健康管理三大功能，这三大功能恰恰反映了今后液压泵的数字化、网络化与智能化在液压元件上的应用。

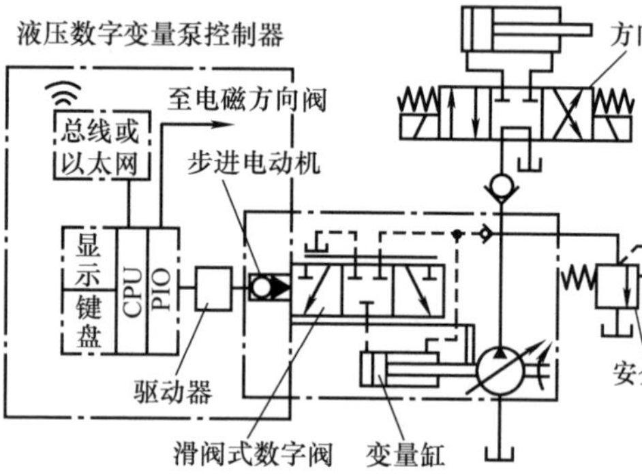


图 26-72　液压数字泵的控制功能

由于液压数字泵变量的核心是控制器，而控制器的核心是微处理器，这里的“数字”就是指数字泵的控制完全由计算机内在的由数字“0”与“1”储存的程序所决定。

由于过去的控制理论基础生态是模拟性的即连续性的，也就是说将所有的参数变化都看成是连续的，要将这种参数连续性变成计算机可以接受的“数字”才有了“数字化”的必要。“离散性”是出于将参数的连续性化解为“0”与“1”的形式后，由计算机微处理器来接受。因此“离散化”是“数字化”的过程，不是数字化本身，只有计算机接受的“离散”才是有意义的。因此将“数字液压”理解为“流量离散”是没有意义的。

从硬件上来看，液压数字泵必须具有“微处理器”的参与，目前大多数是利用外在的具有微处理器的控制器来完成。作为一个数字化的液压泵应该将控制这个数字泵的控制器集成以至嵌入在元件主体中。因此液压数字泵应该可以通过键盘输入和软件控制，对系统输入量进行检测、对算法进行选择、对输出量进行调节，并且可以用数字显示压力、流量、油温、液位或其他运行参数，这才算具有较高的数字性。至于液压数字泵的智能性，到目前为止世界各大企业正在利用计算机与网络化进行健康管理性能的完善，但是至今还没有一个适合具体液压泵阀的成熟健康管理理论与算法，还难以在工程产品水平上真正达到所要求的程度。换言之，目前为止液压元件的健康管理还在“开环”的层面，远远没有达到“闭环”的程度，如

果真正达到“闭环”的话，那么也就是实现了“液压数字孪生”技术。

液压数字泵变量所具备的特点如下。

**1. 数字泵可以实现各种要求的控制功能**

（1）同一台泵实现定制化的变量形式与功能　近来使用变量泵代替定量泵减少系统发热并节约能源，是今后社会需要的碳中和的要求。由于数字变量采用了计算机微处理器控制，具备一定的运算功能，因此变量形式的选择已经不是来自如何引入控制变量，而是根据传感器得到的参数及软件设置来决定变量的形态。在数字泵中，根据编程的要求来达到不同的变量曲线（如恒压式、恒功率式、限压式、高低压式等），而这种数学模型与算法“嵌入”在被控元件的控制器中。对于生产厂商可以做到定制化，只要根据应用场景来设置不同的参数与算法，即可获得用户所需要的参数控制性能，而且具有现场修改与远程调整的功能。这种调试的程序，现在世界大型跨国公司都已经具备，但我国厂商尚未起步。

要求的性能参数寄存于数据存储器中，工作时通过“选择”键与“设定”键，即变量曲线形式的选择和曲线拐点值的设定而形成要求的变量曲线，供用户使用，其硬件系统不做任何改动。如果常用变量曲线不能满足特定工艺的需要，还可以利用“编程”键入各拐点的坐标值（如压力 - 流量值）。从而生成要求的变量曲线，达到要求的控制或节能效果。

因此，从生产端而言将极大地减少液压数字泵生产的品种，降低成本并提高泵的品质。

（2）泵变量产生的速度可调　工业应用中，类似挤压、硫化、涂料等工艺通常要求逐渐加压或加速，常规泵难以独立完成，往往需要在系统中增加相关的阀与时间继电器。而数字泵的变量受计算机控制，利用 CPU 的定时器可以方便地控制变量脉冲的发送时间间隔，即改变泵的响应速度。从计算机角度看，这仅取决于时钟、时间常数及字节长度。然而，可调的响应速度将有助于某些产品的质量改善与提高，有较好的实用价值。数字泵的微控制器上有“时间设定”键，微型计算机向泵变量执行机构发送脉冲的时间间隔的设定操作也很方便。

（3）泵的起始位置可设定或记忆　生产工艺有时要求变量泵变量起始位置是变化的，因为对应液压主机的起始运动速度不同。例如，生产强力电焊条的液压敷料挤压机，由于品种及涂料质量差异等因素，对焊条的推进速度与敷料速度有严格的对应要求，否则会因对称度或圆柱度超差而被视为废品，这时可以采用数字泵控制器的设定功能在不停机的情况下重新设定或者采用传感器自动调整。

（4）泵的最大与最小变量位置可设定与保护　数字泵的变量不仅可以依据选定的曲线自动进行，也可以随机手动或遥控手动，以方便地改变主机的运行速度。

为了防止过高或过低的运动速度出现，数字泵的最大与最小变量值可以事先设定。当泵的变量达到设定位置时，即使司机仍在按键继续向增大或减小方向发送命令，该命令仍属无效，并使相应报警灯亮。这就是数字泵具有的最大与最小变量位置的保护功能。

**2. 泵的变量控制器可以作为局部系统控制器**

数字泵控制器微处理机具有丰富的接口，系统的压力、工艺位置、工艺时间、液位、温升等参数均可通过相应的传感器接入，因此便于中小型液压设备实现机电液一体化，可与主机动作协调一致。定程控制时，泵的变量受位置传感器的指令控制；定压控制时，泵的变量根据工艺内容分别受压力和位置两种传感器的指令控制；油温传感器用于相应保护。整机改造时间短，不仅实现了自动运行，而且扩展了新功能，取得了较好的经济效益。而大中型液压设备一般仍以系统微型计算机为主，数字泵控制器做终端机处理，此时只需将变量命令即时送入数字泵控制器即可。

**3. 数字泵四象限运转的变量节能**

数字泵是正在发展的液压泵，是机电液一体化基础上向数智化发展的产品。因微型计算机技术的引入而使泵带有柔性，即只要改变计算机程序，就能改变泵的变量曲线与变量过程。这不仅有助于节能和降低油温，而且由于变量曲线更接近生产工艺，也有助于产品质量的提高。

液压数字泵可以构成既无压力损失又无流量损失的功率自适应系统，提高系统效率，实现节能。

**4. 数字泵的通信功能扩展**

液压元件的通信功能需要在数字化基础上进行，在微处理器部分增加总线或网络通信功能可以进行扩展。

**5. 数字泵将会实现液压数字孪生的全生命周期健康管理**

数字泵就是微型计算机控制变量泵，不仅可直接与计算机接口连接（如上述通过改变软件获取所需的控制特性）代替各种变量泵，工况适应能力强，使用维护方便。也可以构成闭环系统，响应特性好，重复精度高，调节范围宽。更重要的是可以应用液压数字孪生技术对液压泵实现全生命周期健康管理。数字泵如果具备数字性（微型计算机扩展）、网络性（总线或以太网通信），就可以实施液压数字孪生的远程健康管理技术。

**6. 数字泵可靠性优越**

与伺服电子泵相比，抗污染能力强，可靠性高。

# 26.3　强制冷却型双端面配油轴向柱塞泵

## 26.3.1　双端面配油轴向柱塞泵的性能优点

双端面配油轴向柱塞泵是对传统轴向柱塞泵进行革新的一项中国液压人的发明创造（发明人闻德生，发明专利申请号 CN85103289）。经过时代变迁这项发明所获得成果于2020 年才有机会进入市场（启东高压油泵有限公司批量产品），并同时获得中国实用新型专利（专利号 ZL201922400417.8）与日本发明专利（专利号2020－217964）的确认。改进后的轴向柱塞泵称为“强制冷却型双端面配油轴向柱塞泵”。

双端面配油发明点在于将原传统配流盘一端进油然后进排油腔，改为由配流盘和斜盘（变量头）两端进油至排油腔，如图 26-73 所示。

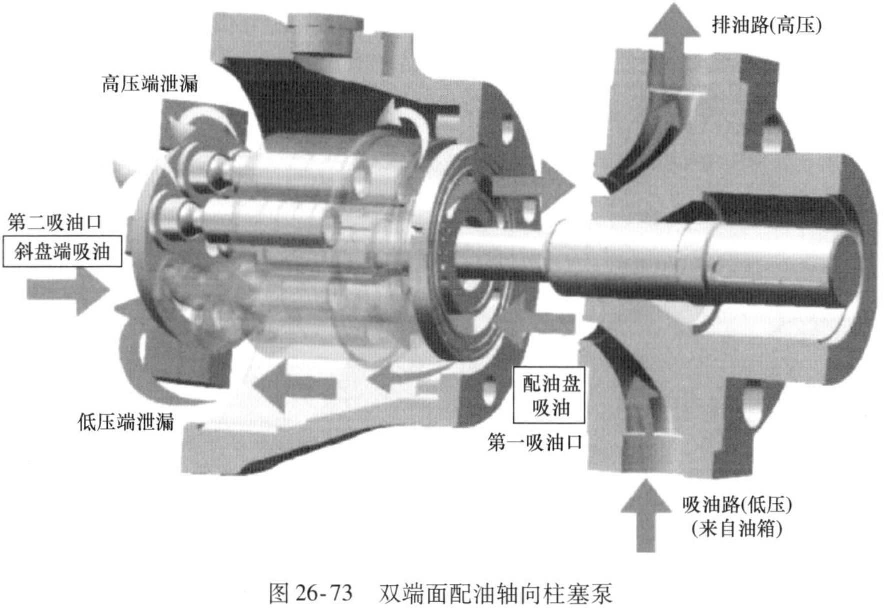


图 26-73　双端面配油轴向柱塞泵

双端面配油为轴向柱塞泵带来了以下优势：

1）该泵中的柱塞成为空心结构，是吸油通道。该原理首次在柱塞泵上通过管状柱塞将吸入的冷油引入泵壳与缸体之间的容腔，给三对摩擦副降温和润滑，实现了自冷却、自润滑、可串联多级增压等功能。

2）去掉了传统轴向柱塞泵必须采用的上端泄漏回油管路。

3）依靠吸油自冷却，使泵冷却流量与容积效率无关。

4）新型轴向柱塞泵可在现成的轴向柱塞泵的基础上改制，投入成本低，改进效果明显。

5）该泵结构简单、效率高、质量轻、温升低、寿命长、转速范围大（最高可达3000r/min）、工作压力高（最大可达40.0～80.0MPa）。

本创新应用的限制是：由于在斜盘上加工有进油槽，所以这种泵无法做成双向变量泵或双向液压马达。

## 26.3.2　双端面配油轴向柱塞泵结构与工作原理

### 1. 双端面配油轴向柱塞泵工作原理

传统轴向柱塞泵由柱塞、缸体、配流盘组成控制腔室，吸排油对称。双端面配油轴向柱塞泵由柱塞、缸体、配流盘、滑靴、斜盘组成控制腔室，吸排油不对称（见图26-74）。由于采用了从滑靴与斜盘端面吸油的“第二吸油口”通路，新的柱塞和滑靴采用了直径更大的流道结构，而非传统的阻尼孔结构形式。这一结构原理如图26-75所示。

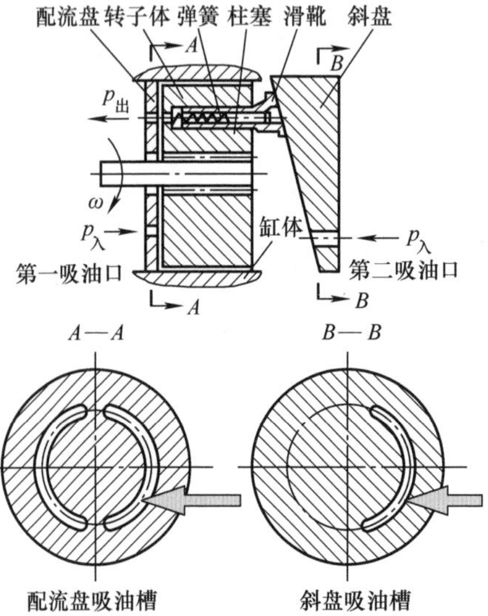


图26-74　轴向柱塞泵双端面配油结构原理

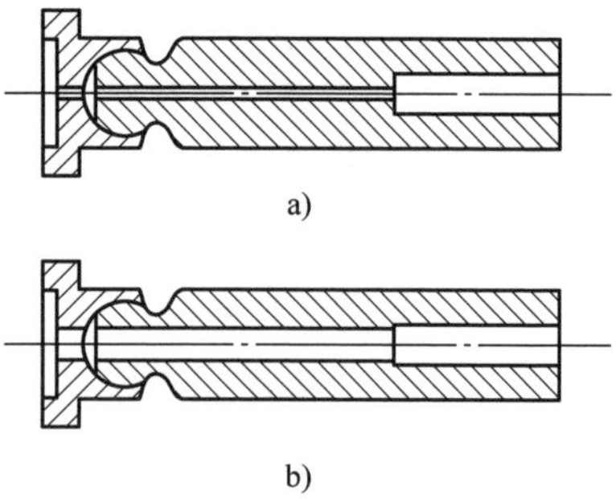


图26-75　轴向柱塞泵双端面配油的柱塞
a）传统轴向柱塞泵节流型柱塞
b）双端面配油轴向柱塞泵通流柱塞

双端面配油轴向柱塞泵是柱塞两端同时进油，一端排油。由于壳体内与吸油腔相通，所以泵的吸油口可设在泵壳上的任意部位，而且也可以根据各摩擦副的发热量来分配自冷却流量，形成最佳自冷却流量，还可将泵壳制成鼠笼型，将泵装入油箱内使用。

因此可以明显看到，双端面配油轴向柱塞泵的吸油面积增大，减少了第一吸油端产生气蚀的可能性与风险，也提高了自吸能力。

**2. 双端面配油轴向柱塞泵部分流量冷却与全流量冷却的结构原理**

按双端面配油轴向柱塞泵进油结构的不同，分为部分流量冷却双端面配油结构与全流量冷却双端面配油结构。

对于传统轴向柱塞泵，在工作过程中保持正常工作状态下，泵内必须存在由于三大摩擦副的承载油膜所需要消耗的承载或润滑流量，这些工作流量作为柱塞泵的泄漏流量由上端泄漏油管排回油箱，在排回油箱时必须注意要接单独的泄漏管路，保证泄漏管路的压力不超过泵体密封所能承受的压力，一般会要求压力为 0.1 ~ 0.5MPa（根据各企业产品的样本要求而定）。这时泄漏流量可能会是柱塞泵总流量的5%以下，并影响柱塞泵的容积效率，在泵空载时这些泄漏流量仍然存在。图 26-76所示为传统轴向柱塞泵泵内油液流动方向示意图。

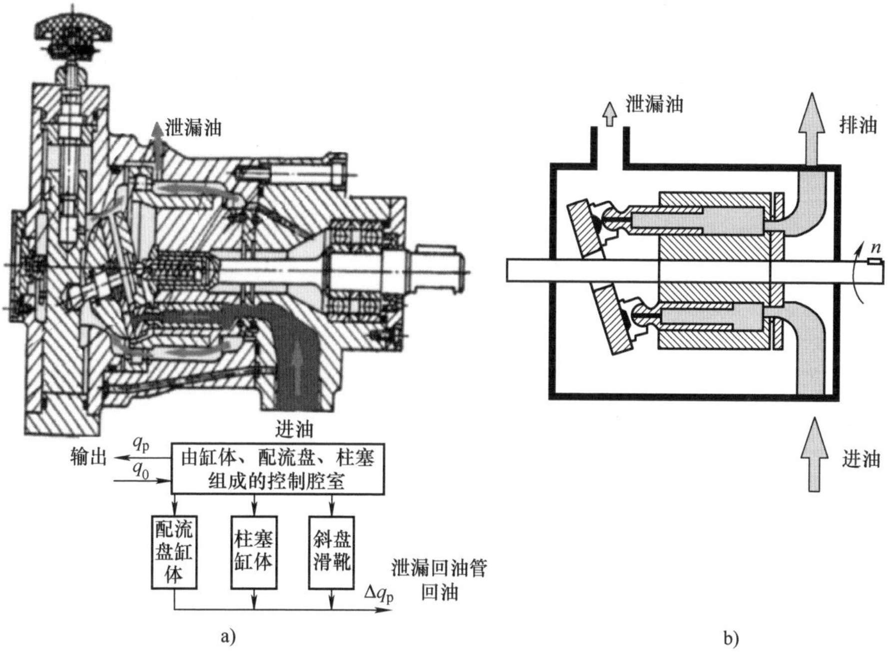


图 26-76　传统轴向柱塞泵泵内油液流动方向示意图

a）传统柱塞泵泄漏油流动图　b）传统柱塞泵泄漏油流道示意图

如果双端面进油时进油口按传统配置，即进油口按原泵结构不做任何改动，仍然在进出油端盖上，那么这种情况下属于“部分流量强制自冷却双端面配油柱塞泵”。这时可能只有泄漏流量（主要是用于承载与润滑的流量）参与自冷却（见图 26-77a）。如果将进油口改到泵壳上，采用壳体进油则产生“全流量强制自冷却轴向柱塞泵”，所有的吸入油液全部进入泵腔内部，在泵腔内混合所有的泄漏油液后，又分成两路从柱塞两端同时进入到控制腔室（见图 26-77b）。通过将吸油口设置在壳体上，可直接从油箱将冷油吸入泵体内，并保持了壳体内压力温度和油箱保持一致。随着转子的转动，油液可均匀地流动到壳体内部。零件内外侧温度相同，零件随温升变形均匀，提高摩擦副的使用寿命。

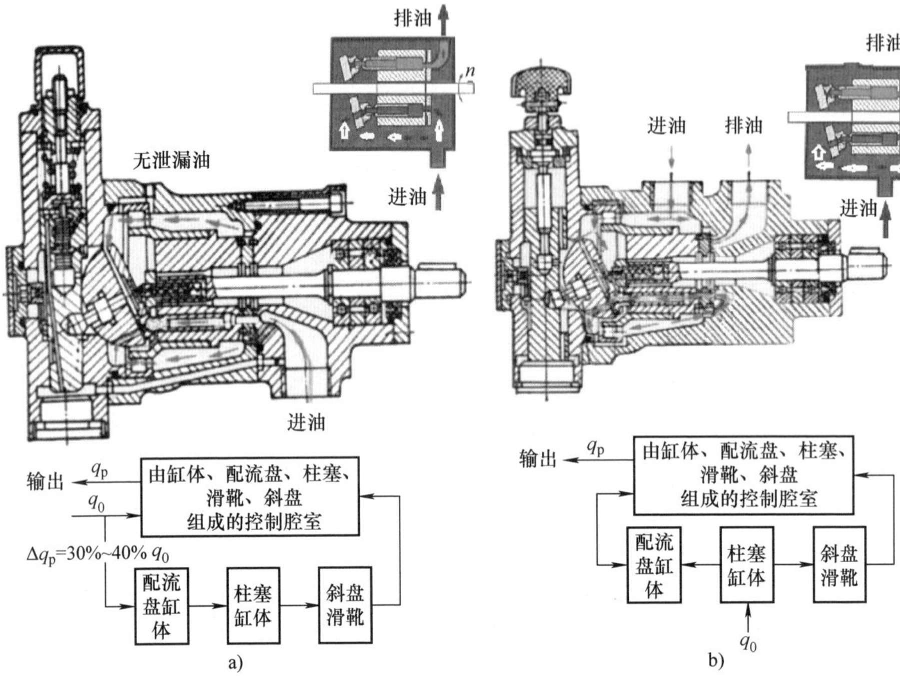


图 26-77　双端面配油时部分流量冷却结构与全流量冷却结构

a）采用部分流量冷却双端面配油结构　b）采用全流量冷却双端面配油结构

泵壳进油口可以尽量做大，从而增大进油面积，降低吸油流速，为提高泵的自吸转速打下良好的基础，减小泵的噪声，强制性地让吸入的凉油经过所有摩擦副，降低了泵的温升，泵内零部件随温度变形均匀，减小了滑靴的脱靴力，提高了滑靴的可靠性。在 CY 泵、博世力士乐 A4V 泵和 A10V 泵上应用全流量强制自冷却技术后，性能指标均得到比原泵好的效果，实际试验证明，可以降低泵的温升 10 ~ 30℃，噪声下降 5 ~ 10dB，去掉了泄漏回油管路，提高了泵的效率和使用寿命。

壳体进油全流量强制自冷却轴向柱塞泵采用吸入凉油自循环强制冷却的新技术，可解决冷却流量与泵的效率成反比、卸荷工况自搅发热和吸空产生噪声的弊端，可实现任何工况下靠吸入的凉油对泵内零部件进行强制冷却，泵的温升只有闭路式轴向柱塞泵的 5% 左右。

## 26.3.3　双端面配油 CY 轴向柱塞泵应用效果

强制冷却型双端面配油原理首先在 CY 泵上得到了应用（见图 26-78）。利用此原理改造 25CY14 - 1A 后得到的 25KZB 型轴向柱塞泵，由齐齐哈尔第二机床厂等企业生产。改造 25CY14 - 1B 后得到的 25SPB 型轴向柱塞泵，由天津高压泵阀厂生产。SPB 泵专门针对原 CY 泵零部件进行了重新设计，在不增加零件数量的基础上，去除泄漏油口，改变了滑靴与斜盘摩擦副的设计方法，针对泵内零部件设计了一系列特殊流道，实现吸油时柱塞两端面同时进油，降低了泵内油液温升，减小了泵内零部件的热变形量，改善了润滑条件，降低了吸油流速，从而减小了泵的噪声水平。成功实现批量生产的产品有齐齐哈尔第二机床厂的 25KZB、63KZB、400KZB 泵，天津高压泵阀厂的 25SPB 泵及北戴河液压件股份有限公司的 25KZB、63KZB、250KZB、400KZB 泵等。

图 26-78 双端面配油 CY 轴向柱塞泵产品
（启东高压油泵有限公司）

CY 型轴向柱塞泵采用双端面配油的应用中，将 25SPB 型轴向柱塞泵性能指标（见表 26-36）作为对照，在同等工况下进行性能比较后，经过对比试验结果见表 26-37。

**表 26-36 25SPB 型轴向柱塞泵性能指标**

| 额定压力 /MPa | 最高压力 /MPa | 公称排量 /(mL/r) | 额定转速 /(r/min) | 最高转速 /(r/min) | 容积效率 (%) | 总效率 (%) |
|---|---|---|---|---|---|---|
| 31.5 | 39.4 | 25 | 1500 | 3000 | >92 | >87 |

表 26-38 列出了对闭式回路与全流量自冷却泵进行详细的差别性对比，可以更充分地了解双端面进油强制全冷却的优越性与应用场合。

**表 26-37 同等工况下性能比较表**

| 项目 | CY 泵 | 开路式双端面配油泵 | 全流量强制自冷却泵 |
|---|---|---|---|
| 公称压力 | 31.5MPa | 31.5MPa | 31.5MPa |
| 型号 | 25SPB | 全系列 | 全系列 |
| 公称排量 | 全系列 | 全系列 | 全系列 |
| 变量形式 | 全系列 | 全系列 | 全系列 |
| 执行标准 | JB | JB | JB |
| 泵噪声 | 作为对照基准 | 下降 5dB 以上 | 下降 5~10dB 以上 |
| 泵壳温度 | 作为对照基准 | 下降 10~30℃ | 下降 10~35℃ |
| 强制冷却流量 | 作为对照基准 | 全理论的 30%~40% | 全理论的 100% |
| 泄漏回油管路 | 有 | 无 | 无 |

**表 26-38 闭式回路与全流量自冷却泵的差别性对比**

| 序号 | 名称 | 闭式回路泵 | 全流量自冷却泵 | 区别 | 质量 |
|---|---|---|---|---|---|
| 1 | 柱塞 | 实心 | 空心 | 进油流道 | 减轻 |
| 2 | 柱塞组 | 一端进油 | 双端进油 | 配流不同 | |
| 3 | 进油位置 | 固定不变 | 壳体任意位置 | 可多路进油 | — |
| 4 | 控制腔室组成 | 缸体，柱塞，配流盘 | 缸体，柱塞，配流盘，斜盘，滑靴 | 增加了斜盘和滑靴 | |
| 5 | 配流装置 | 配流盘 | 配流盘，斜盘 | 增加了斜盘 | |
| 6 | 外接管路 | 3 条 | 2 条 | 少了泄漏回油管 | |
| 7 | 柱塞组有无进油流道 | 无 | 有 | 管状 | 减轻 |
| 8 | 斜盘有无进油流道 | 无 | 有 | 可以进油 | |
| 9 | 壳体有无进油流道 | 无 | 有 | 可以进油 | |
| 10 | 变量壳体有无进油流道 | 无 | 有 | 可以进油 | |
| 11 | 泵体有无进油流道 | 1 条 | 2 条 | 多 1 条进油 | |
| 12 | 大轴承有无进油流道 | 无 | 有 | 可以进油 | — |
| 13 | 泄漏回油 | 用管路引走 | 无 | 减少 1 条管路 | 减轻 |
| 14 | 安装调试 | 不方便 | 方便 | 不用手工灌油 | — |
| 15 | 维修保养 | 困难 | 方便 | 减少了故障点 | |
| 16 | 抗污染能力 | 弱 | 强 | 无阻尼管 | |
| 17 | 泵体内容积 | 充满热油 | 充满凉油 | 强制冷却 | |
| 18 | 泵内温度 | 高 | 低 | 强制冷却 | |
| 19 | 泵壳温度 | 高 | 低 | 强制冷却 | |
| 20 | 泵壳内压力 | 高 | 低 | 吸油压力 | |
| 21 | 泵密封 | 差 | 好 | 泵壳内压力低 | |
| 22 | 滑靴变形 | 大 | 小 | 温度均衡 | 减轻 |
| 23 | 柱塞变形 | 大 | 小 | 温度均衡 | |
| 24 | 缸体变形 | 大 | 小 | 温度均衡 | |
| 25 | 配流盘变形 | 大 | 小 | 温度均衡 | — |
| 26 | 斜盘变形 | 大 | 小 | 温度均衡 | 减轻 |
| 27 | 斜盘与滑靴摩擦副 | 磨损大 | 磨损小 | 变形均匀 | |
| 28 | 缸体与柱塞摩擦副 | 磨损大 | 磨损小 | 变形均匀 | |
| 29 | 配流盘与缸体摩擦副 | 磨损大 | 磨损小 | 变形均匀 | — |
| 30 | 噪声最佳控制 | 不能 | 能 | 斜盘上可解决 | |

（续）

| 序号 | 名称 | 闭式回路泵 | 全流量自冷却泵 | 区别 | 质量 |
|---|---|---|---|---|---|
| 31 | 泵的实际噪声 | 大 | 小 | 可以随倾角变化达到最佳 | |
| 32 | 自吸能力 | 小 | 大 | 增加吸油面积 | — |
| 33 | 自吸转速 | 低 | 高 | 降低了自吸流速 | |
| 34 | 串联增压 | 不能 | 可以 | 2 条管路 | |
| 35 | 柱塞组力平衡 | 不能 | 能 | 特殊设计 | 减轻 |
| 36 | 吸油阻力 | 大 | 小 | 内流道多 | |
| 37 | 自搅发热 | 大 | 小 | 液体流动性大 | |
| 38 | 强制冷却 | 不能 | 可以 | 吸入低温油液作用 | |
| 39 | 强制润滑 | 不能 | 可以 | 油液流动性大 | |
| 40 | 回程弹簧力 | 大 | 小 | 等压下工作 | |
| 41 | 柱塞组分离力 | 大 | 小 | 泄漏回油压力作用 | |
| 42 | 脱靴现象 | 多 | 少 | 受力小 | |
| 43 | 烧靴现象 | 多 | 少 | 设计合理 | |
| 44 | 烧盘现象 | 多 | 少 | 变形小 | |
| 45 | 斜盘磨损 | 大 | 小 | 设计合理 | |
| 46 | 高压连续工作 | 有一定的冷却作用 | 强制冷却 | 设计合理 | |
| 47 | 中压连续工作 | 不能冷却 | 强制冷却 | 设计合理 | |
| 48 | 空载运行 | 自搅发热严重 | 强制冷却 | 设计合理 | |
| 49 | 泵内润滑 | 差 | 好 | 强制润滑 | |
| 50 | 自吸最高转速 | 低 | 高 | 自吸阻力小 | — |
| 51 | 自吸最大流量 | 低 | 高 | 进油面积大 | |
| 52 | 大支承寿命 | 低 | 高 | 冷却和润滑好 | |
| 53 | 容积效率 | 低 | 高 | 设计合理 | |
| 54 | 机械效率 | 低 | 高 | 冷却和润滑好 | |
| 55 | 总效率 | 低 | 高 | 设计合理 | |
| 56 | 实际使用寿命 | 低 | 高 | 设计合理 | |
| 57 | 轴承受力 | 大 | 小 | 合力减小 | |
| 58 | 传动轴受力 | 大 | 小 | 合力减小 | |
| 59 | 额定压力 | 31.5MPa | 31.5MPa | 相同 | |
| 60 | 额定流量 | 系列 | 系列 | 相同 | |
| 61 | 变量形式 | 系列 | 系列 | 相同 | |
| 62 | 执行标准 | 国标 | 国标 | 相同 | |
| 63 | 测试方法 | 国标 | 国标 | 相同 | |
| 64 | 使用工况 | 相同 | 相同 | 相同 | |
| 65 | 双向性 | 可以 | 不能 | 只能单向 | |

### 26.3.4　全流量强制自冷却技术在博世力士乐斜盘型轴向柱塞泵上的应用

全流量强制自冷却技术在博世力士乐斜盘型轴向柱塞泵上应用后，同样实现了强制冷却、强制润滑、降温、降噪等效果，去掉了泄漏回油管路，提高了泵的性能，取得了良好效果。

对博世力士乐的A4V泵进行双端面配油的改进与试验。图26-79所示为该泵进行强制冷却双端面配油的结构改进，图26-79a所示为A4V泵原型，图26-79b、c所示为改进后的结构。经过在同等工况下试验，经双端面配油改进后的性能比较见表26-39。

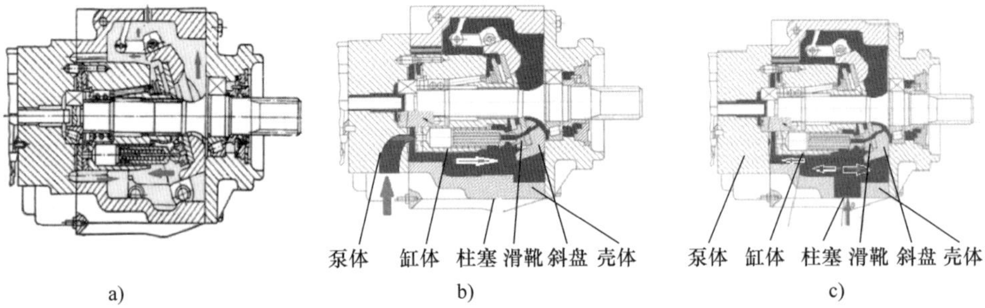


图26-79　博世力士乐A4V泵进行强制冷却双端面配油的结构改进

a）A4V泵原型　b）采用部分流量冷却双端面配油结构　c）采用全流量冷却双端面配油结构

**表26-39　博世力士乐A4V泵经双端面配油改进后的性能比较**

| 项目 | 原A4V泵 | 改进为部分流量冷却 | 改进为全流量冷却 | 备注 |
|---|---|---|---|---|
| 公称压力 | 额定压力 | 额定压力 | 额定压力 | 不变 |
| 型号 | 全系列 | 单向全系列 | 单向全系列 | 不变 |
| 公称排量 | 全系列 | 单向全系列 | 单向全系列 | 不变 |
| 变量形式 | 全系列 | 单向全系列 | 单向全系列 | 不变 |
| 执行标准 | 国标 | 国标 | 国标 | 不变 |
| 泵噪声 | 作为对照基准 | 下降5dB以上 | 下降5~10dB | 下降 |
| 泵壳温度 | 作为对照基准 | 下降10~30℃ | 下降10~35℃ | 下降 |
| 强制冷却流量 | 作为对照基准 | 全理论的30%~40% | 全理论的100% | 提高 |
| 泄漏回油管路 | 有 | 无 | 无 | 少 |
| 实际使用寿命 | 作为对照基准 | 明显提高1~5倍 | 明显提高1~5倍 | 提高 |
| 最高自吸转速 | 作为对照基准 | 提高50% | 提高50% | 提高 |
| 最大自吸流量 | 作为对照基准 | 提高50% | 提高50% | 提高 |
| 泵壳内压力 | 作为对照基准 | 由泄漏回油压力下降到零 | 由泄漏回油压力下降到零 | 下降 |
| 泄漏回油质量 | >0 | 0 | 0 | 下降 |
| 泵的总质量 | 作为对照基准 | 下降5%原质量 | 下降5%原质量 | 下降 |
| 泵的容积效率 | 作为对照基准 | 提高0.5%~1% | 提高0.5%~1% | 提高 |
| 泵的总效率 | 作为对照基准 | 提高0.5%~1% | 提高0.5%~1% | 提高 |

## 26.3.5　双端面配油轴向柱塞泵新原理下的新设计理念

本双端面配油轴向柱塞泵发明用于产品，使柱塞泵设计的理念得到进一步发展：

1）吸油空间开放，打破了吸、压油空间对称的传统概念。

2）管状柱塞，打破了柱塞不能做吸油流道的传统概念。

3）柱塞两端进油，打破了柱塞只有一端进油的传统概念。

4）去掉了泄漏回油管路，打破了柱塞泵三条管路的传统概念。

5）具备可串联性，打破了非通轴柱塞泵不能串联增压的传统概念。

6）实现强制自冷却，打破了传统泵靠泄漏回油对泵进行冷却的传统概念。

这些设计的理念会为电液泵的发展带来新的启示，对于柱塞泵的工作腔室、困油的设计、配油结构、柱塞设计、强制冷却、提高自吸和增加转速等都有借鉴意义。

**1. 双端面配油轴向柱塞泵的自冷却计算**

1）部分流量冷却双端面配油轴向柱塞泵的自冷却计算。根据图 26-77a 所示，液压油从进油口进入泵内，一部分与传统泵相同，由配油盘上的窗口进入到柱塞腔内；此外，还有一部分油液绕经整个泵腔内部，从斜盘上的窗口进入柱塞腔内，这部分油液通过泵内流道的设计可以通过整个吸入流量的 30% ~40%。这部分油液流经泵腔，必然会与泄漏油液混合，从而将泵腔内的油温冷却下来。设泵吸入油液流量为 $q_0$，泄漏流量为 $q_x$，吸入油液温度为 $T_0$，泄漏油液温度为 $T_x$，从倾斜配油盘进入柱塞腔的油液流量为 $q_1$，温度为 $T_1$，根据能量守恒定律可知

$$T_1 = \frac{q_x(T_x - T_0)}{q_1} + T_0 \tag{26-2}$$

柱塞泵的容积效率不小于 93%，则可认为最大泄漏量为总流量的 7%，流经泵壳的吸入油液流量居中取值，则为总流量的 35%，将数值带入式（26-2）可得，双端面配油全开路式泵的温升只有传统柱塞泵的 1/5 左右。如果考虑油液的压缩量，以及容积效率大于 93% 的情况，则泄漏流量可按总流量的 5% 取值，则双端面配油全开路式泵的温升只有传统柱塞泵的 1/7 左右。

2）全流量强制自冷却泵的自冷却计算。根据图 26-77b 所示，所有的吸入油液均进入泵腔，与泄漏油液混合后再进行分流，一部分经过缸体与壳体之间的间隙绕到配流盘处，由传统流道进入柱塞腔；另一部分液压油将绕过缸体与壳体之间的间隙流到斜盘处，经过斜盘进入柱塞腔内。我们可以通过改变两个入口的进口阻力来改变各进口的进入流量。由于各进口的油流都分别对摩擦副起冷却作用，所以可以通过控制进口阻力的办法来控制自冷却流量，即哪部分发热大，就让流经哪部分的自冷却流量大些。可以按发热量来控制自冷却流量的大小，这一点是其他柱塞泵所不可比拟的。

简言之，全流量强制自冷却轴向柱塞泵所吸入的全部流量都参加了自冷却，同时又可以按各摩擦副的发热量大小随意分配自冷却流量。这里可以按平均值来进行计算，依然选择泄漏流量为总流量的 5%，则全流量强制自冷却泵的温升只有传统

柱塞泵的 1/20 左右，为双端面配油全开路式柱塞泵的 1/3 左右。图 26-80 所示为计算后绘出的理想状态下的温度曲线。

**2. 双端面配油下泵滑靴的剩余压紧力计算**

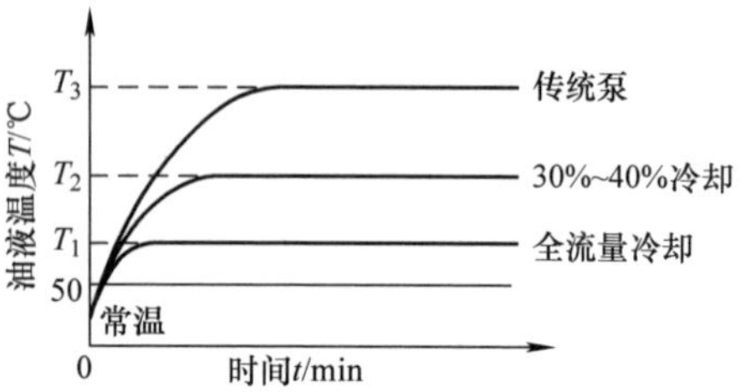


图 26-80　理想状态下的温度曲线

静压支承设计法和剩余压紧力设计法是两种最基本的柱塞滑靴设计方法。然而，对于变量柱塞泵而言，由于转速、负载和斜盘倾角等工况条件的改变，无法保证滑靴总是保持在理想的静压支承状态下，因此，现阶段国内外在高压、大排量柱塞泵中对滑靴的设计普遍采用的是剩余压紧力设计法。针对传统柱塞泵剩余压紧力的研究依然基于滑靴柱塞中心为阻尼孔的前提下，因此，滑靴底部油膜支承力与柱塞作用在斜盘上的压紧力很难实现随动响应。

而双端面配油柱塞泵剩余压紧力法的基本思想是柱塞腔内的高压油无阻尼地通到滑靴底面，使其产生的液压反推力平衡掉大部分柱塞对斜盘的压紧力，而剩余的压紧力则始终压向斜盘而保证滑靴与斜盘不脱开，靠滑靴与斜盘间形成的边界油膜来减轻摩擦副的磨损。

剩余压紧力法的设计步骤如下所述。

1）根据经验，选取 $R_1+R_2=d$。其中 $R_1$ 和 $R_2$ 为滑靴底部密封带内、外半径，$d$ 为柱塞直径。

2）推荐取 $R_2-R_1=(0.1\sim0.15)d$，其中直径较大的滑靴取较小值，直径较小的滑靴取较大值。设排油压力为 $p$。

3）滑靴底部液压推力

$$W=\frac{\pi}{2}\left(\frac{R_2^2-R_1^2}{\dfrac{\ln R_2}{R_1}}\right)p \tag{26-3}$$

柱塞轴向压紧力

$$N=\frac{\pi}{4}d^2p \tag{26-4}$$

取压紧系数 $m$ 为

$$m=\frac{N}{W\cos\alpha}=\frac{D^2 l_n R_2/R_1}{2\cos\alpha(R_2^2-R_1^2)} \tag{26-5}$$

压紧系数直接反映了剩余压紧力的大小，决定了滑靴对斜盘的压紧程度，进而决定了滑靴处的摩擦功率损失。因此压紧系数是剩余压紧力滑靴的主要设计参数。由式（26-5）计算出的不同 $R_2/R_1$ 值的柱塞滑靴参数见表 26-40。

表 26-40 不同 $R_2/R_1$ 值的柱塞滑靴参数

| $R_2/R_1$ | 1.05 | 1.1 | 1.15 | 1.2 | 1.25 | 1.3 | 1.35 | 1.4 | 1.45 | 1.5 |
|---|---|---|---|---|---|---|---|---|---|---|
| $R_1$/mm | 7.8 | 7.6 | 7.45 | 7.28 | 7.13 | 6.98 | 6.83 | 6.7 | 6.44 | 6.21 |
| $R_2$/mm | 8.2 | 8.4 | 8.57 | 8.74 | 8.9 | 9.07 | 9.23 | 9.38 | 9.67 | 9.94 |

静压支承滑靴为了保证支承特性，必须减小阻尼孔径，由于阻尼作用很大，压力与油膜振荡的幅度很小，油膜厚度也比较低；剩余压紧力滑靴，阻尼孔径的选择不必考虑支承特性，所以压力响应频率高，平均油膜厚度往往是静压支承滑靴的 1～2 倍。

**3. 双端面配油轴向柱塞泵在斜盘上设置减振槽结构**

为解决由于配油而产生的压力冲击现象，在闭路式轴向柱塞泵配油盘上加工卸荷槽或采用闭死压缩/闭死膨胀方法不能适应变排量工况的要求，即使柱塞工作容腔的压力预升压或预释压到某一值，所需的闭死角或卸荷槽范围角都是斜盘倾角 $\gamma$ 的函数，而配流盘的结构一旦确定，闭死角或卸荷槽的范围角及其他尺寸参数便随之确定。当输出流量变化时，即斜盘倾角 $\gamma$ 变化时，预压缩或预释压值就偏离设计点，影响降噪的效果。

双端面配油轴向柱塞泵有两块配流盘，即原配流盘和新增加的斜盘，这种泵的配流结构为解决上述问题提供了便利条件，特别是出现了斜盘配流。

在双端面配油轴向柱塞泵的斜盘和配流盘上，滑靴运行轨迹是一椭圆形，即

$$\frac{x^2}{R^2}+\frac{y^2}{\left(\frac{R}{\cos\gamma}\right)^2}=1 \tag{26-6}$$

$$\gamma=0°\sim 20°$$

对于每一倾角 $\gamma$，就有一条相应的椭圆轨迹。设对于某个所需要的预升压值（或预释压值），其需要的闭死角为 $\varphi$，则

$$\varphi=f(\gamma) \tag{26-7}$$

由式（26-7）可知，对于每一个倾角 $\gamma$，就有一个闭死角与之相对应。因此，在每一条椭圆轨迹上，有不同的闭死角 $\varphi$，这些闭死角位置组成一条曲线

$$\begin{cases}\dfrac{x^2}{R^2}+\dfrac{y^2}{\left(\dfrac{R}{\cos\gamma}\right)^2}=1\\ \varphi=f(\gamma)\end{cases} \tag{26-8}$$

如果在由低压到高压侧，或由高压到低压侧的配流转换中，柱塞工作容腔与倾斜配流盘配流窗口按上述曲线位置接通，柱塞工作容腔内的预升压值（或预释压值）便能满足变量输出工况的要求。

**4. 适应排量变化要求的闭死压缩位置**

以上止点为例（见图 26-81），在上止点处，缸体配流窗口与配流盘低压腔相切时，（见图 26-81b 中 $A'$的位置处），滑靴油室也刚好与倾斜配流盘上的低压配流

腔相切（见图 26-81a 中 $A$ 的位置处，此时由柱塞、滑靴、斜盘、配流盘及缸体所组成的腔室（简称为柱塞工作容腔）形成闭死容积。此时柱塞工作容腔压力等于配流盘低压腔压力 $p_0$。当缸体继续转动时，柱塞往复运动的结果使柱塞工作容腔内闭死容积被压缩，柱塞工作容腔内压力升高，设当倾斜配流盘倾角为 $\gamma$ 时，柱塞工作容腔压力升高到所需要的高压腔压力 $p_s$，所需要的闭死压缩角为 $\varphi$，缸体转过闭死压缩角 $\varphi$ 后。柱塞工作容腔与直立配流盘高压腔相通，如图 26-81b 所示。

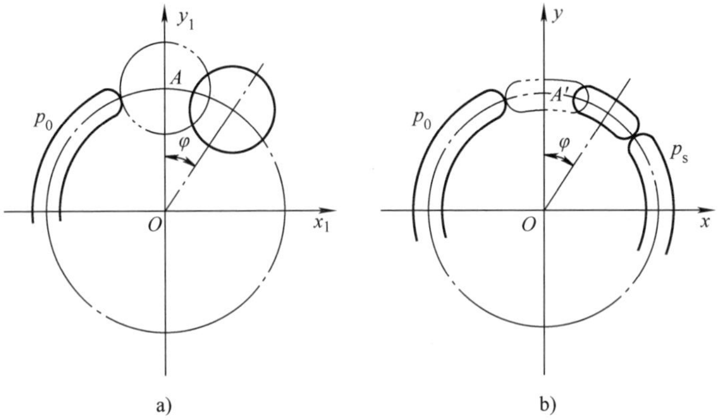


图 26-81 上止点位置图

a）滑靴与配流盘相对位置 b）缸体与配流盘相对位置

考虑滑靴和斜盘的结构，如果闭死膨胀结束后，柱塞容腔直接与配流盘配流窗口接通，这一曲线段的连通槽面积必须足够大，大到其节流作用对柱塞工作容腔压力的影响可以忽略不计。而这个连通槽面积的加大，会导致连通槽处轮廓线沿直径方向外移，以致超出滑靴处密封带范围而引起泄漏，因此，考虑滑靴最大密封带的限制，必须采用宽度较小的三角槽过渡。另一方面，采用三角槽过渡可以减小闭死范围角。

三角槽可看作一个节流口，即当滑靴油室经过三角槽范围时，柱塞工作容腔会产生预升压和预释压，换言之，三角槽区可以承担一部分预升压或预释压任务。

下面分别考虑上止点预压缩和下止点闭死膨胀区的情况。

（1）上止点预压缩区 考虑倾斜配流盘的结构，斜盘上只有低压配流口。因此，上止点预升压区的减振槽设置在斜盘低压配流槽上。随着斜盘倾角（$\gamma=5°\sim20°$）的变化，滑靴经过上止点后，与配流盘低压腔脱开的位置沿所求曲线而变化。

当 $\gamma=\gamma_{max}$ 时，油室从上止点与斜盘低压配流腔脱开，开始闭死压缩，经过 $\varphi_{min}$ 后，闭死压缩结束，柱塞工作容腔压力升高到配流盘高压腔压力。

当 $\gamma=\gamma_{min}$ 时，滑靴油室在上止点附近与斜盘低压配流腔脱开，开始闭死压缩，经过 $\varphi_{min}$ 后，闭死压缩结束，柱塞工作容腔压力升高到配流盘高压腔压力。

当斜盘倾角为 $\gamma$ 时，单独闭死压缩所需的闭死角为 $\varphi$，即滑靴油室在上止点附近，由曲线$\overset{\frown}{AA'}$上的 $A'$点开始与斜盘低压配流腔脱开（见图 26-82），进行闭死压缩，经过闭死压缩范围角 $\varphi'$后，压力升高到配流盘高压腔压力，与配流盘高压腔接通。考虑减振槽后，由于减振槽卸荷一部分压力，滑靴油室与配流盘高压腔接通的位置发生变化。

当斜盘倾角为 $\gamma$ 时，滑靴油室经过三角槽区，在 $A'$点与三角槽脱开，开始单独闭死压缩，经过闭死压缩范围角 $\varphi'$后，与高压配流腔接通。

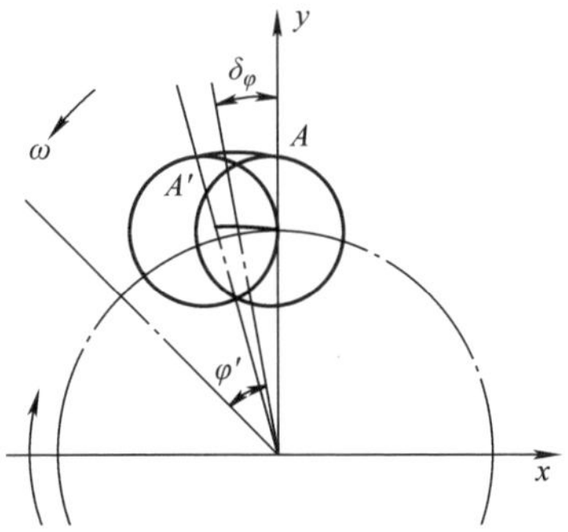

图 26-82　实际包络线

在减振槽范围内，滑靴油室在 $A$ 点进入卸荷区。一方面，由于柱塞运动使柱塞工作容腔内压力增加，另一方面，由于连通槽的作用，释放掉一部分压力。滑靴油室在上止点与低压腔脱开时，压力等于低压腔压力，经过三角槽后，压力升至 $p'_0$，再经过单独闭死压缩区 $\varphi'$，压力升至 $p_s$。

（2）下止点闭死膨胀区　考虑卸荷槽的作用，当斜盘倾角为 $\gamma$ 时，柱塞工作容腔在下止点脱离配流盘高压腔，经过闭死膨胀角 $\varphi'$后，压力降至 $p'_0$，这时柱塞工作容腔与卸荷槽接通，经过卸荷槽区 $\delta_\varphi$ 后，压力降至低压配流油腔压力 $p_0$，与配流盘低压配流腔接通，如图 26-83 所示。根据推导计算可得到所需要的卸荷槽范围角。

**5. 降噪优势**

通过对双端面配油轴向柱塞泵配流盘结构的分析可知：在轴向柱塞泵配流盘上加工卸荷槽或闭死压缩（膨胀）的方法，不能适应变量工况的要求。目前轴向柱塞泵上配流盘降噪和抗冲击结构仅适应设计工况的要求，而当排量变化，导致斜盘倾角 $\gamma$ 变化时，压力冲击和配流噪声将增大。

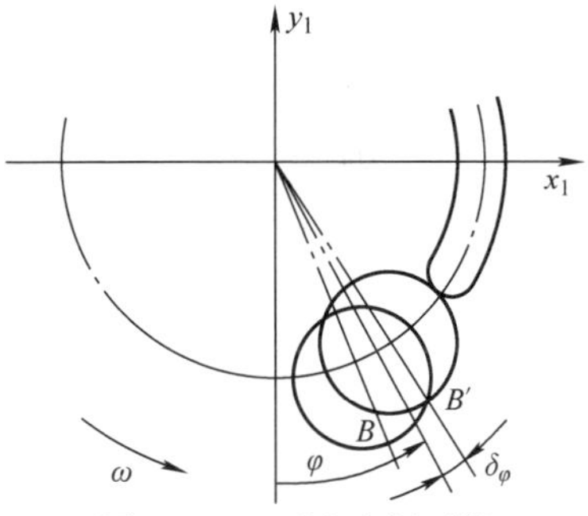

图 26-83　下止点闭死膨胀区包络线

由于双端面配油轴向柱塞泵的结构特点是在泵的斜盘上开有配流槽，滑靴在斜盘上的运动轨迹随斜盘倾角 $\gamma$ 变化而变化，所以在斜盘上开卸荷槽，能够使其降噪结构适应变排量工况的要求，即柱塞工作容腔内闭死容积与配油槽接通时的预升压值和预减压值可随斜盘倾角 $\gamma$ 的变化（也就是随排量或流量变化）而变化。

**6. 双端面配油轴向柱塞泵配油窗口面积对转速和噪声的影响**

提高轴向柱塞泵的转速一直是泵研究人员重点研究的方向之一，大多数研究者都在材料、热处理、摩擦副设计上下功夫，主要解决材料的 pv 值、热处理硬度、摩擦副的润滑、支承力平衡等问题，以达到提高泵转速的目的。但事实上，作为液压传动用的泵，只有在过流面积很大时，以上研究才是提高泵转速的关键问题，当过流面积很小时，进入控制容腔的液体在流速过高的情况下，液体已达到空气分离压，更严重时将达到饱和蒸气压，无论怎样改变材料、热处理、摩擦副设计，泵都不能正常工作（这里是指无供油压力时的情况，有供油压力时除外）。这时配油窗口面积的大小将是影响泵是否可以提高转速的主要因素。

（1）流量与配油窗口面积的关系　同样供油情况下，为什么双端面配油的转速可以提高一些呢？在其他条件相同时，泵的进油速度只取决于泵的配流面积，即

$$v=\frac{q}{A} \tag{26-9}$$

式中　$v$——配流口处液体流速（m/s）；

$A$——配流口处面积（$m^2$）；

$q$——泵的流量（L/min）。

对于一般柱塞泵，当$v$达到极限值时，泵的吸入与输出流量不再随着泵的转速升高而升高，标定此时为$v_{max}$，泵吸入与排出的流量为$q_{max}$。而双端面配油意味还可以增加斜盘配油流道往柱塞腔进油，而斜盘处通流能力应为总流量的30%～40%，则双端面配油轴向柱塞泵的配流口总面积为$(1.3\sim1.4)A$。也就是说双端面配油泵是一般柱塞泵配油面积的1.3～1.4倍，换句话说，泵的最高转速可以提高到一般泵的1.35倍。若斜盘处的配流窗口面积能继续增大，则泵的最高转速还将上升。

（2）双端面配油噪声试验　为了说明问题，采用了25CY14－1A型泵和25KZB型泵在泵壳不变的情况下进行对比试验。

试验设计进程为：双端面进油只有斜盘处吸油、双端面吸油与传统吸油办法。

首先进行双端面配流泵只有斜盘配流盘试验，此时液压油仅由斜盘处进入泵体和柱塞腔内，此时配流盘无进油窗口因此没法进油。当转速在1500r/min以下时，流量为40L/min，容积效率为0.97，工作压力为32MPa，泵的噪声正常；当转速再增加时，流量也不再增加了；这种状态下只要稍微提高一点转速，噪声就会突然增加。

然后试验25CY14－1A型泵（只有配流盘吸油），进行升速试验，其结果如下：当转速提高到2500r/min时，流量为66L/min，压力为32MPa，容积效率为0.95，完全满足部标，且噪声正常。当转速再提高时，泵的流量不再上升，在此状态下提速，噪声会突然变大。

最后将转速设为3500r/min，此时泵的流量为96L/min，压力为32MPa，容积效率为0.95时一切正常。若转速再提高，同样出现流量不再变化，提速后噪声发生突变的情况。图26-84为此配油噪声与流量实测曲线图。

（3）临界转速　在无压供油条件下，当所有工况相同，只有配油窗口面积不同时：

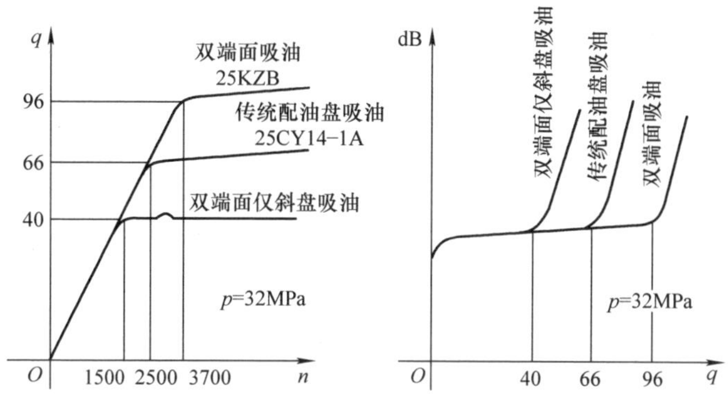


图 26-84　双端面配油的流量与噪声实测曲线

1）配油窗口面积越大，转速越高，全流量双端面配油轴向柱塞泵高于传统轴向柱塞泵。

2）配油窗口一定时，泵所能适应的临界转速是一定的。

3）配油窗口一定时，到了临界转速后，噪声随转速的增高而增加，流量却不随转速的增高而增加。

4）对于泵设计者来说，应对这一临界转速须十分注意。

**7. 双端面配油轴向柱塞泵可以避免“脱靴”**

柱塞泵在使用过程中经常发生“脱靴”现象，指滑靴从柱塞球头上脱落，造成泵故障，无法使用，图 26-85 所示为滑靴脱靴前的拔脱间隙实物图。

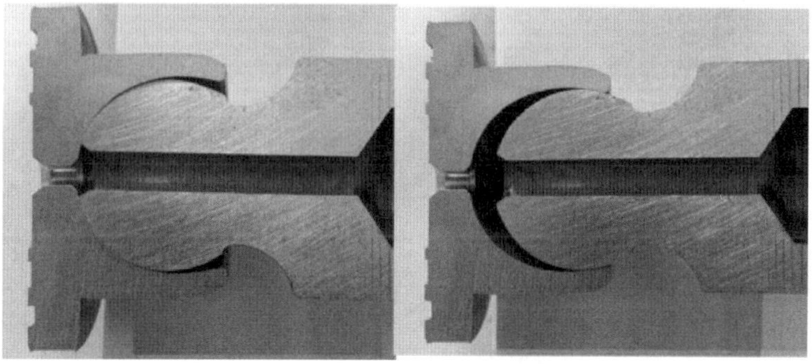

a)　　　b)

图 26-85　滑靴拔脱间隙实物图

a）滑靴正常状态　b）滑靴受力脱靴状态

滑靴脱靴肯定是受到了拉脱力的作用，分析泵的工况可知，拉脱力主要是在泵吸油时才会产生。柱塞泵吸油过程中，滑靴瞬间急速、强力拉拔柱塞升程吸油，而柱塞吸油端（柱塞腔）是负压状态，负压所产生的吸力造成柱塞组脱靴。两种泵滑靴拉脱力分析如图 26-86 所示，当闭路式泵在吸油时，滑靴既受到回程盘的回程力，又受到泵腔内正压（压力大于零，图中黄色区域）油液的压力作用，而柱塞则受到柱塞腔内负压（压力小于零，图中深蓝色区域）油液的作用力，根据力平衡原理可知，柱塞与滑靴之间的拉脱力较大；而开路式泵柱塞与滑靴中心为通孔，吸油时倾斜配流盘又设有吸油流道，因此，柱塞腔内的压力与泵腔内的压力完全相等（无阻尼），柱塞与滑靴之间只有回程盘施加的改变运动方向和运动速度的回程力，没有油液压力的作用，因此，柱塞与滑靴之间的拉脱力大大减小，从根本上解决了滑靴脱靴问题。

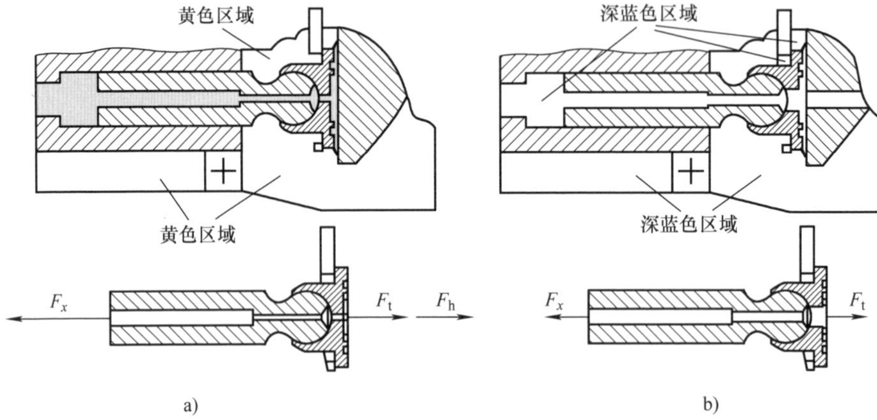


图 26-86 两种泵滑靴拉脱力分析

a）传统轴向柱塞泵滑靴受力 b）双端面配油柱塞泵滑靴受力

# 26.4 高性能工程机械液压泵

## 26.4.1 高性能工程机械液压泵是“卡脖子”产品

我国液压行业生产产品销售额已经成为世界第一，这要归功于工程机械产品的大发展，使工程机械液压元件与工业液压元件市场的占比由 20 世纪的 4∶6 发展为 21 世纪的 6∶4。但是在工程机械液压的发展中，高压柱塞泵作为高端工程机械液压装备的“心脏”元件却是“卡脖子”产品，（见表 26-41，本手册第 49 章专门阐述），揭示了我国液压产业大而不强的现状。在产品现实中，90% 以上额定压力大于 35MPa 的高端高压柱塞泵依赖进口，我国市场中 70% 以上的份额被国外企业占据。我国生产的液压柱塞泵与外国产品相比，在使用寿命、性能和可靠性等方面都有较大差距，基本相当于国外 20 世纪 90 年代水平，价格也只是进口产品的 1/3 左右。高压柱塞泵在制造上需要攻克的缸体熔铜工艺、滑靴柱塞封包技术、配流盘卸荷槽设计、高压液压元件铸造、特别是持久性和可靠性方面等，一直是困扰液压泵产品质量的技术难题；而国外发展成熟的液压电子变量泵的变量技术（液压技术 3.0）至今在我国仍然处于“朦胧”状态。目前工程机械液压主机产品正处于工业 4.0 的无人化、多电化的发展中，急需液压数智元件产品的支持，当前只好由主机厂自行研发，尽管这方面的发展困难，但还是取得了明显进步，近来工程机械液压多电化的发展促进了液压数智化。

**表 26-41　高端液压泵国内外产品型号索引**

<table>
<tr><th>产品</th><th>国外厂商</th><th>国外产品系列号</th><th>国内产品系列号</th><th>国内厂商</th></tr>
<tr><td rowspan="6">中载开式轴向柱塞泵</td><td rowspan="5">博世力士乐</td><td rowspan="5">A10V<br>A10VO<br>A10VSO</td><td>HP5V（28～105mL/r）</td><td>恒立液压</td></tr>
<tr><td>HD－A10V（S）O</td><td>华德液压</td></tr>
<tr><td>L10VO</td><td>中航力源</td></tr>
<tr><td>XB02VEO（63mL/r）</td><td>榆次液压</td></tr>
<tr><td>AP2VO（28～71mL/r）</td><td>中川液压</td></tr>
<tr><td>林德</td><td>MPR</td><td>MPR 系列（50～125mL/r）</td><td>林德液压</td></tr>
<tr><td rowspan="10">轴向闭式变量泵/马达</td><td rowspan="7">博世力士乐</td><td rowspan="6">A4VG A4FO A4VB<br>A4VSB A4VSH A4VTG<br>A4VSG（半闭式）</td><td>HP3G</td><td>恒立液压</td></tr>
<tr><td>KD－A4FO<br>KD－A4VSG<br>（40～500mL/r）</td><td>科达制造</td></tr>
<tr><td>L4VG</td><td>中航力源</td></tr>
<tr><td>TFA4VSO（40～355mL/r）</td><td>泰丰智能</td></tr>
<tr><td>XB01VG（28～250mL/r）</td><td>榆次液压</td></tr>
<tr><td>AP4VO（126～400mL/r）</td><td>中川液压</td></tr>
<tr><td>A4VSO A4VLO<br>A4FM A4VSM</td><td>KD－A4VSO KD－A4VLO<br>KD－A4FM KD－A4VSM<br>（40～500mL/r）</td><td>科达制造</td></tr>
<tr><td rowspan="2">丹佛斯</td><td rowspan="2">H1</td><td>HP3G</td><td>恒立液压</td></tr>
<tr><td>XB01VG（28～250mL/r）</td><td>榆次液压</td></tr>
<tr><td>林德</td><td>HPV－02</td><td>HPV－02 系列（55～280mL/r）</td><td>林德液压</td></tr>
<tr><td rowspan="16">斜轴轴向定量/变量泵/马达</td><td rowspan="14">博世力士乐</td><td rowspan="7">A11VO</td><td>V30D（45～250 mL/r）</td><td>恒立液压</td></tr>
<tr><td>HD－A11VSO</td><td>华德液压</td></tr>
<tr><td>P1VO</td><td>力龙</td></tr>
<tr><td>L11VLO</td><td>中航力源</td></tr>
<tr><td>TFA15VSO（32～280mL/r）</td><td>泰丰智能</td></tr>
<tr><td>XB03V（L）O（40～260mL/r）</td><td>榆次液压</td></tr>
<tr><td>AP3VO（95～260mL/r）</td><td>中川液压</td></tr>
<tr><td rowspan="2">A7V<br>A7VO</td><td>A7V</td><td>华德液压</td></tr>
<tr><td>L7V</td><td>中航力源</td></tr>
<tr><td rowspan="3">A2FO<br>A2V<br>A2FE</td><td>A2F6.1 A2FE6.1（16～180mL/r）</td><td>上海电气液压</td></tr>
<tr><td>HD－A2F</td><td>华德液压</td></tr>
<tr><td>L2F</td><td>中航力源</td></tr>
<tr><td rowspan="2">A6VM<br>A6VE</td><td>A6VM、A6VE（28～200mL/r）</td><td>上海电气液压</td></tr>
<tr><td>KD－A6VM，KD－A6VE（40～50mL/r）</td><td>科达制造</td></tr>
<tr><td rowspan="2">林德</td><td>CMF</td><td>CMF 系列（28～90mL/r）</td><td rowspan="2">林德液压</td></tr>
<tr><td>CMV</td><td>CMV 系列（60～215mL/r）</td></tr>
</table>

（续）

<table>
<tr><th>产品</th><th>国外厂商</th><th>国外产品系列号</th><th>国内产品系列号</th><th>国内厂商</th></tr>
<tr><td rowspan="2">电子控制斜轴轴向变量泵/马达</td><td rowspan="2">博世力士乐</td><td rowspan="2">A8VO<br>A28VO</td><td>V90N（75～280mL/r）</td><td>恒立液压</td></tr>
<tr><td>L8VO</td><td>中航力源</td></tr>
<tr><td rowspan="7">轴向开式重载柱塞泵</td><td rowspan="6">丹佛斯</td><td rowspan="6">D1P</td><td>V30D（45～250mL/r）</td><td>恒立液压</td></tr>
<tr><td>HD－A11VSO</td><td>华德液压</td></tr>
<tr><td>L11VLO</td><td>中航力源</td></tr>
<tr><td>TFB1V（63～80mL/r）<br>TFA4VSO（40～355mL/r）</td><td>泰丰智能</td></tr>
<tr><td>XB03V（L）O（40～260mL/r）</td><td>榆次液压</td></tr>
<tr><td>AP3VO（95～260mL/r）</td><td>中川液压</td></tr>
<tr><td>林德</td><td>HPR－02</td><td>HPR－02系列（55～280mL/r）</td><td>林德液压</td></tr>
<tr><td rowspan="5">挖掘机液压泵</td><td rowspan="5">川崎</td><td rowspan="5">K4V<br>K7V</td><td>V90N（75～280mL/r）</td><td>恒立液压</td></tr>
<tr><td>L3V</td><td>中航力源</td></tr>
<tr><td>P3VO</td><td>力龙</td></tr>
<tr><td>TFA4VSO（40～355mL/r）</td><td>泰丰智能</td></tr>
<tr><td>AP3VO（95～260mL/r）<br>AP2VO（28～71mL/r）</td><td>中川液压</td></tr>
<tr><td>挖掘机回转马达</td><td>川崎</td><td>M5X</td><td>HM5X（18～250mL/r）</td><td rowspan="2">恒立液压</td></tr>
<tr><td>起重机用马达</td><td>川崎</td><td>M7X/M7V</td><td>HM7X/HM7V（85～112mL/r）</td></tr>
<tr><td rowspan="2">轴向定量/变量马达</td><td rowspan="3">林德</td><td>HMF－02</td><td>HMF－02系列（25～135mL/r）</td><td rowspan="3">林德液压</td></tr>
<tr><td>HMV－02<br>HMR－02</td><td>HMV－02系列（55～280mL/r）<br>HMR－02系列</td></tr>
<tr><td>轴向定量自反馈马达</td><td>HMA－02</td><td>HMA－02系列（165～280mL/r）</td></tr>
<tr><td>低速大转矩液压马达</td><td>派克</td><td>110A<br>130S<br>310系列<br>700系列<br>716系列</td><td>M8V</td><td>力龙</td></tr>
<tr><td rowspan="2">低速大转矩车轮马达</td><td>派克</td><td>110A<br>120S</td><td>—</td><td>—</td></tr>
<tr><td>派克</td><td>310<br>NE</td><td>M9F</td><td>力龙</td></tr>
<tr><td>紧凑型径向柱塞马达</td><td>波克兰</td><td>MK<br>MS<br>MSE</td><td>—</td><td>—</td></tr>
</table>

（续）

| 产品 | 国外厂商 | 国外产品系列号 | 国内产品系列号 | 国内厂商 |
|---|---|---|---|---|
| 内啮合齿轮泵 | 住友 | QT | CBFc30（40～80mL/r） | 长源液压 |
| | 不二越 | IPH | CBH－G5（20～63mL/r） | |
| | 博世力士乐 | 1PF2GC<br>1PF2GF<br>1PF2GP | CBK－G5（27～44mL/r） | |
| 齿轮泵 | 博世力士乐 | 1PF2G2<br>1PF2G3 | CBZTG（70～100mL/r） | |

注：表内采用资料比较容易获取的国内外知名厂商，国内资料全部来自各厂商填报。

液压国外厂商选择：博世力士乐、丹佛斯、伊顿、派克、穆格、川崎、哈威、阿托斯等。

液压国内厂商选择：恒立液压、潍柴、华德液压、榆次液压、上海电气、科达制造、力龙、中航力源、长源液压、泰丰智能、中川液压、上海诺玛、油威力等。

工程机械液压泵使用条件苛刻，液压泵必须适应在发动机转速范围大的条件下工作；工程机械一般在室外工作，环境污染严重，液压油易污染，泵的摩擦副要有很好的耐磨性，甚至要考虑防腐性；工程机械空间小，油箱小致使油液温升高，油液易变质而析碳，造成泵严重磨损，加速密封老化，危及其寿命和可靠性；液压泵外负载变化大，压力变化大并易产生液压冲击，影响泵寿命及其可靠性等。

## 26.4.2　国外高端液压泵产品性能

### 1. 用于挖掘机的川崎液压柱塞泵

图 26-87 所示为用于挖掘机的川崎液压柱塞泵外形，其可靠性高，备受好评，可提供能安装 PTO 的串联式和并联式的双联泵，其具体性能指标见表 26-42。

K3V180DTP-9N24　　K5V200DTH-0E32　　K7V63DTP-9N0E

图 26-87　用于挖掘机的川崎液压柱塞泵外形

**表 26-42　川崎液压柱塞泵性能指标**

| 系列 | | K3V 与 K3VG 系列柱塞泵 | | | | | | |
|---|---|---|---|---|---|---|---|---|
| 型号 | | K3V63/<br>K3VG63 | K3V112/<br>K3VG112 | K3V140 | K3VG180 | K3V280 | K3VG180DT | K3VG280DT |
| 排量/(mL/r) | | 63 | 112 | 140 | 180 | 280 | 360 | 560 |
| 压力/MPa | 额定 | 34.3 | | | | | | |
| | 峰值 | 39.2 | | | | | | |

（续）

| 系列 | | K3V 与 K3VG 系列柱塞泵 | | | | | | |
|---|---|---|---|---|---|---|---|---|
| 型号 | | K3V63/<br>K3VG63 | K3V112/<br>K3VG112 | K3V140 | K3VG180 | K3V280 | K3VG180DT | K3VG280DT |
| 转速<br>/(r/min) | 额定 | 1800 | 1800 | 1800 | 1800 | 1200 | 1800 | 1200 |
| | 自吸最高 | 2650/2600 | 2360/2200 | 2150 | 1850 | 1600 | 1850 | 1600 |
| | 最高 | 3250 | 2700 | 2500 | 2300 | 2000 | 2300 | 2000 |
| 应用 | | K3V 系列主要用于工程机械；K3VG 系列主要用于产业机械的开式回路，以高精度电液伺服调节器为主，丰富的控制方式，低噪声、高效、高可靠性而获得好评 | | | | | | |

| 系列 | | K3VL 系列柱塞泵 | | | | | | |
|---|---|---|---|---|---|---|---|---|
| 型号 | | K3VL28 | K3VL45 | K3VL60 | K3VL80 | K3VL112 | K3VL140 | K3VL200 |
| 排量/(mL/r) | | 28 | 45 | 60 | 80 | 112 | 140 | 200 |
| 压力<br>/MPa | 额定 | 32 | | 25 | 32 | | | |
| | 峰值 | 35 | | 28 | 35 | | | |
| 转速<br>/(r/min) | 自吸最高 | 3000 | 2700 | 2400 | 2400 | 2200 | 2200 | 1900 |
| | 最高 | 3600 | 3250 | 3000 | 3000 | 2700 | 2500 | 2200 |
| 应用 | | K3VL 系列是以 K3V 系列为基型开发的对应负载传感和恒压的液压回路型泵。压力脉动低，还可进行卸载及压力可调，还有功率控制型可选 | | | | | | |

| 系列 | | K4V 与 K5V 系列柱塞泵 | | | | | |
|---|---|---|---|---|---|---|---|
| 型号 | | K4V45C | K4V112C | K5V80 | K5V140 | K5V160 | K5V200 |
| 排量/（mL/r） | | 45 | 112 | 80 | 140 | 160 | 200 |
| 压力<br>/MPa | 额定 | 31.4 | | 34.3 | | | |
| | 峰值 | 34.3 | | 39.2 | | | |
| 转速<br>/(r/min) | 自吸最高 | 2900 | 2150 | 2460 | 2160 | 2000 | 1850 |
| | 最高 | 3600 | 2700 | 3000 | 2500 | 2350 | 2200 |
| 应用 | | K4V 用于闭式回路，高压与低压-小倾角时均有高效率，采用弹簧强制型中立保持结构适用于静液压传动情况下时高的中立保持特性 | | K5V 系列继承了 K3V 系列的可靠性与相同的外形和安装方式，提高了功率密度，有更大的排量 | | | |

| 系列 | | K7SP 与 K7V 系列柱塞泵 | | |
|---|---|---|---|---|
| 型号 | | K7SP36 | K7V63 | K7V100 |
| 排量/(mL/r) | | 36×2 | 63 | 100 |
| 压力<br>/MPa | 额定 | 30 | 35 | 35 |
| | 峰值 | 32 | 40 | 40 |
| 转速<br>/(r/minn) | 自吸最高 | 2300 | 2650 | 2280 |
| 应用 | | 紧凑型双联泵用于小型工程机械，吸油口设置离心泵以提高自吸能力 | 全长比 K3V 系列缩短了 10%，大幅度降低了噪声，增强轴承与增大驱动轴有利于增长寿命 | |

### 2. KYB 工程机械用高压柱塞泵

PSV、PSVD、PSVL 系列高压柱塞泵，以高压可变量为主要特点，主要使用于工程机械等需要重负载和高压的领域，充分利用其特长，可进行功率控制、负载敏感等各种控制的应用领域。KYB 高压柱塞泵外形如图 26-88 所示，性能指标见表 26-43。

图 26-88　KYB 高压柱塞泵外形

表 26-43　KYB 高压柱塞泵性能指标

| 型号 | 排量 /(mL/r) | 最高使用压力 /MPa | 最高转速 /(r/min) |
|---|---|---|---|
| PSV－10 | 10 | 27.5 | 3600 |
| PSV－16 | 16.4 | | |
| PSV2－10 | 20 | 27.5 | 3200 |
| PSV2－16 | 32.8 | | |
| PSVD2－17E | 33.6 | 24.5 | 2550 |
| PSVD2－21E | 41.6 | | 2400 |
| PSVD2－27E | 53.8 | | 2400 |
| PSVL－42 | 42 | 24.5 | 2500 |
| PSVL－54 | 54 | | 2400 |

### 3. 丹佛斯静液压柱塞泵

40 多年来，丹佛斯一直是以坚持发展工程机械静液压系统而著名的跨国企业。丹佛斯最具有品牌影响力的静液压元件产品是闭式柱塞泵，由 20 系列开始迭代成为 90 系列闭式柱塞泵，以及当今的 H1P 系列闭式柱塞泵。

90 系列闭式柱塞泵为紧凑、高功率密度液压元件，采用平行布置轴向柱塞及滑靴，并通过一可倾斜式斜盘改变柱塞冲程进而实现泵排量改变。泵出口油液方向随斜盘方向变化而改变，从而实现马达输出轴正/反转向切换。90 系列闭式柱塞泵上的集成补油泵为系统提供补充液压油、冷却油液及控制所需压力油。在泵后端盖上可选配一系列的辅助安装法兰以满足相关应用中的串泵要求。可选多种控制方式以满足不同系统的特定控制要求（手动控制、电控及液控）。丹佛斯闭式柱塞泵性能指标见表 26-44。

在 90 系列的基础上又发展了 H1P 闭式泵（见图 26-89），排量范围为 45 ~

280mL/r，工作压力得到提升，整体效率提高，安装方便。更为先进的是控制理念融入变量的功能中，为服务的主机提供了数智化所需要的应用程序，使 H1P 的应用可以建立在由公司提供的 PLUS +1 工业控制器与软件的基础上，允许为主机控制与所有与 H1P 有关的传感器联系起来，产生定制化的效果，通过网络可以结合主机控制与综合操作进行运行诊断。H1P 闭式泵的变量选择也多，包括与发动机转速相关控制（AC）、电气排量控制（EDC）、风扇驱动控制（FDC）、三位电控（FNR）、机械排量控制（MDC）、无反馈电比例排量控制（NFPE）等。

**表 26-44　丹佛斯闭式柱塞泵性能指标**

| 项目 | | 90 系列 | | | | | | | H1P 系列 | | | |
|---|---|---|---|---|---|---|---|---|---|---|---|---|
| 规格 | | 042 | 055 | 075 | 100 | 130 | 180 | 250 | 045/053 | 89/100 | 210/250 | 280 |
| 排量/(mL/r) | | 42 | 55 | 75 | 100 | 130 | 180 | 250 | 45/53 | 89/100 | 210/250 | 280 |
| 输入转速/(r/min) | 最低 | 500 | | | | | | | 500 | | | |
| | 持续 | 4200 | 3900 | 3600 | 3300 | 3100 | 2600 | 2300 | 3400 | 3300 | 2600 | |
| | 最高 | 4600 | 4250 | 3950 | 3650 | 3400 | 2850 | 2500 | 3500 | 3800 | 2800 | |
| 系统压力/MPa | 额定 | 42 | | | | | | | 42/38 | 45 | | 42 |
| | 最高 | 48 | | | | | | | 45/40 | 48 | | 45 |
| | 最低压力 | 0 | | | | | | | 1 | | | |

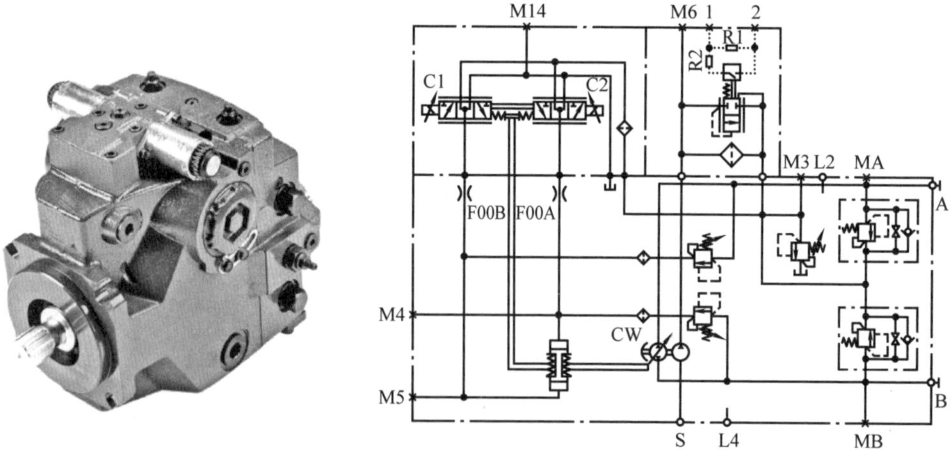


图 26-89　丹佛斯 H1P 闭式泵与控制原理图

**4. 微型挖掘机用不二越 PVD 系列与 PVK 系列柱塞泵**

不二越 PVD 系列与 PVK 系列柱塞泵性能指标见表 26-45。

**5. 博世力士乐工业用与工程机械用高压轴向柱塞泵系列汇总**

A11VO 系列斜盘式轴向柱塞变量泵，用于开式回路，具有多种控制方式，可满足不同的操作要求。即使泵在运行时也可在外部来调节功率控制，输出流量与驱动转速成比例，并可在最大值与零值之间无极变化，各系列性能指标见表 26-46。

**表 26-45　不二越 PVD 系列与 PVK 系列柱塞泵性能指标**

| 型号 | 排量 /(mL/r) | 最高使用压力 /MPa | 最高转速 /(r/min) | 特点与应用 |
|---|---|---|---|---|
| PVD-00B | 16 | 24.5 | 2800 | 一种控制长度紧凑的双流量柱塞泵，需要空间小。独有的斜盘倾转支撑结构保证额定功率控制，有效地发挥发动机的输出。广泛应用于微型挖掘机 |
| PVD-0B | 24 | 24.5 | 2800 | |
| PVD-1B | 34 | 24.5 | 2700 | |
| PVD-2B | 50 | 24.5 | 2600 | |
| PVD-3B | 78 | 32 | 2200 | |
| PVK-2B | 50 | 24.5 | 2600 | 负载敏感系统专用，也可恒功率控制，高效利用发动机功率。先导齿轮泵最高压力为 5.9MPa |
| PVK-3B | 72 | 29.4 | 2200 | |

**表 26-46　博世力士乐工业用与工程机械用高压轴向柱塞泵各系列性能指标**

| 轴向柱塞定量泵系列 用于开式回路 | | | | | | | | | |
|---|---|---|---|---|---|---|---|---|---|
| 系列代号 | | A2FO/70 | | A2FO/6x | | A4FO | | A17FO/10 | |
| 结构特征 | | 斜轴紧凑型 | | 斜轴通用型 | | 斜盘通轴 | | 斜轴商用车辆 | |
| 规格 | | 045…125 | | 10…180 | 250 | 22…28 | 71…500 | 23…107 | |
| 排量分级 | | 7 | | 15 | 1 | 2 | 5 | 6 | |
| 最小与最大排量/(mL/r) | | 44.9 | 125 | 10.3 | 250.0 | 22 | 500 | 22.9 | 106.7 |
| 公称压力/MPa | | 40 | | 40 | 35 | 40 | 35 | 35 | |
| 峰值压力/MPa | | 45 | | 45 | 40 | 45 | 40 | 40 | |
| 转速 /(r/min) | 最大排量 | 2240 | 1600 | 3150 | 1500 | 3600 | 1320 | 3050 | 2000 |
| | 其他排量 | 4250 | 3000 | 6000 | 1800 | 4500 | 1600 | 4300 | 2800 |
| 流量/(L/min) | | 101 | 200 | 30 | 375 | 79 | 660 | 41 | 124 |

| 轴向柱塞变量泵系列 用于开式回路 | | | | | | | | | | | |
|---|---|---|---|---|---|---|---|---|---|---|---|
| 系列代号 | | A1VO/10 | | A4VSO | | A7VO | | A8VO | | A18VO | |
| 结构特征 | | 小型移动机械负载传感系统 | | 适用于工业应用 | | 适用于各种应用 | | 适用于多路运行的机器 | | 用于商用车辆的高压泵 | |
| 规格 | | 18…35 | | 355… 1000 | | 28…500 | | 55…225 | | 55…107 | |
| 排量分级 | | 3 | | 4 | | 8 | | 6 | | 3 | |
| 最小与最大排量/ (mL/r) | | 18 | 35 | 355 | 1000 | 28 | 500 | 55 | 225 | 55 | 107 |
| 公称压力/MPa | | 25 | | 35 | | 35 | | 35 | 38 | 35 | |
| 峰值压力/MPa | | 28 | | 40 | | 40 | | 40 | 42 | 40 | |
| 转速 /(r/min) | 最大排量 | 3300 | 3000 | 1500 | 1000 | 3150 | 1200 | 2500 | 2050 | 2500 | 2150 |
| | 其他排量 | 3300 | 3000 | 1700 | 1200 | 4250 | 1500 | 3000 | 2300 | 3400 | 2900 |
| 流量/(L/min) | | 59 | 105 | 533 | 1000 | 89 | 600 | 137 | 460 | 137 | 230 |

（续）

| 轴向柱塞变量泵系列 用于开式回路 | | | | | | | | | | | |
|---|---|---|---|---|---|---|---|---|---|---|---|
| 系列代号 | | A10VOH | A10VO/31 | | A10VO/32 | | A28VLO | A10VO | | A20VO | |
| 结构特征 | | — | 通用中压泵 | | 适用于高功率设备 | | 行走机械 | 适用于具有中压要求的设备 | | 适用于带多路系统的设备 | |
| 规格 | | 145 | 18…100 | | 45…180 | | 280 | 10…100 | | 60…520 | |
| 排量分级 | | 1 | 6 | | 5 | | 1 | 9 | | 3 | |
| 最小与最大排量/(mL/r) | | 145 | 18 | 100 | 45 | 180 | 280 | 10 | 100 | 60 | 520 |
| 公称压力/MPa | | 32 | 28 | | | | 35 | 25 | | 25 | 35 |
| 峰值压力/MPa | | 42 | 35 | | | | 42 | 31.5 | | 31.5 | 40 |
| 转速/(r/min) | 最大排量 | 2300 | 3300 | 2000 | 3000 | 1800 | 1900 | 3600 | 2300 | 2700 | 1450 |
| | 其他排量 | — | 3900 | 2400 | — | — | 1900 | 4320 | 2500 | 3200 | 1720 |
| 流量/(L/min) | | 333 | 59 | 200 | 135 | 324 | 532 | 37 | 230 | 162 | 754 |

| 轴向柱塞变量泵系列 用于开式回路 | | | | | | | | | | |
|---|---|---|---|---|---|---|---|---|---|---|
| 系列代号 | | A10VNO | | A11VO/1x | | A15VO/1x | | | | |
| 结构特征 | | 适用于低压应用 | | 通轴通用高压 | | 性能优化的中压泵，满足最大功率要求 | | | | |
| 规格 | | 28…85 | | 40…260 | | 110…280 | | | | |
| 排量分级 | | 4 | | 8 | | 4 | | | | |
| 最小与最大排量/(mL/r) | | 28 | 85 | 42 | 260 | 110 | 145 | 175 | 210 | 280 |
| 公称压力/MPa | | 21 | | 35 | | 35 | | | | |
| 峰值压力/MPa | | 25 | | 40 | | 42 | | | | |
| 转速/(r/min) | 最大排量 | 3200 | 2700 | 3000 | 2000 | 2400 | 2300 | 2150 | 2000 | 1800 |
| | 其他排量 | — | — | 3500 | 2300 | — | 2600 | 2500 | 2350 | 2150 |
| 流量/(L/min) | | 690 | 230 | 126 | 468 | 264 | 334 | 376 | 440 | 504 |

| 轴向柱塞变量泵系列 用于闭式回路 | | | | | | | | | | | |
|---|---|---|---|---|---|---|---|---|---|---|---|
| 系列代号 | | A4VG/32 | | A4VG/35 | | A24VG | | A4VG/40 | | A4CSG | |
| 结构特征 | | 适用于闭式回路应用的高压泵 | | 适用于闭式回路应用的高压泵 | | 适用于带两个闭式回路的车辆的高压双泵 | | 适用于闭式回路应用的高压泵 | | — | |
| 规格 | | 28…125 | | 56…90 | | 85…125 | | 110…280 | | 250…750 | |
| 排量分级 | | 6 | | 3 | | 3 | | 6 | | 4 | |
| 最小与最大排量/(mL/r) | | 28 | 125 | 56 | 90 | 85 | 125 | 110.4 | 280.3 | 250 | 750 |
| 公称压力/MPa | | 40 | | 40 | | 45 | | 45 | | 35 | |
| 峰值压力/MPa | | 45 | | 53 | | 50 | | 50 | | 45 | |
| 转速/(r/min) | 最大排量 | 4250 | 2850 | 3600 | 3050 | 3300 | 3000 | 3150 | 2400 | 2200 | 1600 |
| | 其他排量 | 5000 | 3450 | 4050 | 3500 | 3500 | 3200 | 3350 | 2550 | 800 | 800 |
| 流量/(L/min) | | 119 | 356 | 202 | 284 | 280.5 | 375 | 348 | 673 | 550 | 1200 |

（续）

| 轴向柱塞变量泵系列 用于闭式回路 | | | | | | | | |
|---|---|---|---|---|---|---|---|---|
| 系列代号 | | A21VG | | A10VG | | A10VGT | | A30VG |
| 结构特征 | | — | | 中压马达，用于闭式回路 | | 适用于机动混凝土搅拌车滚筒驱动的高压泵 | | 高效双路变量泵，具有差速锁功能 |
| 规格 | | 35…45 | | 18…63 | | 71…115 | | 28 |
| 排量分级 | | 2 | | 4 | | 3 | | 1 |
| 最小与最大排量/(mL/r) | | 35 | 45 | 18 | 63 | 71 | 115 | 28 |
| 公称压力/MPa | | 42 | | 30 | | — | | 30 |
| 峰值压力/MPa | | 45 | | 35 | | 42 | | 35 |
| 转速/(r/min) | 最大排量 | 3300 | 3300 | 4000 | 3000 | 3000 | 按要求 | 3600 |
| | 其他排量 | 3800 | 3800 | 5200 | 3500 | 500 | 500 | 500 |
| 流量/(L/min) | | 115 | 148 | 72 | 189 | 213 | 按要求 | 101 |

# 26.5 重载大流量超高压泵

## 26.5.1 重载大流量超高压技术的发展

传统液压技术一般认为 63MPa 以上是超高压，流量一般在 1L/min 左右，超高压柱塞泵一般用于液压工具与器具之中（见图 26-90a、b）。当然也可以采用增压器产品来升高压力，超过 63MPa 压力水平，用于各种特殊的应用场景，诸如液压机具、压力容器、金属挤压等方面，在应用上往往局限在工业应用位置变化非常缓慢的场景之中。

随着工业技术的发展，如液压支架、液压工具、粉末冶金、超高压射流、金属挤压和超高压耐压、爆破试验等，其液压系统工作压力通常在 70MPa 及 70MPa 以上。在连续运动场景中的超高压工业应用需要达到 100MPa 以上，甚至是 600MPa 以上，如汽车燃油喷射径向柱塞泵的压力就已经达到 250MPa 之高。随着柱塞泵高压化开发的加快，世界范围内的部分企业已经生产了工作压力达到 70MPa 并且流量大于 440L/min 的液压柱塞泵产品，如图 26-90c 所示。

液压技术中产生超高压力的泵几乎都采用柱塞副结构，这是因为柱塞副对超高压力下的密封具备良好的适应性。当排量很小时，单柱塞的手动泵就可以建立超高压力，一般采用用阀配流式轴向或径向柱塞泵，超过 100MPa 时多采用曲柄连杆式轴向柱塞泵，也可用径向柱塞泵。

超高压液压泵及其泵站作为油源，具有体积小、质量轻、输出力大等优点，因

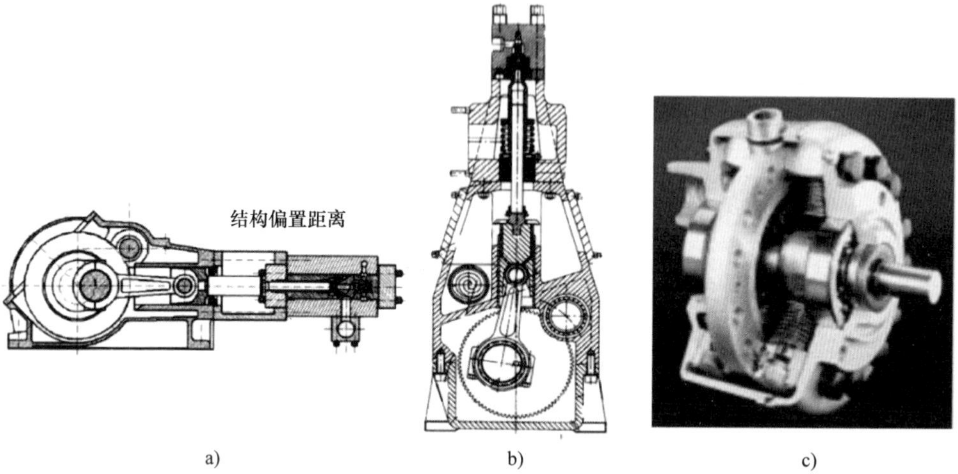


图 26-90　超高压柱塞泵外形结构的发展

a）早期卧式超高压柱塞泵　b）早期立式超高压柱塞泵　c）现代超高压柱塞泵（穆格）

而不仅在压力容器、压力管道的超高压试验、地下岩层渗透试验、人造金刚石生产设备乃至某些大负载小位移制药机械（如压片机）中都获得了大量应用，而且已成为工程施工现场、维修现场和紧急救援现场不可或缺的流动动力源和工具。

超高压液压技术与一般液压技术相比，具有以下主要特点。

1）传统液压技术中超高压往往流量小，一般在 1L/min。但随着液压技术的发展，超高压在许多重型工业场合体现出巨大的优势。主要是因为，随着系统压力的提高，主机结构大大简化，质量大幅度降低，功重比提高，制造成本降低，制造中耗能减少，工业排放污染减少，容易实现绿色生产。随着巨型模锻液压机、橡皮囊液压成型机、人造金刚石合成压力机、深海油气开发设备等重要国防工业设备需求的增长，对超高压液压技术的需求越来越大。因此，目前超高压技术正在由超高压小流量向着超高压大流量方向转变，同时也从开关式元件向高性能比例式元件转变。

在超高压液压系统的升压元件中，柱塞泵和增压器是常采用的类型。因为柱塞泵具有较高的容积效率，又能够很好地适应超高压力下的密封。而增压器又能够在较低的系统压力下通过面积比的关系产生超高压，还可以使用不同的超高压液压介质。

2）超高压液压元件主要采用柱塞泵和插装阀。超高压力是对液体介质实施强大的作用力产生的，超高压泵是关键的动力元件，一般采用柱塞泵，柱塞副对超高压力下的密封也具备良好的适应性，容积效率高。为降低加工难度并减少泄漏量，超高压液压系统中的液压阀一般采用插装式锥阀和球阀结构，插装主阀为超高压，而先导级阀还是常规压力。

3）超高压对液压介质有特别要求。超高压对油液的压缩性已经不可忽视，是一个挑战，油的黏度在50MPa下可能增加一倍，而流动性会减小。所以超高压液压系统常常需要特定的液压介质。所以在不同应用场合的超高压液压系统中，常常有特定的专用液压介质，如在液压支架中常用乳化液、在某些巨型模锻液压机应用水介质。

4）液压超高压下密封更是关键环节，柱塞副对超高压力下的密封具备良好的适应性。但是由于超高压液压系统的压力非常高，即使有很小的泄漏量也会因为其能量高而产生局部的高温，很容易将密封件击穿。同时，同样的密封间隙在超高压环境中的泄漏量也比普通压力下大得多，而超高压液压系统流量一般又很小，所以会对液压系统的正常工作产生很大的影响。目前来看，提高密封性能的主要方法有选择适合的材料、设计合适的密封结构及制造技术。尽管如此，对容积效率会有更大影响；对密封环节和元件强度都有新的要求，液压介质在升压过程中会释放能量，致使密封环节和密封部位瞬时升温，所以超高压力下的密封必须具有良好的耐热性；此外对超高压液压机械和系统的加工要求和精度要求均非常高。

5）超高压元件的需求在发展。虽然超高压液压系统带来的强度和密封方面的问题使得超高压液压元件有更严格的要求，其可选择的结构形式也比普通压力下少得多。但是比较成熟的超高压液压系统主要集中在液压工具、液压支架及液压测试行业中，这些超高压液压工具自身体积小、质量轻、携带方便，而且液压系统简单，研发成本低，同时超高压液压工具销量又大，我国生产厂商也较多，因此在我国100MPa以下的高压泵市场中，国外企业已经无法与我国企业竞争，它们不得不转向超高压泵组的市场。我国超高压液压技术发展缓慢，超高压液压技术没有明显进步，超高压液压元件仅局限于小流量，没有形成一定的技术规范，还不能应用于在线的生产设备。超高压的产生主要靠增压器来实现，没有成熟的大流量液压泵、阀产品，超高压的检测元件也没有成熟的产品。我国超高压技术的发展滞后于主机的发展，因此，当前大力发展超高压技术，努力突破技术难点，对提高我国重型装备制造技术水平具有重要的意义。

6）大功率超高压水射流系统，适合解决工业清洗、去除涂层和除锈等所有问题，可以应用于下列领域。

① 表面处理：除漆、除锈、去除涂层、无飞溅地净化及有选择地剥离混凝土（水力破碎）。

② 管道和管束的清洗：清洗热交换器、冷却器和蒸发器，以及从管路中清除垢层。

③ 容器清洗：从容器和反应釜中彻底清除漆层、涂料、硬垢、树脂、黏附物等。

④ 切割和分离：磨料水射流工具适用于建筑工地进行钢筋混凝土、钢材或陶瓷的切割。

⑤ 其他应用：净化、冶金和航空业等。

7）我国在超高压技术的研发方面注重获得超高压元件检测液压源、动静密封与油液三个方面。如2016年液压支架液压件试验检测的超高压大流量检测系统，以乳化液和63号抗磨液压油作为液压介质，采用双作用增压器作为升压元件，可以产生100MPa、0.62L/次和75MPa、1.57L/次的超高压液压源。在超高压静密封和动密封方面也证实，静密封可采用金属密封或者硬度大的O形密封圈；动密封可以采用间隙密封、橡胶密封圈以及特殊的自紧式密封方式。

国外在超高压技术方面也在不断发展，以各类液压专用仿真计算软件为优势，为超高压元件的研发提供了有力的保障。伴随着全球巨型模锻液压机的需求增长，欧美地区的一些液压制造厂商专门为其研制了配套的液压超高压技术并被少数厂商垄断。各类超高压液压元件（压力等级从小到大，流量规格从小到大），都已经有了相当全面的超高压元件系列。对于油液特性与压力的关系，密度、弹性模量、声速等都可以用二次多项式进行拟合估计，并对绝热过程和等温过程的弹性模量公式进行了修正，还给出了密度、运动黏度关于压力、温度的公式。

### 26.5.2 重载大流量超高压泵的设计要点

超高压柱塞泵的设计制造中要注意不同于常规高压液压设计的特点。在强度校核、材料选择、结构设计方面遵循自身的规律，对国产高强不锈钢和硬质合金材料的应用及结构都应该吸取国内外产品设计的优缺点。

**1. 超高压承压元件的强度校核与自增强措施**

超高压承压元件的强度校核，是超高压泵设计的基础，具有特殊的理论和要求。根据弹性理论，超高压承压元件应当采用拉美公式，计算周向应力 $\sigma_t$、径向应力 $\sigma_r$ 和轴向应力 $\sigma_x$，超高压承压元件受力分析如图26-91所示。从图中可见，轴向应力 $\sigma_x$ 在环形截面内是均匀一致的拉应力；径向应力 $\sigma_r$ 为负值，即压应力，内表面具有压应力的最大值，外表面压应力为零；周向应力 $\sigma_t$ 远大于径向应力和轴向应力，为拉应力，应力从内向外逐渐递减，最大值位于内表面。设计计算中，应重点校核周向应力。

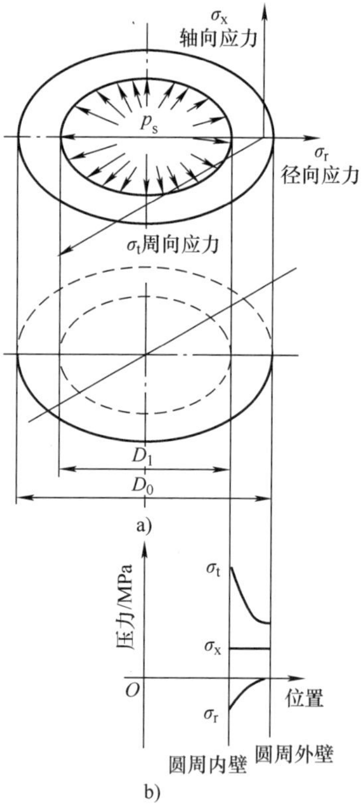


图26-91　超高压承压元件受力分析
a）超高压承压元件
b）超高压承压元件受力状态

当超高压承压元件内表面达到屈服强度

时，屈服压力 $p_s$ 与径比的关系为

$$\frac{p_s}{R_{eL}}=\frac{K^2-1}{\sqrt{2}K^2} \tag{26-10}$$

其中，径比 $K=D_0/D_1$（外径与内径之比）。$p_s/R_{eL}$一般称为受压元件的承载能力，它反映了受压元件的屈服压力和屈服极限之间的关系。由式（26-10）可以得到承载能力与径比的关系曲线（见图 26-92）。

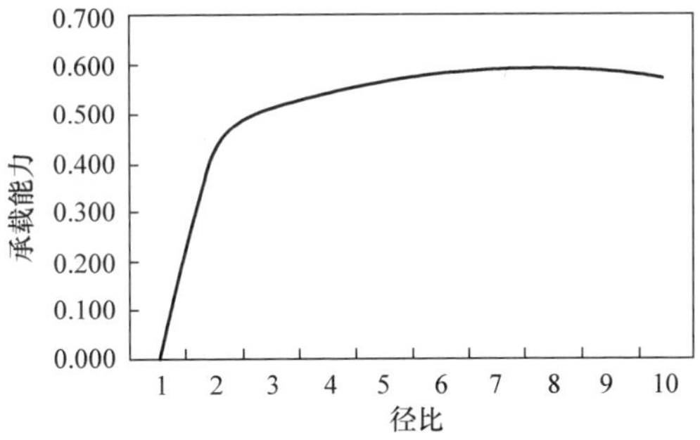


图 26-92　承载能力与径比的关系曲线

从图 26-92 可以直观地看出，在一定的范围内，承载能力随着 $K$（外径/内径，即壁厚）的增大而显著增大。也就是说在此范围内，用相同材料制成的受压元件，$K$（壁厚）越大，承受的内压越大。但是当 $K$ 大于 5 之后，曲线明显趋于平坦。曲线的这种变化说明，当 $K$ 大于 5 之后，再增加壁厚，承载能力已经不能增加。换言之，当压力达到一定程度后，壁厚怎样增加也将无法承载。因为此时内壁已经达到屈服状态，无论怎样增加壁厚，也无法改变内壁已经达到屈服状态的事实。因此，如果材料强度不够，仅靠增加壁厚将无济于事。要想提高超高压承压元件的承载能力，需要从提高材料强度和改变零件结构上寻求途径。所以在测绘产品时，不能仅停留在几何尺寸的层面，还要充分注意分析材料的力学性能和元件的耐压结构及超高压增强技术。

在超高压元件的设计制造中，自增强技术、多层套筒技术、消除应力集中技术是解决问题之道。

自增强技术的原理为将单层厚壁圆筒在使用之前进行液体加压增强或机械挤压增强处理。增强压力一般超过使用压力，且在材料的屈服极限范围。此压力使圆筒内层屈服，产生塑性变形，形成一塑性区，而外层仍保持弹性变形。当卸除增强压力后，内层塑性区因有残余变形，而不可能恢复到原来的状态，结果内径部分就比加压前要略大一些，而外层弹性区卸压后力图恢复到原来的状态。这时外层受到膨胀的内层阻挡，而不能完全恢复，产生预置拉应力。同时，内层受到外层的紧箍，产生预置压应力，当承受使用内压时，圆筒的受力状态得到一定的平衡。因为这种方法是利用圆筒自身外层的弹性收缩力产生的预应力来提高圆筒的强度，所以称为

自增强。经过自增强处理的圆筒，周向应力 $\sigma_t$ 得到均衡，如图 26-93 所示。

自增强的方法通常采用拉推挤压和滚动挤压等方法，专用工具比较简单，在获得增强的同时，可获得精确、光洁的套筒内孔等。另外也有采用多层套筒技术，即在制造套筒时，采用双层嵌入镶套，使外筒的内径比内筒的外径小。装配时将外筒加热，使其膨胀，直至其内径比内筒的外径略大后，将其套在内筒上。冷却后，外筒收缩后对内筒产生压应力，使外筒产生拉应力。所有应力与应变都限制在弹性范围内。这种方法是利用外筒的弹性收缩力来产生预应力，在套筒使用过程中，内筒处于内外受压状态。外筒产生的预应力可以平衡减小内筒的承压，提高外筒的承压。充分利用外层材料的潜力，从而提高套筒的承压能力。多层套筒技术能使周向应力 $\sigma_t$ 得到较好的均衡，达到类似图 26-93c 的效果。

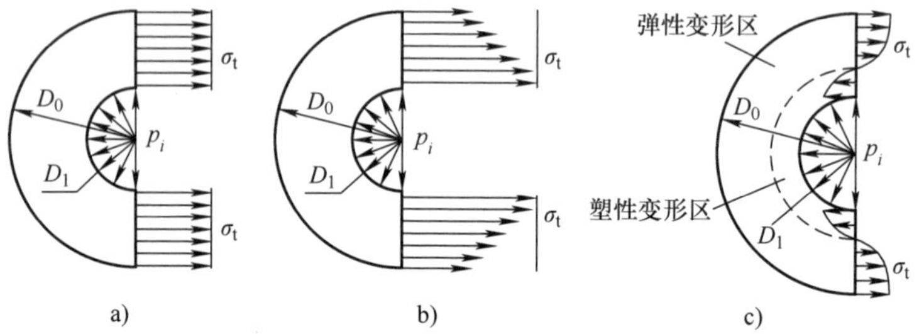


图 26-93　自增强措施后预应力状态

a）理想应力状态　b）实际应力状态　c）自增强后预应力状态

近些年在超高压元件设计中，有限元分析法和有限元仿真软件的应用越来越普遍。通过使用 MSC、NASTRAN 、ABAQUS 或 ANSYS 软件，可以非常直观地展现超高压承压元件在工作中应力变化的状态、应力集中的区域、危险截面的位置、材料疲劳的周期。通过有限元仿真技术，可以大大提高设计的准确度，大大优化零件结构，提高零件寿命。

**2. 超高压承压元件的材料选用**

制造超高压承压元件需要超高强度的不锈钢材料，表 26-47 列出了所展示的材料性能参数。

**表 26-47　常见高强钢性能参数**

| 类别 | 屈服强度 $R_{eL}$/MPa | 抗拉强度 $R_m$/MPa | 屈服比（%） |
|---|---|---|---|
| Ⅰ高强度工程用钢 | ≥350 | ≥500 | ≈70 |
| Ⅱ特高强度钢 | 600～800 | 700～900 | 85～90 |
| Ⅲ超高强度钢 | 1200～1800 | 1400～2200 | 85～95 |

我国的高强度不锈钢材料 0Cr17Ni4Cu4Nb 或 0Cr15Ni5Cu3Nb，抗拉强度 $R_m$ = 932 ~ 1324MPa ，已经相当于美国的高强度不锈钢材料 630，其 $R_m$ = 932 ~ 965MPa。国内已经拥有超高强度的不锈钢 00Ni18Co8Mo5TiAl ，其 $R_m$ = 1667 ~ 1829MPa ，因此现在要制造超高压承压元件，在材料选择上的难度已经大大降低。

但是，还要注意高强度不锈钢的选择，不能仅凭型号、化学成分就简单判定材料力学性能可以达到使用要求。这些合金含量较高的钢材，普通的冶炼方法达不到使用要求，各种精炼方法也很难控制微量有害元素和微小缺陷的存在。这些微小的、肉眼无法发现的缺陷，在静力学试验中也不易发现。但是，在承受超高压交变应力时，就会在较短的时间内引发疲劳破坏。所以，在采购时一定要确认钢材的冶炼方法。不要选用普通冶炼和精炼钢，必须选用电渣重熔钢，并要求供货方提供化学成分、力学性能、检验报告和质量保证书。同时，采购的企业要进行相应的化学成分分析、强度试验、无损检测等质量检验。

以上提到的这些超高强度的不锈钢，必须经过特殊的热处理工艺后（固溶和时效），才能达到最大的抗拉强度。所以，在设计过程中要根据零件的工作状况，确定合适的热处理工艺和参数，以保证零件的强度和寿命。

超高压元件制造中，有时需要使用到粉末冶金烧结的硬质合金材料。它具有很高的硬度（HRC 72 ~ 68），较低的抗弯韧性，属于脆性材料，常用来制造柱塞和旋转密封元件。因为该硬质合金材料大量使用了稀有元素，采购价格比较昂贵，在设计、制造、使用中必须谨慎选择。

采用整体硬质合金制造柱塞，优点在于整体硬度很高、材料均匀密实、精度高，使用时耐磨、阻力小、热硬性较高；缺点在于材料脆硬、加工困难、精加工更难，使用时振动、磕碰或温度不均匀都可能造成断裂。断裂后，非常容易殃及一系列重要元件，造成严重损坏。

由于硬质合金材料和柱塞泵的特殊性质，形成低压力等级的柱塞，直径尺寸较大、质量更大。如果同样使用整体硬质合金材料制造，其材料成本就会远远高于超高压柱塞的材料成本，出现非常不合理的状况。目前我国普遍采用的是在不锈钢柱塞芯棒表面喷焊 Ni60 合金的工艺。不锈钢芯棒具有很好的抗弯曲性能和强度，表面的 Ni60 合金具有很好的硬度（HRC 55 ~ 60）。材料成本远远低于整体硬质合金柱塞。经过多年大量的实践考验，喷焊 Ni60 合金材料的柱塞耐用度和可靠性完全可以胜任 140MPa 以下的高压泵应用。其实，喷焊 Ni60 合金的硬度、表面粗糙度、摩擦系数，也完全可以满足超高压柱塞的要求。

整体硬质合金柱塞的硬度、表面粗糙度、摩擦系数等指标与喷焊 Ni60 合金柱塞没有本质差别，只有很小的提高。超高压柱塞使用的高分子密封材料比常用的编制填料对柱塞的磨损更小，并不需要更高的硬度。整体硬质合金柱塞，具有不一定确实的成分。国外也有企业在设计制造中，为了显示技术、张扬个性，采用一些不惜代价的做法，如用整体硬质合金制造低压柱塞，用非常大尺寸的超高强度不锈钢制造低压部分的泵体，这些也需要分辨，不要盲目学习。

## 26.5.3 重载大流量超高压泵的典型产品性能

### 1. Oilgear 重载大流量超高压泵产品

Oilgear 泵的最显著特点是旋转组件采用了“hard - on - hard”专利技术。采用这种独特设计，会极大地提高抗污染能力和工作压力，增强低黏度介质的适应能力。Oilgear 泵采用专有的动压轴承，以形成一层薄薄的油膜支撑缸体无摩擦旋转，这种轴承没有活动部件摩擦损耗，理论上可无期限使用，此外，由于无须担心污染机械轴承，Oilgear 泵能在多种特殊介质中运行。其产品有下列系列，包括 PVV 系列、PVG 系列、PVWJ 系列、PVWH 系列、PVWW 系列、PVWC 系列、PVM 系列、PVK 系列、PFBA 系列、PFBK 系列、PFCM 系列、PFCS 系列。其中，具有重载大流量超高压泵典型产品和性能指标见表 26-48。

表 26-48 Oilgear 重载大流量超高压泵典型产品和性能指标

| 系列 | 产品外形 | 规格 | 理论排量/(mL/r) | 额定压力/MPa | 特点 |
|---|---|---|---|---|---|
| PVV 系列重载功率开式轴向柱塞泵 |  | 200 | 200 | 42/45 | 用于大型重载的压力机系统转速在 1800 ~ 1500r/min 时性能上达到了柱塞泵的巅峰，功率约为 410kW，是其他型号的 4 倍。控制响应高，噪声低。专利设计压力润滑斜盘，有助于泵在低黏度和其他特殊流体中工作 |
| | | 250 | 250 | 35/40 | |
| | | 440 | 440 | 45/50 | |
| | | 540 | 540 | 35/40 | |
| PFBA 系列高压重载开式多级定量泵 |  | PFBA02 | 3 | 100 | 系列泵进出口单向阀精确定位，高效运行。硬化钢柱塞可在静态缸体内高速运行，可集成增压泵，坚固耐用，快速响应，座阀结构轻巧，寿命长，可多级输出 |
| | | PFBA2 | 4.5 | 100 | |
| | | PFBA2/2 | 9 | 100 | |
| | | PFBA4 | 9.2 | 100 | |
| | | PFBA6 | 13.7 | 70 | |
| | | PFBA8 | 18.5 | 50 | |
| PFBK 系列泵 |  | PFBK033 | 34.9 | 100 | 进出口单向阀精确定位，高效运行。插装式的进口阀便于维修更换，硬化钢柱塞可在静态缸体内高速运行，可集成增压泵，采用动压轴承，坚固耐用，寿命长，快速响应，座阀结构轻巧，多级输出 |
| | | PFBK043 | 44.7 | 70 | |
| | | PFBK052 | 54.5 | 70 | |
| | | PFBK065 | 68.2 | 41.5 | |

（续）

| 系列 | 产品外形 | 规格 | 理论排量/(mL/r) | 额定压力/MPa | 特点 |
|---|---|---|---|---|---|
| PFCM 系列泵 | 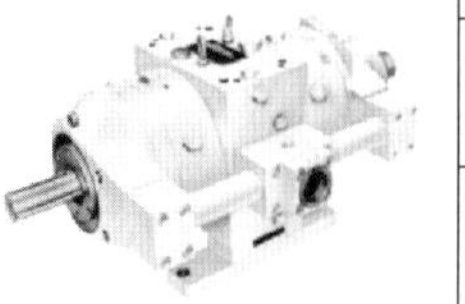 | PFCM066 | 69.8 | 100 | 进出口单向阀精确定位，高效运行。插装式的进口阀便于维修更换，硬化钢柱塞可在静态缸体内高速运行，可集成增压泵，采用动压轴承，坚固耐用，寿命长，快速响应，座阀结构轻巧，多级输出，具有过载传感装置 |
| | | PFCM086 | 89.5 | 70 | |
| | | PFCM104 | 109.2 | 70 | |
| | | PFCM130 | 136.7 | 41.5 | |
| PFCS 系列泵 |  | PFCS440 | 468 | 70 | 进出口单向阀精确定位，高效运行。插装式的进口阀便于维修更换，硬化钢柱塞可在静态缸体内高速运行，静压平衡柱塞滑靴设计。带可更换止推板的双面平衡斜盘，具有过载传感装置，多级输出 |
| | | PFCS580 | 587 | 42 | |

## 2. 哈威柱塞泵

哈威重载大流量超高压泵的典型产品和性能指标见表 26-49。

**表 26-49 哈威重载大流量超高压泵性能指标**

| 系列 | 产品外形 | 柱塞直径/mm | 额定压力/MPa | 特点 |
|---|---|---|---|---|
| R 和 RG 系列柱塞泵 |  | 4 | 70 | 由阀配式星形排列的 6 排柱塞缸并联配置组成，实现较大的流量输出。全封闭的泵壳可安装在油箱里面或油箱外部。特别是该径向柱塞泵可派生多个压力输出口，通过泵盖板上不同连接块输出，实现一套完整液压控制系统 |
| | | 5 | 55 | |
| | | 6 | 45 | |
| | | 7 | 35 | |
| | | 8 | 30 | |
| | | 9 | 25 | |
| RZ 系列双级泵 |  | 4 | 70 | 由高压部分（径向柱塞泵）和直接组装的低压部分（齿轮泵）组成。通过油箱盖板，直接组装双级压力阀和阀块，可实现完整的液压控制回路 |
| | | 5 | 55 | |
| | | 6 | 70 | |
| | | 7 | 60 | |
| | | 8 | 50 | |
| | | 9 | 25 | |
| | | 10 | 45 | |

### 3. 布赫 AX 系列高压轴向柱塞泵

AX 系列高压轴向柱塞泵可在一、二或四象限运行。另外也可与串联泵实现不同的组合。该泵运行脉动低、振动小。没有最低速度限制，机械效率高，设计紧凑，功率密度高，坚固耐用，使用寿命长。具体性能指标见表 26-50。

**表 26-50　AX 系列高压轴向柱塞泵性能指标**

| 型号 | 排量/(mL/r) | 最大连续压力/MPa | 峰值压力/MPa | 最大速度/(r/min) |
|---|---|---|---|---|
| AX24 | 18/21/24 | 45 | 50 | 3600 |
| AX48 | 34/40/45/48 | 45 | 50 | 3000 |
| AX76 | 54/63/72/76 | 45 | 50 | 2600 |
| AX122 | 86/100/115/122 | 45 | 50 | 2200 |

### 4. 江苏恒立液压高压柱塞泵

**表 26-51　江苏恒立液压高压柱塞泵性能指标**

| 外形 | 规格 | 排量/(mL/r) | 压力/MPa | | 转速/(r/min) | | 特点 |
|---|---|---|---|---|---|---|---|
| | | | 额定 | 峰值 | 自吸最高 | 增压最高 | |
|  V30G 系列柱塞泵 | V30G110 | 110 | 42 | 45 | 2400 | — | 适用于开式回路高压重载应用，角度传感器可选，具有控制器配合使用的闭环高精度控制，自吸性能好，高功重比，多种控制方式可选 |
| | V30G145 | 145 | 42 | 45 | 2300 | 2600 | |
| | V30G160 | 160 | 42 | 45 | 2200 | 2500 | |
| | V30G205 | 205 | 42 | 45 | 2100 | 2500 | |
| | V30G280 | 280 | 42 | 45 | 1800 | 2150 | |
|  V30D 系列柱塞泵 | V30D45 | 45 | 35 | 42 | 2600 | 3600 | 适用于开式回路，低噪声，多种控制模块可选，可以串泵并能为后泵提供足够的转矩 |
| | V30D75 | 75 | 35 | 42 | 2400 | 3200 | |
| | V30D95 | 96 | 35 | 42 | 2200 | 2900 | |
| | V30D115 | 115 | 25 | 30 | 2000 | 2800 | |
| | V30D140 | 142 | 35 | 42 | 2200 | 2600 | |
| | V30D160 | 164 | 25 | 30 | 1900 | 2500 | |
| | V30D250 | 250 | 35 | 42 | 1800 | 2000 | |
|  V30E 系列柱塞泵 | V30E95 | 98 | 35 | 42 | 2500 | 2900 | 适用于开式回路，低噪声，多种控制模块可选，结构强固，结构紧凑，高功重比，长寿命 |
| | 30E160 | 160 | 35 | 42 | 2100 | 2500 | |
| | 30E270 | 270 | 35 | 42 | 1800 | 2000 | |
| | 30E280 | 280 | 35 | 42 | 2300 | 2300 | |

（续）

| 外形 | 规格 | 排量/(mL/r) | 压力/MPa | | 转速/(r/min) | | 特点 |
|---|---|---|---|---|---|---|---|
| | | | 额定 | 峰值 | 自吸最高 | 增压最高 | |
|  V80M 系列柱塞泵 | V80ML200 | 202 | 40 | 45 | 2150 | 2550 | 用于开式回路，压力转速高，可串泵并提供足够转矩 |
|  V60N 系列柱塞泵 | V60N60 | 60 | 35 | 40 | 2500 | 2500 | 适用于开式回路，吸油可带增压模式，转速高，高公称压力，结构紧凑，安装方便，在需要串泵应用场合时，能为后泵提供足够的转矩 |
| | V60N90 | 90 | 35 | 40 | 2300 | 2300 | |
| | V60N110 | 110 | 35 | 40 | 2200 | 2200 | |
| | V60N130 | 130 | 40 | 45 | 2100 | 2100 | |
|  V33D 系列柱塞泵 | V33D | 250 | 35 | 42 | 2000 | 2000 | 适用于闭式回路，低噪声，多种控制模块可选，功率密度高，使用寿命长，高自吸转速 |

## 26.6 液压马达及液压多电化

### 26.6.1 趣谈液压马达的作用与发展

在液压领域中常用“泵阀缸”这一词语，无意识地将“液压马达”忽略了。但这正说明液压马达在液压元件中的地位。因为这句话是有事实根据的，根据国际流体动力统计委员会 2019 年统计的图表表明，液压马达的销售额恰恰排在第四位（见图 26-94）。其实液压马达既可以起泵的职能，又可以承担缸的执行机构的作用，二者兼而有之，其重要性不比泵阀缸差，仍然是高端液压元件的一部分。因此可以这样来认识液压马达：

1）从理论上讲，液压马达与液压泵是可以作为正逆使用的，但是工程上又往往难以兼容。今后，特别是 EHA 的出现，对于液压泵与液压马达的互换性在加强，现在液压泵的发展强调可以在四个象限工作，实际上也就是要求液压泵与液压马达的工况可以在同一个元件上实现。

2）液压马达在静液压传动中是“主角”，尽管静液压传动的回路在向液压缸延伸，即在静液压回路中加强缸的应用，特别是 EHA 的发展也迫切要求能够实现这一点，但是液压马达作为主导地位没有改变，更应该发挥二次调速的作用。

3）液压马达在转向中的作用与地位值得重视，为了满足无人驾驶的要求，这部分是实现数智液压的前沿领域，应该优先发展。何况我国在摆线马达的产量与销售额方面也已经处于世界前列。

4）液压马达数智化的发展与重视程度需要加强。

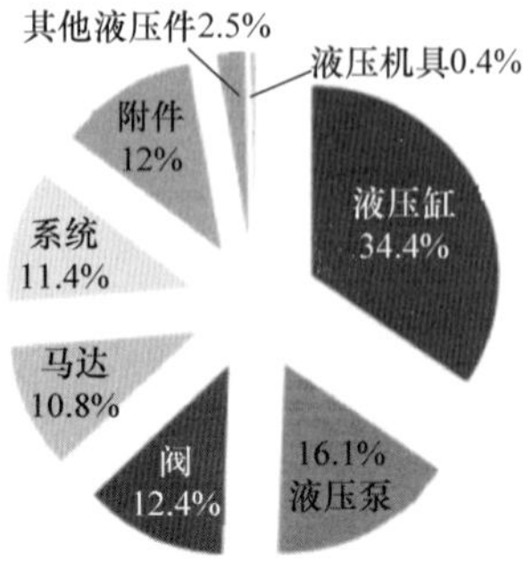


图 26-94　液压马达在液压元件销售额中的地位（安信证券研究中心提供）

5）液压马达以 500r/min 为界划分为高速马达与低速马达。从液压泵而言正在向高速化与宽速化方向发展，后者与液压马达的发展是一致的。

6）在液压车辆行走驱动部分始终是主要应用方向之一。但是随着多电化的发展，这部分的功率范围在伺服电动机适用范围内，被置换的可能性是存在的，液压马达的对策是产品融合、技术融合、市场融合。

7）正在发展的非圆行星齿轮液压马达是一种将非圆行星齿轮机构与液压马达技术结合起来的低速大转矩液压马达，具有结构简单、质量轻、外形尺寸小，容积效率、机械效率、起动转矩效率高，调速范围宽，对工作液污染敏感性低，工作噪声低等优势。

8）从液压马达配流副的结构来看，早期的马达较多采用配流轴，后来出现了阀配流结构，但以端面配流取代轴配流是当前低速大转矩液压马达发展的趋势。

## 26.6.2　液压马达分类与产品情况

液压马达为车辆与工程机械、注塑机械、卷扬机、建筑机械、煤矿机械、矿山机械、冶金机械、船舶机械、石油化工、港口机械等配套的重要机械基础零部件。目前我国液压马达制造企业共有几十家，宁波是这个产业集中的产地，1971 年成立的宁波中意液压马达有限公司（简称：中意液压），是我国首家建设了年产 40 万台液压马达数字化车间（2018 年）的企业，继之启动建设“基于 5G + 工业互联网的液压马达智能工厂”（2020 年），新增并已使用的柔性加工数字化车间、自动装配数字化车间、自动喷涂数字化车间和 AGV + 智能立体仓储，使单位人员生产率、批次产品稳定性、新产品研制周期、企业运营成本等多项指标获得提升。宁波新宏液压有限公司也因开展与推广液压马达智能制造，承办了第二届液压气动“数智化”企业论坛（2020 年），推动了液压马达智能制造的实施。液压马达分类如图 26-95 所示。

在液压马达主要产品中，柱塞马达产值所占比例最大，摆线马达的产值占总产

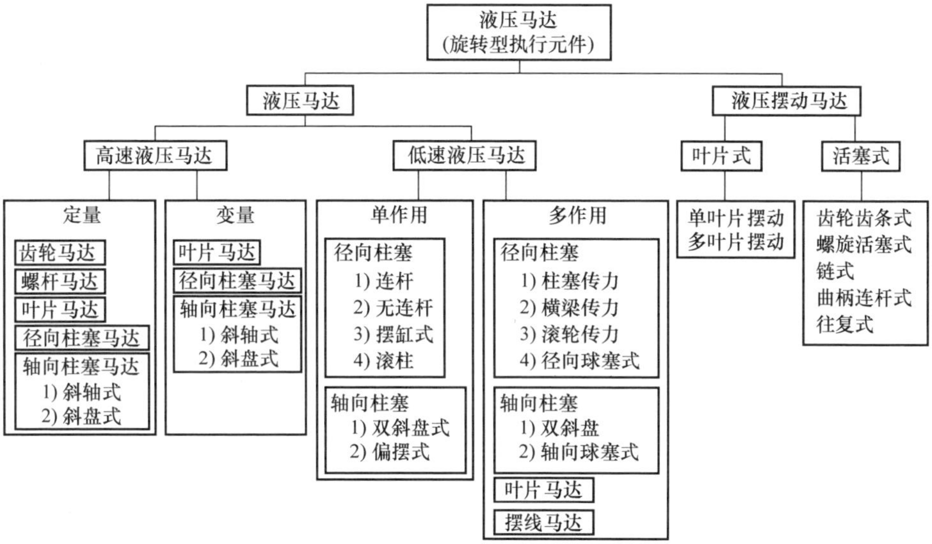


图 26-95　液压马达分类

值的比例为 7%。叶片马达占总产值的比例最小。到 2020 年，我国的液压马达行业市场规模达到 84.6 亿元；但是我国液压马达仍处于贸易逆差状态，液压马达的进口依赖度相对较高，2020 年中国液压马达进口量为 61.53 万台。

## 26.6.3　典型液压马达产品的选用

选定液压马达时要考虑的因素有工作压力、转速范围、运行转矩、总效率、容积效率、滑差特性、寿命等力学性能及在机械设备上的安装条件、外观等。

液压马达的种类很多，特性不一样，应针对具体用途选择合适的液压马达，表 26-52列出了典型液压马达的特性对比。低速场合可以用低速马达，也可用带减速装置的高速马达。二者在结构布置、占用空间、成本、效率等方面各有优点，必须仔细论证。

**表 26-52　典型液压马达的特性对比**

| 特性 | 高速马达 | | | 低速马达 |
|---|---|---|---|---|
| | 齿轮式 | 叶片式 | 柱塞式 | 径向柱塞式 |
| 额定压力/MPa | 21 | 1 | 35 | 21 |
| 排量/（mL/r） | 4～300 | 25～300 | 10～1000 | 125～38000 |
| 转速/（r/min） | 300～5000 | 400～3000 | 10～5000 | 1～500 |
| 总效率（%） | 75～90 | 75～90 | 85～95 | 80～92 |
| 堵转效率（%） | 50～85 | 70～85 | 80～90 | 75～85 |
| 堵转泄漏 | 大 | 大 | 小 | 小 |
| 抗污染敏感度 | 大 | 小 | 小 | 小 |
| 变量能力 | 不能 | 困难 | 可以 | 可以 |

确定了所用液压马达的种类之后，可根据所需要的转矩从产品系列中选出能满足需要的若干种规格，然后利用各种规格的特性曲线查出（或算出）相应的压降、流量和总效率。接下来进行综合技术经济评价，从而确定某个规格。如果原始成本最重要，则应选择流量最小的，这样泵、阀、管路等都最小；如果运行成本最重要，则应选择总效率最高的；如果工作寿命最重要，则应选择压降最小的；也许最佳选择是上述方案的折中，应根据实际情况灵活选择。

对于需要低速运行的马达，要核对其最低稳定转速。如果缺乏数据，应在有关系统的所需工况下实际试验后再取舍。为了在极低转速下平稳运行，马达的泄漏必须恒定，负载要恒定，要有一定的回油背压（如0.3～0.5MPa）和至少$35mm^2/s$的油液黏度。

轴承寿命与转速、载荷有关，即

$$\begin{cases} L_{new} = L_{ref}\dfrac{n_{ref}}{n_{new}} \\ \dfrac{L_{new}}{L_{ref}} = \left(\dfrac{P_{ref}}{P_{new}}\right)^{3.3} \end{cases} \tag{26-11}$$

式中　$L_{new}$——轴承实际寿命（h）；

$L_{ref}$——额定工况下的轴承$B_{10}$寿命（h）；

$n_{new}$——实际转速（r/min）；

$n_{ref}$——额定转速（r/min）；

$P_{new}$——实际轴上载荷（N）；

$P_{ref}$——额定轴上载荷（N）。

根据这些关系，如果转速减半，则轴承寿命延长为原来的2倍。轴上载荷每减小10%，则轴承寿命提高40%。

当需要液压马达带载起动时，要核对堵转转矩。

当用液压马达制动时，如起重机下放重物或静液传动系统在下坡时，液压马达工作于泵工况。这时，在给定的压降下制动转矩与液压马达的有效转矩的关系为

$$M_{br} = \frac{M_{moteff}}{(\eta_{hm})^2} \tag{26-12}$$

式中　$M_{br}$——制动转矩（N·m）；

$M_{moteff}$——液压马达的有效转矩（N·m）；

$\eta_{hm}$——液压机械效率（%）。

按式（26-12）算出的制动转矩不得大于液压马达的最大工作转矩。

为了防止作为泵工作的制动液压马达发生气蚀或丧失制动能力，应保证这时液压马达的“吸油口”有足够的补油压力。这可以靠闭式回路中的补油泵或开式回路中的背压阀来实现。当液压马达驱动大惯量负载时，为了防止停车过程中惯性运动的液压马达缺油，应设置与马达并联的旁通单向阀补油。

当需要长时间防止负载运动时，应使用在液压马达轴上的液压释放机械制动器。

## 26.6.4　齿轮马达国内外典型产品性能比较

### 1. 齿轮马达工作原理与高压结构原理图

外啮合齿轮马达的工作原理如图 26-96a 所示。当高压油输入时，高压腔内各轮齿均受高压作用；由于各齿廓面在两个方向的受压面积不同而对输出轴形成力矩。处于低压腔的各齿也产生液压力矩，但是和高压腔产生的力矩相反。二者综合即齿轮马达的输出力矩。输出力矩克服负载力矩而向图示方向旋转。随着齿轮的旋转，油液从低压腔排出。齿轮马达与其他类型液压马达相比，具有体积小、质量轻、结构简单、工艺性好、对油液的污染不敏感、耐冲击和惯性小等优点。虽有转矩脉动较大、效率较低、起动转矩较小（仅为额定转矩的 60% ~70%）和低速稳定性差等缺点，但在要求不高的场合仍广泛应用。

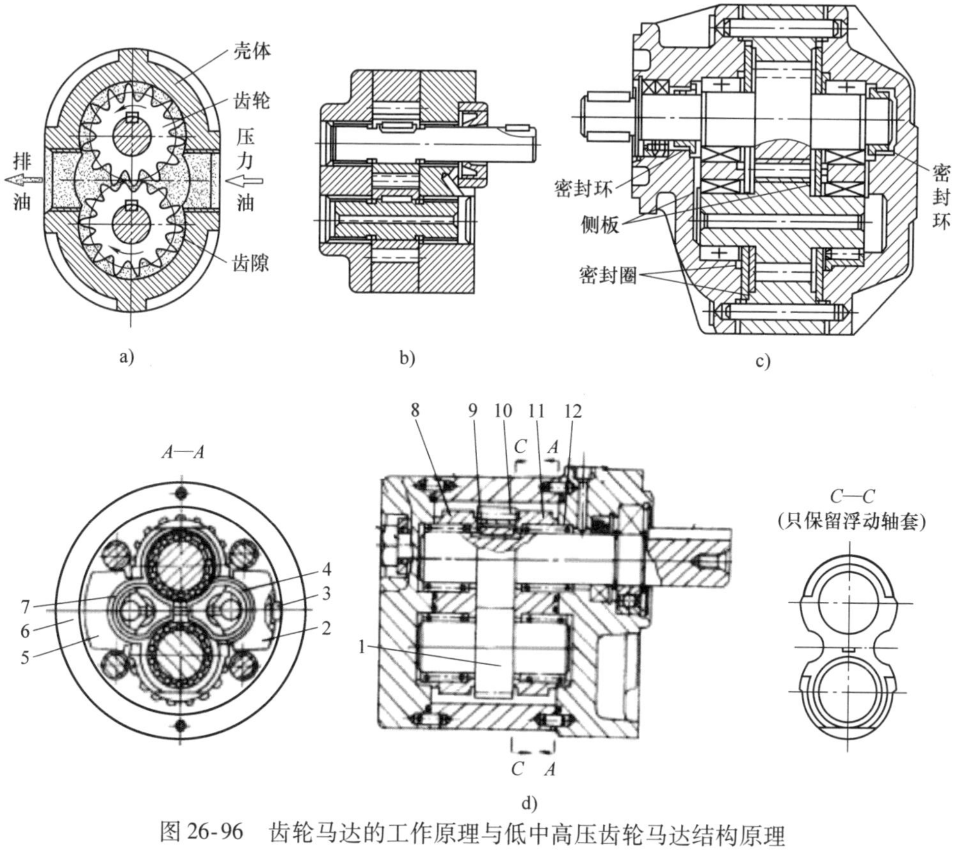


图 26-96　齿轮马达的工作原理与低中高压齿轮马达结构原理

a）齿轮马达工作原理　b）低压齿轮马达（无补偿）　c）中压齿轮马达（侧板补偿）

d）高压齿轮马达（浮动轴承 + 齿顶径向密封）

1、10—齿轮　2、5—密封块　3、6—挡块　4、7—O 形密封圈　8—浮动轴承

9—键　11—浮动轴套　12—滚针轴承

齿轮马达有3种典型结构：一是低压齿轮马达，如图26-96b所示，它不具有补偿功能。二是中压齿轮马达，如图26-96c所示，它具有固定双金属侧板和二次密封的结构。三是高压齿轮马达，如图26-96d所示，这种马达具有轴向间隙和径向间隙都可自动补偿的功能。马达的齿轮1及10的齿顶与壳体不接触，而直接暴露在高压油中，只在低压区一个小范围内（2个齿轮）与径向间隙密封块2接触，密封块2可对径向间隙进行自动补偿，当马达反转时，密封块2′起着相同的作用。马达的浮动轴套7和11（兼作滚针轴承座），可进行轴向间隙补偿。O形密封圈4′的作用是从轴向将低压区限制在一个很小的范围内，同时也限制了轴套背面的受压面，达到轴套压力平衡的目的。反转时，O形密封圈4起着相同作用。这种马达由于在轴向和径向都减少了摩擦面，因而提高了机械效率和输出扭矩，改善了起动性能。

**2. 国内外齿轮马达性能对比**

德国博世力士乐的齿轮马达具体性能指标见表26-53。

我国的长源液压齿轮马达性能指标见表26-54。

**表26-53　德国博世力士乐齿轮马达性能指标**

| 型号 | 规格 | 排量/(mL/r) | 压力/MPa | | 转速/(r/min) | | 特点 |
|---|---|---|---|---|---|---|---|
| | | | 连续 | 间歇 | 最小 | 最大 | |
| AZMB系列 | 2.5 | 2.5 | 22 | 25 | 750 | 5000 | AZMB、AZMF、AZMN、AZMG系列齿轮马达在大量生产情况下，也能保持恒定的高品质，使用寿命长，速度范围广，采用滑动轴承，适合重负荷应用，可选配可反转液压马达，用于二象限和四象限运行，可提供多种配置版本，驱动轴符合ISO或SAE标准，以及客户专用解决方案，管路油口连接法兰或螺纹，所需安装空间小、质量轻，但压力高，黏度和温度范围广 |
| | 3.1 | 3.15 | 22 | 25 | 750 | 4000 | |
| | 4 | 4 | 22 | 25 | 750 | 4000 | |
| | 4.5 | 4.5 | 22 | 25 | 750 | 4000 | |
| | 5 | 5 | 22 | 25 | 750 | 4000 | |
| | 6.3 | 6.3 | 22 | 25 | 750 | 3500 | |
| | 7.1 | 7.1 | 22 | 23 | 750 | 3500 | |
| AZMF系列 | 8 | 8 | 25 | 28 | 700 | 4000 | |
| | 11 | 11 | 25 | 28 | 600 | 3500 | |
| | 14 | 14 | 25 | 28 | 500 | 3000 | |
| | 16 | 16 | 25 | 28 | 500 | 3000 | |
| | 19 | 19 | 18 | 21 | 500 | 3000 | |
| | 22 | 22.5 | 19 | 21 | 500 | 3000 | |
| AZMN系列 | 20 | 20 | 25 | 28 | 500 | 3000 | |
| | 22 | 22.5 | 21 | 24 | 500 | 3000 | |
| | 25 | 25 | 21 | 24 | 500 | 3000 | |
| | 28 | 28 | 21 | 24 | 500 | 3000 | |
| | 32 | 32 | 18 | 21 | 500 | 3000 | |
| AZMG系列 | 22 | 22.5 | 25 | 28 | 500 | 3000 | |
| | 32 | 32 | 25 | 28 | 500 | 2800 | |
| | 45 | 45 | 25 | 28 | 500 | 2600 | |

表 26-54　长源液压齿轮马达性能指标

| 型号 | 排量/(mL/r) | 压力/MPa | | 转速/(r/min) | | | 特点 |
|---|---|---|---|---|---|---|---|
| | | 额定 | 最高 | 最低 | 额定 | 最高 | |
| CMZTG3 系列 | 63～200 | 21 | 25 | 600 | 2000 | 2200 | 高吸振、高轻度耐磨壳体，专利技术使承载能力强、寿命长、可靠性高，具有抗径向力的能力，采用高强度滚柱轴承，采用轴向固定间隙配合，高温起动性能好，流量脉动小，运转平稳噪声低 |
| CMW 系列 | 4～20 | 16～20 | 20～25 | 600 | 2000 | 3000 | |
| CMZS2 系列 | 32～100 | 20 | 25 | 600 | 2000 | 3000 | |
| CMZ2 系列 | 32～100 | 20 | 25 | 600 | 2000 | 3000 | |
| CMGh－2 系列 | 20～63 | 16～20 | 20～25 | 600 | 2500 | 3000 | |
| CMF－E5 系列 | 20～50 | 16 | 20 | 600 | 2500 | 3000 | |
| CMFDA 系列 | 6～25 | 16～20 | 20～25 | 600 | 2000 | 3000 | |

## 26.6.5　叶片马达国内外典型产品性能比较

### 1. 叶片马达工作原理

双作用叶片马达的工作原理如图 26-97a 所示。当压力油进入叶片马达后，由于作用在叶片的液压力不平衡，因而对转子轴产生不平衡力矩，而使转子转动。图 26-97b所示为博世力士乐 MV037 系列叶片马达的实物图，其起动转矩可达理论转矩的 94%，设计紧凑，具有高可靠性。

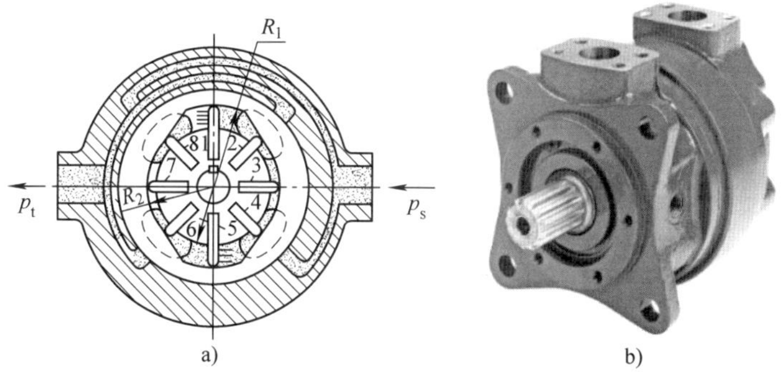


图 26-97　叶片马达

a）双作用叶片马达工作原理　b）叶片马达产品

（1）叶片马达的特点　叶片马达与其他类型液压马达相比，具有结构紧凑、轮廓尺寸较小、噪声低、寿命长等优点，其惯性比柱塞马达小，但抗污染能力比齿轮马达差，且转速不能太高，一般在 2000r/min 以下工作。叶片马达由于泄漏较大，故负载变化或低速时不稳定。

（2）叶片马达的典型结构　四作用式叶片马达的典型结构如图 26-98 所示。该马达为四作用径向力平衡结构，轴旋转一周，进出油各四次。定子兼起配流作用，定子上装有四个滑动叶片，将高压区和低压区隔开。叶片底部装有弹簧，保证起动时叶片紧贴在定子表面。这种液压马达排量大、体积小、输出转矩高，额定工作压力为16MPa，排量为125～200mL/s，转速范围为200～1200r/min。

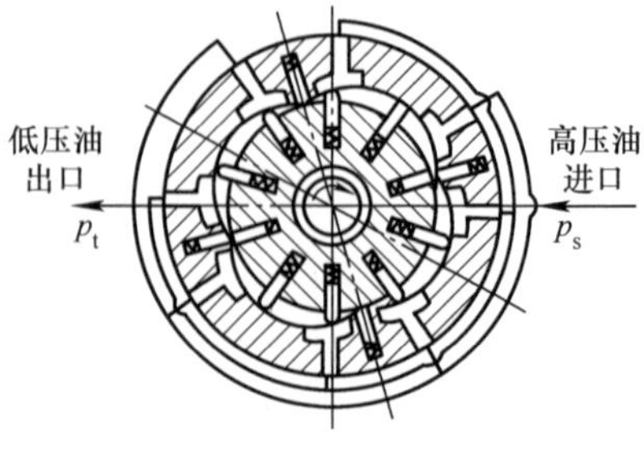

图26-98　四作用式叶片马达的典型结构

**2. 国内外叶片马达产品性能对比**

（1）博世力士乐　MV037系列叶片马达，中等速度、高转矩，需要在应用高要求移动设备时具有可靠性的场合。其关键特性为尺寸小、起动与停止转矩高，并且具有通孔，能够符合SAE“D”安装规格，可针对直接驱动应用场合进行定制。高功重比，高要求应用场合下可靠性高，使用寿命长，速度可持续保持在1000r/min，具体性能指标见表26-55。

**表26-55　博世力士乐叶片马达性能指标**

| 型号 | | MV037-A，MV037-C | | | | | | MV037-D | | | | | |
|---|---|---|---|---|---|---|---|---|---|---|---|---|---|
| 排量/(mL/r) | | 197 | 262 | 328 | 426 | 524 | 606 | 197 | 262 | 328 | 426 | 524 | 606 |
| 压力/MPa | 连续 | 20.7 | | | | | | 31 | | | | | |
| | 间歇 | 24.1 | | | | | | 34.5 | | | | | |
| 转速/(r/min) | 连续 | 1000 | | | 800 | 700 | 600 | 1000 | | | 800 | 700 | 600 |
| | 间歇 | 1200 | | | 1000 | 950 | 800 | 1200 | | | 1000 | 950 | 800 |
| 扭矩/N·m | | 556 | 750 | 979 | 1247 | 1550 | 1783 | 864 | 1154 | 1497 | 1897 | 2352 | 2721 |

（2）派克　M3B和M4系列压力高达23MPa、速度高达4000r/min和低流体润滑性的严苛负载应用，具有更长的寿命。M5*F系列设计用于风扇驱动应用中，安装体积紧凑。性能指标见表26-56。

**表26-56　派克叶片马达性能指标**

| 型号 | 排量/(mL/r) | 最大运行压力/MPa | 额定转速/(r/min) | 额定转矩/N·m |
|---|---|---|---|---|
| M3B、M4 | 9～214 | 17.5～23 | 3600～4000 | 102～567 |
| M5*F | N/A | 28～32 | 2500～6000 | N/A |

（3）榆次液压　YM037叶片马达具有独特的叶片和定子结构，最大排量为330mL/r，不仅具有高速、大转矩的特点，而且有较高的容积效率和机械效率。IHI-WM系列液压马达具有高压、低速、大转矩的特点，有级变量，由液压马达本体和控制器组成，一台液压马达具备各种控制功能的执行机构，液压马达本体主要由前后壳体组件、阀芯组件等组成，控制器为安全阀、缓冲阀等组成的插装集成系统，结构紧凑、流体运动阻尼小、维修方便、集成化高、改型设计方便。具体性能指标见表26-57。

表 26-57　榆次液压叶片马达性能指标

| 型号 | | 流量 /(L/min) | 压力/MPa | | 转速/(r/min) | | 转矩 /N·m |
|---|---|---|---|---|---|---|---|
| | | | 额定 | 最高 | 额定 | 最高 | |
| YM037 | | 330 | 21 | 24.5 | 1000 | 1200 | 958.6 |
| IHI－WM | HVL（G）－DSS | 456 | 16 | | 41.3 | | 22050 |
| | HVL（G）－SS | 387 | 16 | | 35.0 | | 22050 |
| | HVK（G）－DSS | 305 | 16 | | 41.7 | | 14700 |
| | HVL（S）－SS | 309 | 16 | | 27.4 | | 22050 |
| | HVK（S）－DSS | 310 | 16 | | 43.0 | | 14700 |
| | HVN（S）－DS－（DC） | 309 | 16 | | 86.7 | | 7350 |

## 26.6.6　曲轴连杆式径向柱塞马达国内外典型产品性能比较

### 1. 曲轴连杆式径向柱塞马达工作原理与结构

（1）工作原理　曲轴连杆式径向柱塞马达的工作原理如图 26-99a 所示，它是马达曲柄连杆机构中的一个柱塞缸。

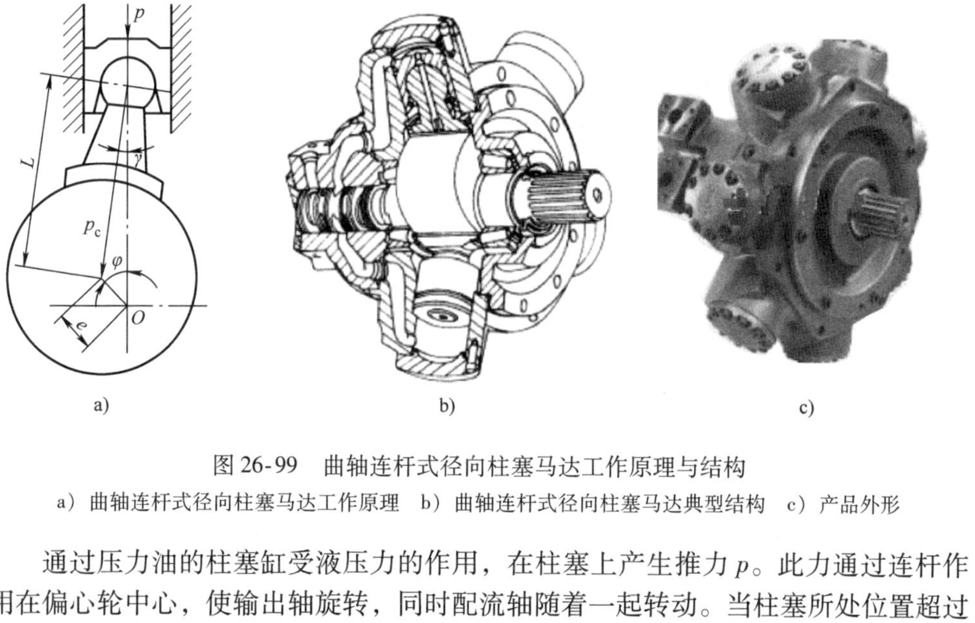


a)　　b)　　c)

图 26-99　曲轴连杆式径向柱塞马达工作原理与结构

a）曲轴连杆式径向柱塞马达工作原理　b）曲轴连杆式径向柱塞马达典型结构　c）产品外形

通过压力油的柱塞缸受液压力的作用，在柱塞上产生推力 $p$。此力通过连杆作用在偏心轮中心，使输出轴旋转，同时配流轴随着一起转动。当柱塞所处位置超过下止点时，柱塞缸便由配流轴接通总回油口，柱塞便被偏心轮往上推，做功后的油液通过配流轴返回油箱。各柱塞缸依次接通高、低压油，各柱塞对输出轴中心所产生的驱动力矩同向相加，就使液压马达输出轴获得连续而平稳的回转力矩。当改变油流方向时，便可改变液压马达的旋转方向。如将配流轴旋转 180°后装配，也可实现液压马达的反转。

如果将曲轴固定，进、出油直接通到配流轴中，就可实现外轴旋转。壳体液压马达可用来驱动车轮和卷扬机卷筒等。

(2) 产品特点 曲轴连杆式径向柱塞马达的特点是结构简单、工作可靠、品种规格多、价格低。其缺点是体积和质量较大，转矩脉动较大，以往的产品低速稳定性较差。但近年来这种液压马达的主要摩擦副大多采用静压支承或静压平衡结构，其性能有所提高，低速稳定性也有很大改善，其最低稳定速度可达 3r/min。因此几十年来这种液压马达不仅未被之后兴起的其他种类液压马达淘汰，而且保持着持续发展的态势。

(3) 曲轴连杆式径向柱塞马达的典型结构 曲轴连杆式径向柱塞马达的典型结构如图 26-99b 所示，产品外形如图 26-99c 所示。这种液压马达通常有 5 个或 7 个柱塞缸，相对输出轴呈放射状径向均匀布置。这些柱塞缸与液压马达本体做成整体结构，形成一个星形壳体。柱塞缸中装有柱塞及与柱塞相连的连杆。柱塞上装有活塞环，起密封作用。连杆与柱塞联结端做成球面轴承，另一端做成鞍形圆柱支承面，配置在输出轴的偏心轮上。输出轴由两个重型圆锥滚子轴承支承，以承受由液压力产生的径向载荷和作用在输出轴轴伸上的径向载荷。输出轴尾部通过滑块联轴器与配油轴相连，使配油轴与输出轴同步旋转。配油轴也由活塞环密封。

**2. 曲轴连杆式径向柱塞马达国内外产品性能比较**

(1) 中意液压曲轴连杆式径向柱塞马达产品 JMDG 曲轴连杆式径向柱塞马达是一种可补偿式端面配油结构的低速、大转矩液压马达，广泛应用于石油、化工、矿山船舶、建筑等机械的液压传动系统中，特别适用于注塑机的螺杆驱动绞盘、卷筒、各种回转机构的驱动，履带和轮子行走机构的驱动等传动机构中。

该液压马达的特点如下：

1) 采用了曲轴及较低激振频率的五缸五活塞机构，保持了原有的低噪声特点。

2) 起动转矩大（起动机械效率提高到 90% 以上），具有良好的低速稳定性，能在很低的速度下平稳运转。

3) 采用了可靠的可补偿式端面配油结构，泄漏减少，维修方便，活塞和缸体间用新型活塞环密封，具有较高的容积效率。

4) 曲轴和连杆间由滚柱支撑，具有很高的机械效率。

5) 旋转方向可逆，输出轴允许承受径向和轴向外力。

6) 具有较高的功重比。

中意液压曲轴连杆式径向柱塞马达产品性能指标见表 26-58。

**表 26-58 中意液压曲轴连杆式径向柱塞马达产品性能指标**

| 系列 | 排量/(mL/r) | 压力/MPa | | 扭矩/N·m | | 转速/(r/min) |
|---|---|---|---|---|---|---|
| | | 尖峰压力 | 连续压力 | 额定 | 单位理论转矩 | |
| JMDG | 56~16040 | 18~24 | 14~20 | 16~32182 | 8~2298 | 3~500 |

（2）宁波斯达弗液压传动有限公司（简称：斯达弗液压）曲轴连杆式径向柱塞马达产品　STFC 系列曲轴连杆式径向柱塞马达在吸取了国内外液压马达静压平衡优点的基础上，经过不断试验、改进、提高后研发而成。该系列液压马达壳体强度高，内部动态元件承载能力大。由于采用静压平衡的形式，减少了内部摩擦力，因此减少了热量产生及与此相关的负面效应。

STFD 系列液压马达是在 STFC 系列基础上最新研发的双排量低速大转矩液压马达，继承了 STFC 系列静压平衡的优点，具有同 STFC 系列同样的高效率、高起动转矩、高容积效率等。可以通过远程控制、自动切换或手动切换来实现排量的切换，并且可以在马达运转过程中简单和轻松地实现。

具体性能指标见表 26-59。

**表 26-59　宁波斯达弗液压曲轴连杆式径向柱塞马达产品性能指标**

| 系列 | 理论排量/(mL/r) | 压力/MPa | | 额定转矩/N·m | 转速/(r/min) | 最大功率/kW |
|---|---|---|---|---|---|---|
| | | 额定 | 最高 | | | |
| STFC | 988 ~ 6807 | 23 | 29 | 3324 ~ 22404 | 100 ~ 300 | 90 ~ 175 |
| STFD | 800 ~ 5300 | 23 | 27.5 | 2484 ~ 17549 | 90 ~ 540 | 73 ~ 153 |

## 26.6.7　内曲线径向柱塞马达国内外典型产品性能比较

### 1. 内曲线径向柱塞马达工作原理与结构

内曲线径向柱塞马达分为横梁传力式、滚轮传力式、滚柱式和球塞式，其工作原理与结构比较见表 26-60。

### 2. 内曲线径向柱塞马达国内外典型产品性能

（1）博世力士乐内曲线径向柱塞马达产品　Hägglunds CA 系列性能指标见表 26-61。

（2）斯达弗液压内曲线径向柱塞马达产品　斯达弗液压内曲线多作用径向柱塞低速大转矩马达属于高端产品，该产品能在各种恶劣工况下稳定工作，能满足大多数场合下对液压马达的高工作压力、大转矩输出及低速稳定性等要求。该产品整体为模块化设计，分为输出模块、功能模块、配流模块、制动模块四部分，可根据主机企业的实际要求进行模块选定，可以减少应用时的机械配置，使布局灵活、简单。

在结构上，这款马达采用端面配流，径向柱塞内曲线形式，利用马达转子中空优势，能根据用户要求方便地配置制动器、测速器，通过马达中孔的特殊设备可以大大简化用户对主机结构的要求。

具体性能指标见表 26-62。各系列液压马达适应能力强，可广泛应用于船舶机械、工程机械、钻探设备、矿山机械、水泥设备、重型冶金、军工等多个领域，也可直接配置用于静液压传动装置中。

表 26-60　内曲线径向柱塞马达工作原理与结构比较

| 项目 | 横梁传力式 | 滚轮传力式 | 滚柱式 | 球塞式 |
|---|---|---|---|---|
| 工作原理 | 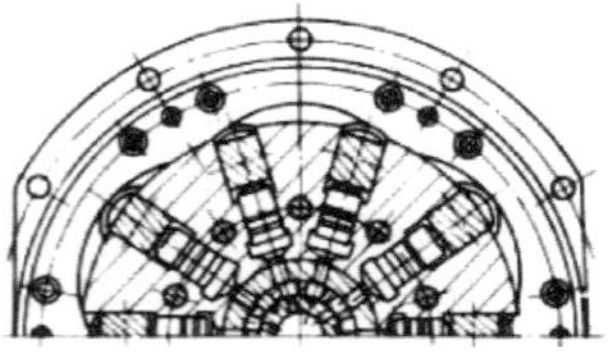 | 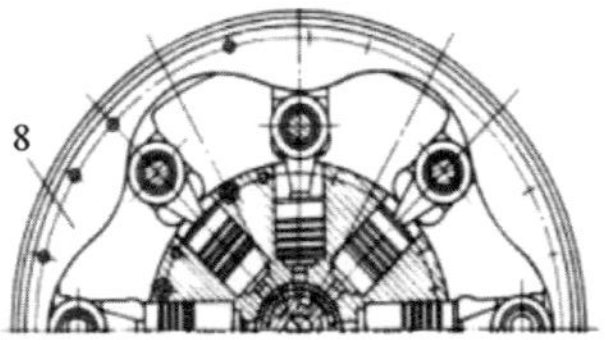 | 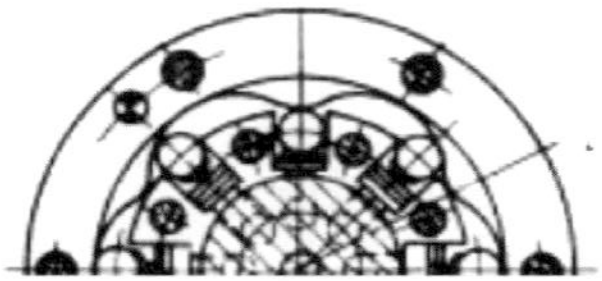 | 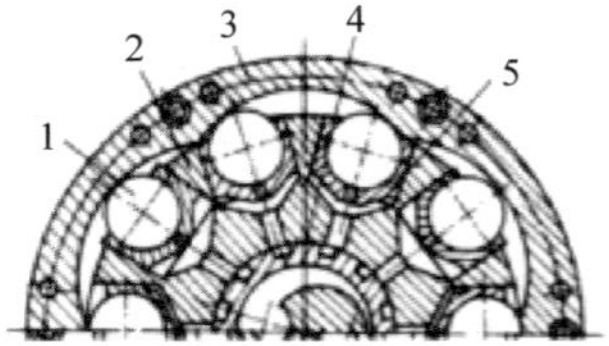 |
| 结构原理 | 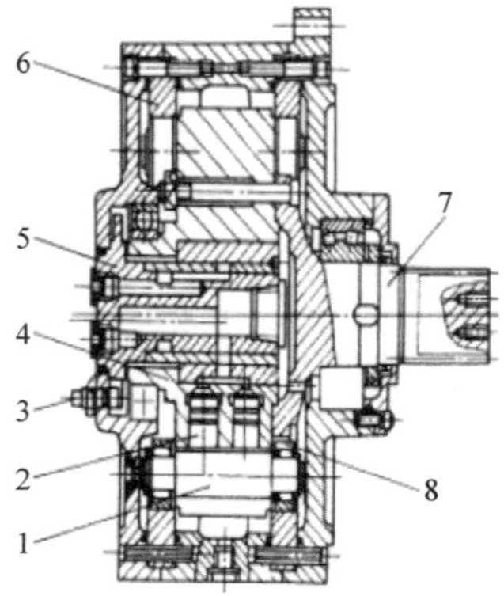 | 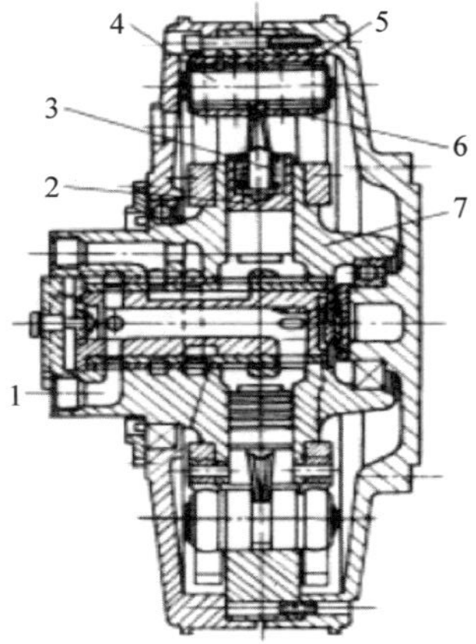 | 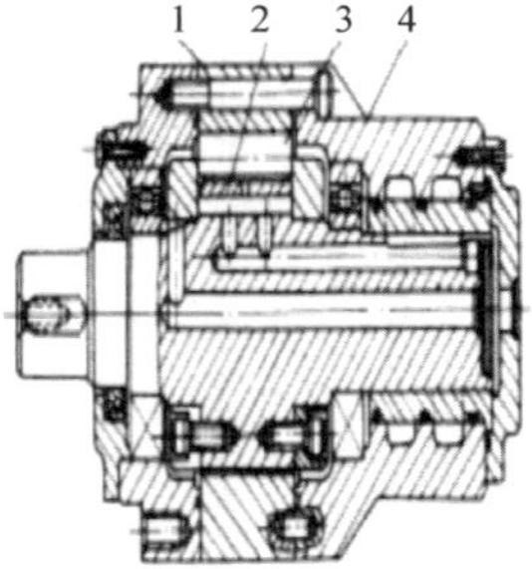 | 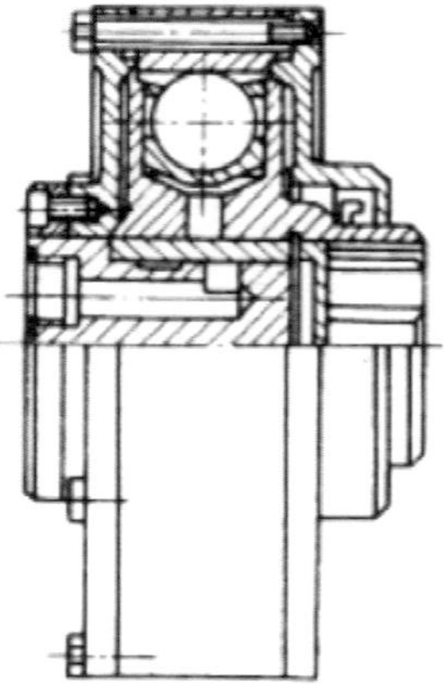 |
| 标注 | 1—横梁　2—柱塞<br>3—微调螺钉　4—缸体<br>5—配油器　6—曲线导轨<br>7—主轴　8—滚轮 | 1—配油器　2—缸体<br>3—导轨　4—传动轴<br>5—外壳　6—滚轮<br>7—柱塞　8—横梁 | 1—导轨　2—柱体<br>3—滚柱　4—缸体 | 1—钢球　2—转子<br>3—导轨　4—配油器<br>5—柱塞 |

（续）

| 项目 | 横梁传力式 | 滚轮传力式 | 滚柱式 | 球塞式 |
| --- | --- | --- | --- | --- |
| 结构原理 | 这种马达由柱塞传力给横梁，横梁在径向槽内滑动，切向力由横梁传递给缸体，柱塞只承受液压力。图中配流器与导轨曲线间的正确相位可通过微调螺钉来调节，以达到精确的配流 | 这种马达由柱塞传力给滚轮，滚轮在径向槽内滑动，切向力由滚轮传递给缸体，柱塞只承受液压力 | 这种马达由柱塞传力给滚柱，滚柱在径向槽内滑动，切向力由滚柱传递给缸体，柱塞只承受液压力 | 用钢球代替横梁，起着柱塞的作用，钢球的外套设计成静压支撑结构，提高了机械效率，也避免直接用滚球时容积效率低的问题 |
| 柱塞产生力矩原理 | 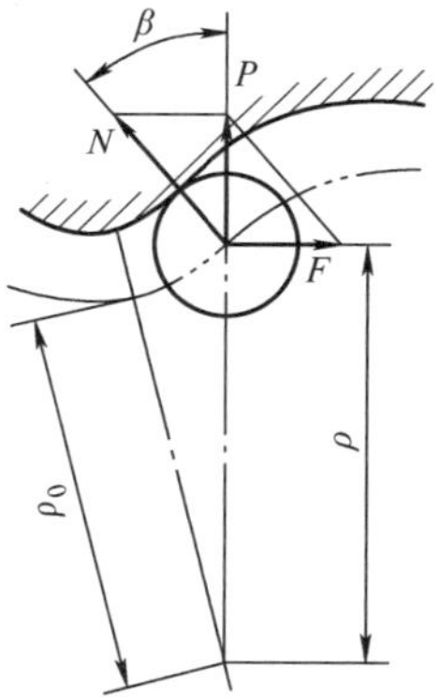 柱塞在高压油推动下，带动横梁/滚轮/滚柱/球塞沿径向向外运动。通过横梁的两端轴颈上装有的滚轮、滚柱或球塞，它与导轨曲线接触，滚轮与导轨曲线的相互作用力 $P$ 如左图所示。柱塞所产生的液压力 $P$ 是沿柱塞轴线的。该力分为两个力 $N$ 与 $F$，力 $N$ 与导轨曲线垂直并与导轨曲线的反力相平衡，分力 $F$ 即为推动缸体旋转的切向力。切向力 $F$ 与向径 $\rho$（$\rho$ 为滚动中心至液压马达旋转中心的距离）的乘积即为该柱塞所产生的转矩。各做功柱塞产生的转矩之和即为液压马达在该瞬时的输出转矩 | | | |
| 柱塞运动的进排油 | 内曲线径向柱塞马达由缸体、导轨、柱塞组（包括柱塞、横梁/滚轮/滚柱/球塞等所组成的组件）、配油器、传力轴和外壳等组成。内曲线马达按其切向力的传递方式及柱塞副结构的不同，可分为以上 4 种类型<br>以横梁传力式为例，有 10 个柱塞，每个柱塞随转子旋转一周往复 6 次。内曲线径向柱塞马达的导轨曲线可分为上升区段、过渡区段和下降区段。该轮每经过一曲线段，柱塞组往复运动一次，当滚轮处在曲线的上升区段，该相应的柱塞进入高压油；反之，当滚轮处在曲线的下降区段时，相应的柱塞排油。柱塞连续不断的进油和排油，使液压马达获得连续不断的输出转矩<br>滚柱支承在柱塞端部的凹槽内，柱塞和滚柱的接触面设计成静压支承结构。配油器的作用是依次将高压油分配给各柱塞，并将低压油从各柱塞依次通过配油器排出 | | | |
| 应用 | 内曲线径向柱塞马达是一种多作用低速大转矩液压马达，它具有尺寸小、质量轻、转矩脉动小、径向力平衡、起动效率高，并能在很低的转速下稳定地运转等优点，故普遍应用于工程、建筑、起重运输、煤矿、船舶、农业等机械中 | | | |

表26-61　Hägglunds CA 系列性能指标

| 系列 | CA50 | | | | | CA70 | | | |
|---|---|---|---|---|---|---|---|---|---|
| 规格 | 7 | 25 | 32 | 40 | 50 | 40 | 50 | 60 | 70 |
| 排量/(mL/r) | 1256 | 1570 | 2010 | 2512 | 3140 | 2512 | 3140 | 3771 | 4400 |
| 最大工作压力/MPa | 35 | | | | | | | | |
| 转速/(r/min) | 400 | | | 350 | 280 | 400 | 320 | 275 | 240 |
| 比转矩（N·m/MPa) | 200 | 250 | 320 | 400 | 500 | 400 | 500 | 600 | 700 |
| 系列 | CA100 | | | | | CA140 | | | |
| 规格 | 40 | 50 | 64 | 80 | 100 | 80 | 100 | 120 | 140 |
| 排量/(mL/r) | 2512 | 3140 | 4020 | 5024 | 6280 | 5024 | 6280 | 7543 | 8800 |
| 最大工作压力/MPa | 35 | | | | | | | | |
| 转速/(r/min) | 400 | | 390 | 310 | 270 | 340 | 275 | 245 | 220 |
| 比转矩/(N·m/MPa) | 400 | 500 | 640 | 800 | 1000 | 800 | 1000 | 1200 | 1400 |

| 系列 | CA210 | | |
|---|---|---|---|
| 规格 | 160 | 180 | 210 |
| 排量/(mL/r) | 10051 | 11314 | 13200 |
| 最大工作压力/MPa | 35 | | |
| 转速/(r/min) | 150 | 135 | 115 |
| 比转矩（N·m/MPa) | 1600 | 1800 | 2100 |

| 系列 | CB840 | | | | | | |
|---|---|---|---|---|---|---|---|
| 规格 | 600 | 640 | 680 | 720 | 760 | 800 | 840 |
| 排量/(mL/r) | 37700 | 400200 | 42700 | 45200 | 47800 | 50300 | 52800 |
| 最大工作压力/MPa | 35 | | | | | | |
| 转速/(r/min) | 45 | 41 | 40 | 37 | 34 | 34 | 32 |
| 比转矩/(N·m/MPa) | 6000 | 6400 | 6800 | 7200 | 7600 | 8000 | 8400 |
| 系列 | CB1120 | | | | | | |
| 规格 | 880 | 920 | 960 | 1000 | 1040 | 1080 | 1120 |
| 排量/(mL/r) | 55300 | 57800 | 60300 | 62800 | 65300 | 67900 | 70400 |
| 最大工作压力/MPa | 35 | | | | | | |
| 转速/(r/min) | 34 | 33 | 32 | 31 | 29 | 28 | 27 |
| 比转矩（N·m/MPa) | 8800 | 9200 | 9600 | 10000 | 10400 | 10800 | 11200 |

(3) 波克兰多作用内曲线径向柱塞马达　法国波克兰的全系列产品排量为172～30000mL/r，结构上有MS、MS HighFlow、MHP、MK、MG、MZ、ML、MI及MF等多种类型的多作用内曲线径向柱塞马达。

波克兰在市场中的主流多作用内曲线径向柱塞马达MS是一种模块式设计。由

表 26-63 可知，其主要由 4 种模块构成与作用，分别是轴承支撑模块、转矩模块、配流模块及制动模块，其中转矩模块和配流模块又称为液压基块，是马达实现能量转换，产生转矩的单元。具体性能指标见表 26-64。

**表 26-62 斯达弗液压内曲线径向柱塞马达性能指标**

| 系列 | 理论排量/(mL/r) | 压力/MPa | | 额定扭矩/N·m | 转速/(r/min) | 最大功率/kW |
|---|---|---|---|---|---|---|
| | | 额定 | 最高 | | | |
| CRM－HA | 1256～17600 | 25 | 31.5 | 5000～70000 | 89～340 | 150～350 |
| CRM－HB | 15100～52800 | 25 | 31.5 | 60000～210000 | 27～106 | 250～400 |
| CRM－PS | 86～4198 | 25 | 45.0 | 342～16688 | 75～390 | 9～110 |

**表 26-63 多作用内曲线径向柱塞马达 MS 模块式设计图解**

| 结构组成 | 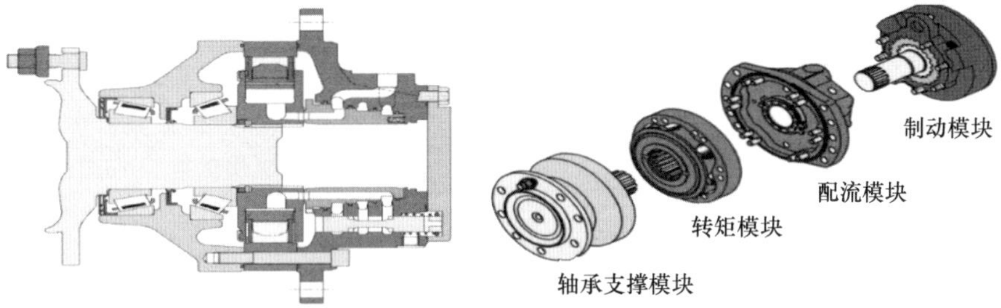 | | | |
|---|---|---|---|---|
| | 轴承支撑模块 | 转矩模块 | 配流模块 | 制动模块 |
| 工作原理 | 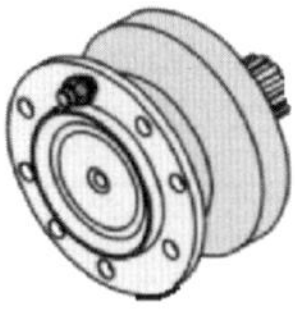 |  | 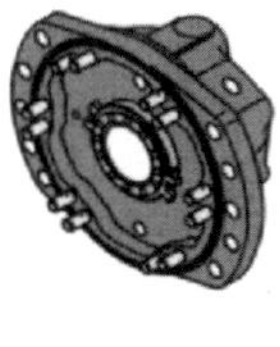 | 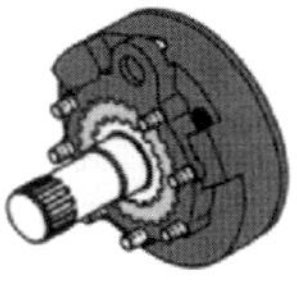 |
| 结构原理 | 主要包含轴承支撑壳体、输出轴和一对相对安装的圆锥滚子轴承。该模块是主要承载受力和转矩输出的单元，一般和机器的驱动部分连接 | 主要包含缸体总成（含柱塞及滚子等），内曲线滚道盘；柱塞和滚子在高压油的推动下紧贴着滚道盘，并且沿着滚道盘滚动，带动缸体和输出轴转动，实现动力传动输出；从而将液压能转换为机械能 | 主要包含配流体和配流体端盖。配流模块将高压油和低压油配流给不同柱塞，从而配合完成能量的转换，同时在变量阀芯和配流体沟槽的配合下实现大小排量的切换 | 用于车辆的驻车制动。采用反式驻车制动，安装在马达的后侧，油压不超过 3MPa，进入制动腔后推动制动活塞使盘式制动片的动片和静片脱离，制动释放后实现驻车制动 |

表 26-64 波克兰多作用内曲线径向柱塞马达性能参数

| 系列 | MS | MHP | MK | MG | MZ | ML | MI | MF |
|---|---|---|---|---|---|---|---|---|
| 排量范围/(mL/r) | 172 ~ 15000 | 1416 ~ 3526 | 272 ~ 2812 | 172 ~ 22519 | 213 ~ 820 | 20 ~ 842 | 7000 ~ 30000 | 627 ~ 1248 |
| 最大转矩/N·m | 77000 | 28059 | 15030 | 16030 | 3100 | 4800 | 167112 | 7945 |
| 最大压力/MPa | 45 | 50 | 45 | 45 | 26 | 38 | 45 | 45 |
| 最大转速/(r/min) | 700 | 505 | 450 | 590 | 470 | 330 | 110 | 150 |
| 最大功率/kW | 240 | 280 | 70 | 80 | 29 | 3 | 500 | ~70 |
| 特点与应用 | 发展了更低能耗的MS HighFlow系列 | 高性能马达，压力达50MPa | 紧凑型马达，适合压路机 | 转向轮边马达易于实现转向轮机动化，整车转弯半径更小 | 回转马达主要用于挖机的回转驱动 | 双齿轮输出马达用于滑移装载机 | 工业马达，广泛应用于工具驱动 | 液压基块可给车辆提供附加牵引力 |

## 26.6.8 摆线齿轮马达

1781年提出了摆线定转子的概念，美国人梅隆希尔于1906年提出的“Gerotor”摆线定转子形成了专利。直至1937年发明了摆线转子磨床后，美国查林（Char - Lynn）公司提出了转矩发生器的设想，在1949年设计制造出全液压转向器，此发明应用至今。1971年，伊顿收购了查林，查林成为品牌产品之一。

### 1. 摆线齿轮马达工作及其配油原理

摆线齿轮马达的工作原理基于摆线内啮合行星齿轮传动（见图26-100a）。内齿轮（即定子）的轮齿齿廓（即针齿）是以$d$为直径的圆弧构成；小齿轮（即转子）的轮齿齿廓是圆弧的共轭曲线，即圆弧中心轨迹$\alpha$（整条的短幅外摆线）的等距曲线$\beta$，转子和定子之间有偏心距$A$。当两轮的齿数差为1时，两轮所有的轮齿都能啮合，且形成$z_2$（定子针齿数）个独立的容积变化的密封腔。当作为马达时，这些密封腔容积变大的部分通过配流机构通以高压油，使马达转子旋转。另一些容积变小的密封腔通过配流机构排出低压油。如此循环，使液压马达连续工作。

通常的摆线齿轮马达采用6～7齿或8～9齿啮合。下面以6～7齿为例（即定子针齿数为7、转子齿数为6）来说明其配油原理。如图26-100b所示，两相互啮合的齿轮形成7个密封腔，当转子相对定子公转1转，此时转子自身在相反方向上自转1/6转，马达内7个密封腔分别完成“低压→高压→低压”的一次循环。因

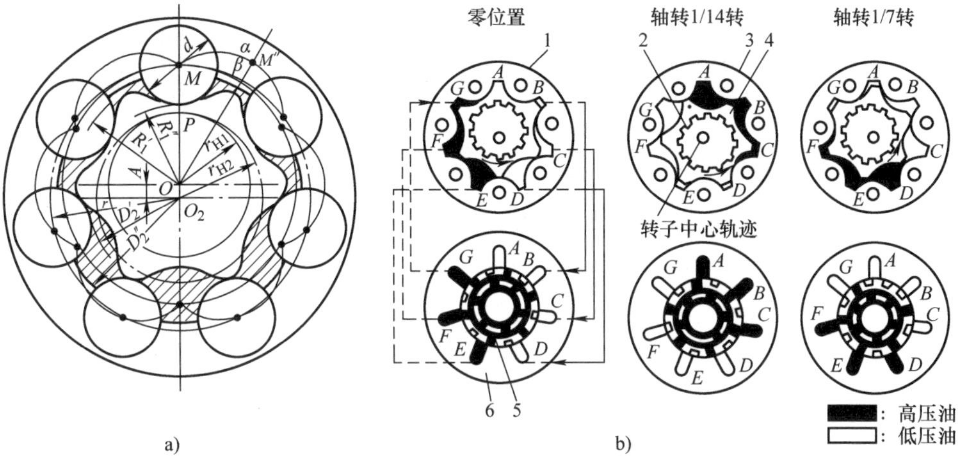


图 26-100 摆线齿轮马达工作及其配油原理图
a）摆线齿轮马达工作原理 b）摆线齿轮马达配油工作原理
1—转子组件 2—花键轴 3—定子 4—转子 5—输出轴 6—外壳

此转子自转 1 正转时，7 个油腔将完成 6 次循环，即可得 42 个高压油腔的容积。因此摆线齿轮马达能输出比较大的转矩，这就是摆线齿轮马达的功重比能大大提高的原因。

目前，国内外生产的摆线齿轮马达最大排量为 1250mL/r，最大输出转矩为 35N · m，转速为 180r/min。因此，这种马达属中速中转矩马达。

该马达的优点是体积小、质量轻、转矩大，因此这种马达的单位质量功率远比其他类型的液压马达的大。另外，这种马达的转速范围宽、价格低廉。目前全世界的年产量已超过百万台，被广泛应用于塑料机械、工程机械、农业机械、煤矿机械、起重运输机械、渔业机械及专用机床等设备中。

**2. 摆线齿轮马达配油典型结构**

（1）轴配流摆线齿轮马达 轴配流摆线齿轮马达的典型结构与产品外形如图 26-101所示，这种马达的配流轴同时也是输出轴，因而具有结构简单、外形尺寸小、成本低廉等优点。但这种轴配流摆线齿轮马达由于配流部分高低压腔间的密封间隙会因轴受到径向力作用而扩大，所以内部泄漏大，并会随着轴的磨损而持续增大，无间隙补偿，因此容积效率较低，这种马达的使用压力也因此受到限制，总效率仅为 50% ~60% ，所以承载能力较小。

目前，这种结构的小排量马达仍有大量生产，这种马达适合应用于传输较小负载且间歇工作的场合。

（2）端面配流摆线齿轮马达 端面配流摆线齿轮马达的典型结构如图 26-102 所示。这种马达于 1967 年出现，我国于 1981 年开始生产。这种马达的优点如下：

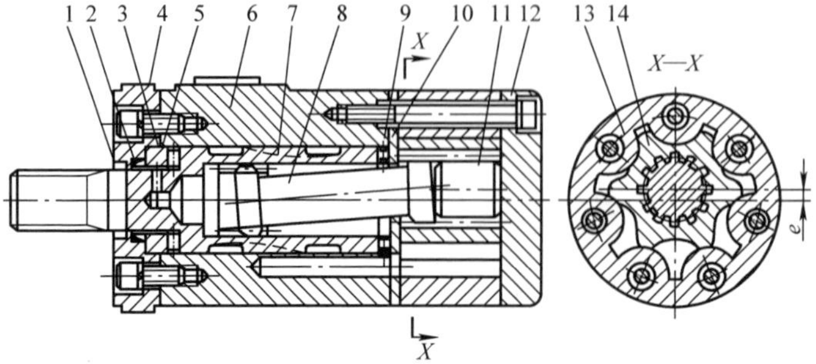

图26-101　轴配流摆线齿轮马达的典型结构与产品外形

1、2、3—密封　4—前盖　5—止推环　6—壳体　7—配流轴（输出轴）8—花键轴　9—推力轴承　10—辅助配流板　11—限制块　12—后盖　13—定子　14—摆线转子

1）端面配流盘具有静压磨损补偿的平面密封，密封性能好。由于能自助补偿间隙，不但容积效率高，而且效率不会随着平面磨损而很快降低。受热冲击时，不会产生很大内漏，配流盘也便于修复。

2）配流盘由专用的短花键轴带动，消除了一体花键轴因磨损而形成的偏差，与轴配流摆线齿轮马达相比，可获得较高的配流精度，因而机械效率高。

3）输出轴采用了承载能力较大的圆锥滚子轴承，因而输出轴刚性好，能承受较大的轴向力与径向力。

4）配流盘上施加预压紧力，因而起动可靠。

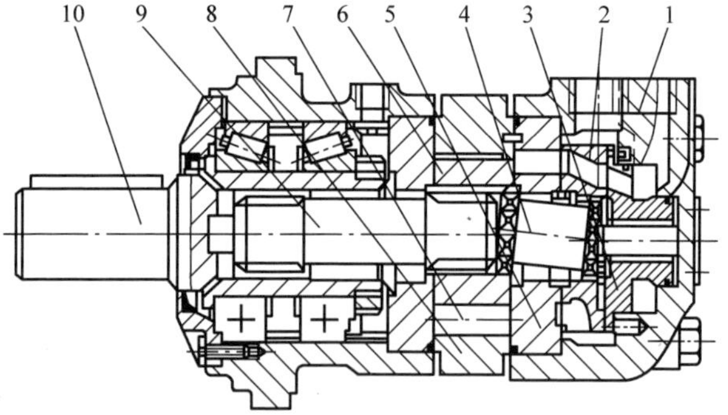


图26-102　端面配流摆线齿轮马达的典型结构

1—后壳体　2—配流盘　3—支承盘　4—鼓形花键轴　5—后侧板　6—转子　7—针柱　8—定子　9—长鼓形花键轴　10—输出轴

这种类型马达的容积效率可达95%左右，机械效率达92%左右，因此是当前最普遍采用的摆线齿轮马达类型。当然这种马达的结构比轴配流结构要复杂一些，制造精度也要求相应提高。

### 3. 摆线齿轮马达国内外产品性能比较

（1）镇江液压　镇江液压摆线齿轮马达产品性能指标见表 26-65。

表 26-65　镇江液压摆线齿轮马达产品性能指标

| 系列 | 排量/(mL/r) | 最高转速/(r/min) | 最大转矩/N·m | | 最高压差/MPa | | 特点 |
|---|---|---|---|---|---|---|---|
| | | | 连续 | 断续 | 连续 | 断续 | |
| QZ 系列 | 37～386.2 | 104～1081 | 51～392 | 68～582 | 7～10.5 | 10.5～14 | 小体积、经济型轴配流 |
| BMV 系列 | 333～990 | 200～510 | 920～2015 | 1110～2280 | 14～20 | 16～24 | 先进的平面配流与镶柱式转定子副，压力高，效率高，寿命长 |
| BMR 系列 | 36～381.4 | 155～1250 | 72～365 | 83～495 | 7～14 | 10～20 | 轴配流与镶柱式转定子副，有高压下自动补偿的结构，效率高 |
| BMM 系列 | 8.2～50.3 | 400～1950 | 11～46 | 15～88 | 7～10 | 14 | 微型轴配流，安装空间小，整体式转定子副，4/5 齿紧凑结构，质量轻，功率密度大 |
| BME2 系列 | 66.8～370 | 152～667 | 126～448 | 176～613 | 9～14 | 12.5～19 | 先进的高速配流，镶柱式转定子副，低速稳定性好，工作压力高，容积效率高，工作寿命长 |

（2）丹佛斯/伊顿摆线齿轮马达系列产品性能　美国伊顿的摆线齿轮马达产品具有压力高、输出转矩大、低速稳定性好等优点。另外，该公司的 2000、4000 和 6000 系列摆线马达具有一种耐高压的轴封，由于能经受高压而不泄漏，所以在一定的背压下，不需要泄漏管，且能承受较大的轴颈径向力。在结构上，该公司产品具有一个内藏式单向阀，可以调节壳体压力以适应大多数场合的应用。

美国丹佛斯摆线齿轮马达产品技术指标见表 26-66。

表 26-66　丹佛斯摆线齿轮马达产品性能指标

| 系列 | 排量/(mL/r) | 流量/(L/min) | | 额定转速/(r/min) | 工作压力/MPa | | 输出转矩/N·m | |
|---|---|---|---|---|---|---|---|---|
| | | 连续 | 间歇 | | 连续 | 间歇 | 连续 | 间歇 |
| 4000 | 110～625 | 75～95 | 95～150 | 151～722 | 11.5～20.5 | 14～31 | 320～970 | 470～1180 |
| 6000 | 195～985 | 150 | 170～225 | 153～775 | 14～20.5 | 14～31 | 575～1685 | 860～1898 |
| 10000 | 345～940 | 170 | 265 | 179～501 | 19～20.5 | 24～27.5 | 1040～2700 | 1390～3440 |
| OML | 8～32 | 16 | 20 | 500～2000 | 7 | 12.5 | 7～29 | 13～51 |

（续）

| 系列 | 排量/(mL/r) | 流量/(L/min) | | 额定转速/(r/min) | 工作压力/MPa | | 输出转矩/N·m | |
|---|---|---|---|---|---|---|---|---|
| | | 连续 | 间歇 | | 连续 | 间歇 | 连续 | 间歇 |
| OMM | 8.2~50 | 20 | 25 | 400~1950 | 10 | 14 | 11~46 | 15~88 |
| OMS | 80.5~488 | 75 | 90 | 155~810 | 21 | 27.5 | 240~850 | 310~1000 |
| OMT | 161.1~523.6 | 125 | 150 | 240~625 | 20 | 24 | 470~1220 | 560~1370 |
| OMV | 314.5~801.8 | 200 | 240 | 250~510 | 20 | 24 | 920~1880 | 1110~2110 |
| TMT | 251.8~629.1 | 125 | 150 | 200~500 | 25 | 35 | 940~1830 | 1290~2290 |

## 26.6.9 摆动马达的工作原理及特点

### 1. 摆动马达的工作原理、特点和使用场合

摆动马达的工作原理、特点和使用场合见表26-67。

**表26-67 摆动马达工作原理、特点和使用场合**

| 类型 | | | 原理图 | 工作原理 | 特点 | 使用场合 |
|---|---|---|---|---|---|---|
| 叶片式 | 单叶片式 | | 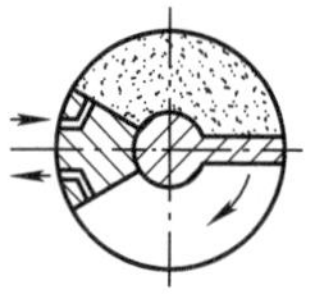 | 叶片把工作腔分隔成两腔。当压力油通入其中一腔时，该腔容积增大，叶片旋转。另一腔容积减小，进行排油。通过与叶片相连的输出轴带动负载转动。压力油反向时，叶片反转 | 结构简单紧凑，轴向尺寸小，质量轻，安装方便，利于整机布局。机械效率较高，但密封较困难，加工复杂。两端盖受压面积大，刚度不易保证。输出轴受到的不平衡径向力较大 | 1）最大转角≤310°<br>2）工作压力≤21MPa<br>3）输出转矩≤35000N·m<br>4）角速度≤100°/s，若超过则外部应设限位 |
| | 多叶片式 | 双叶片式 | 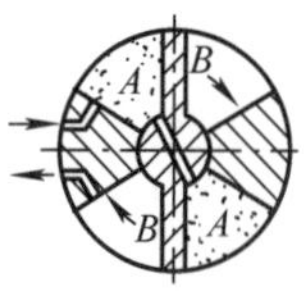 | 对于多叶片式，两个（或三个）*A*腔必须同时通入压力油。两个（或三个）*B*腔也同时排油 | 与单叶片式相比，输出转矩能增加一倍（或两倍）。输出轴不受径向力，机械效率更高。但转角较小，内泄漏较大，容积效率较低 | 1）最大转角≤100°<br>2）工作压力≤21MPa<br>3）输出转矩≤83000N·m<br>4）角速度≤100°/s，若超过则外部应设限位 |
| | | 三叶片式 | 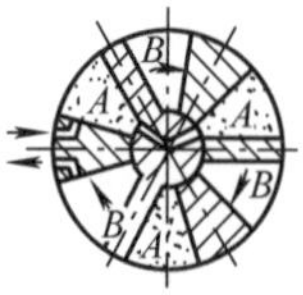 | | | 1）最大转角≤60°<br>2）工作压力≤21MPa<br>3）输出转矩≤83000N·m<br>4）角速度≤100°/s，若超过则外部应设限位 |

（续）

| 类型 | | | 原理图 | 工作原理 | 特点 | 使用场合 |
|---|---|---|---|---|---|---|
| 齿条活齿轮式 | 单缸式 | 单作用式 | 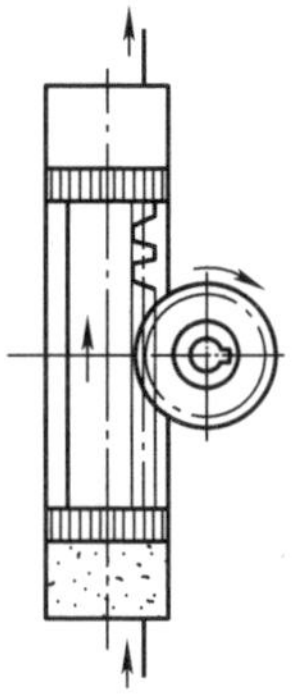 | 当压力油通入液压缸下腔时，活塞杆在压力油的推动下向上移动。通过齿条、齿轮带动输出轴上的负载旋转。压力油反向，输出轴反转 | 结构简单，密封容易。传动效率高，转矩和角速度传递都较平稳。位置精度便于控制。但制造和安装要求较高 | |
| | | 双作用式 | 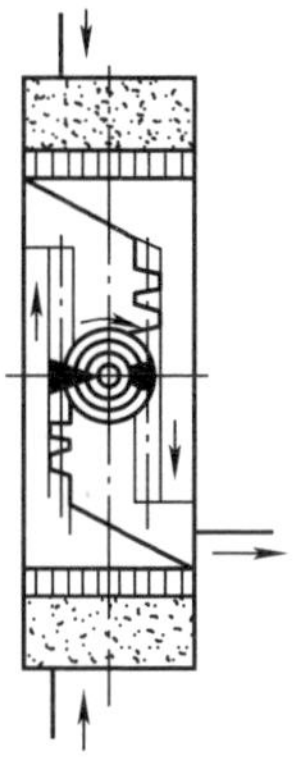 | 当压力油从液压缸上、下腔同时通入时，两活塞相对移动，共同带动齿轮旋转，输出转矩。若压力油从中腔通入，则齿轮反向转动 | 与单作用式比较，输出转矩大。但行程较短，转角较小。制造和安装精度要求更高 | 1）转角由活塞行程决定，可做成转角大于360°<br>2）工作压力≤15MPa<br>3）输出转矩≤40000N·m<br>4）角速度≤100°/s，若超过则外部应设限位 |
| | 双缸式 | | 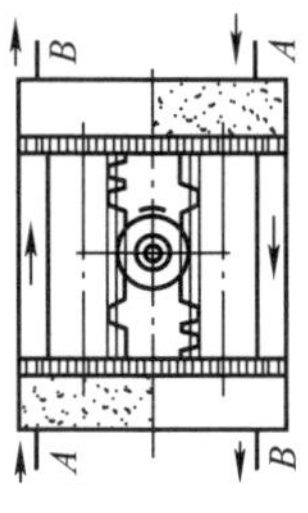 | 此时为两个液压缸。当压力油从液压缸左、右两腔同时通入时，两油塞相对移动，共同带动齿轮旋转，输出转矩；若压力油从左、右两腔相反通入，则齿轮反向旋转 | 与同样尺寸的双活塞式相比，行程较长，转角较大。但输出转矩较小 | |

（续）

| 类型 | | 原理图 | 工作原理 | 特点 | 使用场合 |
|---|---|---|---|---|---|
| 活塞螺旋式 | 单活塞式 | 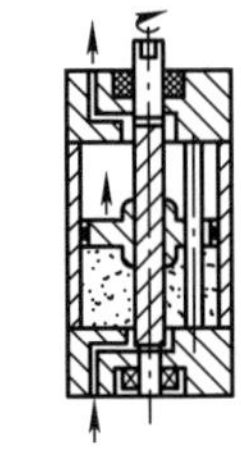 | 螺杆和活塞上分别加工有大螺旋角的螺纹，组成螺旋副。当压力油作用在活塞的一侧时，由于导向杆固定，活塞做不旋转的直线移动。通过螺旋副的啮合作用，输出轴做旋转运动，输出转矩。压力油反向时，螺杆反转 | 结构简单，行程长，转角大，传动平稳，无噪声。但螺杆上作用有轴向力，须另外安装推力轴承承受。螺旋副处密封困难，内泄漏大，只能用于低压场合 | |
| | 双活塞式 | 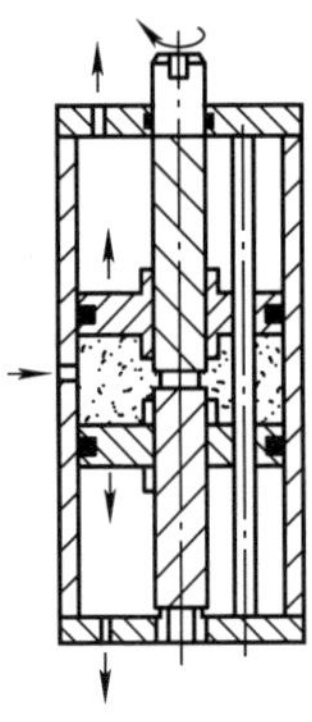 | 螺杆的左、右两半分别加工成右旋和左旋螺纹，各自与左、右两个活塞旋合。当压力油从两个活塞间通入时，两活塞各自向相反的方向运动，共同带动螺杆转动，输出转矩。若压力油反向，螺杆则反向旋转 | 与单活塞式比较，输出转矩大，螺杆上也不受轴向力。但行程短，转角小。螺旋副处泄漏更大，只能用于低压场合 | 1）转角由活塞行程决定，可做成转角大于360°<br>2）工作压力≤15MPa<br>3）输出转矩≤40000N·m<br>4）角速度≤100°/s，若超过则外部应设限位 |
| | 链式 | 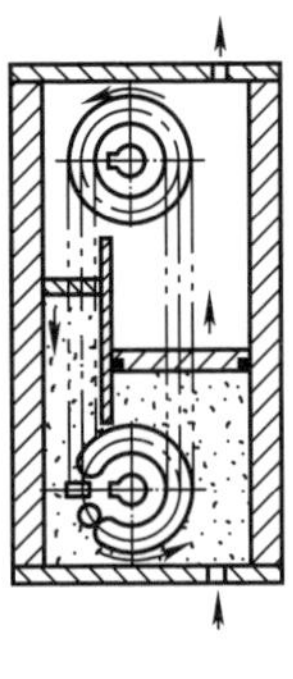 | 大小活塞都与链条固定。链轮安装在输出轴上，链条和链轮啮合。通入压力油时，大活塞受到的推力大，沿压力作用方向直线移动，通过链条链轮的传动，使输出轴旋转。若压力油反向，输出轴也反转 | 可同时带动两个相隔一定距离的负载同向等速旋转。作用在轴上的载荷小，工作可靠。但链条易磨损。高速时，传动不够平稳 | |

（续）

| 类型 | | | 原理图 | 工作原理 | 特点 | 使用场合 |
|---|---|---|---|---|---|---|
| 活塞式 | 曲柄连杆式 | 单作用式 | 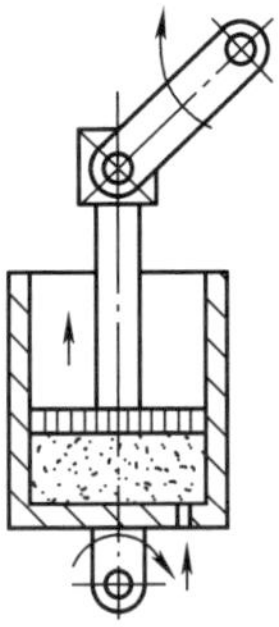 | 液压缸缸筒能够摆动。活塞杆与曲柄连接。曲柄与输出轴相连。活塞腔通入压力油时，活塞杆推动曲柄运动，带动输出轴旋转，输出转矩。回程时借助于外力将活塞推回 | 结构简单，制造容易。曲柄越长，输出力矩越大。但回程须借助外力，应用受限 | 1）最大转角≤90°<br>2）工作压力≤15MPa<br>3）输出转矩≤40000N·m<br>4）角速度≤100°/s，若超过则外部应设限位 |
| | | 双作用式 | 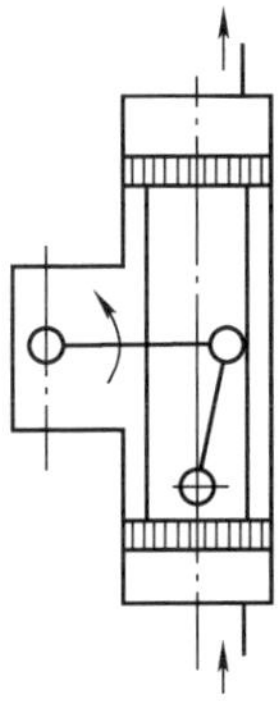 | 连杆安装于液压缸内部。一端与活塞相连，另一端与曲柄相连。曲柄与输出轴固定。当活塞下腔通入压力油时，连杆上移，使曲柄带动输出轴转动。若压力油由上腔通入，输出轴将反向转动 | 与单作用式比较，往复摆动均靠压力油作用，易于控制。转角易于实现调节。不过行程较短，转角较小 | |
| 螺旋活塞式 | | | 单螺旋式<br>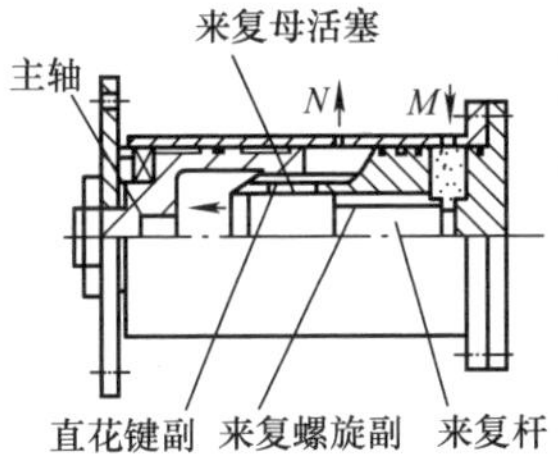 | 当压力油从 $M$ 口流入来复母活塞右端时，就推动它沿着花键的轨道向左做直线运动。因主轴固定，来复母活塞不能旋转，通过来复螺旋副强迫来复杆缸体旋转。此时，$N$ 口排油。若压力油反向，来复母活塞右移，$M$ 口排油，缸体反转 | 具有一个来复螺旋副。结构紧凑，体积小，质量轻，工作平稳可靠，传递转矩大。但加工复杂，成本较高 | 1）转角由活塞行程决定，可做成转角大于1000<br>2）工作压力≤31MPa<br>3）输出转矩≤40000N·m<br>4）角速度≤ 100°/s，若超过则外部应设限位 |
| | | | 双螺旋式<br>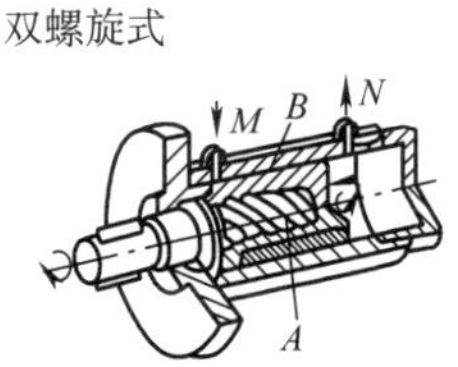 | 当压力油从 $M$ 口流入时，活塞就沿着 $B$ 螺旋副旋转并向右运动，活塞内的 $A$ 螺旋副使来复杆主轴转动。此时，$N$ 口排油。当油从 $N$ 口流入时，$M$ 口排油，来复杆主轴反转 | 具有两个来复螺旋副。结构更紧凑，工作更平稳。可利用两个螺旋副导程间的差异，调节输出转角大小。装配要求和加工精度也相应提高 | |

## 2. 摆动马达的典型结构

各种典型的摆动马达结构见表26-68。

**表26-68 各种典型的摆动马达结构**

| 摆动马达结构 | 结构特点 | 工作状态 |
|---|---|---|
| 具有片状叶片的单叶片式摆动马达<br>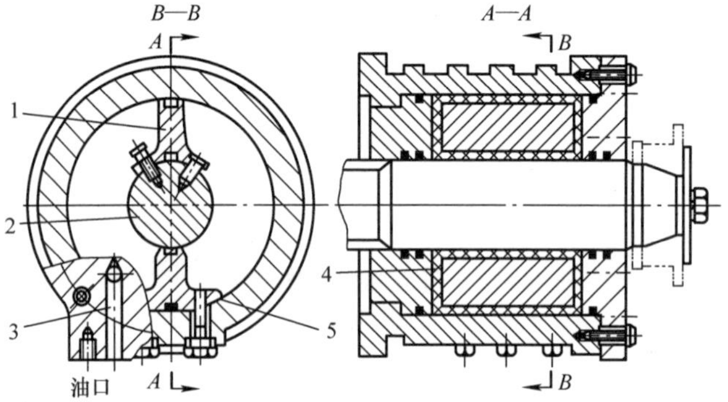<br>1—叶片 2—输出轴 3—油口 4—框形密封 5—止档 | 两工作腔间的密封是靠嵌在叶片和止档外缘的框形密封来保证的。这种结构零件少，运动部位的密封全靠密封条，工作压力不高 | 当压力油流入油口时，叶片可以按油口进入方向顺时针或逆时针转动 |
| 活塞式单作用齿条齿轮式摆动马达<br>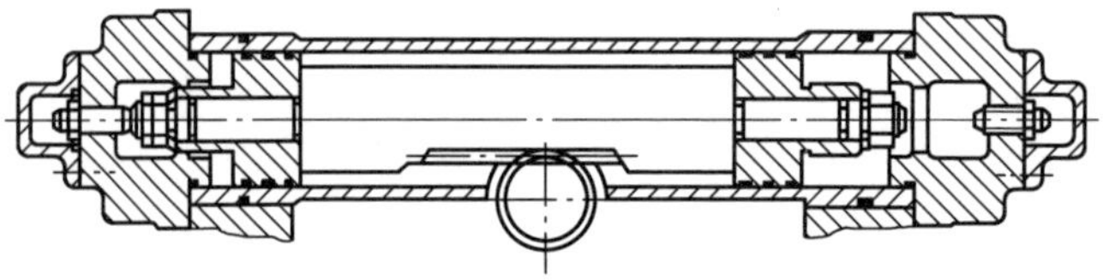 | 活塞的往复运动经齿条－齿轮机构变为回转运动输出。齿轮轴就是输出轴。螺钉是控制位置用的 | 与一般液压缸的进出油状态一致。产生转矩取决于缸径与液压压力 |
| 双作用闭式曲柄连杆式摆动马达<br>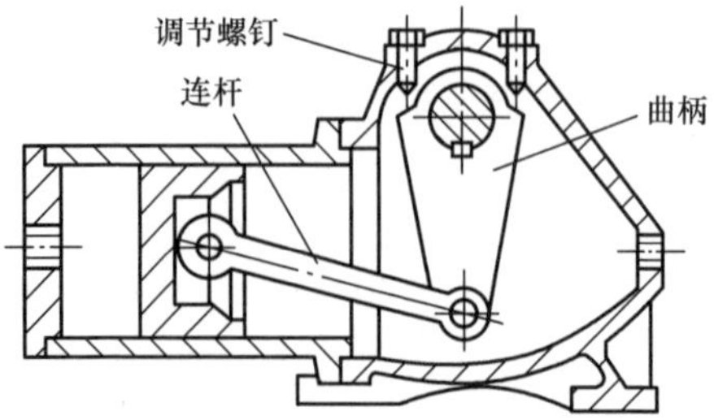 | 行程短，转角小，但输出转矩较大 | 它的往复摆动均靠液压力推动，便于控制。两只调节螺钉的作用是调整曲柄旋转角度 |

（续）

| 摆动马达结构 | 结构特点 | 工作状态 |
|---|---|---|
| 双螺旋摆动马达 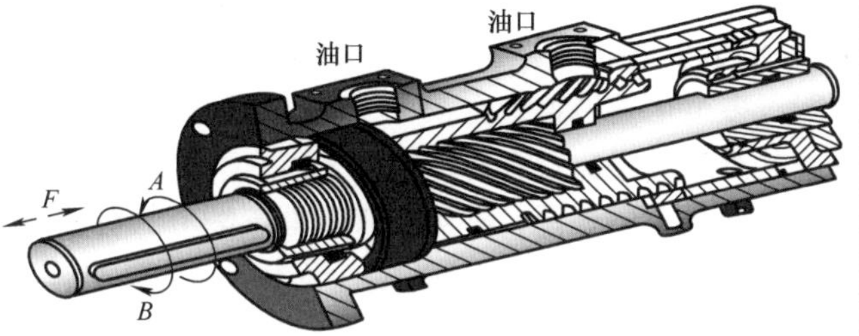  | 螺旋套和螺旋棒的螺旋方向相反，螺旋套与缸体固定，当活塞沿螺旋套旋转并直线运动时，活动内部的螺旋副使螺旋棒转动。反之亦然，一般两处螺旋导程相等，螺旋棒的螺旋升角大于螺旋套升角。如果两处螺旋升角相等，螺旋棒的导程小于螺旋套的导程，当活塞旋转一周，螺旋棒转动范围就大于一周，这种结构紧凑，力矩大 | 摆动角度≤10′。已实现转角为 1000°、转矩 250kN·m 的摆动马达。通过单向阀等可以使马达在任何负载下停止转动，并停止在任意转动角度的位置上，传动轴的零位可以无级别调整。工作压力为 32MPa |

**3. 摆动马达的应用**

摆动马达突出的优点是能使负载直接获得往复摆动运动，无须任何变速机构，已被广泛应用于各个领域，如舰用雷达天线稳定平台的驱动、声呐基体的摆动、鱼雷发射架的开启、液压机械手、装载机上铲斗的回转。

在选用摆动马达时，首先要知道被驱动负载所需的转角、转矩和转速等参数，若所需转角在 310°以上，目前只能选用活塞式摆动液压马达，摆动液压马达的输出转矩要略大于驱动负载所需的转矩及让负载获得最大角速度所需转矩之和。如果所需转矩较大，可考虑提高系统工作压力，对动态品质要求较高的液压伺服系统中，可考虑选择叶片式摆动马达，若需要同时驱动相隔一定间距的两个负载做摆动，则链式结构的摆动马达能满足要求。

单叶片式摆动马达具有结构简单、转角大、输出转矩大等优点，广泛应用于机床平台、矿山和石油机械上，单叶片式摆动马达（YM 系列）技术参数见表 26-69。

**表 26-69　单叶片式摆动马达（YM 系列）技术参数**

| 额定压力/MPa | 排量/（mL/r） | 最大摆角/rad | 转矩/N·m |
|---|---|---|---|
| 2~7 | 90~1430 | 22~304 | （14~588.6）·$\Delta p$ |

注：$\Delta p$ 为叶片两侧的压力差。

螺旋副旋转摆动马达的优点是无须任何变速机构就能使负载获得大角度的往复摆动运动。因此在工程机械、建筑机械、矿山机械、液压钻机、凿岩机、机器人、舰用雷达天线、稳定平台的驱动、声呐基体的摆动、鱼雷发射架的开启、战机前缘襟翼转动、机械手、装载机铲斗回转等场合中都具有普遍的应用。目前美国 Helac、挪威 Scana Skarpenord AS、日本武田（TAKEDA）、德国 HKS 等生产各种摆动马达，但是双螺旋副摆动马达生产厂较少，更需要国产化的优质产品。我国有张家港赫斯曼液压设备有限公司、威海创拓液压科技有限公司等专业生产企业。

## 26.6.10　行走机械多电化下液压马达的未来

### 1. 行走机械多电化的概念与多重优势

自2020年以来，我国的工程机械多电化的发展势头强劲，一些工程机械主机正在以多电化的形态出现。之所以多电化发展如此之快，一方面说明多电化所要求的电动驱动与电子微型计算机控制产品已经比较容易从市场获得，至少比液压数字元件更容易获得；另一方面更是社会在绿色环保、碳中和观念的影响下，更容易取得国家政策与市场的认可。图26-103所示为行走机械的多电化系统工作图。图26-104所示为多电化的三大需求与五大系统。

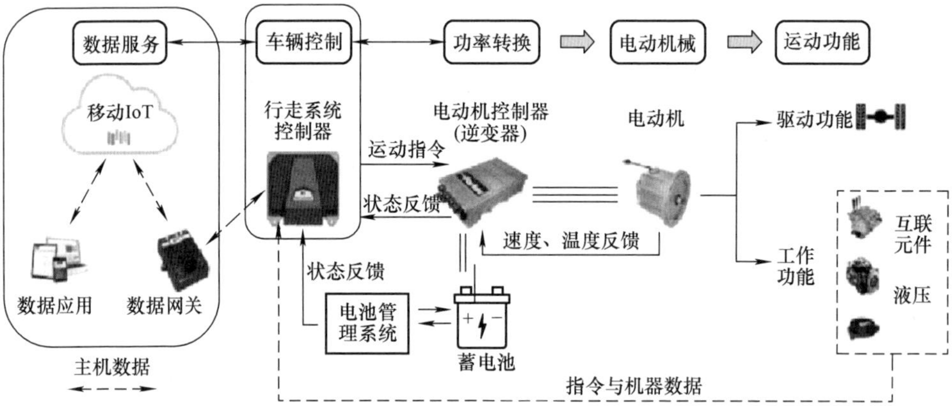


图26-103　行走机械的多电化系统工作图（2020年，派克）

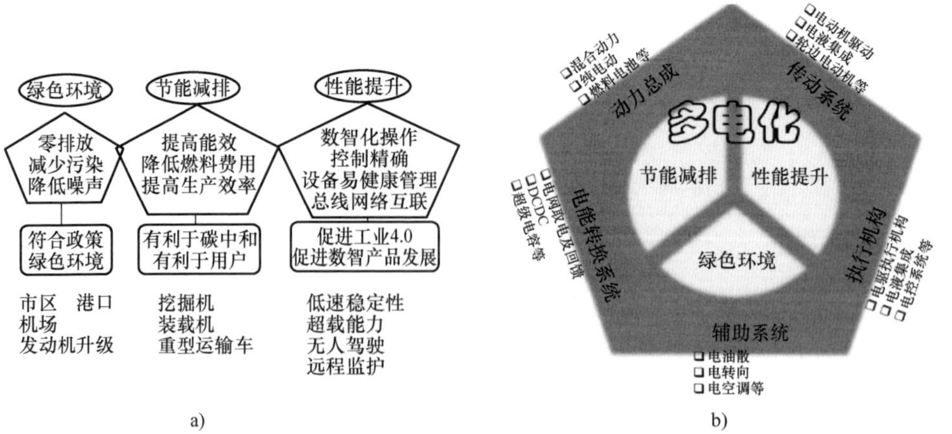


图26-104　多电化的三大需求与五大系统（丹佛斯 EDITRON）

a）三大需求　b）五大系统

多电化的条件已经比较成熟。多电化可以说是始于飞机液压系统改进的需求，已经有了长年的基础技术条件与实践运行的条件，是当前行走机械多电化的先驱。近十多年来汽车电动化的发展，在电能转换技术方面有了长足的进步，特别是电池产品的发展与电容技术的进步使多电化实施有了硬件依靠。不可忽视的是，汽车方面的控制器已经非常成熟，加上无人化下 5G 的迅速发展，都为多电化发展创造了有利环境与条件。

**2. 多电化对液压驱动的影响**

多电化的蓝图已经非常清晰（见图 26-105）。电气化无疑已经撼动了成熟的移动液压系统市场。虽然没有一个明确的前进方向，但很明显，在优化车辆效率方面，多电化方案是一个可以解决的方案。非道路市场中的各种车辆、应用和要求将继续挑战移动液压技术与相关产品。毫无疑问，多电化将使液压技术在移动机械领域继续发挥“流体传动与控制”中的高功重比的传动功能，而在控制功能上要全面地服从电动与电子，液压控制技术将从控制的主体传动与控制变为局部的分布式传动与控制。最好的效果是液压传动与电动电子的高度融合，在多电化中少不了液压技术与元件，在液压发展的过程中少不了电动电子控制。从博世力士乐的发展思路中也可以见到相应的理念（见图 26-106）。

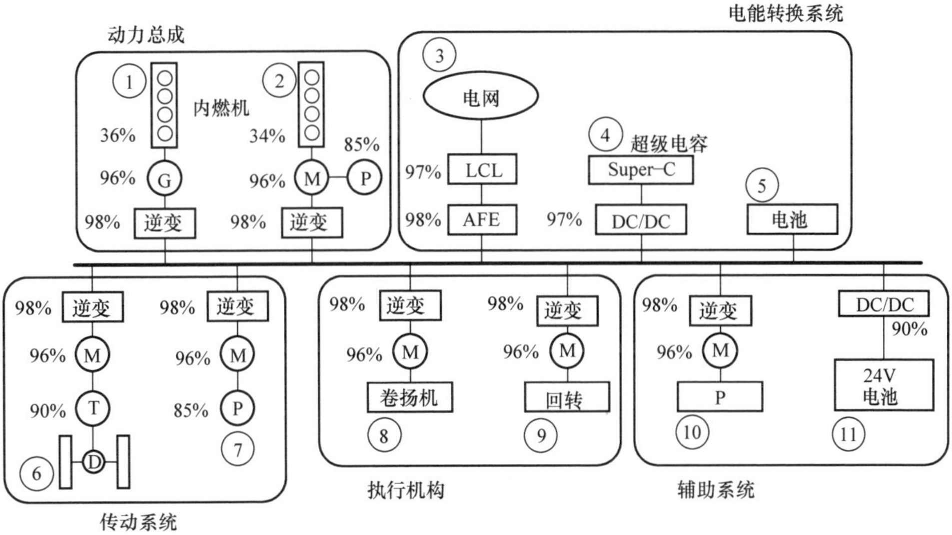


图 26-105 多电化的五大系统工作框架

对于多电化趋势下，液压生产厂的应对措施，是以液压产品生产商原有的市场优势去开拓与液压技术原有涉足技术有过关联的产品，不管这个产品是否是液压产品，继续以市场为导向与目标开发以市场所需要的运动控制产品。作为液压的未来，就是成为一个全新的运动控制产品，这是液压马达未来开拓的方向之一。因为基于液压工程机械的多年发展，有理由相信液压生产方开发符合主机需求的多电化

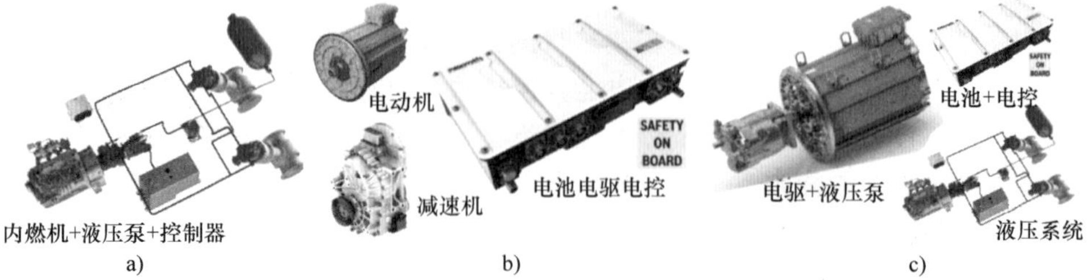


图 26-106 博世力士乐对于多电化的应对措施与方案（2019 年）
a）液压方案 b）电动机与机械融合方案 c）电液融合方案

产品更接近实际应用所需要的技术与产品。

多电化将使工程机械使用的大批量液压马达在一定的功率范围内被取代，但是在已经被取代的有关案例中，液压的“流体柔性”是无法取代的，因此液压技术并不是毫无存在的空间，还需要市场与应用的验证，正如液压机器人在 30 年前被否定后，现在证明流体的柔性在一定的领域内的应用是无法取代的。

## 26.6.11 未来工程机械电驱（Electrification）的轮廓

在讨论未来工程机械电驱的资料（博世力士乐与丹佛斯）里，出现了一个新的词汇“Electrofication”，这个名词目前字典里是没有的（只有“electrification”电气化），2022 年初，我国液压界几位代表性人物也表示不甚了解。目前按字面翻译为“电子化”。因此多电化的根本含义不仅仅是“电气化”而且还是“电子化”。电子化的含义就更多，微处理器等都属于电子化的一部分。

**1. 工程机械电驱的主要核心器件——永磁同步电动机**

永磁同步电动机（见图 26-107）与逆变器属于电源部分。永磁同步电动机是永磁体作为转子产生旋转磁场，在旋转磁场的作用下，三相定子绕组通过电枢反应，感应出三相对称电流。同步电动机和异步电动机相比，没有电励磁和相应的损耗，永磁转子不发热，电负载可以选得很高，所以体积小，功率密度高。随着新型电动机控制理论和稀土永磁材料的快速发展，永磁同步电动机的性能得到了进一步提高。与普通电动机相比，具有以下独特的优势：

图 26-107 永磁同步电动机结构简图

1）高效节能。由于励磁磁场由永磁体提供，永磁转子无须励磁，效率可达 90% 以上。与异步电动机相比，它具有宽范围的高效运行速度和显著的节能效果。尤其是在低速运行时，优势更加明显。温升低，没有电励磁就意味着没有热量的损失，所以永磁电动机的温升一般很低。

2）良好的起动性能。自起动永磁同步电动机一般采用异步起动方式。正常工作时，永磁同步电动机的转子绕组不工作。永磁同步电动机的转子绕组可以设计成完全满足高起动转矩的要求，如起动转矩倍数从 1.8 倍提高到 2.5 倍以上。

3）对电网运行的影响。异步电动机从电网中吸收大量的无功电流，进而降低电网的品质因数，增加输变电设备和发电设备的负荷，导致电网运行效率低下，电网负荷增加。永磁电动机转子非电励磁和高功率因数的独特优势，有助于提高电网的品质因数或使电网无须安装补偿器。

4）永磁电动机具有量程大、效率高的特点，广泛应用于新能源汽车领域，并向多电化工程机械领域发展。

5）体积小，质量轻。随着高性能超强永磁材料的应用，永磁电动机的体积和质量大大减小，功率密度至少是普通三相异步电动机的 1.5 倍。

6）具有高速与低速两个类型。

7）支持高转矩，可选择减速机，功率达到 180kW，转矩可达 2400～42000N·m。

对于未来的工程机械永磁电机，其额定功率可达 200kW，效率可达 98%，环境温度可达 -40～100℃，配以具有 ISO 13849 安全功能的模块化车辆软件。

**2. 工程机械电驱的主要核心器件——逆变器**

新能源汽车逆变器（见图 26-108）是将电池的直流电转变为电动机需要的三相交流电，是新能源汽车的核心零部件，其性能直接关系到电动机的功率输出表现和新能源汽车的续航能力。而且新能源汽车的逆变器要求体积足够小才能确保安装到车辆上。逆变器同时也可以扩大新能源汽车的续驶里程，给新能源汽车提供合适的加速性能。

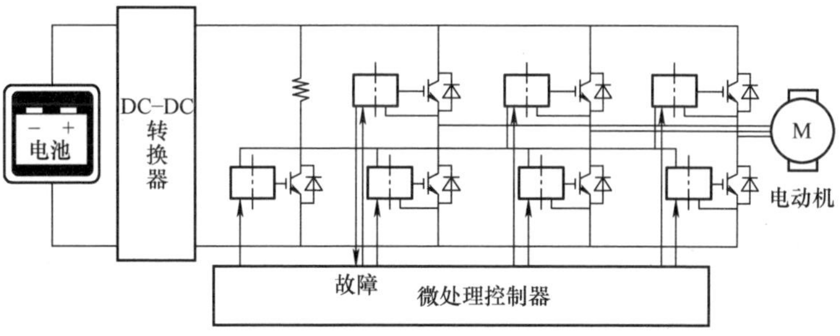


图 26-108　新能源汽车逆变器

续驶里程和充电同时也是新能源汽车行业关注的重点，目前乘用车主流电压是 300～400V。为了应对新能源汽车的发展，逆变器的设计可能也会从 650V 向 1200V 方向发展。对于工程机械车辆，700V 应该是可以达到的。在这方面，逆变器在向高功率、安全性、轻量化、优化散热、智能集成化方向发展。

**3. 工程机械多电化软件管理系统**（见图 26-109）

软件管理系统采用模块化的框架，便于开发与扩展。将移动工程机械的所有电子元件集成为一个控制系统，并将此控制系统纳入整个工程机械主机的控制框架中。在实际控制中可以实现自动控制与低速控制、液压泵的智能性排量或转速协调控制等主控制以及其他辅助控制。

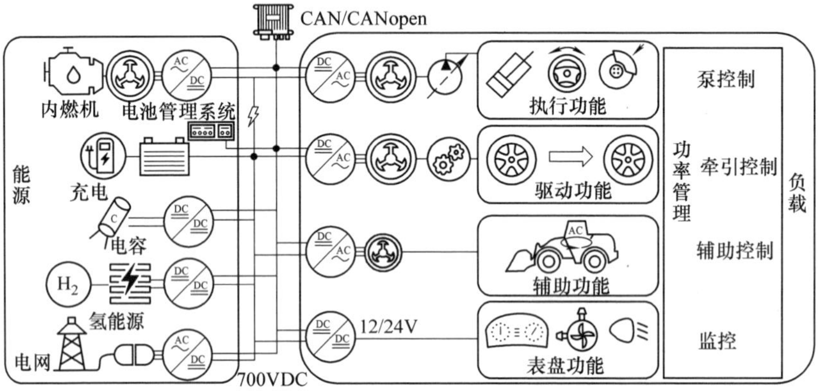


图 26-109　工程机械多电化软件管理系统

**4. 多电化挖掘机配置**

由多电化的工程机械系统可见，工程机械车辆的多电化比起一般电动汽车的要求要高得多，内容与配置也复杂得多，这是一个混合动力系统，电驱主泵、电驱回转、超级电容储能等。图 26-110 所示为电动汽车与多电化行走工程机械配置方案的比较。多电化的方向目前仍然沿着市场习惯在发展，今后越来越多的工程机械的电动部分比例会逐渐增加而液压部分的比例在减少，这取决于双方技术优势的博弈，全电或纯电的工程机械将会逐渐发展，这是液压行业需要认真对待与考虑的。

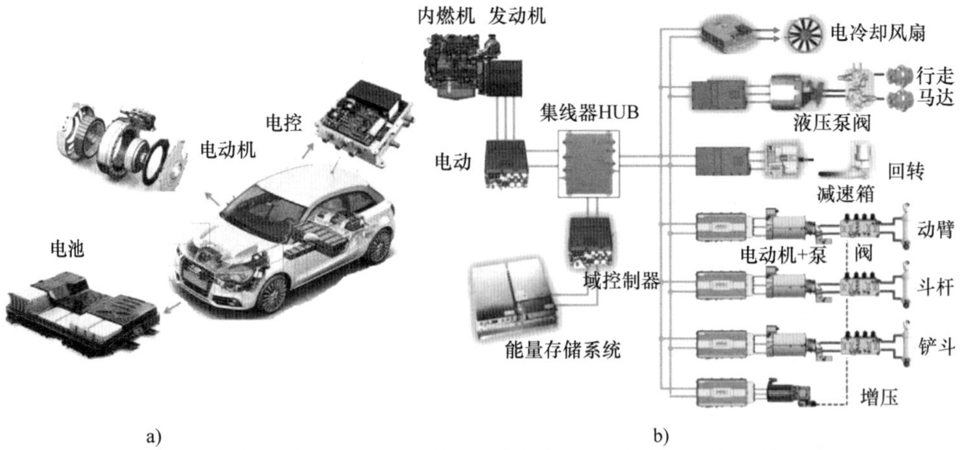


图 26-110　电动汽车与多电化行走工程机械配置方案的比较（丹佛斯）
a）电动汽车配置　b）多电化行走工程机械配置

# 26.7　数字液压缸

液压技术的基本优势之一就是对往复直线运动的控制要优于电力传动与机械传动。因此直线运动液压缸就是液压执行机构中最普遍使用的液压元件，是液压核心元件。据国内液压市场 2019 年的统计，以液压缸、泵、阀为代表的关键零部件产值所占比例达 62.90%，其中液压缸、泵、阀占比分别为 16.10%、12.40% 与 34.4%。根据智研咨询统计，我国 2020 年生产液压缸 7222.3 万台、出口 865 万台、进口 223.53 万台，在工业 4.0 时代，液压缸的数字化是数智液压重要的也是首当其冲的领域之一。

作为液压缸本身的性能也有极大提高，世界上应用型液压缸的最大工作压力已超过 140MPa。高压化既减小液压缸径向尺寸，又显著减少质量，如 2000 ~ 3000t 液压机若采用 100MPa 以上的超高压液压缸，则比普通高压液压机可减轻 1/2 ~ 2/3 的质量。目前超高性能液压缸的高速性能已超过 1500mm/s，同时可以在极低的速度下稳定地工作；工作温度的范围扩大到 -60 ~ 200℃；寿命最长可达 6000km 以上。为了改善换向冲击，也发展了各种均匀减速、平稳制动的缓冲结构，如抛物线环隙、阶梯环隙等各种节流缓冲装置。

目前我国液压缸生产厂家达 100 多家。随着我国液压工程机械主机的发展，对液压缸的市场需求大，技术含量与加工水平也在不断提高。现在，恒立液压生产的液压缸占据了国内的主导地位，辽宁科宇机械装备制造股份有限公司、山东万通液压股份有限公司、邵阳维克液压股份有限公司也都拥有这方面的发明专利，仅恒立液压就有发明专利 66 件。

液压缸从分类而言包括压力分类、产业分类、结构分类、用途分类、产品型式分类、应用场景分类等。表 26-70 列出了当前我国液压缸主体液压分类与竞争格局。

**表 26-70　液压缸主体液压分类与竞争格局**

| 液压缸压力分类 | 低压液压缸 | 中高压液压缸 | 高压液压缸 | 超高压液压缸 |
|---|---|---|---|---|
| 应用分类 | 机床类 | 建筑车轮类，航空类 | 挖掘机等类 | 液压工具类 |
| 按运动分类 | 非行走机械 | 行走机械 | | 非行走机械 |
| 对液压缸要求 | 载荷低，运动要求不高，频响要求不高，制造要求不高 | 高压、大流量工艺性强，生产设备与制造要求高，产品大批量生产的质量稳定性是关键。对性能要求高，对控制的频响动态指标提出越来越高的要求。在进入工业 4.0 阶段后，液压缸已经不只是执行机构，而且是控制中的一个环节（轴控制） | | 超高压已达 200MPa，超薄，静压支承 |

（续）

| 液压缸压力分类 | 低压液压缸 | 中高压液压缸 | 高压液压缸 | 超高压液压缸 |
|---|---|---|---|---|
| 竞争格局 | 国内生产厂商多，国产品牌占有率高 | 由于恒立液压的崛起，国产品牌已经打破过去进口品牌控制的局面。但是在数字液压、轴控制液压缸方面，我国产品与国外市场产品相比已经再次产生“代差”，而这种代差已经无法采用技术引进弥补，因为其中含有决定产品性能的软件，无法“拷贝” | | 国产产品压力偏低。性能顶级产品基本属于德英品牌 |

目前国人还在数字液压缸概念上争论之时，国外液压企业已经在推出“数字轴”概念，液压缸已经与液压阀的控制系统紧密结合，使我们对数字液压缸的认识又深化了一步。液压缸发展的主要趋势（见表26-71）是高压化、数字化、运动轴控化与电静液压作动器（EHA）。

从表26-71可以看到，液压缸的发展方向具有以下特点：

1）液压缸基本功能是液压装置中的执行机构，输出推力（或拉力）的同时实现直线往复运动。但是自身不具备控制性，不能满足设备中控制力与速度的精确度。为了解决这一问题，传统（液压技术2.0）依靠液压比例或伺服控制阀实现对液压缸各种性能参数（如力、速度、频率、位移、加速度等）的精确控制，结构较复杂，易受干扰。

2）随着技术进步和社会需求的发展，液压缸输出力与速度精确性的控制转向自身与数字电液转换元件的集成实现，这就是数字液压缸（液压技术3.0）。目前的数字液压缸主要是实现位置的精确控制，因此液压缸也需要实施闭环控制（目前有丝杠反馈的内闭环或采用位移传感器的外闭环），对缸输出的位置精度进行有效的控制。但是这时位置控制过程中的速度特性与线性度控制性不够。总的来说，数字液压缸具有控制精度高、控制技术先进、同步性能好、响应速度快、抗干扰能力强、对油液清洁度要求低等突出优点。

3）在液压伺服控制缸的基础上采用微处理器为基础的液压缸轴控制器，可以全面提高液压缸位置控制过程中的参数调节，采用微处理器的计算机技术实现对液压缸位置输出过程的速度控制与线性度控制（液压技术3.5），替代过去采用模拟比例阀或伺服阀实现的高精度控制，更简单可调，定制化程度提高。

4）采用以液压缸为主体，集成控制与执行功能为一体的装置。不仅实现液压缸推力与速度的精确控制，而且通过工业物联网或总线实现各种液压缸之间的耦合控制，即分布式液压控制。对于节能、控制、互联、智能等要求，能够集成于一体而实现，这是对液压控制的总体期望。

**表 26-71　液压缸的技术与产品发展趋势**

| | | | | |
|---|---|---|---|---|
| 发展阶段 | 液压技术 2.0 高压缸 | 液压技术 3.0 数字缸 | 液压技术 3.5 液压轴控缸 | 液压技术 4.0 EHA |
| 特点 | 高压化 | 与数字控制集成一体，进入自控制范畴 | 在数字化基础上数字微处理控制嵌入化、互联化 | 高速高压辅助油箱轻量化、位移传感器化、智能型 |
| 控制功能 | 本身无控制功能 | 具备自闭环功能或外控制闭环功能 | 与阀控形成闭环 | 智能控制，实现分布式控制 |
| 外观 | 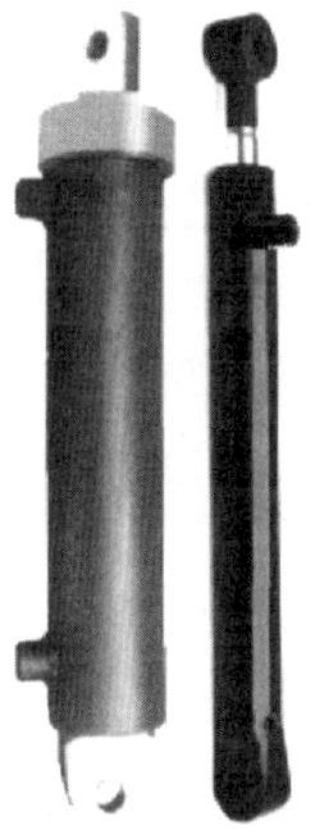 | 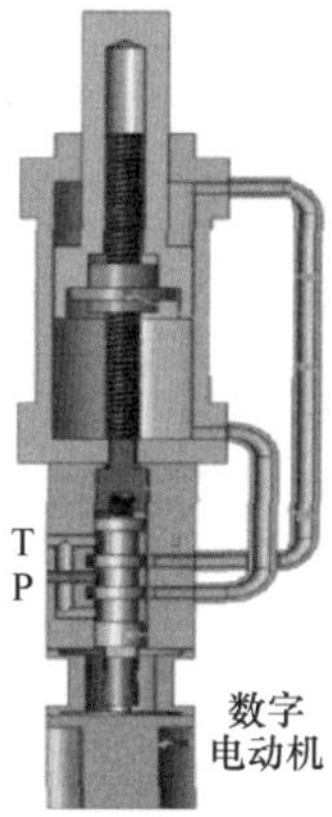 |  |  |
| 特点 | 传统液压执行机构，完成直线运动 | 采用数字电液转换元件，接受微处理器数字信号与微处理器控制 | 具有液压单轴或多轴控制器的液压缸单元，具有独立的伺服控制功能 | 液压缸为主体，具有集成一体的传动与控制功能的单元，是未来分布式液压的主体 |
| 阶段 | 自液压技术建立以来就开始，是液压执行机构主体型式 | 电液一体化开始就产生了数字控制类型的液压缸，有数字电动机与高速开关阀为先导的二类数字电液转换元件组成的数字液压缸 | 最近十年发展的具有轴控制功能的液压缸，市场上有几家公司已经有了系列化产品。我国目前只有为数不多的企业刚刚起步与跟入。本手册第 30 章中有专门介绍 | EHA 起源于飞机液压系统的改革。由于具有分布式液压系统特点，已经开始在行走机械以至工业机械中采用与推广。随着高压高速轻量的发展，互联或总线的协助下会成为一种发展方向 |

## 26.7.1　液压缸基本参数与性能

### 1. 液压缸的基本类型（表26-72）

表26-72列出了液压缸的类型。

**表26-72　液压缸的类型**

| 液压缸类型 | 液压缸分类 | | |
|---|---|---|---|
| 单作用缸 | 单杆活塞液压缸 | 柱塞液压缸 | 伸缩式套液压缸 |
| | 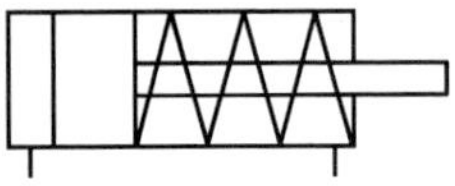 | 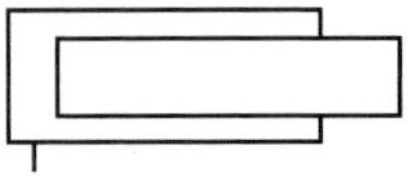 | 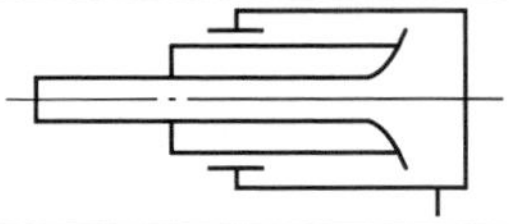 |
| | 活塞仅单向运动，由外力使活塞反向运动 | | 有多个互相联动的活塞的液压缸，其行程可改变。由外力使活塞返回 |
| 单活塞杆双作用液压缸 | 标准单活塞杆双作用液压缸 | 带可调缓冲式液压缸 | （大面积比）活塞液压缸 |
| | 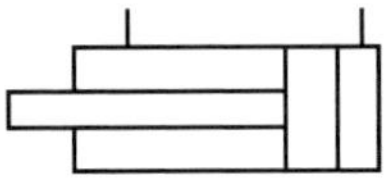 | 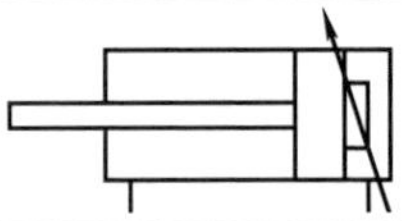 | 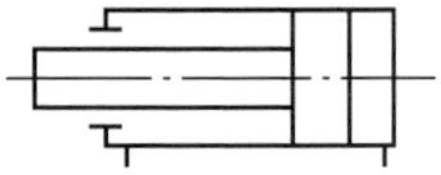 |
| | 活塞双向运动，活塞在行程终了时不减速 | 活塞在行程终了时减速制动，减速值不变，但减速值可调节 | 活塞两端的面积差较大，使液压缸往复的作用力和速度差较大 |
| 双活塞杆双作用液压缸 | 等行程、等速液压缸 | 双向液压缸 | 伸缩式套筒液压缸 |
| | 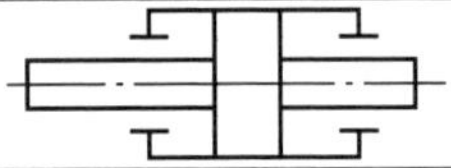 | 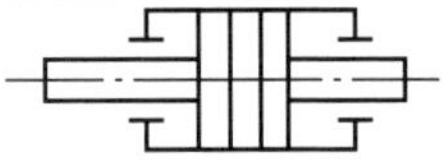 | 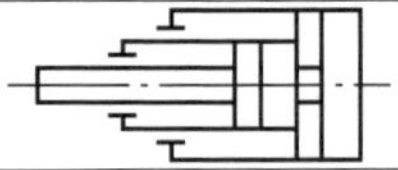 |
| | 活塞左右移动速度和行程皆相等 | 两个活塞同时向相反方向运动 | 有多个互相联动的活塞的液压缸，其行程可变。活塞可双向运动 |
| 组合液压缸 | 弹簧复位液压缸 | 串联液压缸 | 增压液压缸（增压器） |
| | 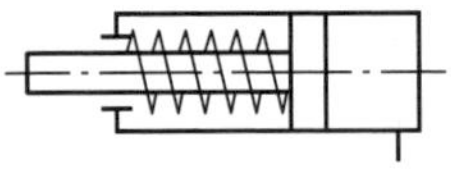 | 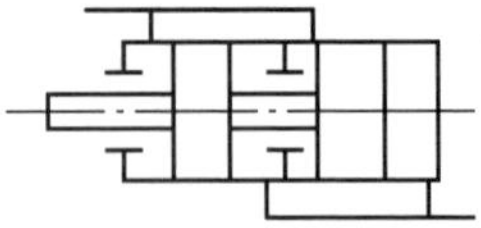 | 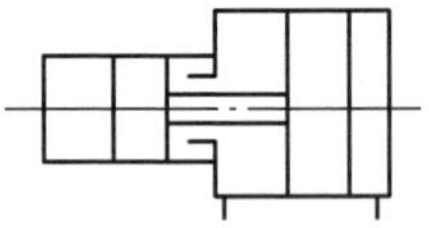 |
| | 活塞单向作用，由弹簧使活塞复位 | 当液压缸直径受到限制，而长度不受限制时，用以获得大的推力 | 由两个不同的压力室A和B组成，为了提高B室中液体的压力 |
| | 多位液压缸 | 齿条传动活塞液压缸 | 齿条传动柱塞液压缸 |
| | 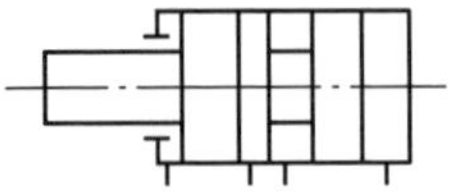 | 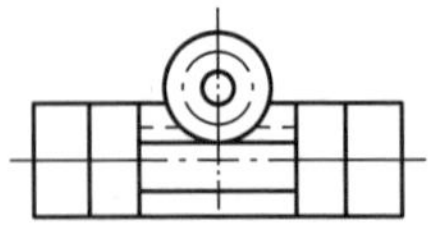 | 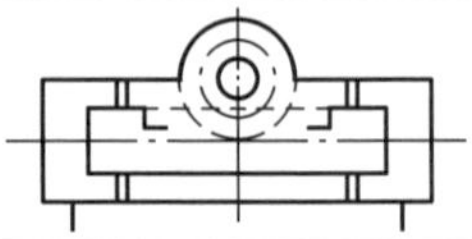 |
| | 活塞有三个位置 | 活塞经齿条传动使小齿轮产生回转运动 | |

（续）

| 液压缸类型 | 液压缸分类 | |
|---|---|---|
| 摆动液压缸 | 单叶片摆动液压缸 | 双叶片摆动液压缸 |
| | 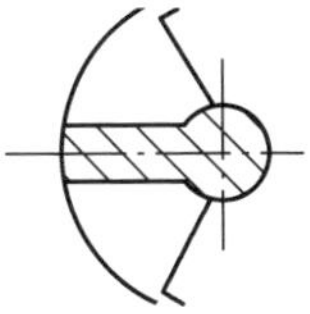 | 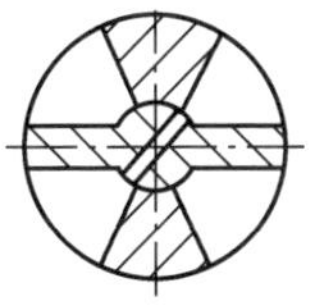 |
| | 摆动液压缸出轴只能做小于360°的摆动运动 | 双叶片摆动液压缸出轴只能做小于180°的摆动运动 |

## 2. 液压缸的基本参数

1）额定压力　GB/T 2346—2003 规定了液压缸的额定压力系列，见表 26-73。

**表 26-73　液压缸额定压力系列**　（单位：MPa）

| | | | | | | | | | |
|---|---|---|---|---|---|---|---|---|---|
| 1 | 1.6 | 2.5 | 4 | 6.3 | 10 | 12.5 | 16 | 20 | 25 |
| 31.5 | 40 | 50 | 63 | 80 | 100 | 125 | 160 | 200 | 250 |

2）缸内径　GB/T 2348—2018 规定了液压缸内径系列，见表 26-74。

**表 26-74　液压缸内径系列**　（单位：mm）

| | | | | | | | | | |
|---|---|---|---|---|---|---|---|---|---|
| 8 | 10 | 12 | 16 | 20 | 25 | 32 | 40 | 50 | 60 |
| 63 | 80 | 90 | 100 | (110) | 125 | 140 | 160 | (180) | 200 |
| 220 | 250 | 280 | 320 | (360) | 400 | (450) | 500 | | |

注：1. 缸内径超过本表所列范围时，按 GB/T 321—2005 中优先数系列扩展（数值小于 100 按 R10 系列扩展，数值大于 100 按 R20 系列扩展）。

2. 圆括号内为非优先选用值。

## 3. 活塞杆直径

GB/T 2348—2018 规定了活塞杆直径系列，见表 26-75。

**表 26-75　活塞杆直径系列**　（单位：mm）

| | | | | | | | | | |
|---|---|---|---|---|---|---|---|---|---|
| 4 | 5 | 6 | 8 | 10 | 12 | 14 | 16 | 18 | 20 |
| 22 | 25 | 28 | (30) | 32 | 36 | 40 | 45 | 50 | 56 |
| (60) | 63 | 70 | 80 | 90 | 100 | 110 | (120) | 125 | 140 |
| 160 | 180 | 200 | 220 | 250 | 280 | 320 | 360 | 400 | 450 |

注：1. 活塞杆直径超出本表所列范围时，按 GB/T 321—2005 中 R20 优先数系列扩展。

2. 圆括号内为非优先选用值。

## 4. 活塞行程

GB 2349—1980 规定了活塞行程系列，见表 26-76。

**表 26-76　活塞行程**　（单位：mm）

| | | | | | | | | | |
|---|---|---|---|---|---|---|---|---|---|
| 25 | 50 | 80 | 100 | 125 | 160 | 200 | 250 | 320 | 400 |
| 500 | 630 | 800 | 1000 | 1250 | 1600 | 2000 | 2500 | 3200 | 4000 |

注：活塞行程超出本表所列范围时，按 GB/T 321—2005 中 R10 优先数系列扩展。

**5. 速度比**（即面积比）

液压缸往复运动时的速度比为

$$\varphi = \frac{v_2}{v_1} = \frac{A_1}{A_2} = \frac{D^2}{(D^2 - d^2)} \tag{26-13}$$

$$A_1 = \frac{\pi}{4}D^2$$

$$A_2 = \frac{\pi}{4}(D^2 - \mathrm{d}^2)$$

式中 $A_1$——活塞无杆侧有效面积（$m^2$）；

$A_2$——活塞有杆侧有效面积（$m^2$）；

$v_1$——活塞杆伸出速度（m/s）；

$v_2$——活塞杆退回速度（m/s）；

$D$——活塞直径（m）；

$d$——活塞杆直径（m）。

ISO 3320：2013 规定了速度比（即面积比）$\varphi$ 值系列，见表 26-77。

表 26-77　液压缸速度比 $\varphi$ 值系列

| | | | | | | | |
|---|---|---|---|---|---|---|---|
| 1.06 | 1.12 | 1.25 | 1.4 | 1.6 | 2 | 2.5 | 5 |

**6. 液压缸活塞的理论推力和拉力**

图 26-111 为双作用液压缸，当向无杆腔供油时，活塞杆向外伸出的理论推力为$F_1$（单位：N）；当向有杆腔供油时，活塞杆向内收进时的理论推力为$F_2$（单位：N）。活塞杆的理论推力$F_1$和理论推力$F_2$分别为

$$F_1 = A_1 p \times 10^6 = \frac{\pi}{4}D^2 p \tag{26-14}$$

$$F_2 = A_2 p \times 10^6 = \frac{\pi}{4}(D^2 - \mathrm{d}^2)p \tag{26-15}$$

式中 $p$——工作压力（Pa）；

$D$——活塞直径（m）；

$d$——活塞杆直径（m）；

其余符号意义同式（26-13）。

常用标准与液压缸的理论推力和拉力是设计液压缸的必备步骤。

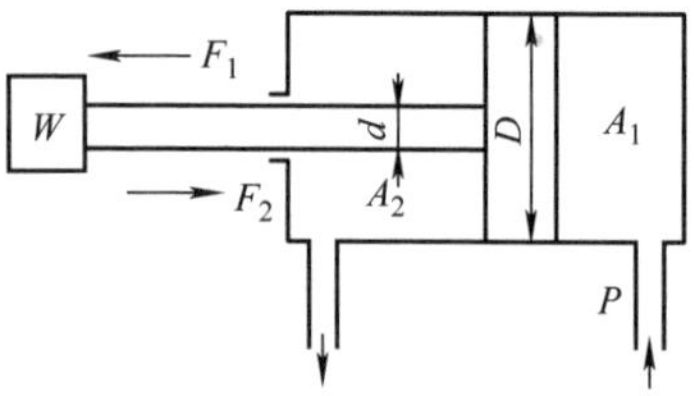

图 26-111　液压缸的力计算符号

**7. 活塞移动速度**

活塞移动速度 $v$ 为

$$v = \frac{S}{T} \tag{26-16}$$

式中 $S$——活塞行程（m）；

$T$——活塞在单一方向的全行程时间（s）；

$v$——活塞移动速度（m/s）。

活塞移动速度的最高值受到活塞杆密封圈及行程末端的缓冲机构所能承受的动能所限制，通常此最高值不大于1m/s，而最低值则应以液压缸无爬行现象为前提，推荐范围是0.1～0.3m/s。缸速过高时，密封圈的寿命缩短。速度过低时还容易发生爬行现象，无法平稳地动作。世界最高的液压缸速度达到1.5m/s。

**8. 液压缸的流量**

当活塞杆伸出时，液压缸的流量$q_V$为

$$q_V=\frac{\pi D^2}{4\eta_V}v \tag{26-17}$$

当活塞杆后退时

$$q_V=\frac{\pi(D^2-d^2)}{4\eta_V}v \tag{26-18}$$

式中 $v$——活塞杆移动速度（m/s）；

$q_V$——液压缸流量（$m^3/s$）；

$\eta_V$——容积效率。采用弹性物密封圈时，$\eta_V\approx1$；采用金属环时，$\eta_V\approx0.98$。

**9. 液压缸的作用时间**

以液压油从无杆腔供入时的情况为例，液压缸的作用时间$t$为

$$t=\frac{\pi D^2S}{4q_V} \tag{26-19}$$

## 26.7.2 液压缸的设计

液压缸设计首先要掌握原始资料和设计依据，主要包括：主机的用途和工作条件；工作机构的结构特点、负载状况、行程大小和动作要求；液压系统所选定的工作压力和流量；材料、配件和加工工艺的现实状况；有关的国家标准和技术规范等。

液压缸的内部结构与零件构成如图26-112与图26-113所示。

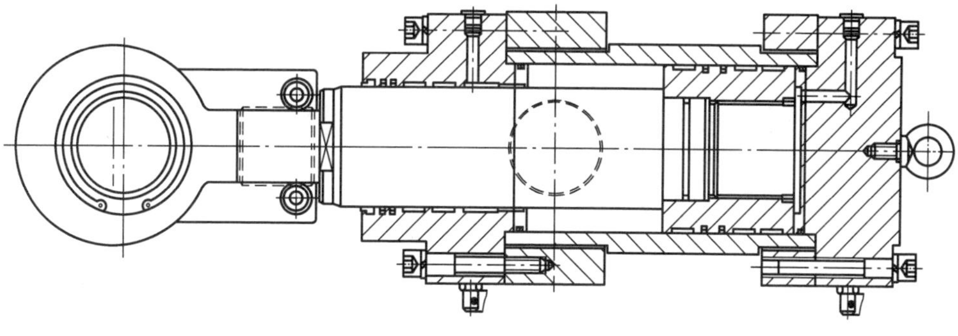

图26-112 液压缸内部结构图（不包括外连接）

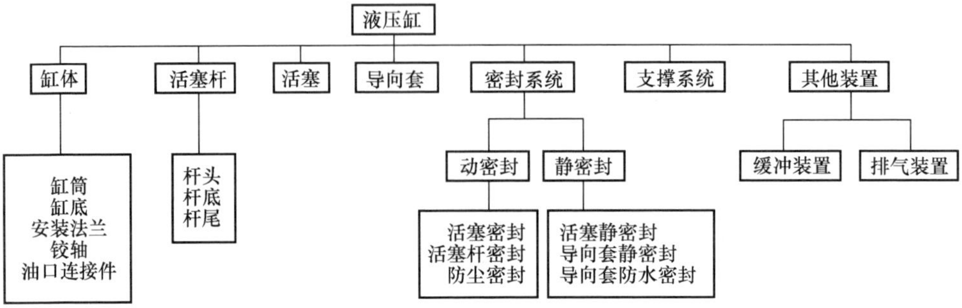


图26-113　液压缸零件构成

液压缸的结构原理、计算与设计比起其他液压元件要相对简单。力与速度计算按照26.7.1节提供的公式，液压缸的主要尺寸包括缸筒内径、活塞缸直径、缸筒长度及缸筒壁厚等。但是要注意细节，这样才能获得性能合格的液压缸。

液压缸设计按以下原则：①满足工况和安装要求；②满足作用力、行程、速度要求；③零部件有足够的强度、刚度，满足使用寿命和可靠性要求；④密封可靠；⑤充分考虑零件加工和装配工艺性；⑥安装、维修方便；⑦液压缸性价比高；⑧轻量化设计；⑨标准化设计。

在设计中注意以下要点：

（1）液压缸的类型选择　液压缸类型取决于负载的特点与需求，尽管一般多使用双作用缸，但是有自重、外负载或弹簧力存在时可以借用此力，成为单作用缸，减少油管。当需要以较短的安装长度来实现很长的工作行程时，可考虑使用多级伸缩缸或增设能放大行程的倍增机构。行程较长时需要较粗活塞杆，可能还要在缸内装有止动套管，以提高抗纵弯能力等。对于缸筒的结构，一般机械设备多用拉杆式和螺纹式，冶金工业、锻压机械等的重型缸及高压大直径缸用焊接式。

（2）计算并确定基本结构参数　根据液压缸所承受的外部载荷作用力，如重力、外部机构运动摩擦力、惯性力和工作载荷，确定液压缸在行程各阶段上负载的变化规律及必须提供的动力数值。

根据液压缸的工作负载和选定的油液工作压力，按国家标准规定，确定活塞和活塞杆的直径。

根据液压缸的运动速度、活塞和活塞杆的直径，确定液压泵的流量。

选择缸筒材料，计算缸筒外径。

选择缸盖的结构形式，计算缸盖与缸筒的连接强度。

选择液压缸的行程，取决于负载运动距离。

（3）液压缸活塞杆的导向长度（见图26-114）、稳定度与纵弯强度　液压缸缸筒长度$L$的计算公式为

$$L = l + B + A + M + C \qquad (26\text{-}20)$$

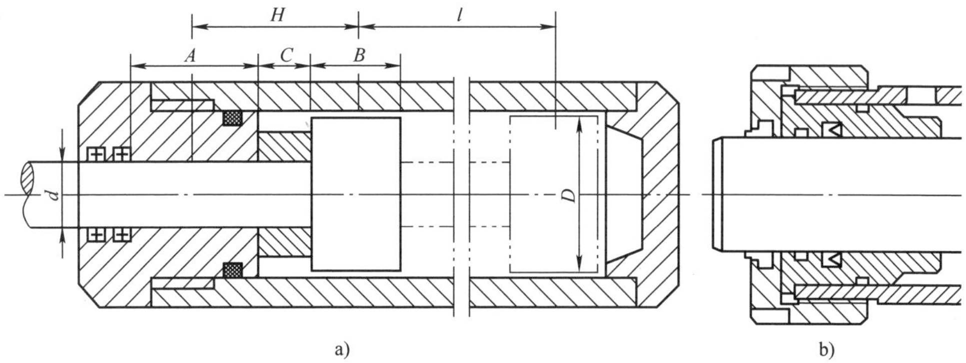


图 26-114　液压缸活塞杆的导向长度
a）液压缸活塞杆导向长度结构示意　b）液压缸导向结构

式中　$l$——活塞的最大工作行程；

$B$——活塞长度，一般为（0.6～1）$D$（$D<80$mm）或（0.6～1.0）$d$（$D>80$mm）；

$A$——活塞杆导向长度，取（0.6～1.5）$D$（$D<80$mm）或（0.6～1.5）$d$（$D>80$mm）；

$M$——活塞杆密封长度，由密封方式确定；

$C$——其他长度。

建议最小导向要求 $H \geqslant l/20$ 或 $H=D/2$。缸筒的长度最好不超过内径的 20 倍。

活塞杆导向长度 $A$ 不宜过小，否则将使液压缸的初始挠度（间隙引起的挠度）增大，影响液压缸的稳定性。导向套的长度一般因液压缸的大小和活塞杆密封的种类和用途而异，但一般应在活塞杆直径的 0.6 倍以上，以保证活塞杆有足够的稳定度，如图 26-114 所示。

活塞杆应有好的稳定性，尽量使活塞杆在受拉状态下承受最大负载。

高速、长行程液压缸的导向套应采用特殊结构。对于速度大于 1000mm/s、行程在 4000mm 以上的液压缸来说，高速动作所产生的局部过热会造成导向套显著磨损，并出现金属粉末。这不仅从结构上需要对导向套的表面进行强制润滑，而且也需要对活塞杆表面进行高频淬火等特别处理，同时，也可考虑使用静压轴承。

活塞杆受阻力时，必须有足够大的活塞杆直径以承受负载和缸所施加的应力。与此同时也要避免产生较大的挠度。当纵弯强度不够时，滑动面的摩擦等引起导向套及活塞上有较大的偏载荷，造成卡咬、爬行、密封件异常磨损等问题。防止纵向弯曲所需的附加强度取决于行程及支点连接方式。

由于活塞杆细长，应进行纵向弯曲强度校核和液压缸的稳定性计算。

（4）液压缸安装方式　安装方式要根据负载特性和运动形式选择，关键要使液压缸所受载荷沿动作方向而在径向不受载荷。

法兰安装提供高强度的中线支座，长缸可能需要在自由端设置附加支座以防止下垂，注意安装螺栓避免剪切力。

（5）液压缸带有内装式缓冲制动装置与新型缓冲装置 负载高速动作，则进入缓冲段时产生的冲击压力有时会使机械装置或液压缸损坏。所以当缸速超过200m/s且运动质量较大时，活塞接近行程末端要采用缓冲制动结构（见图26-115），使活塞逐渐减速，防止活塞撞击缸头。如果单靠缸内的缓冲装置无法吸收全部惯性能量，还必须考虑液压回路上的减速措施。

图26-115所示的各种缓冲结构中，抛物线缓冲效果最好（见图26-115a），但需要数控机床加工，成本较高，而图26-115b所示的节流槽形由铣床加工，方便简单，应用较多。阶梯形（见图26-115c）缓冲压力峰值不及恒节流圆柱形的一半，派克液压缸无杆腔缓冲经常采用；双圆锥形（见图26-115e）缓冲效果好于圆锥形（见图26-115d），挖机液压缸上经常采用；多孔缸筒和多孔柱塞（见图26-115f、h）缓冲效果可更接近于理想抛物线的水平。图26-116a所示为液压缸用缓冲结构的具体结构图，传统的液压缸缓冲结构很常见。

新型变节流的缓冲结构目前有多种，其中有恒节流或变节流的缓冲结构（见图26-116b、c与浮动衬套自调节流型缓冲结构（见图26-116d）等。

在图26-116b所示的恒节流缓冲结构中，当活塞向缸盖方向运动时，缓冲块在挡圈和圆锥形弹簧的作用下也随着活塞向缸盖方向运动。当缓冲块与缸盖平面复合时，无杆腔内形成缓冲油腔。被封闭的油液只能从节流孔排出，从而实现恒节流缓冲。图26-116c所示的变节流缓冲结构是在恒节流缓冲结构的基础上加以改进的，在缓冲块的进油管上增设小孔，当活塞向缸盖方向运动时，通过改变节流孔的数量来改变节流面积，从而达到变节流的效果。新型节流型缓冲装置的特点：采用圆锥形弹簧与恒（变）节流缓冲结构时，圆锥形弹簧与圆柱形弹簧相比，具有较大的横向稳定性，振动频率是变值，可防止共振现象的产生，避免了出现压力脉冲和过高的缓冲腔压力峰值，使压力的变化为渐变过程。这个结构节省了传统缓冲柱塞的横向尺寸，减少了缓冲行程，而且结构简单、成本低，同时液压缸反向运动时进出油正常。

在图26-116d所示的结构中采用浮动衬套，其外径与端盖孔滑动配合，内径与活塞杆之间有较大间隙存在（单边0.5mm），且轴向尺寸也比衬套安装槽尺寸短1mm，使浮动衬套在活塞杆上可沿径向和轴向做小范围的运动。浮动衬套左端是光整平面，右端有若干通油槽。其工作原理是：当活塞向左运动进入缓冲行程时，通过端盖与浮动衬套上的圆角，使浮动衬套自动对中，进入端盖。进入端盖后，油液只能通过衬套与活塞杆的间隙流出，使缓冲腔压力上升，推动衬套向左运动，左端面与活塞杆台阶端面贴合，阻断衬套与活塞杆间的油液流动，使油液只能从衬套与端盖间的缓冲节流间隙流过，达到预期的缓冲效果。反向起动时，油液从左腔进入液压缸，液压力首先推动衬套向右运动，衬套右端贴在活塞上，油液可流经衬套与活塞杆的间隙，从衬套右端上的通油槽流入缓冲腔，实现反向快速起动。

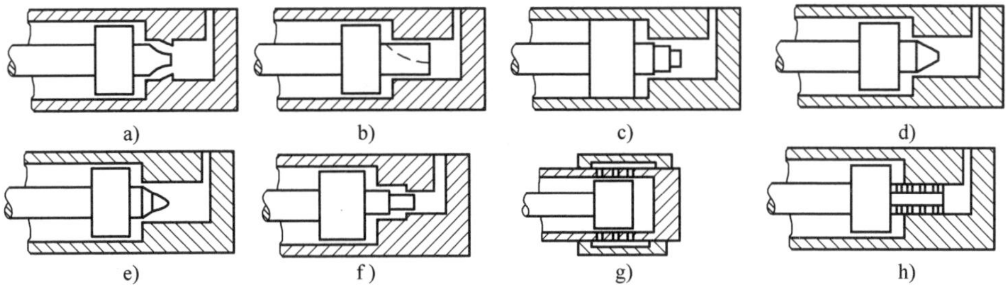


图 26-115　液压缸内装式缓冲装置原理图

a）抛物线　b）铣槽　c）阶梯形　d）圆锥形

e）双圆锥形　f）两级缓冲　g）多孔缸筒　h）多孔柱塞

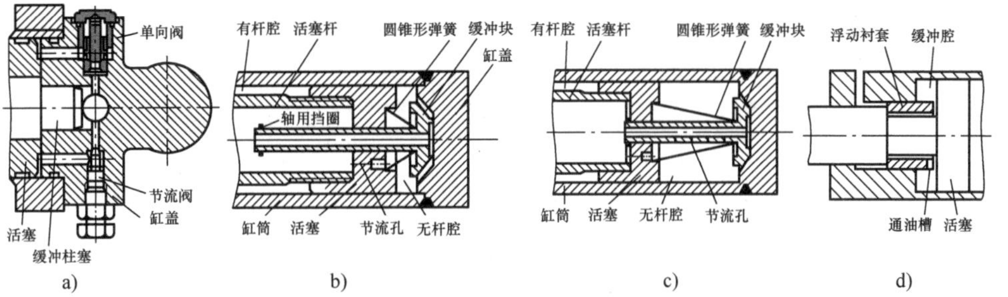


图 26-116　液压缸节流缓冲制动装置结构

a）传统用缓冲结构　b）新型恒节流缓冲结构（重庆耐德新明和）

c）新型变节流缓冲结构　d）浮动衬套缓冲结构

（6）液压缸的排气问题　缸内有空气侵入，往往会造成液压缸运动中的抖动或爬行，这时应增设排气装置，或使液压缸以最大行程快速运动，强迫排除空气。但是除液压缸存在气体外，爬行现象也可能是液压缸安装后与导轨不平行，阻力大所造成，这时应进行调整或重新安装。

（7）油口流速　油口流速不应超过 7m/s，以免压力损失过大影响缸的出力。

（8）密封材料的选择　密封要考虑材料与油液的相容性、适用温度、速度范围与防尘等装置。

## 26.7.3　液压缸典型产品示例

### 1. 工程机械用液压缸

工程机械用液压缸多为单杆双作用液压缸，外形如图 26-117 所示，主要用于各种工程机械、起重机械及矿山机械等的液压传动，其额定压力为 16～35MPa，安装方式多为耳环式和球铰式，活塞结构分基本型和缓冲型，按端盖与缸体连接方式分为外螺纹连接式，内卡键连接式及法兰连接式（见图26-118）。工程机械用液压缸的基本性能参数见表26-78。

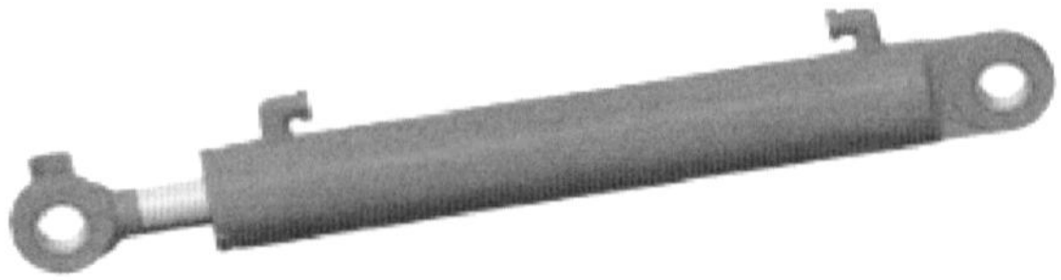

图26-117 工程机械用液压缸外形（恒立液压）

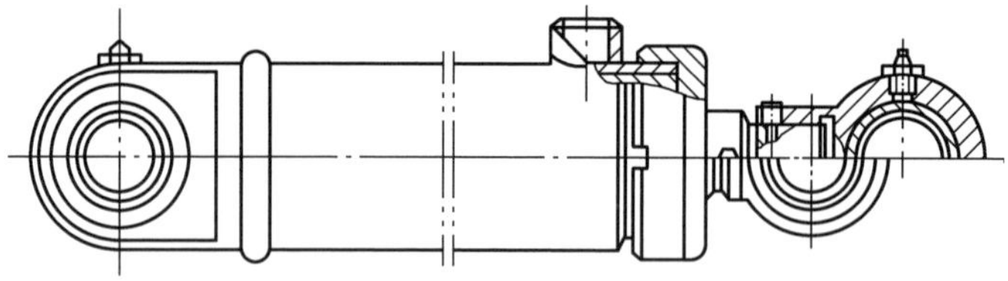

a)

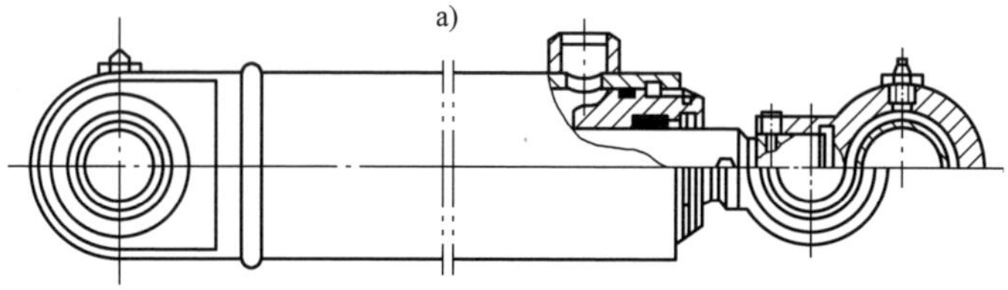

b)

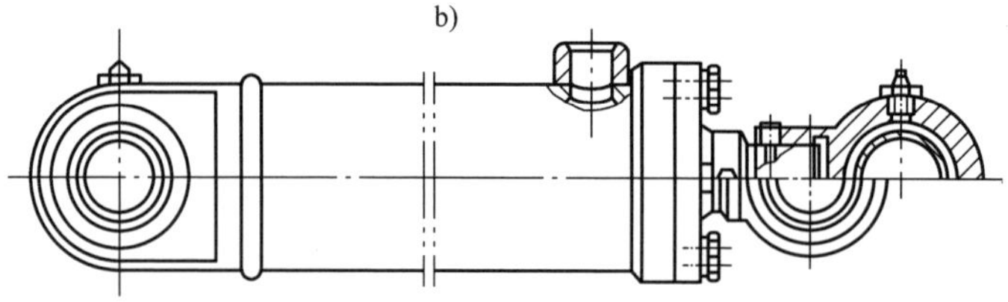

c)

图26-118 工程机械用液压缸种类

a）外螺纹连接式 b）内卡键连接式 c）法兰连接式

**表26-78 工程机械用液压缸的基本性能参数**（恒立液压）

| 系列 | 缸径/mm | 活塞杆直径/mm | 最高运行速度/(m/s) | 最大推力/kN | 工作压力/MPa | 最大行程/mm |
|---|---|---|---|---|---|---|
| YGC/YGD | 40～200 | 18～140 | 0.5 | 26.4～659.7（21MPa） | 7、16、21 | — |
| HA250 | 40～250 | — | — | 49.1～1226.6 | 32 | 480～3000 |
| HA320 | 40～250 | 28～180 | — | 40.2～1570.0 | 32 | 480～3000 |
| HZ | 70～200 | 40～110 | — | — | 31.5 | — |
| HX | 70～200 | 50～140 | — | — | 31.5 | — |
| HCD250 | 40～320 | 25～200 | — | 31.4～2010.6 | 25 | 2000～6000 |
| HCG250 | 40～320 | 28～220 | — | 31.4～2010.6 | 25 | 2000～6000 |

目前国内生产的工程机械用液压缸的主导产品是HSG型工程液压缸，其生产

厂家主要有恒立液压、徐工集团、榆次液压、浙江汉达机械有限公司、山东万通液压股份有限公司，以及中船重工重庆液压机电有限公司、山东海洋液压有限公司等。

**2. 车辆用液压缸**

车辆用液压缸是双作用单活塞杆液压缸，其安装型式为单耳环型，主要用于车辆、运输机械及矿山机械等的液压传动。

车辆用液压缸的基本性能参数见表 26-79。

**表 26-79　车辆用液压缸的基本性能参数**

| 缸径/mm | 工作压力/MPa | 速比 | 行程/mm |
|---|---|---|---|
| 40～320 | 8～16 | 1.46 | 1200～8000 |

目前，国内生产的车辆用液压缸的主导产品是 DG 型车辆用液压缸，主要生产厂家是榆次液压、徐州隆宇液压科技有限公司、山东海洋液压有限公司。

**3. 冶金用液压缸**

冶金用液压缸是双作用单活塞杆液压缸，主要用于冶金设备的液压传动。适用工作介质为液压油、机械油和乳化液。安装方式包括法兰连接式、耳环连接式、耳轴连接式及底座连接式。

Y－HG1 型冶金用液压缸的基本性能参数见表 26-80。

**表 26-80　Y－HG1 型冶金用液压缸的基本性能参数**

| 缸径/mm | 杆径/mm | 工作压力/MPa | 速比 | 行程/mm |
|---|---|---|---|---|
| 40～320 | 22～220 | 6.3/16/25 | 1.46/2 | 90～4000 |

目前，国内生产的冶金用液压缸为 Y－HG1 型，主要生产厂家为榆次液压、浙江汉达机械有限公司、湖南特达液压有限公司、中船重工重庆液压机电有限公司及山东海洋液压有限公司等。

**4. 船用液压缸**

船用液压缸包括双作用活塞杆液压缸和单作用柱塞液压缸，其基本性能参数见表 26-81。

**表 26-81　船用液压缸的基本性能参数**

| 性能参数 | 双作用活塞杆型 | 单作用柱塞型 |
|---|---|---|
| 缸内径/mm | 40～200 | — |
| 柱塞直径/mm | — | 100～400 |
| 压力等级/MPa | 16，25 | 16，25 |
| 行程范围/mm | 400～2000 | 2000～6000 |

目前，国内生产的船用液压缸为 CD 和 CZ 型，主要生产厂家是江苏龙城洪力

液压设备有限公司、武汉船用机械有限责任公司。

**5. 多级液压缸**

我国生产的多级液压缸主要包括TG1系列农机用多级液压缸和TG系列自卸汽车用多级液压缸。

TG1系列为单作用柱塞式液压缸，主要用作挂车车厢倾翻的举升缸，也用于其他液压装置，结构如图26-119所示。

TG1和TG系列多级液压缸的基本性能参数见表26-82。

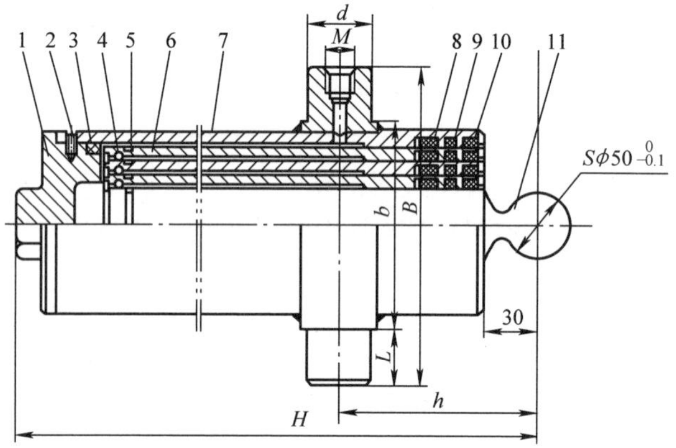


图26-119 TG1系列农机用多级液压缸结构

1—缸盖 2—卡环 3—O形密封圈 4—孔用钢丝挡圈 5—轴用钢丝挡圈 6—套筒 7—缸体 8—Y形密封圈 9—O形密封圈 10—刮尘圈 11—柱塞

TG1系列多级液压缸的主要生产厂家有山东海洋液压有限公司、沂南县永固液压机械厂、江苏龙城洪力液压设备有限公司；TG系列多级液压缸的规格参数及外形尺寸请参见厂家样本。

**表26-82 多级液压缸的基本性能参数**

| 性能参数 | TG1系列 | TG系列 |
|---|---|---|
| 级数 | 2～4 | 2～6 |
| 压力等级/MPa | 16 | 16 |
| 套筒（柱塞）外径/mm | 60～110 | 60～210 |
| 总行程范围/mm | 500～1360 | 320～7200 |

## 26.7.4 步进/伺服电动机增量式数字液压缸基本原理与性能参数

**1. 基本控制原理**

数字液压缸是采用步进或伺服电动机为先导的液压数字阀与具有位置反馈的液

压缸集成一体而成。将步进/伺服电动机、液压滑阀、闭环位置反馈装置组合在液压缸内部，是一个具有闭环控制的数字液压缸，在应用时属于开环控制元件。机械反馈增量式数字液压缸控制原理方框图如图 26-120 所示。

图 26-120　机械反馈增量式数字液压缸控制原理方框图

数字液压缸的工作过程：步进/伺服电动机在接受了上位机（微型计算机或 PLC 等）脉冲输入信号（PNM/PWM）后，经步进电动机控制器的信号功率放大，输出电流 $i$ 驱动步进电动机，步进电动机输出旋转角 $\theta$，通过联轴器带动具有螺杆端的阀芯在与活塞有联系的反馈螺母中旋转，由于活塞未动迫使阀芯出现向左位移，输出位移 $L$，此时相当于阀口打开，开口为 $\Delta$（即为 $L$），于是产生液压油输出流量 $q$，从而使液压缸产生运动位移输出 $\chi$。当活塞位移 $\chi$，活塞上螺母机构对滚珠丝杠产生旋转输出角 $\varphi$，迫使螺杆阀芯产生反馈位移 $\delta$。如果步进电动机作用在阀芯上产生的位移 $L$ 与反馈螺母产生的反馈位移保持动态平衡，这时开口 $\Delta$ 维持不变，液压缸保持运动；一旦步进电动机停止输出，直至反馈螺杆产生的位移 $\delta$ 与原阀芯位移 $L$ 完全一致时，此时输出的位移 $L-\delta=\Delta=0$，说明滑阀开口被关闭，开口为零，滑阀不再输出流量，液压缸停止运动。数字液压缸的工作原理概括起来就是：步进/伺服电动机旋转时，带动阀芯在反馈螺母套中旋转，使阀芯产生轴向位移，将阀口打开。根据电动机的旋转方向，P 口压力油将进入液压缸前或后腔，活塞杆伸出或缩回。与此同时，固定在活塞上的螺母通过滚珠丝杠带动反馈螺母逆向转动，导致有螺纹连接关系的阀芯返回位移，直至将开启的阀口关闭。

这是一种带机械反馈的伺服系统（随动系统），设计反馈螺母可用不同的导程，导程越大，液压缸可获得在一定精度范围内较快的运动速度。当反馈螺母采用小导程时，液压缸运动速度将会降低，但此时的位置分辨力将会很高。

**2. 步进电动机数字缸的发展情况**

目前数字液压缸的应用在市场层面已经比较活跃，在向批量化产品方向发展。表 26-83 列出了步进/伺服数字液压缸。

**表 26-83 步进/伺服数字液压缸（内置伺服阀式直接机械反馈）**

| 类别 | 元件图、元件实物照、元件符号表达 | 产品发展情况与性能 |
|---|---|---|
| 中国杨氏数字缸 | <br>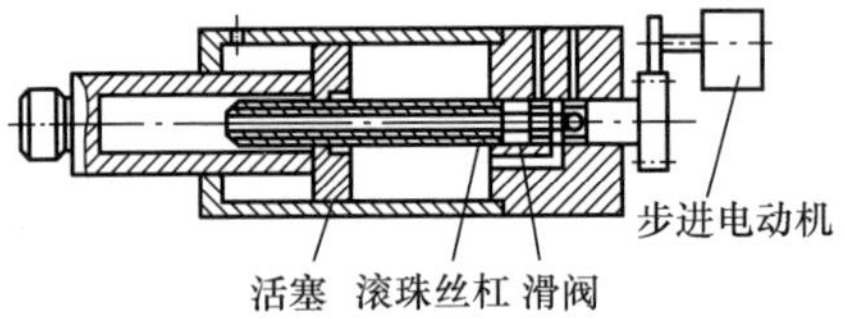<br><br>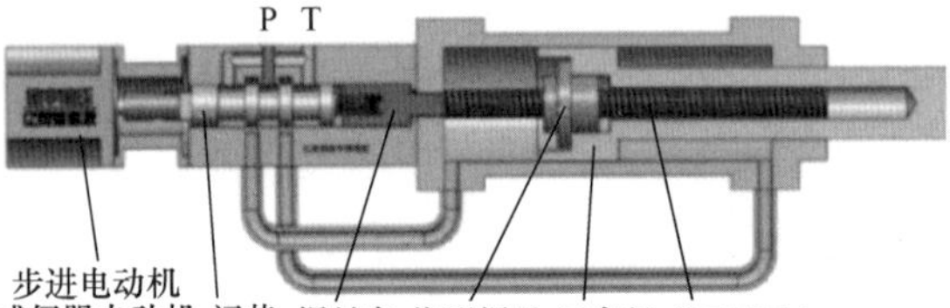<br> | 1）内置伺服阀式机械反馈步进液压缸<br>2）1983年北京钢铁设计研究总院杨世祥与航天工业部国营清华机械厂合作研制成功了新型数控脉冲液压缸<br>3）此脉冲缸的参数如下：活塞直径80mm，活塞杆直径55mm，阀芯直径15mm，丝杠螺纹M14×1.5，行程300mm，供油压力1.5～10MPa，最大推力19.6kN，速度0.01～2.4m/min，分辨力0.005～0.1mm，重复精度±0.003mm<br>4）改进型的数字液压缸由北京亿美博科技有限公司生产，并应用于液压工程项目 |
| 国内其他数字缸 | <br>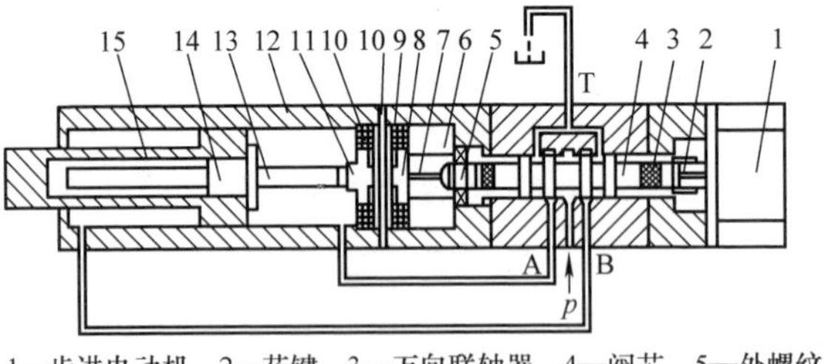<br><br>1—步进电动机 2—花键 3—万向联轴器 4—阀芯 5—外螺纹 6—编码器 7—缸外转轴 8—缸外转盘 9—后缸盖 10—磁铁 11—缸内转盘 12—缸体 13—滚珠丝杠 14—丝杠螺母 15—空心活塞杆<br>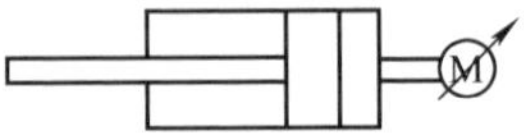<br> | 在国家"十五"重点攻关项目中，开发一种带有磁性活塞杆连接的增量式数字阀与相应的液压缸。该缸用步进电动机（或伺服电动机）1带动阀芯4在外螺纹5中旋转，此外螺纹5与沉入缸外转轴7右端的内螺纹相互配合，内螺纹固定则由外螺纹5带动阀芯4产生轴向移动，将阀口打开而使液压缸运动。运动后，与空心活塞杆15固定在一起的丝杠螺母14被带动，与其啮合的滚珠丝杠13不能发生位移，可以产生与步进电动机相反的转动，带动缸内转盘11旋转。后缸盖9两边的磁铁10相互吸引，使缸外转盘8随缸内转盘11同步旋转相同角度。与缸外转盘8是一个整体的缸外转轴7和编码器6一起，通过缸外转轴7右端内螺纹和外螺纹5的反向旋转，带动阀芯使阀口关闭，完成一个步进过程。其中滚珠丝杠导程越大，运动速度越快；导程越小，运动速度越低，但位置精度将会很高。该缸将1个电脉冲对应0.01mm的位移。本缸还可以加上外反馈获得性能的提高。另外，在控制部分加上传感器、总线与网线可以成为具有可编程互联功能的数字缸 |

（续）

| 类别 | 元件图、元件实物照、元件符号表达 | 产品发展情况与性能 |
| --- | --- | --- |
| 美国数字缸 | 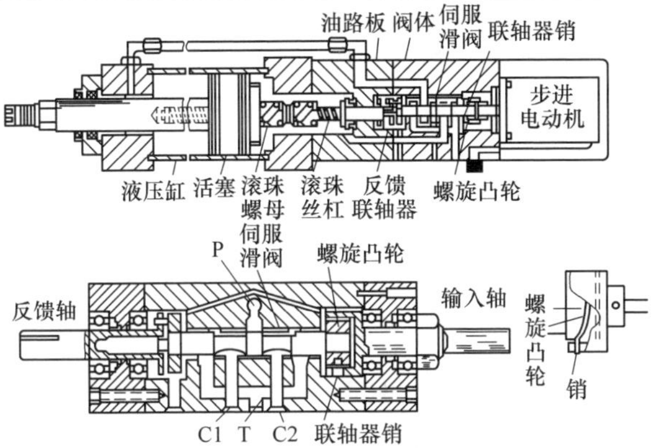  | 美国 OLSEN 的 LS300 数字缸。最高速度达 7.6m/min，出力 $10^6$N。其数字阀采用三位四通方向阀，极其简单。输入轴连接步进电动机，通过螺旋凸轮与联轴器销使阀芯产生直线运动。数字阀口的打开产生液压缸运动。只要滑阀一偏离中间位置，活塞以及装在活塞上的滚珠螺母便发生位移，从而带动与其耦合的滚珠丝杠（反馈轴）旋转。这种旋转运动经过反馈联轴器后便变成了直线移动，产生了随动作用。滚珠丝杠带动滑阀的移动方向正好与步进电动机带动滑阀移动的方向相反，使阀芯回到原位 |
| 日本东京计器数字缸 | 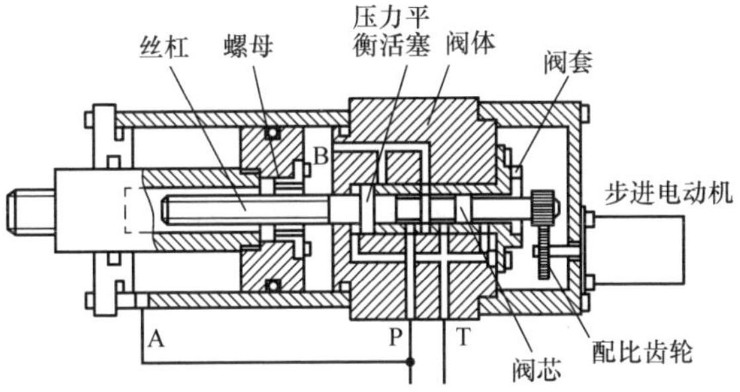  | 日本东京计器数字缸为差动缸，A 腔活塞面积为 B 腔一倍，压力为 $p_0$。控制阀为三通导阀，通过控制 B 腔压力来控制液压缸移动。当步进电动机转动后，在固定于活塞上的螺母及与阀芯相连的丝杠作用下，阀芯产生移动，使 B 腔压力发生上升或下降，从而产生活塞的相应移动，使阀芯又回到原来的位置，从而移动停止。步进电动机与阀芯之间的减速比可由配比齿轮选定，可以达到一个脉冲使阀芯移动 0.01mm。压力平衡活塞是为了消除丝杠上因为存在 A、B 腔压力不平衡所施加的力，使丝杠与螺母转动灵活 |
| 瑞士数字缸 | 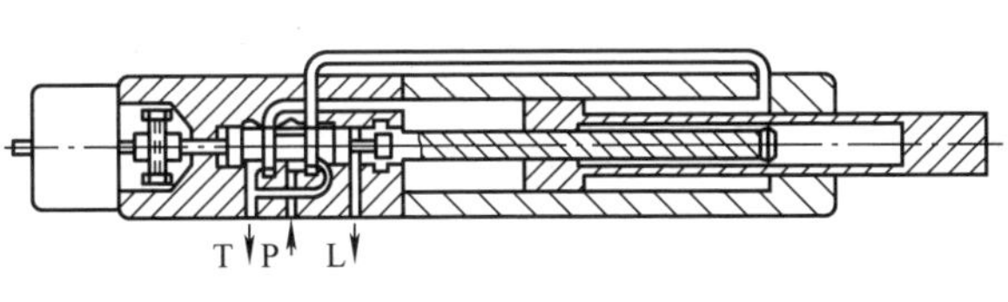  | 瑞士 SIG 公司 LV 系列数字缸，分为驱动螺杆和反馈螺杆两部分。由于驱动螺杆尺寸小，减轻步进电动机负载转动惯量。驱动螺杆旋转后产生轴向位移，阀口打开使液压缸活塞移动。活塞的直线运动使反馈螺杆旋转，由于反馈螺杆轴向运动被固定在一个环形槽中，所以旋转使驱动螺杆产生轴向位移，并与开口时的阀芯相反，阀口被关闭，构成随动运动 |
| 上海海岳数字缸 | 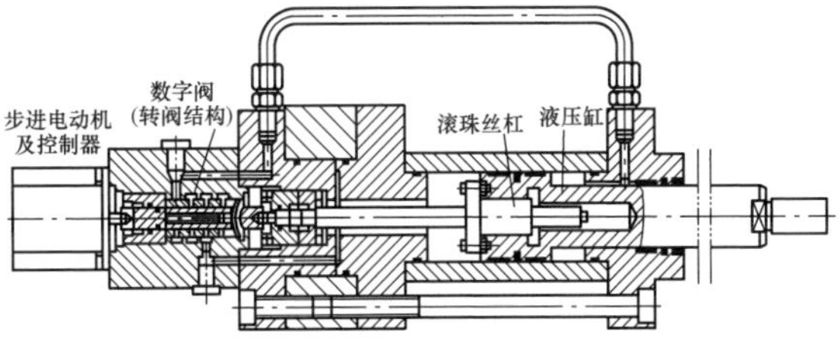  | 上海海岳液压机电工程有限公司步进电动机数字缸采用了液压转阀类数字阀，仍然具有滚珠丝杠的位移反馈，进行内闭环控制。此转阀结构的数字阀也是该公司的创新产品 |

**3. 步进电动机数字缸的结构原理与工作原理**

步进电动机数字缸的结构如图26-121所示。由图26-121可见，此步进电动机数字缸由步进电动机、后端盖、数字阀块、缸体、前端盖依次连接。如果PLC发送一个脉冲信号，步进电动机通过步进驱动器接收到这个数字脉冲，其输出轴随即旋转一个步距角，此旋转运动通过平键和固定在后端盖内的平面推力轴承，带动液压滑阀内的滑阀阀芯旋转一个步距角的位移。滑阀阀芯的一端为丝杠外螺纹，其与固定在数字阀块内的阀芯螺母相互配合，阀芯螺母位置固定，在旋转运动作用下滑阀阀芯产生一个轴向移动。一旦阀芯有轴向位移，则滑阀阀口打开，高压油经液压滑阀流进液压缸后腔，后腔压力增加，空心活塞杆开始向左运动，液压缸前腔的液压油经液压滑阀流回到油箱内。在空心活塞杆向左运动的过程中，会带动丝杠螺母一起向左运动，丝杠螺母固定在空心活塞杆上，此时滚珠丝杠则产生一个与步进电动机旋向相反的旋转位移，滚珠丝杠与滑阀阀芯机械连接，带动滑阀阀芯左端的外螺纹反向旋转，在阀芯螺母的作用下，滑阀阀芯向右运动一个轴向位移，阀芯复位，阀口关闭，一个步进过程结束。

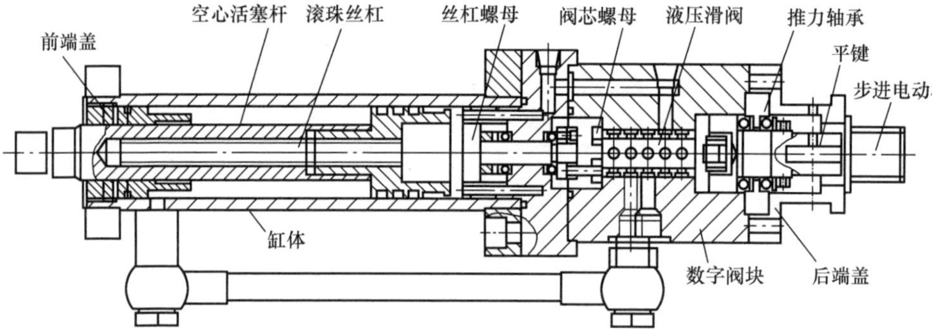


图26-121　步进电动机数字缸的结构

数字液压缸活塞杆的位移与PLC发送的数字脉冲个数成正比，活塞杆运动速度与PLC发送的数字脉冲频率成正比，其运动方向由步进电动机的旋转方向控制。将数字控制技术应用到液压领域中，能够用简单的步进电动机开环控制系统替代液压伺服闭环控制系统。

数字液压缸0.01mm的位移量对应1个数字脉冲信号，早期研究开发的数字缸分辨力为5～10μm。这是因为当步进电动机接收到前几个脉冲信号后，阀口开度较小，阀产生的压力与流量输出还不足以克服此时液压缸的静摩擦力，因此数字缸并未产生运动；在接收到后续若干个脉冲信号后，阀口开度进一步变大，才使得活塞上获得的推力完全能够克服液压缸的静摩擦力并产生运动。相反，停止运动时也是如此，只有当数字缸接收完之前所发送的所有脉冲信号后，阀口才会关闭，数字缸运动停止。所以只要当数字液压缸的目标行程比其分辨力大时，其停止位置重复精度就不再受其分辨力的影响。因此提高数字液压缸的分辨力（如提升到1～3个脉冲），也就是提高数字缸控制精度的措施之一。

**4. 结构设计要点**

1）数字液压缸缸体部分的结构设计直接参考普通液压缸的设计要求即可。

2）缸筒壁部开环形槽，缸筒和缸盖采用螺纹连接。

3）活塞与活塞杆用螺母连接，活塞杆中空，滚珠丝杠置于空心活塞杆中，与固定在空心活塞杆活塞端的丝杠螺母相互配合。

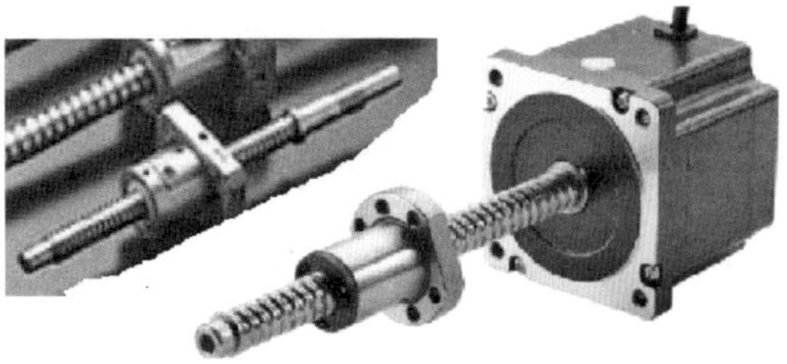

图 26-122　滚珠丝杠的安装方式

滚珠丝杠有三种安装方式：一端固定一端自由（见图 26-122）、一端固定一端支撑、两端固定。一端固定一端自由时，安装与调试方便，但精度在温差大时易受影响（1500mm 的温度误差可达 0.05～0.1mm）；一端固定一端支撑效果好，允许变形伸长，避免径向力；二端固定安装调试极其严格以保证精度，在重载下采用。数字缸行程与负载情况可以考虑采用一端固定一端自由的方式，便于安装。

4）滑阀的阀芯一端为丝杠外螺纹，与固定在缸体上的阀芯螺母相互配合。

5）液压缸系统无缓冲装置。

6）油口和排气口尽量位于安装位置的上方。

7）在滑阀阀芯两端使用平面推力轴承，承受轴向载荷，防止拉伤阀芯。

我国步进电动机数字液压缸尚未标准化。数字缸需要有我国自己的行业标准或国家标准，从而将我国自己的技术与产品固化下来。标准化可以结合现行的电液伺服液压缸标准，包括压力等级、尺寸、油路、密封等；也对滚珠丝杠等传动机构的加工精度、安装工艺建立规范，建立一套完整可靠的工艺保证体系。目前数字液压缸通用性差也是制约数字液压缸应用的因素。

**5. 步进/伺服数字缸的性能参数与结构特点**

（1）数字缸的反馈控制问题　滚珠丝杠反馈的结构比较典型，普遍采用，是因为不需要任何其他的液压元件和传感器，只需接通液压油源，通过数字脉冲序列的发送控制液压缸实现直线往复运动，控制活塞杆运动的方向、速度、停止点，或同步控制多个数字液压缸，实现终点目标控制。数字液压缸的行程正比于输入步进电动机的脉冲数，由角位移方向控制运动方向，而其活塞杆运动速度与 PLC 发送的脉冲频率成正比。这种结构比采用外反馈闭环控制数字缸的外部结构简单，调试简单与控制效果良好。但是外反馈的优点是有利于保证控制精度，也有利于数字缸内部结构的简化，并且易于实现多缸同步。

（2）数字缸的工作压力与速度问题　与一般液压缸一致，工作压力可以达到 31.5MPa。控制的速度在 0.2～500mm/s。

（3）数字缸控制位移高精度的影响因素　步进电动机脉冲对应的是电动机的角度，该角度直接对应着阀芯的位移和滚珠丝杠的位移，因此数字缸控制位移是优势。影响数字缸的定位精度因素，首先是数字缸内的阀口死区，其次是机械反馈传动环节精度。数字缸的绝对定位精度在 ±0.02mm，重复定位精度在 ±0.05mm，死区为 ±0.1mm。

（4）数字缸的分辨力问题　分辨率 <3 个脉冲数，在分辨力脉冲数之内，数字缸可能不会产生运动。

（5）反馈丝杠与螺母之间长度的配合　采用短丝杠长螺母为好。目的是减少与阀芯连接丝杆的质量，减轻步进电动机的惯性负载。办法是丝杠在需要与螺母配合转动的部分，加大螺母长度（可以加工分段），减少丝杠本身与其配合长度，而丝杠与阀芯连接部分采用小直径连杆与双边头部的丝杠或阀芯相连，使运动部分质量减少。如一个液压缸（缸内径/杆径 × 行程）为 $\phi$60mm/$\phi$30mm × 420mm，采用此措施后，此液压缸在脉冲当量为 0.01mm/P 时，起动频率为 2000Hz，工作频率为 16000Hz，进给速度达到 1200mm/min 和 9600mm/min。

（6）数字液压缸的频响问题　数字缸由步进电动机、阀芯、滚珠丝杠与液压缸活塞耦合在一起，质量较大，提高频响比较复杂，容易受限制。数字缸的频响肯定小于液压伺服阀的频响。根据实例，在有的情况下，小惯量高转速伺服电动机（8000r/min）进行过测试，数字液压缸的频响也能够达到 100Hz。1980 年，德国申克（Schenck）电液伺服缸（负载 1t）的频响就有 800Hz，美特斯（MTS）也有频响达 1000Hz 的电液伺服缸。我国采用 2D 数字阀也做到过频响达到 1000Hz。

（7）数字缸反向冲击问题　由于是机械反馈，数字缸反向冲击较大。改进阀口形状是其中一个解决方法。

（8）其他问题　数字缸仍然会受干扰。如在电焊机的工作环境下就需要加强屏蔽。

步进电动机价格低廉，容易被市场接受。

为防止活塞杆转动影响运动精度，需要采用一些结构措施。图 26-123 所示的结构措施是其中一种办法；如果采用外反馈的话则没有这个问题；磁联轴器也较好地解决了这个问题。

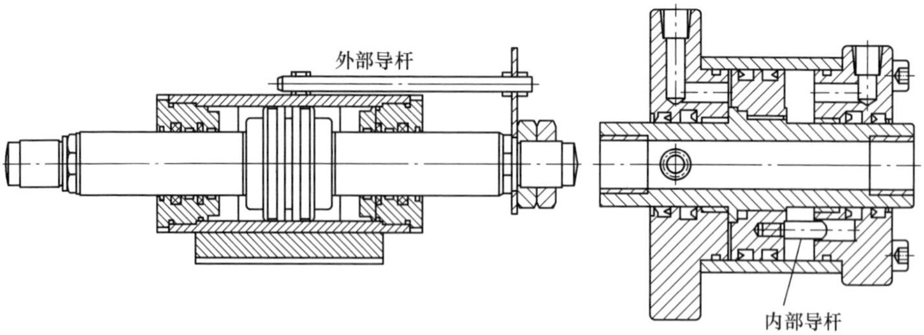


a)　　b)

图 26-123　可用于数字缸防活塞杆转动结构措施

a）液压缸防活塞杆旋转外部导杆　b）液压缸防活塞杆旋转内部导杆

## 26.7.5　步进电动机数字液压缸的控制问题

### 1. 步进电动机数字液压缸的控制

在数字元件中，伺服驱动器是核心技术之一，目前进口产品是主流，其控制原理如图 26-124 所示。

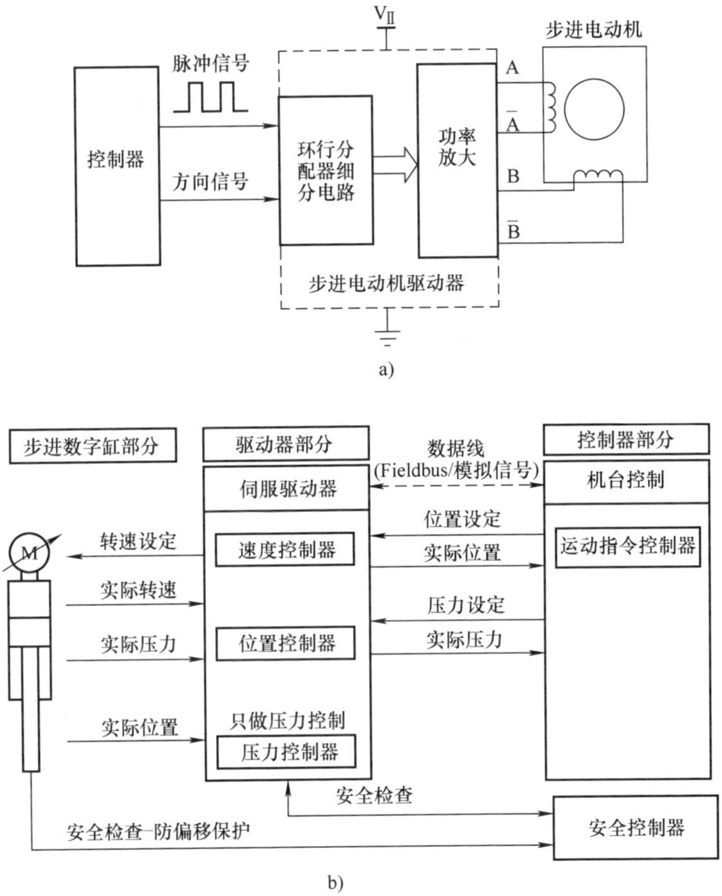


图 26-124　数字液压缸伺服驱动器控制原理

a）步进电动机数字缸驱动控制原理　b）步进电动机数字缸控制参数关系

数字缸伺服驱动器可以与机台控制以及上位机（个人计算机）分享或分担所涉及的功能，伺服驱动器的功能齐全，性能满足目前要求，设置与操作灵活方便。作为数字液压缸控制，目前常用的有下列几种：

（1）单片机控制　一个脉冲信号对应步进电动机转动一个角度，因此非常适合单片机控制。通过单片机控制可以实现由脉冲分配进行换相顺序控制，由给定工作方式正序换相通电控制步进电动机的旋转方向（即实现步进电动机正转或反转)，通过改变两个脉冲的间隔控制步进电动机的速度等调节。用普通的51单片机，例如用AT89C2051或STC12C1052+THB7128或THB6064这类芯片来组合就可以了。

（2）定时程序控制器控制　控制步进电动机十分方便，采用表格设置而无须编程，可以设置脉冲频率、脉冲个数以及方向控制的数据值，可对步进电动机实现速度控制、位置控制、长度控制、定时控制等各种基本的运行功能。控制器的型号有TPC4-4TD等

（3）采用微处理器DSP控制　通过DSP采集总线电压和电动机的运行电流，再通过控制算法实现对步进电动机的电流闭环控制，即可实现对步进电动机的精确控制，同时可以通过控制算法改善步进电动机中低速的振动和噪声。如英纳仕的EZM系列步进驱动系统采用DSP控制，在中低速段可以获得接近伺服的运行性能。

（4）基于PLC的控制　通过PLC编程输出一定数量的方波脉冲，控制步进电动机的转角，进而控制伺服机构的进给量，通过编程控制脉冲频率来控制步进电动机的转动速度，进而控制伺服机构的进给速度。

纯脉冲控制只能实现液压缸的位移控制模式，不能做力闭环控制，这实际是位移控制模式下的力判断，因此需要进行闭环控制，如图26-125所示。

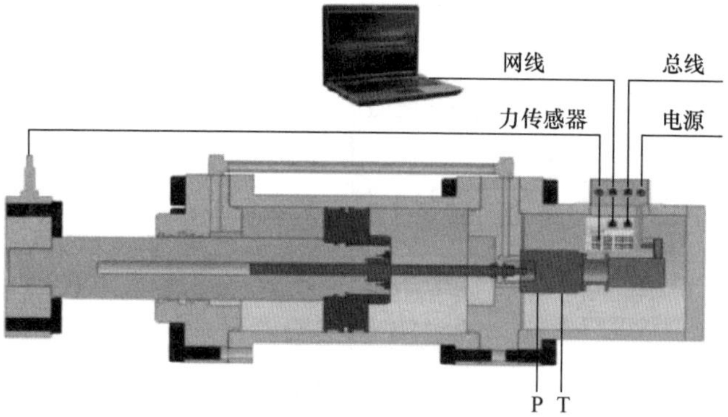


图26-125　数字液压缸的力控制模式

**2. 步进电动机数字液压缸的控制特点**

（1）具有闭环内反馈的开环元件　数字液压缸是机械传动闭环内反馈的开环元件，这种机械式的闭环反馈是在数字液压缸中安装了滚柱丝杠，并与数字阀的阀芯连接。当步进电动机或伺服电动机驱动阀芯产生轴向位移时，阀芯打开，高压油进入液压缸推动活塞运动，同时带动丝杠运动，将阀芯推回零位，液压缸活塞到达指令位置。关于滚珠丝杠如何将阀芯推回零位，目前有多种机构形式都可以实现，各有优缺点，不在这里详述。

（2）控制精度　数字液压缸的控制精度主要取决于机械反馈传动环节，具体说来就是滚珠丝杠的精度、阀芯与电动机连接机构的精度，是机械精度决定了数字液

压缸的控制精度（与此相比，电动机可以认为是精确的），目前一般采用的是 0.008mm/300mm 精度的滚珠丝杠，再考虑到其他机械环节，测试结果是数字液压缸可以达到 0.015mm 左右的控制精度。

数字液压缸的控制精度主要取决于机械反馈传动环节，因为整个控制系统中其他环节的精度远远高于机械传动部分，如伺服电动机编码器的精度、数模转换器的精度等要比滚珠丝杠高一个数量级。

（3）脉冲控制　电液伺服液压缸一般都有位移控制模式和力控制模式，有的还有加速度控制模式。但是步进电动机如果采用纯脉冲控制，只能实现液压缸的位移控制模式。因为脉冲对应的是电动机的角度，该角度直接对应着阀芯的位移和滚珠丝杠的位移。关键的是脉冲的频率都是定值，用于位移控制模式时没有问题。纯脉冲控制无法进行力控制，因为力控制与弹簧刚度有关，所以这时必须采用力传感器进行闭环控制。

（4）频响范围　数字液压缸的频响问题一直是大家关注的，因为它将滚珠丝杠与液压缸耦合，加上即使是采用小惯量、高转速伺服电动机（8000r/min），其转动惯量是比较大的。因此在应用时必须注意到这点。

（5）同步控制　无论是步进电动机还是伺服电动机，其同步控制精度是非常高的，即使存在机械传动（如背隙、联轴器间隙）等环节，同步精度仍然很高（微米级）。

**3. 步进电动机选用**

步进电动机是可以通过步进驱动器接收数字脉冲信号，并将此脉冲信号以角位移或通过外部机械结构以线位移的形式输出的一种执行机构。在步进电动机外在负载没有超过额定值时，其旋转速度大小只与接收到的数字脉冲序列的频率有关，而其旋转角度则由接收到的数字脉冲序列个数决定。即每当步进电动机接收到一个脉冲信号，就会按照给定方向运动一个步距角的距离。步进电动机的误差不积累，只会周期性存在。步进电动机的这一特性在控制领域被广泛应用，尤其是速度、位置控制领域。

最常见的步进电动机类型有旋转式步进电动机和直线式步进电动机这两种。常用的旋转式步进电动机根据转子结构不同，可以分为永磁式（PM）步进电动机、反应式（VR）步进电动机和混合式（HB）步进电动机。永磁式步进电动机相数一般为两相，步距角一般为 7.5°/15°，转矩较小，体积相对其他两种不大；反应式步进电动机相数一般为三相，步距角一般为 1.5°，可实现大转矩输出，缺点是振动和噪声较大；混合式步进电动机的相数不固定，相数越多则步距角越小，步进精度提高，响应频率有所提高。

步进电动机选用时具有以下特点：

1）一般情况下步距角的 3% ~5% 为步进电动机的精度，且此值不累积。

2）步进电动机的外表面能够承受较高的外在温度。

3）步进电动机转动速度增加，则其力矩会随之下降。

4）步进电动机在转速较低时可以正常工作，在步进电动机起动时接收的脉冲信号频率不能过高，若高于某一定值，则步进电动机无法正常起动，可能伴随出现失步和堵转等情况，而在步进电动机有外在负载情况下，此起动频率应该更低。

步进电动机主要基本参数如下所示。

1）相数：相数与步进电动机的绕组一致，决定步距角的大小。现在常用的有二相、三相和五相步进电动机。

2）步距角：步进电动机通过驱动器接收到控制系统发出的一个数字脉冲信号后，其转子所转过的角位移。在实际工作中，步进电动机驱动器将直接关系到该值的大小。

3）拍数：步进电动机转过一个步距角（即完成一个磁场周期性变化）所需要接收的脉冲个数。

4）步距角精度：当步进电动机正常工作时，实际转过一个脉冲序列的角位移与步进电动机理论步距角之间的比值。

5）保持转矩：步进电动机通电之后，电动机转轴还没有转动时的最大输出转矩值。在一般工况下，保持转矩与低速运转时的输出力矩相差不大。保持转矩值是判断步进电动机性能的重要参考。

6）工作转矩：步进电动机绕组通电转动过程中的最大输出转矩值。

7）静转矩：步进电动机定子锁定住其输出轴的力矩。此力矩与电动机大小（体 积、几何尺寸）有直接关系，是电动机大小的衡量标准。静转矩的大小与定齿转子间的气隙大小成反比，与电磁激磁安匝数成正比，与驱动电源及驱动电压等无关。不应过度减小此气隙或过度增加此激磁安匝数，避免造成发热量增加、机械噪声加大。

步进电动机的选型有三个要素，即步距角、静转矩和电流。其中步距角与相数有关。三个主要要素一旦确定，则步进电动机的型号便基本确定。

图26-126所示为步进电动机及其接线图。

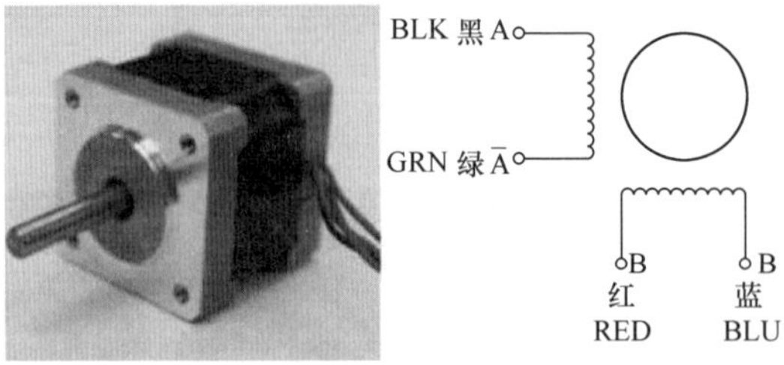


图26-126　步进电动机及其接线图

#### 4. 步进电动机驱动器选型

（1）步进电动机驱动器的作用　步进电动机驱动器是步进电动机系统中的核心组件之一，如图 26-127 所示，它按照控制器发来的脉冲/方向指令（弱电）信号对电动机线圈电流（强电）进行控制，从而控制电动机转轴的位置和速度。其中可以采用双极恒流斩波方式对步进电动机进行驱动（见图 26-128）。

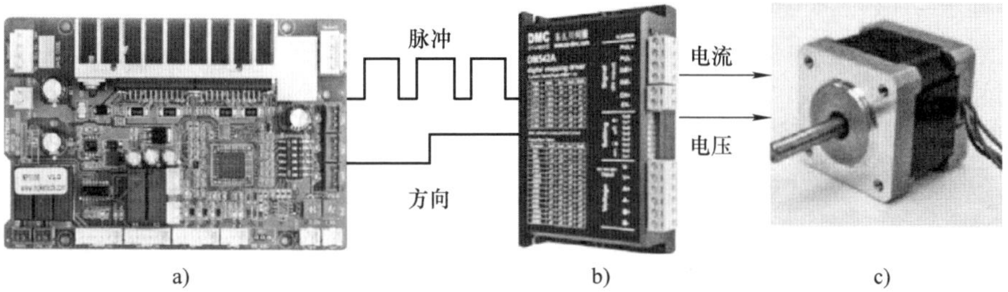


图 26-127　步进电动机驱动器的作用
a）控制器　b）驱动器　c）步进电动机

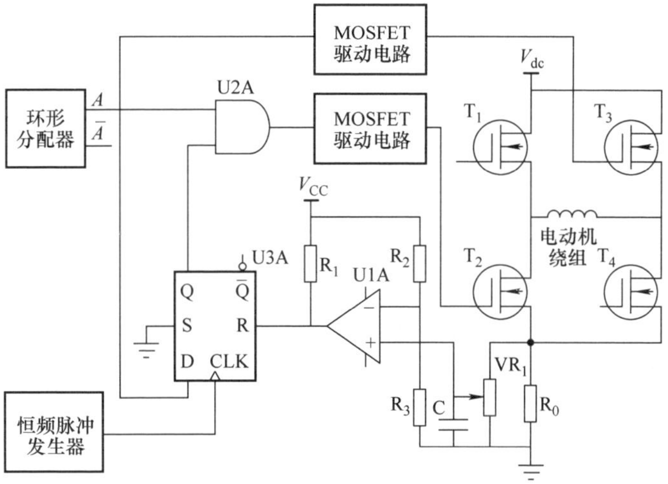


图 26-128　双极恒流斩波驱动电路

（2）步进电动机驱动器的驱动模式　步进电动机驱动器有三种基本的步进电动机驱动模式：整步、半步、细分。其主要区别在于电动机线圈电流的控制精度（即激磁方式）。步进电动机既可配整/半步驱动器也可配细分驱动器，但运行效果不同。整步步进电动机驱动器按脉冲/方向指令对二相步进电动机的两个线圈循环激磁，每个脉冲将使电动机移动一个基本步距角，即 1. 8°。

对于半步驱动，在单相激磁时，电动机转轴停至整步位置上，驱动器收到下一脉冲后，如给另一相激磁且保持原来相继处在激磁状态，则电动机转轴将移动半个步距角，停在相邻两个整步位置的中间。如此循环地对两相线圈进行单相然后双相激磁，步进电动机将以每个脉冲0.9°的半步方式转动。实际操作只是对驱动器拨码开关的拨位进行选择。和整步方式相比，半步方式具有精度高一倍和低速运行时振动较小的优点，所以实际使用整/半步驱动器时一般选用半步模式。

细分驱动模式具有低速振动极小和定位精度高两大优点。对于有时需要低速运行（即电动机转轴有时工作在60r/min以下或定位精度要求小于0.9°的步进应用中，细分驱动器获得广泛应用。其基本原理是对电动机的两个线圈分别按正弦和余弦形的台阶进行精密电流控制，从而使得一个步距角的距离分成若干个细分步完成。

（3）步进电动机驱动器选择　对于步进电动机驱动器的选择，应注意下列特点：

1）驱动器内部采用专业驱动控制芯片，能够实现多档细分可选功能。

2）电动机发热少、运行噪声小、平稳性高。

3）可通过DIP开关对电动机的驱动输出相电流进行调整。

4）采用光耦器件对控制信号的输入电路进行隔离，将外部噪声的干扰降到最低。

5）电动机旋转的角度正比于脉冲数。

6）电动机停转的时候具有最大的转矩（当绕组激磁时）。

7）由于每步的精度为3%～5%，而且不会将一步的误差积累到下一步，因而有较好的位置精度和运动的重复性。

8）优秀的起停和反转响应。

9）由于没有电刷，可靠性较高，因此电动机的寿命仅仅取决于轴承的寿命。

10）电动机的响应仅由数字输入脉冲确定，因而可以采用开环控制，这使得电动机的结构可以比较简单，从而有效控制成本。

11）仅仅将负载直接连接到电动机的转轴上也可以实现极低速的同步旋转。

12）由于速度正比于脉冲频率，因而有比较宽的转速范围。

（4）驱动器对控制器与步进电动机的接法　步进驱动器与控制器有三种信号的接法，分别为共阳极接法、共阴极接法、差分信号接法，图26-129所示为步进驱动器与控制器的三种信号的接法。

图26-130所示为步进电动机与驱动器和控制器的接线总图。

**5. 步进电动机数字缸控制的发展**

步进电动机数字缸控制的发展包括两个方面：由步进电动机作为先导控制的液压控制阀本身的变化，如2D数字缸，将2D数字液压伺服阀的原理直接引入，将2D阀的主阀芯看成是液压缸就形成一种原理全新的数字缸；或者将步进电动机改为直接式高速开关阀，就形成了高速开关阀数字缸。另一方面是对步进电动机本身控制的提高与发展。目前步进电动机控制的细分使稳定平衡点动能减小，振动减小，运行更平稳，还提高了分辨力，有更好的运行平滑性。但是现行的细分控制不

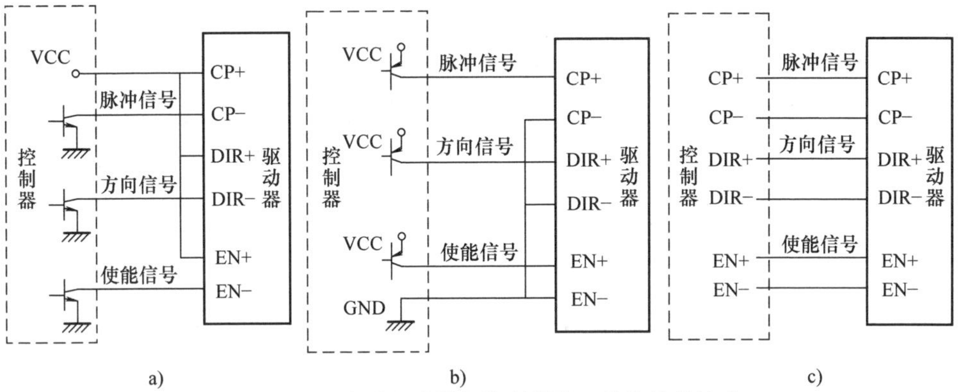


图26-129 步进驱动器与控制器的三种信号的接法

a）共阳极接法 b）共阴极接法 c）差分信号接法

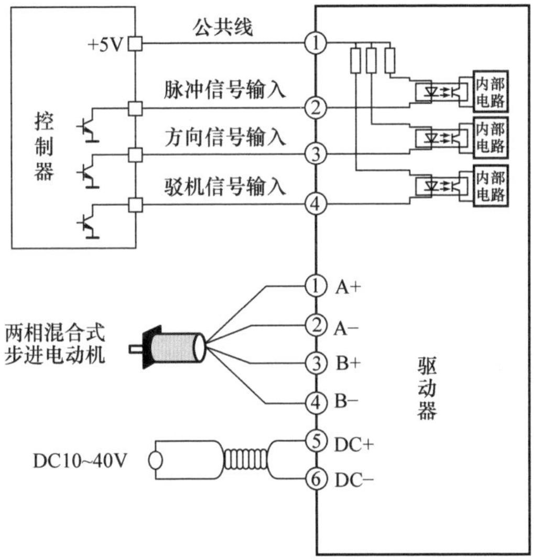


图26-130 步进电动机与驱动器和控制器的接线总图

能保证转矩恒定，实时细分存在问题。因此对于步进电动机提出类似同步电动机矢量控制的概念，与细分控制结合起来，提高步进电动机的平稳性，其控制原理如图26-131所示。

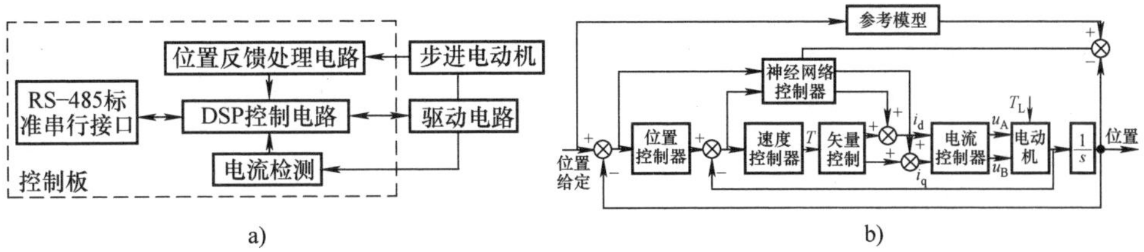


图26-131 提高步进电动机性能的矢量控制硬件系统与位置伺服系统框图

a）步进电动机矢量控制硬件系统 b）步进电动机矢量控制位置伺服系统框图

### 6. 步进电动机数字液压缸的程序控制流程

步进电动机数字缸的控制器可以是PLC或其他控制器。无论采用何种控制器，对于步进电动机数字缸的控制流程往往大同小异。程序控制流程的数字液压缸系统需要实现快速进给、工作进给、快速退回、复位、单次循环和反复循环等功能。系统在正常运转之前需要正常的通电，通电之后它将一直等待接收指令，就其接收的指令信号命令来说，无外乎手动控制与自动控制。在此以单次循环为例，图26-132所示为单次循环流程图。

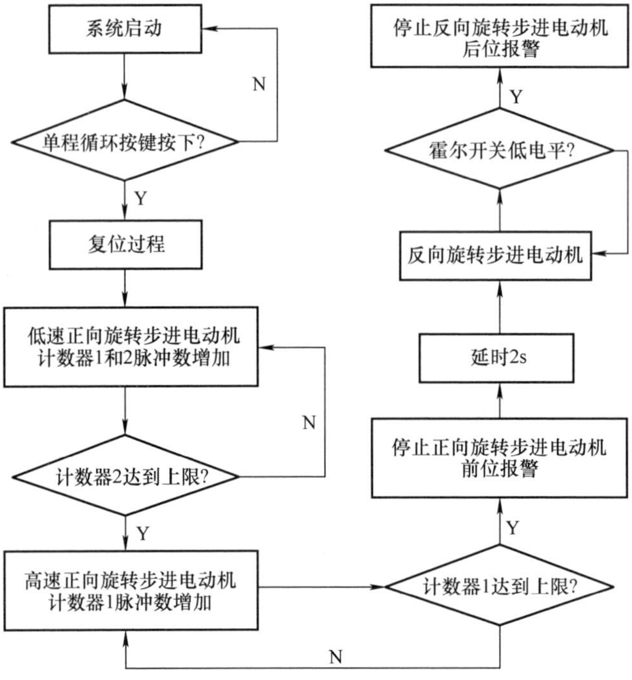


图26-132　步进电动机数字缸单次循环流程图

## 26.7.6　步进/伺服数字液压缸产品与应用

### 1. 步进电动机数字缸

数字液压缸产品与应用自20世纪末以来一直比较活跃，我国相关产品与项目发展很多也很快，高校研究也很多。我国第一个船用数字液压缸标准于2010年已经制定实施。目前数字缸的主要产品型式是步进电动机机械反馈数字液压缸，伺服电动机机械反馈式数字液压缸也已经有产品提供。值得注意的是，也有成功采用高速开关阀作为先导阀的数字液压缸，其中将滚珠丝杠作为位移传感器带动编码器作为反馈，数字液压缸应用情况见表26-84。

**表 26-84 数字液压缸应用情况**

<table>
<tr><td rowspan="2">类型</td><td colspan="3">步进电动机数字液压缸</td><td>高速开关阀数字缸</td></tr>
<tr><td>滚珠丝杠内反馈</td><td>齿轮齿条外反馈</td><td>滚珠丝杠位移内反馈</td><td>磁致伸缩反馈或滚珠丝杠反馈</td></tr>
<tr><td>研发单位</td><td>北京亿美博科技有限公司</td><td>海军工程大学</td><td>上海尚晞数控科技有限公司</td><td>辽宁工程技术大学（磁致伸缩反馈）<br>湖南师范大学（滚珠丝杠反馈）</td></tr>
<tr><td>阶段</td><td>产品＋项目</td><td>项目</td><td>产品＋项目</td><td>项目</td></tr>
<tr><td>产品结构特征</td><td>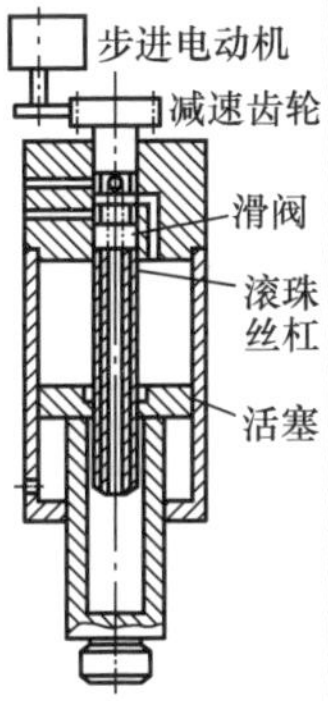
</td><td>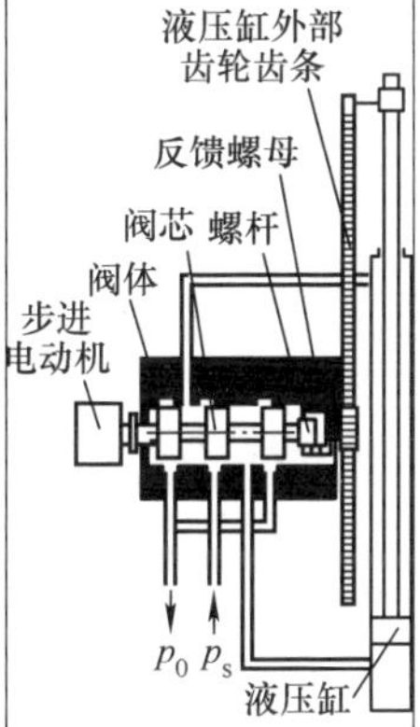
</td><td>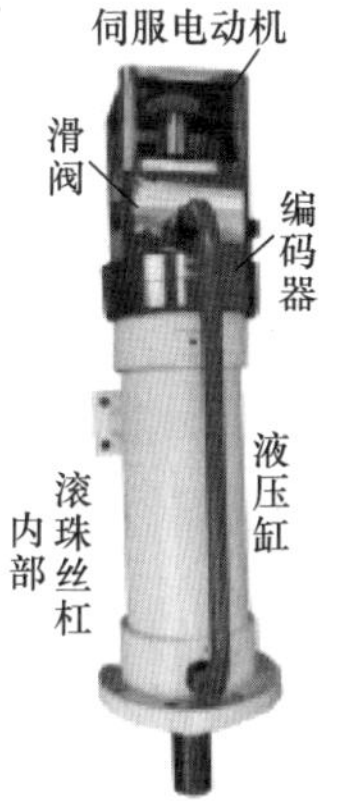
</td><td>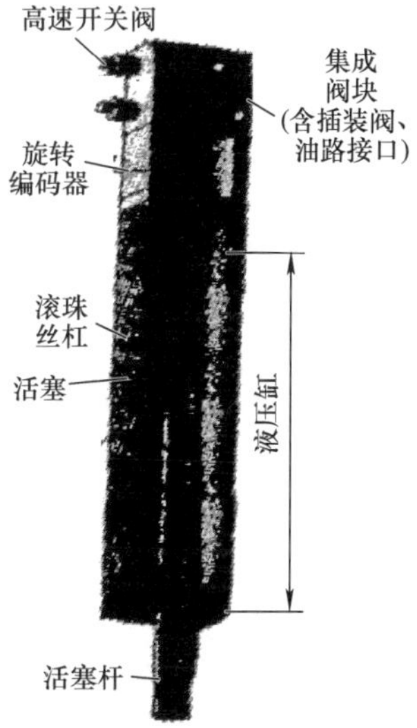

（湖南项目液压缸）</td></tr>
<tr><td>应用领域</td><td>船用数字液压缸国家标准，广泛应用于工业液压领域</td><td>6 自由度运动平台</td><td>
数控旋压机</td><td>辽宁项目：连铸机结晶器液面控制、水轮机调速、钢材无齿锯、导弹装弹机构同步、发动机多点位控制。</td></tr>
<tr><td>关键参数</td><td>脉冲当量0.01～0.2mm/脉冲</td><td>步矩角 $K_n=0.0031$，反馈螺杆导程 $t=0.3\times10^{-2}$m/r，齿条齿轮传动比 20πrad/m</td><td>工作压力 17MPa，缸径 80～300mm，推力可达 1200kN，最大行程 3m，重复精度 0.025mm</td><td>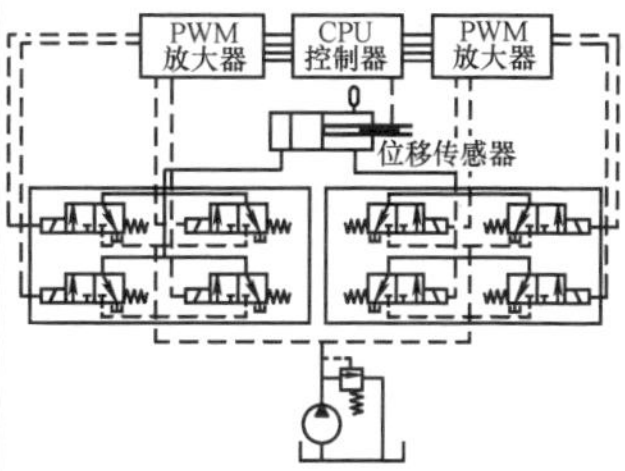

（辽宁项目系统图无滚珠丝杠，位移反馈磁致伸缩传感器）</td></tr>
</table>

（续）

| 类型 | 步进电动机数字液压缸 | | | 高速开关阀数字缸 |
|---|---|---|---|---|
| | 滚珠丝杠内反馈 | 齿轮齿条外反馈 | 滚珠丝杠位移内反馈 | 磁致伸缩反馈或滚珠丝杠反馈 |
| 性能指标 | 最低稳定速度≤20脉冲当量/s；最高速度≥2000脉冲当量/s；重复定位精度≤3个脉冲当量；分辨力≤30脉冲当量；死区≤30脉冲当量；脉冲频率10～3000Hz。 | 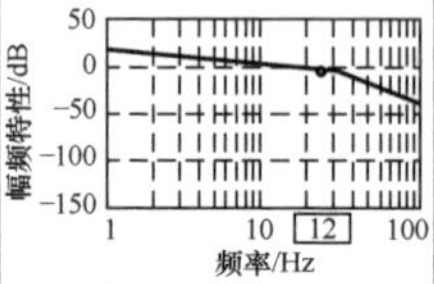<br>频响在12Hz | 滚珠丝杠精度0.008mm/300mm，数字液压缸可达0.025mm左右的控制精度，现在取决于伺服电动机后编码器的精度；可以进行力闭环控制 | 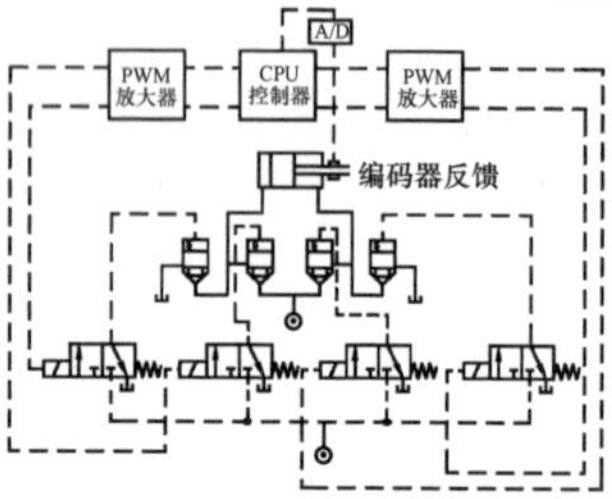<br>（湖南项目系统图，滚珠丝杠将液压缸位移转换成编码器角位移输出反馈到控制器） |

数字液压缸的优点：①实现了数字化。使开发的元件与系统与计算机技术联系起来，可以与控制器直接控制，扩展了控制能力，发展为总线控制的能力。②结构简单。由于阀缸集成一体化，既简化了元件结构，也简化了系统结构，有利于液压产品功重比的提高。③动态性能提高。有利于液压控制的动态性能，减少管道的影响。④控制精度提高。无论是步进电动机还是伺服电动机，其控制精度都非常高，使液压控制的精度得到提高。⑤控制可靠性增加。电动机的可靠性和安全性更好，抗污染能力更强，更易实现大流量下的应用。

数字液压缸存在的问题：①滚珠丝杠等作为机械反馈，增加了传动机构的加工和安装工艺，而安装工艺是保证数字液压缸性能的关键。②由于市场处于数字化前期，主机设备的网络化、智能化需求尚未充分体现出来，因此市场需求量未充分表现出来。③目前缺乏标准化。④行业从业人员的知识结构需要提升。

**2. 伺服电动机数字液压缸产品**

我国有不少生产数字液压缸的企业，需要在发展中有更高的集中度并形成品牌。我国相关产品的标准化也是一个需要跟进的环节。这里提供一些厂商产品的性能参数。

（1）成功用于旋压机的伺服电动机数字液压缸（见图26-133）　此数字液压缸采用直联集成一体化方式，把多个部件直接集成在液压缸上，采用标准化数控系统，具有故障率低、维护成本低、上手操作快、加工精度高等优势，现已用于各种轮毂旋压机、数控旋压机等主机产品上，也已应用于汽车、水处理、数控机械、核电、航空航天等领域。表26-85列出了伺服电动机数字液压缸产品（部分）性能参数。

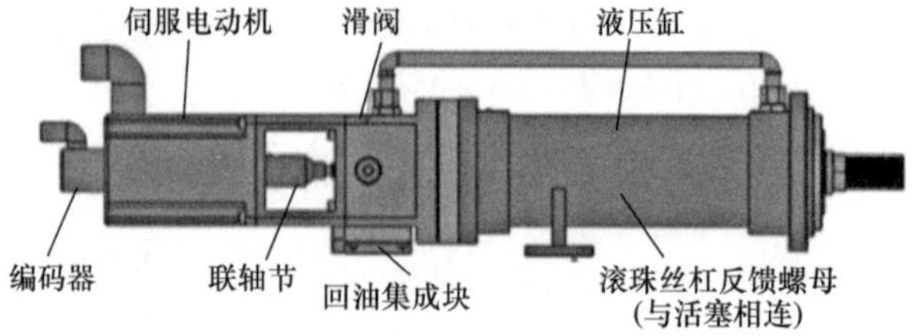


图26-133　伺服电动机数字液压缸（上海尚晞数控科技有限公司）

表 26-85　伺服电动机数字液压缸产品（部分）性能参数

| 序号 | 缸径/mm | 杆径/mm | 行程/mm | 进油压力范围/MPa | 推力范围/kN | 重复定位精度/mm | 控制方式 | 安装方式 |
|---|---|---|---|---|---|---|---|---|
| 1 | 80 | 45 | ≤1200 | 0.35～17 | ≤8.5 | ≤0.025 | 数控 | F＋L |
| 2 | 100 | 50 | ≤1500 | 0.4～17 | ≤120 | ≤0.025 | 数控 | F＋L |
| 3 | 200 | 85 | ≤2500 | 0.5～17 | ≤500 | ≤0.025 | 数控 | 选配 |
| 4 | 300 | 选配 | ≤3000 | 0.5～17 | ≤1200 | ≤0.025 | 数控 | 选配 |

（2）数字控制液压缸与数字控制摆动缸　生产数字控制直线液压缸、数字控制摆动缸（可以数字输入及实现本摆动缸较大摆度以下的任何角度）。东莞中冶液压机械有限公司的伺服数字液压缸产品的性能参数见表 26-86。该产品一般用步进电动机、伺服电动机，转矩在 3N · m 左右。该产品具有自编程功能，触摸屏编程，编程语言简单。

表 26-86　伺服数字液压缸产品的性能参数

| 系列 | ZS 系列 | ZGS 系列 | HSD 系列 |
|---|---|---|---|
| 外形 | 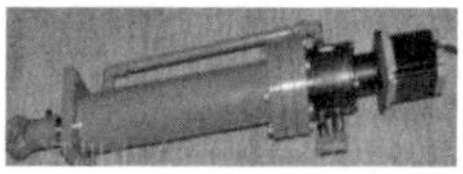 |  |  |
| 型号 | ZS（或 D25/CG350，HSG） | ZGS110/60－1500 | HSD63/45－150 |
| 压力/MPa | 25 | 21 | 21 |
| 速度/(mm/s) | 0.05～8 | 0.05～0.3 | 0.05～8 |
| 缸径/mm | 32～1200 | 110 | 63 |
| 杆径/mm | 16～1100 | 60 | 45 |
| 行程/mm | 12500 | 1500 | 150 |
| 速比 | 多种速比 | 多种速比 | 多种速比 |

## 26.7.7　高速开关阀直接控制数字缸

上述的步进电动机数字液压缸，以步进或伺服电动机为先导，通过液压比例或伺服滑阀进行换向并产生运动，再通过与活塞杆相连的滚珠丝杠产生运动反馈，形成具有位置反馈的数字液压缸。如果这时改用高速开关阀取代数字电动机与液压滑阀，其余结构不变，就成为高速开关阀直接控制数字缸。

一般而言，高速开关阀直接控制数字缸就是一个阀控系统。目前也在将高速开关阀做成阀组与液压缸集成，形成了高速开关阀阀控数字缸，并且吸收步进电动机数字缸的机械内反馈的结构形式，形成比较丰富的各种类型数字缸。由于数字缸在市场上尚未形成主流，大多数以研发项目的形式呈现。

**1. 直接式高速开关阀控制液压缸**（带滚珠丝杠位移传感）

直接式高速开关阀控制液压缸（带滚珠丝杠位移传感）结构外形如图 26-134 所示，而图 26-135 所示为它的工作原理图，图 26-136 所示为它的控制流程图。在工作过程中，利用控制器对高速开关先导阀进行 PWM 控制，通过高压大流量的二通插装阀组成的阀控系统流量放大后，驱动液压缸。由于液压缸具有位移传感器，使其位置受到精确控制。换句话说，这是个液压换向系统，液压缸由二通插装阀阀组控制，而这个二通插装阀阀组由高速开关先导阀控制，而高速开关先导阀又是接受控制器 PWM 信号的控制，完成这个液压回路中液压缸的伸缩运动或者差动。

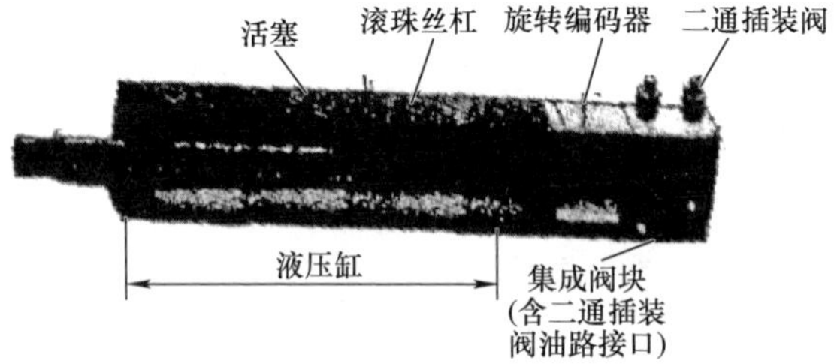


图 26-134　直接式高速开关阀控制液压缸（带滚珠丝杠位移传感）结构外形

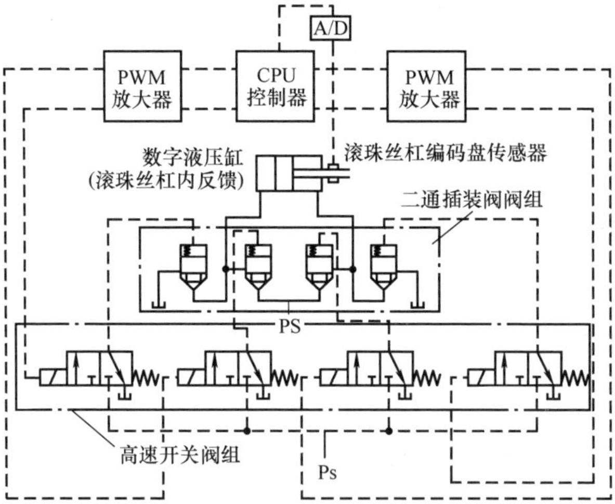


图 26-135　直接式高速开关阀控制液压缸（带滚珠丝杠位移传感）工作原理图

这个高速开关阀数字液压缸的结构有两个特点：①选择高速开关阀作为先导阀对二通插装阀进行控制，使得基于计算机 PWM 控制的小流量高速开关阀的控制得到流量放大，可以在高压大流量场合使用，对于活塞运行速度进行控制。②结构上具有高速开关阀为先导的二通插装阀阀块置于液压缸尾部，集成一体。同时，采用步进电动机数字缸滚珠丝杠内反馈的结构，活塞杆运动时内部的滚珠丝杠组也随之运动，活塞直线运动变成旋转运动，活塞的位移与速度利用滚珠丝杠转换成缸外的旋转编码器，利用编码器功能对活塞位移与速度进行电信号的转换，传递到控制器，组成闭环数字阀控缸系统。以上结构使得数字缸的整体结构变得更加合理，液压回路的损耗也变得可控。和常规比例阀、伺服阀等阀控缸系统进行对比可知，高速开关阀阀控数字液压缸具有经济合理、结构简单、控制精度高等优势。

本高速开关阀阀控数字液压缸的性能参数是举升负载 100kN、速度 0.25 ~ 1.5m/min、活塞行程 500mm，工作压力 15MPa。得知目前数字缸丝杠导程是 4mm，旋转编码器传递脉冲数为 1000 个/r，快进行程为 100mm，活塞移动速度为 0.2mm/s；此外一次工进行程为 200mm，活塞移动速度为 0.05mm/s；二次工进行程为 100mm，活塞移动速度为 0.02mm/s，快退速度为 0.4mm/s。

高速开关阀阀控数字缸和常规阀控缸系统进行对比分析，具有以下明显优势：首先结构相对简单，流程较简洁，利用一个数字缸就能够实现全部功能，省去了电磁方向阀、液压缸、行程开关、调速阀等系统设备；二是数字液压缸能够对控制程序进行调整，从而实现对速度与位移的控制，其中涉及液压阀数量及回路结构；三是高速开关阀当作二通插装阀的先导阀，完成高压大流量应用场景下系统输出参数的比例控制；四是外界环境影响因素不可避免会对其精确度产生一定程度的影响，按照检测反馈信息完成自动调节的功能，从而完成精确控制。

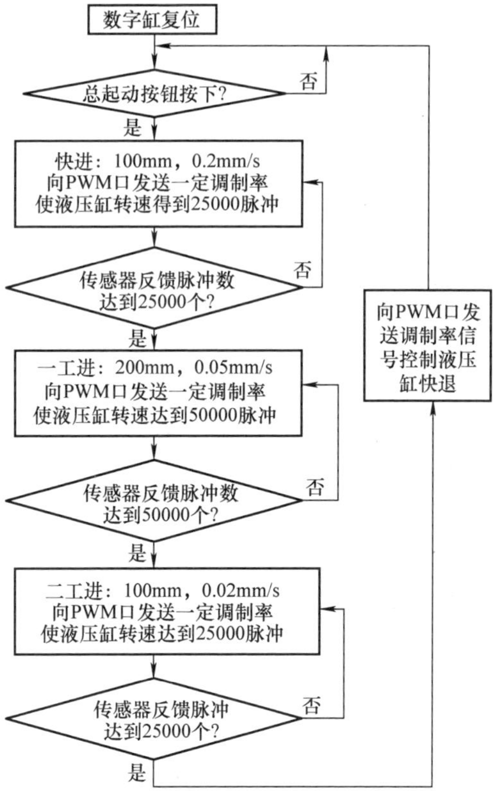


图 26-136　直接式高速开关阀控制液压缸（带滚珠丝杠位移传感）控制流程图

## 2. 直接式高速开关阀控制液压缸（带磁致伸缩传感器）

直接式高速开关阀控制液压缸（带磁致伸缩传感器）结构外形如图 26-137 所示，其工作原理图如图 26-138 所示。此磁致伸缩传感器数字液压缸与带滚珠丝杠内反馈位移传感器数字液压缸比较总体是一致的，设计参数相近，只是采用了不同的传感器并带来结构上的变化。二者比较，滚珠丝杠内反馈形式已经在数字缸结构中被普遍接受，控制调试比较简单，磁致伸缩传感器精度与频响更有优势。

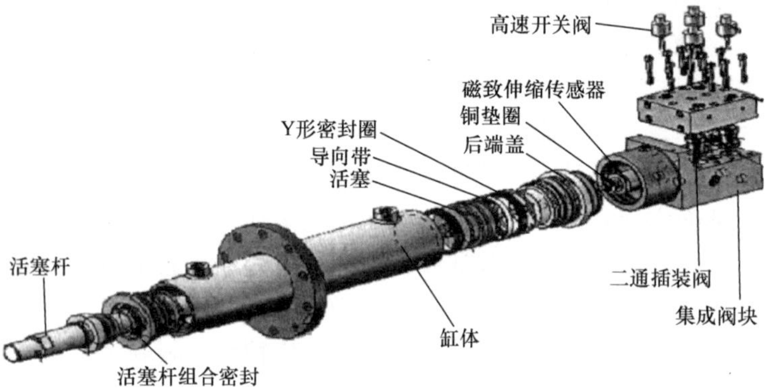


图 26-137　直接式高速开关阀控制液压缸（带磁致伸缩传感器）结构外形

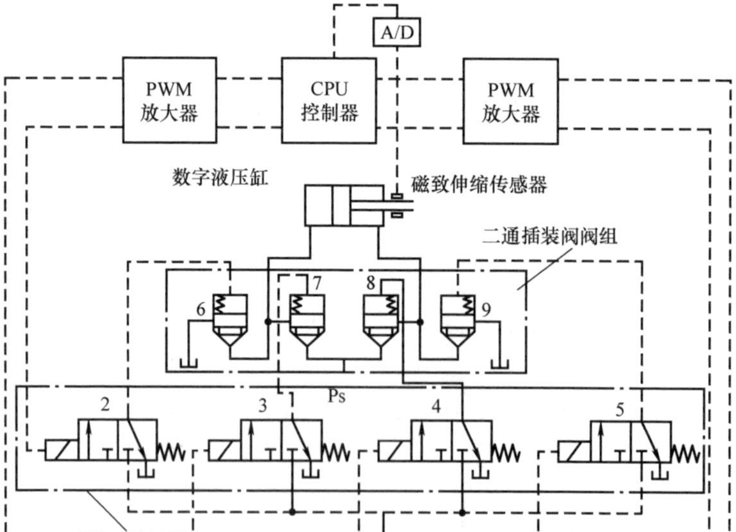


图 26-138　直接式高速开关阀控制液压缸（带磁致伸缩传感器）工作原理图

磁致伸缩传感器的基本原理是在铁磁质中磁化方向的改变会导致介质晶格间距

的变化，使得铁磁质的长度和体积发生变化，此即磁致伸缩现象。而工作原理是利用两个不同磁场相交时产生一个应变脉冲信号被检测到的时间来计算出磁场相交点的准确位置，这两个磁场一个来自磁环中的永磁铁，另一个来自传感器电子仓中的电子部件产生的激励脉冲。激励脉冲沿传感器内用磁致伸缩材料制造的波导丝以声速运行。当与磁环中的永磁场相交时，由于磁致伸缩现象，波导丝产生的机械振动形成一个应变脉冲。应变脉冲很快便被电子仓中的感测电路探测到。从产生激励脉冲的一刻到应变脉冲被探测到的总时间乘以固定的声速，便能准确计算出磁铁的位置变化。这个过程是连续不断的，所以每当磁环位置改变时，新的位置会迅速被测量出来。由于输出信号是真正的绝对值，而不是比例的或需要再放大处理的信号，所以不存在信号漂移或变值的情况，更不必像其他传感器那样需要定期重标。磁致伸缩传感器为非接触式，永不磨损。具有高分辨率、高精度、高稳定性、高可靠性、响应时间快、工作寿命长等优点。传感器不用重新标定，也不用定期维护，因而被精确测量领域广泛采用。

主要技术性能指标如下：

1）量程范围 50 ~ 3000mm，硬杆结构，3000mm 以上软杆结构。

2）线性误差≤0.05% mmFS（全程精度）。

3）重复性误≤0.0005% FS。

4）分辨率 ≤ 0.001% 。

5）迟滞≤0.001% FS。

6）工作电压 12 ~ 24V。

7）工作电流 < 16mA。

8）持续工作压力为 35MPa 。

9）输出方式，电压 0 ~ 5V，0 ~ 10V；电流 0 ~ 20mA，4 ~ 20mA；数字输出符合 RS - 485 协议。

具有磁致伸缩传感器的直接式高速开关阀控制液压缸作为控制的核心元件，通过单片机来实现。参数的设定调节由触摸屏来设定，该驱动方案要实现的驱动要求有：①四个高速开关阀的驱动；②触摸屏与单片机的接口电路；③由磁伸缩传感器检测到的活塞杆速度和位移数据采集电路的实现。该液压缸的控制原理如图 26-139所示。

对于直接式高速开关阀控制液压缸的控制，实际上就是对于高速开关阀的控制，对位置控制大多采用纯反馈的控制方式，包括 PID、模糊、神经网络和模型预测等，其控制方式都基于偏差而进行参数补偿，具有一定的滞后性。如果采用 PFM 与 PWM 相结合的方式进行高速开关阀流量特性优化，针对纯反馈系统滞后性的特点，提出了模糊算法修正的前馈 - 反馈位置控制策略，可实现液压缸中活塞位置的精确控制。

常见的高速开关阀控制方式为脉宽调制，即通过控制特定频率下的高速开关阀

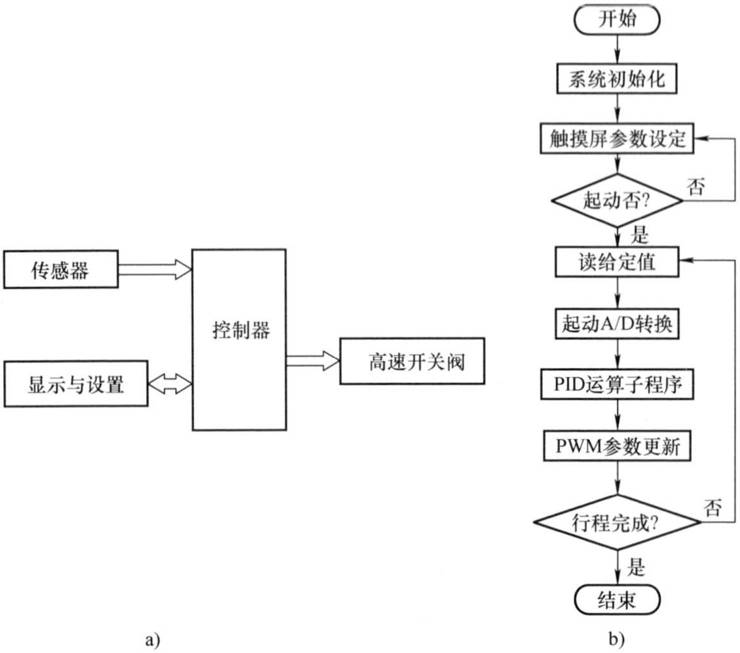


图26-139　直接式高速开关阀控制液压缸（带磁致伸缩传感器）控制原理
a）控制硬件图　b）控制主程序流程图

的开启时间来控制通过高速开关阀的平均流量，进而达到间接控制液压缸速度的目的。在液压缸的伸出过程中，通过对比与标准位移之间的误差值，反馈控制高速开关阀的占空比。由于负反馈控制系统是在被控参数出现偏差后，调节器才发出控制命令以补偿扰动对被控参数的影响，消除或基本消除偏差。若扰动已经发生，受系统滞后性的影响，被控参数并未立即发生变化，因此调节器将不产生校正作用。所以，反馈控制总是滞后于扰动，是一种不及时的控制，会造成调节过程中的动态偏差，有时其控制质量较差。而传统的前馈控制技术是一种常用在多干扰量场合中的控制策略，其目的是补偿扰动的影响，使被控参数保持不变或基本保持不变（当扰动出现时，调节器立即根据扰动的性质和大小进行控制）。相对于反馈控制来说，前馈控制是即时的，但抗干扰性较差。前馈控制通常需要和反馈控制相结合，形成前馈-反馈控制，前馈-反馈控制实质上是一种按输入补偿的复合校正方法，将其应用于液压缸位置控制系统中，原理图如图26-140a所示。

高速开关阀会有死区及饱和区范围，占空比太小或太大，超过高速开关阀的频响会跟不上控制的要求，因此，在采用高速开关阀进行闭环控制时，需要将PWM与PFM相结合，当占空比小于特定频率下的最小开启占空比信号时，减小脉冲信号的频率，即能满足调制要求，实现频响随机化。在保持脉冲宽度不变的情况下，改变控制信号的频率，即可间接地实现对占空比的调节。

综合运用 PWM－PFM 控制策略与模糊算法修正的前馈－反馈位置控制方法，对高速开关阀阀控数字液压缸控制，可以取得比较良好的效果（见图 26-140b）。

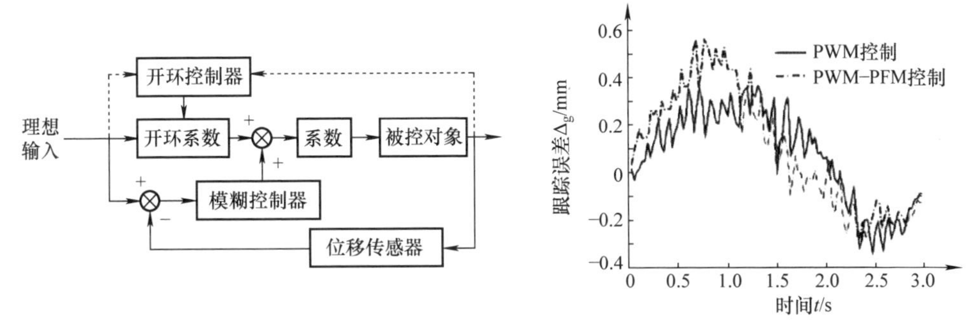


a) b)

图 26-140 PWM－PFM 控制策略与模糊算法结合的控制试验

a）前馈－反馈控制原理图 b）PWM－PFM 控制策略与模糊算法结合效果

根据图 26-140 所示 PWM－PFM 控制策略与模糊算法结合的控制试验可见，PWM－PFM 相结合的控制策略结合模糊算法作为前馈加入，跟踪误差是下降的，而且实时性更好，下降近 0.1mm。可见高速开关阀控制液压缸可以实现位置的精确控制，可以有效地降低液压缸起动过程中的时间延迟与位置误差，对于活塞伸出过程中的纯反馈控制滞后和前馈控制抗干扰性差的特点，采用前馈与反馈控制相结合的控制方式是有效果的。通过模糊反馈调整高速开关阀的工作频率和占空比进行活塞伸出位移修正，有助于实现对液压缸中活塞位置的精确控制，位置控制误差为 －0.3～0.3mm。

### 3. 压电式高速开关阀阀控数字液压缸

传统电磁式高速开关阀受静、动态性能限制，PWM 控制载波频率较低（不超过 50Hz），流量分辨力和快速性均不高，多和方向阀配合，导致开关阀控制电液系统脉动流量较大，响应速度不够高，定位精度较差，用于对速度、位置控制性能要求不高的场合。相比之下，压电（PZT）式高速开关阀结构简单、响应迅速，因此压电式高速开关阀成为新的关注点。在汽车燃油喷射高压共轨控制中，压电晶体高速开关阀也已经成为非常成功的市场产品。

二位三通压电式高速开关阀结构原理及样机分别如图 26-141a、b 所示。而图 26-141c所示为压电式高速开关阀的流量－占空比曲线。由图可看，压电式高速开关阀利用菱形位移放大结构放大压电执行器的输出位移，直接驱动锥阀阀芯运动。采用 PWM 控制方式，高电平时，压电执行器伸长，位移放大结构带动阀芯向右运动，A 口与 P 口相连，T 口关闭；低电平时，压电执行器在位移放大结构回复力作用下缩短，带动阀芯向左运动，A 口与 T 口相连，P 口关闭；通过电控信号的高、低电平实现液压油路的开、关切换控制。

压电式高速开关阀性能特性中有死区与饱和区（见图26-141c），阀的特性中有死区、非线性区、线性区与饱和区。死区取决于驱动电路电压上升时间及临界开启电压大小，临界开启电压由液压力及预紧力大小决定；而关闭过程取决于预紧力及开口变形力大小。预紧力大，则开启死区较大；预紧力小，开启快，但是关闭慢，饱和现象严重。

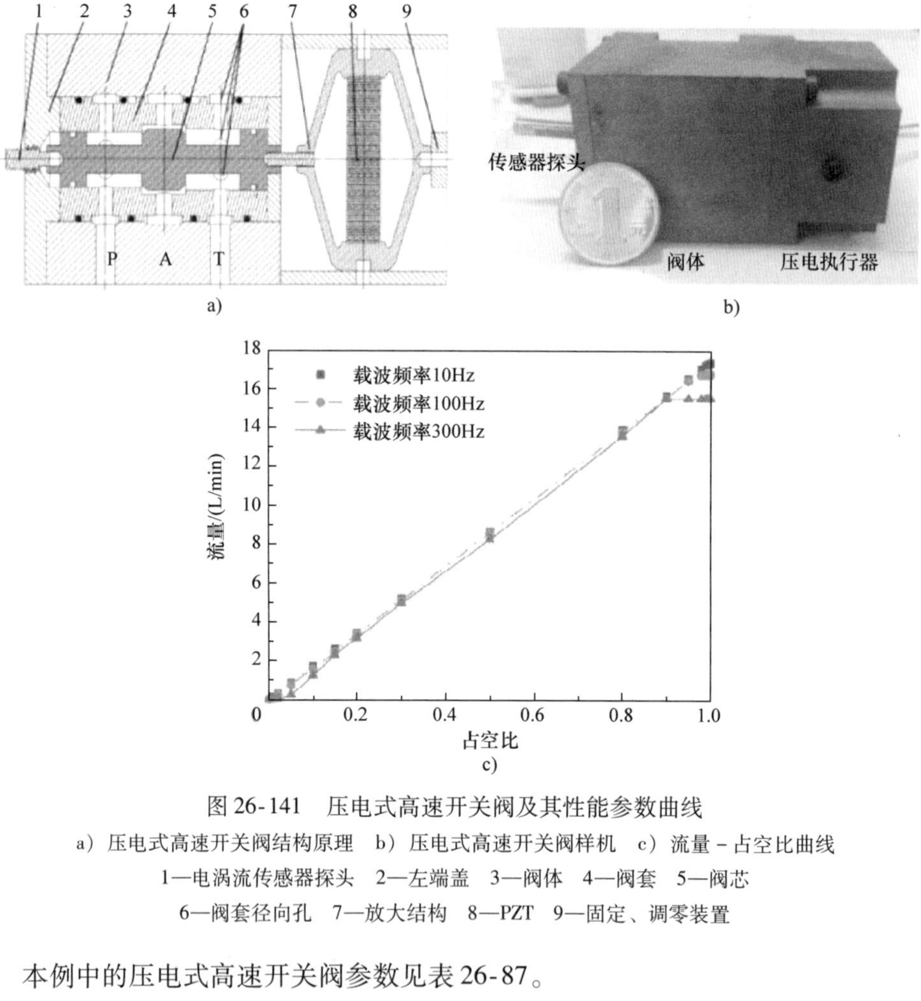


图26-141　压电式高速开关阀及其性能参数曲线

a）压电式高速开关阀结构原理　b）压电式高速开关阀样机　c）流量－占空比曲线

1—电涡流传感器探头　2—左端盖　3—阀体　4—阀套　5—阀芯

6—阀套径向孔　7—放大结构　8—PZT　9—固定、调零装置

本例中的压电式高速开关阀参数见表26-87。

**表26-87　压电式高速开关阀参数**（哈尔滨芯明天科技有限公司）

| 参数 | 压电叠堆外尺寸（长×宽×高） | 位移放大倍数 | 锥阀角 $\alpha$ | 阀口直径 $d$ | 开关阀流量幅值 $q_{max}$ | 死区时间 $t_0$ | 完全开启时间 $t_{on}$ | 完全关闭时间 $t_{off}$ |
|---|---|---|---|---|---|---|---|---|
| 单位 | mm | — | （°） | mm | L/min | ms | ms | ms |
| 数值 | 32×10×8 | 4.3 | 45 | 12 | 16.8 | 0.22 | 1.15 | 0.85 |

压电式高速开关阀开关速度更快，不适宜作为先导阀与方向阀配合。因此采用适当的高速开关阀阀控液压缸系统结构，结合流量非线性补偿控制方法，才可以获得更好的静、动态性能。基于二位三通高速开关阀阀控液压缸系统及其系统工作参数如图 26-142 所示。控制器根据输入位置信号和 LVDT 位移传感器反馈信号完成位置闭环控制，改变输出 PWM 脉冲信号的占空比，通过控制 2 个二位三通压电式高速开关阀的平均流量，分别控制流入液压缸左、右两腔的流量，驱动液压缸运动到指定位置。

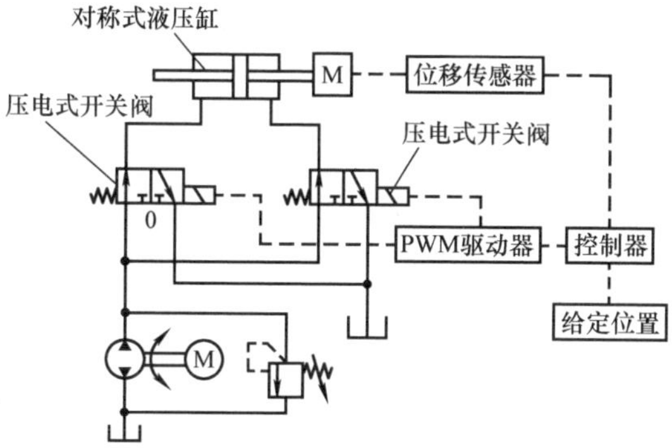


a)

| | |
|---|---|
| 液压缸负载等效质量$m$/kg | 1.5 |
| 活塞直径$d_0$/mm | 25 |
| 活塞杆直径$d_1$/mm | 15 |
| 液压缸最大行程$x_{max}$/m | 0.5 |
| 泄漏系数$C$/[(L·min$^{-1}$)·MPa$^{-1}$] | 0.002 |
| 阻尼系数$B$/[N·(m·s$^{-1}$)$^{-1}$] | 350 |
| 静摩擦/N | 15 |
| 摩擦系数/[N·(m·s$^{-1}$)$^{-1}$] | 150 |
| PWM驱动电压$U$/V | 120 |
| PWM载波频率$f$/Hz | 100 |
| 供油压力$P_S$/MPa | 7 |

b)

图 26-142　压电式高速开关阀阀控液压缸系统及其系统工作参数

a）压电式高速开关阀阀控液压缸　b）系统工作参数

为了提高高速开关阀阀控液压缸位置系统跟踪精度与位置分辨率，除采用 PWM 的控制策略外，考虑到压电式高速开关阀 PWM 载波频率远高于传统电磁开关阀，采用了 PWM + 脉幅调制（PAM）复合控制器原理。这个控制原理是利用压电式高速开关阀流量幅值（不是脉冲宽度而是脉冲高度）与驱动电压成比例，方便通过改变电压（流量）增益来改变流量幅值进行辅助控制。这样就可以提高高速开关阀阀控液压缸位置系统静、动态性能，让液压缸在稳态位置附近，流量增益小；而在单方向误差或较大误差时，流量增益能随误差的累积迅速增大。

由图 26-143 可以看出，此压电式高速开关阀阀控液压缸基于 PWM + PAM 控制策略的误差不超过 ±0.002m，即位置分辨率可达 0.8% ，降低了压电式高速开关阀阀控液压缸位置系统稳态误差性能，优于传统的 PWM 控制策略。根据位置跟踪系统试验曲线可见，压电式高速开关阀阀控液压缸位置分辨率为 1.28%（见图 26-143b），而同规格的液压伺服阀（流量 10L/min，频响 80Hz）阀控液压缸位置系统定位精度为 1.06%（见图 26-143c）相比，已经基本相近。

## 26.7.8　液压轴控缸概念

随着液压缸的发展，其已经不再仅仅起执行功能的作用，而是与控制功能紧密

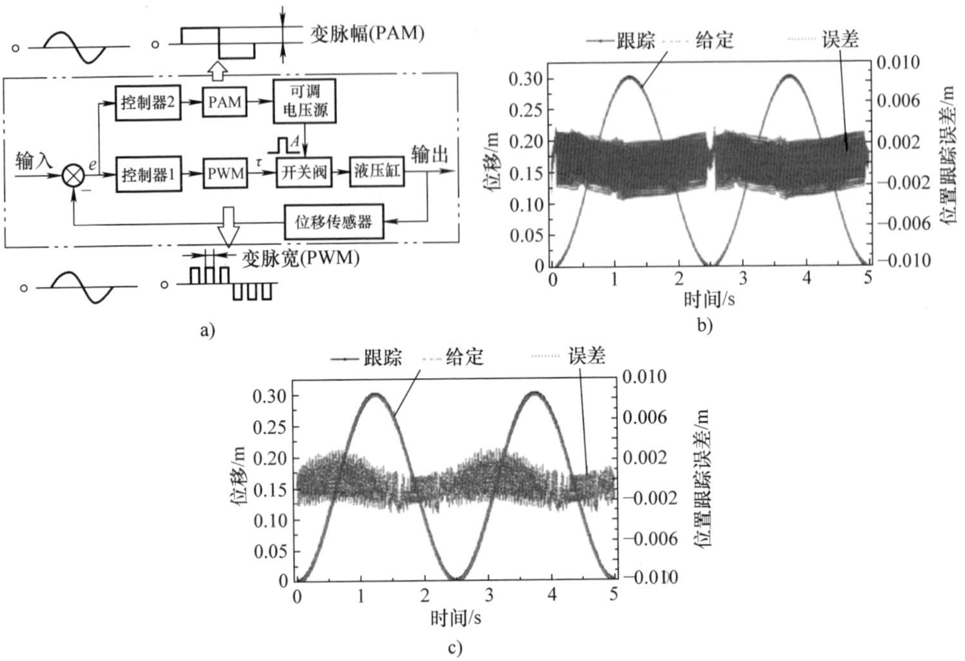


图 26-143 PWM + PAM 控制器原理及其控制效果

a）PWM + PAM 控制器原理 b）压电式高速开关阀阀控液压缸位置跟踪曲线

c）伺服阀阀控液压缸位置跟踪曲线

集成一体。

**1. 运动控制轴与液压轴**

我们非常熟悉20世纪兴起的多轴数控机床（CNC）。联动轴是指数控系统按照加工的要求可以控制同时运动的坐标轴的数目，如数控机床具有 $X$、$X$、$Z$ 三个坐标轴运动方向，而数控系统只能同时控制两个坐标（$XY$、$YZ$ 或 $XZ$）方向的运动，则该机床的控制轴数为3（称为三轴控制），而联动轴数为2（称为两联动）。这种控件系统是由专门的计算机硬件和专用的编程语言组成，其命令语言和体系结构一直延续到今天。

多轴运动控制器（见图 26-144）已经发展成为一种单独的控制系统，有其编程语言的处理器平台，一般多轴运动控制器被要求实时快速协调更新每个轴的位置，将其位置与预测位置进行比较，然后将误差校正值输入到驱动轴的每个电动机驱动器中。多轴运动控制器是围绕复杂的运动而统筹调控整个硬件和软件结构的控件。

目前新一代多轴运动控制器（PAC）是通用的基于计算机的控制硬件系统，该硬件系统可集成到网络中，但仍保留 PLC 的稳定性和模块化形式。这要求控制器硬件采用更高性能的处理器，以便 PAC 可以在任何控制应用中运行，同时要具有优秀的数据处理能力和高级的逻辑编程程序，以便更精准高效地控制机器设备运行。

鉴于当今计算机处理器的计算处理能力，任何新一代运动控制器或基于计算机的控制器都可以处理多轴运动控制。但是，不同平台是以不同的方式控制系统。机器设备中通常有许多独立的运动轴，每个轴都能进行信号输入而独立运行。所以，多轴运动控制器通常用于控制系统的多个轴协调处理。运动控制中的单个轴控制，需要解决三个环的问题：位置环的位置控制（距离或角度）、速度环的速度控制（线速度或角速度）、电流环的转矩或力控制。

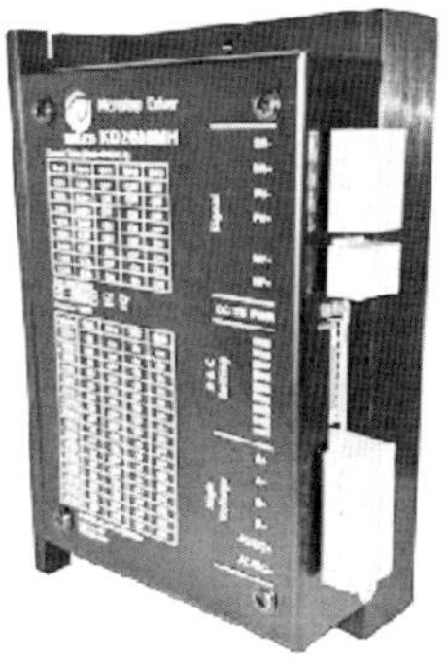

图 26-144　多轴运动控制器

“液压轴”的概念已经在行业发展十多年，代表性的有德国博世力士乐的集成式轴控制器 IAC－R、德国西门子的 TCPU 液压轴控制器、美国 DELTA 的产品等，其中有的是原计算机系统厂商如西门子、DELTA 等。由于液压系统的控制轴化，对于控制系统而言，受控的液压执行机构包括液压缸，就可以精确定位，增大了控制精确度，提高了材料生产率，而且可以显著开拓主机潜在生产能力，改进输出性能。随用随装的整体轴与所有商用现场总线进行通信，并将液压装置的大功率密度和稳定特性与先进运动控制装置的高效率结合起来。

由于液压轴是集成到 IAC－R 高响应控制阀内部的电子设备，因此具有计算机的存储功能，会保存所有轴指定产品参数，在操作期间进行变化，不受更高级别控制装置循环时间的影响。这样就提高了调整主机机构的动力，实现机构简化，以模块化配置工作。不仅减少了液压轴以及编程和参数化软件的布线工作，可直观操作，缩短了调试时间。即使在恶劣操作条件下，可以根据设定的整套驱动装置的额定值，将 IAC－R 阀直接安装在液压缸上，使传动装置产生高负载刚性。在最恶劣的使用条件下，可将无触点位置测量系统集成到液压缸中，即便在出现电源故障或在机床重启时，绝对位置测量系统也会精确地将当前位置信号传送给轴控制器，而无须核对位置。如出现故障，IAC－R 会经由现场总线向更高级别控制装置发布一个诊断信息，这样就简化了快速定位及故障消除过程。可以对已保存的轴参数进行简单复制后更换阀，因此轴可完全复制，并且在有运行要求时也可提高主机可用性。此外，如果出现故障，现场总线信号会将高响应控制阀移动到无故障位置，确保轴的安全停车状态，并由此对操作者形成防护。

液压运动轴控制器就是针对液压执行器而设计的控制系统，将运动控制、逻辑控制及工艺控制功能集成于一身，为液压执行机构运动控制提供了完整的解决方案，一般包括三部分：工程开发系统、实时软件模块与硬件平台。

对于工程开发系统，实现由一个计算机系统解决所有运动控制、逻辑及工艺控制的问题，并且从编程到参数设定，从测试调试到故障诊断，它还能够提供所有必要的工具。

实时软件模块，这些模块提供了众多的运动控制及工艺控制功能。针对某一特定的液压执行机构所需的功能，灵活地选择相关的模块。

硬件平台是运动控制系统的基础，使工程开发系统所开发的且使用了实时软件模块的应用程序可以运行在不同的硬件平台上，用户可以选择最适合自己机器的硬件平台。集成在液压驱动执行机构上形成紧凑型系统；集成在新的多轴驱动执行机构系统的控制模板上，使之成为一个极其紧凑的、拥有控制器及驱动器的液压系统或液压缸。将运动控制与驱动器功能集成在一起，使得系统具有极快的响应速度。

液压轴所形成的一体化集成的驱动装置，使它特别适用于小型分布式液压主机拥有多轴的模块化设计，特别是实时性要求极高的多轴耦合应用（如机器人）；也适用于模块化与灵活性强的主机系统，控制器可以安装在主机机壳中，具有连接驱动器若干模拟量接口，并且带有若干数字量输入及输出端口。此外，还有可以扩展的 I/O 模板及功能模板。也可以带有两个具有时钟同步的 PROFIBUS 接口及一个以太网接口，提供了多种通信方式的选择。

由于液压轴作为液压运动控制器，除运动控制系统功能外，具备计算机的一切功能，它可以具有实时处理能力的 Windows NT 操作系统，因此计算机应用程序也能执行。例如，在同一硬件平台上既执行控制又进行显示的场合，并要求具有方便的数据管理、分析及报表等过程数据分析、远程诊断及远程操作员监控。使不同的硬件平台永远具有相同的系统资源，其功能及工程开发总是相同的。它的突出功能主要体现在以下三大方面：

一是通信连接功能与反馈连接功能，可以与以太网 EtherNet/IP、PROFINET、PROFIBUS、Modbus 、TCP/RTU、串行 RS－232/485 等其他通信模式连接，也可以与 SSI 接口、磁致伸缩传感器、TTL 增量编码器接口、16 位 ±10V，4～20mA 模拟接口等其他反馈模式连接。二是控制功能，采用了专为高性能电液运动控制设计的演算和参数设置，包括位置、速度、加速度、压强/压力的双回路控制，也可以选择通过上位 PLC 来下达运动指令，还可以选择通过类似 RMCTools 等预先编辑运动序列存在类似 RMC 控制器来执行，这样既可以减轻 PLC 的工作负荷又可以提高关键任务的响应时间。三是软件所提供的前所未有的运动图形视觉细节。它的调试向导能更简易地帮助完成控制系统的调试。

简而言之，液压轴就是运动控制轴中用于液压运动控制的控制器，此控制器带有驱动放大器，因此可以直接控制液压执行机构，也接受此执行机构的反馈信号，以便进行精确度高、控制实时性好、具有网络通信功能、可以与硬件结合的通用性控制器。与此控制器集成也就形成具有液压轴控的液压缸（或其他液压执行硬件）。

**2. 液压轴控制器的设置及其基本功能**

在图 26-145 中，TCPU 就是系统中的控制器；TCPU 可以通过脉冲或者模拟量输出来控制比例方向阀等的开度和方向，从而控制液压缸的运动方向和速度；测量反馈系统可以由设备编码器，或者模拟量信号通过接口模板或模拟量输入模板将信号反馈给 TCPU。

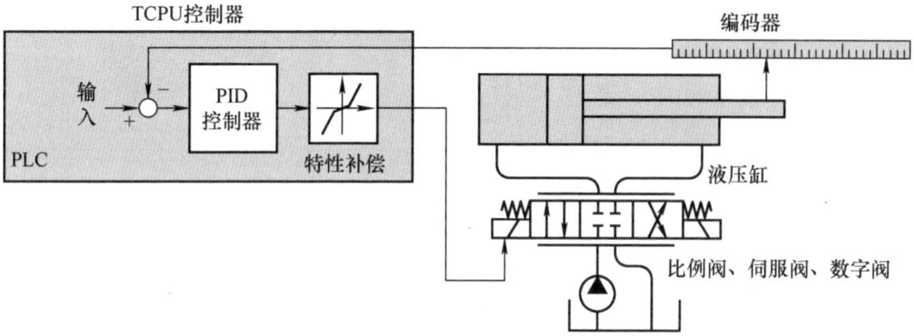


图 26-145 具有 TCPU 的液压轴（西门子）

液压轴控制器的特点之一是考虑到液压系统的非线性。这种非线性如果控制器处理不当，速度会非常不稳定，而且位置闭环会不停地修正由速度不稳定所带来的位置偏差，这时液压执行机构就会来回跳动或抖动，造成定位误差大甚至损坏机械设备。所以在控制液压比例、伺服或数字系统时就应该先了解该系统的给定与输出之间的关系，确定补偿曲线来保证执行机构平稳运行。液压轴的设置与使用环境如图 26-146 所示。

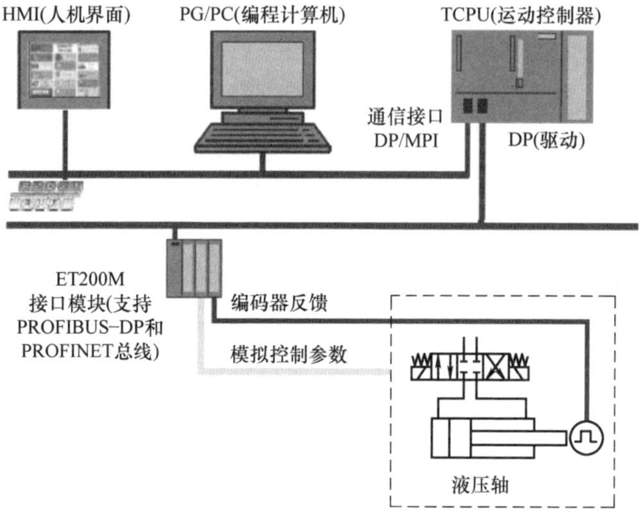


图 26-146 液压轴的设置与使用环境

在实际使用液压轴控制器时，需要根据实际硬件配置和硬件组态，使用模拟量或数字量的输入输出作为给定和反馈信号。组态模拟量或数字量输入输出并分配

I/O 地址（见图 26-147），然后输入“插入轴”指令。从而进入了液压轴控制器的配置程序中。

在“常规”选项卡中，“速度控制”和“定位”控制后打开轴向导。在轴类型话框中，选择“液压”轴类型，配置完液压轴的物理单位及数值后，进入模拟或数字输入输出的配置界面与输出精度设置，进入位置反馈参数界面，填入使用的模拟或数字量输入的地址与相关输入参数等。

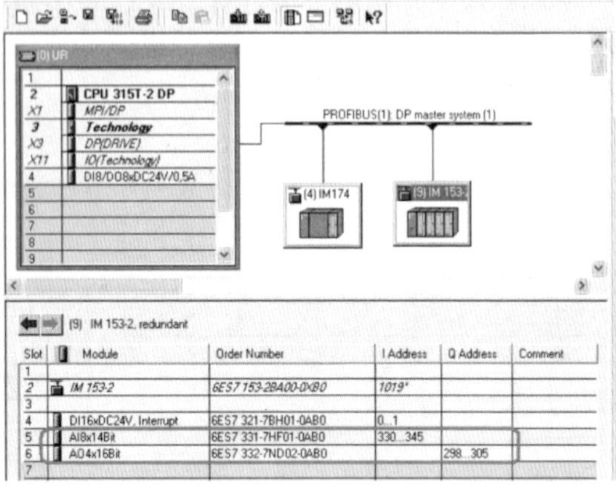


图 26-147　硬件配置与硬件组态

在液压轴中最重要的一点是需要确定一条补偿曲线来使输出变量与液压轴速度之间的关系线性化。在 TCPU 中通过使用凸轮盘（Cam Disk）工艺对象来确定补偿曲线，采用相应的功能块来自动获得补偿曲线，这里需要建立两个凸轮盘来确定补偿曲线，一个用来测量、寻找补偿点，测量后的结果会写入另外一个凸轮盘，这个被写入的凸轮盘也就是当前受控的液压比例伺服系统的最终补偿曲线。通过存盘编译，并将组态好的轴和凸轮盘等工艺对象生成相应的工艺对象数据块，下载到 TCPU 即可，运算操作过程如图 26-148所示。

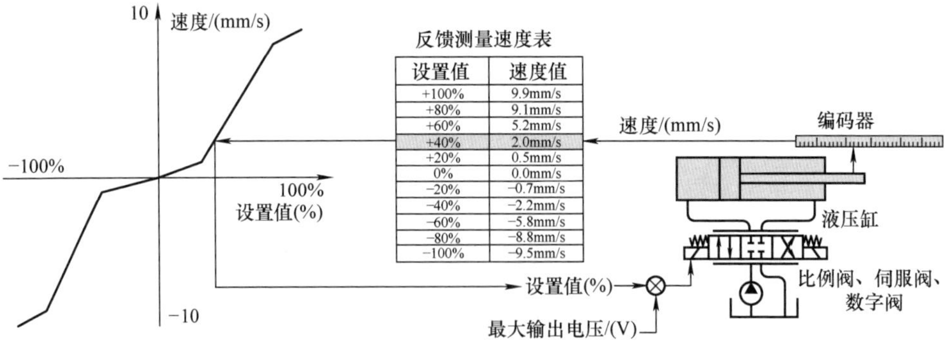


图 26-148　液压轴对补偿曲线线性化的运算操作过程

以上的操作过程是通过功能模块进行的，此功能模块的管脚指令定义如图 26-149所示。

在液压轴中控制的曲线补偿是针对控制效果的线性化而实施的，它比通过原有模拟控制的线性化要简便得多，而且可以修正设置的数据，因此可以得到理想的控制效果。当以上的设置完成后，在实际液压轴的控制中，就是操作执行这些程序。

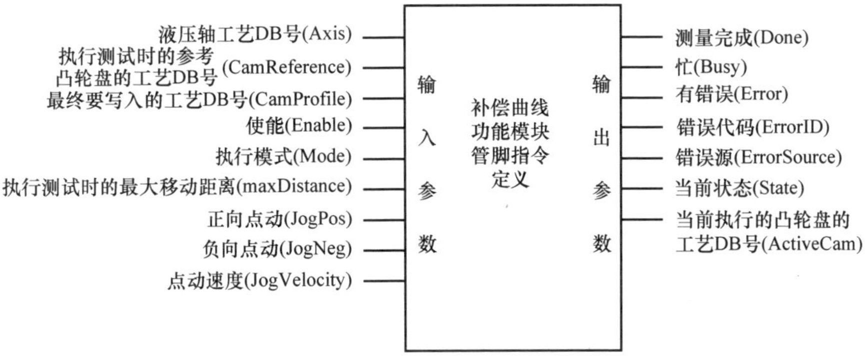


图 26-149 补偿曲线功能模块管脚指令定义

整个过程实现是补偿曲线功能模块的初始化，生成的线性参考凸轮盘被激活，并且液压轴被设置为闭环模式，检测液压轴的死区，根据 TCPU 发出的给定目标及液压轴的响应时间计算出死区。由正方向开始测量补偿曲线，TCPU 在不同的位置上给出一系列给定速度，并根据反馈速度测量补偿点，测量结束后回到初始位置。由负方向开始测量补偿曲线，TCPU 在不同的位置上给出一系列给定速度，并根据反馈速度测量补偿点，测量结束后回到初始位置。写入并激活测量出的补偿曲线，TCPU 将测量的补偿曲线写入另外一个凸轮盘，并将其激活为当前液压轴的最终补偿曲线。这时模块具有 42 种执行状态，自动进行后执行自动检测，可以通过在线的方式查看测量出来的补偿曲线（见图 26-150）。

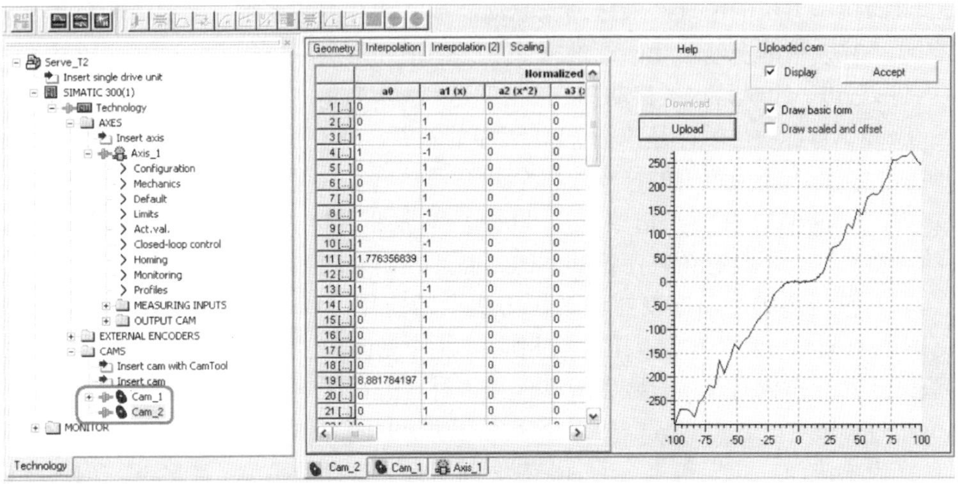


图 26-150 在线查看测量出来的补偿曲线

液压伺服轴的补偿曲线建立后，在 TCPU 中就可以使用其定位功能块对液压轴进行控制，控制器会自动使用补偿曲线中的速度对应关系调节输出，达到液压轴所需要的控制效果。

**3. 液压轴的应用示例**

(1) 深拉压力机的液压轴控 深拉压力机的液压轴控系统由丹麦压力机制造商 Kiermar 完成，打破了对于尺寸、速度和能效的传统观念。

传统压力机只做垂直运动，模具要提升到成品高度才能将其取出。模具提起时需要相当大的力，因而需要大量液压油。深拉压力机配有 2 台液压泵：一台大型泵用于实际压制，另一台小型泵用于冲压模具开合。为达到节能效果，液压轴的压力和流量在运行期间受到精准控制。

压力机自重仅 26t，总高度仅 4m，而压制力却达 12000kN；深拉压力机仅需额定功率 118kW 的液压泵，而常规压力机通常需要 300kW；压制一件水槽周期极短（仅 15s），上模移动距离极少（仅 5mm），意味着为了产生金属板吸持力，随后的工序中仅需少量的垂直移动，再水平移出压力机，最后弹出装置将成品起推至输送带的时间比其他液压式深拉压力机快约 30%，节能 60% 以上。

该深拉压力机（见图 26-151）配有 3 根电气伺服轴和 3 根液压伺服轴，带阀控放大器，装有 TwinCAT 自动化软件和 EtherCAT 通信系统的工业计算机控制。对于电气轴可根据加速度斜坡、位置和转速事先建立特定的运行曲线。而液压控制轴需要在运行期间进行曲线补偿。此外，液压系统由于阀类型、油流量、油温等因素影响，运行差异巨大，因此液压轴受“路径控制”，仅在停止状态时才激活位置控制器。设定值生成器根据加速度斜坡和转速控制液压缸，同时通过编码器信号不断检查其当前位置。一旦达到设定值位置，位置控制器会再次激活以维持当前位置。

该深拉压力机的电气和液压伺服驱动器基于计算机的控制，确保压制过程和模具的水平移动精准流畅。凭借标准软件库，能很好解决深拉压力机带来的挑战——2s 内将 2000kg 的模具水平移动 2m 且精度达到 ±0.1mm，以卸下工件。

TwinCAT 自动化软件是执行 PLC 程序的基石。PLC 数据性能可极快执行程序，同时能胜任要求极为苛刻的移动。整个 PLC 程序每 2ms 更新一次，即每秒更新 500 次。为此 EtherCAT 用于与倍福（Beckhoff）伺服驱动器和 I/O 部件进行通信，极快的更新率造就了具有精确定位功能的超高速控制系统。

(2) 液压多轴运动控制器粉末压力机上的应用 Gasbarre 新粉末冶金压制机（见图 26-152a）使用 7 个液压缸与相应模具（见图 26-152b、c），采用一个直线伺服驱动器操作，对金属、陶瓷或其他粉末材料进行压缩，形成复杂形状，通过高温烧结过程硬化。这个过程需要多个液压运动轴共同工作的液压压杆，在不同时间内，在齿轮传动、同步和独立运动控制之间切换。这样做是为了顺利和均匀地将粉末材料移动到模具中，然后将其压缩，从而使模压过程在各个机器压制阶段，具有速度、位置控制和顺序上足够的灵活性，这样才能将零件从模具中弹出，而不会对零件产生任何应力，从而避免导致裂纹，使层次的密度保持在设计规范范围内。在卸压零件时，必须对各种工具部件进行挠度补偿，因为根据冲头的表面积，它们的偏转会有所不同。在没有挠度补偿的情况下，当模具泄压时，冲头会以不同的速度回弹，导致零件产生裂纹。

对此压制机选择了多轴运动控制器（DELTA RMC200），根据产品要求，速度需要，达到 250mm/s，控制精度需要达到 0.012mm。此运动控制器具有很多传感器输入接口，此运动控制器直接连接到 7 个具有同步串行接口（SSI）和 0.5μm 分辨力的线性位置传感器，连接到 17 个高精度压力传感器、一个旋转 SSI 传感器和一个载荷传感器。

图 26-151　由液压轴控制的深拉压力机

a)　b)　c)　d)

图 26-152　粉末冶金压制机与压制器具

a）粉末冶金压制机　b）多级液压缸　c）压制模具　d）压制机液压缸布置图

使用 RMC 运动控制器的优点如下：

1）相同的 RMCTools 环境适用于所有此运动控制器的产品，因此主机更新后原有编程仍然有效。该工具允许实时绘制各种运动参数，如轴向位置、速度和液压，并与控制算法产生的目标值进行比较。输出将显示在附加计算机的屏幕上，或保存在文件中供以后查看或存档之用。

2）通过 RMCTools 软件可以对运动轴进行最优调整，它在建立被控制系统数学模型的基础上，对控制回路参数增益调整优化，以使实际运动和目标运动之间的误差最小化。

3）除了主动控制运动轴外，运动控制器还可以连接附加的传感器，以便监视机器上的其他状态点，并收集诊断信息。

4）在使用液压驱动时可以实现软件缓冲制动功能，而优于一般无此功能的主机。

5）机器调试简单。

6）机器运转可以监视，液压轴控主机运转监视图表如图 26-153 所示。

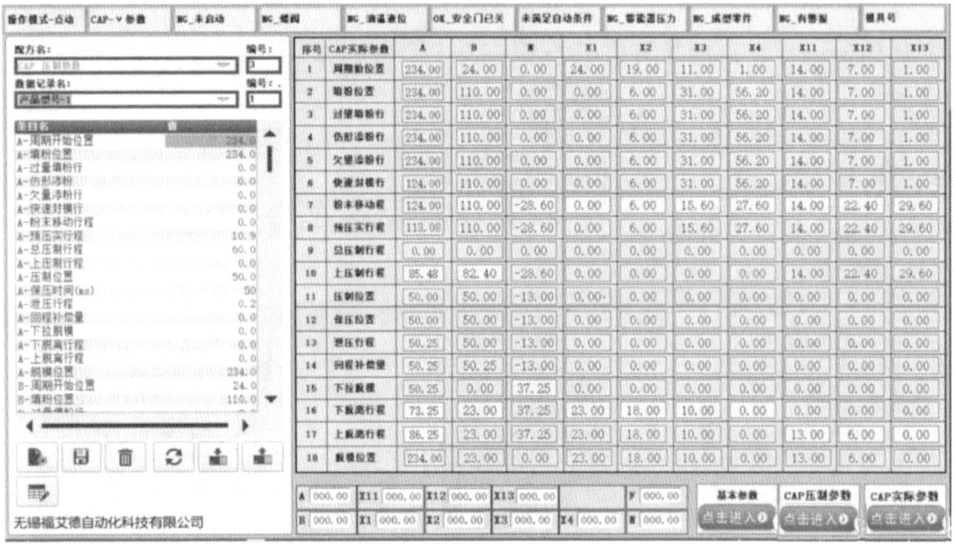


图 26-153　液压轴控主机运转监视图表

### 4. 液压轴产品简介

表 26-88 列出了液压轴产品相关信息。

**表 26-88　液压轴产品相关信息**

| 生产厂商 | 轴类型 | 外形 | 性能 | 应用 |
|---|---|---|---|---|
| 博世力士乐（德国） | 新型独立式液压轴 |   | 液压运动轴控缸即插即用；能源成本降低 80%；油箱用油量减少高达 97%；无须传统的液压站，空间减少了 50%，节省了成本 | 为移动应用、机械应用、工厂自动化和工程提供解决方案 |
| 派克（美国） | 液压轴 |  | 多轴；以太网、数字、CAN 总线 | 用于搬运、海洋、采矿、移动、农用 |

（续）

| 生产厂商 | 轴类型 | 外形 | 性能 | 应用 |
|---|---|---|---|---|
| 西门子（德国） | 液压轴 |  | 中高端 PLC，标准、运动控制与安全集成于一个 CPU 中；为控制器、驱动器、HMI 提供高效平台；智能友好的组态与调试工具；编程无须专业预备知识；面向工艺对象的方式，便于工程、调试与维护，简化主机制造商和用户的工作 | 包装、塑料、橡胶、玻璃、木材加工、金属成型、电池制造、机械手、一般通用机械 |
| DELTA（美国） | 液压轴 | 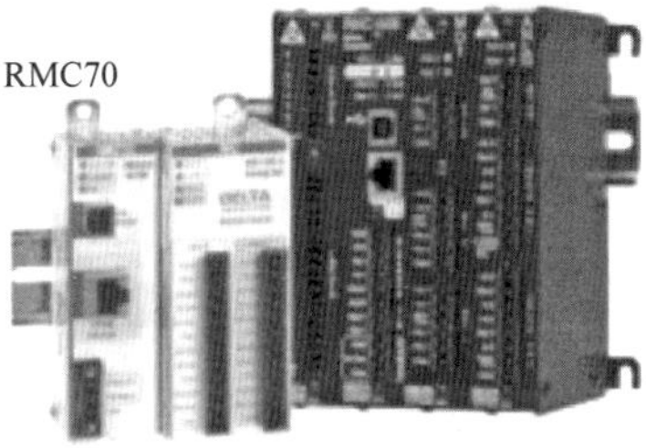 | 高端多轴，通信有 Ethernet、PROFINET、Modbus/TCP、CSP、FINS、PROFIBUS－DP | 木材加工、测试设备、金属加工、石油天然气、汽车、航空航天、塑料橡胶、娱乐设备、食品加工、采矿、纺织等 |
| 上海紫琛智能科技有限公司（中国） | 液压轴 | 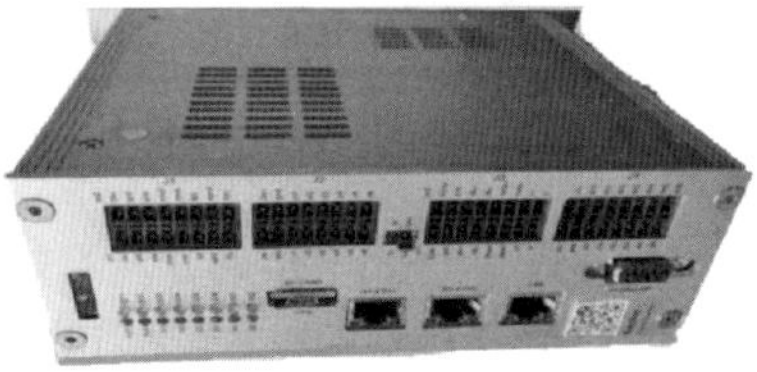 | 多轴，USB、Ethernet PROFIBUS－DP、CANbus ProfiNet、EtherNet/IP、EtherCAT | 橡胶成形、注塑成形、吹塑成形、钢铁重工、油动机伺服控制、汽车测试、航空测试、运动仿真 |
| 深圳市佰业机电有限公司（中国） | 液压轴 | 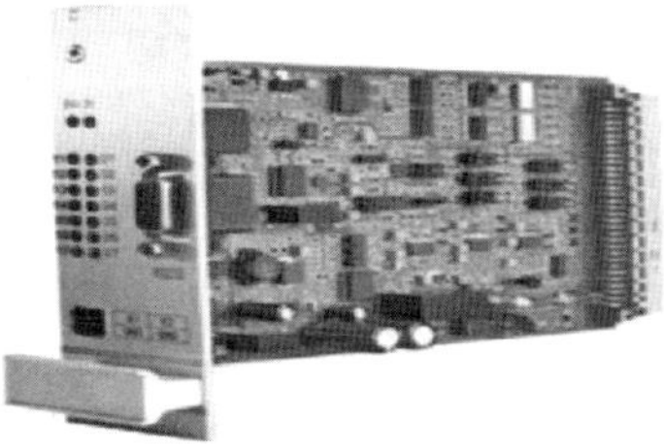 | 位置、速度、压力或力闭环控制；适合液压控制特点的各种闭环控制算法和参数；反馈信号接口类型丰富；借助凯德福专门开发的调试配置软件，进行输入、输出、通信和传感器等参数配置，PID 参数的优化与设置；总线通信接口可以方便和 PLC、上位机等通信、传输数据 | 用于工业液压控制系统的各种应用场合 |

# 26.8 机电作动器

EMA（Electro - Mechanical Actuator）称为机电作动器。它是由电动机驱动减速齿轮带动滚珠丝杠旋转，进而驱动丝杠螺母直线运动，驱动水平负载产生运动，其控制方框图如图26-154所示。EMA具有结构紧凑、质量更小、污染小、易维修、安全且效率高等特点。EMA属于机械传动与控制领域，但是目前与“液压领域”关系非常密切。

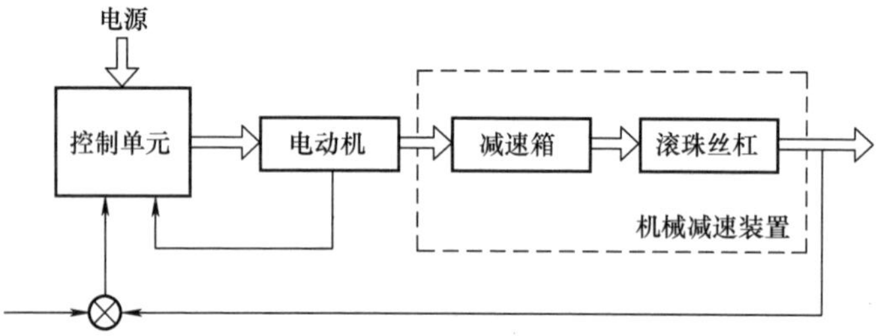


图26-154 机电作动器控制方框图

## 26.8.1 EMA的来源

EMA是作为液压作动器的替代品而产生，与EHA都来自功率电传（“Power by Wire”）即功率用电输送的概念，既避免发动机直接驱动，也避免通过管路方式的液压驱动。

EMA本体由电动机、机械传动链、控制单元，以及位置、速度、电压和电流监控装置等组成。在工作状态下，通过计算机发动指令给控制单元，通过直流电动机直接驱动机械结构，转换为输出杆的直线位移动作，从而驱动负载，并将位移位置等信息反馈给计算机。

EMA与EHA比较而言，二者均采用双向伺服电动机进行伺服控制，传动方式不同，总效率相当；但是EHA优势在于负载能力更强、动态更高、功率密度更高、结构布局灵活、方便冗余设计，EHA的劣势在于液压传动结构复杂、经济性差、维护性差。EMA目前在功率与频响方面尚不可能取代液压传动，它的主要缺点是目前的机电功重比仍然不及液压系统，另外还存在功率电子装置的热效应问题。因此它的生产与应用在现阶段看来仍是液压传动的一种补充。EMA也是一种直线运动或旋转运动的执行器，从控制角度看与液压系统并无太多区别。从液压的角度看，液压的发展也需要融合电动机电控及机械方面的优势，以需求导向，达到接纳并发展的目的。

## 26.8.2　EMA 的工作原理

EMA 的结构原理如图 26-155 所示，其外形图也同时展示出来。其机构工作原理如图 26-156 所示。

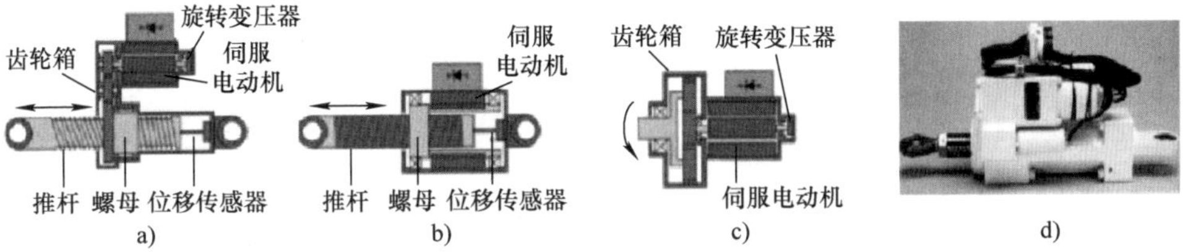


图 26-155　EMA 结构原理图与外形图

a）典型 EMA　b）集成式 EMA　c）旋转式 EMA　d）初始开发的 EMA

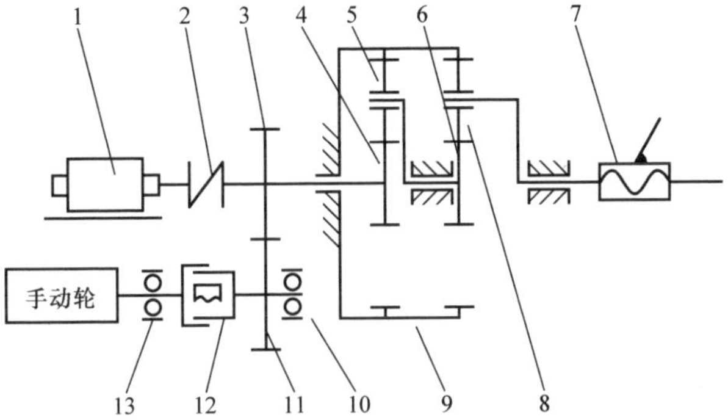


图 26-156　EMA 机构工作原理

1—永磁同步电动机　2—单膜片联轴器　3、11—圆柱齿轮　4—太阳轮（z1）　5—行星轮（z2）　6—太阳轮（z3）　7—电动缸　8—行星轮（z4）　9—外齿轮（z5）　10、13—深沟球轴承　12—电磁离合器

EMA 电动缸按其机械结构的工作原理如下：

正常驱动时，电驱系统由永磁同步电动机 1 作为动力源，通过两级 NGW 行星轮实现增矩降速，再通过电动缸内的滚珠丝杠实现旋转角位移到轴向线位移的转换。且此时电磁离合器 12 在通电下保持断开状态，圆柱齿轮 11 在正常驱动时空转，以使手动轮驱动失效。

异常掉电时，通电分离断电闭合式电磁离合器 12 在断电下保持闭合状态，保证异常掉电手动驱动时可由手动轮正常传递力矩，进行轴向复位。正常电驱时手动轮不转动。

掉电恢复时，由于所配电动机编码器为单圈绝对值编码器，须在掉电后进行复位操作。电动缸内含上下极限两个接近开关，取下极限接近开关作为零点用于复位，取上极限接近开关作为限位开关，下极限的限位则通过电动机驱动软限位进行限位。复位后，即可进行正常驱动。

通常 EMA 由以下几部分组成：

（1）电动缸　由电动机通过减速器驱动滚珠丝杠，丝杠螺母做直线运动，进而驱动舵面，机电作动器内部安装有止动机构防止丝杠旋转。

（2）功率、控制和监控电子装置　对 EMA 进行控制和监控，通过丝杠位置、电动机转速和电动机电流等参数的监控来对 EMA 进行闭环控制，同时连续监控系统性能、判断系统是否发生故障。如果检测到故障发生，就会过渡到“跟踪阻尼”模式。工作期间还会周期性地进行上电检测与工作自检测。

（3）功率变换器　将交流电整流转换成 EMA 需要的电压。

EMA 的电动机在转动时会存储很大的转动能量（惯性），如果丝杠突然停止运动，储存的能量可能会损坏机电作动器，因此必须设置能量吸收装置。EMA 采用越多，越需要重视电磁干扰，电磁干扰所带来的负面影响会影响 EMA 工作的安全。同时 EMA 在进行较长时间的较大负载工作后，会产生很多热量；EMA 工作温度在航空方面常常会低于 -40℃，因此需要其在低温下能够迅速起动工作。

目前在航空领域以外，如汽轮机的调速装置，采用 EMA 来代替液压缸，能够提供更低的维护和操作成本、更高的性能。其性能参数范围如下：

1）速度为 12.7 ~ 254mm/s。

2）负载为 445 ~ 44500N。

3）行程为 2.54 ~ 25.4mm。

4）螺距为 2.54 ~ 12.7mm。

当考虑用机电作动器取代传统的液压作动器时，需要考虑两个基本的因素：一是液压缸的功重比还是更大，也就是说，电动缸在体积、产生力的方面不及液压缸；二是从目前技术水平来说，只有在小功率应用方面，若考虑到作动器的复杂性、质量、可靠性、维护性，机电作动器比液压缸有更大的潜力。

### 26.8.3　EMA 驱动系统的关键技术

目前，EMA 仍然需要解决一系列的问题：①无法在安装有限的情况下，完全替代液压缸应用在高功率密度的场合；②EMA 系统的抗电磁干扰能力及其在恶劣环境下的可靠性有待进一步提高；③EMA 应用于如飞行控制等须连贯不断工作的场合时，其由铜损和铁损产生的热量及系统的整体散热性能有待进一步改善。

**1. 电动机技术**

高功率密度的电动机是 EMA 与 EHA 共同的优势，是关键技术。电动机的驱动离不开由功率开关元器件技术和功率驱动电路技术组成的功率逆变技术与高性能永磁材料。同时，近年来电力电子技术发展迅猛，在 IGBT 与 MOS 管的基础上，开始出现一系列集成 IGBT 功率开关元器件且配备过载、过热、欠压等安全保护电路的智能化功率模块（Intelligent Power Module，IPM）。该模块一定程度上提高了功率逆变器整体工作的可靠性、减小了其体积和质量。但是如何有效地减小开关工作损耗和噪声，在高频率下如何优化其发热情况及缩小散热器的整体尺寸方面需要继续提升。

**2. 机械传动技术**

EMA 往往需要将旋转运动转换为直线运动，常见的变换机构有滚珠丝杠、滚柱丝杠、蜗轮及蜗杆等。其中，滚珠丝杠的使用率最高（见图 26-157），因其转向可逆、重复定位精度可达 0.01mm、传动效率较高且成本较低，最高转速在 2000r/min（受滚珠间撞击限制），而采用滚柱丝杠，最高转速可以提高到 5000r/min。但是电动机受体积、质量和成本等因素制约，其无法直接提供足够大的输出力矩。因此，一般需要通过齿轮传动副对电动机输出轴进行降速增矩的处理。

目前，使用最广泛的齿轮传动副为行星轮转动副，其结构简单紧凑、可选传动比范围广、能源利用率高，且输入轴和输出轴共线的特性，具有长期现场应用的经验。但是丝杠副存在的机械卡死风险依然是 EMA 系统防范的关键，加上不同行星轮之间存在的非均载系数及存在于齿轮副间的侧隙依然会对减速器的使用寿命和传动误差造成影响，系统整体需要不断改进。

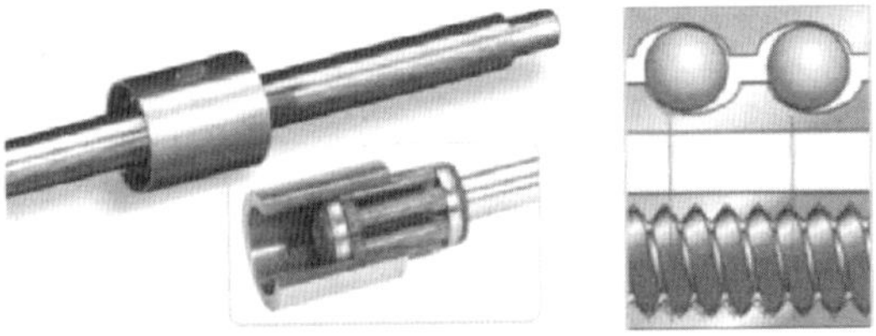

图 26-157　滚柱丝杠结构图

**3. 控制算法与控制策略**

EMA 系统的核心是伺服电动机的驱动与控制，包括控制器的监控技术、差动和同步控制等。它不仅影响伺服性能，还对系统的整体温升（即效率）有影响。电动机控制中广泛采用 PID 控制，采用这种负反馈逐步消除误差与扰动的方式来对其电流、速度、位置环分别进行调节，运算量少、稳定性较强、效果良好。目前电动机的控制中还有更先进的自抗扰控制与作为发展方向的无感控制，即在无编码器的情况下实现电动机的转速和位置控制。但是 EMA 系统多变量、非线性、电磁强耦合情况下，PID 控制无法实时跟随工况调整其参数，在此背景下产生卡尔曼滤波、神经网络、模糊控制、滑模控制等先进算法，逐步被引入矢量控制和直接转矩控制两大基础框架内，可利用算法形成的状态观察器对系统参数进行识别并实现 PID 参数自整定，也降低了系统对电动机数学模型和参数的依赖性。

### 26.8.4　EMA 与 EHA 融合的直传闭环双余度电静液作动器

将 EMA 与 EHA 的功能从结构上叠加，形成了直传闭环双余度电静液作动器，其工作原理与结构原理如图 26-158 所示。

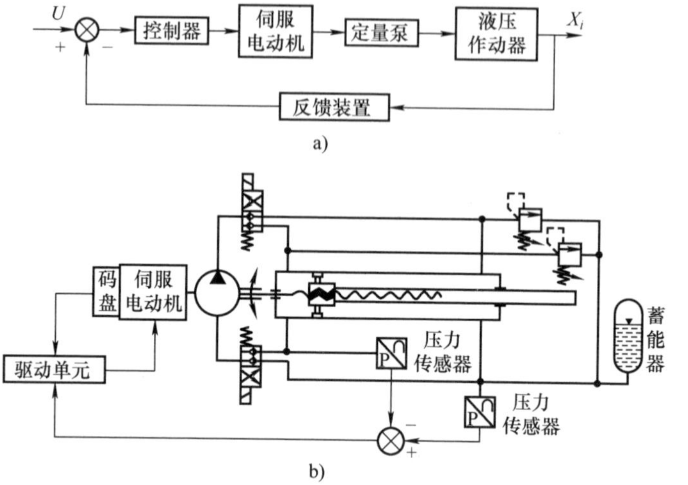


图 26-158 EMA + EHA 直传闭环双余度电静液作动器
a）控制方框图 b）工作原理图

该装置由控制器、伺服电动机、定量泵、双作用对称缸、蓄能器、压力传感器等组成。由伺服电动机驱动，经过齿轮减速器、滚珠丝杠传递到液压活塞变为直线运动。此时调速电动机也直接驱动定量泵，控制定量泵的转速，从而控制泵输出的压力和流量，最终达到控制作动器位移输出的目的。蓄能器兼作油箱，通过两个溢流阀连接系统，使系统的压力始终不低于蓄能器的压力，防止油液中气穴现象的发生。为了保证系统的安全，系统中设置了两个溢流阀，防止液压缸两腔中的过高压力。系统的外环为压力环，由两个压力传感器测试液压缸两腔中的压力并加以比较，从而控制系统的输出力。

与其他 EHA 相比，直传闭环双余度电静液作动器系统具有如下的优点：

1）在传动上，采用了丝杠螺母电推杆和静液增力的双余度传动，首次实现了增力与传动的双余度设计。双余度的响应速度快、超调小，并且在传动精度上有较大的提高，在各领域都将会有广泛的应用。

2）控制方式上采用半反馈和全反馈两种控制方式，在控制精度和稳定性上有很大的改进和提高。

3）在动力输出上，由于采用了静液增力，使得输出力较以前有了一定程度上的提高。

4）没有油箱和复杂的液压管路，体积小、安装灵活性高、模块性好，而且自成系统，在很大程度上降低了对安装场合的要求。

5）直传闭环双余度电静液作动器系统可以实现“故障 - 工作”的工作模式，从而提高了系统的可靠性。

直传闭环双余度电静液作动器系统完全可以取代原有的传统电液伺服系统。直传闭环双余度电静液作动器系统可应用于船用舵机、减摇鳍、液压机、注塑机、6自由度运动平台、飞机或火箭舵机等。

## 26.8.5　液压伺服系统、EMA 与 EHA 功能性比较

表 26-89 列出了对传统的液压伺服系统、EMA 与 EHA 的功能性比较。

**表 26-89　液压伺服系统、EMA 与 EHA 的功能性比较**

| 序号 | 功能与性能 | 液压伺服系统 | EMA | EHA |
|---|---|---|---|---|
| 1 | 系统独立性 | ☆☆☆ | ★★ | ★★★ |
| 2 | 总线通信 | ☆ | ★★★ | ★★★ |
| 3 | 负载能力 | ★★★ | ★★★ | ★★★ |
| 4 | 速度与加速度 | ★★ | ★★★ | ★★ |
| 5 | 功率 | ★★ | ★ | ★★ |
| 6 | 效率 | <50% | >90% | 50%~70% |
| 7 | 刚度与抗振性 | ★★★ | ★★★ | ★★★ |
| 8 | 低噪声 | ☆☆ | ★★★ | ★★ |
| 9 | 抗污染能力 | ☆☆☆ | ★★★ | ★★ |
| 10 | 功率密度（功重比） | ☆☆ | ☆☆ | ★★★ |
| 11 | 集成度及体积比 | ☆ | ☆ | ★★★ |
| 12 | 输出力范围 | ★★★ | ☆☆ | ★★★ |
| 13 | 快速响应 | ★★★ | ☆☆ | ☆☆ |
| 14 | 位置控制精度 | ★★ | ★★★ | ☆☆ |
| 15 | 抗冲击振动 | ☆☆ | ☆☆ | ★★★ |
| 16 | 散热能力 | ☆☆ | ☆☆ | ☆ |
| 17 | 减少外泄漏 | ☆ | ★★★ | ★★★ |
| 18 | 驱动控制灵活性 | ☆☆ | ★★★ | ★★★ |
| 19 | 智能预测性维护 | ☆☆ | ★★ | ★★ |
| 20 | 传动部件磨损 | ☆☆ | ☆☆ | ★★★ |
| 21 | 制造采购备件成本 | ☆☆☆ | ★ | ★★★ |
| 22 | 整体施工便捷性 | ☆☆ | ★★★ | ★★★ |
| 23 | 维护性及低故障率 | ☆☆☆ | ★★★ | ☆☆ |
| 24 | 寿命及耐久性 | ☆☆ | ★★★ | ★★ |

注：★★★　最优，★★　次优，★　略优，☆☆☆　最差，☆☆　次差，☆　略差。

EMA 与 EHA 的优缺点可以有互补，EMA 的功率小一些、控制精度高一些，功重比差、比较好维护。但是仍对 EHA 有更高的要求，并在下列方面可以进一步提

高：①系统频响偏低，无法充分满足所有主机对驱动机构快速性的要求；②系统性受非线性因素影响较大，一般控制策略和经验难以实现控制目标；③系统寿命受关键元件（如液压泵等）的工作方式影响较大；④电动机和液压泵发热量较大，不适合长时间重载工作；⑤整体功重比不算高，影响一些目标场景（如机器人等）下使用。因此需要 EHA 从构型方式和控制方法等方面继续改进，以设计出控制频响和精度较高、能耗较少且寿命较长的产品。

# 26.9 液压螺纹插装阀

## 26.9.1 螺纹插装阀的发展概要与市场优势

### 1. 液压阀结构型式的发展与演变

液压插装阀（螺纹插装阀与二通插装阀）已经成为液压元件连接形式的主流。图 26-159 所示为液压阀连接方式的发展与演变，表 26-90 列出了液压阀各种连接方式的性能比较，而图 26-160 所示为这些阀连接方式的发展。

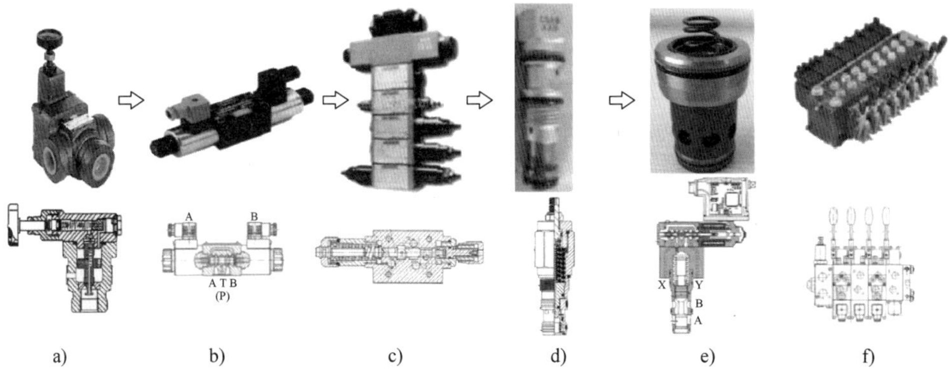


图 26-159 液压阀连接方式的发展与演变

a）管式阀 b）板式阀 c）叠加阀 d）螺纹插装阀 e）二通插装阀 f）多路阀

液压技术的发展方向之一是提高压力等级，液压阀连接方式的发展与其承受的压力等级是密切相关的。只有插装阀集成块阀体的压力等级可以承受今后上升到 63MPa 以上的压力，而管式阀、板式阀、叠加阀等的压力等级都难以超过 35MPa。所以今后液压阀的主流形式一定是插装阀。另外，液压阀阀体从铸造改变为插装阀集成阀块后，加工生产更符合绿色加工的要求，符合节能低碳的社会要求与技术发展方向。同时将液压阀由单个阀连接变成阀组阀块形式也便于安装调试与降低运行成本。

从性能而言插装阀的压力流量覆盖了整个液压应用的范围，螺纹插装阀覆盖的流量范围在 2 ~ 500L/min，而二通插装阀覆盖的流量范围可达 300 ~ 18000L/min。

因此从可预见的未来看，插装阀是液压阀的主要阀种与结构形式。

**表 26-90　液压阀各种连接方式的性能比较**

| 发展年代 | 连接方式 | 实物 | 图形符号 | 连接载体与性能 | 优缺点 | 应用范围与发展趋势 |
|---|---|---|---|---|---|---|
| 20 世纪五六十年代 | 管式阀 |  | 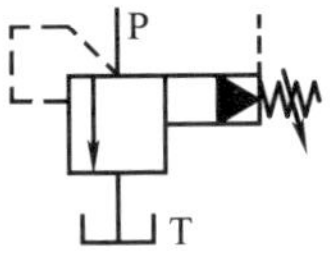  | 低压铜管<br>高压钢管<br>压力≤6.3MPa<br>流量≤100L/min | 简单直观、便于查找故障。布置连接复杂困难 | 液压系统早期压力低(6.3MPa 以下)时应用。目前很少应用或维修调试时用 |
| | 板式阀 |  | 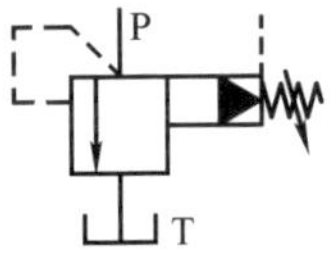  | 早期连接阀板目前集成阀块<br>压力≤31.5MPa<br>流量≤300L/min | 阀板阀块集成，便于安装调试及维修。易外泄漏体积大 | 集成块或台架是常见方式 |
| | 多路阀 | 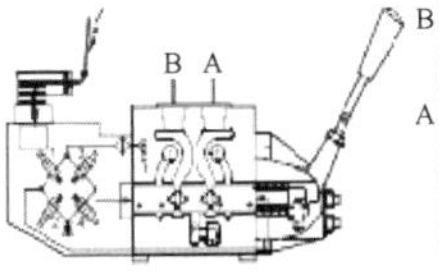  | 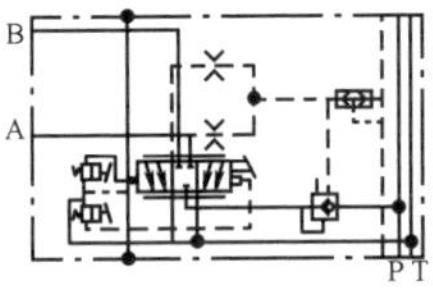  | 整体式与片式（主流）<br>压力≤42MPa<br>流量≤300L/min | 早期是手动，目前电液比例控制集成一体 | 工程机械液压应用，比例多路阀属于高端液压向数智液压发展 |
| 20 世纪七八十年代 | 叠加阀 |  | 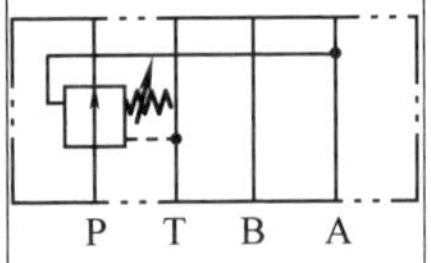  | 叠加底板<br>压力≤25MPa<br>流量≤150L/min | 设计标准，连接简便，调试简单，高压时易渗漏，不宜用于振动场合 | 用于中高压与 NG10 以下的工业液压应用，如机床类等场合 |
| | 二通插装阀 |  | 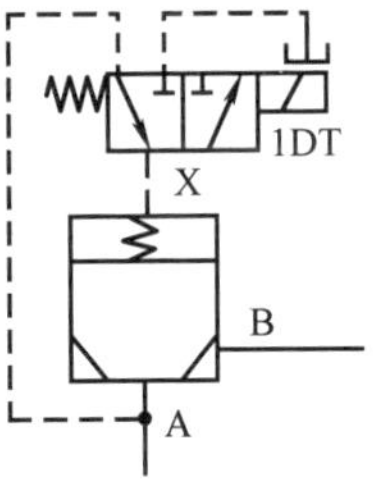  | 二通插装阀集成块（CV）<br>压力≤63MPa<br>流量≤18000L/min | 板式阀或螺纹插装阀为先导置于盖板，加上二通插装阀阀芯集成 | 超高压、超大流量发展必选阀，目前达压力 42MPa、流量 15000L/min、通径 NG160 以上<br>今后主要阀种 |
| | 螺纹插装阀 | 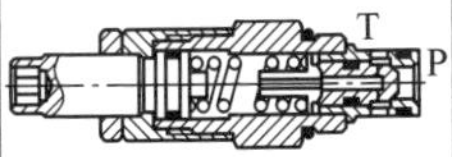  | 与板式阀一致 | 集成阀块<br>铝块压力≤21MPa<br>钢块压力≤63MPa<br>流量为 2 ~ 300L/min | 零泄漏，质量轻，体积小，成本低，开发周期短，便于组合集成 | 原主要工程机械液压应用，与二通插装阀组成今后主要阀种。21 世纪各大公司加速收购此类制造厂商 |

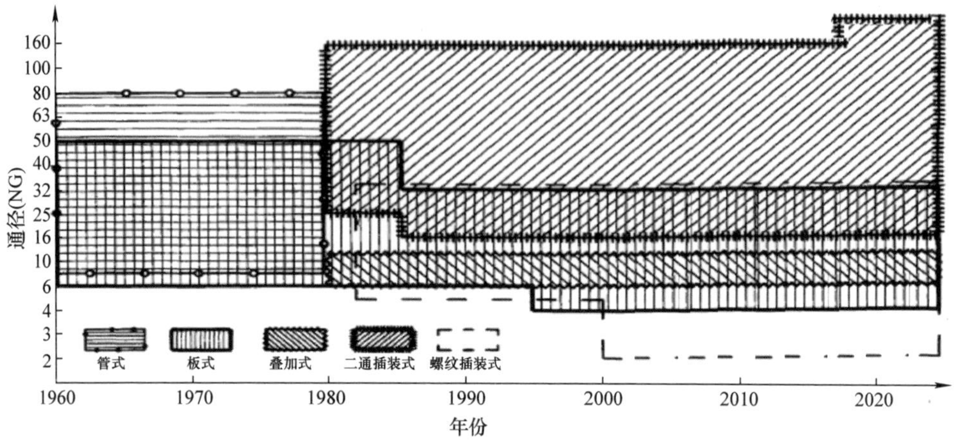


图 26-160　液压阀连接方式的发展

液压阀结构形式的发展在结构上有三个特点：由管式阀发展到板式阀，阀的拆卸与管路连接无关，节省了安装维修时间；由板式阀发展到叠加阀减少了阀之间的管路连接，便于安装降低成本；由板式阀与叠加阀发展到插装阀则实现阀芯与阀体分离，阀的布置与维修更方便，减少了阀体的铸造与加工。这三次结构变化也带来了性能上的提高：由管式阀发展到板式阀，减少泄漏，提高阀的工作压力；由板式阀发展到叠加阀只是便于安装，降低成本；由板式阀与叠加阀发展到插装阀则实现阀芯与阀体分离，阀的工作压力与流量的范围得到扩展，而且外泄漏基本得到解决。因此，二通插装阀覆盖了高压大流量的范围，较多用于工业液压系统应用中；螺纹插装阀覆盖了高压小流量的范围，较多用于工程机械液压系统应用中，具有零泄漏、质量轻、集成度高、加工改型相对容易、成本降低及绿色制造等优点，并与二通插装阀一起成为液压阀的主流结构形式。

**2. 螺纹插装阀的发展概要**

纵观螺纹插装阀的发展，经历了形成、发展与整合阶段。最早于1970年建立的美国SUN至今仍是这一领域技术发展的世界领军企业，不仅SUN的螺纹插装阀孔穴是“独树一支”的世界认可标准之一，与1998年通过的ISO 7789国际标准并驾齐驱，而且技术与可靠性优异的平衡阀是市场最认可的产品之一。20世纪末，知名螺纹插装阀厂商中，除五大跨国企业博世力士乐、丹佛斯（包括伊顿）、派克、穆格、川崎外，还有美国的HydraForce、SUN、Fluid Power Systems、Delta Power、Fluid Contro、Vickers - Modular Controls等，英国的Sterling、Integrated，瑞士的Wandfluh、Bucher、Frutigen，意大利的Comatrol、Oil Control、Walvoil，德国的IMAV、Tries、Fluid Team，HYDAC、Hawe等。21世纪初，世界液压跨国企业掀起了一轮螺纹插装阀公司的兼并风潮，其中派克收购了Sterling；博世力士乐收购了Oil Control；伊顿收购了Integrated；丹佛斯收购了Comatrol，还有Bucher收购了 CCC（Command Control Co.）。丹佛斯又于 2020 年收购了伊顿，于 2022 年收购了 HydraForce。根据 2010 年左右的数据可知，HydraForce 的年生产量可达 600 万件，当时位列全球第一，相当于中国 2005 年全年所有液压件产量的总和。

在这个阶段中，我国螺纹插装阀企业也有新的发展，宁波海宏液压件厂是 1992 年建立的第一家螺纹插装阀工厂，主要为多路阀所需压力阀配套。继之宁波克泰液压有限公司以其国内外市场各占一半的业绩发展起来，对电磁阀方面的研发更为专注，目前已发展到一定规模。山东泰丰智能控制股份有限公司、宁波华液机器制造有限公司、北京华德液压工业集团有限责任公司也都在发展。从全球生产商来说，对于螺纹插装阀核心厂商，2021 年，全球第一梯队厂商主要有丹佛斯、SUN、派克和博世力士乐；第二梯队厂商有布赫、穆格和贺德克等。

**3. 螺纹插装阀优缺点**

螺纹插装阀的结构、图形符号与应用阀块系统图如图 26-161 所示。这种类型的阀种有许多工程应用的优势，所以在液压阀的发展中逐渐成为主流阀种。

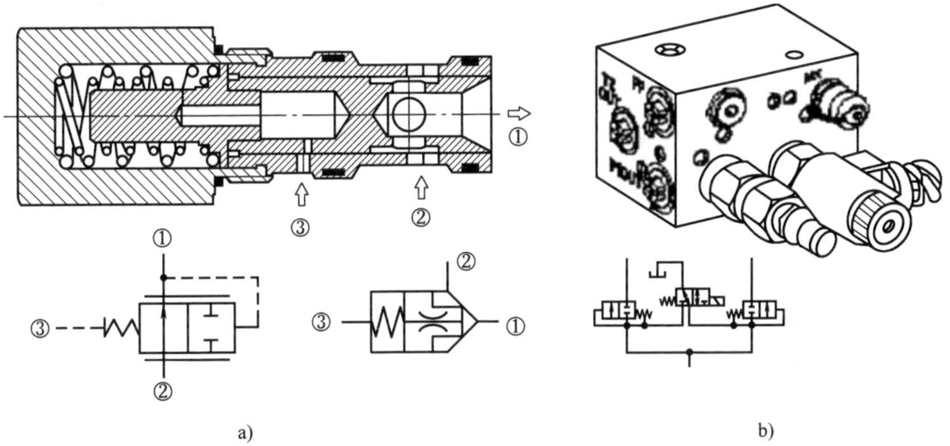


图 26-161 螺纹插装阀结构、图形符号与应用阀块系统图

a）螺纹插装阀元件与图形符号 b）螺纹插装阀阀块与系统图

螺纹插装阀具有下列优点：

1）达到外泄漏为零，改变液压易环境污染、降低效率的弊端。

2）集成后与其他阀种相比，可以达到体积最小，节省空间，符合工程机械车辆液压装置的要求。

3）螺纹插装阀与其阀块用数控机床加工，成本降低，批量大，具有与其他阀种的竞争优势。

4）螺纹插装阀赋予了液压阀的多样化、组合化、性能综合化等发展新途径，丰富了液压阀的功能与应用发展能力，并正在取代液压元件中的常规阀（如板式、叠加式等阀种）。

5）螺纹插装阀由于摆脱了铸造阀体的束缚，采用数控加工。阀生产制造容易，结构创新更方便。

6）在设计上可采用成组技术设计，在生产上零件的成组化，要求更高的阀生产制造与组织管理水平。

从螺纹插装阀的结构特点来看，比之现有板式阀与叠加阀要多，其品种与结构均庞杂。这就要求更高的制造与管理水平。这些又进一步使零件生产大批量化，成本的降低空间加大。

7）螺纹插装阀在组成其他元件与组成系统上都非常灵活，对新元件开发与液压主机系统开发新产品有促进作用，也有利于更多的技术发挥，有利于液压专利技术的发展。

综上所述，螺纹插装阀具有零泄漏、质量轻、体积小、易集成、易综合、成本低、易安装、更绿色、易发展等优点。

螺纹插装阀的局限性与存在的问题如下：

1）由于螺纹强度和紧固转矩的限制（500N·m），螺纹插装阀的直径只能达到48mm，这相当于通径16mm、25mm的二通插装阀，流量在300L/min左右。螺纹插装比例阀的特性曲线及图形符号如图26-162所示。

2）由于螺纹插装结构的限制，液压控制元件等参数性能不如板式阀，如溢流阀的滞回、分流阀的分流精度、流量阀的动态响应性能及比例阀的性能等。因此螺纹插装阀更适合工程机械液压的要求，不像工业液压对控制的精度那样高。

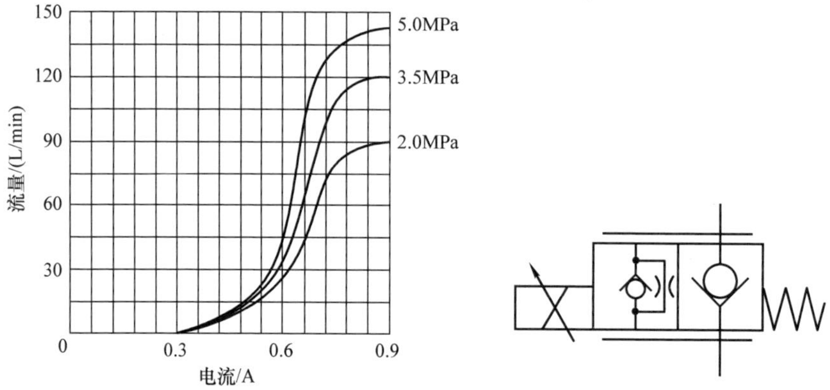


图26-162　螺纹插装比例阀的特性曲线及图形符号

3）孔型标准（见图26-163）至今难统一。尽管颁布了ISO标准，各公司采用的孔型中至今仍然流行下列的几种版本：ISO孔型、欧洲标准、SUN孔型标准及NFPA美国标准等。我国也已在2004年颁布了与ISO孔型标准一致的国家标准。

4）各公司电磁线圈不统一，使规格品种繁杂，用户备件量易增加。

5）集成块设计的技术性要求比板式阀强，对用户的设计水平要求相对高。

6）孔型加工要用专用刀具，增加成本，加工要求相对比板式阀高（见图26-164）。

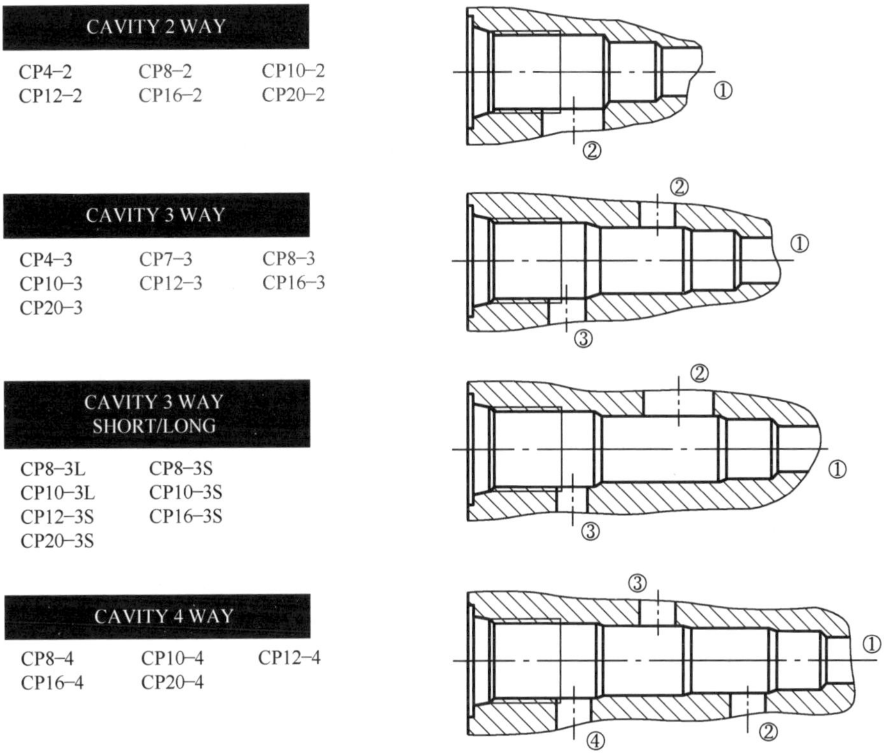


图 26-163　螺纹插装阀的孔型及其标准

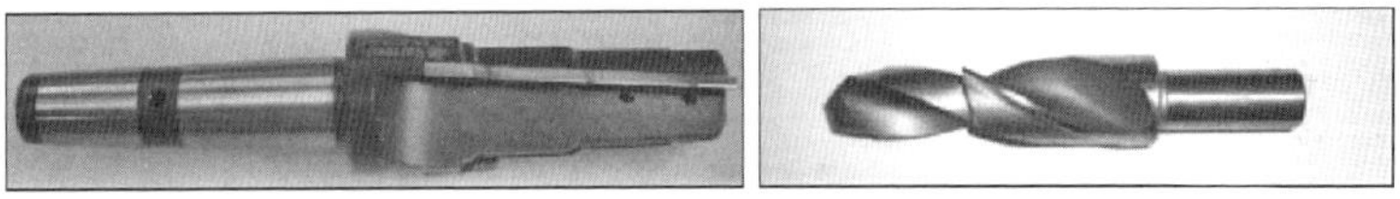

图 26-164　螺纹插装阀阀孔的加工专用刀具

7）由于插装阀的新开发阀种类越来越多，技术推广不够，因此在发挥螺纹插装阀潜能方面要开展培训与交流。

## 26.9.2　螺纹插装阀的技术特点

### 1. 分类特点

按照液压阀的传统分类，由于其控制的功能或控制参数的不同而分成压力控制阀、流量控制阀及方向控制阀三大类。螺纹插装阀由于无须受自身标准阀体限制，除上述三大类阀外还派生出许多新的阀功能与分类，这些阀的功能在板式阀、叠加阀中是功能薄弱甚至是缺乏的。

1）负载控制阀　液控单向阀、平衡阀。

2）运动控制阀　梭阀、单向阀、优先阀、速度安全阀（防爆阀）。

3）电磁方向阀　对锥阀型有各种二位二通或二位三通方向阀，具有截止、流量调节、附加溢流功能等；对滑阀型有二位二通或二位三通常闭/常开型。

4）逻辑控制阀　将二通插装阀的结构吸取进来。

**2. 结构特点**

螺纹插装阀结构型式可分为五类：整体式、法兰插入式、分体式、嵌入式与组合式（见表 26-91），组合式是以上四类的组合，在表中不再单独表述。目前整体式是主流，占据了绝大部分市场份额。分体式一度作为某些公司的特色，但目前已趋少。内嵌式是罕见的一种类型，多用于小流量或在体积受到极大限制的地方。组合式是今后各液压制造企业与主机应用企业可以重点发展的类型。

**表 26-91　液压螺纹插装阀的各种结构型式与结构特点**

| 类别 | 结构型式 | 结构特点 | 使用场合与其优缺点 |
|---|---|---|---|
| 整体式 | 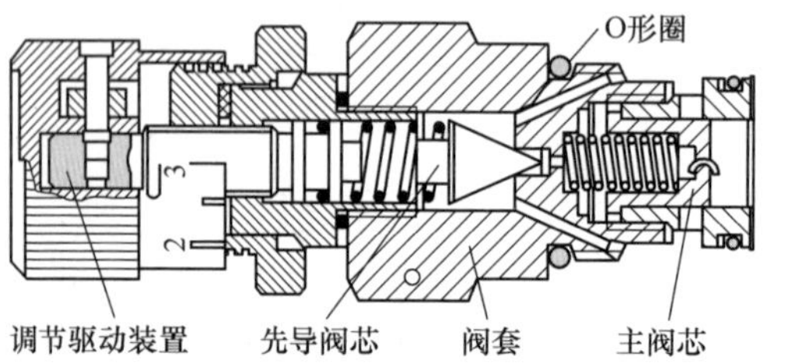 | 有四个主要功能部件：阀套；先导阀芯与具有流量放大的主阀芯；性能调节装置或换向驱动装置；防内外泄漏 O 形圈组<br>阀套与螺纹插装阀阀块之间为间隙配合，为防止阀与阀块的内外泄漏，完全用 O 形圈密封。甚至有时运动部分也用 O 形圈来减少内泄漏，这在板式阀中很少采用 | 可以做到零泄漏，密封效果好；阀块的阀体之间的密封配合对加工要求不是很高。阀整体更换，方便维修<br>不允许用户自行装拆阀，这一点不如板式阀方便。但结构不复杂时应允许自行装拆清洗 |
| 法兰插入式 | 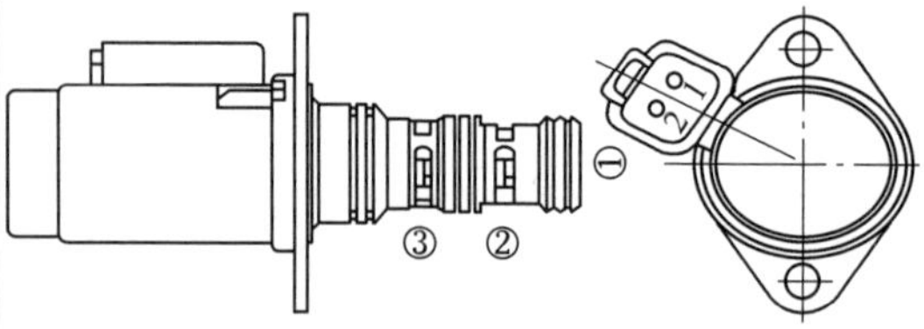 | 法兰插入式与整体式的区别在于法兰插入式螺纹插装阀本体上没有螺纹，而是一个薄盖板，一般用两个小螺钉安装到阀块上。一般长度方向可以有所缩短，孔穴特殊但加工简单一些 | 在柴油机燃油喷射的系统上不少采用这种结构。也用于动力换档与制动系统 |
| 分体式 | 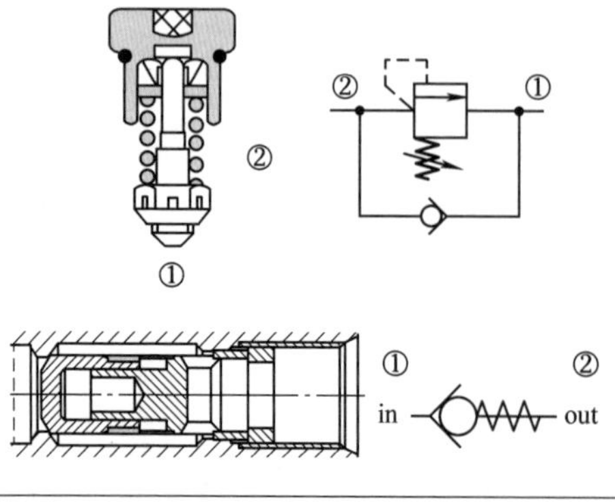 | 在结构上与整体式相比缺少阀套或缺少部分阀套，即只有阀芯、调节控制装置、流量放大装置<br>优点是阀本身的体积更小，成本控制更好，因为它利用了阀块的阀孔作为它的阀套。同时由于体积小，易形成组合功能<br>其余与整体式相近 | 在防泄漏上与整体式螺纹插装阀相同。但是提高了对阀块阀孔的加工精度与难度，又提高了总的制造成本<br>同时分体式的阀在维修时很不方便，零件易散失、不易回位，因此这种结构形式难以推广 |

（续）

| 类别 | 结构型式 | 结构特点 | 使用场合与其优缺点 |
|---|---|---|---|
| 嵌入式 | 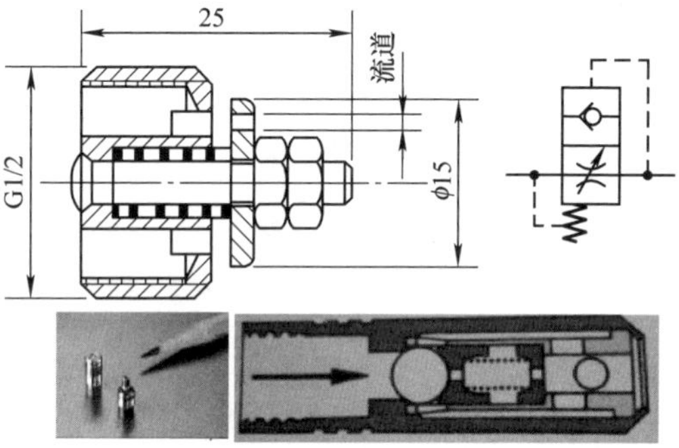 | 在结构上是嵌入在阀块的孔道之中。体积特小，因此应用在小或微小流量的场合下，使整个阀块极小<br>结构上由于受空间限制大，因此功能与流量参数受影响 | 用于对阀块体积要求特高，或微小流量处 |

**3. 通径与流量的关系**

螺纹插装阀的通径与其他阀种的通径代表的意义是完全不同的。在管式、板式、叠加式与二通插装阀中，通径都是与进出油口的直径有关联，而在螺纹插装阀中的通径与油口的尺寸无直接关系，而是与螺纹插装阀安装螺纹的尺寸有关。因此螺纹插装阀的插装螺纹直径是螺纹插装阀的名义通径（见表 26-92）。

**表 26-92　螺纹插装阀通径与流量（$\Delta p$ = 0.7 ~ 1.4MPa）关系**

（单位：L/min）

| 通径 | 实际阀外螺纹尺寸 | 流量（单向阀） | 流量（溢流阀） | 流量（节流阀） | 流量（方向阀） | | 流量（逻辑阀） |
|---|---|---|---|---|---|---|---|
| | | | | | 二位二通 | 三位四通 | |
| C - 04 | 7/16 - 20UNF - 2B | 3 | | | | | |
| C - 07 | 5/8 - 18UNF - 2B | 50 | 50 | | | | |
| C - 08 | 3/4 - 16UNF - 2B | 8 ~ 80 | 1.1 ~ 80 | 15 | 8 ~ 35 | 6 ~ 10 | |
| C - 10 | 7/8 - 14UNF - 2B | 11 ~ 115 | 40 ~ 120 | 23 ~ 45 | 27 ~ 80 | 15 ~ 24 | 40 ~ 50 |
| C - 12 | 1 - 1/16 - 12UN - 2B | 90 ~ 190 | 75 ~ 190 | 45 ~ 75 | 30 ~ 115 | 40 ~ 55 | 40 ~ 160 |
| C - 16 | 1 - 5/16 - 12UN - 2B | 150 ~ 210 | | 65 ~ 150 | 130 | | 114 ~ 190 |
| C - 20 | 1 - 5/8 - 12UN - 2B | 120 ~ 380 | | 340 | 230 | | 200 ~ 340 |
| 42 | M48 × 2 - 6H | 640 | 400 ~ 800 | 0.8 ~ 480 | | | 480 |

**4. 螺纹插装溢流阀的功能特色**

（1）螺纹插装溢流阀的功能特色　螺纹插装溢流阀的动作原理有直动式、先导式与差动式，差动式是板式阀所没有的。螺纹插装溢流阀与板式阀相比的特色功能见表 26-93。

表 26-93　螺纹插装溢流阀与板式阀相比的特色功能

| 功能 | 结构型式 | 功能符号 | 作用 |
|---|---|---|---|
| 先导式溢流阀（典型结构） | 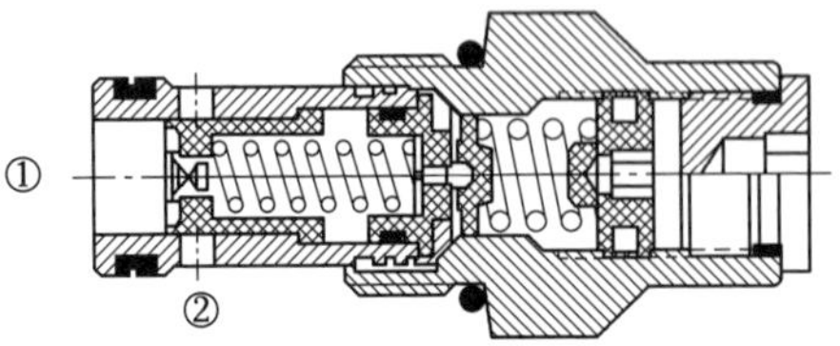 | 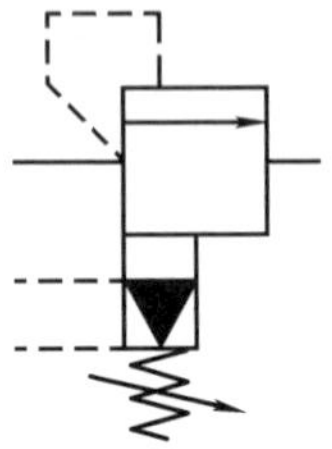 | 可用于任何需要控制系统压力的回路中 |
| 差动式溢流阀（特色） | 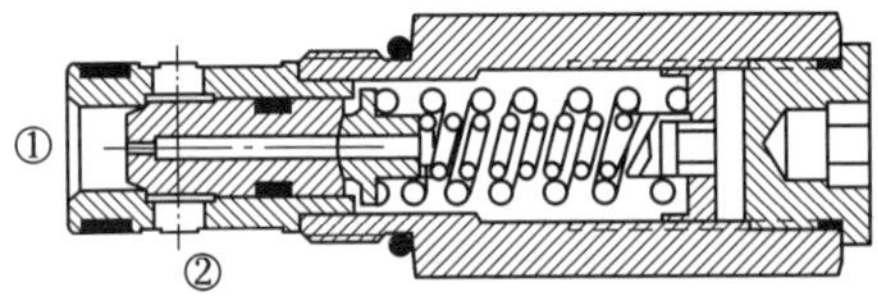 | 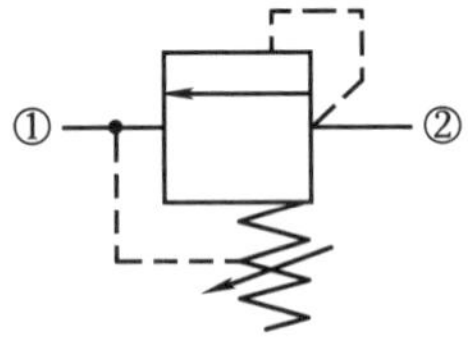 | 板式阀无此功能。属直动式，但流量范围比一般直动式要大。动态性能好。 |
| 二通双向溢流阀（特色） | 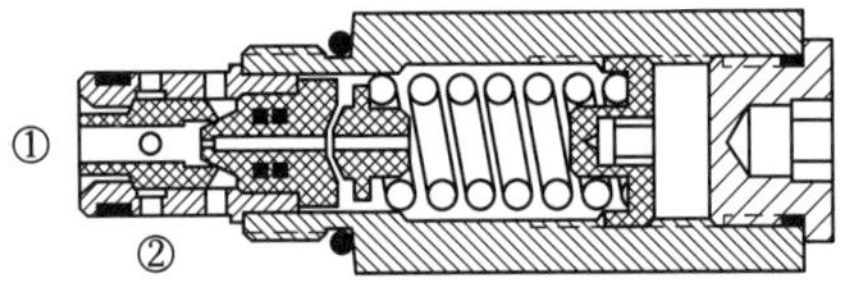 | 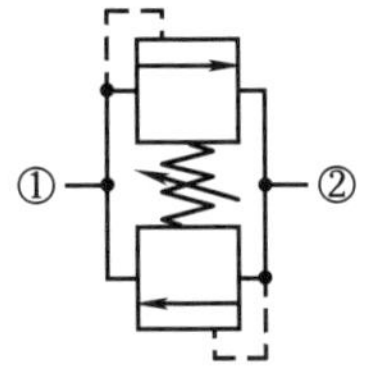 | 双向溢流 |
| 三通双向溢流阀（特色） | 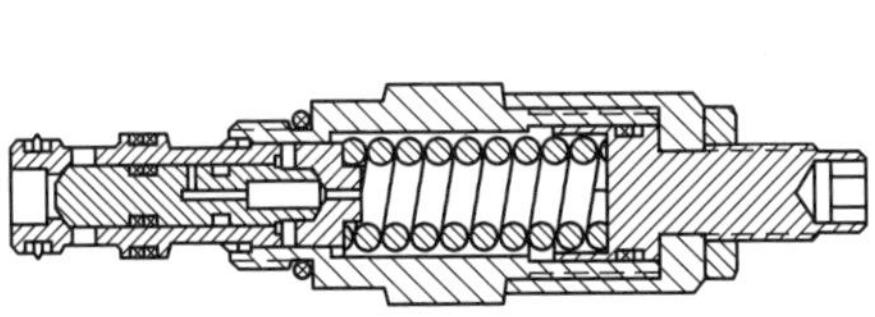 | 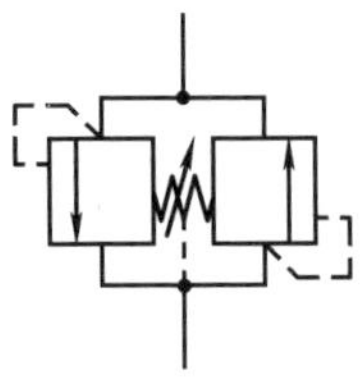 | 双向受压可溢流，弹簧腔通泄压口 |
| 单向卸荷溢流阀（特色） | 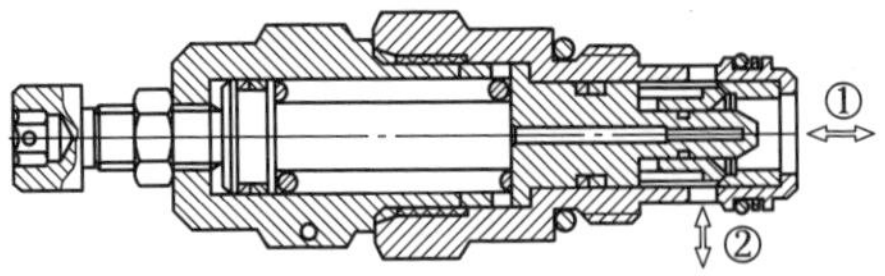 | 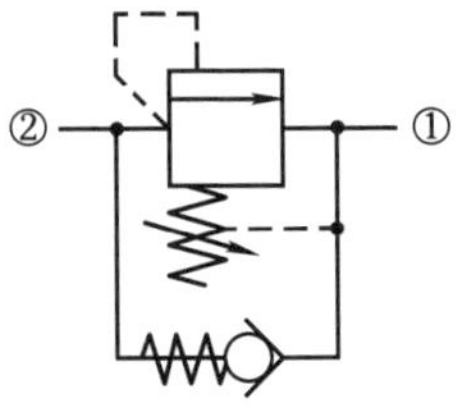 | 利用本身结构形成单向，体积小 |
| 热敏溢流阀（特色） | 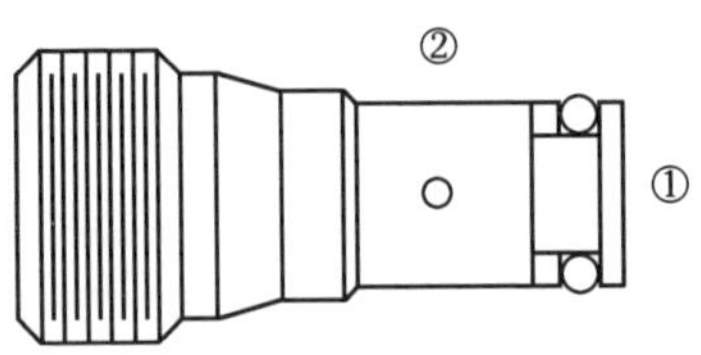 | 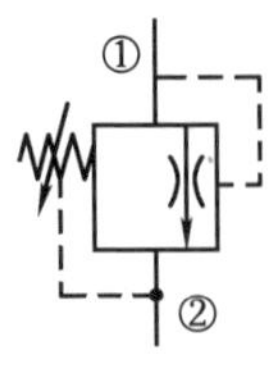 | 用于控制过热引起的压力升高 |

（续）

| 功能 | 结构型式 | 功能符号 | 作用 |
|---|---|---|---|
| 减压/溢流阀（特色） | 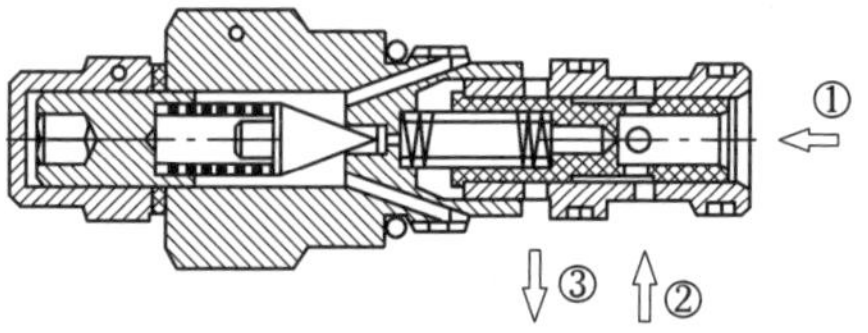 | 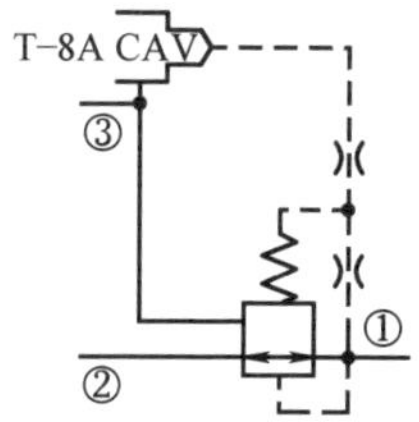 | 在减压情况下对负载的超载具有溢流作用。板式阀无此功能 |
| 带先导控制孔穴的大流量溢流阀（特色） | 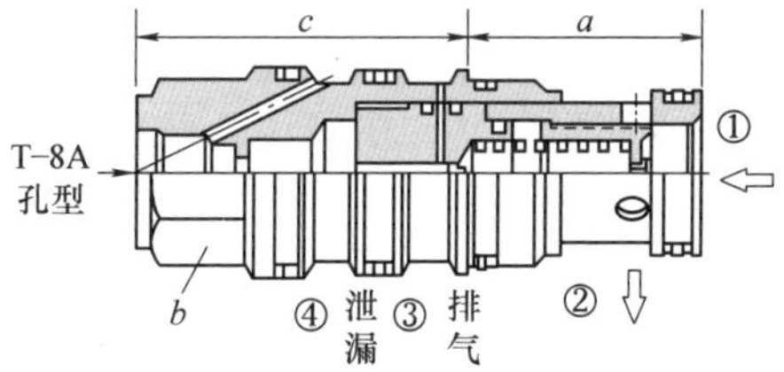 | 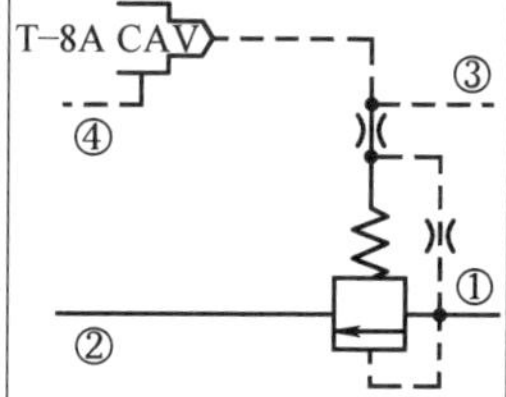 | 在先导控制孔穴中装入小流量的比例阀、电磁阀、气动阀、液动阀等作为先导阀控制大流量（60 ~ 480L/min） |
| 失压溢流阀（特色） | 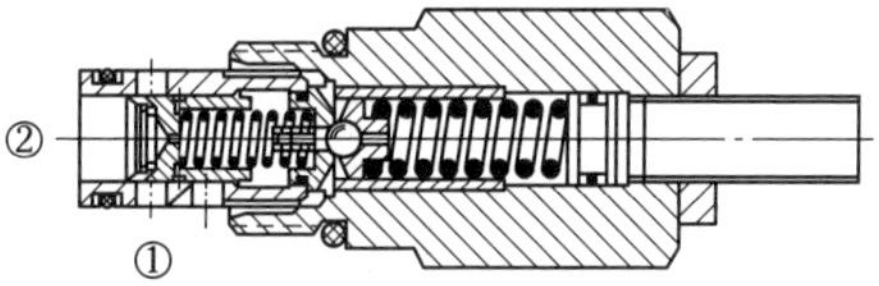 | 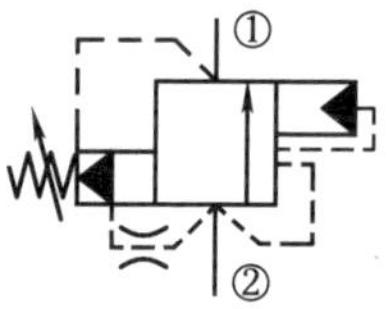 | 溢流阀一旦开启就无法再建压，除非系统压力解除后才复原。风车飞逸液压系统是应用之一 |
| 阀中阀（SUN） | 带新的控制孔穴的大流量溢流阀 | — | 向大流量方向发展 |

（2）螺纹插装液控单向阀的功能特色　螺纹插装液控单向阀属于负载控制阀。它的基本功能是防止由于它的前置方向阀阀芯的泄漏而产生负载，开启必须通过液压控制来实现。它可作为二通开关阀，也可作为保压阀或立式液压缸的支承阀及液压锁等。螺纹插装液控单向阀的特色功能见表 26-94。

**表 26-94　螺纹插装液控单向阀的特色功能**

| 功能 | 结构型式 | 功能符号 | 作用 |
|---|---|---|---|
| 液控开启式 | 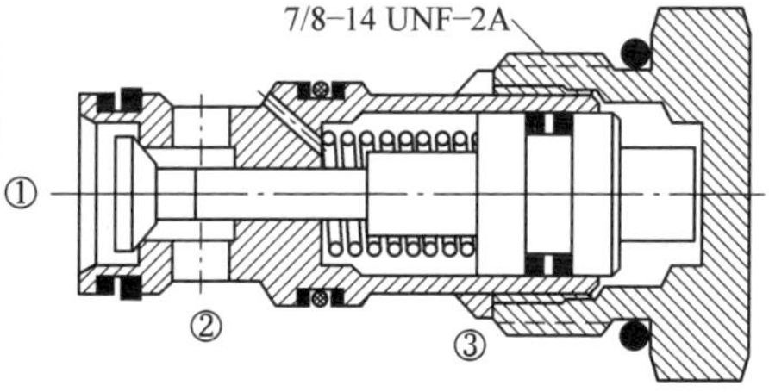 | 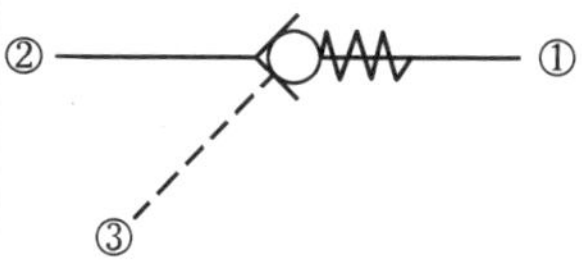 | ③口给压后允许反向流动（①→②） |

（续）

| 功能 | 结构型式 | 功能符号 | 作用 |
|---|---|---|---|
| 液控关闭式（特色） | 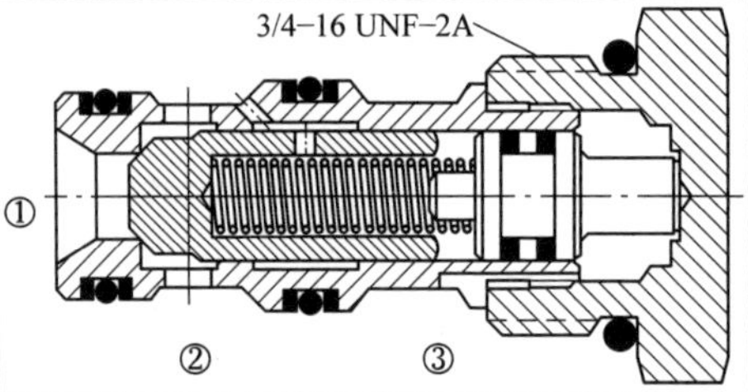 | 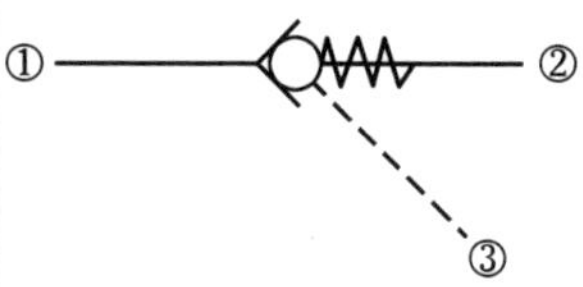 | ③口失压后允许反向流动（②→①）<br>用于破碎机等工程机械中 |

（3）螺纹插装调速阀的功能特色　螺纹插装调速阀要比板式调速阀简单（见图 26-165），但功能相同。螺纹插装调速阀与板式阀相比的特色功能见表 26-95。优先阀在过去的板式阀系统中只是在行走机械的转向中应用，而螺纹插装优先阀成为了标准应用元件之一。对于流量超载阀，防爆阀是其中一个用途。

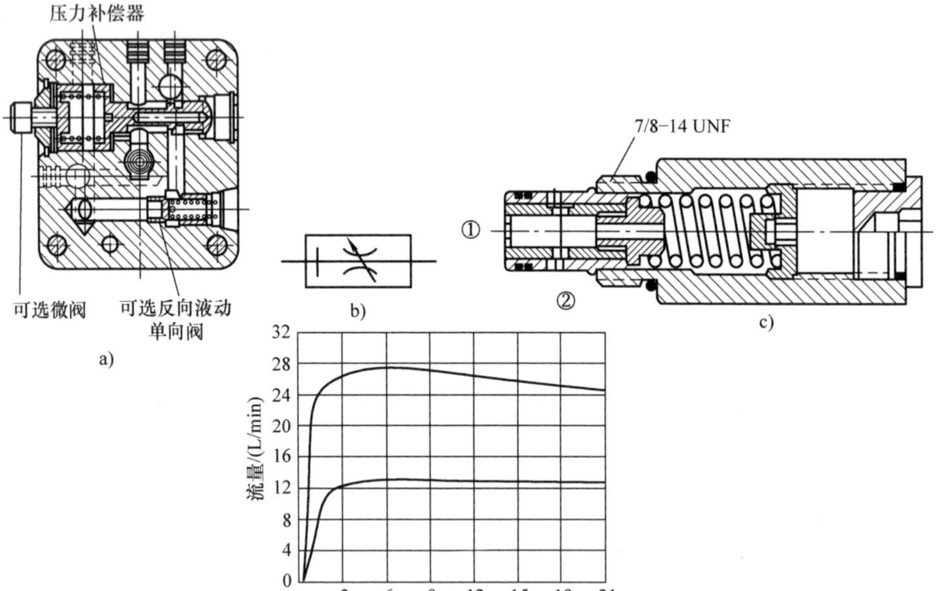


图 26-165　螺纹插装调速阀与板式调速阀在结构上的比较

a）板式调速阀　b）调速阀元件符号　c）螺纹插装调速阀　d）螺纹插装调速阀的性能曲线

**表 26-95　螺纹插装调速阀与板式阀相比的特色功能**

| 功能 | 结构型式 | 功能符号 | 作用 |
|---|---|---|---|
| 双向调速阀（特色） | 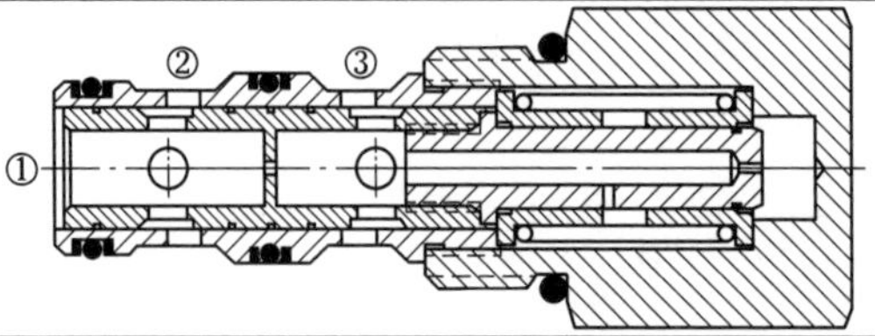 | 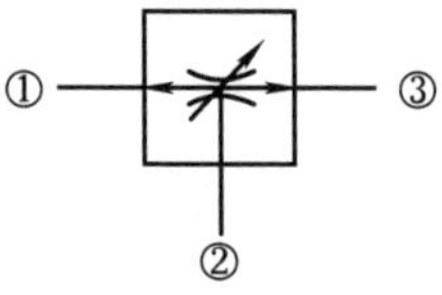 | 板式阀中只有单向的。因此双向调速阀具有特色 |

（续）

| 功能 | 结构型式 | 功能符号 | 作用 |
|---|---|---|---|
| 优先阀（特色） | 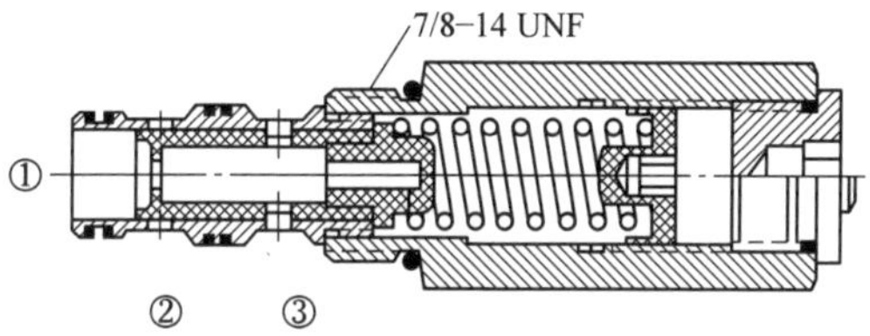 | 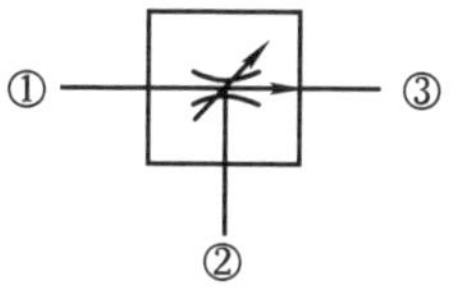 | 可调压力补偿型优先阀，优先保证①→③口流量，再分流到②口 |
| 流量超载阀（防爆阀）（特色） | 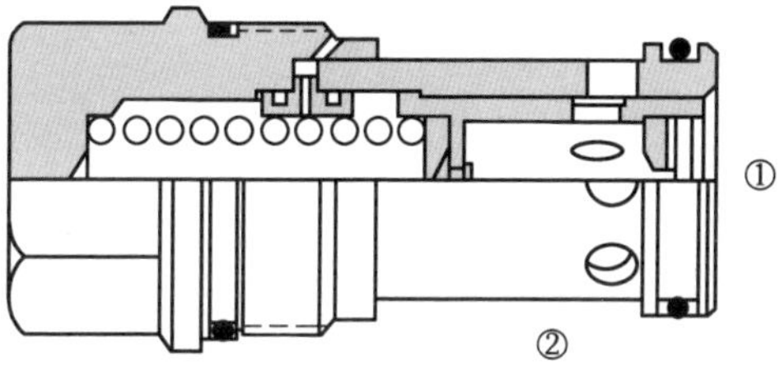 | 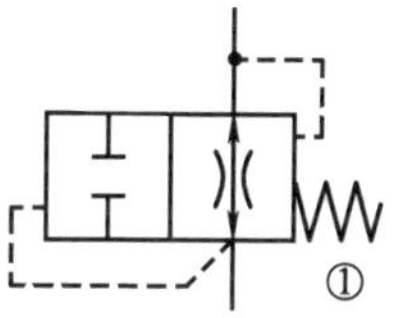 | 流量超过系统流量25%即截止。可用作防爆阀 |

（4）螺纹插装热溢流单向阀的功能特色　热溢流单向阀像对所有单向阀的要求一样，内泄漏几乎为零；但在类似压力机液压缸巨大的腔内容积因油温上升而造成压力飞升的情况下，单向阀能泄漏掉一点膨胀所产生的油液。热溢流单向阀解决了这一难题（见图 26-166），这也是板式阀不具备的。

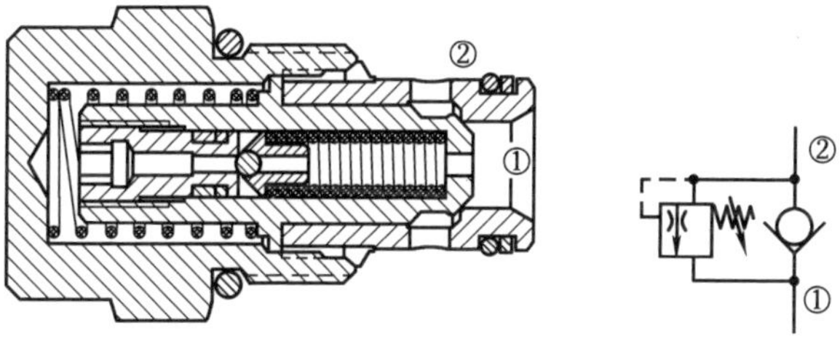


图 26-166　螺纹插装热溢流单向阀（特色）

（5）螺纹插装二位二通与二位三通电磁阀的功能特色　在板式电磁方向阀中只有二位四通与三位四通。凡是需要二位二通与二位三通功能的一般用二位四通代替，只要堵住不用的油口即可。由于在板式电磁阀中均采用滑阀型，因此内泄漏不可避免。如果需要无泄漏，则用电磁球阀，这种阀的价格比普通电磁阀要高很多，所以球阀的应用就受到限制。

螺纹插装二位二通与二位三通电磁阀应用很广，对系统设计、系统的安全性以至成本都十分有利。螺纹插装二位二通与二位三通电磁阀的特色功能见表 26-96。

表 26-96　螺纹插装二位二通与二位三通电磁阀的特色功能

| 功能 | 结构型式 | 功能符号 | 作用 |
|---|---|---|---|
| 二位二通电磁阀 | 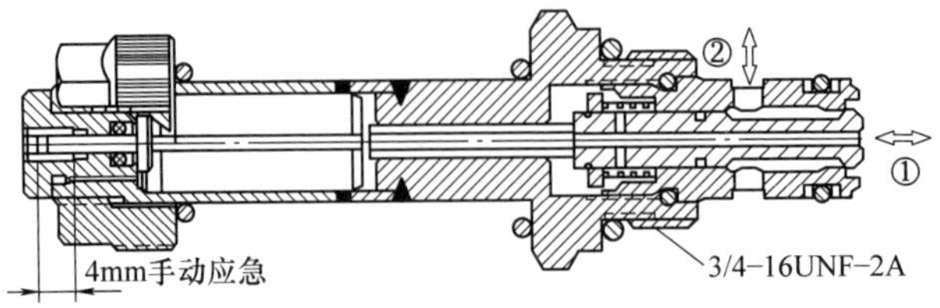 | 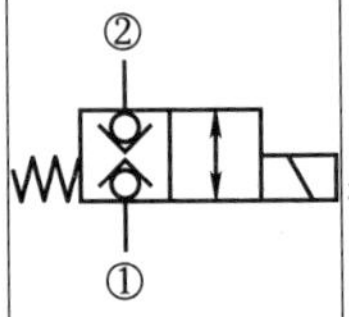 | 特色：双截止 |
| 二位二通电磁阀 | 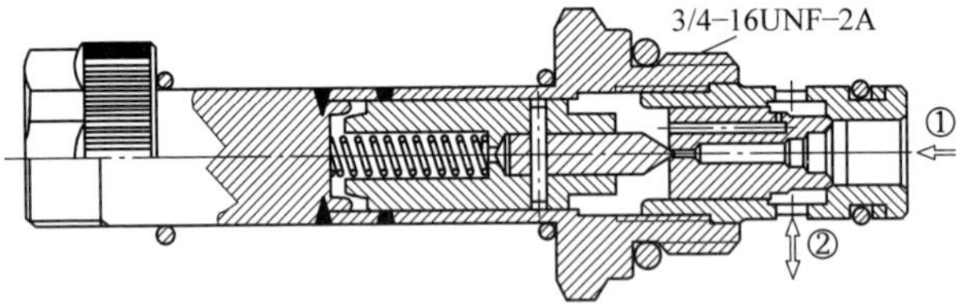 | 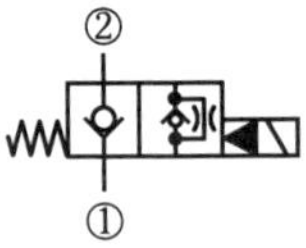 | 特色：截止带节流 |
| 二位二通电磁阀 | 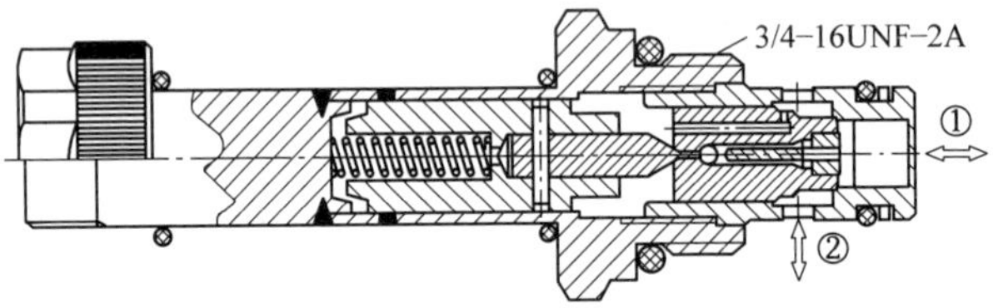 | 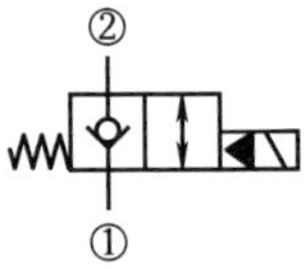 | 特色：单向截止 |
| 二位三通电磁阀 | 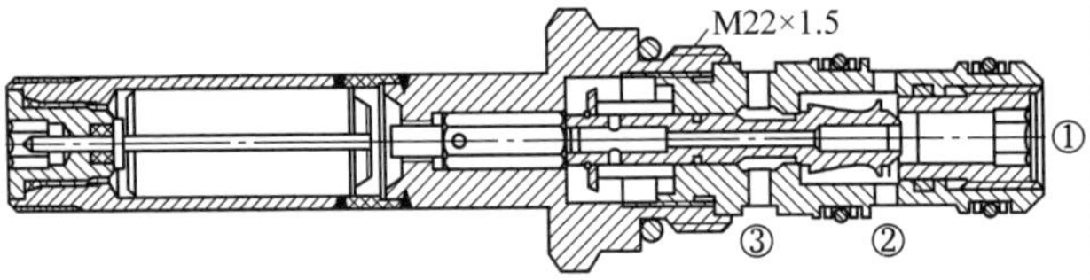 | 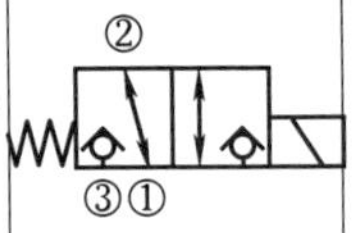 | 特色：单向截止 |
| 三位三通电磁阀 | 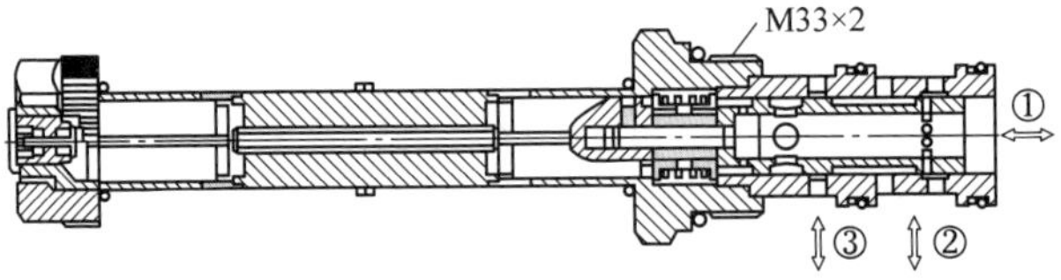 | 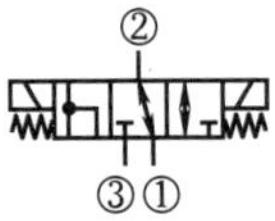 | 特色：卸荷机能 |

总体来说，螺纹插装电磁阀与板式阀相比只在二位二通与二位三通方面具有明显的特色与优势。在系统的设计节能、保压方面，在二位四通与三位四通方面尚有相当大的差距，包括中位机能，目前螺纹插装阀还达不到板式阀的水平。从未来发展来看，螺纹插装阀在这方面还有很大的提升空间。

（6）螺纹插装逻辑阀　螺纹插装逻辑阀既有液动阀的特征，有时又有二通插装阀的特点。但是与这些阀的结构、功能都会有差异。二通插装阀的阀芯结构分锥阀压力型与滑阀型，面积比不同。螺纹插装逻辑阀有四种结构：锥阀常闭方向型；滑阀常闭压力型；锥阀常闭压力型；滑阀优先型（SUN 专利技术）。螺纹插装逻辑阀的应用更灵活广泛，如组成负载敏感系统等；螺纹插装逻辑阀有时不一定是三个油口，而是四个或更多，这与二通插装阀完全不一样；螺纹插装逻辑阀可以将先导阀做成“阀中阀”结构，这是螺纹插装逻辑阀中的一种独特设计。螺纹插装逻辑阀的特色功能见表 26-97。

**表 26-97　螺纹插装逻辑阀的特色功能**

| 功能 | 结构型式 | 功能符号 | 作用 |
|---|---|---|---|
| 螺纹插装逻辑阀（锥阀常闭方向型） | 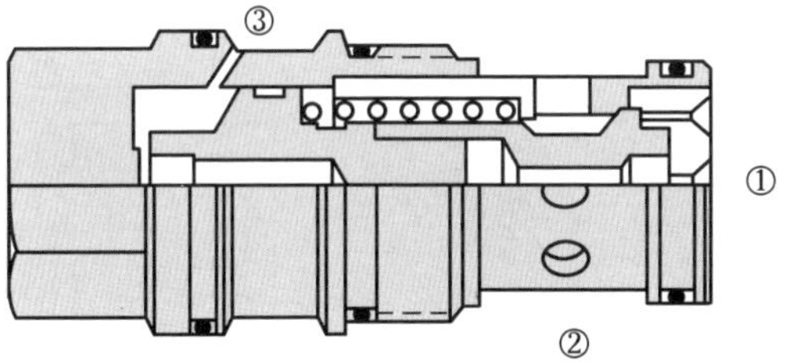 | 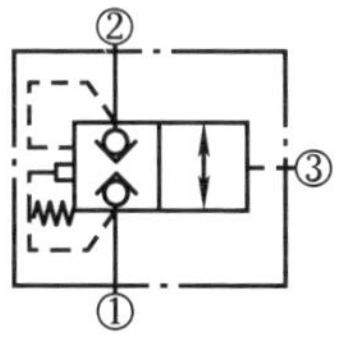 | 此阀的三个油口均感受压力，应用于油路时应考虑全系统整体操作循环压力的情况，以确保系统操作的安全性，即确保功能的发挥 |
| 螺纹插装逻辑阀（滑阀常闭压力型） | 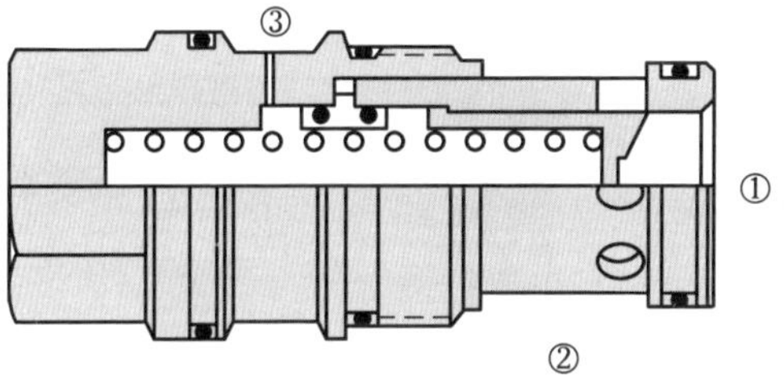 | 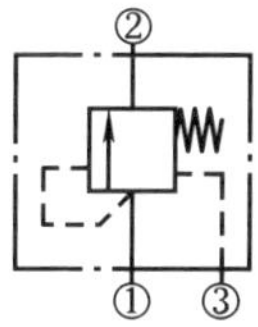 | 利用控制口接收有关各种阀或系统的压力信号等，形成较大流量的各种功能阀 |
| 螺纹插装逻辑阀（锥阀常闭压力型） | 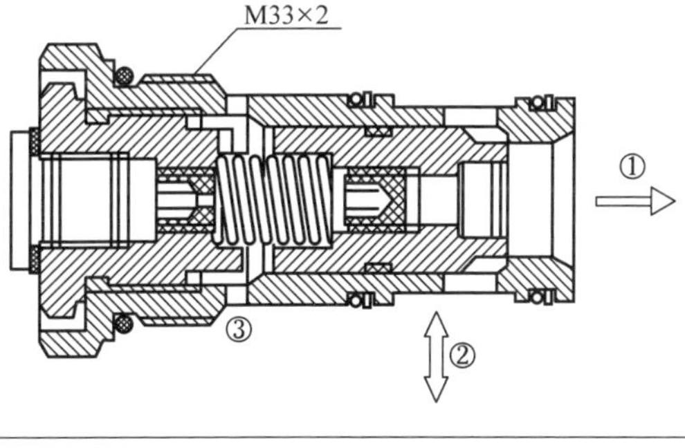 | 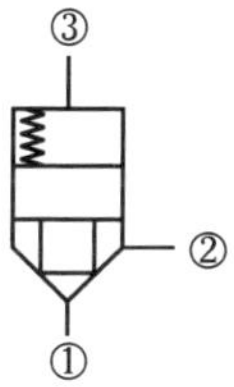 | 利用控制口接收有关各种阀或系统的压力信号等，形成较大流量的各种功能阀 |
| 螺纹插装逻辑阀（滑阀优先型） | 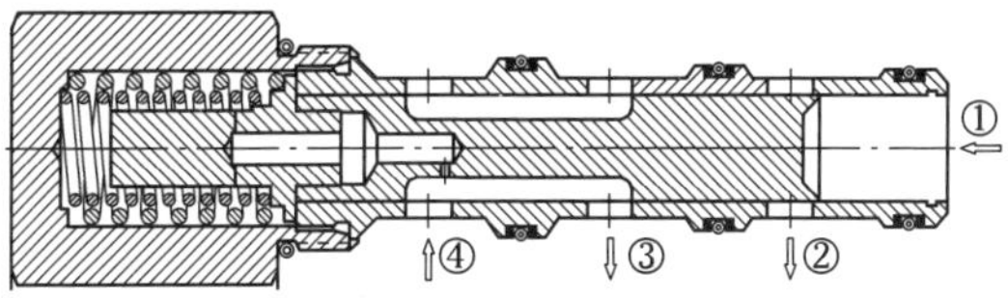 | 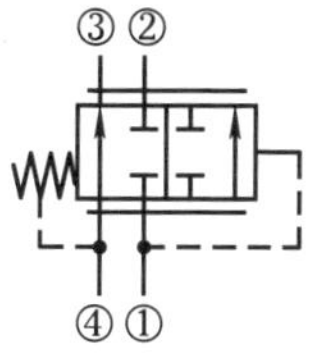 | 利用阀口接收压力信号等，形成较大流量的各种功能阀 |

螺纹插装逻辑阀的结构、功能、应用与传统阀种相比更加丰富与多样，有更大的发展空间。

（7）螺纹插装回路特殊功能阀 螺纹插装回路特殊功能阀有两种：单个元件形式螺纹插装回路特殊功能阀及由阀块组成的多个元件形成的螺纹插装回路特殊功能阀。表26-98列出了具有各种典型性的螺纹插装回路特殊功能阀实例，其可发展性很强，都是各厂商针对具体的应用或具体的用户需求所设计发展的。

**表26-98 螺纹插装回路特殊功能阀实例**

| 功能 | 结构型式 | 功能符号 | 作用 |
|---|---|---|---|
| 泵用自动排气阀 | 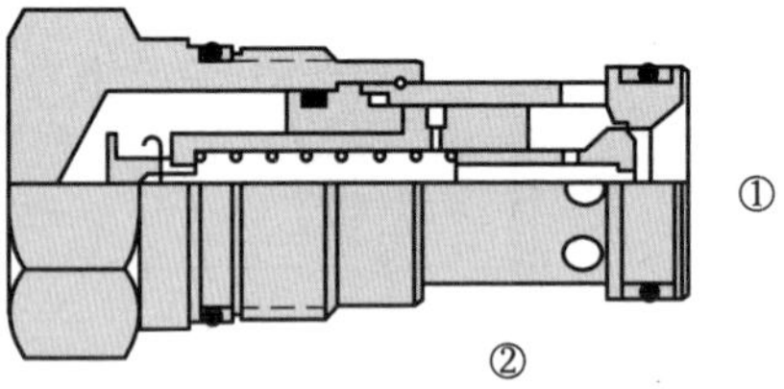 | 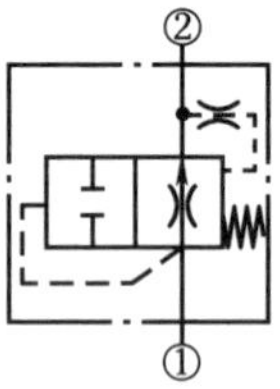 | 泵内的空气排除后，阀在15L/min时，12s内关闭，在200L/min时，0.5s内关闭 |
| 蓄能器用泵卸荷阀 | 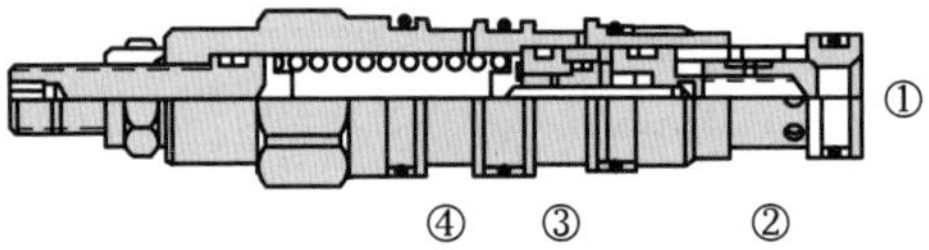 | 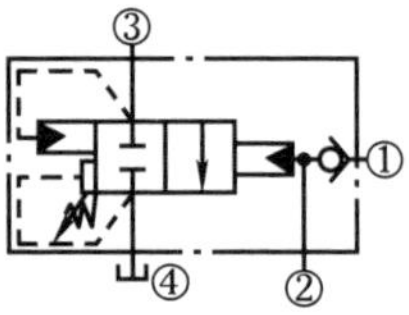 | 采用蓄能器时，泵的卸荷阀 |
| 气动/电磁先导阀控制的逻辑阀 | 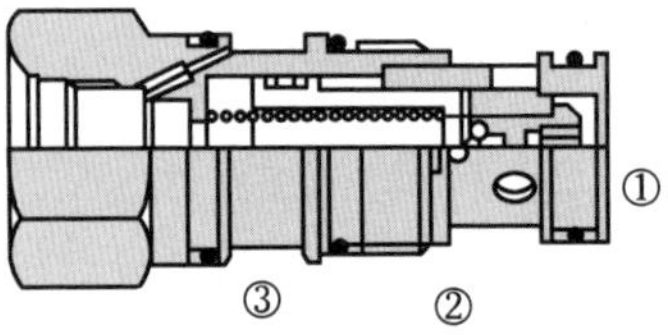 | 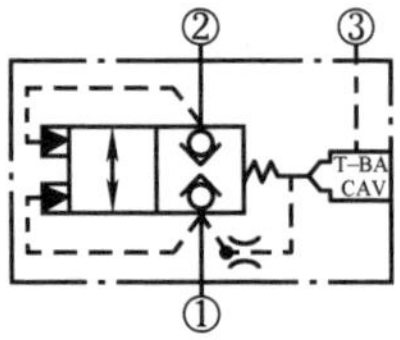 | 在“阀中阀”上采用气动或电磁先导阀，可以实现流量放大 |
| 优先型比例流量阀 | 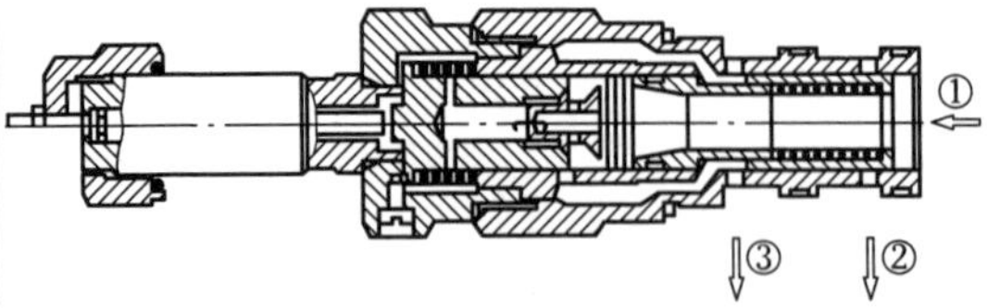 | 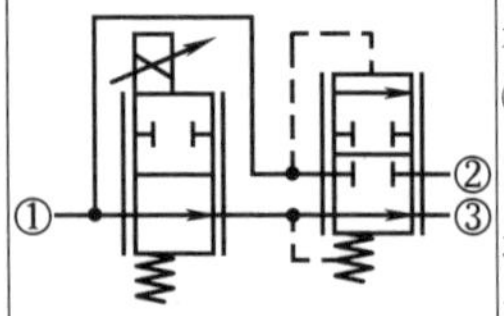 | ①→③是工作口，②是排油口。因此进口流量大于出口流量 |

**5. 阀块连接特点**

螺纹插装阀元件是以螺纹与阀块连接，形成螺纹插装阀阀块用于系统。

作为螺纹插装阀阀块在系统里有各种连接方式，不外乎有管式、叠加式、板式、法兰式与螺纹插装阀块式（公司标准与用户定制），如图 26-167 所示。

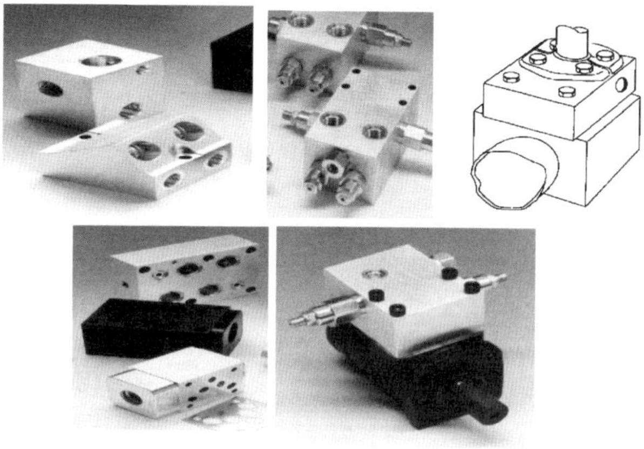

图 26-167　螺纹插装阀阀块的连接方式

## 26.9.3　螺纹插装阀的六大技术发展趋势

螺纹插装阀有六大技术发展趋势，分别是提升性能参数；向多功能、组合化方向发展；发展水液压元件；3D 打印加工阀块；发展适合螺纹插装阀的 CAD 工业软件与螺纹插装阀的数智化。

（1）提升性能参数　主要指提高工作压力，扩展最大与最小通径。目前应用压力主体已经达到 31.5MPa。液压技术为提高功重比，泵的工作压力已达到 42MPa，尖峰压力为 48MPa，而螺纹插装阀与二通插装阀都是承压能力最强的阀种。目前从材料与应用的角度看，35 ~ 42MPa 的工作压力正走向经济合理（见表 26-99）。

表 26-99　液压技术工作压力的发展

| 时期 | 1950—1960 | 1960—1970 | 1970—1980 | 1980—1990 | 1990—2000 | 2000—2020 | 2020 年至今 |
|---|---|---|---|---|---|---|---|
| 工作压力/MPa | <6.3 | 16 | 21 | 31.5 | 35 | 35 ~ 42 | 48 ~ 56 |

螺纹插装阀的最大通径是 M48 × 2（SUN T－18A 与 T－19），目前在该通径下的节流阀流量可达 1600L/min，逻辑阀流量达 800L/min，单向阀流量达 640L/min，平衡阀、流量阀等流量为 200 ~ 480L/min。这一通径是目前所有螺纹插装阀中的最大通径。这一通径可以扩展。

另一方向是减小通径，用于小流量范围，如 5L/min 以下。这对于其他阀种已经比较困难。对螺纹插装阀的流量进行概念性的分类，提出螺纹插装阀的流量分类见表 26-100。

表 26-100　螺纹插装阀流量分类

| 流量分类 | 微小流量 | 小流量 | 一般流量 | 大流量 | 超大流量 |
|---|---|---|---|---|---|
| 流量范围/(L/min) | <1.0 | 3~5 | 5~300 | >300 | >1000 |

螺纹插装阀向大流量发展一般有三个措施：一是加大孔穴的直径，但对电磁阀而言受电磁铁电磁吸力的限制，因此电磁铁的发展也是螺纹插装阀需要加强的；二是采用先导阀带逻辑主阀的结构形式，流量放大靠主阀逻辑阀；三是采用较高的工作压差，但这是下策。

（2）发挥螺纹插装阀优势向多功能、组合化方向发展（见图 26-168）　螺纹插装阀的结构变化丰富多样，通径、品种、规格、内径格局的多样性要求今后的设计采用成组相似理论与试验结合，降低设计成本，提高设计的结构水平与工艺水平。

在液压 3.0 阶段，螺纹插装阀可以结合主机要求实现一阀多功能，其优于其他阀种的最大特点之一就是便于开发而且周期短。在液压 4.0 阶段，螺纹插装阀应该是最合适成为数字互联智能元件的阀种。

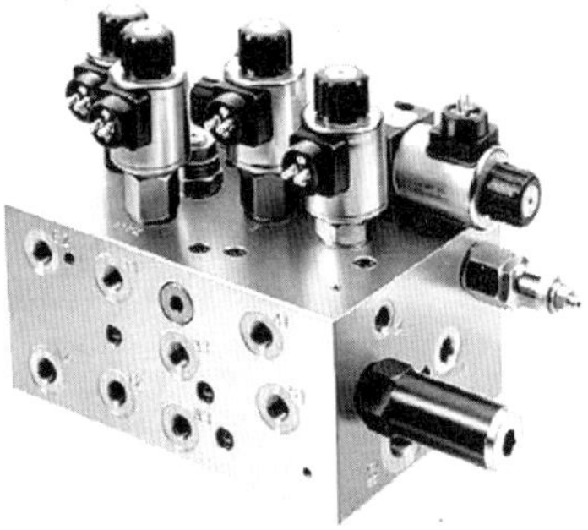

a)

b)

图 26-168　螺纹插装阀多功能与组合化
a）螺纹插装阀阀组　b）螺纹插装阀阀控与液压泵组合

（3）水液压元件的主要形式　螺纹插装阀由于没有阀体，自身材质可选，很适合作为水液压元件的主要形式。结合应用不锈钢、有色金属、表面处理等材质或工艺，水液压等领域可以有更多的选择余地。

（4）3D 打印的智能制造技术是集成阀块最能发挥作用的领域　3D 打印技术能够使螺纹插装阀阀块体积最小、质量最轻，二者充分结合后能够产生新的技术优势与经济优势。由于螺纹插装阀阀块的定制性很强，更适合 3D 打印。同时这也将促进 3D 打印向批量化生产方向发展。图 26-169 所示为 3D 打印流道效果图。

（5）加强开发适合螺纹插装阀的 CAD 工业软件　开发液压元件的 CAD 以及数字孪生工业软件将从设计、生产、制造、测试、销售、服务等方面提高效率，全生命周期管理（元件健康管理）在工业 4.0 时代已经是发展不可或缺的技术。作为今后主要的阀种，应该加强螺纹插装阀这方面工业软件的开发工作。

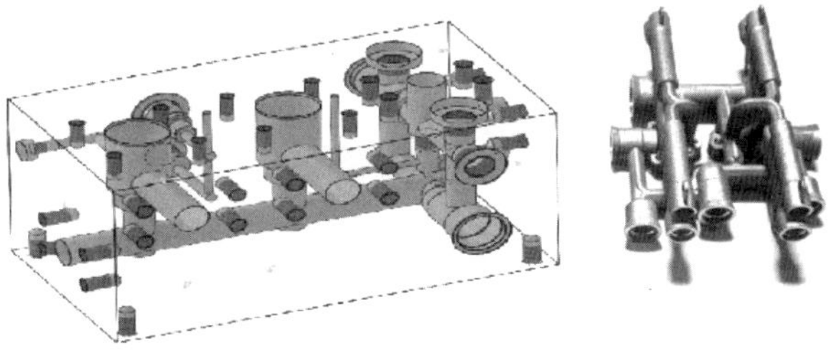

a)　　　　b)

图 26-169　3D 打印流道效果图

a）液压螺纹插装阀阀块通孔三维图　b）3D 打印流道实物

（6）加强螺纹插装阀向数智化方向的发展　目前螺纹插装阀的比例控制、平衡阀、分流阀等的最高控制精度还不及板式阀。从大多数螺纹插装阀厂商生产的螺纹插装比例阀来看，滞环为3% ~10%，频响（ -3dB）在10 ~25Hz 以下，线性度较差，与板式阀相比还差一个数量级。这是因为目前螺纹插装阀的主要市场还是工程机械，其负载要求的控制精度不高，可以满足基本要求。但螺纹插装阀要进入工业液压领域，这一控制精度是不能满足要求的，需要进一步发展与提高。

目前在发展的液压高速开关阀大多数的结构是螺纹插装阀形式，但是在向数字化发展的过程中，其结构形式不利于与数字化要求的控制器集成一体。这是因为电控螺纹插装阀一般是电液转换元件，插入阀块，螺纹插装阀元件的头部大多数是直径为 30mm 左右的电磁元件，缺乏安放控制器集成一体化的结构空间。因此在结构上目前有两种途径，一种是将电磁元件插头空间置换成控制器安放位置，另一种是将控制器放置在电液转换元件所必需的插头中，如图 26-170 所示。

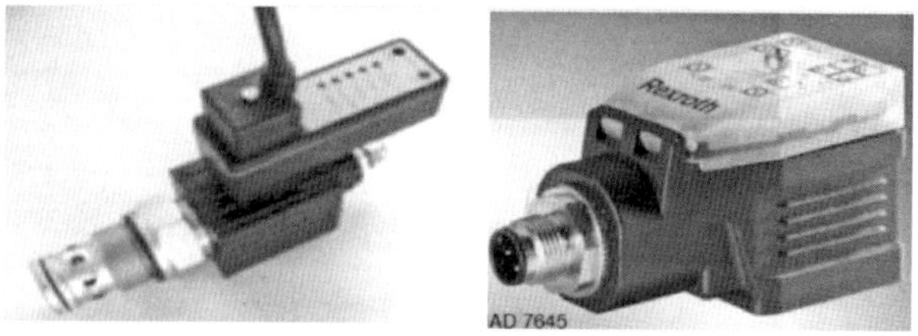


a)　　　　b)

图 26-170　螺纹插装阀元件与控制器集成一体的形式

a）电液转换元件带控制器　b）控制器插头

随着工业 4.0 的发展，控制器与元件一体化的成熟，螺纹插装阀的数智化将随着工业或工程机械应用需求共同发展，互联化、总线化与智能化就有了载体。这一方面螺纹插装阀的发展还有待加强。

## 26.9.4　螺纹插装阀的插装阀阀孔标准及安装转矩

### 1. 四种螺纹插装阀的插装阀阀孔标准

螺纹插装阀的阀孔关系到两个问题：一是不同厂商生产的螺纹插装阀采用不同

阀孔标准，使互换性变差；二是孔穴的标准关系到刀具规格。

螺纹插装阀在20世纪80年代进入飞速发展期。这时，欧美地区生产螺纹插装阀的厂商也已有不少。从用户到阀块制造都提出了增加互换性、孔穴太多造成的使用不便以及降低成本等要求。从1982年起，发展的需要使行业内开始着手制定国际标准，统一插装阀孔形式，从而改善互换性。但自20世纪80年代以后，SUN放弃SAE标准，自己创立了新的SUN标准。而SUN标准的插孔采用中置螺纹及公制（M）螺牙，使得通流量的设计可以更大，设计师在应用斜孔设计时更为弹性，因此在众厂商新产品设计时，SUN标准被部分接纳。

直到1998年，使用公制螺纹的ISO 7789才获多数通过。但仅两年后，12家美国螺纹插装阀生产商就又提出了一个使用英制UN和UNF螺纹的国际标准草案CAD17209，即SAE标准，得到不少赞成票。但在美国有重要市场地位的SUN并未参加；欧洲厂商专业人士认为安全问题未得到足够重视，并反对一个产品有两个标准，因此议而难决。于是造成未形成一个统一插装阀孔标准的局面，这一状态延续至今。而实际上SAE英制标准采用最多，占据主流。而ISO标准有欧洲厂商采用，但势单力薄市场影响力不够大。

中国颁布了与ISO 7789：2007一致的JB/T 5963—2014《液压二通、三通、四通螺纹插装阀插装孔》。

因此，目前任何一个生产螺纹插装阀的厂商及用户都面临四种螺纹插装阀的孔穴系列：①ISO 7789：2007《液压传动一二油口、三没口和四油口螺纹工插装阀一插装孔》；②JB/T 5963—2014（等同国际标准ISO 7789：2007）《液压传动 二通、三通、四通螺纹插装阀 插装孔》；③SAE标准CAD17209：英制螺纹孔穴国际标准草案；④SUN T孔穴系列标准（由于SUN的产品影响力大，因此被各国广泛采用）。

此外，还有各公司标准系列标准及各公司的特殊系列标准。

**2. 目前螺纹插装阀阀孔的标准及其关联**

目前采用SAE英制UN和UNF螺纹的国际标准草案CAD17209的厂商居多。表26-101列出了插装孔通径的标准系列与应用情况。

图26-171所示为10通径6通口的螺纹插装阀插装孔。通口的排序有两种：一种通口的排序按规定从底部向螺纹口方向进行，即螺纹插装阀阀孔编号以底部孔为①，向上依次为②口、③口、④口、⑤口与⑥口。采用这种排序方法的以丹佛斯、海德福斯、SUN、博世力士乐、伊顿、Deltrol Fluid等厂商为代表。另一种通口的排序按规定从螺纹口向底部方向进行。也就是，螺纹插装阀阀孔编号以靠近螺纹口的第一个通孔开始为①，向下依次为②口、③口、④口、⑤口与⑥口，而底部孔为最后的一个口编号。采用这种排序方法的以Sterling、Delta Power等厂商为代表。

表26-102列出了SUN螺纹插装阀孔穴标准。

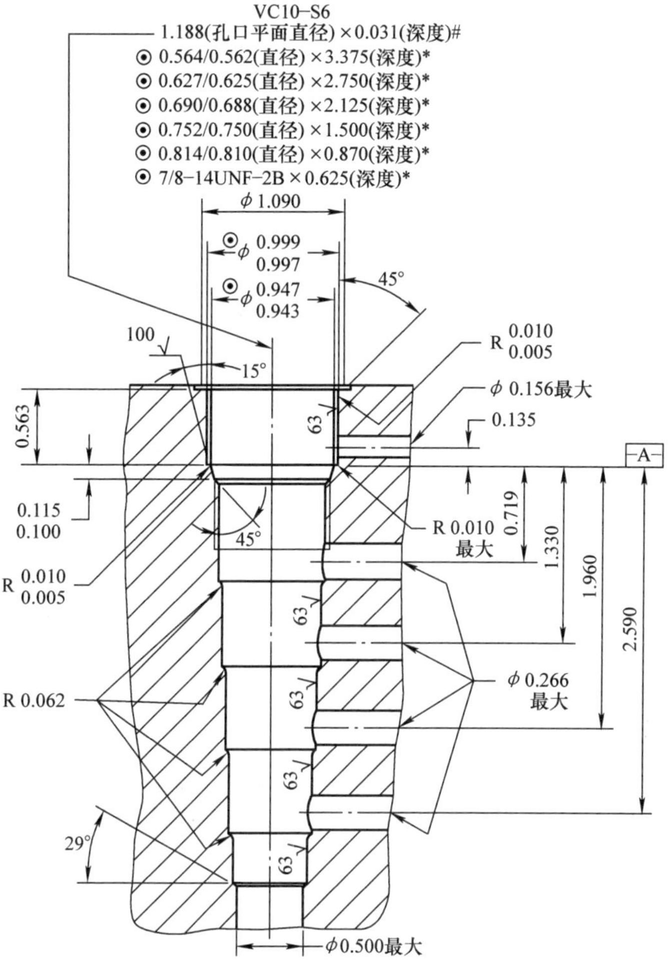


图 26-171　10 通径 6 通口的螺纹插装阀插装孔

**表 26-101　螺纹插装阀通径的标准系列与应用情况**

| 标准来源 | JB/T 5693—2014 | 国际标准 ISO 7789：2007 | 美制标准 CAD17209 | SUN 标准 T 型 |
|---|---|---|---|---|
| 通径/通口 | 二通、三通、四通 | 二通、三通、四通 | 二通、三通、四通、六通 | 二通、三通、四通、六通 |
| | — | — | — | SUN Z 系列元件 |
| 04 | — | — | 7/16－20UNF－2B | — |
| 07 | — | — | 5/8－18 UNF－2B | SUN P 系列元件<br>SUN 0 系列元件 |
| | — | M18×1.5 | — | — |
| 08 | — | — | 3/4－16 UNF－2B | — |
| | — | M20×1.5 | — | SUN 1 系列元件 |
| 10 | M22×1.5 | M22×1.5 | 7/8－14 UNF－2B | SUN 2 系列元件 |
| 12 | M27×2 | M27×2 | 1 1/16－12 UN－2B | |
| 16 | M33×2 | M33×2 | 1 5/16－12 UN－2B | SUN 3 系列元件 |
| 20 | M42×2 | M42×2 | 1 5/8－12UN－2B | |
| 48 | | （M48×2－6H） | | SUN 4 系列元件 |

（续）

| 标准来源 | JB/T 5693—2014 | 国际标准<br>ISO 7789：2007 | 美制标准 CAD17209 | SUN 标准<br>T 型 |
|---|---|---|---|---|
| 应用厂商 | 宁波海宏液压有限公司<br>宁波克泰液压有限公司 | 万福乐 | 威格士、派克、Delta Power、海德福斯、CCC、丹佛斯、博世力士乐（部分）（通口尺寸有差异） | SUN、博世力士乐、CCC、Oil Control、Sterling、Logic（大部分应用在 T－11A 及 T－13A 孔型）、克泰 |

**表 26-102　SUN 螺纹插装阀孔穴标准**

| 系列 | Z 系列元件 | P 系列元件 | 0 系列元件 | 1 系列元件 | 2 系列元件 | 3 系列元件 | 4 系列元件 |
|---|---|---|---|---|---|---|---|
| 六角头 | 内 3/16"（4，8 mm） | 外 7/8"（22，4mm） | 外 3/4"（19，1mm） | 外 7/8"（22，2mm） | 外 1－1/8"（28，6 mm） | 外 1－1/4"（31，8 mm） | 外 1－5/8"（41，3 mm） |
| 通径 | 3/8－24UNF | M16×1.5 | M16×1.5 | M20×1.5 | 1"　－14 UNS | M36×2 | M48×2 |
| 二通 | T－382A | T－8A | T－162A | T－10A<br>T－13A | T－3A<br>T－5A | T－16A | T－18A |
| 三通 | | T－9A | T－163A | T－11A | T－2A | T－17A | T－19A |
| 四通 | | | | T－21A<br>T－31A | T－22A<br>T－32A | T－23A<br>T－33A | T－24A<br>T－34A |
| 六通 | | | | T－51A<br>T－61A | T－52A<br>T－62A | T－53A<br>T－63A | T－64A |

由表 26-101 与表 26-102 可见，SUN 的孔穴尺寸范围要大于其他系列。

**3. 螺纹插装阀插装孔所对应的安装转矩**

表 26-103 列出了插装孔与安装转矩的关系，用户在使用螺纹插装阀时，要遵守这要求，以保证螺纹插装阀安装后不因转矩过大产生阀的变形等原因而造成功能或性能失常。但要注意的是，对于同样通径但是品种不同的阀，不同厂商的具体转矩要求有可能会有差异。

**表 26-103　插装孔与安装转矩的关系**

| 转矩/N·m | 16.3～19 | 24.5～27.2 | 24.5～27.2 | 34～36.7 | 44.9～50.3 | 62.6～73.4 | 88.4～102 | 135～177 |
|---|---|---|---|---|---|---|---|---|
| 通径号 | 04 | 07 | 08 | 10 | 12 | 16 | 20 | 48 |

## 26.9.5　螺纹插装阀常规元件

螺纹插装阀的特色元件丰富了液压阀的控制功能，同时由于大多采用锥阀结构，所以不仅外泄漏可以为零，内泄漏也很小。同时螺纹插装阀可以组成各种连接形式的其他阀种。而螺纹插装阀的常规元件方面在工作原理、功能、性能曲线、使用环境等与板式阀大同小异。

**1. 压力阀元件的功能介绍**

表 26-104 列出了螺纹插装溢流阀结构、性能特点与性能曲线。

**2. 顺序阀元件的功能介绍**

顺序阀的基本功能是控制多个执行元件的顺序动作。顺序阀是当控制压力达到调定值时，阀芯开启，阀允许液压油通过，以控制执行元件顺序动作的压力控制阀。通过改变其控制方式、泄油方式及二次油路的连接方式，顺序阀还可以构成其他功能。

表 26-105 列出了螺纹插装顺序阀结构、性能特点与性能曲线。

表 26-104 螺纹插装溢流阀结构、性能特点与性能曲线

| 分类 | 元件结构 | 性能特点 | 性能曲线 |
| --- | --- | --- | --- |
| 直动式溢流阀<br>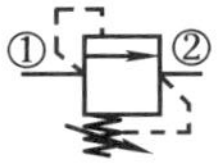 | 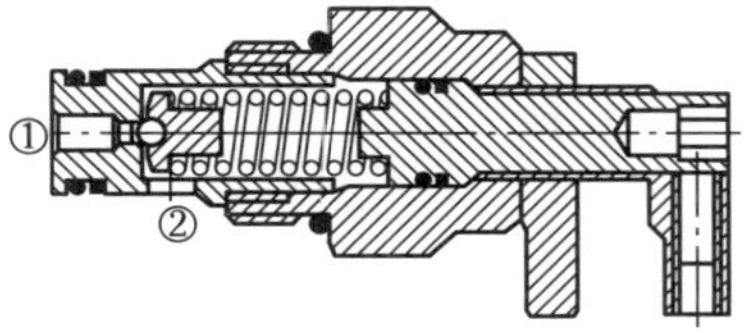<br>$p_{max}=46MPa$<br>$q_{max}=760L/min$ | 通流量小、调压偏差大；低泄漏、低成本 | 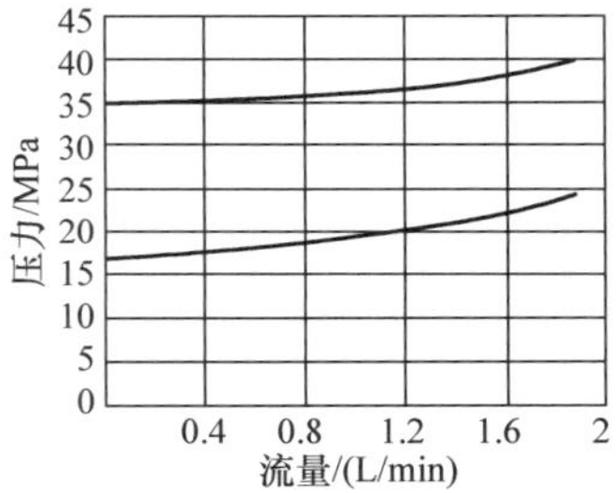 |
| 差动式溢流阀<br>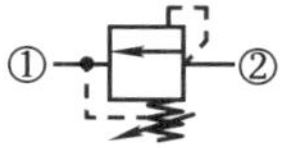 | 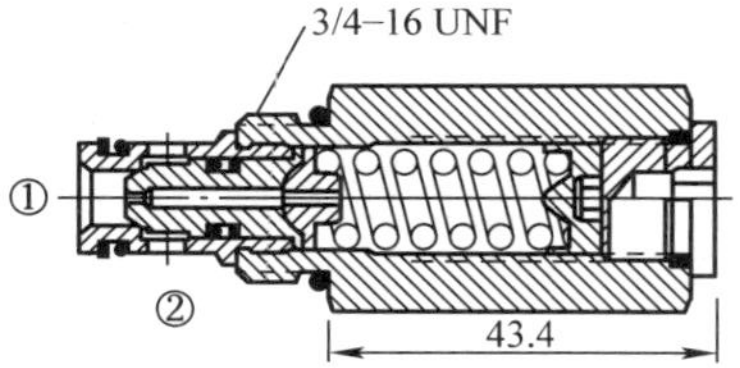<br>$p_{max}=38MPa$<br>$q_{max}=303L/min$ | 结构与直动式相近，但进油口侧面入流即进油②→①，性能与直动溢流阀一致；压力偏差与直动式溢流阀相当的情况下，流量较大；用于要求低滞后和极小内泄漏的场合。该阀在常规液压回路提供平滑过渡以响应负载压力变化 | 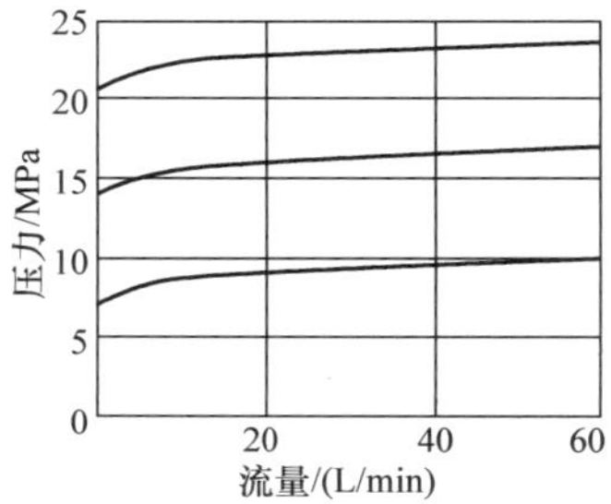 |

（续）

<table>
<tr><th>分类</th><th>元件结构</th><th>性能特点</th><th>性能曲线</th></tr>
<tr><td>先导式溢流阀<br>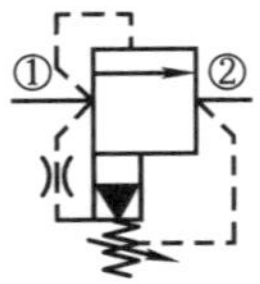</td><td>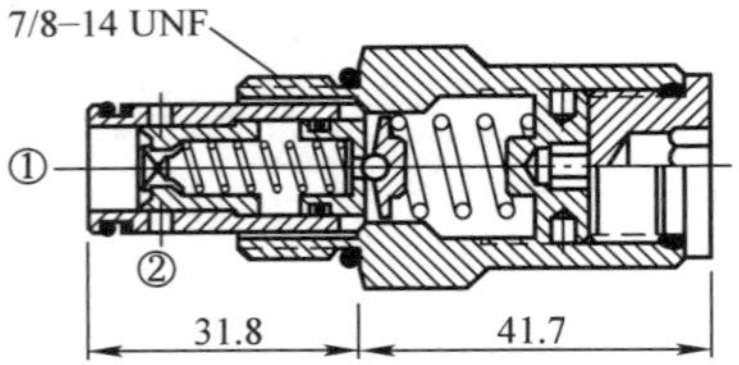<br>$p_{max}$ =42MPa<br>$q_{max}$ =760L/min</td><td>大流量或高压并需要精准的压力控制；压力平稳，上升率低；低滞环；使主阀打开，靠建立压差的节流孔易堵；系统工况对调压精度有期望或有要求时选用先导溢流阀<br>一般的工程机械液压与工业液压常用阀</td><td>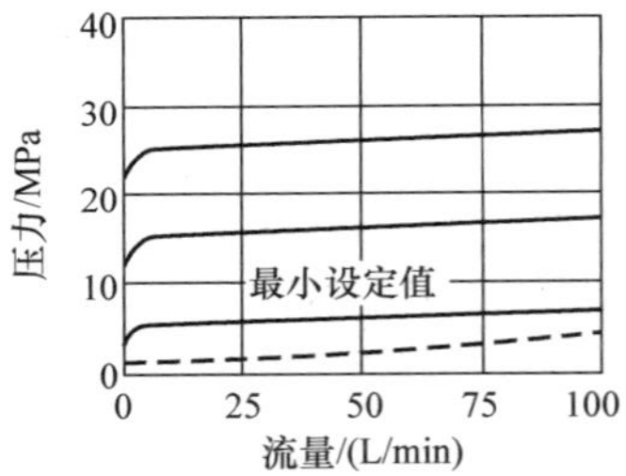<br>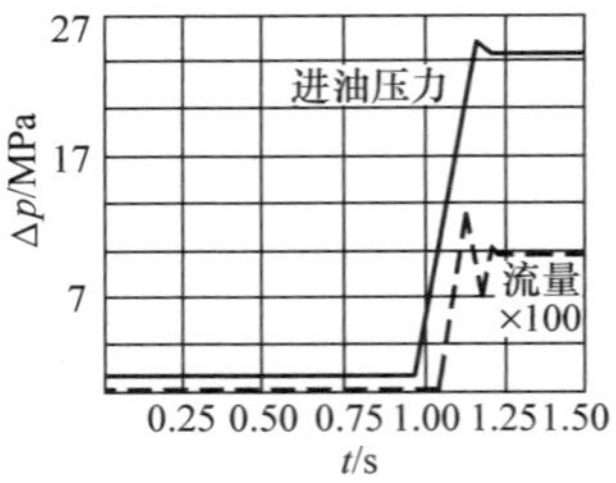</td></tr>
<tr><td>压力保险阀<br>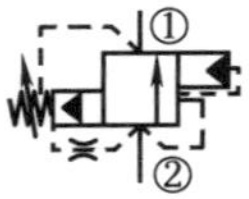</td><td>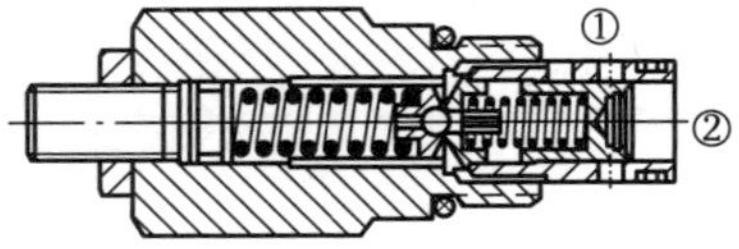<br>$p_{max}$ =42MPa<br>$q_{max}$ =760L/min</td><td>一旦溢流，整个液压系统卸荷，阻止主机再次运行在过载工况下。压力保险阀就像电路里的保险丝，如风机达到飞逸转速工况后，“失压”就不能自动恢复过来</td><td>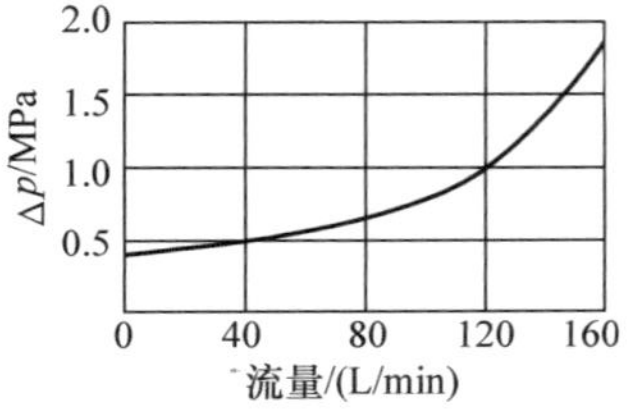</td></tr>
</table>

（续）

| 分类 | 元件结构 | 性能特点 | 性能曲线 |
| --- | --- | --- | --- |
| 单向溢流阀<br>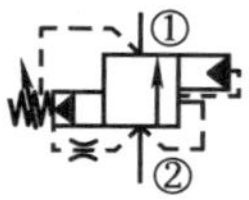<br> | 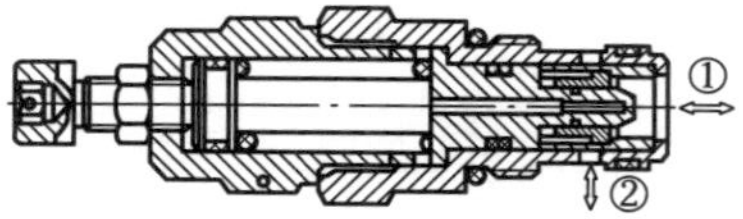<br><br>$p_{max}$ =42MPa<br>$q_{max}$ =480L/min | 阀具有三个部分：压力先导部分、主阀与压差节流阀部分及单向阀部分。反向性能是考虑系统需要补油的情况，无须另设单向补油阀。如马达回路的补油功能，既省空间又省成本 | 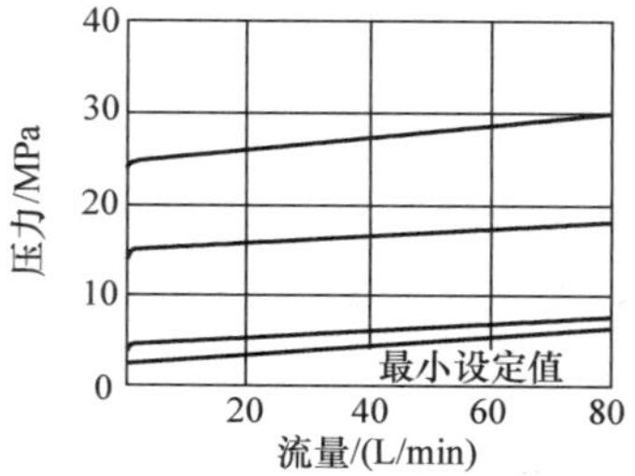<br> |
| 双向溢流阀<br>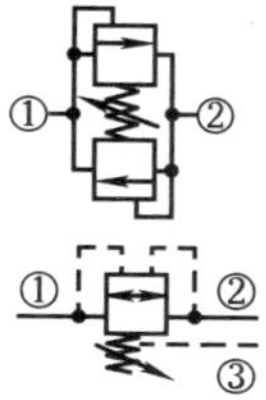<br> | 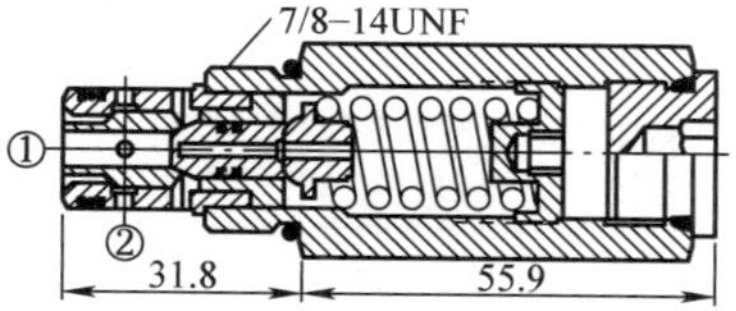<br><br>$p_{max}$ =35MPa<br>$q_{max}$ =160L/min | 整体式双向溢流阀与单向溢流阀性能相比，其压力调节性能可以一致，但压力偏移要差一些。用于静液压传动回路及需要两个方向都是压力回路的情况 | 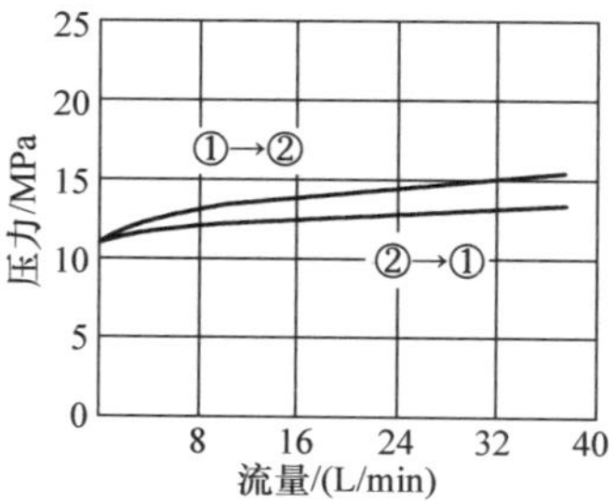<br> |

（续）

| 分类 | 元件结构 | 性能特点 | 性能曲线 |
|---|---|---|---|
| 外控式溢流阀（失压开启型）<br>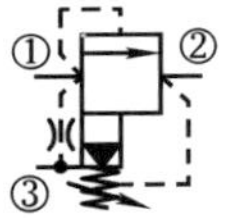<br> | 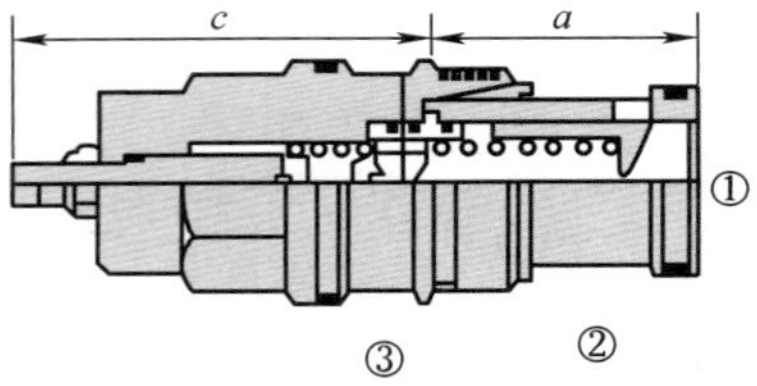<br><br>$p_{max}$=35MPa<br>$q_{max}$=480L/min | ③为遥控口，与板式阀遥控口作用一样，相当于利用遥控口可以并联另一个先导阀或方向阀等 | 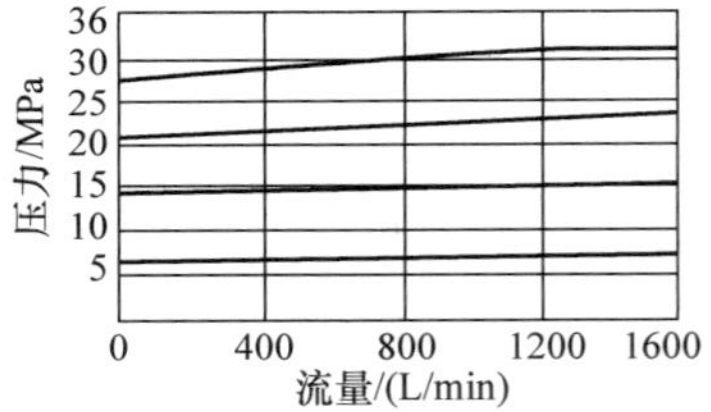<br> |
| 外控式溢流阀（电控卸荷型）<br>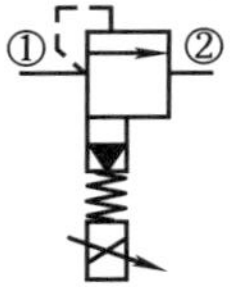<br> | 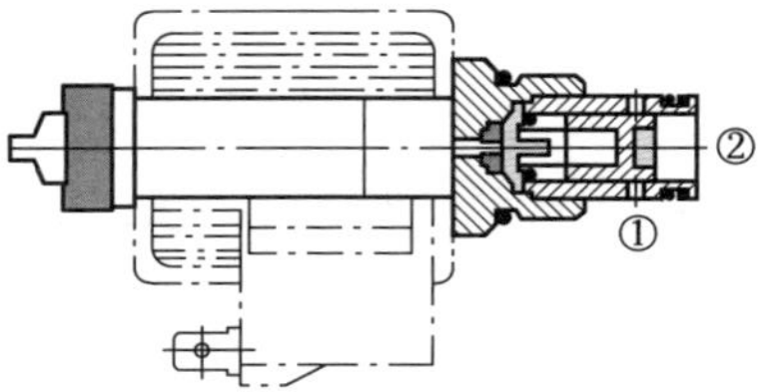<br><br>$p_{max}$=22MPa<br>$q_{max}$=90L/min | 电磁阀与溢流阀为整体式，并直接将先导弹簧压紧与放松<br>电磁铁得电，压缩先导弹簧，溢流阀正常工作；电磁铁失电，先导弹簧放松，溢流阀卸荷<br>为失电卸荷，也可配置得电卸荷 | 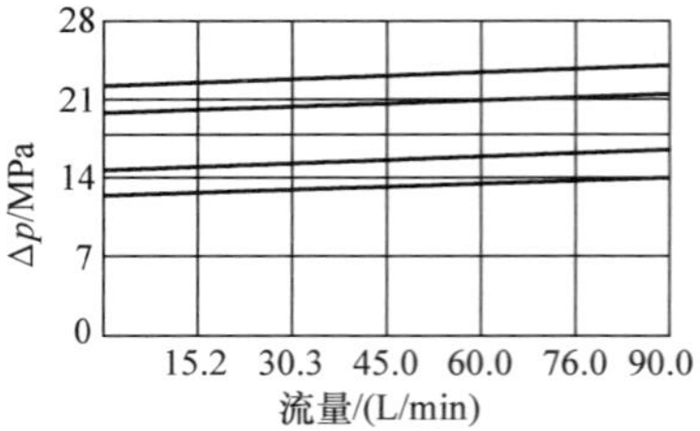<br> |

（续）

| 分类 | 元件结构 | 性能特点 | 性能曲线 |
|---|---|---|---|
| 特种溢流阀（软切换溢流阀）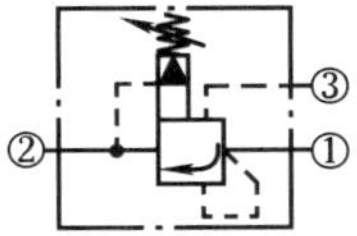 | 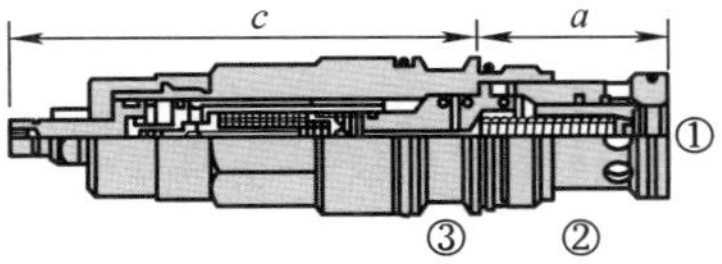 $p_{max}$ =35MPa $q_{max}$ =480L/min | 结构上加入阻尼柱塞去调节阀的弹簧加载，可以达到300～500ms | 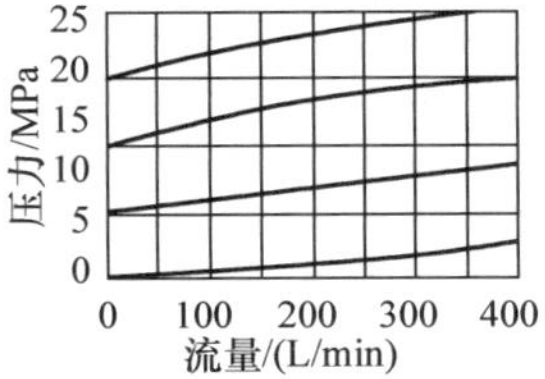 |
| 特种溢流阀（超大流量溢流阀）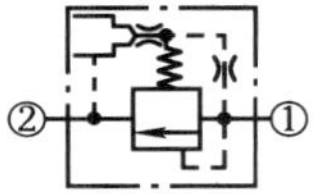 | 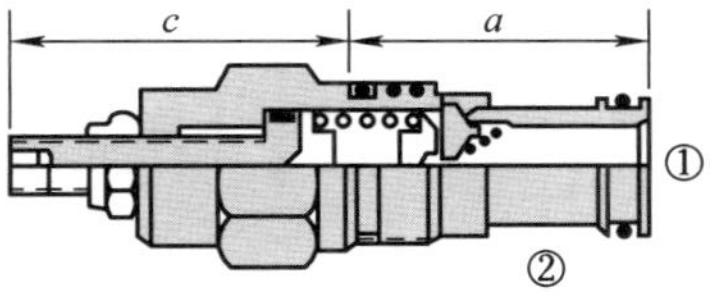 $p_{max}$ =35MPa $q_{max}$ =760L/min | 阀端本身又设有插装孔，可装先导型螺纹插装溢流阀，流量可急剧扩大到760L/min或更高 | 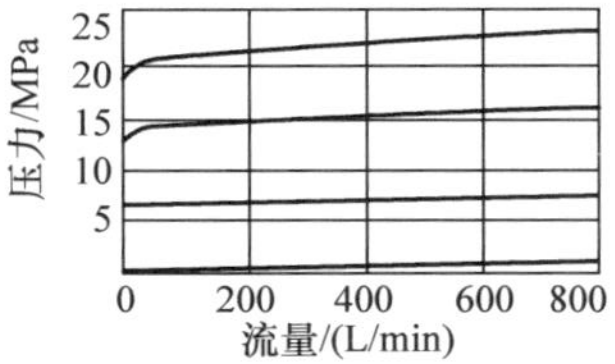 |

（续）

| 分类 | 元件结构 | 性能特点 | 性能曲线 |
| --- | --- | --- | --- |
| 特种溢流阀（热压溢流阀）<br>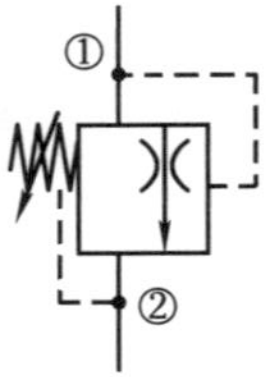<br> | 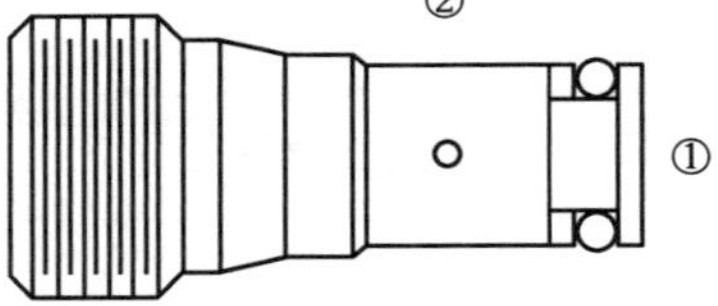<br><br>$p_{max}$ =41.4MPa | 用于防止液压缸因温度变化导致的压力增高而受损坏，该阀不作为动态溢流阀，也不用来防止负载导致的压力峰值。使用时，按正常工作是油液由通口①在达到调整压力时流向通口②，但②处的压力在任何时候都不应比①处高3.5MPa | — |
| 特种溢流阀（蓄能器放油阀与卸荷阀）<br>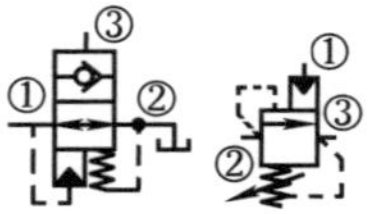<br> | 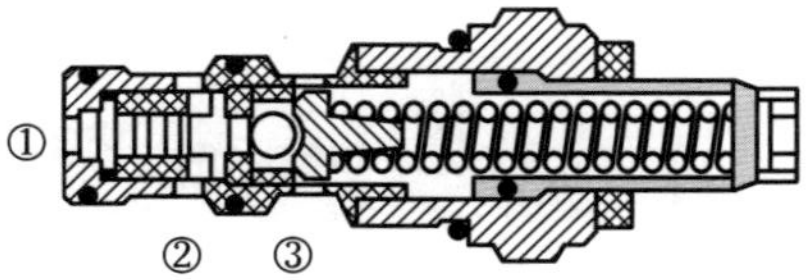<br><br>$p_{max}$ =21MPa<br>$q_{max}$ =41L/min | 结构考虑蓄能器的情况，压力比较大（达1∶100）；最低油压在通口③的控制压力只需0.3～0.4MPa | 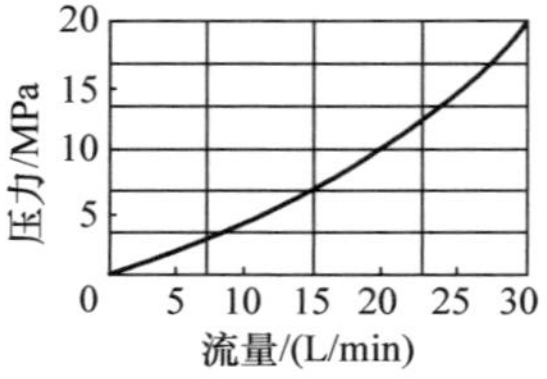<br> |

表 26-105　螺纹插装顺序阀结构、性能特点与性能曲线

| 分类 | 元件结构 | 性能特点 | 性能曲线 |
| --- | --- | --- | --- |
| 内控式<br>顺序阀<br>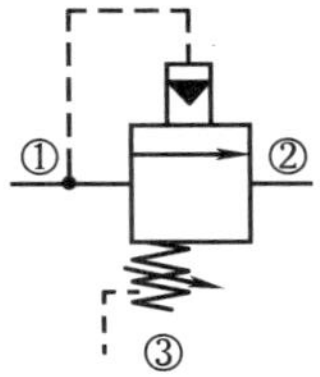 | 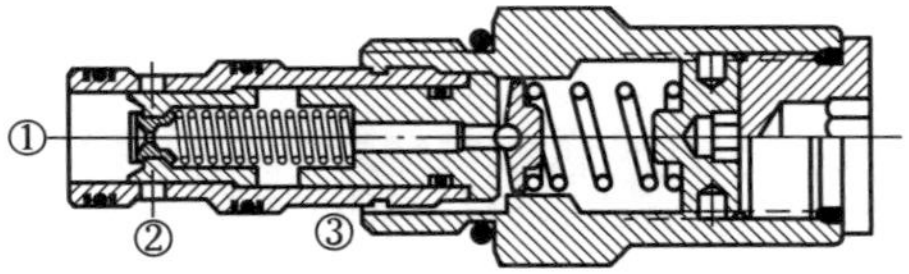<br>$p_{max}$ = 42MPa<br>$q_{max}$ = 480L/min | 当进油压力小于先导阀的调定压力时，先导阀关闭，主阀芯在弹簧力的作用下处于左端，主阀关闭；当进油压力达到调定压力时，先导阀开启，主阀芯阻尼孔中油液流动，从而产生压差，使主阀芯右移，主阀开启，将进油口①和出油口②接通。控制腔是外排 | 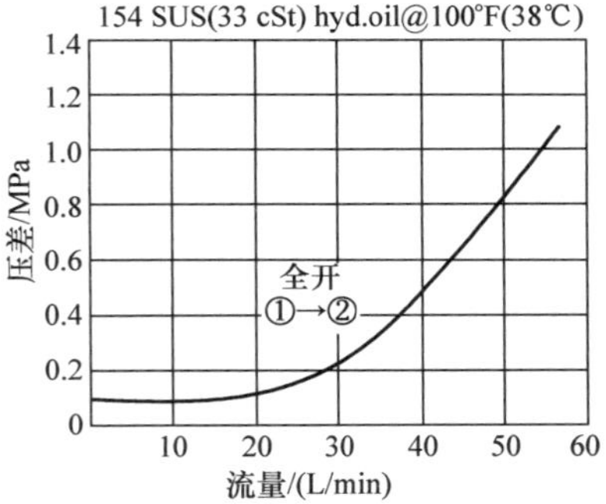 |
| 外控式<br>顺序阀<br>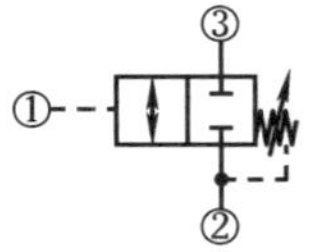 | 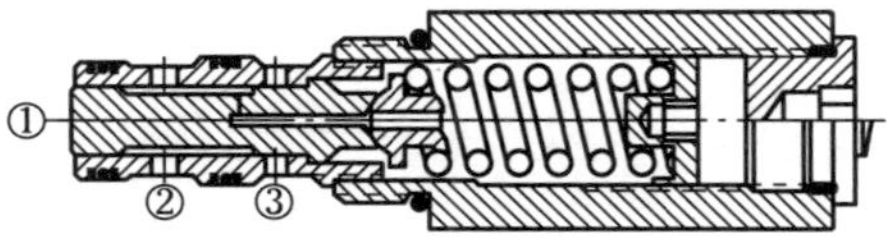<br>$p_{max}$ = 34.5MPa<br>$q_{max}$ = 47L/min | 当外控口①处的压力低于弹簧的预调压力时，阀阻止油液在油腔②与油腔③之间流动；直到①处的压力大于弹簧力时，阀门打开，油腔②和油腔③接通。需要注意的是②处的压力将叠加到弹簧腔，因为弹簧腔在油口②泄油，即内泄 | 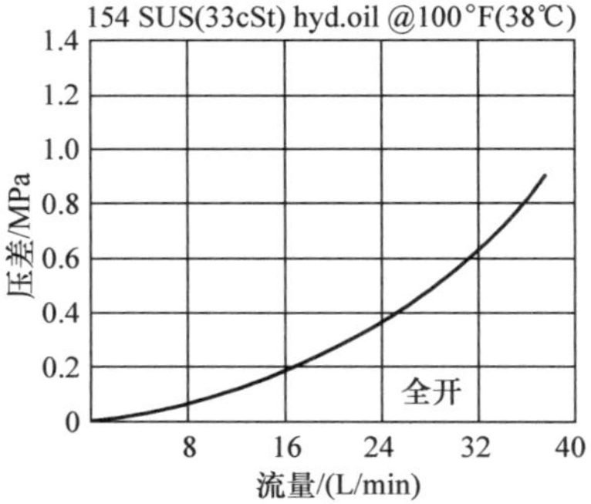 |

（续）

| 分类 | 元件结构 | 性能特点 | 性能曲线 |
|---|---|---|---|
| 卸荷阀 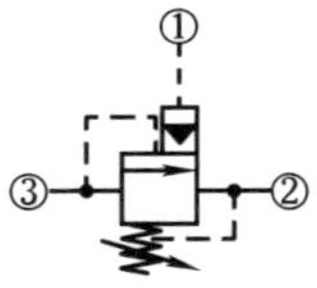  | 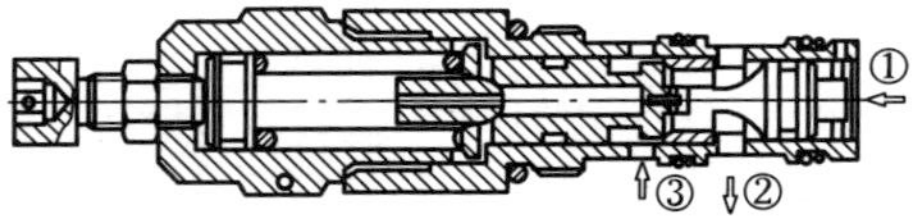  $p_{max}$ =42MPa $q_{max}$ =480L/min | 当油腔③的压力大于弹簧的预调压力，或者外控口①处的压力大于弹簧的预调压力时，油液从③流向②，前者的控制方式为自控，后者为外控。需要注意的是，②处的压力将叠加到弹簧腔，因为弹簧腔在油口②泄油，即内泄 | 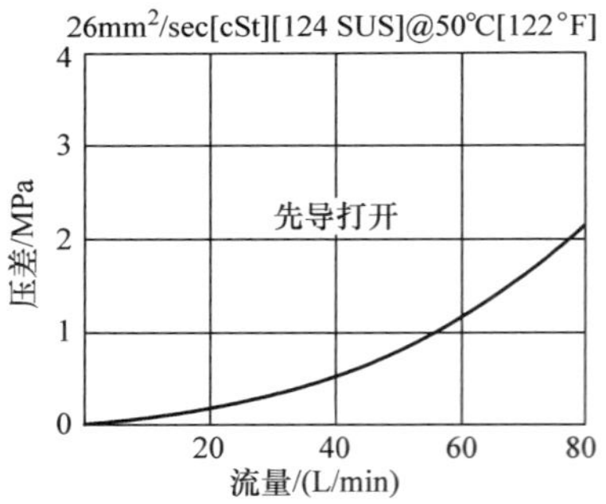  |
| 单向顺序阀 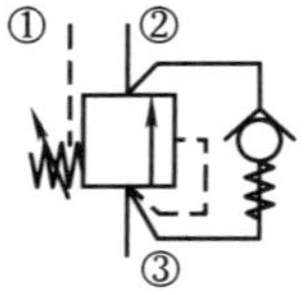  | 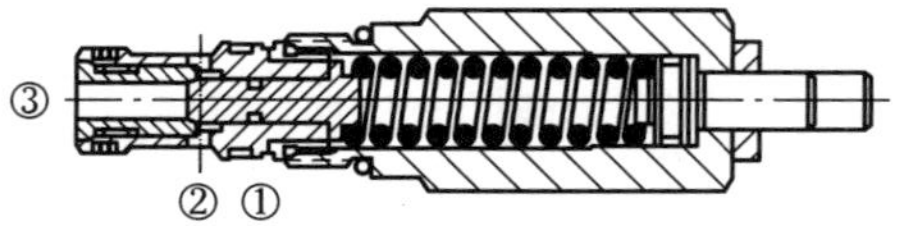  $p_{max}$ =42MPa $q_{max}$ =480L/min | 当油腔③的压力大于弹簧的预调压力时，油液从③流向②；反向流动时，油液经过单向阀从②流向③。该弹簧腔在油口①泄油，即外泄 | 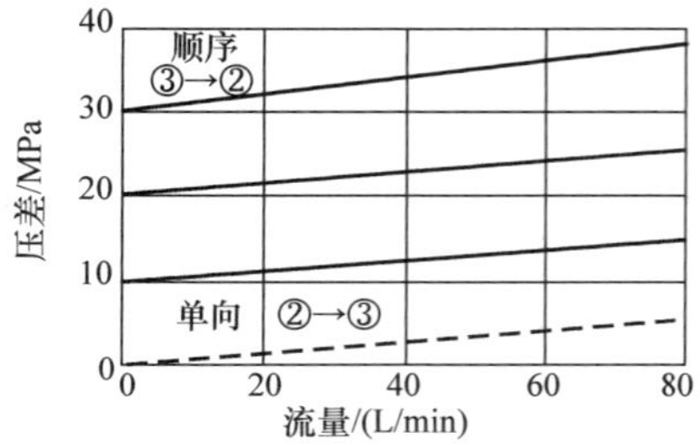  |

（续）

| 分类 | 元件结构 | 性能特点 | 性能曲线 |
|---|---|---|---|
| 特殊顺序阀 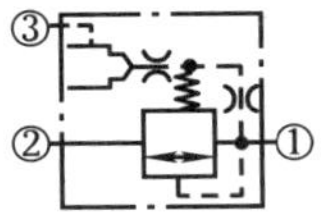  | 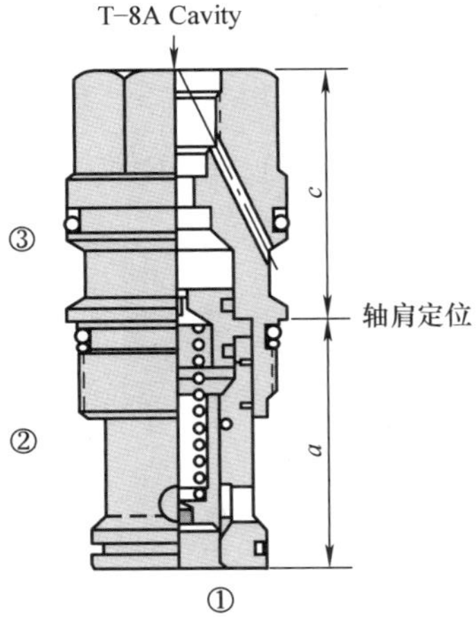  | SUN 的特殊“阀中阀”顺序阀，压力高达 35MPa，流量可达 480L/min | 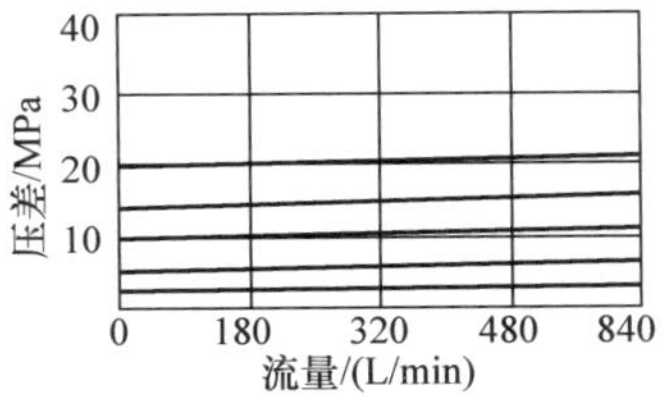  |

3. 减压阀元件的功能介绍

图26-172所示为减压阀及其元件符号。需要说明的是，对于元件符号，各厂商会有所差异。例如，图26-172所示是大多数厂商所采用的，而伊顿的样本元件符号对于直动式与先导式就没有区分；对于减压溢流阀的元件符号，有的厂商会更细节化，显得繁杂些。

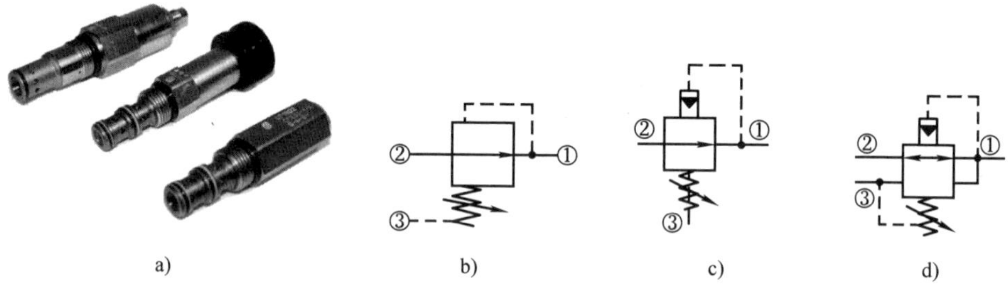


图26-172 减压阀及其元件符号

a）减压阀元件 b）直动式元件符号 c）先导式元件符号 d）减压溢流阀元件符号

减压阀是使阀的出口压力低于进口压力的压力调节器，属于压力阀。当液压系统的某一部分回路的压力要求比供油压力低，同时要求此压力也要恒定时，通常采用减压阀。

减压阀的出口压力低于进口压力。要求出口压力恒定的减压阀称为定值输出减压阀，简称减压阀；出口压力和某一负载压力之差近似不变的减压阀称为定差减压阀；进口压力和出口压力之比近似不变的减压阀称为定比减压阀。

在液压系统中，定值输出减压阀可用于减压或稳压，最为常用；定差减压阀可用作压力补偿阀，与节流阀串联组成调速阀；定比减压阀则可用在需要两级定比调压的场合。在本节螺纹插装减压阀中，主要涉及定值输出减压阀。定差减压元件将在螺纹插装逻辑阀里阐述，但在有的厂商样本中，可能会归类到螺纹插装流量阀或顺序阀部分。

对于螺纹插装减压阀，从原理来看与传统的板式减压阀没有区别。但由于螺纹插装减压阀结构的灵活多变性，因此派生出减压溢流阀，除正向的减压功能外，还有反向的超载溢流功能。在选用时，此超载溢流功能也可以不用，无碍于其减压功能。

表26-106列出了螺纹插装减压阀结构、性能特点与性能曲线。

**表 26-106　螺纹插装减压阀结构、性能特点与性能曲线**

| 分类 | 元件结构 | 性能特点 | 性能曲线 |
|---|---|---|---|
| 直动式减压阀<br>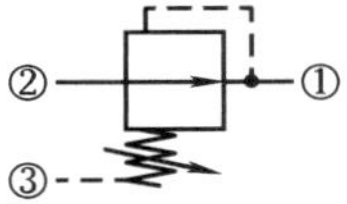<br> | 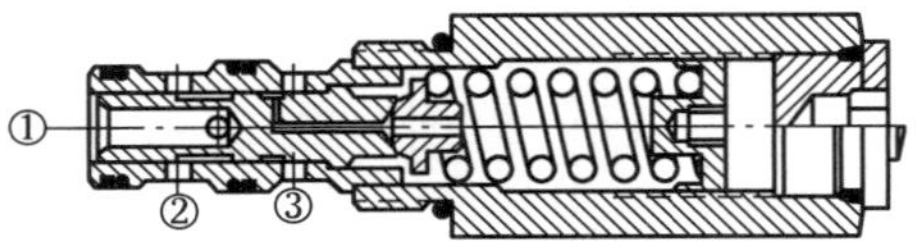<br><br>$p_{max}=31.5MPa$<br>$q_{max}=40L/min$ | 直动式减压阀的控制压力引自出口，且阀口为常开式。当出口压力低于阀的调定压力时，阀芯上的液压作用力小于弹簧力，阀口处于全开状态；当出口压力达到阀的调定压力时，阀芯上移，阀口减小甚至完全关闭，以实现减压，并维持出口压力近于恒定。直动式减压阀的优点是响应快与经济性好 | 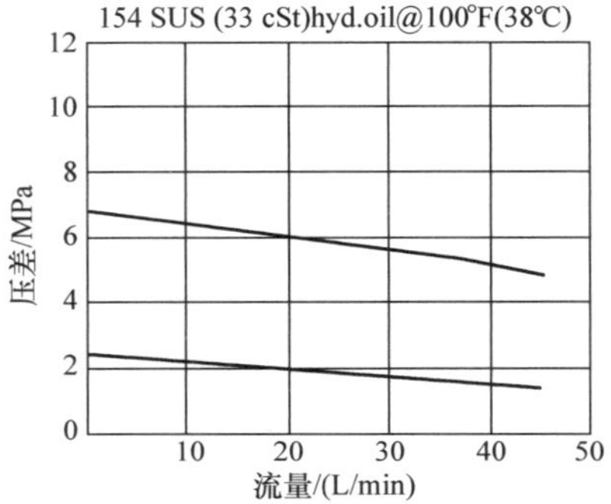<br> |
| 先导式减压阀<br>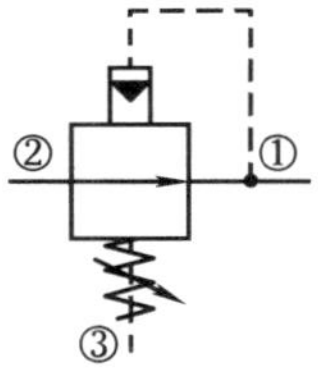<br> | 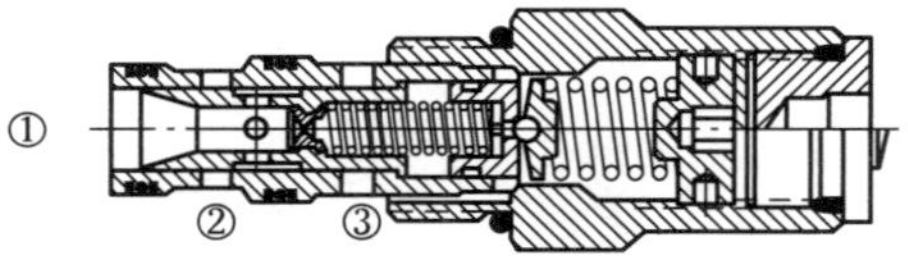<br><br>$p_{max}=35MPa$<br>$q_{max}=320L/min$ | 先导式减压阀的控制压力引自出口，且主阀为常开式，出口压力经端盖引入主阀芯下腔，再经主阀芯上阻尼孔进入主阀上腔，主阀芯上下两端液压作用力之差与主阀弹簧力平衡。调节导阀弹簧可改变主阀上腔压力，从而对出口压力起到调节作用 | 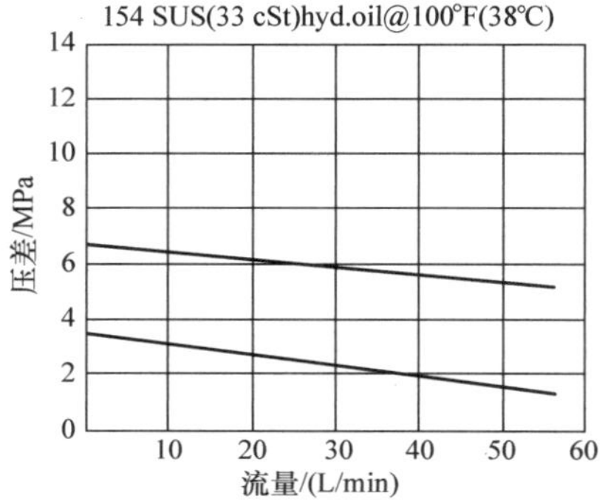<br> |

（续）

| 分类 | 元件结构 | 性能特点 | 性能曲线 |
| --- | --- | --- | --- |
| 减压溢流阀 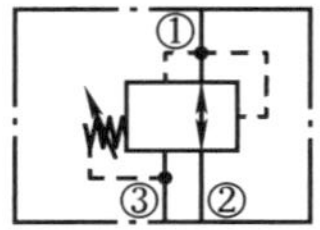  | 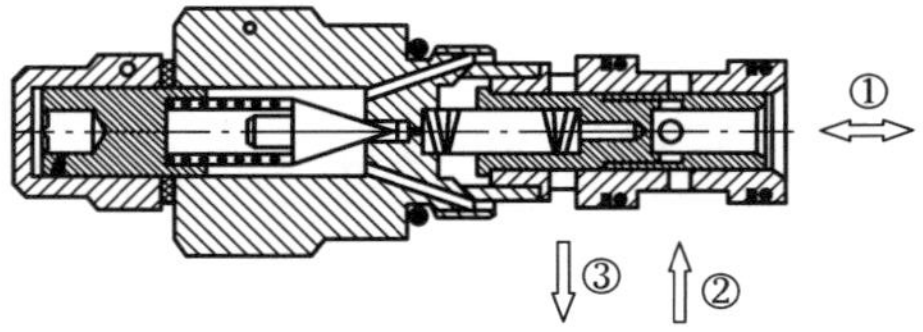  $p_{max}$ =41.5MPa $q_{max}$ =320L/min | 螺纹插装式直动式或先导式减压溢流阀，旨在作为二级回路压力调节装置。由于从结构上弹簧腔具有内部阻尼功能使之特别适合输入流量不稳定但要求压力非常稳定的回路。在此模式下，当超过减压设定值时同样可以从①流向③泄油。但要注意③的背压压力会按1:1加到压力设定值上 | 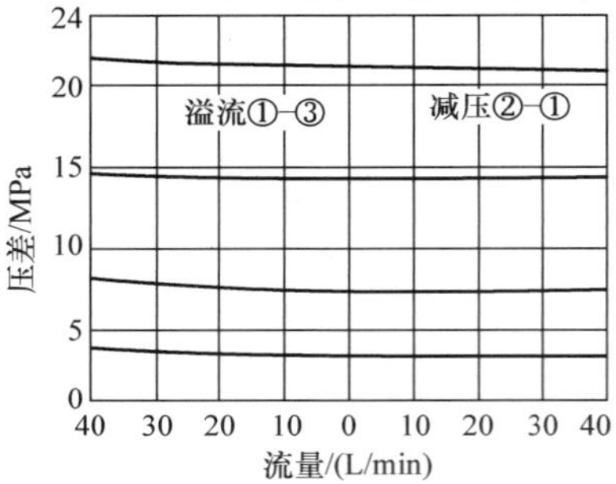  |
| 特殊减压阀 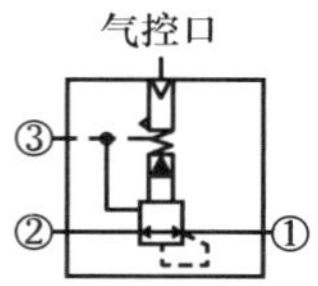  | 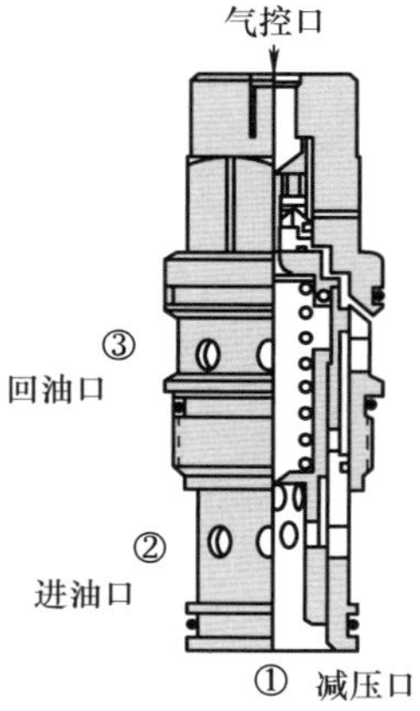  $p_{max}$ =14MPa $q_{max}$ =320L/min | SUN外控式减压阀，气压的作用在于控制对弹簧力的设置。采用气压来设置减压阀的压力值 | 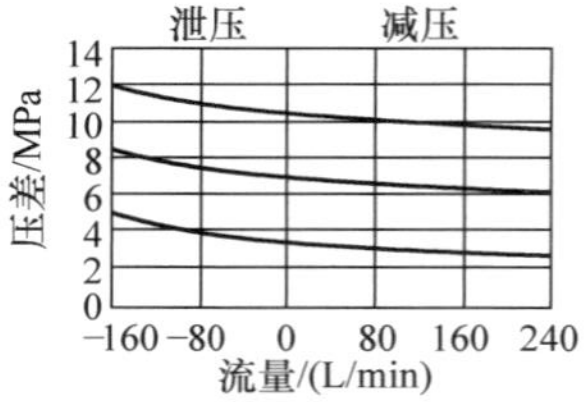  |

### 4. 负载控制阀的结构、原理、性能

在螺纹插装负载控制阀中主要有液控单向阀与平衡阀。

（1）液控单向阀　液控单向阀归类于负载控制阀，或称为“负载保持阀”。液控单向阀实物及元件符号如图 26-173 所示，说明它是只允许液流向一个方向流动，反向开启则必须通过液压控制来实现的单向阀。它的作用是保证负载的运动状态。表 26-107 列出了液控单向阀性能与应用的关系。

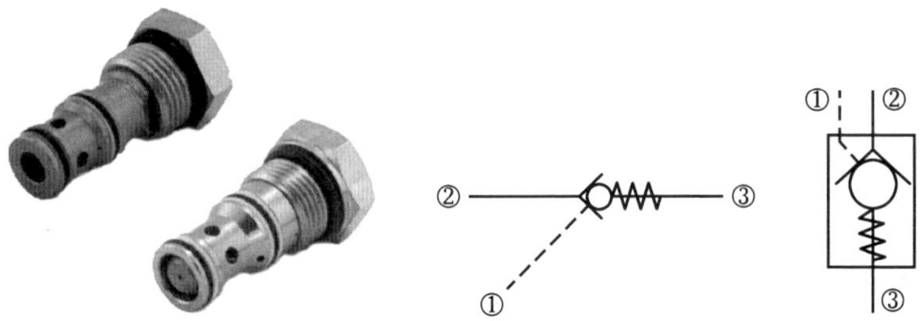


a)　　b)　　c)

图 26-173　液控单向阀

a）液控单向阀实物　b）液控单向阀元件符号

**表 26-107　液控单向阀性能与应用的关系**

| 主要性能指标 | 性能曲线或表达 | 影响因素 | 选择因素 |
|---|---|---|---|
| 额定压力与额定流量 | $p_{max}=21\sim42\text{MPa}$<br>$q_{max}=30\sim480\text{L/min}$ | 通径与结构（包括液控的结构）都影响阀的压力与流量 | 一般工作压力与流量应低于并接近额定压力与流量，工作时压差要小些 |
| 压差与流量曲线 | 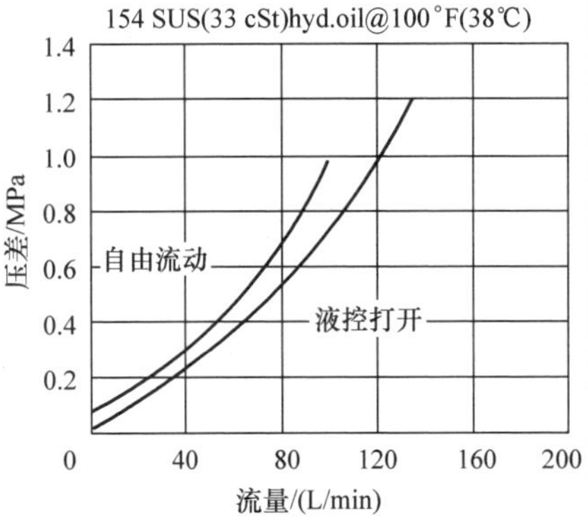 | 通径与结构包括液控的结构都影响阀的压差与流量 | 流量与压差成正比，压差越大则功率损失越大；在满足要求条件下，通径越小，成本越低。流量超过额度值，功率损失成平方增加 |

（续）

| 主要性能指标 | 性能曲线或表达 | 影响因素 | 选择因素 |
| --- | --- | --- | --- |
| 最小控制压力 | 厂商给予选择，一般为0.05~0.7MPa，有时也达1~20MPa不等 | 厂商按调压级配置弹簧。在结构上要考虑先导比，先导比与压力作用面积有关，一般先导比为2~8 | 开启压力低，阀灵敏易开。但系统压力不稳定易产生误动作。一般根据系统可获得的压力与系统压力的稳定性确定 |
| 内泄漏 | 厂商会给出具体数值，对于螺纹插装阀的锥阀形式一般为3~10滴/min | 与结构设计及加工、装配精度有关 | 保压回路希望内漏越小越好，压力越高，锥阀内漏会越小，但滑阀内漏会越大 |

1）相当于可防止负的负载失控的液控二通开关阀。当控制油路未接通压力油液时，压力油只从进油口流向出油口，不能反向流动。当控制油路油控制压力输入时，使控制活塞将锥阀芯顶开，则可实现液控单向阀的反向开启。

2）防止方向阀泄漏造成的负载向下“爬行”而保持压力。滑阀式方向阀都有间隙泄漏现象，无保压功能，即使保压，时间也很短。当有保压要求时，可在油路上加一个液控单向阀，利用锥阀关闭的严密性，使油路长时间保压。

3）在管道或胶管损坏时起液压缸的“支承”作用。在立式液压缸中，由于滑阀和管道损坏时造成的泄漏，在活塞和活塞杆的重力下，可能引起活塞和活塞杆下滑。将液控单向阀接于液压缸下腔的油路，则可防止液压缸活塞和滑块等活动部分下滑。

4）实现液压缸停止状态下的“锁紧”。当方向阀处于中位时，两个液控单向阀关闭，可严密封闭液压缸两腔的油液，这时活塞就不能因外力作用而产生移动，故称“液压锁”。

（2）液控单向阀分类与性能特点　表26-108列出了螺纹插装液控单向阀结构、性能特点与性能曲线。

（3）平衡阀　螺纹插装平衡阀是在应用上开发得最成功的螺纹插装阀阀种之一。根据现有的资料与样本可知，板式平衡阀相对十分薄弱且品种规格少，因此在工程应用或市场占有率上螺纹插装平衡阀占据平衡阀应用中的大多数。平衡阀是一种负载控制阀，负载的情况是千差万别的，要使平衡阀的性能符合负载的工况需要，就需要其品种规格的选择性很强，这正是螺纹插装阀的优势。另外从阀的角度看，螺纹插装平衡阀也是所有液压控制阀中原理、结构与加工要求最高的，特别是可靠性。

表 26-108　螺纹插装液控单向阀结构、性能特点与性能曲线

<table>
<tr><th>分类</th><th>元件结构</th><th>性能特点</th><th>性能曲线</th></tr>
<tr><td>加压式非泄荷液控单向阀<br>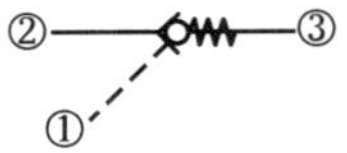<br></td><td>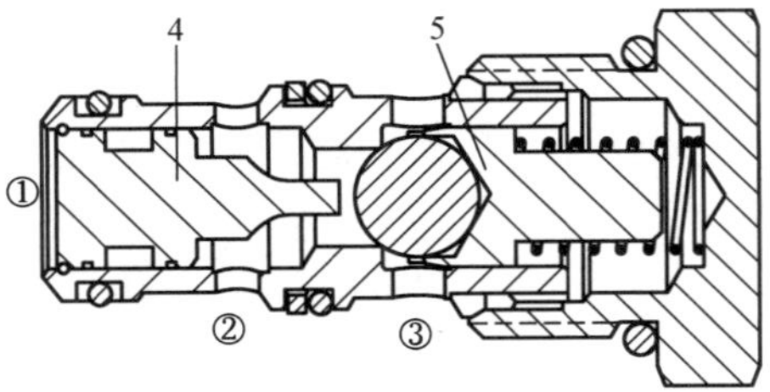<br><br>$p_{max}$ = 35MPa<br>$q_{max}$ = 480L/min</td><td>当控制口①无压力油时，其工作原理与普通单向阀一样，压力油只能从进油口②流向出油口③，反向流动被截止。当控制口①有控制压力作用时，在液压力作用下，控制活塞 4 向右移动，顶开阀芯 5，油液可以从③流向②</td><td>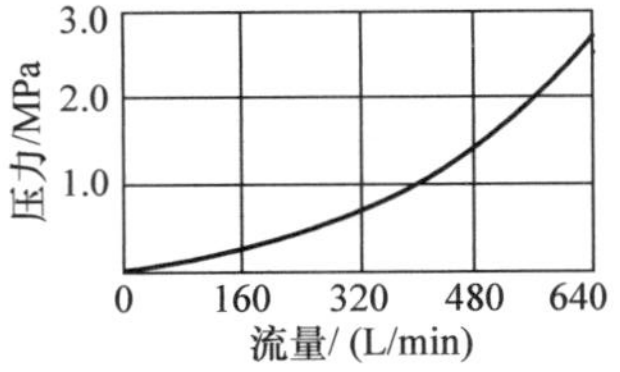<br></td></tr>
<tr><td>加压式泄荷液控单向阀<br>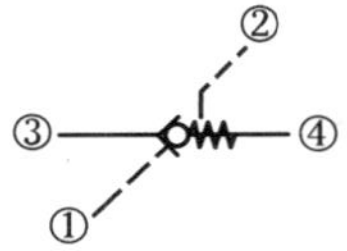<br></td><td>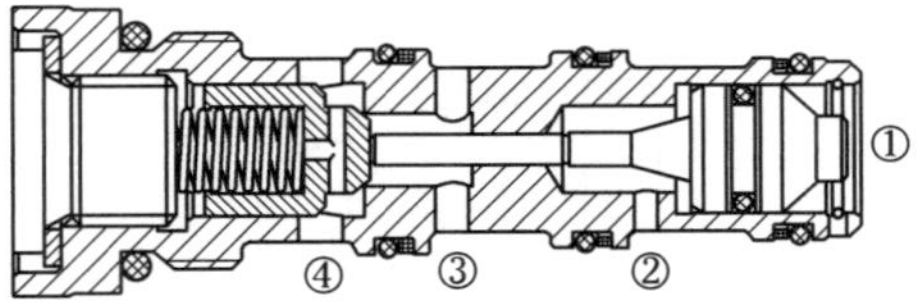<br><br>$p_{max}$ = 42MPa<br>$q_{max}$ = 190L/min</td><td>当控制口①无压力油时，压力油只能从进油口③流向出油口④，反向流动被截止。当控制口①有控制压力作用时，在液压力作用下，控制活塞向左移动，顶开主阀芯，油液将从④流向③。②口是一个泄油口，保证阀不会由于泄油不畅造成控制活塞运动位置不正常</td><td>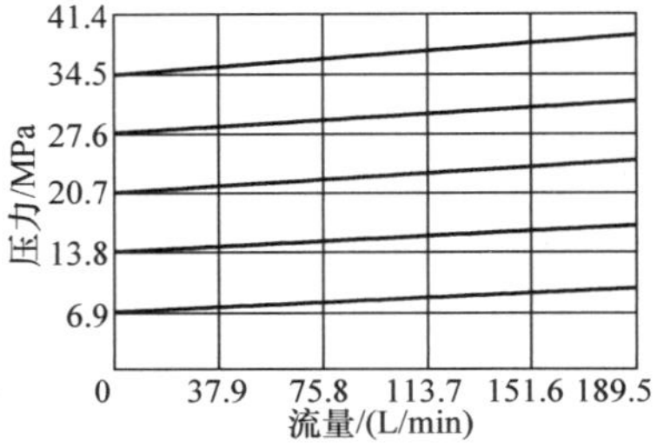<br></td></tr>
</table>

（续）

| 分类 | 元件结构 | 性能特点 | 性能曲线 |
|---|---|---|---|
| 卸压式非泄荷液控单向阀<br>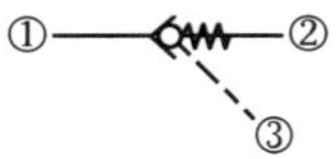 | 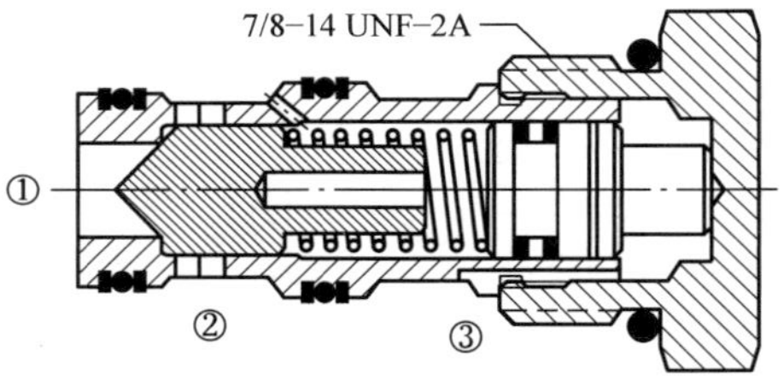<br>$p_{max}$ = 35MPa<br>$q_{max}$ = 480L/min | 当控制口③施加控制油压时，压力油只能从进油口①流向出油口②，反向流动被截止。当控制口③失去控制压力作用后，在液压力作用下，油液将从②流向① | 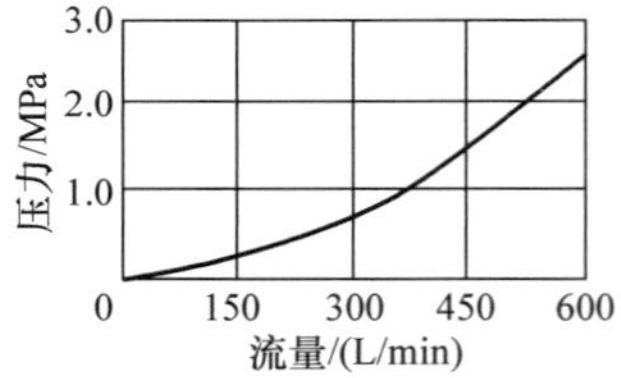 |
| 外导式液控单向阀<br>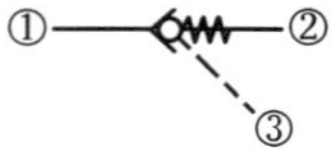 | 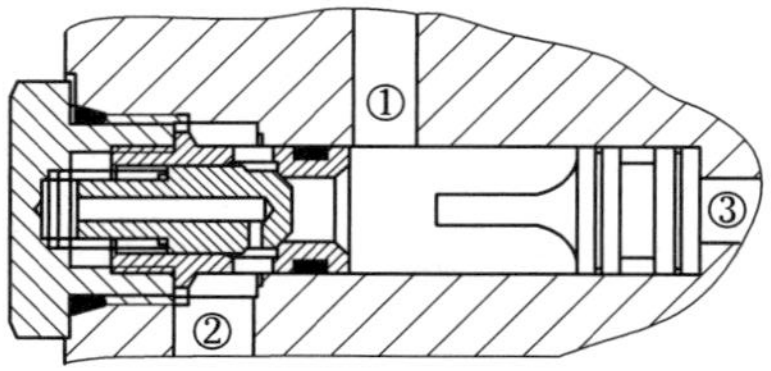<br>$p_{max}$ = 42MPa<br>$q_{max}$ = 340L/min | 该阀是由一个单向阀与一个先导小活塞组成，单向阀方向之所以能被打开，是靠小活塞下方③口的压力，使小活塞向上顶开的，从而实现②口向①口的流道 | 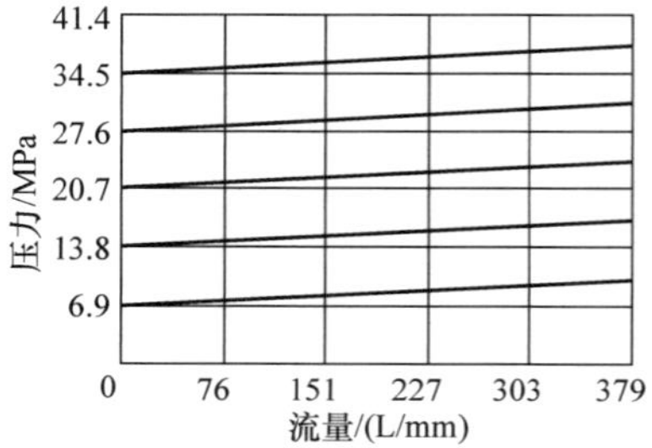 |

平衡阀在选择上也是要十分重视与谨慎的，因为工程应用在控制负负载时可能面临巨大风险，如起重几十吨甚至几百吨的重物的安全就是一个巨大的挑战。在有关液压技术的书籍中对平衡阀的选择应用是比较少的，为此接下来重点阐述。

1）平衡阀的工作原理。平衡阀（counterbalance valve），也叫负载控制阀（load control valve）、负载保持阀（load holding valve）、运动控制阀（motion control valve）、越位控制阀（overcenter valve），德语也称“lasthaltensventil”（负载保持阀）、“senkbrensventil”（下降制动阀）。

平衡阀主要用于负载为负时（称为负负载），为防止执行机构在负负载的作用下产生泄漏、下降、爬行（抖动下行）等不正常运动，即防止执行机构不能达到装置的运动与安全要求而设置的。图 26-174所示的高空作业平台车就是这种工作情况。

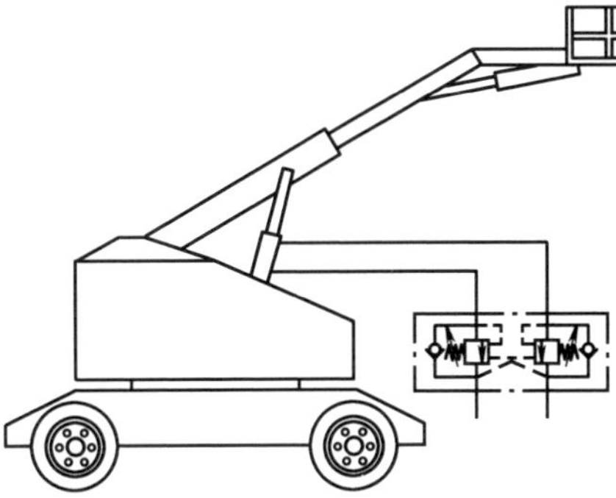

图 26-174　高空作业平台车

由图 26-174 可见，当系统需要控制液压缸回缩使平台下降时，由于平台自重，液压缸活塞受力不平衡，产生下降加速度而加速下降。这样会导致液压缸回油腔速度（回油流量）升高，对液压缸的进油量要求也升高，超过系统所能提供的流量，一方面进油路上压力下降，当压力低于油液的空气分离压时，溶解在油液中的空气会分离出来，产生“气蚀”现象；另一方面，负载速度不受系统供油量的控制，速度无法根据操作者的需要调节。

为了解决这个问题，最简单有效的办法是加回油节流，即在回油路上加阻尼 $R$ 来产生一定大小的正压（正向负载），一部分用来消除负载产生的负压，另一部分保证系统供油路上始终有一定的正向压力 $p_C$，保证液压系统远离“气蚀”隐患。

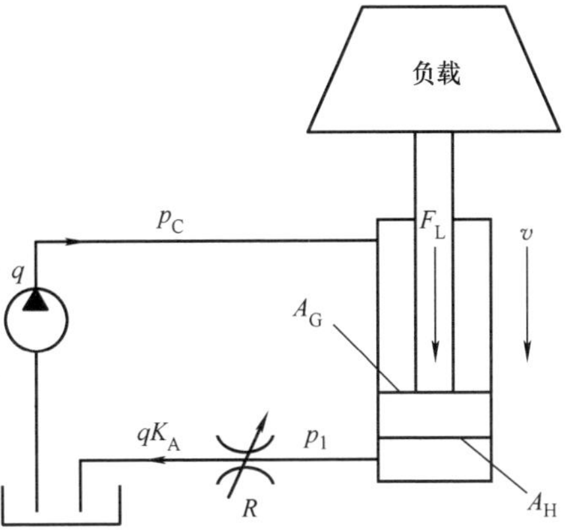


图 26-175　负载平衡控制原理

负载平衡控制原理如图 26-175 所示，图中 $q$ 为系统流量；$p_C$ 为系统工作压力；$F_L$为负载作用力；$v$ 为负载下降速度；$A_G$为液压缸有杆腔面积；$A_H$为液压缸活塞面积。

图 26-175 中，液压缸面积比 $K_A = A_H/A_G$，由于液压缸两腔存在面积差异，因而进油、回油流量不同，本图为从有杆腔进油，无杆腔回油，流量被放大 $K_A$ 倍，

即回油流量为 $qK_A$，它将通过节流阀流回油箱，并在节流阀两端产生一定的压降 $\Delta p=p_1$，（假设节流阀出口无背压）。

液压系统基本原则之一是负载速度仅由系统流量决定。如系统供油量 $q$，液压缸下降速度 $v=q/A_G$，操作者可通过改变系统流量 $q$ 来改变负载速度。因此，液压缸上不能有加速度，否则液压系统失控，即活塞受力平衡，上下活塞面积受力之差 $\Delta F=0$，或下列方程成立

$$F_L+p_CA_G=p_1A_H \tag{26-21}$$

$$p_1=p_L+\frac{p_C}{K_A} \tag{26-22}$$

式中 $p_L$——负载压力，$p_L=F_L/A_H$；

由式（26-22）得出，为了稳定负载下降，要求回油路上产生的压降大小，反映了液压平衡控制的实质：

① 节流阀产生的压降 $p_1$ 包括两部分，一个是 $p_L$，用来平衡（或消除）负载压力；另一个是 $p_C/K_A$，给系统增加一定的正向负载，供油路上必须产生 $p_C$ 大小的压力来克服它。

② 平衡阀阀口处能耗为 $p_1qK_A$ 且全部转化成热量，因此平衡系统一般发热严重，平衡阀存在的意义就在于产生压降。

图26-175中的节流阀可视为一个简单、低成本的平衡阀，使用时，根据泵流量 $q$、负载压力 $p_L$，将节流口固定，产生 $P_L+P_C/K_A$ 的压降去稳定负载下降。

如果再加上旁通单向阀、液控单向阀，可以获得更多的负载控制功能，如图26-176所示。液控单向阀用于方向控制阀回中位时，将液压缸位置锁定；旁通单向阀用于举升负载时，系统流量不受阻力的进入液压缸。在这里液控单向阀也是一种简单、低成本的平衡阀，使用时，它会阻止负载无停顿地下降。在对负负载的运动要求不高的场合，液控单向阀是一个可行的选择。但是液控单向阀只能控制负载不会连续下降，不能控制下降的速度，而且当用液控单向阀控制负负载时，负载下降运动往往会产生“叩头”现象，即当液压缸上腔进油时，在系统压力下，打开液压缸下腔（见图26-176）右边的液控单向阀使液压缸向下运动。由于负负载的存在，当运动速度超过了泵提供流量所产生的速度，就会造成进油压力的下降，并使右边的液控单向阀关闭，液压缸随之停止运动。液压缸运动停止后，由于泵的流量继续提供，在液压缸上腔又建立起压力，并再次可以打开右边控制液压缸下腔的液控单向阀，液压缸又开始第二次下降，周而复始。于是此时液压缸的运动是“动了就停，停了再动”，即所谓的“叩头”现象。

但是，图26-176所示的平衡回路仅适用于负载压力 $p_L$ 大小与负载速度（系统流量 $q$）恒定的场合。如果负载压力大小与系统流量频繁改变，节流阀无法实时自动调节开口，以产生相应的压降去稳定负载下降。而液控单向阀可以控制负负载，但又不能控制它的速度。而在液压系统，尤其是行走机械液压系统中，负载往往频繁变化且负载速度要求无级控制。因此必须有一种平衡阀，它满足下列的运动

要求：

① 必须具有液控单向阀的功能，能够控制负负载不会连续下降。

② 负负载下降时能够控制速度，具有节流阀的功能。

③ 针对负负载往往是变化的特点，因此节流程度应该与负负载的变化成正比，即负负载越大，节流口越小。

④ 该阀具有超载保护功能，即压力超过一定额定值会溢流释放。

因此，平衡阀功能实际是液控单向阀 + 进油压力自调节的节流阀 + 超载溢流安全阀的三阀功能相加。它的典型结构如图 26-177 所示。图示平衡阀有三个油口，负载压力口①、液压系统接口②、控制油口③。

平衡阀属于负载控制阀，控制原理为：负载压力作用在阀口①，作用面积为平衡阀阀芯 3 上直径为 $D_a$ 的圆形面积。当负载作用在阀芯上的力大于弹簧力时，平衡阀阀芯 3 开启，允许①口流量通过阀口流回油箱。

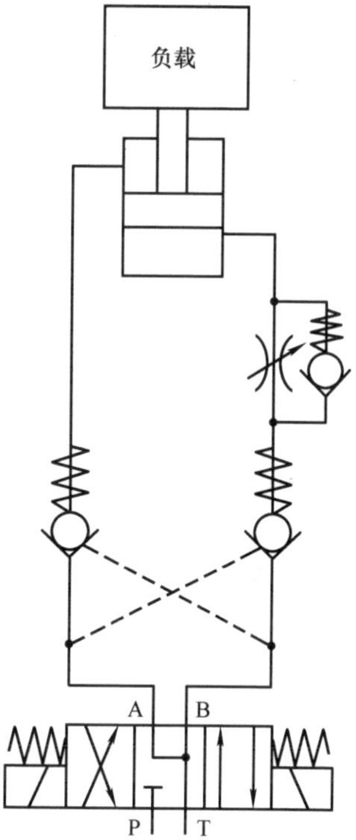

图 26-176 负载恒定的平衡回路

为帮助阀芯开启，控制油口③压力（通常为系统供油压力）作用在平衡阀阀芯 3 上的环形面积上，即直径 $D_c$ 与直径 $D_b$ 形成的环形面积。控制压力有助于减小开启平衡阀所需的负载压力。如负载失控，加速下降（即下降速度超过系统供油量所能达到的负载速度），系统供油路上产生“空穴”导致压力降低，上述压力变化被平衡阀上的控制油口③感知，平衡阀开度随之减小，控制回油速度。平衡阀依此实时监控系统，并做出相应调节，稳定负载下降。

平衡阀与液控单向阀的区别在于，液控单向阀无负载控制功能。只要控制压力足以克服负载压力，液控单向阀即全开；而对于平衡阀来讲，控制压力必须在负载压力的协助下（而不是阻力）始终克服调压弹簧力，这样平衡阀可以成比例地控制通过其阀口的流量。平衡阀阀芯 3 位置可以固定，以保证系统维持一定的正向压力，只要供油压力低于开启压力，（而不是真正出现负压），平衡阀即判断出负载超速，阀口自动减小，以使负载稳定下降。平衡阀因此具有自调可变节流阀功能的负载控制能力。

以上是平衡阀的主要功能，即负载下降控制，它还有其他一些重要功能：

① 负载保持功能。负载下降过程中，如果方向控制阀突然回中位，控制压力消失，平衡阀立即关闭以保持负载。但由于负载的巨大动量，将导致平衡阀①口压力升高。平衡阀的溢流功能可限制压力过高，以防液压缸由于超压而爆裂。

② 热保护功能。系统压力是在一定的油温环境下建立的。据国外相关试验提供的测试数据，油温每升高1℃，封闭容器内油液体积膨胀，压力将升高0.35～0.40MPa。在有平衡阀的保压系统中，液压缸与平衡阀之间的管路相当于封闭容器，因而要采取措施，将由热膨胀导致的压力升高加以限制，但无须担心阀口打开会影响液压缸的保压位置，因为阀口仅排出由热膨胀引起的多余油液。

③ 防止管路破裂时负载失控，因为负载始终要克服平衡阀的阀内阻力，才能将回油通路打开。

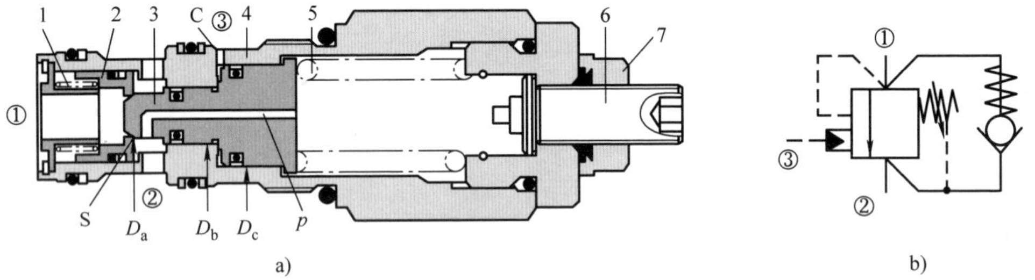


图26-177 平衡阀

a）平衡阀结构原理图 b）元件符号

1—旁通单向阀弹簧 2—旁通单向阀阀芯 3—平衡阀阀芯 4—阀套 5—调压弹簧 6—压力调节杆 7—紧固螺母

2）平衡阀的开启压力。一般将平衡阀的调压弹簧设定在最大负载压力的1.3倍以上，这就意味着，负载压力必须在一定大小的控制压力下方能打开平衡阀，这个压力称为平衡阀的开启压力 $p_C$。

为便于推导开启压力大小，假设系统背压为零，则平衡阀开启条件为

$$p_1 + p_C K_C > p_S \tag{26-23}$$

式中 $K_C$——平衡阀的控制比；

$p_S$——平衡阀压力设定值。

① 负载作用于无杆腔：平衡阀置于液压缸无杆腔，负载驱使液压缸杆回缩，如图26-178所示。

作用在液压缸活塞上的力平衡方程式为式（26-21），将该式中的 $p_1$ 代入式(26-23)，得平衡阀的开启压力为

$$p_C > \frac{p_S - p_L}{K_C + \frac{1}{K_A}} \tag{26-24}$$

② 负载作用于有杆腔：平衡阀置于液压缸有杆腔，负载驱使液压缸杆伸出，如图26-179所示。

类似，可推导出平衡阀在该系统中的开启压力为

$$p_C > \frac{p_S - p_L}{K_C + K_A} \tag{26-25}$$

③ 两腔作用面积相同时，平衡阀用于液压马达回路，如图26-180所示。

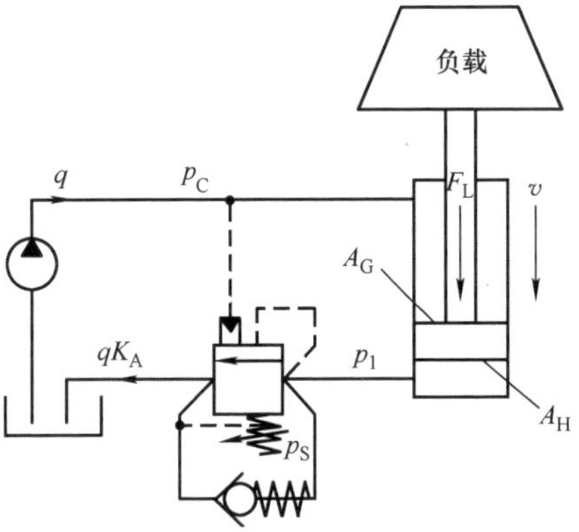


图 26-178 负载作用于无杆腔

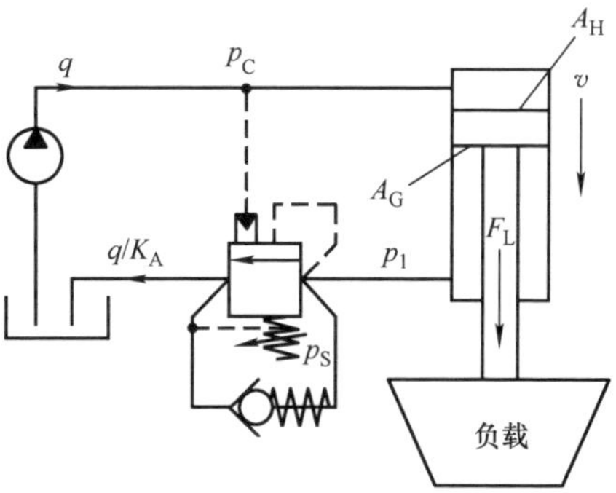


图 26-179 负载作用于有杆腔

类似，可推导出平衡阀在图 26-180 系统中的开启压力为

$$p_C > \frac{p_S - p_L}{K_C + 1} \tag{26-26}$$

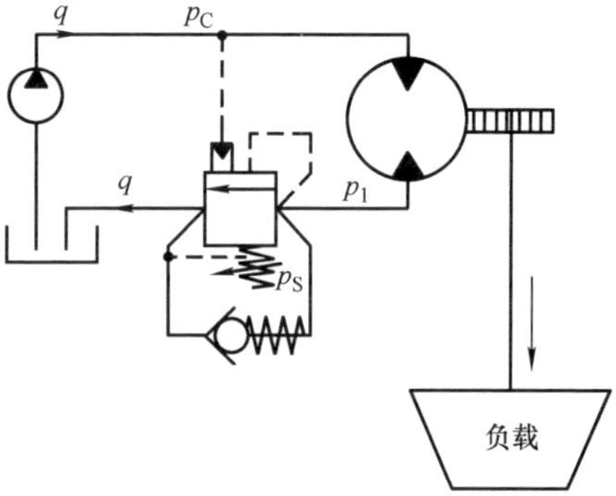


图 26-180 两腔作用面积相同时

3）平衡阀的控制原理。以负载作用于有杆腔为例（见图 26-179），给定负载 $p_L$，平衡阀设定值 $p_S$。

① 将负载下放时，系统压力由零开始增大，由于开始控制压力很小，不足以帮助负载克服弹簧力，平衡阀口保持关闭，负载保持锁定。

② 当系统压力继续增大，直至开启压力为 $(p_S - p_L)/(K_C + K_A)$ 时，控制压力此时可以帮助负载压力克服平衡阀弹簧力，将平衡阀打开。

③ 平衡阀何时开启取决于弹簧力 $p_S$、负载压力 $p_L$、控制比 $K_C$ 及液压缸面积比 $K_A$，而阀芯开启后的开度大小，则取决于实际通过流量及所选平衡阀的通流能力，因为平衡阀开启后必须按系统要求，产生大小为 $p_1 = p_L + p_C K_A$ 的压降，系统方能到达平衡点，即阀芯开度大小取决于压降 $p_1$ 与通过的流量。

④ 如果系统供油量变化，那么平衡阀会在新的流量下调整阀芯位置，保证压降 $p_1 = p_L + p_C K_A$ 恒定；以履带起重机为例，如果多路阀的先导控制手柄输出曲线太陡，会导致系统流量变化突然，平衡阀容易出现“发抖”现象。

⑤ 同本节开篇所述，平衡阀产生的压降由两部分组成，一部分为 $p_L$，用于消除系统负压 $-p_L$，另一部分为 $p_C K_A$，通过液压缸传力，保证系统有一定的正向压力 $p_C$；

⑥ 如果液压缸下降时遇到负载而对外做功，那么控制压力将随着负载的增大而升高，甚至将平衡阀阀口完全打开。此时平衡阀对回油的阻力仅仅为阀口全开时的压降，$p_1$ 即负载压力和控制压力通过液压缸传递的力无法作用在平衡阀口，平衡阀的开启此时不需要平衡阀口的压力，而是完全在控制压力的作用下打开，因此，当系统压力 $p_C > p_S/K_C$ 时，平衡阀可完全打开，平衡阀的负载控制功能结束。系统正常工作时，

基本不受平衡阀的影响，因为工作压力比平衡阀全开所要求的开启压力要高得多。

4）系统背压对平衡阀的影响。系统回油路上的背压会通过平衡阀的②口作用在平衡阀阀芯上，对平衡阀的正常工作产生影响，如图26-181所示。

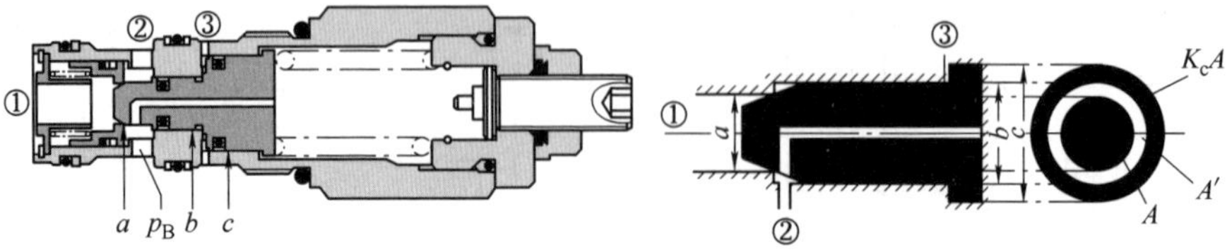


图26-181 系统背压对平衡阀的影响

① 系统背压对溢流压力的影响

平衡阀的溢流压力 $p_S$，也指平衡阀设定值，是在控制压力为零时的阀芯开启压力。无背压时，有

$$p_S A = f \tag{26-27}$$

式中 $A$——平衡阀①口压力作用面积（对应阀口直径 $a$）；

$f$——平衡阀调压弹簧力。

系统有背压 $p_B$ 时，通过阀口②进入，一方面背压作用在由直径 $b$ 与直径 $a$ 所形成的圆环面积 $A'$ 上，一方面作用在由直径 $c$ 的圆形面积上，此面积为 $A + K_C A + A'$，阀芯开始溢流，需要满足

$$p'_S A + p_B A' = p_B (A + K_C A + A') + f$$

$$p'_S A = f + (1 + K_C) A p_B$$

平衡阀溢流压力增加

$$\Delta p_S = p'_S - p_S = (1 + K_C) p_B \tag{26-28}$$

这说明，系统背压将按"1+控制比"的倍数增加溢流压力。

② 系统背压对控制压力的影响。假设负载作用于有杆腔，如图26-179所示。无背压时，有

$$p_C = \frac{p_S - p_L}{K_C + K_A}$$

系统有背压时，有

$$p'_C = \frac{p'_S - p_L}{K_C + K_A}$$

控制压力增加

$$\Delta p'_C = p'_C - p_C = \frac{(1 + K_C) p_B}{K_C + K_A} \tag{26-29}$$

在工程机械比例多路阀控制的回路中，多路阀靠回油节流调速，这将在回油路上产生持续变化的背压，平衡阀控制压力频繁波动，导致开度的波动，最终导致系统变得极不稳定，如出现抖动、噪声等。

5）平衡阀的分类、性能特色。表26-109列出了螺纹插装平衡阀结构、性能特点与性能曲线。

表 26-109　螺纹插装平衡阀结构、性能特点与性能曲线

| 分类 | 元件结构 | 性能特点 | 性能曲线 |
|---|---|---|---|
| 标准（内排式）平衡阀<br>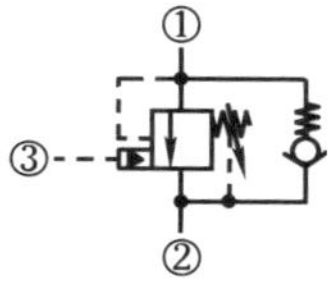 | 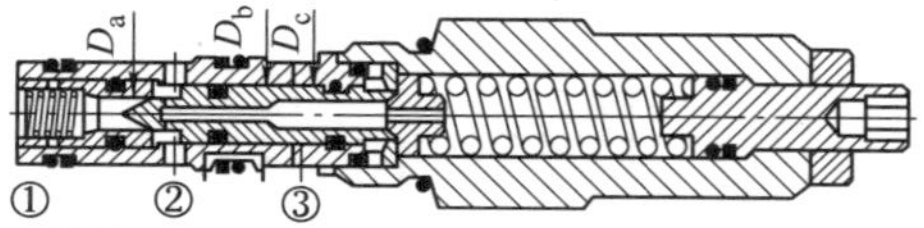<br>$p_{max}$ = 42MPa<br>$q_{max}$ =480L/min | 1）三通口<br>2）锥阀<br>3）控制弹簧主腔内部回油<br>4）有单弹簧与双弹簧 | 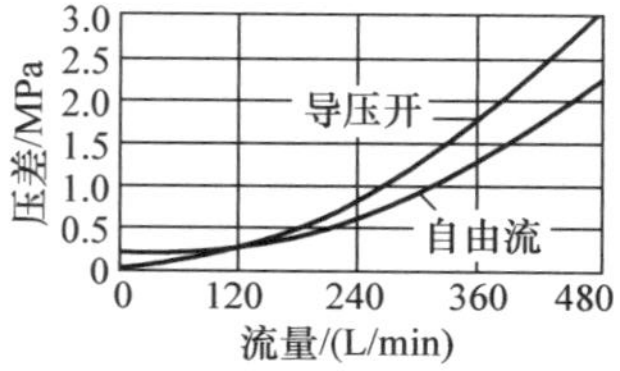 |
| 改进型内排式平衡阀<br>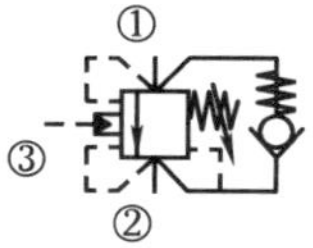 | 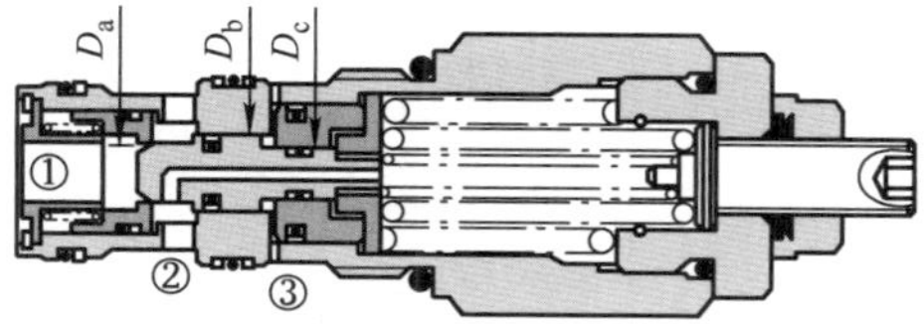<br>$p_{max}$ =42MPa<br>$q_{max}$ =240L/min | 1）三通口<br>2）锥阀<br>3）控制弹簧主腔内部回油<br>4）控制活塞分体 | 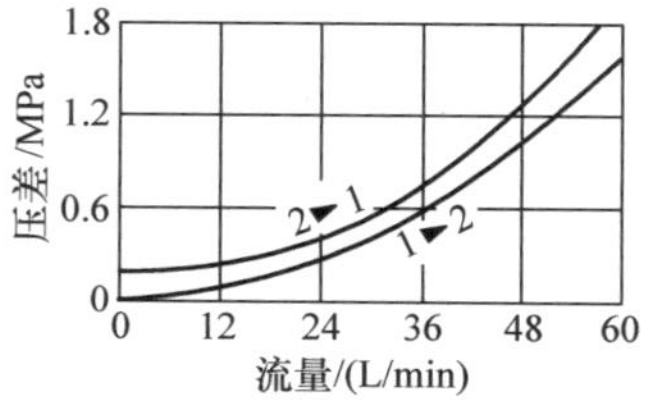 |
| 外排气式平衡阀<br>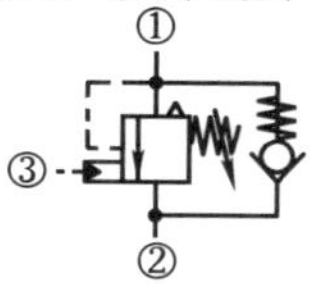 | 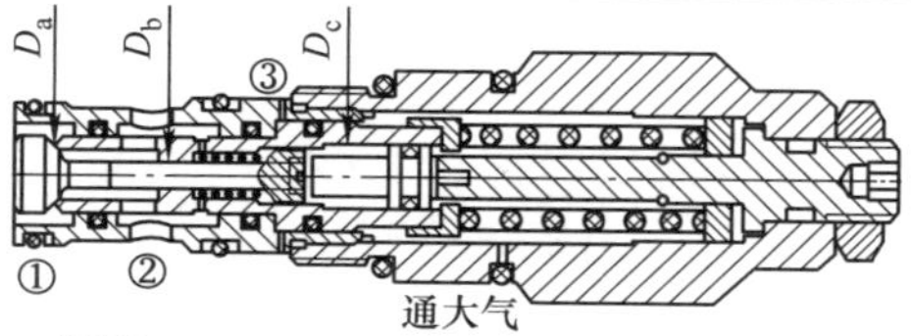<br>$p_{max}$ = 42MPa<br>$q_{max}$ =480L/min | 1）三通口<br>2）锥阀<br>3）控制弹簧腔可向外部排气 | 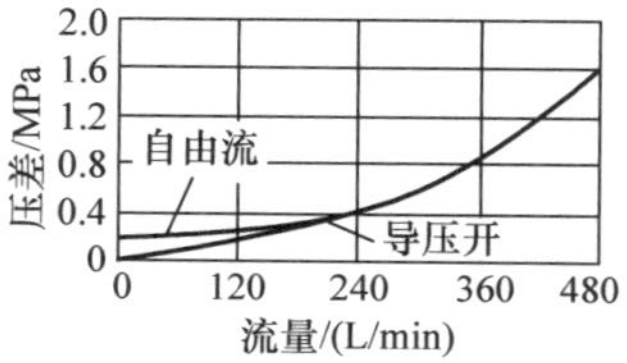 |
| 外排油式平衡阀<br>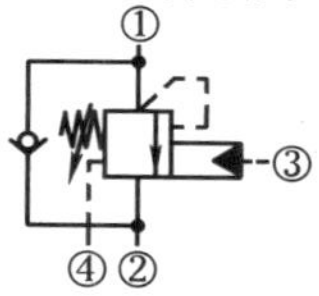 | 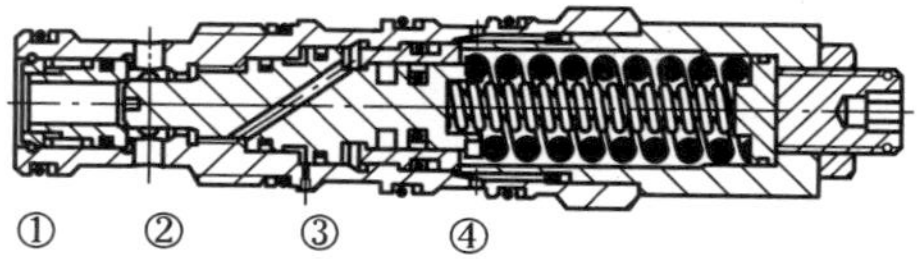<br>$p_{max}$ = 42MPa<br>$q_{max}$ =480L/min | 1）四通口<br>2）锥阀<br>3）控制弹簧腔可独立有泄油口 | 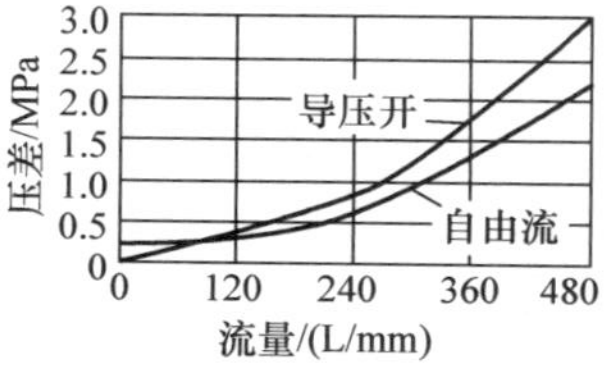 |

**5. 流量控制阀的结构、原理及性能**

流量控制阀简称流量阀，是通过改变节流口通流截面或者通流通道的长短来改变局部阻力的大小，实现对流量的控制，从而改变执行器的速度。

螺纹插装流量阀的结构、功能、品种与板式流量阀相比要丰富得多。特别是优先阀的结构概念的引入，很大程度上使流量阀的功能、性能与品种都有较大的发展。而板式流量阀就只有节流阀与调速阀，变化选择有限。在螺纹插装流量阀可以自行选择组合，可是现在的问题是我国的用户对这种组合还不够熟悉，较多地在板式流量阀的概念内选择螺纹插装流量阀。

螺纹插装流量阀可以分成四大部分：节流阀、流量控制阀、分流集流阀与由压力补偿阀构成的调速阀。但是大多螺纹插装阀厂商已将压力补偿阀归类到逻辑阀内。

节流阀是最简单的一种流量阀，成本也低。但它的节流流量受到负载变化的影响，即没有恒流性能。为了使节流阀流量控制与负载变化无关，都要设法让节流阀前后的压差恒定，因而采用定差减压阀或溢流阀来达到目的，称为压力补偿。这时经过这种压力补偿的阀，在过去传统的液压元件中称为板式调速阀（见图26-182）。在图26-182中，阀是由节流阀为主元件，将其前后压差引入减压阀2的前后控制腔，在节流口不变时，通过减压口的变化来保证节流前后压差不变，达到节流阀流量不受负载影响的目的。

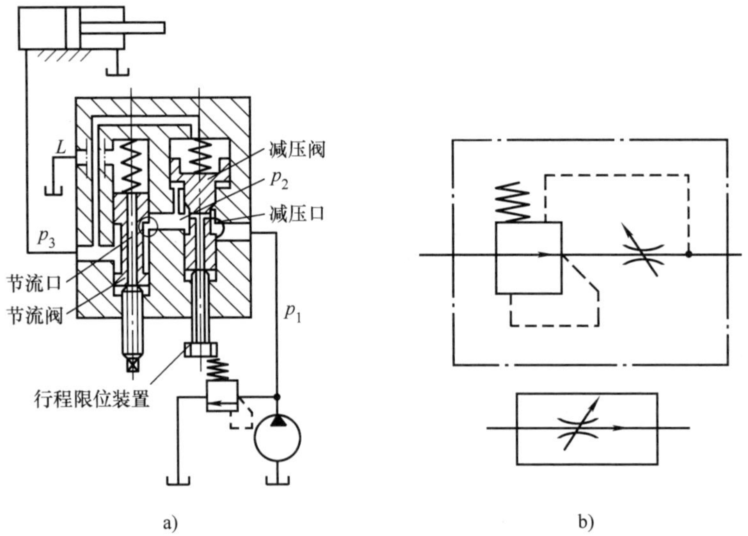


图26-182 板式调速阀及应用、调速阀元件符号

a）板式调速阀及应用 b）调速阀元件符号

现在将螺纹插装阀中不受负载影响的节流阀都称为具有压力补偿的流量控制阀。在螺纹插装流量阀中，这种压力补偿方式比之传统板式液压阀有新的发展。在

现有的螺纹插装流量阀中，由于它结构的灵活与多样性，因此流量阀本身就具有压力补偿性能，称为压力自补偿，它们不需要外接的定差压力阀去实现恒流性能，而本身的结构就可以实现这种恒流性能。因此可以将这种具有压力自补偿的流量控制阀称为恒流阀。在螺纹插装流量阀里同样也可以采用节流阀与外接的压力补偿阀形成具有压力补偿功能的流量阀，称为调速阀。这时的压力补偿称为压力外补偿。简而言之，具有压力自补偿的节流阀称为恒流阀，具有压力外补偿的节流阀称为调速阀。总的来说，调速阀的恒流特性要优于恒流阀的恒流特性，或者说调速阀的恒流刚度要比恒流阀的恒流刚度高。

因此就螺纹插装流量阀而言，主要是节流阀、恒流阀、调速阀、分流集流阀与特殊流量阀（防破裂阀等）等组成的流量控制阀。其结构形式也较多，有针阀、转阀、锥阀与滑阀，并与单向阀组合，从而形成各种品种的流量阀。

为使螺纹插装流量阀的归类更合理，现将螺纹插装流量阀分类如下。

节流阀：具有节流特性的流量阀；从功能上分有节流阀、单向节流阀与提动阀（手动阀）。

流量控制阀（恒流阀）：具有节流压力自补偿的流量阀、具有恒流量特性的流量阀（恒流阀）、具有优先压力自补偿的流量阀、具有优先油路特性的流量阀（优先恒流阀）。

分流集流阀：具有二路或多路分流特性的流量阀。

调速阀：具有两个或两个以上元件组成的存在压力外补偿的流量控制阀，具有恒流特性。

特殊流量阀：防破裂阀等。

我们将在本节中对以上流量阀的品种、功能、性能与应用做进一步的阐述，使读者在应用时更有选择性并结合需求提出要求，推动螺纹插装流量阀更适应实际需求。

（1）节流阀

1）节流阀的功能介绍。螺纹插装节流阀元件及其元件符合如图 26-183 所示。

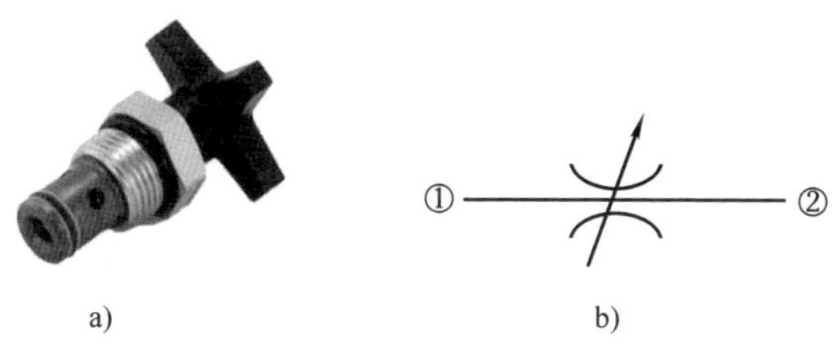


图 26-183　节流阀元件及其元件符号

a）节流阀元件　b）元件符号

节流阀是通过改变节流截面或节流长度以控制流体流量的阀类，将节流阀和单向阀并联则可组合成单向节流阀。

节流阀和单向阀节流阀是一种最简单的流量控制阀，在定量泵液压系统中，节流阀和溢流阀配合，可组成三种节流调速系统，即进油路节流调速系统、回油路节流调速系统和旁油路节流调速系统。该阀没有压力和温度补偿装置，不能补偿由负载或油液黏度变化所造成的速度不稳定，一般仅用于负载变化不大或对速度稳定性要求不高的场合。

节流阀在系统的设计中，除节流的作用外，还可以起到调节或抑制系统动态压力、延缓响应时间的作用。前者节流阀在系统中起静态阻尼的作用，后者节流阀在系统中起动态阻尼的作用。在传动系统中，节流阀主要利用其静态阻尼作用；而控制系统中，节流阀的动态阻尼作用往往是满足系统要求的一种措施。这两种不同阻尼在结构上并无明显区别，主要是针对性不同，对节流的参数选择有区别。

2）节流阀的性能分析与选择。对节流阀的性能要求如下：

① 流量调节范围大，即通过阀的最大与最小稳定流量之比大于50，流量－压差变化平滑。

② 内泄漏量要小，对有外泄漏口者，外泄漏量也要小。

③ 节流阀在小流量工作时的流量要稳定，不易堵塞，这样可以防止液动机过早出现爬行现象。

④ 节流阀一旦调定后，希望流量稳定，负载和油温变化对节流阀流量影响要小。

⑤ 调节力矩小，动作灵敏。

节流阀的主要性能指标有流量稳定性、流量调节范围和最小稳定流量。

表26-110列出了节流阀性能与应用的关系，这些性能指标通常都会在样本中给出。

**表26-110　节流阀性能与应用的关系**

| 主要性能指标 | 性能曲线或表达 | 影响因素 | 选择因素 |
|---|---|---|---|
| 额定压力与流量 | 额定压力：21～42MPa<br>额定流量：0.4～380L/min<br>目前较多在21MPa水平，31.5～35MPa压力级正逐步增加。Sterling已推出42MPa压力级 | 主要是厂商的结构设计决定，也受市场需求的推动 | 由系统工作压力与流量决定，应低于并接近额定压力与流量，压差要小些好<br>原因：通径确定后，流量与压差成正比，压差越大则功率损失越大；在满足要求的条件下，通径越小成本越低 |

（续）

| 主要性能指标 | 性能曲线或表达 | 影响因素 | 选择因素 |
| --- | --- | --- | --- |
| 负载特性曲线（压差－流量曲线） | 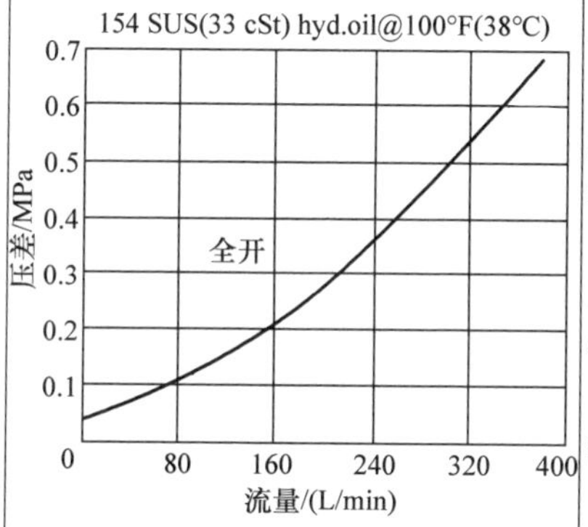 | 节流阀的流量特性为<br>$q=KA(\Delta p)^m$<br>式中 $m$——节流口形状指数，$0.5\leqslant m\leqslant1$<br>$K$——节流口流量系数，数值由实验得出<br>$A$——节流口的通流面积<br>$\Delta p$——节流口前后压差 | 系统需要调节平稳时，希望此斜率越小越好，即负载特性曲线的刚度（也称节流阀的刚度）大，流量稳定 |
| 调节流量范围和最小稳定流量 | 节流阀在小开度下工作时，会出现流量不稳定和断流现象，也易堵塞。所以节流阀在很小流量下工作不稳定 | 与节流口的形式（沉割槽式、锥阀式、三角槽式、圆孔式等）密切相关（见表 26-111） | 用户很难对结构形式有选择权，不过可在选择时关注流量范围与最小流量对系统的匹配 |
| 内泄漏 | 与阀芯结构形式有关<br>滑阀型：泄漏较多<br>球阀型：1～10 滴/min<br>锥阀型：1～10 滴/min | 与结构形式及制造质量有关。对节流阀内漏要求是指全关时，一般厂商元件的内泄漏在 5～6 滴/min | 螺纹插装阀所有球阀、锥阀结构元件内泄漏都可很小，是这一阀种的优势之一<br>内泄漏影响耗能与发热 |

**表 26-111 节流口形式与其性能的关系**

| 类别 | 工艺性 | 小流量稳定性 | 小流量的灵活性 | 流量调节范围 | 抗堵塞能力 | 线性 |
| --- | --- | --- | --- | --- | --- | --- |
| 沉割槽式 | 好 | 差 | 高 | 小 | 好 | 线性 |
| 锥阀式 | 差 | 较差 | 较高 | 较大 | 一般 | 非线性 |
| 三角槽式 | 一般 | 好 | 低 | 大 | 较差 | 非线性 |
| 圆孔式 | 较好 | 较好 | 较低 | 一般 | 好 | 非线性 |

3）螺纹插装节流阀结构、性能特点与性能曲线见表 26-112。

表 26-112 螺纹插装节流阀结构、性能特点与性能曲线

| 分类 | 元件结构 | 性能特点 | 性能曲线 |
| --- | --- | --- | --- |
| 节流阀<br> | 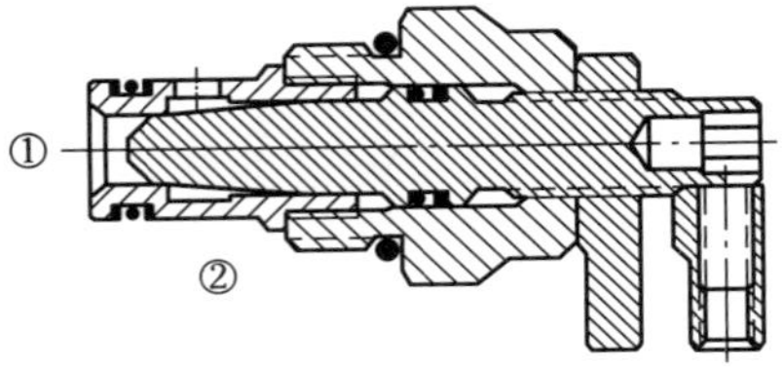<br>$p_{max}=42MPa$<br>$q_{max}=580L/min$ | 非压力补偿，全流量可调的双向节流阀。调节右端的手柄可以移动阀芯的轴向位置，改变节流口的大小，以控制流量的大小 | 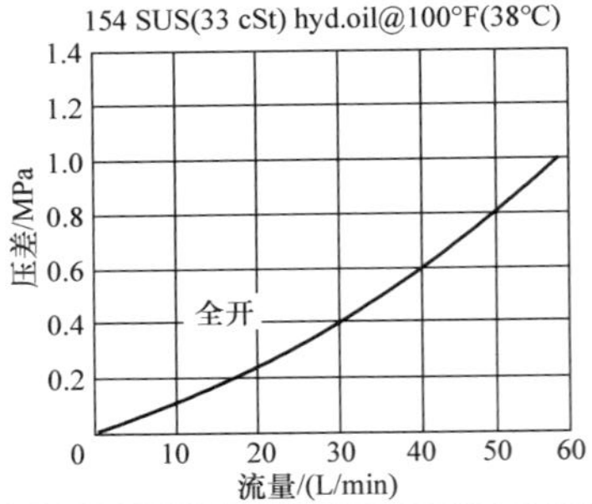 |
| 单向节流阀<br> | 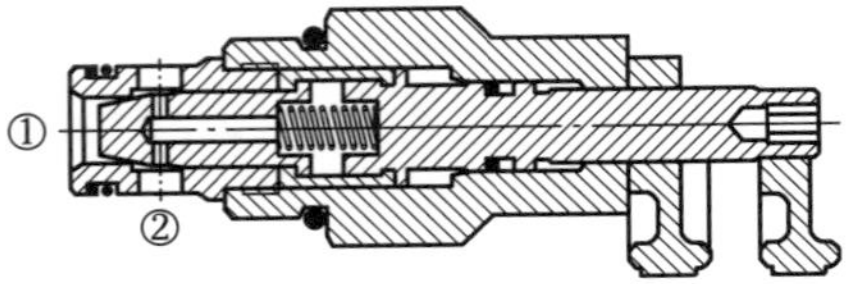<br>$p_{max}=42MPa$<br>$q_{max}=350L/min$ | 该阀仅在油液从②流向①时起到节流的作用，而当油液从①流向②时，油压压缩弹簧，阀芯向右移动，不起节流作用，就相当于一个单向阀 | 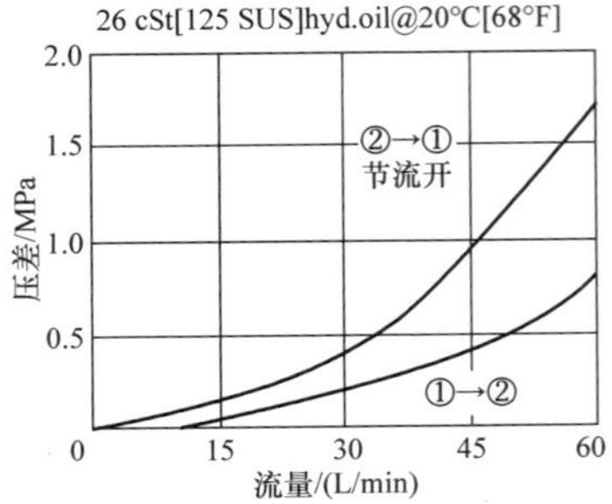 |
| 提动阀<br>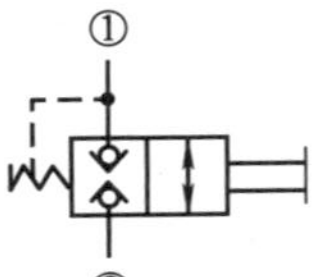 | 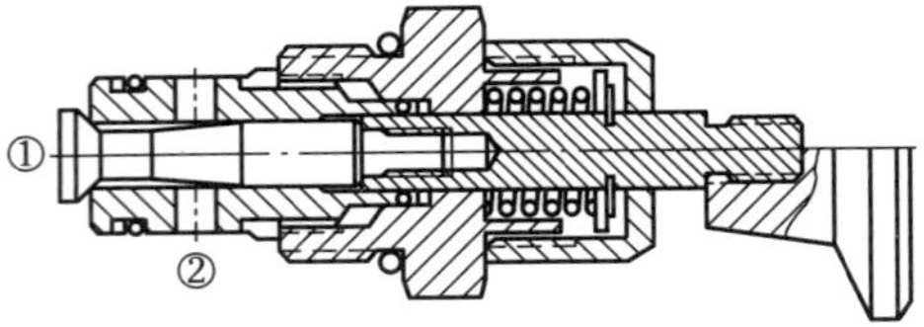<br>$p_{max}=31.5MPa$<br>$q_{max}=68L/min$ | 无外力时复位，手动操作<br>需要脉冲流量处，短时间安全卸载用 | 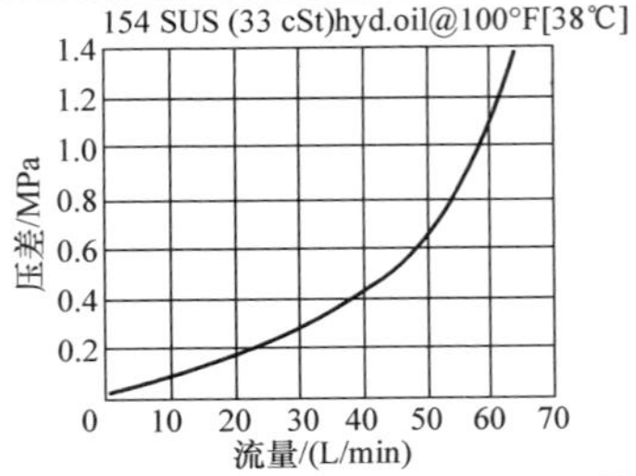 |

（2）压力自补偿流量控制阀（恒流阀）

1）压力自补偿流量控制阀（恒流阀）的功能介绍。在本节开始部分已述，流量控制阀是通过改变节流口或者流道长短来改变局部阻力的大小，实现对流量的控制。而不受负载影响的节流阀都称为具有压力补偿的流量控制阀。在螺纹插装流量阀中，这种压力补偿方式比之传统板式液压流量控制阀有新的发展。由于螺纹插装结构的特点，流量阀通过结构设计使其本身就具有压力补偿性能。由于有了这种“压力自补偿”，它们不需要外接定差压力阀去实现恒流性能。因此我们可以将这种具有压力自补偿的流量控制阀称之为恒流阀（见图 26-184）。在螺纹插装流量阀里也可以同样采用像板式阀一样的方式，即用节流阀与外接的压力补偿阀形成的具有压力补偿的流量阀，称为调速阀。这时的压力补偿称为“压力外补偿”。简而言之，本身具有压力自补偿的节流阀称为恒流阀，具有多个元件组成的压力外补偿的节流阀称为调速阀。总之，调速阀的恒流特性要优于恒流阀的恒流特性，换言之，调速阀的恒流刚度要高于恒流阀的恒流刚度。可以肯定的是，恒流阀要比调速阀简单，成本也低得多。

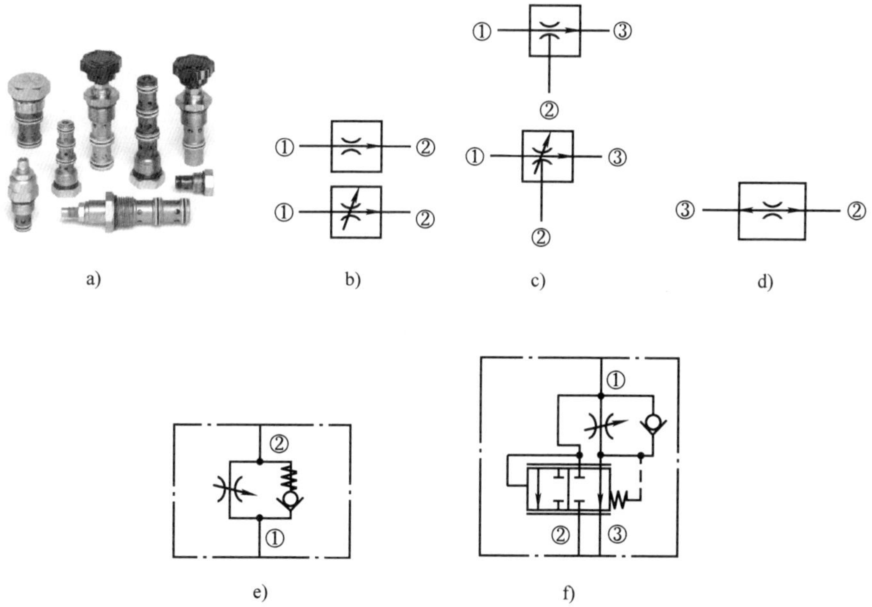


图 26-184　压力自补偿流量控制阀（恒流阀）元件

a）流量控制阀（恒流阀）元件　b）节流型恒流阀元件符号　c）优先型恒流阀元件符号
d）双向型恒流阀元件符号　e）单向恒流阀元件符号　f）旁通型恒流阀元件符号

将螺纹插装流量阀分成恒流阀与调速阀，使用户在选择之前就可以按对流量控制的精度与刚度的要求来确定使用节流阀、恒流阀还是调速阀。

2）压力自补偿流量控制阀（恒流阀）性能分析与选择。流量控制阀实际上由两部分组成，一是节流部分，主要是静态性能；二是压力补偿部分，不仅有静态性能还有动态性能。因此对于有压力自补偿的流量控制阀（恒流阀）应该满足如下性能要求：

① 具有足够的调速范围和调节精度。

② 要有较小的最小稳定流量。

③ 工作压力范围大，调定流量相对于进口压力、出口压力与温度变化时的流量变化率要小。

④ 内泄漏要小。

⑤ 压力损失要小，对单向流量阀，正向和反向压力损失都要小。

⑥ 响应时间要短，瞬态恢复时间要短，流量超调率要低。

⑦ 调节方便，调节转矩小。

为此，表 26-113 列出了恒流阀性能与应用的关系，使恒流阀的上述性能要求得到衡量与满足。

**表 26-113　恒流阀性能与应用的关系**

| 主要性能指标 | 性能曲线或表达 | 影响因素 | 选择因素 |
|---|---|---|---|
| 额定压力与流量 | 在各厂商的产品整体范围内可达到的参数是：<br>额定压力为 21～42MPa<br>额定流量为 0.4～365L/min | 主要是厂商的结构设计决定，也受市场需求的推动 | 由系统工作压力与流量决定，应低于并接近额定压力与流量，压差要小些好<br>原因：通径确定后，流量与压差正比，压差越大则功率损失越大；在满足要求的条件下，通径越小成本越低 |
| 流量特性曲线 | 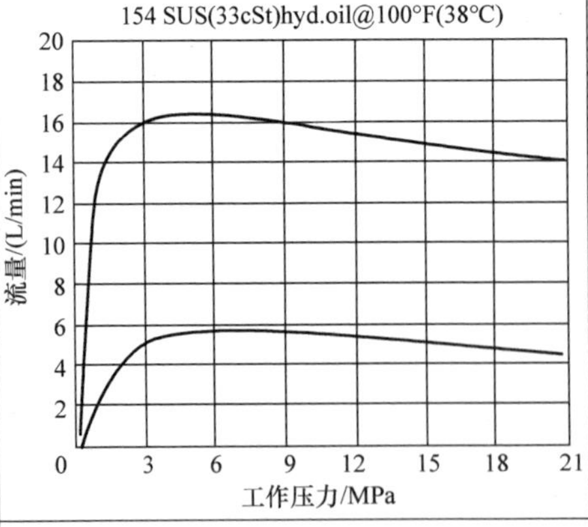 | 这是典型的压力补偿型流量阀的特性曲线，在不同的工作压力下输出的流量有变化，恒流刚度不算高<br>在确定的油液黏度下，其恒流特性（刚度）与结构参数（如节流口）及弹簧刚度等有关 | 流量特性曲线显示恒流阀的恒流特性较差，即不同的工作压力对流量输出的影响较大，可以根据该曲线确定是否满足恒流要求，或选用特性较好的流量参数的型号 |
| 调节流量范围 | 最小流量到额定流量的范围：<br>如 0.5～50L/min，1～200L/min 等 | 与节流口的形式（沉割槽式、锥阀式、三角槽式、圆孔式等）密切相关 | 用户很难对结构型式有选择权。可在选择时关注流量范围与最小流量对系统的匹配 |

（续）

| 主要性能指标 | 性能曲线或表达 | 影响因素 | 选择因素 |
|---|---|---|---|
| 流量调节精度 | 实际流量值与元件额定值之差值：<br>与额定流量相差大时为 ±20%<br>与额定流量接近时为 ±10%<br>高压时（35MPa）为 ±40% | 与元件结构有关，与工况有关 | 应使所选元件的额定值接近实际工作流量为理想；工作压力越低，流量调节精度越易达到 |
| 最小稳定流量 | 进出口在最低工作压差下，流量变化率不超过限定值时的流量调节范围最小值；目前螺纹插装阀可达到 0.4～1L/min | 与节流口形式有关，需要相应结构配套，会增加阀的复杂性 | 要获得具有低于 1L/min 的稳定流量的流量阀较难，需要选择特殊微小流量阀，在螺纹插装阀内难寻 |
| 流量调节变化率（流量调节刚度） | 压力补偿流量阀进口或出口压力由最低工作压力到最高工作压力变化时或温度由最低到最高变化时，其流量变化量相对于调定流量的百分数；该指标在板式阀中是 ±(2～4)%（小流量时为高值 | 与结构设计及阀选用的材质均有关 | 此数值在目前螺纹插装阀厂商的样本中很少涉及，用户很难判断；但用户可自行元件试验或样机试验 |
| 压力损失与反向压力损失 | 阀全开时通过额定流量，其进出口的压差或通过单向阀的反向压差；一般设定为 0.7MPa，有的厂商为 1.4MPa；但反向压力很小 | 与流道尺寸及形状密切有关； | 用户选用时要注意这数值，因为厂商的设置值相差还是很大的，对系统的压力损失有明显影响；反向压力如无背压要求应越小越好 |
| 内泄漏 | 与阀芯结构型式有关<br>滑阀型：泄漏较多<br>球阀型：1～10 滴/min<br>锥阀型：1～10 滴/min | 与结构型式及制造质量有关。对节流阀内漏要求是指全关时，一般厂商元件的内泄漏在 5～6 滴/min | 螺纹插装阀中所有球阀、锥阀结构元件内泄漏都可很小，这是该阀种的优势之一<br>内泄漏影响耗能与发热 |
| 动态特性 | 包括响应时间、响应稳定时间、流量超调量与超调率；具体可参考溢流阀等压力阀部分 | 动态影响因素很多，诸如质量、阻尼包括油液黏度等 | 在传动系统中对流量阀动态性能一般少有明确要求，但实际上系统的冲击噪声等与此是有关的，但又难以定量；不过可从定性角度在选择时注意，有益系统性能提高；在比例控制系统中就必须考虑，容后阐述 |

3）螺纹插装恒流阀结构、性能特点与性能曲线见表 26-114。

**表 26-114 螺纹插装恒流阀结构、性能特点与性能曲线**

| 分类 | | 元件结构 | 性能特点 | 性能曲线 |
|---|---|---|---|---|
| 节流型不可调与可调恒流阀 | 不可调<br> | 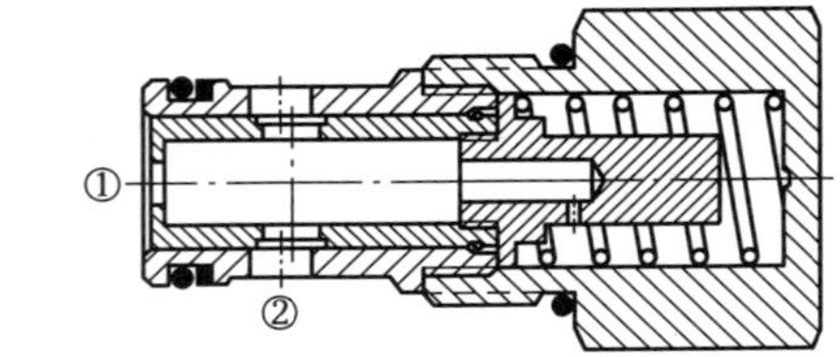<br>$p_{max}$ =42MPa<br>$q_{max}$ =200L/min | 它具有恒流性能，利用头部节流孔与可动滑阀芯的出油口背压与弹簧力平衡，类似减压阀的原理（压力补偿），达到恒流目的 | 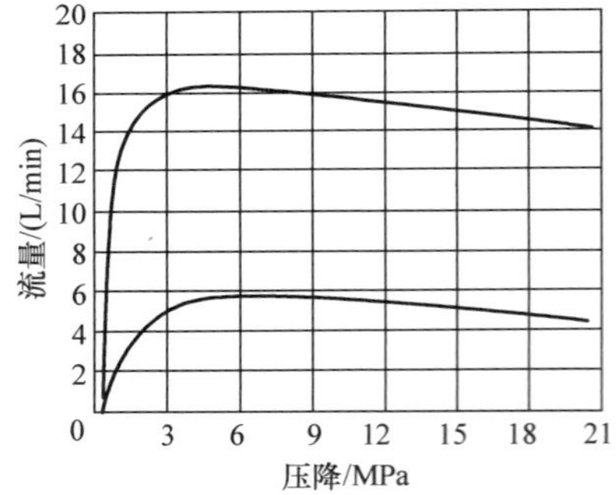 |
| | 可调<br>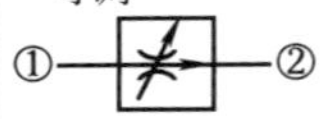 | 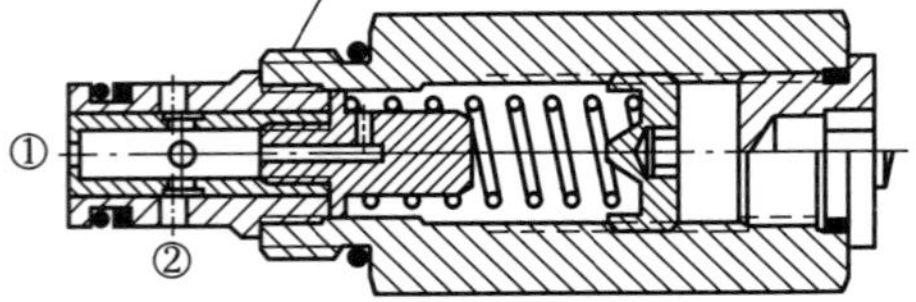 | | |
| | 不可调<br>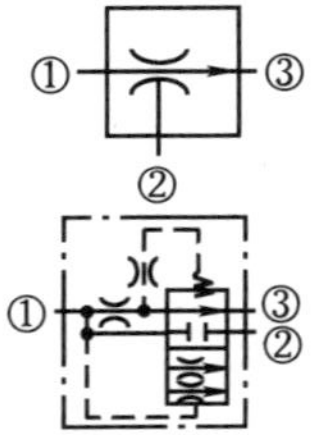 | 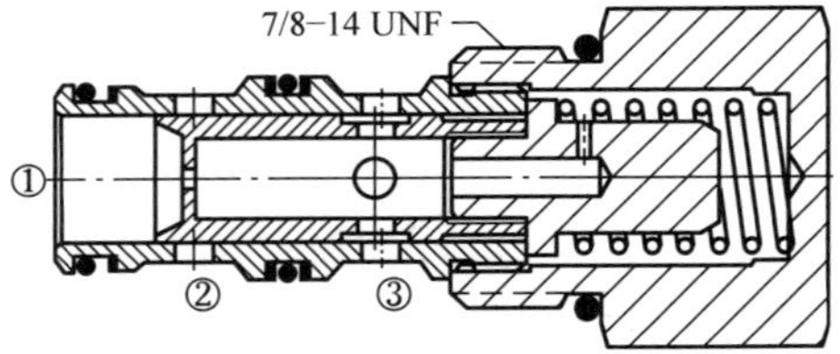<br>$p_{max}$ =42MPa<br>$q_{max}$ =200L/min | 三通口，结构简单，阀芯是滑阀<br>可调节与不可调节的区别只在阀的顶部加上一个调节装置<br>它具有恒流性能；它的结构与节流型恒流阀相近，只是阀套上巧妙地增加另一出油口，而且响应更平稳 | 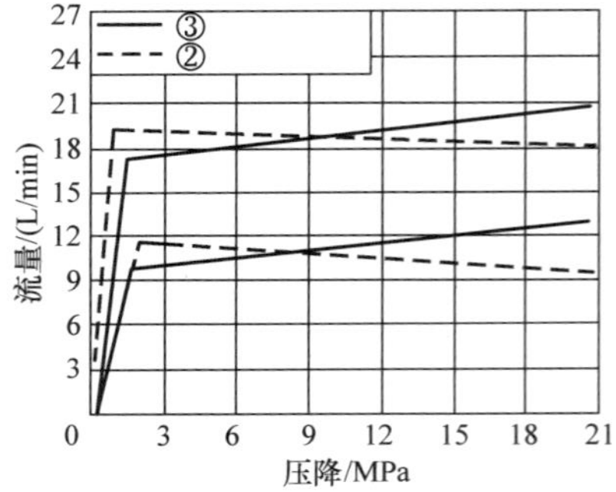 |
| | 可调<br>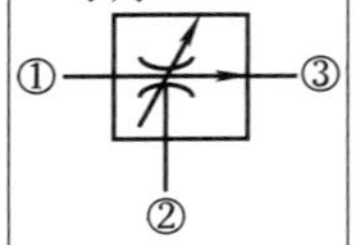 | 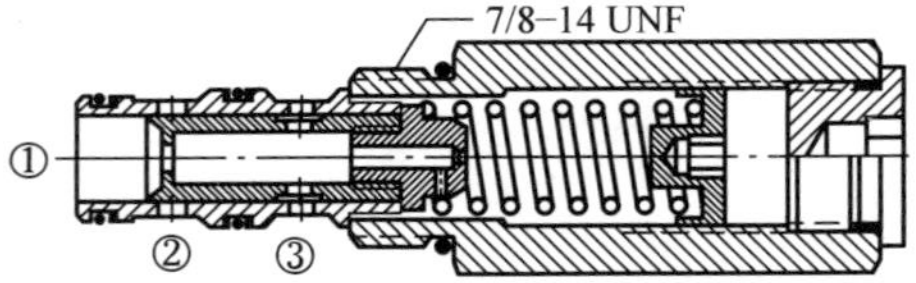 | | |

（续）

<table>
<tr><th colspan="2">分类</th><th>元件结构</th><th>性能特点</th><th>性能曲线</th></tr>
<tr><td>节流型不可调与可调恒流阀</td><td>可调卸荷型<br>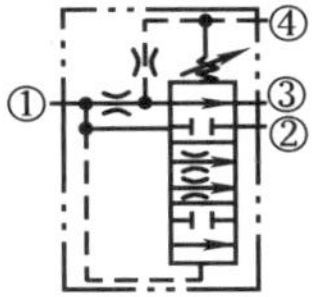</td><td>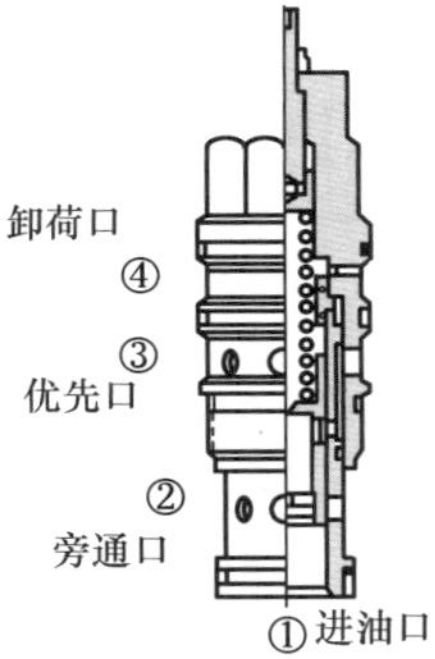</td><td>卸荷口④可接压力阀来限制优先口③的压力；旁通口②压力过高并超过设定值，则优先口关闭，旁通口全开</td><td>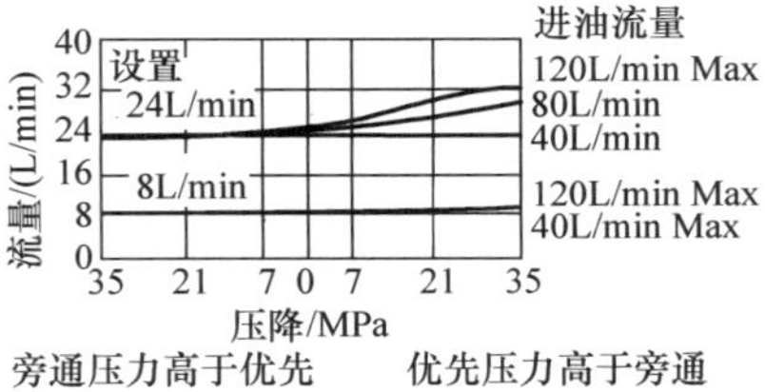</td></tr>
<tr><td rowspan="2">双向节流型与双向型恒流阀</td><td>节流型<br>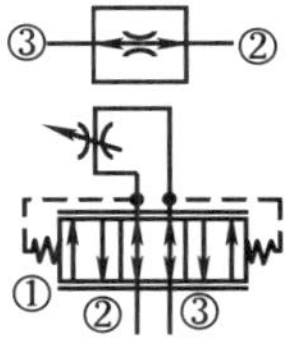</td><td>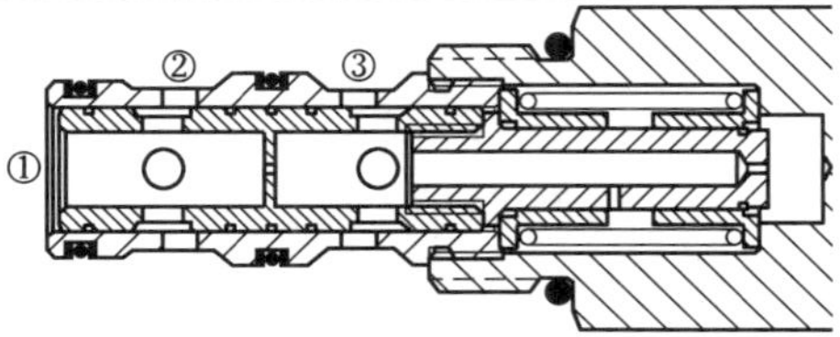<br>$p_{max}=24MPa$<br>$q_{max}=50L/min$</td><td>所有恒流阀均有最低工作压力要求，对双向恒流阀而言最低工作压力较高；还均有优良的直线性和滞后性</td><td>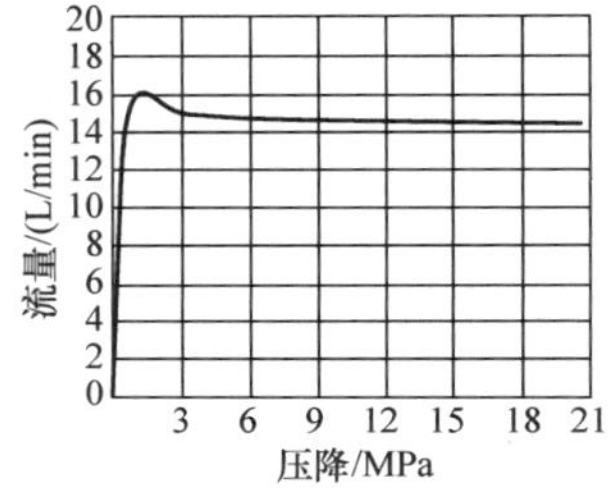</td></tr>
<tr><td>优先型<br>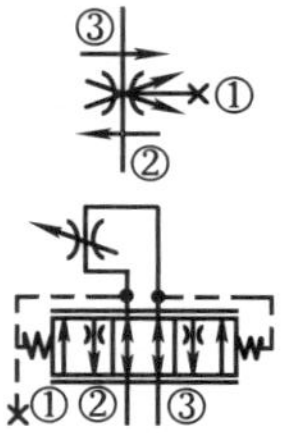</td><td>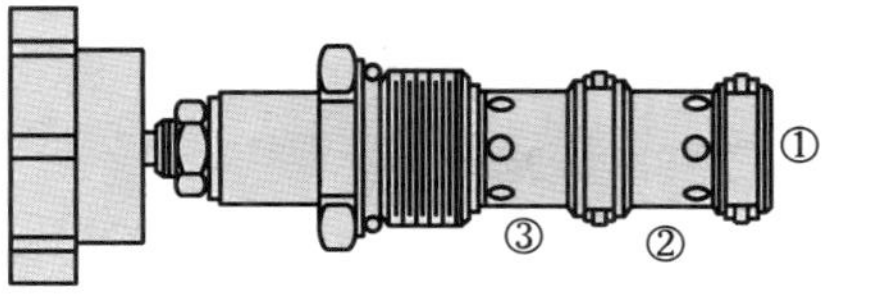</td><td>具有双向的压力补偿功能，形成双向恒流阀，可以达到一阀多功能的效果；调节的线性度也很好</td><td>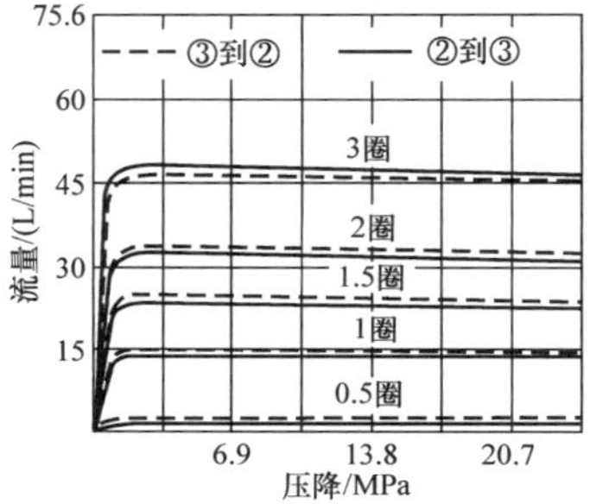</td></tr>
</table>

（续）

| 分类 | | 元件结构 | 性能特点 | 性能曲线 |
|---|---|---|---|---|
| 带单向阀的恒流阀 | 节流型<br>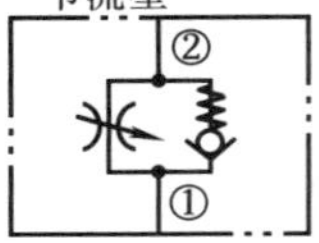 | 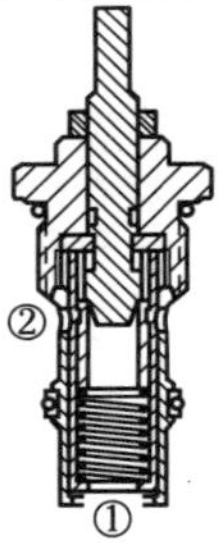<br>$p_{max}=35MPa$<br>$q_{max}=200L/min$ | 调节性能线性较好，但反向压力损失较大 | 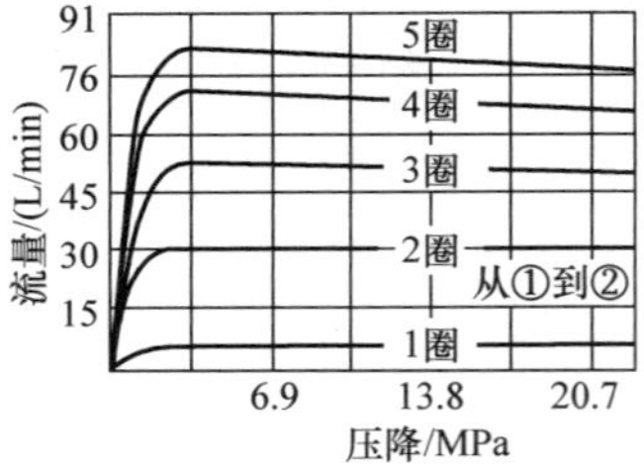 |
| | 优先型<br>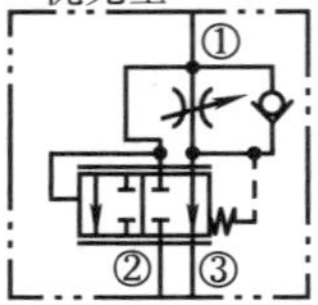 | 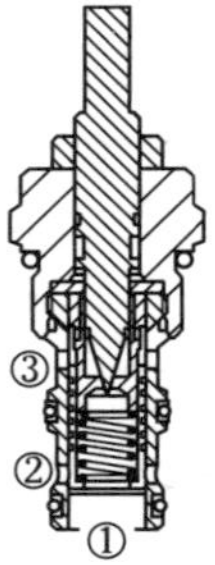 | 旁路油口②可以充分受压。微调转矩小。零件硬质处理，耐用安静，响应平稳工业常规阀孔 | 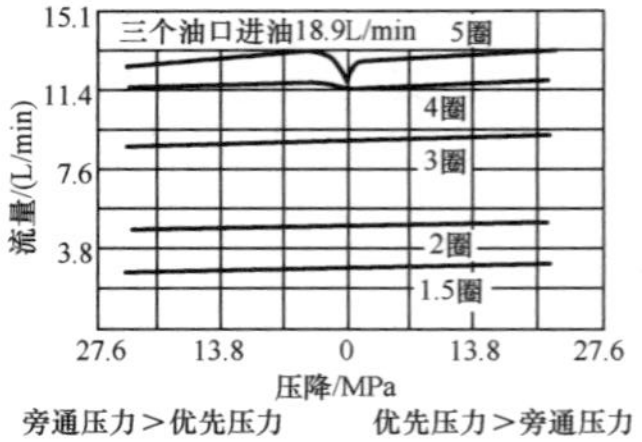 |
| 带溢流阀的恒流阀 | 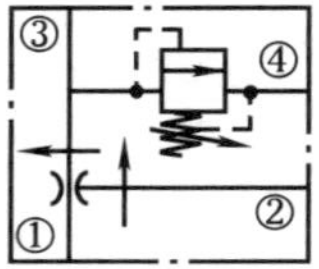 | 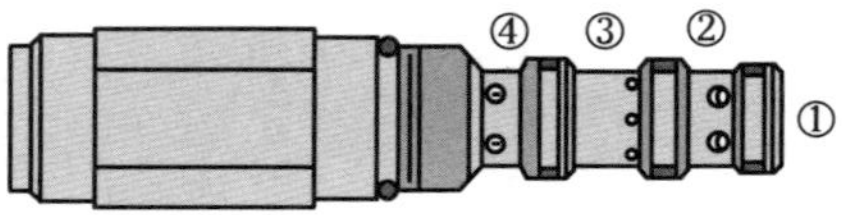<br>$p_{max}=21MPa$<br>$q_{max}=761L/min$ | 将两个阀的功能合在一个阀内，充分显示螺纹插装阀的优势与液压元件的发展趋势与前景 | 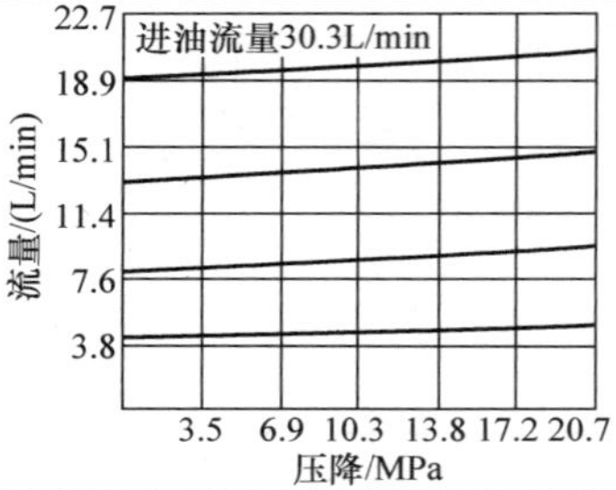 |

（3）分流集流阀

1）分流集流阀的功能介绍。分流集流阀按其液流方向可分为分流阀、集流阀和分流集流阀。分流阀是将单一液流按固定比例自动分成两个支流的流量控制阀。分流集流阀则是具有分流和集流两种功能的流量控制阀，液流按某一方向流动时，起分流作用；反向流动时起集流作用。图 26-185a 所示为分流阀与分流集流阀元件，图 26-185b、c 所示的元件符号表达了不止一种，实际上所有表述是一致的，只是各厂商在简化与细化元件机能方面或图形表达上有所差异，这也正说明螺纹插装阀的国际标准至今未真正执行与贯彻。分流集流阀的插装孔是四通口，而最底部的通口①是不用的。因此元件符号中只有②③④三个通口。

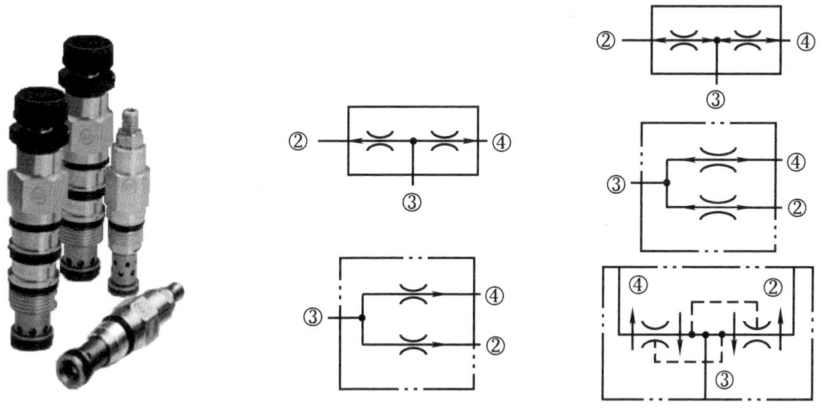


a)　　b)　　c)

图 26-185　分流阀与分流集流阀及其元件符号

a）分流阀与分流集流阀元件　b）分流阀元件符号　c）分流集流阀元件符号

分流集流阀也被称为同步阀，它可使两个或两个以上的执行元件在承受不同负载时仍能获得相等（或成一定比例）的流量，因而主要用于速度同步系统中。

在板式分流集流阀里（见图 26-186a、b），它的结构型式很多，如按调整方式分为固定式、自调式、可调式及自调和可调组合式，而其中固定式结构同步阀又可分为换向活塞式和勾头式两种结构，该系列液压阀按流量分配方式还可分为等流量式分流阀和比例流量阀，并且常采用的比例是 2:1，也可按要求的比例设计为小流量同步阀等。然而在螺纹插装分流集流阀内其结构与板式阀相近，也采用活塞式与勾头式（见图 26-186c、d）。但可调性相对比较单一，这是因为螺纹插装分流集流阀插装的形式只能在同一方向上，它不可能在阀的两端同时安排调节装置，这就限制螺纹插装分流集流阀的结构安排，但无法采用可调性的分流集流阀结构。至今螺纹插装分流集流阀都是不可调的。不过螺纹插装分流集流阀同样由于结构的灵活性，它的流量分配的可选型比同类型板式阀要丰富，不再仅仅是 2∶1，可以是 2∶3、4∶5 等分配比例。

为了解决分流集流阀的可调性，有的厂商推出一种对用户不可调但可以在产品出厂前进行内部调节的阀，或制作成管式的螺纹插装阀可以作为一个解决途径（见图 26-187）。总之，这类阀的用户可调性问题仍是未完全解决的问题。

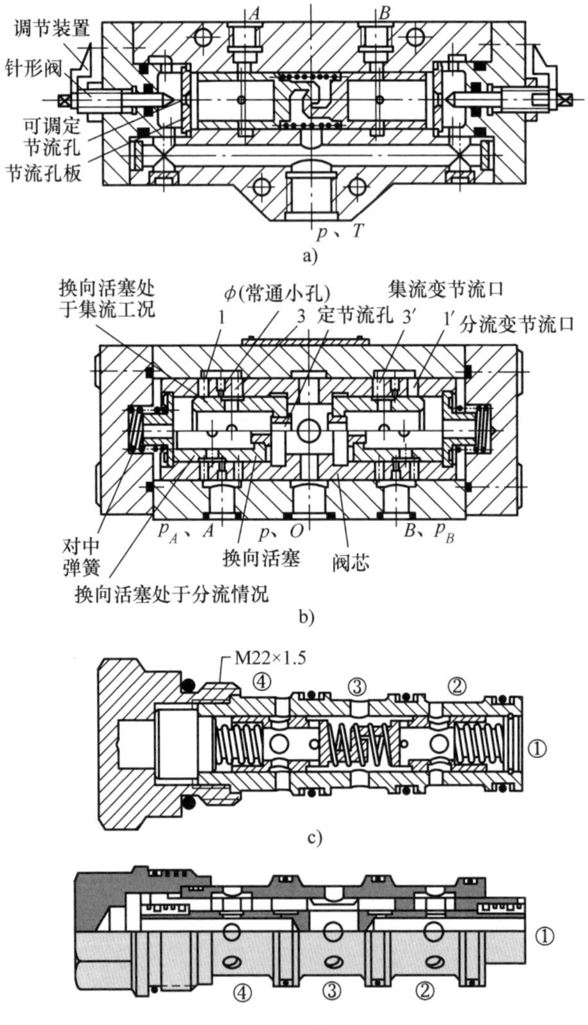


图 26-186　板式分流集流阀与螺纹插装分流集流阀的比较

a）板式可调勾头式分流集流阀　b）板式不可调换向活塞式分流集流阀

c）螺纹插装不可调勾头式分流集流阀　d）螺纹插装活塞式分流集流阀

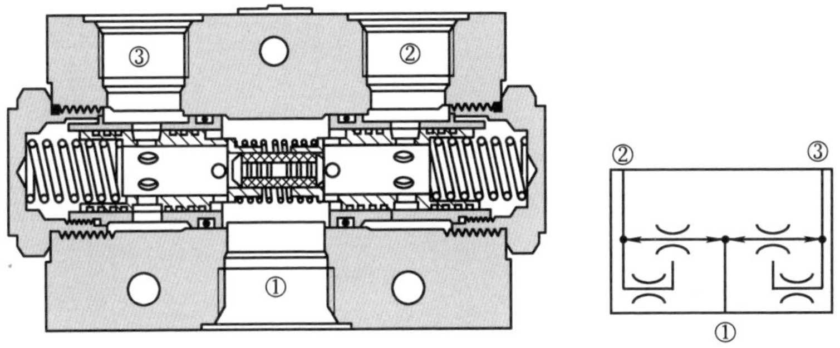


图 26-187 管式安装的螺纹插装分流节流阀

2）分流集流阀性能分析与选择。分流集流阀主要是要保证两个或两个以上的执行元件在承受不同负载时仍能获得相等（或成一定比例）的流量。作为流量控制阀的分流集流阀，它具有与流量阀共有的性能要求与指标，但它最主要的指标是同步精度。因此对于分流集流阀应该满足如下性能要求：

① 具有足够的同步流量范围。

② 高同步精度，分流与集流有相同的精度。

③ 要有较小的最小稳定分流集流流量。

④ 工作压力范围大。

⑤ 分流和集流压力损失都要小。

分流集流阀最主要的性能是分流精度，影响它的因素有以下几方面：

① 固定节流口前后压差对分流误差有影响，压差大，效果好，但须避免分流阀压力损失太大。

② 节流口处的液动力和阀芯与阀套的摩擦力不完全相等而产生的分流误差。

③ 阀芯两端弹簧力不等引起的分流误差。

④ 节流口几何尺寸误差带来的分流误差。

但要注意在采用分流集流阀构成的同步系统中，分流同步误差并不是完全由分流集流阀造成。液压缸的加工误差及泄漏、分流阀之后设置的其他阀的外部泄漏、油路中的泄漏等，虽然对分流集流阀本身的分流精度没有影响，但对系统中执行元件的同步精度却有直接影响。

表 26-115 列出了分流集流阀性能与应用的关系，使分集流流阀的上述性能要求得到满足。

**表 26-115　分流集流阀性能与应用的关系**

| 主要性能指标 | 性能曲线或表达 | 影响因素 | 选择因素 |
|---|---|---|---|
| 额定压力与流量 | 在各厂商的产品整体范围内可达到的参数是：<br>额定压力为 21～45MPa<br>额定流量为 12～340L/min | 主要是厂商的结构设计决定，也受市场需求的推动 | 由系统工作压力与流量决定，应低于并接近额定压力与流量<br>通径确定后，流量与压差成正比，压差越大则功率损失越大；在满足要求的条件下，通径越小成本越低 |
| 同步流量范围 | 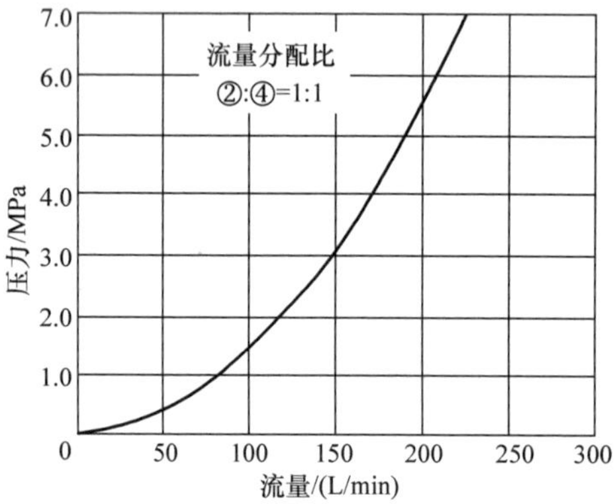 | 这就是典型的节流阀流量曲线；主要与通径及结构有关 | 在同步流量范围内可以根据实际工况需要确定流量段与分配比；同步流量范围由用户提出，由厂商按型号提供并可选<br>最小稳定同步流量是指在最小工作压差下的最小流量 |
| 分流精度 | 分流与集流时，不同出口流量之间的实际流量值之差值：±(2～10)%<br>要求分流与集流具有相同精度 | 与元件结构有关；与工况有关 | 应使所选元件的额定值接近实际工作流量为理想；工作流量越接近额定值，分流精度越高 |
| 分流与集流压力损失 | 阀全开时通过额定流量，其进出口的压差<br>最大与最小输入流量的压力损失相差较大 | 与流道尺寸及形状密切有关 | 用户选用时要注意该数值，因为各厂商的值相差还是很大的，对系统的压力损失有明显影响 |

3）螺纹插装分流集流阀结构、性能特点与性能曲线见表 26-116。

**表 26-116 螺纹插装分流集流阀结构、性能特点与性能曲线**

| 分类 | 元件结构 | 性能特点 | 性能曲线 |
|---|---|---|---|
| 分流阀<br>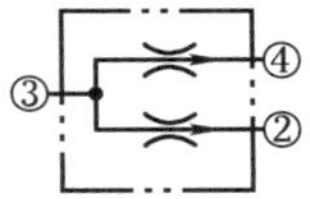 | 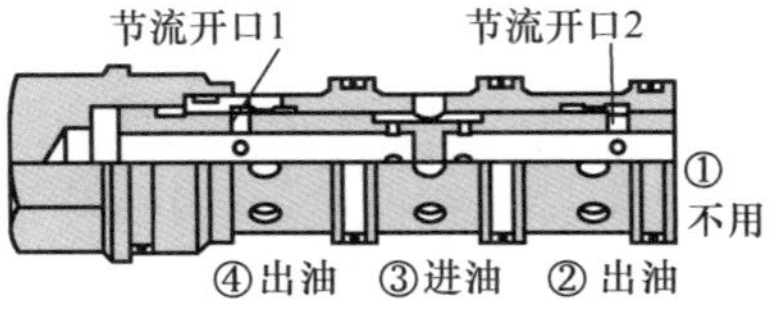<br>$p_{max}=35MPa$<br>$q_{max}=240L/min$ | 四通口，只利用三个通口，最底部的通口①是不用的；结构十分简单，专用滑阀芯；有分流功能，无集流功能；同步精度比分流集流阀稍差 | 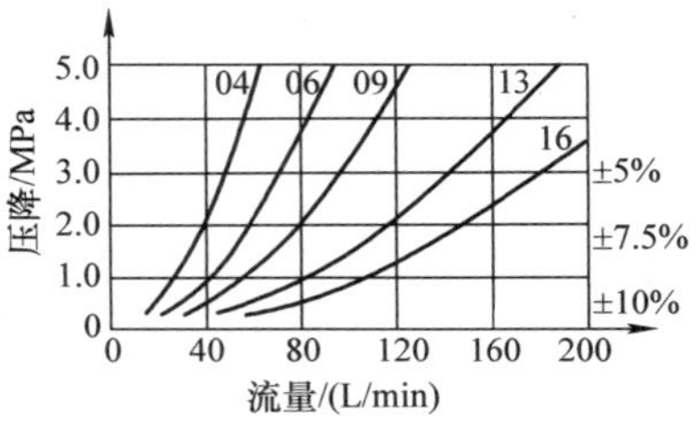 |
| 分流集流阀<br>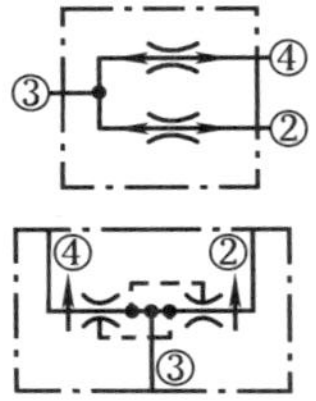 | 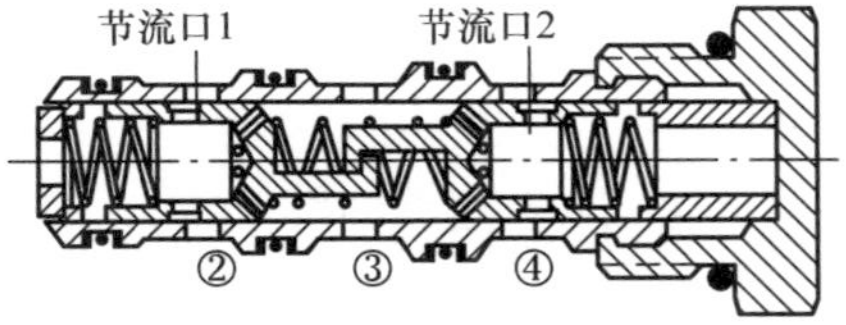<br>$p_{max}=45MPa$<br>$q_{max}=340L/min$ | 四通口，只利用三个通口，最底部的通口①是不用的；有活塞式与勾头式结构，后者居多；分流精度高达±2.5%，但当输入流量小于最小输入流量时，同步性能可能丧失 | 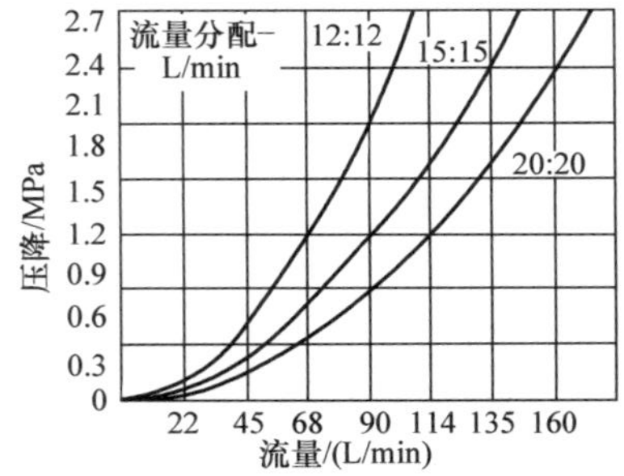 |
| 功能加强型分流集流阀<br>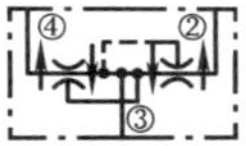 | 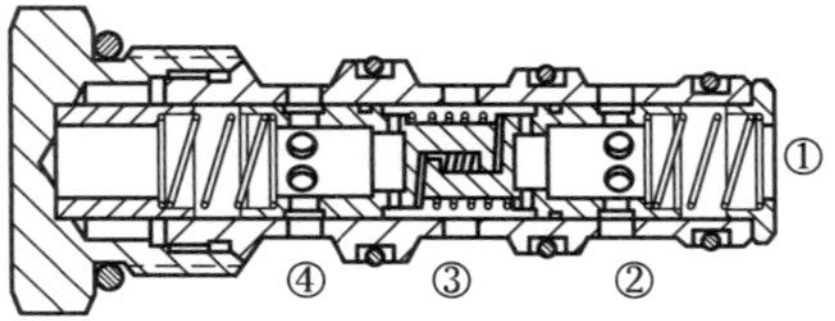<br>$p_{max}=35MPa$<br>$q_{max}=570L/min$ | 在分流集流阀基础上，对阀芯的节流口做处理；当一端液压缸到底后，阀允许油液继续进入另一液压缸直至由同步产生的误差消除 | 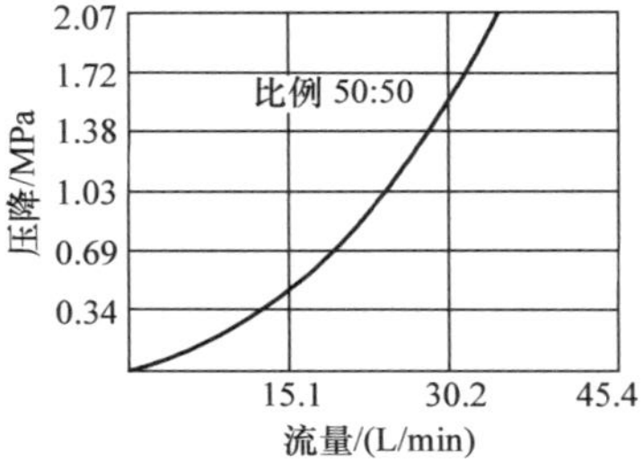 |

（4）调速阀

1）调速阀的功能介绍。在本章前面已述，螺纹插装阀的产品品种比传统板式阀要丰富，20 世纪 70 年代开始出现的技术到 90 年代才通过国际标准，对已自成体系的厂商们的约束力与指导力已经难以发挥应有作用。此产品与技术比较全面地进入我国已经是 20 世纪 90 年代了，加上各厂商样本的中文翻译常有“直译”之嫌，不仅不规范，甚至让人难解，例如在流量控制阀中就有“强制牵引阀”，难以从阀的名称了解是什么阀。在流量控制阀中还有涉及“压力补偿”的元件，对其使用感到杂乱。

为此在本书中对于“压力补偿”做了梳理。将具有压力补偿的情况分成二类：对于这种补偿是依靠自身结构完成的元件，称为“压力自补偿”，将具有“压力自补偿”的流量控制阀称为“恒流阀”；如果这种压力补偿依靠另外的元件来组成，称为“压力外补偿”，将具有“压力外补偿”的流量控制阀称为“调速阀”。这样将螺纹插装阀的“调速阀”名称与工业液压中传统的“调速阀”观念统一起来，因为在传统的板式调速阀中，它就是由二个元件组合而成的。

螺纹插装调速阀元件及其元件符合如图 26-188 所示。

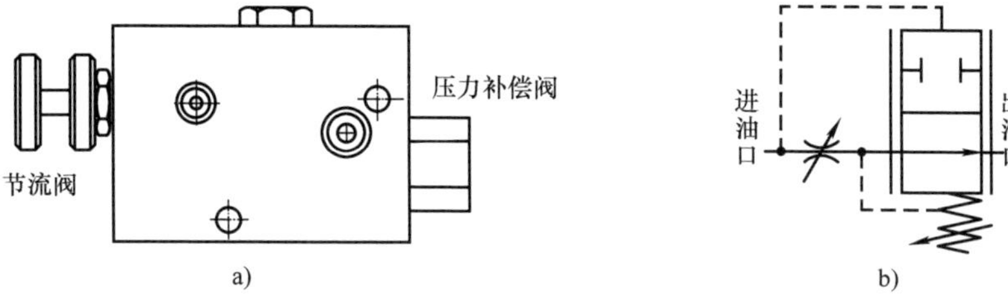


图 26-188　调速阀元件及其元件符号

a）调速阀元件（阀块）　b）元件符号

在传统板式调速阀中，是对节流阀进行压力外补偿。补偿方法有两种，一种是将定差减压阀和节流阀串联起来组成调速阀，另一种是将定差溢流阀与节流阀并联起来组成调速阀（溢流节流阀）。这两种压力补偿方式是利用流量的变化引起油路压力的变化，通过阀芯的负反馈作用，自动调节节流阀口两端的压差，使其基本保持不变。在螺纹插装阀中还要增加参与优先阀与节流阀串联起来组成的调速阀，其功能上增加了旁路的流量通道。

2）调速阀的性能要求与选择。调速阀的性能要求与选择和恒流阀的性能要求与选择相一致，可参照表 26-113。

3）调速阀分类与应用场合。由于调速阀是两个螺纹插装阀组成的螺纹插装阀块，因此不同的厂商采用了不同的办法进行分类。第一种是将阀块类的调速阀列为标准产品，第二种是将可与节流阀组合的压力补偿阀列为调速阀，第三种是在样本中不将组合元件作为调速阀列入，第四种也有的将“恒流阀”称为“调速阀”。在此，本书按前两种情况进行分类，表 26-117 列出了螺纹插装调速阀分类与其性能。

**表 26-117　螺纹插装调速阀分类与其性能**

<table>
<tr><th>分类</th><th>元件符号</th><th>主要性能参数</th><th>性能曲线</th></tr>
<tr><td>节流型调速阀</td><td>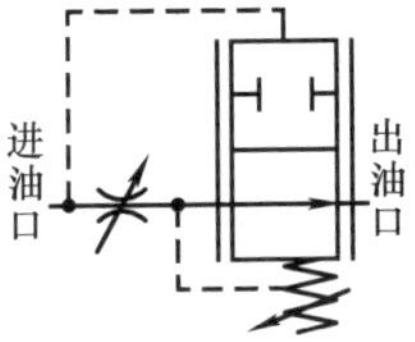
</td><td>$p_{max}=21\sim35\text{MPa}$<br>$q_{max}=30\sim190\text{L/min}$</td><td>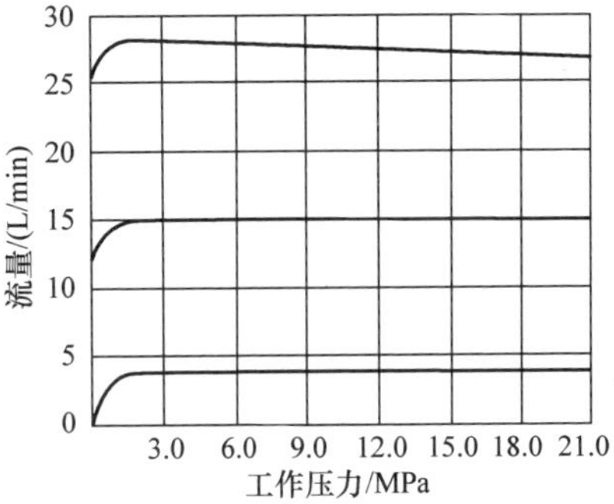
</td></tr>
<tr><td>旁通型调速阀</td><td>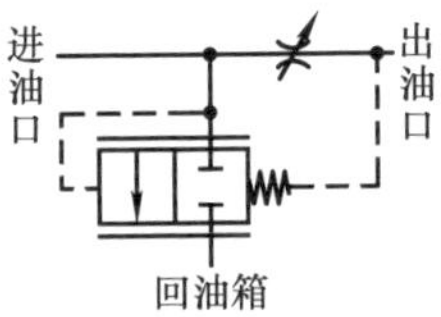
</td><td>$p_{max}=21\sim35\text{MPa}$<br>$q_{max}=30\sim190\text{L/min}$</td><td>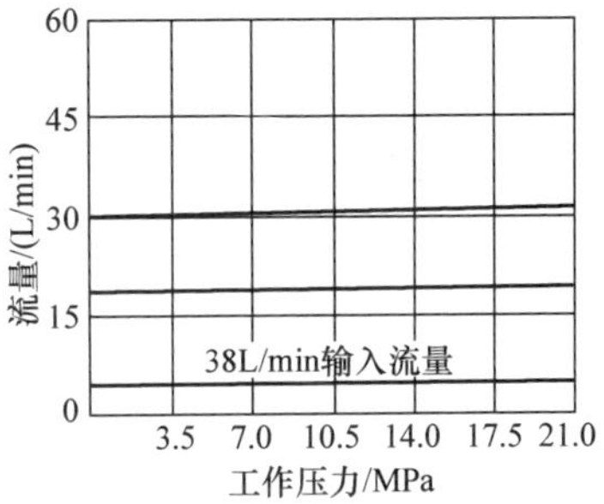
</td></tr>
<tr><td>优先型调速阀</td><td>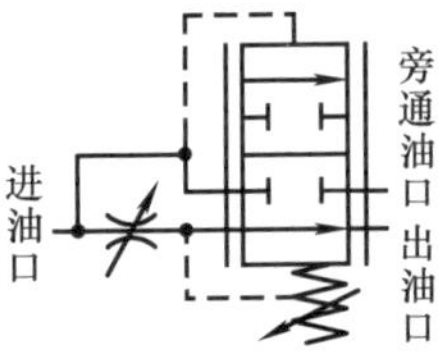
</td><td>$p_{max}=21\sim35\text{MPa}$<br>$q_{max}=30\sim190\text{L/min}$</td><td>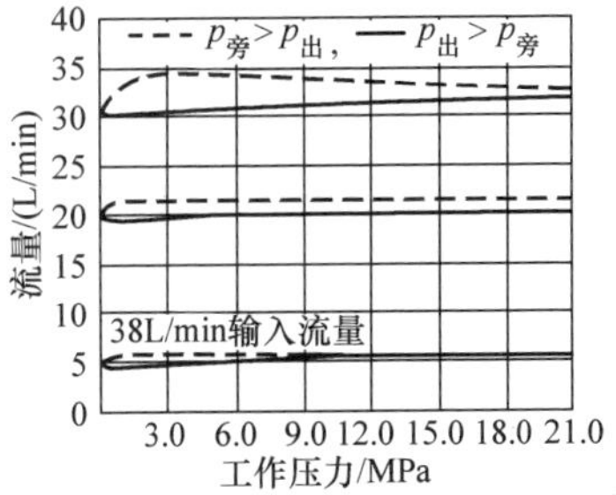
</td></tr>
<tr><td rowspan="2">功能附加型调速阀</td><td>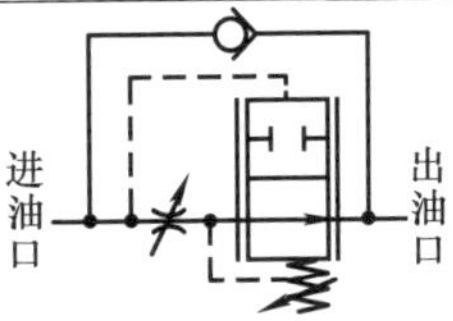
</td><td>$p_{max}=21\sim35\text{MPa}$<br>$q_{max}=30\sim190\text{L/min}$</td><td>与节流型调速阀的性能曲线相同；允许反向自由流动</td></tr>
<tr><td>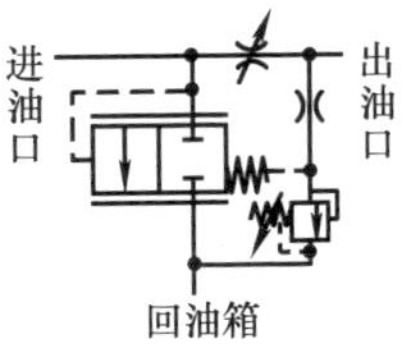
</td><td>$p_{max}=21\sim35\text{MPa}$<br>$q_{max}=30\sim190\text{L/min}$</td><td>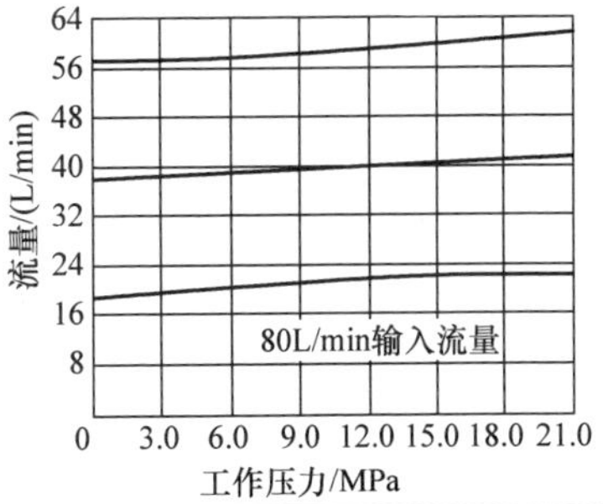
</td></tr>
</table>

由以上性能曲线可见：

① 所有类型的调速阀可以达到流量不受负载影响的恒流量特性。

② 节流型调速阀与减压阀串联形式的压力补偿流量特性有减压阀的特征，即流量增大时，阀内弹簧的压缩使阀口减少，从而使流量向降低方向偏移。

③ 旁通型调速阀与溢流阀并联形式的压力补偿流量特性有溢流阀的特征，即流量增大时，阀内弹簧的压缩使阀口加大，从而使流量向增加方向偏移。

④ 对于优先型调速阀增加了旁通油路，恒流性能的刚度略低。

⑤ 如果将上述调速阀的压力补偿阀独立出来，可以作为负载敏感的压力补偿阀，如图26-189所示。

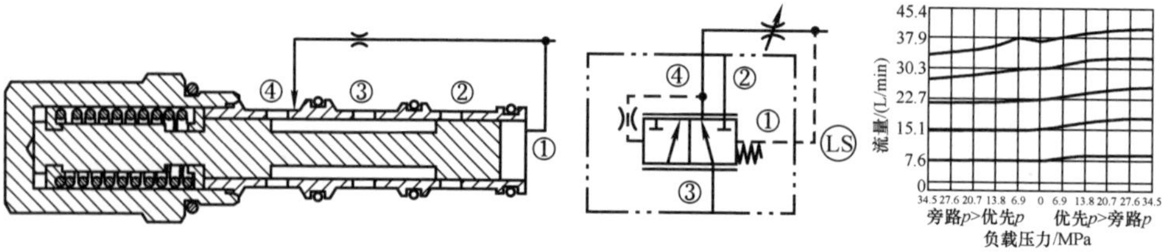

a)　b)　c)

图26-189　具有负载敏感的压力补偿阀

a）压力补偿元件　b）元件符号　c）特性曲线

**6. 运动控制阀的结构、原理、性能与应用**

螺纹插装运动控制阀是控制或影响执行机构运动状态的阀类。这样的阀类包括单向阀、梭阀及优先阀等。同其他类型的螺纹插装阀一样，其结构、功能、品种与相应板式阀相比要丰富。优先阀原是用于车辆转向控制的阀类，现在拓展使用，使系统的设计可以有所变化与发展，在节能与降低成本方面都增加了选择余地。

（1）单向阀

1）单向阀的功能介绍。单向阀是只允许液流向一个方向流动，而不允许反向流动的阀。它的功能包括：

① 在低压系统中，可作溢流阀用。

② 用于液压泵的出口，防止系统油液倒流。

③ 用于隔开油路之间的联系，防止油路相互干扰。

④ 也可用作旁通阀，与顺序阀、减压阀、节流阀和调速阀并联，从而组合成单向顺序阀、单向减压阀、单向节流阀和单向调速阀等。

⑤ 如将单向阀中的软弹簧更换成合适的硬弹簧，就可以当背压阀使用。

⑥ 在马达回路中单向阀作为补油阀，防止马达停止供油空转时，产生真空造成气蚀。

2）单向阀的性能分析及选择。对单向阀的性能要求是内泄漏量小、开启压力低、压力损失小。

单向阀的性能指标有开启压力、工作压力、额定流量等。

表 26-118 列出了单向阀性能与应用的关系，这些性能指标通常都会在样本中给出。

**表 26-118　单向阀性能与应用的关系**

| 主要性能指标 | 性能曲线或表达 | 影响因素 | 选择因素 |
|---|---|---|---|
| 额定压力与流量 | 额定压力：14～42MPa<br>额定流量：500～640L/min<br>单向阀是进入 31.5～35MPa 压力级最早的品种之一，目前正逐步向 42MPa 级发展。Sterling 已推出 42MPa 压力级 | 主要是厂商的结构设计决定，也受市场需求的推动 | 由系统工作压力与流量决定取舍，应低于并接近元件额定压力与流量，压差尽量要小些好<br>原因：通径确定后，流量与压差成正比，压差越大则功率损失越大；在满足要求条件下，通径越小成本越低 |
| 负载特性曲线（压差－流量曲线） | 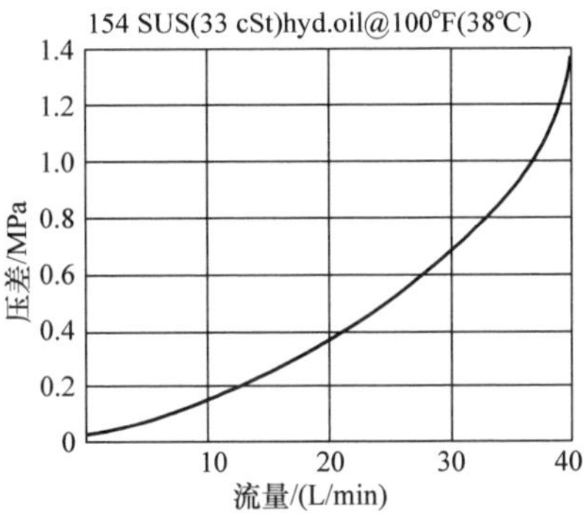 | 阀的流量特性：$q=KA(\Delta p)^m$<br>$m$——阀口形状指数<br>$K$——阀口流量系数<br>$A$——阀口通流面积<br>$\Delta p$——阀口前后压差 | 主要选择通径满足工作流量的要求，但要注意各厂商定义的流量所对应的压差条件 |
| 开启压力 | 在 0.02～1.25MPa 的范围内，通常采用 0.05～0.7MPa | 与该阀设置的弹簧刚度有关，与结构有关 | 用户可以根据系统工况选择：作为背压时会较大，作为补油用时要低，经常通流是要低减少损失 |
| 内泄漏 | 与阀芯结构型式有关<br>滑阀型：泄漏较多<br>球阀型：1～10 滴/min<br>锥阀型：1～10 滴/min | 与结构型式及制造质量有关。对节流阀内漏要求是指全关时，一般厂商元件的内泄漏在 5～6 滴/min | 螺纹插装阀所有球阀、锥阀结构元件内泄漏都可很小，是这一阀种的优势之一<br>内泄漏影响耗能与发热 |

3）螺纹插装单向阀结构、性能特点与性能曲线见表 26-119。

## 表 26-119 螺纹插装单向阀结构、性能特点与性能曲线

| 分类 | 元件结构 | 性能特点 | 性能曲线 |
|---|---|---|---|
| 正向单向阀<br>①进 出②<br> | 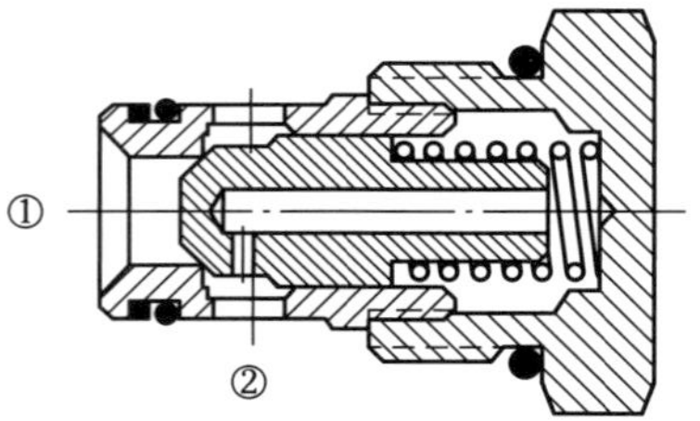<br>$p_{max}$ = 42MPa<br>$q_{max}$ =640L/min | 当液流由①流入时，作用在阀芯上的液压力便克服弹簧力将阀芯顶开，于是液流由①流向②；这个开启压力对用户而言是可选的。当液流反向流入时，阀芯将在液压力和弹簧力的作用下，被紧紧地压在阀座上，从而切断油路，使液流无法流向①。这种阀还可以带一个阻尼孔，使其在一个方向上形成自由流动，反方向上控制流速 | 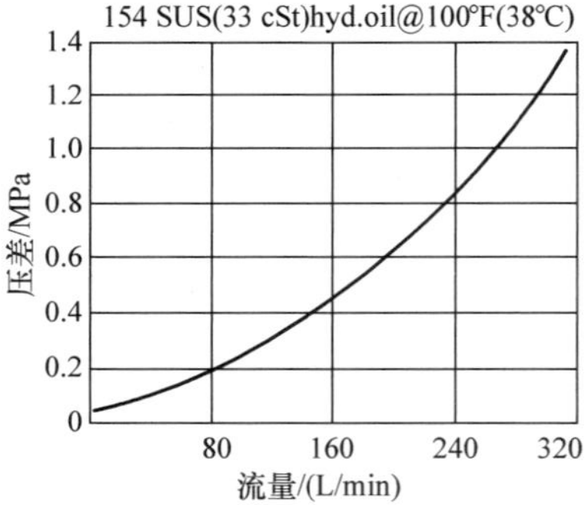 |
| 反向单向阀<br>①出 进②<br> | 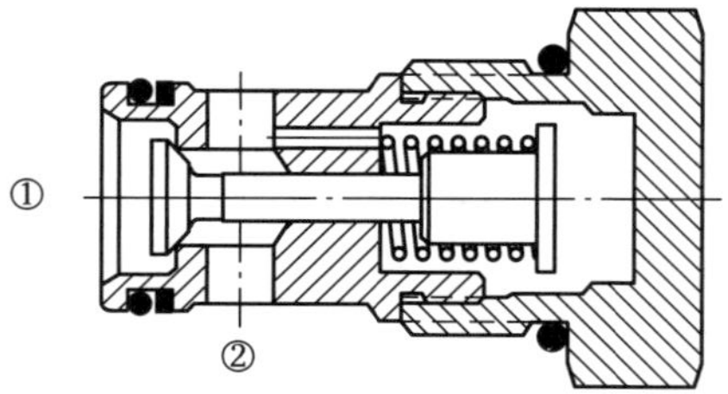<br>$p_{max}$ =42MPa<br>$q_{max}$ =500L/min | 在静态时，反向单向阀在弹簧作用下阀口关闭，其阀芯阻止油液从①流向②，直到有足够的压力作用于②上，从而使阀口打开，油液从②流向① | 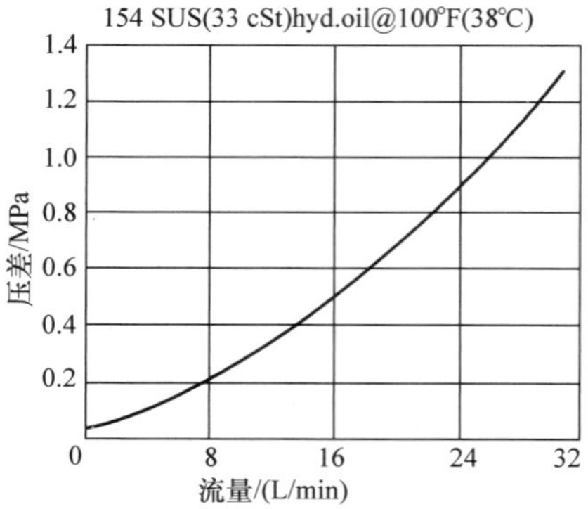 |

（续）

| 分类 | 元件结构 | 性能特点 | 性能曲线 |
|---|---|---|---|
| 内置单向阀<br> | 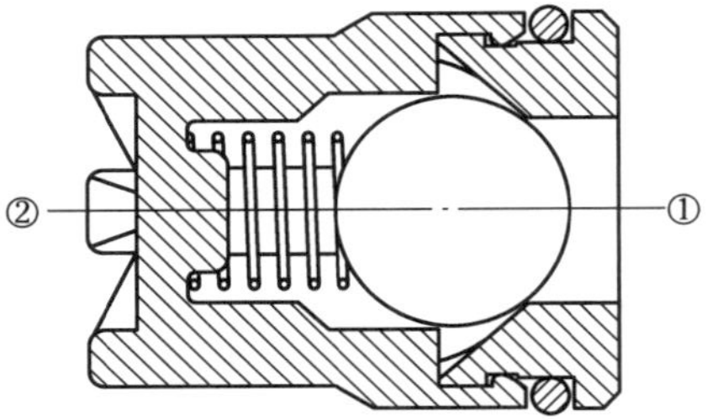<br>$p_{max}$ =42MPa<br>$q_{max}$ =500L/min | 当①处的压力大于弹簧力时，允许油液从①流向②，并且阻止油液从②流向① | 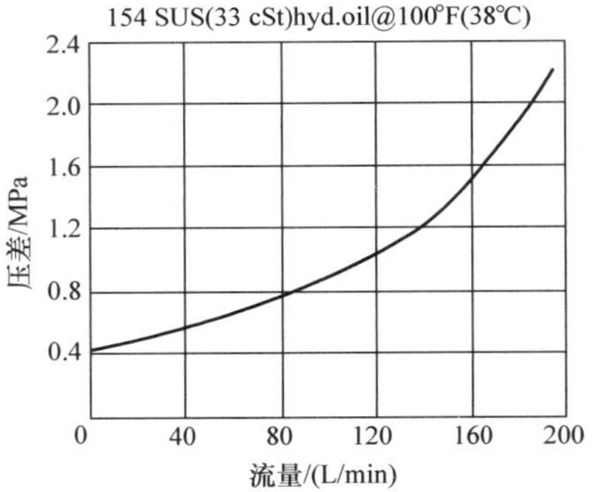 |
| 带节流孔式单向阀<br>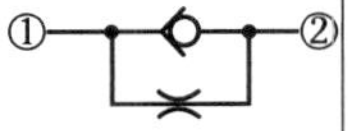 | 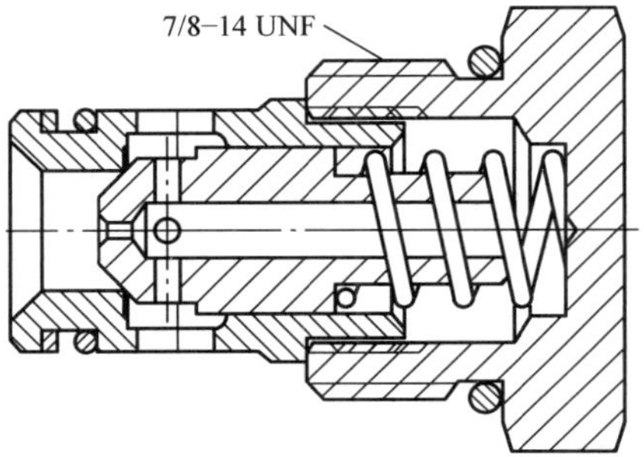<br>$p_{max}$ =35MPa<br>$q_{max}$ =480L/min | 主要是球阀型，球阀密封效果与锥阀相当，但在冲击下易产生密封印痕，加上自身无定位，容易产生泄漏加大 | 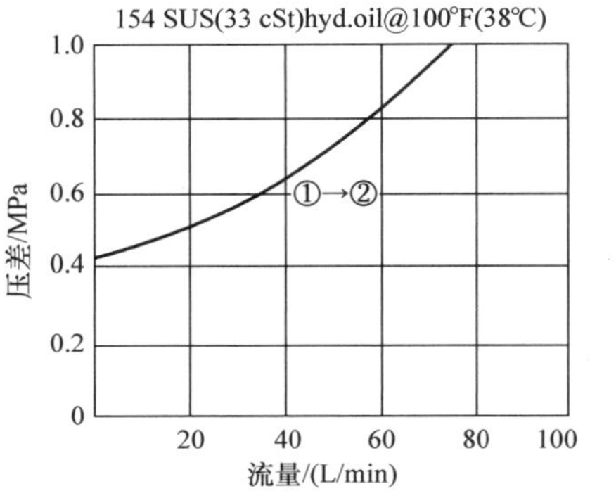 |

（2）梭阀　梭阀目前的应用在工程机械液压中有很大的增强以至不可或缺，例如用于冲洗回路、马达的刹车回路以及越来越受到重视的负载敏感回路。在这些回路中它们对于执行机构的运动停与动、有压力选择性的让系统冷却以及负载的压力比较产生信号等等。梭阀在过去常归类于方向阀内，现在归属于负载运动控制阀中。梭阀的作用可以看成是功率级选择阀（既需要压力输出又需要流量输出）或信号级选择阀（主要是压力信号而流量极小）。

1）梭阀的功能介绍。图26-190所示为梭阀及其元件符号。各厂商在元件符号中的表达形式有点不同，在此未一一列举。

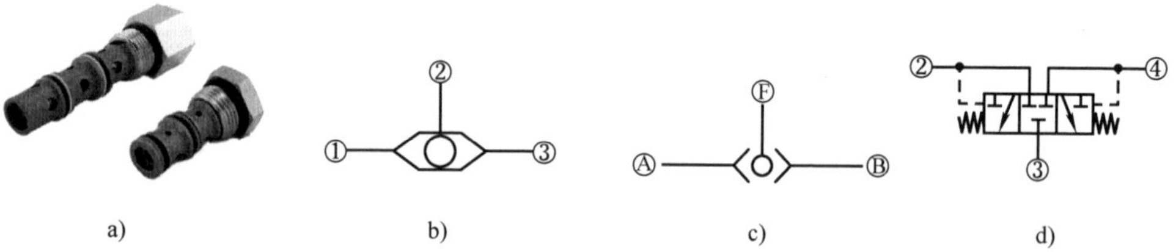

图26-190　梭阀及其元件符号

a）梭阀元件　b）球阀式元件符号　c）梭阀管式元件符号　d）滑阀式元件符号

梭阀在结构上分有球阀式、锥阀式与滑阀式。球阀式与锥阀式的元件符号如图26-190b所示，而滑阀式如图26-190d所示。螺纹插装梭阀管式元件将在“9. 螺纹插装阀为基型的其他阀种元件”中述及。

球阀式梭阀（见图26-190b）在①和③处分别有两个输入压力，其中较高的压力将从②处输出。它用钢球来封住低压油路。自负载敏感技术获得普遍应用后，梭阀就是其中很重要的组成部分。其应用除负载敏感回路的逻辑元件外，还有双向马达制动阀等方面。

滑阀式梭阀又称热油梭阀，如图26-190d所示。它将②和④处的先导油中压力较低的油液导至出口③。因此在功能上滑阀式梭阀（冲洗阀）是以低压端流量输出为目的，而球阀式梭阀则是以高压端的压力输出为目的。冲洗阀最常见的应用是将油液从闭式静压回路的低压端排出，以达到冷却和过滤的目的。

因此梭阀的功能主要用于压力选择，一般梭阀如果仅仅是压力选择以压力输出为目的（如负载敏感回路），对流量要求偏低；如果是压力选择要求以流量输出为目的（如冲洗阀），则对流量就有要求，额定流量会较大。

目前针对梭阀的结构、功能，各公司开发并派生了若干品种，将在分类中介绍给读者。

2）梭阀的性能分析与选择。梭阀的性能指标有额定压力、额定流量与开启压力等。

对梭阀的性能要求是压力损失小、开启压力低、内泄漏量小。

表 26-120 列出了梭阀性能与应用的关系，这些性能指标通常都会在样本中给出。

**表 26-120　梭阀性能与应用的关系**

| 主要性能指标 | 性能曲线或表达 | 影响因素 | 选择因素 |
|---|---|---|---|
| 额定压力与流量 | 对于梭阀：<br>额定压力为 21 ~42MPa<br>额定流量为 1.9 ~60L/min<br>对于冲洗阀：<br>额定压力为 31.5 ~42MPa<br>额定流量为 25 ~480L/min | 主要是厂商的结构设计决定，也受市场需求的推动 | 梭阀一般作为压力选择阀，输出高的压力，流量较小；但冲洗阀是压力选择后输出低压端流量，流量要求较大 |
| 负载特性曲线（压差 - 流量曲线） | 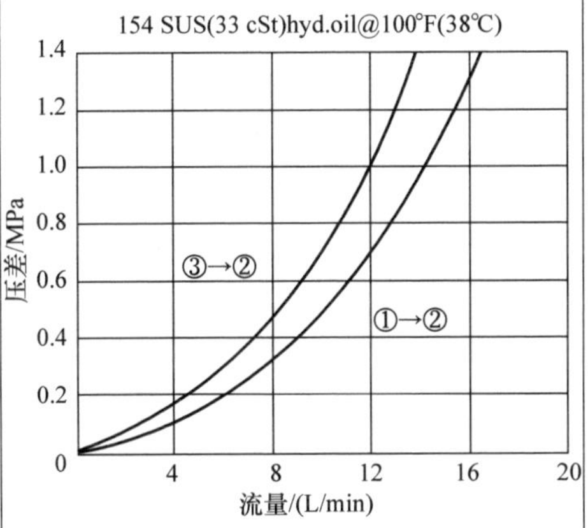 | 阀的流量特性：<br>$q=KA(\Delta p)^m$<br>$m$——阀口形状指数<br>$K$——阀口流量系数<br>$A$——阀口通流面积<br>$\Delta p$——阀口前后压差 | 主要注意压力级，通径满足工作流量的要求；由于目前负载敏感回路的压力比较的数量在增加，因此厂商推出多路梭阀，最多可达四路，这是用户需要选择与寻求的 |
| 内泄漏 | 与阀芯结构型式有关<br>滑阀型：泄漏较多<br>球阀型：1 ~10 滴/min<br>锥阀型：1 ~10 滴/min | 与结构型式及制造质量有关。对节流阀内漏要求是指全关时，一般厂商元件的内泄漏在 5 ~6 滴/min | 螺纹插装阀所有球阀、锥阀结构元件内泄漏都可很小，是这一阀种的优势之一<br>内泄漏影响耗能与发热 |

3）螺纹插装梭阀结构、性能特点与性能曲线见表 26-121。

表 26-121 螺纹插装梭阀结构、性能特点与性能曲线

| 分类 | 元件结构 | 性能特点 | 性能曲线 |
| --- | --- | --- | --- |
| 梭阀<br>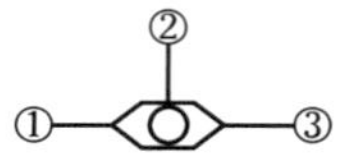 | 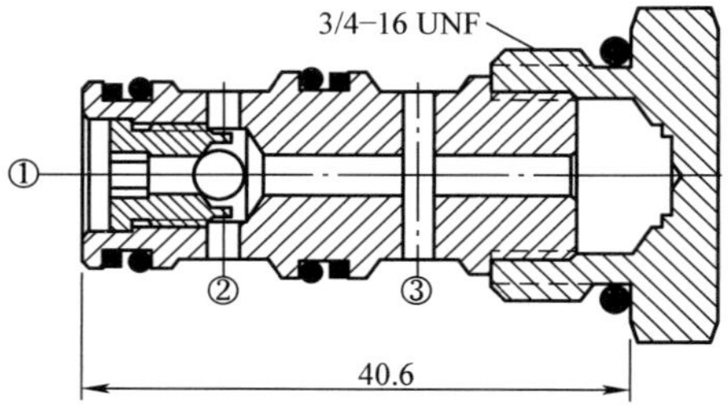<br>$p_{max}=42MPa$<br>$q_{max}=170L/min$ | 该阀判断在①口和③口处两个输入压力中的较高值，并且把它发送到②号出口，在②口输出压力的最高值。阀中的钢珠封住低压油路 | 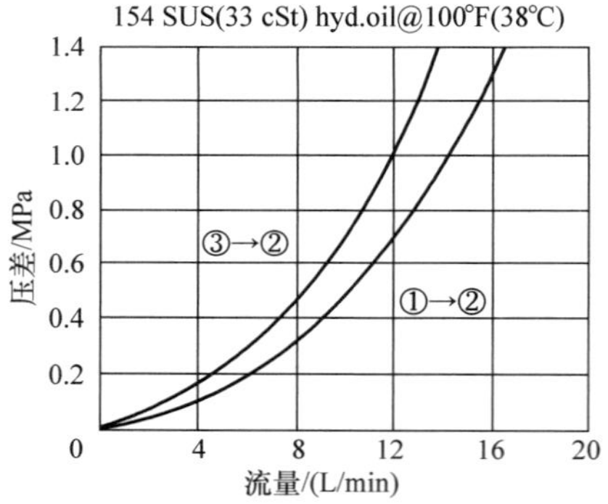 |
| 热油梭阀<br>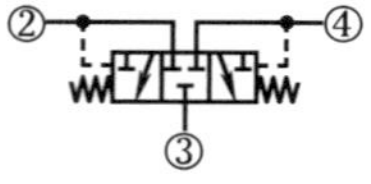<br>中位机能O型<br>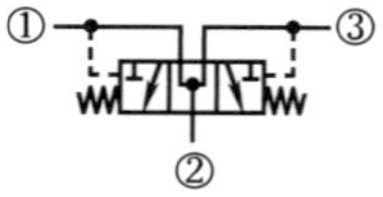<br>中位机能H型 | 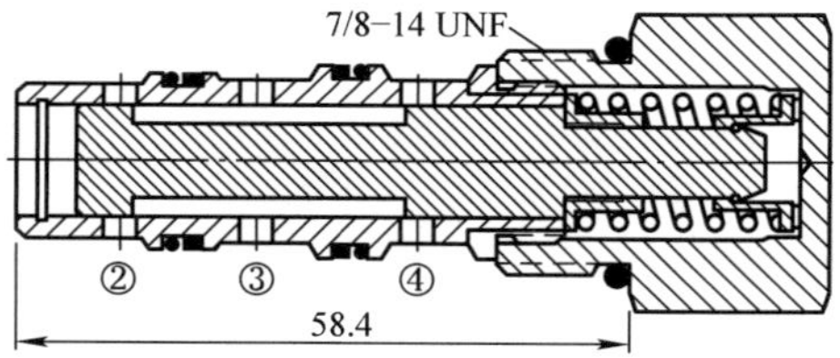<br>$p_{max}=42MPa$<br>$q_{max}=480L/min$ | 阀内部有一个先导控制的滑阀阀芯，它的两端分别承受各端的压力，从而沟通油液从低压口②或④进入，从③口输出 | 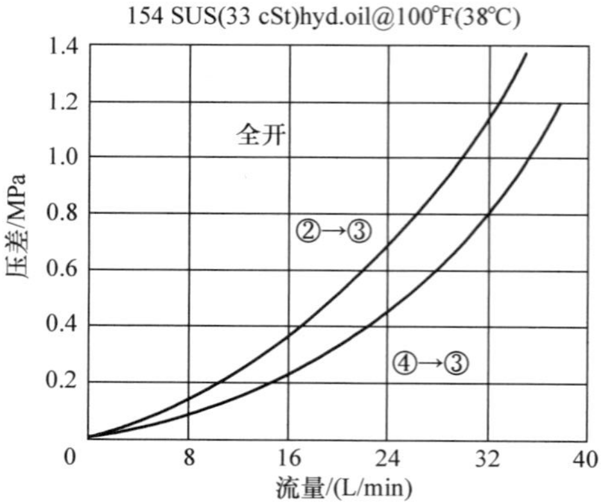 |

（续）

| 分类 | 元件结构 | 性能特点 | 性能曲线 |
|---|---|---|---|
| 梭阀组 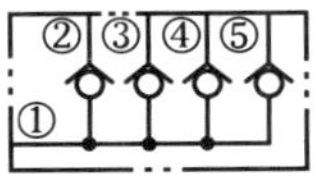  | 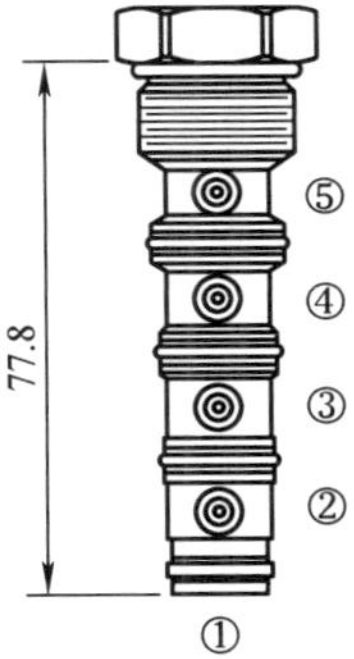  $p_{max}=24MPa$ $q_{max}=1.9L/min$ | 比较四个油路的压力，然后提供压力最高油路的压力信号，并截止其他三个油路。该阀允许油液从压力最高的油口（⑤、④、③或②）流向油口① | 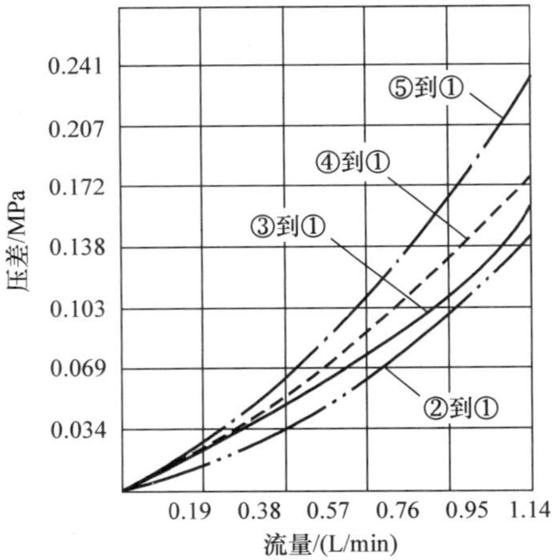  |
| 功能扩展梭阀 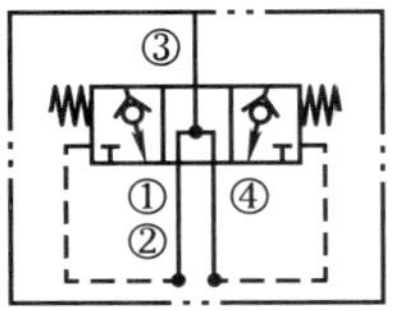  | 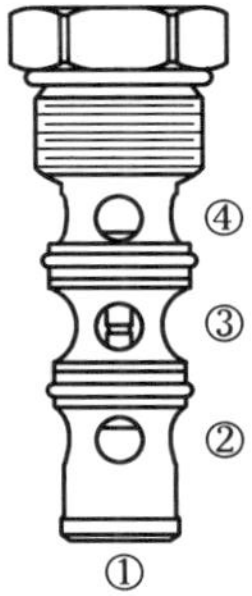  $p_{max}=24MPa$ $q_{max}=15L/min$ | 当两个储能器其中一个出现失压时，该阀可以用来防止出现制动或转向故障 | 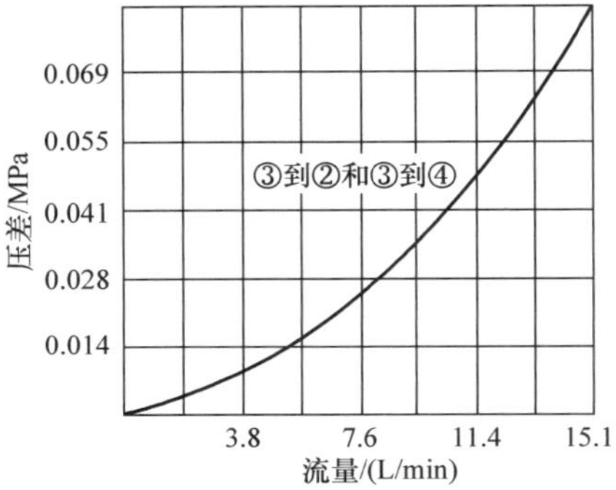  |

**7. 方向控制阀的结构、原理、性能与应用**

方向控制阀的功能就是控制液流的方向。与传统分类不同的是，过去在方向控制阀中将方向阀与单向阀归类在其中。在螺纹插装阀中，单向阀的归类对于不同公司有不同的分类，有的归类于运动控制阀；此时方向控制阀就只有方向阀。由于方向阀的操纵动力的不同分成手动方向阀、气动控制液压方向阀、液动方向阀及电磁方向阀四大部分（见表26-122）。在结构上有两大形式：锥阀与滑阀。按阀的内部作用可分为先导阀与主阀。按阀的原始位置状态又可分为常开与常闭。

**表26-122　螺纹插装方向控制阀按操纵动力分类**

| 按操纵动力 | 按工作位置 | 按油液通口数 | 按阀芯类型 |
|---|---|---|---|
| 手动方向阀 | 二位，三位 | 二通、三通、四通 | 滑阀、转阀 |
| 气动控制液压方向阀 | 三位 | 三通 | 滑阀 |
| 液动方向阀 | 二位，三位 | 二通、三通、四通、五通、六通（包括控制口） | 滑阀、锥阀 |
| 电磁方向阀/电液方向阀 | 二位，三位 | 二通、三通、四通、五通、六通 | 锥阀、滑阀、座阀 |

螺纹插装阀的方向控制结构型式与其他流量、压力控制阀的情况一样，它的品种规格都要比板式阀丰富。特别是螺纹插装二位二通与二位三通阀，这在板式方向阀中是没有的或者用价格较昂贵的板式球阀取代。在板式阀组成的系统中，如果要用到二位二通或二位三通阀，多是采用二位四通堵去多余的通口来替代，防漏保压的性能是无法达到要求的。也就造就了螺纹插装阀系统可以比传统板式阀的液压系统设计有更大的灵活性与创新性。

然而螺纹插装方向控制阀比起板式阀仍有差距或弱点：

① 板式方向阀中的电液方向阀的流量可以很大，达到960L/min（NG32）。但在螺纹插装阀中，就二位二通能够达到的最大流量在300～378L/min。但常用的三位四通螺纹插装阀，目前在样本上的最大流量范围相当于板式阀NG6通径的流量，一般在60L/min以下。尽管相当于板式阀NG10通径流量的螺纹插装方向阀已经开发出来的，但还没有上样本目录，给用户选用及应用带来不便。

② 目前螺纹插装方向阀中三位四通电磁方向阀品种少、流量偏小、中位机能开发远不及板式阀丰富、在阀块上三位四通电磁阀的高度较高，这是因为它必须将两个电磁铁叠在一起，这会给包装与运输带来不便。因此若要用螺纹插装阀全面替代板式阀，这是一个障碍，成本方面要与板式阀竞争还有些距离。或者说螺纹插装阀还需要有所发展，特别是在三位四通阀上需要有突破并被市场接受。从这个角度说，板式阀仍是当前的主流阀种之一。

③ 现在的板式阀压力等级都在向 35MPa 发展。很多螺纹插装阀品种如压力阀、流量阀、负载控制阀等的压力等级都提高到 35 ~ 42MPa。但螺纹插装方向阀的压力等级的提升进程较慢，除个别厂商的个别元件外几乎尚未向 42MPa 的等级发展，这是因为受到电磁铁吸力的限制。

目前在螺纹插装电磁阀提高压力与流量等级方面有两种思路：一种以 Sterling 等公司为代表的厂商，一方面加大电磁铁的功率，另一方面在阀的结构上采用先导控制，从而提高电磁阀的压力流量等级；另一种以 SUN 为代表，只发展小流量的电磁阀作为先导阀与有关液动阀、逻辑阀组合形成高压大流量电磁阀。前一种的技术难度较大，后一种的市场接受难度较大。但最终要由市场来决定哪种性价比更高。

表 26-123 给出了电磁方向控制阀的流量范围表。

**表 26-123　电磁方向控制阀的流量范围表**

| | | |
|---|---|---|
| 二位二通 | 锥阀 | 1 ~ 378L/min |
| | 滑阀 | 9 ~ 76L/min |
| 二位三通 | 锥阀 | 57L/min |
| | 滑阀 | 6 ~ 60L/min |
| 二位四通 | 滑阀 | 8 ~ 60L/min |
| 三位三通 | 滑阀 | 15 ~ 50L/min |
| 三位四通 | 滑阀 | 8 ~ 55L/min |
| 三位五通 | 滑阀 | 15L/min |
| 三位六通 | 滑阀 | 7.6 ~ 45L/min |

（1）电磁方向阀与电液方向阀　电磁方向阀是电磁铁操作的液压方向阀，属于直动式。电液方向阀是电磁阀为先导阀，然后控制后一级的液动阀。不过，螺纹插装阀中电液阀不像板式阀中的电液阀在结构、体积与价格上有明显差异，电液阀在使用上也无明显区别，因此在螺纹插装阀选型时，一般不会去强调它们的差异，都称为电磁方向阀。在样本中一般也不会加以区分。

1）电磁阀的功能介绍。板式电磁方向阀与螺纹插装电磁方向阀的作用一样，只是结构有变化（见图 26-191）。他们的作用包括执行器动作方向控制、卸荷、执行器保压、作为先导控制阀及电气联锁控制等。

① 执行器动作方向控制。操作电磁铁来切换阀芯的机能，可以改变系统液流方向，从而控制系统工作状态。如控制液压缸活塞杆的伸出与缩回或液压马达的正转与反转，注意电磁铁不通电也控制系统的一个工作状态，如执行器保压、液压缸再生回路等。

② 起卸荷作用，减少系统待命状态下的无用功。电磁阀的卸荷功能是指在系统待命状态下，如原动机起动、做准备工作期间，执行器不需要动作，但液压泵有

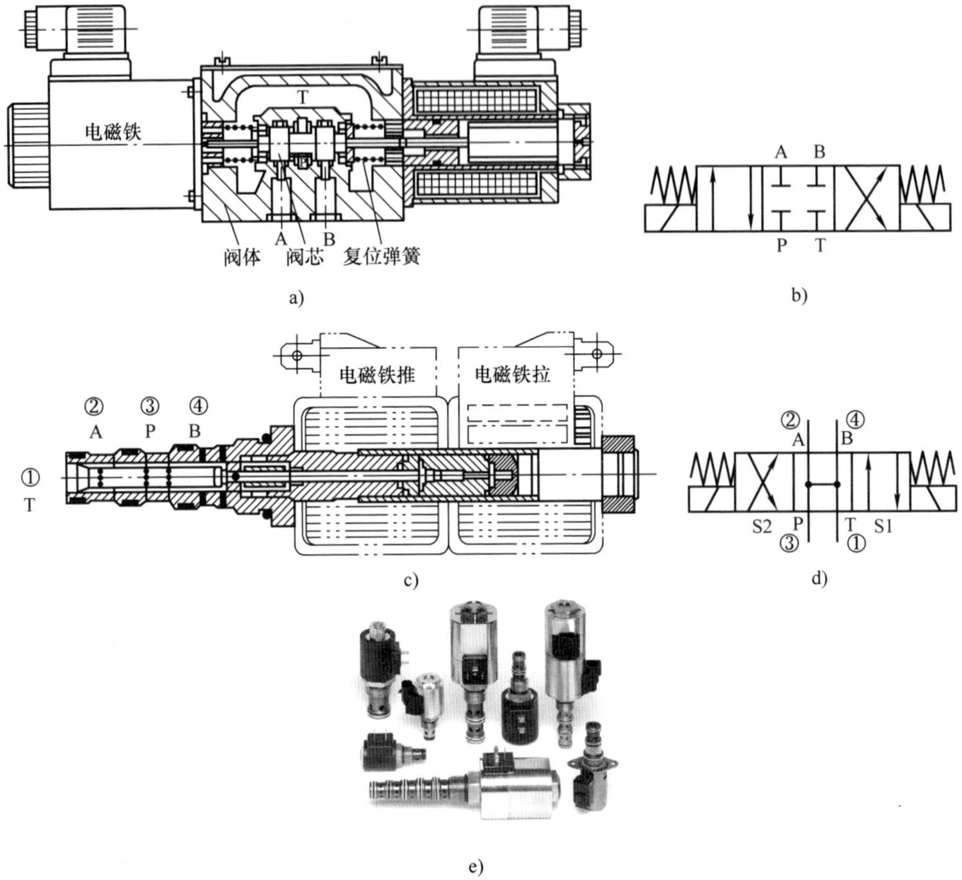


图 26-191　板式与螺纹插装电磁方向阀元件的对照

a）板式三位四通电磁阀　b）板式阀元件符号　c）螺纹插装三位四通电磁阀

d）螺纹插装阀元件符号　e）螺纹插装阀实物

相当大小的流量时，为防止系统产生压力而使得原动机起动困难或做无用功，将泵流量直接通回油箱。

电磁阀的卸荷功能不仅可以用在定量泵系统中，也可以用在采用负载敏感或者压力补偿泵的变量泵系统中。

在中位闭式的定量泵供油系统中，系统流量直接通过电磁阀流回油箱，可避免系统压力达到溢流压力而产生的功率损失和系统发热。

③ 执行器保压。采用“零泄漏”型球阀阀芯设计的二位二通或二位三通电磁阀可以替代液控单向阀起到执行器保压的作用。

④ 作为先导控制阀。二位二通或二位三通电磁阀与逻辑阀的控制口配合，作为其先导控制阀，可以发挥逻辑阀的大流量优势及电磁阀的控制灵活性。

⑤ 电气联锁控制。控制器检测关联动作是否被触发，决定电磁阀是否动作，进而实现整机液压系统的安全保护或顺序控制。

2）电磁阀的性能分析与选择。电磁阀的性能指标有：额定压力、额定流量、名义流量、内泄漏、换向及复位时间、切换频率、过渡机能、工作寿命（换向次数）、线圈功率、线圈插头防护等级。表 26-124 列出了电磁阀性能与应用的关系。

**表 26-124　电磁阀性能与应用的关系**

| 主要性能指标 | 性能曲线或表达 | 影响因素 | 选择因素 |
|---|---|---|---|
| 额定压力 21～35MPa | 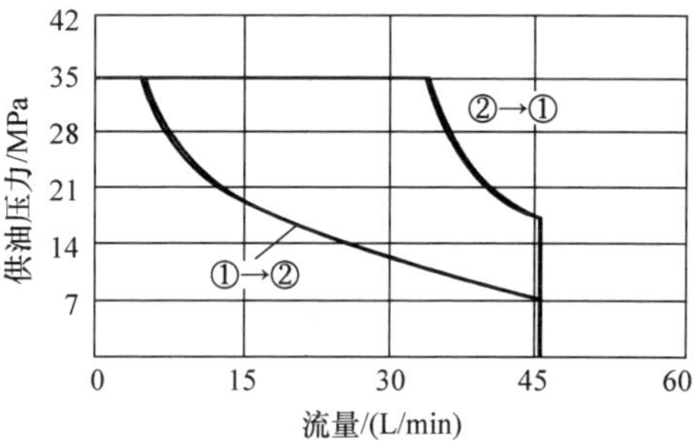<br>电磁方向阀工作范围功率图 | 本图显示了电磁阀压力流量工作范围，用以限定电磁阀性能可靠的工作压力范围<br>电磁阀阀芯受电磁吸力、液动力、复位弹簧力、内摩擦力的作用，电磁线圈功率限制了电磁阀的许用压力 | 一般工作压力应低于并接近额定压力<br>一般电磁阀各口除 T 口外额定压力相同<br>功率限制曲线少数厂家提供。一般仅以额定压力与流量的形式给出 |
| 额定流量 | 见上图（最大传递功率曲线） | 电磁阀的最大传递功率受额定压力与额定流量所限制 | 一般工作流量应低于并接近最大允许流量 |
| 名义流量 | 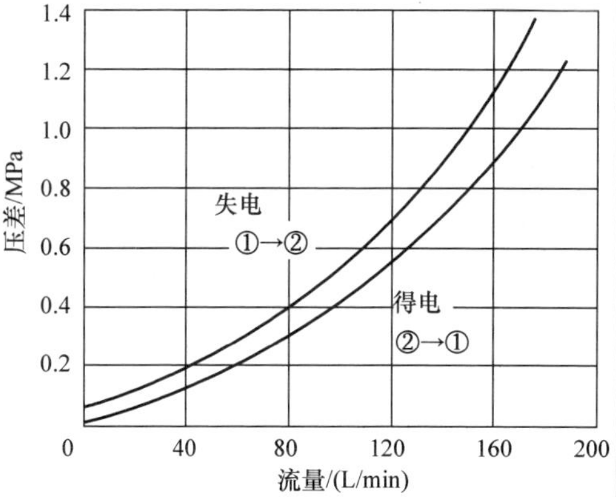 | 一般厂家样本都给出的名义流量是在压力损失为0.5～0.7MPa时定义的。以帮助用户快速区分不同流量等级的阀<br>最大许用流量往往大于名义流量，其参考价值有限 | 不同液流方向压力损失常常不同，而且不同的应用系统对允许的压力损失也不同，有些厂家样本干脆不给出名义流量，而是让使用者去查压差－流量曲线 |

（续）

| 主要性能指标 | 性能曲线或表达 | 影响因素 | 选择因素 |
|---|---|---|---|
| 内泄漏 | 在工作压力、油液黏度一定时，（通常为32cst）对电磁阀进行其内泄漏量测试（1滴=0.06mL）<br>阀芯结构：<br>滑阀型　<100mL/min<br>球阀型　<10滴/min<br>锥阀型<10滴/min | 采用较软的材料加工阀座，可以极大提升密封性能，但工作寿命受影响 | 球阀、锥阀结构元件内泄漏都可很小 |
| 响应时间（切换频率）80～500ms（2～12.5Hz） | 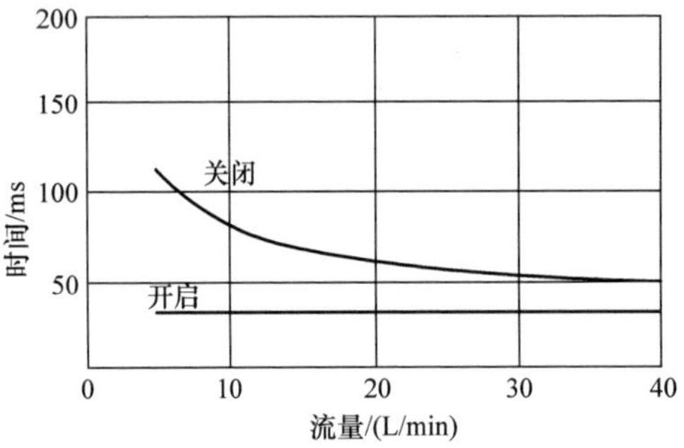 | 电磁线圈得电后，电磁吸力逐渐上升，失电后电磁力不能马上消失且存在一定的剩磁，阀芯流量越大，要求的电磁力越大，液动力也越大，这些限制了开/关电磁阀的工作频响 | 电磁阀的响应时间包括线圈得电后的阀芯运动时间与线圈失电后的阀芯运动时间。响应时间慢，可减少换向冲击，但限制了操作频率 |
| 换向时间与复位时间 | 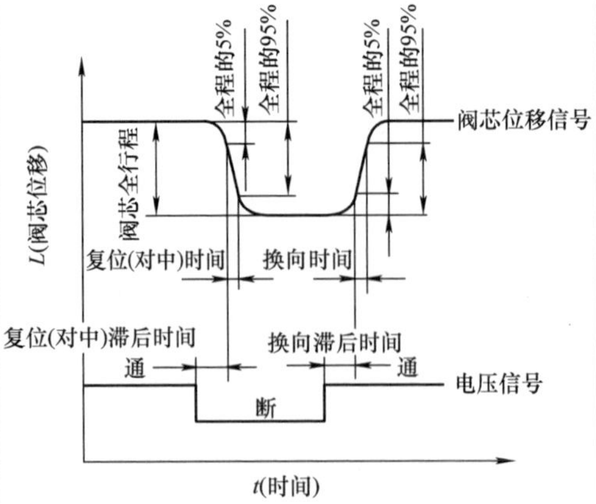 | 此动态性能与电磁铁的性能、弹簧的设置、阀芯运动的质量及阀运动的摩擦系数等均有关系 | 在螺纹插装方向阀的样本内曾经有提供，但目前很少厂商提供此类性能数据，但如果工程应用是高速运动状态，如冲击钻、破碎路面机等就需要这方面的性能要求与数据，可向厂家索取 |

（续）

| 主要性能指标 | 性能曲线或表达 | 影响因素 | 选择因素 |
|---|---|---|---|
| 过渡机能 | 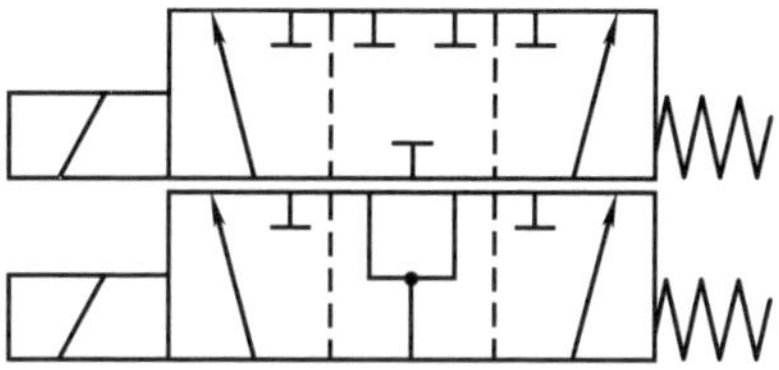<br>过渡机能在板式阀内有数十种 | 与结构型式有关<br>阀芯结构设计使切换时 P 口开口瞬间封闭即“正遮盖”，也可设计为开口互通即“负遮盖”；图示中间位置为二位滑阀的过渡机能 | 切换过程中，P 口瞬间封闭为开口“正遮盖”，产生瞬间高压。若切换中，开口相互连通，采用先导控制型阀，由于瞬间失去控制压力而有可能导致系统控制失灵<br>此问题易受忽视 |
| 工作寿命 | 按液压板式阀的标准方向阀动作 $10^6$ 次后容积效率不低于 80% | 与材质、加工精度及安装有关 | 目前厂家不提供此数据 |
| 线圈功率 15～35W | 电磁阀的驱动线圈功率、安装尺寸由每个具体厂家提供 | 电磁阀的工作压力、流量、结构设计、频响不会完全相同，各厂家间的电磁线圈不可通用 | 每款电磁阀，须根据相应的厂家指定的型号来选择线圈<br>一般推荐阀、线圈代号分开列写型号 |
| 线圈插头防护等级 IP65、IP67、IP69K | 根据 IEC 144 和 DIN 40050－9 规定进行测试 | 插头防护等级取决于插头的类型，另外也与加工与制造工艺有一定关系 | 用户会在其样本上标明各类型插头的防护等级。一般插头都能达到 IP65，如用户要求防水，需选择 IP67 甚至 IP69K |

3）螺纹插装电磁阀结构、性能特点与性能曲线见表 26-125。

（2）手动/机动方向阀、液动方向阀与气动方向阀　手动方向阀、机动方向阀、液动方向阀与气动方向阀是指由手操纵、机械力操纵、液压与气压来操纵阀芯运动的液压方向阀。因此与电磁方向阀相比，除去操纵力的动力不一样外，在性能与结构方面大体相同。因此对性能方面不再赘述。仅就它们各自的一些特点与选用做进一步的阐明。常用操作控制方式的图形符号见表 26-126。由于螺纹插装阀的元件标准目前未真正统一，这些图形符号在各厂家的样本中也各略有差异。螺纹方向阀结构、性能特点与性能曲线见表 26-127。

表 26-125 螺纹插装电磁阀结构、性能特点与性能曲线

| 分类 | 元件结构 | 性能特点 | 性能曲线 |
|---|---|---|---|
| 二位二通、单向截止锥阀、常闭、反向节流型电磁阀 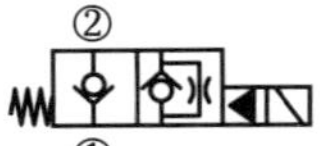  | 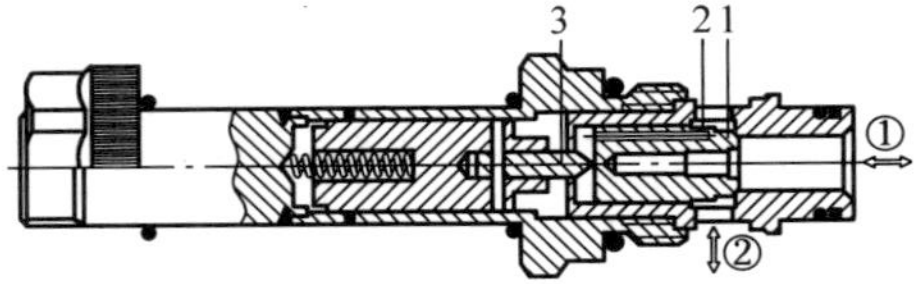  $p_{max}=35MPa$ $q_{max}=265L/min$ | 包括先导阀和主阀两部分，主阀芯1与阀体的台阶孔为锥密封，形成主阀口，先导阀芯3与主阀芯2上的小孔为锥密封，形成先导阀口。该阀采用“拉”式电磁铁。主阀芯1与先导阀芯3在弹簧作用下分别被压紧在各自的阀座上，主阀口、先导阀口关闭 | 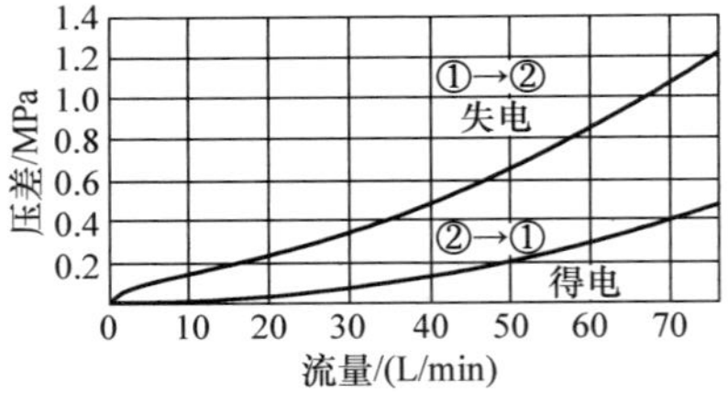  |
| 二位二通、单向截止锥阀、常闭、反向通流型电磁阀 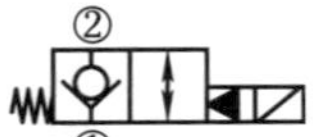  | 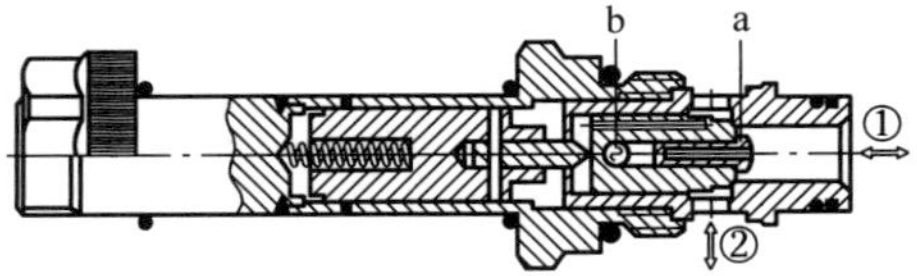  $p_{max}=42MPa$ $q_{max}=230L/min$ | 由于节流型电磁阀在压力作用在①口，线圈得电时，压力可通过先导口、阻尼孔连通②口，产生的压降将主阀芯关闭而使得①→②得电时严重节流。反向通流型由于增设了球阀芯b，先导口被其关闭，①口处的压力无法通过其到阻尼孔产生压降，而是将主阀芯连同先导阀芯一起被提起，①→②在线圈得电时同样自由流通 | 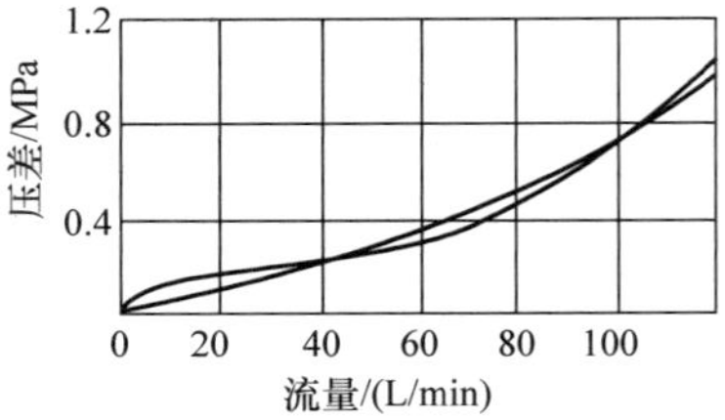  |

（续）

| 分类 | 元件结构 | 性能特点 | 性能曲线 |
|---|---|---|---|
| 二位二通、单向截止锥阀、常开、反向节流型电磁阀<br>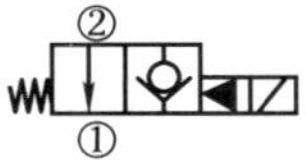<br> | 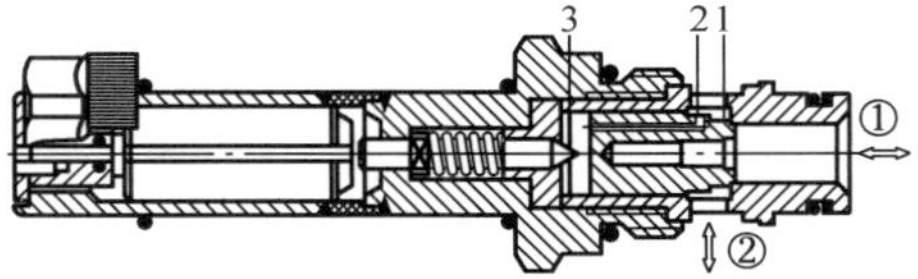<br><br>$p_{max}=35MPa$<br>$q_{max}=265L/min$ | 普遍采用先导控制结构<br>阀有先导与主阀部分<br>采用锥阀芯<br>进油口可安装滤网以保护主阀芯上的阻尼孔 | 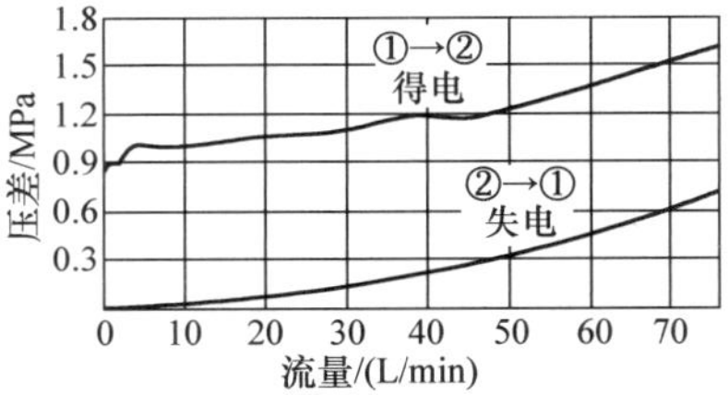<br> |
| 二位二通、单向截止锥阀、常开、反向通流型电磁阀<br>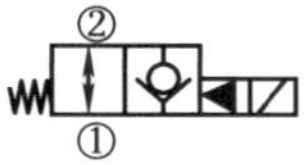<br> | 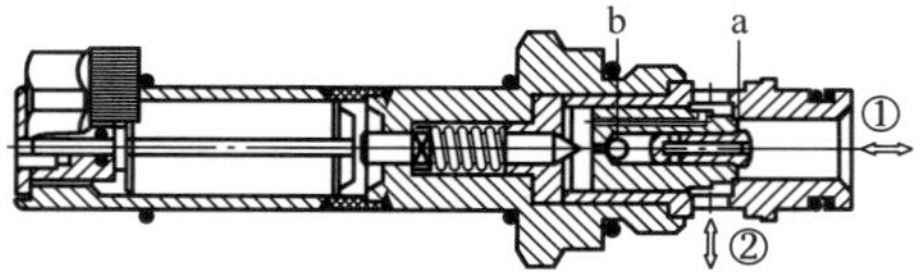<br><br>$p_{max}=42MPa$<br>$q_{max}=265L/min$ | 由于节流型电磁阀在压力作用在①口，线圈失电时，压力可通过先导口、阻尼孔连通②口，产生的压降将主阀芯关闭而使得①→②失电时严重节流。反向通流型由于增设了球阀芯 b，先导口被其关闭，①口处的压力无法通过其到阻尼孔产生压降，而是将主阀芯连同先导阀芯一起被提起，①→②在线圈失电时同样自由流通 | 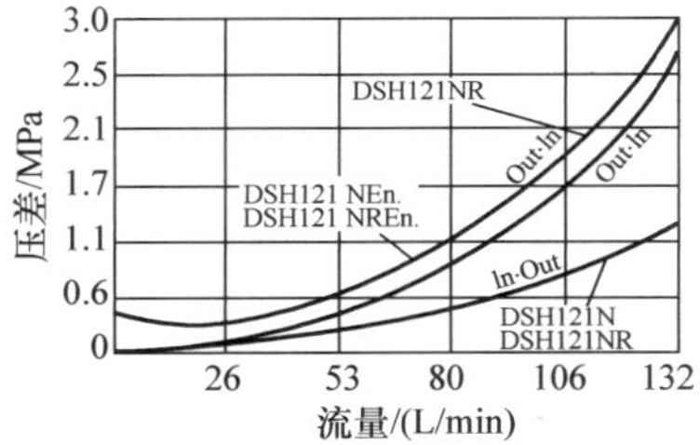<br> |

**表 26-126　常用操作控制方式的图形符号**

| 操作<br>控制方式 | 手动控制 | | | 液动<br>控制 | 气动<br>控制 | 机动<br>控制 | 电磁<br>控制 | 电液<br>控制 |
|---|---|---|---|---|---|---|---|---|
| | 按钮式 | 手柄式 | 踏板式 | | | | | |
| 符号 |  |  |  |  | 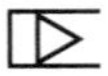 | 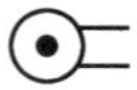 |  |  |

**表 26-127　螺纹方向阀结构、性能特点与性能曲线**

| 分类 | 元件结构 | 性能特点 | 性能曲线 |
|---|---|---|---|
| 手动方向阀<br>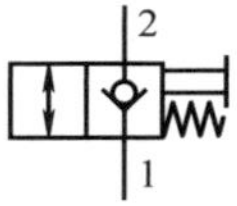<br> | 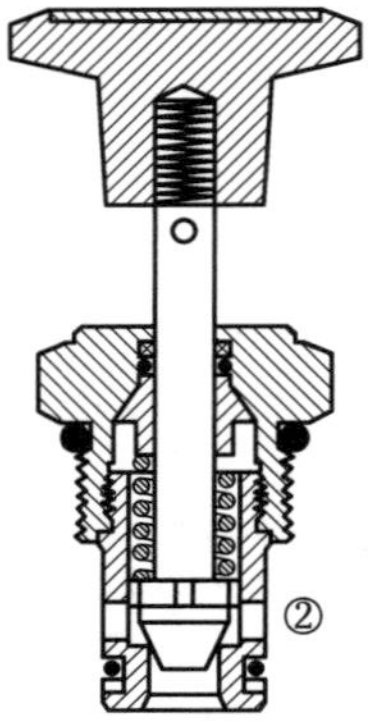<br><br>$p_{max}$ =24MPa<br>$q_{max}$ =75L/min | 直动式，滑阀阀芯，有锁定机构或无锁定<br>由于头部由用户自行安装，须注意定位销<br>手柄形式可以多样，方便用户的习惯，也考虑美观性 | 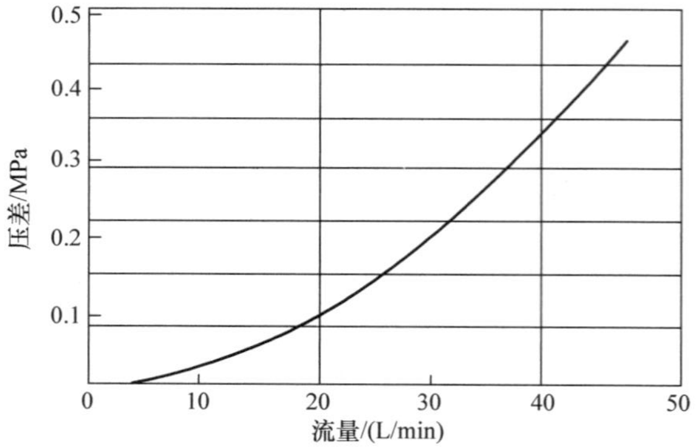<br> |

（续）

| 分类 | 元件结构 | 性能特点 | 性能曲线 |
|---|---|---|---|
| 液动方向阀 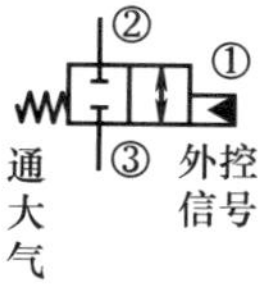  | 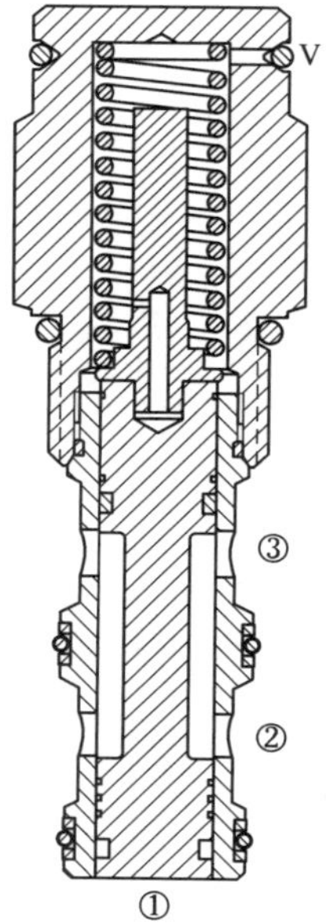  $p_{max}=42MPa$<br>$q_{max}=480L/min$ | 为滑阀形式；通径在 NG10、NG12、NG16、NG20 以致达到 M45 的最大通径，保证大流量，有的厂家也采用先导结构增大流量 | 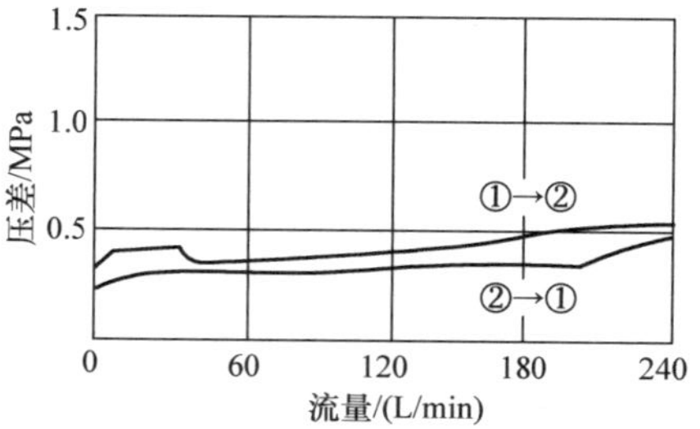  |

（续）

| 分类 | 元件结构 | 性能特点 | 性能曲线 |
| --- | --- | --- | --- |
| 气动液动阀 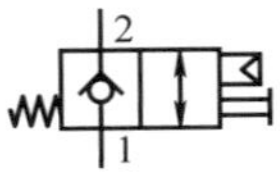  | 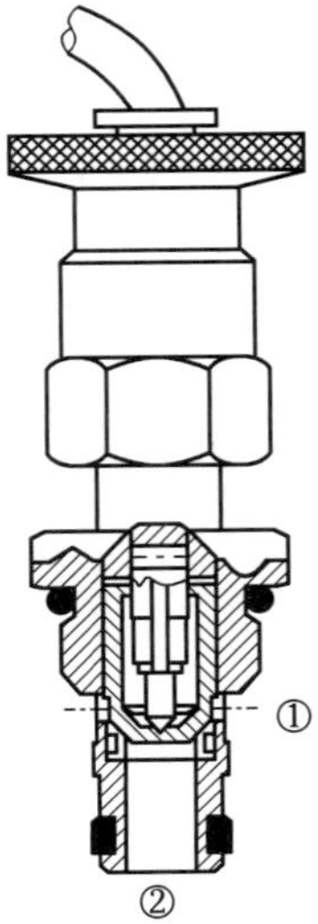  $p_{max}=35MPa$<br>$q_{max}=68L/min$ | 气动液动阀采用了气动先导阀，然后液压部分作为流量放大作用，这是因为气动的压力极低，因此采用锥阀式先导阀，由于驱动锥阀直径可以很小，因此气动驱动力就可以不用很大，从而满足了阀上部的气动执行机构部分的直径可以较小的目的 | 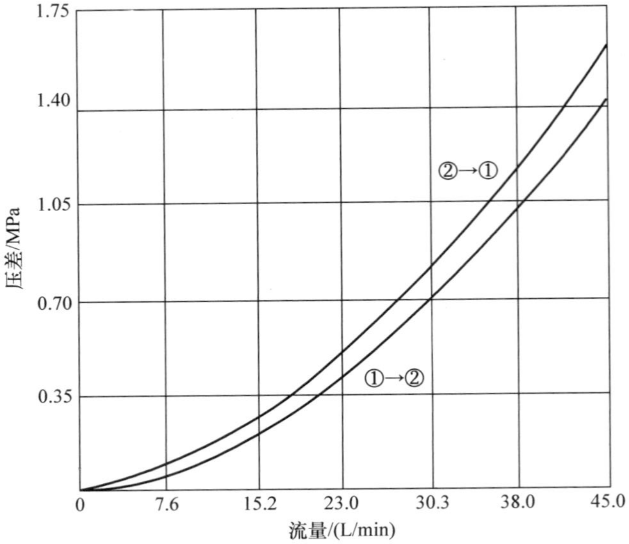  |

## 8. 逻辑元件

迄今为止，与前述的功能阀诸如压力阀、流量阀与方向阀等相比，逻辑元件的使用不很普遍。原因之一是这种品种可变化并在发展，而元件与系统设计者和应用工程技术人员之间都对对方的技术内涵不够熟悉，因而“曲高和寡”。尤其在我国，螺纹插装阀是 20 世纪 90 年代才开始出现的，认识会相对迟缓。如果使用逻辑元件的话，会扩大并充分利用螺纹插装阀的各种应用回路及其灵活性，也可扩大它的流量范围，达到性能好且成本低的效果。逻辑元件结构简单，也便于维修与故障判断。

（1）逻辑元件的功能介绍　螺纹插装阀与传统阀种有一个显著的不同就是有丰富的逻辑元件品种，其功能符号也随之扩展，令人眼花缭乱。不同厂家对逻辑元件的分类有所不同，例如 SUN、丹佛斯（Comatrol）、伊顿等归类为逻辑元件（Logic Element），海德福斯称之为补偿元件（Compensator），将其归类于流量阀之中。无论是“Element”还是“Compensator”，其意都在于逻辑元件不是单独使用，一般它需要与其他主功能元件配合才能成为功能阀，从而达到需要的新性能或者使流量有所放大。此主功能元件并不一定是先导作用，因此该逻辑元件又用补偿元件名称来代表它的功能。

简而言之，逻辑元件有以下两个作用：

一是对主元件起补偿作用，达到此主元件的性能要求。这与板式阀中的压力补偿阀（如负载敏感）、流量补偿阀（如节流阀前后的定差减压阀）的作用一致。

二可以在一定的先导元件组合下达到流量放大的作用。在这种情况下，与二通插装阀有相似之处。

在实际应用时，以上作用有时是二者兼而有之。正因为如此，逻辑元件（见图 26-192）在结构上与功能上与二通插装阀有时完全不同，有时又几乎很相像。

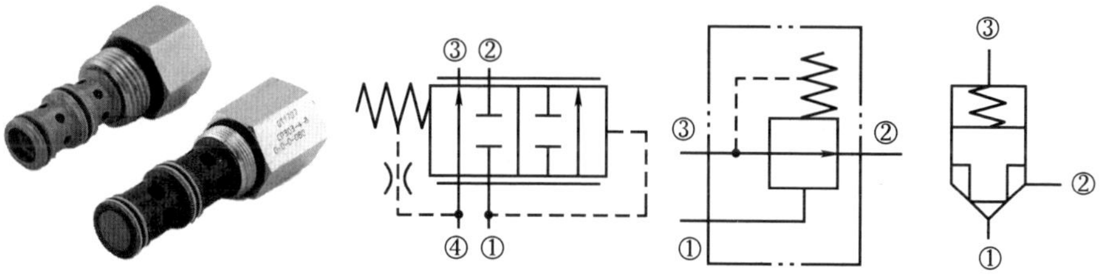


a)　　b)　　c)

图 26-192　逻辑元件及其符号

a）逻辑元件　b）滑阀型逻辑元件符号　c）锥阀型逻辑元件符号

逻辑元件及其符号如图 26-192 所示。各厂家对逻辑元件的符号表达差异较大，在分类上也不统一。这反映了各厂家在开发这类产品的不同理念与目的，技术设计时的产品结构差异也大。例如，海德福斯等公司就将其他公司列为逻辑元件的部分列为流量阀的一部分，是作为流量阀的压力补偿。在元件符号的表达方面也十分不一致，有的用方向阀元件符号表达，有的用压力阀元件符号来表达，有的又用比例阀元件符号来表达，在表达中又叠加上各自的结构特点所形成的功能符号，使之无可适从；只有对其中锥阀结构采用与二通插装阀一致的符号方面各厂家比较统一。螺纹插装阀的分类、符号、名称都较乱，在逻辑元件中更为明显。然而伊顿－威格士对逻辑元件的应用较全面，理念较其他公司有独到之处，即除去补偿功能外，还从用逻辑元件组成各种压力、流量与方向元件的角度去挖掘逻辑元件的发展性与灵活性。本节以该公司的分类为基础加以阐述。

（2）逻辑元件的分类、结构及性能　由于逻辑元件的功能比较丰富，各厂商无论产品还是分类都有所不同。在此，从应用的角度加以分类，按逻辑元件所用的场合，即压力、流量与方向等补偿功能的场合进行归类。螺纹插装逻辑元件结构、性能特点与性能曲线见表26-128。

**表26-128　螺纹插装逻辑元件结构、性能特点与性能曲线**

| 分类 | 元件结构 | 性能特点 | 性能曲线 |
|---|---|---|---|
| 压力补偿器件<br>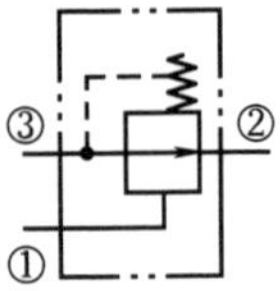 | 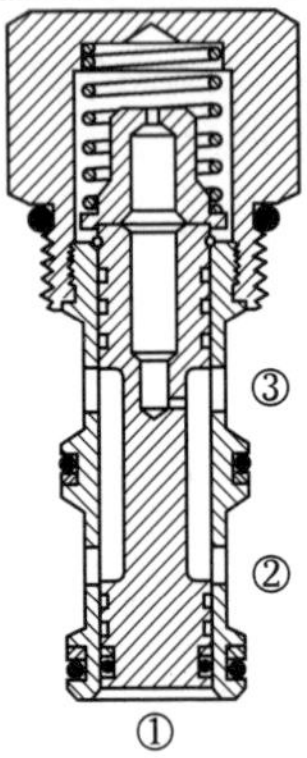<br>$p_{max}=35MPa$<br>$q_{max}=284L/min$ | 当任何节流阀与压力补偿器件并联后，③口与节流阀出口相连，①口与节流阀进口相连，②口的流量就可以与下游负载压力的变化无关。流量与阀内所选压差或弹簧刚度有关，取决于用户系统对流量的要求 | 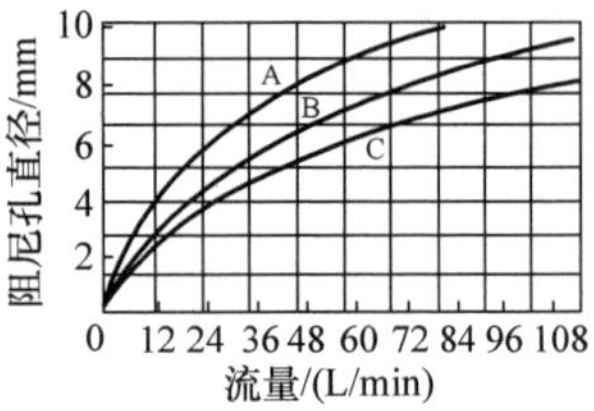 |
| 优先型压力补偿器件<br>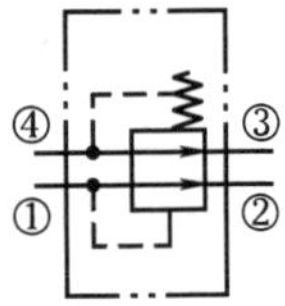 | 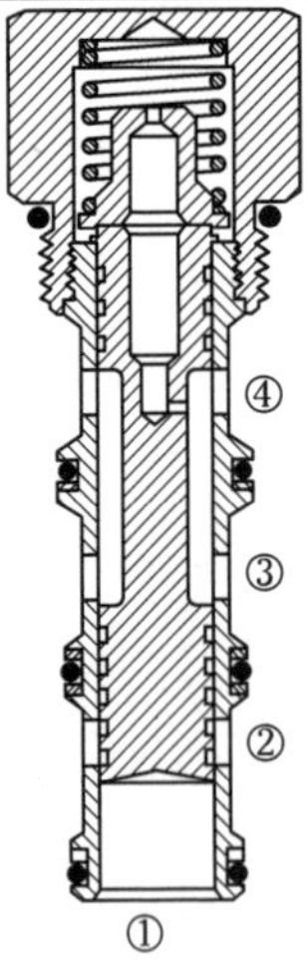<br>$p_{max}=35MPa$<br>$q_{max}=340L/min$ | 当任何节流阀与优先型压力补偿器件并联后，④口与串联的节流阀出口相连，①口与节流阀进口相连，③口的流量就可以与下游负载压力的变化无关。②口的流量是③口流量的分流。③口的流量与所选的阀内压差有关，取决于用户系统对流量的要求 | 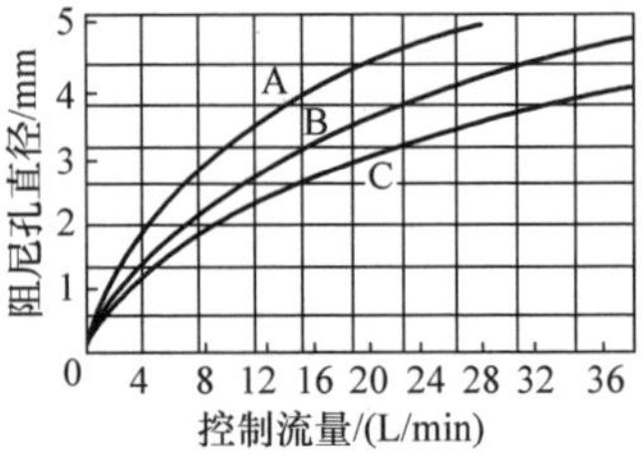 |

（续）

| 分类 | 元件结构 | 性能特点 | 性能曲线 |
|---|---|---|---|
| 压差敏感阀 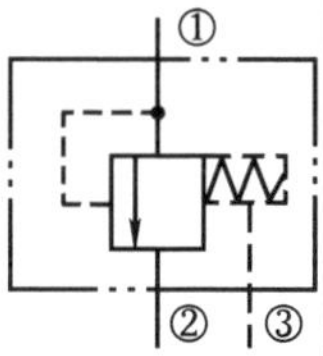  | 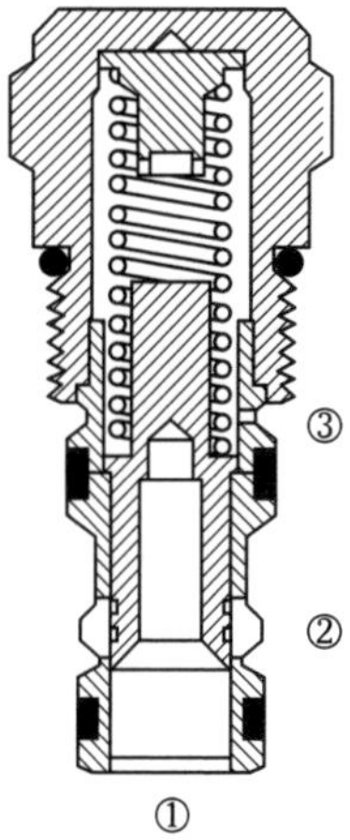  $p_{max}=35MPa$<br>$q_{max}=640L/min$ | 压差敏感阀可以用于压力、流量与方向回路，其很接近已有的二通插装阀，与相应的先导元件组成新的功能阀与流量更大的对应阀。压差敏感阀与压力补偿器件的结构、功能有相近之处，但不同点在于压差敏感阀是失压时通路即常开，而压力补偿器件是加压时通路即常闭；从结构看，压差敏感阀在非弹簧腔施加控制，压力补偿器件在弹簧腔施加控制 | 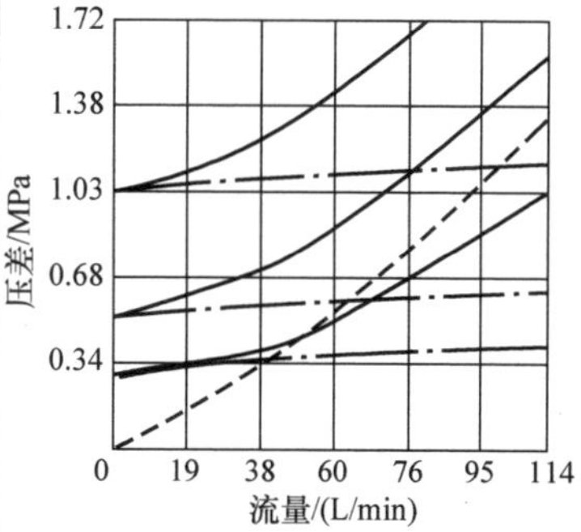  |

**9. 螺纹插装阀为基型的其他阀种元件**

将螺纹插装阀作为基本要素，与有关传统的连接方式结合起来，如与管式、叠加式、板式、甚至二通插装阀等结合，形成螺纹插装管式阀、螺纹插装叠加阀、螺纹插装板式阀及螺纹插装为先导阀的二通插装阀或螺纹插装式的二通插装阀，丰富了液压阀的品种与规格，也为系统设计提供了更多的可能性，在实践中可以根据实际情况进行综合，使系统总成可以在各种条件与资源下，又快又省又好地满足工程要求。本节不准备详细阐述其各品种的工作原理与有关应用，只是通过重点介绍开阔螺纹插装阀发展思路与了解厂家提供的各种产品。其他阀种元件结构、性能特点与性能曲线见表 26-129。

## 26.9.6 螺纹插装比例阀及其数智化

**1. 螺纹插装比例阀的特点与性能指标**

螺纹插装比例阀主要包括电液转换元件（比例电磁铁）和插装式阀芯两部分。电磁铁通过输入电流信号而驱动阀芯，从而控制流量、压力或方向。

螺纹插装比例阀与板式比例阀相比，是一种紧凑型比例阀产品，具有应用灵活、节省管路和成本低廉等特点。它在体积、尺寸、成本价格及组合灵活性等方面有优势外，在最高端的性能方面尚有差距，如频响、迟滞、重复精度等方面均不及板式比例阀。由于只是采用开环控制，无校正器件或环节，所以内部油液泄漏、油液的压缩性、摩擦、零点漂移、线型误差、磨损等引起的误差，会影响输出信号而无法得到补偿，使性能受到影响。例如，其滞环会达到 5% ~10% 。

**表 26-129 其他阀种元件结构、性能特点与性能曲线**

| 分类 | 元件结构 | 性能特点 | 性能曲线 |
| --- | --- | --- | --- |
| 螺纹插装型手动泵<br>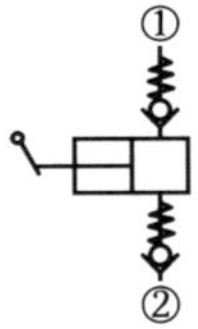 | 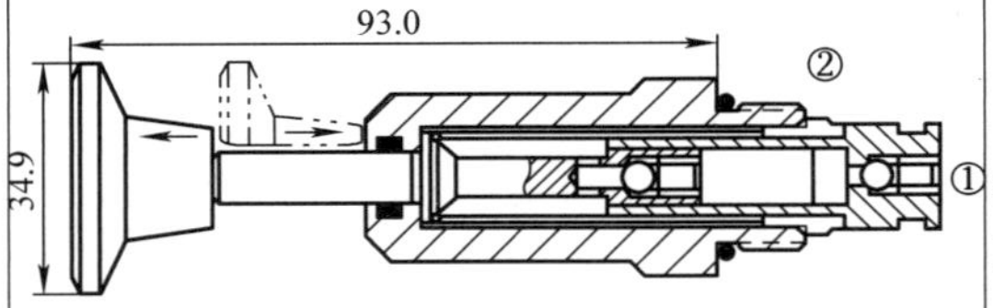<br>$p_{max}=31.5MPa$<br>$q_{max}=21L/min$ | 采用两个球阀（滚珠）作为进油口与出油口的单向阀，保证油的吸入与进入高压系统。驱动力是人力，因此流量不会很大 | 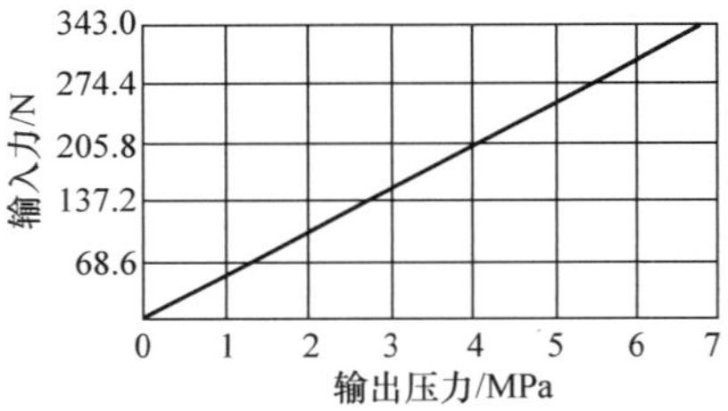 |
| 螺纹插装型叠加阀<br>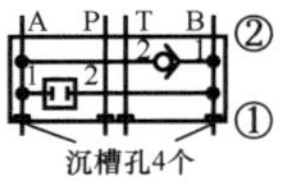 | 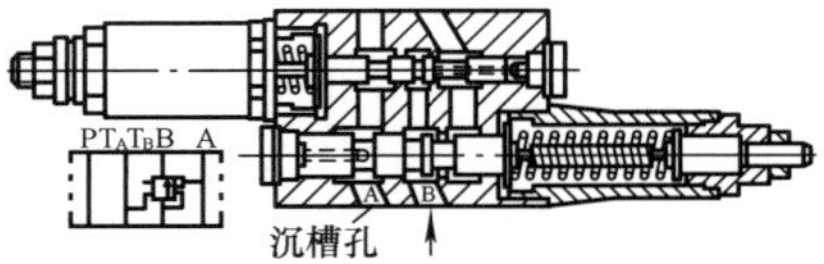<br>$p_{max}=21MPa$<br>$q_{max}=105L/min$ | 传统叠加阀块不允许翻面，底面必须是带 O 形圈的沉槽孔。对于螺纹插装阀型叠加阀阀块，不一定有此沉槽孔，此时的叠加阀可以翻面使用，就可以带来不同的功能，但此时需要增加一块带有 O 形圈的密封垫 | — |
| 螺纹插装管式梭阀<br>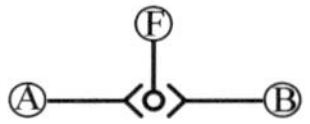 | 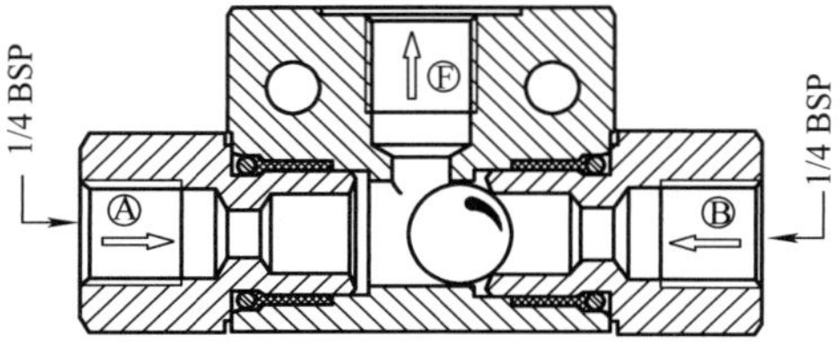<br>$p_{max}=35MPa$<br>$q_{max}=45L/min$ | 螺纹插装管式梭阀是组装在外管路之中，该阀判断两输入压力中的较高值，并且把它发送到输出口 | 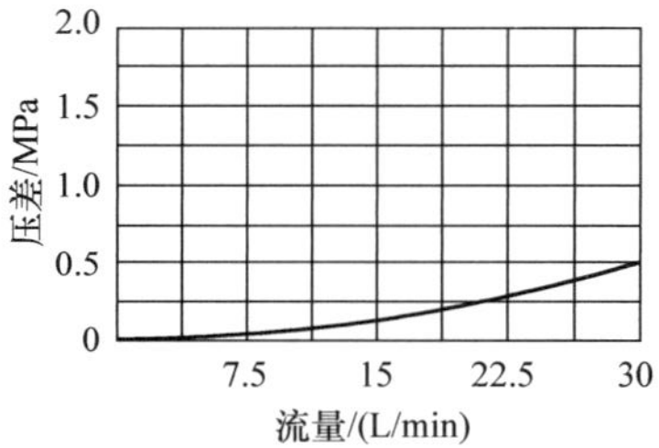 |

（续）

| 分类 | 元件结构 | 性能特点 | 性能曲线 |
|---|---|---|---|
| 螺纹插装型管式单向阀<br> | 内螺纹连接<br>外螺纹连接<br>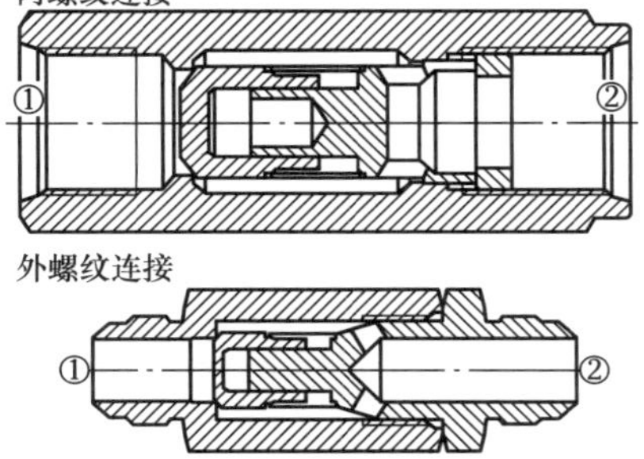<br>$p_{max}=35\text{MPa}$<br>$q_{max}=310\text{L/min}$ | — | 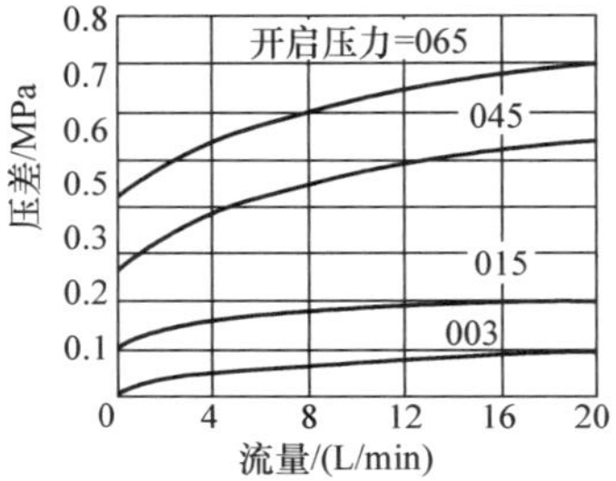 |
| 螺纹插装型板式电磁阀<br>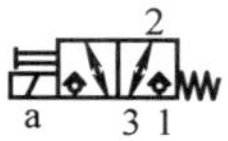 | 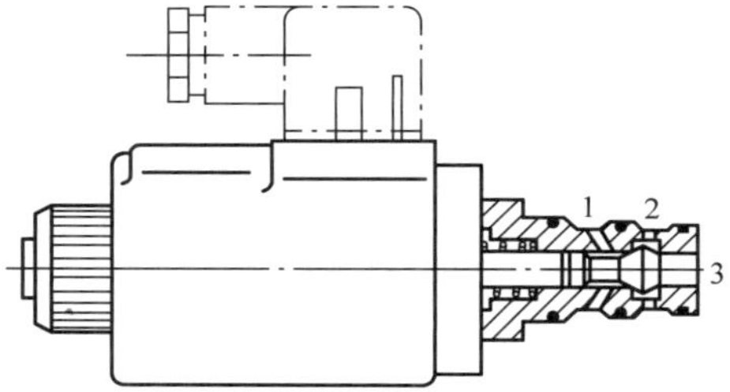<br>$p_{max}=35\text{MPa}$<br>$q_{max}=20\text{L/min}$ | 螺纹插装型板式电磁阀是可以达到内泄漏为零的电磁阀，它比现有的内泄漏为零的板式球阀的结构简单，成本低 | 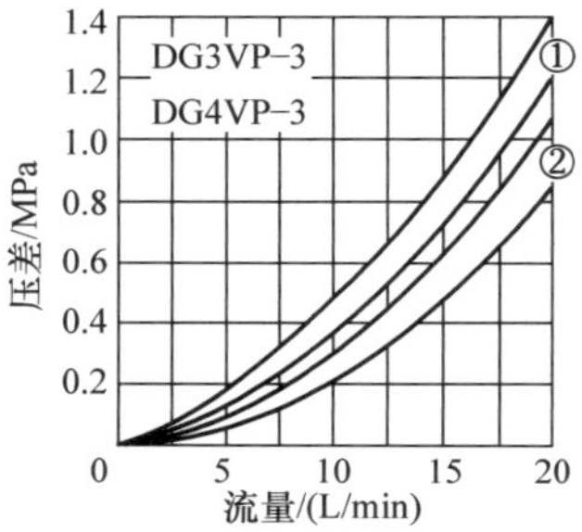 |

（续）

| 分类 | 元件结构 | 性能特点 | 性能曲线 |
| --- | --- | --- | --- |
| 螺纹插装型二通插装阀<br>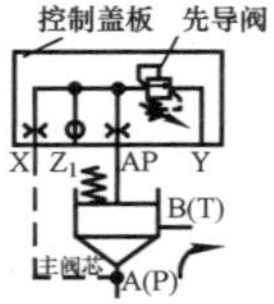<br> | 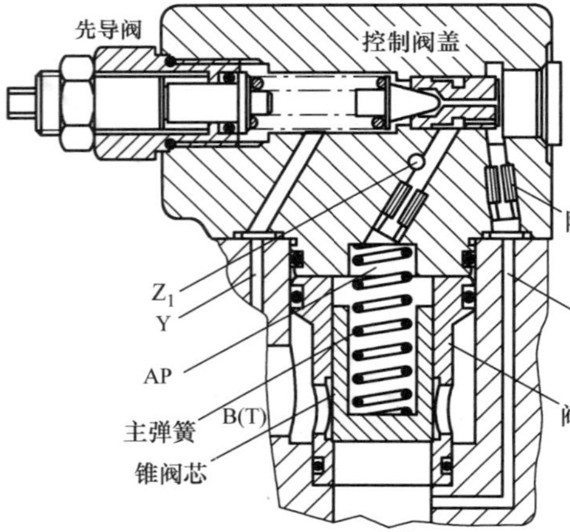<br><br>$p_{max}=35MPa$<br>$q_{max}=16000L/min$ | 螺纹插装阀的结构灵活，采用传统的二通插装阀 + 作为先导阀的螺纹插装阀，这样主要减少了二通插装阀控制盖板的加工难度，使控制功能所需要的加工更简单、形式与性能更丰富，维修调试更简单 | — |

螺纹插装比例阀的性能不及工业用板式比例阀的原因在于，螺纹插装本身结构。由于螺纹插装的结构型式，在比例阀的头部加上位移传感器是有困难的，即使加上去也因为高度太高，产生若干其他问题，因此目前螺纹插装比例阀还没有闭环形式，都是开环的。这种位移电反馈要在先导级与主阀级同时施加更是困难的，除非将先导与主阀分置，因此螺纹插装比例阀的最高精度要超过板式阀的难度很大。迄今为止，螺纹插装比例阀在性能参数、静态性能与动态性能方面与板式比例阀相比都存在比较大的差距，螺纹插装比例阀的控制精度与频响都提高不上去。因此螺纹插装比例阀目前的主要市场是针对工程机械液压方面。但是有差距就有提高的空间与余地，因此今后螺纹插装比例阀仍将有很大的发展空间。

螺纹插装比例阀包括比例压力阀、比例流量阀、比例方向阀等，它的形式和种类很多（见图 26-193）。与电子电气及计算机控制器组成各种电液模拟与数字系统，广泛应用于需要控制精度高、安装使用灵活、抗污染能力强的场合。近年来研发生产的螺纹插装比例阀充分考虑到了工程机械的使用特点，不仅具有先导控制，还增加了负载敏感和压力补偿等功能。螺纹插装比例阀配合电气控制运用到换挡、转向、制动和工作装置上，提升了工程机械的电子电气控制技术水平，逐渐成为机、电、液综合应用的接口。由于其成本较低，在工业液压方面应用也在不断增加。

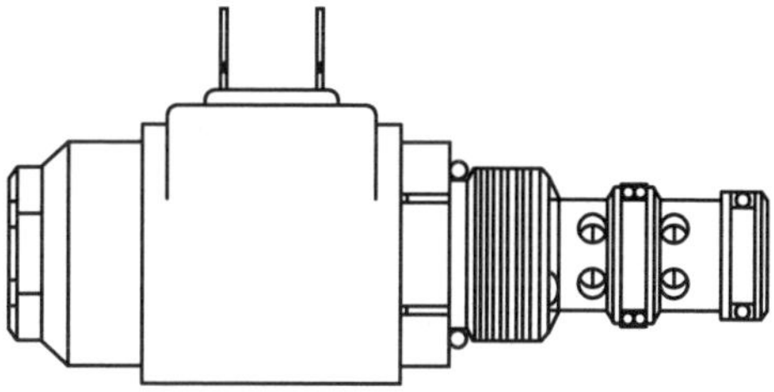

图 26-193　螺纹插装比例阀照片与外形图

螺纹插装比例阀的性能指标与工业用板式比例阀也是一致的。但是没有螺纹插装伺服阀。这说明螺纹插装结构给液压阀发展带来很多优点的同时，由于安装传感器空间的限制，也对这种形式向高速高精度比例伺服元件方向发展造成不利影响。

螺纹插装比例阀的性能指标体系与工业用板式比例阀与比例伺服阀是一致的。表 26-130列出了螺纹插装比例阀（压力）性能与应用的关系。

**2. 螺纹插装比例压力阀**

螺纹插装比例压力阀的性能指标有压力阀的静态与动态性能，以及比例电磁铁的静态与动态性能两个方面。作为压力阀，静态指标是额定压力、额定流量、调压范围、压力振摆、压力偏移、内泄漏、卸荷压力、压力损失、开启特性、闭合特性及稳态压力流量曲线，而动态指标是压力超调量、压力超调率、超调时间、卸荷时间、建压时间与瞬态稳定时间等。

然而对于比例阀而言是电液调节控制，电磁铁的调节性能更为重要，影响对于阀的选择与判断。表 26-131 列出了螺纹插装比例溢流阀结构、性能特点与性能曲线。

表 26-130 螺纹插装比例阀（压力）性能与应用的关系

| 主要性能指标 | 性能曲线或表达 | 影响因素 | 选择因素 |
|---|---|---|---|
| 额定压力与流量 | 额定压力：21～31.5MPa<br>额定流量：1.0～1.89L/min | 主要由比例电磁铁的吸力与行程所决定；并与阀是否采用先导结构有关 | 根据应用工况计算后确定；但比例阀选择与方向阀有区别，使工作压力与额定压力尽可能靠近，以增大控制的分辨力 |
| 调压范围 | 厂家设置1～7级（一般3～4级）调压段：如0.7～7MPa、1.4～13.8MPa、3.5～24.8MPa、10.5～34.5MPa等 | 厂家按调压级配置弹簧，使弹簧 $K$ 值尽量小，以降低带来的压力偏移。每级调压之差越小，调压偏差越小 | 尽可能将溢流阀的工作压力选择在调压段内，改善流阀稳压性能<br>当工况需要调压范围大时，要考虑对调压误差大的影响 |
| 开启特性：<br>阀打开输出流量时的压力就被称作开启压力<br>直到压力降低到能使弹簧关闭阀口，这个压力叫作关闭压力 | 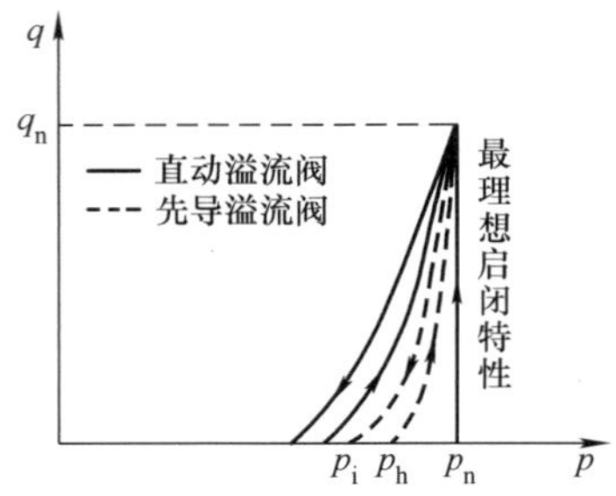 | 由左图可见，先导溢流阀比自动溢流阀现接近理想曲线 $a$。关闭压力通常是开启压力的70%～80%。关闭特性取决于迟滞特性 | 对调压精度要求高时尽量选用先导溢流阀；但先导溢流阀比直动溢流阀多了一个先导阀的响应环节，因此它的动态响应比同流量的直动溢流阀要慢 |
| 迟滞特性 | 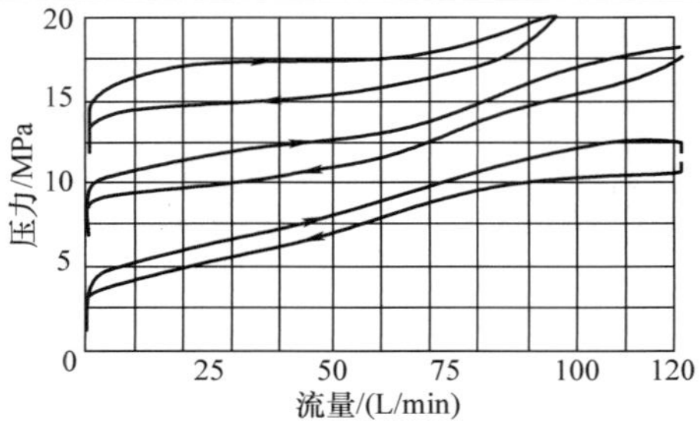 | 如何控制元件内运动摩擦副的摩擦力越小，运动不同方向产生的性能差异就越小，是造成溢流阀调压波动的非线性因素 | 一般样本不提供开启关闭特性及迟滞特性曲线，用户无法自行判断。由于它取决于安装精度，即元件制造质量，所以用户通过选择品牌来保证该性能 |

（续）

| 主要性能指标 | 性能曲线或表达 | 影响因素 | 选择因素 |
|---|---|---|---|
| 内泄漏 | 与阀芯结构型式有关<br>滑阀型：泄漏<br>球阀型：1 ~ 10 滴/min<br>锥阀型：1 ~ 10 滴/min | 与结构型式及制造质量有关。一般厂家元件的内泄漏在 5 ~ 6 滴/min | 螺纹插装阀所有球阀、锥阀结构元件内泄漏都可很小，这是该阀种的优势之一<br>内泄漏影响耗能发热，影响保压回路性能 |
| 卸荷压力损失/最小可调压力 | 卸荷压力损失低于最小可调压力 | 这与弹簧的预压缩量有关，各厂家有所区别<br>不同厂家一般给出其中一个曲线 | 最小可调压力值视工况需要，一般系统没有要求<br>卸荷压力损失关系到系统发热，可供计算评估 |
| 压力超调量与超调时间 | 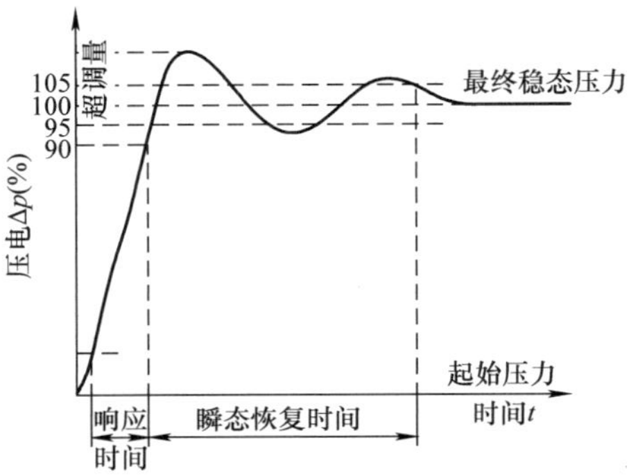 | 与元件总体设计有关，如质量、摩擦副、弹簧配置、阻尼孔尺寸及加工制造等<br>响应时间 $t = 2 \sim 10\text{ms}$，该时间与通径有关 | 样本不会提供，用户只能从结构型式去选用。例如直动式、差动式比先导式的响应快，但超调量会大等 |

**表 26-131　螺纹插装比例溢流阀结构、性能特点与性能曲线**

| 分类 | 元件结构 | 性能特点 | 性能曲线 |
|---|---|---|---|
| 比例直动式溢流阀<br>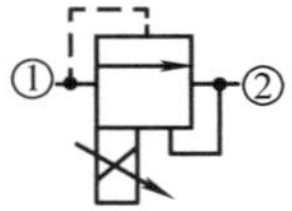 | 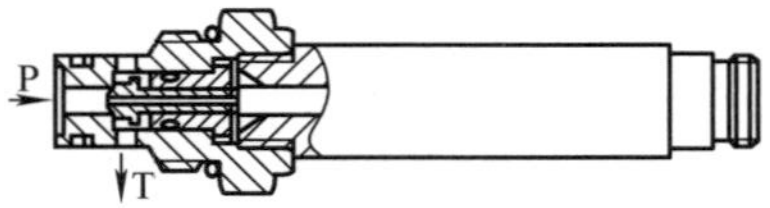<br>$p_{max}$ =21～35MPa<br>$q_{max}$ =0.8～227L/min | 二通口；锥阀阀芯，不采用弹簧<br>电流上升压力上升<br>直动式用于小流量场合<br>用于系统压力的比例调节；开式回路柱塞泵变量电比例远程压力补偿；作为先导阀与逻辑元件组成大流量的有关控制阀 | 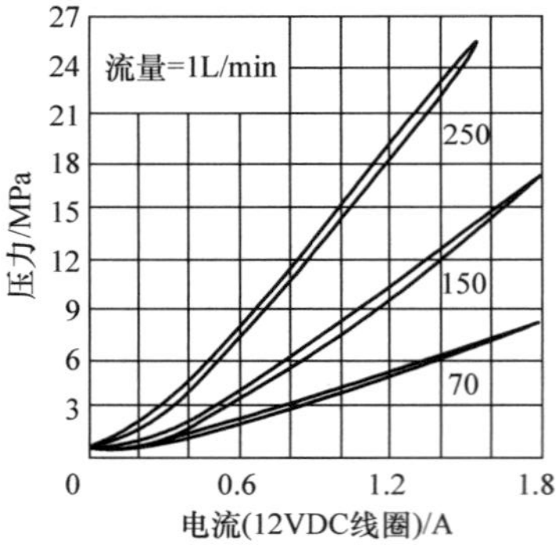 |
| 比例先导式溢流阀<br>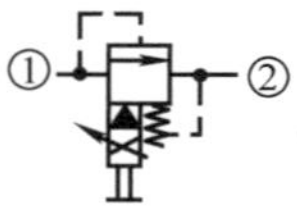 | 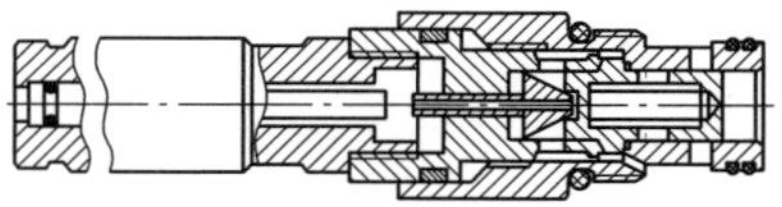<br>$p_{max}$ = 25～31.5MPa<br>$q_{max}$ =50～189L/min | 二通口；有弹簧；滑阀阀芯<br>电流上升压力上升<br>先导式用于大流量场合<br>用于系统压力的比例调节；开式回路柱塞泵变量电比例远程压力补偿 | 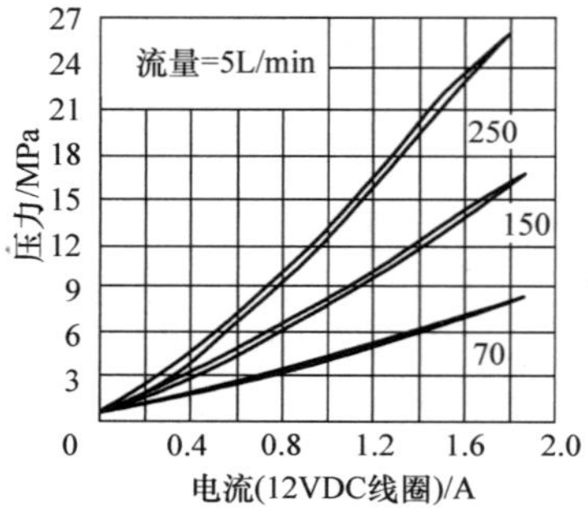 |

（1）常开先导式比例溢流阀　图 26-194 所示为常开先导式比例溢流阀。图中将阀芯结构、功能符号与性能曲线表达出来。阀芯是二通插装锥阀结构，结构分成先导与主阀二级。其功能仍是常开式，即随着电流上升压力上升。在没有电流输入信号时，P 口的入油可以克服弹簧力直接将阀口打开。随着电流信号的增大，P 口需要更高的压力才能推动阀芯，使得 P 口建立起相应的压力。在应用方面与直动式是一致的。

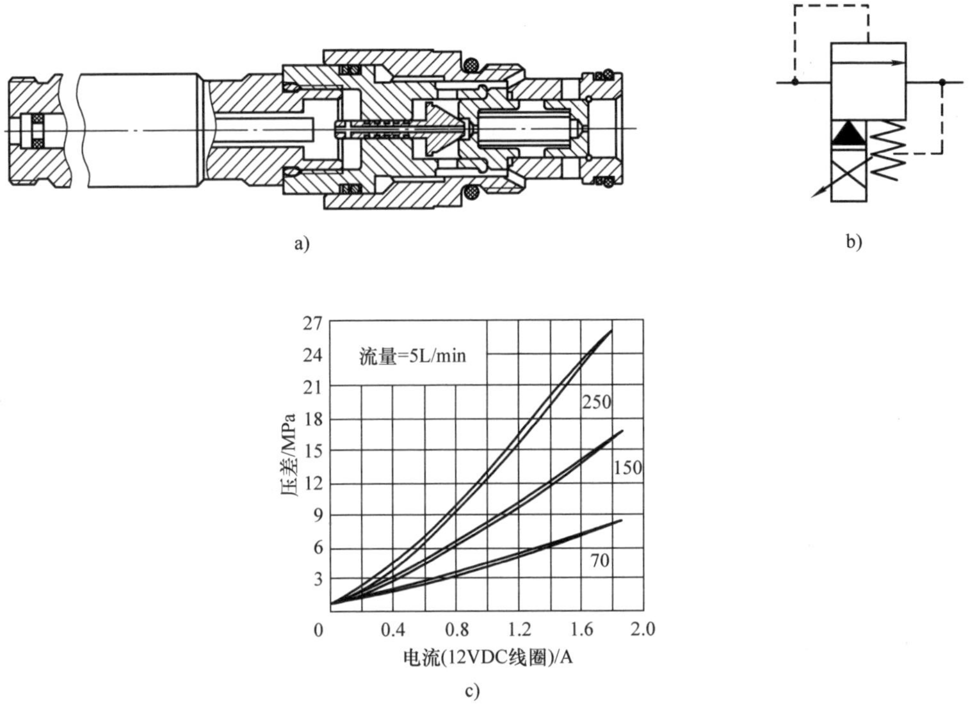


图 26-194　常开先导式比例溢流阀（Comatrol XMP 06）

a）阀芯结构　b）功能符号　c）性能曲线

（2）常闭直动式与先导式比例溢流阀　图 26-195 所示为常闭先导式比例溢流阀，常闭式比例溢流阀既有直动式也有先导式。常闭直动式比例溢流阀可用于小流量场合。大流量的场合要用带内部先导级的比例溢流阀。图 26-195 所示为带内部先导阀芯结构、功能符号与性能曲线。由结构可见，先导阀是锥阀而主阀是滑阀结构。常闭式功能是随着电流上升，压力下降。常闭先导式比例溢流阀的额定流量可达 180L/min。它与前面两种比例溢流阀的电气控制逻辑相反。此阀在没有电流信号输入时，先导阀芯关闭了内腔与回油路之间的通路，使得 P 口的压力只有达到弹簧设定值后才能溢流。随着电流信号输入的增大，电磁力克服弹簧力，使得打开先导阀芯所需要的力变小。这也意味着 P 口只需建立起较小的压力，即可通过阻尼孔在阀芯内腔打开先导阀芯。

常闭式比例溢流阀可以应用于系统溢流压力的电比例控制，或开式回路柱塞泵的电比例远程压力控制中没有电信号时压力设定值为最大的场合。另外，现在越来

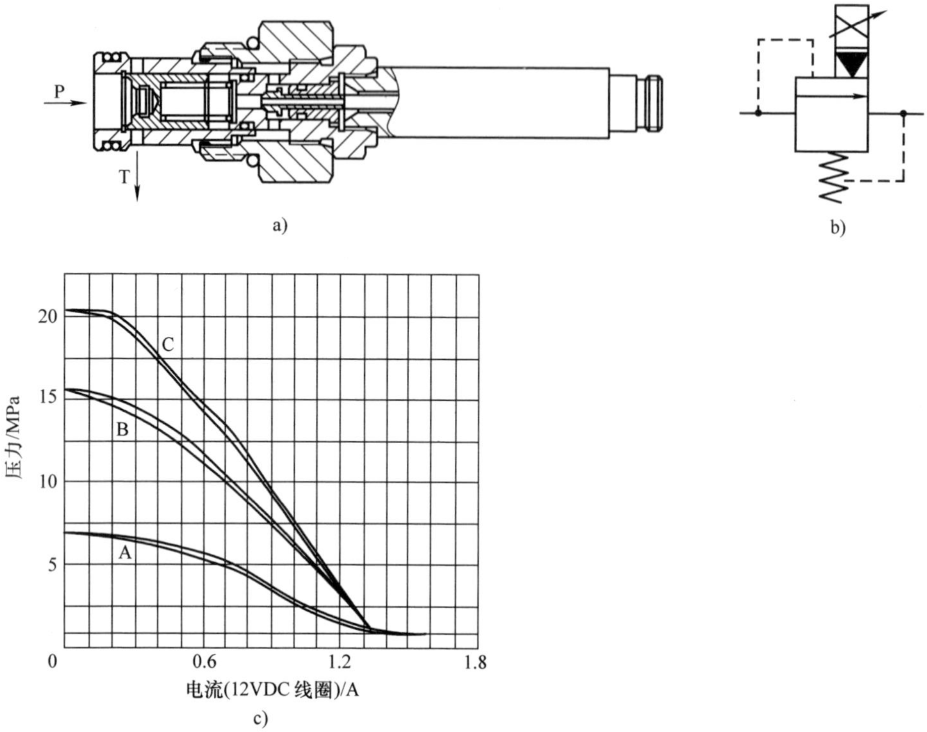


图26-195　常闭先导比例溢流阀　（Comatrol PRV12）

a）阀芯结构　b）功能符号　c）性能曲线

越多的静液压风扇驱动系统中也用常闭式比例溢流阀对冷却风扇速度进行控制（见图26-196）。当常闭式比例溢流阀没有电流信号输入时，风扇工作在最大设定压力状态，保证了散热的需要。

（3）直动式比例减压溢流阀　图26-197所示为直动式比例减压溢流阀具有三通口阀芯结构、功能符号与性能曲线。直动式适用于小流量场合，它的输出减压压力与输入电流成正比。它的阀芯底部的油口是受控的压力油口，即是被调压力的输出口。弹簧力和电磁力都作用在阀芯的对面。当没有电流输入信号时，被调的油口压力只需克服弹簧力即可减小供油阀口（压力油口P）并同时打开回油油路的阀口T。当电流信号输入增大时，作用在阀芯上的电磁力也相应增大，压力被调油口需要建立更高的压力才能推动阀芯，也就是被调压力油口的设定压力变大了。

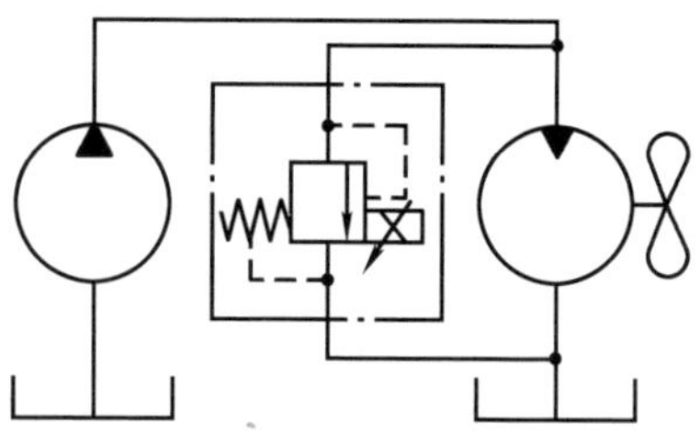

图26-196　常闭式比例溢流阀用于风扇驱动

（4）先导式比例减压溢流阀　图26-198所示为先导式比例减压溢流阀具有三通口阀芯结构、功能符号与性能曲线。该阀的特点是三个油口都是径向油口，排除

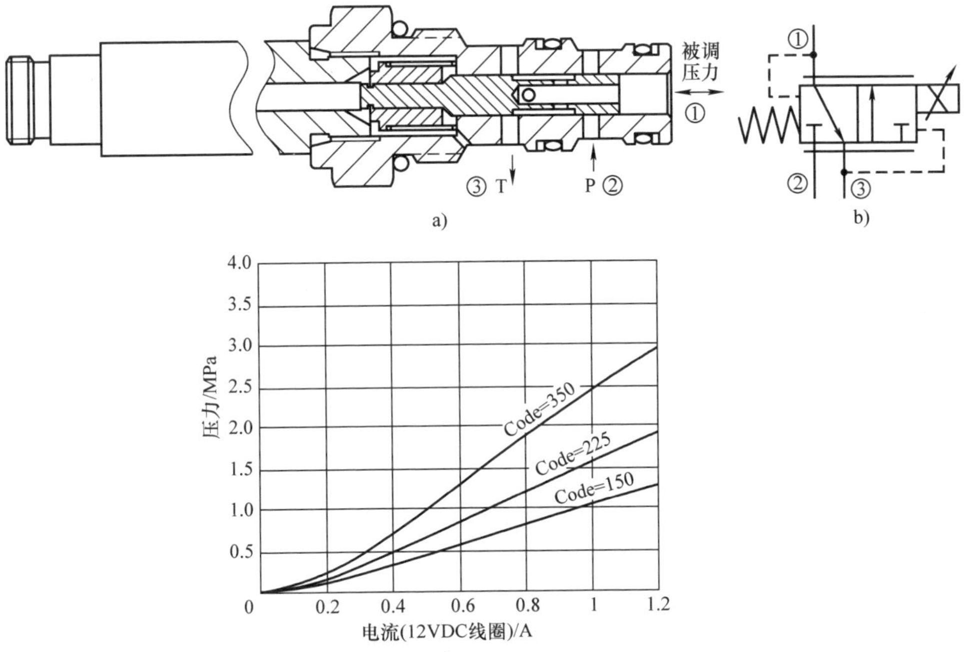


图 26-197　直动式比例减压溢流阀（Comatrol CP558－24）
a）阀芯结构　b）功能符号　c）性能曲线

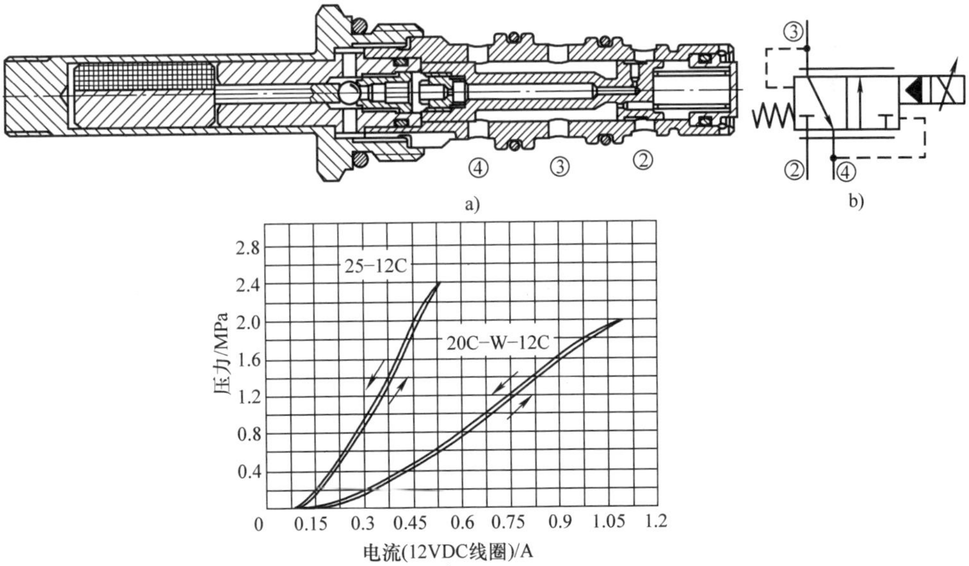


图 26-198　先导式比例减压溢流阀（Comatrol XRP 044）
a）阀芯结构　b）功能符号　c）性能曲线

了轴向液动力对稳定性的影响，并在②口入口处加装过滤网以加强污染控制。

（5）反向先导式比例减压溢流阀　图26-199所示为反向先导式比例减压溢流阀，从性能曲线（见图26-199c）可知，它的功能是控制电流越大则输出的减压压力越小，正好与图26-198所示的先导式比例减压溢流阀的功能相反。因此它的驱动放大器中的电气控制逻辑与前述的两种是相反的。

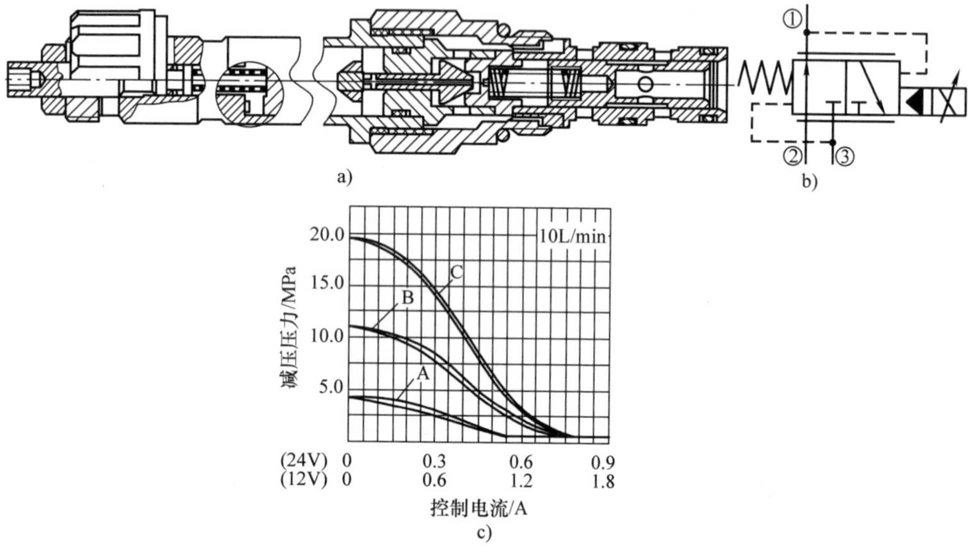


图26-199　反向先导式比例减压溢流阀（Comatrol PPR10－PAC）

a）阀芯结构　b）功能符号　c）性能曲线

插装式比例减压溢流阀有许多应用，包括：

（6）单作用液压缸位置控制　以联合收割机割台高度控制为例，如图26-200所示。联合收割机割台液压缸的无杆腔压力直接由电信号控制。当无杆腔压力超过压力设定值时，比例减压溢流阀将自动调整阀芯开口大小，使部分工作油液溢流回油箱。

（7）离合器或制动的压力控制（见图26-201）　当离合器需要吸合或者制动需要抱紧时，只需增大比例减压溢流阀的输入电流。反之，减小比例减压溢流阀的输入电流将松开离合器或者制动。

（8）先导控制方向阀　图26-202所示为一个典型的插装式比例减压溢流阀做先导控制的实例。其中两个插装式比例减压溢流阀分别控制方向阀阀芯的两个弹簧腔。当这两个插装式比例减压溢流阀都不得电时，方向阀阀芯在弹簧回复力的作用下处于中位。当其中一个插装式比例减压溢流阀的电流信号逐渐增大时，先导油建立起来的压差克服弹簧力推动方向阀阀芯运动。这种结构在很多的大流量滑阀式比例控制阀中都有应用。其中，通过减小进入插装式比例减压溢流阀的电流斜坡，可以达到方向阀的平稳开启和平稳复位。而电流斜坡通常可以在插装式比例减压溢流阀的驱动装置中预设和调整。

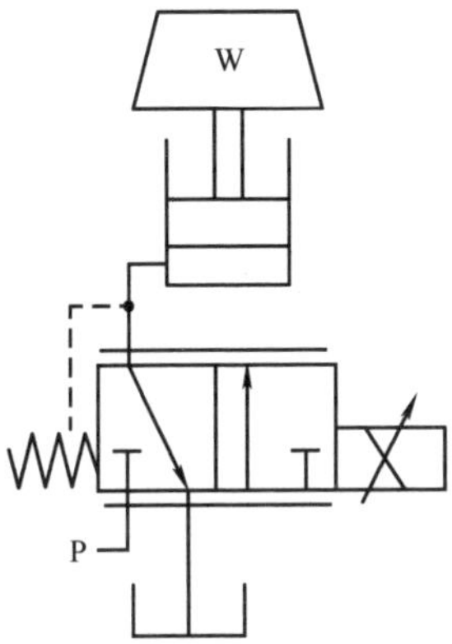


图 26-200　联合收割机割台高度控制

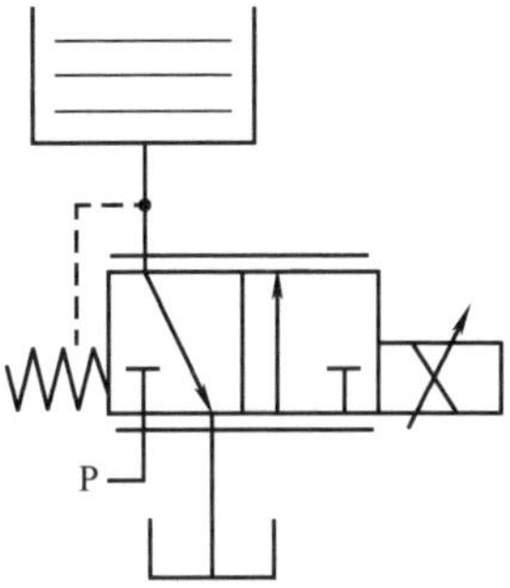


图 26-201　离合器或制动的压力控制

这种控制方式目前已经广泛应用于大流量多路阀、大流量插装式方向阀产品中。

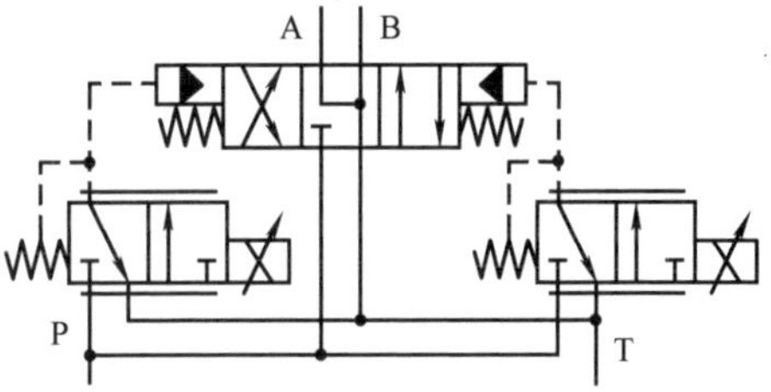


图 26-202　先导控制方向阀

**3. 螺纹插装比例流量阀**

螺纹插装比例流量阀通过电流信号改变插装阀阀口通流面积，从而实现对流量的控制，阀口流量公式为

$$q = a_D A(x)\sqrt{\frac{2}{\rho}\Delta p} \tag{26-30}$$

湍流工况时，流量系数 $a_D$ 可近似看作常数。此时，流量 $q$ 仅取决于通流面积 $A(x)$ 和节流口前后的压差 $\Delta p$。

在螺纹插装比例流量阀家族中，丹佛斯/Comatrol、海德福斯和 Command Control 这三家的产品最有代表性。表 26-132 列出了螺纹插装比例流量阀各主要厂家产品的对比，其反映了当前螺纹插装比例流量阀的性能与技术状态。同时，表 26-133列出了螺纹插装比例流量阀分类与其应用场合。

**表 26-132　螺纹插装比例流量阀各主要厂家产品的对比**

| 序号 | 厂家名称 | 额定压力 /MPa | 额定流量 /(L/min) | 电压 /V | 滞环（%） | 最高防水等级 | 二通 | 三通 |
|---|---|---|---|---|---|---|---|---|
| 1 | 丹佛斯 Comatrol | 21～26 | 12～100 | 12 或 24 | 4～10 | IP69K | 有 | 有 |
| 2 | 海德福斯 | 20.7～24 | 22～170 | 12 或 24 | — | IP69K | 有 | 有 |
| 3 | 布赫/Command Control | 35 | 11.4～76 | 12 或 24 | — | IP69K | 有 | 有 |
| 4 | Delta Power | 20.7 | 17～114 | 12 或 24 | 5～10 | IP69K | 有 | 无 |

（续）

| 序号 | 厂家名称 | 额定压力 /MPa | 额定流量 /(L/min) | 电压 /V | 滞环（%） | 最高防水等级 | 二通 | 三通 |
|---|---|---|---|---|---|---|---|---|
| 5 | 派克 | 21 | 19～325 | 12 或 24 | 3～10 | IP69K | 有 | 有 |
| 6 | 博世力士乐/Oil Control | 35 | 100 | 12 或 24 | ≤5 | IP69K | 无 | 有 |
| 7 | 伊顿－威格士 | 28～35 | 30～151 | 12 或 24 | <4 | IP69K | 有 | 无 |
| 8 | 宁波海宏 | — | — | — | — | — | 无 | 无 |

**表 26-133　螺纹插装比例流量阀分类与其应用场合**

| 分类 | | 元件符号 | 结构特点与主要性能 | 应用场合 |
|---|---|---|---|---|
| 比例流量阀 | 不带补偿 | 滑阀式常闭<br>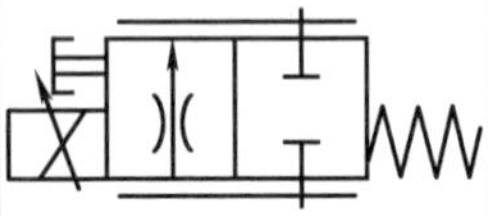 | 二通口；滑阀阀芯；电流上升流量上升<br>$p_{max}=21\sim35MPa$<br>$q_{max}=12\sim137L/min$ | 直动式流量比例调节；可与逻辑元件组成大流量补偿回路 |
| | | 滑阀式常开<br>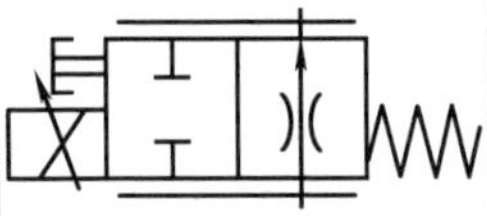 | 二通口；滑阀阀芯；电流上升流量下降<br>$p_{max}=21\sim35MPa$<br>$q_{max}=12\sim137L/min$ | 直动式流量比例调节；可与逻辑元件组成大流量补偿回路 |
| | | 锥阀式常闭<br>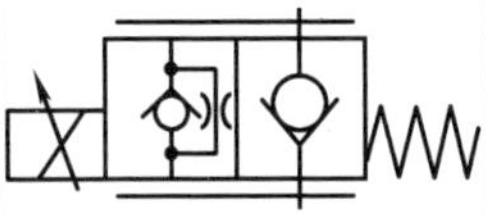 | 二通口；锥阀阀芯；电流上升流量上升<br>$p_{max}=21\sim35MPa$<br>$q_{max}=22\sim227$ L/min | 先导式流量比例调节；常用于要求低泄漏的负载保持功能和液压缸下降控制 |
| | | 锥阀式常开<br>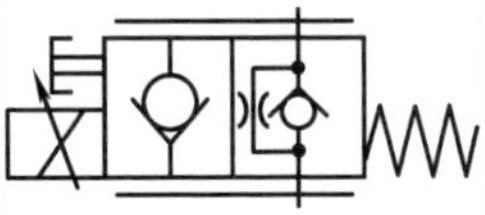 | 二通口；锥阀阀芯；电流上升流量下降<br>$p_{max}=21\sim35MPa$<br>$q_{max}=22\sim265L/min$ | 先导式流量比例调节；常用于要求低泄漏的负载保持功能和设备缓慢开启 |
| | 补偿 | 常开式<br>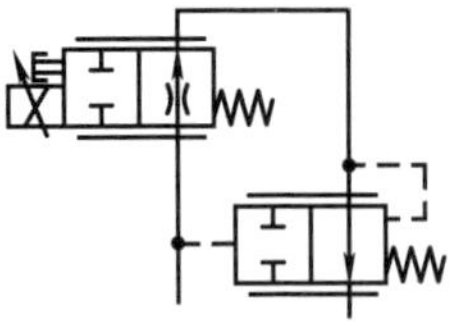 | 二通口；滑阀阀芯；电流上升流量下降；<br>$p_{max}=21\sim35MPa$<br>$q_{max}=11.4\sim85L/min$ | 常开式比例流量控制；压力补偿；用于向执行器提供比例变化的流量 |

（续）

| 分类 | | 元件符号 | 结构特点与主要性能 | 应用场合 |
| --- | --- | --- | --- | --- |
| 比例流量阀 | 补偿 | 常闭式<br>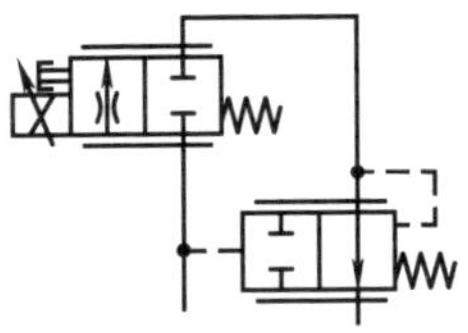 | 二通口；滑阀阀芯；电流上升流量上升<br>$p_{max}=21\sim35MPa$<br>$q_{max}=11.4\sim90L/min$ | 常闭式比例流量控制；压力补偿；用于向执行器提供比例变化的流量 |
| | | 优先型常闭式<br>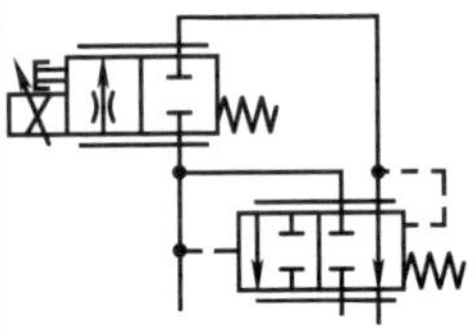 | 三通口；滑阀阀芯；电流上升优先油口流量上升<br>$p_{max}=21\sim35MPa$<br>$q_{max}=11.4\sim151L/min$ | 常闭式优先型比例流量控制；压力补偿；可用于优先流量的比例控制 |
| | | 优先型常开式<br>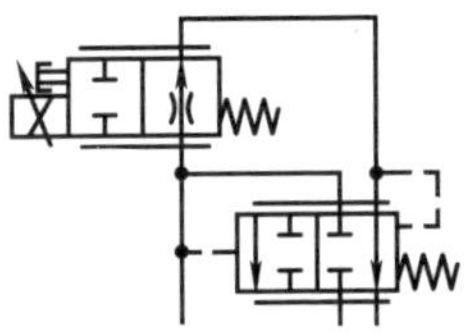 | 三通口；滑阀阀芯；电流上升优先油口流量下降<br>$p_{max}=21\sim35MPa$<br>$q_{max}=11.4\sim90\ L/min$ | 常开式优先型比例流量控制；压力补偿；可用于优先流量的比例控制 |

在插装式比例流量阀产品中，普通的比例流量控制阀是一种二通滑阀式插装阀，直接由比例电磁线圈调节。通过控制电流大小，这些阀可以随意调节阀口的大小。其功能符号如图 26-203 所示。

a)　　b)

图 26-203　滑阀式比例流量控制阀

a）滑阀式常闭比例流量控制阀　b）滑阀式常开比例流量控制阀

图 26-204 所示为滑阀式常闭比例流量控制阀的剖视图。在没有电流信号输入

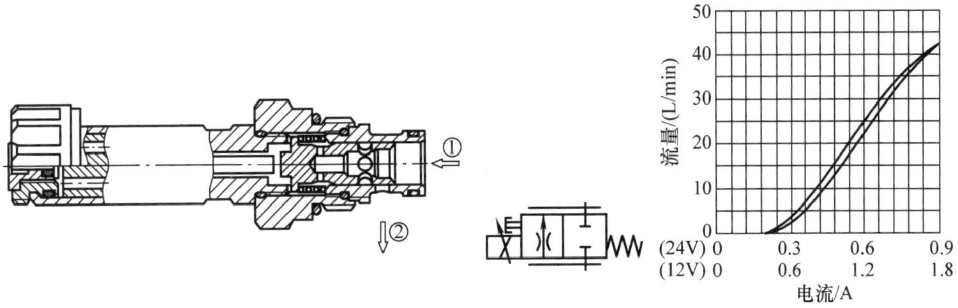


图 26-204　滑阀式常闭比例流量控制阀（丹佛斯/Comatrol PSV10 - NC）

的情况时，阀芯在复位弹簧力的作用下关闭了油口①和油口②之间的阀口。随着电流信号的逐渐增大，电磁力克服弹簧力使阀口的通流面积增大，使得通过此阀的流量也随之变大。如果是常开的滑阀式比例流量控制阀，则其控制的逻辑相反。

除了滑阀式的比例流量控制阀之外，目前市场上还有锥阀式的比例流量控制阀，其功能符号如图 26-205 和图 26-206 所示。

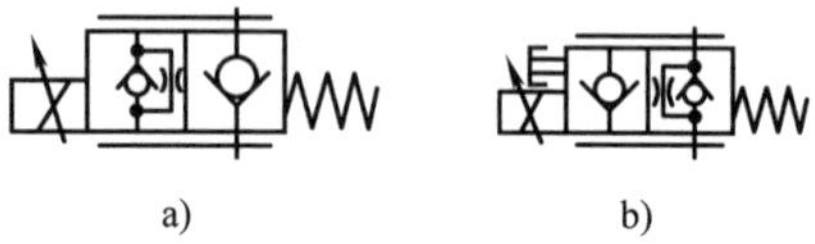


图 26-205　锥阀式比例流量控制阀

a）锥阀式常闭比例流量控制阀　b）锥阀式常开比例流量控制阀

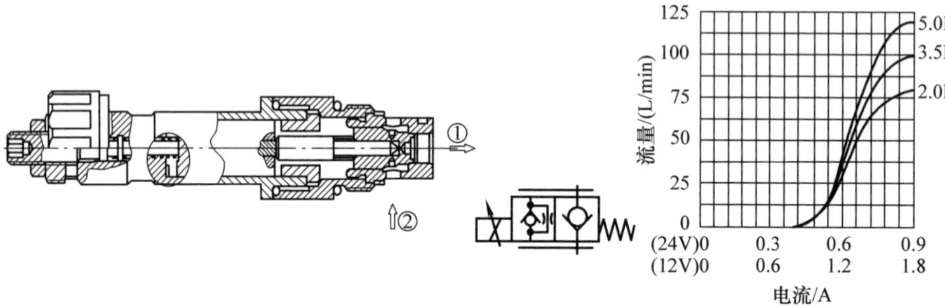


图 26-206　锥阀式常闭比例流量控制阀（丹佛斯/Comatrol PSVP10 - NCR）

采用比例流量控制阀可配合限制型或优先型压力补偿器来控制液压马达或液压缸的速度。比例流量控制阀可提供多种流量等级（可变阀口大小）。通过不同的压力补偿设定，产生相应流量等级，就可以达到一个范围很广的流量 - 电流控制曲线。有的比例流量控制阀已经将压力补偿器集成在一起，比如丹佛斯/Comatrol 的 PFC10 - RO、PFC10 - RC、PFC10 - PC（带优先功能）和 PFC10 - PO（带优先功能），如图 26-207 所示。

压力补偿有两个优点：一是在比例阀（可变阀口大小）的前后始终保持一个固定的压差，无论阀前压力或阀后载荷如何变化，都保持固定的流量；二是比例阀上的固定压差限制了作用在阀芯上的液动力。如果没有压力补偿，在大流量和高压情况

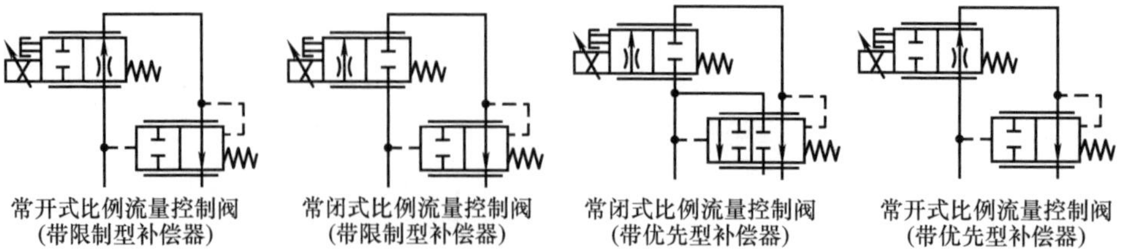


图 26-207　带补偿器的比例流量控制阀

下，电磁力和弹簧力将不能够维持阀的工作。压力补偿是为了提高阀的控制性能而采取的一种保证措施。将阀口后的负载压力引入压力补偿阀，用压力补偿阀对阀口前的压力进行调整使阀口前后的压差为常值（见图 26-208），这样根据节流口的流量调节特性，流经阀口的流量大小就只与该阀口的开度有关，而不受负载压力的影响。

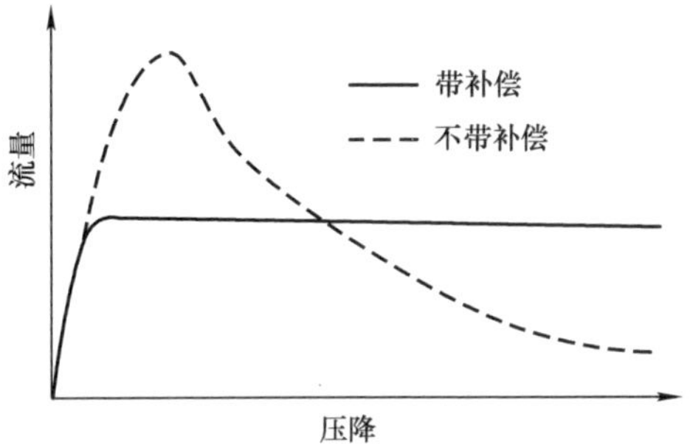

图 26-208　补偿器对流量控制的影响

为了节约能量、降低油温和提高控制精度，同时也使同步动作的几个执行元件在运动时互不干扰，现在较先进的工程机械都采用了负载传感与压力补偿技术。负载传感对定量泵系统来讲是将负载压力通过负载感应油路引至远程调压的溢流阀上，当负载较小时，溢流阀调定压力也较小；当负载较大时，调定压力也较大，但也始终存在一定的溢流损失。对于变量泵系统是将负载传感油路引入泵的变量机构，使泵的输出压力随负载压力的升高而升高（始终为较小的固定压差），使泵的输出流量与系统的实际需要流量相等，无溢流损失，实现了节能。

**4. 螺纹插装比例方向阀**

二通螺纹插装比例方向阀实际上与二通比例流量阀在结构上与功能上是可以合一的。因此被归纳在螺纹插装比例流量控制阀中，我们在本节不再做讨论。

这里提到的螺纹插装比例方向阀包含四通和五通两种形式，都是滑阀的结构。目前市场上的螺纹插装比例方向阀产品生产厂家和产品性能对比见表 26-134。从该表可以看出，生产螺纹插装式比例方向阀的生产厂家与之前介绍的插装式比例压力阀和插装式比例流量阀相比要少。这里有板式比例方向阀挤占市场等因素存在，也有性能等方面有需要提高的空间。

表 26-134　螺纹插装比例方向阀产品生产厂家和产品性能对比

| 序号 | 厂家名称 | 额定压力 /MPa | 额定流量 /(L/min) | 电压 /V | 滞环（%） | 最高防水等级 | O 型 | Y 型 |
|---|---|---|---|---|---|---|---|---|
| 1 | 丹佛斯/Comatrol | 25 | 22 | 12 或 24 | ≤4 | IP69K | 有 | 有 |
| 2 | 海德福斯 | 20.7～24 | 7.6～22 | 12 或 24 | ≤7 | IP69K | 有 | 有 |
| 3 | 布赫/Command Control | — | — | — | — | — | 无 | 无 |
| 4 | Delta Power | — | — | — | — | — | 无 | 无 |
| 5 | 派克 | 21～35 | 21～32 | 12 或 24 | ≤6 | IP69K | 有 | 有 |
| 6 | 博世力士乐/Oil Control | — | — | — | — | — | 无 | 无 |
| 7 | 伊顿－威格士 | — | — | — | — | — | 无 | 无 |
| 8 | 宁波海宏 | — | — | — | — | — | 无 | 无 |

四通螺纹插装比例方向阀原理符号如图26-209所示。

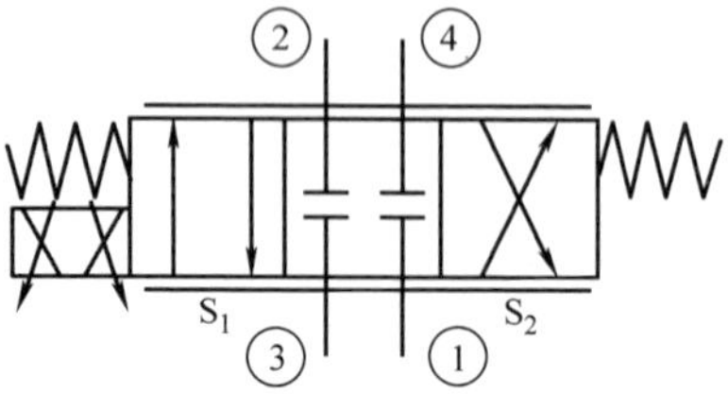


图26-209　四通螺纹插装比例方向阀原理符号

这种比例阀与之前介绍的比例阀最大的不同之处在于采用了双线圈的结构。另外，在四通螺纹插装比例方向阀的四个油口中，一般情况下厂家都会将③口作为四通方向阀的P口使用。虽然①口也能承受压力，但是为了尽量避开高压对弹簧腔的影响，厂家都将①口作为回油口。图26-210所示为四通螺纹插装比例方向阀的油口分布图。

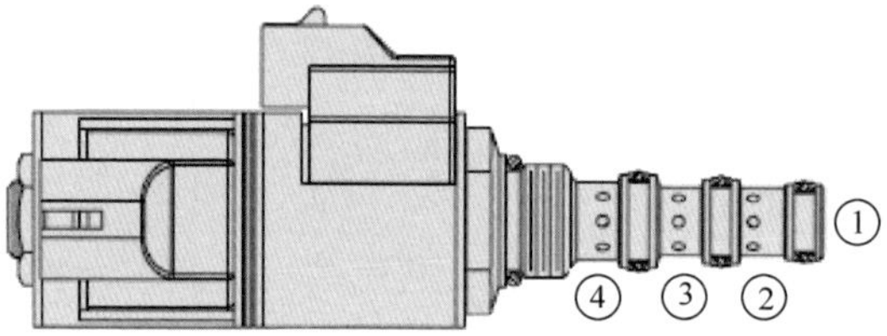


图26-210　四通螺纹插装比例方向阀的油口分布图（海德福斯SP08－47C）

市场上的五通螺纹插装比例方向阀不多，其原理符号如图26-211所示。它的①口可将工作压力从插装阀中直接引出，作为负载敏感控制口使用。这种结构的优点是在负载敏感回路中省去了两个工作油路之间的梭阀和相应的流道，简化了整个回路。

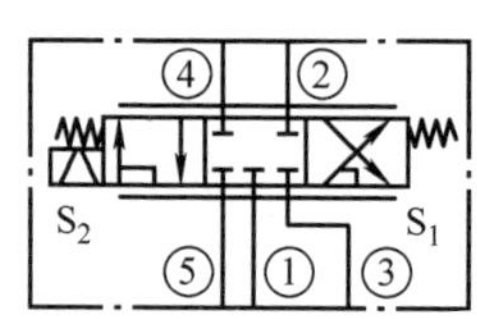


图26-211　五通螺纹插装比例方向阀的原理符号（海德福斯SP10－57C）

**5. 螺纹插装比例控制模拟放大器**

（1）传统模拟比例放大器形式与原理　传统插装比例阀的放大器是指用于驱动比例阀工作的电子器件，多为电流放大电路。典型的结构包括信号生成、信号处理、前置放大级、功率放大级、测量放大级、反馈校正电路、颤振信号发生器、其他功能电路及电源等基本单元，图26-212所示为控制放大器的系统组成。

螺纹插装比例阀由于结构原因要采用插头式放大器，不带位移控制反馈的简单放大器，能直接插到螺纹插装比例阀的电磁铁上，其外形及电气接线如图26-213所示。

这种放大器的成本较低且只控制单个比例阀线圈，因此比较适合比例控制较简

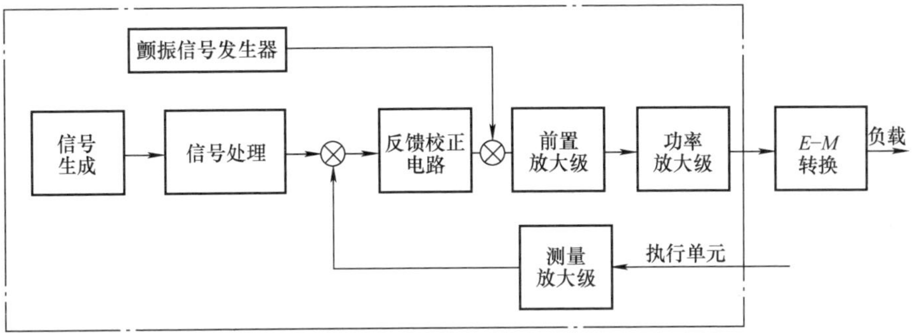


图 26-212　控制放大器的系统组成

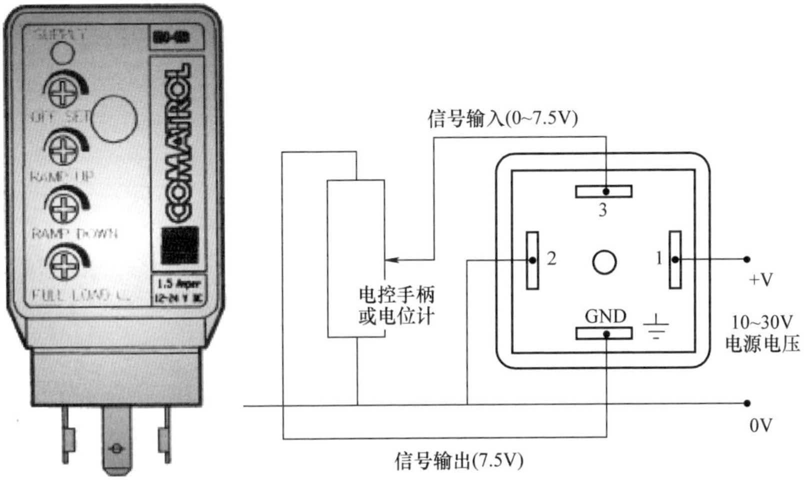


图 26-213　插头式比例阀放大器（丹佛斯/Comatrol EDC 150）

单的应用场合。尽管各种插头式放大器的内部结构有差异，但是仍然可以通过图 26-214所示的电路原理图了解其基本的工作原理。

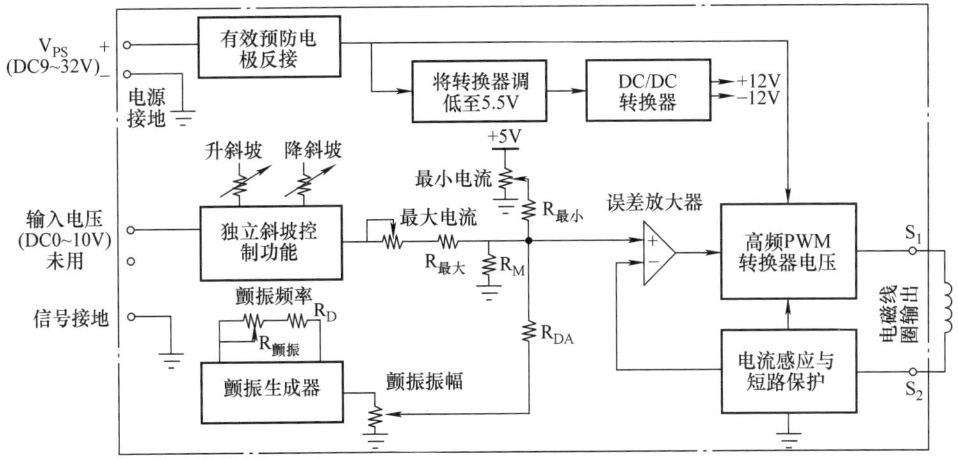


图 26-214　插头式放大器电路原理图

具体的插头式放大器产品汇总见表26-135。目前所有的插头式放大器都为国外品牌，国内插装阀厂家在这一领域还未见合适的产品。

表26-135　插头式放大器产品汇总

| 序号 | 厂家名称 | 技术参数 | | 图示 |
|---|---|---|---|---|
| 1 | 丹佛斯/Comatrol | 型号 | DEC 150 | 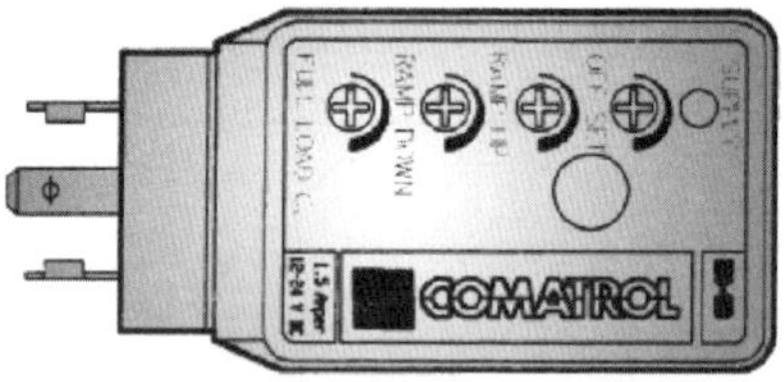 |
| | | 工作电压 | 10～30V | |
| | | 功率 | 35W | |
| | | 信号范围 | 0～7.5V | |
| | | 输出电流 | 0～1.5A | |
| | | 工作温度 | -10～60℃ | |
| | | 防护等级 | IP65 | |
| 2 | 海德福斯 | 型号 | DIN Coil Mount Controller |  |
| | | 工作电压 | 9～32V | |
| | | 功率 | — | |
| | | 信号范围 | 0～10V（4～20mA） | |
| | | 输出电流 | 0～2A | |
| | | 工作温度 | -40～85℃ | |
| | | 防护等级 | IP65 | |
| 3 | 布赫/Command Control | 型号 | PWM-1401 |  |
| | | 工作电压 | 12～30V | |
| | | 功率 | — | |
| | | 信号范围 | 0～10V | |
| | | 输出电流 | 0～3A | |
| | | 工作温度 | -25～85℃ | |
| | | 防护等级 | IP67 | |
| 4 | Delta Power | 型号 | EC-PWM-A1-MPC1-P | 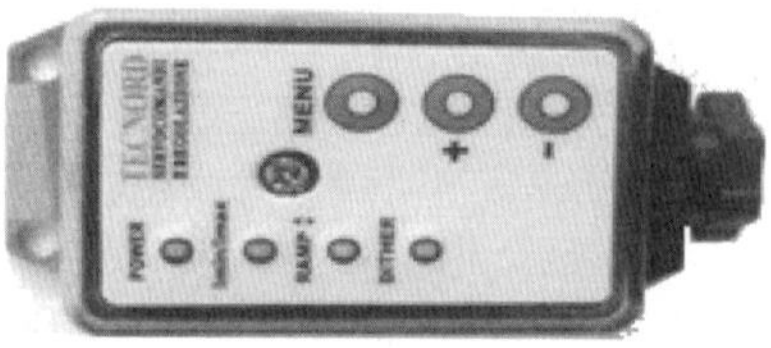 |
| | | 工作电压 | 8.5～30V | |
| | | 功率 | — | |
| | | 信号范围 | 0～10V（0～20mA） | |
| | | 输出电流 | 0.1～3A | |
| | | 工作温度 | -25～85℃ | |
| | | 防护等级 | IP67 | |

（续）

| 序号 | 厂家名称 | 技术参数 | | 图示 |
|---|---|---|---|---|
| 5 | Aron | 型号 | CEP. S. . |  |
| | | 工作电压 | 12V，24V | |
| | | 功率 | 30W | |
| | | 信号范围 | 0～10V | |
| | | 输出电流 | 0～2.5A | |
| | | 工作温度 | -10～70℃ | |
| | | 防护等级 | IP65 | |
| 6 | 博世力士乐/Oil Control | 型号 | VT-SSPA1-... |  |
| | | 工作电压 | 24V（18～35V） | |
| | | 功率 | <60W | |
| | | 信号范围 | 0～10V（4～20mA） | |
| | | 输出电流 | 0～2.5A | |
| | | 工作温度 | -25～70℃ | |
| | | 防护等级 | IP65 | |
| 7 | 伊顿-威格士 | 型号 | EEH-AMP-702-... |  |
| | | 工作电压 | 20～30V | |
| | | 功率 | <35W | |
| | | 信号范围 | 0～10V（4～20mA） | |
| | | 输出电流 | 0～1.6A | |
| | | 工作温度 | -20～70℃ | |
| | | 防护等级 | IP67 | |

印制电路板式放大器是更为复杂的一种放大器，以博世力士乐的印制电路板放大器为例，其采用100mm×160mm 欧洲电路板形式，带一个 DIN61612-FG32 插入式接口。在每一个引脚的对应接线端子位置上，都用一个英文字母“b”和“z”带一个数字（1…32）来表示，如 b10、z28。这种类型的放大器，主要应用于工业领域，一般安装在一个距离它所连接的比例阀较远的电气柜中。

盒式放大器主要用于行走机械控制中。盒式放大器安装在一个带连接插头的盒子中，结构紧凑，抗振动，防水。

因为比例阀存在多种型号及附加功能，导致市面上有多种形式的比例阀放大器。几乎各大比例阀供应商都有各自的配套放大器产品。这样一来，产品的兼容性成了用户使用的一大障碍。一般情况下，主机厂都需要根据液压系统的实际应用情况来选择合适的放大器产品，甚至配备功能更为强大的控制器来取代以上提到的三种放大器，形成独立的比例阀控制系统。

（2）螺纹插装比例阀放大器的电气控制特性

1）起始电流和死区。起始电流是阀产生反应所需的最小电流，通常用 $I_{min}$ 表示。死区是指能够引起阀反应即输出流量，从零到最小电流的范围。这两个概念并不相同但却相互联系。例如一种比例阀的起始电流为0.25A，则此阀的死区为0～0.25A。

2）最大控制电流。最大控制电流是使阀的输出达到最大时的电流，通常用 $I_{max}$ 表示。若电流输入继续增大，阀的输出不会再增大。

3）比例阀的滞环。滞环（见图26-215）是在增大或减小电流方向不同，但是给定同样输入值的情况下，输出值的区别。它通常用一个最大额定输出的百分数来表示。例如，如果一个160L/min的比例流量控制阀，当电流上升1A时，提供流量80L/min，当电流下降1A时，提供流量88L/min，则滞环为 $(88-80)/160\times100\%=5\%$。

颤振信号可以部分减小滞环，提高电气控制的精度。

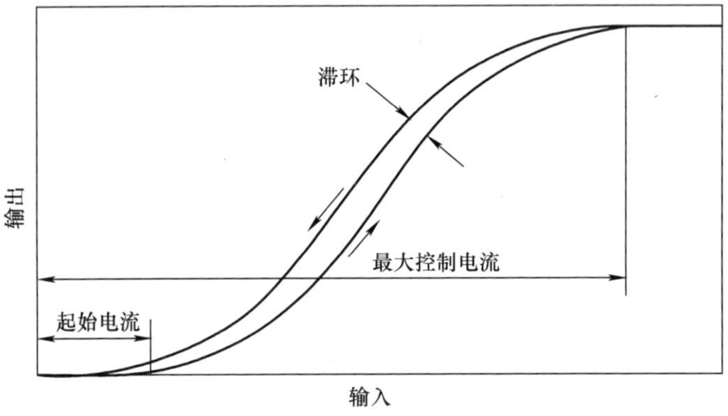


图26-215　比例阀的滞环

4）电磁线圈的温升效应。典型的比例电磁铁（见图26-216）结构主要由衔铁、导套、极靴、壳体、线圈、推杆等组成。当电流通过比例阀电磁线圈时，衔铁在电磁力的作用下产生推力或拉力。通过工作气隙的特殊造型和线圈磁力的引导，这种推力或拉力可以在工作行程内保持不变。并且，随着输入电流的增大，衔铁对插装阀芯的作用力线性增大。请注意，电磁力的大小只与输入电流的大小相关，

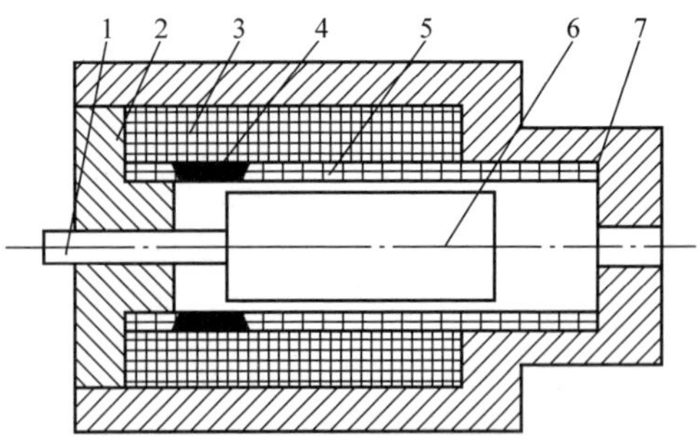


图26-216　比例电磁铁的结构

1—推杆　2—极靴　3—线圈　4—隔磁环　5—导套　6—衔铁　7—壳体

而与电压和电阻的大小并无直接关系。

比例阀的线圈电阻值会随着温度的变化而变化。当温度升高时，线圈的电阻值会变大。如果采用电压控制，线圈作用在衔铁上的电磁力将随着线圈电阻的增大而减小。

为了避免温升效应对线圈正常工作的影响，开环控制的螺纹插装比例阀大都采用电流控制（见图 26-217）。

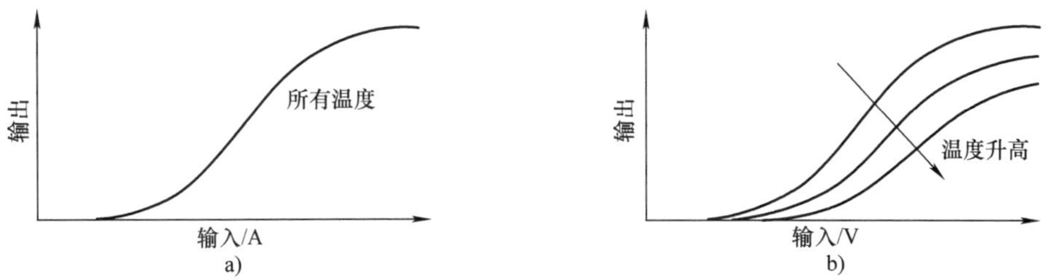


图 26-217　放大器的电流控制与电压控制

a）电流控制　b）电压控制

同时，为了保证电磁力的稳定，可以在输入电流和线圈之间增加一个电流反馈电路（见图 26-218）。它的原理是利用电流流经取样电阻后形成反馈信号，反馈信号反过来又会影响放大器的输出电流。

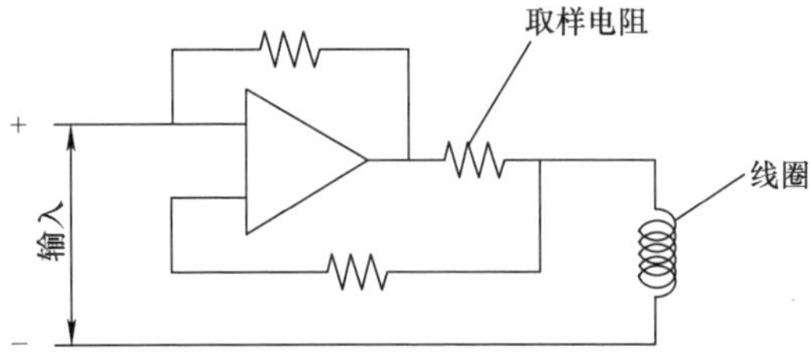


图 26-218　电流反馈电路

5）比例阀的颤振频率。磁铁材料的磁滞和运动的摩擦力均可导致比例阀电磁铁稳态特性有明显的磁滞。现在的技术往往采用在控制信号上叠加颤振信号（见图 26-219），使衔铁发生小振幅颤振，以便利用动摩擦系数来降低摩擦滞环。这种方法对于减小磁铁材料的磁滞也同样有效。颤振信号对遮盖量和游隙引起的滞环不起作用。

颤振信号的幅值只要消除上述两种原因引起的滞环影响即可，通常为控制信号的 10% ~20%。颤振信号的频率通常取质量 - 弹簧系统自然频率的 2 倍。颤振信号可以是正弦波、方波、锯齿波在 PWM 信号上的叠加，或者可以是在 DC 信号上的波形。

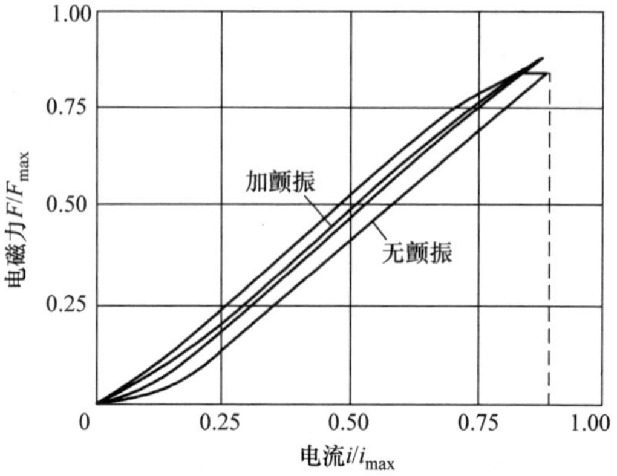


图 26-219　颤振对减少滞环的效果对比

## 26.9.7　螺纹插装阀数智化电控产品技术

比例阀放大器是一种可将模拟信号和控制电能转换并供给比例电磁线圈的装置。原理如图 26-220 所示。模拟信号通常为 0 ~ 10V 的直流电压或者 0 ~ 20mA 电流信号（4 ~ 20mA 更为常见）。比例放大器可以使比例阀实现最大的能量效率和工作性能。

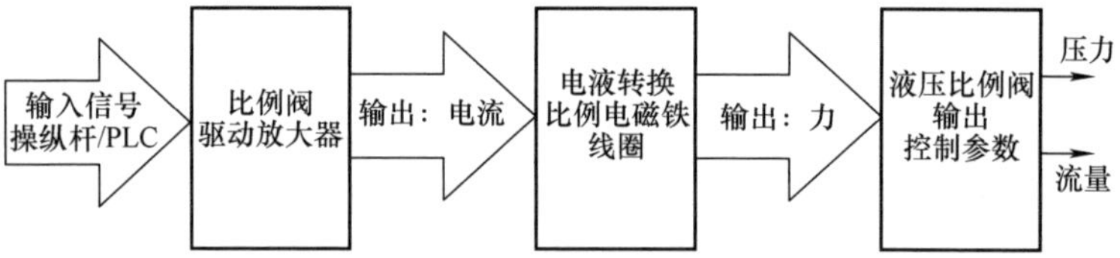


图 26-220　比例阀放大器的作用

从工业板式比例阀模拟比例放大器技术的发展看，从 1967 年瑞士 Beringer 公司的 K1 比例复合阀到 20 世纪 70 年代初日本油研公司压力和流量两项比例阀专利，这一阶段的比例电磁铁产生用于工业液压比例阀的工作频宽仅为 1 ~ 5Hz，稳态滞环为 4% ~ 7%。到 20 世纪 80 年代，比例元件的设计原理进一步完善，除中位仍保留死区外，采用了压力、流量、位移内反馈、动压反馈及电校正等手段，使阀的稳态精度、动态响应和稳定性都有了进一步的提高，频宽达到 3 ~ 50Hz，滞环为 0 ~ 3%。

螺纹插装比例阀的出现也在 20 世纪八九十年代之后，到 21 世纪初已经有上述插头式模拟比例放大器，在 2010 年左右就已经出现数字液压螺纹插装比例放大器。随之性能稳定、工作可靠、适用于工程机械的网络通信、总线技术、遥控系统的数字比例放大器产品也先后出现。布置在工程机械上的遥控接收装置可以将接收到的无线电信号转换为控制螺纹插装比例阀的比例信号，使得原来手动操作的各个元件都能接受遥控电信号的指令并进行相应动作。

尽管我国螺纹插装阀元件生产在 20 世纪以海宏液压、克泰液压为代表开发得比较早，但是我国螺纹插装阀企业产品的发展路径与国外相同类型企业不一样。国外螺纹插装阀企业产品比较专一以恒，在螺纹插装阀产品的专业性、阀的功能与性能提高、比例阀技术、比例阀放大器及数字驱动放大器等方面不断纵向发展，专业性更强，市场开发更深。而我国螺纹插装阀企业更多是以螺纹插装阀产品为核心，拓展阀的功能组类产品进入多路阀、制动阀、农机阀等的横向发展，市场性更强。目前二者在电控与数智化的发展差距日益明显，我国螺纹插装阀企业中至今几乎很难发现有较强的螺纹插装比例阀电控产品，更不要说在数智化方面的研发，因此产生了又一次明显的产品技术“代差”。

**1. 螺纹插装比例数字阀嵌入式电控驱动放大器产品性能与特点**

螺纹插装比例数字阀嵌入式电控驱动放大器及其参数见表 26-136。

**表 26-136　螺纹插装比例数字阀嵌入式电控驱动放大器及其参数**

| 产品外形 | 输入电压/V | 输入电流/mA | 颤振频率/Hz | 斜坡上升/s | 斜坡下降/s | 控制器 |
|---|---|---|---|---|---|---|
|  | 0 ~ 10 | 0 ~ 1200 | 80 ~ 300 | 0 ~ 120 | 0 ~ 120 | 输入信号(V)<br>输出信号(mA)<br>电源电压(V)<br>故障形态 |
| | 出厂设置<br>0.2 | 出厂设置<br>最小 5<br>最大<br>590 ~ 1150 | 出厂设置<br>140 | 出厂设置<br>0 | 出厂设置<br>0 | |

本嵌入式电控放大器是一款紧凑型线圈/控制器结合的部件，作用于比例电磁阀。放大器可对线圈提供线性控制电流，顶部的 LED 指示灯将表征放大器工作状态。放大器的初始设定与调节可通过一个红外（IR）适配器和手持编程器（HHP）或为计算机提供的放大器设置软件包（SUN）。一旦设定完成，参数将在记忆单元里永久保存。

本嵌入式电控放大器由微处理控制，具有下列特点：

1）参数设置通过专用放大器设定软件或者手持式编程器完成，操作简单。

2）LED 指示灯显示状态及输出电流。

3）标准的 DIN 43650 – 结构 A 型 4 针接头。

4）颤振范围 0 ~ 300Hz，可设置，推荐颤振频率为 140Hz。

5）匹配最小电流输出，具备短路保护。

6）所有的输入和输出限制都是单独可调。

7）斜坡上升及下降时间单独可调。

8）共地的供电和控制信号，两者相互独立。

9）带有聚酞酸酯光管尼龙外壳由玻璃纤维和聚氨酯胶灌封装，安全可靠。

10）线圈电磁力分布均匀，任意安装方向不影响性能。

11）与之配套的有编程器、编程软件与电缆线等产品。

**2. 嵌入式螺纹插装比例阀放大器内部结构与性能提高措施**

嵌入式螺纹插装比例阀放大器内部结构如图26-221所示。放大器还有一种插头式结构，与现有比例阀使用的电控插头相同，已经在被淘汰。嵌入式放大器结构包括一个电子放大板、连接器外壳和集成比例阀线圈。电子放大板、外壳和线圈组装，并用超声波焊接在一起，用灌封料将这三个部件封装形成一个密封组合体。

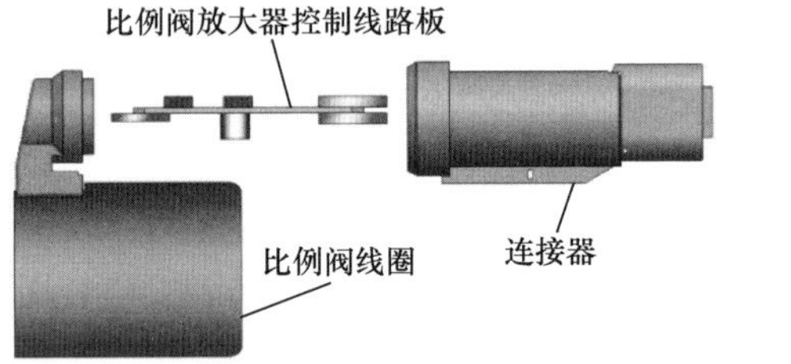

图26-221　嵌入式螺纹插装比例阀放大器内部结构

驱动放大器拥有众多的电压/电流选项，以及节电和斜坡功能选项，和阀组合后以精确满足用户应用的要求。放大器内部的节电功能如图26-222a所示，即在比例阀动作后降低驱动电流，维持在保持电流的电流强度上，以保持阀芯的所在位置即可，从而达到节电的要求。在应用中必须小心地选择切换和保持电流的设定及切换时间。起动电流是可变的，并以0.02A的增量调整。为了达到线圈的最佳寿命，起动电流与起动时间在满足阀切换功能的前提下应尽可能低。长起动时间下的高起动电流会缩短线圈的寿命。

另一个斜坡放大器功能是电流施加在线圈上以保持阀切换位置的斜坡功能，如图26-222b所示，此为专用放大器。与全功能的比例放大器相比，如果比例阀始终在两个工作点之一运行即受控的斜坡时间是在两个点之间切换时，此放大器是一个经济的选择。图26-222b所示的斜坡控制原理显示线圈电流随时间变化的曲线，以使比例阀的控制根据性能要求动作。

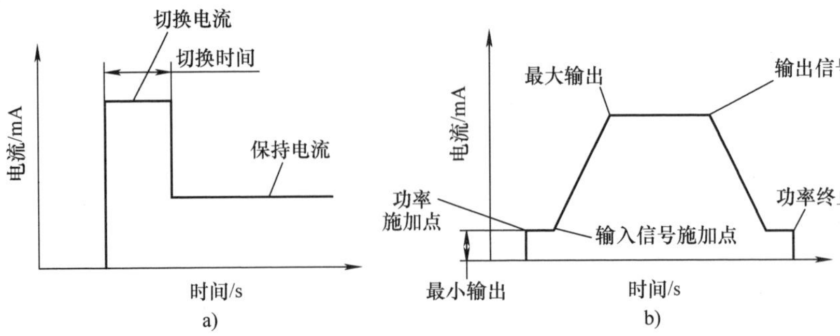

图26-222　嵌入式螺纹插装比例阀放大器的节电与斜坡功能原理

a）节电控制原理　b）斜坡控制原理

**3. 嵌入式螺纹插装比例阀放大器设置与调节**

对于嵌入式与插头式螺纹插装比例阀放大器的设置与调节，需要用红外电缆适配器，采用手持编程器来配置放大器。此时手持编程器电缆适配器的 9 针串行连接器必须先插入，电缆适配器的另一端连接到放大器，其电缆连接如图 26-223 所示。

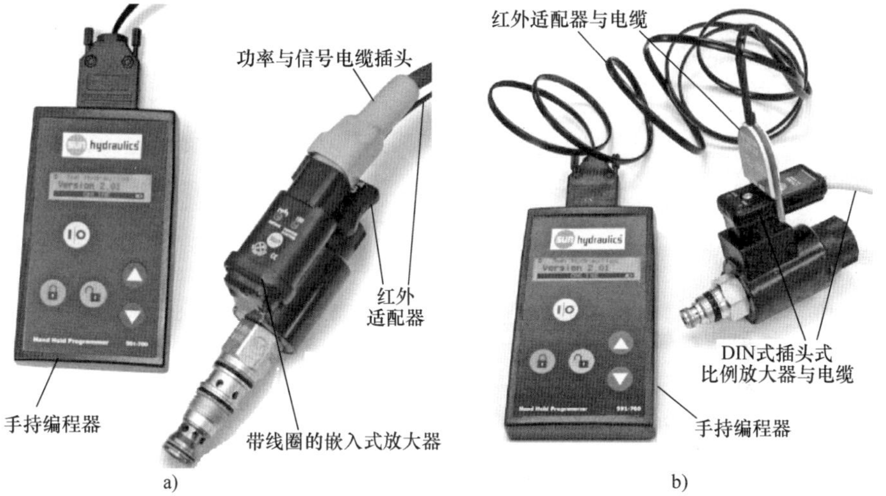


图 26-223　嵌入式螺纹插装比例阀放大器设置与调节

a）嵌入式比例放大器　b）插头式比例放大器（淘汰中）

插头式放大器和德驰接口的嵌入式放大器都有 6 种操作模式。因为 DIN 类型的嵌入式放大器只有四个引脚，其中三个引脚（电源正极、电源负极、输入）是必须占用的，剩下的一个引脚必须在下面“三选一”，即输入共线、+5V 参考值与使能功能。在此选择中必须从输出要求（通用、反向、两速等情况）来具体确定。如果说不做出选择，放大器也会按样本所提供的曲线要求作为缺省值设置。

为了调节 SUN 比例阀放大器的用户可调参数，一个红外适配器必须安装连接至手持编程器或配置 SUN 放大器设置软件的计算机。手持编程器是和比例放大器通信的首选方法。此外，也便利提供 USB 适配器和软件，但这种通信方式不太可靠，存在很多不可控的问题。

**4. 内置蓝牙式螺纹插装比例放大器**

内置蓝牙式放大器是液压领域第一款可通过蓝牙传输对放大器进行设置的产品，该放大器结构紧凑，线圈和插头出厂前集成，与电磁比例阀配套使用。用户可以使用新的 IOS 或者 Android 终端应用软件 AmpSet Blue，通过无线蓝牙对该嵌入式放大器进行设置（见图 26-224）。这种开创性的产品应用于液压螺纹插装阀领域意味着操作人员可在无须连接线缆的情况下近距离观察阀的工作状态，且保证他们在调试设备过程中的绝对安全。AmpSet Blue 允许用户在智能终端设备上查找和配对 SUN 放大器，并通过几个简单的界面对所有参数进行设置。用户可以对每台放大器进行命名、参数保存、参数存储、载入和共享设置。

a)　　　　　　　　b)

图 26-224　内置蓝牙式螺纹插装比例放大器与现场蓝牙设置（SUN）
a）蓝牙比例放大器　b）现场蓝牙设置

AmpSet Blue 可以在 10m 内与内置蓝牙式放大器进行配对，在多阀控制系统，在空间上难以接近或者危险环境中非常适用，无须另外携带手提计算机，线缆或者单独的编程器。本放大器通过最新的 CE 标准认证，符合汽车行业/自动化设备对电磁辐射低于 30V/m 的要求，电磁隔离与低辐射特性，可以使该放大器很好地应用于车辆行业/自动化设备中。

产品特点：产品需要配置一条电缆用以驱动放大器。内置蓝牙控制器，具有 IP69K 防护等级，通过 CE 认证；作为智能设备与放大器配对极易，操作安全可靠，授权设置和调试。但此产品仅限初始设置使用，并不能进行连续控制使用，也不能对放大器做远程指令或者驱动放大器。

**5. 螺纹插装阀电液蓝牙总线系列数字通用控制器**

螺纹插装阀电液蓝牙总线系列数字通用控制器（XMD）是一款崭新的螺纹插装阀数字产品，专利尚在授权中。控制器设置可以通过蓝牙完成，所以非常方便；产品可以适应工程机械的严酷环境；可以用于比例阀，也可以用于一般电磁开关阀。由于有 CAN 总线设置，所以工程师可以调取处于世界范围内的主机上的元件信息，以便及时了解元件工作情况；可以通过 CAN 总线对输入输出进行设置与读取。

XMD 是可以用于工业液压以及移动液压的数字电液蓝牙总线通用控制器（见图 26-225）。控制器具有 CAN 总线通信功能。采用 App 就可以控制各种电液执行器，这种液压执行器可以用于各种公路以及非公路装备上，包括农业机械、林业机械、海洋工程、土方机械及物料搬运机械等。

该 XMD 的技术参数是：电源电压 9～32VDC；电流输出 3000mA；颤振频率 33～500Hz；输入范围为 0～5V、0～10V、数字、脉冲（60Hz～10kHz）等。XMD 可选单输出或双输出控制器，与电比例阀配合使用，用于移动和工业液压领域。驱

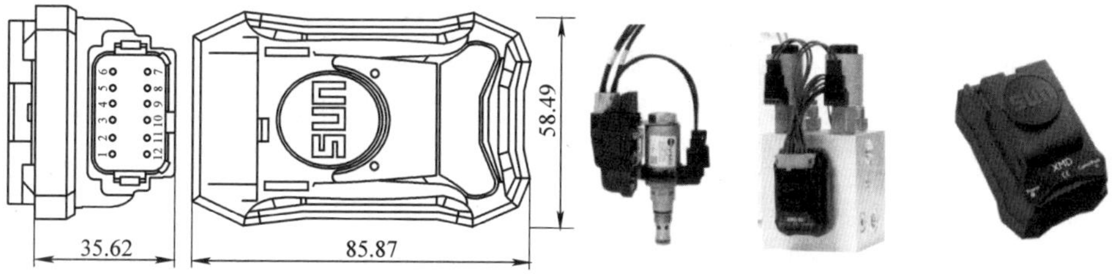


a)　b)　c)　d)

图 26-225　数字电液蓝牙总线通用控制器

a）XMD　b）XMD 安装在阀上　c）XMD 安装在阀块上　d）XMD 实物

动器使用标准安装夹安装在阀块上，或者使用线圈固定夹再直接安装在 Flex 系列低功率和高功率线圈上。阀、线圈及 XMD 配置可在产品出厂前设置，并使用于各种工程机械与工业液压场（见图 26-226）。

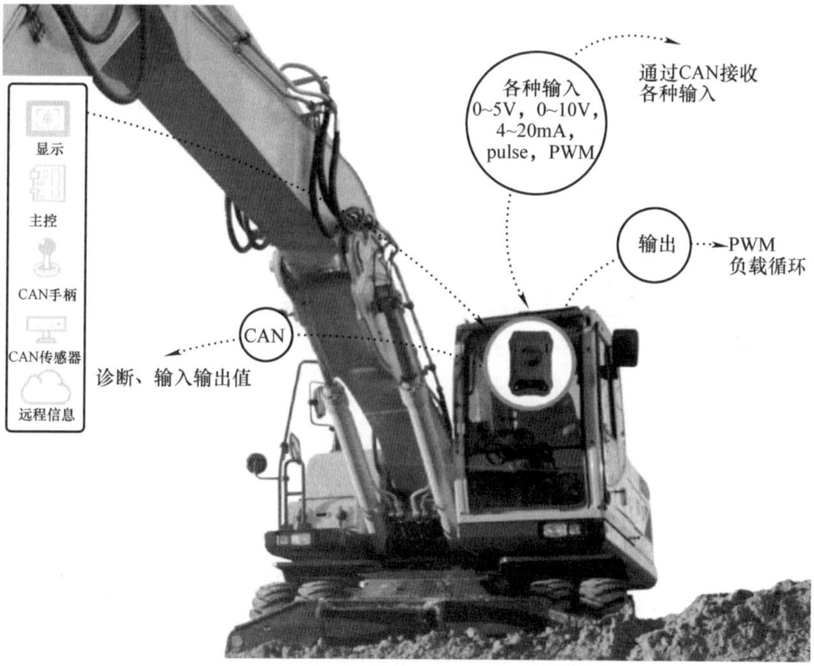


图 26-226　XMD 应用于各种工程场景

## 26.9.8　螺纹插装阀元件工业应用控制软件生态技术

随着工业 4.0 时代的到来，液压企业只生产液压元件本身的传统需要打破，液压元件数智化产品需要派生出生态技术产品，例如设计选型软件产品、维修服务的工业软件、与液压元件数智化有关的电控硬件与软件产品等，这些产品也成为企业的产品样本中的一部分，成为液压企业与液压有关的产品链中不可或缺的一个重要部分，它们主要是与计算机有关的硬软件产品，特别是工业软件。

与螺纹插装阀有关的生态技术产品包括螺纹插装比例阀数字放大器、数字液压元件的I/O接口元件、数智液压元件控制器、与控制器有关的控制操作元件（控制手柄等）、与放大器或控制器有关的辅件（连接电缆、安放支架等）、数智元件操作的工作软件（编程器、编程软件、维修诊断跟踪软件、远程控制软件等）及各种液压参数传感器等。

**1. CANpoint XMD数字控制器编程软件的作用**

CANpoint XMD组态软件就是XMD系列移动控制器的驱动程序。此CANpoint控制器驱动程序软件通过XMD CAN－to－USB硬件接口电缆将CAN总线轻松快速地配置，实现数字比例阀开环、闭环（PID）和液压风扇驱动器控制，完成应用程序设置（见图26-227）。为小型应用程序和系统带来灵活的闭环控制。软件界面清晰简单，简化了先进的液压控制，具有很好的分辨力和可预测结果的点击式输出曲线拟形。通过CANpoint还提供用于设置应用程序的关键功能：①带有数据记录的实时图形；②实时CAN数据流量视图；③多种输入类型（电压、电流、PWM、频率、电阻、数字）；④可扩展的输入值；⑤多点校准；⑥简化的输出设置。

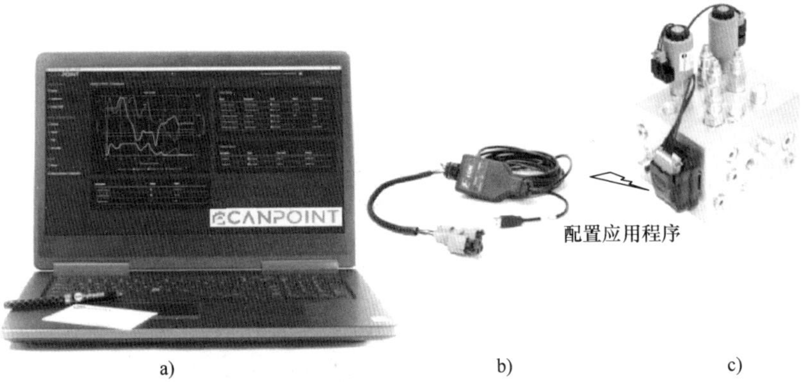


图26-227　CANpoint XMD数字控制器编程软件（SUN）

a）CANpoint控制器驱动程序软件　b）CAN－to－USB硬件接口电缆　c）完成应用程序设置

CANpoint XMD组态软件仪表板中，驱动程序可兼容多种数据输入类型，选项包括电压、电流、PWM、频率、电阻和数字。具有实时绘图、数据记录以进行后期数据分析、实时查看输入和输出、原始值和换算值中的数据、诊断指示器及其说明、灵活的输入选项、评估应用程序和优化结果所需的数据等，实时数据记录图形如图26-228所示。

CANpoint提供简单的输出选项，包括针对PWM频率、输出模式和斜坡匝道设置，以应对大多数常见解决方案和终端案例提供简化的输出菜单。功能选项可提供

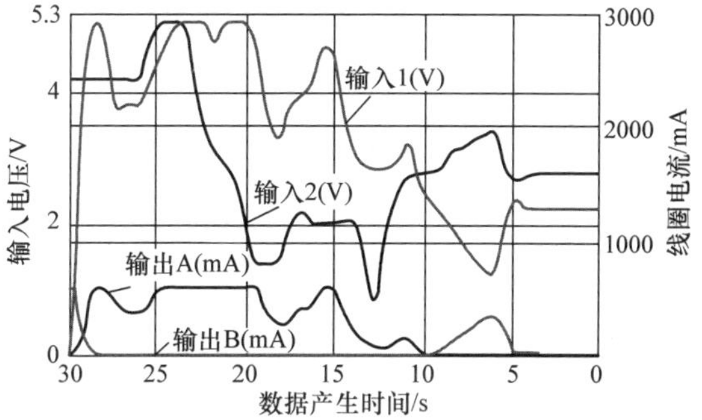


图 26-228 实时数据记录图形

更多控制，如包括输出电流调节 PID 设置和故障检测功能，甚至包括用户定义的故障状态模式等。

对于 I/O 配置模式而言，在于 XMD－01 & －02 控制器可配置开环模式，自定义的输入/输出设置，每个输出对应的用户自定义输入可变，用于自定义输出曲线拟形的点阵，以及其他点用于高压和低压及流量控制应用的恒温器开/关功能等。对于 XMD－02 闭环 PID 控制模式如图 26-229 所示，闭环 PID 控制模式使用两个可独立控制输出 A 和输出 B 的 PID 回路，提供附加功能。在闭环 PID 控制中，每个 PID 回路都提供命令和反馈，并且适用于位置、压力和流量控制。

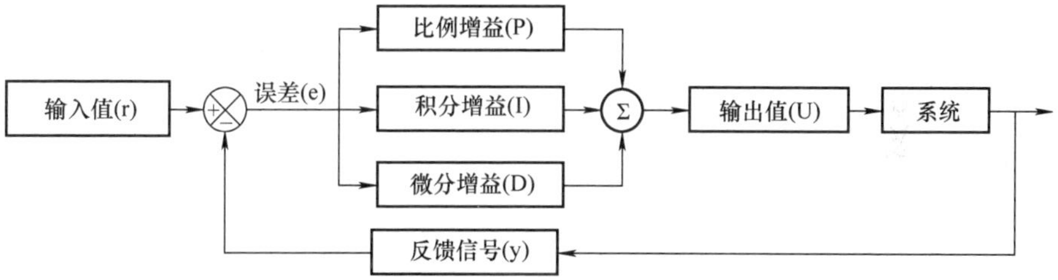


图 26-229 XMD－02 闭环 PID 控制模式

在 XMD－02 控制器中设置了液压风扇驱动控制模式，CANpoint 使用多达五个不受温度限制的可配置输入来控制单向或双向液压风扇驱动器。可用的输入包括两个通用输入和三个 CAN 值（见图 26-230），其中功能包括：启动延迟、点火开关、最低发动机转速、反向切换、自动反转、最低风扇速度保护与最小压力保护等。

**2. CANpoint XMD 数字控制器编程软件的使用**

CANpoint XMD 数字控制器编程软件配置使用界面如图 26-231 所示，其中可以使用 IPAD、IPHONE、PC 等。通过 IPHONE 可以设置 CAN 模式、快速模式、诊断模式等，与主控制数据完全一致。

（1）与 XMD 控制器的连接与配置　CANpoint XMD 组态软件应用程序用于具有 XMD 控制器的液压阀驱动器。该驱动器有 7 种通用和 CAN 输入，是坚固紧凑的

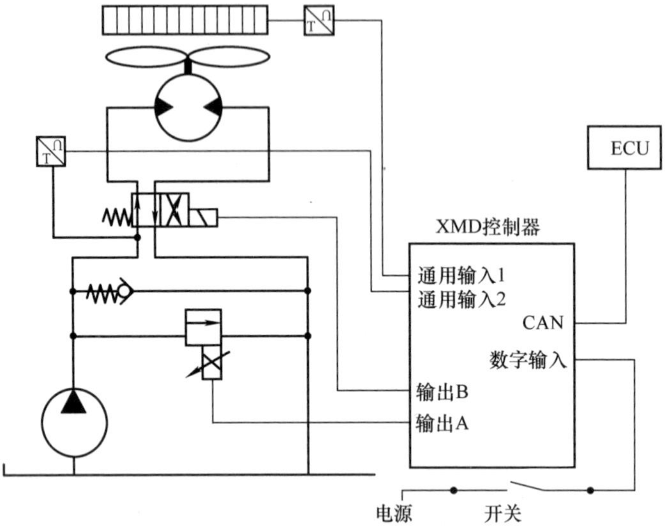


图 26-230　液压风扇驱动控制

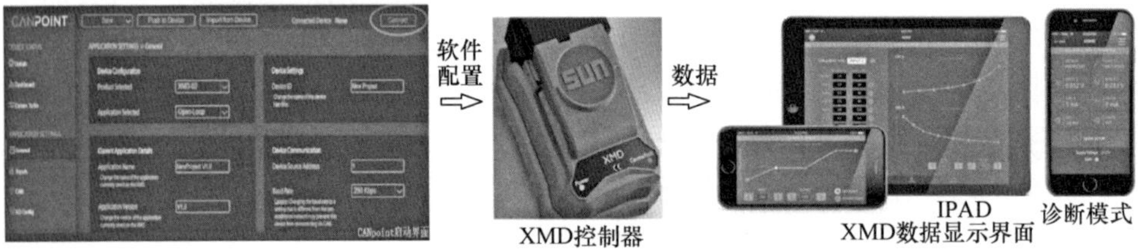


图 26-231　CANpoint XMD 数字控制器编程软件配置使用界面

小型控制模块。CANpoint 可用于与 XMD－01 或 XMD－02 进行通信，其中 XMD－02 双输出驱动器提供了闭环 PID 和液压风扇控制，以及开环控制的附加功能。在 XMD 中使用 CANpoint 需要 CAN－to USB 的 ECOM 适配器，通过此适配器将计算机连接到 XMD（见图 26-227）并启动 CANpoint。CANpoint 要求在 250k 波特速率运行，与 XMD Mobile 不能同时应用连接 XMD 控制器。接着按流程进行程序操作即可进行 I/O 配置。

显示器可以显示连接到 CAN 网络的所有 XMD 控制器。点击 I/O 配置，也可以显示所有输入到输出的配置。

（2）电气连接　XMD 引脚配置如图 26-232 所示，它的输入配置类型与范围如图 26-233 所示。XMD 可以被配置为最多接收三个 CAN J1939 信息，它们也可以被用作输入。机器上必须有一个配置正确的 CAN J1939 接口，才能利用这些 CAN 信息来控制 XMD。XMD 作为 CAN 上的一个节点，并将来自通用输入的模拟输入传输到 CAN 上。例如，XMD 可以被配置为接收从其中一个通用输入端上的 CAN 操纵杆和另一个通用输入上的模拟压力传感器的输入。压力传感器的输出将由 CAN 传

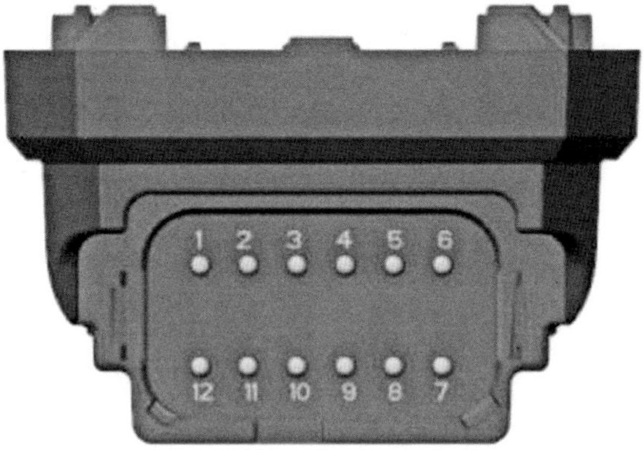


引脚
1—CAN低
2—CAN高
3—GND(输出和5$V_{Ref}$)
4—XMD-02PWM输出线圈B
5—GND(输出和5$V_{Ref}$)
6—PWM输出，线圈A
7—电源GND
8—+电源
9—启用
10—+5$V_{Ref}$
11—通用输入1
12—XMD-01无连接
XMD-02通用输入2

图 26-232　XMD 引脚配置

| 输入类型 | 范围 | 默认值(低) | 默认值(高) |
|---|---|---|---|
| 电压 | 0~5V | -1.1VDC | 5.1VDC |
| 电压 | 0~10V | -0.1VDC | 10.1VDC |
| 电流 | 4~20mA | 3.8mA | 20.5mA |
| PWM | 60Hz~10kHz | -1% | 101% |
| 频率 | 60Hz~10kHz | 59Hz | 10100Hz |
| 电阻 | 0~100000Ω | -1Ω | 100100Ω |
| 数字 | 0~+提供值 | None | None |

图 26-233　输入配置类型与范围

输信息报告给 XMD。

（3）XMD 控制器 PID 闭环控制功能与应用效果　在“I/O 配置”选项卡中的“输入到输出的配置”下选择“PID”，可以设置输入比例、积分和微分增益值，如果是开关量则选 PWM 占空比模式（见图 26-234）。

XMD 控制器 PID 压力、位置闭环控制功能参数选择效果分别如图 26-235 和图 26-236所示。

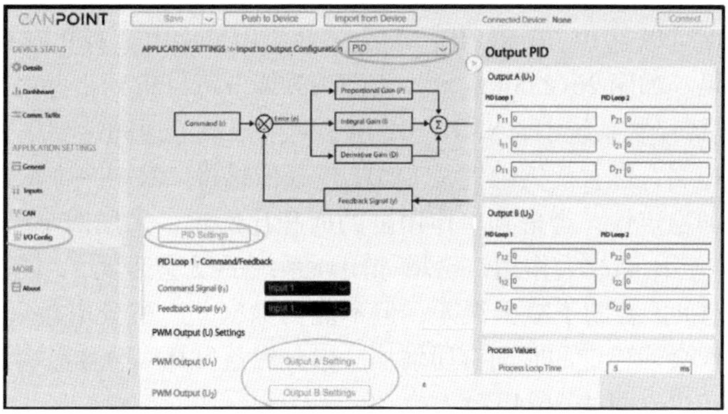


图 26-234　XMD 控制器 PID 闭环控制功能参数选择

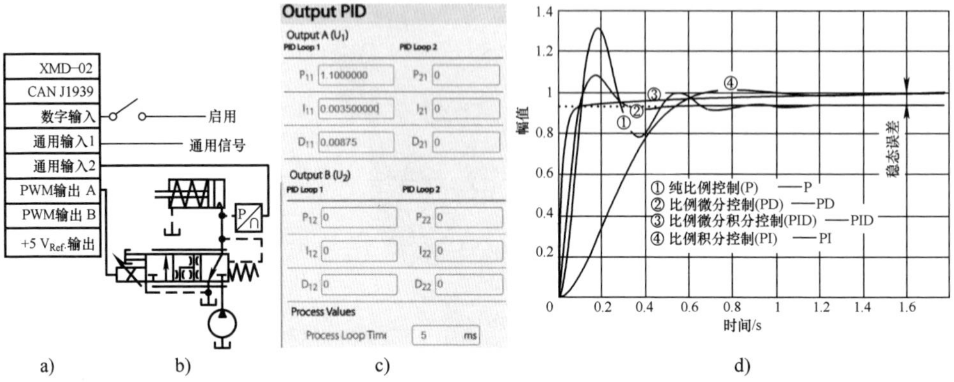

图26-235 XMD控制器PID压力闭环控制功能参数选择效果

a）XMD控制器 b）液压控制回路接线 c）控制器PID参数调节 d）不同PID参数组合的控制效果

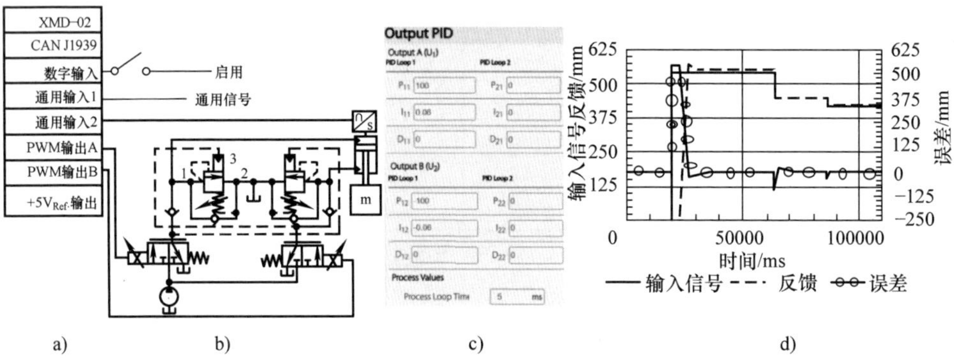

图26-236 XMD控制器PID位置闭环控制功能参数选择效果

a）XMD控制器 b）液压位置控制回路接线 c）控制器PID参数调节 d）位置控制PID调节的效果

在图26-235所示的减压阀压力闭环控制系统中，采用XMD控制器的闭环控制，其接线如图26-235a所示的方法，压力反馈装置为压力传感器。在配置PID调节中调优的顺序可以是P、PI和PID。在大多数应用程序中，对P或PI调优就足以达到预期的结果，如图26-235d所示，比例积分调节可以得到很好的控制效果。在图26-236的位置控制系统中，XMD-02用于两个二位三通阀达到三位四通阀功能的液压缸位置控制，位置反馈装置是LVDT位置传感器。其中一个输出采用了负增益来提高控制的稳定性，考虑到单作用缸的面积比影响，采用两个阀的不同增益。比例增益（P）起比例放大作用，会增加闭环系统的反应速度，但超调也会更大，增大比例增益（P）有助于减少误差，但不能消除误差。积分增益（I）有助于减少稳态误差，但会使稳定的时间有所增加。微分增益（D）不会影响稳态性能，对减少误差帮助很少（见表26-137）。

表 26-137 PID 调节参数的设置对控制系统的作用

| 增益响应 | 上升时间 | 超调 | 稳定时间 | 稳态误差 |
|---|---|---|---|---|
| P | 减少 | 增加 | 小的变化 | 减少 |
| I | 减小 | 增加 | 增加 | 消除 |
| D | 小的变化 | 减少 | 减少 | 没有变化 |

(4) CAN 总线设置 CAN 总线（SAE J1939 标准）是一种双线式数字网络，CAN 总线输入和传输将通过 CAN 选项卡进行设置。图 26-237 所示为 CAN 总线和 USB - to - CAN 适配器（插头与插座）的拓扑结构，CAN 总线需要至少一个 120Ω 终端电阻连接在CAN - H 和 CAN - L 之间，才能正常工作。为了使 CAN 总线与多个 XMD 或其他 CAN 设备连接，在此设置两个 120Ω 电阻。必须将用于 CAN 输入的 CAN 设备的 CAN 总线输入消息部分设置源地址和参数组编号（PGN）。在 CAN 总线上，XMD 的默认源地址是 22（十六进制），CAN 传输消息 1 默认 PGN 为 ff81（十六进制），CAN 传输消息 2 默认 PGN 为 ff82。

CAN 总线输入消息必须具有起始位、位数、增益和偏移量。SAE J1939 也是一个很好的信息来源。这些值构成了有时被称为可疑参数编号（SPN）或特定于参数的数字。为了正确地解读 CAN 消息，需要输入增益和偏移量。可以把这看作一条直线的简单方程：$y = mx + b$，其中 $m$ 是增益，$b$ 是偏移量。可以命名 CAN 输入，并在 CAN 选项卡上应用工程单元。XMD 在两个 CAN 信息中传输其状态，第一个消息的 PGN 默认为 ff81，而第二条消息默认为 ff82。表 26-138 列出了 CAN 总线通信程序输入信息。

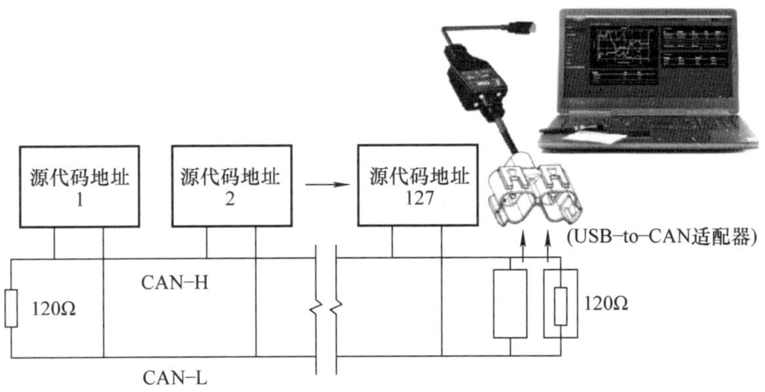


图 26-237 CAN 总线和 USB - to - CAN 适配器的拓扑结构

表 26-138 CAN 总线通信程序输入信息

| 传输消息 | PGN | 描述 | 类型 | 开始位 | 长度 |
| --- | --- | --- | --- | --- | --- |
| CAN 传输 1 | ff81 | 输出电流 | 缩放器 | 0 | 16 |
| CAN 传输 1 | ff81 | 输出 B 电流 | 缩放器 | 16 | 16 |
| CAN 传输 1 | ff81 | 输出 A 打开 | 布尔数学体系的 | 32 | 1 |
| CAN 传输 1 | ff81 | 输出一个短路 | 布尔数学体系的 | 33 | 1 |
| CAN 传输 1 | ff81 | 输出 B 打开 | 布尔数学体系的 | 34 | 1 |
| CAN 传输 1 | ff81 | 输出 B 短路 | 布尔数学体系的 | 35 | 1 |
| CAN 传输 1 | ff81 | 已启用 | 布尔数学体系的 | 36 | 1 |
| CAN 传输 1 | ff81 | 低电压 | 布尔数学体系的 | 37 | 1 |
| CAN 传输 1 | ff81 | 通用 1<br>超出范围 | 布尔数学体系的 | 38 | 1 |
| CAN 传输 1 | ff81 | 通用 2<br>超出范围 | 布尔数学体系的 | 39 | 1 |
| CAN 传输 1 | ff81 | CAN 消息超时 | 布尔数学体系的 | 40 | 1 |
| CAN 传输 1 | ff81 | CAN 值超出了范围 | 布尔数学体系的 | 41 | 1 |
| CAN 传输 2 | ff82 | 通用输入 1 | 缩放器 | 0 | 16 |
| CAN 传输 2 | ff82 | 通用输入 2 | 缩放器 | 16 | 16 |
| CAN 传输 2 | ff82 | 电源电压 | 缩放器 | 32 | 16 |

### 3. XMD 控制器软件对液压元件与液压系统的控制范例

（1）XMD 控制器软件对液压泵变量的控制　采用两个压力控制比例阀，利用 XMD 控制器软件对液压轴向柱塞泵的斜盘角度变量进行控制，从而实现液压泵的排量变化，如图 26-238 所示。在应用 XMD 控制器软件时可以适应多个液压泵厂家

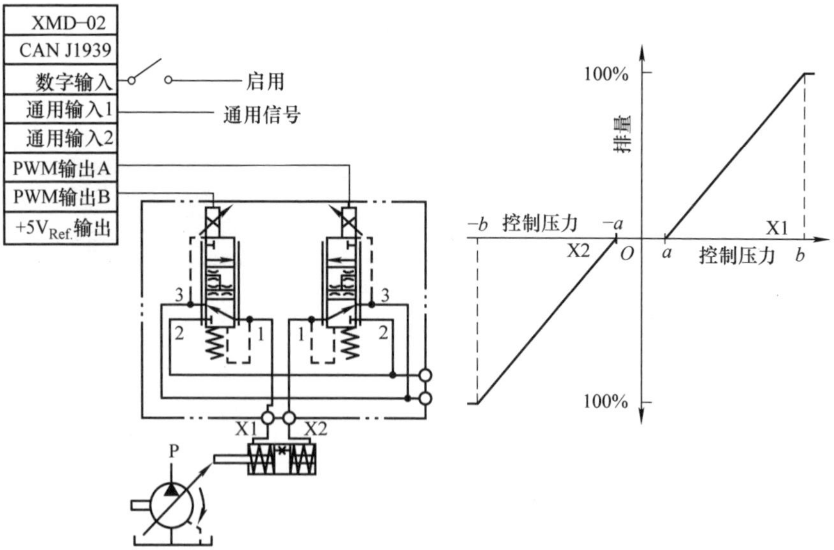


图 26-238　XMD 控制器软件对液压泵变量的控制

的液压泵变量，使斜盘的角度变化，从而使泵的排量产生变化。由图 26-238 可以看出，调节比例阀的控制压力使液压泵的排量与方向产生变化。

（2）XMD 控制器软件对液压风扇系统的控制　以液压风扇系统驱动的例子说明 XMD 控制器的应用。这个散热器装置允许风扇电动机是逆转，以清除在建筑和农业车辆应用中可能堆积在风扇上的碎片。XMD 控制器软件对液压风扇系统控制与参数设置如图 26-239 所示。

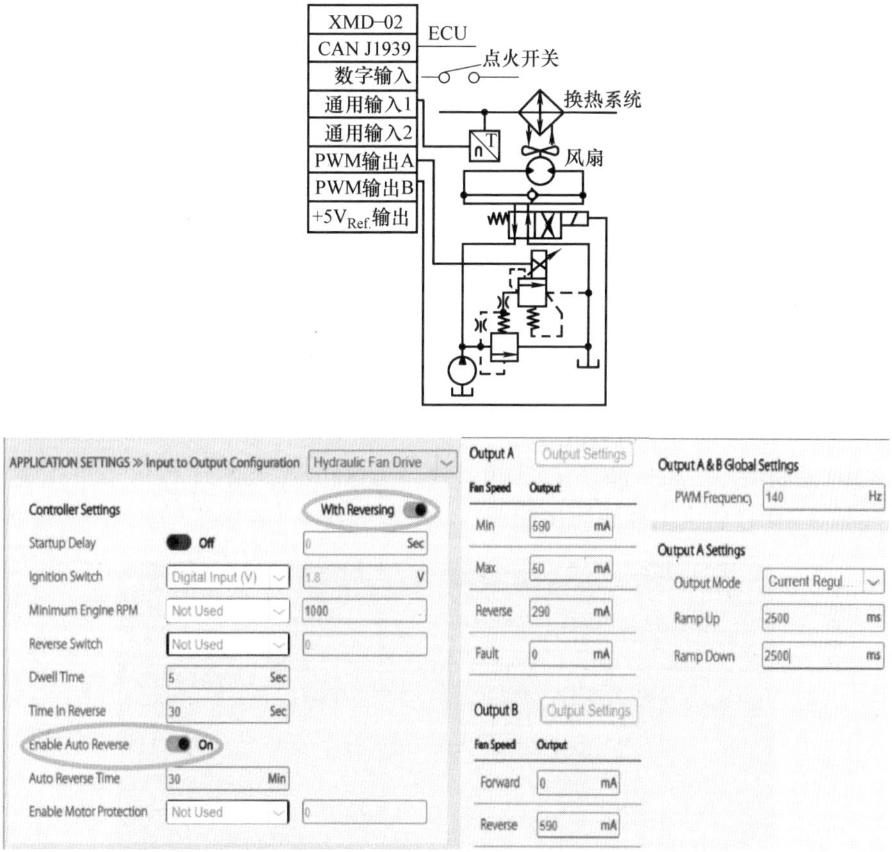


图 26-239　XMD 控制器软件对液压风扇系统控制与参数设置

根据工况需要控制风扇的转速。在车辆点火正常的情况下，需要将控制器设置为低风扇转速；输出 A 为逆向比例阀，是用来控制液压马达的旋转速度，在此比例阀上的电流最大时溢流阀开口也最大，系统控制压力最低，从而使风扇速度最小；输出 B 是为了控制二位四通方向阀，控制风扇正反向。在风扇正反向换向时，允许风扇换向的中间延迟时间，最小的延迟时间为 0.1s（不可设置为 0），避免液压马达上的转向油路冲击。启用电动机保护还提供了一个选项，也就是使用风扇控制马达上的比例阀的输入信号，以确保马达在反向旋转之前停止或以低速转动。然后通过选择斜坡输出设置，可以在指定电流的下降斜坡，以平稳提高风扇速度。这些设置体现在 XMD 控制器软件的参数设置上，参见图 26-239 中的软件界面设置。图 26-240所示为 XMD 控制器软件对液压风扇系统的控制效果。

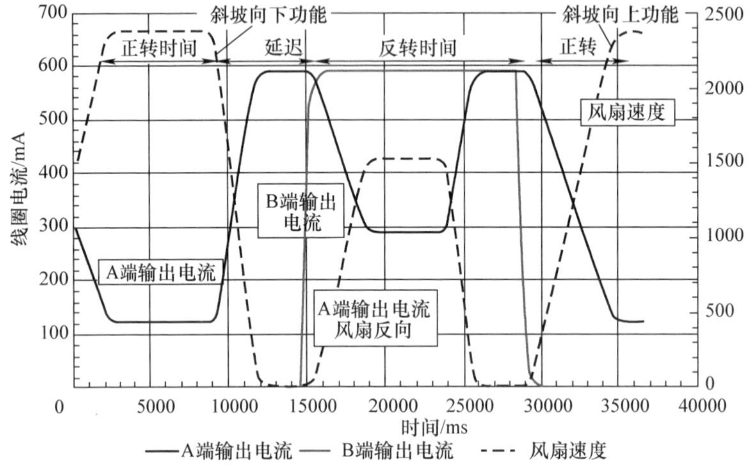


图 26-240 XMD 控制器软件对液压风扇系统的控制效果

#### 4. XMD 控制器用手机 App

XMD 控制器用手机 App（见图 26-241）为 XMD 驱动程序提供了更先进的功能，包括 XMD 移动应用程序简化配置。

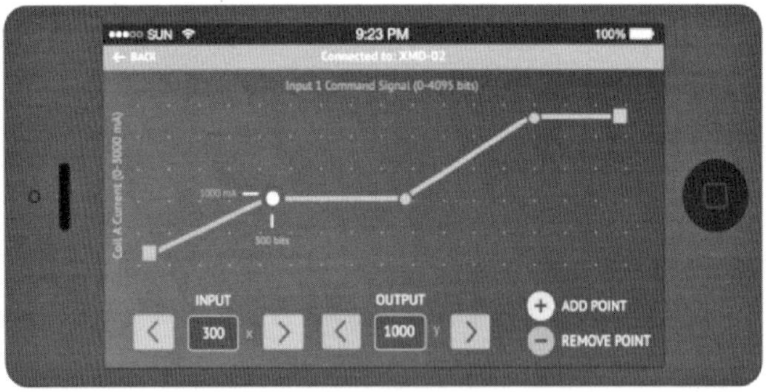


图 26-241 XMD 控制器用手机 App

XMD 手机应用程序采用了简单的方法来合并 I/O 曲线，对比例阀的磁滞进行线性化，以获得更好的线性控制性能。使用 IOS 或 Android 设备的应用程序和 XMD 之间的连接可以通过蓝牙建立。

#### 5. XMD 控制器 CAN－to－USB 硬件接口电缆

XMD CAN－to－USB 硬件接口电缆（见图 26-242）允许 XMD 中的 CAN 通过计算机上的 CANpoint XMD 配置软件进行传输和接收。使用 CANpoint XMD 配置软件去配置 XMD 控制器驱动元件时，需要使用此接口线缆。LED 显示灯在成功接收 CAN 信息时闪烁绿色，在 CAN 总线出错后闪烁红色。USB LED 为 USB 通信活动提供相同的功能。该接口由来自计算机的 USB 总线供电，包括一个 3 路插座和一个 120Ω 终端电阻，网络中还需要一个 120Ω 的电阻。USB 电缆长约 4. 9m，和 CAN 连接约 0. 3m。

**6. SUN 放大器红外设置与监测软件**

SUN 嵌入式放大器红外设置与监测软件（见图 26-243）是为了与 SUN 嵌入式放大器进行通信，使用计算机来简化系统配置而开发的。首先，软件需要安装驱动程序以进行计算机通信，该软件会在常见术语及标准单位环境中进行参数的设置和监控。然后，将红外适配器连接到计算机，并和正在工作的放大器接触后，可以方便地查看或者设置参数。放大器设置软件还能一次性读取所有的参数，参数能以表格形式显示在屏幕中，进而被保存为文件使用。参数设置列表可以备份，或者复写到其他的设备，也可以打印出来进行硬拷贝。拥有这些特点，放大器设置软件能够方便且高效地和 SUN 嵌入式放大器进行通信。

图 26-242　XMD 控制器 CAN – to – USB 硬件接口电缆

图 26-243　SUN 放大器红外设置与监测软件

因此，该软件的功能是查看和设置单个参数、实时监控参数、从控制器读取所有参数为表格、将表格参数写入控制器、将产生的文件加载为表格、将参数由表格保存为文件、打印参数表等。

## 26.9.9　螺纹插装阀阀块CAD设计软件基础

液压企业已经由单纯生产液压元件的产品型企业向“提供产品技术解决方案”的服务型企业方向扩展。“提供产品技术解决方案”不仅仅是为用户解决眼前的具体项目方案，更重要的是帮助用户解决产品技术解决方案的工具。

螺纹插装阀的计算机辅助设计软件种类很多，功能各有特色。目前可分为选型软件、仿真软件与阀块设计软件。本节介绍的选型软件以原丹佛斯/Comatrol的EasyValve选型软件为基本点，对其功能应用加以介绍。本节介绍的另一个阀块设计CAD工业软件，是我国在20世纪末由上海交通大学等院校联合上海液压成套公司（上海液压件一厂）、伊顿（上海）等企业成功研发，并成功用于这些企业实际应用，但是由于缺少成熟软件平台支撑与市场手段，成果与世界著名工业软件的竞争中处于劣势并难以持续发展。

**1. 螺纹插装阀选型软件的基本概念、功能与使用**

（1）螺纹插装阀选型软件的基本概念　螺纹插装阀组几乎都是按照使用者要求定制的，几乎涵盖了液压行业的所有应用领域。客户化的特性决定了设计周期上有“方案定型”这个环节，一般包括以下六个步骤：绘制原理图、选型、报价、讨论阀块布置、绘制阀组装配图、客户确认（见图26-244）。

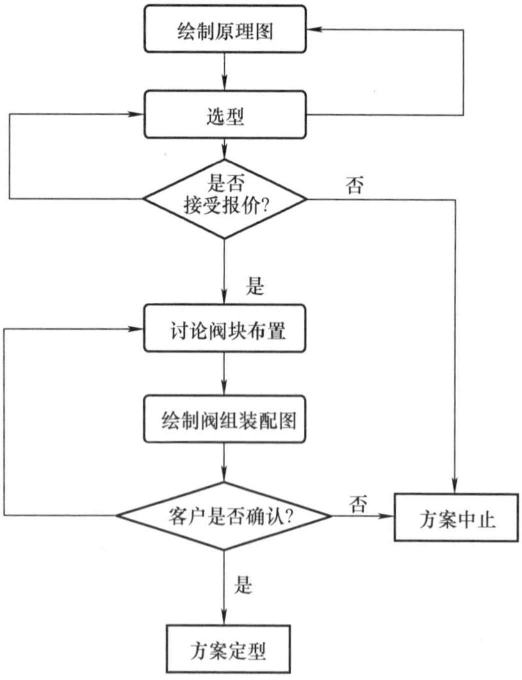


图26-244　阀块方案定型流程

螺纹插装阀的选型软件将大大缩短方案定型所需的时间，因为绘制原理图、查询样本、计算价格、汇总技术信息、备份方案等工作都由计算机完成，省时提效，节约成本，更提高了产品的一次成功率。这些选型软件虽然无法将客户的信息直接转换为安装图样，但是它们能将螺纹插装阀组方案定型环节中的绘制原理图、选型、报价、讨论阀块布置四步合并为一步。选型软件逐渐成为螺纹插装阀厂家与客户信息沟通的一个良好平台。通过这个平台，螺纹插装阀组厂家收集客户给出的信息并加以管理，而客户则在提出要求后很短的时间内即可获得初步的方案及报价，并开始与自身的要求相校核甚至确认方案。有了选型软件的支持，客户的工作更简便。最初的想法中没有包含的地方都被选型软件考虑到了，校对工作也更有条理。

目前所知的螺纹插装阀选型软件有原先的丹佛斯/Comatrol 的 EasyValve 软件（2010 年 2.0 版本）、海德福斯的 I－Design 软件和伊顿的液压阀样本软件。这些软件由加拿大 Famic 公司以 Automation Studio 为平台开发并兼容的。这些软件具有插装阀选型和阀组造型的功能，并可输出仿真模型，让用户极方便地完成插装阀组方案定型，包括绘制原理图、选型、报价、布置阀块等。它的目的是将插装阀组的定型工作简单化和清晰化，并简单到任何技术或销售人员都可以在很短的时间之内完成一个完整的方案。这些软件中功能丰富，有具备记录项目信息的界面功能，有了方案更新后的版本追踪功能和方案文件的导入导出功能，提供了阀块布置的界面并限定整个阀组的最大三维尺寸的功能。

（2）EasyValve 选型软件的功能与使用　EasyValve 选型软件 2.0 版本主界面如图 26-245 所示。这个界面包含了菜单、工具栏、绘图板、插装阀样本和项目浏览器。

图 26-245　EasyValve 选型软件 2.0 版本主界面

1）菜单，包含“File（文件）”“Edit（编辑）”“Preferences（偏好）”“Window（窗口）”和“Help（帮助）”共五部分。

①“File”菜单涉及相关文件的读取与保存。螺纹插装阀组方案是以“.HIC”为辅助文件名来保存的。HIC文件可输出为AutoCAD可以打开的DXF文件，以及Automation Studio程序可以识别的仿真文件（HIX文件）。它们在“File”菜单的功能表内均可拉出并选用。

②“Edit”菜单所包含的内容比较简单，仅有撤销、重做、剪切、复制、粘贴和删除六项。

③“Preferences”菜单是为用户提供个性化服务，可自设置默认值、页面尺寸、页面旋向及“居中”的打印选项。对于绘图板中出现的油口、插装阀、插装孔等元素，用户可以勾选是否显示其参数及在绘图板中插入标题栏。在“Option（选项）”所示的对话框中，用户可以填写本人的信息、选择油路的线条属性、编辑标题栏中的图纸标题、设置与偏好相关的参数，以及选择价格文件的数据库。

④“Window”菜单允许用户切换多个不同的已打开文件。

⑤“Help”菜单中的“On-Line Help”（在线帮助），包含了EasyValve的介绍和使用方法，各种界面和功能，以及如何从头开始做一个阀组方案。它的单词检索功能可以帮助解答用户使用过程当中产生的各种疑问。菜单中的最后一项“About”命令，可以显示版本信息和支持信息。用户可以通过与丹佛斯/Comatrol的官方网页、邮件等多种途径获得支持信息。

2）工具栏，在菜单的下方，包含了37个图标。共分五大类：文件处理类、编辑类、视图类、版面设计类和绘图类。

①“文件处理类”的功能包括文件的创建、打开、保存、打印、打开或关闭插装阀样本、打开或关闭项目浏览器窗口、允许用户校对设计规则、生成一个完整的方案报告、打开用户默认的电子邮件应用程序并将HIC文件发给接收者等。

②“编辑类”的功能诸如剪切、复制、粘贴、删除、撤销操作、恢复撤销的操作等，与其他软件无异。但应注意，撤销和重做功能不支持对元件属性的修改，也不支持对图样选项的配置修改。

③“视图类”的功能可供用户放大或缩小绘图板的区域。其中“Zoom Page”图标可以让用户在屏幕上看到整个绘图板，无须做多余的调整。

④“版面设计类”图标一共只有4个，主要的功能是旋转和镜像元件，配合用户绘制出更美观的阀组原理图。

⑤“绘图类”图标是对基本绘图功能的丰富与补充，使得用户能够把对阀组原理图有解释或者帮助作用的信息添加进去。当然，在编辑原理图时，绘图类图标也是不可或缺的工具。

3）绘图板，显示螺纹插装阀系统图的区域。图26-246所示为EasyValve所绘制的螺纹插装阀系统图。

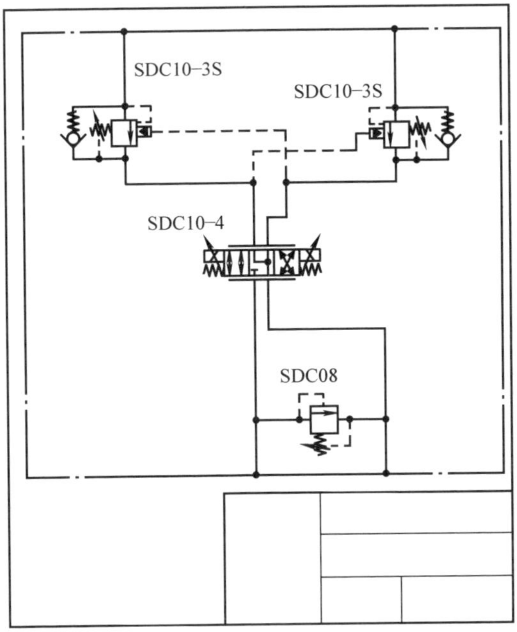


图 26-246　螺纹插装阀系统图

4）插装阀样本，是选择元件和创建回路图的主要工具。丹佛斯/Comatrol 的插装阀产品已经按种类不同分为十五个大类，再加上“Machining Options（安装面加工选项）”“Extra Cavities（额外的插装孔）”和“Manifold Accessories（阀块附件）”这三个相关的部分，插装阀样本中一共包含了 18 个主要的组成部分。它具有自查找的功能，当用户需要某一种插装阀时，只需将插装阀的型号输入查找框内进行搜索，该元件的符号和简介就会出现在窗口的下部，如图 26-247 所示。

5）项目浏览器，是用于切换“Project Information（项目信息）”、“Schematic Layout（回路图布局）”、和“Manifold Layout（阀块布局）”三个场景的调度器。

（3）EasyValve 软件与样本的统一　本节将对选型软件和软件中电子插装阀样本之间的联系作进一步的说明。

当把一个插装阀的功能符号从“Valve Catalog”窗口拖曳至绘图板之后（见图 26-248），绘图板中就出现了一个需要的插装阀功能符号。这省去了以往绘制插装阀功能符号或者查找插装阀图库的工作，大大缩短了绘制原理图的时间。在插装阀功能符号拖曳至绘图板之后，必须进一步编辑功能符号，使其内容更加丰富，这就是插装阀的选型过程。

现以 PSV10－34－05 三位四通的比例阀功能符号被拖曳至绘图板之后的编辑为例。它本身的颜色是灰色的（见图 26-249a）这说明它的内容没有被完全定义好。继之，双击这个功能符号，软件会弹出一个插装阀的编辑窗口，如图 26-249b

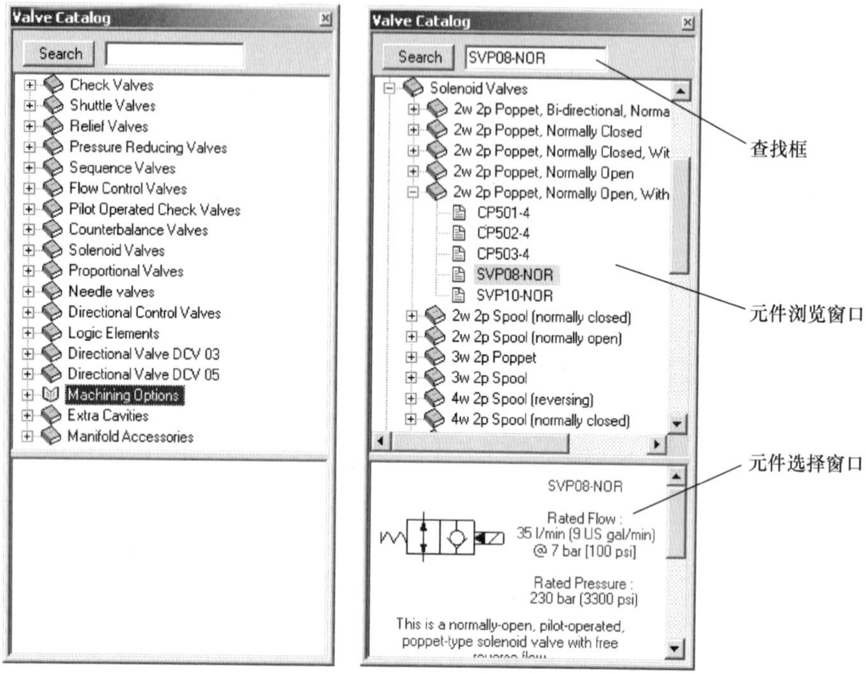


图 26-247　插装阀样本中的搜索功能举例

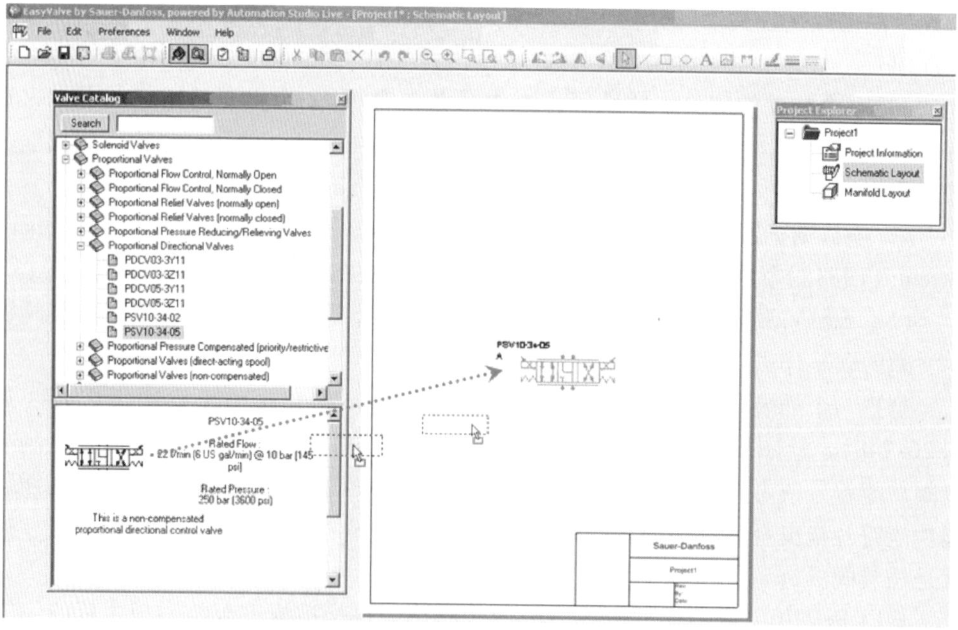


图 26-248　绘制原理图与电子样本的联系

所示。按照此元件参数编辑窗口经过完整的定义之后，插装阀的功能符号则由灰色变成黑色（见图 26-249c）。

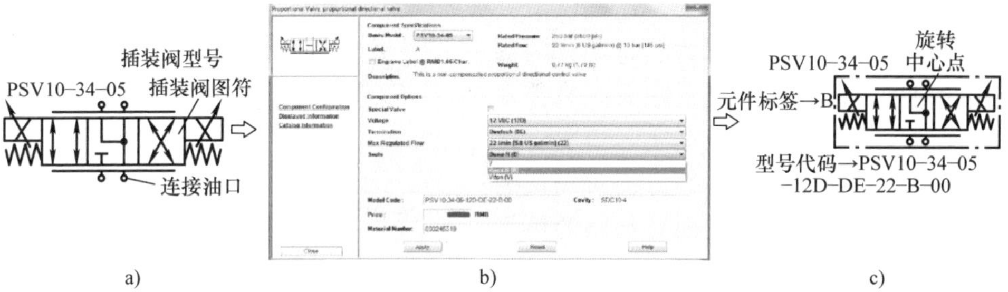


图 26-249　调用样本元件

a）所选元件拖曳至绘图板之后未经编辑的状态（灰色表示）　b）所选元件图符双击后的窗口中选择参数　c）所选元件拖曳至绘图板后经过编辑的状态（黑色表示）

当切换到“Catalog Information（样本信息）”这个标签时，通过内嵌的“Adobe Reader”窗口将自动调用丹佛斯/Comatrol 插装阀的电子样本，因为此电子样本被安装在 EasyValve 压缩的安装目录中。这是 EasyValve 作为一款阀组选型软件的一个特色功能，便利省时。

（4）螺纹插装阀组原理图的设计　EasyValve 为螺纹插装阀组原理图的设计提供了一个完美的绘图平台，也是插装阀组方案中工作量最大的部分。

与 AutoCAD 通用型的绘图软件及其二次开发软件相比，EasyValve 专业软件绘制插装阀组原理图的特点如下：

1）插装阀功能符号具有国际标准，筛选简单，而且每一个功能符号带连接油口的表达（见图 26-250）。当鼠标移动到连接油口时，鼠标的形状就会变成+。此时单击鼠标，EasyValve 将自动把此连接油口作为油路的起点。这极大地方便了用户实际运用时辨识各个插装阀油口及随后的油路连接。

2）插装阀之间的连线代表油路，不会随意交叉或者连接。当线段交叉时，交叉的半圆符号会自动产生，当油路需要连通时，结点的符号也会自动产生，这是吸取了 Microsoft Office Visio 的长处，与 AutoCAD 相比有发展。油路连接的过程中，每一次鼠标单击将会产生一个油路的拐点，如果鼠标双击将会产生一个新的油路连接点，无须捕捉或者输入命令；当鼠标变成↔时，可以左右调节油路的位置。当鼠标变成时↕，可以上下调节油路的位置。如果鼠标靠近油路的某一个拐点或者端点时，鼠标会变成✥，此时可以移动这个拐点或者端点的位置。

3）连线的线型和颜色代表油路的性质，默认的高压油路为红色的实线。当需要改变油路的性质时，我们可以右击被修改的油路，然后在弹出的快捷菜单中选取（定义）一种合适的油路。这有利于整个阀组方案思路清晰、逻辑分明。

4）插装阀组的原理图简单清晰。

5）在“Technical data（技术资料）”标签中，提供了Kv值、长度和直径三项基本的油路技术参数修改项，还提供最大流量、最高温度、最高压力、材质、内部表面粗糙度、海拔和导热系数等高级技术参数修改项。用户可以根据实际情况对这些技术参数做修改。这样一方面对阀块的设计提出了要求，另一方面对油路的仿真参数一次性做了定义。

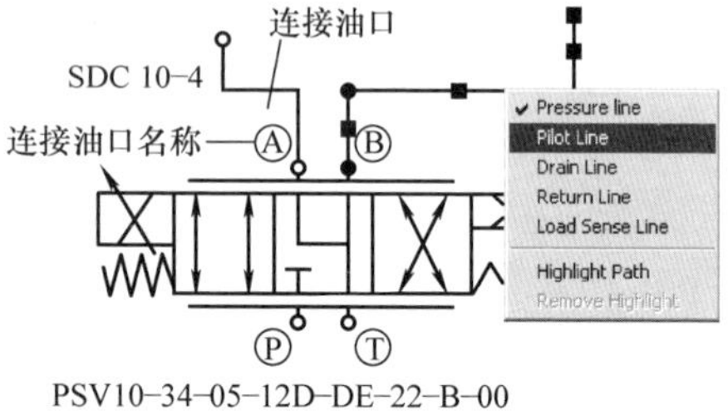


图26-250　功能符号带连接油口与连线颜色的表达

（5）项目信息的管理　项目信息的界面中主要分为“客户信息”“商业信息”和“技术信息”三个组成部分。

在“客户信息”区域中，用户可以将客户的公司名称、公司地址、所属区域、所属国家、客户性质（OEM或者分销商）、项目名称、联系人和电子邮件地址等信息一一记录下来。这些信息对于一个销售工程师来说是必须要了解和掌握的。

在“商业信息”区域中，用户可以将预计年用量、样机数量、客户零件号码、丹佛斯/Comatrol零件号码和Inquiry号码等信息记录下来。

在“技术信息”区域中，用户可以将客户提供的技术参数做记录。这其中包括最大进口流量、最大系统压力、阀块材质、材质表面处理工艺、特殊的标记、补充的备注及客户指定的测试要求。这些信息既是客户对于插装阀组的技术要求，同时也是工程部门设计和加工阀块的依据。值得一提的是，EasyValve对于“最大系统压力”和“阀块材质”这两项内置了一个判断逻辑。如果最大系统压力超过了阀块材质的使用压力范围，EasyValve将会弹出一个警告框提醒用户更换阀块材质。例如，阀块材质为铝材而且最大系统压力为31.5MPa时，警告框立刻提示用户，在此压力条件下不推荐选用铝材。

（6）价格体系的管理　作为定制化的产品，插装阀组需要根据不同的配置给出不同的报价。并且，由于插装阀组在方案定型阶段的变化比较大，报价需要有很强的跟随能力。为避免报价与方案定型相互独立或者出现脱节，就是在插装阀选型软件中加入价格算法，使得方案定型和价格赋值同步完成。因此，EasyValve既是选型工具又是价格工具，是“二合一”的软件，最终可以将各项因素累加并输出到一份报告中。

当用户被授权可以了解价格时，只要单击“Preferences（偏好）”菜单的最后一项“Option（选项）”中的“Price List Version（价目表版本）”的下拉框即可。如果用户没有获得授权，价格体系就没有激活，但软件的其他功能不受影响。

当完成一个插装阀组的方案之后，可以利用EasyValve软件生成一个报告，此报告中包含价格在内的信息，但是没有定义完整的插装阀、油口和安装孔不会计入成本，并用灰色表明定义没有完整，直到完全变成黑色，表示已定义完整为止。

（7）螺纹插装阀组技术参数的收集　螺纹插装阀组技术参数的收集包括最大进油流量、最高系统压力、阀块材质、阀块表面处理工艺、阀块电镀颜色、特殊标记、客户指定的测试项目、油口尺寸、阀块内部油路孔径、安装孔尺寸、插装阀位置、油口位置、手柄转动空间、阀组最大尺寸等。可见，完整的螺纹插装阀组方案制作过程是信息收集和整理的过程，而且主要是技术信息。

具体地说，可以根据图 26-251 在项目浏览器中的“Project Information（项目信息）”“Schematic Layout（原理图）”和“Manifold Layout（阀块布局）”三个主窗口之中不断地将客户提出的要求进行输入。

除了正常需要的油口之外，有时候还会在阀块上添加一些辅助油口，如测压口、备用油口等，只要勾选“Extra Port（额外油口）”选项即可，EasyValve 将会把这个油口的加工成本记入总成本中。

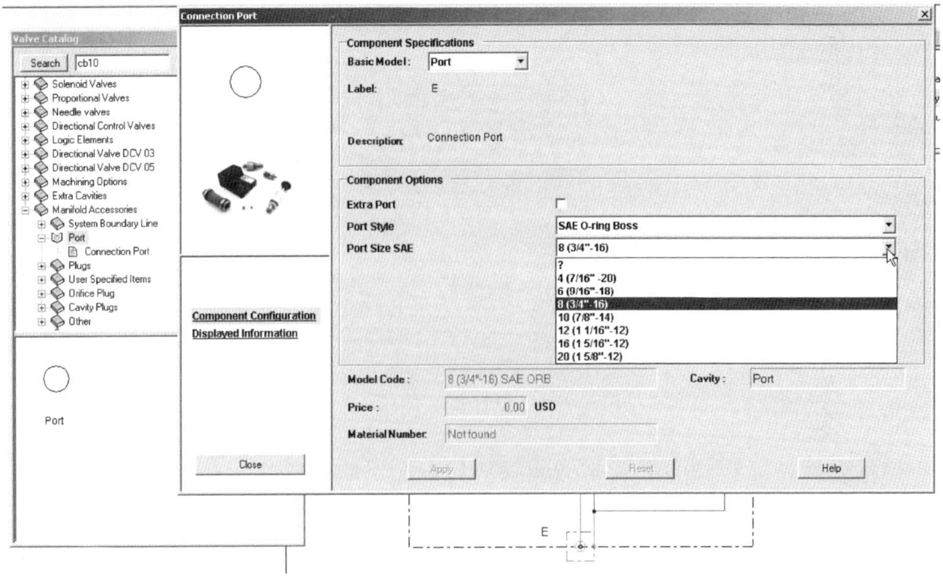


图 26-251　螺纹插装阀组技术参数的收集

所有的技术参数收集并输入后，可单击工具栏的“Design Rules Check（检查设计规则）”按钮。它的功能是帮助检查一个螺纹插装阀组方案中是否所有的插装阀、油口、安装孔都已经定义完整，如图 26-252 所示。“检查设计规则”能够防止用户漏掉某些技术参数的录入。为了防止遗漏，EasyValve 在每次生成报告之前都会强制运行“检查设计规则”，并把检查结果记入报告。

（8）螺纹插装阀的属性　本螺纹插装阀组方案的设计平台没有三维功能或者多维理念，包括没有插装阀的三维模型，唯一能够代表插装阀的就是原理图中的功能符号。因此一个螺纹插装阀首先具有符号属性，另外还包含价格属性和仿真属性。

插装阀的符号属性包括它的功能符号及元件标签和型号代码等。其中，元件标签和型号代码的字体和颜色是可以根据实际需要做调整的。用户只需双击元件标签或者型号代码，将会弹出对话框进行调整。

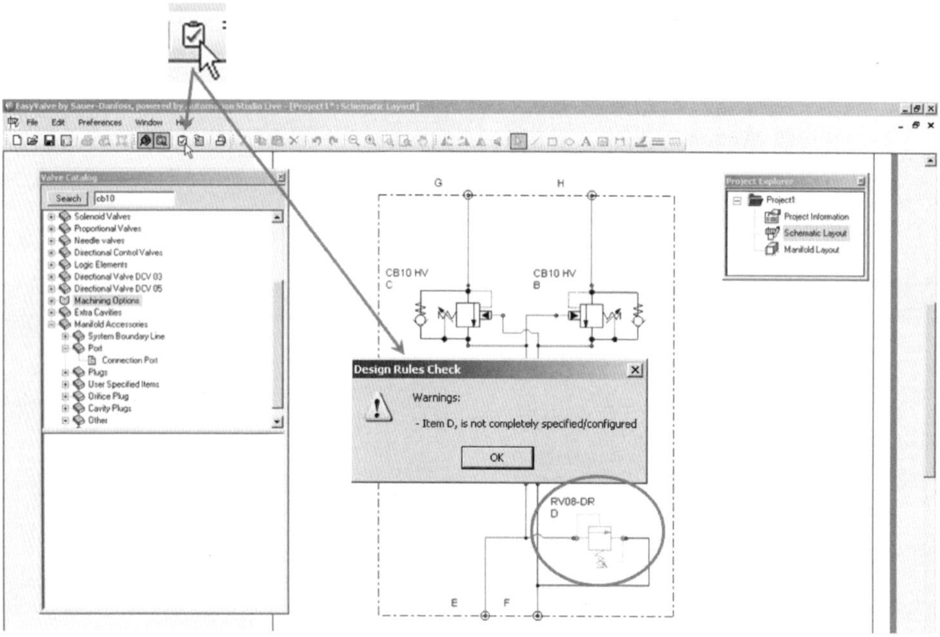


图 26-252 设计规则的检查页面

价格属性是插装阀的配置与插装阀价目表相对应的产物。对于用户来说，不必在选好插装阀之后再去查找它的价格，因为价格属性是自动赋值的，需要做的是选择合适的价格文件并激活它。

仿真属性并不是 EasyValve 中的插装阀本身就完全具备的。插装阀的仿真功能需要格式的转换，要将 HIC 文件输出为 Automation Studio 程序能够识别的 HIX 文件。

(9) 其他公司螺纹插装阀插入的编辑 EasyValve 不仅支持丹佛斯/Comatrol 插装阀的选型，同时也支持对其他公司插装阀产品的扩展（见图 26-253）。这一点弥补了单一插装阀品牌的不足，使得 EasyValve 有了更广泛的应用基础。具体地说，这种扩展是基于相同的功能符号的，是以丹佛斯/Comatrol 的插装阀为原型做编辑从而得到更多的插装阀。

图 26-253 中为丹佛斯/Comatrol 插装阀产品中的一个正常的 CB10 - AV 平衡阀，如果勾选“Special Valve（特殊阀）”，就可以对其进行编辑。可编辑的选项包

括型号代码、订货号码、价格、生产厂家、插装孔。

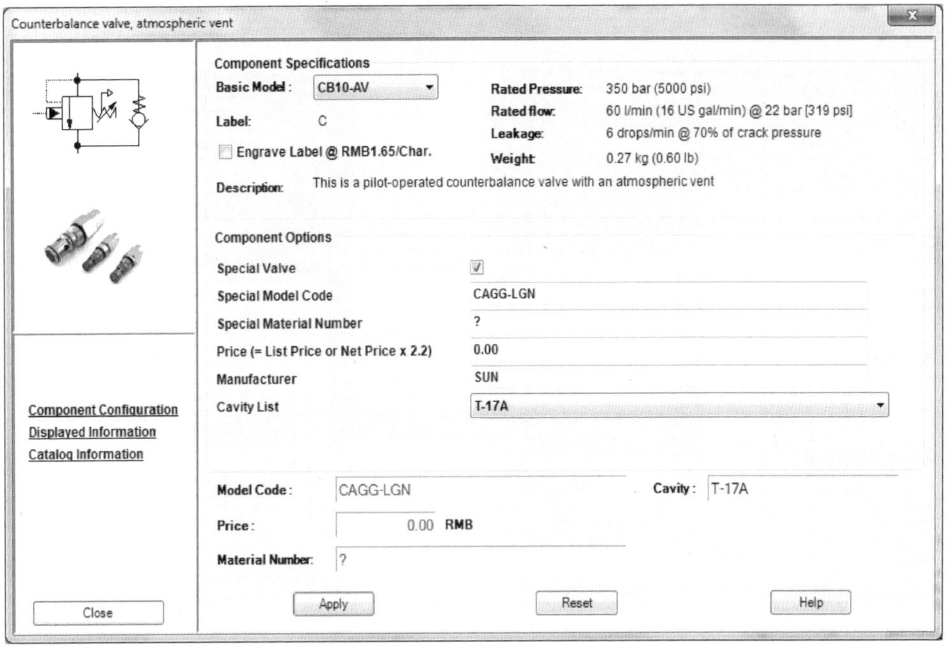


图 26-253　软件对其他插装阀厂商产品的选型扩展

（10）螺纹插装阀组的布置　在“Manifold Layout（阀块布局）”界面中，“元件库”中罗列了在“Schematic Layout（原理图）”界面编辑过程中引入的所有插装阀和油口。插装阀和油口都以各自的编号自动汇总在清单里。“元件库”也提供“安装孔”的选项，供用户编辑阀块布置时调用。另外，在“附件”这个展开项中，提供了两种“机械手柄组件”，即“90°机械手柄”和“180°机械手柄”。用户可以在需要的时候调用这两种机械手柄放置在阀块的表面上，并且可以利用“旋转”命令调整到合适的安装角度。

“阀块布局”的主窗口是六个阀块的表面（见图 26-254）。当插装阀组的安装位置有限制时，用户可以将空间约束条件记录到图 26-255 的最大尺寸限定对话框中。

（11）螺纹插装阀组方案的修订记录　EasyValve 提供了修订记录功能。当点击工具栏上“Open the revision dialog”图标时，EasyValve 就会弹出一个修订历史对话框。每创建一个版本，EasyValve 都记录下修订备注、修订人和修订时间、校对人和校对时间，以及批准人和批准时间。

当需要查看之前版本的修订内容时，可以直接在版本号下拉菜单中选择所需的版本号，EasyValve 将老版本的修订内容切换出来。请务必注意：在切换版本号时，除了修订内容之外的其他任何改动都不会切换。例如，在原理图中做的改动是无法恢复到之前的状态的。

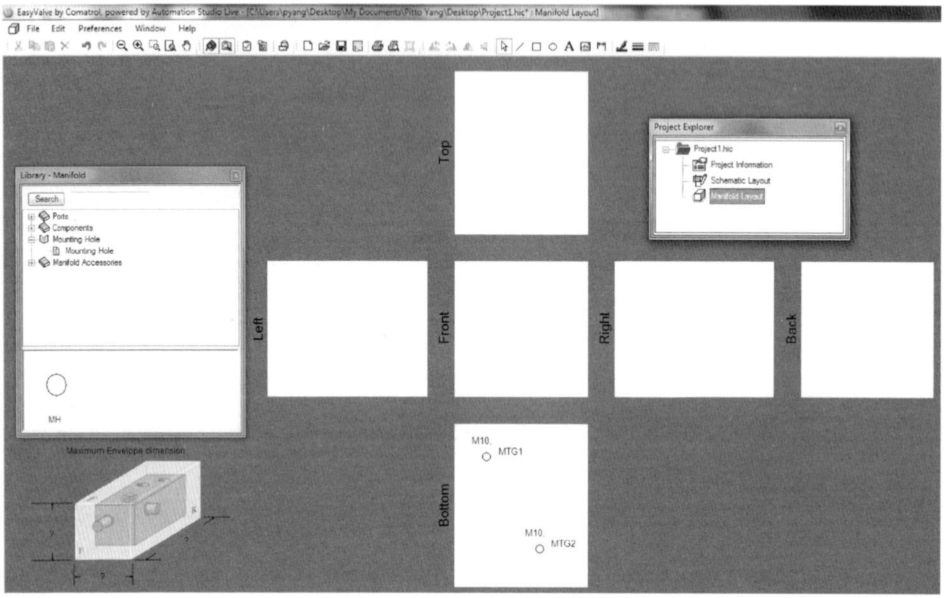


图 26-254　阀块布局页面

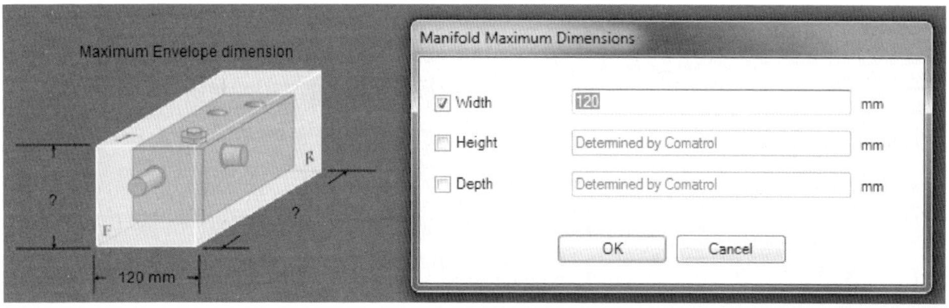


图 26-255　阀块尺寸的空间约束条件

（12）EasyValve 文件的导入和导出　一个螺纹插装阀组的方案一般需要经过多次的编辑、修改和校对。为了便于用户多次调用同一个方案，EsayValve 提供了导入和导出的功能。导入功能是打开一个 hics 文件（默认的保存文件）。导出文件是多样的，有 hics 文件、DXF 文件、HIX 文件。

“Export DXF（输出 DXF）” 命令是将绘图板中的原理图输出为 AutoCAD 可以打开的 DXF 文件。AutoCAD 的版本只需 2000 或者以上版本即可。

EasyValve 输出的 HIX 文件是和 Automation Studio 兼容的。一个螺纹插装阀组的原理图可以在 Automation Studio 中进行仿真。这给用户提供了一个良好的仿真接口。

在输出一个阀组原理图或者阀块布置图之前，EasyValve 也提供预览功能。

（13）螺纹插装阀组方案报告的生成　螺纹插装阀组方案报告是最终的一份总结性报告，包括九个部分：项目信息、价格汇总、技术信息、交货信息、订货信息、物料清单、原理图、阀块布局、警告信息（包括版本信息和软件声明）。它是螺纹插装阀组方案的升华。它将所有输入到方案中的各类信息汇总，计算出阀组的报价并列出物料清单。方案报告完整地提取了所有的要素并按照固定的格式呈现，只有一个窗口，达到化繁为简、提纲挈领的效果。

如果需要生成一个报告，可单击工具栏的“Generate Report（生成报告）”命令或者选择菜单中的相同命令，则立即创建一个 HTML 格式的文件。请务必注意：在使用“生成报告 ”命令之前，须将绘图板中的网格功能关闭，否则报告提取到的原理图将无法看清。如果想保存、打印、生成报告或选中报告中的内容复制至其他的应用程序中，用户可以直接单击相应命令，此功能与标准的 Windows 操作系统窗口操作一致。

报告的第一部分是将用户输入的项目信息汇总，基本情况一目了然。紧接着项目信息的是整个螺纹插装阀组的报价，根据螺纹插装阀组的配置和选定的价格体系进行运算并输出报价。报价分为 1 ~ 9 件、10 ~ 24 件、25 ~ 49 件、50 ~ 99 件和 100 件以上这五个数量等级可选（见图 26-256）。

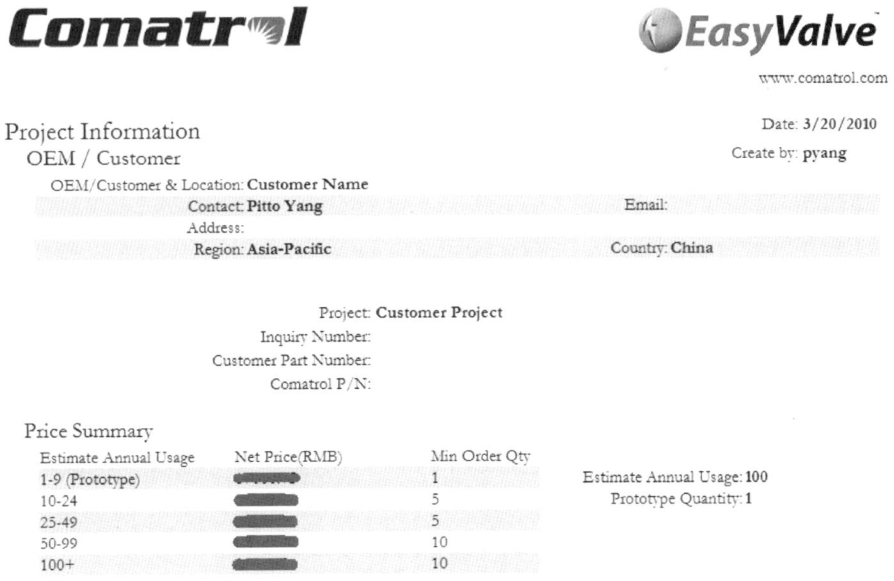
Comatrol　EasyValve
www.comatrol.com

Project Information　Date: 3/20/2010
Create by: pyang

OEM / Customer

OEM/Customer & Location: Customer Name
Contact: Pitto Yang　Email:
Address:
Region: Asia-Pacific　Country: China

Project: Customer Project
Inquiry Number:
Customer Part Number:
Comatrol P/N:

Price Summary

| Estimate Annual Usage | Net Price(RMB) | Min Order Qty |
| --- | --- | --- |
| 1-9 (Prototype) | [redacted] | 1 |
| 10-24 | [redacted] | 5 |
| 25-49 | [redacted] | 5 |
| 50-99 | [redacted] | 10 |
| 100+ | [redacted] | 10 |

Estimate Annual Usage: 100
Prototype Quantity: 1

图 26-256　最终阀组方案的报价报告页面

图 26-257 所示为报告自动汇总生成的最终阀组方案的物料清单页面。

图 26-258 所示为生成报告时导出的最终阀组方案的原理图页面，无法对其做

Comatrol EasyValve

www.comatrol.com

Bill of Material

Catalog Items

| Item: | Nomenclature: | Material ID: | Quantity: |
|---|---|---|---|
| A, B | CP441-1-B-0-E-B-400-4.5-015 | 131327.400 | 2 |
| M | CV08-NP-0.3-B-00 | H140765 | 1 |

Additional Machining

| Item: | Nomenclature: | Quantity: |
|---|---|---|
| MTG1, MTG2, MTG3, MTG4 | Mounting Hole-Through drilled-- | 4 |
| MBR | M14x1.5 ISO 9974-1 | 1 |
| BR | M16x1.5 ISO 9974-1 | 1 |

图 26-257 最终阀组方案的物料清单页面

进一步编辑（图片格式）。如果需要进一步编辑，必须重新回到软件界面，在绘图板中做调整。

Comatrol EasyValve

www.comatrol.com

Schematic

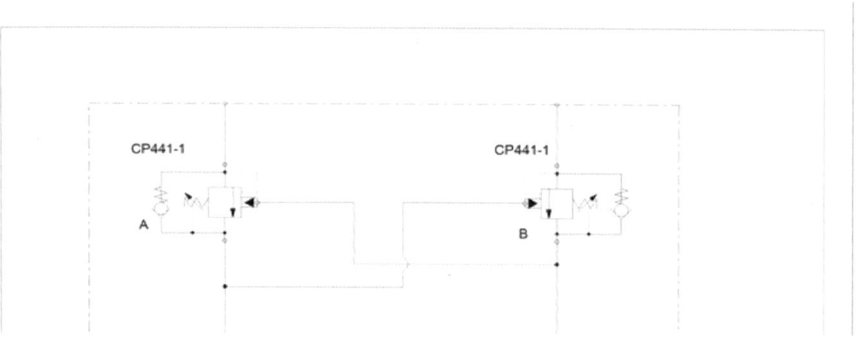


图 26-258 最终阀组方案的原理图页面

图 26-259 所示为图片格式的阀块布置信息报告页面，用户可以在生成的报告中继续做校对。用户输入的阀组尺寸限制也会以图 26-260 的形式显示。需要注意的是，阀组的尺寸限制指的是阀块安装插装阀之后的总体尺寸限制，并非阀块本身的尺寸限制。

报告的最后一个大项是警告信息、版本信息的汇总及软件官方书面声明。用户可以在警告信息中发现方案的不足，以便及时改进。版本信息记录了用户编辑过程中版本的递进。

**2. 液压螺纹插装阀的仿真软件**

仿真软件对液压系统的设计起着越来越重要的作用，提供的数据对液压工程师

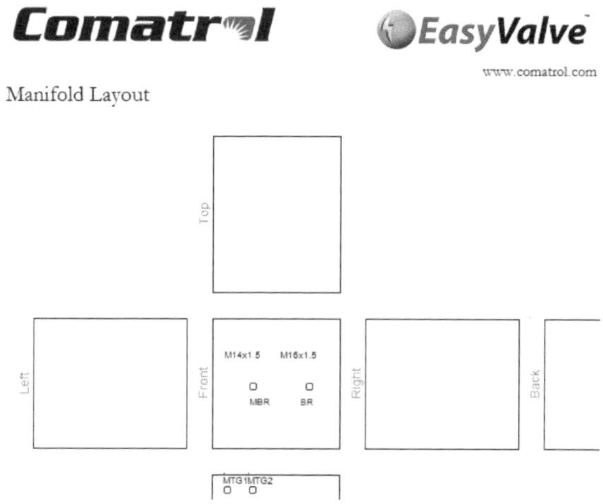


图 26-259　阀块布置信息报告页面

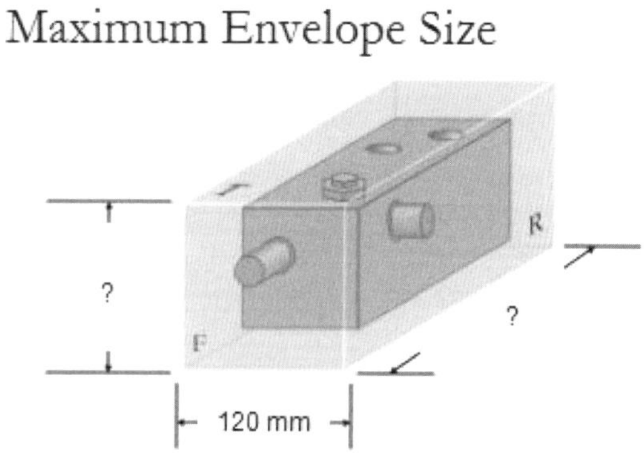


图 26-260　阀组尺寸限制页面

有很大的参考价值。仿真软件可以在虚拟的环境中模拟出与实际工况非常接近的各种参数和状态，从而进行优化，大大节省了研发成本。

目前的液压系统仿真软件种类很多，本手册也有专门章节阐述。但是，目前国内外针对螺纹插装阀的仿真软件不是很多，其中 Automation Studio 是值得推荐的一款，因为它拥有巨大的螺纹插装阀元件库，对多家螺纹插装阀厂家有很好的支持。

（1）螺纹插装阀元件的模型与数据库　图 26-261 所示为 Automation Studio 中的一个二位四通方向阀仿真物理模型。Automation Studio 提供了一个非常简易的平台。用户可以以此平台为基础快速搭建起自己需要的阀芯功能模型。

除了人性化的基本模型之外，Automation Studio 还为用户准备了大量的子模型，以满足各种不同的需要。图 26-262 所示为液压的阀芯库、液压泵、液压缸与液压附件的所有数据库页面，它已经基本涵盖了液压行业领域的各种场合。用户除了可以更改模型中的主参数之外，还可以双击模型中的各个子模型（如阀芯、手柄等），从而选取子模型。

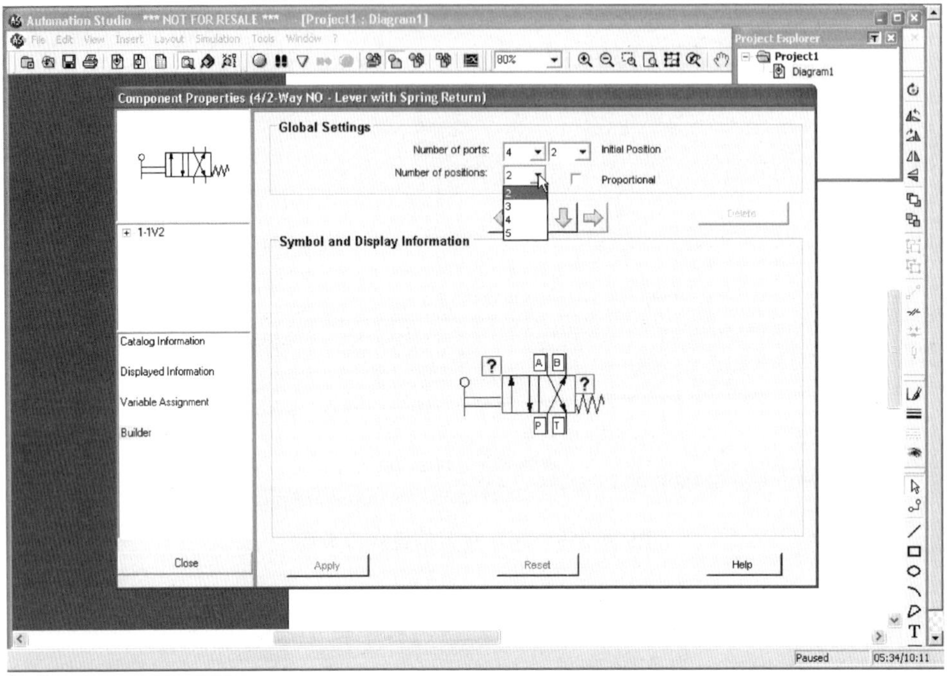


图 26-261　二位四通方向阀仿真物理模型

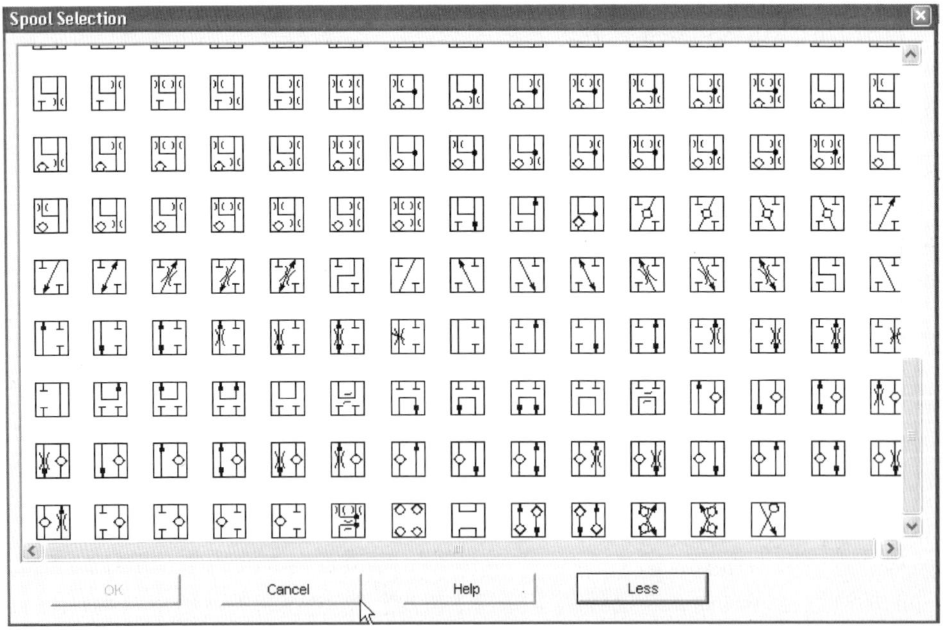


图 26-262　仿真软件中的液压元件与附件的数据库页面

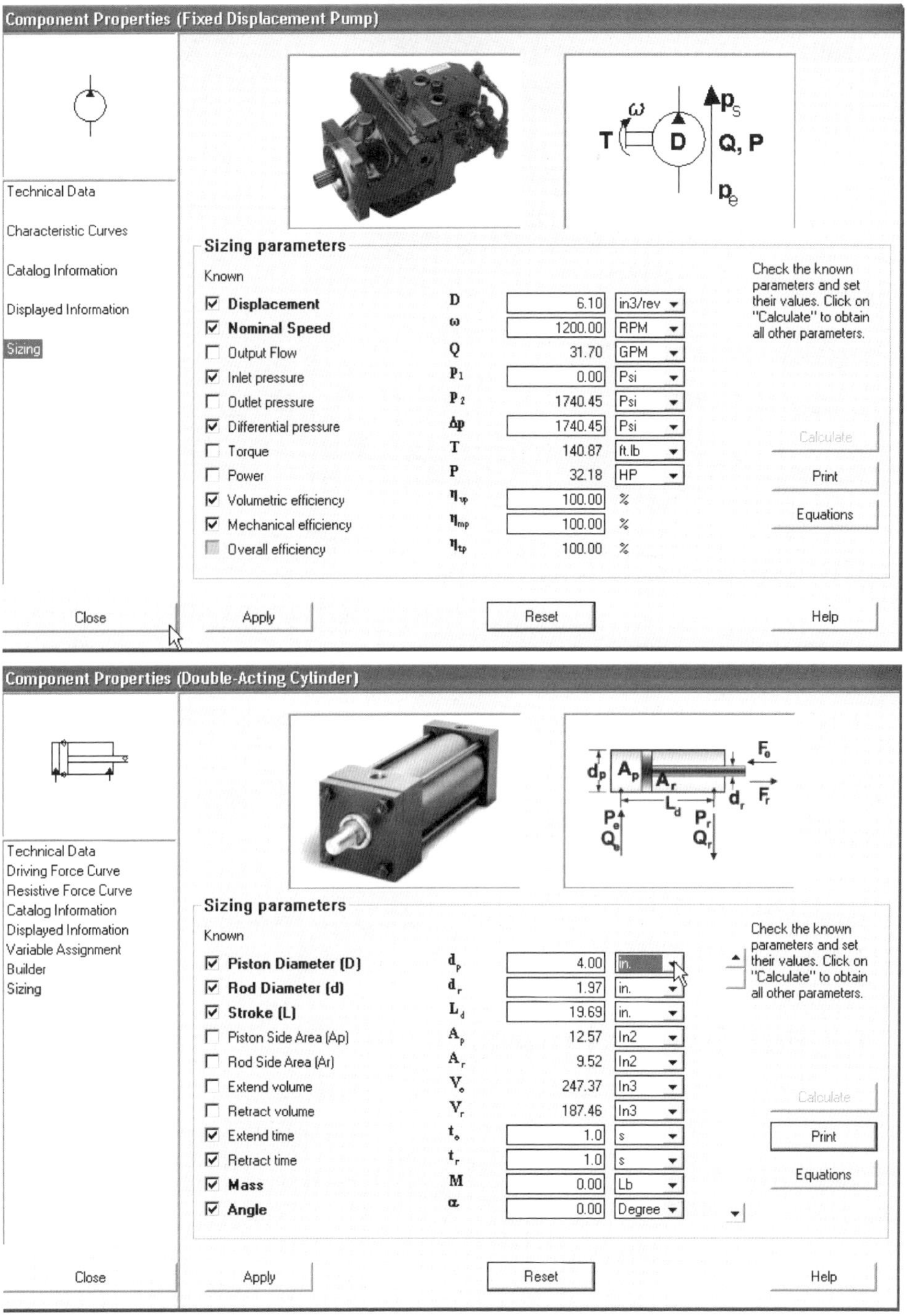


图 26-262　仿真软件中的液压元件与附件的数据库页面（续）

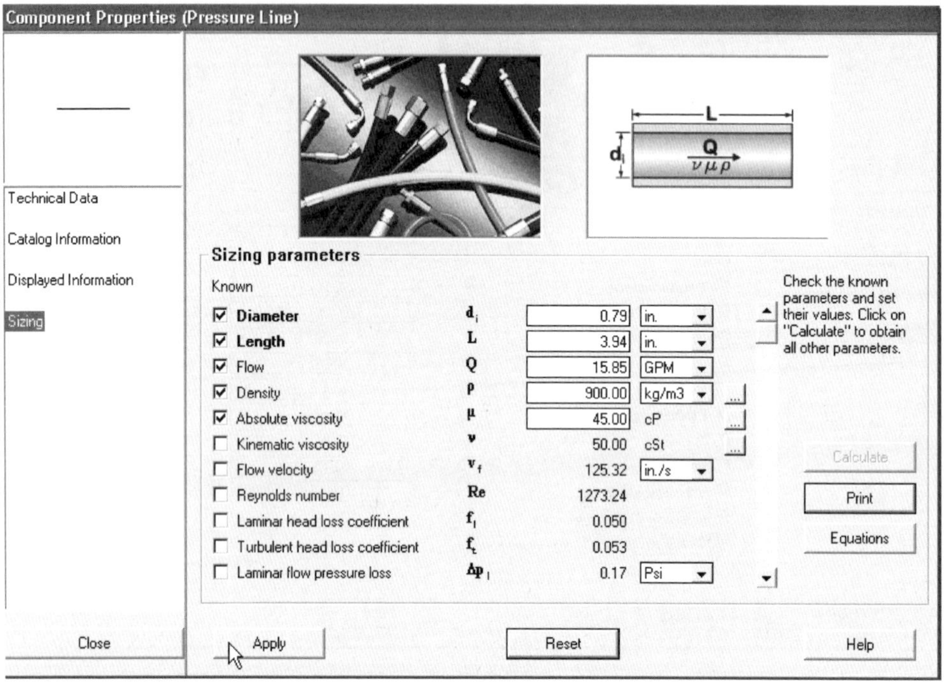


图 26-262　仿真软件中的液压元件与附件的数据库页面（续）

（2）螺纹插装阀组的仿真　在螺纹插装阀组的仿真阶段，用户可以如 EasyValve 一样搭建起液压回路，或者直接从 EasyValve 中输出液压回路然后从 Automation Studio 中导入。

如图 26-263 所示，Automation Studio 可以帮助用户模拟出负载变化或者油路切换时各个监测点的压力及流量的变化。用户通过观察输出曲线可以非常方便地获知所需的模拟结果。

**3. 与螺纹插装阀相关的 CAD 软件**

（1）海德福斯的 i – Design

i – Design（见图 26-264）与 EasyValve 一样是由加拿大 Famic 公司开发的，目前的最新版本是 3.0 版本。作为一款螺纹插装阀的选型软件，i – Design 和 EasyValve 有许多相似的地方，如使用界面、编辑界面、与 Automation Studio 的兼容性等。下面概述一下 i – Design 的特点。

第一个特点是，i – Design 带有一个价格锁定的功能。当用户单击工具栏中的价格锁定按钮时，警告窗口会提示用户价格锁定功能即将开启。价格被锁定后，用户将无法对影响价格的因素再做调整，除非将方案另存为一个新的文件。

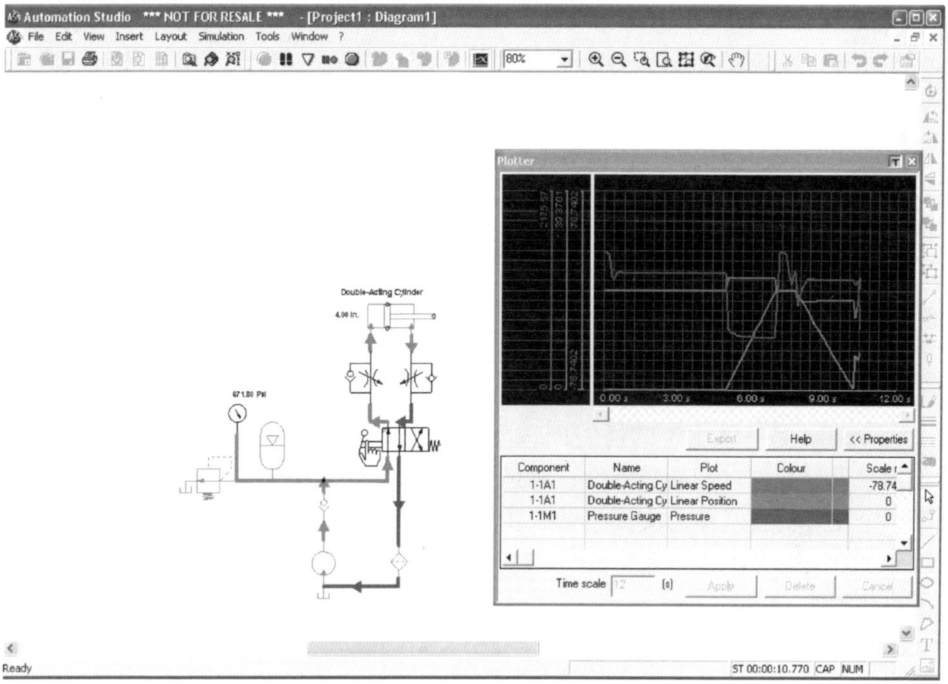


图 26-263　插装阀组系统仿真结果

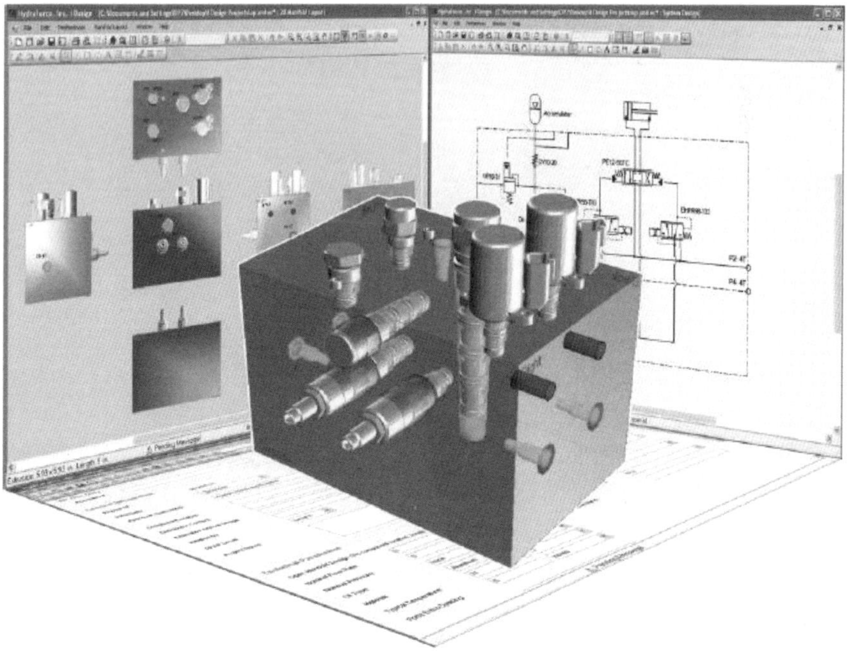

图 26-264　i－Design 软件页面

第二个特点也是最大的一个特点，是 i－Design 的3D 功能。这个功能是 i－Design 的前两个版本所没有的。用户可将 i－Design 切换到3D 模式下，此时阀块和插装阀将以三维方式呈现。这种三维模式比较接近于 Pro/ENGINEER 或者 SolidWorks 等三维绘图软件的模型查看功能（见图26-265）。如此一来，用户可以非常清楚地看到插装阀、阀块、油口、安装孔之间的位置关系，为最终用户的安装及布管提供了极大方便。

第三个特点是可以提供实时价格。当用户选用不同的插装阀时，i－Design 可以实时计算不同插装阀对整个阀组方案造成的价格差异。另外，i－Design 的三维功能同时允许用户拖动阀块，也允许用户输入需要的阀块三维尺寸。阀块的尺寸一经输入，i－Design 可以实时显示整个阀组的价格，并不需要生成报告。

i－Design 是一款出色的插装阀选型软件，但不是一款阀块设计软件。它针对插装阀组设计选型过程的特殊性，满足了技术人员的不同需要，是用户与生产厂家之间一个良好的技术信息交流平台。作为阀块设计软件，功能与专业的阀块设计软件（如 MDTools、Hydroman、SecoMAN 等）相比，特别在阀块的三维开发功能上有不小的差距。

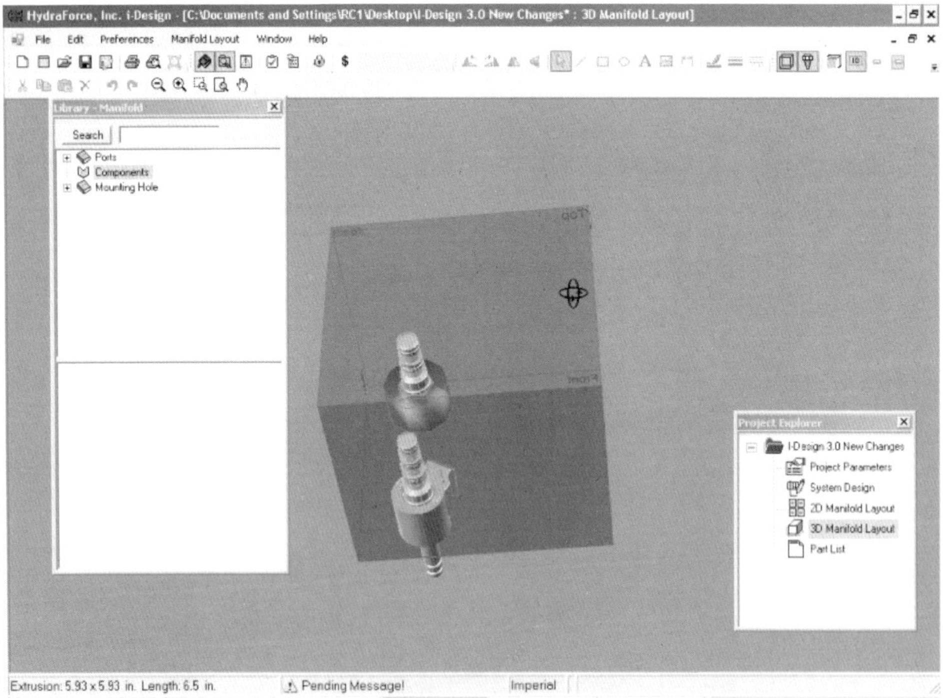


图26-265　i－Design 的3D 功能

（2）原伊顿的液压阀样本软件　原伊顿的液压阀样本软件（见图26-266）是样本的汇总和提升。它把大量的插装阀样本信息数字化之后，形成了一款电子样本集，方便了用户的选型。只要选定某一款插装阀产品后，其详细的技术参数即会显示出来。反之，用户如果输入所需的技术要求（参数），也可以检索出合适的产品。

值得一提的是，这款软件也是和 Automation Studio 兼容的。软件中的大多数元件都集成了 Automation Studio 的测试文件。元件可以在选用之前做单独的测试。通过这种测试，一方面用户可以检验元件的性能曲线是否与样本所述一致。另一方面，用户可以测试某一元件在一典型的应用环境中的基本性能。用户经常会碰到的判断压力损失大小的问题由此可以迎刃而解。

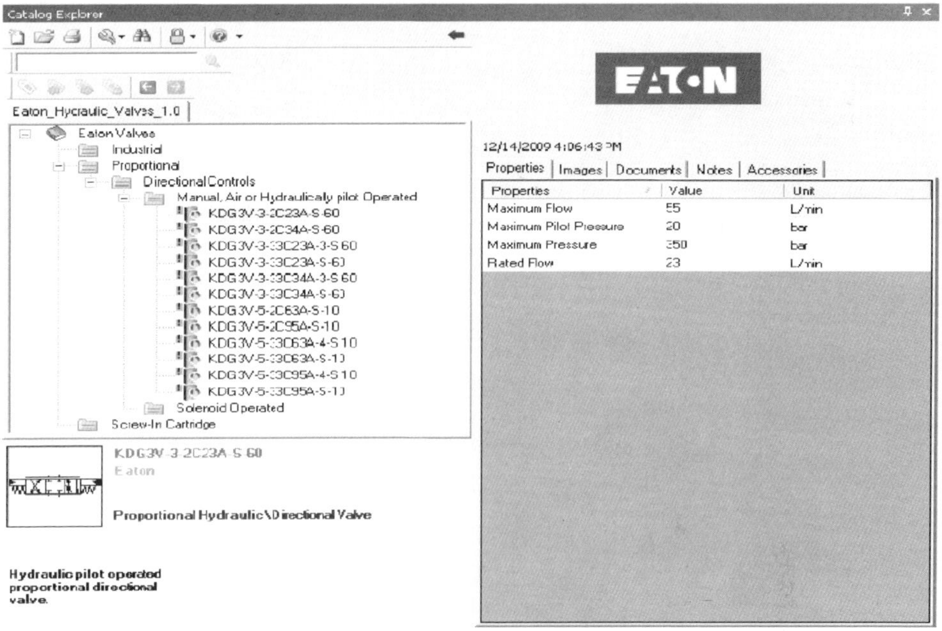


图 26-266 原伊顿的液压阀样本软件

（3）美国 Vest 公司的三维集成块设计产品 该公司系列三维集成块设计软件产品与 Autodesk Inventor 和 SolidWorks 有所绑定。此软件特点是基于完整的三维平台开发软件，其设计图形如图 26-267～图 26-270 所示。

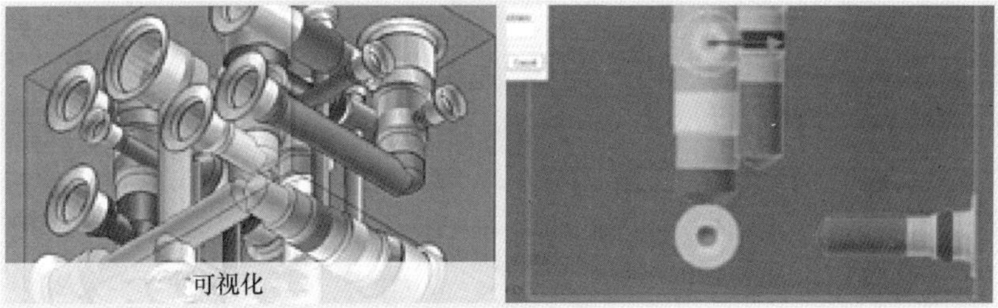


图 26-267 三维虚拟设计

图 26-268　校验和自动匹配

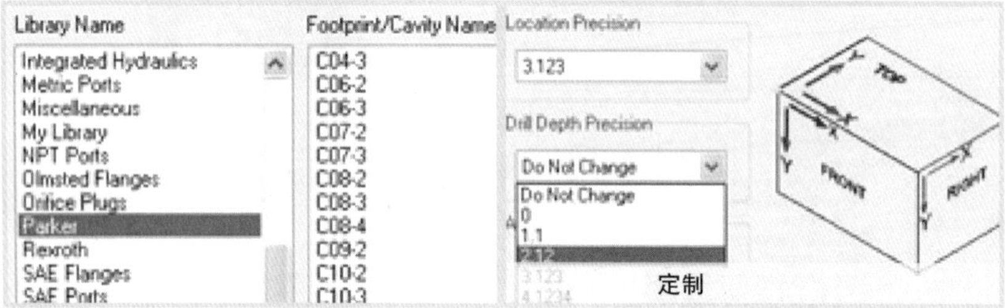


图 26-269　兼容和定制

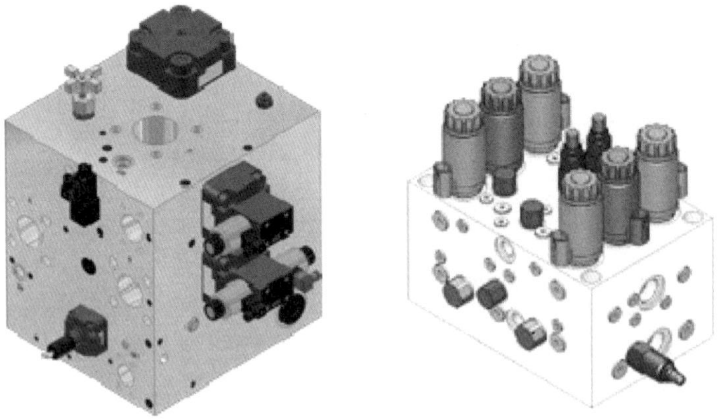

图 26-270　三维装配

此软件使用方便，数据库扩展灵活；未在我国广泛推广，据了解该公司对于在我国推广兴趣不大，派克汉尼汾是该软件在美国地区的 VIP 客户；模型采用参数化设计方法，需要输入大量孔道数据，客户定制模型比较复杂；软件价格高；人机界面环境舒适度较佳。

（4）荷兰 Hydroman 软件　Hydroman 软件未在我国推广。其主要的优点是用户界面友好，短期培训后设计者就能非常高效地使用它。在设计过程中能自动校验和纠正错误；计算截面和三维图像能够有效帮助设计者完成任务；也提供了非常方便的集成块内部查看功能。

这款独立运行的软件，能在配置相对低的个人计算机上使用，设计 20 个孔道和设计 600 个孔道的集成块对系统要求并无明显区别。在设计完成后，设计者能方便地在其他三维 CAD 软件（如 Inventor、SolidEdge、SolidWorks、AutoCAD 等）中产生集成块文件。

柏高工程（PARO Engineering）应用 Hydroman（见图 26-271）在日常设计工作中，因此能在软件中体现开发者的经验和技术需要方面的应用。使用 Hydroman 能帮助设计者提高时间效率，设计精确的集成块，并优化集成块尺寸。

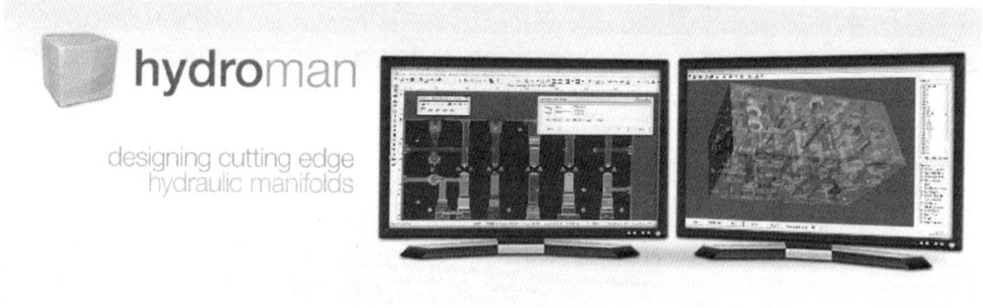


图 26-271 Hydroman 软件用环境

Hydroman 软件的特点：①设计的集成块尺寸很小；②时间节省原设计的 60%；③准确率达 100%；④确保图样的完整性；⑤能方便转换成 CAM 文件格式；⑥非常好的集成块内部查看功能；⑦以钻孔列表的方式提供孔道数据。

软件的优点：

①基于完整的三维平台开发软件；②使用方便，数据库扩展灵活；③模型采用参数化设计方法，需要大量输入孔道数据，用户定制模型比较复杂；④人机界面环境舒适度较佳。

（5）国产的 HMB_API11 软件　基于三维的液压集成块设计软件在中国的发展并不理想，但是 HMB_API11 的努力和坚持还是体现了当今三维液压集成块的发展特点，为国内液压 CAD 的发展做出了一定的贡献。该软件特点与 Vest 公司开发的基于 Autodesk Inventor 的 MDTools 700 系列很相似，但是内部数据库和软件功能使用方式有明显不同之处。另外，HMB_API11 软件是基于 Autodesk 三维产品 Inventor11，要求中文 Windows XP 及以上或其他汉字系统支持。图 26-272 所示为该软件的使用概貌。

软件启动时，HMB_API11 将引导用户进行全新设计还是继续进行未完成设计。

属性模块是用户实时查看设计孔道信息，并进行适当参数修改的界面。设计模块使用户进行插装阀孔道布局和连接。校验模块使用户可以实时进行孔道连接状况校验和原理图最终校验，然后得到阀块图形与数据记录等结果，最终得到加工出图模块。

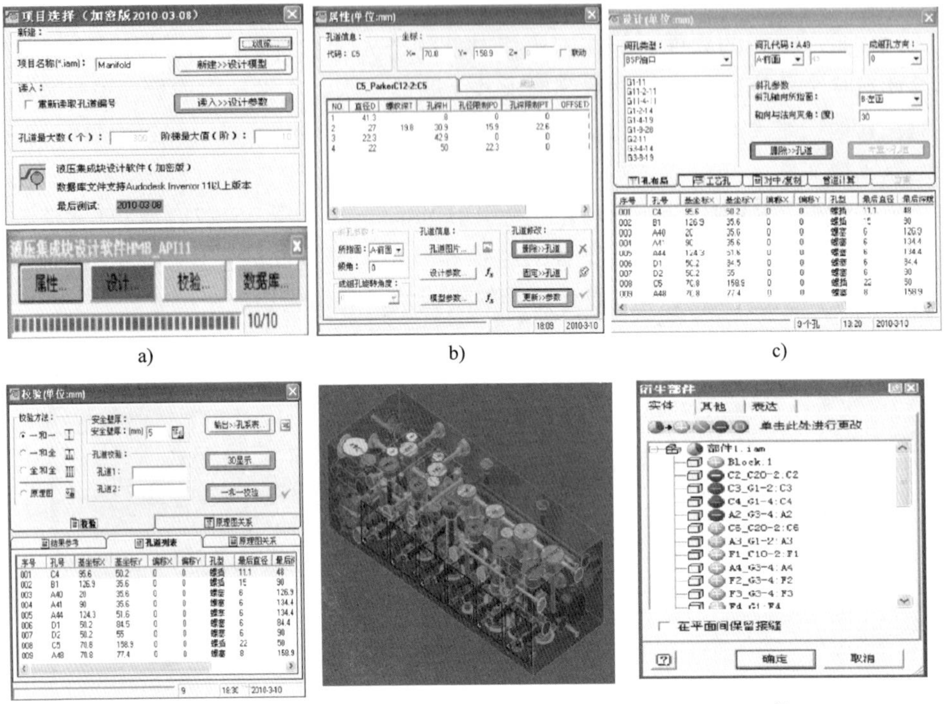

a) b) c)

d) e) f)

图 26-272 HMB_API11 软件的使用概貌

a）软件启动界面和主界面 b）孔道参数修改界面 c）孔道布局、添加、修改等操作界面

d）实时校验和原理图校验的界面 e）设计液压集成块布局结果 f）过衍生功能得到最终设计结果

软件评价：①基于完整的三维平台开发软件；②使用方便，数据库扩展灵活；③未在我国广泛推广；④模型采用参数化设计方法，无须大量输入孔道数据，客户定制模型比较简单；⑤价格较低；⑥人机界面环境舒适度适中。

## 26.9.10 螺纹插装阀液压集成块计算机辅助三维设计的理论和方法

液压集成块是螺纹插装阀液压系统必需的连接方式，其结构紧凑但孔道立体交叉复杂，图样表达不直观，容易出错，造成误事误物，浪费人力物力。采用计算机辅助设计，以原理图为依据进行集成块设计，希望孔道自动连通并优化：即哪些直连、哪些工艺孔接通、孔道的先连与后连安排等连通的优先级别问题。在孔道连通规划结果优化成一对一孔道连通列表的条件下，将分解连通关系时得以确定。在此介绍的方法是有独特性的，包括孔道连通设计的理论模型、数据结构及遗传算法，通过孔道连通设计中的应用证明，实现了两孔道连通的优化问题。

但是开发螺纹插装阀液压集成块计算机辅助设计工业软件的液压专业人士面临三个棘手问题，如下阐述的关键理论基础和方法是解决此问题的钥匙，在解决问题之后才形成液压集成块 CAD 系统。

（1）液压集成块空间布局　液压集成块空间布局是液压集成块设计的重要环节的第一步。布局时要考虑到连通的难易性、可靠性与安装可行性，要求设计者充分考虑到三维空间，计算连通区域的大小、孔间薄壁间隔、连通是否充分等。这对液压集成块空间布局设计能否成功、阀块是否优化达到最小起到至关重要的作用。

采用智能遗传算法的空间布局策略，设计者只要设定液压元件布置时的一些初始条件及约束，程序就能自动调整布置孔的位置，使它们处于最佳的连通位置。如果遗传算法失效，可以使用基于规则的传统人机交互方式来弥补遗传算法的不足。此时应用了一套三维空间可视化结果显示方法和交互修改界面的方法，不仅包括正常造型、反转造型等常用造型样式，而且设计了阶梯剖造型、液压集成块液压阀布局规划造型、动态效果等。

（2）孔道连通规划　液压集成块孔道连通规划在空间布局和孔道连通设计之间，起到承上启下的作用。原理图中各液压元件之间的复杂关系和液压集成块空间布局的结果结合在一起，形成位置连通关系。孔道连通规划的目的是将位置连通关系分解成一对一的孔道连通关系，为孔道连通设计提供优化参数。孔道连通规划收集液压集成块空间布局的有关信息和液压集成块原理图的要求结合在一起，形成孔道优化的基本内容。

基于对孔道连通规划的理论和方法，提出了孔道连通规划的数学模型——图论中的有向图及孔道连通规划的优化方法和步骤；把孔道连通规划同连通关系联系起来，通过液压元件连通关系的耦合程度评价，为孔道连通规划的修改提供了方法。除此而外，还详细分析了孔道阶梯划分的原则和方法、孔道阶梯的符号表示、孔道孔径参数设计等相关内容。在设计中也有基于规则的人机交互，也是液压集成块设计的重要组成部分。

（3）孔道连通设计　液压集成块孔道连通设计时，为考虑液压元件的多阶梯复杂孔道连通设计，在孔道连通设计的理论模型和数据结构基础上，建立了孔道连通设计优化的数学描述方法，其中要选择设计变量，确定目标函数的方法，以及孔道连通设计的约束条件。采用了遗传算法进行孔道连通优化的智能设计等新思路和新方法。同时也应用了等步长搜索算法，树结构遍历算法等优化算法。

**1. 液压集成块空间布局**

空间布局的原则和方法是对广大设计者实际经验的总结，计算机程序以规则形式进行描述。在此阶段要给每一个液压元件一个空间位置，为后续孔道连通规划中的位置连通关系提供合理、优化的位置参数。

（1）基于规则的问题求解　在智能遗传算法和基于规则的人机交互中都应用了大量的规则。前者将规则融合在算法的约束条件中。后者将人的经验知识和推理判断与程序知识库和控制机制融合起来。程序判断和推理结果供设计者参考，设计者通过判断决定程序设计结果是否满足要求。如果不满足要求，设计者可以控制推理过程的方向，并加入自己的判断。遗传算法和基于规则的人机交互中的规则和方法基本相同，只是使用的目的和推理方法不同。下面将阐述这些规则和方法。

（2）液压集成块块体的空间描述　图26-273所示为块体的物理坐标系及其六面视图。各视图进行了定义，各面推荐的使用原则仅是给初学者的提示。

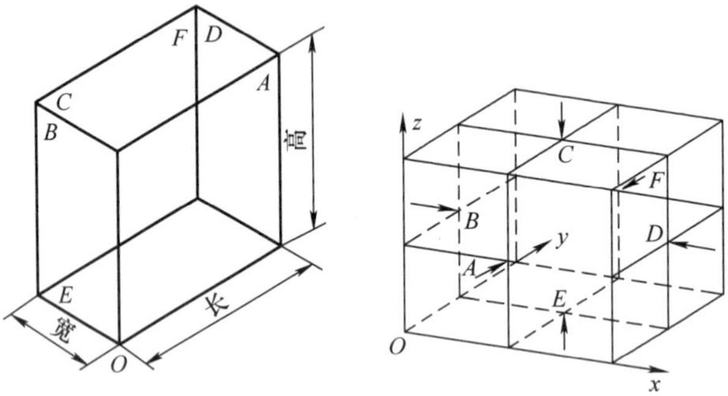


图26-273　液压集成块块体的物理坐标系及其六面视图

主视图 *A* 面定义为前面，该面上的孔道号定义为 *A*1，*A*2…。通常安装方向阀类元件如电磁方向阀、单向阀等；当压力阀类和流量阀类在右侧面安装不下时，也可安装在此面，便于调整。

左视图 *B* 面定义为左侧面，该面上的孔道号定义为 *B*1，*B*2…。一般设有连接执行机构的输出油口，外测压点及其他辅助油口，如蓄能器油孔、接备用压力继电器油孔等。

俯视图 *C* 面定义为顶面，该面上的孔道号定义为 *C*1，*C*2…；常利用为叠加接合面，或者为主要阀的安装面，因为便于安装、调试与观察。

右视图 *D* 面定义为右侧面，该面上孔道号为 *D*1，*D*2…；安装经常调整的元件，如压力阀、流量阀等。

仰视图 *E* 面定义为底面，该面上的孔道号为 *E*1，*E*2…；常布有公用压力油口P、公用回油口O、泄漏油口L及四个螺栓孔。

后视图 *F* 面为后面，该面上的孔道号定义为 *F*1，*F*2…。安装方向阀类等不调整的元件。

各面上的孔道以自左至右、自上而下的次序编号。六面视图的布置如图26-274所示，图中给出了视图原点和坐标轴及其正方向。

（3）液压集成块空间布局设计的主要参数

1）确定液压集成块块体的几何尺寸参数（长、宽、高）。

2）确定公共油孔特征参数（包括孔的位置尺寸和形状尺寸等），有压力油孔、回油孔、控制油孔、泄油孔、工作油孔。

3）确定液压集成块块体上各液压元件的以下安装参数：

① 液压元件的安装基面（阀块体的六个构造基面：*ABCDEF*）。

② 液压元件的安装角度（0°、90°、180°、270°）。

③ 液压元件在安装基面上的位置尺寸等。

（4）液压集成块空间布局设计的原则和方法

1）液压集成块空间布局的原则：

① 布局规划是根据液压系统原理图和布置图等的设计要求和设计经验结合进行的。

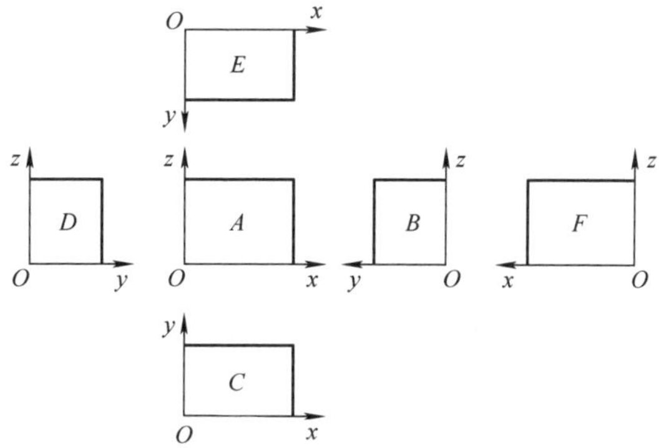

图 26-274 六面视图的布置

② 安装于液压集成块上的液压元件的尺寸不得相互干涉。

③ 阀块的几何尺寸主要考虑安装在阀块上的各元件的外形尺寸，使各元件之间有足够的装配空间。液压元件之间的距离应大于5mm，方向阀上的电磁铁、压力阀上的先导阀及压力表等可适当延伸到集成块安装平面以外以减小集成块的体积。

④ 在布局时，应考虑阀体的安装方向是否合理，应该使阀芯处于水平方向，防止阀芯的自重影响阀的灵敏度，特别是方向阀一定要水平布置。

⑤ 阀块公共油孔的形状和位置尺寸要根据系统的设计要求来确定。而确定阀块上各元件的安装参数则应尽可能考虑使需要连通的孔道正交，使它们直接连通，减少不必要的工艺孔。

⑥ 由于每个元件都有两个以上的通油孔道，这些孔道又要与其他元件的孔道及阀块体上的公共油孔相连通，有时直接连通是不可能的，为此必须设计必要的工艺孔。阀块的孔道设计就是确定孔道连通时所需增加工艺孔的数量、工艺孔的类型和位置尺寸及阀块上孔道的孔径和孔深。

⑦ 不通孔道之间的最小壁厚必须进行强度校核。

⑧ 要注意液压元件在集成块上的固定螺孔不要与油道相碰，其最小壁厚也应进行强度校核等。

2）液压集成块空间布局的三维“模装”设计方法：

① 首先根据液压系统原理图和布置图等的要求，初步确定液压集成块的大小。在相应的软件中设计液压集成块块体的初始立方体。

② 然后将所用的每一个元件的底板连接尺寸及外形尺寸从相应的模板数据库中调出。随着设计系统的增加，各类液压阀在数据库中的模板也会相应增加，但每次增加的数量会相应减少。

③ 通过开发的智能软件系统，根据液压集成块在总装图中的位置初步确定液压集成块主油路孔和各元件在立方体上的位置，并自动判断元件之间在安装方面是

否存在干涉现象，提出合理的建议。同时考虑各元件的油路孔之间，以及与主油路孔的通断关系是否正确、合理等。

④ 完成以上工作之后，再确定其他的孔道连通参数。

我们应用了一些相对简单实用的方法。在第②步中用户可以看到液压元件的数据调入并在对话框中列表显示，用户可以修改数据。在空间校验过程中，由于操作复杂，人机交互难度较大和被用户掌握，所以通过软件进行自动检查，并通过用户界面方式与用户进行交流、修改。在第③步中进行孔道和空间干涉校验及结果信息输出。

3）空间布局优化的一般步骤：①数据输入；②二维布局，分别定位液压元件实体几何模型在集成块六个面上的位置；③校验干涉，通过软件对已经确立的元件的孔道进行校验和空间干涉检查；④预览实体空间定位（转换原二维布置图）；⑤修改液压元件空间位置数据；⑥优化和满意。

以上介绍的液压集成块空间布局设计的原则、方法和优化步骤是基于规则问题求解的主要内容，是设计经验和方法的总结。

（5）空间布局的优化设计　空间布局中所包含的基本原则和方法是空间布局优化设计的理论基础。

空间布局的优化设计是一个反复修正、校验、测试的循环过程。在整个过程中，要有合理的安排。

智能设计是多层次逐渐细化的过程，整个系统的智能设计应该分解成针对不同目标的局部的智能设计，由这些局部的智能设计来组成完整系统的智能设计流程。

液压集成块是一个六面体，它的布局规划离不开设计者的参与。设计者在该阶段所做的工作是根据系统的要求和空间布局的基本原则，把液压阀分配到六个面上。空间布局的演化设计是合理地安排液压元件在同一面上的液压阀布局，这样把三维布局规划问题转化成二维布置问题，把其他面上的解作为设计面上的约束。

液压集成块的布局是液压集成块设计的重要部分。根据空间布局规划原则和方法，可以得到：

① 液压阀如果放在液压集成块长方体的4个角附近，则与此液压阀连通的工艺孔设计就容易得多，因为至少有2个邻面可以设计工艺孔。

② 如果液压集成块长方体的4个角已经布置好液压阀，则将液压阀放在4个边附近，设计工艺孔就显得相对容易些，因为至少有1个邻面可以设计工艺孔。4个边附近的液压阀布置可以多于1个。

③ 如果液压集成块长方体的4个角和4个边附近已经布置好液压阀，则最好将液压阀布置在其他面上，因为中间附近是孔道比较集中的地方，布置在液压阀中间的阀，其工艺孔设计的难度是相当大的，而且最终结果一定不是优化解。

④ 一般情况下，液压阀不布置在液压集成块的中间区域。

通过以上分析可知，液压阀在液压集成块某个面上的布局应该沿着4个边合理进行分配，如图 26-275 所示。

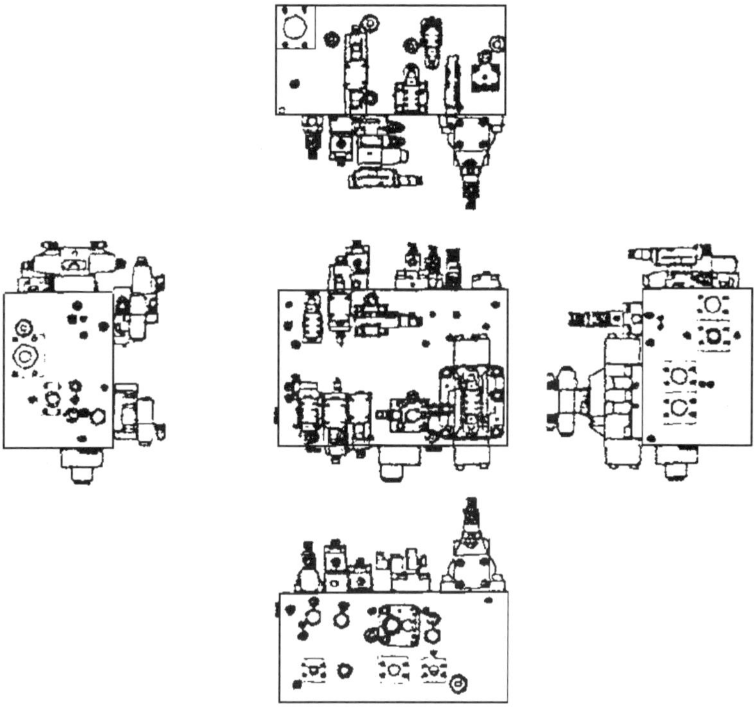

图 26-275　集成块布局实例

通过以上分析还可以得到以下结论：

① 如果在液压集成块某面上的液压元件的数量不超过 4 个，则分别布置液压元件在 4 个角附近，不一定在角上。这样可以保证在 2 个边附近进行工艺孔设计。

② 如果在液压集成块某面上的液压元件的数量不超过 8 个，则除了分别布置液压元件在 4 个角附近以外，其他液压元件可根据情况分别布置在 4 个边附近。这样可以保证在 1 ~2 个边附近进行工艺孔设计。

③ 如果液压集成块某面上的液压元件的数量达到 7、8 个以上，可以考虑使用智能方法进行优化设计。

④ 一般情况下，液压集成块包含的液压元件数量总和不会超过 10 个，所以分配到各个面上的液压元件数量不会超过 10 个，一般为 3 ~5 个。

由于在一般液压集成块设计中很少涉及大量的液压元件布置，所以根据结论①、②可以满足系统设计的基本要求。为了研究空间布局的一般性，本节尝试使用遗传算法进行研究。

液压集成块设计中空间布局的遗传规划来源于设备布局设计问题。液压集成块空间布局是在确定的区域内最合理地进行液压阀布局。

1） 布局类型。图 26-276 所示的液压元件形成了环形布局，中间灰色区域的大

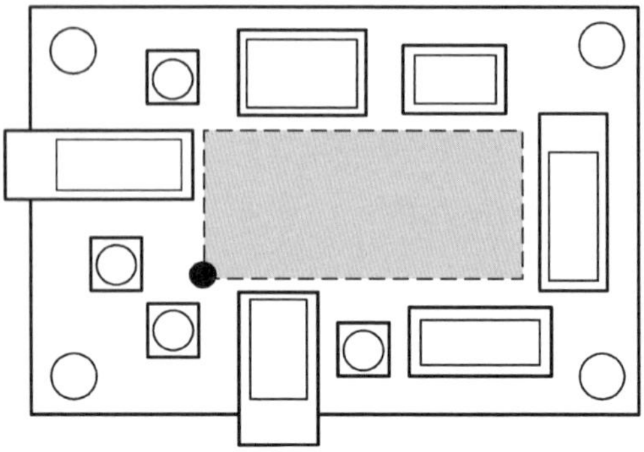

图 26-276　液压元件的环形布局

小决定了液压阀向图形中间聚集的程度。在黑点处顺时针展开形成线性单行形式（见图 26-277）。也许有些设计者喜欢线性多行形式布局，例如三行布局以上，也就是在灰色区域内安放液压阀。这与优化的原则相违背，暂不考虑。图中粗实线大框为集成块块体；粗实线小框为各种液压阀阀体最大尺寸，其中的细实线为液压阀与集成块实际接触的部分。集成块块体角上的4个圆为安装定位液压集成块时需要的螺栓孔或其他定位装置。

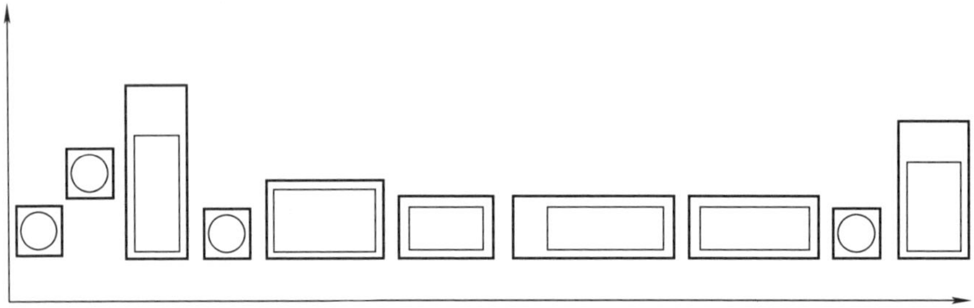

图 26-277　布局的顺时针展开图

2）数学模型。为了建模，做如下假设：①液压阀是矩形；②液压阀方位已知。

目标函数为

$$\min(L * W) \tag{26-31}$$

$$\text{s. t.}\quad |x_i - x_j| \geqslant \frac{1}{2}(l_i + l_j) + d_{ij}\quad i = 1,\cdots,n-1; j = i+1,\cdots,n \tag{26-32}$$

$$x_i \geqslant 0, i = 1,\cdots n \tag{26-33}$$

式中　$L$——集成块长度；

$W$——集成块宽度；

$n$——液压阀个数；

$l_i$——液压阀的外形长度；

$d_{ij}$——液压阀 $i$ 和液压阀 $j$ 之间的最小间距；

$x_i$——液压阀 $i$ 的中心线相对垂直参考线 $l_v$ 的距离。

参数 $l_i$ 和 $d_{ij}$、决策变量 $x_i$ 和垂直参考线 $l_v$ 如图 26-278 所示。约束式（26-32）确保任何两个液压阀都不会出现布局重叠，以及距离的非负性。目标函数表示液压集成块的尺寸最小。

图 26-278 中的几何描述是图 26-279 中几何描述的基本单元。从图 26-279 中可以得到

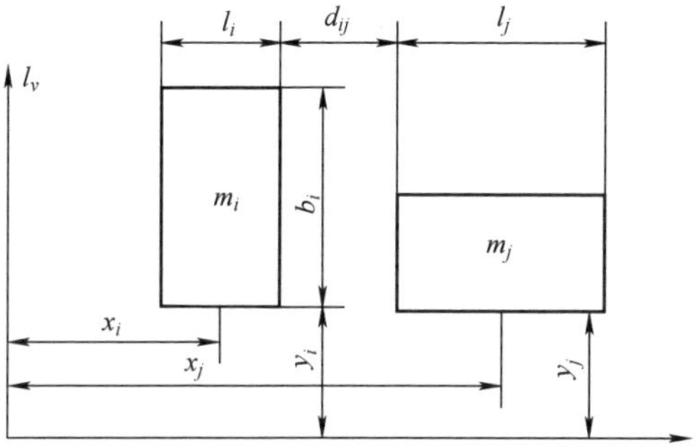


图 26-278　布局的元件间数学模型

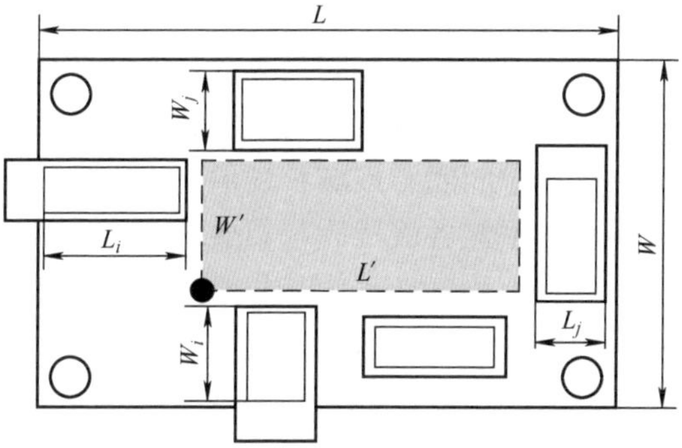


图 26-279　布局的数学模型

$$L = \max(L_i) + L' + \max(L_j) \tag{26-34}$$

$$W = \max(W_i) + W' + \max(W_j) \tag{26-35}$$

$$x_n + \frac{L_n}{2} = 2(L' + W')$$

$$\rightarrow W' = \frac{\left(x_n + \frac{L_n}{2}\right)}{2} - L' \tag{26-36}$$

设　$\frac{W'}{L'} = f, 0.5 \leqslant f \leqslant 1$

$$\rightarrow L' = \left(\frac{x_n + \frac{L_n}{2}}{2(1+f)}\right) \tag{26-37}$$

$$f(L,W)=LW=(\max(L_i)+L'+\max(L_j))(\max(W_i)+W'+\max(W_j)) \tag{26-38}$$

设$L_{\max}=\max(L_i)+\max(L_j)$

$W_{\max}=\max(W_i)+\max(W_j)$

$$\begin{aligned}f(L,W)&=(L_{\max}+L')(W_{\max}+W')\\&=(L_{\max}+L')\left(W_{\max}+\frac{\left(x_n+\frac{L_n}{2}\right)}{2}-L'\right)\\&=-L'^2+\left(\frac{W_{\max}+\left(x_n+\frac{L_n}{2}\right)}{2-L_{\max}}\right)L'+L_{\max}\left(W_{\max}+\frac{\left(x_n+\frac{L_n}{2}\right)}{2}\right)\end{aligned} \tag{26-39}$$

式中　$f$——液压集成块布局中间阴影区域的形状系数；阴影区域形状一般不会过长，$f$的范围可以设定为0.5～1的一个值，在设计前根据系统要求或系统环境的适合程度，给$f$一个确定的值；

$L_i$——液压集成块块体左侧各液压阀与集成块实际接触长度值；

$L_j$——液压集成块块体右侧各液压阀与集成块实际接触长度值；

$L'$——液压集成块块体中间阴影区域长度值；

$W_i$——液压集成块块体下侧各液压阀与集成块实际接触宽度值；

$W_j$——液压集成块块体上侧各液压阀与集成块实际接触宽度值；

$W'$——液压集成块块体中间阴影区域宽度值；

$x_n$——集成块在布局时决策变量$x_i$相对垂直参考线$l_v$距离最远的液压阀的决策变量值；

$L_n$——液压集成块在布局时决策变量$x_i$相对垂直参考线$l_v$距离最远的液压阀与集成块实际接触的长度值；

系统在进行设计前，设置$f$值确定集成块的外观形状。在用遗传算法计算完成之后，确定了$x_n$和$L_n$的值。根据式（26-37）也就确定了$L'$的值，根据式（26-36）确定了$W'$的值，根据式（26-34）、式（26-35）确定了$L$和$W$的值。

将式（26-37）代入式（26-39）后得

$$\begin{aligned}f(L,W)&=-L'^2+\left(\frac{W_{\max}+\left(x_n+\frac{L_n}{2}\right)}{2}-L_{\max}\right)L'+L_{\max}\left(\frac{W_{\max}+(x_n+\frac{L_n}{2})}{2}\right)\\&=\frac{f}{4(1+f)^2}(x_n+\frac{L_n}{2})^2+\frac{fL_{\max}+W_{\max}}{2(1+f)}(x_n+\frac{L_n}{2})+L_{\max}W_{\max}\end{aligned} \tag{26-40}$$

3）遗传算法。单行布局是一种非常特殊的情况，这个问题可以看作液压阀的位置排序问题，因而可以由两步完成，即液压阀排序、产生实际布局。

① 表达方式。对于单行情况，液压阀的排序换位是对液压阀布局编码以获得

染色体的一种直接方法。例如，液压阀按下列顺序安排：[ $m_2, m_1, m_4, m_6, m_3, m_5$ ]，其中 $m_i$ 代表第 $i$ 个液压阀，则染色体 $v_k$ 表示为 $v_k = [2,1,4,6,3,5]$

对于这样的编码，可以采用部分映射交叉法（PMX）和反转变异法进行交叉和变异。

② 评估。通常对于 $n$ 件液压阀问题，染色体 $v_k$ 给定如下：$v_k = [m_1^k, m_2^k, \cdots, m_n^k]$，其中 $m_i^k$ 代表在第 $k$ 个染色体第 $i$ 个位置的液压阀（或符号）。根据液压阀的排序和几何尺寸需求，可以计算所有液压阀的 $x$ 轴坐标（液压阀的位置或液压阀的实际布局）为

$$[x_1^k, x_2^k, \cdots, x_n^k]$$

然后可以计算第 $k$ 个染色体的评价函数值为

$$\text{eval}(L,W) = \frac{f}{4(1+f)^2}\left(x_n + \frac{L_n}{2}\right)^2 + \frac{fL_{\max} + W_{\max}}{2(1+f)}\left(x_n + \frac{L_n}{2}\right) + L_{\max}W_{\max}$$

用转轮法产生下一代的基本选择机制。在这个阶段采用了精选策略，以保护下一代最好的染色体，并克服取样的随机错误。

③ 示例分析。液压阀尺寸列表见表 26-139。

**表 26-139　液压阀尺寸列表**

| 孔道号 | $L_g$ | $W_g$ | Max_L | Max_W | Max_H |
|---|---|---|---|---|---|
| A1 | 10.10 | 10.20 | 10.30 | 10.40 | 10.50 |
| A2 | 20.10 | 20.20 | 20.30 | 20.40 | 20.50 |
| A3 | 30.10 | 30.20 | 30.30 | 30.40 | 30.50 |
| A4 | 40.10 | 40.20 | 40.30 | 40.40 | 40.50 |
| A5 | 50.10 | 50.20 | 50.30 | 50.40 | 50.50 |
| A6 | 60.10 | 60.20 | 60.30 | 60.40 | 60.50 |
| A7 | 70.10 | 70.20 | 70.30 | 70.40 | 70.50 |
| A8 | 80.10 | 80.20 | 80.30 | 80.40 | 80.50 |
| A9 | 90.10 | 90.20 | 90.30 | 90.40 | 90.50 |
| A10 | 100.10 | 100.20 | 100.30 | 100.40 | 100.50 |

阀与阀之间的平均间距为 3mm，$f=0.5$。

表（26-139）中，$L_g$ 为液压阀与液压集成块实际接触长度值；$W_g$ 为液压阀与液压集成块实际接触宽度值；Max_L 为液压阀最大长度值；Max_W 为液压阀最大宽度值；Max_H 为液压阀最大高度值。

运算结果为 A5－A10－A2－A6－A9－A1－A8－A4－A7－A3。基本符合设计的要求（见图 26-280）。

**2. 孔道连通规划**

（1）概述　本节详述路径规划的数学模型——连通关系，提供了连通关系的获得、优化分解及连通关系确定的相关知识。阀块孔道设计也就是阀块上任意两条孔道间的连通设计，就是根据集成块控件布局设计方案及原理图中各孔道间的连通关系，进行孔道连通设计。分析两条孔道间的相互位置关系，是解决孔道设计问题

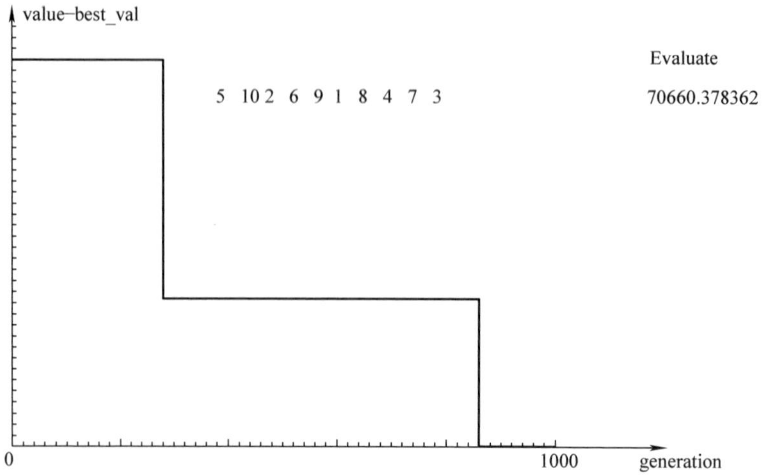


图 26-280　运算结果

的关键，它决定了孔道设计的连通方法、工艺孔数目和工艺孔设计情况。这是个一直困扰着设计者们的难题，尽管有一些可行理论方法，但至今未从根本上解决。

这里提出的路径优化设计的理论模型和理论模型实现的数据结构，以及利用图论中最小代价搜索法搜索设计中可能优化解，已在开发的软件中得到验证。

（2）孔道阶梯参数　一般孔道都可以表示成阶梯孔形式。图 26-281 所示为一般孔的孔型情况，要求给出部分或全部以下参数：$d_1$，$t_1$；$d_2$，$t_2$；$d_3$，$t_3$；$d_4$，$t_4$；$d_5$，$t_5$；$d_6$，$t_6$，共 6 个阶梯或更多。

图示的孔型覆盖了常见的简单直通孔如油孔、销孔和螺栓孔等，以及简单阶梯孔如密封圈槽、螺塞孔、管接头安装孔和其他管式螺纹连接孔等。

这种孔的数据输入是成组孔数据输入的基础。要求通过窗口对话方式逐项输入孔径和深度数据到数据库中。

（3）孔道阶梯的符号表示　孔道阶梯的符号表示的标准形式规定为“面号 + 孔序号” + “.” + “阶梯序号”，如 $A1.2$，$B10.5$ 等。进行连通关系确定时应该特别注意，不是任意阶梯都可以随意连通，某

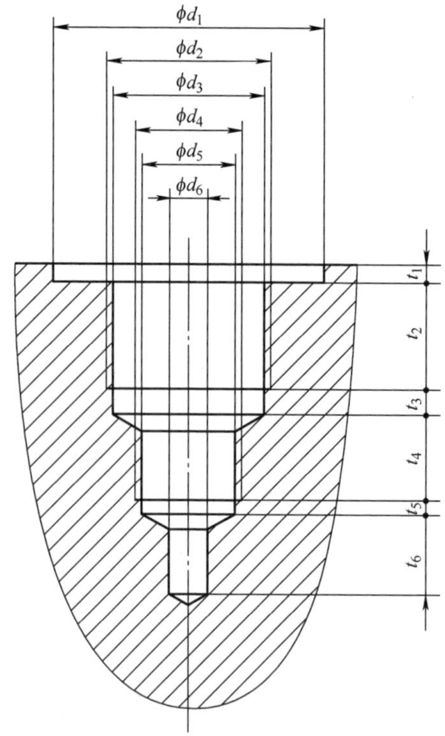


图 26-281　螺纹插装阀阀孔的孔型

类孔道的一些阶梯是不允许被连通的。

（4）路径规划的数学模型——连通关系　连通关系的提出是把原理图中体现的系统要求和液压元件在集成块块体上布局的情况以某种数学方法反映出来，是进行集成块计算机辅助设计的前提。

连通关系在集成块设计的前期阶段，又分为功能连通关系和位置连通关系。

系统原理图中体现的信息有液压阀的功能符号及其连接，体现了系统的功能和液压阀之间的关联。连通关系中的阶梯参数就体现了这一连通要求。例如，*A*1.4 中的 4 表示该孔道的第 4 阶梯，它表示该孔道的第 4 阶梯与其他孔道进行连接。*A*1 是该液压孔道在集成块设计中的别名，体现了液压孔道在计算机中的映射。

根据系统要求确定了液压阀在块体上的位置之后，液压阀中所包含的孔道在集成块上的布置就体现在连通关系的面号和孔号的参数上。实际上，孔道的面号表示了孔道在集成块上的位置，等同于坐标系中的一个坐标轴。每个孔道的参数中有三维空间坐标 $x$、$y$、$z$ 三个坐标中的两个坐标值，它的另一坐标就是面号。没有面号的孔道是无法确定其位置的。例如，*A*1.4 中的 *A* 表示前视图，从而确定了液压孔道的空间位置。

连通关系的确定步骤：

1）根据系统的功能要求选择原理图中需要的液压阀。

2）然后根据原理图中的液压阀与液压阀之间，以及液压阀和集成块块体与块体外进行连通的孔道之间的交叉点来确定连通关系中的多个“连通点”；以图 26-282 中的原理图为例。

① 集成块的 A 孔口和液压阀 2 的第 1 阀口。

② 集成块的 B 孔口和液压阀 1 的第 1 阀口。

③ 液压阀 1 的第 2 阀口与液压阀 3 的第 1 阀口。

④ 液压阀 2 的第 2 阀口、液压阀 3 的第 3 阀口及液压阀 4 的 A 孔口。

⑤ 液压阀 2 的第 3 阀口、液压阀 3 的第 2 阀口及液压阀 4 的 B 孔口。

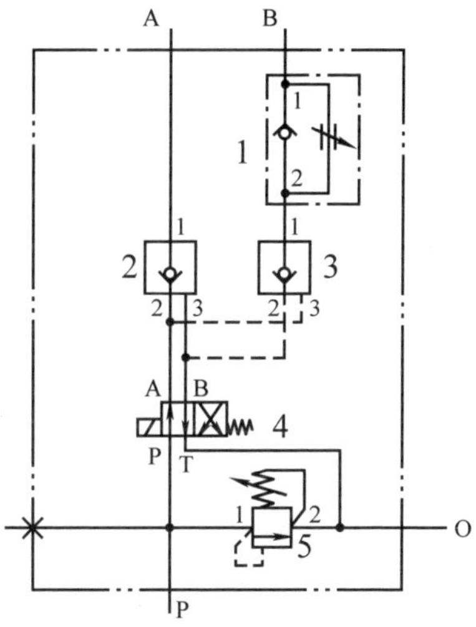

图 26-282　液压阀块原理图

⑥ 集成块的 P 孔口、液压阀 4 的 P 阀口及液压阀 5 的第 1 阀口。

⑦ 集成块的 O 孔口、液压阀 4 的 T 阀口及液压阀 5 的第 2 阀口。

3）将相应的液压阀阀芯的阀口转化成对应的阶梯形式，产生连通关系的初始列表（见表 26-140），即功能连通关系，不含液压阀的位置信息；液压阀 2 和液压阀 3 的第 3 阀口对应图 26-281 中的第 2 阶，第 2 阀口对应第 3 阶，第 1 阀口对应第 5 阶。

4）通过系统分析和规则库中规则的应用和推理，合理地把液压阀安装在集成块块体的四周，进行液压阀位置的初始化。

5）根据连通关系的整体优化原则从理论上优化排列连通次序，以图26-282中的原理图为例分析如下。

① 先设计进油口（P）处的连通点，然后一些主流道上的一些连通点。

② 接下来是进入其他液压元件或系统的出油口（A）处的连通点，从其他液压元件或系统返回的进油口（B）处的连通点。

③ 然后是通向回油口处的沿途的连通点。

④ 如果需要，添加外测压点处的连通点。

**表26-140　功能连通关系初始列表**

| 连通点的位置 | 液压阀连通关系 | | | |
|---|---|---|---|---|
| A_阀2 | A.3 | 阀2.5 | | |
| B_阀1 | B.3 | 阀1.4 | | |
| 阀1_阀3 | 阀1.2 | 阀3.5 | | |
| P_阀5_阀4（P）_测压点X | P.3 | 阀5.4 | 阀4（P）.1 | X.3 |
| O_阀5_阀4（T） | O.2 | 阀5.2 | 阀4（T）.1 | |
| 阀2_阀3_阀4（A） | 阀2.3 | 阀3.2 | 阀4（A）.1 | |
| 阀2_阀3_阀4（B） | 阀2.2 | 阀3.3 | 阀4（B）.1 | |

连通关系的分解：根据原理图的描述和流体流动的方向，把原理图转化成有向图的形式，使问题更容易理解。将图26-282的原理图转化为图26-283，其中的黑点表示连通点。

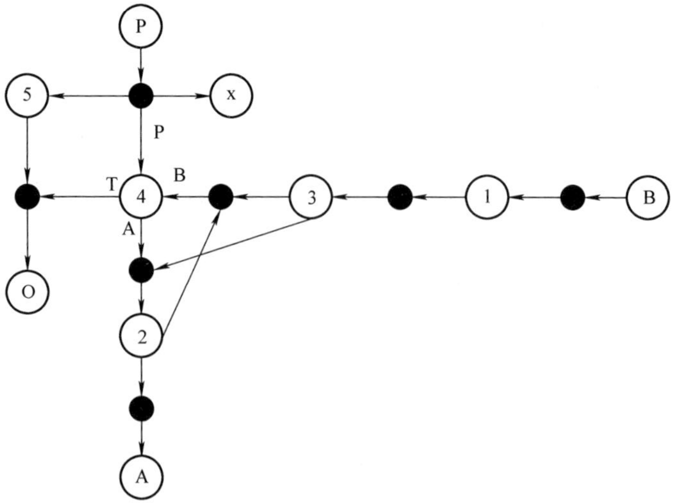


图26-283　液压阀块系统图转化的连通点图

根据连通关系的优化原则和设计者的特殊要求进行分解，结果产生一系列的一对一的孔道连通列表。以图 26-287 为例，参考表 26-140 的功能连通关系为

| | | | | |
|---|---|---|---|---|
| P_阀 5_阀 4（P）_测压点 X | 阀 4. 1 | P. 3 | 阀 5. 4 | X. 3 |

这里的“4. 1”中的“4”表示液压阀 4，“1”表示阶梯，“P”表示压力油口，“X”表示测压油口。

1）选择基点：基点是所有孔道连通的参考点。其他孔道不仅要与该孔道进行连接，也可以与已经同该孔道连通的孔道进行连通，从而扩大了求解的范围，为获得优化解奠定基础。液压孔道的基点选择不同，则产生的结果是不同的。要选择重要孔道而且周围的孔道不集中的地方，则其他孔道与其易于连接时，易于满足系统的要求。例如，选择液压阀 4 时，它周围的孔道比较集中，不太理想。测压点 X 是次要的孔道，液压阀 5 是相对次要的孔道，所以选择集成块上的 P 口作为基点为宜。

2）连通列表：如何获得该列表的优化解。

孔道连通规划的分解优化实际上是基于规则的分解优化，是两孔道连通优化的充分条件。它们都是图论中有向图的最短路径问题，应用最小代价法解决。由于孔道连通规划的关系优化具有多层次的特点，必须逐级进行优化。

孔道连通规划是分层次的优化过程，整体优化原则具体如下：

1）液压集成块孔道连通规划是液压集成块设计的重要环节，也是液压集成块孔道连通设计的依据。

2）设计之初，先规划几层基面，包括水平、纵、横，工艺孔应尽量分布在这些基面上。

3）首先连通重要的孔道。在开始连通孔道时已存在的孔道少，需要设计的工艺孔也会少，这样在液压油通过块体内这样孔道时不会产生过多的压力损失，更容易满足整个系统的性能要求。所谓重要的孔道，包括公用进油孔、公用回油口、各类控制阀类等在主油道上的孔道。

4）然后连通其他相对次要的孔道。这些孔道包括压力控制阀类的孔道，如溢流阀、减压阀、顺序阀等；流量控制阀类的孔道，如节流阀、调速阀等。这些孔道虽然使系统的孔道结构复杂了，但通过它们而产生的压力损失对系统的性能没有太大影响。

5）最后连通一些不重要的孔道。这些孔道包括泄漏油口 L、外测压点及其他辅助油口，如蓄能器油孔、接备用压力继电器油孔等。

具体优化步骤如下：

1）分解连通点。孔道连通设计时，仅仅涉及两个孔口之间的关系，所以将连通点分解成两两的孔道关系，并没有先后顺序。

2）建立孔道优化连通列表。根据“重要连通先布置，次要连通后布置”的原则，对连通关系分解后的无序列表进行优化排列。一般原则是：①先从进油口P→出油口 A；②然后从进油口 B→出油口 O；③然后从进油口 P→出油口 O；④其他。

以图 26-284 为例，可以假设各边的值是 1，并且挑选出的边将不可再被挑选。产生连通关系分解优化连通列表（见表 26-141）。

以图 26-288 中进油口 P、液压阀 4 和液压阀 5 处的连通点为例，首先考虑进油口 P（*D*1.3）与液压阀 4 的 P 口（*C*3.1）的连通，而进油口 P（*D*1.3）与液压阀 5（*B*4.4）的连通应该推迟到主油道设计完成后进行布置，进油口 P（*D*1.3）与测压点的孔道（*A*2.3）的连通应该放在其他重要孔道设计完成后进行设计等。

3）孔道两两连通的确立。在孔道连通设计按着优化的连通列表顺序进行两两连通时，也要产生多对一的情况。例如，某一孔道设计完成后，对于要求与该孔道连通的其他尚未连通的孔道，可以利用与该孔道已经连通的孔道进行连通。

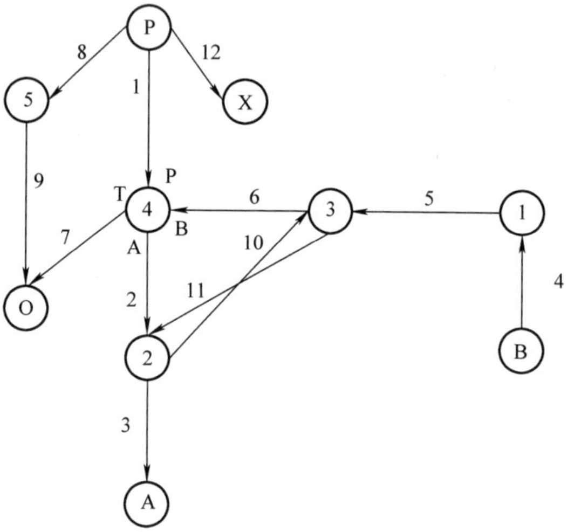


图 26-284　连通点图的优化分解有向图

通过表 26-141 可能找到一个比与该孔道直接连通更好的解。

**表 26-141　连通关系分解优化连通列表**

| P | → | A |
|---|---|---|
| 1 | *D*1.3 | *C*3.1 |
| 2 | *A*4.3 | *C*4.1 |
| 3 | *D*4.3 | *A*4.5 |
| 4 | *D*3.3 | *B*1.4 |
| 5 | *B*1.2 | *F*1.5 |

（续）

| | | |
|---|---|---|
| B | → | 0 |
| 6 | *F*1.3 | *C*2.1 |
| 7 | *D*2.2 | *C*1.1 |
| *P* | → | *O* |
| 8 | *D*1.3 | *B*4.4 |
| 9 | *D*2.2 | *B*4.2 |
| 其 他 | | |
| 10 | *A*4.2 | *C*2.1 |
| 11 | *F*1.2 | *C*4.1 |
| 12 | *D*1.3 | *A*2.3 |

4）如果通过以上步骤仍未获得连通关系优化结果，则连通关系此次设计失败。系统自动返回到布局优化阶段进行基于规则的人机交互式设计。

孔道连通规划的整体优化原则在程序中被描述成规则集。以上的优化步骤被描述成控制器。孔道连通规划的分解优化是在这些规则约束的情况下进行的。这些规则决定分解优化的成功和失败。过多的规则会导致规划过程失去效率。所以人的参与也是必不可少的。

**3. 孔道连通设计**

（1）理论模型　前提条件：某一工艺孔与孔道 *H*1 连通，工艺孔所在的面不可能与 *H*1 同面，与 *H*1 对面则没有意义（可以通过延长 *H*1 的深度来达到要求），所以就只有在四个临面上。

使用树图方式作为液压集成块路径设计可能解的理论模型（见图 26-285）。如果孔 *A*1（孔道编号：*A* 面 1 号孔），则工艺孔只有在 *B*、*C*、*D*、*E* 面，不可能在 *A*、*F* 面上。这样就相应地减少了两种可能。在后面的推理中会看到这一条件的优势。

图 26-285 中虚线圆和虚线表示省略部分，中间连线表示可能的解。中间连线的上下半部表示两个要求连通的孔道。从图中可以得到若干结论：

1）如果液压集成块体尺寸足够大，则一定可以找到“可能优化解”。

2）可以通过不断加深一棵树，而不改变另一棵树深度的方法，合并两棵树，如图 26-286 所示。

3）图 26-285 所示为两个满而完全的 4 叉树，每层的节点数为 $2n$ 个（除第一层外）。

4）解的获得是通过两棵树叶子节点之间进行交叉校验。

5）由于每一端点之间都可能是解，所以只有采用叶子节点全部遍历形式。在前一层没有解的基础上，再进行下一层的遍历，具有层次的特点。

6）如果树的深度达到一定程度，则产生组合爆炸现象；由于遍历的不可能

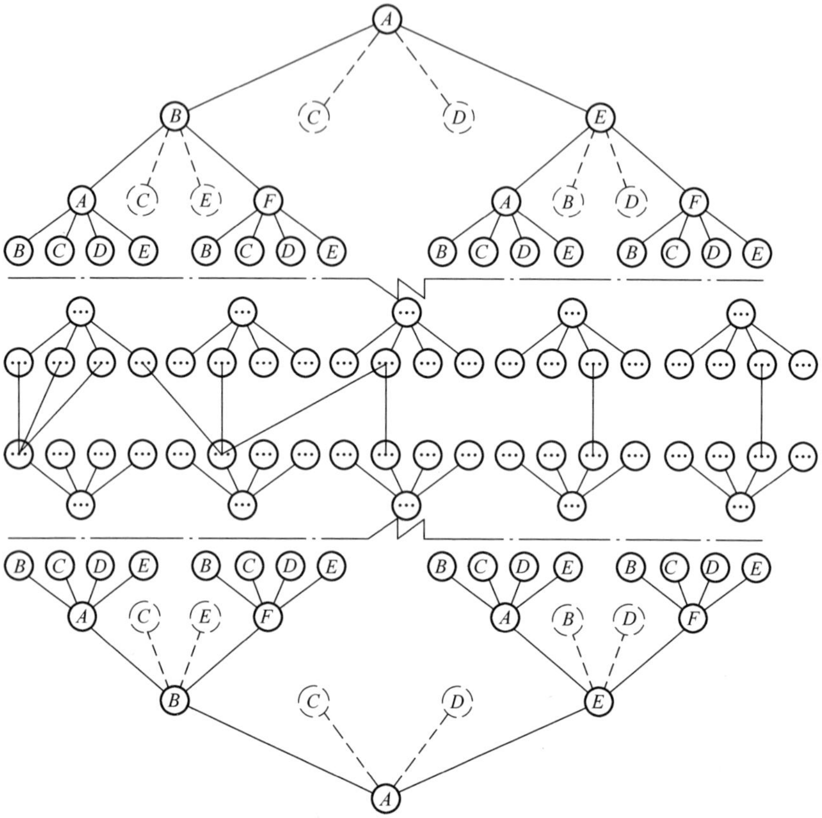


图 26-285　路径设计的树图理论模型

性，所以必须采用人为干预的方法，即人工智能的推理方法。

7）两棵树的深度可以相同也可以不同。

8）必要条件：在实践中，过多的工艺孔会导致系统性能的下降，所以两个孔道之间通过过多工艺孔的连接也失去了获得优化解的可能，而是仅仅在功能上得到满足。所以连接两个孔道之间的工艺孔数量不应超过4个，这一假设作为获得优化解的必要条件。

（2）数据结构　数据结构按数学模型采用相应的树结构，给以相应的定义和操作。下面列举了数据结构的类层次。

1）class CTreeNode : public BaseHole { //树节点类

```
CString   connecting_hole [100]; // 与此节点相连接的孔道列表
double fitness; // 评价指标，一般指从其父节点开始计算的工艺孔深度和
BOOL      good_answer; //   含有解的标示
CTreeNode * child [4]; //4 个子节点
CTreeNode * parent;        //一个父节点
```

```
public:
……//各种操作
}
```

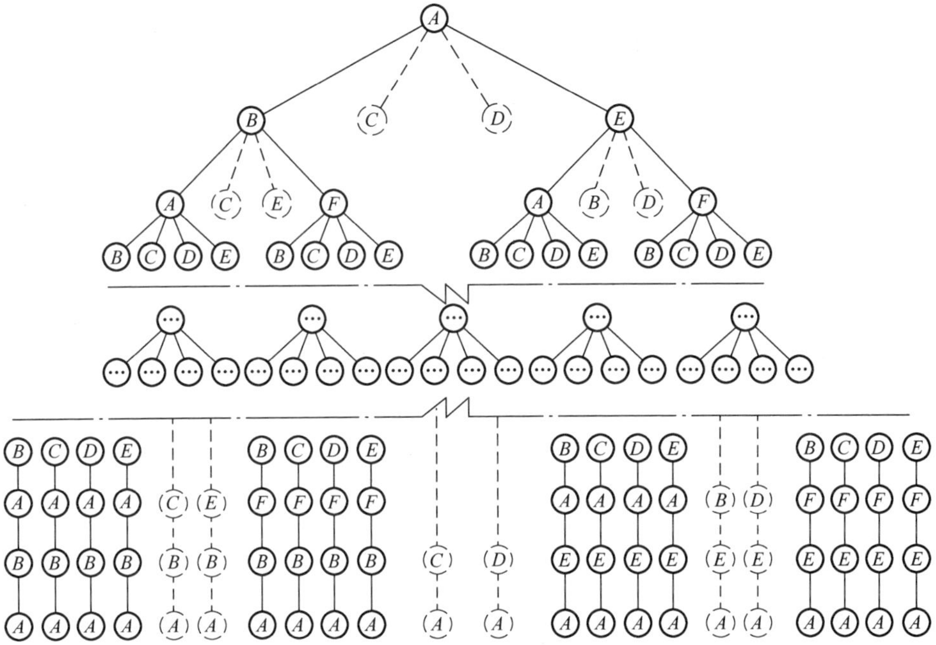

图 26-286　树图的合并

2）BaseHole 类，定义了集成块上所有孔共同的属性和方法，类的定义如下：

```
class BaseHole {
public:
int holeNo; //孔号
char faceNo; //面号
Cstring holeCode; //孔码
Cstring hoheType//孔型
float basepoint1; //基准点 1
float basepoint2; //基准点 2
float offset1; //偏移量 1
float offset2; //偏移量 2
float diameter; //孔的直径
Ladder ladder [8];      // 阶梯参数（假设有 8 个阶梯）
}
```

3）class Ladder {//阶梯类

```
int ltype; // 螺纹孔（=2）；非螺纹孔（=1）；
```

```
int iflink; // 阶梯允许连通 ( =0); 阶梯不允许连通 ( =1);
Lad lad; // 阶梯类型
}
```

4) union Lad {//阶梯类型

```
SpiralHole spiralhole; //螺纹阶梯
CommHole commonhole; //非螺纹阶梯 (普通孔阶梯)
}
```

5) class SpiralHole : public baseHole {//螺纹孔类

```
private:
float height1; //螺纹深度
float height2; //非螺纹孔的深度
float spiral_dist; //螺距
}
```

6) class CommHole : public baseHole {//非螺纹孔类

```
float height; //孔的深度
}
```

7) class obliqueHole : baseHole {//斜孔类

```
char obface; //斜孔指向的面
float obangle; //斜角
float height; //斜孔的深度
};
…
```

（3）实例论证　图26-287和图26-288中列举了如何简化理论模型。两端比较大的圆是需要连通的孔道，比较小的圆是需要打的工艺孔。图26-287所示为A1与A2孔道连通的两棵树，A面的孔道只能与BDCE面的工艺孔进行连通，同时两个孔道连通不应该在同面和对面。图26-288是图26-287两棵树的展开合并的联树简化。然后通过运用最小代价搜索法，从可行的多个解中找到优化解。

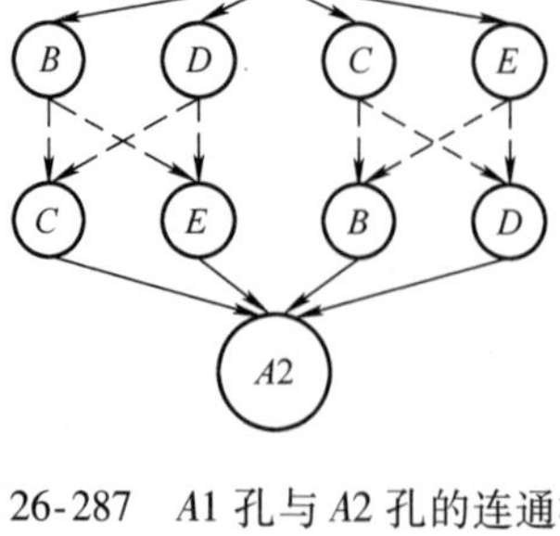


图26-287　A1孔与A2孔的连通树

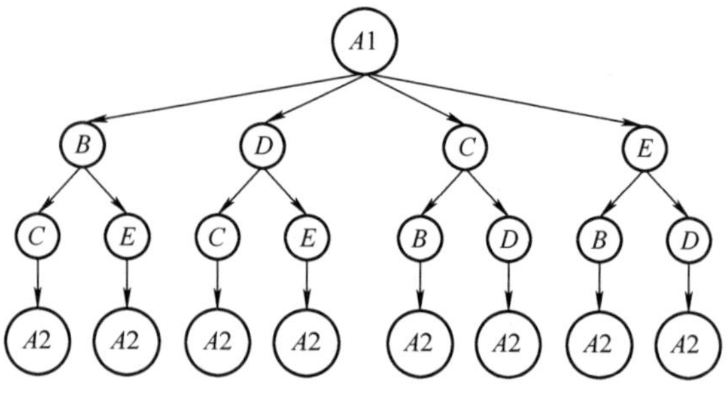


图26-288　展开合并的连通树简化

**4. 孔道连通优化设计**

（1）概述 集成块的整体优化设计分成空间布局优化（图中的布局优化）和连通优化。布局优化是通过遗传算法进行的，在其无效时用人机交互的方式补充，系统也为该方式提供了三维可视化的方法。集成块孔道连通优化设计过程如图 26-289 所示，是集成块设计的重点，集成块孔道连通优化设计过程复杂，但具有层次性，是逐步完善的过程。

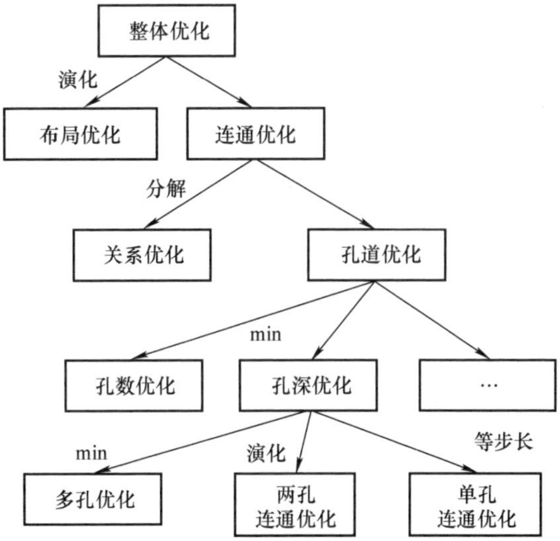


图 26-289 集成块孔道连通优化设计过程

连通优化继续分解成连通关系优化（图 26-289 中的关系优化）和孔道优化。连通关系的优化是根据系统原理图的特点，依照一定的经验规则进行分解，分解的结果形成孔道间一对一的关系。基于一定规则的分解优化是连通关系优化的方法。孔道优化依据连通关系的优化结果进行一对一的连通，它的优化需要考虑工艺孔数量越少越好、工艺孔深度越浅越好、工艺孔孔径越小越好等。如果更少工艺孔不能满足要求，就在原有基础上再增加一个工艺孔，所以孔道优化中工艺孔的数量随着问题的深入逐渐增加。孔径在满足系统功能要求的基础上越小越好，它对集成块设计优化的影响相对简单。孔深优化是考虑连接两个孔道之间的工艺孔深度累加和的最小值，这需要依靠最小路径的搜索策略。所以孔深优化分解成多孔优化、两孔连通优化和单孔连通优化。多孔优化主要根据孔数优化的结果获得孔道深度和最小的一组工艺孔，采用树结构遍历算法。两孔连通优化是通过一个工艺孔连通两个孔道时进行，采用了遗传算法优化。单孔连通优化是单个工艺孔与某个孔道进行单独连接时的优化策略，常应用在增加工艺孔数量时，工艺孔与要进行连通的某一孔道进行单独连接，应用等步长搜索方法。

通过以上简介，我们对集成块优化设计应有比较清晰的概念。即集成块优化设计不可能是全局最优解，而只是全局较优解，会随着设计要求不同而不同。它只是通过多过程分层次地完成设计任务。整个设计过程中单孔连通优化和两孔连通优化是多孔优化的前提，满足了它们的优化也就满足了孔深优化。孔深优化、孔数优化及孔径优化满足使得一对一的孔道优化得以实现。一对一的孔道优化实现会满足关系优化的实现，从而实现连通优化。连通优化和布局优化的实现最终完成了集成块整体的优化设计。集成块设计的优化方法完全符合问题归约法进行问题的求解。

（2）优化方法 集成块设计的优化方法包括遗传算法（应用在布局优化和两孔连通优化）、基于规则的分解方法（应用在关系优化）、等步长搜索方法（应用在单孔连通优化)、树结构遍历算法（应用在多孔优化)、最小代价搜索方法（应用在关系优化和多孔优化)。

把图 26-290 看作图论中的一个有向图，图中的 c1、c2、c3、c4 被看作两个连接孔道之间的“相对代价”。因为两个孔道进行连通时产生的解并不只有一个，也要求进行优化。$ci$ 可以看作优化的结果：包括工艺孔数量和所含工艺孔深度的累加和的混合表示。在进行最短路径搜索时，“相对代价”的解释是首先进行工艺孔数量的比较，选择工艺孔数量少的“相对代价”，如果工艺孔数量相等再进行工艺孔深度的累加和的比较，选择工艺孔深度的累加和少的“相对代价”。例如，图 26-290 中在设计 4 与 1、2 的连通或与图中的“child”连通（其中“child”是与 2 连通的子孔道)，要求“相对代价”最小。这样必须对产生的多个可能的“相对代价”进行比较。从而引出了图论中“最小代价搜索”。

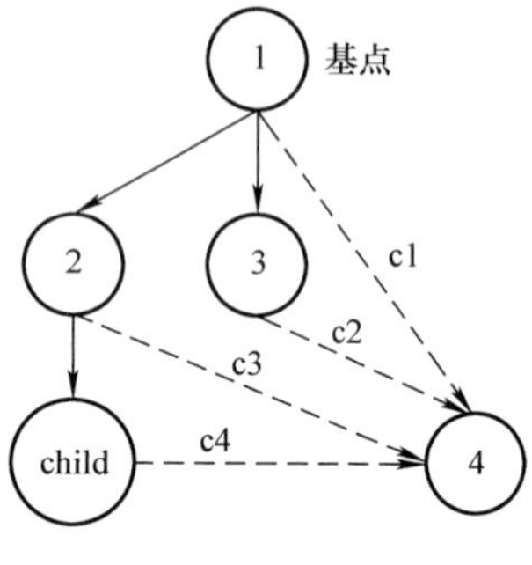

图 26-290　图论的有向图

若把代价函数定义为到达该结点时，前面已花费的搜索代价的总和，而且搜索总是沿着总和最小的一个分支往下进行，这样可得到对一类搜索问题很有效的方法，即最小代价法。

从路径优化设计理论模型中可以看到优化解的获得是一个最短路径问题。以图 26-291为例，在各条边上所标的数字表示通过该边时的最小代价（或距离)。设问题是“找出从 $A1$ 出发到达 $A2$ 的最短路径”。可见有 8 条路径可从 $A1$ 到达 $A2$，通过路径上值的相加，选择总和最小的路径。

在图 26-291 上表达了树图路径，通过最小代价搜索法的搜索，找到了最小代价路径，如图 26-292 所示，即系统产生了两个工艺孔，把两个多阶梯孔道连接在一起。此路径是：$A1 \xrightarrow{e1} B \xrightarrow{e5} C \xrightarrow{e13} A2$

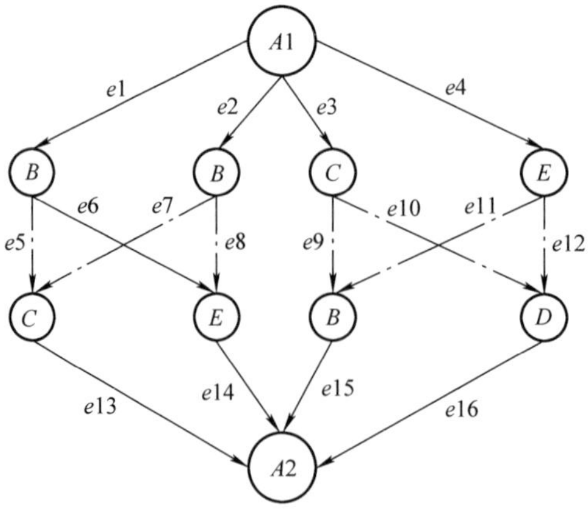

图 26-291　树图路径表达

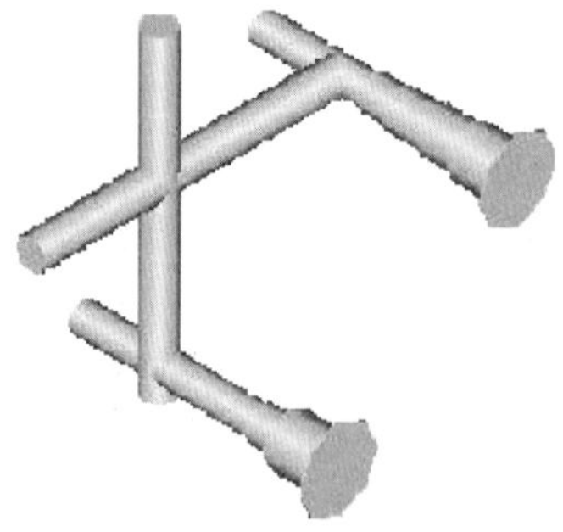
图 26-292　孔道路径的体现

等步长搜索算法的方法很简单，用来解决一维搜索问题。如果某工艺孔与某一孔道进行连接而不是与两个或更多个孔道进行连接时，它应该在该孔道的相邻四个面上进行设计，为了得到满意的过流面积，该工艺孔的中心线应该与被连通孔道的中心线垂直相交或在一个有效范围内。这样工艺孔的两个坐标就确定了一个，另一个应该沿着被连通孔道的中心线按一定的步长向集成块块体的内部搜索，图 26-293所示为内部搜索的伪代码。搜索的结果表示如图 26-294 所示。

```
procedure Single_Connect
begin
    for i=0 to n do
        begin
        little_value = some_value
            x0 = x0 + little_value
        if check(x0) is true    then break
end
if i = n+1  return false
else return true
end
```

图 26-293　内部搜索的伪代码

图 26-295 所示为一个工艺孔连接两个孔道的情况。作为优化解搜索工具，此时两孔连通的优化算法主要采用了遗传算法（GA），它是基于进化论的原理发展起来的高效随机搜索与优化的方法，应用广泛。

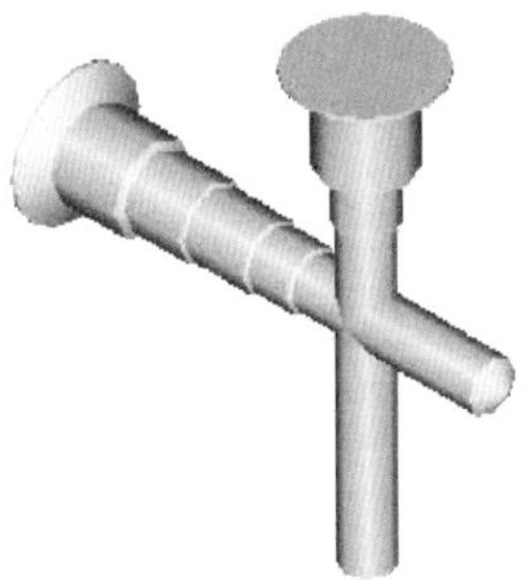

图 26-294　搜索的结果表示

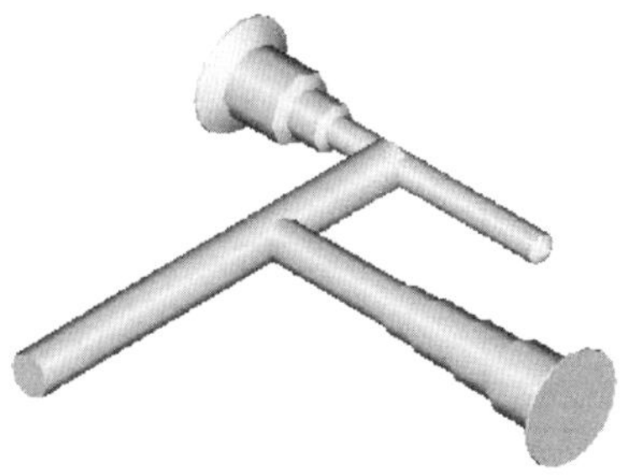

图 26-295　一个工艺孔连接两个孔道

在确定工艺孔时，工艺孔的坐标值（$x$，y）、深度 $L$ 具有空间概念。解决多变量复杂求解过程，一般常用算法对此无能为力。遗传算法对于解决这类问题比较适合。而且在设计过程中为了使系统集成化程度更高，往往要求集成块的块体体积越小越好。所以评价函数采用了工艺孔深度顶点到坐标原点的距离最短的函数 $G(x, y, L) = x2 + y2 + L2$ 作为评价函数。或做相应的某些参数的调整，其中（$x$，$y$）表示孔道的坐标，$L$ 表示孔道的深度。

```
#define POPSIZE 50              //样本大小，每代包含的个体数量
#define MAXGENS 1000            //进化的最大代数
#define NVARS 3                 //染色体包含变量个数
#define PXOVER 0. 8             //交叉概率
#define PMUTATION 0. 15         //突变概率
```

下面以两个在 $C$ 和 $E$ 面上的多阶梯螺纹插装阀孔道和在 $F$ 面上的工艺孔为例。其中包含多个其他面上的简单孔道作为设计障碍。基本参数见表26-142和表26-143。

表26-142　集成块块体和工艺孔的基本参数

| 块体长 | 块体宽 | 块体高 | 安全壁厚 | 工艺孔面号 | 工艺孔半径 |
|---|---|---|---|---|---|
| 110 | 150 | 150 | 3 | *F* | 6 |

表26-143　孔道的基本参数

| No. | *X* | *Y* | *R*（最后一阶） | *L* |
|---|---|---|---|---|
| *C*1 * | 80.00 | 60.00 | 4.00 | 30.96 |
| *E*1 * | 80.00 | 85.00 | 5.50 | 56.92 |
| *A*1 | 77.50 | 37.00 | 6.00 | 85 |
| *F*1 | 77.50 | 46.00 | 6.00 | 85 |
| *B*1 | 70.00 | 55.00 | 6.00 | 85 |
| *D*1 | 70.00 | 64.50 | 6.00 | 85 |
| *F*2 * | 77.5 | 73.6 | 6 | 90 |

注：“ * ”代表被连通的两个孔道，以及与他们相连通的工艺孔。

从图26-296、图26-297中不难看出，最后的解是避开了多个中间障碍后获得的。这个解的获得验证了前面关于工艺孔的约束条件和其他孔道之间的校验推论和遗传算法的正确性，从而为连通优化的解奠定了基础。

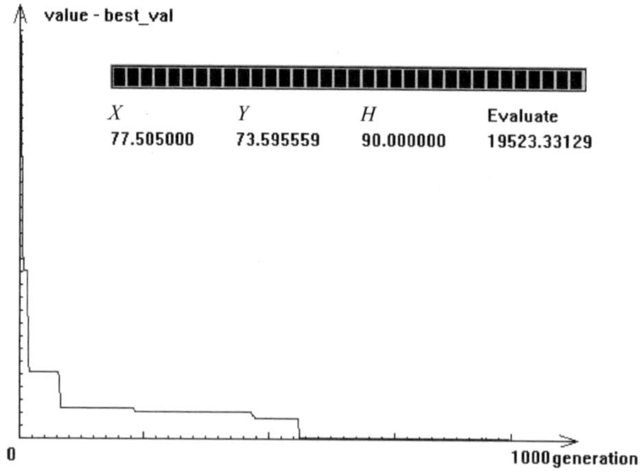


图26-296　计算结果图形1

对于多孔优化的树结构遍历算法，其前提条件：孔道 *H*1 与某一工艺孔连通，工艺孔所在的面不可能与 *H*1 同面，与 *H*1 对面则没有意义（可以通过延长 *H*1 的深度来达到要求），所以工艺孔就只有在与孔道 *H*1 相邻的四个面上。

下面介绍两棵树叶子节点的交叉校验和一棵树广度搜索方法。

一棵树广度搜索方法的步骤如下：

1）建立两个孔道 *H*1，*H*2 的树结构。

2）如果两个孔道 H1，H2 不能通过两孔连通优化算法直接连通，扩展其中一个孔道 H1。扩展方法是通过 H1 孔道每一个邻面应用单孔连通优化算法与 H1 孔道进行连通设计，生成一个工艺孔，如果可能总共产生 4 个工艺孔树子节点。如果 H1 孔道不能产生子节点，则尝试另一个孔道 H2，如果都不能扩展，则表明两个孔道 H1，H2 连通无解。

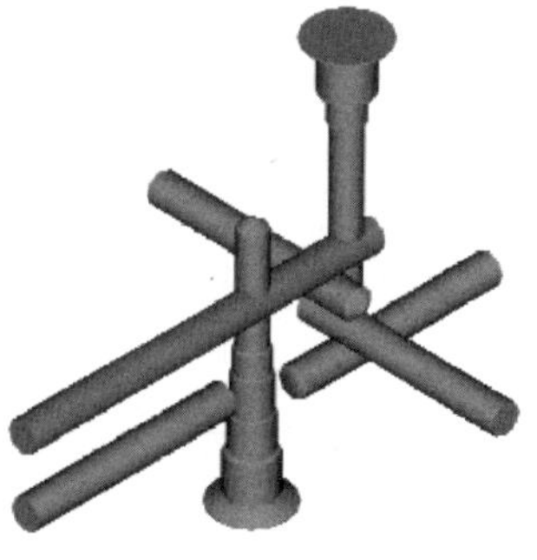

图 26-297　计算结果三维显示

3）假设 H1 已经产生了 4 个子节点，则分别与 H2 应用两孔连通优化算法进行连通。如果这 4 个子节点与 H2 的连通有解，则应用最小代价搜索算法计算 H1 经过多个工艺孔到达 H2 时的孔道深度累加和的大小，确定优化解。如果这 4 个子节点与 H2 的连通无解，则再分别扩展 4 个子节点，形成 16 个子节点与 H2 进行连通，直到满足要求为止。

4）如果连接孔道 H1，H2 之间的工艺孔数量超过 4 个，而且它们之间仍然无解，则被判定两个孔道 H1，H2 连通无解。

两棵树叶子节点的交叉连通设计步骤如下：

1）建立两个孔道 H1，H2 的树结构。

2）如果两个孔道 H1，H2 不能通过两孔连通优化算法直接连通，扩展其中一个孔道 H1。扩展方法是通过 H1 孔道每一个邻面应用单孔连通优化算法与 H1 孔道进行连通设计，生成一个工艺孔，如果可能总共产生 4 个工艺孔树子节点。如果 H1 孔道不能产生子节点，则尝试另外一个孔道 H2，如果都不能扩展，则表明两个孔道 H1，H2 连通无解。

3）假设 H1 已经产生了 4 个子节点，则分别与 H2 应用两孔连通优化算法进行连通。如果这 4 个子节点与 H2 的连通有解，则应用最小代价搜索算法计算 H1 经过多个工艺孔到达 H2 时的孔道深度累加和的大小，确定优化解。如果这 4 个子节点与 H2 的连通无解，则扩展 H2，形成 4 个子节点。H1 的 4 个子节点与 H2 的 4 个子节点进行交叉连通设计，直到满足要求为止。

4）如果连接孔道 H1，H2 之间的工艺孔数量超过 4 个，而且它们之间仍然无解，则被判定两个孔道 H1，H2 连通无解。

**5. 软件实现的核心技术**

（1）螺纹插装阀数据库的建立

1）螺纹插装阀数学模型（见图 26-298）的建立是进行程序开发的基础，是影响程序内部运算和结果输出的重要依据。

2）螺纹插装阀数据库结构定义与实现分别如图 26-299 和图 26-300 所示。

3）螺纹插装阀数据库的开放性：通过程序界面实现参数的输入（见图 26-301），简化了直接操作数据库的复杂性和不可控行为的发生。对数据库环境是个保护，对操作人员操作是个简化。螺纹插装阀数据库结构组织如图 26-302 所示。

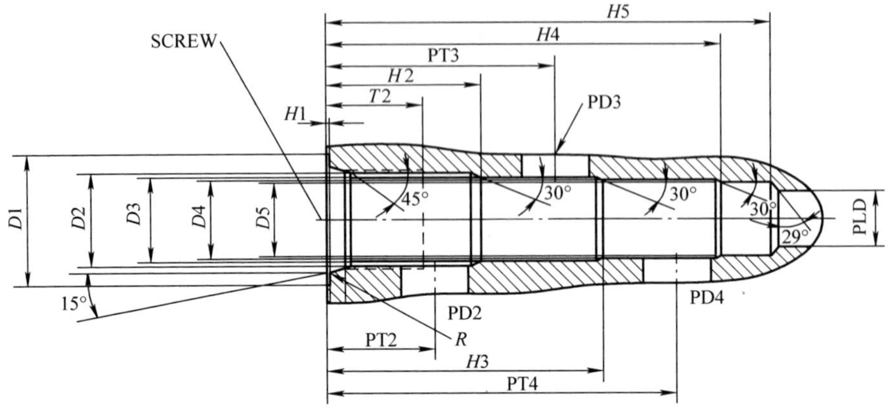


图26-298　螺纹插装阀数学模型

| 字段名称 | 数据类型 |
|---|---|
| 主类型 | 文本 |
| 子类型 | 文本 |
| 来源 | 文本 |
| 步长 | 文本 |
| 阶梯数 | 数字 |
| 孔类型 | 文本 |
| 是否斜孔 | 是/否 |
| 斜面 | 文本 |
| 斜角 | 数字 |
| 螺纹位置 | 数字 |
| 螺纹底径 | 数字 |
| 螺纹深度 | 数字 |
| 直径1 | 数字 |
| 深度1 | 数字 |
| 直径2 | 数字 |
| 深度2 | 数字 |
| 直径3 | 数字 |
| 深度3 | 数字 |
| 直径4 | 数字 |
| 深度4 | 数字 |
| 直径5 | 数字 |
| 深度5 | 数字 |

图26-299　螺纹插装阀数据库结构定义

| 主类型 | 子类型 | 来源 | 步长 | 阶梯数 | 孔类型 | 是否斜孔 | 斜面 | 斜角 | 螺纹位置 | 螺纹底径 | 螺纹深度 | 直径1 | 深度1 |
|---|---|---|---|---|---|---|---|---|---|---|---|---|---|
| SUN | T-2A | SUN阀孔-3 | H1 | 5 | 螺插 | ☐ | | 0 | 3 | 23.8 | 34.14 | 38.1 | 1 |
| SUN | T-3A | SUN阀孔-2 | H1 | 4 | 螺插 | ☐ | | 0 | 2 | 23.8 | 15.88 | 27.43 | .8 |
| SUN | T-5A | SUN阀孔-2 | H1 | 4 | 螺插 | ☐ | | 0 | 2 | 23.8 | 15.88 | 27.43 | .8 |
| SUN | T-8A | | H1 | 4 | 螺插 | ☐ | A | 0 | 2 | | | | |
| SUN | T-9A | | H1 | 5 | 螺插 | ☐ | A | 0 | 2 | | | | |
| SUN | T-10A | SUN阀孔-2 | H1 | 4 | 螺插 | ☐ | | 0 | 2 | 18.54 | 12.7 | 21.87 | .8 |
| SUN | T-11A | SUN阀孔-3 | H1 | 5 | 螺插 | ☐ | | 0 | 3 | 18.54 | 30.18 | 31.75 | 1 |
| SUN | T-13A | SUN阀孔-2 | H1 | 4 | 螺插 | ☐ | | 0 | 2 | 18.54 | 12.7 | 21.87 | .8 |
| SUN | T-16A | SUN阀孔-2 | H1 | 4 | 螺插 | ☐ | | 0 | 2 | 34.21 | 17.48 | 39.72 | .8 |
| SUN | T-17A | SUN阀孔-3 | H1 | 5 | 螺插 | ☐ | | 0 | 3 | 34.21 | 40.49 | 44.45 | 1 |
| SUN | T-18A | SUN阀孔-2 | H1 | 4 | 螺插 | ☐ | | 0 | 2 | 46.15 | 22.23 | 52.43 | .8 |
| SUN | T-19A | SUN阀孔-3 | H1 | 5 | 螺插 | ☐ | | 0 | 3 | 46.15 | 51.59 | 58.72 | 1 |
| SUN | T-21A | SUN阀孔-4 | H1 | 6 | 螺插 | ☐ | | 0 | 4 | 18.54 | 42.88 | 31.75 | 1 |
| SUN | T-22A | SUN阀孔-4 | H1 | 6 | 螺插 | ☐ | | 0 | 4 | 23.8 | 49.2 | 38.1 | 1 |
| SUN | T-23A | SUN阀孔-4 | H1 | 6 | 螺插 | ☐ | | 0 | 4 | 34.21 | 58.78 | 44.45 | 1 |
| SUN | T-24A | SUN阀孔-4 | H1 | 6 | 螺插 | ☐ | | 0 | 4 | 46.15 | 73.03 | 58.72 | 1 |
| SUN | T-31A | SUN阀孔-1 | H1 | 6 | 螺插 | ☐ | | 0 | 2 | 18.54 | 12.7 | 21.87 | .8 |
| SUN | T-32A | SUN阀孔-1 | H1 | 6 | 螺插 | ☐ | | 0 | 2 | 23.8 | 17.48 | 27.43 | .8 |
| SUN | T-33A | SUN阀孔-1 | H1 | 6 | 螺插 | ☐ | | 0 | 2 | 34.21 | 17.5 | 39.73 | .8 |
| SUN | T-34A | SUN阀孔-1 | H1 | 6 | 螺插 | ☐ | | 0 | 2 | 46.15 | 22.23 | 52.4 | .8 |
| SUN | T-61A | SUN阀孔-5 | H1 | 8 | 螺插 | ☐ | | 0 | 4 | 18.578930 | 43.422827 | 25.27014 | 3.891806 |

图26-300　螺纹插装阀数据库结构实现

图 26-301　螺纹插装阀数据库参数输入界面

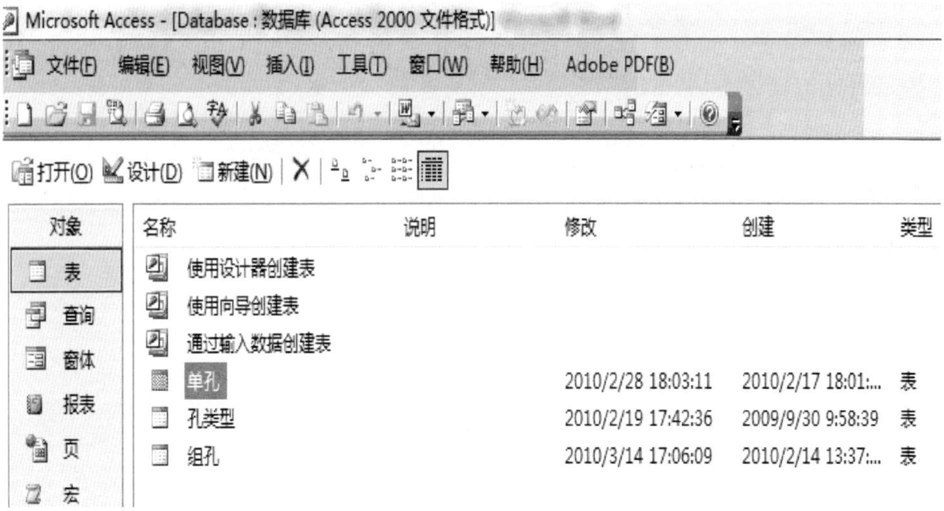


图 26-302　螺纹插装阀数据库结构组织

4）螺纹插装阀数据库的实现。

5）语言的描述：可选 VB 或 VC ++ 作为程序开发工具。VC ++ 程序开发和维护成本比 VB 高，但是程序运行效率比 VB 高，又因为此软件大量引用 Autodesk Inventor11 API 帮助文件，所以选择 VB 作为主要开发工具。

（2）人机交互界面的设计　人机交互界面以友好型，易使用为目标。

1）软件启动界面和主界面如图 26-303 所示，此次是引导用户进行全新设计还是继续进行未完成设计。

图 26-303　软件启动界面和主界面

2）属性模块，是用户实时查看设计孔道信息，并进行适当参数修改（见图 26-304）。

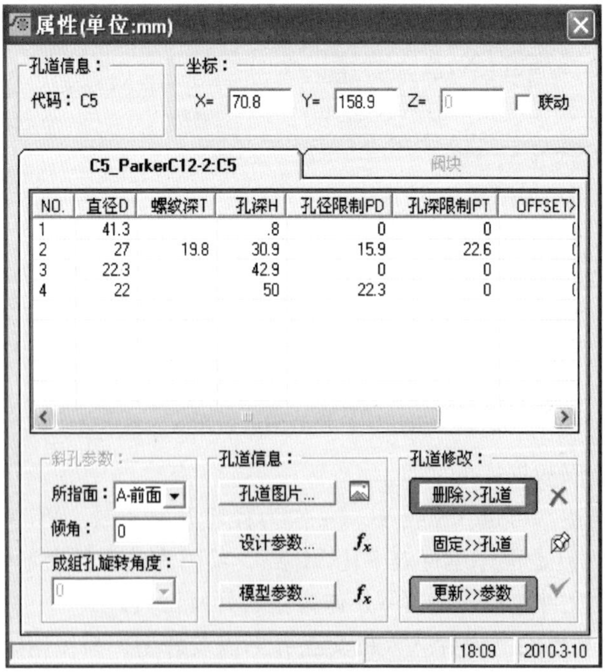


图 26-304　孔道参数修改界面

3）设计模块，使用户进行插装阀孔道布局（见图 26-305）和连接。

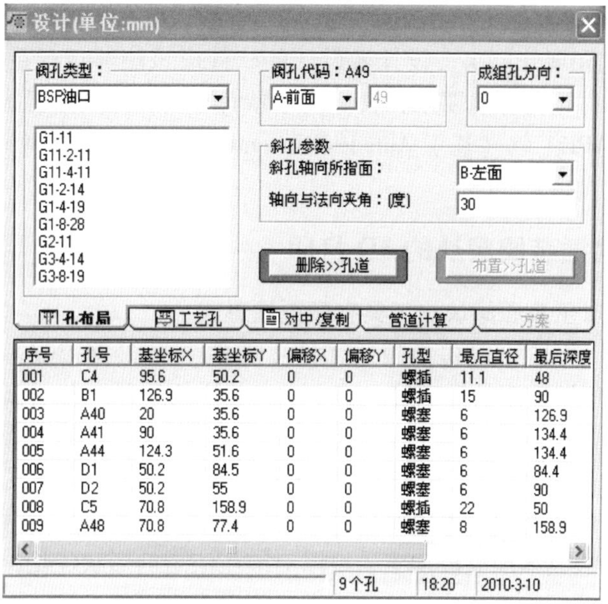


图 26-305　孔道布局、添加工艺孔、修改布局等操作的界面

4）校验模块，是用户可以实时进行孔道连接状况校验和原理图最终校验的界面（见图 26-306）。

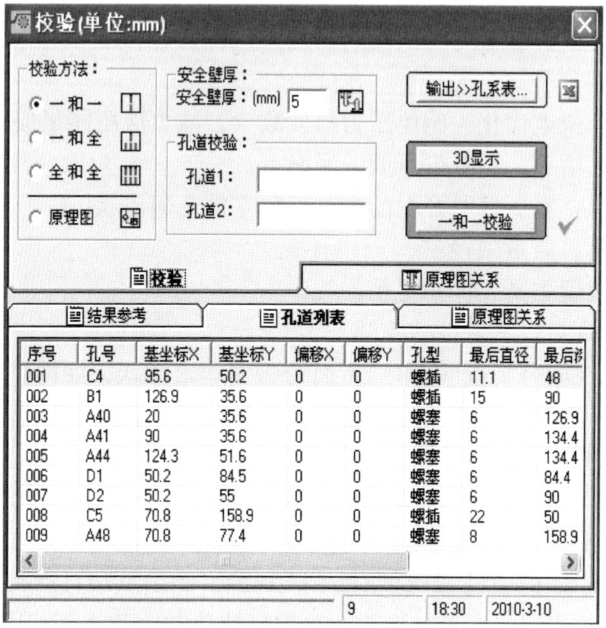


图 26-306　实时校验和原理图最终校验的界面

5）数据库模块（见图26-301）。开发者需要建立一个开放的数据库环境，使得使用者能够进行客户定制的功能扩展。

（3）通用化和展开层次　设计者设计的软件应该能够运行在大多数的计算机上，需要提供软件运行环境要求，软件设计界面不应展开过深层次，应该在小于3层为宜。HMB_API11 软件基于 Autodesk Inventor11，要求中文 Windows XP 及以上或其他汉字系统支持。

## 26.9.11　螺纹插装阀阀块的3D打印

**1. 3D打印对于液压阀块加工具有颠覆性影响**

液压中的3D打印可以包括液压元件零部件（见图26-307）、液压阀块（见图26-308）、液压铸造用的砂型等。其中重点关注的是利用3D打印生产液压阀块。液压插装阀阀块的3D打印是在工业应用3D打印中最具有代表性的成功范例。因为采用3D打印，为插装阀阀块加工带来的成效非常显著。这些成效表现在对于内部流道十分复杂的情况下，可以实现明显的轻量化，提高液压元件功重比；使加工简便快捷、高效低成本地完成加工；可以对液压流道的形状优化，降低沿程阻力与局部阻力，减少液压流道造成的功率损失；可以成为阀块CAD设计与CAE加工直接对接的加工现代化的最佳手段。总之，为阀块的加工工艺带来颠覆性的变化。

3D打印为企业生产带来的效益可以简列如下：

1）设计自由，实现个性化、精简化、轻量化、免组装设计。

2）无模具，可以快速迭代的灵活样机制造。

3）缩短供货期，制造时间从几周到几天，包括有利维修应急。

4）高效节能。

5）阀体内部流道优化，阀体压力损失减少，减少液压能量损失。

6）减少工艺堵头，也减少可能的泄漏点。

7）设计自由，有更多可开发的内、外部零件几何形状。

8）设计优化，质量减轻。

9）功能集成度更高，体积更小。

10）更好实现对机械特性的控制。

目前国内外在增材制造（AM）方面的研发非常活跃，如博世力士乐正在开发3D打印液压系统，特别是其中的伺服阀。项目合作方包括德国著名的机床家族企业通快（TRUMPF）及粉末材料制造专家贺利氏（Heraeus）。我国的液压企业也已经有这方面应用，如赛克斯液压科技股份有限公司。不过目前的发展还存在很多的挑战，除了3D打印技术本身的效率和质量一致性的挑战，认证方面是另外一个挑战，我国企业对于如何通过3D打印技术来制造出满足复杂且严苛应用条件的液压产品还缺乏整套的思路，行业需要为此尽量搭建公共服务体系，尽快使此新技术成为生产力发展的工具。

目前液压阀块增材制造的应用还在新产品开发的设计验证、单件小批量和特殊复杂零件的制造及快速模具制造几个方面。但是从 3D 打印制造的发展来看，该技术未来会成为液压集成阀块批量制造的加工手段。与传统制造的液压零件相比，在航空液压方面采用金属 3D 打印的时间最早，使主飞行控制液压零件重量减轻了 35%，并且省去了 10 个零件（见图 26-308c）。

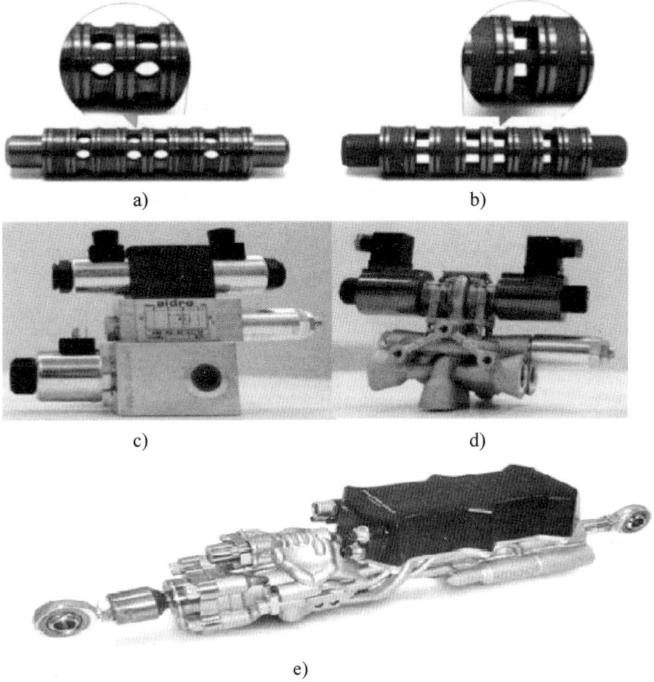


图 26-307　传统液压阀阀芯阀组与 3D 打印阀芯阀组的比较

a）传统机械加工液压阀阀芯　b）3D 打印液压阀阀芯　c）传统的液压叠加阀阀组　d）3D 打印的叠加阀阀组　e）3D 打印液压电静液作动器

a)　　b)　　c)

图 26-308　传统液压阀阀块与 3D 打印阀块的比较

a）传统液压阀阀块（零件）　b）3D 打印的液压阀阀组　c）航空用液压阀阀块

**2. 3D 打印对液压阀块整体设计过程及其加工制造的影响**

液压集成块的集成阀块体就是一个有复杂流道的阀体，内部不仅有直通油孔、定位孔、连接螺钉孔、集成块安装孔，还会有插装阀插件安装孔、插装阀侧向油孔等。同时，为保证孔道正确连通而不发生干涉，有时还要设置若干工艺孔。液压阀块的设计应当满足安装约束、连通约束及加工约束。即在阀块外表面，阀类元件能有足够的安装空间，并且元件之间不发生干涉；所有孔道要按照需求实现连通与非连通，并保证安全壁厚；每个孔道的孔径与孔深应在可加工范围内。液压阀块设计的准则就是在满足这三种约束的条件下使得油路简单、体积小、质量轻。

传统液压阀块加工需要进行预处理、机械加工、去毛刺、清洗等过程（见图 26-309a）。预处理主要是对加工阀块的材料进行加工前检查或无损检测，保证加工材料内部组织较密，不存在沙眼、夹层的情况；机械加工是阀块大致成形的过程，先用铣、刨等工序对毛坯阀块进行粗加工，然后钳工划线，机械加工过程中要控制好阀块表面的粗糙度，以防出现渗漏等情况；机械加工之后要去毛刺，保证阀块的光滑度；在清洗的关键环节，采用防锈清洗液并应该在过程中形成一定的压力，通过压力把阀块的盲孔等部位清洗干净，避免留下污垢和杂物。液压阀块在传统加工过程中会遇到装夹烦琐、形位公差控制困难、表面粗糙度要求较高等种种难题，孔道的加工会经过钻、扩、镗、铰等工艺，过程复杂而精细。液压集成块体积大，孔道交叉错杂，加工难度更大，而且传统加工完成的液压集成块流道是交叉形，增加局部阻尼，液压损失必然加大。

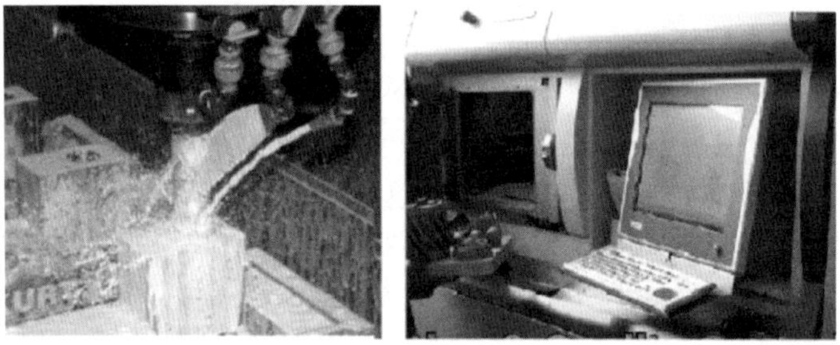

a)　　　　b)

图 26-309　液压阀块的传统减材加工与 3D 打印的现代增材加工

a）传统机械加工阀块过程　b）3D 打印阀块过程

通过 3D 打印技术获得了更高的设计自由度。设计 3D 打印阀块可以对阀块设计技术进行创新，内部流道可以优化，无须考虑交叉钻孔的设计约束，由于 3D 打印技术是一层一层叠加金属粉末成形（见图 26-309b），能够预先优化设计流体内部的流动路径，并且可以将交叉角设计成圆形弯曲从而减少流道阻尼，减少液压局部损失。整个阀块的体积也比传统设计的阀块更小，潜在的阀块结合面的泄漏问题也得以避免。3D 打印加工制造也避免了形位公差控制困难等问题，在程序控制下的形位要求基本得到满足；不存在传统加工中的装夹问题；同时也减少除流道之外的不必要的金属质量，实现了阀块的轻量化。

**3. 3D 打印对液压阀块中流道的设计改进的影响**

在传统孔道设计中，不可避免地需要提供 T 形或十字形孔系交叉而实现贯通（见图 26-310a）。而在 3D 打印中完全可以按流道液压阻尼最小的原则设计（见图 26-310b）。在图 26-311 中，表达了不同流道在相同流速下其压力损失对比的结果。这个结果说明阀块中流道形状的改变可以减少阀块的压力损失。

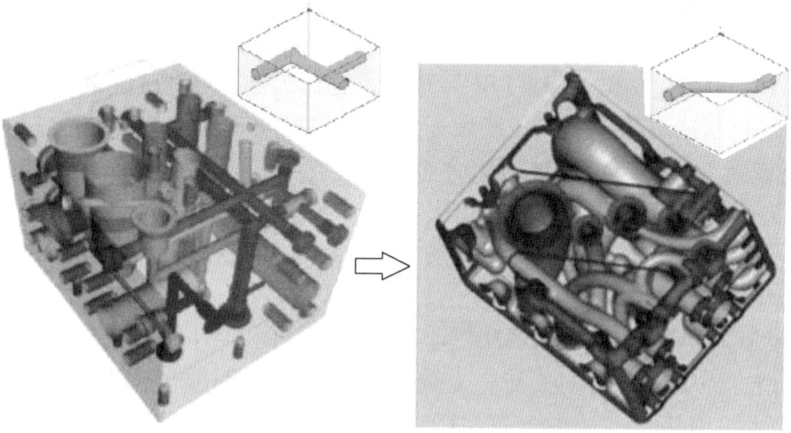

a)　　b)

图 26-310　传统孔道设计与 3D 打印孔道设计

a）传统孔道设计与加工　b）3D 打印孔道设计与加工

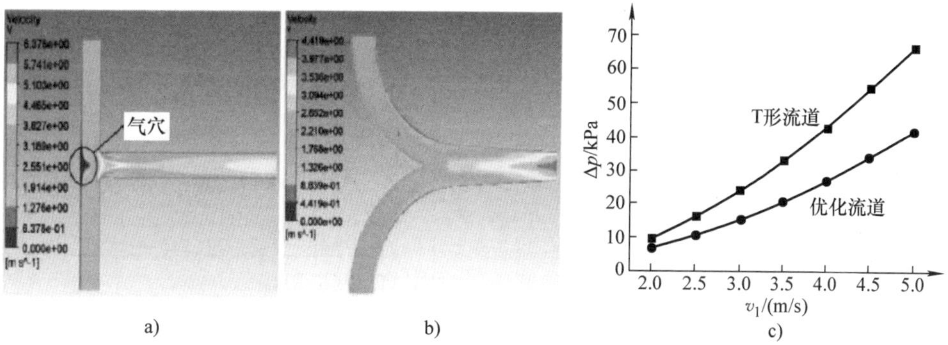


a)　　b)　　c)

图 26-311　阀块中流道形状的改变会减少阀块压力损失的对比

a）阀块中 T 形流道状态　b）阀块优化流道状态　c）T 形流道与优化流道压力损失曲线对比

**4. 液压插装阀通用阀块的打印流程**

（1）选择合适的 3D 打印设备与方法　根据液压阀集成块对材料的要求来选择合适的 3D 打印设备。液压元件所采用的 3D 打印技术有下列几种：

1）金属粉末注射成型（MIM）技术属于精密金属加工工艺，需要性能更好的黏结剂。

2）金属线材（或粒料）的熔融沉积成型（FDM）技术和一般的塑料 FDM 在工艺过程上相同，通过熔融挤出并层层叠增的方式成型，区别是所用的耗材多为金属粉末与有机黏结剂的混合物。17－4PH 和 316L 不锈钢是用于黏结剂喷射技术和金属熔融沉积成型技术的主流材料。

3）黏结剂喷射成型（BJ）技术是一种通过喷射黏结剂使粉末成型的增材制造技术，和许多激光烧结技术类似，以粉床为基础，使用喷墨打印头将黏结剂喷到粉末里，将粉末进行层层粘合，实现成型，该技术早期重点研究砂模铸造成形。

4）激光粉末床熔融（LB－PBF）技术，也称为选择性激光熔化，是一种基于粉末床的增材制造工艺，采用高能激光束逐点扫描实现粉末冶金结合，从而打印出高性能零件。可使用材料包括铝合金、钛合金、镍基合金、铁合金和贵金属合金，另外还有其他正在开发的材料如镁合金。从理论上讲，任何可焊结的材料都可以用LB－PBF 技术来加工，包括聚乳酸（PLA）材料（使用可再生资源制造的热塑性塑料）。

图 26-312 所示为零件加工 3D 打印加工的选择图。3D 打印在液压阀块及液压阀芯的制造方面独有独特的优势。主要应用的 3D 打印技术有 PBF 选区熔化金属 3D 打印技术、BJ 黏结剂喷射金属 3D 打印技术，此外还有通过黏结剂喷射 3D 打印砂型模具与铸造结合的方式。

也有选择激光熔化（SLM）技术制造伺服阀，把直径 30～60μm 的球形金属粉末，利用高精度激光融化。每道工序，只建立几微米的融化厚度。然后逐层建立得到所需腔室。

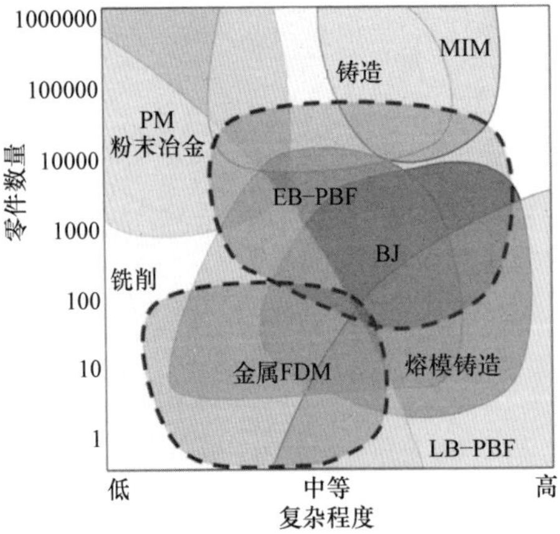

a)

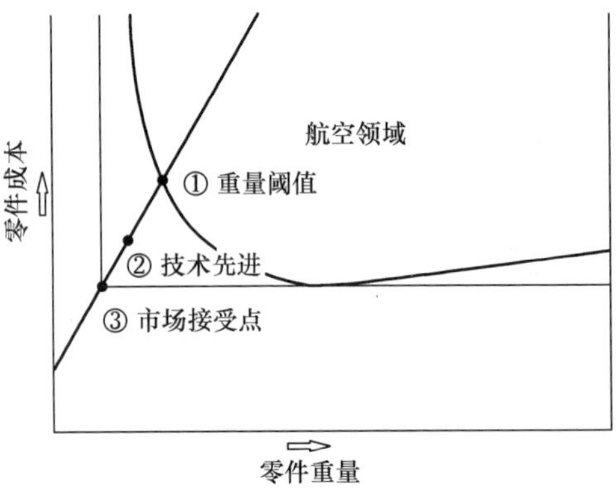

b)

图 26-312　3D 打印加工的选择图
a）从零件数量选择 3D 加工方法　b）从零件重量选择 3D 加工方法

（2）液压阀块所用3D 打印的材料问题　传统的插装阀阀块材料大致有下列几类：铸铁、锻钢、型材、不锈钢及铝合金。铸件可能存在不紧密，壁薄处容易穿透渗漏，一般已经不选用，大多数选用 Q235A 板材与 35 锻钢为多，要求不高时也有采用 45、50 模具钢板或优质碳素结构钢切割制作的，一般尺寸不宜过大，应用压力可以超过 31.5MPa。铝合金也是常用材料，以 6061 – T6、7075 – T6、2A12 等居多，铝合金由于其结构强度限制，一般使用于中低压场合，在 25MPa 以下。另外还根据使用场合的要求，采用不锈铁和不锈钢制作阀块体。例如，水液压或水基性液压介质就采用此类材料作为阀体材料。

从 3D 打印角度看，液压领域的阀体需要的是锻造级别的性能，3D 打印对于不锈钢（从 AISI 304 到 316L）、铝、钛、镍基合金及部分新材料的阀块都能够通过 3D 打印设备进行小批量生产。液压产品的材料必须具有足够的强度和耐蚀性，才能安全地处理液压系统的高压力。可以选用材料包括碳钢、不锈钢、铝等。包括不锈钢（AISI 304，AISI 316L，17 –4PH）、铝合金（AlSi10Mg）、钛合金（Ti6Al4V）、高温镍基合金（IN625 或 IN718）或马氏体时效钢，其中钛合金作为打印材料，是因为它质量轻、力学性能稳定，并且具有良好的耐蚀性。

（3）液压阀集成块结构模型的数据转换及检测　基于 3D 打印的特性，需要使用计算机辅助设计软件来实现液压阀集成块结构的 3D 模型设计图。液压阀集成块的 3D 打印模型生成过程如图 26-313 所示，图 26-313a 所示为整体三维图，图 26-313b 所示为空间结构图，为了能够将液压阀集成块结构模型进行下一步的操作，需要将设计好的 SolidWorks 三维图形文件转化为 stl 格式文件。其三维模型保存为 stl 格式的文件，也就是使用三角形网格来表示液压阀集成块结构的各个面，stl 格式的液压阀集成块的 3D 模型如图 26-313c 所示。这就是 3D 打印的第一步。转换过模型之后，再将模型文件导入相应的软件进行完整性检测，如果检测没有问题，则可以进入下一步。3D 打印实物如图 26-313d 所示。

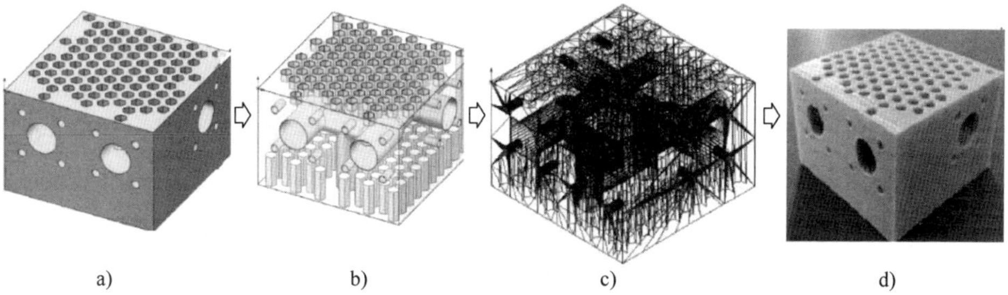

a)　　b)　　c)　　d)

图 26-313　液压阀集成块的 3D 打印模型生成过程

a）整体三维图　b）空间结构图　c）3D 打印模型图　d）3D 打印实物

（4）导入模型切片并设置成型方向　切片前要对模型文件进行检测和修复，以免其存在不封闭环和歧义现象。将保存好的 stl 文件放入 Netfabb 软件进行检测，检测结果如图 26-314 所示。

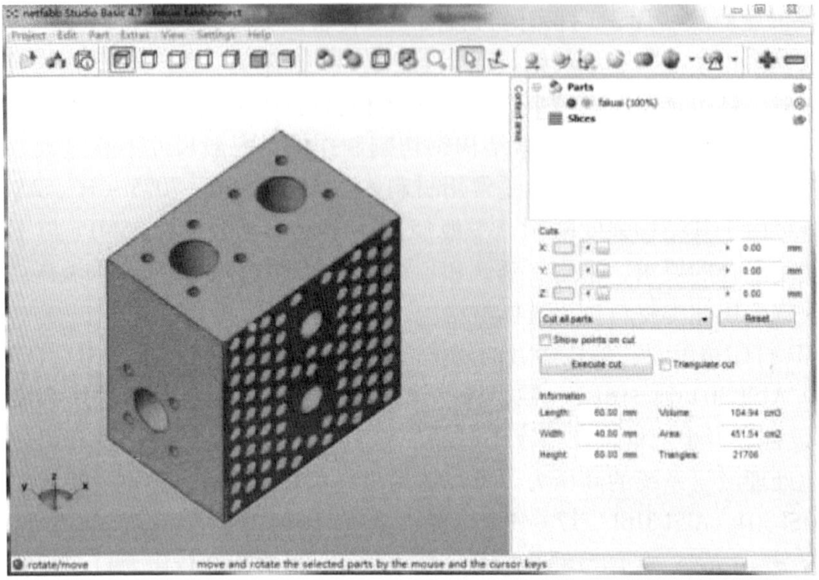


图 26-314 对模型文件进行检测和修复

在检测过模型文件没有问题之后，就可以将模型切片导入 3D 打印软件进入打印准备。导入相应软件之后，可以看到计算机显示屏的右侧为参数设置选项，可以设置打印的质量、速度、热床温度等。左侧则显示液压阀集成块的三维视图，在此视图中可以拖动模型实现对模型的移动和缩放及旋转等基本操作。另外，成形方向设置非常重要，会关系到打印材料是否能够达到最节省、打印时间能否达到最短。对于液压阀集成块产品特点，整体上不需要设置支撑，但对孔道的悬面则需要添加相应的支撑，这样才能保证整个过程中能够平衡打印，最后再对支撑材料进行彻底清除。在进行完相应的设置后，将文件进行保存并转化成相关代码，然后存入 3D 打印机的 SD 卡，完成切片，准备开始打印。

（5）液压阀集成块模型的打印成形　设置打印材料直径为 1.75mm，流量为 100%，在此基础上打印层厚为 0.1 ~0.3mm 可调，层厚为 0.1mm 时打印出的实体会有更高的精确度与表面质量，但打印时间很长，约 9h59min，耗材 24.91m，成品重 74g。

将事先准备好的 SD 卡插入 3D 打印机，打印前的调试、预热热床和喷头就绪后，系统会自动添加设置好的支撑，最后按照原先设定好的模型开始液压阀集成块打印。打印出来的效果如图 26-313d 所示。

需要注意的是，打印液压阀阀块时，阀块的进油口与出油口要保持安装位置的要求与加工余量设计外，内部流道的设计弯度会与 3D 打印材料选择及打印工艺有关。例如，采用钛合金 Ti -6Al -4V 材料的电子束熔化（EBM）工艺就能比采用激光粉末床实现圆形通道尺寸的更大自由，无须支撑结构即可生产。

在与粉末有关的 3D 打印中，还需要考虑如何去除困住的金属粉末（需要留有通道)，后期可能还需要进行 CT 扫描以确定是否所有粉末都已从通道中清除。如果存在被困粉末，去除的方法是化学刻蚀（见图 26-315)。通过化学刻蚀可以去除大部分被困的粉末，也可以显著改善表面粗糙度。然而，对于化学刻蚀仍然无法去除的粉末，另外一种方法是在设计中添加额外的除粉口，便于除粉。此外，考虑到后期机械加工端口的便利性，在设计过程中可以选择移动一些通道的设计，从而使得夹具保留在零件底部，并在一次装夹设置中通过 5 轴机床加工液压阀块上的所有端口。

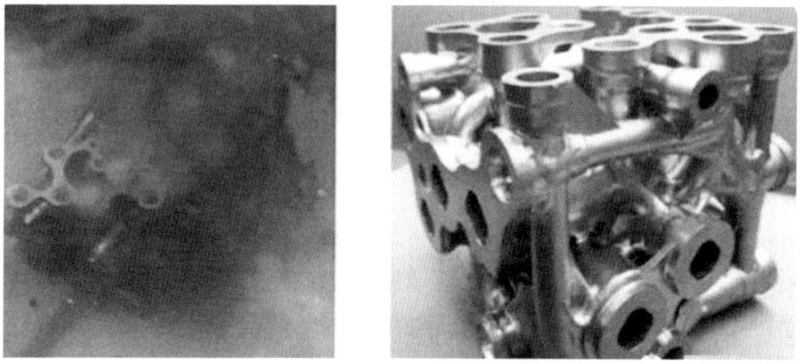

图 26-315　化学刻蚀去除被困粉末

## 26.10　二通插装阀

中国轻小紧凑型螺通插装阀技术（MINISO CV)“紧凑液压”已经有超过 40 年的发展历史，紧凑液压代表了液压元件与系统外在的发展趋势，也突出了液压技术与产品功重比内在的优势，所以紧凑液压一直是液压行业发展技术与产品追求的目标之一。这不仅提高了产品性能，而且能节约成本，同时又符合社会正在规定的“碳中和”的要求。紧凑液压一般包括螺纹插装阀、集成阀组、运动控制阀、模块式二通插装方向阀与动力单元等。它们在建筑机械、起重机、高空作业车、农用机械与各种工业领域的液压设备中有广泛的应用，因此得到液压产业界的持续关注。MINISO CV 是我国二通插装阀专家黄人豪教授级高级工程师在长期从事此技术开发与产品应用的基础上，特别是负责完成由上海船舶设备研究所（704 所）承担的世界性工程，即长江三峡水利枢纽工程中双线五级船闸液压系统研制过程中，总结并提出的中国轻小紧凑型的液压二通插装阀技术及其标准，经过团队大量的针对性试验与应用。二通插装阀国际标准定名为“ISO CV”，“MINISO CV”是“MINI”+“ISO CV”，即轻小型二通插装阀之意，含义是在国际标准的二通插装阀技术基础上的轻小型紧凑化。其特点是将二通插装阀与螺纹插装阀的特点加以融合，形成有中国特色的轻小紧凑型螺通插装控制阀（Miniso Cartridge Valve with Screw - in，MCVS)，或者简称“轻小型螺通插装阀”（定名 RH 阀)。

### 26.10.1　二通插装阀（ISO CV）发展概况

二通插装阀（ISO 7368 CV）简称 ISO CV（Cartridge Valve ISO)，也称盖板式

插装阀，是 20 世纪 70 年代中，欧美地区在工业液压控制技术发展中形成的基于安装面连接特征的板式液压阀产品技术基础上，进行了规模性的产品重组和结构创新；由于在中大功率液压控制中，成功替代了以换向滑阀为主体的传统控制技术，与同期的电液比例控制技术一起被公认为近代液压技术中的重要进展。二通插装阀是今后液压阀的主流元件结构型式，它具有通流量大、响应快、密封性好、集成度高及抗污染能力强等优点，今后会向三大方向发展：一是超高压、超大流量的方向发展，因为随着主机设备向更大功率、更高压力的方向发展时，只有二通插装阀的结构型式更适应；二是根据社会“碳中和”的需求，二通插装阀也需要向功重比更高、体积更小的方向发展，这方面二通插装阀的发展具有较大的空间，我国液压界发展了轻小型螺通插装阀（MINISO CV）这方面的创新产品与标准，今后需要大力推广并力求对今后二通插装阀标准的修改产生积极影响；三是能够将液压比例技术、数字液压技术通过二通插装阀技术向更高压力与更大流量发展，将进一步与液压数字元件相结合起来，实现高压大流量的液压元件的数字化、互联化与智能化。从而进一步促进二通插装阀广泛应用于重型机械、塑料机械、冶金、矿冶、船舶及移动机械等行业。

**1. 二通插装阀成为液压阀发展的主流结构型式**

液压插装阀已经成为液压元件连接形式的主流，液压阀连接方式的发展如表 26-144 与图 26-316 所示。

**表 26-144　液压阀连接方式的发展**

| 发展年代 | 连接方式 | 实物/结构图 | 图形符号 | 连接载体 | 优缺点 | 应用范围与发展趋势 |
|---|---|---|---|---|---|---|
| 20世纪五六十年代 | 管式阀 |  | 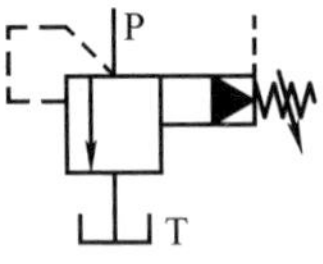 | 低压铜管<br>高压钢管 | 简单直观、便于查找故障。布置连接复杂困难 | 液压系统早期压力低（6.3MPa 以下）时应用。目前很少应用或维修调试时用 |
| | 板式阀 |  | | 早期连接阀板，目前集成阀块 | 阀板阀块集成，便于安装、调试及维修。易外泄漏，体积大 | 集成块或台架是常见方式 |
| | 多路阀 | 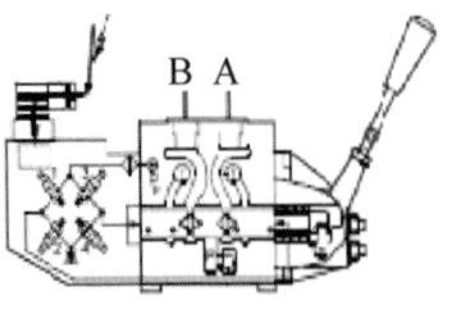 | — | 整体式与片式，片式是主流 | 手动电液控制集成 | 工程机械液压应用，比例多路阀属于高端液压向数智液压发展 |

（续）

| 发展年代 | 连接方式 | 实物/结构图 | 图形符号 | 连接载体 | 优缺点 | 应用范围与发展趋势 |
|---|---|---|---|---|---|---|
| | 叠加阀 |  | 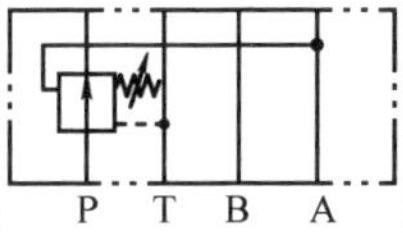 | 叠加底板 | 设计标准，连接简便，调试简单，高压时易渗漏，不宜用于振动场合 | 用于中高压与 NG10 以下的工业液压应用，如机床类等场合 |
| 20世纪七八十年代 | 二通插装阀 |  | 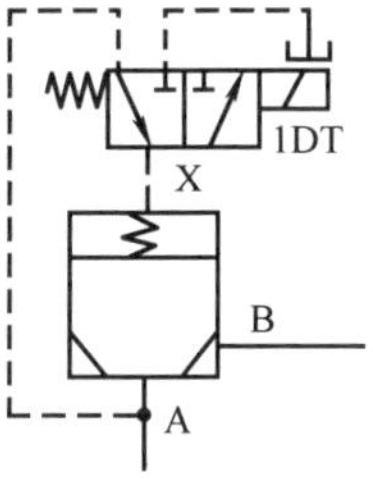 | 二通插装阀集成块（CV） | 板式阀或螺纹插装阀为先导置于盖板，加上二通插装阀阀芯集成 | 超高压、超大流量发展必选阀，目前压力达 42MPa、流量 15000L/min、通径 NG160 以上<br>今后主要阀种 |
| | 螺纹插装阀 |  | 与板式阀一致 | 集成阀块<br>铝块≤21MPa<br>钢块≤63MPa | 零泄漏、质量轻、体积小、成本低、开发周期短，便于组合集成 | 原主要工程机械液压应用，与二通插装阀组成今后主要阀种。21 世纪各大公司加速收购此类制造厂家 |

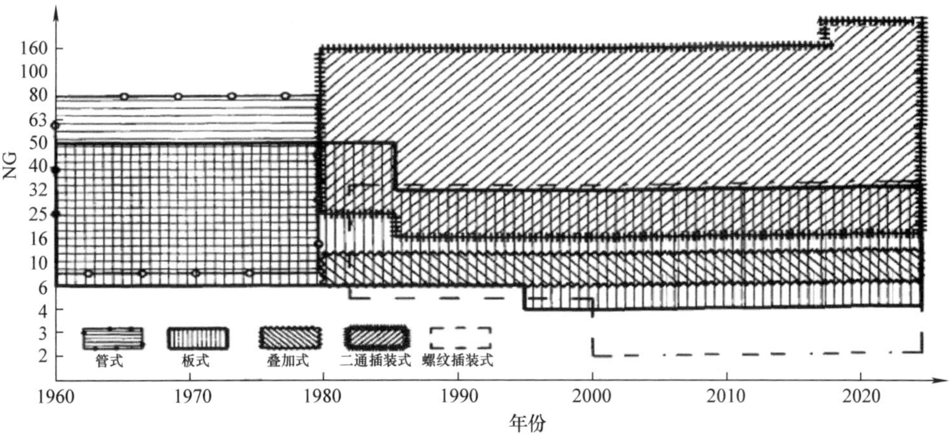


图 26-316　液压阀连接方式的发展

**2. 二通插装阀理论基础与国内外发展简况**

目前也有二通插装阀采用座阀主级替代滑阀结构打开了座阀技术发展的新前景，欧洲早期以座阀技术的代表企业，如丹尼逊（Denison）等，他们的产品向国际标准的二通插装阀（ISO CV）演变的过程就证明了这一点，其中的几个主要技术方向是：①对座阀产品结构中的端盖和座阀主级及其安装方式进行产品重组（安装孔化）；②去除带安装面的座阀阀体及安装底板的结构创新（单个阻力化）；③采用四个“座阀主级”组合方案替代基于“滑阀主级“的回路组合（单个控制液阻回路化）。

1976—1979年，德国仅用三年多时间就形成了DIN 24342安装孔标准，并迅速被国际标准化组织等效采用为ISO 7368/DIN 24342（1981年我国等效为ISO 7368/DIN 24342/GB/T 2877）；标志着一种新的液压控制技术被业界认可，历时之短，是罕见的；图26-317是Sperry Vikers（Hunburg）在德国“O+P”杂志上的产品介绍图片，展示了一代ISO CV产品的模块化可组配的鲜明特色，长期以来深刻影响着我国ISO CV产品开发和应用研究；与Denison和Vikers有长期良好合作关系的我国，目前在ISO CV的发展上，提出了紧凑型MINISO CV的标准方案，并已经在各个专利中证明基于世界前列。

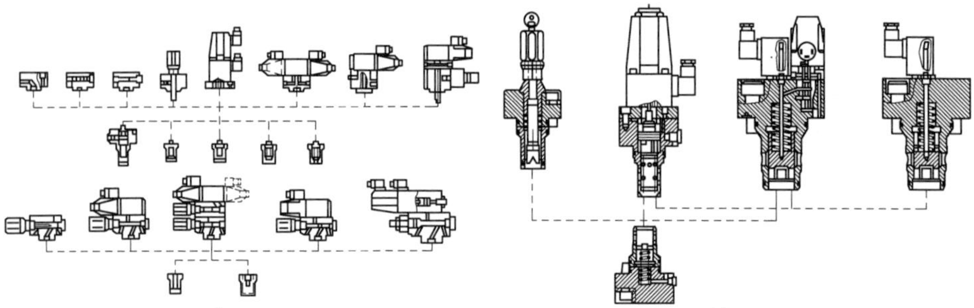

a)　　b)

图26-317　Sperry Vikers（Hunburg）早期产品介绍

a）方向控制和压力控制组件　b）比例流量控制组件+压力补偿控制组件

1974年，德国亚琛工业大学W. Backe教授提出著名的“液压阻力回路系统学”，对采用四个座阀的复杂回路进行了系统性的理论分析，成为ISO CV技术的理论基础（见图26-318）。基于“单个控制液阻回路”方案，采用安装孔连接的ISO CV组合方案中的控制阀块结构，成功去除了传统“单个元件”中的阀体和安装底板。在先进的模块化设计与CNC等制造技术支持下，充分发挥了新技术方案的综合优势，适应了重机、冶金、塑机、海工等大中功率工业液压控制发展的需求；到2000年前后，ISO CV推动了现代液压设备和系统集成的发展，并引导了对传统方式法兰和板式连接的液压阀及组合的持续替代。

1999—2002年，我国仅用了不到三年的时间，在举世闻名的长江三峡工程的

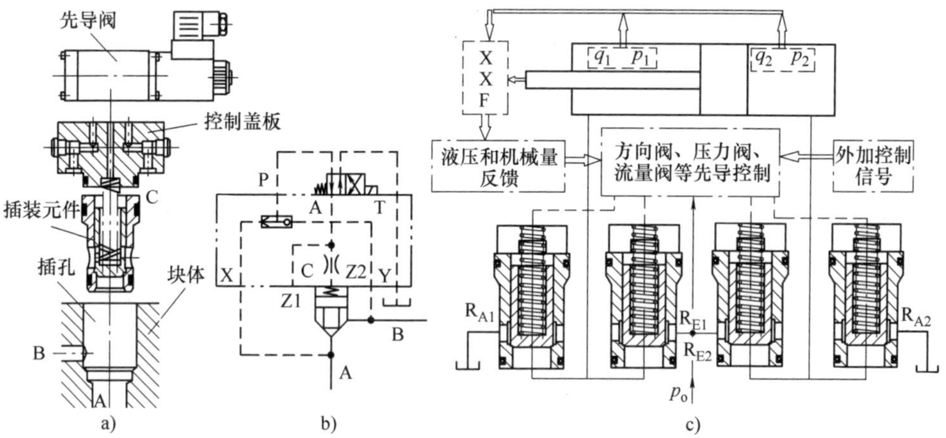


图 26-318　二通插装阀基本结构与基本原理

a）基本结构　b）图形符号　c）基本原理（W. Becke 提出）

双线五级船闸和厂坝工程 100 多台套关键设备中，开创先例，全局性采用二通插装阀（ISO CV）技术方案，在国际竞标中取得成功；自主设计与制造全部百余套 ISO CV 控制系统和装备，通过国家级验收，安全运行至今；这一突破性的成功，体现了我国液压界在 ISO CV 技术应用发展中已居于全球前列。

符合国际标准的 ISO CV 二通插装阀的技术特征是“先导控制、座阀主级和滑入式插装孔安装连接”，原理上是一种“单个控制液阻”，具有模块化、集成化控制元件和技术的特色。

ISO CV 控制组件（CVU）组合中：“座阀主级（CVI ）”保持和发展了座阀结构简单、规格范围宽广、具有优良的压差 - 流量特性与可控的开关特性、无泄漏、抗污染能力强、可同时适用于矿物油基和水基介质等一系列结构优势；“控制盖板（CVC)”中，大量安装了采用 ISO 4401 -03/05 规格，电、磁开关及比例、数字和智能化控制功能的先导控制阀（Pilot V）；可嵌入控制盖板体的梭阀、单向阀及节流阻尼等组件；基于控制盖板独具的 3D 布局，有利于紧凑组成功能强大和控制精确的先导控制网络；实施对座阀主级的多功能控制；体现它在控制组件中具有的关键作用和重要影响。

控制组件由 CVI、CVC（Pilot V）组配，作为“单个控制液阻”，组合灵活，多功能化，适应不同应用领域中的个性化定制需求，并具有良好的可制造性，总体技术优势十分明显。控制组件安装采用符合 ISO 7368 滑入式安装孔连接，实现去“单个元件”阀体化，提升功能阀块的模块化、集成化程度，具有紧凑可靠和轻量化显著特征；实践表明，ISO CV 尤其适用中大功率应用领域；已在国内外重矿机械、塑料机械、冶金设备、水利水电工程及舰船、海工等领域广泛应用；正在规模性替代传统“单个元件”控制阀及组合，成为新的选择；也是近二十年来，我国在液压控制技术领域中少数自主研发成功取得的突出成果的产品技术之一；当前，已广泛进入一系列“国之重器”的国家重大工程和装备，并成为关键和核心技术，如以长江三峡工程为代表的超级工程中成功实现大规模的应用等。

ISO CV 在我国的快速发展，还得益于我国液压界很早就基于 W. Backe“液压阻力回路系统学”，提出“液阻理论”等一系列自主见解，如 ISO CV 控制回路作为“单个控制阻力回路”，可符合“最少液阻原则”，可采用“分解式回路设计方法”和模块化开发技术和方法；提出“受控腔”是执行机构的基本控制对象，“特征受控腔”是细分应用领域中个性化定制的关键和控制对象；提出“受控腔”中的“进油阻力”和“排油阻力”可具有不同的阻力结构特征，其合理化和优化，与回路控制配组的合理化等密切相关；也是细化替代中的核心因素。

1990—2005 年，具有中国特色的“TJK”“TYJK”模块化集成控制系统和单元成功推出，既具有国际标准二通插装阀（ISO CV）的原理先进性，也展示了我国在 ISO CV 技术与元件方面的自主创新。

2010 年以来，我国首先提出了应对 ISO 7368 CV 中较小规格的安装孔标准及其应用进行一次新的重组和合理化创新，提出了基于“MINISO CV ”系列专利技术及其产品系列的专利和样机研发，将在本节后半部分阐述。

**3. 插入元件的结构及工作原理**

（1）基本结构原理　插入元件结构、机能符号与阀芯受力分析如图 26-319 所示。其形式与通用的单向阀相似，它是由阀芯、阀套、弹簧，以及相应的密封圈组成的。它具有两个工作腔 A 和 B，一个控制腔 C。阀芯在阀套中滑动，其间的配合间隙很小，以减少 B 腔与 C 腔之间的泄漏。阀芯头部的锥面紧贴在阀套孔内的阀座上，形成一个可靠的座阀式密封，保证 A 腔与 B 腔之间没有泄漏。阀套上的三个密封圈防止了 A、B、C 三腔之间沿阀套外缘的泄漏。

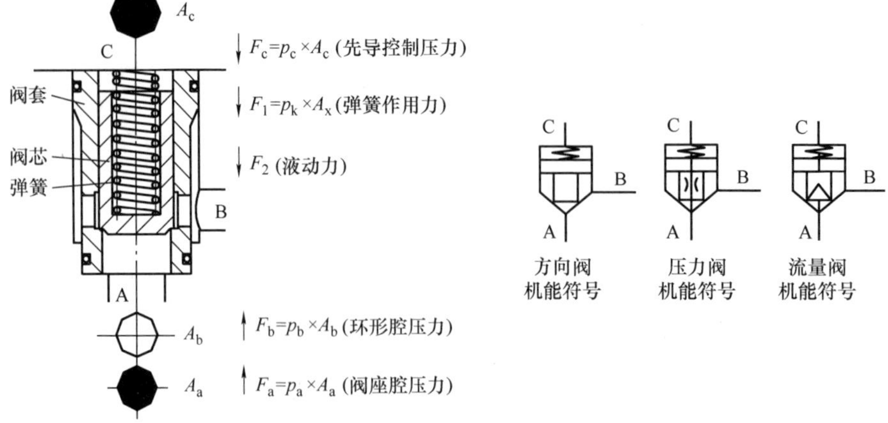


图 26-319　二通插装阀插入元件结构、机能符号与阀芯受力分析

（2）工作原理　插入元件的工作状态是由作用在阀芯上的合力方向和大小所决定。当不计阀芯质量和摩擦阻力后得到的阀芯上的力平衡式为

$$\sum F = p_c A_c - p_a A_a - p_b A_b + F_1 + F_2$$

式中　$p_c$——控制腔 C 处的压力；

$p_a$——工作腔 A 的压力；

$p_b$——工作腔 B 的压力；

$A_a$——工作腔 A 的作用面积；

$A_b$——工作腔 B 的作用面积；

$A_c$——控制腔 C 的作用面积，$A_c = A_a + A_b$；

$F_1$——弹簧力；

$F_2$——液动力，它与通过的流量开度大小有关，在开度较小时起作用，作用力方向向下。

当合力为正，即 $\sum F > 0$ 时，阀芯关闭；当合力为负，即 $\sum F < 0$ 时，阀芯开启；当合力为零，既 $\sum F = 0$ 时，阀芯停在该平衡位置上。

在这里，三个腔的压力关系是主要的，在很大程度上它决定了插入元件的工作状态。由于工作腔的压力是由工作负荷等条件决定的，不能任意改变，所以只能通过对控制腔的压力控制来实现对二通插装阀的控制。

在二通插装阀系统中，按照先导油的来源不同，控制腔压力主要有下列四种情况，与之对应可以得到插入元件的四种不同工作状况，见表 26-145。

**表 26-145　控制压力与元件工作状态关系**

| 状态 | 1 | 2 | 3 | 4 |
|---|---|---|---|---|
| 控制压力 | $p_c \geqslant p_a$<br>$p_c \geqslant p_b$ | $p_c = p_a$<br>$p_c < p_b$ | $p_c = p_b$<br>$p_c < p_a$ | $p_c < p_a$<br>$p_c < p_b$ |
| 元件工作状态 | A→B 不通<br>B→A 不通 | A→B 不通<br>B→A　通 | A→B　通<br>B→A 不通 | A→B　通<br>B→A　通 |

## 26.10.2　二通插装阀控制组件的基本结构与组合

图 26-320 所示为 ISO CV 模块集成的典型方向和压力控制组件及其图形符号。它的基本组合包括方向和压力控制，包括比例控制和带压力补偿的复杂控制。对于这两种典型的控制组件结构，它们均由先导控制阀、控制盖板和插装件组成。

图 26-320a 所示为二通插装阀由先导方向阀、带内置梭阀的控制盖板和方向控制插装件（座阀主级）组成典型方向控制插装阀组件；而图 26-320b 所示为由先导方向阀、内置先导压阀的控制盖板和叠加式阀与压力控制插装件（座阀主级）组成的带卸荷功能的溢流阀控制插装阀组件；这两种控制组件结构十分常用。有关

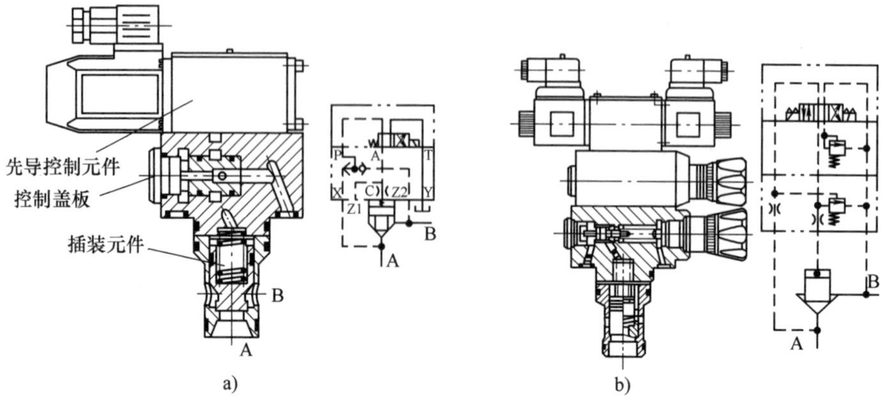


图 26-320　典型方向和压力控制组件及其图形符号

a）方向控制　b）压力控制

ISO CV 的图形符号，须参见有关产品样本和相关标准。

（1）插装件（座阀主级）基本结构及面积比　插装元件又称座阀或功率组件。它通常由阀芯、阀套、弹簧和密封件四个部分组成。有时根据需要还可设置节流螺塞或其他控制元件，阀套内可设置弹簧挡环等。插装元件插装在阀体或集成块中，通过它的启闭和开启量的大小来控制主油路的流量大小、压力高低及通断。

插装元件的阀芯有锥阀和滑阀等多种形式，如图 26-321 所示。锥阀靠和阀座形成的线接触密封。滑阀的阀芯和阀套形成间隙密封。

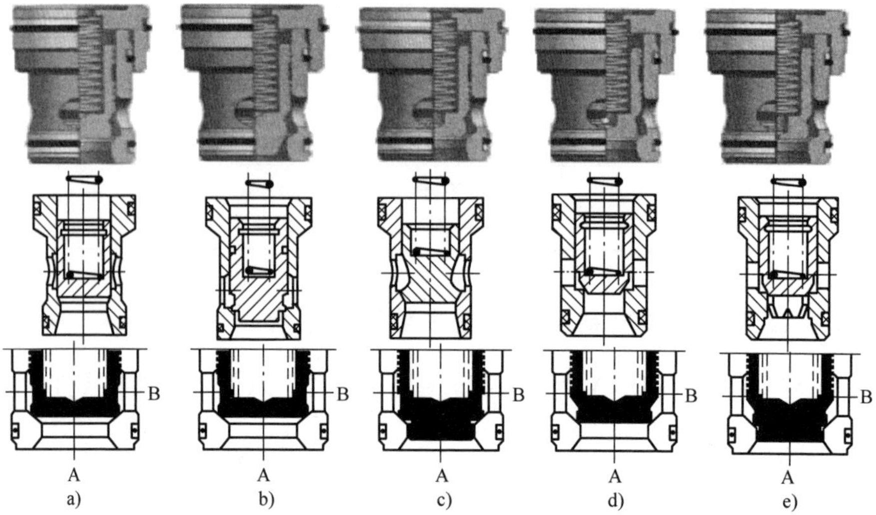


图 26-321　常用主阀组件阀芯的结构

a）$A_A:A_X=1:1$ 无阻尼　b）$A_A:A_X=1:1.07$ 无阻尼　c）$A_A:A_X=1:1.07$ 阻尼

d）$A_A:A_X=1:1.5$ 无阻尼　e）$A_A:A_X=1:1.5$ 阻尼

插装元件的下列要素对阀的工作性能影响较大：

1）面积比。“面积比”是 CVI 中最具特征的主参数之一，共有四种不同的面积比，图 26-322 所示为它的结构示意图和图形符号。面积比是阀芯处于关闭位置时，阀芯控制腔（通常是上腔）面积 $A_X$ 和阀芯在主油口 A、B 处的面积 $A_A$、$A_B$ 的比值，即

面积比
$$a_A = A_A/A_X$$
$$a_B = A_B/A_X$$

其中，$A_X = A_A + A_B$。

常用的主阀组件面积比为 1:1 和 1:1.1 和 1:2，如图 26-322 所示。

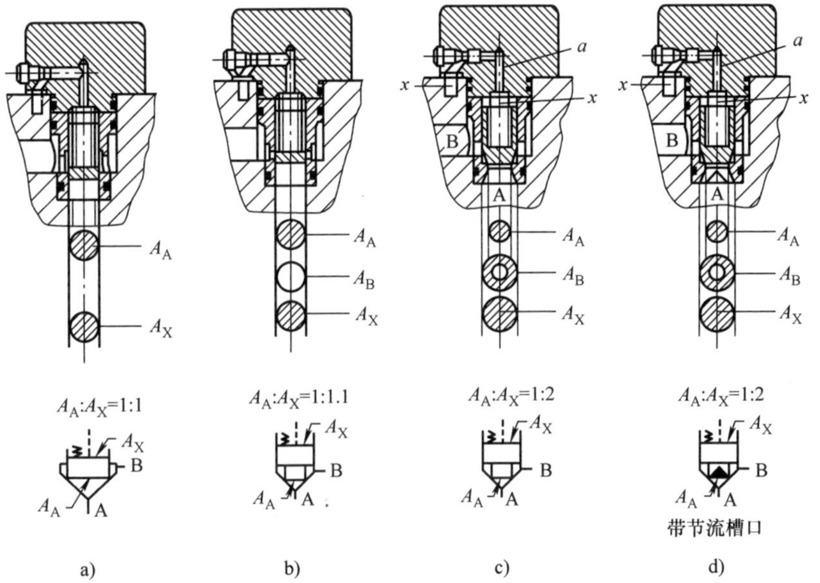


图 26-322　主阀组件面积比的结构示意图和图形符号

2）阀芯。为了使阀芯开关过程平稳，以便控制流量，常采用尾部结构不同的阀芯。在进行流量控制时能取得不同的压差－流量增益特性。

需要使油流从 A→B 或从 B→A 时产生节流作用，可选用节流型阀芯（见图 26-322d）。

需要油流从 $A \to A_X$，以便该阀能用于安全回路或快速顺序控制回路，可选用阻尼型阀芯。

3）弹簧与开启压力。弹簧的刚度对阀的动静特性和启闭特性均有影响。

每一规格的插装阀可选配三种不同的弹簧阀芯，也相应组合达到三种不同的开启压力，见表 26-146。

表 26-146　不同压力级阀芯的开启压力　（单位：MPa）

| 压力级 | $A_A:A_X$ | A→B | B→A |
|---|---|---|---|
| — | 1:1 | 0.2 | — |
| L（低） | 1:1.1 | 0.03 | 0.34 |
| M（中） | | 0.14 | 1.70 |
| H（高） | | 0.27 | 3.40 |
| L（低） | 1:2 | 0.05 | 0.05 |
| M（中） | | 0.25 | 0.25 |
| H（高） | | 0.50 | 0.50 |

（2）控制盖板（先导控制级）　控制盖板是二通插装阀的另一个重要组成部分。由于控制盖板主要参与对主阀组件的先导控制，因此，它和先导控制阀一起构成了先导控制部分。控制盖板由盖板体、内嵌先导控制元件、阀芯行程调节机构、节流螺塞及其他附件组成。

控制盖板的基本类型如图 26-323 所示。

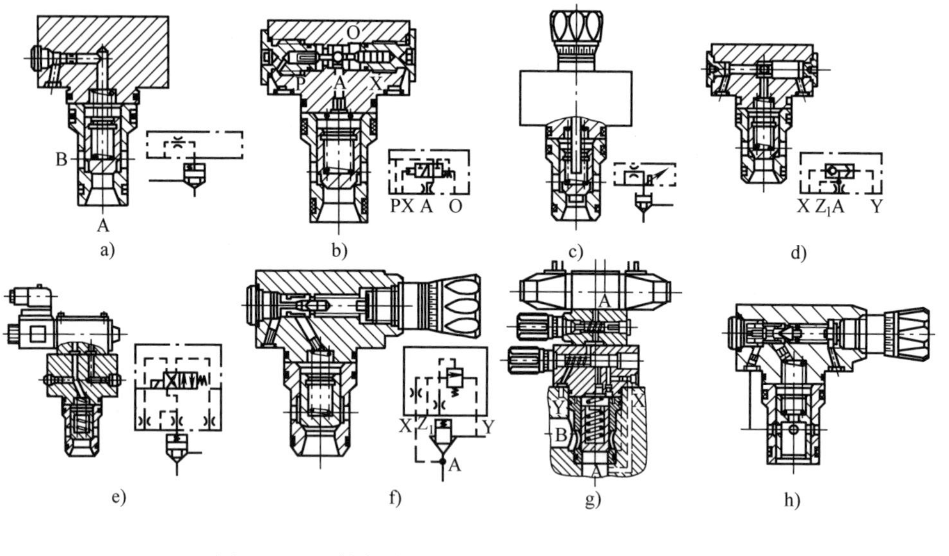


图 26-323　控制盖板（先导控制级）的基本类型

a）基型控制盖板　b）液控单向控制盖板　c）节流控制盖板　d）梭阀盖板
e）电磁阀盖　f）溢流阀盖　g）带先导方向阀的叠加式溢流阀　h）减压阀盖

1）基型控制盖板如图 26-323a 所示。内有节流螺塞，它影响阀芯的开关时间。

2）液控单向控制盖板如图 26-323b 所示。盖板内的单向元件是一个锥阀式微型单向阀，可对油路进行单向控制。

3）节流控制盖板如图 26-323c 所示。该盖板带有行程调节机构，以便调节阀芯行程，从而改变节流程度。

4）梭阀盖板如图 26-323d 所示。图中的 X、Y 是两个选择油口，通过比较后梭阀可保证较高的压力进入 A 腔，使主阀芯能可靠地关闭。压力选择可以是自控式，即对自身回路的压力进行比较选择。另外，还有带单向阀的梭阀盖板以及可连接电磁方向阀的电磁梭阀盖板。

5）电磁阀盖如图 26-323e 所示。先导方向阀有滑阀式结构和球阀式结构。为了改善盖板的启闭功能，盖板中放置了多个节流螺塞。

6）溢流阀盖如图 26-323f 所示。盖板中带有先导调压阀，和传统的溢流阀相比，它多了两个节流螺塞，以便改善主阀的控制特性。另外，溢流阀盖中还有液控卸荷溢流阀盖和电磁溢流阀盖等不同结构。

7）叠加式溢流阀如图 26-323g 所示。叠加式溢流阀由叠加式溢流阀盖和孔径为 $\phi$6mm 和 $\phi$10mm 的叠加阀作为先导阀而组成。

8）减压阀盖如图 26-323h 所示。盖板中带有先导调压元件及微流量调节器。微流量调节器的作用是使减压阀组件入口取得的控制流量不被干扰而保持恒定。另外，还有一种减压阀盖板可以带先导电磁阀进行卸荷和高低压选择。

（3）控制盖板的先导控制阀　先导控制阀是二通插装阀控制中一个非常重要的组成部分（见图 26-324）。先导控制阀的功能、静动态特性、可靠性直接决定或影响二通插装阀的功能及特性。常用的先导控制阀包括：滑阀型电磁方向阀、叠加阀、球式电磁方向阀、比例先导压力阀等。先导控制阀的形式可以是板式、叠加式或螺纹插装式。

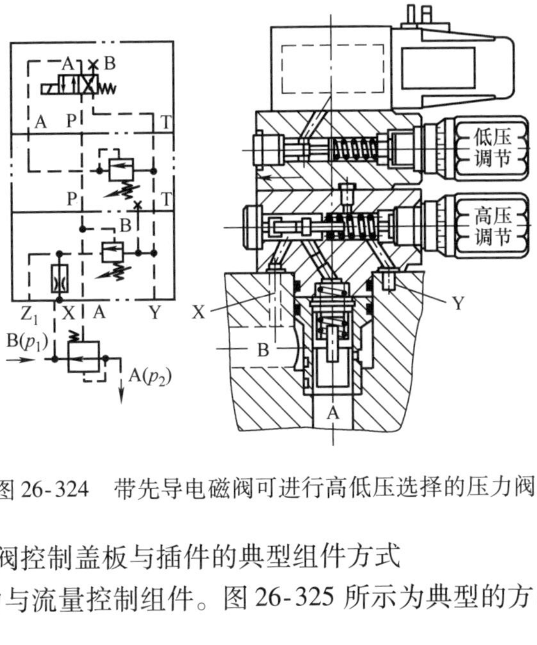


图 26-324　带先导电磁阀可进行高低压选择的压力阀

（4）二通插装阀控制盖板与插件的典型组件方式

1）方向、压力与流量控制组件。图 26-325 所示为典型的方向、压力与流量控制组件与控制盖板的配置。这些控制盖板与插件之间不同的品牌也有一定的差异，如图26-326所示。

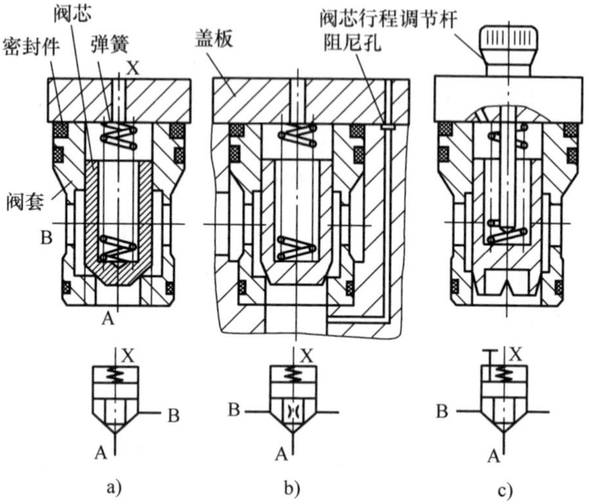


图26-325　典型的方向、压力与流量控制组件与控制盖板的配置
a）方向阀组件　b）压力阀组件　c）流量阀组件

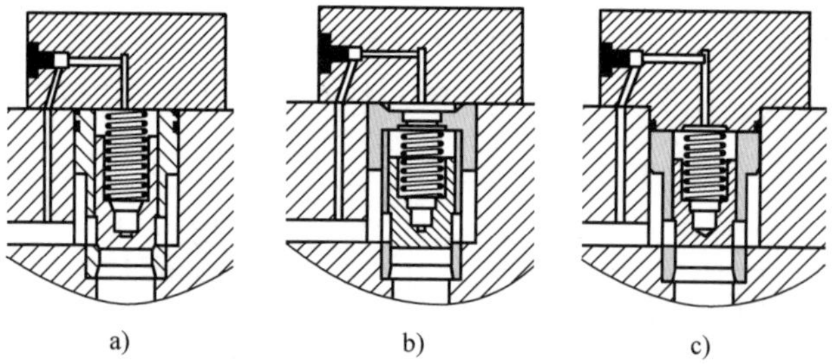


图26-326　控制组件中控制盖板与插件结构差异
a）博世力士乐型结构　b）派克型结构　c）威格士型结构

从控制组件角度看，方向控制组件虽然简单，但其应用总量最大，具有代表性；图26-329中列出了方向、压力与流量的三种不同配置的方向控制组件与控制盖板配组图，反映了大部分控制组件中控制盖板与插装件配置的三种不同的组合方式：

① 平盖板+阀芯插件+控制口组合（最具代表性，常见于方向控制）。

② 平盖板+带阀芯插件+阻尼端盖组合（压力控制）。

③ 平盖板+带流量调节插件+调节杆组合（流量控制）。

这三种组合是最常用的组合。

图26-327所示为无泄漏的方向控制组件。该组件能在以下三个方向保证无

泄漏：

① 保证阀芯与阀座处无泄漏。

② 采用从阀芯环形面积腔（B 口）引出控制油和阀套阀芯之间采用密封等方法，保证阀芯控制腔通过阀套和阀芯的径向间隙不致引起泄漏。

③ 采用球阀式电磁方向阀，保证控制腔的液体不通过先导方向阀向低压腔泄漏。

二通插装阀完全无内泄的控制的重要意义在于：首先，从根本上解决了严格要求无内泄的液压控制的要求；其次，可满足要求各种保压性能控制，可以代替相当一部分的液控单向阀，而液控单向阀并不能排除从控制活塞和阀体间隙之间的泄漏；最后，可用于高水基液压系统，为冶金矿山液压的更新换代提供了可能。

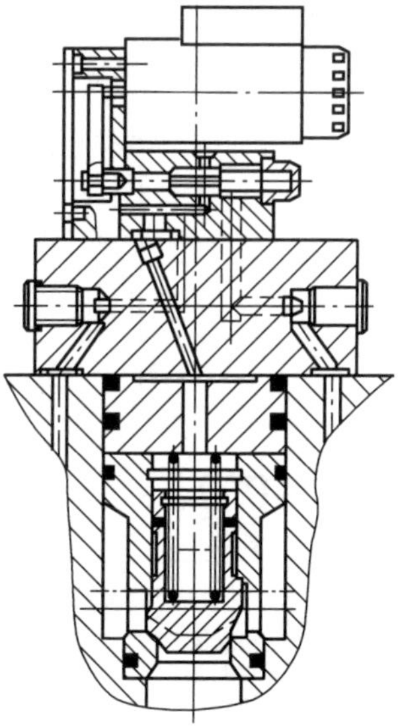

图 26-327　无泄漏的方向控制组件

2）压力控制组件。二通插装阀式顺序阀组件和溢流阀组件的结构相同（见图 26-328a、c）。但顺序阀的油口 B 接工作腔，而不是回油箱。先导泄油须单独无背压地接出。图 26-328b 所示为平衡阀组件，其原理是通过对先导控制油路设置一微型或小型的顺序阀或液控单向阀，并接收来自控制的压力信号，便可实现图示的机能符号。这种原理的平衡阀具有失压制动的功能和一定的保压功能，但当既要求有平衡又要求带负载感应或恒速控制时，需要和其他组件配合。

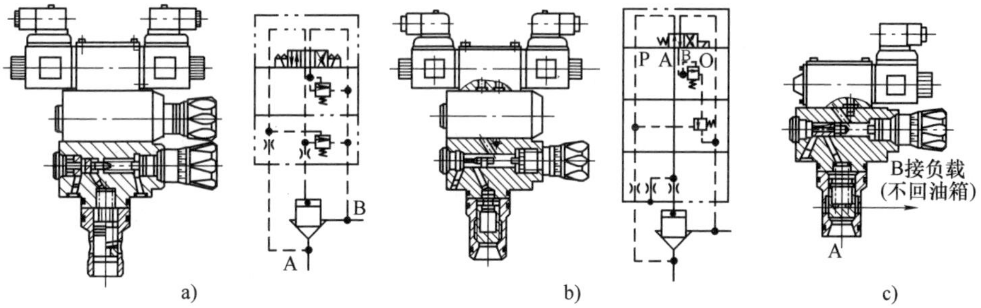


图 26-328　溢流阀、平衡阀与顺序阀压力控制组件结构与图形符号

a）多级压力选择的溢流阀组件　b）平衡阀组件　c）顺序阀组件

3）流量控制组件。节流阀的流量会随负载变化而不能恒定，因此可以采用调速阀或溢流节流阀。图 26-329a 所示的二通调速阀是由节流阀组件和压力补偿器组合；图 26-329b 所示的溢流节流阀组件由节流阀和溢流型压力补偿器并联而成。图 26-329c所示的比例方向、压力、流量复合控制组件，同时具有方向、压力、流量三种控制功能。

图 26-329 中，主级采用面积比为 $a_A = 1 \sim 1.1$ 的锥阀结构，控制盖板上带阀芯行程调整装置，在控制盖板一侧采用叠加式先导压力阀和先导电磁方向阀。

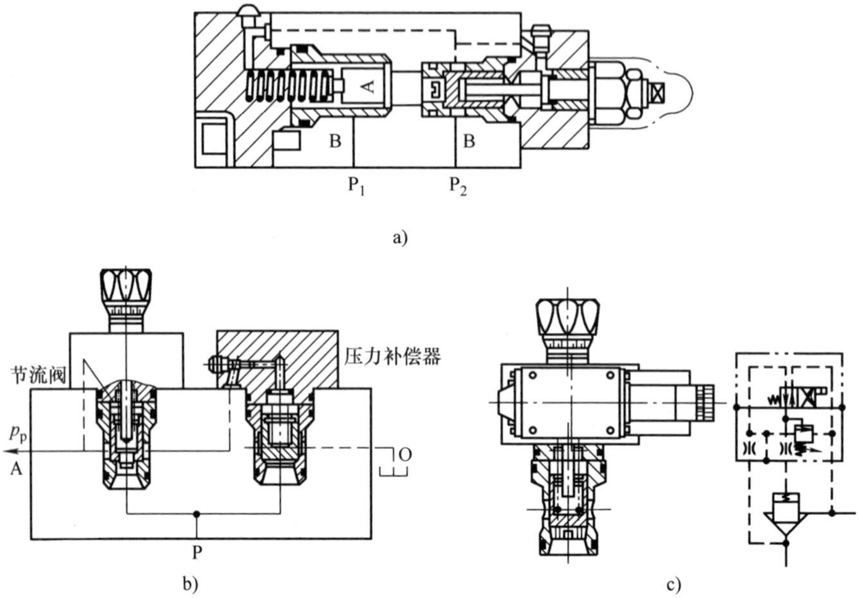


图 26-329　流量控制组件

a）二通调速阀组件　b）溢流节流阀组件　c）方向、压力、流量复合控制组件

4）二通插装阀先导阀阵列数字控制组件。图 26-330所示为博世力士乐的二通插装阀先导阀阵列数字式压力控制组件。主级是普通的溢流阀组件，先导级由 5 个先导压力阀和 5 个先导电磁阀组成，能够组合成的压力等级达到 $2^5 - 1 = 31$ 级。这种结构的特点是简单、可靠、不需要特殊的控制器。此种原理也适用于减压阀。数字式流量控制组件也可以根据上述原理构成。

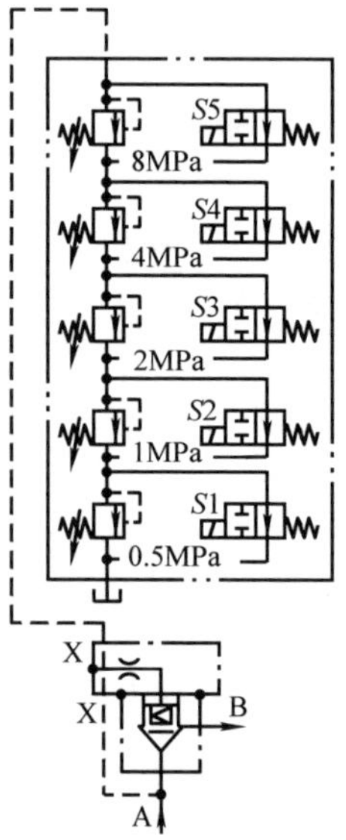


图 26-330　数字式压力控制组件

（5）数字比例二通插装阀与具有通信功能的控制组件　在 20 世纪末，二通插装阀比例技术在国内外都有十分知名的产品，最早的是 20 世纪 80 年代我国浙江大学创新研发的路阀（流量 - 位移 - 力反馈原理）（见图 26-331），另外是 20 世纪 90 年代威格士的 Valvistor 比例二通插装阀（见图 26-332）。这时二通插装阀的组件组成与尺寸会有较大变动。

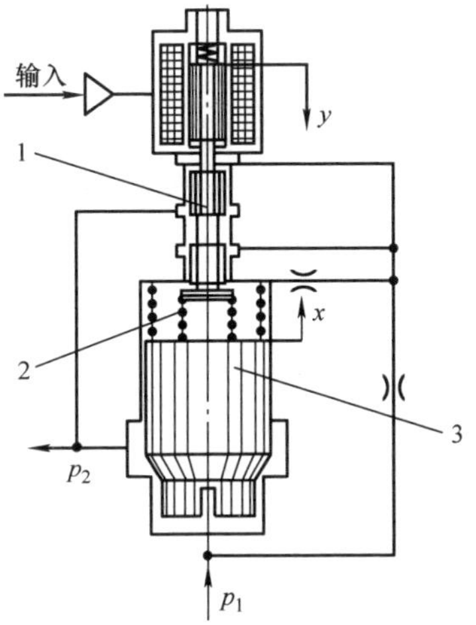


图 26-331　流量－位移－力反馈比例流量阀（路阀）
1—导阀阀芯　2—反馈弹簧　3—主阀阀芯

浙江大学提出的位移－力反馈比例流量阀控制组件（路阀），它们的座阀主级阀芯内部结构利用了液压－机械反馈原理。它是利用比例电磁铁的输出水平力特性与反馈弹簧力平衡，实现主阀芯的位置反馈。这个创新的流量－位移－力反馈是一个弹簧－质量二阶系统，也同时降低频宽与稳定性，因而需要多个有限制增益的液阻，使阀的抗污能力下降；另外阀芯处配合精度要求高，避免卡滞，避免在主阀放大产生不利影响。这对二通插装阀在我国的推行起到积极作用。

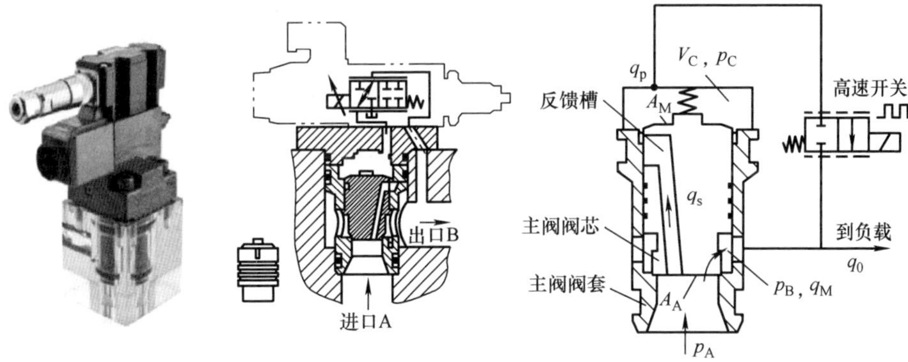


a)　　b)　　c)

图 26-332　威格士 Valvistor 比例二通插装阀
a）Valvistor　b）Valvistor 结构原理图　c）Valvistor 工作原理图

另一个采用比例二通插装阀的是威格士 Valvistor（见图 26-332）。阀的先导级是采用 PWM 控制的数字阀（当时是用一般比例阀），主阀为基于流量放大原理并有反馈节流槽的特殊设计的二通插装阀。Valvistor 通过阀芯上的反馈节流槽连通进油口与主阀上腔，稳态时节流槽流量与先导流量相同，构成内部位移反馈，先导阀流量反馈至主阀出口。该新型数字流量阀采用了两级流量放大的原理，解决了数字阀通流能力小的问题，该阀具有二位二通的特点，适合在负载口独立控制系统中应用，数字控制具有负载口独立控制抗干扰解耦能力。

根据图 26-332 可知，当高速开关阀作为先导阀不通时，控制腔压力等于入口处压力 $p_A$，由于弹簧力及上下腔压积差作用，主阀关闭。当先导阀得电有流量通过时，控制腔压力降低，主阀芯向上移动，直至流过反馈节流槽的流量与先导阀的流量相同时，达到稳态，主阀芯移动 $x_M$。该阀出口流量 $q_o$ 等于流过主阀流量 $q_M$ 与先导阀流量 $q_p$ 之和。

此阀可以看为在液压界内首先在比例阀输入采用 PWM 信号的先例。它的特点是没有在主阀采用电子类型的 PVDT 位移传感器，而使主阀产生接近伺服型的控制效果（实际上采用了一个节流开口槽作为流量的反馈计量），此阀应用于塑机液压系统，$p$ 为 35MPa，$q$ 可达 2160L/min，动态响应元件可达 50～80ms 左右。这个阀实际是一个具有数字控制概念并有内反馈的闭环液压元件。它具备了液压数字元件应该具有的特征：结构简单、性能高、将比例控制的压力流量级别提高很多。

近十年来，二通插装阀已经由逻辑控制进入了高压大流量的比例控制，特别是国外企业（如阿托斯等）这方面产品发展较快，如图 26-333 与图 26-334 所示；我国（如泰丰智能）也已经有了这方面的技术与产品。

在向比例控制发展的过程中，在结构上与传统的标准相比，在尺寸上（高度）是会增加厚度，产生了非典型结构的比例控制组件和水液压控制组件中，主阀芯由于控制和与阀套的配组需要，轴向结构较复杂，长度较长，常常采用超长阀套－阀芯组件，此时，整个组件将嵌入加厚的控制盖板中；参见图 26-333 中展示的结构。

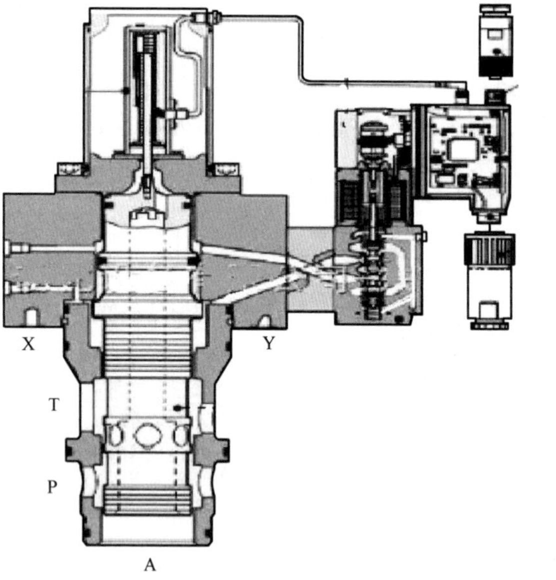


图 26-333　现代二通插装阀的比例控制组件

类似结构在传统的水液压控制组件中已经很早就出现了。水液压控制组件中，基于水液压介质的低黏度和腐蚀性等特点，座阀主级的阀芯和阀套组合结构复杂、轴向尺度较长、适宜采用图 26-334 所示结构。

在水液压二通插装阀控制组件中控制盖板也往往加厚。

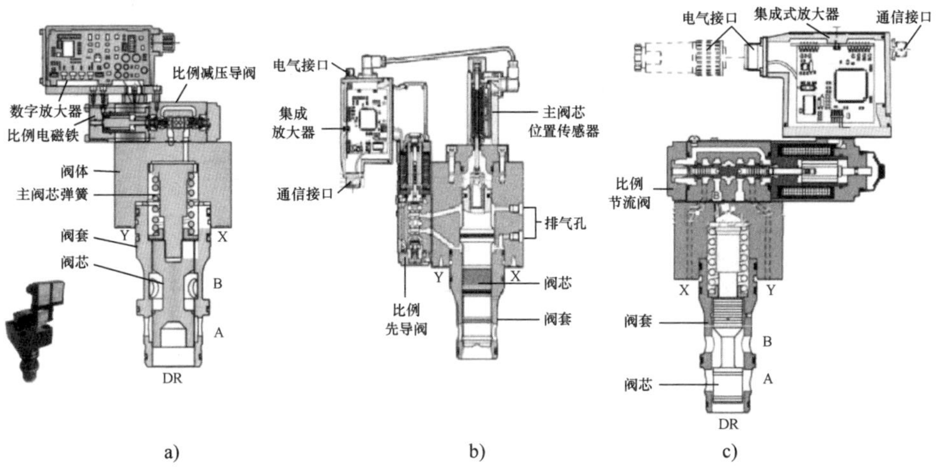


图 26-334　数字比例控制组件插装件与嵌入加厚的控制盖板

a）数字比例二通插装阀控制组件（左下角是元件实物）　b）有主阀芯位移传感器的数字比例二通插装阀组件　c）有通信接口的数字比例二通插装阀组件

## 26.10.3　二通插装阀的控制回路组合

每一个二通插装阀就是“单个控制液阻”，由二插插装阀形成的组合回路，与传统板式连接的“单个元件”的控制回路组合方式完全不同，最主要是概念完全不同：

1）二通插装阀的控制回路组合以“液阻理论”为基础，以图 26-328 所示“单个控制液阻回路原理”组合回路为依据；采用“分解式回路设计方法”，遵循“最少液阻原则”。

2）以“单个受控腔”作为控制组合的对象和基本单元；“受控腔（负载）”可由一个“进油阻力”和一个“排油阻力”组成，具有 P、A、T 三个油口的“三通回路”，该回路由功率级和先导控制级（先导液阻、先导阀）组成，如图 26-335 所示（图右侧，附上传统控制组合的回路和位置机能）。

二通插装阀是一个二位二通元件，因此可以按逻辑控制的概念组成二位三通或三位四通元件。与此同时，这个二位二通元件在换位时由于受到不同控制参数的作用（不同控制性能参数的先导控制阀），就形成该控制参数的控制元件。如果产生换位的控制参数是压力，就会形成二位二通压力阀，如果产生换位的控制参数是流量（压差），就可以形成二位二通流量阀等。

（1）由二位二通插装阀组成的二位三通回路　三通回路的功率级是由两个插装元件组成的。因油口的连接方式不同，可得到四种不同的组合方式（见图 26-336）。

在图 26-335 所示的方向控制三通回路的基本组合框图中，功率级组合可以从图 26-336 所示的四种基本功率回路及位置功能中选用，当需要直接连通 P－T（卸

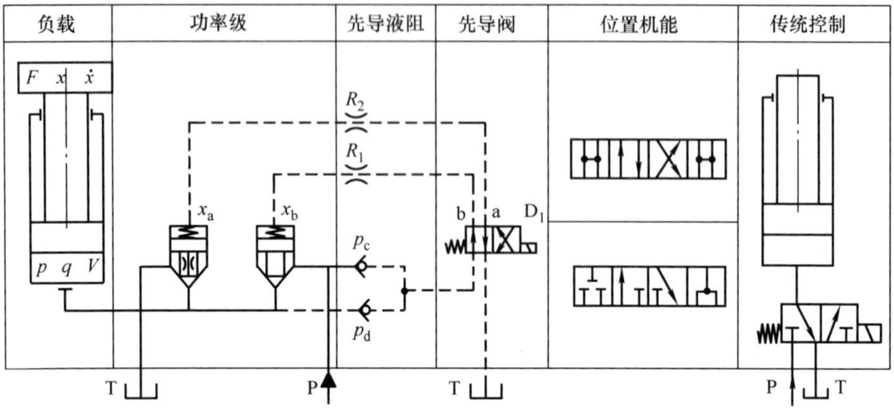


图 26-335　方向控制三通回路的基本组合框图

荷）时，图 26-337 所示的两种附加功率回路组合可选用。

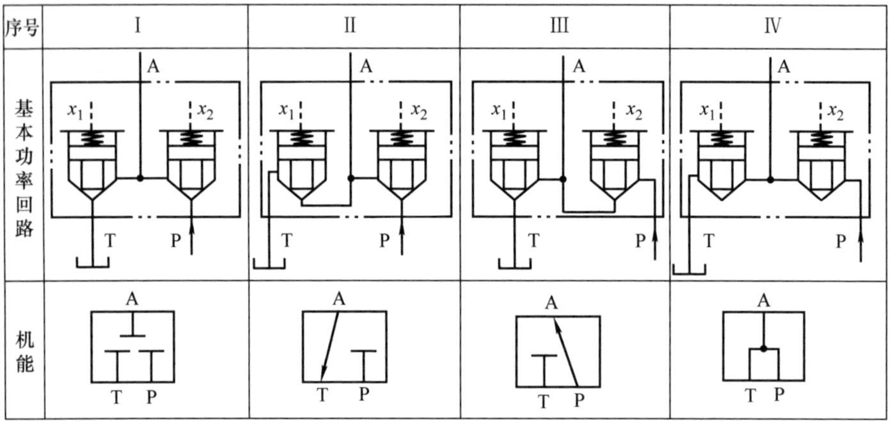


图 26-336　二位三通的四种基本功率回路的组合和位置功能

图 26-336 所示的二位三通的四种基本功率回路的组合和位置功能，图 26-337 所示的两种附加功率回路组合的位置功能图，在 ISO CV 回路组合中十分常用和重要。控制盖板内置先导液阻和安装有先导电磁方向阀等控制要素；可以灵活组合各种复杂的多功能三通回路组合；图 26-338所示为一种具有方向、流量、压力复合控制功能的回路组合框图。

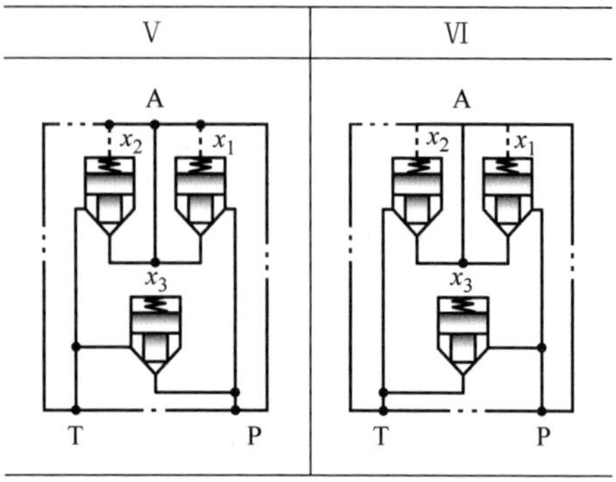


图 26-337　两种附加功率回路组合

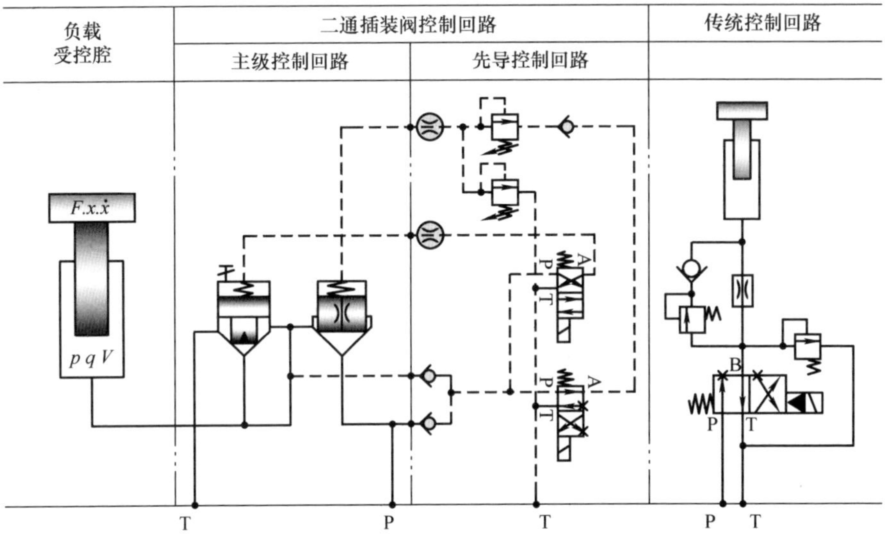


图 26-338　具有方向、流量、压力复合控制功能的回路组合框图

（2）由二位二通插装阀组成的多位四通回路　四通回路是由两个三通回路组合而成，所以一个四通回路需要四个插装阀。控制和执行机构相通的油口 A 的两个插装阀，也有四种连接方式。所以四个插装阀控制 A、B 两个油口可组合成十种连接方式。图 26-339 所示为多位四通回路中的四种连接方式。

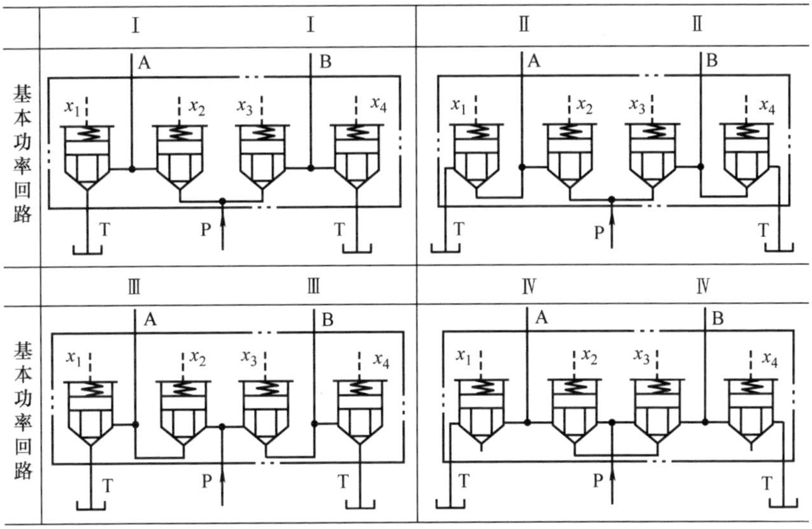


图 26-339　多位四通回路中的四种连接方式

用插装阀四通回路可以构成方向控制回路，如二位四通阀、三位四通回路、四位四通回路，甚至十二位四通回路。用四通回路也可构成各种流量控制回路和压力

控制回路。

掌握了上述回路的一些基本组合原则，就可以组合出各种复杂的回路。表 26-147列出了插装阀组成的典型回路。图 26-340 所示为一种带方向、压力、流量控制的复合控制功能四通回路，它对 A 腔的油路可进行节流控制，对 B 腔的油路可进行限压控制。

**表 26-147　插装阀组成的典型回路**

| 类别 | 组合原理图 | 等效符号及说明 |
| --- | --- | --- |
| 二位三通 | 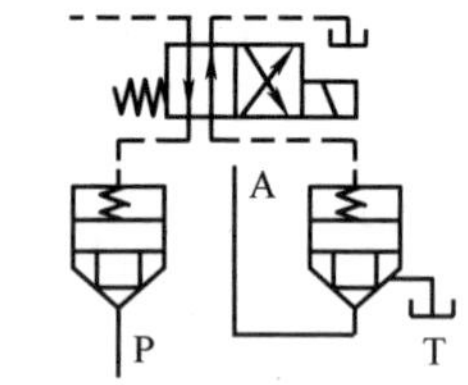 | 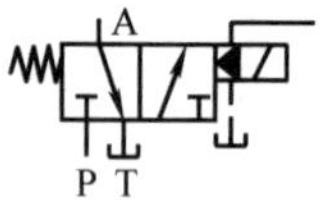 |
| 三位三通 | 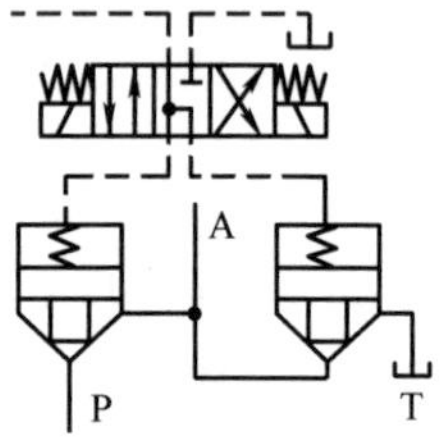 | 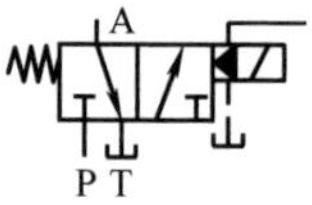 |
| 四位三通 | 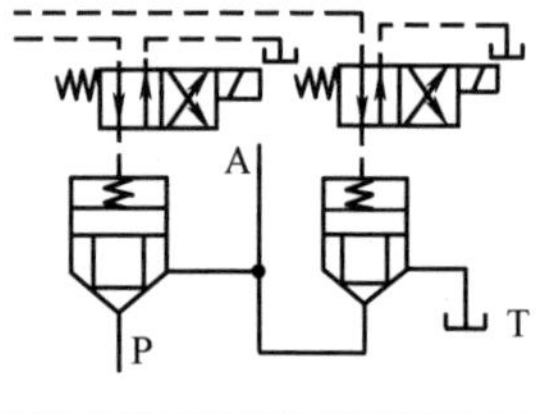 | 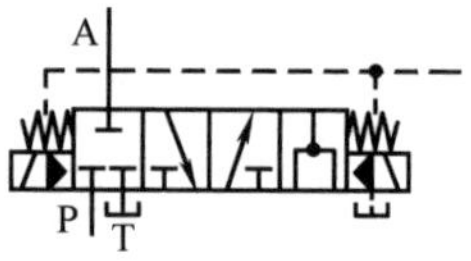 |
| 四位四通 | 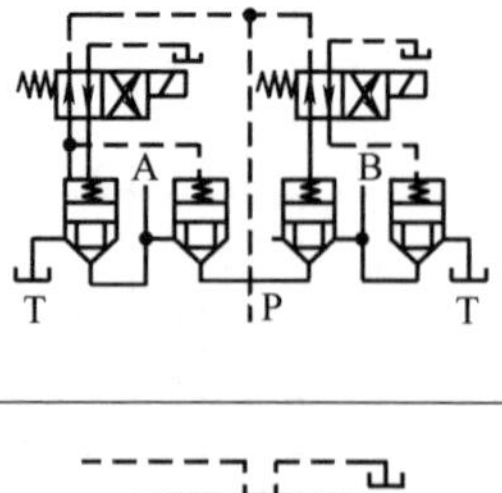 |  |
| O 型机能的<br>三位四通<br>方向阀 | 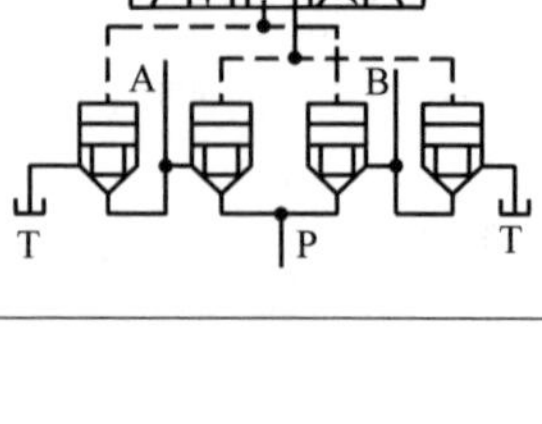 |   |

（续）

| 类别 | 组合原理图 | 等效符号及说明 |
|---|---|---|
| H 型机能的三位四通 | 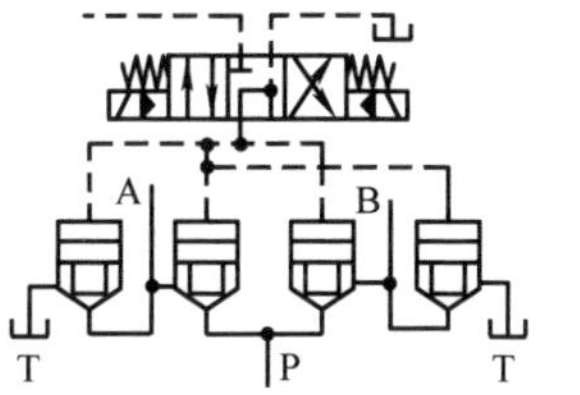 |  |
| 单向阀 | 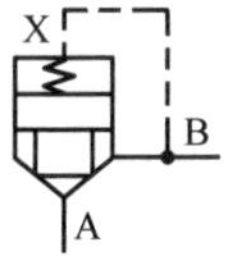 | 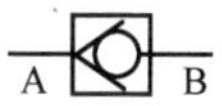 |
| 液控单向阀 | 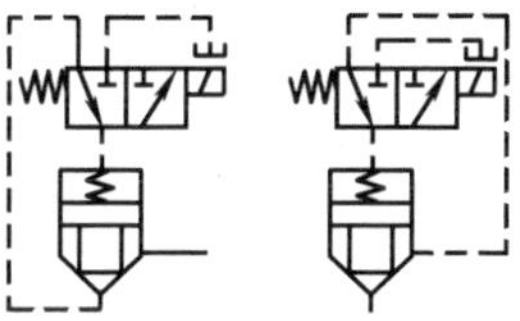 | 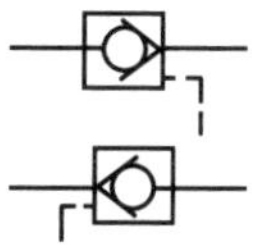 |

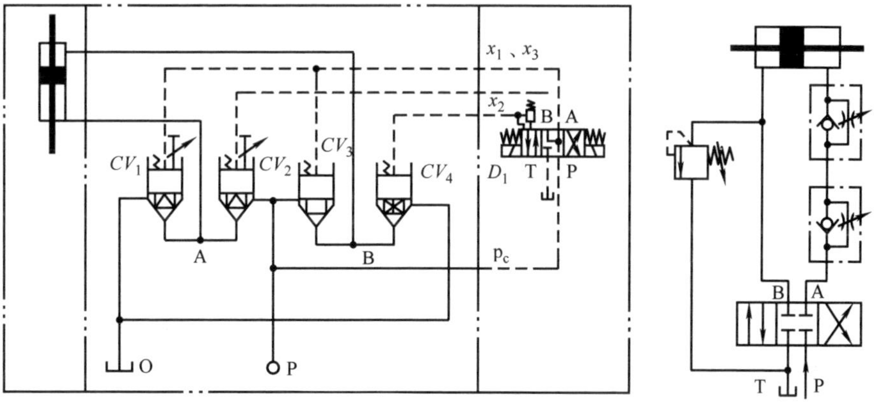


a)　　　　　　b)

图 26-340　复合控制功能四通回路

a）二通插装阀系统图　b）传统控制阀系统图

（3）由二位二通插装阀组成的复杂回路　在进行可逆式容积传动时（见图 26-340），要求有两个“受控腔”，需要由两个三通回路组合成四通回路。实际上二位二通插装阀可以组成任何复杂的逻辑回路。图 26-341 所示为一种复杂四通回路的组合框图（带差动控制）。

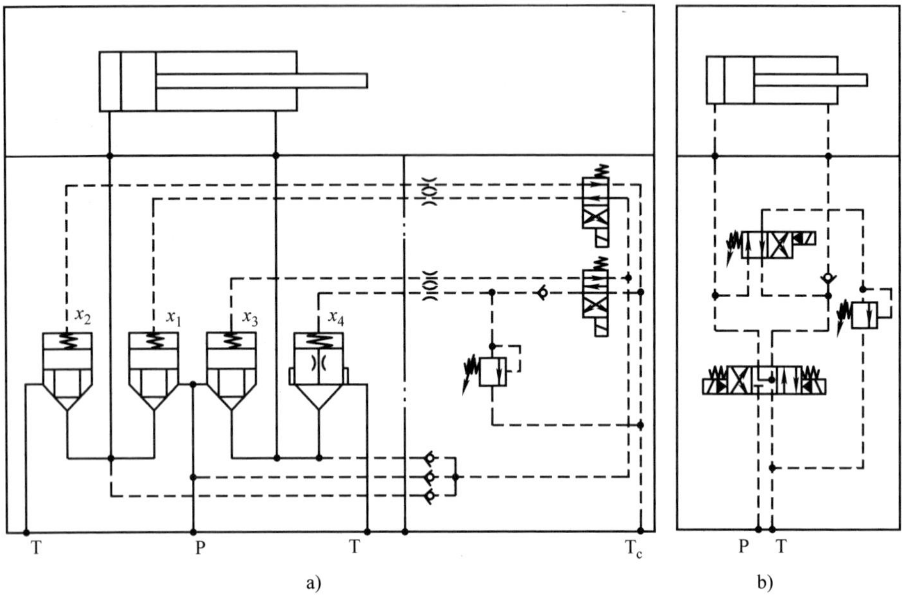


图 26-341　一种复杂四通回路的组合框图（带差动控制）
a）具有差动快速伸出功能的二通插装阀回路　b）传统液压差动回路

综上所述，图 26-339 为两个受控腔的两个基本功率回路组合的四种基本形式，四通回路最少需要四个插装阀控制组件来完成执行机构的可逆运动。组合时，除可以构成传统控制方向阀中的二位四通阀、三位四通阀回路外，还可组合传统产品中没有的四位四通回路、四位六通，甚至十二位四通回路。运用基本组合原则，四通回路也可灵活组合包括各种流量和压力控制功能在内的复杂控制回路，如图 26-340与图 26-341 所示的由四个插装阀控制组件组合而成的一种带方向、压力和差动控制的复杂回路。

总而言之，ISO CV 控制回路组合具有明显的规则可依；其核心是基于 ISO CV 回路组合的可分解性，依据“分解式液压回路设计法”，首先按组合框图中的负载（腔）确定相应的“基本功率回路”，按“液阻理论”配置先导控制级（由先导液阻和先导阀组合），形成符合功率级“最少液阻原则”的基本控制方案。二通插装阀的组合技术具有可创新性，将会在液压应用中符合更多的技术与场景需求。今后将通过计算机辅助设计和性能分析使二通插装阀的设计技术提升，并更快速地完成所需要的液压系统的工作原理与系统的设计。

国内成功开发的 TJK、TFJK 集成系统应用广泛，按不同的功能和数量的“受控腔”和“基本功率回路”进行组合，TJK 模块化回路基本形式和对应的集成块外形如图 26-342 所示。

依据“液阻理论”和“分解式液压回路设计法”等设计技术和方法，在长江三峡工程大规模应用 ISO CV 时，成功应用到主控制回路及阀块的设计中，验证了在 ISO CV 控制回路组合中的自主见解，具有可行性和创新性。

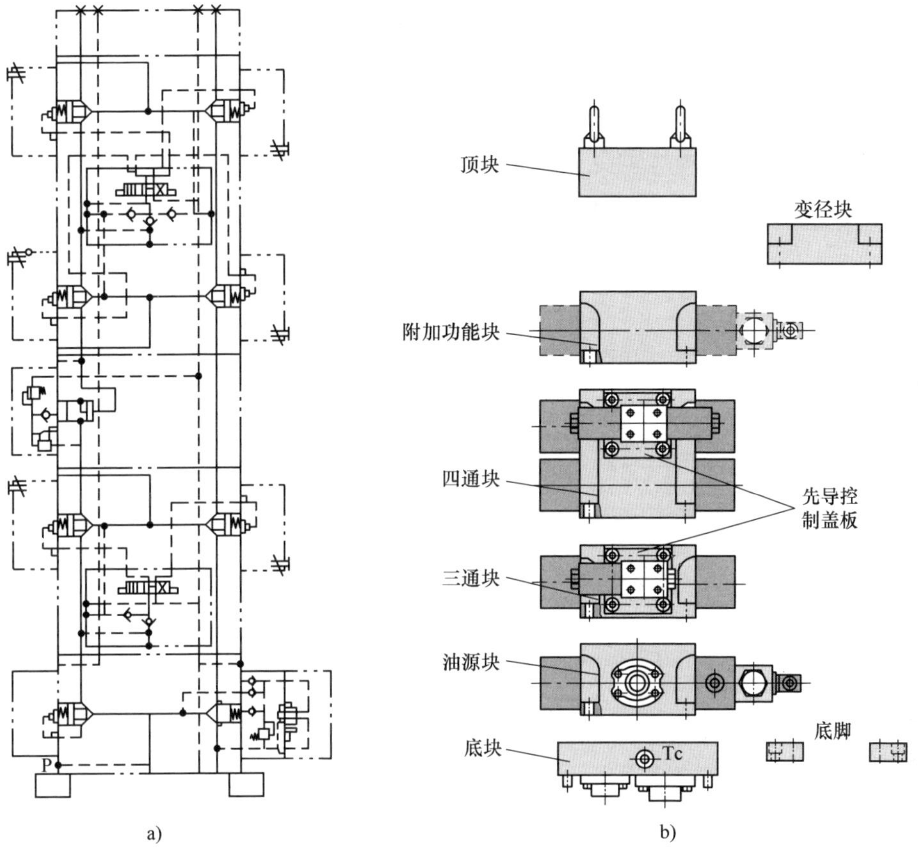


图 26-342　TJK 模块化回路基本形式和对应的集成块外形

a）TJK 模块化回路基本形式　b）TJK 集成块外形

## 26.10.4　国际标准二通插装阀（ISO CV）控制阀块及设计组合要点

ISO CV 采用 ISO CV 7368 安装孔和滑入式插件组成，与板式阀元件完全不同，它们在控制阀块中的安装方式和组合方法有自己回路组合的独特性。简要介绍如下。

(1) ISO CV 控制阀块的基本要素——ISO 7368/DIN 24342/GB/T 2877.2 安装孔　二通插装阀的安装孔连接尺寸及要求已有国家标准，标准号为 GB/T 2877.2—2021。因此，在设计二通插装阀阀块时，可参考此标准（见图 26-343）。

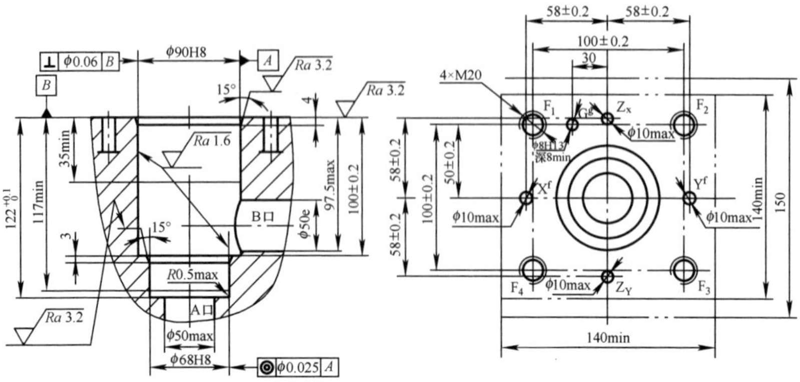


图 26-343　ISO 7368/DIN 24342/GB/T 2877.2 安装孔（举例）

关于 ISO 7368 CV 安装孔标准（见表 26-148）应须关注当前新的标准修订文本。

**表 26-148　ISO 7368 CV 安装孔通径规格及控制盖板**

| SLIP IN CARTRIDGES \ DIN 24342 Standard（s）：DIN 24342 – ISO 7368 | | | | |
|---|---|---|---|---|
| 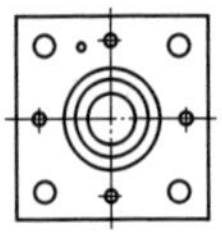 CARTRIDGE016 – DIN 24342 | 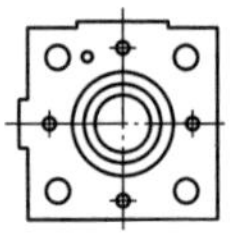 CARTRIDGE025 – DIN 24342 | 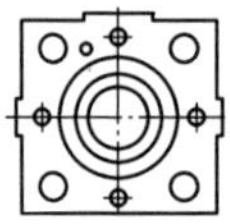 CARTRIDGE032 – DIN 24342 | 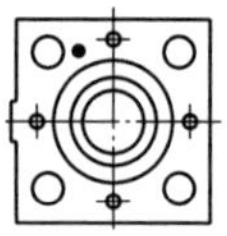 CARTRIDGE040 – DIN 24342 | 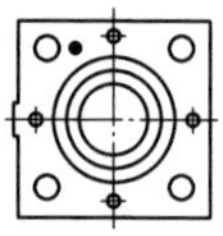 CARTRIDGE050 – DIN 24342 |
| 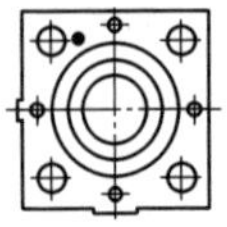 CARTRIDGE063 – DIN 24342 | 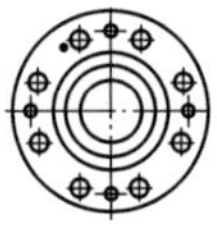 CARTRIDGE080 – DIN 24342 | 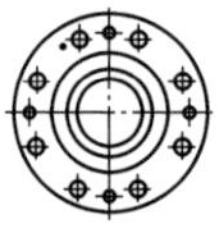 CARTRIDGE100 – DIN 24342 | — | — |

（2）功率级插件阀块设计组合基本形式　阀块体根据结构型式和特点不同分为整体式阀块、组合式阀块和集成式阀块等多种。

整体式阀块通常为某一设备单独设计，具有较为集中的控制功能，可以控制一个功能回路，也可以控制多个功能回路。

组合式阀块具有控制一个独立回路（如单作用或双作用执行机构控制回路等）的功能。其安装和连接采用单个元件的方式，如板式、管式、法兰连接等。

集成式阀块通常由数个具有一定控制功能的，采用层状连接结构或其他连接结构的单个功能块进行叠加或块式连接而成。它主要用来对一个以上回路组成的较复杂的液压系统进行集成化控制。

集成式阀块中的典型结构是三通块体和四通块体，图 26-245 和图 26-246 分别给出了三通块和四通块的结构布置。可作为设计阀块时参考。

基于图 26-336 中基本功率回路的功能阀块，是 ISO CV 控制阀块设计组合中的基础。功能阀块体内的安装孔要素、内部主要流道、P、A、B、T 之间连接和连通存在一定的拓扑关系。图 26-344 与图 26-345所示为 ISO CV 中具有两个安装孔的基本功率回路阀块中的几种典型布局组合示图，可以结合图 26-336 中的四种基本功率回路及位置功能，进行对照。

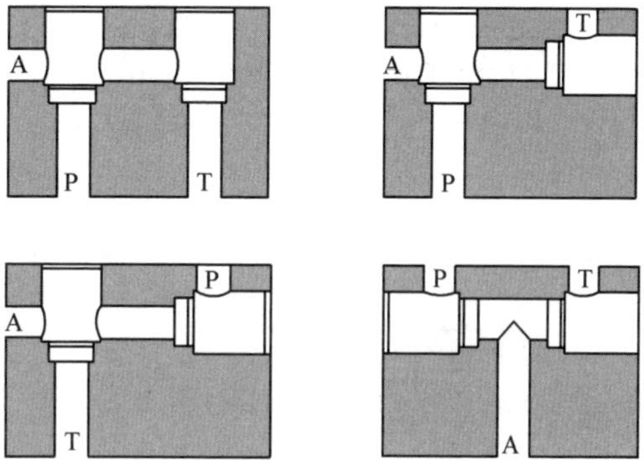

图 26-344　具有两个安装孔的基本功率回路阀块布局示意

图 26-346 所示为 ISO CV 中具有四个安装孔的两个基本功率回路阀块组成了典型的两个受控腔的控制阀块布局组合示图。

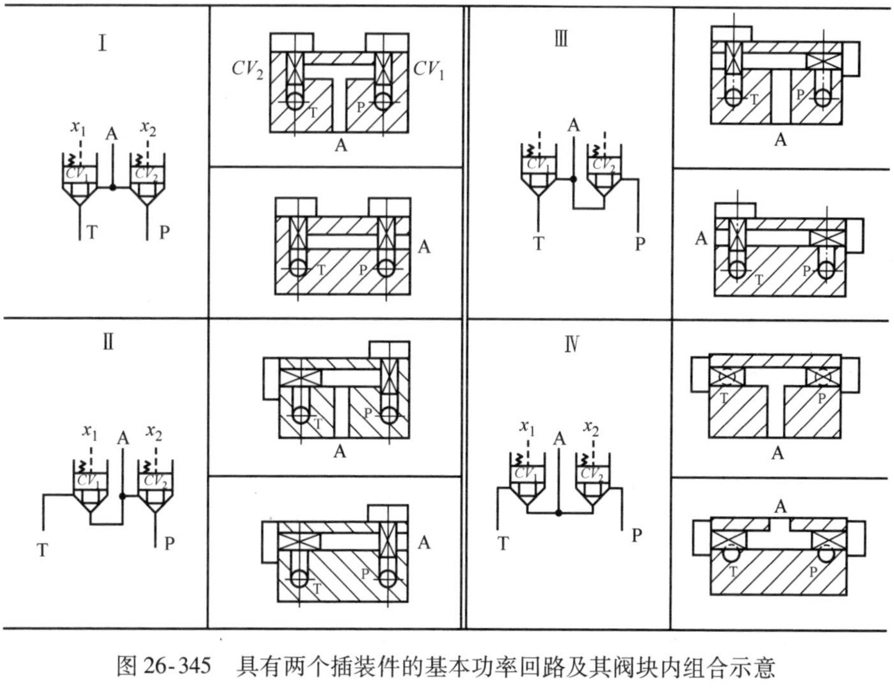

图 26-345　具有两个插装件的基本功率回路及其阀块内组合示意

图 26-346 所示的四种基本功率回路及位置组合，以及典型的四通回路中座阀主级和主油道组合中展示出的内部安装孔（$CV_*$）孔口和主油道 P、A、B、T 之间连接和连通关系及特征。

图 26-345 与图 26-346 可依照两个基本功率回路组合中的Ⅰ、Ⅱ、Ⅲ、Ⅳ四种

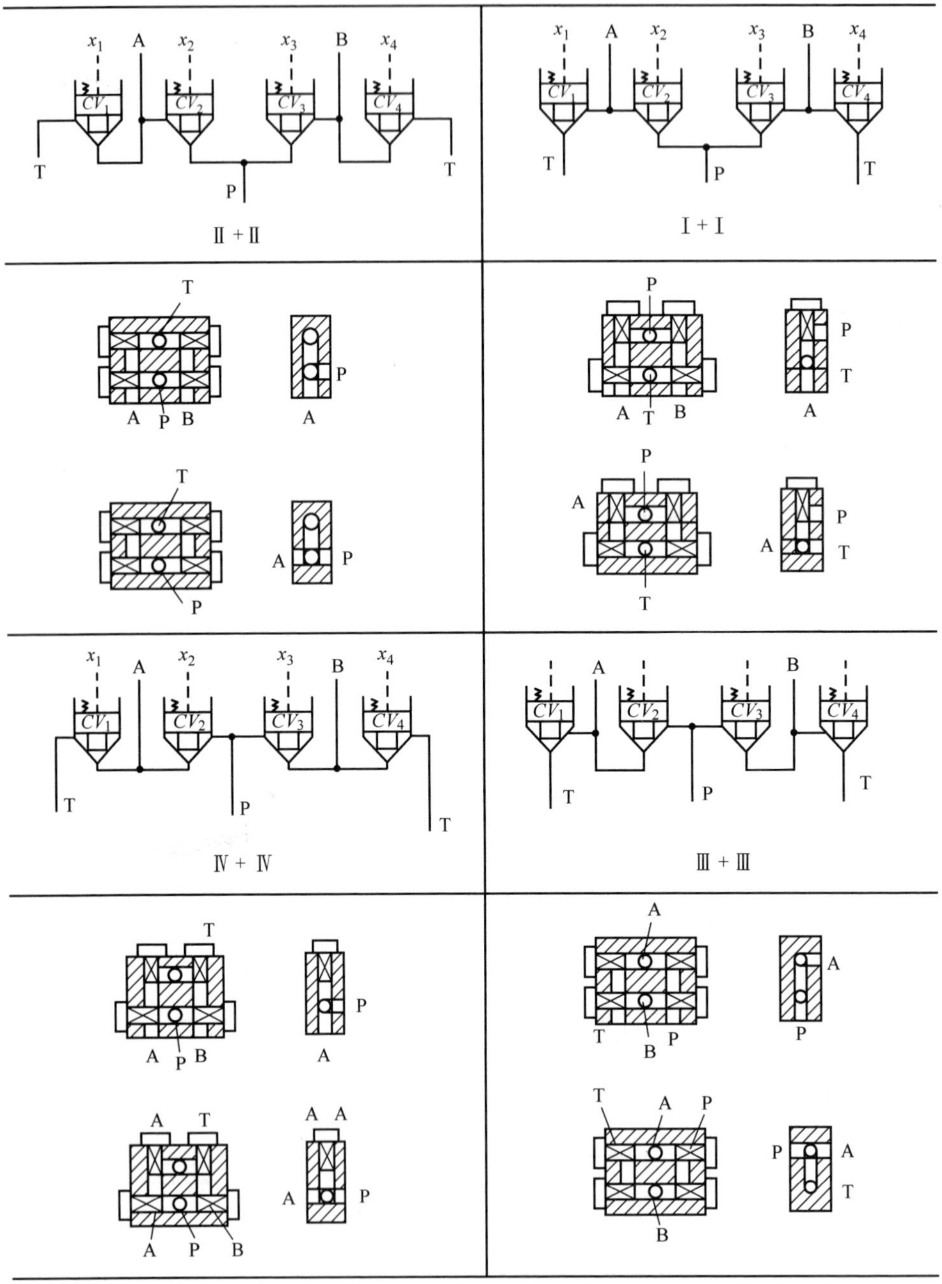


图 26-346　具有四个插装件的两个基本功率回路组合及阀块内组合示意

特征形式，实施相互之间的再组合（配组），而形成的各不相同的阀块内部的结构布局。它们实际上大致可以包容大部分的四通回路中的常用组合，如在 ISO CV 形成初期国内外的大量典型组合示例中，中国自主开发和成功应用的 TJK 和 TFJK

ISO CV 集成系统及长江三峡工程应用中的基本控制回路，均依照和采用了其中已包含的一些组合。

（3）阀块设计组合的一些要则

1）选用原则。二通插装阀的最大优势在于高压、大流量、大通径，所以二通插装阀产品系列中在不断扩展它的通径纪录，提升压力等级。与此同时，二通插装阀在各个方面也都提供了优于普通的管式连接或板式连接的滑阀式方向、压力或流量控制阀的优点，这些优点包括更大的系统设计灵活性、较低的设置成本、较小的外形尺寸、较好的性能和控制、可靠性提高、较高的压力能力、较高的工作效率、消除外泄漏并减小内泄漏、较大的抗污染性、较快的循环时间、较低的噪声级等。但是，二通插装阀的组合尽管功能方面有许多优势，但是在小流量方面不如现有的板式阀、螺纹插装阀简易与方便，因此在设计上最经济合理的液压系统选用的阀，往往是螺纹插装阀、盖板式插装阀及普通滑阀式阀的组合，所有的阀都安装在共同的油路块上，各取所长，互补其短。由于插装阀控制技术是以对单个阻力的独立控制为基础的，因此选用插装阀时，除一般液压阀的选用原则外，还有一些特殊之处。

① 确定系统的基本要求及参数：首先根据系统特点及插装阀适用条件确定是否采用二通插装阀；确定各执行机构要求的各项参数（如力、力矩、压力、位移、速度等）及控制方法；确定各执行机构的各个工作过程及它们相对应的压力、方向及流量；确定各执行机构的各工作过程之间的过渡要求；确定对控制安全性的要求。

② 确定插装阀的具体型号：根据执行机构工作过程中对各排油腔阻力控制的要求，确定插装件的个数、形式及相互连接方式；根据执行机构工作过程中对各排油腔流量、阻力的要求、确定插装件结构、面积比、开启压力、缓冲功能等；根据系统介质确定插装件材料及密封件材料。

③ 初定主回路图：根据系统工作特点，初定先导控制的方案，如外部控制、内部控制、压力比较等；根据工作过程和步骤确定先导方向控制盖板（如盖板机能等），并确定先导控制用滑阀或座阀（博世力士乐系列已规定 16 ~ 63mm 通径采用 NG6 先导阀，704 所规定 16 ~ 40mm 通径采用 NG6 先导阀与 NG50 通径采用 NG10 先导阀），最后确定电压形式、控制形式；根据工作过程中各排油腔压力要求及流量要求确定压力和流量控制盖板的机能，如比例、减压、顺序、卸荷等功能；确定细节，如阻尼、复合控制、泄漏控制、压力选择形式等。

④ 最后确定所有元件：根据以上初步确定的插装件和控制盖板型号再做整体交叉验证，并做相应的修改，确定最终的元件型号规格。

2）注意事项。ISO CV 的阀块设计组合和布局可基于回路组合规则，尤其是以上列出的依据基本功率回路形成的常见阀块组合，都具有很好的参照价值。充分利用插装阀可实现多机能、多种复合功能的特点，尽量减少元件数量。

功率级阀块设计组合中，还涉及先导级的较小规格的控制孔道的布局，需要在满足先导控制的功能和结构的要求前提下，灵活运用。要注意阻尼作用，它对整个系统稳态、瞬态特性都有很大影响，特别是对过渡状态要求较高时尤应注意，一般直到系统调试完毕后才能最后确定阻尼。

功率级阀块设计组合还与阀块总体与系统总成后安装要求（包括各种附件的配置要求）有关。注意控制的可靠性，特别是内部控制中压力选择元件的可靠性，避免相关回路的压力干扰。

功率级阀块设计组合，还应在满足功能、安装、使用维护方便等基本要求的基础上，遵循轻量化的设计理念。

3）常见故障。普遍液压阀常见故障的排除方法也适用于插装阀，如换向不可靠，压力不稳定等。

由于插装件大部分采用座阀形式即线密封，少数采用线密封和面密封结合，因此当出现换向不可靠或调压失灵时应首先检查插装件阀芯、阀套是否卡死，先导控制方向阀换向是否正常。

当插装式方向阀换向不可靠时，应特别注意控制压力是否达到要求，有压力选择元件时必须检查梭阀或液控球阀是否可靠，以及相关油路的压力是否产生干扰。

当插装式压力阀出现压力不稳定、振摆大时，应检查插装件阀芯和阀套配合精度、形位公差是否达到要求，并检查先导压力控制元件是否稳定。

当系统过渡过程达不到要求时，应检查阻尼孔大小是否合理及阻尼器是否脱落。

（4）典型功能阀块应用范例　图26-347～图26-352所示为典型功能阀块的应用范例。

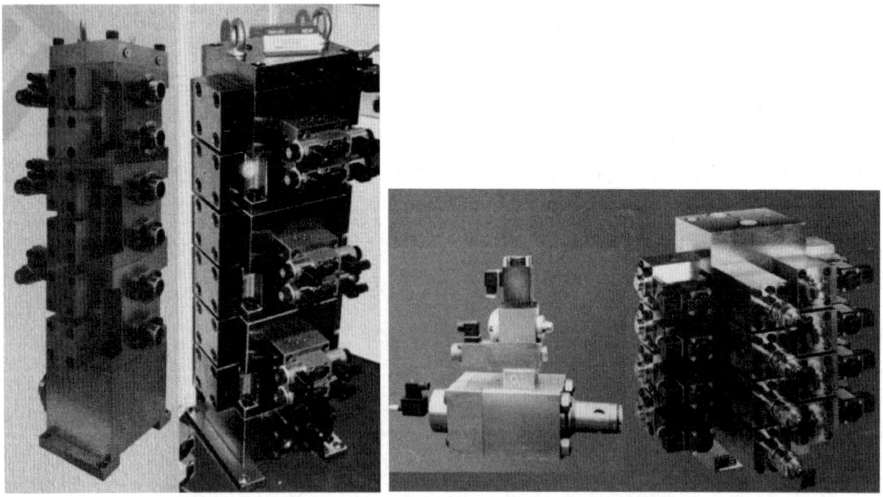

a)　　b)

图26-347　TJK和TFJK集成阀块系统

a）TJK和TFJK集成阀块系统　b）水液压集成控制阀块系统

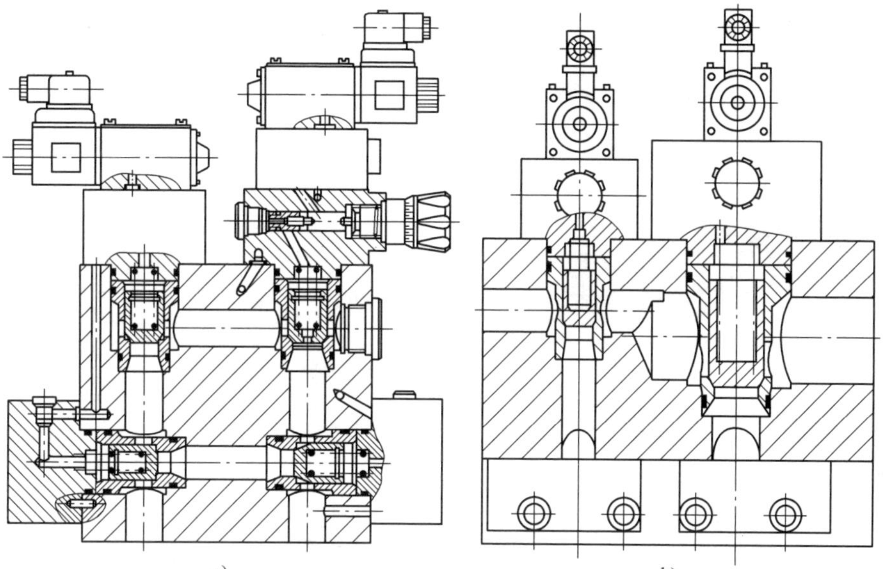


图 26-348　多机能四通回路阀块及双泵控制阀块
a）多机能四通回路阀块　b）双泵控制阀块

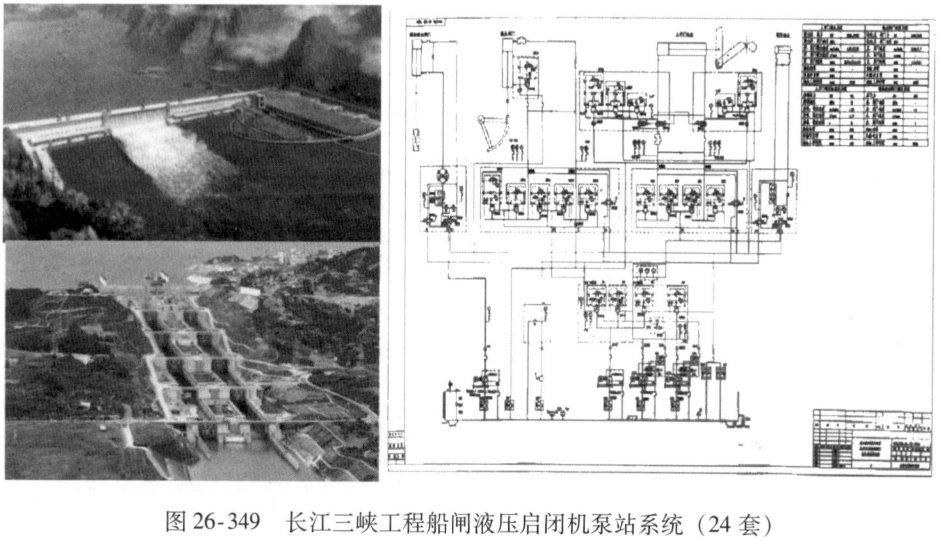

图 26-349　长江三峡工程船闸液压启闭机泵站系统（24 套）

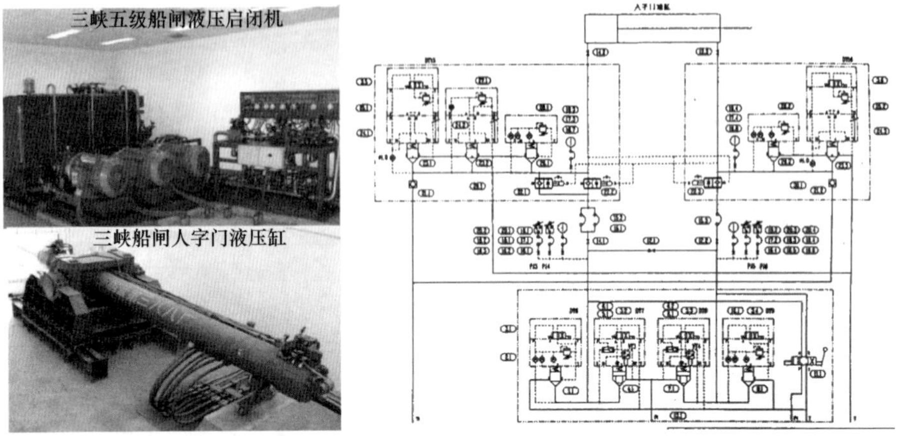


图 26-350　人字门液压缸 ISO CV 控制系统（24 套）

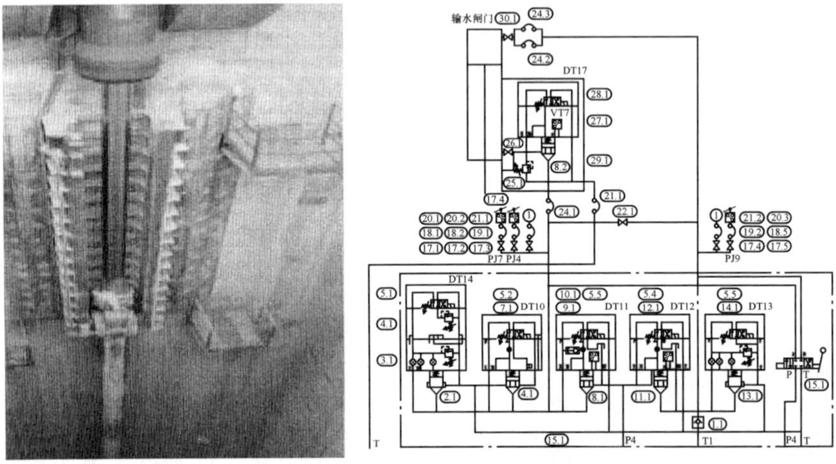


图 26-351　输水闸的液压缸 ISO CV 控制系统（24 套安装在船闸输水廊道，最深处为地下 80m 处）

a)　　　　b)

图 26-352　ISO CV 控制系统阀台与控制阀阀块（24 套）

a）ISO CV 控制系统阀台　b）控制阀阀块

## 26.10.5　二通插装阀国内外产品介绍

目前，国内生产的盖板式插装阀产品主要有 704 所的 TJ 系列、济南铸造锻压机械研究所的 Z 系列、北京液压件厂生产的博世力士乐系列、天津高压泵厂生产的威格斯系列及榆次油研生产的油研系列。这些产品除结构上有所区别外，压力等级均为 31.5MPa，通径范围 $\phi16\sim\phi160$mm，详见各厂家样本。国内外生产二通插装阀（ISO 7368 CV）部分厂家及产品简介见表 26-149。

**表 26-149　国内外生产二通插装阀（ISO 7368 CV）部分厂家及产品简介**

| 厂家 | 系列型号 | | 主要参数 | | | 备注 |
|---|---|---|---|---|---|---|
| | 方向/压力 | 比例控制 | 公称通径 NG | 压力 MPa | 流量 L/min | 技术与产销 |
| 泰丰智能 | TLC/TLFA | 定制 | 16～100 | 35.0 | 0～20000 | 国内单项冠军 |
| 海岳 | HLC/HLFA | 定制 | 16～100 | 35.0 | 0～20000 | 国内技术领先 |
| 海天塑机 | LG/LG * | — | 16～63 | 31.5 | 0～1500 | 塑机行业领先 |
| 恒立液压 | LC/LFA | 定制 | 16～100 | 31.5 | 0～7000 | 原许可证生产 |
| 华德液压 | LC/LFA | 定制 | 16～100 | 31.5 | 0～7000 | 原许可证生产 |
| 博世力士乐 | LC/LFA | 定制 | 16～100，125，150 | 31.5 | 0～25000 | 国际著名品牌 |
| ET | CVI/CVCS | 定制 | 16～63 | 31.5 | 0～7000 | 国际著名品牌 |
| 穆格－赫斯奇（Hydrolux） | CEE/CCE | 定制 | 16～100，125，150 | 35 | 0～20000 | 国际著名品牌 |

## 26.10.6　MINISO CV 轻小紧凑型螺通插装阀技术与新标准推广

### 1. MINISO CV 的目的在于轻小化与降低能耗

目前我国在应用国际标准的液压二通插装阀技术（ISO CV）与产品方面已经位于全球前列。我国液压行业在继承欧美地区早先发展先进液压技术的基础上，也应该结合自主研发和应用实现自己的创新，发现与解决当年在二通插装阀技术方面欧美地区没有注意到或后来发展中都没有解决的新问题，适时提出我国的解决方案，进行了持续改善和创新。随着二通插装阀高压大流量的发展，它的轻小化与新阀型成为需要解决的新问题。

1999 年，704 所在举世瞩目的长江三峡水利枢纽工程双线五级船闸液压系统国际投标中中标，率先在世界级的重大工程和装备关键技术中大规模应用二通插装阀技术并取得成功。至今这项工程仍是国际标准二通插装阀（ISO CV）控制在重大工程中最大规模的应用典范，自 2002 年 6 月安全运行 20 余年，获得“无碍航”的佳绩，使我国在应用二通插装阀方面积累了丰富经验和技术自信。作为该项目技术带头人，黄人豪在此基础上，于2010年首先提出应对ISO 7368 CV较小规格的安装孔标准及其应用进行一次新的重组和合理化创新，提出了基于“MINISO CV ”系列专利技术及其产品系列专利，也在跨国液压企业中国有关部门的帮助下，以及与我国液压企业的合作下，进行了大量试验与实际应用，申请了大量的发明专利，获得授权的有中国3项、德国1项、美国6项与日本1项等，专利申请是以上海人豪液压技术有限公司名义，因此专利中冠以该公司名称。专利最初取名“MINISO CV”，即“轻小型二通插装阀”。以期能够创建得到国际认可的轻小型二通插装阀，并在国内得到广泛应用。

这一技术与产品有助于液压二通插装阀的功重比进一步提升，使二通插装阀的体积更小，可以有更多的适用范围与应用场景，甚至从过去工业液压领域扩大到工程机械领域；另一方面，小型化后也更加节能，有利于我国乃至国际社会的碳中和的目标实施。经过常年的深入研发，目前“MINISO CV”已经经过三轮技术迭代与创新（见表26-150）。

**表26-150 轻小型螺纹二通插装阀（MCVS）三轮技术迭代发展历程**

| 序号 | 迭代排序 | 取名 | 特点 | 应用效果 |
|---|---|---|---|---|
| 1 | MINISO CV1.0 | 轻小型二通插装阀技术MCV1.0 | 小规格二通插装阀重组 | 提出NG10的品种<br>体积减小 |
| 2 | MINISO CV2.0 | 轻小型二通插装阀技术MCV2.0 | 再创新进一步小型化 | 体积减小，效率提升 |
| 3 | MINISO CV3.0 | 轻小型螺纹－二通插装阀技术RHCV（MCV3.0） | 螺纹－二通插装的轻型化小型化 | 体积进一步减小，效率提高，产品进入工程机械领域，可以形成新的工程机械用多路阀 |
| | | | 与液压缸一体化的EHA智能控制概念 | 轻小型化基础上，也可以将螺纹－二通阀与液压缸结合达到EHA功能，用于中高端工程机械液压主机中 |

**2. MINISO CV 1.0 轻小型二通插装阀的创新技术分析**

国际标准二通插装阀（ISO CV）源于欧美地区中大型液压机、注塑机、压铸机和冶金工程等应用，适用于“大中功率“的观点形成定论。我国现在在ISO CV插装阀的生产总量、先进制造、应用研究上已稳居全球前列，并具有明显的总成本竞争优势，如泰丰智能是国内生产二通插装阀产品的龙头企业，海天塑机为采用液压二通插装阀的龙头企业，它们在二通插装阀的应用方面居国际前列（见表26-151）。泰丰智能也以“发展中国和世界的二通插装阀技术”为己任，并已经发展成为全球规模领先和国内“单项冠军（二通插装阀）”企业。此外，目前已有一批中国机械制造业骨干企业，普遍掌握了液压插装阀系统设计、应用、管理的能力，技术及经济基础十分坚实。

表 26-151　我国二通插装阀应用数据（2010 年）

| 二通插装阀 | 泰丰智能 | 海天塑机 | 应用备注 |
|---|---|---|---|
| 插装件件数/万件 | 13.30 | 8.40 | 泰丰智能以各类液压机和重工、冶金为主（主要供应商和集成商），其中 NG25、NG16 占了 80%，NG32 ~ NG100 共占 20% |
| 控制盖板件数/万件 | 12.20 | 8.40 | |
| 总计/万件 | 25.50 | 16.80 | |
| 集成阀块块数/万件 | 3.50 | 约 14.0 | 海天塑机以塑机为主，自产应用。其中 NG16 和 NG25 占 75%，NG32 ~ NG63 占 25% |
| 集成阀块质量/t | 4100 | 约 8500 | |

根据我国的应用和统计分析表明，以 NG16/25 规格为主的“中小功率”应用总量，占到全系列应用总量的 75% ~ 80%，因此中小功率的市场需求很大。然而在欧美地区形成 ISO CV 产品时，由于 NG16 作为最小规格和次要的应用级，总体配置存在“设计冗余”。因此控制组件及其安装孔具有可优化空间，合理配置对“中小功率”应用拓展十分必要。2010 年起，上海人豪液压技术有限公司将此作为突破口，提出以“采用组合式法兰控制盖板的紧凑型二通插装阀”（后简称“MINISO CV”）发明专利（中、美、德、日授权）为核心的相关系列专利，在控制组件级和安装孔（CAVITY）层次，对“ISO CV”中 NG16、NG25、NG32 较小规格进行了产品重组和结构创新（见图 26-353）。

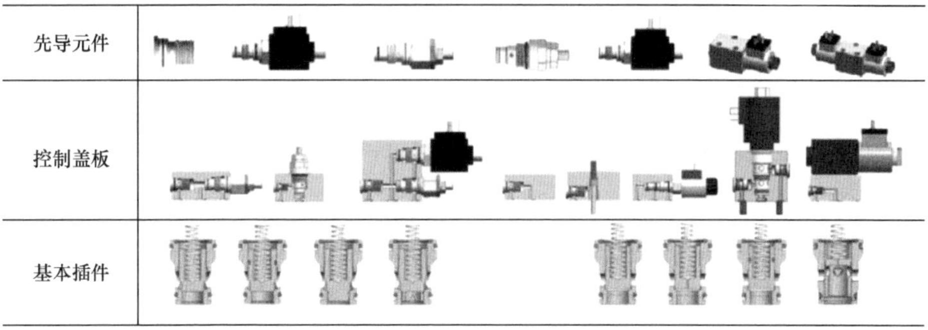


图 26-353　MINISO CV 紧凑型二通插装阀一览（获中、美、德、日专利权）

**3. MINISO CV 1.0 轻小型二通插装阀（MCV1.0）的基本组成**

（1）MCV1.0 的 RH2012 - 1 安装孔　图 26-354 所示为 MCV1.0 的 RH2012 - 1 安装孔，滑入式安装孔是它的重要结构特征和组成部分。MCV1.0 的 RH2012 - 1 安装孔是新的液压二通盖板式插装阀安装连接尺寸。

MCV1.0 的 RH2012 - 1 安装孔是对 ISO 7368/DIN 24342/GB/T 2877.2—2021 中 ISO CV 安装孔标准中的原较小规格 NG16、NG25、NG32 的部分尺寸进行了局部重组，并新增了 NG10 更小规格的尺寸。

1）插装件插装孔部分，MCV1.0 中的 NG 10/16/25/32 安装孔的径向尺寸（包括小

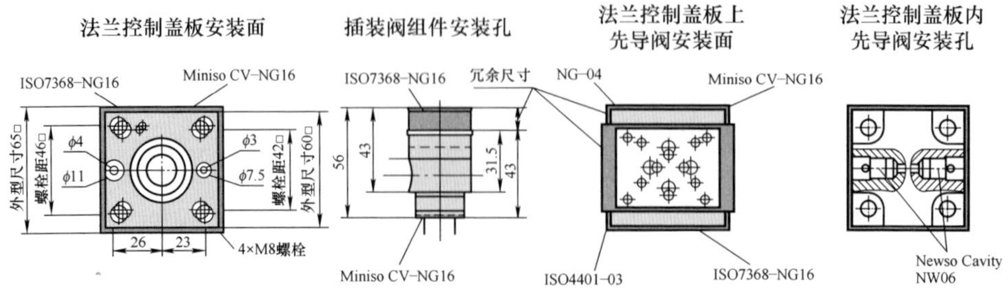


图 26-354　MCV1.0 的 RH2012-1 安装孔（NW）

端孔）均保持不变；仅轴向尺寸中，总的孔深减小（插装件总的轴向尺寸较短）。

2）法兰控制盖板安装面部分，MCV1.0 的 NG 16/25/32 法兰盖板安装面中主要是安装螺钉固定孔的间距减小，但螺钉直径不变（安装连接承压强度和密封效果可以增强）。

（2）MCV1.0 的模块化插装件　图 26-355 所示为 MCV1.0 模块化插装件（NG10/16/25/32）。与同规格的 ISO CV 控制组件相比，其中阀芯直径和周边孔孔径略增，阀套轴向尺寸减小；增加了 NG10 的插装件。

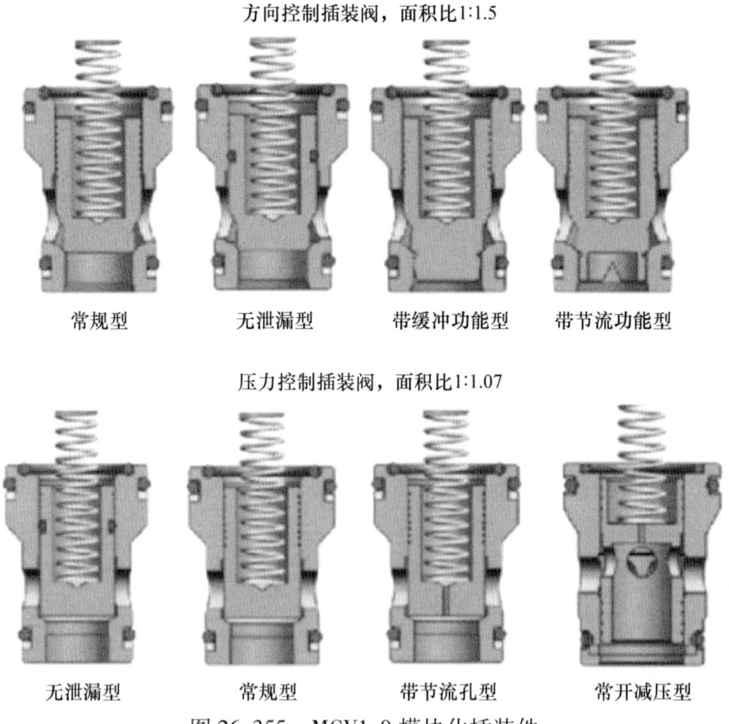


图 26-355　MCV1.0 模块化插装件

（3）MCV1.0 的组合式法兰控制盖板　MCV1.0 的组合式法兰控制盖板（NG10/16/25/32）如图 26-356所示。与同规格的 ISO CV 法兰控制盖板相比，创新采用小微先导阀安装面和 NW（New ISO）新型安装孔，而且避免了斜孔设计，有利于阀块紧凑化与轻量化。

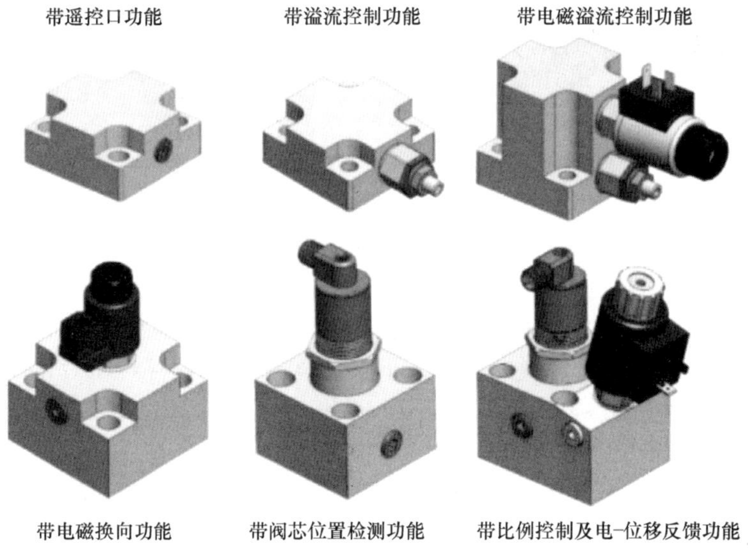


图 26-356 MCV1.0 轻小型组合式法兰控制盖板

由 NW 型安装孔、NG 3/4 先导阀、组合式螺塞（组件）等配合了 MCV1.0 组合式法兰控制盖板与主级控制组合，更加合理、紧凑及轻量化（见图 26-357）。

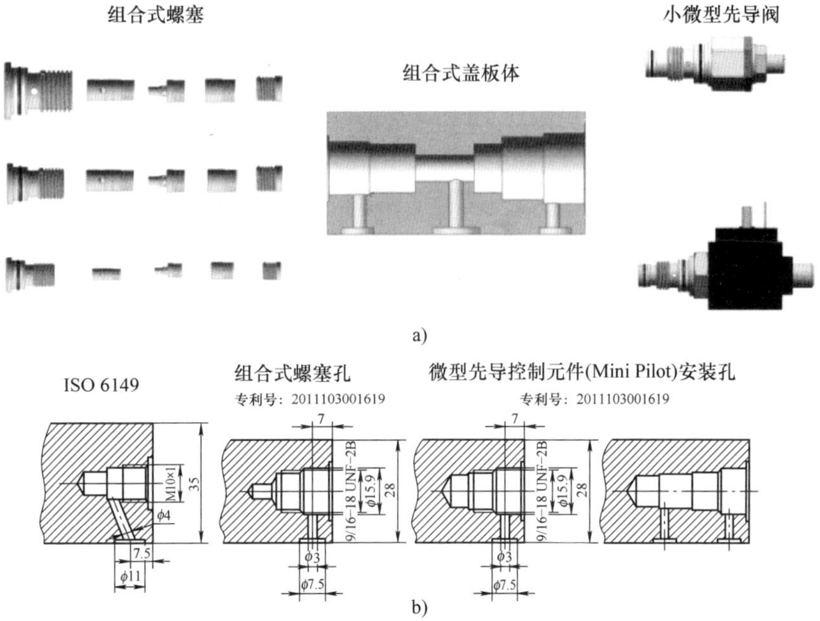


图 26-357 控制盖板螺纹安装孔、小微先导阀和组合式螺塞（组件）的组合

a）组合式螺塞及组合式盖板的多功能配置 b）尺寸示意图

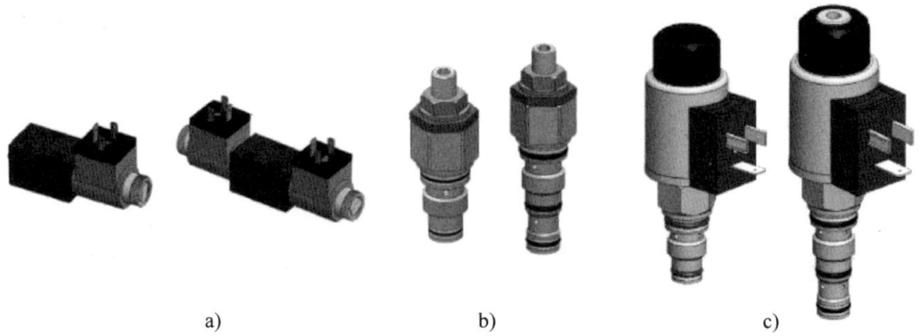


图26-358 常用的小微先导阀

a）小微板式阀 b）螺纹插装阀 c）螺纹插装电磁阀

（4）MCV1.0的小微先导阀 常用的小微先导阀（见图26-358）采用NG 3规格为主，控制流量合理，开关时间短。小微先导阀主要有通径NG 3的Cetop 01电磁方向阀，NW 06、FC－06螺纹连接压力阀和电磁方向阀。

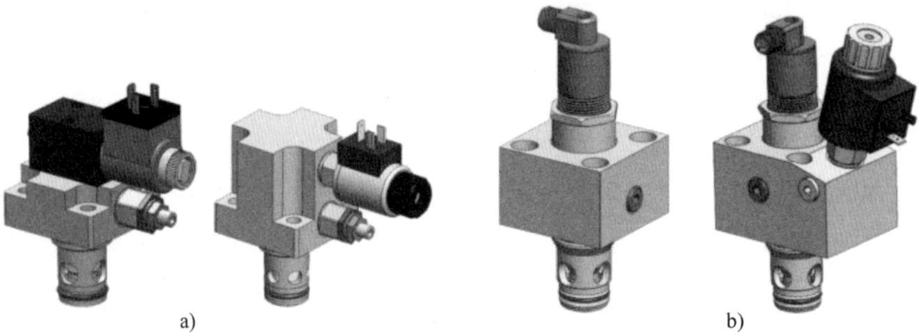


图26-359 MCV1.0控制组件

a）压力控制型 b）方向控制型

（5）MCV1.0的二通插装阀控制组 图26-359所示的MCV1.0控制组件包括方向控制基本组件、压力控制基本组件、比例控制组件、带LVDT的比例控制组件、其他组合控制功能的组件。

图26-360所示为MINISO CV与ISO CV典型控制组件外形比较。

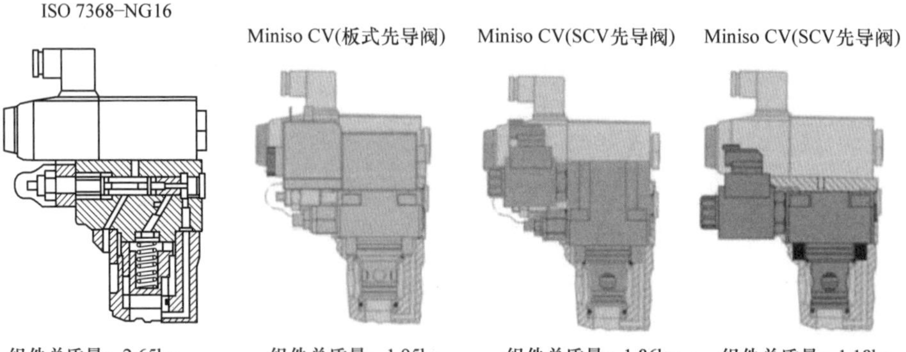


图26-360 MINISO CV与ISO CV典型控制组件外形比较

表 26-152 对 NG16 ISO CV 与 MINISO CV1.0 典型方向控制组件有关外形和质量进行了比较。可见 MINISO CV1.0 在轻小型化方面是十分显著的。

**表 26-152 NG16 ISO CV 与 MINISO CV1.0 典型方向控制组件比较**

| 通径规格 | NG16 | |
|---|---|---|
| | MNISO CV NG16 | ISO 7368 NG16 |
| 先导阀质量/kg | 0.82 | 1.45 |
| 盖板质量/kg | 0.7 | 1 |
| 插件质量/kg | 0.14 | 0.2 |
| 组件总质量/kg | 1.66 | 2.65 |

**4. MCV1.0 产品的应用**

(1) MCV1.0 典型工业液压应用产品 图 26-361 所示为根据中国、美国、德国、日本授权（RH）专利开发的工业应用 MHV（S）典型产品（图中附原理简图）。

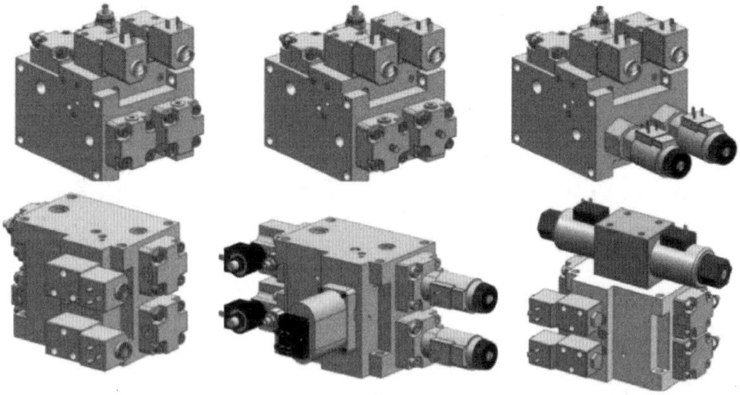

a)

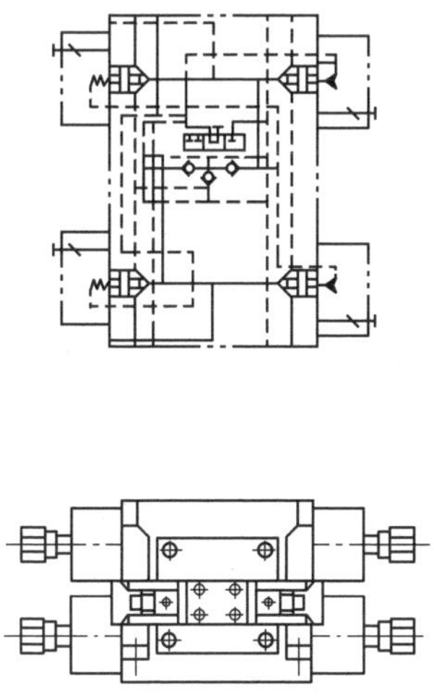

b)

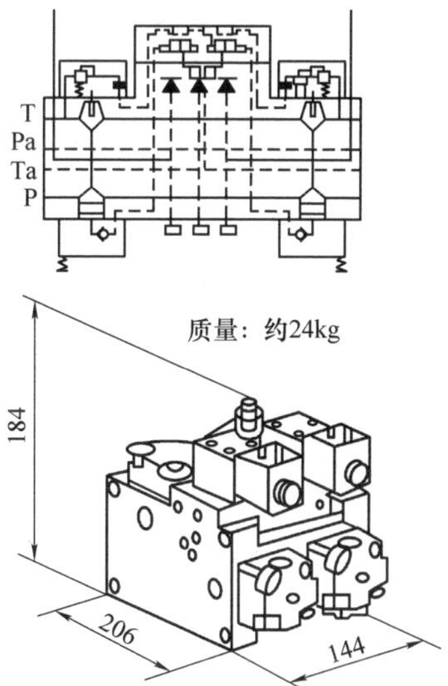


c)

图 26-361 MCV1.0 典型阀块产品图片

a）产品三维模型 b）传统 TJK 四通块 c）MHV（S）-ILV 四通块

图26-362所示为MCV1.0典型产品与传统产品在相同控制功能下的外形与尺寸比较，与Rexroth产品比较，可以看出质量与体积都有明显减少，质量减轻一半，体积下降55%左右。

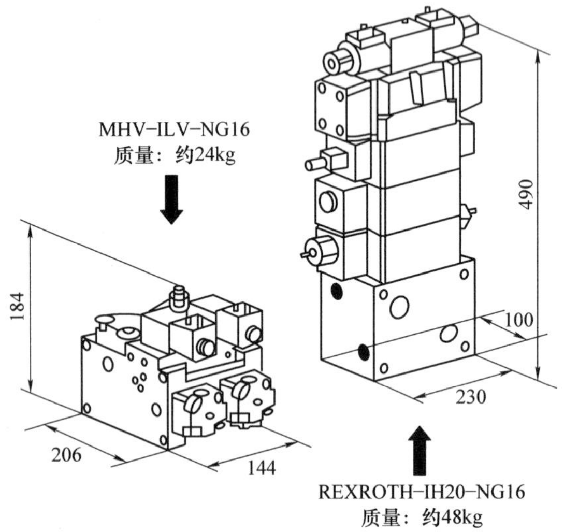


图26-362　MCV1.0典型产品与传统产品在相同控制功能下的外形与尺寸比较

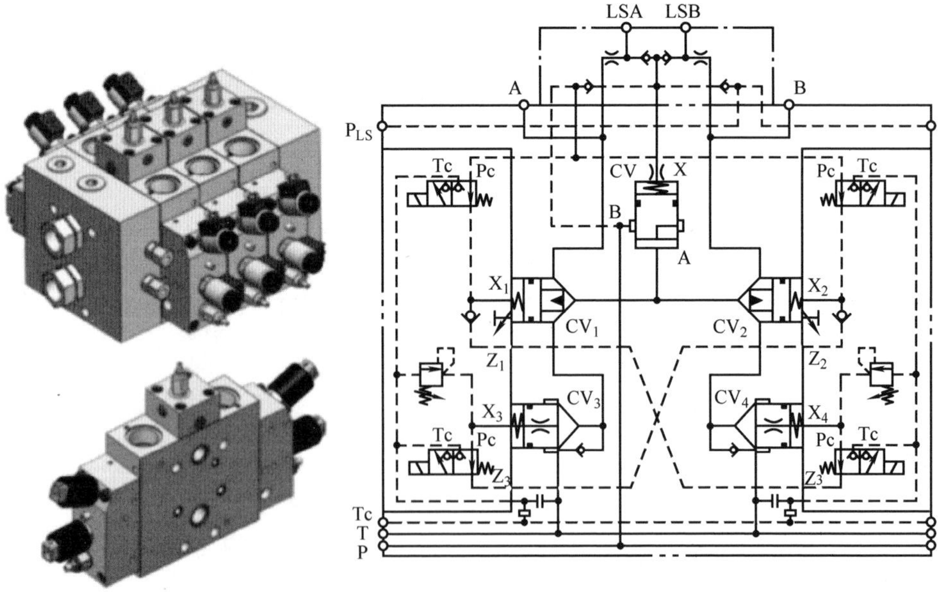


a)　　b)

图26-363　基于MCV1.0的MVH－MV片式多路阀

a）MHV－MV片式多路阀外形　b）MHV－MV片式多路阀液压原理图

（2）MCV1.0 典型工程机械液压应用产品的简介 图 26-363 所示为根据中国、美国、德国、授权（RH）专利开发的移动液压应用 MVH－MV 片式多路阀产品简介（含典型回路原理图）。

基于 MCV1.0 的 MVH－MPV 片式多路阀（见图 26-364）是中国授权发明专利。

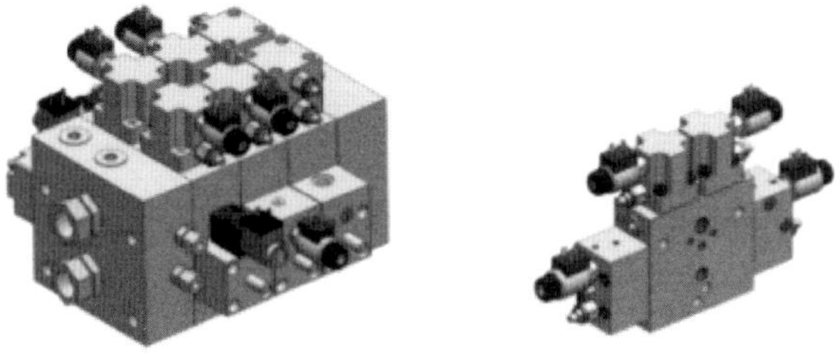

图 26-364 基于 MCV1.0 的 MVH－MPV 片式多路阀

**5. MINISO CV2.0 的再创新和应用实例**

（1）MINISO CV2.0 的再创新 依托“液阻理论”和“分解式液压回设计”“最少控制液阻”“特征受控腔”自主见解，利用模块化平台开发和大规模定制产品的开发技术，在我国首次提出了可兼用于工业液压（IH）和移动液压（MH）的应用级产品专利和技术（已获得中、美、德、日授权的多项发明专利权）并形成了基于 MINISO CV 的专利产品平台。这在国内外都是少有的。MINISO CV2.0（MCV2.0）实现了 MINISO CV 在 NG16/25/32 二通插装阀中的进一步轻小型化，创新点如下。

1）与国内外现有 ISO 7368 CV 产品相比，最关键的差别是在 MINISO CV2.0 中对安装孔和主要结构层次进行了再一次的创新重组。

2）采用了由自主原创的专利微型先导级、组合式螺塞和组合式法兰控制盖板，对法兰连接和板式先导的安装面实现合理化及去冗余化。

3）盖板内部先导控制孔实现无斜孔设计，盖板内部先导级组合实现模块化和可组配和多功能化。

MINISO CV2.0 组合式法兰控制盖板是国内外首创的唯一可无斜孔设计的产品，有效消除了 ISO CV 产品由于历史上存在的“设计冲突”引起的结构和工艺上的缺陷；与小型化模块化插装件 MCV1.0 的插件组合，实现了 MINISO CV2.0 对 ISO CV NG16/25/32 规格的 CVU 产品的进一步合理化、轻量化和小型化（包括增加了 NG10 更小规格）的突破，取得拓展中小功率二通插装阀应用的竞争优势（见表 26-153），使 MINISO CV2.0 相对于传统技术具有较明显的竞争优势。

表 26-153 拓展中小功率二通插装阀应用的竞争优势

| 标准 | | ISO 7368 | | MINISO CV2.0 | | 竞争优势 | 备注 |
|---|---|---|---|---|---|---|---|
| 通径 | | NG16 | | NG16 | NG10 | | |
| 规格 | 先导控制阀 | NG6（标准阀） | 微型先导阀 | NG3.（4） | NG3 | ↓ | 贴近控制需求，可提高控制性能 |
| 安装面 | | ISO 4401 -03 | | ISO 4401 -02 | Wandflh01 | ↓ | |
| 安装孔 | | — | | New Cavity NW -06 | | ★ | |
| 控制流量/(L/min) | | 60 ~80 | | 4 ~12 | | ↓ | |
| 质量/kg | | 1.45 | | 0.46/0.82 | 0.46 | ↓ | |
| 外形尺寸/mm（长×宽×高） | 法兰控制盖板 | ~65×65×40 | 组合式法兰控制盖板 | 60×60×30 | 52×52×28 | ↓ | 结构和配置明显合理化、模块化 先导控制形式多样化，更贴近控制需求<br>有利于液阻网络调整提高可控制性<br>有利于增加可靠性 |
| 螺钉/孔距 | | M8/46 ±0.1 | | M8/40 ±0.1 | M8/36 ±0.1 | ↓ | |
| 密封环槽尺寸 控制油口/mm | | $\phi$11.5/$\phi$4 | | $\phi$7.5/$\phi$3 | | ↓ | |
| 螺塞孔 | | DIN 6149（类） | | New Cavity Nw -06/04 组合式螺塞/孔 | | ★ | |
| 控制孔特征 | | 多斜孔 | | 无斜孔 | | ★ | |
| 节流螺塞 | | 多，M6/8，阻尼孔 0.8 ~1.2 | | 可安置于组合螺塞内/形体小 M6/5 阻尼孔 0.4 ~0.8 | | ★ | |
| 内含先导元件 | | 非标型居多 | | MINI pilot 专用阀：采用 NW -06/04 孔 | | ★ | |
| 先导压力阀 | | 分立式 | | 组合式阀内可带单向阀 | | ★ | |
| 单向/梭阀 | | 分立式 | | 组合式可内置于组合螺塞内 | | ★ | |
| 质量/kg | | ~2.1 | | ~1.2 | ~1.0 | ↓ | |
| 安装孔 | 插装阀组件 | ISO 7368 | 紧凑型插装阀组件 | MINISO | | ★ | 有利于配合实现明显合理化、单边可控性和组合性，需要时可进行多样化变型设计 |
| 径向尺寸/mm | | $\phi$32/$\phi$25 | | 与 ISO 7368 相同 $\phi$32/$\phi$25 | | ★ | |
| 轴向孔深尺寸/mm | | 56 | | 43/可以按需要增加 | | ↓ | |
| 阀芯直径 | | — | | 经优化，提高压差流量特性和开关特性 | | ★ | |
| 复合功能 | | 无 | | 已新开发带补油功能等新型组件 | | ★ | |
| 质量/kg | | ~0.2 | | <0.13 | <0.10 | ↓ | |
| 控制组合总重/kg | | ~2.75 | | <2 | <1.5 | ↓ | |
| 模块化/集成化 | | — | | 有了明显提高和增强 | | ★ | |

注：↓—小型化、轻量化；★—合理化。

（2）MINISO CV2.0 产品首创用于工程机械 MINISO CV 的 MVH - MV 阀专利方案可以实现在工程机械中的发展，在全地面汽车起重机（MH）与盾构机推进液压系统控制阀中，实现对现有多路阀等的替代。

在全地面汽车起重机中的应用 MVH - MV 片式阀专利方案（见图 26-365）替

代全地面汽车起重机原有的多路阀。从这两种方案的轻量化数据对比中（见表 26-154）可以看到，MVH - MV 片式阀的优越性。

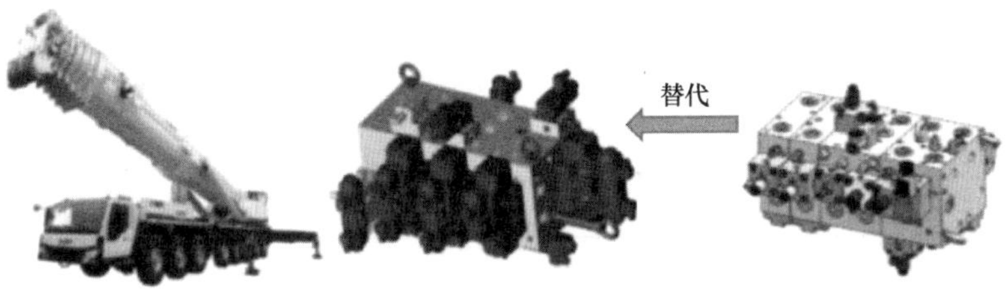


a)　　b)

图 26-365　MCV2.0 基础上的 MVH - MV 片式阀专利方案替代多路阀
a）现有的多路阀方案　b）MVH - MV 片式阀专利方案

**表 26-154　MVH - MV 片式阀的轻量化**

| 方案名称 | 原方案——BJI225 | | MVH - MV 方案——第一代方案 | |
|---|---|---|---|---|
| | 阀块 | 总装 | 阀块 | 总装 |
| 最大外形尺寸/mm（长×宽×高） | 530×250×250 | 790×545×590 | 480×240×205 | 483×414×469 |
| 产品质量/kg | 220 | 约 400 | 约 147<br>减重 30% | 约 220 |

注：流量为 400L/min；工作压力为 31.5MPa。

采用 MINISO CV 替代盾构机推进液压传统技术回路转换后，阀块总成比较原先体积减小 42%（见图 26-366）。更可贵的是整体功率消耗也在下降，说明替代方案更加节能（见表 26-155）。

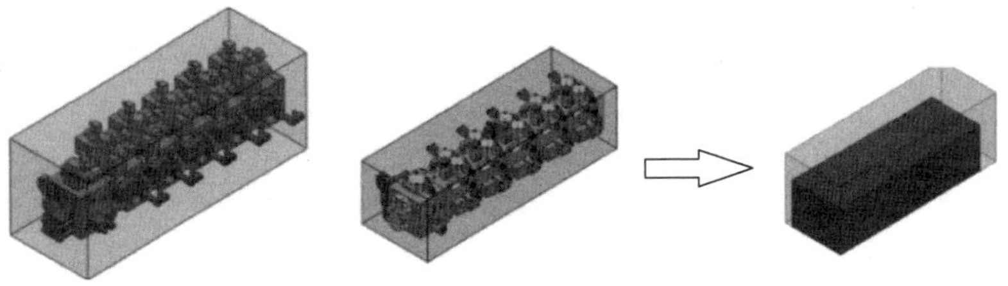

a)　　b)　　c)

图 26-366　盾构机推进液压回路采用 MINISO CV 技术后体积减小
a）现有盾构机推进阀组占地空间　b）MINISO CV 替代阀组占地空间　c）两者对比效果

表 26-155　采用 MINISO CV 专利阀产品盾构机阀质量与体积的下降

| 项目 | 原方案 | 新方案 | 对比结果 |
|---|---|---|---|
| 外形尺寸/mm（长×宽×高） | 1168×408×322 | 1051×360.8×234.4 | 体积降低约42% |
| 质量/kg | 约305 | 约225 | 质量降低约26% |
| 功耗/kW | 75 | 56 | 节能25%，减少系统发热 |
| 平均无故障工作时间（MTBF）/h | — | 5000 | 可靠性好 |

**6. MINISO CV3.0 的轻小型螺纹二通插装阀技术**

（1）MINISO CV3.0 轻小型螺纹二通插装阀（MCV3.0）技术的首创技术　螺纹插装阀（SCV）在 20 世纪 80 年代前后形成的可具有 1～2 个控制油口的称为“逻辑元件”的螺纹插装阀与盖板式二通插装阀 ISO CV 同源于座阀技术；并具有类同的“先导控制、座阀主级”和“安装孔连接”技术特征，主要的差别在于 ISO CV采用滑入式连接方式（in Slip），而螺纹插装阀采用的是螺纹连接方式（in Screw）；按照“产品概念设计”的原理，它们中的“座阀主级”作为基本“原理构件”，在内部结构和“功能连接”等产品概念、模型框架及一般形式上存在“相似性”；作为关键的产品零部件又有相近的标准化、通用化特征；因此，存在可互补和融合部分并共享产品结构和零部件重用资源。因此对二类产品的部分结构进行局部的“产品重组”“结构创新”，从而构建了新的组合，也就是在 MINISO CV2.0 基础上提出了“轻小型螺纹－二通插装阀技术（MCV3.0）”，简称为“螺纹－二通插装阀”（或螺通阀 RHCV，见图 26-367）。该技术申报获得了“采用可配组液压插装阀 RHCV 的液压控制终端”中国发明专利。（对德国和美国发明专利在审查中）。

这是中国在对 ISO CV 产品的持续发展和基于 MINISO CV 创新家族中的又一个新成果。

（2）由“MINISO CV1.0 ”与“MINISO CV2.0 ”的融合的 RHCV（MINISO CV3.0）产品结构组合　图 26-368 所示为 RHCV 的产品结构组合。

1）RHCV 的两种安装孔。RHCV 中安装孔是由“MINISO CV1.0”安装孔和“MINISO CV3.0 ”安装孔重组而成。“MINISO CV3.0”安装孔（滑入式与螺纹连接）是基于“MINISO CV1.0”安装孔重组的（见图 26-369）。

基于“MINISO CV1.0 ”安装孔重组的“MINISO CV3.0 ”安装孔是滑入式与螺纹连接式的组合。“MINISO CV3.0 ”基于“MINISO CV1.0”安装孔”进行结构重组时，与市售的“逻辑元件”主体布局基本相同，采用螺纹连接，控制油口 3、4 沿轴向延伸布局；差别在于安装孔的尺寸是基于与 MINISO CV1.0 控制组件及“安装孔”相适配的原则，（与以下介绍的 EM、EMZ 密切相关）；由于相同规格的“MINISO CV3.0 ”控制组件的压差－流量特性与 MINISO CV1.0 控制组件要匹配

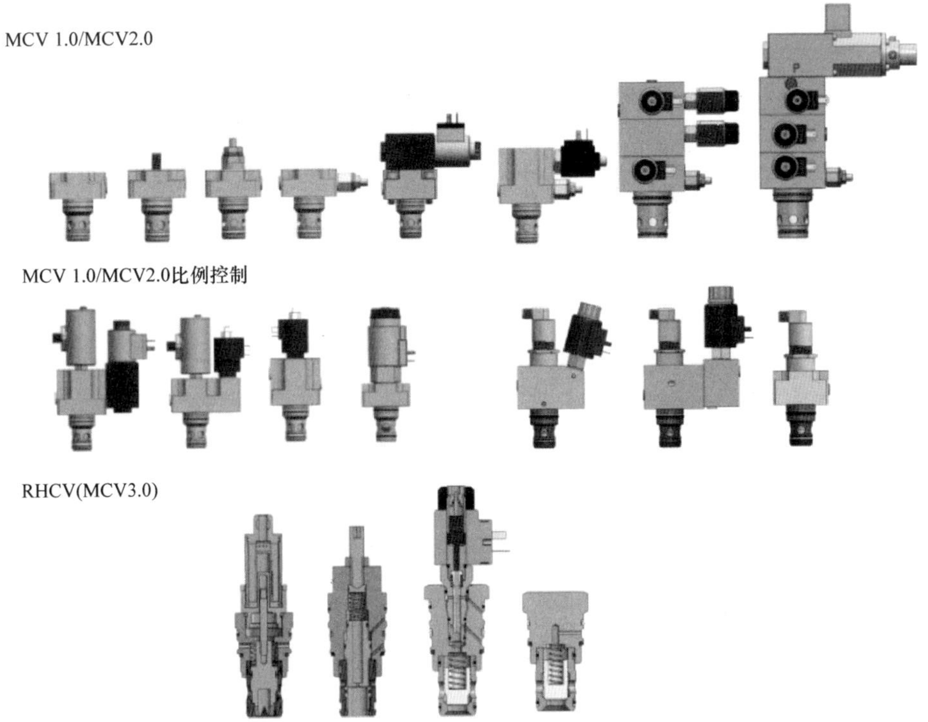


图 26-367　“基于安装孔连接的液压插装阀”新型产品族 RHCV 一览

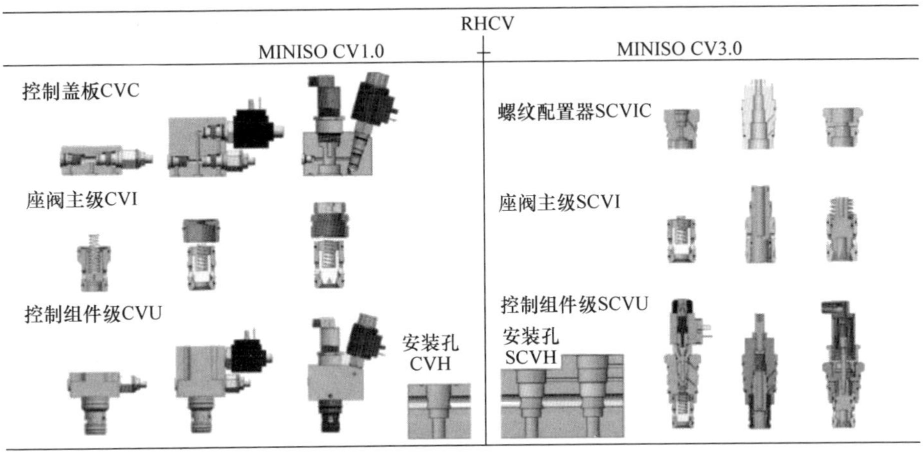


图 26-368　RHCV 的产品结构组合

（MINISO CV1.0 的标志流量较大），结构重组后的“MINISO CV3.0”控制组件安装孔的径向尺寸采用与滑入式安装孔相匹配的要求设置并综合考虑其他因素。

2）RHCV 兼用“座阀主级”。RHCV 中共用的“座阀主级”一般如图 26-370

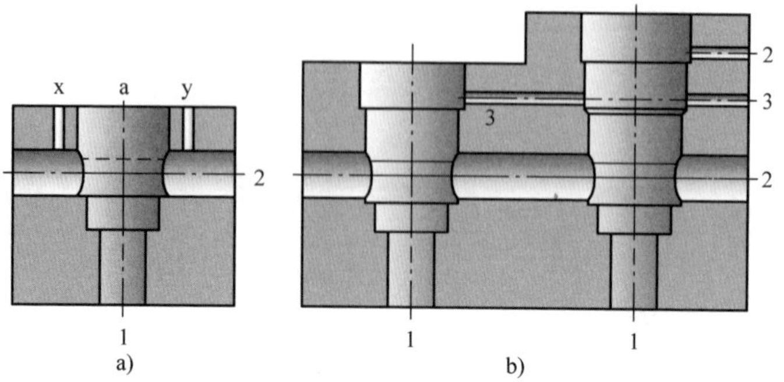


图 26-369 基于"MINISO CV1.0"安装孔重组的"MINISO CV3.0"安装孔
a) MINISO CV1.0 安装孔 b) MINISO CV3.0 安装孔

所示。它作为"原理构件"，是 MINISO CV1.0 与 MINISO CV3.0 两种安装孔阀中可融合的共享资源，在形成 RHCV 的功率级中，它的重要的作用在于主级用于和控制盖板配合时，一般采用端盖式，有时也采用 MINISO CV1.0 现形式。

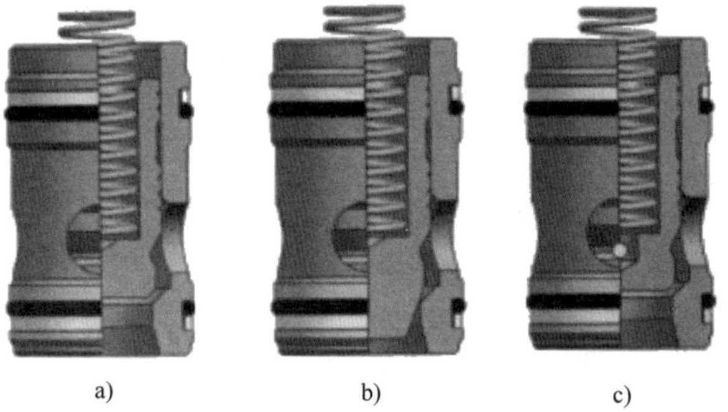


图 26-370 RHCV 核心的共享产品结构结构和零部件兼用"座阀主级"
（方向控制型，面积比 1∶1.5）
a）标准型 b）带缓冲功能型 c）旁通型

3）RHCV 中新的"MINISO CV3.0"的"螺纹配置器"（见图 26-371）。

图 26-371 所示为"MINISO CV3.0"中用于控制座阀主级的螺纹配置器的基本结构，其功能与"MINISO CV1.0"的控制盖板相当；但它的主特征是螺纹连接方式带 1～2 个控制油口；相比组合式控制盖板采用法兰连接，具有最多 4 个控制油口，盖板体可以组合多种复杂的先导控制，并能 3D 布局，螺纹配置器内部结构主要呈现沿轴向布局，由于径向布局和尺寸受到连接螺纹尺寸的较大限制，因而虽紧凑，但亦有不利；所以螺纹二通插装阀在"液阻回路"组合时，比较适用于作为"进油阻力"，控制开关和节流，使"进油阻力"结构紧凑化和轻量化；但是内置先导控制就比较不便，如设置顶部先导级时，引起轴向尺寸明显增加，因此，复杂的先导控制必须在"体外设置"；加上仅 1～2 个控制油口数字限制，因此在先导

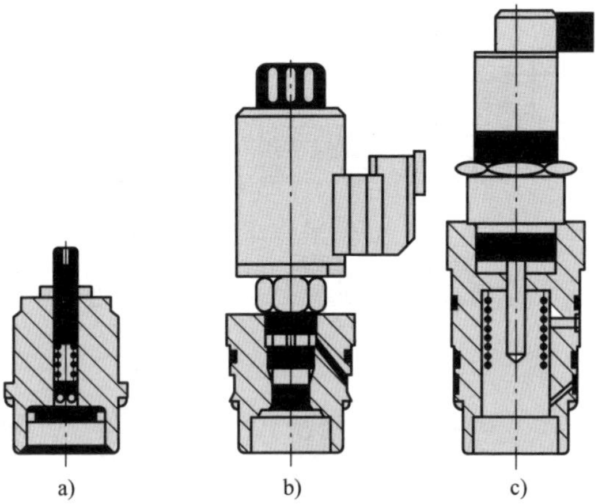

图 26-371　用于控制“兼用座阀主级”的螺纹配置器

a）带行程限位　b）带先导阀　c）带位置检测

控制上无法如控制盖板那样用于复杂控制；这也是盖板式控制组件更适合用于“排油阻力”的主要因素（见图 26-372、图 26-373）。

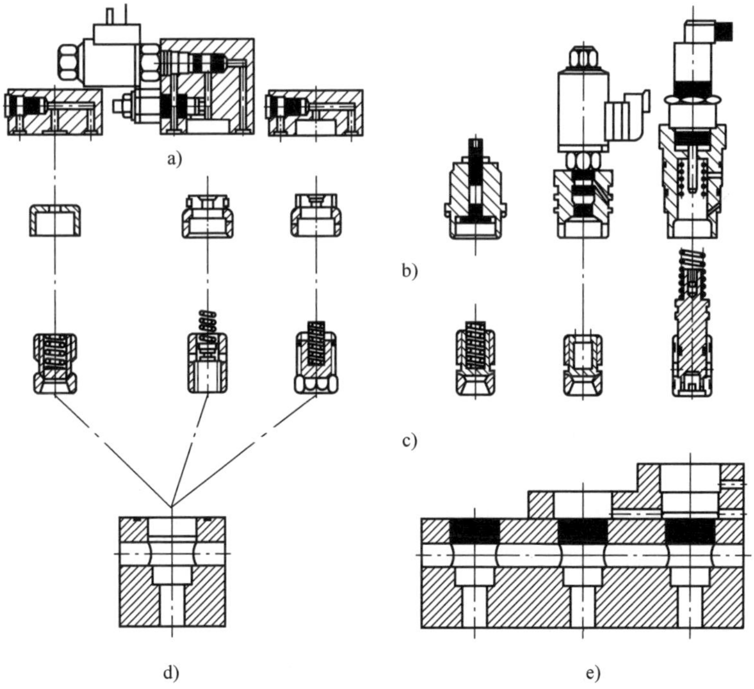

图 26-372　用于控制“兼用座阀主级”的控制盖扳和螺纹配置器

a）组合式控制盖板　b）螺纹配置器　c）兼用的插件元件　d）盖板插装阀安装孔

e）螺纹插装逻辑元件安装孔

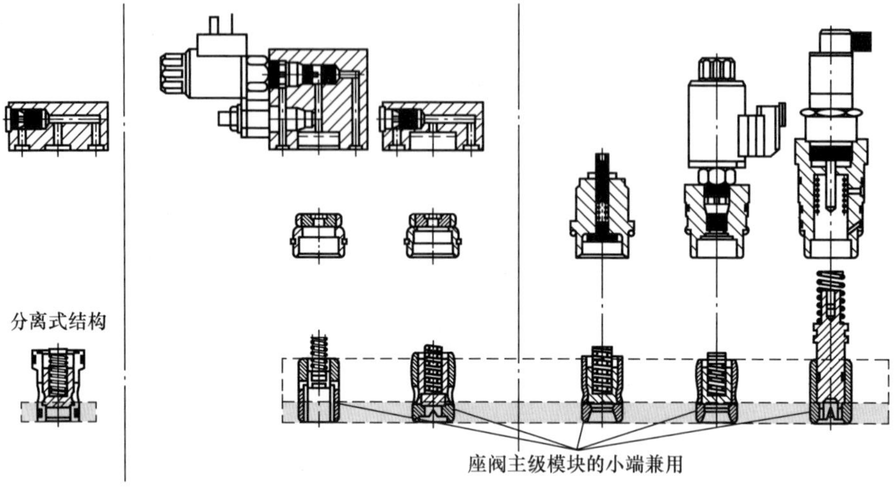


图 26-373　RHCV 中核心的共享产品结构和零部件兼容使用一览

a）MINISO CV1.0　b）MINISO CV3.0——RHCV

4）MINISO CV3.0 轻小型螺纹二通插装阀的控制组件。图 26-374 所示为 RHCV 典型控制组件，图 26-375 所示为 RHCV 典型控制组件安装示意图。

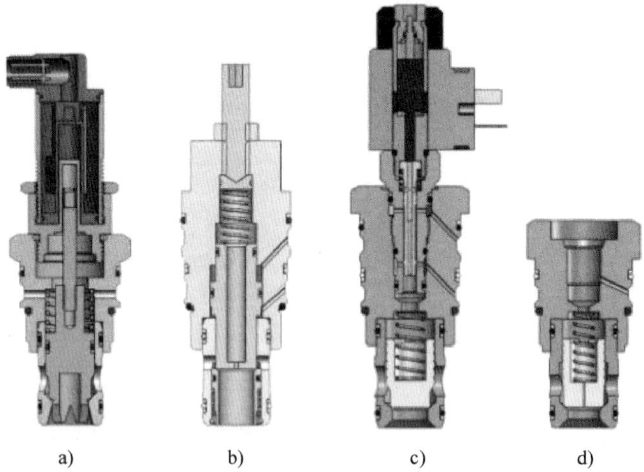


图 26-374　RHCV 典型控制组件

a）带节流尾部及阀芯位置检测功能　b）带补油及调压功能　c）带电磁换向功能
d）带先导阀插孔的逻辑元件

5）新型螺纹－二通安装孔连接的液压插装阀（RHCV）　在国内外都是一次新的产品重组和结构创新，由于它在中小功率的应用中，灵活融入了螺纹－二通插装

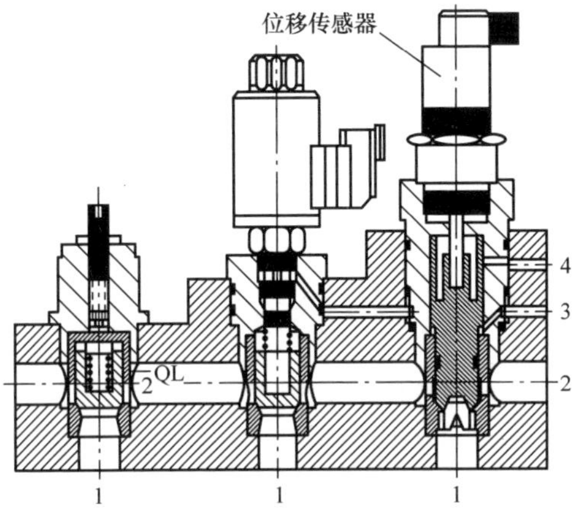


图 26-375　RHCV 典型控制组件安装示意图

的紧凑、较低成本的优势，已成为我国自主提出的一种独有的创新产品和技术。

**7. RHCV 基础上的“新型液压控制终端”EM（EHA）的创新**

（1）“新型电 - 液控制终端”EM　MINISO CV3. 0 轻小型螺纹二通插装阀组适合用于液压缸并组成一体化，形成了“可配组液压插装阀 RHCV 的液压控制终端”。实际上是一种新型的 EHA，以“采用 EM 控制终端的多功能一体化油缸”的产品名称获得了中国发明专利。图 26-376 所示为采用 RHCV 液压插装阀的电 - 液控制终端爆炸图，其中 LEM 型采用卧式布局安装（L 型），HEM 型采用立式布局安装（H 型）。

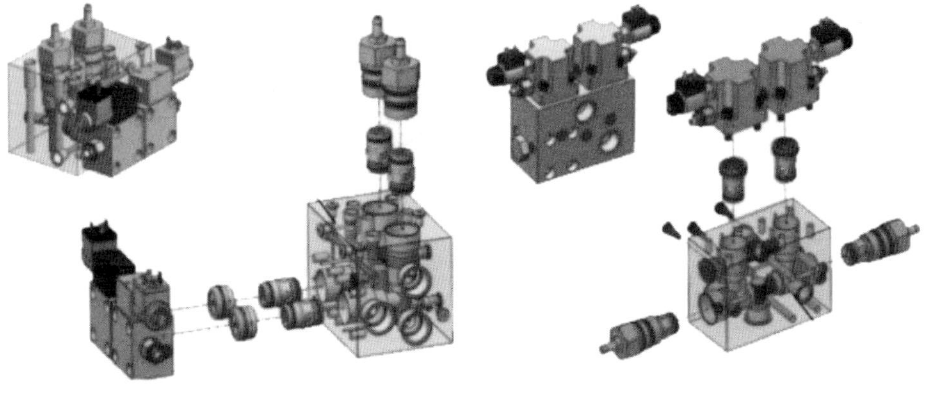

a)　　　　b)

图 26-376　电 - 液控制终端爆炸图

a）LEM 型电 - 液控制终端（标准型）　b）HEM 型电 - 液控制终端（标准型）

EM 电液控制终端，基于 RHCV 的新产品模式，支持“新型电 - 液控制终端”产品和系统把重点集中到应用层次更高的产品链和供应链的创新；也有利于推动到中小功率中的主流应用。

采用模块化可配组插装阀 RHCV 组合，可以用在电液控制终端实体和发展为新编回路原理（已授权中国发明专利，对美国、德国发明专利在审查中）。

（2）新型电 - 液控制终端具有的创新点

1）“座阀主级”可采用”兼用主级”。

2）“先导控制级”“功能连接”有了扩展，已从单一的“组合式法兰控制盖板”模式转变为和“模块化螺纹配置器”相互混杂的模式；并且实现了复杂先导控制的系统化。

图 26-377 所示为模块化可配组插装阀 RHCV 组合，EM 电 - 液控制终端右下为系统化后的复杂型先导控制盖板。

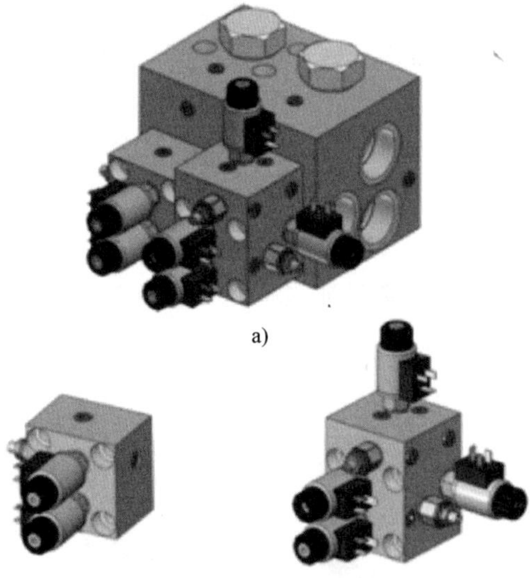

a)

b)

图 26-377　模块化可配组插装阀 RHCV 组合

a）EM 电 - 液控制终端　b）模块化控制盖板组件

“新型电 - 液控制终端”的“安装孔连接功能模块块体”中，“安装孔”的形式已经从单一的“滑入式孔”转变为和“螺纹连接安装孔”相互混杂的优化模式组成的产品构造整体和功能结构中，融合了创新的技术方案，形成了产品的一体化、合理化、显著轻量化的新的组合和集成（参数可见表 26-156）。

表 26-156 “新型电－液控制终端”中典型功能块体参数

| 型号 | | 阀体外形尺寸/mm（长×宽×高） | 轻金属 | | | 黑色金属 | | | | | |
|---|---|---|---|---|---|---|---|---|---|---|---|
| | | | 铝 | | | “杜拉芭”铸铁 | | | 锻件 | | |
| | | | 净重/kg | 毛重/kg | 单价 | 净重/kg | 毛重/kg | 单价 | 净重/kg | 毛重/kg | 单价 |
| NG10 | “H”型 | 130×92×54 | 1.37 | 1.74 | | 3.67 | 4.68 | | 3.94 | 5.04 | |
| | “L”型 | 120×85×85 | 1.94 | 2.34 | | 5.21 | 6.29 | | 5.61 | 6.76 | |
| NG16 | “H”型 | 152×108×70 | 2.41 | 3.10 | | 6.47 | 8.33 | | 6.96 | 8.96 | |
| | “L”型 | 144×98×100 | 3.16 | 3.81 | | 8.49 | 10.23 | | 9.13 | 11 | |
| NG25 | “H”型 | 205×142×90 | 5.28 | 7.07 | | 14.17 | 19 | | 15.25 | 20.44 | |
| | “L”型 | 181×130×120 | 6.08 | 7.71 | | 16.33 | 20.7 | | 17.57 | 22.27 | |
| | 直装型 | 181×130×135 | 6.52 | 8.58 | | 17.64 | 23.2 | | 18.85 | 24.8 | |

图26-378所示为“新型电－液控制终端”中典型组合主体中的功率级、先导控制级及功能阀块体中多种混合性结构组配。图26-379所示为“新型电－液控制终端”的典型功能块体。图26-380所示为“新型电－液控制终端”替代应用的显著轻量化实例。

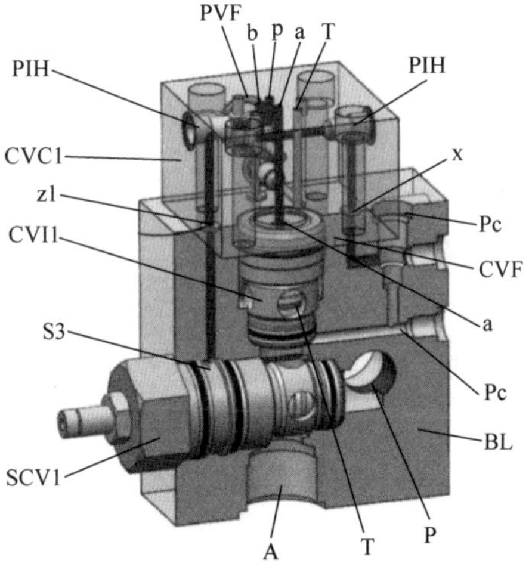


图26-378 “新型电－液控制终端”混合性结构组配专利用图

PIH—组合式螺塞安装孔 CVC1—控制盖板体 CVI1—插件 SCV1—螺纹插装逻辑元件
PVF—先导阀安装面 CVF—插件安装孔 BL—卧式阀块 a/b/P/T/x/z1/Pc/S3—先导控制油路

**8. “新型电－液控制终端”EM产品的应用场景**

由于RHCV和“新型电－液控制终端”产品族和平台，实现了“多种多层面的混杂式组合模式（见图26-381），摆脱了传统上单一型式的组合模式，旨在对居于市场应用主流的“单个元件回路”进行一次新的全局性的创新替代，并具有以下鲜明技术特征：

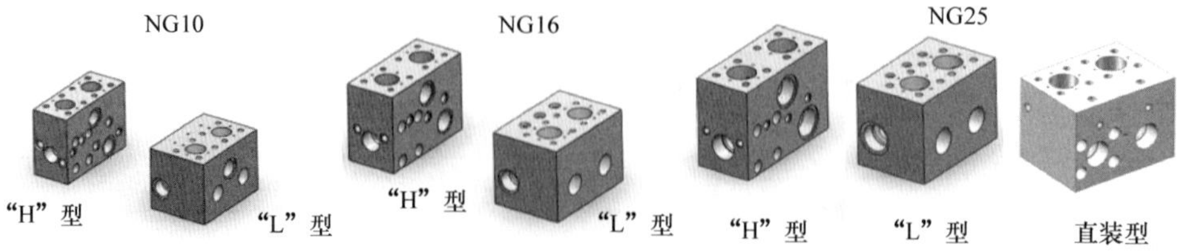


图26-379　“新型电-液控制终端”中典型功能块体（EMB）

1）优化了历来回路设计和组合中，基于经验的“单个元件”的选择和配置方式，转变为基于“液阻理论”指导的可混杂组合的新型“单个阻力”的选择和配置方式。

2）优化了历来传统方式的功能结构形体过于离散和量体偏大回路块的块体设计和功能，转变为基于“单个阻力回路”中功率级回路为主的可混杂组合的安装孔组合和配置的一体化功能模块块体。

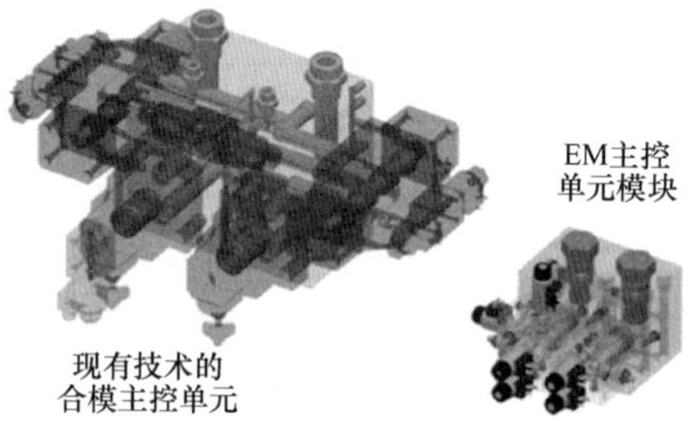


图26-380　“新型电-液控制终端”替代应用的显著轻量化实例

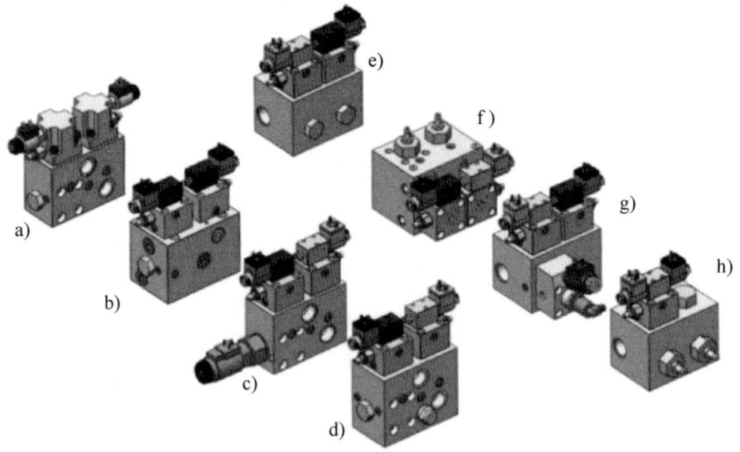


图26-381　“电-液控制终端”EM专利产品一览（典型型式）

a）H型无泄漏型式　b）H型板式安装面型式　c）H型比例控制型式　d）H型标准型式　e）L型标准型式　f）L型节流型式　g）L型比例控制型式　h）L型联控型式

3）优化了历来“单个元件回路”组成中功能结构形体极其离散和量体偏大的集成阀块，转变为基于“新编单个阻力回路”组成的紧凑、轻量和小型化的“电-液控制终端”，并应用到执行机构。

“电-液控制终端”EM，与传统“单个元件”及其“回路组合”相比，显著提高了液压的比功率（功重比提高 1～2 倍）；用 EM 来替代伺服注塑机主控单元时，与多个著名企业的传统组合控制阀块相比，显著提高了液压的比功率（参见表 26-157）。

新的原理方案继承和发展了历史上的“座阀技术”的“去安装面阀体”和“安装孔”的革新理念，更为积极和全面地实现了“三去”：去“单个元件的阀体”，去“安装面”和去“单纯油路块”；消除和减少了因历史原因而遗存的“设计冗余”；成为创建新型紧凑、轻量和小型化的液压控制组合，新一代的“电－液控制终端”的一个关键因素和基础。

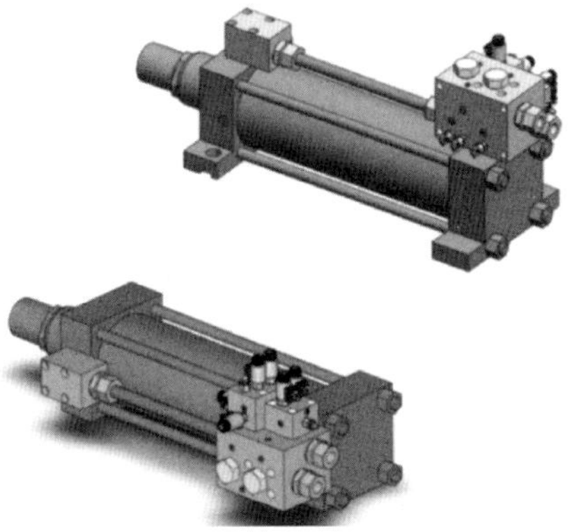

图 26-382　应用在一体化多功能液压缸上的“新型电－液控制终端”

**9. RHCV 产品在专利“新型电－液控制终端”EMZ 专利液压缸中的应用**

图 26-382 所示为采用典型“新型电－液控制终端”及其功能阀块的液压缸示例，该一体化多功能液压缸已获得中国发明专利授权，并在 PCT 美国、德国发明专利审核中。

**表 26-157　EM 液控单元模块组合特征和比较表**

| 模块名称 | | EM 液控单元模块 | 海星现有液控模块 |
|---|---|---|---|
| 先导级元件 | | 采用新型安装孔的螺纹插装阀 | 板式电磁方向阀 |
| 先导级元件 | 规格 | NW06/NG03（ISO 4401－01） | NG6（ISO 4401－03） |
| | 电磁铁质量/kg | 0.15 | 0.5 |
| | 直径/mm | 30 | 45 |
| | 阀流量/(L/min) | 4～12 | 60 |
| | 阀质量/kg | 0.23（电磁阀）<br>0.12（溢流阀） | 1.45（单电磁铁）<br>1.95（双电磁铁） |
| | 阀 连接方式 | NEWSO 安装孔连接 | ISO 4401－03 安装面连接 |
| 主级元件 | | MINISO CV/SCV<br>紧凑型二通插装阀 | 板式电液方向阀 |
| 主级元件 | 规格 | MINISO CV/SCV NG 25 | 通径 25 |
| | 主阀流量/(L/min) | >300 | 300 |
| | 质量/kg | 0.31（CV）；0.49（SCV） | 约 18 |
| | 连接方式 | 法兰式控制盖板（CV）<br>螺纹安装孔（SCV） | ISO 4401－07 安装面连接 |
| | 集成阀块 | 模块化功能阀块体 | 油路块 |
| | 特征 | 以 RHCV 安装孔为主的<br>组合式模块化功能阀块 | 由安装面为主和内部复杂<br>油路孔道组成的油路块 |

（续）

| 模块名称 | | EM 液控单元模块 | 海星现有液控模块 |
| --- | --- | --- | --- |
| 主级元件 | 阀块质量/kg | 17.6 | 约 81 |
| | 外形/mm<br>（长×宽×高） | 181×130×135 | 300×245×160 |
| | 接口形式 | 螺纹管接头连接 | 螺纹管接头连接 |
| | 安装方式 | 可直接或就近安装在液压缸上 | 就近机身支架安装 |

采用典型"新型电－液控制终端"替代传统组合和组成功能阀块的一体化多功能液压缸（包括工业缸和工程缸）得益于 RHCV 的新产品模式，为"新型电－液控制终端"产品和系统把重点集中到应用层次更高的产品链和供应链的创新；着眼于推动应用最广泛的领域，特别是中小市率领域，基于 MINISO CV 创新的理念将持续推进。

## 26.10.7　国内外产品对比

表 26-158 列出了国内外生产的插装阀主要产品，其中，我国以 20MPa 插装阀产品为主。详细产品系列型谱及外形尺寸请参见有关样本。

**表 26-158　国内外插装阀产品系列**

| 名称 | 穆格 | | 博世力士乐 | | 阿托斯 | | 派克 | | 上海诺玛 | |
| --- | --- | --- | --- | --- | --- | --- | --- | --- | --- | --- |
| | 型号 | 最高压力/MPa | 型号 | 最高压力/MPa | 型号 | 最高压力/MPa | 型号 | 公称压力/MPa | 型号 | 最高压力/MPa |
| 二通插装阀 | CEE、CCE 系列 | 42 | KSDE8<br>KSDER0N/P<br>KSDER1N/P<br>KSDER1C/P<br>KKDER1D/E/F | 35 | LIQZO－TEB<br>LIQZP－TEB<br>LIQZH－LEB<br>LIQZH－LES | 42 | — | — | — | — |
| | CHE、RHE、RSE、CKE、DMO 系列 | 35 | KSDEU8<br>KSDEU1N/P<br>KSDEU1C/U | 50 | | | | | — | — |
| 二通比例插装阀 | DSHR 系列<br>X700 系列 | 42 | — | — | — | — | TFP 系列 | 42 | RT2SCV | 35 |
| 三通比例插装阀 | SE3 系列 | 35 | — | — | LIQZ0－LEB/LES<br>LIQZP－LEB/LES<br>LIQZO－L<br>LIQZP－L | 42 | TPQ 系列 | 35 | RT3SCV | 35 |

# 第 27 章　新能源液压系统及元件

## 27.1　新型液压传动风力发电系统

当前的主流风力发电机为双馈式感应发电机，其传动系统采用丹麦人发明的齿轮箱技术。然而，其紧凑的结构难以有效地将多余的热量散发到周围环境中，当风力发电机运行负荷较高时，齿轮箱内会产生大量的热量，在散热不充分的情况下会导致过热，从而烧毁齿轮箱甚至整个风力发电机。齿轮箱存在的另一个缺点就是振动大，齿轮箱输入轴的加速度或者角速度经过多级传动后将在输出轴得到放大，这就使得齿轮箱要经常承受力矩的突变以及应变能，容易造成其疲劳破坏。数据统计显示，风力发电机组中故障率最高的部件是齿轮箱，占故障时间的 19.4% 左右，并且因其结构复杂，维修费用高，占全年维修费用的 70% 左右。

为了抛弃笨重且高故障率的齿轮箱，近些年发展出一种永磁直驱式风力发电机组，即叶轮输出轴与发电机直接相连，但是为了提高输出功率和降低转速，这种机组采用的多极发电机体积庞大，制造、安装和维护都不方便。此外，为使并网型风力发电机组输出电能质量满足并网的要求，无论是双馈式感应发电机组还是直驱式发电机组，都需要配备整流逆变器，然而，大功率整流逆变器成本高、可靠性差、产生谐波、寿命短，甚至设计制造问题难以突破，限制了大容量风力机组的发展。

### 27.1.1　液压传动型风力发电机组原理

为了消除齿轮箱及整流逆变器给风力发电机组带来的不利影响，国内外学者提出了多种形式的液压传动型风力发电机组，基本结构如图 27-1 所示。液压传动型风力发电机组包括风力机、定量泵 - 变量马达（或变量泵 - 定量马达）、液压回路、液压传动控制系统、同步发电机、并网控制系统、调桨系统、偏航系统、制动安全系统等。液压传动型风力发电机组与传统风力发电机组的主要不同点在于将原来的刚性传动改为柔性传输，降低了前端风资源波动对发电机的冲击。另外，液压传动系统通过控制变量马达的排量可以实现无级变速，实时调整发电机的转速，使其输出的电能可达到直接并网的要求，省去了整流逆变器，从源头上消除了谐波对电网的影响。

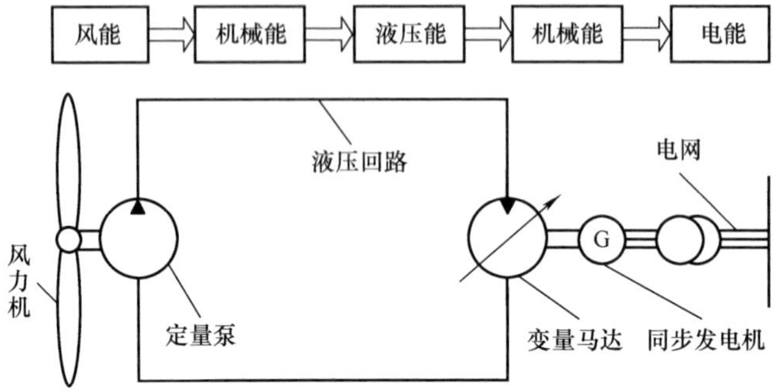


图27-1 液压传动型风力发电机组的基本结构

液压传动型风力发电机组的运行机理：风力机将捕获的风能传递给液压泵，液压泵将机械能转化为液压能，流体的能量经高压油路传递后，由液压马达将液压能转换为机械能带动发电机输出电能。

### 27.1.2 液压传动型风力发电机组发展现状

在国外，液压传动型风力发电机组经过前期的理论研究，目前已经制造出样机，样机结构主要以落地式为主，即与叶轮相连接的定量泵（或变量泵）安装在机舱里，变量马达（或定量马达）及发电机安装在地面上，液压泵与液压马达之间形成闭合油路。这样的布局可以有效减轻机舱质量，从而降低塔筒质量，机组安全系数更高，并且马达及发电机均安装在地面，便于维护及零部件的更换。

2005年，德国Voith Turbo开始研究采用液压传动方式代替齿轮箱传动，2006年，德国De Wind采用了该技术并成功应用在2MW的De Wind D8.2型风力发电机上。2007年，挪威Chap Drive成功研制出功率达900kW的液压传动型风力发电机组，目前正在研究功率更大、效率更高的5MW机型。2009年，英国Artemis研制出1.5MW液压传动型风力发电机组，该公司创新性地采用数字定量泵-数字变量马达传动形式，此项成果获得英国碳基金会创新奖。美国国家可再生能源实验室也将液压传动技术纳入Wind PACT计划中，并委托明尼苏达大学对新型液压传动风力发电技术进行相关研究。2010年，德国亚琛工业大学搭建了液压传动型风力发电机组试验平台，并且据此试验平台完成了理论仿真与试验平台数据对比分析，结果表明，随风速的增加，液压传动系统的效率逐步提升，最高可达85%，并且系统可以在较宽风速范围内高效运行；同年，美国伊顿提出一种液压传动型风力发电概念机，将90%的设备安装在地面，以减轻机舱质量、降低安装成本，该方式更适合中小型风力发电机组。

在国内，液压传动型风力发电机组研究起步较晚，目前处于理论研究与样机制造阶段。2009年，同济大学的卞永明教授提出了一种利用液压传导储能来平抑功率波动的风力发电系统模型，通过调节变量马达的排量来实现对发电机转速的控制，并针对液压传动系统的效率和稳定性进行了一系列试验研究，试验结果表明液压传动系统的效率和稳定性都能满足技术要求；同年，兰州电源车辆研究所的陈建业和周强等人也提出一种新的风力发电技术方案，即在齿轮箱与发电机之间引入液压传动系统，风力发电机通过低传动比增速齿轮箱与变量液压泵相连，定量马达与发电机连接，控制系统通过调节变量液压泵的排量实现发电机的转速控制，该研究成果已经申请了专利。2012 年，燕山大学孔祥东教授团队为验证液压传动型风力发电系统原理的可行性，对液压型风力发电机组主传动控制系统进行了理论与试验研究，并提出基于间接流量反馈和直接转速闭环控制的方式，使系统工作于恒流源的控制方法和系统功率控制方法。2013 年，浙江大学的李伟教授团队提出了一种机械液压混合传动的风力发电机组，并且对其进行了理论研究和仿真分析，结果表明，该系统可以充分地将液压传动的柔性和齿轮传动的高效性等优点结合起来。

## 27.1.3　液压传动型风力发电机组关键技术

### 1. 液压马达恒转速输出控制

风能是不稳定的能源，风力机转速随风速的波动而变化，电网频率波动范围为（50 ±0.2）Hz，对应同步发电机的转速为（1500 ±6）r/min，如果不对风力机传动系统加以有效控制，则发电机输出电能不能满足电网要求，无法实现顺利并网运行。

定量泵 - 变量马达容积调速系统具有非线性调节规律，马达流量为

$$q = K\omega\lambda$$

式中　$K$——变量马达排量梯度；

$\omega$——变量马达变量机构摆角；

$\lambda$——变量马达转速。

因为变量马达转速与变量机构摆角均为变量，其乘积存在非线性，需要对此相乘非线性特性进行深入研究。当风速变化、电网波动时，控制器调节相应变量机构的摆角，达到变速输入 - 恒定转速输出目的，使系统在任何工况下都能实现对马达转速的精确控制。

### 2. 最大功率追踪控制技术

风力发电机组在部分负荷区、额定负荷区和超负荷区均需要对其进行功率控制，在风速低于额定风速时追踪最大风能利用曲线，以获得最大能量；在额定风速时维持系统最佳工况运行；在高于额定风速时调节风力机叶片的节距角，限制功率输出，使发电机安全、高效地输出电能。在风力发电机的整个生命周期内，大部分时间都运行在部分负荷区，风力发电机组需最大限度地吸收风能，液压传动系统功率控制是风力发电机组最优功率追踪的基础。

### 3. 大容量、高效率液压泵（马达）

当前风力机的设计使用寿命为 20 年，而液压泵（马达）的使用寿命根本达不

到这个时间，并且可靠性不高。对于容积式泵（马达），由于存在滑靴斜盘泄漏损失和配流盘摩擦损失，在低速和小流量工况下运转时效率很低。此外，兆瓦级风力发电机所需要的功率和转矩范围内的泵和电动机在市场上是购买不到的，需要重新对其进行优化设计。

液压泵（马达）实现全工况下高效率运行，须去掉传统滑靴和配流盘，改用阀配流结构，即数字泵（马达）技术。图27-2所示为苏格兰爱丁堡Artemis智能电源公司在1.6MW液压传动型风电机组上采用的数字泵，它由68个内部模块组成，每个模块由滚筒和活塞组构成，由径向凸轮驱动。它由来自电控提升阀的迅速的控制响应进行调节（由爱丁堡大学开创的关键促成技术，Artemis智能电源公司随后进行了20多年的开发）。因此由泵负责对风力机的叶轮进行控制，同时向液压发动机输送一个受控的恒压，从而以恒定的速度驱动同步发电机。

图27-2 Artemis智能电源公司的数字泵

## 27.1.4 液压传动型风力发电机组发展趋势

### 1. 高低位布置

液压传动系统拥有布置灵活的特点，可以实现模块化配置。为了降低机舱的质量，可以将液压泵置于机舱，液压马达、发电机和控制系统等置于地面，相应的塔筒质量也会降低，从而降低了投资成本，也为后期设备的安装、调试、维护提供了便利。

### 2. 高参数、大容量机组

风电场建设需要大面积土地，土地资源紧张也是制约风电发展的一个重要问题。提高机组容量有利于提高风能利用率，扩大风电场的规模效应，降低单位开发成本。

### 3. 智能控制技术

风力发电机组存在非线性、随机扰动等问题，传统的控制技术很难实现有效控制，近些年发展起来的神经网络和模糊控制技术可以模仿人的智能行为，有效解决不确定性、非线性和复杂的自动化问题，是未来风电控制技术的主要发展方向。

### 27.1.5　液压传动型风力发电机组优势

与传统风力发电机组相比，液压传动型风力发电机组有如下优势：

1）液压传动系统用泵和马达取代机舱中的大型变速箱和电力电子设备，可以显著降低机舱质量，减少风力机组的安装和维护成本。

2）液压传动系统回路的设计可以省去整流逆变装置，使发电机工作在恒频状态下，从源头上消除谐波对电网的不利影响。

3）液压回路的灵活性将为风电场提供新的布置方式，即用多台风力机带动一台发电机工作，提高了系统的工作效率。系统可以在更宽的风速范围内高效运行，增加了年发电量。

新型液压传动风力发电机组可以以独特的优势弥补当前主流风力发电机组的缺陷，是未来风力发电机组的一个发展方向。然而，任何一项新技术从实验室开发到工程应用都需要攻坚克难，解决出现的一个个问题，液压传动型风力发电机组也不例外，要实现其大量应用，需要解决多项技术难题，如发电机转速控制技术、功率最优追踪技术、高效液压泵（马达）技术。此外，相较于传统风电机组，液压型风力发电机组集成度高、可控量减少，因此对其控制系统的精度和响应特性提出了更高的要求。

## 27.2　太阳能电站集热装置驱动机构液压系统

### 27.2.1　主机功能结构

槽式太阳能热发电技术是目前利用太阳能热发电最为成熟的技术，自动跟踪装置要求槽式集热器时刻对准太阳，以保证从源头上最大限度地吸收太阳能。槽式电站单轴跟踪属于槽式太阳能热发电的一种，集热装置的转轴呈南北方向布置，通过驱动机构带动集热装置东西方向跟踪太阳的位置。驱动机构的结构如图 27-3所示，集热装置与集热器支架一起固定在驱动装置支架 1 上，保证在集热镜面随着太阳位置运动的过程中与地面保持一定的距离，使装置的整个运动过程不会与地面发生干涉。液压缸作为驱动元件带动集热器支架围绕转轴转动，实现太阳位置的跟踪。在工作过程中，液压缸 3 处于工作状态时，液压缸 2 随着驱动机构一起运动。当处于工作状态的液压缸工作到极限位置时，进行两个液压缸之间的工作状态切换，液压缸 2 处于工作状态，液压缸 3 作为从动部件随机构一起运动。这样通过两个液压缸的协调工作使集热装置连续转动，始终跟踪太阳位置完成整个跟踪过程。

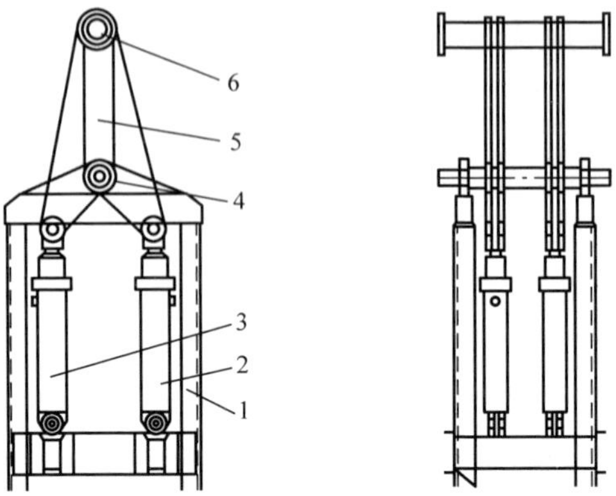


图 27-3　集热装置驱动机构的结构

1—驱动装置支架　2、3—液压缸　4—转轴

5—集热管支架　6—集热管接头

## 27.2.2　液压系统原理

图 27-4 所示为集热装置液压驱动系统原理图。执行机构由液压缸 23 和 24 组成，一个液压缸单独地伸出和缩回，另一个液压缸作为从动缸相应地缩回和伸出。

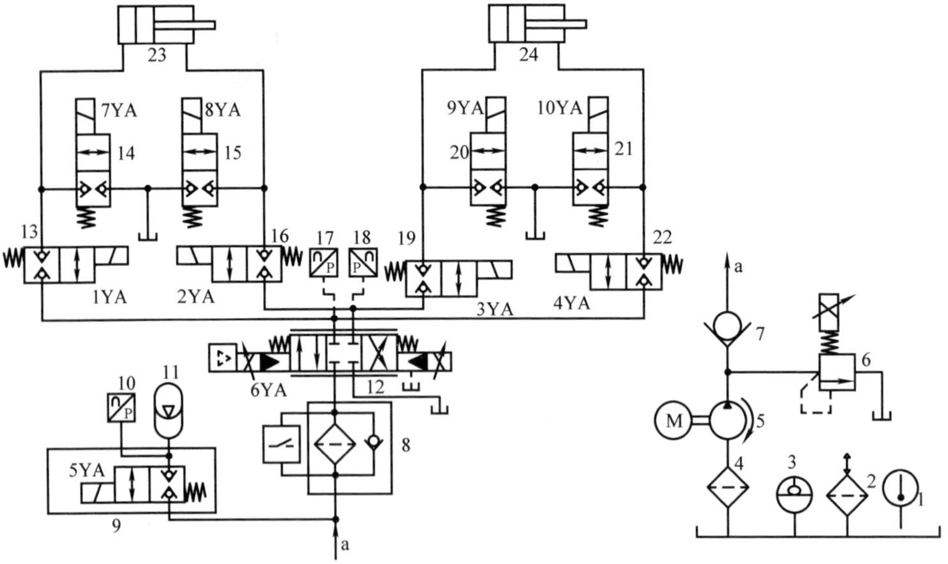


图 27-4　集热装置液压驱动系统原理图

1—温度传感器　2—空气过滤器　3—液位计　4—过滤器　5—定量液压泵　6—电液比例溢流阀

7—单向阀　8—压差开关　9、13～16、19～22—二位二通电磁方向阀（球阀）

10、17、18—压力传感器　11—蓄能器　12—电液伺服阀　23、24—液压缸

系统油源为定量液压泵 5，其出口安装有单向阀 7，以防系统检修或停止工作时油液倒灌。压力回路过滤器设有压差开关 8，当滤芯污染堵塞到进出油口压差为预设值时，即发出开关信号，此时应立即更换滤芯。如不能立即停机或及时更换滤芯，设在过滤器盖内的旁通阀会自动开启，以达到保护系统的目的。油箱中装有液位控制继电器，当液压油液位处于最低极限位置时，会发送开关信号给控制器，由控制器给出相应的警告信息。同时油箱中装有温度传感器 1，可以实时地监控系统油液温度，保证系统工作的可靠性。

系统采用电液伺服阀 12 配合二位二通电磁方向阀 13 ~ 16、19 ~ 22 构成双缸位置控制系统。因为集热器随着太阳位置转动，其转动速度相对较低，故在系统中加入蓄能器 11，定量液压泵 5 可间歇工作。当蓄能器的出口压力低于正常工作值时，再起动液压泵对系统供油，同时向蓄能器充液补油；当蓄能器压力达到上限值时，液压泵停止工作，由蓄能器来提供系统工作所需的液压油。

由于液压缸对称布置在装置两侧，当装置匀速转动时，液压缸的速度将随着位置的不同而不同，故在液压泵的出口设置一个电液比例溢流阀。这样能在不同阶段给定比例溢流阀不同的开度，调节系统的工作压力。

图 27-4 中电磁阀 13 ~ 16 布置在液压缸 23 的回路中，电磁方向阀 19 ~ 22 布置在液压缸 24 的回路中。当液压缸 23 处于工作状态时，电磁铁 1YA、2YA 通电，7YA、8YA 断电，由电液伺服阀 12 与液压缸 23 构成阀控缸系统驱动集热装置。同时，液压缸 23 所在回路中的电磁铁 3YA、4YA 断电，9YA、10YA 通电，把液压缸 24 的两腔与油箱接通，液压缸 24 在随动过程中从油箱补油。液压缸进行状态切换后，情况与上边的分析相反。通过不同的通、断电组合实现一个液压缸伸出或缩回，另外一个液压缸跟随从动。从而实现集热装置在两个液压缸的作用下连续实时地跟踪太阳。

### 27.2.3　技术特点

太阳能电站集热装置驱动机构液压系统的技术特点如下：

1）伺服阀构成的阀控液压系统能够满足集热装置所需的跟踪精度。通过设置比例溢流阀和蓄能器，可动态调整系统压力，保证系统正常工作，也可以使液压泵间歇工作，减少不必要的能量损失，达到节能目的。

2）通过多个二位二通电磁阀不同的开关组合，两个液压缸可共用一个电液伺服阀，从一定程度上简化了液压系统油路结构。

3）在液压缸伸出过程中，通过开启不同的二位二通电磁阀，对液压缸进行补油、减少了补油机构，方便液压站的设计及系统维护。

4）该液压系统可供类似工况的驱动机械装置借鉴。

## 27.3 多点液压式波浪能海水淡化系统

随着人口数量的持续增长，淡水资源紧缺问题日趋严峻，地球表面70%的面积被海洋覆盖，所以海水淡化是缓解淡水资源匮乏的有效手段之一。然而利用电能进行海水淡化的传统方式会加重能源消耗，加剧全球能源危机。为此提出利用波浪能进行海水淡化，有效补充淡水资源的同时避免了传统能源的消耗，又减少了对环境的污染。

关于波浪能海水淡化领域已有很多研究。阿尔托大学（芬兰）提出的Aalto波浪能海水淡化系统，直接利用波浪能增压海水驱动反渗透膜组件工作，并创造性地提出自适应压力产生器，提升系统对波浪力的适应性，提高设备工作效率，但其降低系统操作压力的做法没有得到充分的验证。英国提出了基于牡蛎号（Oyster）的波浪能海水淡化设备，该设备采用了压力交换增强器，可以保证在波浪能功率较低时系统仍能够稳定运行，但由于该系统省略了中间能级转换系统，导致能量储存及能量功率是不平滑的，存在一定的波动，不利于设备的稳定运行。Crea提出了一种以波浪能为能源的蒸汽压缩式海水淡化装置，但是该装置的总体效率较低，需要达到一定的产量其成本才与传统方式相当，具有一定的局限性。Crerara的研究团队针对点头鸭式波浪能海水淡化系统进行了改进，增加了反渗透膜海水淡化设备，替换原有的蒸汽压缩式海水淡化系统，从而使得装置的整体效率得到提升。爱尔兰的研究者们提出了一种新型的筏式海水淡化系统，该装置主要依靠波浪力的驱动，利用液压系统将两者之间相对运动产生的机械能转换为液压能驱动海水淡化系统工作。印度的波浪能研究团队结合自身的地理环境等因素，提出一种振荡水柱式波浪能海水淡化系统，将波浪能转换为气体的动能，再通过与发电机连接的空气透平系统转换为电能，最后利用电能驱动海水淡化系统得到淡水。该系统先将采集能量转换为电能，再驱动反渗透膜系统产生淡水，增加了能源的消耗，系统效率较低。对于多点液压式波浪能海水淡化系统，中国科学院提研发出一种波浪能海水淡化设备，该设备目前正处于运行中，其采能部分属于振荡浮子式波浪能吸收装置，利用锚链在波浪力的作用下进行伸缩运动，带动液压系统产生液压能并分别驱动海水淡化装置以及发电机组，但其目的在于利用波浪能发电为用户供电，多余的能量才用于进行海水淡化，导致用于海水淡化的能量较低。

一种新型的海水淡化设备采用振荡浮子式采集装置，其中浮子采用阵列的方式排列。张明镛等人已经对该系统的采能部分应用AQWA软件进行了水动力特性分析，其目的在于对不同排列方式的振荡浮子与不同楔形角的试验平台模型进行组合，优化水动力结构模型装置。结果发现当模型的振荡浮子以错开方式排列并且试验平台楔形角为60°时，振荡浮子在垂直方向的振荡速度最快，其RAO值也最大，说明该组合模型更有利于提高筏式波浪能发电装置的采能效率。针对该装置的液压传递系统及反渗透海水淡化装置进行仿真分析，根据装置的结构及其原理，利用 Amesim 软件，对该装置的液压系统进行数值仿真模拟，主要分析了蓄能器、波浪高度以及浮子个数对系统的输出响应的影响。结果证明浮子个数的增加更有利于液压系统传递能量，一定范围内波高的增加使得液压系统能够获取的能量也随之提高，同时安装蓄能器能够使液压系统的输出响应更为稳定。

## 27.3.1　装置结构和原理

波浪能反渗透海水淡化系统的阵列筏式波浪能采集装置如图 27-5 所示，主要由三部分组成，分别为漂浮平台主体部分、波浪能采集部分以及液压系统及海水淡化系统。该装置共设有 10 个浮子，分别对称安装于漂浮平台主体的两边，每个浮子均与液压缸独立连接，从而将吸收的波浪能转换为液压系统的液压能。

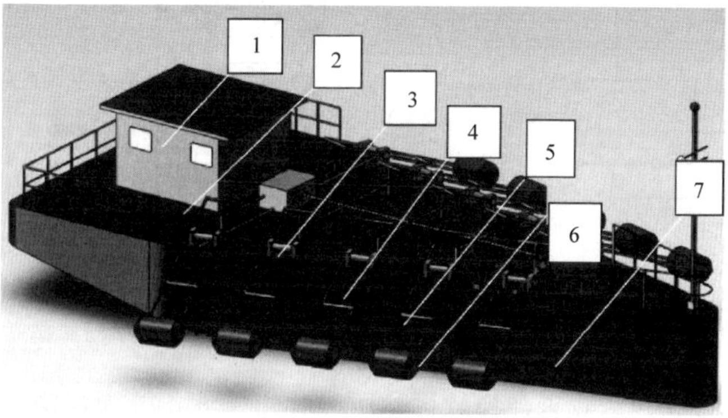


图 27-5　阵列筏式波浪能采集装置

1—操控室　2—增压泵　3—液压缸　4—支座　5—驱动臂　6—振荡浮子　7—漂浮平台

波浪能海水淡化装置液压传递系统原理如图 27-6 所示，由振荡浮子、双作用单杆液压缸、液压阀、蓄能器、液压马达以及反渗透膜组件等组成。浮子在波浪力作用下振荡，带动液压缸活塞杆将液压油压入增压泵，从而提升海水的压力让其通过反渗透膜，完成淡化过程。

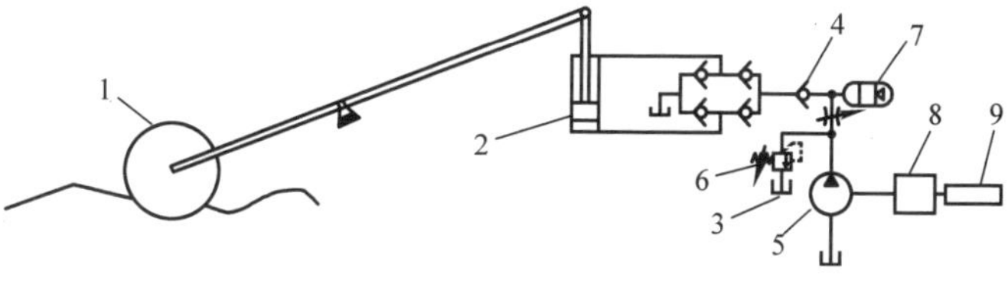


图 27-6　液压传递系统原理

1—振荡浮子　2—双作用单杆液压缸　3—油箱　4—单向阀　5—液压马达　6—溢流阀　7—蓄能器　8—增压泵　9—反渗透膜组件

## 27.3.2　仿真分析模型

用 Amesim 软件建立的单浮子液压传递系统模型如图 27-7 所示，主要包含液压阀、液压缸以及液压马达等液压系统元件。信号输入模块包括正弦信号以及速度信号，其中使用正弦信号的目的在于更好地模拟浮子在海浪下的运动特性，液压缸在信号输入模块作用下压缩腔内液压油，经过单向阀流入蓄能器内，当蓄能器内压力达到指定值时，蓄能器释放液压油驱动液压马达工作，带动增压泵产生反渗透膜组件所需压力。根据单浮子液压传递系统以及波浪能采集装置结构设计的多浮子液压传递系统模型如图 27-8 所示。

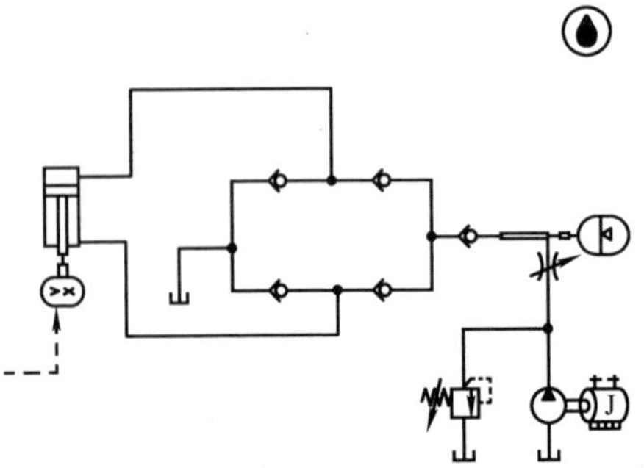

图 27-7　单浮子液压传递系统

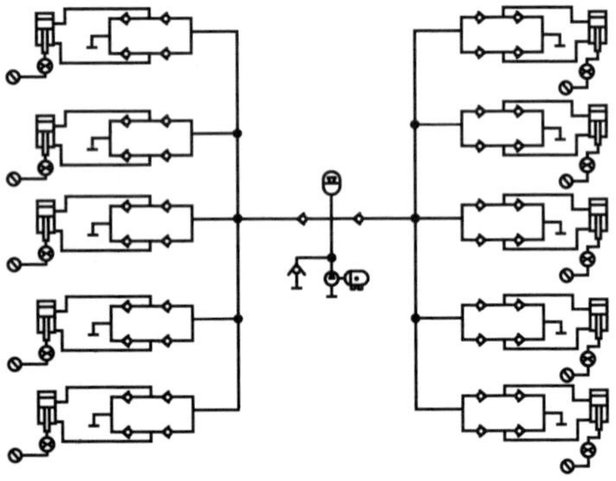

图 27-8　多浮子液压传递系统模型

Amesim 软件是一款物理建模软件，所以其建模方式较为形象，模型图与液压系统的原理图类似。根据装置的液压系统原理图确定所需的基本液压元件模块，同时根据仿真对象的设计要求确立其型号和参数，如液压缸、蓄能器、液压马达、控制阀等，随后按照液压系统原理图将各个液压模块连接。模块连接完成后进入参数设置模式，单击需要设置参数的液压元件模块即可完成参数设置。基本液压元件模块的详细型号以及参数设置数据见表 27-1。

**表 27-1　基本液压元件模块的详细型号以及参数设置数据**

| 液压元件 | 液压缸 | 蓄能器 | 液压马达 | 液压管道 | 控制阀 |
| --- | --- | --- | --- | --- | --- |
| 型号 | HSG※01～63/dE | NXQ1－L100 | YM－250 | — | — |
| 具体参数 | 容腔直径：63mm<br>活塞杆直径：45mm<br>活塞杆行程：1m | 预充压力：75MPa<br>体积：100L | 排量：0.33L/r<br>转速：1500r/min | 管道直径：10mm | 卸荷阀压力：17MPa<br>调速阀孔直径：5mm |

## 27.3.3　仿真分析

波浪能海水淡化系统中的液压传递系统的作用是将采集的波浪能转化为旋转的机械能，所以液压马达的转矩、转速、流量、压力等参数能较好地反映液压传递系统的工作情况。

**1. 蓄能器对液压系统输出的影响**

（1）蓄能器对液压马达输出响应的影响 在相同的海况下，我们期望装置能够以平缓稳定的方式输出能量。输出响应越稳定，设备受到的冲击越少，有利于提高设备的使用寿命，同时也更有利于能量的利用。在海况一定的情况下，液压马达的输出响应与蓄能器安装与否的关系如图 27-9 所示。对于未安装蓄能器的模型，液压马达的流量、转矩及转速都随着时间产生很大的波动；而对于安装蓄能器的模型，液压马达的各项输出响应参数均在一定范围内上下波动。说明在相同海况下，安装蓄能器能够明显的使液压马达的输出响应更加稳定。

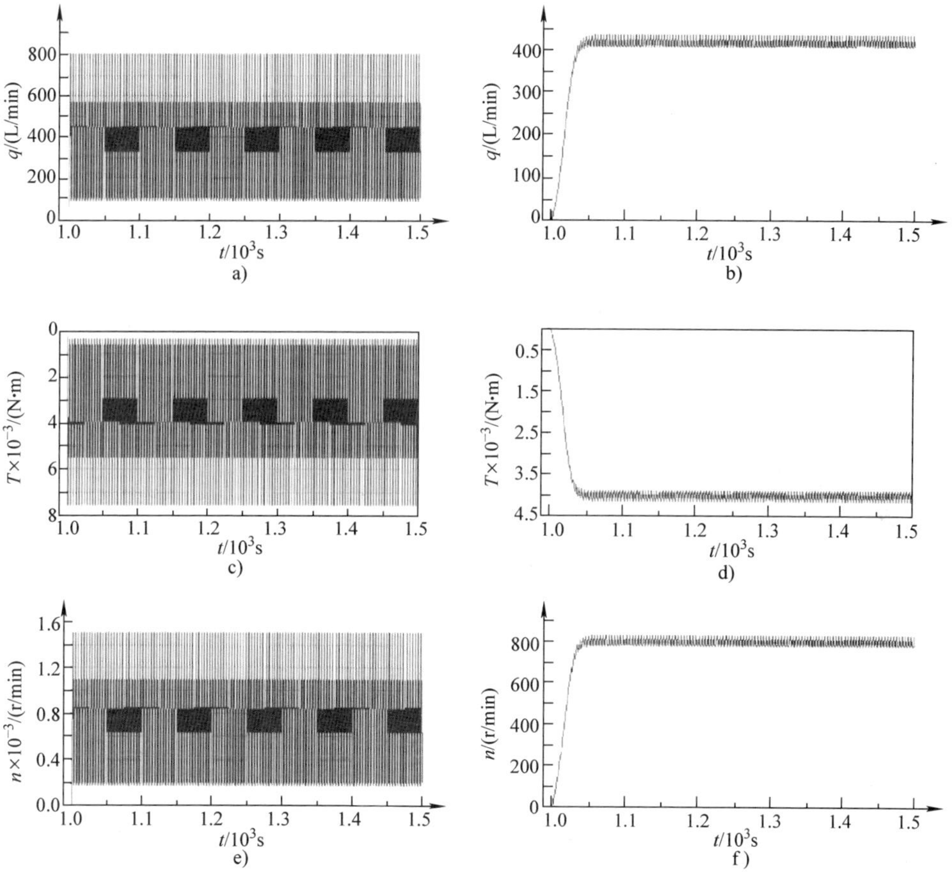


图 27-9 液压马达的输出响应与蓄能器安装与否的关系

a）未安装蓄能器时的液压马达流量响应 b）安装蓄能器时的液压马达流量响应

c）未安装蓄能器时的液压马达转矩响应 d）安装蓄能器时的液压马达转矩响应

e）未安装蓄能器时的液压马达转速响应 f）安装蓄能器时的液压马达转速响应

（2）蓄能器对液压缸压力脉动的作用分析 液压缸的压力脉动如果波动较大，会对整个系统的稳定性造成不良影响，甚至会影响整个设备的寿命及安全性。液压缸无杆腔内压力脉动和蓄能器压力脉动分别如图27-10和图27-11所示，说明在未安装蓄能器时，液压缸输出压力非常不稳定，波动很大；而安装蓄能器之后，液压缸无杆腔内压力稳定在13MPa左右。蓄能器能够明显减少液压缸压力脉动，同时稳定的压力输出能够避免系统中的其他设备频繁受到瞬时载荷冲击，延长设备的使用寿命。

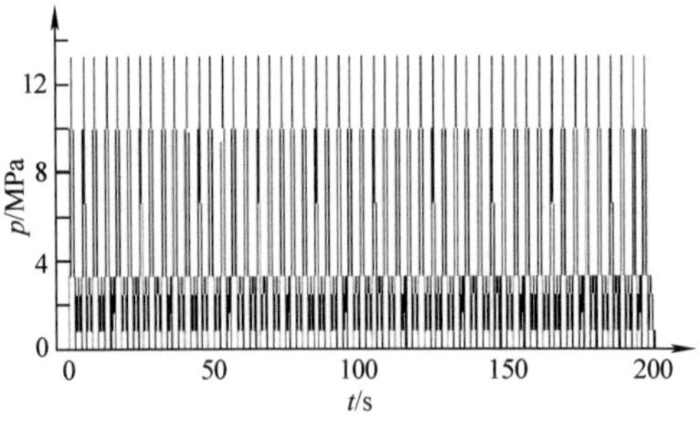


图27-10　液压缸无杆腔内压力脉动

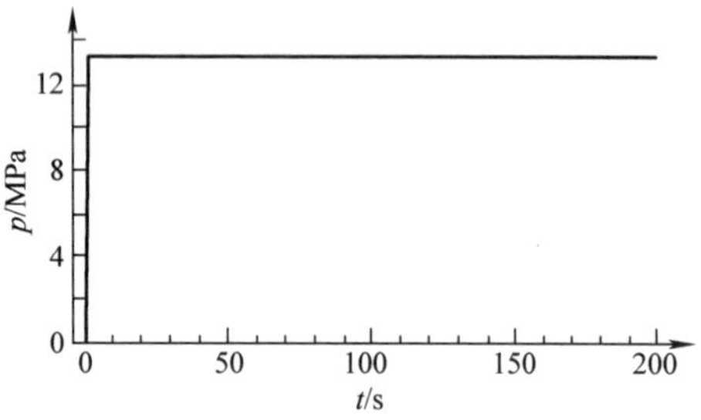


图27-11　蓄能器压力脉动

**2. 系统的输出响应与浮子个数之间的关系**

在波浪力一定的情况下，浮子越多系统单位时间内所获取的能量也随之提高。同时，不同的浮子个数也会影响液压系统的输出响应，故分析了液压马达输出响应与浮子数量之间的关系。

（1）单浮子作用下液压马达的输出响应　单浮子作用下液压马达各项参数的输出响应如图27-12所示，由该图可知液压马达压力稳定在15MPa左右；流量缓慢上升，在1230s左右稳定在42L/min；转速在1050s左右稳定在140r/min，转矩在1200s时稳定在420N·m。

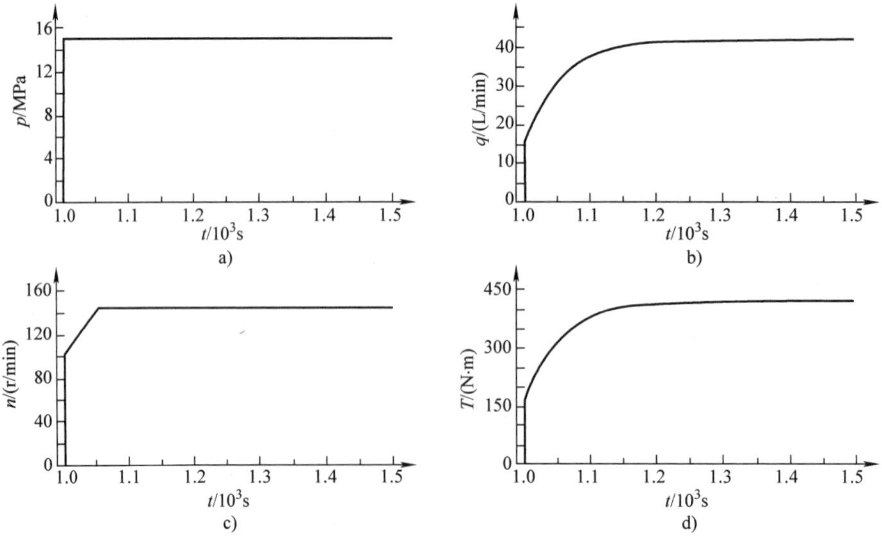


图27-12　单浮子液压马达输出响应

a）液压马达的输出压力响应　b）液压马达的输出流量响应

c）液压马达的输出转速响应　d）液压马达的输出转矩响应

（2）浮子个数为 5 时液压马达的输出响应　液压马达的输出响应在浮子个数为 5 时的关系曲线如图 27-13 所示，其结果表明：液压马达的输出压力为 17.5MPa 左右；液压马达的输出流量为 210L/min 左右；转速上升较为平缓稳定在 400r/min，转矩 1300s 时稳定在 830N · m。

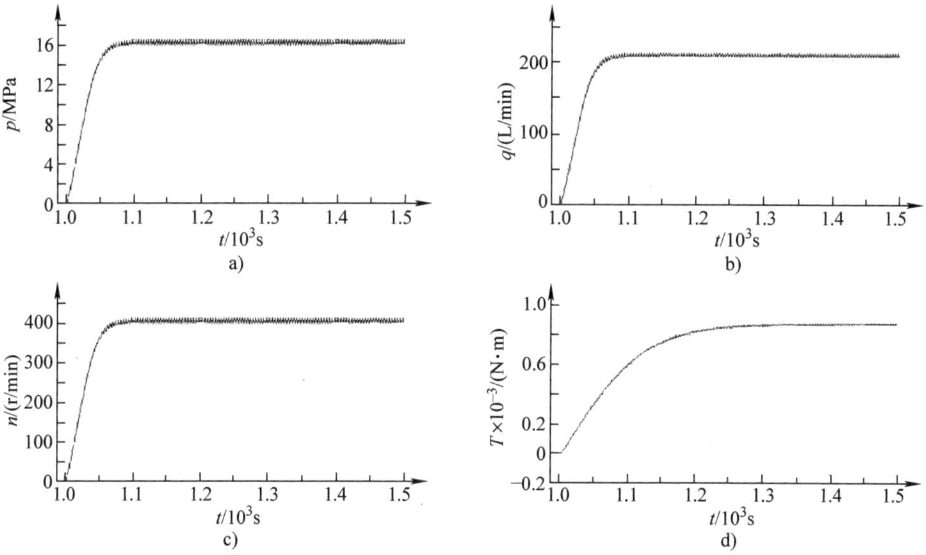


图 27-13　5 个浮子作用下液压马达的输出响应

a）液压马达压力响应　b）液压马达流量响应

c）液压马达转速响应　d）液压马达转矩响应

（3）浮子个数为 10 时液压马达的输出响应　系统包含 10 个浮子时液压系统的输出响应如图 27-14 所示。由图 27-14 可知，液压马达压力与 5 个浮子作用下液压马达压力相比无较大差异，稳定在 17.5MPa 左右；流量在 1050s 时开始在420L/min附近波动；转速可以达到 1200r/min；转矩则在 1020s 左右稳定在 1700N · m。

液压马达的各项参数与浮子的数量之间的关系如图 27-15 所示。由图 27-15可知，浮子个数越多，其流量、转矩等参数的数值也越大。

综上可知，液压马达的各项参数数值的大小与浮子的数量成正比，但是从图形可以看出，液压马达的输出压力响应变化较小，表明其与浮子的数量无关；液压系统输出响应达到稳定的时间随着浮子个数的增长而减小，表明浮子越多，液压系统进入到稳定运行所需的时间越短，有利于系统的良好运行；但是一味地增加浮子个数会导致系统输出响应的波动范围增加，说明系统在高强度运转时的不稳定性会不可避免的增加，但都在合理可控的范围之内，不会影响系统的正常运行。

**3. 不同波高对压力的影响**

波浪能量与波浪本身的参数有关，主要是与波浪的周期以及波浪的高度相关，

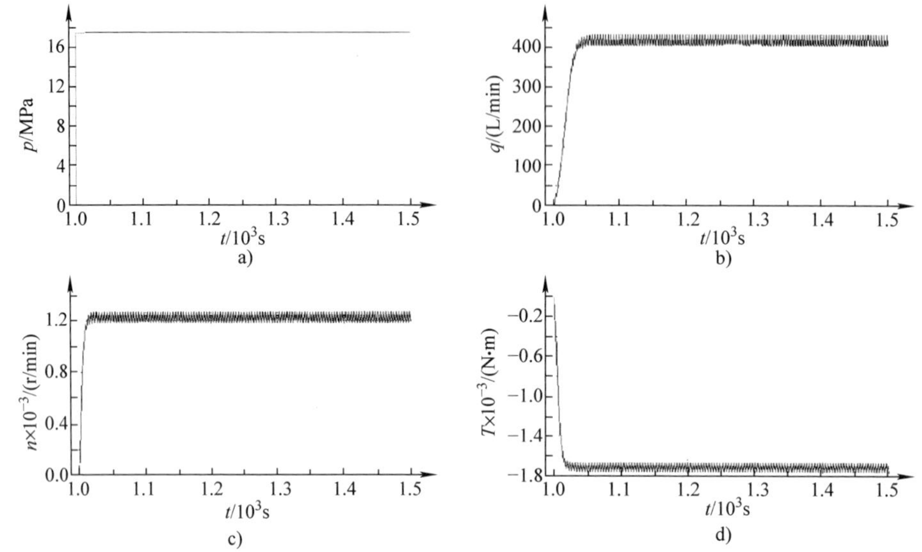


图 27-14　10 个浮子作用下液压马达输出响应

a）液压马达的输出压力响应　b）液压马达的流量响应

c）液压马达的输出转速响应　d）液压马达的输出转矩响应

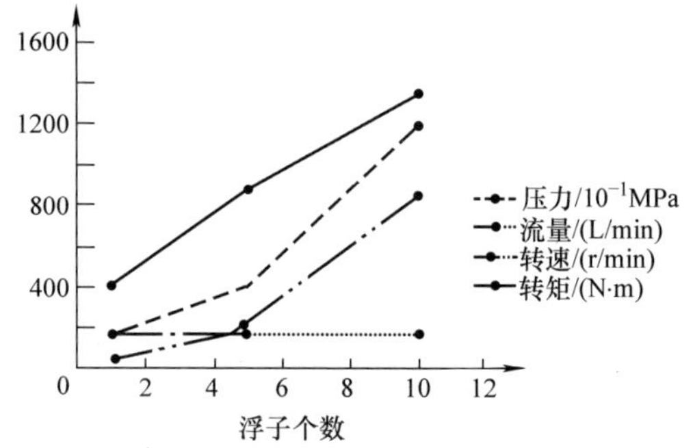


图 27-15　不同浮子个数运行时液压马达参数变化

波浪的高度越大，其所包含的能量也越高。本系统中所采集的波浪能经过液压系统转换为液压能并直接作用于海水淡化设备，所以波浪的能量转换为反渗透膜海水淡化系统中的压力。为了分析本系统在不同的波浪高度下的运行情况，通过改变输入信号中正弦信号的幅值大小，从而近似地模拟不同的波浪高度。

由图 27-16 可知，系统的操作压力整体上随着波浪高度的增加而增加。当波浪的高度低于 1m 时，系统的操作压力增长速度较快；而当波浪的高度在 1 ~2m 时，由于蓄能器的作用，系统的操作压力增速放缓，有利于系统的平稳运行；但是当波浪高度达到 2m 以上时，系统的操作压力超过了蓄能器所允许的最大工作压力，容易对系统造成损坏。

由反渗透膜式海水淡化系统的工作原理可知，需要在海水一侧施加足够的压力让其通过反渗透膜系统从而获得淡水，所以淡水的产量与系统的操作压力息息相关。增压泵的操作压力在低于 5MPa 时无法产生淡水；当操作压力大于 5MPa 时，系统的产水量随

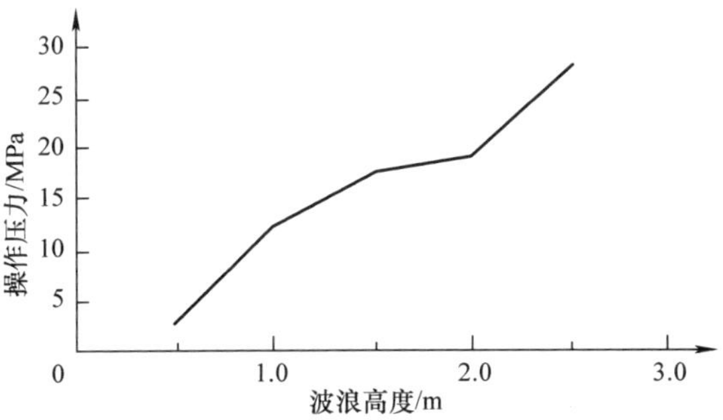


图 27-16　系统操作压力与波浪高度的关系

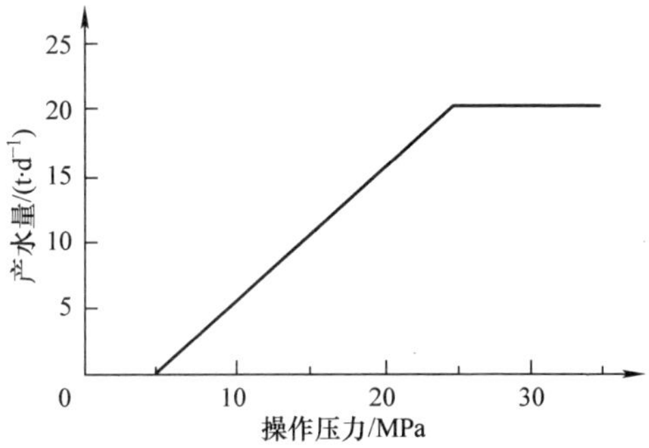


图 27-17　设备产水量与操作压力的关系

着操作压力的增加呈线性增加；当操作压力大于 25MPa 时，由于已经达到反渗透膜海水淡化系统的最大工作压力，故淡水产量不在增加（见图 27-17）。

由图 27-16 与图 27-17 可知，当波浪的高度小于 0.5m 时，系统操作压力过小，无法驱动反渗透膜系统工作；当波浪的高度在 1～2m 时，系统的操作压力在许可范围内增长，故产水量也随之上升；但是当波浪的高度达到 2m 以上时，因为超过了反渗透膜系统所允许的最大操作压力，故产水量不再增加。

本节主要介绍了多点液压式波浪能海水淡化系统中液压传递系统的结构及工作原理，同时对液压传递系统进行了建模与仿真试验，分析了蓄能器、浮子个数以及波浪高度对液压传递系统输出响应的影响。根据上述试验数据分析，可以得出以下结论：

1）安装蓄能器后，液压马达各项参数的输出响应均在某一范围内小幅度波动，同时也能够明显减少液压缸的压力脉动。这说明蓄能器能够使液压马达的输出响应更加稳定，同时能够减少系统中其他设备受到的冲击载荷，延长设备使用寿命。

2）液压马达的各项参数的输出响应数值随着浮子数量的增加而增加，液压马达各项参数到达稳定的时间也相对缩短。这说明浮子个数的增加使得系统所获取的能量也相应增加，同时能够使液压系统更快速地趋于稳定正常工作，从而有利于提高系统的效率。

3）波浪高度的增加使得系统所获取的能量也相应增大，且波浪高度在 2m 左右时，能够最大限度地发挥设备的采能潜力，使得设备的产水量达到最高。

## 27.4　摆式能量转换原理及其波浪能发电系统

悬挂摆式波浪发电装置由水室摆板机构、机电转换机构、发配电机构三部分组成。水室摆板机构将波浪能转换成机械能，机电转换机构将机械能转换成电能，发配电机构进行电力输送。

水室摆板机构是悬挂摆式波浪发电装置的关键部件。图27-18所示为悬挂摆式波浪能发电装置示意图。常见的摆式波浪能发电装置由摆板、摆轴、传动系统等部分组成。水室的作用是聚波形成立波，其实质是增加波浪能量密度，摆板则是与波浪直接接触的部分，波浪通过摆板做功，转换成机械能。波浪进入水室后，在水室后墙反射叠加形成驻波，在驻波的驻点处，水质点做往复运动，表现为宏观的水团往复运动。驻波垂直作用于摆板，摆板绕摆轴前后摆动并带动液压动力源的活塞杆或摆动缸运动，将摆板俘获的波浪能转换为传动系统的机械能后，再转换为液压能，再由液压马达带动发电机发电。

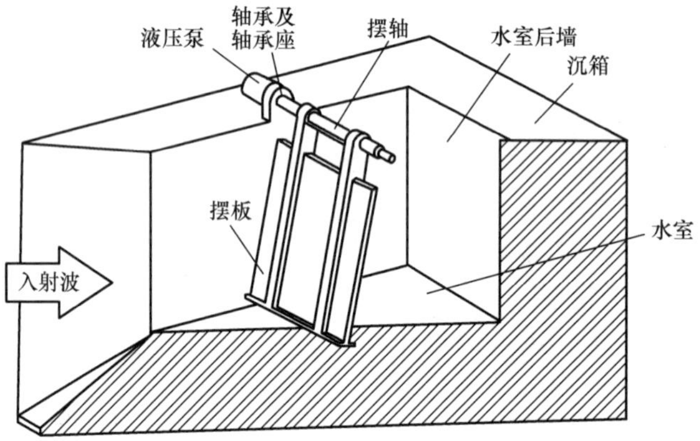


图27-18　悬挂摆式波浪能发电装置示意图

图27-19所示为悬挂摆式波浪能发电装置液压系统示意图。以液压缸作为液压动力源为例，在海洋波浪作用下，摆板推动活塞杆，例如活塞杆向右移动时，油箱

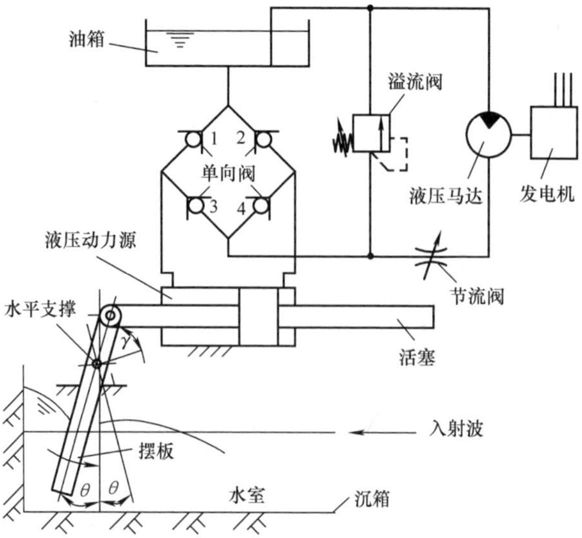


图27-19　悬挂摆式波浪能发电装置液压系统示意图

的油经单向阀 1 进入液压缸左腔，右腔压力油经单向阀 4、油路和节流阀进入液压马达，驱动液压马达运转，输出转矩或直接带动发动机发电。反之，活塞杆向左移动时，油液经单向阀 2 进入液压缸右腔，左腔中的压力油经单向阀 3、油路和节流阀进入液压马达，驱动液压马达连续旋转，带动发电机做功或发电。四个单向阀实现液压油流动方向的调节，使液压马达始终在一个方向旋转。随着技术的发展，液压动力源也采用摆动叶片泵的形式。

### 27.4.1　波浪能与液压能的转换元件

图 27-20 所示为悬挂摆式波浪能发电装置水室结构示意图。悬挂摆式波浪能发电装置原理与吉他或小提琴等弦乐器原理类似。装置的水室和摆板等同于吉他或小提琴的共鸣器和弦。就像弦的振动使共鸣器中的空气产生共鸣，使得声音被放大一样，摆板的运动使水室内的水的驻波波动共振。水室内的水担任了摆板和水共振中“弹簧”的任务。这个弹簧常数主要是由自然条件决定的，是在设计装置时使得摆板和水共振的重要参数，尽量避免人为改变。背水腔由一面墙壁隔开，入射波在墙壁上被反射，形成驻波。摆板到墙壁有 0.25 个波长的距离（在水室内水深为浅水的情况下），再到达入口的一侧。因为海洋波浪的波长并不一定，因此会引起效率低下的情况。为了减少这种现象，根据经验一般取摆板安装位置约为 0.2 个波长。

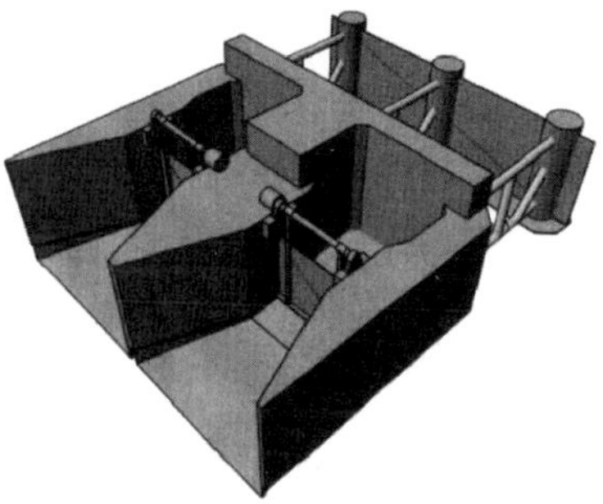

图 27-20　悬挂摆式波浪能发电装置水室结构示意图

图 27-21 所示为典型摆板结构示意图。摆板是使波浪能转换为摆板运动的机械能的重要机械要素。摆板是扇形的，平板上有两个摆臂，摆臂上端与摆板轴是固定的。推动平板的波浪力使得摆板运动，这样轴的回转会带动静油压变速机，再带动发电机转动。摆板轴与泵轴一体化的叶片泵对于暴风雨情况的耐久度及海上作业的安全性和可靠性都有提升的作用。若限制平板的高度，合理设计平板与轴之间的间隙，则可以延长装置在极端天气下的工作寿命。若将图 27-21 中的摆板颠倒，使铰链固定在水下，则称为浮力摆式发电装置。这两种情况的效率几乎没有差别，但将铰链固定在水下这种方法不利于装置的后续维护。摆板运动效应，摆板和水流的轨迹类似，摆板水流的湍流效应将减轻，摆板和水室的间隙中通过的泄漏量也不太大。平板的摆臂较长，轴的位置相对于静水面较高，对于同一波高，摆板摆动的角度会变小。相反，作用在泵上的转矩增加。因此在实际设计时应尽可能减小摆臂的长度。

根据规则波而非有效波来设计摆式波浪能发电装置。有效波包括各种波高和周期的波形，因此实际采用与有效波等价的规则波。在实际海域内，规则波的波浪会

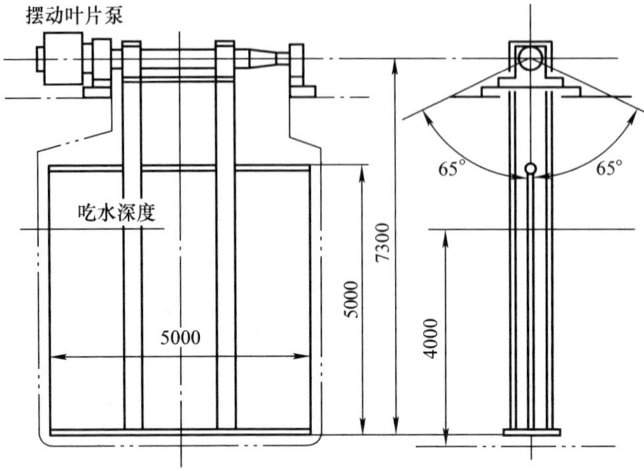


图 27-21　典型摆板结构示意图

在一段有限时间内持续出现，因此摆式波浪能发电装置的额定装机容量大约是从有效波推断出的平均功率的2倍。

## 27.4.2　关键技术

### 1. 浮体型悬挂摆式波浪能发电装置

浮体型悬挂摆式波浪发电装置是一种近岸波浪能转换装置与浮动母体的结合。与海岸固定式悬挂摆不同，浮体型悬挂摆式波浪能发电装置浮动母体可以固定在近海的某处，利用主动阻尼，可以通过在浮体后方安装减振板从而产生一个相位差为180°的波浪来削弱作用在浮动母体上的波浪力。这种装置具有以下优势：

1）将特殊的浮体与悬挂摆式波浪能发电装置组合，可充分利用近海波浪资源，而不局限于沿岸。

2）有可调节性，必要时可移动相应的装置。

3）在浮体上，可以兼用波浪发电以外的装置。例如，可以作为海上风力发电的基体。

图 27-22 所示为海上浮体型悬挂摆式波浪能发电装置的构造和原理设想图，是由四组摆式波浪能发电装置搭载在一台浮体上的标准实用机的案例。浮体兼作两台海上风力发电装置的基体。额定装机容量：波浪能发电 600kW，风力发电 140kW。为了使浮体静止，要从升沉、波动、倾斜三个方面对主动阻尼进行标定。浮体右后方的减振器抵消了波浪的波动。船体前方下面有两处用绳索系住，另一端系在海底并在长度上留下充分余量。船体在波浪力的作用下，在向着入射波方向的位置固定下来。因为主动阻尼的效果，系在浮体上绳索所受的力将比一般情况下的受力要小一些。

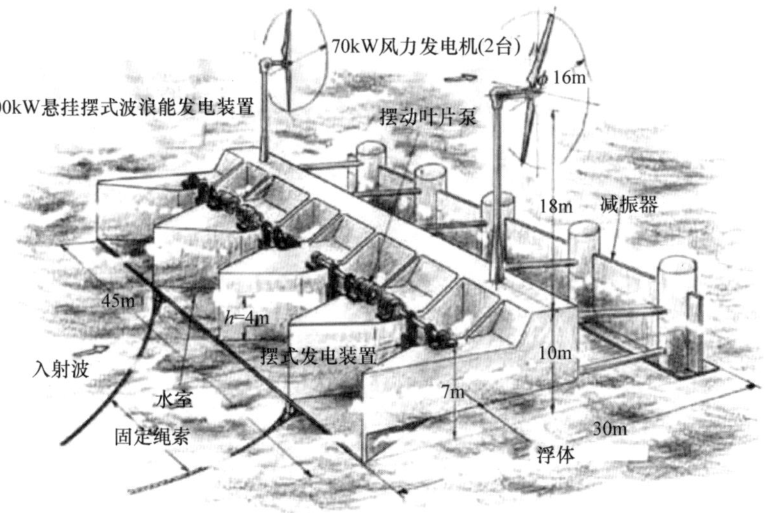


图 27-22　海上浮体型悬挂摆式波浪能发电装置的构造和原理设想图

水室内安装摆板。摆板受到波浪力，因为反作用在摆板轴中心的波浪力以及力矩而产生摆动。结果导致浮体在浪涌的作用下产生俯仰运动。为了消除这两方面的作用，浮体后方设置了减振器，针对浪涌和升沉产生主动阻尼。

浮体在摆板轴中心半个波长后方设置减振用的垂直板和水平板。垂直板的作用是产生与入射波有 180°相位延迟的波浪力，因为这两股力量一般会相互抵消，所以浮体不会产生浪涌运动。同样地，水平板的作用是抵消摆轴上的力矩，使浮体不会产生升沉运动。

虽然减振用的水平板和垂直板安装的位置和装置设置海域的海面波长相配合，但波长并不一定。波高增加的话波长也会增长，如果使设置海域水深变浅的话波长会变短。减振器的位置应该参照出现频率最高的波长来固定。在暴风雨的情况下波长会变长，使得减振器与波长的位置关系不一致。这导致了减振器失效，浮体会产生浪涌和升沉运动，结果会出现发电效率极端低下的情况。虽然波浪的能量在加大，但浮体和摆板相对于波浪的运动并没有增加，因此使浮体和摆板运动的波浪能无法增加，这和使用固定沉箱时有很大差别。这样的阻尼保护方法具备发电装置在暴风雨天气下的保护机能。试验证明，正常工作下发电装置转换效率在 60% 左右，暴风雨天气下骤降到 10% 。

图 27-23 所示图 27-22 中的单台悬挂摆式波浪能发电装置 1∶25 的测试模型，目的是进行二维的平面空间水槽试验。

**2. 重心位置可调节摆板**

摆板重心的位置影响转动惯量，从而影响系统固有频率。为提高一级能量转换效率，应该根据海况的不同调整摆板重心的位置。因此，摆板与摆臂可采用分离式

图 27-23　单台悬挂摆式波浪能发电装置 1∶25 的测试模型

设计，再根据需要进行组装，可以获得更好的一级能量转换效率，且使用更加灵活，制造更为简便。

为了进一步分析摆板重心位置对一级能量转换效率的影响，以及效率关于重心位置的变化趋势，需要先初步建立摆板的模型，得到效率 - 重心位置曲线，如图 27-24所示。可见，随着波浪波长的增加，装置的一级能量转换效率一直在降低，因此当波长增加时，需要增大摆板重心到摆轴的距离，以增大一级能量转换效率。因此，为了使设备适应更多海况要求，应将摆板设计为摆臂长度可调的结构。

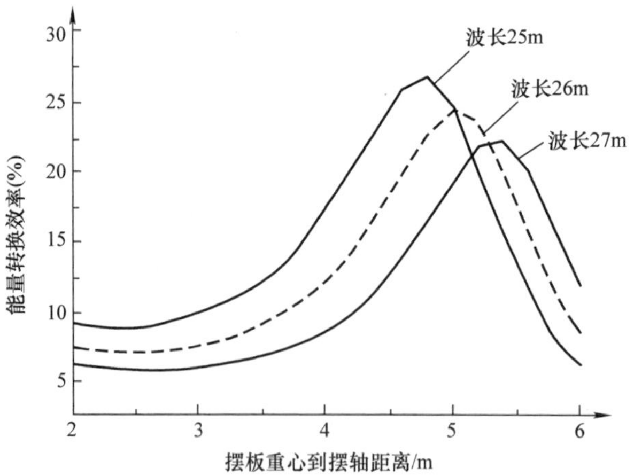


图 27-24　波浪不同波长下摆板重心位置与一级能量转换效率的关系

摆板和摆臂可以采用机械或液压结构进行无级调节，以达到精确匹配的目的。为了降低成本、提高可靠性，摆臂与摆板可采用螺栓连接，如图 27-25 所示。摆

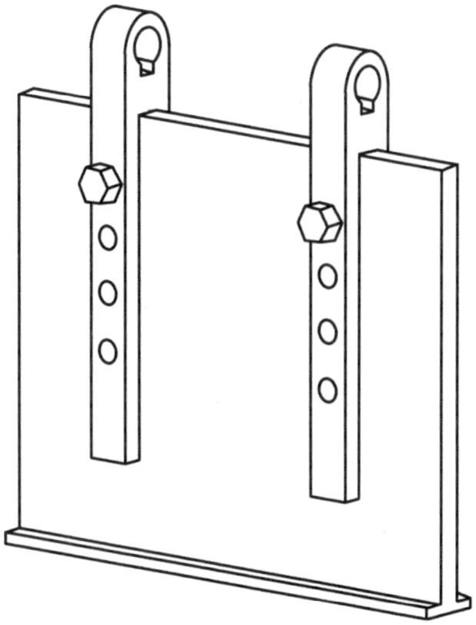
图 27-25　可调节摆板示意图

板－摆臂的长度通过调节螺栓孔位置来实现可变。螺栓孔之间采用等间距设计，因为这样不仅降低了加工难度和加工成本，还可根据波浪大小增减螺栓的数量，增加装置的耐久度。实际使用过程中，可以选取出现频率较高的波长对应的重心位置进行适当调节，并根据实际摆板和摆臂的尺寸来确定最终螺栓孔之间的间距。

**3. 楔形聚波口**

浮体型悬挂摆式波浪能发电装置不受海岸线地理位置的局限。然而，由于浮体在海洋中并未完全固定，随波浪起伏及晃动，会导致装置转换效率下降等一系列问题。波浪能转换效率的瓶颈一直是制约波浪能发电经济性的主要因素。增加迎波宽度，提高入射波能量同样可以达到提高波浪能发电量的目的。在工程上，增加装置的整体宽度不仅导致建造成本和制造难度的增加，还会提高装置在极端天气下被损坏的可能性，而对装置局部进行改造，增加聚波功能部件可以在一定程度上避免上述问题。因此，在浮体上开设聚波口是一种较为经济有效的选择。

聚波口虽然有聚集能量的作用，但波浪也会在聚波口上发生汇流和反射，造成水室内流场紊乱、转换效率下降或不稳定。其原因在于波浪水粒子的运动轨迹在与聚波口碰撞时发生改变，且水粒子之间相互干扰，形成复杂的流动环境，增加了稳定、高效地捕捉波浪能的难度。目前，针对微观水粒子在聚波后新运动轨迹的描述较为困难，这是波浪本身具有随机性以及外界影响因素的不确定性所造成的。从宏观的能量及流速角度对问题进行简化，可以更直观地得到聚波口对波浪动能的影响，得出聚波口的优化方案。

针对浮体型悬挂摆式波浪能发电装置，浮体是整个发电装置的载体，其中，楔形聚波口位于浮体前方，楔形聚波口的结构型式之所以具有聚波功能，主要是由于这种结构使得进入水室的水量增多，从而达到提高波速和水位、增加入射波能量的目的。但楔形聚波口的存在也使得波浪进入水室后出现流场紊乱，对能量采集造成干扰。

为了进一步讨论楔形聚波口形状对聚波性能的影响，首先定义聚波口楔形角度为 $\alpha$，并对浮体外围流场进行划分，如图 27-26 所示。根据波浪对浮体冲击位置的不同可以将波面划分为两个区域，即Ⅰ流域和Ⅱ流域。Ⅰ流域的波浪直接进入水室，受聚波口影响较小；Ⅱ流域的波浪受到聚波口的影响，波浪传播方向改变。通过对不同聚波口楔形角度的浮体的聚波效果以及Ⅱ流域对Ⅰ流域的影响进行分析，基于仿真提出了聚波口楔形角度 $\alpha$ 的优化方案。

流速仿真结果如图 27-27 所示，图中长横线为摆板安装位置。在没有楔形聚波口的情况下，即聚波口楔形角度为 90°时，波浪运动由于受到了浮体前墙的阻碍，Ⅱ流域流体向装置左右两侧绕行，在水室入口处出现明显的波浪加速汇流区域，流速达到近6m/s。但汇流区域波浪运动非常不稳定，流速衰减很快，特别是水室后部流速较低。这是由波浪动能在水室入口汇流时产生极大损耗所造成的。

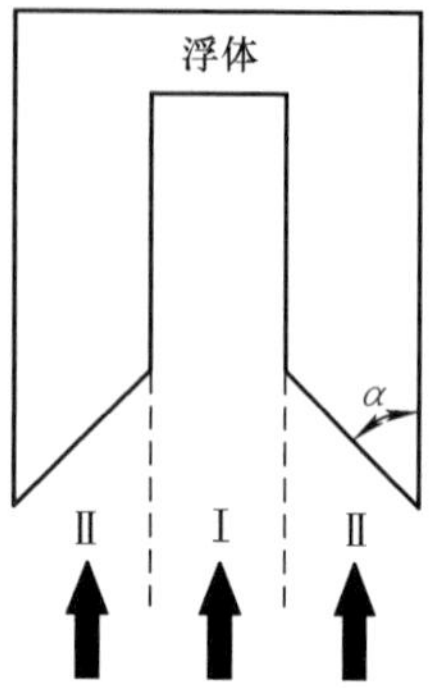


图 27-26　浮体聚波口流域示意图

当浮体安装楔形聚波口后，波浪的加速汇流区域位于聚波口与水室的连接处，因此聚波口也具有调节最高流速位置的功能。此外，水室内速度梯度有所下降，水室内流速分布更为均匀。安装聚波口对于波浪能稳定输入有一定必要性。

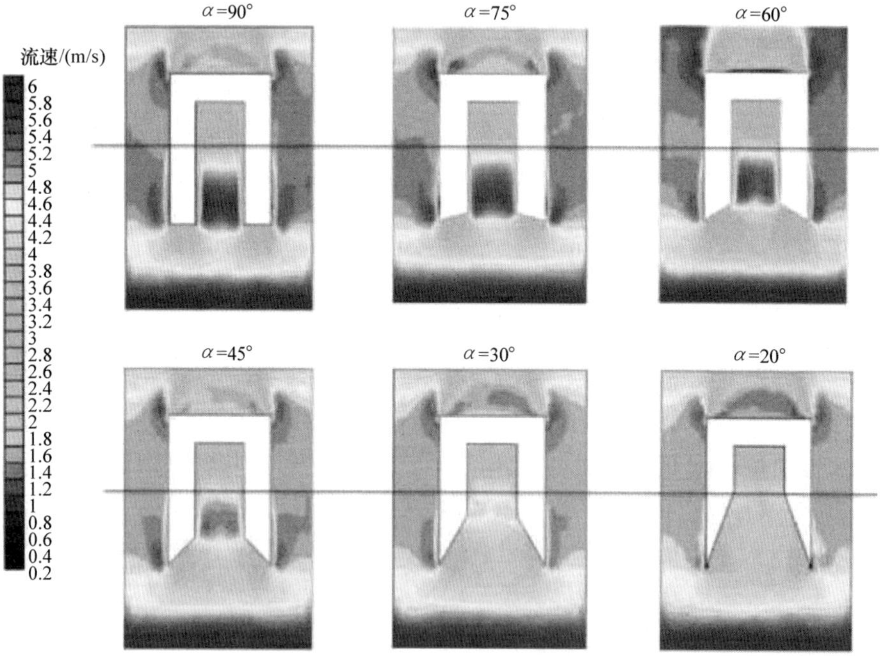


图 27-27　流速仿真结果

波浪受到装置的阻挡，在楔形口流域附近存在波浪反射区，其流速约为 3m/s。当聚波口楔形角度 $\alpha$ 较大时，可以明显看到反射区与周围流场的速度差，对Ⅰ流域流场产生一定干扰；当聚波口楔形角度较小时，反射区和周围流场有相融合的趋势，水室入口处的速度梯度较不明显。当聚波口楔形角度 $\alpha=60°$时，反射区影响范围最大。这是因为聚波口单侧相对于入射波的波向角在 30°～45°时，反射系数 *Kr* 达到峰值，此后随着波向角的减小，反射系数 *Kr* 也减小，反射波的能量也减少。

当聚波口楔形角度 $\alpha=20°$ 时，聚波口楔形尖角处存在明显的速度下降。过于细小的结构件尖端可能存在涡旋和能量的损耗，并对结构件的尖角造成腐蚀。因此为了避免浮体局部快速腐蚀的情况，聚波口楔形角度不宜小于 30°，且尖角处过渡应尽可能圆滑，并做进一步防腐蚀处理。

Ⅰ、Ⅱ流域的交汇处是聚波口与水室的连接处，流道宽度迅速减小，因此存在明显的加速区。当聚波口楔形角度较大时，加速区的最高流速越大，其速度梯度也越大。最大流速出现在靠近水室侧墙处，因此在最高流速区的截面上流速分布不均匀，两侧流速较高，中间流速较低，特别是当聚波口楔形角度较大时，此现象较明显。例如，当聚波口楔形角度为 75°时，两侧流速与中间流速的差值约为 8%；而当聚波口楔形角度为 20°时，差值约为 2%。可见随着 $\alpha$ 的减小，加速区最高流速减小，流速梯度减小，流速分布更均匀。这是由于Ⅱ流域的流体与Ⅰ流域的入射波在两流域交界处发生汇流，造成流场紊乱。当聚波口角度较大，即Ⅱ流域流体流速与Ⅰ流域流体流速夹角较大时，Ⅱ流域对Ⅰ流域入射波冲击较为剧烈，直接导致较大的动能损耗。当聚波口角度较小时，汇流区域影响范围明显缩小，水室内流速能快速稳定，动能损耗较小。

图 27-28 所示为摆板安装点中心流速与楔形聚波口角度的关系。当聚波口楔形角度 $\alpha$ 较大时，虽然流场最高流速较大，但水室内流场分布不均匀，流速衰减较快，故在摆板处流速较小。此外，作用于聚波口的流量一部分顺着楔形口进入水室，一部分反向绕行或被聚波口反射，进入水室的流量比例随聚波口楔形角度 $\alpha$ 的减小而增大。当聚波口楔形角度 $\alpha$ 较大时，虽然最高流速较大，但实际进入水室的流量反而较小，因此摆板安装处流速也较小。值得注意的是，当聚波口楔形角度 $\alpha=20°$ 时，摆板处的流速反而下降，这是由于此时摆板正好位于聚波口与水室的连接处，此处为Ⅰ、Ⅱ流域的汇流处，流速不稳定。而且当聚波口楔形角度 $\alpha=20°$ 时，聚波口楔形面较长，而水室长度较短，反射波对水室内流速有直接影响，因此不推荐过小的楔形口角度。

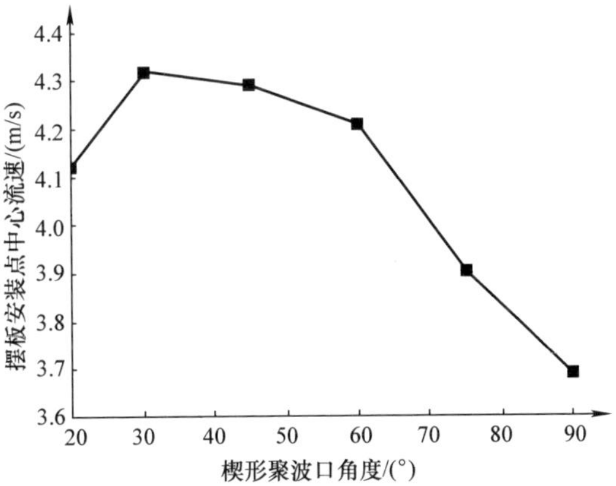


图 27-28　摆板安装点中心流速与楔形聚波口角度的关系

聚波口楔形角度对摆板所在截面的流速分布同样有影响，图 27-29 所示为 $\alpha=$

60°、45°、30°及 20°时摆板所在截面的流速分布。可见随着 α 的减小，截面上流速分布更加均匀。其原因在于：首先，波浪的传递速度随水深的增加而减小，因此在水室底端的流速会低于波浪自由表面处的速度；其次，当聚波的波浪宽度相同时，聚波段长度越大，聚波过程越平稳，在深度方向上波速梯度也越小，速度过渡也越平稳。

综上所述，聚波口楔形角度 α 的建议值为 30° ~45°。

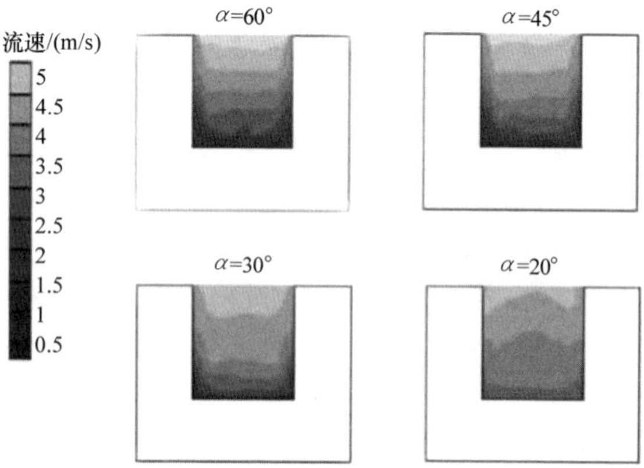


图 27-29　摆板安装截面处的流速分布

**4. 摆轴 – 液压泵设计方案**

图 27-30 所示为韩国波浪发电研究所团队 KRISO&YOOWON 正在开发的 300kW 海上浮体型摆式波浪能发电装置概念图。摆动叶片泵设有安全停止装置，在暴风雨天气时，可以保护液压系统不超载。在泵内部设置安全停止装置成本过大，因此在泵与轴的连接处设置类似离合器的装置，能达到同样的目的。

图 27-30　300kW 海上浮体型摆式波浪能发电装置概念图

随后，KRISO&YOOWON 在案例的基础上提出了采用摆轴 – 增速齿轮 – 柱塞泵传动系统来替代原摆轴 – 叶片泵系统。新传动系统如图 27-31 所示，摆轴和柱塞泵采用增速齿轮传动。经研究，新传动系统对摆板的共振性没有影响，同一个摆轴可搭载多个柱塞泵，使动力分配更均匀，且柱塞泵可采用市面上已有的产品，无须定制。

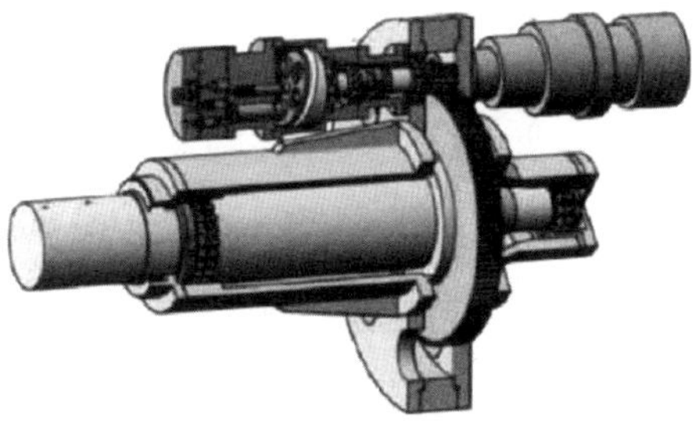

图 27-31　摆轴－增速齿轮－柱塞泵传动系统

## 27.4.3　实践案例

摆式波浪能量转换器案例测试现场是日本北海道室兰市一处面朝大海、直径大约为 50km 的圆形海湾，坐落于日本北海道西南地区。图 27-32 所示为摆式波浪能量转换器测试现场图。

图 27-32　摆式波浪能量转换器测试现场图（室兰工业大学）

图 27-33 所示为摆式波浪能量转换器测试的各种波形。当摆式波浪能量转换器驱动活塞泵时，图 27-33 显示在测试点的典型波形记录图。图中，顶部的波形线显示的是通过超声速声波测量得到的入射波高度曲线，其浪高 $H=2\sim2.5$m，波浪周期 $T=4.5\sim5.7$s，入射功率为 58kW。海洋波浪通过摆动装置驱动柱塞泵，测试得到的泵排量如第二条类正弦函数线所示。第三、第四条曲线显示泵的压力 $p_1$ 和 $p_2$，第五条曲线表示马达驱动负载泵的总转矩。第六条曲线是马达速度和负载泵的直观联系图。马达的输出功率以转速和转矩计算，大约为 25kW。从入射波到马达输出的转换率为 25kW/58kW = 43%。

图 27-34 所示为摆式波浪能量转换器的性能测试结果，它是在海洋测试中记录的摆式波浪能量转换器（叶片泵）的相关数据。在记录过程中，浪高变化的范围大。随着浪高的改变（0.6～3.0m），摆式波浪能量转换器用角度变量的或大或小（11°～44°）来与其匹配。测试结果分别显示马达转速（800～2300r/min）和输出功率（2.5～23kW），其消除了大多数波浪振荡效果，很少有高频波部分。测试用摆动器设计成能适用于波浪周期 $T\geq4.2$s 的地方。如图 27-34 所示，在周期 $T<$

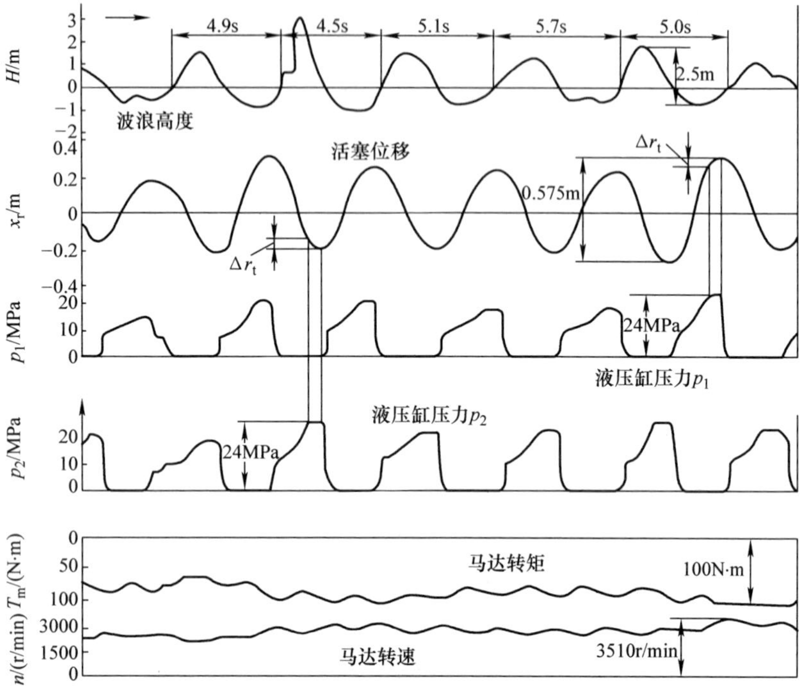


图 27-33　摆式波浪能量转换器测试的各种波形

4.2s 的地方，效率很低。如果测试点面向大海，理论上周期 $T<4.2\text{s}$ 的地方是不存在的。

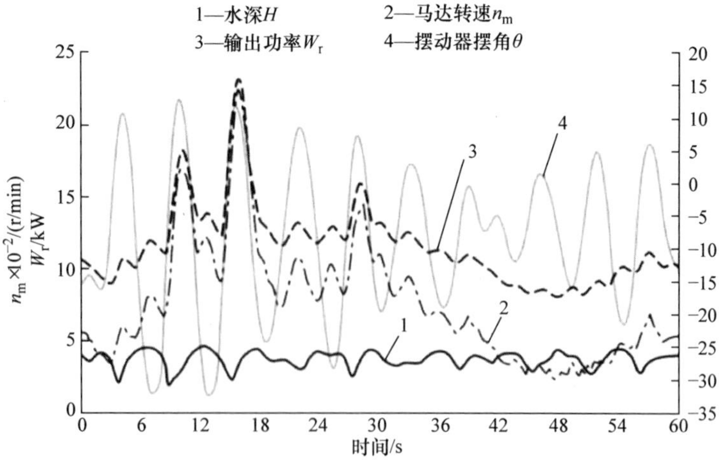


图 27-34　摆式波浪能量转换器的性能测试结果（叶片泵）

# 第 28 章　静液压行走系统及元件

## 28.1　农业机械液压系统及元件

### 28.1.1　联合收割机闭式静液压传动系统

**1. 工作特点和原理**

传统的行走驱动是由发动机通过传动带带动无级变速轮，再由无级变速轮带动变速箱。由于收割机作业时要求手油门固定在最大位置，以保证工作部件的转速，所以车速需要通过控制机械无级变速轮的传动比来调整，而在掉头和转弯时则需要多次换倒挡，甚至松掉手油门改用脚油门，所以在操作时要不断地使用无级变速轮操纵杆、变速箱换挡杆、离合器、手油门及脚油门，操纵复杂。静液压驱动是由发动机带动变量泵，变量泵驱动定量马达，马达直接驱动变速箱。收割机作业时，手油门固定在最大位置，仅通过变量泵的控制手柄（推拉软轴）前推、中置、后拉即可实现车辆的前进、停车或倒退，且通过控制手柄前推、后拉的程度大小，可以实现车速快慢的控制。整个过程无须踩踏离合器、无须改变油门大小，操纵简单轻松。

（1）静液压传动的特点　收获机械的无级变速装置中静液压传动效果好，液压装置结构紧凑，在底盘上易于布置，在田间作业时换挡平顺，且在起动、制动和换向之间切换迅速。由于采用液压传递动力，因此速度调节的范围广，易于调控液压系统中的压力、流量和流向。传统的机械换挡满足不了田间作业时复杂的负载变化，其传动系统的功率密度较低，而液力机械的传动装置功率密度最高（300 ~ 500kW/t）。采用静液压传动，其主要元件如泵和马达的功率密度最高可达 3000kW/t，优势明显。

行走机构中采用静液压传动的优点：

1）操纵性能。静液压传动装置功率密度大，能传递大转矩。采用闭式静液压传动系统，车辆在减速过程中回收制动能量，因此抗冲击能力强，动态性能好。联合收割机采用静液压传动具备灵活的机动性和可靠的操纵性，对驾驶人的操纵要求低，减轻了驾驶负担，提高了田间作业能力。

2）控制性能。外负载随着实际作业工况会发生动态波动，发动机的转速与转矩也随之发生连续波动，通过静液压传动系统的泵、马达和液压回路形成液压反馈系统，由发动机、行走系统、外负载实现自控式负载驱动系统，可以使发动机和静液压传动系统保持在高效率区间运行。微型计算机和多种传感器在现代化联合收割机上的运用，使机械作业可以达到自动化控制，扩大了液压元件的工作范围，极大地提高了收割机的动力性、燃油经济性和工作效率。

行走机构中采用静液压传动的缺点：

1）环境温度直接影响油液的黏度，油液温度过高或过低都影响传递的效率与稳定性。

2）泵和马达属于高转速元件，维持高工作效能依赖油品性能，一旦空气和杂质进入，将影响液压系统的工作性能和可靠性。

3）静液压传动系统传递效率和寿命比机械传动低。

（2）静液压传动的原理　液压传动结构包括动力、执行和控制三大元件，以液压油为动力传递介质。动力元件作用是将原动机产生的机械能转化为液压能，执行元件通过减速器将液压能转化为机械能，动力元件与执行元件分别作为动力的输入端与输出端，通过液压回路传递动力，克服车辆行走系统的转矩负载，驱动车辆移动。控制元件中的液压阀、电磁阀等用于控制回路中的流量和方向，另外传动系统结构还包括油箱、蓄能器、油管等辅助元件。静液压无级变速传动装置集成了双向变量泵、变量马达、补油泵和控制阀等元件。补油泵排出的液压油经过精滤后与变量泵主油路低压侧连通，为其补油并提供背压。变量泵、变量马达进出口由铸造内油道沟通，形成闭式系统，发动机与行走机构之间连续传递能量。

闭式静液压传动系统的方案设计：根据联合收割机的作业工况确定传动系统的设计要求，重点确定联合收割机的传动方式、无级调速方案、马达驱动方案、液压回路的选择以及底盘驱动方式。

（3）静液压传动的系统总体设计要求　传动系统总体设计要求就是，传动系统性能要满足联合收割机实际运行工况。传动系统的功能是将原动机产生的动力经过变量泵和马达等元件传递给驱动轮，驱动收割机行走。

因为田间作业工况复杂，要维持收割机平稳运行，需要大牵引力满足行驶过程中对速度的要求。传统的机械传动效率依赖变速箱的性能，变速箱根据外负载的变化改变其传动比，及时调整输出相应的转矩、转速以满足性能要求。

采用静液压传动，可以实现车辆行驶过程的无级变速，保持发动机高输出效率。通过动力传递路线示意图（见图28-1）可知，对比传统机械式有级换挡，结构简单，有利于提升底盘高度，进而增大田间路面通过性。

静液压传动系统的设计要求主要考虑的是新结构设计问题，液压元件的性能和能量传递过程中的损耗问题，重点是要匹配合适的元件和优化联合收割机液压传动

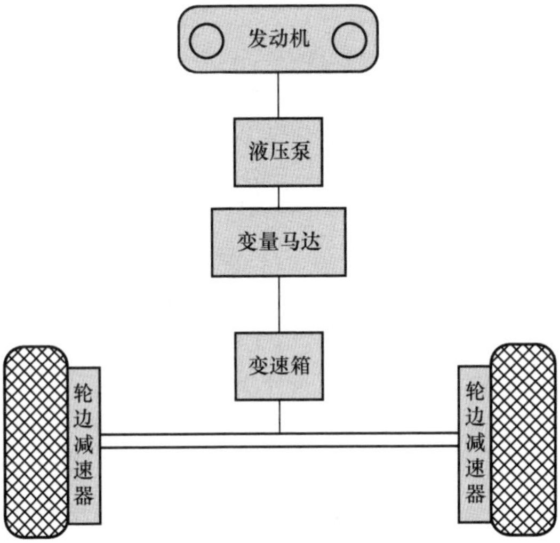


图 28-1　动力传递路线示意图

系统中的四轮驱动问题。

（4）联合收割机传动方式的选择　液压传动推广应用历史不长，但是在行走机械中应用广泛。液压传动中的液压泵、马达等元件代替机械传动中的离合器、变速器等装置。液压技术可以实现大功率、高速、高效率的传动。液压传动的现代化研究中融合数字控制技术，优势逐渐明显。液力传动与液压传动的工作介质都是液压油。液压传动的机械效率可达 90% 以上，高于液力传动。在实际操作过程中只需改变泵与马达的转向就可实现前进、倒退。液压传动驱动车辆行走的速度依赖于对变量泵的流量控制，速度能随着外负载的变化而保持稳定。

（5）联合收割机的无级调速方案　容积调速效率高、易于控制，某些收割机采用前轮液压驱动系统和斜盘式变量柱塞泵－轴式定量柱塞马达容积调速回路。

容积调速通过调节泵或马达的排量达到变速，主要分为三种组合调速方案：变量泵－定量马达，定量泵－变量马达，变量泵－变量马达，泵和马达至少一种能够变量调节。容积调速系统中，液压泵输出的油液直接进入液压马达，几乎没有溢流和节流损失，工作压力随负载的变化而变化，传动效率较高，但也存在低速传动时不稳定的缺点。图 28-2 所示为变量泵－定量马达容积调速回路。

四轮液压驱动方案中，在后轮增加一对具有低速大转矩变量马达来提高田间作业的通过性能，使其达到联合收割机的实际作业需求。图 28-3 所示为四轮驱动容积调速方案示意图。

（6）联合收割机的马达驱动方案　相对于高速方案，低速方案采用低转速液压马达，传动系统无须设立减速装置，可以直接驱动车轮运动，布局灵活，减少了动力传递过程中的能量损失和机械传动过程中的冲击与转动惯量。该方案中马达需

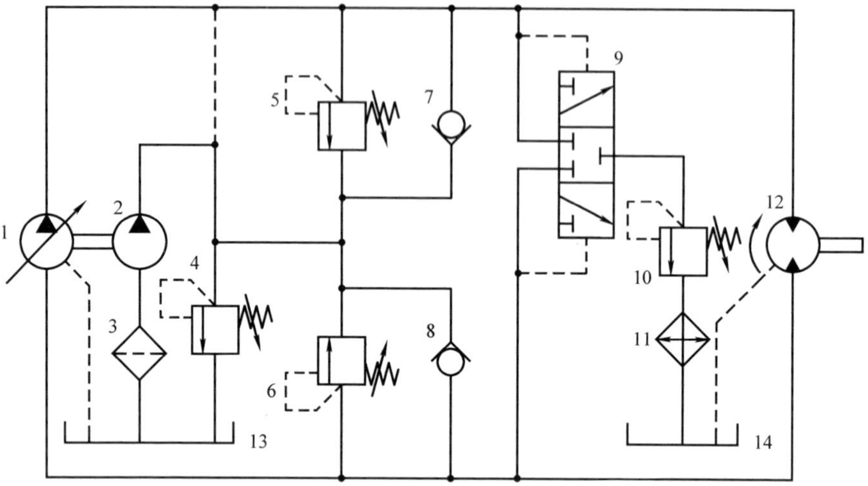


图 28-2　变量泵－定量马达容积调速回路

1—变量泵　2—补油泵　3—过滤器　4—补油溢流阀　5、6—高压溢流阀　7、8—单向阀　9—梭形冲洗阀　10—冲洗溢流阀　11—冷却器　12—液压马达　13、14—油箱

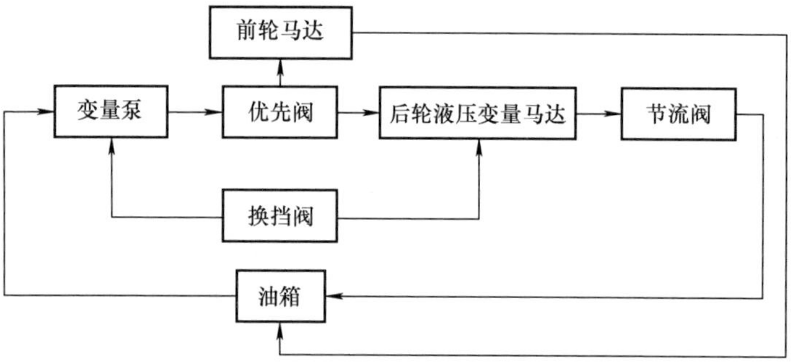


图 28-3　四轮驱动容积调速方案示意图

要承载驱动轮在行走过程中传递的轴向、径向载荷，马达输出的转矩需要与驱动轮相适应，对液压马达的性能要求较高，马达多选用径向柱塞式。多作用径向柱塞马达相对于单作用径向柱塞马达的优点是，低速稳定性能好和传递转矩大。联合收割机在运输与作业两种工况下的行驶速度都较慢，所以广泛选用多作用径向柱塞马达。

本设计方案中采用全液压四轮驱动系统，后轮增加一对效率和额定压力都比较高的低速大转矩径向柱塞马达。根据马达驱动方案的速度不同，静液压驱动可分为多种驱动方式，本方案选择在前轮驱动后轮转向基础上，后轮增加一对液压马达（见图 28-4）。前轮为主驱动维持高速方案不变，后轮为辅助驱动采用低速方案，通过四轮驱动提高了联合收割机的通过性和动力性。

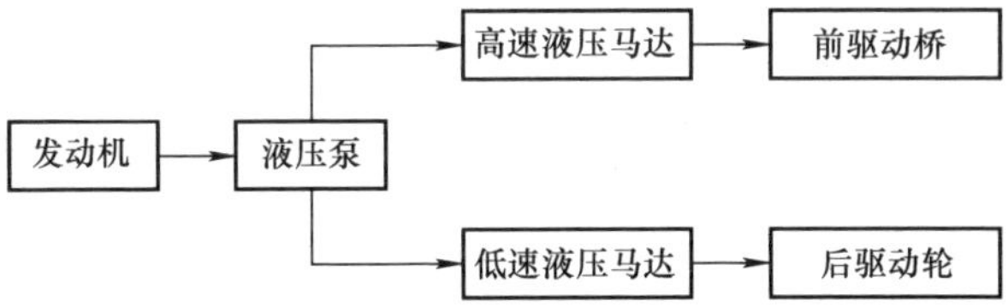


图 28-4 静液压驱动方式

（7）联合收割机的液压回路选择 闭式回路中液压泵与马达并联在液压回路中，液压泵的进出油口的压力随系统压力变化而变化，补油泵带有一对单向阀，可以使液压系统维持一定的压力。闭式液压回路中无须方向阀就可以对马达进行调控，传递效率高、动力响应迅速、操作简单。随着外负载的变化，系统能够与变化的负载方向和转矩方向相适应，在驱动与制动工况之间进行切换。因为闭式液压回路系统中存在补油泵，其系统中的补油压力避免了液压元件的气蚀。闭式液压回路也存在一些缺点，需要在系统中增加必要的补油阀和冲洗阀，从而增加了回路功率损失。

（8）联合收割机底盘液压驱动方式的选择 收割机底盘液压驱动的方式主要有两种，中央驱方式和四轮独立驱动方式。这里选择四轮独立驱动方式。四轮独立驱动方式就是通过轮边马达直接驱动车轮行走，由变量泵控制马达转速实现车辆无级变速，如图 28-5 所示。

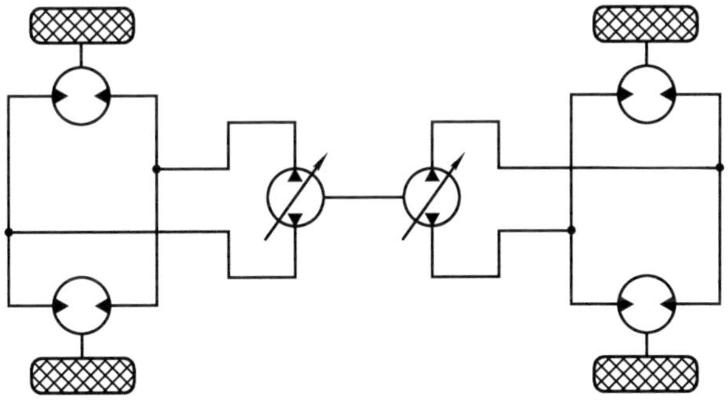

图 28-5 四轮独立驱动方式示意图

车轮独立驱动结构更加紧凑，液压泵和液压马达全面替代了离合器、减速器和驱动桥装置，底盘空间更大，易于布置。车轮转向依赖于一对液压马达对油路的控制，作用类似于机械传动中的差速器。随着液压马达的轻量化，液压马达逐渐实现小型化，插装式液压马达的应用和轮边减速器的发展，促进了四轮轮边独立驱动方式的应用。

匹配合适的液压马达驱动装置和变速系统，可以减少采用轮边独立驱动或中央驱动方式的成本。部分联合收割机采用中央驱动方式，有效解决了有级换挡问题，后轮加装一对液压马达，使其成为四轮驱动。其中四轮驱动系统分为对称与非对称驱动两种形式，四轮对称驱动多用于前后轮相同的车辆，各液压马达驱动装置和控制方式相同，前后桥独立驱动车轮，最大限度发挥车辆的动力性能。四轮非对称驱动，是由于实际中车辆在路面行驶时前后桥所受阻力有差异，导致载荷在前后桥不对称分布，从而导致各驱动马达的排量不相等。

无论满载还是空载工况下，前桥载荷比大于后桥载荷比。满载时后桥载荷比增加，能保持整车稳定性并能发挥更好的四轮驱动牵引性能。由于收割机的行驶路面状况较复杂，控制液压泵的排量可以有效避免后轮附着力减小或附着条件变化时对整车四轮驱动的牵引力造成影响。液压马达排量减小，补偿系统压力的下降，使驱动后轮的液压马达压力趋于稳定。

轮胎发挥最大牵引力受复杂的路面状况影响，最大牵引力等于最大附着力乘以附着系数。要保证联合收割机在此工况下四轮发挥其最大牵引力避免车轮打滑，必须使四轮驱动马达的排量根据各车轮附着力变化而变化，从而使牵引力随外负载变化相应发生变化，在液压驱动系统中加装分流阀就能很好地发挥联合收割机良好的四轮驱动性能。

前轮驱动系统选用小排量高速定量马达，后轮驱动系统选用大排量低速变量马达，这样在四轮驱动时存在三马达并联工作和前轮马达独立驱动前轮、后轮两马达自由驱动后轮两种工况，两种工况下都是靠控制液压系统中泵与马达排量来实现车辆的无级变速。就车辆的变速范围而言，四轮非对称驱动具有明显优势，约为对称驱动的2倍多。设计方案中，要匹配较好的四轮驱动系统，主要依赖于驱动前后轮马达的排量大小。

**2. 驱动系统方案设计**

联合收割机四轮，前轮采用变量泵-高速定量马达组合，后轮采用变量泵-低速定量马达组合，前后轮共用同一变量泵驱动，整体采用一变量泵三马达传递动力。

前轮为主驱动轮，在必要工况时后轮辅助驱动。由于联合收割机的前后轮半径不同，属于非对称结构。若采用普通工程机械四轮驱动马达对称分布，则需要考虑前后轮的行走速度同步性与液压系统压力差距。四轮驱动液压系统原理如图28-6所示

由图28-6可见，设计的液压系统包括了前轮驱动系统、后轮驱动系统、补油回路、冲洗回路以及散热系统。

联合收割机前轮驱动和四轮驱动方式之间的转换，通过二位四通电磁方向阀15和二位四通液动方向阀16控制。当电磁方向阀15失电时，液动方向阀16左位连通，后轮马达进出口压力相等，液压系统中只有前轮马达处于工作状态，此时车辆只在前轮驱动下行驶；当电磁方向阀15得电打开时，液动方向阀16右位连通，

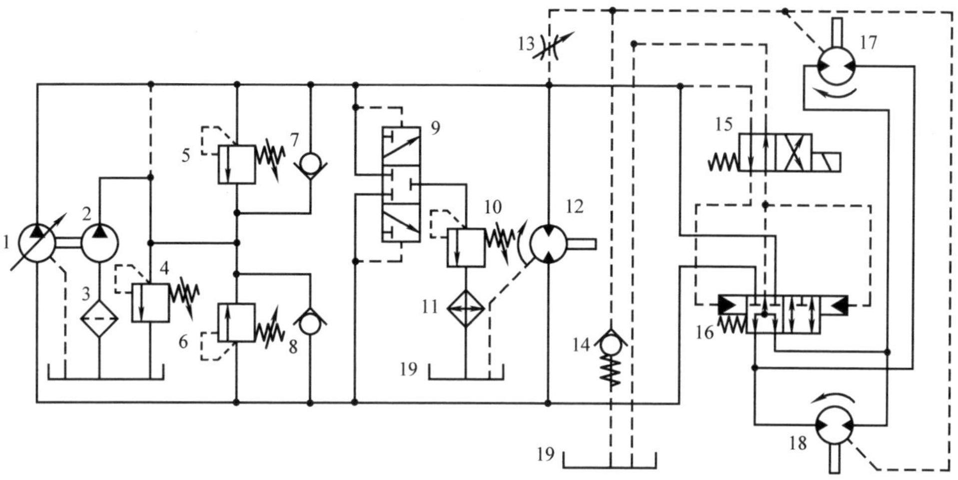


图 28-6　四轮驱动液压系统原理

1—变量泵　2—补油泵　3—过滤器　4—补油溢流阀　5、6—高压溢流阀　7、8—单向阀　9—冲洗阀　10—冲洗溢流阀　11—冷却器　12—前轮定量马达　13—节流阀　14—带弹簧单向阀　15—二位四通电磁方向阀　16—二位四通液动方向阀　17、18—后轮定量马达　19—油箱

液压系统中后轮马达与前轮马达并联驱动，实现四轮驱动模式。

（1）前轮驱动方案分析　前轮在驱动系统中起主驱动轮的作用，联合收割机在田间作业工况速度为 0 ~ 8km/h，运输工况速度为 0 ~ 20km/h。前轮作为主驱动轮需要较大的变速范围，故收割机前轮选用液压机械混合驱动方案，保留机械传动中的驱动桥、减速器和差速器，取消离合器，采用泵和马达控制驱动。液压机械混合驱动既有机械传动的高效率特性，又可以实现无级变速且成本相对较低。图 28-7所示为联合收割机前轮驱动系统液压原理。变量泵的供油和回油回路中各设置单向阀，防止油液反向流回，溢流阀通过限流作用达到调控马达转速的目的。

（2）后轮驱动方案分析　设计的四轮驱动方案中，后轮负责转向兼辅助驱动作用，图 28-8 所示为后轮驱动系统液压原理。后轮独立驱动利用一对定量马达并联工作，等效差速器作用。在大负载作业或田间遇阻工况下，通过驾驶人操作使车辆停车，然后切换为四轮驱动模式，增大驱动力，提高通过性。液压系统设计时需要解决四轮驱动时液压泵供油如何分配给三个马达，使液压系统从两驱过渡四驱过程中保证压力和速度符合实际要求。本设计方案中联合收割机液压传动系统，基于闭式液压回路开发设计，后轮驱动系统中马达驱动采用低速方案，相对于高速方案可以省略马达与驱动轮之间的减速器等装置，低速径向定量马达可以直接驱动后轮，且能适应大转矩工况。

（3）泵和马达的安装方式　泵的安装方式有两种，一种是直接安装在发动机的取力口。这种布置的优点是布置简单，安装方便。缺点是发动机上必须预留取力

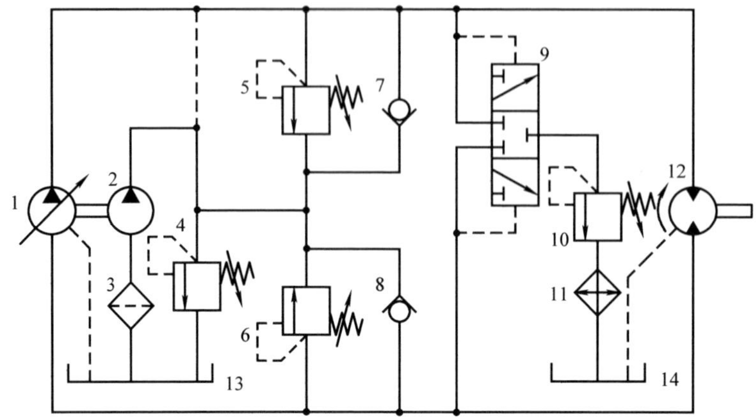


图 28-7　前轮驱动系统液压原理

1—变量泵　2—补油泵　3—过滤器　4—补油溢流阀　5、6—高压溢流阀　7、8—单向阀　9—梭形冲洗阀　10—冲洗溢流阀　11—冷却器　12—液压马达　13、14—油箱

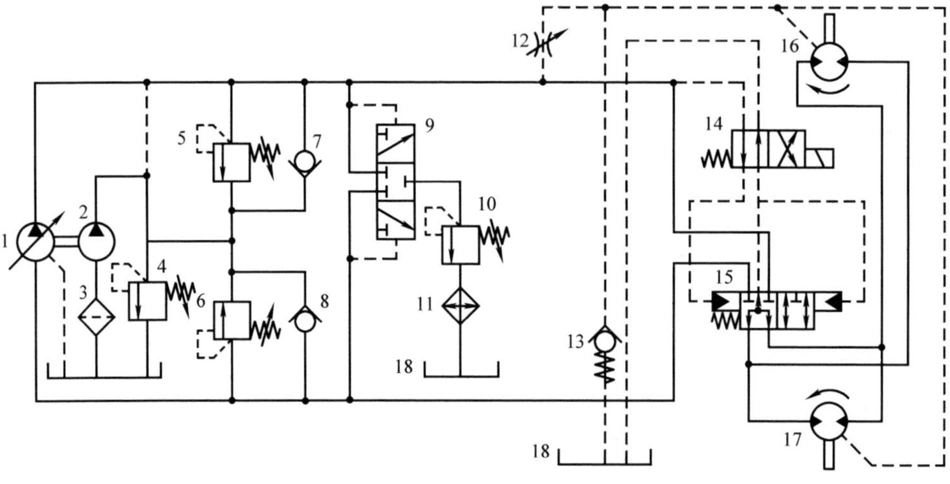


图 28-8　后轮驱动系统液压原理

1—变量泵　2—补油泵　3—过滤器　4—补油溢流阀　5、6—高压溢流阀　7、8—单向阀　9—冲洗阀　10—冲洗溢流阀　11—冷却器　12—节流阀　13—带簧单向阀　14—二位四通电磁方向阀　15—二位四通液动方向阀　16、17—后轮定量马达　18—油箱

口，价格较高；取力口的输出速比为定值；取力口的位置由发动机决定，后期会对油管布置有一定影响。

另一种是在合适的位置设计泵安装座，通过在泵输入轴上安装带轮与发动机输出带轮连接。这种布置的优点是价格相对较低，且可以通过改变泵上带轮的直径来改变传动比，有利于设计调整。缺点是占用空间较大，且增加一级传动后传递功率降低。

马达是直接安装在变速箱上，具体也分两种情况。一种是直接连在变速箱Ⅰ轴上，变速箱无离合器，这种安装方式变速箱体积略小，但换挡时需要将泵控制手柄回中，停车换挡。这种安装方式目前是国内主机厂家主流的做法。第二种安装方式，即将马达连在变速箱离合器上，换挡时只需要踩离合器，无须停车换挡。

### 28.1.2　自走式玉米去雄机液压系统

#### 1. 机功能结构

自走式玉米去雄机在播种玉米去雄中具备切割、抽取两项功能，还能进行高秆作物喷药作业。机器的行走机构和抽雄切雄机构采用液压马达驱动，转向机构和底盘升降调节机构采用液压缸驱动。机器的左右车轮间距为 2.5m（玉米植株行距的整数倍），以保证去雄机在田间作业时不破坏植株。机器底盘以下高度为 1.75m，满足植株去雄的要求，另外底盘高度通过四个升降缸同时升降进行调节，以满足不同阶段的需求。前后轮的间距为 3.0m。在机器前端为驾驶控制室，后端安置发动机。抽雄切雄马达和刀具安装在机器的前部，方便操作人的观察。切雄和抽雄刀具可分开使用，在野外工况需要切雄时，通过快换接头连接切雄刀具，需要抽雄则换抽雄刀具。刀具为圆形结构，以减小对植株的伤害。机器作业能力为 2.67$hm^2/h$，一个班次作业量相当于人工去雄的 150 倍。

机器在转场（在公路行走过程）过程中抽雄（切雄）马达和升降液压缸不工作；在田间作业时行走马达、抽雄（切雄）马达、转向液压缸、升降液压缸同时工作。抽雄马达和切雄马达通过快换接口而交替工作。四个升降液压缸可用于对机架的间歇式调整，既可实现四缸同时升降，也可单缸独立升降。

#### 2. 液压系统原理

自走式玉米去雄机液压系统原理如图 28-9 所示，整个系统分为抽雄切雄回路、升降回路、行走回路和转向助力回路四个部分。

（1）抽雄切雄回路和升降回路　此两回路的油源为定量泵 1，其压力设定与卸荷控制由先导式溢流阀 4 和二位四通电磁方向阀 3 完成，压力表 5 用于监测泵的压力。

切雄抽雄马达的开启由二位四通电磁方向阀 6 和 12 控制，马达的两两同步由分流阀 7 和 11 控制，马达的回转速度由单向节流阀 8、9、10、13 进油节流控制。

升降回路总的油路通断控制由三位四通电磁方向阀 14 控制。4 个升降液压缸分别由四个三位四通电磁方向阀 15、17、19、21 控制，它们既可同时升降也可以分开升降，以满足地面不平或者遇到有坡路面时调节整机水平，保证切雄抽雄的精确性。升降缸 1 ~ 升降缸 4 的锁紧依次采用双向液压锁 16、18、20 和 22 控制。

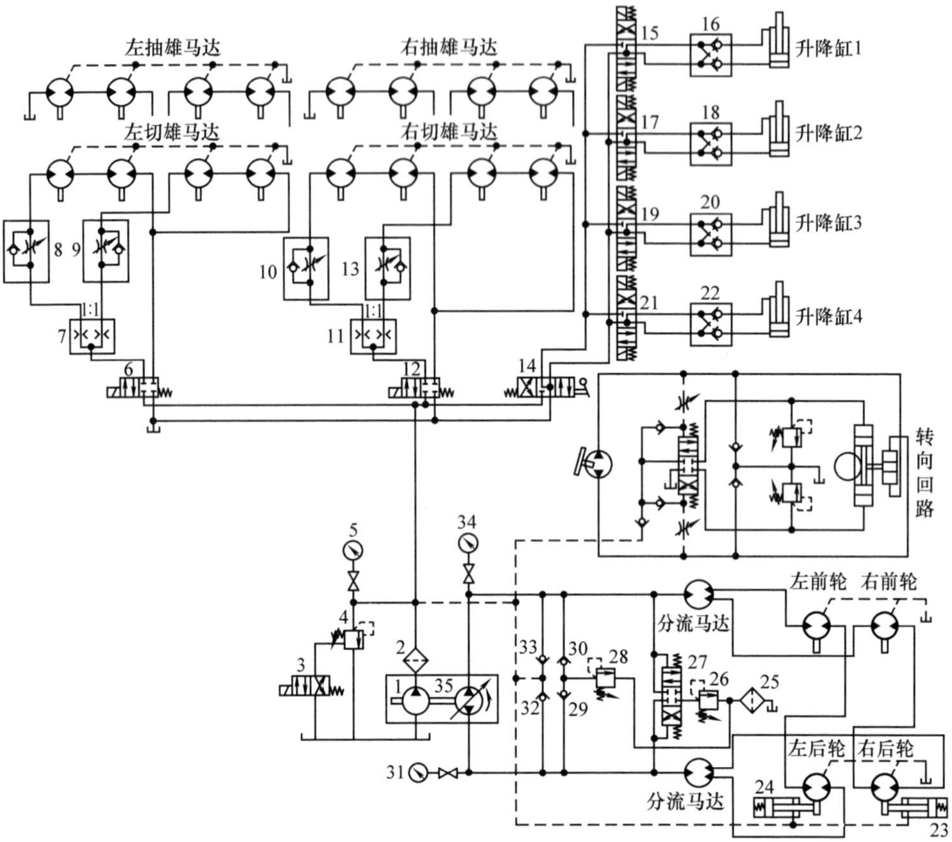


图 28-9 自走式玉米去雄机液压系统原理

1—定量泵 2、25—过滤器 3、6、12—二位四通电磁方向阀 4、26、28—溢流阀 5、31、34—压力表 7、11—分流阀 8、9、10、13—单向节流阀 14、15、17、19、21—三位四通电磁方向阀 16、18、20、22—双向液压锁 23、24—制动器 27—三位四通液控方向阀 29、30、32、33—单向阀 35—双向变量泵

（2）行走回路和转向助力回路 行走回路是本系统最重要的组成部分，其油源为双向变量泵35，它与行走马达构成闭式循环回路，通过改变双向变量泵35的供油方向来实现马达的回转方向变换。为了保证前后轮液压马达有相同精确性的供油量，以免前后轮供油不足而引起自动转向，导致机器方向难以控制，在供油端设置了齿轮同步分流马达以减小供油误差，保证四轮驱动马达转向的一致性。以上侧供油下侧回油为例，双向变量泵35的压力油经上侧分流马达分流后供给左前轮马达和右前轮马达，马达排油分别经左后轮马达和右后轮马达后进入下侧分流马达返回双向变量泵35的吸油口。

溢流阀28用来设定前后轮回路最高压力，双重保证供油的精确性，压力由压力表31和34监测。单向阀32和33作为补油取向之用。三位四通液控（差压控制）方向阀（梭阀）27 封堵一出油口作为三通阀使用，将热油经低压溢流阀 26 和过滤器 25 排回油箱，实现热交换。

转向助力回路由定量泵 1 供油，为转向盘转向提供助力，减小转向阻力。定量泵 1 同时为制动器 23 和 24 提供制动用油，当机器需要停车时，可以同时压下制动器 23 和 24，后轮碟式制动。

**3. 液压系统特点**

1）自走式玉米去雄机采用双联泵油源。变量泵向行走回路供油；定量泵向抽雄切雄回路、升降回路和转向回路及制动部分供油。

2）抽雄切雄马达采用分流阀控制同步，进油节流调速。升降缸驱动的底盘升降采用双向液压锁实现锁紧，通过方向阀的 Y 型中位机能实现锁紧时液压锁控制压力能的释放，以保证锁紧的可靠性。

3）行走机构采用四轮马达驱动，分流马达控制前后轮液压马达的精确性供油量，保证机器方向的控制。

4）发动机功率 $P$（kW）按式（28-1）计算。

$$P = \frac{pq}{61.2\eta} \tag{28-1}$$

式中　$p$——系统最高压力（MPa）；

$q$——液压泵额定流量（L/min）；

$\eta$——效率（含泵的机械效率、联轴器的效率等），一般取 0.90。

分流马达的选型，可参照式（28-2）计算排量后进行。

$$V_m = \frac{1000q}{n} \tag{28-2}$$

式中　$V_m$——马达排量（mL/r）；

$q$——分流马达流量（L/min），$q = q_1 + q_2$（$q_1$ 和 $q_2$ 分别为两负载马达的流量）；

$n$——马达转速（r/min）。

## 28.2　工程机械液压系统及元件

### 28.2.1　牵引型随行叉车的静液压驱动系统

叉车因其机动灵活性、良好的越野性和较强的适应性而广泛应用于物流仓储领域。叉车的种类繁多，按所用动力装置的类型，可以分为内燃和电动两类。按传动方式可分为机械式（纯机械式和电机械传动式）、液力机械式和静液压传动式。纯机械传动由于结构简单、成本低、效率较高，曾经得到普遍应用，但发动机平均负载系数低，换挡惯性冲击大，不能实现全轮驱动。液力传动的突出优点是具有接近于双曲线的输出转矩转速特性，配合动力换挡式机械变速器能够自动匹配负载，并防止动力传动装置过载。但最大的缺点是传动效率低，燃油消耗率高，作业时低速稳定性不好。

而静液压传动由于本身所具有的功重比高、结构体积小、调速范围宽、电控方便、易于实现恒转矩或恒功率调节，以及可进行无级调速等特点，在工程机械行走系统中得到广泛应用，目前已经成为低、中速叉车的重要传动方式之一。

叉车在越野条件下的要求大大提高，不但要有大范围、长距离的两地作业和快速转场能力，而且由于野外路面复杂，还要具备好的低速稳定性、高作业精度和较小的转弯半径等特点，综合考虑各种传动方式可知，只有静液压传动才能完全满足以上要求。在静液压传动中，闭式液压系统是其核心技术特征之一，闭式传动装置在保留了液压传动共有的功率密度大、布局方便、过载保护能力强和控制方式灵活等优点的同时，具备无级调速，在高效率作业时传动范围比较大。与纯机械传动、液力机械传动和电机械传动方式相比，采用闭式静液压驱动的越野车辆在调速性能、全桥驱动和高/低速作业性能稳定等方面有更多的优势。

**1. 静液压传动基本原理**

作为有越野要求的叉车，其行驶过程中有正反向行驶和制动等要求，且负载将随地形、速度等因素剧烈变化，同时它的越野性能需要有较大的变速比。为适应越野性能的这种负载特点，使发动机功率得到最充分的利用，从而使整个系统达到最佳匹配，需要采用由变量泵、变量马达组成的闭式变量液压系统。在闭式静液压传动系统中，变量泵的进出口直接与马达的进出口接通，油液不需经过油箱，故称为闭式系统。变量泵既是液压能源又是主要的控制组件，通过调整泵的排量改变泵的流量大小和方向，就可以改变液压马达输出转速的大小和方向。通过改变马达的排量，使系统在外负载有较大变化时，液压系统的压力在较小的范围内变化。系统的最大工作压力由安全阀限定。因为是闭式系统，在工作中油路的高/低压要互换，因此设置了两个安全阀。冲洗阀用冷油来补充系统泄漏，同时可以对闭式系统进行散热，根据冲洗对象的不同，冲洗分为回路冲洗和壳体冲洗两种。

补油泵向系统的低压管路补油，其作用有：①通过单向阀向系统的低压管道补油，以补充系统的泄漏量，并可在低压管道中建立起一定的低压，改善泵的输入、吸入性能，防止气蚀现象和空气渗入系统；②通过补油路中油液的循环，使系统温度下降；③提供变量控制机构的控制压力油路，保证控制系统正常工作。

**2. 传动系统方案设计**

（1）越野叉车闭式静液压传动系统方案　根据越野叉车工作特性和高速车辆的性能要求，确定了双泵四马达的闭式液压传动方案：变量泵和变量马达的配合使用可实现无级变速且调速平稳、结构简单，四轮独立驱动，没有功率寄生现象。液压原理如图28-10所示。

在图28-10中，闭式液压双向变量泵1的排量采用电比例控制的调节方式。泵内带有补油泵，并装有过滤器，补油泵向低压油路补油，主要是补偿系统各处泄漏的油液以及经冲洗阀 2 溢流的油液，保证泵的吸油压力不至于太低，从而避免发生吸空，由于补充的是油箱的油液，还起到冷却系统油液及系统散热的作用，同时为系统提供控制压力油。

在图 28-10 中，低压油路的一部分油液经冲洗阀 2 中的溢流阀流回油箱，而补油泵补偿溢流的油液，通过系统中热油和油箱中冷油的交换达到散热的目的。件 3 和件 7 为与压力有关的自变量马达，能够根据系统压力自动调节其排量，从而实现变速。流量分配阀 4（见图 28-11），根据阀芯两端的压力比例调节阀芯的开度，控制两油路的流量，从而调节左右马达的转速。走行控制单元 5（见图 28-12），避免当整个控制系统突然失电时速度突然变化造成意外事故。二位五通电磁方向阀 6 可实现叉车采用两轮驱动还是四轮驱动的切换控制。

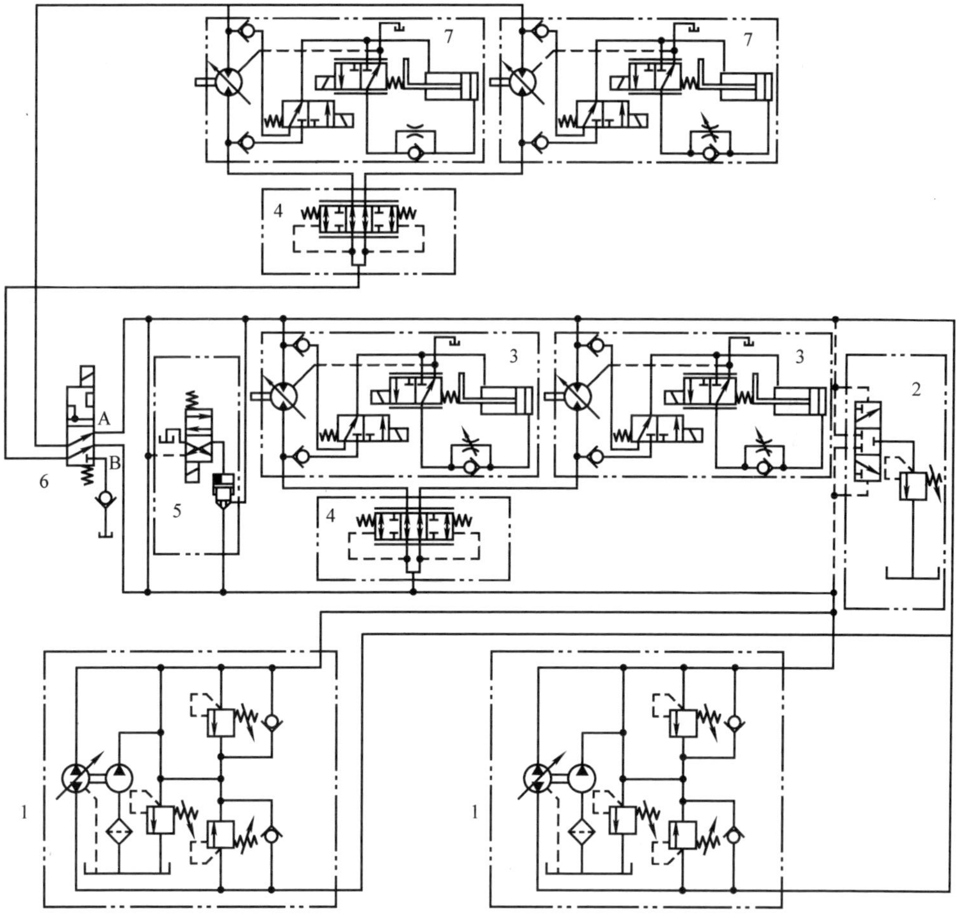


图 28-10 越野叉车闭式静液压传动系统液压原理

1—液压双向变量泵 2—冲洗阀 3—后轮液压马达 4—流量分配阀 5—走行控制单元 6—二位五通电磁方向阀 7—前轮液压马达

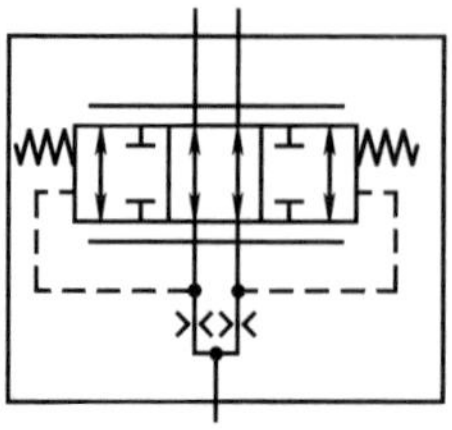

图 28-11　流量分配阀

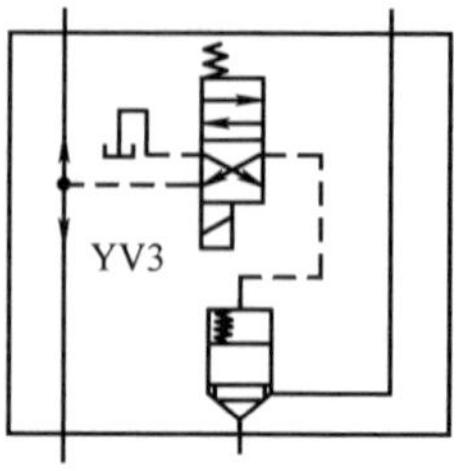


图 28-12　走行控制单元

系统开始工作时，两串联泵在发动机的带动下起动，此时泵的排量为零，马达的排量最大，加大泵的排量，则马达在泵输出油液的作用下转动，使叉车前进，加大泵的排量，则马达的转速会增加，车速提高。调节泵的排量则可实现叉车的无级调速，当反向调节泵的排量时，则实现叉车的后退控制。

（2）液压系统主要特点　长期以来，由于液压系统发热量大，四轮不同时着地时瞬时失速，比例电磁阀在高速时突然掉电等问题，一直制约着静液压驱动在高速应用上的发展。针对以上问题，在设计中可以采用一定的方式加以解决，并不断完善，系统的主要特点分述如下。

1）采用双泵四马达独立驱动。由于越野叉车的野外工作特性，出于越野性和安全性的考虑，系统采用双变量泵和四马达独立驱动的方式。当一个泵出现问题不能工作时，通过截止阀保证另外一个泵依然可以向系统供油，避免系统的瘫痪。采用双泵系统还可以方便实现叉车由轮式向履带式的转换。四马达的独立驱动减少了传动轴、分动器等装置，增加了越野性。使用独立驱动还可以根据需要进行马达同侧异向的控制，实现零半径转向。系统中的电磁方向阀可实现全时和分时驱动，可适应各种路面行驶，也可避免由于某个马达的损坏引起系统的瘫痪。

系统采用 HA 自变量马达，能根据系统压力自动调节其排量，并有 HA1 和 HA2 两种控制方式，排量变化区间内的系统压力变化量分别为 1MPa 和 10MPa。越野叉车在恶劣路况下的负载变化非常大，系统压力变化很快，HA1 变量马达容易导致马达排量过快变化，出现车速急剧变化甚至失控，使得系统容易发生故障。而 HA2 马达由于排量变化区间大，选用该控制方式可以避免出现用 HA1 马达时类似车速失控的问题。

2）采用综合散热方式。在该液压传动系统中，泵和马达对液压油的运动黏度要求较高，一般为 16 ~ 32$mm^2/s$。如果系统散热不好，油温过高，将会导致系统无法正常工作。国内在应用静液压传动系统时，系统散热一直是很难解决的问题。此液压系统的设计采取了以下措施。

① 变量马达自带冲洗阀进行壳体冲洗；同时，采用大流量的冲洗阀进行回路冲洗，有效地散热。

② 在泄油口进行冷却。由于泄油口处油温较高，通过冷却器对泄油口进行冷

却的效果更加明显。

③ 适当加大补油泵的流量，也就加大了系统冲洗油流量，能起到较好的冷却作用。

3）采用有掉电保护功能的行走控制单元。高速越野叉车具有高速行驶车辆的特点，一旦电比例泵电磁铁掉电，在对中弹簧的作用下变量伺服阀将回到中位，液压泵的排量很快减小为零，如不采取措施，马达会变成泵工况，将对液压系统造成很大的损坏甚至使系统瘫痪。因此，高速行驶时的突然掉电很有可能造成行车事故，这也是目前静液压行走机械难以实现高速应用的一个重要原因。

此系统在回路的 A、B 口中间增设了一个行走控制单元 6。行走控制单元的两端与回路的 A、B 口连接，将电磁铁 YV3 与变量泵 2 的比例变量电磁铁 YV1 和 YV2 电气互锁。当系统正常工作时，梭阀引入口 A、B 中的高压油，使插装阀关闭，口 A、B 互不相通。一旦变量泵电磁铁 YV1 或 YV2 掉电时，YV3 断开，插装阀的控制油口通油箱，插装阀开启，液压马达口 A、B 连通，由于插装阀流量比较大，油液可以在插装阀和马达之间构成回路，有效地保护了系统。

4）采用防止车轮瞬时失速的流量分配阀。越野叉车在野外行驶时，由于路面情况复杂等因素造成某个驱动轮离地，此时这个驱动轮因突然没有了地面摩擦阻力而高速旋转，系统的流量大部分甚至全部流进这一回路的马达，其他回路上的流量大大减少甚至为零，导致车辆失速。很显然，这种情况是高速车辆必须避免的，故在设计本系统时，在左右两侧马达上都设置了分流阀。根据分流阀的特性，当某侧的一个马达离地时，同侧的另一个马达仍旧有与离地车轮马达相同的流量通过，从而有效地避免了瞬时失速状况的发生。

5）具有空档功能。高速车辆一般都需要具备空挡滑行功能，而目前的静液压高速车辆一般都不具备这个功能。在车辆减速并需要精确位置控制时，需要有空挡滑行功能；在车辆本身发生故障导致不能行驶时，需要借助外力移动车辆，此时如果没有空挡滑行的功能，外力将很难移动车辆；静液压传动的越野叉车同样也要具备空挡滑行的功能。当出现车辆不能行驶的故障时，通过走行控制单元 6 系统的 A 口和 B 口沟通，油液就可以在马达和插装阀之间流动，从而可以借助外力实现空挡滑行功能。

**3. 参数匹配计算**

（1）越野叉车主要技术参数　目前某工程研究所研究的新型特种高速叉车是针对野战条件下研制的高速越野叉车，它的行驶驱动系统是根据高速行驶和低速作业时的实际需要，采用柴油发动机动力与液力机械传动交互的方式。叉车正常低速作业时为纯液力传动方式，由液力变矩器输出动力，主要使用在恶劣路况环境作业和爬坡等要求牵引力较大的低速工况区；叉车高速行驶时，液力变矩器闭锁，发动机动力通过液力变矩器直接驱动动力换挡变速器，为纯机械传动方式。主要技术参数见表 28-1，该液压传动方式的系统设计以此参数为依据。

表 28-1　越野叉车的主要技术参数

| 技术参数 | 数值 |
|---|---|
| 空车质量 $M_t$/kg | $8\times10^3$ |
| 轮胎滚动半径 $R$/m | 0.45 |
| 最高车速 $v_{max}$/km · h$^{-1}$ | 80 |
| 滚动阻力系数 $f$ | 0.03 |
| 车轮滑转系数 $S_n$ | 0.02 |
| 最大爬坡度 $S_{max}$（%） | 45 |
| 载重 $M$/kg | $2\times10^3$ |
| 发动机功率 $P$/kW | 112 |
| 发动机转速 $n$/r · min$^{-1}$ | 2400 |
| 减速箱效率 $\eta_{im}$ | 0.92 |
| 减速比 $i$ | 6 |
| 路面附着系数 $\varphi$ | 0.6 |

（2）主要参数匹配计算及主要液压元件的选型

1）最大牵引力 $F_{tmax}$ 计算：所需最大牵引力发生在叉车满载且在最大坡度的路面起动时需要克服的阻力（包括坡道阻力和摩擦阻力，忽略风阻力和加速阻力），按45%的坡度查表可以得到 $S_{max}=24.23°$，则行驶时的阻力 $F_f$ 为

$$F_f = g(\sin S_{max} + f\cos S_{max})(M_t + M) \tag{28-3}$$

满载时

$$\begin{aligned}F_{f\max} &= 9.8\text{m/s}^2\times(\sin24.23° + 0.03\times\cos24.23°)\times(8\times10^3\text{kg}+2\times10^3\text{kg})\\&= 42.900\text{kN}\end{aligned} \tag{28-4}$$

此时，叉车的最大附着力 $F_{amax}$ 为

$$\begin{aligned}F_{a\max} &= g\varphi(M_t + M)\cos S_{max}\\&= 9.8\text{m/s}^2 0.6\times(8\times10^3\text{kg}+2\times10^3\text{kg})\times\cos24.23° = 53.620\text{kN}\end{aligned} \tag{28-5}$$

因为 $F_{amax}>F_{fmax}$，所以最大牵引力 $F_{tmax}$ 为

$$F_{t\max} = F_{f\max} = 42.900\text{kN} \tag{28-6}$$

2）马达的选型计算。

根据

$$T' = F_t R \tag{28-7}$$

$$2\pi T_n = \Delta p V_m n_m \eta_{Mm} \tag{28-8}$$

$$T' = iT \tag{28-9}$$

可得马达最大总排量 $V$ 为

$$V = \frac{2\pi TR}{\Delta p\eta_{Mm} i} = \frac{2\times3.14\times42861\times0.45}{37.5\times0.97\times6}\text{mL/r} = 555\text{mL/r} \tag{28-10}$$

式中 $T'$——车轮的驱动转矩；

$T$——马达的输出转矩；

$\Delta p$——系统的工作压差；

$V_m$、$n_m$和$\eta_{Mm}$——马达的排量、转速和机械效率。

系统设计分为四驱和两驱，在平地时采用后轮驱动，在山地越野时用四轮驱动，满载爬坡时，一般采用四轮驱动，所以单个马达的最大排量 $V_{m\max}=\frac{V}{4}=138.75\text{mL/r}$。为保证叉车具有一定的爬坡保有能力，根据博世力士乐样本资料选择的马达型号为 A6VM160，最大排量为 160mL/r。

3）液压泵的选型计算。驱动轮的最高转速 $n'_{\max}$为

$$n'_{\max}=\frac{1000v_{\max}}{60(1-S_n)\times 2\pi R}$$

$$=\frac{1000\times 80}{60\times(1-0.02)\times 2\times 3.14\times 0.45}\text{r/min}=481.5\text{r/min} \quad (28\text{-}11)$$

因为是高速驱动，为了增加驱动轮的驱动力，所以在各驱动轮中安装轮边减速器。为了防止马达超速，一般取轮边减速比$i_0\leqslant 6$，本系统取 6，所以马达的最高转速 $n_{m\max}=6n'_{\max}=2889\text{r/min}$。

系统采用双泵合流的设计方案，在平地时由于行驶阻力小，采用后轮驱动，假设此时马达仍处于最大排量，则泵的最大总排量 $q_p$ 可由马达的实际总当量排量 $q_{bt}$ 计算，即

$$V'n_p\eta_{pV}\eta_{mV}=2V_{m\max}n_{m\max} \quad (28\text{-}12)$$

式中 $V'$、$\eta_{pV}$——泵的最大总排量和容积效率；

$\eta_{mV}$——马达的容积效率；

$n_p$——液压泵的转速。

所以

$$V'=\frac{2V_{m\max}n_{m\max}}{n_p\eta_{pV}\eta_{mV}}=\frac{138.75\times 2\times 2889}{2400\times 0.95\times 0.95}\text{mL/r}=370\text{mL/r} \quad (28\text{-}13)$$

故单个泵的排量 $V_p=185\text{mL/r}$

根据博世力士乐样本资料选择泵的型号为 A4VG250，最大排量为 250mL/r。所以此叉车的液压系统主要由两个 A4VG250 泵和四个 A6VM160 马达组成。

（3）越野叉车设计性能参数校核

1）最高车速校核。越野车辆车速 $v$ 与马达转速 $n_m$之间的关系式为

$$v=\frac{60\times 2\pi Rn_m}{1000i} \quad (28\text{-}14)$$

博世力士乐 A6VM 马达资料显示，A6VM250 马达允许的最高持续转速为 3100r/min，则越野车能到达的最高车速 $v_{\max}$为

$$v_{max} = \frac{60 \times 2 \times 3.14 \times 0.45 \times 3100}{1000 \times 6}\text{km/h} = 87.6\text{km/h} \tag{28-15}$$

满足 80km/h 的设计要求。

2）爬坡能力校核。最大驱动力 $F_{dmax}$ 为

$$F_{dmax} = \frac{4 \times 0.159 i V_{mmax} \Delta p \eta_{Mm} \eta_{im}}{R} = \frac{4 \times 0.159 \times 6 \times 160 \times 37.5 \times 0.95 \times 0.92}{0.45 \times 1000}\text{kN}$$

$$= 44.5\text{kN} \tag{28-16}$$

因为最大驱动力 $F_{dmax}$ 大于爬坡度为 45% 的最大阻力 $F_{fmax}$，因此可以得出该系统理论爬坡能力比设计所要求的爬坡度为 45% 时还要大，符合设计要求。同时，叉车的最大驱动力 $F_{dmax}$ 小于其最大附着力 $F_{tmax}$，因此在爬坡时也不会发生打滑现象。

### 28.2.2　全液压推土机行走液压系统

推土机主要用于土石方施工时的推运作业，其作业成本低，效率高，广泛应用于公路、铁路、建筑、港口、水电及矿山等工程建设，是铲土运输机械的主要机种之一。推土机的传动系统按传动方式可分为机械传动、液力机械传动、全液压传动及电传动等，全液压传动由于具有效率高、机动性好、结构简单、操纵舒适等优点，近几年在国内得到一定发展。

对于全液压推土机而言，行走液压系统设计是整机设计的关键。该节以某型全液压推土机行走液压系统为例，重点放在推土机的设计计算与选型，为同类设计提供参考。

**1. 系统组成及原理**

全液压推土机的行走液压系统由两个彼此独立的静液压闭式回路组成，柴油发动机通过弹性联轴器带动串联的双液压泵，分别驱动左右行走马达，再经过行走减速器减速增扭，最终驱动履带实现行走，传动路线如图 28-13 所示。左右回路可联动实现车辆的前进、后退以及速度改变；又可分别动作，实现不同半径的转向或原地转向。

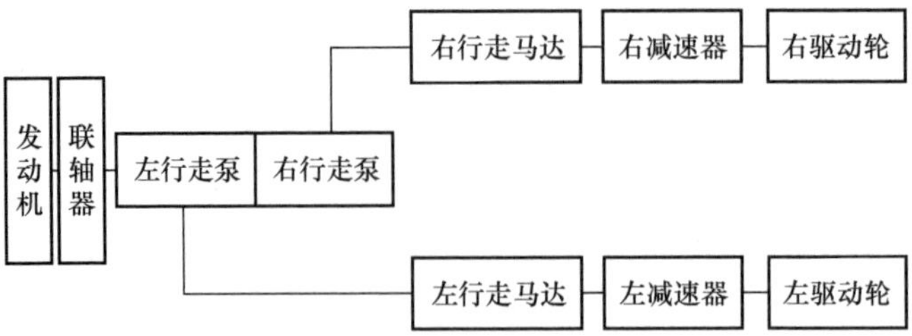


图 28-13　行走系统传动路线

行走泵和行走马达组成独立的闭式回路。控制器按照一定算法对泵和马达的变

量机构实施排量控制，进而控制输出速度和转矩。其中补油液压泵用于向系统补油，其作用：①因闭式系统不可避免存在泄漏，通过补油液压泵来补充泄漏量，并可在低压管道中建立起一定的压力，改善泵的吸入性能，防止空气渗入系统，防止气蚀；②通过补油回路中油液的循环，利用油散热器和油箱散热，使系统温度下降；③为变量控制机构及制动回路提供压力，保证控制系统正常工作。全液压推土机采用了林德 HPV135T 型串联双液压泵，单泵排量为 135mL/r；补油液压泵补油压力为 2.4MPa，排量为 63mL/r。左右行走马达选用 HMV210，排量为 210mL/r。

**2. 系统设计计算**

主要技术参数见表 28-2。

**表 28-2　全液压推土机的主要技术参数**

| 技术参数 | 数值 |
|---|---|
| 整车使用质量/kg | 17600 |
| 额定功率/kW | 140 |
| 额定转速/$r \cdot min^{-1}$ | 1900 |
| 前进挡速度/$km \cdot h^{-1}$ | 0 ~ 10 |
| 后退挡速度/$km \cdot h^{-1}$ | 0 ~ 10 |
| 铲刀最大铲土深度/mm | 500 |
| 爬坡性能/(°) | 30 |
| 推土铲容量/$m^3$ | 4.5 |
| 铲刀尺寸(宽×高)/(mm×mm) | 3440×1160 |
| 行走泵最大工作压力/MPa | 43.5 |
| 补油液压泵工作压力/MPa | 2.4 |
| 先导泵工作压力/MPa | 3.5 |

行走液压系统的设计涉及行走马达与行走泵的选型，设计本系统的思路是根据推土机对行驶速度和牵引力的需求，由牵引平衡求出切线牵引力，从后往前计算马达和泵的排量，从而对行走马达和泵进行选型。

（1）推土机行驶速度的确定　推土机行驶速度分为切土速度、运土速度和倒车返回速度等，推土机的行走速度直接影响生产率。推土机合适的速度如下：

1）切土速度为 2 ~ 3km/h。切土速度过低，作业效率较低，行走液压系统压力过大，易出现爆管等现象；切土速度过高，会加大驾驶人的操作难度，因为切土工况是负载变化最大、最快的工况，当切土速度过高时，驾驶人难以正确地操纵工作装置。

2）运土速度为 4 ~ 6km/ h。较快的运土速度可以有效提高生产率。

3）返回速度，从提高生产率来说，返回速度越快越好，但较快的返回速度易使驾驶人的操作舒适性变差。对于半刚性悬架履带式推土机，返回速度控制在 7 ~

11km/h 较为合适。

(2) 切线牵引力的计算　推土机应在保证上述行驶速度的情况下，使所能发挥出的切线牵引力与牵引阻力相平衡。考虑到在切土工况下所受的阻力最大，因此计算此工况下的牵引阻力。

牵引阻力由以下阻力组成：

1) 滚动阻力。

$$F_f = G_s g f\cos\alpha = 17600\text{kg} \times 9.8\text{m/s}^2 \times 0.1 \times \cos 5° = 17182\text{N} \tag{28-17}$$

式中　$f$——滚动阻力系数，$f$ 取 0.1；

$G_s$——推土机的使用质量，$G_s = 17600\text{kg}$；

$\alpha$——坡道角度，$\alpha = 5°$。

2) 坡道阻力。

$$F_a = G_s g\sin\alpha = 17600\text{kg} \times 9.8\text{m/s}^2 \times \sin 5° = 15033\text{N} \tag{28-18}$$

3) 作业阻力。

$$F_x = F_1 + F_2 + F_3 + F_4 + F_5 \tag{28-19}$$

式中　$F_1$——切土阻力；

$F_2$——推土板前土堆运移的阻力；

$F_3$——铲刀切削刃与地面的摩擦力；

$F_4$——土沿推土板面的上升阻力；

$F_5$——土屑沿推土板面的侧移阻力。

切土阻力为

$$F_1 = K_b h B_g \sin\phi = 0.06\text{MPa} \times 10^6 \times 0.50\text{m} \times 3.44\text{m} \times \sin 90° = 103200\text{N} \tag{28-20}$$

式中　$K_b$——单位面积的切削阻力，与土的性质有关，此处取 0.06MPa；

$h$——切削深度，$h = 0.50\text{m}$；

$B_g$——推土板宽，$B_g = 3.44\text{m}$；

$\phi$——推土板回转角，$\phi = 90°$。

一般来说，切削阻力中切土阻力最大，除了切土阻力外的切削阻力之和为

$$F_2 + F_3 + F_4 + F_5 = 0.6\,G_g = 0.6\,\frac{V}{K_e}\gamma = 0.6 \times \frac{4.5\text{m}^3}{1.3} \times 19600\text{N/m}^3 = 40708\text{N} \tag{28-21}$$

式中　$G_g$——推土板前土堆质量；

$V$——推土板前土堆的容积；

$K_e$——土的松散系数，取 1.3；

$\gamma$——土的重度，取 $19.6\text{kN/m}^3$。

切线牵引力等于各阻力之和，即

$$F_k = F_f + F_a + F_x = 176123\text{N} \tag{28-22}$$

(3) 行走马达转矩 根据切线牵引力可以计算行走马达的输出转矩，即

$$M_m = \frac{F_k r_d}{n\, i_M\, \eta_M\, \eta_x} = \frac{176220 \times 0.44}{2 \times 50 \times 0.94 \times 0.87}\mathrm{N} = 948\mathrm{N} \tag{28-23}$$

式中 $r_d$——驱动轮节圆半径，取 0.44m；

$n$——马达数量，$n=2$；

$i_M$——末端传动减速比，取 50；

$\eta_M$——机械传动效率，取 0.94；

$\eta_x$——行走机构效率，取 0.87。

(4) 行走马达的选型 行走马达的主要参数是排量和转速，所选择的马达必须满足输出转矩和行驶速度的要求。

1) 行走马达的排量为

$$q_m = \frac{2\pi M_m}{\Delta p\, \eta_{M_m}} = \frac{2 \times 3.14 \times 948}{32.5 \times 0.95}\mathrm{mL/r} = 193\mathrm{mL/r} \tag{28-24}$$

式中 $\eta_{M_m}$——马达的机械效率，取 0.95；

$\Delta p$——马达出口压差，取 32.5MPa；

2) 行走马达的转速。行走马达的最大转速应按推土机最高行驶速度来确定，此时马达处于最小排量，即

$$n_{m\max} = \frac{v_{\max}\, i_M}{0.12\pi r_d} = \frac{10 \times 50}{0.12 \times 3.14 \times 0.44}\mathrm{r/min} = 3016\mathrm{r/min} \tag{28-25}$$

式中 $v_{\max}$——推土机最高行驶速度，取 10km/h；

推土机在作业工况时，马达转速为

$$n_{m\max} = \frac{v'_{\max} i_M}{0.12\pi r_d(1-\delta)} = \frac{3 \times 50}{0.12 \times 3.14 \times 0.44 \times (1-0.1)}\mathrm{r/min} = 1005\mathrm{r/min} \tag{28-26}$$

式中 $v'_{\max}$——推土机作业工况时的最高速度，取 3km/h；

$\delta$——滑转率，取 0.1。

HMV210 型马达最小排量下的最高连续转速为 3200r/min，最大排量下的最高连续转速为 2700r/min，对照以上计算可知，选用 HMV210 型马达是合适的。

此时，由外负载决定的系统压差为

$$\Delta p = \frac{2\pi M_m}{q_{m\max}\eta_{M_m}} = \frac{2 \times 3.14 \times 948}{210 \times 0.95}\mathrm{MPa} = 31.3\mathrm{MPa} \tag{28-27}$$

(5) 行走泵的选型 行走泵应满足行走马达对流量和压力的需求。行走泵的流量应满足作业工况马达最大速度需求，即

$$q_p = \frac{n_{m\max}\, q_{m\max}}{1000\eta_{Vm}} = \frac{1005 \times 210}{1000 \times 0.95}\mathrm{L/min} = 222\mathrm{L/min} \tag{28-28}$$

式中 $\eta_{Vm}$——马达的容积效率，取 0.95。

因此，行走泵的排量为

$$q_p = \frac{1000q_p}{n_p\ \eta_{Vp}} = \frac{1000 \times 222}{1900 \times 0.95}\text{mL/r} = 123\text{mL/r} \tag{28-29}$$

式中 $n_p$——泵的转速，取1900r/min；

$\eta_{Vp}$——泵的容积效率，取0.95。

经分析，选择泵HPV135T是合适的。

（6）液压装置功率和转矩校核 考虑到工作液压泵和一些辅助装置的功率消耗，行走泵在切削工况下的输入总功率为

$$N_{ip} = N_e - N_{f1} - N_{f2} - N_{f3} - N_{f4} \tag{28-30}$$

式中 $N_e$——发动机的额定功率，为140kW；

$N_{f1}$——辅助装置消耗的发动机功率，取7kW；

$N_{f2}$——工作液压泵消耗的功率；

$N_{f3}$——补油液压泵消耗的功率；

$N_{f4}$——先导泵消耗的功率。

工作液压泵消耗的功率为

$$N_{f2} = \frac{p_g q_g n_p}{6 \times 10^4 \eta_g} = \frac{21 \times 80 \times 1900}{6 \times 10^4 \times 0.85}\text{kW} = 63\text{kW} \tag{28-31}$$

式中 $p_g$——工作液压泵的压力，取21MPa；

$q_g$——工作液压泵的排量，取80mL/r；

$\eta_g$——工作液压泵的效率，取0.85。

由于推土机在切削时一般不要求工作液压泵动作，所以实际消耗功率按其正常工作的10%来选取，即6.3kW。

补油液压泵消耗的功率为

$$N_{f3} = \frac{p_b\ q_b\ n_p}{6 \times 10^4 \eta_b} = \frac{2.4 \times 63 \times 1900}{6 \times 10^4 \times 0.95}\text{kW} = 5\text{kW} \tag{28-32}$$

式中 $p_b$——补油液压泵的压力，取2.4MPa；

$q_b$——补油液压泵的排量，取63mL/r；

$\eta_b$——补油液压泵的效率，取0.95。

先导液压泵消耗的功率为

$$N_{f4} = \frac{p_t\ q_t\ n_p}{6 \times 10^4 \eta_t} = \frac{3.5 \times 10 \times 1900}{6 \times 10^4 \times 0.95}\text{kW} = 1.2\text{kW} \tag{28-33}$$

式中 $p_t$——先导液压泵的压力，取3.5MPa；

$q_t$——先导液压泵的排量，取10mL/r；

$\eta_t$——先导液压泵的效率，取0.95。

故行走泵在切削工况下的输入总功率为

$$N_{ip} = (140 - 7 - 6.3 - 5 - 1.2)\text{kW} = 120.5\text{kW} \tag{28-34}$$

输入转矩为

$$T_i = \frac{9550\ N_{ip}}{n_p} = \frac{9550 \times 120.5}{1900}\text{N} \cdot \text{m} = 605.7\text{N} \cdot \text{m} \tag{28-35}$$

泵在推土机切土时所需的功率和转矩分别为

$$N_i = \frac{2\Delta p\ q_p}{60\ \eta_p} = \frac{2 \times 95 \times 31.3}{60 \times 0.9}\text{kW} = 110\text{kW} \tag{28-36}$$

$$T_i = \frac{9550N_i}{n_p} = \frac{9550 \times 110}{1900}\text{N} \cdot \text{m} = 553\text{N} \cdot \text{m} \tag{28-37}$$

式中　$q_p$——泵在推土机切削工况下的流量，经计算为95L/min；

$\eta_p$——先导液压泵的效率，取0.9。

由此可见，所选泵在切削工况下的功率和转矩能够保证推土机正常工作。同理，经计算，满铲运输工况下的功率和转矩也满足要求。

全液压推土机具有结构简单、机动性好、负载自适应能力强、操纵舒适灵活、工作效率高等优点。

# 第 29 章　微流控元件

## 29.1　微流体技术

### 29.1.1　微流体技术介绍

在自然界中微流控现象普遍存在。例如，植物利用毛细作用将营养物质从其根部传送到最高的树枝，就是自动驱动微流体回路。人体毛细血管就是微流体系统，毛细血管将食物、氧气和具有信号的分子带入每个细胞，这是人类生存的基础。

现代的微流体技术是指在微观尺寸下控制、操作和检测复杂流体的技术，是在微电子、微机械、生物工程和纳米技术基础上发展起来的一门全新交叉学科。与传统的液压气动技术属于同一个流体机械与控制的范畴，流体力学是共同的基础，但又有明显不同，二者相互融合，共同发展。

微流体系统的应用也已扩展到汽车工业、航天、军事等各个领域，除药物输送、燃油喷射、细胞分离、电子元件冷却、微小卫星推进等领域具有广泛应用外，在生物、化学、材料等科学实验中，也经常需要对流体进行操作，如样品 DNA 的制备、聚合酶链式反应（PCR）、电泳检测等操作都是在液相环境中进行。如果要将样品制备、生化反应、结果检测等步骤集成到生物芯片上，则实验所用流体的量就从毫升、微升级降至纳升或皮升级，这时功能强大的微流体装置就显得必不可少了。除微流体的输送外，流体测量、流体混合、流体浓缩分离等也是微流体的应用领域。

近年来微流体技术（Microfluidics Technology）的快速发展（见图 29-1），已经在化学、医药及生命科学等领域造成革命性的冲击。

随着生物芯片技术的发展，微流体技术作为生物芯片的一项关键支撑技术也得到了人们越来越多的关注。微流体技术可通过可穿戴设备测量汗液运动中的物质，以进行运动或医疗监测，还可采用可植入芯片级肿瘤平台，将癌症药物局部输送至患者肿瘤。这些都是生物医学微流体技术的新领域。而生物芯片更被视为是后基因时代（Post - Genome Era）用来解读基因序列的重要工具。微流体生物芯片目前受

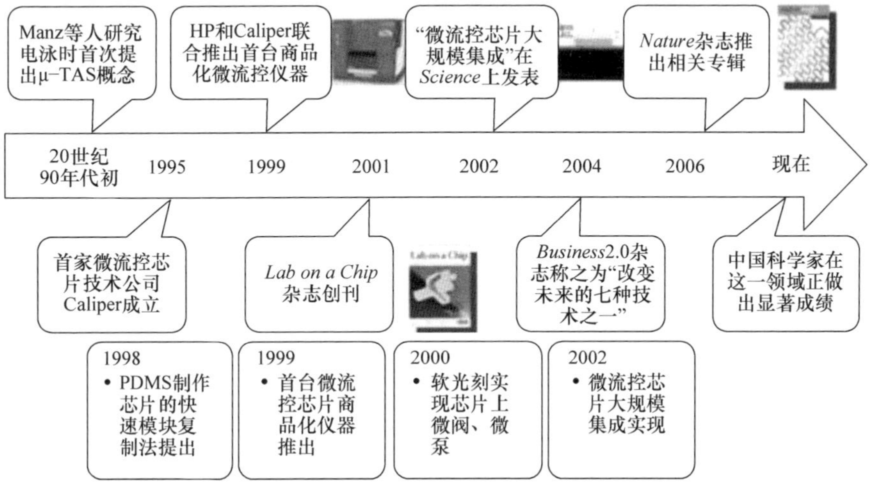


图 29-1　微流体技术的发展

到极大的重视。微流体芯片，又被称为“芯片实验室”（Lab－on－a－chip）。它是利用微机电技术将一般实验室所使用的分离纯化混合，以及酵素反应等装置微小化到芯片上，以进行生化反应、过程控制或分析，其构造远较微数组芯片复杂得多，依其应用范围可再细分为样品前处理芯片、反应型芯片及分析型芯片三大类。可对微量流体（包括液体和气体）进行复杂、精确的操作，如混合和分离微量流体、化学反应、微量分析等。微流体芯片还可以在稀有细胞的筛选、信使核糖核酸的提取和纯化、基因测序、单细胞分析、蛋白质结晶等方面发挥独特的作用。因为其具有体积轻巧、使用样品/试剂量少、反应速度快、大量平行处理及可抛弃式等优点，因此在生物技术研究上的应用范围非常广泛。喷射技术是最成熟的微流体技术，有化学喷射法与压电喷射原位合成法等，它使用直径小于 100μm 的孔来产生微滴。这项技术可用于输运微反应中的微量试剂，以及将微量 DNA 样品分发到载体表面形成微阵列。

与微电子技术不同，微流体技术不强调减小器件的尺寸，它着重于构建微流体通道系统来实现各种复杂的微流体操纵功能。与宏观流体系统类似，微流体系统所需的器件也包括微流体泵、微流体阀、微流体混合器、微流体过滤器、微流体分离器等。尽管与微电子器件相比，微流体通道的尺寸显得相当大，但实际上这个尺寸对于流体而言已经非常小了。微流体通道中的流体流动行为与人们在日常生活中所见的宏观流体流动行为有着本质的差别，因此微流体泵、微流体阀、微流体混合器、微流体过滤器、微流体分离器等微型器件往往都与相应的宏观器件差别非常大。为了精确设计微流体系统中所需的器件，首先要确定微流体通道中流体的流动性质。现在人们利用共焦显微镜成像技术可以方便地对微流体通道中的流动过程进行量化，达到了以往无法实现的高分辨力。世界上第一个微流体器件由英国帝国理工学院（Imperial College London）的曼齐（A. Manz）、美国橡树岭国家实验室的拉姆齐（M. Ramsey）等科学家在20世纪90年代初研制成功。该器件是利用常规的平面加工工艺（光刻、腐蚀等）在硅、玻璃上制作的。尽管这种制作方法非常精密，但成本高且不灵活，无法适应研发需求。怀特赛兹（G. M. Whitesides）等人又提出一种“软光刻”微加工方法，即在有机材料上印制、成型出微结构，从而方便地加工原型器件和专用器件。另外这个方法还能构建出三维微通道结构，并能在更高层次上控制微流体通道表面的分子结构。

## 29.1.2　微流体力学的特性

### 1. 微流体力学现象——层流与液滴

微流体器件的尺寸介于$10^{-6}\sim10^{-4}$m，如图29-2所示。

流体在微通道中的行为与其在宏观尺度通道中不同，这些流体行为（现象）不仅是微流控的重要特征和标志，还是实施微流体器件可以借助的特征与独特的技术手段来源。主要的微流体力学现象有层流和液滴。

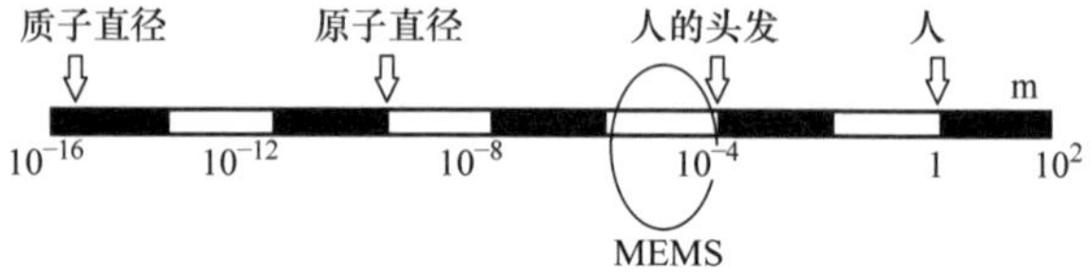


图29-2　流体器件与其他尺度物体的比较

层流指流体流线与管壁相互平行的层状流动。在黏性力远远大于惯性力，或雷诺数（*Re*）小于3000时，层流就会出现。当几相不同颜色的流体从不同的入口进入同一个微通道时，即使它们互溶，也会形成层次分明的多相平行流动。利用层流的这种规律性，可以实现材料、化学环境和细胞在微通道中的有序排布。另外，在层流情况下，湍流基本消失，分子扩散将成为微尺度下传质的主要途径。由于扩散速率与分子自身的特性有关，利用分子在微通道中的不同扩散距离可以将不同的分子进行分离。也因为如此，层流下的液体混合过程相对缓慢，但是，通过在微通道中设计特殊结构，如不对称鱼骨状的凸起，可以加快传质过程和液体混合。

液滴是当两相不互溶的液体（如油和水）在微通道中流动时，在液/液界面张力和剪切力的作用下，其中一相流体会形成高度均一的间断流，即液滴。在乳液制备的方法中，如果说基于搅拌的方法是自上而下的，那么微流控则是自下而上的方法。微流控能够以非常高的通量制备高度单分散性的液滴乳液。常见的微通道结构为T型和ψ型。在某些情况下，含有不同高分子聚合物的水相液体在微流控通道中也会形成不互溶的液滴。

### 2. 微管道的流体力学特征

大多数情况下，液体的微流动可以采用不可压缩的无滑移边界条件的Navier－Stokes方程来描述。在一般的微管道流动中，由于*Re*介于0～300，这种情况的流动一般处于层流状态，虽然分析计算比较简单，但是如果要进行样品的混合就会比较困难，所以微管道中的样品混合是现在微流体研究的一个热点。

微管道由于其特征尺寸 $L$ 微小，$Re$ 数值极小，所以微管道中的流体处于层流状态。同时，由于流体的体积、质量与 $L^3$ 成正比，表面积与 $L^2$ 成正比，随着特征尺度的减少，微管道表面的影响相对增强。另外，比表面积（表面积/体积）随着特征尺度的减少而迅速增大，从而大大影响了质量、动量、能量在微流体器件中的输运。因此，微流体器件中的体积力对流动的影响很小，与表面积相关的一些力，如黏性力、弹性力、表面张力、静电力的作用变得比较明显。而雷诺数 $Re$（惯性力与黏性力之比）在微流体器件中黏性力的影响会随尺寸减小而变强。

在微管道中影响流动的因素还有以下几方面：

（1）表面力　表面力包括液体的表面张力、粒子电离后产生的库仑力、分子极化产生的范德瓦耳斯力、空间位形力等，这些力都来源于分子间的相互作用力，从本质上说，它们都是短程力（$<1$nm），但其积累效果可以达到 0.1μm 的长程，这些力需要经验或半经验定律来进行计算。

（2）阻力规律　在管径小至十几微米的微管道中流体的流动，Navier - Stokes 方程还是适用的。因此要考虑管路表面粗糙度以及液体和管壁材料的关系等表面边界条件的影响。

（3）流体黏性　在微观条件下，流体黏度受多方面因素的影响。流体在不同截面形状管道中流动时的黏度各不相同，并与温度、压强有关，目前尚不能用量化方式准确表达黏度与各种因素的关系，因此黏度成为管道尺寸、截面形状、温度、压强等的函数，在 Navier - Stokes 方程中，不能把黏度 $\mu$ 认定是常量，因此用 Navier - Stokes 方程来解释微流体特性要谨慎。

（4）极性流体与非极性流体　流体虽然总体上不会呈现极性，但含有极性离子的流体与非极性流体的流动特性存在显著差异，离子吸附会使极性流体的流阻大于非极性流体。但目前这一问题尚未解决。

（5）气泡的影响　气泡对液体微流动具有显著的影响。气泡浸于液体中时，由于不产生附加压力，所以不会影响液体的流动。而当气泡附着于管壁时，由于表面张力的作用，会使流道截面积减小、流动阻力增加，气泡会随流动状态变化，导致流动不稳定。排除气泡的影响尤为重要。

（6）相对表面粗糙度的影响　微流动几乎为层流，相对表面粗糙度增加，对微流动会产生不可忽视的影响，可使流体的流动阻力增加。在微流动中，不仅粗糙度单元的大小对流动有影响，其分布情况也对流动有影响。

**3. 微流体流动中的电动、电泳、电渗与电黏现象**

电动现象是在微流体芯片的通道中，电解液离子化基被吸附在管壁上形成表面电荷，在表面静电吸附电荷和分子扩散的作用下，溶液中的抗衡离子就会在固液界面上形成双电层，而管道中央液体中的净电荷几乎为零。双电层由紧密层和扩散层组成，其中紧密层的厚度为 1～2 个离子的厚度，而扩散层的厚度较大，并且它的电荷密度随着远离壁面而逐渐与溶液接近。

电泳现象是指在电场作用下，带电颗粒由于所带的电荷不同，以及分子大小差异而有不同的迁移行为，从而彼此分离开来的一种现象。

电渗流主要通过施加电压驱动带电流体，而不是采用压力驱动管道流，是实现微尺度下对微流体进行自动驱动与控制最成功的方法之一。电渗流的速度大小与管道或槽道的横向尺寸无关，易于控制；而压力流的速度除了与压力梯度有关之外，还与管道或槽道的横向尺寸有关，为了保持一定的流速，需要考虑双重因素。电渗流在管道或槽道中的横向速度剖面几乎是平直的，有“平流泵”的作用。这样的速度剖面有利于样品的分离，即使在通道内传输很长距离，样品的浓度带宽变化也很小。而压力驱动流将产生抛物线型速度剖面，沿通道横向的速度梯度比较大，不利于样品的高效分离。可以通过控制电压来控制流速。利用电压的切换可以在微通道的交叉口控制电渗流的方向，实现阀的功能。优化通道的几何结构，还可以在微流装置的不同部位产生不同的流速。这在生化分析中，如液体的混合及多样品的并行处理中很有用处。对于压力等驱动方式，通常需要安装微泵、微阀等装置，在工艺加工及维修方面比较困难。当然，电渗流的驱动与控制也存在着一些缺点：①电渗流对管道或槽道壁面材料和被驱动流体的物理化学性质有要求，与液体接触的表面材料必须能够提供电荷，以形成双电层。因此它只适合一定范围内的流体和管壁材料。②产生电渗流所需要的高电压电源会带来安全、功耗和所占空间大的问题，这不利于系统的微型化。③电渗流尽管适合驱动和控制狭窄管道或槽道的微量液体，但由于焦耳热问题，它却不能高速驱动更宽管道或槽道中的流体，而这一能力在许多微流体应用（如样品的预处理）中是有必要的。

管道中流体在压力作用下流动，此时在管道紧密层中的离子紧紧地被管壁吸引着不能移动，扩散层中的离子受到壁面的束缚较小，在微管道中流体的剪切作用下将会向下游流动，此时会产生流动电流，从而在下游积聚了大量的离子，这就意味着在下游产生了一个高电压（流势），这一电压的存在将会对扩散层中的离子产生一定的作用力，使得它们产生反向的流动，虽然它对整个流体的作用很小，但也会引起流量的减少，一般称这种作用为电黏性效应，表现出溶液变得更加黏稠的特征。

## 29.2 微泵

### 29.2.1 微泵材料

微泵材料的选择对微泵的设计制作、性能、成本以及应用都有显著的影响。良好的微泵材料应与操作环境良好兼容，具有制作工艺简单、可大批量生产、疲劳寿命高等特点。根据当今发表的文献，微泵多数以硅半导体、玻璃为材料。随着微泵技术的发展，聚合物材料如聚二甲基硅氧烷（PDMS）、光刻胶、电致动聚合物材料（EAP）、离子导电聚合胶片（ICPF）、聚对二甲苯、聚甲基丙烯酸甲酯（PMMA）等也广泛用于微泵制作，其中 PDMS 最为常见，电致动聚合物如离子聚合物金属复合材料（IPMC）、介电弹性体（DE）、聚偏二氟乙烯（PVDF）等新型智能材料以其独特的优点成为国内外研究的热点。以硅为材料的微泵工艺成熟，但加工制作复杂，成本较高，生物相容性差，在生物医学领域的应用受到限制。而基于聚合物材料的微泵具有种类多、可供选择余地大、制作工艺简单、易于集成、生物兼容性好、性能优良、成本低等优点，非常适合大批量生产，使一次性使用的医学微泵成为可能。

## 29.2.2 微泵分类

### 1. 有阀微泵和无阀微泵

根据有无可动阀片，微泵分为有阀微泵和无阀微泵。典型的无阀微泵有收缩－扩张型微泵，以及基于流体性质的非机械式微泵。有阀微泵的优点：原理简单、制造工艺成熟、易于控制、反向截止性能较好。但缺点也很明显：由于阀片的存在，微泵加工工艺要求高，结构复杂，不利于集成以及微型化；阀片易疲劳，并且回流现象不可避免。有阀微泵效率低，在药物输送、血液运输等领域的应用中，阀门的存在会造成堵塞，且容易损伤细胞。

相对于有阀微泵，无阀微泵有以下优点：结构简单，易于加工和制备，可以制成平面结构，或者直接和微流控芯片一体化加工，便于微泵的微型化、集成化。无阀微泵利用微流体的特性，可以连续输送流体，能精确检测和控制流量，因此无阀微泵成为 21 世纪微流体系统微型化、集成化、控制精准化程度进一步提高的突破口，具有广阔的应用前景。

无阀微泵的工作原理是基于 Torsten Gerlach 提出的微扩散理论。无阀微泵是利用流路差异引起的压力损失的不对称性来实现流体泵送的。无阀微泵的主要组成部件包括带有驱动膜的腔体和两个锥形管结构，其工作原理如图 29-3 所示。

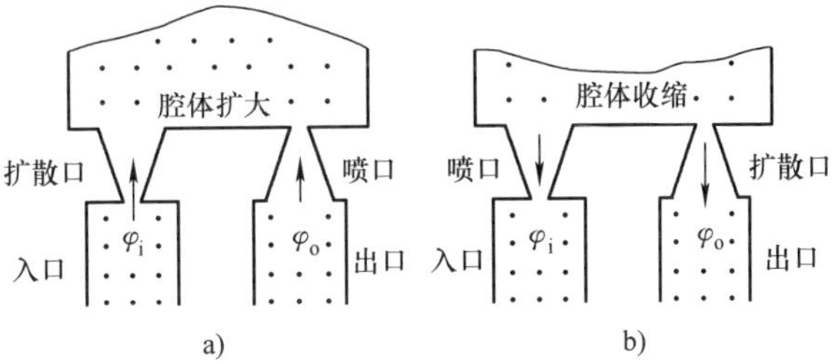


图 29-3 无阀微泵的工作原理

a）吸取模式 b）压缩模式

当泵膜向上运动时腔体扩大，微泵进入“吸取模式”（见图 29-3a）时，入口处的锥形管充当扩散口，而出口处的锥形管充当喷口，其结果是入口（扩散口）的流进量大于出口（喷口）的流进量；当泵膜向下移动时，腔体收缩，微泵进入“压缩模式”（图 29-3b），出口处的锥形管充当扩散口，而入口处的锥形管充当喷口，结果是出口（扩散口）

的流出量大于入口（喷口）的流出量。经过一个工作周期，就会有一定的净流量从出口流出。

**2. 机械式微泵和非机械式微泵**

按有无运动部件分，微泵可以分为机械式微泵和非机械式微泵。机械式微泵驱动力较大、响应速度快，是目前应用的主流，但因为有可动部件，结构复杂，存在机械磨损和泄漏现象，不利于微型化、集成化发展。非机械式微泵将非机械能转变为微流体的动能，没有运动部件，结构简单、流量连续稳定，是目前研究的热点。

（1）机械式微泵　机械式微泵主要有以下几种类型。

1）压电驱动微泵：压电驱动微泵是基于压电晶体的压电特性驱动薄膜振动，从而实现泵送流体的。常见的压电材料有压电片、PZT 压电堆、压电薄膜。压电驱动的优点是结构简单、驱动力大、响应时间短、能耗低、效率高；其缺点是驱动电压高、振幅小，自吸困难，限制了其应用范围。

2）静电式微泵：静电驱动是指基于库仑力的原理，在平行的两个极板中，给其中一个固定极板施加单一极性的电压，在另一个与泵膜连接的极板上施加交变电压，交替产生该极板的双向形变，从而实现泵的功能。极板间的引力计算方式见式（29-1）。

$$F=\frac{\mathrm{d}W}{\mathrm{d}x}=\frac{\varepsilon AU^2}{2x^2} \tag{29-1}$$

式中　$F$——静电驱动力；

$U$——所加的电压；

$A$——极板的面积；

$x$——极板间的距离；

$\varepsilon$——介电常数。

这种微泵具有低功耗（典型值 1mW）和响应速度较快等优点，主要不足在于其施加较高的电压也只能产生较小的形变，导致最大泵出量很小。国内对于静电式微泵的研究主要集中于理论分析和数值模拟上。

3）热气动微泵：热气动微泵具有空气腔和泵腔两个由泵膜分隔开的腔体，通过对空气加热和冷却使空气腔中的气体周期性地膨胀和收缩，从而使薄膜同时发生周期性的振动，实现泵的功能。加热、冷却导致的气温变化（$\Delta T$）使空气腔容积产生变化（$\Delta V$），从而引起泵腔中压力的变化（$\Delta p$），三者之间的关系可以表示为

$$\Delta p=E\left(\beta\Delta T-\frac{\Delta V}{V}\right) \tag{29-2}$$

式中　$E$——薄膜弹性的体积模量；

$\beta$——热膨胀系数；

$\Delta T$——气体温度的变化；

$\Delta V/V$——容积的变化比。

构成热气动泵体和泵膜的材料一般为玻璃和PDMS。

4）电磁式微泵：基于洛伦兹力的典型电磁驱动微泵由带有进、出口微阀门的腔体、柔性可变的泵膜、一个永磁体和一套驱动线圈组成。一般永磁体附着于泵膜上，也可以是线圈附着其上。当交变电流通过线圈产生交变磁场时，就会与永磁体之间相互排斥和吸引，从而产生微泵的动力。平面线圈是微电磁驱动的研究重点。电磁驱动的优点是输入电压低、泵膜变形大、频率调节方便、响应快，并且可以远程控制。其缺点是能耗大，电磁材料微加工困难，由于线圈存在难以微型化。

5）形状记忆合金式微泵：形状记忆合金（SMA）是一种能够记忆原有形状的智能合金材料。形状记忆效应是指SMA的两种固态相（高温下的奥氏体和低温下的马氏体）之间的相变而发生的延展性形变。SMA微泵正是利用了两种固体相的这种周而复始的相变作为泵的动力来源。常见的形状记忆合金有钛镍合金、金镉合金、铜锌合金等。SMA需要的输入功率较大，其响应速度也较慢，效率低，泵膜变形较难控制。但其具有较大功（率）重（量）比，集驱动、传动和传感于一身，变形大、输出应力高、驱动电压低和生物相容性等优点，使得它在微小型应用领域具有独特的前景。

6）离子导电聚合片式微泵：与硅、金属等膜片相比，聚合物泵膜可以产生较大的形变，输入功率也更小。一种最常见的聚合物泵膜材料是离子导电聚合胶片，它是由聚合电解质胶片及与胶片两面化学结合的白金导体构成的。白金导体构成了胶片的两极，胶片在外在电场的作用下，阳离子向阴极迁移，同时吸附聚合物中的水分子运动，从而发生阴极膨胀、阳极收缩的现象。当施加周期性交变电场时，聚合物泵膜也会发生周期性形变为微泵提供动力。

7）相变式微泵：相变式微泵的执行部件包括加热器、由泵膜分隔开的工作腔和泵腔。加热器工作时使工作腔内的液体汽化，腔内体积增大，从而推动泵膜膨胀，压缩泵腔内的流体；加热器不工作时，热气体冷凝，工作腔内体积减小，使得泵膜回缩，从而利用工作腔内的这种气态和液态的往复转变为微泵提供动力。

8）双金属式微泵：铆合在一起的两种不同金属一般具有不同的热膨胀系数，当通过微泵内的加热器对双金属泵膜进行加热时，由于两种金属的热膨胀程度不同，泵膜就会产生形变。双金属膜可以产生较大的推动力，然而由于常见金属的热膨胀系数都较小，因而双金属膜片的形变较小，响应的速度也不高，并不适用于需要高频振动的应用。

（2）非机械式微泵　非机械式微泵主要有以下几种类型。

1）磁流体式（MHD）微泵：MHD微泵通过导电流体与磁场之间的相互作用来获得动力。MHD是指电流体在垂直相交的磁场和电场相互作用而产生的洛伦兹力的驱动下流动。典型MHD微泵的结构相对比较简单，除了矩形微通道之外，微通道的上下两面是用于产生磁场的极性相反的永磁体，微通道的左右两面是用于产生电场的电极。除了外部提供的电磁场外，还要求所采用的流体应具有1S/m或更高的电导率。总的来说，MHD 微泵可以用于具有较高电导率的流体，很多种流体都满足这一条件，这使得 MHD 微泵可以广泛应用于生物医学领域。

2）电液动力（EHD）微泵：EHD 微泵的基本原理是利用流体中带电离子在电场作用下的迁移，从而带动整个流体迁移流动。这种微泵的优点是无阀无活动部件、结构简单、对微加工工艺要求不高、成本低；但这种微泵对流体的介电性质有特殊要求，只能用于绝缘液体或电导率极低的液体，如乙醇、丙酮、异丙醇等，限制了其应用。按驱动电压类型可分为两种，一种是平行电极间施加直流电压的 EHD 微泵，另一种是在电极阵列上施加不同相位行波电压的 EHD 微泵。

3）电渗流式微泵：电渗流也被称为动电现象。是指在外加电场下电解质溶液由正极向负极移动的过程。这是一种在微细尺度条件下发生的与电泳类似的现象，但通常情况下电渗流淌度大于组分的电泳淌度。电渗流式微泵无须任何运动部件（如止回阀等），其运作效率较高，流向完全由外加电场的方向控制，普通低价的 MEMS 技术即可胜任这种微泵的制造。其主要的限制在于需要较高的操作电压，且不能用于非离子溶液。

4）电浸润式微泵：电浸润式微泵利用表面张力来驱动流体运动。微尺度下，表面张力是一种主要作用力，而金属液体的表面张力会因电压改变而变化，在充满电解液的管道中施加电压，金属液滴就可以沿着管道运动，推动流体运动。这类微泵具有功耗低、响应快、表面电化学不活泼等优点。

5）曲面波（FPW）微泵：FPW 微泵是采用超声驱动的。在这种微泵中存在一种称为声冲流（acousticstreaming）的现象，即具有一定幅度的声场可以被用来驱动流体。在这类微泵中。由压电晶体驱动器阵列产生声场，即沿一薄板传递的曲面波。这个薄板形成了流通道的一壁，在该壁与流体之间存在着动力传递。曲面波微泵的工作电压较低，也无须阀门和加热机构，与 EHD 微泵相比，对流体的导电率也没有限制。

6）电化学微泵：电化学微泵通过电解水产生的气泡向液体提供驱动，电化学微泵主要由电极、微通道、电解水的腔室以及进出口的阀门等组成，其设计和制造比较简单，并较易于与其他微流控系统集成。电化学微泵的主要不足在于其产生的气泡在排出泵的时候可能会引起塌陷效应，气泡也有可能溶解于水，导致不稳定和不可靠的药物释放。

7）蒸发式微泵：蒸发式微泵的原理类似于树木的水分运输系统，这种微泵具有一套控制液体蒸发和对气体吸收的装置。可以通过改变蒸发孔的面积或使用风扇调节微泵的流速，在较长时间内提供稳定的 μL/min 级液体流速。

### 29.2.3 微泵结构的优化

首先是微泵腔体结构的优化。微泵腔体结构会影响微泵的压力、流量、流动损失系数以及流动稳定性。多数微泵均为单腔体结构，为了提高微泵的性能，研制多腔体结构微泵已成为一种趋势，目前主要集中在两腔体的研究上。多腔体微泵可减轻流体脉动性，提高输送能力，并且压力和流量稳定，提高微泵效率。实验研究发现，两腔串联结构，其输出压力和流量分别是单腔的 2 倍和 1.4 倍，而且综合性能较高；并联结构输出压力不变，但流量增加 1 倍，而且脉动小。微流道是无阀微泵的关键结构，其结构制约着微泵性能，有必要对微流道结构进行优化。有学者提出了利用锯齿形微流道代替传统扩张/收缩微流道，有效提高微泵性能。锯齿形微流道由于侧面齿形角的存在，流动过程更易产生漩涡，使流道压力损失降低，其最大流量和最大压头都得到提高。也有的学者模仿鱼的鳍片，在微流道侧壁增加微翅片结构，微泵流动效率提高了 10%，在 100V、3kHz 的驱动电压下测试，微泵性能提高了 35%。浙江大学傅新等人利用 Micro - DPIV 技术对无阀微泵进行流场检测，探究了微泵的流动机理，为微泵性能检测、流道结构优化设计提供了实验验证和技术指导。

### 29.2.4 微流体压力/真空泵产品

微流体压力/真空泵是利用压电技术产生流体压力或真空的微流体泵，压力范围为 -0.07 ~0.1MPa，它既是压力源也是真空源，可以相互切换。广泛应用于数字微流体（如微滴、各向异性颗粒、双乳液滴生成和处理），珠子和粒子操纵，快速液体样品切换，细胞培养实验。微流体压力/真空泵及其应用如图 29-4 所示。

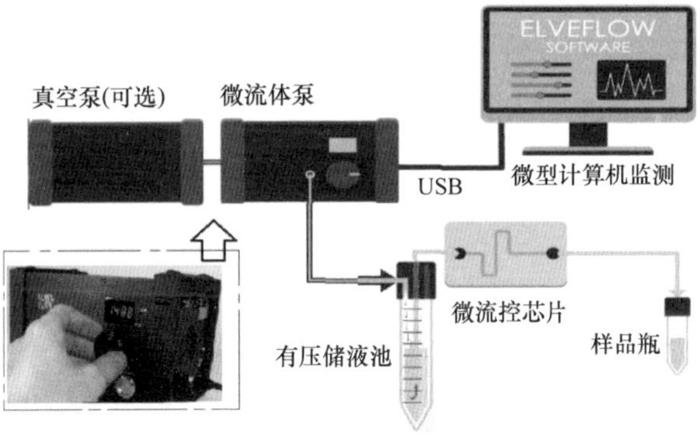


图 29-4 微流体压力/真空泵及其应用

压力泵性能：有压压力为 0.02 ~0.16MPa；真空压力为 -0.07MPa/ +0.1MPa；压力稳定性可达 0.05%；传感器分辨率为 0.006%；稳定时间为 40ms；响应时间为 50ms；压电技术可以使储液池快速加压至 1L，能够进行长期或高流速的微流体实验；与流量传感器相结合，可以监控，也可以手动或 USB 软件操作控制微流体装置中的流速，同时保持压力驱动流的稳定性和响应性；创建、监控和修改实时复杂的压力和流量曲线，如正弦波、方波、三角波、斜波、脉冲或锯齿波等；结合微流体流量传感器实现 0.2μL/min 流量的稳定控制。

微流体泵控制软件界面如图29-5所示，该图展示了微流体泵所用的整个系统。

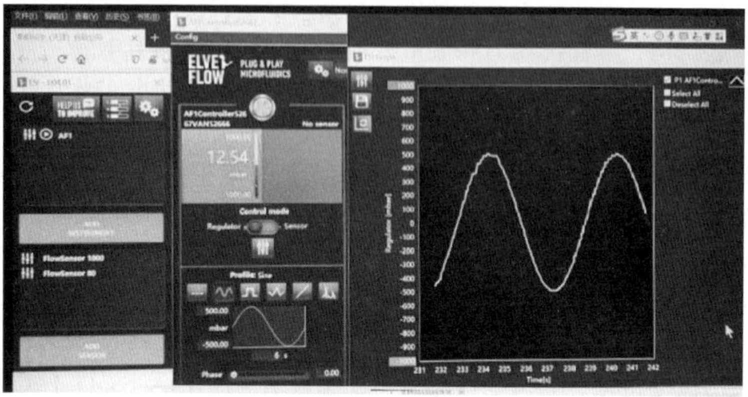

图29-5　微流体泵控制软件界面

这个系统通过软件与C、Python、Matlab、LabVIEW或Elveflow等智能界面实施微型计算机监测。整个控制系统可以实现切换所需要的压力配置；定义复杂的压力和流速曲线，如斜波、正弦波、方波和三角波；与流量传感器一起使用时，带有自适应传感器的反馈回路可以直接控制流量；显示监测实时压力和流速并保存数据。

压力/真空控制器使用压力或吸力将液体平稳且精确地注射到微流体芯片上，还可以对微流体储液池内的液体加压或减压。真空/压力发生器旨在取代真空和压缩空气系统，可以快速准确的进行压力和真空控制，使用计算机或仪器的前面板控制压力并进行监测，其中储液池可保护微型泵免受液体回流的影响，并且还可用作微流体储液器。

## 29.3　微阀

微阀作为微流体系统的主要元件之一，其作用包括节流调节、开/关转换以及密封生物分子、微/纳粒子、化学试剂等，其性质包括无泄漏、死区体积小、功耗低、压阻大、对微粒污染不敏感、反应快、可线性操作的能力等。目前，微阀分为有源微阀和无源微阀。有源微阀需要在某种驱动能的作用下实现对微流体的控制，无源微阀则不需要从外部输入能量，通常在顺压与逆压作用下实现对微流体的控制。按照最初的状态，微阀还可分为常开型和常闭型两种。

### 29.3.1　有源微阀

根据驱动源的不同，有源微阀又可分为压电、磁、静电、热驱动、相变、双稳态有源微阀，以及由外部辅助系统如气体驱动的有源微阀，其中热驱动微阀包括热空气、双金属和形状记忆合金微阀，相变微阀包括水凝胶、溶胶-凝胶和石蜡微阀。在这些微阀中，压电微阀具有灵敏度高、响应快、死区体积小等特点，应用广泛；静电微阀与磁微阀可以控制流动方向且功耗低；热驱动微阀易于集成化并具有优良的动态特性，适于与硅热流量传感器一体化的应用，但这种微阀消耗的功率多，反应时间长；相变微阀由于成本相对较低，因而在一次性使用的生物芯片中广泛应用；气动微阀因其薄膜为弹性材料，能产生较大的变形，所以密封性能很好，泄漏小。

**1. 压电微阀**

压电驱动能够产生很大的驱动力、反应时间快，但即使有很高的电压，隔膜也只能产生很小的偏移量。J. Kruckow 等人利用体微加工的方法，通过硅熔融键合，将两层硅结构键合在一起，研制了一种由压电驱动的自封锁常闭型微阀，其结构和工作原理如图 29-6 所示。在没有施加电压时，该微阀具有良好的密封性能，当电压为 100V 时，气体流速为 0.38mL/min。

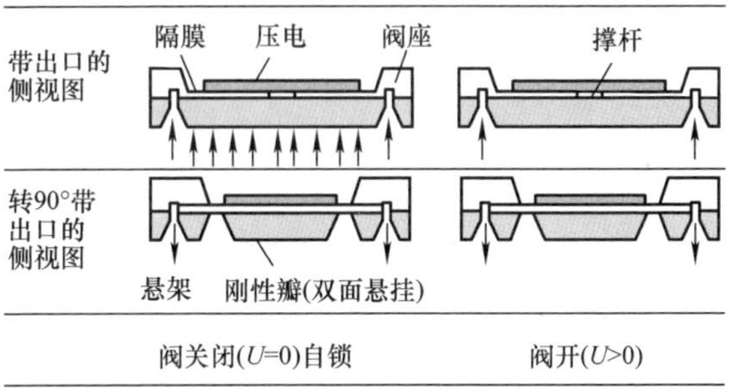


图 29-6 压电微阀结构和工作原理

J. M. Park 等人研制了一种用于低温下流速调制的常开型压电微阀，它包括由绝缘体上硅（SOI）制成的芯片、玻璃片、压电堆栈驱动器和玻璃陶瓷封壳。该阀的反应时间低于 1ms，带宽可达 820kHz。在室温下，入口压力为 55kPa 时，若微阀全开（0V），流速可达 980mL/min，当施加 60V 驱动电压时，流速为 0mL/min，当温度为 80K，入口压力为 104kPa 时，该阀能成功地将气体流速从 350mL/min 调至 20mL/min。E. H. Yang 等人研发了一种应用于微飞船的常闭型压电微阀，其结构如图 29-7 所示。当输入电压为 10V，入口压力为 2068.5kPa 时，层流速率为 52mL/min。为使该阀完全打开，输入电压须为 30V，微阀消耗的功率为 3mW。由于阀座上含有窄边阀座环和受张应力的硅支链，因而具有很好的防泄漏能力，当压力为 5516kPa 时，泄漏速率为 104mL/min。

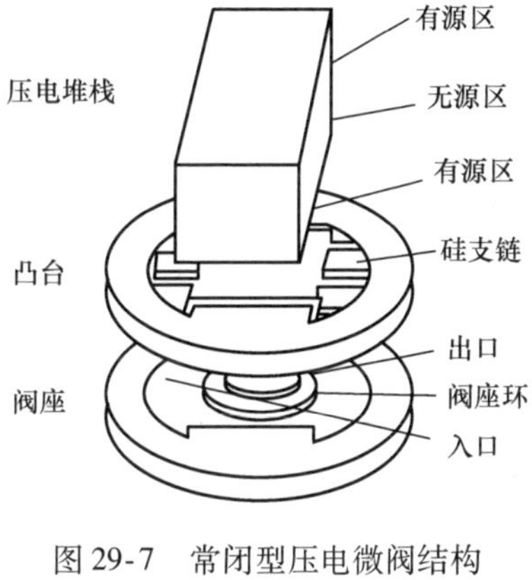


图 29-7 常闭型压电微阀结构

**2. 磁微阀**

C. H. Cheng 等人在 PDMS 中掺入铁粉，将该混合物填充在硅 KOH 各向异性刻蚀后的 V 形腔中，作为阀塞及阀塞支撑。这是一种常闭型微阀，当外加磁场时，阀塞和支撑被抬起，阀被打开。M. Duch 等人提出了一种低功耗、使用方便的磁微阀。这种微阀由上部 V 形悬臂梁和下部硅隔膜组成，V 形悬臂梁上电镀一层钴镍合金。当分别在微阀的上部和下部施加磁场时，阀相应地被打开和关闭，如图 29-8 所示。

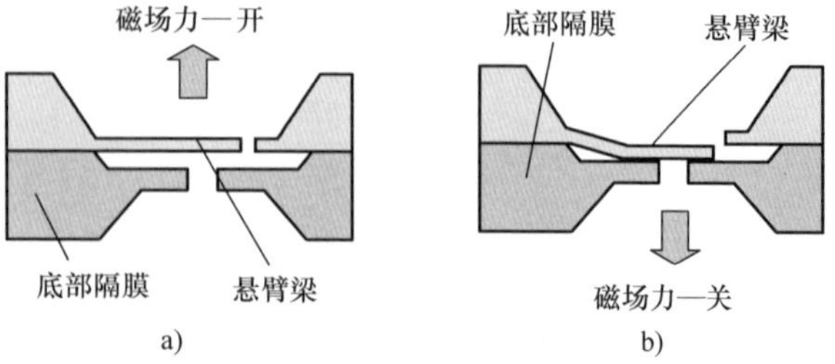


图 29-8　磁微阀原理图

a）微阀打开　b）微阀关闭

C. Fu 等人利用直径 3mm 的铁球作为可由外部磁场驱动的部件研制了一种常开型微球阀。该微球阀由三个热压聚合物层和三个金属层组成，各层通过黏附薄膜连接，开关频率可达 30Hz，开关时间为 10ms。当电流为 200mA，压力为 50kPa 时，微阀被关闭，泄流速度为 0. 5L/min。此外，这种微球阀还可用作比例阀来调节出口压力，当入口压力为 200kPa 时，调节范围为 0 ~ 112. 5kPa。

**3. 静电驱动微阀**

静电驱动反应时间快、功率低，但是驱动力较小。此外，由于静电驱动微阀通常是以二进制的模式工作，所以需要使用阀阵列来控制流动。T. Hasegawa 等人提出了一种由空气驱动无死区体积的微分配系统，其中主要元件就是由微螺线管驱动器实现方向转换的 10 出口多方向微开关阀。这种开关阀包含带有硅树脂橡胶环的旋转装置和带有钢球的自定位闭锁装置。定位装置能精确地自动定位出口并检测当前选中的出口，因而不需要其他传感器和控制器。为使芯片能在 500kPa 以上的高压下快速转换，硅胶环的高度应为 300μm，转子压缩力为 3N，转子旋转力为 0. 8N。当在螺线管上施加 6V 直流电压时，吸引力为 1N，开关时间为 0. 1s。

**4. 热驱动微阀**

使用热驱动的微阀包括热空气驱动微阀、双金属驱动微阀、形状记忆合金驱动微阀三种。虽然它们消耗功率高、反应时间长，但由于它们结构简单，且能提供较大的驱动力，因而也十分受关注。

（1）热空气驱动微阀　J. H. Kim 等人利用 PDMS 研制了一种常开型热空气驱动微阀，该微阀由玻璃片、铟锡氧化物（ITO）加热器、PDMS 热气腔、PDMS 振动膜和 PDMS 通道组成。在 ITO 加热器上施加电压，使加热器加热 PDMS 热气腔中的气体，由于气体膨胀，PDMS 振动膜发生变形将阀关闭。将阀关闭所需的功率取决于膜的厚度和输入压力，与微阀通道的宽度无关。当膜厚为 70μm 时，使薄膜形变达到 40μm 所需的功率为 25mW；当膜厚为 170μm 时，所需功率为 200mW，关闭和开启时间分别为 20s 和 25s。C. A. Rich 等人研制了一种皱褶隔膜式热空气驱动微阀，其结构如图 29-9 所示。隔膜下的密封腔内装有挥发性液体，它的蒸发压可以通过电阻加热来提高，因而使隔膜发生偏移并将阀关闭。当入口压力为 133. 3kPa，功率为 350mW 时，阀关闭，维持关闭状态所需的功率为 30mW。该阀泄漏速率可低达 $10^{-3}$mL/min。

(2) 双金属驱动微阀 双金属驱动器的结构简单，能够产生很大的力，但是功耗大，对环境温度敏感。20 世纪 90 年代，H. Jerman 研制了由厚度分别为 8μm 和 5μm 的硅膜和铝层组成的双金属驱动微阀，如图 29-10 所示。当输入压力为 7 ~ 350kPa，流量为 0 ~ 0.15L/min 时，该阀能很好地实现比例控制。

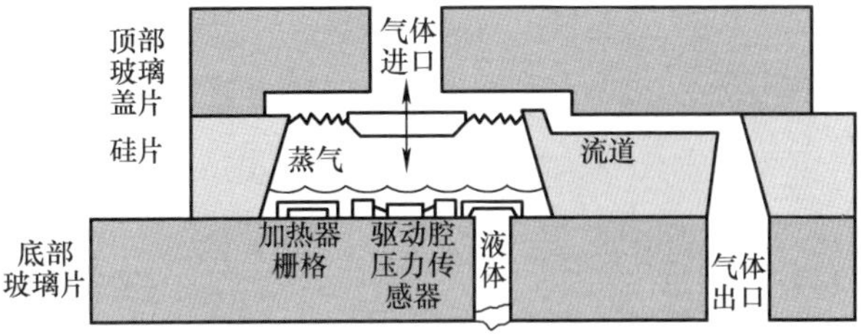


图 29-9 热空气驱动微阀结构

(3) 形状记忆合金驱动微阀 形状记忆合金是一种智能材料，其特点是具有形状记忆效应。将形状记忆合金在高温下定型后，冷却到低温（或室温），并施加外力，使其存在残余变形，经过加热到临界温度之上，就可使存在的残余变形消失，并恢复到高温下的形状。M. E. Piccini 等人利用直径为 75μm 的镍钛金属线研制了一种硅树脂管状常闭型微阀，通过施加脉冲电压实现对微阀的开关控制。当脉冲功率为 213mW 时，它的反应时间为 2.5s，平均流量为 28.4μL/min。该阀的爆破压力为 68.9kPa，当压力为 20.7kPa 时，流量约为 33pL/min。米智楠等人利用形状记忆合金作为驱动元件，开发了一种微型气动开关阀。低温时，由于受气体压力作用，形状记忆合金弹簧被压缩，阀门关闭。通过对Ni－Ti 合金弹簧通电加热，使其屈服应力变大，从而产生较大的恢复力并克服气体压力，推动阀门开启。Ni－Ti 合金弹簧断电后，通过气流进行冷却，从而降低温度，其屈服应力变小，在气体压力的作用下关闭阀门。微型阀在气压为 0.4MPa、通电电流为 5A 时，阀门的开启时间为 0.8s，关闭时间为 2.6s。

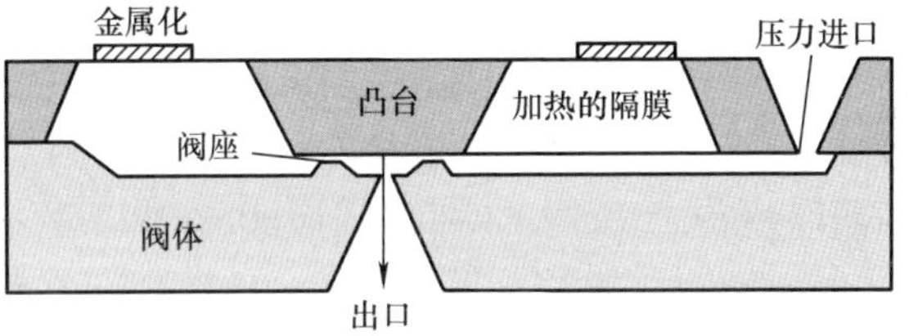


图 29-10 双金属驱动微阀截面图

**5. 相变驱动微阀**

相变驱动微阀使用水凝胶、溶胶－凝胶、石蜡等材料，通常要消耗能量，如温度、电或光等，但由于它们的成本相对较低，因而在一次性应用的生物芯片中广泛应用。

(1) 石蜡微阀 R. H. Liu 等人用石蜡为材料研制了一种由热驱动的微开关阀，含有该微阀的 DNA 聚合酶链式反应微装置能够将样品溶液密封在反应腔内，其原理如图 29-11 所示。当压力小于 137.9kPa，微阀处于关闭状态时，没有泄漏发生；当压力达到 275.8kPa 时，在流道壁和石蜡界面上就出现了泄漏。这种微阀的反应时间大约为20s，但增加凝固通道的宽度或缩短凝固区与加热区的距离能有效减少反应时间。

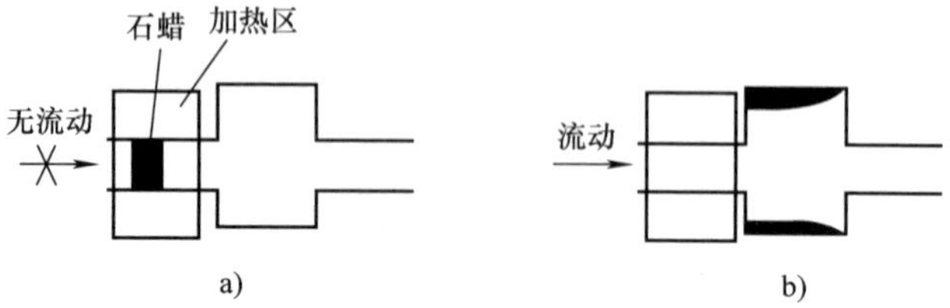


图29-11　石蜡微开关阀原理
a）关闭状态　b）开启状态

（2）水凝胶微阀　早期的水凝胶微阀主要是通过改变溶液的盐浓度来控制，并使用原位光刻技术制造。目前，许多研究人员开发了基于温度效应和热效应的水凝胶微阀，如 A. Richter 等人研制了基于温度敏感的常闭型水凝胶微阀，通过光聚合作用，将水凝胶驱动物直接定位在微通道内。该水凝胶的状态转变温度为34℃，微阀开启和关闭所需的时间分别为0.3s和2s。J. Wang 等人研制了一种基于热效应的水凝胶微阀，能够承受200kPa以上的压力而没有泄漏，它的关闭时间大约为4.5s，开启时间与凝胶体的长度成正比。当水凝胶的长度为300μm和1500μm时，开启时间分别为5s和12s。

（3）溶胶-凝胶微阀　S. Y. Dae 等人利用甲基纤维素的可逆溶胶-凝胶转变特性制造了一种凝胶微阀，他们在每个微通道中都植入了一个微加热器和微温度传感器。为使该阀能正常工作，须将加热通道温度保持在60℃左右，流动通道温度保持在35℃左右，且两通道间的温度差为23℃。此外，要使该阀能稳定工作，流量应大于5μL/min。当使用风扇冷却时，最初的加热和冷却速度分别为5.7K/s和5.8K/s。当压力为$2.07\times10^4$Pa时，没有泄漏产生。

**6. 双稳态微阀**

Y. C. Goll 等人所研制的双稳态微阀由流体腔和驱动腔组成，两腔之间是厚度为25μm的聚酰亚胺薄膜，薄膜在上下两个方向的最大偏移均为120pm。由于是双稳态微阀，因而需要快速升压和降压以实现阀的开和关。通过快速加热驱动腔中的空气，可以将阀关闭；要使阀打开，需先将驱动腔里的空气加热使之从驱动腔下的孔溢出，然后将电流切断使气体冷却。当输入压力为30kPa时，流量为250pL/s，阀关闭时，泄流速率低于0.001μL/s。M. Capanu 等人研制了一种基于电磁驱动的常闭型双稳态微阀，它主要由两部分构成：上部电镀的金线圈和下部Ni-Fe合金梁。双稳态性是通过平衡梁的弹力和46μm厚磁性金属箔的磁力实现的。用去离子水测试阀的动态反应时间，当施加1.16V脉冲电压30ms后阀打开；施加1.18V脉冲电压80ms后阀关闭。

**7. 外部气动微阀**

外部气动微阀在开/关转换或密封中有很好的性能。到目前为止，带有外部驱动力的压力型微阀由于能够提供零泄流和较大的可抗压力，因而十分受欢迎。然而，为适应手持式生物化学应用，它的外部系统（如空气/真空泵）应进一步小型化。

C. K. Malek 等人利用硅和 PDMS 研制了一种多层气动常闭微阀，其工作原理简单，即若要使流体流动，需要在外部施加一个负压使阀开启；当流体压力过高时，需要施加正压使阀紧闭。这种阀的结构简单，制造成本低，易于操作。由于 PDMS 是一种弹性材料，其变形大，故只需要施加很低的压力就能使薄膜变形，具有很好的密封性，其结构如图 29-12 所示。

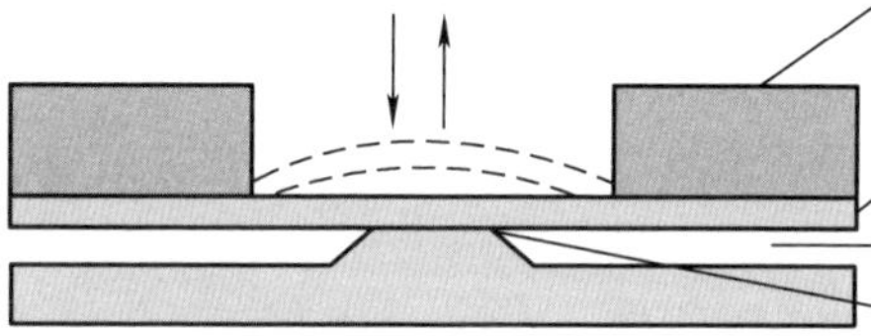


图 29-12 气动常闭微阀结构

S. R. Quake 团队已经报道了多种应用多层软光刻工艺制造的微流体系统，其中主要结构是一个由空气驱动的串联微阀，它是由空气控制层和流道层叠加而成，气体通道和流体通道的宽度通常为 100μm，它们正交形成面积为 100μm × 100μm 的振动薄膜。当气道中的气体压力为 60kPa 时，在几毫秒内薄膜就能偏离平衡位置阻止流体流动。在弹性回复力作用下，微阀回到打开状态。值得注意的是，流道的深宽比不能小于 1∶10，否则结构容易塌陷。

## 29.3.2 无源微阀

无源微阀在微流体系统中主要被用作止回阀，根据是否含有可动部件，它们可被分为含有机械可动部件微阀（如悬臂梁式和薄膜式）和不含机械可动部件微阀（如毛细管微阀）。含可动部件的无源微阀通常只能沿顺压的方向打开，呈现二极管特性，结构简单，容易制造，可以由硅刻蚀、金属沉积、多晶硅或聚合物材料表面微加工工艺制得，但是它的性能受输入压力的影响。毛细管微阀是通过表面张力来调节流体流动，由于没有可动部件，因而通常不易堵塞通道，而转矩驱动微阀是通过旋紧螺钉将阀关闭，使用十分方便。

**1. 悬臂梁式微阀**

B. Li 等人利用原位 UV2LIGA 工艺，以硅和镍为主要材料研制了一种由 80 个微阀组成的微阀阵列，该微阀阵列具有大流量（大于 10mL/s）、高压力（承载能力大于10MPa）和高工作频率（大于10kHz）的特点。单个微阀为常闭型微阀，它的入口通道和阀塞由硅制造而成，阀瓣由镍制成，与悬臂微梁连接被键合在硅衬底上。在正压差的作用下，阀瓣被抬起，阀打开；在负压差与悬臂梁弹性回复力的共同作用下，阀被关闭。将阀瓣设计成交叉形状，能有效提高微阀在关闭状态时的承压能力，以及克服阀瓣接触阀塞时的黏附问题。

**2. 薄膜式微阀**

M. Hu 等人利用 SOI 硅片研制了硅薄膜厚度为90μm 的微阀，它包括一个六边形孔、一个六边形薄膜和三个柔性支链。在顺压为 65.5kPa 时，最大流量为 35.6mL/min；当反向压力为600kPa 时，泄漏流量为0.01μL/min。在空气中该阀的共振频率为 17.7kHz。

**3. 转矩驱动微阀**

D. B. Weibel 等人研制了一种转矩驱动微阀（TWIST），其中包含直径大于500μm 的螺钉，通过螺丝刀顺时针转动螺钉，微阀被关闭，逆时针旋转就能将阀打开，这种阀的优点是不需要额外输入便可保持关闭状态，能够轻易地集成为便携式和任意使用的微流体器件。此外，它还能将高度大于50μm 的流道完全关闭，其实物图如图 29-13 所示。

图 29-13 转矩驱动微阀实物图

**4. 毛细管微阀**

由于微通道的表面或几何形状特性，毛细管微阀能够实现自治，因而可用于微流体中。此外，由于毛细管微阀成本低且易于集成到片上，所以在生命科学中也常有所应用。

最初的毛细管阀是通过在亲水微管道上沉积一层疏水物质，外加驱动压力使流体通过疏水区。C. Delattre 等人研制的毛细管微阀不需要沉积疏水层，而是利用深度反应离子刻蚀使通道的长度和宽度突然变大，因而增加了流体的可湿性。J. Melin 等人提出了一种“Y”形的毛细管微阀，它可利用液体触发作用来避免两种液体在交点相遇时的被困气泡。当液体从一个入口到达交汇点时，会等待从另一个入口进来的液体，当第二种液体到达交汇口后，第一种液体的流动就会被触发。

## 29.4 微流控装置

微流控装置通常被称为微流控芯片，也被称为“芯片实验室”（Lab – on – a – chip）和微全分析系统（micro – Total Analysis System）。

## 29.4.1　微流控芯片优点

微流体系统是能够使用尺寸为数十至数百微米的微型管道来处理少量液体的系统。目前微流控芯片还处于发展初期，作为一个突破性技术正处于快速发展期，为未来提供了革命性和创新性能力，有极大的发展空间，目前微流体能够用于从生物和化学到信息技术和光学的多个领域。微流控系统之所以被广泛采用，是因为其具有下列优点：

（1）微型化　微流控技术能够把样本检测整个过程集中在几厘米的芯片上，通过液体流道的设计、微型阀门的安置、液体腔体的设计等模块的集成，综合完成检测的操作过程，最终使整个检测实现微型化，如图 29-14所示。

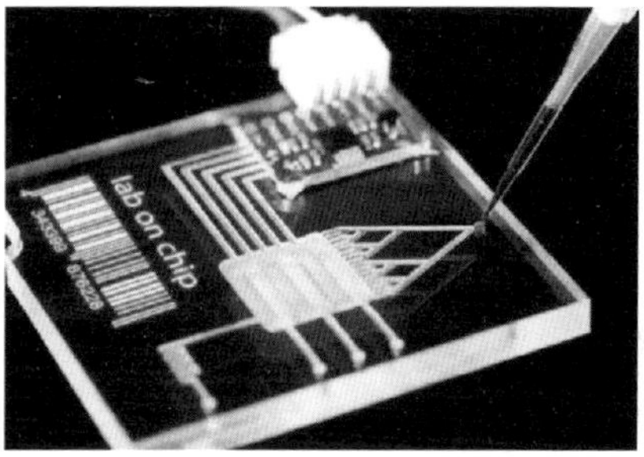


图 29-14　微流控芯片集成

（2）高通量化　微流控芯片通过设计可以呈现多流道的形式，通过微流道网络可以将待检测样本分流到多个反应单元，由于反应单元之间相互隔离、互不干扰，因此可以根据需要对单个样本同时进行多项检测。与常规检测相比，显著缩短了检测时间，提高了检测效率，实现了检测的高通量化。

（3）样本需求小　在微流控芯片上检测所需要的被检测样本量体积往往只需要微升甚至纳升级别。同时由于其高通量的特点，对一次采集的样本就可以实现多项测试，因此对于不易获取的样本检测更具优势。

（4）试剂消耗量少　由于微流控芯片的微型化特点，其内部的反应单元腔体同样非常小，使得整个反应体系的总体积非常微小，与传统检测体系相比，大大降低了试剂的消耗量。

## 29.4.2　微流控芯片加工制造

制作微流控芯片的主要材料有硅片、玻璃、聚二甲基硅氧烷（PDMS）、聚甲基丙烯酸甲酯、聚四氟乙烯和纸基等。其中 PDMS 的使用范围最为广泛，已替代硅和玻璃，广泛应用在微流体器件的光刻制造中（见图 29-15）。这种材料不仅加工简单、光学透明，而且具有一定的弹性，可以制作功能性的部件，如微阀和微蠕动泵等；它又可透过氧气和二氧化碳，因此在放置细胞方面非常有用；PDMS 微阀的密度可以达到 30 个/cm；一旦制成了一个模具，可用该模具制造出几个微型器件，用于研究和诊断。但是 PDMS 材料容易吸附疏水性小分子，导致背压升高和检测偏差。为了克服非特异性吸附的问题，表面惰性且抗黏附的聚四氟乙烯材料开始被用于制作微流控芯片。纸基通常指的具有三维交错纤维结构的薄层材料，但是硝酸纤维素膜一般也常用于纸基微流控芯片的制作。因为纸基具有价格便宜、比表面积大和亲水毛细作用力等特点，通过结合疏水性图案化和纵向堆积等步骤，具有多元检测和多步操作集成等优点，非常适合制作便携易用的微流控芯片。

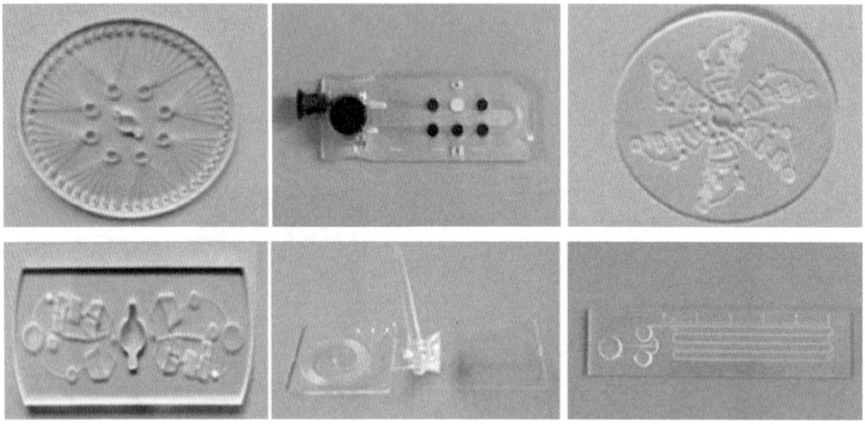

图 29-15　聚二甲基硅氧烷等聚合物制成的微流控系统

不同的材料特性决定了不同的微加工方法。但是微流控芯片最主要的加工方法是来自于微电子行业的光刻技术和来自于表面图案化的软光刻技术。在上述两种技术的基础上，为了制作完整的微流控微通道，一般还需要对两片材料进行键合。玻璃和硅片等材料通过高温、高压或高电压等方法键合，而 PDMS 材料通过氧等离子处理进行键合。

微流控芯片的制造方法有光刻法、数控机械加工、热压法、模塑法、注塑法、LIGA 技术、激光刻蚀等。

1）光刻法：通过设计图样、制版、涂抹光刻胶、曝光显影等方法实现微流控芯片的加工。

2）数控机械加工：通过精雕机精密雕刻，可实现微通道的加工，再经由密封、键合等方法使微流控芯片成型。如图 29-16 所示。

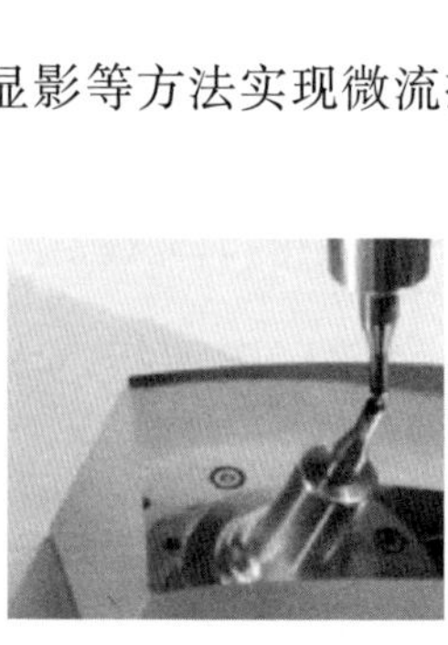

图 29-16　加工微流控芯片的精雕技术

3）模塑法：该技术主要用于制作高分子聚合物微流控芯片，主要方法是通过光刻得到模具，然后在模具上固化液态聚合物得到微流控芯片。

4）其他方法：其他方法还有激光刻蚀、软光刻、热压法等；也有非常规方法如通过拉制毛细管形成微通道，通过固化浸入到 PDMS 池的金属丝形成微通道等。

## 29.4.3　微流体应用

图 29-17 所示为微流控技术的应用领域。

**1. 生物医学微流控应用领域**

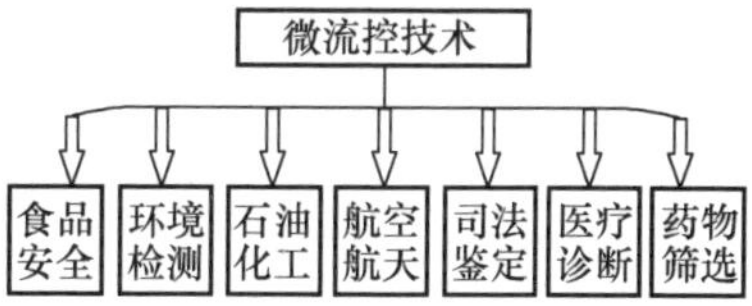


图 29-17　微流控技术的应用领域

（1）即时检测（POCT）技术与临床诊断仪器　在临床诊断中，微流控检测芯片一般具有样品消耗少、检测速度快、操作简便、多功能集成、体积小和便于携带等优点，因此特别适合发展床边（POC）诊断，具有简化诊断流程、提高医疗效果的巨大潜力。微流体的诊断应用包括癌症和病原学检测。

（2）器官芯片技术　体外仿生模型是利用仿生微结构和水凝胶等生物材料，微流控芯片非常适合在体外实现组织和器官水平的生理功能，被称为“器官芯片”（Organs－on－chips）。这样可以弥补传统二维细胞培养和动物实验的不足，可以动态操控和实时观察重要的生理病理过程，提高疾病的研究水平和药物的研发效率。目前已经针对肺、肠、心、肾和骨髓等器官的重要特征建立了相应的微流控体外仿生芯片。在组织和器官水平研究中，单个基因或信号通路的功能已经成为系统生物学研究不可或缺的重要步骤。

（3）医学检测　针对血液、尿液、新冠病毒核酸等体液分泌物的微流控技术检测分析；毛细管电泳、等电位聚焦、免疫测定、流式细胞术、质谱分析中的样品注入、聚合酶链式反应扩增、DNA 分析、细胞分离和操控、细胞图形化等；在抗生素耐药细菌、血液中的纳米粒子输送、化学反应动力学观察的研究。

（4）制药产业　微流体系统在生物药剂学生产中有很多使用，如蛋白质药品制造中的监控和优化、人类细胞鉴定等。

（5）细胞研究　利用微通道中流体具有的一些特殊现象（惯性迁移与迪恩流），一些研究人员已将其应用到血液中癌细胞的分离、微藻的聚焦与分离、液滴的生成等领域，将细胞培养、分选、裂解、分析等操作集成到一块很小的芯片上，实现多种功能。

（6）其他应用　精确设计的微通道可以将化学和生物等领域涉及的样品制备、反应、分离、检测等综合在一起。

**2. 化学化工微流控应用领域**

化工技术的微型化成为一种新的趋势，由于微通道比表面积和换热面积大，对于反应速度快、放热效应强的化学反应（如硝化反应），在微反应器中也能在近乎等温的条件下进行反应。利用微反应器的这些优势，可以使一些化学反应转化率大大提升，同时减少副产物，实现化学反应绿色化。例如，巴斯夫（BASF）在微反应器中合成维生素前体时，产品转化率可以从传统设备的 25% 提升到 80% ~85%。AMII 等报道的氟化反应，产品转化率从 15% 提升到了 90%。

微流体器件用于测量分子扩散系统、流体黏度、pH 值和化学结合系数。

微流控技术在化工中的主要应用有微混合器、微反应器、微换热、微分离、微分析等设备，如图 29-18 所示。

### 3. 光电微流控应用领域

通过多种物理场，如电场、磁场、激光等的作用，可以实现微流控芯片中的目标检测对象的分离。如通过融合微流控技术和光学、光电学等形成功能集成化和系统微型化的光学检测和微流分析系统。

图 29-18　化工用微反应器

微机电光学系统通过利用微流控技术可以在芯片上构建波导、透镜、开关和滤波等光学元件，并实现交换、显示和存储等功能，这些新颖的微流控集成光学元器件将在未来的信息领域中得到应用。

## 29.4.4　微流控3D打印等装置

### 1. 微流控3D打印

图29-19所示为Dolomite Microfluidics最近发布了其创新型3D流体打印机，称为“Fluidic Factory”，是首个商用微流控3D打印机，满足芯片、连接器、阀门、阀组和医疗设备等流体密封设备的使用需求。

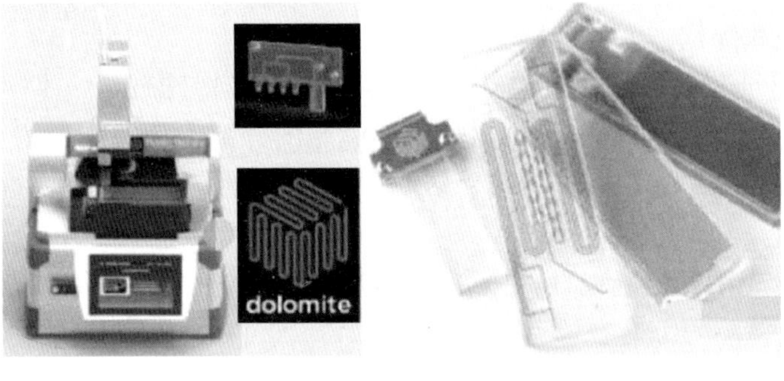


图 29-19　微流控3D打印机与芯片

### 2. 流控仪

在生物、化学、材料等科学实验中，经常需要对流体进行操作，如样品DNA的制备、液相色谱、PCR反应、电泳检测等操作都是在液相环境中进行。如果要将样品制备、生化反应、结果检测等步骤集成到生物芯片上，则实验所用流体的量就从毫升、微升级降至纳升或皮升级，这时功能强大的微流体装置就显得必不可少了。

微流控进样是微流控研发过程必不可少的一个环节，是决定实验质量的关键因素。目前市场上的微流体进样系统有注射泵、蠕动泵、活塞泵等。这些进样系统在实现控制纳升量级的流体时十分无力，常出现滞后、稳定时间长、重复性差、脉冲效应等一系列问题。注射泵实现的微流体恒流进样控制方法只能提供有限的控制通道，如果需要 4 个以上的通道，则需要几个并行的注射泵，价格昂贵而且设备占据空间大。此外注射泵提供的流体会有脉冲。

基于精准型压力控制的微流体压力进样系统流控仪，由位于美国硅谷的 PreciGenome 研制设计，通过调节压力源的压力来实现精确而稳定的无脉冲压力输出。由于此方法便于系统集成，占有空间少，流体对系统没有污染，在工业界开发产品应用得比较普遍，此微流体控制仪集压力和流速控制于一体，既可以提供快速稳定的无脉冲压力输出，当外接流量传感器时又可以提供精确稳定的流速控制。所以该款微流控仪既适用于工业产品的开发应用，又可以用于科研开发，如图 29-20 所示。

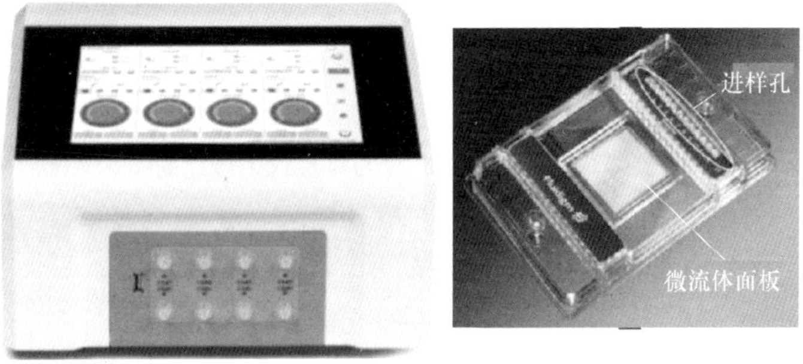


图 29-20　微流控压力控制型流控仪及其进样系统

**3. 微流体流量传感器**

流量传感器（MFS）可用于微流控系统中高精度的流量测量。采用瑞士 Sensirion 传感器模块，可以直接与流控仪连接通信，通过负反馈调节施加给流体的压力，从而保持流量的稳定。MFS 的响应时间小于 40ms，分辨力最低可小于 1.5pL/s，是微流控系统中流量测量的最佳设备。提供五种测量区间的传感器：0 ~ ±5mL/min，0 ~ ±1mL/min，0 ~ ±80μL/min，以及超低流量传感器 0 ~ ±8μL/min，0 ~ ±1.5μL/min。

## 29.4.5　微流控芯片与流控仪生产厂商

以两项主要应用为例：①即时检测（POCT）；②制药/生命科学研究（包括测序、基因组学和蛋白质组学）。2018 年全球微流控产品市场规模达到 87 亿美元，2019—2024 年期间的复合年增长率高达 11.7%，预计 2024 年将达到 174 亿美元。此外，其他微流控应用也在不断发展。关于微流控芯片与流控仪生产厂商的相关信息如图 29-21 所示。

图 29-21　微流控芯片与流控仪生产厂商

# 第30章　博世力士乐互联数智液压技术与产品

## 30.1　工业4.0与工业数字化

当前，全球制造业发展格局和经济发展环境发生重大变化，新一轮科技革命和产业变革蓬勃兴起。信息技术的创新发展与应用，持续给制造业信息化注入新的科技内涵。5G、工业互联网、物联网、数字化、人工智能等新一代信息技术与工业制造技术深度融合，正在深刻影响产品研发设计、生产制造、产品全寿命周期服务、企业经营管理等业务模式的变革，推动生产制造模式、产业组织方式、商业运行机制发生颠覆式创新。

在这样的大环境下，国际上工业先进国家纷纷部署新一轮的制造业竞争战略，包括美国的先进制造与工业互联网战略、德国的“工业4.0”战略、欧盟的信息化战略行动计划、日本的战略创新推进计划等。他们都在瞄准高端制造领域、战略性新兴产业，引领制造模式创新和制造科技变革，谋求保持和提升竞争优势，抢占全球产业竞争制高点，主导世界经济技术格局。

2015年5月，中国正式发布了《中国制造2025》战略规划文件，全面推进实施制造强国战略，如图30-1所示。

“中国制造2025”坚持市场引导与政府引导相结合，立足当前、着眼长远，推动整体、重点突出，自主发展、开放合作的基本原则，通过三十年三步走，实现中国从制造业大国到制造业强国到世界强国的战略目标。“中国制造2025”的突出特点就是互联网+，其核心就是信息化与工业化的深度融合，重点是智能制造、创新驱动、智能转型、网络化、数字化、智能化。“中国制造2025”的五大工程、十大重点领域意味着“中国制造2025”不再是一个抽象的概念，而是一个具体的实施路线。2015年至今，“中国制造2025”推动了中国工业的长足进步，取得了突破性的发展，特别是在新一代信息技术、航空航天装备、海洋造船技术、先进轨道交通以及新能源汽车等领域都取得了长足的进步，在某些领域已经进入了世界领先的地位。

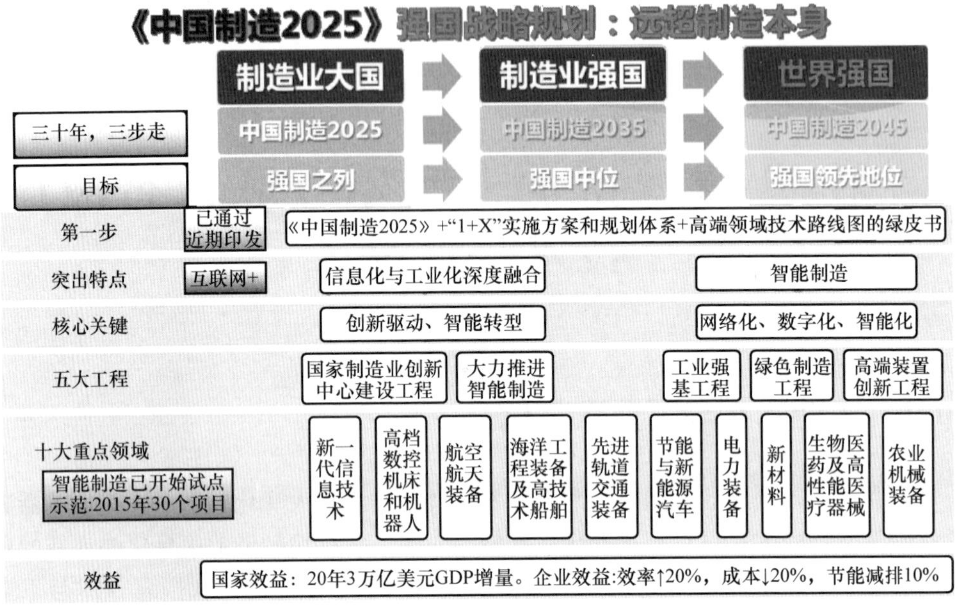


图 30-1　《中国制造 2025》规划与发展路线

## 30.1.1　工业 4.0

德国的“工业 4.0”的初步概念由德国相关协会在 2011 年德国汉诺威工业博览会上提出。此后，德国机械设备制造业联合会（VDMA）等协会牵头，联合企业、政府、研究机构的专家成立工业 4.0 工作组，进一步加强对工业 4.0 的研究。2013 年在汉诺威工业博览会上正式发布了工业 4.0——德国工业战略。随后德国政府将工业 4.0 正式纳入国家高科技战略。德国围绕工业 4.0 战略，先后发布《数字化战略 2025》《国家工业战略 2030》等国家战略，将智能制造作为下一代制造业平台发展的主导，强调打造智能工厂，将生产设备转变成智能化的生产工具，成为物联网的智能终端，进而通过信息 - 物理融合系统实现数字世界与物理世界的无缝融合。

**1. 工业 4.0 的核心——智能制造及智能工厂**

工业 4.0 是信息技术（IT）世界与工业世界系统深度融合，借助信息和通信技术实现工业领域机器和流程的智能联网。工业 4.0 是一个广泛而复杂的体系，涉及众多专业领域，如机械、电子、信息技术、自动化、生产、仓储物流、企业管理等，同时又与多样性的应用技术有直接关联，如信息技术、感知技术、控制技术、机器人、人工智能、云计算等。

工业 4.0 的核心是智能制造及智能工厂，是以智能化为核心的工业价值链的革命与创新。以信息物理系统（CPS）为基础，通过物联网及服务互联网，将智能产品、智能建筑、智能物流、智能交通及智能电网组成一个完整的高水平智能运行的智能工厂，如图 30-2a 所示。

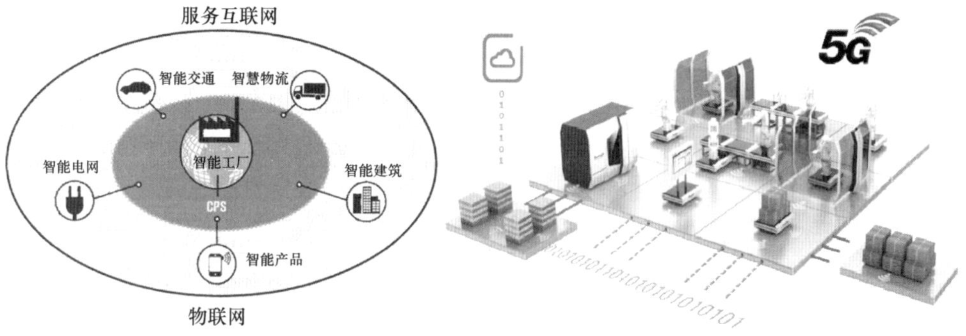


a)　　　　b)

图 30-2　工业 4.0 智能工厂

a）智能工厂体系　b）智能工厂范例

智能工厂的本质目标是实现工厂的智能化，以更高的生产力和灵活性来提高质量，降低成本，优化价值链资源，减少库存和降低对劳动力的依赖，实行实时预防服务，提高透明性，以适应市场动态变化以及产品寿命周期缩短的趋势，满足客户的个性化产品、短时间供货的需求，以及提供每天 24 小时、每周七天、全年 365 天的全球范围内的服务。智能工厂的特点是多功能性、灵活高效资源优化和符合人体工程学的设计，以及业务合作伙伴的直接参与。

图 30-2b 所示为一个智能工厂范例。这样的智能工厂不同于传统的工厂，除了墙壁、地板、天花板是固定的，其他一切都将是可移动的。生产机器装配线都将是模块化的，它们将根据生产产品的需要，随时重新组合成新的生产线，以用于生产新的产品。客户的个性化产品可以按照可承受的价格小批量生产，生产力、灵活性和盈利能力可以得到最大限度的提高。工厂的地板也是一个智能地板，根据生产设备的组合变化，随时通过感应充电系统提供电力。生产机器、机器人、物品、物流自动导引车以及其他功能过程将通过 5G 或者无线网络彼此相互连接进行无线通信沟通。生产原料、半成品以及最终产品都能够随时随地地提供自己的相关识别信息，如编码、序列号、所处位置等。从生产物流的组织来看，所有的移动设备和物品都按照相关的规定规则进行移动，自动导引车将为各个机器的重新组合提供灵活的供货路线，确保被生产的物资、半成品以及最终成品得到合理的运送。所有数据与信息都保存在云端。从而形成一个网络化的智能工厂。这是一个以最终客户需求为导向，根据生产产品种类、订单批量，随时能够调整工厂生产线布局的智能工厂。

**2. 开放的标准化世界和工业 4.0 参考构架模型**（RAMI4.0）

图 30-3 所示为传统的专有自动化金字塔转变为开放的互联网的标准化世界。

40 多年前出现的传统的工厂自动化结构图（即专有自动化金字塔，见图 30-3a），其产品层级与产品之间不是相互联系的，在现场设备层级会应用到不同的技术，如机械、电子、液压等传动控制技术。在控制装置层级，因设备的不同，可能会存在不同公司的控制系统和通信软件，如西门子、博世力士乐、ABB 等公司的控制系统。在这样的情况下就可能存在产品、现场设备、控制装置、工作站之间控制系统不能相互通信的问题。传统的专有自动化金字塔的层级关系严格清楚，产品、现场设备、控制装置、工作站、工作中心（生产线）、企业相互之间的界限明确。这种以硬件结构为基础，功能与硬件相关联，层级通信，产品在外的框架已经无法适应未来工厂智能化的发展和要求。在工业 4.0 框架下的智能工厂，传统的专有自动化金字塔将转变为一个开放的互联网的标准化世界（见图 30-3b），从而实现整个工厂自动化的信息沟通，打破传统层级网络通信的关系，形成了“端端互联”“纵横互联”“全网互通”。开放的标准化连接平台是智能工厂的基础，这其中涉及产品智能化、数字化、通信、识别、语义、工业标准、软件工程等一系列工业 4.0 框架下的课题。

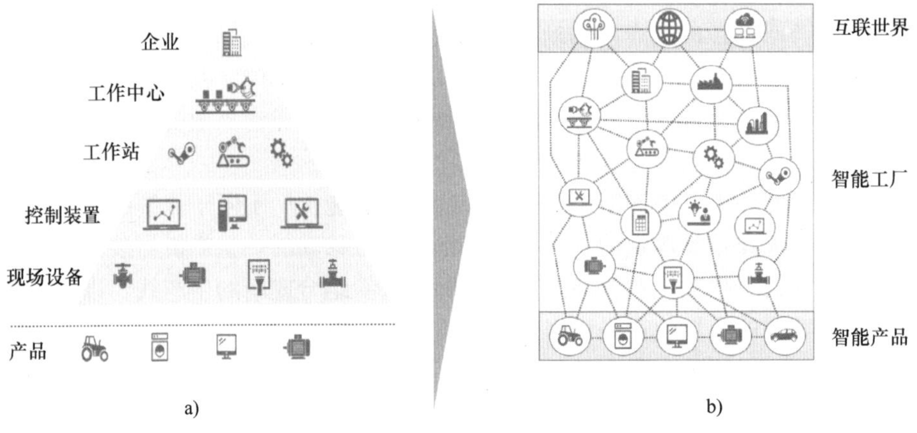


图 30-3 传统的专有自动化金字塔转变为开放的互联网的标准化世界

a）专有自动化金字塔 b）开放的互联网的标准化世界

除了在本企业工厂之外，开放的标准化信息连接平台还为供货企业与生产企业之间的联系、企业与客户之间的联系提供了一个广泛的交互平台，从而打破了传统生产技术管理和企业管理存在的严重的沟通限制，形成了信息沟通的一个创新性突破，为新的商业模式、企业合作模式、服务模式和企业客户互动方式提供了一个根本的基础。

德国在 2015 年发布的“工业 4.0 参考架构模型（RAMI4.0）”为工业 4.0 的进一步研究、发展和推广提供了指导性的框架和意见。

工业 4.0 参考构架模型是一个三维多层级模型，描述了如何结构化处理工业 4.0 多层面的问题，如图 30-4 所示。

在图 30-4 中，架构模型的 $X$ 轴层级包含了企业生产经营管理的各个层级，以及从产品到工作站和工作中心，从企业到互联的外部世界的架构。与之前描述的开放的标准化世界相似，这是个多年以来已经标准化（IEC 62264，IEC 61512）的层次结构。

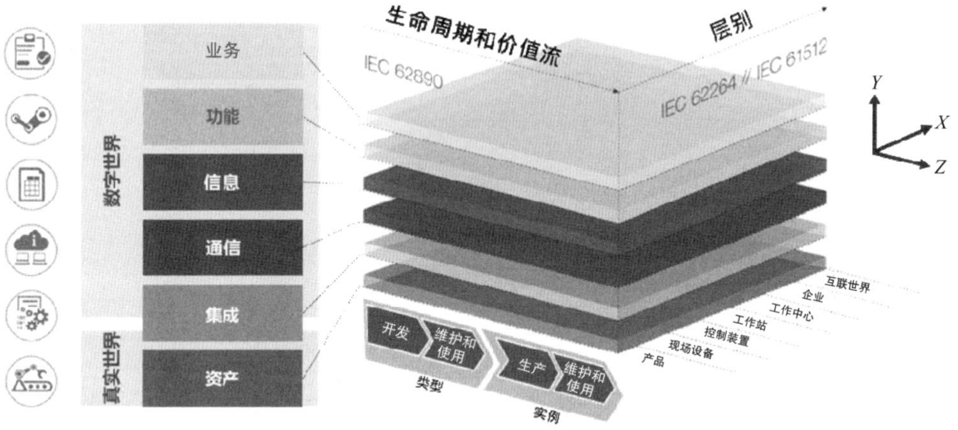


图 30-4　工业 4.0 参考架构模型（RAMI4.0）

架构模型 $Z$ 轴层级面对整个生命周期和价值流，以 IEC 62890 为标准，提供了与产品类型（开发、维护和使用）以及产品实例（生产、维护和使用）为主题线的生命周期和价值流有关的定义、术语和参考模型。

架构模型的 $Y$ 轴层级从真实物理世界到数字虚拟世界，将企业复杂的商业流程划分为可管理的垂直结构层次，并从以下方面进行系统集成：从资产级别（如电动机、泵、液压阀、动力站、液压缸、线性导轨、齿轮变速箱）→集硬件和软件于一身的跨越物理真实世界（资产，如驱动控制器、集成液压控制轴）到数字虚拟世界（资产数字孪生），从通信→信息数据（包括数据保护和信息安全），从功能→业务。在垂直结构层次里，资产管理外壳（Asset Administration Shell）、信息（Information）、实物数据识别（identification）、通信（communication）和一种能进行相互交流的、具有明确定义术语（semantics）的独特的“世界”语言，以及不分设备的基本功能标准化，是基础核心和重点。

总而言之，架构模型将所有物理元素和相关信息数据组件一起引入三维多层级模型结构层次中，在架构模型数字世界中可以明确找到每个真实组件，确保所有参与者都能参与到工业 4.0 中来。

工业 4.0 参考架构模型涉及许多广泛和深层的方面，由于篇幅所限，这里不再逐一详述。

**3. 高度标准化的信息技术和新通信标准 OPC UA**

工业4.0和工业物联网（IIoT）的核心主题是信息（Information）、实物数据识别（Identification）、通信（Communication），以及基本功能的标准化。机器元件之间的网络和通信（即机对机通信，简称M2M），以及由此而产生的新的通信标准将是工业4.0的一个重要基础。

图30-5所示为高度标准化的IT世界和工业以太网。

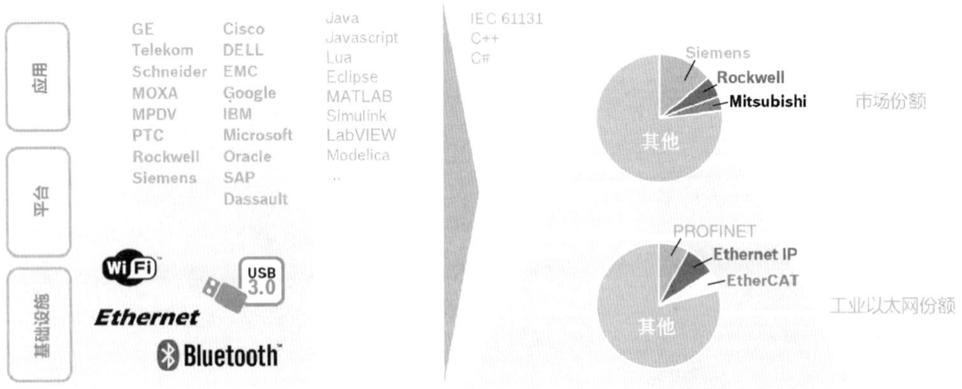


图30-5　高度标准化的IT世界和工业以太网

二三十年前出现的信息技术、互联世界已经形成高度的标准化。信息技术可从三个层面进行分析，一是硬件基础设施，二是软件平台，三是实际应用（企业软件，工业App）。以太网、Wi－Fi、Bluetooth、USB等许多应用在全球广泛使用，成为人们日常工作生活中司空见惯、不可缺少的东西。无论人们走到哪里，所有的智能手机、计算机都可以随时随地完成正常入网工作。但是工厂自动化还远远没有达到这样的高度标准化，人们试图使用现代化的编程语言（如Java、Javascript、MATLAB、Simulink、LabVIEW、Modelica等）去取代在过去的二三十年中使用的IEC 61131、C＋＋、C#的使用及软件结构，从而促进信息世界与工业世界的相互融合。

根据图30-5右边展示的金字塔可以看出，工业以太网通信协议的市场分布及技术领先地位的情况。从市场角度看，西门子（Siemens）、罗克韦尔（Rockwell）、三菱（Mitsubishi）等已经占有较大的市场份额，并继续稳定扩充市场地位。从技术角度看，PROFINET、Ethernet IP、EtherCAT等占有重要的市场地位，但是其他互联网技术也正在积极发展，而且也积极参与共享信息数据，从而实现数据的共享传输和交流。

工业控制领域过去存在通信协议多种多样的现象。不同厂家的PLC通信协议不同，同一厂家的不同型号的PLC通信协议也可能会不同。现场设备，如电动机、变频器、各种控制器，只要是涉及通信的，协议都不尽相同。这种没有标准化的多协议类型给工业自动化，特别是互联网时代的智能制造带来很多不便和困难。

面对这样的局面，受到信息技术及信息世界高度标准化的影响，加上工业 4.0 的巨大推动和相关需求，工业界也形成了对标准化需求的共识。在德国机械设备制造业联合会（VDMA）的推动下，德国组成了相关的工业联盟，850 多家企业加入了这个联盟，其中包括了最终用户，也包括了流体动力元部件制造商和机器制造商，如图 30-6 所示。工业联盟的目的是积极推动新的通信标准，对不同机器的供应商的控制系统进行标准化。这里的 OPC UA（Open Platform Communication United Architecture）就是一个非常重要的开放平台通信统一架构。

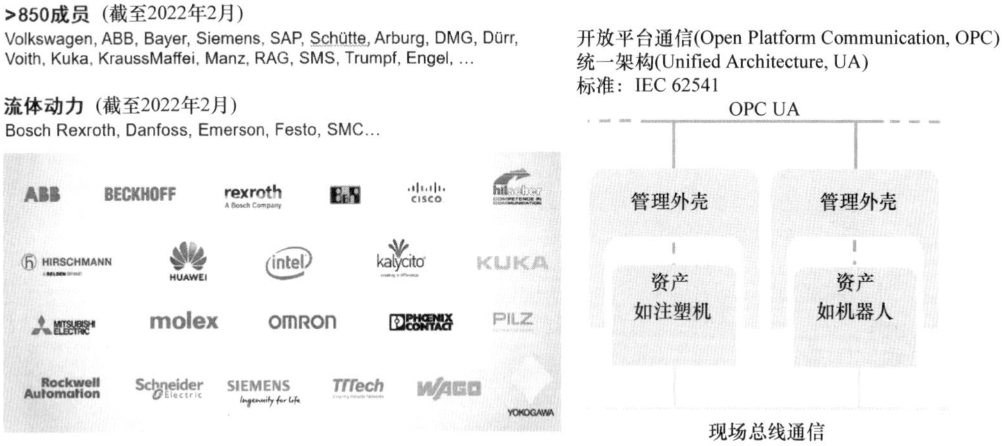


图 30-6　工业联盟和新的行业标准 OPC UA

OPC UA 是用于工业自动化领域和其他行业中安全可靠地交换数据的互操作性标准。它独立于平台和制造商，并确保来自多个供应商的设备之间的信息无缝传输。OPC UA 还会在所传输的信息中提供机器可读的语义描述定义，使得在 OPC UA 架构下非常易于集成、扩展和操作维护。OPC UA 为工业环境的数字化提供了理想的先决条件，终端用户可以毫无障碍地使用最好的产品进行系统操作，而不需要过多考虑数据接口、通信语言等通信协议方面的问题。因此 OPC UA 在行业中的受欢迎程度和重要性与日俱增。

以博世力士乐为代表的流体动力元件制造商也积极加入了这个工业联盟，系统推动流体动力技术通信标准化。图 30-7 所示为主要的流体动力元件制造商定义未来流体动力世界的标准语言，积极推动标准化方面的用户案例，数据子模型、描述特征、语义定义，与 ECLASS、ISO、IEC 标准紧密结合，进一步完成客户案例并转入液压标准化，开发产品样机，扩展产品组合。

图 30-8 所示为 OPC UA 通过多以太网工业总线和连接时效网［时间敏感网络（Time - Sensitive Networking，TSN）］跨越网络界面，实现操作技术（Operation Technology，OT）元部件层面（比如说传感器、液压控制阀、液压控制系统）与信息技术（Information Technology，IT）通信平台、云端等的无缝通信连接。这是博

世力士乐的互联液压阀已经实现的功能。

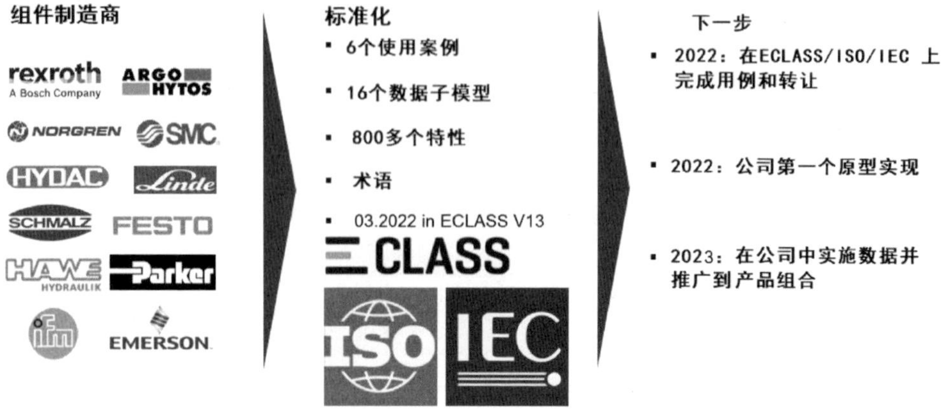


图 30-7　流体动力产品制造商和行业新标准

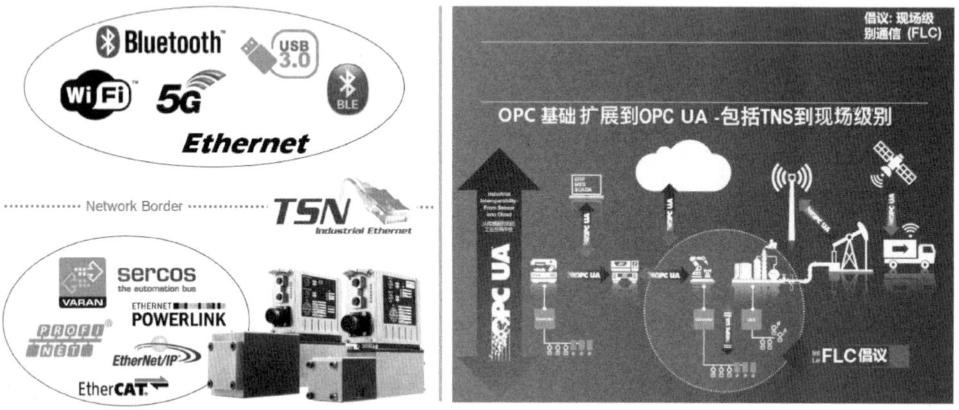


图 30-8　OPC UA：操作技术（OT）与信息技术（IT）的无缝通信连接

### 30.1.2　工业技术演进和工业数字化

#### 1. 工业技术演进

随着信息技术的大力发展，以及与传统工业技术的深度结合，数字化及软件在工业应用中起到了越来越重要的作用。从工业技术的发展和演变过程来看，软件、数据及人工智能的功能越来越多，作用越来越大。图 30-9 所示为工业技术的演进过程和工业数字化软件、数据与人工智能等相互之间的地位和转型。

由图 30-9 可以看到，执行操作控制元件的传统工业机械、电子技术的核心作用不可替代且不会消失。随着软件、数据、人工智能等工业数字化的发展，一方面，传统的机械、电子产品将变得越来越像普通商品；另一方面，机械、电子技术功能将得到充分的扩充，特别是在嵌入式系统行业，将进一步从商品化转变为差异化。当人们在差异化中推动创新时，主要关注技术、性能和质量。而当某物品是普通商品时，则更多地希望将成本降至最低。当宝贵的液压驱动控制器突然需要针对成本而不是创新进行优化时，该产品的设计技术人员都会抵制这种突然变化。这是一个产品观念转变的问题。实现数字化转型的困难和挑战是普遍存在的。但当今现实是，几乎在每个行业中，差异化主要是通过数字技术，即软件、数据和人工智能产生的。

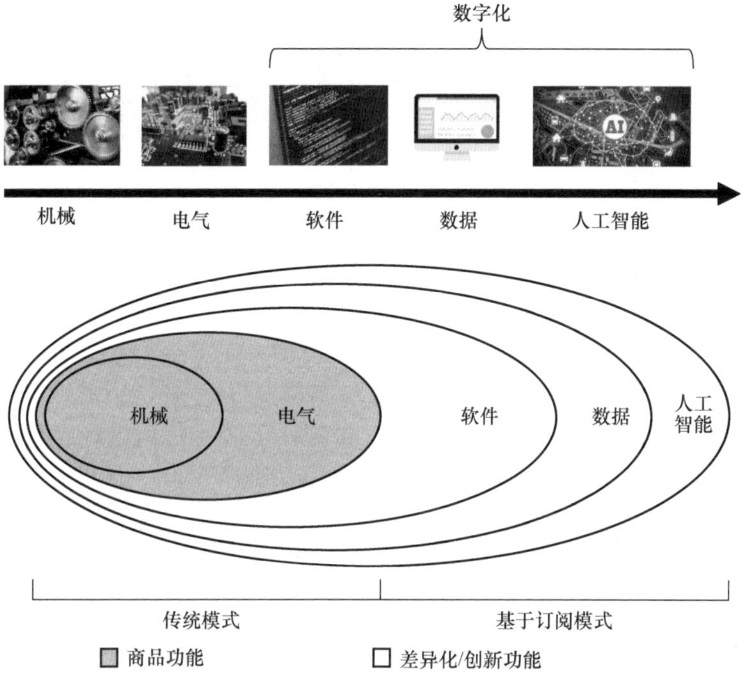


图 30-9　工业技术的演进过程

另一方面是商业模式的转变。在以“原子硬件”为主的行业中，主要的商业模式往往是交易性的。传统意义上，用户购买一部电话机，将使用它直到其变旧或出现缺陷，然后再购买一部新电话机。现在，主要关注“数字”的行业则倾向于使用持续的商业模式，如订阅和服务模式。智能手机就是一个典型的例子。在这些行业中，用户希望他们使用的产品能够一直变得更好。这种转变可能看起来微不足道，但对公司的产品架构、研发方式、用户服务支持，甚至公司的财务模式都有巨大的影响。

**2. 工业数字化**

在谈到数字化以及工业数字化转型时必须区分两个基本的概念：数码化（Digitization）和数字化（Digitalization）

（1）数码化　数码化是从模拟形式向数字形式转变的最初过程，也可以称为数字实现和数字转换，结果是数字表示。数码化是将信息转换为计算机可读的数字格式的过程，结果是将传统表示的对象、图像、声音、文档或信号（通常是模拟信号），通过生成一系列数字组成的一组离散的点或样本来描述。数码化是将整个模拟过程内容转换为数字显示或者数字表示，本身并没有任何不同的实物变化。典型例子就是日常看的纸质书，通过图书扫描仪就可将模拟形式的纸质书转化为数字形式的电子书，如图30-10所示。

图30-10 数字化实验室的图书扫描仪

另一个简单的例子是在工厂物流中，可以把纸质订单、物流单转换为Word或PDF电子订单，物流计算机能够自动处理订单。在很多企业内的业务审批流程中，也可以将纸质报告、申请单转换为电子版，将手工签字转换为电子签字。在这里，实际的物理内容并没有发生根本的变化，只是从模拟表达形式转化为数字表达形式，将纸质文件转换为电子文件，通过计算机处理电子形式的文件。

这种数码化形式的数字化实际上从19世纪四五十年代就已经出现，第一台计算机的使用，是数字化的初始阶段，并在此后不断地扩充扩大使用范围。数码化对于数据处理、存储和传输至关重要，具有更容易共享和访问的潜力，并且理论上可以无限传播。这种潜力已经推动了真正意义上的工业数字化转型过程的进一步发展。

（2）数字化 不同于数码化，数字化将彻底转变企业的业务流程以及商业模式，从而实现企业运营管理的革命性变化。但数字化本身并不是目的。数字化要通过充分利用企业内部和外部的数据资源，创造新的价值，创造附加值，提高企业效益，降低企业成本。它必须贯穿整个价值链过程中——从产品设计、系统调试、机器生产运营到维护和维修。

正如Gartner所定义的那样，数字化是“使用数字技术来改变商业模式并提供新的收入和创造价值的机会，这是传统业务转向数字业务的过程。”数字化超越了数码化，利用数字信息技术彻底改变企业业务流程评估、重新设计和重新构想企业开展业务的方式。

数字化转型是要通过收集企业日常运营、用户使用产品服务、市场行情、趋势等数据，形成企业日常运营的全景图，反映到加强产品研发、完善生产设备管理、精细生产过程、改善服务流程、精准营销、升级销售模式、优化库存、建立趋势评估系统和提升业务决策能力等方面的创新、改进、升级和革命上来。

可以说，在数字化转型的推动下，未来互联工业企业中所有可以数字化的要素都将被数字化。

图30-11所示为企业面对数字化的两个重要方面：一个是对外以用户为中心，

另一个是对内以工厂为中心。

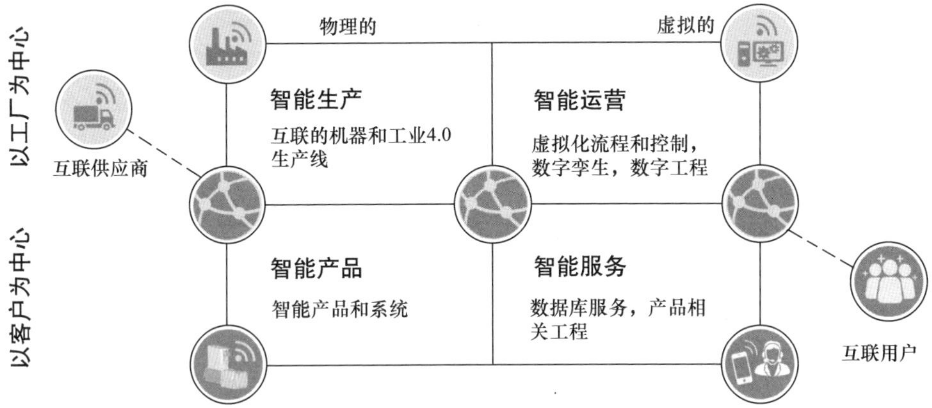


图 30-11　企业面对数字化

从以智能产品、智能服务为用户提供全方位的产品、技术支持服务，到企业内部以互联机器和工业 4.0 生产线的智能生产和以虚拟化流程和控制、数字孪生、数字工程的智能运营，整个过程都体现出物理世界和虚拟世界的紧密结合，反映上游面对互联供应商，下游面对互联用户，从供货商、产品机器制造商到最终用户的全生命周期和价值链过程的数字化。

智能产品是互联工业的基础。类似摩尔定律（Moore′s Law）所展示的那样，密集集成电路（IC）中的晶体管数量大约每两年翻一番，按照尼尔森定律（Nielsen′s Law），高端用户的网络连接速度将每年增加 50%。随着数字化转型的不断发展，加上外部环境的变化及企业竞争的压力，更多的企业会加入互联数字化转型的过程和行列中来。图 30-12 所示为普通产品通过与传感器互联网技术的结合，形成一个可以感知、处理和发送数据的智能产品。类似摩尔定律（Moore′s Law）和尼尔森定律（Nielsen′s Law），越来越多的产品将变得更加智能，从而为实现互联工业打下坚实的基础。

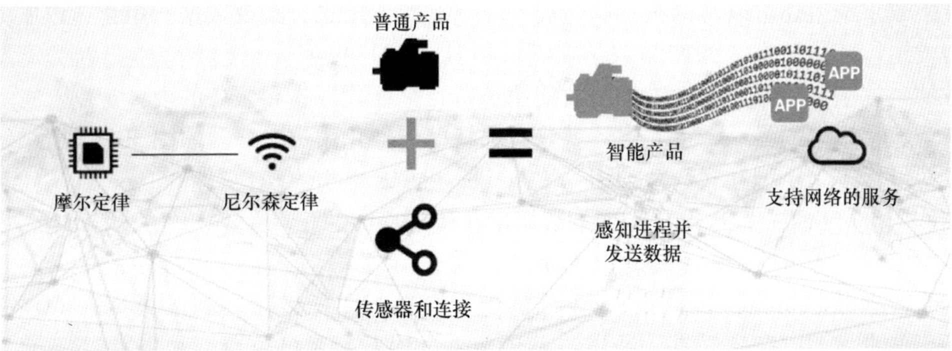


图 30-12　普通产品向智能产品的转变过程

## 30.1.3　数字孪生作为数字化和工业4.0的基础

数字孪生（Digital twin）是指在信息化平台内模拟物理实体、流程或者系统，类似实体系统在信息化平台中的“数字双胞胎”。借助于数字孪生，可以在信息化平台上了解物理实体的状态，甚至可以对物理实体中预定义的接口元件进行控制。数字孪生通过集成物理反馈数据，并辅以人工智能、机器学习和软件分析，在信息化平台内建立一个数字化模型。这个模型会根据数据反馈，随着物理实体的变化而自动做出相应的变化。理想状态下，数字孪生可以根据多重的反馈源数据进行自我学习，从而几乎实时地在数字世界里呈现物理实体的真实状况。数字孪生的反馈源主要依赖于各种传感器，如液压系统的流量、压力、位置、角度、速度传感器等。数字孪生的自我学习（或称机器学习）除了可以依赖于传感器的反馈信息，也可以通过历史数据，或者集成网络的数据进行学习。集成网络机器学习指多个同批次的物理实体同时进行不同的操作，并将数据反馈到同一个信息化平台，根据海量的信息反馈，进行迅速的深度学习和精确模拟。

数字孪生具有以下四大特点：①仿真，即这个“数字双胞胎”完全还原了物理实体的虚实映射；②实时同步，即这个“数字双胞胎”可以实时与其物理实体之间完成数据、感知等各种层面的交互动作；③共生演进，是指这个“数字双胞胎”的生命周期应该与其物理实体之间完全一致；④闭环优化，是指这个“数字双胞胎”能够在数字空间中采集、分析、模拟与预测其物理实体未来的动作，并对其物理实体的未来动作进行决策优化甚至控制。

从工业应用的角度看，数字孪生是面向未来的数据接口，创造了跨制造商的互操作性，适用于非智能和智能产品。它描绘了产品、设备、机器和工厂的整个生命周期，以低集成成本实现端到端价值链，是自治系统和人工智能的数字基础。

数字孪生可以帮助机器制造商提高效率，最新且完整的数据库可加速工作流程和决策制定，访问所有相关产品数据可以对服务案例进行性能、成本和劳动效率分析，基于数据重新使用分析信息实现内部的优化。

数字孪生还可以帮助机器制造商经营新的商业模式，实现数据货币化，以服务形式销售产品数据，如产品数字模型、仿真、CAD模型等。数字孪生是新数字服务的数据基础，如预测性维护或按使用付费，个性化产品和服务的设计定制。

数字孪生的另一个重要内容就是其独特的标准化用户数据源。图30-13所示为以博世力士乐小型互联数智动力站CytroPac为例，显示模型孪生（Type Twin）和实例孪生（Instance Twin）的基本数据以及传承反馈的相互关系。

图30-13左边的模型孪生（Type Twin）显示了模型产品在设计阶段的各种数据对数据源的贡献，包括用户/内部的性能参数、图样设计、基础数据、CAD模型、仿真模型、产品样本、销售与营销数据，以及相关的文件（如证书、规定及产品设计计算等）。右边的实例孪生（Instance Twin）反映了物理产品在现场使用

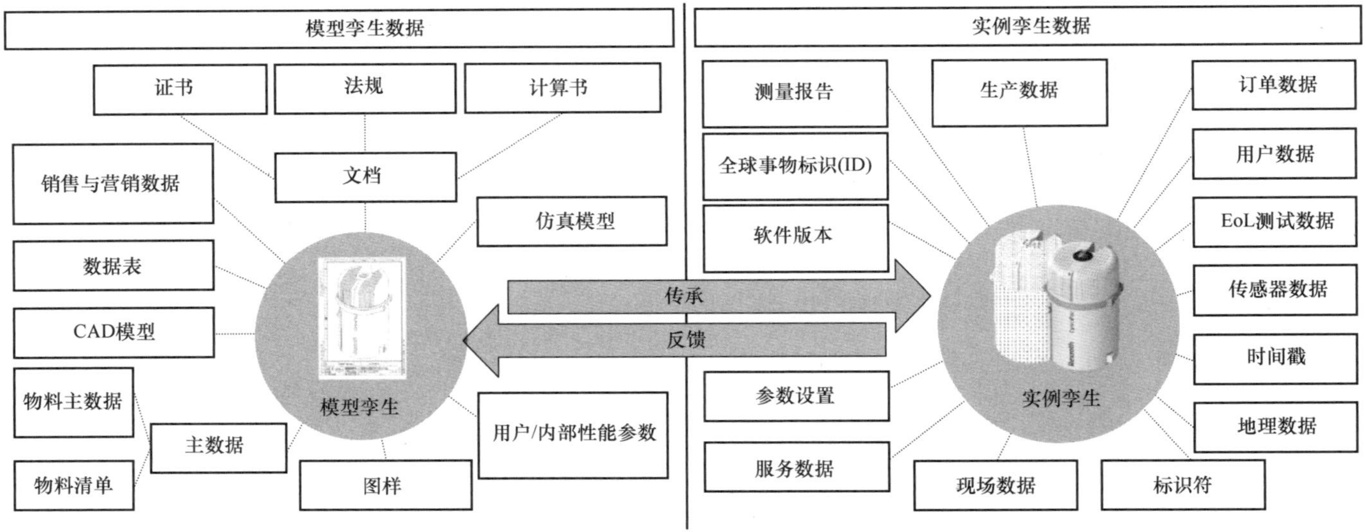


图 30-13　数字孪生：独特的标准化用户数据源

中所形成的各种数据，如订单数据、用户数据、EoL 测试数据、传感器数据、时间戳、地理数据、标识符、现场数据、服务数据、参数设置、软件版本、全球事物标识（ID）、测试报告、生产数据（MES）等。这个独特的数据源强调的是从产品设计到产品运行维护的数据传承，再从产品运行维护到产品设计的数据回馈，真正实现了产品全生命周期范围内模型产品与物理产品数据的实时传承和反馈。

数字孪生已经改变了产品设计、试运行、生产及维护的过程和方式，如图 30-14所示。

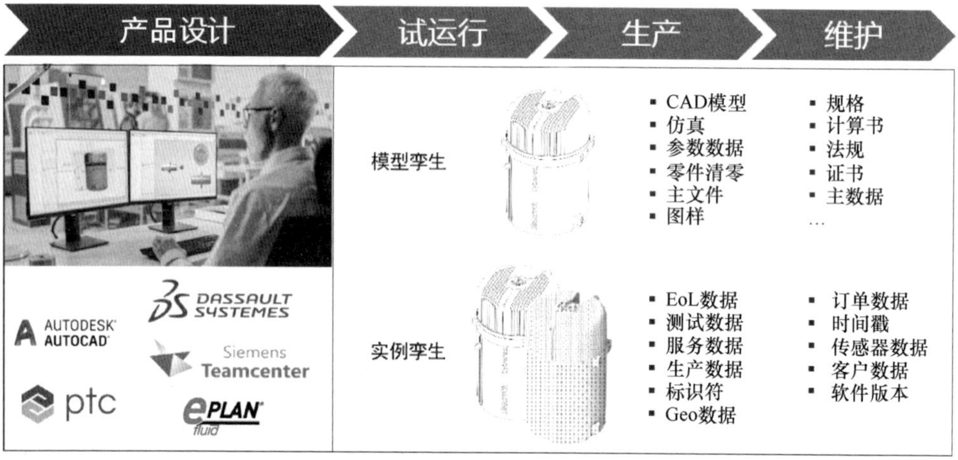


图 30-14　数字孪生改变产品设计、试运行、生产及维护的过程和方式

目前，与数字孪生相对应的各种软件已得到广泛应用，如 AutoCAD，DASSAULT SYSTEMES 等。数字双孪生为基于产品的公司和用户提供了多种潜在好处，越来越多的公司都在使用数字孪生技术帮助优化设计、加快试运行、简化流程、降低成本，加快对用户服务需求的响应。数字孪生也可以成为新的创收业务的关键推动者，如远程维护和产品支持，以及“即时服务”业务模式。

根据已经采用这种方法的公司经验，估计数字孪生技术可以推动产品质量提高 25%，将产品投入时间缩短 50%，并将实现高达 10% 的收入增长。数字孪生技术正在成为一个重要的行业。目前的估计表明，到 2025 年，仅欧洲的数字市场就将达到 70 亿欧元左右，年增长率为 30% ~45%。

## 30.2　博世力士乐互联数智液压技术概貌

### 30.2.1　博世力士乐及工业液压

博世力士乐作为博世集团的全资子公司，是全球领先的传动与控制技术供应商之一，在行走机械应用、机械应用与工程及工厂自动化等领域开展业务和运营，集团业务遍及全球 80 多个国家与地区，拥有 30000 多名员工。博世力士乐拥有庞大完整的传动和控制技术体系和产品范围，涵盖“液压传动与控制”“齿轮传动技术”“电子传动与控制技术”“线性传动技术”和“装配与焊接技术”等领域。图 30-15所示为博世力士乐的传动和控制技术及产品体系概貌。

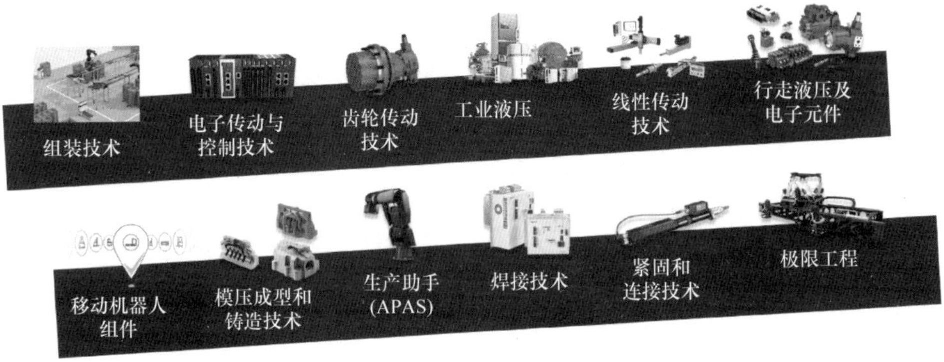


图 30-15　博世力士乐的传动和控制技术及产品体系概貌

通过全球化与国际用户合作，博世力士乐拥有丰富的项目经验，并且凭借其齐全先进的技术和产品以及智能元件、定制化解决方案及服务，提供全方位、全生命周期的技术产品和支持服务，为实现互联工业和智能工厂创造优质的技术应用环境。工业液压是博世力士乐的核心业务之一，业务领域涵盖塑料机械、压铸机、压力机、机床、船舶和海洋工程、冶金、汽车工业、散装和物料搬运、发电厂、风能和试验机、运输、水利工程、木工机械、纸浆和造纸机械等。

博世力士乐工业液压产品组合具有非常广泛的范围，包括液压阀和电子控制、液压动力站和模块、工业液压缸、工业应用轴向柱塞泵/马达、内啮合齿轮泵、叶片泵、径向柱塞泵、蓄能器和液压系统等产品大类，如图 30-16 所示。

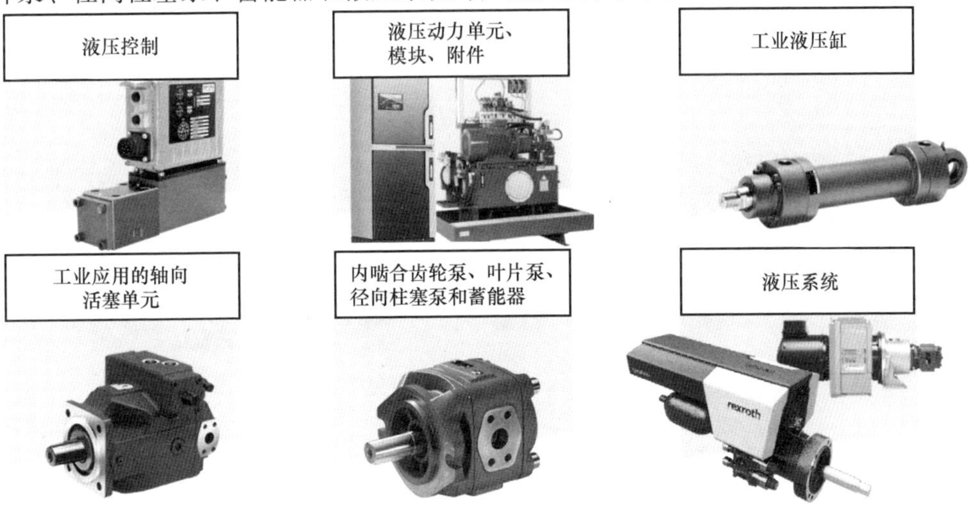


图 30-16　博世力士乐工业液压产品组合种类

博世力士乐工业液压各大类的产品如图 30-17 所示。

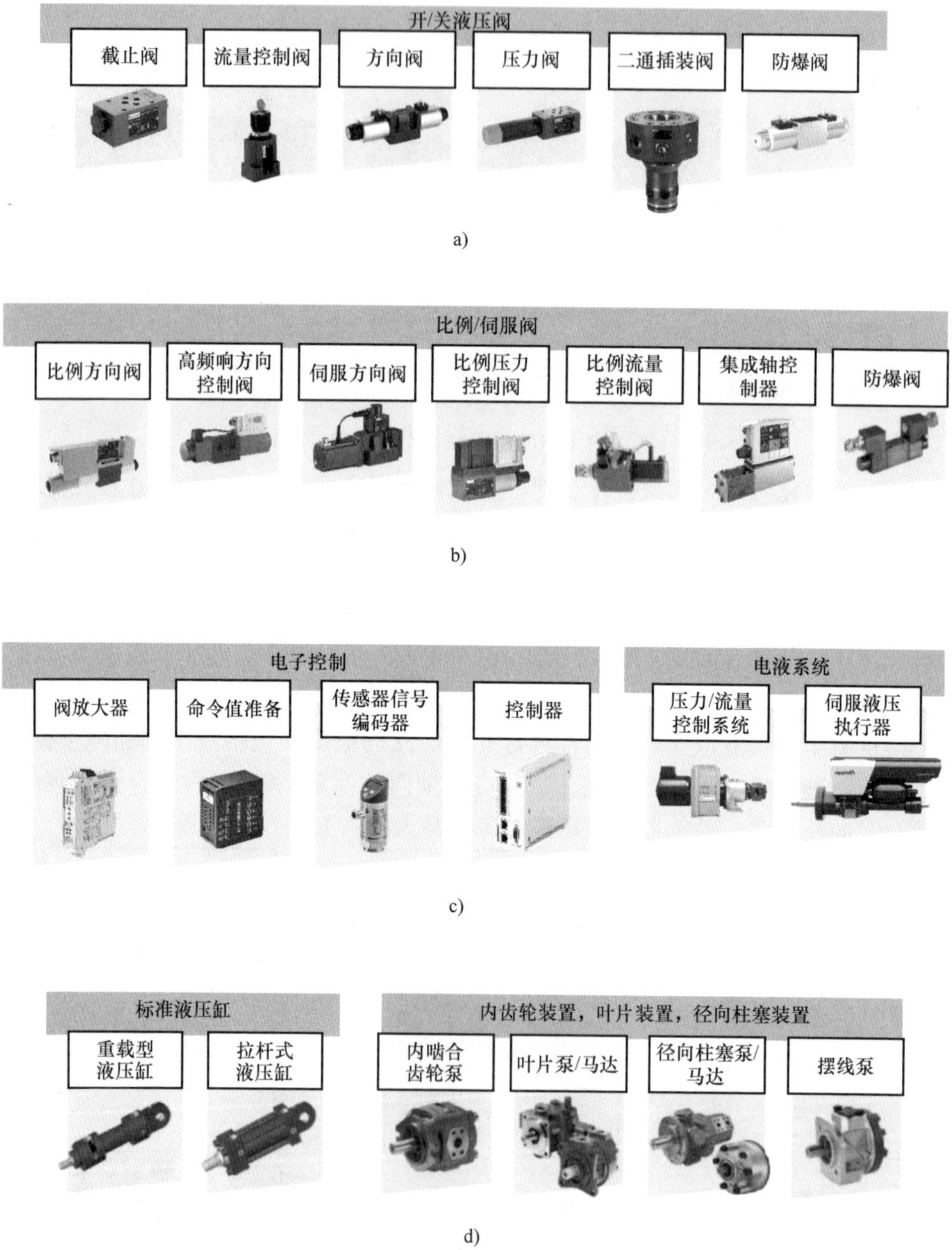


图 30-17　博世力士乐工业液压各大类产品

a）开/关液压阀　b）比例/伺服阀　c）电子控制和电液系统　d）标准液压缸和液压泵

e)

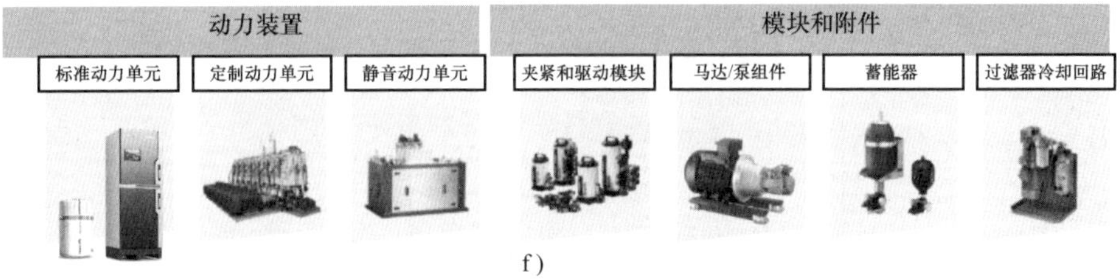


f)

图 30-17　博世力士乐工业液压各大类产品（续）

e）工业应用轴向柱塞泵/马达　f）液压动力站、模块和附件

值得注意的是，由于防暴工作环境的高安全性要求，如化工厂、炼油厂、煤矿井下等，世界各地的区域防暴标准变得更加严格，这就是防爆液压元件在许多应用中必不可少的原因。图 30-17 所示的产品中包含了很多满足相关防爆标准（如欧盟 ATEX、中国矿用产品安全标准 MA 或 KA）、可适用于防暴工作环境的产品，如泵、马达、阀、缸和动力站等，具体内容详见相关产品样本信息。

由于篇幅的限制和本章内容侧重点的考量，这里不再对标准博世力士乐工业液压产品进行更详细的分类介绍，具体信息详见博世力士乐官方网站产品信息及相关的产品目录和手册。

### 30.2.2　工业 4.0 及数字化对当今液压技术的影响

#### 1. 当今液压技术市场的变化和挑战

液压传动和控制技术广泛应用于工厂生产，如压力机、塑料机械、机床等。工业4.0、信息技术、数字化及软件技术、智能化以及未来的发展使得产品的生命周期更短，技术更新换代的速度更快，对传统的液压传动和控制技术也提出了新的挑战和要求。液压传动和控制技术相关的液压制造商和机器制造商也必须与时俱进，针对数字化和智能化的新发展和新要求，结合电子信息技术的发展对自身的技术和产品进行全面的思考，在原有产品技术体系的基础上进行彻底创新，实现技术上的突破与飞跃，才能满足未来智能工厂对传动和控制技术的发展要求。

从物理技术角度看，智能时代液压产品的物理量没有产生任何变化，其基本的物理性能和技术特征依然是液压技术广泛应用和发展的基础。与机械、电气直线运动传动技术相比（如行星丝杠传动、滚珠丝杠传动），液压缸在输出力和输出速度方面仍然具有明显的优势，特别是在大行程、高速度、大功率以及大功率密度和抗冲击抗振动的情况下，机械、电气传动和控制是不能做到的。图30-18所示为液压缸与直线运动传动技术在压力机上的应用比较。

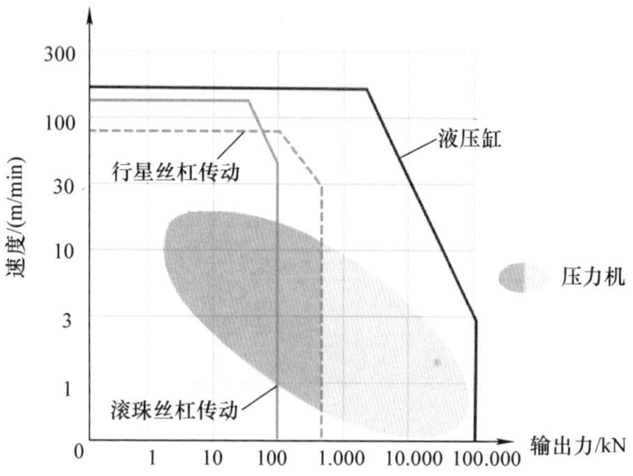


图30-18　液压缸与直线运动传动技术在压力机上的应用比较

由图30-18可知，在输出力以及速度的中小范围内，行星丝杠传动、滚珠丝杠传动还能够满足中小型压力机应用的需求。对中大型压力机的输出力及速度需求来说，液压直线驱动（液压缸）的输出速度范围远远超过行星丝杠传动、滚珠丝杠传动的速度范围。更重要的是，液压直线驱动的输出力是行星丝杠传动、滚珠丝杠传动输出力的100倍以上，这是液压直线驱动在中大型压力机应用中一个巨大的、不可替代的技术优势。

但是，传统液压技术也存在技术及应用的一些基本问题，如安装空间、泄漏、污染、噪声、热消耗、油污的工作环境等问题，这也给年轻人的就业选择造成了一定的困惑，是液压人才招聘存在的难题之一。可以这么说，液压技术将面对技术方面的挑战，也存在环境工作方面的挑战。另一方面，很多工业企业缺乏液压技术方面的专业人才，对液压技术的推广使用及维护维修也产生了一定的人员技术障碍。

所以，液压技术的转型势在必行，这既是技术发展和市场变化的要求，也是向工业 4.0 和数字化转型的一个必然的变革过程。

博世力士乐在产品的研发中引入了互联、数字化和智能化技术来提升液压产品的技术水平。图 30-19 所示为传统液压向互联智能液压发展的例子，博世力士乐将传统的液压小型动力单元转换为一个具有互联功能的智能化小型动力站（称作 CytroPac）。

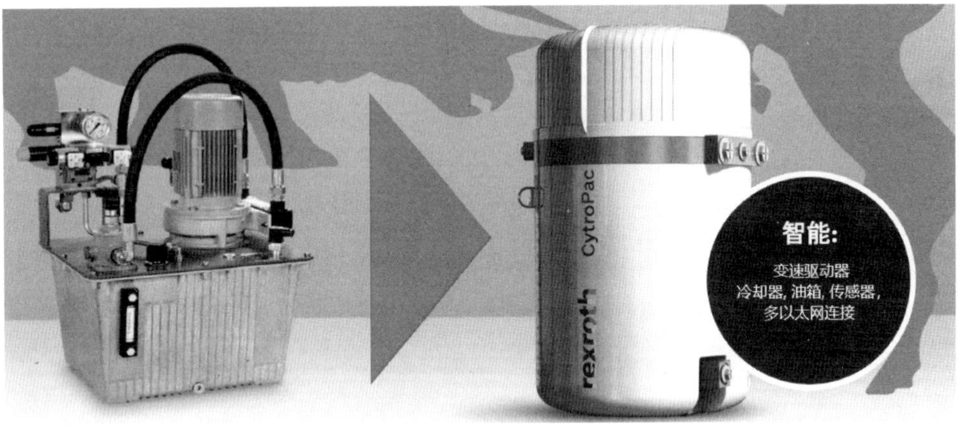


图 30-19　传统液压向互联智能液压发展的例子

CytroPac 具有变速驱动、多以太网互联功能，其系统中安装相应的传感器，可以对动力站的基本参数进行实时检测、传输、显示，也可以进行状态监测和故障诊断。2017 年引入市场的 CytroPac 是一个技术高度集成化的小型动力站，驱动电动机、液压泵、变频控制器、冷却器、油箱等都集中在这个紧凑的小型动力站中，属于典型的经济、紧凑、节能、低噪声、集成化、即插即用的“互联智能”液压产品。关于 CytroPac 的具体介绍，详见 30.7.1 节。博世力士乐的小型互联智能动力站 CytroPac 是液压技术走向互联、数字化和智能化的一个开端和典型范例，是液压动力站技术的一场小革命。

图 30-20 所示为一个在德国进行的“工业液压数字化”用户调查情况。

这个调查涉及八个与液压技术有重要关联的工业应用领域，采访涉及机器制造商和最终用户。从这个行业用户调查情况来看，动荡的市场和技术变革是相关工业应用领域的最大挑战，提高设备利用率、分散智能是用户成功的关键因素，智能传感器、通信（5G 无线和有线）是未来技术，用户对新技术解决方案的重点需求则表现在预测性维护方面。

从液压技术在工业领域应用的发展来看，传统的机械电子传动系统、传统液压系统以及电液控制系统在不同行业的应用比例各不相同。电液控制技术不断发展，其应用的领域会越来越广，而机械电子传动系统的应用领域总体维持小幅上升，但在土木工程领域将会慢慢退出。传统液压系统技术的应用领域将在整体上维持一个

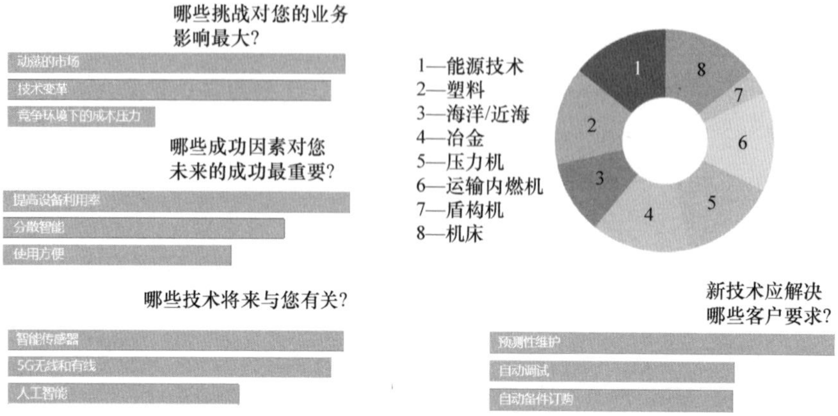


图 30-20　“工业液压数字化”用户调查情况

平衡的局面，如图 30-21 所示。

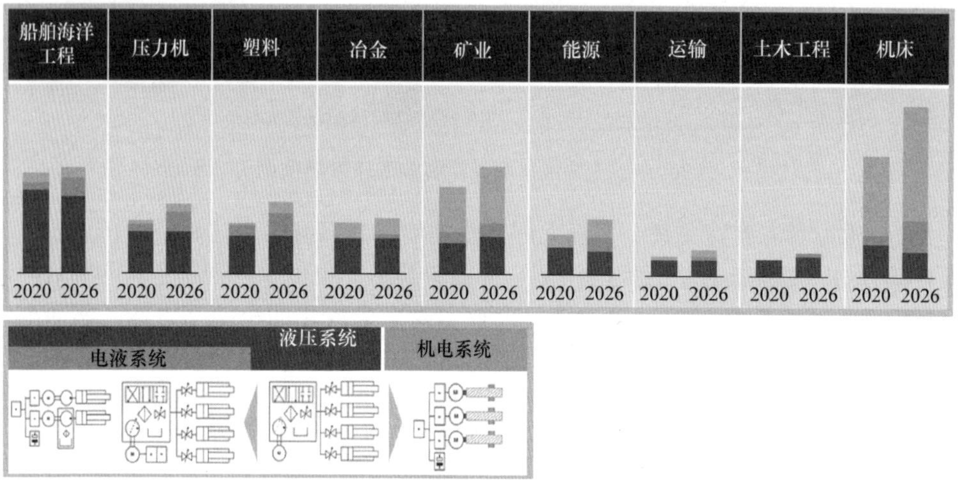


图 30-21　液压技术在工业领域的应用发展

通过市场的分析及评估可以预见，在未来的几年内，传统标准液压技术系统的市场份额将保持在 80% 左右，但其市场年平均增长率将维持在一个很低的发展水平。而电子液压及电液系统的市场年平均增长率将会超过两位数，如图 30-22 所示。这种市场需求的变化，对液压制造商和企业也提出了一个新的课题和挑战。

**2. 数字化及软件在未来机械电子液压技术中的关键作用**

从上述对液压技术、应用及市场的分析可以看出，液压技术正面临着市场变化、技术变革和工业 4.0 及数字化、智能化的严重挑战。液压互联、数字化和智能化是应对这些挑战的关键。但液压互联、数字化和智能化本身并不是目的，它必须贯穿整个价值链过程（工程设计→调试→机器生产→维护和维修），给液压制造商、机器制造

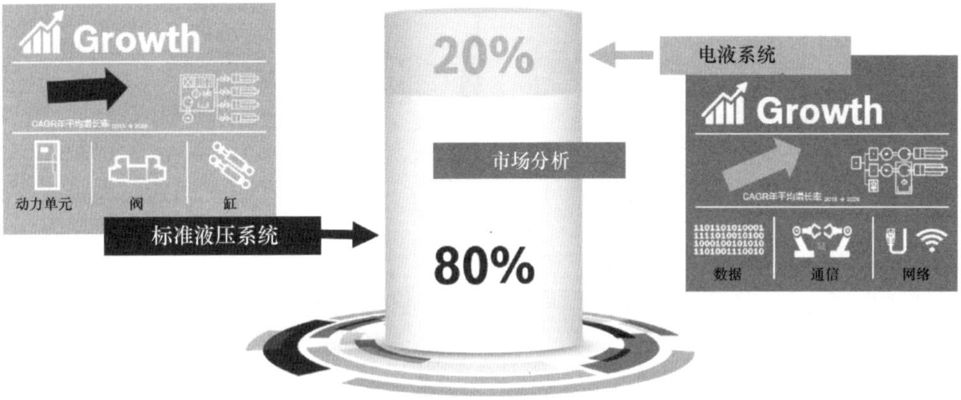


图 30-22　液压技术市场需求变化

商及最终用户创造新的收入机会，才能带来新的附加值、简化过程、提高效益、降低成本、增加盈利、完善服务，并用新的商业模式取代传统的商业模式。

图 30-23 所示为软件和数字化推进产品的“差异化”，随着时间的推移，传统的机械液压产品将更多地趋向于普通商品，而软件和数字化的应用会使传统机械液压产品的差异性越来越大。也就是说，数字化的广泛推进，软件的广泛使用，将使传统液压技术及产品更多地从“普通商品”转向“差异化产品”。液压制造商和机器制造商需要更快地推动数字化的转型过程，提出标准化、模块化、集成化和个性化定制有机融合的系统概念，以液压技术产品的“差异化”提高公司的竞争力。

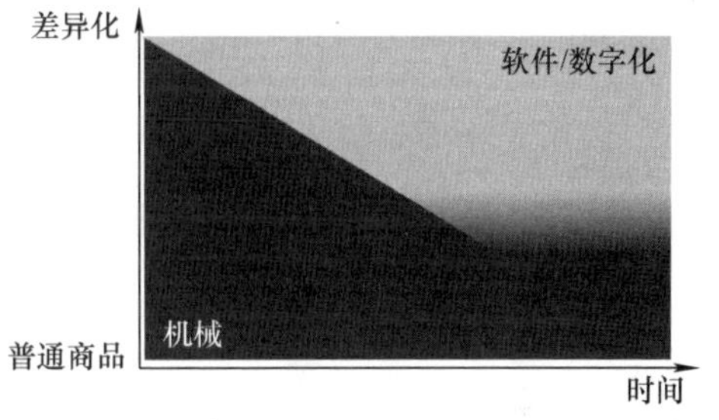


图 30-23　软件和数字化推进产品的“差异化”

如图 30-24 所示，不同于传统的设计和工程流程，现在以及未来的设计和工程流程从软件开发开始，到机械液压工程设计、电气设计，以及最后的试车运营，整个过程都将贯穿着数据工作流的存在，软件开发的重要性将超过机械、电气工程设计开发。这里也对机械电气设计工程师（包括调试工程师）提出了软件技术方面的强大挑战。他们不仅需要理解机械及电气设计工作中的技术问题，而且也要具有软件设计、软件工程及数字化方面的更多知识。在这样的情况下，软件工程师、机械工程师、电气工程师和调试及现场工程人员就需要紧密地组成一个团队来完成整个数字化条件下的机器产品的开发、设计、调试、运营。这里必须加强和改进研发和运营团队沟通合作的氛围、文化、习惯、流程，从而使得设计、测试、运营之间能够更快捷、频繁和可靠地进行沟通合作。

当前，数字孪生在工业领域的各个行业都得到了越来越广泛的应用。通过数字

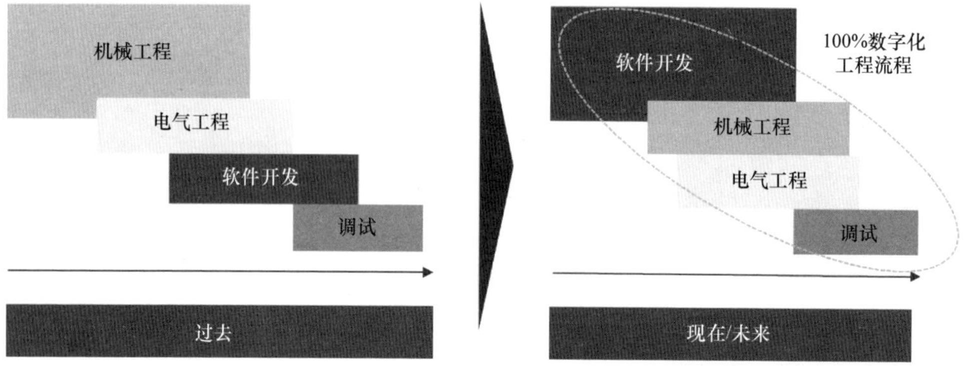


图 30-24　软件在未来的关键作用

孪生可以对核心产品、核心设备、核心流程的使用实施实时模拟优化，甚至进行反馈调节控制，并对整个产品和设备生命周期的服务和维护维修工作提供反馈预测、故障诊断、维修等技术服务，从而真正实现产品全生命周期（设计→调试→生产→维护）的一个全面的数字和物理世界的综合服务。

图 30-25 所示为博世力士乐在液压产品全生命周期中应用数字孪生技术的过程和方式。

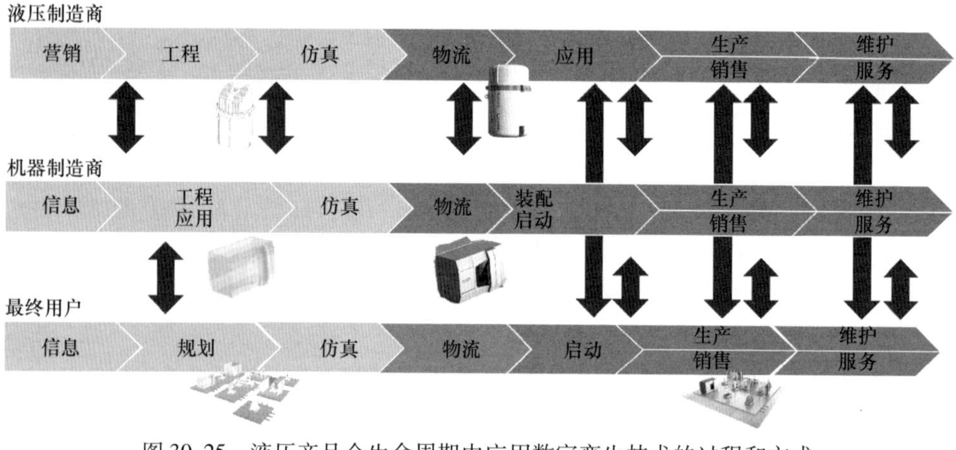


图 30-25　液压产品全生命周期中应用数字孪生技术的过程和方式

从营销到工程设计及仿真，从物流到应用、销售以及服务，整个过程实现了液压制造商、机器制造商和最终用户之间的数据互动关系。在设计初期，数据的传承及反馈更多发生在液压制造商和机器制造商之间。在充分了解、分析和接受最终用户的规划及其具体要求的基础上，机器制造商会把机器的整体设计作为一个全面的规划。在规划过程中，机器制造商将和液压制造商就具体的液压系统技术实施以及服务方式进行充分的交流和数据互动，并与最终用户进行协商确认。在完成机器生产并通过物流交付最终用户使用之后，最终用户的数据参与推送、反馈机器使用情况和体验，这些都为实现闭环的数据互动反馈，进而促进产品以及机器的性能优化升级，为最终用户提供一个基于数据的全方位、全生命周期的高质量服务奠定可靠的基础。

### 30.2.3　博世力士乐互联数智液压技术的发展理念

博世集团及博世力士乐是德国工业 4.0 的发起人之一，积极参与了各个不同主题工作小组的工作和政策决定，提供相关的理念、政策、技术方案，是工业 4.0 框架及具体技术政策的积极参与者或领导者。另一方面，博世集团也是工业 4.0 的践行者，博世集团实行双重战略，非常积极地推动工业 4.0 的工作和技术，无论是内部还是外部。在工业 4.0 框架模型（RAMI4.0）的新标准下，凭借其在汽车工业及不同行业技术先进的智能控制理念，电子元件、传感器技术、智能元件、软件工程、生产管理系统及智能制造技术、IoT、定制化解决方案及服务等方面强大而坚实的技术基础和综合优势，对内，博世集团在自己全球250 多家工厂积极地推动实践典型的工业 4.0 工厂或生产线，一方面是对工业 4.0 技术的学习探索实践，另一方面达到完善工厂内部生产流程、提高生产水平和生产效率、降低生产成本、保证产品质量的需求。对外，它也是未来市场工业 4.0 技术的领先供应商，提供广泛的产品技术支持和整体解决方案，为推动工业 4.0 的发展做出了积极的表率作用和贡献。

作为液压技术领军力量的博世力士乐在推动工业 4.0 技术应用方面非常引人注目，是引领推动互联数智液压技术发展的“排头兵”。以下就博世力士乐在互联数智液压的理念与发展方面的情况做一个基本的概述，其主要和典型的互联数智产品将随后一一介绍。

**1. 博世力士乐互联数智液压技术的发展**

博世力士乐针对当前工业 4.0 技术的发展和数字化的进一步应用，以及软件技术在机械、液压、电气领域的进一步推广和应用，从市场分析出发，针对用户的痛点和需求，在不同的行业领域中对液压互联、智能化、数字化进行了深入的分析和调查，并且在技术的转换、产品的设计、生产及服务一系列领域中，对数字化、智能化以及互联网在液压技术中的应用进行了全面的研究开发，形成了自己独特的互联数智液压的理念，并将这种理念转换应用到实际产品和系统中。

博世力士乐以液压技术产品“网络化”“数字化”“智能化”“绿色”“节能”及“产品全生命周期服务”的理念为导向，在现有的产品体系基础上实现技术的升级、创新、突破和革命。博世力士乐在 2017 年首次系统地提出了工业互联液压（Connected Hydraulics）的技术理念，并陆续推出了不同的产品、系统和相关的控制硬件及软件。

图 30-26 所示为博世力士乐在工业液压领域具有代表性的互联数智液压产品发展历程，从 2017 年开始的具有互联功能的智能化小型动力站 CytroPac、2018 年的 CytroBox 到 2020 年 CytroForce，从 2021 年的互联液压阀到 2022 年的 CytroMotion。

同样，博世力士乐在行走机械液压领域通过电气化、电子化和数字化网络解决方案，正在帮助用户打造下一代移动机器，以面对行走机械市场与日俱增的对提高

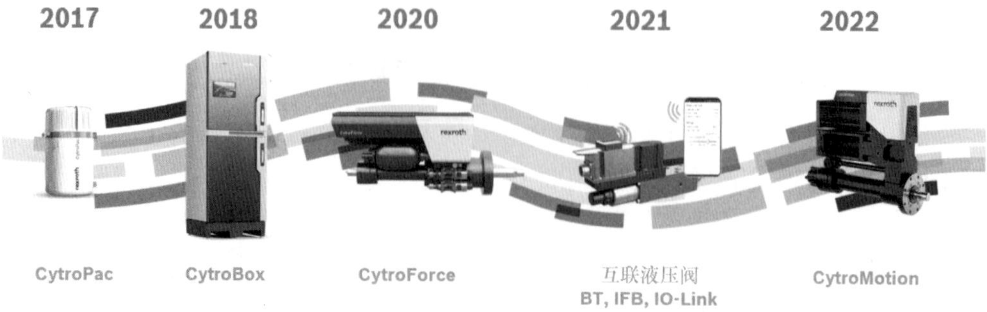


图 30-26　博世力士乐在工业液压领域具有代表性的互联数智液压产品发展历程

生产率与性能、改善效率降低运营成本、减少废气排放和噪声的需求，为可持续性发展承担社会责任并做出积极的贡献。为了满足这些要求，博世力士乐面向行走机械电动汽车领域（从混动到纯电动工程车）推出 eLION 解决方案，并辅以相关的应用程序、系统与专业技术。除了液压系统产品与应用技术外，还开发了一套 700V 的新电气产品组合，借此实现电动汽车架构。这些产品组合可以提高系统整体效率，实现本地的零排放运营，显著降低噪声。数字化应用解决方案 BODAS 向行走机械市场提供物联网（IoT）架构解决方案以及软件和电子硬件的全部产品组合。BODAS 凭借市场领先的实用性、质量以及面向未来的解决方案脱颖而出，它融合了行走机械液压、电子、边缘分析和物联网领域的竞争力和应用经验，既适用于标准产品，也适用于联合开发的各种解决方案，具有电子化、数字化和物联网方面的优势。博世力士乐行走机械的整体解决方案使用户能够获得更高的动力、安全性、效率、物联性和智能化。

由于篇幅和本章节重点的关系，本章不对博世力士乐行走机械液压做进一步的介绍，相关产品技术信息可参照该公司的产品目录及相关信息资料。

**2. 博世力士乐互联数智液压技术理念**

图 30-27 所示为液压数字化在“设计→安装→运营→服务”整个价值链流程中的“用户旅程”。这是博世力士乐互联数智液压的全生命周期理念在技术产品转化中的实际体现和应用。通过产品的高性能、高精度、互联开放、智能、集成以及灵活的特性，使用户在产品、设计、安装调试、使用及服务等领域能够实现快速有效和低成本地使用液压产品，基本目的是在“简化设计”“简化安装”“优化运营”“最小化停机时间”等方面为用户带来优势。

（1）简化设计　选型设计是用户在机器设计过程中使用液压产品的第一步。除了提供高性能、高质量的液压产品和系统之外，博世力士乐还以简化用户工程设计为目的，提供了一系列的软件工具，如尺寸选择助手（Size & Select Assistance）、工程工具（Engineering Tools）、产品配置器（Selector）来帮助客户找到和配置合适的解决方案和产品。用户可以根据实际机器的功能和工作参数，如液压缸的行程、

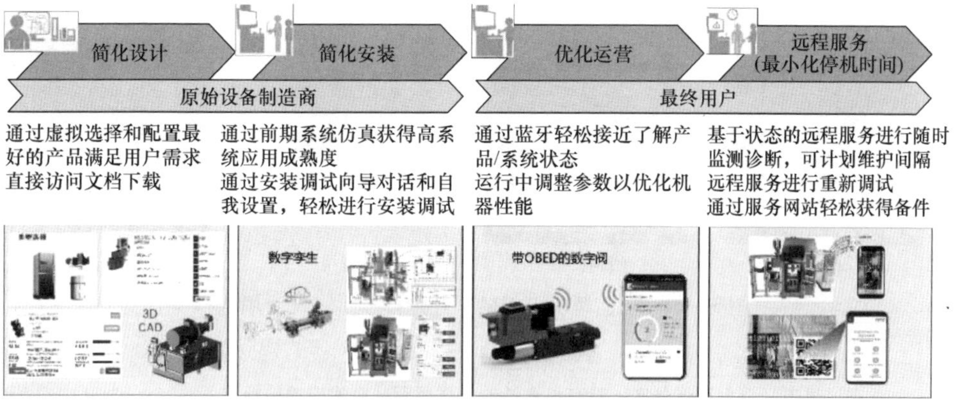


图 30-27　液压数字化的“用户旅程”

速度、输出力、尺寸等基本参数，通过博世力士乐数字化的虚拟产品——工程工具和产品配置器，来选择最适合机器需求的系统或产品，从而快速地实现产品的选型设置。用户不需要具备特别专业的液压知识，即可实现其机器对液压产品和技术的功能需求。选型结束之后，用户还可以直接访问选择确定下来的产品文档数据（如 3D 图、CAD 图），直接下载并应用到机器的整体设计之中。

1）尺寸选择助手。尺寸选择助手从产品的大类出发，根据实际应用中对产品性能特征的要求对数据进行相关的分析组合，从而推荐相应的适合用户实际应用的产品或系统，快速轻松地为用户的应用找到合适的解决方案。这里以压力机的应用为例介绍使用尺寸选择助手的步骤：

① 类型选择：尺寸选择助手让用户可以根据应用要求设计和选择合适的变速泵驱动器或标准装置。用户将在预定义参数和各种过滤器选项的帮助指导下完成设计过程，如图 30-28 所示。

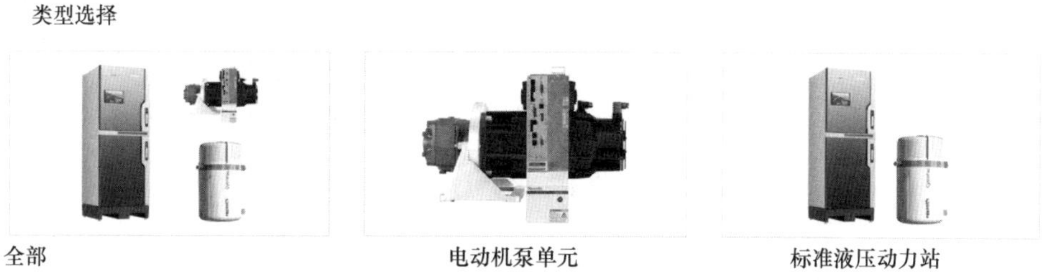


图 30-28　产品解决方案的尺寸选择助手——类型选择

② 应用选择：选择相应的应用领域并获得具有代表性的负载循环（与时间相关的 $p/q$ 负载循环）。然后，用户可以对其进行编辑并找到合适的解决方案，或者可以完全自由地输入自己的要求，如图 30-29 所示。

③ 数据编辑器：根据用户的特定需求调整代表性负载周期，如图 30-30 所示。

应用选择

机床　　塑料机械　　压力机　　冶金

图 30-29　产品解决方案的尺寸选择助手——应用选择

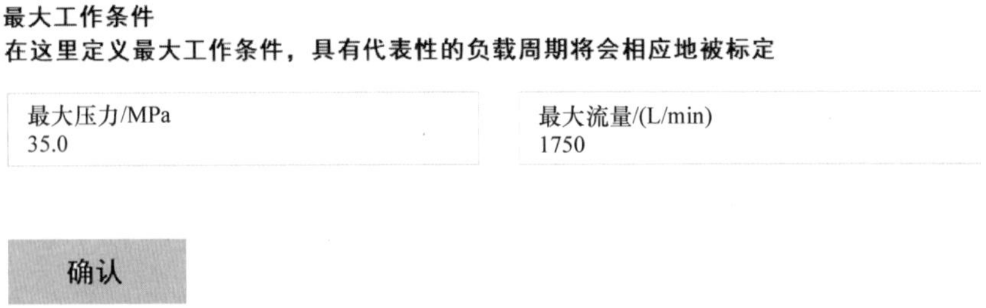


a)

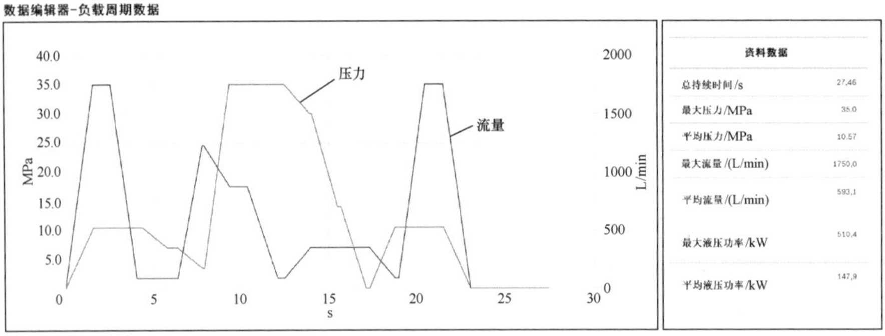


b)

图 30-30　产品解决方案的尺寸选择助手——数据编辑器

a）调整压力与流量　b）调整负载周期

④ 产品推荐：这里尺寸选择助手会给用户提供不同的解决方案，用户可以通过不同方案的比较选择最合适的解决方案。最后尺寸选择助手还会给出一个具体的系统选择配置文件，作为最后的产品解决方案推荐结果，如图 30-31 所示。

读者可访问相关链接（https：//www. boschrexroth. com/ics/projects/Sizing/）进一步了解和练习这一工具的使用方法。

2）工程工具。工程工具针对较复杂的系统及系统组合，为其选型配置提供有力的帮助。图 30-32 所示为工程工具用于变速泵驱动单元 Sytronix 选型配置组合的基本结构和过程。用户根据所需要的控制功能（如压力控制、流量控制或者轴控制系统），结合所需要的功率范围选择不同类型的变速泵驱动系统，此处以选择了

a)

配置文件　　　　　　rexroth A Bosch Company

链接到配置

提示：配置链接有效期 2023-02-27

**描述**

| | | |
|---|---|---|
| 系统数量 | 3 | |
| 驱动系统 | DRn 5020 | 压力控制，4～160 kW，中等动态性能 |
| 泵类型 | A4VSO | 40～500mL，高达 35.0MPa，104～750 L/min |
| 泵规格 | A4VSO_500 | 高压开路式轴向柱塞变量泵；A4 VSO 系列；规格 500 mL |
| 液压油 | HLP | 用于标准液压油 HLP 的泵 |
| 电动机冷却 | self | 自通风 |
| 电动机类型 | MOT_EC_160_kW | 交流感应电动机 MOT-EC 160 kW / 214 hp |

b)

图 30-31　产品解决方案的尺寸选择助手——产品推荐

a）推荐驱动产品类型与电动机参数　b）推荐产品配置列表

SvP 7020 变速泵驱动系统为例进行介绍。

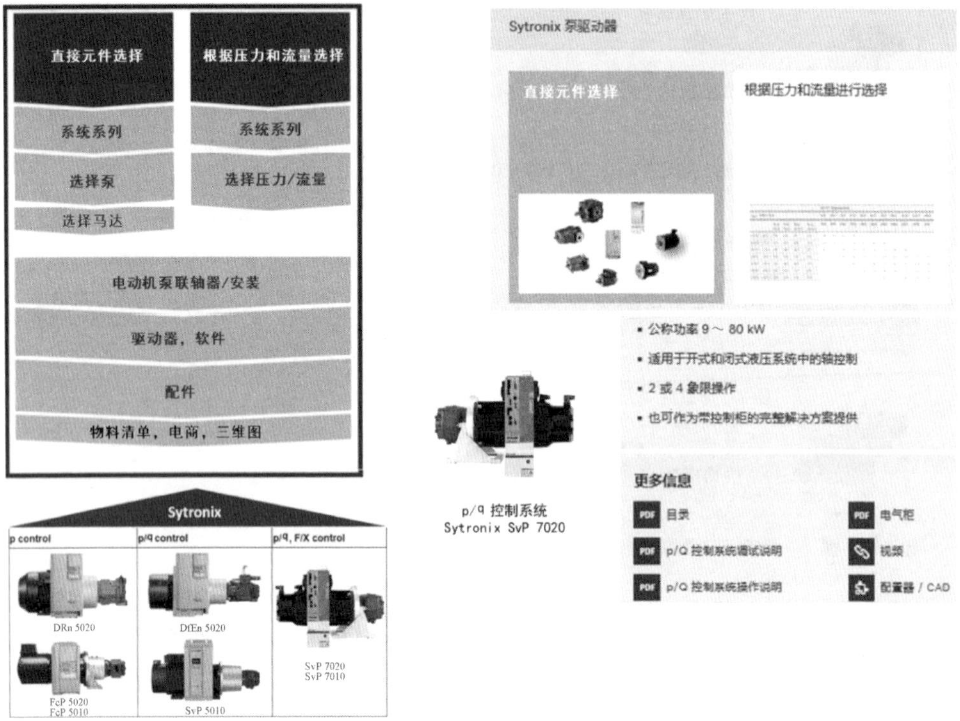


图 30-32　工程工具用于变速泵驱动单元 Sytronix 的选型配置

在确定了 SvP 7020 系统之后，则可根据流量的大小以及压力的高低范围进行液压泵的选择，如 PGH 高压内啮合齿轮泵。再根据实际机器需求的流量大小、压力等级以及电动机的冷却方式，可以从选择表中选择最适合系统功能和性能要求的 PGH 高压泵。在完成配套的伺服同步电动机和相关的驱动控制器、软件、通信协议以及其他的配置选择之后，这个工程工具最后会形成一个完整配置后的变速泵驱动单元 Sytronix。用户还可以根据实际需求申请 CAD 模型、EPLAN、组件列表以及相关的产品目录，之后用户还可以直接把所选择的产品加到购物车里直接在线订购产品。

读者可访问相关链接（https：//www. boschrexroth. com/ics/Modules/Configuration/？ pi = FE1CFF38 – F51C – 72BE – FCA54679EDA86F20_ICS_8816&Configurator = Sytronix&Modelcode = STX&Preselection = &Scenario = portal&o = desktop）进一步了解和练习这一工具的使用方法。

3）产品配置器。用户根据机器功能和性能需求，使用产品配置器对液压产品进行型号、工作参数选型配置，最后可在线获得全面的配置文档（包括 3D 图、CAD 图等文件）。以带集成现场总线 IFB 多以太网的先导式调节方向阀 4WRLF 为例，图 30-33 所示为产品配置器如何选择配置产品，并最后形成产品具体的型号以及产品材料编号的过程。这样既加快了液压产品选型的速度，同时也为产品订货找到了直接的订购型号和产品材料号。

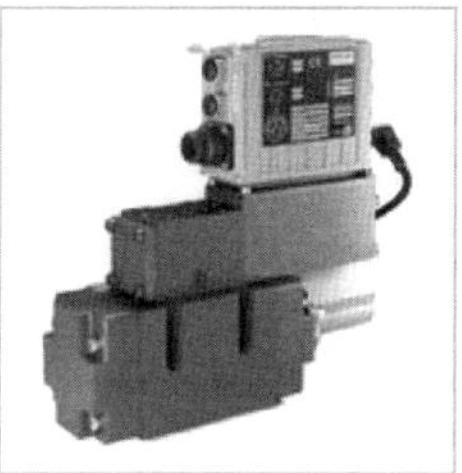

带集成现场总线（IFB 多以太网）的先导式调节方向阀
4WRLF

- 规格 10 ～ 27
- 组件系列 4X
- 最大工作压力 35.0 MPa
- 最大流量 1850 L/min
- 额定流量 60 ～ 600 L/min

PDF 数据页
PDF 操作说明
PDF 功能说明 HDx20
PDF 参数说明
PDF 诊断说明
PDF 固件发行公告 HDx20
下载
选择指南 / CAD
选择指南 / CAD

a)

类型
带电气位置反馈的先导式方向控制阀 ✓

电子设备
带集成电子装置（OBE） ✓

规格
规格 10 ✓

符号
P → A: $q_{V\max}$, B → T: $q_{V/2}$, P → B: $q_{V/2}$, A → T: $q_{V\max}$ ✓

额定流量
100 L/min ✓

b)

你已经成功完成了你的选择
R901473189
GoTo

说明文档
加入购物车

产品说明 产品样本 申请CAD

c)

∨ 订购信息

| | | | | | | | | | | | | | | | | | | | |
|---|---|---|---|---|---|---|---|---|---|---|---|---|---|---|---|---|---|---|---|
| 4 | WRL | E | 10 | E1- | 100 | L | J | - | 4X | / | M | PT | / | | 24 | A1 | | |

d)

图 30-33 使用产品配置器对互联比例方向阀进行型号、工作参数选型配置
a）选择了带集成现场总线（IFB 多以太网）的先导式调节方向阀 4WRLF b）获得了产品的技术参数
c）获得了产品的材料编号 d）获得了产品的型号

从以上介绍可以看出，博世力士乐的尺寸选择助手、工程工具和产品配置器可以有效地支持用户选择标准产品或个性化配置。通过这样的工程工具，用户并不需要特别了解系统和液压知识，也不需要对产品有非常深入的了解，只需要根据机器功能、性能的基本参数，就可以选择相关的系统和对应的元器件，从而大大简化了设计，缩短了选型时间，加快了订购采购流程。关于不同产品的辅助工具，可以参考本章各个产品的详细介绍。

另一方面，为了简化用户的系统设计过程，博世力士乐还可以为用户提供相关的液压、电子传动方面的数字仿真数据库及仿真服务，而不需要事先去制造一个成本昂贵的真实模型。博世力士乐的数字仿真数据库及软件 BRSL 以数字孪生的形式，除了可以对液压元部件（如液压泵、阀、液压缸或油箱及液压系统本身）进行数字仿真、优化设计，还可以对液压元部件或系统在整个机器中的功能、静态和动态的运动学特性、安全性、运行效率等进行全面的仿真分析，快速轻松地确定单个液压元部件或系统的性能是否满足期望的整体系统行为。根据用户需求也可以提供整个项目及应用工程的系统数字仿真。由于篇幅的关系，这里不再逐一详述。

（2）简化安装　安装试车是机器进入全面使用之前的一个重要阶段，通过数字孪生和 3D 模型可以获得高成熟度的应用产品和系统，如图 30-34a 所示。在各种调试导向软件系统的帮助下，通过面向用户的机器对话和自我设置，可以对设备进行轻松有效、准确快速的自动调试，如图 30-34b 所示。

（3）优化运营　通过蓝牙或多以太网工业通信总线可以轻松地联接附近设备的液压元件及系统，在线实时了解其工作状态、工况、参数。在此基础上，可以在线实时对机器的运行参数进行调整，优化机器生命周期中的各种性能参数，从而达到高效节能和可靠的运营优化的目的，如图 30-35 所示。

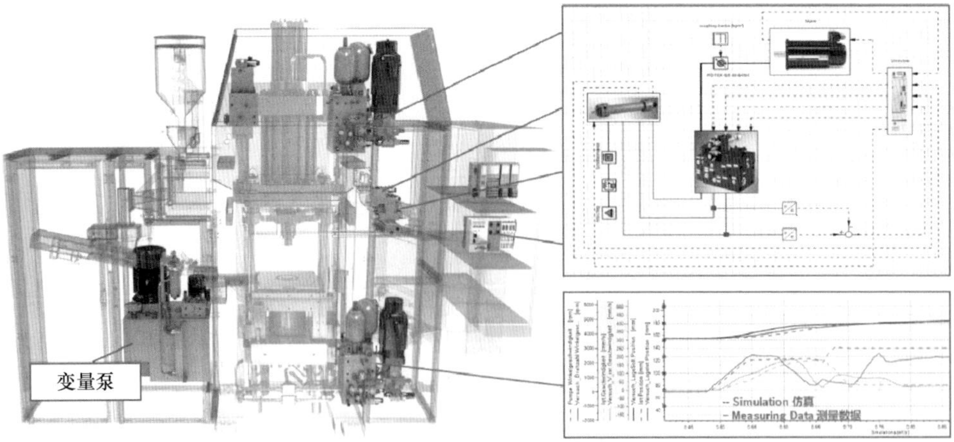


a)

图 30-34　数字孪生技术及调试导向软件系统简化机器安装调试操作

a）基于数字孪生和 3D 模型的应用产品和系统

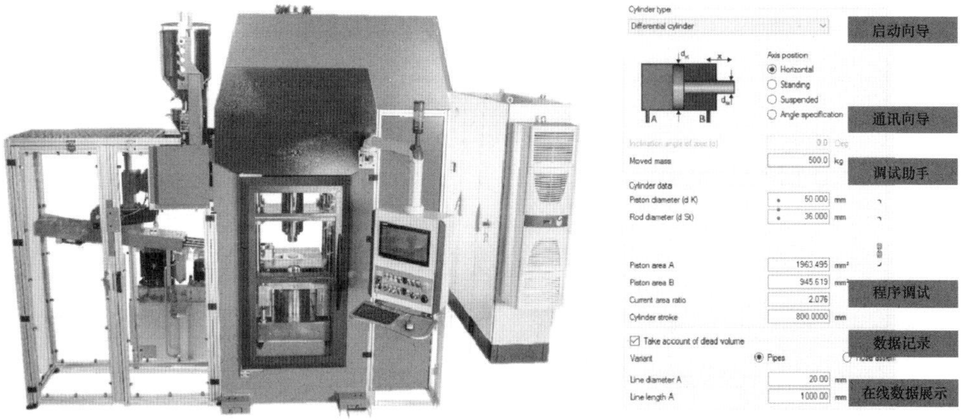


b)

图 30-34　数字孪生技术及调试导向软件系统简化机器安装调试操作（续）

b）准确快速的自动调试

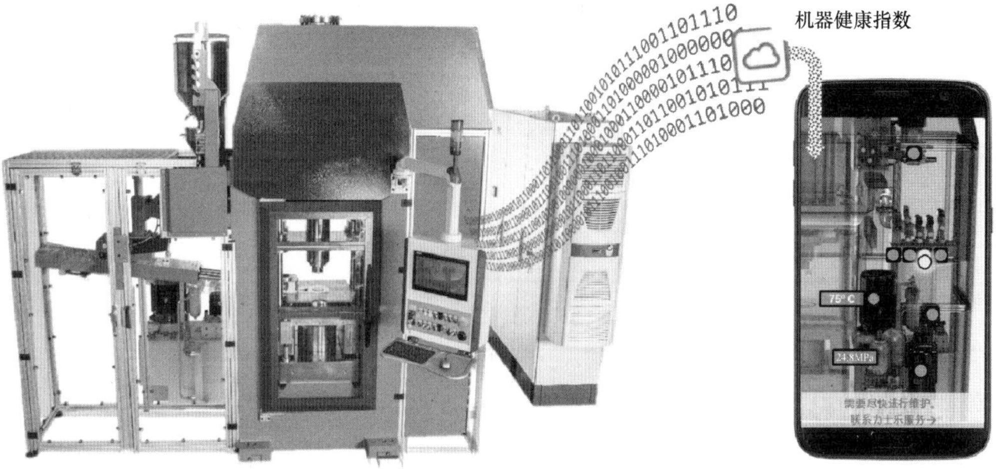


图 30-35　基于机器工作状态的运营优化和现代全方位服务

（4）最小化停机时间　通过基于数据和机器学习的状态监测和故障诊断系统，可以对液压系统及元件的工作状态及健康状况进行及时的监测、分析和诊断，准确判断可能发生的故障情况和时间，进而合理制定基于机器健康状况的服务维修计划。在这里，博世力士乐的现代服务体系及 ODiN 状态监测与故障诊断系统可以提供强大的技术支持，发挥充分的作用，详见 30.9 节。另一方面，通过在线远程服务，可以通过智能手机随时随地对设备的工作状态和工况参数进行诊断调试，充分发挥液压系统和元件的性能和使用寿命。通过服务网站可以轻松及时地准备相关的液压备件，优化库存，及时保证液压备件的服务维修配套。这种以机器的健康状况为基础的全方位的现代服务理念，可以最大限度地减少机器无计划维修所造成的停机时间和整体损失（见图30-35）。

## 30.2.4 博世力士乐互联数智液压技术及产品体系

博世力士乐互联数智液压技术及产品体系以产品为中心，通过运动控制软件平台 MLC－H 及相关的控制器将互联数智液压产品通过工业通信总线连接到机器的控制系统中，为工业应用及用户提供全面的技术支持和全方位的现代化服务。图30-36所示为博世力士乐互联数智液压的技术及产品体系概貌。

图30-36 博世力士乐互联数智液压的技术及产品体系概貌

液压元件和系统的互联、数字化以及智能化是未来工业4.0互联的根基。未来的液压元件和系统将类似于一个具有通信功能的智能传感器，能将产品和系统的主要工作参数、工作状态以及健康状态在线实时地反映到整个机器，包括生产线和工厂生产管理系统。可以说，液压元件或者液压系统本身就是一个集液压功能和智能传感器于一体的互联数字产品或系统。

从互联数智液压的角度看，目前，博世力士乐的互联数智液压产品大致可以分为以下几大类：①互联液压阀；②变速泵驱动单元 Sytronix；③互联数智泵控制技术及产品；④互联智能产品家族 Cytro Family，包括 CytroPac、CtroBox 液压动力站和 CytroForce、CytroMotion 自给式轴；⑤液压运动控制器 MLC－H 及其软件平台。

**1. 互联数智液压阀**

博世力士乐的互联数智液压阀主要是在传统液压阀的基础上，通过与电子技术、通信技术以及传感器技术相结合，向互联数字化和智能化迈出了技术上的一大步。博世力士乐开创了数字化连接液压阀的经济适用的新方法。只要通过数字接口就能在操作过程中利用软件改变参数，从而做到灵活响应机器运行工况的新需求。它还支持快速诊断和状态监控，从而提高机器的可用性。博世力士乐提供各种不同的技术产品方案，是目前唯一能满足用户特定需求的液压阀制造商。典型的产品包括带数字放大板的液压阀 OBED、现场总线液压阀 IFB、点对点互联液压阀 IO - Link、多以太总线接口的集成轴控伺服比例阀 IAC、互联插装阀 WRC - 4X。

以 OBED、IFB、IO - Link、IAC 为代表的互联数智液压阀的出现意味着传统的万用表和扳手手动设置液压阀的技术方式将成为历史。如今，凭借博世力士乐开发的新一代集成电子数字液压元件，通过应用程序实现基于现场总线或以太网接口的数据通信，便可对模拟量部件和液压阀之间进行经济有效的互联，只需要一个手机应用程序和蓝牙连接，即可在开始操作的过程中对液压阀进行调整并进行诊断测试。这不仅为机器制造商节省了时间和成本，对最终用户而言，这意味着更大的工艺变更灵活性，更高的可用性和最大化的生产效率。

互联数智液压阀产品的详细介绍见 30.3 节。

**2. 变速泵驱动单元 Sytronix**

Sytronix 是一个变速泵驱动系统，根据应用的需求，可以分别实现压力（$p$）控制、压力/流量（$p/q$）控制、位置（$x$）和力（$F$）控制。根据机器的实际运行工况及功率需求，通过伺服电动机或伺服变频器可以对变速泵驱动系统的速度、功率进行按需调节，从而有效提高了机器的功率效益。与传统的标准系统相比，Sytronix 具有节能（功率消耗最多可降低 80%）、静音（噪声水平降低最多可达 20dB）及环保减排的优势。对于优化现有机器的能源利用和新的节能系统改造，Sytronix 都有很大的应用潜力。

Sytronix 产品可以结合模块和单个组件，使用选型配置工程工具（Engineering Tools）来配置系统，为用户提供个性化的系统解决方案（见图 30-28 ~ 图 30-31）。

图 30-37 所示为变速泵驱动单元 Sytronix 产品大类，产品的详细介绍见 30.4 节。

图 30-37 变速泵驱动单元 Sytronix 产品大类

变速泵驱动单元 Sytronix 也是其他互联数智液压产品（如 CytroBox、Cytro-

Force、ABPAC、ABMAXX）的技术基础，这就形成了所谓的SytronixInside，如图30-38所示。

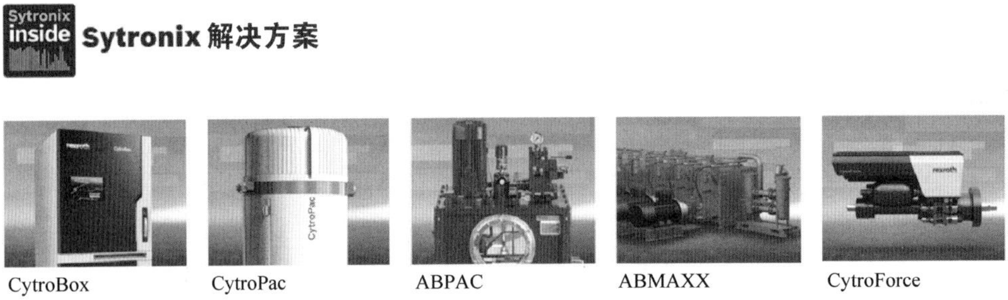


图30-38　SytronixInside：变速泵驱动单元Sytronix作为其他产品的技术基础

**3. 互联数智泵控制技术及产品**

博世力士乐的互联数智泵控制技术及产品是在轴向柱塞变量泵A10、A4的基础上，通过与电子技术、数字化及通信技术结合而形成的具有互联功能、数字化和智能化功能的集成电液泵控制系统，用于控制压力、流量和功率，以避免在液压系统中存在节流损耗。支持多以太网通信协议Sercos、EtherCAT、EtherNET/IP、PROFINET POWERLINK和VARAN。其优点是可靠性高、效率高、节能、即插即用及可实现动态和高精度的调节。统一的软件工具IndraWorks Ds支持初始操作调试、管理、参数化和诊断。通过过程变量的状态反馈信息可进行状态监测、快速诊断和实现预测性维护。互联数智泵控制系统产品家族如图30-39所示，产品的详细介绍见30.5节。

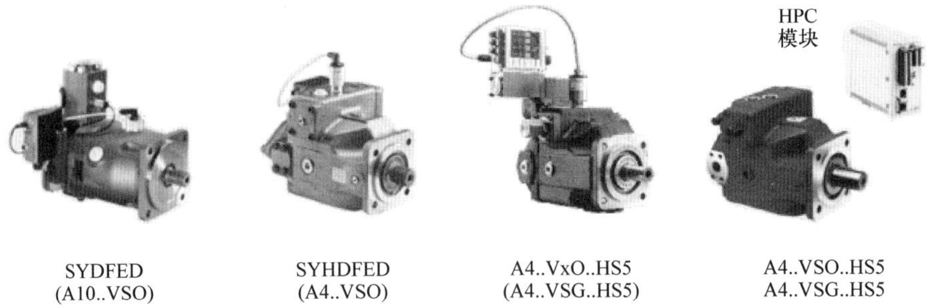


图30-39　互联数智泵控制系统产品家族

**4. 互联智能产品家族Cytro Family**

从2017年的第一个产品CytroPac进入市场，互联智能产品家族Cytro Family就不断地在发展扩充。目前形成了不同功能、不同系列、不同规格的技术产品，广泛分布在小型动力站、中型动力站、小功率小输出力的液压轴CytroMotion、中大功率的CytroForce和SHA系列液压轴等产品系列中。图30-40显示了Cytro产品家族的主要发展历程。

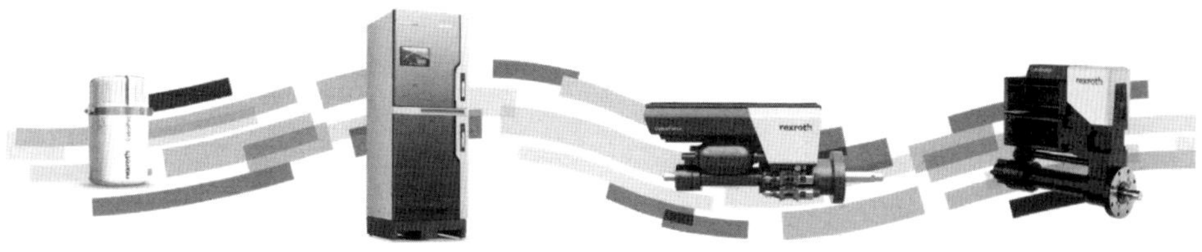


图 30-40 Cytro 产品家族的主要发展历程

这些产品的共同特点：互联功能、控制集成、模块组合、动力独立自给、即插即用、美观紧凑。用户可以通过博世力士乐的工程工具及产品配置器对系统进行全面、灵活的个性化选型配置。具体的产品详见 30.6 节和 30.7 节。

**5. 液压运动控制系统软件平台和控制器 MLC－H**

博世力士乐“互联液压”的实现是在液压产品电子化、数字化的基础上，以开放的编程核心接口、运动控制、分布式功能以及用于通信的多以太网开放式标准为技术基础，支持当前所有实时通信协议，如 SERCOS、EtherCAT、Ethernet IP、PROFINET PROFIBUS、CANopen 和 VARAN。

MLC－H 是博世力士乐的运动逻辑控制软件平台及控制系统，通过标准的实时通信协议，可以轻松快速地将互联数智液压的产品连接到机器的控制系统中，而不需要额外的硬件控制器和其他的控制系统。在充分发挥液压的物理优势的同时，与其他驱动和控制、通信技术进行无缝融合，将传统液压系统解决方案整合到最先进的系统架构中，具有开放式互联、数据化实时传输、模块化、即插即用、云端数据交互、实时状态监控、故障诊断、预防性维护等主要功能。

图 30-41 所示为 MLC－H 液压运动逻辑控制系统结构示意图，其表示互联液压技术从驱动的元件层面到控制层面，然后通过实时以太网与上位机以及云端通信的连接。

博世力士乐的 MLC－H 液压运动逻辑控制系统是互联数智液压技术在现代机器自动化中的生动体现，其特征包括：①安全性，安全等级高达 PLe/Cat. 4；②可扩展，模块化，电动、液压和混合驱动的闭环控制；③开放，在编程和通信方面，可以直接与现有控制系统架构连接扩展；④易于使用，使用直观的工程工具 IndraWorks，缩短工程设计和调试时间；⑤一流的液压运动控制，具有丰富应用的液压专业知识、极高的控制精度、强大的功能、优化的液压控制系统设计方法。

从上述互联数字液压产品、系统及控制器和控制平台可以看到，液压互联数字化的实现需要一个核心的中央软件工具来进行高效的规划、编程、通信、调试和诊断。图 30-42 所示为 IndraWorks 及 IndraMotion MLC 系统工程工具在互联数字液压领域的应用。从图 30-42 可以看到，互联液压阀、变速泵驱动单元 Sytronix、互联

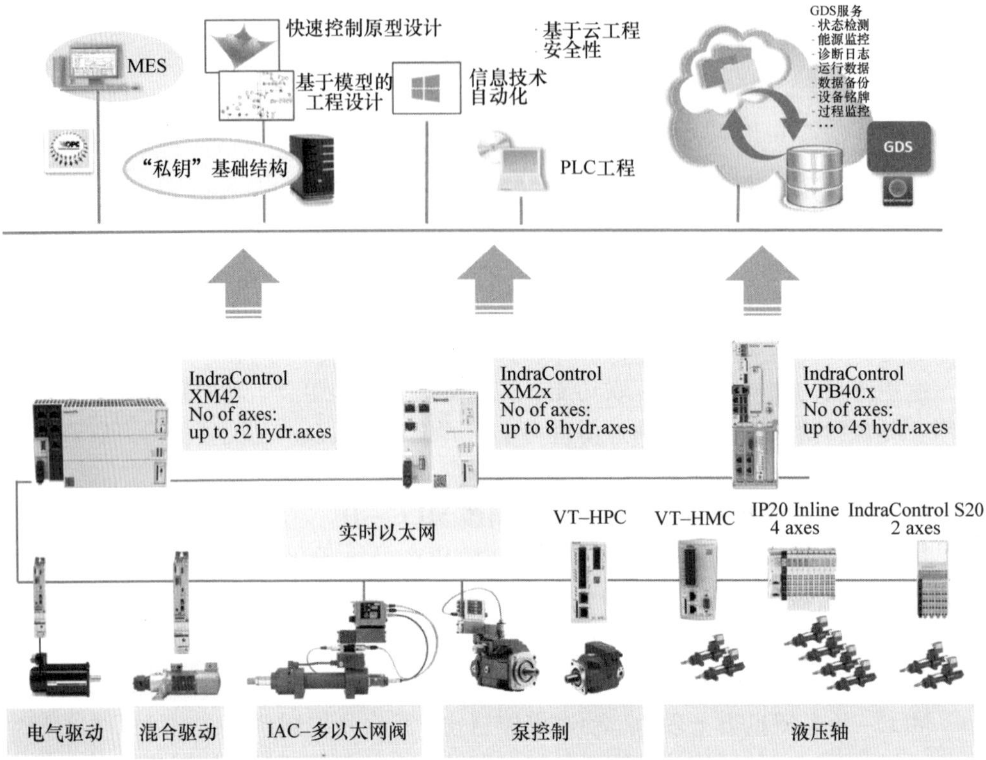


图 30-41 MLC－H 液压运动逻辑控制系统结构示意图

电子泵控制系统以及控制器 HMC、液压运动逻辑控制器 MLC－H 等，其核心中央软件工具就是博世力士乐软件工程框架 IndraWorks。

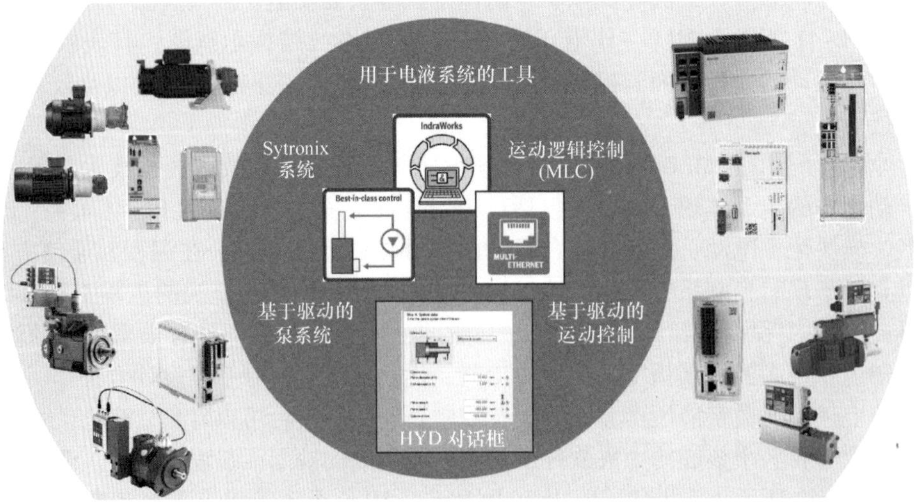


图 30-42 IndraWorks 及 IndraMotion MLC 系统工程工具在互联数字液压领域的应用

IndraWorks 功能工具包通过技术型解决方案为标准 PLC 工程框架提供功能扩展服务。这些功能包加速了复杂机器过程的执行，通过附加的工程接口优化了机器制造过程中的项目工作流，或通过高级机器功能的技术集成大大提高了生产力。

博世力士乐在 IndraWorks 方面处于领先地位，工具包中的模块化软件和工程工具用于运动控制，显著节省了时间、成本，并提高了编程工作效率和工程质量。IndraWorks 及框架下的 IndraMotion MLC 是易于直观使用的、适用于所有控制任务的完整系统工程工具。

图 30-43 所示为 IndraWorks 及 IndraMotion MLC 系统工程工具的特点和优势。

接下来分别对上述互联液压产品做更详细的介绍。

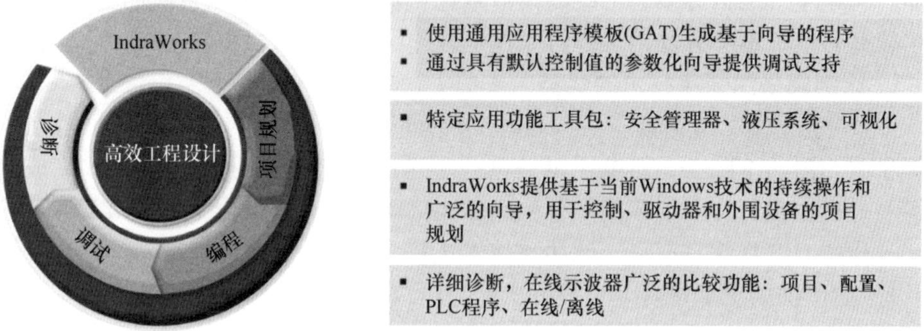


图 30-43　IndraWorks 及 IndraMotion MLC 系统工程工具的特点和优势

## 30.3　互联液压阀

在工业 4.0 的浪潮中，博世力士乐是率先践行工业 4.0 的企业之一。博世力士乐将传统的液压元件、系统、软件升级成具有互联功能的产品，并开发出派生的系列互联新产品，开始了工业 4.0 的具体实践，并迅速成为工业 4.0 的卓越供应商，让传统的液压元件和系统插上了互联的“翅膀”，使设备运行数据也能飞进“千家万户”。通过适当的授权，技术人员可以随时随地查询液压系统数据或在线更改参数。

秉承工业 4.0 的理念，博世力士乐对普通的开关阀、模拟量比例阀和伺服阀进行了全面的技术升级，使之具备互联功能，适应工厂全自动化和厂级数据共享要求。其中，在原有模拟量伺服比例阀上集成数字轴控制器，形成了互联伺服比例阀的新产品，以利用 IoT 的通信优势，完成 IoT 场景智能装备、无人化装备与远程控制装备等场合的应用，是博世力士乐互联液压产品的一大特点。但无论控制器及其参数设置方法与使用的软件怎么变化，博世力士乐的互联液压阀还是基本保留了对应的伺服比例阀结构，阀的基本性能与工作原理都可以参考第 10 章的相关内容。

博世力士乐的互联液压产品还在快速发展中，学习本章产品知识需要注意哪些是升级原来已有的产品（产品序列号有变化），哪些是第一次推向市场的新品。

## 30.3.1　带数字放大器的液压阀

在比例技术发展过程中，博世力士乐形成了多个规格品种的模拟量比例阀的成熟产品。这些采用模拟量的比例阀已经广泛使用，为液压从业人员所熟知。但是，传统的比例阀使用直流模拟信号和大量模拟量元器件，存在的主要问题是：①在大规模生产设备上进行集中控制时，需要大量线缆实现一对一连接。②放大器采用模拟量元器件，导致比例阀抗干扰能力差。③比例阀采用 0 ~ ±10V 或 4 ~ 20mA 的单变量信号只能进行单向传输，致使工作过程的状态信息无法读取，也不具备参数化功能。④在生产维护方面，传统的模拟量比例阀会使集成液压系统的工艺较复杂，成本较高，维护不够方便，工作可靠性也较差。⑤无开放接口。

**1. 比例阀采用数字技术的优势**

带数字放大器（digital on – board electronics，OBED）的液压阀最早是在原有模拟量放大器的基础上，对电子电路进行了全面优化，采用嵌入式 CPU 完成信号运算和处理，将历史上形成的多种款式的比例阀模拟量放大器全部升级为数字放大器。这样的 OBED 阀具有以下的明显技术优势。

1）产品性能更加稳定，可靠性更高，可以方便灵活采用各种补偿技术，使比例阀的线性更好，滞环更小，灵敏度更高。

2）功能更强。为适应工业互联和工业 4.0 的需要，博世力士乐在数字放大器的基础上，根据用户操作要求和目前工业领域使用的各种通信接口和通信协议，开发出了具有蓝牙（Bluetooth）功能、现场总线（Fieldbus）功能、点对点 IO – Link（采用 IO – Link 专用线缆与接口芯片）功能、多以太网总线（Ethernet）功能和集成轴控制功能（Integrated Axis Controller，IAC）的比例阀和伺服比例阀，使液压阀得以在工业 4.0 平台上实现互联。

需要指出的是，上述通信功能并非集成在同一台阀上，需要在元件选型和采购备品备件时明确指定需要具体哪一种通信功能。

3）与计算机直接进行数字通信。带数字放大器液压阀可与 PLC 或中央控制器实时通信，液压元件能根据要求完成实时采集、处理、存储某些信号。

4）大大减少放大器硬件电路的品种规格。

博世力士乐已经开发的互联液压阀分类及其互联方式如图 30-44 所示。

带数字放大器的液压阀包括现场总线液压阀、点对点互联液压阀，多以太网总线功能的集成轴控伺服比例阀、互联轴控插装阀 WRC – 4X 等系列产品。

OBED 液压阀的板载数字放大器具有开放的通信接口，可以轻松访问产品或系统状态，可用于系统方向、压力和流量控制。其主要特点为：①一致的产品组合，以实现针对用户需求的解决方案；②数字和模拟量接口，电流和电压信号之间的可切换模拟量接口；③针对用户定制界面的开放式接口（IO – Link，蓝牙），使调试

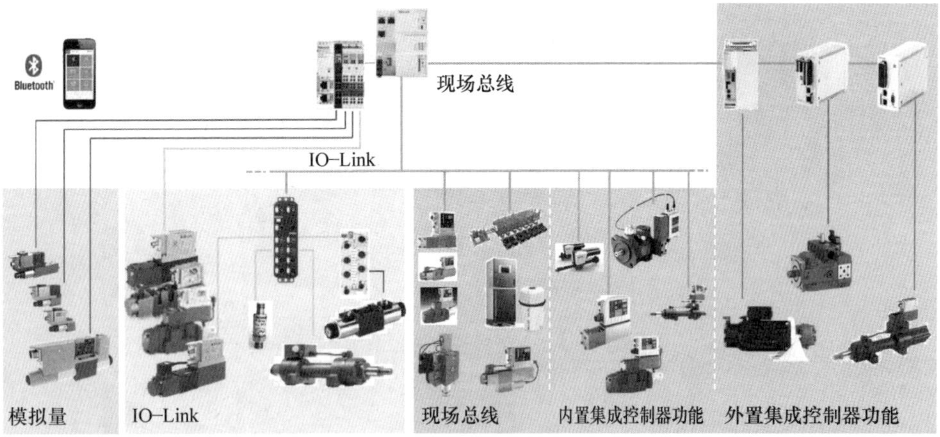


图 30-44　博世力士乐互联液压阀分类及其互联方式

快速简便；④集成压力传感器技术，可实现内外部压力传感器连接，满足用户特定的应用；⑤预定义和用户特定的参数集可切换，缩短了调试时间；⑥借助手机应用程序快速轻松地进行分析和结构调整，优化参数可提高生产率；⑦诊断和过程变量状态信息的反馈，通过状态监控延长使用寿命；⑧设计紧凑，坚固可靠，符合 IP65 防护等级。

**2. 带蓝牙（Bluetooth）功能的液压阀**

采用带蓝牙功能的液压阀之后，无须现场总线就可以使用智能手机的蓝牙功能对液压阀进行参数化和读取操作。

博世力士乐借助于带蓝牙功能的板载数字放大器，允许调试工程师、操作员和服务技术人员使用合适的应用程序，通过他们的智能手机访问组件并更改参数，而且独立于机器控制系统，还可以在模拟量组件和具有现场总线/以太网连接的组件之间进行最经济的扩展，无须额外布线。

采用带蓝牙功能的板载数字放大器的第一个元件是新型比例压力调节阀。该阀具有集成压力传感器和用于外部压力传感器的连接。

带蓝牙功能的液压阀在工程上的应用如图 30-45 所示。

博世力士乐（Z）3DRE 型比例减压阀的蓝牙操作界面如图 30-46 所示。

在调试初期，元件通过其数字铭牌识别自己，片刻之后，技术人员可以通过他们的智能手机开始参数化过程。在连接过程中，LED 灯为蓝色亮起状态，并向调试工程师显示他们当前连接到哪个比例减压阀。调试工程师可以从预定义参数集中进行选择或自行定义，然后可以保存它们并将它们转移到相同型号的阀上。当应用程序的滑块在“中等”和“激进”之间移动时，应用程序的软件会根据所选状态自动调整所有相应的参数。

对于最终用户，带蓝牙功能的板载数字放大器显著提高了工艺变更的灵活性。

图 30-45　带蓝牙功能的液压阀在工程上的应用

例如，在压力机上如果使用两倍重的工具，在以前的机器上通常必须使用不同的阀。而对于带蓝牙功能的板载数字放大器，启动应用程序并对相应参数进行调整就足够了。因此，最终用户可以节省转换不同的阀所需的资金，并避免由此产生的机器停机。

此外，最终用户还无须额外支出即可使用状态监测功能。通过应用程序，使用诊断按钮即可调用运行数据，如温度或运行时间。这有助于防止意外。通过 IO - Link，用户也可以在机器控制系统中自动设置这种状态监控。状态监测及预防性维修可延长元件的使用寿命并提高可用性。

需要注意的是，带蓝牙接口插座的阀类才具有蓝牙功能，可以实时通信，读取设备工况参数（如温度、设备运行时间、电子铭牌等信息），其上的诊断功能可帮助实现预防性维护。

博世力士乐推出的蓝牙适配器型号为 VT - ZBT - 1，其外形如图 30-47 所示。图 30-48 所示为蓝牙适配器连接到（Z）3DRE（E）（A）6 比例减压阀上的示意，可通过 Easy Connect（在 Google Play 商店和 Apple App Store 中提供）连接到 Android 或 iOS 手机。

比例减压阀（Z）3DRE（E）（A）6 配置数字放大器和压力传感器以后，获得了更高的性能，其最大流量从 30L/min 提升到 60L/min，最大压力从 31.5MPa 提升到 35.0MPa，压力控制不依赖流量，且压力特性曲线的线性更优，参数预定义和用户可预存储应用参数确保了即插即用，支持蓝牙和 IO - Link 的开放接口，使用模拟接口的阀亦可选配蓝牙功能。

当然，蓝牙版的比例减压阀只是博世力士乐互联液压战略的一小步。接下来，

图 30-46　(Z) 3DRE 型比例减压阀的蓝牙操作界面

博世力士乐家族的比例阀都会逐渐配置蓝牙模块，在万物互联的场景中，为用户创造无限可能。

## 30.3.2　现场总线液压阀

### 1. 现场总线液压阀简介

现场总线也称为工控局域网，是执行单元和控制单元之间的串行、双向通信链路。采用开放的通信协议，适合各种 PLC 的多以太网接口。一条导线连接多个现场设备，形成总线分布式结构。控制功能下放到现场设备中，功能模块化，系统更

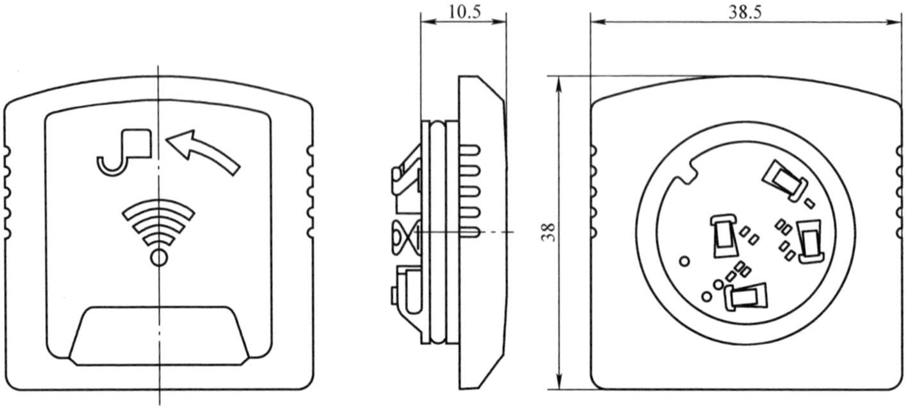


图30-47 型号为VT-ZBT-1的蓝牙适配器

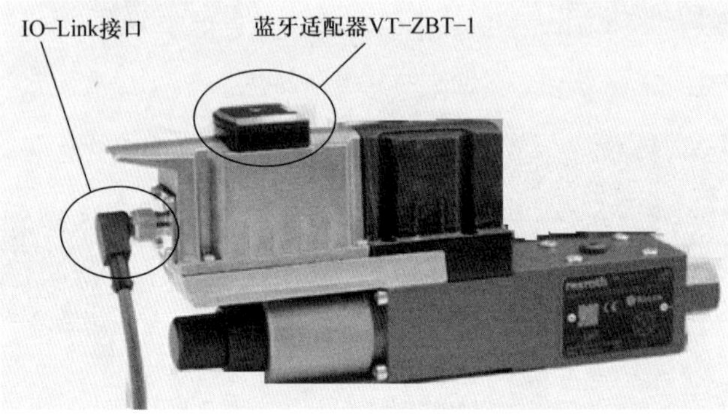


图30-48 蓝牙适配器连接到（Z）3DRE（E）（A）6比例减压阀上的示意

灵活可靠。

博世力士乐集成现场总线（Integrated Field Bus，IFB）液压阀产品体系拓扑架构如图30-49所示。

**2. 现场总线液压阀技术优势**

现场总线液压阀具有以下技术优势：

1）形成了可满足特定用户需求的全面产品组合包。

2）精度高，功率大，响应灵敏度高，滞后小，可选择集成的位置、力、压力和交替控制功能，可实现精确的位置、力和压力控制，不会限制控制系统的性能。

3）具有开放式集成现场总线（多以太网），提供所有相关的现场总线连接/服务接口（SERCOS、EtherCAT、EtherNet/IP、PROFINET RT、VARAN），可简单快速地集成到整个控制系统架构中，轻松连接到第三方硬件，无须机柜安装，可扩展配置模拟量压力传感器输入信号（通过M12接口接入外部压力传感器）。

4）安全可靠，内部板载安全功能遵循EN ISO 13849－1内部安全功能（最高可用于4/PL e类），符合EMC指令2014/30/EU的CE标准，坚固可靠，设计防护

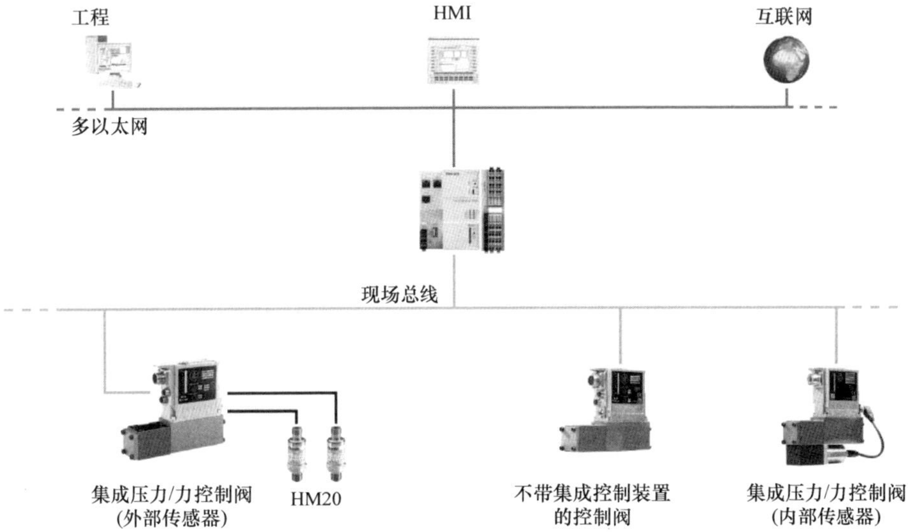


图 30-49　IFB 液压阀产品体系拓扑架构

等级为 IP65，可用环境温度范围拓展后，能在 -20 ~ 60℃ 的环境温度范围内连续运行，使用寿命更长，能进行过程变量的状态监视和诊断评估，可获得在线服务和本地产品专家支持，减少停机时间。

5）调试效率高，IndraWorks Ds 软件支持配置向导，使用预准备的功能块简化与上位 PLC 的连接，通过网络传递信息，实时显示系统工作状态，实现状态监测和故障诊断。IndraWorks Ds 软件为安装、管理、编程和诊断提供了一个全面的框架，针对特定应用开发的功能可减少调试时间，优化的液压控制器形成标准化的液压系统，减少培训和知识要求，位置、压力和力的集成控制功能有助于减少项目规划时间和调试费用。

6）省去模拟量布线成本，一条导线可控制多个 IFB 电液元件，节省电缆，减少电缆及接头造成的潜在的可靠性问题。

典型现场总线液压阀如图 30-50 所示。

图 30-50　典型现场总线液压阀

### 3. 现场总线液压阀产品家族

目前，博世力士乐 IFB 产品家族如图 30-51 所示。

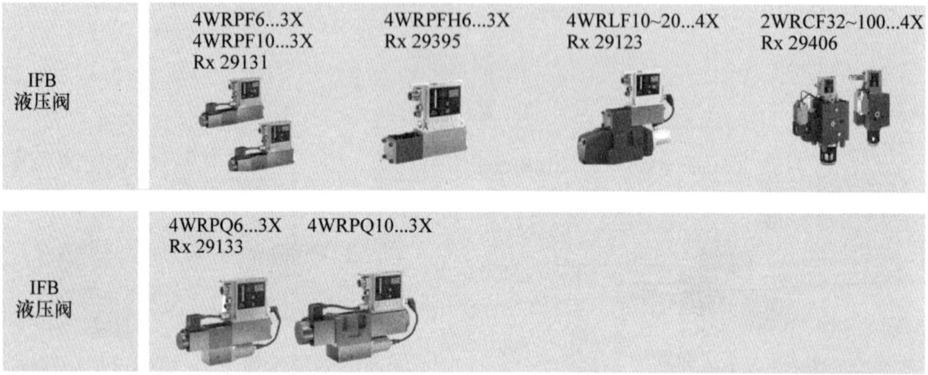


图 30-51　博世力士乐 IFB 产品家族

## 30.3.3　点对点互联液压阀

### 1. IO - Link 概述

当今在多种自动化场景中使用的 IO - Link 是主机与设备的一种点对点的串行数字通信协议，它的目的是在传感器/执行器与控制器（PLC）之间进行周期性的数据交换。IO - Link 协议最早由西门子提出，现在已经成为国际标准 IEC 61131 - 9。

IO - Link 是主站和设备之间简单的点对点通信协议，不需要 IP 地址，可以说是工业界的 USB。由于规范和 IO 设备描述，IO - Link 可以清楚地识别有关设备的身份、参数、过程数据、诊断数据、通信属性和工程工具用户界面设计的信息。IO - Link 接口是一个双向数字接口，可实现无故障数据交换。通过 IO - Link 能够快速简便地以标准化方式连接模拟量的电动机、传感器、液压阀和执行器的任何设备，并集成到机器系统结构中，而与使用的现场总线无关。这种智能、简单且经济高效的通信连接简化了硬件和软件的调试，并允许灵活调整液压阀，充分满足机器对液压系统的更高要求，适应不同的生产过程。

随着工业 4.0 的推进，IO - Link 主机与上位机可使用多种总线通信，它在液压领域的工业 4.0 平台上与互联网、多以太网（Ethernet）、现场总线（Field bus）的拓扑架构如图 30-52 所示。

工厂自动化按照功能来划分，可以分成执行层、现场层、现场控制层、车间控制层及管理层，如图 30-53 所示。

执行层包括各种执行机构（阀、泵、电动机等）和传感器，是工厂自动化的“肌肉”和“末梢神经”，它们接收来自上层的命令并完成指定的动作；现场层包

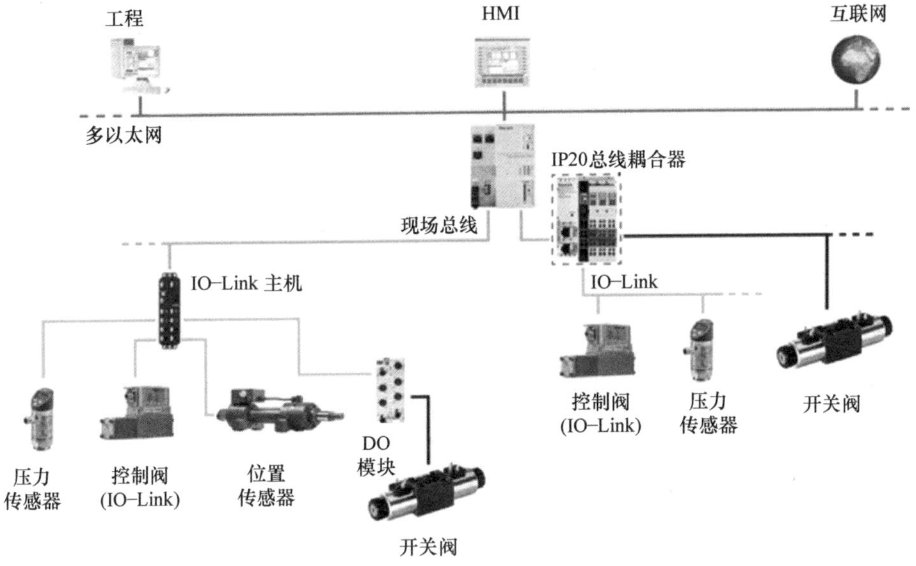


图 30-52　IO - Link 拓扑架构

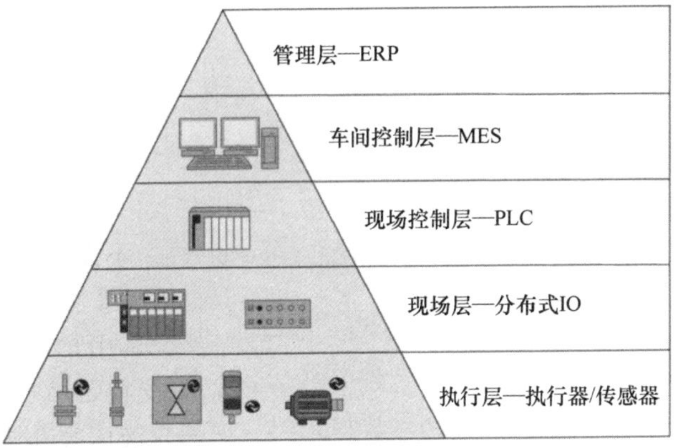


图 30-53　工厂自动化控制的层次

括各种分布式 IO 系统，它是工厂自动化的“中枢神经系统”，它将来自上层的控制指令传达给执行层，并将执行层的信号反馈给现场控制层，起着信息中枢的作用；现场控制层包括各种 PLC 系统，它是工厂自动化的“大脑”，根据内部程序的要求及执行层的信号反馈，发出相应的指令，指挥执行层完成相应的动作；车间控制层（MES）和管理层在管理层面上与各 PLC 系统进行通信，完成车间及工厂级的管理任务。

IO - Link 协议是一种在执行层和现场层之间传递数据的协议。一个 IO - Link 系统由如下几个部分组成：①IO - Link 主机（IO - Link Master）；②IO - Link 设备

（IO－Link Device）如传感器、比例阀；③非屏蔽3～5芯标准线缆；④用于IO－Link参数配置的工具；⑤IO－Link主机在IO－Link设备和PLC之间传递数据。它通常是一种分布式IO模块，模块上有IO－Link的连接通道。IO－Link设备通过线缆连接到IO－Link主机的通道上，IO－Link主机通过总线与PLC进行数据交换，如图30-54所示。

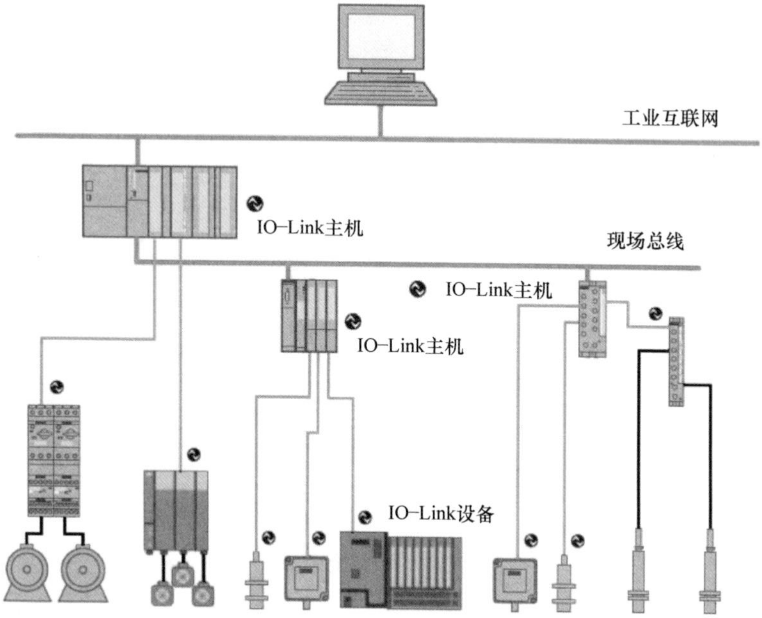


图30-54　IO－Link主机通过总线与PLC进行数据交换

每一个IO－Link设备都要连接到IO－Link主机的一个通道上，因此IO－Link是一种点对点的通信协议，而不是一种总线协议。IO－Link设备分为传感器和执行器两种：传感器通常是M12的四针接口，执行器通常是M12的五针接口。

根据IEC 60974－5－2，IO－Link设备针脚的定义遵循图30-55所示的规定。

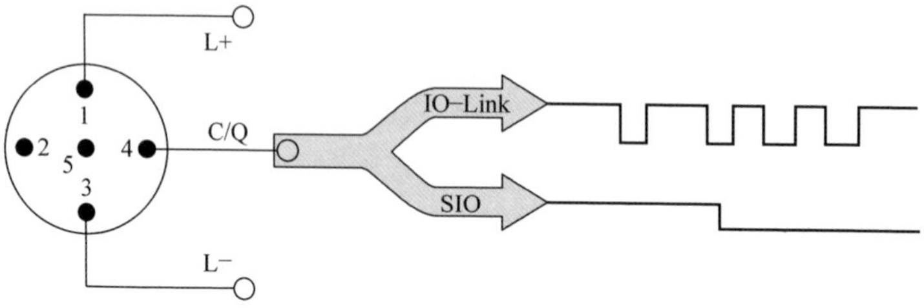


图30-55　IO－Link设备针脚的定义

IO－Link 主机的针脚定义分为类型 A（Port Class A）和类型 B（Port Class B）两种，如图 30-56 所示。

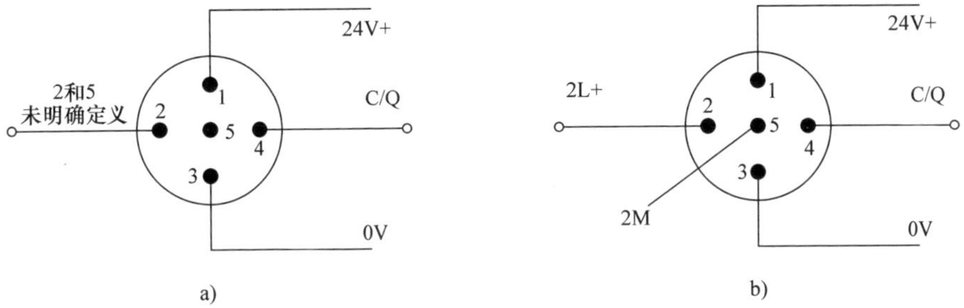


图 30-56 类型 A、B 的针脚定义
a）类型 A b）类型 B

在类型 A 中，针脚 1、针脚 3 和针脚 4 与 IO－Link 设备的定义相对应。针脚 2 和针脚 5 未明确定义，通常 IO－Link 设备的厂家可根据需要自行定义。当需要连接类型 A 的 IO－Link 主机时，可以使用三芯电缆。

在类型 B 中，针脚 1、针脚 3 和针脚 4 与 IO－Link 设备的定义相对应。针脚 2 和针脚 5 被用来提供额外电源：其中针脚 2 为电源的正极，针脚 5 为电源的负极。当需要连接类型 B 的 IO－Link 主机时，要使用五芯电缆。

**2. IO－Link 互联技术的优势**

博世力士乐已经将 IO－Link 作为主机与设备的点对点通信协议应用在多种自动化场景中，其产品由 IO－Link 主机以及 IO－Link 设备（传感器、比例阀）组成，采用 IEC 61131－9，适用于 PLC 逻辑语句，主机与上位机可使用多种总线通信。这样做带来了以下好处：

1）省去模拟量布线成本。IO－Link 具有标准化的接口样式，不需要屏蔽线，也避免了使用模拟量存在的干扰问题，如图 30-57 所示。

2）调试高效快捷。通过 IO－Link 技术，可以降低连接调试的时间和成本，提高设备或机器的生产效率。只需几分钟即可完成参数设置和调试，通过软件实现原来由硬件实现的各种控制功能，参数存储在主机中，方便备件调换。

3）提升维护设备能力。扩展的诊断信息（读取设备温度、运行时间、电子铭牌等信息）允许合理制定基于机器健康状态的预测性维护，并显著减少停机时间和维护时间，所提供的诊断功能有助于实现预防性维护。

**3. 博世力士乐 IO－Link 产品家族**

目前，博世力士乐 IO－Link 产品家族如图 30-58 所示。

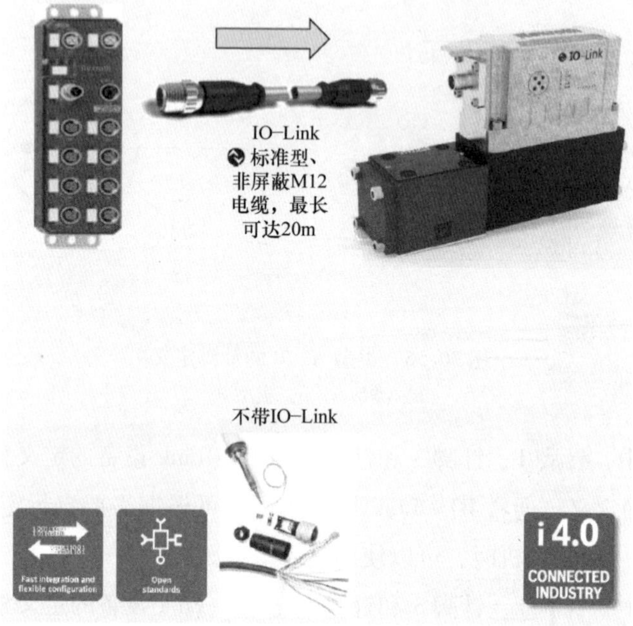


图 30-57　IO - Link 采用标准化的电气连接件代替模拟量电气连接件

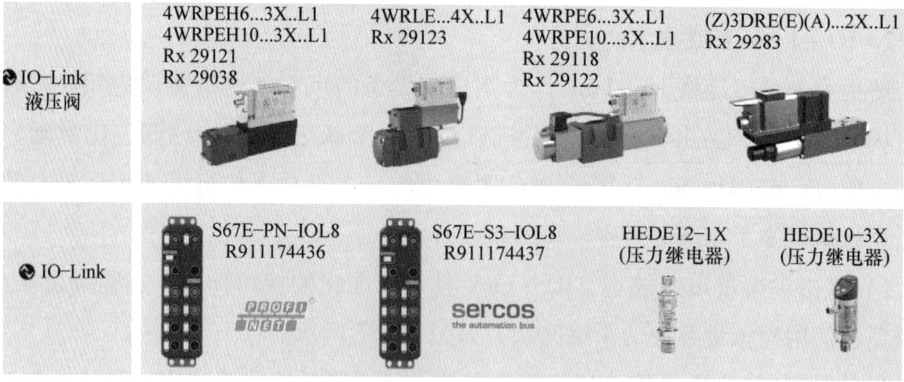


图 30-58　博世力士乐 IO - Link 产品家族

## 30.3.4　多以太总线接口的集成轴控伺服比例阀

### 1. 集成轴控伺服比例阀互联概述

博世力士乐的集成轴控（Integrated Axis Controller，IAC）伺服比例阀内置具有多以太网接口的集成控制器，用于位置、力、压力和它们的交替控制，如图 30-59 所示。

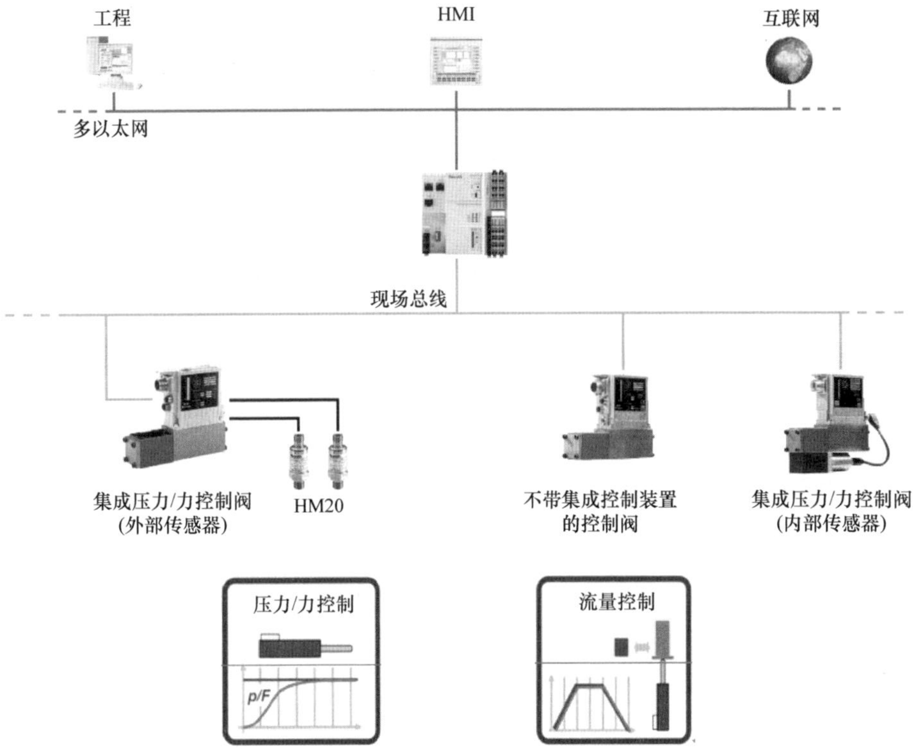


图 30-59 集成轴控伺服比例阀互联

表 30-1 列出了博世力士乐的 OBED 液压阀具有的以太网通信接口。

**表 30-1 OBED 液压阀的以太网通信接口**

| 序号 | 通信接口/协议 | 传输所使用的物理层 | 博世力士乐订购代码 |
|---|---|---|---|
| 1 | EtherNet/IP | 利用标准的 IEEE 802.3 以太网帧传递 | E |
| 2 | PROFINET RT | 利用标准的 IEEE 802.3 以太网帧传递 | N |
| 3 | Sercos | 使用光缆与专用接口芯片 | S |
| 4 | EtherCAT （CANopen profile） | 利用标准的 IEEE 802.3 以太网帧传递 | T |
| 5 | POWERLINK （CANopen profile） | 利用标准的 IEEE 802.3 以太网帧传递 | W |
| 6 | VARAN | 利用标准的 IEEE 802.3 以太网帧传递 | V |

这类液压阀具有的控制功能包括：①位置控制；②压力/力控制；③闭环速度控制；④交替闭环控制（位置－压力/力；流量－压力/力）；⑤*pq* 功能（压力/流量控制）。

这类液压阀具有的监测功能包括：①欠电压监测；②通信错误监测；③模拟传感器输入和数字位置测量系统的电缆断开监测；④模拟/数字输出短路监测；⑤监控微控制器（看门狗）；⑥集成电子设备的温度监测。

**2. IAC 技术优势**

IAC 具有以下技术优势：

1）开放性。总线连接/服务接口（Sercos，EtherCAT，EtherNet/IP，PROFINET RT，POWERLINK，VARAN）

2）扩展性。2 个可配置的模拟传感器输入，1 个用于线性位置测量系统的输入（SSI、1Vpp 或 EnDat 2.2）

3）安全性。遵循 EN 13849－1 的内部安全功能，遵循 EMC 指令 2014/30/EU 的 CE 认证。

4）高性能。是高响应、高灵敏度和小滞环的最佳液压控制器。

5）高生产力。通径 NG6～NG35，最大流量达 4700L/min，确保执行机构运行速度更快，保障机器提高生产率。

6）高可靠性。适应－20～60℃使用环境温度，使用寿命长，补偿减少了机械磨损。

**3. IAC 产品家族**

目前，博世力士乐 IAC 产品家族如图 30-60 所示。

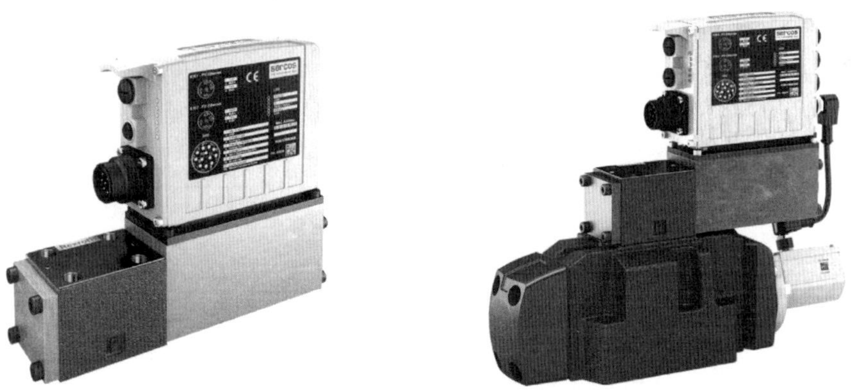

a)　　　b)

图 30-60　博世力士乐 IAC 产品家族

a）4WRPDH 6/10…2X 高频响比例方向阀　b）4WRLD 10～35…4X 高频响比例方向阀

其中，博世力士乐 4WRPNH6C3B02L－20/M/24PA6C 集成轴控伺服比例阀产品如图 30-61 所示。

IAC 阀的应用实例如图 30-62 所示。

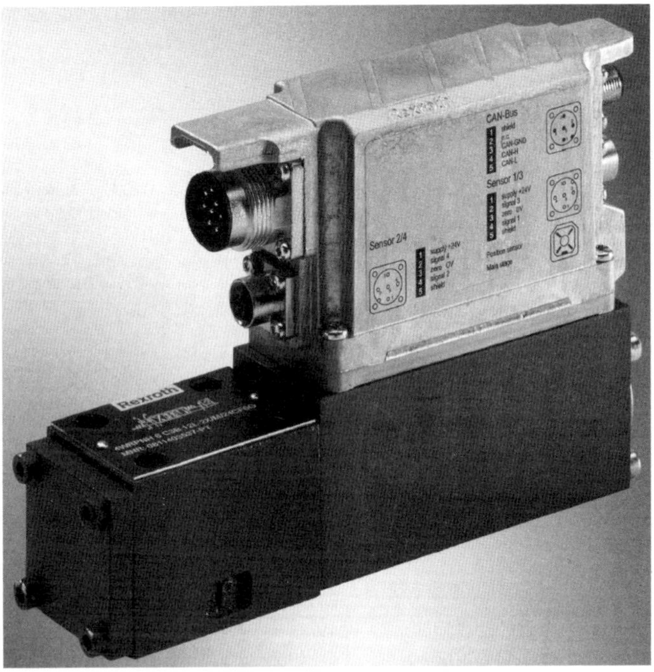


a)

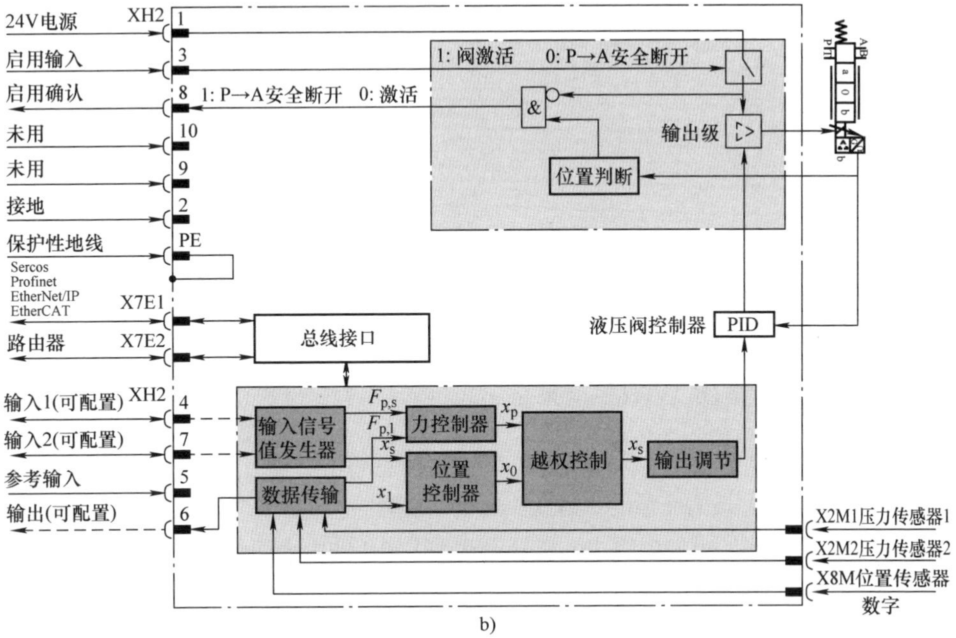


b)

图 30-61　博世力士乐 4WRPNH6C3B02L－20/M/24PA6C 集成轴控伺服比例阀产品

a）博世力士乐 4WRPNH6C3B02L－20/M/24PA6C 集成轴控伺服比例阀产品外形

b）多以太总线接口伺服比例阀控制原理框图

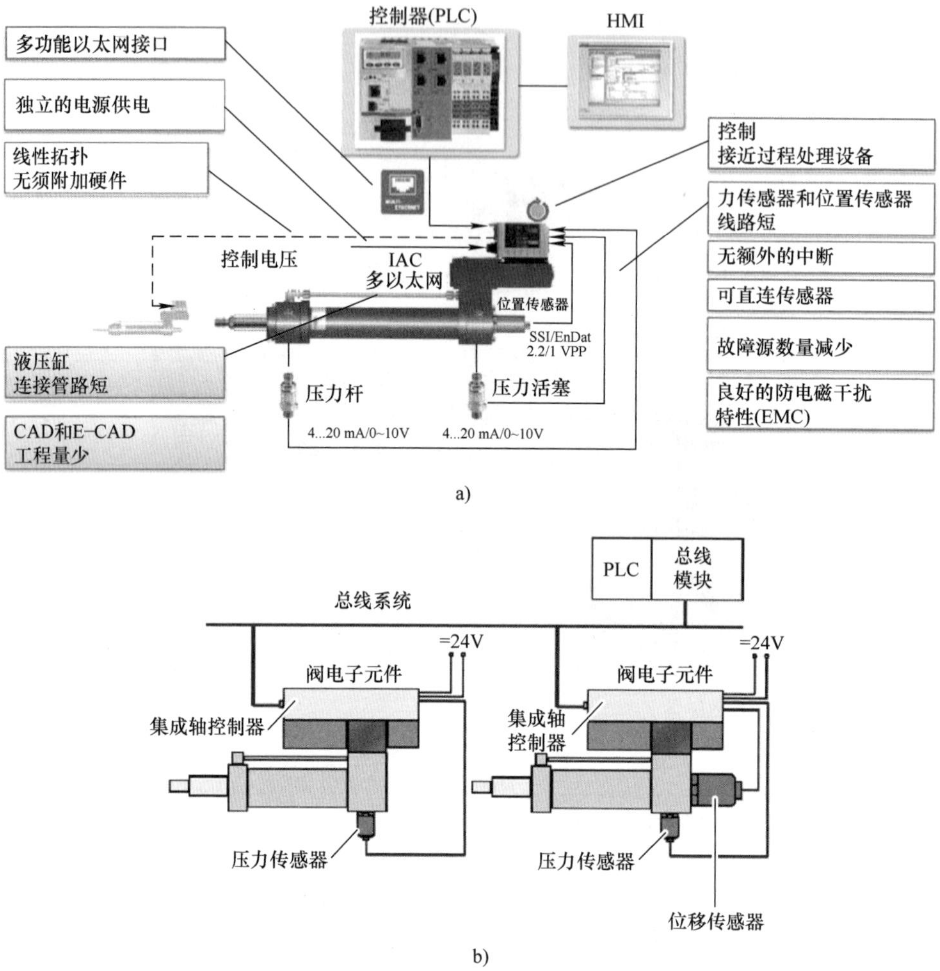


图 30-62 IAC 阀的应用实例

a）IAC 阀集成在液压缸上的技术优势 b）IAC 阀通过总线连接便于实现同步功能

## 30.3.5 互联插装阀 WRC－4X

### 1. 互联插装阀 WRC－4X 概述

这是目前市场上最大流量的二通或三通互联插装阀。对制造商来说，在保持设备性能的条件下增加流量，就能以更小的机器尺寸或以最小的占地面积满足相同的要求。

全新的互联插装阀 WRC－4X 不仅能满足高动态和大流量要求，还可以集成到网络环境中。由于它们带有多以太网接口，因此，互联插装阀 WRC－4X 即使带有模拟信号输入，也可以集成到网络环境中。

这种二通或三通插装阀具有以下特征：①先导控制阀采用伺服阀技术的控制阀芯和阀套的高动态方向控制阀。②采用开放式集成电子装置（OBE），带有模拟或现场总线接口（IFB－Multi－Ethernet：EtherNet/IP、PROFINET RT、Sercos、EtherCAT、VARAN）。③耐压高达 42MPa，抗振性能好（符合 DIN EN 60068－2），最高环境温度高达 60℃。④响应灵敏度高，滞环小。⑤采用标准化的安装尺寸，符合 ISO 7368。⑥适用于位置、压力、力和速度控制。

**2. 互联插装阀 2WRCF－4X 结构与工作原理**

互联插装阀 2WRCF－4X 结构如图 30-63 所示。

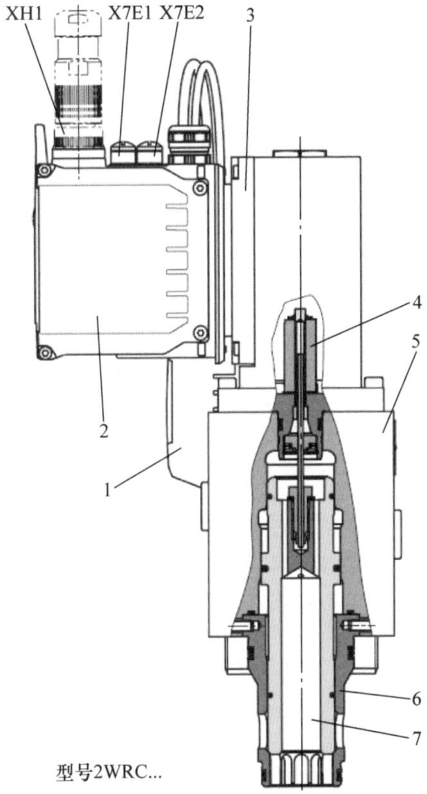

图 30-63　互联插装阀 2WRCF－4X 结构

1—先导阀　2—集成放大器　3—阻尼板　4—位置传感器　5—阀盖板　6—阀座　7—主阀芯
X7E1—以太网输入　X7E2—以太网输出　XH1—电源连接器

这种阀的工作原理与 2WRC－1X 相同，都是集成放大器 2 比较指令值和实际值，并根据控制偏差，输出控制电流启动先导阀的比例电磁铁。先导阀 1 进行阀芯位置的比例控制，并通过封闭的阀控制回路驱动主阀芯 7，直至控制偏差为零，实现主阀芯的位移与指令值成比例。流量与主阀芯的位移大小成比例（还与阀压降有关）。流量可以通过阀门从 A 流向 B 或从 B 流向 A。主阀芯形成的阀口有 5% 死区，在控制值达到 5% 时才能关闭或打开。在较低的指令值下，阀的控制回路驱动主阀芯，从而在全先导压力下将其压到阀座上，主阀口没有泄漏流量。先导阀设计为双向控制的滑阀，带有阀芯和阀套，并在断电时关闭主阀口。集成放大器通过二级位置闭环控制系统，调节主控制级和先导控制级的阀芯位置。该系列插装阀提供“A1”和“F1”的模拟接口或带有接口“D9”的完整总线功能。阻尼板3降低了集成放大器上的加速度幅度（频率 >300Hz），提升了比例阀的抗振性能，但不建议在低频励磁 < 300Hz 的应用中使用阻尼板。

用户可以在PC操作系统Windows 7 ~ Windows 10上使用IndraWorks Ds工程工具完成项目规划、参数化、调试、诊断，在PC上轻松管理所有数据。

该阀在出厂时已设置5%（0.5V或4.8mA）的开启点，故增加指令值以获得较低的开度值时，会出现额外的延迟时间，如图30-64所示。

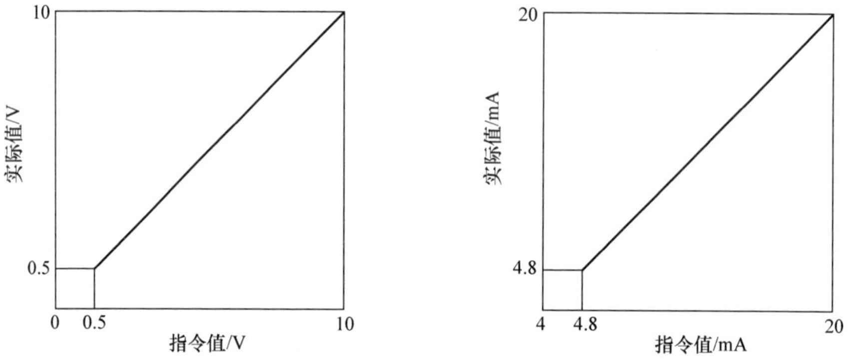


图30-64　2WRCF－4X插装阀5%（0.5V或4.8mA）的开启点与控制信号范围

这种阀的工作原理还可参考10.4.2节和10.5.2节。2WRC－4X插装阀的控制原理框图如图30-65所示。

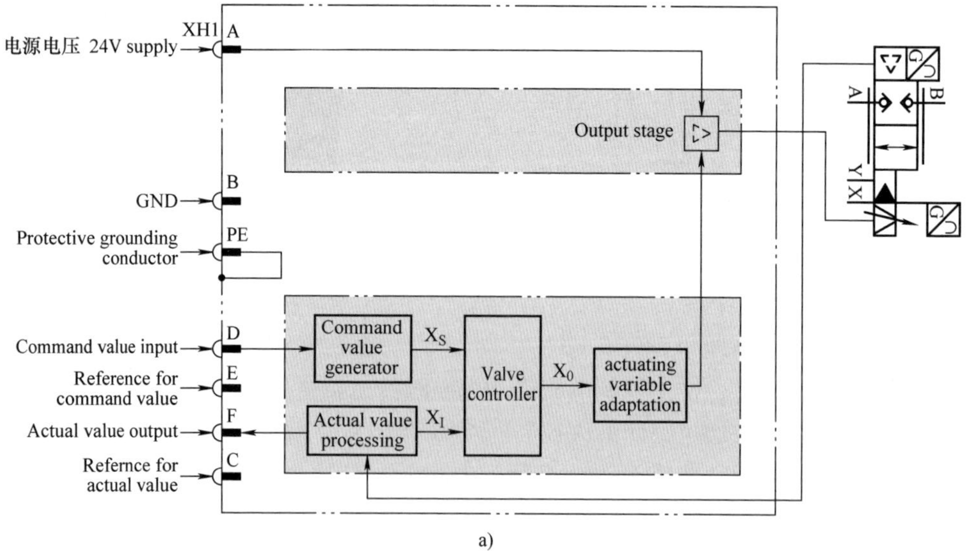


图30-65　2WRC－4X插装阀的控制原理框图

a）不带现场总线功能放大器的非互联插装阀2WRCE－4X控制原理框图

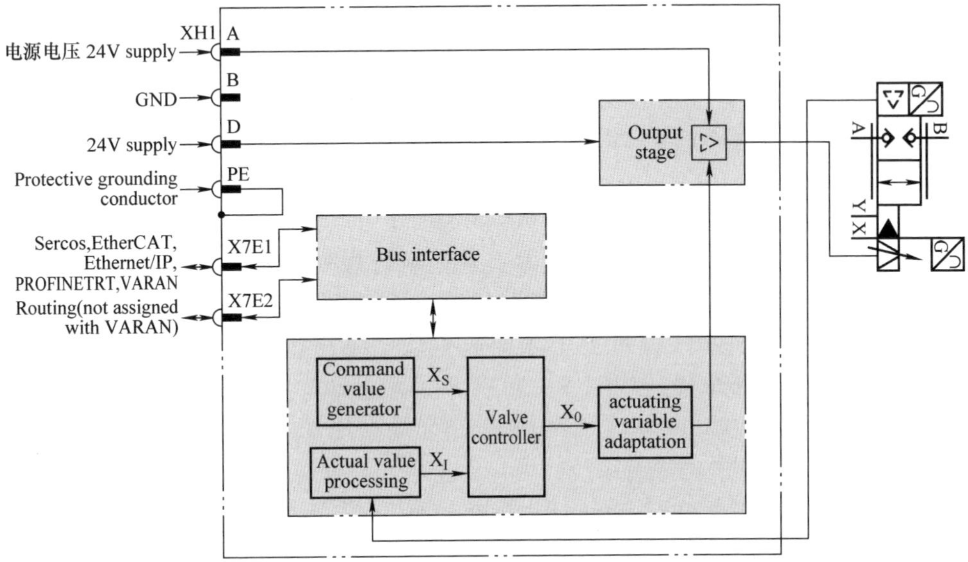


b)

图 30-65　2WRC－4X 插装阀的控制原理框图（续）

b）带有现场总线功能放大器的互联插装阀 2WRCF－4X 控制原理框图

## 30.4　变速泵驱动单元 Sytronix

在液压气动领域，针对动力装置采用变速泵驱动方案具有以下特别优势：

1）液压动力装置消耗的电力明显减少。变速泵驱动单元 Sytronix 全系列产品可按能源需求定制，采用高动态性能的电动泵组合，能精确提供机器所需的功率并在空闲阶段切换到待机状态，加上蓄能器充液后电动机停止工作，采用变量泵，实现最优效率，这样，驱动器仅从电网中汲取当前负载所需的电量，故提高了能源效率，可以根据工作周期节省液压环节最多可达 80% 的能耗，从而降低了总体运营成本，也减少了二氧化碳排放。历史经验表明，改造高耗能装置投入的资金可在不到一年的时间内收回。因此，在工厂中采用这种新的节能系统，或改造高耗能装置并优化机器的能源利用率，就可以直接看到工厂运营商和机器制造商也发挥应对气候变化的关键作用。

2）降低噪声排放。减少液压动力装置的平均噪声最多可达 20dB（A），因此，只要对已有设计结构进行微小的修改，就很容易达到法律和用户特定的噪声控制要求。

3）降低工厂投资。在利用变速泵驱动单元 Sytronix 实现按需供电的过程中，变速泵驱动的高能效降低液压系统的介质温度，从而减少了对冷却的需求。另外，在许多情况下，液压控制系统可以得到大幅度简化，系统结构也更紧凑，从而降低液压元件的成本，也节省了机器和控制柜的安装空间。此外，Sytronix 是高度集成的智能液压动力站 CytroPac 和 CytroBox 的核心技术基础，同时也是伺服液压驱动轴 CytroForce 的核心，这种驱动轴的结构非常紧凑。因此，工厂的冷却系统、电动机、液压泵、油箱及隔音装置的规格变小了，工厂的投资成本、安装液压系统所需空间都会相应减少。

采用博世力士乐的变速泵驱动单元 Sytronix 还可以获得：

1）快捷高效的配置服务。博世力士乐在项目规划期间为机器制造商提供支持，利用仿真模型进行系统设计和组件选择。驱动单元性能和功能的可扩展性可实现系统组件的最佳选择。博世力士乐变速驱动系统目前可提供 100 多套预配置 Sytronix，同时也支持单独在线配置。用户可以通过阅读安装指南，确保最佳的系统尺寸，加快安装和调试过程。Sytronix 变速驱动系统专为现代压力控制系统而设计，即便是面对已安装的原有系统，博世力士乐专家也能凭借丰富的经验帮助使用者充分利用变速泵驱动单元 Sytronix 的优势。Sytronix 可作为预配置系统或单独配置的组件提供。

2）减少设置时间的参数向导。在调试过程中，工程师可通过软件向导进行参数调试（如切换压力和流量命令值、切换或设置多个命令值），并通过现场总线通信保存这些参数。通过变频器的总线系统将驱动单元的传感器连接到上一级机器控制系统后，系统即可投入使用，简化和缩短了项目规划。

3）开放的交互界面。Sytronix 可以快速便捷地与 Sercos 和多种以太网（PROFINET，EtherCAT，EtherNet/IP、POWERLINK）、PROFIBUS、CANopen、DeviceNet，以及第三方控制单元进行连接，还提供模拟信号接口。

4）高动态、高功率品质的液压系统。变速驱动器可以显著提高液压系统性能。标准组件的智能交互不仅使液压系统更加可靠，还通过电子驱动器的高效动态节能，使液压系统功能更强大，从而为每种应用提供最佳的电液解决方案。

5）轻松并入预防性维护方案。变速泵驱动单元 Sytronix 的调节驱动器软件监控运行状态并进行相应的诊断，可通过状态监测减少轴承磨损，延长轴承和液压油的生命周期。使用通过验证测试的部件进行状态监控和诊断，电动机起动缓慢（软起动），都可以减少停机时间或延长系统工作时间，进一步提高操作的安全性，达到延长系统使用寿命的目的。

6）优化的压力控制器。博世力士乐采用通过验证测试的 PID 控制器，实现动态压力闭环控制，缩短调试和流程优化时间。

7）多个 Sytronix 驱动器协同工作的并联系统。这样可以高效地产生过程所需的流量。

8）简洁的安装调试工具。调试对话、电动机自动测量和集成液压功能（如睡眠/唤醒功能、软起动、保护功能、HPU 传感器管理、泵功率限制、主从功能、带两点调节的泵功能）可引导工程师快速完成调试。

### 30.4.1　变速泵驱动单元 Sytronix 产品概貌

目前，博世力士乐有两种型式的电动机驱动变速泵和对应的驱动单元（见图 30-66）：①使用变频电动机的变速泵驱动单元 FcP；②使用伺服电动机的变速泵驱动单元 SvP。

a)　　　　　　　　b)

图 30-66　变速泵的两种驱动单元

a）变频电动机驱动变速泵　b）伺服电动机驱动变速泵

这些变速泵驱动单元适用于不同的动态性能和自动控制要求。目前包括 FcP 5020、DRn 5020、SvP 5020 和 SvP 7020 等系列产品，如图 30-37 所示。

**1. 中等动态的 Sytronix FcP**

这是变频控制的泵驱动系统，专为极低噪声水平的压力控制系统设计。应用于机床和小型动力装置。对于特殊噪声要求或 HFC 液压介质要求，在高达约 90kW 的更高性能范围内使用 FcP 也是合理的。典型应用包括机床以及不同应用（如压力机）中的辅助轴运动。

**2. 良好动态的 Sytronix DRn**

DRn 系统具有良好的动态性能和很高的过载能力。泵本身带有恒压控制的 DRn 系统结合了变速驱动单元和轴向柱塞变量泵。泵独立控制所需压力，变频器根据能效和噪声设定最佳转速，特别适用于改造现有大多数带有 DR 和 DRG 变量泵的系统。

FcP 5020 和 DRn 5020 都可实现泵出口的压力控制。在这种恒压系统中，Sytronix FcP/DRn 驱动单元与高达 315kW 的传统驱动单元兼容，而采用变频驱动（VFD）的异步电动机还可以节约成本。

**3. 高动态的 Sytronix SvP**

伺服变量泵驱动 SvP 系统使用具有永磁体的同步电动机（伺服电动机）的高动态性能来实现显著的节能效果。其中，SvP 5020 可实现泵出口恒压控制、压力/流量控制（$p/q$）；SvP 7020 可实现泵出口恒压控制、流量/压力控制和执行机构位置与力的控制（$p/q+F/x$），它们都适用于需要轴控制及压力、流量快速响应的场合。目前，这项技术在塑料机械和冲压领域得到了大范围的应用。

### 30.4.2　采用定量泵的变速泵驱动单元 FcP 5020

FcP 5020 设计为压力控制系统，具有压力、流量控制功能和超低噪声水平、标准动态响应，可在压力和流量控制模式之间自动切换，输出功率为 0.4～18.5kW，可在较高功率范围内合理使用，适合作为小型动力装置，以及具有特殊噪声要求或 HFC 液压介质等其他要求的场合。目前可配套的定量泵包括博世力士乐的 PGF、PGH 齿轮泵和 A10VZO EZ4 轴向柱塞泵。

定量泵的变速泵驱动单元 FCP 5020 的典型产品外观如图 30-67 所示。

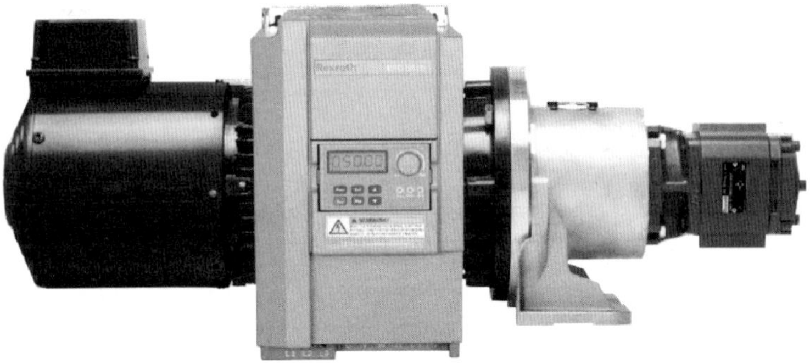


图 30-67　FCP 5020 的典型产品外观

FcP 5020 ASF 基于 EFC 5610 硬件平台开发，典型应用原理如图 30-68 所示。

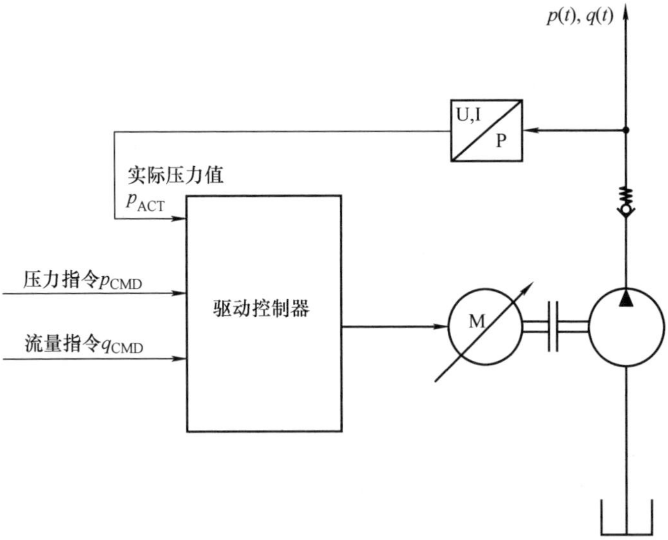


图 30-68　FcP 5020 典型应用原理

FcP 5020 接收外部控制器（PLC 或 CNC）生成的压力命令，以及安装在液压系统中的压力传感器生成的压力反馈。变频器同时利用压力指令和压力反馈原理构成的反馈系统自动控制电动机转速，进而调节液压泵的输出流量。液压泵流量控制通过转速闭环控制系统进行调节。

该产品具体功能如下：

1）压力/流量设定。简单的命令设置（内部命令和压力命令的 4 个可切换参数）；可通过模拟或通信接口进行命令设置（需要采用通信的外部硬件，支持 Profibus、CANopen、Sercos Ⅲ、Multi – Ethernet、Modbus 通信协议）；独特的压力指令上升和下降数字滤波；预设待机模式（泵输出最小流量和压力）。

2）压力信号反馈。兼容不同类型的压力传感器（模拟输入信号的无限缩放）；抗电磁干扰能力强（使用高精度数字滤波装置进行信号滤波）；博世力士乐 HM20 压力传感器的快速配置。

3）*p/q* PID 控制。*p/q* 控制，在压力和流量控制模式之间自动切换；流量控制；压力控制；提供 2 组可切换参数。

4）恢复 ASF 参数。

5）扩展功能。主/从控制、睡眠/唤醒功能、两点/双泵控制、压降/超调补偿、泵功率限制、液压软起动和单独的加速斜坡。

6）保护功能。压力传感器故障检测、实际压力监测、换油警告/错误、压力和流量指令限制、泵热保护、传感器监控。

### 30.4.3　采用压力控制变量泵的变速泵驱动单元 DRn 5020

DRn 5020 设计为恒压控制系统，具有压力、流量控制功能，输出功率为 4 ~ 160kW，高承载力，超低噪声水平，中等动态响应。配套的压力控制变量泵包括博世力士乐的 A10VZO DR/DRG、A4VSO DR/DRG、A4VBO DR/DRG 和 A4VHO DR/DRG 轴向柱塞泵。DRn 5020 产品通过 EFC5610 变频器实现压力闭环控制，泵独立控制所需压力，变频器自动调节负载并设置最佳转速。

采用压力控制变量泵的变速泵驱动单元 DRn 5020 的典型产品外观如图 30-69 所示。

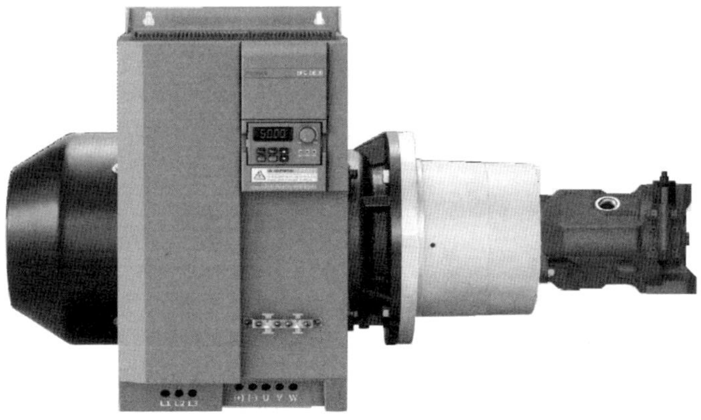

图 30-69　DRn 5020 的典型产品外观

液压泵的 DR/DRG 压力控制器用于调节泵的输出压力。带压力补偿功能的变量泵（如 Rexroth A4、A10）通常在液压系统中提供受控压力。变量泵仅输送维持特定输出压力所需的液压油。如果系统压力上升到压力命令值以上，则泵排量会减少，直到压力回落到适当的水平。如果系统压力下降，则泵排量增加以将压力再次提高到适当的水平。

“Sytronix DRn” 功能是一种控制算法，可根据需要修改泵转速，而不是以恒定速度运行。基于模型的算法用于优化能源效率并大大降低环境噪声。液压泵 DR/DRG 压力控制器保留其作为系统压力主控制器的功能。

要使用“Sytronix DRn”，驱动器必须提供对应泵出口的实际压力值以及斜盘摆角值。作为可选项，驱动单元可以通过提供压力命令值或实际排量值来优化内部模型。

速度调整独立于液压泵 DR/DRG 压力控制器执行的压力控制，而液压回路和机器的机械结构不受影响。因此，“Sytronix DRn” 技术功能既适用于改造、升级现有设备，也适用于设计新一代机器。

“Sytronix DRn” 专为压力控制系统设计，当它与远程操作压力控制 DRG 或压力和流量控制 DFR 结合使用时，需要检查技术功能是否满足应用要求。

DRn 5020 典型应用原理如图 30-70 所示。

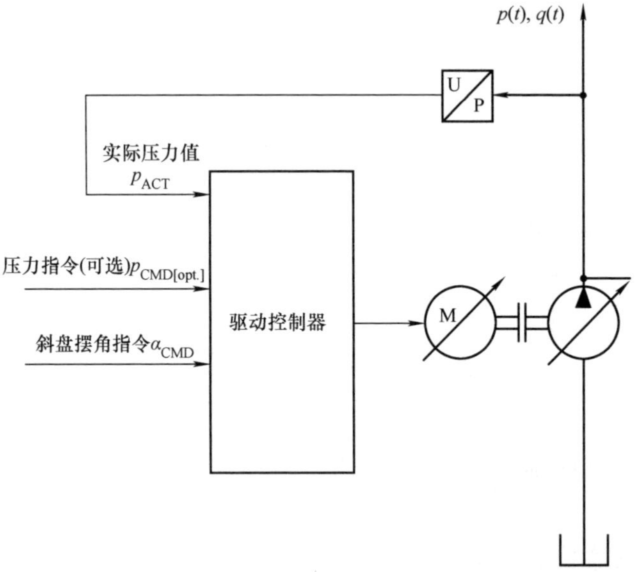


图 30-70　DRn 5020 典型应用原理

该产品提供以下功能：

1） DR/DRG 压力控制泵的转速自适应，以优化能源效率和噪声排放。

2） 自动升压功能，减少负载切换条件下的压降。

3） 自动降低电动机额定值，以确保在较低电动机转速下的冷却功率。

4）根据不同应用设定转速范围，达到改善噪声排放的目的。

5）用于油冷却或过滤的辅助泵可由“Sytronix DRn”处理。

6）保护功能。检测压降，限制最大泵转速，限制最大泵加速度，电流传感器的断线检测，换油警告/错误，泵过热保护，油温、油位和油过滤器的传感器监控。

7）压力信号反馈。兼容多种压力传感器（模拟输入信号的无限缩放），抗电磁干扰能力强（采用高精度数字滤波装置进行信号滤波），Rexroth HM20 压力传感器的快速配置。

8）Rexroth MOT - EC_HOY 电动机快速配置。

9）可以评估旋转角传感器 AWAX 和 SWS20。

10）扩展功能。睡眠/唤醒功能，油冷却器或油加热器的控制。

### 30.4.4　采用变频器的变速泵驱动单元 SvP 5020

Sytronix SvP 5020 驱动单元由一个电动机 + 泵单元组成，该单元具有永磁同步伺服电动机和伺服控制驱动。在 Sytronix 产品系列中，Sytronix SvP 5020 提供中等的动态性能和闭环精度，以及从压力控制到交替压力/流量控制的功能。

SvP 5020 驱动单元通过可选的通信模块配置所需的通信接口。压力和流量的指令值和实际值可以通过模拟接口或行业标准总线接口进行调整和监控，以便轻松灵活地集成到机器控制系统中。

SvP 5020 驱动单元使用 PGH 型内啮合齿轮泵，所需流量直接由电动机转速调节。这些泵针对变速运行进行了优化，并且由于泄漏量低而实现了整体的高效率，并且运行时噪声最小。

SvP 5020 组成框图如图 30-71 所示。

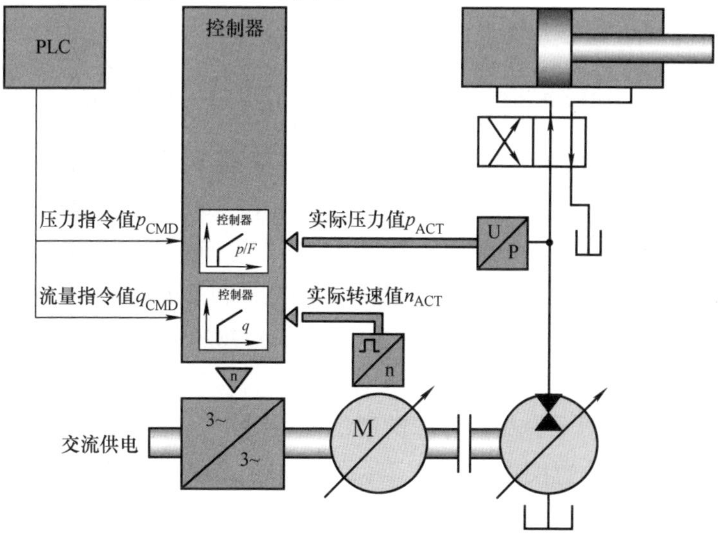


图 30-71　SvP 5020 组成框图

SvP 5020 可提供高达 65kW 的功率，PGH 泵的最大系统压力高达 35MPa，A10 泵的最大系统压力高达 31.5MPa，适用于开式和闭式液压系统中的轴控制，二象限操作。泵单元 MPA01 或 MPA02 可选直接联轴器或带标准联轴器的组件，包括风冷或液冷 MSK 或 MS2N 电动机，标准耦合元件，可选带通信功能的 EFC 5610 系列变频器模块，配套的定量泵包括博世力士乐的 PGH 齿轮泵和 A10VZO EZ4、A10FZG 和 A10VZG、A4 轴向柱塞泵，可单独配置伺服电动机和泵。

SvP 5020 是注塑机、压铸机、冲压线等应用领域的理想选择，该控制器针对 Sytronix 的应用进行了优化，并补偿了液压系统的特性，提供理想的动态和精度。

SvP 5020 的典型产品外观如图 30-72 所示。

图 30-72　SvP 5020 的典型产品外观

SvP 5020 采用低价的泵和博世力士乐 EFC 5610 控制器，为 Sytronix 开辟了新的应用，如工业 4.0 以及状态监测和预防性维护需要的 ODiN 的连接。

### 30.4.5　采用伺服驱动器的变速泵驱动单元 SvP 7020

SvP 7020 和 SvP 5020 之间的主要区别在于驱动单元。Sytronix 7020 使用 IndraDrive 产品系列的驱动单元。Sytronix 5020 使用 Rexroth EFC 变频器。此外，在通信和总线接口的类型和范围、附加功能和用户界面方面也存在差异。

Sytronix SvP 7020 驱动单元由永磁同步伺服电动机驱动的电动机泵单元和伺服驱动器组成。在 Sytronix 产品系列中，Sytronix SvP 7020 提供最高的动态性能和闭环精度，包括压力控制、交替压力/流量控制、交替位置和力控制的最广泛的功能。SvP 7020 驱动单元可以通过交换可选的通信模块 CSH 控制部分来配置所需的通信接口。压力、流量和位置的指令值和实际值可以通过模拟接口或行业标准总线接口进行调整和监控，以便轻松灵活地集成到机器控制系统中。

SvP 7020 驱动单元使用 PGH 型内啮合齿轮泵，所需流量直接由电动机转速调节。这些泵针对变速运行进行了优化，并且由于泄漏量低而实现了整体的高效率，并且运行时噪声最小。

SvP 7020 组成框图如图 30-73 所示。

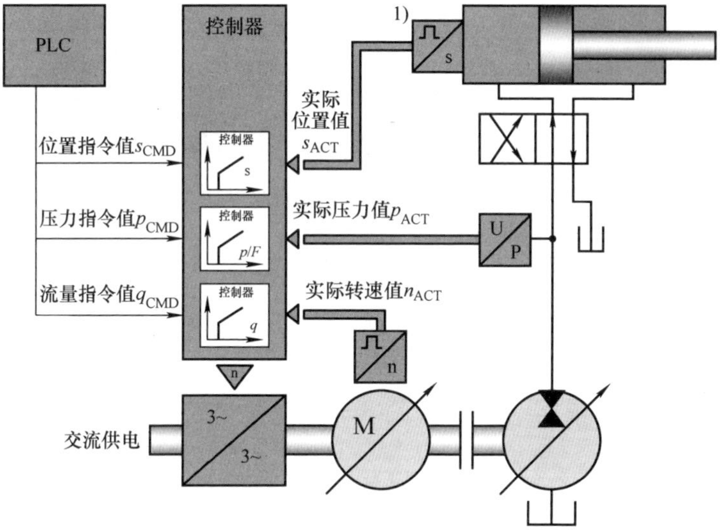


图 30-73　SvP 7020 组成框图

SvP 7020 可提供 9 ~ 80kW 的功率，配套的定量泵包括博世力士乐的 PGH、PGM 齿轮泵及 A10VZO EZ4、A10FZG 和 A10VZG 轴向柱塞泵，具有超高动态响应。PGH 泵的最大系统压力高达 35MPa，A10 泵的最大系统压力高达 31.5MPa，适用于开式和闭式液压系统中的轴控制，二或四象限操作。使用 IndraDrive 伺服驱动器实现泵出口的压力和流量（$p/q$）控制，在需要快速精准的闭环控制场合还能实现开、闭式液压回路力和位置的轴控制（$F/x$）功能。此类系统使用高动态响应伺服电动机，可实现显著节能。

IndraDrive 是带泵压力流量闭环和轴控制功能的伺服驱动器，包含 HMV 整流器和 HMS 逆变器，可在控制柜内轻松安装，为机器的驱动系统设置提供较高灵活度，可实现能量中间存储或能量在同一机械内的多轴间交换。

SvP 7020 的典型产品外观如图 30-74 所示。

该产品适用于带有轴位置、力（$x/F$）控制的应用，如压力机等。SvP 7020 的控制部分为 Sytronix 开辟了新的应用，如工业 4.0、开放核心工程（Open Core Engineering）和远程维护。

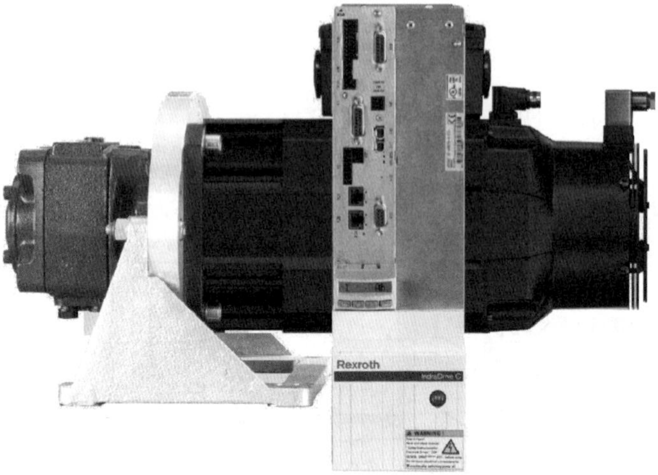


图30-74 SvP 7020的典型产品外观

## 30.5 互联数智泵控制技术及产品

博世力士乐互联数智泵产品适用于对动力、性能和控制质量有高性能要求的场合。这些互联数智泵产品利用具有可调流量和可调压力的泵控电液装置控制A10和A4系列轴向柱塞变量泵，配置可调转速的驱动装置和相应的电动机，嵌入通信模块和通信接口［PROFINET、EtherNet/IP、EtherCAT、VARAN（仅DFE）、Sercos、POWERLINK］，实现了真正意义上的“互联+数字+智能”。利用这样的系统还可以轻松完成对已有压力和流量（$p/q$）复合控制系统的升级改造。

博世力士乐互联数智泵控制系统产品家族如图30-75所示，目前包括SY（H）DFE/SY（H）DFEDn/SY（H）DFEn和HS5（E）/HS5n两大类产品，它们可实现恒压控制、流量控制和功率限制。

图30-75 博世力士乐互联数智泵控制系统产品家族

SY（H）DFE 和 HS5（E）是由恒速电动机驱动的数智泵电液控制装置，可实现压力控制、排量控制和功率限制。

A10 和 A4 系列轴向柱塞变量泵还可以与变频电动机及其配套的驱动器组合，扩展变速泵驱动单元 Sytronix，形成 SY（H）DFEDn5020/7020 和 HS5n 两大产品系列。此类系统功率可达 18.5～315kW，具有高动态响应，适用于对动态响应和控制质量有高要求的大功率 *p/q* 应用。

A10 和 A4 系列轴向柱塞变量泵的电液控制装置经历模拟分离式［SY（H）DFE1］、数字集成式［SY（H）DFEE］、数字集成总线式［SY（H）DFEF］的发展历程。当采用数字集成总线式［SY（H）DFEF］电液控制装置驱动变速泵时，就可以根据产品工艺、节能和噪声排放的目标需要，采用智能化算法，获得最优的压力、流量复合控制系统，也将这一产品推进到了现在的互联智能阶段，而且博世力士乐已经提供了最佳的性能（控制质量/动态），如图 30-76 所示。

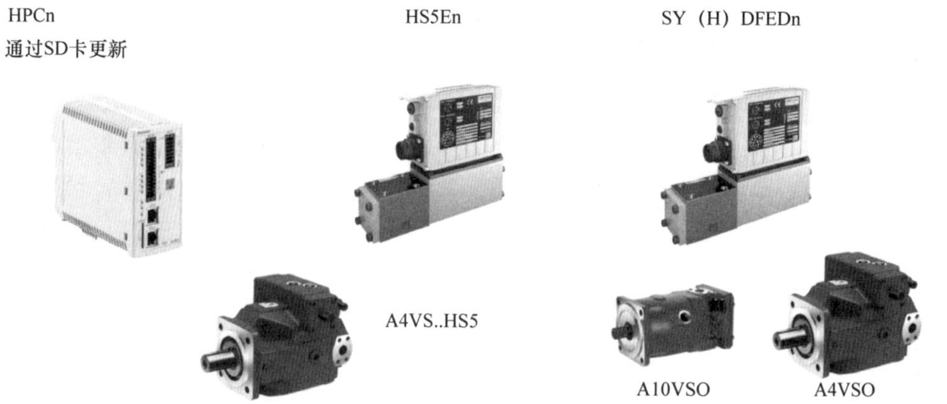


图 30-76　A10 与 A4 系列轴向柱塞变量泵带转速控制功能“n”的构成方式

博世力士乐互联数智泵产品目前主要应用在塑料、压力机、冶金、海洋等领域，实际上可适用于所有需要循环操作的机器。

本节按产品性能高低分别介绍 SY（H）DFE 和 A4V... HS5E。

## 30.5.1　互联数智泵控制系统 SY（H）DFE

博世力士乐 SY（H）DFE 是基于 A10 和 A4 系列轴向柱塞变量泵的定转速驱动的互联数智泵控制系统，它可以实现泵的斜盘摆角、压力和转矩控制，用于开式液压回路。

带有板载数字放大器的 SY（H）DFE 不但能调节泵的斜盘摆角、压力，限制泵的功率，还可以与变频驱动器结合构成具有变转速功能的泵驱动器 SY（H）DFEn，生成又一个系列的产品：A10VSO... SYDFEn 和 A4VSO... SY（H）DFEn。

当设备需要更高的性能时，通过使用高达 315kW 的行业标准变频电动机，即可实现更高的性价比和更高的性能，即可以利用 $p/q$ 控制系统达到按需转换电动机功率的目的。例如，在大型压力机快进运动过程中，电动机转速提升到最大，同时泵的排量也调节到最大，而泵的压力只需要调节到一个尽可能低的水平；而在压制产品过程中，却可以根据产品材料和结构的变形特性，首先保证泵的压力变化满足压制工艺的需要，然后 SY（H）DFEn 的控制器计算电动机转速和泵的斜盘摆角的最佳组合，以最大限度地节约能源。

Sytronix SY（H）DFEn 系统包括 A10VSO 和 A4VSO 系列轴向柱塞变量泵、变速异步电动机、以 SY（H）DFE 系统为基础的泵驱动器 SY（H）DFEn，如图 30-77 所示。

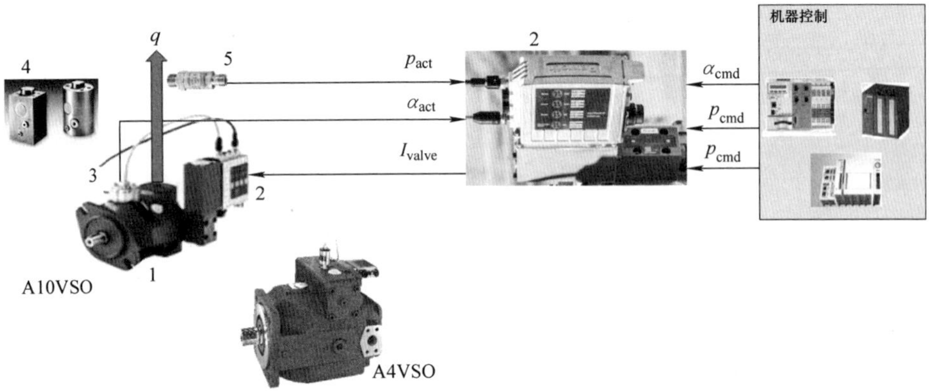


图 30-77　SY（H）DFEn 的基本组成部分

1—基泵　2—板载控制器　3—斜盘摆角传感器　4—预加载阀 SYDZ（可选）

5—压力传感器 HM20（可选）

SY（H）DFEn 系统还可以通过转速和流量控制来降低装机功率，轻松改装带有变量泵的动力装置，也支持多执行器的系统。

SY（H）DFEn 系统与 SY（H）DFEE/SY（H）DFEC 有相同的接口，因此，可以通过简单地更换集成 SY（H）DFEE/SY（H）DFEC 上的泵阀电子元件来获得 Sytronix SY（H）DFEn 系统，这对设备改造项目意义特别重大。

SY（H）DFEn 系统的控制器存储有机器循环压力和流量曲线（“示教”实例），工程师可以根据所需的流量提高电动机转速，在没有可预测操作周期的系统中（如在木材和冶金领域的应用）可以使用“实时模式”。

SY（H）DFEn 系统框图如图 30-78 所示。

带有板载数字控制器的 SY（H）DFE 还可以与伺服驱动器 IndraDrive 结合，构成又一个具有变转速功能的泵驱动器 SY（H）DFEDn，生成 A10VSO... SYDFEDn 和 A4VSO... SY（H）DFEDn，实现更高性能的压力控制和流量控制（$p/q$）、功率限制功能。

该系统的功率最高可达 315kW，适用于带有一个或多个液压执行器的开式液压回路中的压力和流量控制，二象限操作，特别适用于恶劣的工业环境，如冲压

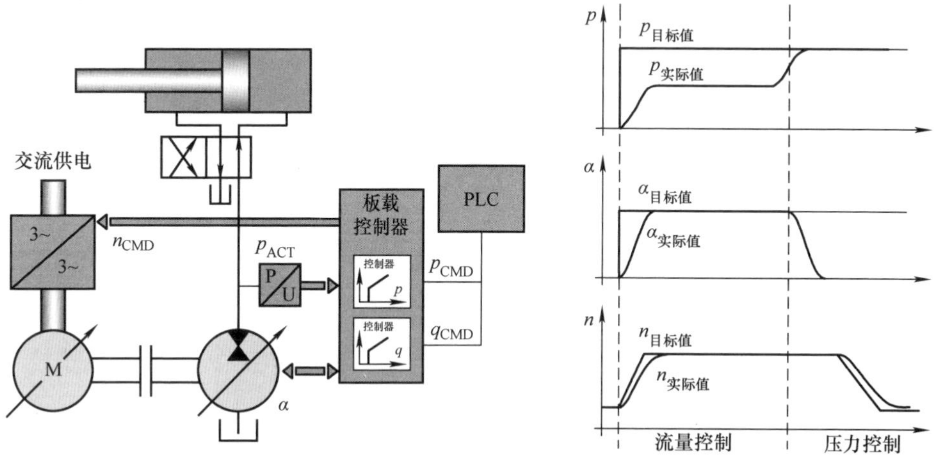


图 30-78 SY（H）DFEn 系统框图

线、塑料机械、木材和金属行业。

由于泵轴有通轴驱动功能，因此该系统还可以连接多个泵，通过这种方式，用户可以以多种方式组合成博世力士乐的组合泵，从而允许通过泵轴进行直接能量耦合和机械反馈，也不需要带电源恢复的驱动系统。

典型 A10VSO... SYDFEDn 产品外形如图 30-79 所示。

图 30-79 典型 A10VSO... SYDFEDn 产品外形

## 30.5.2 高压高动态互联数智泵控制系统 A4V... HS5（E）

博世力士乐通过改进板载数字电液控制装置 HS5 及其网络接口和软件功能，获得了又一项先进的技术——高压高动态互联数智泵控制系统 A4V... HS5（E），从而满足了工业应用领域对泵控制系统越来越高的要求。

A4V... HS5（E）是 A4V 系列高压轴向柱塞变量泵，由恒速电动机驱动，提供泵的斜盘摆角控制、压力控制和转矩限制功能。配电柜安装的分体式控制器VT－HPC与A4V...HS5构成的控制系统由四个基本部分组成，如图30-80所示。

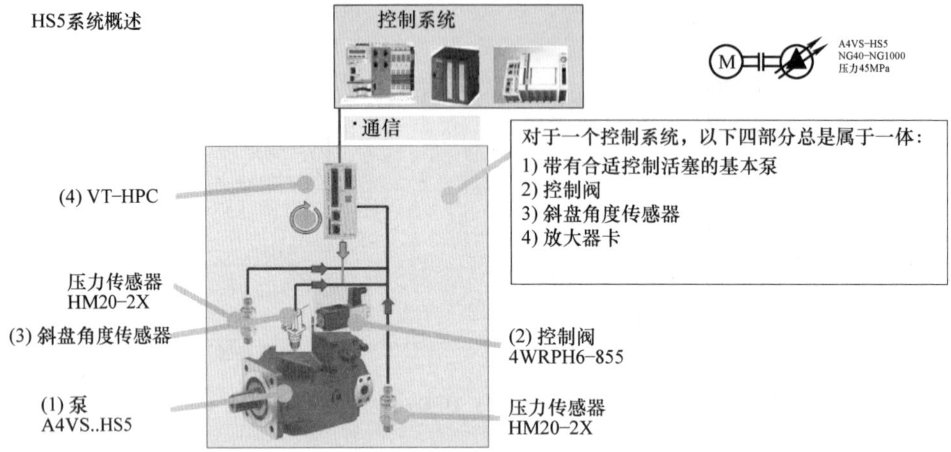


图30-80　VT－HPC与A4V...HS5构成的控制系统

带HS5变量方式的A4系列高压轴向柱塞变量泵可选配变速驱动功能，得到HS5（E）n，构成具有压力、流量控制功能且高响应的高压轴控单元，如图30-81所示。

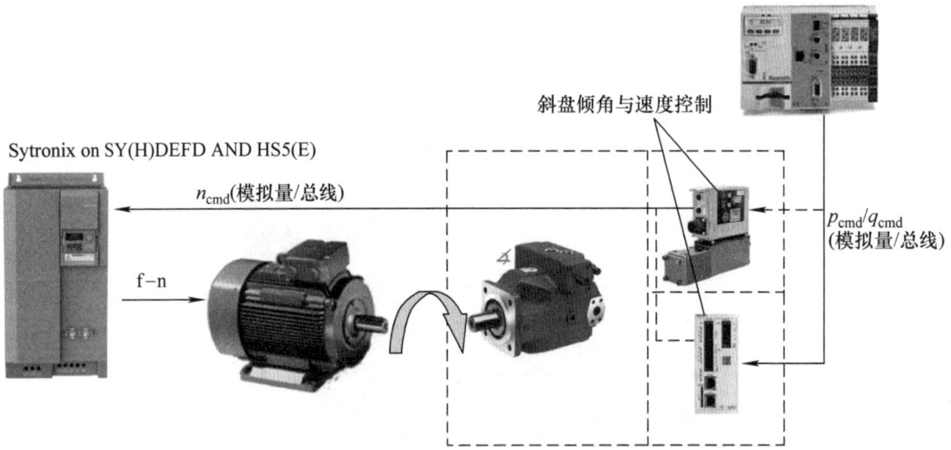


图30-81　A4系列高压轴向柱塞变量泵＋变速驱动构成高压高动态变速泵驱动单元

基于配电柜安装的分体式控制器VT－HPC与A4V...HS5或基于板载集成式控制器的A4V...HS5（E）典型产品外形如图30-82所示。

A4V...HS5（E）实现了高动态性，并且通过变体HS5EP、HS5EV、HS5EK和HS5EKP，为众多应用领域提供了极大的灵活性。

二者均可用于以下两大类A4系列高压泵。

1）开式泵：A4VSO 40...1000 /35.0MPa；A4VBO 71...450/45.0MPa；

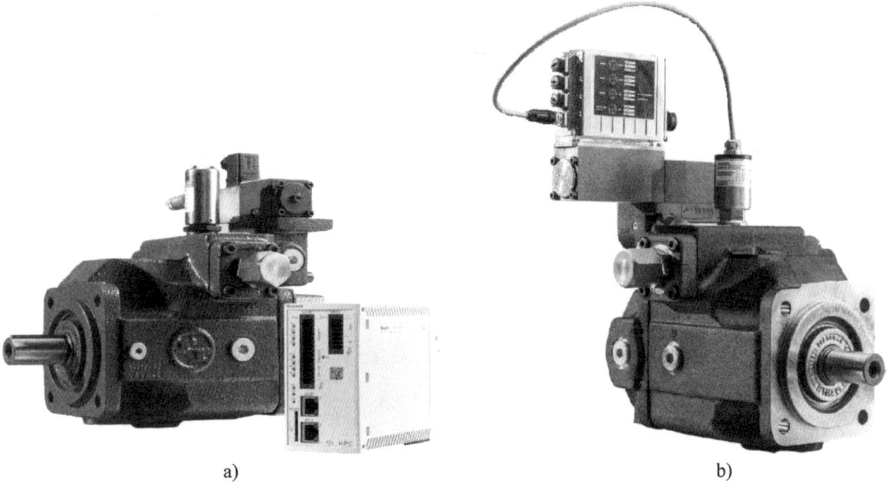


图 30-82　A4V..HS5（E）产品外形

a）配电柜安装的分体式控制器 VT－HPC＋A4V...HS5　b）板载集成式控制器＋A4V...HS5E

A4VHO 450/63.0MPa。

2）闭式泵：A4VSG 40...1000 /35.0MPa；A4CSG 250...750 /35.0MPa。

A4V...HS5（E）提供开放的通信，与多以太网众多的连接（EtherNet/IP、Sercos III、EtherCAT、POWERLINK 和 PROFINET RT）也适用于第三方控制，如符合 IEC 61131－3 的 PLC 功能模块。

A4V...HS5（E）还可以实现主/从功能，为此，需要指定一个主泵，压力传感器连接到该主泵。主泵根据外部指令值调节压力和斜盘倾角，并将其实际的斜盘倾角信号作为斜盘倾角指令值传递给从泵。由于每个泵的斜盘倾角同步，可以最大限度降低系统中的噪声，如图 30-83 所示。此外，也可以利用多以太网总线在主/从泵之间交换信号。

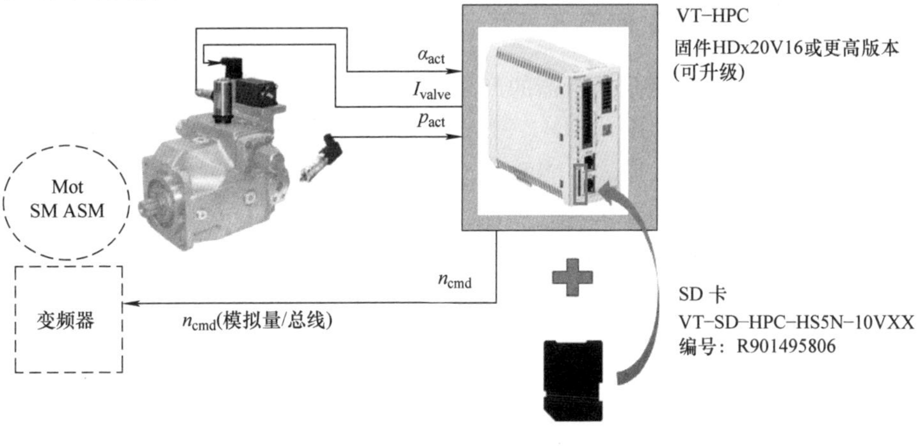


图 30-83　扩展轴的数量且斜盘倾角同步变化

这种具有主/从功能的 A4V... HS5（E）高压高动态互联数智泵控制系统，通过液压和电气耦合可以轻易获得更高的排量。

博世力士乐 A4 系列轴向柱塞变量泵配备 HS5（E）泵控制系统和板载控制器，在压力机、海洋近海区域、船用柴油驱动、试验台技术、冶金等许多领域都有成功应用。

## 30.6　自给式伺服液压执行器

目前，市场上的伺服液压执行器产品种类很多，不同厂商的伺服液压执行器产品各有特色，应用场合也各不相同，详见 16 章。

传统的液压轴控制基本上采用开式液压系统的阀控方案，执行器带位移/角位移传感器和/或压力传感器，控制元件采用伺服阀或伺服比例阀。这种方案由于存在节流损失，会浪费大量能量，同时导致系统发热严重，能效低，明显不符合“绿色”发展的需要。当然，需要指出的是，对于需要更高频率响应（参考值 5Hz 以上）的轴控系统，阀控方案仍是目前的唯一选择，尽管这样做会浪费大量能量，但也只能理解为这是为了获得高频响轴控系统必须付出的代价。

博世力士乐凭借 Sytronix 节能系统和伺服液压轴 SHA 多年的应用经验，为广大用户推出了自给式伺服液压执行器，作为最佳的紧凑型节能解决方案。博世力士乐提供的这种解决方案的特点：系统自带油箱（自给工作介质），采用闭式液压回路（泵控），无节流损失，冷却功率和噪声排放降到最低，电动机转矩、转速与泵的压力、流量、功率需求自动实现最佳匹配（体现智能化），带有适应工业现场的各种通信接口（体现互联功能），即插即用，是典型的互联数智液压轴控级产品。

根据产品的技术特点、使用范围和集成化程度，可以将博世力士乐自给式伺服液压执行器划分为 SHA、CytroForce、CytroMotion 三种类型的产品。

### 30.6.1　自给式定制化伺服液压执行器

#### 1. 博世力士乐伺服液压执行器的产品特点

博世力士乐推出了 SHP、SHM、SHA 伺服泵控液压轴系统（四象限操作），动态性能高，基本没有节流损失，能效高，并提供了能量回收再生的可能性。SHP、SHM、SHA 的典型产品如图 30-84 所示。

图 30-84 所示产品的特点：①根据工艺不同，节能 25% ~85%；②结构紧凑，体积大大缩减；③噪声低；④发热小，有些应用甚至无须冷却；⑤液压油用量大大减少；⑥管路少，安装简便；⑦为 IoT 做好了数据准备。其中，伺服液压执行器（Servo－Hydraulic Actuator，SHA）有“集成式”“紧凑型”和“分散型”等产品类型，其伺服驱动器都没有集成在执行器上，如图 30-85 所示。

另外，SHM 还可以实现多泵应用，以满足更大的功率需求，如图 30-86 所示。

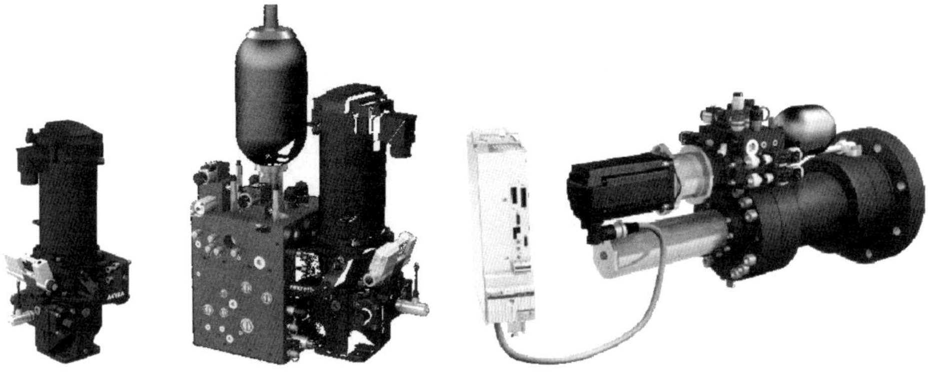

a)　　b)　　c)

图 30-84　博世力士乐 SHP、SHM、SHA 的典型产品

a）SHP（动力单元）　b）SHM（只有动力、控制阀单元）　c）SHA（动力、控制阀、执行器一体化）

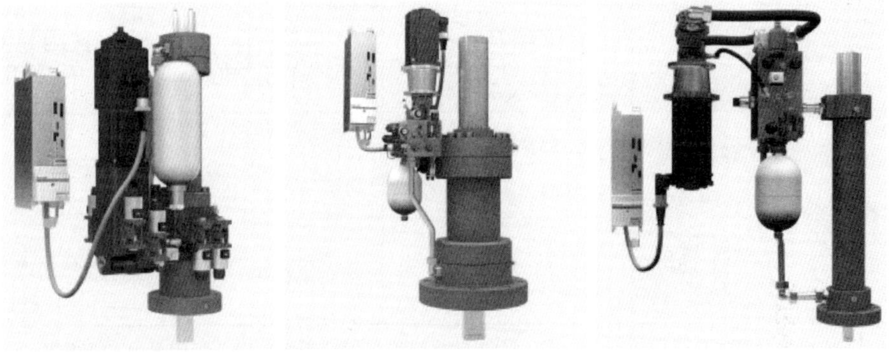

a)　　b)　　c)

图 30-85　SHA 的三种结构型式

a）集成式 SHA　b）紧凑型 SHA　c）分散型 SHA

该系统目前主要的参数为：①单驱动最大液压功率为 125kW，可以多个组合，功率成倍增加；②单泵最大流量为 207L/min，可以多个组合，流量成倍增加；③最高压力为 33.0MPa。更大功率的系统还在持续开发中。

**2. 博世力士乐伺服液压执行器的分类**

博世力士乐的伺服液压执行器有两种分类方法：①按液压缸的结构特征，可分为单作用液压缸、双作用液压缸、串联液压缸的 SHA；②按液压动力装置的种类，可分为定量泵/马达、变量泵/马达的 SHA，由此可得到表 30-2 列出的六种 SHA 产品组合，但目前可供货的产品只有 A1 和 E1 两种。当然，博世力士乐根据按表 30-2中所列的产品范围可为用户的应用构建正确合理的 SHA 系统解决方案。

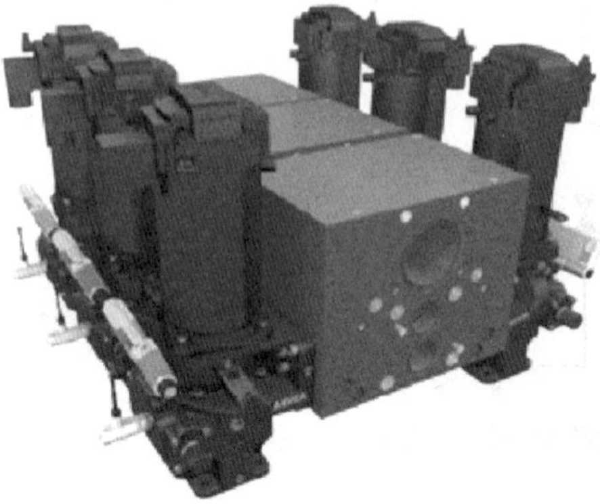

图 30-86　SHM 多泵应用

**表 30-2　六种 SHA 产品组合表**

| 液压缸种类 | | 单作用液压缸 | 双作用液压缸 | 多腔/串联液压缸 |
|---|---|---|---|---|
| 图形符号 | |  |  | 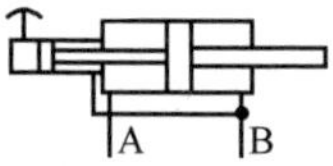 |
|  |  | A1 | B1 | E1 |
| |  | A2 | B2 | E2 |

注：A1—带定量泵的单作用液压缸，A2—带变量泵的单作用液压缸，B1—带定量泵的双作用液压缸，B2—带变量泵的双作用液压缸，E1—带定量泵的多腔/串联液压缸，E2—带变量泵的多腔/串联液压缸。

**3. 博世力士乐伺服液压执行器工作原理举例**

此处介绍的工作原理图仅显示了 SHA 的基本组件、液压缸的运动方向和负载力的方向。

1）带定量泵的单作用液压缸 SHA 的工作原理。

重物下降过程（负负载）示意图如图 30-87 所示。

活塞杆伸出时：泵的 A 口进油，B 口出油，有效面积为 A1，油液从 A2 腔通过泵流入活塞腔 A1，活塞杆 A3 引起的油液容积差（不足）从油箱（蓄能器）补充供应到活塞腔 A1。

重物上升过程（正负载）示意图如图 30-88 所示。

活塞杆缩回时：泵的 B 口进油，A 口出油，有效面积为 A2，油液从 A1 腔部分通过泵流入 A2 腔，活塞杆 A3 引起的油液容积差（过剩）通过液控单向阀被引导到油箱（蓄能器）中。

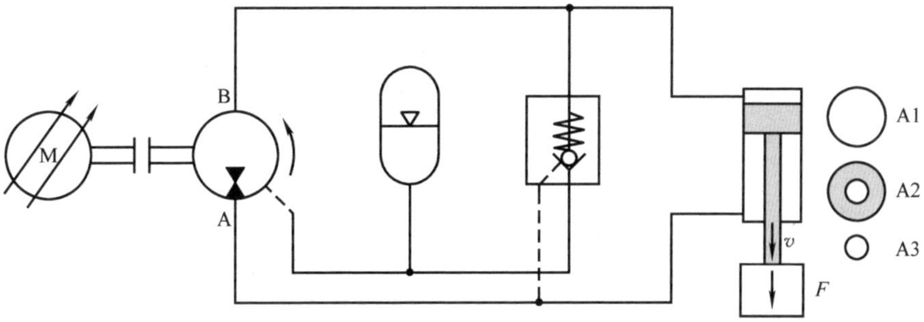


图 30-87　重物下降过程（负负载）示意图

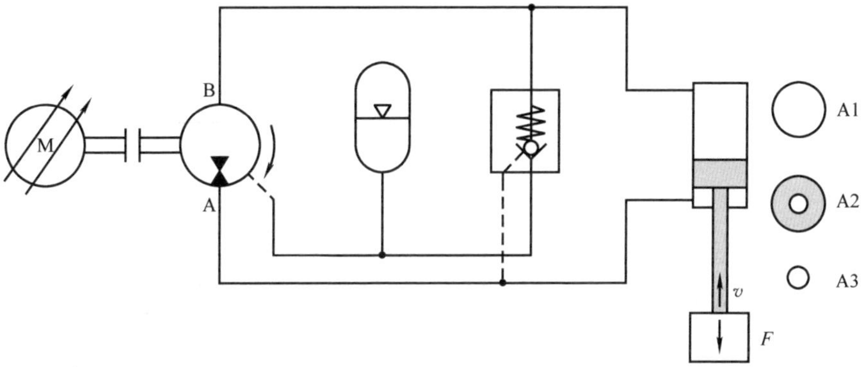


图 30-88　重物上升过程（正负载）示意图

2）带定量泵的多腔/串联液压缸 SHA 的工作原理。

活塞杆快速伸出过程示意图如图 30-89 所示。

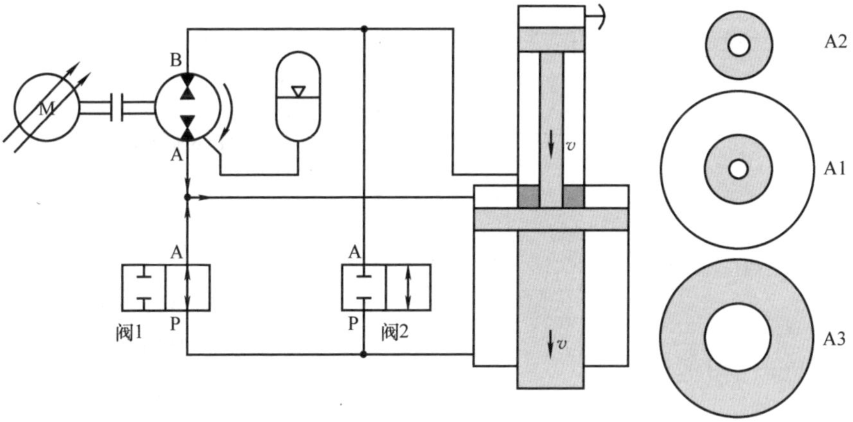


图 30-89　活塞杆快速伸出过程示意图

活塞杆快速伸出时：泵的 B 口进油，A 口出油，作用面积为 A1，A2 通过呼吸器连通大气，小缸环形腔内的油液通过泵流入 A1 腔，从 A3 腔排出的油液通过阀 1 流入 A1 腔。图 30-89 中低压蓄能器的主要作用是保持液压泵的润滑。

活塞杆慢速伸出过程示意图如图 30-90 所示。

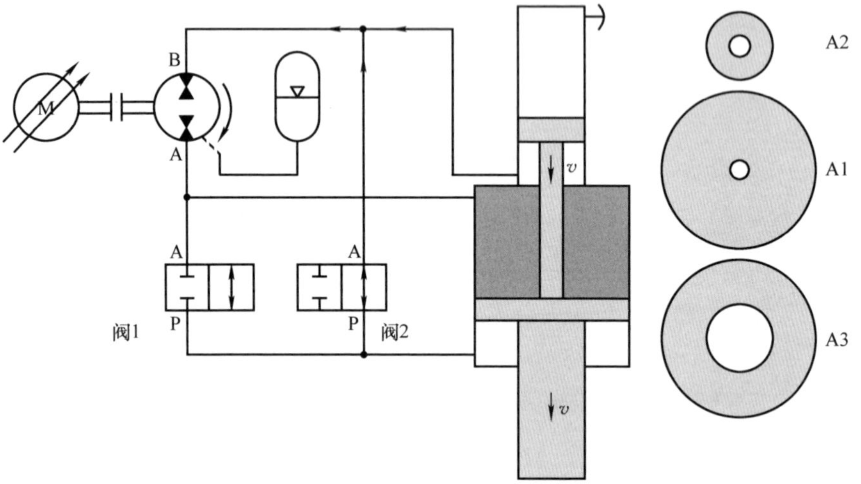


图 30-90　活塞杆慢速伸出过程示意图

活塞杆慢速伸出时：泵将流体从 B 转移到 A，活塞杆以慢速伸出时，作用面为 A1，从 A3 腔排出的油液通过阀 2 和泵流入 A1 腔。因为泵输出的流量不变，但作用面积变大，所以是慢速伸出。

活塞杆快速缩回过程示意图如图 30-91 所示。

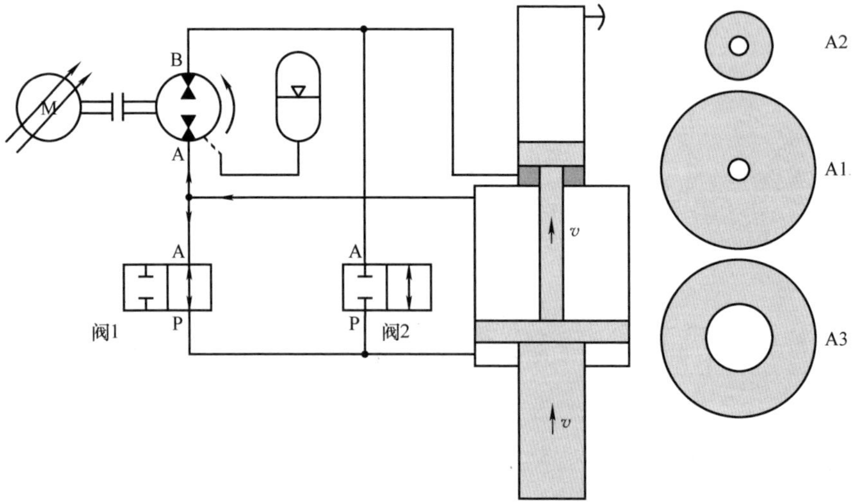


图 30-91　活塞杆快速缩回过程示意图

活塞杆快速缩回时：泵的 A 口进油，B 口出油，作用面为 A2，从 A1 腔排出的油液一部分通过泵流入活塞腔 A2，过剩的油液通过阀 1 流入 A3 腔。

**4. 博世力士乐伺服液压执行器整体系统结构**

SHA 的整体系统结构如图 30-92 所示。

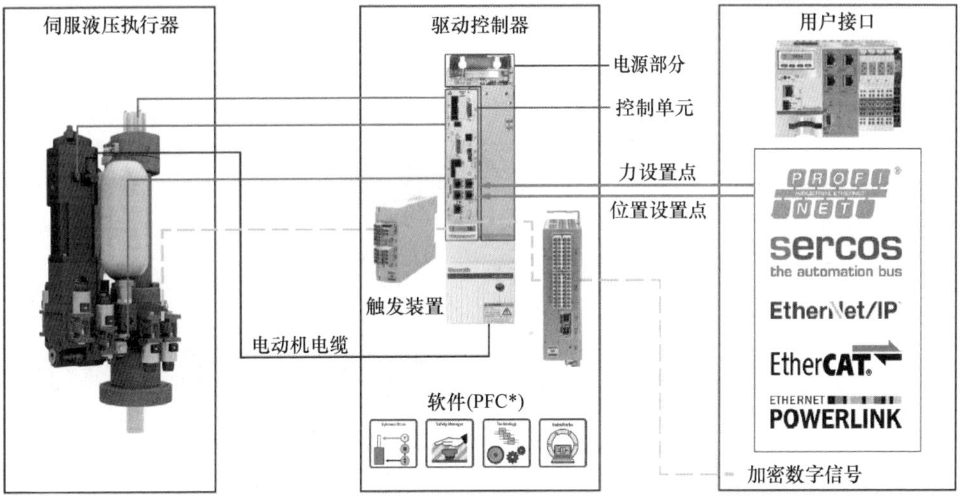


图 30-92　SHA 的整体系统结构

该系统结构表明，实现 SHA 的整体功能，还需要配置驱动器、相应的软件和通信接口与协议。

**5. 博世力士乐伺服液压执行器应用实例**

博世力士乐伺服液压执行器本质上是伺服泵控液压轴系统，为自给式定制化产品目前已经获得了广泛应用。图 30-93 所示为国内某用户提供的伺服泵控液压轴试验台，此套设备采用全闭式回路设计，系统的参数和特点为：①输出力可达 75kN，速度可达 200mm/s；②全闭式系统设计，无油箱，结构紧凑；③发热小，热量自平衡，无须冷却器；④控制精度高，最高达微米级。

图 30-93　伺服泵控液压轴试验台

博世力士乐的伺服泵控液压轴系统，除了全闭式系统设计之外，还有辅助功能开式设计，应用范围更广。图30-94所示为国外某用户提供的深拉深压力机SHA，包含主滑块和液压垫的两个轴的伺服泵控液压轴系统，此套系统采用辅助系统开式设计。此套系统的参数和特点为：①主滑块伺服轴参数：输出力可达3150kN，快速伸出/快速缩回速度可达260mm/s，压制速度可达29mm/s；②液压垫伺服轴输出力可达1000kN，快速缩回速度可达80mm/s，拉深速度可达29mm/s；③液压垫的能量能够回收且反馈给主滑块，综合回收再生率为60%，回收能量意味着更高的能量利用率；④辅助功能（补油、冷却、过滤等）采用开式回路设计，两轴共用，维护使用简单，成本低，系统可靠。

图30-94　深拉深压力机SHA

博世力士乐在伺服泵控液压轴的潜在应用领域不断寻求突破，可为用户量身定制产品，为电液伺服驱动轴创造了全新的吸引力，不仅仅针对压力机和塑料机械的应用，还涉及各种具有不同动力和运动任务的、更广泛的工业应用，设备制造商和用户都可以从这种全新的、灵活的解决方案中获益。

## 30.6.2　自给式分体伺服液压执行器CytroForce

CytroForce采用闭式液压回路，与SHA比较，二者的参数范围不同，针对用户需求的解决方案也不一样。

CytroForce是基于可靠的博世力士乐组件的预配置执行器，由伺服驱动器、泵、一体式液压缸组成，用于提供动力，执行运动任务和定位任务，可实现闭环控制。CytroForce采用流量优化的模块组成即插即用型交付方案，也使用变速泵驱动，高效节能，在功率密度、能源效率和运行噪声等方面都建立了新的标准，无须额外的管路。该解决方案一经交付，即使是液压经验并不丰富的设备制造商，也可以从中获益，并且将工程到维护的总成本降至最低。

目前，CytroForce可以达到的技术参数：额定输出力高达1200kN，最大速度可达0.8m/s，最大行程为1000mm，定位精度为10μm，重复精度为5μm。与传统的液压解决方案相比，根据不同的应用情况，CytroForce可以在整个生命周期内将能源成本降低80%。与开放式系统相比，以含有油箱和动力装置的标准液压轴需要100~250L油为例，CytroForce仅需要3~15L油，最多可减少97%，这么低的油量从经济和生态的角度考虑也是有益的。与非集成式线性轴相比，其所需的安装空间也相应减少了 50%，这些又可以进一步节省投资。

参考表 30-2 中所列的产品分类方法，CytroForce 也有单作用液压缸（单出杆）、双作用液压缸（双出杆）、串联液压缸三种产品，如图 30-95 所示。

| 液压缸分类 | 单作用液压缸 | 双作用液压缸 | 多腔/串联液压缸 |
| --- | --- | --- | --- |
| 图形符号 |  |  | 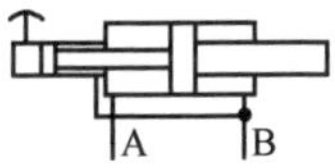 |
|  | A1 | B1 | E1 |

图 30-95　CytroForce 产品分类方法

目前 CytroForce 供货产品的液压缸尺寸与参数如图 30-96 所示。

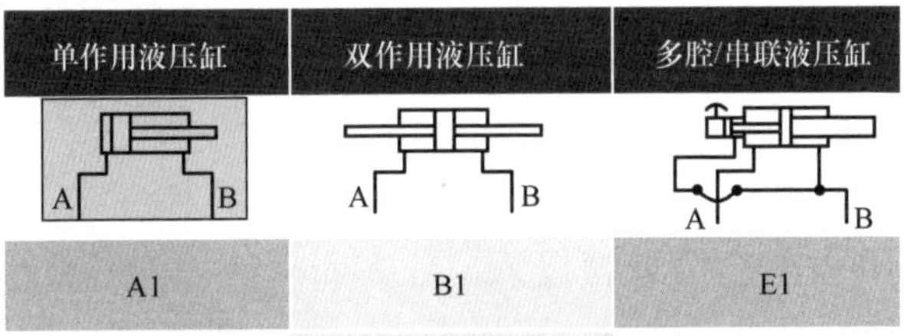


| $d_1$/mm | $d_2$、$d_3$/mm | $F$/kN | $v$/(mm/s) |
| --- | --- | --- | --- |
| 80 | 56 | 70 | 230 |
| 100 | 70 | 110 | 150 |
| 125 | 90 | 350 | 100 |
| 140 | 100 | 440 | 80 |
| 160 | 110 | 580 | 55 |
| 180 | 125 | 730 | 45 |

图 30-96　CytroForce 液压缸尺寸与参数

如果按结构特征分类，目前 CytroForce 有集成式和分离式两种结构类型，其典型产品外观如图 30-97 所示。

CytroForce 产品的主要目标之一是，用户不需要太多的液压专业知识，也能利用伺服液压轴的特殊优势，从而大大减轻了主机厂商的工程负担。博世力士乐的工程人员只需通过面对面沟通或线上会议，即可指导用户完成配置。通过特定的产品设计工具，只要输入力、速度和位置等，定义循环并检查安装空间，即可获得配置

图 30-97　CytroForce 典型产品外观

结果。在进行配置期间，定制的伺服轴便“随时”可以准备生产。这种高效性贯穿于最开始的工程设计到最后的维护和服务的整个产品生命周期。

CytroForce 的整个系统是封闭的，维护要求极低。在封闭的液压系统中使用如图 30-98 所示的 CytroForce 维修套件可将维修成本降至最低。

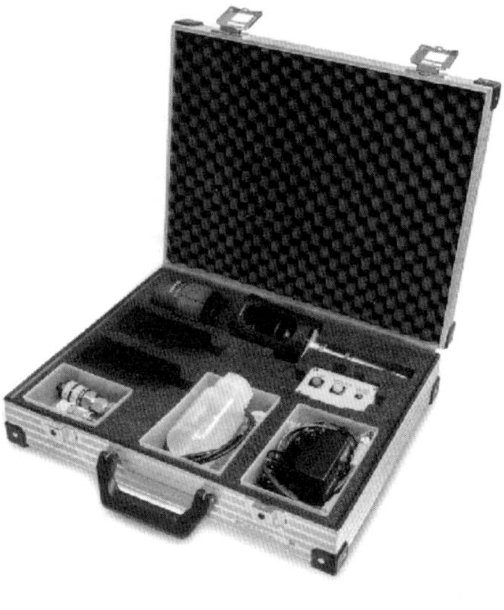

图 30-98　CytroForce 维修套件

与传统的液压轴不同，这种全封闭的系统可以有效阻止外部污染物侵入，这意味着不需要频繁更换过滤器。它还可以通过状态监测来减少停机时间。通过集成的传感器和开放的接口，获得授权的用户可以读取和分析故障数据，甚至可以通过博世力士乐的 ODiN 服务进行状态监测和预测分析，有助于进一步提高设备的可用性，减少停机时间。预配置文档与 CytroForce 状态监测都可以通过 PC 完成。

CytroForce 以其全新的设计理念，不仅为博世力士乐的电液线性驱动轴开辟了压力机和机床的应用领域，还拓展到了各种具有不同动力和运动任务的更广泛的工业应用领域。类似于 SHA，CytroForce 可以像其他博世力士乐互联产品一样，通过多以太网工业数据总线实现互联功能。设备制造商和用户都可以从这种全新、灵活、标准化的解决方案中获益。

## 30.6.3　自给式集成伺服液压执行器 CytroMotion

CytroMotion 是一款紧凑、节能、集成伺服驱动器于一体的独立执行器，可将流量和压力转换为液压缸精确、可控的线性运动，由一个带旋转编码器的同步电动机 4（根据需要提供液压动力）、低噪声内啮合齿轮泵 1、液压缸单元 6、低压蓄能器 3、阀块 2 和可选的位置测量系统 5 组成，如图 30-99 所示。

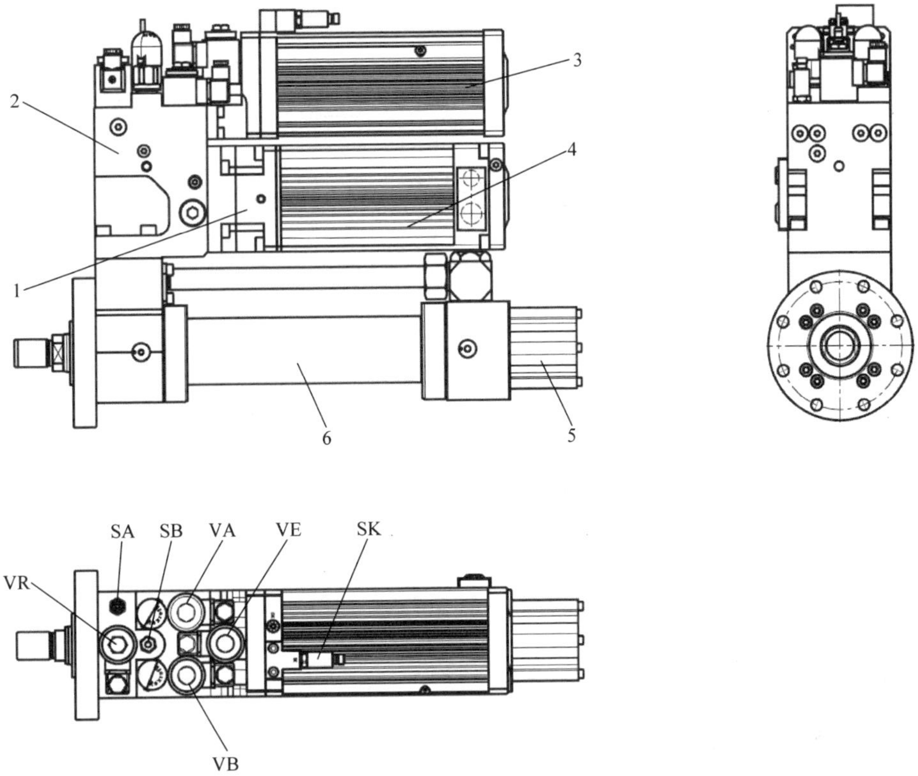


图 30-99　CytroMotion 的组成

1—低噪声内啮合齿轮泵　2—阀块　3—低压蓄能器　4—同步电动机
5—位置测量系统（可选）　6—液压缸单元

低压蓄能器起补油作用，用于存储/释放活塞杆缩回/伸出以及温度变化的液压油体积的差值。阀块通过切换二位二通方向阀（VA、VB、VE 和 VR），可实现液压缸的缩回和伸出过程保持液压缸与蓄能器的快速打开或隔断。压力传感器 SA、SB 和 SK 用于监测工作压力和补偿器压力。活塞位置由安装的绝对位置测量系统检测（可选）。

伺服液压执行器是一个闭式液压系统，其液压系统原理图如图 30-100 所示。

CytroMotion 液压系统基本工作原理介绍如下。

1）活塞杆处于基本位置：电动机关闭/断电，所有二位二通方向阀失电。液压缸 A 腔和 B 腔中的液压油被所有二位二通方向阀隔断。

2）液压缸伸出，实现强制力的横移、伸长。电动机旋转方向为顺时针方向，电动机转速根据液压缸的速度要求改变。二位二通方向阀 VA 和 VB 得电切换到导

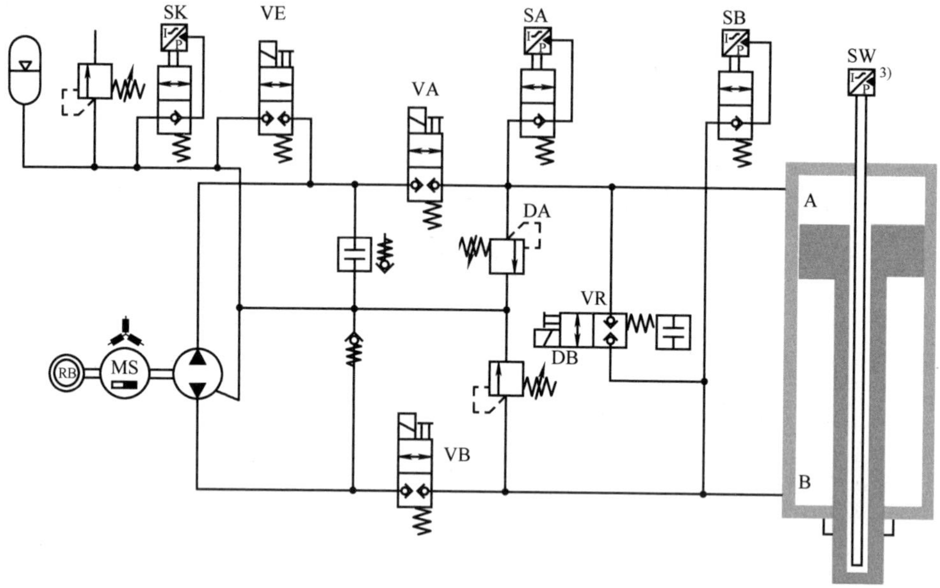


图30-100 CytroMotion液压系统原理图

通位置。液压油从液压缸B腔的活塞杆侧通过二位二通方向座阀VB和VA推入液压缸的A腔。不足的油液通过单向阀由蓄能器进行补偿。

3）减力快速移动扩展（再生模式，节能）：仅适用于配置“R”CytroMotion。电动机旋转方向为顺时针，电动机转速根据液压缸的速度要求改变。阀VA和VR得电切换到导通位置。液压油由泵通过阀VA输送到液压缸的A腔，液压油从液压缸B腔通过阀VR输送到液压缸A腔。不足的液压油液通过单向阀由蓄能器进行补偿。因此，与液压缸伸出相比，由于液压缸2∶1的面积比，延伸速度几乎可以提高一倍，推力减少了大约一半。液压缸以减小的力快速移动延伸。

4）液压缸缩回：电动机逆时针方向旋转，电动机转速根据液压缸的速度要求改变。阀VA、VB和VE得电切换到导通位置。液压油从液压缸A腔通过阀VA和VB输送到液压缸的B腔。来自A腔多余的液压油液通过阀VE存储到蓄能器中。

5）保持压力产生的推力：电动机关闭/断电。阀VB得电/导通，因此，液压缸B腔的压力由泵通过阀VB保持。

6）保持拉力：电动机关闭/断电。阀AB得电/导通，因此，液压缸的A腔压力由泵通过阀VA保持。

CytroMotion典型产品外观如图30-101所示。

CytroMotion将液压线性轴的效率提高到一个新的水平。没有液压经验的技术人员可从中获得灵感：通过简单的工程设计便可选择清晰的产品，纯电气控制的快速调试激发了最高能效的生产率。主要技术参数：额定功率达6.2kW，最大推力为110kN，最大速度为740mm/s（再生模式下），最大行程为800mm。

图 30-101　CytroMotion 典型产品外观

## 30.7　互联液压站

自从 2017 年博世力士乐的微型标准互联液压站 CytroPac 产品问世以来，博世力士乐又陆续推出了小型标准互联液压站 CytroBox 、模块化中型互联液压站 ABPAC 、模块化大型互联液压站 ABMAXX。博世力士乐互联液压站的特色：①采用变速驱动单元（Sytronix 成熟技术），节能、静音。②充分考虑液压动力站的日常监测、故障诊断和系统的预防性维护要求，配置合理的传感器与网络接口，可互联，可监控。③采用标准化设计制造，结构紧凑。④支持在线设计计算和选型配置，设计工程师可以在线从标准系列元件中选择动力单元，缩短了产品开发周期。⑤按标准产品供货，即插即用。

### 30.7.1　微型标准互联液压站 CytroPac

#### 1. CytroPac 液压系统

CytroPac 系列产品功率为 1.5 ~ 4kW，外形与接口尺寸一致。同一功率可匹配不同排量的泵，最高压力为 24MPa，最大流量约为 35L/min，它们的液压回路原理图差别不大。

其中，具有代表性的 CytroPac 液压回路原理图及其对应的电气连接如图 30-102所示。

调试前，必须确保系统中安装了一个安全阀（设定压力应超过系统额定压力的 10%，但最高为 26MPa）。为了冷却电动机和变频器，需要连接冷却水，必须确保冷却水供应温度不低于功率单元环境空气的露点。不得在超过 24MPa 的最高工作压力下使用 CytroPac。

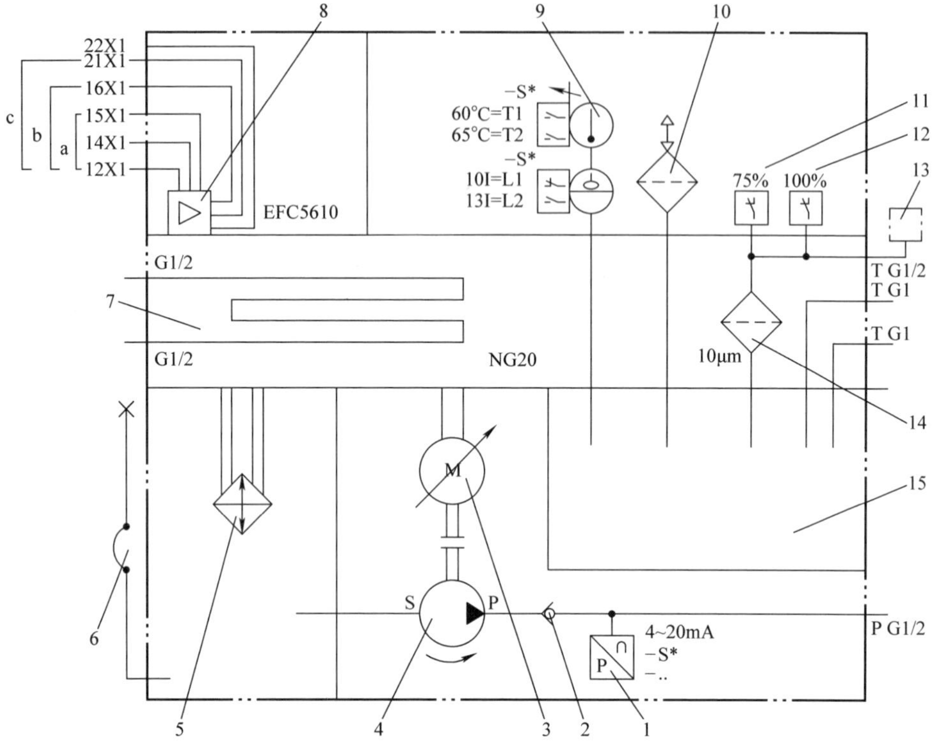


a)

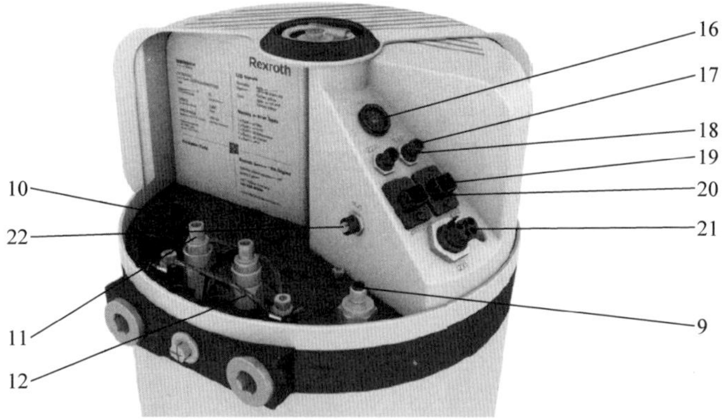


b)

图 30-102 CytroPac 液压回路原理图与电气连接

a）CytroPac 液压回路原理图 b）CytroPac 电气连接

1—压力传感器 2—止回阀 3—电动机 4—泵 5—冷却器（可选） 6—目视液位检查装置兼排油口 7——体式换热器，进/出冷却介质流量方向可互换 8—变频器 9—液位和温度传感器 10—呼吸过滤器 11—过滤器污染传感器 75% 12—过滤器污染传感器 100% 13—填充接头（可选） 14—回油过滤器 15—油箱 16—14X1，Mini USB 接口 17—15X1，启用信号 24VDC（M12x1，8 极） 18—22X1，STO 接口 19—多以太网接口，网络输出 20—多以太网接口，网络输入 21—12X1，供电/电压 V 22—16X1，M12×1 评估传感器，在工厂接线

a—传感器基本配置 b—传感器高级配置 c—传感器优先配置

**2. CytroPac 的功能与使用方法**

（1）CytroPac 的功能

1）STO 功能：即安全扭矩关闭。如果需要与主电源分离以防止意外启动，则使用 STO 功能。通过此功能，可以安全地中断电动机的供电。

2）睡眠功能：通过控制信号，驱动单元在连接液压执行器之前已经加速，这样可以不用液压蓄能器也能避免失压，也可以在没有额外控制信号的情况下实现蓄能器充液。

3）预启动控制（压降/过压补偿）功能：通过压力监控，在当前某个流量下，如果指令压力低于设定的阈值，液压动力单元会自动关闭；如果在当前某个流量下，压力正在下降，则液压动力单元会自动启动。

4）A1 选项功能：使用 A1 选项，CytroPac 则可与另一个油箱端口一起使用。该端口的设计尺寸为 G1"，位于压力端口旁边。该选项在选型代码中标记为“.../7035/A1”。

（2）CytroPac 使用方法　Rexroth EFC 5610 变频器集成在 CytroPac 中，该变频器通过 Mini USB 接口和电缆连接到外部计算机。可以通过 IndraWorks Ds 软件平台访问 CytroPac 变频器，并进行调试和设置参数。该软件可免费在博世力士乐官网（https：//www. boschrexroth. de）下载。具体操作步骤如下：

1）将电源单元连接到接口 15X1（24V），只有这样才能通过 12X1 施加电源电压。

2）在外部计算机上打开 IndraWorks 软件。

3）使用 Mini USB 电缆和 14X1 接口将 CytroPac 连接到外部计算机。

4）在 IndraWorks Ds 连接选择中选择接口 14X1 与外部计算机，单击“串行”选项卡 →“接口 xFc”→“连接”。

1X 系列 CytroPac 产品外形如图 30-103 所示。

**3. CytroPac 产品与技术优势**

CytroPac 产品与技术优势如下。

（1）简化液压系统设计过程　CytroPac 是高度集成的微型标准互联液压站，内含经济型 Sytronix 驱动器，集成的变频器与工业 4.0 兼容，具有多以太网通信端口（Sercos、EtherCAT、EtherNet/IP、PROFINET RT、VARAN），用户有机会借助网络总线将液压站纳入整台设备（甚至整个产线）的运行、操作和监控系统，这将极大地提升用户对液压站的应用体验，尤其是在使用过程中的运行维护和保养需求。而双以太网端口的设计也方便用户在一个设备网络中同时串入多台动力单元，实现包括主从、冗余等在内的各种复杂液压应用。CytroPac 还符合欧盟生态设计指令（2009/125/EC）。

（2）简化安装过程　CytroPac 是预组装和测试产品，简单的接线减少了控制柜中所需的空间和现场安装工作量，通过网络界面或以太网进行参数设置，人员无须

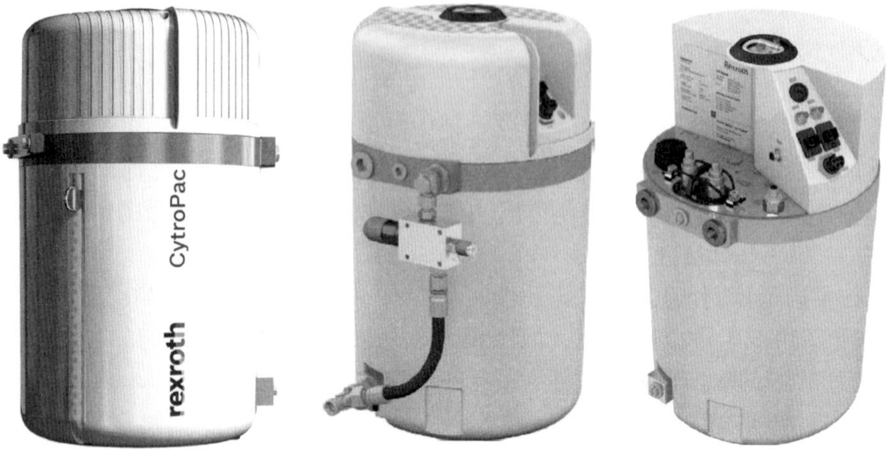


图 30-103　1X 系列 CytroPac 产品外形

注：油箱容积 20L；最大工作压力 24MPa；功率 1.5～4kW；直径 360mm，高度 600mm。

深入了解液压技术。

（3）减少停机时间　集成在 CytroPac 内的液位、油温、压力、过滤堵塞传感器以及变频器能够感应所有的操作状态，通过状态监测设备，实时监测液压系统等状态数据的变化，持续收集运行数据，以对数据进行智能分析并在早期识别磨损和故障。借助这种状态监测和预测性维护，正常运行时间更长。

（4）提高生产效率　变速泵可节省高达 80% 的能源，变频器还用作传感器节点，并将所有测量数据实时传输到机器控制系统，可实现低噪声运行，并可通过以太网或 Web 界面访问以更改参数。

（5）节省安装空间　CytroPac 将液压站需要考虑的变频器、电动机、液压泵、传感器控制包、油箱等所有元件集成一个壳体内，油箱容量从原来传统的 100L 减少到 20L（油箱有效容积减少了 80%），大大缩小了设备的尺寸。与传统动力单元比，整体尺寸减小 50%。此外，工厂中的少数大功率分立液压站将有可能被分布于运动部件周围的小功率液压动力单元网络所取代。这可为生产线带来空间布局的优化和更灵活的动力分配。

（6）降低噪声排放　变速电动机按泵的功率需求调速，噪声低；壳体也减弱了噪声源分贝值，这些都有利于减小噪声至 63dB，满足汽车行业的噪声排放要求。

（7）节能效果明显　CytroPac 能够根据当前的负载自动控制电动机转速，实现按负载需求供应压力和流量，特别是在非满载或者空载时，节能优势更为明显。与传统节流控制方式相比，节能达到 80%。转速控制还减少了排放至液压油的热量，如果采用热管冷却技术（heatpipe），把电动机与油液的热量传送至冷却板，与冷却水进行热交换，冷却功率可降至 2kW。

## 30.7.2　小型标准互联液压站 CytroBox

### 1. CytroBox 液压系统原理

CytroBox 是博世力士乐推出的新一代小型标准互联液压站，压力可达 31.5MPa，流量可达 160L/min，功率为 7.5 ~ 30kW，空间尺寸为 200cm × 70cm × 70cm，油箱体积为 150L，比同功率传统动力站油箱体积（600L）几乎降低了 75%，占地面积只需 0.5$m^2$。CytroBox 液压系统考虑了用户的各种实际需求，包括两个实用功能：①监控油液中的含水量，且可以进行排水操作；②监控油液中的含气量，并可以进行脱气操作。

CytroBox 通过 CFD 流体仿真计算，采用了 3D 打印技术优化油箱流道，避免回油时将更多气体带入油箱，减少油液中的含气量，降低气蚀风险。

CytroBox 采用了超静音设计，电动机泵组被布置在采用特殊结构设计的隔声底座上，通过内置隔声垫吸收壳体振动，即使在 CytroBox 满负荷工作时，噪声也被控制在 75dB 以下。

CytroBox 可提供不同配置的传感器包和开放式接口（多以太网接口、现场总线、IoT 网关），配备有全新 IoT 状态监测套件。用户可以选配更多传感器组合，将采集的系统数据通信通信模块传至云端，随时掌握机器系统的实时状态。

CytroBox 采用博世力士乐 Sytronix 动力系统，集成伺服驱动器，预设参数，将博世力士乐伺服电动机 MS2N10 与柱塞泵 A10FZO 组合实现按负载提供能量，还可在待机或者轻载工作循环时通过降低转速来节省能源（大约只有 2kW 的功率消耗），产品节能高达 80%。

CytroBox 提供开放式 IoT 接口，可以将 CytroBox 连接到 CytroConnect Solution 服务器，这样就可以使用其他基于云的功能，满足数字化工厂需求。基于大数据分析及机器学习还可以提供相应的预防性维护功能模块，提示到指定负责人，减少停机风险。

CytroBox 已广泛应用于金属成形、轮胎制造、测试行业，液压系统原理图如图 30-104所示。实际上，这种液压系统原理图已经成为液压站的标准配置。

### 2. CytroBox 产品结构

CytroBox 采用类似于上下双开门冰箱的外观结构，上层“冷冻室”是电气柜，下层“冷藏室”是液压柜，外形与接口如图 30-105 所示。

CytroBox 的油箱可加注 100 ~ 130L 液压油，可通过油位指示器检查液位，需要确保最高注油压力不超过 0.2MPa。

## 30.7.3　模块化中型互联液压站 ABPAC

### 1. 个性化液压站的智能化和标准化

ABPAC 系列产品是量身定制、经济高效、智能化的液压动力装置，具有可配置、可互联的功能。目前，工作压力高达 31.5MPa，最大流量为 200L/ min，可提

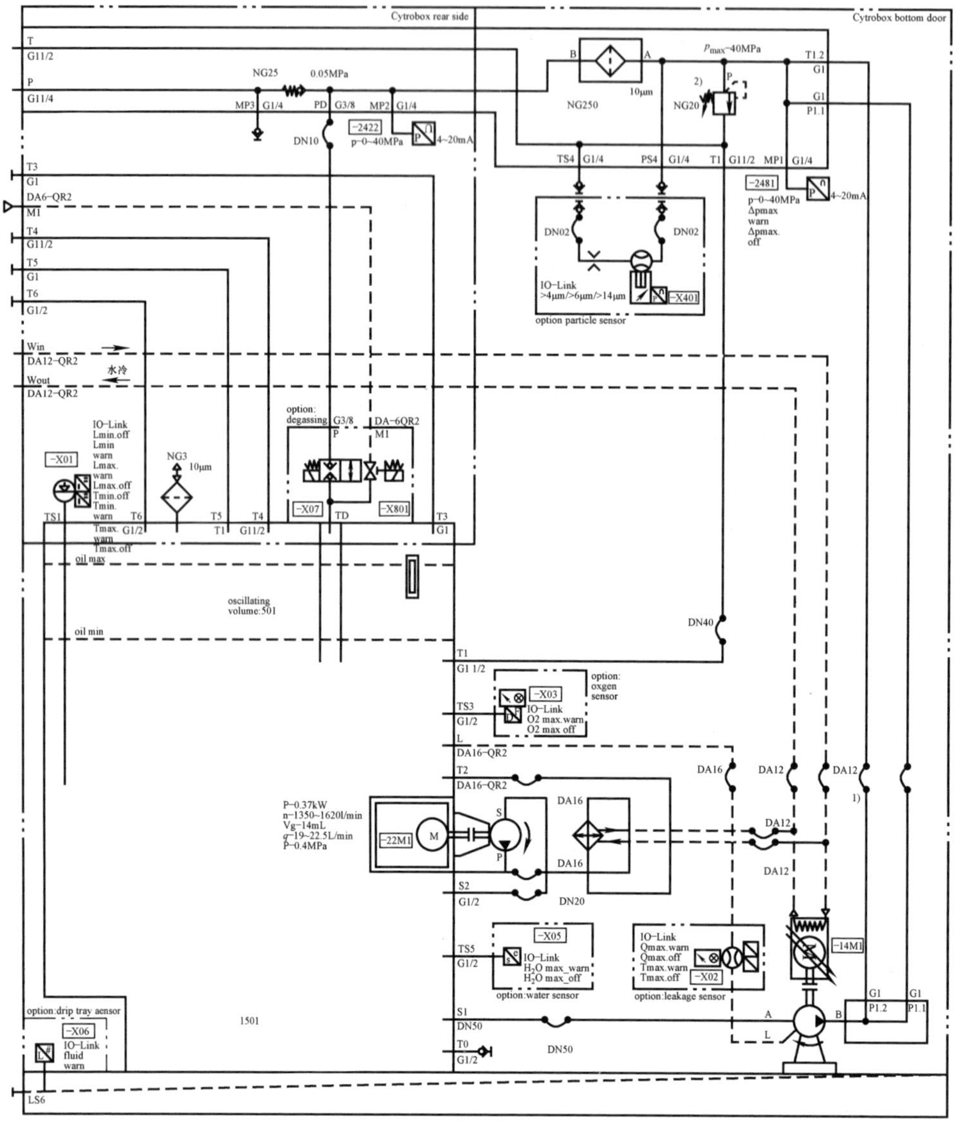


图 30-104　CytroBox 液压系统原理图

供 100 ~ 630L 的油箱容量，高效排气的油箱容量优化设计减小了箱体尺寸。

典型的 ABPAC 产品外形如图 30-106 所示。

**2. ABPAC 的个性化解决方案**

为了减少设计和交付时间，ABPAC 采用模块化设计，可以比以往更轻松地定制动力装置，只要根据要求和所需的液压组件，输入相关的液压数据，如工作压力、流量和执行元件类型，通过在线配置器进行配置，立即可获得需要的解决方案。该软件工具会清楚地指导整个配置过程，并提出合适的组件。配置完成后，程

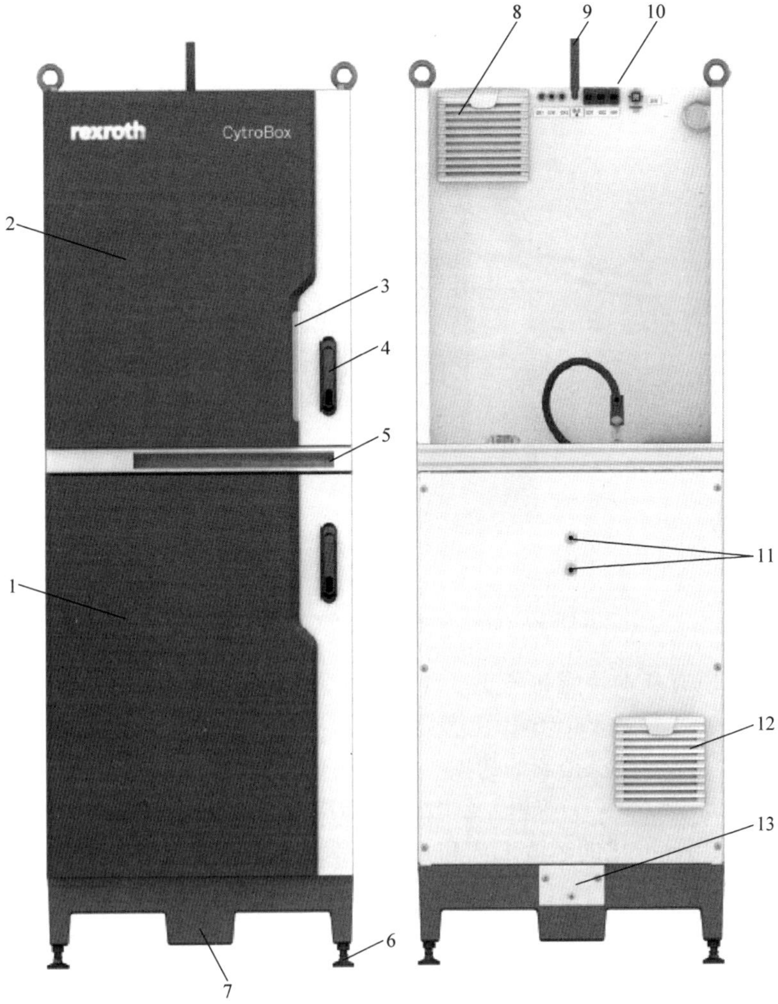


图 30-105　CytroBox 外形与接口

1—液压柜　2—电气柜　3—LED 状态显示　4—开门器　5—电气柜进风口　6—可调节柜脚　7—聚合物混凝土底座　8—电气柜出风口　9—手机天线　10—电气接口　11—冷却水接口　12—液压柜进气口　13—滴油盘卸料板

序会生成一个完整的文档包，其中包含安装尺寸、零件清单、价格和交货时间的信息。冷却器或控制系统等附加组件也可以配置。

在线配置器有助于更快地启动项目。模块化系统中定义的部件组合可以通过在线配置器复制各种用户特定的动力装置解决方案。由于使用了博世力士乐 GoTo 程序中的标准组件，交货时间大大缩短。如果需要模块化系统之外的个性化解决方案，博世力士乐也能够提供帮助。

这一切得益于多功能块的概念，使标准动力装置易于实现个性化和高效生产。

图30-106　典型的ABPAC产品外形

多功能块具有所有基本功能和可变接口，极其紧凑的多功能模块包含所有标准基本功能，从压力、过滤到FcP/SvP 、旁路应用。这不仅节省了空间，减少了管路配置，而且提供了集成液压控制的选项。在ABPAC的方案中，有四种设计和两种尺寸可供选择：带/不带压力过滤以及带/不带标准液压控制IH20的安装选项。

ABPAC采用标准化的制造工艺和灵活的钢结构，通过巧妙的设计，用螺纹连接代替焊接，钢结构和油箱也提供了前所未有的灵活性。标准化的油箱基本不需要焊接。差异在于装配而不是通常的钢结构，这大大减少了交付和调试时间，通过螺纹盖可以进行单独调整。液压动力和油箱容量之间的平衡可以很容易地根据应用进行优化。

ABPAC采用Sytronix变速泵可节省高达80%的能源，变频器还可用作传感器节点，测量实时数据，实现低噪声运行。通过以太网或Web界面可以访问和更改参数，无须深入了解液压技术知识。

此外，集成传感器收集运行数据，用于对所有相关系统状态进行全面的监测，以便智能分析磨损造成停机之前的数据，实现状态监测和预防性维护，正常运行时间更长。物联网网关软件和大数据系统接口（如ODiN）实时监控过程数据，如油液清洁度、效率、压力、液位、温度和振动，可实现预测状态监控，确保一致的高质量生产过程，简化了系统的维护。

ABPAC使用不同型号的定量泵和变量泵，可以轻松实现个性化驱动概念。可以使用的泵包括：内啮合齿轮泵（PGH、PGF、垂直安装的定量泵）、外啮合齿轮泵（AZPJ）、轴向柱塞泵（A10VSO/31，水平安装的变量泵）。

ABPAC Marine 动力装置设计经过优化，特别适合船上应用。ABPAC 船用动力装置已获得劳氏船级社（LR）的型式认可，也可提供其他船级社认证。这些在随后的整机审批过程中可以节省时间和成本。

### 30.7.4 模块化大型互联液压站 ABMAXX

博世力士乐凭借 ABMAXX 产品成为第一家提供模块化大型互联液压动力单元 HPU 的供应商。采用这种液压动力单元的优势如下：

1）加快新建项目中大型液压动力单元的工程设计和调试进程，且易于快速集成到整体工程设计中，经验证的安全设计以及必要的文档有助于设计工程师遵守相关的安全法规，达到快速完成可行性研究的目的。

2）ABMAXX 减少了完整液压动力单元及其单独模块的工程设计，节省时间并避免错误。工程师可以在最多五个工作日内创建包含液压回路图、零件清单、3D 模型和全部尺寸等详细文档的完整报价单。

3）简化安装过程：这得益于 ABMAXX 的预配置模块基于高度可用的标准组件。系统具有相同的设计特点、相同的零件概念，这个概念结合了标准化的优点，允许为单独的解决方案提供足够的自由度。

4）减少停机时间：标准化减少了整个使用寿命期间的维护和服务工作，保证了模块组件更换简单快捷，易于维护，使用寿命长。

5）模块化设计显著降低了系统成本，延长了设备使用寿命，采用变速驱动节能高达 80%。

6）实现数智互联和可预防性诊断维护。

**1. ABMAXX 产品功能与技术参数**

博世力士乐的模块化大型液压动力单元 ABMAXX 采用钢制油箱（可根据要求提供不锈钢油箱），油箱容量 2000 ~ 18000L，高达 31.5MPa 的可调节压力符合高压系统日益增长的要求。油液流量为 345 ~ 3200L/min。电动机 - 泵单元和循环单元始终配置备用单元，因此可提供最高的系统可用性。循环回路模块也可选择仅配备电动机 - 泵组件。阀电压为 24VDC，电动机电压为 400V/690V - 50Hz，带有位置监控的截止阀，用于加注矿物油（可根据要求提供其他 HF 流体）。油漆、接线采用博世力士乐标准。

ABMAXX 完全符合钢铁厂和大型压力机在功能和性能方面的要求。

根据模块化方法设计出的典型大型液压站 ABMAXX 外观如图 30-107 所示。

博世力士乐定义的基本模块有：模块化油箱单元（MTU）、单电动机 - 泵单元（MPU）、双电动机 - 泵单元（M2PU）、模块化回油过滤器单元（MFU）、模块化循环单元（MCU）、模块化泵出口安全阀块单元（MPB）、模块化蓄能器单元（MAU）、变速电动机 - 泵单元（MSU）。每个模块都基于经过验证的结构和经过试验和测试的设计，并由高度可用的标准产品组成。这些模块可以使用矿物油以及抗

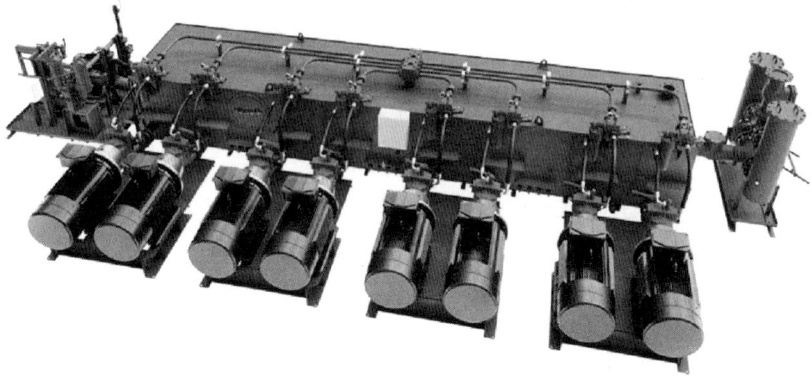

图 30-107　典型大型液压站 ABMAXX 外观

燃液压油。这是冶金行业的常规要求。

**2. 变速电动机 - 泵单元**

在大功率液压系统中提高能源效率、实现环境保护和网络化具有特别重要的现实意义。基于变速驱动（Sytronix）的 ABMAXX - MSU 为此提供了正确的解决方案，博世力士乐正在研究传感器包的定义，以及将大型动力装置集成到物联网平台 CytroConnect 中，以期尽快实现节能驱动、状态监测和以需求为导向的维护组合，提高产品的可用性，不断降低运营成本。

使用变速电动机 - 泵单元的优点：减少能源消耗，降低噪声水平，利于电动机 - 泵组的小型化，极大降低冷却功率。变速电动机 - 泵单元如图 30-108 所示。

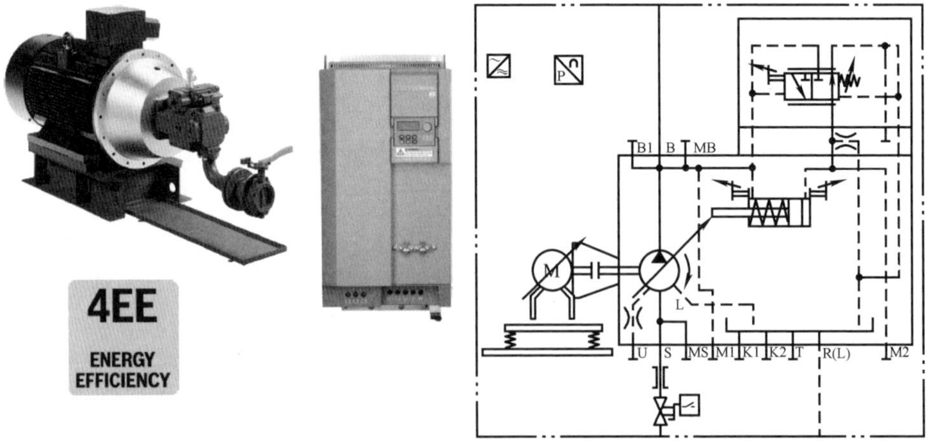


a)　　b)

图 30-108　变速电动机 - 泵单元

a）变速电动机 - 泵单元外观　b）变速电动机 - 泵单元液压原理图

变速电动机 - 泵单元使用的泵为 A4VSO（NG 71 ~ NG 250），带泵控恒压阀

DR，电动机功率为 55 ~ 200kW，电动机电压为 400V/690V – 50Hz（取决于组合泵），变频器为博世力士乐 EFC5610（75 ~ 160kW），逆变器应比电动机的功率等级高一级，如 110kW 电动机应配置 132kW 逆变器。但是，对于 160kW 电动机，也可以使用 160kW 逆变器。变速电动机 – 泵单元作为一个单元包，也带有合适的吸油管、减振器和位置监控截止阀。

## 30.8　液压多轴运动逻辑控制系统简介

博世力士乐建立了一个功能强大的运动与驱动产品体系，如图 30-109 所示。

该产品体系可用于液压、电动机、数控机床、包装机械、能源装置等领域，其硬件和软件一直随着现代科技的进步不断升级。这些硬件和软件简化了运动和驱动系统的自动控制，满足了各种液压应用的要求。

本节介绍液压领域使用的液压多轴运动逻辑控制系统（IndraMotion MLC – H）。该系统与电动机驱动、泵控、板载集成液压轴构成的控制系统框架如图 30-110 所示。

液压多轴运动逻辑控制系统（IndraMotion MLC – H）是该框架的核心部件，包括位置控制、压力控制、力控制、速度控制、交替控制（位置/压力或力）、同步控制等功能，带实时以太网总线通信接口 Sercos、PROFINET RT、EtherCAT、EtherNet/IP，可选 PROFIBUS。目前，博世力士乐所有的 IndraMotion MLC – H 采用标准化的软、硬件，从而简化了整个系统架构，使之具有一致的工程环境，确保顺利完成各种工程设计和操作任务。

通过 IndraMotion MLC – H，还可以对全部驱动器进行灵活的参数设置，调试更方便，故障诊断更清晰，系统每一个环节的操作也变得更加高效实用，以加快设备在工程现场的调试进程，缩短设备调试时间，确保在整个工程设计进程中节约时间和成本。

除了分散式驱动控制器外，博世力士乐还富有成效地开发了实时高动态的控制器，为液压驱动器提供一种快速、集中的控制方式，能理想地实现各种液压设备的自动控制。周边设备通过连接 Sercos III 和快速 I/O 模块，以实时方式同控制器进行数据交换，从而提供了一种无限制的循环存取方式，便于访问各种工艺变量和参数。

无论是分散式架构还是集中式架构，博世力士乐都探索了电动机传动、液压传动和混合传动在提高生产效率方面的总体潜力，并利用行业特定和应用特定的功能库，更方便快捷地达到最佳的生产效能。无论是多达 32 根轴的集中式控制，还是多达 128 台驱动器的分散式控制，由于博世力士乐 IndraMotion MLC – H 严格采用了模块化设计并且精细可调，因而始终能按相关应用的实际要求提供合适的性能。

对液压传动与控制解决方案，博世力士乐同样采用了工业领域标准、开放的接

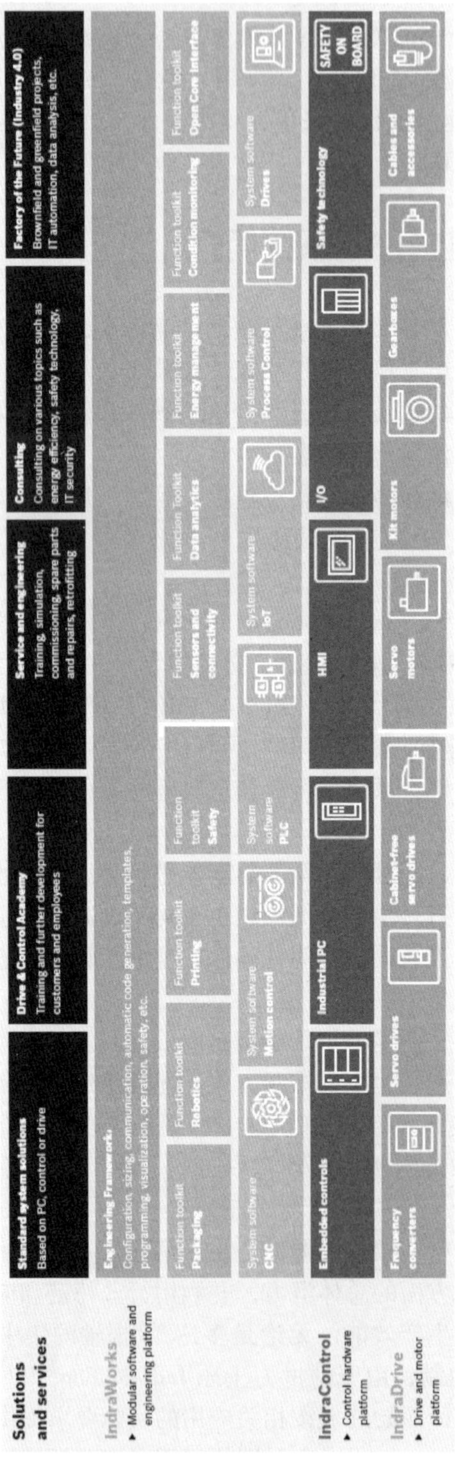


图 30-109　博世力士乐的运动与驱动产品体系

口和编程环境，其运动控制器支持各种常用的现场总线和以太网协议，可以无缝集成于各类不同的自动控制环境。运动控制软件还兼顾了液压环节的特殊要求。为工业环境下液压技术的要求而专门定制的模拟量和数字量输入/输出模块，可以确保实现最优的工艺动作序列，而且采用基于以太网的实时通信协议和 Sercos III，还能确保控制器、驱动器和输入/输出之间的同步通信。

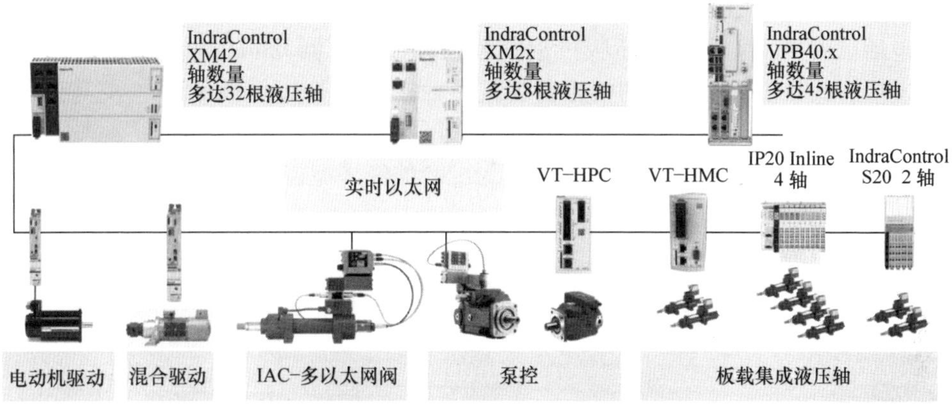


图 30-110　液压轴构成的控制系统框架

图 30-111 所示为博世力士乐液压多轴运动逻辑控制系统的特点。

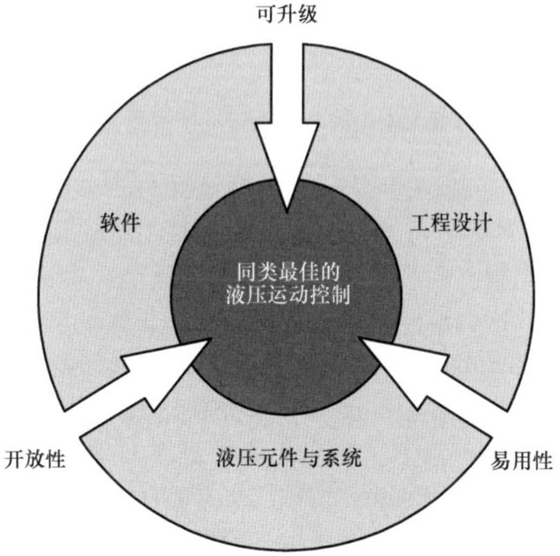


图 30-111　博世力士乐液压多轴运动逻辑控制系统的特点

博世力士乐运动逻辑控制系统通过产品广泛而又灵活的组合，IndraMotion MLC－H 在现代自动控制领域获得广泛应用，具有功能强、智能化、能效高的特点。

## 30.8.1　液压多轴运动逻辑控制系统硬件

博世力士乐的液压多轴运动逻辑控制系统硬件（以下简称液压运动控制器）经过全面升级优化，形成了有别于穆格公司 MSC 数字控制器、美国 Delta 公司 RMC75/150/200 液压伺服控制器的全新紧凑型控制器系列产品。

图 30-112 所示为博世力士乐目前的液压多轴运动逻辑控制系统的硬件设备，主要包括三大类：①当前最新版机柜安装式多轴控制器 IndraControl XM 及其扩展功能模块；②目前仍在使用的机柜安装式多轴控制器 IndraControl LXX 及其扩展功能模块；③通用的工业计算机 IndraControl VPB 40.4 与可选的显示器。此外，还有集成单/双轴控制器 IndraMotion HMC 作为配套的经济型控制器供用户选择。

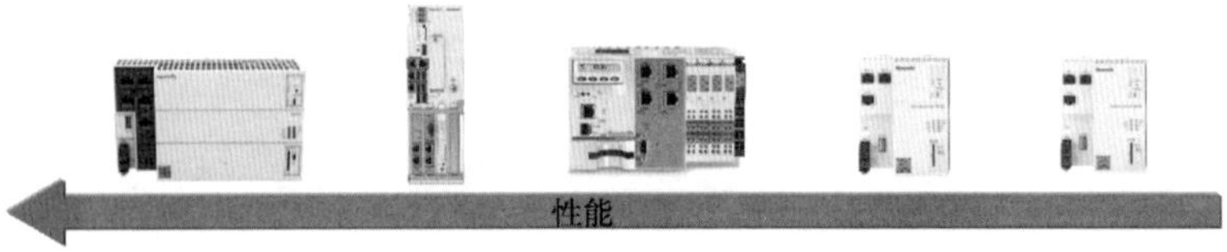


| 硬件设备 | XM42 | VPB40.4 | L75 | XM22 | XM21 |
|---|---|---|---|---|---|
| Motion-/Sercos-Takt (8/2ms) | 99 | 99 | 32 | 8 | 4 |
| Motion-/Sercos-Takt (1/1ms) | 32 | 32 | 8 | — | — |
| 液压控制最小循环时间 | 1ms | | | | |

图 30-112　博世力士乐液压多轴运动逻辑控制系统硬件设备

博世力士乐的液压多轴运动逻辑控制系统硬件升级之前，曾经包括 HACD、HNC、MAC-8（包括 MX4）等产品，这些硬件都不单独具备逻辑控制功能。为了完成机器要求的逻辑控制，用户还需要另外配置其他厂商的 PLC 模块，二者通过适当的通信方式连接，这给液压系统的应用造成了很大的麻烦。

现在，一套 IndraControl XXX 就同时具备多轴控制与逻辑控制的功能，采用通信与功能模块的方式，非常容易扩展，一台控制器最多可实现 128 台驱动器同步，还可以直接连接本地 Inline I/O、板载 8 路快速 I/O 通信接口，包括 Sercos III、PROFIBUS、PROFINET IO、EtherNet/IP、DeviceNet、Ethernet TCP/IP 和 RS232。由于所有数据都保存在可卸式存储设备中，因而更换设备十分简单。

将逻辑控制模块与轴控制模块在硬件上叠加在一起是博世力士乐 MLC 的显著功能之一。这样做的好处就是自动化工程师不再需要分别适应逻辑控制与轴控制两种模块的硬件和软件编程环境。

**1. 液压多轴运动逻辑控制系统 IndraControl XM 系列产品**

IndraControl XM 是 IndraControl L 系列的升级产品，其模块的集成度更高，相关功能与数据可参考表 30-3，或登录博世力士乐官方网站进一步了解。

（1）IndraControl XM 主模块　IndraControl XM 主模块目前包含图 30-113 所示的三种型号。

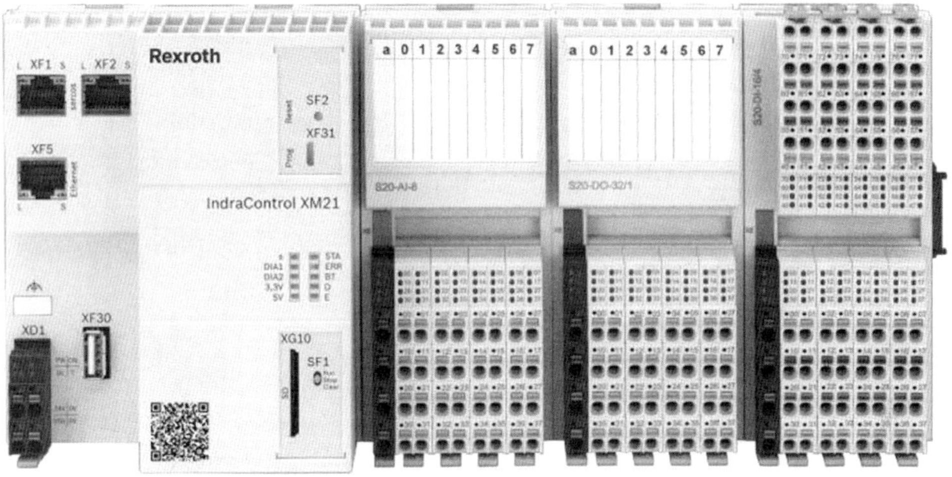


a)

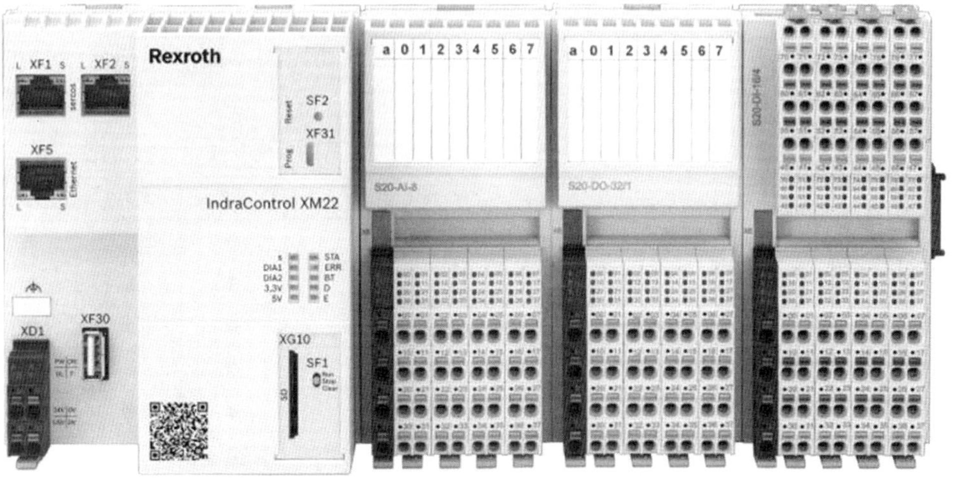


b)

图 30-113　IndraControl XM 主模块

a）IndraControl XM21 及其扩展模块外形　b）IndraControl XM22 及其扩展模块外形

c)

图 30-113　IndraControl XM 主模块（续）

c）IndraControl XM42 外形

表 30-3 列出了三种 IndraControl XM 系列液压运动控制器的功能与技术数据，便于读者更全面了解博世力士乐运动控制器的性能。

**表 30-3　三种 IndraControl XM 系列液压运动控制器的功能与技术数据对比**

| IndraControl XM 型号 | | XM21 | XM22 | XM42 |
|---|---|---|---|---|
| 运行系统 | 集成运动控制系统 | ● | ● | ● |
| 多任务处理 | | ● | ● | ● |
| 数据管理 | 代码、数据、残余数据、用户数据 | ● | ● | ● |
| 保存 | 启动项目 | ● | ● | ● |
| | PLC 项目作为打包归档文件 | ● | ● | ● |
| | 内部存储器和可移动存储器中的用户数据 | ● | ● | ● |
| 支持 | 扩展模块 | 3 | 3 | 3 |
| | 系统事件 | ● | ● | ● |
| 用户内存/MB | 总计：代码、数据 | 36 | 36 | 1024 |
| 剩余内存/MB | 总计：系统、用户 | 128 | 128 | 4096 |
| 处理器 | 英特尔 | Atom | Atom | 酷睿 i3 |
| 总内存/GB | | 0.5 | 0.5 | 2 |

（续）

| IndraControl XM 型号 | | | XM21 | XM22 | XM42 |
|---|---|---|---|---|---|
| 板载诊断和设置 | 状态显示（引导、Sercos、测试） | LED（XM）或系统文件盘应用程序（VPB40.4） | ● | ● | ● |
| | 错误、警告、消息、系统重置 | LED（XM）或系统文件盘应用程序（VPB40.4） | ● | ● | ● |
| | 以太网设置（IP 地址） | 首次握手和网络助手 | ● | ● | ● |
| | 电压监控、看门狗 | LED | ● | ● | ● |
| 板载通信接口 | Sercos | 自动化总线 | ● | ● | ● |
| | 引导轴接口 | Sercos | ○ | ○ | ○ |
| | | 组中的控件数量 | 64 | 64 | 64 |
| | PROFINET IO | 控制器（主） | — | — | ○ |
| | | 设备（从） | — | — | ○ |
| | 以太网/IP | 扫描仪（主） | — | — | ○ |
| | | 适配器（从） | — | — | ○ |
| | 以太网 TCP/IP | | ● | ● | ● |
| | 控制组 | 以太网 TCP/UDP/IP | ● | ● | ● |
| | USB 主机/设备 | 板载 | ●/● | ●/● | ●/● |
| 自动化协议 | OPC UA | 服务器/客户端 | ○/○ | ○/○ | ○/○ |
| 扩展模块 | 数量 | | 3 | 3 | 3 |
| | PROFIBUS 主/从 | | ○ | ○ | ○ |
| | PROFINET 控制器/设备 | | ○ | ○ | ○ |
| | EtherNet/IP 扫描器/适配器 | | ○ | ○ | ○ |
| | Sercos/主轴组 | | ○ | ○ | ○ |
| | 安全逻辑 | 符合 IEC 61508（SIL 3）和 EN ISO 13849－1（PL e/Cat 4）的安全控制器 | ○ | ○ | ○ |
| 人机界面 | VR，PR/DR | 以太网 TCP/IP、OPC UA | ○ | ○ | ○ |
| 输入输出，可本地添加到控制系统 | S20（数字、模拟、继电器、技术、通信、安全） | 64 字节，最大值 63 输入/输出 | ○ | ○ | ○ |

（续）

| IndraControl XM 型号 | | | XM21 | XM22 | XM42 |
|---|---|---|---|---|---|
| 通过总线耦合器 S20（IP20）分散 | Sercos | 板载 | ○ | ○ | ○ |
| | PROFIBUS | 扩展模块 | ○ | ○ | ○ |
| | 以太网/IP | 扩展模块/板载 | ○/— | ○/— | ○/○ |
| | PROFINET | 扩展模块/板载 | ○/— | ○/— | ○/○ |
| 通过总线耦合器 S67E（IP67）分散 | Sercos | 板载 | ○ | ○ | ○ |
| | PROFINET | 板载 | ○ | ○ | ○ |
| 逻辑控制，PLC 运行系统 | 逻辑 2G 内核 | 符合 IEC 61131－3，有扩展功能 | ● | ● | ● |
| | 程序组织 | 符合 IEC 61131－3 | ● | ● | ● |
| | 加载和执行 IEC 61131－3 应用程序 | | ● | ● | ● |
| 任务管理 | 可自由配置的任务（优先级 0～20） | 循环、自由运行、事件控制、外部事件控制 | 20 | 20 | 20 |
| | 处理 I/O 过程映像 | 周期同步 | ● | ● | ● |
| | | 时钟同步 | ● | ● | ● |
| | | Sercos 同步 | ● | ● | ● |
| | PLC 循环时间/ms | 与系统周期同步 | ≥1 | ≥1 | ≥1 |
| | | 与 Sercos 周期同步 | ≥1 | ≥0.25 | ≥0.25 |
| | 运动周期时间/ms | 命令值生成器 | ≥2 | ≥1 | ≥0.25① |
| PLC 处理时间 | 1000 条指令的典型处理时间/μs | 命令组合（实数、整数、布尔值等） | 26 | 13 | 2 |
| | | 布尔运算 | 5 | 5 | 4 |
| | | 字操作 | 5 | 5 | 1 |
| 运动控制标准功能 | 轴数 | 实轴，虚拟轴，编码器轴，复合轴 | 20 | 40 | 192 |
| | 控制器轴 | 集中控制 | 16 | 16 | 99 |
| | 同步（ELS－电子线轴） | 实轴（伺服驱动器） | ● | ● | ● |
| | | 虚拟轴（虚拟主机） | ● | ● | ● |
| | | 编码器轴（实轴） | ● | ● | ● |
| | | 网络轴（交叉通信） | ● | ● | ● |
| | | 动态同步 | ● | ● | ● |
| | | 主轴级联 | ● | ● | ● |

（续）

| IndraControl XM 型号 | | | XM21 | XM22 | XM42 |
|---|---|---|---|---|---|
| 运动控制标准功能 | 定位 | 单轴 | ● | ● | ● |
| | 电子传输 | | ● | ● | ● |
| | 电子凸轮 | 支撑点表（在驱动器中，最多 1024 个支撑点） | 4 | 4 | 4 |
| | | 电子运动曲线（在控制系统中，最多 16 段运动曲线） | 2 | 2 | 2 |
| | | FlexProfile（在控制中，带有基于主轴/时间的最多 16 段的运动配置文件） | 4 | 4 | 4 |
| | 根据 PLCopen（选择）的运动命令 | MC_MoveAbsolute | ● | ● | ● |
| | | MC_MoveRelative | ● | ● | ● |
| | | MC_MoveVelocity | ● | ● | ● |
| | | MC_首页 | ● | ● | ● |
| | | MC_CamIn、MC_CamOut | ● | ● | ● |
| | | MC_GearIn、MC_GearOut | ● | ● | ● |
| | 扩展运动命令（选择） | MB_ReadListParameter | ● | ● | ● |
| | | MB_WriteListParameter | ● | ● | ● |
| | | MB_GearInPos | ● | ● | ● |
| | | MB_PhasingSlave | ● | ● | ● |
| | | MB_ClearAxisError | ● | ● | ● |
| | | MB_ClearSystemError | ● | ● | ● |
| 液压功能 | 功能 | | “液压”功能工具包支持将电液轴无缝集成到 MLC 自动化软件中。这可实现符合 PLC 标准 IEC 61131－3 的集中式或分散式控制。结构化文本（ST）语言的扩展命令集允许轻松编写顺序流程，尤其是与功能工具包“通用应用程序模板”（GAT）结合使用。单个控制器模型和仿真数据可以通过软件接口轻松集成 | | |
| | 多轴控制（同类最佳） | | ● | ● | ● |
| | 同步控制 | | ● | ● | ● |
| | 交替控制 | | ● | ● | ● |

（续）

| IndraControl XM 型号 | | | XM21 | XM22 | XM42 |
|---|---|---|---|---|---|
| 液压功能 | 强制斜坡/曲线 | | ● | ● | ● |
| | 位置独立制动 | | ● | ● | ● |
| | Sytronix 控制器 | 变速泵系统 | ● | ● | ● |
| | ST 代码中的顺序编程 | | ● | ● | ● |
| | 液压模板（GAT） | | ● | ● | ● |
| 驱动系统电轴 | IndraDrive C、M、ML | 带固件 MPB/MPC 的单轴控制部件 | ● | ● | ● |
| | IndraDrive M | 带固件 MPM 的双轴控制单元 | ● | ● | ● |
| | IndraDrive Mi | 带固件 MPB | ● | ● | ● |
| | IndraDrive Cs | 带固件 MPB/MPC | ● | ● | ● |
| | Sercos Pack – Profile | | ● | ● | ● |
| | 控制通信 | Sercos | ● | ● | ● |
| | Sercos 循环时间/ms | | ≥1 | ≥ 0. 25 | ≥ 0. 25 |
| 液压轴 | VT – HMC – 1 – 1x（Sercos） | 分散轴控制器（IP20） | ● | ● | ● |
| | IAC 多以太网 | 阀内集成轴控制器（分散式） | ● | ● | ● |
| | S20 I/O 系统（S20 – AI6 – AO2 – SSI2） | 控制器内集成轴控制（中央） | ● | ● | ● |
| 混合轴（变速泵系统） | Sytronix FcP | | ● | ● | ● |
| | Sytronix DFEn | | ● | ● | ● |
| | Sytronix SvP | | ● | ● | ● |
| | 功能 | | “机器人控制”功能工具包为标准化机器人的自动化提供了大量现成的运动学、转换方程和广泛的功能库。配置和参数化对话框有助于设置和减少编程工作。PLCopen、运动学接口和用于高级语言编程的开放核心接口为用户在应用程序开发中提供了充分的灵活性。使用脚本语言 Lua 可实现复杂的机器人运动，可以使用简单的工具单独调整，如文本编辑器 | | |

（续）

| IndraControl XM 型号 | | | XM21 | XM22 | XM42 |
|---|---|---|---|---|---|
| 混合轴（变速泵系统） | 每个运动的轴数 | | 16 | 16 | 16 |
| | 多轴运动学 | 包括辅助轴 | 2 | 16 | 32 |
| | 运动学变换 | | ● | ● | ● |
| | 插补类型 LINEAR、CIRCULAR、PTP | | ● | ● | ● |
| | 可配置的块转换 | | ● | ● | ● |
| | 覆盖 | | ● | ● | ● |
| | 示教功能 | | ● | ● | ● |
| | 空间复合动作 | | ● | ● | ● |
| | 后期混合（混合后期运动） | | ● | ● | ● |
| | 传动带同步 | | ● | ● | ● |
| | 慢速/单步 | | ● | ● | ● |
| | 速度极限 | 用于轨道和轴 | ● | ● | ● |
| | 加速度极限 | 用于轨道和轴 | ● | ● | ● |
| | 保护区 | | ● | ● | ● |
| 扩展系统功能（可选择） | 可编程限位开关 | | ● | ● | ● |
| | 测量轮 | | ● | ● | ● |
| | 探测 | | ● | ● | ● |
| 技术功能（选择） | 功能 | | “技术”功能工具包提供了现成的 PLC 功能块，用于为各种应用实现面向过程的功能。所有块均基于 PLC 标准 IEC 61131－3 和 PLCopen，并以扩展功能库的形式提供。更复杂的功能还可通过向导提供简单的调整和参数化实现 | | |
| | 曲柄运动学 | | ● | ● | ● |
| | 横切机 | | ● | ● | ● |
| | 飞剪 | | ● | ● | ● |
| | 回路控制 | | ● | ● | ● |
| | 张力控制 | | ● | ● | ● |
| | 寄存器控制 | | ● | ● | ● |

（续）

| IndraControl XM 型号 | | | XM21 | XM22 | XM42 |
|---|---|---|---|---|---|
| 技术功能（选择） | 绕线机 | | ● | ● | ● |
| | 魔力皮带 | | ● | ● | ● |
| | 智能皮带 | | ● | ● | ● |
| 诊断 | 诊断（状态、警告、错误） | 功能模块（软件） | ● | ● | ● |
| | | 参数访问诊断存储器（软件） | ● | ● | ● |
| | | 通过状态显示本地（控制硬件） | ● | ● | ● |
| | | 轴监控（例如容量、编码器、限制值） | ● | ● | ● |
| | | 诊断存储器（64KB，最多 999 条消息） | ● | ● | ● |
| | IEC 应用程序的调试监视器 | | ● | ● | ● |
| 工程与运营 | IndraWorks | 工程工具 | ○ | ○ | ○ |
| | 首次握手 | 基于网络的调试 | ● | ● | ● |
| Web Assistant（基于网络工程） | 功能 | | WebAssistant 是一个基于 Web 的用户界面，用于 MLC/ILC 自动化系统维护、服务和诊断。网页直接位于控制器上，可通过标准浏览器轻松访问。WebAssistant 会自动适应浏览器的分辨率。在 WebComposer 的帮助下，针对触摸操作优化的用户界面可以针对用户进行扩展 | | |
| | 准备好的网页界面 | | ● | ● | ● |
| | 用户定制，可扩展 | 带有 IndraWorks WebComposer | ○ | ○ | ○ |
| | 控制系统上的集成网络服务器 | 通过标准网络浏览器进行可视化 | ● | ● | ● |
| | 底层网络技术 | HTML5 | ● | ● | ● |
| | | JavaScript | ● | ● | ● |

注：●标准，○可选择，—不可用。

① 取决于应用程序。

（2）IndraControl XM 扩展模块　选用博世力士乐的 IndraControl XM 扩展模块可以获得很好的兼容性能。扩展模块和 I/O 模块通过图 30-114 所示的总线插座模块连接到控制器，完整的 S20 产品组合可用作本地 I/O，可以与本地 I/O 进行循环数据交换。

1）带有 Sercos Ⅲ接口的 4 轴液压运动控制器（4 Axes Module）。具有高端控

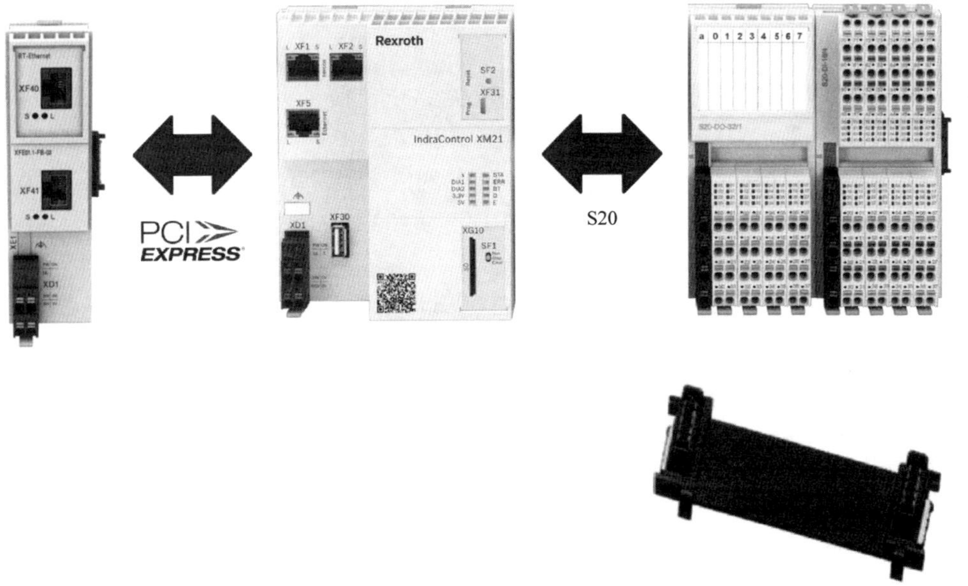


图 30-114　IndraControl XM 扩展模块的连接方式

制技术的带有 Sercos Ⅲ接口的液压运动控制器可代替博世力士乐原 4 轴 HNC 产品，其外形如图 30-115 所示。

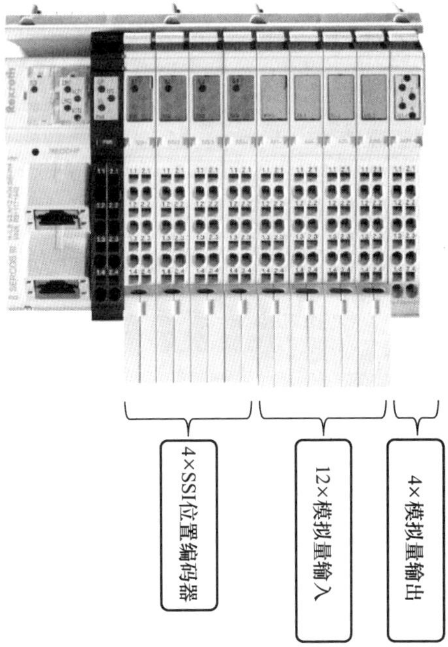


图 30-115　带有 Sercos Ⅲ接口的液压运动控制器

该控制器的主要接口参数如下：

① 带集中驱动控制的 4 个轴。

② 12 路模拟量差分输入（16 位分辨力），电流信号类型有 ±10mA、±20mA、0～20mA、4～20mA；电压信号类型有 0～10V、±10V。

③ 4 路模拟量输出（16 位分辨力），电流信号类型有 ±10mA、±20mA、0～20mA、4～20mA；电压信号类型有 0～10V、±10V。

④ 4 路 SSI 位置编码器输入。

4 轴液压运动控制器的端口分布如图 30-116 所示。

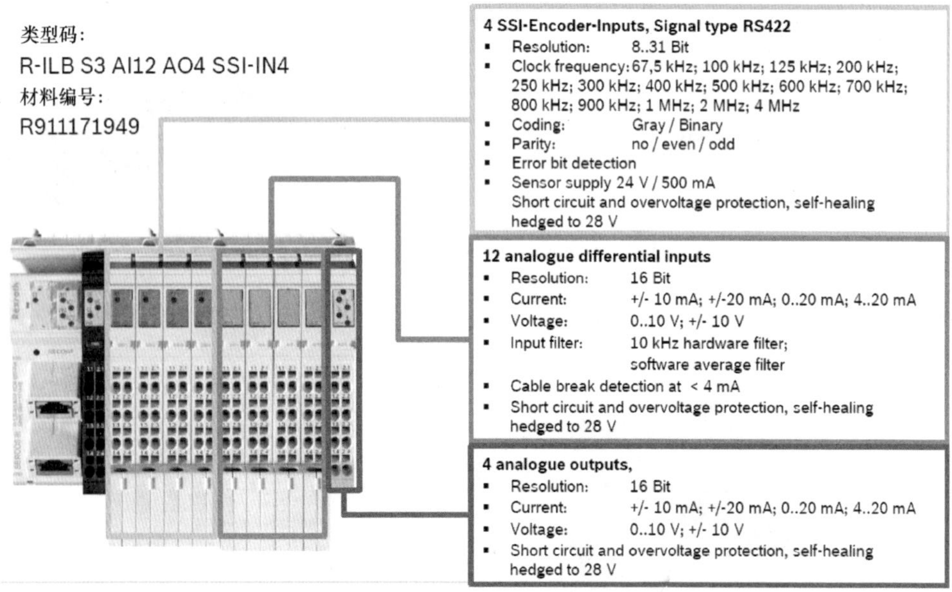


图 30-116 4 轴液压运动控制器的端口分布

2）2 轴同步模块（S20 I/O Module），型号为 S20－AI6－AO2－SSI2，其端口数量、功能与参数如图 30-117 所示。

3）总线耦合器模块（S20 Bus Coupler－Sercos），型号为 S20－S3－BK+的总线耦合器模块带有 2 个以太网接口和用于设置 Sercos 地址的旋转编码开关，最多可连接 63 个模块，最小循环时间为 31.25μs，可同步交换数据，有电子铭牌、诊断和状态 LED 功能，其外形如图 30-118 所示。

4）计数器模块（S20 I/O module－2 INC & 2 CNT），型号为 S20－CNT－INC－2/2 的计数器模块最大输入频率为 300kHz，带有 32 位计数器，2 个计数输入，2 个数字输出，有门、方向/停止、锁存、参考 4 个输入，2 个增量编码器输入，可用于对称和非对称编码器，其外形如图 30-119 所示。

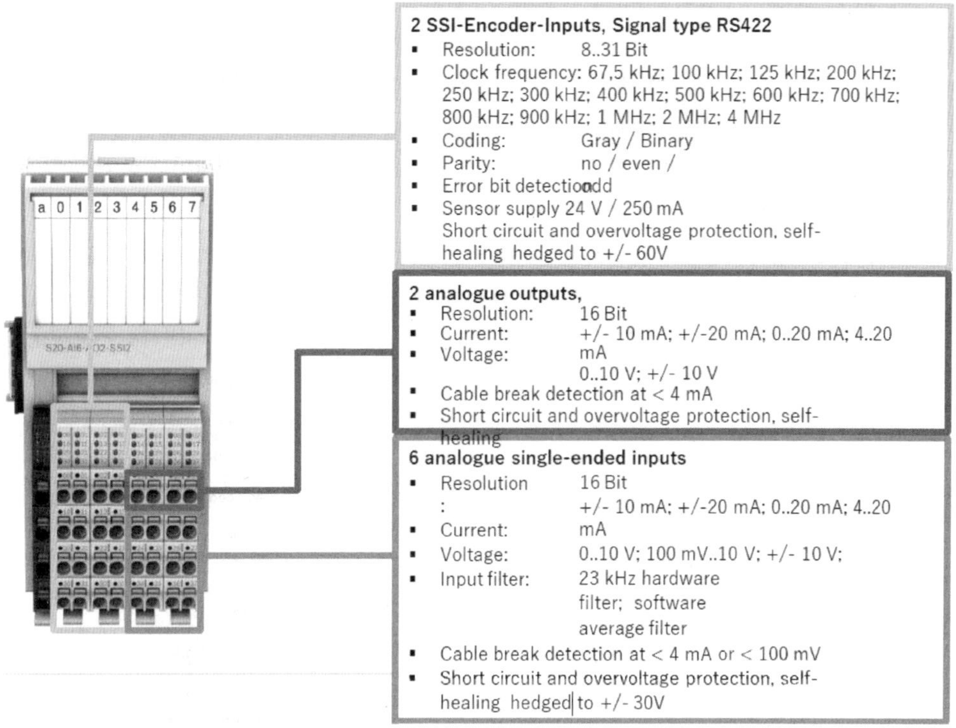


图 30-117　2 轴同步模块的端口数量、功能、参数

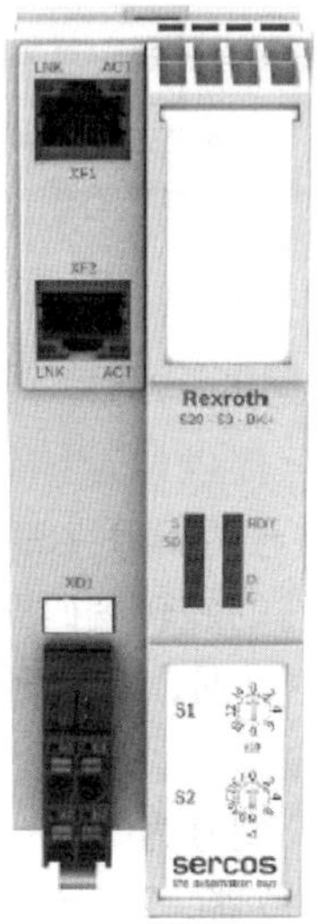


图 30-118　S20－S3－BK＋总线耦合器模块

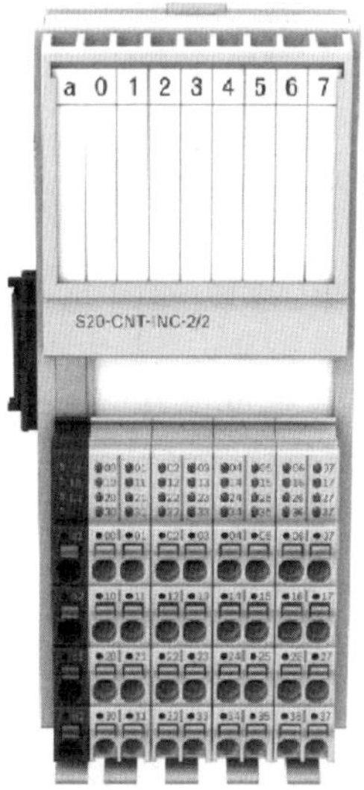


图 30-119　S20－CNT－INC－2/2 计数器模块

5）脉宽调制（PWM）模块（S20－PWM－X－T－PWM Module）。脉宽调制模块为受控比例阀或开关阀提供高效率且带抖动的控制信号，可以连接一个或两个电磁线圈，型号为 S20－PWM－4－T 的脉宽调制模块提供 4 个输出，型号为 S20－PWM－2－T 的脉宽调制模块提供 2 个输出，采用 24V 直流供电，每个通道的额定输出电流为 2.7A，如图 30-120 所示。

**2. 单/双轴运动控制器 VT－HMC**

VT－HMC（Hydraulic Motion Control）控制器外形专门针对分散控制的需要设计，可分别代替博世力士乐原单/双轴 HNC100 产品，但编程软件不再采用只适用于 HNC100 的编程工具 WINPED，而是使用目前通用的 IndraWorks 平台，从而获得更强大的功能，特别是实现了与博世力士乐所有电驱动产品的互联互通，其产品外形如图 30-121 所示。

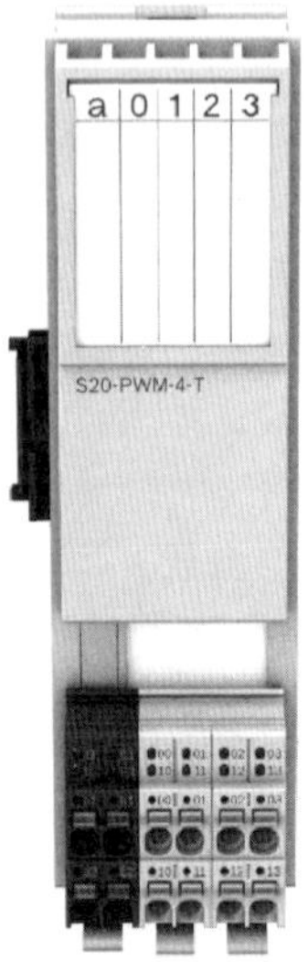


图 30-120　S20－PWM－4－T 脉宽调制模块

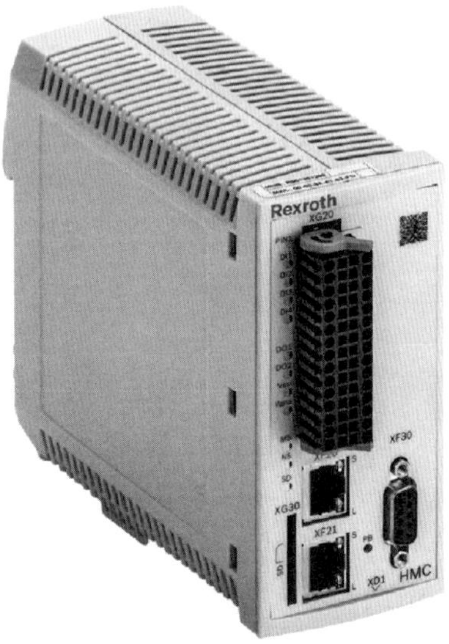


图 30-121　单轴液压控制器 VT－HMC 产品外形

VT－HMC 是符合 IEC 61131－3 的集成轴控制器，可提供位置控制、力控制、压力控制、交替控制（位置/压力和力）、速度控制等功能，带有过热短路保护和过载保护功能，绝缘强度可达 28V。

VT－HMC 可通过总线接口（XF20/XF21 或 XF30）、模拟接口（XG20/XG21）或内部 PLC 程序完成控制值预设。双轴型可实现轴的独立运行或同步控制。可通过总线接口（XF20/XF21 或 XF30）或模拟/数字接口（XG20/XG21）将实际值信号的反馈信息发送至上级控制系统。为了与上级控制系统进行通信，博世力士乐提供了在线功能块（详见 https：//www.boschrexroth.com/HMC）。控制器参数通过 2 个以太网接口（XG20/XG21）的其中一个接口进行设置（集成切换功能）。数字控制电子元件启用全面监视功能/错误检测，包括欠电压、通信错误、模拟传感器输入电缆中断（4～20mA）和数字位置测量系统出错、模拟/数字输出的短路监控、微控制器（看门狗）监控、集成电子元件的温度、24V 传感器电压和数字输出的过电流。用户可使用 IndraWorks 工程工具实现项目设计并对 VT－HMC 进行项目规划、参数设置、PLC 程序准备（IndraWorks MLD 要求）、调试、诊断、对 PC 上的所有数据进行管理。

单轴 VT－HMC 运动控制器功能总览如图 30-122 所示。

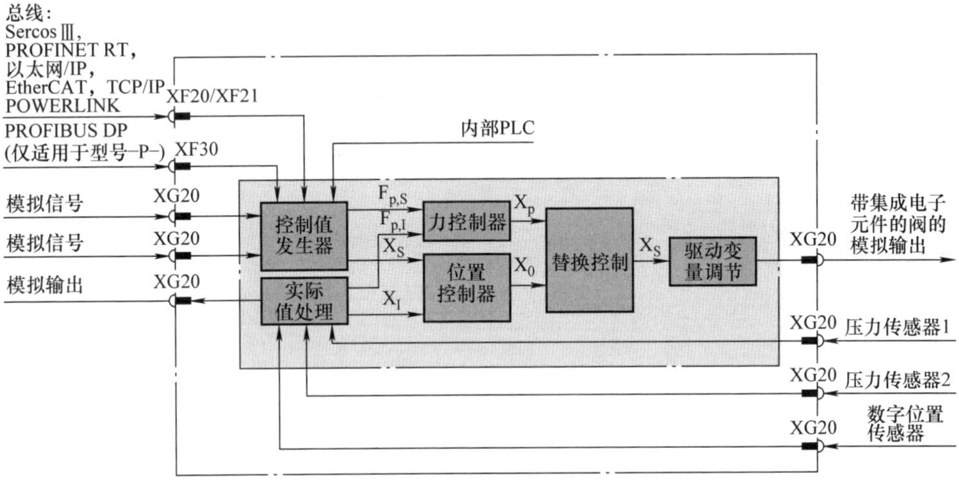


图 30-122 单轴 VT－HMC 运动控制器功能总览

单轴 VT－HMC 运动控制器的主要接口参数如下：

1）4 路模拟量差分输入（14 位分辨力），电流信号类型为 4～20mA；电压信号类型为 ±10V。

2）2 路模拟量输出（16 位分辨力），电流信号类型为 4～20mA；电压信号类型为 ±10V。

3）1 路增量编码器输入（5V TTL），1 路 SSI 或 1 路 EnDat 2.2 位置编码器输入。

博世力士乐将长期的液压工程实践积累的丰富知识存储在软件模块中，打开该软件模块，进入 VT－HMC 启动界面，如图 30-123 所示。

进入 VT－HMC 启动界面以后，便可以快捷地完成单轴 VT－HMC 位置、压力（力）以及速度与加速度的复合控制，如图 30-124 所示。

单轴 VT－HMC 应用场景如图 30-125 所示。

**3. 液压多轴运动逻辑控制系统 IndraControl L 系列产品**

目前，博世力士乐仍在使用的 IndraControl L 系列液压多轴运动逻辑控制器主要包括 L25、L45、L75 三个产品，如图 30-126 所示，但是它们已经面临更新换代，由此可见电子技术和计算机技术的快速发展。

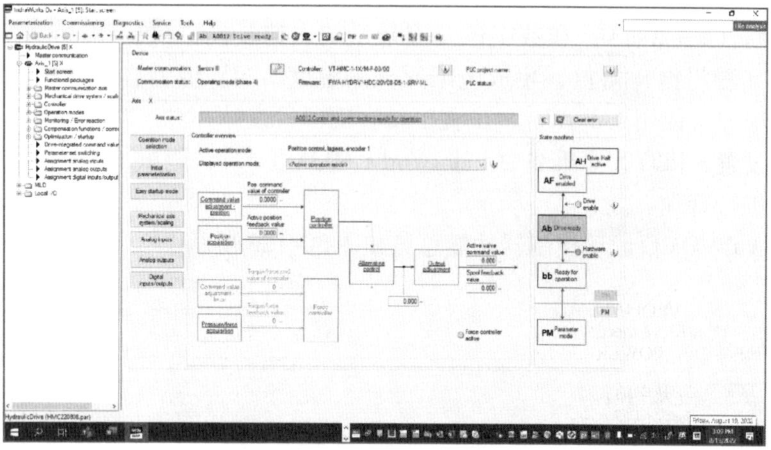

图 30-123 VT－HMC 启动界面

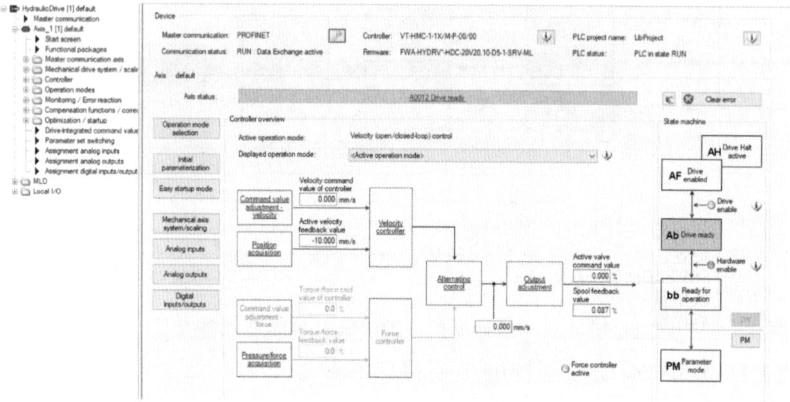


a)

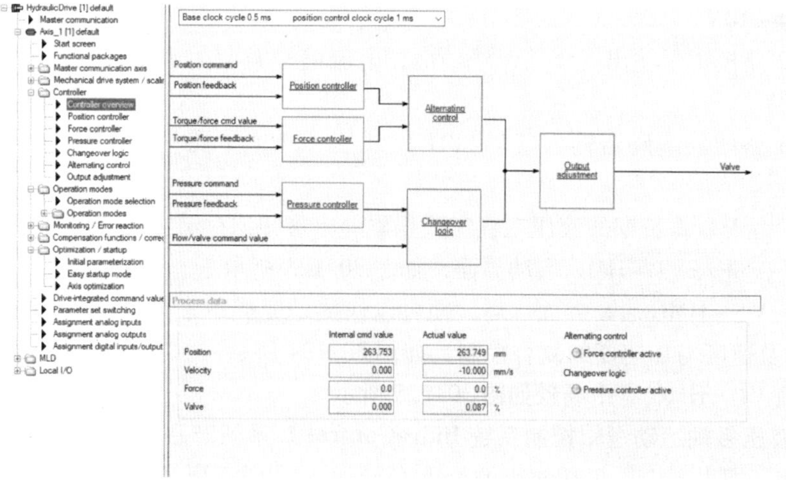


b)

图 30-124 单轴 VT－HMC 位置、压力（力）以及速度与加速度的复合控制

a）位置、压力（力）与速度的复合控制 b）位置、力与加速度的复合控制

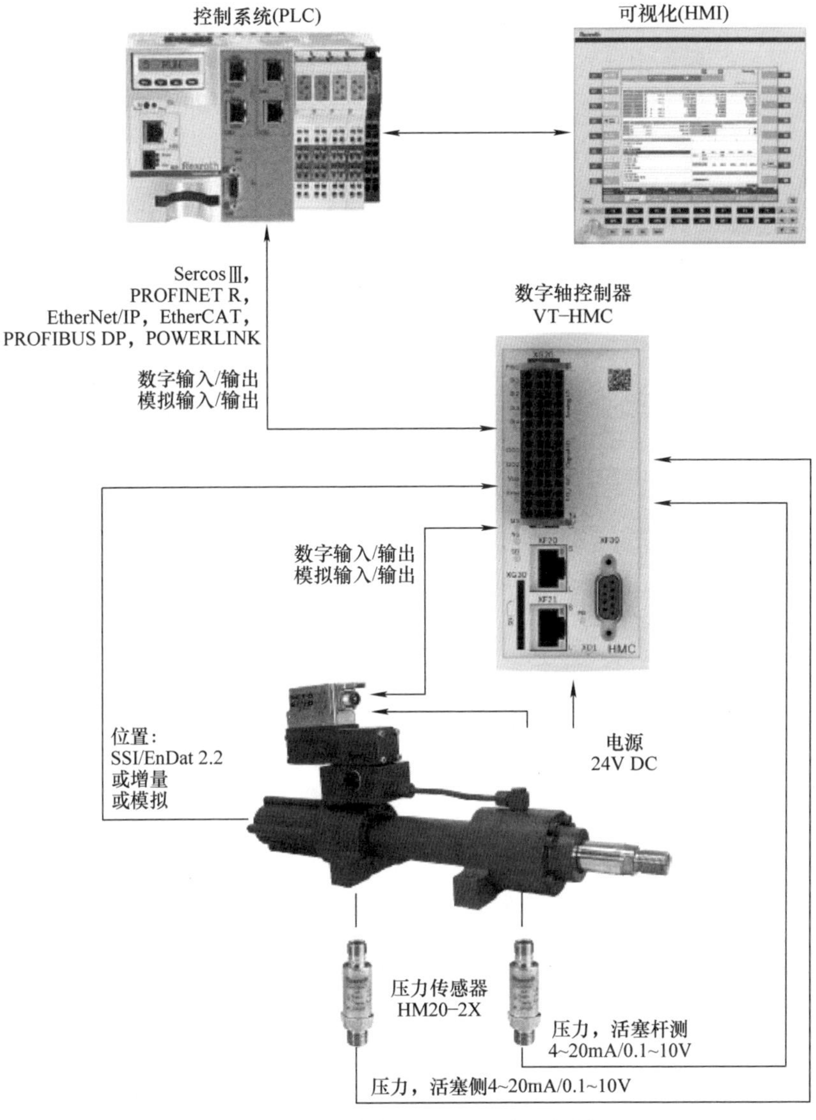


图 30-125　单轴 VT－HMC 应用场景

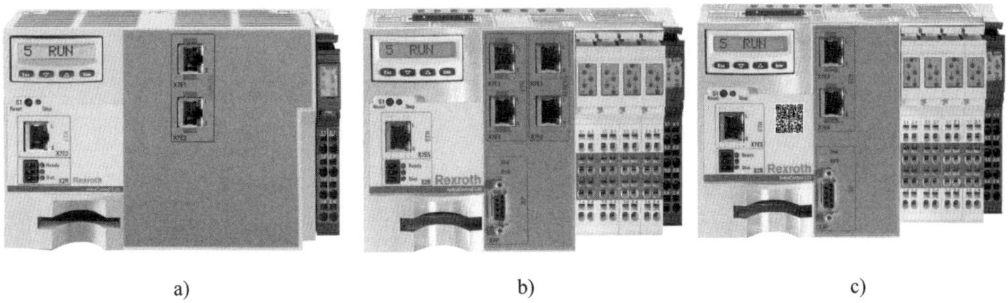


图 30-126　带同步功能的 IndraControl L 系列产品外形

a）L25 带 4 轴同步　b）L45 带 8 轴同步　c）L75 带 32 轴同步

L25、L45、L75都是可扩展的硬件平台，带标准化的通信接口，可通过功能模块进行扩展，实现集中式和分布式控制的拓扑结构，也可通过高级可视化组件单独扩展，带有模块化I/O单元。它们与扩展模块的连接方式如图30-127所示。

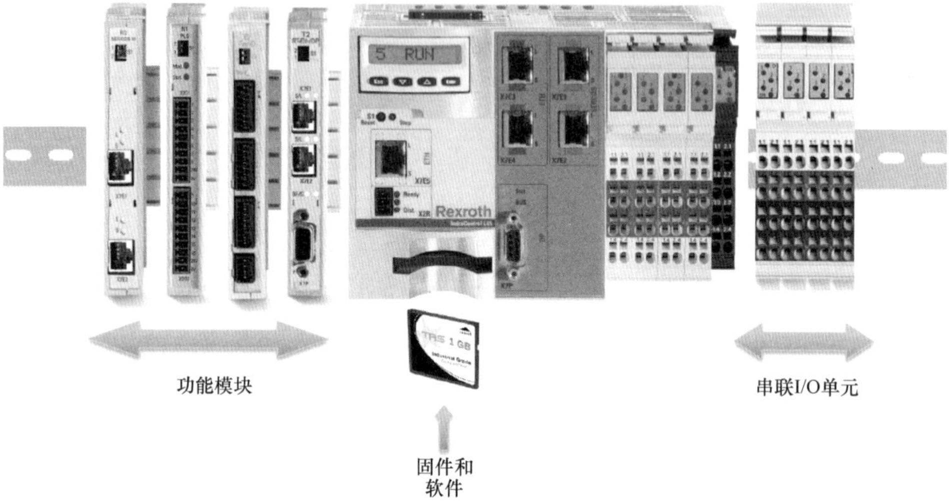


图30-127　控制器IndraControl和它们的扩展模块连接方式

## 30.8.2　液压多轴运动逻辑控制系统软件平台

### 1. 液压多轴运动逻辑控制系统软件平台技术优势

博世力士乐液压多轴运动逻辑控制系统软件平台处于不断升级、优化、丰富功能的过程中，需要随时关注最新的版本。目前采用的高效软件工程的通用工具IndraWorks提供了一种标准的架构，缩短了从产品创意到最终生成解决方案的时间。

博世力士乐的IndraWorks采用开放的编程环境，使编程环境符合国际标准。基于IEC 61131－3和PLCopen功能库标准的开放式编程平台、特殊控制技术的开放性、通信的开放性（常用现场总线系统和以太网协议）降低了编程的复杂性，并实现了全套自动控制系统的标准化，无论使用何种通信方式，都能无缝地集成IndraMotion MLC，不仅减少了原本所需的产品型号数量，还利用开放的编程标准、预定义的功能库，以及随时可用的技术功能，缩短了工程设计时间，并融入工程师积累的专业知识，保持竞争优势。

IndraWorks将同类最佳的流体动力控制技术集成到统一的自动化控制平台内。设备的调试和操作不需要流体动力学的精深知识。经过预定义的块和功能库就能够实现高的控制质量，从而自动适应各种液压专用特性。为了以微米级的准确性定位加工机器，或者为了提升工厂内极为沉重的负载，运动控制器优化了液压环节，以满足大多数应用场景的准确性要求。开放的控制器接口简化了应用的特定功能（如指令值生成）的实现，或者分级控制模式的实现，直到集成完整的仿真数据。

机器制造商可以方便地将自己的指令值生成器或每一种控制模型集成在 IEC 61131－3 架构之中。通过采用库管理技术，即可嵌入全套仿真模型，达到保护机器制造商知识产权的目的。

只要条件许可，博世力士乐就会以参数设置方式替代复杂而耗时的编程。这对于复杂的任务而言尤为重要。IndraWorks 还通过版本和用户管理功能，为多个项目的并行工程提供管理方面的支持。

对话框支持的“Agents（代理）”具有全套联机帮助功能，“工具提示”则简化了系统周边设备的配置和操作。可以借助于一致且用户友好型对话框，根据物理状况设置所有驱动器类型的参数。项目探索工具则提供必要的浏览功能，可以用作 IndraMotion MLC 对于全部设备和功能的控制中心。

长期以来，博世力士乐在运动控制类液压技术应用领域积累了成千上万个项目应用的大量宝贵知识和经验，并基于这些知识和经验优化液压传动和混合传动的控制策略，将它们不断集成在投入使用的软件中，使之成为“核心知识”，以显著简化工程设计的过程，确保快速而稳妥地实现解决方案。这是博世力士乐获得巨大成功的决定性因素。特别是采用软件通用工具 IndraWorks 之后，博世力士乐通过软件利用这些经验使用户受益最大化。博世力士乐将其综合和全面的液压现场应用经验都集成在软件之中，使用户既可以受益于液压的高功率密度的优点，又能获得最优方式下现代传动的可靠性和高效率。

博世力士乐通过这些努力，使用户在工程设计、设备调试、故障诊断阶段都能以一种标准化的工程环境，完成全部自动控制任务，更快实现自己的产品创意目标，达到提高编程效率、操作更方便的目的。

博世力士乐的 IndraWorks 在液压多轴运动逻辑控制系统中的应用场景如图 30-128 所示。

博世力士乐的 IndraWorks 提供两个不同权限的版本：①编程工具 IndraWorks Engineering，是应用工程师编写设备控制程序的版本，需要授权才能使用。②调试工具 IndraWorks Ds，是提供现场工程师维护设备的版本，可以设置和监视参数，无须授权即可使用。

IndraMotion MLC 是具有标准系统软件的一台控制器，用于控制电动机传动、液压传动和混合传动。应用工程师只要专注于实际的自动控制任务，并利用模块化的软件结构，以清晰透明的方式实现每一项技术方案就可以了。博世力士乐还补充了 PLCopen 功能块在位置、速度和力矩控制方面的行业专用功能，如飞剪或皮带张力控制。在定义和实现自己需要的功能方面拥有极大的自由度。

**2. 液压多轴运动逻辑控制系统软件平台的功能**

IndraWorks 具有针对液压轴、电动轴（电动机）和混合轴动力驱动解决方案的完整功能，所包含的软件模块如图 30-129 所示。由于控制软件包含大量预定义的液压控制器，因此特别容易完成流体驱动任务。

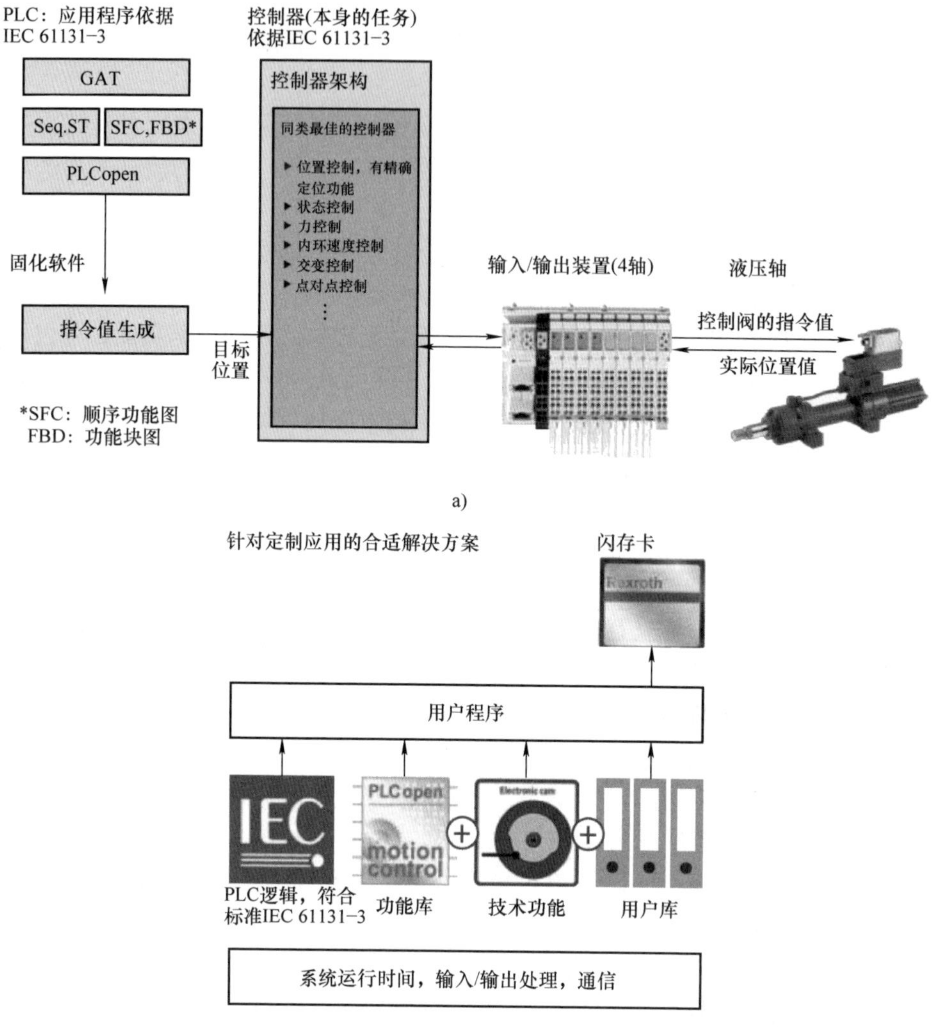


图 30-128　IndraWorks 在液压多轴运动逻辑控制系统中的应用场景
a）IndraWorks 应用在液压多轴运动逻辑控制系统中　b）IndraWorks 的功能块

IndraWorks 作为高效软件工程的通用工具，提供基于当前 Windows 技术的常规操作，并提供用于设计控制系统、驱动器和外围设备的丰富向导。借助 IndraWorks 可在一个操作直观的统一软件环境下完成所有基于 PLC 的自动化和驱动调试任务，提供所有必要的基本工具，包括充分整合的 CODESYS V3。使用者可快速、透明地访问自动化组件的全部功能和系统数据。

基于 CODESYS V3 的 IndraWorks 采用面向对象的语言扩展 PLC 和运动逻辑编程，主要编程功能包括：①智能和基于向导的操作；②同步控制；③顺序编程

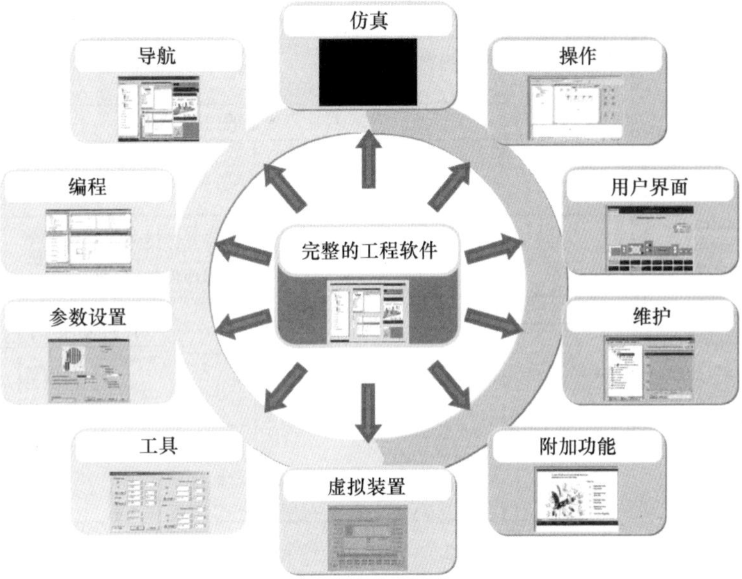


图 30-129 IndraWorks 工程软件包含的软件模块

SEQ. ST；④变速泵驱动；⑤更简单的位置/力矩控制；⑥制动模式下的位置控制；⑦时刻掌控进程的诊断和示波器功能等。

（1）智能和基于向导的操作 在大量自动控制解决方案的基础上，博世力士乐归纳了各种典型的应用，并研制了一种“向导”软件工具；其中，通过交互方式创建了相关应用系统的所有基本部件，有助于极大地降低工程设计的负担。在这个工具中，还收录了一些耗时的例行任务，而且还有助于实现程序结构的标准化。一旦需要移交项目或在迫不得已的情况下维修设备，它也能缩短相关人员熟悉项目的时间。

预定义的程序框架和机器的顺序控制器提高了软件的模块化水平；而应用特定的模板则简化了项目的启动和出错处理的方式。为了协助布置用户接口，博世力士乐还提供了一些模板，以确保编程的简便性，如图 30-130 所示。这是一个通用应用模板，用于项目创建向导，达到快速编程、结构清晰、缩短编程时间的目的。

（2）同步控制 无论是对于压力机、塑料加工机械，还是对于设备的工程设计，多台液压缸和驱动器的完美同步，是其中的一项基本要求。

博世力士乐开发了一些量身定制的同步算法，用户只需要简单地加以选用即可。这些算法涵盖各种同步任务，它们可以控制位置同步、主动同步和被动同步等不同的形式，还能够控制负载的分配。更重要的是，对于包含电子、液压和混合传动的混合型同步组合，IndraMotion MLC 更是实现同步的理想选择。这也是博世力士乐开发的同步算法不同于其他公司控制器的特点之一。

具体的同步方法有以下四种。

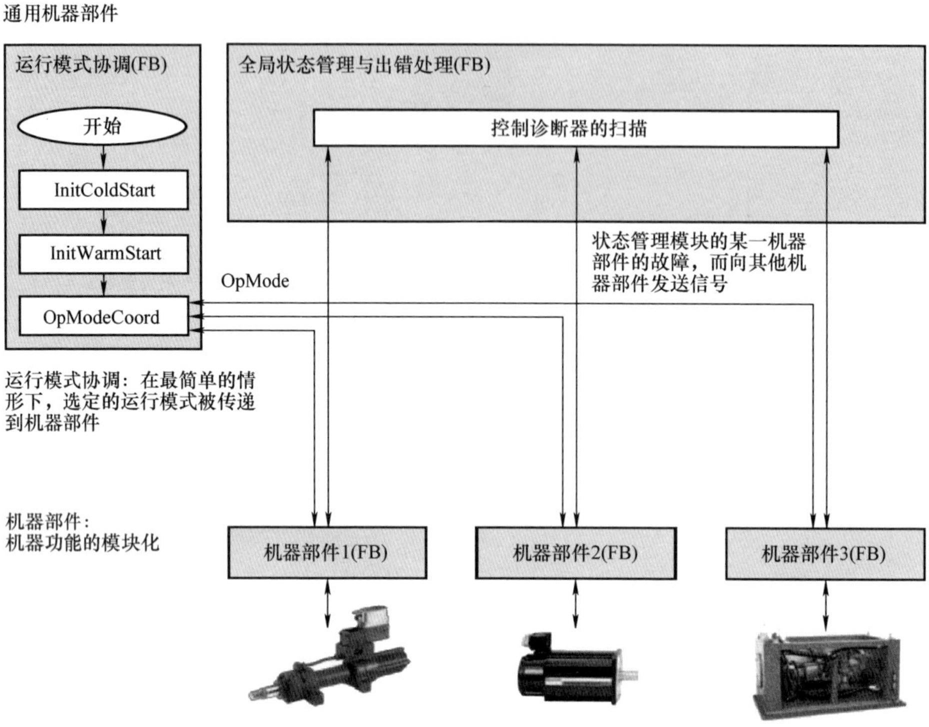


图 30-130 预定义的程序框架

1）主轴原则（主动同步）：所有的轴都遵循主轴的运动规律，适合带有主轴的应用。

2）最大值原则（主动同步）：具有最大实际位置值的轴是主轴。例如，对于压力机的向下冲程，垂直轴和编码器的设定值“以最大值上升”的时候。

3）最小值原则（主动同步）：具有最小实际位置值的轴是主轴。例如，对于提升平台或升降机，垂直轴和编码器的设定值“以最小值上升”的时候。

4）平均值原则（被动同步）：采用交互控制方式，任意一根轴遵循所有轴的平均位置，适用于并联保持功能（位移同步）。

（3）顺序编程 SEQ. ST　博世力士乐提供一种编程工具帮助用户以一种通用的语言来实现循环和顺序控制的任务。由于 PLC 与运动控制任务已得到清晰的分离，这个工具基于结构化文本（ST），即便是很复杂的项目，也能以此得到简化，并具有极高的编程透明度。此外，它采用常见的语法和用户接口，能够管理常用的变量和资源，并提供了一个内置调试器。顺序编程专为电液系统解决方案而研制。

在顺序处理方面，SEQ. ST 也补充了 IEC 61131－3，允许用户在 ST 程序架构内方便而清晰地进行时序处理。

以图 30-131 所示的压力机工作循环为例，只需要用顺序编程中少数几个高效的指令，就可以方便地创建一个动作序列。

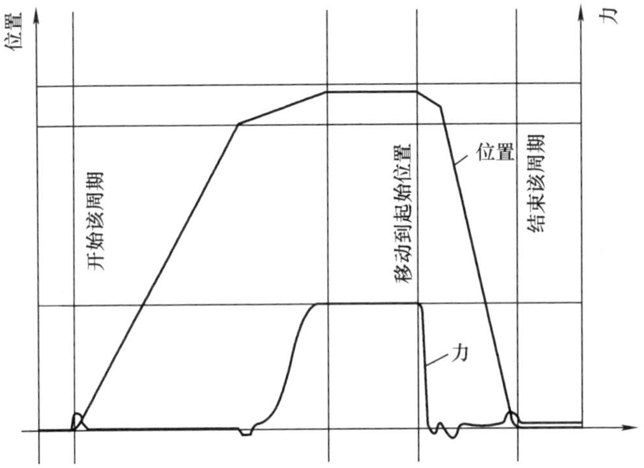


图 30-131　压力机工作循环

在执行“MoveProfile”指令时，压力机首先快速移动，然后以加压速度移动到规定的加压部位。在此期间，系统将监测压紧力（“ForceRamp”指令）的数据集，必要时还会加以限制。通过图形方式，可以表明已达到了加压部位，并开始这个加压时间。然后，在接到“MoveAbsolute”指令后，压力机返回起始位置。

（4）变速泵驱动　博世力士乐的驱动器软件兼顾流体传动技术的各项特殊要求，通过 IndroDrive 软件包可方便完成变速泵驱动器的参数设置。

（5）更简单的位置/力矩控制　实现快速定位并动态转变为力矩控制，包含预定义的力矩指令值曲线，以前往往需要复杂的编程。博世力士乐简化了这种综合功能，并精简为方便的参数设置。这项功能形成了液压控制器的标准。由博世力士乐开发的这些控制器，可以自动解决由位置控制转变为力矩控制的问题，并具有最高的控制质量，是高可靠性的解决方案。

（6）制动模式下的位置控制　这是指带制动目标位置的开环定位控制。经过验证，制动模式下的位置控制具有较高的可靠性，在很多应用系统中具有相当高的实用价值。博世力士乐利用 IndraMotion MLC，开启了位置控制器或交互控制器的附加组合选项。除了 PLCopen 以外，这种运动控制器还为横杆轴提供专用的液压控制块。

（7）诊断与示波器功能　控制任务的要求越高，诊断选项就必须越高效。

1）诊断的三种级别：①F—错误；②E—警告；③A—信息。

2）严重程度的级别：F9 > ··· > F1 > F0；E0；A0。

通过 PLCopen 功能块可得到故障结构的详细内容，如图 30-132 所示。

3）示波器功能，内嵌于 IndraWorks 的可视化工具——示波器能以实时方式记录多达 8 个通道的 PLC 数据和工艺变量，并将其连续保存在计算机中。这样就能

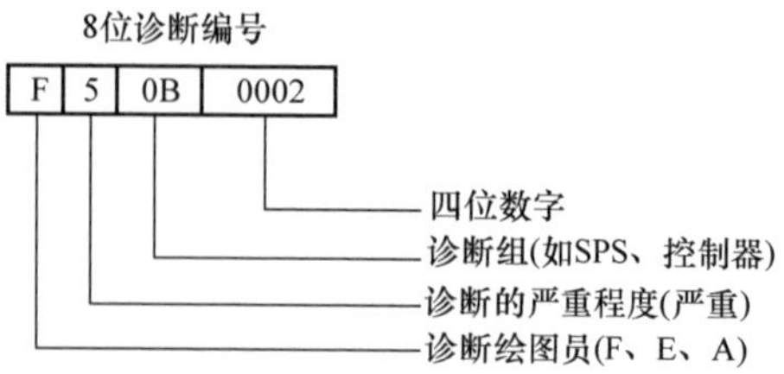


图 30-132　故障结构的详细内容

长期记录机器的状态，加快设备故障检修的进程。示波器的主窗口分为不同的区域，如图 30-133 所示。

① 工具栏：工具栏提供了使用测量文件（＊.scope）、测量和测量配置的重要功能。此外，还可以保存或打印示波器的图形区域。操作员可以切换到示波器的不同图表类型、执行计算、查看特性或更改界面布局。该区域的缩放功能还提供了缩放图表中显示的信号曲线，可以使用箭头键“Scaling back”或“Next scaling”来切换到旧的或新的缩放设置。光标显示或隐藏带有线光标标记的两个线光标并放大该区域。在此区域中，还可以配置测量和测量模式并控制测量。可以使用相应的按钮激活或禁用信号图例（下方的窗口区域）和操作区域（右侧的窗口区域）。布局设置在示波器重新启动后仍然有效。

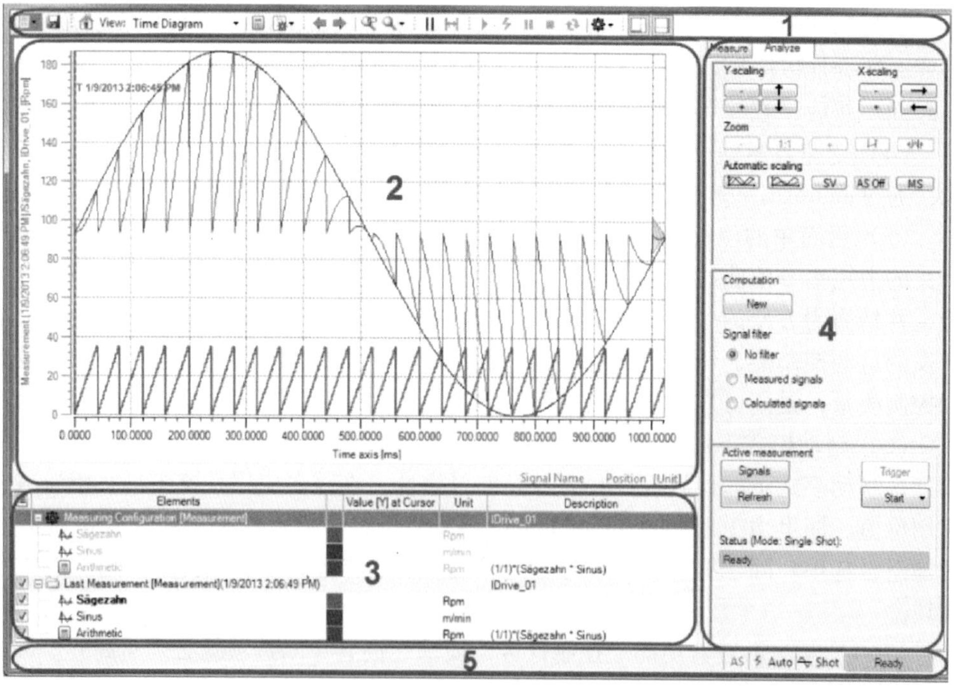


图 30-133　IndraWorks 的可视化工具——示波器的主窗口

1—工具栏　2—图形区域　3—信号图例　4—操作区　5—状态栏

此外，可以使用最右侧界面设置示波器，以始终在前台显示示波器。需要注意的是，仅当示波器在单个窗口或 IndraWorks Suite 中运行时，此设置才有效。该选项在重新启动或对接时被禁用。

② 图形区域：在图形区域中，显示测量和加载的信号曲线和计算，还可移动、缩放或更改测量曲线的颜色。图形区域中的显示对应于示波器的信号图例。除了鼠标的直接操作外，图形区域在下拉菜单中还具有操作功能。它在三个图形区域之间进行区分。每个图形区域都有一个特殊的下拉菜单。这三个区域是 $x$ 轴、$y$ 轴和由轴跨越的图表区域。

③ 信号图例：信号图例显示示波器会话的所有测量值和信号。例如，在信号图例中，可切换活动信号，或者在图表中显示或隐藏信号和计算值。根据所选元素，信号图例中提供不同的下拉菜单。除了连接管理之外，还提供了测量配置和测量控制的功能，如在“测量配置”节点上。通过工具栏的布局功能显示或隐藏信号图例。

④ 操作区：操作区域位于示波器窗口的右侧，显示“测量”和“评估”选项卡。“测量”选项卡中包含配置和执行测量的界面。“评估”选项卡提供评估（如比例和位置测量曲线等）以及执行测量。

通过工具栏的布局功能显示或隐藏操作区域。通过下拉菜单和工具栏隐藏操作区域时操作示波器。

⑤ 状态栏：显示示波器最重要的状态和设置，包括 AutoScaling 启用/未启用、触发方式、测量模式、测量状态。状态栏的每个字段都会显示带有简要说明的工具提示。

图 30-134 所示为一个多通道示波器和数据记录仪实例。

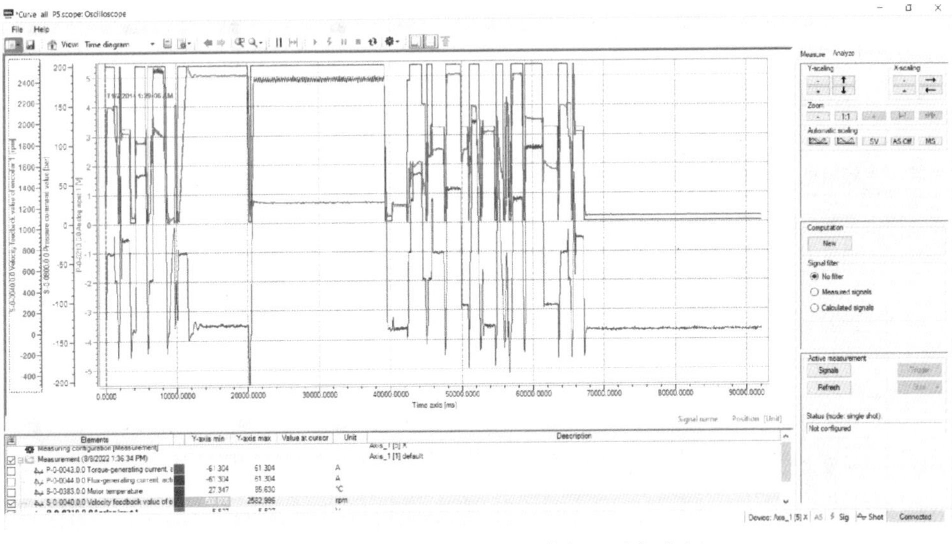

图 30-134　多通道示波器和数据记录仪实例

此外，IndraWorks 的编程功能还包括交互控制、定位（可自动转换为力矩控制和回程）、逻辑控制（基于可扩展的 IEC 61131－3 PLC 标准）、标准的运动控制块

(PLCopen)、功能库（经过预定义的功能块）、电子齿轮、电子凸轮、电子长轴、运动曲线、机器人控制、主轴关联的运动曲线、实现坐标运动的编辑器等指令模块。IndraWorks 软件包及其功能见表 30-4。作为液压工程师，需要重点关注 IndraMotion MLC 这个软件包。

**表 30-4 IndraWorks 软件包及其功能**

| 编程模块名称 | | | IndraDrive | IndraMotion MTX | IndraMotion MLC | IndraMotion MLD | IndraLogic XLC |
|---|---|---|---|---|---|---|---|
| IndraWorks 选型 | IndraWorks ML * | | ● | | ● | ● | ● |
| | IndraWorks MTX | | ● | ● | | ● | ● |
| | IndraWorks MLD | | ● | | | ● | |
| | IndraWorks Ds | | ● | | | | |
| 基本功能 | 操作系统支持 | | ● | ● | ● | ● | ● |
| | 多语言框架 | | ● | ● | ● | ● | ● |
| | 多语言项目 | | | ● | ● | ● | ● |
| | 导入/导出 PLC 项目文本 | | | ● | ● | ● | ● |
| | 固件管理 | | ● | ● | ● | ● | ● |
| | 驱动器的激活/停止运行 | | ● | ● | ● | ● | ● |
| | 自动识别驱动器和输入/输出 | | ● | ● | ● | ● | ● |
| | 联机/脱机切换 | | ● | ● | ● | ● | ● |
| | 自动系统监控，显示信息和错误 | | | ● | ● | ● | ● |
| | 项目方案比较 | | | ● | ● | ● | ● |
| | 在线更改 | | | ● | ● | ● | ● |
| | 查找/替换 | | | ● | ● | ● | ● |
| | 选择指南 | | | ● | ● | ● | ● |
| | 呼叫树 | | ● | ● | ● | ● | ● |
| | 日志文件 | | ● | ● | ● | ● | ● |
| | 通过 FDT/DTM 集成第三方调试工具 | | | ● | ●① | ● | ● |
| | 支持的 VCS 系统 | Subversion（一个开放源代码版本） | | ● | ●① | | |
| | | Microsoft Visual Source Safe | | ● | ●① | | ● |
| | 对象的输入/输出 | | | ● | ●① | | ● |
| | 对象比较：设备、POE、功能模块、库、可视化 | | | ● | ●① | | ● |
| | 撤销功能 | | | ● | ●① | | ● |
| | 更新工作副本 | | | ● | ●① | | ● |
| | 显示版本历史 | | | ● | ●① | | ● |
| | 显示受版本控制的元素 | | | ● | ●① | | ● |

（续）

| 编程模块名称 | | | IndraDrive | IndraMotion MTX | IndraMotion MLC | IndraMotion MLD | IndraLogic XLC |
|---|---|---|---|---|---|---|---|
| 配置和项目设计 | 系统配置器 | | | ● | ● | ● | ● |
| | 可用于控制、显示及外设的设备库 | | ● | ● | ● | ● | ● |
| | 运行调试辅助程序 | | ● | ● | ● | ● | ● |
| | 项目导航 | | ● | ● | ● | ● | ● |
| | 输入/输出配置器 | | ● | ● | ● | ● | ● |
| | 局部总线配置器 | | ● | ● | ● | ● | ● |
| | 轴配置器 | 实轴 | ● | ● | ● | ● | ● |
| | | 虚拟轴 | | ● | ● | ● | ● |
| | | 编码器轴 | | | ● | ● | ● |
| | | 复合轴 | | | ● | ● | |
| | | 控制轴 | | | ● | | |
| | 驱动器配置器 | | ● | ● | ● | ● | ● |
| | 离线配置控制和驱动 | ● | ● | ● | ● | ● | ● |
| | FlexProfile 配置器 | | ● | | ● | | ● |
| | 凸轮编辑器 | | ○ | | ○ | ○ | ○ |
| | 运动学（机器人控制） | 标准运动学配置 | | | ● | | |
| | | 用户特定运动定义 | | | ● | | |
| | | 集成 RCL 编辑器 | | | ● | | |
| | 高级项目处理 | | ● | ● | ● | ● | ● |
| 图形编辑器 | AS—顺序功能图 | | | ● | ● | ● | ● |
| | 每步骤时间监控 | | | ● | ● | ● | ● |
| | 故障分析 | | | ● | ● | ● | ● |
| | 控制标志 | | | ● | ● | ● | ● |
| | KOP 梯形图 | | | ● | ● | ● | ● |
| | FUP 功能图 | | | ● | ● | ● | ● |
| | CFC 连续功能图 | 连接时自动布线 | | ● | ● | ● | ● |
| | | 用于构建大型网络宏命令 | | ● | ● | ● | ● |
| 文本编辑器 | AWL 指令列表 | | | ● | ● | ● | ● |
| | ST 结构化文本 | | | ● | ● | ● | ● |
| | SEQ. ST—基于 ST 顺序编程 | | | | ● | | |
| | RCL 机器人控制语言 | | | | ● | | |

（续）

| 编程模块名称 | | | IndraDrive | IndraMotion MTX | IndraMotion MLC | IndraMotion MLD | IndraLogic XLC |
|---|---|---|---|---|---|---|---|
| 语言 | 操作 | 符合 IEC 61131－3 | | ● | ● | ● | ● |
| | 操作数 | 常量、变量、地址、功能 | | ● | ● | ● | ● |
| | 位存取 | | | ● | ● | ● | ● |
| | 类型化指针 | | | ● | ● | ● | ● |
| | 面向对象的语言扩展 | | | ● | ●① | ● | ● |
| 数据类型 | 标准基于 IEC 61131－3，包括 LREAL | | | ● | ● | ● | ● |
| | 用户自定义的数组、结构、枚举、别名、指针 | | | ● | ● | ● | ● |
| | 机器人控制 | POINT，JC_POINT，BELT，TEXT，ARRAY，WC_FRAME，FILE | | | ● | | |
| 特殊编辑器功能 | 语法着色 | | | ● | ● | ● | ● |
| | 语义着色 | | | ● | ● | ● | ● |
| | 多重撤销/重做 | | | ● | ● | ● | ● |
| | 上下文相关的输入帮助 | | | ● | ● | ● | ● |
| | 文本菜单 | | | ● | ● | ● | ● |
| | 自动声明带类型识别 | | | ● | ● | ● | ● |
| | 名称空间 | | | ● | ● | ● | ● |
| | 对于结构、功能、功能模块的自动完成功能（IntelliSense） | | | ● | ● | ● | ● |
| | 预编译，用于经常性语法检查 | | | ● | ● | ● | ● |
| | 折叠：淡入/淡出程序块和结构 | | | ● | ● | ● | ● |
| | 高级查找和替换 | | | ● | ● | ● | ● |
| | 自动完成和自动排版功能 | | | ● | ● | ● | ● |
| 库管理 | 许可证管理 | | | ● | ●① | ▼ | ● |
| | 可管理的库，一个项目中包括多个库版本 | | | ● | ●① | ▼ | ● |
| | 基础库 | 系统功能 | | ● | ● | ● | ● |
| | | 通信 | | ● | ● | ● | ● |
| | | PLCopen | | ● | ● | ● | ● |
| | | 数据处理 | | ● | ● | ● | ● |
| | | 诊断 | | ● | ● | ● | ● |
| | | 轴接口 | | ● | ● | ● | ● |

（续）

| 编程模块名称 | | | IndraDrive | IndraMotion MTX | IndraMotion MLC | IndraMotion MLD | IndraLogic XLC |
|---|---|---|---|---|---|---|---|
| 库管理 | 技术库 | 运转学 | | | ● | | ● |
| | | 龙门轴 | | | ● | ○ | ● |
| | | 测量头检测结果分析 | | | ● | ● | ● |
| | | 凸轮开关 | | | ● | | ● |
| | | PID 控制器 | | | ● | ▼ | ● |
| | | 温度控制 | | | ● | ▼ | ● |
| | | 液压功能 | | | ● | | |
| | 行业相关的技术库 | 寄存器控制（Basic） | | | ● | ○ | |
| | | 寄存器控制（Advanced） | | | | ○ | |
| | | 寄存器控制（Extended） | | | | | |
| | | 张力控制器 -1 轴 | | | ● | ○ | |
| | | 张力控制器 -8 轴 | | | | | |
| | | 横切机 | | | ● | ○ | |
| | | 垂度控制 | | | ● | | |
| | | 飞剪机 | | | ● | ○ | |
| | | Smart Belt/Magic Belt | | | ● | ○ | |
| | | Magic Belt | | | ● | | |
| | | 曲轴/曲柄连杆运动 | | | ● | ○ | |
| | | 卷绕机和摆动轴控制 | | | ● | ○ | |
| 编程辅助工具 | 离线编程 | | | ● | ● | ● | ● |
| | 系统组件的自动变量声明 | | | ● | ● | ● | ● |
| | 用于访问轴数据的结构 | | | ● | ● | ● | ● |
| | 轴数据参考（AXIS_REF） | | | ● | ● | ● | ● |
| | 轴数据直接存取（ML_AXISDATA） | | | | ● | ● | ● |
| 通用应用程序模板 | 自动代码生成 | 程序结构 | | | ●① | ● | ● |
| | | 错误处理 | | | ●① | ● | ● |
| | | 可以将程序框架和用户代码分开 | | | ●① | ● | ● |
| | 基于向导的创建、编辑、删除 | 运行模式 | | | ●① | ● | ● |
| | | 工作状态 | | | ●① | ● | ● |
| | | 模块 | | | ●① | ● | ● |
| | | 轴 | | | ●① | ● | ● |
| | | 可视化 | | | ●① | | ● |

（续）

| 编程模块名称 | | | IndraDrive | IndraMotion MTX | IndraMotion MLC | IndraMotion MLD | IndraLogic XLC |
|---|---|---|---|---|---|---|---|
| 诊断 | 实时逻辑分析器 | | | | ● | ● | ● |
| | 示波器功能 | 有缩放功能的图形输出 | ● | ● | ● | ● | ● |
| | | 显示驱动的信号值 | ● | ● | ● | ● | ● |
| | | 缩放 | ● | ● | ● | ● | ● |
| | | 带/不带触发器的测量 | ● | ● | ● | ● | ● |
| | 圆形形状测试 | | | ● | | | |
| 调试 | 变量监控（Trace） | | ● | ● | ● | ● | ● |
| | 变量和变量块强制性赋值 | | ● | ● | ● | ● | ● |
| | 过程控制功率流 | | | ● | ● | ● | ● |
| | 功能块的联机调换 | | | ● | ● | ● | ● |
| | PLC 变量的脱机模拟 | | | ● | ● | ● | ● |
| | 参数监控仪 | | ● | ● | ● | ● | ● |
| | 写变量 | | ● | ● | ● | ● | ● |
| | 断点 | | | ● | ● | ● | ● |
| | 单步骤操作 | | | ● | ● | ● | ● |
| | 单圈操作 | | | ● | ● | ● | ● |
| | 流量控制 | | | ● | ● | ● | ● |
| | HKI 项目设计 | | | | | | |
| | WinStudio Lite：500 个变量 | | | ● | ● | | ● |
| | WinStudio 1.5k：1500 个变量 | | | ○ | ○ | ○ | ○ |
| | WinStudio 4k：4000 个变量 | | | ○ | ○ | ○ | ○ |
| | WinStudio 64k：64000 个变量 | | | ○ | ○ | ○ | ○ |
| | WinStudio 512k：512000 个变量 | | | ○ | ○ | ○ | ○ |
| | VI－Composer | | ○ | ○ | ○ | ○ | ○ |
| 模拟 | IndraMotion MTX workstation | PLC 模拟 | | ● | | | |
| | | 数控模拟 | | ● | | | |
| | 数控零件程序的工件加工 | | | ○ | | | |
| | IndraWorks view 3D | 3D 机床立体模拟，包括过程连接 | | ○ | | | |
| | IndraWorks machine simulato | SiL/HiL 外设模拟 | | ○ | | | |

注：●标准，▼预备中，○可选。

① 包括 IndraMotion MLC 04VRS 在内没有。

IndraWorks 采用通用的控制和工程策略，以及相同的数据结构，因此这个完整的工程软件拥有良好定义的接口信号。在 IndraWorks 的框架下集成了所有博世力士乐的新产品，也集成了现有的博世力士乐液压产品的配置工具。

IndraWorks 采用一个标准化的 HMI 设备操作界面。预置的操作方案能够高效地实现机器可视化。IndraWorks Engineering 操作简便，内含的对话框和强大的 WinStudio 编辑器提供了最佳支持，模块化方案避免了设计错误，降低了调试、开发成本。

博世力士乐凭借在控制器与液压技术方面的优势，通过综合运用多项技术和知识，为各项传动与控制技术创建系统解决方案，并几乎涵盖所有的工业领域。这些开放的系统解决方案是经过验证的技术，能够方便地融入项目的设计，缩短产品上市时间。

## 30.9 博世力士乐互联数智液压服务技术（CytroConnect Solution）及其应用

### 30.9.1 机器全生命周期服务方式和策略

机器设备维修护理及服务是整个机器和产品全生命周期的末端，也是最终用户使用设备的一个重要环节。最终用户的最大愿望就是机器设备可以可靠、无故障、经济、高效、长寿命地运行。

随着科学技术和生产力的不断发展，现代工厂生产制造的过程具有两个明显的特点：①生产过程的自动化水平不断提高，特别是随着机器人控制技术达到了智能化水平，出现了无人工厂，生产效率越来越高。②生产速度和节奏加快，机器功率越来越大。这些都使得生产过程中所有设备的作用越来越重要，设备的可靠性要求也越来越高。特别是在工业 4.0 的大环境下，作为智能工厂不断发展、推广、应用的时期，在一条高自动化生产线上，其中任何一台机器设备发生故障，都会造成整个生产线的停机，甚至整个工厂的全面停产。例如，在高度现代化的钢铁厂生产中，0.4mm 的极薄钢带以 1020m/min 的速度被轧制成形。在这种冷轧速度较高的应用场景中，一旦出现设备故障，将会造成巨大的经济损失。因此，对于组成生产线的每一台设备，必须保证其高可靠性水平和可用性水平。从另一方面看，设备的结构变得越来越复杂，机器所有的零部件数量也相应增加，以连续轧钢线上的液压设备为例，液压系统所占的比例虽然不是很高，但它的作用及可靠性影响到整条生产线的正常运行，其中任何一个液压泵、液压阀、液压缸或者其他控制元件的失效都会导致整个液压系统的故障，从而影响整台设备的正常运行，甚至造成整个生产线的停机。

表 30-5 列出了欧洲某公司对不同工业生产设备因无计划停机所造成的停机直接损失费用的估计。

从表 30-5 中的数据可以看到，保证设备及其元器件的可靠性和使用性是保证现代化工厂正常、高效、低成本运行的有效措施。所以机器设备的保养、维修和服务是现代工厂运行中的一个重要的环节，发挥着越来越重要的作用。

**表 30-5　不同工业生产设备因无计划停机所造成的停机直接损失费用的估计**

| 工业生产设备应用场景 | 无计划停机直接损失费用估计 |
| --- | --- |
| 钢厂 | 12000～15000 欧元/h |
| 造纸厂 | 12000～15000 欧元/h |
| 发电厂（600MW） | 15000～20000 欧元/h |
| 汽车厂（油漆车间） | 120000 欧元/停机 |
| 石油化工厂 | 百万欧元/停机（1 次停机 =3～4 天） |
| 水泥厂 | |
| 食品加工 | 1000 欧元/h |
| 风力发电 | 100 欧元/h |

注：2023 年 12 月，1 欧元≈7.6937 元。

现代、科学、合理、有效的机器设备保养维修服务的根本目的之一就是充分发挥机器及元器件的可靠性，保证可用性，延长使用寿命，防止突然故障导致的无计划停机，减少设备运行的维护维修时间和费用，优化库存，降低备件成本。

图 30-135 所示为机器和元器件全生命周期中的服务方式和策略。根据不同的工业应用以及设备在生产线中的重要性，最终用户可以根据具体情况采取不同的维修和服务方式及策略。

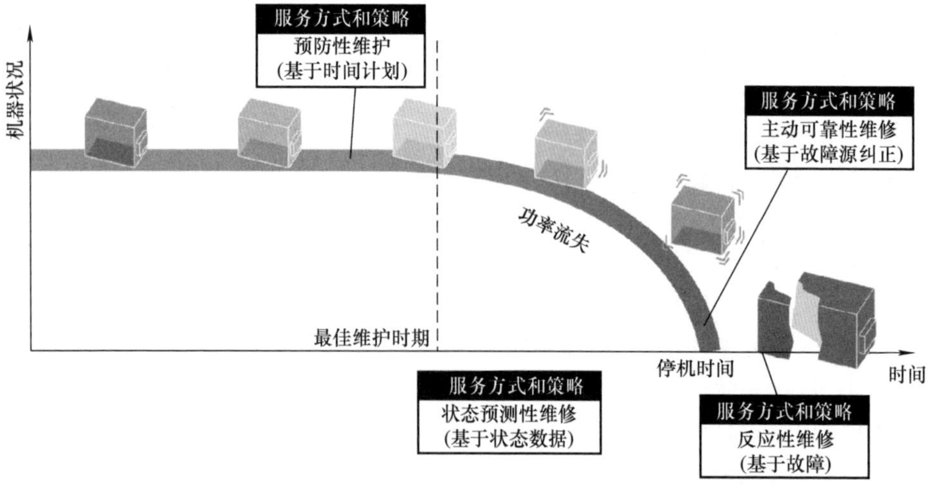


图 30-135　机器和元器件全生命周期中的服务方式和策略

从设备维修服务方式和策略的发展来看，主要可以分为以下四个阶段。

**1. 20 世纪 80 年代之前被动的反应性维修**（Reactive Maintenance，RM）

20 世纪 80 年代之前，设备的维修基本上都是被动的反应式维修方式，不坏不修，随坏随修，哪里坏修哪里。这种被动反应性维修方式以故障的出现为行动点，对于传统的生产系统、非自动化的生产设备以及不重要的设备或者单机，这是可以行得通的，也是当时工业所形成的服务状态。这样做的优点是，在小型工厂或非关键机器中具有良好的成本效益，充分利用零件的最大寿命；缺点是，突然的故障停机会造成较大的生产损失，经常造成间接故障，导致生产停机时间不必要的增加，重要关键设备元器件必须配备冗余，需要大量备件。显然，被动反应性维修方式不能适应现代高自动化、高智能化工厂的需求。

**2. 20 世纪 80 年代以后的预防性维护**（Preventive Maintenance，PM）

20 世纪 80 年代以后，随着技术的发展以及生产设备自动化程度及效率的不断提高，一种以计划维修时间为基础的预防性维护在工业生产中得到应用。这种预防性维护以计划时间为准，在固定的时间段内对设备进行维护及更换元器件。优点是，可以保证设备及元器件尽量保持完整良好的运行状态，有效防止磨损导致的故障，避免故障停机，满足在高安全性工厂中的法律要求，为更高级的维护策略奠定了基础。缺点是，过度维护，没有充分发挥机器和元器件的最大使用寿命，元器件通常在状态还比较完好时就被更换掉了，造成非常大的浪费，且需要大量库存备件。

**3. 20 世纪 90 年代的预测性维护**（Predictive Maintenance，PDM）

20 世纪 90 年代以后，随着传感器技术、信号分析技术、软件工程、机器学习、人工智能、信息技术及通信技术的进一步发展，以机器状态为基础的预测性维护方式应运而生，并不断地发展和壮大，应用范围越来越广。以机器状态为基础的预测性维护方式，其技术支撑点就是测试技术，通过传感器、离线便携式信号测量仪或在线机器状态监控系统，对机器及其重要元器件的运行参数、状态参数信号及其变化（如液压系统压力、流量、振动、温度、油液清洁度、电动机电流和工艺参数等）进行测试、传输和信号分析，从而对机器元器件的健康状态进行监控诊断，及早识别故障和危险，为用户提供相应的服务报告并提出相应的维护策略。以机器状态为基础的预测性维护方式的目的就是预测故障，避免计划外生产停机，防止间接损失，避免不必要的零件更换，优化库存，降低备件成本，改善运行状况，提高机器的可用性。

**4. 21 世纪以来的现代主动可靠性维护**（Proactive Reliability Maintenance，PRM）

自 2000 年以来，在以机器状态监测、故障诊断作为技术核心的预测性维护方式的基础上，以消除机器故障问题的根源和自发故障、提高机器及元器件的可靠性和寿命为目的的现代主动可靠性维护方式和策略越来越受到重视，并不断发展。这是一种新的基于机器状态数据的数字化维护服务理念，它将机器运行的状态参数及诊断结果及时地反馈到产品的设计阶段，以实现对产品可能发生故障的原因进行彻底分析，结合可靠性工程，优化与纠正机器和元器件所存在的设计问题，进而从根本上提高机器和元器件的可靠性和可用性。数字孪生的独特的用户数据源以及实时的数据传承反馈也为这种现代主动可靠性维护服务方式提供了进一步发展的空间。

## 30. 9. 2　博世力士乐工业液压服务

博世力士乐覆盖 80 多个国家和地区的 200 多个庞大服务网络缩短了与世界各地用户的距离，为最终用户提供快速、及时、专业的本地化和本地语言的现场服务，同时通过全球协调、在线远程支持以及本地现场服务，也为国际化的机器制造商出口到其他国家和地区的机器设备提供跨国、跨地区的专业服务。

博世力士乐为工业液压设备提供高度定制化的全方位服务。经验丰富的服务专家为用户的机器进行修理、维护和现代化改造，帮助用户降低成本并显著提高机器的实用性和效率。作为工业 4.0 的领先供应商和用户，博世力士乐为做好互联自动化提供了广泛的技术、产品和服务准备。

博世力士乐工业液压的服务范围如图 30-136 所示。

a)　　b)　　c)　　d)

图 30-136　博世力士乐工业液压的服务范围

a）备件备品　b）产品维修　c）现场服务　d）升级改造

### 1. 备件备品

所有机器的最终用户关心的问题之一是必须及时保证备品备件在机器设备维修时的需求，同时又可以优化库存，降低备件成本。

博世力士乐备品备件的服务宗旨是“原装（ORIGINAL）”。只有原装备件才能提供可信赖的相同的产品性能。原装部件始终在硬件和软件上采用最新的设计版本，让用户享受最新技术。图 30-137 所示为遍布全球的博世力士乐服务中心战略性备件库存为这些原装备件提供保障。

图 30-137　博世力士乐服务中心战略性备件库存提供原装备件保障

博世力士乐的备件服务网站、专家和在线商店可帮助最终用户快速可靠地确定正确的原装备件（见图 30-138）。这项服务遍布世界各地，使得维护和修理变得快捷且易于执行。原装备件渠道详见 https：//www. boschrexroth. com. cn/zh/cn/search?dnavs = DC _ contenttype% 3Aproduct _ detail&lang = ZH&origin = finder _ search&q = 4WRKE&s = catalog。

博世力士乐的备件备品服务包括：①帮助识别损坏部件；②使用原装部件确保质量和功能；③拥有备件、套件和全套设备的海量库存，反应迅速；④包括产品套件的详细图样，如密封套件；⑤清晰明确的订货号有助于在全球范围内查找备件并实现快速现场修理；⑥提供专家技术支持；⑦备件可用 10 年。即使部件停产，也能够保证提供兼容的产品。

图 30-138　博世力士乐工业液压服务备件查找工具

仿制博世力士乐备件备品的产品，不能够满足原机器液压系统对备件备品的性能、品质和寿命要求，因性能品质问题会造成原装机器的整体工作状态及性能不能实现最佳运行操作，严重时还会导致机器功能失效，性能降低，甚至引发突然故障停机，从而给整个生产过程造成巨大的损失。

**2. 产品维修**

损坏的液压、电气以及机械驱动和控制系统或磨损部件并不一定需要全部更换。进行快速可靠的维修，取代成本高昂的更换方案，是保证机器得以快速恢复运转、生产得以继续进行、同时又整体降低维修成本的一条有效途径。

现代化的博世力士乐服务中心均具备 ISO 9001 认证，为维修件提供统一的质量标准和全面保修服务。按照原制造商的规格要求，使用“原装”配件来对部件进行维修和测试，可以快速、经济、高效地翻新组件，让其重新恢复功能。

博世力士乐的产品维修服务包括：①液压、电气以及机械驱动和控制系统的修理；②如有需要，为力士乐原装部件提供 12 个月、24 个月或 60 个月的保修期；③保证维修件与新部件同等的质量，并同样提供保修服务；④进行最终测试确保较高的质量、功能和可靠性；⑤凭借优选出的库存备件和专业知识完成快速修理；⑥通过快速紧急修理缩短停机时间；⑦更新所有设备至最新设计状态并按用户的要求进行调试服务；⑧再生维修，通过部件大修来实现新的技术功能，从而可持续地提高工厂和设备系统的可用性。在现场确定必要的措施，利用最先进的硬件和软件更换相关易损件，并通过预防性产品大修来提高机器的可用性和生产率。

**3. 现场服务**

博世力士乐现场服务为用户的日常运营提供现场支持。服务范围从调试、定期预防性维护、对不可预测问题的快速反应、分析错误并解决问题，到机器定期体能检查（如对液压油品质进行评价）、长期保养和维护的建议。这将为用户现场“救火”提供更为快速的解决方案，最大限度地缩短停机时间，保证机器良好性能的持久性。

根据用户需要，博世力士乐还可以与用户签订长久的服务合同。现场服务内容可根据用户的需求，从备件保障供应，到定期现场检测、保养和维护以及应急维修和机器状态检查报告。这是一个中长期性的服务合同，保证用户可以将精力主要集中在生产运营上，而不需要具有专业的液压知识和相关技术的液压服务队伍，省掉很多不必要的液压服务工作。同时也可以保证用户的机器设备能有专业可靠的现场服务和及时的远程在线支持。备件保障可以减少用户的备件库存，用户作为整体成本承担者将真正获得最大的长期经济效益。

**4. 升级改造**

通过现代化的升级改造可以保留机器的基本组件，也让老旧设备焕然一新，使用寿命可获得显著延长。同时，可以提高机器的安全性，提升产能，提高能源效率并促进环境保护。与购入新系统、新设备相比，升级改造无须更换机器，从而降低整体成本。博世力士乐升级改造的服务范围包括：①详细专业的升级改造建议，包括改进潜力评估；②升级改造工作的分析、项目规划和执行；③为用户定制专属的机器翻修工程；④使用改装套件进行快速、有效的升级改造；⑤使用现代驱动和控制、自动化解决方案替换受影响和/或过时的组件和系统。

**5. 博世力士乐售后服务助手**

为了帮助用户最大限度地减少停机时间，“博世力士乐售后服务助手”打造一站式售后服务体验，如图 30-139 所示。

图 30-139　博世力士乐售后服务助手

这个售后服务助手小程序可直接在智能手机和平板电脑上全天候使用，服务覆盖博世力士乐旗下全品类的产品。服务人员可以随时访问所有服务工具并直接连接到服务台，可对产品二维码扫描进行识别，无论是送修还是现场服务，能为用户排忧解难，轻松高效地完成产品维修。售后服务助手可以直接选择和订购备件，下达维修订单。

### 30.9.3　博世力士乐互联数智液压服务解决方案

在现代工厂设备运行中，用户在液压系统及液压元件的使用维修方面普遍存在的问题主要表现在：①必须保证机器每周 7 天、每天 24h 的正常计划运行；②缺乏液压技术知识，对液压系统在机器中的应用也缺乏深入了解；③无法及时了解液压系统的内部情况及工作状态；④一旦液压系统出现突然故障而无法及时提供维修备件，造成的长时间无计划停机将会引起非常大的停机费用。

现场维修目前的状况是工厂对液压系统现场服务的操作管理困难：点检项目太多，时间间隔过长，有时无法及时发现现场故障，也无法看到历史故障信息，纸质点检记录保存困难，为后期维保埋下隐患。维修人员上门时间太长，现成收集信息和查找资料又要耗费很长时间，现场故障定位太难，需要足够的系统元件运行信息和现成的元件系统资料支持，维修所需备件没有库存或供货不及时。

用户的两个主要痛点是：①不知道机器液压系统或元件“什么时候”“什么原因”发生“什么故障”；②同时也不知道现场维修必须准备“什么液压元件备件”以及液压供应商“什么时候”能够提供这些必需的液压元件。

因此用户迫切需要一个可靠的设备维修技术体系和一个可靠的液压服务伙伴。

**1. 互联数智液压服务解决方案**

针对用户在现代工厂设备运行过程所面临的挑战及主要痛点，博世力士乐在传统服务技术体系下，通过传感器技术、信息分析技术、网络技术、机器学习、人工智能等技术的融合，结合博世力士乐在液压工业应用中几十年积累的服务经验及服务数据，不断地发展以机器状态为基础的预测性维护技术，最终形成了博世力士乐现代维护服务技术体系——互联数智液压服务解决方案（以下简称：液压服务解决方案）。

液压服务解决方案围绕液压系统和主要元件（液压泵、阀、动力站、缸、马达等），实现基于机器状态数据的智能预测性维护服务策略和方式。在这个智能预测性维护服务体系中，数据是基础，监测分析和智能判断是关键，预防性维护措施是手段，提高机器可用性是目的。

其中，在线诊断平台 ODiN（Online Diagnostic Network）在液压服务解决方案中发挥着核心作用。图 30-140 所示为以 ODiN 为基础的液压服务解决方案技术系统。

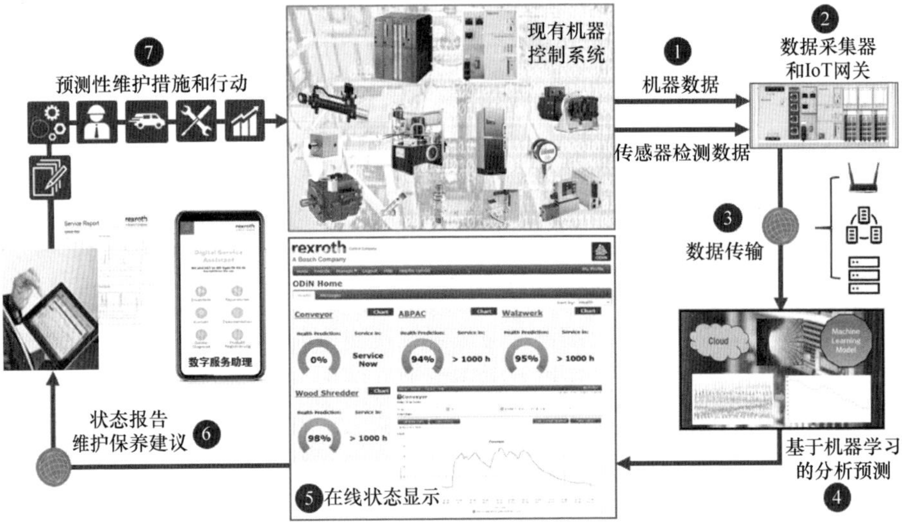


图 30-140　以 ODiN 为基础的液压服务解决方案技术系统

通过不同的传感器对机器中液压系统及元器件的原始数据（包括压力、流量、温度、位置位移、颗粒计数、油液中含水量等）进行检测，通过数据采集器（DAQ）采集这些原始数据信号，机器的工作状态过程参数、原始数据也会同时收集到数据采集系统中。这些采样收集到的状态数据经由 IOT 网关，通过路由器、局域网、服务器传输到 ODiN 系统中。

如图 30-141 所示，在 ODiN 系统中，状态数据将上传到云端并进行数据汇总、存储、比较、归类，机器学习对原始数据、历史数据与现行的监测数据进行全面系统的分析比较，与智能算法结合，计算出系统健康状态的参考值，以此作为系统状态的判别依据。机器学习智能算法将会学习不同系统各自的特性，并且根据积累的数据进行自我学习训练，自动调整优化模型。对当前传入的机器数据与系统状态预定义规则进行比较判别，从而对机器的健康状态进行评估预测。机器的运行状态和液压系统及元器件的工作状态都可以在计算机监测系统中实时在线显示。另外，也可以通过智能手机数字服务助理全天候远程在线了解、诊断机器的状态。

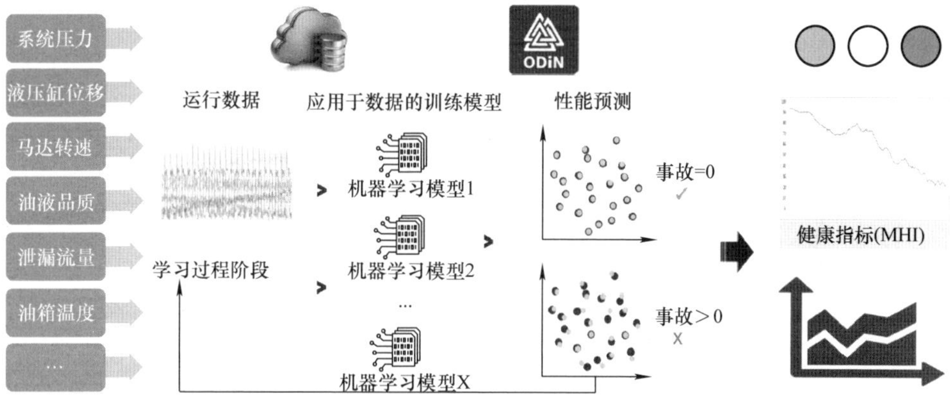


图 30-141　基于数据和机器学习的状态智能诊断预测

在预测分析的基础上会对机器目前的状态和发展趋势提出一个相关的状态维护报告，并推荐相应的维护策略。根据机器的状态以及推荐维护报告，用户的服务团队或博世力士乐的服务团队就可以进行相关的维护计划安排，如备件的准备，维护的时间及人员计划安排，现场服务操作等。

液压服务解决方案以 ODiN 为技术平台，通过机器学习完成智能诊断，专家定期提供状态报告并推荐相关的服务措施，可以避免用户机器在运行过程中出现突然故障，减少非计划停机时间，合理优化维护周期，实现液压系统和主要元器件寿命周期的最大化，更好地策划服务需要的备件工作，确保机器保持良好、稳定、可靠的工作状态和高水平的生产率。

**2. 互联数智液压服务解决方案业务模式**

液压服务解决方案可以根据用户的需求提供不同的业务模式，从而给用户带来互联数智液压服务的现场体验和真正的好处，其业务模式可以分为三类（见图 30-142）。这是一个服务范围与合作范围不同但灵活的业务模式，用户可以根据需要选择适合自己的最佳业务模式。

（1）监测——我自己维护　用户为过去 24h 的数据付费，因此，即使发生异常情况，用户也可以独立查看过去 24h 内机器发生的变化。在这种模式下，用户自

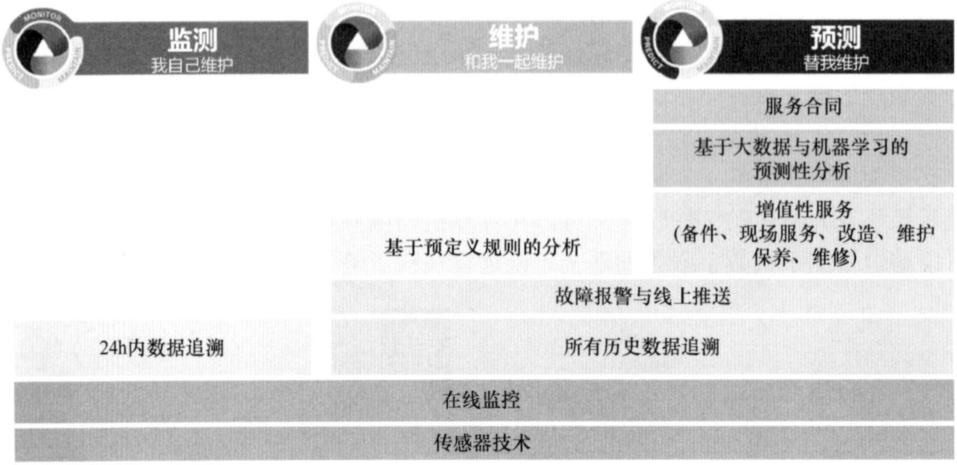


图 30-142　液压服务解决方案业务模式

己完成所有监测和维护服务的工作。

（2）维护——和我一起维护　基本与（1）的监测要求相同，但另外提供过去12个月（加1年服务合同，总共24个月）的数据。在协商后为用户制定适当的监控规则，包括限制阈值。当超出或低于限制阈值时，将向用户发送提醒消息。用户从博世力士乐得到一定的监控分析支持。

（3）预测——替我维护　博世力士乐对用户的机器维护进行完整的分析、监控、报告、推荐、支持。博世力士乐与用户签订长久的服务合同，内容可根据用户的需求调整，包括监测、预测以及定期现场保养和维护的全部服务。用户在该模式下不需要做任何维护工作，而可以将全部精力、资源集中在生产运营上。

## 30.9.4　互联数智液压服务解决方案的应用及优势

### 1. 互联数智液压服务解决方案应用

液压服务解决方案由于其独特的技术特点和给工业生产设备维修服务带来的巨大好处，被广泛应用于不同的工业领域，如矿山、冶金、塑料机械、压铸机、压力机、机床、水泥生产、散装和物料搬运、发电厂、风能、纸浆和造纸机械等。

以 ODiN 为技术核心的液压服务解决方案可以对工业生产设备进行远程状态监控，随时随处访问基于网页的浏览器，监测反馈系统核心元件的运行状态，在线监控系统，快速定位可能的故障点，第一时间提供报警信息。通过在线数据智能分析计算预测核心元件的健康状态，提出维护保养的意见和建议，根据用户需求制作定制化故障诊断解决方案。

图 30-143 所示为一个基于 ODiN 对集成液压缸进行状态监测和故障诊断的示意图。

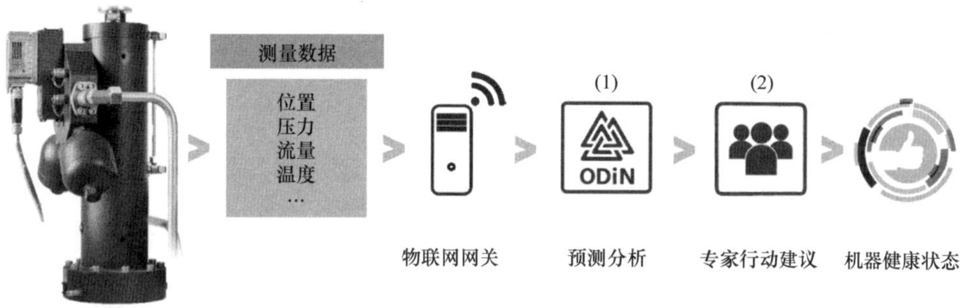


图 30-143　集成液压缸状态监测与故障诊断的示意图

博世力士乐的液压服务解决方案，可以为用户的新项目提供远程状态监控系统和技术，只要在项目设备设计规划过程中选择采用本章中所介绍的互联液压产品，用户就可以轻松地实现全新项目设备的远程状态监控，如图 30-144 所示。

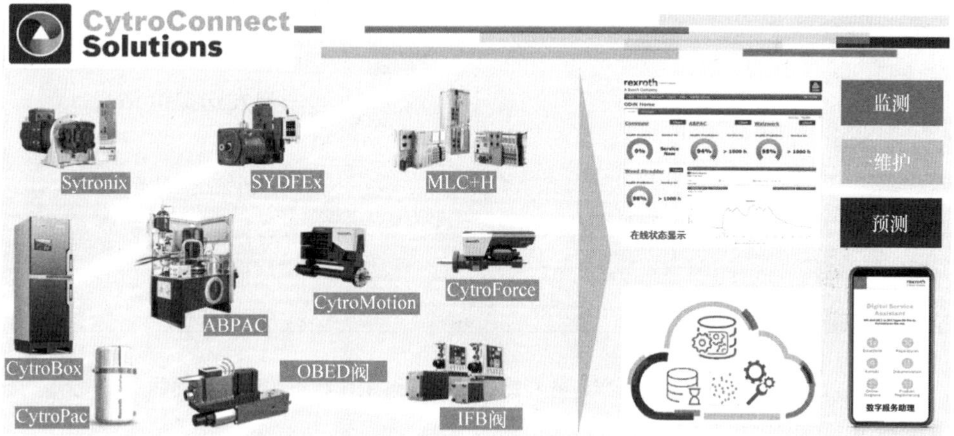


图 30-144　互联液压产品与服务解决方案实现全新项目设备远程状态监控

另一方面，也可以安装配套的标准或者专用传感器和远程状态监控系统，对现有设备的液压系统进行技术升级改造或更新换代，既可以对原有系统进行升级，提高系统工作效率，节能降噪，又能实现远程状态监控和故障预测，提高设备的可用性，如图 30-145 所示。

图 30-146 所示为对某水泥生产厂熟料冷却器现有设备的液压系统进行升级改造，从而实现远程监控液压泵工作状态监测及其曲线。

水泥生产是一个复杂的过程。近年来，水泥行业越来越多地向高科技领域发展。这就是预测性维护变得越来越重要的原因之一。熟料冷却器是水泥生产的重要

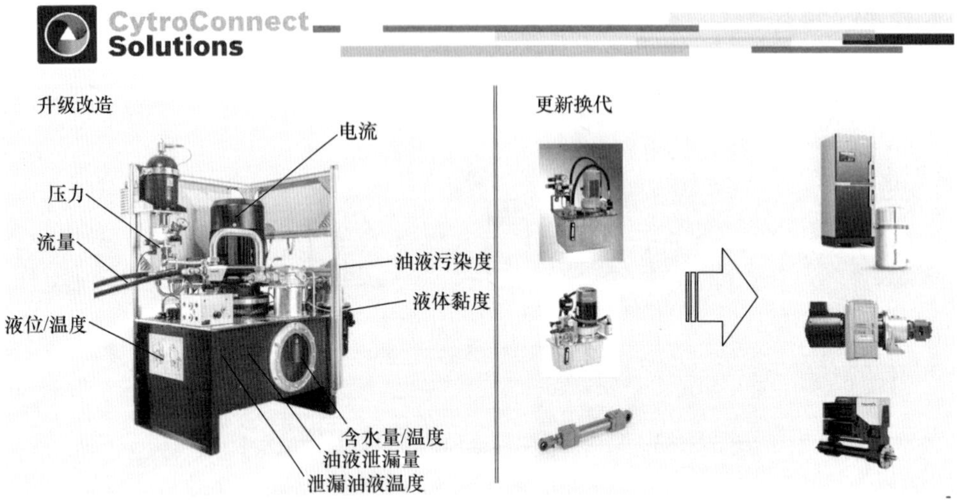


图 30-145　现有设备液压系统升级改造或更新换代实现远程状态监控

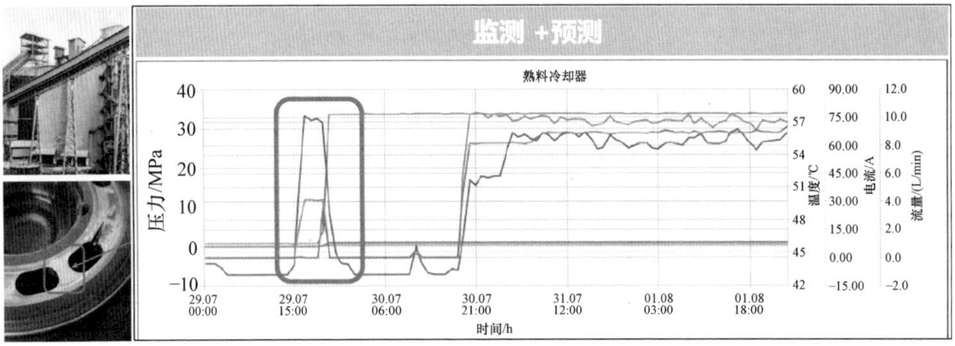


图 30-146　水泥生产厂熟料冷却器液压泵工作状态监测及其曲线

组成部分。如果它停止工作，整个生产过程必须在5min内停止。水泥生产厂熟料冷却器面临的挑战是监控液压系统的关键指标。根据用户的需求，博世力士乐在用户的熟料冷却器上安装了ODiN状态监测与诊断系统，用于检测可能出现的故障。熟料冷却器液压系统中的液压动力站、冷却装置、油箱、过滤器和液压阀都安装了相应的传感器。传感器将检测状态数据发送到ODiN平台进行分析，从而对熟料冷却器液压系统进行远程在线状态监控。图30-146中还展示了ODiN熟料冷却器液压泵的工作状态监测曲线。在此液压泵的在线状态监测过程中，由于及时发现泵的泄漏量增大，出口压力波动严重，液压泵不能正常工作，最终通过预测性维修计划及时更换此液压泵，避免了设备无计划突然故障停机。

**2. 互联数智液压服务解决方案的优势**

液压服务解决方案是现代机器和产品全生命周期管理的重要环节，是向液压互联数智维修服务的转型。这种转型给工厂特别是现代智能工厂带来的整体效益是非常巨大的，对提高工厂可用性、降低总成本、优化工厂的各个方面都起到积极的推动作用。图 30-147 所示为液压服务解决方案给工厂带来的优势。

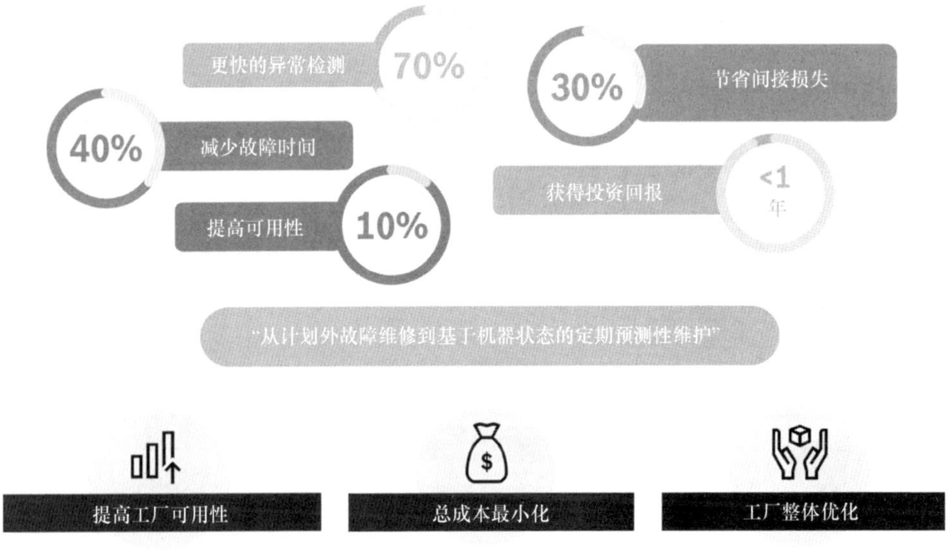


图 30-147　液压服务解决方案的优势

以机器状态为基础的现代预测性维护理念是现代化工厂实现维护服务现代化、数字化的技术转型，也是整个工厂设备服务管理理念及服务管理流程的一个重要转变，必须引起企业管理层到基层操作人员的充分关注，得到足够的重视。

## 30.10　互联数智液压技术的主要特点和展望

### 30.10.1　互联数智液压技术的主要特点

未来的社会环境发展及技术市场变化对传统传动与控制技术提出了更高、更新的要求。这些变化和发展主要表现在以下几个方面：

① 社会和市场越来越透明，市场波动性更大，竞争越来越激烈。

② 消费者的社会行为发展发生了巨大的变化。人们对智能装置及设备的需求越来越多，个性化需求越来越高，人与装置设备及机器的互动也越来越广泛。

③ 对装置设备及机器的安全性及工作环境的舒适性要求越来越高。

④ 产品的更新换代周期大大缩短，老产品淘汰速度加快，新产品上市加速。

⑤ 为了降低设备运行总成本，对机器的生产率及可靠性要求越来越高。

⑥ 对供货时间要求越来越短，对服务要求越来越高。

⑦ 用户使用体验变得越来越重要，即插即用、即时调整和即时服务成为对装置设备及机器的基本要求。

⑧ 绿色、环保、节能、高效成为未来发展的基本趋势。

针对这样的发展和变化，工业界包括传动和控制技术必须对自身的状况及发展进行全面的思考，做出相关的应对策略并落实措施。

从本章上述各节的介绍可以看出，博世力士乐针对这些变化和发展，提出并在市场广泛推广、实践的互联数智液压技术，可以归纳为图30-148所示的七大特点。

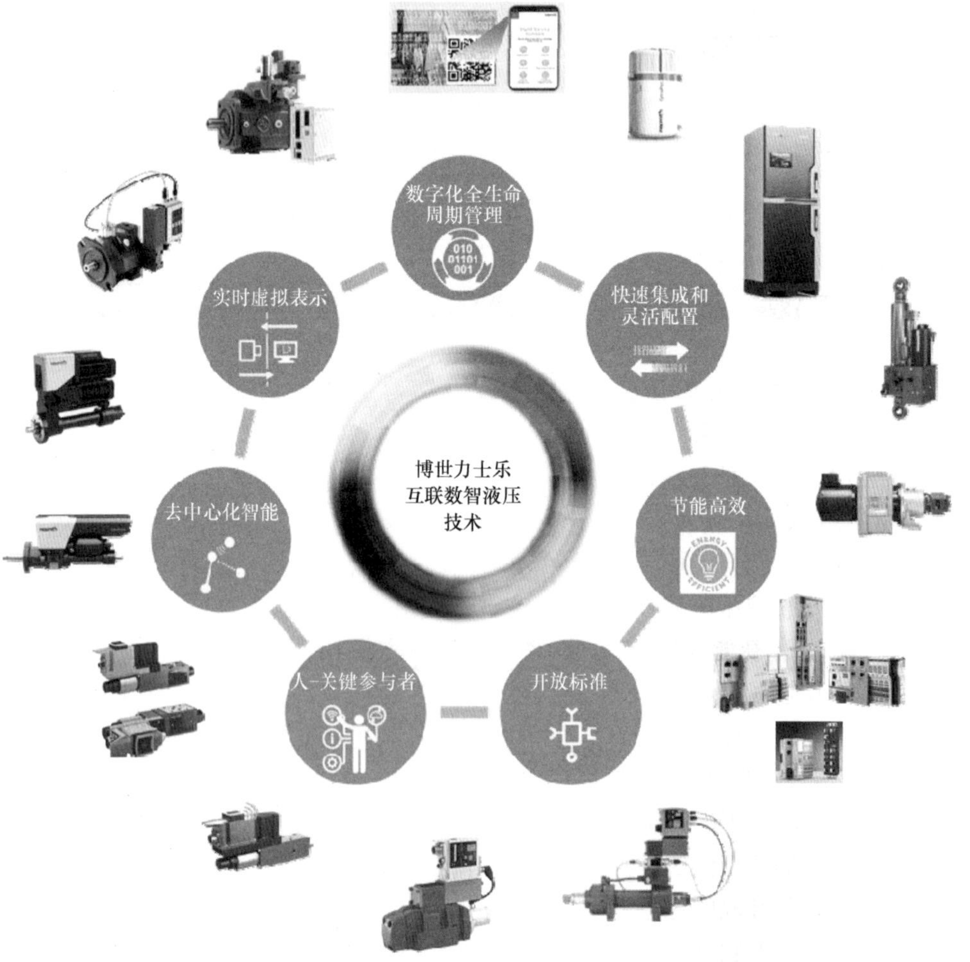


图30-148　博世力士乐互联数智液压技术的七大特点

**1. 数字化全生命周期管理**（Digital life - cycle management）

这意味着产品设计、调试、运营及最后的服务过程中，液压产品和系统的型号、参数及图样和运行中的主要工作参数、工作状态及健康指数，都可以以数字化的形式表现出来，并进行传输沟通，而对产品的整个生命周期有一个全方位和全过程的了解，从而实现产品全寿命周期的数字化管理（参考图 30-11、图 30-14 和图 30-27）。

**2. 实时虚拟表示**（Virtual representation in real time）

通过数字孪生、计算机、智能手机及蓝牙通信和多以太网通信技术，可以将实际机器的运行状态、工作参数及健康指数在计算机或智能手机系统中实时在线地进行数字显示、分析和判断，详见 30.9 节中谈到的整个服务过程的实时在线状态显示、监测和故障诊断。

**3. 快速集成和灵活配置**（Fast integration and flexible configuration）

通过标准化、模块化、集成化可以对产品体系的选择配置进行快速灵活的决策，从而提高产品设计的效率和质量，缩短设计周期，简化生产过程，降低产品成本，加快供货速度。其典型例子包括变速泵驱动单元 Sytronix、互联智能产品家族 Cytro Family、ABMXX、互联数智泵控制技术及产品等。通过博世力士乐的产品选型配置工具包可以快速地对实际应用的产品和系统进行选择、匹配、优化。

**4. 节能高效**

以绿色、环保、节能、高效为出发点，围绕机器全生命周期，博世力士乐在产品及系统解决方案的研究中，遵循 4EE 原则：①能源系统设计（Energy System Design）；②高效节能产品和系统（Efficient Components&Systems）；③能量回收（Energy Recovery）；④能量按需供给使用（Energy on Demand）。这样做，可以帮助机器制造商和最终用户实现更高效能的系统解决方案，既可以对现有机器设备和生产系统提供能源系统升级技术改造，又可为新投资项目提供高效节能的技术产品和系统。典型的互联液压产品和系统包括 Sytronix、CytroPac、CytroBox、SYDFE 等。

**5. 去中心化智能**（Decentralized intelligence）

去中心化智能也可以称为分布式智能，其本质就是将互联数字智能的主要功能都集成到独立的个体产品或子系统里，而不需要一个整体中心化智能的液压系统。自带动力、即插即用的互联智能产品 CytroForce、CytroMotion 就是典型的例子。

**6. 开放标准**（Open standards）

开放标准的典型例子就是 MLC - H 以及 IndraWork 为核心的软件平台和互联液压产品。在充分开放的标准基础上，互联液压产品可以方便快速地与上位机控制系统，以及第三方的软件、硬件系统进行无缝连接。

**7. 人 - 关键参与者**（People as key players）

人包括液压供应商、机器制造商、最终用户，是关键的参与者，将全面互动参与到产品设计、调试、运营、服务的整个产品价值链中。人在整个产品价值链过程中的深度参与，包括人工智能、机器学习中专家的介入，人与机器的交互互动，都是现代工厂中不可取代的重要环节和过程。这也是在工业 4.0 和智能工厂中，人不可替代的核心作用。

这些技术特点能给机器制造商和最终用户带来“简化设计”“简化安装”“最小化停机时间”和“最大化生产效率”的真实体验和总体效益，如图 30-149所示。

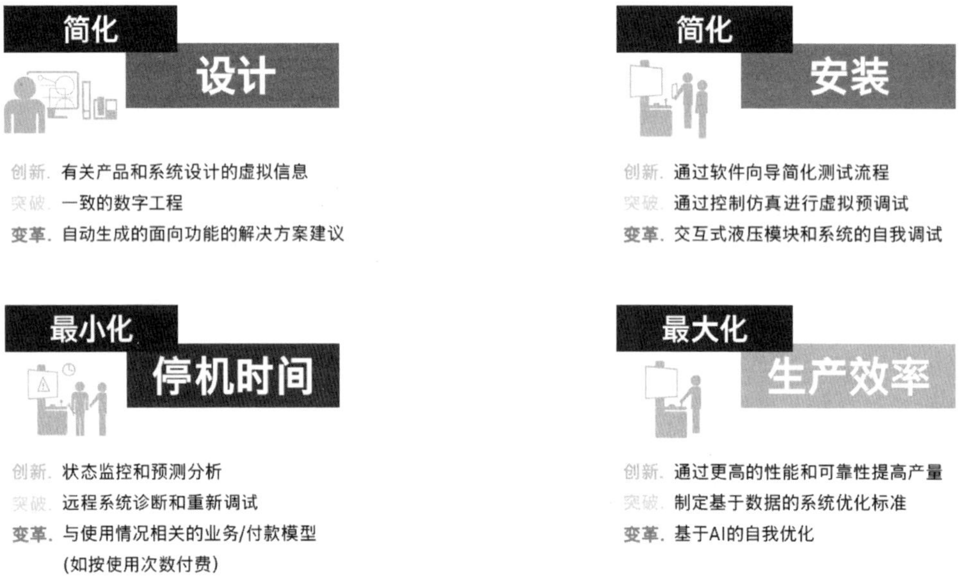


图 30-149　真实体验博世力士乐互联液压技术

## 30.10.2　互联数智液压技术的展望

今后，标准液压技术将继续发挥其在各个工业领域中的广泛应用，技术产品开发将集中在提高效率、增加压力等级、分散的自给式执行器和使用可生物降解的油液等方面。另外，电子技术和软件使用的增加将进一步提高液压产品及系统的性能和技术水平。

未来，液压数字化产品将在很大程度上具备以下特点：

① 最先进的有线和无线连接。

② 提高网络能力的标准化识别码。

③ 用于提高网络能力的标准化、自动化流体动力语言。

④ 高效数据网络流的集成数据预处理。

⑤ 用于内部数据源的低成本集成传感器。

⑥ 不同控制功能（速度、位置、力等）的集成软件构建模块。

⑦ 集成的产品自助服务，如用于调试、轻松监控直至自动备件订单处理。

这些互联数智液压技术的特点及未来发展趋势，不仅可以提高液压制造商、机器制造商及最终用户的技术和市场竞争能力，同时也将改变传统的液压工作和生态环境，使液压传动和控制技术获得新的生命力和技术亮点，更好更快地融入工业 4.0 和自动化工厂的实际应用中。

* 上海博世力士乐液压及自动化有限公司刘火伟、王呈祥、耿向宇、张丽为本章取材、咨询、审稿提供了大力支持，特此致谢！

## 参考文献

[1] 许仰曾. 21 世纪液压泵的发展趋势 [J]. 机电信息. 2001 (5): 72 – 73.

[2] STEFFEN HAACK. 工业液压的未来：从“恐龙”到“金独角兽”[J]. 液压与气动，2023，47 (8): 1 – 7.

[3] 安高城. 电驱柱塞泵技术发展的探索 [J]. 液压气动与密封，2022，42 (8): 114 – 118.

[4] 徐兵. 电动化时代的高速液压泵技术趋势与挑战 [J]. 液压气动与密封，2022，42 (3): 103 – 107.

[5] 安高成，王明智，付永领. 液压变量泵的数字控制现状 [J]. 流体传动与控制，2008 (3): 2 – 3.

[6] 陈宗斌，何琳，廖健. 内啮合齿轮泵发展综述 [J]. 液压与气动，2021，45 (10): 20 – 30.

[7] 关莉，廉晚祥. 飞机飞控作动系统电静液作动技术研究综述 [J]. 测控技术，2022，41 (5): 1 – 11

[8] 蔡伟，李慧，戴民强，等. 液压泵检测诊断技术的研究现状与发展趋势 [J]. 液压与气动，2014，38 (8): 49 – 54.

[9] 冀宏. 高性能液压泵阀中的微纳米技术 [J]. 液压气动与密封，2018，38 (3): 100 – 102.

[10] GUO SHENGRONG，CHEN JINHUA，LU YUELIANG，et al. Hydraulic piston pump in civil aircraft: Current status，future directions and critical technologies [J]. Chinese Journal of Aeronautics，2022，33 (1): 16 – 30.

[11] 杨东亚，李伟涛，李振宇，等. 高压柱塞泵摩擦副研究现状与展望 [J]. 液压气动与密封，2022，42 (5): 1 – 7.

[12] 陈金华. 民机液压泵源技术发展趋势研究 [J]. 液压气动与密封，2014，34 (8): 4 – 7.

[13] 闻德生，吕世君，闻佳. 新型液压传动（多泵多马达液压元件及系统）[M]. 北京：化学工业出版社，2017.

[14] 刘峰. 电液比例控制压力液压泵的变量机 [J]. 科技创新导报，2018，15 (35): 95 – 96.

[15] 李春爽. 基于流量离散技术的数字泵变量控制特性及应用研究 [D]. 长春：吉林大学，2022.

[16] 吴文静，刘广瑞. 数字化液压技术的发展趋势［J］. 矿山机械，2007，35（8）：116-119.
[17] 张国贤. 高压内啮合齿轮泵［J］. 流体传动与控制，2011（6）：57-58.
[18] 张进. 同步三并联内啮合齿轮泵设计研究［D］. 邯郸：河北工程大学，2014.
[19] 王建国. 国内外超高压液压技术现状及发展趋势［J］. 中国重型装备，2013（2）：6-7.
[20] 焦海旭，焦阳. 超高压柱塞泵设计制造的发展趋势［J］. 清洗世界，2012，28（3）：26-34.
[21] 沈瑞光. 基于双螺旋纯转动原理的高压摆动液压缸结构及其效率研究［D］. 杭州：浙江大学，2013.

# 第7篇
# 水液压传动与控制

**主　编　刘银水**

---

## 第31章　水液压技术

作　　者　刘银水
主　　审　王兆强

## 第32章　水液压控制阀

作　　者　刘银水
主　　审　王兆强

## 第33章　水液压动力元件

作　　者　刘银水
主　　审　王兆强

## 第34章　水液压执行元件

作　　者　刘银水
主　　审　王兆强

## 第35章　水液压技术应用

作　　者　刘银水
主　　审　王兆强

# 第 31 章　水液压技术

本章对水液压传动技术的内涵、分类和国内外现状进行介绍。目前广泛应用的液压传动采用矿物型液压油作为工作介质。但是液压油存在易燃和污染两大严重缺点。近年来，生态环境保护、安全生产以及节约能源得到社会日益重视。液压技术也必须向安全、卫生及与环境友善的方向发展。从与环境友善、不燃、保证安全生产以及清洁卫生、与产品相容等多方面的要求来看，水是最理想的液压系统工作介质，水液压传动成为国际液压界和工程界普遍关注的热点。

## 31.1　水液压传动技术介质与分类

### 31.1.1　水液压传动技术介质

现代水液压传动技术一般指以没有任何添加剂的水（可以去除水中的部分物质）作为工作介质的液压传动，介质可以分成天然水（海水和淡水）和处理过的水，也可以简单分成淡水和海水。主要来源有：①天然水，包括地下水、地表水、海水；②处理过的软化水、除盐或除气水；③特殊的化学品和盐的水溶液，如冷却盐水、来自化学工艺过程或其他工业部门的废水，见表 31-1。

表 31-1　水介质的分类

| 类　　型 | | 来源 | 污染物及含量 |
|---|---|---|---|
| 未处理的天然水 | 天然淡水 | 湖泊、江河和山泉 | 污染物多，酸及溶解的颗粒 |
| | 海水（咸水） | 海洋（内陆咸湖） | 盐度高，污染物多 |
| 处理过的天然水 | 去矿物质水 | 去 $Ca^{2+}$、$Mg^{2+}$ 的软水 | 某些溶解的颗粒及钠盐 |
| | 自来水 | 水处理厂 | 污染物多 |
| | 去离子水 | 去除所有正负离子的水 | 微生物 |
| | 蒸馏水 | 去除了所有生物体和非生物颗粒的水 | 无 |

### 31.1.2　水液压传动技术的分类

水液压传动技术根据压力高低可分为以下几类：

1）管道压力领域（≤0.25MPa），此压力为自来水管道的压力，也可由一般的离心式水泵产生。以此作为压力源，可以研制出许多日常生活中应用的机械，如能升降的洗脸台，帮助残疾人或老年人进入洗澡间的辅助装置等。

2）低压领域（>0.25～7MPa），此压力范围的应用面比较广泛，如食品机械、消防、医疗健康机械等。由于以水作为介质时除了具有气压传动的无污染的优点外，还具有容易实现精密控制的特点，因此，一些应用气压传动的场合可以用水液压传动来代替。

3）中压领域（>7～14MPa），此压力级别可应用于原子炉周边作业机械、生活用品成形机械、海水淡化、水下作业工具等。

4）中高压领域（>14～21MPa），此压力级别可应用于建筑机械、土木机械等。

5）高压领域（>21～31.5MPa），此压力级别可应用于煤矿、冶金机械等。

6）超高压领域（>31.5MPa），超高压的定义在各个国家不一样，一般压力要高于40MPa，如芬兰坦佩雷大学研制的水射流设备切割纸品，其压力为80MPa；福禄公司（Flow Inter. Corp.）是目前国际上比较有名的水射流切割设备制造公司，其生产的水射流切割机最高压力为400MPa左右。为了增强水射流的切割能力，还可以在射流中加入磨粒。近年来还出现了压力为800MPa，甚至1000MPa的水射流切割机。

另外，按照工作介质可分为海水液压传动和淡水液压传动；按系统形式分类可分为开式水液压系统和闭式水液压系统。闭式系统与油压系统的组成类似，具有单独的水箱；开式系统没有独立的水箱，系统直接从周围环境（海洋、湖泊等）或供水管道吸水。

## 31.2　水液压传动系统的基本组成及优缺点

水液压系统与油液压系统基本相同。一般由五个主要部分组成：动力源（液压泵站）、执行元件、控制元件、辅助元件和工作介质。

对于水液压系统，由于取水的方便性，可以直接连接或利用有关水源，因此可能省去水箱等有关元部件形成开式形式，但是这时污染、温度可能存在不受控的状态。

同油压传动及高水基传动相比，水液压传动具有许多突出优点：

1）用水代替矿物油，避免了使用油时所具有的污染、易燃、浪费能源、维护困难、与环境及产品不相容、废液处理困难等一系列严重问题。

2）水不会污染环境，能保证工作场所清洁。所以水液压传动被认为是理想的

“绿色”传动和生产技术。在家电、汽车等行业的装配线、食品、医药、饮料、造纸、水处理厂、包装、原子能动力厂等众多领域可以代替其他的传动或生产方式，实现传动及生产过程的“绿色”化。

3）水不燃、无着火危险。水液压传动是安全的传动技术，在冶金、热轧、连铸、化工等高温、明火环境或煤矿井下的各类工作机械上，可以代替现在广泛应用的价格昂贵、污染严重、维护困难的难燃油液作为工作介质的液压传动系统。

4）劳动保护。天然水不燃，没有火灾危险，可用于高温、明火和易燃易爆场合，不产生危害工人身体健康的有毒介质蒸气，有利于消除安全隐患，实现劳动保护。

5）水的价格低廉，来源广泛，无须运输与仓储。水液压系统用于海洋或江湖附近，往往可以不用水箱及回水管，不用冷却及加热装置，使系统大为简化，质量减轻，效率更高，工作性能稳定，特别适用于水下作业机械、水下作业工具、船舶、深潜器及舰艇上。

6）从全生命周期的角度综合考虑，水液压传动的能源、资源、物力及财力消耗要远远低于油压传动和其他介质液压传动，绿色产品特征明显，是理想的“绿色”技术和安全技术。

水与其他不同液压介质的环境影响和火灾危险性对比，如图 31-1 所示。

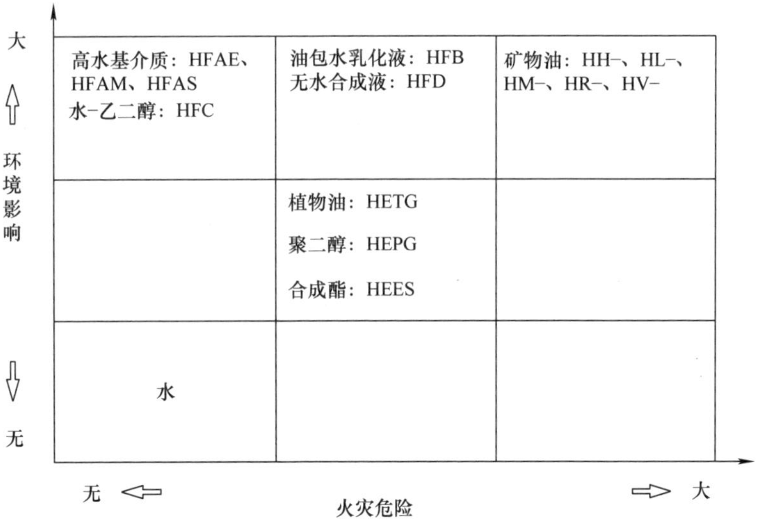


图 31-1　水与其他不同液压介质的环境影响和火灾危险性对比

## 31.3　水液压传动技术的产品和应用

表 31-2 列出了国际上部分生产或研究水液压技术的公司，其中丹佛斯公司、Water Hydraulics 公司生产的水压元件比较齐全，包括系列化的海淡水液压元件，

包括泵、马达、缸及控制阀等。我国近几年也出现了从事水液压元器件研发、生产及销售的企业，但从整体规模和水平来看，同国际先进水平相比还有不小差距。

**表 31-2　国际上部分生产或研究水液压技术的公司**

| 产品 | | 水液压马达 | 水液压泵 | 插装阀 | 单向阀 | 方向阀 | 流量阀 | 压力阀 | 比例阀 | 伺服阀 | 水液压缸 |
|---|---|---|---|---|---|---|---|---|---|---|---|
| 公司 | 丹佛斯（丹麦） | ● | ● | | ● | ● | ● | ● | ● | | ● |
| | Elwood Corp.（美国） | | | ● | ● | ● | ● | ● | ● | ● | |
| | Hytar OY（芬兰） | ● | ● | ● | ● | ● | ● | ● | | | |
| | HauhincoTrading（德国） | | ● | ● | ● | ● | ● | ● | ● | | |
| | Tiefenbach（德国） | | | ● | ● | ● | ● | ● | ● | | |
| | Water Hydraulics（英国） | ● | ● | ● | ● | ● | ● | ● | ● | | ● |
| | Hunt Valve Company（美国） | | | ● | ● | ● | ● | ● | | | |
| | Oilgear Company（美国） | | ● | ● | ● | | ● | ● | ● | | |
| | Ebara Research Co. Ltd（日本） | ● | ● | | | | | | ● | ● | ● |
| | Kayaba Industry Co. Ltd（日本） | | ● | | | | | | ● | | ● |
| | Mitsubishi Heavy Industries Ltd（日本） | | ● | | | | | | | | |

**表 31-3　水液压技术的应用**

| 应用领域 | 主要优点 |
|---|---|
| 食品、饮料、医药、奶酪、屠宰场、肉加工厂、粮食加工、生物工程、水处理厂 | 与产品相容、卫生、容易清洗 |
| 造纸、纸品厂、木材加工、木器厂、涂料业、自动传输线、食品包装机械 | 与产品相容、不燃 |
| 园林机械、森林机械、农业机械、清洁车、医疗机械、城市环卫机械 | 与环境相容、无污染 |
| 热轧机械、冶金机械、石油、化工 | 不燃、经济、无污染 |
| 锻压机、注塑机、连铸机 | 不燃、与产品相容 |
| 煤矿机械、金矿开采机械 | 不燃、无污染 |
| 核能动力工业 | 不燃、无污染、不怕辐射 |
| 水下作业工具及水下作业机械手 | 深水作业最佳动力 |
| 水下工程机械、河道工程、水液压驱动平台 | 经济、工作可靠，无污染 |

（续）

| 应用领域 | 主要优点 |
| --- | --- |
| 水面船舶、海洋平台、高压水清洗 | 不燃、无污染 |
| 海军舰艇、深海调查船 | 不燃、无污染，提高安全性、机动性及隐蔽性 |
| 高压细水雾灭火、消防切割 | 21 世纪消防发展方向 |
| 海水淡化、高压水切割、盐业生产 | 经济、高效、工作可靠 |

水液压技术已在许多领域开始应用（见表 31-3），并且其应用范围一直在逐步扩大。目前，已应用于深潜器（浮力调节）、水下作业工具、细水雾灭火、海水淡化、高压水清洗、消防切割、核能动力厂等领域，并在食品、饮料、肉加工厂、粮食加工、医药等部门逐步得到应用。随着人们对环境保护及安全生产的高度重视，水液压技术将在一些要求不产生污染的移动式机械上应用，如农业机械、森林机械、园林机械、城市环卫机械等，同时也将在一些要求抗燃、防污染的固定式机械上应用，如冶金机械、热轧机械、锻压机械、水力发电厂、金矿开采机械等。

# 第 32 章　水液压控制阀

在液压系统中，用于控制液流压力、流量和方向的元件总称为液压控制阀。在水液压传动系统中，根据在系统中的功用分类，水液压控制阀可以分成压力控制阀、流量控制阀、方向控制阀三种类型。本章对这些基本的水液压控制阀及其所面临的关键技术问题进行介绍。

## 32.1　水液压压力控制阀

压力控制阀（以下简称压力阀）是用来控制液压系统中液体压力的阀类。压力阀按功能和用途可分为溢流阀、减压阀、顺序阀、平衡阀等；按其结构形式可分为直动式和先导式两类。下面重点介绍水液压溢流阀，并对一种先导式减压阀进行介绍。

### 32.1.1　直动式压力控制阀

直动式溢流阀是依靠系统中的介质压力直接作用在阀芯上与弹簧力等相平衡，以控制阀芯的启闭动作。直动式溢流阀的结构主要有滑阀、锥阀、球阀和喷嘴挡板等形式。

图 32-1 所示为丹麦丹佛斯生产的 VRH 型直动式水液压溢流阀。该阀有 30L/min、60L/min 和 120L/min 三种规格。该阀在结构上有如下特点：①阀芯与阀座采用平板阀结构，且阀芯采用马氏体不锈钢强化处理，硬度较高，不仅结构简单，加工方便，而且提高了阀的抗气蚀和拉丝侵蚀性能；②阀芯与活塞接触处采用球面结构，有利于阀芯自动调节平衡位置及保证阀口关闭时的密封性能；③活塞与活塞套之间设置了阻尼腔，增大了阀芯的运动阻尼，提高了溢流阀的工作稳定性；④阀套采用高分子材料，活塞采用金属基体表面喷涂陶瓷材料，使该摩擦副避免发生黏着磨损，并提高了抗污染性能。图 32-2a 和图 32-2b 分别为 VRH60 和 VRH120 两种规格溢流阀的 $\Delta p-q$ 特性曲线，通过更换调压弹簧可以获得不同的调压范围（Ⅰ：2.5～8MPa 和Ⅱ：8～14MPa）。

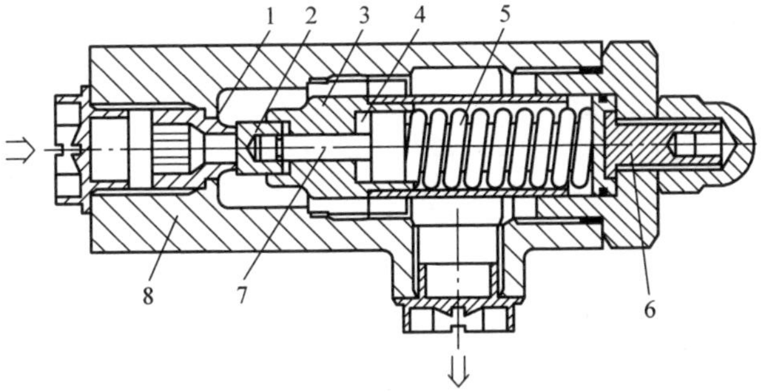


图 32-1　丹佛斯 VRH 型直动式水液压溢流阀

1—阀座　2—阀芯　3—活塞套　4—阻尼腔　5—调压弹簧　6—调压螺杆　7—活塞　8—阀体

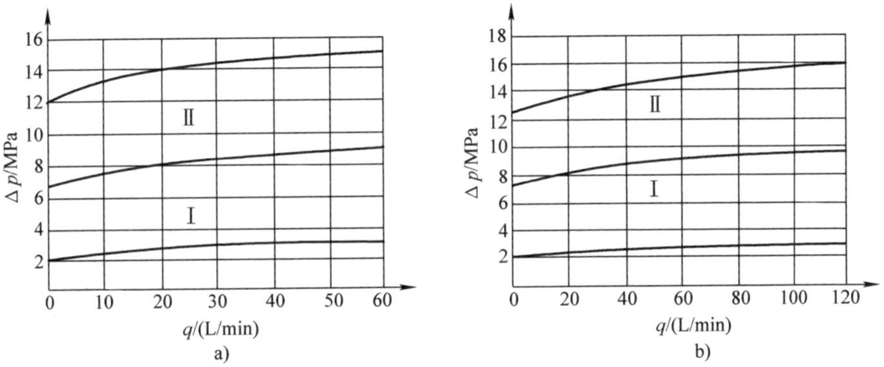


图 32-2　VRH 型溢流阀的 $\Delta p - q$ 特性曲线

## 32.1.2　先导式压力控制阀

先导式溢流阀是由先导阀和主阀两部分组成。图 32-3 所示为一种先导式水液压溢流阀的结构图。主阀由压力挡调节旋钮 1、端盖 2、节流环 3、主阀座 4、主阀芯 5、主阀套 6、主阀弹簧 12、主阀体 17 等组成；先导阀主要由先导阀座 7、先导阀芯 8、调压弹簧 9、先导阀体 10 等组成。为了减小气蚀、泄漏、拉丝侵蚀、振动、噪声及提高先导阀的工作稳定性，该阀在结构上采取了以下措施：

1）减小主阀口的工作压差。在主阀口和溢流阀入口之间设置了压力挡调节旋钮 1 和节流环 3，节流环上开有 4 个不同直径的节流孔 16。当溢流阀工作时，高压水先经过节流孔 16 产生一定的压降，再通过主阀口溢流，从而降低了主阀口的工作压差，有利于减小阀口的气蚀。根据系统的工作压力、流量等参数，可通过压力挡调节旋钮选择节流孔直径大小。在流量一定时，由于不同直径的节流孔能产生不同等级的压力差，因此采用一根调压弹簧可以实现较宽的调压范围。

2）主阀芯与主阀座采用硬－软材料配对的锥阀结构，且主阀芯锥角略大于主

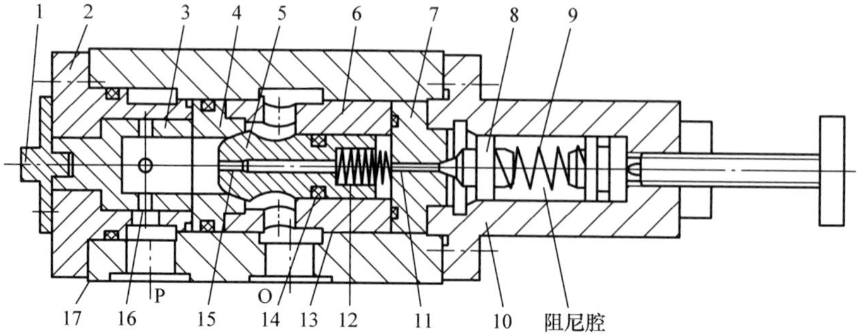


图 32-3 先导式水液压溢流阀结构图

1—压力挡调节旋钮 2—端盖 3—节流环 4—主阀座 5—主阀芯 6—主阀套 7—先导阀座 8—先导阀芯 9—调压弹簧 10—先导阀体 11、15—阻尼孔 12—主阀弹簧 13—通流槽 14—密封件 16—节流孔 17—主阀体

阀座锥角，有利于减小阀口泄漏和气蚀。

3）在主阀芯上设置有摩擦系数小、耐磨性好的橡塑组合密封件，有利于减小主阀芯和主阀套导向面之间的泄漏和拉丝侵蚀。

4）为了减小先导阀的振动、噪声，提高工作稳定性，除了在先导阀入口设置阻尼孔 11 及采用半锥角较小的先导阀芯外，在先导阀芯尾端还设有导向圆柱面，与先导阀体 10 内孔之间形成一定的配合间隙，使调压弹簧腔成为阻尼腔，有利于减小先导阀芯的偏振，增加运动阻尼，从而提高其工作稳定性。

5）溢流阀中所有的材料均采用耐海水腐蚀性能好的耐蚀金属或高分子材料，使该溢流阀能够适应海水、淡水及高水基等多种工作介质。

该阀额定流量为 40L/min，压力调节范围为 2.5 ~21MPa。

## 32.1.3 先导式减压阀

减压阀是一种利用液流在阀口产生压力损失，使其出口压力低于进口压力的压力控制阀。按调节要求不同，减压阀可分为定压减压阀、定比减压阀和定差减压阀。定压减压阀用于控制出口压力为定值，使液压系统中某一部分得到较供油压力低的稳定压力；定比减压阀用来控制它的进、出口压力保持调定不变的比例；定差减压阀则用来控制进、出口压力差为定值。

水液压减压阀的结构原理如图 32-4 所示。该阀主要由主阀芯 1、阻尼器 2、主阀弹簧 3、先导阀座 4、先导阀芯 5 及先导阀弹簧 6 等组成。其工作原理同油压减压阀大体相似。图 32-5 所示为其工作原理，1 为主阀口，2 为先导阀口，此两个阀口均为可变的，3 为固定阻尼器。在进口压力 $p_1$ 变化的情况下，固定阻尼器 3 所产生的压力损失也相应产生变化，从而调节主阀 1 的开口，维持出口压力 $p_2$ 相对稳定。在进口压力保持恒定的情况下，如果通过阀的流量产生变化，通过固定阻尼器 3 和先导阀的调节作用，出口压力 $p_2$ 也将维持基本稳定。

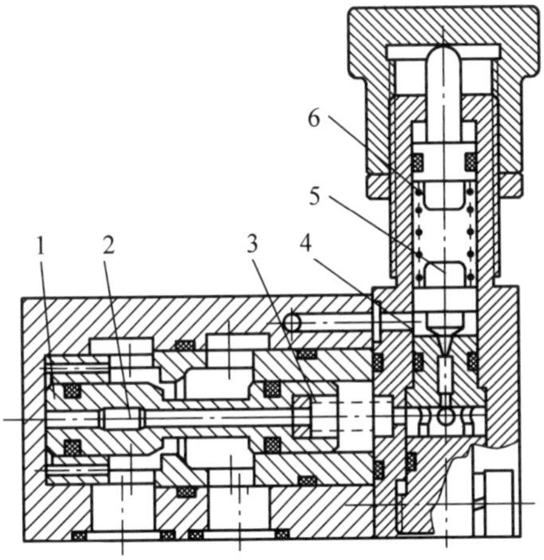


图 32-4　减压阀结构原理

1—主阀芯　2—阻尼器　3—主阀弹簧

4—先导阀座　5—先导阀芯　6—先导阀弹簧

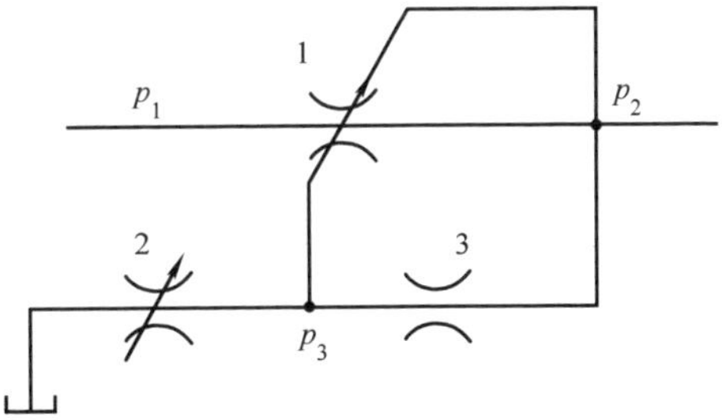


图 32-5　减压阀工作原理

1—主阀口　2—先导阀口

3—固定阻尼器

## 32.2　水液压流量控制阀

水液压流量控制阀在系统中控制流量，从而达到控制执行元件速度的目的。按照是否带压力补偿可分为调速阀和节流阀。

### 32.2.1　水液压节流阀

节流阀的作用与调速阀类似，但它通过的流量随负载而变化。它还可用来作截止阀。图 32-6 所示为丹佛斯生产的 VOH30M 型水液压节流阀，该阀的最大工作压力为 14MPa，最大流量为 30L/min。该阀在结构设计上有以下特点：

1）阀芯与阀体构成两级节流阀口，降低了每个阀口的工作压差，提高了节流阀的抗气蚀性能。

2）在阀芯头部镶嵌了一个塑料锥体，在节流阀关闭时利用塑料锥体与金属阀体的配合面密封，使节流阀在关闭时能实现零泄漏。

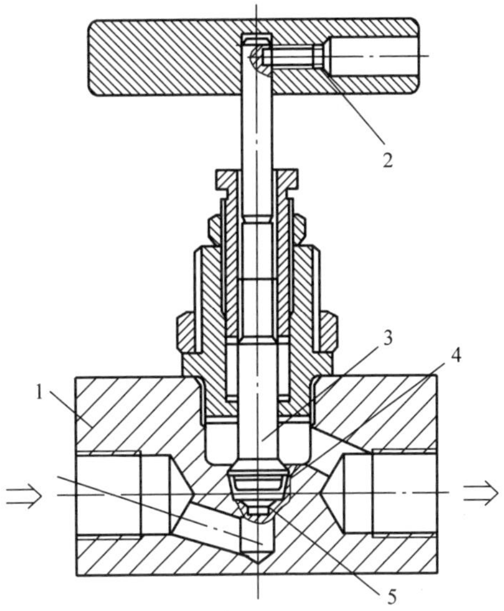


图 32-6　VOH30M 型水液压节流阀结构图

1—阀体　2—手柄　3—阀芯

4—两级节流阀口　5—塑料锥体

### 32.2.2　水液压调速阀

图 32-7 所示为丹佛斯研制的带压力补偿的 VOH30M 型流量控制阀，即调速阀。该阀额定压力为 14MPa，额定流量为 30L/min。

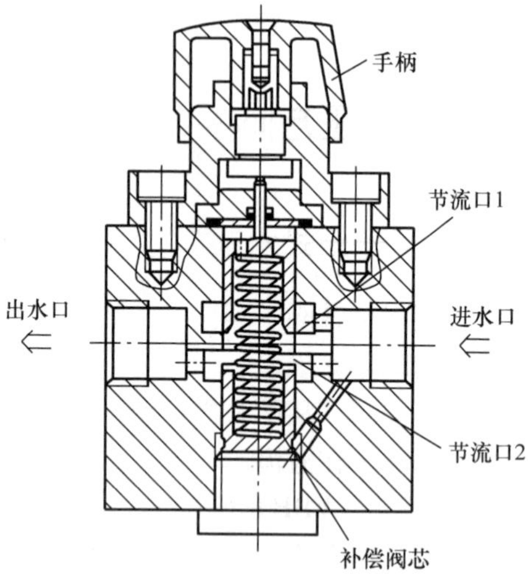


图 32-7　VOH30M 型流量控制阀

图 32-8 所示为其工作原理。调节手柄，阀芯 1 在弹簧的作用下开启一定的开度，水流从进水口进入调速阀，此时阀芯 2 在弹簧的作用下处于全开的位置。进入阀的水流经过节流口 1 和节流口 2，从出水口流出。进口压力同时通过导水孔作用在阀芯 2 的底部，如果阀芯 2 受到的液压作用力大于弹簧和液动力等的合力，将推动阀芯 2 朝减小其节流口面积的方向运动，到达一个新的受力平衡位置，节流口 2 也维持在一定的开度。此时出口的流量即为阀在这个开度时通过的流量。如果进口压力 $p_1$ 加大，作用在阀芯 2 底部的力增大，将推动阀芯运动，使得节流口 2 的开度减小，两节流口中间容腔中的压力 $p_2$ 增大，从而保持节流口 2 两端的压差（$p_1-p_2$）维持不变，使得阀在一定开度时通过的流量不变。在进口压

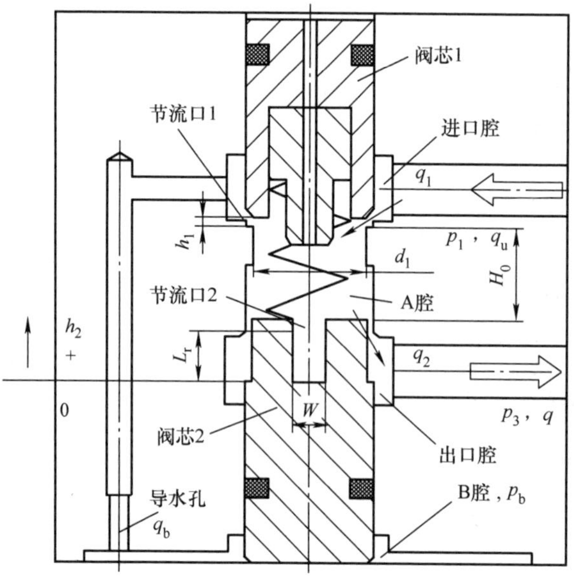


图 32-8　水液压调速阀工作原理

力 $p_1$ 减小以及出口压力 $p_3$ 增大或减小时，阀芯 2 的随动总能基本保证水流量。调节阀节流口 1 在某一开度工作时，其两端压差基本恒定，从而使通过阀的流量基本维持在某一稳定值。阀芯 2 在阀的工作中起压力补偿器的作用。

## 32.3　水液压方向控制阀

### 32.3.1　提升阀式水液压方向控制阀

提升阀包括锥阀、球阀、平板阀等，用在水液压阀中，其主要优点是：过流能力强；结构简单，可以采用陶瓷做阀芯，从而耐气蚀和拉丝侵蚀，提高了阀的寿命；能完全关闭，从而减少拉丝侵蚀；抗污染能力强。

提升阀除了在溢流阀中普遍采用外，还可以组合起来完成方向阀的功能。丹麦的丹佛斯生产的 VDH30EC4/3 三位四通方向控制阀为平板阀结构。该阀可以以普通自来水为工作介质，由四个相对独立的开/关逻辑阀组成，其结构如图 32-9 所示，其技术规格见表 32-1。

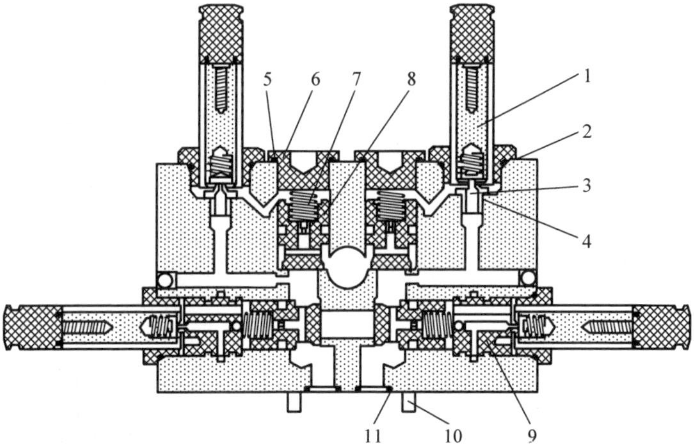


图 32-9　VDH30EC4/3 方向阀的结构

1—电磁铁　2、4、5、11—O 形圈　3—过流孔　6—堵头　7—弹簧　8—阀芯　9—先导阀座　10—螺钉

**表 32-1　VDH30EC4/3 方向阀的技术规格**

| | |
|---|---|
| P 口、A 口和 B 口的最大压力/MPa | 14 |
| T 口回水液压力/MPa | 14 |
| 最小入口压力/MPa | 5 |
| 最大流量/(L/min) | 30 |
| 最小流量/(L/min) | 11 |
| 在流量 5/15/30 L/min 时的压力损失（P→A + B→T)/MPa | 0.5/0.8/2.5 |

（续）

| | |
|---|---|
| 换向开启时间/ms | 110 |
| 换向关闭时间/ms | 130 |
| 从 P 口→A、B、T 口的泄漏量/(mL/min) | 0 |
| 从 A、B 口→T 口的泄漏量/(mL/min) | 0 |
| 从 A、B 口→P 口的泄漏量（P 口压力为 0）/(L/min) | 最大为 5 |
| 从 A、B 口→P 口的泄漏量（P 口压力等于 A、B 口压力）/(L/min) | 0 |
| 绝缘等级 | IP67 |

图 32-10 所示为德国 GSR 公司生产的 49 型二位二通常闭型强制先导式电磁阀。当阀门入口与出口压差较小的情况下，通电时，电磁线圈产生的电磁力足以提起主阀芯和先导阀芯等运动部件，阀门开启；断电时，弹簧把主阀芯和先导阀芯压在阀座上，阀门关闭。

当阀门入口与出口压差很大的情况下，通电时，电磁力开启先导阀，主阀芯上腔室的压力迅速下降，在主阀芯上下腔形成上低下高的压差，该压差推动主阀芯从阀座上提起，阀门开启；断电时，弹簧力推动先导阀芯关闭先导座孔，阀门入口压力通过旁通孔迅速进入主阀芯上腔室，由于上端的压力作用面积大于下端，主阀芯向下移动压在阀座上，阀门关闭。常开型动作方向与常闭型相反。

同时，该阀的先导阀芯与主阀芯连接在一起，在入口压力接近出口压力，甚至压差为 0 时，阀门也能正常操作，从而克服了常见先导式电磁阀一定要进出口压差达到一定值才能打开的不足。

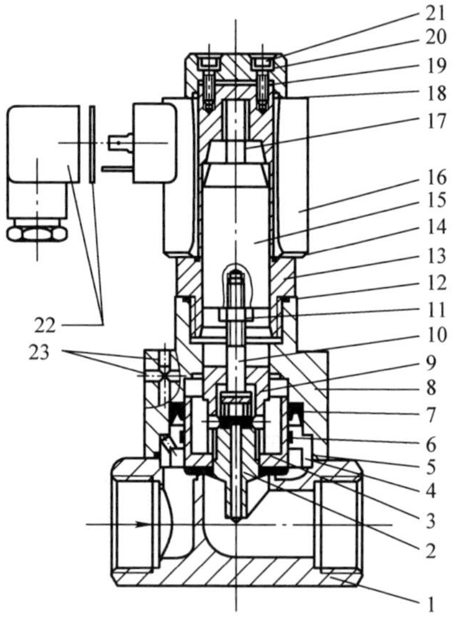


图 32-10　49 型二位二通常闭型强制先导式电磁阀

1—阀体　2—主阀杆　3—主阀芯　4—导向套　5、12、14、18—O 形圈　6—导向环　7—密封件　8—阀盖　9—先导阀导向套　10—推杆　11—锁紧螺母　13—支座　15—衔铁　16—电磁线圈　17—弹簧　19—扣压螺母　20—垫圈　21—内六角螺钉　22—插头　23—堵头

图 32-11 所示为德国 Hauhinco 公司生产的一种二位三通球阀。球阀的优点是可以做到完全密封，泄漏量小，动作可靠，制造起来相对简单；而且球体可以选用陶瓷，从而使得其加工精度高、质量轻、响应速度快、耐气蚀和拉丝侵蚀性能好。

图 32-12 所示为一种德国 Müller 公司生产的同轴电磁方向阀，该阀采用提升阀

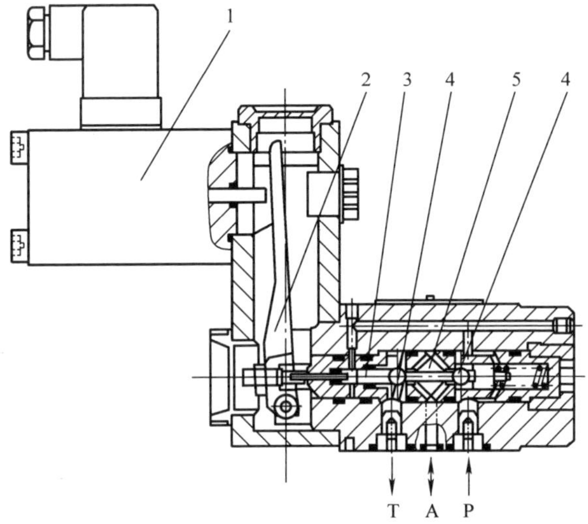


图 32-11　二位三通球阀
1—电磁铁　2—杠杆　3—顶杆　4—球　5—阀座

结构，将阀芯直接作为电磁铁的动铁芯，因此同其他电磁铁为单独结构的阀相比，结构更加紧凑。从原理上讲，该阀属于直动式结构，同时允许介质的双向流动。该阀可以用气态或液态工作介质，有二位二通、二位三通电磁阀等型式，其中二位二通电磁阀的通径为 DN10 ~ DN80，进口压力范围为 0 ~ 10MPa，出口压力不超过 1.6MPa。

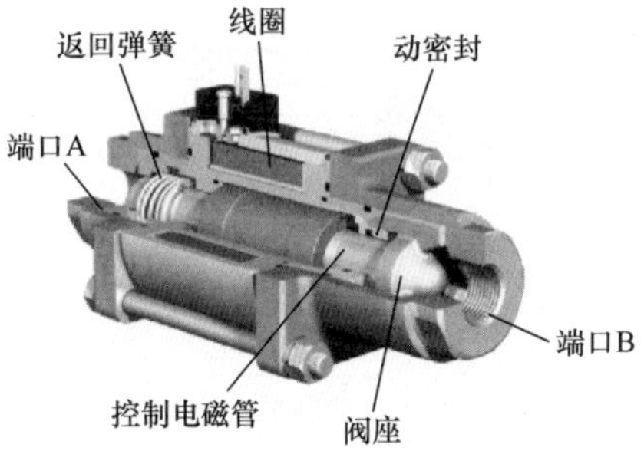


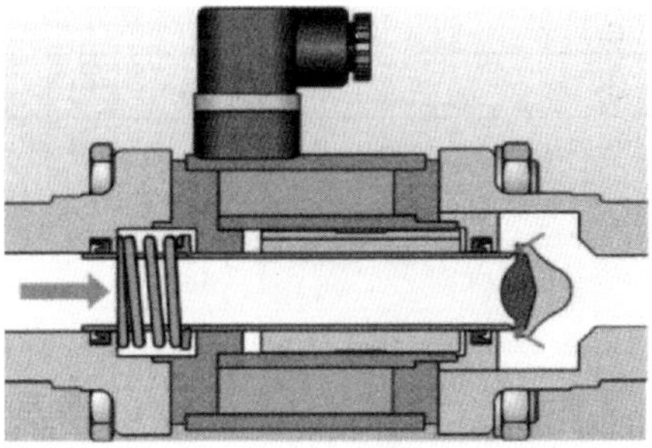

图 32-12　同轴电磁方向阀

## 32.3.2　滑阀式水液压方向控制阀

滑阀在油压传动中被广泛用于方向阀、比例阀和伺服阀中。它主要靠间隙来密封。由于水的黏度低，滑阀以水为介质时，主要存在的问题有：控制边易产生拉丝侵蚀；间隙小，卡紧力大，抗污染能力差；泄漏大。

目前所见的滑阀形式的水液压阀主要采取两种办法来解决上述问题，一是在阀芯上加密封圈来降低对密封间隙的要求，美国 ELWOOD 公司生产的三位四通手动滑阀式换向阀即采用这种形式，其中阀芯和阀套都采用不锈钢，阀芯上的组合密封圈用来密封进出口之间的水，同时对阀芯和阀套的磨损起到补偿作用，其最大流量为 42L/min，最大压力为 42MPa。

水液压阀中应用滑阀的另一种情形是用陶瓷做阀芯，由于陶瓷的刚性好，不易变形，因而阀芯和阀套之间的间隙可以控制得很小。德国 Hauhinco 公司生产的滑阀形式的二位三通水液压陶瓷电磁方向阀如图 32-13 所示。该阀的阀体采用不锈钢，阀套和阀芯均为陶瓷，其技术规格见表 32-2。

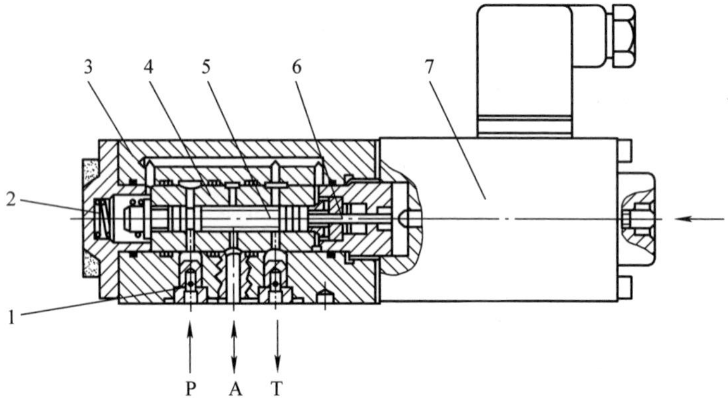


图 32-13　二位三通水液压陶瓷电磁方向阀

1—过滤器　2—弹簧　3—阀体　4—阀套　5—阀芯　6—推杆　7—电磁铁

**表 32-2　二位三通水液压陶瓷电磁方向阀的技术规格**

| 通径/mm | 3 | | | 6 | | | 10 | | |
|---|---|---|---|---|---|---|---|---|---|
| 端口 | P | A | T | P | A | T | P | A | T |
| 最大工作压力/MPa | 32 | 32 | 5 | 32 | 32 | 5 | 32 | 32 | 5 |
| 最大测试压力/MPa | 48 | 48 | 5 | 48 | 48 | 5 | 48 | 48 | 5 |
| 最大流量/(L/min) | 8 | | | 30 | | | 60 | | |
| 工作介质 | 水、HFA、HFB、HFC、矿物油 | | | | | | | | |
| 过滤精度/μm | 25 | | | | | | | | |
| 换向时间/ms | 60 | | | 70 | | | 80 | | |
| 驱动元件 | 电磁铁 | | | | | | | | |
| 绝缘要求 | IP65 | | | | | | | | |
| 工作电压/V | 直流 24 | | | 直流 24 | | | 直流 24 | | |
| 电磁铁功率/W | 30 | | | 36 | | | 55 | | |
| 介质最高温度/℃ | 50 | | | 50 | | | 50 | | |
| 环境最高温度/℃ | 45 | | | 45 | | | 45 | | |

# 32.4　水液压比例/伺服控制阀

目前，水液压比例/伺服控制元件的种类和性能方面同油压控制元件相比均有很大的差距。下面介绍几种水液压比例/伺服控制阀。

## 32.4.1　水液压比例控制阀

图 32-14 所示为丹佛斯生产的 VOH30PE 型比例流量控制阀及其流量压力特性，该阀液压部分为一带有压力补偿功能的调速阀，可由计算机或 PLC 控制，其最大流量为 30L/min，最大压力为 14MPa，最小压力 1.5MPa，滞环 <8%，响应时间 <150ms，功率为 12W。

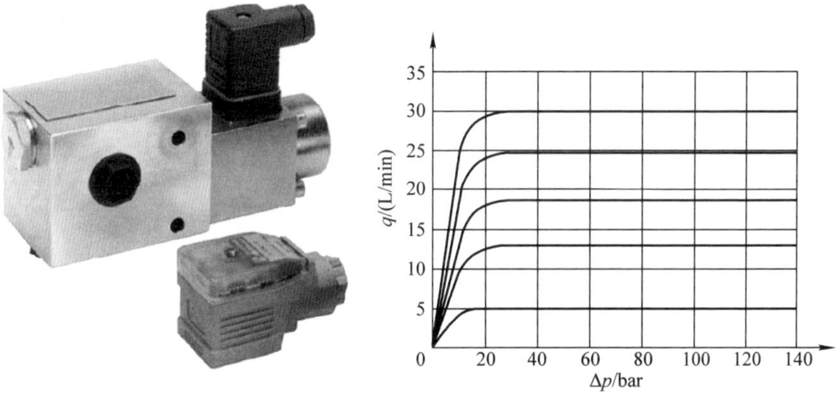


图 32-14　丹佛斯 VOH30PE 型比例流量控制阀及其流量压力特性

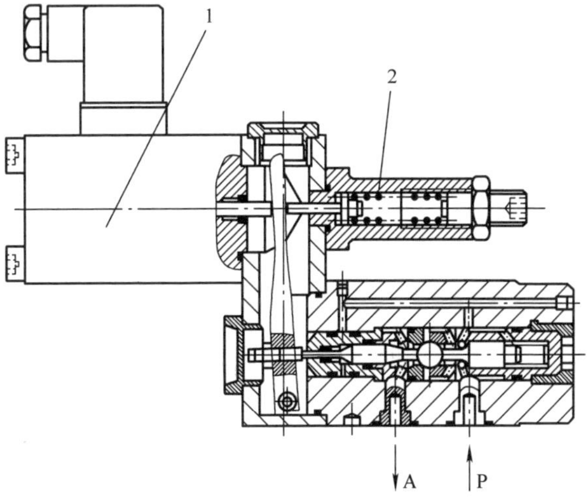


图 32-15　球阀式二位二通水液压比例控制阀

1—比例电磁铁　2—调压弹簧

为了适应水介质黏度低、泄漏量大的特点，德国 Hauhinco 公司研制的二位二通水液压比例控制阀（见图 32-15）采取球阀形式，并用在位置控制系统中。球阀的优点是泄漏量小，动作可靠，球体可以用不锈钢或陶瓷材料，制造起来相对容易；其缺点是线性度差，滞环和死区较大。该阀的开启和关闭时间为 60～80ms，工作极限频率比伺服阀低得多。该阀可用水、难燃液（HFA、HFB 和 HFC）或矿物油为工作介质，过滤精度只需 25μm，最大流量为 60L/min，最高工作压力可达 32MPa。该阀单独使用时可用于系统旁路进行流量和压力调节；作为先导阀可与主阀组合，用于执行元件的进出口进行压力、速度和位置的控制。另外，Hauhinco 公司还研制出以氧化锆（$ZrO_2$）做阀芯和氧化铝（$Al_2O_3$）做阀套的滑阀式比例控制阀，其结构形式与图 32-13 类似，但采用了比例电磁铁，阀的最快响应时间为 30ms。

德国 Tiefenbach 公司提供二位二通插装式比例阀，如图 32-16 所示，该阀的主阀为插装式，最大通径为 DN100，最高工作压力 32MPa；由先导阀进行控制，采用内部工作介质控制，最小控制压力 2.5MPa。在通过阀口损失为 0.5MPa 时，通过的流量可达 6000L/min。该阀的流量压力曲线如图 32-17 所示。

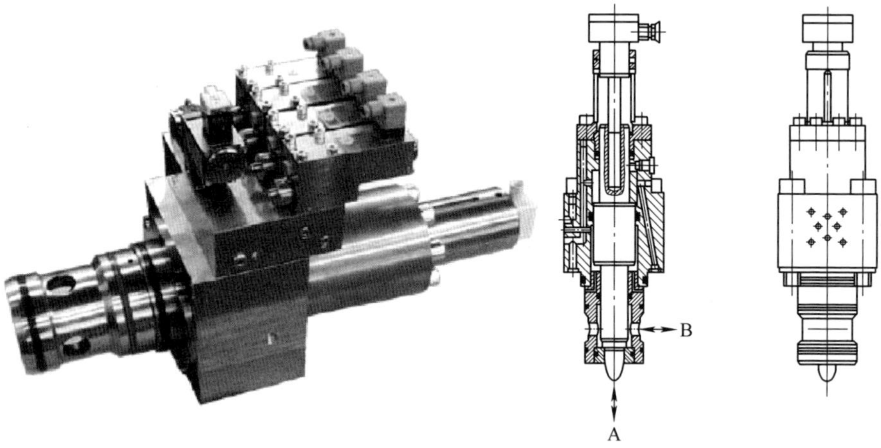


图 32-16　Tiefenbach 公司二位二通插装式比例阀

## 32.4.2　水液压伺服阀

1992 年，日本 Ebara Research Co. Ltd 和 URATA 等合作研制的水液压伺服阀采用静压支承以减小阀芯所受的摩擦力和卡紧力，避免了由于间隙过小而导致的阀芯和阀套黏结；经过静压支承腔的压力水再被引到喷嘴—挡板阀口，以减小流量损失。阀芯为陶瓷，阀套为不锈钢；额定压力为 14MPa，额定流量为 80L/min，响应频率达到油压伺服阀的水平。图 32-18 所示为其结构原理。

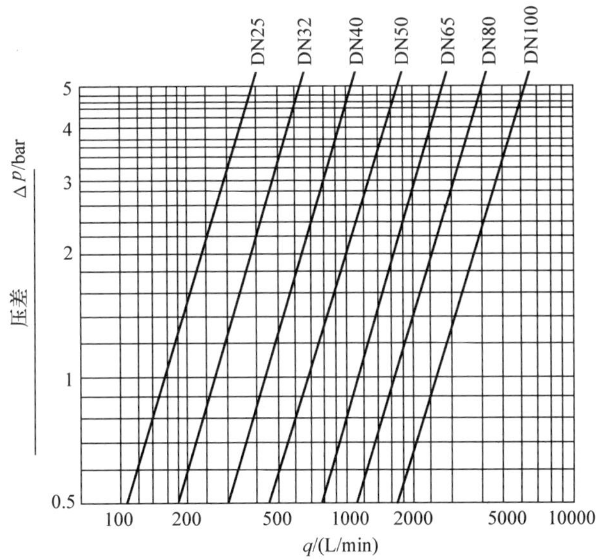


图 32-17　Tiefenbach 公司二位二通插装式比例阀的流量压力曲线

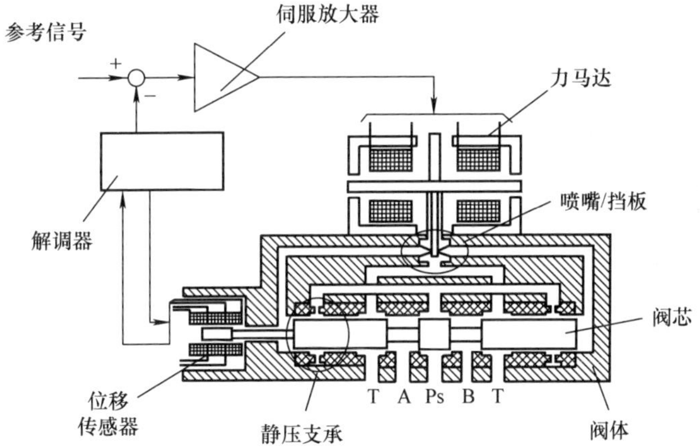


图 32-18　水液压伺服阀结构原理

日本 Moog 公司（Moog Japan Ltd）研制开发了永磁直线力马达直接驱动水液压伺服控制阀，如图 32-19 所示。伺服阀由线性力马达、液压滑阀和位移传感器（LVDT）及放大器组成，通过脉宽调制（PWM）电流驱动，具有输出功率大、响应速度快等特点，阀的最大工作压力为 7MPa，额定流量为 24L/min，阀内泄漏量为 0.44L/min，滞环和零漂均小于 0.1%，动态响应频率为 92Hz。

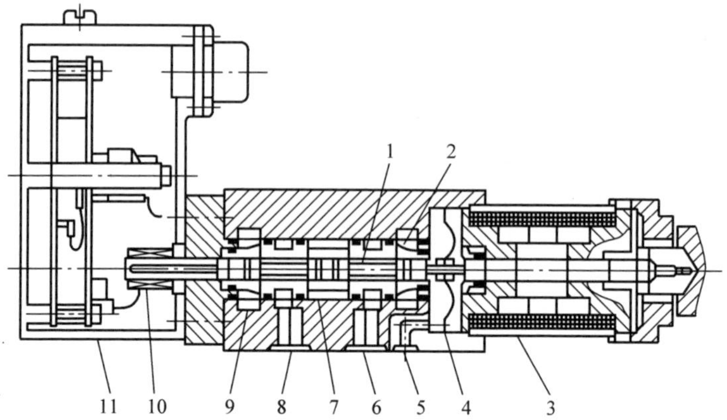


图 32-19　力马达驱动水液压伺服控制阀

1—阀芯　2—阀套　3—力马达　4—膜片　5—泄水口　6—A 口　7—进水口　8—B 口　9—回水口　10—位移传感器　11—放大器

# 第 33 章　水液压动力元件

水液压动力元件作为能量转换元件，由原动机驱动，把输入的机械能转换为液压能，再以压力和流量的形式输送到系统中。在液压系统中，动力元件一般指液压泵，原动机一般包括内燃机和电动机等。但随着液压技术应用的不断拓展，机械振动、波浪能均可以被用作推动液压泵的原动力。还有一种元件，如增压器，在系统中将泵输出的低压力和大流量，经过增压形成高压小流量的液压源。本章将对这些内容分别介绍。

## 33.1　水液压泵的分类

传统的液压泵主要采用矿物油作为工作介质，按主要运动部件的形状和运动方式可分为齿轮式、叶片式、螺杆式和柱塞式。按工作容腔周期性变化而吸入和排出的液体容积是否恒定，又可分为定量型和变量型。

按柱塞在缸孔中排列方式的不同，柱塞泵可分为径向式和轴向式。轴向柱塞泵按其配流方式可分为端面配流（配流盘配流）和阀配流两类。配流盘配流的轴向柱塞泵按其结构特点分为斜盘式（直轴式）和斜轴式（摆缸式）。斜盘式泵又有点接触型和带滑靴型之分和非通轴（半轴）型和通轴型之分。径向柱塞泵按其配流方式可分为配流轴配流和阀配流两类。

然而，并不是所有容积式油压泵的结构型式都适合于用水作为工作介质。齿轮泵、叶片泵、螺杆泵的摩擦副接触比压都比较大。例如，叶片泵旋转过程中叶片相对于转子导向槽做往复直线滑动，所受的侧向应力在接触边缘最大；在高压区叶片受离心力以及底部高压介质的作用会紧贴定子内表面，因该处接触面积小，其接触比压相当大。

美国 NCEL 的 B. Bhushan 等人对齿轮式、叶片式、柱塞式三种结构型式的海水液压泵进行了研究（见表 33-1），发现同一种材料在柱塞泵中承受的 $pv$ 值仅为叶片泵的三分之一和齿轮泵的十分之一，径向动压轴承的 $pv$ 值约为齿轮泵的四分之一，由此可见柱塞式结构有利于降低摩擦副的 $pv$ 值。因此水液压泵多为柱塞式结构。

表33-1 典型海水液压泵的*pv*值比较

| 泵的类型 | 接触部位 | | 转速 $n$ /(r/min) | 速度 $v$ /(m/s) | 接触比压 $\sigma$ /MPa | $pv$ 值 /(MPa·m/s) |
|---|---|---|---|---|---|---|
| 外啮合齿轮泵 | 啮合面 | 钢—钢 | 2500 | 2.82 | 706.2 | 1991 |
| | | 钢—塑料 | 2500 | 2.82 | 81.3 | 229 |
| | 径向动压轴承 | | 2500 | 3.10 | 4.17 | 12.9 |
| 双作用叶片泵 | 叶片顶部 | 塑料 | 2500 | 7.55 | 7.92 | 59.8 |
| | | 金属+涂层 | 2500 | 7.55 | 37.55 | 283.5 |
| | 叶片侧面 | | 2500 | 0.84 | 8.34 | 7 |
| 轴向柱塞泵 | 柱塞 | | 3800 | 11.72 | 1.45 | 2.5 |
| | 滑靴 | | 3800 | 1.75 | 1.79 | 21 |
| | 球头 | | — | — | 2.2 | 0.2 |
| | 径向动压轴承 | | 3800 | 3.80 | 0.9 | 3.4 |

对于以水作为工作介质的容积式泵，除了上面所述的型式外，还有一种曲轴式容积柱塞泵被大量应用。最常见的结构型式是三个柱塞平行卧式布置，与驱动轴垂直；采用阀配流；油水分离，驱动轴和连杆机构由润滑油润滑。

## 33.2 水液压泵的结构型式

### 33.2.1 曲柄连杆三柱塞水泵

目前，三柱塞水泵被广泛应用于石油、冶金、煤矿、化学工业等领域。图33-1所示为典型三柱塞泵的外形，图33-2所示为其结构原理。该泵包括两部分。一部分为直接输送液体，将机械能转化为液压能的液力端，由缸体、活塞（柱塞）、吸入阀和排出阀等组成。三个柱塞平行布置在一个平面上，相位角相差120°，每一个柱塞带有一对吸入阀和排出阀。为了减少体积和质量，也有的泵将液力端的三个柱塞沿圆周方向布置，如此一来，泵的液力端为圆柱形而不是方形。另一部分为将原动机的能量传给液力端的传动端，包括曲柄、连杆、十字头等。曲柄为三拐轴，从曲柄的轴向投影来看，三拐的中心围绕曲柄旋转中心按120°夹角均布，使得惯性力（力矩）得到较好的平衡。

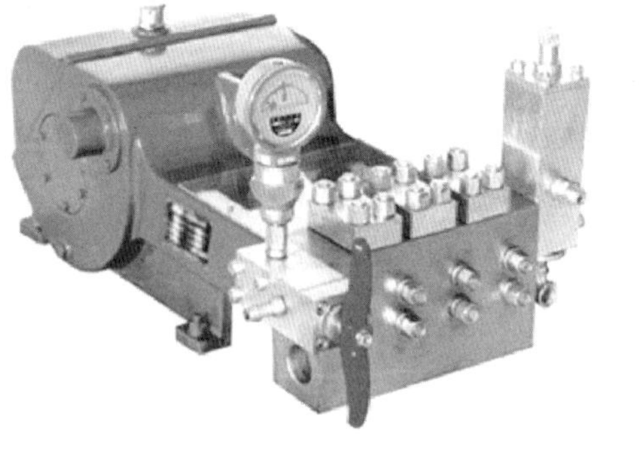

图33-1 典型三柱塞泵的外形

该泵的传动端均采用油润滑的形式，并与液力端隔开，润滑部件包括曲柄-连

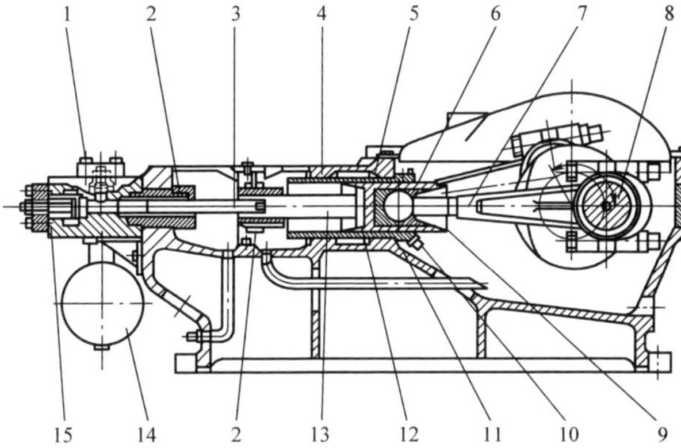


图 33-2 三柱塞泵结构原理

1—入口阀 2—缸体密封圈 3—柱塞 4—滑轨 5—滑块 6—轴套 7—连杆 8—曲轴 9—螺纹套筒 10—排油口 11—半球形轴瓦 12—固定凸台 13—定距片 14—储水器 15—单向阀

杆副、滚动轴承副、十字头－导向套副等摩擦副。因此，整个泵只有柱塞和缸体由水润滑，大大降低了摩擦副设计、选材和制造的难度。

## 33.2.2 油水分离阀配流海水柱塞泵

在借鉴三柱塞泵和轴向柱塞液压泵的基础上，华中科技大学开发了一种油水分离阀配流海水柱塞泵。该泵的组成及工作原理如图 33-3 所示，主要包括缸体、吸入阀、压出阀、柱塞、主轴、斜盘、轴承及端盖等结构。该泵在结构上主要有以下几个特点：

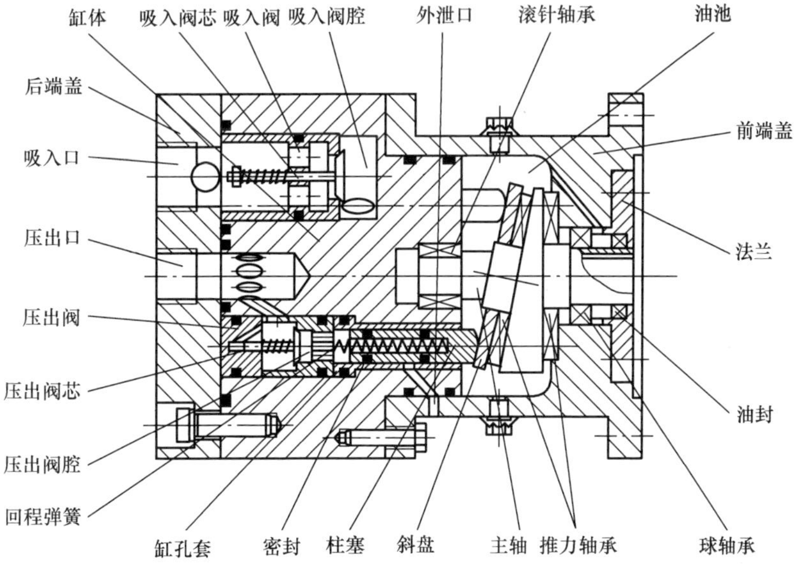


图 33-3 油水分离阀配流海水柱塞泵

(1) 采用传统油压泵的驱动机构　该泵的驱动机构采用传统油压泵的斜盘结构型式，原动机输出的旋转运动通过斜盘结构转化为柱塞的往复运动，柱塞头部与斜盘之间采用滑靴－斜盘结构，在回程盘和弹簧的作用下使滑靴与斜盘面接触。

(2) 压力水输出　配流阀（含吸入阀及压出阀）为软密封结构，由阀芯、阀座、弹簧、阀套及镶嵌于阀座或阀芯上的软密封组成；阀芯由弹簧压贴在阀座上。与配流盘形式的端面配流结构相比，采用阀配流结构更容易实现密封，且抗污染能力更强。

(3) 润滑形式　采用油水分离结构。油池中注入润滑油，用于润滑轴承及斜盘/柱塞等摩擦副。在做往复运动的柱塞上装有两道密封圈，使柱塞端部的水与油池中的润滑油完全隔开，不会相互渗漏，万一有少许的油或水通过密封漏出，可通过外泄口排到壳体外，从而保证所有轴承及柱塞头部/斜盘等摩擦副均由润滑油润滑。采用了油水分离结构，使运动摩擦副及所有轴承处于润滑油润滑状态，工作可靠性及寿命大大提高，相对来说可以降低对摩擦副材料的要求。

另外，超高压海水泵也基本采用油水分离的结构型式。图33-4所示为华中科技大学研制的载人深潜器浮力调节海水泵，其结构也采用油水分离形式，传动结构为油润滑。该泵工作转速为1000r/min，水下4500m时的工作流量为5L/min，压力可达48MPa。

图33-4　华中科技大学研制的载人深潜器浮力调节海水泵

### 33.2.3　全水润滑水液压泵

所谓全水润滑是指泵中所有摩擦副均由水润滑，不含任何其他润滑介质。理论上，所有传统油液压泵都可以采用水作为工作介质，但是由于水介质的理化性能特点，目前应用最多的还是柱塞泵型式。

### 1. 端面配流柱塞泵

图 33-5 所示为英国 Water Hydraulics 公司生产的水液压泵/马达结构图，表 33-2 列出了该泵的型号及技术参数，柱塞滑靴的回程方式为固定间隙回程。

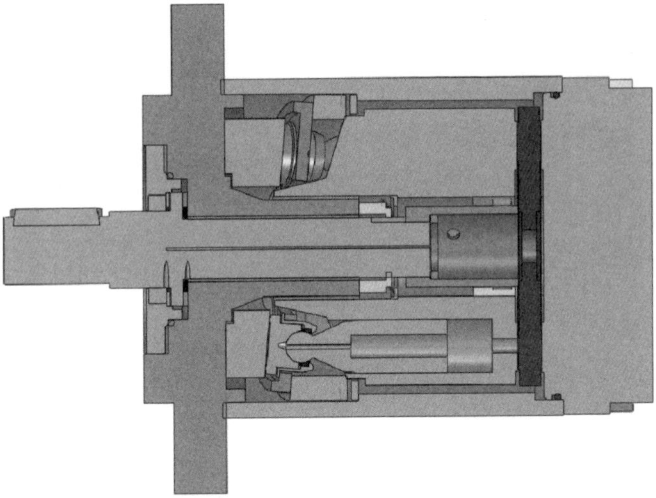

图 33-5　英国 Water Hydraulics 公司生产的水液压泵/马达结构图

**表 33-2　Water Hydraulics 公司生产的水液压泵型号及技术参数**

| 型　号 | | P1 | P6 | P15 | P30 | P60 | P180 |
|---|---|---|---|---|---|---|---|
| 排量/(mL/r) | 最大 | 1.5 | 6 | 19 | 35 | 70.3 | 225 |
| | 最小 | 0.8 | 3.3 | 8 | 20 | 35 | 104 |
| 最大转速/(r/min) | | 2000 | 1800 | 1800 | 1800 | 1800 | 1800 |
| 最大输入功率/kW | | 0.55 | 3.8 | 11 | 19.5 | 42 | 114 |
| 最大流量/(L/min) | | 2.4 | 12 | 37.2 | 66 | 146 | 430 |
| 最大稳定压力/MPa | | 12 | 16 | 16 | 16 | 16 | 16 |
| 质量/kg | | 1.5 | 2.2 | 8 | 10 | 19 | 82 |
| 温度范围/℃ | | 2~90 | 2~50 | 2~50 | 2~50 | 2~50 | 2~50 |

图 33-6 所示为丹麦的丹佛斯 PAH 系列水液压泵结构原理。该泵有 9 个柱塞，满足使用要求的情况下，工作寿命为 8000h，容积效率大于 93%。排量为 80mL/r 的 PAH80 型泵，工作压力为 10MPa 时的噪声为 78dB（A）。

图 33-7 所示为华中科技大学研制的 HSP/HPP 系列（工作介质分别为海水和淡水）水液压泵结构原理。该泵具有如下特点：

1）采用大小双轴承支撑结构，由后端缸体外大轴承作为主承力轴承，前端小轴承辅助支撑，可减少缸体的径向窜动。通过轴承的合理设计，降低了大轴承的接

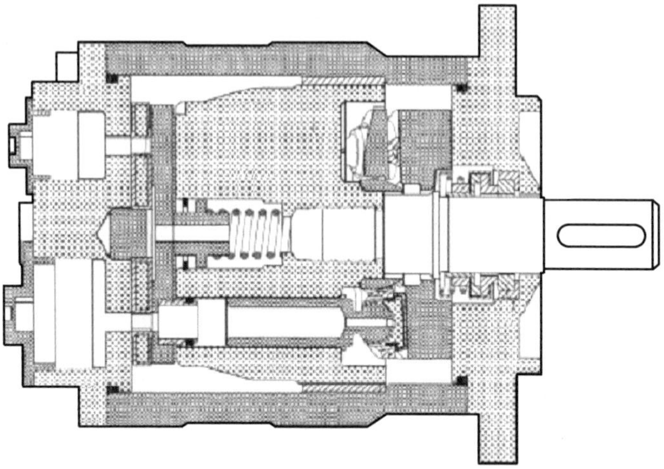

图 33-6　丹佛斯 PAH 系列水液压泵结构原理

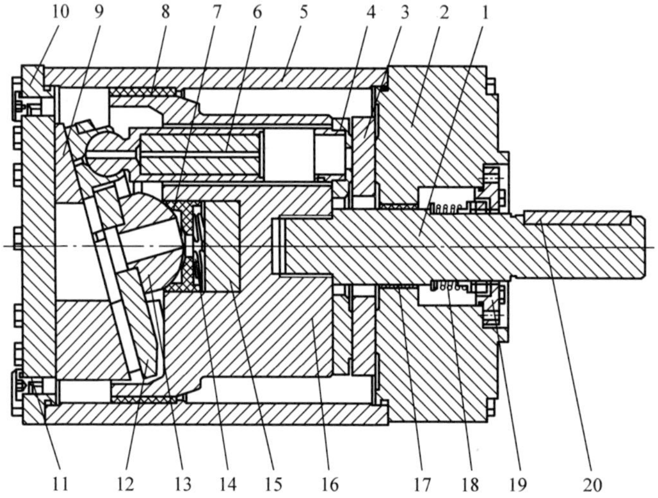


图 33-7　全水润滑轴向柱塞泵结构原理

1—主轴　2—前端盖　3—配流盘　4—浮动盘　5—壳体　6—柱塞组件　7—弹簧座　8—大轴承　9—斜盘　10—后端盖　11—放气堵头　12—回程盘　13—球铰　14—弹簧　15—弹簧导向套　16—缸体　17—小轴承　18—机械密封　19—机械密封盖　20—键

触比压，也有利于发挥滑动轴承在较高线速度下的动压润滑效应。

2）采用配流盘前置，斜盘后置的结构，增加了大小轴承间的距离，有利于提高缸体的定心精度。同时，后置的斜盘与滑靴可满足泵组立式安装要求。柱塞的回程力由柱塞的重力和弹簧力共同施加，保证滑靴和斜盘在水泵吸水和排水过程中的可靠接触，有利于提高泵的效率。

3）采用多个弹簧组合的中心回程方式。多个弹簧置于缸体中心的弹簧导向套内，通过弹簧座作用到球铰上，有利于节省安装空间，降低弹簧设计加工难度，同时可以根据回程力的要求组合使用。

4）主轴采用机械密封结构。不同于油压轴向柱塞泵所采用的轴封式密封结构，所研制泵采用机械密封结构，在支撑主轴系的滑动轴承存在一定间隙的情况下，保证主轴的可靠动密封。

5）缸体与主轴采用不可拆卸的螺纹连接形式。缸体和主轴分体加工，降低制造难度。成型后通过螺纹连接为一体，磨削加工大小轴承位置，保证安装精度要求。

该泵的目标最大排量为 220mL/r。

**2. 阀配流径向柱塞水泵**

德国 Hauhinco 公司在其原来乳化液用 5 柱塞径向柱塞定量泵的基础上，改变一些关键部件的配合间隙和使用材料后可用于水介质，如图 33-8 所示。5 个径向柱塞在周向等距分布，采用平板阀配流，通过偏心轴的旋转驱动柱塞往复运动来实现吸、排水工作，每个柱塞有一弹簧保持柱塞球头和滑靴紧贴偏心轴，原动机直接驱动泵工作而不需要中间齿轮减速机构。该类泵的滑动轴承、配流阀体、柱塞头部

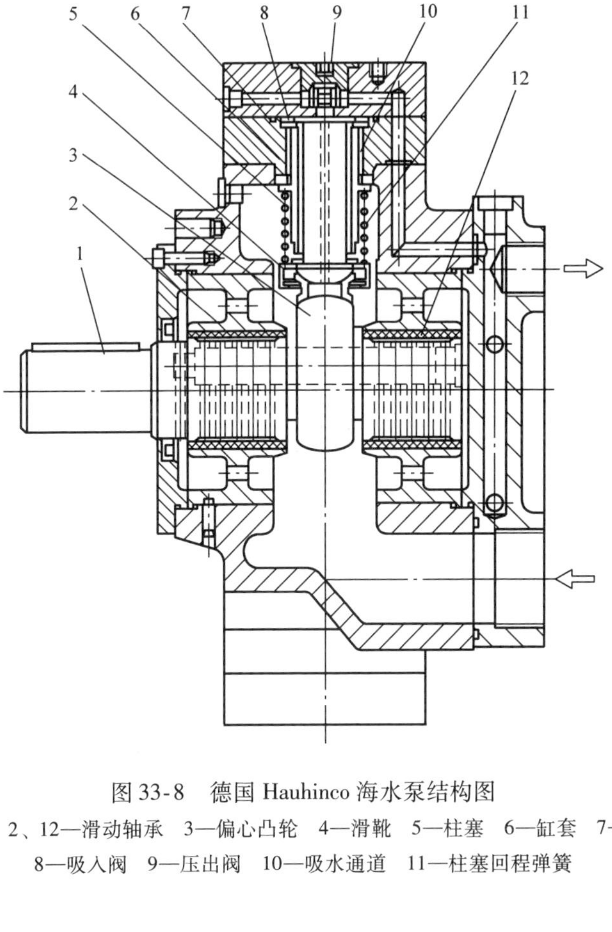


图 33-8　德国 Hauhinco 海水泵结构图

1—轴　2、12—滑动轴承　3—偏心凸轮　4—滑靴　5—柱塞　6—缸套　7—缸体　8—吸入阀　9—压出阀　10—吸水通道　11—柱塞回程弹簧

滑靴及柱塞套均采用碳纤维增强工程塑料（CFRP），对偶材料均为耐蚀合金。所有运动部件全部用水润滑。滑靴底部的 *pv* 值较小，缸孔受柱塞作用的侧向力也较斜盘式轴向柱塞泵的小。同时，该泵流量及压力脉动较小，抗污染能力强，工作寿命长，效率高，并可以通过增加柱塞排数而获得较大的排量。Hauhinco 海水泵有5个系列，流量为20～700L/min，转速为1500r/min，工作压力可达32MPa，已用于海底管道铺设及维护系统等海洋开发机械设备。

# 第 34 章　水液压执行元件

将液压能转换为机械能的液压元件称为液压执行元件。在水液压传动执行元件中，水液压缸以直线往复形式运动，水液压马达以连续旋转方式运动。还有一种缸可完成往复回转摆动，属于摆动液压缸。

## 34.1　水液压缸

水液压缸的工作原理、结构形式和分类与油液压缸类似。

按供液方式可分为单作用缸和双作用缸。按结构形式可分为活塞缸、柱塞缸和伸缩缸。按活塞杆形式可分为单活塞杆缸和双活塞杆缸。按液压缸的特殊用途分有串联缸、增压缸、增速缸、多位缸、步进缸等（此类液压缸不是一个单纯的缸筒，而是和其他的缸筒或构件组合而成，又称组合缸）。根据安装方式，可以分为液压缸轴线固定和轴线摆动两大类。轴线固定式的安装结构包含前端盖或后端盖安装、可拆式法兰安装、螺纹端头安装、脚架安装及双头螺柱或加长连接杆安装等方式。轴线摆动式安装结构包括耳环安装和耳轴安装两种方式。

然而，同油液压缸相比，由于水介质的理化性能特点，使得水液压缸具有以下特点：

1）水液压缸使用的材料必须耐腐蚀。

2）水的黏度低，同油相比，在同样间隙和压差条件下的泄漏量大，为了保证容积效率，配合间隙需要更小。

3）水的润滑性能差，活塞和缸体、活塞杆和导向装置之间的润滑性能下降，在选材上必须考虑这一点。

4）水的密度比油大，压缩性小，易产生压力冲击，因此对水液压缸缓冲装置提出了特殊要求。同时由于水的黏度低，缓冲装置间隙比油液压缸的要求更高。

由于上述原因，水液压缸可以直接用矿物油作为介质，但油液压缸一般不能直接以水（海水或淡水）作为介质。

图 34-1 所示为一种水液压缸的结构原理图。该水液压缸为双作用单出杆缸，带有节流缓冲装置。材料方面，主要选用耐腐蚀的不锈钢和黄铜，所有相互接触的

零件均采用不锈钢/黄铜或塑料密封/不锈钢的配对形式，其中缸筒、活塞、活塞缸、端盖、尾部球轴承等均采用不锈钢，导向套采用黄铜；在工艺方面，活塞杆镀硬铬以提高硬度和耐磨性，缸筒内表面进行高精度珩磨。

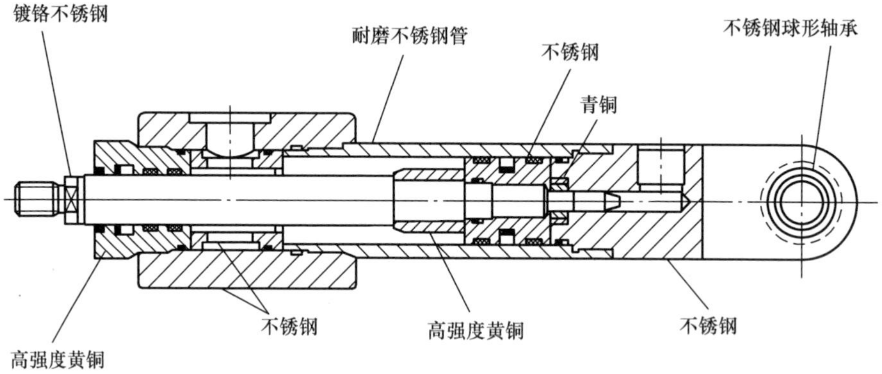


图 34-1　水液压缸结构原理图

## 34.2　水液压马达

目前，同水液压泵类似，水液压马达以柱塞形式为主，这主要是因为：①与叶片马达、齿轮马达相比，柱塞马达主要摩擦副的 *pv* 值较小，比压较低，有利于减小磨损，提高工作压力；②柱塞马达中的泄漏通道相对较少，且间隙易于控制，有利于减小泄漏，提高容积效率。

### 34.2.1　水液压柱塞马达

图 34-2 所示为 Danfoss 公司 MAH 系列柱塞式淡水液压马达。表 34-1 列出了该系列马达的主要性能参数。该马达为 5 柱塞式，压力为 14MPa，转速最高可达 4000r/min（最低转速可以达到 300r/min），容积效率为 95%，机械效率约为 96%，最大排量为 12.5mL/r，最大输出转矩为 25N · m，要求过滤精度为 10μ（β10 > 5000）。MAH 系列马达元件已经应用于多种水液压系统中，如肉类加工厂的手持切割工具中。该马达在结构和选材上具有如下特点：

1）马达所有摩擦副均由水润滑。

2）斜盘固定，缸体旋转，马达为定排量。

3）采用了浮动缸体衬板的配流摩擦副结构，其浮动套一端加装 O 形密封圈，与柱塞孔配合，另一端为间隙密封，与缸体衬板配合；浮动缸体衬板结构补偿了由于缸体与配流盘之间的倾斜带来的间隙变大、泄漏增加等问题。

4）回程弹簧采用多个分布式的小弹簧，通过顶杆作用在中心球铰上，再通过球铰作用在回程盘上，保证滑靴和斜盘紧密接触。

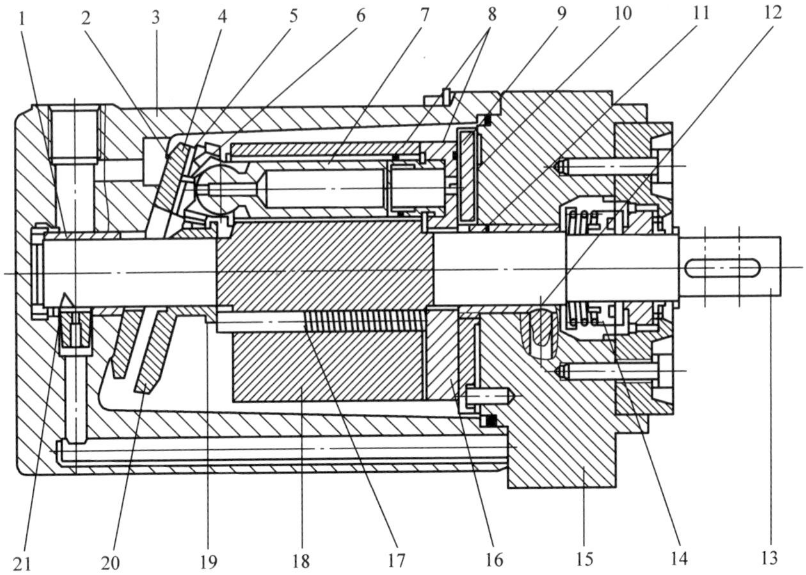


图 34-2　丹佛斯 MAH 系列柱塞式淡水液压马达

1、11—轴承　2、12、21—静压轴承　3—壳体　4—斜盘　5、8、10—增强塑料　6—滑靴　7—柱塞　9—配流盘　13—输出轴　14—轴封　15—出口法兰　16—止推盘　17—弹簧　18—缸体　19—球铰　20—回程盘

5）所有摩擦副，包括缸体/柱塞、配流盘/缸体、滑靴/斜盘均采用增强工程塑料或不锈钢。

6）轴承采用静压支承形式。

7）每个马达转向固定而只能短时间反向运行，但效率和启动转矩下降。

**表 34-1　Danfoss 公司 MAH 系列轴向柱塞式淡水马达主要性能参数**

| 排量/(mL/r) | 4 | 5 | 6.3 | 10 | 12.5 |
|---|---|---|---|---|---|
| 最大速度/(r/min) | 4000 | 4000 | 4000 | 3000 | 3000 |
| 最小速度/(r/min) | 300 | 300 | 300 | 300 | 300 |
| 最大转矩/N·m | 8 | 10 | 12.5 | 20 | 25 |
| 最大压差时的启动转矩/N·m | 3.5 | 5 | 6 | 13.5 | 17.5 |
| 空载启动压力/MPa | 4.4 | 3.4 | 2.4 | 1.8 | 1.2 |
| 最大转速时的功率/kW | 3.2 | 4.1 | 5.2 | 6.3 | 7.8 |
| 最大工作压力/MPa | 14 | 14 | 14 | 14 | 14 |
| 最大流量/(L/min) | 17.5 | 21.5 | 26.8 | 33 | 40 |
| 泄漏量（14MPa 和 1500r/min）/(L/min) | <1 | <1 | <1 | <1.5 | <1.5 |
| 质量/kg | 4.1 | 4.1 | 4.1 | 6.3 | 6.3 |

英国 Water Hydraulics 公司也生产轴向柱塞马达。表 34-2 列出了该公司生产的

Janus系列轴向柱塞马达主要性能参数，该马达的转速最高可达4000r/min，最大排量可达225mL/r，工作压力为16MPa，最大输出功率可达108kW。该类型马达也有变量形式，其变量原理同该系列水液压泵类似，通过改变斜盘倾角来改变泵的排量。

表34-2 Janus系列轴向柱塞马达主要性能参数

| 型号 | | M3 | M6 | M15 | M30 | M60 | M180 |
|---|---|---|---|---|---|---|---|
| 排量/(mL/r) | 最大 | 3.3 | 6 | 18.6 | 34.6 | 70.3 | 225 |
| | 最小 | — | 4.6 | 15 | 30 | 63 | 104 |
| 转速/(r/min) | 最大 | 4000 | 4000 | 4000 | 4000 | 4000 | 2000 |
| | 最小 | 500 | 500 | 500 | 500 | 500 | 300 |
| 最大输出功率/kW | | 2.7 | 5.4 | 17.5 | 31 | 67 | 108 |
| 最大工作压力/MPa | | 16 | 16 | 16 | 16 | 16 | 16 |
| 最大输入流量/(L/min) | | 12 | 24 | 72 | 132 | 292 | 430 |
| 质量/kg | | 1.5 | 2.2 | 6 | 10 | 19 | 82 |
| 工作温度/℃ | 最大 | 50 | 50 | 50 | 50 | 50 | 50 |
| | 最小 | 2 | 2 | 2 | 2 | 2 | 2 |

## 34.2.2 水液压叶片马达

除了柱塞式水液压马达外，另一种水液压马达是叶片式。叶片马达的主要优势是运转平稳、流量均匀、脉动小、噪声低。与柱塞马达相比，叶片马达结构简单、紧凑，而且体积小、质量轻，主要用于机械手、作业工具等方面。

20世纪70年代中期，美国海军司令部（NSSC）、海军舰船研究中心（NSRDC）及海军土木工程实验室（NCEL）等单位为了满足大深度海洋开发和水下作业的需要，共同进行海水液压驱动的水下作业工具研究。1980年研制出单向叶片式海水液压马达。该马达最高压力为7MPa，转速为1600r/min，总效率为80%。由于海水叶片马达的体积小、质量轻，因而使旋转型作业工具十分小巧、轻便。但是其工作压力低、工作寿命短（约50h），限制了其作业能力的提高和推广应用。

2000年，Danfoss公司研制出MVM 160型低速大转矩水液压叶片马达，如图34-3所示，其主要性能参数见表34-3。该马达在结构和性能上具有如下特点：

1）该马达是一种双作用式叶片马达，其侧板与转子一起旋转，使叶片与侧板之间只有相对滑移运动，叶片采用增强高分子材料。

2）进、出水口与定子上的径向环槽沟通。但是该马达同样存在工作压力低（最高工作压力5MPa）的缺点。

图34-4所示为该马达的性能曲线。

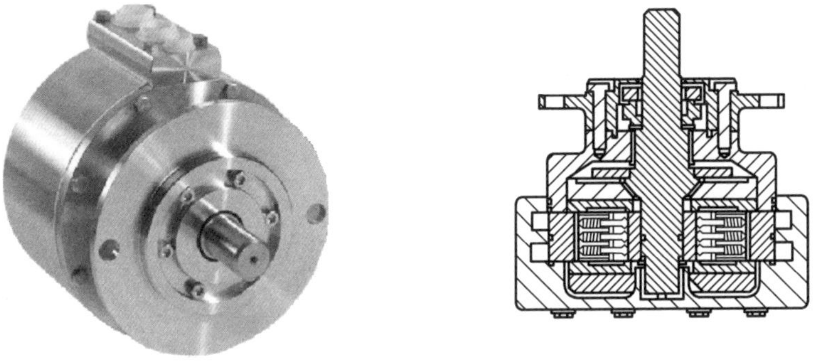


图 34-3　Danfoss MVM 160 型低速大转矩水液压叶片马达
a）产品图片　b）结构原理图

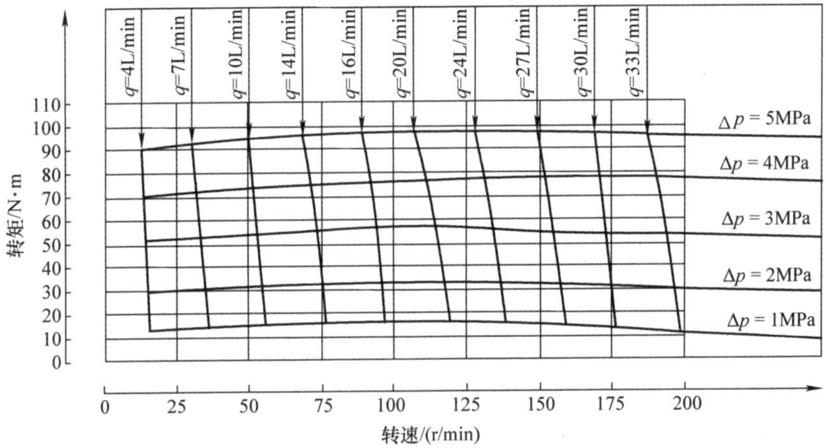


图 34-4　Danfoss MVM 160 型水液压叶片马达的性能曲线

**表 34-3　Danfoss MVM 160 型低速大转矩水液压叶片马达主要性能参数**

| | | | |
|---|---|---|---|
| 排量/(mL/r) | 160 | 最高工作压力/MPa | 5 |
| 最高转速/(r/min) | 200 | 最大转矩/N · m | 100 |
| 最低转速/(r/min) | 15 | 起动转矩（5MPa)/N · m | 80 |
| 起动压力/MPa | 1 | 最大输出功率/kW | 2.5 |
| 最大外泄漏量（5MPa)/(L/min) | 1 | 最大内泄漏量（5MPa)/(L/min) | 3 |
| 最大径向载荷/N | 500 | 最大轴向载荷/N | 0 |
| 最大流量/(L/min) | 36 | 质量/kg | 17.5 |

## 34.2.3　非圆齿轮水液压马达

图 34-5 所示为非圆行星齿轮水液压马达。该马达结构小巧并能输出较大的转

矩，同时能获得较好的低速稳定性，可以利用自来水管网的压力进行驱动。表34-4列出了其主要性能参数。

**表34-4　非圆行星齿轮水液压马达的主要性能参数**

| 转速/(r/min) | 输出转矩 | 不同输入压力时转矩/N·m | | |
|---|---|---|---|---|
| | | 0.2MPa | 0.25MPa | 0.3MPa |
| 0.1 | 平均转矩 | 0.98 | 1.26 | 1.53 |
| | 转矩脉动 | 0.3 | 0.27 | 0.39 |
| 1 | 平均转矩 | 0.99 | 1.28 | 1.55 |
| | 转矩脉动 | 0.28 | 0.23 | 0.38 |
| 2 | 平均转矩 | 0.99 | 1.28 | 1.53 |
| | 转矩脉动 | 0.31 | 0.28 | 0.36 |
| 3 | 平均转矩 | 1.00 | 1.25 | 1.53 |
| | 转矩脉动 | 0.32 | 0.27 | 0.33 |

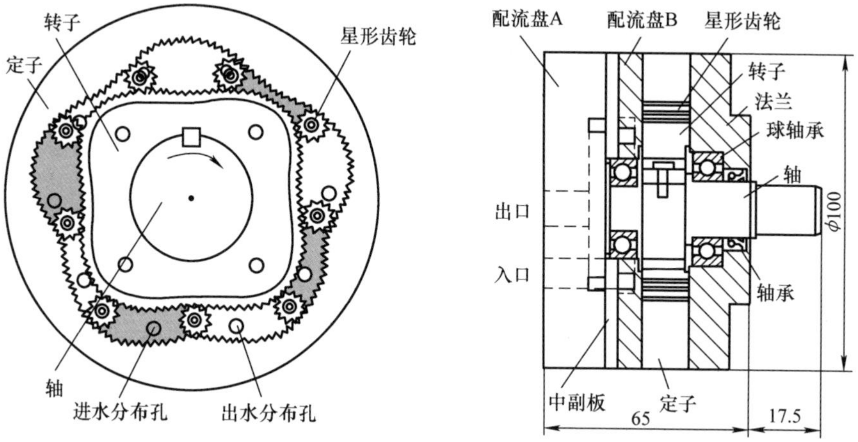


图34-5　非圆行星齿轮水液压马达

# 第 35 章　水液压技术应用

水液压技术的应用可以分为两个方面：一是作为能源动力装置，即水泵将机械能转化为压力能之后，并不再进行压力能到机械能的二次转换，其终端不是液压马达或液压缸等执行元件，而是通过喷头等终端完成雾化、润滑等功能。这种应用并不是传统意义上的液压传动，但由于其水泵和控制阀等采用与油液压元件相似的结构原理，如采用端面配流液压柱塞泵，因此将其归类为水液压技术的应用之一，细水雾灭火系列即为典型代表。二是为传统的液压传动技术应用，即在系统中完成两次能量转换。

## 35.1　细水雾灭火系统

细水雾灭火指利用高压水泵或高压气体使高压水从喷嘴喷出，形成雾状细水滴，均匀覆盖到保护区域，通过冷却、窒息等作用而达到灭火、抑制火势和冷却保护的目的。细水雾灭火的优点首先是灭火机理先进，突破了“水不能灭油火和电气火灾”的禁区，可以用于各类火灾，适应性强；冷却效率高，屏蔽热辐射；对设备无损坏，对环境无污染。细水雾灭火时的耗水量极低，细水雾对电器、电信设备、机械设备的灭火是安全有效的；可部分吸收油类、橡胶等燃烧时产生的烟尘和毒气；细水雾灭火时对环境的封闭性没有要求；水资源丰富价廉，运行成本低，维护方便；细水雾灭火与气体灭火相比，具有价廉、对人和环境没有危害的优点，同时也避免了哈龙（Halon）等灭火剂在灭火时因与燃烧物发生链式反应而产生对人有害的气体，有利于火灾现场人员的逃离，也不会破坏臭氧层。

一套完整的细水雾灭火系统包括火灾探测和报警系统、细水雾泵组、区域控制阀箱、管道、高压细水雾喷嘴等。典型的细水雾灭火开式系统原理如图 35-1 所示，各部分功能如下。

**1. 火灾探测和报警系统**

当有火情时能及时准确地发出火警信号，显示火情发生的地点（地址编号），同时声光报警，并能及时切断灾区电源，启动应急照明系统，提醒人员疏散，给细水雾泵组提供启动信号。同时火灾报警器应有记忆功能，自动记录火情及故障发生的地点与时间，以备查考和分析灾情之用。

**2. 细水雾泵组**

主要包括水泵、溢流阀、安全阀、电磁阀（电动阀）等，用于提供压力水。对于保护面积大的工况，常采用多泵系统，并有备用泵。一般情况下，高压细水雾泵组要求有紧急手动卸荷阀。

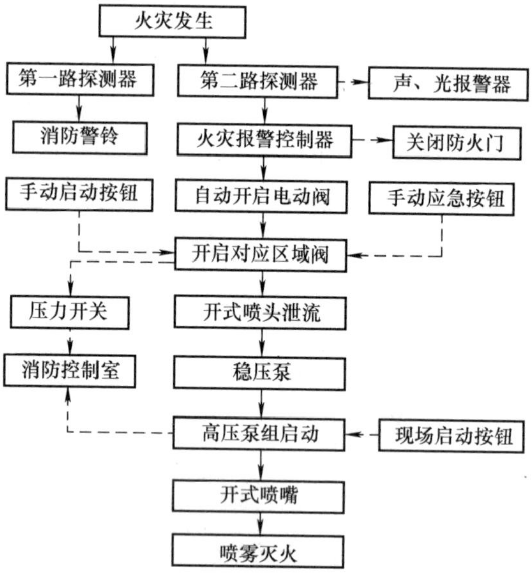

图35-1　细水雾灭火开式系统原理

细水雾灭火系统是一个典型的水液压系统。图35-2所示为武汉辛亥革命博物馆细水雾灭火开式系统原理图，该系统为高压分区湿式系统，主要用于保护博物馆内多功能展厅、柴油发电机房、配电房等区域，一共分为11个保护区域（图中示出3个），高压泵四用一备，不同保护区域根据保护面积的不同，所需启动的高压泵的台数不同。该系统在运行过程中，通过PLC自动进行控制，包括不同台数高压泵、稳压泵及补水泵的启停，故障报警等。系统在平时不运行工况下，通过稳压泵使管道中保持有一定压力（1.2MPa）的水，当有火灾信号输入需要进行灭火时，保护区域所在电动阀打开，管道中带有一定压力的水通过喷嘴释放，系统压力下降，根据火灾区域，按照设定的程序按顺序启动指定台数的高压泵。

该系统分为水箱前总成、水箱、泵组、区域阀箱、管网和喷嘴。

水箱前总成是指从消防水池到水箱，主要包括手动闸阀1和6、Y型过滤器2、补水泵3、止回阀5、高精度过滤器8、电动阀9等。其中补水泵一用一备。高精度过滤器对进入水箱的水进行过滤，防止大的杂质颗粒进入水箱。高精度过滤器与电动阀串联，当水箱液位处于低位，需进行补水时，该电动阀打开；当到达高位后，该电动阀关闭。该高精度过滤器并联有一手动球阀，用于过滤器堵塞时的紧急情况下开启。

水箱功能是为高压水泵及稳压泵的入口提供稳定的水源，同时对从消防水池中吸入的水进行沉降以减少杂质。水箱进口位于水箱顶部，分两路，一用一备。水箱内带液位计，该液位计设置有最高、最低位置，当液位低于最低位时，系统报警并发出信号，启动水箱前补水泵，以对水箱进行补水，液位高于最高位时，补水泵关闭。

泵组将从水箱吸入的水加压到预定值。包括稳压泵17、高压泵14、单向阀15和18、压力表20、21、压力传感器22、电动阀23、安全阀25、溢流阀26、手动截止阀29等。稳压泵的作用是，在高压泵启动前使管道内有一定的压力。高压泵在系统灭火状态时启动，使喷嘴在比较高的压力（10～12MPa）下工作。安全阀 25 用于设置系统的安全压力；溢流阀 26 用于调定系统的工作压力；电动阀 23 在高压泵启动前处于开启状态，从而保证系统在空载时启动，待高压泵空载运行平稳后关闭，系统建压。压力传感器用于远程显示系统压力值，压力表用于现场显示压力值，并根据要求设有低压和高压压力表各一块，分别显示系统不工作时的管道压力和工作时高压泵的出口压力。手动截止阀 29 接预留 DN32 管道，手动截止阀 30 接 DN50 工作管道。高压泵及稳压泵出口均有单向阀，用于防止水回流。

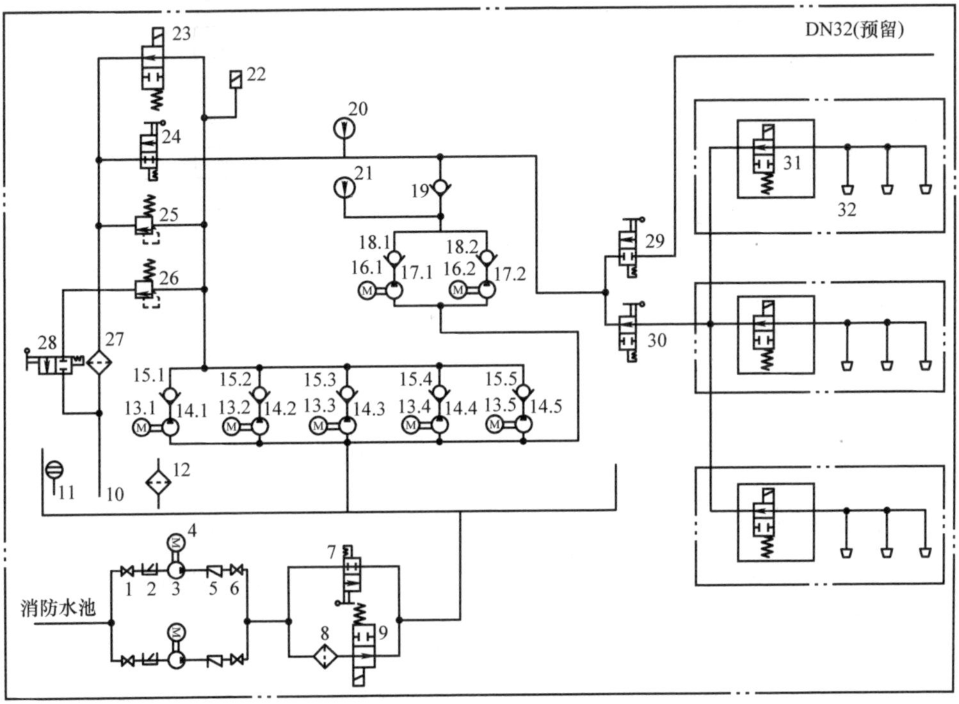


图 35-2　武汉辛亥革命博物馆细水雾灭火系统原理图

1、6—手动闸阀　2—Y 型过滤器　3—补水泵　4、13（13.1～13.5）、16（16.1～16.2）—电动机　5—止回阀　7、24、28、29、30—手动截止阀　8、27—高精度过滤器　9、23、31—电动阀　10—水箱　11—液位计　12—空气过滤器　14（14.1～14.5）—高压泵　15（15.1～15.5）、18（18.1～18.2）、19—单向阀　17（17.1～17.2）—稳压泵　20、21—压力表　22—压力传感器　25—安全阀　26—溢流阀　32—喷嘴

### 3. 区域控制阀箱

保护区现场设有区域控制阀箱，当被保护区域面积较大时，多采用分区控制，每个分区配置一个区域控制阀。区域控制阀主要包括电磁阀（电动阀）、压力表、压力开关等。当被保护区域发生火情时，根据火灾探测和报警系统反馈的信号，打开区域阀箱内的电磁阀（电动阀），细水雾喷出开始灭火。

### 4. 高压细水雾喷嘴

高压水经喷嘴雾化后形成细水雾，灭火要求细水雾雾粒细小均匀，速度快，动量足，因此合适的喷嘴对灭火至关重要。由于单喷嘴流量较小，保护面积有限，细水雾灭火时多采用组合喷嘴。喷嘴的性能直接影响灭火的效果。

## 35.2 海水液压水下作业工具系统

水（包括海水和淡水）液压动力源驱动的水下作业工具系统，是当前国际上水下作业工具的主要发展方向，它可以满足大深度条件下（当然也包括中小深度及陆地上）的使用要求，随着我国海洋开发事业的迅速发展，这种新型水下作业工具在海水救捞、海洋资源调查、船舶工程、海洋建筑等领域均具有广阔的应用前景。同时，水液压动力工具还可以直接以淡水作为工作介质，用于内陆水库大坝、港口码头和河道工程等的检测与维护。

### 35.2.1 海水液压动力源

海水液压水下作业工具系统可以采用开式系统和闭式系统两种形式。闭式系统的组成与油压系统没有差别，均包含水箱、管路、水泵、控制元件和执行元件等，其应用方式与油压系统也相同，用于深海环境时需要压力补偿。

同闭式系统相比，开式水液压系统以海洋作为水箱，没有回水管，也无须压力补偿，系统简单。根据不同工作方式，开式系统组成也稍有不同。

**1. 放在水面**（工作母船或岸边）

采用这种方式的动力系统可以采用内燃机驱动或电动机驱动海水液压泵。对于浅海或近海作业，这种方式作业方便，潜水员手持工具即可到达需要的作业场地进行作业，如图35-3所示。

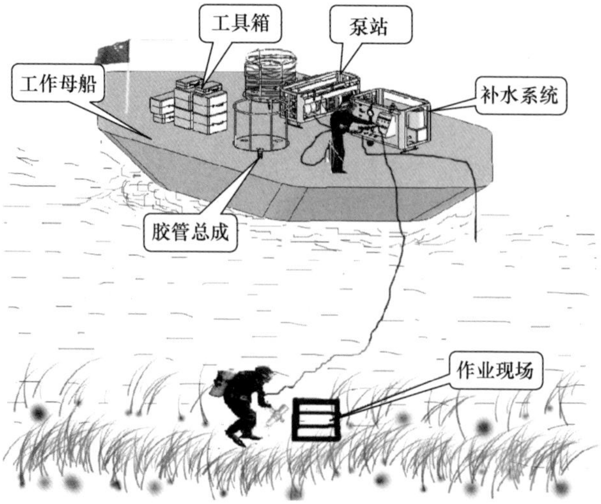


图35-3 海水液压水下作业工具系统作业模式

图 35-4 所示为一种放置于水面的海水液压驱动水下作业工具系统原理图。补水泵 2 置于海面以下，在潜水电动机 3 驱动下，通过过滤器 1 从海洋或江湖直接吸水，输出的水通过过滤器 4 和管道进入高压海水泵 6 的入口，经海水泵加压的高压水分两路进入不同的工具，其中一路直接进入旋转型工具（如清刷器/打磨器），另一路进入往复型工具（如钢缆切割器）。旋转型工具可以完成清刷、打磨、钻削等作业，往复型工具可以完成切割钢缆等作业，高压水做功后通过工具直接排回周围环境。海水泵的出口压力由溢流阀 10 调节。海水液压缸的往复速度或海水液压马达的转速由流量调节阀 8 调节。系统卸荷阀 11 用于海水液压动力源的空载启动、加载及卸荷控制。为了提高往复型工具的作业能力，可将通往往复型工具的高压水通过增压泵进行增压，增压卸荷阀 13 可以使往复型工具卸荷。图 35-5 所示为这种形式的海水液压水下作业工具系统的实物照片，主要包括动力源部分、胶管总成及作业工具。

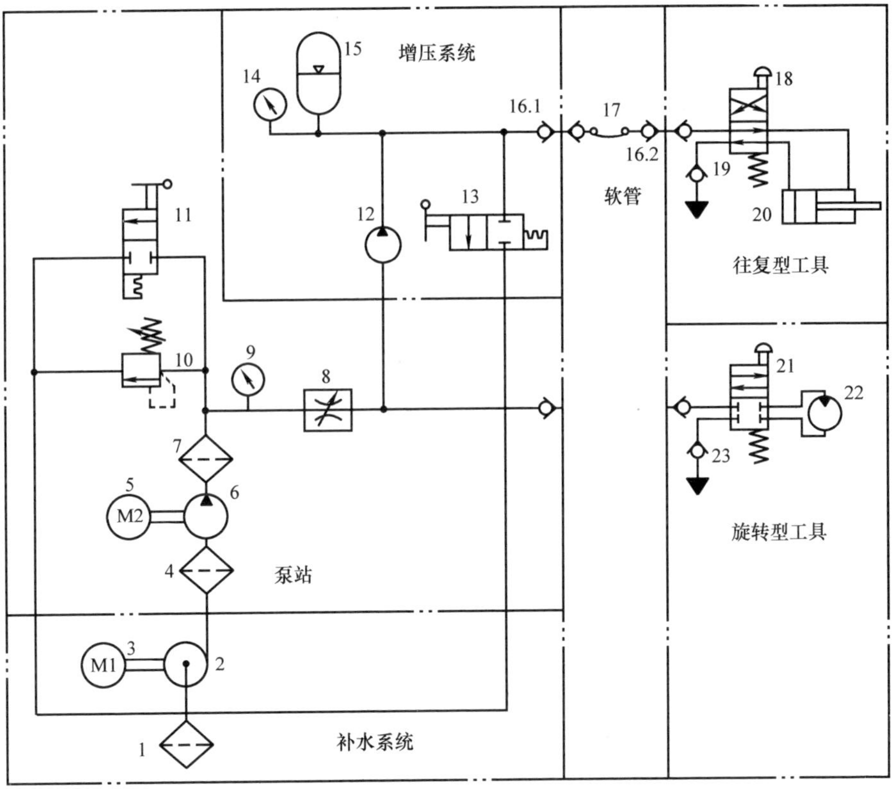


图 35-4 海水液压驱动水下作业工具系统原理图

1、4、7—过滤器 2—补水泵 3、5—电动机 6—高压海水泵 8—流量控制阀 9—系统压力表 10—溢流阀 11—系统卸荷阀 12—增压泵 13—增压卸荷阀 14—增压压力表 15—蓄能器 16—快换接头 17—高压软管 18、21—方向阀 19、23—单向阀 20—海水液压缸 22—海水液压马达这种工具系统的作业深度有限，主要受管道损失影响，并与潜水员能下潜的深度有关，作业深度越深，作业效率越低。但与油压工具相比，在保证相同作业效率的情况下，海水液压工具的作业深度要大得多。

图 35-5　海水液压水下作业工具系统

**2. 动力源放在水下**

采用这种方式的海水液压工具系统包含几大组成部分：电缆绞车（含吊杆），承重水密电缆，海水液压动力源（包括潜水电动机、海水液压泵、控制阀、海水液压辅件、吊篮等），软管总成，作业工具等。图 35-6 所示为这种工作方式时的系统组成原理图。工作之前电缆绞车和吊杆都固定在工作母船上，承重水密电缆盘绕在电缆绞车的绞盘上，电缆绞车能够控制绞盘匀速盘起或放松电缆；吊杆是由液压缸控制的一套门式起吊装置，液压缸的伸缩控制着吊杆前后摆动；吊杆上的滑轮起着支撑电缆的作用，电缆穿过滑轮后与承重接头连接，依靠承重接头连接钢缆，并起吊系统吊篮。海水液压动力源、软管和作业工具都安放在系统吊篮之中。一旦动力源放置于海底或作为中继站的形式吊放到水下作业区，系统通过过滤器从海洋吸水，加压后的水进入作业工具，潜水员手持工具即可在动力源附近进行工作。图 35-7所示为这种动力源的照片。

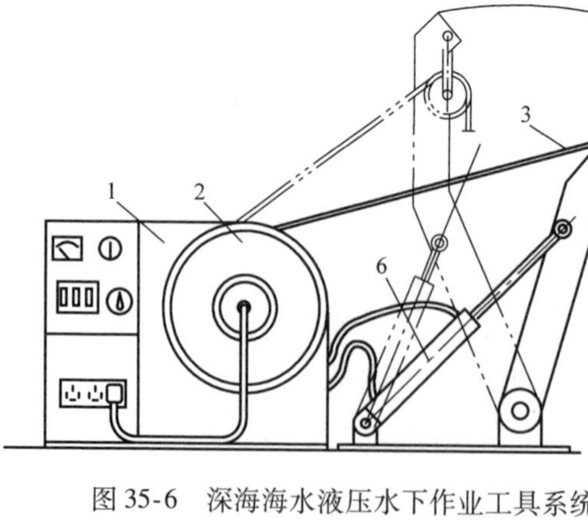


图 35-6　深海海水液压水下作业工具系统组成原理图

1—电缆绞车　2—绞盘　3—承重水密电缆　4—吊杆　5—滑轮　6—液压缸　7—钢缆　8—承重接头　9—工具系统吊篮

### 35.2.2 几种典型海水液压工具

**1. 海水液压钢缆切割器**

图35-7 海水液压水下作业工具系统

海水液压钢缆切割器是潜水员进行水下作业的机械化工具之一。它直接用海水作为工作介质，与环境的适应性好。由海水液压动力源输送过来的压力水驱动液压钢缆切割器动作，用于剪切钢缆。

钢缆切割器的结构原理如图35-8所示。它主要由双作用液压缸、二位四通方向阀、卸荷阀、扳机、定刀片和动刀片等组成。

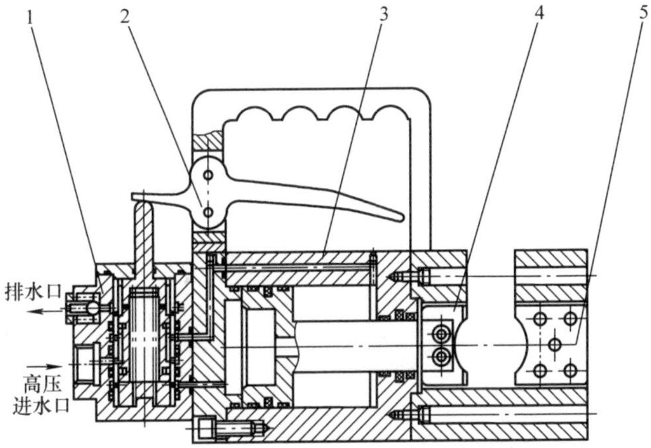


图35-8 海水液压钢缆切割器结构原理图

1—方向阀 2—方向阀扳机 3—水液压缸 4—动刀片 5—定刀片

海水液压钢缆切割器的工作原理：高压海水由进水口进入方向阀1，按下扳机可使高压水进入缸的左腔推动活塞杆伸出；从而带动动刀片前进，动刀片和定刀片之间形成的刃口对工件进行剪切作业。松开扳机，方向阀换向，高压水进入缸体的右端使活塞回缩，回水通过排水口排向大海。

**2. 海水液压软缆剪刀**

海水液压软缆剪刀直接用海水作为工作介质，由动力源输送过来的高压水，驱动软缆剪刀动作，用于剪切软质材料缆线或铜铝芯线缆，如船舶系缆、铜铝芯电缆等。

图35-9所示为该工具的结构原理图。海水液压软缆剪刀的工作原理：海水由进水口进入换向阀，按下方向阀扳机可以控制高压水进入水液压缸左端，高压水推

动活塞杆伸出，同时驱动两个刀片合拢进行剪切作业。松开方向阀扳机，海水进入水液压缸右端使活塞杆回缩，刀片张开，停止作业。

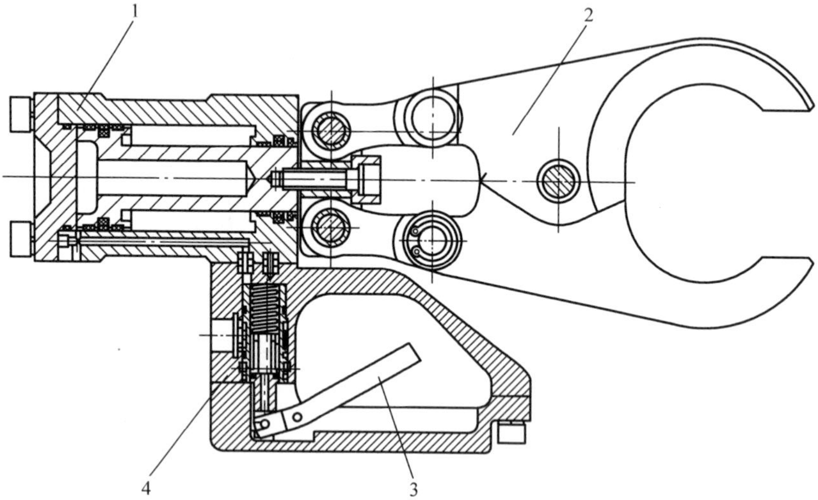


图 35-9　软缆剪刀结构原理图

1—水液压缸　2—刀片　3—扳机　4—方向阀

3. 海水液压力矩扳手

海水液压力矩扳手直接用海水作为工作介质，由动力源输送过来的压力经增压装置增压后产生高压水，驱动力矩扳手输出直线位移和作用力，再通过传力板转换成转矩来旋紧螺母。

图 35-10 所示为海水液压力矩扳手的结构原理图。海水液压力矩扳手的工作原理：高压海水由进水口进入方向阀，改变方向阀手柄方向可以控制海水液压缸的伸缩，通过传力板和棘轮装置带动驱动轴旋转。通过按下驱动轴锁固器取出驱动轴换边安装，可以进行旋紧或拆卸操作。图示方向为旋紧方向，另一方向为拆卸。

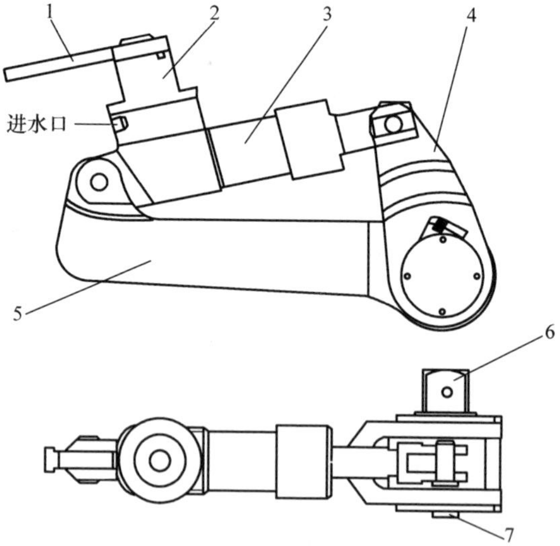


图 35-10　海水液压力矩扳手结构原理图

1—方向阀手柄　2—方向阀　3—水液压缸　4—传力板
5—反力杆　6—驱动轴　7—锁固器

4. 海水液压扩张器

海水液压扩张器是由海水液压驱动的大型破拆救助器具，主要有扩张、牵引、夹持等功能，广泛应用于消防、抢险救灾和水下救援等。

海水液压扩张器主要分为三个部分，一是控制开关部分，二是液压缸部分，三是传动机构以及扩张臂。控制开关部分选用三位四通的旋转式手动方向阀，具有便于安装、操作方便、体积小、调节方便等优点。由于是三位四通阀，所以能够实现活塞杆的前进、后退和停止三种功能，对应扩张臂的牵引、扩张和定位三个功能。液压缸是将液压泵的动力转化为活塞杆上的推力或拉力的机构。另外，活塞杆的运动过程中，由于行程比较长，缸盖上必须设计导向槽以保证活塞杆的运动能够平稳。为了保证阀和阀盖装配在缸体上，要加大缸体两端缸壁的厚度，以保证有足够的空间利用螺栓连接。传力机构包括活塞杆、连杆和扩张臂。为了尽量减轻质量，活塞杆做成空心结构，而活塞杆端头为了跟连杆配合，需要考虑配合的强度和装配的要求。图 35-11 所示为海水液压扩张器的结构示意图。

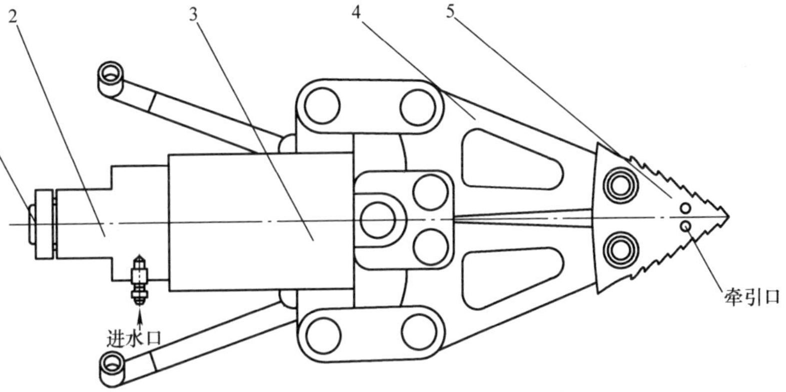


图 35-11　海水液压扩张器结构示意图

1—旋转手轮　2—方向阀　3—水液压缸　4—扩张臂　5—牵引头

**5. 海水液压无齿锯**

海水液压无齿锯是一种利用高速薄片砂轮进行切割的工具。适用于在海洋中切割各种不锈钢、合金钢、电缆、水泥预制件等。同钢缆切割器相比，具有使用方便，适应性强等特点。

图 35-12 所示为海水液压无齿锯的结构原理图，它主要由马达 1、壳体 2、把手 3、快换接头 4、控制阀 5、砂轮片 6、扳机 7 等组成。在工作过程中，扳动扳机，开关阀开启，由动力源产生的高压海水经过控制阀进入马达，驱动马达旋转，通过传动机构带动砂轮片旋转做功。

**6. 海水液压外圆打磨器**

用于对结构物表面进行打磨抛光等操作。同端面打磨器相比，该工具可以对一些端面打磨器不易接触到的角落进行打磨。

图 35-13 所示为海水液压外圆打磨器的结构原理图，它主要由扶手 1、海水液压马达 2、壳体 3、砂轮 4、护罩 5、控制阀 6、扳机 7、快换接头 8 等组成。在工

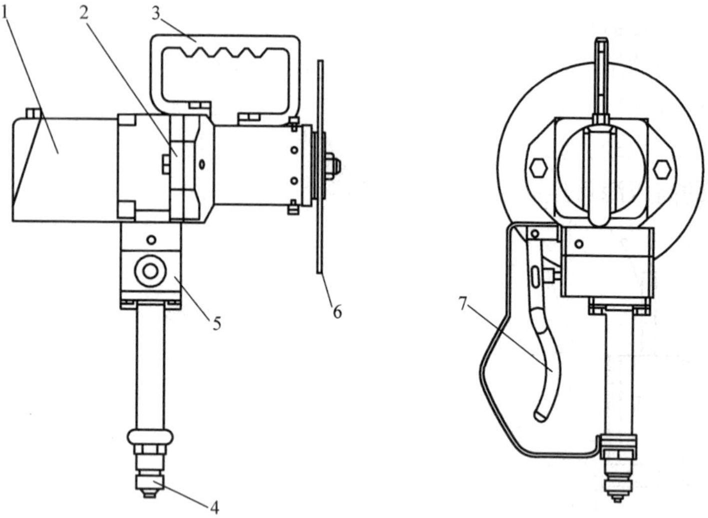


图 35-12 无齿锯结构示意图

1—马达 2—壳体 3—把手 4—快换接头 5—控制阀 6—砂轮片 7—扳机

作过程中，将工具通过快换接头和胶管与动力源的对应接口相连，系统加压后，扳动扳机，开关阀开启，由动力源产生的高压海水经过快换接头和控制阀进入马达，驱动马达旋转，马达的输出轴通过传动机构驱动砂轮旋转，从而对结构物表面进行打磨。

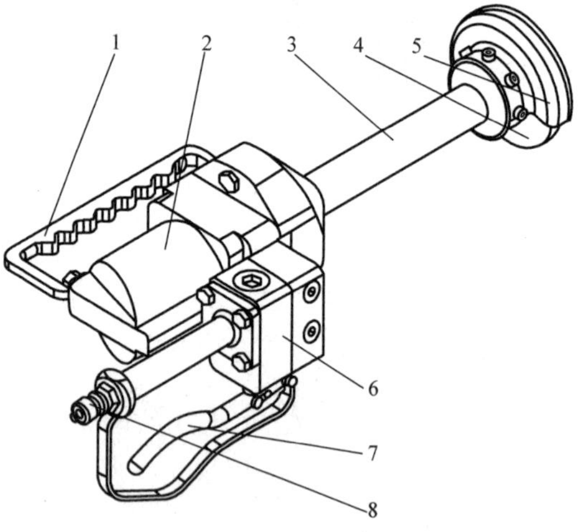


图 35-13 海水液压外圆打磨器结构原理图

1—扶手 2—海水液压马达 3—壳体 4—砂轮 5—护罩 6—控制阀 7—扳机 8—快换接头

**7. 海水液压清刷器**

海水液压清刷器的主要用途是清除舰船与潜艇壳体上附着的泥尘、海洋生物和锈迹等。

图 35-14 所示为海水液压清刷器的结构原理图，它主要由海水液压马达 1、扶手 2、壳体 3、清洗刷 4、控制阀 5、扳机 6、快换接头 7 等组成。在工作过程中，将工具通过快换接头和胶管与动力源的对应接口相连，系统加压后，扳动扳机，开关阀开启，由动力源产生的高压海水经过控制阀进入马达，驱动马达旋转，通过传动机构带动清洗刷进行作业。

**8. 海水液压钻孔器**

海水液压钻孔器是一种利用钻头进行钻削的液压工具。适用于对海洋环境中的各种钢材及其他材料（如木材、混凝件等）进行钻削作业。

海水液压钻孔器通过液压马达驱动钻头旋转来实现钻削作业。图 35-15 所示为海水液压钻孔器的结构原理图，它主要由海水液压马达 1、壳体 2、主轴 3、钻夹头 4、钻头 5、扳机 6、控制阀 7、快换接头 8 等组成。在工作过程中，将工具通过快换接头和胶管与动力源的对应接口相连，系统加压，扳动扳机，开关阀开启，由动力源产生的高压海水经过控制阀进入马达，驱动马达带动钻头旋转。

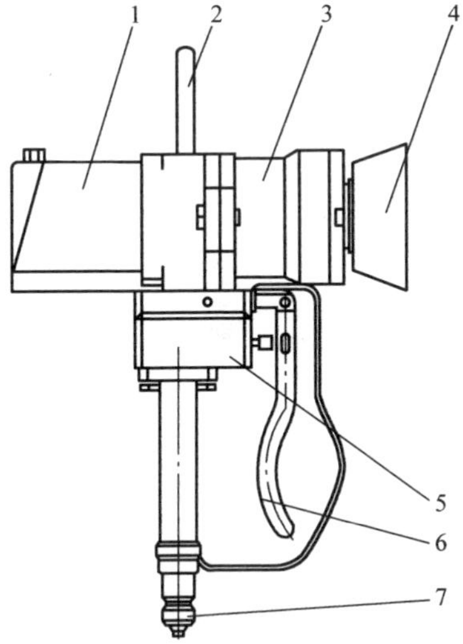


图 35-14　海水液压清刷器结构原理图
1—海水液压马达　2—扶手　3—壳体　4—清洗刷　5—控制阀　6—扳机　7—快换接头

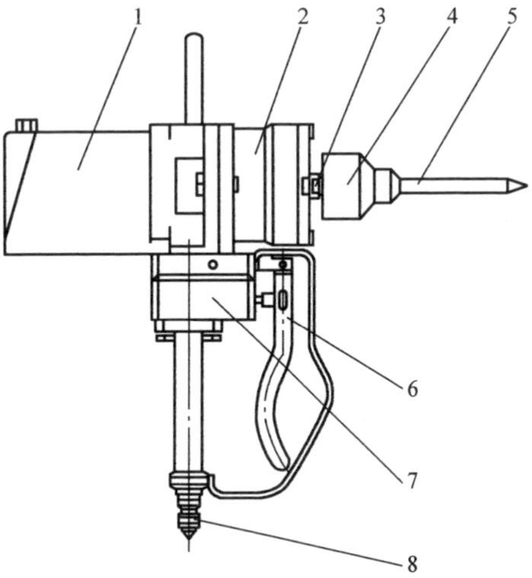


图 35-15　海水液压钻孔器的结构原理图
1—海水液压马达　2—壳体　3—主轴　4—钻夹头　5—钻头　6—扳机　7—控制阀　8—快换接头

**9. 海水液压链锯**

海水液压链锯可用于锯切各种材料，包括砖砌体、混凝土和钢筋混凝土构件等，在石材、采矿、建筑行业以及消防抢险、抗震救灾、水下作业中得到了广泛应用。

图 35-16 所示为海水液压链锯的外形图。液压链锯的组成包括：响应快速、操作便捷的换向阀，满足转矩、转速要求且工作稳定的马达，满足切割要求的链条、链板，以及起到隔离保护作用的外壳和操作把手、安全保护装置等。其中，采用二位二通开关阀 2 控制马达 8 的起停，马达输出轴与链轮连接，链轮与链板上的链条 6 啮合传动，使链条在链板上滑动，从而实现对材料的切割。

**10. 海水液压冲击扳手**

海水液压冲击扳手是水下作业工具之一，用于快速装拆螺纹连接件，可以有效地提高潜水员的工作效率和劳动强度。

海水液压冲击扳手的结构原理如图 35-17 所示，其主要由海水液压马达 1、开关阀 8、主动冲击块 3、从动冲击块 5、方向阀 7 等组成，冲击的实现采用滚珠螺旋槽冲击结构。

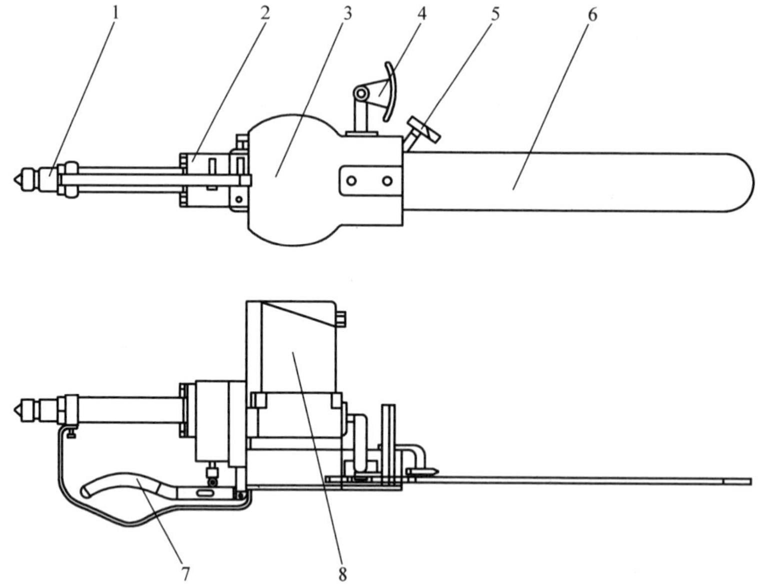


图35-16　海水液压链锯外形图

1—快换接头　2—二位二通开关阀　3—壳体　4—防护板　5—护齿　6—链条　7—扳机　8—马达

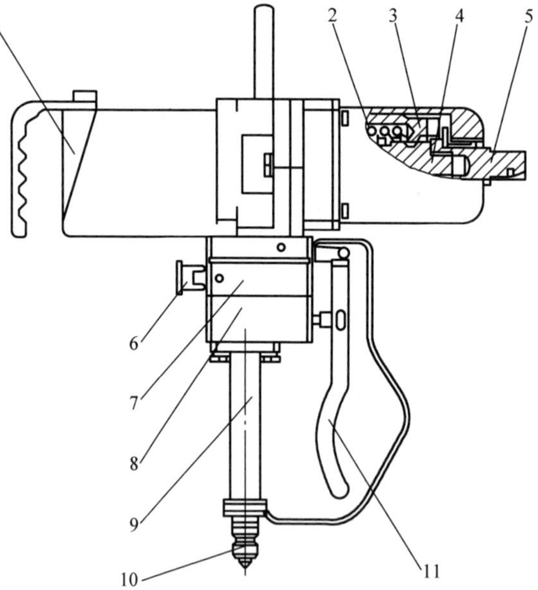


图35-17　海水液压冲击扳手结构原理

1—海水液压马达　2—弹簧　3—主动冲击块　4—传动轴　5—从动冲击块　6—换向开关
7—方向阀　8—开关阀　9—手柄　10—快换接头　11—起停扳机

海水液压冲击扳手的工作原理：高压海水通过快换接头10，流经手柄9到达开关阀8，当扣下起停扳机11时，高压水就经过方向阀7进入马达，带动马达转动，实现压力能和机械能的转化。马达产生旋转力矩，带动传动轴 4 旋转，通过夹于传动轴 4 与主动冲击块 3 两者之间的滚珠带动主动冲击块 3 旋转。在弹簧 2 的压力作用下，主动冲击块 3 和从动冲击块 5 处于啮合状态，主动冲击块 3 带动从动冲击块 5 一起旋转，套筒在从动冲击块 5 的带动下迅速拧动螺母。当螺母的端面与工件端面接触后，阻力矩急剧上升，当阻力矩达到冲击临界力矩后，转动的“人”字形螺旋槽使滚珠带着主动冲击块克服摩擦力和工作弹簧压力作用向后移动，使得主动冲击块 3 与从动冲击块 5 彼此分离，主动冲击块 3 继续转动。当主动冲击块 3 转过从动冲击块 5 的啮合牙之后，在工作弹簧的作用下瞬时前移，并沿螺旋槽产生一个角加速度，主动冲击块 3 撞击从动冲击块 5，两牙发生碰撞，产生冲击力矩，作用在被旋紧的螺母上。然后螺旋槽又使滚珠和主动冲击块 3 后移，脱离啮合。这样周而复始产生一次又一次的碰撞冲击，获得所需的冲击力矩，使螺母最终被旋紧。

## 35.3　水液压驱动机器人

液压驱动机器人由于具有功重比大、驱动力大、结构紧凑、成本低等特点，在机器人或机械手中被广泛应用。水液压驱动技术相比于传统的油压传动技术，具有环保无污染、介质稳定不燃烧、安全性好、介质成本低等一系列优点，水液压驱动机器人在水下作业、海洋资源调查、海洋石油勘探与开发、海上救捞、海洋波能利用、盐业工程、船舶工程、海洋平台建设、核能工程、消防等领域具有极其广阔的应用前景。

### 1. 水液压驱动水下作业机械手/机器人

小松制作所（Komatsu Ltd.）的吉滩裕介绍了日本通产省工业技术院大型计划“极限作业机器人的研究与开发”（S58 ~ H2），该计划研制了采用全海水进行润滑的、由海水液压驱动的水下作业机械手。该机械手的最大作用范围为 1m，总质量为 18kg，可搬质量为 5kg，最大速度为 1.5m/s。使用结果表明，位置控制精度比油压系统高。图 35-18所示为该海水液压驱动水下作业机械手的样机构造。

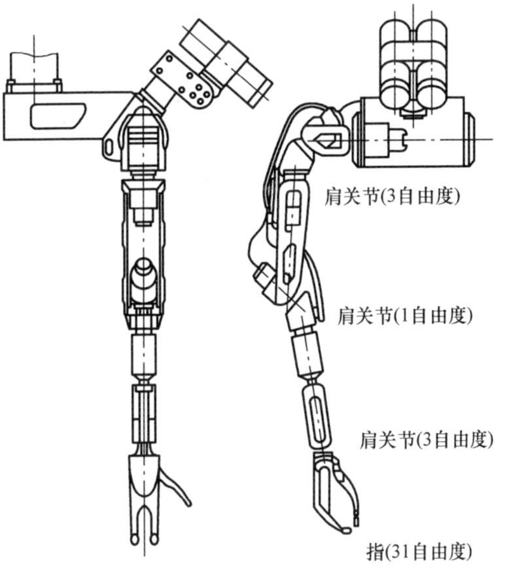


图 35-18　海水液压驱动水下作业机械手的样机构造

该机械手的手臂部分自由度为7，其中 4 个用来定位，其他用来定向。由于具有4个冗余定位自由度，该机械手可以用适当的姿势在较大的工作空间接近物体。因为没有直角关节，所以手臂的外形比较苗条，从而减小液体阻力。手臂结构为骨骼型，可以减轻质量并且维修方便。马达主体部分和阀块被设计成骨骼的一部分。骨骼材料为铝合金，表面进行防腐处理。

手部在水下接触、抓取和操控物体，需要多功能而且动作灵敏。因此，手部模拟一个成年男性手的形状和功能，带有三根手指（拇指、食指和中指），长度为200mm（从指尖到掌根），质量为600g。手部的自由度总共有11个，如图35-19所示，其中七个关节可由操作员控制，包括拇指的三个关节和另外两个手指末端的两个关节，其余的关节则为适应目标而弯曲。橡胶人工肌肉驱动器安装在手掌，关节的收缩由人工肌肉完成，伸展由回程弹簧完成。每个关节的收缩转矩最大为3N·m。每个手的指尖为基于帕斯卡原理的触觉传感器，由一个小型的压力传感器组成，被包裹在由橡胶管制成的空腔内，这个腔内装满水，当手指尖接触物体，水的压力随着接触压力按比例增长。

该机械手采用伺服控制，图35-20所示为其海水液压伺服控制阀。该阀采用压电陶瓷直接驱动锥阀来实现对流量的精确控制，并采用柔性铰链位移放大机构以获得满意的流量，阀芯位移检测则通过应变片测量回位弹性棒的弯曲应力来实现。该阀的质量为450g，最大工作压力为14MPa，流量为4.5L/min，阀内泄漏量小于0.11L/min，频率响应为200Hz（相位角为-90°）。试验表明，使用该阀的系统具有优良的位置控制精度，完全满足水下作业机械手对运动的精度和稳定性要求。

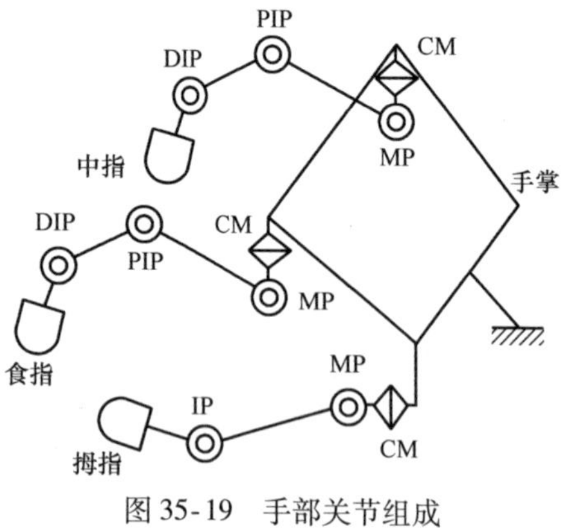

图35-19　手部关节组成

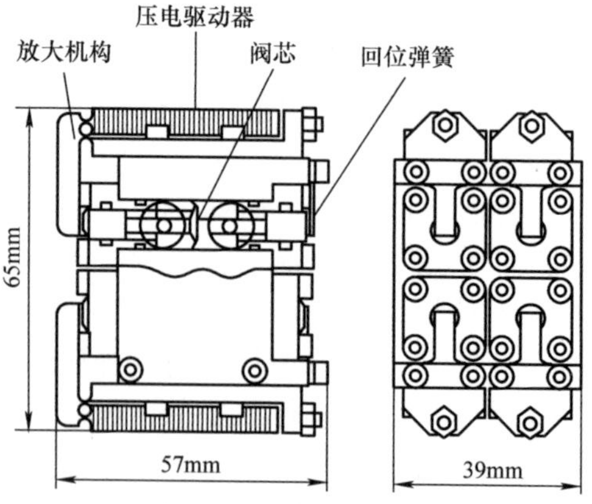

图35-20　海水液压伺服控制阀

机械手的执行元件有两种形式：叶片马达和橡胶水液压人工肌肉。叶片马达用于机器人手臂的驱动。马达的主体采用钛或铝合金，如图35-21所示，轴承采用陶瓷材料，质量为1.5kg。马达的转矩质量比达到130N·m/kg，额定压力14MPa时的输出转矩达到192N·m，转矩的传递效率超过90%。机器人手腕和手指采用橡胶水液压人工肌肉驱动，如图35-22所示。水液压人工肌肉由薄橡胶管制成，并由复合纤维编织成网状进行缠绕。当人工肌肉通高压水，其径向膨胀，轴向收缩，收缩率可达 25%。该水液压人工肌肉质量为 5g 左右，在额定压力 2MPa 时，收缩力达到 490N。

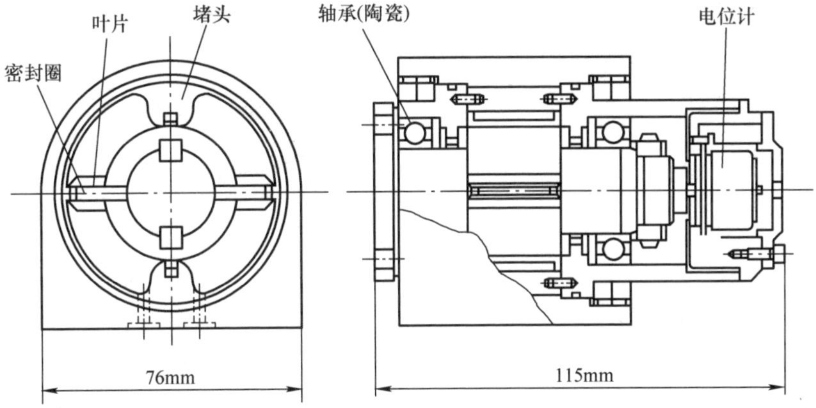


图 35-21　海水液压叶片马达

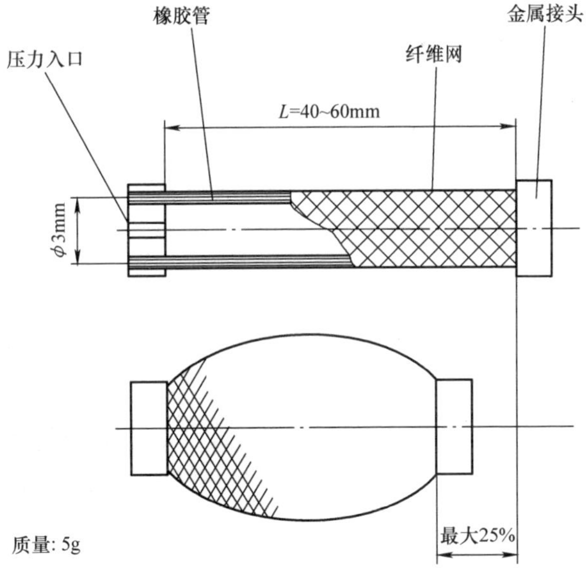


图 35-22　橡胶水液压人工肌肉

Festo 公司于 2007 年成功研制了水压驱动遥控鳐鱼（Aqua_ray），如图 35-23 所示，外形为流线型，除了可以完成水下滑行动作，还可以模仿空中小鸟拍打翅膀，进行水下“飞翔”。其水压驱动单元的动力源由无刷电动机驱动叶片泵组成，作动器采用仿生水压人工肌肉，由水压阀控制。整个鱼的质量为 10kg，水下最大速度约为 1.8km/h，需求电压为 24V，电流为 10A。

**2. 蛇形机器人**（SnakeFighter）

挪威 NTNU 大学参与研制了一种蛇形机器人。该机器人有 20 个自由度，每个

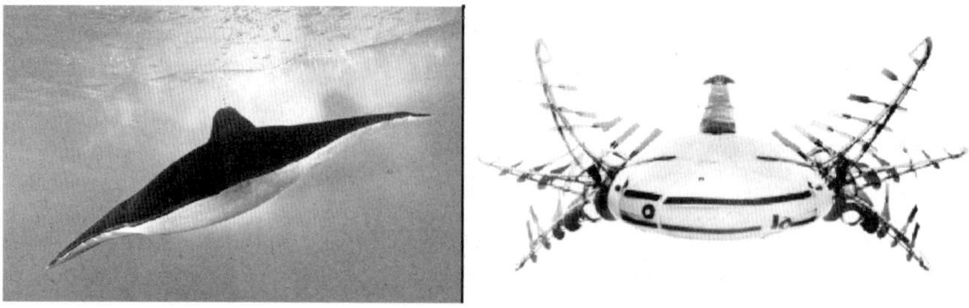

a)　　　　b)

图35-23　水压驱动遥控鳐鱼

a）加装皮肤　b）未加皮肤

关节的运动范围为±33°，每一个关节包含两个马达和两个阀。关节外层由高强度钢结构覆盖，可以绕两个坐标轴旋转，由控制器进行控制。

该机器人被命名为“Anna Konda”，长3m，重75kg，能完成爬楼梯、穿越横梁和缠绕物体螺旋上升等动作；每个关节装有角度传感器，从而可以控制关节的运动角度。同时，蛇的头部装有摄像头，使得蛇的控制类似遥控汽车。蛇形机器人能抬头喷水，可以用于消防，到达消防人员因为高温无法进入或有倒塌危险的区域，如隧道发生火灾，消防员进入将十分危险，蛇形机器人可进入隧道，为受困人员送氧气面罩、照亮隧道或对隧道的情况进行拍摄，以便消防员了解隧道中的情况。蛇形机器人还可以在水下作业中对海底油管进行安装维护以及在地震灾区进行营救，如图35-24所示。

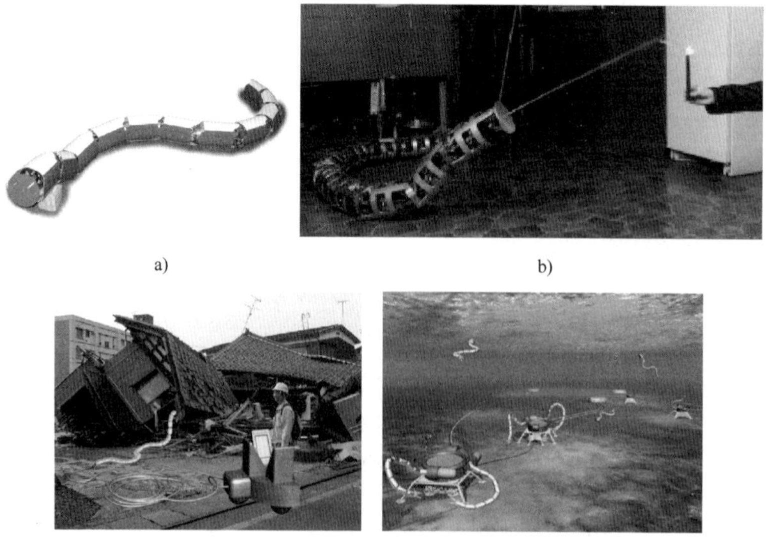

a)　　　　b)

c)　　　　d)

图35-24　蛇形机器人及其应用

a）蛇形机器人外形　b）蛇形机器人用于消防　c）蛇形机器人用于地震救灾　d）蛇形机器人用于水下作业

图35-24 蛇形机器人及其应用（续）
e）水液压缸 f）水液压控制阀

整个机器人包含20个水液压缸，缸的行程为50mm，并由20个阀来分别控制进入缸的流量，其工作压力为10MPa，转矩为300N·m。为了节省空间，每个关节模块中的两个控制阀集成在一个阀块中，如图35-24f所示，控制阀采用转阀的形式，阀芯由数字伺服电动机驱动而旋转。

该机器人巧妙地利用消防软管中的水作为动力源，消防软管中水的压力为10MPa，最大流量为30L/min。该压力水通过软管输送到每个关节，与控制阀和水液压缸相连。泄漏水通过单独的管道收回，如果是消防机器人，则泄漏水还可以用于冷却机器人的外表面。头部的骨骼模块还安装有两个喷嘴，喷嘴通过专用阀与供水高压软管相连。因此，水介质在机器人中具有以下三个功能：

1）灭火介质。

2）冷却介质，用于冷却机器人。

3）水液压驱动介质。

蛇形机器人的每个关节的角度控制由安装于每个模块的微控制器完成。微控制器读取关节角度和外部作用力等传感器信息后对阀进行控制。上一级的控制策略由安装于头部的专用微控制器实现。机器人同时安装无线接收器，可由外部的计算机进行遥控操作。

**3. TER机器人**

水液压驱动机器人用于核能工程是近年来水液压技术研究的一个热点。比较有代表性的是水液压驱动机器人在热核聚变项目中的应用。

热核聚变研究始于20世纪50年代。热核反应堆是利用氢同位素氘和氚的原子核实现核聚变的反应堆。与目前核电站利用核裂变反应发电相比，用受控热核聚变的能量来发电具有能量释放大、资源丰富、成本低、不产生高放射性核废料、安全可靠等优点。ITER（International Thermonuclear Experimental Reactor）是一个国际聚变研发项目，是目前全球规模最大的国际科研合作计划之一，目标是把聚变能开发成一种安全、清洁和可持续的能源。

在 ITER 项目中，有些功能需要机器人协助完成，如有关装置需要装卸、拼接、搬运；冷却管网的切割、焊接；堆内关键部件状态的远程监控；紧急状态处理。但与此同时，工作环境对机器人提出了很高的要求，如几何空间复杂、狭窄；超高真空洁净环境；存在颗粒污染（铍、气态氚、碳、钨）和 $\gamma$、$\beta$ 射线辐射。水液压传动的清洁、环保、无污染等突出优势为水液压机器人在此环境中的应用创造了条件。

芬兰 Lappeenranta 大学参与 ITER 项目，开展了真空容器焊接/切割机器人的研究。该机器人的工作包括切割、棱边打磨、焊接和无损检测。图 35-25 所示为真空容器的结构和机器人的路径。前期研制了一种机器人采用 5 自由度并联机器人结构，由五个水液压缸作为线性执行元件来驱动。水液压控制系统包括水液压缸、位置传感器、压力传感器和高性能伺服阀等。使用位置、速度和压力反馈的混合控制器来提高控制精度；其中因为焊接力变化带来的低频振动通过在控制回路中采用压力反馈附加高通滤波器来修正。试验表明，该机器人的工作范围：$Z$ 轴为 300mm，$X$ 轴和 $Y$ 轴为 ±100mm，绕 $X$ 轴和 $Y$ 轴的转角为 ±20°，终端位置精度达到 ±0.05mm，重复精度达到 ±0.01mm。

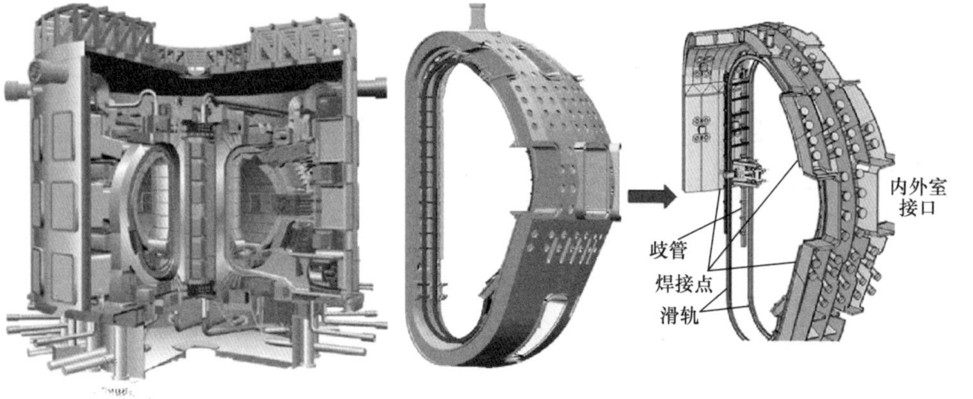


图 35-25　真空容器的结构和机器人的路径

在此基础上，芬兰 Lappeenranta 大学研制了 10 自由度机器人，可以携带焊枪和加工工具，也可用于将其他比较重的工具或部件送达指定位置。机器人承受的最大力来自于切割，可达 3kN。该机器人有 10 个自由度，包括两个部分：一是运动平台，该平台由电动机/减速器驱动在导轨上运动，具有旋转、线性运动、倾斜旋转和轨道行走共 4 自由度，从而扩大了机器人的工作空间，提高了机动性；二是搭载在运动平台上的 6 自由度并联机构，由六个伺服控制的水液压缸驱动。如图 35-26所示为并联焊接/切割机器人水液压系统原理图。

另外，坦佩雷理工大学与其他单位合作参与 ITER 项目，研制了一种 6 自由度

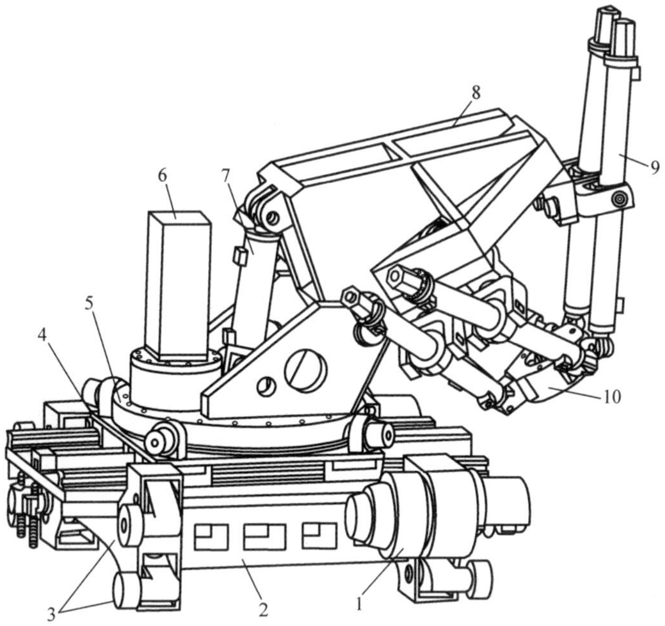


图 35-26　并联焊接/切割机器人水液压系统原理图

1—驱动马达　2—行走机构支架　3—补偿机构　4—直线平台　5—旋转平台　6—旋转驱动单元　7—肩部驱动缸　8—支架　9—驱动缸　10—终端操作器

的带力反馈的遥控操作机械手（WHMAN），用于转向测试平台的遥控操作任务，如图 35-27 所示；该机械手采用铝合金和不锈钢材料，有 7 个直接驱动关节，6 个

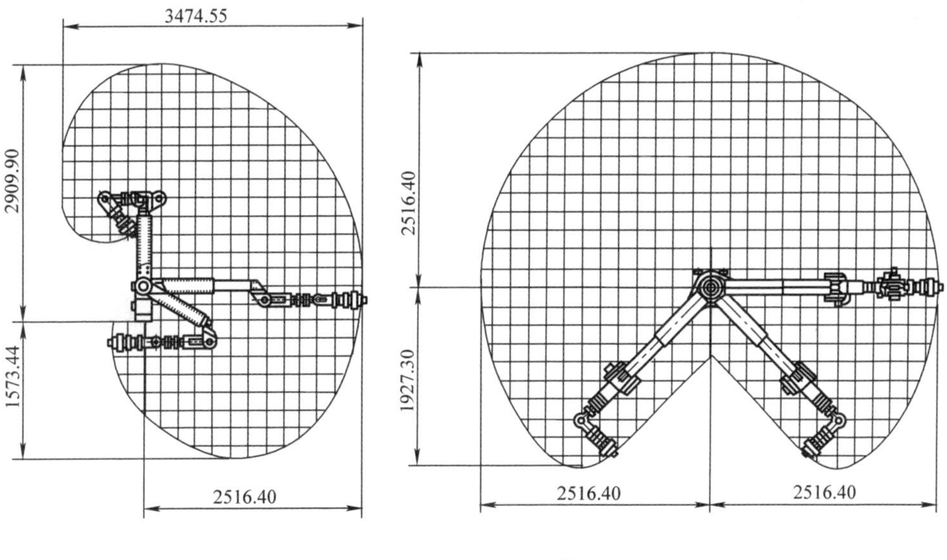


图 35-27　WHMAN 的工作范围

自由度，质量为185kg，全部伸开时从旋转轴到末端关节总长为2500mm，可提取100kg的负载。高压水的压力为21MPa，流量为10L/min。叶片马达重15kg，工作压力为21MPa，最大输出转矩为1350N·m，内泄漏流量为1.1L/min，转角为270°，转速为2.4rad/s。伺服阀为压力控制型，压力增益为21MPa/10mA，分辨力为0.2MPa，流量为6L/min，频宽为20Hz。为了提高阀控马达的可靠性，采用冗余设计，由两个伺服阀控制一个水液压马达，伺服阀是否工作由一个二位三通小型电磁阀来控制，如图35-28所示。

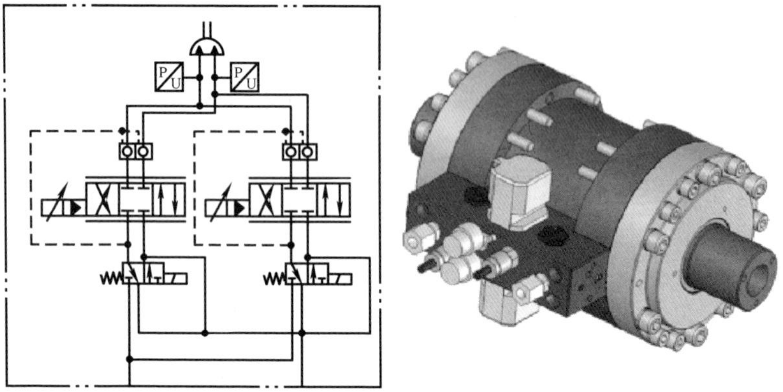

图35-28 阀控马达系统的冗余设计

## 参考文献


[1] 刘银水. 水液压阀口流动特性、水下作业工具及水液压试验台的研究 [D]. 武汉：华中科技大学，2004.

[2] 刘银水，黄艳，贺小峰，等. 几种油压阀的结构型式对水的适应性 [J]. 液压气动与密封，2002，22（3）：16－17.

[3] 刘银水，黄艳，邱鸿利，等. 二级节流的性能分析及其在水液压阀中的应用 [J]. 机床与液压，2001（5）：16－17.

[4] 刘银水，贺小峰，李壮云，等. 水液压控制阀的研制 [J]. 阀门，2004（2）：9－11.

[5] 刘银水，毛旭耀，吴德发，等. 直动式海水液压溢流阀的设计与仿真 [J]. 华中科技大学学报，2010，38（9）：125－128.

[6] 刘银水，杨友胜，朱小明，等. 中高压水液压减压阀的研制 [J]. 流体机械，2007，35（3）：10－13.

[7] 刘银水. 水液压传动技术基础及工程应用 [M]. 北京：机械工业出版社，2013.

[8] 刘银水，吴德发，刘美霞，等. 海水液压调速阀的设计与试验研究 [J]. 中国机械工程，2007，18（6）：1448－1452.

[9] 刘银水. 水液压阀口流量压力特性实验研究及海水流量控制阀的研制 [D]. 武汉：华中科技大学，2002.

[10] 刘银水，黄艳，张铁华，等. 水液压控制元件主要零件的失效机理与失效模式分析 [J].

通用机械，2002，(11－12)：65－67.

[11] 刘银水，杨友胜，朱玉泉，等. 以水为工作介质的阻尼孔气穴流动的理论和试验研究 [J]. 机械工程学报，2007，43 (2)：147－150.

[12] 邱鸿利，黄艳，刘银水，等. 应用 MATLAB 软件进行一种水液压流量控制阀的仿真设计 [J]. 液压与气动，2002，26 (8)：15－18.

[13] 刘银水，余祖耀，唐群国，等. 表面工程技术在水液压元件中的应用 [J]. 中国机械工程，2003，14 (21)：1996－1999.

[14] 刘银水，王晓斌，吴德发，等. 移动式水液压驱动水下作业工具系统 [J]. 机床与液压，2008 (10)：14－17.

[15] 刘银水，郭占军，朱碧海，等. 海水液压驱动的水下作业工具系统 [J]. 海洋技术，2006，25 (4)：65－69.

[16] 刘银水，郭志恒，蒋卓，等. 空间站细水雾灭电缆火灾地面试验研究 [J]. 载人航天，2012，18 (2)：85－89.

[17] 刘银水，杨曙东，李壮云. 海水液压水下作业工具系统的微生物污染和腐蚀 [J]. 海洋技术，2002 (1)：49－52.

[18] 刘银水，黄艳，贺小峰，等. 水液压阀的研究与发展 [J]. 液压与气动，2001，25 (5)：10－14.

[19] 刘银水，朱玉泉，李壮云. 现代水液压传动技术的特征与发展应用 [J]. 液压与气动，2006，30 (2)：66－69.

[20] LIU YINSHUI, WU DEFA, LONG LEI, et al. Research on the port valve of a water hydraulic axial pump [J]. Proceedings of the Institution of Mechanical Engineers, Part E: Journal of Process Mechanical Engineering, 2009, 223 (3): 155－166.

[21] LIU Y S, HUANG Y, LI Z Y. Experimental investigation of flow and cavitation characteristics of a two－step throttle in water hydraulic valve [J]. Proceeding of the Institution of Mechanical Engineers, Part A: Journal of Power and Energy, 2002, 216 (1): 105－111.

[22] LIU YINSHUI, YANG YOUSHENG, LI ZHUANGYUN. Research on the flow and cavitation characteristics of multi－stage throttle in water－hydraulics [J]. Proceedings of the Institution of Mechanical Engineers, Part E: Journal of Process Mechanical Engineering, 2006, 220 (2): 99－108.

[23] LIU YINSHUI, NIE SONGLIN, ZHU YUQUAN, et al. Experimental study of effects of operating conditions on the flow and cavitation characteristics of water hydraulic throttle [J]. Journal of Chinese Mechanical Engineering, 2004, 17 (3): 450－453.

[24] LIU YINSHUI, WU DEFA, HE XIAOFENG, et al. Materials screening of matching pairs in water hydraulic pump [J]. Industrial Lubrication Tribology, 2009, 61 (3): 173－178.

[25] LIU YINSHUI, ZHU BIHAI, ZHU YUQUAN, et al. Flow and cavitation characteristics of a damping orifice in water hydraulics [J]. Proceedings of the Institution of Mechanical Engineers, Part A: Journal of Power and Energy, 2006, 220 (8): 933－942.

[26] 中华人民共和国发展和改革委员会. Y－H 系列 (IP44) 船用三相异步电动机技术条件 (机号 80－280)：JB/T 5273—2002 [S]. 北京：机械工业出版社，2002.

[27] The Technical Committee on Water Mist Fire Suppression Systems. NFPA 750 standard on water mist fire protection systems：NFPA 750—2000 [S]. New Orleans：Standards Council，2000.

[28] NDUBIZU C C，ANANTH R，TETEM P A，et al. On water mist fire suppression mechanisms in a gaseous diffusion flame [J]. Fire Safety Journal，1998，31（3）：253－276 .

[29] 鲁克明，刘银水，贺小峰，等. 基于水压传动的舰船高压单相细水雾灭火系统 [J]. 流体传动及控制，2006（4）：15－18.

[30] 曹建明. 喷雾学 [M]. 北京：机械工业出版社，2005.

[31] 周才君，王喜忠，于才渊. 喷雾干燥 [M]. 北京：化学工业出版社，2003.

[32] 廖义德. 高压细水雾灭火系统关键技术及其灭火性能研究 [D]. 武汉：华中科技大学，2008.

[33] LEFEBVRE A. H. Atomization and sprays [M]. New York：Hemisphere Press，1989.

[34] 徐晓楠. 灭火剂与应用 [M]. 北京：化学工业出版社，2006.

[35] LIU Z G，KIM A K. A Review of water mist fire suppression technology：Part Ⅱ－Application studies [J]. Jounal of Fire Protection Engineering，2001，11（1）：16－42.

[36] 刘江虹，廖光煊，厉培德，等. 细水雾灭火技术研究与进展 [J]. 科学通报，2003，48（8）：761－767.

[37] LUNGER J R. Water mist fire protection [M]. Bethesda：David W. Taylor Naval Ship R&D Center，1979.

[38] BILL R G，HANSEN R L. Fine－spray（water mist）protection of shipboard engine rooms [J]. Fine Safety Journal，1997，29：317－336.

[39] 郭志恒. 密闭空间细水雾灭火技术研究 [D]. 武汉：华中科技大学，2011.

[40] DAVID C. Walther and Carlos Fernandez－Pello. Space shuttle based microgravity smoldering combustion experiments [J]. Combustion and Flame，1999，1162：398－414.

[41] 巴鑫，罗小辉，朱玉泉，等. 微重力状态细水雾雾场特性仿真研究 [J]. 华中科技大学学报（自然科学版），2011，39（10）：6－9.

[42] 蒋卓，刘银水，毛旭耀，等. 空间站手提式细水雾灭火器的研究 [J]. 载人航天，2011，17（6）：24－29.

[43] 张立勋，王茁，王立权，等. 自动补偿式深水液压动力源及水下作业工具 [J]. 机床与液压，1999（2）：39－40.

[44] HACKMAN D J. 水下工具 [M]. 吴晶，译. 北京：海洋出版社，1986.

[45] BLACK S A，TATE K，CONLEY T. Seawater hydraulics：development and evaluation of an experimental diver tools system [R]. AD－A142032，Feb.，1984.

[46] Eastport International. Development of a seawater hydraulic rock drill [R]. AD－A235873，Jan.，1988

[47] KUNSEMILLER J P，BLACK S A. Seawater hydraulics：a multi－function tool system for U. S. navy construction divers [R]. AD－A237947，May 1991.

[48] BARRETT F B. Navy diver tools，development and evaluation [R]. AD－A042339，Naval Coastal Systems Laboratory，June 1977.

[49] GRAHAM R，HASTINGS G G. Development of a seawater hydraulic tool system [R]. AD－

A114960/8, May, 1982.
[50] USHER S, TAYLOR P M, WILKINSON A J, et al. Towards a water - powered robot [J]. Industrial Robot, 1996, 23 (4): 19 - 23.
[51] TAYLOR P M, KIEFFER J, OLDAKER R, et al. Proceedings of the 32nd conference on decision and control, Part 2 (of 4) [C], San Antonio: IEEE, 1993: 1911 - 1912.
[52] KITAGAWA ATO, Tsukagoshi Hideyuki. Utilization of fluid power for rescue operations and robots [J]. Advanced Robotics, 2002, 16 (6): 513 - 516.
[53] SAIRIALA HARRI, KOSKINEN KARI T, VILENIUS MATTI. Control of water hydraulic manipulator with proportional valves [J]. Power Transmission and Motion Control, 2005: 107 - 115.
[54] 许德章，汪步云，张庆，等. 水下作业灵巧手水压驱动系统的设计与工程实现 [J]. 机械科学与技术，2011，30 (2)：181 - 184.
[55] WU HUAPENG, HANDROOS HEIKKI, PESSI PEKKA, et al. Development and control towards a parallel water hydraulic weld/cut robot for machining processes in ITER vacuum vessel [J]. Fusion Engineering and Design, 2005 (75 - 79): 625 - 631.
[56] WU HUAPENG, HANDROOS HEIKKI, PESSI PEKKA. Hybrid parallel robot for the assembling of ITER. from: parallel manipulators, towards new applications [M]. Vienna: I - Tech Education and Publishing, 2008: 363 - 378.
[57] PESSI PEKKA. Novel robot solutions for carrying out field Joint welding and machining in the assembly of the vaccum vessel of ITER [D]. Lappeenranta: Lappeenranta University of Technology, 2009.
[58] TEEMU KEKALAINEN, JOUNI MATTILA, TAPIO VIRVALO. Development and design optimization of water hydraulic manipulator for ITER [J]. Fusion Engineering and Design, 2009, 84 (2 - 6): 1010 - 1014.
[59] NIEMINEN PEETU, ESQUE SALVADOR, MUHAMMAD A, et al. Water hydraulic manipulator for fail safe and fault tolerant remote handling operations at ITER [J]. Fusion Engineering and Design, 2009, 84 (7 - 11): 1420 - 1424.
[60] 程文芳. 水液压双缸位置同步控制系统的研究 [D]. 武汉：华中科技大学，2008.
[61] TROSTMANN E. Tap Water as a Hydraulic Pressure Medium [M]. New York: Marcel Dekker, Inc., 2005.
[62] 许耀铭. 轴向柱塞泵柱塞副设计中的几个问题 [J]. 机床与液压，1982 (1)：26 - 29.
[63] 许耀铭. 油膜理论与液压泵和马达的摩擦副设计 [M]. 北京：机械工业出版社，1987.
[64] 徐绳武. 柱塞式液压泵 [M]. 北京：机械工业出版社，1985.
[65] ARAKI K. International symposium on fluid power [C] // Proceedings of the Third JHPS. Japan: Japan Hydraulics and Pneumatics Society, 1996: 3 - 12.
[66] TANG QUNGUO, CHEN JINGTIAN, LIU LIPING. Tribological behaviours of carbon fibre reinforced PEEK sliding on silicon mitride lubricated with water [J]. Wear, 2010, 269 (7 - 8): 541 - 546.
[67] 向东湖. 水润滑下工程塑料及陶瓷涂层的摩擦学特性研究 [D]. 武汉：华中科技大学，2005.

[68] ETSION I, BURSTEIN L. A model for mechanical seals with regular microsurface structure [J]. Tribology Trans, 1996, 39 (2): 677 -683.

[69] ESTION I. State of the art in laser surface texturing [J]. ASME J of Tribology, 2005, 127 (1): 248 -253.

[70] 于新奇, 蔡仁良. 激光加工多孔端面机械密封的动压分析 [J]. 华东理工大学学报, 2004, 30 (4): 481 -484.

[71] HUBERTUS MURRENHOFF. Efficiency through fluid power Vol. 3 [C] //Proceedings of 7th international fluid power conference. Aachen: Apprimus Verlag, 2010: 215 -248.

[72] 吴德发, 李斌, 陈经跃, 等. 水润滑超高压海水泵斜盘/滑靴副摩擦学特性仿真研究 [J]. 液压与气动, 2010 (9): 65 -67.

[73] TROSTMANN E. Water hydraulics control technology [M]. New York: Marcel Dekker Inc., 1996.

[74] Yokota S. Fluid power [C] //Proceedings of the fourth JHPS international symposium on fluid power. Tokyo: JHPS, 1999: 335 -342

[75] LI ZHUANGYUN. Proceedings of international symposium of fluid power [C] //ISFP 2003. Beijing: International Academic Publishers, 2003: 605 -616.

[76] 薛胜雄. 2001年国际水射流技术纵览 [J]. 流体机械, 2002 (1): 32 -36.

[77] 沈忠厚. 水射流理论与技术 [M]. 东营: 石油大学出版社, 1998.

[78] LU YONGXIANG, CHER YING, XU LI. Proceedings of the fifth international conference on fluid power transmission and control [C] //ICFP'2001. Beijing: International Academic Publishers/World Publishing Corporation, 2001: 12 -27.

[79] LIM G H, CHUA P S K., HE Y B. The modern water hydraulics - the new energy transmission technology in fluid power [J]. Applied Energy, 2003 (6): 239 -246.

[80] 杨曙东, 李壮云. 水液压技术应用基础知识平台浅析 [J]. 液压气动与密封, 2002 (1): 10 -13.

[81] Hubertus Murrenhoff. Efficiency through fluid power Vol. 2 [C] //Proceedings of 7th international fluid power conference. Aachen: Apprimus Verlag, 2010: 445 -456.

[82] 王新华, 王思民, 温燕杰, 等. 水压比例节流阀的频率特性仿真分析 [J]. 液压与气动, 2008 (10): 65 -68.

[83] 高殿荣, 王志强, 温茂森, 等. 径向低速大扭矩水液压马达定子曲线分析 [J]. 燕山大学学报, 2011, 35 (6): 493 -500.

[84] 白桦. 微弧氧化技术在高压齿轮水泵中的应用 [J]. 哈尔滨工业大学学报, 2008 (1): 47 -49.

[85] 刘桓龙, 柯坚, 王国志, 等. 水压滑靴副的润滑特性 [J]. 机械工程学报, 2006, 42 (3): 36 -39, 45.

[86] 唐向阳, 董为民, 伍星, 等. 水压系统的速度 - 负载特性的试验研究 [J]. 昆明理工大学学报 (理工版), 2003 (2): 42 -45.

[87] 卢堃, 唐兵, 郝燕文, 等. 新型高压水液压数字溢流阀的研究与开发 [J]. 兰州理工大学学报, 2007 (2): 62 -64.

[88] 张增猛. 水辅成型充模流动的纯水液压比例控制［D］. 杭州：浙江大学，2009.
[89] 翟江，周华. 海水淡化轴向柱塞泵静压支承滑靴副的流固耦合分析［J］. 浙江大学学报（工学版），2011，45（11）：1889－1894.
[90] 衣正尧，弓永军，王祖温，等. 新型船舶壁面除锈爬壁机器人动力学建模与分析［J］. 机械工程学报，2010，46（15）：23－30.
[91] 弓永军，衣正尧，王祖温，等. 多喷嘴组合式细水雾喷头油盘灭火试验与分析［J］. 燃烧科学与技术，2010，（6）：542－546.
[92] 杨友胜，冯辅周，朱玉泉，等. 喷嘴内壁压力分布的研究［J］. 机械工程学报［J］，2011，47（16）：182－186.
[93] 柯尊荣，李晓辉. 一种新型绿色液压执行器——水压人工肌肉［J］. 液压与气动，2008（6）：1－3.
[94] 郭志恒，李利，刘银水，等. 水压驱动水下舞台的设计与试验研究［J］. 液压与气动，2010（4）：4－6.
[95] 詹传明，刘银水，吴德发. 海水液压传动技术在潜水器中的应用［J］. 液压与气动，2011（1）：50－52.
[96] Application Note. Water quality in relation to nessie water hydraulics［Z］. 2001.
[97] 中华人民共和国卫生部. 生活饮用水卫生标准：GB 5749—2006［S］. 北京：中国标准出版，2006.
[98] 侯保荣. 海洋腐蚀与防护［M］. 北京：科学出版社，1997.
[99] 张文澜. 淡水环境中水工钢闸门的腐蚀与防护［J］. 表面技术，2001（4）：20－22.
[100] 曹刚，高翠，甘复兴. 碳钢在淡水环境中的腐蚀行为［J］. 装备环境工程，2006（1）：46－51.
[101] 向鹏. 海水液压阀阀口结垢实验研究［D］. 武汉：华中科技大学，2011.
[102] JOHNSTON D N，EDGE K A，VAUGHAN N D. Experimental investigation of flow and force characteristics of hydraulic poppet and disc valves［J］. Proceedings of the Institution of Mechanical Engineers，Part A：Journal of Power and Energy，1991，205（3）：161－171.
[103] VAUGHAN N D，JOHNSTON D N，EDGE K A. Numerical simulation of fluid flow in poppet valves［J］. Proceedings of the Institution of Mechanical Engineers，Part C：Journal of Mechanical Engineering Science，1992，206（2）：119－127.
[104] LICHTAROWICZ A，DUGGINS R K，MARKLAND E. Discharge coefficients for incompressible non－cavitating flow through long orifices［J］. J. Mech. Engng Sci.，1965，7（2）：210－219.
[105] RAMAMURTHI K，NANDAKUMAR K. Characteristics of flow through small sharp－edged cylindrical orifices［J］. Flow Measmt and Instrum.，1999，10：133－143.
[106] YAMAGUCHI A，SUZUKI T. Cavitation in hydraulic fluids［J］. J. Fluid Control，Part 3：on cavitation in long orifices，1980，12（4）：21－38.
[107] 弓永军. 纯水液压控制阀关键技术研究［D］. 杭州：浙江大学，2005.
[108] 杨华勇，周华，路甬祥. 水液压技术的研究现状与发展趋势［J］. 中国机械工程，2000（12）：1430－1433，1320.
[109] 王新华，孙树文，李剑锋，等. 水液压伺服控制技术发展的现状及应用前景［J］. 机床

与液压，2008，36（5）：177－180.

[110] 周华. 海水液压泵基础技术研究［D］. 武汉：华中科技大学，1997.

[111] 王东. 海水液压柱塞泵关键技术及其样机的研究［D］. 武汉：华中科技大学，2002.

[112] BHARAT BHUSHAN, STANLEY GRAY. Materials study for high pressure seawater hydraulic tool motor［R］. AD－A055609, Naval Civil Engineering Laboratory（NCEL）, 1978.

[113] BHARAT BHUSHAN. Investigation of material combinations under high load and speed in synthetic seawater［J］. Lubricated Engineering, 1979, 35（11）：628－635.

[114] 杨曙东. 全海水润滑中高压海水泵的研究［D］. 武汉：华中科技大学，2005.

[115] CURRIE J A. The development of raw water hydraulics［C］//Proc. of 1st Bath Int. Fluid Power Workshop. Bath：Univ. of Bath, 1988：126－130.

[116] YOSHINADA H, YAMAZAKI T, SUWA T. Advanced robotics robots in unstructured environments［C］//ICAR fifth international conference on Vol. 2. Pisa：IEEE, 1991：1330－1335.

[117] LU YONG, ZHANG WEI, ZHAO YUANYANG, et al. Key problems of water hydraulic vane pump［J］. Industrial Lubrication and Tribology, 2011, 63（2）：134－141.

[118] 向东湖. 水润滑下工程塑料及陶瓷涂层的摩擦学特性研究［D］. 武汉：华中科技大学，2005.

[119] 赵桂玲. 海水淡化液压柱塞泵关键摩擦副流场特性的理论研究［D］. 武汉：华中科技大学，2009.

[120] 李壮云，贺小峰，余祖耀，等. 水液压技术的发展、机遇与展望［J］. 流体传动与控制，2003（1）：13－19.